DIGITAL+

KOSTENLOSE ERGÄNZUNGEN DIGITAL+

- **Abbildungen:** Zur Unterrichtsvorbereitung und zur Erstellung eigener Arbeitsmaterialien.
- **Lernbilder:** Abbildungen mit ein- und ausblendbaren Beschriftungen zum eigenständigen oder gemeinsamen Lernen.
- **Infoseiten:** Z. B. Datenblätter, Schaltzeichen, Symbole für eine praxisnahe Unterstützung.
- **Wiederholungsseiten:** Festigen und vertiefen Sie Ihr Wissen.

EUROPA THEK

Die ergänzenden digitalen Materialien finden Sie in unserem virtuellen Medienregal EUROPATHEK kostenlos unter

www.europathek.de

- Öffnen Sie www.europathek.de auf Ihrem Gerät (PC/MAC, Smartphone oder Tablet).
- Melden Sie sich mit Ihrem Nutzerkonto (bestehend aus E-Mail-Adresse und Passwort) an.
- Sofern Sie noch nicht über ein eigenes Nutzerkonto verfügen, können Sie sich kostenlos registrieren.

Durch die Eingabe des folgenden Codes schalten Sie das Medienpaket in Ihrer EUROPATHEK frei (siehe nächste Seite).

VEL-QZDX-CT7D-NJZ9

So erhalten Sie Ihr Bilder-Paket

1. Registrieren/Anmelden auf **www.europathek.de**

2. Code einlösen
   Beispiel eines Freischaltcodes: VEL-XXXX-XXXX-XXXX

3. **Fachkunde Elektrotechnik – Bilder-Paket** starten

Eine Auswahl aktueller Elektrotechnik-Titel in der **EUROPATHEK:**

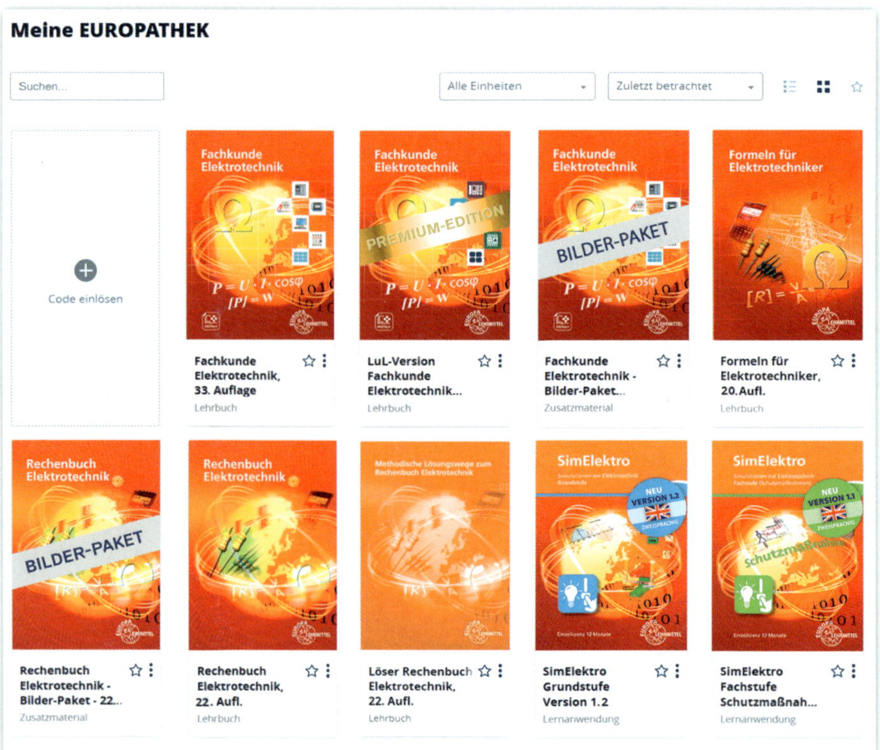

Weitere Infos zur **EUROPATHEK** sowie hilfreiche **Videos** zur Verwendung des virtuellen Medienregals erhalten Sie unter: **www.europa-lehrmittel.de/digital**

EUROPA-FACHBUCHREIHE
für elektrotechnische Berufe

Fachkunde Elektrotechnik

33. überarbeitete und erweiterte Auflage

Bearbeitet von Lehrern an beruflichen Schulen und von Ingenieuren
(siehe Rückseite)

Lektorat: Klaus Tkotz, Kronach

VERLAG EUROPA-LEHRMITTEL · Nourney, Vollmer GmbH & Co. KG
Düsselberger Straße 23 · 42781 Haan-Gruiten

Europa-Nr.: 30138

Autoren der Fachkunde Elektrotechnik:

Bumiller, Horst	Freudenstadt
Burgmaier, Monika	Durbach
Duhr, Christian	Schwabach
Eichler, Walter	Kaiserslautern
Feustel, Bernd	Kirchheim-Teck
Käppel, Thomas	Münchberg
Klee, Werner	Mehlingen
Reichmann, Olaf	Altlandsberg
Schwarz, Jürgen	Tettnang
Tkotz, Klaus	Kronach
Winter, Ulrich	Kaiserslautern

Lektorat und Leitung des Arbeitskreises: Klaus Tkotz

Bildentwürfe: Die Autoren

Fotos: Autoren und Firmen (Bildquellen- und Firmenverzeichnis Seite 683)

Bildbearbeitung:
Zeichenbüro des Verlages Europa-Lehrmittel GmbH & Co., Ostfildern

33. Auflage 2022
Druck 5 4 3 2 1
Alle Drucke derselben Auflage sind parallel einsetzbar, da sie bis auf die Korrektur von Druckfehlern identisch sind.

ISBN 978-3-8085-3823-4

Satz: Satz+Layout Werkstatt Kluth GmbH, 50374 Erftstadt
Umschlag: braunwerbeagentur, 42477 Radevormwald
Umschlagfotos: Weltkugel: © erdquadrat – Fotolia.com; Icons: braunwerbeagentur, 42477 Radevormwald und Satz+Layout Werkstatt Kluth GmbH, 50374 Ertstadt
Umschlagidee: Klaus Tkotz
Druck: Himmer GmbH, 86167 Augsburg

Wegweiser zur Fachkunde Elektrotechnik

Allgemeines

Elektrotechnik

Inhaltsverzeichnis (Kurzform)

Beruf und Betrieb

Infoseiten (Auswahl)

Praxistipps (Auswahl)

Kapitelnummer und Symbole

1
2
AVΩ
3
4
5
6
7
8
9
10
11
12
13
14
15
16
17

Liebe Leserin, lieber Leser,

es freut uns, dass Sie sich für unsere **Fachkunde Elektrotechnik, 33. Auflage,** entschieden haben. Auch in dieser Auflage sind die neuesten DIN-VDE-Vorschriften eingearbeitet und neue Praxistipps sowie Inhalte eingefügt, z. B. Prüfen von Elektrogeräten, Installation eines Computernetzwerkes, Netzsysteme in der Energietechnik, LED-Leuchtmittel, Smart Home und Fotovoltaik.

Zum Buch

- Das Buch ist fachsystematisch aufgebaut und fördert Ihr eigenständiges Lernen.
- Sie finden Erklärungen und einheitliche Darstellungen zu wichtigen Gesetzen und Formeln der Elektrotechnik.
- Wiederholungsseiten mit Rechenaufgaben vertiefen und festigen Ihr erworbenes Wissen. Die Ergebnisse der Rechenaufgaben sind auf Seite 660.
- Praxistippseiten unterstützen Ihre berufliche Tätigkeit.
- Ein Infoteil am Buchende unterstützt Ihre kompetenzorientierte und praxisnahe Ausbildung.
- Im virtuellen Medienregal EUROPATHEK finden Sie z. B. alle Abbildungen, Tabellen und Infoseiten aus dem Buch zur eigenen Verwendung sowie weitere Informationen.

Ergänzungen zur Fachkunde Elektrotechnik

Für die Seiten „Wiederholen-Anwenden-Vertiefen" gibt es ein Lösungsbuch. Vertiefen Sie Ihr Fachwissen durch ergänzende Fachliteratur.

Buch-Icons

	Kennzeichnung für zusätzliche Informationen im Medienregal EUROPATHEK zum Abruf über **www.europathek.de** mithilfe eines Freischaltcodes (Vorsatzseite im Buch). Dort können z. B. die Bilder des Buches, Tabellen und Infoseiten für eigene Arbeitsmaterialien verwendet werden.
	Hinweis auf weitere Buchseiten.
WWW	Hinweis auf Internetseiten.
	Hinweis auf weitere Informationen per QR-Code abrufbar.
SimElektro Grundstufe 01, SimElektro Fachstufe 01	SimElektro-Icon, Simulationen zu ausgewählten Themen, die erworben werden können. **www.europa-lehrmittel.de/simelektro**

Ergänzende Fachliteratur

- Arbeitsblätter zur Fachkunde Elektrotechnik
- Fachkunde Elektrotechnik Aufgaben und Lösungen
- Arbeitsbuch Elektrotechnik Lernfelder 1–4 und 5–13
- Rechenbuch Elektrotechnik
- Formeln für Elektrotechniker Plus+ (neu)
- Praxis Elektrotechnik
- Tabellenbuch Elektrotechnik
- Technische Kommunikation Elektrotechnik

Die Fachkunde Elektrotechnik auf einen Blick

Sie haben Fragen, Anregungen oder Bewertungen? Schreiben Sie uns unter: lektorat@europa-lehrmittel.de. Wir antworten Ihnen gerne, denn Ihr Anliegen ist uns ein Ansporn für die Weiterentwicklung des Fachbuches. Das Autorenteam und der Verlag Europa-Lehrmittel wünschen Ihnen mit diesem Fachbuch interessante Anregungen und eine wertvolle Hilfe für Ihre Ausbildung und berufliche Tätigkeit.

Frühjahr 2022

Vorbemerkungen zu den Lernfeldern

Das duale System unterscheidet die Lernorte Betrieb und Berufsschule. Die Ausbildung im Betrieb wird durch die Ausbildungsordnung des Bundes geregelt. Für die Berufsschulen gelten die Lehrpläne des jeweiligen Bundeslandes. Diese Lehrpläne bauen auf dem Rahmenlehrplan der Kultusministerkonferenz (KMK)[1] auf. Rahmenlehrpläne für den berufsbezogenen Unterricht werden für die gesamte Ausbildungszeit erstellt. Sie geben eine inhaltliche und zeitliche Struktur vor, machen jedoch keine Angaben zu möglichen Unterrichtsfächern, Unterrichtsformen und Stundentafeln. Diese organisatorischen Maßnahmen werden durch das jeweilige Bundesland getroffen.

Die Lernfelder orientieren sich an beruflichen Handlungsfeldern. Sie sind methodisch-didaktisch so umzusetzen, dass sie zu einer umfassenden beruflichen Handlungskompetenz führen.

Rahmenlehrpläne beinhalten:
- Vorbemerkungen,
- Bildungsauftrag der Berufsschule,
- didaktische Grundsätze,
- berufsbezogene Anmerkungen und
- Lernfelder.

Lernfelder beinhalten:
- Zielformulierung,
- Lerninhalte und
- zeitliche Richtwerte.

Lernfelder erfordern:
- Projektarbeit (Seite 13) und
- selbstgesteuertes Lernen.

Lernfelder für das erste Ausbildungsjahr im Berufsfeld Elektrotechnik

Die folgende Seitenauswahl zu den Lernfeldern aus dem Rahmenlehrplan für den Ausbildungsberuf Elektroniker und Elektronikerin dient als Anregung. Lernfeldinhalte können evtl. je nach Bundesland variieren.

Lernfeld 1: Elektrotechnische Systeme analysieren, Funktionen prüfen und Fehler beheben	Seite
• Betriebliche Strukturen, Arbeitsorganisation, Teamarbeit	633, 636
• Informationsbeschaffung	640
• Schaltpläne, Schaltzeichen	25, 100, 662
• Elektrotechnische Grundgrößen, Grundschaltungen	21, 28, 31, 42, 49
• Gefahren des elektrischen Stromes	348
• Arbeitsschutz, Unfallschutz, Sicherheitsregeln	15, 353
• Messverfahren, Oszilloskop	169, 182
• Elektronische Bauelemente	195, 670, 675
Lernfeld 2: Elektrische Systeme planen und installieren	
• Auftragsplanung	646
• Installationsschaltungen	103
• Hausrufanlagen, Haussprechanlagen	107
• Auswahl von Kabeln, Leitungen und Überstrom-Schutzeinrichtungen	312, 317, 329, 670
• Leitungsdimensionierung	329, 332, 333
• Sicherheitsbestimmungen und -regeln, Sicherheitszeichen	15, hintere Innenumschlagseite
• Umweltschutz, Energieeinsparung	624, 628
• Angebotserstellung, Kostenberechnung, Rechnungserstellung	640, 652
Lernfeld 3: Steuerungen und Regelungen analysieren und realisieren	
• Fachbegriffe, EVA-Prinzip, Steuerungsarten, Funktionsplan, Kontaktplan	557
• Sensoren	186
• Digitaltechnik, logische Grundverknüpfungen	231
• Speicherfunktion, Kippschaltungen	238
• Relais und Schütze	110
• Englische Fachbegriffe	680, Sachwortverzeichnis
Lernfeld 4: Informationstechnische Systeme bereitstellen	
• Pflichtenheft, Lastenheft	644
• Hardware	533
• Betriebssysteme	544
• Softwarekomponenten, Anwendungen, Internet	544, 545, 549
• Netzwerke	546
• Präsentationstechniken	641
• Datensicherung, Datenschutz	554

[1] Rahmenlehrpläne können über www.kmk.org oder www.bibb.de eingesehen werden.

Lernfeld	GS	MA	GI	BT	EG	AT	Lernfelder	Buchseiten (Beispiele)
	Berufe *							
5		x	x	x		x	• Elektroenergieversorgung und Sicherheit von Betriebsmitteln gewährleisten	• Sicherheit am Arbeitsplatz .... 15 • Gefahren des elektrischen Stromes .... 348 • Schutzmaßnahmen........................ 348 • Netzsysteme............................ 356
	x						• Elektroenergieversorgung und Sicherheit von gebäudetechnischen Systemen und Geräten gewährleisten	
					x		• Elektroenergieversorgung und Sicherheit von Anlagen und Geräten konzipieren	
6						x	• Anlagen analysieren und deren Sicherheit prüfen	• Gebäudetechnik .... 387 • Prüfen der Schutzmaßnahmen .... 374 • Wiederholungsprüfung, E-Check ..... 380, 381 • Elektrische Maschinen .... 469 • Messtechnik........................ 169, 180 • Elektronik................................ 195 • Gedruckte Schaltungen................... 621
				x			• Geräte und Baugruppen in Anlagen analysieren und prüfen	
			x				• Gebäudetechnische Anlagen inspizieren und prüfen	
		x					• Elektrische Maschinen herstellen und prüfen	
	x						• Gebäudetechnische Systeme analysieren und Änderungen vornehmen	
					x		• Elektrotechnische Systeme analysieren und prüfen	
7				x		x	• Steuerungen für Anlagen programmieren und realisieren	• Sensoren, Aktoren .... 186 • Steuerungstechnik .... 557 • Kleinsteuerungen .... 560 • Speicherprogrammierbare Steuerungen ... 562 • Gebäudeautomation...................... 444 • KNX-Projekt .... 449 • Betriebsarten elektrischer Maschinen 490
			x				• Gebäudetechnische Anlagen kundengerecht realisieren	
		x					• Betriebsverhalten elektrischer Maschinen analysieren	
	x						• Komponenten und Funktionen in gebäudetechnische Systeme integrieren	
					x		• Steuerungen und Regelungen für Systeme programmieren und realisieren	
8				x		x	• Antriebssysteme auswählen und integrieren	• Auswahl eines Elektromotors............. 503 • Anlassverfahren elektrischer Maschinen... 497 • Aufbau elektrischer Maschinen .... 489 • Elektrische Maschinen .... 122, 469 • Prüfen von Elektrogeräten................ 420 • Wiederholungsprüfungen............ 380, 422
			x				• Gebäudetechnische Systeme nach betriebswirtschaftlichen Aspekten erweitern	
		x					• Elektrische Maschinen und mechanische Komponenten integrieren*	
					x		• Energiewandlersysteme auswählen und integrieren	
	x						• Schnittstellen von Komponenten analysieren und gewerkeübergreifende Funktionen realisieren	
9						x	• Steuerungs- und Kommunikationssysteme integrieren	• Leitungen und Kabel..................... 312 • Gebäudetechnik .... 387 • Telekommunikationsanlagen .... 439 • Hausruf-Anlagen......................... 107 • Gebäudeleittechnik...................... 444 • Antennenanlagen .... 425 • Gefahrenmeldeanlagen................... 455 • Wartung und Prüfung elektr. Maschinen.... 529
					x		• Kommunikation von Systemen in Wohn- und Zweckbauten planen und realisieren	
				x			• Gebäudetechnische Anlagen ausführen und in Betrieb nehmen	
			x				• Systeme integrieren und Fremdleistungen vergeben	
		x					• Elektrische Maschinen in Stand setzen	
	x						• Software von gebäudetechnischen Systemen einrichten, erweitern und anpassen	
10						x	• Automatisierungssysteme in Betrieb nehmen und übergeben	• Elektrische Anlagentechnik .... 277 • Netzsysteme............................ 356 • Leistungselektronik...................... 244 • Transformatoren .... 470 • Automatisierungstechnik .... 556 • Elektrogeräte .... 404 • Licht- und Beleuchtungstechnik .... 387 • Fotovoltaikanlagen .... 282 • Regelungstechnik........................ 596 • Blitzschutz............................... 463
					x		• Elektrische Geräte und Anlagen der Haustechnik planen, in Betrieb nehmen und übergeben	
				x			• Energietechnische Anlagen errichten und in Stand halten	
			x				• Gebäude- und Infrastruktursysteme nach Kundenwunsch betreiben	
		x					• Steuerungen und Regelungen für elektrische Maschinen auswählen und anpassen	
	x						• Daten und Dienste gebäudetechnischer Systeme sicher bereitstellen	
11						x	• Automatisierungssysteme in Stand halten und optimieren	• Elektrische Anlagentechnik .... 277 • Netzsysteme............................ 356 • Netzformen.............................. 293 • Transformatoren .... 470 • Automatisierungstechnik .... 556 • Kundenauftrag........................... 646 • Gebäudetechnik .... 387 • Elektrische Maschinen 469
					x		• Energietechnische Systeme errichten, in Betrieb nehmen und instand setzen	
				x			• Automatisierte Anlagen in Betrieb nehmen und in Stand halten	
			x				• Gebäude- und Infrastruktursysteme in Stand halten und Reparaturaufträge vergeben	
		x					• Elektrische Maschinen in technische Systeme integrieren	
	x						• Gebäudetechnische Systeme gewerkeübergreifend projektieren	
12						x	• Automatisierungssysteme planen	• Elektrische Anlagentechnik .... 277 • Leitungsberechnung...................... 332 • KNX..................................... 445 • Energieeinsparung .... 628 • Automatisierungstechnik .... 556 • Feldbusse .... 588 • Maschinensicherheit..................... 594 • Wartung und Prüfung elektr. Maschinen.... 529
					x		• Energie- und gebäudetechnische Anlagen planen und realisieren	
				x			• Elektrotechnische Anlagen planen und realisieren	
			x				• Nutzungsänderungen an Gebäude- und Infrastruktursystemen planen	
		x					• Antriebssysteme in Stand halten	
	x						• Gebäudetechnische Systeme warten und instand setzen	
13						x	• Automatisierungssysteme realisieren	• Schutzmaßnahmen........................ 348 • Elektrische Anlagentechnik .... 277 • Auswahl eines Elektromotors............. 503 • Automatisierungstechnik .... 556 • Ablaufsteuerungen....................... 579 • Fertigungsverfahren...................... 618 • Räume und Anlagen besonderer Art 345
					x		• Energie- und gebäudetechnische Systeme anpassen und dokumentieren	
				x			• Elektrotechnische Anlagen in Stand halten und ändern	
			x				• Gebäude- und Infrastruktursysteme optimieren	
		x					• Antriebssysteme anpassen und optimieren	
	x						• Gebäudetechnische Systeme anpassen und optimieren	

* Elektroniker für AT: Automatisierungstechnik, EG: Energie- und Gebäudetechnik (Handwerk), BT: Betriebstechnik, GI: Gebäude- und Infrastruktursysteme, MA: Maschinen- und Antriebstechnik, GS: Gebäudesystemintegration (Handwerk)

Ein neues Projekt entsteht!

Um Projekte oder Aufträge professionell durchzuführen, z. B. Erstellen einer Installationsschaltung **(nächste Seite),** ist ein systematisches Vorgehen notwendig. Die Schritte zur Bearbeitung eines Projektes bzw. eines Auftrages zeigt die **Übersicht.** Sie können auf beliebige Anwendungsfälle übertragen werden. Je nach Auftrag sind nicht alle Projektschritte notwendig.

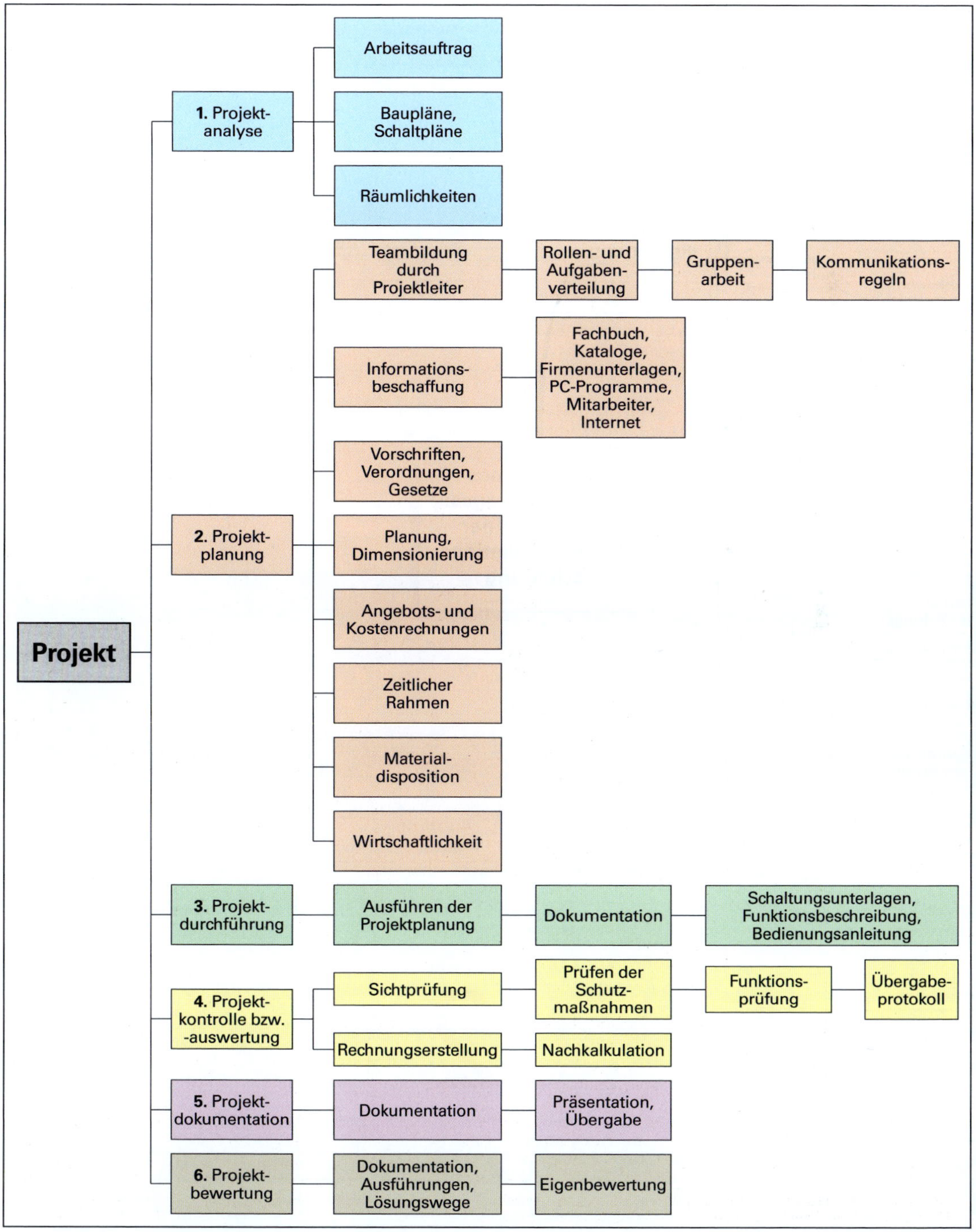

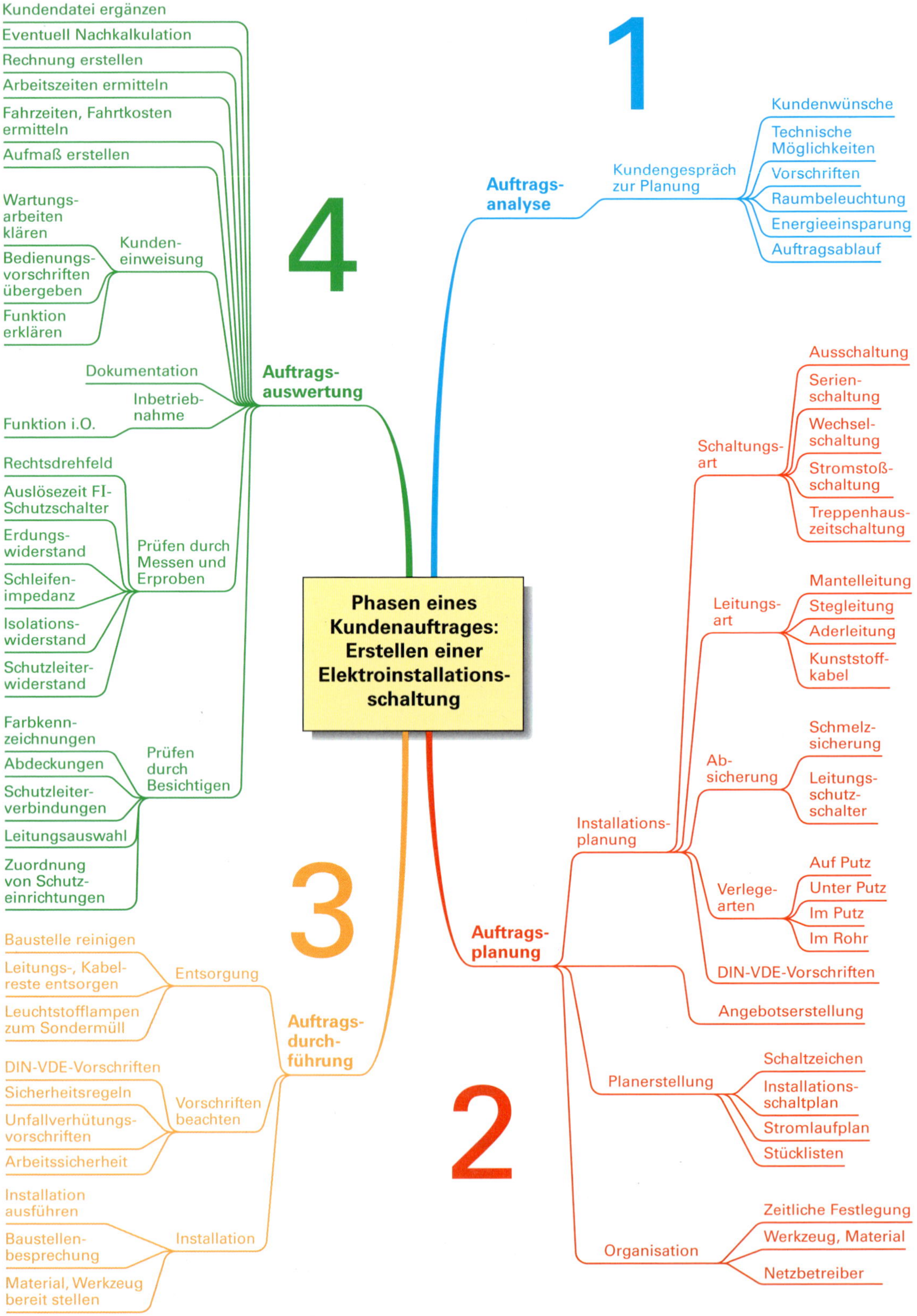
Phasen eines Kundenauftrages: Erstellen einer Elektroinstallations-schaltung
1
Auftrags-analyse
Kundengespräch zur Planung
Kundenwünsche
Technische Möglichkeiten
Vorschriften
Raumbeleuchtung
Energieeinsparung
Auftragsablauf
2
Auftrags-planung
Installations-planung
Schaltungs-art
Ausschaltung
Serien-schaltung
Wechsel-schaltung
Stromstoß-schaltung
Treppenhaus-zeitschaltung
Leitungs-art
Mantelleitung
Stegleitung
Aderleitung
Kunststoff-kabel
Ab-sicherung
Schmelz-sicherung
Leitungs-schutz-schalter
Verlege-arten
Auf Putz
Unter Putz
Im Putz
Im Rohr
DIN-VDE-Vorschriften
Angebotserstellung
Planerstellung
Schaltzeichen
Installations-schaltplan
Stromlaufplan
Stücklisten
Organisation
Zeitliche Festlegung
Werkzeug, Material
Netzbetreiber
3
Auftrags-durch-führung
Entsorgung
Baustelle reinigen
Leitungs-, Kabel-reste entsorgen
Leuchtstofflampen zum Sondermüll
Vorschriften beachten
DIN-VDE-Vorschriften
Sicherheitsregeln
Unfallverhütungs-vorschriften
Arbeitssicherheit
Installation
Installation ausführen
Baustellen-besprechung
Material, Werkzeug bereit stellen
4
Auftrags-auswertung
Kundendatei ergänzen
Eventuell Nachkalkulation
Rechnung erstellen
Arbeitszeiten ermitteln
Fahrzeiten, Fahrtkosten ermitteln
Aufmaß erstellen
Kunden-einweisung
Wartungs-arbeiten klären
Bedienungs-vorschriften übergeben
Funktion erklären
Dokumentation
Inbetrieb-nahme
Funktion i.O.
Prüfen durch Messen und Erproben
Rechtsdrehfeld
Auslösezeit FI-Schutzschalter
Erdungs-widerstand
Schleifen-impedanz
Isolations-widerstand
Schutzleiter-widerstand
Prüfen durch Besichtigen
Farbkenn-zeichnungen
Abdeckungen
Schutzleiter-verbindungen
Leitungsauswahl
Zuordnung von Schutz-einrichtungen

1 Arbeitssicherheit und Gesundheitsschutz

1.1 Sicherheit und Gesundheitsschutz am Arbeitsplatz

Elektrounfälle lassen sich meist auf **technische Mängel,** z.B. fehlende Schutzabdeckungen oder fehlerhafte Isolation, zurückführen. Auch **organisatorische Mängel,** z.B. fehlende oder ungenügende Arbeitsanweisungen, und **persönliche Fehler,** z.B. Fehlhandlungen, führen zu Unfällen. Die **persönliche Schutzausrüstung** am Arbeitsplatz ist von großer Bedeutung als Schutz vor Verletzung und Erkrankung. Persönliche Schutzausrüstung ist alles, was den Körper gegen schädigende Einflüsse schützt, z.B. Schutzkleidung oder Schutzhelm.

Schutzvorrichtungen und erklärende Hinweisschilder, z.B. das Hinweisschild zur Sicherheit am Arbeitsplatz **(Bild),** darf man nicht entfernen.

Die **Betriebssicherheitsverordnung (BetrSichV) (Übersicht)** beinhaltet Vorschriften für die Bereitstellung und die Verwendung von Arbeitsmitteln.

Arbeitsschutzgesetz (ArbSchG). Dieses Gesetz dient dazu, Sicherheit und Gesundheitsschutz der Beschäftigten bei der Arbeit durch Maßnahmen des Arbeitsschutzes zu sichern und zu verbessern.

Der Arbeitgeber ist verantwortlich für Sicherheit und Gesundheitsschutz im Betrieb. Mit der Durchführung einer gesetzlich vorgeschriebenen **Gefährdungsbeurteilung (Seite 19)** muss er die konkreten Gefährdungen der Arbeitsmittel und Anlagen sowie der Arbeitsbedingungen für die Beschäftigten und die Umwelt erfassen und beurteilen.

Unfallverhütungsvorschriften (UVVen) gelten für Unternehmer und Versicherte. Sie verpflichten die Unternehmer, Maßnahmen zur Verhütung von Arbeitsunfällen, Berufskrankheiten und arbeitsbedingten Gesundheitsgefahren sowie für eine wirksame Erste Hilfe zu treffen. Die Versicherten haben diese Maßnahmen zu unterstützen. Das Vorschriften- und Regelwerk der **deutschen gesetzlichen Unfallversicherung (DGUV)** unterstützt die Unternehmer und Versicherte bei der Wahrnehmung ihrer Pflichten im Bereich Sicherheit und Gesundheitsschutz.

1.2 Produktsicherheitsgesetz

Das **Produktsicherheitsgesetz (ProdSG)** regelt die Anforderungen an die Sicherheit von Produkten und deren Kontrolle und Kennzeichnung (z.B. CE-Kennzeichnung). Es gilt, wenn im Rahmen einer Geschäftstätigkeit Produkte auf dem Markt bereitgestellt, ausgestellt oder erstmals verwendet werden.

Übersicht: Gesetze und Vorschriften (Beispiele)

- DIN-VDE-Vorschriften
- Betriebssicherheitsverordnung (BetrSichV)
- Arbeitsschutzgesetz (ArbSchG)
- Unfallverhütungsvorschriften (UVVen)
- Vorschriften und Regelwerke der deutschen gesetzlichen Unfallversicherung (DGUV)
  z.B. – Vorschrift 1: Grundsätze der Prävention
  – Vorschrift 2: Betriebsärzte und Fachkräfte für Arbeitssicherheit
  – Vorschrift 3: Elektrische Anlagen und Betriebsmittel
- Technische Regeln für Betriebssicherheit (TRBS), z.B. TRBS 1201 Prüfungen von Arbeitsmitteln und überwachungsbedürftigen Anlagen
- Produktsicherheitsgesetz (ProdSG)
- Gefahrstoffverordnung (GefStoffV)

Bild: Hinweisschild zur Sicherheit am Arbeitsplatz

Arbeiten in der Elektrotechnik (Seite 354)

Arbeiten an elektrotechnischen Anlagen dürfen nur durch Elektrofachkräfte oder unter deren Leitung und Aufsicht ausgeführt werden. Elektrofachkräfte müssen die übertragenen Aufgaben beurteilen, mögliche Gefahren erkennen und erforderliche Sicherheitsmaßnahmen treffen können.

Produkte umfassen z.B. Maschinen, Heimwerker- und Haushaltsgeräte, Werkzeuge, Sport- und Freizeitgeräte, sämtliche Textilien, Möbel sowie Spielzeug und persönliche Schutzausrüstungen.

Produkte, die innerhalb der europäischen Union (EU) auf den Markt gelangen, müssen den Sicherheitsanforderungen der EG-Richtlinien genügen. Als Zeichen der Übereinstimmung tragen diese Produkte das **CE[1]-Kennzeichen (Bild a).** Der Hersteller erklärt damit die Übereinstimmung (Konformität) des Produktes mit den grundlegenden Sicherheitsanforderungen und bringt in eigener Verantwortung die CE-Kennzeichnung am Produkt an.

Mit dem Anbringen der CE-Kennzeichnung bestätigt der Hersteller, dass das Produkt den Anforderungen der EU-Rechtsvorschriften entspricht.

Neben dem CE-Kennzeichen können Produkte das **GS-Zeichen (Bild b)** für **geprüfte Sicherheit** erhalten. Das GS-Zeichen beruht auf dem Produktsicherheitsgesetz. Hersteller können ihre Erzeugnisse freiwillig bei Prüfstellen, die vom Bundesministerium für Arbeit und Soziales (BMAS) benannt sind, z. B. TÜV[2] und VDE[3], prüfen lassen.

Produkte mit dem GS-Zeichen garantieren, dass die Sicherheit und Gesundheit des Nutzers nicht gefährdet ist. Die Anbringung dieses Zeichens ist nur nach einer Prüfung durch die GS-Prüfstellen erlaubt.

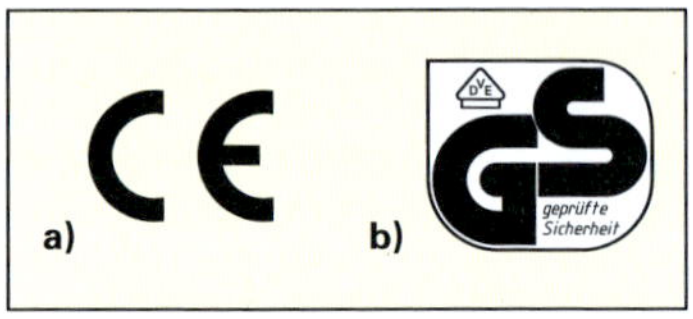

Bild: CE-Kennzeichen und GS-Zeichen

Kennzeichnungssystem nach der CLP-(GHS-)Verordnung

- **Gefahrenpiktogramm,** z. B.

- **Gesundheitsgefahren** mit Gefahrenkategorien, z. B. Akute Toxizität, Ätz-, Reizwirkung auf der Haut, Gase unter Druck.
- **Signalworte** „Achtung" oder „Gefahr"
- **Gefahrenhinweise, H-Sätze** (Hazard Statements) beschreiben die Art und gegebenenfalls den Schweregrad, der von gefährlichen Stoffen oder Gemischen ausgehenden Gefahr **(Bild 1, Seite 17).**
- **Sicherheitshinweise P-Sätze** (Precautionary Statements) beschreiben die empfohlenen Maßnahmen, um schädliche Wirkungen aufgrund der Exposition gegenüber einem gefährlichen Stoff oder Gemisch zu begrenzen oder zu vermeiden **(Bild 1, Seite 17).**

Gefahrstoffe sind Stoffe oder Gemische von Stoffen, die aufgrund ihrer physikalischen, chemischen und toxikologischen Eigenschaften eine Gefährdung für die Gesundheit und Sicherheit der Beschäftigten darstellen können.

1.3 Gefahrstoffverordnung

Die **Gefahrstoffverordnung (GefStoffV)** gilt für das Inverkehrbringen von Stoffen, Gemischen und Erzeugnissen, weiterhin zum Schutz der Beschäftigten und anderer Personen vor Gefährdungen ihrer Gesundheit und Sicherheit durch Gefahrstoffe und zum Schutz der Umwelt vor stoffbedingten Schädigungen. Insbesondere sind gefährliche Stoffe und Gemische ordnungsgemäß zu verpacken und zu kennzeichnen. Durch das global harmonisierte System (GHS[4]) werden chemische Stoffe weltweit nach identischen Kriterien eingestuft und gekennzeichnet. Das GHS-System wurde mit der CLP[5]-Verordnung, Verordnung über die Einstufung, Kennzeichnung und Verpackung von Stoffen und Gemischen in der EU eingeführt. Am auffälligsten ist die Änderung der Kennzeichnungssymbole. Zur Darstellung der Gefahren werden statt der Gefahrensymbole Gefahrenpiktogramme, rot umrandete Raute mit schwarzem Symbol auf weißem Hintergrund **(Tabelle),** verwendet. Zur weiteren Kennzeichnung wurden die Signalwörter „Achtung" und „Gefahr" eingeführt.

- **Achtung:** Signalwort für die weniger schwerwiegenden Gefahrenkategorien.
- **Gefahr:** Signalwort für die schwerwiegenden Gefahrenkategorien.

Tabelle: Gefahrenkennzeichnung (Alt und Neu im Vergleich)

	Physikalisch chemische Gefahren			Gesundheitsgefahren				Umweltgefahren
Alt	E	F F+	O	C	T T+	Xi	Xn	N
Neu	Explosiv	Entzündlich Komprimierte Gase	Brandfördernd Korrosiv wirkende Stoffe	Ätzend, Reizend	Giftig	Reizend	Gesundheitsschädlich KMR-Stoffe	Umweltgefährlich

[1] **CE,** Abk. für: **C**ommunauté **E**uropéenne (franz.) = Europäische Gemeinschaft
[2] **TÜV,** Abk. für: **T**echnischer **Ü**berwachungs**v**erein
[3] **VDE,** Abk. für: **V**erband **d**er **E**lektrotechnik Elektronik Informationstechnik e.V.
[4] **GHS,** Abk. für: **G**lobally **H**armonised **S**ystem (engl.) = Global Harmonisiertes System
[5] **CLP,** Abk. für: **C**lassification, **L**abelling and **P**ackaging (engl.) = Einstufung, Kennzeichnung und Verpackung

Eine Substanz, die als gefährlich eingestuft und verpackt ist, muss ein Kennzeichnungsetikett **(Bild 1)** mit folgenden Elementen tragen.

Bild 1: Beispiel für die Kennzeichnung eines gefährlichen Stoffes

1.4 Sicherheitszeichen

Im technischen Regelwerk der Arbeitsstättenverordnung (ASR) beschreibt die ASR A1.3 die Anforderungen für die Sicherheits- und Gefahrenschutzkennzeichnung in Arbeitsstätten. **Sicherheitszeichen (Hintere Umschlaginnenseite, Tabelle)** dienen zur Sicherheits- und Gesundheitsschutzkennzeichnung. Sie warnen vor Gefahren, leiten in gefährlichen Situationen und geben Handlungsanweisungen. Dazu gehört ebenso das Aufzeigen von Verboten. Jede Kennzeichnung soll schnell und unmissverständlich die Aufmerksamkeit auf Gegenstände und Sachverhalte lenken, die Gefahren verursachen können.

Sicherheitszeichen ermöglichen allein durch die Kombination von **Form** und **Sicherheitsfarbe** eine Aussage darüber, ob es sich dabei um Verbots-, Gebots-, Warn-, Rettungs- oder Brandschutzzeichen handelt **(Tabelle).** Zusätzlich haben Sicherheitszeichen noch ein entsprechendes **Bildsymbol.**

- **Verbotszeichen** untersagen ein Verhalten, durch das eine Gefahr entstehen kann, z. B. Schalten verboten **(Bild 2)**.
- **Gebotszeichen** schreiben ein bestimmtes Verhalten vor, z. B. Schutzhelm benutzen.
- **Warnzeichen** warnen vor Risiken oder Gefahren, z. B. Warnung vor Laserstrahl.
- **Rettungszeichen** kennzeichnen Rettungswege oder Notausgänge oder den Weg zu einer Erste-Hilfe-Einrichtung.
- **Brandschutzzeichen** kennzeichnen die Standorte von Feuermelde- oder Feuerlöscheinrichtungen.
- **Zusatzzeichen (Bild 2)** dürfen nur in Verbindung mit einem Sicherheitszeichen verwendet werden. Sie liefern zusätzliche Hinweise durch Worte oder Texte.

Tabelle: Form, Farbe und Bedeutung von Sicherheitszeichen

Geometrische Form	Sicherheits-farbe	Bedeutung	Anwendungs-beispiel
Kreis mit Diagonalbalken	ROT	Verbot	Rauchen verboten
Kreis	BLAU	Gebot	Kopfschutz benutzen
gleichseitiges Dreieck mit gerundeten Ecken	GELB	Warnung	Warnung vor feuergefährlichen Stoffen
Quadrat	GRÜN	Gefahrlosigkeit	Notruftelefon
Quadrat	ROT	Brandschutz	Feuerlöscher

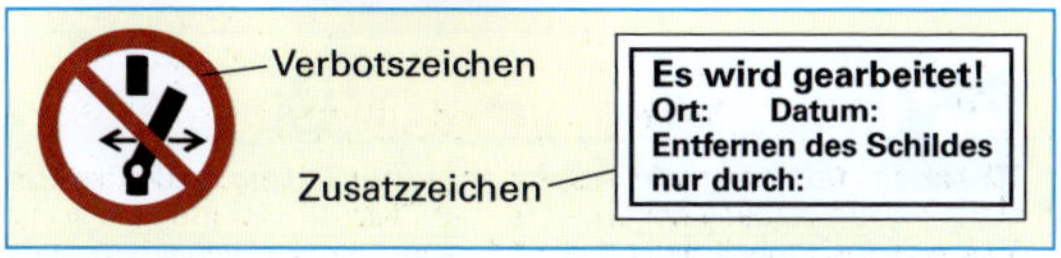

Bild 2: Verbotszeichen mit Zusatzzeichen

1.5 Erste Hilfe

Unter Erster Hilfe versteht man Hilfeleistungen vor Ort, bevor der Verletzte oder Kranke ärztlich versorgt wird.

Häufig hängt das Leben eines Verletzten davon ab, dass möglichst rasch und noch am Unfallort **Erste Hilfe (Bild 2)** geleistet wird. Der Arbeitgeber (Unternehmer) ist für eine wirksame Erste Hilfe verantwortlich und hat die dafür erforderlichen Maßnahmen zu treffen. Dazu gehören insbesondere auch die Benennung einer ausreichenden Anzahl von **Ersthelfern** (gesetzlich vorgeschrieben in DGUV § 26 Vorschrift 1), die Sicherstellung einer entsprechenden Ausbildung und die Zurverfügungstellung einer geeigneten Erste-Hilfe-Ausrüstung.

Bei Unfällen durch elektrischen Strom ist auf Eigenschutz zu achten und der über den Menschen fließende Strom muss unterbrochen werden.

In Niederspannungsanlagen (übliche Spannung im Haushalt und Gewerbe 230/400 V bis maximal 1000 V) erfolgt eine Unterbrechung des Stromkreises z. B. durch Ausschalten, Ziehen des Steckers oder Herausnehmen der Sicherung. Kann der Stromkreis nicht unterbrochen werden, so ist der Verunglückte durch einen nichtleitenden Gegenstand, z. B. eine Isolierstange, von den unter Spannung stehenden Teilen zu trennen.

Notruf 112

- **Wo** ist der Notfall?
- **Was** ist geschehen?
- **Wie** viele Verletzte/Erkrankte?
- **Welche** Verletzungen/Erkrankungen?
- **Warten** auf Rückfragen der Rettungsleitstelle! Niemals das Gespräch selbst beenden.

Bild 1: Warnung vor gefährlicher elektrischer Spannung

In **Hochspannungsanlagen** (über 1000 V, durch Warnschild mit Blitzpfeil gekennzeichnete Anlagen, **Bild 1**) ist sofort der Notruf zu veranlassen und Fachpersonal zu verständigen. Die Rettung aus Hochspannungsanlagen erfolgt nur durch Fachpersonal. Der Stromkreis darf deshalb nur von einer Elektrofachkraft mit Schaltberechtigung abgeschaltet werden.

Bei **unbekannter Spannung** ist ebenso wie bei Hochspannung ein Sicherheitsabstand von mindestens 5 m einzuhalten. Es sind die gleichen Maßnahmen zu ergreifen wie bei Hochspannung.

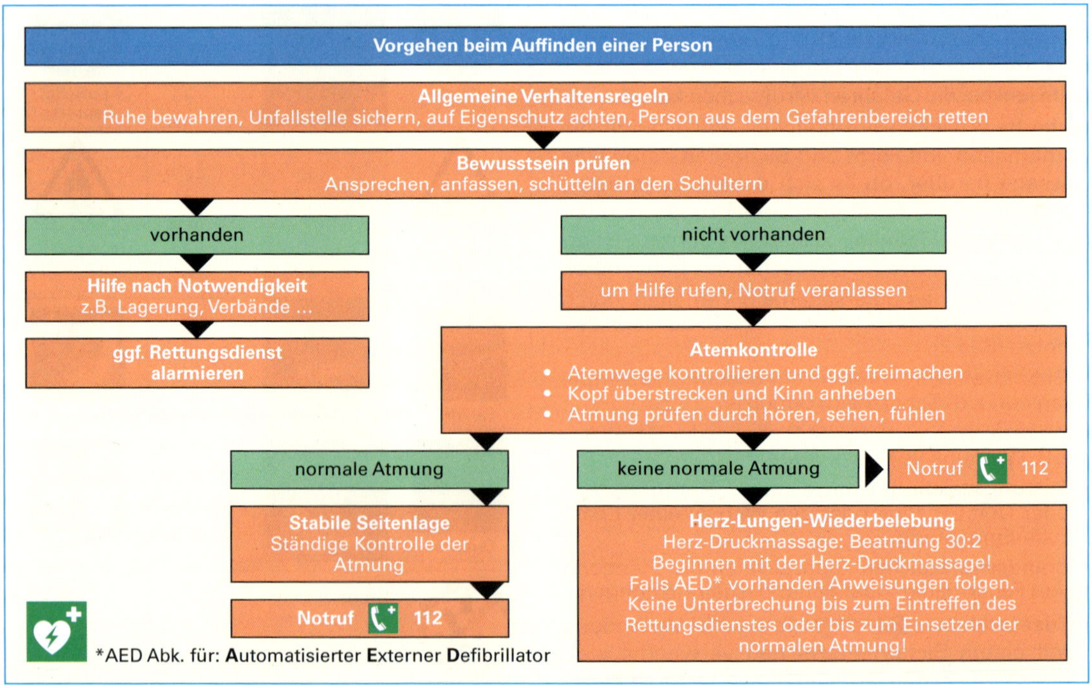

Bild 2: Maßnahmen zur Ersten Hilfe

Handlungsanleitung zur Durchführung einer Gefährdungsbeurteilung

Jede Tätigkeit ist mit Unfall- und Gesundheitsrisiken verbunden. Um die Risiken möglichst gering zu halten, sind Unternehmer verpflichtet, nach § 5 und § 6 des Arbeitsschutzgesetzes eine Gefährdungsbeurteilung durchzuführen und zu dokumentieren. Weitere rechtliche Grundlagen zur Erstellung einer Gefährdungsbeurteilung sind z. B. die Betriebssicherheitsverordnung, die Technische Regel für Betriebssicherheit (TRBS 1111), die Arbeitsstättenverordnung, die Gefahrstoffverordnung sowie die Unfallverhütungsvorschrift (DGUV Vorschrift 1).

Prozessschritte zur Durchführung einer Gefährdungsbeurteilung:

Erfassen der Betriebsorganisation

Strukturierung des Betriebs in zu erfassende Arbeitsbereiche, z. B. Verwaltung, Werkstatt, Lager und Tätigkeiten

Welche Tätigkeiten werden ausgeführt?

→ **Erfassen der Sicherheitsorganisation des Betriebs**

z. B. Organisation der Ersten Hilfe, Umgang mit Gefahrstoffen, Sicherheitsbeauftragte ...

↓

Erfassen und Ermitteln möglicher Gefährdungen und Belastungen

Gefährdungen bzw. Belastungen können z. B. unterteilt werden in

- **Mechanische Gefährdungen**, z. B. Stolpern, Rutschen, Stürzen ...
- **Elektrische Gefährdungen**, z. B. elektrische Körperdurchströmung infolge defekter Geräte.
- **Gefährdung durch Gefahrstoffe**, z. B. Einatmen oder Verschlucken giftiger Stoffe.
- **Biologische Gefährdung**, z. B. Infektionsgefahr durch Mikroorganismen.
- **Physikalische Gefährdungen**, z. B. Einwirkungen von Lärm, Vibrationen, Strahlung.
- **Gefährdungen durch physische Belastung**, z. B. schwere körperliche Arbeit.
- **Gefährdungen durch Mängel der Sicherheitsorganisation**, z. B. mangelnde Regelung zur Ersten Hilfe, Kennzeichnung von Fluchtwegen, persönliche Schutzausrüstung, Unterweisungen, Betriebsanweisungen.

Was kann zu einer Gefährdung führen?

↓

Bewertung der Gefährdungen

Beurteilung darüber, wie sich die ermittelten Gefährdungen auf die Gesundheit der Arbeitnehmer auswirken können.

Sind Sicherheit und Gesundheit der Arbeitnehmer gefährdet?

↓

Vorhandene Maßnahmen ausreichend?

nein → **Festlegen und Durchführen von Maßnahmen**

Maßnahmen sind nach den allgemeinen Grundsätzen des ArbSchG festzulegen.

Daraus ergibt sich die Rangfolge technisch, organisatorisch und persönlich (TOP) der festzulegenden Schutzmaßnahmen.

- **Technische Schutzmaßnahmen**, z. B. Absauganlagen, Positionsschalter.
- **Organisatorische Schutzmaßnahmen**, z. B. Organisation der Ersten Hilfe, Unterweisung, Arbeitsmedizin, Hygiene.
- **Persönliche Schutzmaßnahmen**, z. B. persönliche Schutzausrüstung (Schutzbrille, Handschuhe), kommen erst zum Einsatz, wenn technische Maßnahmen die Beschäftigten nicht schützen können.

Wer macht Was bis Wann?

ja ↓

Getroffene Maßnahmen auf Wirksamkeit überprüfen!

Maßnahmen nicht wirksam → Festlegen und Durchführen von Maßnahmen

Maßnahmen wirksam ↓

Dokumentation

Die Dokumentation umfasst nach § 6 des ArbSchG:

- Das Ergebnis der Gefährdungsbeurteilung.
- Die festgelegten Maßnahmen des Arbeitsschutzes.
- Das Ergebnis ihrer Überprüfung.
- Unfälle im Betrieb, bei denen ein Beschäftigter getötet oder so verletzt wird, dass er stirbt oder für mehr als drei Tage völlig oder teilweise arbeits- oder dienstunfähig wird.

(Nächster Praxistipp: Seite 102)

1. **a)** Auf welche Mängel bzw. Fehler lassen sich Elektrounfälle meist zurückführen? Nennen Sie Beispiele. **b)** Welche Forderungen lassen sich daraus für technische Anlagen ableiten?

2. **a)** Was versteht man unter persönlicher Schutzausrüstung? **b)** Welche Aufgabe erfüllt die persönliche Schutzausrüstung? **c)** Geben Sie Beispiele für die persönliche Schutzausrüstung an.

3. **a)** Zu welchem Zweck wird eine Gefährdungsbeurteilung durchgeführt? **b)** Nennen Sie die Schritte zur praktischen Durchführung einer Gefährdungsbeurteilung.

4. Welche Pflichten ergeben sich aus den Unfallverhütungsvorschriften für die Arbeitgeber?

5. Welche Gesetze bzw. Verordnungen werden durch die folgenden Abkürzungen beschrieben: **a)** DGUV, **b)** GefStoffV, **c)** ProdSG und **d)** UVV?

6. Welche Bedeutung hat auf Produkten das **a)** CE-Zeichen und **b)** GS-Zeichen?

7. Welche Verordnung dient dem Schutz von Beschäftigten vor einer Gefährdung ihrer Gesundheit durch Gefahrstoffe?

8. Geben Sie die Bezeichnungen für die in **Bild 1** dargestellten Gefahrenpiktogramme von **a)** bis **g)** an.

Bild 1: Gefahrenpiktogramme

9. Welche Angaben müssen auf der Verpackung von gefährlichen Stoffen vorhanden sein?

10. **a)** Durch welche Beurteilung werden die Unfall- und Gesundheitsrisiken in Betrieben möglichst gering gehalten? **b)** Nach welchen Gesetzen bzw. Vorschriften wird eine Gefährdungsbeurteilung durchgeführt?

11. Welche Pflichten ergeben sich u. a. für die Unternehmen aus der Unfallverhütungsvorschrift „Sicherheits- und Gesundheitsschutzkennzeichnung am Arbeitsplatz"?

12. **a)** Was versteht man nach dem ProdSG unter Produkten? **b)** Unter welchen Voraussetzungen dürfen Produkte auf den Markt gebracht werden, und durch welches Zeichen wird dies angegeben?

13. Durch welche zwei Merkmale lassen sich Sicherheitszeichen unterscheiden?

14. Nennen Sie die Sicherheitsfarben **a)** bis **d)** für die in der **Tabelle** angegebenen Sicherheitszeichen.

Tabelle: Form und Sicherheitsfarben von Sicherheitszeichen

Sicherheitsfarbe / Form	a)	b)	c)	d)
○	Verbot	—	Gebot	—
△	—	—	—	Warnung
□	Brandschutz	Gefahrlosigkeit	—	—

15. **a)** Welche Sicherheitszeichen können unterschieden und **b)** welche Aussagen können durch die jeweiligen Zeichen gemacht werden?

16. Benennen Sie die im **Bild 2** dargestellten Sicherheitszeichen und geben Sie ihre Bedeutung an.

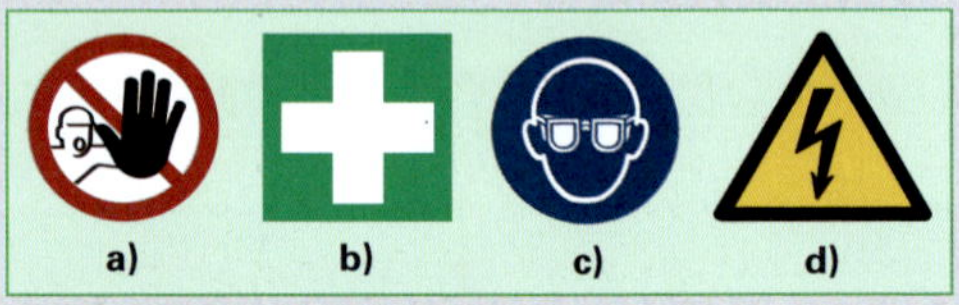

Bild 2: Sicherheitszeichen

17. Warum werden häufig bei Sicherheitszeichen Zusatzzeichen verwendet?

18. Welche Angaben müssen bei einem Notruf unbedingt gemacht werden?

19. Was versteht man unter Erster Hilfe?

20. Welche Sofortmaßnahmen sind bei Unfällen durch den elektrischen Strom zu treffen?

21. Wie kann man einem durch elektrischen Strom Verunglückten helfen, wenn der Stromkreis nicht unterbrochen werden kann?

22. Beschreiben Sie die Maßnahmen der Ersten Hilfe, wenn Sie einen Verletzten auffinden, der **a)** ansprechbar ist oder **b)** nicht ansprechbar ist.

2 Grundbegriffe der Elektrotechnik

2.1 Umgang mit physikalischen Größen

Rechtsverordnungen und Normen
Die Einheitenverordnung schreibt Einheiten und Einheitenzeichen vor. Wichtige Normen sind in der **Übersicht** genannt.

Gleichungen und Formeln
Man unterscheidet

- Zahlenwertgleichungen, z. B. $\mathbf{3x = 8 + x}$
- Größengleichungen (Formeln), z. B. $\boldsymbol{F_G = m \cdot g}$

Zahlenwertgleichungen setzen zwei Terme z. B. ($3x$ und $8 + x$) mit Zahlen und Variablen (x) gleich. Die Zahl für die Variable (x), die beide Terme gleichwertig macht, ist die Lösung der Gleichung ($x = 4$).

Größengleichungen (Formeln) bestehen meist aus Variablen, z. B. F_G oder m. Sie erfassen den mathematischen Zusammenhang zwischen physikalischen Größen.

Einheitenvorsätze
Sehr große oder sehr kleine Größenwerte drückt man mit einem Einheitenvorsatz aus **(Tabelle 1).** Man schreibt z. B. 5432 **km** statt 5 432 000 **m**.

Physikalische Größen
Messbare Eigenschaften von Körpern oder physikalischen Zuständen nennt man **physikalische Größen,** z. B. Länge, Temperatur, Spannung. Sie bestehen aus einem Zahlenwert und der Maßeinheit, z. B. 3,4 m, 36 °C oder 230 V. Physikalische Größen werden mit Formelzeichen abgekürzt, z. B. l für Länge, T für Temperatur, U für elektrische Spannung.

In der Technik werden nur SI-Einheiten[1] oder davon abgeleitete Einheiten benutzt **(Tabelle 2).**

Kursiv schreibt man nach DIN 1313 und DIN 1338
• Formelzeichen, z. B. ***F*** (Kraft), • Variablen, z. B. ***x, y.***

Übersicht: Normen über Größen und Einheiten, Formelzeichen und Gleichungen

- DIN 1301 Einheiten
- DIN 1302 Mathematische Zeichen und Begriffe
- DIN 1304 Formelzeichen
- DIN 1313 Physikalische Größen und Gleichungen
- DIN 1338 Formelschreibweise

Gewichtskraft

Formel — $F_G = m \cdot g$

Maßeinheit der Kraft F — $[F] = \text{kg} \cdot \text{m/s}^2 = \text{N}$ — Einheitenzeichen, Maßeinheit

Formelzeichen — physikalische Größen:
- F_G Gewichtskraft eines Körpers (Gewicht)
- m Masse
- g Erdbeschleunigung (9,81 m/s²)

Beispiel:
Eine Kiste mit Werkzeugen hat die Masse $m = 15$ kg. Berechnen Sie die Gewichtskraft F_G.

Lösung:
$F_G = m \cdot g = 15\ \text{kg} \cdot 9{,}81\ \frac{\text{m}}{\text{s}^2} = \mathbf{147\ N}$

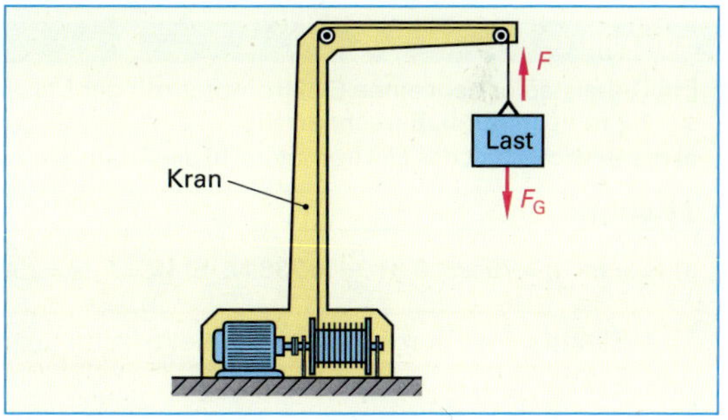

Bild: Kräfte auf eine Last am Kran

Masse und Kraft

Den Materiegehalt einer Stoffmenge z. B. von einem Liter Wasser nennt man Masse. Die Masse hat das Formelzeichen m und die Maßeinheit kg. Die Masse ist ortsunabhängig. Auf der Erde wirkt auf jede Masse eine Anziehung. Diese Eigenschaft nennt man Gewichtskraft F_G **(Bild).**

Tabelle 1: Vorsätze für Vielfache und Teile der Einheiten (Auswahl)

Vorsatz	Peta	Tera	Giga	Mega	Kilo	Dezi	Zenti	Milli	Mikro	Nano	Piko
Zeichen	P	T	G	M	k	d	c	m	µ	n	p
Faktor	10^{15}	10^{12}	10^{9}	10^{6} 1 000 000	10^{3} 1 000	10^{-1} 0,1	10^{-2} 0,01	10^{-3} 0,001	10^{-6} 0,000 001	10^{-9}	10^{-12}

Tabelle 2: SI-Basisgrößen und SI-Basiseinheiten

Basisgröße	Länge	Zeit	Masse	Stromstärke	Temperatur	Stoffmenge	Lichtstärke
Formelzeichen	l	t	m	I	T	n	I_v
Basiseinheit	Meter	Sekunde	Kilogramm	Ampere	Kelvin	Mol	Candela
Einheitenzeichen	m	s	kg	A	K	mol	cd

[1] **SI**, Abk. für: **S**ystème **I**nternational d'unités (frz.) = Internationales Einheitensystem

Mechanische Arbeit

Eine Arbeit wird immer dann verrichtet, wenn ein Körper durch Einwirkung einer Kraft F entlang eines Weges s bewegt wird, z. B. wenn der Kran in **Bild, Seite 21** die Last gegen die Gewichtskraft F_G hochhebt. Dabei müssen die Richtung der Kraft F und die Bewegungsrichtung des Körpers gleich sein. Die Arbeit W[1] wird in der Maßeinheit **Newtonmeter** (Einheitenzeichen Nm) oder mit dem besonderen Einheitennamen **Joule**[2] (Einheitenzeichen J) gemessen.

Energie

Die angehobene Last hat sich äußerlich nicht geändert. Sie hat jedoch beim Anheben Energie gespeichert. Beim Absenken der Last ist sie in der Lage, Arbeit zu verrichten, z. B. einen Generator anzutreiben.

> Energie ist das Vermögen, Arbeit zu leisten.

Die Last am Kran kann beim Absenken genauso viel Arbeit verrichten, wie zuvor Arbeit aufgewendet wurde, um die Last anzuheben. Diesen Zusammenhang nennt man **Energieerhaltungssatz.**

> Energie kann nicht erzeugt oder verbraucht werden. Energie kann man nur in andere Energiearten umwandeln.

Die Maßeinheit der Energie ist Newtonmeter (Nm) oder Joule (J), genau wie bei der Arbeit.

Die Energie, die in der angehobenen Last gespeichert ist, heißt **potenzielle Energie W_{pot}** (Lageenergie). Beim Absenken wird sie in Bewegungsenergie (**kinetische Energie W_{kin}**), beim Bremsen meist in **Wärme** umgewandelt. Man unterscheidet außer der **mechanischen Energie** noch andere Energiearten **(Übersicht).**

Beispiel:

Ein Gabelstapler hebt einen Elektromotor mit der Masse $m = 75$ kg den Weg $s = 1{,}2$ m hoch **(Bild)**. Berechnen Sie
a) die Gewichtskraft des Elektromotors, **b)** die Arbeit, die zum Anheben nötig ist.

Lösung:

a) $F_G = m \cdot g = 75\ \text{kg} \cdot 9{,}81\ \frac{\text{m}}{\text{s}^2} = \mathbf{736\ N}$; **b)** $W = F \cdot s = 736\ \text{N} \cdot 1{,}2\ \text{m} = \mathbf{883\ Nm}$

Elektrische Energie: **Seite 42,** elektrische Leistung: **Seite 44**

Mechanische Leistung

Die aufgewendete Leistung des Gabelstaplers ist umso größer, je schwerer die Last ist, die er anhebt, und je kürzer die Zeit ist, die er dafür benötigt. Allgemein gilt: Je größer eine Arbeit ist und je schneller sie verrichtet wird, desto mehr **Leistung P**[3] muss dazu aufgebracht werden. Die Maßeinheit für die Leistung ist Watt[4] (W).

> Leistung ist verrichtete Arbeit geteilt durch die dazu benötigte Zeit.

Beispiel:

Der Gabelstapler aus obigem **Beispiel** benötigt zum Anheben der Last 3 s. Berechnen Sie die erforderliche Leistung.

Lösung:

$P = \frac{W}{t} = \frac{883\ \text{Nm}}{3\ \text{s}} = 294\ \frac{\text{Nm}}{\text{s}} = 294\ \frac{\text{Ws}}{\text{s}} = \mathbf{294\ W}$

[1] W von work (engl.) = Arbeit, [2] nach Joule (sprich dschul), engl. Physiker, 1818 bis 1889
[3] P von power (engl.) = Leistung [4] nach James Watt, engl. Physiker, 1736 bis 1819

Arbeit und Energie

$$W = F \cdot s \qquad [W] = \text{Nm}$$
$$W_{pot} = m \cdot g \cdot h$$

W	Arbeit, Energie
W_{pot}	potenzielle Energie
F	Kraft
s	Weg
m	Masse
g	Erdbeschleunigung (9,81 m/s²)
h	Höhe

Übersicht: Energiearten

- Mechanische Energie
- Kernenergie
- Wärmeenergie
- Elektrische Energie
- Lichtenergie
- Chemische Energie

1 Nm = 1 J = 1 Ws

F Kraft zum Anheben der Last
F_G Gewichtskraft des Motors
F und F_G sind gleich groß, ihre Richtungen aber entgegengesetzt

Bild: Verrichten einer Arbeit durch einen Gabelstapler

Leistung

$$P = \frac{W}{t} = \frac{F \cdot s}{t} = F \cdot v$$

$$[P] = \frac{\text{Nm}}{\text{s}} = \frac{\text{Ws}}{\text{s}} = \text{W}$$

P	Leistung	F	Kraft
W	Arbeit	s	Weg
v	Geschwindigkeit	t	Zeit

Leistung

- Formelzeichen: P
- Einheitenname: Watt
- Einheitenzeichen: W
- Einheitenvorsätze (Beispiele):
  1 mW = $1 \cdot 10^{-3}$ W = 0,001 W
  1 kW = $1 \cdot 10^{3}$ W = 1000 W
  1 MW = $1 \cdot 10^{6}$ W = 1 000 000 W

2.2 Arten von Stromkreisen

In der Elektrotechnik muss die elektrische Energie sicher und wirtschaftlich bis zum Verbraucher geliefert werden. Dazu benötigt man verschiedene Stromkreise. Man unterscheidet in der Praxis:

- **Elektrische Gleichstromkreise,**
- **Einphasen-Wechselstromkreise** (vereinfacht **Wechselstromkreise** genannt),
- **Dreiphasen-Wechselstromkreise** (auch **Drehstromkreise** genannt).

Elektrischer Gleichstromkreis (Seite 24)		
Betriebsmittel-anschluss	Kenn-zeichnung	Schaltplan
Positiver Pol	+	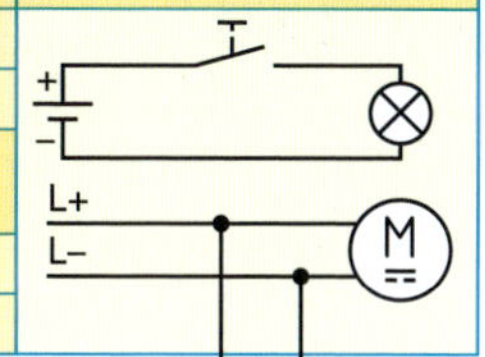
Negativer Pol	–	
Leiter-benennung	Kenn-zeichnung	
Positiver Leiter	L+	
Negativer Leiter	L–	

Überstrom-Schutzeinrichtungen (Sicherungen)

Gleichrichtung: **Seite 251**

Dreiphasen-Wechselstromkreis (Seite 156)			
Leiter-benennung	Kenn-zeichnung		Schaltplan
Außenleiter 1	L1	——	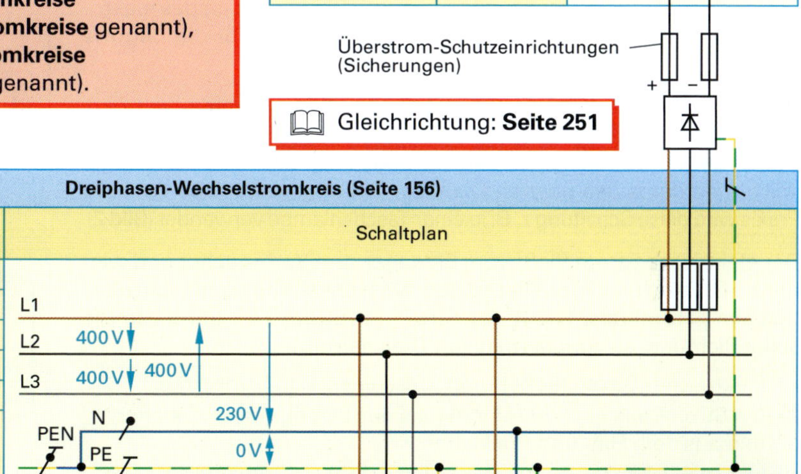
Außenleiter 2	L2	——	
Außenleiter 3	L3	——	
Neutralleiter	N		
Schutzleiter	PE		
Neutralleiter mit Schutzfunktion	PEN		

• Motoren: **Seite 488**
• Schaltzeichen: **Seite 662**

Drehstrommotor

Einphasen-Wechselstromkreis (Seite 127)		
Leiter-benennung	Kenn-zeichnung	Schaltplan
Außenleiter	L*	
Neutralleiter	N	
Schutzleiter	PE	

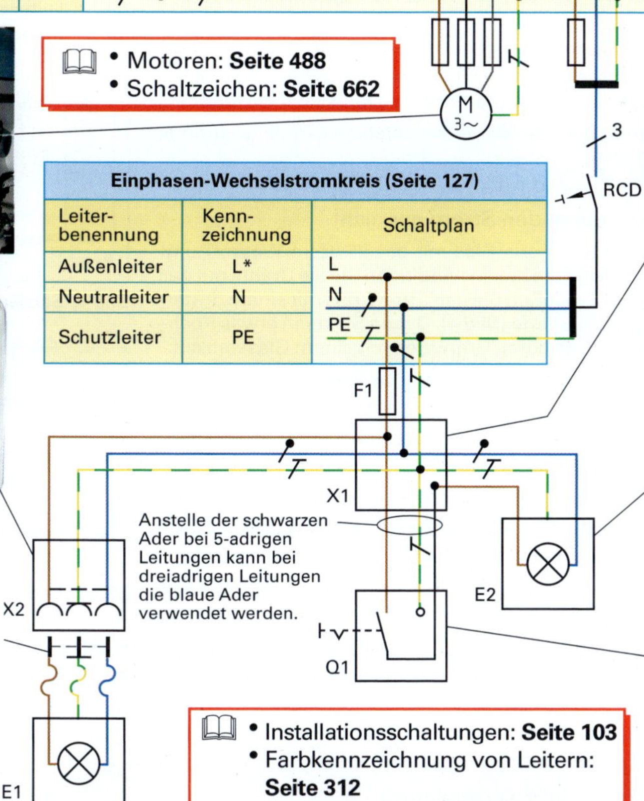

Abzweigdose

Schutzkontaktsteckdose

Leuchte mit Lampe

Schutzkontaktstecker

Ausschalter

• Installationsschaltungen: **Seite 103**
• Farbkennzeichnung von Leitern: **Seite 312**
• Leitungsverlegung: **Seite 318**

* Die Zahl nach „L", z. B. L1, L2, L3, wird nur in Stromkreisen mit mehr als einem Außenleiter angegeben.

SimElektro Grundstufe 1.1

Grundstufe S1

Elektrischer Gleichstromkreis

Versuch 1: Verbinden Sie durch zwei Kupferdrähte eine Lampe (Bemessungsdaten: 1,2 V/0,22 A) mit den Anschlüssen einer 1,5-V-Batterie, z. B. einer Mignon-(AA-)Batterie **(Bild 1)**.

Die Lampe leuchtet nur, wenn sie mit den Drähten verbunden ist und diese mit den Polen der Batterie Kontakt haben.

Die Batterie liefert die elektrische Energie, welche die Lampe zum Leuchten bringt. Die Batterie ist im Versuch der **Erzeuger** (nach DIN VDE 0100-200 auch **Stromquelle** genannt). Die Lampe ist das elektrische Verbrauchsmittel oder kurz der Verbraucher. (Für die Begriffe Erzeuger und Verbraucher siehe auch **Seite 42**.)

Die Lampe leuchtet, wenn sie vom **elektrischen Strom** durchflossen wird. Dieser Strom fließt vom Pluspol der Batterie durch den oberen Draht zum Fußkontakt der Lampe, durch den Glühfaden hindurch zum Lampengewinde und durch den unteren Draht zur Batterie zurück **(Bild 1)**. In der Praxis wird diese Schaltung z. B. in einer Taschenlampe verwendet **(Bild 2)**.

Der elektrische Strom fließt vom Erzeuger zum Verbraucher und wieder zurück zum Erzeuger. Diesen geschlossenen Weg nennt man elektrischen **Stromkreis.** Fließt der Strom im Stromkreis immer in die selbe Richtung, so spricht man von Gleichstrom.

- Elektrischer Strom fließt nur im geschlossenen Stromkreis.
- Ein Stromkreis besteht mindestens aus Erzeuger, Verbraucher und aus dem Hin- und Rückleiter.
- Im elektrischen Gleichstromkreis hat der Strom immer die gleiche Richtung. Die Stromstärke kann sich verändern.

Versuch 2: Fügen Sie in den Stromkreis des letzten Versuchs nacheinander Stäbe aus Kupfer, Aluminium, Stahl, Kohle, Glas, Porzellan und Kunststoff ein **(Bild 3)**.

Nur bei den Metallstäben und beim Kohlestab leuchtet die Lampe (allerdings mit unterschiedlicher Helligkeit).

Metalle leiten den elektrischen Strom gut, Kohle weniger gut; Glas, Porzellan und Kunststoffe leiten den Strom gar nicht.

Versuch 3: Füllen Sie einen Becher aus Glas mit destilliertem Wasser[1] und tauchen Sie zwei blanke Kupferdrähte hinein. Verbinden Sie die Drähte mit der 1,5-V-Batterie und der Lampe. Schließen Sie den Stromkreis mit einem dritten Kupferdraht von der Lampe zur Batterie **(Bild 4)**. Geben Sie dann etwas Kochsalz in das Wasser und lösen Sie es durch Umrühren mit einem Glasstab auf.

Bei destilliertem Wasser bleibt die Lampe dunkel. Nach Auflösen des Salzes leuchtet sie.

Reines Wasser leitet den elektrischen Strom fast nicht. Die Lösung eines Salzes oder einer Säure ist stromleitend.

Die einzelnen Stoffe leiten den elektrischen Strom mehr oder weniger gut. Metalle, z. B. Kupfer oder Aluminium, besitzen eine gute Leitfähigkeit. Man verwendet sie als **Leiter.** Stoffe, die den elektrischen Strom nicht leiten, wie Luft, Gummi, Glas, Porzellan oder Kunststoffe bezeichnet man als **Nichtleiter.** Sie werden als **Isolierstoffe** benutzt.

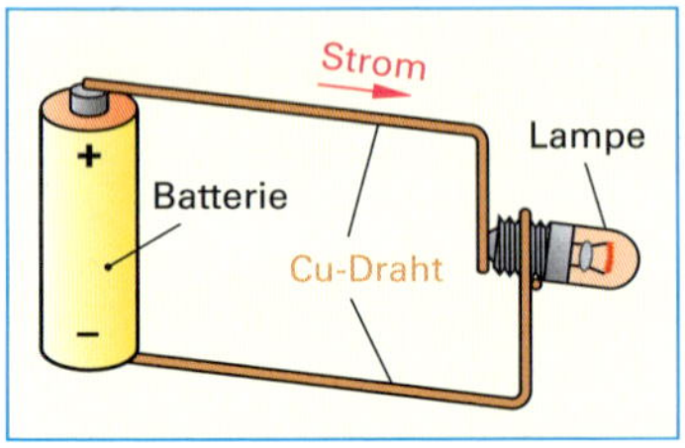

Bild 1: Einfacher Gleichstromkreis

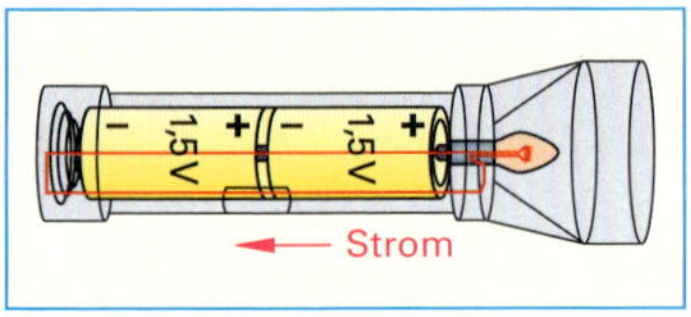

Bild 2: Taschenlampe

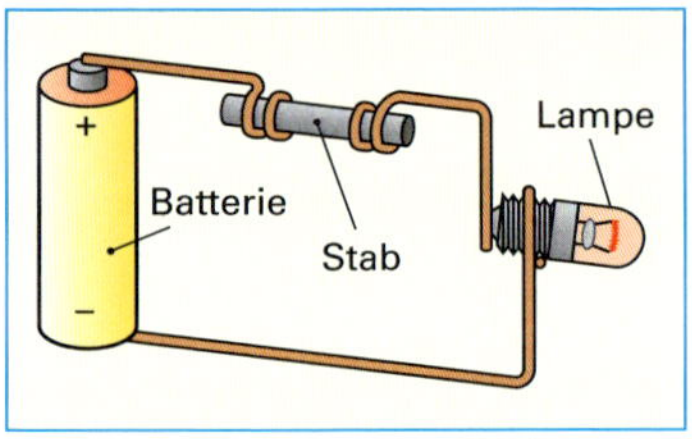

Bild 3: Leiter und Isolierstoffe im Stromkreis

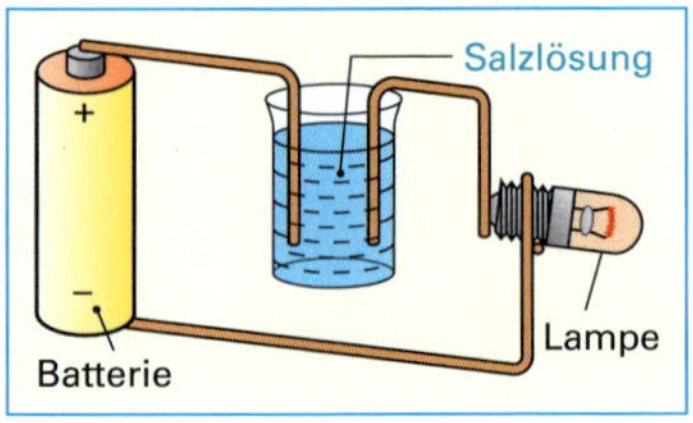

Bild 4: Salzlösung als Leiter

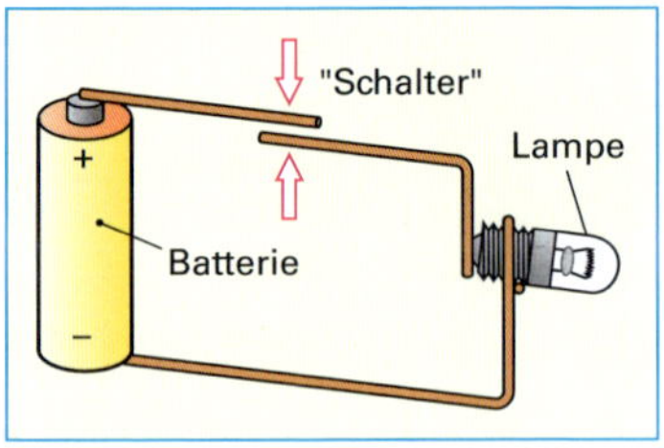

Bild 5: Unterbrechen des Stromkreises

Stoffe, deren elektrische Leitfähigkeit zwischen der Leitfähigkeit von Leitern und von Nichtleitern (Isolierstoffen) liegt, nennt man **Halbleiter (Seite 195)**. Sie werden für Bauelemente der Elektronik verwendet.

Leiter sind alle Metalle, Kohle, feuchte Erde und manche Flüssigkeiten.
Nichtleiter (Isolierstoffe) sind z. B. Luft, Gummi, Glas oder Kunststoffe.
Halbleiter sind z. B. Silicium und Germanium.

[1] Destilliertes Wasser ist Wasser ohne die im normalen Leitungswasser vorkommenden Ionen, Spurenelemente und Verunreinigungen.

Versuch 4: Bauen Sie einen Stromkreis nach **Bild 5, Seite 24,** auf. Drücken Sie die losen Enden der Drähte zusammen und öffnen Sie danach diesen improvisierten Schalter wieder.

Die Lampe leuchtet nur, wenn der Schalter geschlossen ist und die Drähte elektrischen Kontakt miteinander haben.

Ein Schalter besteht aus einem beweglichen Metallstück (Schaltstück), das mit festen Leiterwerkstoffen verbunden werden kann. Ein Isolierstoff, meist Luft, trennt in geöffnetem Zustand die Leiterwerkstoffe voneinander. Den Schalter baut man so in die Hinleitung ein, dass er sich leicht bedienen lässt.

Durch Schließen bzw. Öffnen des Schalters kann man den Verbraucher ein- oder ausschalten.

Schaltzeichen

Schaltzeichen verwendet man zur Darstellung von Betriebsmitteln in Schaltplänen **(Seite 100),** hauptsächlich für Stromlaufpläne **(Seite 101).** Schaltzeichen **(Tabelle)** sind genormte Sinnbilder elektrischer Betriebsmittel wie Erzeuger, Verbraucher, Schalter, Widerstände oder Leiter. Schaltzeichen sollen die elektrischen Eigenschaften der Betriebsmittel zum Ausdruck bringen, über den konstruktiven Aufbau geben sie keine Auskunft. Widerstände haben z. B. immer das gleiche Schaltzeichen, unabhängig von ihrer Größe, ihrer Leistung oder ihrer Ausführungsform.

Die Schaltzeichen können in beliebiger Lage dargestellt werden, man bevorzugt jedoch die waagerechte oder senkrechte Lage. Mit den Schaltzeichen lassen sich Stromkreise einfach und übersichtlich darstellen. In einem Schaltplan werden die Schaltzeichen so zusammengestellt, wie die Teile der Stromkreise miteinander verbunden sind **(Bild).** Bei einer Verzweigung der Leiter kann die Verbindung der Leiter durch einen Punkt gekennzeichnet sein. Dieser Punkt darf auch weggelassen werden, wenn dadurch keine Verwechslung möglich ist **(Tabelle),** z. B. bei einer Leiterverzweigung.

Ob die einzelnen Schaltzeichen groß oder klein gezeichnet werden, hängt von der optischen Gesamtwirkung des Schaltbildes ab. Die Funktion der Schaltung muss jedoch gut erkennbar sein.

Tabelle: Schaltzeichen

Benennung	Bild	Schaltzeichen
Leiter		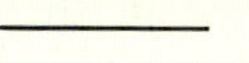
Leiterkreuzung (nichtleitend)	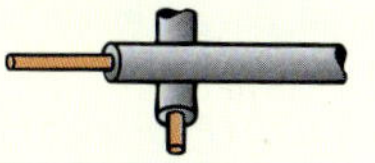	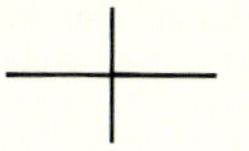
Leiterverzweigung, einfach	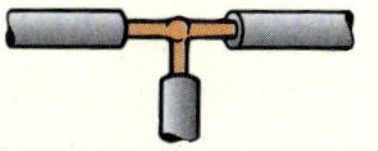	Form 1 Form 2 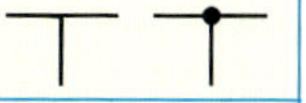
Leiterverzweigung, doppelt	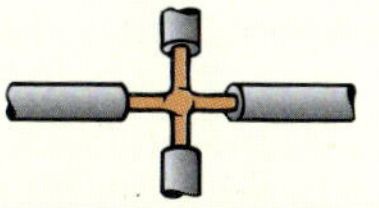	Form 1 Form 2 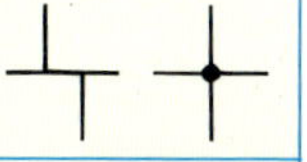
Batterie (Erzeuger)		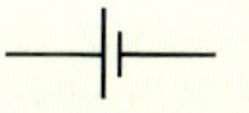
Glühlampe		
Widerstand		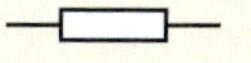
Schalter		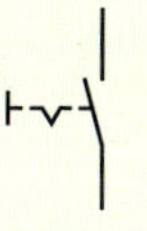

Schaltzeichen (Seite 662) sind nach DIN EN 60617 genormt.
Aus Gründen der Übersichtlichkeit wird bei Leitungsverzweigungen in diesem Buch die Form 2 verwendet.

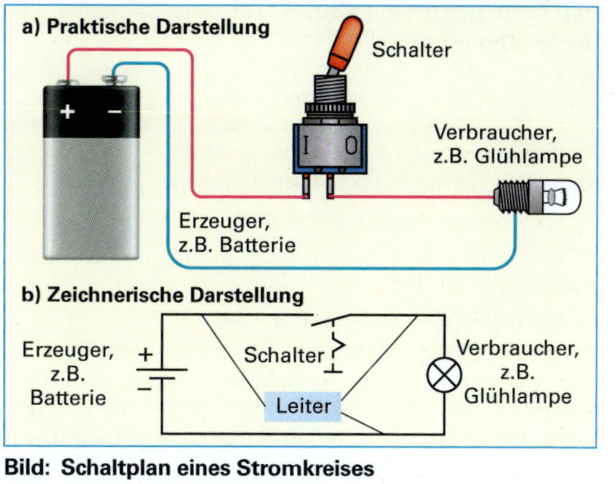

Bild: Schaltplan eines Stromkreises

Wiederholungsfragen

1 **Aus welchen Teilen besteht ein elektrischer Stromkreis?**
2 **Unter welcher Bedingung fließt in einem Stromkreis ein elektrischer Strom?**
3 **In welche Gruppen kann man alle Stoffe nach ihrer elektrischen Leitfähigkeit einteilen?**
4 **Wodurch unterscheiden sich elektrische Leiter von den Isolierstoffen?**
5 **Nennen Sie einige elektrische Leiter.**
6 **Zählen Sie gebräuchliche Isolierstoffe auf.**
7 **Wozu benötigt man Schaltzeichen?**
8 **Worauf ist bei der Darstellung der Betriebsmittel eines Schaltplanes zu achten?**
9 **Worin unterscheidet sich die Form 1 von der Form 2 bei Schaltzeichen zu Leiterverzweigungen?**

2.3 Elektrische Ladung (Elektrizitätsmenge)

Versuch 1: Reiben Sie einen Stab aus Kunststoff, z. B. aus Polystyrol, mit einem trockenen Wolltuch und halten Sie ihn über Papierschnitzel, die auf einen Tisch gestreut sind **(Bild 1).**

Der Kunststoffstab zieht die Papierschnitzel an.

Entdeckt wurden diese Kräfte durch den Menschen beim Umgang mit Bernstein. Da Bernstein im Griechischen ηλεκτρον (sprich elektron) heißt, nannte man diesen besonderen Zustand: **elektrisch.** Ursache für die Kräfte, die z. B. beim Reiben von Bernstein oder Kunststoff entstehen, ist die **elektrische Ladung** Q.

Versuch 2: Reiben Sie einen Polystyrolstab mit dem Wolltuch und hängen Sie ihn an einem dünnen Faden auf **(Bild 2).** Bringen Sie einen zweiten mit dem Tuch geriebenen Polystyrolstab in seine Nähe.

Der drehbar aufgehängte Stab wird abgestoßen **(Bild 2).**

Versuch 3: Wiederholen Sie Versuch 2 mit Acrylglasstäben, die ebenfalls mit dem Wolltuch gerieben werden.

Geriebene Acrylglasstäbe stoßen sich ebenfalls ab.

Versuch 4: Reiben sie mit dem Wolltuch einen Polystyrolstab und danach einen Acrylglasstab. Hängen Sie einen der Stäbe drehbar auf und nähern Sie den anderen Stab **(Bild 3).**

Polystyrolstab und Acrylglasstab ziehen sich an **(Bild 3).**

Da es abstoßende Kräfte und anziehende Kräfte gibt, hat man zwei verschiedene Ladungsarten festlegt. Die beiden entgegengesetzten Ladungen hat man **positive Ladung +Q** und **negative Ladung −Q** genannt.

- Zwischen elektrischen Ladungen wirken Kräfte **(Bild 4).**
- Gleichartige elektrische Ladungen stoßen sich ab.
- Ungleichartige elektrische Ladungen ziehen sich an.
- Die elektrische Ladung hat das Formelzeichen Q.

Um das Wesen der elektrischen Erscheinungen genauer erklären zu können, hat man den Stoffaufbau untersucht. Alle Stoffe sind aus **Atomen**[1] aufgebaut. Die Atome sind so klein (Durchmesser etwa $^1/_{10\,000}$ µm), dass man sie nur mit einem Rasterelektronen-Mikroskop sehen kann. Man verwendet z. B. das bohrsche[2] Atommodell, **Seite 27,** mit dem man das Verhalten der Atome beschreiben kann.

[1] atomos (griech.) = unteilbar
[2] Niels H. D. Bohr, dän. Physiker, 1885 bis 1962

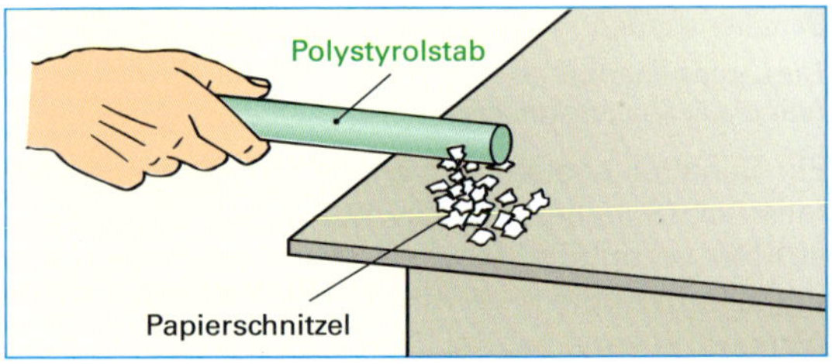

Bild 1: Anziehung durch Reibung

Elektrische Ladung

Elektrische Ladung nennt man die Eigenschaft von Stoffen, die besondere Kräfte (Anziehung oder Abstoßung) hervorrufen können. Die elektrische Ladung ist die Ursache für alle elektrischen Vorgänge.

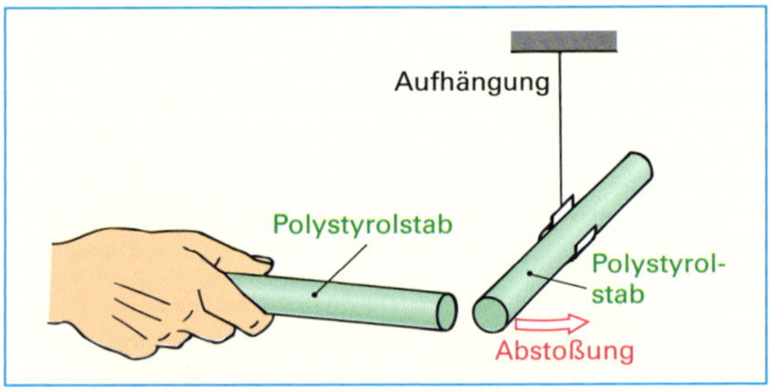

Bild 2: Abstoßung zwischen geriebenen Polystyrolstäben

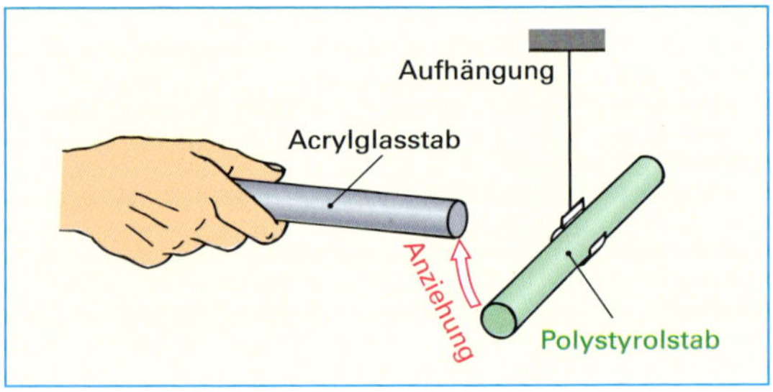

Bild 3: Anziehung von geriebenem Polystyrol- und Acrylglasstab

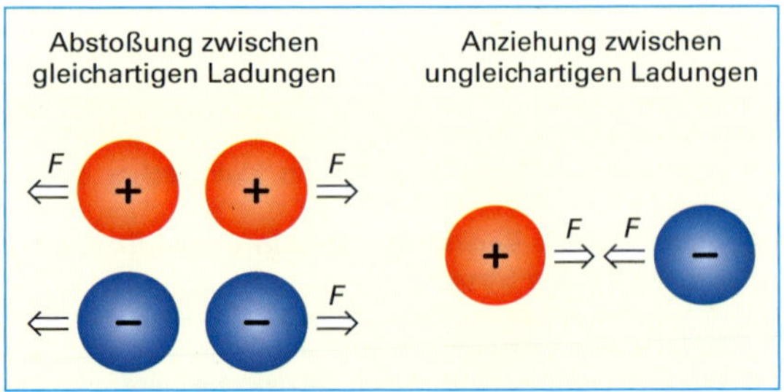

Bild 4: Kraftwirkungen zwischen elektrischen Ladungen

Aufbau der Atome (bohrsches Atommodell)

Ein Atom besteht aus einem Kern und einer Hülle. Der Kern ist im Durchmesser etwa 100 000-mal kleiner als die Hülle. Der Kern enthält **Protonen** und **Neutronen.** Die Hülle besteht aus **Elektronen (Bild 1).** Neutronen sind elektrisch neutrale Teilchen des Atomkerns. Sie haben für die elektrischen Vorgänge keine Bedeutung. Protonen und Elektronen haben eine entgegengesetzte elektrische Ladung und ziehen sich deshalb an. Protonen, Neutronen und Elektronen sind nicht teilbar und werden **Elementarteilchen** genannt.

Protonen sind positiv geladene Elementarteilchen des Atomkerns, Elektronen sind negativ geladene Elementarteilchen der Atomhülle.

Da sich die Elektronen mit großer Geschwindigkeit um den Atomkern bewegen, entsteht eine Fliehkraft. Die Fliehkraft wirkt entgegen der Anziehungskraft zwischen Protonen und Elektronen, sodass die Elektronen nicht zum Kern angezogen werden. Die Neutronen sind elektrisch neutral und halten den Kern zusammen, wenn sich mehr als ein Proton im Kern befindet. Die Protonen würden sich ohne die Neutronen mit großer Kraft abstoßen.

Die Atomhülle kann man sich aus verschiedenen Schalen (Elektronenbahnen) zusammengesetzt denken. Die Atome, z. B. des Lithiums **(Bild 2),** des Metalls mit dem einfachsten Atomaufbau, haben in der inneren Schale zwei Elektronen. Die äußere Schale enthält ein Elektron. Der Lithium-Atomkern besteht aus drei Protonen und vier Neutronen. Nach außen wirkt das Atom elektrisch neutral, weil sich die Ladungen der drei Protonen im Kern und die Ladungen der drei Elektronen in der Hülle ausgleichen **(Bild 2).**

Die Protonen und die Elektronen nennt man **Ladungsträger.** Sie tragen die kleinste elektrische Ladung, die möglich ist. Diese Ladung nennt man **Elementarladung *e* (Tabelle)** mit dem Zahlenwert von $\pm 1{,}602 \cdot 10^{-19}$ C (Einheit der elektrischen Ladung, Coulomb[1], abgekürzt C).

Tabelle: Träger der Elementarladung

Elementarteilchen	Elektronen	Protonen
Ladungsart	negativ	positiv
Formelzeichen	e	e
Zahlenwert	$-1{,}602 \cdot 10^{-19}$	$+1{,}602 \cdot 10^{-19}$
Einheitenname	Coulomb	Coulomb
Einheitenzeichen	C	C

Atome, bei denen sich die Anzahl der Protonen und die Anzahl der Elektronen unterscheiden, nennt man **Ionen**[2]. Fehlen einem Atom Elektronen, ist es positiv geladen und wird **positives Ion** genannt. Hat das Atom mehr Elektronen in der Hülle als Protonen im Kern, ist es negativ geladen und wird **negatives Ion** genannt.

Ionen sind negative oder positive Ladungsträger, die aus neutralen Atomen oder Molekülen durch Anlagerung oder Abgabe von Elektronen entstehen.

Die **elektrische Ladung *Q* (Elektrizitätsmenge)** eines Atoms berechnet man aus der Anzahl *n* der Elementarladungen mal der Elementarladung *e*.

[1] Charles A. de Coulomb, franz. Physiker, 1736 bis 1806
[2] ion (griech.) = gehend, wandernd

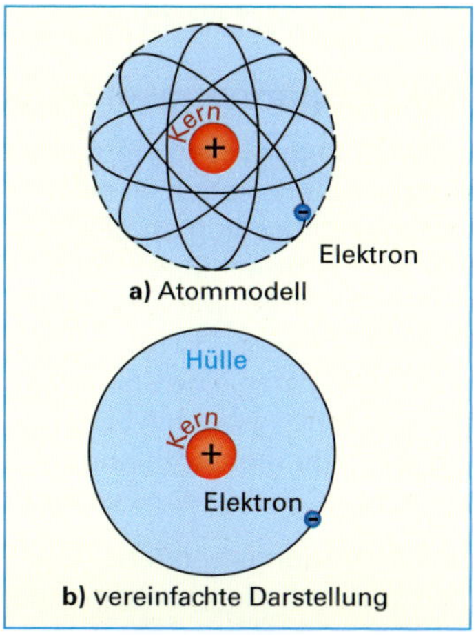

Bild 1: Aufbau eines Wasserstoff-Atoms

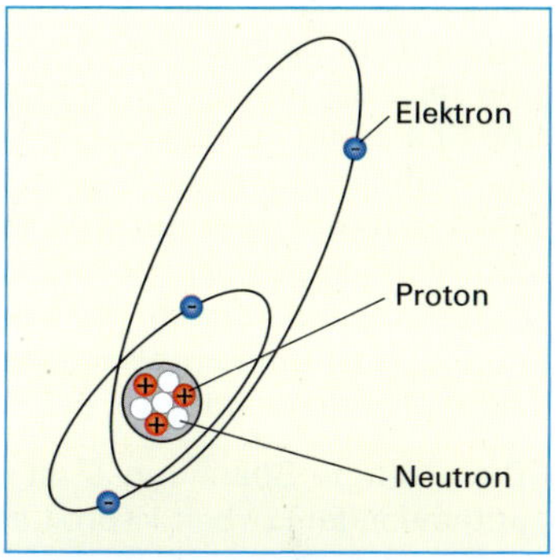

Bild 2: Aufbau eines Lithium-Atoms

Ladungsträger

- **Elektronen** sind negative Ladungsträger.
- **Protonen** sind positive Ladungsträger.
- **Ionen** können positive oder negative Ladungsträger sein.

Elektrische Ladung

$Q = n \cdot e$ $\quad [Q] = \text{As} = \text{C}$

Q Ladung (Elektrizitätsmenge)
n Anzahl der Elementarladungen
e Elementarladung

Beispiel:

Aus wie vielen Elektronen besteht die Ladung $Q = -1$ C?

Lösung:

$$Q = n \cdot e \Rightarrow n = \frac{Q}{e}$$

$$\boldsymbol{n} = \frac{-1\ \text{C}}{-1{,}602 \cdot 10^{-19}\ \text{C}} = \mathbf{6{,}242 \cdot 10^{18}}$$

2.4 Elektrische Spannung

2.4.1 Spannungserzeugung

In Spannungsquellen werden elektrische Ladungen voneinander getrennt. Dabei entsteht an einem Pol der Spannungsquelle ein Elektronenüberschuss und an dem anderen Pol ein Elektronenmangel. Der Pol mit Elektronenüberschuss ist negativ geladen und wird **Minuspol** genannt, der Pol mit Elektronenmangel ist positiv geladen und wird **Pluspol** genannt. Zwischen Pluspol und Minuspol einer Spannungsquelle kann man eine Spannung messen **(Bild 2, Seite 30)**. Bei der Ladungstrennung werden Ladungen verschoben. Da zwischen ungleichartigen Ladungen Anziehungskräfte wirken, muss dazu Arbeit verrichtet werden. Diese Arbeit ist als Energie in den Ladungen gespeichert.

> Durch Ladungstrennung wird Spannung erzeugt.
> Getrennte Ladungen haben das Bestreben, sich auszugleichen.

Zur Veranschaulichung dient die mechanische Spannung in einem Gummiband. Zwei Kugeln an beiden Enden eines Gummibandes befestigt, stellen die positive und negative Ladung dar. Sind die beiden Kugeln dicht beieinander, besteht keine Spannung im Gummiband **(Bild 1a)**. Zieht man mit einer Kraft *F* die Kugeln auseinander, herrscht eine Spannung im Gummiband **(Bild 1b)**. Erhöht man die Kraft, zum Auseinanderziehen der Kugeln, steigt die Spannung im Gummiband **(Bild 1c)**. Trennt man nun zwei Kugelpaare mit der gleichen Kraft wie zuvor, können sie nur noch halb so weit auseinandergezogen werden, im Gummiband herrscht nur noch die halbe Spannung **(Bild 1d)**. Die Spannung ist umso größer, je mehr Arbeit zur Trennung pro Kugel (Ladung) aufgewendet wurde.

> Die erzeugte Spannung *U* ist die bei der Ladungsverschiebung aufgewendete Arbeit *W* pro Ladung *Q* **(Formelkasten rechts)**.

2.4.2 Spannung am Verbraucher

Wird ein Verbraucher an eine Spannungsquelle angeschlossen, gleichen sich die getrennten Ladungen über den Verbraucher aus. Die bei der Ladungstrennung gespeicherte Energie wird in Arbeit umgesetzt, am Verbraucher misst man eine Spannung **(Bild 3, Seite 30)**.

> Die Spannung am Verbraucher ist die bei der Ladungsverschiebung frei werdende Arbeit *W* pro Ladung *Q* **(Formelkasten rechts)**.

2.4.3 Potenziale in elektrischen Schaltungen

In elektrischen Schaltungen können Messpunkte auf unterschiedlichem Potenzial liegen. Z. B. liegt der Anschluss 4 des Netzteils **(Bild 2)** auf dem Potenzial $\varphi_4 = 9$ V.

> Das Potenzial φ bezieht sich immer auf einen Bezugspunkt (Masse).

Zwischen Anschluss 4 des Netzteils **(Bild 2)** mit dem Potenzial $\varphi_4 = 9$ V und Masse mit $\varphi_1 = 0$ V herrscht eine Spannung von 9 V.
Zwischen demselben Anschluss und Anschluss 3, mit dem Potenzial $\varphi_3 = 6$ V liegt jedoch die Spannung $U_{43} = \varphi_4 - \varphi_3 = 9\text{ V} - 6\text{ V} = \mathbf{3\ V}$.

> Zwischen zwei Punkten mit unterschiedlichen Potenzialen herrscht eine Spannung **(Formelkasten rechts)**.

[1] nach Volta, ital. Physiker, 1745 bis 1827; [2] φ griech. Kleinbuchstabe phi.

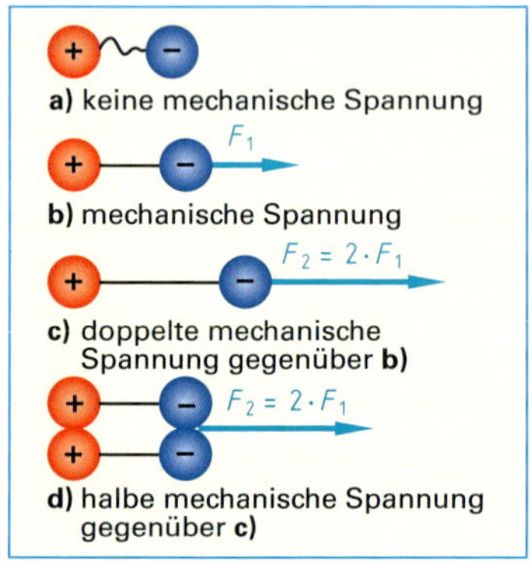

Bild 1: Mechanische Spannung

Spannung

$$U = \frac{W}{Q} \qquad [U] = \frac{\text{Nm}}{\text{C}} = \frac{\text{VAs}}{\text{As}} = \text{V}$$

U Spannung *Q* Ladung
W Arbeit

Spannung

- Formelzeichen: *U*
- Einheitenname: Volt[1]
- Einheitenzeichen: V
- Einheitenvorsätze (Beispiele):
  1 mV = $1 \cdot 10^{-3}$ V = 0,001 V
  1 kV = $1 \cdot 10^{3}$ V = 1000 V
  1 MV = $1 \cdot 10^{6}$ V = 1 000 000 V

> Das Berühren von Spannungen über 50 V kann tödlich sein **(Seite 349)**.

Tabelle: Spannungsbeispiele

Monozelle	1,5 V
Autobatterie	12 V
Wechselstromnetz	230 V
Drehstromnetz	400 V
Höchstspannung	220 kV, 380 kV
Blitz	bis 1000 MV

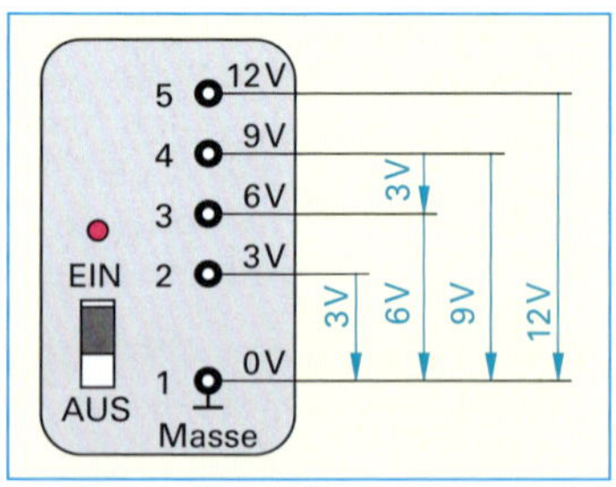

Bild 2: Potenziale

Spannung als Potenzialdifferenz

$$U_{mn} = \varphi_m - \varphi_n$$

U Spannung φ[2] Potenzial

2.4.4 Arten der Spannungserzeugung

Tabelle: Arten der Spannungserzeugung

Spannungserzeugung durch	Versuch und Erkenntnis	Anwendung (Beispiele)
Induktion[1]		
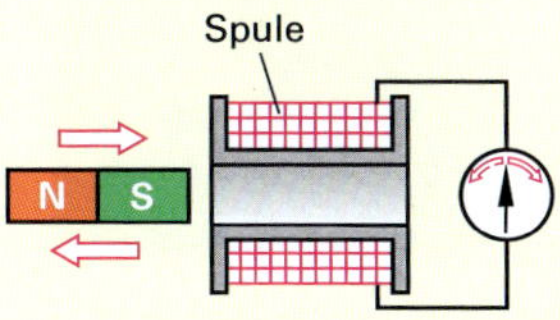	**Versuch 1:** Schließen Sie einen Spannungsmesser mit Millivolt-Messbereich (Nullpunkt in Skalenmitte) an eine Spule mit 600 Windungen an. Führen Sie einen Dauermagneten in die Spule ein und ziehen Sie ihn wieder aus der Spule heraus. *Bewegt sich der Dauermagnet in der Spule, schlägt der Zeiger des Spannungsmessers aus, beim Herausziehen umgekehrt wie beim Hineinschieben.* Bei der Induktion **(Seite 94)** werden durch magnetische Energie elektrische Ladungen getrennt.	**Generatoren:** Fahrraddynamos, Kfz-Lichtmaschinen, Kraftwerksgeneratoren, Induktionszähler
Chemische Reaktion im galvanischen Element[2]		
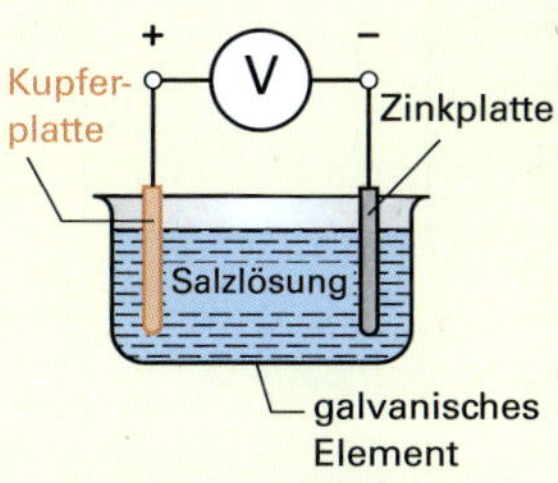	**Versuch 2:** Schließen Sie einen Spannungsmesser (Messbereich 3 V) an zwei Kupferplatten in einem Becher mit Kochsalzlösung an. Ersetzen Sie dann eine der Platten durch eine Zinkplatte und messen Sie wieder die Spannung an den Platten. *Der Spannungsmesser zeigt eine Spannung an, wenn sich zwei verschiedene Platten in der Salzlösung befinden. Zwei unterschiedliche Metalle in einer leitenden Flüssigkeit (Elektrolyt) bilden ein galvanisches Element.* Im galvanischen Element **(Seite 64)** trennt eine chemische Reaktion elektrische Ladungen.	**Elektrochemische Spannungserzeuger:** Batterien, Monozellen (galvanische Elemente), Akkumulatoren, Brennstoffzelle
Wärme im Thermoelement[3]		
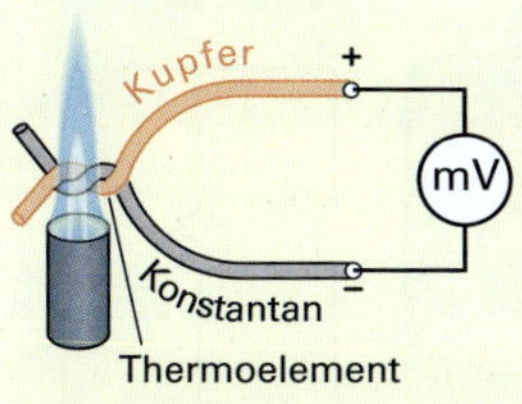	**Versuch 3:** Schließen Sie einen Spannungsmesser mit Millivolt-Messbereich an einen Kupfer- und einen Konstantandraht an und verdrillen Sie die freien Drahtenden. Erwärmen Sie die Verbindungsstelle mit einer Gasflamme. *Beim Erwärmen der Verbindungsstelle zeigt der Spannungsmesser eine Gleichspannung an (etwa 40 µV je K[4]).* Im Thermoelement **(Seite 190)** trennt die Wärme elektrische Ladungen.	**Thermoelemente:** Verwendung zur Temperaturmessung und Temperatur-Fern-Messung, z. B. an schwer zugänglichen Stellen
Licht im Fotoelement[5]		
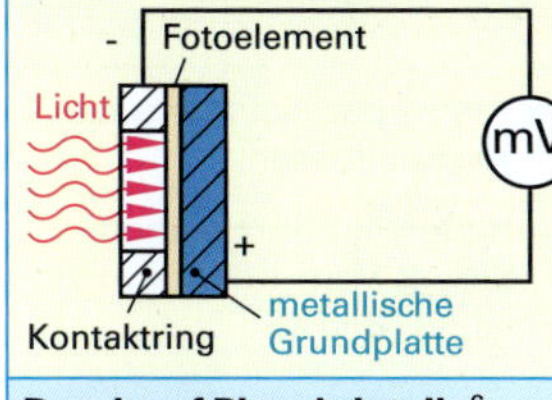	**Versuch 4:** Schließen Sie einen Spannungsmesser mit Millivolt-Messbereich an ein Fotoelement an. Beleuchten Sie das Fotoelement mit einer Lampe. *Bei Beleuchtung zeigt der Spannungsmesser eine Spannung an.* Im Fotoelement **(Seite 222)** trennt die Strahlungsenergie des Lichtes elektrische Ladungen.	**Fotoelemente:** Verwendung als Stromquellen, z. B. für Satelliten, Taschenrechner, Uhren, Fotovoltaik
Druck auf Piezokristalle[6]		
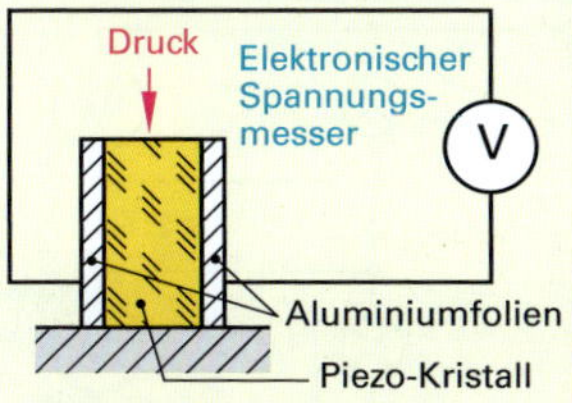	**Versuch 5:** Schließen Sie einen elektronischen Spannungsmesser an einen Piezokristall an. Drücken Sie auf den Kristall. *Solange der Druck auf den Kristall zu- oder abnimmt, schlägt der Zeiger des Spannungsmessers nach rechts oder nach links aus (piezoelektrischer Effekt).* Bei manchen Kristallen, z. B. Quarz, werden durch Druck elektrische Ladungen getrennt.	**Piezokristalle:** Verwendung in Drucksensoren, Gasanzündern, Ultraschallmotoren

[1] von inducere (lat.) = einführen; [2] nach Luigi Galvani, italienischer Arzt, 1737 bis 1798; [3] von thermos (griech.) = warm;
[4] Temperaturunterschiede werden statt in Grad Celsius in Kelvin (K) angegeben; [5] von phos (griech.) = Licht; [6] von piezein (griech.) = drücken

2.4.5 Messen elektrischer Spannung

Elektrische Spannung wird mit dem Spannungsmesser **(Bild 1)** gemessen. Spannung besteht zwischen zwei Punkten mit unterschiedlichem Potenzial **(Seite 28)**. An diese Punkte wird der Spannungsmesser angeschlossen **(Bild 2)**.

Vorgehensweise bei der Spannungsmessung

- Am Messgerät die korrekte Spannungsart Gleichspannung (DC oder ⎓) bzw. Wechselspannung (AC oder ~) einstellen.
- Bei Spannungsmessern mit mehreren Messbereichen den geeigneten Messbereich einstellen, bei unbekannten Spannungen den höchsten Messbereich.
- Messleitungen an die COM-Buchse (Symbol ⊥) und VΩ des Messgeräts anschließen und die Messpunkte mit den Messspitzen berühren. Bei Gleichspannung das niedrigere (negativere) Potenzial am Anschluss COM anschließen.

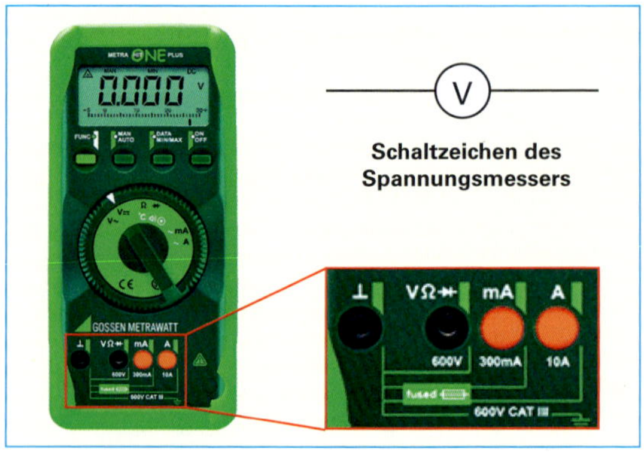

Bild 1: Vielfachmessinstrument, in der Einstellung Gleichspannungsmessung

Spannungsmessung an einer Spannungsquelle

Versuch 1: Messen Sie mit einem Spannungsmesser die Spannung an einer Batterie **(Bild 2)**. Die Batterie liefert Gleichspannung. Deshalb muss der Spannungsmesser auf Gleichspannung (DC) eingestellt sein. Verbinden Sie den Spannungsmesser mit der Batterie so, dass der Minuspol der Spannungsquelle mit dem Anschluss COM (Symbol ⊥) des Spannungsmessers und der Pluspol der Spannungsquelle mit dem Anschluss VΩ des Spannungsmessers verbunden ist.

Der Spannungsmesser wird für Gleichspannungsmessung (V⎓) eingestellt und zeigt $U = 9{,}03$ V an.

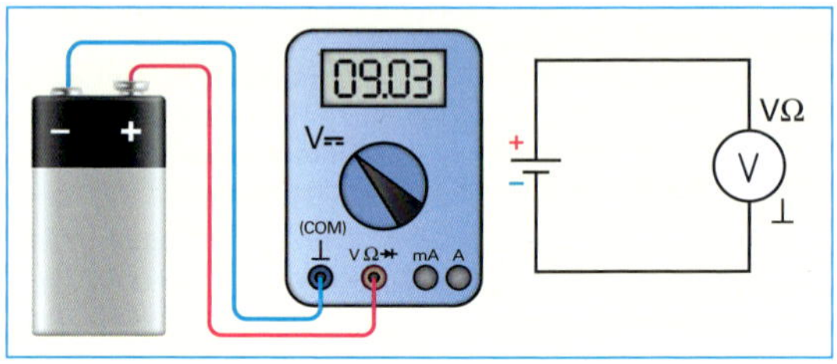

Bild 2: Spannungsmessung an einer Batterie

Spannungsmessung am Verbraucher

Spannung kann man nicht nur an Spannungsquellen, sondern auch an stromdurchflossenen Verbrauchern messen **(Bild 3)**. Dazu wird der Anschluss VΩ des Spannungsmessers an den Anschluss des Verbrauchers gelegt, der das höhere Potenzial hat (näher am Pluspol der Spannungsquelle ist). Der Anschluss COM (Symbol ⊥) des Spannungsmessers wird an den Anschluss des Verbrauchers mit dem niedrigeren Potenzial (näher am Minuspol der Spannungsquelle) angeschlossen.

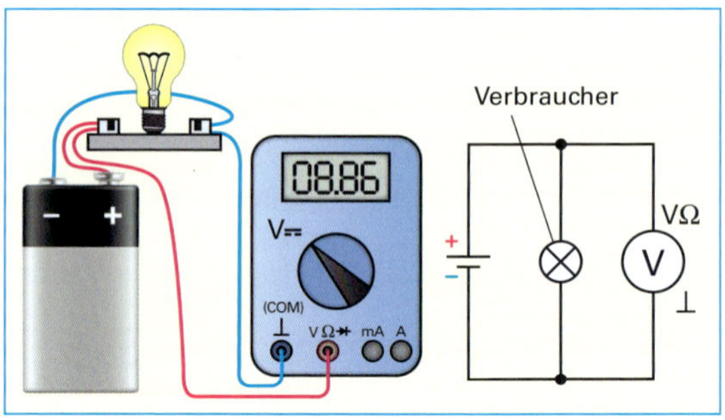

Bild 3: Spannungsmessung an einem Verbraucher

Spannungsrichtung

Versuch 2: Schalten Sie zwei gleiche Lampen, z.B. 6 V/5 W, an ein Netzgerät **(Bild 4)**. Schließen Sie einen Spannungsmesser an das Netzgerät und erhöhen Sie die Spannung des Netzgerätes auf $U = 12$ V. Messen Sie mit je einem Digitalmessgerät die Spannung an den Lampen.

Es werden die Spannungen $U_1 = U_2 = +6$ V angezeigt.

Versuch 3: Vertauschen Sie die Messleitungen an den Anschlüssen des Digitalmessgerätes.

Es werden die Spannungen $U_1 = U_2 = -6$ V angezeigt.

Die Spannung hat eine Richtung **(Bild 4)**. Sie ist positiv, wenn vom höheren zum niedrigeren Potenzial gemessen wird.

- Der Spannungsmesser wird parallel zum Erzeuger oder Verbraucher angeschlossen.
- Die Richtung der Spannung wird durch einen Bezugspfeil dargestellt. Sie ist vom höheren zum niederen Potenzial gerichtet **(Bild 4)**.

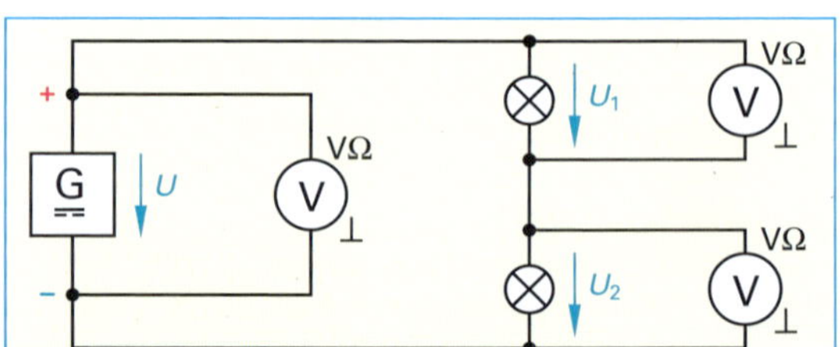

Bild 4: Spannungsmessung im Stromkreis

2.5 Elektrischer Strom

Versuch 1: Schließen Sie eine 12-V-Signallampe an den Pluspol und Minuspol einer Gleichspannungsquelle, z. B. an ein Netzgerät mit U = 12 V, an **(Bild 1)**.

Die 12-V-Signallampe leuchtet.

Die von der Spannungsquelle getrennten Ladungen gleichen sich aus. Dabei müssen Elektronen vom Minuspol (Elektronenüberschuss) über die Glühwendel der Lampe zum Pluspol (Elektronenmangel) fließen. In der Signallampe tritt dabei eine Lichtwirkung auf. Diese Bewegung der elektrischen Ladungsträger nennt man elektrischen Strom.

> Der elektrische Strom in einem metallischen Leiter ist die gerichtete Bewegung von freien Elektronen.

Das Ausgleichsbestreben der Ladungsträger vom Minus- zum Pluspol ist Ursache für den Stromfluss. Je höher die Spannung der Spannungsquelle, desto stärker ist das Ausgleichsbestreben der Ladungen. Es werden mehr Elektronen durch den Leiter transportiert. Die Anzahl der fließenden freien Elektronen pro Sekunde durch den Leiterquerschnitt ist ein Maß für die elektrische Stromstärke **(Bild 2)**.

> Die elektrische Stromstärke I ist die durch einen Leiterquerschnitt bewegte Ladung Q pro Zeit t. Die Stromstärke wird in der Einheit Ampere[1] (Einheitenzeichen A) angegeben.

Die bewegte Ladungsmenge Q im Leiter ist ein Vielfaches der Elementarladung $e = 1{,}602 \cdot 10^{-19}$ C. Somit besteht die elektrische Ladungsmenge Q = 1 C aus der Anzahl $n = 6{,}242 \cdot 10^{18}$ Elementarladungen. Die Stromstärke 1 A kann folglich auch über Ladungsmenge und Zeit erklärt werden. Die Stromstärke in einem Leiter beträgt 1 A, wenn sich pro Sekunde eine elektrische Ladungsmenge von 1 C durch den Leiterquerschnitt bewegt.

Die elektrische Stromstärke I = 1 A wird über die magnetische Wirkung definiert.

Definition der Stromstärke (SI-Basiseinheit)

> Fließt durch zwei parallele Leiter, die einen Abstand von 1 m haben, eine Stromstärke von I = 1 A, so tritt zwischen ihnen je Meter Leitungslänge eine Kraft von $F = 2 \cdot 10^{-7}$ N (Newton) auf.

Die Einheit Ampere (A) ist eine Basiseinheit.

Einheitenvorsätze. Für sehr große oder kleine Stromstärken kann man wie bei allen physikalischen Größen Einheitenvorsätze verwenden. Damit lassen sich Stromstärken übersichtlicher angeben, z. B. 1 mA = 1 Milliampere = $1 \cdot 10^{-3}$ A = 0,001 A.

In elektrischen Betriebsmitteln bzw. Anlagen treten unterschiedlich hohe Stromstärken auf **(Tabelle)**.

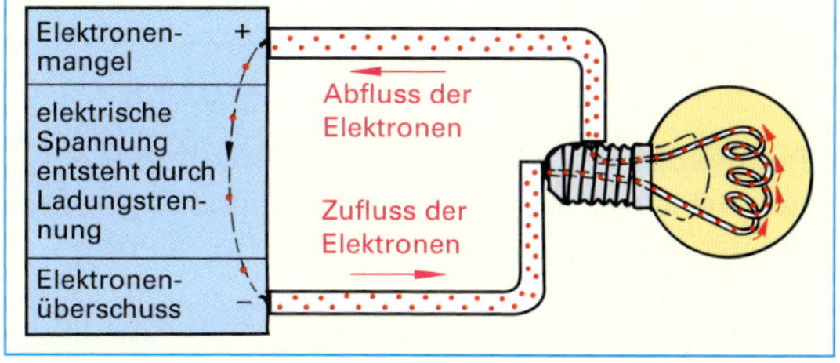

Bild 1: Elektronenbewegung im Stromkreis

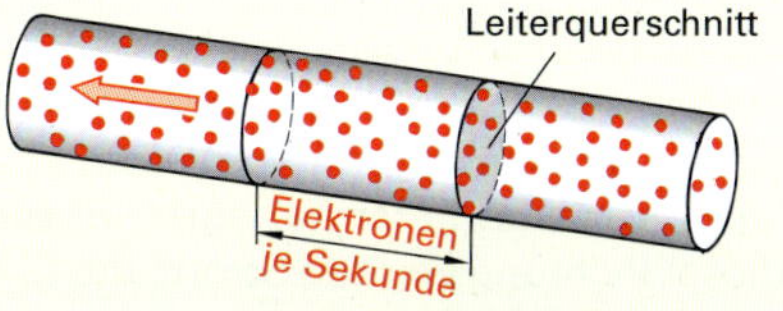

Bild 2: Elektronenbewegung im Leiter

Elektrische Stromstärke

$$I = \frac{Q}{t}$$

$$[I] = \frac{\mathrm{C}}{\mathrm{s}} = \frac{\mathrm{As}}{\mathrm{s}} = \mathrm{A};\ 1\ \mathrm{C} = 1\ \mathrm{As}$$

I Stromstärke
Q elektrische Ladung
t Zeit

Stromstärke

- Formelzeichen: I
- Einheitenname: Ampere
- Einheitenzeichen: A
- Einheitenvorsätze (Beispiele):
  - 1 Mikroampere = 1 µA = $1 \cdot 10^{-6}$ A = 0,000 001 A
  - 1 Milliampere = 1 mA = $1 \cdot 10^{-3}$ A = 0,001 A
  - 1 Kiloampere = 1 kA = $1 \cdot 10^{3}$ A = 1000 A

Tabelle: Beispiele elektrischer Stromstärken

Betriebsmittel/Anlage	Stromstärke
Taschenrechner	100 µA
10-W-LED-Lampe E 27	43 mA
Bügeleisen	4,35 A
Straßenbahnmotor	300 A
Elektroschmelzofen	100 kA

Beispiel:

Bei der Entladung eines Elektronenblitzes fließt während der Zeit t = 2 ms die Ladungsmenge Q = 0,24 As. Berechnen Sie **a)** die Stromstärke I bei der Entladung und **b)** die Anzahl n der Elementarladungen in 2 ms.

Lösung:

a) $I = \frac{Q}{t} = \frac{0{,}24\ \mathrm{As}}{2\ \mathrm{ms}} = \frac{0{,}24\ \mathrm{As}}{0{,}002\mathrm{s}} = \mathbf{120\ A}$

b) $n = \frac{Q}{e} = \frac{0{,}24\ \mathrm{As}}{1{,}602 \cdot 10^{-19}\ \mathrm{C}} = \mathbf{1{,}5 \cdot 10^{18}}$

[1] André Marie Ampère, französischer Physiker, 1775 bis 1836

Stromrichtung

Man unterscheidet die
- technische Stromrichtung und die
- Richtung der Elektronenbewegung **(Bild 1)**

Technische Stromrichtung: Außerhalb des Erzeugers fließt der Strom vom Pluspol (+) zum Minuspol (–) bzw. vom höheren zum niedrigeren Potenzial.
Elektronenbewegungsrichtung: Außerhalb des Erzeugers bewegen sich die freien Elektronen vom Minuspol (Elektronenüberschuss) zum Pluspol (Elektronenmangel).

Den Richtungssinn von Strömen und Spannungen gibt man in der technischen Stromrichtung vom höheren zum niederen Potenzial durch **Bezugspfeile** an. In dieser Richtung werden Strom und Spannung als positiv bezeichnet **(Bild 1).**

2.5.1 Elektrischer Strom in Metallen

In Metallen sind die Atome dicht aneinander gedrängt. Ein Elektron auf der Außenschale eines Atoms kann dabei so nahe an ein benachbartes Atom gelangen, dass es von dessen Atomkern ebenso weit entfernt ist wie vom eigenen. Die Anziehungskräfte der Kerne auf dieses Elektron heben sich in diesem Falle auf, und es kann zum **freien Elektron** werden. Sobald im Metall ein Elektron frei wird, hinterlässt es einen positiv geladenen Atomrumpf, den man auch positives Ion nennt **(Bild 2).**

Verbindet man eine Signallampe mit einer Spannungsquelle, so setzen sich die freien Elektronen im Glühfaden der Lampe fast gleichzeitig zum Pluspol in Bewegung. Die freien Elektronen kommen aber nur mit einer geringen Geschwindigkeit von ca. 0,1 bis 10 mm/s vorwärts, da sie sich im Atomverband nicht ungehindert bewegen können. Diese **Elektronen- bzw. Driftgeschwindigkeit** der Elektronen hängt von ihrer Beweglichkeit, von der Stromstärke, vom Leiterwerkstoff, vom Leiterquerschnitt und von der Temperatur ab. Im **Versuch 1, Seite 31,** leuchtet die Glühlampe sofort. Die freien Elektronen im Leiter stoßen sich wie bei einer Kettenreaktion fast gleichzeitig an. Dies geschieht in ganz kurzer Zeit mit einer Geschwindigkeit, die wesentlich höher ist als die Elektronengeschwindigkeit. Sie erfolgt mit wesentlich weniger als die Lichtgeschwindigkeit und ist abhängig vom verwendeten Leiter.

2.5.2 Messen elektrischer Stromstärke

Zum Messen der elektrischen Stromstärke verwendet man Strommesser **(Bild 3).** Der Gesamtstrom muss durch das Messinstrument fließen **(Bild 4a).** Die Leitung kann man an beliebiger Stelle trennen, weil die Stromstärke im unverzweigten Stromkreis überall gleich groß ist. Bei Gleichstrom ist auf die Polarität der Anschlüsse zu achten **(Bild 4).**

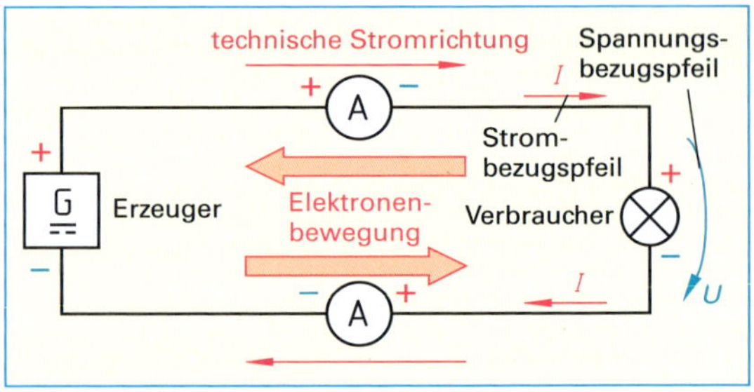

Bild 1: Technische Stromrichtung und Elektronenbewegungsrichtung

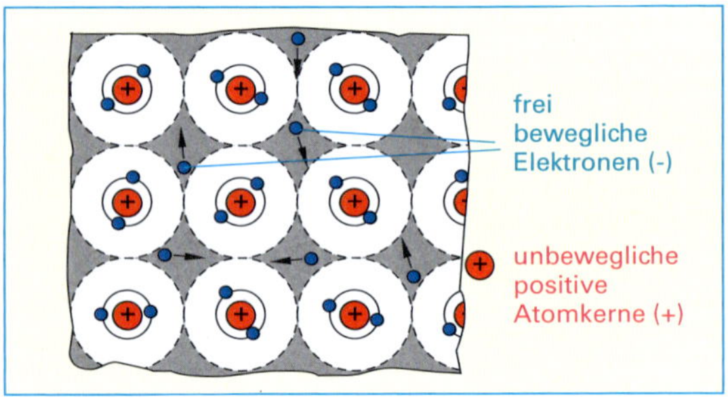

Bild 2: Freie Elektronen und positive Atomrümpfe eines Leiters

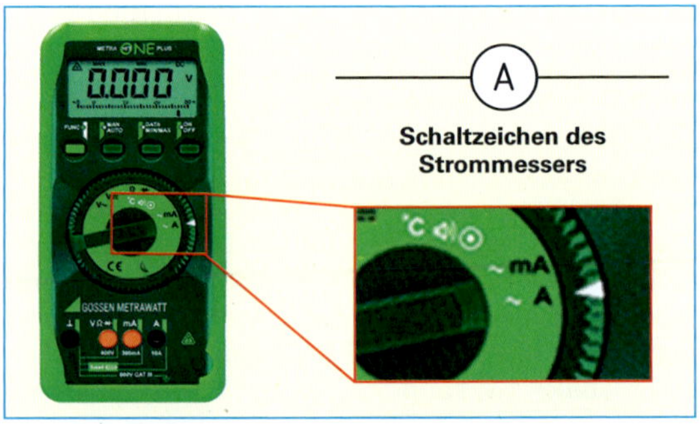

Bild 3: Vielfachinstrument, als Strommesser eingestellt

Zum Messen des elektrischen Stromes wird die Leitung aufgetrennt und der Strommesser in die Trennstelle in Reihe zum Verbraucher geschaltet.

Strommesszangen: **Seite 179**

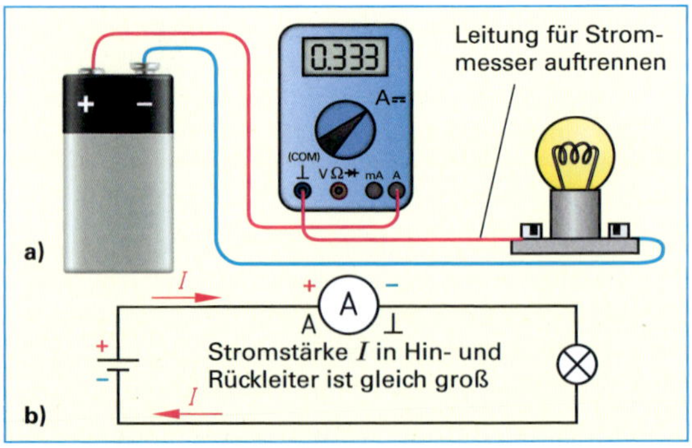

Bild 4: Messen des Stromes

2.5.3 Wirkungen des elektrischen Stromes

Im **Versuch 1, Seite 31** wurde durch eine Signallampe nachgewiesen, dass ein elektrischer Strom fließt. Den Strom selbst kann man nicht sehen.

Der elektrische Strom lässt sich nur an seinen Wirkungen erkennen **(Tabelle).**

Tabelle: Stromwirkungen

Wirkungen	Versuch und Erkenntnis	Anwendung (Beispiele)
Wärmewirkung Tritt immer auf  	**Versuch 1:** Spannen Sie zwischen zwei Standklemmen einen Stahldraht von etwa 0,3 mm Durchmesser und schließen Sie die Drahtenden an einen Stelltransformator an. Steigern Sie allmählich die Stromstärke. *Der Draht erwärmt sich, glüht und schmilzt durch.* Der elektrische Strom erwärmt jeden Leiter[1] (Wärmewirkung).	Elektroherde, Bügeleisen, Tauchsieder, Warmwasserbereiter, Lötkolben, Schmelzsicherungen
Magnetische Wirkung Tritt immer auf 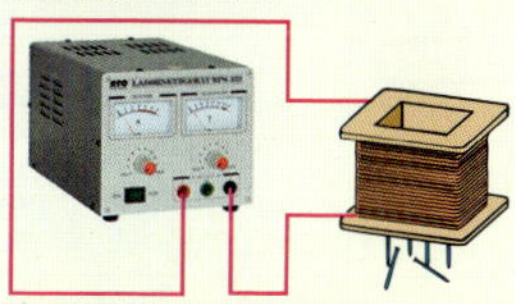	**Versuch 2:** Schließen Sie eine Spule mit 600 Windungen an die Klemmen eines Netzgerätes (6 V oder 12 V) an. Halten Sie die Spule über kleine Eisenteile, z. B. über Nägel oder Büroklammern. *Die Eisenteile werden angezogen, sobald Strom durch die Spule fließt.* Der elektrische Strom verursacht in seiner Umgebung immer eine magnetische Wirkung.	Elektromagnete, Elektromotoren, Schütze, Relais, Messinstrumente, Klingeln, Telefonhörer, Lautsprecher, Türöffner
Lichtwirkung Auftreten: in Gasen, in Halbleitern  	**Versuch 3:** Schließen Sie eine Glimmlampe an eine 230-V-Steckdose an. *Die Glimmlampe leuchtet. Die Lichtwirkung tritt nur in der Umgebung der Wendeln auf. Die gewendelten Drähte selbst leuchten nicht. Beim Leuchten erwärmt sich die Glimmlampe kaum.* Der elektrische Strom bringt Gas zum Leuchten, erwärmt es aber nur wenig (Lichtwirkung). Die Glimmlampe enthält Gas mit geringem Druck. In einer Lampe mit Glühdraht erhitzt dagegen der elektrische Strom einen dünnen Draht aus Wolfram so stark, dass er hellweiß glüht und dadurch Licht abstrahlt.	Leuchtstofflampen, Leuchtröhren, Glimmlampen, Leuchtdioden, Glühlampen
Chemische Wirkung Auftreten: in leitenden Flüssigkeiten 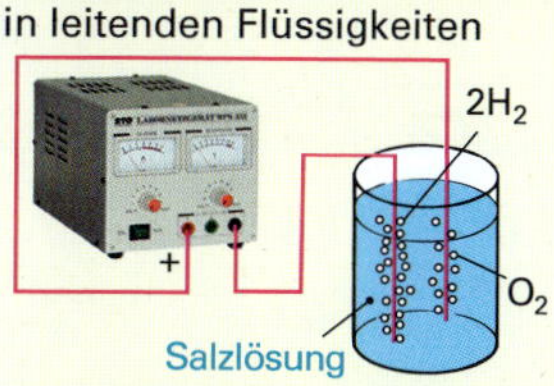 	**Versuch 4:** Schließen Sie zwei Kupferdrähte z. B. an ein Netzgerät von 12 V an. Tauchen Sie die Drahtenden in einen Becher mit Natriumsulfat-Lösung oder verdünnter Schwefelsäure, ohne dass sich die Drähte berühren. *An den Drahtstücken, die in die Flüssigkeit eintauchen, bilden sich Gasblasen. Das Wasser im Gefäß wird in seine Bestandteile Wasserstoff und Sauerstoff zerlegt.* Der elektrische Strom zerlegt leitende Flüssigkeiten (chemische Wirkung).	Elektrolyse, Galvanisieren, Akkumulatoren
Wirkung auf Lebewesen Auftreten: bei Menschen, Tieren  	Der elektrische Strom hat auf Lebewesen eine physiologische[2] Wirkung. Die positive Wirkung des elektrischen Stromes nutzt man in der Elektromedizin. • Beim Berühren blanker elektrischer Leitungen kann durch den menschlichen Körper ein lebensgefährlicher Strom fließen. • Gefahren im Umgang mit dem elektrischen Strom, **Seite 348**.	Elektroweidezäune, Viehbetäubung, Elektromedizinische Geräte

[1] Eine Ausnahme bilden die Supraleiter; [2] Physiologie = Lehre von den Vorgängen im Körper von Lebewesen.

2.5.4 Stromarten

Gleichstrom (DC[1], Zeichen: — oder ⎓)

Versuch 1: Schließen Sie eine Lampe, z. B. 6 V/0,1 A, über einen Strommesser (Drehspulmessgerät) an eine Batterie an.

Der Strommesser zeigt während der Messzeit einen gleichbleibenden Strom an.

Im Stromkreis fließt ein **Gleichstrom,** wenn sich in einer bestimmten Zeit, z.B. 1 s, gleich viele freie Elektronen in gleicher Richtung bewegen. Zeichnet man die Stromstärke abhängig von der Zeit in einem Schaubild auf, ergibt sich eine Parallele zur Zeitachse **(Tabelle, oben).**

Gleichstrom fließt nur in einer Richtung mit gleichbleibender Stromstärke.

Wechselstrom (AC[2], Zeichen: ~)

Versuch 2: Schließen Sie eine Lampe über einen Strommesser (Drehspulmessgerät mit Zeiger in der Skalenmitte) an einen Funktionsgenerator (Wechselstrom, 1 Hz) an.

Der Zeiger des Strommessers schlägt abwechselnd nach links und nach rechts aus.

Im Stromkreis fließt ein **Wechselstrom,** wenn sich die freien Elektronen im Leiter hin und her bewegen, und zwar in beiden Richtungen gleich. Im Stromstärke-Zeit-Schaubild erhält man z.B. eine Sinuslinie **(Tabelle, Mitte).**

Wechselstrom fließt mit ständig wechselnder Richtung und Stärke.

Mischstrom (UC[3], Zeichen: ≂)

Versuch 3: Wiederholen Sie **Versuch 2,** schalten Sie aber zum Funktionsgenerator eine Batterie in Reihe.

Der Zeiger des Strommessers schlägt in einer Richtung aus und pendelt um den eingestellten Gleichstromanteil hin und her.

Tabelle: Stromarten

Bezeichnung	Bild	Beispiele
Gleichstrom (DC) Elektrischer Strom, der nur in gleicher Richtung und mit gleicher Stärke fließt.	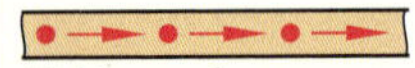 Elektronen bewegen sich gleichbleibend schnell in eine Richtung 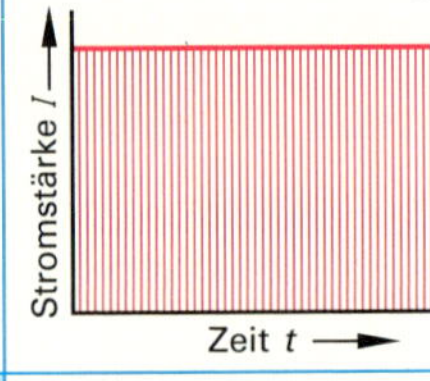 	Batterie, Akkumulator, Stromversorgung elektrischer und elektronischer Geräte, Oszilloskop, Computer
Wechselstrom (AC) Elektrischer Strom, der ständig seine Richtung und seine Stromstärke ändert.	 Elektronen bewegen sich hin und her 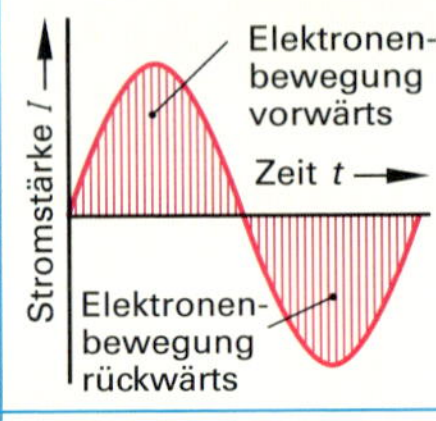 	Energienetz, Fahrraddynamo, Wechselstromgeneratoren und -motoren, Lichterketten
Mischstrom (UC) setzt sich zusammen: • aus einem Wechselstromanteil und • aus einem Gleichstromanteil	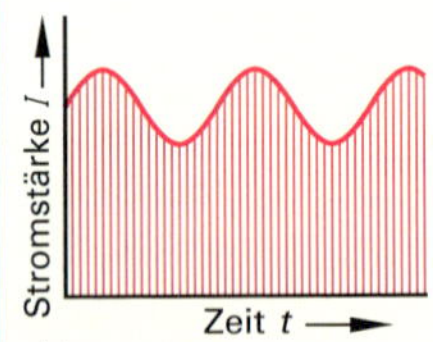 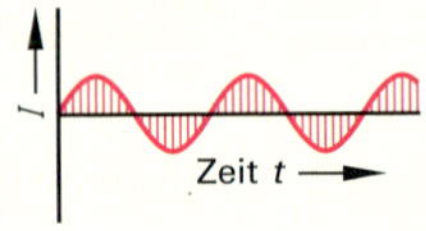 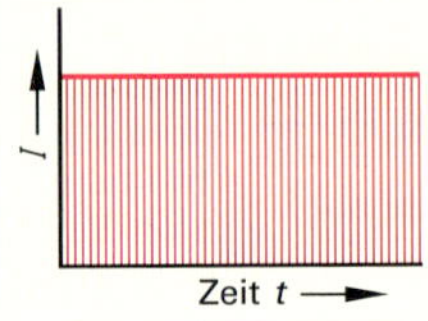 	gleichgerichteter Wechselstrom, Strom in Netzteilen nach Glättungskondensator, Steuerstrom von Transistoren, in Wechselstromverstärkern

Im Stromkreis fließt ein **Mischstrom,** wenn in ihm gleichzeitig ein Gleich- und ein Wechselstrom fließt. Der Mischstrom entsteht durch die Überlagerung eines Gleichstromes mit einem Wechselstrom.

Ein Mischstrom ist streng genommen keine eigenständige Stromart, weil er sich auf einen Gleichstrom zurückführen lässt, dem ein Wechselstrom überlagert ist **(Tabelle, unten).**

Ein Mischstrom setzt sich aus einem Gleichstrom- und einem Wechselstromanteil zusammen.

[1] **DC** von **D**irect **C**urrent (engl.) = Gleichstrom
[2] **AC** von **A**lternating **C**urrent (engl.) = Wechselstrom
[3] **UC** von **U**niversal **C**urrent (engl.) = allgemeiner Strom

2.5.5 Stromdichte

Der elektrische Strom, der durch eine Lampe fließt, erhitzt die dünne Drahtwendel der Lampe bis zur Weißglut, erwärmt jedoch die Zuleitungen kaum. Bei gleicher Stromstärke bewegen sich durch einen großen und durch einen kleinen Leiterquerschnitt gleich viele Elektronen je Sekunde. Im Leiter mit dem kleineren Querschnitt fließen folglich die Elektronen mit höherer Geschwindigkeit und erwärmen ihn durch Reibung stärker **(Bild 1)**.

Die Stromstärke je mm² Querschnitt nennt man Stromdichte J (Einheit A/mm²).

Beispiel:

Durch eine Lampe fließt ein Strom $I = 0{,}2$ A. Wie groß ist die Stromdichte J **a)** in der Zuleitung mit 1,5 mm² Leiterquerschnitt und **b)** im Glühdraht mit 0,03 mm Durchmesser?

Lösung:

a) $J = \frac{I}{A} = \frac{0{,}2\ \text{A}}{1{,}5\ \text{mm}^2} = \mathbf{0{,}13\ \frac{A}{mm^2}}$

b) $A = \frac{\pi \cdot d^2}{4} = \frac{\pi \cdot 0{,}03^2\ \text{mm}^2}{4} = 0{,}0007\ \text{mm}^2$

$J = \frac{I}{A} = \frac{0{,}2\ \text{A}}{0{,}0007\ \text{mm}^2} = \mathbf{286\ \frac{A}{mm^2}}$

Ein Leiter erwärmt sich umso mehr, je größer die Stromdichte in ihm ist.

In Leitungen, in Wicklungen von Spulen, Transformatoren oder Motoren darf die Stromdichte auf Dauer nicht zu groß werden, damit die Isolation der Drähte nicht zu heiß wird und keine Brandgefahr auftritt. Für die Leiterquerschnitte sind deshalb höchstzulässige Stromstärken festgelegt **(Tabelle)**.

Bei der Verlegung von Mantelleitungen in Installationsrohren oder -kanälen auf Wänden, Decken oder Fußböden (Verlegeart B2, Seite 329 und 672) sind geringere Stromdichten zugelassen als bei isolierten Leitungen oder Kabeln, die direkt auf oder in der Wand, im oder unter Putz, verlegt sind (Verlegeart C, Tabelle).

Die zulässige Stromdichte ist bei kleineren Leiterquerschnitten höher als bei großen **(Bild 2)**. Bei doppeltem Durchmesser und gleicher Leiterlänge ist die Leiteroberfläche zwar doppelt so groß, das Leitervolumen beträgt jedoch das Vierfache. Deshalb können dünne Leiter besser abkühlen als dicke. Leiter von Freileitungen werden durch die Umgebung besser abgekühlt als Drähte in Wicklungen.

Die zulässige Stromdichte richtet sich z. B. nach dem Leiterquerschnitt, dem Werkstoff und nach der Umgebungstemperatur **(Übersicht, Seite 329)**.

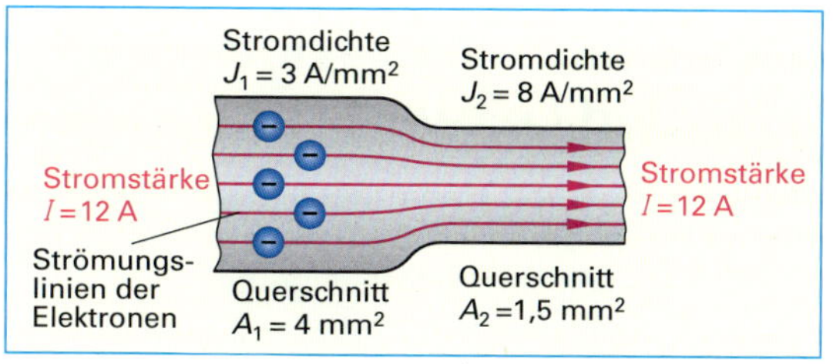

Bild 1: Elektronenbewegung in verschiedenen Leiterquerschnitten

Stromdichte

$$J = \frac{I}{A} \qquad [J] = \frac{\text{A}}{\text{mm}^2}$$

J Stromdichte
I Stromstärke
A Leiterquerschnitt[1]

Tabelle: Strombelastbarkeit von fest verlegten, PVC-isolierten Kupferleitungen bei 30 °C Umgebungstemperatur nach DIN VDE 0298-4

Leiterquerschnitt A in mm²	Zulässige Stromstärke in A			
	Verlegeart B2		Verlegeart C	
	Zahl der belasteten Adern			
	2	3	2	3
1,5	16,5	15	19,5	17,5
2,5	23	20	27	24
4	30	27	36	32
6	38	34	46	41
10	52	46	63	57
16	69	62	85	76
25	90	80	112	96

Bemessen von Leitungen: **Seite 329**

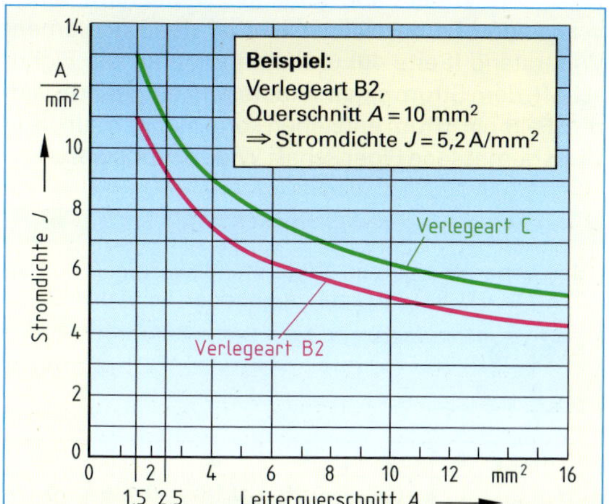

Bild 2: Zulässige Stromdichten isolierter Kupferleitungen (DIN VDE 0298-4) bei 2 belasteten Adern

[1] Statt A für die Leiterquerschnittsfläche auch S (DIN 1304)

2.6 Elektrischer Widerstand und Leitwert

Fließt Strom durch einen metallischen Leiter, so bewegen sich die freien Elektronen zwischen den Atomen des Leiterwerkstoffs hindurch **(Bild 1)**.

Diese Atome sind nicht in Ruhe, sondern schwingen auch bei normaler Temperatur in allen Richtungen um ihre Ruhelage (ungeordnete Wärmebewegung). Dadurch werden die freien Elektronen in ihrer Bewegung und damit der Strom durch den Leiter behindert.

Jeder Leiter setzt dem elektrischen Strom einen **Widerstand** entgegen, der durch eine elektrische Spannung überwunden werden muss.

> Der elektrische Widerstand (Formelzeichen R) hat die Einheit Ohm[1] (Einheitenzeichen Ω[2]).

Ein Leiter mit einem kleinen Widerstand leitet den elektrischen Strom gut, er hat einen großen **Leitwert**. Umgekehrt entspricht ein großer Widerstandswert einem kleinen Leitwert **(Bild 2)**.

> Der elektrische Leitwert (Formelzeichen G) hat die Einheit Siemens[3] (Einheitenzeichen S).

Doppelter Widerstand ergibt den halben Leitwert, dreifacher Widerstand ein Drittel des Leitwerts. Der Leitwert ist also der Kehrwert des Widerstands.

$$\text{Leitwert} = \frac{1}{\text{Widerstand}}$$

großer Leitwert ⇒ kleiner Widerstand
kleiner Leitwert ⇒ großer Widerstand

Das Wort Widerstand wird in zweifachem Sinne verwendet: Es bezeichnet einmal das Bauelement Widerstand **(Seite 40)** und zum anderen die Eigenschaft, dem Strom einen Widerstand entgegenzusetzen. Falls ein Irrtum entstehen kann, nennt man die in Ohm gemessene Eigenschaft Widerstandswert.

Beispiel:

Berechnen Sie zu den Widerstandswerten R = 1 Ω, 2 Ω, 4 Ω, 6 Ω, 8 Ω, 10 Ω die zugehörigen Leitwerte G.

Lösung:

$$G = \frac{1}{R} = \frac{1}{1\,\Omega} = 1\,\text{S}$$

R in Ω	1	2	4	6	8	10
G in S	1	0,5	0,25	0,167	0,125	0,1

[1] nach Georg Simon Ohm, deutscher Physiker, 1789 bis 1854
[2] Ω griech. Großbuchstabe Omega
[3] nach Werner von Siemens, deutscher Ingenieur, 1816 bis 1892

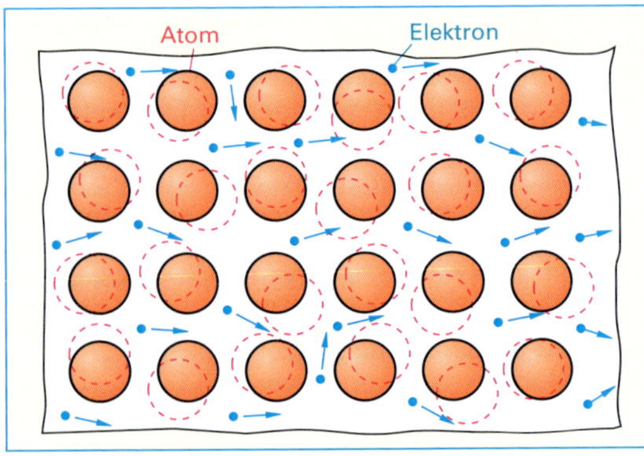

Bild 1: Elektronenbewegung im Leiter

Widerstand	Leitwert
$R = \frac{1}{G}$	$G = \frac{1}{R}$
$[R] = \frac{1}{\text{S}} = \Omega$	$[G] = \frac{1}{\Omega} = \text{S}$
R Widerstand	G Leitwert

Widerstand und Leitwert

	Widerstand	Leitwert
• Formelzeichen:	R	G
• Einheitenname:	Ohm	Siemens
• Einheitenzeichen:	Ω	S

• Einheitenvorsätze (Beispiele):

1 Milliohm	= 1 mΩ	$= 1 \cdot 10^{-3}\,\Omega$	= 0,001 Ω
1 Kiloohm	= 1 kΩ	$= 1 \cdot 10^{3}\,\Omega$	= 1 000 Ω
1 Megaohm	= 1 MΩ	$= 1 \cdot 10^{6}\,\Omega$	= 1 000 000 Ω

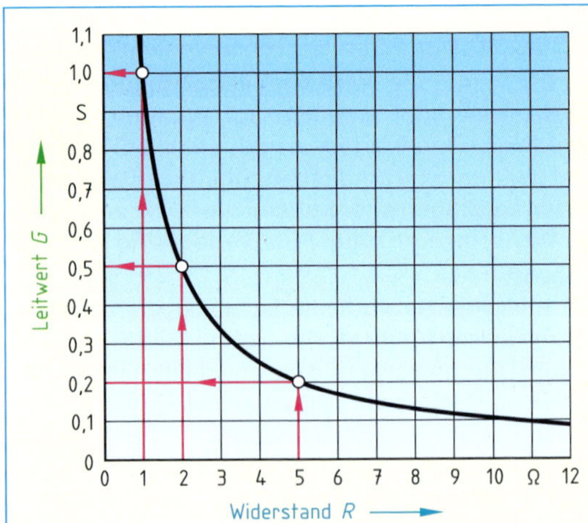

Ablesebeispiele:
Aus der Kennlinie abgelesen: $R = 5\,\Omega \Rightarrow G = 0{,}2$ S; $R = 2\,\Omega \Rightarrow G = 0{,}5$ S; $R = 1\,\Omega \Rightarrow G = 1$ S

Bild 2: Zusammenhang zwischen Leitwert G und Widerstand R

2.7 Ohmsches Gesetz

Versuch 1: Schließen Sie über einen Strommesser einen einstellbaren Widerstand, voreingestellt auf $R = 4\ \Omega$, an ein Netzgerät an, dessen Spannung zwischen 0 V und 10 V eingestellt werden kann. Legen Sie parallel zum Widerstand einen Spannungsmesser **(Bild 1)**. Messen Sie die Stromstärken bei verschiedenen Spannungen.

Bei gleich bleibendem Widerstand wächst die Stromstärke mit der Spannung.

Die Stromstärke ist bei gleichem Widerstand proportional (verhältnisgleich) der Spannung. Sie verändert sich also im gleichen Verhältnis wie die Spannung: $I \sim U$ **(Versuch 1, Bild 1)**.

Trägt man die im Versuch gemessenen Werte des Stromes abhängig von der zugehörigen Spannung in ein Diagramm **(Bild 2)** ein, so erhält man durch Verbinden der Messpunkte eine lineare Kennlinie. Ein größerer Widerstand, z.B. $R = 10\ \Omega$, hat eine Kennlinie mit geringerer Steigung.

> Die Stromstärke I ist proportional der Spannung U.

Versuch 2: Messen Sie nun bei gleich bleibender Spannung $U = 10$ V die Stromstärken bei den Widerstandswerten 2 Ω, 4 Ω, 6 Ω, 8 Ω und 10 Ω.

Bei unveränderter Spannung wird die Stromstärke umso kleiner, je größer der Widerstand ist.

Bei gleich bleibender Spannung verhält sich die Stromstärke umgekehrt wie der Widerstand. Die Stromstärke ist also dem Widerstand umgekehrt proportional: $I \sim \frac{1}{R}$ **(Versuch 2, Bild 1)**.

Das Diagramm **(Bild 3)** zeigt die Abhängigkeit der Stromstärke vom Widerstand. Bei kleinerer Spannung, z.B. $U = 5$ V, fließen kleinere Ströme.

> Die Stromstärke I ist umgekehrt proportional dem Widerstand R.

Das ohmsche Gesetz[1] beschreibt den Zusammenhang zwischen Stromstärke, Spannung und Widerstand.

Beispiele:

a) Welche Stromstärke fließt durch eine Glühlampe für 4,5 V, die im Betrieb einen Widerstand von 1,5 Ω hat?

b) Welche Spannung liegt an einem Widerstand von 500 Ω, durch den 0,2 A fließen?

c) Ein Lötkolben nimmt an 230 V den Strom 0,22 A auf. Welchen Widerstand hat die Heizwicklung?

Lösung:

a) $I = \frac{U}{R} = \frac{4{,}5\ \text{V}}{1{,}5\ \Omega} = \mathbf{3\ A}$

b) $U = R \cdot I = 500\ \Omega \cdot 0{,}2\ \text{A} = \mathbf{100\ V}$

c) $R = \frac{U}{I} = \frac{230\ \text{V}}{0{,}22\ \text{A}} = \mathbf{1045\ \Omega}$

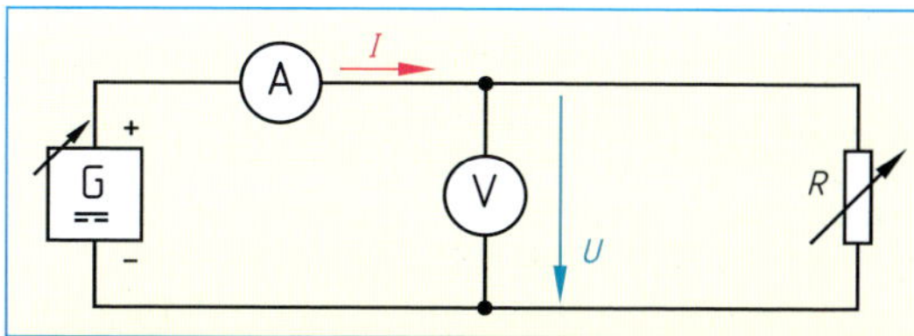

Versuch 1: Widerstand konstant $R = 4\ \Omega$		Versuch 2: Spannung konstant $U = 10$ V	
Spannung in V	Strom in A	Widerstand in Ω	Strom in A
2	0,5	2	5,0
4	1,0	4	2,5
6	1,5	6	1,67
8	2,0	8	1,25
10	2,5	10	1,0

Bild 1: Messen von Strom und Spannung

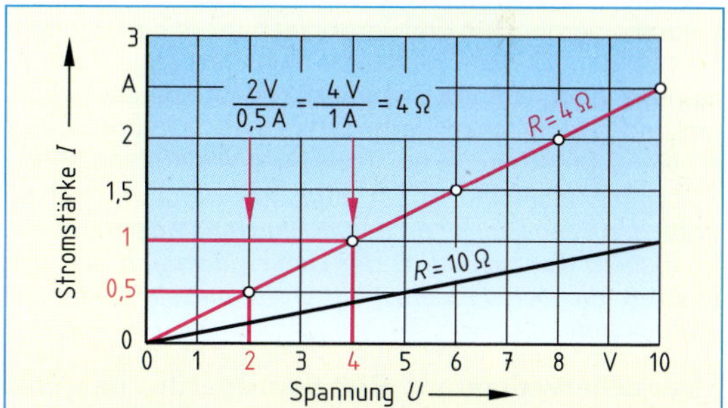

Je höher die Spannung ist, desto größer ist die Stromstärke: $I \sim U$

$\frac{\text{Spannung}}{\text{Stromstärke}} = \text{konstant} = \text{Widerstand}$

Bild 2: Stromstärke als Funktion der Spannung

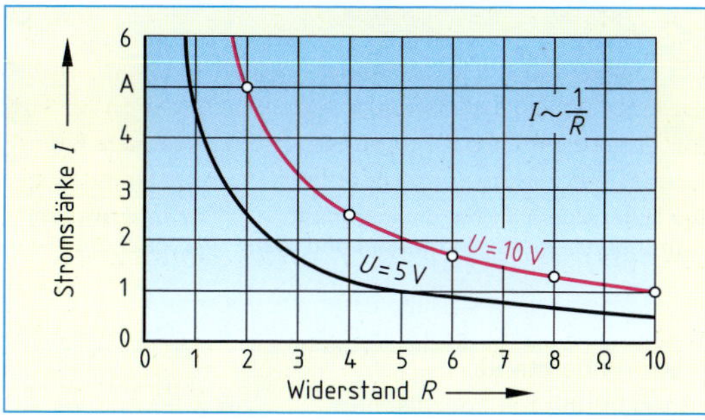

Bild 3: Stromstärke als Funktion des Widerstandes

Ohmsches Gesetz

$$I = \frac{U}{R} \Rightarrow R = \frac{U}{I} \Rightarrow U = R \cdot I$$

I	Stromstärke
U	Spannung
R	Widerstand

$$[I] = \frac{\text{V}}{\Omega} = \frac{\text{V}}{\frac{\text{V}}{\text{A}}} = \text{A}$$

[1] nach Georg Simon Ohm, deutscher Physiker, 1789 bis 1854

SimElektro Grundstufe 1.1

Grundstufe S4

2.8 Leiterwiderstand

Versuch 1: Schließen Sie **a)** einen Kupferdraht und **b)** einen Konstantandraht von je 0,1 mm Durchmesser und 1 m Länge an ein Netzteil an. Ermitteln Sie mithilfe des ohmschen Gesetzes den Widerstand der beiden Drähte **(Bild)**.

$R_{Cu} = 2{,}3\,\Omega$ und $R_{Konst.} = 62{,}4\,\Omega$, d. h., der Widerstand des Konstantandrahts ist etwa 27-mal so groß wie der des Kupferdrahtes.

Der Widerstand eines Leiters hängt vom Werkstoff ab. Den Widerstand eines Leiters von 1 m Länge und 1 mm² Querschnitt bei 20 °C bezeichnet man als **spezifischen Widerstand ϱ**[1]. Den Kehrwert des spezifischen Widerstands nennt man **Leitfähigkeit γ**[2].

Gute elektrische Leiter, z. B. Kupfer, enthalten viele freie Elektronen und haben einen geringen spezifischen Widerstand bzw. eine hohe Leitfähigkeit **(Tabelle 1)**.

Versuch 2: Wiederholen Sie Versuch 1 mit dem Konstantandraht, verdoppeln und verdreifachen Sie die Drahtlänge. Nehmen Sie dann wieder die einfache Länge, verdoppeln Sie jedoch den Querschnitt (2 Drähte parallel schalten) und verdreifachen Sie ihn schließlich (3 Drähte parallel schalten). Ermitteln Sie den jeweiligen Widerstand **(Bild)**.

Der Leiterwiderstand ist bei doppelter Länge doppelt so groß, dreifache Länge gibt den dreifachen Widerstand. Bei doppeltem Querschnitt ist der Leiterwiderstand nur halb so groß, dreifacher Querschnitt ergibt nur ein Drittel des Widerstands.

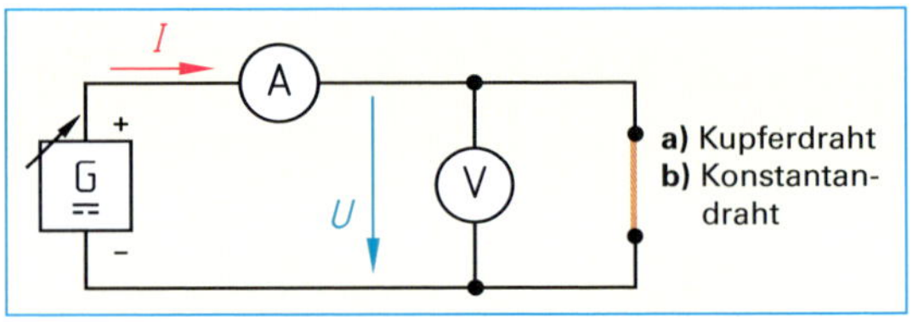

Bild: Ermitteln des Widerstands von Drähten

Spezifischer Widerstand	Leitfähigkeit
$\varrho = \frac{1}{\gamma}$	$\gamma = \frac{1}{\varrho}$
$[\varrho] = \frac{\Omega \cdot mm^2}{m}$	$[\gamma] = \frac{m}{\Omega \cdot mm^2} = \frac{1}{\frac{\Omega \cdot mm^2}{m}}$
ϱ spezifischer Widerstand	γ Leitfähigkeit

Tabelle 1: Spezifischer Widerstand und Leitfähigkeit (Beispiele bei 20 °C)

Material	Spezifischer Widerstand ϱ in $\frac{\Omega \cdot mm^2}{m}$	Leitfähigkeit γ in $\frac{m}{\Omega \cdot mm^2}$
Aluminium (Al)	0,0278	36,0
Kupfer (Cu)	0,0179	56,0
Silber (Ag)	0,0167	60,0
Gold (Au)	0,0219	45,7

Der Leiterwiderstand R ist dem spezifischen Widerstand ϱ und der Leiterlänge l proportional, jedoch umgekehrt proportional dem Leiterquerschnitt A **(Tabelle 2)**.

Tabelle 2: Leiterwiderstand

Material	Leiterlänge	Leiterquerschnitt
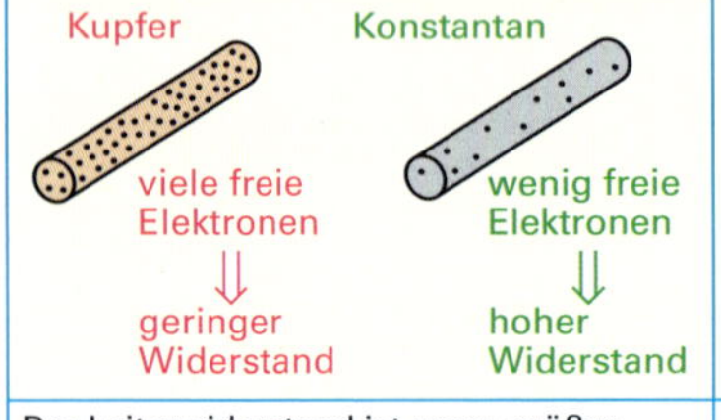	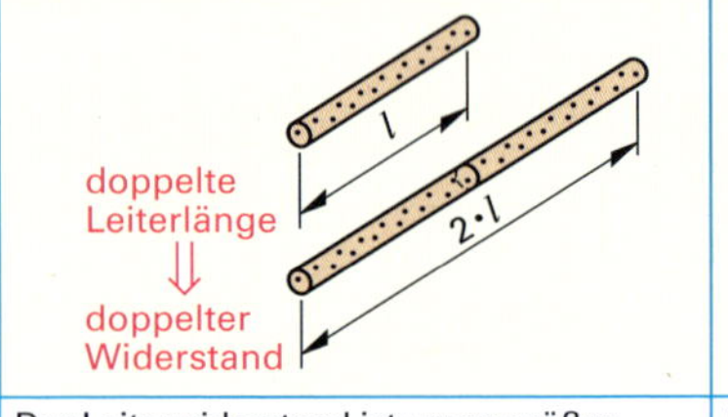	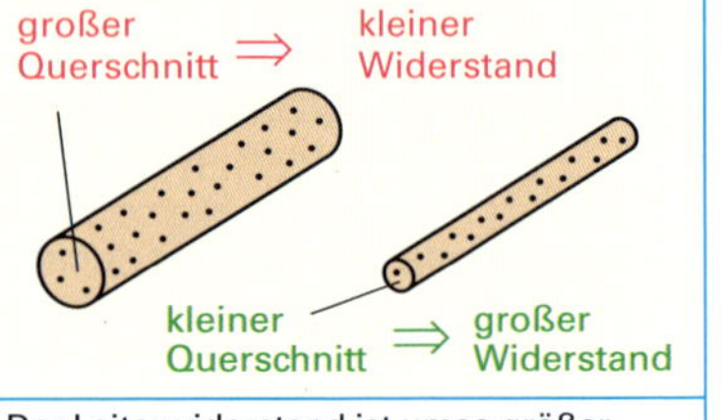
Der Leiterwiderstand ist umso größer, je größer der spezifische Widerstand ϱ ist.	Der Leiterwiderstand ist umso größer, je größer die Leiterlänge l ist.	Der Leiterwiderstand ist umso größer, je kleiner der Leiterquerschnitt A ist.
$R \sim \varrho$	$R \sim l$	$R \sim \frac{1}{A}$

Leiterwiderstand:		
Berechnung mit spezifischen Widerstand ϱ	$R = \frac{\varrho \cdot l}{A}$ $\quad [R] = \frac{\frac{\Omega \cdot mm^2}{m} \cdot m}{mm^2} = \Omega$	R Leiterwiderstand ϱ spezifischer Widerstand l Leiterlänge
Berechnung mit elektrischer Leitfähigkeit γ	$R = \frac{l}{\gamma \cdot A}$ $\quad [R] = \frac{m}{\frac{m}{\Omega \cdot mm^2} \cdot mm^2}$	A Leiterquerschnitt γ elektrische Leitfähigkeit

Beispiel:

Berechnen Sie den Widerstand eines Kupferleiters mit $l = 50$ m Länge und einem Querschnitt von $A = 1{,}5$ mm² mithilfe der elektrischen Leitfähigkeit γ.

Lösung:

Aus **Tabelle 1**: $\gamma = 56{,}0\ \frac{m}{\Omega \cdot mm^2}$

Aus **Tabelle 2**: $\mathbf{R} = \frac{l}{\gamma \cdot A} = \frac{50\ m}{56{,}0\ \frac{m}{\Omega \cdot mm^2} \cdot 1{,}5\ mm^2} = \mathbf{0{,}59\ \Omega}$

[1] ϱ griech. Kleinbuchstabe rho; [2] γ griech. Kleinbuchstabe gamma

2.9 Temperaturabhängigkeit des Widerstandes

Versuch: Schließen Sie **a)** eine Metallfadenlampe (230 V/ 60 W) und **b)** eine Kohlefadenlampe (230 V/60 W) zuerst an eine Spannung von 10 V und dann an 230 V an. Ermitteln Sie jeweils den Widerstand des Glühdrahtes durch Strom- und Spannungsmessung **(Bild)**.

Die Lampen bleiben bei 10 V dunkel. Damit ist die Temperatur des Glühdrahts gering. Beim Anschluss an 230 V leuchten beide Lampen hell, die Temperatur des Glühdrahts ist hoch. Der Widerstand des kalten Metalldrahts ist niedrig, der des heißen ist groß. Der Widerstand des kalten Kohlefadens ist dagegen groß, der des heißen klein.

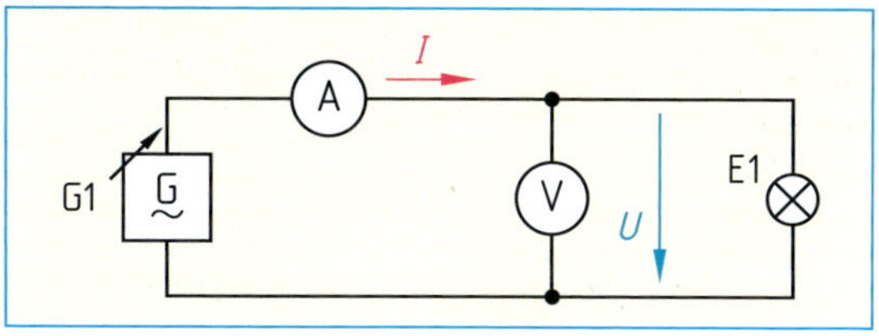

Bild: Widerstandsermittlung bei Glühlampen

Bei Temperaturerhöhung nimmt der Widerstand von Metallen zu, aber bei Kohle ab.

> Stoffe, die in kaltem Zustand besser leiten, nennt man Kaltleiter, die in heißem Zustand besser leiten, nennt man Heißleiter.

Bei Erwärmung schwingen die Atome stärker um ihren Platz im Kristallgitter **(Tabelle 1)**. Sind die Atome dicht beieinander, wird die Fortbewegung der freien Elektronen durch die Wärmebewegung der Atome stärker behindert. Der Widerstand dieser Stoffe nimmt mit der Temperatur zu (Kaltleiter). Metalle sind Kaltleiter. Die Größe der Widerstandsänderung ΔR wird mit dem **Temperaturkoeffizient** α[1], der Temperaturdifferenz $\Delta\vartheta$[2] und R_{20} berechnet.

> Der Temperaturkoeffizient α gibt an, um wie viel Ohm sich ein Widerstand von 1 Ω bei einer Temperaturänderung von 1 K (Kelvin) ändert.

Kaltleiter haben einen positiven, Heißleiter einen negativen Temperaturkoeffizienten **(Tabelle 2)**.

Tabelle 1: Temperaturabhängigkeit von Metallen und Halbleitern

niedrige Temperatur	hohe Temperatur
Metalle (geringer Atomabstand)	
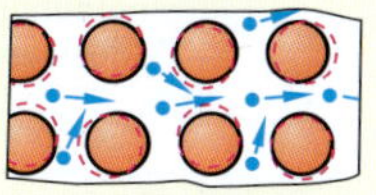	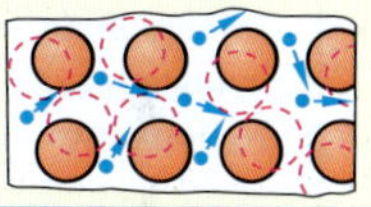
geringe	starke
Behinderung der freien Elektronen	
Halbleiter (großer Atomabstand)	
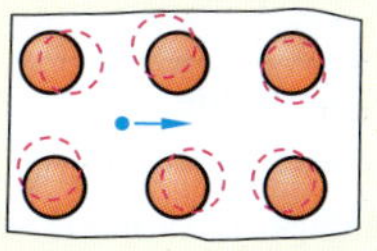	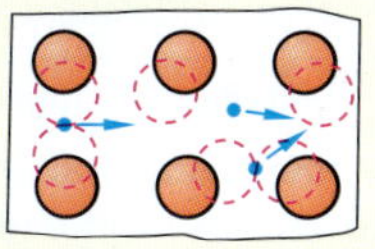
wenig	viele
freie Ladungsträger entstehen	

Beispiel:

Wie groß ist der Drahtwiderstand einer Kupferwicklung **(Tabelle 2)** bei $\vartheta_2 = 80\ °C$, wenn bei einer Temperatur von $\vartheta_1 = 20\ °C$ ein Widerstand von $R_{20} = 30\ \Omega$ gemessen wird?

Lösung:

$\Delta\vartheta = \vartheta_2 - \vartheta_1 = 80\ °C - 20\ °C = 60\ K$

$\Delta R = R_{20} \cdot \alpha \cdot \Delta\vartheta = 30\ \Omega \cdot 0{,}0039 \frac{1}{K} \cdot 60\ K = 7{,}02\ \Omega$

$\mathbf{R_\vartheta} = R_{20} + \Delta R = 30\ \Omega + 7{,}02\ \Omega = \mathbf{37{,}02\ \Omega}$

Temperaturdifferenzen werden nach DIN 1304 in K (Kelvin) angegeben.

Widerstandswert bei Temperaturänderung

$$\Delta\vartheta = \vartheta_2 - \vartheta_1 \qquad [\Delta\vartheta] = K;\ [\vartheta] = °C$$

$$\Delta R = R_{20} \cdot \alpha \cdot \Delta\vartheta \qquad [\Delta R] = \Omega \cdot \frac{1}{K} \cdot K = \Omega$$

$$R_\vartheta = R_{20} + \Delta R \qquad [\alpha] = \frac{1}{K}$$

$$R_\vartheta = R_{20}\,(1 + \alpha \cdot \Delta\vartheta)$$

- ΔR Widerstandsänderung
- R_{20} Widerstand bei 20 °C
- R_ϑ Widerstand bei der Temperatur ϑ
- α Temperaturkoeffizient (Temperaturbeiwert)
- $\Delta\vartheta$ Temperaturänderung
- ϑ_1 Anfangstemperatur
- ϑ_2 Endtemperatur

Kühlt man manche elektrischen Leiter, z. B. Aluminium, unter ihre sogenannte Sprungtemperatur ab, sinkt ihr elektrischer Widerstand auf 0 Ω. Diesen Zustand nennt man **supraleitend.** Bei Aluminium beträgt die Sprungtemperatur –272 °C. Kupfer kann nicht supraleitend werden. Die für die Abkühlung auf die Sprungtemperatur aufzuwendende Energie ist im Vergleich zur Energieeinsparung durch den verlustfreien Transport des elektrischen Stromes jedoch noch viel zu hoch. Deshalb sind Supraleiter nur in der Hochtechnologie, z. B. bei einem Magnet-Resonanz-Tomographen, von Bedeutung.

Tabelle 2: Temperaturkoeffizient von Werkstoffen bei 20 °C

Werkstoff	α in 1/K	Werkstoff	α in 1/K
Aluminium	0,004	Kupfer	0,0039
Blei	0,00422	Manganin	0,00001
Eisen	0,00657	Messing	0,0015
Gold	0,00398	Silber	0,0041
Kohle	–0,00045	Zink	0,0042
Konstantan	0,00004	Zinn	0,00463

[1] griech. Kleinbuchstabe alpha,
[2] griech. Großbuchstabe Delta, sowie griech. Kleinbuchstabe theta

2.10 Bauarten von Widerständen

Widerstände teilt man nach der Bauart **(Bild 1)** ein. Weiterhin unterscheidet man lineare Widerstände, z. B. Festwiderstände, und nichtlineare Widerstände, z. B. NTC-Widerstände.

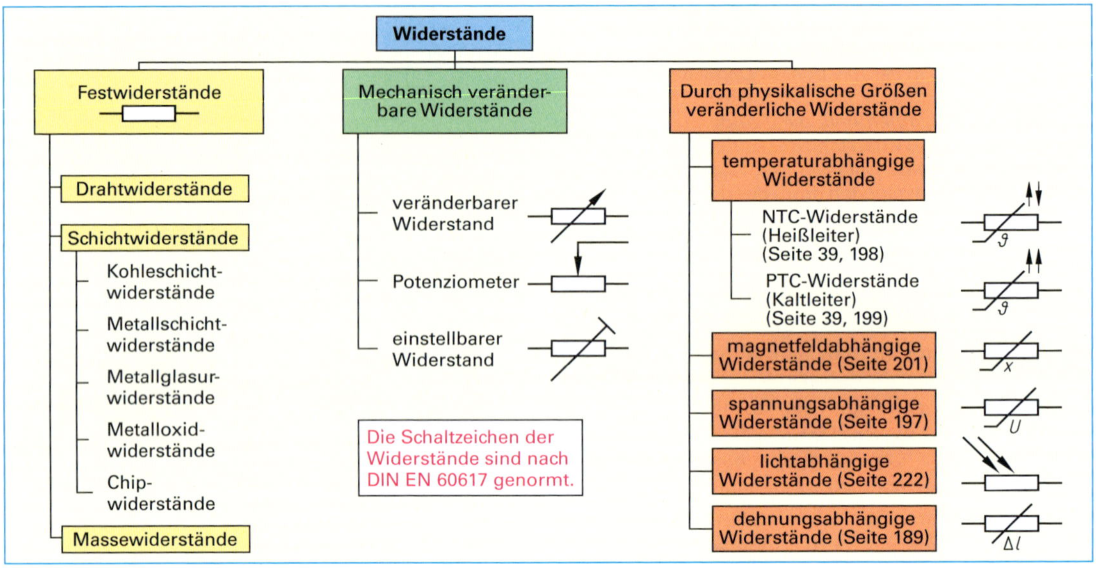

Bild 1: Einteilung technischer Widerstände

Festwiderstände haben genormte Bemessungswerte (Nennwerte) mit einer zulässigen Toleranz, die in Prozent vom Bemessungswert angegeben wird. Die Normreihen dieser Nennwiderstände sind so aufgebaut, dass sie jeden Zwischenwert abdecken können. Die Bezeichnung der Normreihe, z.B. E12, bedeutet, dass 12 Widerstandswerte von 1,0 bis 8,2 **(Bild 2)** innerhalb einer Dekade[1] vorhanden sind.

Die nach DIN[2] IEC[3] festgelegten E-Reihen und deren Toleranzen sind: E6 (± 20 %), E12 (± 10 %), E24 (± 5 %), E48 (± 2 %), E96 (± 1 %) und E192 (± 0,5 %).

Widerstandswert und Fertigungstoleranz werden durch Zahlen oder Farbringe auf dem Widerstand gekennzeichnet. Widerstände bis einschließlich der Reihe E48 haben 4 Farbringe **(Tabelle, Seite 41)**.

Widerstände mit 5 Farbringen, ab Reihe E96:

- Die ersten drei Ringe sind die drei Ziffern des Widerstandswertes, der
- vierte Ring ist der Multiplikator und der
- fünfte Ring die Toleranz.

Belastbarkeit von Widerständen. Sie hängt davon ab, wie gut die Stromwärme an die Umgebung abgegeben werden kann. Hohe Belastbarkeit bedingt deshalb auch große Abmessungen. Man gibt die Bemessungsleistung von Widerständen in Watt bei einer bestimmten Temperatur an, z. B. 1 W bei 70 °C.

DIN-IEC-Reihen E6, E12 und E24

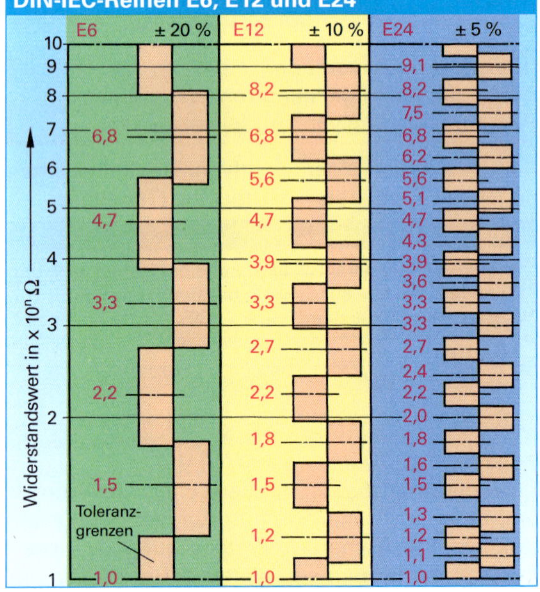

Bild 2 : Toleranzgrenzen

Widerstandswerte Reihe E24 bis E192

Beispiel:

Welche Widerstandswerte entsprechen der Reihe E12?

Lösung:

0,1 Ω; 0,12 Ω; 0,15 Ω … 0,82 Ω **oder** 1,0 Ω; 1,2 Ω; 1,5 Ω … 8,2 Ω **oder** 10 Ω; 12 Ω; 15 Ω … 82 Ω **oder** 100 Ω; 120 Ω; 150 Ω … 820 Ω **oder** 1 kΩ; 1,2 kΩ; 1,5 kΩ … 8,2 kΩ usw.

[1] Dekade, von dekas (griech.) = zehn
[2] **DIN**, Abk. für: **D**eutsches **I**nstitut für **N**ormung;
[3] **IEC**, Abk. für: **I**nternational **E**lectrotechnical **C**ommission

Die Belastbarkeit aller Widerstände hängt von der Baugröße und der Umgebungstemperatur ab.

Drahtwiderstände bestehen aus einem Keramikkörper, auf den ein Widerstandsdraht, z. B. aus Konstantan, gewickelt ist. Anschlussfahnen, -schellen oder -kappen sorgen für die Stromzuführung. Zum Schutz vor Umwelteinflüssen werden Drahtwiderstände mit Lack, Zement oder Glas überzogen. Drahtwiderstände werden etwa von 0,3 Ω bis 500 kΩ mit Bemessungsleistungen bis 300 W gefertigt.

Schichtwiderstände haben als Widerstandswerkstoff eine dünne Schicht aus kristalliner Kohle, einem Edelmetall oder einem Metalloxid z. B. auf einem Keramikkörper. Bei Metallschichtwiderständen **(Bild 1)** trägt man eine Paste aus Metallen, Metallverbindungen und Glaspulver auf und brennt sie anschließend ein **(Dickschichttechnik).** Sollen sehr dünne Schichten auf dem Keramikkörper entstehen, dampft man die Metalle im Vakuum durch eine Maske auf **(Dünnschichttechnik).** Zum Schutz gegen Feuchtigkeit, hohe Umgebungstemperatur und mechanische Beschädigung erhalten Schichtwiderstände einen Überzug aus Lack, Kunstharz oder Silikonzement. Edelmetallschichtwiderstände sind bei gleichen Abmessungen höher belastbar als Kohleschichtwiderstände **(Bild 1).** Kohleschichtwiderstände sind unempfindlich gegen kurzzeitige Überlastung (Impulsüberlastung). Metallschichtwiderstände sind temperaturstabil und haben besonders kleine Widerstandstoleranzen (bis zu ± 0,005 %). Ihr Wertebereich kann zwischen 0,1 mΩ bis 100 MΩ betragen.

Chip-Widerstände (Bild 2) werden für die Oberflächenmontage (SMD-Technik, **Seite 623**) mit einer Belastung bis 2 W hergestellt. Die Bezeichnung der Bauformen, z. B. 1206, besteht immer aus vier Ziffern. Die ersten beiden Ziffern geben die Länge, die zweiten beiden Ziffern die Breite des Bauteils in 1/100 Zoll = 0,254 mm an.

Mechanisch veränderbare Widerstände werden als Stellwiderstände und als Drehwiderstände **(Bild 3)** hergestellt. Die drei Anschlüsse bezeichnet man mit E (Eingang), S (Schleifkontakt) und A (Ausgang). Je nach Einstellung des Schleifkontaktes ändert sich der abgegriffene Widerstandswert zwischen S und A bzw. S und E.

Auswahl von Widerständen. Widerstände werden ausgewählt nach:

- Widerstandswert (Bemessungswert),
- Toleranz,
- Bemessungsleistung P_N,
- Widerstandsverhalten bei Temperaturänderung,
- Bauform **(Bild 1).**

Tabelle: Farbkennzeichnung für Widerstände

Vierfarbcode

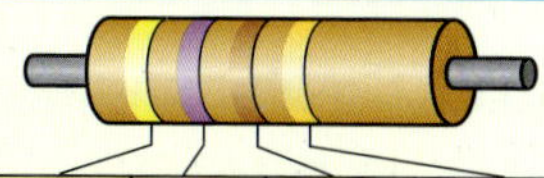

Kennfarbe nach DIN IEC 62	IEC 757	1. Ziffer	2. Ziffer	Multiplikator	Toleranz in %
		Widerstandswert in Ω			
schwarz (sw)	BK (black)	–	0	1	–
braun (br)	BN (brown)	1	1	10	±1
rot (rt)	RD (red)	2	2	10^2	±2
orange (or)	OG (orange)	3	3	10^3	–
gelb (gb)	YE (yellow)	4	4	10^4	–
grün (gn)	GN (green)	5	5	10^5	±0,5
blau (bl)	BU (blue)	6	6	10^6	±0,25
violett (vi)	VT (violet)	7	7	10^7	±0,1
grau (gr)	GY (grey)	8	8	10^8	–
weiß (ws)	WH (white)	9	9	10^9	–
gold (au)	GD (gold)	–	–	0,1	±5
silber (ag)	SR (silver)	–	–	0,01	±10
ohne Farbe		–	–	–	±20

Beispiel:

Erster Farbring näher am Anschlussdraht

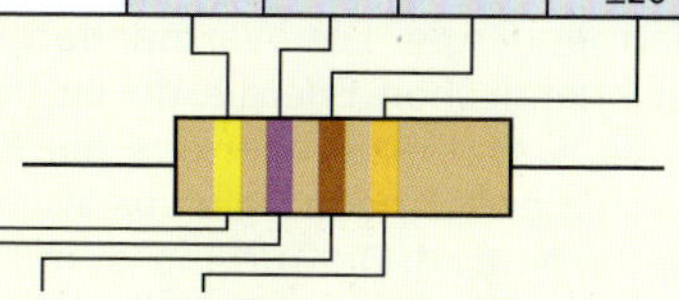

4 7 x 10 ± 5 % ⇒ 470 Ω ± 5 %

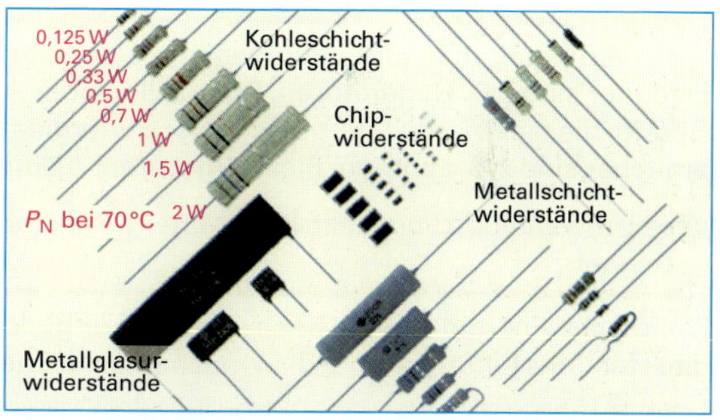

Bild 1: Bauformen und Baugrößen von Widerständen

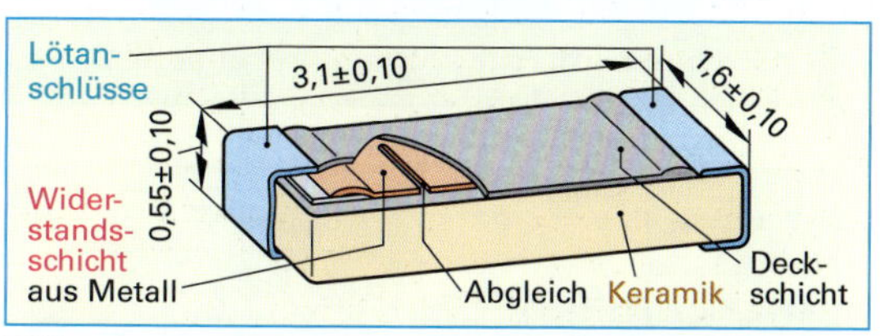

Bild 2: Aufbau eines Chip-Widerstandes (Bauform 1206)

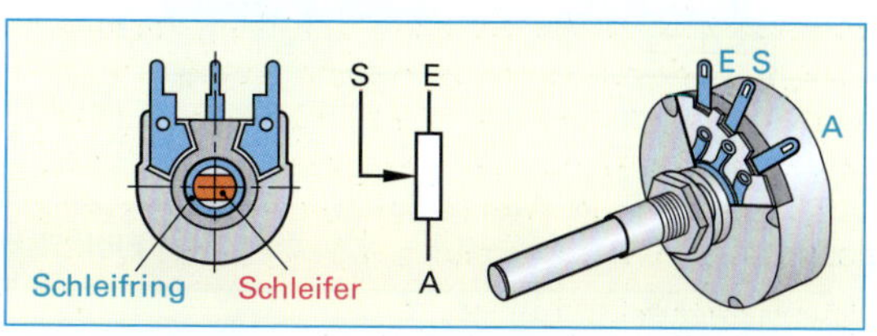

Bild 3: Drehwiderstand (Potenziometer)

2.11 Elektrische Energie und Arbeit

2.11.1 Gewinnung elektrischer Energie

Elektrische Energie lässt sich z.B. aus mechanischer Energie gewinnen. Im Wasser eines hochgelegenen Stausees ist potenzielle Energie gespeichert. Strömt das Wasser in das tiefergelegene Kraftwerk, wird die potenzielle Energie zur Bewegungsenergie. Das Wasser verrichtet in der Turbine Arbeit **(Bild 1)**. Die Turbine treibt einen Generator an, der die mechanische Energie der Turbine in elektrische Energie umwandelt.

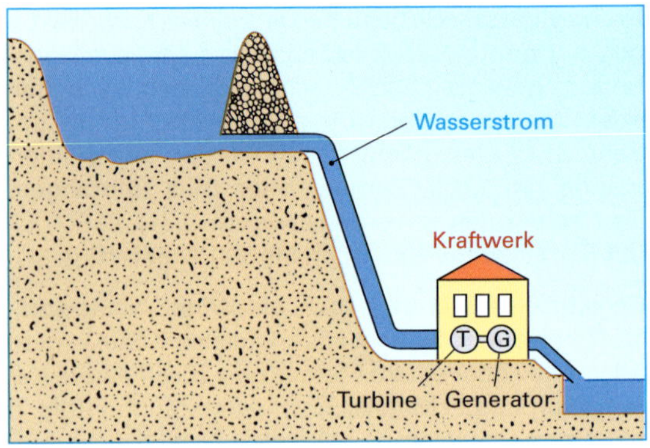

Bild 1: Wasserkraftwerk

Kraftwerke: **Seite 277**

Energie ist die Fähigkeit, Arbeit zu verrichten.

Elektrische Energie kann aus erneuerbaren Energien, fossilen[1] Energien oder aus der Kernenergie[2] gewonnen werden **(Bild 2)**.

Beispiel Wärmekraftwerk: Aufgabe eines Wärmekraftwerks ist die Energieumwandlung mithilfe von Wärmeenergie. Die Wärmeenergie wird z.B. aus der chemischen Energie durch Verbrennung von Kohle, Gas, Heizöl oder aus der Kernenergie durch Kernspaltung gewonnen. Im Dampferzeuger wird durch die Wärmeenergie aus Wasser Wasserdampf erzeugt. Der Wasserdampf treibt die Schaufelräder der Turbine an. Die Turbine ist mit dem Generator gekoppelt und wandelt die mechanische Energie (Bewegungsenergie) der Turbine in elektrische Energie um.

Energie lässt sich nicht erzeugen, sondern nur umwandeln.

Trotzdem nennt man Einrichtungen, die eine Energieform in elektrische Energie umwandeln, **Erzeuger.** Erzeuger sind z.B. Generatoren, Solarzellen oder Akkumulatoren (beim Entladen).
Geräte, die elektrische Energie in andere Energiearten umformen, bezeichnet man als **Verbraucher.** Verbraucher sind z.B. Lampen, Elektromotoren, Akkumulatoren (beim Laden) oder Lautsprecher.

Die Umwandlung von elektrischer Energie in eine andere Energieform wird als elektrische Arbeit bezeichnet.

Elektrische Energie ist eine hochwertige Energieform, weil sie sich ohne große Verluste in andere Energiearten überführen lässt, z.B. in mechanische Energie oder Wärmeenergie.

[1] fossil (lat.) = ausgegraben, aus früher erdgeschichtlicher Zeit stammend
[2] In Deutschland werden Kernkraftwerke bis Ende 2022 abgeschaltet.

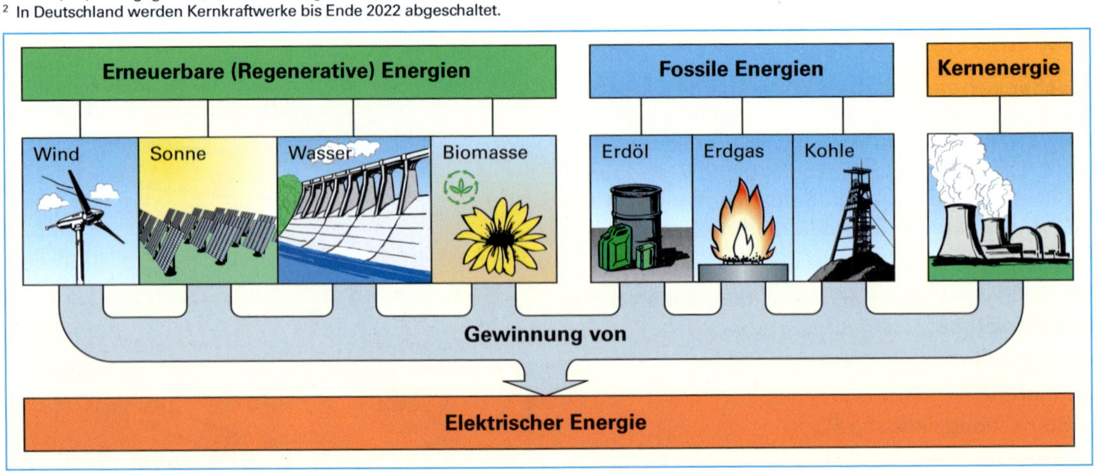

Bild 2: Beispiele für die Gewinnung elektrischer Energie

2.11.2 Elektrische Arbeit

Elektrische Spannung entsteht durch Ladungstrennung unter Arbeitsaufwand. Diese aufgewendete Arbeit kann an einem Verbraucher in elektrische Arbeit umgesetzt werden. Stellt man die Formel zur Berechnung der Spannung $U = W/Q$ nach W um, so erhält man $W = U \cdot Q$. Ersetzt man die Ladung Q durch $Q = I \cdot t$, so ergibt sich für die elektrische Arbeit:

$$W = U \cdot I \cdot t$$

Die elektrische Arbeit W ist das Produkt aus der Spannung U, der Stromstärke I und der Zeit t.

Die **elektrische Arbeit** ist dabei umso größer,

- je größer die Spannung U,
- je höher die Stromstärke I und
- je länger die Zeit t ist, in der ein Gerät elektrische Energie aus dem Netz entnimmt.

In der Praxis ist für die elektrische Arbeit die Einheit Kilowattstunde (kWh) gebräuchlich.

1 kWh = 1000 Wh = 3 600 000 Ws = 3 600 000 J

Messen der elektrischen Arbeit

Indirekte Messung. Die elektrische Arbeit kann indirekt durch Messen von Spannung U, Stromstärke I und der Zeit t mit anschließender Berechnung über die Formel $W = U \cdot I \cdot t$ bestimmt werden.

Direkte Messung. Elektrizitätszähler messen die elektrische Arbeit direkt. Im Zähler **(Bild)** befinden sich eine Spannungsspule und zwei Stromspulen. Die Spannungsspule wird wie ein Spannungsmesser (Spannungspfad), die Stromspulen werden wie ein Strommesser (Strompfad) geschaltet. Die magnetischen Wirkungen der Spulen versetzen die Zählerscheibe in Drehung. Ein Zählwerk zählt die Umdrehungen und zeigt die elektrische Arbeit direkt in kWh an.

Elektrizitätszähler: **Seite 176**

Kosten der elektrischen Arbeit

Der Abnehmer elektrischer Energie muss die verbrauchte elektrische Arbeit dem Energieversorger bezahlen. Die Kosten der elektrischen Arbeit (Arbeitspreis) ergeben sich aus der vom Zähler angezeigten elektrischen Arbeit und dem Tarif für eine kWh. Der Tarif ist je nach Art des Verbrauchers, z. B. Industrie oder Haushalt, gestaffelt. Er richtet sich auch nach der Menge der verbrauchten Energie und dem jeweiligen Energieversorger. Im Tarif, z. B. 0 ,36 €/kWh (Beispiel), sind Kosten enthalten für:

- Energiebeschaffung und Vertrieb,
- Steuern, Abgaben und Umlagen (Staat),
- den Transport durch die Netze, Messung und
- Abrechnung (Netzbetreiber).

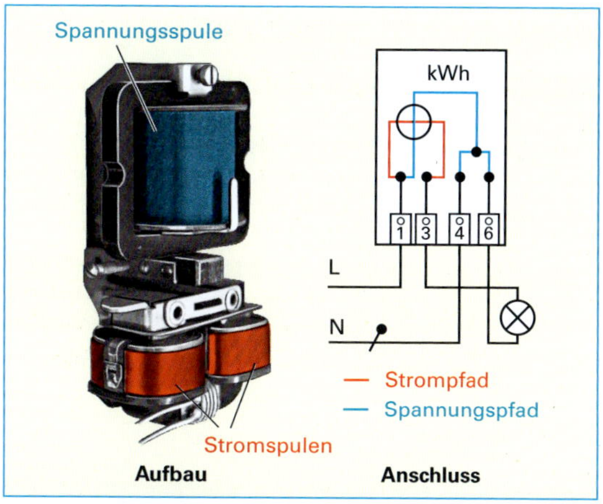

Bild: Elektrizitätszähler

Elektrische Arbeit

$W = U \cdot I \cdot t$ [W] = Ws; 1 Ws = 1 VAs = 1 J (Joule)

W elektrische Arbeit
U Spannung
I Stromstärke
t Zeit

Beispiel 1:

Berechnen Sie die elektrische Arbeit, wenn eine Lampe an einer Spannung von $U = 230$ V angeschlossen ist und während einer Zeit von $t = 4$ h ein Strom $I = 0{,}44$ A fließt.

Lösung:

$\boldsymbol{W} = U \cdot I \cdot t = 230\text{ V} \cdot 0{,}44\text{ A} \cdot 4\text{ h}$
$= 404{,}8\text{ Wh} \approx \mathbf{0{,}405\ kWh}$

Elektrische Arbeit

- Formelzeichen: W
- Einheitenname: Wattsekunde
- Einheitenzeichen: Ws
- Einheitenvorsätze (Beispiele):

1 Milliwattsekunde = 1 mWs = $1 \cdot 10^{-3}$ Ws = 0,001 Ws
1 Kilowattsekunde = 1 kWs = $1 \cdot 10^{3}$ Ws = 1000 Ws
1 Megawattsekunde = 1 MWs = $1 \cdot 10^{6}$ Ws = 1 000 000 Ws

Kosten der elektrischen Arbeit

$K_A = W \cdot T$ $[K_A] = €$

K_A Arbeitspreis
W elektrische Arbeit in kWh
T Tarif in €/kWh

Beispiel 2:

Ein Fernsehgerät nimmt an einer Spannung von 230 V einen Strom von 0,32 A auf. Berechnen Sie den Arbeitspreis, wenn das Fernsehgerät 10 Stunden in Betrieb ist und der Tarif 0,36 €/kWh beträgt.

Lösung:

$W = U \cdot I \cdot t = 230\text{ V} \cdot 0{,}32\text{ A} \cdot 10\text{ h} = 736\text{ Wh} = 0{,}736\text{ kWh}$
$\boldsymbol{K_A} = W \cdot T = 0{,}736\text{ kWh} \cdot 0{,}36\text{ €/kWh} = \mathbf{0{,}27\ €}$

2.12 Elektrische Leistung

Wird eine bestimmte Arbeit ***W*** in einer gewissen Zeit ***t*** verrichtet, so spricht man von Leistung ***P***. Diese Definition gilt für die mechanische Leistung ebenso wie für die elektrische Leistung. Die Einheit der Leistung ist Watt (W).

> Elektrische Leistung ist elektrische Arbeit pro Zeit.

Setzt man für die elektrische Arbeit die Formel $W = U \cdot I \cdot t$ ein, so ergibt sich für die elektrische Leistung:

$$P = \frac{W}{t} = \frac{U \cdot I \cdot t}{t} = U \cdot I$$

> Die elektrische Leistung errechnet man aus Spannung mal Stromstärke.

Bei Gleichstrom darf man die Leistung immer mit der Formel $P = U \cdot I$ berechnen, bei Wechselstrom nur bei Wärmegeräten (ohmsche Widerstände).

Wechselstromleistung: **Seite 140**

Die elektrische Leistung kann man auch mit dem Widerstandswert und der Spannung bzw. der Stromstärke berechnen. Über das ohmsche Gesetz lässt sich ein Zusammenhang zwischen Leistung und Widerstand herstellen.

$$P = U \cdot I$$

mit $U = I \cdot R$ mit $I = \frac{U}{R}$

$\Rightarrow \quad P = I \cdot R \cdot I$ $\Rightarrow \quad P = U \cdot \frac{U}{R}$

$\Rightarrow \quad P = I^2 \cdot R$ $\Rightarrow \quad P = \frac{U^2}{R}$

In einem Verbraucher mit konstantem Widerstand nimmt die elektrische Leistung mit dem Quadrat des Stromes zu, ebenso mit dem Quadrat der Spannung.

Wird z.B. an einem konstanten Widerstand $R = 100\ \Omega$ die Spannung von $U_1 = 2$ V auf $U_2 = 4$ V verdoppelt, so steigt die Leistung von $P_1 = 40$ mW um das Vierfache auf $P_2 = 160$ mW.

In einem Strom-Spannungs-Schaubild **(Bild)** ist die Kurve für eine bestimmte Leistung, z.B. für $P = 2$ W, eine Hyperbel (Leistungshyperbel). An jedem Punkt der Hyperbel ist $P = U \cdot I = 2$ W.

Eine Widerstandsgerade schneidet diese Hyperbel im Punkt der höchstzulässigen Spannung U_{max} und der höchstzulässigen Stromstärke I_{max}.

Elektrische Leistung

$$P = \frac{W}{t} \qquad [P] = W$$

$$P = U \cdot I \qquad 1\ \text{W} = 1\ \frac{\text{VAs}}{\text{s}} = 1\ \text{VA}$$

P	Elektrische Leistung	I	Stromstärke
W	Elektrische Arbeit	t	Zeit
U	Spannung		

Beispiel 1:

Ein Heizgerät für 230 V nimmt im Betrieb 8,65 A auf. Wie groß ist die aufgenommene elektrische Leistung?

Lösung:

$P = U \cdot I = 230\ \text{V} \cdot 8{,}65\ \text{A} = 1989{,}5\ \text{W} \approx$ **2 kW**

Elektrische Leistung

- Formelzeichen: P
- Einheitenname: Watt
- Einheitenzeichen: W
- Einheitenvorsätze (Beispiele):

1 Milliwatt	= 1 mW	$= 1 \cdot 10^{-3}$ W	= 0,001 W
1 Kilowatt	= 1 kW	$= 1 \cdot 10^{3}$ W	= 1000 W
1 Megawatt	= 1 MW	$= 1 \cdot 10^{6}$ W	= 1 000 000 W

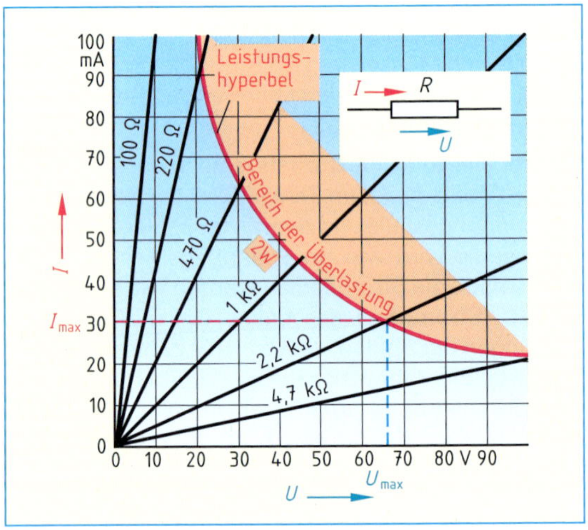

Bild: Strom-Spannungsschaubild mit Leistungshyperbel für 2-W-Widerstände

Beispiel 2:

a) Ermitteln Sie aus dem **Bild** die Werte U_{max} und I_{max} für einen Widerstand von 2,2 kΩ, 2 W.

b) Überprüfen Sie die Werte rechnerisch.

Lösung:

a) aus Schaubild **(Bild)**:
$U_{max} \approx$ **66 V** und $I_{max} \approx$ **30 mA**

b) $U_{max} = \sqrt{P \cdot R} = \sqrt{2\ \text{W} \cdot 2200\ \Omega} =$ **66,3 V**

$I_{max} = \sqrt{\frac{P}{R}} = \sqrt{\frac{2\ \text{W}}{2200\ \Omega}} =$ **0,03 A**

Messung der elektrischen Leistung

Indirekte Messung. Die elektrische Leistung kann man **indirekt** aus den Messwerten einer Strom- und Spannungsmessung **(Bild 1a)** mit der Formel $P = U \cdot I$ berechnen.

Die Leistungsbestimmung mithilfe eines **Elektrizitätszählers** ist eine weitere Methode der indirekten Leistungsbestimmung. Auf dem Leistungsschild des Zählers **(Bild 2)** ist die Zählerkonstante C_z angegeben. Sie gibt an, wie oft sich die Zählscheibe drehen muss, bis 1 kWh verbraucht ist. Eine Farbmarkierung am Umfang der Zählerscheibe ermöglicht das Zählen der Umdrehungen.

Arbeitsschritte bei der indirekten Leistungsmessung mithilfe eines Zählers:

- Einschalten des Verbrauchers, dessen Leistung ermittelt werden soll (alle anderen Verbraucher müssen ausgeschaltet sein).
- Zählen der Umdrehungen der Zählerscheibe, die der zu messende Verbraucher, z. B. in einer Minute, verursacht.
- Umrechnen der Umdrehungen der Zählerscheibe auf eine Stunde.
- Berechnen der elektrischen Leistung in kWh mit der Formel $P = n/C_z$.

Direkte Messung. Die elektrische Leistung kann mit einem Leistungsmesser **direkt** bestimmt werden **(Bild 1b).** Ein Leistungsmesser besitzt vier Anschlüsse, zwei für die Spannungs- und zwei für die Strommessung. Am Spannungspfad liegt die zu messende Spannung, und durch den Strompfad fließt der zu messende Strom. Die Anzeige entspricht dem Produkt aus anliegender Spannung U und fließendem Strom I und damit der Leistung P.

Bei der Einstellung des Spannungs- und Strommessbereichs ist darauf zu achten, dass weder der Strompfad noch der Spannungspfad überlastet werden.

Beim Leistungsmesser schließt man den Spannungspfad wie einen Spannungsmesser und den Strompfad wie einen Strommesser an.

Leistungsmesser: **Seite 178**

Leistungsangaben. Bei elektrischen Betriebsmitteln, z. B. einer Bohrmaschine, ist auf dem Leistungsschild die **Bemessungsleistung** angegeben.

Die Bemessungsleistung gibt die Leistung unter den angegebenen Betriebsbedingungen (z. B. Bemessungsspannung, Bemessungsstrom) an.

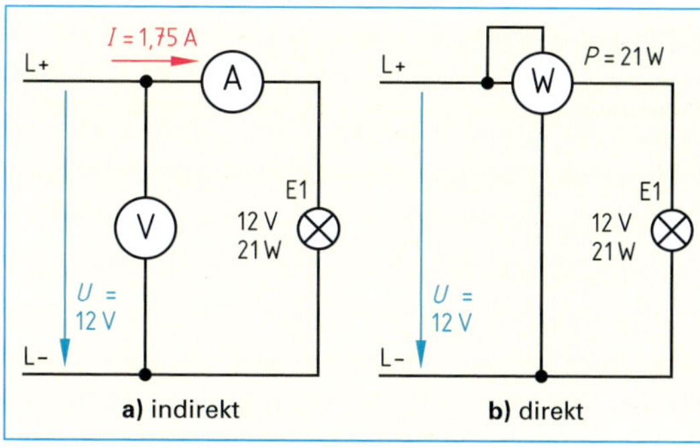

Bild 1: Indirekte und direkte Leistungsmessung

Herkömmliche Elektrizitätszähler **(Seite 176)** werden zukünftig immer mehr durch elektronische Elektrizitätszähler **(Seite 177)** abgelöst.

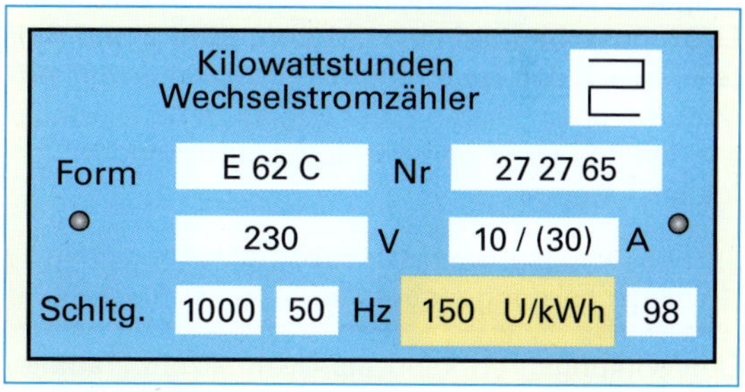

Bild 2: Leistungsschild eines Elektrizitätszählers

Elektrische Leistung

$$P = \frac{n}{C_z} \qquad [P] = \frac{1/\text{h}}{1/\text{kWh}} = \text{kW}$$

P	Leistung
n	Umdrehungen der Zählerscheibe je Stunde
C_z	Zählerkonstante, Umdrehungen der Zählerscheibe je kWh

Beispiel:

Nach einem Zähler mit der Zählerkonstanten $C_z = 150$ 1/kWh **(Bild 2)** ist nur noch ein Heizgerät eingeschaltet. Die Zählerscheibe dreht sich 5-mal in der Minute. Welche elektrische Leistung nimmt das Gerät auf?

Lösung:

$$n = \frac{5 \cdot 60 \cdot \text{min/h}}{1\ \text{min}} = 300\ \text{1/h};\ \boldsymbol{P} = \frac{n}{C_z} = \frac{300\ \text{1/h}}{150\ \text{1/kWh}} = \mathbf{2\ kW}$$

Die angegebene Bemessungsleistung ist:

- Bei Elektrogeräten, z. B. einem Haartrockner oder Lötkolben **(Tabelle)**, die **aufgenommene Leistung**,
- bei Elektromotoren die **abgegebene Leistung**.

Tabelle: Leistungen von Verbrauchern (Beispiele)

Verbraucher	Leistung	Verbraucher	Leistung
Haartrockner	2 000 W	LED-Lampe	7,5 W
LED-TV-Gerät	65 W	Lötkolben	60 W
ICE-Antrieb	8 000 kW	Quarz-Uhr	90 μW

2.13 Wirkungsgrad

Versuch: Schließen Sie einen Transformator über einen Leistungsmesser an eine Wechselspannung $U = 50$ V an **(Bild 1)**. Belasten Sie den Transformator mit einem Stellwiderstand, z.B. 50 Ω, und messen Sie die Leistungsaufnahme und die Leistungsabgabe.

Die Leistungsabgabe ist kleiner als die Leistungsaufnahme.

In allen Energiewandlern entstehen unerwünschte Nebenwirkungen. So erwärmt der elektrische Strom z.B. bei Transformatoren und Motoren die Drähte der Wicklungen. Auch das Eisenblech wird erwärmt. Bei Motoren wird zusätzlich noch die Lager- und Luftreibung in Wärme umgesetzt.

Den Teil der aufgenommenen (aufgewendeten) Leistung, der in unerwünschte Nebenwirkungen umgesetzt wird, nennt man **Verlustleistung**. Das **Leistungsschaubild** eines Motors **(Bild 2 und Seite 502)** zeigt den Zusammenhang zwischen der aufgenommenen Leistung, der abgegebenen (genutzten) Leistung und den im Motor auftretenden Verlustleistungen.

Der Wirkungsgrad η[1] ist das Verhältnis von abgegebener Leistung zur aufgenommenen Leistung.

Der Wirkungsgrad kann als Dezimalzahl **(Tabelle)** oder in Prozent angegeben werden. Er ist immer kleiner als 1 bzw. 100%, weil die Leistungsaufnahme immer größer ist als die nutzbare Leistungsabgabe.

Beispiel 1:

Ein Motor nimmt 4,65 kW elektrische Leistung auf und gibt an der Motorwelle 4,0 kW mechanische Leistung ab. Berechnen Sie **a)** die Verlustleistung P_v und **b)** den Wirkungsgrad η des Motors.

Lösung:

a) $P_v = P_{zu} - P_{ab} = 4{,}65\text{ kW} - 4\text{ kW} = \mathbf{0{,}65\ kW}$

b) $\eta = \dfrac{P_{ab}}{P_{zu}} = \dfrac{4\text{ kW}}{4{,}65\text{ kW}} = \mathbf{0{,}86 \mathrel{\hat{=}} 86\%}$

Wandelt man in einer Anlage die Energieform mehrmals um, z.B. von elektrischer Energie in mechanische Energie und dann wieder in elektrische Energie mit anderer Frequenz und/oder Spannung **(Bild 3)**, erhält man den Gesamtwirkungsgrad η durch Multiplikation der Einzelwirkungsgrade.

Beispiel 2:

Berechnen Sie für den Frequenzumformer **(Bild 3)** **a)** den Wirkungsgrad η_M des Motors, des Generators η_G und **b)** den Gesamtwirkungsgrad η.

Lösung:

a) $\eta_M = \dfrac{P_{ab\,M}}{P_{zu\,M}} = \dfrac{3{,}2\text{ kW}}{4\text{ kW}} = \mathbf{0{,}8}$ $\quad \eta_G = \dfrac{P_{ab\,G}}{P_{zu\,G}} = \dfrac{2{,}4\text{ kW}}{3{,}2\text{ kW}} = \mathbf{0{,}75}$

b) $\eta = \dfrac{P_{ab\,G}}{P_{zu\,M}} = \dfrac{2{,}4\text{ kW}}{4\text{ kW}} = \mathbf{0{,}6}$ oder

$\eta = \eta_1 \cdot \eta_2 = \eta_M \cdot \eta_G = 0{,}8 \cdot 0{,}75 = \mathbf{0{,}6}$

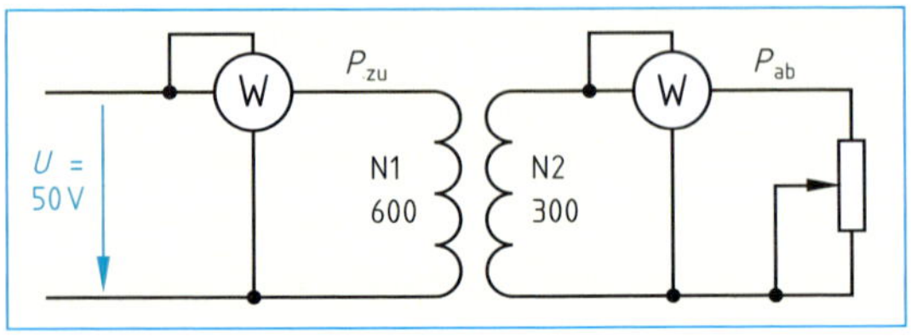

Bild 1: Bestimmen des Wirkungsgrades an einem Transformator

Verlustleistung und Wirkungsgrad

$$P_v = P_{zu} - P_{ab}$$

$$\eta = \frac{P_{ab}}{P_{zu}}; \qquad \eta = \eta_1 \cdot \eta_2 \qquad [\eta] = 1$$

η	Wirkungsgrad (Leistungsverhältnis), Gesamtwirkungsgrad
η_1, η_2	Einzelwirkungsgrade
P_{ab}	abgegebene Leistung
P_{zu}	aufgenommene Leistung
P_v	Verlustleistung

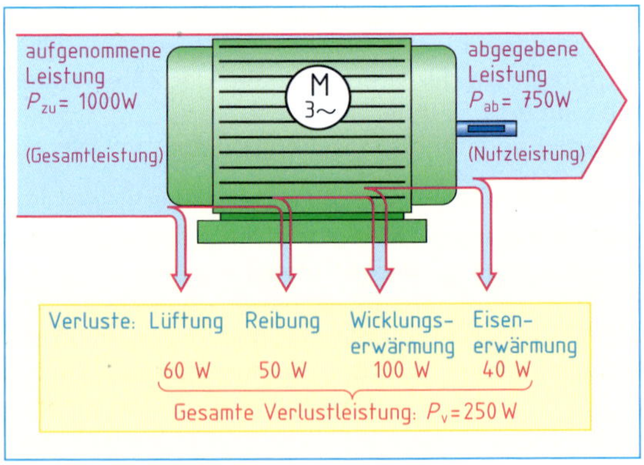

Bild 2: Leistungsschaubild eines Motors

Tabelle: Wirkungsgrade (Beispiele)

Verbraucher		Wirkungsgrad η
Drehstrommotor	1 kW	0,75
Transformator	1 kVA	0,90
Tauchsieder	1 kW	0,95
Glühlampe	40 W	0,15

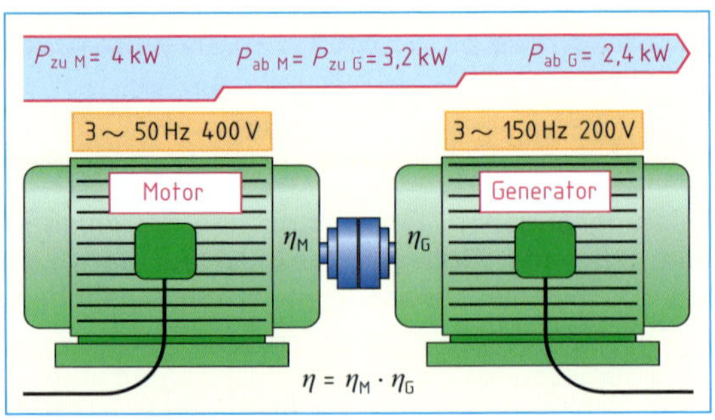

Bild 3: Frequenzumformer

[1] η griech. Kleinbuchstabe eta

2.14 Elektrowärme

Wärme ist eine Energieform, die durch die Energie der ungeordneten Bewegung von Atomen oder Molekülen entsteht. Meist wird elektrische Energie unmittelbar in Wärme umgewandelt. Diese Wärme kann erwünscht (Nutzwärme) oder nicht erwünscht (Verlustwärme) sein **(Tabelle 1).** Wärme hat die gleichen Einheiten wie Energie, z. B. Joule[1] (J).

Temperatur. Den Wärmezustand eines Körpers kennzeichnet seine Temperatur. Zur Messung benützt man Thermometer. Als Einheit der Temperatur ist das Grad Celsius[2] (°C) üblich. In der Physik und Elektrotechnik wird meist bei Temperaturen mit der Einheit Kelvin[3] (K) gerechnet (0 K = –273,15 °C). Temperaturdifferenzen werden immer in Kelvin angegeben, z. B. $\Delta\vartheta = \vartheta_2 - \vartheta_1 = 55\ °C - 20\ °C = 35\ K$.

Wärmekapazität. Einem Körper muss man Wärme zuführen, um seine Temperatur zu erhöhen. Ein Rückgang der Temperatur bedeutet dagegen Abgabe von Wärme. Aufgenommene bzw. abgegebene Wärme wird häufig auch als Wärmemenge bezeichnet. Die Wärmemenge, die zur Temperaturerhöhung eines Stoffes, z. B. Wasser, von 1 kg um 1 K notwendig ist, nennt man **spezifische Wärmekapazität *c* (Tabelle 2).** Je größer die spezifische Wärmekapazität ist, umso mehr Wärme kann ein Körper speichern.

> Die spezifische Wärmekapazität *c* gibt die Wärmemenge *Q* an, die eine Masse *m* = 1 kg des Stoffes um 1 K erwärmt.

Die zur Erwärmung erforderliche oder bei Abkühlung eines Körpers frei werdende Wärme hängt von der Temperaturdifferenz $\Delta\vartheta$, der spezifischen Wärmekapazität *c* des Stoffes und der Masse *m* ab.

Wärmeübertragung. Wärme wird immer von Stellen höherer Temperatur zu Stellen niedriger Temperatur übertragen. Dabei unterscheidet man Wärmeübertragung durch **Wärmeleitung,** z. B. in Metallen **(Bild),** durch **Konvektion (Wärmeströmung),** z. B. bei Gasen und Flüssigkeiten, und durch **Wärmestrahlung,** z. B. bei Heizstrahlern. Der Wärmeübertragung wird ein bestimmter Widerstand entgegengesetzt, den man thermischen Widerstand R_{th} nennt.

Thermischer Widerstand: **Seite 205**

Wärmenutzungsgrad. In Elektrowärmegeräten entstehen Verluste dann, wenn ein Teil der Stromwärme (zugeführte elektrische Arbeit) durch Wärmeleitung, Wärmeströmung und Wärmestrahlung verloren geht. Die an der erwünschten Stelle, z. B. im Kochgut, auftretende Wärme bezeichnet man als **Nutzwärme.** Die Nutzwärme ist um die Verluste kleiner als die **Stromwärme.** Das Verhältnis von Nutzwärme zu Stromwärme nennt man **Wärmenutzungsgrad** ζ[4].

Beispiel:

Ein 6-kW-Warmwasserspeicher erwärmt 80 l Wasser von 14 °C auf 55 °C in 45 Minuten. Berechnen Sie **a)** die Wärmemenge und **b)** den Wärmenutzungsgrad.

Lösung:

a) $Q = m \cdot c \cdot \Delta\vartheta = 80\ kg \cdot 4{,}19\ kJ/(kg \cdot K) \cdot (55\ °C - 14\ °C) = \mathbf{13\,743\ kJ}$

b) $\zeta = Q_N/Q_S = 13\,743\ kJ/(6\ kW \cdot 45\ min \cdot 60\ s/min) = 0{,}85 \mathrel{\widehat{=}} \mathbf{85\,\%}$

[1] James Joule (sprich: dschul), engl. Physiker, 1818 bis 1889
[2] Anders Celsius, schwedischer Physiker, 1701 bis 1744
[3] Lord William Kelvin, englischer Physiker, 1824 bis 1907
[4] ζ, griech. Kleinbuchstabe zeta

Tabelle 1: Elektrowärme (Beispiele)

Nutzwärme	Verlustwärme
Raumheizung	Glühlampe
Kochplatten	Motor
Lötkolben	Transformator
Tauchsieder	Leitung

1 Ws = 1 J = 1 Nm

Tabelle 2: Spezifische Wärmekapazität *c*

Stoff	Spezifische Wärmekapazität *c* in kJ/(kg · K)
Aluminium	0,92
Kupfer	0,39
Stahl	0,46
Polyvinylchlorid	0,88
Wasser	4,19

Wärme, Wärmemenge

$$Q = m \cdot c \cdot \Delta\vartheta \qquad [Q] = J$$
$$\Delta\vartheta = \vartheta_2 - \vartheta_1$$

Q Wärme, Wärmemenge
m Masse
c spezifische Wärmekapazität
$\Delta\vartheta$ Temperaturdifferenz
ϑ_1 Anfangstemperatur
ϑ_2 Endtemperatur

Wärmenutzungsgrad

$$Q_N = m \cdot c \cdot \Delta\vartheta$$
$$Q_S = P \cdot t$$
$$\zeta = \frac{Q_N}{Q_S} = \frac{m \cdot c \cdot \Delta\vartheta}{P \cdot t}$$

ζ Wärmenutzungsgrad
Q_N Nutzwärme
Q_S Stromwärme
$\Delta\vartheta$ Temperaturdifferenz
c spezifische Wärmekapazität
m Masse
P Leistung
t Zeit

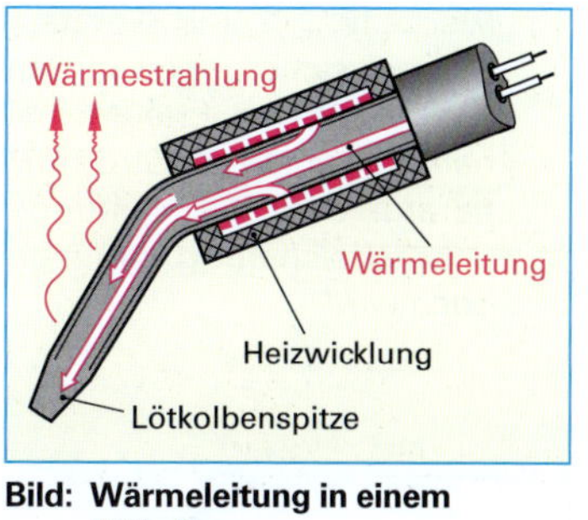

Bild: Wärmeleitung in einem Lötkolben

Wiederholen – Anwenden – Vertiefen*: Grundbegriffe der Elektrotechnik

1. Was versteht man **a)** allgemein unter Energie und **b)** warum kann Energie nicht erzeugt werden? **c)** Nennen Sie verschiedene Energiearten.

2. Von einem Siliciumatom wird durch Energiezufuhr ein Elektron aus der Atomhülle entfernt. **a)** Wie nennt man den entstandenen Ladungsträger? **b)** Welche elektrische Ladung Q hat dieser Ladungsträger?

3. Elektrofilter **(Bild 1)**, z. B. in Kraftwerken, nutzen eine Eigenschaft der elektrischen Ladungen für die Flugascheabscheidung aus. Erklären Sie das Wirkungsprinzip des Elektrofilters.

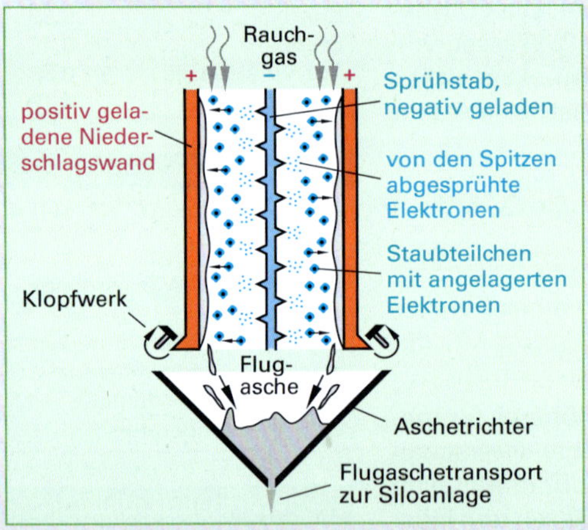

Bild 1: Funktionsschema eines Elektrofilters

4. Welche elektrischen Teilchen ermöglichen einen elektrischen Stromfluss **a)** in Metallen und **b)** in leitenden Flüssigkeiten?

5. **a)** Nennen Sie die 5 Wirkungen des elektrischen Stromes und **b)** geben Sie je ein zugehöriges Anwendungsbeispiel an.

6. Warum muss ein Strommessgerät einen sehr kleinen Widerstand, z. B. 0,1 Ω, haben?

7. Als Leitungs- und Geräteschutz müssen z. B. Schmelzsicherungen in den Leitungsweg eingebaut werden. Erläutern Sie den Zusammenhang zwischen der Stromdichte J und der Temperatur ϑ in den Leitungsadern und in der Schmelzsicherung, wenn der Strom unzulässig hoch wird.

8. **a)** Bestimmen Sie mittels Farbkennzeichnung den Widerstandswert in **Bild 2.**

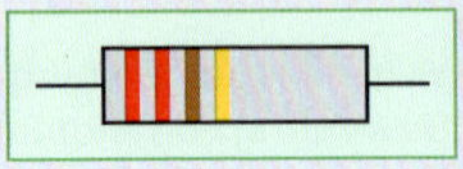

Bild 2: Festwiderstand

b) Welche Farbkennzeichnung hat ein Widerstand mit dem Widerstandswert 47 kΩ ± 5 %?

9. In elektronischen Schaltplänen werden häufig zur Fehlersuche Messpunkte mit Potenzialwerten angegeben. **a)** Bestimmen Sie in der Schaltung **(Bild 3)** an den Messpunkten 2, 3 und 4 die Potenzialwerte φ_2, φ_3 und φ_4 gegen Masse (Bezugspunkt). **b)** Ermitteln Sie die Spannung U_{34}.

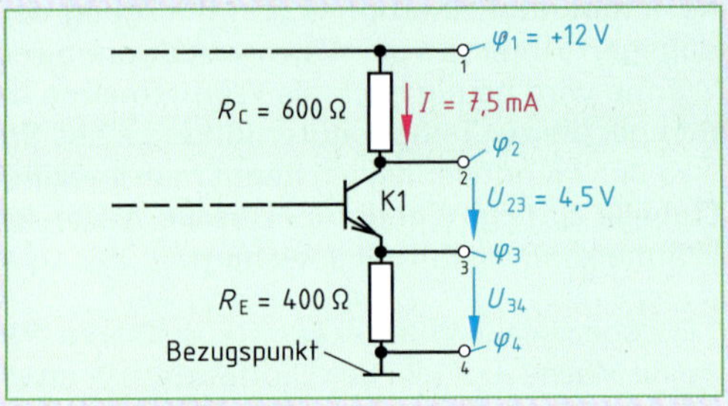

Bild 3: Schaltungsausschnitt

10. Zeichnen Sie in einem Diagramm $I = f(U)$ für eine Spannung von 0 V bis 24 V die Kennlinien für **a)** R_1 = 220 Ω und für **b)** R_2 = 330 Ω ein. **c)** Tragen Sie die Leistungshyperbel für 1 W ein und kennzeichnen Sie im Diagramm den Überlastungsbereich für beide Widerstände.

11. Wie ändert sich die Stromstärke, wenn der Widerstand bei gleichbleibender Spannung den dreifachen Widerstandswert annimmt?

12. Berechnen Sie bei Raumtemperatur den Widerstandswert einer zweiadrigen Kupferleitung mit einer Leitungslänge von 30 m und einem Leiterquerschnitt von 1,5 mm^2.

13. Erklären Sie, warum Glühlampen gegen Ende ihrer Lebensdauer meist beim Einschalten durchbrennen.

14. Was versteht man unter der Belastbarkeit eines elektrischen Widerstandes?

15. An einem Heizwiderstand 230 V/800 W wird die Spannung auf 115 V verringert. Welche Leistung nimmt der Widerstand (Heizwiderstand bleibt gleich) nun auf?

16. Eine Cu-Spule (α = 0,0039 1/K) nimmt bei 20 °C an DC 12 V eine Stromstärke von 0,5 A auf. Berechnen Sie die Stromaufnahme, wenn sich die Spule im Betrieb auf 80 °C erwärmt.

* Ergebnisse der Rechenaufgaben Seite 660.

3 Grundschaltungen der Elektrotechnik

3.1 Reihenschaltung

Bei der Reihenschaltung sind die einzelnen Verbraucher, z. B. Lampen, so geschaltet, dass sie vom selben Strom durchflossen werden. Die Reihenschaltung nennt man auch Hintereinanderschaltung.

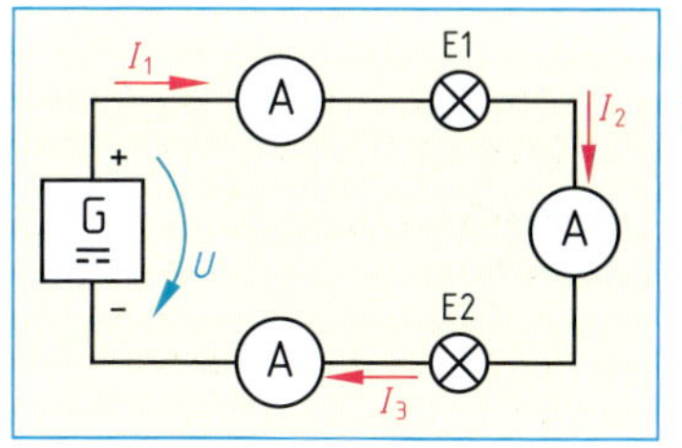

Bild 1: Reihenschaltung, Messen des Stromes

3.1.1 Gesetze der Reihenschaltung

Versuch 1: Schalten Sie zwei Lampen gleicher Leistung in Reihe an einen Spannungserzeuger. Messen Sie den Strom vor, zwischen und nach den beiden Verbrauchern **(Bild 1)**. Vergleichen Sie die Messergebnisse miteinander.

Alle Strommesser zeigen die gleiche Stromstärke an ($I_1 = I_2 = I_3$).

Die Stromstärke ist in der Reihenschaltung an allen Stellen gleich groß, weil der Strom sich bei dieser Schaltung nicht verzweigt.

> In der Reihenschaltung fließt überall derselbe Strom.

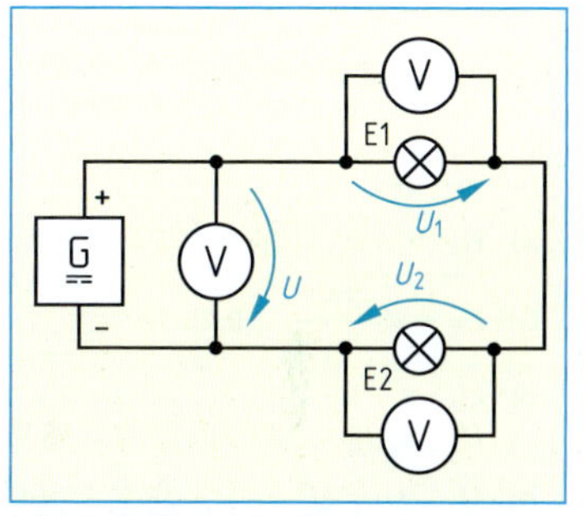

Bild 2: Reihenschaltung, Messen der Spannungen

Versuch 2: Schalten Sie zwei Verbraucher, z. B. zwei Lampen verschiedener Leistung, in Reihe an einen Spannungserzeuger und messen Sie alle Spannungen **(Bild 2)**. Vergleichen Sie diese Spannungen.

Die Teilspannungen an den Verbrauchern sind zusammen so groß wie die angelegte Spannung (Gesamtspannung $U = U_1 + U_2$).

Bei der Reihenschaltung liegt an jedem Verbraucher ein Teil der Gesamtspannung. Die Gesamtspannung teilt sich an den einzelnen Widerständen auf (Spannungsteilung).

> Bei der Reihenschaltung ist die Summe der Teilspannungen an den Verbrauchern so groß wie die Gesamtspannung.

Teilspannungen

$$U = U_1 + U_2 + \ldots$$

U Gesamtspannung
U_1, U_2 Teilspannungen, Verbraucherspannungen

Erzeuger und Verbraucher in **Bild 2** sind so geschaltet, dass sie einen geschlossenen Weg, eine sogenannte Masche bilden. Es können sich in einer Masche mehrere Verbraucher und mehrere Erzeuger befinden **(Bild 3)**. Auch die erzeugten Spannungen **(Erzeugerspannungen, Seite 63)** werden mit einbezogen.

Es gilt die **Maschenregel** (2. Kirchhoffsche[1] Regel):

> In einer Masche ist die Summe der Erzeugerspannungen (Quellenspannungen) und der Teilspannungen an den Verbrauchern null.

Maschenregel (2. Kirchhoffsche Regel)

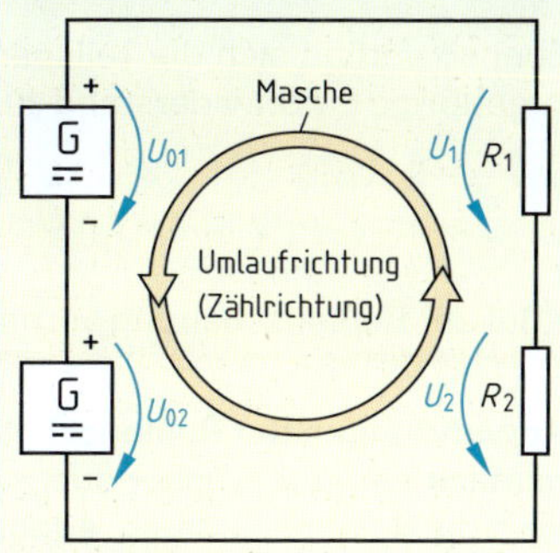

Bild 3: Masche

$$\Sigma U = 0$$

$$U_{01} + U_{02} - U_2 - U_1 = 0$$

$$U_{01} + U_{02} = U_1 + U_2$$

ΣU Summe aller Spannungen
U_{01}, U_{02} Erzeugerspannungen
U_1, U_2 Verbraucherspannungen

Bei der Anwendung der Maschenregel sind die Umlaufrichtung (frei wählbar) und die Richtung der Spannungspfeile zu berücksichtigen. In Umlaufrichtung zeigende Spannungspfeile werden positiv gezählt, entgegengesetzte Spannungspfeile negativ.

Versuch 3: Wiederholen Sie Versuch 2, messen Sie aber auch die Stromstärke. Berechnen Sie aus Strom, Teilspannungen und Gesamtspannung die Widerstände der beiden Verbraucher und den Gesamtwiderstand der Reihenschaltung.

Der Gesamtwiderstand R der beiden Verbraucher ist gleich der Summe der Einzelwiderstände R_1 und R_2.

$$\frac{U}{I} = \frac{U_1}{I} + \frac{U_2}{I} \Rightarrow R = R_1 + R_2$$

[1] Gustav R. Kirchhoff, deutscher Physiker, 1824 bis 1887

SimElektro Grundstufe 1.1
Grundstufe S5

SimElektro Grundstufe 1.1
Grundstufe S7

Bei der Reihenschaltung ist der Gesamtwiderstand gleich der Summe der Einzelwiderstände.

Gesamtwiderstand

$$R = R_1 + R_2 + \ldots$$

R	Gesamtwiderstand (Ersatzwiderstand)
R_1, R_2	Einzelwiderstände

Den **Gesamtwiderstand *R*** einer Schaltung nennt man auch **Ersatzwiderstand.** Ein solcher Ersatzwiderstand nimmt an der gleichen Spannung die gleiche Stromstärke auf wie die Einzelwiderstände zusammen.

Beispiel:

Zwei Widerstände, $R_1 = 24\ \Omega$ und $R_2 = 72\ \Omega$, sind in Reihe geschaltet **(Bild)** und liegen an einer Spannung von 24 V. Berechnen Sie **a)** den Ersatzwiderstand, **b)** die Stromstärke, **c)** die Teilspannungen, die an den Einzelwiderständen liegen und **d)** die Gesamtspannung.

Lösung:

a) $\boldsymbol{R} = R_1 + R_2 = 24\ \Omega + 72\ \Omega = \mathbf{96\ \Omega}$

b) $\boldsymbol{I} = \frac{U}{R} = \frac{24\ \text{V}}{96\ \Omega} = \mathbf{0{,}25\ A}$

c) $\boldsymbol{U_1} = I \cdot R_1 = 0{,}25\ \text{A} \cdot 24\ \Omega = \mathbf{6\ V}$
$\boldsymbol{U_2} = I \cdot R_2 = 0{,}25\ \text{A} \cdot 72\ \Omega = \mathbf{18\ V}$

d) $\boldsymbol{U} = U_1 + U_2 = 6\ \text{V} + 18\ \text{V} = \mathbf{24\ V}$

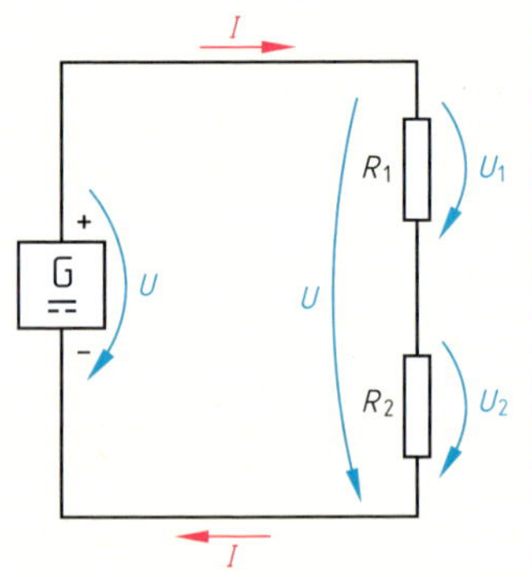

Bild: Strom, Spannungen und Widerstände in einer Reihenschaltung

Da in der Reihenschaltung überall derselbe Strom fließt, ist die Spannung am Widerstand R_2 größer als die Spannung am Widerstand R_1.

Bei der Reihenschaltung liegt am Widerstand mit dem größeren Widerstandswert auch die größere Spannung an.

Spannungsteilung

$$\frac{U_1}{U_2} = \frac{R_1}{R_2}$$

$$\frac{U_1}{U} = \frac{R_1}{R} \qquad \frac{U_2}{U} = \frac{R_2}{R}$$

U	Gesamtspannung
U_1, U_2	Teilspannungen
R	Gesamtwiderstand (Ersatzwiderstand)
R_1, R_2	Einzelwiderstände

Vergleicht man die Werte der Teilspannungen und dann die der Einzelwiderstände, so erkennt man, dass sich die Teilspannungen zueinander wie die Einzelwiderstände verhalten **(Beispiel).**

$$\frac{U_1}{U_2} = \frac{R_1}{R_2}$$

Ebenso verhält sich die Teilspannung zur Gesamtspannung wie der zugehörige Einzelwiderstand zum Gesamtwiderstand.

$$\frac{U_1}{U} = \frac{R_1}{R} \quad \text{bzw.} \quad \frac{U_2}{U} = \frac{R_2}{R}$$

Bei der Reihenschaltung verhalten sich die Spannungen wie die zugehörigen Widerstände.

Anwendungen der Reihenschaltung. Verbraucher, z. B. Lampen, werden selten in Reihe geschaltet. Fällt nämlich ein Verbraucher aus, so ist der Stromkreis unterbrochen. Bei Weihnachtsbaumbeleuchtungen wird die Reihenschaltung jedoch angewendet. Um bei solchen Beleuchtungen zu verhindern, dass beim Durchschmelzen einer Lampenwendel der Stromkreis unterbrochen wird, überbrückt man jede Lampe mit einem Heißleiter **(Seite 198).** Beim Unterbrechen der Lampenwendel fließt dann ein größerer Strom durch den Heißleiter, der sich dadurch mehr erwärmt. Sein Widerstand verringert sich dann, sodass er als Stromweg für die ausgefallene Lampe dienen kann.

Spannungserzeuger, z. B. galvanische Elemente, können ebenfalls in Reihe geschaltet werden **(Seite 63).** Auch beim Fließen des elektrischen Stromes durch den menschlichen Körper liegt eine Reihenschaltung von Widerständen (Übergangs- und Durchgangswiderstände, **Seite 349**) vor.

Mehrere Aus-Taster, z. B. für die Sicherheitsschaltung bei Motoren, werden ebenfalls in Reihe **(Seite 114)** geschaltet.

SimElektro Grundstufe 1.1
Grundstufe S6

3.1.2 Vorwiderstände

Versuch: Schalten Sie eine Lampe 12 V/0,1 A in Reihe mit einem verstellbaren Widerstand von mindestens 150 Ω **(Bild 1)**. Achten Sie darauf, dass der höchste Widerstandswert eingestellt ist. Legen Sie die Schaltung über ein Netzgerät an 24 V und stellen Sie den Widerstand so ein, dass der Strommesser 0,1 A anzeigt. Messen Sie die Spannung an der Lampe.

An der Lampe liegt eine Spannung von nur 12 V.

Elektrogeräte können durch Vorschalten eines Widerstandes (Vorwiderstand) an eine Spannung gelegt werden, die höher als ihre Bemessungsspannung ist.

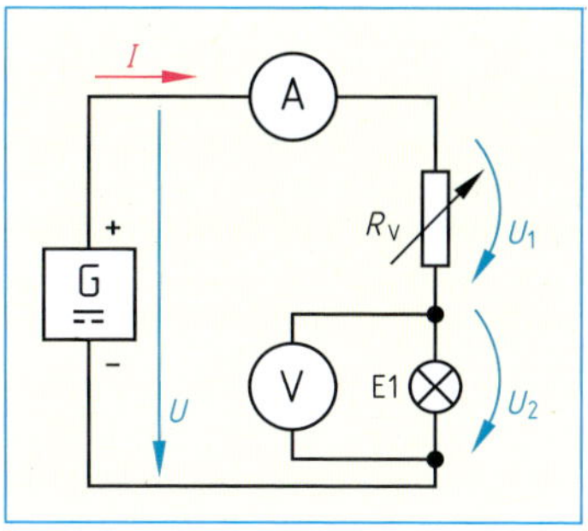

Bild 1: Vorwiderstand

Der Vorwiderstand R_V **(Bild 1)** muss dabei so bemessen sein, dass von ihm die Spannungsdifferenz $U_1 = U - U_2$ aufgenommen wird und er gleichzeitig den Strom in der Schaltung auf den Bemessungsstrom des Verbrauchers begrenzt.

Man verwendet Vorwiderstände z. B. zum Herabsetzen des Anlaufstromes von Elektromotoren (Anlasswiderstände, **Seite 522**). Auch Glimmlampen, Spannungsprüfer mit eingebauter Glimmlampe sowie viele Halbleiterbauelemente, z. B. Z-Dioden, Leuchtdioden **(Bild 2)** und Transistoren **(Seite 208)**, benötigen zur Strombegrenzung Vorwiderstände.

In Vorwiderständen wird jedoch Wärme erzeugt (Verlustleistung, $P_V = U_V \cdot I = I^2 \cdot R_V$). Wegen dieser unerwünschten Nebenwirkung verwendet man die Spannungsreduzierung durch Vorwiderstände nur bei Verbrauchern mit kleiner Leistung.

Vorwiderstand

$$R_V = \frac{U_1}{I} = \frac{U - U_2}{I}$$

R_V Vorwiderstand
U Gesamtspannung
U_1, U_2 Teilspannungen
I Stromstärke

Beispiel 1:

Auf welchen Wert wurde im Versuch **(Bild 1)** der verstellbare Widerstand R_V eingestellt?

Lösung:

$$R_V = \frac{U - U_2}{I} = \frac{24\ \text{V} - 12\ \text{V}}{0{,}1\ \text{A}} = \mathbf{120\ \Omega}$$

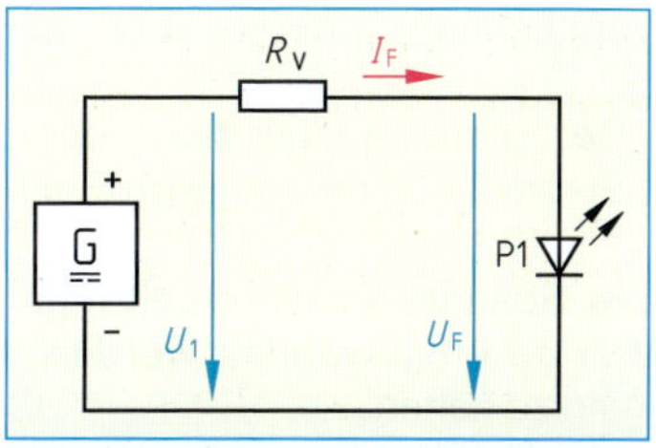

Bild 2: Leuchtdiode mit Vorwiderstand

Beispiel 2:

Eine Leuchtdiode CQX 35 wird an die Spannung U_1 = 12 V DC angeschlossen. Der Strom I_F soll 10 mA betragen.

a) Entnehmen Sie aus der Kennlinie **(Seite 675)** die Durchlassspannung U_F.
b) Berechnen Sie den Vorwiderstand R_V.
c) Wählen Sie einen Vorwiderstand nach der Reihe E12 **(Seite 670)**.
d) Wie groß ist der maximale Durchlassstrom I_{Fmax} der Leuchtdiode?
e) Welchen Wert darf der Vorwiderstand nicht unterschreiten?

Lösung:

a) Aus der Kennlinie **Seite 675**: U_F = 1,63 V

b) $$R_V = \frac{U_1 - U_F}{I_F} = \frac{12\ \text{V} - 1{,}63\ \text{V}}{10\ \text{mA}} = \mathbf{1037\ \Omega}$$

c) Gewählt nach E 12, **Seite 670: R_v = 1 kΩ**

d) $\mathbf{I_{Fmax} = 50\ mA}$

e) Aus Kennlinie: U_F = 1,72 V

$$R_V = \frac{U_1 - U_F}{I_{Fmax}} = \frac{12\ \text{V} - 1{,}72\ \text{V}}{50\ \text{mA}} = \mathbf{206\ \Omega}$$

Vorwiderstand von Leuchtdioden

$$R_V = \frac{U_1 - U_F}{I_F}$$

U_1 Anschlussspannung
U_F Durchlassspannung
I_F Durchlassstrom
R_V Vorwiderstand

Messbereichserweiterung von Spannungsmessern

Vorwiderstände werden auch zur Messbereichserweiterung von Spannungsmessern verwendet. Spannungsmesser können Spannungen bis zum Messbereichsendwert messen. Zum Messen höherer Spannungen muss der Messbereich durch Vorschalten eines Vorwiderstandes zum Messwerk erweitert werden.

SimElektro Grundstufe 1.1

Grundstufe S4

3.1.3 Spannungsfall an Leitungen

Versuch 1: Schließen Sie eine Lampe 4,5 V/1 A über eine etwa 20 m lange Leitung aus Kupferdraht (∅ 0,6 mm) an ein Netzgerät an **(Bild)**. Messen Sie die Spannung U_1 an den Klemmen des Spannungserzeugers und die Spannung U_2 an der Lampe. Vergleichen Sie die Spannungen miteinander.

Die Spannung U_2 an der Lampe ist kleiner als die Spannung U_1 an den Klemmen des Spannungserzeugers.

Auch Leitungen haben einen Widerstand **(Bild)**. Im Stromkreis sind Verbraucher und Leitung in Reihe geschaltet. Die angelegte Spannung verteilt sich auf die Hinleitung, den Verbraucher und die Rückleitung. An Hin- und Rückleitung fällt ein Teil der angelegten Spannung ab. Dieser so genannte **Spannungsfall** ΔU an den Leitern, früher Spannungsabfall genannt (wie die Spannung an Vorwiderständen), steht dem Verbraucher nicht mehr zur Verfügung.

An jedem stromdurchflossenen Leiter tritt ein Spannungsfall auf.

Versuch 2: Wiederholen Sie Versuch 1 und schalten Sie parallel zu der Lampe eine zweite Lampe von 4,5 V/1 A.

Beim Einschalten der zweiten Lampe geht die Spannung noch weiter zurück.

Ein größerer Strom bewirkt an den Leitungen einen größeren Spannungsfall ΔU. Der Spannungsfall ist außer von der Stromstärke auch vom Leitungswiderstand R_{Ltg} abhängig.

Der Spannungsfall der Leitung wird umso größer, je größer der Strom im Leiter und je größer der Leitungswiderstand ist.

Der Spannungsfall an Leitungen verursacht Energieverluste, die in Wärme umgewandelt werden. Man versucht daher, ihn möglichst klein zu halten.

Der zulässige Spannungsfall, z. B. 3%, an Leitungen **(Seite 330)** ist vom VDE (Verband der Elektronik, Elektrotechnik, Informationstechnik e.V.) und von dem jeweiligen NB (Netzbetreiber) vorgeschrieben.

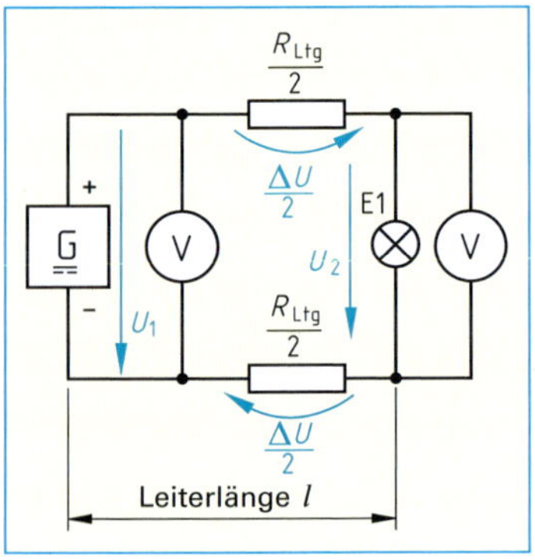

Bild: Spannungsfall an Leitungen

Spannungsfall

$$\Delta U = U_1 - U_2$$

$$\Delta U = I \cdot R_{Ltg}$$

$$\Delta u = \frac{\Delta U \cdot 100\,\%}{U}$$

ΔU	Spannungsfall
U_1	Spannung am Leitungsanfang (Netzspannung)
U_2	Spannung am Leitungsende (Verbraucherspannung)
I	Leiterstrom
R_{Ltg}	Leitungswiderstand
Δu	prozentualer Spannungsfall

Leiterwiderstand: **Seite 38**

Beispiel:

Eine zweiadrige Leitung aus 1,5 mm² Kupfer mit der Länge l = 10 m ist mit 13 A belastet. Wie groß ist **a)** der Spannungsfall ΔU an dieser Leitung in V und **b)** der prozentuale Spannungsfall Δu in % der Netzspannung von 230 V? **c)** Wie groß ist die Verlustleistung P_v der Leitung?

Lösung:

a) $R_{Ltg} = \frac{2 \cdot l}{\gamma \cdot A} = \frac{2 \cdot 10\ \text{m}}{56\ \frac{\text{m}}{\Omega \cdot \text{mm}^2} \cdot 1{,}5\ \text{mm}^2} = 0{,}238\ \Omega$ $\quad \Delta U = I \cdot R_{Ltg} = 13\ \text{A} \cdot 0{,}238\ \Omega = \mathbf{3{,}1\ V}$

b) $\Delta u = \frac{\Delta U \cdot 100\ \%}{U} = \frac{3{,}1\ \text{V} \cdot 100\ \%}{230\ \text{V}} = \mathbf{1{,}35\ \%}$

c) $P_v = \Delta U \cdot I = 3{,}1\ \text{V} \cdot 13\ \text{A} = \mathbf{40{,}3\ W}$

Wiederholungsfragen

1. **Wie werden Verbraucher in Reihe geschaltet?**
2. **Vergleichen Sie bei der Reihenschaltung die Teilspannungen und die zugehörigen Widerstände.**
3. **Welcher Zusammenhang besteht bei einer Reihenschaltung zwischen Ersatzwiderstand und den Einzelwiderständen?**
4. **Welche Aufgabe hat ein Vorwiderstand?**
5. **Welchen Nachteil haben Vorwiderstände?**
6. **Wie wird der Messbereich eines Spannungsmessers erweitert?**
7. **Erklären Sie den Begriff Spannungsfall.**
8. **Von welchen Größen hängt der Spannungsfall an einem Leiter ab?**
9. **Nennen Sie den zulässigen Spannungsfall nach a) VDE und b) DIN 18015 Beachten Sie dazu die Seite 330.**

3.2 Parallelschaltung

Bei der Parallelschaltung sind jeweils alle Stromeintrittsklemmen und alle Stromaustrittsklemmen miteinander verbunden.

Versuch 1: Schalten Sie drei Verbraucher, z. B. Lampen, parallel an einen Spannungserzeuger. Messen Sie nacheinander die Spannungen am Spannungserzeuger und an jedem einzelnen Verbraucher **(Bild 1)** und vergleichen Sie die Messwerte miteinander.

Die Spannungen an den Verbrauchern und am Spannungserzeuger sind gleich groß ($U = U_1 = U_2 = U_3$).

> An parallel geschalteten Verbrauchern liegt dieselbe Spannung.

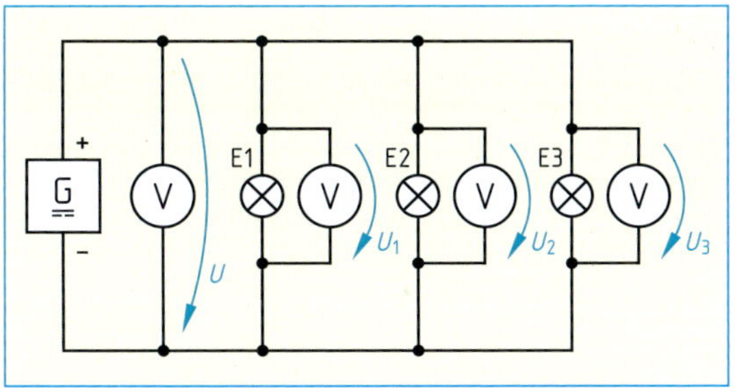

Bild 1: Parallelschaltung, Messen der Spannungen

Durch die Parallelschaltung ist es möglich, gleichzeitig mehrere Verbraucher unabhängig voneinander an dieselbe Spannung anzuschließen. Daher schaltet man am Ortsnetz angeschlossene Verbraucher parallel.

Versuch 2: Schalten Sie drei parallel geschaltete Verbraucher, z. B. 3 Lampen 12 V/0,1 A, an einen Spannungserzeuger. Messen Sie nacheinander die Stromstärke in der Zuleitung und die Stromstärken der einzelnen Verbraucher **(Bild 2)**. Vergleichen Sie die Ströme miteinander.

Die Stromstärken in den einzelnen Verbrauchern ergeben zusammen die Stromstärke in der Zuleitung.

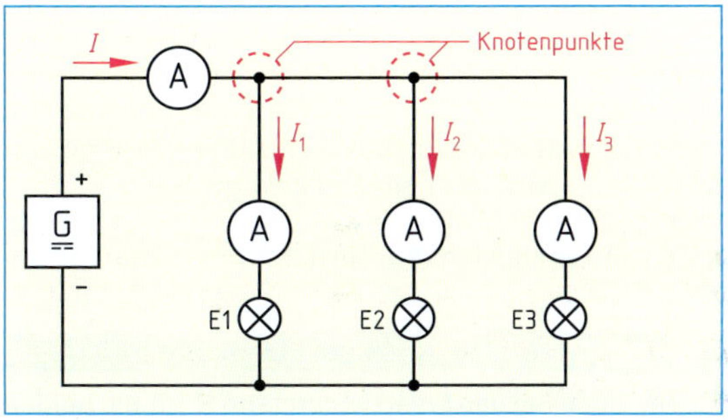

Bild 2: Parallelschaltung, Messen der Ströme

Der Strom in der Zuleitung verzweigt sich auf die einzelnen Verbraucher. Man nennt die Ströme in den einzelnen Verbrauchern **Zweigströme** oder **Teilströme**.

> Bei der Parallelschaltung ist der Gesamtstrom gleich der Summe der Teilströme (Zweigströme).

Gesamtstrom

$$I = I_1 + I_2 + I_3$$

I	Gesamtstrom, Strom in der Zuleitung
I_1, I_2, I_3	Teilströme, Zweigströme

Punkte, an denen sich Ströme verzweigen, werden auch als **Knotenpunkte (Bild 2)** bezeichnet. An einem Knotenpunkt **(Bild 3)** können mehrere Ströme zufließen (positiv gezählt) und mehrere Ströme abfließen (negativ gezählt). Es gilt dann die **Knotenpunktregel** (1. Kirchhoffsche Regel):

> An jedem Knoten ist die Summe der zufließenden Ströme so groß wie die Summe der abfließenden Ströme.

Knotenpunktregel (1. Kirchhoffsche Regel)

Beispiel:

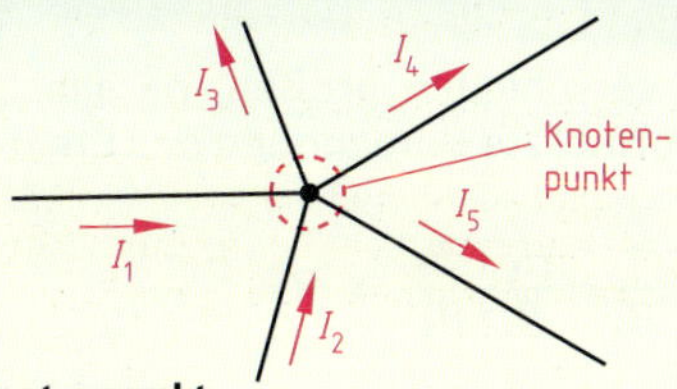

Bild 3: Knotenpunkt

$$\Sigma I = 0$$

$$\Sigma I_{zu} = \Sigma I_{ab}$$

$$I_1 + I_2 = I_3 + I_4 + I_5$$

ΣI_{zu}	Summe der zufließenden Ströme
ΣI_{ab}	Summe der abfließenden Ströme

Versuch 3: Schalten Sie zwei verschieden große Widerstände parallel, z. B. 47 Ω und 100 Ω. Schließen Sie diese Widerstände an einen Spannungserzeuger an. Messen Sie nacheinander die Teilströme und vergleichen Sie die Messwerte mit den Widerständen.

Durch den größeren Widerstand fließt der kleinere Strom und durch den kleineren Widerstand der größere Strom.

> An den Widerständen liegt bei Parallelschaltung dieselbe Spannung. Deshalb verhalten sich die Teilströme umgekehrt wie die zugehörigen Widerstandswerte.

Für zwei parallel geschaltete Widerstände gilt:

$$U_1 = U_2 \qquad I_1 \cdot R_1 = I_2 \cdot R_2$$

$$\frac{I_1}{I_2} = \frac{R_2}{R_1}$$

I_1, I_2	Zweigströme, Teilströme
R_1, R_2	Einzelwiderstände
U_1, U_2	Teilspannungen

Grundstufe S8

Bei der Parallelschaltung verhalten sich die Stromstärken umgekehrt wie die zugehörigen Widerstandswerte. Der größere Strom fließt also durch den kleineren (niederohmigeren) Widerstand.

Versuch 4: Schließen Sie einen Verbraucher, z. B. eine Lampe, an ein Netzgerät mit gleich bleibender (stabilisierter) Ausgangsspannung an. Messen Sie den Strom in der Zuleitung und die Spannung am Verbraucher. Schalten Sie nacheinander einen zweiten und dritten Verbraucher parallel, z. B. Lampen, und beobachten Sie die Anzeige von Spannungs- und Strommesser.

Bei der Parallelschaltung weiterer Verbraucher nimmt die Stromstärke in der Zuleitung zu, während die Spannung an den Verbrauchern etwa gleich bleibt; der gesamte Widerstand der Parallelschaltung wird also kleiner.

Den gesamten Widerstand der Parallelschaltung nennt man auch **Ersatzwiderstand *R*.** Er kann die Teilwiderstände ersetzen. Bei gleicher Spannung nimmt er den gleichen Strom auf wie die parallel geschalteten Einzelwiderstände zusammen.

Bei der Parallelschaltung ist der Ersatzwiderstand stets kleiner als der kleinste Einzelwiderstand.

Wie sich bei der Parallelschaltung die Zweigströme zum Gesamtstrom summieren, so summieren sich auch die **Einzelleitwerte** der einzelnen Zweige zum **Ersatzleitwert *G*** der Parallelschaltung. Durch Parallelschalten wird der Leitwert also größer.

Bei der Parallelschaltung ist der Ersatzleitwert gleich der Summe der Einzelleitwerte.

Beispiel 1:

Berechnen Sie den Ersatzwiderstand R für die beiden Widerstände **(Bild)** mithilfe **a)** der Einzelwiderstände und **b)** der Einzelleitwerte.

Lösung:

a) $\frac{1}{R} = \frac{1}{R_1} + \frac{1}{R_2} = \frac{1}{50\,\Omega} + \frac{1}{100\,\Omega} = 0{,}03\,\frac{1}{\Omega} \Rightarrow \mathbf{R = 33{,}33\,\Omega}$

b) $G_1 = \frac{1}{R_1} = \frac{1}{50\,\Omega} = \mathbf{20\,mS}$; $G_2 = \frac{1}{R_2} = \frac{1}{100\,\Omega} = \mathbf{10\,mS}$

$G = G_1 + G_2 = 20\,\text{mS} + 10\,\text{mS} = 30\,\text{mS} = 0{,}03\,\text{S}$

$R = \frac{1}{G} = \frac{1}{0{,}03\,\text{S}} = \mathbf{33{,}33\,\Omega}$

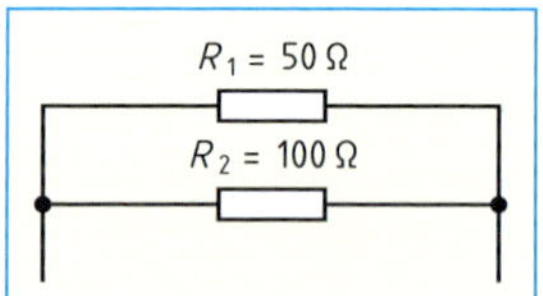

Bild: Parallelschaltung von zwei Widerständen

Bei zwei verschieden großen, parallel geschalteten Widerständen lässt sich die Formel zur Berechnung des Ersatzwiderstandes R vereinfachen:

$$\frac{1}{R} = \frac{1}{R_1} + \frac{1}{R_2} = \frac{R_1 + R_2}{R_1 \cdot R_2} \Rightarrow R = \frac{R_1 \cdot R_2}{R_1 + R_2}$$

Beispiel 2:

Berechnen Sie den Ersatzwiderstand aus **Beispiel 1** nach der Formel für zwei parallel geschaltete Widerstände.

Lösung:

$$\mathbf{R} = \frac{R_1 \cdot R_2}{R_1 + R_2} = \frac{50\,\Omega \cdot 100\,\Omega}{50\,\Omega + 100\,\Omega} = \mathbf{33{,}33\,\Omega}$$

Bei n gleich großen Widerständen ist der Ersatzwiderstand der Parallelschaltung gleich dem n-ten Teil eines Einzelwiderstandes, also $R = \frac{R_1}{n}$.

Anwendung der Parallelschaltung. Lampen, elektrische Haushaltsgeräte oder Elektromotoren werden für genormte Spannungen, z. B. 230 V, hergestellt. Sie werden daher parallel an das Netz geschaltet. Generatoren, Transformatoren und galvanische Elemente schaltet man parallel, wenn große Ströme geliefert werden sollen **(Seite 63)**.

Ersatzwiderstand Ersatzleitwert

$$I = I_1 + I_2 + I_3 + \ldots$$

$$\frac{U}{R} = \frac{U}{R_1} + \frac{U}{R_2} + \frac{U}{R_3} + \ldots$$

$$\frac{1}{R} = \frac{1}{R_1} + \frac{1}{R_2} + \frac{1}{R_3} + \ldots$$

$$G = G_1 + G_2 + G_3 + \cdots$$

R	Ersatzwiderstand
R_1, R_2 ...	Einzelwiderstände
G	Ersatzleitwert
G_1, G_2 ...	Einzelleitwerte

Für zwei parallel geschaltete Widerstände gilt:

$$\frac{1}{R} = \frac{1}{R_1} + \frac{1}{R_2}$$

$$\frac{1}{R} = \frac{R_1 + R_2}{R_1 \cdot R_2}$$

$$R = \frac{R_1 \cdot R_2}{R_1 + R_2}$$

Für *n* gleiche parallel geschaltete Widerstände:

$$R = \frac{R_1}{n}$$

R	Ersatzwiderstand
R_1	Einzelwiderstand
n	Anzahl gleicher Widerstände

SimElektro Grundstufe S2

3.3 Gemischte Schaltungen

In der Praxis kommen häufig Schaltungen vor, die aus der Kombination von Reihenschaltungen und Parallelschaltungen bestehen **(Bild 1)**. Solche Schaltungen bezeichnet man als gemischte Schaltungen oder Gruppenschaltungen.

> Gemischte Schaltungen nennt man auch Gruppenschaltungen.

Gruppenschaltungen bestehen aus mindestens drei Bauelementen. Werden mehrere gemischte Schaltungen miteinander verknüpft, so spricht man von einem Netzwerk.

Zur Ermittlung des Ersatzwiderstandes gemischter Schaltungen geht man wie folgt vor:

- Die Schaltung löst man von innen nach außen auf.
- Zusammenfassen von Reihen- oder Parallelschaltungen zu einem Ersatzwiderstand **(1. Schritt in Bild 1)** nach den Gesetzen der Reihen- oder Parallelschaltung.
- Die neu entstandenen Schaltungen, die als Reihen- oder Parallelschaltungen vorliegen, sind wieder zu einem Ersatzwiderstand zusammenzufassen **(2. Schritt in Bild 1).**
- Schritte wiederholen, bis nur noch ein Ersatzwiderstand vorliegt **(3. Schritt in Bild 1).**

3.3.1 Spannungsteiler

Elektrogeräte und elektronische Geräte benötigen oft eine Spannung, die von null bis zur Höchstspannnung einstellbar ist. So kann man z. B. die Helligkeit einer Lampe, den Arbeitspunkt eines Verstärkers oder die Drehzahl eines Gleichstrommotors durch Ändern der angelegten Spannung verstellen. Bei Verbrauchern mit großen Leistungen wird die Verbraucherspannung meist mit einer elektronischen Schaltung, z. B. Phasenanschnittsteuerung **(Seite 260)** nahezu verlustlos eingestellt. Bei Schaltungen mit kleiner Leistung, z. B. bei Verstärker-Eingängen, lässt sich die veränderbare Spannung auch durch eine Reihenschaltung von Festwiderständen **(Bild 2)** oder mit Stellwiderständen (Potenziometer) **(Bild 3)** herstellen. Diese Schaltungen beruhen auf dem Prinzip der Spannungsteilung.

Der Spannungsteiler besteht aus zwei in Reihe geschalteten Widerständen R_1 und R_2 **(Bild 2)**. An den beiden äußeren Anschlüssen der Reihenschaltung liegt die Spannung U. Am Widerstand R_2 wird die Teilspannung bzw. Ausgangsspannung U_2 abgegriffen. Wenn kein Verbraucher angeschlossen ist, bezeichnet man die Spannung als Leerlaufspannung U_{20}.

Wird der Widerstand R mit einem verstellbaren Abgriff versehen, z. B. einem Schleifer, so kann man die Ausgangsspannung U_{20} von null Volt bis zur Betriebsspannung U stetig verändern **(Bild 3)**. Je nach Wert der Widerstände R_1 und R_2 bzw. der Stellung des Schleifers beim Potenziometer **(Bild 3)** kann die Spannung U_{20} die Werte $U_{20} = U$ (Schleifer ganz oben) oder $U_{20} = 0$ V (Schleifer ganz unten) annehmen.

> Mit einem stufenlos verstellbaren Widerstand (Potenziometer) kann man die Ausgangsspannung U_{20} von null Volt bis zur Betriebsspannung U einstellen.

Im Gegensatz zu Schaltungen mit einem Vorwiderstand, kann man beim Spannungsteiler die Spannungsänderung auch im Leerlauf, d. h. ohne angeschlossenen Verbraucher, einstellen.

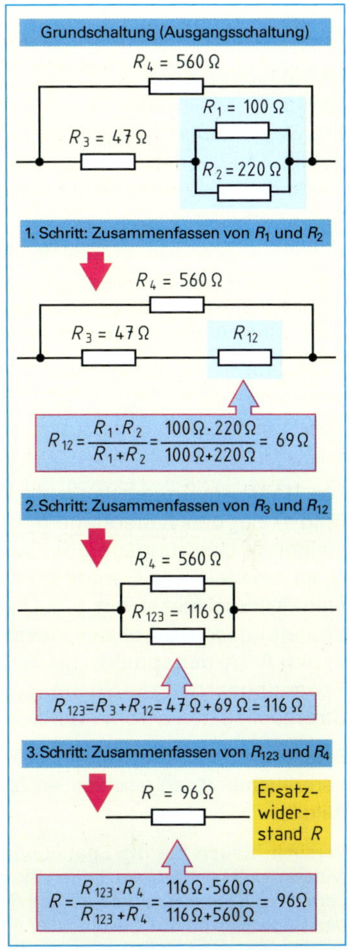

Bild 1: Gemischte Schaltung

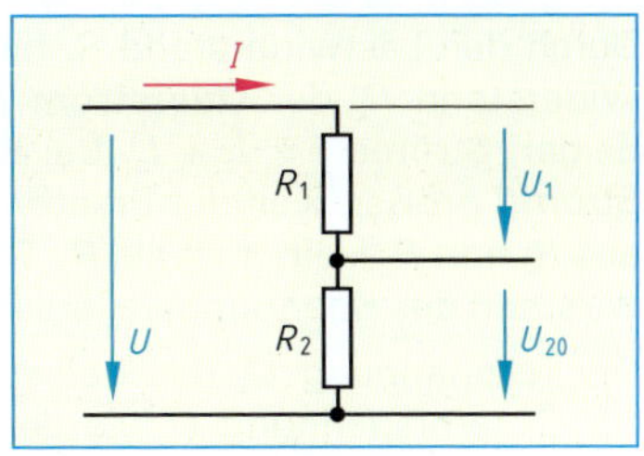

Bild 2: Spannungsteiler mit Festwiderständen

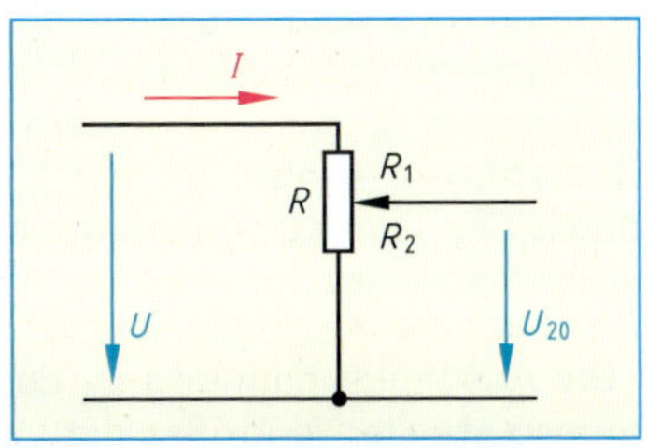

Bild 3: Spannungsteiler mit Potenziometer

Man unterscheidet unbelastete und belastete Spannungsteiler.

Unbelasteter Spannungsteiler. Dem unbelasteten Spannungsteiler **(Bild 1)** wird kein Strom entnommen. Diesen Fall nennt man **Leerlauf.** Die Gesamtspannung U wird in die Teilspannungen U_1 und U_{20} aufgeteilt. Die **Leerlaufspannung** U_{20} verhält sich zur Gesamtspannung U wie der Widerstand R_2 zum Gesamtwiderstand R ($R = R_1 + R_2$).

Beispiel:

Ein unbelasteter Spannungsteiler mit den Widerständen $R_1 = 82\ \Omega$ und $R_2 = 220\ \Omega$ liegt an einer Gesamtspannung von $U = 40$ V. Wie groß ist die Spannung am Widerstand R_2?

Lösung:

$$U_{20} = \frac{R_2}{R_1 + R_2} \cdot U = \frac{220\ \Omega \cdot 40\ \text{V}}{82\ \Omega + 220\ \Omega} = \frac{8\,800\ \Omega \cdot \text{V}}{302\ \Omega} = \mathbf{29{,}1\ V}$$

Die Teilspannungen lassen sich auch zeichnerisch bestimmen **(Bild 1).** Für den Widerstand R_2 ergibt sich im I-U-Diagramm eine ansteigende Ursprungsgerade (Widerstandsgerade). Die Kennlinie für R_1 ist eine fallende Gerade (Arbeitsgerade), die auf der Stromachse beim **Kurzschlussstrom** $\boldsymbol{I_K = U/R_1}$ (für $R_2 = 0\ \Omega$) beginnt und auf der Spannungsachse bei der **Gesamtspannung** $\boldsymbol{U}$ endet. Der Schnittpunkt **A (Arbeitspunkt)** beider Geraden ergibt, projiziert auf die Spannungsachse, die Spannungsteilung und in der Projektion auf die Stromachse den Strom I der Schaltung.

Belasteter Spannungsteiler. Ein Spannungsteiler ist belastet, wenn ein Verbraucher R_L angeschlossen ist und ein Strom I_L entnommen wird **(Bild 2).**

Versuch: Bauen Sie die Spannungsteilerschaltung **Bild 2** mit einem Stellwiderstand $R = 100\ \Omega$ auf. Legen Sie eine Spannung von 24 V an. Schalten Sie parallel zu R_2 einen Lastwiderstand $R_L = 47\ \Omega$. Messen Sie die Spannungen und den Gesamtstrom bei geschlossenem und bei geöffnetem Schalter.

Bei geschlossenem Schalter ist die Spannung U_2 kleiner und der Gesamtstrom größer als bei geöffnetem Schalter.

Durch den Lastwiderstand R_L fließt der Laststrom I_L und durch den Widerstand R_2 der **Querstrom** I_q. Durch R_1 fließt die Summe der beiden Ströme $I = I_L + I_q$. Bei Belastung wird der aufgenommene Strom I größer, weil der Ersatzwiderstand R_{2L} der Parallelschaltung aus R_2 und R_L kleiner ist als R_2. Damit wird aber auch der Gesamtwiderstand des Spannungsteilers kleiner als im unbelasteten Zustand.

Die Teilspannung U_2 des belasteten Spannungsteilers verhält sich zur Gesamtspannung U wie der Ersatzwiderstand R_{2L} der Parallelschaltung zum Gesamtwiderstand R ($R = R_1 + R_{2L}$).

Belastet man den Spannungsteiler mit unterschiedlichen Lastwiderständen R_L, so stellt man fest, dass die Ausgangsspannung U_2 umso weniger von der Leerlaufspannung U_{20} abweicht, je größer der Lastwiderstand R_L gegenüber dem Teilwiderstand R_2 ist. Dann ist der Querstrom I_q größer als der Laststrom I_L. Ausgedrückt wird dies durch das **Querstromverhältnis** $\boldsymbol{q}$, $q = I_q/I_L$. Je nach Anforderung wählt man Werte für das Querstromverhältnis q von 2 bis 10.

Die Ausgangsspannung U_2 des belasteten Spannungsteilers ist umso stabiler, je größer der Querstrom I_q gegenüber dem Laststrom I_L, d. h. je größer das Querstromverhältnis q ist.

Unbelasteter Spannungsteiler

$$U_{20} = \frac{R_2}{R_1 + R_2} \cdot U$$

U	Gesamtspannung
U_{20}	Teilspannung bei Leerlauf (Leerlaufspannung)
R_1, R_2	Spannungsteilerwiderstände

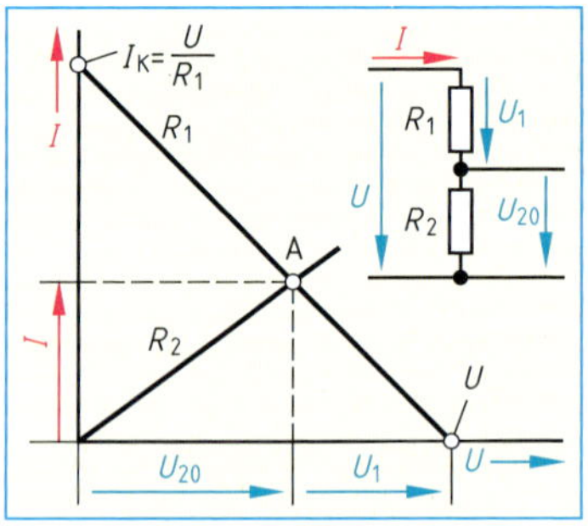

Bild 1: Bestimmung der Teilspannungen beim unbelasteten Spannungsteiler (Arbeitspunkt A)

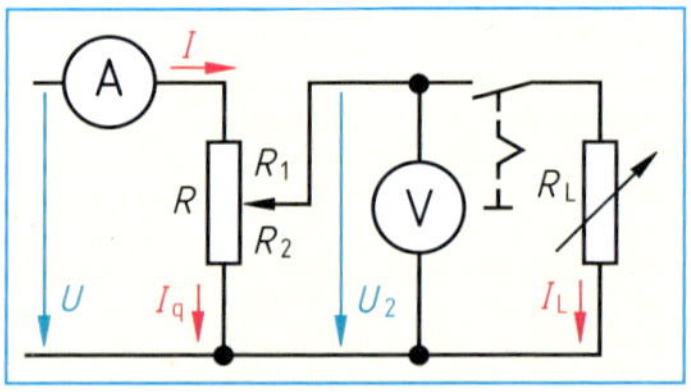

Bild 2: Messschaltung des belasteten Spannungsteilers

Belasteter Spannungsteiler

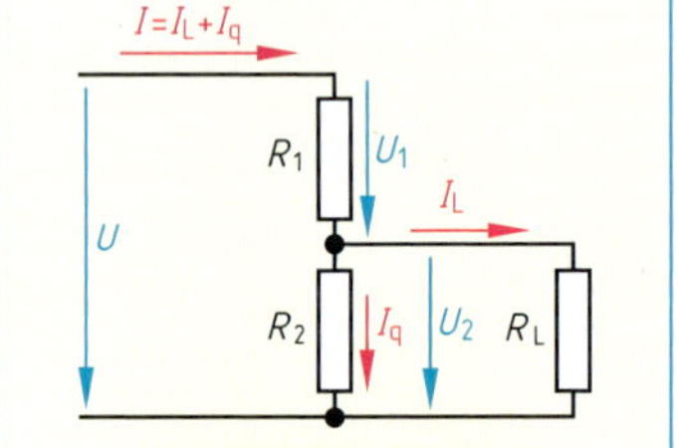

$$U_2 = \frac{R_{2L}}{R_1 + R_{2L}} \cdot U$$

$$R_{2L} = \frac{R_2 \cdot R_L}{R_2 + R_L}$$

$$q = \frac{I_q}{I_L} = \frac{R_L}{R_2}$$

R_L	Lastwiderstand
R_1, R_2	Spannungsteilerwiderstände
R_{2L}	Ersatzwiderstand aus R_2 und R_L
U	Gesamtspannung
U_2	Teilspannung bei Belastung
I_L	Laststrom
I_q	Querstrom
q	Querstromverhältnis

3.3.2 Brückenschaltung

3.3.2.1 Abgeglichene Brückenschaltung

Versuch 1: Schalten Sie vier Widerstände, z. B. $R_1 = 75\ \Omega$, $R_2 = 75\ \Omega$ (einstellbarer Widerstand von max. 200 Ω), $R_3 = 50\ \Omega$ und $R_4 = 100\ \Omega$ nach **Bild 1** an eine Spannung von z. B. 10 V. Nehmen Sie als Messinstrument einen Spannungsmesser mit Nullpunkt in der Skalenmitte.

Der Spannungsmesser zeigt einen Ausschlag. Zwischen den Punkten A und B der Schaltung liegt eine Spannung.

Versuch 2: Wiederholen Sie Versuch 1, stellen Sie aber dabei den Widerstand R_2 auf den Wert 150 Ω ein.

Der Spannungsmesser zeigt keinen Ausschlag. Die Spannung zwischen den Punkten A und B ist also null.

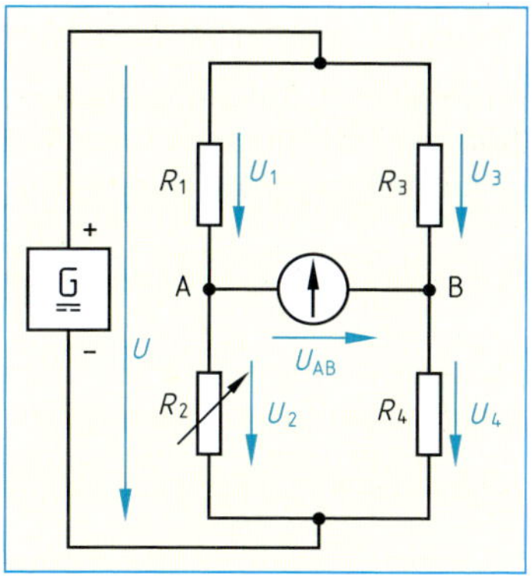

Bild 1: Brückenschaltung

Da bei Versuch 2 zwischen den Punkten A und B der Schaltung keine Spannung anliegt, muss der Spannungsfall an R_1 gleich dem Spannungsfall an R_3 und der Spannungsfall an R_2 gleich dem Spannungsfall an R_4 sein **(Bild 1).**

Eine Schaltung nach **Bild 1** nennt man **Brückenschaltung.** Sie besteht aus der Parallelschaltung zweier Spannungsteiler. Die Verbindung der Punkte A und B der Brücke nennt man **Brückendiagonale.** Teilt der Spannungsteiler R_1-R_2 die Spannung des Spannungserzeugers im gleichen Verhältnis auf wie der Spannungsteiler R_3-R_4, so besteht zwischen den Punkten A und B keine Spannung ($U_{AB} = 0$ V, Nullpunktmethode). Die Widerstände R_1 und R_2 stehen im gleichen Verhältnis zueinander wie die Widerstände R_3 und R_4. Man sagt, die Brücke ist abgeglichen.

Abgeglichene Brückenschaltung

$U_{AB} = 0$ V, wenn gilt:

$$\frac{U_1}{U_2} = \frac{U_3}{U_4} \text{ bzw. } \frac{R_1}{R_2} = \frac{R_3}{R_4}$$

$U_1 \ldots U_4$ Teilspannungen
$R_1 \ldots R_4$ Brückenwiderstände

Eine Brückenschaltung ist abgeglichen, wenn
- die Spannung U_{AB} in der Brückendiagonalen gleich null ist ($U_{AB} = 0$ V)
- das Widerstandsverhältnis der beiden Spannungsteiler gleich ist ($R_1/R_2 = R_3/R_4$)

Sind von einer abgeglichenen Brückenschaltung drei Widerstände bekannt, so kann der vierte unbekannte Widerstand berechnet werden.

Beispiel:

Eine abgeglichene Brückenschaltung nach **Bild 1** hat die Widerstände $R_2 = 40\ \Omega$, $R_3 = 25\ \Omega$ und $R_4 = 50\ \Omega$ sowie den unbekannten Widerstand R_1. Berechnen Sie R_1.

Lösung:

$$\frac{R_1}{R_2} = \frac{R_3}{R_4} \Rightarrow \quad \mathbf{R_1} = \frac{R_2 \cdot R_3}{R_4} = \frac{40\ \Omega \cdot 25\ \Omega}{50\ \Omega} = \mathbf{20\ \Omega}$$

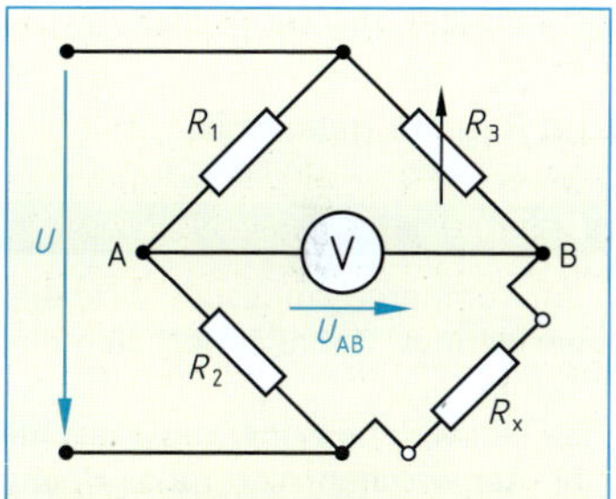

R_1, R_2 Festwiderstände
R_3 Potenziometer
R_x unbekannter Widerstand

Bild 2: Messbrücke

Mithilfe von Messbrücken **(Bild 2)** kann der Wert eines unbekannten Widerstandes R_x bestimmt werden. Zur Bestimmung von R_x genügt die Kenntnis von R_3 und dem Verhältnis von R_2 zu R_1. Der Widerstand R_3 wird nun solange verändert, bis die Spannung im Brückenzweig $U_{AB} = 0$ V beträgt. Die Brücke ist dann abgeglichen und es gilt:

$$\frac{R_1}{R_2} = \frac{R_3}{R_x} \Rightarrow R_x = R_3 \cdot \frac{R_2}{R_1}$$

Das Verhältnis von R_2 zu R_1 ergibt einen Zahlenwert, der multipliziert mit R_3, den unbekannten Widerstand R_x ergibt. Passt man nun die Skala des veränderbaren Widerstandes R_3 an, so kann man den Wert des unbekannten Widerstandes R_x auch direkt ablesen. Diese Messbrücke zur Messung von unbekannten Widerständen nennt man wheatstonesche[1] Messbrücke.

Das Ergebnis der Messung mit einer Messbrücke ist unabhängig von der Höhe der Versorgungsspannung U.

[1] Charles Wheatstone, engl. Physiker, 1802 bis 1875

3.3.2.2 Nicht abgeglichene Brückenschaltung

Im **Versuch 1, Seite 57** zeigt der Spannungsmesser einen Ausschlag. Zwischen den Punkten A und B liegt also eine Spannung. Das Verhältnis der Widerstände R_1 zu R_2 ist ungleich dem Verhältnis von R_3 zu R_4.

$$\frac{R_1}{R_2} \neq \frac{R_3}{R_4}$$

Man spricht in diesem Fall von einer **nicht abgeglichenen Brückenschaltung.**

Bei einer nicht abgeglichenen Brückenschaltung ist die Spannung U_{AB} im Brückenzweig ungleich null Volt ($U_{AB} \neq 0$ V).

Berechnung der Brückenspannung U_{AB}:

Mit der Maschenregel (2. Kirchhoffsche Regel, **Seite 49**) ergibt sich für die im **Bild 1** eingezeichnete Masche folgender Ansatz:

$$\sum U = 0 \Rightarrow U_{AB} + U_4 - U_2 = 0 \Rightarrow U_{AB} = U_2 - U_4$$

Die Brückenschaltung setzt sich aus dem Spannungsteiler mit den Widerständen R_1 und R_2 (linker Zweig) und dem Spannungsteiler mit R_3 und R_4 (rechter Zweig) zusammen **(Bild 2).** Die Teilspannungen U_2 und U_4 können mit der Gleichung des unbelasteten Spannungsteilers **(Seite 56)** berechnet werden.

$$U_2 = \frac{R_2}{R_1 + R_2} \cdot U \quad \text{und} \quad U_4 = \frac{R_4}{R_3 + R_4} \cdot U$$

Brückenschaltungen verwendet man vor allem in der Messtechnik, z.B. zur Temperaturmessung **(Seite 199),** sowie in der Steuerungs- und Regelungstechnik.

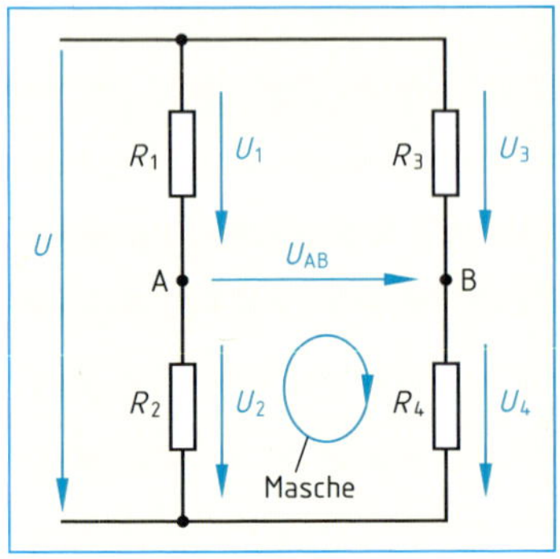

Bild 1: Brückenschaltung

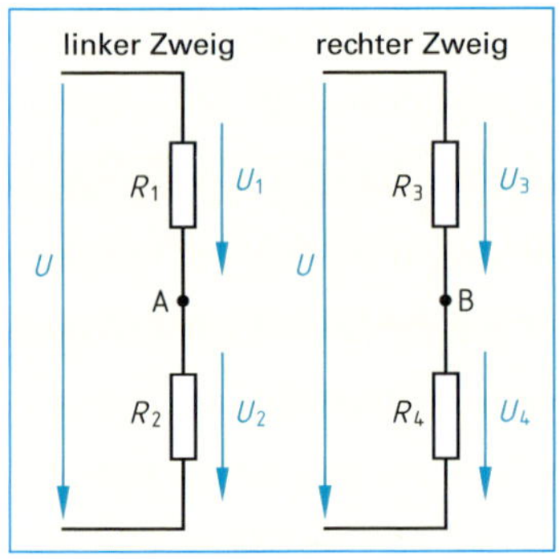

Bild 2: Spannungsteiler

Nicht abgeglichene Brückenschaltung

$$U_2 = \frac{R_2}{R_1 + R_2} \cdot U \qquad U_4 = \frac{R_4}{R_3 + R_4} \cdot U$$

$$U_{AB} = U_2 - U_4$$

R_1 ... R_4	Brückenwiderstände
U_2, U_4	Teilspannungen
U	Gesamtspannung
U_{AB}	Brückenspannung

Beispiel:

Zur Temperaturmessung wird die in **Bild 3** dargestellte Brückenschaltung verwendet. Dabei ändert sich die Brückenspannung in Abhängigkeit der Temperatur.

a) Um welche Widerstandsart handelt es sich bei R_4?

b) Auf welchen Wert muss R_3 eingestellt werden, damit bei ϑ = 20 °C die Brücke abgeglichen ist (Widerstandskennlinie von R_4, **Bild 1, Seite 198).**

c) Wie verändert sich U_{AB}, wenn die Temperatur steigt?

d) Berechnen Sie die Brückenspannung U_{AB}, wenn die Temperatur an R_4 60 °C beträgt.

Lösung:

a) Heißleiter (NTC-Widerstand)

b) Aus **Bild 1, Seite 198**: R_4 = 1,2 kΩ bei 20 °C

$$\frac{R_1}{R_2} = \frac{R_3}{R_4} \Rightarrow \boldsymbol{R_3} = \frac{R_1 \cdot R_4}{R_2} = \frac{1\,\text{k}\Omega \cdot 1{,}2\,\text{k}\Omega}{1\,\text{k}\Omega} = \mathbf{1{,}2\,k\Omega}$$

c) Steigt die Temperatur, nimmt der Widerstandswert des Heißleiters ab. Dadurch sinkt die Spannung U_4. U_2 ändert sich nicht. Die Brückenspannung U_{AB} wird größer als 0 V.

d) Aus **Bild 1, Seite 198**: R_4 = 500 Ω bei 60 °C

$$U_2 = \frac{R_2}{R_1 + R_2} \cdot U = \frac{1\,\text{k}\Omega}{1\,\text{k}\Omega + 1\,\text{k}\Omega} \cdot 10\text{ V} = 5\text{ V}$$

$$U_4 = \frac{R_4}{R_3 + R_4} \cdot U = \frac{0{,}5\,\text{k}\Omega}{1{,}2\,\text{k}\Omega + 0{,}5\,\text{k}\Omega} \cdot 10\text{ V} = 2{,}94\text{ V}$$

$$\boldsymbol{U_{AB}} = U_2 - U_4 = 5\text{ V} - 2{,}94\text{ V} = \mathbf{2{,}06\text{ V}}$$

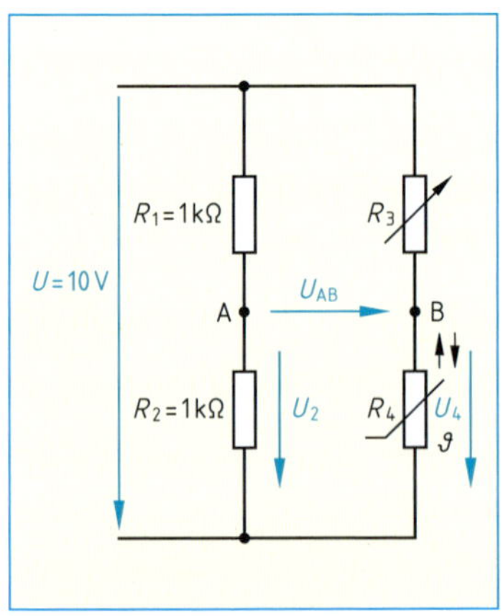

Bild 3: Brückenschaltung zur Temperaturmessung

3.3.3 Widerstandsbestimmung durch Strom- und Spannungsmessung

Zur indirekten Widerstandsbestimmung mit einer Strom- und Spannungsmessung sind zwei Schaltungen möglich: die Spannungsfehlerschaltung **(Bild 1)** und die Stromfehlerschaltung **(Bild 2)**.

Bei der **Spannungsfehlerschaltung (Bild 1)** misst der Strommesser den Strom I, der tatsächlich durch den Widerstand R fließt. Der Spannungsmesser zeigt aber eine Spannung U an, die um den Spannungsfall U_{iA} am Strommesser zu groß ist. Bei der Widerstandsberechnung nach dem ohmschen Gesetz mit $R = U/I$ erhält man daher einen zu großen Wert.

Falls der Innenwiderstand R_{iA} des Strommessers bekannt ist, lässt sich der berechnete Widerstandswert korrigieren. Der tatsächliche Wert des Widerstandes R ist um den Innenwiderstand R_{iA} des Strommessers kleiner als der berechnete Wert U/I.

Ist der zu messende Widerstand R wesentlich größer als der Innenwiderstand R_{iA} des Strommessers, so kann man den Innenwiderstand des Strommessers vernachlässigen.

Die Spannungsfehlerschaltung ist ohne Korrektur zur Ermittlung großer Widerstandswerte geeignet.

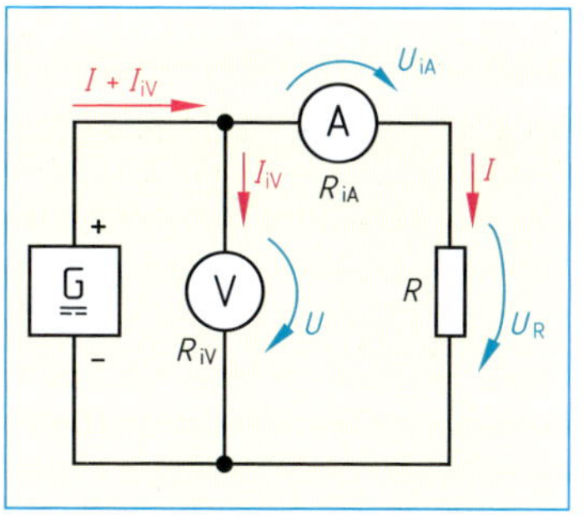

Bild 1: Spannungsfehlerschaltung (stromrichtige Schaltung)

Korrekturformel für die Spannungsfehlerschaltung:

$$R = \frac{U - U_{iA}}{I} = \frac{U}{I} - R_{iA}$$

$$U_{iA} = I \cdot R_{iA}$$

R zu bestimmender Widerstand
U angezeigte Spannung
U_{iA} Spannung am Strommesser
I angezeigte Stromstärke
R_{iA} Innenwiderstand des Strommessers

Bei der **Stromfehlerschaltung (Bild 2)** misst der Spannungsmesser die Spannung, die tatsächlich am Widerstand liegt. Der Strommesser zeigt jedoch einen Strom I an, der um den Strom I_{iV} durch den Spannungsmesser zu groß ist. Bei der Widerstandsberechnung nach dem ohmschen Gesetz erhält man also einen zu kleinen Widerstandswert.

Ist der Innenwiderstand R_{iV} des Spannungsmessers bekannt, dann lässt sich der berechnete Widerstandswert korrigieren. Durch den Spannungsmesser fließt der Strom $I_{iV} = U/R_{iV}$. Durch den Widerstand fließt nur die Differenz vom gemessenen Strom I und dem Strom I_{iV}.

Ist der Strom durch den Spannungsmesser wesentlich kleiner als der Strom durch den zu messenden Widerstand, z. B. bei digitalen Spannungsmessern, so braucht man den Strom durch den Spannungsmesser nicht zu berücksichtigen. Durch den Spannungsmesser fließt nur ein kleiner Teil des Stromes, wenn der Widerstand R viel kleiner als der Innenwiderstand R_{iV} des Spannungsmessers ist. Der Stromfehler kann in diesem Fall vernachlässigt werden.

Die Stromfehlerschaltung ist ohne Korrektur zur Ermittlung kleiner Widerstandswerte geeignet.

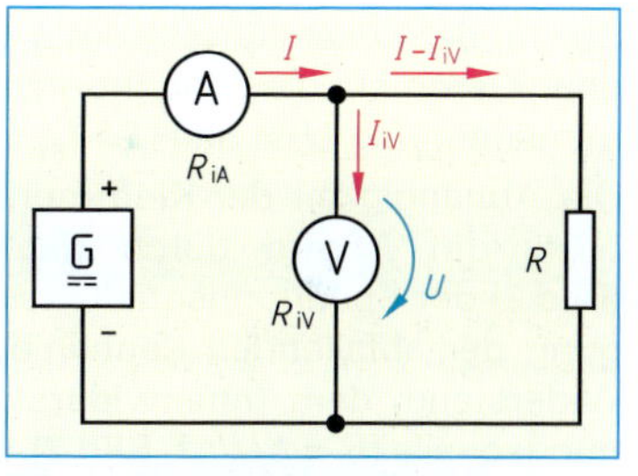

Bild 2: Stromfehlerschaltung (spannungsrichtige Schaltung)

Messen von Widerständen: **Seite 178**

Korrekturformel für die Stromfehlerschaltung:

$$R = \frac{U}{I - I_{iV}} = \frac{U}{I - \frac{U}{R_{iV}}}$$

$$I_{iV} = \frac{U}{R_{iV}}$$

R zu bestimmender Widerstand
R_{iV} Innenwiderstand des Spannungsmessers
I_{iV} Strom durch den Spannungsmesser
I angezeigte Stromstärke
U angezeigte Spannung

Wiederholungsfragen

1. **Was versteht man unter a) der Spannungsfehlerschaltung, b) der Stromfehlerschaltung?**
2. **In welchem Fall braucht man bei der Spannungsfehlerschaltung den Innenwiderstand des Strommessers nicht zu berücksichtigen?**
3. **Welche Schaltung wählt man am besten, wenn große Widerstandswerte ermittelt werden sollen? Begründen Sie Ihre Auswahl.**
4. **Welche Schaltung wählt man zur Ermittlung kleiner Widerstandswerte? Begründen Sie Ihre Auswahl.**

3.4 Spannungsquelle

3.4.1 Belastungsfälle einer Spannungsquelle

Versuch: Schalten Sie drei 4,5-V-Normalbatterien (3 R 12) in Reihe. Messen Sie die Klemmenspannung U mit einem hochohmigen Spannungsmesser ($R_{iV} \approx 10$ MΩ) bei geöffnetem Schalter S1. Belasten Sie durch Schließen des Schalters die Batterien kurzzeitig und verschieden stark mit einem Drehwiderstand $R_L = 50\ \Omega$ **(Bild 1)**. Messen Sie die Stromstärke I mit einem niederohmigen Strommesser ($R_{iA} \leq 0{,}1\ \Omega$) und die Klemmenspannung U. Tragen Sie die Messwerte erst in eine Tabelle und dann in ein Diagramm $U = f(I)$ ein.

R_L in Ω	∞	50	20	10	6	4	3	2	1,1	0,6	0,1
I in A	0	0,24	0,55	0,95	1,35	1,70	1,96	2,35	2,71	3,00	3,40
U in V	13	12,1	11,0	9,5	8,1	6,8	5,9	4,7	3,0	1,8	0,34

Bei steigender Belastung steigt der Laststrom I und die Klemmenspannung U nimmt ab.

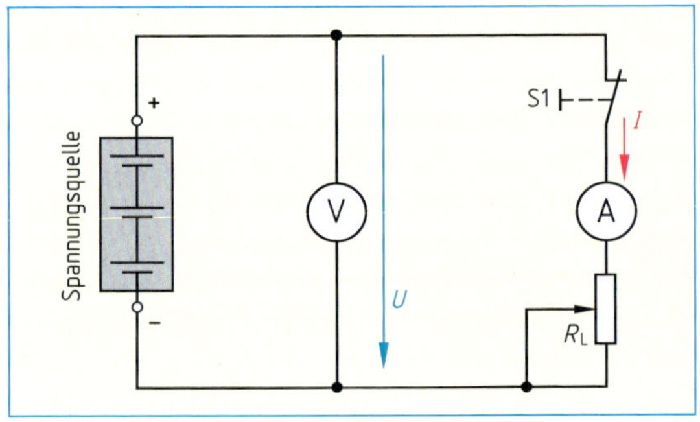

Bild 1: Messen an einer belasteten Spannungsquelle

Man unterscheidet drei Belastungsfälle: **Leerlauf, Kurzschluss** und **Belastung**.

Im **Leerlauf, $R_L = \infty\ \Omega$,** belastet kein Verbraucher die Spannungsquelle. Es fließt kein Strom und an der Spannungsquelle kann die größtmögliche Spannung, die Quellenspannung (Leerlaufspannung) U_0 gemessen werden **($I = 0$; $U = U_0$, Bild 2)**.

Bei **Kurzschluss, $R_L = 0\ \Omega$,** fließt der maximale Strom, der Kurzschlussstrom I_K. Die Spannung an den Klemmen der Spannungsquelle, die Klemmenspannung U ist null **($I = I_K$; $U = 0$, Bild 2)**.

Die Abhängigkeit der Klemmenspannung U vom Laststrom I wird durch die $U = f(I)$-Kennlinie **(Bild 2)** der Spannungsquelle dargestellt. Die Steigung der abfallenden Kennlinie entspricht einem Widerstand, dem **Innenwiderstand R_i** der Spannungsquelle **($R_i = \Delta U / \Delta I$, Bild 2)**.

Den Kurzschlussstrom I_K kann man nicht direkt messen, da dies in den meisten Fällen zur Zerstörung der Spannungsquelle führen würde. Deshalb misst man für zwei beliebige Belastungsfälle die Spannungen (U_1, U_2) und die zugehörigen Stromstärken (I_1, I_2) und berechnet daraus den Innenwiderstand R_i. Mit der Formel $I_K = U_0 / R_i$ kann nun der Kurzschlussstrom I_K berechnet werden.

Bei den galvanischen Elementen **(Seite 64)** bildet der Elektrolyt den Innenwiderstand, bei Generatoren **(Seite 516)** der Widerstand der Anker- und Feldwicklungen.

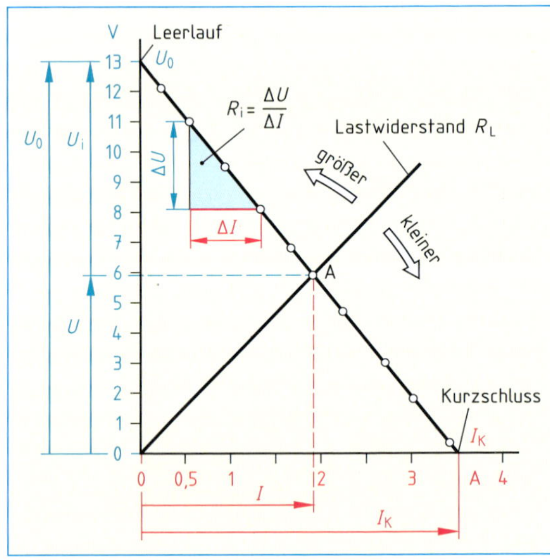

Bild 2: Kennlinie der Spannungsquelle mit Lastwiderstand

Innenwiderstand

$$R_i = \frac{\Delta U}{\Delta I} = \frac{U_1 - U_2}{I_2 - I_1} \qquad I_K = \frac{U_0}{R_i}$$

R_i Innenwiderstand
ΔU Spannungsdifferenz
ΔI Stromstärkedifferenz
U_1, I_1 Spannung und Stromstärke im Belastungsfall 1
U_2, I_2 Spannung und Stromstärke im Belastungsfall 2
U_0 Quellenspannung, Leerlaufspannung
I_K Kurzschlussstrom

Bei Belastung mit $0\ \Omega < R_L < \infty\ \Omega$, ergibt sich die Kennlinie des Lastwiderstandes R_L **(Bild 2)**. Der Schnittpunkt der Kennlinie des Innenwiderstandes R_i mit der Kennlinie des Lastwiderstandes R_L ergibt den Arbeitspunkt A. Die Projektion des Arbeitspunktes A auf die Spannungsachse ergibt die Aufteilung der Quellenspannung U_0 in U und U_i, die Projektion auf die Stromachse den in der Schaltung fließende Strom I. Mit steigender Belastung, d.h. kleiner werdendem R_L nimmt die Klemmenspannung ab.

Die Klemmenspannung einer Spannungsquelle sinkt bei zunehmender Belastung, weil der Spannungsfall am Innenwiderstand steigt.

3.4.2 Ersatzschaltbild einer Spannungsquelle

Jede Spannungsquelle besitzt einen Innenwiderstand R_i. Das hat zur Folge, dass bei Belastung die Klemmenspannung U stets kleiner ist als die Quellenspannung (Leerlaufspannung) U_0 der Spannungsquelle.

Die Klemmenspannung U ist bei einer realen Spannungsquelle um den Spannungsfall an ihrem Innenwiderstand $U_i = I \cdot R_i$ kleiner als die Quellenspannung U_0.

Die **Ersatzschaltung einer realen Spannungsquelle** ist eine Reihenschaltung aus einer idealen (verlustfreien) Spannungsquelle mit der konstanten Quellenspannung $\boldsymbol{U_0}$ und mit einem Innenwiderstand R_i **(Bild 1)**.

Wenn der Lastwiderstand R_L viel größer ist als der Innenwiderstand R_i ($R_L \gg R_i$), wirken sich Schwankungen des Lastwiderstandes R_L kaum auf die Klemmenspannung U aus.

Beispiel 1:

Ein 9-V-Energieblock gibt im Leerlauf die Spannung 9,3 V ab. Bei Kurzschluss entsteht eine Stromstärke von 2,9 A. **a)** Wie groß ist der Innenwiderstand des Energieblocks? **b)** Auf welche Laststromstärke ist I zu begrenzen, wenn die Klemmenspannung bei Belastung um höchstens 0,8 V zurückgehen darf?

Lösung:

a) $\boldsymbol{R_i} = \frac{U_0}{I_K} = \frac{9{,}3\ \text{V}}{2{,}9\ \text{A}} = \mathbf{3{,}2\ \Omega}$

b) $U = U_0 - I \cdot R_i \quad \Rightarrow \quad \boldsymbol{I} = \frac{U_0 - U}{R_i} = \frac{0{,}8\ \text{V}}{3{,}2\ \Omega} = \mathbf{0{,}25\ A}$

Beispiel 2:

a) Wie bezeichnet man die Spannung, die der Spannungsmesser ($R_{iV} = \infty\ \Omega$) in **Bild 2** anzeigt? **b)** Berechnen Sie den Innenwiderstand der Monozelle, wenn bei Belastung mit einem Widerstand von $R_L = 3\ \Omega$ die Anzeige des Spannungsmessers auf 1,45 V fällt.

Lösung:

a) Quellenspannung oder Leerlaufspannung

b) $I = \frac{U}{R_L} = \frac{1{,}45\ \text{V}}{3\ \Omega} = 0{,}48\ \text{A};$

$U = U_0 - I \cdot R_i \Rightarrow \boldsymbol{R_i} = \frac{U_0 - U}{I} = \frac{1{,}5\ \text{V} - 1{,}45\ \text{V}}{0{,}5\ \text{A}} = \mathbf{0{,}10\ \Omega}$

3.4.3 Anpassung

Wird eine Spannungsquelle mit einem Lastwiderstand belastet, unterscheidet man nach dem Verhältnis des Lastwiderstandes R_L zum Innenwiderstand R_i der Spannungsquelle die Anpassungsarten:

- **Spannungsanpassung,**
- **Stromanpassung,**
- **Leistungsanpassung (Bild 3).**

Ersatzschaltbild

Ersatzschaltbilder sind Gedankenmodelle. Mit deren Hilfe lassen sich elektrische Bauteile, Geräte, Maschinen oder komplexe Schaltungen einfacher erklären.

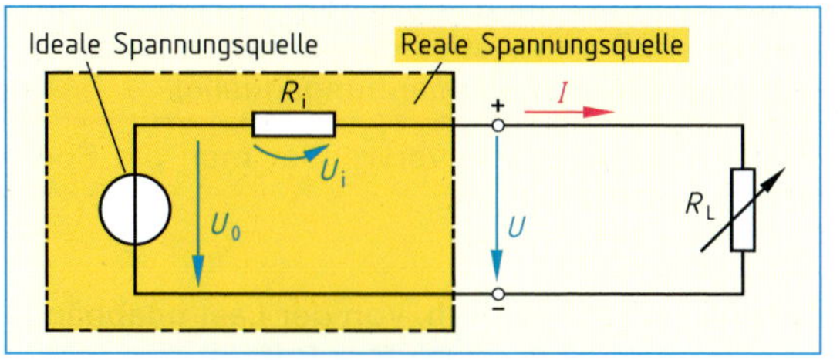

Bild 1: Ersatzschaltbild einer Spannungsquelle

Klemmenspannung

$$U = U_0 - I \cdot R_i$$

U	Klemmenspannung
U_0	Quellenspannung (Leerlaufspannung)
I	Laststrom
R_i	Innenwiderstand

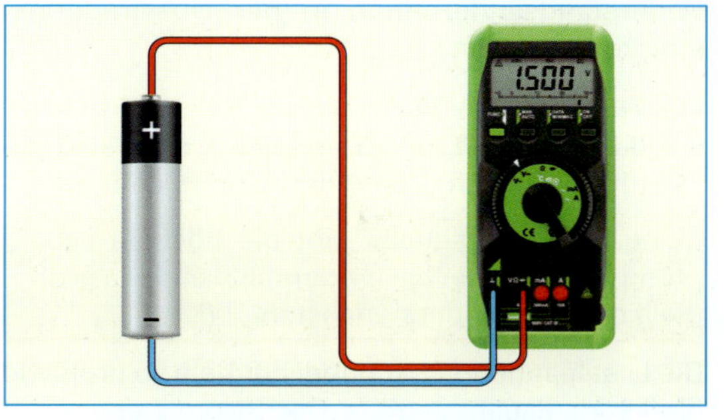

Bild 2: Spannungsmessung an einer Batterie

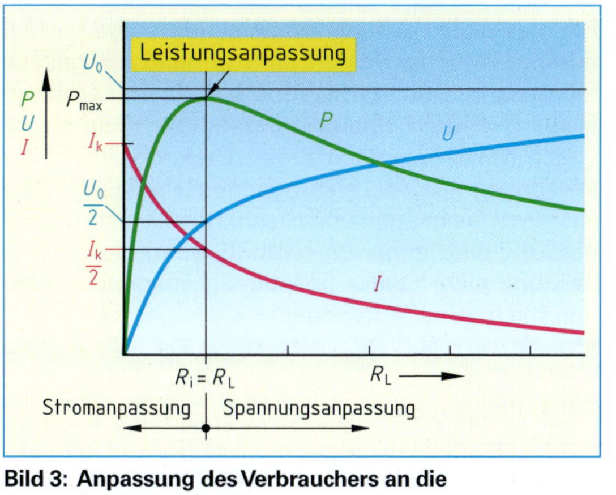

Bild 3: Anpassung des Verbrauchers an die Spannungsquelle

Durch das Verhältnis des Lastwiderstandes R_L zum Innenwiderstand R_i der Spannungsquelle werden verschiedene Anpassungsarten erzielt.

Spannungsanpassung

Bei der Spannungsanpassung soll die Klemmenspannung möglichst groß und stabil sein, auch wenn die Größe des Lastwiderstandes schwankt. Dies ist der Fall, wenn $R_L \gg R_i$ **(Bild)** ist.

> Eine Spannungsquelle gibt die höchste und stabilste Spannung ab, wenn der Lastwiderstand groß gegenüber dem Innenwiderstand ist: $R_L \gg R_i$ (Konstantspannungsquelle).

In der Energietechnik verwendet man die Spannungsanpassung.

Stromanpassung

Wird ein konstanter, d.h. von der Last unabhängiger Strom verlangt, muss $R_L \ll R_i$ **(Bild)** sein.

> Eine Spannungsquelle liefert den größtmöglichen Strom, wenn der Lastwiderstand klein gegenüber dem Innenwiderstand ist: $R_L \ll R_i$ (Konstantstromquelle).

Die Stromanpassung wendet man z.B. zum Laden von Akkumulatoren oder in der Messtechnik an, wenn die Messsignale möglichst unabhängig von Widerstandsänderungen in der Übertragungsstrecke sein sollen.

Leistungsanpassung

In **Bild 3, Seite 61,** ist zu erkennen, dass sich die Leistung P mit dem Lastwiderstand R_L ändert.

> Eine Spannungsquelle gibt die höchste Leistung ab, wenn der Lastwiderstand ebenso groß wie der Innenwiderstand ist: $R_L = R_i$.

Die Lastspannung U ist dabei nur halb so groß wie die Leerlaufspannung U_0. Der Strom I entspricht dem halben Kurzschlussstrom I_K **(Bild 3, Seite 61).**

Die maximale Leistung am Lastwiderstand beträgt nur die Hälfte der im ganzen Stromkreis umgesetzten Gesamtleistung. Die andere Hälfte der Gesamtleistung wird im Innenwiderstand der Spannungsquelle in Wärme umgewandelt. Dadurch beträgt der Wirkungsgrad η bei Leistungsanpassung 50 %. Dies ist in Energieanlagen unwirtschaftlich. Leistungsanpassung wird dann angewandt, wenn die geringe Leistung einer Quelle vollständig ausgenutzt werden soll, z.B. bei Antennen.

Beispiel:

Eine Spannungsquelle mit einer Leerlaufspannung von $U_0 = 10$ V hat einen Innenwiderstand $R_i = 20\ \Omega$. **a)** Wie groß muss für Leistungsanpassung der Lastwiderstand R_L gewählt werden? **b)** Berechnen Sie die maximale Leistung P_{max} am Lastwiderstand.

Lösung:

a) $R_L = R_i = 20\ \Omega$; **b)** $P_{max} = \frac{U_0^2}{4 \cdot R_i} = \frac{(10\ \text{V})^2}{4 \cdot 20\ \Omega} = 1{,}25\ \text{W}$

Spannungsanpassung

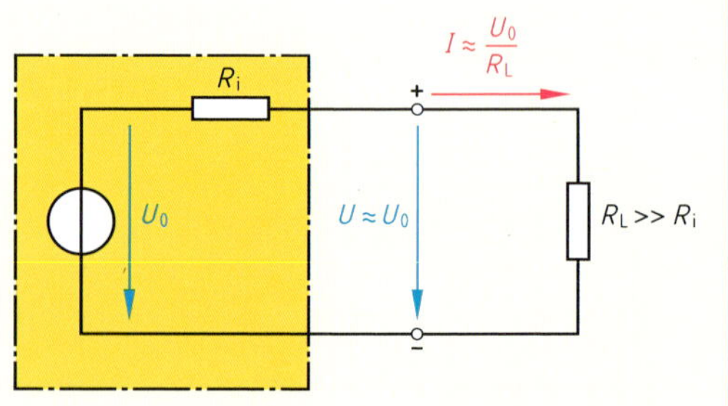

$R_L \gg R_i$	$U \approx U_0$	$50\ \% < \eta < 100\ \%$

Stromanpassung

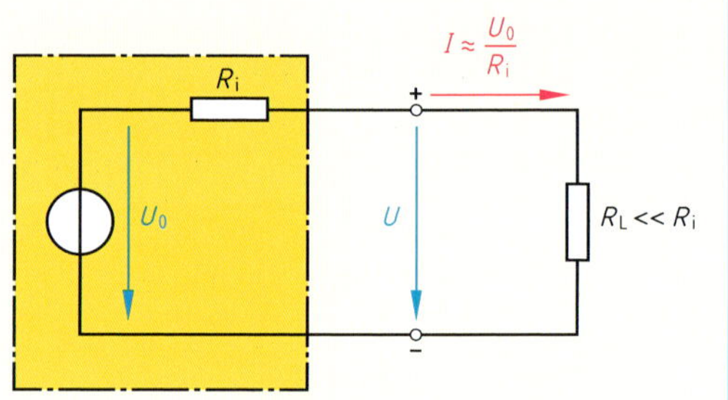

$R_L \ll R_i$	$I \approx \frac{U_0}{R_i}$	$0 < \eta < 50\ \%$

Leistungsanpassung

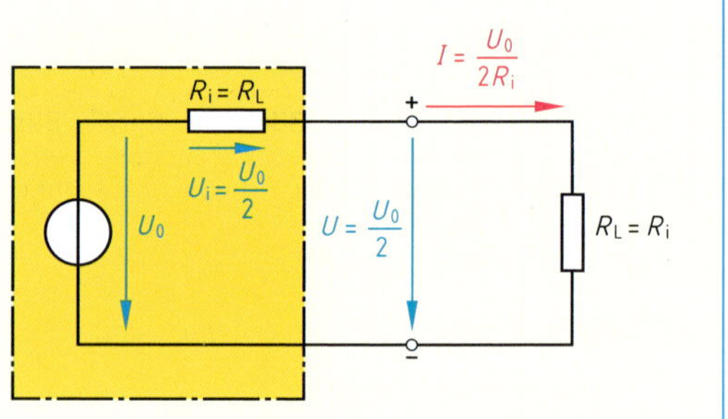

$R_L = R_i$	$I = \frac{U_0}{2 \cdot R_i}$	$\eta = 50\ \%$

$$P_{max} = U \cdot I = \frac{U_0}{2} \cdot \frac{U_0}{2 \cdot R_i} = \frac{U_0^2}{4 \cdot R_i}$$

U Klemmenspannung
U_0 Quellenspannung (Leerlaufspannung)
I Laststrom
R_L Lastwiderstand
R_i Innenwiderstand
P_{max} maximale Leistung
η Wirkungsgrad

3.4.4 Schaltungen von Spannungsquellen

Galvanische Primärelemente **(Seite 65)** und Sekundärelemente **(Seite 67)** schaltet man in Reihe um höhere Spannungen oder parallel um größere Ströme zu erhalten.

Reihenschaltung von Spannungsquellen

Versuch 1: Messen Sie die Leerlaufspannung und den Kurzschlussstrom einer Rundzelle, z. B. einer Mignonzelle R6, und ebenso bei einer Reihenschaltung aus drei dieser Zellen. (Der Kurzschlussstrom darf höchstens einige Sekunden lang fließen.)

Gegenüber einer Einzelzelle liefert die Reihenschaltung die dreifache Leerlaufspannung, aber den einfachen Kurzschlussstrom.

Für eine höhere Spannung schaltet man galvanische Elemente so in Reihe, dass sich immer positiver und negativer Pol abwechseln **(Bild 1)**. In der Reihenschaltung addieren sich die Leerlaufspannungen ebenso wie die Innenwiderstände.

Bei der Reihenschaltung von Spannungsquellen summieren sich die Teil-Leerlaufspannungen und die Teil-Innenwiderstände. Durch alle Spannungsquellen fließt derselbe Strom.

Parallelschaltung von Spannungsquellen

Versuch 2: Schalten Sie die drei Zellen (Mignonzellen) aus Versuch 1 parallel und messen Sie die Leerlaufspannung und schnell den Kurzschlussstrom.

Die Parallelschaltung gibt gegenüber der Einzelzelle zwar die gleiche Leerlaufspannung, aber den dreifachen Kurzschlussstrom ab.

Bei der Parallelschaltung von galvanischen Elementen dürfen immer nur gleichartige Pole miteinander verbunden werden **(Bild 2)**.

Bei der Parallelschaltung von Spannungsquellen müssen die Leerlaufspannungen und die Teil-Innenwiderstände der einzelnen Spannungsquellen gleich groß sein. Es summieren sich die Ströme und die Kehrwerte der Teil-Innenwiderstände.

Sind die Leerlaufspannungen parallel geschalteter Spannungsquellen und ihre Innenwiderstände unterschiedlich groß, fließen auch ohne Belastung der Schaltung Ausgleichsströme zu den Spannungsquellen niedrigerer Spannung. Dadurch nimmt die Lebensdauer der Zellen schnell ab. Deshalb vermeidet man in der Praxis, galvanische Elemente z. B. verschiedener Hersteller parallel zu schalten. Sollte dies doch einmal notwendig sein, werden Dioden in Reihe zu jeder Spannungsquelle geschaltet, die dadurch Ausgleichströme verhindern.

Galvanische Elemente: **Seite 64**

Wiederholungsfragen

1. **Erklären Sie den Begriff Leerlaufspannung einer Spannungsquelle.**
2. **Zeichnen Sie das Ersatzschaltbild einer Spannungsquelle.**
3. **Welcher Zusammenhang besteht zwischen Innenwiderstand, Leerlaufspannung und Kurzschlussstrom einer Spannungsquelle?**
4. **Warum ist bei einer belasteten Spannungsquelle die Klemmenspannung kleiner als die Quellenspannung?**
5. **Wie verhält sich eine Spannungsquelle bei a) Spannungsanpassung, b) Stromanpassung und c) Leistungsanpassung?**
6. **Nennen Sie die Gesetze für Spannungen, Ströme und Innenwiderstände bei der a) Reihenschaltung und b) Parallelschaltung von Spannungsquellen.**

Reihenschaltung von Spannungsquellen

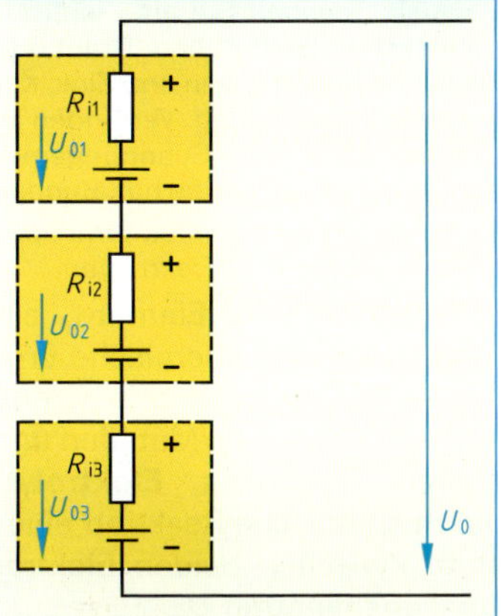

Bild 1: Reihenschaltung

$$U_0 = U_{01} + U_{02} + \ldots$$
$$R_i = R_{i1} + R_{i2} + \ldots$$

U_0	Gesamt-Leerlaufspannung
U_{01}, U_{02}	Teil-Leerlaufspannungen
R_i	Gesamt-Innenwiderstand
R_{i1}, R_{i2}	Teil-Innenwiderstände

Parallelschaltung von Spannungsquellen

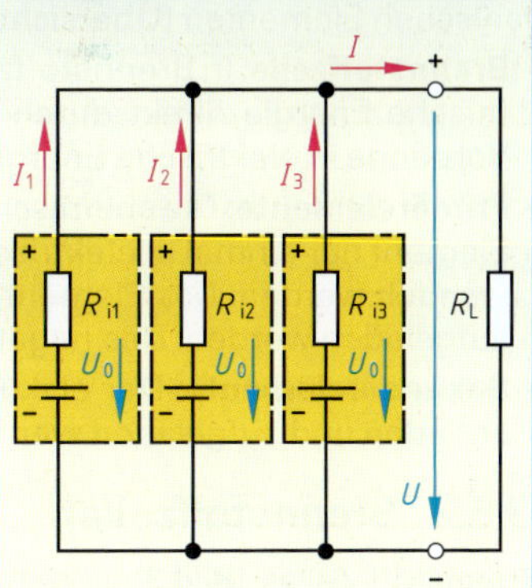

Bild 2: Parallelschaltung

$$I = I_1 + I_2 + I_3 \ldots$$
$$I_1 = \frac{I}{n} \qquad R_i = \frac{R_{i1}}{n}$$

I	Gesamtstrom
I_1, I_2	Einzelströme
R_i	Gesamt-Innenwiderstand
R_{i1}, R_{i2}	Teil-Innenwiderstände
n	Anzahl gleicher Spannungsquellen

3.5 Galvanische Elemente

3.5.1 Umwandlung chemischer Energie in elektrische Energie

Versuch: Tauchen Sie als Elektroden paarweise unterschiedliche Metallproben (Draht oder Blechstreifen), z.B. Eisen und Kupfer, Eisen und Zink, Kupfer und Zink **(Bild 1)**, in eine Natriumlösung. Verbinden Sie die Elektroden mit einem empfindlichen Spannungsmessgerät, das den Nullpunkt in der Skalenmitte hat. Beobachten Sie den Zeiger.

Es entstehen unterschiedliche Spannungen und Polaritäten zwischen den Elektroden.

Ein **galvanisches Element,** auch **Zelle** genannt **(Bild 1)**, wandelt chemische Energie direkt in elektrische Energie. An den Grenzflächen zwischen den verschiedenen Metallen und der elektrisch leitenden Flüssigkeit, **Elektrolyt** genannt, findet durch chemische Reaktion eine Ladungstrennung statt. Zwischen beiden Elektroden entsteht eine **Quellenspannung** U_0.

In der elektrochemischen Spannungsreihe wird das jeweilige Potenzial unterschiedlicher Elektroden gegenüber der Bezugselektrode Wasserstoff (H) dargestellt **(Bild 2)**. Zur Berechnung der Quellenspannung chemischer Elemente bildet man die Differenz der Potenziale **(Seite 28)** der jeweils eingesetzten Elektroden aus der elektrochemischen Spannungsreihe **(Bild 2)**.

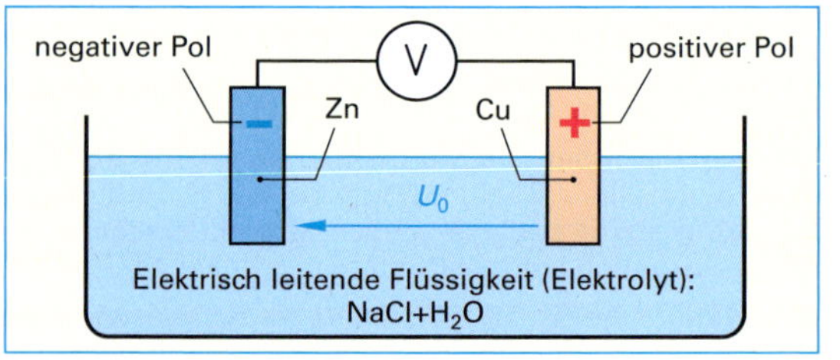

Bild 1: Galvanisches Element (Beispiel)

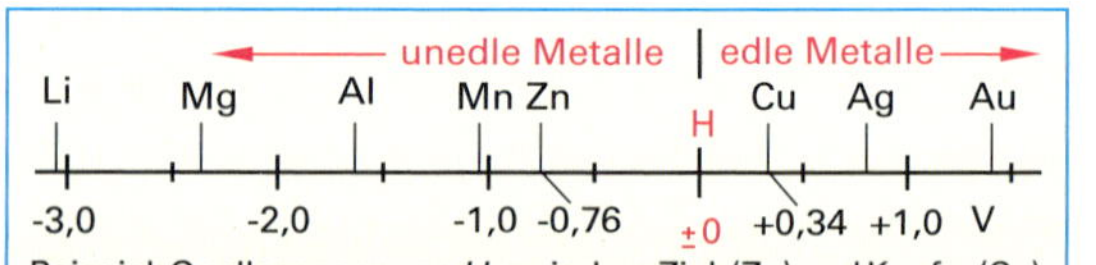

Beispiel: Quellenspannung U_0 zwischen Zink (Zn) und Kupfer (Cu)

$U_0 = \varphi_{Cu} - \varphi_{Zn} = +0{,}34\,V - (-0{,}76\,V) = 1{,}1\,V$

Bild 2: Elektrochemische Spannungsreihe

Zwei verschiedene Metalle in einem Elektrolyten bilden eine elektrochemische Spannungsquelle.

Übersicht: Galvanische Elemente

- Brennstoffzelle
- Primärelemente, nicht wiederaufladbar
- Sekundärelemente, wiederaufladbar

Man unterscheidet unterschiedliche Arten von galvanischen Elementen **(Übersicht)**:

- **Brennstoffzelle:** In Brennstoffzellen wird die chemische Energie direkt durch elektrochemische Vorgänge in elektrische Energie umgesetzt.
- **Primärelemente:** Die chemische Energie kann im Element nur einmal in elektrische Energie umgewandelt werden. Das Element kann nicht wieder aufgeladen werden. Das negative Elektrodenmaterial wird verbraucht bzw. zersetzt.
- **Sekundärelemente:** Der elektrochemische Prozess ist umkehrbar, d.h., das Element kann wiederholt entladen und aufgeladen werden.

Brennstoffzellen
- arbeiten sehr leise
- erzeugen keine Vibrationen
- haben keinen mechanischen Verschleiß
- keine Schadstoffemission
- hoher Wirkungsgrad etwa 80 %
- Abfallprodukt Wasser
- raumsparende, kompakte Bauweise

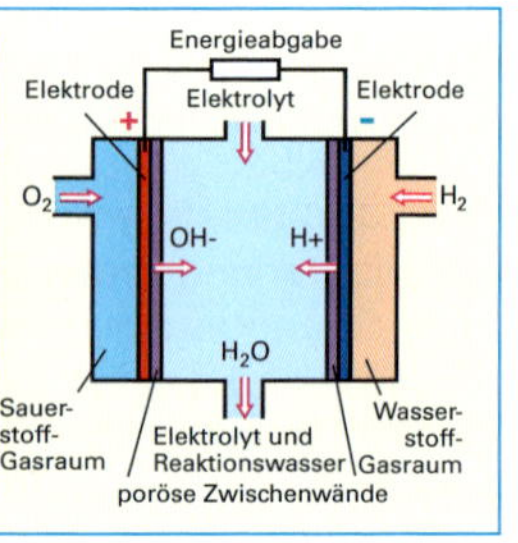

Bild 3: Brennstoffzelle

3.5.2 Brennstoffzellen

Brennstoff-Zellen **(Bild 3)** sind besondere galvanische Elemente, in denen keine Veränderung der Elektroden stattfindet, wie bei den anderen galvanischen Zellen. Durch ständige Zufuhr von wasserstoffhaltigem Brennstoff (H_2) und dem Oxidationsmittel Sauerstoff (O_2) wird chemische Energie direkt in elektrische Energie umgewandelt. Prinzipiell handelt es sich um eine Verbrennung (Oxidation), wobei die frei werdende Energie als elektrische Energie (Gleichspannung) und als Wärme entnommen werden kann. Diesen Umwandlungsprozess nennt man deshalb auch sanfte Verbrennung (ohne Flamme). Daher heißen diese Zellen Brennstoff-Zellen. Eine einzelne Zelle erzeugt nur 0,6 V bis 0,9 V. Durch Reihenschaltung mehrerer Zellen zu einem Stack[1] werden höhere Spannungen bis ca. 200 V erzielt. Es können Stacks mit Leistungen von 1 W bis 10 MW gebaut werden. Die verschiedenen Brennstoff-Zelltypen unterscheiden sich im Elektrolyt, dem Material der porösen Zwischenwände, den verwendeten Brenngasen und der Betriebstemperatur. Der Wirkungsgrad beträgt je nach Typ zwischen 50% und 80%. Brennstoffzellen werden zur dezentralen Energieerzeugung, z.B. in Fahrzeugen, Booten oder kleinen Blockheizkraftwerken **(Seite 280)**, eingesetzt.

[1] Stack (engl.) = Stapel

3.5.3 Grundbegriffe zu Primär- und Sekundärbatterien

Unter dem Oberbegriff **Batterien** versteht man **Primärbatterien,** die nicht wiederaufladbar sind und **Sekundärbatterien,** die wieder aufgeladen werden können. Batterien werden zur Energieversorgung, meist für ortsveränderliche Geräte verwendet.

Batterien sind aus einer oder mehreren nicht wiederaufladbaren Primärzellen oder aus wiederaufladbaren Sekundärzellen bestehende Quellen elektrischer Energie, die durch unmittelbare Umwandlung chemischer Energie gewonnen wird.

Für unterschiedliche Anforderungen gibt es unterschiedliche Batterietypen, die sich in der Baugröße, z.B. Bezeichnung AA mit dem Handelsnamen Mignon aber auch in ihren elektrischen Größen **(Tabelle 1 und 2)** unterscheiden und dadurch entsprechend eingesetzt werden.

Das **Batteriegesetz (BattG)** unterscheidet Batterien nach ihrem Einsatz in **Geräte-, Industrie- und Fahrzeugbatterien.**

Gerätebatterien (Tabelle 2) sind gekapselte Batterien. Man kann sie in der Hand halten. Sie werden verwendet zur Energieversorgung von Elektrokleingeräten, wie Uhren, Radios, Spielzeug, Taschenlampen, elektrische Zahnbürsten, Rasierer und Rauchmeldern. Auch Knopfbatterien (Knopfzellen) **(Bild)** sind Gerätebatterien, die für besondere Verwendungszwecke wie Hörgeräte, Armbanduhren, kleine tragbare Geräte oder zur Reservestromversorgung bestimmt sind.

Industriebatterien sind Batterien, die ausschließlich für industrielle, gewerbliche oder landwirtschaftliche Zwecke bestimmt sind. Hierunter gehören auch die Batterien, die in Elektrofahrzeugen oder Hybridfahrzeugen zum Einsatz kommen.

Fahrzeugbatterien sind sämtliche Batterien, die z.B. für den Anlasser sowie die Beleuchtung von Fahrzeugen bestimmt sind. Man nennt diese auch Starterbatterien für Fahrzeuge die aber keine Elektro- oder Hybridfahrzeuge sind.

In der praktischen Elektrotechnik und im nachfolgenden Text wird die Primärbatterie einfach als Batterie und die Sekundärbatterie als Akkumulator oder kurz Akku bezeichnet.

Tabelle 1: Wichtige elektrische Größen von Primär- und Sekundärbatterien

Bemessungsspannung U_N	Festgelegter Spannungswert für eine Zelle bzw. Batterie.
Bemessungskapazität K_N	Entnehmbare Elektrizitätsmenge in Ah einer Batterie.
Energiedichte	In einer Batterie gespeicherte Energie. Sie wird entweder zur Masse (Wh/g bzw. Wh/kg) oder zum Volumen (Wh/cm³) in Beziehung gesetzt.
Selbstentladung	Die Selbstentladung ist ein temperaturabhängiger, ständiger, chemischer Reaktionsprozess in der Batterie, ohne Anschluss an einen Verbraucher.

Beispiel CR 1632: Lithium-Knopftbatterie mit 16 mm Durchmesser und 3,2 mm Höhe

C: Lithium
L: Alkaline
P: Zink-Luft
S: Silberoxid
R: Runde Form
16: Durchmesser in mm
32: Höhe in 1/10 mm

Bild: Lithium-Knopfbatterie (Primärbatterie)

Tabelle 2: Handelsnamen- und Normbezeichnungen von Gerätebatterien

Handelsname	Bemessungsspannung	IEC[1]-Nr.	Andere Bezeichnung			Abmessungen in mm: Durchmesser	Länge	Breite	Höhe	Größenvergleich
LADY	1,5 V	LR1	AM5	UM5	N	12,0	–	–	30,2	
MINI	1,5 V	LR61	–	–	AAAA	8	–	–	42,0	
MICRO	1,5 V	LR03	AM4	UM4	AAA	10,5	–	–	44,5	
MIGNON	1,5 V	LR6	AM3	UM3	AA	14,5	–	–	50,5	
BABY	1,5 V	LR14	AM2	UM2	C	26,2	–	–	50,0	
MONO	1,5 V	LR20	AM1	UM1	D	34,2	–	–	61,5	
NORMAL	4,5 V	3LR12	–	–	–	–	62,0	22,0	67,0	
ENERGIE-BLOCK	9 V	6LR61	6AM6	–	PP3	–	26,5	17,5	48,5	

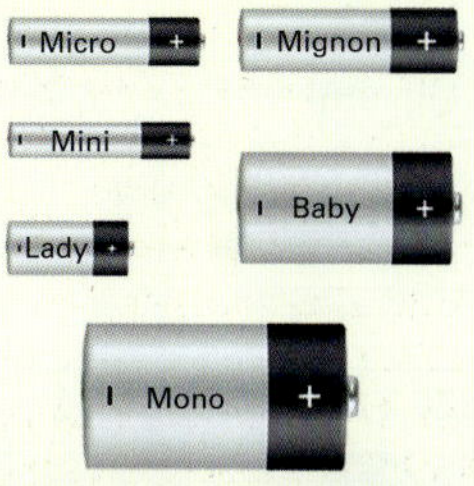

Abkürzungen nach IEC: R = Rundzelle, L = Alkali-Mangan-Zelle

[1] **IEC**, Abk. für **I**nternational **E**lectrotechnical **C**ommission (engl.)

3.5.4 Batterien (Primärbatterien)

Batterien (Primärbatterien) können nach der Entladung nicht wieder neu aufgeladen werden.

Für den technischen Einsatz von Batterien sind eine Reihe von Kriterien zu berücksichtigen **(Übersicht)**. Zur Spannungserhöhung werden Batterien in Reihe, zur Kapazitätsvergrößerung parallel geschaltet. Es gibt für fast jeden Anwendungsfall eine den spezifischen Aufgaben angepasste Batterie mit genormten Bezeichnungen und Abmessungen. Auch werden die verschiedenen Batterietypen nach den eingesetzten Materialien bezeichnet und unterscheiden sich durch ihre elektrischen Daten und Anwendungen **(Tabelle)**.

Häufig verwendete Batterien sind z.B.:

- Alkali-Mangan-Batterie (Alkaline Batterien),
- Zink-Silberoxid-Batterien,
- Lithium-Batterien,
- Zink-Luft-Batterien.

Übersicht: Auswahlkriterien für Primärelemente

- Bemessungsspannung
- Bemessungskapazität (entnehmbare Ladungsmenge)
- Energiedichte (auf das Volumen bzw. die Masse bezogene nutzbare elektrische Energie)
- Spannungskonstanthaltung (während der Entladung)
- Überlastverträglichkeit
- Zuverlässigkeit
- Lebensdauer
- Lecksicherheit
- Lagerfähigkeit (Selbstentladung)
- Umweltverträglichkeit
- Größe und Gewicht
- Anschlussmöglichkeit
- Temperaturbedingungen
- Preis

Rücknahmepflicht von Altbatterien

Vertreiber (Händler) von Batterien sind nach dem Batteriegesetz verpflichtet, Altbatterien unentgeltlich vom Endnutzer zurückzunehmen. Weiterhin sind Endnutzer gesetzlich verpflichtet, alle anfallenden Altbatterien bei den Vertreibern von Batterien oder den Sammelstellen der Kommunen, z.B. Wertstoffhöfe oder Schadstoffmobile, abzugeben.

Keinesfalls gehören Altbatterien, oder auch beschädigte Altbatterien in den Hausmüll.

Altbatterien sind Sondermüll.

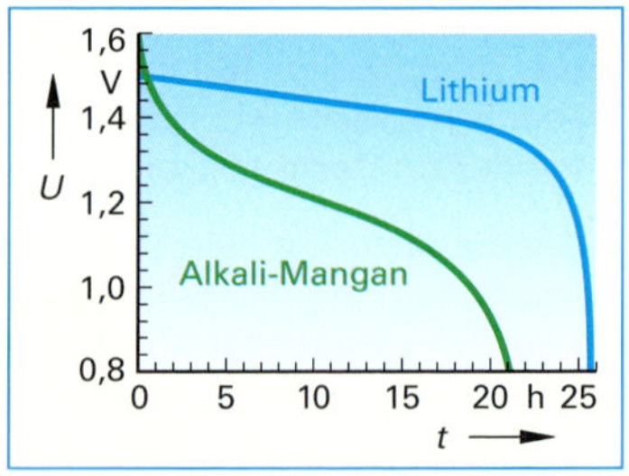

Bild: Entladespannungen (Ladung und Belastung gleich)

Tabelle: Batterien – Daten und Anwendungen

Bezeichnung	Bemessungsspannung	Selbstentladung pro Jahr	Energiedichte	Merkmale	Anwendungen (Beispiele)
Alkali-Mangan 	1,5 V	gering, ca. 6%	0,15...0,5 Wh/cm³	• Einsatz als Universalbatterien • Klemmenspannung nimmt mit der Belastungsdauer stark ab **(Bild)** • auslaufsicher	Kameras, Fernbedienungen, Spielzeuge
Zink-Silberoxid 	1,5 V	gering, ca. 6%	Hoch 0,7 Wh/cm³	• Werden meist in Knopfform hergestellt, • Spannung bleibt bis zur vollständigen Entladung fast konstant	Uhren, Kameras, Taschenrechner
Lithium 	1,5 V ... 3,5 V	sehr gering, ca. 1...2%	Hoch bis 1,0 Wh/cm³	• Hohe Lagerfähigkeit bis 10 Jahre • Einsatzmöglichkeit bei Temperaturen von – 20 °C bis +50 °C • Hohe Belastbarkeit **(Bild)**	Uhren, Kameras, Alarmanlagen
Zink-Luft 	1,4 V	sehr gering 3% (wenn versiegelt)	Hoch 0,7 Wh/cm³	• Sind versiegelt nahezu unbegrenzt lagerfähig • Benötigen zum Betrieb Sauerstoff	Uhren, Kameras, Alarmanlagen

3.5.5 Akkumulatoren (Sekundärbatterien)

Akkumulatoren[1] (Sekundärbatterien) können wiederholt geladen und entladen werden.

Beim Laden eines Akkumulators wird chemische Energie in elektrische Energie umgewandelt und gespeichert. Beim Entladen wird diese chemische Energie wieder in elektrische Energie umgewandelt.

3.5.5.1 Arten von Akkumulatoren

Die Unterscheidung von Akkumulatoren (Akkus) ergibt sich aus den verwendeten Materialien. Häufig verwendete Akkumulatorentypen sind:

- Blei Akkumulatoren (Pb-Akku, **Bild 1**).
- Nickel-Metallhybrid-Akkumulatoren (NiMH-Akku) und
- Lithium-Ionen-Akkumulatoren (Li-Ion-Akku).

Blei-Akkumulatoren (Pb-Akku). Eine Bleizelle ist aufgebaut aus zwei Bleiplatten, bzw. aus mehreren parallel angeordneten Plattenpaaren, dem Plattensatz. Ein positiver und ein negativer Plattensatz werden ineinander montiert und ergeben einen Plattenblock. Ein Plattenblock ist eine Zelle mit einer Bemessungsspannung von 2 V. Bei einem 12-V-KFZ-Akkumulator sind somit 6 Zellen hintereinander geschaltet.

Herkömmliche Blei-Akkumulatoren müssen wegen Verdunstung des Wasseranteils mit destilliertem Wasser nachgefüllt werden. Dies entfällt bei wartungsfreien Blei-Akkus, den **VRLA**[2]**-Akkus.** Sie haben eine verschlossene Bauform mit einem Überdruckventil. Es gibt zwei Arten von VRLA-Akkus: Der **AGM**[3]**-Akku** (Absorbent Glass Mat), bei dem ein Glasfaservlies mit der Schwefelsäure getränkt ist und den **Gel-Akku,** bei dem die Säure in einem Gel gebunden ist.

Verwendung: Da Blei-Akkumulatoren kurzfristig sehr hohe Ströme liefern können, werden sie vorwiegend als Starterbatterien in Fahrzeugen und z. B. für Notbeleuchtung und als Solarakku in Photovoltaikanlagen (Inselanlagen) eingesetzt.

Nickel-Metallhydrid-Akkumulatoren (NiMH-Akku) (Bild 2) verwenden in der Zelle eine wasserstoffspeichernde Legierung aus Metallhydrid als negative Elektrode. Die positive Elektrode besteht aus Nickel(II)-hydroxid. Infolge des geringen Innenwiderstandes der NiMH-Akkumulatoren können sie ihre gespeicherte Energie auch unter hoher Last und innerhalb kurzer Zeit mit nahezu gleichbleibender Spannung abgeben.

Verwendung: NiMH-Akkus verwendet man dort, wo großer Energiebedarf besteht und hohe Kosten für Batterien vermieden werden sollen, z.B. in Spielzeuge, Fotogeräte und Elektrowerkzeuge. NiMH-Akkus werden oft mit gleichen Abmessungen wie handelsübliche Batterien hergestellt und können einfach ausgetauscht werden.

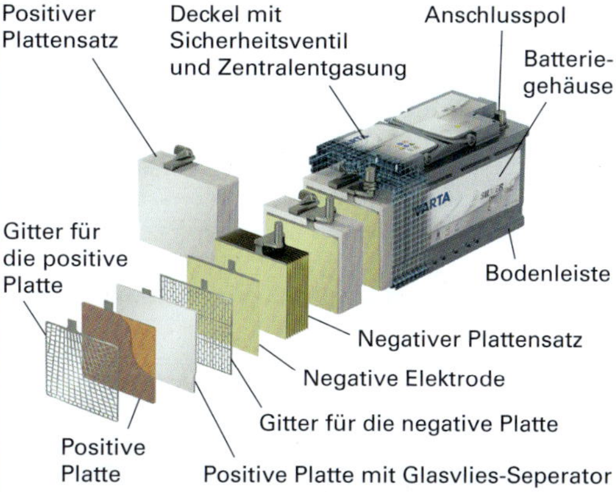

Bild 1: Aufbau eines Blei-Akkumulators

Tabelle 1: Elektrische Größen für Akkumulatoren

Ladung	Einspeisung elektrischer Energie in Akkus.
Bemessungskapazität K_N $K_N = I_E \cdot t_E$ $[K_N] = \text{Ah}$	Entnehmbare Elektrizitätsmenge eines Akkus. Entladedauer t_E und Entladestrom I_E sind für K_N festgelegt. Bsp: K_{20} = 44 Ah bedeutet, dass dem Akku 20 h lang eine Stromstärke von 2,2 A entnommen werden kann.
Ladeschlussspannung	Spannungswert bei dem der Ladevorgang zu beenden ist.
Entladeschlussspannung	Festgesetzte Spannung die beim Entladen nicht unterschritten werden darf.
Gasungsspannung	Ladespannung oberhalb der ein Akku, z.B. Bleiakku deutlich zu gasen beginnt.
Ladezyklen	Aufladung eines Akkus von 0% auf 100% seiner Kapazität. Ein Ladezyklus kann sich aus mehreren kleinen Teilaufladungen summieren.
Selbstentladung	Der Akku verliert ohne Anschluss an einen Verbraucher mit der Zeit einen Teil seiner gespeicherten Energie.

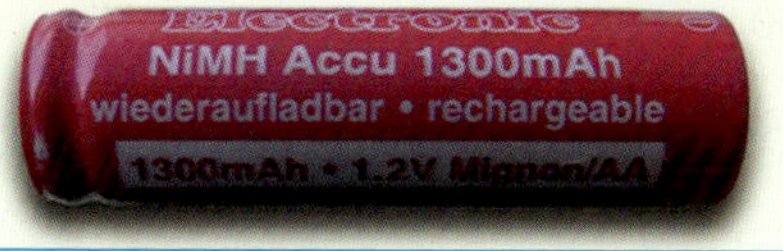

Bild 2: NiMH-Akkumulatoren

Ni-Cd-Akkumulatoren

NiCd-Zellen sind verboten. Ausgenommen sind NiCd-Akkus die für Not- und Alarmsysteme einschließlich Notbeleuchtung und medizinische Ausrüstung bestimmt sind. NiMH-Zellen sind spannungskompatibel zu Nickel-Cadmium-Zellen und können ausgetauscht werden.

[1] Akkumulator, von accumulare (lat.) = anhäufen
[2] **VRLA** von **V**alve **R**egulated **L**ead **A**cid (engl.) = Ventilregulierte Blei-Säure
[3] **AGM** von **A**bsorbent **G**lass **M**at (engl.) = Absorbierende Glasmatte

Lithium-Ionen-Akkumulatoren (Li-Ion-Akku) gibt es je nach eingesetztem Elektrodenmaterial in verschiedenen Bauarten **(Übersicht).** Der Elektrolyt kann flüssig oder fest sein. Lithium-Ionen-Akkus haben einen flüssigen Elektrolyten, bei Lithium-Polymer-Akkus ist er fest. Diese Akkus besitzen die höchste Energiedichte aller Akkumulatoren.

Meist wird ein Li-Ionen-Akku nicht als einzelne Zelle hergestellt, sondern als Akku-Pack **(Bild 1).**

Tabelle 1: Vor- und Nachteile von Li-Ionen-Akkus

Vorteile	Nachteile
• Geringes Gewicht. • große Gleichstromstärke, • hohe Energiedichte, • geringe Selbstentladung, • lange Lebensdauer.	• Empfindlich gegen Tiefentladung, Überladung und hohe (> 50 °C) und niedere (< –20 °C) Temperaturen. • Bei Bränden werden giftige Stoffe freigesetzt.

Anwendungsbereich. Lithium-Ionen-Akkus werden aufgrund ihrer hohen Energiedichte, hohen Leistungsfähigkeit und geringer **Selbstentladung (Tabelle 1 und 2)** für transportable Geräte, z.B. Handys, Digitalkameras, Notebooks, Powerbanks, Tablets, schnurlosen Elektrowerkzeugen und im Modellbau eingesetzt. Auch verwendet man sie als Energiespeicher z.B. für **Elektroautos (Seite 343), Hybridfahrzeuge** und in **Fotovoltaikanlagen.**

Der **Li-Ionen-Akku in Elektroautos** besteht aus vielen einzelnen Modulen die sich aus einzelnen Zellen zusammensetzen **(Bild 2).** Ein Batteriemanagementsystem (BMS) überwacht und reguliert Stromstärke, Spannung, Temperatur und Ladezustand. Die Akkus besitzen eine hohe Bemessungsspannung von ca. 400 V bis 800 V. Je nach Fahrzeugtyp beträgt das Gewicht eines Akkus zwischen 200 kg und 700 kg, die Lebensdauer zwischen 500 und 1000 Ladezyklen und die gespeicherte Energie 36 kWh bis 93 kWh. E-Autos haben Reichweiten von 100 km bis 600 km.

Die Reichweite ist abhängig vom Verbrauch je 100 km und der Bemessungskapazität des Akkus.

In **Fotovoltaikanlagen (Seite 282)** werden Li-Ionen-Akkus zur Speicherung der vom Fotovoltaikgenerator erzeugten elektrischen Energie verwendet. Sie kommen zum Einsatz in Inselanlagen oder vermehrt, durch die stetig sinkende Energievergütung, in netzbetriebenen Anlagen. Die Speicherkapazität im privaten Bereich ist zwischen 4 kWh und 16 kWh. Sie erreichen 500 bis 1000 Ladezyklen und etwa eine Lebensdauer von ca. 15 Jahren. Solarstromspeicher gibt es als Wechselstromspeicher (AC-Speicher) oder Gleichstromspeicher (DC-Speicher).

Übersicht: Bauarten von Lithium-Ionen-Akkumulatoren

- Lithium-Cobaltdioxid-Akkumulator
- Lithium-Mangan-Akkumulator
- Lithium-Nickel-Mangan-Cobalt-Akkumulator
- Lithium-Nickel-Cobalt-Aluminium-Akkumulator
- Lithium-Eisenphosphat-Akkumulator

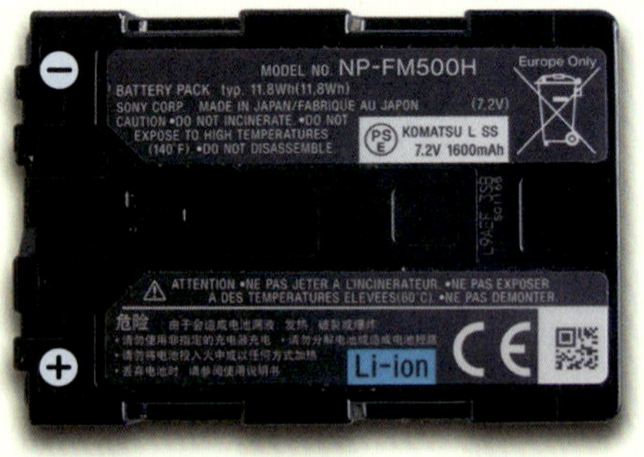

Bild 1: Li-Ionen-Akku-Pack

Tabelle 2: Akkumulatoren-Technische Daten einer Zelle

Akku	Bemessungsspannung	Energiedichte	Selbstentladung pro Jahr	Ladezyklen/ Lebensdauer
Blei	2 V	35 Wh/kg	4...6%	300...500 4...6 Jahre
NiMH	1,2 V	60...110 Wh/kg	10...15%	350...500 7...10 Jahre
Li-Ion	ca. 3,7 V	95...300 Wh/kg	4...5%	500...800 10...15 Jahre

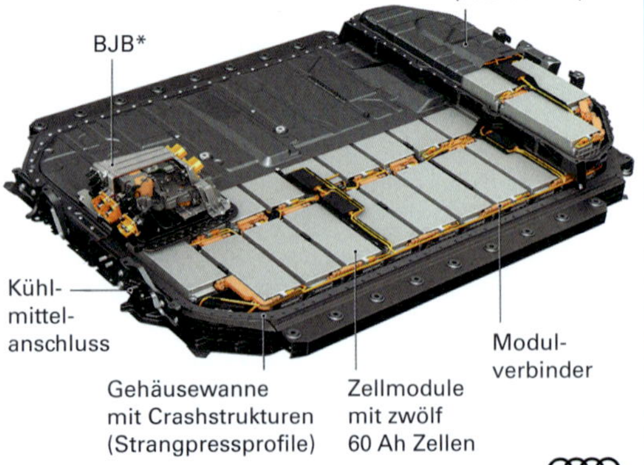

Bild 2: Li-Ionen-Akku eines E-Autos

3.5.5.2 Laden von Akkumulatoren

Damit beim Aufladen der Akkumulatoren die angegebene Kapazität und Lebensdauer erreicht wird, muss der Ladevorgang nach den Herstellerangaben erfolgen.

Moderne Ladegeräte sind mit einer elektronischen Ladetechnik ausgestattet und dem Akkumulatorentyp, z. B. Blei- oder Lithium-Ionen-Akku, angepasst.

Wird für den Akku ein nicht geeignetes Ladeverfahren benutzt, kann die Temperatur unzulässig hoch ansteigen, und starke Gasung, verstärkte Korrosion, Mangel- oder Überladung auftreten. Der Akku kann dadurch zerstört werden.

Das Laden von Akkumulatoren, z. B. Blei-Akku, kann nach genormten Ladekennlinien **(Bild 1)** erfolgen. Im ersten Abschnitt des Ladens wird mit konstantem Strom geladen. Die Spannung des Akkus steigt an. Wird die Gasungsspannung **(Tabelle 1, Seite 67)** des Blei-Akkumulator erreicht, wird automatisch auf konstante Spannung umgeschaltet. Der Ladestrom sinkt danach bis auf einen Wert, bei dem der Akkumulator ohne Schaden über mehrere Tage unter Ladung (Erhaltungsladung) bleiben kann.

Weitere Lademethoden sind das Delta-Peak- und CCS-Verfahren.

Mit der **Delta-Peak**[1]-Lademethode wird der Akkumulator nahezu auf seine volle Ladekapazität aufgeladen **(Bild 2)**. Beim Ladevorgang steigt die Ladespannung bis zum Erreichen des Maximums an. Im vollgeladenen Zustand bricht dann die Spannung kurz ein. Ein Delta-Peak-Ladegerät erkennt diesen Spannungseinbruch Δu, z. B. beim NiMH-Akku Δu = 15 bis 25 mV, und schaltet in diesem Moment den Ladevorgang ab. Dadurch wird der Akku vor Überladung und gleichzeitiger Temperaturüberhöhung geschützt.

CCS[2]-Ladegeräte mit mikroprozessorgesteuerten Ladetechniken **(Bild 3)** erkennen selbstständig den Akkutyp, z. B. NiMH- oder Li-Ion-Akku. Diese hochwertigen Geräte vergleichen den Verlauf von Ladestrom und -Spannung mit den abgespeicherten Ladekennlinien der entsprechenden Akkuzellen und passen den Ladevorgang immer an den Ladezustand des Akkus an. Dadurch wird der Akku immer vollständig aufgeladen, jedoch niemals überladen. Viele dieser Ladegeräte besitzen neben der reine Ladefunktion noch weitere Akkupflegeprogramme. Die Lebensdauer des Akkus wird durch CCS-Ladegeräte verlängert.

[1] Delta-Peak (engl.) = eine Differenz (Δgriech. Buchstabe) von einem Höchststand
[2] **CCS** von **C**omputerized **C**harging **S**ystem (engl.) = computergesteuerte Lademethode

Laderate C

Multipliziert man die Bemessungskapazität K_N mit der Laderate C, so erhält man den Wert des maximalen Ladestroms.

Beispiel: Li-Ionen-Akku, K_N = 3000 mAh, C = 0,2/h

Lösung: Ladestrom I_L = 3000 mAh · 0,2/h = 0,6 A.

Der maximale Ladestrom beträgt 0,6 A = 600 mA.

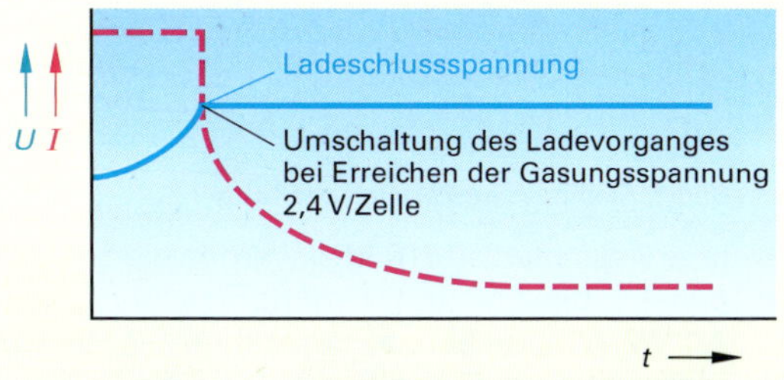

Bild 1: Ladekennlinien für einen Blei-Akkumulator (Beispiel)

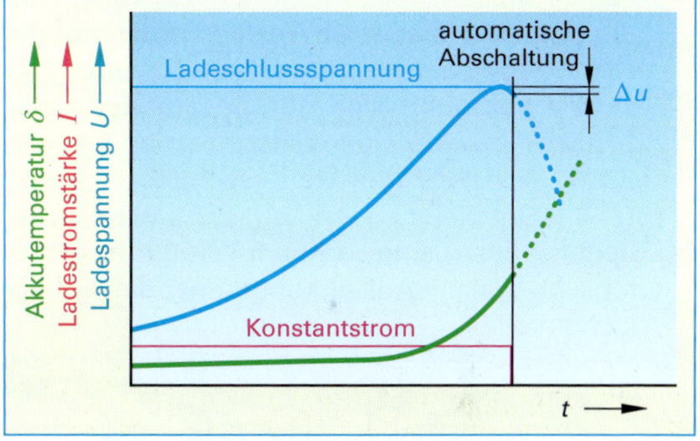

Bild 2: Ladung einer NiMH-Akku-Zelle mit der Delta-Peak-Lademethode

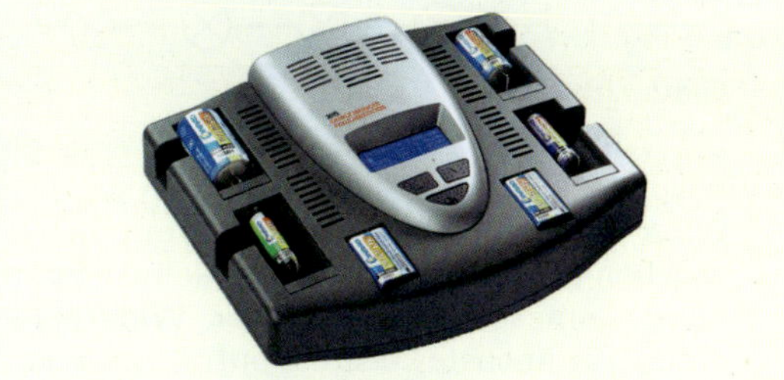

Bild 3: CCS-Ladegerät (Beispiel)

Umgang mit Akkumulatoren

Nicht kurzschließen, da der hohe Strom den Akku schädigen kann oder auch Brände verursacht werden.

Nicht zerlegen, da der Elektrolyt Verätzungen verursachen kann.

Nicht ins Feuer werfen, da der Akku explodieren kann.

Kühl lagern, da höhere Temperatur die Selbstentladung fördert. Lagerung möglichst in einem Temperaturbereich von 10° ... 25 °C.

Wiederholen – Anwenden – Vertiefen*: Grundschaltungen

1. In der Reihenschaltung **Bild 1a** und in der Parallelschaltung **Bild 1b** betragen die Widerstände $R_1 = 1\ \text{k}\Omega$ und $R_2 = 2{,}2\ \text{k}\Omega$. **a)** An welchem Widerstand wird in **Bild 1a** die größere Spannung gemessen? **b)** Durch welchen Widerstand fließt in **Bild 1b** der größere Strom?

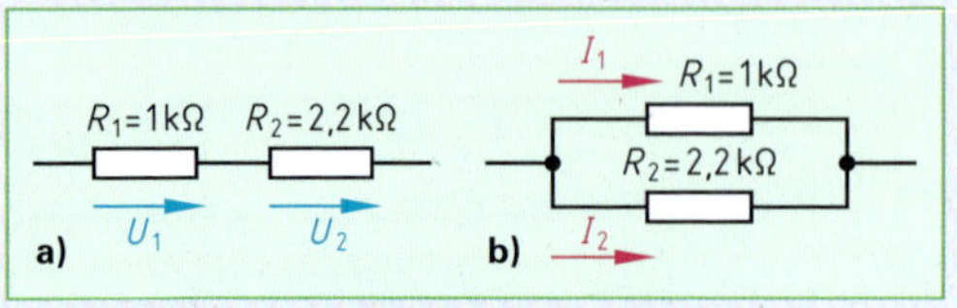

Bild 1: Reihen- und Parallelschaltung

2. In einer Lichterkette **(Bild 2)** werden die 10 Lampen E1 bis E10 mit den Bemessungsdaten 2,4 V/2 W betrieben. **a)** Berechnen Sie die Gesamtspannung U, den Strom I und die Gesamtleistung P. **b)** Welche Aussage ist über den Einschaltstrom zu treffen? **c)** Wie wirkt sich ein Leiterschluss in der Lampenfassung von E1 auf die Lichterkette aus? **d)** Welche Folgen auf die Lichterkette hat eine Unterbrechung durch E4? **e)** Wie verändert sich der Gesamtstrom der Schaltung, wenn eine weitere Lampe E11 mit 2,4 V/2 W in den Stromkreis geschaltet wird und U konstant bleibt? **f)** Die Lampe E4 wird versehentlich durch eine Lampe 6 V/100 mA ausgetauscht. Welche Auswirkungen hat das auf die Lichterkette?

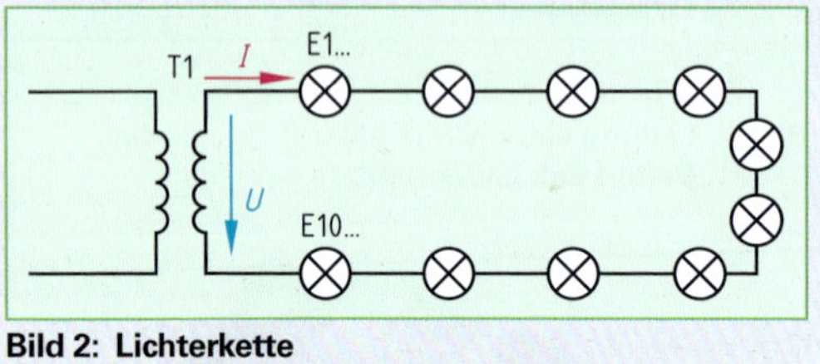

Bild 2: Lichterkette

3. Die Widerstände R_1 bis R_4 bilden eine gemischte Schaltung **(Bild 3)**. **a)** Durch welchen Widerstand fließt der größte Strom? **b)** An welchen Widerständen wird die kleinste Spannung gemessen? **c)** Welcher Widerstand nimmt die höchste Leistung auf?

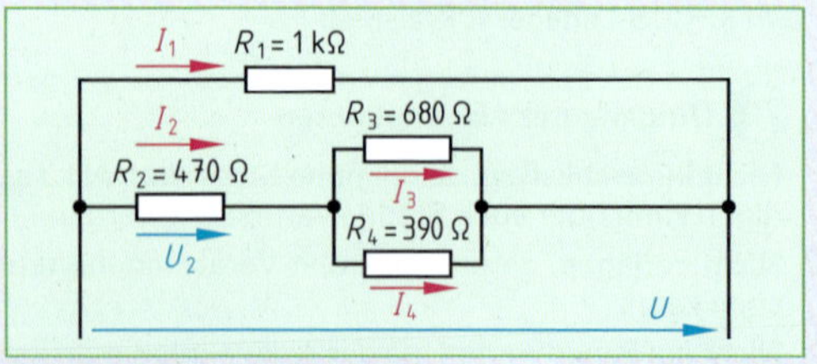

Bild 3: Gemischte Schaltung

4. Der Innenwiderstand einer Spannungsquelle ist messtechnisch zu ermitteln. **a)** Zeichnen Sie eine mögliche Messschaltung. **b)** Beschreiben Sie das Messverfahren.

5. Eine superhelle weiße Leuchtdiode mit den Kenndaten $I_F = 0{,}25$ A und $U_F = 3{,}25$ V soll über einen Vorwiderstand an einer 12-V-Batterie betrieben werden. **a)** Skizzieren Sie die Schaltung. **b)** Berechnen Sie den erforderlichen Vorwiderstand. **c)** Für welche Verlustleistung muss der Vorwiderstand ausgelegt sein? **d)** Der Vorwiderstand soll nur aus 10-Ω-Widerständen zusammengesetzt werden. Skizzieren Sie einen Schaltungsvorschlag.

6. Die beiden Meldeleuchten P1 und P2 **(Bild 4)** sollen durch die richtige Auswahl von R_1 und R_2 mit ihren Bemessungsdaten betrieben werden. Berechnen Sie die Werte der Widerstände R_1 und R_2.

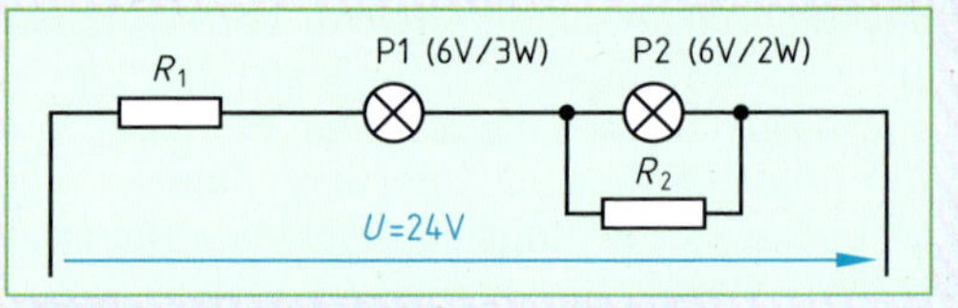

Bild 4: Lampenschaltung

7. In welchem Bereich ist die Spannung U_{AB} der Brückenschaltung **(Bild 5)** einstellbar?

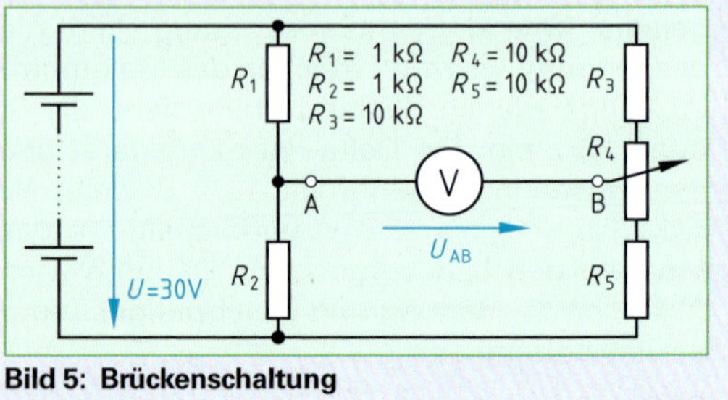

Bild 5: Brückenschaltung

8. Die Brückenschaltung **(Bild 6)** ist bei einer Umgebungstemperatur von 25 °C abgeglichen. Wie verändern sich die Ströme I, I_2 und die Spannung U_{AB}, wenn die Umgebungstemperatur ansteigt?

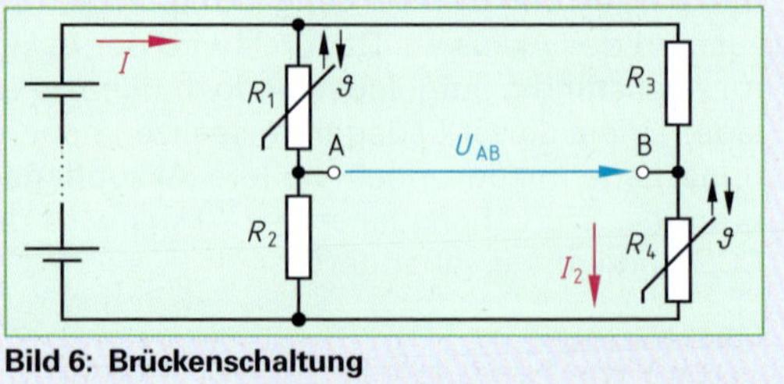

Bild 6: Brückenschaltung

* Ergebnisse der Rechenaufgaben Seite 660

4 Elektrisches Feld

4.1 Eigenschaften des elektrischen Feldes

Versuch 1: Verbinden Sie eine Metallkugel mit dem Band eines Bandgenerators **(Bild 1)**. Treiben Sie nun den Bandgenerator an und lassen Sie auf den geladenen Schirm einen kleinen Wattebausch fallen.

Der Wattebausch springt auf gebogenen Bahnen zwischen dem Schirm und der Kugel hin und her **(Bild 1)**.

Fällt Watte auf die negativ geladene Elektrode, so wird sie dort mit Elektronen beladen und nimmt die gleiche Ladung wie die Elektrode an. Dadurch wird sie abgestoßen. Die Watte fliegt zur positiv geladenen Elektrode und transportiert hierbei Elektronen. Beim Berühren der positiven Elektrode werden Elektronen abgesaugt. Die Watte wird umgeladen und erneut abgestoßen. Sie fliegt zwischen Schirm und Kugel hin und her. Auf die Watte wirken in einem elektrischen Feld Anziehungs- und Abstoßungskräfte. Ein elektrisches Feld ist ein Raum, in dem auf geladene Körper Kräfte ausgeübt werden.

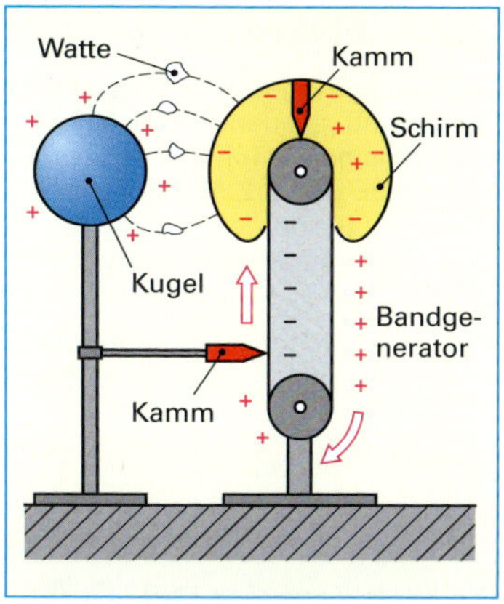

Bild 1: Versuch zum Feldlinienmodell

Im Raum zwischen positiv und negativ geladenen Elektroden herrscht ein elektrisches Feld, das Kräfte auf elektrische Ladungen ausübt.

homogen: gleichmäßig

inhomogen: ungleichmäßig

Ein geladenes Teilchen bewegt sich im elektrischen Feld entlang einer gedachten Linie. Solche Linien in Richtung der auftretenden Kräfte nennt man **elektrische Feldlinien.** Ein elektrisches Feld lässt sich durch Feldlinien darstellen. Für elektrische Feldlinien ist festgelegt:

- Die elektrischen Feldlinien gehen von positiven Ladungen aus und enden an negativen Ladungen.
- Elektrische Feldlinien beginnen und enden an der Oberfläche elektrisch geladener Körper.
- Elektrische Feldlinien stehen immer senkrecht zur Oberfläche elektrisch geladener Körper.
- Die Feldlinien schneiden sich nicht.
- Je dichter die Feldlinien, desto stärker ist die Kraftwirkung.

Elektrische Feldlinien können sichtbar gemacht werden. Dazu wird z.B. Kunststoffstaub zwischen geladene Elektroden gestreut. Häufig werden Feldlinien auch mithilfe von Grieß in Rizinusöl sichtbar gemacht.

Versuch 2: Machen Sie ein elektrisches Feld sichtbar, indem Sie z.B. in eine Glasschale mit Rizinusöl Grießkörner geben. Tauchen Sie zwei Elektroden ein und verbinden Sie diese mit den Polen eines Bandgenerators. Wiederholen Sie den Versuch mit anders geformten Elektroden.

Die Grießkörner ordnen sich unter dem Einfluss des elektrischen Feldes entsprechend dem Feldlinienverlauf. Sie zeigen ein Schnittbild durch das räumliche Feld ***(Bild 2)****.*

Elektrische Felder zwischen unterschiedlich geformten Elektroden haben verschiedene Feldlinienverläufe. Ein elektrisches Feld wird als **homogen** bezeichnet, wenn die Feldlinien parallel und in gleicher Richtung verlaufen sowie gleichen Abstand zueinander haben **(Bild 2a)**. Ein homogenes elektrisches Feld ist z.B. zwischen den parallelen Platten eines Kondensators vorhanden, wenn der Plattenabstand klein ist.

In vielen elektrischen Feldern verlaufen die Feldlinien nicht parallel und der Abstand zwischen den Feldlinien ist unterschiedlich **(Bild 2b)**. Dieses elektrische Feld wird **inhomogen** (ungleichmäßig) genannt. In der Nähe der runden Elektrode **(Bild 2b)** sind die Feldlinien dichter als an der plattenförmigen Elektrode.

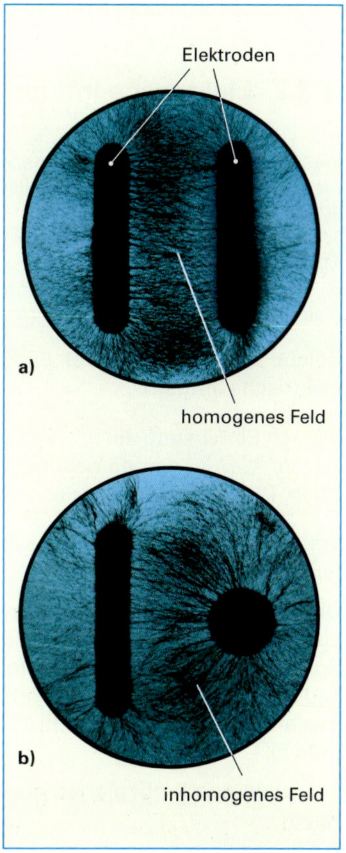

Bild 2: Arten von Feldlinienbildern

SimElektro Grundstufe 1.1
Grundstufe S9

4.2 Grundbegriffe

4.2.1 Elektrische Feldstärke

Versuch 1: Bringen Sie eine an einem Seidenfaden aufgehängte und geladene kleine Styroporkugel oder eine geladene kleine Aluminiumkugel zwischen zwei Kondensatorplatten eines Experimentierkondensators **(Bild 1).** Schließen Sie den Versuchskondensator an eine einstellbare Hochspannungsquelle von einigen Kilovolt an. Verändern Sie die Spannung.

Die Kugel wird umso mehr abgelenkt, je größer die angelegte elektrische Spannung ist **(Bild 1).**

> Die elektrische Feldstärke *E* bewirkt eine Kraft auf eine Ladung im elektrischen Feld.

Die Kraft *F* auf eine Ladung *Q* im elektrischen Feld wächst proportional zur Größe der Ladung *Q*. Der Quotient *F/Q* ist somit konstant.

Ein elektrisches Feld entsteht zwischen entgegengesetzt geladenen Körpern. Zwischen diesen besteht auch eine Spannung. Für das homogene Feld, z.B. im Plattenkondensator, stimmt der Quotient *F/Q* mit dem Quotienten *U/l* überein und wird als elektrische Feldstärke *E* bezeichnet.

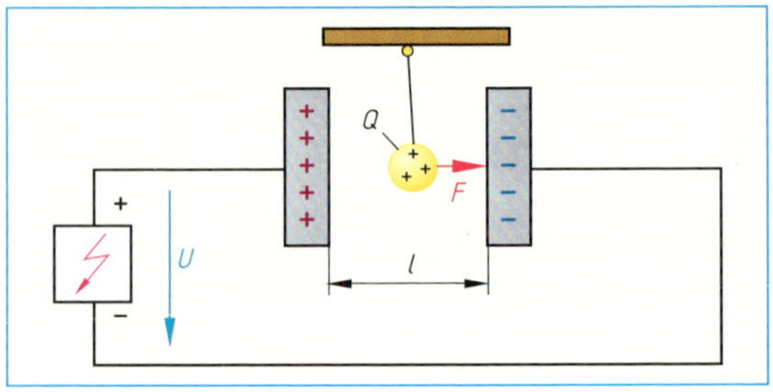

Bild 1: Kraftwirkung im elektrischen Feld

Elektrische Feldstärke

$$E = \frac{F}{Q} \qquad [E] = \frac{N}{C} = \frac{N}{As}$$

$$E = \frac{U}{l} \qquad [E] = \frac{V}{m}$$

E Elektrische Feldstärke
Q Elektrische Ladung
l Plattenabstand
F Kraft
U Spannung

Beispiel:

Bei einem Kondensator mit einem Plattenabstand von $l = 0{,}2$ mm darf die Feldstärke $E = 1{,}5$ kV/mm betragen. An welche maximale Gleichspannung darf der Kondensator angeschlossen werden?

Lösung:

$U = E \cdot l = 1{,}5\ \text{kV/mm} \cdot 0{,}2\ \text{mm} = 0{,}3\ \text{kV} = \mathbf{300\ V}$

In der Praxis ist die elektrische Durchschlagfestigkeit E_D **(Seite 615)** bei Isolierstoffen von Bedeutung.

4.2.2 Elektrische Influenz und Polarisation

Versuch 2: Bringen Sie zwei dünne, metallische und elektrisch neutrale Probeplatten an Isoliergriffen zwischen die größeren Platten eines geladenen Experimentierkondensators **(Bild 2).**

Mit einem Ladungsmesser, z.B. einem Elektroskop, wird gemessen, dass die linke und die rechte Probeplatte gleich große, aber entgegengesetzte Ladungen haben.

Solche Beeinflussung der Ladungen nennt man elektrische **Influenz**[1].

> Durch Einwirkung eines elektrischen Feldes auf einen Körper werden Ladungen darin verschoben. Diesen Vorgang nennt man Influenz.

Influenzerscheinungen gibt es bei Leiterwerkstoffen und bei Isolierstoffen.

Die Probeplatten werden unter dem Einfluss des elektrischen Feldes gepolt **(Bild 3).** Berühren die Probeplatten einander im Feld, so wandern die Ladungen **(Bild 4).** Nach Trennung der beiden Probeplatten im Feld bleiben ihre Ladungen erhalten **(Bild 5).**

Zwischen den Probeplatten entsteht ein feldfreier Raum.

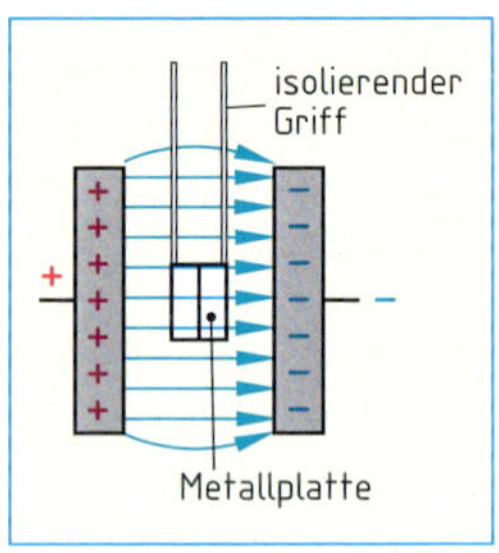

Bild 2: Metallplatten im elektrischen Feld

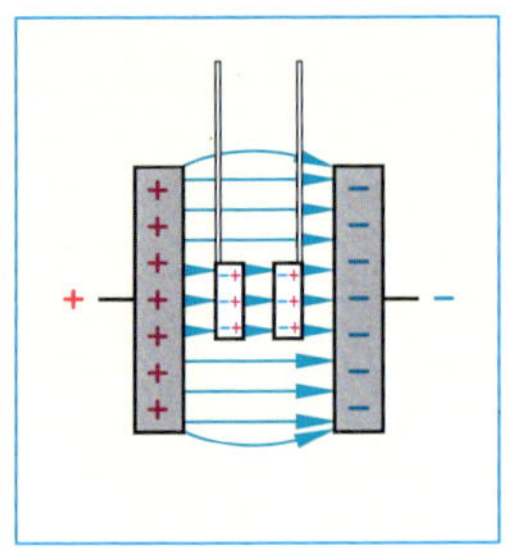

Bild 3: Influenz

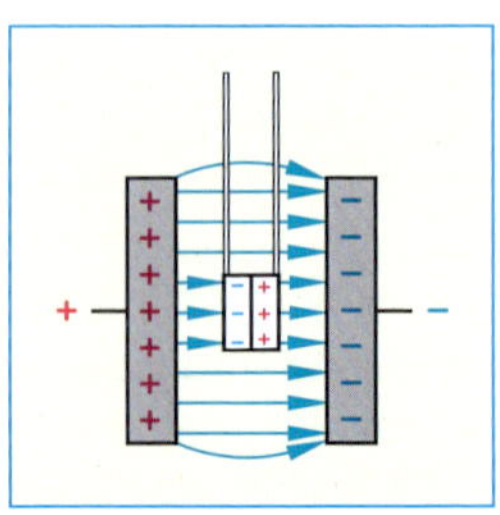

Bild 4: Ladungstrennung

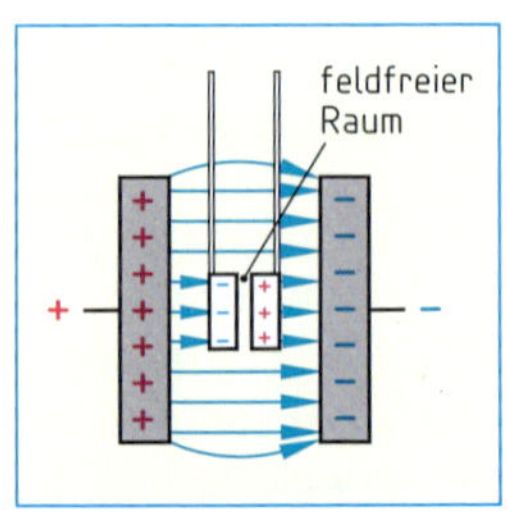

Bild 5: Felder heben sich auf

[1] von influere (lat) = hineinströmen, hineinfließen

Bei Metallen wird die Influenz genutzt, um eine Abschirmung elektrischer Felder zu erreichen **(Bild 1)**. Zur Abschirmung wird z. B. Kupfer in Form von Blechen, Folien, Gittern oder Geflechten verwendet.

Ein faradayscher Käfig[1] **(Bild 3)** ist ein Raum, der durch eine meist geerdete Umhüllung aus Metall im Inneren frei von elektrischen Feldern ist.

Beispiele für Abschirmungen

- Das Innere eines Autos aus Stahlblech ist feldfrei.
- Abgeschirmte Koaxialkabel erhalten ein Metallgeflecht zwischen Aderisolation und Leitungsmantel.
- Erdkabel können eine metallene Umhüllung haben.

Isolierstoffe haben fast keine freien Elektronen. In Isolierstoffen werden deshalb die Ladungen durch ein elektrisches Feld nicht getrennt wie bei metallischen Teilen, sondern nur geringfügig verschoben **(Bild 2)** und ausgerichtet. Diesen Vorgang nennt man **Polarisation.**

4.2.3 Elektrische Felder in der Praxis

Beispiele für die technische Anwendung elektrische Felder in der Praxis:

- Oszilloskop,
- Feldeffekttransistor,
- Elektrofilter und
- Farbspritzanlagen.

Im **Oszilloskop (Seite 182)** lenkt ein elektrisches Feld den Elektronenstrahl ab. Bei **Feldeffekttransistoren (Seite 217)** wird der Laststrom durch ein elektrisches Feld gesteuert. **Elektrofilter (Seite 48)** scheiden Staub aus Gasen ab. Die Staubteile werden negativ aufgeladen und dann von einer positiv geladenen Elektrode angezogen. Bei elektrostatischen **Farbspritzanlagen** werden Farb- oder Lacktröpfchen elektrisch aufgeladen und dann durch elektrische Feldkräfte auf Werkstücke aufgetragen.

Elektrische Felder können unterschiedliche Feldstärken haben **(Tabelle)**. Nach einer Aufladung, z. B. Gehen über einen Teppichboden **(Seite 385)**, kann es bei Berührungen mit einem Metallgegenstand zu Elektrisierungen kommen.

Der Grenzwert elektrischer Feldstärken sind in der Bundes-Immissions-Schutzverordnung (BImSchV) festgelegt. Diese sind frequenzabhängig und und betragen z. B. bei 50 Hz 5000 V/m.

Zwischen den parallelen Leitern in Leitungen und Kabeln treten elektrische Felder und somit unerwünschte Kapazitäten auf **(Übersicht)**. Dadurch entstehen Leitungskapazitäten. Werden Messungen in Hochspannungsanlagen durchgeführt, so kann durch diese Leitungskapazitäten eine fehlerhafte Anzeige erfolgen.

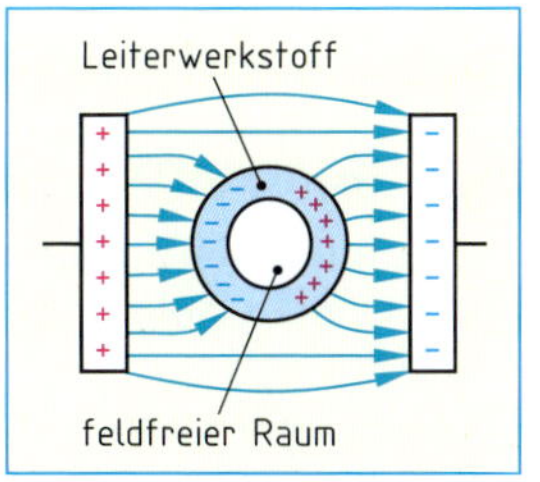

Bild 1: Abschirmung eines elektrischen Feldes

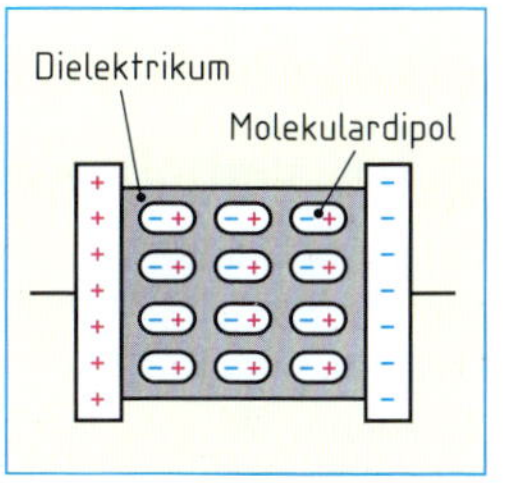

Bild 2: Polarisation im Isolierstoff

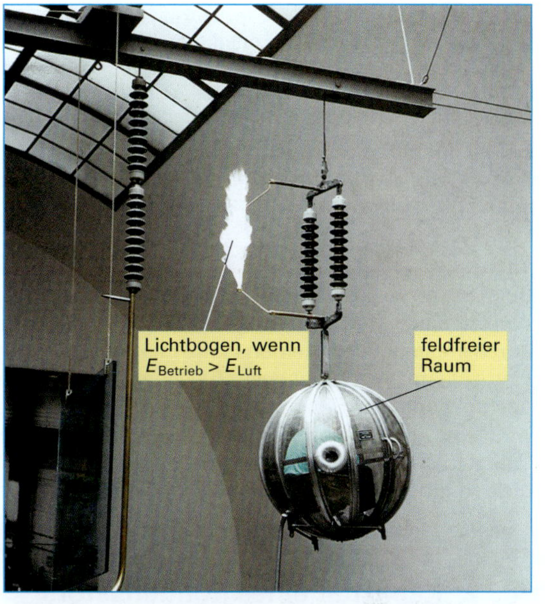

Bild 3: Faradayscher Käfig im Hochspannungsfeld

Tabelle: Beispiele elektrischer Feldstärken

Gerät bzw. Vorgang	E in V/m
Warmwasserspeicher*	260
Bügeleisen*	120
Farbfernseher*	60
230-V-Glühlampe*	5
Gewitter	3000 ... 20 000

* gemessen im Abstand von 30 cm

Übersicht:
Erwünschte und unerwünschte elektrische Felder bzw. Kapazitäten (Beispiele)

- **Erwünschte elektrische Felder:**
  - Kondensator
  - elektrostatische Filter zur Luftreinigung
- **Unerwünschte elektrische Felder:**
  - zwischen parallel verlaufenden Leitungen
  - zwischen Leitungen und benachbarten Metallteilen
  - in Transistoren und Dioden
  - zwischen Drahtwindungen einer Spule
  - in Drahtwiderständen

[1] Michael Faraday, engl. Physiker, 1791 bis 1867

SimElektro Grundstufe 1.1
Grundstufe S9

4.3 Kondensator im Gleichstromkreis

4.3.1 Verhalten eines Kondensators

Ein Kondensator[1] besteht im Grundaufbau aus zwei elektrisch leitenden Platten, z. B. Metallfolien, mit einem Isolierstoff dazwischen, dem Dielektrikum **(Bild 1)**.

Versuch 1: Schließen Sie einen Kondensator mit 10 µF über einen Strommesser mit Nullpunkt in Skalenmitte an einen Umschalter **(Bild 2)**. Legen Sie die Reihenschaltung von Kondensator und Strommesser mit dem Umschalter zuerst an eine Gleichspannung von etwa 10 V (Laden). Schließen Sie dann den Kondensator und das Messinstrument durch Umlegen des Umschalters kurz (Entladen). Beobachten Sie den Zeigerausschlag des Messinstrumentes bei der Ladung und bei der Entladung.

Beim Laden schlägt der Zeiger des Strommessers kurzzeitig aus und geht dann in die Nullstellung zurück. Beim Entladen schlägt der Zeiger in entgegengesetzter Richtung kurzzeitig aus und geht dann wieder auf null zurück.

Beim Laden fließt zu Beginn ein hoher Ladestrom. Während des Aufladens wird der Ladestrom immer kleiner, bis er zu null wird. Dann sperrt der Kondensator den Gleichstrom.

Der Kondensator sperrt nach dem Aufladen den Gleichstrom.

Beim Laden werden vom Pluspol des Spannungserzeugers Elektronen von der einen Platte abgezogen und der anderen Platte zugeführt. Dadurch entsteht auf der einen Platte Elektronenmangel, auf der anderen Platte Elektronenüberschuss. Zwischen den Platten des Kondensators besteht dann eine Spannung, die der angelegten Spannung entgegenwirkt und gleich groß ist. Dann ist der Ladevorgang beendet. Beim Entladen des Kondensators fließt ein Entladestrom so lange, bis sich die Ladungen auf den Kondensatorplatten ausgeglichen haben.

Der Kondensator kann elektrische Ladungen speichern.

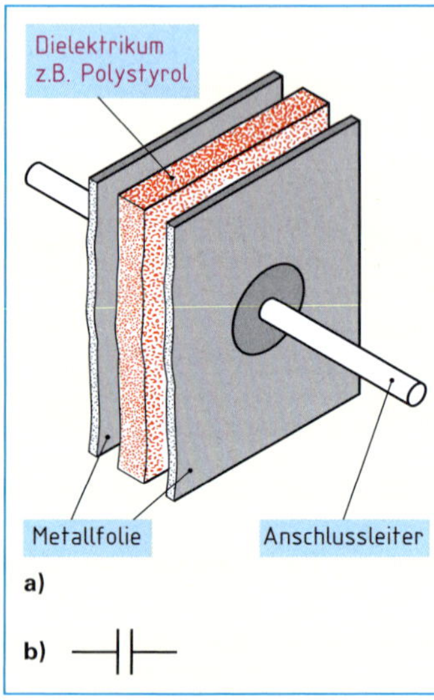

Bild 1: a) Grundaufbau und b) Schaltzeichen eines Kondensators

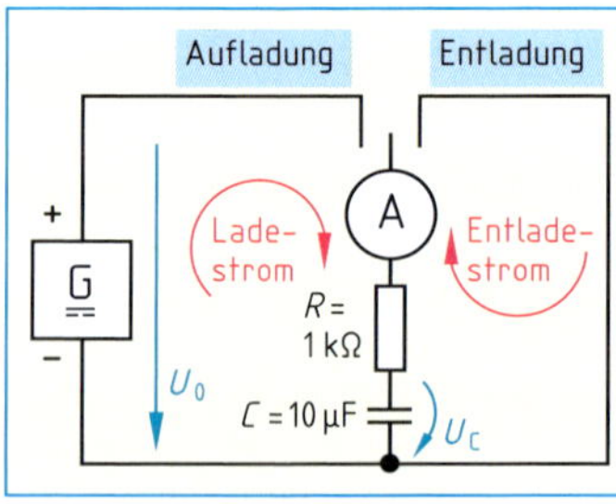

Bild 2: Laden und Entladen eines Kondensators

4.3.2 Kapazität eines Kondensators

Versuch 2: Wiederholen Sie Versuch 1, legen Sie jedoch beim Laden die doppelte Spannung an den Kondensator. Achten Sie darauf, dass der Kondensator vor dem Versuch entladen ist. Beobachten Sie die Zeigerausschläge des Strommessers.

Die Zeigerausschläge bei Ladung und Entladung verdoppeln sich. (Hinweis: Kondensatoren sind nach Versuchen immer über Widerstände zu entladen, damit keine Restladung zurückbleibt.)

Erhöht man die Spannung an einem Kondensator auf den doppelten Wert, so fließt auch die doppelte Ladung auf die Kondensatorplatten. Das Verhältnis Q/U ist konstant. Es wird **Kapazität**[2] C genannt.

Ein Kondensator hat die Kapazität 1 Farad (1 F), wenn er von der Ladung 1 As um 1 V aufgeladen wird (1 F = 1 As/V).

Die Einheit Farad ist für die Praxis zu groß. Man verwendet deshalb kleinere Kapazitätseinheiten **(Übersicht)**.

Kondensatorkapazität

$$C = \frac{Q}{U} \qquad [C] = \frac{\text{As}}{\text{V}} = \text{F}$$

C	Kapazität
Q	Ladung
U	Spannung

Übersicht: Einheitenvorsätze der Kapazität

1 Millifarad = 1 mF = 10^{-3} F
1 Mikrofarad = 1 µF = 10^{-6} F
1 Nanofarad = 1 nF = 10^{-9} F
1 Pikofarad = 1 pF = 10^{-12} F

Beispiel 1:

a) Geben Sie die Kapazität des Kondensators **(Bild 3)** in nF und pF an. **b)** Wie groß ist die Ladung des Kondensators an einer Gleichspannung von 100 V?

Lösung:

a) C **= 0,68 µF = 680 nF = 680 000 pF**

b) $Q = C \cdot U = 0{,}68\ \mu\text{F} \cdot 100\ \text{V}$

$= 0{,}68 \cdot 10^{-6} \frac{\text{As}}{\text{V}} \cdot 100\ \text{V} = 6{,}8 \cdot 10^{-5}\ \text{As} = \mathbf{68\ \mu As}$

Bild 3: Folienkondensator

[1] Kondensator = Verdichter, von condensare (lat.) = verdichten, zusammenpressen
[2] Kapazität = Fassungsvermögen, von capacitas (lat.) = Fassungsvermögen

Berechnung der Kapazität von Kondensatoren

Die Kapazität eines Kondensators ist durch seinen Aufbau festgelegt.

Versuch 3: Bestimmen Sie mit einer LCR-Messbrücke oder einem geeigneten digitalen Multimeter die Kapazität z.B. eines Demonstrations-Plattenkondensators **(Bild)** mit unterschiedlichen Plattenflächen. Achten Sie dabei auf möglichst kurze Anschlussleitungen zur Messeinrichtung. Wiederholen Sie die Messung mit größeren Platten.

Die Vergrößerung der Plattenoberfläche bewirkt eine Vergrößerung der Kapazität.

Bei Vergrößerung der Plattenoberfläche steht den Ladungen eine größere Fläche zur Verfügung.

Versuch 4: Wiederholen Sie Versuch 3 und verkleinern Sie den Plattenabstand auf die Hälfte.

Bei Halbierung des Plattenabstandes zeigt das gewählte Messgerät von Versuch 3 eine Verdoppelung der Kapazität an.

Bei kleinerem Plattenabstand erhöht sich die Feldstärke E im Kondensator. Dadurch verdichten sich die Ladungsträger auf der Plattenoberfläche und es fließen mehr Ladungsträger auf die Platten.

Versuch 5: Wiederholen Sie Versuch 4. Bringen Sie in den Luftraum zwischen den Platten Isolierstoffe wie Hartpapier oder Kunststoff, z.B. Polystyrol. Bestimmen Sie die Kapazität.

Die Kapazität verändert sich je nach der Art des Isolierstoffes zwischen den Platten.

Unter dem Einfluss des elektrischen Feldes richten sich die Moleküldipole im Dielektrikum aus. Diesen Vorgang nennt man dielektrische **Polarisation (Seite 72).** Dadurch wird je nach Isolierstoff eine bestimmte Menge der ursprünglich vorhandenen Kondensatorladung ausgeglichen. Die Kondensatoren nehmen deshalb eine erhöhte Ladung auf, bis wieder derselbe Spannungszustand zwischen den Platten erreicht ist wie ohne Verwendung des eingeschobenen Dielektrikums. Die Aufnahme einer größeren Ladung bedeutet eine Vergrößerung der Kapazität. Das Dielektrikum beeinflusst also die Kapazität des Kondensators.

Die Zahl, die angibt, wie viel mal größer die Kapazität eines Kondensators wird, wenn statt Luft ein anderer Isolierstoff verwendet wird, heißt **Permittivitätszahl**[1] ε_r des betreffenden Isolierstoffes **(Tabelle).**

Die Kapazität eines Kondensators wird umso größer, je größer die Permittivitätszahl des Dielektrikums, je größer die Plattenfläche und je kleiner der Plattenabstand ist.

Beispiel 2:

Ein Plattenkondensator mit dem Plattenabstand 0,5 mm hat eine gesamte Plattenfläche von 30 cm². Welche Kapazität hat der Kondensator, wenn als Dielektrikum **a)** Luft und **b)** Hartpapier ($\varepsilon_r = 4$, dick 0,5 mm) verwendet wird?

Lösung:

a) Für Luft: $\boldsymbol{C} = \varepsilon_0 \cdot \varepsilon_r \cdot \frac{A}{l} = 8{,}85\,\frac{\text{pF}}{\text{m}} \cdot 1 \cdot \frac{30 \cdot 10^{-4}\,\text{m}^2}{0{,}5 \cdot 10^{-3}\,\text{m}} = \mathbf{53{,}1\,pF}$

b) Für Hartpapier: $\boldsymbol{C} = \varepsilon_0 \cdot \varepsilon_r \cdot \frac{A}{l} = 8{,}85\,\frac{\text{pF}}{\text{m}} \cdot 4 \cdot \frac{30 \cdot 10^{-4}\,\text{m}^2}{0{,}5 \cdot 10^{-3}\,\text{m}} = \mathbf{212{,}4\,pF}$

[1] von permittere (lat.) = erlauben, zulassen; früher: Dielektrizitätszahl

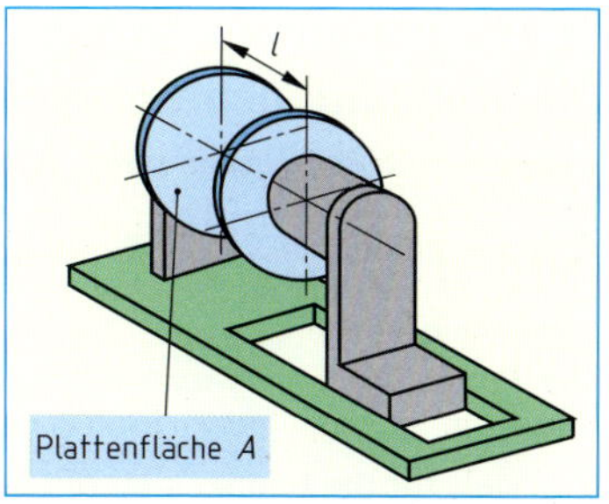

Bild: Demonstrationskondensator

Die Kapazität C eines Plattenkondensators ist abhängig von:

- Plattenfläche A
- Plattenabstand l
- Permittivitätszahl ε_r

Kapazität von Plattenkondensatoren

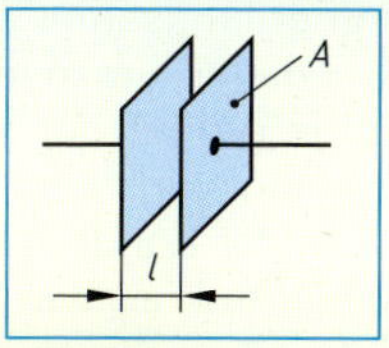

$$C = \varepsilon_0 \cdot \varepsilon_r \cdot \frac{A}{l} \qquad \varepsilon = \varepsilon_0 \cdot \varepsilon_r$$

$$[C] = \frac{\text{As}}{\text{V}} = \text{F}$$

C Kapazität
ε_0 Elektrische Feldkonstante
$\varepsilon_0 = 8{,}85 \cdot 10^{-12}\,\frac{\text{As}}{\text{Vm}} = 8{,}85\,\frac{\text{pF}}{\text{m}}$
ε_r Permittivitätszahl
ε Permittivität
A Plattenfläche
l Plattenabstand (Isolierstoffdicke)

Tabelle: Permittivitätszahlen von Isolierstoffen

Isolierstoff	ε_r
Luft	1
Isolieröl	2 ... 2,4
Silikonöl	2,8
Hartpapier	4 ... 8
Porzellan	5 ... 6
Glas	4 ... 8
Glimmer	6 ... 8
Polystyrol	2,5
Keramik	10 ... 10000
Polyester	3,3
Polycarbonat	2,8

Grundstufe S10

4.3.3 Laden und Entladen von Kondensatoren

Versuch 1: Schließen Sie einen Kondensator von 10 µF über einen Widerstand von 1 MΩ an eine Gleichspannung von 30 V an **(Bild 1)**. Lesen Sie nach 10 s, 20 s, 30 s, 40 s, 50 s an einem sehr hochohmigen Spannungsmesser die Kondensatorspannung ab.

*Die Spannung am Kondensator nimmt zuerst schnell, dann immer langsamer zu **(Bild 2)**.*

Ein Maß für die Ladezeit ist die **Zeitkonstante** τ[1].

> Das Produkt aus Widerstand R und Kapazität C ist die Zeitkonstante τ.

Beim Laden gilt:

Nach der Zeit $t = \tau$ ist der Kondensator auf etwa 63 % der angelegten Spannung U_0 aufgeladen. Jeweils nach $t = 1\ \tau$ erhöht sich die Spannung um 63% des vorherigen Wertes.

Der Kondensator ist praktisch nach der Zeitdauer $t_c \approx 5 \cdot \tau = 5 \cdot R \cdot C$ auf die Ladespannung U_0 aufgeladen. Dann fließt fast kein Strom mehr.

Die Stromstärke nimmt beim Laden zunächst rasch, dann immer langsamer ab. Das Laden eines Kondensators dauert umso länger, je größer die Kapazität und je größer der Widerstand sind. Im Einschaltmoment wirkt der Kondensator wie ein Kurzschluss. Ist der Kondensator aufgeladen, sperrt er im Gleichstromkreis den Strom.

Beispiel 1:

Wie lange dauert es, bis der im Versuch 1 verwendete Kondensator von 10 µF, der über 1 MΩ an DC 30 V angeschlossen wird, nahezu vollständig geladen ist?

Lösung:

$t_c \approx 5 \cdot \tau = 5 \cdot R \cdot C = 5 \cdot 1\ \text{M}\Omega \cdot 10\ \mu\text{F}$

$= 5 \cdot 10^6\ \Omega \cdot 10 \cdot 10^{-6}\ \text{F} = \mathbf{50\ s}$

Versuch 2: Entladen Sie den nach Versuch 1 geladenen Kondensator von 10 µF über einen Widerstand von 1 MΩ. Schalten Sie in den Stromkreis z.B. einen Digital-Strommesser. Lesen Sie nach 10 s, 20 s, 40 s, 50 s die Stromstärke am Messinstrument ab.

*Der Kondensator entlädt sich anfangs rasch, später langsamer **(Bild 3)**. Die Stromrichtung ist nun entgegengesetzt zur Stromrichtung beim Laden.*

Die Anfangsstromstärke I_0 wird beim Laden und Entladen vom Widerstand R im Stromkreis begrenzt.

Beim Entladen gilt:

Beim Entladen eines Kondensators ist nach der Zeit τ noch ein Strom von etwa 37 % des ursprünglichen Stromwertes vorhanden. Jeweils nach der Zeitkonstanten τ verringert sich der Strom auf 37 % des vorherigen Wertes. Nach etwa $5 \cdot \tau$ fließt fast kein Strom mehr. Der Kondensator ist dann nahezu vollständig entladen.

> Beim Laden und Entladen eines Kondensators fließt nach $t_c \approx 5 \cdot \tau$ fast kein Strom mehr.

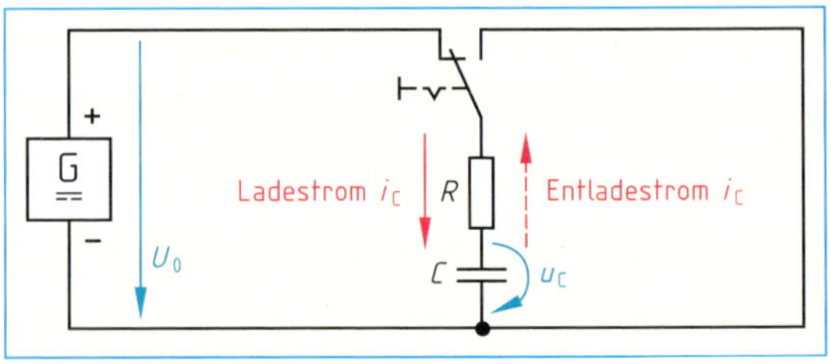

Bild 1: Schaltung zum Laden und Entladen eines Kondensators

Zeitkonstante

$\tau = R \cdot C$ $t_c \approx 5 \cdot \tau$ $[\tau] = \Omega \cdot \text{F} = \frac{\text{V}}{\text{A}} \cdot \frac{\text{As}}{\text{V}} = \text{s}$

τ	Zeitkonstante	C	Kapazität
t_c	Lade- bzw. Entladezeit	R	Widerstand

- Kondensatoren sind Energiespeicher und können nach dem Abschalten längere Zeit eine gefährliche Spannung führen. Deshalb müssen z. B. Kompensationskondensatoren nach DIN EN 61048 in maximal 60 Sekunden entladen sein.
- Beim Kurzschließen von Kondensatoren können hohe Entladestromstärken entstehen.

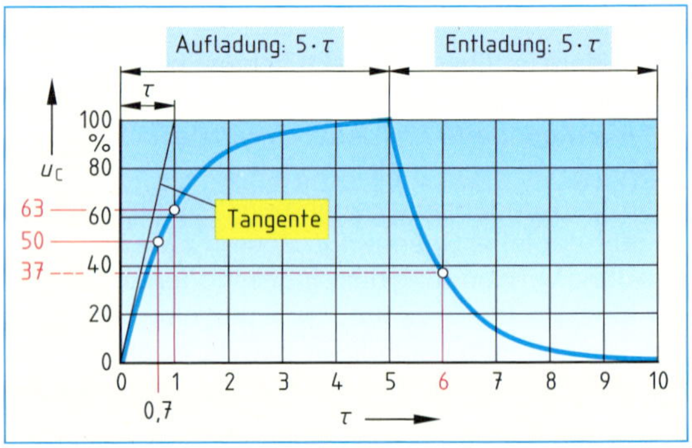

Bild 2: Spannungsverlauf beim Laden und Entladen eines Kondensators

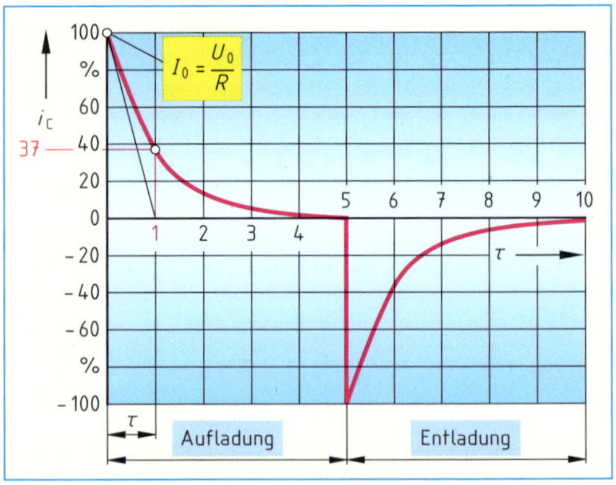

Bild 3: Stromverlauf beim Laden und Entladen eines Kondensators

[1] τ griech. Kleinbuchstabe tau

Spannung und Strom beim Laden:

Beispiel 2:

Ein Kondensator mit 4,7 µF liegt in Reihe mit einem Widerstand $R = 10\ \text{k}\Omega$ an der Spannung $U_0 = 12\ \text{V}$. **a)** Auf welche Spannung u_C ist der Kondensator nach 10 ms geladen? **b)** Welche Ladestromstärke fließt in der Schaltung nach 10 ms?

Lösung:

a) $\tau = R \cdot C = 10\ \text{k}\Omega \cdot 4{,}7\ \mu\text{F} = 10 \cdot 10^3\ \Omega \cdot 4{,}7 \cdot 10^{-6}\ \text{F} = 47\ \text{ms};$

$\boldsymbol{u_C} = U_0 \cdot (1 - e^{-t/\tau}) = 12\ \text{V} \cdot (1 - e^{-10\ \text{ms}/47\ \text{ms}}) = 12\ \text{V} \cdot (1 - e^{-0{,}213}) = \mathbf{2{,}3\ V}$

b) $I_0 = \dfrac{U_0}{R} = \dfrac{12\ \text{V}}{10\ \text{k}\Omega} = 1{,}2\ \text{mA}$

$\boldsymbol{i_C} = I_0 \cdot e^{-t/\tau} = 1{,}2\ \text{mA} \cdot e^{-10\ \text{ms}/47\ \text{ms}} = 1{,}2\ \text{mA} \cdot e^{-0{,}213}$
$= 1{,}2\ \text{mA} \cdot 0{,}808 = \mathbf{0{,}97\ mA}$

Beispiel 3:

Für eine Ausschaltverzögerung wird ein Kondensator von 1000 µF parallel zu einem Relais von 1 kΩ an 60 V Gleichspannung angeschlossen. Die Haltespannung des Relais beträgt 42 V. Die Spannung wird abgeschaltet. Nach welcher Zeit fällt das Relais ab?

Lösung:

$\tau = R \cdot C = 1\ \text{k}\Omega \cdot 1000\ \mu\text{F} = 1 \cdot 10^3\ \Omega \cdot 1000 \cdot 10^{-6}\ \text{F} = 1000\ \text{ms} = 1\ \text{s}$

$u_C = U_0 \cdot e^{-t/\tau} \Rightarrow \boldsymbol{t} = -\tau \cdot \ln \dfrac{u_C}{U_0} = -1\ \text{s} \cdot \ln \dfrac{42\ \text{V}}{60\ \text{V}} = -1\ \text{s} \cdot (-0{,}36) = \mathbf{0{,}36\ s}$

Hinweis: ln, Abk. für natürlicher Logarithmus, am Taschenrechner Taste LN verwenden.

4.3.4 Energie des geladenen Kondensators

Ein Kondensator wird über einen Widerstand R an eine Gleichspannung geschaltet. Es fließt ein Strom, bis der Kondensator auf die Spannung U geladen ist. Nun hat der Kondensator die Ladung Q und die Spannung U. Es gilt die Beziehung $Q = C \cdot U$, d.h., die Ladung Q ist der Spannung U verhältnisgleich **(Bild)**.

Die gerasterte blaue Fläche **(Bild)** entspricht der Energie W des geladenen Kondensators. Dieses Dreieck hat die Fläche $\frac{1}{2} \cdot Q \cdot U$. Statt Q wird die Formel $C \cdot U$ eingesetzt. Die elektrische Energie ergibt sich somit zu $W = \frac{1}{2} \cdot C \cdot U^2$.

Beispiel:

Ein Kondensator $C = 100\ \mu\text{F}$ wird auf $U = 110\ \text{V}$ geladen. Welche elektrische Energie hat der Kondensator gespeichert?

Lösung:

$\boldsymbol{W} = \dfrac{1}{2} \cdot C \cdot U^2 = \dfrac{100 \cdot 10^{-6}\ \text{F} \cdot 110^2\ \text{V}^2}{2} = \mathbf{0{,}605\ Ws}$

Wiederholungsfragen

1. **Aus welchen Teilen besteht prinzipiell ein Kondensator?**
2. **Welche Einheit hat die elektrische Kapazität?**
3. **Wie berechnet man die in einem Kondensator gespeicherte Ladung?**
4. **Erläutern Sie die Begriffe a) Polarisation und b) Permittivitätszahl.**
5. **Wie ist die Einheit 1 Farad festgelegt?**
6. **Wie hängt die Kapazität eines Kondensators von den Abmessungen und der Permittivität ab?**
7. **Bei einem Kondensator wird die Plattenfläche verdoppelt und der Plattenabstand halbiert. Wie verändert sich die Kapazität?**

Der Spannungs- und Stromverlauf beim Laden und Entladen von Kondensatoren folgt einer e-Funktion[1]. (Taste e^x verwenden!)

[1] e ist die Basis der natürlichen Logarithmen

Ladevorgang

$$u_C = U_0\,(1 - e^{-t/\tau})$$
$$i_C = I_0 \cdot e^{-t/\tau}$$
$$I_0 = \frac{U_0}{R}$$

Nach der Aufladung ist:

$$u_C = U_0;\ i_C = 0$$

Entladevorgang

$$u_C = U_0 \cdot e^{-t/\tau}$$
$$i_C = -I_0 \cdot e^{-t/\tau}$$

Nach der Entladung ist:

$$u_C = 0;\ i_C = 0$$

u_C	Momentanwert der Spannung am Kondensator
U_0	Ladespannung, Spannung des aufgeladenen Kondensators
e	≈ 2,71828
t	Zeit
τ	Zeitkonstante
i_C	Momentanwerte der Lade- bzw. Entladestromstärke
I_0	Anfangsstromstärke
R	Widerstand im Stromkreis

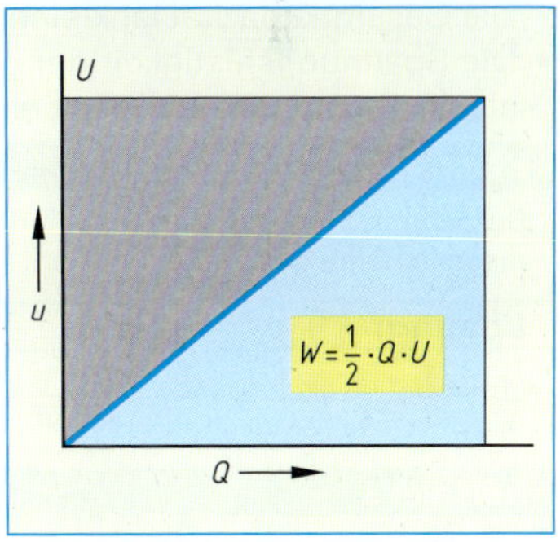

Bild: Spannung eines Kondensators in Abhängigkeit von der Ladung

Energie im Kondensator

$$W = \frac{1}{2} \cdot C \cdot U^2$$

$$[W] = \text{F} \cdot \text{V}^2 = \frac{\text{As}}{\text{V}} \cdot \text{V}^2 = \text{As} \cdot \text{V} = \text{Ws}$$

W	Elektrische Energie
C	Kapazität
U	Spannung

SimElektro Grundstufe 1.1
Grundstufe S11

4.4 Schaltungen von Kondensatoren

Kondensatoren können in Parallel-, Reihen- und Gruppenschaltung (gemischte Schaltung) betrieben werden.

4.4.1 Parallelschaltung

Eine Parallelschaltung mehrerer Kondensatoren **(Bild 1)** wirkt wie eine Vergrößerung der Plattenoberfläche. Daher erhält man als Gesamtkapazität C die Summe der Einzelkapazitäten.

Für die Parallelschaltung gilt:

- An jedem Kondensator liegt die gleiche Spannung an.
- In jeden Kondensator fließt ein Teilladestrom und lädt ihn auf.
- Die Gesamtladung Q ist die Summe der Teilladungen.
- Die Gesamtkapazität ist gleich der Summe der Einzelkapazitäten.

Beispiel 1:

Welche Kapazität muss ein Kondensator haben, der drei parallel geschaltete Kondensatoren von 1000 pF, 0,02 µF und 5 nF ersetzen soll?

Lösung:

$\boldsymbol{C} = C_1 + C_2 + C_3 = 1000\ \text{pF} + 0{,}02\ \mu\text{F} + 5\ \text{nF} = 1\ \text{nF} + 20\ \text{nF} + 5\ \text{nF} = \mathbf{26\ nF}$

4.4.2 Reihenschaltung

Die Reihenschaltung von Kondensatoren **(Bild 2)** wirkt wie eine Abstandsvergrößerung der Kondensatorplatten und führt somit zu einer Verkleinerung der Kapazität.

Für die Reihenschaltung gilt:

- An jedem Einzelkondensator liegt eine Teilspannung. Sie ist umgekehrt proportional zur Kapazität.
- Durch alle Kondensatoren fließt der gleich große Ladestrom.
- Jeder Kondensator speichert eine gleich große Ladung Q.
- Die Gesamtkapazität ist kleiner als die kleinste Einzelkapazität.
- Die Spannungsfestigkeit der gesamten Reihenschaltung ist höher als die Spannungsfestigkeit eines einzelnen Kondensators.

Beispiel 2:

Berechnen Sie die Ersatzkapazität der Kondensatoren im Beispiel 1, wenn diese in Reihe geschaltet werden.

Lösung:

$$\frac{1}{C} = \frac{1}{C_1} + \frac{1}{C_2} + \frac{1}{C_3} = \frac{1}{1\ \text{nF}} + \frac{1}{20\ \text{nF}} + \frac{1}{5\ \text{nF}} = 1{,}25\ \frac{1}{\text{nF}} \Rightarrow \boldsymbol{C = 0{,}8\ \text{nF}}$$

Beispiel 3:

Welche Gesamtkapazität hat die Reihenschaltung aus $C_1 = 47\ \mu\text{F}$ und $C_2 = 33\ \mu\text{F}$?

Lösung:

$$\boldsymbol{C} = \frac{C_1 \cdot C_2}{C_1 + C_2} = \frac{47\ \mu\text{F} \cdot 33\ \mu\text{F}}{47\ \mu\text{F} + 33\ \mu\text{F}} = \mathbf{19{,}4\ \mu F}$$

Wichtige Größen beim Kondensator sind seine Kapazität und seine Bemessungsspannung. Die Bemessungsspannung darf nicht überschritten werden, weil sonst das Dielektrikum durchschlagen wird. Werden ungleiche Kapazitäten in Reihe geschaltet, so sind die Teilspannungen an den Kondensatoren verschieden groß. Sie verhalten sich umgekehrt proportional zu den Kapazitäten.

Am Kondensator mit der kleineren Kapazität liegt bei der Reihenschaltung die größere Spannung.

Parallelschaltung

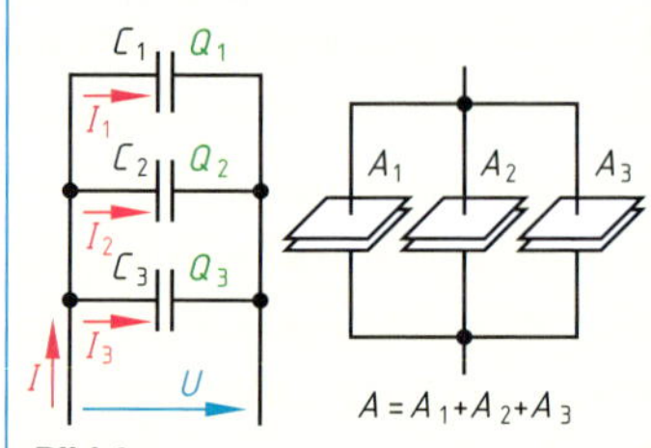

Bild 1

$$I = I_1 + I_2 + I_3$$
$$Q = Q_1 + Q_2 + Q_3$$
$$C \cdot U = C_1 \cdot U + C_2 \cdot U + C_3 \cdot U$$
$$C \cdot U = U\,(C_1 + C_2 + C_3)$$
$$C = C_1 + C_2 + C_3 + \ldots$$

U	Spannung
U_1, U_2, U_3	Teilspannungen
Q	Ladung
Q_1, Q_2, Q_3	Teilladungen
C	Gesamtkapazität
C_1, C_2, C_3	Einzelkapazitäten

Reihenschaltung

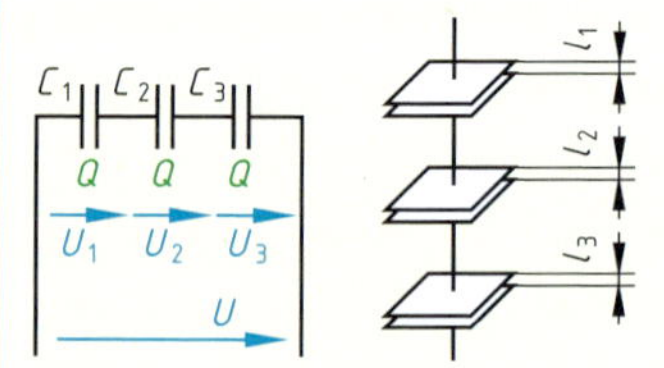

Bild 2

$$U = U_1 + U_2 + U_3$$
$$U_1 = \frac{Q}{C_1} \quad U_2 = \frac{Q}{C_2} \quad U_3 = \frac{Q}{C_3}$$
$$\frac{Q}{C} = \frac{Q}{C_1} + \frac{Q}{C_2} + \frac{Q}{C_3}$$
$$\frac{Q}{C} = Q\left(\frac{1}{C_1} + \frac{1}{C_2} + \frac{1}{C_3}\right)$$
$$\frac{1}{C} = \frac{1}{C_1} + \frac{1}{C_2} + \frac{1}{C_3} + \ldots$$

U	Spannung
U_1, U_2, U_3	Teilspannungen
Q	Ladung
C	Gesamtkapazität
C_1, C_2, C_3	Einzelkapazitäten

Für die Reihenschaltung von zwei Kondensatoren gilt:

$$C = \frac{C_1 \cdot C_2}{C_1 + C_2}$$

4.5 Kenngrößen und Bauarten von Kondensatoren

Kondensatoren werden in der Elektrotechnik vielfältig benutzt. Man verwendet sie z. B. als

- Glättungskondensator **(Seite 255)**,
- Kompensationskondensator **(Seite 166)**,
- frequenzabhängigen Widerstand **(Seite 144)**,
- Koppelkondensator **(Tabelle Seite 215)**.

Folienkondensatoren sind nach **Bild 2** aufgebaut. Je nach Anwendung müssen Kenngrößen, Bauarten und Eigenschaften beachtet werden **(Bild 1)**.

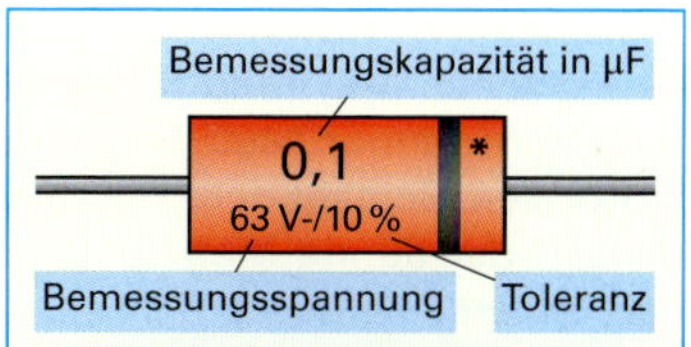

- Bemessungskapazität
- Bemessungsspannung
- Toleranz
- Verlustfaktor
- Temperaturbeiwert

*Außenbelag am rechten Anschluss

Bild 1: Wichtige Kenngrößen von Kondensatoren

4.5.1 Kenngrößen

Die Bemessungskapazität **(Nennkapazität)** ist auf dem Kondensator **(Bild 1)** angegeben. Die Stufung der Kapazität erfolgt wie bei den Widerständen nach den E-Reihen **(Seite 40)**, z. B. 1 µF, 1,2 µF, 1,5 µF ... 8,2 µF. Die Bemessungskapazität kann vollständig mit der Einheit oder verkürzt bzw. codiert angegeben sein. Es gilt z. B.: p39 ≙ 0,39 pF; 3n9 ≙ 3,9 nF; 39p ≙ 39 pF, 0,39 ≙ 0,39 µF.

Die **Bemessungsspannung** ist die maximal zulässige Spannung, die dauernd am Kondensator anliegen darf. Sie kann als Gleichspannung oder als Effektivwert einer sinusförmigen Wechselspannung angegeben werden und ist auf die Umgebungstemperatur von 40 °C bezogen. Wird die Bemessungsspannung überschritten, so kann der Kondensator durchschlagen. Dadurch wird er zerstört. Die Durchschlagfestigkeit E_D hängt vom Isolierstoff ab **(Seite 615, Tabelle 2)**.

Die **Toleranz** (Abweichung von der Bemessungskapazität) wird entweder vollständig, z. B. 1 µF ± 5 %, oder codiert durch Farbkennzeichnung bzw. Kennbuchstaben, z. B. M ≙ ± 20 %; K ≙ ± 10 %, J ≙ ± 5 %, angegeben.

Der **Verlustfaktor** tan δ bei Wechselstrom ist der Quotient aus dem Wirk- und dem Blindanteil, z. B. $\tan\delta = I_w/I_{bC}$ **(Seite 147)**. Man ermittelt ihn z. B. für 1 kHz bei einer Temperatur von 20 °C. Der Wert tan δ soll bei Verwendung des Kondensators im Wechselstromkreis mit hoher Frequenz möglichst klein sein, damit die Wärmeverluste gering sind.

Der **Temperaturbeiwert** α_C, auch Temperaturkoeffizient genannt, gibt die Kapazitätsänderung je Kelvin Temperaturänderung an.

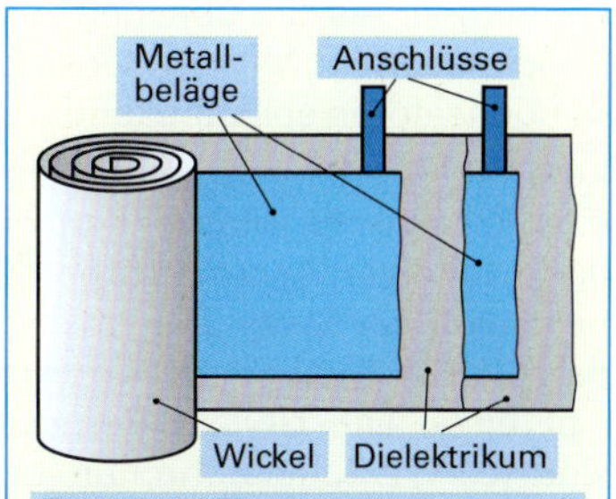

Technische Angaben:
Dielektrium: Polycarbonatfolie
Beläge: Aluminium, aufmetallisiert
Temperatur ϑ: -40 °C . . . 100 °C
Verlustfaktor tan δ: 0,003 bei 1 kHz
Temperaturbeiwert α: 10^{-6} $^1/_K$

Bild 2: Kondensatoraufbau

4.5.2 Bauarten

Bei Kondensatoren unterscheidet man verschiedene Bauarten **(Übersicht)**. Festkondensatoren haben immer konstante Kapazitätswerte, z. B. 0,47 µF. Dreh- und Trimmerkondensatoren sind Kondensatoren mit veränderbarer Kapazität, z. B. 10 pF bis 100 pF.

Übersicht: Bauarten von Kondensatoren

- Kunststofffolien-Kondensatoren
- Metallpapier-Kondensatoren
- Keramikkondensatoren
- Aluminium-Elektrolyt-Kondensatoren
- Tantal-Elektrolyt-Kondensatoren
- Drehkondensatoren
- Trimmerkondensatoren
- Doppelschichtkondensatoren
- Chipkondensatoren

Kunststofffolien-Kondensatoren (Bild 3), Kennzeichen K, haben als Dielektrikum Kunststofffolien, z. B. aus

- Polycarbonat (C),
- Polypropylen (P),
- Polystyrol (S).

Die Kondensatorbeläge aus dünnen Metallfolien werden zu einem Wickel gerollt **(Bild 2)** oder geschichtet und isolierend umhüllt. Die Kapazitätswerte reichen von einigen nF bis in den µF-Bereich. Die Bemessungsspannungen betragen 63 V bis 1000 V.

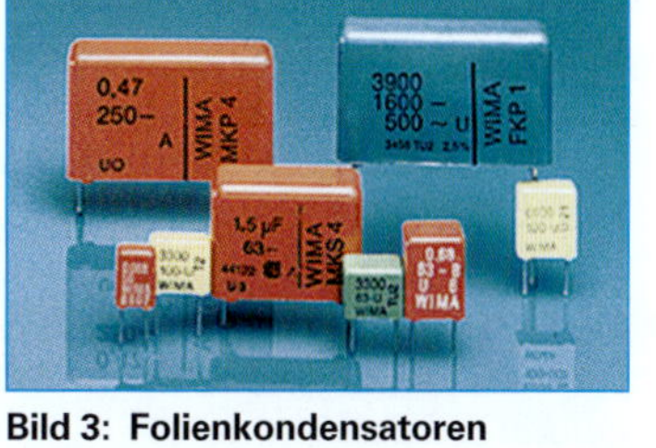

Bild 3: Folienkondensatoren

Metallisierte Kunststofffolien-Kondensatoren, Kennzeichen MK, **(Bild 1a)** erhält man durch Aufdampfen dünner Metallschichten auf die Kunststofffolien. Schlägt der Kondensator durch, so verdampft der dünne Metallbelag in der Umgebung der Fehlerstelle durch den entstehenden Lichtbogen. Dadurch wird die Umgebung der Durchschlagstelle auf beiden Belägen metallfrei, und die Lagen sind wieder voneinander isoliert. Diesen Vorgang nennt man Selbstheilung.

Metallpapierkondensatoren kurz MP-Kondensatoren, bestehen aus einem Papierband, auf das im Vakuum eine dünne Metallschicht, z. B. aus Zink, aufgedampft ist. MP-Kondensatoren sind gewickelt. Die Beläge des MP-Wickels sind aber wesentlich dünner als die üblichen Aluminiumfolien bei Kondensatoren. MP-Kondensatoren sind wie MK-Kondensatoren selbstheilend.

Keramik-Kondensatoren haben als Dielektrikum eine keramische Masse. Auf die Oberfläche der dünnwandigen Keramikkörper (Dielektrikum) wird beidseitig ein Belag aus einem Edelmetall aufgedampft. Es gibt Kondensatoren mit Kapazitäten von 1 pF bis 470 nF. Übliche Bemessungsspannungen sind 400 V, z. B. bei Röhrchen- oder Scheiben-Kondensatoren **(Bild 1b).**

Aluminium-Elektrolytkondensatoren (Bild 2a und 2b) haben eine positive Elektrode (Anode) aus einer Aluminiumfolie, auf der eine Aluminiumoxidschicht aufgebracht ist. Diese nur wenige tausendstel Millimeter dicke Oxidschicht wirkt als Dielektrikum. Die andere Elektrode (Katode) ist ein Elektrolyt, der das poröse und empfindliche Dielektrikum vor direkter Berührung mit der Anschlusselektrode schützt. Als Anschlusselektrode dient der Metallbecher, in dem Anode und Elektrolyt untergebracht sind. Am häufigsten werden trockene Elektrolytkondensatoren **(Bild 3)** verwendet. Bei falscher Polung (+ und – vertauscht) wird die dünne Oxidschicht abgebaut. Der Kondensator wird dann nach Anlegen der Betriebsspannung vom Strom sehr stark erwärmt und zerstört.

Tantal-Elektrolytkondensatoren (Bild 2c) sind ebenfalls gepolte Kondensatoren. Ihre Kapazität ist nahezu unabhängig von der Temperatur. Die Anode besteht aus Tantal (Folie, Draht oder Sinterkörper), die Katode ist aus einem Elektrolyt, z. B. Schwefelsäure, oder aus Mangandioxid. Das Dielektrikum ist Tantalpentoxid (Ta_2O_5).

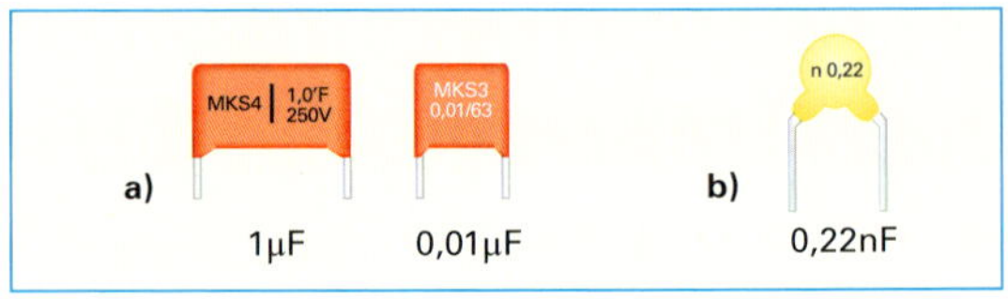

Bild 1: Kondensatoren

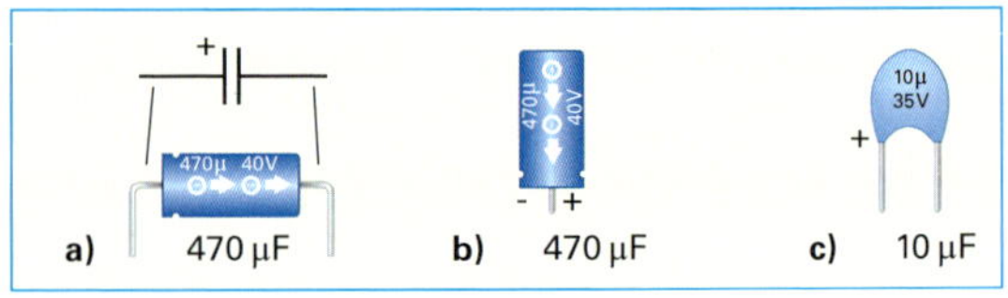

Bild 2: Elektrolytkondensatoren

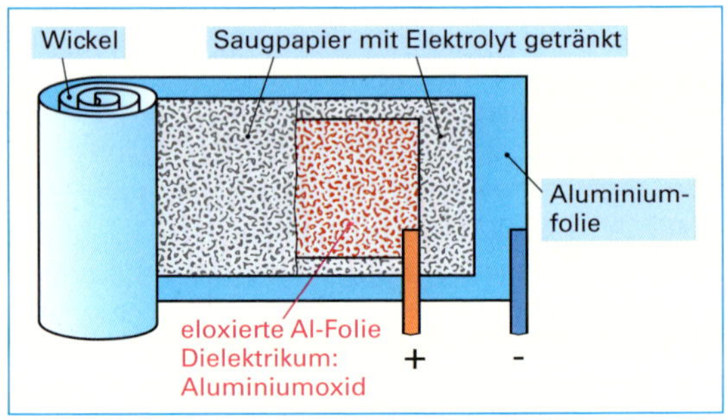

Bild 3: Aufbau eines Elektrolytkondensators

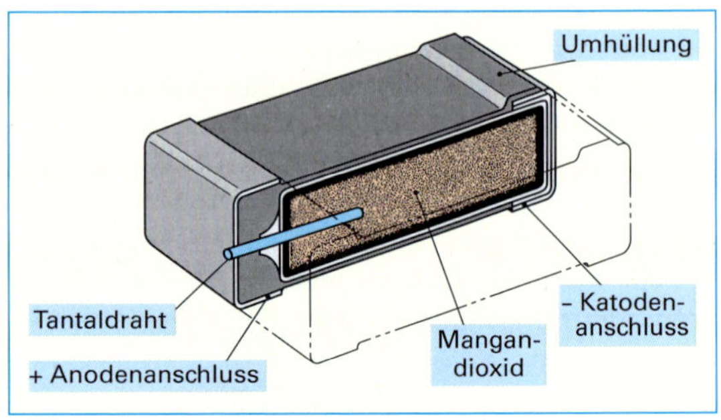

Bild 4: Tantal-Chip-Kondensatoren

Wichtiges zu Elektrolytkondensatoren

- Sind nur für Gleichspannung geeignet.
- Beim Anschließen ist auf Polarität und Spannungshöhe zu achten.
- Flüssige Elektrolyten können die Umwelt belasten.
- Sind nach dem Abfallgesetz zu entsorgen.

Doppelschichtkondensatoren haben eine sehr große Elektrodenoberfläche und sind ähnlich wie Elektrolytkondensatoren aufgebaut. Dadurch erhält man Kapazitäten bis zu 3000 F. Die Spannungsfestigkeit beträgt aber nur einige Volt. Sie werden als Energiespeicher, z. B. bei Halbleiterspeichern, verwendet.

Chip-Kondensatoren (Bild 4) haben besonders kleine Abmessungen und werden z. B. für Leiterplatten in der SMD-Technik **(Seite 623)** verwendet. Die Bauelemente werden nicht mehr durch die Platine gesteckt, sondern können einseitig, beidseitig oder in gemischter Bestückung auf die Leiterplatten gesetzt und gelötet werden.

1. Erklären Sie den Begriff elektrisches Feld.

2. Nennen Sie die Eigenschaften der Feldlinien bei einem **a)** homogenen und **b)** inhomogenen Feld.

3. Geben Sie die Kapazität des Kondensators in **Bild 1** in nF und in pF an.

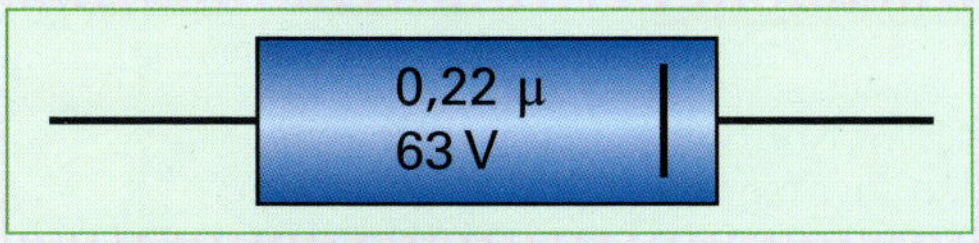

Bild 1: Folienkondensator

4. Ein Funkentstörkondensator mit einer Isolierstoffdicke von 0,1 mm hat als Dielektrikum Polycarbonat. Die Durchschlagsfestigkeit von Polycarbonat beträgt 30 kV/mm. Aus Sicherheitsgründen darf der Kondensator nur mit 1/10 der Spannung betrieben werden, damit es zu keinem Durchschlag kommt. Berechnen Sie die zulässige Spannung, an die der Kondensator angeschlossen werden darf.

5. Welche Aufgabe hat das Metallgeflecht (Cu-Geflecht) eines Koaxialkabels **(Seite 429)?**

6. Bei einem Plattenkondensator wird **a)** die Plattenfläche verdoppelt, **b)** der Plattenabstand um die Hälfte verkleinert. Wie ändert sich jeweils die Kapazität?

7. Personen in einem Kraftfahrzeug **(Bild 2)** sind bei einem Gewitter vor Blitzschlag geschützt. **a)** Erklären Sie, warum Personen vor Blitzschlag im Inneren des Kfz geschützt sind. **b)** Wie nennt man den Fachbegriff zur Teilaufgabe a)? **c)** Beschreiben Sie den Feldlinienverlauf. **d)** Berechnen Sie (Annahme: homogenes Feld) die Spannung, die bei diesem Gewitter entstehen kann.

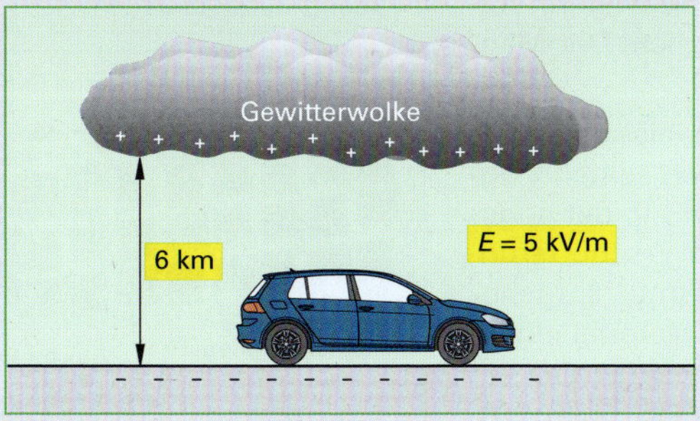

Bild 2: Gewitter

8. Welche Kapazität müsste ein Kondensator haben, um eine KFZ-Batterie 12 V/32 Ah zu ersetzen?

9. Es werden die Kondensatoren $C_1 = 0{,}47\ \mu F$ und $C_2 = 2200\ nF$ **a)** parallel und **b)** in Reihe geschaltet. Berechnen Sie für beide Fälle die Gesamtkapazität.

10. Der Kondensator **(Bild 1)** mit einem Dielektrikum aus Polyester **(Seite 75)** wird mit der Bemessungsspannung betrieben. **a)** Berechnen Sie die gespeicherte elektrische Ladung. **b)** Wie groß muss die Fläche eines Plattenkondensators (Dielektrikum Luft) bei gleicher Kapazität und einem Plattenabstand von 0,01 mm sein?

11. Zur Füllstandsmessung in einem Wasserbehälter wird das Prinzip eines Plattenkondensators verwendet **(Bild 3).** Die Länge der Kondensatorplatte beträgt 2,2 m, die Breite 5 cm. Der Plattenabstand ist 4 mm. **a)** Erklären Sie das Messprinzip der Füllstandsmessung. **b)** Berechnen Sie die Kapazität des Plattenkondensators bei leerem Behälter. **c)** Wie groß ist die Kapazität bei vollem Behälter?

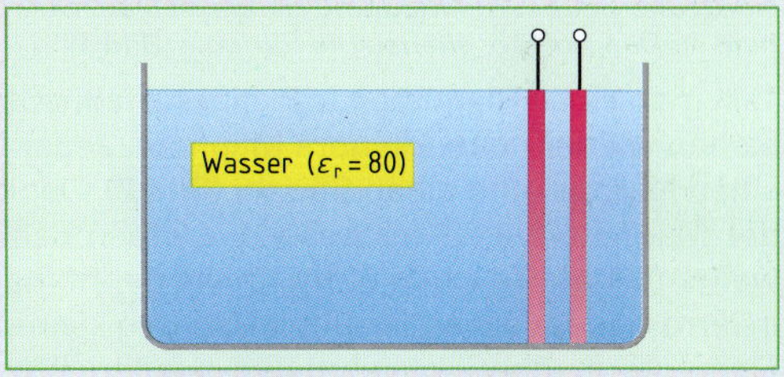

Bild 3: Wasserbehälter

12. Ein Kondensator $C = 4{,}7\ \mu F$ wird über einen Vorwiderstand $R = 82\ k\Omega$ an $U_0 = 50\ V$ DC angeschlossen. **a)** Nach welcher Zeit t ist der Kondensator aufgeladen? **b)** Berechnen Sie die Spannung u_C am Kondensator nach einer Ladezeit von 0,2 s. **c)** Zeichnen Sie den Spannungsverlauf beim Laden (ähnlich **Bild 2, Seite 76**) bis $t = 5 \cdot \tau$.
Maßstab: 5 V ≙ 1 cm; 0,2 s ≙ 1 cm.

13. Wie groß ist der Ladestrom i_C nach einer Zeit von 0,2 s bei der Aufgabe 12?

14. In Freileitungen und in Kabeln sind zwischen den Leitern und zwischen Leitern und Erde Kapazitäten vorhanden **(Bild 4). a)** Welche Gesamtkapazität ergibt sich nach **Bild 4** bezogen auf den Anschluss 1? **b)** Welche möglichen Auswirkungen haben die Kapazitäten bei Abschalten der Leitung und anschließendem Prüfen auf Spannungsfreiheit?

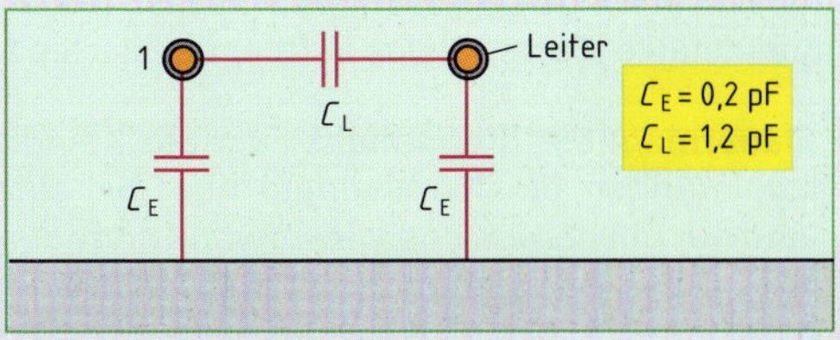

Bild 4: Leitungskapazitäten

* Ergebnisse der Rechenaufgaben Seite 660

5 Magnetisches Feld

5.1 Eigenschaften der Magnete und Darstellungshilfen

Stoffe, die von Magneten angezogen werden, z.B. Eisen, Nickel und Kobalt, nennt man **ferromagnetische[1] Stoffe**.

Pole nennt man die Stellen eines Magneten mit der größten Kraftwirkung. Die magnetische Kraftwirkung nimmt von den Polen zur Magnetmitte hin ab. In der Mitte zwischen den Polen ist keine magnetische Kraftwirkung vorhanden. Diesen kleinen Grenzbereich nennt man **neutrale Zone (Bild 2)**. Entsprechend der Anzeigerichtung einer Magnetnadel beim Kompass nennt man den Pol, der in geographische Nord-Richtung zeigt, **Nordpol (N)**, den anderen **Südpol (S)**.

Versuch 1: Nähern Sie einen Magneten einem zweiten Magneten.

Nord- und Südpol der Magnete ziehen sich an. Die Nordpole der beiden Magnete stoßen sich ab, ebenso die Südpole **(Bild 1)**.

Teilt man einen Magneten, z.B. einen magnetisierten Eisendraht, entstehen wieder neue, kleinere Magnete. Jeder Teilmagnet hat wieder einen Nordpol und einen Südpol **(Bild 2)**. Denkt man sich die Teilung der Magnete weiter fortgesetzt, bleiben schließlich kleinste, nicht weiter teilbare Teilchen übrig. Diese nennt man **Elementarmagnete**. In ferromagnetischen Stoffen existieren kleine Bereiche, in denen die Elementarmagnete gleichmäßig ausgerichtet sind. Diese Bereiche nennt man nach ihrem Entdecker **weisssche[2] Bezirke (Bild 3)**.

Magnetisieren. Sind die weissschen Bezirke in einem ferromagnetischen Stoff, z.B. Eisen oder Kobalt ungeordnet **(Bild 3a),** zeigt dieser Stoff nach außen keine magnetische Wirkung. Bringt man den Stoff in das Magnetfeld eines starken Magneten, werden seine weissschen Bezirke ausgerichtet **(Bild 3b)** und er zeigt magnetische Wirkung. Diesen Vorgang nennt man **magnetisieren.** Die zur Ausrichtung der weissschen Bezirke erforderliche Arbeit ist als magnetische Energie gespeichert.

Je mehr weisssche Bezirke in einem magnetischen Werkstoff ausgerichtet sind, desto größer ist seine magnetische Wirkung. Sind alle vorhandenen weissschen Bezirke ausgerichtet, ist eine weitere Verstärkung der magnetischen Wirkung nicht mehr möglich. Der Magnetwerkstoff ist dann **magnetisch gesättigt (Seite 88).**

Entmagnetisieren. Das Aufheben der ausgerichteten weissschen Bezirke nennt man **Entmagnetisieren**. Ein Werkstoff verliert seinen Magnetismus bei einer für ihn charakteristischen Temperatur, der sogenannten Curie[3]-Temperatur. Ebenso kann bei starken Erschütterungen, z.B. durch Hämmern des Magneten, der Magnetismus aufgehoben werden. In Entmagnetisierungsgeräten wird das Material einem starken magnetischen Wechselfeld einer Spule ausgesetzt, das allmählich abklingt. Dieses muss zunächst so stark sein, dass die Koerzitivfeldstärke **(Seite 89)** des aufmagnetisierten Materials erreicht wird.

Dauermagnete (Permanentmagnete[4]) sind Stoffe, z.B. AlNiCo-Legierungen, die den Magnetismus über eine lange Zeit behalten und nur mit hohem Energieaufwand entmagnetisiert werden können. Diese Eigenschaft nennt man **hartmagnetisch**.

[1] ferromagnetisch = magnetisch, wie Eisen (lat. ferrum); [2] Weiss, franz. Physiker, 1885 bis 1940;
[3] Curie, Pierre, franz. Physiker 1859 bis 1906 [4] von permanere (lat.) = sich erhalten

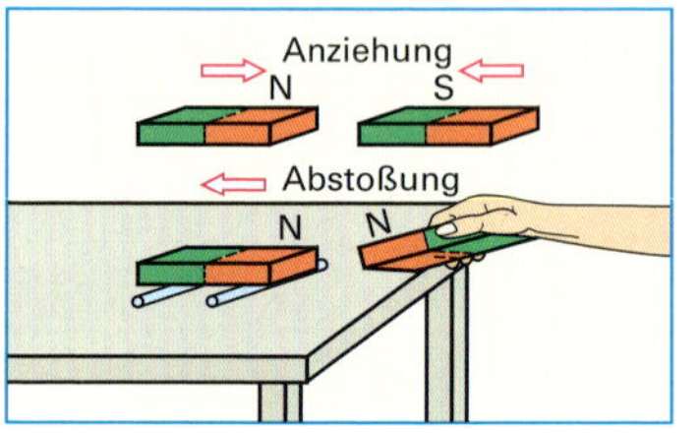

Bild 1: Kraftwirkungen magnetischer Pole

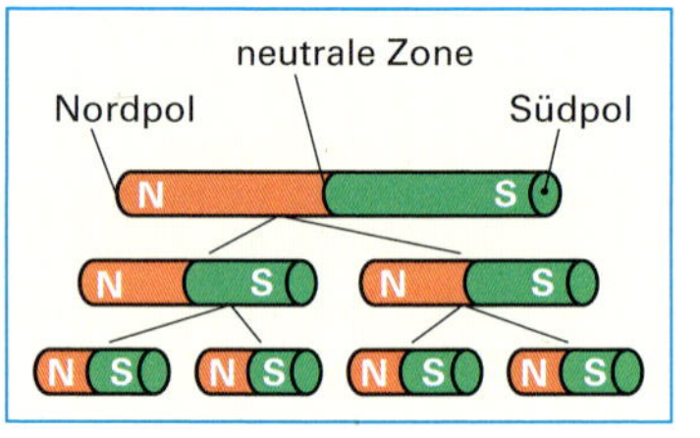

Bild 2: Zerlegung eines Magneten in Teilmagnete

Magnete

- Magnete üben Anziehungskräfte auf ferromagnetische Stoffe aus.
- Magnete besitzen einen Nordpol und einen Südpol.
- Ungleichnamige Magnetpole ziehen sich an.
- Gleichnamige Magnetpole stoßen sich ab.
- Einen Magnet kann man sich aus vielen gleich gerichteten Elementarmagneten zusammengesetzt vorstellen.

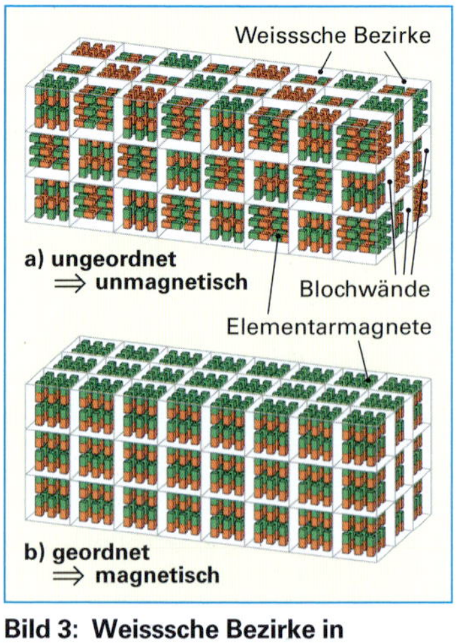

Bild 3: Weisssche Bezirke in ferromagnetischen Stoffen

Versuch 1: Legen Sie einen Stabmagneten unter eine Glasplatte und streuen Sie Eisenfeilspäne auf die Platte.

Die Späne werden zu kleinen Magneten, richten sich aus und bilden bogenförmige Linien, die von Pol zu Pol verlaufen **(Bild 1).**

Der Raum im und um einen Magneten ist durch einen Energiezustand gekennzeichnet, der **magnetisches Feld** genannt wird. Als Darstellungshilfe werden für das magnetische Feld Linien benutzt, die man **magnetische Feldlinien** nennt. Magnetische Feldlinien sind Linien, die den Verlauf der magnetischen Kraftwirkung darstellen. Man hat für die magnetischen Feldlinien den Richtungsverlauf wie in **Bild 1** festgelegt.

Magnetischer Feldlinienverlauf

- Magnetische Feldlinien sind immer geschlossene Linien ohne Anfang und Ende.
- Magnetische Feldlinien verlaufen außerhalb des Magneten vom Nordpol zum Südpol und innerhalb des Magneten vom Südpol zum Nordpol.
- Magnetische Feldlinien treten immer senkrecht aus der Magnetoberfläche aus bzw. in diese wieder ein.

Versuch 2: Legen Sie zwei Magnete mit ihren gleichnamigen Polen (N und N oder S und S) einander gegenüber, und streuen Sie Eisenfeilspäne auf die Glasplatte. Wiederholen Sie den Versuch mit ungleichnamigen Polen.

Die Feldlinien zwischen gleichnamigen Polen weichen einander aus **(Bild 2a).** *Zwischen den ungleichnamigen Polen der Magnete verlaufen die Feldlinien bogenförmig* **(Bild 2b).**

Zwischen den Polen haben die Feldlinien einen dichten Verlauf. Liegen die Feldlinien dicht beieinander, so ist die magnetische Kraftwirkung groß. Großer Abstand der Feldlinien bedeutet eine kleine magnetische Kraft.

Wichtige Felder für Magnetanwendungen sind **homogene[1] Felder** und **radialhomogene[2] Felder (Übersicht).** Homogene Felder sind für technische Anwendungen besonders geeignet, da in diesen Feldern die Energieverteilung gleichmäßig ist. Oft kann man aber nur in bestimmten Teilbereichen einen homogenen Feldlinienverlauf erreichen. Soll eine drehende Kraftwirkung mithilfe eines magnetischen Feldes erzeugt werden, so ist das radialhomogene Feld vorteilhaft, da im schmalen Luftspalt die Ausnutzung der magnetischen Kraftwirkung gleichmäßig und mit gutem Wirkungsgrad möglich ist. Magnetanordnungen mit radialhomogenen Feldern findet man z.B. in Zeigermessgeräten, Motoren und Generatoren.

[1] homogen (griech.) = gleichmäßig
[2] radial, von Radius (kreisförmig)

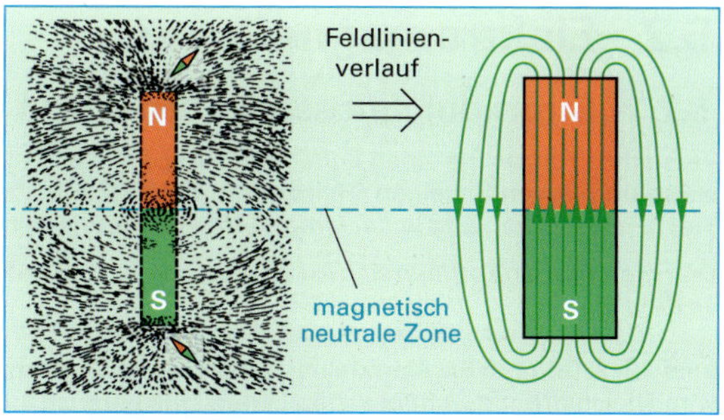

Bild 1: Magnetischer Feldlinienverlauf eines Stabmagneten

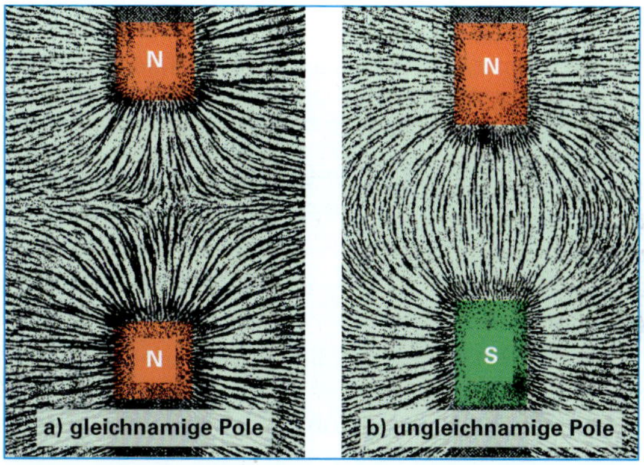

Bild 2: Magnetischer Feldlinienverlauf zwischen Magnetpolen

Übersicht: Einteilung magnetischer Felder

Homogene Felder	Radialhomogene Felder
Die Richtung und die Größe der magnetischen Kraftwirkung ist an jeder Stelle im Feld gleich.	Die magnetische Kraftwirkung verläuft im Feld strahlenförmig nach allen Richtungen. Die Größe der Kraft ist in schmalen Feldbereichen fast gleich.
Die Feldlinien verlaufen parallel, in gleichem Abstand und in gleicher Richtung.	Feldlinien zeigen strahlenförmig auf einen gedachten Mittelpunkt.

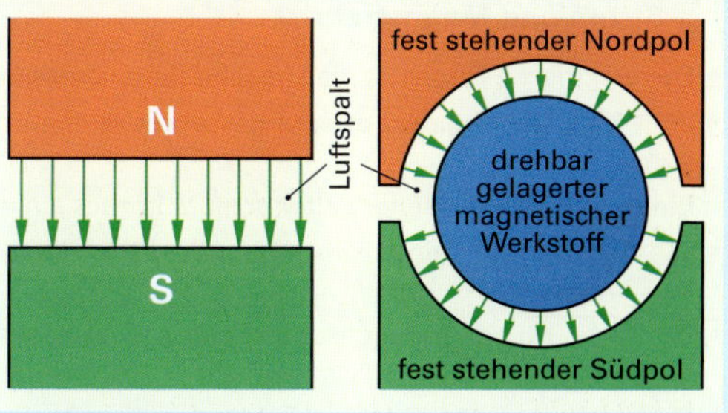

Hinweis: Obwohl die magnetischen Feldlinien geschlossene Linien sind, zeichnet man oft den Feldlinienverlauf vereinfacht nur im Luftspalt bzw. außerhalb der Magneten.

5.2 Elektromagnetismus

5.2.1 Stromdurchflossener Leiter und Magnetfeld

Versuch 1: Führen Sie einen Leiter durch das Loch in einer dünnen Plexiglasplatte und lassen Sie einen Gleichstrom durch den Leiter fließen. Bestreuen Sie dann die Glasplatte in der Umgebung des Leiters mit Eisenfeilspänen.

Die Eisenfeilspäne ordnen sich in konzentrischen[1] Kreisen um den Leiter herum an **(Bild 1).**

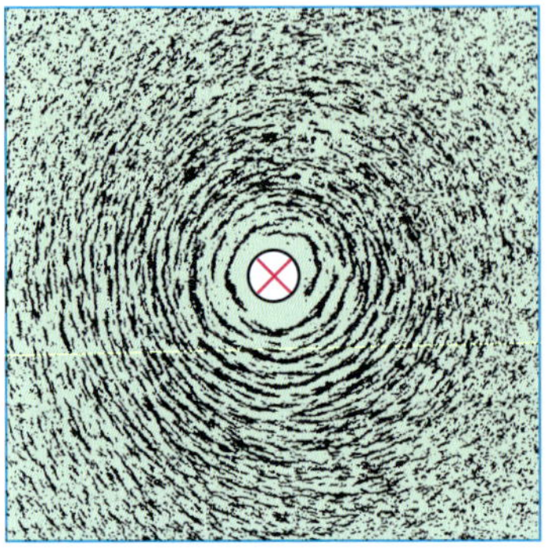

Bild 1: Magnetfeld um einen stromdurchflossenen Leiter

Versuch 2: Bringen Sie eine kleine, frei drehbare Magnetnadel in die Nähe des vom Gleichstrom durchflossenen Leiters aus Versuch 1 und führen Sie diese um den Leiter. Anschließend kehren Sie die Stromrichtung um und wiederholen den Versuch. Vergrößern Sie die Entfernung der Magnetnadel vom Leiter und beobachten Sie die Kraftwirkung auf die Magnetnadel.

Wird die Magnetnadel in einer Kreisbahn um den Leiter herumgeführt, zeigt sie in jedem Punkt in Richtung der Tangente[2] **(Bild 2)**. *Nach der Umkehr der Stromrichtung zeigt die Magnetnadel ebenfalls in die umgekehrte Richtung. In weiterer Entfernung vom Leiter ist die Kraftwirkung wesentlich schwächer ausgeprägt.*

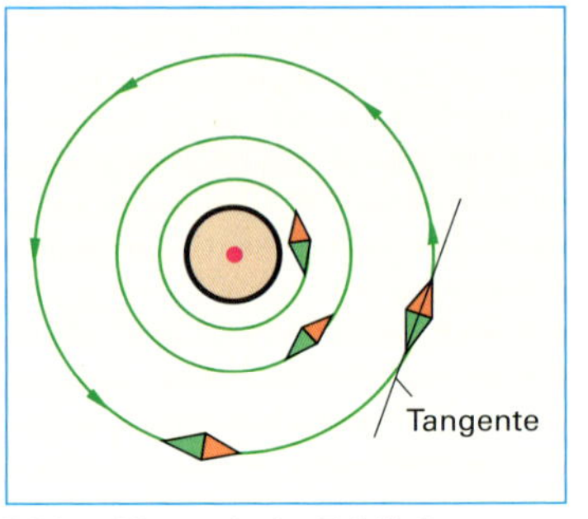

Bild 2: Magnetische Feldlinien um einen stromdurchflossenen Leiter

Die Richtung des Stromes im Leiter wird durch Symbole gekennzeichnet. Fließt der Strom aus dem Leiter heraus, so zeichnet man in den Leiterquerschnitt einen Punkt (•), fließt er in den Leiter hinein, so zeichnet man ein Kreuz (×) **(Bild 3).**

> Die magnetischen Feldlinien verlaufen im Uhrzeigersinn, wenn man in Stromrichtung auf den Leiter blickt. Sie verlaufen gegen den Uhrzeigersinn, wenn der Strom auf den Betrachter zufließt.

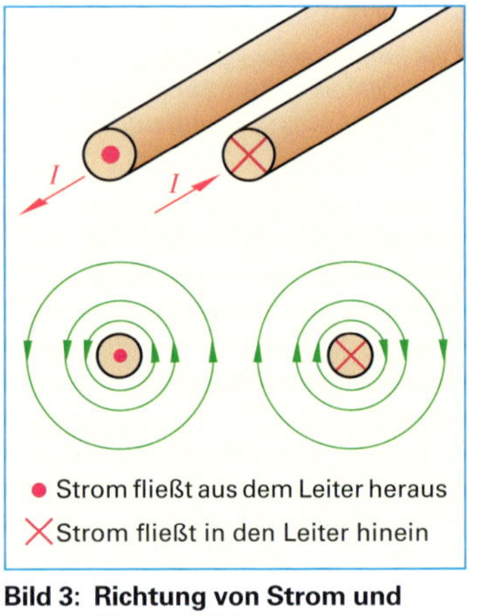

Bild 3: Richtung von Strom und Magnetfeld

Den Zusammenhang zwischen Stromrichtung und magnetischer Feldlinienrichtung zeigt die **Schraubenregel** (Rechtsschraubenregel, **Bild 4**).

> **Schraubenregel:** Denkt man sich eine Schraube mit Rechtsgewinde in Richtung des Stromes in den Leiter geschraubt, gibt die Drehrichtung der Schraube die Feldlinienrichtung an.

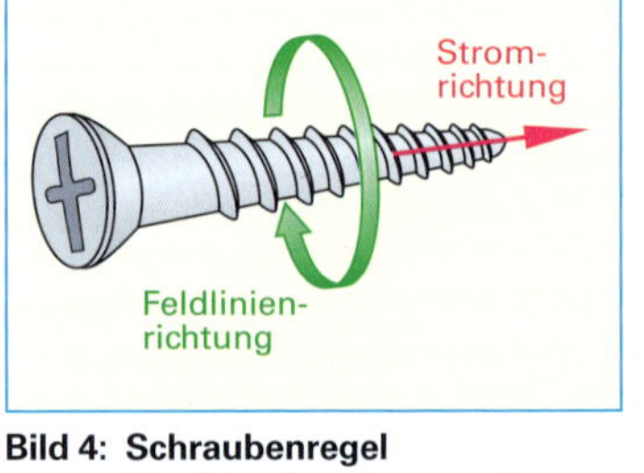

Bild 4: Schraubenregel (Rechtsschraubenregel)

Auch stromdurchflossene flüssige oder gasförmige Leiter, z.B. ein Schweißlichtbogen, sind von einem Magnetfeld umgeben. Um Leiter, die vom Wechselstrom durchflossen werden, bildet sich ebenfalls ein Magnetfeld. Wie der Strom ändert dann auch das Magnetfeld ständig seine Größe und Richtung (magnetisches Wechselfeld).

Strom und Magnetfeld

- Der elektrische Strom ist die Ursache für das magnetische Feld.
- Jede bewegte elektrische Ladung ist von einem magnetischen Feld umgeben.
- Ein stromdurchflossener Leiter erzeugt immer ein magnetisches Feld.
- Die Feldlinien um einen stromdurchflossenen Leiter haben die Form von konzentrischen Kreisen.
- Die Richtung des magnetischen Feldes ist abhängig von der Stromrichtung.
- Die Stärke des magnetischen Feldes nimmt mit zunehmender Entfernung vom Leiter ab.

[1] konzentrisch = Kreise, die um einen gemeinsamen Mittelpunkt herum angeordnet sind.
[2] Tangente = Gerade, die eine Kurve in einem Punkt berührt.

5.2.2 Stromdurchflossene Spule und Magnetfeld

Versuch 1: Biegen Sie einen Leiter zu einer Schleife und führen Sie diese durch die beiden Löcher einer dünnen Plexiglasplatte. Bestreuen Sie die Platte mit Eisenspänen und schließen Sie den Leiter an eine einstellbare Gleichspannungsquelle an. Prüfen Sie die Feldrichtung mit der Magnetnadel.

In der Leiterschleife entsteht ein magnetisches Feld **(Bild 1)**. *Die Schleife wirkt wie ein kurzer Stabmagnet.*

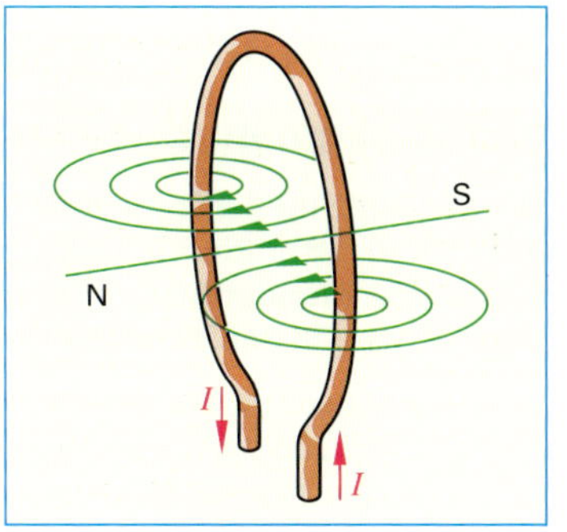

Bild 1: Magnetfeld einer Leiterschleife

Das Magnetfeld einer stromdurchflossenen Windung ergibt sich aus der Überlagerung der Magnetfelder der benachbarten Leiter **(Bild 1)**. Innerhalb der Windung verlaufen die Feldlinien in gleicher Richtung und verstärken die magnetische Wirkung. Die Feldliniendichte ist dort groß. Außerhalb der Leiterschleife ergibt sich mit zunehmender Entfernung vom Leiter eine abnehmende Feldliniendichte. Um den Elektromagnetismus besser nutzen zu können, wickelt man einen langen Leiter zu einer **Spule.** Die Spule besteht aus vielen Leiterschleifen, die man **Windungen** nennt.

Schaltzeichen Spule

Eine Spule besteht aus mehreren in Reihe geschalteten Windungen.

Das Magnetfeld einer Spule ergibt sich aus der Überlagerung der Magnetfelder der einzelnen Windungen. Es entsteht ein Magnetfeld, das dem des Stabmagneten gleicht **(Bild 2)**. Die Feldlinien verlaufen im Inneren der Spule parallel und in gleichem Abstand zueinander. Im Inneren einer Spule ist das Magnetfeld homogen. Dort, wo die Feldlinien aus der Spule austreten, bildet sich der Nordpol, wo sie eintreten, der Südpol. Außerhalb der Spule ist das Feld inhomogen (nicht homogen).

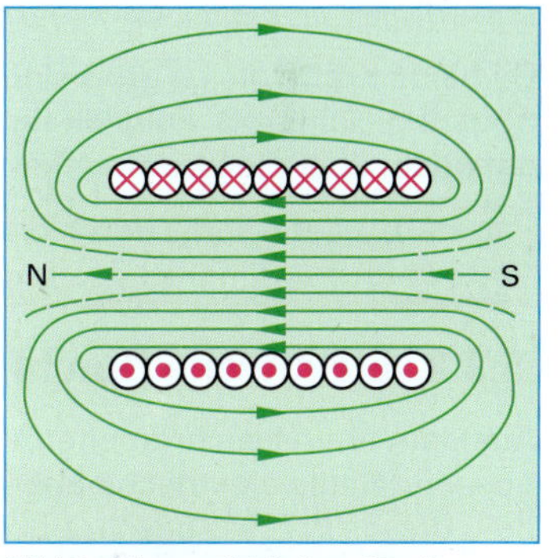

Bild 2: Magnetfeld einer Spule

Stromdurchflossene Spulen sind Elektromagnete.

Versuch 2: Stellen Sie die Magnetfeldrichtung einer vom Gleichstrom durchflossenen Spule mithilfe einer Magnetnadel fest. Wechseln Sie die Stromrichtung in der Spule und beobachten Sie die Magnetnadel.

Die Magnetfeldrichtung (Polarität) einer Spule hängt von der Stromrichtung ab.

Die Magnetfeldrichtung einer Spule lässt sich auch mithilfe der **Spulen-Regel** bestimmen **(Bild 3)**.

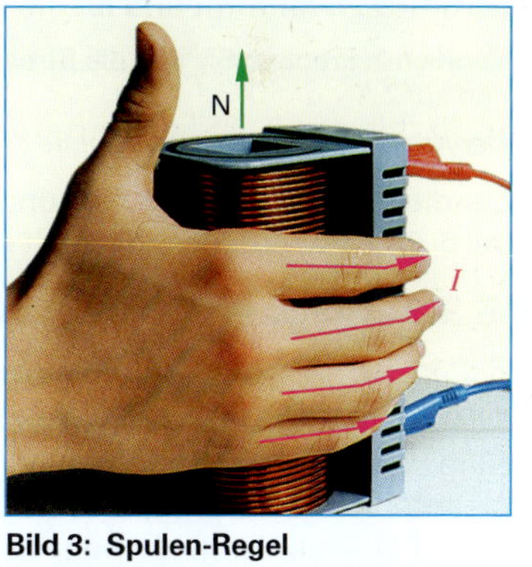

Bild 3: Spulen-Regel

Spulen-Regel: Legt man die rechte Hand so um eine Spule, dass die Finger in Stromrichtung zeigen, dann zeigt der abgespreizte Daumen die Magnetfeldrichtung zum Nordpol der Spule an.

Wiederholungsfragen

1 **Welche Kraftwirkung üben a) gleichnamige Magnetpole und b) ungleichnamige Magnetpole aufeinander aus?**
2 **Was versteht man unter einem magnetischen Feld, und was sind magnetische Feldlinien?**
3 **Wie ist die Richtung der magnetischen Feldlinien festgelegt?**
4 **Warum wird Eisen beim Magnetisieren, z.B. mit einem Dauermagneten, selbst zum Magneten?**
5 **Welche Form haben die magnetischen Feldlinien um einen vom Strom durchflossenen Leiter?**
6 **Welcher Zusammenhang besteht zwischen Stromrichtung und magnetischer Feldlinienrichtung?**
7 **Bestimmen Sie die Magnetpole der stromdurchflossenen Spule im Bild 4.**

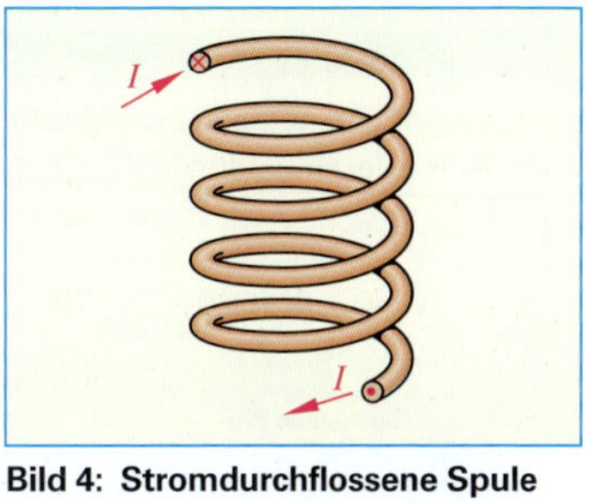

Bild 4: Stromdurchflossene Spule

SimElektro Grundstufe 1.1

Grundstufe S12

5.3 Magnetische Größen

5.3.1 Magnetischer Fluss Φ

Die Gesamtzahl der magnetischen Feldlinien eines Dauermagneten oder einer stromdurchflossenen Spule nennt man **magnetischer Fluss** oder **Magnetfluss** Φ[1] **(Bild 1).** Der Begriff magnetischer Fluss entstand durch den Vergleich mit dem elektrischen Stromfluss.

Der magnetische Fluss Φ kann nur über seine Wirkungen gemessen werden. Er hat die Einheit Voltsekunde (Vs) mit dem besonderen Einheitennamen **Weber**[2] (Wb).

Versuch 1: Hängen Sie ein Eisenzylinder so an einen Kraftmesser, dass es in den Hohlraum einer Spule mit 600 Windungen hineinragt. Schließen Sie die Spule und einen Strommesser an eine einstellbare Gleichspannungsquelle an. Stellen Sie die Stromstärke 2 A ein. Lesen Sie die Anzeige des Kraftmessers ab. Wiederholen Sie den Versuch mit einer Spule gleicher Form und Größe mit 1200 Windungen bei einer Stromstärke von 1 A.

Die Anzeigen des Kraftmessers sind in beiden Fällen etwa gleich groß.

Da beide Kräfte gleich groß sind, ist auch der Magnetfluss in beiden Spulen gleich groß. Folglich lässt sich der Magnetfluss einer Spule entweder über die Stromstärke oder die Windungszahl beeinflussen.

Je stärker der Strom I durch die Spule und je höher die Windungszahl N, umso größer ist der magnetische Fluss Φ.

5.3.2 Elektrische Durchflutung Θ

Aus dem oben beschriebenen Versuch folgt, dass eine stromdurchflossene Spule elektrische Energie in magnetische Energie umwandelt. Diesen Prozess beschreibt die **elektrischen Durchflutung** Θ[3]. Sie wird durch die Windungszahl der Spule N und des in ihr fließenden Stromes I bestimmt und ist die Quelle für den magnetischen Fluss.

Versuch 2: Erhöhen Sie nun die Stromstärke durch die Spule mit 1200 Windungen auf 2 A.

Der Kraftmesser zeigt die doppelte Kraft an ***(Bild 2).***

Da die elektrische Durchflutung und damit der magnetische Fluss verdoppelt werden, verdoppelt sich die Anzeige des Kraftmessers.

5.3.3 Magnetische Feldstärke *H*

Für die magnetische Wirkung ist die Konzentration der magnetischen Energie maßgebend. Sie wird umso größer, je größer die Durchflutung und je kleiner die Spulenlänge ist, die der mittleren Feldlinienlänge entspricht **(Bild 3)**. Dieses Verhältnis von Durchflutung Θ und mittlerer Feldlinienlänge l_m nennt man **magnetische Feldstärke *H*.** Die magnetische Feldstärke stellt also den Anteil der Durchflutung bezogen auf eine bestimmte Teillänge der Feldlinien dar.

Beispiel:

Ein Strom von 100 mA durchfließt eine Ringspule mit 500 Windungen und 20 cm mittleren Feldlinienlänge. Wie groß ist die magnetische Feldstärke?

Lösung:

$$H = \frac{I \cdot N}{l_m} = \frac{0{,}1\ \text{A} \cdot 500}{0{,}2\ \text{m}} = \mathbf{250\ \frac{A}{m}}$$

[1] griech. Großbuchstabe Phi
[2] Wilhelm Eduard Weber, deutscher Physiker, 1804 bis 1891
[3] griech. Großbuchstabe Theta

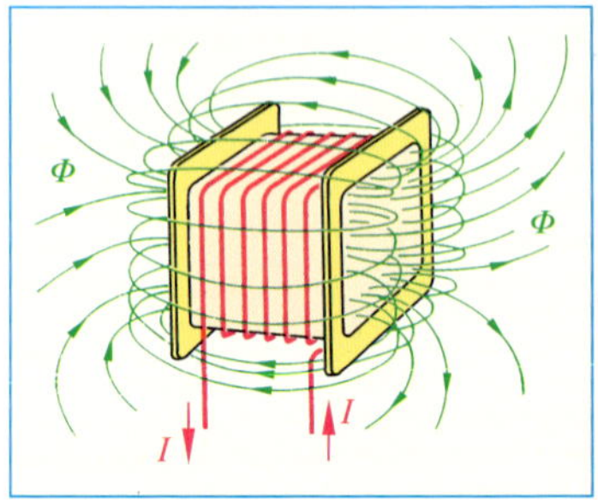

Bild 1: Gesamtzahl aller Feldlinien einer Spule

Magnetischer Fluss

Φ $[\Phi]$ = Vs = Wb

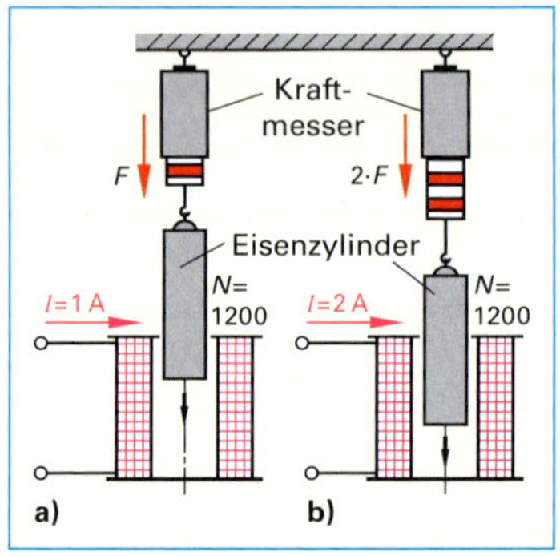

Bild 2: Elektrische Durchflutung einer Spule

Elektr. Durchflutung einer Spule

$\Theta = I \cdot N$ $[\Theta]$ = A

Θ elektrische Durchflutung
N Windungszahl
I Stromstärke

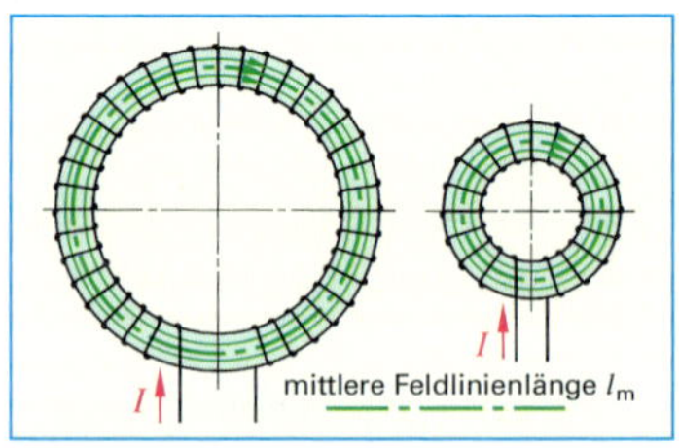

Bild 3: Ringspulen großer und kleiner mittlerer Feldlinienlänge

Magnetische Feldstärke

$$H = \frac{\Theta}{l_m} = \frac{I \cdot N}{l_m} \qquad [H] = \frac{\text{A}}{\text{m}}$$

H magnetische Feldstärke
l_m mittlere Feldlinienlänge
Θ elektrische Durchflutung
I Stromstärke
N Windungszahl

5.3.4 Magnetische Flussdichte *B*

Ein Magnet hat eine um so größere Kraftwirkung, je dichter die magnetischen Feldlinien sind, also je größer der magnetische Fluss und je kleiner die Fläche ist, die von ihm durchsetzt wird. Das Verhältnis aus magnetischem Fluss Φ und der von ihm durchsetzten Fläche A nennt man **magnetische Flussdichte *B*.** Die Flussdichte hat die Einheit **Tesla**[1] (T). Mit einem **Hallgenerator (Hallsonde, Seite 201)** kann man die Flussdichte messen.

> Je größer die magnetische Flussdichte eines Magneten ist, umso größer ist die magnetische Wirkung.

Dauermagnete, z. B. Haftmagnete mit einer Flussdichte von etwa 0,5 T bis 1 T, erreichen eine Abreißkraft von etwa 1000 N. Abreißkraft ist die Kraft, die aufgebracht werden muss, um die Haftkraft zu überwinden. Das Magnetfeld der Erde beträgt ungefähr 40 µT.

> Zum Schutz vor schädlichen Umwelteinwirkungen wurde für Deutschland in der Verordnung über elektromagnetische Felder für öffentliche Elektroanlagen mit 50-Hz-Wechselspannung ein Grenzwert von 100 µT festgelegt.

So dürfen besonders Elektrogeräte für den Haushalt diesen Grenzwert nicht überschreiten **(Tabelle).**

Magnetische Flussdichte

$$B = \frac{\Phi}{A} \qquad [B] = \frac{\text{Vs}}{\text{m}^2} = \frac{\text{Wb}}{\text{m}^2} = \text{T}$$

B magnetische Flussdichte
Φ magnetischer Fluss
A Fläche

Beispiel:

Eine Spule mit dem Polquerschnitt 50 mm × 30 mm soll eine magnetische Flussdichte $B = 0{,}8$ T erzeugen. Berechnen Sie den magnetischen Fluss Φ.

Lösung:

$$B = \frac{\Phi}{A} \quad \Rightarrow \quad \Phi = B \cdot A$$

$$\boldsymbol{\Phi} = 0{,}8\ \text{T} \cdot 0{,}05\ \text{m} \cdot 0{,}03\ \text{m}$$
$$= 0{,}8\ \frac{\text{Vs}}{\text{m}^2} \cdot 0{,}0015\ \text{m}^2$$
$$= 0{,}0012\ \text{Vs}$$
$$\mathbf{= 1{,}2\ mWb}$$

Tabelle: Magnetische Flussdichte von Elektrogeräten (gemessen in 30 cm Abstand vom Gerät)

Elektrogerät	Magnetische Flussdichte	Elektrogerät	Magnetische Flussdichte
Wäschetrockner	0,45 µT bis 1,0 µT	Handbohrmaschine	2,0 µT bis 3,5 µT
Mikrowellengerät	4,0 µT bis 8,0 µT	Elektroherd	0,15 µT bis 0,5 µT
Wasserkocher (1 kW)	0,08 µT	Heizlüfter	4,0 µT bis 8,0 µT

Für den Arbeitsschutz in Bereichen, in denen elektrische Felder **(Seite 71)** und elektromagnetische Felder auftreten, ist die DGUV Vorschrift 15 – Elektromagnetische Felder zu beachten.

5.4 Eisen im Magnetfeld einer Spule

Spule ohne Eisenkern

Bei einer Spule ohne Eisenkern (Luftspule) nimmt die magnetische Flussdichte B (Wirkung) im gleichen Verhältnis zu wie die durch den Spulenstrom I hervorgerufene magnetische Feldstärke H (Ursache). Es ergibt sich ein direkt proportionaler Zusammenhang **(Bild).** Das Verhältnis aus magnetischer Flussdichte B und magnetischer Feldstärke H entspricht in Luft näherungsweise, im Vakuum exakt dem Wert der magnetischen Feldkonstanten μ_0[2] 1,257 · 10^{-6} Vs/Am.

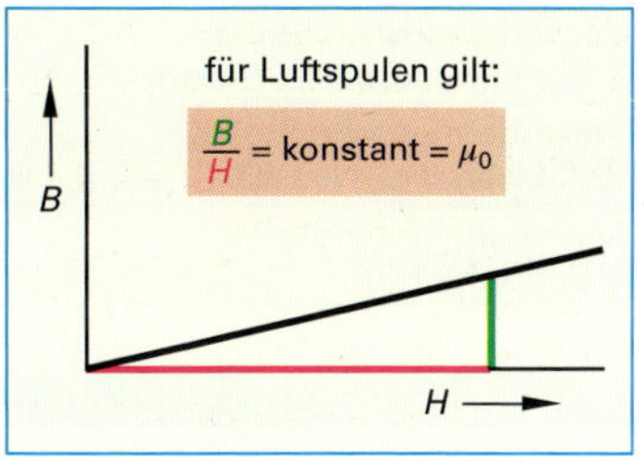

Bild: Kennlinie *B* = f(*H*) für Luftspulen

Beispiel:

Eine Luftspule hat eine magnetische Feldstärke von 2500 A/m. Wie groß ist die magnetische Flussdichte?

Lösung:

$$B = \mu_0 \cdot H$$

$$\boldsymbol{B} = 1{,}257 \cdot 10^{-6}\ \frac{\text{Vs}}{\text{Am}} \cdot 2500\ \frac{\text{A}}{\text{m}} = 0{,}00314\ \frac{\text{Vs}}{\text{m}^2} = 0{,}00314\ \text{T} = \mathbf{3{,}14\ mT}$$

Magnetische Feldkonstante

$$\mu_0 = \frac{B}{H} \qquad [\mu_0] = \frac{\frac{\text{Vs}}{\text{m}^2}}{\frac{\text{A}}{\text{m}}} = \frac{\text{Vs}}{\text{Am}}$$

$$\mu_0 = 1{,}257 \cdot 10^{-6}\ \frac{\text{Vs}}{\text{Am}}$$

μ_0 magnetische Feldkonstante
B magnetische Flussdichte
H magnetische Feldstärke

[1] Nikola Tesla, kroatischer Physiker, 1856 bis 1943
[2] µ griech. Kleinbuchstabe

Spule mit Eisenkern

Trägt man beim erstmaligen Magnetisieren von Eisen die magnetische Flussdichte B in Abhängigkeit von der Feldstärke H auf, so erhält man die **Magnetisierungskennlinie (Bild 1).** Das Magnetfeld der stromdurchflossenen Spule wird durch das Eisen verstärkt. Ab der Sättigung des Eisens **(Seite 82)** nimmt die Flussdichte der Spule bei weiterer Erhöhung der Feldstärke nur noch wie bei Luftspulen zu. Der Eisenkern hat dann keine verstärkende Wirkung mehr. Ferromagnetische Stoffe vervielfachen die magnetische Flussdichte einer Luftspule um den Faktor μ_r (Permeabilitätszahl[1]). Das Produkt aus der **Permeabilitätszahl** μ_r und aus der magnetischen **Feldkonstanten** μ_0 ergibt die **Permeabilität** μ des jeweiligen Stoffes.

Permeabilität eines Stoffes: $\mu = \mu_0 \cdot \mu_r$

Die Permeabilitätszahl μ_r von ferromagnetischen Stoffen ist nicht konstant, sondern von der magnetischen Feldstärke abhängig. Die Abhängigkeit der magnetischen Flussdichte B von der Feldstärke H ist bei den einzelnen magnetischen Werkstoffen sehr verschieden **(Bild 2).**

Auch nicht ferromagnetische Stoffe verändern ein vorhandenes Magnetfeld. Bei den sogenannten **paramagnetischen**[2] **Stoffen** ist die Permeabilitätszahl μ_r wenig größer als 1. **Diamagnetische**[3] **Stoffe** schwächen das Magnetfeld, ihre Permeabilitätszahl ist etwas kleiner als 1 **(Tabelle).**

Tabelle: Permeabilitätszahlen μ_r (Beispiele)

Stoffe	μ_r
Vakuum	$\mu_r = 1$
Luft	$\mu_r \approx 1$
Paramagnetische Stoffe, z. B. Aluminium (Al), Chrom (Cr)	$\mu_r > 1$
Ferromagnetische Stoffe, z. B. Eisen (Fe), Nickel (Ni)	$\mu_r \gg 1$ (bis zu einigen 10^5)
Diamagnetische Stoffe, z. B. Kupfer (Cu)	$\mu_r < 1$

Beispiel:

In einem Elektroblech soll eine magnetische Flussdichte von 1 T erreicht werden. **a)** Bestimmen Sie aus der Magnetisierungskennlinie **(Bild 2)** die notwendige magnetische Feldstärke. **b)** Wie groß ist bei dieser Feldstärke die Permeabilitätszahl μ_r des Elektroblechs?

Lösung:

a) $B = 1\,\text{T} \xrightarrow{\text{Kennlinie}} H = 0{,}37\,\text{kA/m} = \mathbf{370\,A/m}$

b) $\mu = \frac{B}{H} = \frac{1\,\text{T}}{370\,\text{A/m}} = \frac{1\,\text{Vs/m}^2}{370\,\text{A/m}} = 2{,}7 \cdot 10^{-3}\,\frac{\text{Vs}}{\text{Am}}$

$\mu = \mu_0 \cdot \mu_r \quad \Rightarrow \quad \mu_r = \frac{\mu}{\mu_0} = \frac{2{,}7 \cdot 10^{-3}\,\frac{\text{Vs}}{\text{Am}}}{1{,}257 \cdot 10^{-6}\,\frac{\text{Vs}}{\text{Am}}} = \mathbf{2148}$

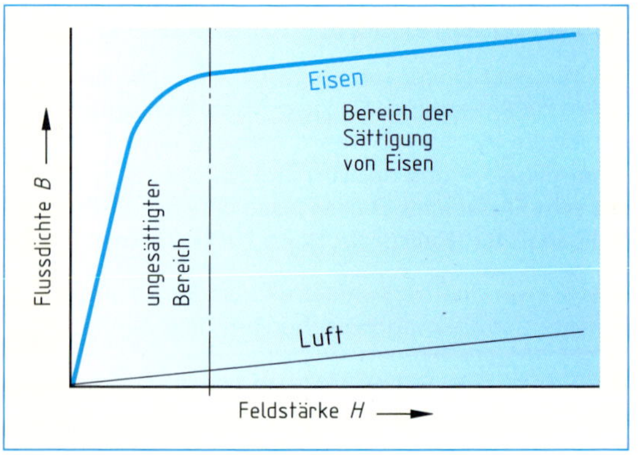

Bild 1: Magnetisierungskennlinien

Permeabilitätszahl μ_r

Die Zahl drückt aus, wie viel mal besser oder auch schlechter ein Stoff magnetisierbar ist als Vakuum bzw. Luft.

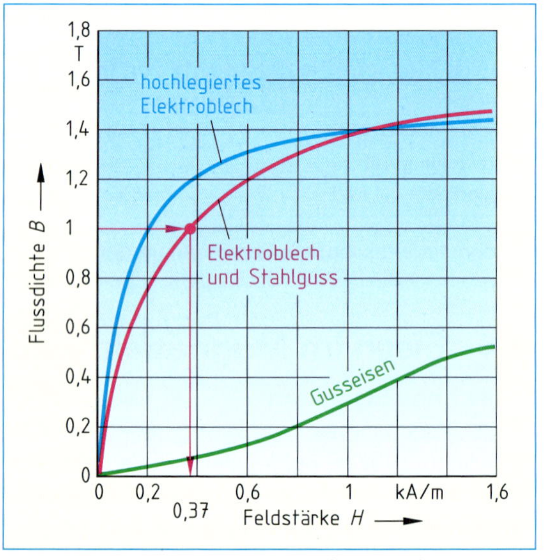

Bild 2: Magnetisierungskennlinien (Beispiele)

Weitere Magnetisierungskennlinien

Zusammenhang zwischen B und H

$B = \mu_0 \cdot \mu_r \cdot H$	$\mu = \mu_0 \cdot \mu_r$	$B = \mu \cdot H$

B magnetische Flussdichte
H magnetische Feldstärke
μ_0 magnetische Feldkonstante ($1{,}257 \cdot 10^{-6}\,\frac{\text{Vs}}{\text{Am}}$)
μ_r Permeabilitätszahl
μ Permeabilität

[1] Permeabilität = Leitfähigkeit, von permeare (lat.) = durchwandern;
[2] para (griech. Vorsilbe) = neben;
[3] dia (griech. Vorsilbe) = durch

SimElektro Grundstufe 1.1

Grundstufe S12

Ummagnetisierungskennlinie (Hysteresekurve)

Magnetisiert man einen ferromagnetischen Werkstoff zum ersten Mal, so nimmt die Flussdichte entsprechend der **Neukurve (Bild 1)** von Punkt (0) bis zur Sättigung Punkt (1) zu.

Versuch 1: Befestigen Sie einen U-Kern mit einer Zwinge auf der Tischplatte. Schieben Sie eine Spule (300 Windungen) auf den Eisenkern und schließen Sie den Eisenweg durch ein Joch. Erregen Sie die Spule mit Gleichstrom bis etwa 2 A und schalten Sie wieder ab.

Das Joch „klebt" so stark am Kern, dass man es nur mit großem Kraftaufwand abheben kann.

Obwohl die magnetische Feldstärke H Null ist, bleibt eine restliche magnetische Flussdichte, die **Remanenzflussdichte B_r** (remanente[1] Flussdichte) bestehen **(Punkt (2) in Bild 1).**

Versuch 2: Ändern Sie die Stromrichtung in der Versuchsanordnung und steigern Sie langsam den Strom. Versuchen Sie dabei das Joch abzuheben.

Das Joch lässt sich schon bei einer geringen entgegengerichteten Stromstärke abheben.

Die entgegengesetzt gerichtete Feldstärke hat die Remanenzflussdichte beseitigt. Die Spule erzeugt zwar eine Feldstärke, im Eisen ist aber keine magnetische Flussdichte mehr vorhanden. Die Feldstärke, die notwendig ist, um den Restmagnetismus zu beseitigen, nennt man **Koerzitivfeldstärke H_c** oder koerzitive[2] Feldstärke **(Punkt (3) in Bild 1).**

Steigert man den Strom in Versuch 2 weiter, wird das Eisen wieder magnetisiert und gesättigt, jedoch in entgegengesetzter Richtung **(Punkt (4) in Bild 1).** Schaltet man dann den Strom ab, so verbleibt im Kern wieder eine Remanenz. Diese Remanenzflussdichte **(Punkt (5) in Bild 1)** lässt sich wiederum durch eine entgegengesetzte Koerzitivfeldstärke **(Punkt (6) in Bild 1)** beseitigen.

Die **Ummagnetisierungskennlinie (Hysteresekurve[3], Bild 1)** stellt den Zusammenhang zwischen B und H beim Ummagnetisieren von magnetischen Werkstoffen dar.

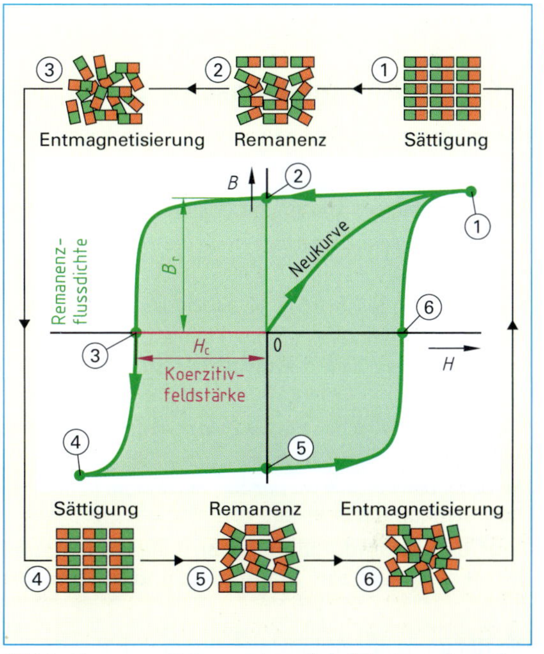

Bild 1: Ummagnetisierungskennlinie (Hysteresekurve)

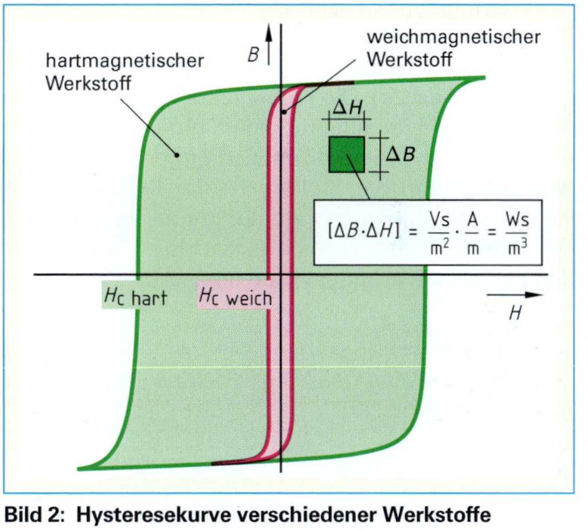

Bild 2: Hysteresekurve verschiedener Werkstoffe

Hystereseverluste

Diese Energieverluste entstehen im Eisen durch das Ummagnetisieren, wenn das magnetische Feld im Eisen durch Wechselstrom hervorgerufen wird. Es entsteht Verlustwärme.

Beim Ummagnetisieren ändert sich die magnetische Flussdichte zwischen Sättigung und Koerzitivfeldstärke nur geringfügig gegenüber der magnetischen Feldstärke, weil die Elementarmagnete (weisssche Bezirke) sich nur verzögert ausrichten. Fließt Wechselstrom in einer Spule mit Eisenkern, kippen die Elementarmagnete ständig um. Das Eisen wird dadurch erwärmt. Diese Wärmeverluste nennt man **Hystereseverluste** oder **Ummagnetisierungsverluste**. Die von der Hysteresekurve umfasste Fläche **(Bild 2)** entspricht der Energie je Volumen (Ws/m³), die zum Ummagnetisieren notwendig ist. Je größer der Flächeninhalt der Hysteresekurve ist, umso größer ist die Energie, die zugeführt werden muss, um das Eisen ummagnetisieren zu können. Deshalb verwendet man für Eisenkerne im magnetischen Wechselfeld, z. B. für Transformatorenbleche, Werkstoffe mit schmaler Hysteresekurve **(Bild 2)**, sogenannte **weichmagnetische Stoffe.**

[1] von remanere (lat.) = zurückbleiben [2] von coercere (lat.) = zwingen [3] Nachwirkung, von hysteron (griech.) = später, geringer

SimElektro Grundstufe 1.1
Grundstufe S13

5.5 Strom und Magnetfeld

5.5.1 Stromdurchflossener Leiter im Magnetfeld

Versuch 1: Hängen Sie einen Leiter, z. B. ein Aluminiumrohr, an zwei beweglichen Metallbändern zwischen die Pole eines Hufeisenmagneten **(Bild 1)**. Schließen Sie die Leiterschaukel über einen Strommesser an eine einstellbare Gleichspannungsquelle an und steigern Sie langsam den Strom.

Der Leiter wird aus dem Magnetfeld des Hufeisenmagneten herausbewegt.

Versuch 2: Vertauschen Sie die Anschlüsse der Zuleitungen und wiederholen Sie Versuch 1.

Der Leiter bewegt sich in entgegengesetzter Richtung.

Versuch 3: Vertauschen Sie die Pole des Hufeisenmagneten und wiederholen Sie Versuch 2.

Der Leiter bewegt sich wieder aus dem Magnetfeld heraus.

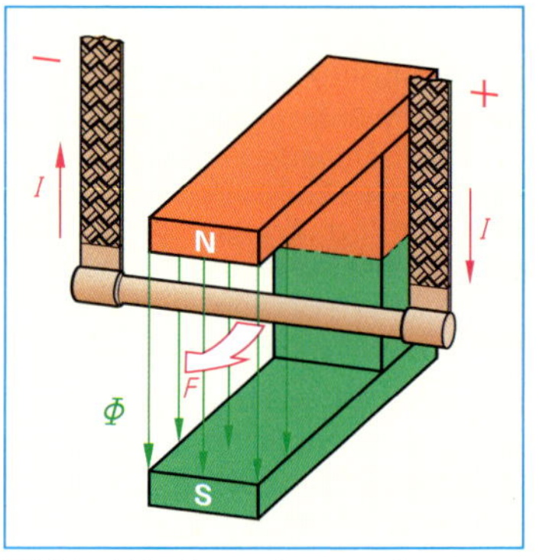

Bild 1: Ablenkung des vom Strom durchflossenen Leiters im Magnetfeld

Auf den stromdurchflossenen Leiter im Magnetfeld wirkt eine Kraft senkrecht zum Magnetfeld und senkrecht zum Leiter.

Die Richtung der Ablenkkraft hängt von der Stromrichtung im Leiter und von der Richtung des Magnetfeldes (Polfeld) ab. Polfeld **(Bild 2a)** und Leiterfeld **(Bild 2b)** ergeben zusammen ein gemeinsames, ein resultierendes Feld **(Bild 2c)**.

Auf der einen Seite des Leiters verlaufen die Feldlinien des Leiterfeldes entgegen den Feldlinien des Polfeldes **(Bild 2c)**. Die Flussdichte nimmt auf dieser Seite des Leiters ab. Auf der anderen Seite des Leiters haben die Feldlinien beider Felder gleiche Richtung. Hier wird das Feld dichter. Die Feldlinien werden dort „gestaut". Sie stoßen sich gegenseitig ab und haben das Bestreben, sich zu verkürzen. Der Leiter wird daher von der Stelle größerer Flussdichte abgedrängt. Bei umgekehrter Stromrichtung im Leiter wird das gemeinsame Feld auf der anderen Seite des Leiters dichter, und die Bewegungsrichtung wechselt **(Bild 2d)**. Kehrt man dagegen gleichzeitig Polfeld und Leiterfeld um, so bleibt die Bewegungsrichtung des Leiters unverändert **(Bild 2e)**.

Ein stromdurchflossener Leiter wird im Magnetfeld abgelenkt. Die Richtung der Ablenkkraft hängt von der Richtung des Magnetfeldes (Polfeld) und von der Stromrichtung im Leiter (Leiterfeld) ab.

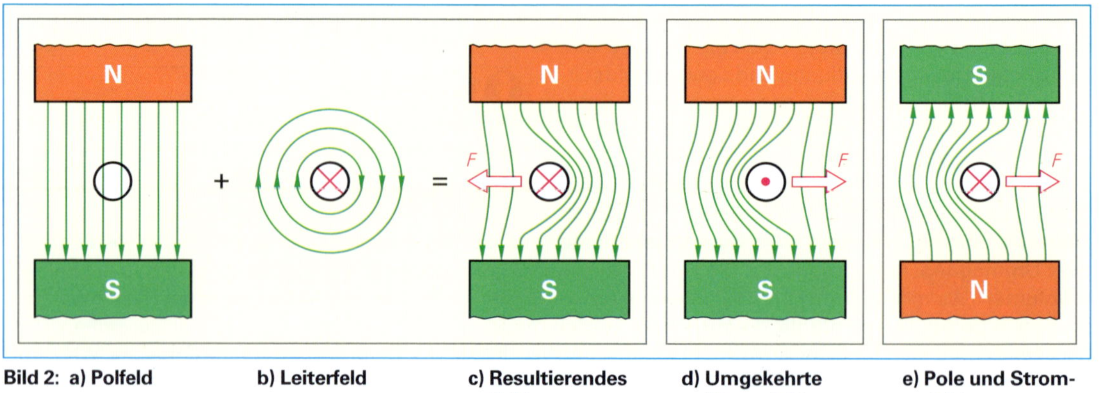

Bild 2: a) Polfeld b) Leiterfeld c) Resultierendes Feld d) Umgekehrte Stromrichtung e) Pole und Stromrichtung vertauscht

Die Bewegungsrichtung des Leiters kann man auch mithilfe der **Motorregel** (linke Hand) bestimmen **(Bild 1)**.

Motorregel: Hält man die linke Hand so, dass die Feldlinien vom Nordpol her auf die Innenfläche der Hand auftreffen und die ausgestreckten Finger in Stromrichtung zeigen, dann zeigt der abgespreizte Daumen in Richtung der Ablenkkraft.

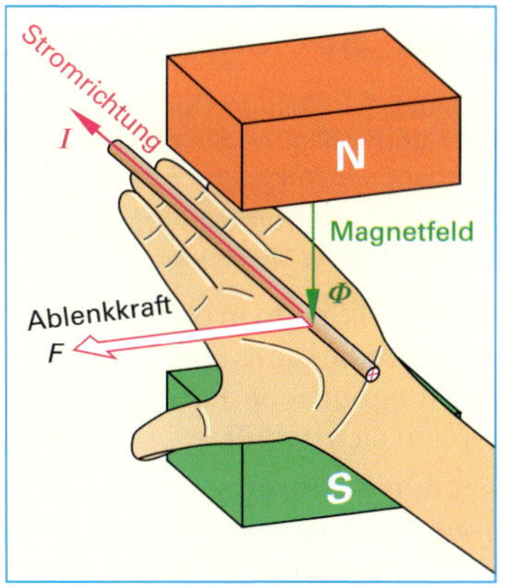

Bild 1: Motor-Regel (linke Hand)

Die ablenkende Kraft rührt von den Kräften des Magnetfelds auf die im Leiter wandernden Ladungsträger her. Die Kraft auf die im Magnetfeld bewegten Ladungsträger nennt man **Lorentzkraft**[1].

Versuch 4: Wiederholen Sie Versuch 1, **Seite 90**, und steigern Sie dabei nochmals langsam den Strom.

Die Ablenkung des Leiters wird größer.

Die Kraft auf den Leiter vergrößert sich mit dem Leiterstrom.

Versuch 5: Wiederholen Sie Versuch 2, **Seite 90**, und beobachten Sie die Ablenkung des Leiters. Überbrücken Sie die Schenkel des Hufeisenmagneten mit einem dünnen Eisenblech.

Die Ablenkung des Leiters wird kleiner.

Ein Teil der Feldlinien des Magneten schließt sich über das Eisenstück (magnetischer Nebenschluss). Die Flussdichte zwischen den Polen nimmt dadurch ab. Je kleiner die Flussdichte ist, desto kleiner ist auch die Ablenkkraft auf den Leiter.

Die Kraft auf den Leiter wächst mit der magnetischen Flussdichte.

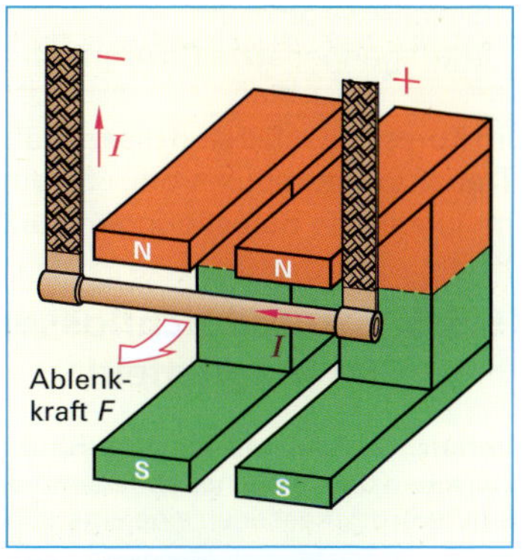

Bild 2: Vergrößerung der wirksamen Leiterlänge

Versuch 6: Wiederholen Sie Versuch 1, **Seite 90**, und beobachten Sie die Ablenkung des Leiters. Stellen Sie einen zweiten, gleichen Magneten mit gleicher Feldrichtung neben den ersten Magneten **(Bild 2)**.

Die Ablenkung des Leiters wird größer.

Durch den zweiten Magneten wird die Breite des Polfeldes größer. Damit vergrößert sich die Leiterlänge im Polfeld, die sogenannte **wirksame Leiterlänge.**

Die Kraft auf den Leiter nimmt mit der wirksamen Leiterlänge zu.

Befinden sich gleichzeitig mehrere Leiter im Magnetfeld, die alle vom gleichen Strom in gleicher Richtung durchflossen werden (z.B. Gleichstrommotor, **Seite 516**), so wird die Kraft umso größer, je größer die Anzahl dieser Leiter ist.

Motorprinzip: Stromdurchflossene Leiter im Magnetfeld erzeugen Bewegung.

Ablenkkraft (Lorentzkraft)

$$F = B \cdot I \cdot l \cdot z$$

$$[F] = \frac{\mathrm{Vs}}{\mathrm{m}^2} \cdot \mathrm{A} \cdot \mathrm{m} = \frac{\mathrm{Ws}}{\mathrm{m}} = \frac{\mathrm{Nm}}{\mathrm{m}} = \mathrm{N}$$

F Ablenkkraft
B magnetische Flussdichte
I Stromstärke
l wirksame Leiterlänge
z Leiterzahl

Beispiel:

Ein Gleichstrommotor hat im Luftspalt eine magnetische Flussdichte von 0,8 T. Unter den Polen befinden sich insgesamt $z = 400$ Ankerdrähte mit einem Strom $I = 0{,}5$ A. Die wirksame Leiterlänge ist $l = 150$ mm. Berechnen Sie die Kraft F am Umfang des Ankers.

Lösung:

$F = B \cdot I \cdot l \cdot z$

$\mathbf{F} = 0{,}8 \frac{\mathrm{Vs}}{\mathrm{m}^2} \cdot 0{,}5\,\mathrm{A} \cdot 0{,}15\,\mathrm{m} \cdot 400$

$= 24 \frac{\mathrm{Vs} \cdot \mathrm{A}}{\mathrm{m}} = 24 \frac{\mathrm{Ws}}{\mathrm{m}} = \mathbf{24\,N}$

Blasmagnete (Blaswirkung)

Beim Trennen von Schaltkontakten unter Last entsteht ein **Lichtbogen** (leitfähiges Plasma), durch den weiterhin Strom fließt. Durch die Kraftwirkung des Magnetfeldes des Blasmagneten auf den Lichtbogen wird dieser schnell verlängert und reißt ab **(Bild 2, Seite 99)**. Dadurch schützt man den Kontakt vor Abbrand. Blasmagnete verwendet man in Niederspannungs-Leistungsschaltern, z.B. in Gleichspannung-Schaltrelais.

[1] Hendrik A. Lorentz, niederländischer Physiker, 1853 bis 1928

SimElektro Grundstufe S13

5.5.2 Stromdurchflossene parallele Leiter

Versuch 1: Befestigen Sie zwei Metallbänder **(Bild 3)** locker an isolierten Klemmen und schließen Sie diese über einen Stellwiderstand an eine Gleichspannungsquelle mit einem Ausgangsstrom von etwa 10 A an.

Bei gleicher Stromrichtung ziehen sich die Leiter an, bei entgegengesetzter Stromrichtung stoßen sie sich ab.

Fließt der Strom in beiden Leitern in gleicher Richtung, so umschlingt das gemeinsame Feld beide Leiter **(Bild 2a).** Zwischen den Leitern ist die magnetische Flussdichte geringer als außerhalb; die Feldlinien wollen sich verkürzen, und es entsteht eine Anziehungskraft.

Fließen die Ströme in entgegengesetzter Richtung, so verstärkt sich zwischen den Leitern das Magnetfeld, und es entsteht eine abstoßende Kraftwirkung **(Bild 2b).** Fließt Wechselstrom durch die Leiter, so wechselt ständig die Kraftwirkungsrichtung.

Gleiche Stromrichtung	⇒	Anziehung der Leiter
Entgegengesetzte Stromrichtung	⇒	Abstoßung der Leiter

Im Kurzschlussfall sind diese Kräfte sehr groß. Gefährdete Bauteile, z. B. Transformatorspulen oder Stromschienen, müssen durch besondere mechanische Befestigungen **kurzschlussfest** gemacht werden.

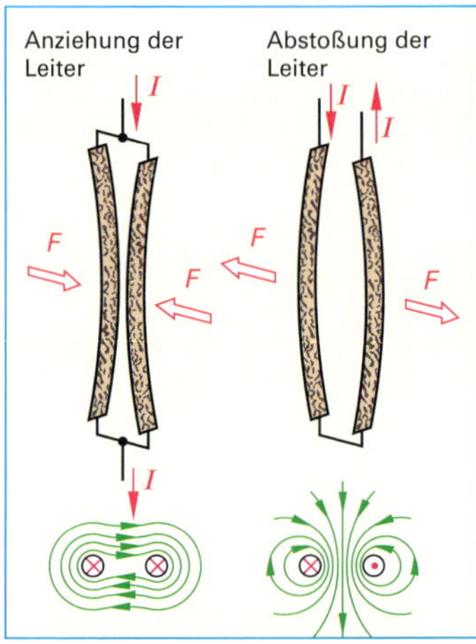

Bild 1: Drehung der stromdurchflossenen Spule im Magnetfeld

5.5.3 Stromdurchflossene Spule im Magnetfeld

Versuch 2: Spannen Sie eine Spule mit 2 Metallbändern **(Bild 1)** senkrecht zwischen die Pole eines Hufeisenmagneten und schließen Sie die Spule über einen Strommesser an eine einstellbare Gleichspannungsquelle an.

Die Spule dreht sich um 90°.

Versuch 3: Wiederholen Sie Versuch 2 mit entgegengesetzter Stromrichtung. Vertauschen Sie anschließend die Pole des Hufeisenmagneten.

Die Drehrichtung der Spule kehrt sich in beiden Versuchen um.

Auf eine stromdurchflossene Spule im Magnetfeld wirkt ein Drehmoment. Die Drehmomentrichtung hängt von der Stromrichtung in der Spule und von der Richtung des Magnetfeldes ab.

Der Strom in den beiden Leitern einer Windung bildet ein Magnetfeld (Spulenfeld **Bild 3b).** Zusammen mit dem Polfeld des Dauermagneten **(Bild 3a)** ergibt sich ein gemeinsames (resultierendes) Feld **(Bild 3c).** Die beiden Leiter einer Windung werden abgelenkt. Bei mehreren Windungen vergrößert sich die Kraft proportional.

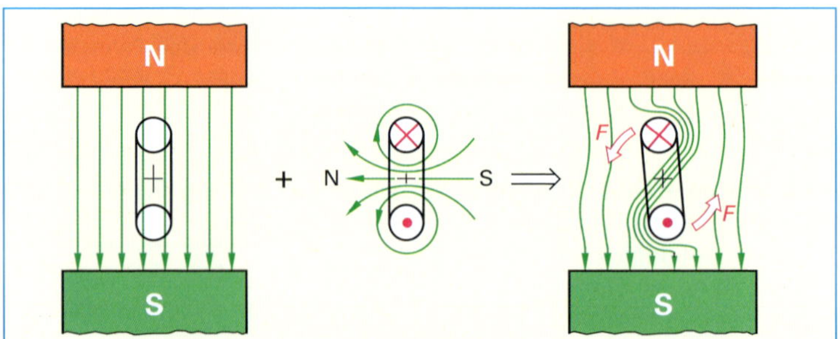

Bild 3: Stromdurchflossene Spule im Magnetfeld

Stromwendung

Damit die Leiterschleife in waagerechter Lage nicht stehenbleibt, sondern eine fortlaufende Drehung entsteht, muss in diesem Zeitpunkt die Stromrichtung umgepolt werden. Ein Stromwender bewirkt, dass der Strom in den Leitern im Bereich eines bestimmten Poles immer dieselbe Richtung hat.

Stromwender: **Seite 516**

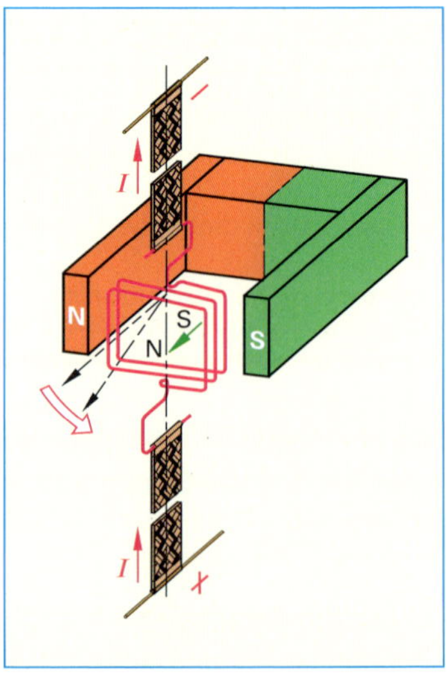

Bild 2: Kraftwirkungen zwischen stromdurchflossenen Leitern

5.6 Spannungserzeugung durch Induktion

5.6.1 Generatorprinzip (Induktion der Bewegung)

Versuch 1: Hängen Sie einen Leiter, z. B. ein Aluminiumrohr, an zwei beweglichen Metallbändern zwischen den Polen eines Hufeisenmagneten auf **(Bild 1)**. Schließen Sie die Metallbänder an einen Spannungsmesser mit Millivoltbereich und Nullpunkt in Skalenmitte an. Bewegen Sie den Leiter wie in **Bild 1** senkrecht zur Richtung des Magnetfeldes.

Der Zeiger schlägt aus, solange der Leiter im Magnetfeld bewegt wird.

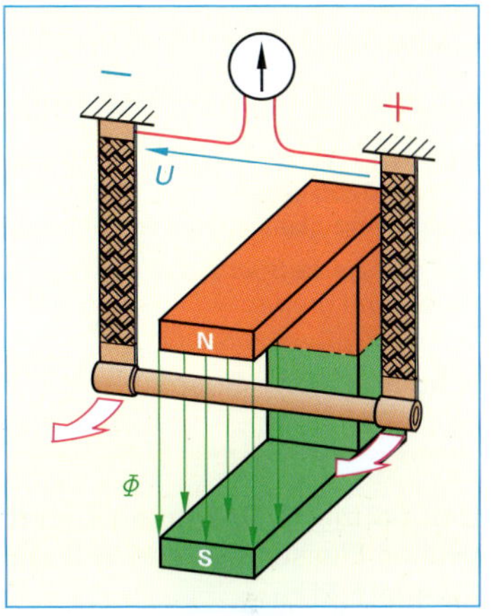

Bild 1: Bewegung des Leiters im Magnetfeld

Versuch 2: Wiederholen Sie Versuch 1, bewegen Sie aber den Leiter in Richtung der Feldlinien, z.B. durch senkrechtes Anheben.

Das Messinstrument zeigt keinen Ausschlag.

Wird ein Leiter durch das Magnetfeld geführt, so bewegen sich mit ihm auch seine freien Elektronen. Bewegte Elektronen werden von einem Magnetfeld durch die Lorentzkraft senkrecht zu ihrer Bewegungsrichtung abgelenkt. Auf der einen Seite des Leiters bildet sich ein Elektronenüberschuss, auf der anderen Seite ein Elektronenmangel **(Bild 2)**. Zwischen den Leiterenden entsteht eine Spannung.

Generatorprinzip: Wird ein Leiter in einem Magnetfeld senkrecht zur Magnetfeldrichtung bewegt, wird eine Spannung induziert.

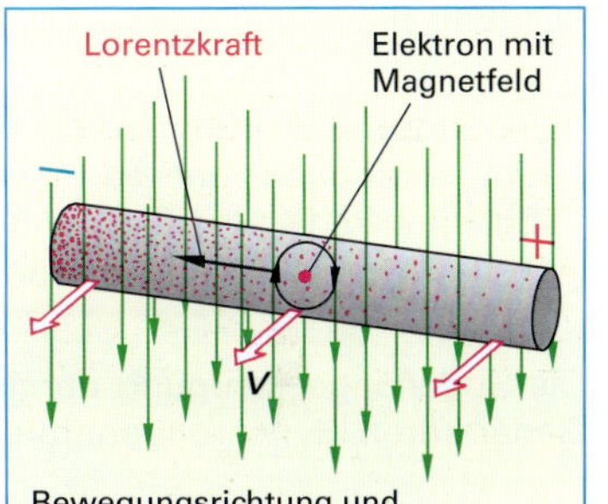

Bild 2: Ladungsverschiebung durch Bewegung im Magnetfeld

Versuch 3: Wiederholen Sie Versuch 1, bewegen Sie aber den Leiter in umgekehrter Richtung.

Der Zeiger des Messinstruments schlägt in entgegengesetzter Richtung aus.

Die Richtung der induzierten Spannung hängt von der Richtung der Bewegung ab.

Versuch 4: Wiederholen Sie Versuch 1, vertauschen Sie aber die Pole des Hufeisenmagneten.

Der Zeiger des Instruments schlägt in die entgegengesetzte Richtung aus.

Die Richtung der induzierten Spannung hängt von der Richtung des Magnetfeldes ab.

Versuch 5: Bewegen Sie in der Versuchsanordnung 1 den Leiter zuerst langsam, dann schnell durch das Magnetfeld.

Bei größerer Geschwindigkeit des Leiters ist die Spannung größer.

Die Höhe der induzierten Spannung nimmt mit der Geschwindigkeit des Leiters zu.

Wenn man den Leiter festhält und das Magnetfeld bewegt, wird ebenfalls eine Spannung induziert. Die Größe der induzierten Spannung hängt von der Geschwindigkeit des Magneten gegenüber dem Leiter ab, die Richtung der induzierten Spannung von der Bewegungsrichtung des Magnetfeldes.

Die induzierte Spannung wird fast immer an Leiterschleifen oder an Spulen abgenommen. In einer Leiterschleife im Magnetfeld entsteht eine Spannung, wenn sich der magnetische Fluss, der von der Leiterschleife umfasst wird, ändert. Dies ist der Fall, wenn die Leiterschleife im Magnetfeld gedreht wird.

Wird eine Leiterschleife in einem Magnetfeld so bewegt, dass sich der magnetische Fluss in der Schleife ändert, wird in ihr eine Spannung induziert[1]. Diesen Vorgang nennt man Induktion.

[1] von inducere (lat.) = hineinführen

Ändert sich der magnetische Fluss innerhalb einer Spule so wird in ihr eine Spannung induziert.

Versuch 6: Schließen Sie an einen Spannungsmesser (Messbereich 3 V) eine Spule mit 300 Windungen an. Bewegen Sie die Spule über einen Schenkel des Hufeisenmagneten.

Der Zeiger des Instruments schlägt aus.

Versuch 7: Wiederholen Sie Versuch 6, verwenden Sie dabei Spulen mit 600 und mit 1200 Windungen. Bewegen Sie die Spulen nacheinander mit gleicher Geschwindigkeit über einen Schenkel des Magneten.

Die induzierte Spannung ist bei größerer Windungszahl bzw. Leiterzahl entsprechend größer.

Die induzierte Spannung wächst mit der Anzahl der Windungen bzw. der Leiter.

Die induzierte Spannung nimmt außerdem mit steigender magnetischer Flussdichte und mit der wirksamen Länge des Leiters im Magnetfeld zu.

Ist der Stromkreis geschlossen, so ruft die Induktionsspannung einen Strom hervor. Die Richtung des Stromes ist von der Bewegungsrichtung des Leiters und von der Richtung des Magnetfeldes abhängig. Sie kann mithilfe der **Generatorregel** (rechte Hand) bestimmt werden **(Bild 1)**.

Generatorregel: Hält man die rechte Hand so, dass die Feldlinien vom Nordpol her auf die Innenfläche der Hand treffen und der abgespreizte Daumen in die Bewegungsrichtung zeigt, so fließt der Induktionsstrom in Richtung der ausgestreckten Finger.

Die Spannungserzeugung durch Induktion der Bewegung wird bei Generatoren (Synchrongenerator, **Seite 514**) angewendet.

5.6.2 Lenzsche Regel

Versuch: Treiben Sie einen Generator, z. B. einen Fahrraddynamo, mit einem Motor an. Belasten Sie dann den Generator durch ein Glühlämpchen.

Der Generator bremst den Motor stärker ab, wenn das Glühlämpchen angeschlossen ist.

Bei der Bewegung des Leiters durch das Magnetfeld wird im Leiter eine Spannung induziert, die einen Strom zur Folge hat. Dieser Strom ruft ein Magnetfeld um den Leiter hervor **(Bild 2)**, das sich dem Polfeld überlagert. Das Feld um den Leiter ist so gerichtet, dass sich das gemeinsame (resultierende) Feld vor dem Leiter verdichtet **(Bild 3)** und deshalb der verursachenden Bewegung entgegenwirkt.

Lenzsche[1] Regel
Der durch eine Induktionsspannung hervorgerufene Strom ist stets so gerichtet, dass er der Ursache der Induktion (hier der Bewegung des Leiters) entgegenwirkt.

[1] Heinrich F. E. Lenz, russischer Physiker, 1804 bis 1865

Bewegungsinduktion

$$u_i = B \cdot l \cdot v \cdot z$$

$$z = 2 \cdot N$$

$$[u_i] = \frac{\text{Vs}}{\text{m}^2} \cdot \text{m} \cdot \frac{\text{m}}{\text{s}} = \text{V}$$

- u_i induzierte Spannung
- B magnetische Flussdichte
- l wirksame Leiterlänge im Magnetfeld
- v Geschwindigkeit des Leiters
- z Anzahl der Leiter im Magnetfeld
- N Windungszahl einer Spule

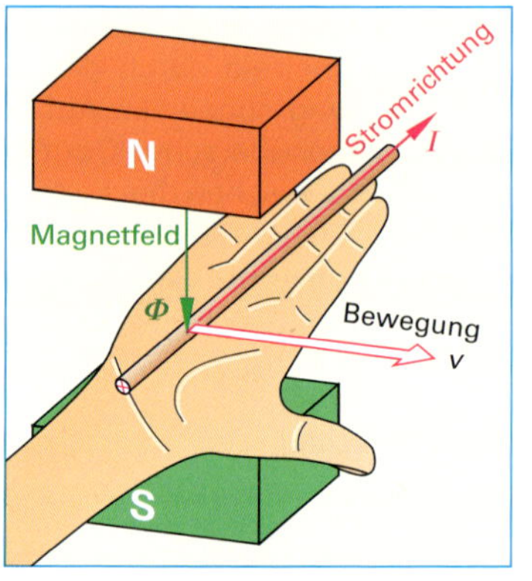

Bild 1: Generator-Regel (rechte Hand)

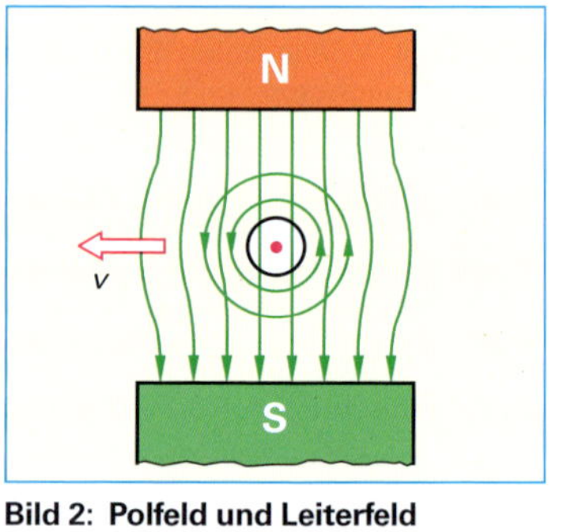

Bild 2: Polfeld und Leiterfeld

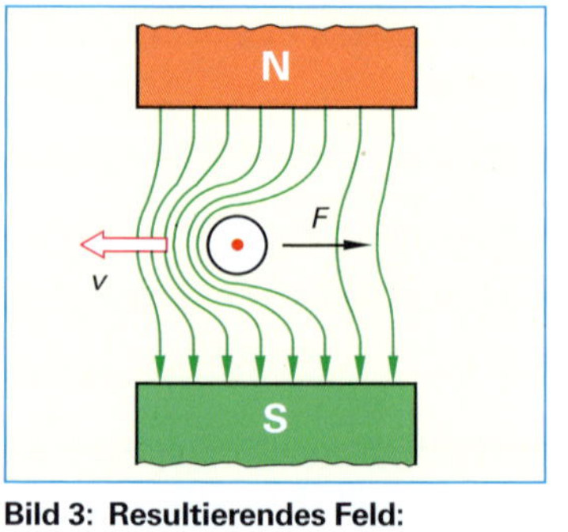

Bild 3: Resultierendes Feld: Der Leiter wird in seiner Bewegung gebremst

5.6.3 Transformatorprinzip (Induktion der Ruhe)

Versuch 1: Stellen Sie zwei Spulen mit gleichen Windungszahlen, z. B. 600 Windungen, nebeneinander auf. Schließen Sie die erste Spule über einen Strommesser, einen einstellbaren Widerstand und einen Schalter an eine Gleichspannung, z.B. 12 V, an **(Bild 1)**. Verbinden Sie die zweite Spule mit einem Spannungsmesser (Millivoltbereich, Nullpunkt in Skalenmitte). Schalten Sie den Strom in der ersten Spule ein und nach kurzer Zeit wieder aus.

Im Augenblick des Einschaltens schlägt der Zeiger des Spannungsmessers aus und geht sofort wieder in die Nullstellung zurück. Im Augenblick des Ausschaltens schlägt der Zeiger des Spannungsmessers wieder kurz aus, aber in entgegengesetzter Richtung **(Bild 2)**.

Fließt Strom durch die Spule 1, erzeugt er ein Magnetfeld, das zum Teil auch die Spule 2 durchsetzt **(Bild 1)**. Beim Einschalten wird das Magnetfeld aufgebaut, beim Abschalten abgebaut. Diese Feldänderung induziert in der Spule 2 eine Spannung.

In einer Spule wird eine Spannung induziert, wenn sich die Anzahl der von der Spule umfassten Feldlinien, also der umfasste magnetische Fluss, ändert.

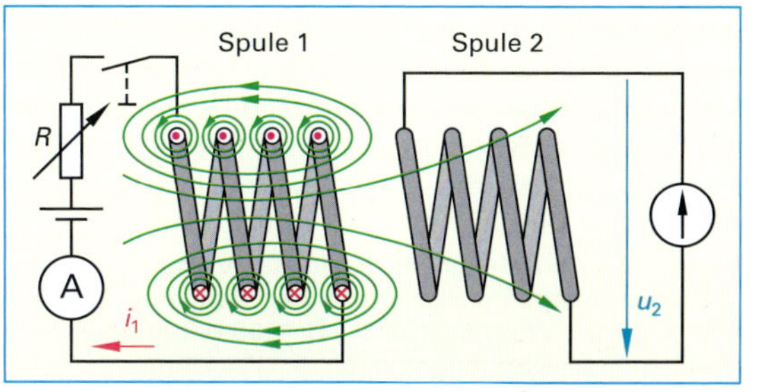

Bild 1: Induktion der Ruhe (Transformatorprinzip)

Versuch 2: Stecken Sie die beiden Spulen des letzten Versuchs auf einen gemeinsamen (geblechten) Eisenkern und wiederholen Sie den Versuch 1. Verwenden Sie jedoch einen Spannungsmesser mit größerem Messbereich.

Die induzierte Spannung in Spule 2 ist erheblich größer als beim letzten Versuch.

Ein Eisenkern verstärkt das Feld in den Spulen. Bei Feldänderung erhält man damit eine größere Änderung des magnetischen Flusses.

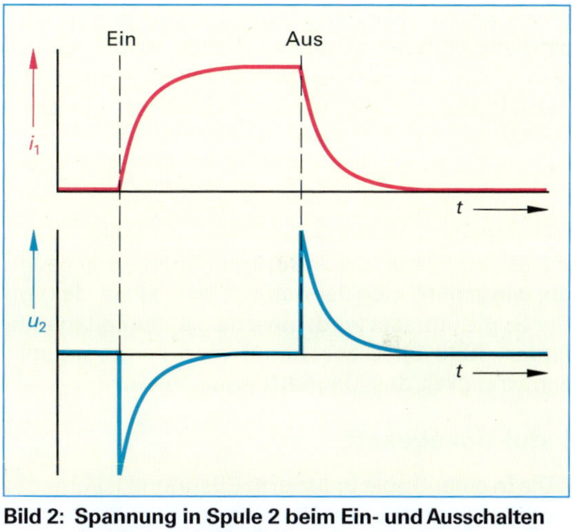

Bild 2: Spannung in Spule 2 beim Ein- und Ausschalten des Stroms in Spule 1

Versuch 3: Wiederholen Sie den letzten Versuch. Ändern Sie aber nach dem Einschalten mit dem einstellbaren Widerstand die Stromstärke in Spule 1 zunächst nur langsam, dann schneller.

Bei schneller Änderung des magnetischen Flusses entsteht in Spule 2 eine größere Spannung.

Die induzierte Spannung ist umso größer, je schneller sich der magnetische Fluss in der Spule ändert.

Beim Ein- und Ausschalten einer Spule (Versuch 1) ändert sich das Magnetfeld sehr schnell, deshalb werden in Spule 2 auch hohe Spannungen induziert.

Versuch 4: Führen Sie durch eine Spule von 600 Windungen einen längeren Eisenkern. Stecken Sie auf den Eisenkern einen Aluminiumring, der an einem Faden aufgehängt ist, sodass er leicht über dem Eisenkern pendeln kann. Schließen Sie die Spule über einen Schalter an ein Netzgerät an **(Bild 3)**.

Beim Einschalten des Stromes wird der Aluminiumring abgestoßen, beim Ausschalten angezogen.

Die Änderung des Spulenstroms beim Einschalten induziert im Aluminiumring einen Strom, dessen Magnetfeld dem verursachenden Feld der Spule entgegengerichtet ist (lenzsche Regel). Der Ring wird abgestoßen. Beim Ausschalten haben beide Felder die gleiche Richtung. Der Ring wird angezogen.

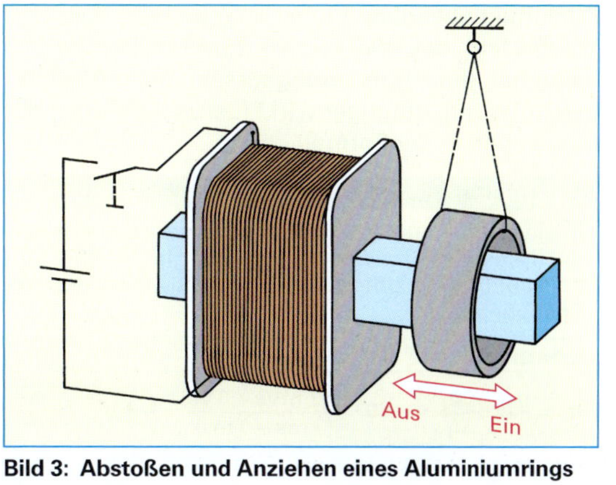

Bild 3: Abstoßen und Anziehen eines Aluminiumrings

SimElektro Grundstufe 1.1
Grundstufe **S15**

Versuch 5: Stecken Sie zwei Spulen gleicher Windungszahl, z. B. je 600 Windungen, auf die Schenkel eines geblechten U-Kerns und schließen Sie den magnetischen Kreis mit dem zugehörigen Joch. Schalten Sie die erste Spule an den Wechselspannungsausgang eines Netzgerätes **(Bild 1)**. Schließen Sie je einen Wechselspannungsmesser an die erste und an die zweite Spule an. Vergleichen Sie die Spannungen an beiden Spulen.

Die Wechselspannung an Spule 2 ist fast so groß wie die Spannung an Spule 1.

Die Anordnung zweier Spulen (Wicklungen) auf einem gemeinsamen Eisenkern nennt man **Transformator**[1]. Spule 1, der elektrische Energie zugeführt wird, heißt Eingangs- oder Primärwicklung, Spule 2, die Energie abgibt, wird als Ausgangs- oder Sekundärwicklung bezeichnet **(Bild 2)**.

Versuch 6: Wiederholen Sie den letzten Versuch. Verwenden Sie als Ausgangswicklung jedoch eine Spule mit doppelt so großer Windungszahl, z. B. 1200 Windungen. Vergleichen Sie die Spannungen an den Wicklungen.

Die Ausgangsspannung ist nahezu doppelt so groß wie die Eingangsspannung.

In jeder Windung der Ausgangswicklung wird eine gleich große Spannung induziert. Die Windungen sind alle hintereinander geschaltet. Also addieren sich die Einzelspannungen jeder Windung. Die Ausgangsspannung wächst daher im gleichen Verhältnis mit der Anzahl der Windungen.

Die induzierte Spannung ist der Windungszahl proportional.

Zusätzlich hängt die induzierte Spannung davon ab, wie schnell sich der magnetische Fluss, der von der Spule umfasst wird, innerhalb einer Zeitspanne ändert **(Bild 3)**. Diese nennt man Änderungsgeschwindigkeit des Magnetflusses $\Delta\Phi/\Delta t$.

Induktionsgesetz

Die in einer Spule induzierte Spannung ist umso größer, je größer die Windungszahl der Spule, je größer die Änderungsgeschwindigkeit des Magnetflusses ist.

Die Induktionsspannung ist so gerichtet, dass das Magnetfeld des Induktionsstromes, den sie zur Folge hat, ihrer Entstehungsursache, der Magnetfeldänderung, entgegenwirkt (Lenzsche Regel, Minuszeichen in der Formel).

Beispiel:

In einer Spule mit 60 Windungen ändert sich der magnetische Fluss innerhalb von 3 ms gleichmäßig von 0 Vs auf 0,2 mVs **(Bild 3)**. Berechnen Sie die induzierte Spannung u_{i1}.

Lösung:

$$u_{i1} = -N \cdot \frac{\Delta\Phi_1}{\Delta t_1} = -60 \cdot \frac{(0{,}2\ \text{mVs} - 0\ \text{Vs})}{(3\ \text{ms} - 0\ \text{ms})} = \mathbf{-4\ V}$$

[1] von transformare (lat.) = verwandeln

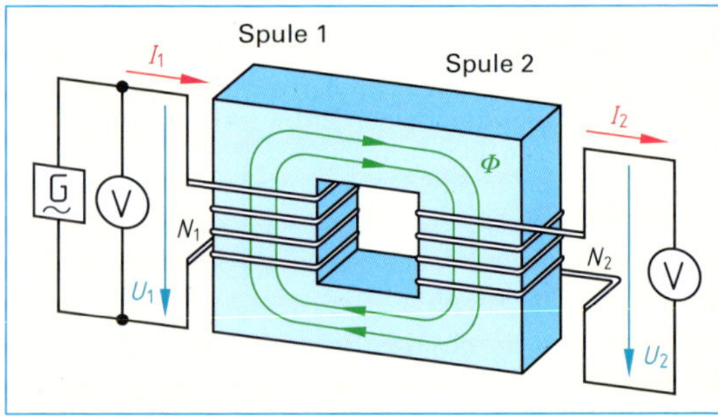

Bild 1: Aufbau eines Transformators

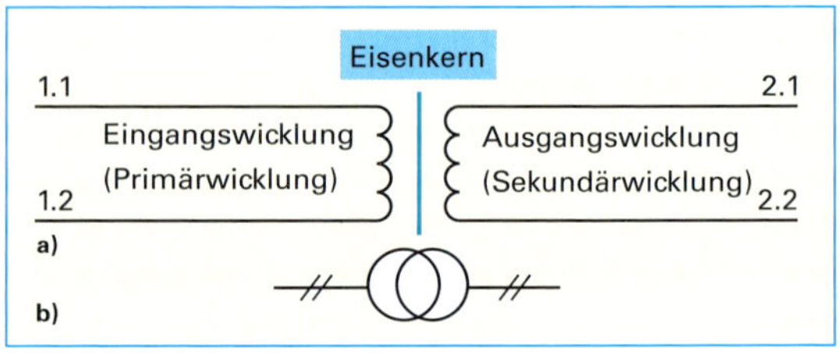

Bild 2: Schaltzeichen eines Transformators
a) für mehrpolige Darstellung und
b) für einpolige Darstellung

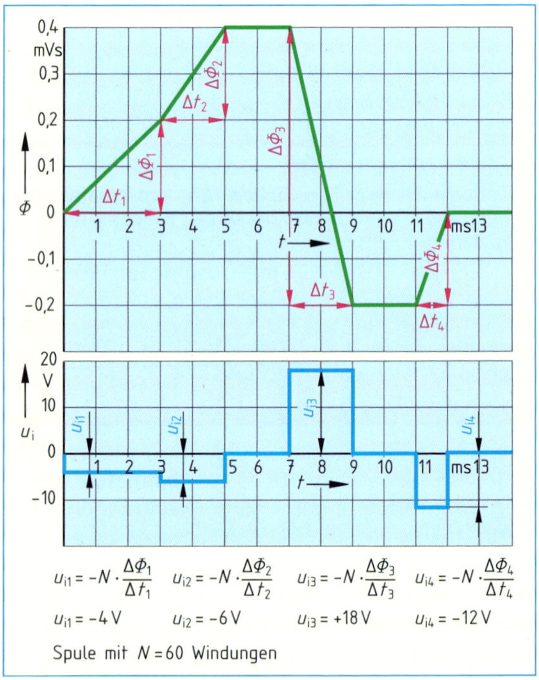

Bild 3: Induktionsspannung durch Flussänderung

Induzierte Spannung

$$u_i = -N \cdot \frac{\Delta\Phi}{\Delta t}$$

u_i	induzierte Spannung
N	Windungszahl
$\Delta\Phi$	magnetische Flussänderung
Δt	Zeitdauer der magnetischen Flussänderung

5.6.4 Selbstinduktion

Versuch 1: Schließen Sie eine Spule mit geschlossenem Eisenkern an eine Gleichspannung von etwa 2 V. Schalten Sie parallel zur Spule eine Glimmlampe P1 mit einer Zündspannung von etwa 90 V **(Bild 1)**. Schließen und öffnen Sie den Stromkreis.

Die Glimmlampe P1 *leuchtet beim Öffnen des Stromkreises kurz auf.*

Beim Öffnen des Stromkreises bricht das Magnetfeld der Spule zusammen. Durch diese sehr schnelle Änderung des Magnetflusses um die Spule selbst wird in ihr eine hohe Spannung induziert, die man daher **Selbstinduktionsspannung** nennt.

Versuch 2: Schalten Sie in Reihe zu einer Spule mit 1200 Windungen eine 4,5-V-Glühlampe P1, außerdem eine zweite 4,5-V-Glühlampe P2 in Reihe zu einem einstellbaren Widerstand. Legen Sie beide Reihenschaltungen parallel an eine Gleichspannung von 6 V **(Bild 2)**. Gleichen Sie den Stellwiderstand so ab, dass beide Glühlampen gleich hell leuchten.

Öffnen Sie den Stromkreis und schließen Sie ihn dann wieder. Beobachten Sie dabei die beiden Glühlampen.

Beim Schließen des Stromkreises leuchtet die Glühlampe P2 *in Reihe mit der Spule später auf.*

Nach dem Einschalten erreicht der Strom in der Spule nicht sofort seinen vollen Wert **(Bild 3)**. Das Magnetfeld wird erst durch den Strom aufgebaut. Diese Feldänderung bewirkt eine Selbstinduktionsspannung, die so gepolt ist, dass sie das Ansteigen des Stromes und damit den Aufbau des Magnetfeldes verzögert (lenzsche Regel).

Nach dem Abschalten des Stromes baut sich das Magnetfeld der Spule ab. Dies hat ebenfalls eine Selbstinduktionsspannung zur Folge **(Bild 3)**, die aber so gepolt ist, dass der Spulenstrom in gleicher Richtung weiterfließt und dann langsam auf null abklingt (lenzsche Regel).

Bei einer Spule an Wechselspannung verringert die Selbstinduktionsspannung die Stromaufnahme. Die Selbstindunktionsspannung ist abhängig von der Änderungsgeschwindigkeit des Spulenstromes und der elektromagnetischen Eigenschaft der Spule. Diese Spuleneigenschaft nennt man **Induktivität** (Formelzeichen L). Die Induktivität wächst mit dem Quadrat der Windungszahl und hängt von den Abmessungen der Spule sowie von den Eigenschaften des Eisenkerns ab. Die Einheit der Induktivität ist Henry[1] (H).

Eine Spule hat die Induktivität von 1 Henry, wenn bei einer gleichförmigen Stromänderung von 1 A in 1 s die Spannung 1 V induziert wird.

[1] Josef Henry, amerikanischer Physiker, 1797 bis 1878

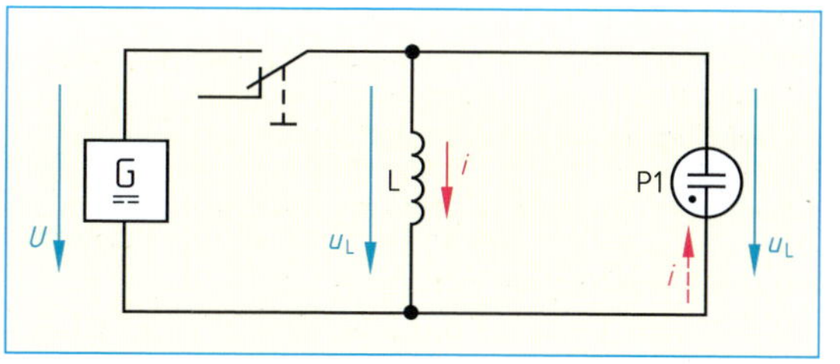

Bild 1: Ausschalten einer Spule

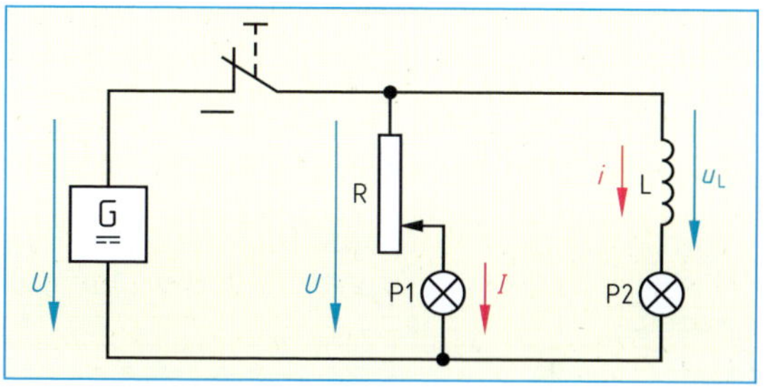

Bild 2: Einschalten einer Spule

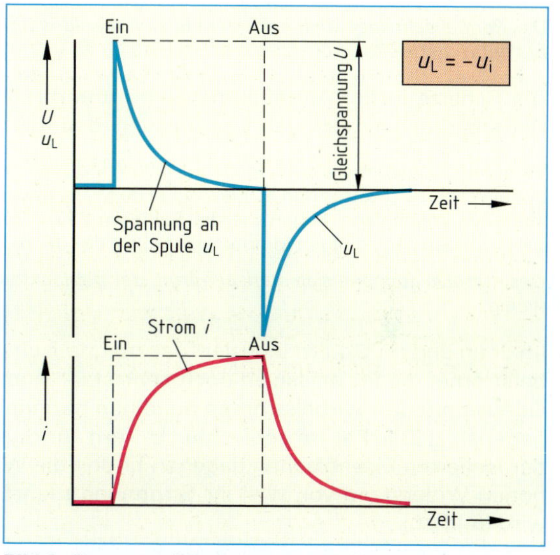

Bild 3: Strom- und Spannungsverlauf beim Ein- und Ausschalten einer Spule

Induktivität	Induzierte Spannung
$L = N^2 \cdot \mu \cdot \frac{A}{l_m} = N^2 \cdot A_L$	$u_i = -L \cdot \frac{\Delta i}{\Delta t}$

$$[L] = \frac{Vs}{A} = \Omega s = H$$

L Induktivität
N Windungszahl
μ Permeabilität
A vom magnetischen Fluss durchsetzte Fläche
l_m mittlere Feldlinienlänge im Eisen
A_L Spulenkonstante, z. B. in mH, nach Herstellerangabe
Δi Stromänderung
Δt Zeitdauer der Stromänderung
u_i induzierte Spannung (Selbstinduktionsspannung)

5.6.5 Wirbelströme

Versuch 1: Hängen Sie eine dicke Aluminiumscheibe, die an einer Pendelstange befestigt ist, so auf, dass die Scheibe ungehindert im Luftspalt eines Elektromagneten schwingen kann **(Bild 1)**. Lassen Sie das Pendel zunächst frei schwingen. Legen Sie dann eine Gleichspannung an die Spulen des Elektromagneten, z.B. an 2 Spulen mit je 600 Windungen auf einem U-Kern mit aufgesetzten Polschuhen.

Sobald durch den Elektromagneten Strom fließt, wird das Pendel stark abgebremst.

Das Bewegen der Aluminiumscheibe im Feld des Elektromagneten induziert in ihr eine Spannung, die einen großen Strom (Kurzschlussstrom) verursacht, weil die Scheibe wie eine in sich geschlossene Leiterschleife wirkt. Der Strom findet jedoch keinen genau festgelegten Weg vor. Deshalb nennt man ihn **Wirbelstrom**.

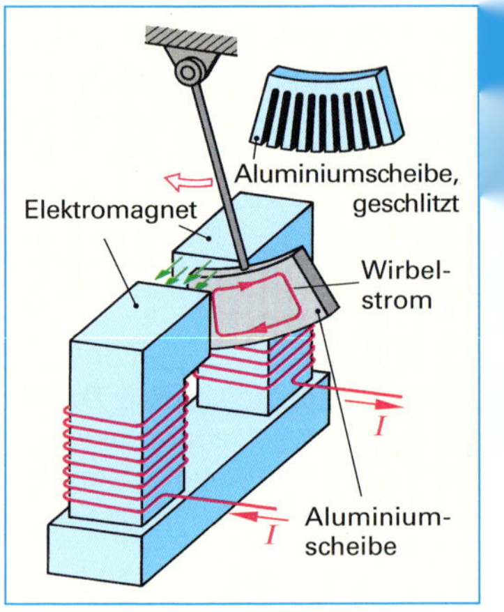

Bild 1: Wirbelstrombremsung

Wird Metall in einem Magnetfeld bewegt, so entstehen im Metall Wirbelströme, deren Magnetfeld die Bewegung bremst (Lenzsche Regel).

Versuch 2: Wiederholen Sie den letzten Versuch, verwenden Sie aber als Pendel eine geschlitzte Aluminiumscheibe **(Bild 1)**.

Das Pendel schwingt auch nach dem Einschalten des Spulenstromes nur wenig gebremst weiter.

Die Schlitze in der Aluminiumscheibe unterbrechen den Weg der Wirbelströme, die sich daher kaum ausbilden können.

Versuch 3: Schieben Sie eine Spule mit 1200 Windungen auf einen geblechten Schenkel eines U-Kerns und schließen Sie den Eisenweg mit einem massiven Joch aus Weicheisen. Legen Sie die Spule an 230 V Wechselspannung an. Berühren Sie nach einigen Minuten vorsichtig das Joch und den U-Kern.

Das massive Joch hat sich stark erwärmt, der geblechte U-Kern dagegen nur wenig.

Im Joch und im U-Kern induziert das magnetische Wechselfeld Wirbelströme, die im massiven Joch sehr stark sind, weil sein großer Querschnitt den Wirbelströmen nur einen geringen Widerstand entgegensetzt **(Bild 2a)**. Im geblechten U-Kern aus dünnen, gegeneinander isolierten Eisenblechen dagegen finden die Wirbelströme einen hohen Widerstand vor, weil ihr Stromweg mehrfach unterbrochen wird **(Bild 2b)**.

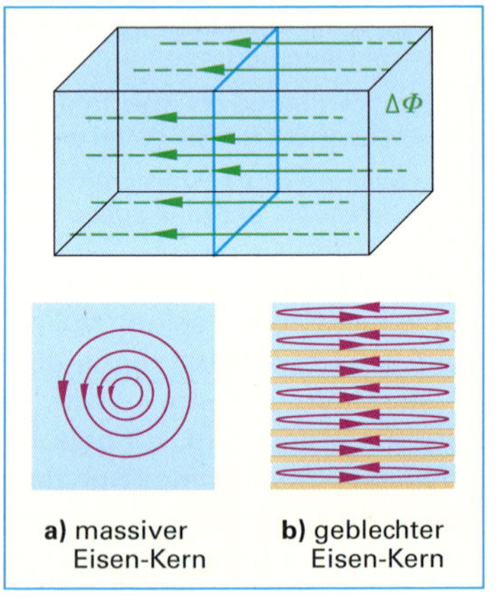

Bild 2: Wirbelströme in Eisenkernen

Durchdringt ein magnetisches Wechselfeld Metall, so werden im Metall Wirbelströme erzeugt, die das Metall erwärmen.

Wirbelströme

Sie entstehen besonders in massiven Metallen durch ein magnetisches Wechselfeld oder durch Bewegung des Metalls in einem Magnetfeld und erzeugen Wärme.

Wirbelströme verursachen in der Regel Energieverluste **(Wirbelstromverluste)**. Sie können aber auch technisch genutzt werden.

Anwendung: Wirbelströme nutzt man z.B. zur induktiven Erwärmung von Metallen oder zur Abschirmung hochfrequenter Magnetfelder. Die HF-Spule z.B. ist von einem Becher aus Aluminium umgeben. Im Becher entstehen Wirbelströme, deren Magnetfeld dem abzuschirmenden Wechselfeld immer entgegengesetzt ist. Durch das Abschirmblech kann daher kein Störfeld nach außen dringen, ebensowenig kann ein magnetisches Wechselfeld von außen die Spule im Innern beeinflussen.

Die **Wirbelstrombremsung** wendet man z.B. bei elektromechanischen Elektrizitätszählern an. Es dreht sich eine elektromotorisch angetriebene Aluminiumscheibe zwischen den Polen eines Dauermagneten **(Seite 175)**. Ferner dient die Wirbelstrombremsung als zusätzliche verschleißfreie Bremse in Hochgeschwindigkeitszügen, LKWs und Autobussen. Beim **Induktionskochverfahren (Seite 413)** erhitzen Wirbelströme direkt den Boden des Kochgefäßes.

1. Einer von zwei äußerlich gleich aussehenden Eisenstäben ist magnetisch. Wie können Sie den magnetischen Eisenstab ohne weitere Hilfsmittel bestimmen?

2. Was geschieht im Innern eines ferromagnetischen Stoffes, wenn dieser magnetisiert wird?

3. Erklären Sie die Begriffe **a)** Remanenz und **b)** Koerzitivfeldstärke.

4. Warum verwendet man für Wechselstrommaschinen ferromagnetische Stoffe mit schmaler Hysteresekurve?

5. Warum macht man z. B. im Elektromotor den benötigten Luftspalt möglichst klein?

6. Erklären Sie, warum bei einem sehr großen Kurzschlussstrom der Kontaktdruck überwunden wird und die Schaltstücke selbsttätig abheben können **(Bild 1)**.

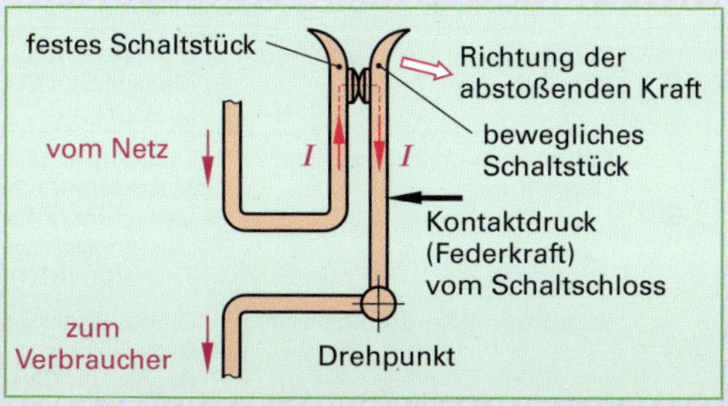

Bild 1: Parallele Kontaktanordnung bei einem Niederspannungs-Leistungsschalter

7. Das Prinzip einer Lichtbogenlöscheinrichtung mit einem Blasmagneten zeigt **Bild 2**. In welche Richtung wird der Schaltlichtbogen durch das Magnetfeld ausgelenkt?

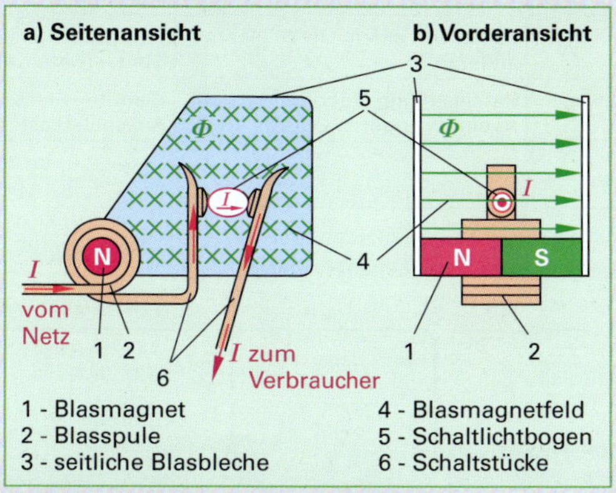

Bild 2: Lichtbogenlöscheinrichtung

* Ergebnisse der Rechenaufgaben Seite 660

8. Eine hochohmige Messwerkspule mit 4000 Windungen (langer, dünner Draht) wird von einem Strom $I = 10$ mA durchflossen. Wie viele Windungen muss eine niederohmige Spule (kurzer, dicker Draht) haben, wenn die gleiche elektrische Durchflutung Θ mit einem Strom von $I = 1$ A erreicht werden soll?

9. Wie kann man z. B. bei einem Generator die induzierte Spannung erhöhen?

10. Von welchen Größen hängt bei der Bewegung eines Leiters im Magnetfeld die Höhe der induzierten Spannung ab?

11. Erklären Sie an einem Beispiel die lenzsche Regel.

12. Warum entsteht bei Anschluss einer Spule an Gleichspannung nur während des Ein- und Ausschaltens eine Selbstinduktionsspannung in der Spule?

13. Um das Brummen durch die Netzfrequenz bei Wechselstromschützen zu verhindern, werden Kurzschlussringe in den Eisenkern eingebaut **(Bild 3)**. Erklären Sie die Wirkungsweise.

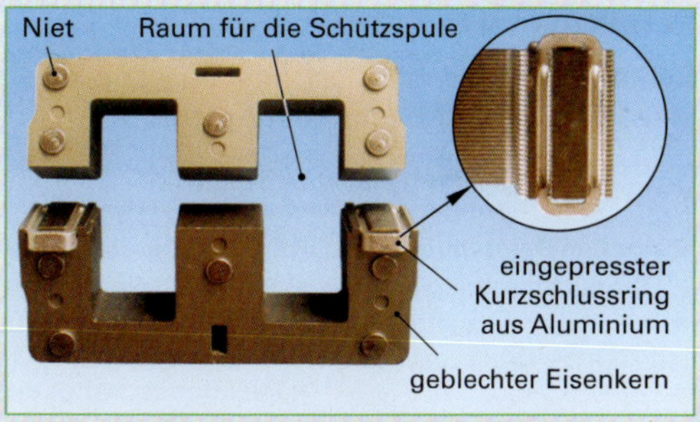

Bild 3: Eisenkern eines Wechselstromschützes

14. Warum werden Eisenkerne für Spulen, z. B. Schützspulen, die vom Wechselstrom durchflossen werden, aus einzelnen gegeneinander isolierten Blechen hergestellt?

15. Wodurch wird die Induktivität einer Spule bestimmt?

16. Eine Induktivität im Stromkreis beträgt 1,5 mH. Berechnen Sie die induzierte Spannung, wenn ein Kurzschlussstrom von 4 kA innerhalb von 5 ms unterbrochen wird.

17. Beschreiben Sie grundsätzlich **a)** den Aufbau und **b)** die Wirkungsweise eines Transformators.

6 Schaltungstechnik

6.1 Schaltungsunterlagen

Schaltpläne zeigen die Funktion und das Zusammenwirken der Betriebsmittel in elektrischen Anlagen. Zur Darstellung von Betriebsmitteln, z.B. Leuchten, Schaltern oder Steckvorrichtungen, verwendet man **Schaltzeichen**.

Kennzeichnung: Elektrische Betriebsmittel bezeichnet man in Schaltplänen und in elektrischen Anlagen alphanumerisch, d.h. durch Kennbuchstaben und durch Zählnummern, z.B. Q1, X1 oder E1 **(Bild)**.

Kennbuchstaben (Tabelle) geben Aufschluss über den Zweck des Betriebsmittels. Der Buchstabe M steht z.B. für das Antreiben durch Motoren.

Zählnummern sind dem Kennbuchstaben nachgestellt. Sie unterscheiden gleichartige Betriebsmittel innerhalb einer Anlage, z.B. Relais K1 oder K2.

Funktionszeichen können der Zählnummer folgen. Der Buchstabe T kennzeichnet z. B. die Zeitverzögerungsfunktion des Zeitrelais K1T.

In Schaltungsunterlagen müssen Betriebsmittel eindeutig und gleichlautend gekennzeichnet sein.

Schaltplanarten

Schaltpläne beschreiben das Zusammenwirken elektrischer Betriebsmittel in Anlagen.

Schaltpläne (Auswahl)

Einpolige Darstellungen:
- Übersichtsschaltpläne
- Installationsschaltpläne

Allpolige Darstellungen:
- Stromlaufpläne
- Klemmenpläne
- Verbindungsschaltpläne
- Funktionsschaltpläne

In einpoligen Darstellungen stellt man alle Leiter eines Leitungsabschnitts durch eine Volllinie dar **(Bild)**. In allpoligen Darstellungen wird jeder Leiter einzeln gezeichnet **(Bild 3, Seite 101)**.

Übersichtsschaltpläne zeigen eine Schaltung in vereinfachter, einpoliger Darstellung **(Bild)**. Im Übersichtsschaltplan umfangreicher Anlagen, z.B. für die Hauptverteilung einer Industrieanlage, bleibt die räumliche Lage der Betriebsmittel unberücksichtigt. In Übersichtsschaltplänen einfacher Installationsschaltungen ordnet man die Betriebsmittel möglichst lagerichtig an.

Der Übersichtsschaltplan einer Installationsschaltung **(Bild)** enthält Angaben über die Verlegungsart, das Leitungsmaterial, den Leiterquerschnitt, die Schaltungsart und über Verlegebedingungen, z.B. Installation in trockenen oder in feuchten Räumen.

Tabelle: Kennbuchstaben von Betriebsmitteln in Schaltplänen (nach DIN EN IEC 81346-2, Auszug)

Kennbuchstabe	Zweck bzw. Aufgabe des Betriebsmittels (Objekts)	Beispiele
B	Erfassung und Darstellung von Informationen	Messwandler, Sensor, Thermistor-Schutzeinrichtung (Motorschutz)
C	Speichern für späteres Abrufen	Kondensator, Festplatte, RAM, ROM
E	Aussendeobjekte	Leuchte, Heizung, Laser, Glühlampe
F	Schutz vor Auswirkungen gefährlicher oder unerwünschter Bedingungen	Sicherung, LS-Schalter, RCD, thermischer Überlastauslöser
G	Bereitstellen eines steuerbaren Durchflusses	Signalgenerator, Generator, Solarzelle, Batterie
H	Behandlung von Stoffen	Elektrostatischer Filter, 3D-Drucker
K	Verarbeitung von Eingangssignalen und Bereitstellung eines geeigneten Ausgangs	Relais, Hilfsschütz, Zeitrelais, Binärelement, Transistor
M	Ausübung mechanischer Bewegung oder Kraft	Betätigungsspule, Elektromotor
P	Bereitstellung wahrnehmbarer Informationen	Meldeleuchte, Messgerät, LED, Lautsprecher
Q	Steuerung von Zugang oder Durchfluss	Leistungsschalter, Motorschutzschalter, Lastschütz, Triac, Leistungstransistor, Thyristor, IGBT
R	Begrenzen oder Stabilisieren	Diode, Widerstand, Drosselspule, Begrenzer, Diac
S	Erkennen einer menschlichen Handlung und Bereitstellung einer entsprechenden Reaktion	Steuerschalter, Wahlschalter, Taster, Bedienfeld
T	Transformieren, Umwandeln	Verstärker, Messumformer, Gleichrichter, AC-DC-Umsetzer, Transformator
U	Verortung anderer Objekte	Isolator, Kabeltragvorrichtung
W	Leiten von einem Ort zu einem anderen	Sammelschiene, Steuer-/Datenkabel
X	Bereitstellung einer Schnittstelle zu einem anderen Objekt	Klemme, Steckdose, Anschlusskasten

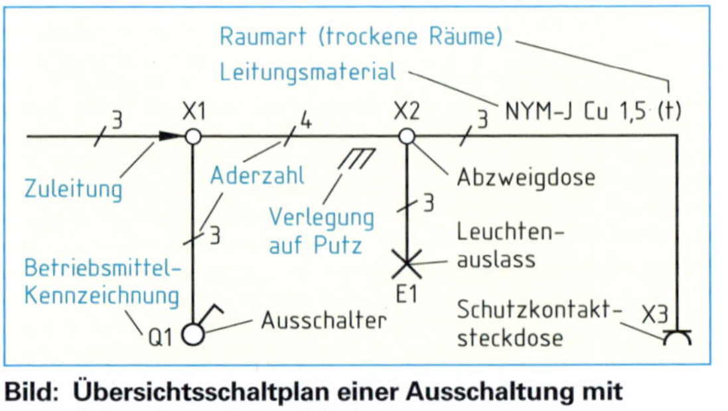

Bild: Übersichtsschaltplan einer Ausschaltung mit Schutzkontaktsteckdose

Installationsschaltpläne (Bild 1) sind wie Übersichtsschaltpläne einpolige Darstellungen. Sie werden lagerichtig und meist maßstabsgetreu in die Grundrisszeichnungen der Gebäude eingetragen. Aus ihnen kann die Elektrofachkraft alle zur Leitungsverlegung erforderlichen Angaben entnehmen, z. B. Leitungsmaterial, Leiterquerschnitt, die erforderliche Aderzahl oder die Verlegebedingung.

Übersichts- und Installationsschaltpläne sind Arbeitsunterlagen zum Verlegen von Leitungen. Sie geben aber keine Auskunft über die Funktion von Schaltungen.

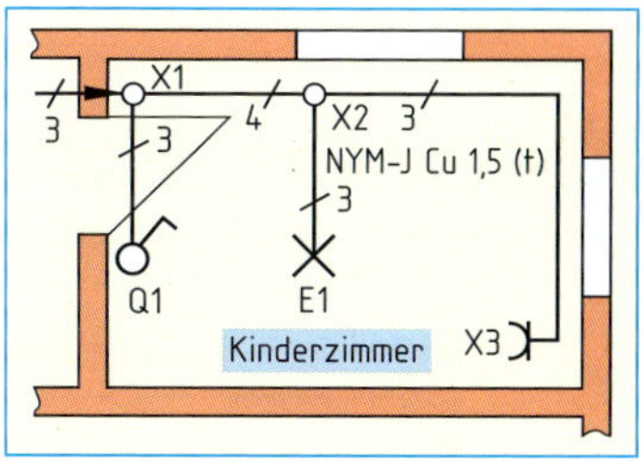

Bild 1: Installationsschaltplan

Stromlaufpläne in aufgelöster Darstellung (Bild 2) sind allpolige, nach Stromwegen aufgelöste Darstellungen einer Schaltung. Die Stromwege (Strompfade) werden waagerecht oder senkrecht und möglichst kreuzungsfrei gezeichnet. Die räumliche Anordnung der Betriebsmittel bleibt dabei unberücksichtigt. Auf die Darstellung von Steckdosen oder die Umrahmung von Betriebsmittelgehäusen verzichtet man oft, damit der Stromlaufplan übersichtlich bleibt.

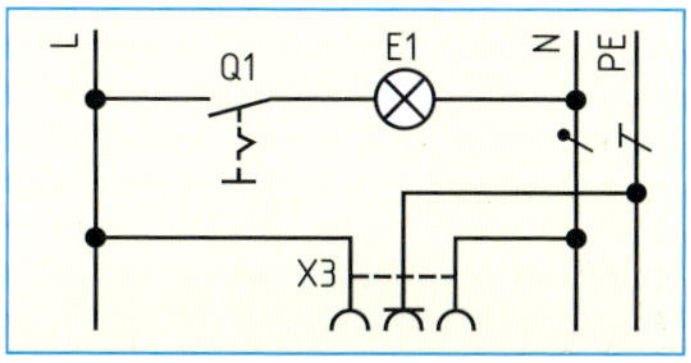

Bild 2: Stromlaufplan in aufgelöster Darstellung

Stromlaufpläne in zusammenhängender Darstellung (Bild 3) zeigen die Verbindungen in Schaltungen mit allen Einzelteilen. Teile ein und desselben Betriebsmittels werden zusammenhängend gezeichnet. In Installationsschaltungen kann man zusätzlich die räumliche Anordnung der Betriebsmittel berücksichtigen.

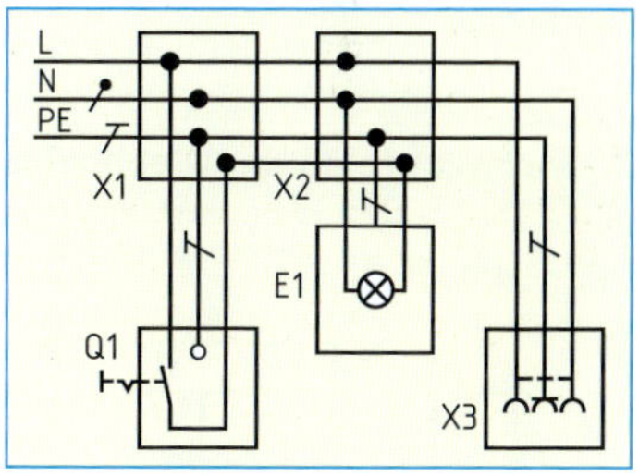

Bild 3: Stromlaufplan in zusammenhängender Darstellung

Stromlaufpläne sind Arbeitsunterlagen zum Erstellen von Steuerungen. Sie zeigen die Funktion von elektrischen Steuerungen oder Schaltungen.

- Kennzeichnung N-Leiter
- Kennzeichnung PEN-Leiter
- Kennzeichnung PE-Leiter (Schutzleiter)

Verbindungsschaltpläne (Bild 4) zeigen die elektrischen Verbindungen und die hierzu erforderlichen Klemmen von Betriebsmitteln. Verbindungsschaltpläne sind auch eine Hilfe beim Anschluss zusammengehörender Betriebsmittel, z. B. zwischen einem Elektrowärmespeicher und dem zugehörigen Raumthermostat. Die Verbindungen innerhalb der Betriebsmittel werden möglichst lagerichtig dargestellt.

Geräteverdrahtungspläne (Bild 4) stellen nur die Verbindungen und Klemmen innerhalb eines Betriebsmittels oder eines Gerätes dar, z. B. innerhalb des Raumthermostats.

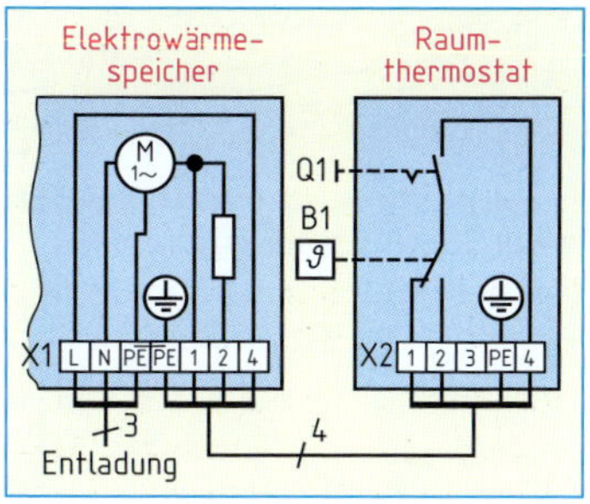

Bild 4: Verbindungsschaltplan

Klemmenpläne (Verbindungspläne) erstellt man für umfangreiche Steuerungen. Im Verbindungsplan gibt man nur die ankommenden und abgehenden Leitungen einer Klemmleiste mit der erforderlichen Zielbezeichnung an, z. B. von X1 : 4 nach Q1 : 21 **(Bild 2, Seite 120)**.

Funktionsschaltpläne (Bild 5) verwendet man zur Darstellung von digitalen Steuerungen oder zur Programmerstellung bei speicherprogrammierbaren Steuerungen **(Seite 562)**.

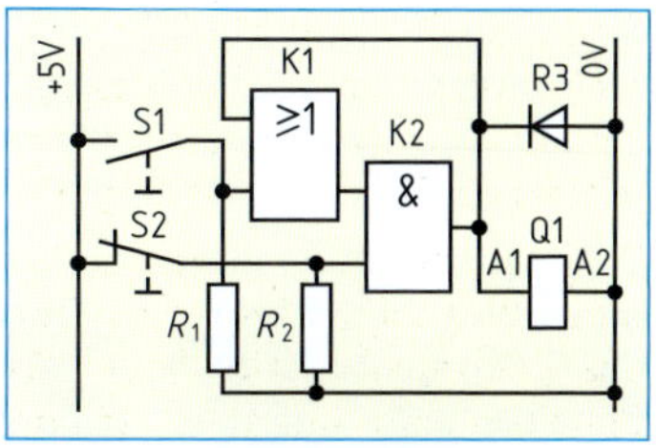

Bild 5: Funktionsschaltplan

Zeitablaufdiagramme stellen die Funktion einer Steuerung in Abhängigkeit von der Zeit dar. Sie sind Grundlage für Instandsetzungsarbeiten bei vielen zeit- und prozessgeführten Anlagen oder Geräten, z. B. bei Waschmaschinen oder Wäschetrocknern. Mit Zeitablaufdiagrammen **(Bilder 3 und 4, Seite 112)** kann man auch die Funktion von digitalen Verknüpfungssteuerungen oder die Funktion von Speichern verdeutlichen.

Praxistipp: Installation einer Wechselschaltung mit Steckdose (Nächster Praxistipp: Seite 124)

Situationsbeschreibung:

In einem Wohnraum soll die Leuchte E1 von zwei Stellen aus ein- oder ausgeschaltet werden. Dafür soll eine Wechselschaltung eingesetzt werden.

1. Installationsschaltplan einer Wechselschaltung mit Steckdose

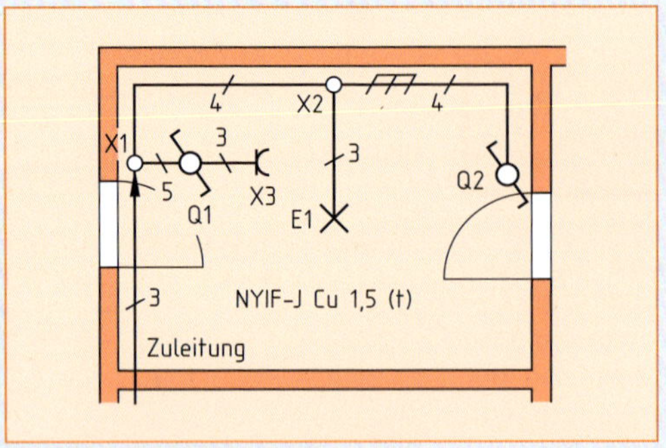

Dem Installationsplan ist zu entnehmen	Leitungsverlegung
1. Leitungsmaterial (hier: NYIF-J, **Seite 313**) 2. Leiterquerschnitt (hier: 1,5 mm^2) 3. Zahl der benötigten Adern des Leitungsabschnittes (hier: z. B. 4 Adern zwischen X1 und X2) 4. Schaltungsart (hier: Wechselschaltung) 5. Leitungsverlegung (hier: Leitungsverlegung im Putz) 6. Verlegeart (hier: Verlegeart C, **Seite 672**)	unter Putz im Putz auf Putz

Nach DIN VDE 0100-410 ist bei Anlagen mit der Schutzmaßnahme Schutz durch Abschaltung der Stromversorgung in jedem Leitungsabschnitt ein Schutzleiter PE erforderlich.

2. Stromlaufplan der Wechselschaltung mit Steckdose in aufgelöster Darstellung[1]

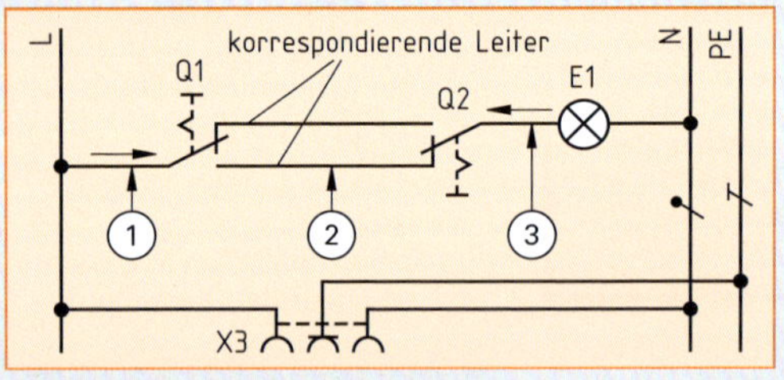

Anschluss der Wechselschaltung:

① Außenleiter L an die Eingangsklemme von Q1

② Die korrespondierenden Leiter verbinden die noch freien Ausgangsklemmen von Q1 mit Q2

③ Schaltdraht an die Eingangsklemme von Q2

3. Installation

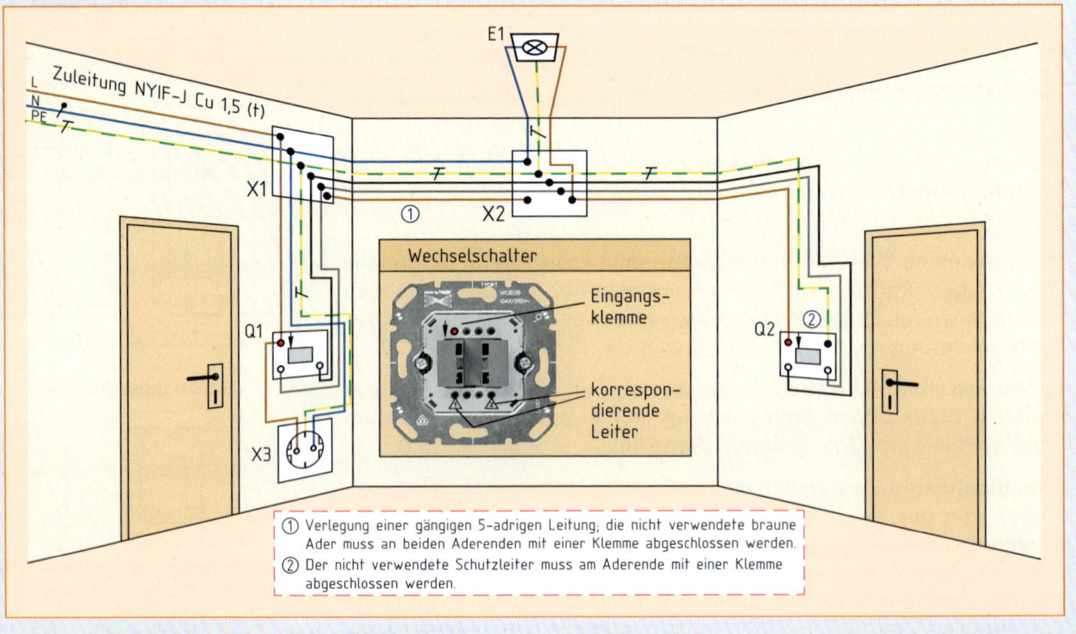

[1] Stromlaufplan der Wechselschaltung in zusammenhängender Darstellung siehe Tabelle, **Seite 104**.

6.2 Installationsschaltungen

6.2.1 Lampenschaltungen

Zum Schalten von Leuchten oder Leuchtengruppen setzt man Lampenschaltungen ein **(Tabelle 1 und 2)**. Man unterscheidet Schaltungen, mit denen ein Verbraucher von einer Stelle aus schaltbar ist und solche, die ein Schalten von zwei oder mehreren Stellen aus zulassen **(Tabelle 1)**.

Tabelle 1: Merkmale von Lampenschaltungen

Schaltungen mit einer Schaltstelle:	Schaltungen mit zwei Schaltstellen:	Schaltungen mit mehr als zwei Schaltstellen:
• Ausschaltung • Serienschaltung • Gruppenschaltung **(Seite 104)**	• Wechselschaltung **(Seite 104)** • Sparwechselschaltung **(Seite 104)**	• Kreuzschaltung **(Seite 105)** • Stromstoßschaltung **(Seite 106)** • Treppenlicht-Zeitschaltung **(Seite 107)**

Tabelle 2: Lampenschaltungen (1)

Ausschaltung

Die **Ausschaltung** verwendet man zum Schalten von Leuchten oder Leuchtengruppen von einer Schaltstelle aus.

Übersichtsschaltplan[1]

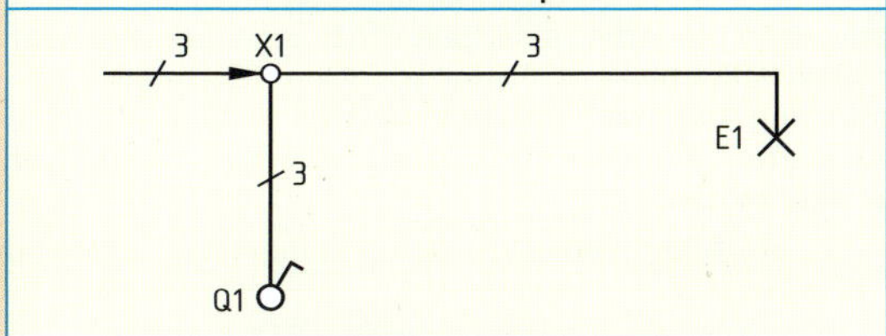

Stromlaufplan in aufgelöster Darstellung

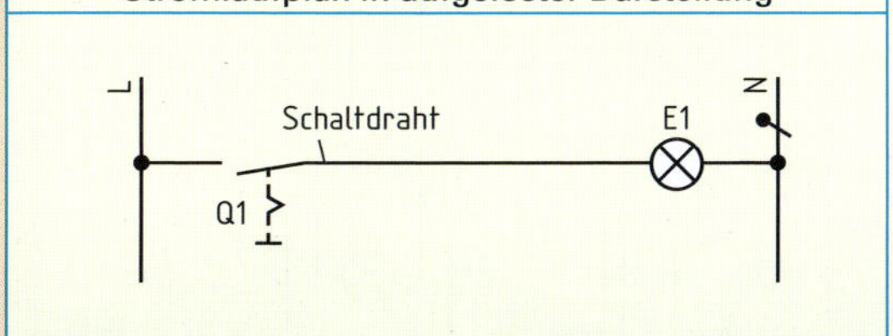

Stromlaufplan in zusammenhängender Darstellung

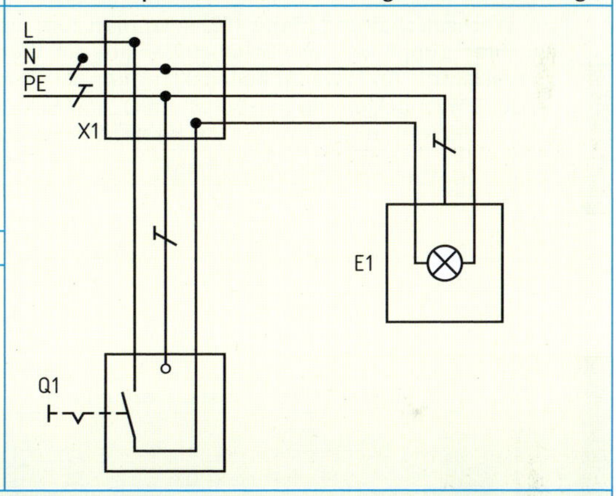

Serienschaltung

Die **Serienschaltung** setzt man ein, wenn von einer Schaltstelle aus zwei Leuchten oder Leuchtengruppen, unabhängig voneinander schaltbar sein sollen. Der Serienschalter enthält zwei Ausschalter in einem Schaltergehäuse. Er hat drei Anschlussklemmen und zwei Schaltwippen.

Übersichtsschaltplan[1]

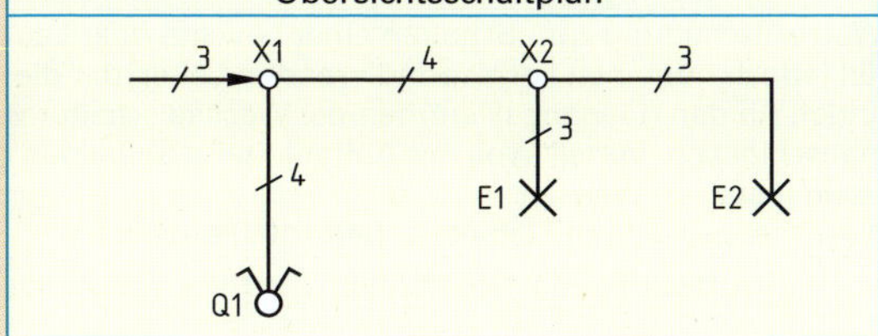

Stromlaufplan in aufgelöster Darstellung

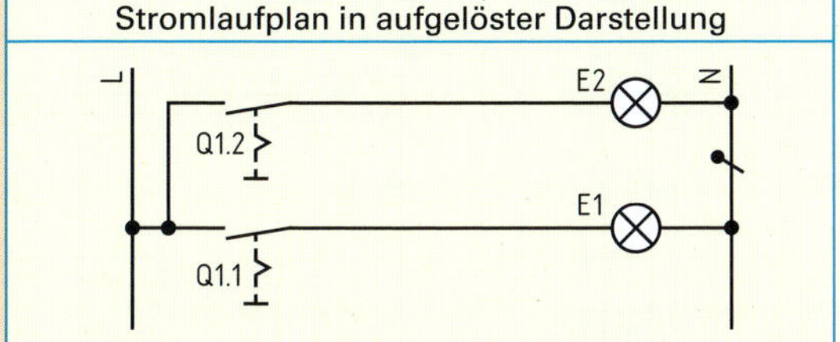

Stromlaufplan in zusammenhängender Darstellung

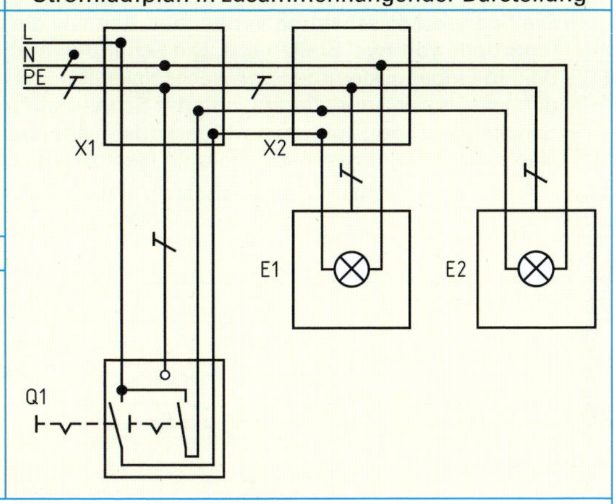

[1] Aderzahl bei Verlegung von Leitungen mit grüngelber Schutzleiterader, z. B. NYM-J, in allen Leitungsabschnitten

Der Schaltdraht ist immer am Fußkontakt der Leuchtenfassung anzuschließen, damit im eingeschalteten Zustand der Leuchte keine Spannung am Gewinde der Leuchtenfassung und damit am Gewinde der Lampe anliegt.

Tabelle: Lampenschaltungen (2)

Gruppenschaltung

Mit der **Gruppenschaltung** wird von einer Schaltstelle aus von z. B. zwei Leuchten immer nur die eine oder die andere Leuchte eingeschaltet. Weitere Anwendung: Steuern von Jalousien oder Torantrieben.

Übersichtsschaltplan[1]

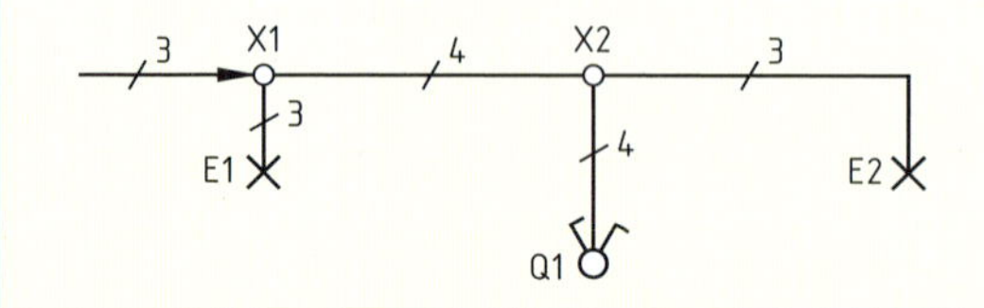

Stromlaufplan in aufgelöster Darstellung

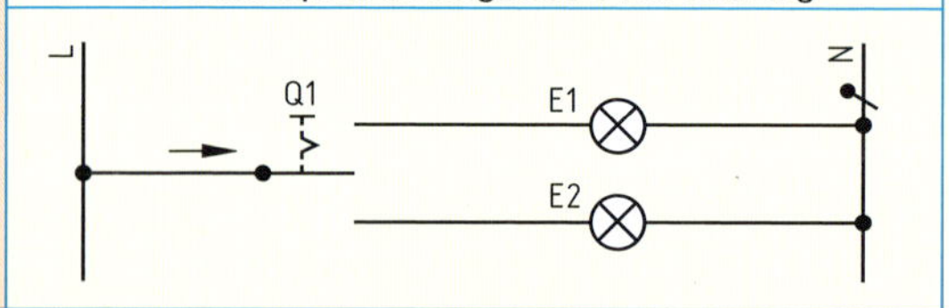

Stromlaufplan in zusammenhängender Darstellung

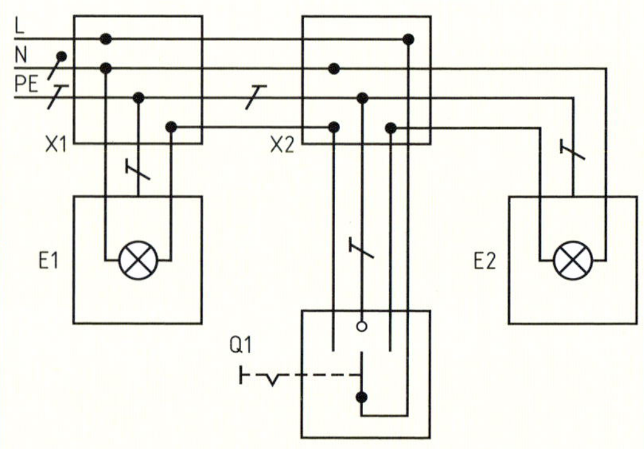

Wechselschaltung

Die **Wechselschaltung (Seite 102)** setzt man zum wahlweisen Ein- oder Ausschalten z. B. einer Leuchte oder Leuchtengruppe von zwei Schaltstellen aus ein. Wechselschalter haben z. B. eine rot gekennzeichnete Eingangsklemme und zwei Ausgangsklemmen. An der Eingangsklemme des Schalters Q1 liegt der Außenleiter L, an der Eingangsklemme des Schalters Q2 der Schaltdraht zur Lampe E1. Die korrespondierenden Leiter verbinden die Ausgangsklemmen der beiden Wechselschalter miteinander.

Übersichtsschaltplan[1]

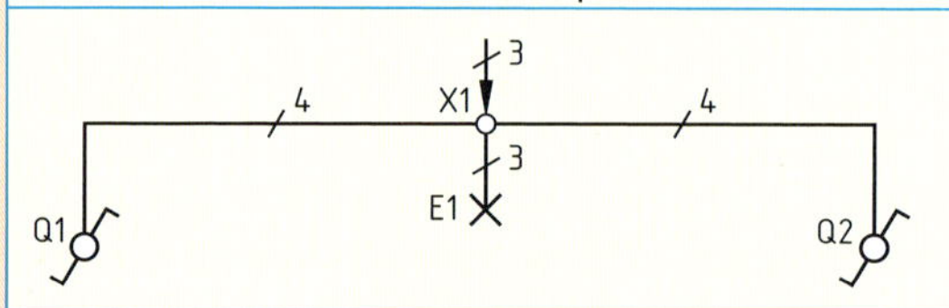

Stromlaufplan in aufgelöster Darstellung

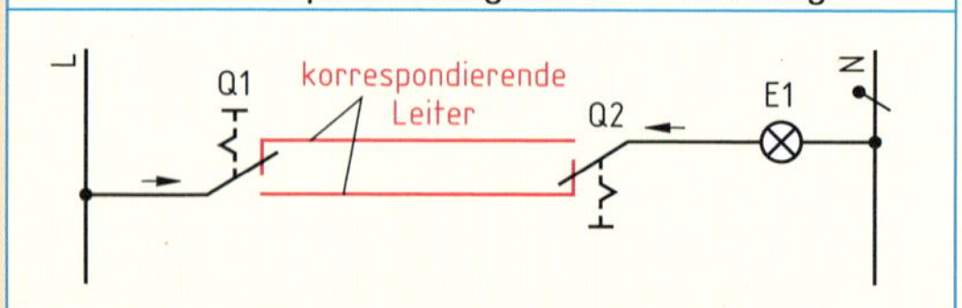

Stromlaufplan in zusammenhängender Darstellung

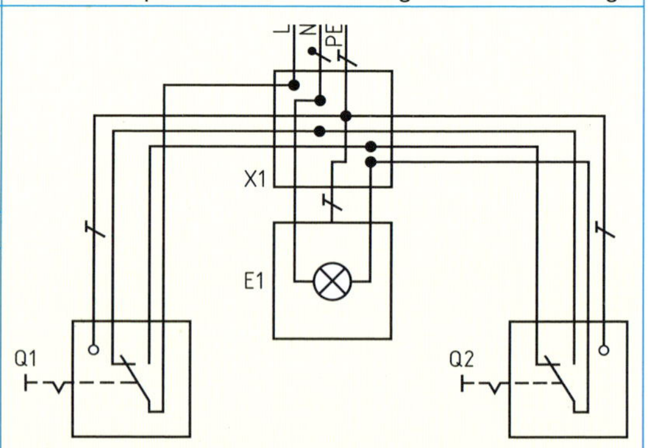

Sparwechselschaltung

Die **Sparwechselschaltung** verwendet man wie die Wechselschaltung zum Schalten einer Leuchte oder Leuchtengruppe von zwei Stellen aus. Die Schaltung enthält jedoch nur einen korrespondierenden Leiter, der die beiden Eingangsklemmen der Wechselschalter verbindet. An den Ausgangsklemmen der Wechselschalter werden jeweils der Außenleiter L und der Schaltdraht angeschlossen. **Vorteil:** Weil der Außenleiter L an beiden Schaltstellen liegt, können dort Steckdosen adersparend installiert werden.
Nachteil: Eine Sparwechselschaltung lässt sich nicht zur Kreuzschaltung **(Tabelle 1, Seite 105)** erweitern.

Übersichtsschaltplan[1]

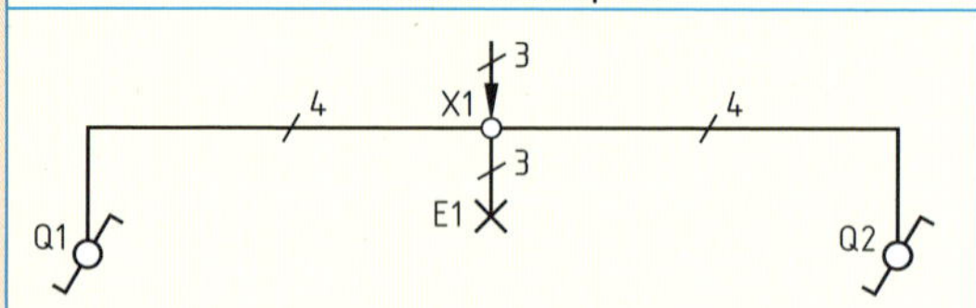

Stromlaufplan in aufgelöster Darstellung

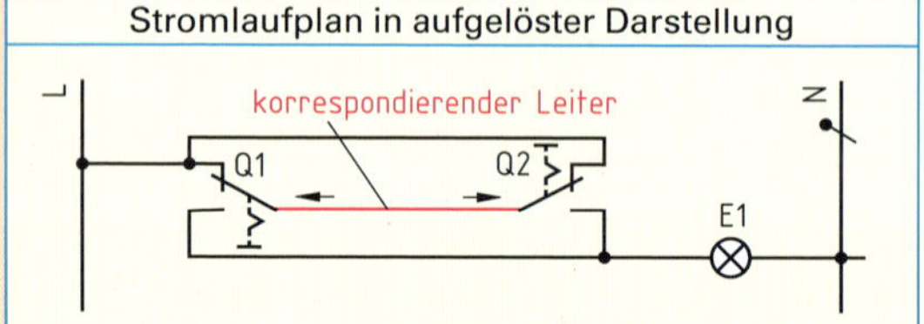

Stromlaufplan in zusammenhängender Darstellung

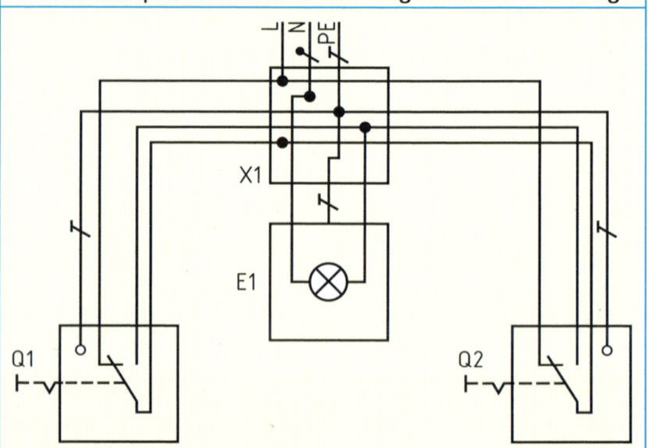

[1] Aderzahl bei Verlegung von Leitungen mit grüngelber Schutzleiterader, z. B. NYM-J, in allen Leitungsabschnitten

Grundstufe S16

Tabelle 1: Lampenschaltungen (3)

Kreuzschaltung

Die **Kreuzschaltung** erlaubt das Schalten einer Leuchte von drei oder mehr Schaltstellen aus. Eine Kreuzschaltung besteht immer aus zwei Wechselschaltern und einer beliebigen Anzahl von Kreuzschaltern. Über die vier Klemmen des Kreuzschalters werden die korrespondierenden Leiter der Wechselschaltung geführt. Bei mehr als drei Schaltstellen setzt man aus wirtschaftlichen Gründen meist die Stromstoßschaltung **(Seite 106)** ein.

Übersichtsschaltplan[1]	Stromlaufplan in zusammenhängender Darstellung
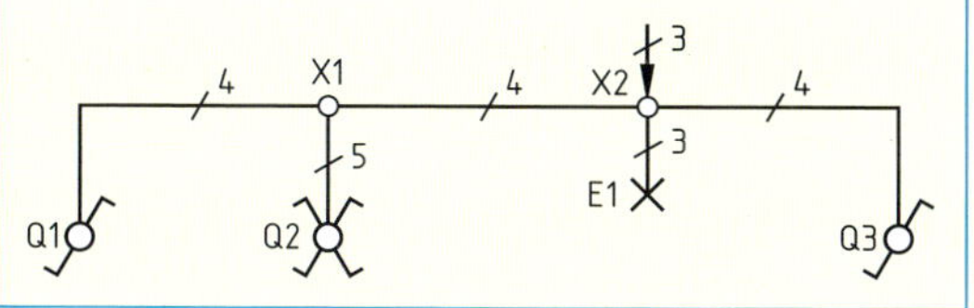	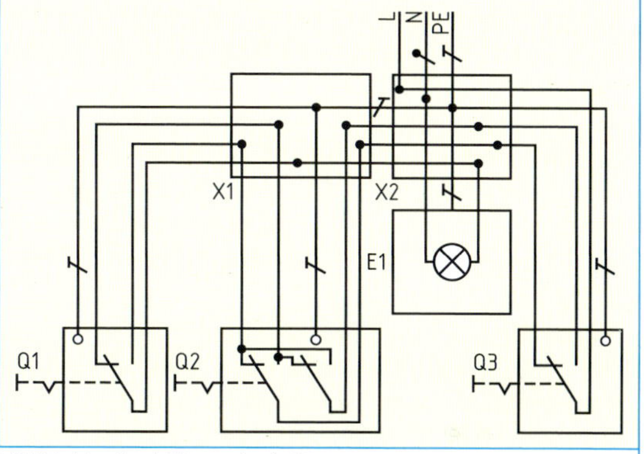
Stromlaufplan in aufgelöster Darstellung	
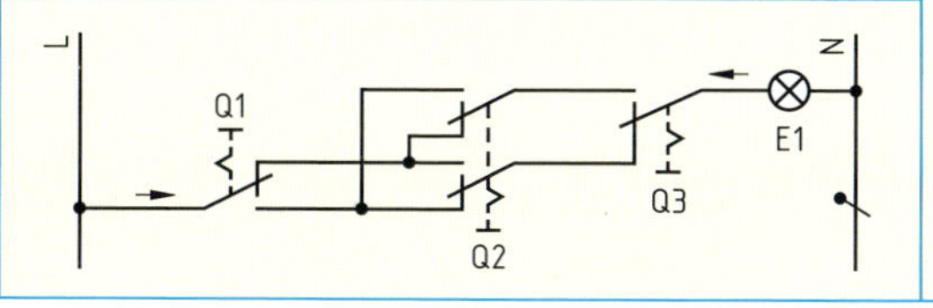	

[1] Aderzahl bei Verlegung von Leitungen mit grüngelber Schutzleiterader, z. B. NYM-J, in allen Leitungsabschnitten

6.2.2 Schaltungen mit Meldeleuchten

In Installationsschaltern dienen Glimmlampen oder Leuchtdiodenmodule der Schalterbeleuchtung oder der Betriebszustandsanzeige.

> Schalterbeleuchtungen leuchten im ausgeschalteten Zustand des Schalters.
> Betriebszustandsanzeigen leuchten bei eingeschaltetem Verbraucher.

Schalterbeleuchtung. Selbstleuchtende Schalter bieten eine Orientierungshilfe, z. B. in Bereitschafts- und Sanitärräumen sowie entlang von Fluchtwegen. Im ausgeschalteten Zustand können Schalter z. B. durch parallel zum Schaltkontakt liegende Glimmlampen **(Tabelle 2)** beleuchtet werden. Die als Meldeleuchte dienende Glimmlampe hat eine Stromaufnahme von etwas 0,5 bis 1 mA. Die Glimmlampe P1 und die Leuchte E1 bilden eine Reihenschaltung (Beispiel in **Tabelle 2**), sodass im ausgeschalteten Zustand nahezu die gesamte Betriebsspannung an der Glimmlampe liegt, sie leuchtet. Im eingeschalteten Zustand des Schalters wird die Glimmlampe vom Schaltkontakt überbrückt und erlischt.

Betriebszustandsanzeige. Bei der Betriebszustandsanzeige schaltet man z. B. die Glimmlampe P1 an den Schaltdraht und den Neutralleiter **(Tabelle 3)**. Zum Anschluss der Betriebszustandsanzeige ist deshalb an jedem Schalter zusätzlich ein Neutralleiter erforderlich.

Tabelle 2: Schalterbeleuchtung

Schaltung	Stromlaufplan	Schaltung	Stromlaufplan
Aus-Schaltung	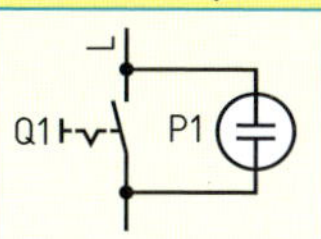	Wechsel-Schaltung	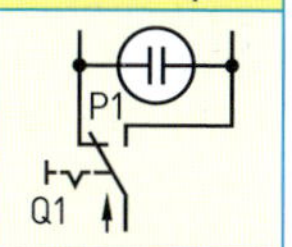
Serien-Schaltung	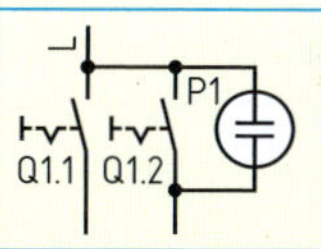	Spar-wechsel-Schaltung	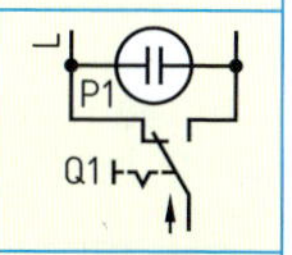
Gruppen-Schaltung	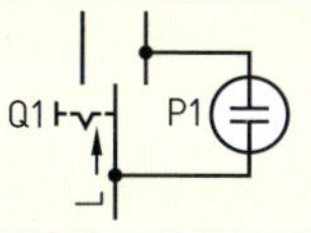	Kreuz-Schaltung	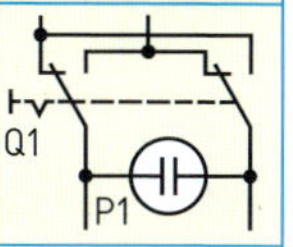
Beispiel: Ausschaltung	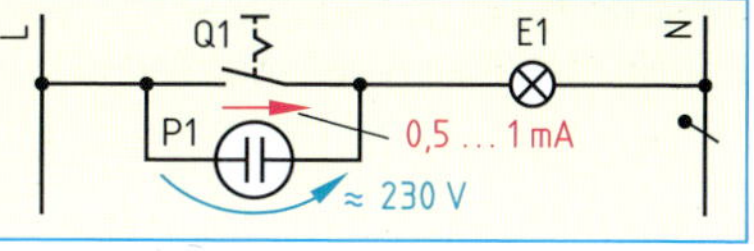		

Tabelle 3: Betriebszustandsanzeige

Schaltung	Stromlaufplan	Schaltung	Stromlaufplan
Aus-Schaltung	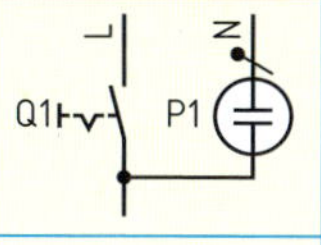	Gruppen-Schaltung	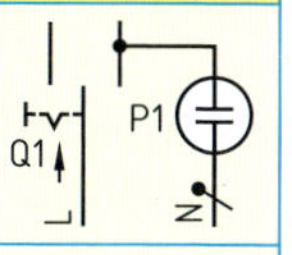
Serien-Schaltung	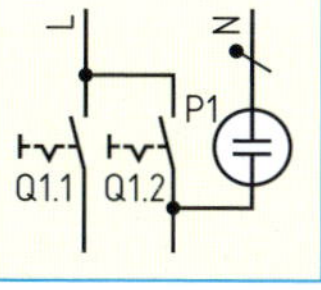	Wechsel-Schaltung	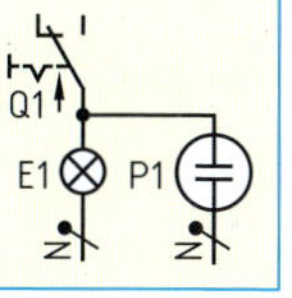

SimElektro Grundstufe S16

6.2.3 Stromstoßschaltung

Stromstoßschalter **(Bild 1)** sind elektromagnetisch betätigte Fernschalter. Sie ändern bei jeder Betätigung des Steuertasters ihren Schaltzustand, z.B. von AUS nach EIN.

Stromstoßschaltungen bestehen aus dem Steuer- und dem Hauptstromkreis.

Elektromechanische Stromstoßschalter. Der Steuerstromkreis (rot in **Bild 2a**) und der Hauptstromkreis (schwarz in **Bild 2a**) sind getrennt. Bei einer Spulenspannung von AC 230 V betreibt man beide Stromkreise an Netzspannung.

Bei Stromstoßschaltern mit Spulen für Kleinspannung, z.B. AC 8 V, wird der Steuerstromkreis meist vom Klingeltransformator der Hausrufanlage **(Seite 107)** versorgt. Schaltungen mit Kleinspannungssteuerung **(Bild 2b)** setzt man aus Sicherheitsgründen bevorzugt für die Außenbeleuchtung ein.

Elektronische Stromstoßschalter gibt es meist für eine Universalsteuerspannung von 8 bis 230 V AC und 10 bis 230 V DC. Sie können zusätzlich zum Steuereingang für den Impulsbetrieb mit Eingängen für definiertes Ein- bzw. Ausschalten ausgerüstet sein. An den Impulseingang legt man die Signale der örtlichen Steuertaster. Die Steuereingänge „Zentral EIN" und „Zentral AUS" aller Stromstoßschalter innerhalb einer Anlage werden von einer zentralen Stelle über getrennte Steuerleitungen mit den Schaltsignalen versorgt, z. B. durch den Portier oder Hausmeister.

Die Stromstoßschaltung kann die Funktion einer Aus-, Wechsel- oder Kreuzschaltung ersetzen.

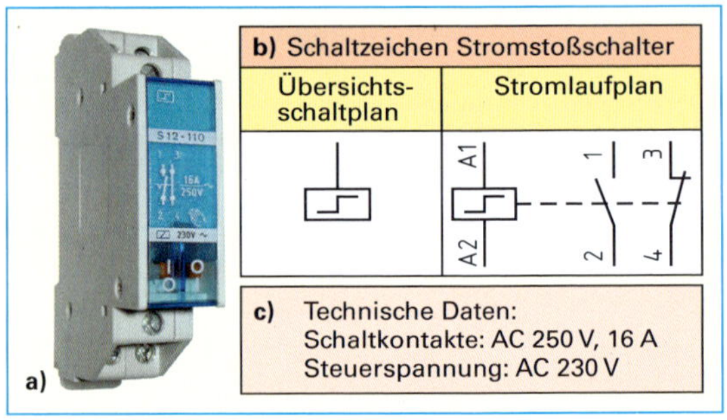

Bild 1: Stromstoßschalter a) Bauform, b) Schaltzeichen und c) technische Daten (Beispiel)

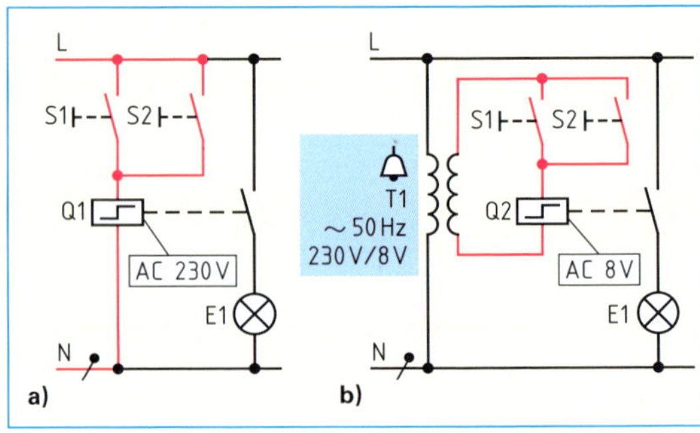

Bild 2: Stromstoßschaltung, Steuerung a) mit Netzspannung, b) mit Kleinspannung

Infrarot-Bewegungsmelder setzt man auch in Gefahrenmeldeanlagen **(Seite 455)** zur Außenhautüberwachung und zur Raumüberwachung innerhalb von Gebäuden ein.

6.2.4 Infrarot-Bewegungsmelder

Infrarot-Bewegungsmelder überwachen nach dem Prinzip der Passiv-Infrarot-Technik in einem durch Linsen- und Blendenvorsätze einstellbaren Erfassungsbereich **(Bild 3a)** sich bewegende Wärmequellen, z.B. Menschen oder Tiere. Erkennt der Bewegungsmelder eine sich bewegende Wärmequelle, wird die Beleuchtung für eine einstellbare Zeit, z.B. 4 Minuten, eingeschaltet. Die eingestellte Zeit startet solange immer wieder neu, bis im Erfassungsbereich keine bewegte Wärmequelle mehr erkannt wird. Ein eingebauter, einstellbarer Lichtsensor (Fotowiderstand) verhindert das Einschalten der Beleuchtung bei Tag. Zusätzliche Steuertaster **(Bild 3b)** können durch eine kurzzeitige Spannungsunterbrechung den Bewegungsmelder ebenfalls aktivieren. **Infrarot-Präsenzmelder** erfassen die Anwesenheit von Personen in einem Raum. Sie können in Installationsbus-Systemen eingebunden werden, z. B. zur Raumtemperaturregelung mit KNX-Geräten **(Bild 2, Seite 446).**

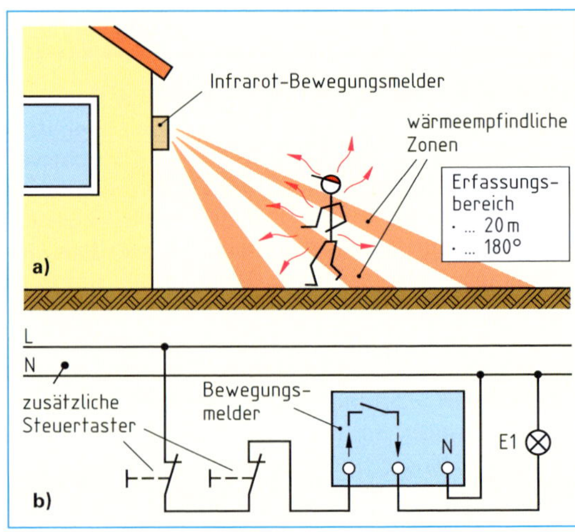

Bild 3: Infrarot-Bewegungsmelder a) Erfassungsbereich, b) Schaltung mit zusätzlichen Steuertastern

Neben den Infrarot-Bewegungsmeldern gibt es noch Ultraschall- und Hochfrequenz-Bewegungsmelder.

SimElektro Grundstufe S16

6.2.5 Treppenlicht-Zeitschaltung

Die Treppenhausbeleuchtung in Gebäuden mit mehreren Stockwerken steuert man meist mit einem Treppenlicht-Zeitschalter **(Übersicht).** Sein Schaltkontakt schließt nach dem Betätigen eines Steuertasters den Lampenstromkreis und öffnet ihn selbsttätig nach Ablauf der eingestellten Verzögerungszeit, z.B. nach vier Minuten **(Bild 1 und Bild 2).**

Nach ihrem Aufbau unterscheidet man:

- elektromechanische Treppenlicht-Zeitschalter,
- elektronische Treppenlicht-Zeitschalter.

In DIN 18015 sind für Treppenhäuser in Mehrfamilienhäusern Zeitschalter mit einer Warnfunktion vorgeschrieben. Solche Zeitschalter schalten die Beleuchtung vor dem Abschalten für eine kurze Zeit, z.B. für 40 s, in einen Blinkmodus und vermeiden damit überraschende Dunkelheit im Raum.

> Treppenlicht-Zeitschalter schalten die Treppenhausbeleuchtung nach Ablauf der eingestellten Zeit selbsttätig ab.

Treppenlicht-Zeitschalter mit Umschaltkontakt (Wechsler) kann man in **Dreileiterschaltung** betreiben **(Bild 2).** Diese Schaltung lässt im Gegensatz zur **Vierleiterschaltung (Bild 1)** kein Nachschalten zu. Treppenlicht-Zeitschalter in Dreileiterschaltung können daher erst nach Ablauf der Verzögerungszeit erneut eingeschaltet werden. Der im Treppenlicht-Zeitschalter eingebaute Schalter Q2 ermöglicht wahlweise die Betriebsarten Tast- oder Dauerbetrieb.

> Das Schalten des Neutralleiters in Steuerstromkreisen von Treppenlicht-Zeitschaltern in Dreileiterschaltung ist nur noch in bestehenden Altanlagen erlaubt (Bestandschutz).

Übersicht: Daten eines Treppenlicht-Zeitschalters

- Aufbau: elektronisch
- Betriebsspannung: AC 230 V
- Schaltleistung: 2300 W (Glüh-/Halogenlampen)
- Drei- oder Vierleiterschaltung möglich
- Schaltdauer: 0,5 ... 10 Minuten
- Ausschaltvorwarnung durch zweimaliges Doppelblinken in den letzten 40 Sekunden

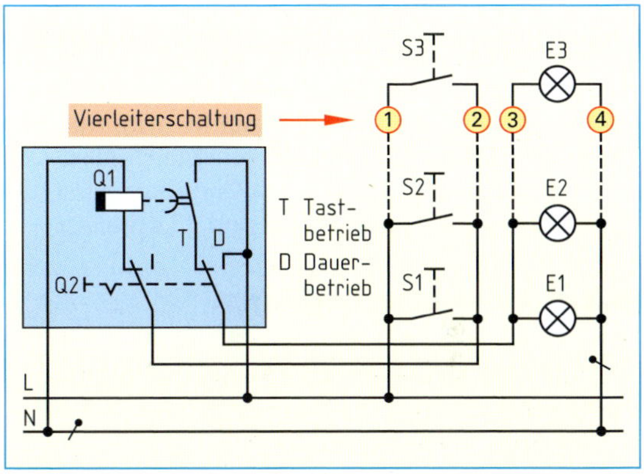

Bild 1: Treppenlicht-Zeitschalter in Vierleiterschaltung

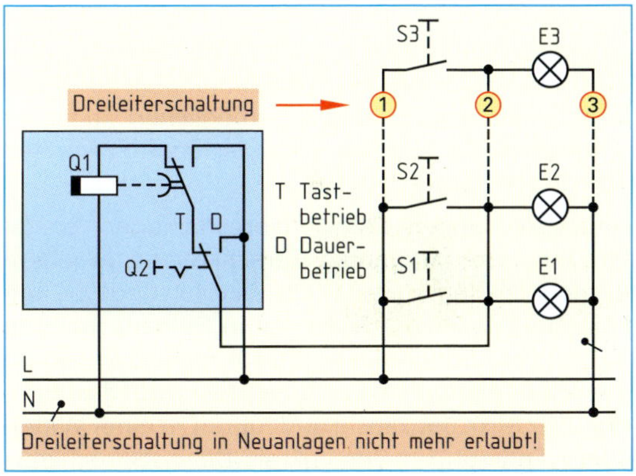

Bild 2: Treppenlicht-Zeitschalter in Dreileiterschaltung

6.2.6 Hausrufanlagen

Hausrufanlagen versorgt man durch Klingeltransformatoren und nur mit Kleinspannung.

> Klingeltransformatoren müssen kurzschlussfest und schutzisoliert sein. Ihre Bemessungsausgangsspannung darf höchstens 24 V betragen.

Die einfachste elektrische Hausrufanlage besteht aus der Reihenschaltung von Spannungsquelle, Taster und Wecker. Bei mehreren Betätigungsstellen, z.B. an Gartentor, Haus- und Wohnungstür, schaltet man die erforderlichen Taster parallel **(Bild 3).**

In Hausrufanlagen mit **Türöffner** kann man bei der Installation eine Ader einsparen, wenn man die Taster S1 und S2 für die Läutwerke an einem Pol und den Taster S3 für den Türöffner am anderen Pol des Klingeltransformators anschließt **(Bild 4).**

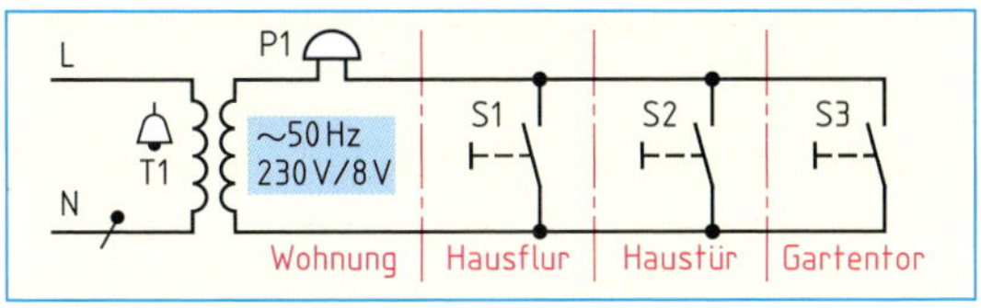

Bild 3: Hausrufanlage mit drei Betätigungsstellen

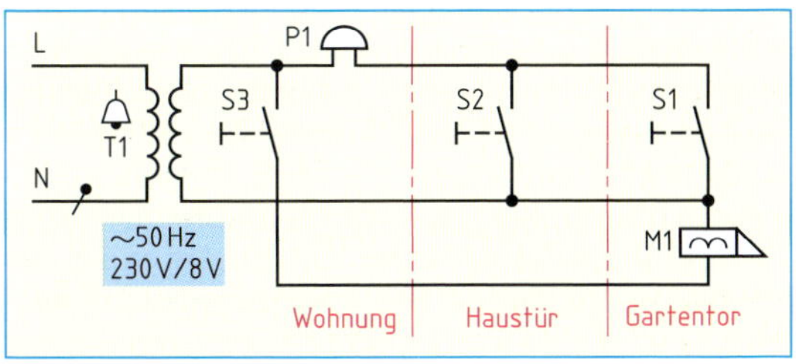

Bild 4: Rufanlage mit Türöffner

Hausrufanlagen lassen sich mit den Stromkreisen für die Außen- und Eingangsbeleuchtungen kombinieren, wenn zu deren Steuerung ein Stromstoßschalter mit Kleinspannungssteuerung, z. B. für AC 8 V, verwendet wird **(Bild 1)**. Die Steuerleitungen der Stromstoßschaltung verlegt man zusammen mit den Adern der Hausrufanlage in derselben Leitung, z.B. YR-Leitung. Diese Schaltung entspricht der Schutzmaßnahme „Schutz durch Kleinspannung" **(Seite 365)**.

In der Schaltung **(Bild 1)** wird der Wecker P1 vom Taster S5 an der Haustür oder durch den Taster S4 am Gartentor gesteuert. Der Türöffner M1 wird mit dem Taster S6 gesteuert. Die Außenleuchte E1 lässt sich im Flur, an der Haustür oder am Gartentor durch die parallel liegenden Taster S1, S2 und S3 schalten.

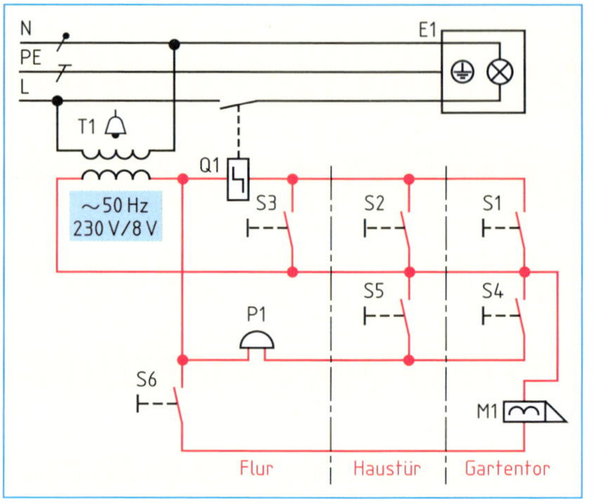

Bild 1: Beispiel einer Wecker-, Türöffner- und Beleuchtungsanlage mit Stromstoßschalter

6.2.7 Haussprechanlagen

> Haussprechanlagen sind Fernsprecheinrichtungen von Wohnung zu Wohnung oder von der Wohnung zur Haustür.

Haussprechanlagen können auch eine Fernsprechverbindung zwischen zwei Gebäuden auf demselben Grundstück herstellen. Mit einer Videokamera an der Türsprechstelle und mit einem Monitor an der Haussprechstelle ergänzt **(Bild 2)**, ermöglichen sie neben der Kommunikation eine Bildübertragung zwischen Tür- und Haussprechstelle.

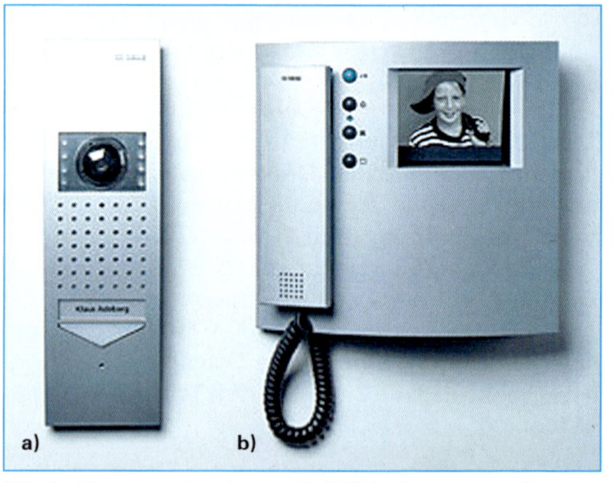

Bild 2: Haussprechanlage mit a) Videokamera an der Türstation und b) Monitor an der Hausstation

Haussprechanlagen (Gegensprechanlagen) bestehen aus zwei getrennten Sprechkreisen. In jedem Sprechkreis liegen jeweils ein Mikrofon und ein Lautsprecher bzw. eine Hörkapsel in Reihenschaltung mit der Gleichstromquelle **(Bild 3)**. Beim Besprechen des Mikrofons treffen die Schallwellen auf die Membran der Mikrofonkapsel und führen zu einer Widerstandsänderung im Sprechkreis. Der im Sprechkreis fließende Gleichstrom wird dadurch in einen Sprechwechselstrom umgeformt. Er erzeugt dann in der Hörkapsel bzw. im Lautsprecher Schallschwingungen und überträgt so die Information.

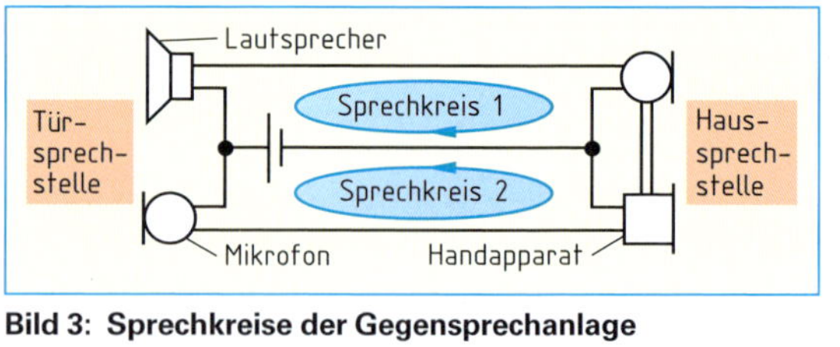

Bild 3: Sprechkreise der Gegensprechanlage

In Haussprechanlagen mit mehreren Teilnehmern sind alle Haussprechstellen parallel geschaltet. Ein zweipoliger **Gabelumschalter (GU)** öffnet beim Auflegen des Handapparates die beiden Sprechkreise und trennt damit nicht benutzte Sprechstellen ab **(Bild 4)**. Werden innerhalb einer Haussprechanlage gleichzeitig mehrere Handapparate abgenommen, lässt sich z.B. ein zwischen Türsprechstelle und Haussprechstelle im Erdgeschoss geführtes Gespräch auch an der Haussprechstelle im 1. Obergeschoss mithören. Erweitert man alle Haussprechstellen um ein so genanntes Diodenmodul, wird dieser Nachteil beseitigt. Man erhält damit eine mithörgesperrte Anlage.

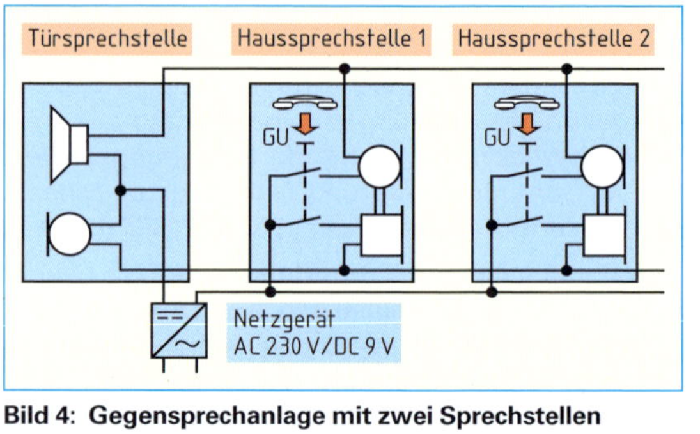

Bild 4: Gegensprechanlage mit zwei Sprechstellen

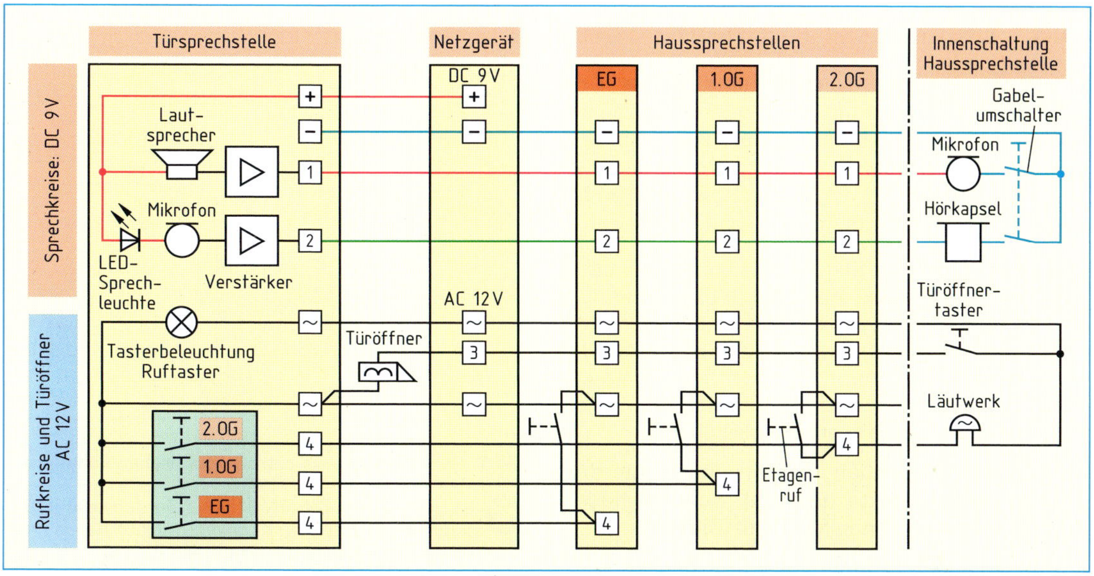

Bild 1: Gegensprechanlage mit drei Sprechstellen (Stromlaufplan in aufgelöster Darstellung)

Haussprechanlagen benötigen ein eigenes Netzgerät. Die Sprechkreise werden z. B. mit Gleichspannung DC 9 V, die Ruf- und Türöffnerstromkreise mit Wechselspannung AC 12 V versorgt (Bild 1).

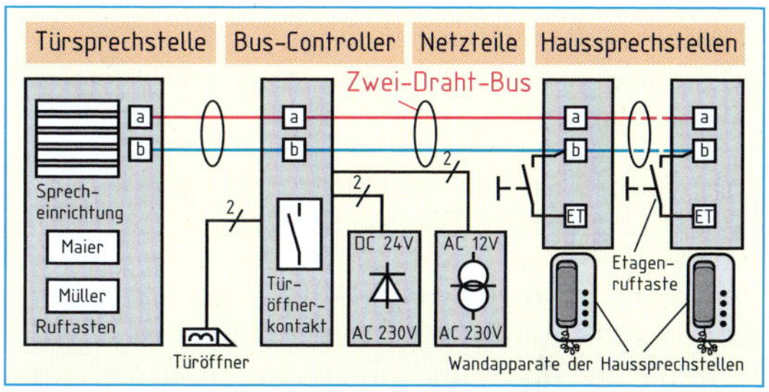

Bild 2: Haussprechanlage in Zweidraht-Bus-Technik

Als Montageort für das Netzgerät ist das Verteilerfeld des Zählerschrankes vorgesehen **(Bild 1, Seite 305)**.

Die **LED-Sprechleuchte (Bild 1)** zeigt dem Besucher an, dass der Gesprächsteilnehmer an der Haussprechstelle den Handapparat abgenommen hat und sprechbereit ist. Der **Türöffner** wird durch die parallel geschalteten Türöffnertaster **(Bild 1)** betätigt, das Läutwerk in der Haussprechstelle durch die Ruftaste in der Türsprechstelle und vom Etagenruftaster an der Wohnungstür.

Türsprechstellen in Modulbauweise enthalten mindestens ein Lautsprechermodul und ein Tastermodul mit den Ruftasten. Sie lassen sich durch Zusatzmodule erweitern, z. B. mit einem Bewegungsmelder zur Steuerung der Außenbeleuchtung oder mit einer Kamera zur Videoüberwachung **(Bild 2, Seite 108)**.

Zweidraht-Bus-Technik. Haussprechanlagen können auch in Zweidraht-Bus-Technik **(Bild 2)** ausgeführt sein. Sie bestehen aus der Türsprechstelle, dem Bus-Controller, den Netzteilen und den Haussprechstellen. Über den Zweidraht-Bus lassen sich z. B. die Funktionen Rufen, Sprechen, Türöffnen und Schalten der Beleuchtung ausführen.

Die Programmierung kleiner Haussprechanlagen erfolgt meist ohne Programmier-Software in nur wenigen Bedienschritten. Die zu programmierende Haussprechstelle wird geöffnet und nach dem Einstecken des Programmierschlüssels durch Betätigen des Türöffners in den Programmiermodus gebracht. Ein Betätigen des Ruftasters in der Türsprechstelle stellt die Zuordnung der Sprechverbindung zwischen Tür- und Haussprechstelle nach Abziehen des Programmierschlüssels sicher.

Wiederholungsfragen

1 **Welche Aufgaben haben Schaltpläne?**

2 **Nennen Sie Beispiele für Betriebsmittel, denen die Kennbuchstaben F, P, Q und S zugeordnet sind.**

3 **Warum ist in Lampenschaltungen der Schaltdraht am Fußkontakt der Leuchtenfassung anzuschließen?**

4 **Welche Aufgabe erfüllt eine a) Serienschaltung, b) Wechselschaltung und c) Kreuzschaltung?**

5 **Wodurch unterscheiden sich in Lampenschaltungen a) beleuchtete Schalter und b) Schalter mit Kontrollleuchten?**

6 **Welcher Unterschied besteht zwischen einer Stromstoßschaltung und einer Treppenlicht-Zeitschaltung?**

7 **Welche Stromkreise einer Haussprechanlage betreibt man a) mit Gleichspannung und b) mit Wechselspannung?**

SimElektro Grundstufe S17

6.3 Elektromagnetische Schalter

Elektromagnetische Schalter sind Relais und Schütze. Schaltungen mit Relais oder Schützen bestehen immer aus einem **Steuerstromkreis** und einem **Hauptstromkreis** (Arbeitsstromkreis). Der Steuerstromkreis und der Hauptstromkreis **(Bild 1)** sind elektrisch getrennt (galvanische Trennung).

Elektromagnetische Schalter schalten mit einem kleinen Steuerstrom einen großen Laststrom.

Relais setzt man vorwiegend zur Steuerung und Kontaktvervielfachung im Bereich der Kommunikationstechnik ein. Schütze eignen sich zum Schalten von Leistungen von etwa 2 bis 500 kW.

Kontaktarten. Relais haben meist einfach unterbrechende Federkontakte **(Bild 2a)**. Schütze haben doppelt unterbrechende Kontakte **(Bild 2b)**.

Kontakte (Tabelle) können ausgeführt sein als:

- Schließer (Arbeitskontakte),
- Öffner (Ruhekontakte),
- Wechsler (Umschaltkontakte),
- Folgewechsler (unterbrechungsfreie Umschaltkontakte).

Ein Schließer schließt den Stromkreis, ein Öffner unterbricht den Stromkreis.

Relais und Schütze sind im Aufbau ähnlich. Sie bestehen aus einer Erregerspule mit Eisenkern, dem beweglichen Anker und einem oder mehreren Kontakten **(Bild 3)**. Wird die Erregerspule vom Strom durchflossen, zieht der Anker an und betätigt mechanisch die angebauten Schaltkontakte.

Versuch: Legen Sie die Spule eines 24-V-Wechselstromrelais an 24 V Wechselspannung und messen Sie den Bemessungsstrom. Wiederholen Sie die Messung mit einer einstellbaren Gleichspannung. Erhöhen Sie die Gleichspannung, bis sich der Bemessungsstrom der Spule einstellt.

Bei der Wechselspannung AC 24 V fließt der Bemessungsstrom.

Bereits bei einer Gleichspannung von etwa DC 3 V fließt in der Spule der Bemessungsstrom des 24-V-Wechselstromrelais.

Beim Anlegen des Wechselstromrelais an 24 V Gleichspannung wird die Relaisspule zerstört, da bei Gleichstrom nur der geringe ohmsche Wicklungswiderstand der Relaisspule den Strom begrenzt. Betreibt man aber irrtümlich ein Gleichstromrelais an Wechselspannung, kann der zum Schalten notwendige Spulenstrom nicht fließen.

Relais und Schütze müssen nach Spulenspannung, Stromart und nach ihrer Schaltleistung ausgewählt werden.

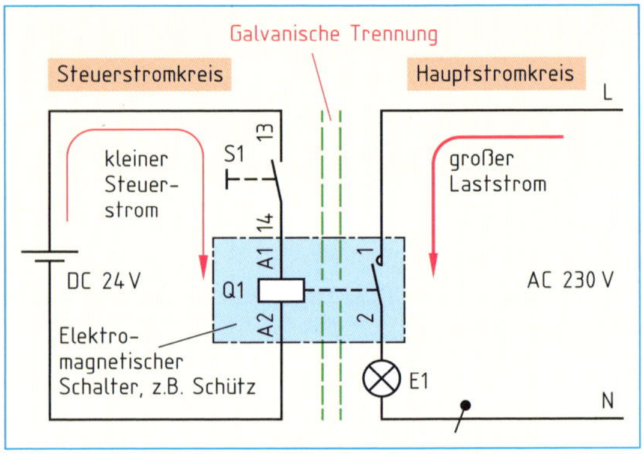

Bild 1: Stromkreise bei elektromagnetischen Schaltern

Nach der Norm DIN EN 81346-2 werden Leistungsschütze mit Q (früher: K) gekennzeichnet. Relais und Hilfsschütze haben die Kennzeichnung K.

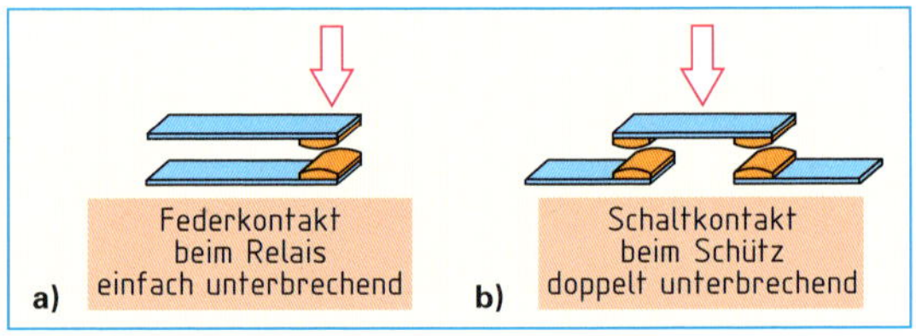

Bild 2: Schaltkontakte bei Relais und Schütz

Tabelle: Ausführungen von Kontakten (Beispiele)

Bezeichnung	Schaltzeichen	Kontaktbild
Schließer NO (Normally Open)		*
Öffner NC (Normally Closed)		
Wechsler		
Folgewechsler		

* ↓ Bewegungsrichtung (Kraftwirkung) bei Betätigung

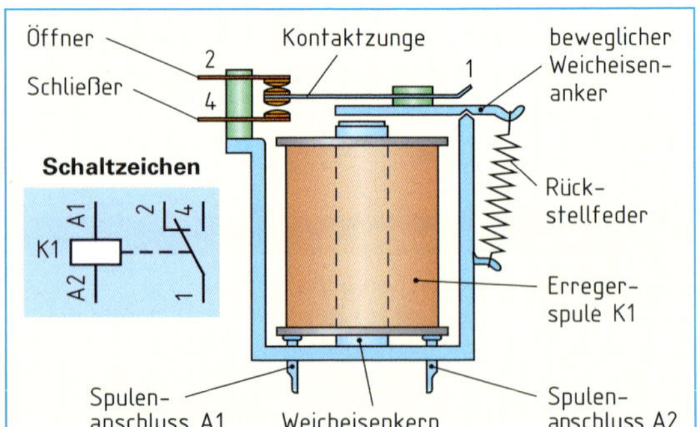

Bild 3: Relaisaufbau

6.3.1 Relais

Relais (Bild 1 und Übersicht) sind elektromagnetische Schalter. Sie haben gegenüber Schützen meist eine geringe Schaltleistung.

Abhängig von Kontaktausführung und Kontaktwerkstoff **(Seite 614)** können Relais bei **Spannungen bis 250 V Ströme bis etwa 10 A** schalten. Relais werden für Gleich- oder Wechselstrom und für **Spulenspannungen von 1,5 V bis 230 V** hergestellt. Man setzt z. B. Relais meist im Bereich der Kommunikationstechnik oder zur galvanischen Trennung (Potenzialtrennung) zwischen elektronischen Steuerungen und dem Leistungsteil (Netzseite) ein.

Bauarten von Relais. Relais mit Federkontaktsätzen werden meist als **Kammrelais (Bild 1)** oder als **Rundrelais** hergestellt.

Typische Schaltzeiten von Kamm- und Rundrelais sind:

- **Ansprechzeit** (Einschaltzeit): 10 ms
- **Rückstellzeit** (Abschaltzeit): 3 ms

Relais fallen nach dem Abschalten des Erregerstromes durch Federkraft selbstständig in ihre Ruhestellung zurück.

Den zum Ansteuern (Anziehen) erforderlichen Spulenstrom berechnet man bei Relais aus den Werten von **Spulenwiderstand** und **Spulenspannung.**

Bistabile Relais behalten durch den Restmagnetismus (Remanenz) des Eisenkernes nach einem Ansteuerimpuls ihren Schaltzustand bei. Sie werden grundsätzlich mit Gleichspannung betrieben. Bei bistabilen Relais mit nur einer Spule bewirken Impulse mit entgegengesetzter Polarität eine Umschaltung. Relais mit zwei getrennten Spulen haben meist einen gemeinsamen Spulenanschluss und jeweils einen Anschluss zum Setzen bzw. Rücksetzen **(Bild 2)**. Bistabile Relais verwendet man z. B. zur Steuerung in Tonfrequenz-Rundsteueranlagen.

Relais kehren nach der Unterbrechung des Spulenstromes selbsttätig in ihre Ruhelage zurück.
Bistabile Relais behalten ihren Schaltzustand bei.

Reedrelais[1] haben Kontaktzungen aus einer Nickel-Eisen-Legierung, die zum Schutz gegen Verunreinigungen und Korrosion in einem mit Schutzgas gefüllten Glasröhrchen eingeschmolzen sind **(Bild 3)**. Bei Magnetisierung, z. B. durch eine Spule, bilden sich an den Kontaktzungen ungleiche Magnetpole, die ein Schließen oder Öffnen des Kontaktes bewirken. Reedrelais haben Schaltleistungen bis etwa 10 W.

Maßnahmen zur Begrenzung der Induktionsspannungen. Beim Schalten von induktiven Verbrauchern, z. B. von Spulen, entstehen Induktionsspannungen **(Seite 97)**, die zu Kontaktabbrand führen, aber auch elektronische Bauelemente, z. B. Transistoren, schädigen können. Deshalb sind Schutzbeschaltungen **(Bild 4)** notwendig.

Schutzbeschaltung gegen Induktionsspannungen (Bild 4):

- In Gleichstromkreisen: Freilaufdioden oder Varistoren,
- in Wechselstromkreisen: Varistoren oder RC-Schaltungen.

[1] von reed (engl.) = Schilfrohr, Blättchen, Zunge

Übersicht: Relaisarten (Auswahl)

- Kammrelais
- Bistabile Relais
- Reedrelais
- Relais mit mechanischer Verklinkung
  - Stromstoßschalter **(Seite 106)**
  - Zeitrelais **(Seite 112)**

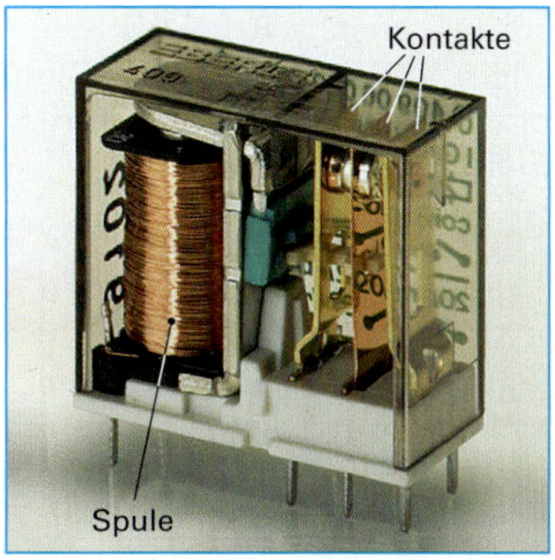

Bild 1: Kammrelais

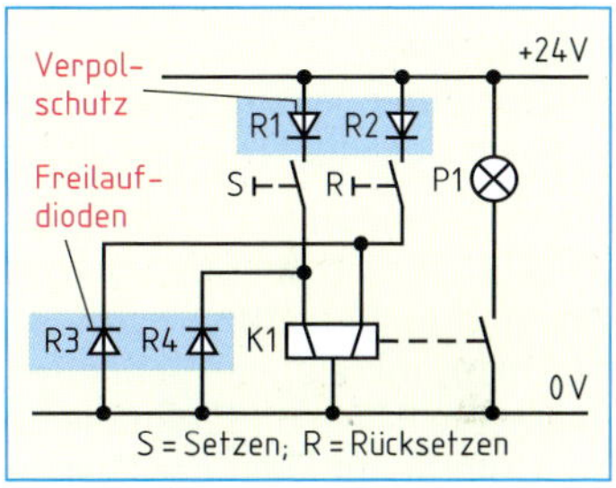

Bild 2: Bistabiles Relais

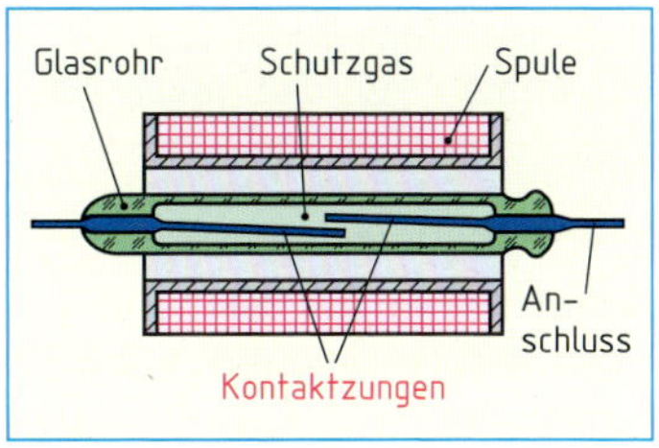

Bild 3: Reedrelais

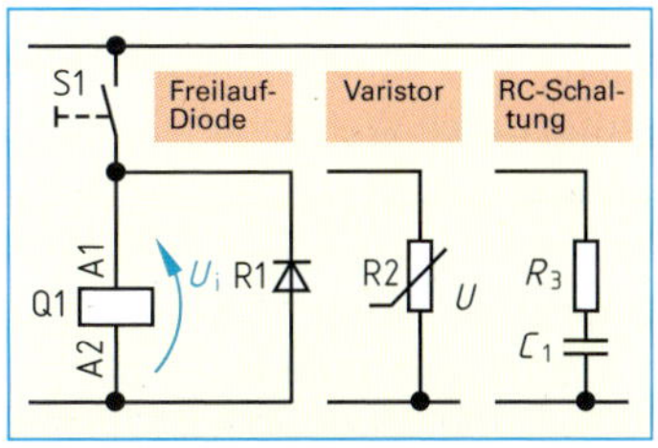

Bild 4: Begrenzung der Induktionsspannung

SimElektro Grundstufe 1.1
Grundstufe S17

Relaisschaltungen bestehen aus dem **Steuerstromkreis** und dem **Hauptstromkreis.** Die Energieversorgung des Steuerstromkreises und des Hauptstromkreises kann dabei wahlweise aus demselben Netz **(Bild 1a)** oder aus zwei voneinander getrennten Netzen **(galvanische Trennung, Bild 1b)** erfolgen.

Durch die elektrische Trennung zwischen Steuerstromkreis und Hauptstromkreis eignen sich Relais auch als Schnittstelle zwischen Steuerschaltungen der Kommunikationstechnik und dem Energieversorgungsnetz, z.B. bei der Steuerung von Verbrauchern in Schaltungen der Digitaltechnik **(Bild 1b)** oder bei programmierbaren Kleinsteuergeräten **(Seite 560).**

Relais können mit kleinen Steuerströmen große Lastströme schalten.

Beispiel: Relaisschaltung einer Alarmanlage. Einfache Alarmanlagen können mit Relais aufgebaut sein **(Bild 2).** Aus Sicherheitsgründen versorgt man den Alarmstromkreis nicht aus dem Netz, sondern durch eine netzunabhängige Stromquelle, z.B. einen Akkumulator. Damit ist die Hupe P2 unabhängig vom Stromversorgungsnetz. Der zweipolige Hauptschalter Q1 ist zugleich Kontrollschalter zur Überprüfung des Alarmstromkreises. Nach Betätigen von Schalter Q1 ertönt die Hupe P2.

Durch Betätigen des Tasters S1 zieht das Relais K1 an und hält sich über den Selbsthaltekontakt K1 an Spannung. Ein Öffner von K1 unterbricht den Alarmstromkreis, ein Schließer schaltet die Meldeleuchte P1 ein und zeigt die Betriebsbereitschaft an. Unterbricht einer der **Sensoren** B1 oder B2 die **Sicherheitsschleife,** z.B. durch ein geöffnetes Fenster, fällt das Relais K1 ab. Der Alarmstromkreis wird geschlossen, die Hupe P2 ertönt und die Meldeleuchte P1 wird abgeschaltet.

Gefahrenmeldeanlagen: **Seite 455**

Zeitrelais. In der Steuerungstechnik sind viele Steuerungen zeitgeführt, z.B. **Seite 118**. In Steuerungen verwendet man hauptsächlich die Ansprechverzögerung oder die Rückfallverzögerung **(Bild 3** und **Bild 4).** Die Verzögerungszeit lässt sich am Zeitrelais in Bereichen, z.B. von 0,1 s bis 2 s oder 1 h bis 24 h, stufenlos durch ein Potenziometer oder stufig durch Wahlschalter einstellen.

Multifunktionszeitrelais sind vielseitig einsetzbar, weil man die Verzögerungszeit und die Art der Verzögerung einstellen kann. Sie enthalten meist neben der Ansprech- und der Rückfallverzögerung **(Bild 3)** eine Kombination aus Ansprech- und Rückfallverzögerung und zusätzlich die Funktionen Blinken, Einschaltwischimpuls und Ausschaltwischimpuls.

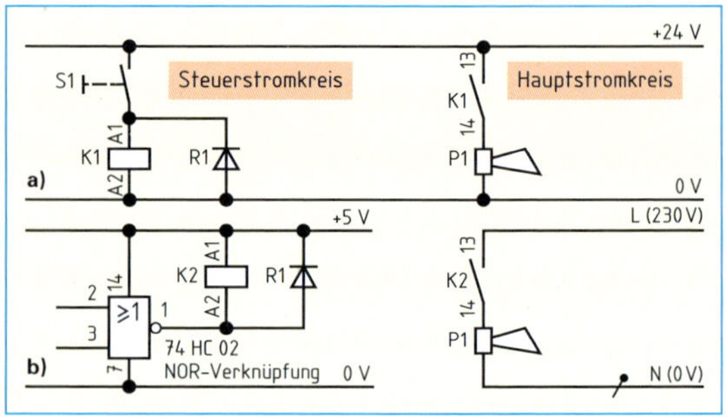

Bild 1: Relaisschaltung, Steuerstromkreis und Hauptstromkreis a) gemeinsam und b) getrennt

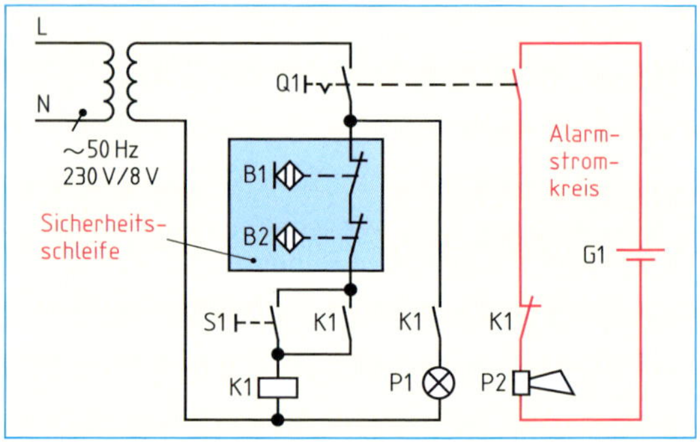

Bild 2: Prinzip einer einfachen Alarmanlage

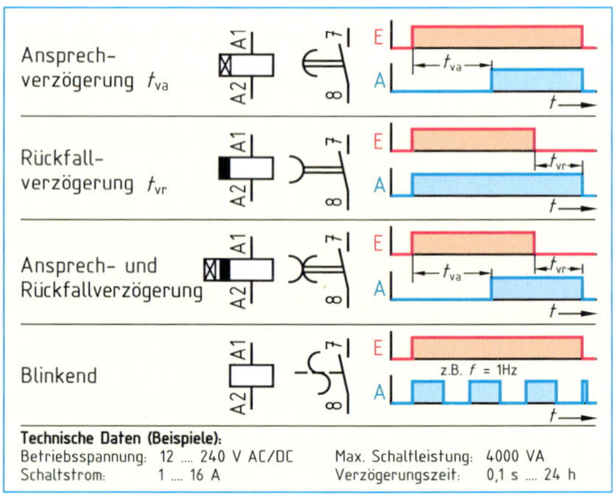

Bild 3: Zeitrelais, Schaltzeichen und Zeitablaufdiagramm

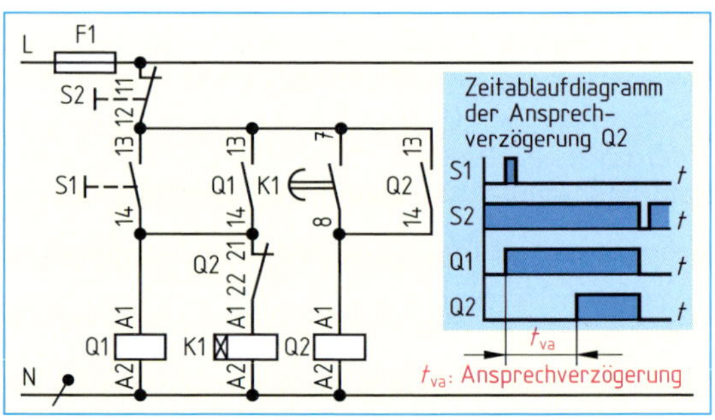

Bild 4: Steuerstromkreis einer Ansprechverzögerung

6.3.2 Schütze

Schütze sind elektromagnetische Schalter. Sie werden in Leistungsschütze und in Hilfs- oder Steuerschütze unterteilt.

Leistungsschütze (Schaltschütz, Bild 1) haben meist drei Hauptstromkontakte und können zusätzlich mit Steuerkontakten ausgerüstet sein.

Hauptstromkontakte schalten die Außenleiter an den Verbraucher, z. B. an Speicherheizgeräte oder Motoren. Sie sind in getrennten Schaltkammern angeordnet und bei größerer Schaltleistung mit Lichtbogen-Löscheinrichtungen ausgestattet.

Steuerkontakte werden nur zum Steuern oder Melden verwendet. Sie haben keine Lichtbogen-Löscheinrichtung.

Steuerkontakte dürfen nicht als Hauptstromkontakte verwendet werden.

Hilfsschütze verwendet man vor allem für Steuer- und Regelungsaufgaben in Befehls-, Melde- und Verriegelungsstromkreisen.

Kontaktbezeichnung. Hauptstromkontakte sind mit einstelligen Zahlen 1 bis 6 bezeichnet **(Bild 2).** Die Klemmen mit ungeraden Zahlen, also 1/L1, 3/L2 und 5/L3, führen zum Netz, an den Klemmen mit den geraden Zahlen 2/T1, 4/T2 und 6/T3 liegt der Verbraucher. In Schaltplänen verzichtet man meist auf die Zusätze L1, L2 und L3 bzw. T1, T2 und T3.

Steuerkontakte haben eine zweistellige Bezeichnung. An der ersten Stelle steht die **Ordnungsziffer** (Zählziffer), z. B. eine 1 beim Kontakt 13–14 in **Bild 2.**

Die **Funktionsziffern** der Kontakte stehen an zweiter Stelle **(Bild 2)** und bedeuten:
- 1–2 Steuerkontakt Öffner, z. B. Q1: 21–22
- 3–4 Steuerkontakt Schließer, z. B. Q1: 13–14

Kennzahlen, z. B. 22 **(Bild 2** und **Übersicht)** bei Schützen nennen die Art und Anzahl der Steuerkontakte. Die erste Ziffer gibt die Anzahl der Steuerkontakte Schließer, die zweite Ziffer die Anzahl der Öffner an.

Steuerspannung. Bevorzugte Steuerspannungen in Wechselstromkreisen sind 24 V, 48 V und 230 V. Eine Schützspule mit kleiner Steuerspannung, z. B. AC 24 V, nimmt einen größeren Spulenstrom auf als eine gleichartige Schützspule für AC 230 V. Deshalb betreibt man Steuerstromkreise meist an AC 230 V.

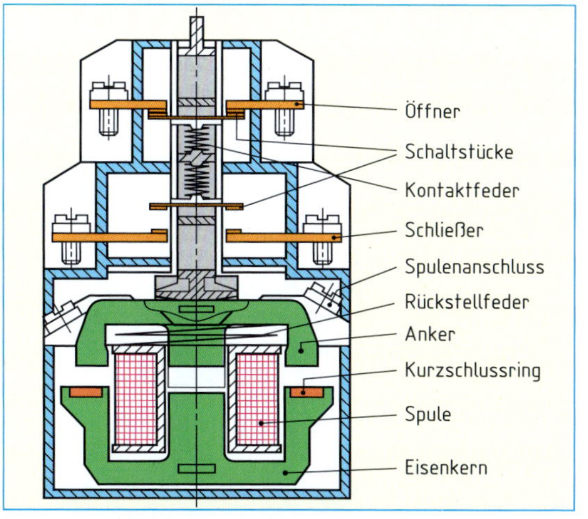

Bild 1: Aufbau eines Schaltschützes

Kenndaten von Schaltschützen (Beispiel):
- Ansprechzeit (Einschaltzeit): 20...40 ms
- Rückfallzeit (Ausschaltzeit): 20...40 ms
- Steuerspannung: DC 24...240 V, AC 110...120 V, AC 220...240 V
- Schaltleistung: 3 kW...900 kW

Draufsicht auf einen Schaltschütz

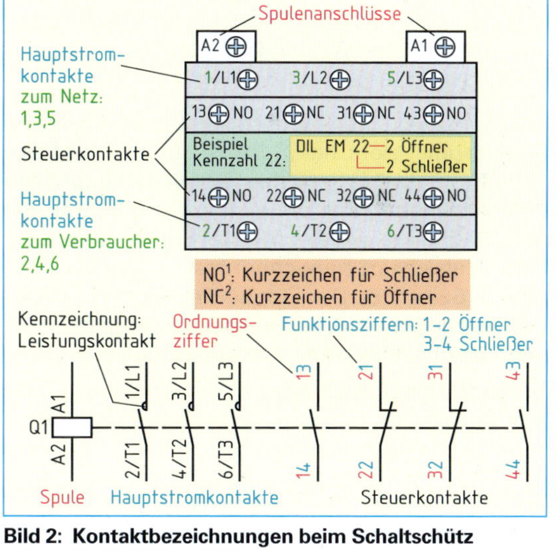

Bild 2: Kontaktbezeichnungen beim Schaltschütz

Übersicht: Kennzahlen für Steuerkontakte bei Schaltschützen (Beispiele)
- 01 kein Schließer, ein Öffner
- 10 ein Schließer, kein Öffner
- 31 drei Schließer, ein Öffner
- 22 zwei Schließer, zwei Öffner

Gebrauchskategorie. Das Einsatzgebiet von Schützen wird durch die Stromart und die Art der zu schaltenden Last bestimmt und durch **Gebrauchskategorien** angegeben. Ein Schütz der Gebrauchskategorie AC 3 eignet sich z. B. zum Schalten von Kurzschlussläufermotoren **(Seite 494),** die Gebrauchskategorie DC 3 setzt man zum Schalten von z. B. fremderregten Gleichstrommotoren ein **(Seite 520).**

[1] **NO**, Abk. für: **N**ormally **O**pen (engl.) = normal geöffnet; [2] **NC**, Abk. für: **N**ormally **C**losed (engl.) = normal geschlossen

SimElektro Grundstufe 1.1
Grundstufe S21

6.3.3 Schützschaltungen

Schützschaltungen mit Leistungsschützen **(Bild 1)** werden zum Schalten von Betriebsmitteln mit größeren Leistungen, z. B. Antriebsmotoren oder Speicherheizungen, verwendet. Die häufigste Anwendung ist das Schalten von Drehstrommotoren **(Infokasten)**.

Steuerstromkreise müssen nach DIN EN 60204-1 (VDE 0113-1) meist über Steuertransformatoren **(Bild, Seite 121)** betrieben werden. Die Leiter an der Ausgangsseite (Ausgangspotenziale) des Steuertransformators haben dann z. B. die Bezeichnung 1L1 und 1L2 **(Bild 3)**.

Direkt am Netz, ohne Steuertransformator, dürfen nur Steuerstromkreise mit einem Motoranlasser, z. B. eine Kombination aus Schaltschütz und Überlastrelais, und höchstens zwei Steuergeräten betrieben werden, z. B. START-STOPP-Bedieneinheit **(Bild 2)**.

Wichtige Schaltungen mit Schützen:
- Tippbetrieb **(Bild b, Seite 116)**
- Selbsthalteschaltung **(Bild 2)**
- Folgeschaltung **(Bild 1, Seite 115)**
- Wendeschützschaltung **(Bild 3, Seite 115)**
- Stern-Dreieck-Schützschaltung **(Seite 116)**
- Dahlanderschaltung **(Seite 119)**

Tippbetrieb

Im Tippbetrieb ist ein Schütz nur so lange in Betrieb, wie der Steuertaster betätigt ist.

Legt man über einen Steuertaster Spannung an die Schützspule, zieht das Schaltschütz an, und alle Schützkontakte ändern ihre Schaltstellung. Nach dem Abschalten der Steuerspannung kehren die Schützkontakte wieder in ihre Ruhelage zurück. Diese Betriebsart bezeichnet man als Tippbetrieb **(Bild b, Seite 116)**. Der Tippbetrieb dient meist der Unfallsicherheit, z. B. bei Pressensteuerungen oder beim Einrichten von Werkzeugmaschinen.

Selbsthalteschaltung

Soll ein Schaltschütz nach kurzer Tasterbetätigung in der Einschaltstellung bleiben, schaltet man zum EIN-Taster einen Steuerkontakt (Schließer) parallel **(Bild 2** und **Bild 3)**. Zieht das Schaltschütz nach der Betätigung des EIN-Tasters S2 an, überbrückt der Steuerkontakt Q1: 13–14 den EIN-Taster. Kehrt der Taster S2 wieder in seine Ruhelage zurück, hält sich das Schütz über den **Selbsthaltekontakt** (Kontakt Q1: 13–14) weiter (Selbsthaltung). Zum Abschalten unterbricht der in Reihe liegende AUS-Taster S1 **(Bild 2** und **Bild 3)** den Steuerstromkreis.

Selbsthaltekontakte sind Schließer und werden parallel zum EIN-Taster geschaltet.

Sind in einer Schützschaltung mehrere Schaltstellen notwendig, schaltet man die AUS-Taster in Reihe und alle EIN-Taster parallel **(Bild 3)**.

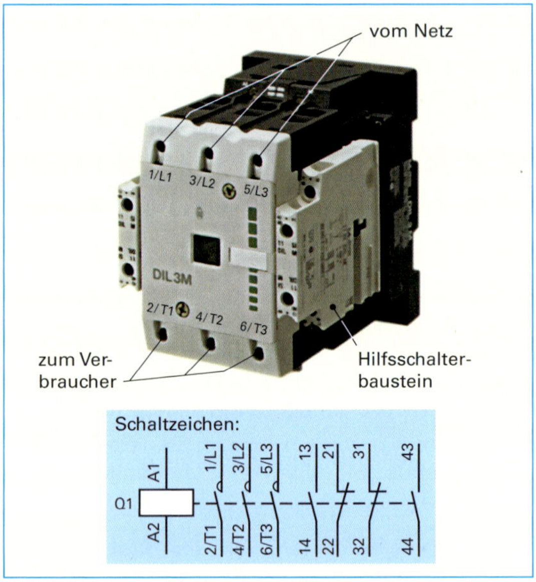

Bild 1: Leistungsschütz mit drei Hauptstromkontakten und angebauten Hilfsschalterbausteinen

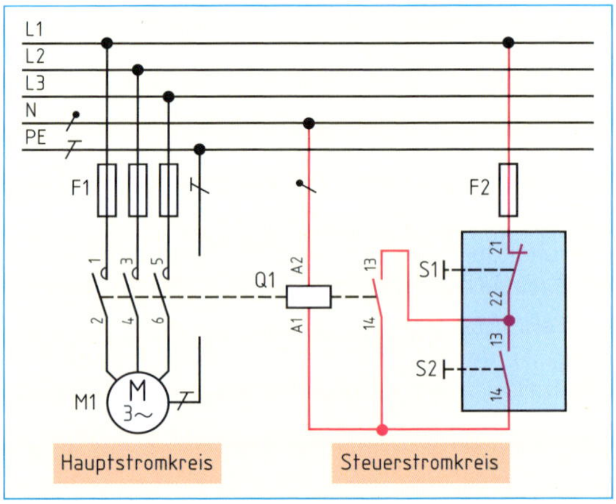

Bild 2: Schützsteuerung mit Selbsthaltung

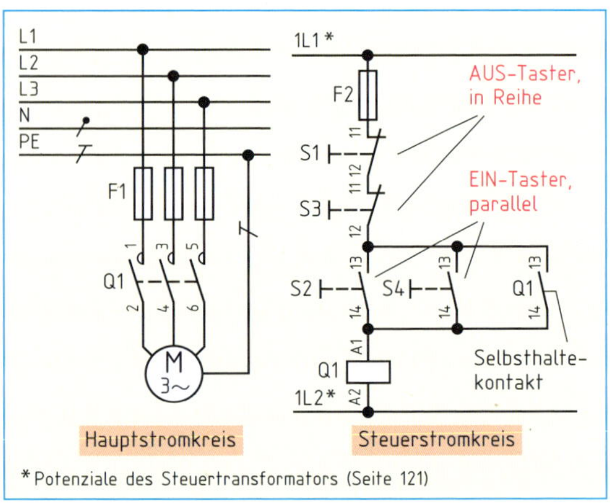

Bild 3: Schützsteuerung mit zwei Betätigungsstellen

In Schützschaltungen werden alle AUS-Taster in Reihe geschaltet, die EIN-Taster parallel.

Von dieser Regel wird nur abgewichen, wenn Sicherheitsvorkehrungen dies erfordern.

Ein Steuerstromkreis mit zwei in Reihe geschalteten EIN-Tastern (Schließer) wirkt wie eine UND-Verknüpfung, mit zwei parallel geschalteten EIN-Tastern wie eine ODER-Verknüpfung.

Folgeschaltung

Eine Schützschaltung, bei der ein Schütz erst dann einschalten kann, wenn ein anderes Schütz bereits eingeschaltet ist, bezeichnet man als Folgeschaltung.

Bei der Folgeschaltung, z.B. für eine Mischanlage **(Bild 1)**, darf der Förderbandmotor M2 erst einschalten, wenn der Mischermotor M1 bereits in Betrieb ist. Damit steuert das Schütz Q1 (Mischer M1 in **Bild 1a**) die Funktion von Q2 (Förderband M2). Diese Funktion wird z.B. durch das ansprechverzögernde Zeitrelais K3 in **Bild 1b** erreicht.

In Stromlaufplänen **(Bild 1)** sind die Strompfade zur besseren Übersicht mit einer Nummerierung **(Seite 117)** versehen.

Wendeschützschaltung

Um die Drehrichtung von Drehstrommotoren zu ändern, verwendet man die Wendeschützschaltung. Dazu müssen im Hauptstromkreis zwei Außenleiter, z.B. L1 und L3, vertauscht werden.

In Wendeschützschaltungen, z.B. einer Torsteuerung **(Bild 2)**, muss der gleichzeitige Betrieb beider Schütze **(Bild 3)** verhindert werden, da er zwei Außenleiter kurzschließt. Auch z.B. festgebrannte Kontakte können dazu führen, dass ein Schütz nicht abschaltet. Wendeschützschaltungen haben daher eine **Schützverriegelung** und meist zusätzlich eine **Tasterverriegelung**. Bei der Schützverriegelung **(Bild 3)** ordnet man im Steuerstromkreis vor der Schützspule Q1 einen Öffnerkontakt von Q2 an, vor der Schützspule Q2 einen Öffnerkontakt von Q1. Ist z.B. Q1 in Betrieb, kann das Schütz Q2 wegen des geöffneten Verriegelungskontaktes nicht einschalten. Beide Verriegelungen erhöhen somit die Sicherheit gegen Kurzschluss. Der Endschalter B1 schaltet den Torantrieb über Schütz Q1 in der oberen Endlage ab, der Endschalter B2 schaltet den Torantrieb über Schütz Q2 in der unteren Endlage des Tores ab.

Bei der Steuerung der **Drehrichtungsumkehr über AUS (indirekte Umschaltung, Bild 3)** überbrücken die Selbsthaltekontakte Q1: 13–14 und Q2: 13–14 die EIN-Taster S2 und S3. Der Motor kann erst nach dem Betätigen von AUS-Taster S1 in die andere Drehrichtung geschaltet werden.

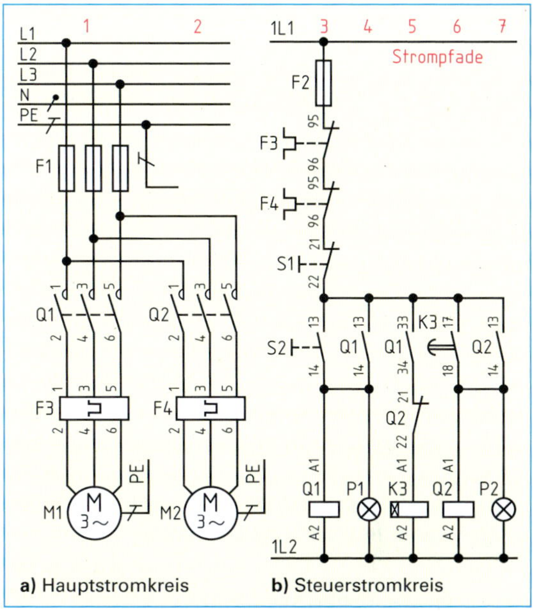

Bild 1: Hauptstrom- und Steuerstromkreis einer Folgeschaltung (Mischanlage)

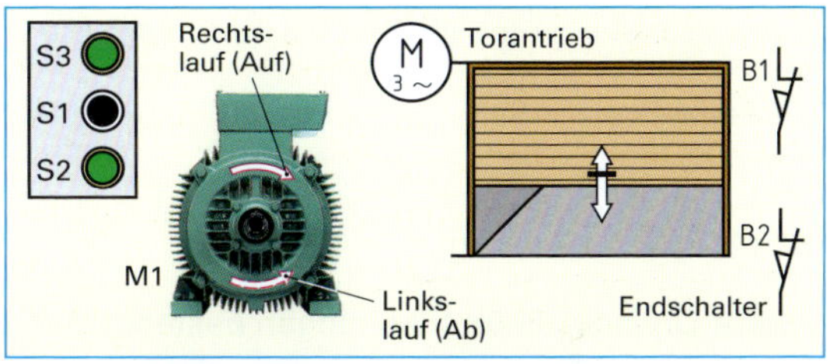

Bild 2: Technologieschema einer Wendeschützschaltung (Beispiel)

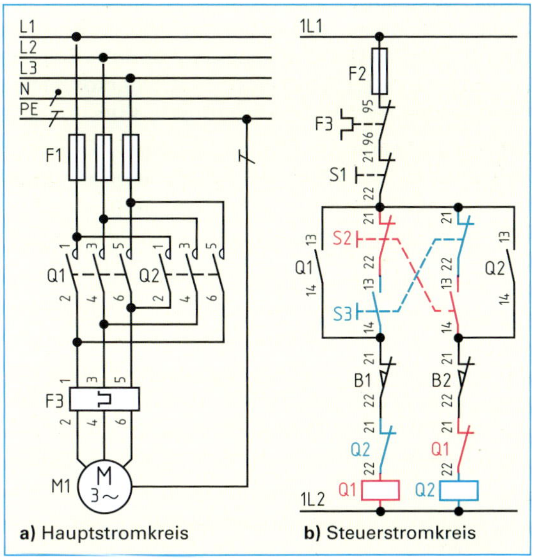

Bild 3: Hauptstrom- und Steuerstromkreis einer Wendeschützschaltung mit indirekter Umschaltung der Drehrichtung

SimElektro Grundstufe 1.1
Grundstufe S21

Bei der **direkten Drehrichtungsumkehr (Bild a)** überbrücken die Selbsthaltekontakte Q1: 13–14 bzw. Q2: 13–14 nur die EIN-Taster. Durch Betätigen der Taster S2 oder S3 kann man die Motordrehrichtung direkt umschalten.

Das **thermische Überlastrelais** F3 **(Bild 3, Seite 115** und **Bild)** unterbricht bei Überlastung des Motors den Steuerstromkreis (Steuerkontakt F3: 95–96) und schaltet über die Hauptstromkontakte der Hauptschütze den Motor ab **(Bild 3a, Seite 115)**. Der Steuerkontakt F3: 97–98 **(Bild a)** schaltet den Leuchtmelder P1 (Störung) ein.

Motorschutzeinrichtungen: **Seite 326**

Hebeeinrichtungen, z. B. Krane, steuert man meist mit Wendeschützschaltungen ohne Selbsthaltung im **Tippbetrieb (Bild b)**. Die Hubhöhe begrenzt dabei der Näherungsschalter B1 **(Bild b)**.

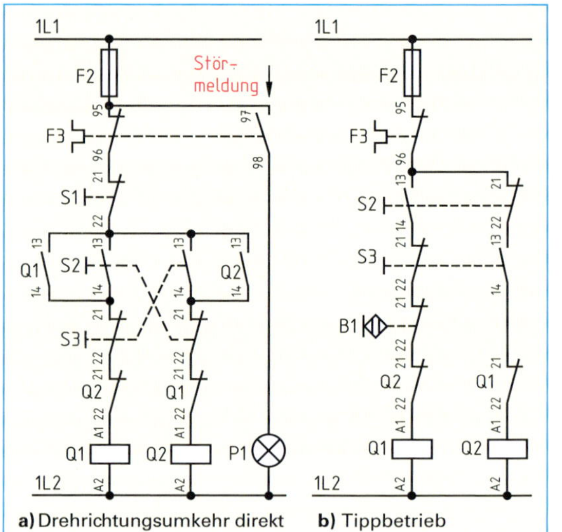

a) Drehrichtungsumkehr direkt **b)** Tippbetrieb

Bild: Steuerstromkreise der Wendeschützschaltung mit direkter Umschaltung

Stern-Dreieck-Schützschaltung

Die Stern-Dreieck-Schaltung vermindert den Anlaufstrom **(Seite 497)** von Drehstrom-Asynchronmotoren. Man unterscheidet die handbetätigte und automatische Stern-Dreieck-Schützschaltung.

Die Stern-Dreieck-Schützschaltung **(Bild, Seite 117)** von Drehstrom-Asynchronmotoren ist ebenfalls eine Folgeschaltung. Die Schaltfolge „AUS" – „STERN" – „DREIECK" kann durch eine handbetätigte Schützsteuerung **(Bild, Seite 117)** oder durch eine automatische Stern-Dreieck-Schützschaltung mit Zeitrelais **(Bild 2, Seite 118)** erfolgen.

Stern-Dreieck-Schützschaltungen bestehen aus: Sternschütz, Dreieckschütz und Netzschütz.

Überlastschutz. Ein thermisches Überlastrelais schützt die Motorwicklung bei Überlastung oder Ausfall eines Außenleiters. Es wird meist nach dem Netzschütz Q1 in die Motorzuleitung eingebaut (F3 in **Bild, Seite 117,** Einbauort B) und dann auf den Wert des Strangstromes (Motor-Bemessungsstrom $I_N \cdot 0{,}58$) eingestellt. Das Überlastrelais liegt dann in Reihe mit dem Wicklungsstrang und bietet auch Schutz in der Anlaufstufe (Sternschaltung). Der Öffnerkontakt F3:95–96 des Überlastrelais **(Bild, Seite 117)** unterbricht bei Überlastung den Steuerstromkreis und schaltet den Motor ab.

Störungsanzeige. Zur Störungsanzeige, z. B. Störmeldeleuchte P1 in **Bild 2, Seite 118,** wird ein zusätzlicher Schließer 97–98 verwendet. Häufig haben Überlastrelais nur einen Wechselkontakt, die Zuleitung muss dann auf die Klemme 95 geführt werden.

Bei **Schweranlauf** oder bei langer Anlaufzeit (t_a = 15 bis 40 s) kann man in Stern-Dreieck-Schützschaltungen das Überlastrelais auch vor dem Netzschütz, Einbauort A in **Bild, Seite 117**, einbauen. Das Überlastrelais ist dann auf den Motor-Bemessungsstrom I_N einzustellen. Der Motor ist in dieser Schaltung jedoch nur im Dreieckbetrieb geschützt.

Einbauort und Einstellwert des Überlastrelais F3 (Bild, Seite 117):

- Einbauort A, in der Motorzuleitung:
  Anlaufzeit: 15…40 s
  Einstellwert = Motor-Bemessungsstrom I_N = 10,1 A
- Einbauort B, nach dem Netzschütz Q1:
  Anlaufzeit: ≤ 15 s
  Einstellwert (Strangstrom) = 0,58 · Motor-Bemessungsstrom I_N,
  hier: 0,58 · 10,1 A = 5,9 A

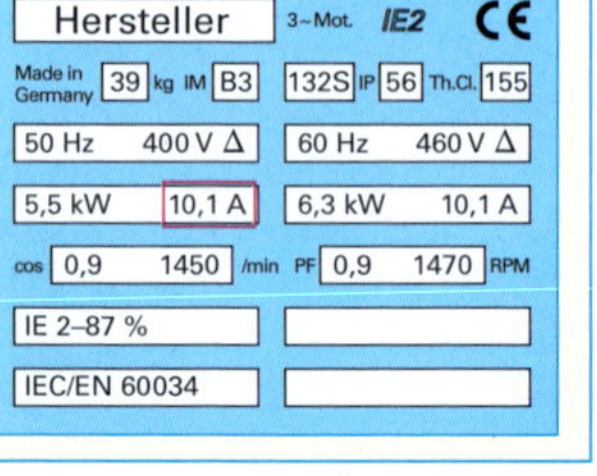

Bei Motoren mit langer Anlaufzeit kann bei automatischem Stern-Dreieck-Anlauf das Überlastrelais auch in die Motorzuleitung, d.h. nach dem Netzschütz, eingebaut und während des Anlaufs durch ein zusätzliches Schütz überbrückt werden. Nach dem Hochlauf wird das Überbrückungsschütz dann abgeschaltet.

Für besonders schwere Anlaufbedingungen und bei Motoren großer Leistung verwendet man **Motorschutz mit Kaltleiter-Temperaturfühler**.

Motorschutz mit Kaltleiter-Temperaturfühler: **Seite 328**

Handbetätigte Stern-Dreieck-Schützschaltung Funktion. Wird der Taster S2 **(Bild)** betätigt, zieht das Sternschütz Q2 (Strompfad 4) an und betätigt seinen Schließer Q2: 13–14 (5). Damit wird auch das Netzschütz Q1 (5) eingeschaltet. Der Öffner Q2: 21–22 (6) verhindert, dass gleichzeitig das Dreieckschütz Q3 (6) anzieht. Der Schließer Q1: 13–14 (6) hält in dieser Schaltstellung Netzschütz Q1 und Sternschütz Q2 an Spannung. Hat der Motor seine Bemessungsdrehzahl erreicht, wird Taster S3 betätigt. Er unterbricht den Stromkreis für das Sternschütz, Q2 fällt ab. Der in seine Ruhelage zurückgehende Öffner Q2: 21–22 (6) schaltet das Dreieckschütz Q3 an Spannung. Der Öffner Q3: 11–12 (4) verriegelt Q2 gegen gleichzeitigen Betrieb mit dem Dreieckschütz Q3. Mit Taster S1 wird die Stern-Dreieck-Schaltung abgeschaltet.

Sollen die Betriebszustände, z.B. „Anlauf" und „Betrieb", angezeigt werden, schaltet man Meldeleuchten parallel zu den Schützspulen Q2 und Q3.

Strompfadnummerierung und Kontaktspiegel

Kontaktspiegel und Strompfadnummerierung erleichtern das Verdrahten von Steuerungen und das Auffinden von Hauptstrom- und Steuerkontakten in umfangreichen Stromlaufplänen.

Im Stromlaufplan der Steuerung **(Bild)** sind Strompfadnummerierungen und unter den Schaltzeichen der Spulen Q2, Q1 und Q3 Kontaktspiegel angegeben.

Strompfadnummerierung. In den Darstellungen **(Bild)** sind die Strompfade mit 1 bis 6 bezeichnet. In den Strompfaden 1, 2 und 3 sind die Hauptstromkontakte und in den Strompfaden 4, 5 und 6 die Steuerkontakte im Stromlaufplan zu finden.

Für die drei Hauptstromkontakte von Q2 ist z.B. die Zahl 2 **(Bild, Kontaktspiegel)** dreimal aufgeführt, da im Hauptstromkreis, Strompfad 2, drei Hauptstromkontakte (Schließer) dargestellt sind.

Hauptstromkreis

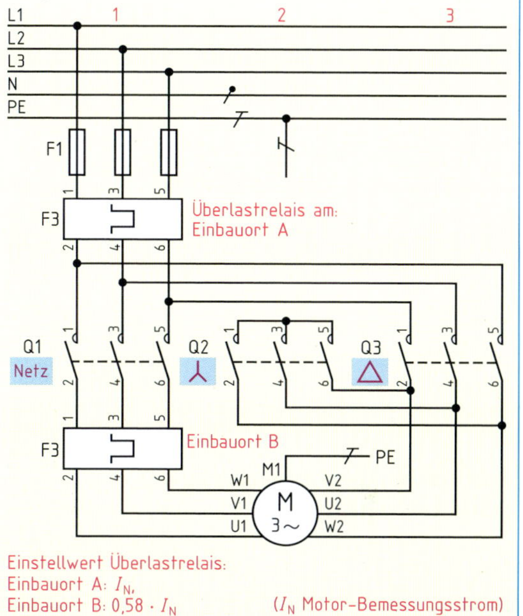

Steuerstromkreis

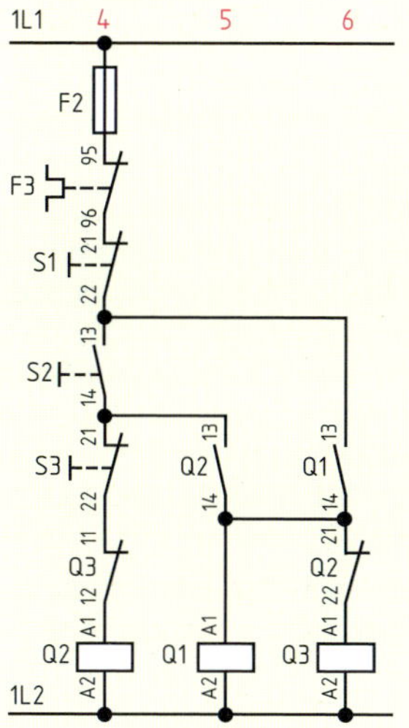

Geräteverzeichnis

- F1 Motorsicherung, dreipolig
- F2 Steuerstromkreissicherung
- F3 thermisches Überlastrelais
- Q1 Netzschütz
- Q2 Sternschütz
- Q3 Dreieckschütz
- M1 Drehstrommotor
- S1 Taster "AUS"
- S2 Taster "ANLAUF" (Sternschaltung)
- S3 Taster "BETRIEB" (Dreieckschaltung)

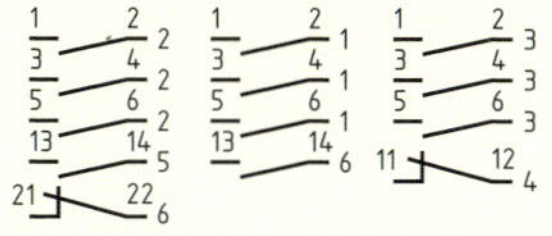

Kontaktspiegel

H	S	Ö
2	5	6

H	S	Ö
1	6	-

H	S	Ö
3	-	4

Kontakttabelle
H: Hauptstromkontakt
S: Schließerkontakt
Ö: Öffnerkontakt

Bild: Handbetätigte Stern-Dreieck-Schützschaltung, (Steuerstromkreis mit Kontaktspiegel)

Kontaktspiegel (Bild 1, Seite 118) zeigen übersichtlich, in welchem Strompfad Schaltkontakte des entsprechenden Schützes zu finden sind. Anstelle von Kontaktspiegeln können die Strompfade der Schützkontakte auch in Kontakttabellen eingetragen werden **(Bild)**.

SimElektro Grundstufe 1.1
Grundstufe S21

Der Kontaktspiegel wird unter der Schützspule dargestellt **(Bild 1)** und zeigt alle am Schaltschütz vorhandenen Kontakte mit der entsprechenden Kontaktbezeichnung. Neben jedem in der Steuerung verwendeten Schaltkontakt wird die Strompfadnummer eingetragen unter der man den Kontakt im Stromlaufplan findet **(Bild 1 und 2).**

Am Schaltschütz vorhandene freie Schaltkontakte, die in der Steuerung jedoch nicht verwendet werden, sind im Kontaktspiegel ohne Angabe einer Strompfadnummer eingetragen.

Strompfadnummerierung und Kontaktspiegel oder Kontakttabellen helfen beim Aufbau und bei der Fehlersuche in umfangreichen Steuerungen.

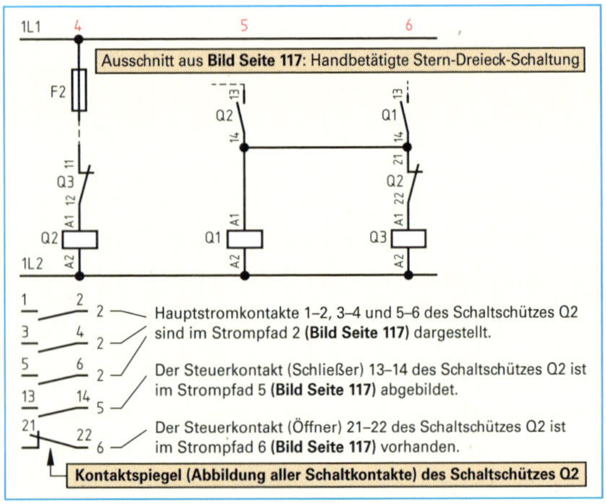

Bild 1: Kontaktspiegel am Beispiel des Schützes Q2

Automatische Stern-Dreieck-Schützschaltung

In der Stern-Dreieck-Schützschaltung **(Bild 2)** erfolgt die Umschaltung von Stern (Anlauf) in Dreieck (Betrieb) zeitgeführt durch das Zeitrelais K1 **(Bild 2).** Der Steuerstromkreis wird durch den Steuertransformator T1 **(Bild 2,** Strompfad 4**)** versorgt.

Steuertransformatoren: **Seite 121**

Funktion. Durch Betätigen des Tasters S2 **(Bild 2)** zieht das Sternschütz Q2 an. Gleichzeitig wird das Zeitrelais K1 im Strompfad 6 an Spannung gelegt. Der Öffner Q2: 21–22 im Strompfad 8 unterbricht die Ansteuerleitung zu Q3, und der Schließer Q2: 13–14 im Strompfad 7 legt das Netzschütz Q1 an Spannung. Die Selbsthaltung der Schütze Q1 und Q2 erfolgt über den Selbsthaltekontakt Q1: 13–14 im Strompfad 8. Der Motor M1 **(Bild 2)** wird jetzt in Sternschaltung betrieben.

Nach Ablauf der am Zeitrelais K1 eingestellten Verzögerungszeit, z.B. 8 Sekunden, unterbricht der Öffnerkontakt K1: 15–16 im Strompfad 5 die Ansteuerleitung zu Q2. Der Öffner Q2: 21–22 im Strompfad 8 legt das Dreieckschütz Q3 an Spannung, der in der Ruhelage geöffnete Schließer Q2: 13–14 im Strompfad 7 unterbricht die Selbsthaltung von Q2. Mit dem Einschalten von Q3 unterbricht der Öffner Q3: 11–12 im Strompfad 5 die Ansteuerleitung zu Q2/K1 und trennt das Zeitrelais K1 vom Netz. Durch die Ansteuerung der Schütze Q1 und Q3 **(Bild 2)** wird der Motor M1 in Dreieckschaltung betrieben.

Die Öffnerkontakte Q2: 21–22 und Q3: 11–12 **(Bild 2)** verhindern durch Verriegeln den gleichzeitigen Betrieb von Sternschütz Q2 und Dreieckschütz Q3 und damit einen Kurzschluss.

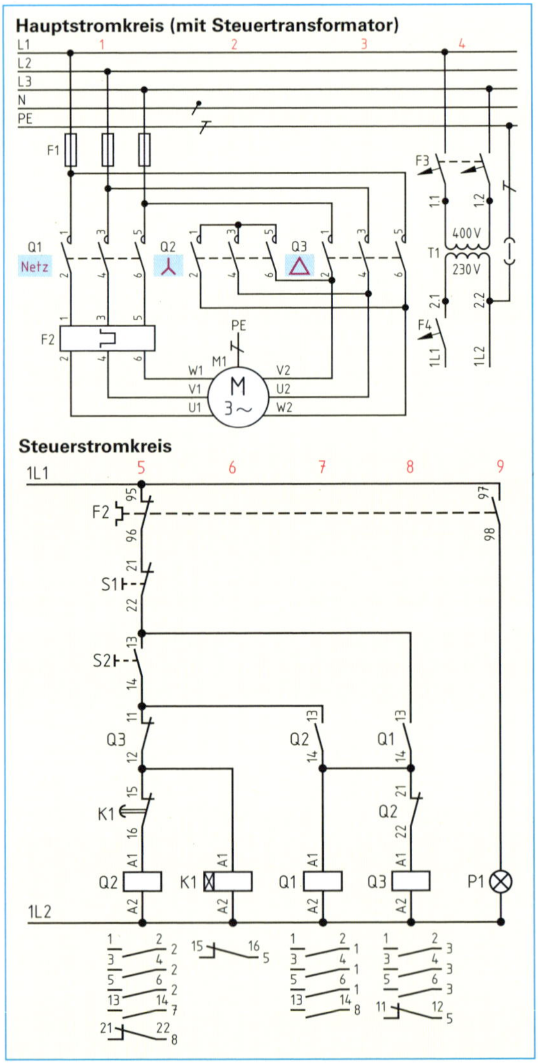

Bild 2: Automatische Stern-Dreieck-Schützschaltung

Dahlanderschaltung

Für Drehstrommotoren mit zwei Drehzahlen im Verhältnis 1 : 2, z. B. 1440/2880 min^{-1}, wird die Ständerwicklung des Motors in Dahlanderschaltung ausgeführt.

In der niederen Drehzahlstufe, z. B. 1440 min^{-1}, legt das Netzschütz Q1 **(Bild)** Spannung an die Motorklemmen 1U, 1V und 1W. In der hohen Drehzahlstufe, z. B. 2880 min^{-1}, verbindet das Schütz Q2 die Klemmen 1U, 1V und 1W zum Doppelsternpunkt, das Netzschütz Q3 legt Spannung an die Anschlussklemmen 2U, 2V und 2W.

Dahlanderschaltung siehe auch **Seite 500**

Motoren in Dahlanderschaltung haben bei hoher Drehzahl eine höhere Leistungs- und Stromaufnahme und benötigen deshalb für jede Drehzahl ein thermisches Überlastrelais (Bild).

Als Überlastschutz für Motoren in Dahlanderschaltung eignet sich auch der Motorschutz mit Kaltleiter-Temperaturfühler. Er überwacht ausschließlich die Wicklungstemperatur und nicht die Stromaufnahme des Motors. Der Motorschutz mit Kaltleiter-Temperaturfühler bietet deshalb auch Schutz vor zu hoher Wicklungstemperatur durch behinderte Motorkühlung.

Motorschutz mit Kaltleiter-Temperaturfühler: **Seite 328**

Funktion. Mit der Betätigung des Tasters S2 **(Bild)** zieht das Netzschütz Q1 (niedere Drehzahl) an und hält sich selbst über seinen Selbsthaltekontakt Q1: 13–14. Der Motor M1 wird mit der niederen Drehzahl betrieben. Ein Umschalten in die hohe Drehzahl ist erst nach Betätigen des AUS-Tasters S1 möglich.

Mit der Betätigung des Tasters S3 für die hohe Drehzahl zieht das Doppelsternschütz Q2 an und legt über seinen Schließer Q2: 13–14 Spannung an die Schützspule Q3. Beide Schütze Q2 und Q3 halten sich über den Selbsthaltekontakt Q3: 13–14.

Ein gleichzeitiges Einschalten der niederen und der hohen Drehzahl wird durch die Tasterverriegelung und zusätzlich durch eine Schützverriegelung verhindert. Im Betrieb mit niederer Drehzahl verhindert der Öffnerkontakt Q1: 21–22 ein Einschalten von Q2 und Q3, in der hohen Drehzahl verhindern die in Reihe geschalteten Öffnerkontakte Q2: 21–22 und Q3: 21–22 ein Einschalten von Schütz Q1.

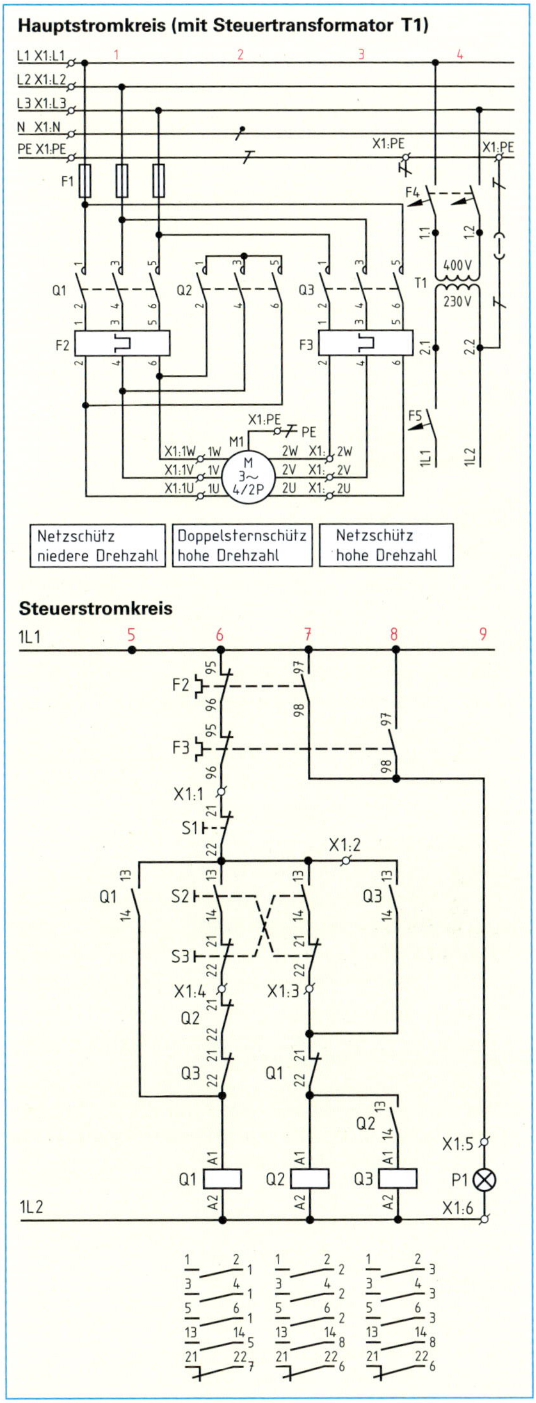

Bild: Dahlanderschaltung

Wiederholungsfragen

1. **Beschreiben Sie die Aufgabe und die Funktion einer Verriegelungsschaltung.**
2. **Nennen Sie je zwei Beispiele für eine a) Ansprechverzögerung und b) Rückfallverzögerung.**
3. **Geben Sie die Schaltfolge von Netz-, Stern- und Dreieckschütz der Stern-Dreieck-Schützschaltung an.**
4. **Erklären Sie den Anschluss eines Motors in Dahlanderschaltung für die a) niedere und b) hohe Drehzahl.**

6.4 Klemmenplan bei elektrischen Steuerungen

Klemmenpläne sind bei der Montage der elektrischen Steuerung hilfreich. Sie erleichtern das Anschließen der externen Betriebsmittel, z.B. der Taster.

Zu den Schaltungsunterlagen umfangreicher elektrischer Steuerungen gehören auch Klemmenpläne. Sie zeigen den Aufbau der Klemmenleiste und geben Auskunft über:

- Klemmenbezeichnungen,
- Anschluss der Betriebsmittel auf der internen und externen Seite der Klemmenleiste und
- vorhandene Brücken zwischen einzelnen Klemmen der Klemmleiste.

Klemmenpläne können auch Hinweise über Leiterquerschnitte, Aderzahlen der externen angeschlossenen Leitungen enthalten oder Angaben zu den Planabschnitten in umfangreichen Steuerungen geben.

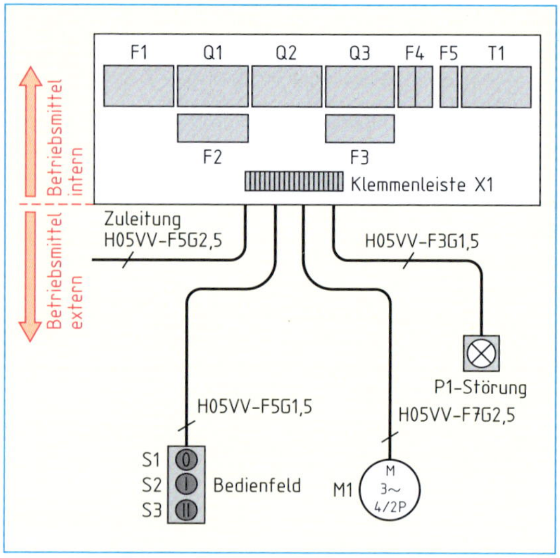

Bild 1: Aufbauskizze der Dahlanderschaltung (zu Bild, Seite 119)

Zum Erstellen eines Klemmenplanes einer elektrischen Anlage sind Kenntnisse über die Funktion und den vorgesehenen Aufbau **(Bild 1)** der Anlage erforderlich. Zunächst kennzeichnet man in den Stromlaufplänen von Haupt- und Steuerstromkreis die extern angeschlossenen Betriebsmittel **(Beispiel Dahlanderschaltung, Bild, Seite 119)**. An jedem Übergang von einem internen Betriebsmittel, z.B. im Inneren von Schalt- oder Steuerschränken, zu einem äußeren (externen) Betriebsmittel, z.B. Steuertaster oder Antriebsmotor, ist eine Klemme erforderlich. Die Klemmenleiste und die zugehörigen Klemmen werden dann in der Anlage und in den Schaltungsunterlagen eindeutig bezeichnet.

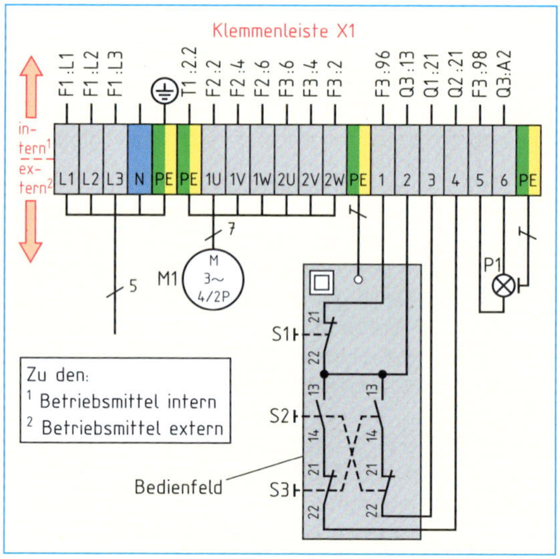

Bild 2: Klemmenplan der Dahlanderschaltung (zu Bild, Seite 119)

Beispiel:

In den Schaltungsunterlagen einer Steuerung **(Bild 2)** findet man die Klemmenbezeichnung X1:5. **a)** Erklären Sie die Klemmenbezeichnung. **b)** Welche Betriebsmittel sind an der Klemme angeschlossen?

Lösung:

a) • X1: Klemmenleiste X1
• 5: Klemme 5 der Klemmenleiste X1

b) F3: 98, P1

Die Schaltungsunterlagen einer Steuerung, d.h. Stromlaufpläne und Klemmenplan **(Bild 2)**, müssen so aufeinander abgestimmt sein, dass eine eindeutige Leitungsführung gewährleistet ist. Im Klemmenplan ist deshalb auf der internen Klemmenseite eine Zielgabe, z.B. Q3: 13 **(Bild 2)**, sinnvoll. Auf der externen Seite der Klemmenleiste können die angeschlossenen Betriebsmittel eingezeichnet oder auch nur Zielbezeichnungen, z.B. S3:13, angegeben werden **(Bild 2)**. Exakte Zielangaben in Klemmenplänen helfen bei der Fehlersuche, beim Prüfen, z.B. bei der Messung des Isolationswiderstandes, oder beim Umbau bestehender Steuerungen, die gesuchten Anschlusspunkte sicher zu finden.

In Reihenklemmen soll auf jeder Klemmenseite, d.h. intern und extern, nur je ein Leiter geklemmt werden.

6.5 Elektrische Ausrüstung von Maschinen

Die elektrische Ausrüstung von Maschinen, z.B. von Drehmaschinen, ist so auszuführen, dass von der Anlage keine Gefahr für Personen, für die Maschine oder für Produktionsgüter ausgeht (DIN EN 60204-1/VDE 0113-1).

Hauptschalter. Jede Maschine muss mit einer **Netz-Trenneinrichtung** ausgerüstet sein, die die gesamte Maschine, z.B. für Reparaturarbeiten, frei schaltet.

Mögliche Netz-Trenneinrichtungen:
- Lasttrennschalter mit oder ohne Sicherungen,
- Trennschalter mit voreilendem Hilfskontakt zum Unterbrechen des Steuerstromkreises,
- Steckvorrichtungen bis 16 A bei einer Gesamtbemessungsleistung bis maximal 3 kW,
- Steckvorrichtungen mit Lastschaltvermögen oder mit Lastschalter, der ein Stecken oder Ziehen nur im spannungslosen Zustand ermöglicht.

Anlagenteile, die nach dem Abschalten der Netz-Trenneinrichtung noch Spannung führen, sind gegen Berühren abzudecken und als unter Spannung stehend zu kennzeichnen.

Steuerstromkreise, die aus dem Netz gespeist werden **(Bild)**, sind an **Steuertransformatoren** zu betreiben. Steuertransformatoren sind jedoch nicht vorgeschrieben für Maschinen mit nur einem Motorstarter, z.B. Schaltschütz mit Überlastrelais, und mit höchstens zwei Steuergeräten. z.B. START-STOPP-Bedieneinrichtungen.

Damit Erdschlüsse in Steuerstromkreisen nicht zu einem unbeabsichtigten Start der Maschine führen, sind die Steuerstromkreise einseitig zu erden **(Bild)** oder mit einer Isolationsüberwachung auszurüsten.

Selbstanlauf. Maschinen dürfen nach einem Spannungsausfall nicht selbsttätig wieder anlaufen. Den selbsttätigen Wiederanlauf verhindern z.B. Hauptschalter mit Unterspannungsauslösung.

Befehlsgeber, z.B. Taster, müssen für den Bediener leicht und gefahrlos zugänglich sein. Grenztaster, die der Sicherheit dienen, z.B. zum Abschalten von Anlagenteilen, sind mit Öffnerkontakten zu bestücken. Für Befehlsgeber sind Kennfarben festgelegt **(Tabelle)**.

Bei Befehlsgebern ist die Kennfarbe Rot nur für NOT-Funktionen zulässig.

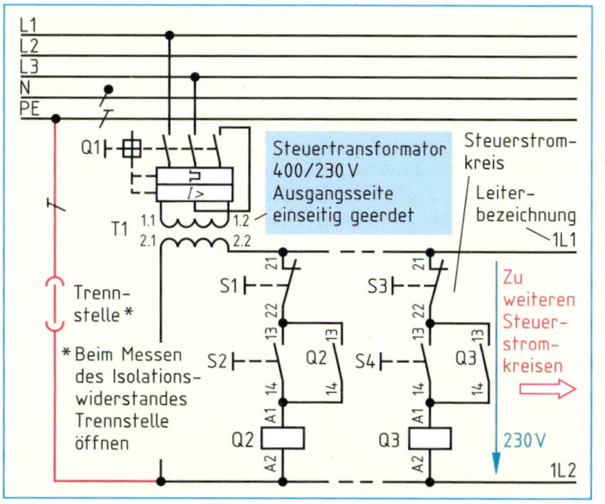

Bild: Ausführung von Steuerstromkreisen (Beispiel)

Ausführung netzgespeister Steuerstromkreise
- Versorgung der Steuerstromkreise über Steuertransformatoren (Trenntransformatoren)
- Ausgangsspannung der Steuertransformatoren höchstens $U_2 = 230$ V
- Steuerstromkreise sind
  - einseitig zu erden **(Bild)** oder
  - mit einer Isolationsüberwachung auszurüsten

Tabelle: Farbkennzeichnung für Befehlsgeber, z.B. Steuertaster (nach DIN EN 60204-1)

Kennfarbe	Bedeutung	Anwendungsbeispiel
Rot	Notfall	NOT-HALT, Stillsetzen im Notfall
Gelb	Anormaler Zustand	Eingriff, um anormalen Zustand zu unterdrücken, Ablauf wieder starten
Grün	Normaler Zustand	START/EIN bei sicherer Bedingung
Blau	Zwingend	Rückstellfunktion
Weiß	keine spezielle Bedeutung zugeordnet	START/EIN (bevorzugt), STOPP/AUS
Grau		START/EIN, STOPP/AUS
Schwarz		START/EIN STOPP/AUS (bevorzugt)

Motoren mit einer Bemessungsleistung über 0,5 kW müssen gegen unzulässige Erwärmung geschützt werden, z.B. durch Motorschutzschalter **(Seite 326)**.

Zusätzlich zur Farbkennzeichnung können Befehlsgeber durch Beschriftung oder durch Symbole gekennzeichnet sein. Für AUS-Taster ist das Symbol 0, für EIN-Taster das Symbol I zu verwenden.

Das Starten einer Anlage muss immer durch Schließen des Steuerstromkreises, das Stillsetzen durch Öffnen des Steuerstromkreises eingeleitet werden.

Leuchtmelder (Tabelle 1) zeigen den Zustand einer Anlage an oder bestätigen die Ausführung eines Befehls.

Leitungen und Kabel zur Ausrüstung von Maschinen müssen den zu erwartenden mechanischen und chemischen Beanspruchungen entsprechen.

Der Mindestquerschnitt von einadrigen Verbindungsleitungen außerhalb von Steuerschränken beträgt bei:
- feindrähtigen Leitern 1 mm² Cu,
- eindrähtigen Leitern 1,5 mm² Cu.

Aderfarben. Zur Verdrahtung der Haupt- und Steuerstromkreise in Steuerschränken sind Aderfarben empfohlen **(Tabelle 2)**.

6.5.1 Prüfen der elektrischen Ausrüstung von Maschinen

Elektrische Ausrüstungen von Maschinen (Übersicht 1) müssen, ab dem Netzanschluss, nach DIN EN 60204-1 (VDE 0113-1) und DGUV-Vorschrift 3 **(Übersicht 2)** bei Erstinbetriebnahme oder nach Instandsetzung geprüft werden. Für bestimmte Maschinen, z.B. einer Fräsmaschine **(Bild)**, gibt es weitere Vorschriften, z.B. DGUV 209-66. Die Erst- und Wiederholungsprüfung erfolgt nach DIN EN 60204-1. Bei der Wiederholungsprüfung ist zusätzlich eine Gefährdungsbeurteilung der Maschine notwendig. Die Erstprüfung des Schaltschrankes erfolgt nach DIN EN 61439-1/2 (VDE 0660-600-1/2).

Prüfen der Dokumentation: Es ist zu prüfen, ob die technische Dokumentation, z.B. Schaltpläne, Stücklisten, Aufstellungspläne, Betriebshandbuch oder Wartungspläne, mit der Anlage übereinstimmen.

Sichtprüfung: Die Maschine wird auf äußere erkennbare Mängel und auf Vollständigkeit und Unversehrtheit der Sicherheitseinrichtungen überprüft **(Übersicht 3)**.

Durchgehende Verbindung des Schutzleitersystems: Die Durchgängigkeit des Schutzleitersystems wird mit Gleich- oder Wechselstrom von mindestens 0,2 A bis 10 A (Leerlaufspannung ≤ 24 V) zwischen dem Anschlusspunkt des ankommenden äußeren Schutzleiters (PE-Schiene) und den Anschlusspunkten der Schutzleiter, z.B. am Motorklemmbrett, geprüft. Der gemessene Schutzleiterwiderstand R_{PE} muss dem von Länge, Querschnitt und Material abhängigen, theoretischen Wert des Schutzleiters entsprechen **(Tabelle 3)**.

Tabelle 3: Schutzleiterwiderstände R_{PE} (Beispiele)

Leiterquerschnitt	Widerstand bei 30 °C
1,5 mm²	12,6 mΩ/m
2,5 mm²	7,6 mΩ/m

Tabelle 1: Farbkennzeichnung von Leuchtmeldern (nach DIN EN 60204-1)

Kennfarbe	Bedeutung	Anwendungsbeispiele
Rot	Notfall	Sofortige Handlung erforderlich, z.B. Stopp der Anlage
Gelb	Anormaler Zustand	Eingreifen, Wiederherstellen der vorgesehenen Funktion
Grün	Normaler Zustand	Optional, z.B. Temperatur im vorgegebenen Bereich
Blau	Zwingend	Zwingende Handlung durch den Bediener erforderlich
Weiß	Neutral	Bei Zweifeln über die Anwendung von Rot, Grün, Gelb oder Blau

Tabelle 2: Aderfarben von Stromkreisen

Stromkreisart	Kennfabe
Hauptstromkreise für AC und DC	Schwarz
Steuerstromkreise für AC	Rot
Steuerstromkreise für DC	Dunkelblau
Verriegelungsstromkreise mit externer Stromversorgung	Orange

Bild : Fräsmaschine und Prüfgerät (DIN EN 60204-1)

Übersicht 1: Maschinen, die nach DIN EN 60204-1 geprüft werden müssen (Beispiele)
- Verarbeitungsmaschinen für Metall, Holz, Kunststoff, Textilwaren, Lebensmittel und Verpackungen,
- Baumaschinen, Druckmaschinen, Förderanlagen, Hebezeuge, Kompressoren und Kältemaschinen,
- Tore mit Motor und Jahrmarktsfahrgeschäfte.

Übersicht 2: Verpflichtende Prüfungen
- Übereinstimmung der technischen Ausrüstung mit der Dokumentation,
- Sichtprüfung der Maschine,
- Messung Schutzleiterwiderstand R_{PE},
- Nachweis der Abschaltbedingungen (Schutz bei indirektem Berühren),
- Funktionsprüfung der Maschine.

Übersicht 3: Sichtprüfung (Beispiele)
- Auf äußere Schäden oder Manipulation, z.B. der Sicherheitseinrichtungen, achten.
- Warnschilder, wo erforderlich, angebracht.
- Beschriftungen vollständig und lesbar.
- Schutzarten der Betriebsmittel eingehalten.
- Leitungen knickfrei, ohne Beschädigungen verlegt
- Richtige Zuordnung der Überstromschutzorgane.
- Motorschutzeinrichtungen richtig eingestellt.
- Gefährdungsbeurteilung durchgeführt.

Schleifenimpedanzmessung Z_S (Bild 1): Die Schleifenimpedanz muss durch Messung ermittelt und mit der Abschaltbedingung verglichen werden.

Der Nachweis der Abschaltbedingung für den Fehlerschutz **(Seite 360)** wird durch die Messung der Schleifenimpedanz Z_S nachgewiesen.

Funktionsprüfung: Alle vom Hersteller angegebenen Funktionen und Sicherheitseinrichtungen der Maschine sind nach bestandener elektrischer Prüfung zu überprüfen **(Übersicht 1)**. Durch die **Gefährdungsbeurteilung**, z. B. bei einer Fräsmaschine, können weitere Prüfungen notwendig werden **(Übersicht 2)**.

Isolationswiderstandsmessung R_{iso} (Bild 2). Der Isolationswiderstand zwischen den aktiven Leitern des Hauptstrom- bzw. Steuerstromkreises und dem Schutzleiter darf 1 MΩ nicht unterschreiten. Für Sammelschienen und Schleifleitungen beträgt der Mindestwert 50 kΩ. Die Messspannung beträgt 500 V DC, bei Industrienetzen (> 500 V) 1000 V DC.

Erreicht die Messspannung nicht alle Anlagen- und Maschinenteile, sind mehrere Messungen notwendig. Bei Frequenzumrichtern werden die Leitungen netz- und motorseitig getrennt, um eine aussagekräftige Isolationswiderstandsmessung durchführen zu können.

Spannungsprüfung (Hochspannungsprüfung): Zwischen allen aktiven Leitern und dem Schutzleiter PE ist eine Spannungsprüfung mit einer Prüfzeit von ca. 1 s durchzuführen. Die Prüfspannung muss mindestens das 2-fache der Bemessungsspannung, jedoch mindestens 1000 V/50 Hz betragen. Es darf dabei kein Spannungsüberschlag bzw. Spannungsdurchschlag stattfinden.

Bei der Hochspannungsprüfung muss ein Prüfplatz nach DIN EN 50191 (VDE 0104) aufgebaut werden, um eine Gefährdung von Personen zu vermeiden.

Restspannungsmessung (Bild 3): Die Restspannung wird bei fest angeschlossenen Maschinen 5 Sekunden und bei Maschinen mit Steckvorrichtung 1 Sekunde nach dem Abschalten der Maschine gemessen. Die Spannung wird z.B. am Kondensator des Motors bzw. an den Anschlüssen der Steckvorrichtung gemessen und darf 60 V nicht überschreiten.

Nachprüfungen: Stellt man bei der Überprüfung der Maschine fest, dass z. B. eine Baugruppe oder ein Bauteil getauscht werden muss oder nachträglich Veränderungen an der Maschine vorgenommen wurden, so muss der geänderte Maschinenteil nochmals geprüft werden.

Schleifenimpedanz

$$Z_S \leq \frac{2}{3} \cdot \frac{U_0}{I_a}$$

(nach DIN VDE 0100-600, Anhang D.6.4.3.7.2)

Z_S Schleifenimpedanz (Schleifenwiderstand)
U_0 Spannung zwischen Leiter und PE, PEN (unbelastet)
I_a Abschaltstrom der Schutzeinrichtung

Bemerkung: Der Faktor 2/3 berücksichtigt die Messunsicherheit sowie die Erwärmung der Leitung im Fehlerfall.

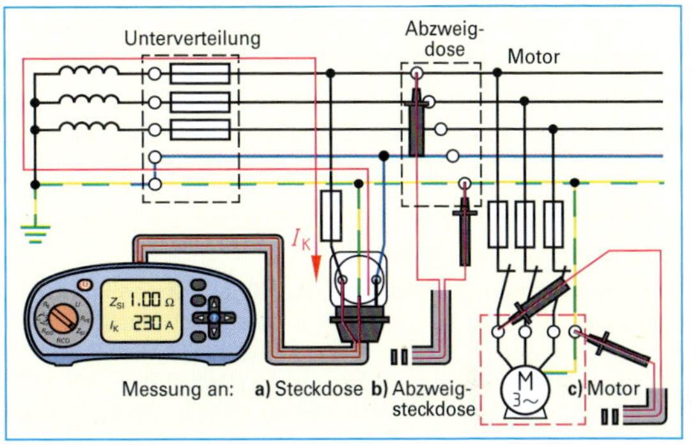

Bild 1: Schleifenimpedanzmessung

Übersicht 1: Funktionsprüfungen (Beispiele)

- Start der Maschine
- Test aller Steuerfunktionen
- Netztrenneinrichtungen, z. B. am externen Bedienfeld
- NOT-AUS bzw. NOT-HALT
- Akustische und optische Warnmeldungen

Übersicht 2: Prüfungen, die durch die Gefährdungsbeurteilung notwendig werden können (Beispiele)

- Isolationswiderstandsmessung
- Spannungsprüfung (Hochspannungsprüfung)
- Schutz gegen Restspannung

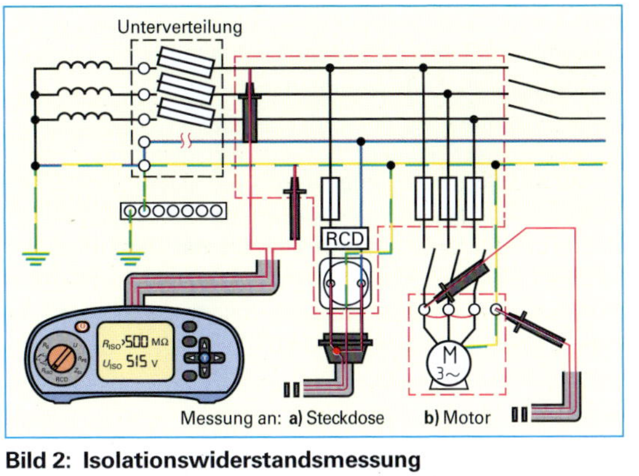

Bild 2: Isolationswiderstandsmessung

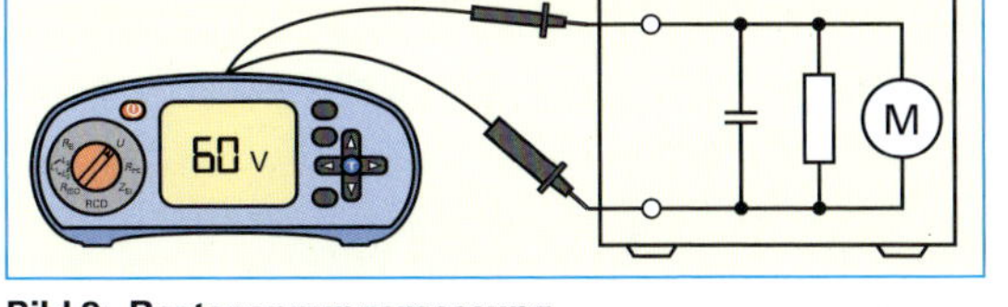

Bild 3: Restspannungsmessung

Steuerstromkreise von elektrischen Maschinen

Steuerstromkreise von Maschinen sind

- mithilfe eines Steuertransformators zu betreiben (Ausnahme: direkter Anschluss),
- vorzugsweise mit einem Hauptschalter auszurüsten,
- einseitig zu erden (Bei einem Erdschluss des nicht geerdeten Leiters entsteht ein Kurzschluss, der die vorgeschaltete Überstrom-Schutzeinrichtung auslöst. Damit wird z. B. das unbeabsichtigte Einschalten eines Schützes bei zwei örtlich getrennten Erdschlüssen verhindert.),
- bei fehlender Erdung aus betrieblichen Gründen mit einer Isolationsüberwachungseinrichtung zu versehen (Bei Auftreten des ersten Erdschlusses erfolgt eine Meldung, beim zweiten Fehler wird der Steuerstromkreis abgeschaltet.),
- so anzuschließen, dass der Anschluss A2 von Q2 **(Bild)** mit dem geerdeten Transformatoranschluss 2.1 und die Schaltelemente mit dem nicht geerdeten Transformatoranschluss 2.2 verbunden werden.

Elektrische Ausrüstung von Maschinen: **Seite 121**

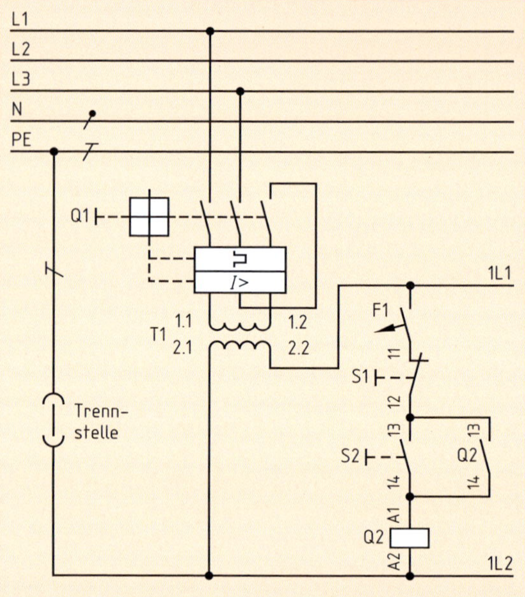

Direkter Anschluss von Steuerstromkreisen an ein TN-S-System

- Direkter Netzanschluss ist möglich, wenn die Maschine mit nur einem Motorstarter, z. B. einem Schaltschütz, und höchstens zwei Steuergeräten, z. B. START-STOPP-Taster, betrieben wird.
- Liegt die Steuerspannung zwischen einem Außenleiter und dem Neutralleiter, darf sie einpolig geschaltet werden **(Bild a)**.
- Liegt die Steuerspannung zwischen zwei Außenleitern, muss sie zweipolig geschaltet werden **(Bild b)**.

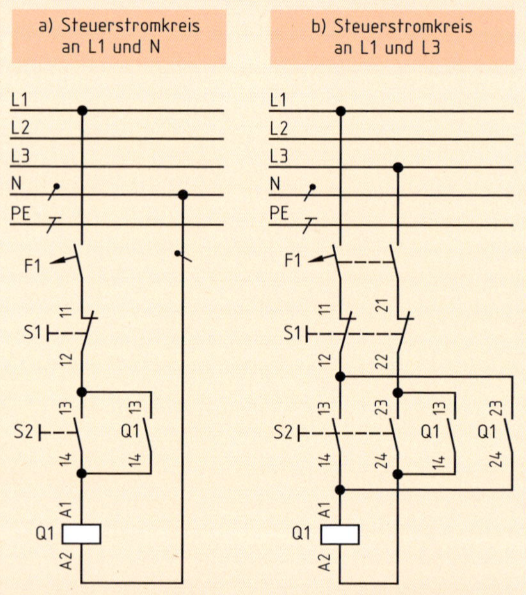

Anforderungen an die Leitungsverlegung:

- Meist werden Aderleitungen verlegt.
- Aderleitungen dürfen nicht beschädigt werden und werden deshalb meist im Kanal verlegt oder zu einem Rundbund zusammengefasst.
- Aderleitungen sind farblich nach DIN EN 60204-1 entsprechend den Stromkreisen zu kennzeichnen **(Seite 122)**.
- Der Spannungsfall an Steuerleitungen darf 5 % der Nennspannung nicht überschreiten.

Farbkennzeichnung der Aderleitungen nach DIN EN 60204-1 bei Maschinen (Auswahl, Empfehlung):

- Schwarz: Hauptstromkreise
- Rot: Steuerstromkreise AC
- Blau: Steuerstromkreise DC
- Orange: Verriegelungsstromkreise mit externer Energieversorgung

Anforderungen an den Steuertransformator:

Der Steuertransformator muss:

- getrennte Wicklungen haben und
- ein spannungssteifes Verhalten aufweisen.
- Seine sekundäre Bemessungsspannung darf 230 V bei 50 Hz bzw. 277 V bei 60 Hz nicht überschreiten.

 (Nächster Praxistipp: Seite 180)

Situationsbeschreibung:

Ein Druckluftkompressor soll am öffentlichen Netz betrieben werden. Der Kompressor hat eine Bemessungsleistung von 11 kW. Nach VDE-AR-N 4100 dürfen Motoren, die gelegentlich anlaufen (max. 2 Anläufe pro Tag) einen Anlaufstrom ≤ 60 A bzw. Motoren, häufiger anlaufend (> 2 Anläufe pro Tag) ≤ 30 A haben **(Tabelle 2, Seite 497)**. Für den Kompressormotor ist ein Anlassverfahren, z. B. die Stern-Dreieck-Schaltung, zu verwenden. Wie sieht der Einsatz dieser Schaltung in der Praxis aus?

Kompressordaten:

- Bemessungsspannung: 400 V/50 Hz
- Bemessungsleistung: 11 kW
- Thermisches Überlastrelais: Einstellwert 13 A (Tabelle Hauptstromkreis)
- Drehrichtung Kompressormotor: Links
- Luftmenge:
  - bei 7,5 bar 1,61 m³/min
  - bei 15 bar 1,11 m³/min

Steuerung und Schaltschütze

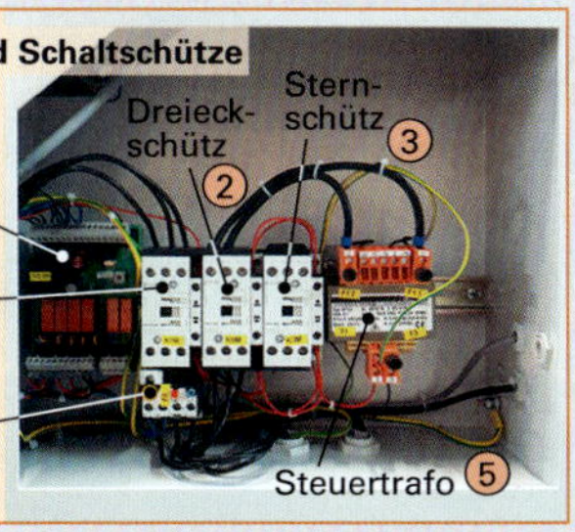

Kompressor-Aufbau ohne Gehäuse

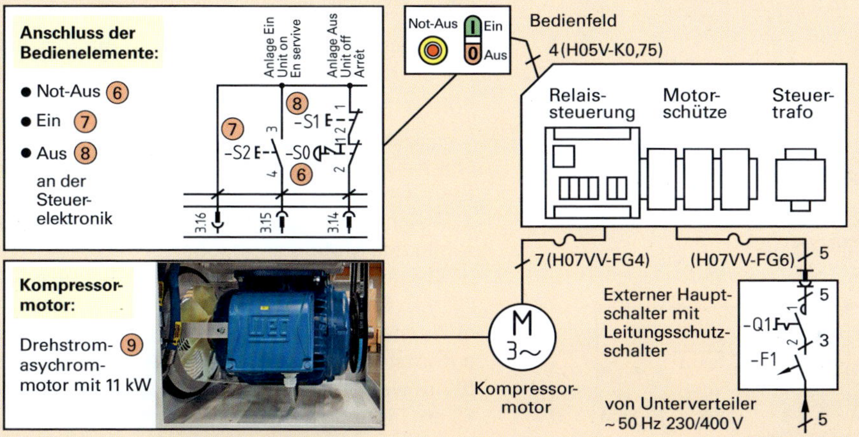

Aufbauskizze der Stern-Dreieck-Schaltung

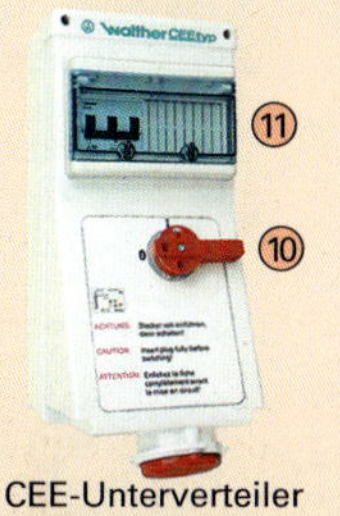

CEE-Unterverteiler mit Hauptschalter, LS-Schalter und CEE-Steckdose 32 A

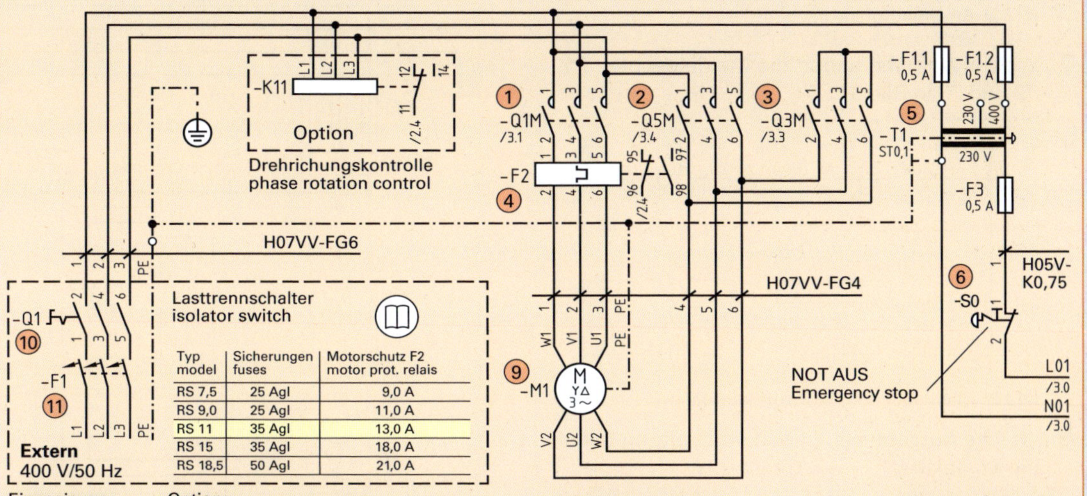

Typ model	Sicherungen fuses	Motorschutz F2 motor prot. relais
RS 7,5	25 Agl	9,0 A
RS 9,0	25 Agl	11,0 A
RS 11	35 Agl	13,0 A
RS 15	35 Agl	18,0 A
RS 18,5	50 Agl	21,0 A

Einspeisung power supply

Option: 380-420 V/50 Hz , 440-480 V/60 Hz

Kompressor - Motor compressor - motor

Steuertrafo Control Transformer

Hauptstromkreis der Stern-Dreieck-Schaltung

Wiederholen – Anwenden – Vertiefen*: Schaltungstechnik

1. Geben Sie fünf Beispiele für die alphanumerische Kennzeichnung elektrischer Betriebsmittel in Schaltplänen an.
2. Erklären Sie das Funktionszeichen T der Betriebsmittelkennzeichnung K1T.
3. Ein Relais hat den Spulenwiderstand 550 Ω. Berechnen Sie den Spulenstrom an DC 12 V.
4. Welche Schaltpläne zeigen **a)** die Funktion und **b)** die Anordnung der Betriebsmittel?
5. **a)** Welche Angaben für die Elektroinstallation entnimmt man dem Übersichtsschaltplan **Bild 1**? **b)** Ermitteln Sie die Aderzahlen für die Leitungsabschnitte A und B.

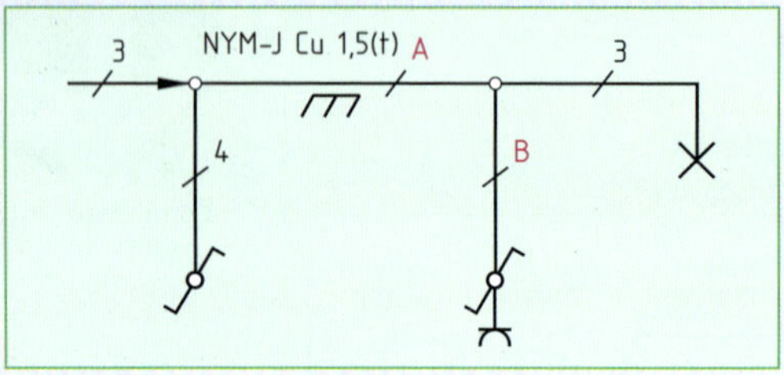

Bild 1: Übersichtsschaltplan

6. Beschreiben Sie die Funktionen der Schaltungen **Bild 2 a** und **Bild 2 b**.

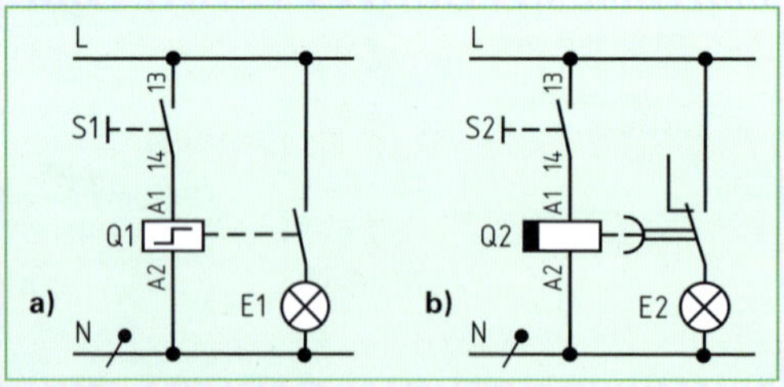

Bild 2: Stromlaufpläne

7. Welche Aufgabe haben die Meldeleuchten P1, P2 und P3 in **Bild 3**?

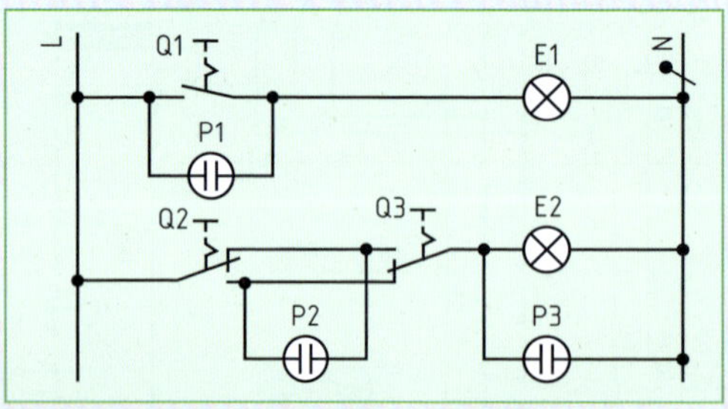

Bild 3: Meldeleuchten in Stromlaufplänen

8. Welche Aufgabe haben in der Schaltung **Bild 4** die Kontakte S1:11–12, Q2:21–22?

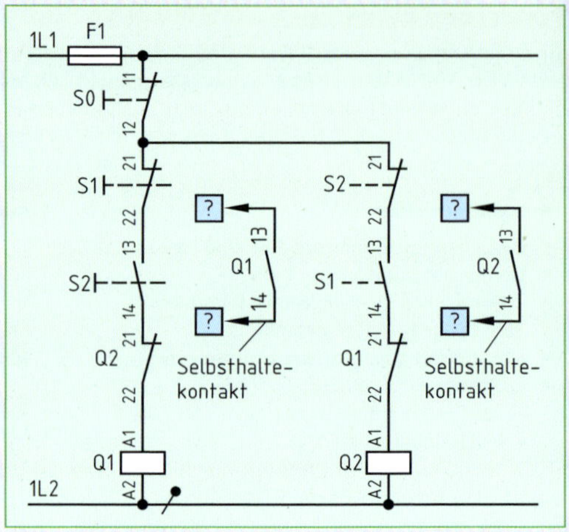

Bild 4: Wendeschützschaltung

9. An welche Anschlussklemmen in **Bild 4** schalten Sie die Selbsthaltekontakte bei **a)** Umschaltung über AUS und **b)** direkter Umschaltung?
10. Ein Drehstrommotor $P = 7{,}5$ kW, $\eta = 0{,}86$, $\cos \varphi = 0{,}83$ wird am Netz 3 ~ 50 Hz 230/400 V in Stern-Dreieck-Anlauf betrieben **(Bild 5)**.
a) Welche Spannung muss auf dem Leistungsschild des Motors angegeben sein?
b) Welche Funktionen haben die Schütze Q1, Q2 und Q3 in **Bild 5**?
c) Nennen Sie die Schaltfolge der Schütze bei automatischem Stern-Dreieck-Anlauf.
d) Auf welche Stromstärke ist das Überlastrelais F3 am Einbauort A bzw. B einzustellen?

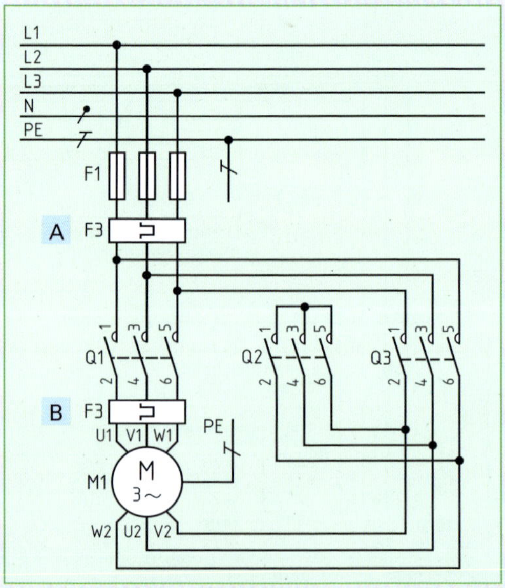

Bild 5: Stern-Dreieck-Schaltung

* Ergebnisse der Rechenaufgaben Seite 660

Grundstufe S3

7 Wechselstromtechnik

Zur Energieübertragung und zur Energieversorgung, z. B. für Haushalte und Betriebe, verwendet man sinusförmige Wechselspannungen.

7.1 Kenngrößen der Wechselstromtechnik

7.1.1 Periode und Scheitelwert

Versuch: Messen Sie die Ausgangsspannung u **(Bild a)** eines Funktionsgenerators mit einem Gleichspannungsmesser (Zeigermessinstrument, Nullstellung in Skalenmitte) und mit einem Oszilloskop (Schaltzeichen: ⊘). Stellen Sie beim Funktionsgenerator „Sinusspannung" ein und verändern Sie die Frequenz von kleineren Werten zu größeren Werten, z. B. von 0,1 Hz bis 1 kHz.

Der Zeiger des Messinstrumentes pendelt zunächst langsam hin und her, während der Elektronenstrahl des Oszilloskops sich im Rhythmus des Zeigers auf- und abbewegt. Bei höheren Frequenzen bleibt der Zeiger in der Skalenmitte stehen, der Elektronenstrahl des Oszilloskops zeigt jedoch auf dem Schirm den zeitlichen Verlauf einer Wechselspannung, eine Sinuskurve **(Bild b).**

Die Wechselspannung ändert sich ständig zwischen einem positiven und einem negativen Höchstwert **(Bild b).** Ein solcher Höchstwert wird auch als **Scheitelwert** $\hat{u}$[1], Spitzenwert, Maximalwert oder Amplitude[2] bezeichnet. Die Differenz aus dem positiven und dem negativen Scheitelwert ergibt den **Spitze-Tal-Wert** $\hat{\check{u}}$ (auch u_{ss} = Spitze-Spitze-Wert). Das Wechseln der Spannung zwischen positiven und negativen Scheitelwerten wiederholt sich regelmäßig: Die Polarität der Spannung ändert sich periodisch[3].

> Wechselstrom und Wechselspannung werden durch die Kurzbezeichnung AC[4] gekennzeichnet.

7.1.2 Frequenz und Periodendauer

> Die Anzahl der Perioden je Sekunde nennt man **Frequenz**[5] f (Häufigkeit). Die Einheit der Frequenz ist **Hertz**[6] (Einheitenzeichen Hz).

Die Frequenz f ist der Kehrwert der Periodendauer T. Die Frequenz ist umso größer, je kleiner die Periodendauer ist.

Eine **Periode** besteht aus zwei **Halbperioden (Bild b).** Die Zeitdauer einer ganzen Periode bezeichnet man als **Periodendauer** oder Schwingungsdauer T; sie wird in Sekunden gemessen.

Wichtige Kenngrößen der Wechselstromtechnik

- Frequenz f (Seite 127)
- Periodendauer T (Seite 127)
- Scheitelwerte $\hat{u}$, $\hat{i}$ (Seite 127 und 131)
- Augenblickswerte u, i (Seite 129 und 130)
- Effektivwerte U, I, P (Seite 131)
- Spitze-Tal-Wert $\hat{\check{u}}$ (Seite 131)

Softwaretaschenrechner: TREuropa.exe

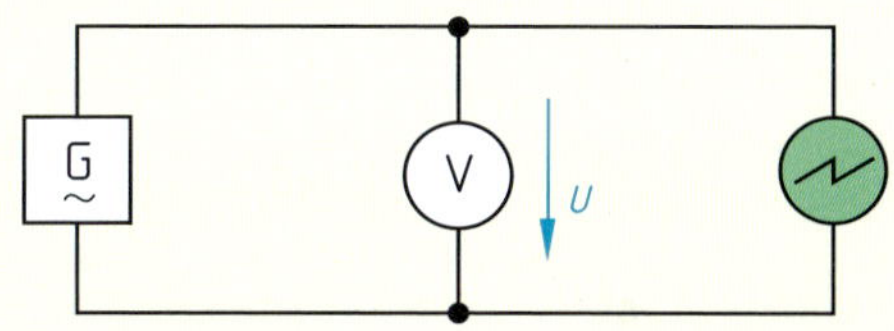

a) Versuchsschaltung

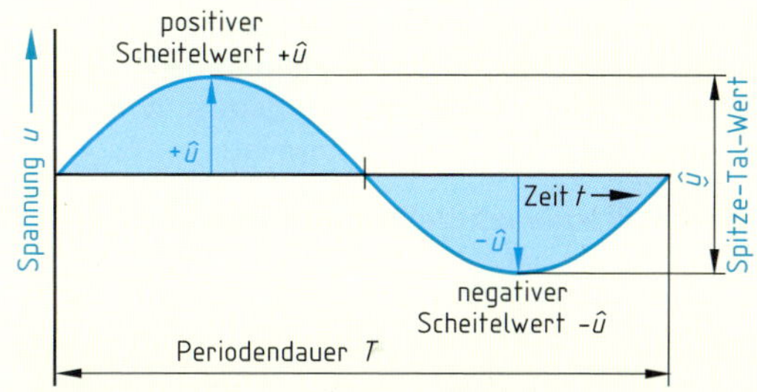

b) zeitlicher Verlauf der Wechselspannung

Bild: Wechselspannungsmessung

Frequenz und Periodendauer

$$f = \frac{1}{T} \qquad T = \frac{1}{f} \qquad [f] = \frac{1}{s} = \text{Hz}$$

f Frequenz
T Periodendauer, Zeitdauer einer vollständigen Schwingung

1 Hertz	= 1 Hz	= 1 Periode pro Sekunde	
1 Kilohertz	= 1 kHz	= 1 000 Hz	= 10^3 Hz
1 Megahertz	= 1 MHz	= 1 000 000 Hz	= 10^6 Hz
1 Gigahertz	= 1 GHz	= 1 000 000 000 Hz	= 10^9 Hz

Beispiel:

Wie groß ist die Periodendauer eines Wechselstromes bei einer Netzfrequenz von 50 Hz?

Lösung:

$$f = \frac{1}{T} \Rightarrow \boldsymbol{T} = \frac{1}{f} = \frac{1}{50\ \text{Hz}} = \frac{1}{50 \cdot \frac{1}{s}} = 0{,}02\ \text{s} = \mathbf{20\ ms}$$

[1] $\hat{u}$ (sprich: u-Dach)
[2] amplitudo (lat.) = Größe, Weite, Schwingungsweite
[3] Periode (griech.) = Zeitabschnitt
[4] **AC**, Abk. für: **A**lternating **C**urrent (engl.) = Wechselstrom
[5] frequentia (lat.) = Häufigkeit
[6] Heinrich Hertz, deutscher Physiker, 1857 bis 1894

Neben der Maßeinheit Hz für die Frequenz findet man auch c/s (cycles per second[1] = Perioden je Sekunde). Die Frequenz der Wechselspannung im Energieversorgungsnetz beträgt in Europa 50 Hz (50 Perioden je Sekunde). In den USA beträgt die Frequenz 60 Hz und in Japan 50 Hz oder 60 Hz. Die Deutsche Bahn betreibt ihr Fahrleitungsnetz mit 16,7 Hz. In der Elektrotechnik und Elektronik werden für verschiedene Anwendungen unterschiedliche Frequenzbereiche benutzt **(Tabelle)**.

Frequenzen zur Energieversorgung (Beispiele)

- Deutschland 50 Hz
- USA 60 Hz
- Japan 50 Hz oder 60 Hz
- Deutsche Bahn 16,7 Hz

7.1.3 Frequenz und Wellenlänge

Wird an den Anfang einer parallelen Leitung aus zwei Leitern, deren Leiterabstand klein ist gegenüber der Leitungslänge, eine Wechselspannung gelegt, breitet sich die elektrische Energie entlang der Leitung in Form einer **elektromagnetischen Welle (Seite 425)** schnell aus.

Die **Ausbreitungsgeschwindigkeit** c ist vom Stoff abhängig, in dem sich die Welle ausbreitet. Bewegt sich die Welle z. B. in Luft, so ist die Ausbreitungsgeschwindigkeit der elektromagnetischen Welle fast so groß wie die Lichtgeschwindigkeit c_0. Die maximale Ausbreitungsgeschwindigkeit einer elektromagnetischen Welle ist die Lichtgeschwindigkeit $c_0 \approx 300\,000$ km/s. Die Ausbreitung einer Wechselspannung auf einer Leitung ist als Welle darstellbar **(Bild)**.

Der Weg, den die elektromagnetische Welle nach einer Periode zurückgelegt hat, nennt man **Wellenlänge λ**[2]. Die Wellenlänge ist umso größer, je höher die Ausbreitungsgeschwindigkeit und je kleiner die Frequenz der Wechselspannung ist.

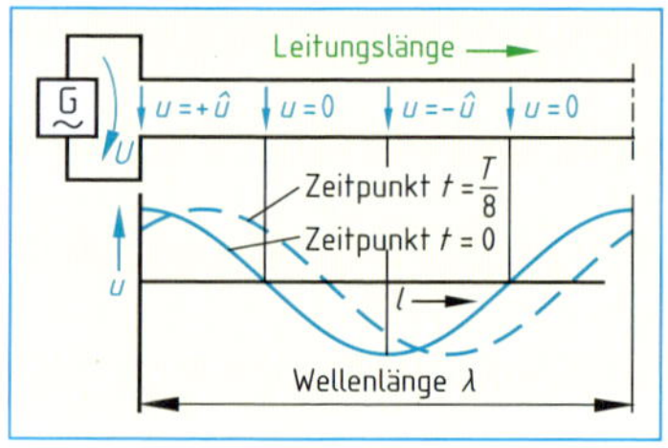

Bild: Wechselspannungsverlauf entlang einer Leitung

Frequenz und Wellenlänge

$$\lambda = \frac{c}{f} \qquad [\lambda] = \frac{\frac{m}{s}}{\frac{1}{s}} = m$$

λ Wellenlänge
c Ausbreitungsgeschwindigkeit
f Frequenz

Tabelle: Frequenzbereiche und Anwendungen (Beispiele) Nach DIN 40015

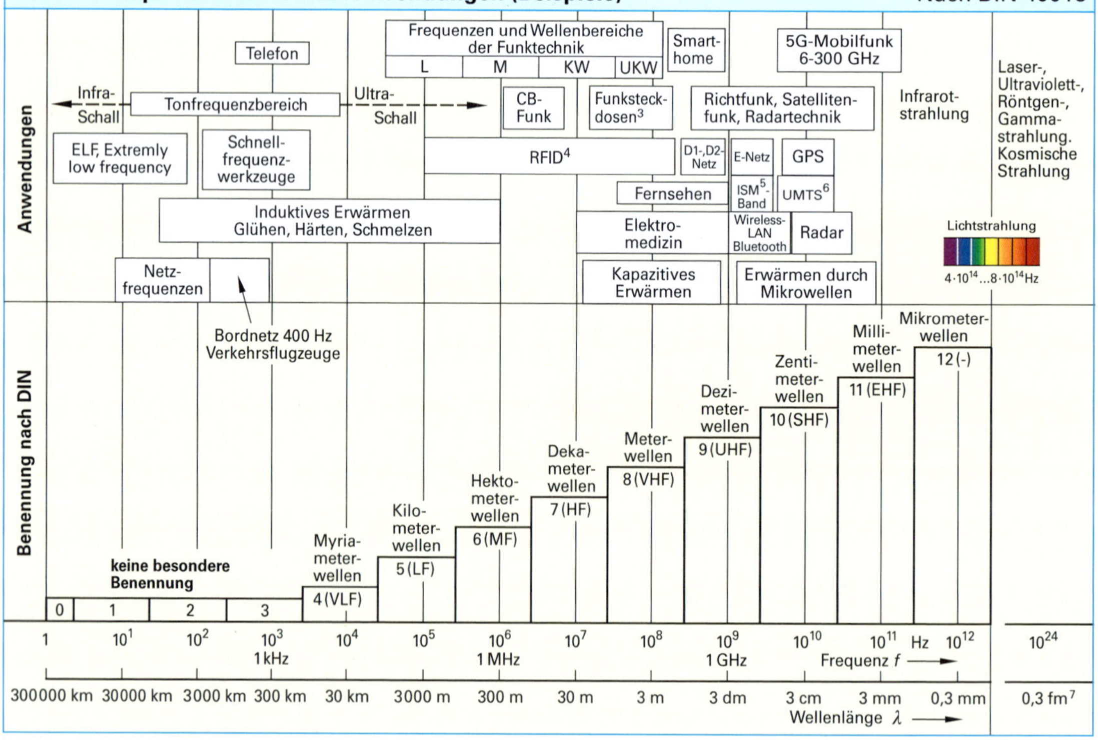

[1] 1 c/s = 1 Hz [2] λ griech. Kleinbuchstabe lambda [3] Funksteckdosen, Frequenzen von 433 oder 868 MHz, auch 2,4 GHz [4] RFID (Radio Frequency Identification) zur Identifizierung ruhender oder bewegter Objekte mittels magnetischer oder elektromagnetischer Felder, 100 kHz bis 5,8 GHz
[5] **ISM**, Abk. für: **I**ndustrial-**S**cientific-**M**edical = Frequenz für industrielle, wissenschaftliche oder medizinische Anwendungen
[6] **UMTS**, Abk. für: **U**niversal **M**obile **T**elecommunications **S**ystem [7] fm = Femtometer, 1 fm = 10^{-15} m

7.2 Sinusförmige Wechselgrößen

Versuch: Stellen Sie über einen einstellbaren Trenntransformator die Wechselspannung $U = 10$ V ein. Schalten Sie die Spannung an den Eingang eines Oszilloskops und bilden Sie den zeitlichen Verlauf der Spannung ab. Messen Sie die Periodendauer der Spannung.

Auf dem Schirm des Oszilloskops wird eine Spannung mit zeitlich sinusförmigem[1] Verlauf dargestellt ***(Bild 1)****. Die Periodendauer T der Wechselspannung ist* $T = 10\ \text{div} \cdot 2\ \text{ms/div} = 20\ \text{ms}$.

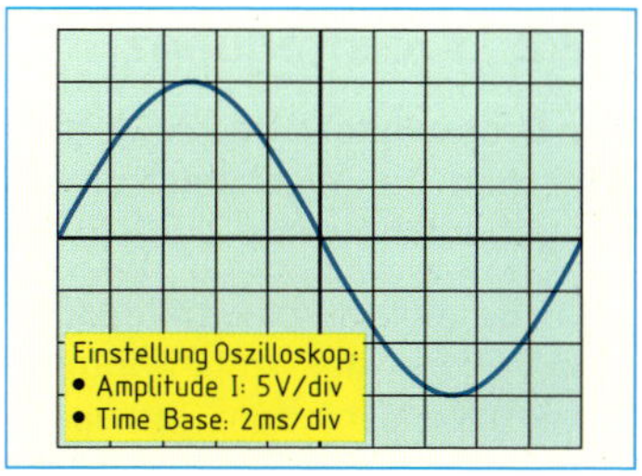

Bild 1: Oszillogramm einer sinusförmigen Wechselspannung

Eine Wechselspannung bzw. einen Wechselstrom mit zeitlich sinusförmigem Verlauf nennt man Sinusspannung bzw. Sinusstrom.

7.2.1 Zeigerdarstellung von Sinusgrößen

Sinusförmig verlaufende Vorgänge können vereinfacht als Zeiger dargestellt werden. Unter einem **Zeiger** versteht man eine gerichtete Größe (Pfeillinie), die man sich um ihren Anfangspunkt drehend vorstellt **(Bild 2)**. Für Zeigerdarstellungen von Sinusspannungen und Sinusströmen gelten folgende Vereinbarungen:

- Die Zeigerlänge entspricht dem Scheitelwert $\hat{u}$ der Wechselspannung bzw. $\hat{i}$ des Wechselstromes.
- Die Drehzahl je Sekunde des umlaufenden Zeigers ist gleich der Frequenz des Wechselstromes bzw. der Wechselspannung.
- Die Drehrichtung des umlaufenden Zeigers ist entgegengesetzt dem Uhrzeigersinn (Linksdrehung ist positive Richtung).
- Die Ausgangsrichtung eines Zeigers ist die Richtung der Zeitachse.

Aus dem umlaufenden Zeiger kann die Sinuslinie der Wechselspannung bzw. des Wechselstromes konstruiert werden. Bei dem kleineren Kreis **(Bild 2a)** ist der Radius z. B. so groß wie der Maximalwert $\hat{u}$ (Scheitelwert) der Sinusspannung. Deshalb ist die Gegenkathete des Winkels α im markierten rechtwinkligen Dreieck $u = \hat{u} \cdot \sin\alpha$. Der Augenblickswert u der Spannung in der Sinuslinie **(Bild 2b)** entspricht dem senkrechten Abstand von der Zeitachse bis zur Sinuslinie. Die Abhängigkeit einer Größe von der Zeit wird durch Kleinbuchstaben, z. B. u, i, hervorgehoben, eine Wechselspannung kann zusätzlich als Index (Beiwert) eine Wellenlinie erhalten, z. B. $u_\sim$[2].

Augenblickswerte

Für Spannungen:

$$u = \hat{u} \cdot \sin\alpha$$

Für Ströme:

$$i = \hat{i} \cdot \sin\alpha$$

u, i	Augenblickswerte
$\hat{u}$, $\hat{i}$	Scheitelwerte
$\sin\alpha$	Sinus des Drehwinkels α

Augenblickswerte, z. B. u, i oder p, werden mit Kleinbuchstaben bezeichnet.

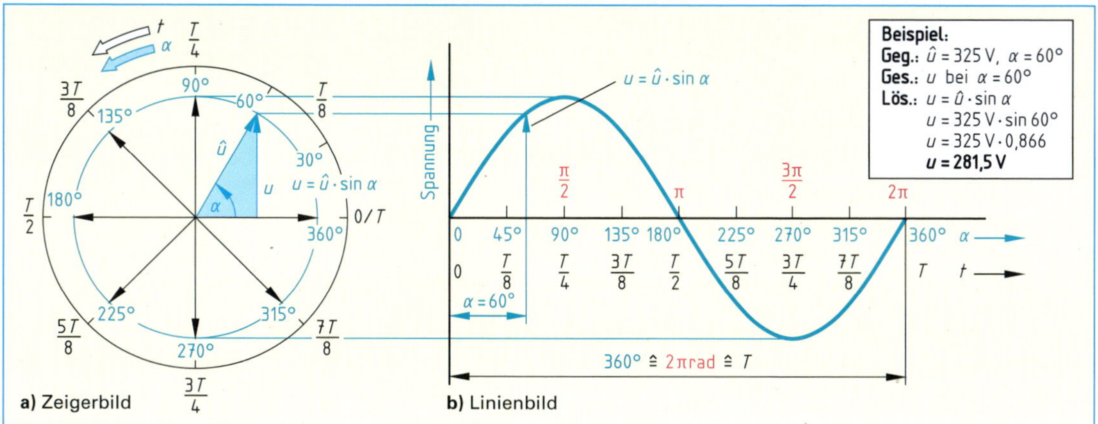

Bild 2: Zeigerbild und Linienbild einer Sinusspannung

[1] sinus (lat.) = Bogen
[2] $u_\sim$ (sprich: u-Wechsel)

7.2.2 Kreisfrequenz

Den **Drehwinkel** α des Zeigers im **Bild 2a, Seite 129** gibt man bei Wechselstrom- und Wechselspannungsberechnungen auch im **Bogenmaß** an.

Das Bogenmaß eines Winkels α (Einheit rad[1]) ist die Länge des zugehörigen Kreisbogens in einem Kreis mit dem Radius $r = 1$ (Einheitskreis).

Der Drehwinkel α_B im Bogenmaß, in **Bild 1** z. B. 0,524 rad, verhält sich zum Vollwinkel 2 π rad wie der Drehwinkel im Gradmaß α_G, z. B. 30°, zum Vollwinkel 360°. Aus dieser Beziehung kann das Bogenmaß berechnet werden, wenn das Gradmaß gegeben ist, und umgekehrt. Die Einheit rad des Bogenmaßes wird meist weggelassen.

Je höher die Frequenz einer Sinusschwingung ist, umso kürzer ist die Periodendauer und umso schneller dreht sich der dazugehörige Zeiger **(Bild 1)**. Als Maß für die Winkelgeschwindigkeit der Zeigerbewegung wird in der Elektrotechnik meist die **Kreisfrequenz** ω[2] angegeben.

Die Kreisfrequenz (Winkelfrequenz) gibt an, welchen Drehwinkel im Bogenmaß ein Zeiger je Sekunde überstreicht.

Beispiel:

Eine Wechselspannung mit einer Frequenz von 50 Hz hat einen Scheitelwert $\hat{u} = 34$ V. Berechnen Sie

a) die Kreisfrequenz ω und

b) den Augenblickswert u bei der Zeit $t = 7$ ms (Beachte: Taschenrechner auf RAD).

Lösung:

a) $\omega = 2\pi \cdot f = 2\pi \cdot 50\frac{1}{s} = \mathbf{314\frac{1}{s}}$

b) $u = \hat{u} \cdot \sin(\omega \cdot t) = 34\text{ V} \cdot \sin(314\frac{1}{s} \cdot 0{,}007\text{ s})$

$u = 34\text{ V} \cdot \sin 2{,}198 = 34\text{ V} \cdot 0{,}81 = \mathbf{27{,}5\text{ V}}$

7.2.3 Erzeugung von Sinusspannungen

Wechselspannungen mit zeitlich sinusförmigem Verlauf werden in der Energietechnik durch Induktion in Wechselspannungsgeneratoren erzeugt. Eine Leiterschleife wird in einem gleichförmigen (homogenen) Magnetfeld gedreht **(Bild 2)**. Durch die Drehbewegung erfährt die Leiterschleife ständig eine Änderung des magnetischen Flusses mit zeitlich sinusförmigem Verlauf. Dadurch wird in der Leiterschleife eine Sinusspannung induziert.

Spannungserzeugung durch Induktion: siehe auch **Seite 93**

[1] rad, Abk. für: Radiant (Winkeleinheit) 1 rad = 180°/π
[2] ω griech. Kleinbuchstabe omega

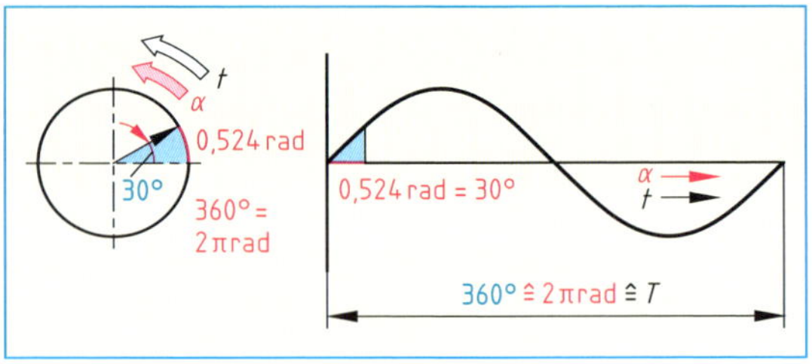

Bild 1: Einheitskreis und Bogenmaß

Gradmaß, Bogenmaß und Kreisfrequenz

$$\frac{\alpha_B}{2\pi} = \frac{\alpha_G}{360°} \Rightarrow$$

$$\alpha_B = \frac{\alpha_G \cdot 2\pi}{360°} \qquad [\alpha_B] = \text{rad}$$

$$\alpha_G = \frac{\alpha_B \cdot 360°}{2\pi} \qquad [\alpha_G] = °\,(\text{Grad})$$

$$\omega = \frac{\text{Drehwinkel im Bogenmaß}}{\text{Zeitdauer}} = \frac{\alpha_B}{t} = \frac{2\pi}{T}$$

$$\text{mit } T = \frac{1}{f} \Rightarrow \quad \omega = 2\pi \cdot f \qquad [\omega] = \frac{1}{s}$$

α_B Drehwinkel im Bogenmaß
α_G Drehwinkel im Gradmaß
ω Kreisfrequenz (Winkelfrequenz)
t Zeit ab Nulldurchgang
T Periodendauer
f Frequenz

Augenblickswerte der Sinusgrößen

$$u = \hat{u} \cdot \sin\alpha \quad \text{mit } \alpha = \omega \cdot t \Rightarrow \quad u = \hat{u} \cdot \sin(\omega \cdot t)$$

$$i = \hat{i} \cdot \sin\alpha \quad \text{mit } \alpha = \omega \cdot t \Rightarrow \quad i = \hat{i} \cdot \sin(\omega \cdot t)$$

u, i Augenblickswerte (Momentanwerte) der Sinusgrößen
$\hat{u}, \hat{i}$ Scheitelwerte der Sinusgrößen
ω Kreisfrequenz (überstrichener Winkel im Bogenmaß pro Sekunde)
t Zeit
α Drehwinkel

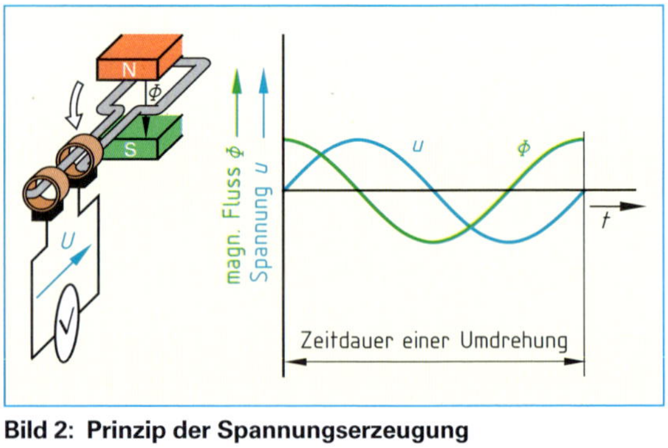

Bild 2: Prinzip der Spannungserzeugung

7.2.4 Scheitelwert und Effektivwert bei sinusförmigen Wechselgrößen

Versuch: a) Schließen Sie eine Signallampe 12 V/0,1 A an eine Sinusspannung an. Messen Sie die Sinusspannung mit einem digitalen Messinstrument und einem Oszilloskop. **b)** Schließen Sie eine gleiche Signallampe an ein Gleichspannungsnetzgerät an. Erhöhen Sie die Gleichspannung, bis beide Lampen gleich hell leuchten. Messen Sie die Gleichspannung.

Bei gleicher Helligkeit der Signallampen zeigen Gleichspannungsmessgerät und Wechselspannungsmessgerät den gleichen Wert an (ungefähr 70% von $\hat{u}$).

Die Gleichspannung ist so groß wie der **Effektivwert**[1] der Wechselspannung. Somit ist der Gleichstrom so groß wie der Effektivwert des Wechselstromes.

> Der Effektivwert des Wechselstromes ist so groß wie der Wert des Gleichstroms, der an einem ohmschen Widerstand die selbe Wärmewirkung erzeugt.

In der Energietechnik werden bei Sinusströmen und Sinusspannungen, z. B. Netzspannung 230 V, immer Effektivwerte **(Bild 2)** angegeben. Der Effektivwert von Strom und Spannung ist ihr jeweiliger **quadratischer Mittelwert.** Der Verlauf der Wechselstromleistung p ergibt sich aus der punktweisen Multiplikation von $u \cdot i$ und hat die doppelte Frequenz von u bzw. i. Sie verläuft nur im positiven Bereich → Leistung wird abgegeben **(Bild 1).**

Durch Auffüllen der Täler mit der oberen Hälfte der Leistungskurve erhält man ein flächengleiches Rechteck und somit den arithmetischen Mittelwert der Wechselstromleistung P_{eff}. Er ist bei Sinusverlauf halb so groß wie der Höchstwert $\hat{p}$ der Sinusleistung **(Bild 1).**

> Effektivwerte, z. B. U, I oder P, werden wie Gleichgrößen mit Großbuchstaben bezeichnet.

Effektivwerte werden auch mit RMS (Root Mean Square, engl. = wahrer quadratischer Mittelwert), z. B. U_{RMS} oder I_{RMS} angegeben **(Seite 174).**

In der Praxis sind bei Messungen von Sinusgrößen meist nur die Effektivwerte von Interesse. Deshalb finden häufig Drehspulmessgeräte mit Gleichrichtern sowie einfache digitale Messgeräte, die für Effektivwerte von Sinusgrößen geeicht sind, Verwendung.

Werden diese Messgeräte (Drehspulmessgeräte mit Gleichrichtern) zu Messungen nichtsinusförmiger Wechselgrößen **(Seite 133)** benutzt, können große Messfehler auftreten **(Praxistipp, Seite 181).**

Das Verhältnis Scheitelwert zu Effektivwert nennt man **Scheitelfaktor** bzw. **Crestfaktor**[2] F_c. Er hat bei Sinusgrößen den Wert $\sqrt{2}$ und bei Dreieckgrößen den Wert $\sqrt{3}$ **(Tabelle, Seite 133).**

[1] von efficere (lat.) = bewirken, tatsächlich, mengenmäßig wirksam
[2] crest (engl.) = Gipfel

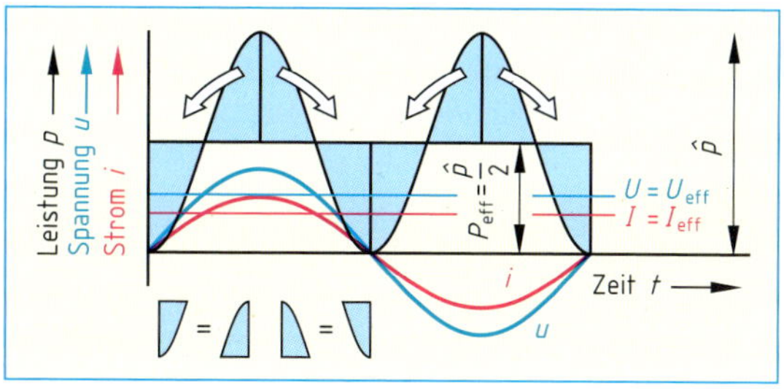

Bild 1: Sinusleistung

Aus **Bild 1** folgt: $P_{eff} = \frac{\hat{p}}{2}$

Es gilt: $P_{eff} = U_{eff} \cdot I_{eff}$

Mit $U_{eff} = I_{eff} \cdot R \Rightarrow P_{eff} = I_{eff}^2 \cdot R$; $\hat{p} = \hat{i}^2 \cdot R$

Einsetzen in 1. Formel: $I_{eff}^2 \cdot R = 0{,}5 \cdot \hat{i}^2 \cdot R$

Dividiert durch R: $I_{eff}^2 = 0{,}5 \cdot \hat{i}^2$

Daraus folgt: $I_{eff} = \sqrt{0{,}5 \cdot \hat{i}^2} = \sqrt{\frac{1}{2} \cdot \hat{i}^2} = \frac{\hat{i}}{\sqrt{2}}$

Scheitelwert und Effektivwert bei Sinusgrößen

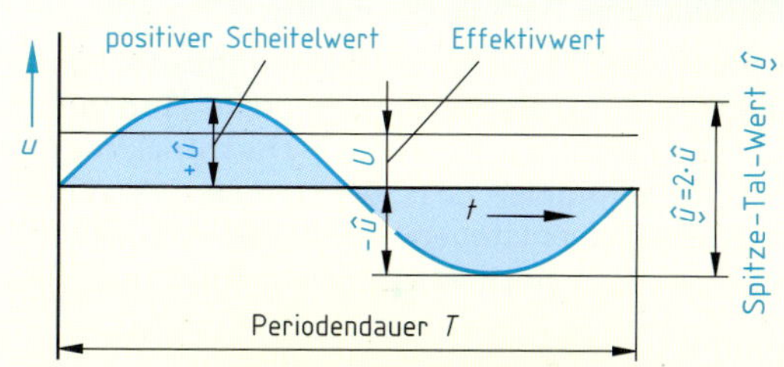

Bild 2

$$U = U_{eff} = \frac{\hat{u}}{\sqrt{2}} = 0{,}707 \cdot \hat{u}$$

$$I = I_{eff} = \frac{\hat{i}}{\sqrt{2}} = 0{,}707 \cdot \hat{i}$$

$U = U_{eff}$	Effektivwert der Sinusspannung
$I = I_{eff}$	Effektivwert des Sinusstromes
$\hat{i}$	Scheitelwert des Sinusstromes
$\hat{u}$	Scheitelwert der Sinusspannung
$\hat{\check{u}}$	Spitze-Tal-Wert der Sinusspannung
$\sqrt{2}$	Scheitelfaktor ($\sqrt{2}$ gilt nur bei Sinusform)

Beispiel:

An einem Wechselspannungsnetzgerät wird eine Spannung von U = 24 V gemessen. Berechnen Sie **a)** den Scheitelwert $\hat{u}$ und **b)** den Spitze-Tal-Wert $\hat{\check{u}}$ der Sinusspannung. **c)** Können alle drei Spannungen mit dem Oszilloskop **(Seite 182)** ermittelt werden?

Lösung:

a) $\hat{u} = \sqrt{2} \cdot U = \sqrt{2} \cdot 24\,\text{V} = $ **34 V** **b)** $\hat{\check{u}} = 2 \cdot \hat{u} = 2 \cdot 34\,\text{V} = $ **68 V**

c) Den Scheitelwert und den Spitze-Tal-Wert kann man mit dem Oszilloskop messen. Den Effektivwert U = 24 V muss man bei der Oszilloskopmessung errechnen oder z. B. mit einem Digitalmultimeter messen.

7.2.5 Zeitlicher Verlauf von Wechselgrößen

In der Elektrotechnik unterscheidet man insbesondere Rechteck-, Sinus- und Sägezahnspannungen **(Bild 1)**.

> Eine Wechselgröße liegt vor, wenn während einer Periode die Flächenanteile im positiven und negativen Bereich gleich groß sind.

In der Steuerungstechnik, Regelungstechnik und Datentechnik wird häufig mit **Spannungs-** bzw. **Stromimpulsen** gearbeitet. Bei Spannungsimpulsen bzw. bei Stromimpulsen ist eine Spannung bzw. ein Strom nur kurzzeitig vorhanden **(Tabelle)**.

> Nach einem Impuls folgt eine spannungslose bzw. eine stromlose Pause.

Bei einem **Pulsvorgang** folgen die Einzelimpulse periodisch aufeinander **(Tabelle)**. Bei Wechselimpulsen wechselt der Strom bzw. die Spannung während einer Periode die Richtung.

Je nach Impulsform und Schwingungsanteil unterscheidet man verschiedene Impulse **(Tabelle)**. In der Digitaltechnik werden häufig **Rechteckimpulse** und **Nadelimpulse** als Taktsignale verwendet. Nadelimpulse entstehen, wenn man z. B. eine RC-Schaltung mit Rechteckimpulsen **(Bild 2)** ansteuert.

In der Energietechnik werden **Sinusimpulse**, z. B. bei der E1U-Gleichrichtung **(Seite 251)**, und **Schwingungspakete** bei Vielperiodensteuerungen **(Seite 261)** erzeugt.

Wichtige Impulsgrößen sind die Impulsdauer t_i, die Pausendauer t_p, die Periodendauer T **(Tabelle)** und der **Tastgrad** g. Bei Impulsen unterscheidet man die Vorderflanke, die Rückflanke und das Impulsdach **(Bild 3)**. Die Impulsflanken sind umso steiler, je kürzer die **Anstiegszeit** t_r[1] und die **Abfallzeit** t_f[2] sind.

Beispiel:

Bei einem Taktgenerator beträgt die Impulsdauer 3 ms und die Pausendauer 5 ms. Berechnen Sie **a)** den Tastgrad g und **b)** die Frequenz f.

Lösung:

a) $g = \frac{t_i}{T} = \frac{t_i}{t_i + t_p} = \frac{3\text{ ms}}{3\text{ ms} + 5\text{ ms}} = \mathbf{0{,}375}$

b) $f = \frac{1}{T} = \frac{1}{t_i + t_p} = \frac{1}{3\text{ ms} + 5\text{ ms}} = \mathbf{125\text{ Hz}}$

[1] von to rise (engl. = ansteigen)
[2] von to fall (engl. = fallen)

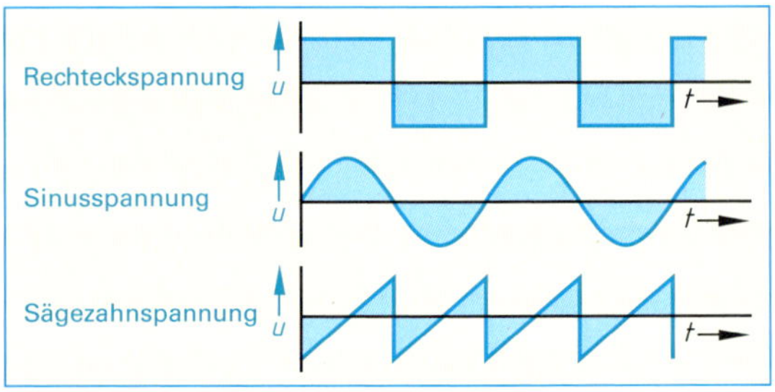

Bild 1: Wechselspannungsarten Beispiele

Tabelle: Impulsarten (Beispiele)

Rechteckimpulse	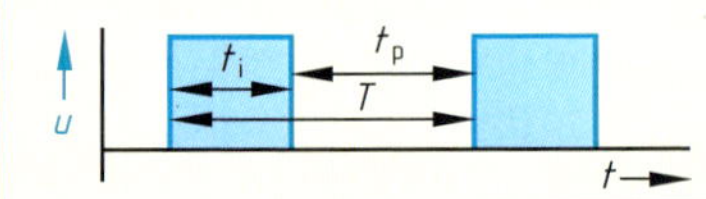
Nadelimpulse	
Sinusimpulse	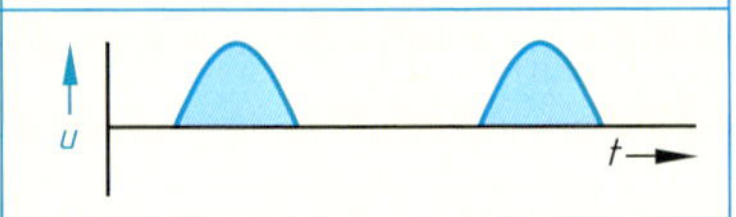
Schwingungspakete	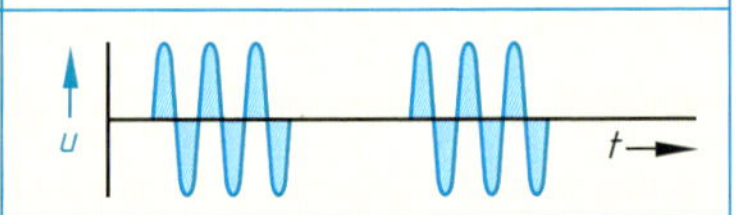

Pausendauer und Impulsdauer

$$g = \frac{t_i}{T} \qquad T = t_i + t_p \qquad f = \frac{1}{T}$$

g Tastgrad
T Periodendauer
t_i Impulsdauer
t_p Pausendauer
f Frequenz

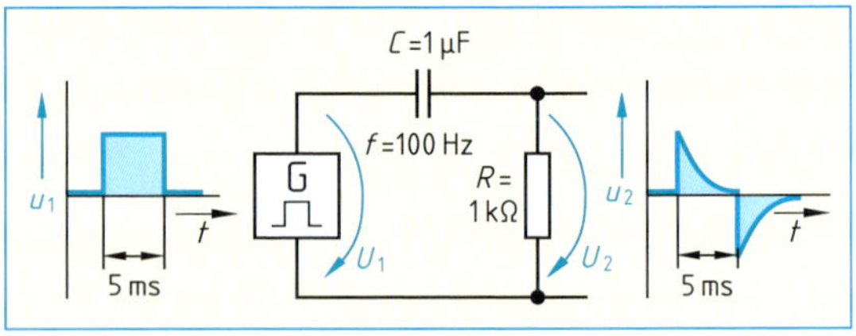

Bild 2: Erzeugung von Nadelimpulsen

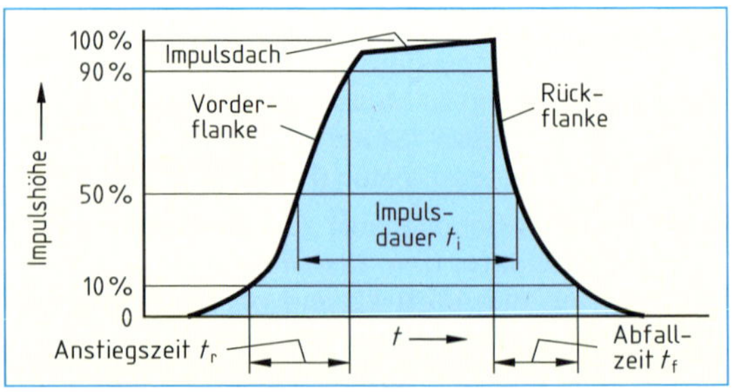

Bild 3: Kenngrößen beim Impuls

7.2.6 Nichtsinusförmige Spannungen und Ströme

Bei nichtsinusförmigen Spannungen und Strömen unterscheidet man außer dem Effektiv- und Scheitelwert zusätzlich den arithmetischen Mittelwert **(Bild 1)**.

Zur Bestimmung des arithmetischen Mittelwertes, z. B. bei der pulsierenden Gleichspannung **(Bild 1a)**, werden die Flächen der beiden Halbwellen in ein Rechteck mit gleicher Fläche umgeformt. Die Höhe des Rechtecks ist der arithmetische Mittelwert $\bar{u}$ der Spannung, der auch mit dem Index AV (Average Value, engl. = arithmetischer Mittelwert), z. B. U_{AV}, angegeben wird. Bei der Gleichrichtung wird dieser über eine Periode genommene Mittelwert auch als Gleichrichtwert, z. B. $\bar{u}$ bezeichnet **(siehe auch ideelle Leerlauf-Gleichspannung, Seiten 251 und 252)**.

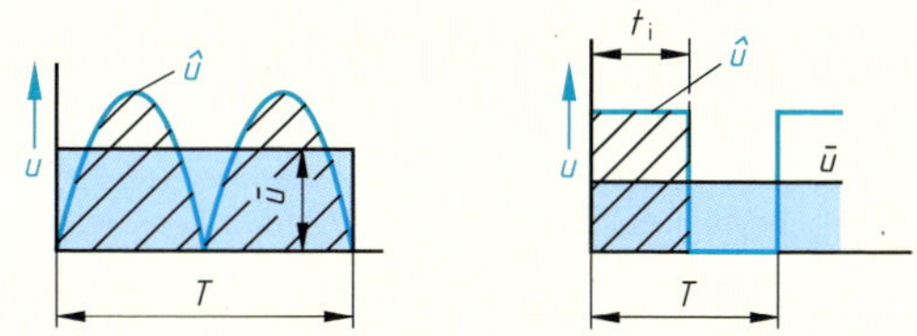

a) pulsierende Gleichspannung **b)** Rechteckimpuls

Bild 1: Arithmetischer Mittelwert bei Gleichgrößen

Das gleiche Verfahren wie bei der gleichgerichteten Spannung **(Bild 1a)** wendet man bei der Ermittlung des arithmetischen Mittelwerts von Rechteck-, Dreieck- und Sägezahnimpulsen an **(Bild 1b und Tabelle)**. Der arithmetische Mittelwert (Formelzeichen $\bar{u}$) bezieht sich immer auf eine Periode und ist abhängig von der **Impulsdauer t_i** und der **Pausendauer t_p**.

Arithmetischer Mittelwert. Der arithmetische (lineare) Mittelwert, z. B. $\bar{u}$, $\bar{i}$, ist ein mittlerer Wert über eine vollständige Periode **(Bild 1)**.

Bei Wechselgrößen, z. B. Sinusspannungen **(Tabelle)** sind die positive und die negative Fläche über eine Periode T gleich groß und heben sich auf. Der Zeiger eines Gleichspannungsmessers, z. B. eines Drehspulmessgeräts, würde bei einer Wechselspannung kleiner Frequenz um den Nullpunkt hin und her pendeln und beim Messen einer Wechselspannung höherer Frequenz den arithmetischen Mittelwert Null anzeigen.

Der arithmetische (lineare) Mittelwert einer Wechselgröße, z. B. einer Sinusspannung, ist immer Null.

Tabelle: Kurvenformen und Kennwerte von Spannungen bzw. Strömen (Beispiele)

Spannung	Effektivwert	Arith. Mittelwert	Crestfaktor	Spannung	Effektivwert	Arith. Mittelwert	Crestfaktor
Sinusspannung 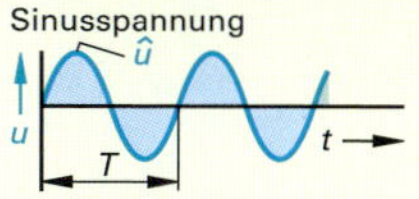	$U = \frac{\hat{u}}{\sqrt{2}}$	$\bar{u} = 0$	$F_c = \sqrt{2}$	Sägezahnspannung 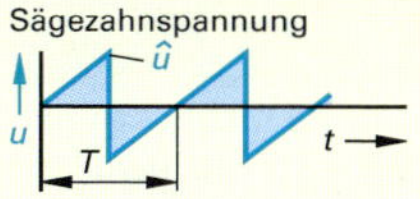	$U = \frac{\hat{u}}{\sqrt{3}}$	$\bar{u} = 0$	$F_c = \sqrt{3}$
Rechteckwechselspannung 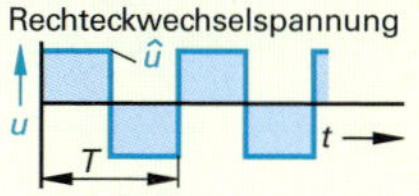	$U = \hat{u}$	$\bar{u} = 0$	$F_c = 1$	Dreieckimpuls 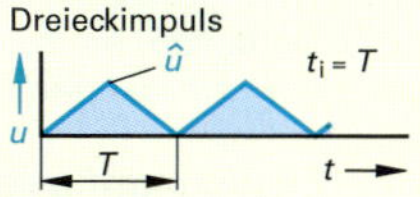	$U = \frac{\hat{u}}{\sqrt{3}}$	$\bar{u} = \frac{\hat{u}}{2}$	$F_c = \sqrt{3}$
Rechteckimpuls (1) 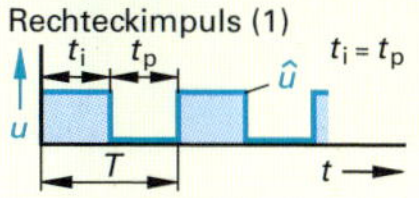	$U = \frac{\hat{u}}{\sqrt{2}}$	$\bar{u} = \frac{\hat{u}}{2}$	$F_c = \sqrt{2}$	Sägezahnimpuls 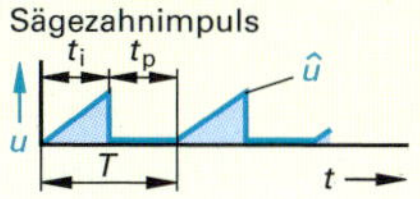	$U = \sqrt{\frac{t_i}{3 \cdot T}} \cdot \hat{u}$	$\bar{u} = \frac{t_i \cdot \hat{u}}{2 \cdot T}$	$F_c = \sqrt{\frac{3 \cdot T}{t_i}}$
Rechteckimpuls (2) 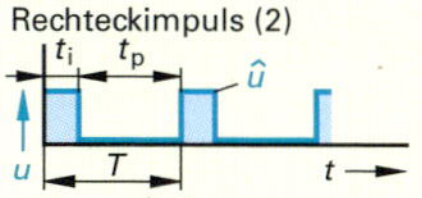	$U = \sqrt{\frac{t_i}{T}} \cdot \hat{u}$	$\bar{u} = \frac{t_i \cdot \hat{u}}{T}$	$F_c = \sqrt{\frac{T}{t_i}}$	Gleichspannung, pulsierend 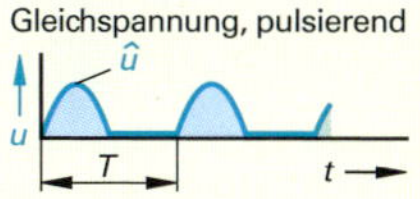	$U = \frac{\hat{u}}{2}$	$\bar{u} = \frac{\hat{u}}{\pi}$	$F_c = 2$
Dreieckspannung 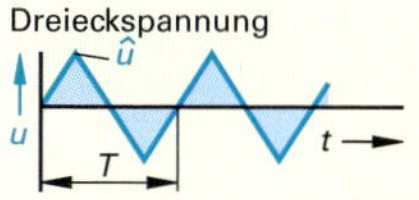	$U = \frac{\hat{u}}{\sqrt{3}}$	$\bar{u} = 0$	$F_c = \sqrt{3}$	Gleichspannung, pulsierend 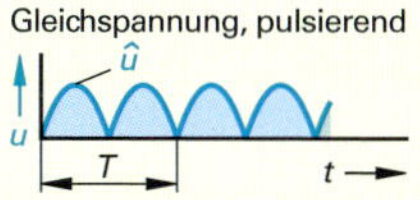	$U = \frac{\hat{u}}{\sqrt{2}}$	$\bar{u} = \frac{2 \cdot \hat{u}}{\pi}$	$F_c = \sqrt{2}$

$\bar{u}$ arithmetischer Mittelwert; U Effektivwert; $\hat{u}$ Scheitelwert; t_i Impulsdauer; t_p Pausendauer; T Periodendauer

Spannungen und Ströme bei Phasenanschnittsteuerungen: **Seite 260**

7.2.7 Phasenverschiebung

Versuch 1: Schalten Sie einen Kondensator C = 1 µF und einen Widerstand R = 100 Ω in Reihe an eine Sinusspannung U = 10 V, f = 1,6 kHz **(Bild 1a).** Stellen Sie mit einem Zweikanal-Oszilloskop den zeitlichen Verlauf der Spannung U und der Spannung U_w am Widerstand dar.

Die Nulldurchgänge der beiden Spannungen und die Zeitpunkte, zu denen die Scheitelwerte erreicht werden, sind zeitlich verschoben **(Bild 1b).**

Erreichen zwei periodische Vorgänge gleicher Frequenz zu verschiedenen Zeitpunkten sowohl ihre Nulldurchgänge als auch ihre Scheitelwerte, so sind die periodischen Vorgänge phasenverschoben (zeitlich verschoben). Die Größe der zeitlichen Verschiebung nennt man **Phasenverschiebung**[1]. Sie wird auch durch den **Phasenverschiebungswinkel** φ[2] angegeben **(Praxistipp, Seite 185).**

Sinusstrom und Sinusspannung sind phasenverschoben, wenn Strom und Spannung zu verschiedenen Zeitpunkten ihre Scheitelwerte bzw. Nulldurchgänge erreichen.

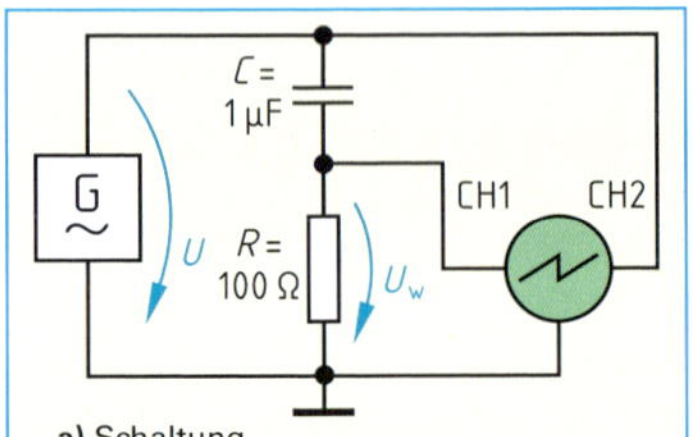

a) Schaltung

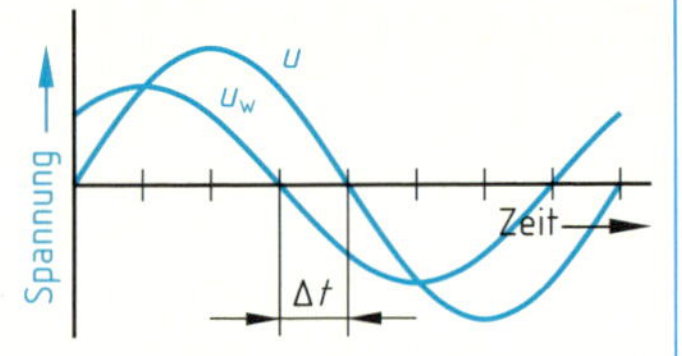

b) Linienbild

Bild 1: Versuch zur Phasenverschiebung

7.2.8 Wirkwiderstand

Versuch 2: Legen Sie eine Signallampe, z. B. 6 V/3 W, an eine Gleichspannung von 6 V. Messen Sie Stromstärke und Spannung und berechnen Sie den Widerstand. Legen Sie dieselbe Lampe an eine 6-V-Wechselspannung mit der Frequenz 50 Hz. Messen Sie wieder Stromstärke und Spannung und berechnen Sie den Widerstand.

Der Widerstand der Lampe ist bei Gleichstrom und Wechselstrom gleich groß.

Wirkwiderstand

$$R = \frac{U_w}{I_w} \qquad [R] = \frac{V}{A} = \Omega$$

R Wirkwiderstand
U_w Wirkspannung
I_w Wirkstrom

Einen Widerstand, der im Wechselstromkreis die gleiche Wirkung hat wie im Gleichstromkreis, bezeichnet man als **Wirkwiderstand *R*.** Am Wirkwiderstand sind Spannung und Strom phasengleich.

Ohmsche Widerstände sind Wirkwiderstände. Die zugeführte Energie wird vollständig in Wärme umgewandelt. Heizwiderstände sind z. B. Wirkwiderstände. Wirkwiderstände können aus den Effektivwerten von Strom I_W und Spannung U_W mit der Formel $R = \frac{U_w}{I_w}$ berechnet werden.

7.2.9 Scheinwiderstand

Versuch 3: Schließen Sie eine Spule ohne Eisenkern nacheinander an 10-V-Gleichspannung und 10-V-Wechselspannung mit der Frequenz f = 50 Hz an. Messen Sie jeweils Strom und Spannung.

*Bei Anschluss an Gleichspannung entspricht der Widerstandswert dem Wirkwiderstand der Spule. An Wechselspannung kommt durch die Selbstinduktion **(Seite 135)** ein zusätzlicher Widerstand hinzu. Folglich ist der Strom bei Wechselspannung kleiner, er wird durch die Spule stärker gedrosselt.*

Der Widerstand der Spule ist an Sinusspannung größer als bei Gleichspannung. Den Widerstand bei Sinusstrom nennt man **Scheinwiderstand *Z*** (Impedanz[3]).

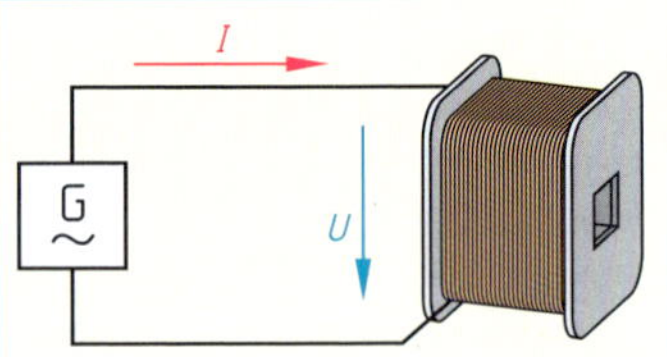

Bild 2: Spule an Wechselspannung

Der **Scheinwiderstand *Z*** ist eine Rechengröße und wird aus den Effektivwerten von Sinusstrom I und Sinusspannung U berechnet **(Bild 2).**

Beispiel:

Berechnen Sie den Scheinwiderstand Z nach Versuch 3, wenn eine Sinusspannung von U = 10 V anliegt und ein Sinusstrom von I = 8 mA fließt.

Lösung:

$$Z = \frac{U}{I} = \frac{10\ \text{V}}{8\ \text{mA}} = \mathbf{1{,}25\ k\Omega}$$

Der Scheinwiderstand Z einer Spule besteht aus dem Wirkwiderstand R und einem zusätzlichen Widerstand, dem induktiven Blindwiderstand X_L **(Seite 135).**

Scheinwiderstand

$$Z = \frac{U}{I} \qquad [Z] = \frac{V}{A} = \Omega$$

Z Scheinwiderstand
U Effektivwert der Sinusspannung
I Effektivwert des Sinusstromes

[1] Phasis (griech.) = Erscheinung, augenblicklicher Zustand, Anzeige
[2] φ griech. Kleinbuchstabe phi [3] von impedire (lat.) = hindern, hemmen

7.3 Spule im Wechselstromkreis

7.3.1 Induktiver Blindwiderstand

Die Stromaufnahme einer Spule an Wechselspannung **(Bild 1)** ist kleiner als an Gleichspannung. Ursache dafür ist der **induktive Blindwiderstand X_L**. Der induktive Blindwiderstand entsteht durch die Selbstinduktionsspannung in der Spule, die auf den Sinusstrom I hemmend wirkt.

Eine Spule im Wechselstromkreis hat einen induktiven Blindwiderstand, der durch Selbstinduktion entsteht.

Der Wechselstrom erzeugt einen phasengleichen magnetischen Wechselfluss Φ. Als Folge der Flussänderung entsteht eine **Selbstinduktionsspannung (Seite 97)**. Die Selbstinduktionsspannung wirkt entsprechend der lenzschen Regel in jedem Zeitpunkt hemmend auf den Anstieg bzw. Abfall des Stromes. Der Spulenstrom i_{bL} erreicht seinen Scheitelwert jeweils eine Viertelperiode ($\varphi = 90°$) später als die Spannung u_{bL} an der Spule **(Bild 3b** und **Bild 3c)**.

Am induktiven Blindwiderstand eilt der Wechselstrom der Wechselspannung um 90° nach.

Versuch: Legen Sie eine Spule ohne Eisenkern, z. B. mit 1000 Windungen, an 10 V Sinusspannung, $f = 50$ Hz **(Bild 1)**. Messen Sie Strom und Spannung. Berechnen Sie den Scheinwiderstand. Wiederholen Sie den Versuch mit verschiedenen Spulenkernen (Stabkern, U-Kern, geschlossener Kern). Berechnen Sie jeweils den Scheinwiderstand aus den gemessenen Stromwerten und Spannungswerten.

Der Scheinwiderstand wird umso größer, je mehr Eisen vorhanden ist. Er ist bei geschlossenem Eisenkern am größten.

Eisen verstärkt die magnetische Flussdichte und damit die Spuleninduktivität L. Je größer die Induktivität L der Spule ist, desto größer ist die Selbstinduktionsspannung und damit auch der Blindwiderstand X_L. Der rechnerisch ermittelte Scheinwiderstand Z der Spule setzt sich aus dem Wirkwiderstand R der Spule und dem von der Spuleninduktivität L abhängigen induktiven Blindwiderstand X_L zusammen **(siehe auch Seite 136)**.

Wird die Frequenz des Spulenstromes I_{bL} **(Bild 3a)** erhöht, so entsteht infolge der schnelleren Flussänderung eine größere Selbstinduktionsspannung. Dadurch wird auch der Blindwiderstand X_L größer **(Bild 2)**.

Der induktive Blindwiderstand X_L einer Spule ist umso größer, je größer die Induktivität L der Spule und je höher die Frequenz f bzw. die Kreisfrequenz ω ist.

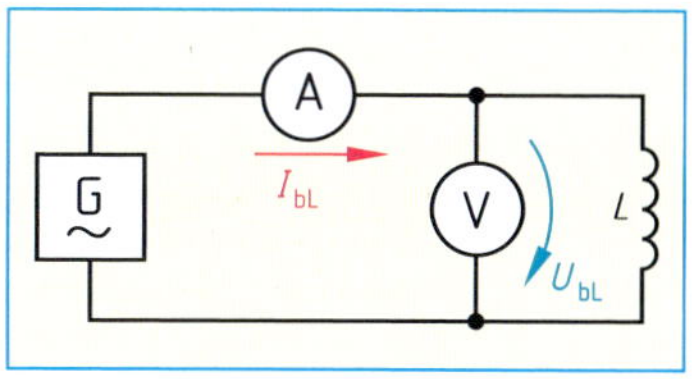

Bild 1: Spule als ideales Bauelement (Wirkwiderstand $R = 0\ \Omega$) an Wechselspannung

Induktiver Blindwiderstand

Bei Sinusspannung:

$$X_L = \frac{U_{bL}}{I_{bL}}; \qquad X_L = \omega \cdot L$$

$$[L] = \frac{\text{Vs}}{\text{A}} = \text{H} \qquad [X_L] = \frac{1}{\text{s}} \cdot \frac{\text{Vs}}{\text{A}} = \Omega$$

H: Henry, Einheit der Induktivität L

- U_{bL} induktive Blindspannung
- I_{bL} induktiver Blindstrom
- X_L induktiver Blindwiderstand
- ω Kreisfrequenz
- L Induktivität

Beispiel:

Geg.: $L = 0{,}47$ H, $f = 50$ Hz

Ges.: X_L

Lösung:

$X_L = \omega \cdot L = 2\pi \cdot f \cdot L$

$X_L = 2\pi \cdot 50\ \text{Hz} \cdot 0{,}47\ \text{H}$

$\mathbf{X_L = 148\ \Omega}$

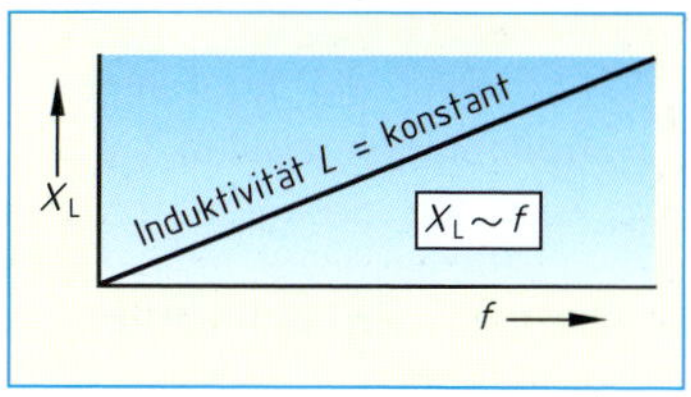

Bild 2: Blindwiderstand X_L in Abhängigkeit von der Frequenz f

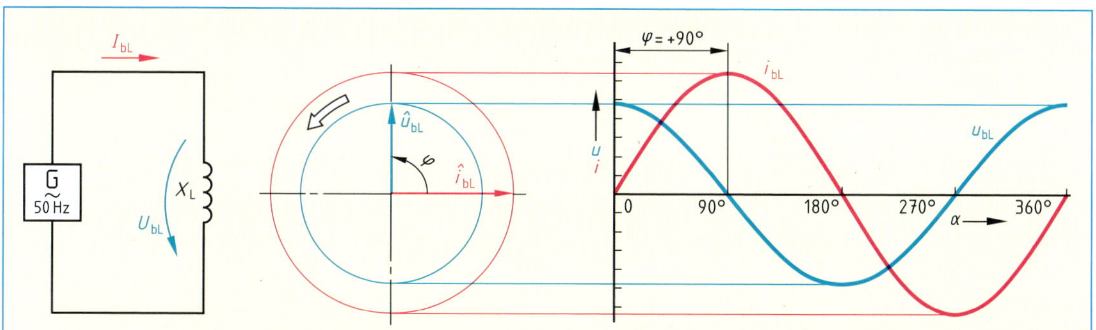

a) Schaltung **b)** Zeigerbild **c)** Linienbild

Bild 3: Stromstärke und Spannung bei einem induktiven Blindwiderstand ($R = 0\ \Omega$, ideale Spule)

7.3.2 Reihenschaltung aus Wirkwiderstand und induktivem Blindwiderstand

Versuch 1: Schließen Sie eine Drosselspule mit großer Induktivität, z.B. 3600 Windungen und geschlossenem Eisenkern, in Reihe mit einem Wirkwiderstand, z.B. 100 Ω, an einen Sinusspannungserzeuger von z.B. 1 Hz an. Messen Sie die Spannung und die Stromstärke mit einem Gleichspannungsmesser bzw. mit einem Gleichstrommesser (Zeigermessinstrument, Nullstellung in Skalenmitte, **Bild 1**).

Der Zeiger des Strommessers pendelt um fast eine viertel Periode hinter dem Zeiger des Spannungsmessers hinterher.

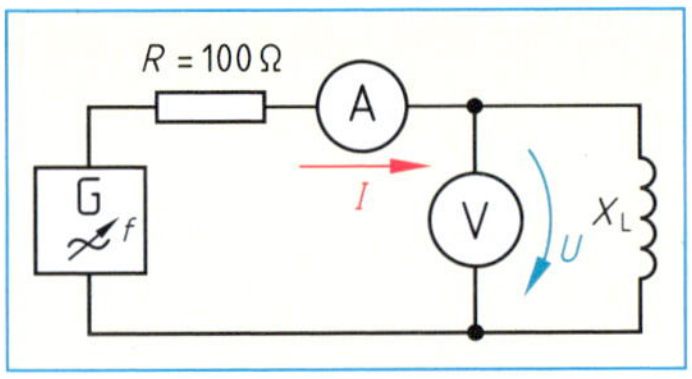

Bild 1: Versuch: Phasenverschiebung bei einer Spule

Man kann eine reale Spule als Reihenschaltung aus einem Wirkwiderstand und einem induktiven Blindwiderstand auffassen. Diese gedachte Schaltung bezeichnet man als **Ersatzschaltung** der realen Spule **(Bild 2)**.

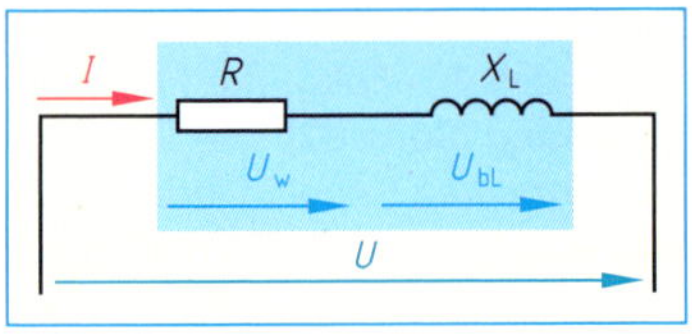

Bild 2: Ersatzschaltung einer realen Spule

Bei realen Spulen ist die Phasenverschiebung zwischen Strom und Spannung immer kleiner als 90°, weil die Spule neben dem induktiven Blindwiderstand X_L einen Wirkwiderstand R besitzt.

Versuch 2: Schließen Sie eine Spule, z.B. mit 1000 Windungen, in Reihe mit einem Widerstand **(Bild 2)**, der von null bis 1 kΩ einstellbar ist, an eine Sinusspannung mit veränderlicher Frequenz an, z.B. an einen Funktionsgenerator. Stellen Sie den Wirkwiderstand so ein, dass eine Spannung von $U_w = 10$ V auftritt, und verändern Sie die Frequenz, bis die Spannung an der Spule $U_{bL} = 10$ V ist. Messen Sie die Gesamtspannung U.

Die Gesamtspannung ist $U \approx 14$ V.

Nach der 2. Kirchhoffschen Regel hätte man erwarten können, dass in Versuch 2 die Gesamtspannung $U = U_w + U_{bL} = 10\text{ V} + 10\text{ V} = 20\text{ V}$ betragen würde. Da aber die Wirkspannung U_w gegenüber der Blindspannung U_{bL} um 90° phasenverschoben ist **(Bild 1b und 1c, Seite 137)**, dürfen diese Spannungen nicht arithmetisch addiert werden, sondern müssen geometrisch addiert werden (⑤ in Bild 3).

Die Ermittlung der Gesamtspannung und des Phasenverschiebungswinkels an einer Reihenschaltung von Wirkwiderstand und induktivem Blindwiderstand zeigen **Bild 3** und **Bild 1, Seite 137**.

Regeln zum Zeichnen von Zeigerbildern für einen Wechselstromkreis mit Wirk- und induktivem Blindwiderstand (Bild 2 und Bild 3):

① Festlegen der Maßstäbe zur Bestimmung der Zeigerlänge: z.B. Spannungsmaßstab 4 V ≙ 1 cm, Strommaßstab 5 mA ≙ 1 cm.

② Zeichnen der gemeinsamen Bezugsgröße in die Waagerechte: Die Bezugsgröße ist in der Reihenschaltung der Strom I. Der Stromzeiger $\hat{i}$ wird in Richtung der X-Achse waagerecht nach rechts abgetragen.

③ Phasenbetrachtung am Wirkwiderstand R:
Die Wirkspannung U_w und der Strom I sind phasengleich
⇒ Der Spannungszeiger $\hat{u}_w$ liegt parallel zum Stromzeiger $\hat{i}$.

④ Phasenbetrachtung am induktiven Blindwiderstand X_L:
Die induktive Blindspannung U_{bL} eilt dem Strom I um 90° vor.
⇒ Wegen der Voreilung von 90° steht der Spannungszeiger $\hat{u}_{bL}$ rechtwinklig (senkrecht) zum Zeiger $\hat{i}$ und zeigt nach oben.

⑤ Die Gesamtspannung entsteht durch das Aneinanderfügen (geometrische Addition) der Spannungszeiger $\hat{u}_w$ und $\hat{u}_{bL}$. Der Zeiger $\hat{u}_{bL}$ wird dabei parallel an die Spitze vom Zeiger $\hat{u}_w$ nach rechts verschoben. Die Diagonale in dem entstandenen Rechteck entspricht dem Scheitelwert $\hat{u}$ der Gesamtspannung.

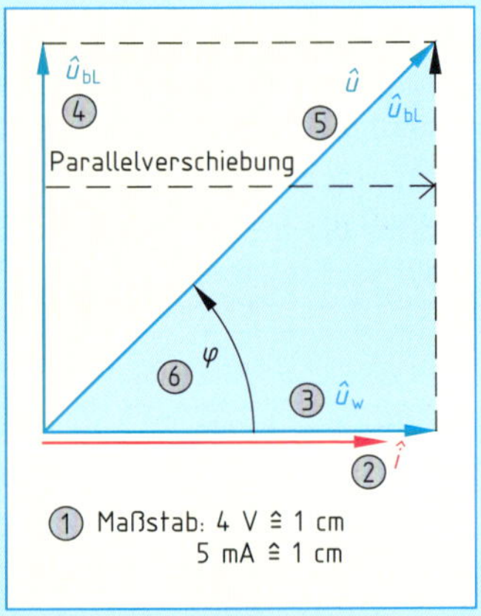

Bild 3: Spannungszeigerbild mit Scheitelwerten

⑥ Die Gesamtspannung $\hat{u}$ eilt dem gemeinsamen Strom $\hat{i}$ um den Phasenverschiebungswinkel φ voraus. Der Phasenverschiebungswinkel φ wird ausgehend vom Stromzeiger $\hat{i}$ (Bezugsgröße) in Richtung des Spannungszeigers $\hat{u}$ abgetragen. Im Zeigerbild zeigt der Winkel in mathematisch positive Richtung.

SimElektro Grundstufe 1.1
Grundstufe S18

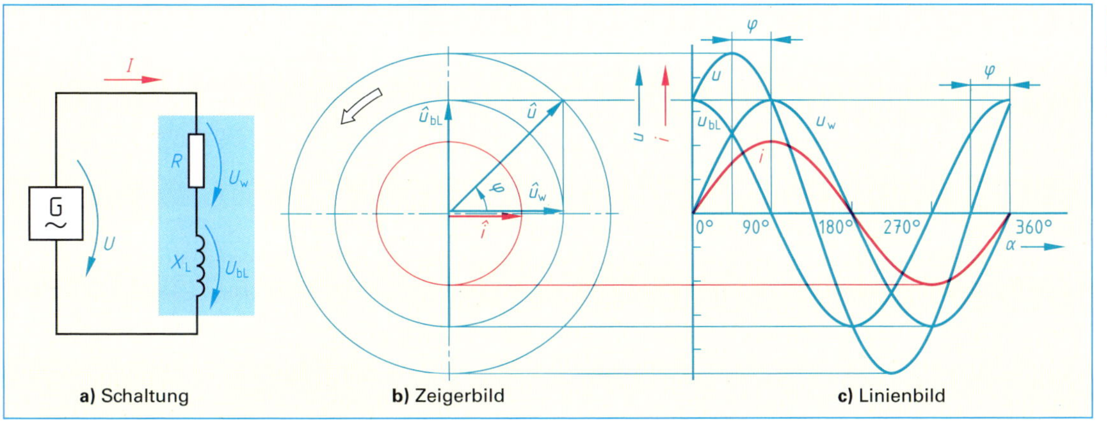

Bild 1: Reihenschaltung aus Wirkwiderstand und induktivem Blindwiderstand

Wenn man die Scheitelwerte der Spannungen und der Stromstärke durch den Faktor $\sqrt{2}$ dividiert, erhält man die Effektivwerte. Das Zeigerbild der Effektivwerte **(Bild 2)** ist dem Zeigerbild der Scheitelwerte ähnlich **(Bild 1)**. Es ergibt sich der gleiche Phasenverschiebungswinkel zwischen dem Strom $\hat{i}$ und der Spannung $\hat{u}$ wie zwischen den Zeigern der Effektivwerte von I und U. Der Zeiger U_w liegt parallel zu I. Die Blindspannung U_{bL} eilt um 90° dem Stromzeiger I **(Bild 2)** voraus. Die Gesamtspannung U ergibt sich durch geometrische Addition der Zeiger U_w und U_{bL}.

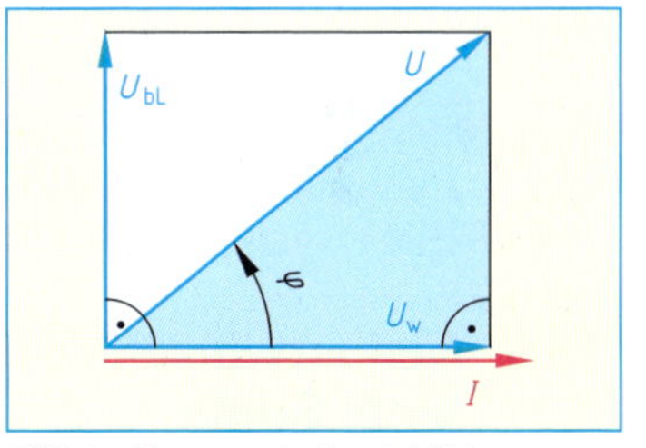

Bild 2: Geometrische Addition von Spannungszeigern

Scheitelwerte und Effektivwerte sind verhältnisgleich. Effektivwerte von phasenverschobenen Sinusgrößen muss man geometrisch addieren.

7.3.3 Spannungsdreieck

Die drei Spannungen U_w, U_{bL} und U haben in der Zeigerdarstellung einen gemeinsamen Drehpunkt **(Bild 2)**. Sie können zur weiteren Vereinfachung als Dreieck gezeichnet werden. Hierzu muss man die Spannung U_{bL} in **Bild 2** parallel an die Pfeilspitze von U_w verschieben. Dadurch ändert sich weder die Richtung noch der Betrag, d.h. die Länge des Zeigers. Es entsteht das Spannungsdreieck **(Bild 3)**.

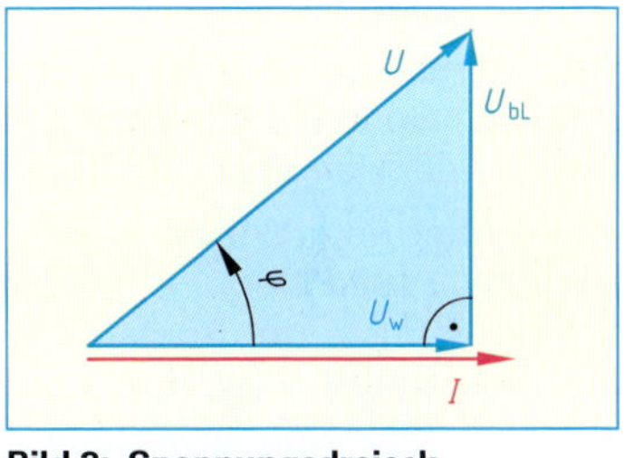

Bild 3: Spannungsdreieck

Im Zeigerbild stehen Wirkwerte, z.B. U_w, und Blindwerte, z.B. U_{bL}, immer senkrecht zueinander.

Das Spannungsdreieck ist stets ein rechtwinkliges Dreieck. Deshalb kann man die Gesamtspannung auch rechnerisch mit dem Lehrsatz des Pythagoras ermitteln: $U = \sqrt{U_w^2 + U_{bL}^2}$.

Mit den trigonometrischen Funktionen Cosinus und Sinus können die Blindspannung U_{bL} und die Wirkspannung U_w ermittelt werden, wenn die Gesamtspannung U und der Phasenverschiebungswinkel φ bekannt sind.

- **Cosinus:** In dem rechtwinkligen Dreieck **(Bild 3)** ist der cos φ das Verhältnis von Ankathete U_w zur Hypothenuse U. Auf den Phasenverschiebungswinkel φ bezogen gilt: $\cos\varphi = U_w / U$.
- **Sinus:** Der sin φ ist das Verhältnis von Gegenkathete zur Hypothenuse. Hier gilt: $\sin\varphi = U_{bL}/U$.

Wirk- und Blindspannung

Im Spannungsdreieck gilt:

$$\sin\varphi = \frac{U_{bL}}{U} \Rightarrow U_{bL} = U \cdot \sin\varphi$$

$$\cos\varphi = \frac{U_w}{U} \Rightarrow U_w = U \cdot \cos\varphi$$

$$U^2 = U_w^2 + U_{bL}^2 \Rightarrow U = \sqrt{U_w^2 + U_{bL}^2}$$

φ	Phasenverschiebungswinkel
sin φ	Blindfaktor
cos φ	Wirkfaktor
U	Gesamtspannung
U_w	Wirkspannung
U_{bL}	induktive Blindspannung
I	Strom
R	Wirkwiderstand
X_L	induktiver Blindwiderstand

SimElektro Grundstufe 1.1

Grundstufe S18

7.3.4 Widerstandsdreieck

In der Reihenschaltung **Bild 1a** kann man die Widerstände berechnen, wenn die Teilspannungen und der Strom bekannt sind. Der Scheinwiderstand Z von Reihenschaltungen kann zeichnerisch durch das Widerstandsdreieck **(Bild 1b)** ermittelt werden. Bei der Berechnung von R, X_L und Z werden die jeweiligen Spannungen durch dieselbe Stromstärke dividiert. Deshalb sind die Widerstände den zugehörigen Spannungen verhältnisgleich und das Widerstandsdreieck ist dem Spannungsdreieck ähnlich.

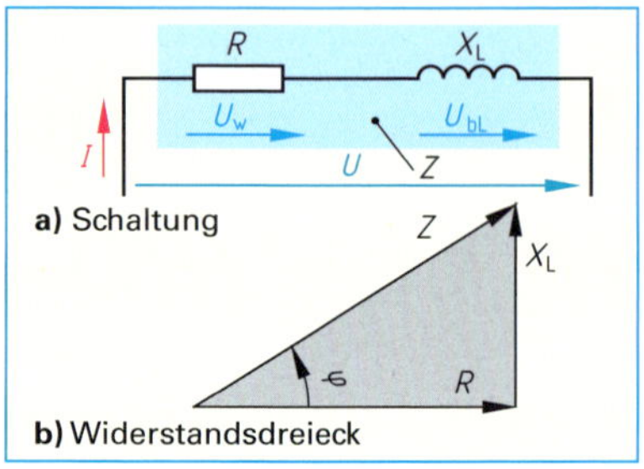

Bild 1: Widerstände einer realen Spule

Beispiel:

In einer Reihenschaltung aus Wirkwiderstand $R = 1\ \text{k}\Omega$ und induktivem Blindwiderstand X_L fließt bei $U = 24\ \text{V}$ ein Strom $I = 4{,}8\ \text{mA}$. Berechnen Sie **a)** den Scheinwiderstand Z, **b)** den induktiven Blindwiderstand X_L und **c)** die Teilspannungen U_w und U_{bL}.

Lösung:

a) $Z = \frac{U}{I} = \frac{24\ \text{V}}{4{,}8\ \text{mA}} = 5000\ \Omega\ =\ \mathbf{5\ k\Omega}$

b) $Z = \sqrt{R^2 + X_L^2}\ \Rightarrow\ X_L = \sqrt{Z^2 - R^2} = \sqrt{(5000\ \Omega)^2 - (1000\ \Omega)^2} = \mathbf{4900\ \Omega}$

c) $U_w = I \cdot R = 4{,}8\ \text{mA} \cdot 1000\ \Omega = \mathbf{4{,}8\ V}$
$U_{bL} = I \cdot X_L = 4{,}8\ \text{mA} \cdot 4900\ \Omega = \mathbf{23{,}5\ V}$

Widerstände in Reihenschaltung

$$R = \frac{U_w}{I} \qquad X_L = \frac{U_{bL}}{I}$$

$$Z = \frac{U}{I} = \sqrt{R^2 + X_L^2}$$

$$R = Z \cdot \cos\varphi \qquad X_L = Z \cdot \sin\varphi$$

X_L induktiver Blindwiderstand
Z Scheinwiderstand
U_{bL} induktive Blindspannung
U_w Wirkspannung
I Strom
U Gesamtspannung
φ Phasenverschiebungswinkel

7.3.5 Verlustwinkel, Verlustfaktor und Gütefaktor einer Spule

Bei einer idealen Spule **(Seite 135, Bild 3)** beträgt der Phasenverschiebungswinkel φ zwischen dem Strom und der Spannung 90°.

Da eine reale Spule **(Bild 1a)** immer einen Wirkwiderstand (ohmschen Spulenwiderstand) hat, ist der Phasenverschiebungswinkel φ immer kleiner als 90° **(Bild 1b und Bild 2)**.

Gegenüber dem Winkel φ liegt der **Verlustwinkel** δ[1]. Er beträgt $\delta = 90° - \varphi$ **(Bild 2)**. Der ohmsche Widerstand R ist auch ein Maß für die Verluste der Spule. Je größer der Wirkwiderstand (Verlustwiderstand) R ist, desto größer ist der Verlustwinkel δ und somit auch die Spulenverluste **(siehe auch Seite 143)**.

Der Tangens des Verlustwinkels δ ist das Verhältnis von Wirkwiderstand (Verlustwiderstand) R zum induktiven Blindwiderstand X_L **(Bild 2)** und wird auch **Verlustfaktor *d*** genannt. Der Kehrwert des Verlustfaktors d ist der **Gütefaktor *Q***.

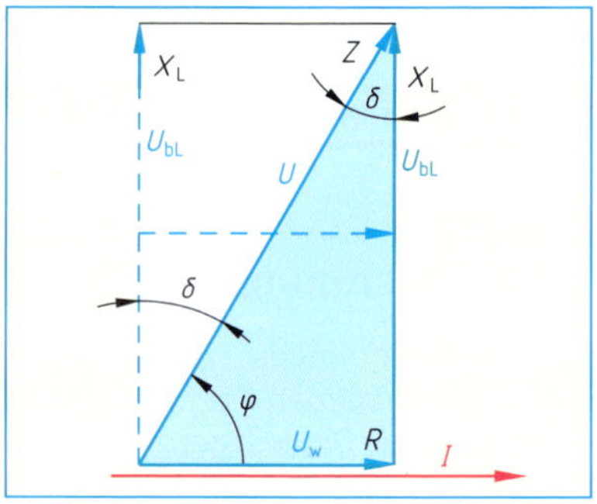

Bild 2: Spannungsdreieck mit Verlustwinkel δ

Je höher der Gütefaktor Q, desto geringer die Spulenverluste.

Der Gütefaktor Q wird z. B. bei einer Entstördrossel bei 50 MHz in der Praxis mit 40 bis 80 angegeben.

Verlustwinkel und Gütefaktor

$$\tan\delta = \frac{R}{X_L} = \frac{U_w}{U_{bL}} = d$$

$$Q = \frac{1}{d} \Rightarrow Q = \frac{X_L}{R}$$

φ Phasenverschiebungswinkel
U Gesamtspannung
U_w Wirkspannung
U_{bL} induktive Blindspannung
I Strom
R Verlustwiderstand (Wirkwiderstand)
X_L induktiver Blindwiderstand
d Verlustfaktor
Q Gütefaktor
δ Verlustwinkel

Beispiel:

Eine Entstördrossel zur Filterung von Störimpulsen hat die Angaben: $L = 100\ \mu\text{H}$ bei $f = 1\ \text{kHz}$, Verlustwiderstand $R = 40\ \text{m}\Omega$.

Berechnen Sie **a)** den Verlustfaktor d, **b)** den Verlustwinkel δ und **c)** die Güte Q.

Lösung:

a) $d = \frac{R}{X_L} = \frac{R}{2\pi \cdot f \cdot L} = \frac{40\ \text{m}\Omega}{2\pi \cdot 1\ \text{kHz} \cdot 100\ \mu\text{H}} = \frac{0{,}04\ \Omega}{2\pi \cdot 100\frac{1}{s} \cdot 0{,}1\ \text{mH}} = \mathbf{0{,}0637}$

b) $\tan\delta = d - 0{,}0637\ \Rightarrow\ \boldsymbol{\delta = 3{,}6°}$ c) $Q = \frac{1}{d} = \frac{1}{0{,}0637} = \mathbf{15{,}7}$

[1] δ griech. Kleinbuchstabe delta

7.3.6 Parallelschaltung aus Wirkwiderstand und induktivem Blindwiderstand

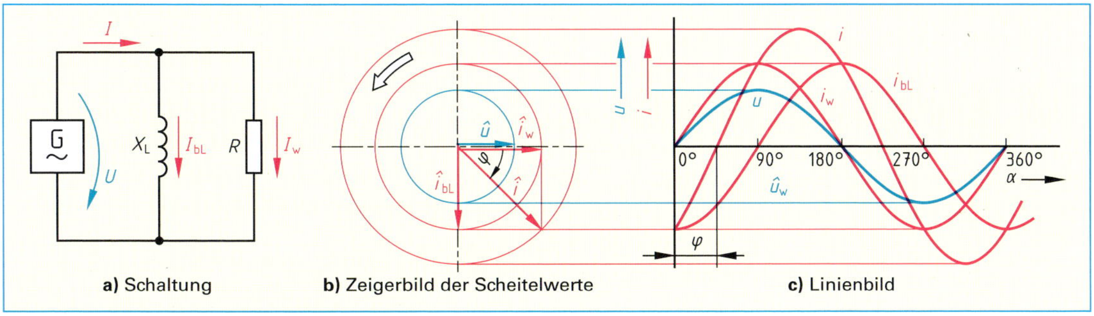

Bild 1: Parallelschaltung aus Wirkwiderstand und induktivem Blindwiderstand

Nach den Gesetzen der Parallelschaltung teilt sich der Gesamtstrom I in einen Blindstrom I_{bL} durch den induktiven Blindwiderstand X_L und in einen Wirkstrom I_w durch den Wirkwiderstand R auf **(Bild 1a)**. An beiden Widerständen liegt die gemeinsame Spannung U. Der Wirkstrom I_w ist mit der gemeinsamen Spannung U phasengleich. Der induktive Blindstrom I_{bL} eilt der gemeinsamen Spannung U um 90° nach. Deshalb ist der Scheitelwert $\hat{i}$ des Gesamtstromes kleiner als die arithmetische Summe der Scheitelwerte $\hat{i}_{bL}$ und $\hat{i}_w$ **(Bild 1b)**. Der Gesamtstrom i eilt der gemeinsamen Spannung u um den Phasenverschiebungswinkel φ nach **(Bild 1c)**. Der Phasenverschiebungswinkel φ wird ausgehend vom Spannungszeiger $\hat{u}$ (Bezugsgröße) in Richtung des Stromzeigers $\hat{i}$ abgetragen **(Bild 1b)**. Im Zeigerbild ist der Winkel rechtsdrehend im Uhrzeigersinn.

> Bei der Parallelschaltung aus Wirkwiderstand und induktivem Blindwiderstand eilt der Gesamtstrom I der gemeinsamen Spannung U um den Phasenverschiebungswinkel φ nach.

Der Scheitelwert $\hat{i}$ des Gesamtstromes kann aus dem Zeigerbild ermittelt werden **(Bild 1b)**. Das Linienbild des Gesamtstromes erhält man, indem jeweils gleichzeitige Augenblickswerte von Wirkstrom und Blindstrom arithmetisch addiert werden **(Bild 1c)**.

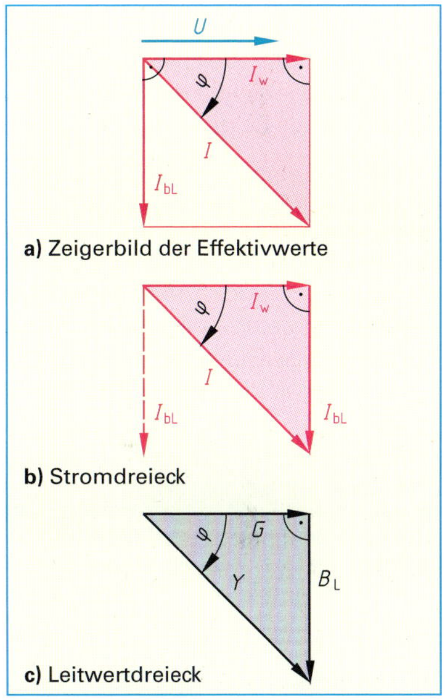

Bild 2: Zeigerbilder

7.3.7 Stromdreieck und Leitwertdreieck

Teilt man in **Bild 1b** die Scheitelwerte der Ströme und der gemeinsamen Spannung durch den Faktor $\sqrt{2}$, erhält man die Effektivwerte **(Bild 2a)**. Scheitelwerte und Effektivwerte sind deshalb verhältnisgleich, das Zeigerbild der Effektivwerte **(Bild 2a)** ist dem Zeigerbild der Scheitelwerte **(Bild 1b)** ähnlich.

Die drei Ströme I_w, I_{bL} und I in **Bild 2** haben in ihrer Zeigerdarstellung einen gemeinsamen Drehpunkt. Sie können zur weiteren Vereinfachung als Dreieck **(Stromdreieck, Bild 2b)** gezeichnet werden. Hierzu wird der Strom I_{bL} parallel an die Pfeilspitze von I_w verschoben. Das Stromdreieck ist ein rechtwinkliges Dreieck. Deshalb lassen sich auf die Ströme dieses Dreiecks der Satz des Pythagoras und die Winkelfunktionen anwenden. Da sich bei der Parallelschaltung die Leitwerte wie die Ströme verhalten, ist das **Leitwertdreieck (Bild 2c)** dem Stromdreieck ähnlich. Mithilfe des Leitwertdreiecks kann der Scheinleitwert Y und daraus der Scheinwiderstand Z der Parallelschaltung ermittelt bzw. berechnet werden.

Leitwerte in Parallelschaltung

$$I = \sqrt{I_w^2 + I_{bL}^2} \qquad [Y] = \mathrm{S}$$

$$Y = \sqrt{G^2 + B_L^2} \qquad [G] = \mathrm{S};\ [B_L] = \mathrm{S}$$

$$G = \frac{1}{R} \qquad B_L = \frac{1}{X_L} \qquad Y = \frac{1}{Z}$$

I	Gesamtstrom
I_w	Wirkstrom
I_{bL}	induktiver Blindstrom
Y	Scheinleitwert in S (Siemens)
G	Wirkleitwert in S
B_L	induktiver Blindleitwert in S
Z	Scheinwiderstand
R	Wirkwiderstand
X_L	induktiver Blindwiderstand

7.4 Leistungen im Wechselstromkreis

In Wechselstromkreisen unterscheidet man die Wirkleistung P, die induktive oder die kapazitive Blindleistung Q_L bzw. Q_C **(Seite 148)** und die Scheinleistung S.

7.4.1 Wirkleistung

Schaltet man einen Wirkwiderstand **(Bild 1)** in einen Wechselstromkreis, so entsteht Wirkleistung P. Spannung U_w und Strom I_w sind phasengleich **(Bild 2)**, d.h. der Phasenverschiebungswinkel $\varphi = 0°$.

Durch Multiplikation zusammengehöriger Augenblickswerte von Strom i_w und Spannung u_w erhält man die Augenblickswerte der Leistung bei Wechselstrom. Die Momentanwerte im Linienbild der Wirkleistung p sind immer positiv **(Bild 2)**. Die Leistung hat jedoch die doppelte Frequenz wie die Spannung. Sie kann deswegen nicht mit Strom und Spannung in ein gemeinsames Zeigerbild gezeichnet werden.

Positive Leistung bedeutet einen Energiefluss vom Erzeuger zum Verbraucher.

Die Wechselstromleistung hat den Scheitelwert $\hat{p} = \hat{u}_w \cdot \hat{i}_w$. Wandelt man die Sinuskurve von p in ein flächengleiches Rechteck um, erhält man die gleichwertige Gleichstromleistung, die dem Effektivwert der Wirkleistung P entspricht **(Bild 2)**. Die Wirkleistung an dem Wirkwiderstand ist halb so groß wie der Scheitelwert $\hat{p}$ der Leistung.

Beispiel:

Die Kochzone eines Ceranfeldes für 230 V soll überprüft werden. Dazu wurde ein Widerstand von 24 Ω gemessen. Ermitteln Sie **a)** den Scheitelwert des Stromes $\hat{i}_w$, **b)** die Leistung P und **c)** den Scheitelwert $\hat{p}$ der Leistung.

Lösung:

a) $I_w = \frac{U_w}{R} = \frac{230\,V}{24\,\Omega} = 9{,}58\,A$; $\hat{i}_w = \sqrt{2} \cdot I_w = \sqrt{2} \cdot 9{,}58\,A = \mathbf{13{,}54\,A}$

b) $P = U_w \cdot I_w = 230\,V \cdot 9{,}58\,A = \mathbf{2203\,W = 2{,}2\,kW}$

c) $\hat{p} = 2 \cdot P = 2 \cdot 2203\,W = 4406\,W = \mathbf{4{,}4\,kW}$

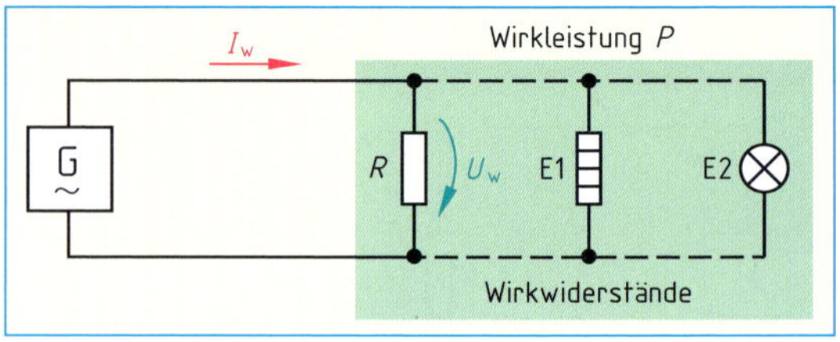

Bild 1: Wirkwiderstand an Wechselspannung

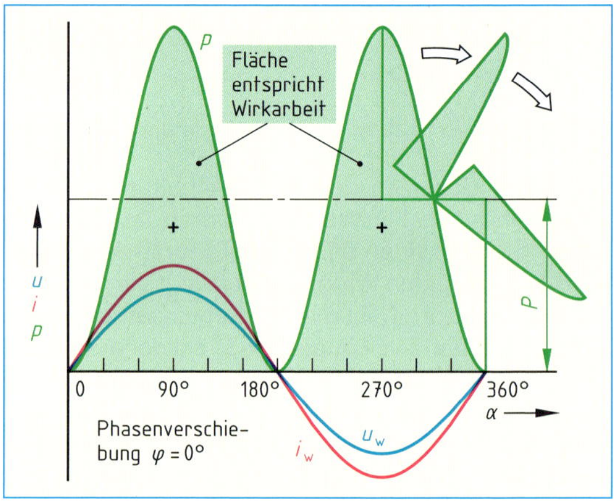

Bild 2: Wechselstromleistung bei Wirklast

Wirkleistung

$P = U_w \cdot I_w$ $[P] = W$ $\hat{p} = 2 \cdot P$ $\hat{p} = \hat{u}_w \cdot \hat{i}_w$

$\hat{u}_w = \sqrt{2} \cdot U_w$ $\hat{i}_w = \sqrt{2} \cdot I_w$ $R = \frac{U_w}{I_w}$

P	Wirkleistung
U_w, I_w	Spannung, Strom (Effektivwerte)
R	Wirkwiderstand (ohmscher Widerstand)
$\hat{p}, \hat{i}_w, \hat{u}_w$	Leistung, Strom, Spannung (Scheitelwerte)
$\sqrt{2}$	Scheitelfaktor

Leistungen bei induktiver Last: **Seite 142**

7.4.2 Blindleistung

Im Versorgungsnetz befinden sich neben Wirkverbrauchern auch kapazitive und induktive Verbraucher, z.B. Motoren, Relais und Leuchtstofflampen.

Zur Erzeugung eines elektromagnetischen bzw. elektrischen Feldes ist bei Wechselstrom Blindleistung notwendig. Sie kann in keine andere Energieform, z.B. Wärme, umgewandelt werden.

Befindet sich eine reine Induktivität **(Bild 3)** oder eine reine Kapazität im Wechselstromkreis, beträgt die Phasenverschiebung zwischen Strom und Spannung 90°.

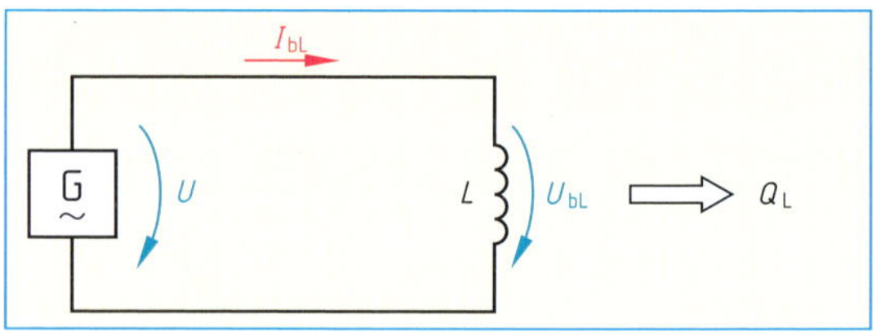

Bild 3: Ideale Spule an Wechselspannung

Blindleistung

$Q_L = U_{bL} \cdot I_{bL}$ $[Q_L] = var^1 = W$ $X_L = \frac{U_{bL}}{I_{bL}}$

Q_L	induktive Blindleistung
U_{bL}	induktive Blindspannung
I_{bL}	induktiver Blindstrom
X_L	induktiver Blindwiderstand

[1] nach DIN 1304 anstelle von W auch var und VA (Voltampere) var = **V**olt **A**mpere **r**eaktiv; reaktiv (lat.) = rückwirkend

Multipliziert man die zusammengehörigen Augenblickswerte von Spannung und Strom, ergibt sich das zugehörige Linienbild der Leistung. Die positiven und negativen Flächenteile haben die gleiche Größe **(Bild 1)**. Der Mittelwert der Leistung, d.h. die Wirkleistung P ist dann null. Die auftretende Leistung an der Induktivität oder Kapazität nennt man induktive bzw. kapazitive Blindleistung Q_L bzw. Q_C **(Seite 142 und 145)**.

In einer Spule wird zwischen 90° und 180° sowie zwischen 270° bis 360° elektrische Energie in magnetische Energie umgewandelt und das Magnetfeld der Spule aufgebaut **(Bild 1)**. Von 0° bis 90° sowie 180° bis 270° wird das Magnetfeld abgebaut. Dabei entsteht eine Selbstinduktionsspannung, die den Strom entgegengesetzt zur angelegten Spannung treibt. Die magnetische Energie wird in elektrische umgewandelt und der Stromquelle wieder zugeführt. Die ganze Energie pendelt zweimal in einer Periode zwischen Verbraucher und Erzeuger hin und her.

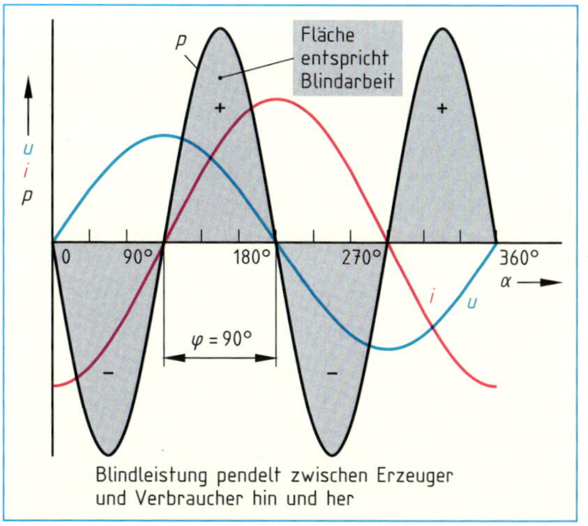

Bild 1: Induktive Blindleistung

7.4.3 Scheinleistung

Versuch: Schließen Sie eine Spule, z.B. mit 1000 Windungen, an Wechselspannung 10 V/50 Hz an **(Bild 2)**. Messen Sie Stromstärke, Spannung und Leistung mit dem Leistungsmesser. Vergleichen Sie das Produkt aus Spannung und Stromstärke mit der Anzeige des Leistungsmessers.

Die berechnete Scheinleistung ist größer als die Anzeige des Leistungsmessers.

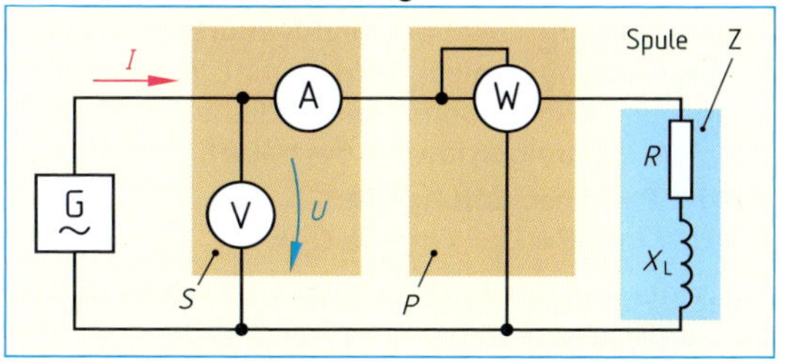

Bild 2: Ermittlung der Wirkleistung und Scheinleistung an einer Spule

> Die Scheinleistung S ist das Produkt der Effektivwerte von Spannung und Stromstärke.

Der Leistungsmesser zeigt die **Wirkleistung** P an, die so groß ist wie der Mittelwert aller Augenblickswerte $p = u \cdot i$. Die Wirkleistung P ist deshalb bei einer Phasenverschiebung φ zwischen Strom und Spannung immer kleiner als die **Scheinleistung** S.

Während der Periodenabschnitte mit positiver Leistung wird Energie aus dem Netz entnommen. Negative Leistung bedeutet, dass die Energie an das Netz zurück geliefert wird **(Bild 1)**. Die Differenz zwischen der positiven Energie und der negativen Energie wird in der Spule in Wirkarbeit (Wärme) umgesetzt **(Bild 3, grüne Linie)**.

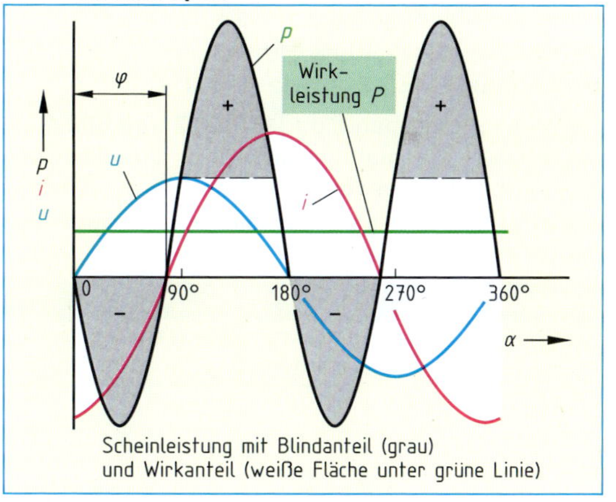

Bild 3: Wirkleistung P (Phasenverschiebungswinkel $\varphi = 80°$)

Bei induktiven Verbrauchern im Wechselstromnetz, z.B. Motoren in Haushaltsgeräten, treten Wirk- **und** Blindleistung gemeinsam auf. Diese Gesamtleistung bezeichnet man als Scheinleistung und hat die Einheit VA (Voltampere). Die Scheinleistung entspricht der **geometrischen Summe** aus Wirkleistung und Blindleistung **(siehe Seite 142)**.

> Die Scheinleistung S ist entscheidend für die Belastung der elektrischen Leitungsnetze. Deshalb müssen z.B. Transformatoren, Generatoren, Schaltanlagen und Leiterquerschnitte für die auftretende Scheinleistung dimensioniert sein.

Kompensation: **Seite 164**

Scheinleistung

$S = U \cdot I$ $\qquad [S] = \text{V} \cdot \text{A} = \text{VA}$

$S^2 = P^2 + Q_L^2$ $\qquad S = \sqrt{P^2 + Q_L^2}$

S Scheinleistung
U Spannung (Effektivwert)
I Strom (Effektivwert)
P Wirkleistung
Q_L induktive Blindleistung

7.4.4 Zusammenhang zwischen der Wirk-, Blind- und Scheinleistung

Befindet sich im Wechselstromkreis z. B. ein Motor oder eine Spule **(Bild 1),** die als Reihenschaltung einer Induktivität und eines Wirkwiderstands aufgefasst werden kann, sind drei Leistungen vorhanden.

- **Wirkleistung *P*:** Tritt im Wirkwiderstand *R* z. B. als Wärme auf.
- **Blindleistung Q_L:** Wird zum Auf- und Abbau des magnetischen Feldes benötigt.
- **Scheinleistung *S*:** Ergibt sich aus dem Produkt von Spannung und Strom oder aus der geometrischen Addition von Wirk- und Blindleistung. **Es gilt: $S = U \cdot I$ und $S = \sqrt{P^2 + Q_L^2}$**

Der Zusammenhang der Leistungen kann in einem rechtwinkligen Dreieck dargestellt werden **(Bild 2 und Bild 4).** Für eine Reihenschaltung aus Wirkwiderstand und induktivem Blindwiderstand **(Bild 1)** ist das Leistungsdreieck **(Bild 2)** ähnlich dem Spannungs- und Widerstandsdreieck, da bei der Berechnung der Leistungen jeweils derselbe Strom auftritt.

Bei der Reihenschaltung gilt:
$S = U \cdot I$ und $P = U_w \cdot I$ sowie $Q_L = U_{bL} \cdot I$

Bei einer Parallelschaltung aus Wirkwiderstand und induktivem Blindwiderstand **(Bild 3)** ist das Leistungsdreieck **(Bild 4)** ähnlich dem Strom- und Leitwertdreieck, da in den Leistungsformeln jeweils dieselbe Spannung auftritt.

Bei der Parallelschaltung gilt:
$S = U \cdot I$ und $P = U \cdot I_w$ sowie $Q_L = U \cdot I_{bL}$

Der Winkel zwischen *P* und *S* **(Bild 2 und Bild 4)** ist der Phasenverschiebungswinkel φ. Die einzelnen Seiten im Leistungsdreieck lassen sich mithilfe der trigonometrischen Funktionen oder mit dem Satz des Pythagoras berechnen.

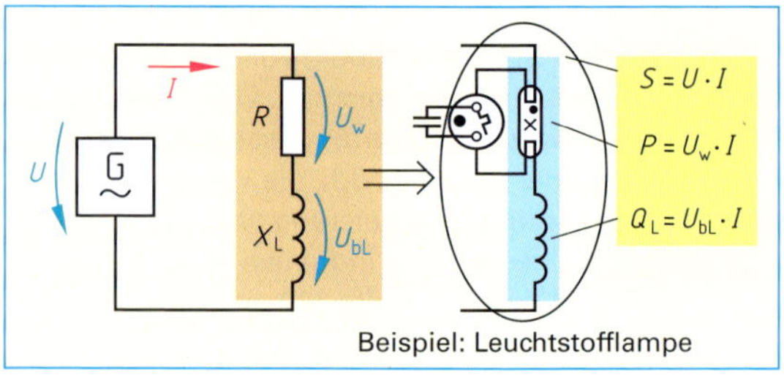

Bild 1: Reihenschaltung aus Wirkwiderstand und induktivem Blindwiderstand

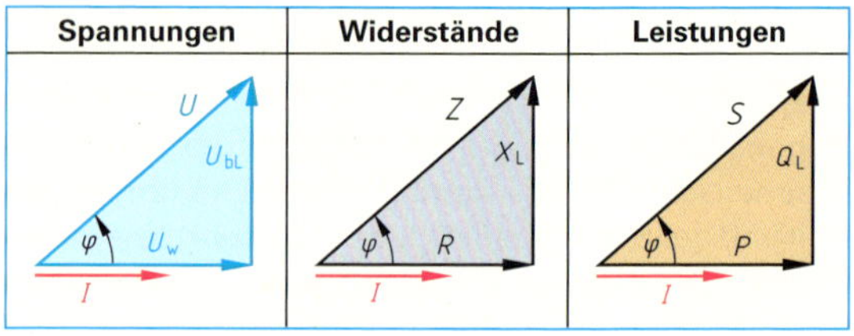

Bild 2: RL-Reihenschaltung (Zeigerbilder)

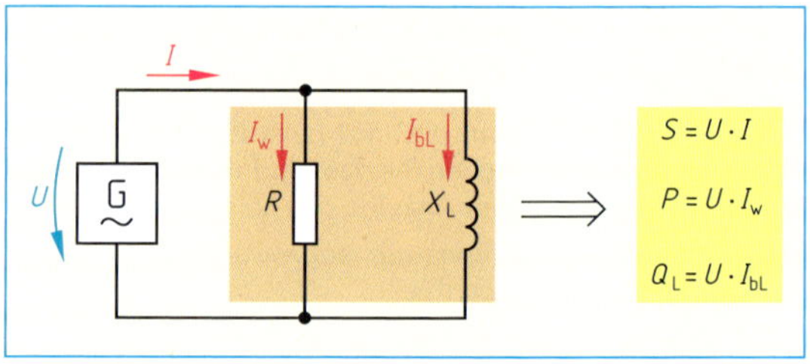

Bild 3: Parallelschaltung aus Wirkwiderstand und induktivem Blindwiderstand

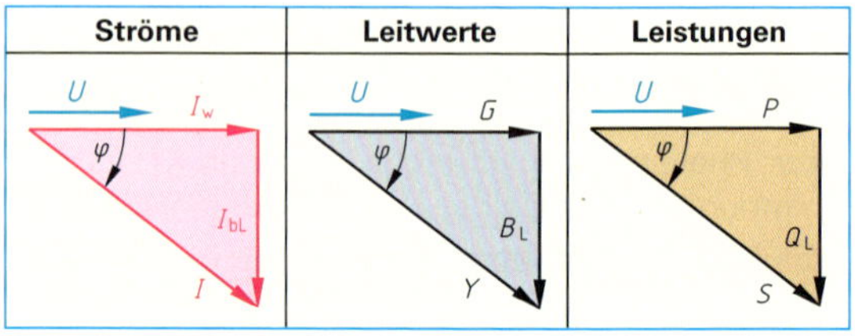

Bild 4: RL-Parallelschaltung (Zeigerbilder)

Beispiel:

Ermitteln Sie aus dem nebenstehenden Leistungsschild eines Wechselstrommotors

a) die zugeführte Wirkleistung P_1[1],
b) die Scheinleistung *S*,
c) die Blindleistung Q_L,
d) den Wirkungsgrad η.

CE	Hersteller Made in Germany	
1 ~ Mot.		
IP55	0,25 kW	cos φ 0,65
230 V	2,2 A	50 Hz
C_A 27 µF/450 V	C_B µF/ V	
2870 min⁻¹		EN 60034

Lösung:

a) $P_1 = U \cdot I \cdot \cos\varphi = 230\ \text{V} \cdot 2{,}2\ \text{A} \cdot 0{,}65 = \mathbf{329\ W}$

b) $S = U \cdot I = 230\ \text{V} \cdot 2{,}2\ \text{A} = \mathbf{506\ VA}$

c) $Q_L = \sqrt{S^2 - P_1^2} = \sqrt{(506\ \text{VA})^2 - (329\ \text{W})^2} = \mathbf{384\ var}$

d) $\eta = \frac{P_2}{P_1} = \frac{250\ \text{W}}{329\ \text{W}} = \mathbf{0{,}76 \Rightarrow 76\ \%}$

1 Auf dem Leistungsschild eines Motors stehen Bemessungswerte. Die Angabe 0,25 kW ist die abgegebene mechanische Leistung P_2 an der Welle. Die zugeführte elektrische Wirkleistung P_1 kann berechnet werden.

Leistungen bei induktiver Last

$S^2 = P^2 + Q_L^2 \Rightarrow S = \sqrt{P^2 + Q_L^2}$ $\quad S = U \cdot I$

$\cos\varphi = \frac{P}{S} \Rightarrow P = S \cdot \cos\varphi$ $\quad P = U \cdot I \cdot \cos\varphi$

$\sin\varphi = \frac{Q_L}{S} \Rightarrow Q_L = S \cdot \sin\varphi$ $\quad Q_L = U \cdot I \cdot \sin\varphi$

$\tan\varphi = \frac{Q_L}{P}$ $\quad Q_L = P \cdot \tan\varphi$

S Scheinleistung $[S] = \text{VA} = \text{W}$
P Wirkleistung $[P] = \text{W}$
Q_L induktive Blindleistung $[Q_L] = \text{var} = \text{W}$
φ Phasenverschiebungswinkel
$\cos\varphi$ Wirkfaktor
$\sin\varphi$ Blindfaktor

7.4.5 Leistungsfaktor, Wirkfaktor und Blindfaktor

In heutigen Versorgungsnetzen sind durch den Einsatz von elektronischen Betriebsmitteln Wechselgrößen nicht mehr rein sinusförmig, sondern mit Oberschwingungen behaftet **(Seite 308)**. Man unterscheidet deshalb zwischen **Wirkfaktor** (Verschiebungsfaktor) **cos φ** und **Leistungsfaktor λ**[1].

Der Wirkfaktor cos φ gibt das Verhältnis von Wirkleistung P zur Scheinleistung S bei rein sinusförmigem Verlauf an. Der Leistungsfaktor λ gilt für alle Wechselgrößen und berücksichtigt neben der Grundschwingung auch die Oberschwingungsblindleistung.

Leistungsfaktoren

$$\cos\varphi = \frac{P}{S} \qquad \sin\varphi = \frac{Q_L}{S} \qquad \lambda = \frac{P}{S}$$

cos φ Wirkfaktor
P Wirkleistung
S Scheinleistung
sin φ Blindfaktor
Q_L induktive Blindleistung
λ Leistungsfaktor

Wirkfaktor cos φ gilt nur bei rein sinusförmigen Spannungen und Strömen. Wenn Strom und Spannung rein sinusförmig sind, gilt cos $\varphi = \lambda$.

Soll z.B. Wirkleistung bei einem Wirkfaktor von cos φ = 0,5 zu einem Verbraucher transportiert werden, so müssen Generatoren, Umspanner und Leitungsnetz bei gleicher Wirkleistung für den doppelten Strom ausgelegt sein wie bei cos φ = 1. Die Anlagenkosten steigen dadurch erheblich. Der Wirkfaktor kann durch Kompensation der Blindleistung **(Seite 164)** verbessert werden **(Bild 1)**.

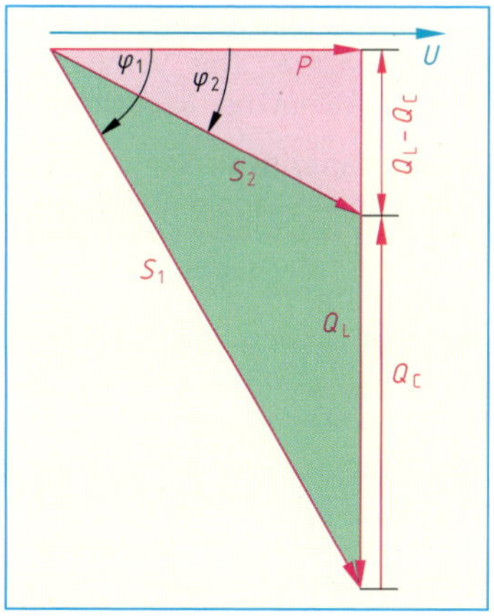

Bild 1: Leistungsdreieck

Das Verhältnis von Blindleistung zu Scheinleistung nennt man Blindfaktor sin φ.

Beispiel:

In einem Klassensaal sind 20 Leuchtstofflampen 230 V/58 W angeschlossen. Das Vorschaltgerät nimmt je Lampe 11 W auf. Berechnen Sie die Stromstärke für **a)** cos φ_1 = 0,5 (unkompensiert) und **b)** cos φ_2 = 0,9 (kompensiert).

Lösung: (siehe auch **Bild 1**)

a) Leistungsaufnahme je Lampe und Vorschaltgerät: P_1 = 58 W + 11 W = 69 W.
Wirkleistungsaufnahme für 20 Lampen: P_G = 20 · 69 W = 1380 W = 1,38 kW.

$$\cos\varphi_1 = \frac{P_G}{S_1} \Rightarrow S_1 = \frac{P_G}{\cos\varphi_1} = \frac{1{,}38\ \text{kW}}{0{,}5} = 2{,}76\ \text{kW} = 2{,}76\ \text{kVA}.$$

Bei 230 V ist: $\boldsymbol{I_1} = \frac{S_1}{U} = \frac{2760\ \text{VA}}{230\ \text{V}} = \mathbf{12\ A}$ (unkompensiert)

b) $S_2 = \frac{P_G}{\cos\varphi_2} = \frac{1{,}38\ \text{kW}}{0{,}9} = 1{,}53\ \text{kVA}$. $\boldsymbol{I_2} = \frac{S_2}{U} = \frac{1530\ \text{VA}}{230\ \text{V}} = \mathbf{6{,}67\ A}$ (kompensiert)

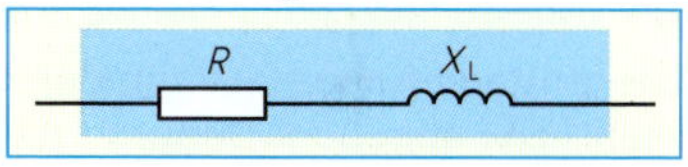

Bild 2: Ersatzschaltbild der realen Spule

7.4.6 Verlustleistung bei realen Spulen

Bei Spulen wird ein Teil der elektrischen Energie in unerwünschte Wärme umgesetzt. Dadurch ist die vom Netz aufgenommene Leistung größer als die ins Netz zurückgegebene elektrische Leistung. Die Differenz zwischen aufgenommener Leistung und abgegebener Leistung wird als **Verlustleistung** der Spule bezeichnet. Man unterscheidet zwischen Wicklungsverlusten und Eisenverlusten.

Wicklungsverluste (Kupferverluste) entstehen durch den Leiterwiderstand der Wicklung bei Spulen an Gleichspannung oder an Wechselspannung.

Eisenverluste bei Spulen treten nur bei Wechselspannung auf. Bei den Eisenverlusten unterscheidet man **Hystereseverluste** und **Wirbelstromverluste**. Hystereseverluste entstehen durch die erforderliche Arbeit, die beim ständigen Ummagnetisieren des Spulenkerns aufgebracht werden muss. Wirbelstromverluste bilden sich durch Induktionsströme im Spulenkern, wenn dieser aus elektrisch leitfähigem Material besteht.

Im **Ersatzschaltbild der realen Spule (Bild 2)** werden alle Verluste, die in der Spule entstehen, im Wirkwiderstand R zusammengefasst, weil sich die Spulenverluste in Wärme umsetzen.

Wiederholungsfragen

1 **Ihr Mitschüler hat zur Berechnung des Gesamtstroms in einer RL-Parallelschaltung die Gleichung $I = I_w + I_{bL}$ benutzt. a) Ist die Formel korrekt? b) Erklären Sie gegebenfalls den Fehler.**

2 **Das Liniendiagramm der Leistung einer RL-Reihenschaltung hat teilweise negative Momentanwerte. Skizzieren Sie den Verlauf und deuten Sie die unterschiedlichen Bereiche im Liniendiagramm.**

[1] λ griech. Kleinbuchstabe Lambda

SimElektro Grundstufe 1.1

Grundstufe **S19**

7.5 Kondensator im Wechselstromkreis

7.5.1 Kapazitiver Blindwiderstand

Versuch 1: Schalten Sie einen Kondensator, z. B. 10 μF, an eine Sinusspannung mit der Frequenz $f = 1$ Hz **(Bild 1)**. Messen Sie die Stromstärke und die Spannung am Kondensator mit Gleichspannungs- bzw. Gleichstrommessgeräten (Zeigermessgeräte, Nullstellung in Skalenmitte).

Der Zeiger des Spannungsmessers pendelt gegenüber dem Zeiger des Strommessers um eine 1/4-Periode nach. Der Kondensatorstrom eilt der Kondensatorspannung vor.

Da der Kondensator an eine Wechselspannung angeschlossen ist, ändert sich periodisch seine Polarität. Dazu fließt ein Ladestrom mit derselben Frequenz wie die angelegte Wechselspannung. Der Kondensatorstrom **(Bild 3a)** (Blindstrom) I_{bC} erreicht seinen Scheitelwert, wenn die Spannung $U_{bC} = 0$ V ist **(Bild 3c)**. Im Zeigerbild **(Bild 3b)** eilt der Strom der Spannung um 90° voraus. Das Verhältnis von Kondensatorspannung U_{bC} zum Strom I_{bC} nennt man kapazitiven Blindwiderstand X_C.

> Beim kapazitiven Blindwiderstand X_C eilt der Sinusstrom der Sinusspannung um 90° voraus.

Versuch 2: Schließen Sie eine Lampe, z. B. 12 V, 0,1 A, in Reihe mit einem Kondensator, z. B. 22 μF, an eine Sinusspannung 12 V, 50 Hz und messen Sie die Spannung an der Lampe. Schließen Sie danach den Kondensator kurz.

Bei Kurzschluss des Kondensators steigt die Spannung an der Lampe auf $U = 12$ V und sie leuchtet heller.

Der Kondensator wirkt bei Sinusspannung als Widerstand.

Versuch 3: Schalten Sie Kondensatoren mit unterschiedlichen Kapazitäten, z. B. 10 μF, 22 μF, 33 μF, jeweils an die gleiche Wechselspannung, z. B. 12 V, 50 Hz. Messen Sie bei jedem Kondensator die Stromstärke und die Spannung und berechnen Sie daraus jeweils den Widerstandswert.

Der Widerstand ist umso kleiner, je größer die Kapazität ist.

Bei größerer Kapazität kann der Kondensator mehr Ladungen aufnehmen bzw. abgeben. Dadurch fließt ein größerer Lade- bzw. Entladestrom. Deshalb ist der Blindwiderstand des Kondensators umso kleiner, je größer die Kapazität ist. Der rechnerisch ermittelte Scheinwiderstand Z des Kondensators enthält den Wirkwiderstand des Kondensators und den von der Kapazität abhängigen kapazitiven Blindwiderstand X_C.

Versuch 4: Schalten Sie einen Kondensator, z. B. mit der Kapazität 1 μF, an eine Sinusspannung, z. B. 5 V, 50 Hz. Messen Sie die Stromstärke und berechnen Sie den Scheinwiderstand. Wiederholen Sie den Versuch mit unterschiedlichen Frequenzen bei konstanter Spannung.

Je höher die Frequenz, desto kleiner ist der Widerstand.

Bei höherer Frequenz lädt bzw. entlädt sich der Kondensator bei gleicher Spannung in einer kürzeren Zeit. Dazu ist ein größerer Strom notwendig. Der kapazitive Blindwiderstand ist daher umso kleiner, je höher die Frequenz ist **(Bild 2)**.

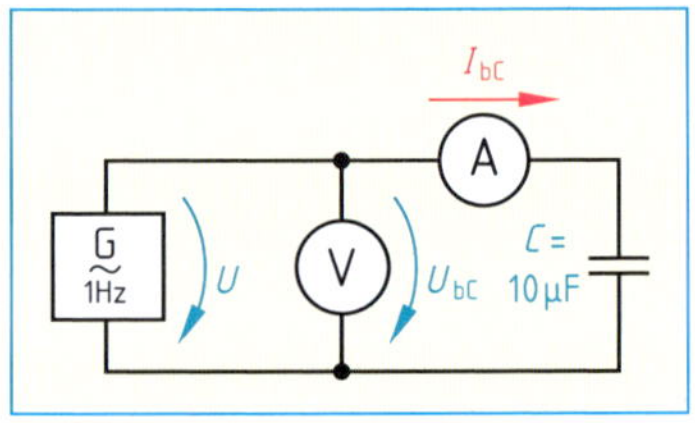

Bild 1: Phasenverschiebung beim idealen Kondensator (Wirkwiderstand $R = 0\ \Omega$)

Kapazitiver Blindwiderstand

Bei Sinusspannung:

$$X_C = \frac{U_{bC}}{I_{bC}} \qquad X_C = \frac{1}{\omega \cdot C}$$

$$[C] = \frac{\text{As}}{\text{V}} = \text{F} \qquad [X_C] = \frac{1}{\frac{1}{\text{s}} \cdot \frac{\text{As}}{\text{V}}} = \Omega$$

F: Farad, Einheit der Kapazität C

U_{bC} kapazitive Blindspannung
I_{bC} kapazitiver Blindstrom
X_C kapazitiver Blindwiderstand
ω Kreisfrequenz
C Kapazität

Beispiel:

Geg.: $C = 4{,}7$ µF, $f = 50$ Hz

Ges.: X_C

Lösung:

$$X_C = \frac{1}{\omega \cdot C} = \frac{1}{2\pi \cdot f \cdot C}$$

$$X_C = \frac{1}{2\pi \cdot 50\ \text{Hz} \cdot 4{,}7 \cdot 10^{-6}\ \text{F}}$$

$$\mathbf{X_C = 677\ \Omega}$$

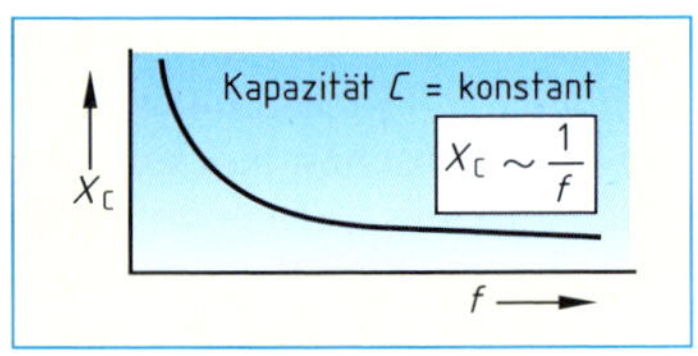

Bild 2: Blindwiderstand X_C in Abhängigkeit von der Frequenz f

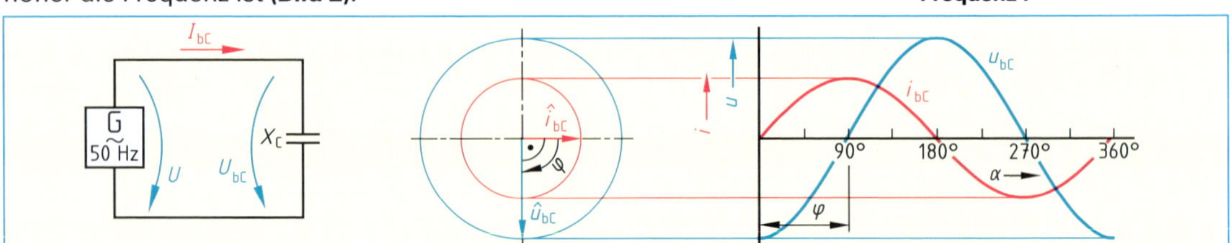

a) Schaltung b) Zeigerbild c) Linienbild

Bild 3: Strom und Spannung bei einem kapazitiven Blindwiderstand ($R = 0\ \Omega$, idealer Kondensator)

SimElektro Grundstufe 1.1
Grundstufe S19

Der kapazitive Blindwiderstand eines Kondensators ist umso kleiner, je höher die Frequenz (bzw. die Kreisfrequenz) und je größer die Kapazität ist.

Kondensatoren ohne Verluste, also reine Blindwiderstände, können nicht hergestellt werden. Der Wirkwiderstand des Kondensators kann jedoch gegenüber dem Blindwiderstand meist vernachlässigt werden. In diesem Fall wird der kapazitive Blindwiderstand näherungsweise aus dem Effektivwert der Spannung am Kondensator und aus dem Effektivwert des Kondensatorstromes berechnet.

Beispiel:

Welchen kapazitiven Blindwiderstand hat ein Kondensator mit der Kapazität $C = 1\ \mu\text{F}$ bei der Frequenz **a)** $f = 50$ Hz und **b)** $f = 5$ MHz?

Lösung:

a) $X_C = \frac{1}{\omega \cdot C} = \frac{1}{2\pi \cdot f \cdot C} = \frac{1}{2\pi \cdot 50 \frac{1}{\text{s}} \cdot 1 \cdot 10^{-6} \frac{\text{s}}{\Omega}} = \mathbf{3185\ \Omega}$

b) $X_C = \frac{1}{\omega \cdot C} = \frac{1}{2\pi \cdot f \cdot C} = \frac{1}{2\pi \cdot 5 \cdot 10^{6} \frac{1}{\text{s}} \cdot 1 \cdot 10^{-6} \frac{\text{s}}{\Omega}} = \mathbf{30\ m\Omega}$

7.5.2 Reihenschaltung aus Wirkwiderstand und kapazitivem Blindwiderstand

Schaltet man einen Wirkwiderstand R und einen kapazitiven Blindwiderstand X_C in Reihe **(Bild a)** an eine Spannung mit sinusförmigem zeitlichem Verlauf, so ist im Spannungsdreieck **(Bild b)** die Wirkspannung U_w phasengleich mit dem Strom I, und die kapazitive Blindspannung U_{bC} eilt dem Strom um 90° nach. Deshalb wird im **Spannungsdreieck (Bild b)** der Zeiger für die Blindspannung U_{bC} gegenüber dem Zeiger für den gemeinsamen Strom I um 90° gedreht gezeichnet, und zwar nacheilend.

Die Gesamtspannung U eilt gegenüber dem gemeinsamen Strom I um den Phasenverschiebungswinkel φ nach **(Bild b)**. Der Phasenverschiebungswinkel φ wird ausgehend vom Stromzeiger I (Bezugsgröße) in Richtung des Spannungszeigers U abgetragen **(Bild b)**. Der Phasenverschiebungswinkel φ zeigt in Richtung des Uhrzeigersinns und ist daher negativ (nacheilend).

Das **Widerstandsdreieck (Bild c)** bzw. das **Leistungsdreieck (Bild d)** einer Reihenschaltung erhält man aus dem Spannungsdreieck, indem man die Zeiger für die Spannungen durch die gemeinsame Stromstärke dividiert bzw. mit der Stromstärke multipliziert. Daher sind die drei Dreiecke ähnlich. Die Größen der Zeigerdreiecke können nach dem Lehrsatz des Pythagoras oder den Winkelfunktionen berechnet werden.

Beispiel:

Ein kapazitiver Blindwiderstand $X_C = 35\ \Omega$ liegt mit einem Wirkwiderstand $R = 25\ \Omega$ in Reihe. Wie groß ist der Scheinwiderstand Z der Reihenschaltung?

Lösung:

$Z^2 = R^2 + X_C^2 \Rightarrow \mathbf{Z} = \sqrt{R^2 + X_C^2} = \sqrt{(25\ \Omega)^2 + (35\ \Omega)^2} = \mathbf{43\ \Omega}$

Reihenschaltung aus Wirkwiderstand und kapazitivem Blindwiderstand

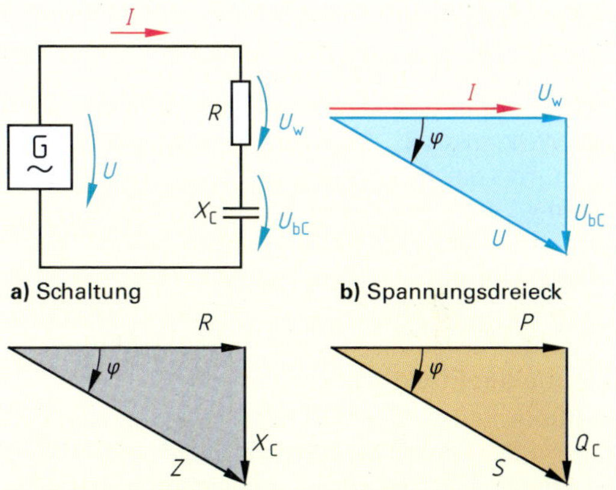

a) Schaltung **b)** Spannungsdreieck **c)** Widerstandsdreieck **d)** Leistungsdreieck

Bild: Reihenschaltung aus R und X_C

$$X_C = \frac{1}{\omega \cdot C} = \frac{1}{2\pi \cdot f \cdot C};\quad X_C = \frac{U_{bC}}{I}$$

$$[X_C] = \frac{\text{V}}{\text{A}} = \frac{1}{\frac{1}{\text{s}} \cdot \frac{\text{s}}{\Omega}} = \Omega$$

$U^2 = U_w^2 + U_{bC}^2$

$U_w = U \cdot \cos\varphi;\ U_{bC} = U \cdot \sin\varphi$

$$U = \sqrt{U_w^2 + U_{bC}^2}$$

$Z^2 = R^2 + X_C^2$

$R = Z \cdot \cos\varphi;\ X_C = Z \cdot \sin\varphi$

$$Z = \sqrt{R^2 + X_C^2}$$

$[Z] = \Omega$

$S^2 = P^2 + Q_C^2$

$P = S \cdot \cos\varphi;\ Q_C = S \cdot \sin\varphi$

$$S = \sqrt{P^2 + Q_C^2}$$

$[S] = \text{VA} = \text{W}$

φ	Phasenverschiebungswinkel
R	Wirkwiderstand
X_C	kapazitiver Blindwiderstand
Z	Scheinwiderstand
U	Gesamtspannung
U_w	Wirkspannung
U_{bC}	kapazitive Blindspannung
I	Strom
f	Frequenz
ω	Kreisfrequenz
C	Kondensatorkapazität
P	Wirkleistung
Q_C	kapazitive Blindleistung
S	Scheinleistung

7.5.3 Parallelschaltung aus Wirkwiderstand und kapazitivem Blindwiderstand

Versuch: Schließen Sie einen Kondensator, z. B. 10 µF, und einen Stellwiderstand, z. B. 1 kΩ, an eine Wechselspannung **(Bild a)** an. Die Wechselspannung mit einer Frequenz $f = 50$ Hz soll von 0 V bis 50 V einstellbar sein. Stellen Sie die Spannung so ein, dass der Kondensatorstrom $I_{bC} = 100$ mA ist. Verändern Sie den Widerstand R, bis $I_w = 100$ mA ist. Messen Sie den Gesamtstrom I.

Der Gesamtstrom I ist 140 mA.

In der RC-Parallelschaltung teilt sich der Gesamtstrom I auf in den kapazitiven Blindstrom I_{bC} und den Wirkstrom I_w. Der Wirkstrom I_w ist phasengleich mit der Spannung U, der kapazitive Blindstrom I_{bC} eilt der gemeinsamen Spannung U um 90° voraus **(Bild 2)**. Da die beiden Ströme unterschiedliche Richtungen haben, muss man sie geometrisch addieren und der Effektivwert des Gesamtstromes ist kleiner als die arithmetische Summe der Effektivwerte I_w und I_{bC}.

Im Stromdreieck für die Parallelschaltung aus R und X_C wird der kapazitive Blindstrom I_{bC} um 90° voreilend gegenüber dem der gemeinsamen Spannung U an die Spitze vom Wirkstrom I_w aufgetragen **(Bild b)**. Der Gesamtstrom I ist die geometrische Summe von I_w und I_{bC}. Er eilt bei der Parallelschaltung aus R und X_C der gemeinsamen Spannung U um den Phasenverschiebungswinkel φ voraus.

Der Phasenverschiebungswinkel φ wird ausgehend vom Spannungszeiger U (Bezugsgröße) in Richtung des Stromzeigers I abgetragen **(Bild b)**. Im Zeigerbild ist der Winkel deshalb gegen den Uhrzeigersinn drehend (voreilend).

Der Gesamtstrom I ist nach dem Lehrsatz des Pythagoras aus dem Wirkstrom I_w und dem Blindstrom I_{bC} geometrisch zu berechnen.

$I^2 = I_w^2 + I_{bC}^2 \Rightarrow I = \sqrt{I_w^2 + I_{bC}^2}$

Ebenso können zur Berechnung der Zeiger im Stromdreieck die Winkelfunktionen angewandt werden.

Das **Leitwertdreieck (Bild c)** ist dem Stromdreieck ähnlich, da sich bei der Parallelschaltung die Leitwerte wie die Ströme verhalten. Mithilfe des Leitwertdreiecks kann der Scheinleitwert Y bzw. der Scheinwiderstand Z der Parallelschaltung aus den Leitwerten des kapazitiven Blindwiderstandes X_C und des Wirkwiderstandes R berechnet werden.

Das **Leistungsdreieck (Bild d)** ist ebenfalls dem Stromdreieck ähnlich, da alle Leistungen an derselben Spannung auftreten.

Zur Berechnung der Zeiger im Leitwertdreieck oder im Leistungsdreieck kann der Satz des Pythagoras oder die Winkelfunktionen angewandt werden, weil beide Dreiecke rechtwinklig sind.

Parallelschaltung aus Wirkwiderstand und kapazitivem Blindwiderstand

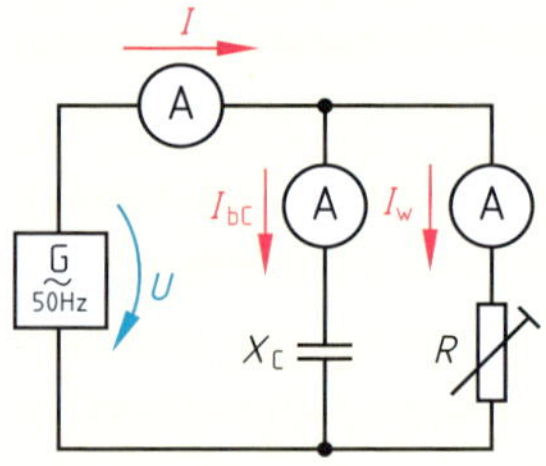

a) Schaltung

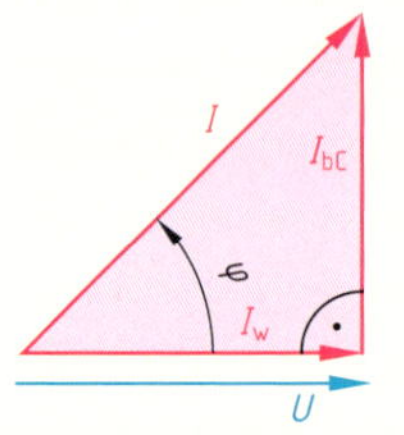

b) Stromdreieck

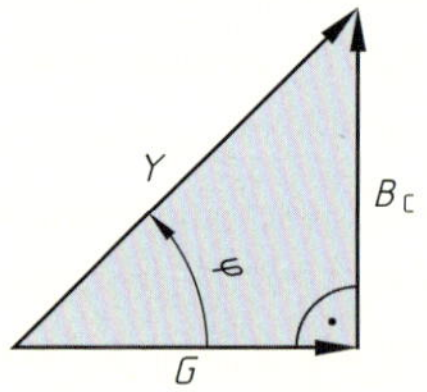

c) Leitwertdreieck

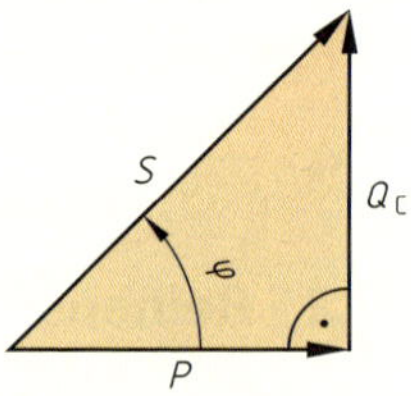

d) Leistungsdreieck

Bild: Parallelschaltung aus R und X_C

$I^2 = I_w^2 + I_{bC}^2$

$I_w = I \cdot \cos\varphi$

$I = \sqrt{I_w^2 + I_{bC}^2}$

$I_{bC} = I \cdot \sin\varphi$

$\tan\varphi = \frac{I_{bC}}{I_w}$

$Y = \sqrt{G^2 + B_C^2}$

$S = \sqrt{P^2 + Q_C^2}$

$\cos\varphi = \frac{G}{Y}; \ \sin\varphi = \frac{B_C}{Y}$

$\cos\varphi = \frac{P}{S}; \ \sin\varphi = \frac{Q_C}{S}$

$Y = \frac{1}{Z} = \frac{I}{U}$

$S = U \cdot I$

$G = \frac{1}{R} = \frac{I_w}{U}$

$P = U \cdot I_w$

$B_C = \frac{1}{X_C} = \frac{I_{bC}}{U}$

$Q_C = U \cdot I_{bC}$

φ	Phasenverschiebungswinkel
R	Wirkwiderstand
X_C	kapazitiver Blindwiderstand
Z	Scheinwiderstand
I	Gesamtstrom
I_w	Wirkstrom
I_{bC}	Blindstrom
U	Spannung
G	Wirkleitwert
B_C	Blindleitwert
Y	Scheinleitwert
f	Frequenz
C	Kapazität
P	Wirkleistung
Q_C	kapazitive Blindleistung
S	Scheinleistung

Beispiel:

Für einen MKV-Kondensator **(Bild 1a)** gilt das Ersatzschaltbild **(Bild 1b)**. Die Kapazität beträgt $C = 4{,}7\ \mu F$. Mit den Angaben im Datenblatt wird durch Berechnung ein Widerstand von $R = 2{,}3\ M\Omega$ ermittelt. Der MKV-Kondensator wird an 230 V, 50 Hz angeschlossen. Berechnen Sie **a)** den Wirkstrom, **b)** den kapazitiven Blindstrom, **c)** den Gesamtstrom und **d)** den Phasenverschiebungswinkel φ.

Lösung:

a) $\boldsymbol{I_w} = \frac{U}{R} = \frac{230\ V}{2{,}3\ M\Omega} = \frac{230\ V}{2{,}3 \cdot 10^6\ \Omega} = 0{,}0001\ A = \mathbf{0{,}1\ mA}$

b) $X_C = \frac{1}{2\pi \cdot f \cdot C} = \frac{1}{2\pi \cdot 50\ Hz \cdot 4{,}7\ \mu F} = \frac{1}{2\pi \cdot 50\ Hz \cdot 4{,}7 \cdot 10^{-6}\ F} = 677\ \Omega$

$\boldsymbol{I_{bC}} = \frac{U}{X_C} = \frac{230\ V}{677\ \Omega} = 0{,}3397\ A = \mathbf{339{,}7\ mA}$

c) $\boldsymbol{I} = \sqrt{I_w^2 + I_{bC}^2} = \sqrt{(0{,}1\ mA)^2 + (339{,}7\ mA)^2} = \mathbf{339{,}7\ mA} \Rightarrow I \approx I_{bC}$

d) $\cos \varphi = \frac{I_w}{I} = \frac{0{,}1\ mA}{339{,}7\ mA} = 2{,}94 \cdot 10^{-4} \Rightarrow \boldsymbol{\varphi} = \mathbf{89{,}98°}$

a) Kondensator **b)** Ersatzschaltbild

Bild 1: MKV-Kondensator

7.5.4 Verlustwinkel und Gütefaktor eines Kondensators

In jedem Kondensator treten beim Betrieb Verluste auf. Diese Verluste unterteilt man in dielektrische Verluste und Leiterverluste. Liegt am Kondensator eine Wechselspannung, so werden die Molekulardipole im Dielektrikum ständig gedreht. Es entstehen dielektrische Verluste. Beim Wickelkondensator müssen Ladestrom und Entladestrom durch die ganze Länge der Wickel fließen. Die Metallfolien wirken als elektrische Leiter und haben daher einen Wirkwiderstand, an dem Stromwärmeverluste auftreten.

Alle Verlustarten im Kondensator werden zu dem sogenannten parallelen **Verlustwiderstand** R zusammengefasst. Der Widerstand R ist ein reiner Wirkwiderstand. Durch den Wirkwiderstand R fließt der Verluststrom I_w **(Bild 2a)**. Infolge der Verluste ist der Phasenverschiebungswinkel φ zwischen Spannung und Strom nicht genau 90°, sondern stets etwas kleiner **(Bild 2b)**.

Man bezeichnet die Differenz $90° - \varphi$ als **Verlustwinkel** δ. Der Tangens des Verlustwinkels δ wird **Verlustfaktor** d genannt. Der Kehrwert des Verlustfaktors d ist der **Gütefaktor** Q.

Vernachlässigt man die Verluste beim Kondensator, kann der Kondensator als reiner Blindwiderstand aufgefasst werden.

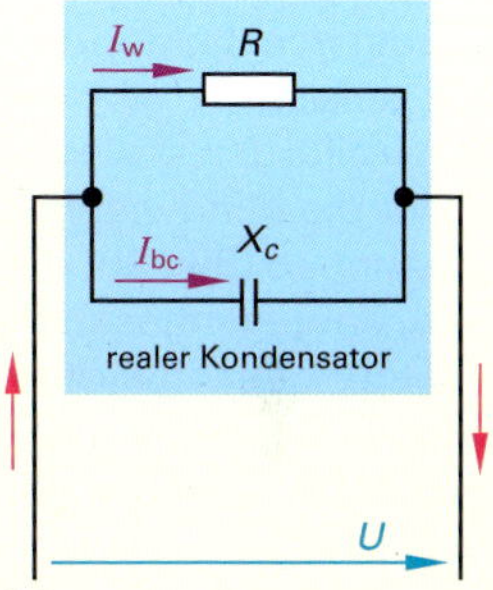

a) Ersatzschaltung

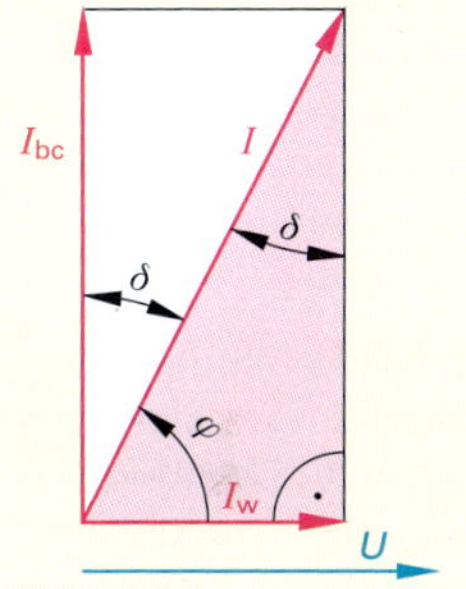

b) Zeigerbild

Bild 2: Kondensator mit Verlusten

$\delta = 90° - \varphi \qquad d = \tan \delta$

$Q = \frac{1}{d} = \frac{1}{\tan \delta}$

$\tan \delta = \frac{I_w}{I_{bC}} = \frac{X_C}{R} = \frac{P}{Q_C}$

δ	Verlustwinkel
φ	Phasenverschiebungswinkel
d	Verlustfaktor
Q	Gütefaktor
I_w	Wirkstrom
I_{bC}	kapazitiver Blindstrom
R	Verlust-, Wirkwiderstand
X_C	kapazitiver Blindwiderstand
P	Wirkleistung
Q_C	kapazitive Blindleistung

Beispiel:

In den technischen Angaben wird für einen MKV-Kondensator B25838 **(Bild 1a)** von $C = 4{,}7\ \mu F$ bei $U = 420\ V$ 50 Hz ein Verlustfaktor $\tan\delta = 0{,}0003$ angegeben. Berechnen Sie **a)** den kapazitiven Blindwiderstand X_C, **b)** den Verlustwiderstand R und **c)** den Gesamtstrom I.

Lösung:

a) $\boldsymbol{X_C} = \frac{1}{\omega \cdot C} = \frac{1}{2\pi \cdot 50\ Hz \cdot 4{,}7\ \mu F} = \frac{1}{2\pi \cdot 50\ Hz \cdot 4{,}7 \cdot 10^{-6}\ F} = \mathbf{677\ \Omega}$

b) $\tan\delta = \frac{X_C}{R} \Rightarrow \boldsymbol{R} = \frac{X_C}{\tan \delta} = \frac{677\ \Omega}{0{,}0003} = \mathbf{2{,}3\ M\Omega}$

c) $\boldsymbol{R} >> X_C \Rightarrow Z \approx X_C$: $\boldsymbol{I} = \frac{U}{Z} = \frac{420\ V}{677\ \Omega} = \mathbf{0{,}62\ A}$

7.6 Schaltung aus Spule, Kondensator und Wirkwiderstand

7.6.1 Reihenschaltung aus Wirkwiderstand, induktivem und kapazitivem Blindwiderstand

Bei der Reihenschaltung **(Bild 1a)** wirken die kapazitive und die induktive Blindspannung einander entgegen, da die induktive Blindspannung U_{bL} dem Strom um 90° vor- und die kapazitive Blindspannung U_{bC} dem Strom um 90° nacheilen **(Bild 1b)**. Die Gesamtspannung U ergibt sich durch geometrische Addition der Teilspannungen.

In Periodenabschnitten, in denen die Induktivität Energie aufnimmt, gibt die Kapazität Energie ab. Im Zeigerbild der Widerstände **(Bild 2a)** sind die Zeiger für die Blindwiderstände und im Zeigerbild der Leistungen **(Bild 2b)** die Zeiger für die Blindleistungen entgegengesetzt gerichtet. Der Scheinwiderstand (Gesamtwiderstand) Z und die Scheinleistung (Gesamtleistung) S ergeben sich durch geometrische Addition der Teilwiderstände bzw. der Teilleistungen.

Ist der induktive Blindwiderstand X_L größer als der kapazitive Blindwiderstand X_C, so wirkt die Schaltung **Bild 1a** induktiv. Im Zeigerbild der Widerstände eilt der Zeiger für Z dem Zeiger für R vor **(Bild 2a)**. Ist die kapazitive Blindleistung Q_C größer als die induktive Blindleistung Q_L, so wirkt die Schaltung vorwiegend kapazitiv **(Bild 2b)**.

Sind beide Blindanteile gleich groß, so hat der Stromkreis den kleinsten Widerstand $Z = R$ und die kleinste Leistung $S = P$. Der Strom erreicht dabei den Höchstwert **(Resonanz, Reihenschwingkreis, Seite 151)**.

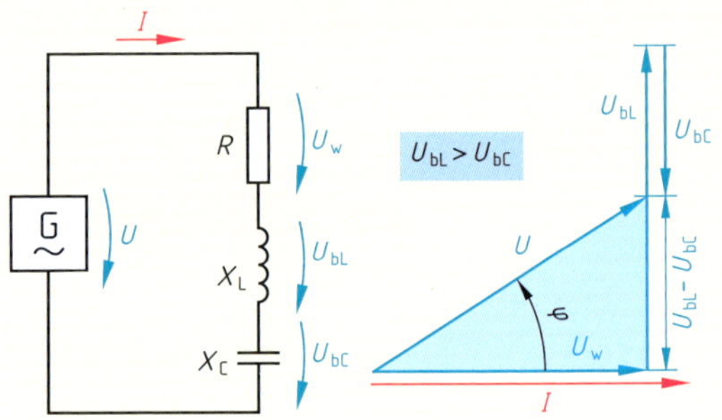

a) Schaltung b) Zeigerbild der Spannungen

Bild 1: Reihenschaltung aus R, X_L und X_C

Spannungen in der Reihenschaltung

$$U^2 = U_w^2 + (U_{bL} - U_{bC})^2 \Rightarrow$$

$$U = \sqrt{U_w^2 + (U_{bL} - U_{bC})^2}$$

U Gesamtspannung
U_w Wirkspannung
U_{bL} induktive Blindspannung
U_{bC} kapazitive Blindspannung

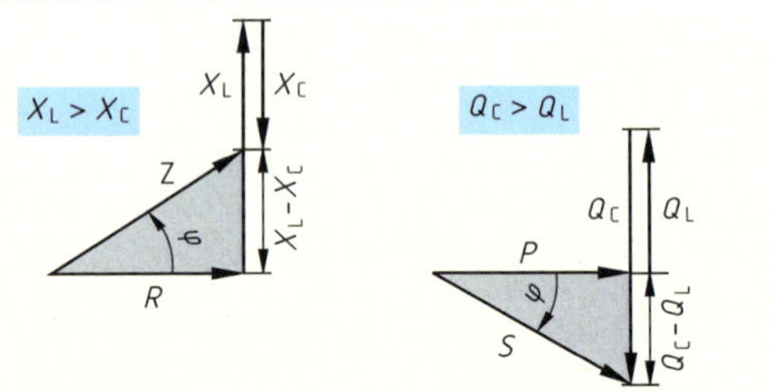

a) Zeigerbild der Widerstände vorwiegend induktiv
b) Zeigerbild der Leistungen vorwiegend kapazitiv

Bild 2: Zeigerbilder der Widerstände und Leistungen bei der Reihenschaltung aus R, X_L und X_C

Beispiel:

Berechnen Sie **a)** den Scheinwiderstand Z der Schaltung **Bild 1a**, wenn $R = 300\,\Omega$, $L = 2\,\text{H}$, $C = 6\,\mu\text{F}$ und die Frequenz $f = 50\,\text{Hz}$ sind. **b)** Wie groß sind Scheinleistung S, Wirkleistung P, induktive Blindleistung Q_L und kapazitive Blindleistung Q_C an der Gesamtspannung $U = 230\,\text{V}$?

Lösung:

a) $X_L = \omega \cdot L = 2 \cdot \pi \cdot 50 \frac{1}{\text{s}} \cdot 2 \cdot \text{H} = 628\,\Omega$

$$X_C = \frac{1}{\omega \cdot C} = \frac{1}{2 \cdot \pi \cdot 50 \frac{1}{\text{s}} \cdot 6 \cdot 10^{-6}\,\text{F}} = \frac{10^6}{1885}\,\Omega = 531\,\Omega$$

$$X = X_L - X_C = 628\,\Omega - 531\,\Omega = 97\,\Omega$$

$$Z = \sqrt{R^2 + X^2} = \sqrt{(300\,\Omega)^2 + (97\,\Omega)^2} = \sqrt{99\,409\,\Omega^2} = \mathbf{315\,\Omega}$$

b) $I = \frac{U}{Z} = \frac{230\,\text{V}}{315\,\Omega} = 0{,}73\,\text{A}$

$\boldsymbol{S} = U \cdot I = 230\,\text{V} \cdot 0{,}73\,\text{A} = \mathbf{168\,VA}$

$\boldsymbol{P} = I^2 \cdot R = (0{,}73\,\text{A})^2 \cdot 300\,\Omega = \mathbf{160\,W}$

$\boldsymbol{Q_L} = I^2 \cdot X_L = (0{,}73\,\text{A})^2 \cdot 628\,\Omega = \mathbf{335\,var}$

$\boldsymbol{Q_C} = I^2 \cdot X_C = (0{,}73\,\text{A})^2 \cdot 531\,\Omega = \mathbf{283\,var}$

Widerstände und Leistungen

$$Z = \sqrt{R^2 + (X_L - X_C)^2} \qquad S = \sqrt{P^2 + (Q_L - Q_C)^2}$$

$$Z = \frac{U}{I} \qquad S = U \cdot I$$

$$P = I^2 \cdot R \qquad Q_L = I^2 \cdot X_L \qquad Q_C = I^2 \cdot X_C$$

Z Scheinwiderstand
R Wirkwiderstand
X_L induktiver Blindwiderstand
X_C kapazitiver Blindwiderstand
I Strom
S Scheinleistung
P Wirkleistung
Q_L induktive Blindleistung
Q_C kapazitive Blindleistung
U Gesamtspannung

7.6.2 Parallelschaltung aus Wirkwiderstand, induktivem und kapazitivem Blindwiderstand

Bei der Parallelschaltung **(Bild 1a)** eilt der induktive Blindstrom I_{bL} der gemeinsamen Spannung U um 90° nach. Der kapazitive Blindstrom I_{bC} durch die Kapazität eilt der Spannung U um 90° voraus. I_{bC} und I_{bL} sind also immer entgegengesetzt gerichtet **(Bild 1b)**. Dadurch wirkt die Kapazität in den Periodenabschnitten als Verbraucher, in denen die Induktivität als Erzeuger wirkt und umgekehrt. Der Gesamtstrom ergibt sich aus den Teilströmen durch geometrische Addition.

Ist der induktive Blindstrom I_{bL} größer als der kapazitive Blindstrom I_{bC}, wirkt die Parallelschaltung aus R, L und C vorwiegend induktiv **(Bild 1b)**. Ist der kapazitive Blindstrom I_{bC} größer als der induktive Blindstrom I_{bL}, wirkt die Schaltung vorwiegend kapazitiv **(Bild 2a)**.

Sind beide Blindanteile gleich groß, ist der Scheinwiderstand Z der Schaltung am größten **(Resonanz, Parallelschwingkreis, Seite 152)**.

Bei der Parallelschaltung aus Wirkwiderstand, induktivem und kapazitivem Blindwiderstand entsteht das Zeigerbild der Leitwerte **(Bild 2a)**, indem man die Zeiger im Stromdreieck durch die Spannung U dividiert. Wenn man die Zeiger im Stromdreieck **(Bild 1b)** mit der Spannung U multipliziert, erhält man das Zeigerbild der Leistungen **(Bild 2b)**.

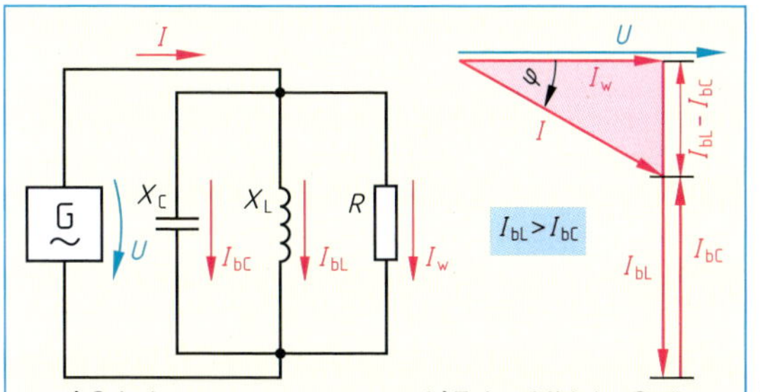

a) Schaltung **b)** Zeigerbild der Ströme (vorwiegend induktiv)

Bild 1: Parallelschaltung aus R, X_L und X_C

Ströme in der Parallelschaltung

$$I^2 = I_w^2 + (I_{bL} - I_{bC})^2 \Rightarrow$$

$$I = \sqrt{I_w^2 + (I_{bL} - I_{bC})^2}$$

I Gesamtstrom
I_w Wirkstrom
I_{bC} kapazitiver Blindstrom
I_{bL} induktiver Blindstrom

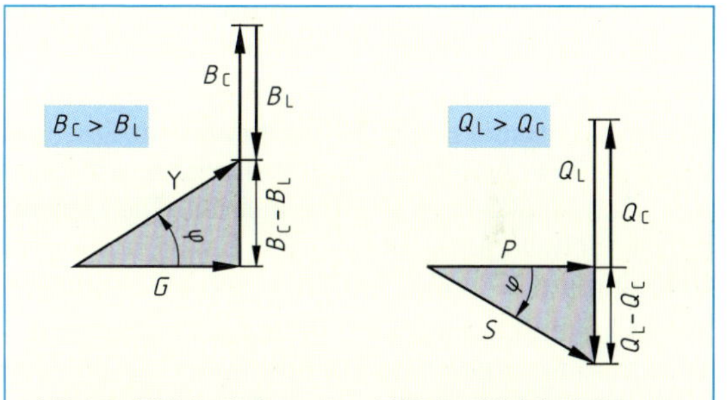

a) Zeigerbild der Leitwerte vorwiegend kapazitiv **b)** Zeigerbild der Leistungen vorwiegend induktiv

Bild 2: Zeigerbilder der Leitwerte und Leistungen bei einer Parallelschaltung aus R, X_L und X_C

Beispiel:

Ein induktiver Blindwiderstand $X_L = 1000\ \Omega$ ist mit einem kapazitiven Blindwiderstand $X_C = 1200\ \Omega$ und einem Wirkwiderstand $R = 1500$ parallel geschaltet **(Bild 1a)**. Die angelegte Wechselspannung ist $U = 100$ V.

a) Berechnen Sie die Teilströme und den Gesamtstrom I.

b) Wie groß sind Scheinleistung S, Wirkleistung P, induktive Blindleistung Q_L und kapazitive Blindleistung Q_C?

Lösung:

a) $\boldsymbol{I_w} = \frac{U}{R} = \frac{100\text{ V}}{1500\ \Omega} = 0{,}067\text{ A} = \mathbf{67\ mA}$

$\boldsymbol{I_{bC}} = \frac{U}{X_C} = \frac{100\text{ V}}{1200\ \Omega} = 0{,}0833\text{ A} = \mathbf{83{,}3\ mA}$

$\boldsymbol{I_{bL}} = \frac{U}{X_L} = \frac{100\text{ V}}{1000\ \Omega} = 0{,}1\text{ A} = \mathbf{100\ mA}$

$\boldsymbol{I} = \sqrt{I_w^2 + (I_{bL} - I_{bC})^2}$

$= \sqrt{(0{,}067\text{ A})^2 + (0{,}1\text{ A} - 0{,}0833\text{ A})^2}$

$= \sqrt{0{,}00477\text{ A}^2} = 0{,}069\text{ A} = \mathbf{69\ mA}$

b) $\boldsymbol{S} = U \cdot I = 100\text{ V} \cdot 0{,}069\text{ A} = \mathbf{6{,}9\ VA}$

$\boldsymbol{P} = U \cdot I_W = 100\text{ V} \cdot 0{,}067\text{ A} = \mathbf{6{,}7\ W}$

$\boldsymbol{Q_L} = U \cdot I_{bL} = 100\text{ V} \cdot 0{,}1\text{ A} = \mathbf{10\ var}$

$\boldsymbol{Q_C} = U \cdot I_{bC} = 100\text{ V} \cdot 0{,}083\text{ A} = \mathbf{8{,}3\ var}$

Leitwerte und Leistungen

$$Y = \sqrt{G^2 + (B_C - B_L)^2} \qquad S = \sqrt{P^2 + (Q_L - Q_C)^2}$$

$$Y = \frac{1}{Z} \quad [Y] = \frac{1}{\Omega} = \text{S} \qquad S = U \cdot I \quad [S] = \text{VA}$$

$$P = U \cdot I_w \qquad Q_L = U \cdot I_{bL} \qquad Q_C = U \cdot I_{bC}$$

Y Scheinleitwert
G Wirkleitwert
B_L induktiver Blindleitwert
B_C kapazitiver Blindleitwert
Z Scheinwiderstand

S Scheinleistung
P Wirkleistung
Q_L induktive Blindleistung
Q_C kapazitive Blindleistung
U Spannung
I Gesamtstrom

7.7 Schwingkreise

Versuch: Laden Sie einen verlustarmen Kondensator, z. B. einen MKF-Kondensator von 47 µF, an einem Akkumulator (12 V) oder einem Netzgerät auf **(Bild 1)**. Legen Sie den aufgeladenen Kondensator dann durch Umschalten von S1 in Reihe zu einer Drossel hoher Induktivität, z. B. von einer Spule mit Schnittbandkern mit 650 H, und eines Strommessers mit Nullpunkt in der Skalenmitte **(Bild 1)**.

Der Zeiger des Strommessers pendelt mit einer Frequenz von etwa 1 Hz um den Nullpunkt hin und her und kommt nach einigen Schwingungen zur Ruhe.

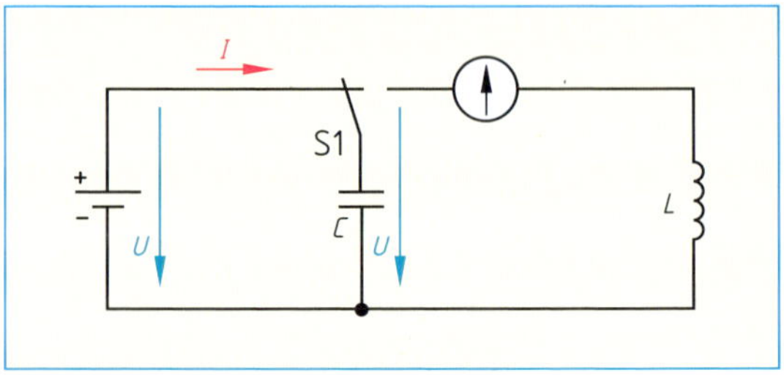

Bild 1: Strommessung im Schwingkreis bei langsamen Schwingungen

Durch Zusammenschalten einer Kapazität und einer Induktivität entsteht ein Schwingkreis.

Der aufgeladene Kondensator entlädt sich über die Spule. Dabei baut der Entladestrom in der Spule ein Magnetfeld auf. Ist der Kondensator vollständig entladen, wird auch das Magnetfeld abgebaut. Diese Magnetfeldänderung induziert in der Spule eine Spannung. Der Kondensator lädt sich mit umgekehrter Polarität so lange auf, bis das Magnetfeld in der Spule vollständig abgebaut ist.

Die Kondensatorspannung erzeugt im Kondensator ein elektrisches Feld. In der Spule ruft der Strom ein Magnetfeld hervor. Elektrisches Feld und magnetisches Feld folgen aufeinander **(Bild 4)**. Dieser Vorgang wiederholt sich periodisch.

Der Wechselstrom im Schwingkreis erzeugt vor allem im Wirkwiderstand der Spule Wärme. Deshalb werden die Schwingungen des einmal angestoßenen Schwingkreises immer kleiner. Die abklingende Schwingung nennt man eine **gedämpfte Schwingung (Bild 2)**.

Wird einem Schwingkreis von außen mit einer bestimmten Frequenz Energie zugeführt, so kann er sich zu einer ungedämpften Schwingung einschwingen **(Bild 3)**.

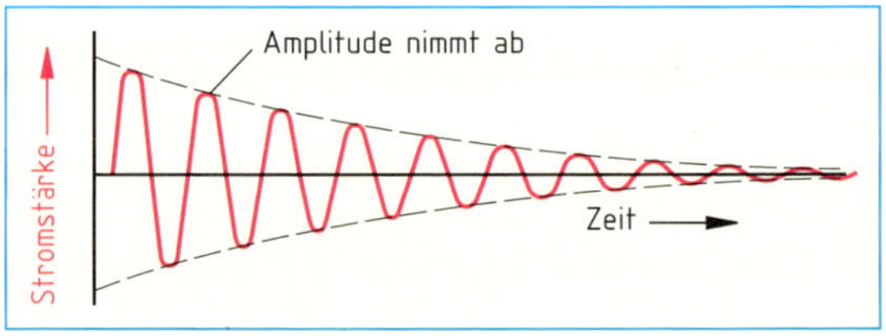

Bild 2: Gedämpfte Schwingung

Im Schwingkreis erfolgt ein periodischer Austausch von elektrischer Energie im Kondensator in magnetische Energie in der Spule und umgekehrt.

- Eine ungedämpfte Schwingung hat eine konstante Amplitude.
- Eine gedämpfte Schwingung hat eine abnehmende Amplitude.

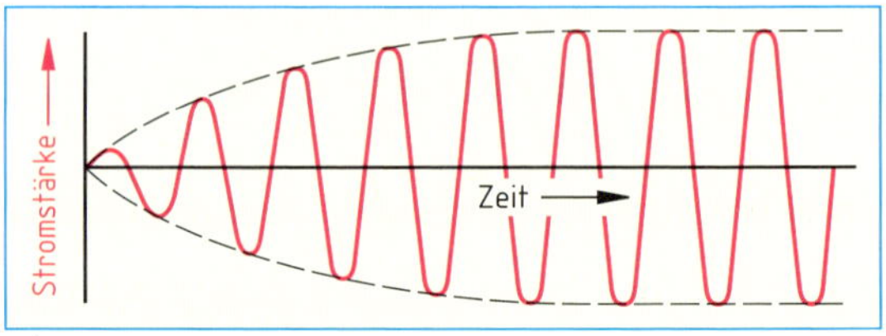

Bild 3: Einschwingvorgang

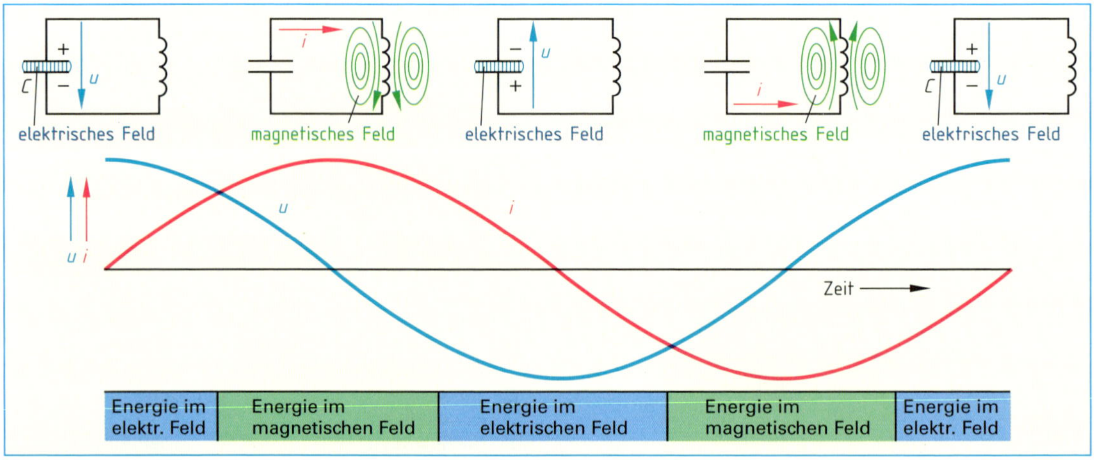

Bild 4: Elektrisches und magnetisches Feld beim Schwingkreis

7.7.1 Resonanz

Versuch 1: Wiederholen Sie den Versuch von **Seite 150**, verkleinern Sie jedoch die Kapazität und die Induktivität jeweils auf den halben Wert.

Der Zeiger des Strommessers schwingt wie im letzten Versuch um den Nullpunkt, mit etwa doppelter Frequenz.

> Die Frequenz, bei der der Strom ungedämpft schwingt, heißt Eigenfrequenz. Sie wird durch die Induktivität und Kapazität bestimmt.

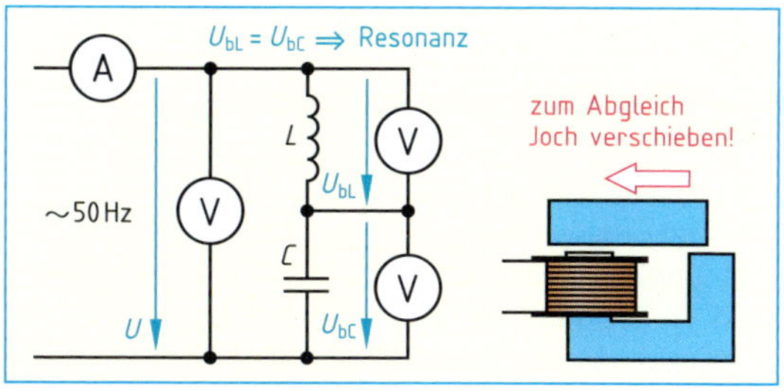

Bild 1: Reihenschwingkreis

Soll die Schwingung infolge der Dämpfung nicht abklingen, muss dem Schwingkreis dauernd Energie mit einer Frequenz zugeführt werden, die so groß wie seine Eigenfrequenz ist. Dann kann der Kreis mitschwingen. Dieses Mitschwingen nennt man **Resonanz**[1]. Die Eigenfrequenz des Schwingkreises bezeichnet man auch als **Resonanzfrequenz**.

7.7.2 Reihenschwingkreis

> Beim Reihenschwingkreis sind Spule und Kondensator in Reihe geschaltet.

Versuch 2: Schalten Sie einen MKP-Kondensator von 8,2 µF und eine Spule (600 Windungen mit U-Kern und Joch) in Reihe an 25 V~ (**Bild 1**). Messen Sie die Stromstärke und verschieben Sie das Joch auf dem U-Kern so lange, bis der Strommesser die maximale Stromstärke zeigt. Messen Sie dann die Spannung am Kondensator, an der Induktivität und die Gesamtspannung.

Die Spannung am Kondensator und an der Spule sind gleich groß. Jede Teilspannung ist aber wesentlich größer als die Gesamtspannung.

Durch Ändern der Induktivität wird der Reihenschwingkreis mit der Netzfrequenz in Resonanz gebracht.

> Im Reihenschwingkreis ist bei Resonanz die Wechselstromstärke am größten.

Bei Resonanz sind die Spannungen an Spule und Kondensator gleich groß (**Bild 2**). Der induktive Blindwiderstand X_L ist dann gleich dem kapazitiven Blindwiderstand $X_C \Rightarrow X_L = X_C$.

$$\Rightarrow \omega_r \cdot L = \frac{1}{\omega_r \cdot C} \Rightarrow \omega_r^2 = \frac{1}{L \cdot C} \Rightarrow f_r = \frac{1}{2\pi\sqrt{L \cdot C}}$$

Die Formel zur Berechnung der Resonanzfrequenz eines Schwingkreises nennt man nach ihrem Entdecker **Thomsonsche**[2] **Schwingungsformel.**

Bei Resonanz sind die Spannungen am induktiven und kapazitiven Widerstand gleich groß, jedoch entgegengesetzt gerichtet. Der Reihenschwingkreis wirkt nur noch wie ein ohmscher Widerstand (**Bild 2**). Diesen Widerstand nennt man **Resonanzwiderstand** R_r des Reihenschwingkreises. Oberhalb und unterhalb der Resonanzfrequenz ist der Scheinwiderstand Z des Reihenschwingkreises immer größer als der Resonanzwiderstand R_r.

> Ein Reihenschwingkreis hat bei Resonanz seinen kleinsten Widerstand. An Spule und Kondensator kommt es meist zu einer Spannungsüberhöhung (Spannungsresonanz). Die Blindspannungen U_{bL} und U_{bC} können dann um ein Vielfaches größer als die anliegende Spannung sein.

Resonanzfrequenz

$$f_r = \frac{1}{2\pi \cdot \sqrt{L \cdot C}} \qquad [f_r] = \frac{1}{\sqrt{\frac{Vs \cdot As}{A \cdot V}}} = \frac{1}{s} = Hz$$

- f_r Resonanzfrequenz
- L Induktivität
- C Kapazität
- R_v Verlustwiderstand der Spule
- R_r Widerstand bei Resonanz

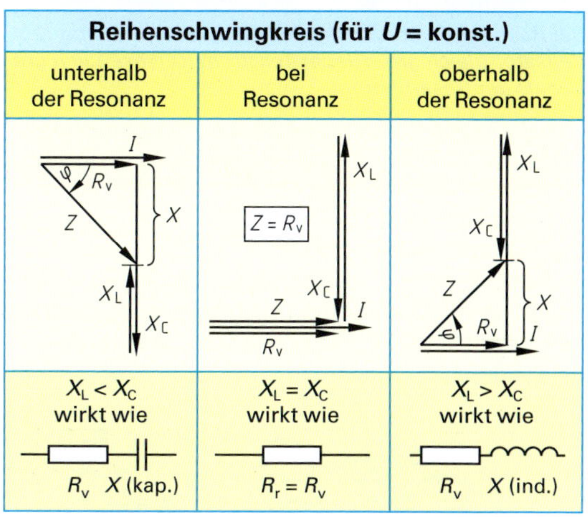

Bild 2: Zeigerbilder des Reihenschwingkreises

[1] resonare (lat.) = widerhallen, mitschwingen

[2] William Thomson, Lord Kelvin, engl. Physiker, 1824 bis 1907

Das Verhältnis einer Teilspannung U_{bL} oder U_{bC} zur Gesamtspannung U bei Resonanz nennt man die **Güte** Q des Reihenschwingkreises.

$$Q = \frac{U_{bL}}{U} = \frac{U_{bC}}{U} \qquad Q = \frac{X_L}{R_r} = \frac{X_C}{R_r}$$

Der Resonanzwiderstand R_r ist so groß wie der Verlustwiderstand R_v des Reihenschwingkreises **(Bild 1)**. Die Verluste in der Spule überwiegen bei weitem die Verluste im Kondensator. Man versucht die Spulenverluste klein zu halten, um eine hohe Schwingkreisgüte Q zu erlangen.

Unterhalb der Resonanzfrequenz f_r überwiegt beim Reihenschwingkreis der kapazitive Widerstand X_C, oberhalb der Resonanzfrequenz jedoch der induktive Widerstand X_L **(Bild 2)**.

Zeichnet man den Verlauf des Scheinwiderstandes Z abhängig von der Frequenz f, so erhält man die Resonanzkurve des Reihenschwingkreises **(Bild 2)**. Mit dem Reihenschwingkreis kann man in einem Frequenzgemisch die Resonanzfrequenz kurzschließen und unterdrücken. Eine Antenne ist z.B. ein Wechselspannungserzeuger mit einem Frequenzgemisch. Ein Reihenschwingkreis an den Klemmen der Antenne schließt seine Resonanzfrequenz kurz. Man bezeichnet den Reihenschwingkreis in einer solchen Schaltung auch als **Saugkreis**.

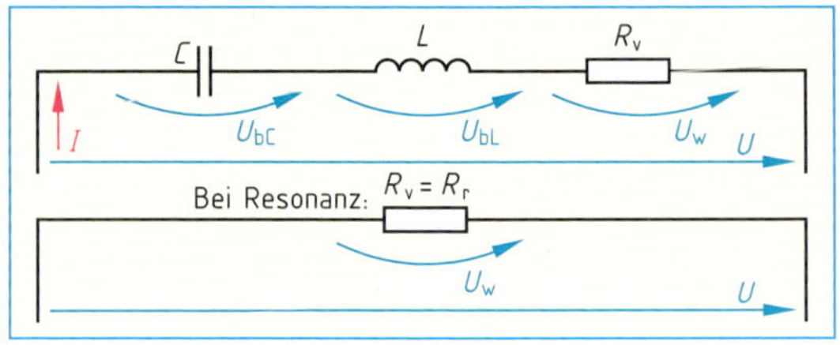

Bild 1: Ersatzschaltbild des Reihenschwingkreises

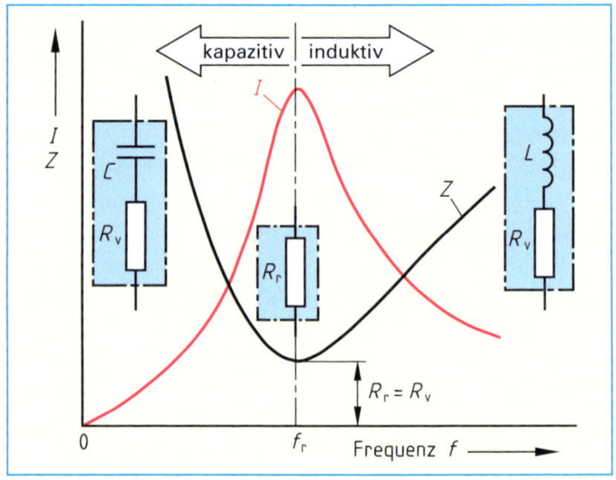

Bild 2: Resonanzkurve des Reihenschwingkreises

7.7.3 Parallelschwingkreis

Beim Parallelschwingkreis sind Spule und Kondensator parallel geschaltet.

Versuch: Schalten Sie eine Spule (600 Windungen auf U-Kern mit Joch) parallel zu einem Kondensator von 8,2 µF. Legen Sie diesen Parallelschwingkreis über einen Transformator an 25 V~. Messen Sie die Ströme durch Spule und Kondensator sowie den Gesamtstrom **(Bild 3)**. Verschieben Sie das Joch auf dem U-Kern so lange, bis der Gesamtstrom am kleinsten ist und die Teilströme so groß wie möglich sind.

Bei Resonanz sind die Teilströme durch Spule und Kondensator gleich groß. Jeder Teilstrom ist wesentlich größer als der Gesamtstrom.

Im Parallelschwingkreis ist bei Resonanz der Gesamtstrom in der Zuleitung am kleinsten.

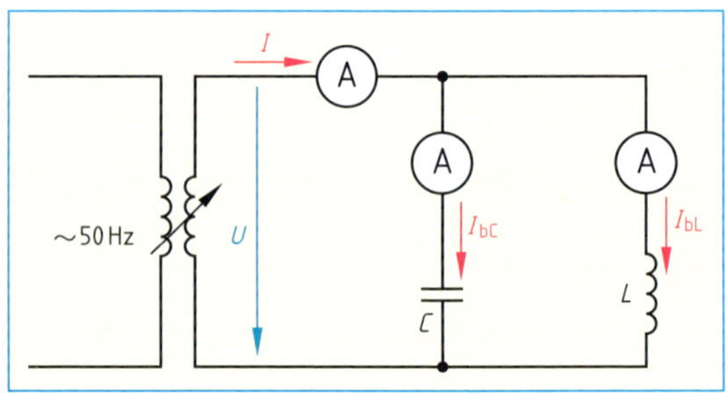

Bild 3: Messungen im Parallelschwingkreis

Bei Resonanz sind die Teilströme durch Induktivität und Kapazität gleich groß **(Bild 4)**. Da Spule und Kondensator an gemeinsamer Spannung liegen, ist der induktive Blindwiderstand so groß wie der kapazitive. Es gilt also die gleiche Resonanzbedingung wie beim Reihenschwingkreis.

$$X_L = X_C \quad \Rightarrow \quad \omega_r \cdot L = \frac{1}{\omega_r \cdot C} \quad \Rightarrow \quad \omega_r^2 = \frac{1}{L \cdot C}$$

$$\Rightarrow \quad 2\,\pi \cdot f_r = \frac{1}{\sqrt{L \cdot C}} \quad \Rightarrow \quad f_r = \frac{1}{2\,\pi \cdot \sqrt{L \cdot C}}$$

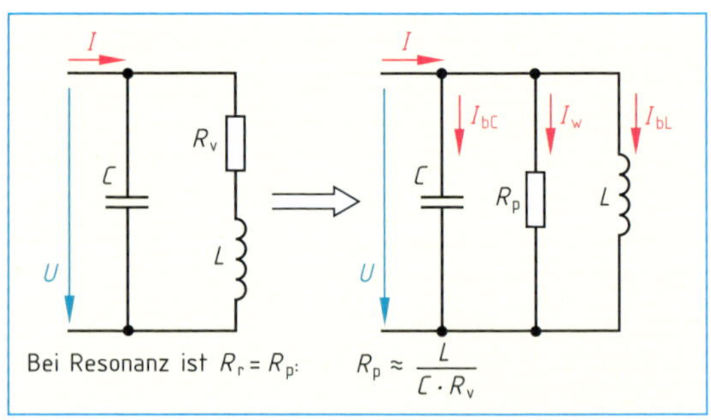

Bild 4: Ersatzschaltbild des Parallelschwingkreises

Resonanzfrequenz

f_r	Resonanzfrequenz	$f_r = \frac{1}{2\,\pi \cdot \sqrt{L \cdot C}}$
L	Induktivität	
C	Kapazität	
R_p	Paralleler Verlustwiderstand der Spule	$[f_r] = \text{Hz} = \frac{1}{\text{s}}$
R_r	Widerstand bei Resonanz	

Die Ströme durch den induktiven und kapazitiven Blindwiderstand heben sich in der Zuleitung wegen deren entgegengesetzter Phasenlage auf. Bei Resonanz verhält sich daher der Parallelschwingkreis wie ein Wirkwiderstand. Diesen **Resonanzwiderstand** R_r denkt man sich zu Spule und Kondensator parallel geschaltet **(Bild 4, Seite 152).** Oberhalb und unterhalb der Resonanzfrequenz ist der Scheinwiderstand Z des Parallelschwingkreises stets kleiner als der Resonanzwiderstand R_r **(Bild 2).**

Ein Parallelschwingkreis hat bei Resonanz seinen größten Widerstand.

Bei Resonanz sind induktiver und kapazitiver Blindwiderstand wesentlich kleiner als der Resonanzwiderstand R_r. Durch Kondensator und Spule fließen daher große Ströme. Das Verhältnis der Teilstromstärken I_{bL} oder I_{bC} zur Gesamtstromstärke I nennt man die Güte Q des Parallelschwingkreises.

Unterhalb der Resonanzfrequenz f_r ist der induktive Blindwiderstand kleiner als der kapazitive. Durch die Spule fließt der größere Strom **(Bild 1).** Oberhalb der Resonanzfrequenz f_r ist der kapazitive Widerstand kleiner als der induktive. Hier fließt durch den Kondensator der größere Strom. Unterhalb von f_r wirkt der Parallelschwingkreis induktiv und oberhalb kapazitiv. Die Resonanzkurve des Parallelschwingkreises **(Bild 2)** zeigt den Verlauf des Scheinwiderstandes Z abhängig von der Frequenz f.

Den Parallelschwingkreis verwendet man, um aus einem Frequenzgemisch eine bestimmte Frequenz, die Resonanzfrequenz, herauszusieben.

An den Klemmen einer Antenne liegen z. B. alle Frequenzen, die von der Antenne empfangen werden können. Schaltet man an diese Klemmen einen Parallelschwingkreis, schließt er alle Frequenzen bis auf die Resonanzfrequenz kurz. Der Spannungserzeuger, hier die Antenne, wird also nur bei Resonanzfrequenz in der Nähe des Leerlaufs betrieben, alle anderen Frequenzen werden kurzgeschlossen.

Schaltet man jedoch den Parallelschwingkreis in Reihe zum Verbraucher, sperrt er die Resonanzfrequenz. Bei Resonanz besitzt der Parallelschwingkreis seinen größten Widerstand. Wegen dieser Wirkung nennt man den Parallelschwingkreis auch **Sperrkreis.**

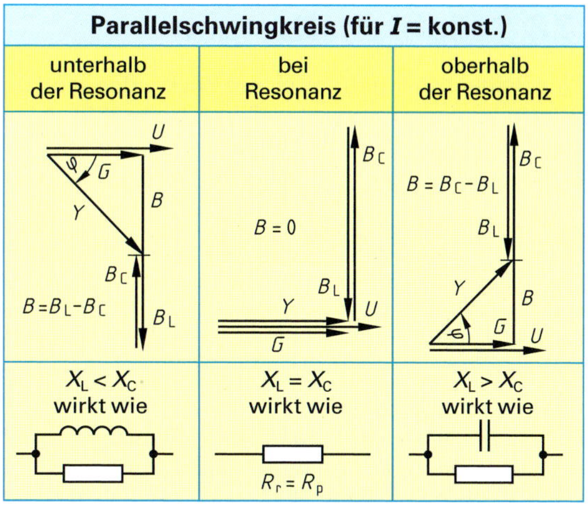

Bild 1: Zeigerbilder des Parallelschwingkreises

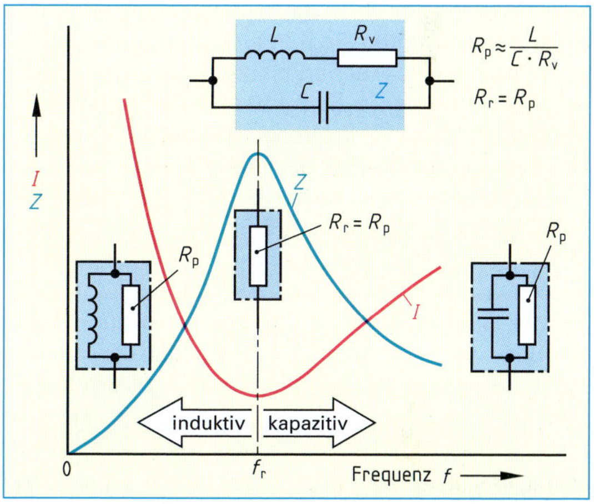

Bild 2: Resonanzkurve des Parallelschwingkreises

Güte im Parallelschwingkreis

Bei Resonanz gilt: $R_r = R_p$

$$Q = \frac{I_{bL}}{I} = \frac{I_{bC}}{I}$$

$$Q = R_r \cdot \omega_r \cdot C = \frac{R_r}{\omega_r \cdot L}$$

Q Güte des Schwingkreises
I_{bL} induktiver Blindstrom
I_{bC} kapazitiver Blindstrom
I Gesamtstrom
X_L induktiver Blindwiderstand
R_p paralleler Verlustwiderstand der Spule
R_r Widerstand bei Resonanz

Wiederholungsfragen

1 **Was versteht man unter der Resonanz eines Schwingkreises?**
2 **Unter welcher Bedingung ist ein Schwingkreis in Resonanz?**
3 **Mit welcher Formel berechnet man die Resonanzfrequenz a) des Reihenschwingkreises und b) des Parallelschwingkreises?**
4 **Warum zeigen Schwingkreise bei Resonanz Spannungsüberhöhung bzw. Stromüberhöhung?**
5 **Warum bezeichnet man den Parallelschwingkreis auch als Sperrkreis und den Reihenschwingkreis als Saugkreis?**

7.8 Siebschaltungen

Eine Reihenschaltung aus einem Wirkwiderstand und einer Induktivität **(Bild 1)** oder einer Kapazität **(Bild 1, Seite 155)** ist ein frequenzabhängiger Spannungsteiler. Je nachdem an welchem Bauelement man die Ausgangsspannung abgreift, entsteht ein Hochpass oder ein Tiefpass.

7.8.1 RL-Tiefpass

Versuch: Legen Sie eine Spule, z. B. mit $L = 40$ mH, in Reihe mit einem Widerstand, z. B. $R = 100\ \Omega$, an eine Sinusspannung mit veränderlicher Frequenz, z. B. an einen Funktionsgenerator **(Bild 1a)**. Verändern Sie die Frequenz stetig, z. B. von 50 Hz bis 5 kHz. Messen Sie die Spannung U_2.

Mit ansteigender Frequenz nimmt die Spannung U_2 ab **(Bild 1b).**

Die RL-Schaltung **Bild 1a** wird als **Tiefpass** bezeichnet mit der Eingangsspannung U_1 und den Teilspannungen U_{bL} und U_2.

Bei tiefen Frequenzen, z. B. bei 50 Hz, hat die Induktivität L einen Blindwiderstand X_L, der im Vergleich zum Wirkwiderstand R klein ist. Da sich Spannungen in Reihenschaltungen wie die dazugehörigen Widerstände verhalten, liegt in diesem Fall der größte Teil der Eingangsspannung U_1 als Ausgangsspannung U_2 am Wirkwiderstand R. Bei hohen Frequenzen, z. B. bei 10 kHz, hat die Induktivität L einen großen Blindwiderstand X_L im Vergleich zum Wirkwiderstand R. In diesem Fall liegt der größte Teil der Eingangsspannung U_1 an der Induktivität L und nur eine kleine Teilspannung U_2 am Wirkwiderstand R.

Bei der Grenzfrequenz f_c[1] ist der induktive Blindwiderstand X_L gleich dem Wirkwiderstand R.

Bei der Grenzfrequenz ist die Blindspannung U_{bL} gleich groß wie der Spannungsfall U_2 **(Bild 2)**, sodass sich das Verhältnis der Eingangsspannung U_1 zur Ausgangsspannung U_2 ermitteln lässt.

$$U_1^2 = U_{bL}^2 + U_2^2 \quad \text{mit } U_{bL} = U_2 \Rightarrow \quad U_1^2 = U_2^2 + U_2^2 = 2 \cdot U_2^2$$

Bei $f = f_c$ gilt: $U_1 = \sqrt{2} \cdot U_2 \quad \Rightarrow U_2 = \dfrac{U_1}{\sqrt{2}} = 0{,}707 \cdot U_1$

Anwendung: RL-Tiefpässe werden eingesetzt, wenn Ströme mit niedriger Frequenz, z. B. 50 Hz, fließen und Ströme mit hoher Frequenz, z. B. bei Störspannungen unterdrückt werden sollen **(Funkentstörung, Seite 419).**

7.8.2 RL-Hochpass

Beim RL-Hochpass wird die Ausgangsspannung am frequenzabhängigen Blindwiderstand der Spule abgenommen **(Bild 3).** Der Blindwiderstand ist bei niedrigen Frequenzen klein und steigt mit zunehmender Frequenz. Die Ausgangsspannung U_2 verhält sich direkt proportional zum Blindwiderstandswert X_L und wird bei hohen Frequenzen groß, bis sie die Höhe der Eingangsspannung U_1 erreicht. Die Grenzfrequenz f_c (Induktiver Blindwiderstand X_L = Wirkwiderstand R) berechnet sich entsprechend dem RL-Tiefpass mit $f_c = R/2 \cdot \pi \cdot L$.

Siebschaltungen, die tiefe Frequenzen dämpfen und Frequenzen oberhalb ihrer Grenzfrequenz durchlassen, sind Hochpassfilter.

Anwendung: Niedrige Störfrequenzen sollen nicht an den Ausgang des Filters gelangen, z. B. Einsatz in der Tontechnik.

[1] Index c von cutt-off (engl.) = abschneiden

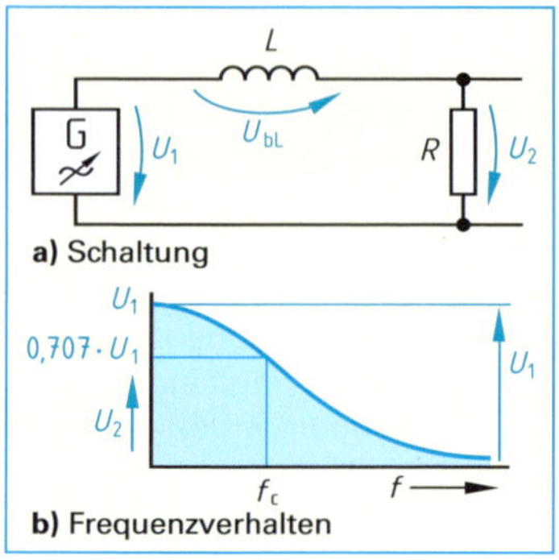

Bild 1: RL-Tiefpass

Grenzfrequenz beim RL-Tiefpass und RL-Hochpass

Bei der Grenzfrequenz f_c gilt:

$$R = X_L \Rightarrow R = 2 \cdot \pi \cdot f_c \cdot L$$

$$f_c = \frac{R}{2 \cdot \pi \cdot L}$$

$$U_2 = \frac{U_1}{\sqrt{2}} = 0{,}707 \cdot U_1$$

R	Wirkwiderstand
L	Induktivität
U_1	Eingangsspannung
U_2	Ausgangsspannung
f_c	Grenzfrequenz

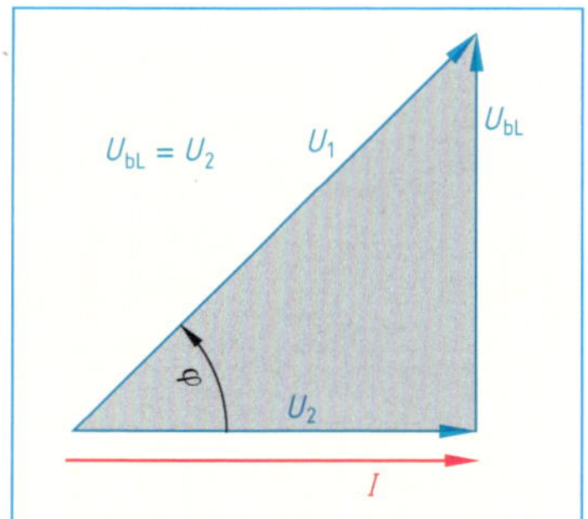

U_2 eilt U_1 um den Winkel φ nach.

Bild 2: Spannungsdreieck

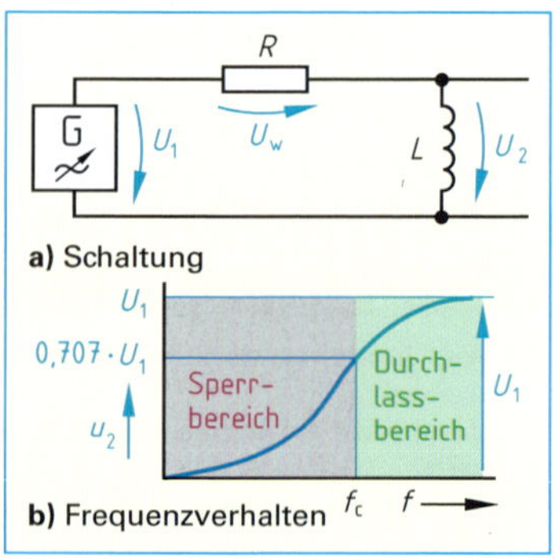

Bild 3: RL-Hochpass

7.8.3 RC-Tiefpass

Der RC-Tiefpass **(Bild 1a)** mit der Eingangsspannung U_1 und der Ausgangsspannung U_2 ist ein frequenzabhängiger Spannungsteiler. Bei tiefen Frequenzen liegt der größte Teil der Eingangsspannung U_1 als Ausgangsspannung U_2 am Kondensator C. Bei hohen Frequenzen liegt nur eine kleine Ausgangsspannung U_2 am Kondensator C **(Bild 1b).**

Da sich bei einer Reihenschaltung die Widerstände wie die dazugehörigen Spannungen verhalten, ist bei der Grenzfrequenz f_c der Wirkwiderstand R gleich dem Blindwiderstand X_C. Aus dieser Beziehung lässt sich die Grenzfrequenz f_c berechnen.

Anwendung: RC-Tiefpässe werden eingesetzt, wenn Wechselspannungen mit hoher Frequenz, z.B. Funkstörspannungen **(Seite 419)**, unterdrückt und Wechselspannungen mit niedriger Frequenz, z.B. die Netzfrequenz, nicht beeinflusst werden sollen.

Bei elektronischen Schaltungen, z.B. bei Verstärkern **(Seite 215)**, werden häufig der Gleichspannungsanteil U_- und der Wechselspannungsanteil $U_\sim$ einer Mischspannung $U_\approx$ durch einen Koppelkondensator C_K getrennt **(Bild 2).** Die Kondensatorkapazität wird so gewählt, dass der Blindwiderstand X_C des Kondensators klein gegenüber dem Wirkwiderstand R ist. Der Kondensator stellt dann für den Wechselspannungsanteil nur einen kleinen Widerstand dar.

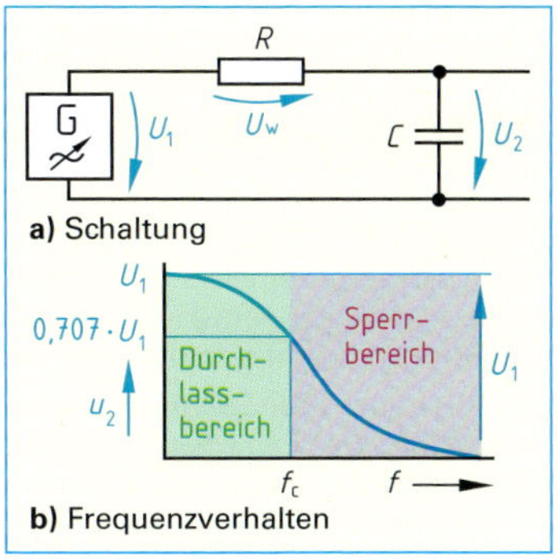

Bild 1: RC-Tiefpass

Grenzfrequenz beim RC-Tiefpass und RC-Hochpass

Bei der Grenzfrequenz f_c gilt:

$$R = X_C \Rightarrow R = \frac{1}{2 \cdot \pi \cdot f_c \cdot C}$$

$$f_c = \frac{1}{2 \cdot \pi \cdot R \cdot C}$$

$$U_2 = \frac{U_1}{\sqrt{2}} = 0{,}707 \cdot U_1$$

C	Kapazität
U_1	Eingangsspannung
U_2	Ausgangsspannung
f_c	Grenzfrequenz
R	Wirkwiderstand

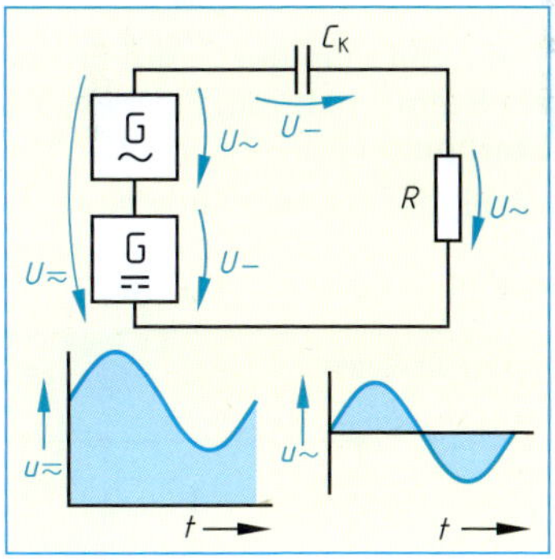

Bild 2: Trennung von Wechselspannung und Gleichspannung

7.8.4 RC-Hochpass

Der RC-Hochpass **(Bild 3a)** kann als frequenzabhängiger Spannungsteiler mit der Gesamtspannung U_1 (Eingangsspannung) und den Teilspannungen U_{bC} und U_2 (Ausgangsspannung) betrachtet werden. Bei tiefen Frequenzen, z.B. bei 50 Hz, hat die Kapazität C einen Blindwiderstand, der im Vergleich zum Wirkwiderstand R groß ist. Da sich Spannungen wie die dazugehörigen Widerstände verhalten, liegt in diesem Fall nur eine kleine Ausgangsspannung U_2 am Wirkwiderstand R. Bei hohen Frequenzen, z.B. bei 10 kHz, hat der Kondensator im Vergleich zum Wirkwiderstand R einen kleinen Blindwiderstand X_C. Die Ausgangsspannung U_2 am Wirkwiderstand R ist nahezu so groß wie die Eingangsspannung U_1 **(Bild 3b).** Bei der Grenzfrequenz f_c sind Wirkwiderstand R und Blindwiderstand X_C gleich groß.

Anwendung. RC-Hochpässe werden eingesetzt, wenn Wechselspannungen mit hoher Frequenz, z.B. Steuersignale für Tonfrequenz-Rundsteueranlagen **(Seite 166)**, in Gleichstromnetze oder Wechselstromnetze mit niedriger Frequenz, z.B. 50 Hz, eingespeist oder ausgekoppelt werden.

Beispiel:

Ein RC-Hochpass **(Bild 3)** mit $R = 4{,}7\ \text{k}\Omega$ und $C = 6{,}8$ nF liegt an einer Spannung von 6 V. Berechnen Sie **a)** die Ausgangsspannung bei $f = 7{,}5$ kHz, **b)** die Phasenverschiebung zwischen U_1 und U_2 und **c)** die Grenzfrequenz.

Lösung:

a) $X_C = \frac{1}{\omega \cdot C} = \frac{1}{2\pi \cdot 7500\ \text{Hz} \cdot 6{,}8 \cdot 10^{-9}\ \text{F}} = 3{,}12\ \text{k}\Omega$

$\boldsymbol{U_2} = \frac{U_1 \cdot R}{\sqrt{R_2 + X_c^2}} = \frac{6\ \text{V} \cdot 4{,}7\ \text{k}\Omega}{\sqrt{(4{,}7\ \text{k}\Omega)^2 + (3{,}12\ \text{k}\Omega)^2}} = \mathbf{5\ V}$

b) $\tan\varphi = \frac{X_C}{R} = \frac{3{,}12\ \text{k}\Omega}{4{,}7\ \text{k}\Omega} = 0{,}664 \Rightarrow \varphi = \mathbf{33{,}6°}$

c) $\boldsymbol{f_c} = \frac{1}{2\pi \cdot R \cdot C} = \frac{1}{2\pi \cdot 4{,}7\ \text{k}\Omega \cdot 6{,}8 \cdot 10^{-9}\ \text{F}} = \mathbf{4{,}98\ kHz}$

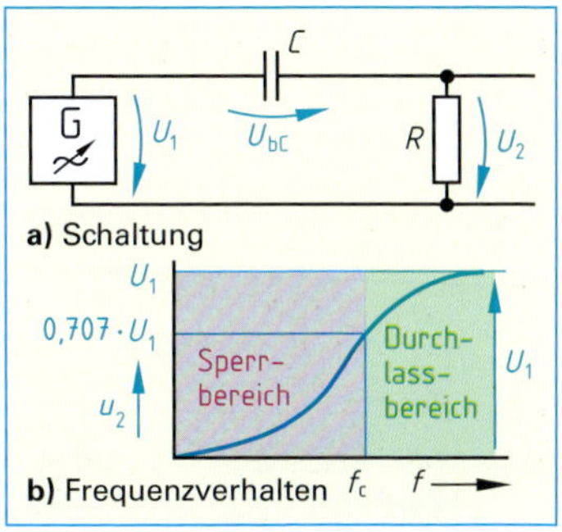

Bild 3: RC-Hochpass

7.9 Dreiphasenwechselstrom (Drehstrom)

7.9.1 Entstehung der Dreiphasenwechselspannung

Versuch 1: Drehen Sie einen starken Stabmagneten zwischen drei gleichen, um 120° räumlich versetzten Spulen **(Bild 1)**. Schließen Sie an jede Spule einen Gleichspannungsmesser an, dessen Nullpunkt in der Mitte der Skala liegt. Drehen Sie den Stabmagneten mit konstanter Drehzahl um seine Achse.

Die Zeiger der drei Spannungsmesser schlagen bei jeder vollen Umdrehung des Polrades nacheinander je einmal nach links und nach rechts aus.

Dreht sich das Polrad, wird in jeder Spule eine Wechselspannung mit gleicher Amplitude und Frequenz induziert. Die Spannungen sind wegen der räumlichen Anordnung der Spulen auch zeitlich um $^1/_3$ Periode gegeneinander verschoben. Ihr Phasenverschiebungswinkel zueinander beträgt jeweils 120° **(Bild 2b)**. Die drei Spulen eines solchen Generators bilden die **Stränge.** In jedem Strang wird eine Spannung induziert, die man **Strangspannung** nennt.

Die Anfänge der Stränge bezeichnet man mit U1, V1, W1, die Strangenden mit U2, V2, W2. Durch **Verkettung** (Verbindung) der drei Spulen miteinander kann man die Anzahl der zur Energieübertragung notwendigen Leiter auf drei Leiter (L1, L2, L3) verringern.

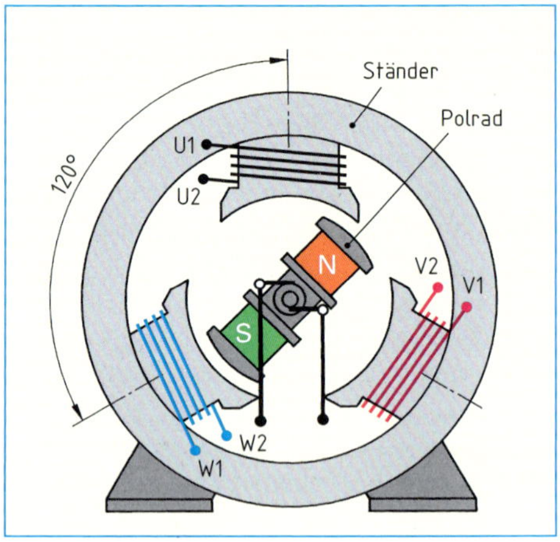

Bild 1: Erzeugung von drei um je 120° phasenverschobenen Wechselspannungen

Sternschaltung, Symbol: Y
Dreieckschaltung, Symbol: △

Drei um 120° phasenverschobene und verkettete Wechselspannungen nennt man Dreiphasenwechselspannung.

7.9.2 Verkettung

Verbindet man bei einem Erzeuger oder Verbraucher die drei Strangenden U2, V2 und W2, so entsteht die **Sternschaltung,** Zeichen: Y **(Bild 2a und 2c)**. Den Verbindungspunkt von U2, V2 und W2 nennt man **Sternpunkt (Bild 2a und 2c).** Am Sternpunkt wird meist der **Neutralleiter** N angeschlossen.

Verbindet man das Ende eines Stranges mit dem Anfang des nächsten, z. B. U2 mit V1, V2 mit W1 und W2 mit U1, entsteht die **Dreieckschaltung,** Zeichen: △ **(Bild 2d)**. Die drei Leiter L1, L2 und L3, die bei beiden Schaltungen vom Erzeuger zu den Stranganfängen U1, V1 und W1 führen, nennt man **Außenleiter.**

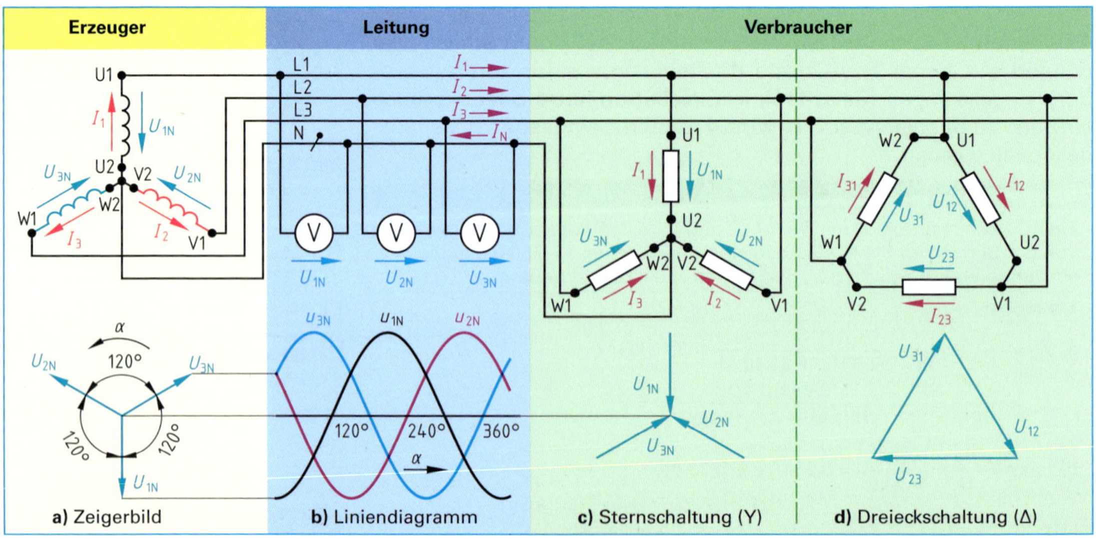

Bild 2: Drehstromsystem mit Liniendiagramm und Zeigerbildern

Die Spannung zwischen zwei Außenleitern, z. B. L1 und L2, bezeichnet man als Außenleiterspannung oder Leiterspannung.

Verkettungsfaktor

Versuch 2: Messen Sie an einem Drehstromnetz **(Bild 1)** zuerst die Spannungen zwischen den Außenleitern, dann die Spannungen zwischen jedem Außenleiter und dem Neutralleiter N.

Zwischen L1 und L2, L1 und L3 sowie zwischen L2 und L3 misst man drei gleich große Spannungen. Zwischen L1 und N, L2 und N sowie zwischen L3 und N misst man ebenfalls drei gleich große Spannungen, die jedoch kleiner sind als die Spannungen zwischen den Außenleitern.

Setzt man die Spannung zwischen zwei Außenleitern, z. B. U_{31} = 400 V, zur Spannung zwischen Außenleiter und Neutralleiter N, z. B. U_{1N} = 230 V, ins Verhältnis, so erhält man den **Verkettungsfaktor**:

$$\frac{400\text{ V}}{230\text{ V}} = \sqrt{3} \quad \Rightarrow \quad \frac{U_{31}}{U_{1N}} = \sqrt{3}$$

Bei Drehstrom ist der Verkettungsfaktor $\sqrt{3}$.

Den Zusammenhang zwischen den Leiterspannungen und den Spannungen zwischen Außenleiter und Neutralleiter N kann man im Zeigerbild **(Bild 2)** und im Liniendiagramm **(Bild 3)** darstellen. Die Verbindung zwischen den Zeigern für die Strangspannungen sind die Zeiger der Leiterspannungen U_{12}, U_{23} und U_{31} **(Bild 2)**. In **Bild 2** bilden die Spannungen U_{1N}, U_{3N} und U_{31} ein gleichschenkliges Dreieck mit dem Basiswinkel 30°. Dieses Dreieck kann man in zwei rechtwinklige Dreiecke zerlegen. Mithilfe der Winkelfunktionen ergibt sich:

$$\frac{U_{31}}{2} = U_{1N} \cdot \cos 30° = U_{1N} \cdot \frac{\sqrt{3}}{2} \Rightarrow \quad U_{31} = U_{1N} \cdot \sqrt{3}$$

Die geometrische Addition der Spannungen der Masche M in **Bild 2** ergibt $\underline{U}_{31}$[1] + $\underline{U}_{1N} - \underline{U}_{3N} = 0 \Rightarrow$

$\underline{U}_{31} = \underline{U}_{3N} - \underline{U}_{1N}$ (geometrische Differenz)

Bildet man im Liniendiagramm **(Bild 3)** die Differenz der Momentanwerte der Spannungen u_{3N} und u_{1N}, ergibt sich der Verlauf der Leiterspannung u_{31}. Auch hier zeigt sich, dass der Scheitelwert der Spannung u_{31} um den Faktor $\sqrt{3}$ größer ist als der Scheitelwert der Spannung u_{1N}.

Im 400-V-Vierleiter-Drehstromnetz betragen die Leiterspannungen (U_{12}, U_{23}, U_{31}) 400 V, die Spannung zwischen einem Außenleiter und dem Neutralleiter (U_{1N}, U_{2N}, U_{3N}) 230 V **(Bild 4)**.

Dies ermöglicht den Betrieb von Drehstromverbrauchern mit einer Bemessungsspannung von 400 V, z. B. Drehstrommotoren oder Elektroherde und von Wechselstromverbrauchern für 230 V, z. B. Lampen, Haushaltsgeräte oder Fernsehgeräte, an einem Netz.

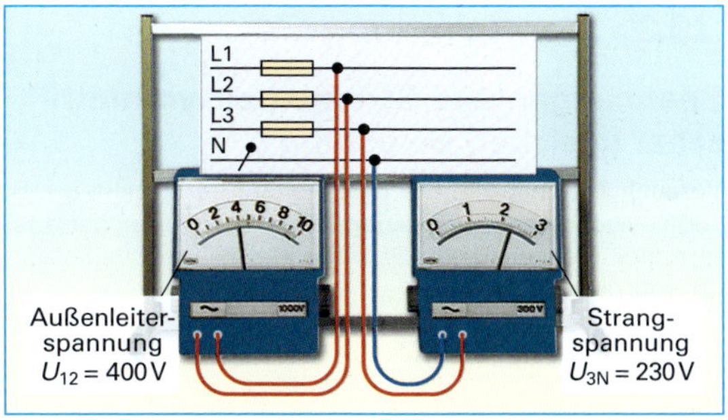

Bild 1: Spannungsmessungen am Drehstromnetz

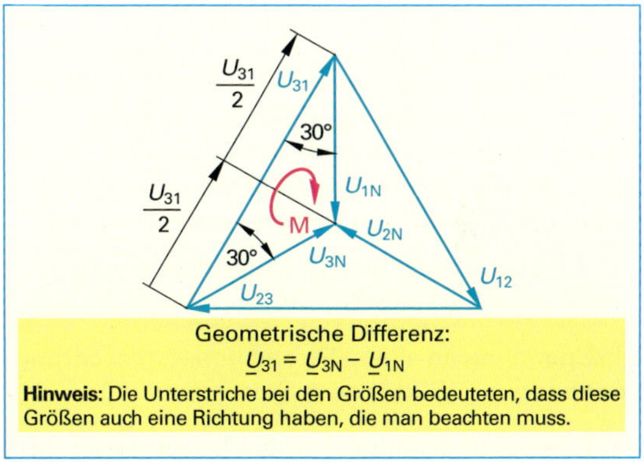

Bild 2: Zeigerbild der Spannungen in der Sternschaltung

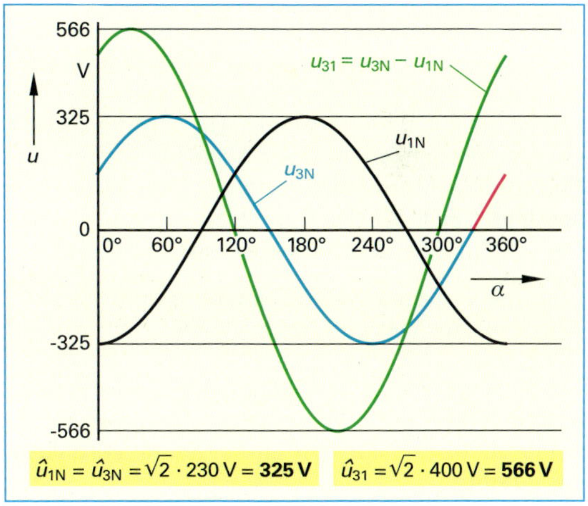

Bild 3: Strangspannungen und Leiterspannung im Liniendiagramm

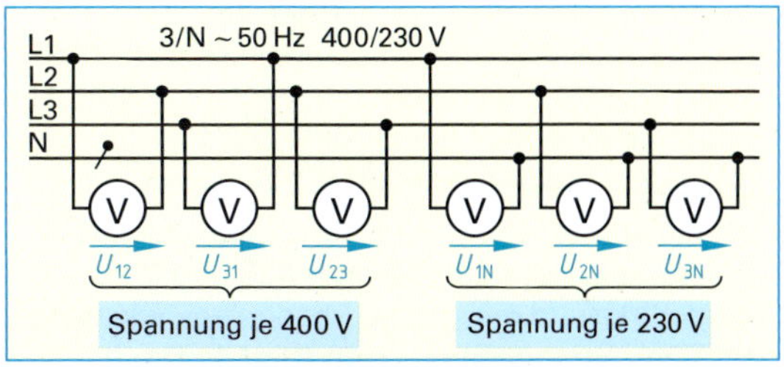

Bild 4: Spannungen im 400-V-Vierleiter-Drehstromnetz

vel.plus/FE17

vel.plus/FE18

vel.plus/FE20

[1] Die Unterstriche, z. B. bei $\underline{U}_{31}$, bedeuten, dass es sich um Größen mit Betrag und Richtung (Zeiger) handelt, die geometrisch addiert werden müssen.

SimElektro Grundstufe 1.1
Grundstufe **S20**

7.9.3 Sternschaltung (Zeichen: Y)

Spannungen und Ströme bei symmetrischer (gleicher) Belastung

Versuch 3: Schließen Sie drei gleiche Verbraucher, z. B. 100-Ω-Widerstände, an einen Drehstromversuchstransformator. Messen Sie die Stromstärke in jedem Leiter und im Neutralleiter **(Bild 1)**.

Die Stromstärken in den Leitern sind gleich groß. Im Neutralleiter fließt kein Strom.

> Ein Drehstromsystem ist symmetrisch belastet, wenn in allen Strängen Verbraucher mit gleichem Widerstand und gleichem Wirkfaktor cos φ angeschlossen sind.

Bei der Sternschaltung **(Bild 1)** fließt in jedem Strang derselbe Strom wie im Leiter. Den Strom durch den Strang nennt man **Strangstrom** I_{Str}, den Strom durch den Leiter **Leiterstrom** I.

> Bei der Sternschaltung sind die Leiterströme so groß wie die Strangströme.

Die Spannung an einem Strang nennt man **Strangspannung** U_{Str} **(Bild 1)** oder Sternspannung.

> Bei der Sternschaltung ist die Leiterspannung $\sqrt{3}$-mal so groß wie die Strangspannung.

Im Neutralleiter fließt zu jedem Zeitpunkt die Summe der Leiterströme. Betrachtet man z. B. im Liniendiagramm **(Bild 2)** den Punkt III, so hat der Strom i_1 seinen positiven Maximalwert. Die Ströme i_2 und i_3 sind jeweils halb so groß wie i_1, jedoch negativ. Die Summe der Momentanwerte der drei Ströme ist somit null. Es fließt also kein Strom im Neutralleiter. Dies gilt für jeden Winkel zwischen 0° und 360°.

> Bei der symmetrischen Belastung eines Drehstromnetzes fließt im Neutralleiter kein Strom.

Die Stromstärke im Neutralleiter kann auch im Zeigerbild **(Bild 4)** ermittelt werden. Zum Erstellen des Zeigerbildes der Ströme ist folgende Vorüberlegung nötig:

Aus **Bild 2c, Seite 156,** ergibt sich für die Sternschaltung ein Zeigerbild, bei dem die Spannungen zum Sternpunkt hinweisen **(Bild 3a)**. Zeiger darf man auf ihrer Wirkungslinie verschieben **(Bild 3b)**. Es entsteht ein gleichwertiges Zeigerbild **(Bild 3c)**. Für die Zeigerbilder der Ströme wird meist diese Darstellung (Zeiger nach außen) zugrunde gelegt.

Sind die Verbraucher wie in Versuch 3 gleiche Wirkwiderstände, haben die Ströme I_1, I_2 und I_3 dieselbe Stromstärke und die gleiche Phasenlage wie die zugehörigen Strangspannungen **(Bild 4)**. Die geometrische Summe der Leiterströme $\underline{I}_1$, $\underline{I}_2$ und $\underline{I}_3$ **(Bild 4)** ist null, es fließt also kein Strom im Neutralleiter.

Spannungen und Ströme bei Sternschaltung

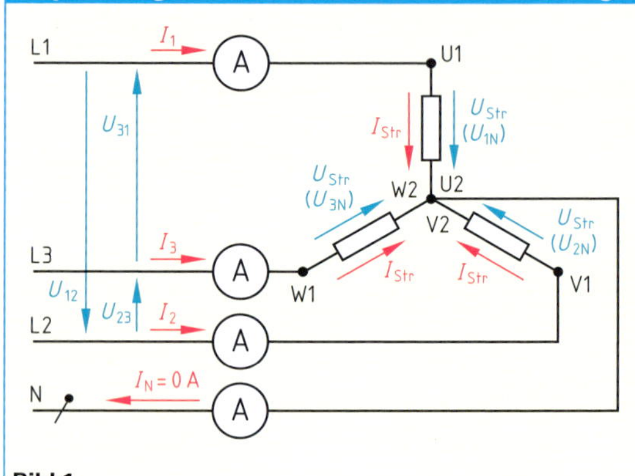

Bild 1

$U = \sqrt{3} \cdot U_{Str}$	$I = I_{Str}$
U Leiterspannung U_{Str} Strangspannung	I Leiterstrom I_{Str} Strangstrom

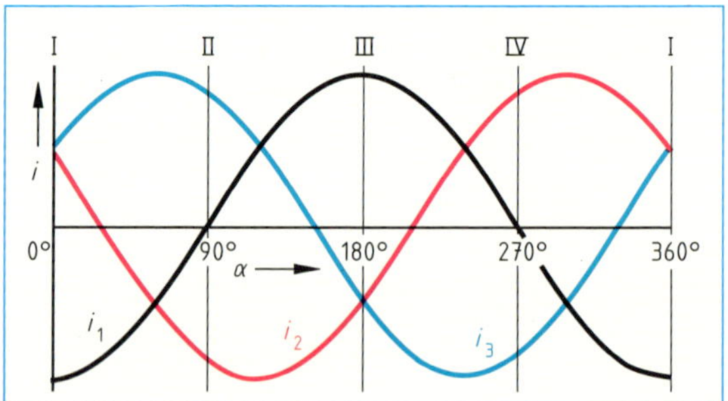

Bild 2: Liniendiagramm der Leiterströme

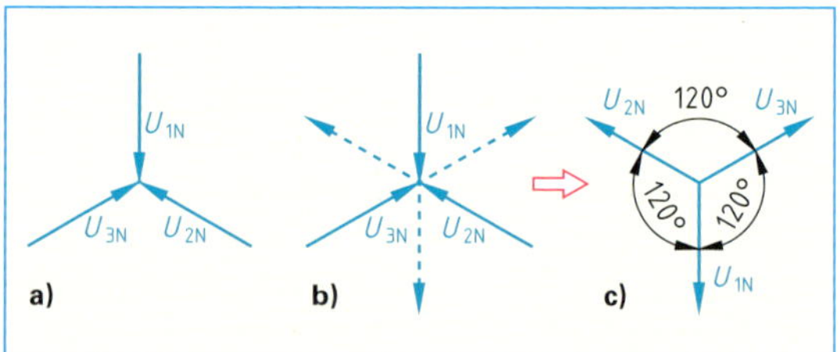

Bild 3: Zeigerbilder der Spannungen bei Sternschaltung

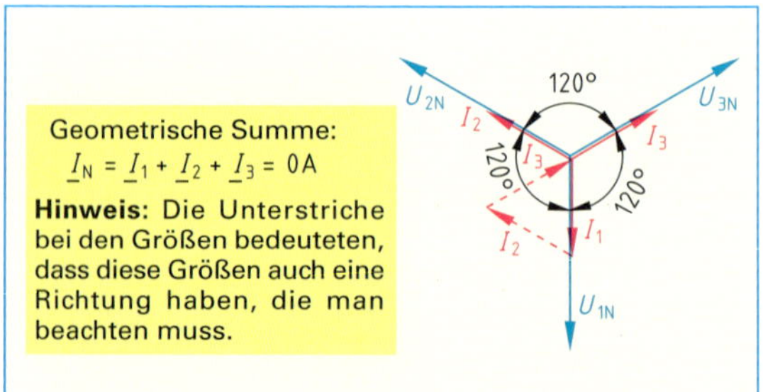

Bild 4: Zeigerbild der Ströme bei Sternschaltung

Spannungen und Ströme bei unsymmetrischer (ungleicher) Belastung

Versuch 4: Schließen Sie drei unterschiedliche Verbraucher in Sternschaltung an ein Drehstromnetz **(Bild 1)**. Messen Sie die Strangspannungen und die Stromstärken in den Außenleitern und im Neutralleiter.

Die Strangspannungen sind gleich groß. Die Ströme in den Außenleitern sind verschieden groß. Im Neutralleiter fließt ein Strom.

> Ein Drehstromsystem ist unsymmetrisch belastet, wenn in den Strängen Verbraucher mit unterscheidlichem Widerstand und/oder ungleichem Wirkfaktor cos φ angeschlossen sind.

In den Außenleitern fließen unterschiedliche Ströme. Im Zeigerbild sind die Stromzeiger deshalb unterschiedlich lang **(Bild 2)**. Addiert man die Ströme geometrisch, ergibt sich der Strom im Neutralleiter I_N **(Bild 2)**. Der Strom I_N wird umso größer, je unterschiedlicher die Ströme I_1, I_2 und I_3 in den Außenleitern sind.

> Bei der Aufteilung der Wechselstromkreise auf die Außenleiter des Drehstromsystems ist auf eine gleichmäßige Belastung zu achten.

Versuch 5: Wiederholen Sie den Versuch 4, jedoch ohne angeschlossenen Neutralleiter. Messen Sie die Leiterspannungen, die Strangspannungen und die Leiterströme.

Die Leiterspannungen sind gleich groß. Die Strangspannungen unterscheiden sich voneinander. Die Leiterströme sind unterschiedlich groß und unterscheiden sich zusätzlich von den Messwerten in Versuch 4.

Im Zeigerbild **(Bild 3)** ist zu erkennen, dass sich der Sternpunkt N' aus der Mitte verschoben hat. Da kein Neutralleiter angeschlossen ist, muss im **Sternpunkt** die geometrische Summe der Leiterströme null sein. Damit sich diese Bedingung erfüllt, verändern die Strangspannungen sowohl ihren Betrag als auch ihre Richtung. Es kommt zu einer **Sternpunktverschiebung** und damit zu Über- oder Unterspannungen an den Verbrauchern im Drehstromsystem. Der Verkettungsfaktor $\sqrt{3}$ gilt jetzt nicht mehr.

> Treten an den Wechselstromverbrauchern in einem Drehstromsystem unterschiedliche Spannungen auf, so ist der Neutralleiter unterbrochen oder nicht angeschlossen.

Damit bei unsymmetrischer Belastung die Spannungen gleich bleiben, sind Niederspannungsnetze meist Vierleiternetze.

Beispiel:

Ermitteln Sie die Stromstärke I_N im Neutralleiter eines unsymmetrisch belasteten Vierleiter-Drehstromnetzes mit I_1 = 2,5 A, I_2 = 2,0 A und I_3 = 1,0 A. I_2 und I_3 sind Wirkströme, Strom I_1 eilt gegenüber U_{1N} um 30° nach.

Lösung:

Nach **Bild 2** ergibt sich: $\boldsymbol{I_N}$ **= 2,2 A**
(Maßstab: 1 A ≙ 1 cm)

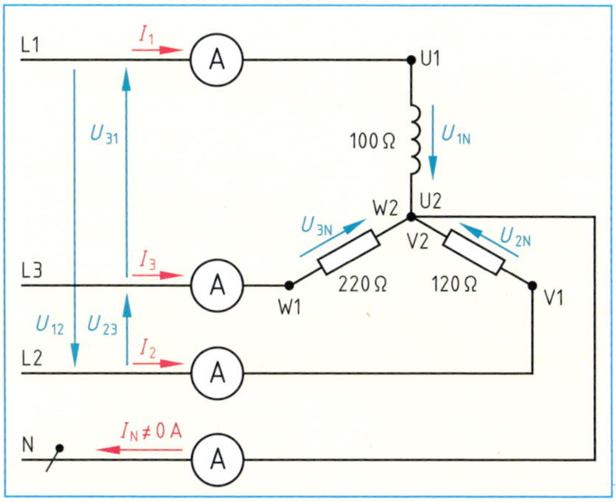

Bild 1: Unsymmetrisch (ungleich) belastete Sternschaltung

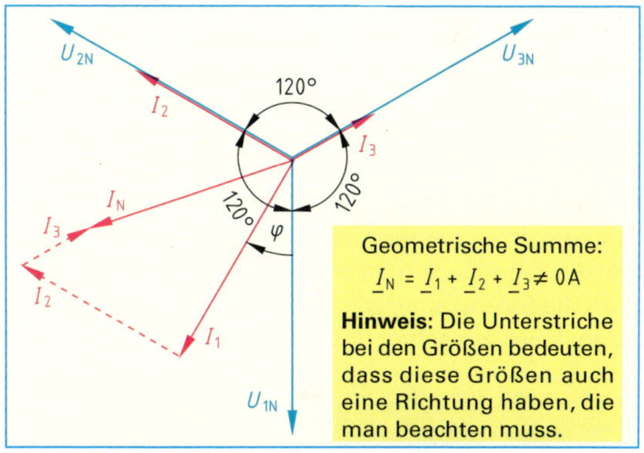

Bild 2: Zeigerbilder der Ströme bei Sternschaltung und unsymmetrischer Belastung des Vierleiternetzes

Tabelle: Symmetrische und unsymmetrische Belastung des Drehstromsystems		
Belastung	**symmetrisch**	**unsymmetrisch**
Strangströme	gleich	ungleich
cos φ in den Strängen	gleich	ungleich
Strom I_N im Neutralleiter	I_N = 0 A	$I_N \neq$ 0 A

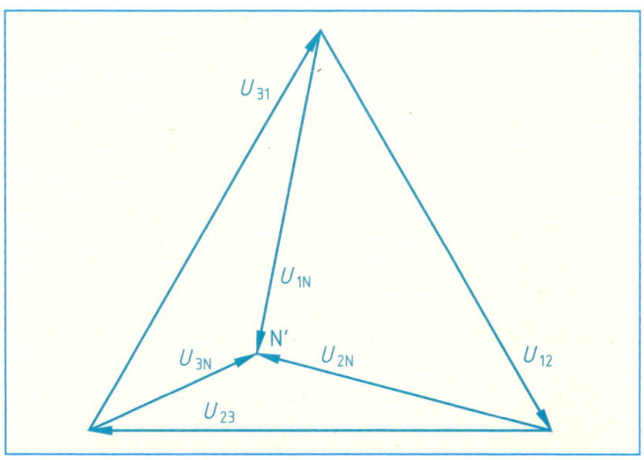

Bild 3: Zeigerbild der Leiter- und Strangspannungen bei einer unsymmetrisch belasteten Sternschaltung ohne N-Leiter-Anschluss

7.9.4 Dreieckschaltung (Zeichen: Δ)

Sind die Stränge des Erzeugers, z. B. des Generators, im Dreieck geschaltet, führen nur drei Leiter zum Verbraucher. Ein solches Netz nennt man Dreileiter-Drehstromnetz. Hochspannungsnetze (380 kV, 220 kV, 110 kV) sind Dreileiter-Drehstromnetze.

Bei der Dreieckschaltung **(Bild 1)** liegt an jedem Strang die Außenleiterspannung an.

> Bei der Dreieckschaltung ist die Strangspannung gleich der Leiterspannung.

Spannungen und Ströme bei Dreieckschaltung

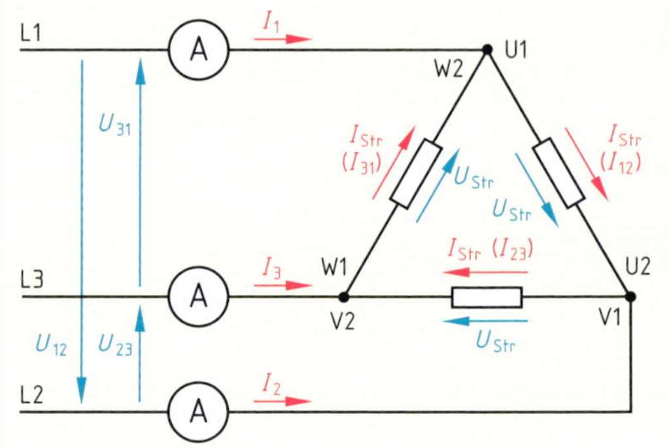

Bild 1

$U = U_{Str}$	$I = \sqrt{3} \cdot I_{Str}$
U Leiterspannung U_{Str} Strangspannung	I Leiterstrom I_{Str} Strangstrom $\sqrt{3}$ Verkettungsfaktor

Ströme bei symmetrischer Belastung

Versuch 6: Schalten Sie drei gleiche Verbraucher, z. B. 100-Ω-Widerstände, in Dreieckschaltung **(Bild 1)** an einen Drehstromversuchstransformator. Messen Sie die Leiterströme und die Strangströme.

Die Leiterströme sind $\sqrt{3}$-mal größer als die Strangströme.

In der Dreieckschaltung verzweigen sich die Leiterströme **(Bild 1)**. Beim Aufstellen der Knotenregel sind die einzelnen, zueinander phasenverschobenen Ströme geometrisch zu addieren. Der Leiterstrom $\underline{I}_1$ ist die geometrische Differenz $\underline{I}_{12} - \underline{I}_{31}$, der Leiterstrom $\underline{I}_2$ ist die geometrische Differenz $\underline{I}_{23} - \underline{I}_{12}$ und der Leiterstrom $\underline{I}_3$ ist die geometrische Differenz $\underline{I}_{31} - \underline{I}_{23}$.

Sind die Strangwiderstände Wirkwiderstände, haben die Strangströme I_{12}, I_{31} und I_{23} die gleiche Phasenlage wie die zugehörigen Strangspannungen U_{12}, U_{31} und U_{23} **(Bild 2a)**. Zur Ermittlung der Leiterströme verschiebt man die Stromzeiger parallel. Es ergibt sich für die Strangströme I_{12}, I_{31} und I_{23} ein Stern **(Bild 2b)**. Die Verbindungslinien zwischen den Strangströmen sind die Leiterströme I_1, I_2 und I_3 **(Bild 2b)**.

$$\frac{I_1}{2} = I_{31} \cdot \cos 30° = I_{31} \cdot \frac{\sqrt{3}}{2} \quad \Rightarrow \quad I_1 = I_{31} \cdot \sqrt{3} \qquad I = I_{Str} \cdot \sqrt{3}$$

> Bei der Dreieckschaltung ist der Leiterstrom $I \cdot \sqrt{3}$-mal so groß wie der Strangstrom I_{Str}.

Beispiel:

Bei einem Drehstromverbraucher in Dreieckschaltung fließen in jedem Strang 2,5 A. Ermitteln Sie **a)** rechnerisch und **b)** zeichnerisch die Leiterströme (Maßstab: 1 A ≙ 10 mm).

Lösung:

a) $\boldsymbol{I_1 = I_2 = I_3} = \sqrt{3} \cdot I_{Str} = \sqrt{3} \cdot 2{,}5\ \text{A} = \mathbf{4{,}3\ A}$

b) Lösung nach **Bild 2b**: $I_{12} = I_{23} = I_{31} = 2{,}5$ A ≙ 25 mm $\quad \boldsymbol{I_1 = I_2 = I_3}$ ≙ 43 mm ≙ **4,3 A**

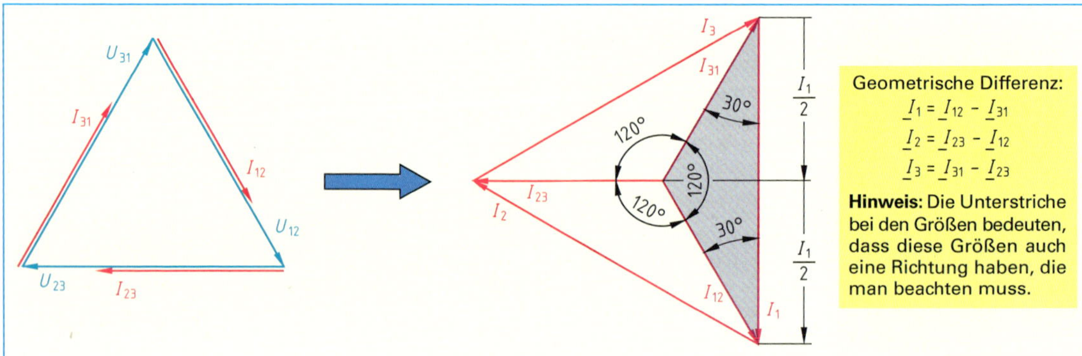

a) Zeigerbild der Strangströme und Strangspannungen

b) Zeigerbild der Leiterströme und Strangströme

Bild 2: Zeigerbilder bei Dreieckschaltung

Ströme bei unsymmetrischer Belastung

Versuch 7: Wiederholen Sie Versuch 6 mit drei Wirkwiderständen, jedoch mit unterschiedlichen Widerstandswerten **(Bild 1a)**. Messen Sie die Strangspannungen, die Strangströme und die Leiterströme. Vergleichen Sie die Spannungen, die Strangströme und die Leiterströme.

Die Strangspannungen sind gleich groß. Die Leiterströme sind verschieden, ebenso die Strangströme. Leiterströme und Strangströme stehen nicht mehr im Verhältnis $\sqrt{3}$ zueinander.

Die unterschiedlichen Widerstände bewirken, dass bei gleichen Strangspannungen verschieden große Ströme fließen **(Bild 1b)**. Sind die Widerstände wie im **Versuch 7** Wirkwiderstände, haben die Strangströme I_{12}, I_{31} und I_{23} die gleiche Phasenlage wie die zugehörigen Strangspannungen U_{12}, U_{31} und U_{23} **(Bild 1b)**. Zur Ermittlung der Leiterströme werden die Zeiger der Strangströme parallel verschoben **(Bild 1c)**. Es ergibt sich für die Strangströme I_{12}, I_{31} und I_{23} ein unsymmetrisches Zeigerbild. Die Verbindungslinien zwischen den Zeigern für die Strangströme entsprechen den Leiterströmen I_1, I_2 und I_3.

> Bei einer unsymmetrisch belasteten Dreieckschaltung sind die Phasenverschiebungen zwischen den Leiterströmen ungleich 120°.

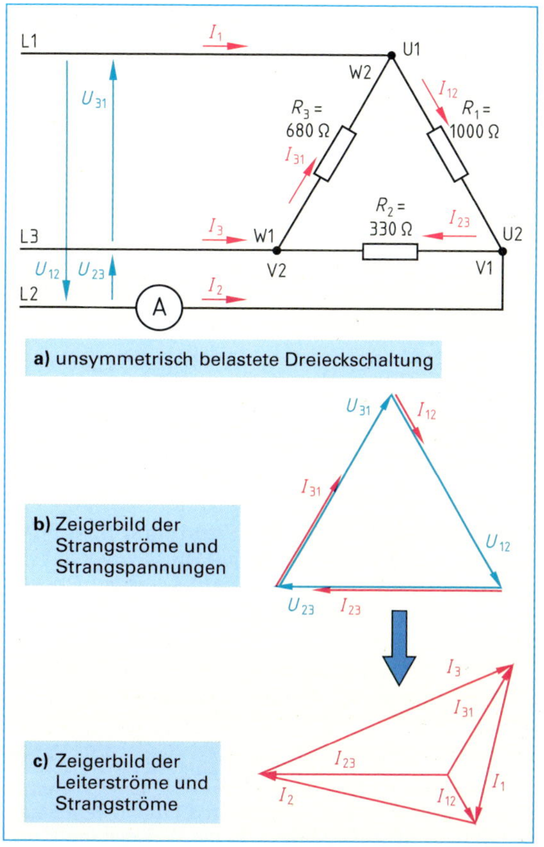

Bild 1: Unsymmetrisch (ungleich) belastete Dreieckschaltung mit Zeigerbildern

7.9.5 Leiterfehler in Drehstromsystemen

> Fällt in einem Drehstromsystem ein Leiter aus **(Tabelle)**, entsteht ein Wechselstromsystem.

Tabelle: Leiterfehler in Drehstromsystemen (Beispiele für Ausfall des Außenleiters L3)

Sternschaltung mit Neutralleiter		
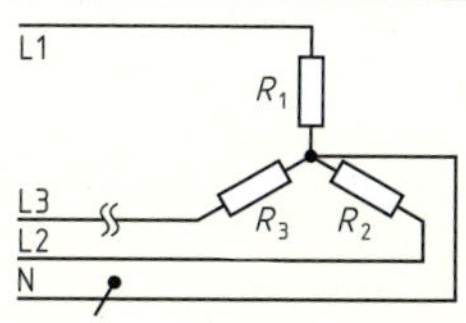 ⟹	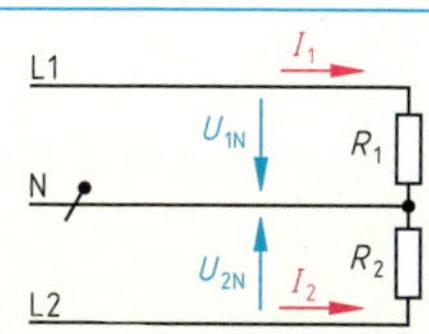	$I_1 = \frac{U_{1N}}{R_1}$ $I_2 = \frac{U_{2N}}{R_2}$ $P_1 = U_{1N} \cdot I_1 \cdot \cos\varphi_1$ $P_2 = U_{2N} \cdot I_2 \cdot \cos\varphi_2$ $P = P_1 + P_2$
Sternschaltung ohne Neutralleiter		
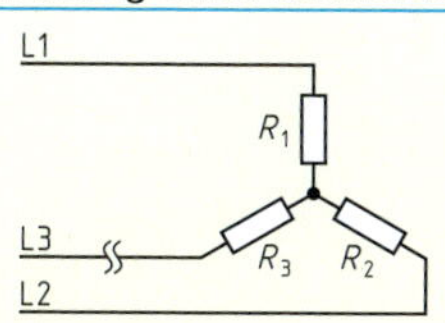 ⟹	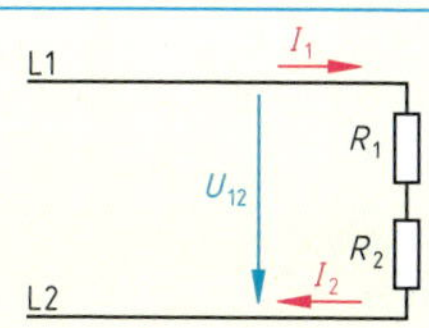	$I_1 = I_2 = \frac{U_{12}}{R_1 + R_2}$ $P = U_{12} \cdot I_1 \cdot \cos\varphi$ $P = U_{12} \cdot I_2 \cdot \cos\varphi$
Dreieckschaltung		
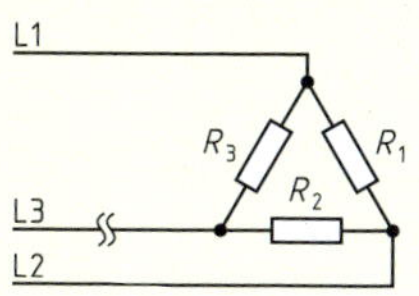 ⟹	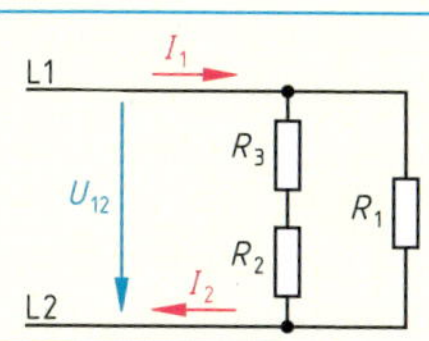	$I_1 = I_2 = \frac{U_{12}}{\frac{R_1 \cdot (R_2 + R_3)}{R_1 + R_2 + R_3}}$ $P = U_{12} \cdot I_1 \cdot \cos\varphi$ $P = U_{12} \cdot I_2 \cdot \cos\varphi$
I_1, I_2 Leiterströme U_{12} Leiterspannung	R_1, R_2, R_3 Lastwiderstände U_{1N}, U_{2N} Strangspannungen	P Leistung $\cos\varphi$ Wirkfaktor

7.9.6 Leistungen in Drehstromsystemen

Die Leistung eines Gerätes bei Anschluss an Drehstrom lässt sich über die Einzelleistungen der drei Stränge ermitteln. Jeder der drei Stränge des Verbrauchers liegt sowohl bei Sternschaltung als auch bei Dreieckschaltung an der jeweiligen Strangspannung U_{Str} und führt den Strangstrom I_{Str}. Die Scheinleistung S eines Stranges ist daher $S_{Str} = U_{Str} \cdot I_{Str}$. Damit ist bei symmetrischer Belastung die Gesamtscheinleistung $S = 3 \cdot U_{Str} \cdot I_{Str}$.

Drehstromscheinleistungen bei symmetrischer Belastung	
Sternschaltung	**Dreieckschaltung**
$I_{Str} = I \qquad U_{Str} = \frac{U}{\sqrt{3}}$	$U_{Str} = U \qquad I_{Str} = \frac{I}{\sqrt{3}}$
$S = 3 \cdot I_{Str} \cdot U_{Str} = 3 \cdot I \cdot \frac{U}{\sqrt{3}}$ $S = \sqrt{3} \cdot U \cdot I$	$S = 3 \cdot U_{Str} \cdot I_{Str} = 3 \cdot U \cdot \frac{I}{\sqrt{3}}$ $S = \sqrt{3} \cdot U \cdot I$

Da man die Leiterwerte für Strom und Spannung meist leichter messen kann als die Strangwerte, erfolgt die Leistungsberechnung bei Drehstrom mit den Werten von Leiterstrom und Leiterspannung (**Formelkasten** rechts).

Zur Leistungsberechnung werden bei Stern- und Dreieckschaltung die gleichen Formeln verwendet.

Beispiel:

Ein Drehstrommotor nimmt an einer Leiterspannung von 400 V bei $\cos\varphi = 0{,}83$ eine Stromstärke von 8,7 A auf. Berechnen Sie **a)** die aufgenommene Scheinleistung S, **b)** die Wirkleistung P und **c)** die induktive Blindleistung Q_L.

Lösung:

a) $S = \sqrt{3} \cdot U \cdot I = \sqrt{3} \cdot 400\,\text{V} \cdot 8{,}7\,\text{A} = \mathbf{6{,}03\,kVA}$

b) $P = \sqrt{3} \cdot U \cdot I \cdot \cos\varphi = \sqrt{3} \cdot 400\,\text{V} \cdot 8{,}7\,\text{A} \cdot 0{,}83 = \mathbf{5\,kW}$

c) $Q_L = \sqrt{3} \cdot U \cdot I \cdot \sin\varphi = \sqrt{3} \cdot 400\,\text{V} \cdot 8{,}7\,\text{A} \cdot 0{,}56 = \mathbf{3{,}38\,kvar}$

Vergleich der Leistungsaufnahme eines Verbrauchers in Sternschaltung und Dreieckschaltung

Versuch 8: Schalten Sie drei 1000-Ω-Widerstände **a)** in Sternschaltung, **b)** in Dreieckschaltung an das 400-V-Drehstromnetz **(Bild)**. Verwenden Sie aus Sicherheitsgründen eine RCD mit $I_{\Delta N} = 30$ mA. Messen Sie in beiden Schaltungen den Leiterstrom und berechnen Sie die jeweils aufgenommene Leistung. Setzen Sie die Leistung bei Dreieckschaltung zur Leistung in Sternschaltung ins Verhältnis.

Sternschaltung Y	Dreieckschaltung △
$I = 0{,}23$ A $P_Y = \sqrt{3} \cdot U \cdot I \cdot \cos\varphi$ $P_Y = \sqrt{3} \cdot 400\,\text{V} \cdot 0{,}23\,\text{A} \cdot 1$ $\mathbf{P_Y = 159\,W}$	$I = 0{,}69$ A $P_\Delta = \sqrt{3} \cdot U \cdot I \cdot \cos\varphi$ $P_\Delta = \sqrt{3} \cdot 400\,\text{V} \cdot 0{,}69\,\text{A} \cdot 1$ $\mathbf{P_\Delta = 478\,W}$
$\frac{P_\Delta}{P_Y} = \frac{478\,\text{W}}{159\,\text{W}} = \mathbf{3} \Rightarrow P_\Delta = 3 \cdot P_Y$	

Bei gleicher Netzspannung nimmt ein Verbraucher in Dreieckschaltung die dreifache Leistung wie in Sternschaltung auf.

Leistungen bei symmetrischer Last

$$S = \sqrt{3} \cdot U \cdot I$$

$[S] = \text{V} \cdot \text{A} = \text{VA} = \text{W}$

$$P = \sqrt{3} \cdot U \cdot I \cdot \cos\varphi$$

$[P] = \text{W}$

$$Q = \sqrt{3} \cdot U \cdot I \cdot \sin\varphi$$

$[Q] = \text{var} = \text{W}$

- S Scheinleistung
- U Leiterspannung
- I Leiterstrom
- P Wirkleistung
- Q Blindleistung
- $\cos\varphi$ Wirkfaktor
- $\sin\varphi$ Blindfaktor
- φ Phasenverschiebungswinkel

Leistung und Strom bei Dreieck- und Sternschaltung

$$P_\Delta = 3 \cdot P_Y$$

$$I_\Delta = 3 \cdot I_Y$$

- P_Δ Leistungsaufnahme in Dreieckschaltung
- P_Y Leistungsaufnahme in Sternschaltung
- I_Δ Strom in Dreieckschaltung
- I_Y Strom in Sternschaltung

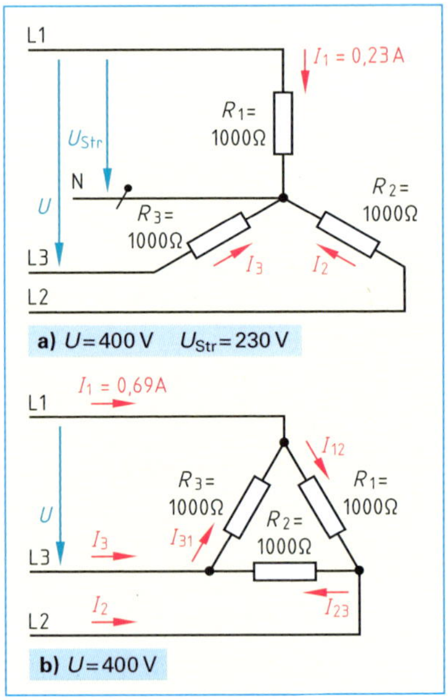

Bild: Schaltung von Wirkwiderständen
a) in Sternschaltung
b) in Dreieckschaltung

7.9.7 Leistungsmessung in Drehstromsystemen

Für die Leistungsmessung sind nach DIN 43807 bestimmte Messschaltungen vorgeschrieben.

Vierleiter-Drehstromnetz: Bei symmetrischer Last genügt zur Messung der Drehstromleistung ein Leistungsmesser **(Einwattmeter-Schaltung)**. Dabei ist es gleichgültig, in welchen der drei Außenleiter der Leistungsmesser geschaltet wird **(Bild 1)**. Der abgelesene Wert muss mit dem Faktor 3 multipliziert werden, um die gesamte aufgenommene Leistung in den drei stromführenden Leitern zu ermitteln. Die Skala eines Leistungsmessers für Einwattmeter-Schaltung ist häufig für Drehstromleistung geeicht.

Dreileiter-Drehstromnetz: Im Dreileiter-Drehstromnetz ist kein Sternpunkt und daher auch kein Neutralleiter vorhanden. Man bildet deshalb aus drei Widerständen, nämlich aus dem Widerstand des Spannungspfades und zwei zusätzlichen gleich großen Widerständen, einen künstlichen Sternpunkt **(Bild 2)**. Auch bei dieser Schaltung wird die Leistung in nur einem Leiter gemessen und mit dem Faktor 3 multipliziert.

Unsymmetrische Last im Dreileiter-Drehstromnetz kann man mit der Dreiwattmeter-Methode oder nur mit zwei Leistungsmessern in der sogenannten **Aronschaltung** messen **(Bild 3)**. Meist wirken die Messsysteme auf eine gemeinsame Achse, sodass das Messgerät die Gesamtleistung anzeigt. Sonst werden die Anzeigen der beiden Messgeräte addiert. Die Schaltung dient auch zur Messung der Leistung in Hochspannungsanlagen.

Wenn bei der Messung höhere Werte für Strom und Spannung zu erwarten sind als es der Messbereich des Leistungsmessers zulässt, verwendet man Strom- und Spannungswandler **(Bild 2)**.

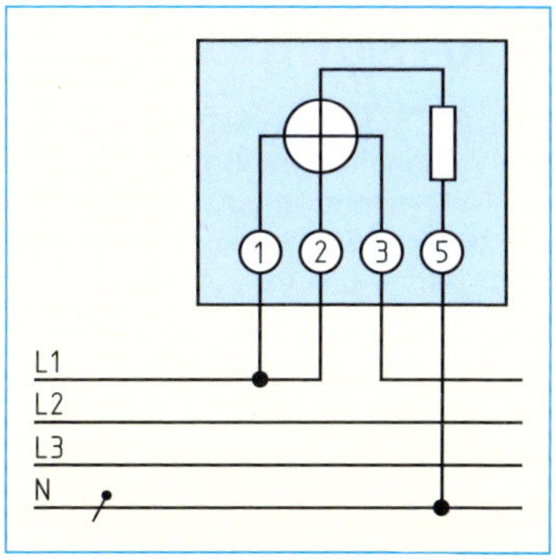

Bild 1: Einwattmeter-Schaltung im Vierleiter-Drehstromnetz

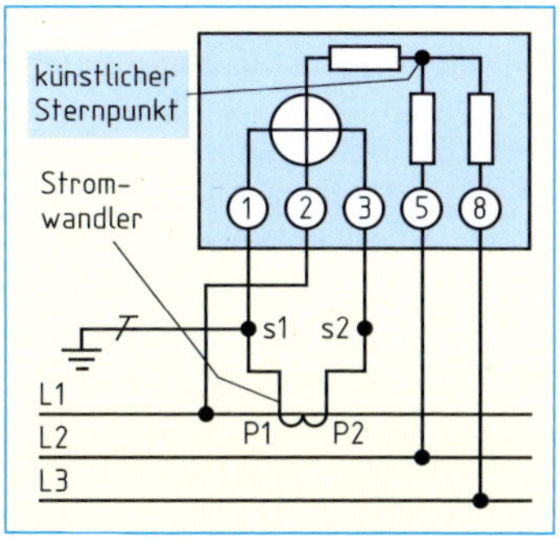

Bild 2: Einwattmeter-Schaltung mit künstlichem Sternpunkt

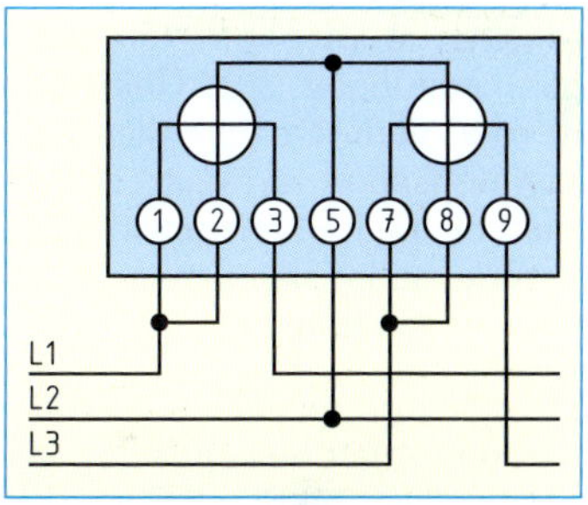

Bild 3: Zweiwattmeter-Schaltung (Aronschaltung)

Leistungsmessumformer

Leistungsmessumformer (LMU) ermöglichen die Messung von Wirk-, Blind- und Scheinleistung, Leistungsfaktor, Energie und Oberschwingungen **(Seite 311)**.

Der Leistungsmessumformer **(Bild 4)** erfasst in der Abtasteinheit die Augenblickswerte der Spannungen und Ströme. Während einer Wechselspannungsperiode wird jeder Messwert mehrfach, z.B. 32-mal, erfasst. Die Werte werden von einem Analog-Digital-Wandler digitalisiert. In einem Mikrocontroller erfolgen die Auswertungen der Ströme und Spannungen und die Berechnung von Leistung, Leistungsfaktor, Energie, je nach Messgerät auch Oberschwingungen **(Seite 311)**.

Die berechneten Werte werden am Display digital angezeigt und stehen über die seriellen Schnittstellen zur weiteren Verarbeitung, z.B. im PC, zur Verfügung. In der Analogausgabeeinheit formen ein Digital-Analog-Umsetzer **(Seite 243)** und ein nachgeschalteter Verstärker die berechneten Werte in Analogwerte um, z.B. 0 bis 10 V oder 0 bis 20 mA. Diese können von analogen Messgeräten angezeigt werden.

Mittels der Bedieneinheit wird ausgewählt, welche Messgrößen an den analogen Ausgängen und am Display angezeigt werden.

Im Gegensatz zu elektrodynamischen Messgeräten sind Leistungsmessumformer unabhängig von der Gebrauchslage, unempfindlich gegen Erschütterungen und gut zur Messwertfernübertragung geeignet.

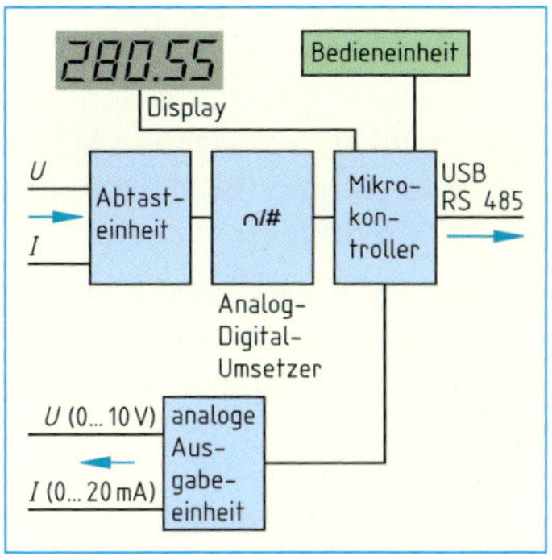

Bild 4: Blockschaltbild eines Leistungsmessumformers

7.10 Kompensation

Versuch: Schließen Sie eine Leuchtstofflampe 58 W über das Vorschaltgerät ohne Kompensationskondensator an die Netzspannung 230 V, 50 Hz. Messen Sie die Stromstärke und die Leistung. Schalten Sie dann einen Kompensationskondensator C_k von etwa 7 µF parallel zur Reihenschaltung von Drossel und Lampe **(Bild 1).**

Mit dem Zuschalten des Kondensators nimmt die Stromaufnahme ab, der Leistungsmesser zeigt dagegen dieselbe Wirkleistung an.

Die Reihenschaltung von Lampe und Vorschaltgerät nimmt sowohl Wirkleistung P als auch induktive Blindleistung Q_L auf, der zugeschaltete Kondensator dagegen kapazitive Blindleistung Q_C **(Bild 2)**. Induktive Blindleistung und kapazitive Blindleistung sind gegeneinander um 180° phasenverschoben. Der Kondensator liefert immer dann Blindenergie in das Netz, wenn die Induktivität der Drossel Blindenergie aufnimmt. Die gesamte Blindleistungsaufnahme Q aus dem Netz verringert sich. Bei gleicher Wirkleistung P werden die aus dem Netz aufgenommene Scheinleistung S und die Stromstärke I kleiner.

Das Ausgleichen der induktiven Blindleistung durch kapazitive Blindleistung nennt man Kompensieren[1].

Die induktive Blindleistung Q_L, z.B. für das Vorschaltgerät, wird vom Netz geliefert. Erzeugeranlagen, Leitungen und Übertragungseinrichtungen werden dadurch zusätzlich belastet **(Bild 3a)**. Bei Kompensation verringert sich der Anteil der Blindleistung Q_L im Netz um die Blindleistung Q_C des Kompensationskondensators oder der Kompensationsanlage **(Bild 3b)**.

Durch Kompensation werden Leitungen und Transformatoren entlastet, da die Scheinleistung sinkt. Die Blindstromkosten, die der Netzbetreiber verrechnet, werden dadurch reduziert.

Die Kompensation der induktiven Blindleistung Q_L bewirkt eine Verkleinerung des Phasenverschiebungswinkels φ zwischen Wirkleistung P und der Scheinleistung S **(Bild 2)** und damit eine Vergrößerung des Wirkfaktors $\cos\varphi$.

Auf nahezu $\cos\varphi = 1$ kompensiert, pendelt der größte Teil der Blindleistung nur noch zwischen Verbraucher und der Kompensationsanlage hin und her **(Bild 3b)**. Die für die Kompensation benötigte kapazitive Blindleistung Q_C ermittelt man rechnerisch **(Seite 166)** oder grafisch mithilfe des Zeigerbildes **(Bild 2)**.

[1] von compensare (lat). = ausgleichen

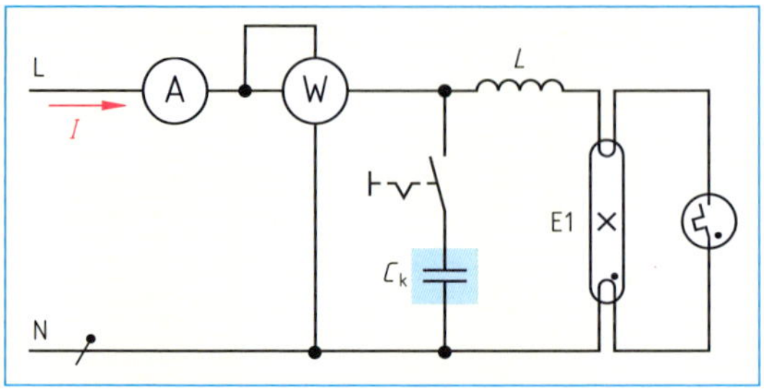

Bild 1: Versuchsschaltung: Kompensation bei einer Leuchtstofflampe

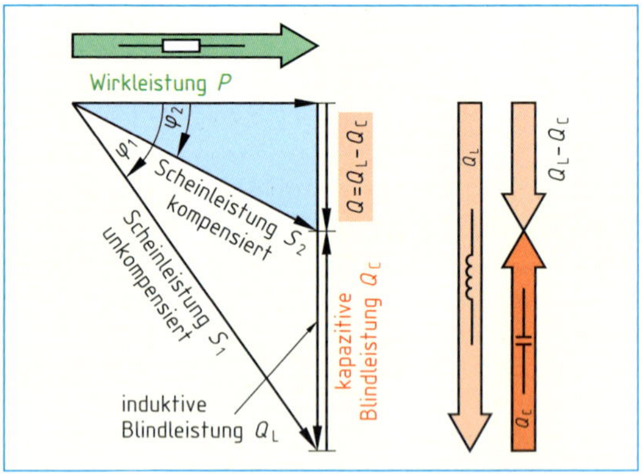

Bild 2: Zeigerbild der Leistungen bei Parallelkompensation

Kapazitive Blindleistung

$$Q_C = Q_L - Q = P \cdot (\tan\varphi_1 - \tan\varphi_2)$$

$$\tan\varphi_1 = \frac{Q_L}{P} \qquad \tan\varphi_2 = \frac{Q_L - Q_C}{P}$$

P Wirkleistung
Q_L induktive Blindleistung
Q_C kapazitive Blindleistung
φ_1 Phasenverschiebungswinkel, unkompensiert
φ_2 Phasenverschiebungswinkel, kompensiert

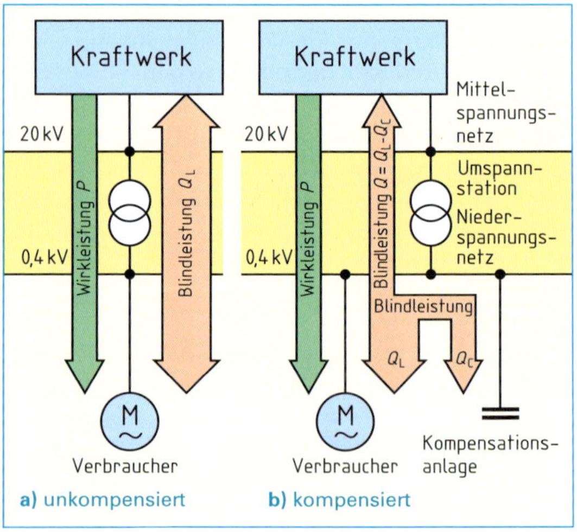

Bild 3: Kompensation der Blindleistung

7.10.1 Kompensationsarten

Man unterscheidet Einzel-, Gruppen- und Zentralkompensation **(Bild 1)**.

Einzelkompensation (Bild 2a) ist die einfachste Kompensationsart. Die Kompensationskondensatoren sind hierbei parallel oder in Reihe mit einem induktiven Verbraucher **(Bild 2a)** geschaltet. Manche Netzbetreiber fordern Reihenkompensation, da es bei der Parallelkompensation zu Störungen der Tonfrequenz-Rundsteueranlagen kommen kann. Nach dem Abschalten des Verbrauchers müssen die Kondensatoren nach DIN VDE innerhalb von 60 Sekunden auf eine ungefährliche Spannung (< 50 V) entladen sein. Entladen wird über hochohmige Widerstände oder über den Verbraucher selbst.

Bei der Kompensation strebt man einen Wirkfaktor von $\cos\varphi \approx 0{,}9$ an.

Eine Reihen- oder Parallelkompensation **(Bild 2a)** auf den Wirkfaktor $\cos\varphi = 1$ ist nicht erlaubt, weil dann zwischen Kompensationskapazität und Verbraucherinduktivität Resonanz auftritt. Die Spannungsüberhöhung bei Resonanz kann die Anlage beschädigen.

Werden Motoren kompensiert, soll die Blindleistung der Kompensationskondensatoren etwa 35 % der Motorenbemessungsleistung betragen. Das entspricht etwa einem Wirkfaktor $\cos\varphi = 0{,}96$. Dadurch wird eine Überkompensation im Teillastbetrieb vermieden.

Kompensation von Leuchtstofflampen. Neben der Einzelkompensation kann auch die Duoschaltung **(Seite 397)** angewandt werden. Dabei werden die Lampen je zur Hälfte als induktiver Zweig (Vorschaltgerät, $\cos\varphi = 0{,}48$ induktiv) und als kapazitiver Zweig (Vorschaltgerät und Kondensator in Reihe, z. B. $\cos\varphi = 0{,}48$ kapazitiv) betrieben **(Bild 3)**.

Nach TAB[1] dürfen Entladungslampen je Kundenanlage bis zur Gesamtleistung von 250 W je Außenleiter unkompensiert betrieben werden. Ab 5,2 kVA sind besondere Maßnahmen, z. B. elektronische Vorschaltgeräte (EVG), notwendig.

Einzelkompensation eignet sich für Leuchtstofflampen und Verbraucher großer Leistung bis etwa 30 kW, bei konstantem Wirkfaktor und langer Einschaltdauer.

Gruppenkompensation (Bild 2b) kompensiert in kleineren Anlagen eine Gruppe von Verbrauchern.

Zentralkompensation (Bild 2c) kompensiert viele Verbraucher unterschiedlicher Leistung und wechselnder Einschaltdauer. Hierbei schaltet ein Blindleistungsregler so viele Kondensatoren zu oder ab, um den momentanen Blindleistungsbedarf zu decken.

[1] TAB, Abk. für: Technische Anschlussbedingungen

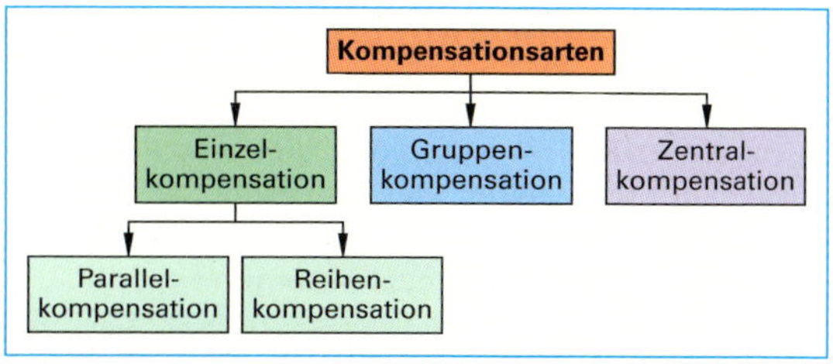

Bild 1: Kompensationsarten (Einteilung)

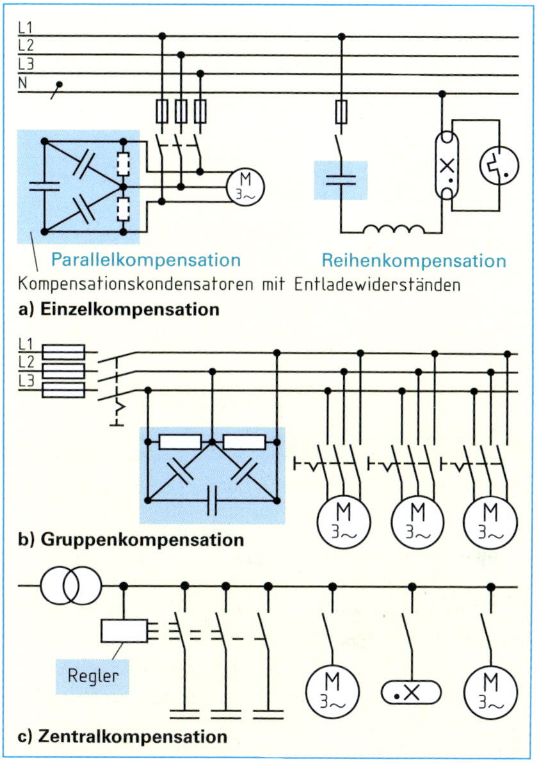

Bild 2: Kompensationsarten

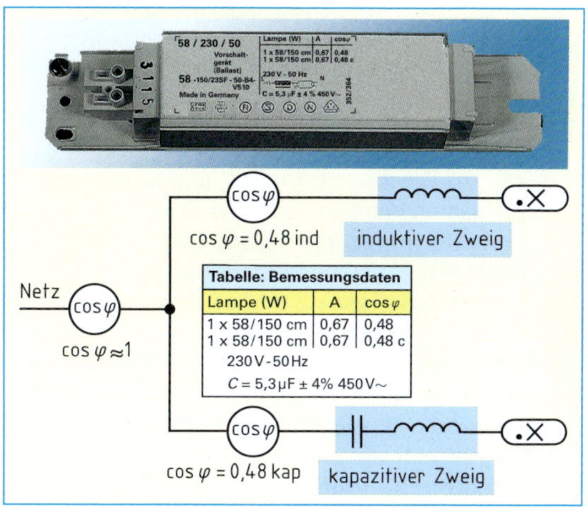

Bild 3: Kompensation von Leuchtstofflampen in Duoschaltung

7.10.2 Bemessung von Kompensationskondensatoren

Durch Kompensieren wird das Niederspannungsnetz von induktiver Blindleistung entlastet. Man unterscheidet die **Parallelkompensation (Bild 1a)** und die **Reihenkompensation (Bild 1b)**. Eine Reihenkompensation ist nur bei Lampenschaltungen sinnvoll.

Beispiel 1:

Eine 58-W-Leuchtstofflampe für 230 V/50 Hz und 12 W Verlustleistung des Vorschaltgerätes hat einen Wirkfaktor $\cos\varphi_1$ von 0,48. Durch Parallelkompensation **(Bild 1a)** soll der Wirkfaktor auf $\cos\varphi_2 = 0{,}9$ verbessert werden. Ermitteln Sie **a)** die erforderliche Kondensatorblindleistung, **b)** die Stromaufnahme aus dem Netz vor und nach der Kompensation und **c)** die Kapazität des Kompensationskondensators.

Lösung:

a) $Q_c = P\,(\tan\varphi_1 - \tan\varphi_2)$; $\cos\varphi_1 = 0{,}48 \Rightarrow \varphi_1 = 61{,}3° \Rightarrow \tan\varphi_1 = 1{,}83$
$\cos\varphi_2 = 0{,}9 \Rightarrow \varphi_2 = 25{,}8° \Rightarrow \tan\varphi_2 = 0{,}48$

$\boldsymbol{Q_c} = (58\text{ W} + 12\text{ W}) \cdot (1{,}83 - 0{,}48) = \mathbf{94{,}5\ var}$

b) $\boldsymbol{I_1} = \dfrac{P}{U \cdot \cos\varphi_1} = \dfrac{70\text{ W}}{230\text{ V} \cdot 0{,}48} = \mathbf{0{,}63\ A}$ (vor der Kompensation)

$\boldsymbol{I_2} = \dfrac{P}{U \cdot \cos\varphi_2} = \dfrac{70\text{ W}}{230\text{ V} \cdot 0{,}9} = \mathbf{0{,}34\ A}$ (nach der Kompensation)

c) $\boldsymbol{C} = \dfrac{Q_c}{2\,\pi \cdot f \cdot U^2} = \dfrac{94{,}5\text{ var}}{2\,\pi \cdot 50\text{ Hz} \cdot 230^2\text{ V}^2} = \mathbf{5{,}7\ \mu F}$

Beispiel 2:

Ein Drehstrommotor hat die Daten: $U = 400$ V/50 Hz, $P = 15$ kW, $\eta = 0{,}85$ und $\cos\varphi_1 = 0{,}7$. Durch Parallelkompensation in Dreieckschaltung **(Bild 2)** soll der Wirkfaktor auf $\cos\varphi_2 = 0{,}9$ verbessert werden. Berechnen Sie **a)** die Gesamtkapazität C der Kompensationskondensatoren, **b)** die Strangkapazität.

Lösung:

a) P ist die abgegebene Leistung $\Rightarrow P = P_2$

$\eta = \dfrac{P_2}{P_1} \Rightarrow P_1 = \dfrac{P_2}{\eta} = \dfrac{15\text{ kW}}{0{,}85} = 17{,}6\text{ kW}$;

$\varphi_1 = \arccos 0{,}7 = 45{,}6°$; $\varphi_2 = \arccos 0{,}9 = 25{,}8°$

$Q_C = P_1 \cdot (\tan\varphi_1 - \tan\varphi_2) = 17{,}6\text{ kW} \cdot (1{,}02 - 0{,}48) = 9{,}50\text{ kvar}$

$\boldsymbol{C} = \dfrac{Q_C}{\omega \cdot U^2} = \dfrac{9{,}50\text{ kvar}}{2 \cdot \pi \cdot 50\text{ Hz} \cdot (400\text{ V})^2} = \mathbf{189\ \mu F}$

b) $\boldsymbol{C_{Str}} = \dfrac{C}{3} = \dfrac{189\ \mu\text{F}}{3} = \mathbf{63\ \mu F}$

7.10.3 Tonfrequenzsperrkreise

Manche am Wechselstromnetz angeschlossenen Schaltgeräte, z. B. Zweitarifzähler, werden durch **Tonfrequenz-Rundsteueranlagen** vom Netzbetreiber angesteuert. Von einer zentralen Stelle aus wird ein Wechselstromsignal mit einer Frequenz von z. B. 165 Hz bis 1350 Hz in das Mittelspannungsnetz eingespeist und über Transformatoren auf die Niederspannungsseite übertragen. Dieses Signal schaltet die Empfangsrelais der zu steuernden Schaltgeräte im Verteilernetz. Bei Kompensation dämpfen die zum Verbraucher parallel geschalteten Kondensatoren die Rundsteuersignale, weil ihr Widerstand für höhere Frequenzen kleiner wird. Diese Signaldämpfung wird durch **Tonfrequenzsperren** verhindert. Als Tonfrequenzsperren verwendet man **Sperrkreise** (Parallelschwingkreise) **(Bild 3)** oder Sperrdrosseln, die für das Rundsteuersignal einen großen Widerstand und für die Netzfrequenz einen kleinen Widerstand darstellen (Tiefpassverhalten).

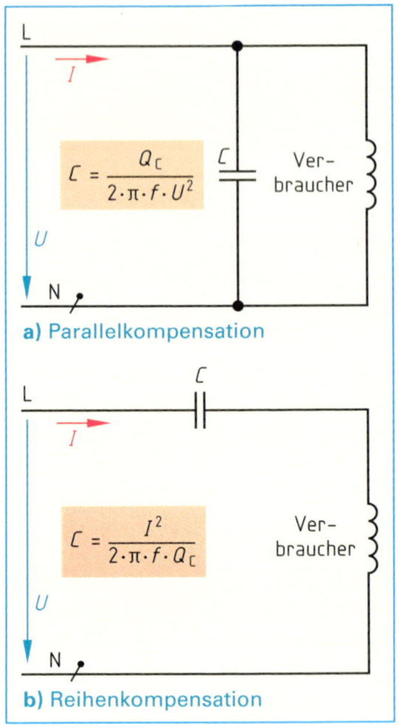

Bild 1: Kompensationsarten

Zur Kompensation einer Blindleistung von 1 kvar benötigt man
- bei 230 V/50 Hz eine Kapazität von 60 µF;
- bei 400 V/50 Hz 20 µF.

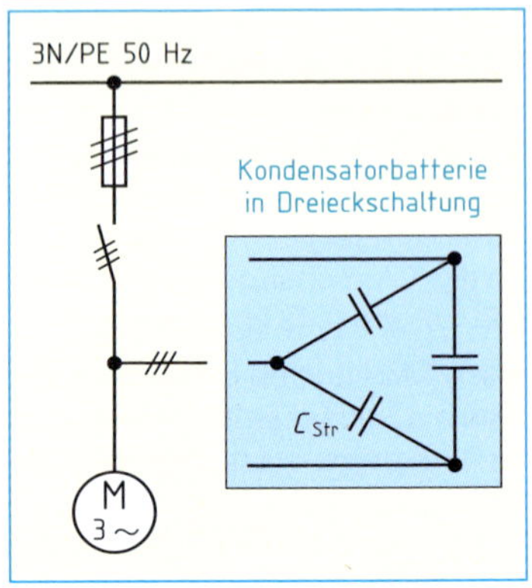

Bild 2: Kompensation eines Drehstrommotors (Prinzip)

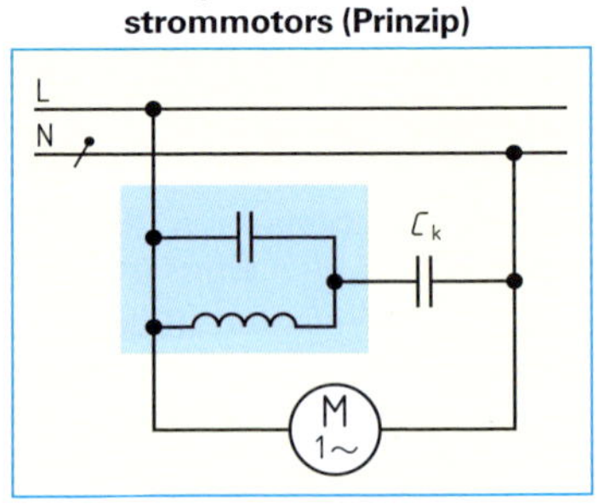

Bild 3: Tonfrequenzsperrkreis mit Filter

7.10.4 Kompensation bei nichtsinusförmigen Strömen

In Verbrauchern **(Übersicht)** mit elektronischen Steuerungen, z.B. Dimmern, Stromrichtern oder Frequenzumrichtern fließen nichtsinusförmige Ströme, die ins Netz zurück wirken und zu einer Überlagerung der Netzspannung führen **(Bild 1, Seite 311)**. Diese Verzerrung entsteht aus einer Überlagerung verschiedener sinusförmiger Spannungen unterschiedlicher Frequenz. Im 50-Hz-Netz sind das die Grundschwingung von 50 Hz und Oberschwingungen mit einem ganzzahligen Vielfachen der Grundschwingung. Oberschwingungen werden mit einer Ordnungszahl *n*, z.B. 5 oder 7, gekennzeichnet. Bei einer Netzfrequenz von 50 Hz, hat z.B. die 5. Oberschwingung eine Frequenz von 5 · 50 Hz = 250 Hz.

Bei der Kompensation der Blindleistung durch Kompensationskondensatoren wird das Netz von induktiver Blindleistung entlastet. Bildet aber die Kompensationskapazität zusammen mit der Induktivität des Netzes einen Reihenschwingkreis, so werden die entstehenden Oberschwingungen bei Resonanz zusätzlich verstärkt. Es kommt zu Spannungserhöhungen die zu Spannungsüberschlägen und damit z.B. zu Anlagenbränden führen können. Um dies zu verhindern, wird zum Kompensationskondensator eine Drossel in Reihe geschaltet (**Bild 1** und **Bild 2**). Dieser Reihenschwingkreis wird so abgestimmt, dass die Resonanzfrequenz unterhalb der Frequenz der im Netz vorkommenden Oberschwingungen liegt.

Oberschwingungen verursachen Störungen im Netz und werden durch geeignete Schaltungen, z.B. verdrosselte Kompensationskondensatoren, oder Blindleistungs-Regelanlagen kompensiert.

Verdrosselte Kompensationsanlagen haben Vorteile:

- Reduzierung von Resonanzerscheinungen,
- Verminderung von Oberschwingungen,
- Verbesserung der Betriebssicherheit von Betriebsmitteln,
- Stabilisierung der Netzspannung,
- Verringerung der Blindleistung und deren Betriebskosten und
- Entlastung des Leitungsnetzes.

Ein Maß für die Verdrosselung ist der Verdrosselungsfaktor *p*. Er gibt das Verhältnis zwischen induktiven Blindwiderstand der Drossel und der Kapazität des Kompensationskondensators an. Für den Verdrosselungsfaktor *p* wurden Standardwerte, z.B. 7 %, vereinbart. Die Rundsteuerfrequenz von Tonfrequenz-Rundsteueranlagen **(Seite 166)** wird durch geeignete Wahl des Verdrosselungsfaktors *p* nicht beeinträchtigt.

Man unterscheidet Kompensationsanlagen mit z.B.:

- 7 %-Verdrosselung für Netze mit Oberschwingungsbelastung und Rundsteuerfrequenzen über 250 Hz, und
- 14 %-Verdrosselung für Netze mit Oberschwingungsbelastung und Rundsteuerfrequenzen von 168 Hz bis 190 Hz.

Beispiel:

Eine Kompensationsanlage hat eine Verdrosselung von 7 %. Wie groß ist die Resonanzfrequenz f_r der Anlage?

Lösung:

$$f_r = f_n \cdot \sqrt{\frac{1}{p}} = 50\ \text{Hz} \cdot \sqrt{\frac{1}{0{,}07}} = \mathbf{189\ Hz}$$

Übersicht: Verbraucherarten (Beispiele)

- Verbraucher, die keine Oberschwingungen erzeugen: Widerstandsheizungen, Beleuchtungsanlagen, Drehstrommotoren.
- Verbraucher, die Oberschwingungen erzeugen: Transformatoren, Stromrichter, Frequenzumrichter.

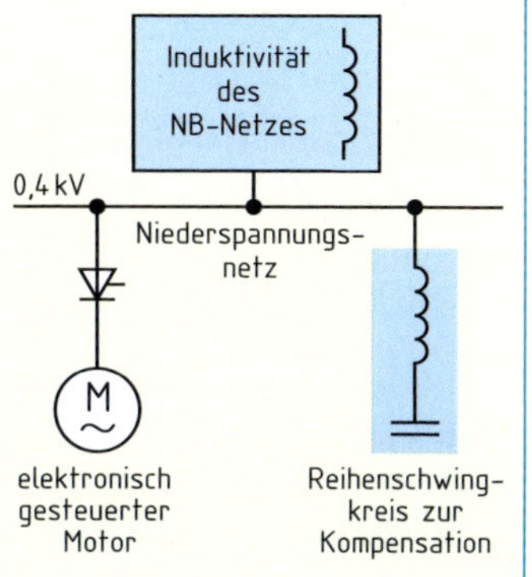

Bild 1: Kompensation einer Stromrichterschaltung (Prinzip)

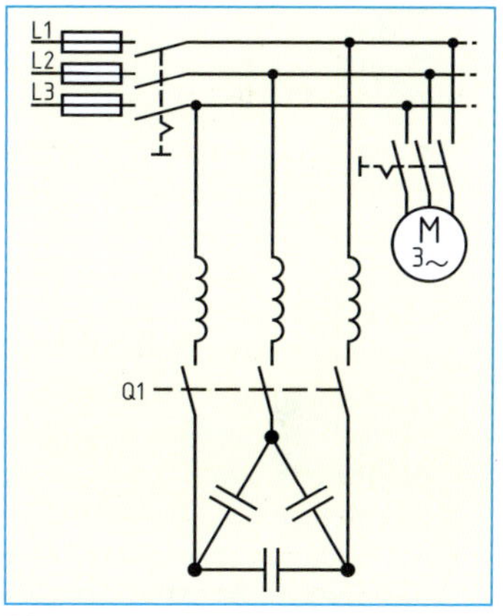

Bild 2: Verdrosselte Kondensatoren

Verdrosselungsfaktor

$$p = \frac{X_L}{X_C}; \quad f_r = f_n \cdot \sqrt{\frac{1}{p}}$$

p	Verdrosselungsfaktor
X_L, X_C	Kompensationsblindwiderstände
f_r	Resonanzfrequenz der Kompensationsanlage
f_n	Netzfrequenz

1. Welche Merkmale hat der sinusförmige Wechselstrom?
2. Mit einem Oszilloskop wird eine sinusförmige Wechselspannung dargestellt **(Bild 1).** Ermitteln Sie **a)** den Spitze-Tal-Wert, **b)** den Scheitelwert, **c)** den Effektivwert **d)** die Periodendauer und **e)** die Frequenz.

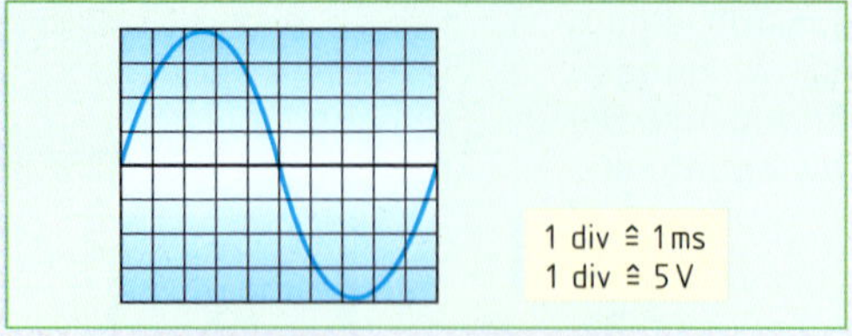

Bild 1: Oszillogramm einer Sinusspannung

3. Mit einem Frequenzgenerator wird die Frequenz einer Sinusspannung von 50 Hz auf 200 Hz erhöht. Welche Auswirkungen hat diese Änderung auf **a)** die Periodendauer, **b)** die Kreisfrequenz und **c)** den Scheitelwert?
4. Berechnen Sie für die Sinusspannung mit dem Effektivwert 230 V, 50 Hz die Augenblickswerte **a)** beim Gradmaß $\alpha_G = 45°$ und **b)** beim Bogenmaß $\alpha_B = 0{,}8$. **c)** Ermitteln Sie für die zwei angegebenen Winkel die beiden Zeitpunkte t_1 und t_2 in ms beginnend ab dem Nulldurchgang. Beachte: Taschenrechnereinstellung, siehe **Seite 130.**
5. Zwei Sinusspannungen mit den Scheitelwerten $\hat{u}_1 = 20$ V und $\hat{u}_2 = 15$ V sind um den Phasenverschiebungswinkel $\varphi = 60°$ verschoben **(Bild 2).** Erklären Sie die Begriffe **a)** Phasenverschiebung und **b)** Voreilung bzw. Nacheilung einer Spannung. **c)** Übertragen und vervollständigen Sie auf einem Zeichenpapier das Zeigerbild und das Liniendiagramm bis 360° mit den Maßstäben: 5 V ≙ 10 mm, 30° ≙ 10 mm. Ermitteln Sie zeichnerisch **d)** die Gesamtspannung u im Liniendiagramm durch Addition von u_1 und u_2 in Abständen von 30° und **e)** im Zeigerbild durch geometrische Addition die Spannung $\hat{u}$. **f)** Berechnen Sie den Effektivwert der Gesamtspannung.

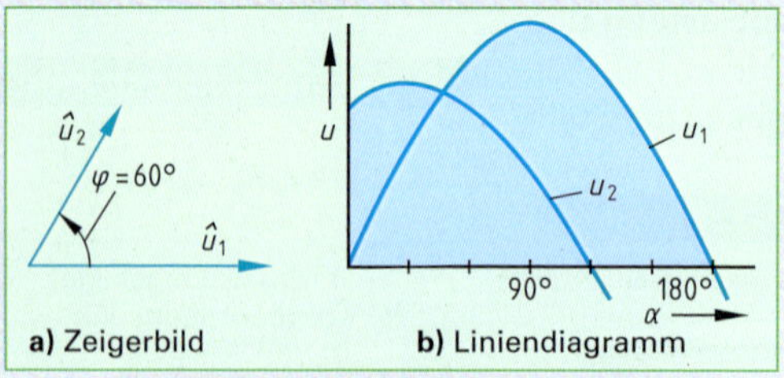

Bild 2: Zeigerbild und Liniendiagramm (unvollständig) phasenverschobener Spannungen

6. Was versteht man unter dem Begriff „ideales Verhalten" bei induktiven und kapazitiven Bauelementen?
7. Berechnen Sie für die RL-Reihenschaltung **(Bild 3) a)** den induktiven Blindwiderstand X_L, **b)** den Scheinwiderstand Z, **c)** den Strom I und **d)** den Wirkfaktor $\cos\varphi$.

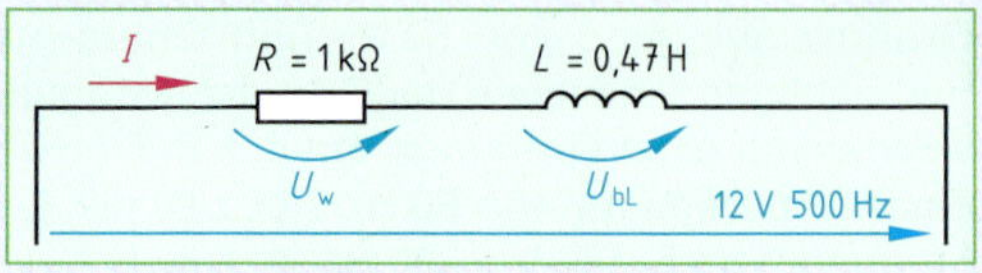

Bild 3: Reihenschaltung aus R und X_L

8. Warum verlangt der Netzbetreiber eine Kompensation der induktiven Blindleistung?
9. Zwei Leuchtstofflampen **(Bild 4)** in Duoschaltung mit dem Gesamtwirkfaktor von $\cos\varphi = 1$ nehmen mit Vorschaltgerät je 69 W auf. In jedem Zweig fließt ein Strom von 0,67 A. Der kapazitive und der induktive Phasenverschiebungswinkel haben den gleichen Betrag.

Kompensation von Leuchtstofflampen: **Seite 165**

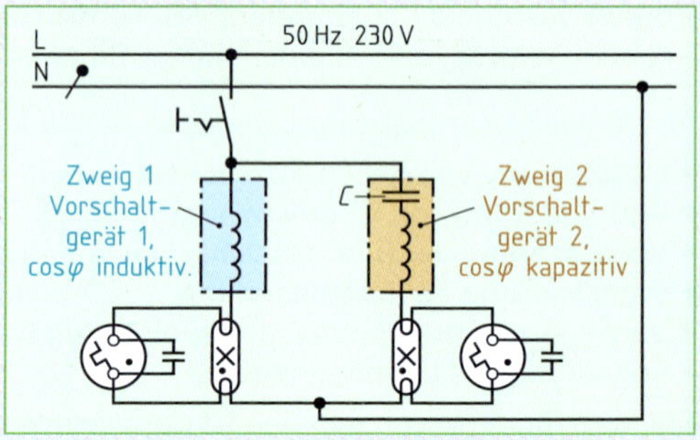

Bild 4: Duoschaltung

Berechnen Sie im Zweig 1 **a)** die Schein- und Blindleistung, **b)** den Phasenverschiebungswinkel φ_1 und im Zweig 2 **c)** die kapazitive Blindleistung Q_C und **d)** die Kapazität C. **e)** Zeichnen Sie das Leistungsdreieck für Zweig 2.

10. Ein symmetrischer Drehstromverbraucher mit Wirkwiderständen wird von Stern auf Dreieck umgeschaltet. Wie verändern sich **a)** Leiterstrom, **b)** Strangstrom, **c)** Strangspannung und **d)** Wirkleistung?
11. Die Heizwiderstände $R_1 = 20\ \Omega$, $R_2 = 30\ \Omega$ und $R_3 = 40\ \Omega$ liegen in Sternschaltung an einem Vierleiter-Drehstromnetz 400 V. Ermitteln Sie **a)** die Strangspannungen, **b)** die Strangströme und **c)** zeichnerisch den Strom im Neutralleiter.

* Ergebnisse der Rechenaufgaben Seite 660

8 Messtechnik

8.1 Elektrische Messgeräte

In der Elektrotechnik und in der Elektronik kommt dem Messen eine besondere Bedeutung zu. Nur durch Messen kann der Zahlenwert einer Größe zweifelsfrei festgestellt werden. Das ist die Grundlage für die Fehlersuche z. B. an Geräten, Bauteilen, Baugruppen und Schaltungen oder bei der Inbetriebnahme einer elektrischen Anlage.

Ein **Messgerät (Bild)** besteht z. B. aus Anzeige, Messgrößenschalter, Funktionstasten, z. B. zur Messbereichswahl, Anschlussbuchsen und Messwerk. Die Messwerte werden vom Messgerät angezeigt oder aufgezeichnet.

Eine **Messeinrichtung** besteht aus einem oder mehreren Messgeräten mit zusätzlichen Einrichtungen. Zusätzliche Einrichtungen können z. B. eine Ableselupe, eine Monitoranzeige und Signalleitungen sein.

Der **Messbereich** eines Messgerätes, z. B. 300 V, ist der Bereich der Messwerte, in dem vorgegebene Fehlergrenzen, z. B. ±1 %, nicht überschritten werden.

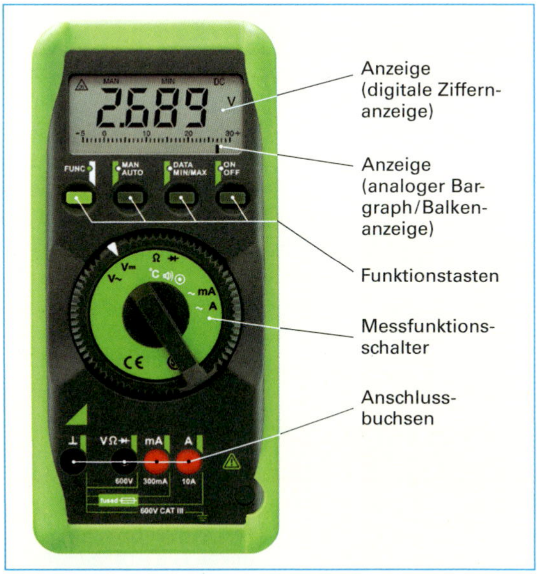

Bild: Messgerät mit Fachbezeichnungen

Bedienungsanleitungen zu den Messgeräten

Messtechnik-Normen (Auswahl)

- DIN 1319-1 Grundlagen der Messtechnik
- DIN EN 60051-1 Direkt wirkend anzeigende analoge elektrische Messgeräte und ihr Zubehör

8.1.1 Grundbegriffe der Messtechnik

Die Bestimmung physikalischer Größen wie z. B. Spannung, Stromstärke oder elektrischer Widerstand erfordert Geräte und Methoden, die in der Messtechnik zur Verfügung gestellt, beschrieben **(Tabelle)** und genormt werden.

Tabelle: Grundbegriffe der Messtechnik

Messen	Bestimmen des Zahlenwertes einer physikalischen Größe, z. B. einer Spannung **(Bild a)** oder einer Gewichtskraft, durch Messung.
Zählen	Ermitteln der Anzahl gleichartiger Ereignisse oder Dinge in einer bestimmten Zeit, z. B. Zahl der elektrischen Impulse in einer Sekunde.
Prüfen	Feststellen, ob der Prüfgegenstand vorgeschriebene Eigenschaften einhält, insbesondere ob die Eigenschaften in den vorgeschriebenen Fehlergrenzen liegen. So stellt man z. B. mit dem Durchgangsprüfer fest, ob die Lampe Durchgang hat **(Bild b)**.
Kalibrieren	Ermitteln und Dokumentieren, wie sich der gemessene Wert vom wahren Wert einer Messgröße unterscheidet. Dabei darf kein Eingriff erfolgen, der das Messgerät verändern würde.
Justieren	Einstellen einer Messwertanzeige auf den richtigen Wert, z. B. bei der Widerstandsmessung auf den Nullpunkt des Messgerätes bei kurzgeschlossenen Messleitungen.
Eichen	Amtliche Bestätigung, dass die Messergebnisse eines Messgerätes die Eichfehlergrenze nicht überschreiten. Die Eichung erfolgt z. B. durch Landeseichämter oder staatlich anerkannte Prüfstellen unter fachlicher Aufsicht der Physikalisch-Technischen Bundesanstalt (PTB) und wird durch ein Prüfsiegel am Gerät angezeigt. Sie ist in regelmäßigen zeitlichen Abständen zu wiederholen.

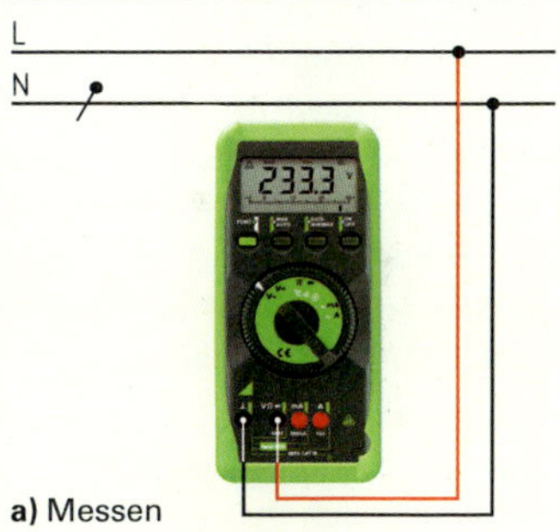

a) Messen

b) Prüfen mit einem Durchgangsprüfer

8.1.2 Anzeigearten von Messgeräten

Messgeräte werden in analog und digital anzeigende Messgeräte eingeteilt.

Bei **analogen**[1] Messanzeigen **(Bild 1a)** folgt die Anzeige des Messwertes stetig der Eingangsgröße (Messgröße). Meist zeigt ein Zeiger oder eine Marke, die gleichmäßig über die Skala geführt wird, den Messwert an. Für sich ständig ändernde Messwerte, die z.B. in Messwarten beobachtet werden müssen, verwendet man wegen der Übersichtlichkeit meist Zeigermessgeräte (analoge Messgeräte).

Digital[2] anzeigende Messgeräte zeigen den Messwert in Ziffern an **(Bild 1b)**.

- Analog anzeigende Messgeräte sind Zeigermessgeräte und Oszilloskop.
- Digital anzeigende Messgeräte haben eine Ziffernanzeige.

Messwerte können für eine spätere Auswertung auch schriftlich aufgezeichnet werden, z.B. durch Y-t-Schreiber oder durch Drucker. Die Aufzeichnung kann sowohl analog in einem Kurvendiagramm als auch digital in einer Zahlenreihe erfolgen.

8.1.3 Analoge Messgeräte

Analogmultimeter (Bild 2) sind Zeiger-Vielfachmessgeräte. Sie werden zur Spannungs- und Strommessung bei Gleich- und Wechselstrom sowie zur Widerstandsmessung eingesetzt. Ein beweglicher Zeiger wird durch die Messgröße, z.B. die angelegte Spannung, ausgelenkt und zeigt im Skalenfeld für den mit dem Messbereichsschalter gewählten Messbereich den Messwert an. Durch eine Spiegelunterlegung wird ein falsches Ablesen, z.B. schräg von der Seite, der **Parallaxenfehler**[3], vermieden. Der Messwert muss dann abgelesen werden, wenn der Zeiger und sein Spiegelbild genau deckungsgleich sind.

Das **Skalenfeld** beinhaltet wichtige Sinnbilder und Bezeichnungen **(Tabelle)**:

- Einheit der Messgröße
- Sinnbild des Messwerks
- Stromartzeichen
- Genauigkeitsklasse
- Gebrauchslage
- Prüfspannungszeichen

Damit das Messgerät nicht beschädigt wird oder die Schutzeinrichtung auslöst, ist vor Messbeginn der größte Messbereich der zu messenden elektrischen Größe einzustellen.

Beim Messen eines unbekannten Messwertes ist aus Sicherheitsgründen zunächst der größte Messbereich der entsprechenden Messgröße, z.B. Spannung, einzustellen und dann auf den Messbereich zu schalten, bei dem die Anzeige möglichst im letzten Skalendrittel liegt.

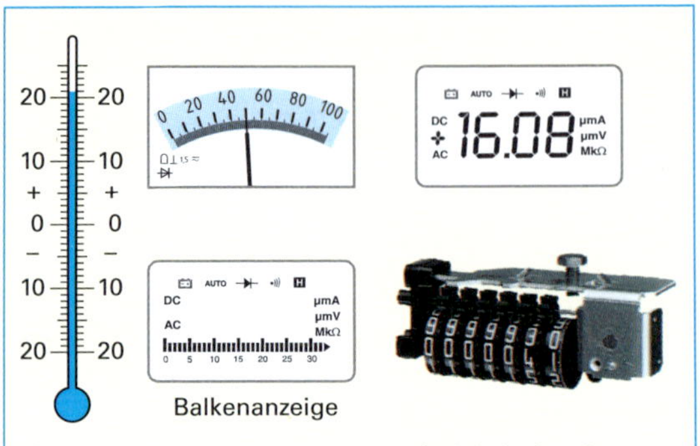

Bild 1: Analoge und digitale Anzeigen

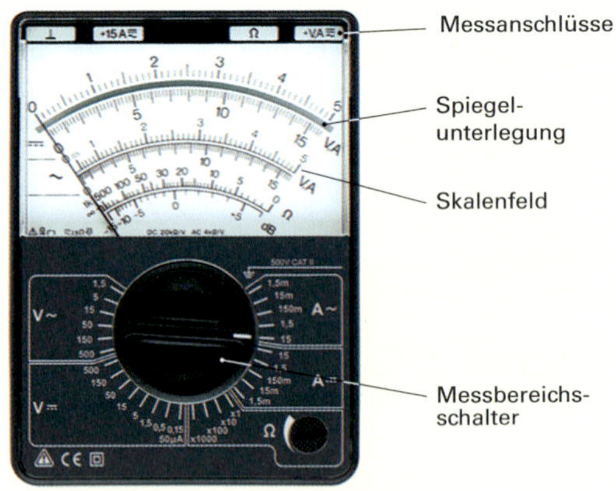

Technische Kennwerte der Messbereiche:

Spannung	0...0,5 V, 0...500 V DC 0...500 V AC
Strom	0...50 µA DC 0...15 A DC/AC
Widerstand	1Ω...1 MΩ
Genauigkeit	Klasse 2,5

Bild 2: Analogmultimeter

Tabelle: Sinnbilder auf dem Skalenfeld (Auswahl)

Messwerke	Sinnbild	Gebrauchshinweis	Sinnbild
Drehspulmesswerk		senkrechte Gebrauchslage	⊥
Drehspulmesswerk mit Gleichrichter		waagerechte Gebrauchslage	
Drehspul-Quotientenmesswerk		schräge Gebrauchslage, z.B. 60°	∠60°
Dreheisenmesswerk		Prüfspannung 500 V Prüfspannung z.B. 2000 V	☆ ☆2
elektrodyn. Messwerk (eisengeschlossen)		Achtung! Gebrauchsanweisung beachten	⚠
Induktionsmesswerk			

[1] analog (griech.) = ähnlich, entsprechend
[2] von digitus (lat.) = Finger
[3] von parallaxis (griech.) = Abweichung

8.1.3.1 Messfehler von analogen Messgeräten

Messfehler sind in der Praxis unvermeidbar. Um ein Messergebnis bewerten zu können, müssen deshalb Messwert und Messfehler angegeben werden.

Messfehler können sein:

- **Persönliche Fehler.** Durch z.B. ungenaues oder fehlerhaftes Ablesen (Parallaxenfehler).
- **Einflussfehler.** Durch Abweichen von z.B. der Nenntemperatur oder der Nennfrequenz.
- **Systematische Fehler.** Durch die Messschaltung, z.B. Verwendung der Stromfehler- anstelle der Spannungsfehlerschaltung **(Seite 59)**.
- **Anzeigefehler.** Durch die Konstruktion, z.B. Lagerreibung, ungenaue Skalenausführung oder durch Fertigungstoleranzen des Messgeräts.

Persönliche Fehler und systematische Fehler werden in der Fehlerrechnung nicht berücksichtigt, weil sie vermeidbar sind.
Einflussfehler werden nur dann berücksichtigt, wenn die Betriebsbedingungen für das Messgerät nicht eingehalten werden können.

Für die Fehlerrechnung wird meist nur der Anzeigefehler verwendet. Der Anzeigefehler wird auch zulässiger **absoluter Fehler** *F* genannt und durch die **Genauigkeitsklasse** *k* bestimmt. Bei z.B. $k = 1,5$ darf der wahre Wert um maximal ±1,5% des Messbereichsendwertes *E* vom angezeigten Messwert *M* abweichen. Die Genauigkeitsklasse (Güteklasse) wird vom Hersteller angegeben **(Tabelle und Beispiel)**.

Die Genauigkeitsklasse *k* gibt den höchst zulässigen Fehler in Prozent (Anzeigefehler) vom Messbereichsendwert *E* an.

Der zulässige absolute Fehler *F* ist für jeden Messwert im Messbereich gleich. Setzt man den absoluten Fehler *F* ins Verhältnis zum Messwert *M*, so erhält man den **relativen Fehler** *f* für ein Messergebnis. Aus *M* und *F* kann die zulässige Obergrenze w_o und die zulässige Untergrenze w_u des wahren Wertes berechnet werden.

- $\text{Absoluter Fehler } F = \dfrac{\text{Genauigkeitsklasse } k \cdot \text{Messbereichsendwert } E}{100}$
- $\text{Relativer Fehler } f = \dfrac{\text{Absoluter Fehler } F}{\text{Messwert } M} \cdot 100\,\%$

Der relative Fehler *f* ist bei einer Anzeige in der Mitte der Skala doppelt so groß wie am Skalenende.

Der Messbereich ist möglichst so zu wählen, dass der Zeiger im letzten Drittel der Skala anzeigt. Dadurch bleibt der relative Messfehler klein.

Tabelle: Genauigkeitsklassen elektrischer Messgeräte

Feinmessgeräte			
Genauigkeitsklasse *k*	0,1	0,2	0,5
Anzeigefehler in % vom Messbereichsendwert	± 0,1%	± 0,2%	± 0,5%

Betriebsmessgeräte				
Genauigkeitsklasse *k*	1	1,5	2,5	5
Anzeigefehler in % vom Messbereichsendwert	± 1%	± 1,5%	± 2,5%	± 5%

Fehlerrechnung

$F = \dfrac{k \cdot E}{100}$	*F* zulässiger absoluter Fehler, Messunsicherheit (Betrag) *k* Genauigkeitsklasse *E* Messbereichsendwert
$f = \dfrac{F \cdot 100\,\%}{M}$	*f* relativer, prozentualer Fehler (Betrag) *M* Messwert
$w_u = M - F$ $w_o = M + F$	w_u zulässige Untergrenze des wahren Wertes w_o zulässige Obergrenze des wahren Wertes

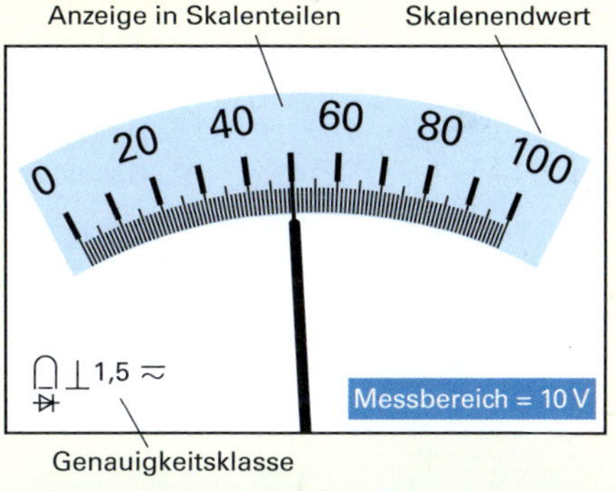

Beispiel:

Berechnen Sie für das Messgerät mit dieser Messwertanzeige **a)** die Skalenkonstante, **b)** den Messwert *M*, **c)** den absoluten Fehler *F*, **d)** den relativen Fehler *f*, **e)** die Obergrenze w_o und **f)** die Untergrenze w_u des wahren Wertes.

Lösung:

a) $\textbf{Skalenkonstante} = \dfrac{\text{Messbereich}}{\text{Skalenteile}} = \dfrac{10\,\text{V}}{100\,\text{Skt}} = \mathbf{0{,}1\,\dfrac{V}{Skt}}$

b) $\boldsymbol{M} = \text{Anzeige in Skalenteilen} \cdot \text{Skalenkonstante}$
$= 50\,\text{Skt} \cdot 0{,}1\,\dfrac{\text{V}}{\text{Skt}} = \mathbf{5\,V}$

c) $\boldsymbol{F} = \dfrac{k \cdot E}{100} = \dfrac{1{,}5 \cdot 10\,\text{V}}{100} = \mathbf{0{,}15\,V}$

d) $\boldsymbol{f} = \dfrac{F \cdot 100\,\%}{M} = \dfrac{0{,}15\,\text{V} \cdot 100\,\%}{5\,\text{V}} = \mathbf{3\,\%}$

e) $\boldsymbol{w_o} = M + F = 5\,\text{V} + 0{,}15\,\text{V} = \mathbf{5{,}15\,V}$

f) $\boldsymbol{w_u} = M - F = 5\,\text{V} - 0{,}15\,\text{V} = \mathbf{4{,}85\,V}$

8.1.3.2 Elektrische Messwerke

Die aktiven Teile eines Zeigermessgerätes erzeugen ein Drehmoment. Sie werden als Messwerk bezeichnet. Zum Messwerk gehören auch Zeiger und Skala. Messwerke unterscheiden sich nach ihrem Aufbau und durch ihre Eigenschaften **(Tabelle)**.

Tabelle: Messwerke für Zeigermessgeräte

Darstellung	Aufbau und Funktion	Eigenschaften
	Drehspulmesswerk	
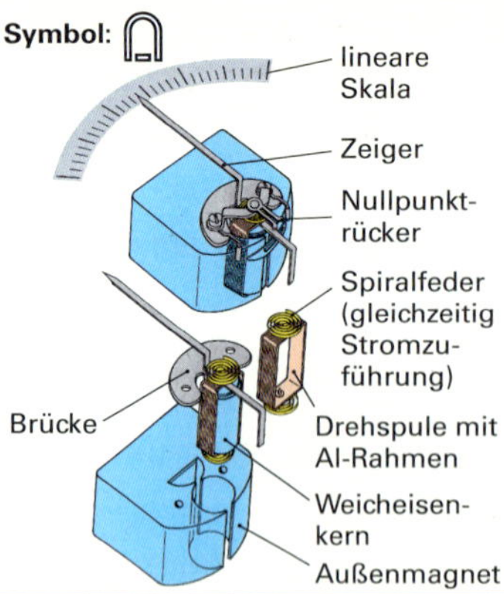	Im Feld eines Dauermagneten (Außenmagnet) ist eine Spule drehbar gelagert. Fließt ein Messstrom durch die Drehspule, wird ein Spulenmagnetfeld erzeugt, das ein Drehmoment auf die Spule bewirkt. Der Zeiger dreht sich mit der Spule und zeigt den Messwert auf der linearen Skala an. Eine Wirbelstromdämpfung verhindert ein starkes Pendeln des Zeigers. Die Drehspule ist auf einen Aluminiumrahmen gewickelt. Beim Ausschlag des Zeigers werden im Aluminiumrahmen Wirbelströme erzeugt, die den Zeigerausschlag dämpfen.	• Zur Messung von Gleichspannung und Gleichstrom geeignet • Sehr hohe Empfindlichkeit • Hohe Genauigkeit • Geringer Eigenverbrauch (1 µW bis 100 µW) • Lineare, d.h. gleichmäßig geteilte Skala • Messung von sinusförmigen Wechselstromgrößen durch Vorschalten eines Gleichrichters möglich • Bei Mischspannungen wird der arithmetische Mittelwert **(Seite 133)** angezeigt • Der Nullpunkt kann auch in der Skalenmitte liegen
	Dreheisenmesswerk	
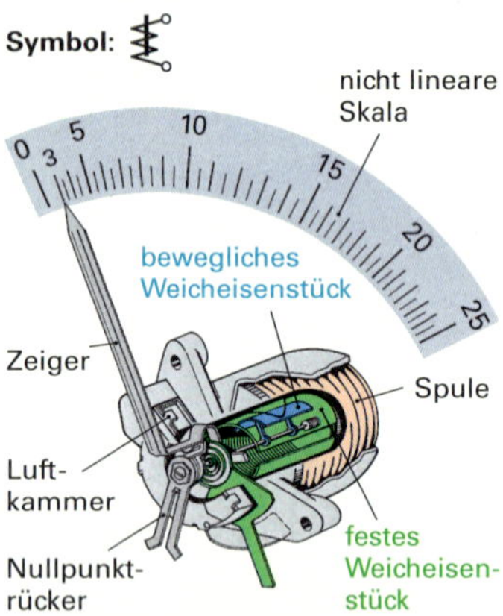	Im Inneren einer Spule sind ein festes und ein an der Zeigerachse befestigtes bewegliches Weicheisenplättchen angeordnet. Fließt ein Messstrom durch die Spule, entsteht in der Spule ein Magnetfeld, das die beiden Weicheisenstücke gleichsinnig magnetisiert. Sie stoßen sich ab. Das entstehende Drehmoment ist ein Maß für den Messwert. Der Messwert wird auf der nichtlinearen Skala angezeigt. Der Zeigerausschlag wird in einer Luftkammer gedämpft.	• Einfacher, betriebssicherer Aufbau • Für Gleich- und Wechselstrom geeignet • Unempfindlich gegen magnetische Fremdfelder • Bei der Messung von Mischspannungen oder -strömen wird stets der Effektivwert angezeigt • Nicht geeignet zur Messung von Strömen unter 20 mA und Spannungen unter 6 V • Verhältnismäßig hoher Eigenverbrauch (0,5 bis 1 VA) • Die Genauigkeitsklasse beträgt bei Gleich- und Wechselstrom 1,5 bis 2,5 • Nichtlineare Skalenteilung • Nur bis etwa 400 Hz verwendbar
	Elektrodynamisches Messwerk	
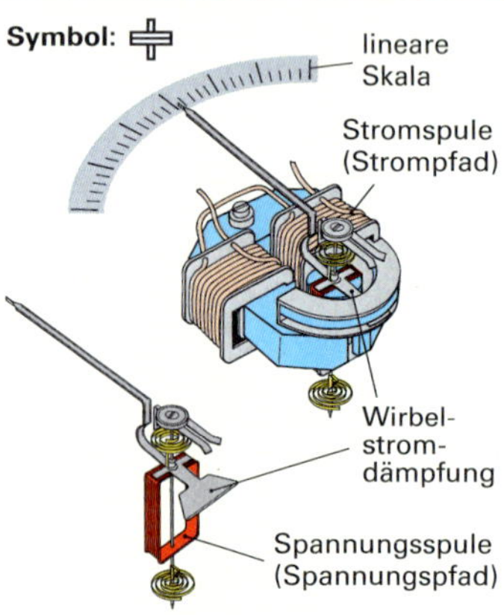	Das **elektrodynamische Messwerk** gleicht im Aufbau dem Drehspulmesswerk. An Stelle des Dauermagneten beim Drehspulmesswerk hat das elektrodynamische Messwerk einen Elektromagneten. Das Messwerk besteht aus zwei Spulen, einer Stromspule, in deren Feld sich eine drehbar angeordnete Spannungsspule befindet. Die Stromspule bildet den **Strompfad** und die Spannungsspule den **Spannungspfad.** Fließt Strom durch die beiden Spulen, so wirkt auf die Drehspule ein Drehmoment, das sowohl der Spannung an der Drehspule als auch dem Strom durch die Stromspule proportional ist.	• Eigenverbrauch 1 bis 3 W • Genauigkeitsklassen: 0,1 für eisenlose und 1,5 für eisengeschlossene elektrodynamische Messwerke • Für Gleich- und Wechselstrom geeignet • Es wird das Produkt aus Spannung, Strom und Wirkfaktor ($P = U \cdot I \cdot \cos\varphi$) gemessen • Anwendung als Wirkleistungsmesser **(Seite 178)** • Kaum Genauigkeitsverluste durch Alterung, weil das Messwerk keine Dauermagnete enthält

8.1.4 Digitale Messgeräte

Digitale Messgeräte setzen die analoge Messgröße in einen digitalen Wert um, der meist durch Ziffern angezeigt wird (Bild 1).

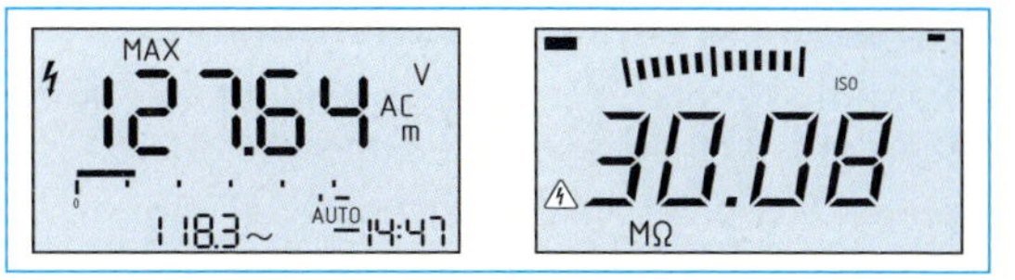

Bild 1: Beispiele digitaler Ziffernanzeigen

Digitale Messgeräte (Digitalmultimeter) enthalten:

- einen Analog-Digital-Umsetzer (AD-Umsetzer),
- ein Display (Anzeigeeinheit),
- eine Stromversorgung (Netzteil oder Batterie),
- einen Messverstärker mit hohem Eingangswiderstand, z. B. 10 MΩ.

Der AD-Umsetzer **(Bild 2)** verarbeitet nur Spannung. Für die Messung von Strömen und Widerständen sind deshalb Messwertumformer notwendig. Als Messwertumformer für die Strommessung dienen Präzisionswiderstände, durch die der Messstrom fließt. Für die Widerstandsmessung ist eine Konstantstromquelle vorhanden, die an dem zu messenden Widerstand einen Spannungsfall erzeugt.

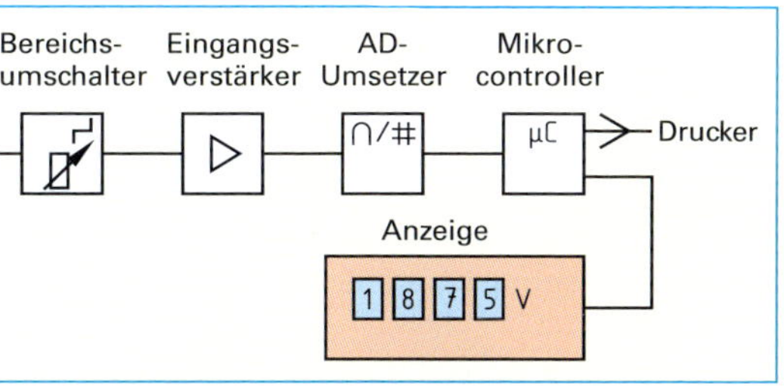

Bild 2: Prinzipschaltung eines Digitalmultimeters

Analog-Digital-Umsetzer: **Seite 241**

Anzeigen: Die Ziffern 0 bis 9 werden z. B. mit 7-Segment- oder 14-Segment-Anzeigen dargestellt **(Bild 3a und 3b)**. Durch Punktmatrixanzeigen, z. B. mit 5 × 7 Punkten, lassen sich neben Ziffern auch Buchstaben und Symbole, z. B. Ω (für Ohm, **Bild 3c**) darstellen. Der **Anzeigeumfang** gibt an, wie viele Werte die Anzeige darstellen kann. Für den Anzeigeumfang wird häufig eine Stellenzahl-Bezeichnung angegeben **(Tabelle)**.

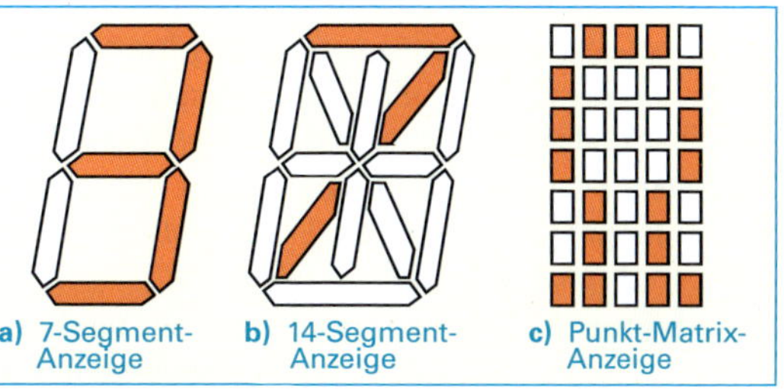

Bild 3: Anzeigen digitaler Messgeräte

Tabelle: Anzeigeumfang und Stellenzahl (Beispiele)

Anzeige	Anzeigeumfang	Stellenzahl
1. Stelle: 0 oder 1	–	1/2
1. Stelle: 0, 1, 2 oder 3	–	3/4
000 bis 999	1000	3
0000 bis 1999	2000	3 1/2
0000 bis 3999	4000	3 3/4
00000 bis 39999	40000	4 3/4

Auflösung. Sie ist ein wichtiges Merkmal der Anzeige und gibt an, welche kleinste Messgröße, z. B. 1 mV, innerhalb eines bestimmten Messbereichs noch angezeigt werden kann **(Beispiel 1)**.

Messfehler von digitalen Messgeräten

$$F = \frac{k \cdot M}{100} + z \cdot l \qquad w_u = M - F \qquad w_o = M + F$$

- F zulässiger absoluter Fehler, Messunsicherheit (Betrag)
- M Messwert, angezeigter Wert
- k prozentualer Anteil der Messunsicherheit
- z konstanter Anteil der Messunsicherheit in Digit
- l Auflösung der Digitalanzeige
- w_u, w_o zulässige Unter-/Obergrenze des wahren Wertes

Genauigkeit

Die Messgenauigkeit von Digitalmultimetern wird immer auf den Messwert bezogen und als Messunsicherheit (Messfehler) mit einem prozentualen und einem konstanten Anteil angegeben, z. B. ± (0,5 % v. M.[1] + 3 Digit).

Beispiel 1:

Welche Auflösung ist bei einem Digitalmultimeter **(Bild, Seite 169)** im 3-V-Messbereich (Anzeige: 0,000...2,999 V) vorhanden?

Lösung:

$$\textbf{Auflösung} = \frac{\text{Messbereich}}{\text{Anzeigeumfang}} = \frac{3\ \text{V}}{3000} = 0{,}001\ \text{V} = \textbf{1 mV}$$

Beispiel 2:

Ein Digitalmultimeter **(Bild, Seite 169)** zeigt eine Spannung von DC 2,689 V an. Die Messunsicherheit wird mit ± (0,5 % v. M. + 3 Digit) angegeben. Wie groß ist **a)** der zulässige absolute Fehler F und **b)** in welchem Bereich muss der wahre Wert liegen?

Lösung:

a) aus Beispiel 1: Auflösung $l = 0{,}001$ V

$$\boldsymbol{F} = \frac{k \cdot M}{100} + z \cdot l = \frac{0{,}5 \cdot 2{,}689\ \text{V}}{100} + 3 \cdot 0{,}001\ \text{V} = 0{,}016\ \text{V}$$

b) Der wahre Wert muss zwischen

$\boldsymbol{w_u} = M - F = 2{,}689\ \text{V} - 0{,}016\ \text{V} = \mathbf{2{,}673\ V}$ und

$\boldsymbol{w_o} = M + F = 2{,}689\ \text{V} + 0{,}016\ \text{V} = \mathbf{2{,}705\ V}$ liegen.

[1] v. M. = vom Messwert

Fachbegriffe zum Digitalmultimeter:

Digitalmultimeter. Multimeter sind zur Messung mehrerer elektrischer Größen geeignet **(Bild)**.

Range[1]: Manuelle Messbereichseinstellung.

AC-Bandbreite: Der Frequenzbereich, über den Wechselspannungsmessungen möglich sind und der Messfehler in vorgegebenen Grenzen bleibt.

Analoge Balkengrafik: Eine Displayanzeige für sich schnell ändernde oder instabile Signale.

Automatische Buchsensperre: Abhängig von der eingestellten Messung, z.B. Spannungsmessung, sperren mechanische Verriegelungen die nicht benötigten Anschlussbuchsen, z.B. für Strommessung **(Bild)**.

Automatische Bereichsumschaltung: Das Multimeter wählt automatisch den Messbereich mit der größten Genauigkeit für die Messaufgabe.

Automatische Messwertspeicherung (DATA-Hold[2]**)**: Messwert wird erfasst und auf dem Display festgehalten. Ein akustisches Signal zeigt die Speicherung an.

Akustische Durchgangsprüfung: Die Prüfung des Durchgangs wird sowohl am Display als auch akustisch angezeigt.

Crestfaktor[3] F_c: Gibt an, bis zu welchem Verhältnis von Scheitelwert zu Effektivwert (= Scheitelfaktor) der echte Effektivwert der Messgröße richtig angezeigt wird **(Tabelle)**.

true RMS, TRMS[4]: Echter Effektivwert wird angezeigt, wenn der Scheitelfaktor (Scheitelwert/Effektivwert) der Messgröße kleiner ist als der Crestfaktor des Gerätes.

Diodentest: Bei einwandfrei funktionierenden Dioden muss in Durchlassrichtung ein Spannungsfall von 0,6 bis 0,7 V angezeigt werden.

Relativer Bezugswert: Ein Messwert wird gespeichert und die Differenz zwischen diesem Wert und den folgenden Messwerten angezeigt.

MIN/MAX: Das Messgerät erfasst und speichert automatisch den höchsten und den niedrigsten Messwert.

Auto-Power-Off: Das Gerät schaltet sich ab, wenn es z.B. 10 Minuten lang nicht benutzt wird.

Tastverhältnis: Gibt bei einem Impulssignal das Verhältnis von Pulsbreite zur Periodendauer in Prozent an.

Input Alert[5]: Gibt ein akustisches Warnsignal, wenn die Messleitungen z.B. in die Strom-Eingangsbuchsen gesteckt werden, der Messgrößenschalter aber nicht auf Strommessung steht.

Serielle Schnittstelle: Anschlussmöglichkeit für einen Computer zur Messwertverarbeitung.

[1] range (engl.) = Bereich
[2] to hold (engl.) = halten
[3] crest (engl.) = Gipfel

Technische Kennwerte (Auswahl)

Messfunktionen:		
Spannung	10 µV	... 1000 V
Strom	10 nA	... 10 A (16 A)
Widerstand	0,01 Ω	... 40 MΩ
Frequenz	0,001 Hz	... 1 MHz
Temperatur	– 250 °C	... + 1372 °C
AC-Bandbreite:	100 kHz	
Zulässiger Crestfaktor:	5	
Eingangsimpedanz:	≥ 9 MΩ	
Messstrom bei Ω-Messung:	max. 250 µA	
Anzeigeumfang:	60.000 Digits (00000 ... 59999)	
Messunsicherheit:	±(0,05% v.M. + 3 Digit) bei V DC	

Bild: Digitalmultimeter

Effektivwertmessung nicht sinusförmiger Größen: **Seite 181**

Tabelle: Crestfaktor* und Signalform (Beispiele)

Signalform	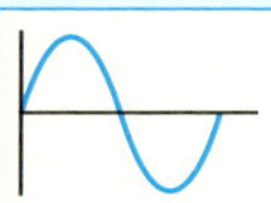	 $t_i = t_p$	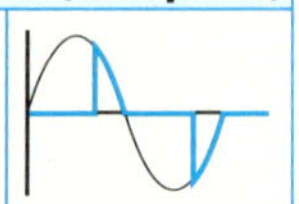
Crestfaktor	$F_c = \sqrt{2}$	$F_c = \sqrt{2}$	$F_c > \sqrt{2}$

* Weitere Crestfaktoren: **Seite 133**

Crestfaktor

$$F_c = \frac{\hat{u}}{U}$$

F_c Crestfaktor
$\hat{u}$ Scheitelwert
U Effektivwert

Beispiel:

Eine Phasenanschnittsteuerung hat einen Scheitelwert $\hat{u}$ = 325 V und einen Effektivwert U = 65 V. Welchen Crestfaktor muss das zu verwendende Messgerät haben, damit der Effektivwert richtig angezeigt wird?

Lösung:

$$F_c = \frac{\hat{u}}{U} = \frac{325\ \text{V}}{65\ \text{V}} = \mathbf{5} \quad \Rightarrow$$

Das Messgerät muss den Crestfaktor $F_c \geq 5$ haben.

[4] True Root Mean Square (engl.) = wahrer quadratischer Mittelwert = echter Effektivwert
[5] Input Alert (engl.) = Warnsignal bei falsch gewähltem Eingang

8.1.5 PC-Messtechnik

Statt analoger oder digitaler Messgeräte können auch Messwerterfassungssysteme mit PC und Software verwendet werden **(Bild 1)**.

Bei der PC-Messtechnik werden Messwerte digitalisiert und mit einer Messdatenerfassungssoftware gespeichert, ausgewertet und visualisiert.

Vorteile gegenüber Standard-Messgeräten sind z. B.

- Erfassung sehr langer oder sehr kurzer Signalverläufe, z. B. Spannungsimpulse,
- Erfassung nichtelektrischer Größen **(Seite 186)**,
- schnelle und kostengünstige Anpassung an die Messaufgaben, z. B. Temperaturerfassung,
- Verarbeitung und Dokumentation der Messwerte.

Nichtelektrische Größen, z. B. Temperatur, werden durch analoge Sensoren, z. B. NTC-Widerstand, erfasst und mittels Messschaltung **(Bild 1)** in eine elektrische Größe, meistens eine Spannung, umgewandelt. Häufig erfolgt noch eine Signalaufbereitung, z. B. Anpassung an einen festen Spannungsbereich. Die analoge elektrische Größe wird durch einen AD-Umsetzer **(Seite 241)** in einem Datenerfassungsgerät digitalisiert. An den PC übertragene, digitale Messdaten können mit einer Messdatenerfassungssoftware, z. B. LabVIEW[1], weiterverarbeitet werden. Die gesamte Messwerterfassung lässt sich auch symbolisch als Messkette, z. B. für eine Temperaturerfassung **(Bild 2)**, darstellen.

LabVIEW ist eine Messdatenerfassungssoftware mit grafischer Benutzeroberfläche, mit der reale (tatsächliche) Messvorgänge am PC virtuell dargestellt und durchgeführt werden können.

Mit der LabVIEW-Entwicklungsumgebung **(Bild 3)** können virtuelle Instrumente (VI[2]) erstellt werden, die echte Mess- und Steuergeräte, z. B. Anzeigen oder Funktionsgeneratoren, in Aussehen und Funktion nachbilden. Die einzelnen VIs werden mit grafischen Symbolen aus einer Bibliothek zusammengesetzt. Eine textorientierte Programmierung, z. B. für mathematische Formeln, ist ebenfalls möglich. Die LabVIEW-Entwicklungsumgebung besteht aus drei Teilen **(Bild 3)**.

Frontpanel (Bild 3a). Benutzeroberfläche zum Platzieren von grafischen Bedien- und Anzeigeelementen und Steuern des Messvorgangs.

Bibliothek (Bild 3b). Stellt vorgefertigte, grafische Bedien-, Anzeige- und Funktionselemente, z. B. Schalter, Oszilloskop oder Zähler, zur Verfügung.

Blockdiagramm (Bild 3c). Verbindet Bedien- und Anzeigeelemente mit Funktionsmodulen und legt Funktionalität und Datenfluss des Messprogramms fest.

[1] **LabVIEW** von **Lab**oratory **V**irtual, **I**nstrument **E**ngineering **W**orkbench (engl.)
[2] **VI** von **V**irtual **I**nstruments (engl.) = Virtuelle Instrumente

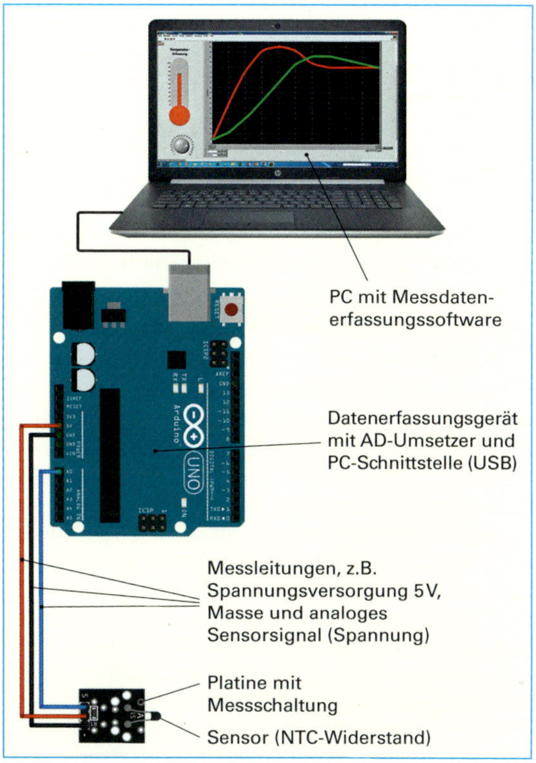

Bild 1: Messdatenerfassung mit dem PC

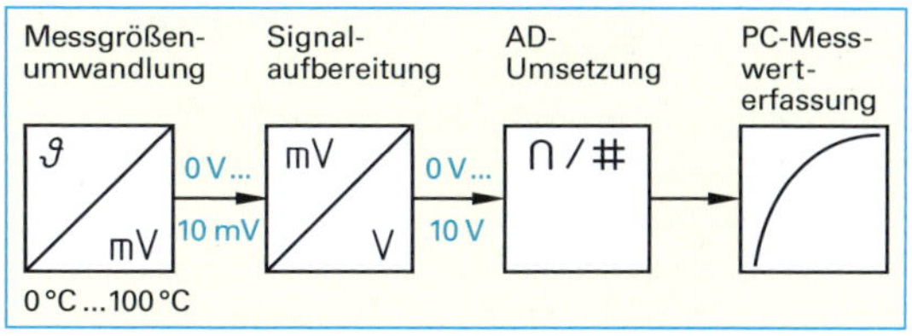

Bild 2: Messkette einer Temperaturerfassung

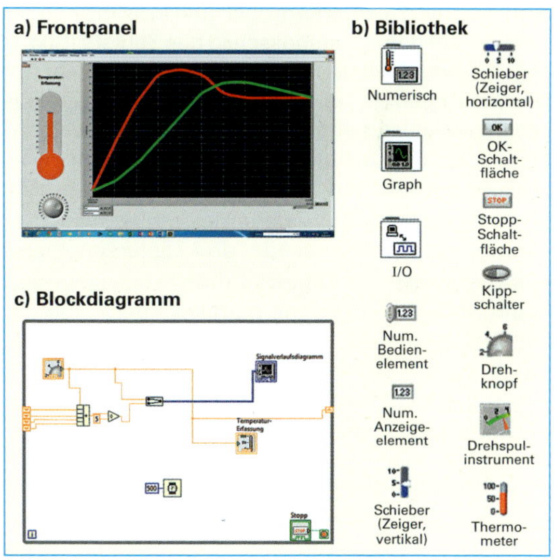

Bild 3: LabVIEW-Entwicklungsumgebung

8.1.6 Elektrizitätszähler

Elektrizitätszähler messen die elektrische Arbeit.

Man unterscheidet nach der Aufgabe:

- Wirkverbrauchszähler
- Blindverbrauchszähler
- Mehrtarifzähler
- Maximumzähler

Nach dem Messprinzip:

- Induktionszähler
- elektronische Elektrizitätszähler **(Seite 177)**

8.1.6.1 Induktionszähler

In Wechselstromanlagen und in Drehstromanlagen werden meist **Induktionszähler (Bild 1)** zur Messung der **elektrischen Wirkarbeit** *W* verwendet.

Der Induktionszähler hat eine ähnliche Wirkungsweise wie ein Asynchronmotor mit Kurzschlussläufer **(Seite 494).** Im Luftspalt zwischen den Polen zweier Magnetsysteme **(Bild 2)** ist eine Läuferscheibe aus Aluminium drehbar gelagert. Durch das untere, zweischenkelige System **(Stromspule)** fließt der zu messende Strom. Das obere, dreischenkelige System trägt die **Spannungsspule.** Die Spannungsspule hat gegenüber der Stromspule eine sehr große Induktivität, sodass bei Wirklast die Ströme und die magnetischen Flüsse in beiden Spulen um fast 90° gegeneinander phasenverschoben sind. Wie bei einem Einphasen-Induktionsmotor erzeugen diese beiden magnetischen Flüsse ein magnetisches Drehfeld und üben so auf die Zählerscheibe ein Drehmoment aus. Das Drehmoment ist umso größer, je größer der Laststrom ist.

Ein **Bremsmagnet** erzeugt in der sich drehenden Scheibe Wirbelströme, die verhindern, dass sich die Scheibe schneller oder aufgrund des Schwungmoments länger dreht, als es der Belastung entspricht. Die Anzahl der Umdrehungen der Zählerscheibe wird mithilfe eines **Zählwerks** gezählt und in kWh angegeben. Die auf dem Leistungsschild des Zählers **(Bild 1)** angegebene **Zählerkonstante** C_z gibt die Anzahl der Umdrehungen je kWh an. Mithilfe der Zählerkonstante kann die angeschlossene Leistung berechnet werden **(Beispiel).** Die Zählerart ist mit einer vierstelligen Schaltungsnummer gekennzeichnet **(Bild 3).**

Drehstromzähler für Vierleiternetze wirken mit drei Triebsystemen auf zwei oder drei Zählerscheiben.

Mehrtarifzähler, z.B. Doppeltarifzähler, bestehen aus mehreren Zählwerken mit gemeinsamem Antrieb. Ein Tarifschaltgerät, z.B. Funk- oder Tonfrequenz-Rundsteuergerät, nimmt die Umschaltung der Zählwerke auf Hochtarif (HT) oder Niedertarif (NT) vor.

Maximumzählwerke erfassen die bei einem Abnehmer auftretende Höchstbelastung. Dabei wird nicht die höchste Augenblicksleistung, wie sie z.B. beim Anlassen von Motoren auftritt, sondern der höchste Mittelwert eines Ablesezeitraumes, z.B. innerhalb einer Messperiode von 15 Minuten, angezeigt.

Bild 1: Wechselstrom-Induktionszähler

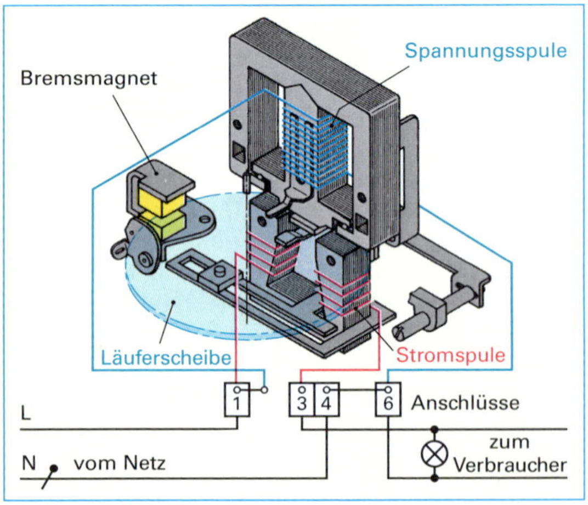

Bild 2: Messwerk des Induktionszählers

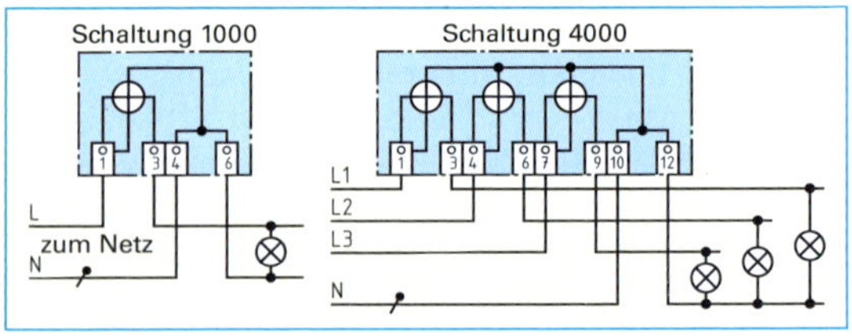

Bild 3: Zählerschaltungen

Zählerkonstante

$$C_z = \frac{n}{P}$$

P elektrische Leistung in kW
n Umdrehungen der Zählerscheibe je Stunde
C_z Zählerkonstante in 1/kWh

Beispiel:

Bei einem Zähler mit der Zählerkonstante $C_z = 600$ 1/kWh macht die Zählerscheibe in 1 Minute $n = 33$ Umdrehungen. Wie groß ist die angeschlossene Leistung *P*?

Lösung:

$$P = \frac{n}{C_z} = \frac{60 \cdot 33\ 1/\text{h}}{600\ 1/\text{kWh}} = \mathbf{3{,}3\ kW}$$

8.1.6.2 Elektronische Elektrizitätszähler

Elektronische Elektrizitätszähler **(Bilder 1 und 2)** wandeln die gemessene elektrische Arbeit in digitale Signale um. Dadurch haben sie im Vergleich zu Induktionszählern zusätzliche Messfunktionen, z. B. Messen durch Fernauslesung.

Elektronischer Mehrtarifzähler

Ein elektronischer Mehrtarifzähler besitzt im Wesentlichen folgende Eigenschaften (Auswahl):

- Mehrtarifzählung, z. B. Hoch-/Niedertarif (HT/NT),
- Maximum-Leistungsmessung,
- Speichern von Lastprofilen,
- Kommunikation über Datenschnittstellen,
- Datenfernübertragung.

Elektronischer Haushaltszähler (eHZ)

Das EnWG[1] sieht vor, bei Zählerneueinbau oder Zählerwechsel elektronische Haushaltszähler (eHZ) einzubauen. Die Anforderungen an den eHZ **(Bild 2)** wurden vom VDN[2] in einem Lastenheft festgelegt. Die wesentlichen Eigenschaften sind:

- Werkzeugloser, unterbrechungsfreier und zeitsparender Anschluss über Steckkontakte **(Bild 3).**
- Bei Neuanlagen mit BKE[3] ist ein Zählerwechsel ohne Spannungsunterbrechung möglich.
- Nachrüstung in bestehenden Anlagen mit eHZ-Adapter zur Montage auf dem Zählerkreuz.
- Kommunikationsanbindungen über optische Datenschnittstellen möglich.
- Als Drehstromzähler und Einphasen-Wechselstromzähler einsetzbar.

Betriebsarten als Drehstromzähler sind z. B.:

- Drehstrombezugszähler,
- Drehstromlieferzähler,
- Zweirichtungszähler,
- Zweitarifzähler.

Im Display **(Bild 2)** wird die vom Netzbetreiber bezogene elektrische Energie als positive elektrische Wirkarbeit mit dem Symbol +A und die an den Netzbetreiber gelieferte elektrische Energie, z. B. aus Fotovoltaik-Anlagen, als negative elektrische Wirkarbeit mit dem Symbol – A in kWh angezeigt. Außerdem wird im Display die Laufrichtung einer Läuferscheibe simuliert und das Anliegen der Leiterspannungen dargestellt.

Übersicht: Technische Daten (Auswahl)

- Bemessungsspannung: 230/400 V
- Bemessungsfrequenz: 50 Hz
- Maximal zulässiger Strom (Grenzstrom): 60 A
- Minimaler Anlaufstrom: 0,02 A
- Optische Datenschnittstellen (Infrarot): Typische Übertragungsrate 9600 bit/s
- Optischer Impulsausgang (Infrarot): Zählimpulse mit typisch 10000 Impulsen/kWh

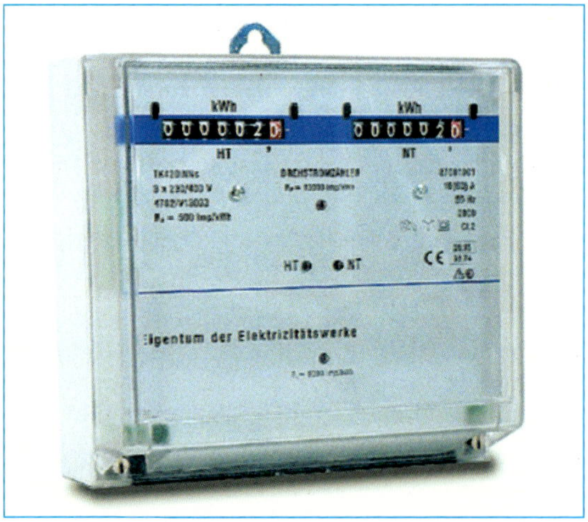

Bild 1: Elektronischer Mehrtarifzähler (HT und NT)

Das EnWG[1] soll Endkunden durch eHZ-Anwendungen einen gesteuerten und effizienten Energieverbrauch, z. B. durch Kommunikation über die optische Datenschnittstelle, ermöglichen.

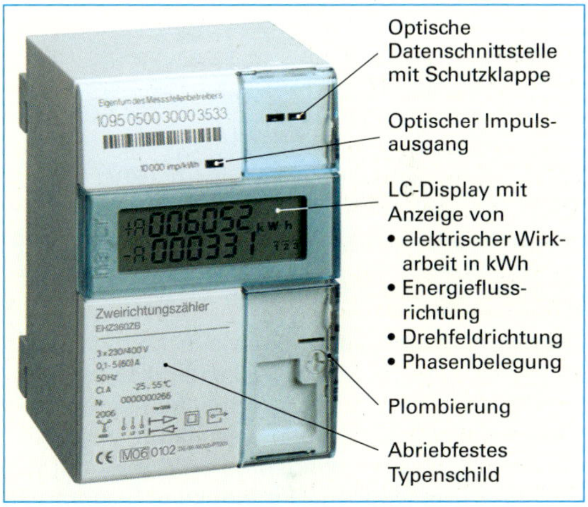

Bild 2: Elektronischer Haushaltszähler (eHZ)

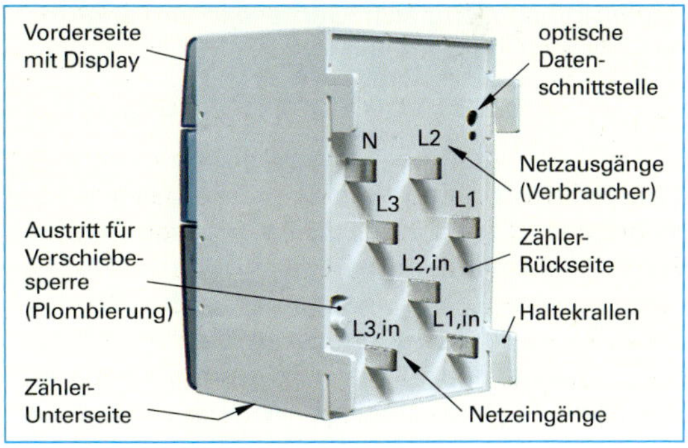

Bild 3: eHZ-Rückseite mit Kontakten

[1] EnWG, Abk. für: Energiewirtschaftsgesetz
[2] VDN, Abk. für: Verband der Netzbetreiber
[3] BKE, Abk. für: Befestigungs- und Kontaktiereinrichtung

8.2 Praktisches Messen

8.2.1 Messen von Leistungen

Mit elektrodynamischen Messwerken **(Seite 172)** kann mit einer einfachen Schaltung **(Bild 1)** eine Leistungsmessung durchgeführt werden.

Elektrodynamische Messwerke eignen sich zur Wirkleistungsmessung.

Wirkleistungsmessung. Dazu wird ein elektrodynamisches Messwerk **(Bild 2)** verwendet. Der **Strompfad** wird in den Außenleiter und der **Spannungspfad** zwischen L und N geschaltet **(Bild 1)**.

Beispiel:

Die Wirkleistung eines Einphasen-Wechselstrommotors (aufgenommene Leistung $P = 150$ W, $\cos\varphi = 0{,}72$) soll mit dem Wirkleistungsmessgerät nach **Bild 2** gemessen werden.
a) Welche Messart muss mit dem Messartenschalter eingestellt werden? **b)** Wie groß ist der Strom im Messgerät bei Netzspannung $U = 230$ V AC? **c)** Auf welchen Wert sind jeweils Strom- und Spannungsbereichsschalter einzustellen? **d)** Welcher Messbereichsendwert E ergibt sich? **e)** Welche Auswirkung hätte die Einstellung des Strombereichsschalters auf 0,25 A?

Lösung:

a) Leistungsmessung für Gleich- oder Wechselstrom

b) $I = \dfrac{P}{U \cdot \cos\varphi} = \dfrac{150\ \text{W}}{230\ \text{V} \cdot 0{,}72} \approx \mathbf{0{,}9\ A}$

c) Strombereich: **1 A**; Spannungsbereich: **250 V**

d) $E = U \cdot I = 250\ \text{V} \cdot 1\ \text{A} = \mathbf{250\ W}$

e) Überlastung des Strompfades! (Zerstörung Messgerät)

Spannungs- und Strompfad nicht überlasten!

Blindleistungsmessung. Ein elektrodynamisches Messwerk kann zur Messung der Blindleistung verwendet werden, wenn in den Spannungspfad eine Induktivität (Drosselspule) geschaltet wird. Der Messstrom im Spannungspfad wird dadurch um 90° phasenverschoben. Der induktive Stromanteil in der Stromspule und der Strom in der Spannungsspule sind phasengleich. Gemessen und angezeigt wird deshalb der Blindleistungsanteil.

8.2.2 Messen von Widerständen

Elektrische Widerstände lassen sich durch verschiedene Verfahren **(Bild 3)** messen. Der Widerstandswert lässt sich bei direkter Messung mit einem Widerstandsmesser ermitteln. Weil das Messgerät dabei mit einem eigenen Prüfstrom arbeitet, muss der betroffene Stromkreis spannungsfrei geschaltet und aufgetrennt werden. Eine weitere Möglichkeit zur direkten Widerstandsbestimmung sind **Messbrücken (Seite 57)**.

Der Widerstandswert lässt sich auch indirekt durch eine Strom- und Spannungsmessung **(Seite 59)** bestimmen.

Messen von Spannungen: **Seite 30**
Messen von Strömen: **Seite 32**
Messen elektrischer Leistung: **Seite 45**
Messen mit dem Oszilloskop: **Seite 185**

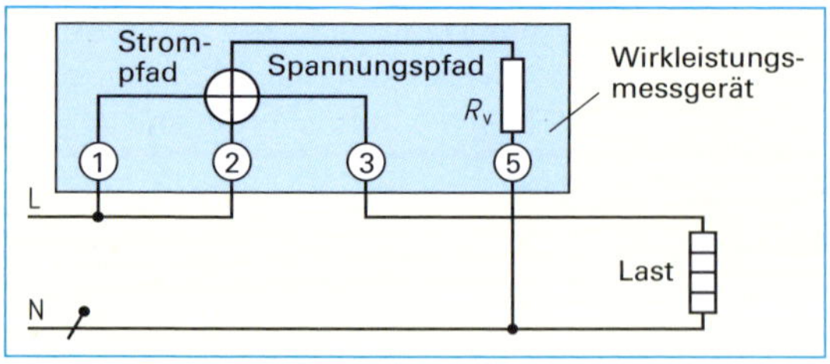

Bild 1: Wirkleistungsmessung für Einphasenwechselstrom

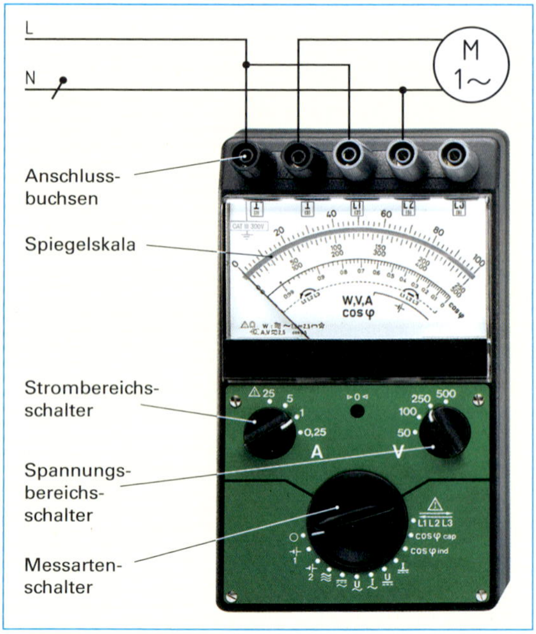

Bild 2: Wirkleistungsmessgerät

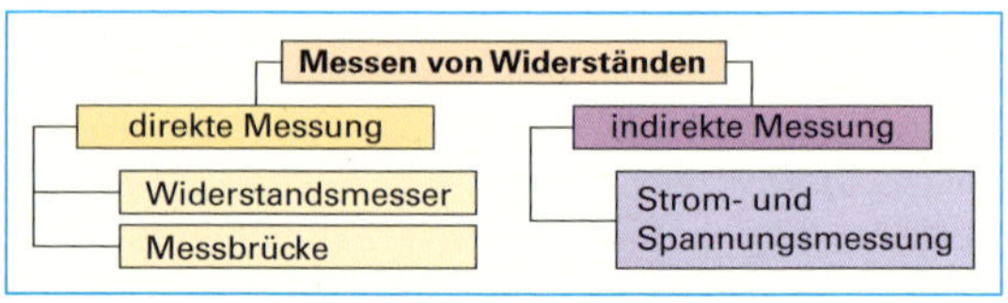

Bild 3: Verfahren zur Widerstandsmessung

Übersicht: Messbrücken

Gleichstrom-Brücken für Wirkwiderstände
- Wheatstone-Brücke[1]
- Thomson-Brücke[2]

Wechselstrom-Brücken für Blindwiderstände
- Wien-Brücke[3]
- Maxwell-Brücke[4]

[1] Charles Wheatstone, engl. Physiker, 1802 bis 1875
[2] William Thomson, engl. Physiker, 1824 bis 1907
[3] Wilhelm Wien, deutscher Physiker, 1864 bis 1928
[4] James Clerk Maxwell, engl. Physiker, 1831 bis 1879

8.2.3 Messen mit Strommesszangen

Mit Strommesszangen **(Bild)** können Strommessungen durchgeführt werden, ohne den Stromkreis aufzutrennen.

Bild: Strommesszange

- Hallgenerator: **Seite 201**
- Prüfen elektrischer Geräte: **Seite 420**
- Stromwandler: **Seite 481**

Messen von Wechselströmen

Der Wechselstrom in einem elektrischen Leiter erzeugt ein elektromagnetisches Feld um den Leiter, das zur Messung des Stromes genutzt wird. Der **Messkopf** bildet einen Stromwandler, der aus einem geschlossenen Eisenkern mit Spule besteht. Das elektromagnetische Feld des vom Messkopf umschlossenen Leiters induziert in der Spule eine Spannung, die proportional zur Stromstärke ist.

Strommesszangen mit Stromwandler können nur zur Wechselstrommessung verwendet werden.

Messen von Gleichströmen

Weil Gleichstrom in Stromwandlern keine Spannung induziert, können Gleichströme nur von Strommesszangen mit eingebautem **Hallgenerator** erfasst werden. Sie eignen sich

- zur Gleichstrommessung,
- zur Wechselstrommessung,
- zur Messung des Echt-Effektivwertes (TRMS bzw. true RMS, **Seite 174** und **Seite 181**).

Messen des Differenzstromes

Ist in den Adern eines Stromkreises die Summe der zu- und abfließenden Ströme ungleich null, dann fließt ein Differenzstrom. Dieser Differenzstrom, z. B. 8 mA, wird von einer Strommesszange mit empfindlichem Strommessbereich, deren Messkopf um alle Adern der Leitung gelegt wird, angezeigt.

Beim Prüfen elektrischer Geräte kann der Schutzleiterstrom mithilfe einer Differenzstrommessung **(Bild 3, Seite 421)** bestimmt werden.

8.2.4 Messkategorien

Je näher eine Messung an der Quelle der Niederspannungsinstallation durchgeführt wird, desto mehr können z. B. Überspannungen Personen gefährden, die sich mit dem Messgerät am Netz befinden. Ein Stromversorgungssystem wird nach der Norm DIN EN 61010-1 in die Messkategorien CAT I bis CAT IV eingeteilt **(Tabelle)**. Die Messkategorien geben Aufschluss, bis zu welchem Anwendungsbereich ein Messgerät gefahrlos eingesetzt werden kann. Beispielsweise bedeutet die Angabe 600 V CAT IV auf einem Messgerät, dass jeder Messbereich für eine maximale Bemessungsspannung 600 V in Kategorie IV ausgelegt ist. Mit diesem Messgerät darf z. B. an primären Überstrom-Schutzeinrichtungen, aber z. B. auch an Steckdosen für große Lasten (CAT III) gemessen bzw. geprüft werden.

Tabelle: Messkategorien (nach DIN EN 61010-1)

	CAT IV (höchste Kategorie) Messungen an der Quelle der Niederspannungsinstallation, z. B. • Leitungen und Kabel im Freien als Zuführung zum Gebäude • Hausanschluss • Zähler • Primärer Überstromschutz
	CAT III Messungen in der Gebäudeinstallation, z. B. • Geräte in Festinstallationen, z. B. Schaltgeräte, mehrphasige Motoren und stationäre Verbraucher • Verteileranschluss • Steckdosen für große Lasten
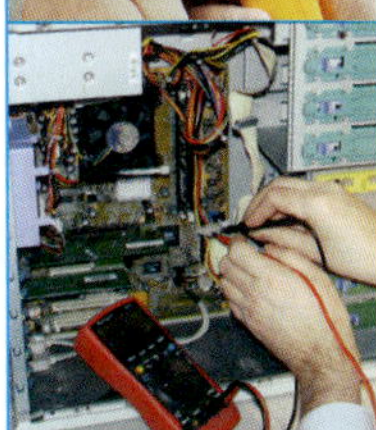	CAT II Messungen an Stromkreisen, die elektrisch direkt mit dem Niederspannungsnetz verbunden sind, z. B. • Steckdosen mehr als 10 m von CAT-III-Quelle oder mehr als 20 m von CAT-IV-Quelle entfernt • Geräte mit Verbindung zu Steckdosen, z. B. in Büro und Haushalt
	CAT I (niedrigste Kategorie) Messungen an Stromkreisen, die nicht direkt mit dem Netz verbunden sind, z. B. • Geschützte Elektronikbaugruppen • Batteriebetriebene Geräte • Batterien • Kfz-Elektroanlagen

Praxistipp: Praktisches Messen mit dem Digitalmultimeter (Nächster Praxistipp: Seite: 181)

Situationsbeschreibung:

Messungen in elektrischen Anlagen, an Elektrogeräten und an elektronischen Schaltungen gehören zu den täglichen Aufgaben einer Elektrofachkraft. Für grundlegende Messungen mit einem Digitalmultimeter soll die praktische Durchführung unter Beachtung der Sicherheitsaspekte beschrieben werden.

> Messgeräte und Zusatzeinrichtungen müssen so gehandhabt werden, dass keine Gefahren für Elektrofachkräfte, andere Personen oder Messgeräte auftreten. Arbeits- und Unfallschutz sind zu beachten **(Seiten 15 und 353)**.

Prinzipielle Messschaltung und Anschluss des Digitalmultimeters	**Durchführung der Messung**	**Sicherheits- und Gebrauchshinweise**
Gleich- und Wechselspannungsmessung		
 Lampenspannung	• Messfunktionsschalter für Gleichspannungsmessung auf **V-DC** (Symbol: **V⎓**) oder für Wechselspannungsmessung auf **V-AC** (Symbol: **V~**) stellen. • Roten Messleitungsstecker in die **V**-Buchse und schwarzen Messleitungsstecker in die **COM**[1]-Buchse (Symbol: ⊥) stecken. • Messgerät parallel zum Messobjekt schalten. Bei DC-Messung Polarität (rot: Plus, schwarz: Minus) beachten.	• Messschaltung spannungsfrei aufbauen. • Messleitungen auf evtl. Beschädigungen überprüfen und auf Berührungsschutz achten. • Bei manueller Messbereichswahl zunächst den höchsten Messbereich einstellen, dann Messbereich anpassen.
Gleich- und Wechselstrommessung		
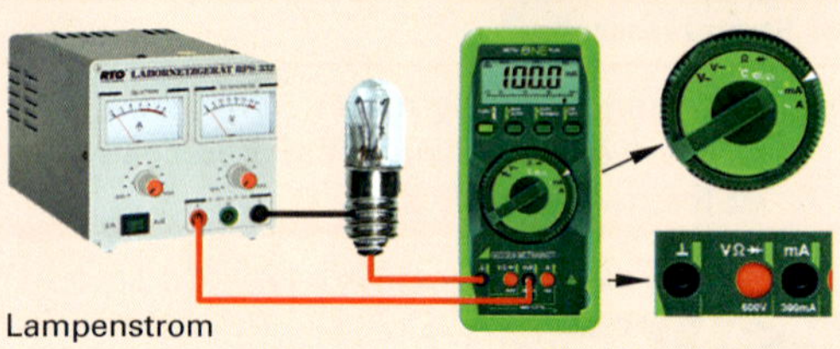 Lampenstrom	• Messfunktionsschalter für Strommessung nach erwarteter Stromstärke auf **A**, **mA** oder **µA** stellen. Bei manchen Messgeräten muss zusätzlich DC oder AC ausgewählt werden. • Roten Messleitungsstecker in die entsprechende Strombuchse (z. B. **mA**) und den schwarzen Messleitungsstecker in die **COM**-Buchse (Symbol: ⊥) stecken. • Stromkreis des Messobjektes auftrennen und Messgerät in Reihe zum Messobjekt schalten. Bei DC-Messung Polarität (rot: Plus, schwarz: Minus) beachten.	• **Achtung:** Vor dem Auftrennen des Stromkreises ist das Messobjekt unbedingt spannungsfrei zu schalten! • Die Spannung des Messstromkreises darf erst wieder eingeschaltet werden, wenn eine sichere Verbindung der Reihenschaltung von Messgerät und Messobjekt besteht!
Widerstandsmessung		
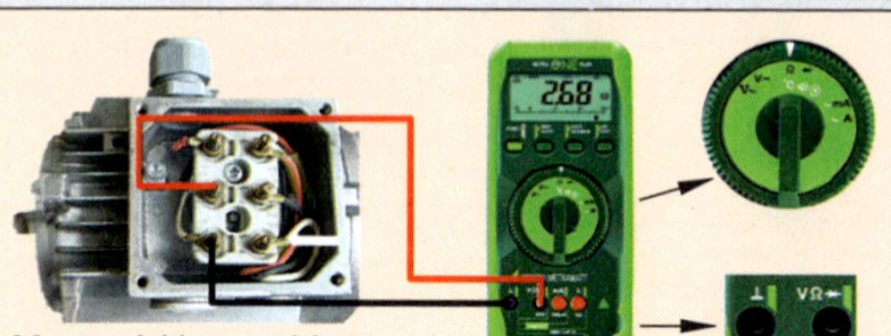 Motorwicklungswiderstand	• Messfunktionsschalter für Widerstandsmessung auf **Ω** stellen. • Roten Messleitungsstecker in die **Ω**-Buchse und schwarzen Messleitungsstecker in die **COM**-Buchse (Symbol: ⊥) stecken. • Messgerät parallel zum Messobjekt, z. B. Drahtwiderstand, Heizleiter oder Motorwicklung, schalten.	• Vor dem Messleitungsanschluss ist das Messobjekt spannungsfrei zu schalten und während der Messung spannungsfrei zu halten. • Elektronische Bauteile, z. B. einstellbare Widerstände, im ausgebauten Zustand messen.
Durchgangsprüfung		
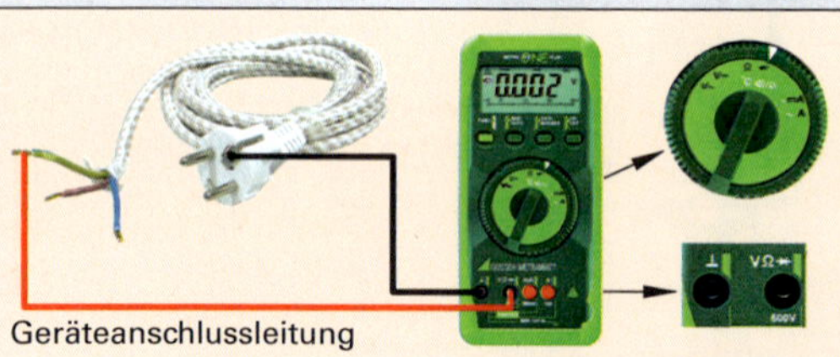 Geräteanschlussleitung	• Messfunktionsschalter auf Durchgangsprüfung stellen. Meistens ist dafür ein Symbol abgebildet, z. B. •))). Manchmal muss z. B. auf **Ω** oder **→+** gestellt und anschließend die Durchgangsprüfung mit der Funktionstaste ausgewählt werden. • Roten Messleitungsstecker in die Buchse **V/Ω/→+** und schwarzen Messleitungsstecker in die **COM**-Buchse (Symbol: ⊥) stecken. • Messgerät parallel zum Messobjekt, z. B. Leiter oder Leiterverbindung, schalten.	• Vor dem Messleitungsanschluss ist das Messobjekt spannungsfrei zu schalten und während der Messung spannungsfrei zu halten. • Bei einem ausreichend kleinen Durchgangswiderstand, z. B. kleiner als 35 Ω, ertönt ein akustisches Signal.
Diodentest		
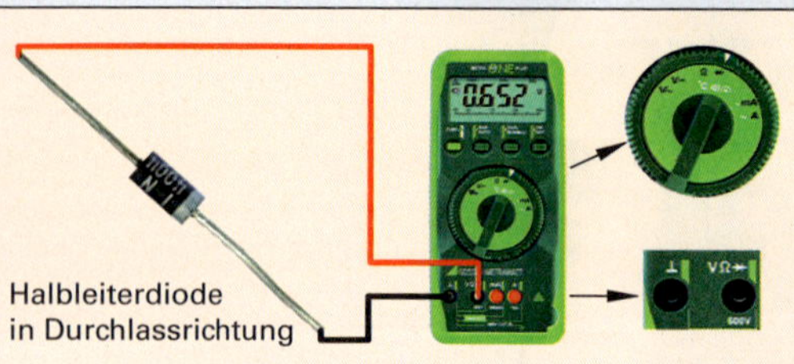 Halbleiterdiode in Durchlassrichtung	• Messfunktionsschalter für den Diodentest auf das Symbol **→+** stellen. Bei manchen Messgeräten muss auf das Symbol **Ω** gestellt und anschließend der Diodentest mit der Funktionstaste ausgewählt werden. • Roten Messleitungsstecker in die Buchse **V/Ω/→+** und schwarzen Messleitungsstecker in die **COM**-Buchse (Symbol: ⊥) stecken. • Messgerät parallel zum Messobjekt schalten.	• Vor dem Messleitungsanschluss ist das Messobjekt spannungsfrei zu schalten und während der Messung spannungsfrei zu halten. • In Durchlassrichtung (Beispiel) wird die Durchlassspannung, z. B. ca. 0,6…0,7 V, angezeigt. In Sperrrichtung oder bei Leitungsunterbrechung wird z. B. OL[2] angezeigt.

[1] COM von common (engl.) = gemeinsam   [2] OL von overload (engl.) = Überlauf

Situationsbeschreibung:

Zur Fehlersuche in Anlagen, z.B. einer Niedervolt-Halogen-Beleuchtungsanlage **(Bild 1)**, und Geräten werden Spannungen und Ströme meist als Effektivwert gemessen.

Um Fehlmessungen zu vermeiden, muss der Prüfer wissen, ob die zu messenden Wechselströme und -spannungen reine 50-Hz-Sinusgrößen sind oder ob die Messgrößen nicht sinusförmig sind **(Bild 2)**.

Nicht sinusförmige Spannungen und Ströme entstehen z.B. in Anlagen und Geräten mit Dimmersteuerung, in Niedervolt-Halogen-Beleuchtungsanlagen **(Bild 1)**, in Anlagen mit Frequenzumrichtern, mit Gleichrichtern oder in Geräten, die mit Schaltnetzteilen versorgt werden.

Messgerätewahl:

Um Fehlmessungen **(Bild 3a** und **3b)** zu vermeiden, müssen Effektivwerte nicht sinusförmiger Spannungen oder Ströme mit Messgeräten gemessen werden, die für eine **Echt-Effektivwertmessung (TRMS)**[1] geeignet sind.

Die **Bandbreite** (Frequenzbereich) des Messgerätes bzw. die höchstmögliche Frequenz, die das Messgerät noch richtig auswerten kann, muss mindestens der Frequenz (38 kHz) der zu messenden Größe **(Bild 2)** entsprechen. Ist die Bandbreite kleiner als die Frequenz der zu messenden Wechselspannung **(Bild 3b)**, dann wird die Messgröße falsch angezeigt.

Der **Crestfaktor F_C (Seite 174)** des Messgerätes sollte 3 bis 5 betragen. In den meisten Fällen wird der Effektivwert dann richtig angezeigt **(Bild 3c)**.

Beispiel zum Crestfaktor:

Eine Strommesszange mit Crestfaktor $F_C = 4$ kann im Messbereich 10 A (Effektivwert) ein Signal mit $\hat{i}$ = 40 A Scheitelwert noch richtig messen. Je nach Ausführung des Messgerätes kann dies auch bedeuten, dass die Stromzange ein Signal von I = 5 A mit Crestfaktor F_C = 8 messen kann, also mit einem Scheitelwert $\hat{i} = 5\ \text{A} \cdot 8 = 40\ \text{A}$.

Kurzbezeichnungen für Effektivwertanzeigen von Messgeräten (nicht genormt)

Bezeichnung	Erklärung
TRMS AC+DC	Es wird der Echt-Effektivwert (quadratische Mittelwert) angezeigt. Neben der 50-Hz-Grundschwingung werden auch Oberschwingungen **(Seite 309)** und Gleichanteile berücksichtigt.
TRMS oder TRMS AC	Anzeige wie bei TRMS AC+DC, aber eventuelle Gleichanteile werden nicht berücksichtigt.

Bild 1: **Spannungsmessung an einer Niedervolt-Halogen-Beleuchtungsanlage**

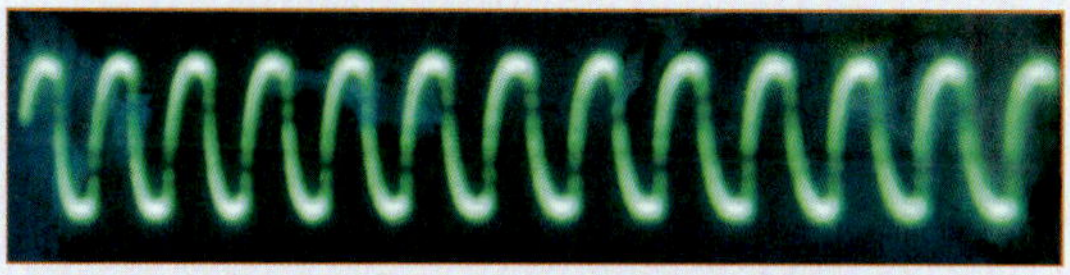

Bild 2: **Ausgangsspannung eines elektronischen Transformators (Frequenz f = 38 kHz)**

Oberschwingungen: **Seite 309**

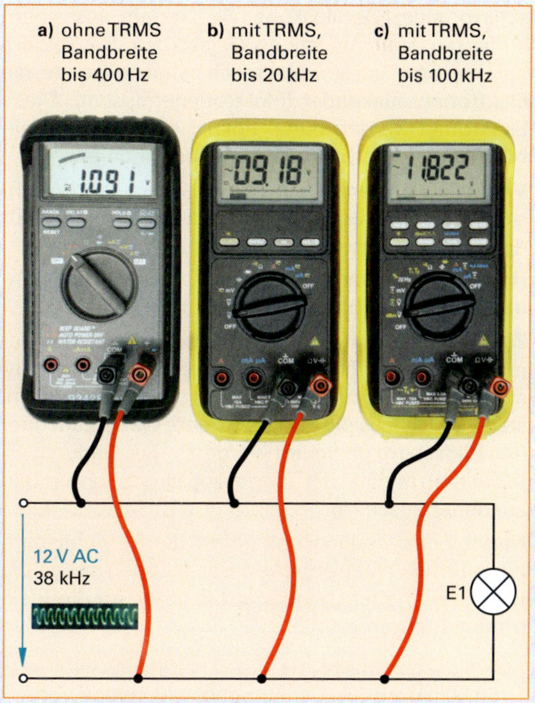

Bild 3: **Unterschiedliche Messergebnisse bei gleicher Ausgangsspannung an einem elektronischen Transformator**

[1] **TRMS**, Abk. für: **T**rue **R**oot **M**ean **S**quare (engl.) = wahrer quadratischer Mittelwert (Echt-Effektivwert)

8.3 Oszilloskop

Das Oszilloskop ist ein Messgerät zur Darstellung des zeitlichen Verlaufs einer Spannung. Die Abbildung am Oszilloskop nennt man Oszillogramm.

Nach ihrem technischen Aufbau unterscheidet man:

- Analog-Oszilloskope **(Bild 1)** und
- Digital-Oszilloskope **(Seite 183)**.

Analoge Oszilloskope werden heute überwiegend durch digitale Oszilloskope (DSO)[1] ersetzt.

8.3.1 Analog-Oszilloskop

Beim analogen Oszilloskop werden die Messspannungen analog verstärkt und durch die Elektronenstrahlröhre angezeigt. Bei der Auswahl eines Oszilloskops sind mögliche Betriebsarten und technische Daten **(Übersicht)** zu beachten.

Aufbau eines Analog-Oszilloskops (Bild 2)

Ein Analog-Oszilloskop enthält die Baugruppen:

- Anzeigeeinheit (Elektronenstrahlröhre),
- Vertikalablenkverstärker (Y-Verstärker),
- Horizontalablenkverstärker (X-Verstärker),
- Zeitablenkgenerator und
- Netzteil.

Die **Elektronenstrahlröhre** ist der Bildschirm (Leuchtschirm) eines Oszilloskops. Sie besteht aus einem luftleeren, keulenförmigen Glaskolben. Im Kolbenhals befindet sich eine elektrisch beheizte Katode, die Elektronen aussendet (Elektronenemission). Diese Elektronen werden durch Fokussierelektroden[2] gebündelt und zum Leuchtschirm beschleunigt.

Vertikalablenkverstärker müssen Gleich- und Wechselspannungen verstärken und die Spannungen für die Y-Ablenkplatten liefern.

Horizontablenkverstärker liefern die nötige Spannung für die X-Ablenkplatten.

Zeitablenkgenerator erzeugt eine Sägezahnspannung mit einstellbarer Frequenz, da der Elektronenstrahl in gleichen zeitlichen Abständen, z. B. 2 ms/cm, stetig um jeweils die gleiche Strecke waagrecht über den Bildschirm gesteuert werden muss. Dadurch erreicht man mithilfe der Triggerung ein stehendes Bild auf dem Bildschirm.

Netzteil des Oszilloskops liefert die Betriebsspannung für die elektronischen Baugruppen sowie die Heiz- und Anodenspannung, z. B. 15 kV, für die Elektronenstrahlröhre.

Oszilloskopbildschirme haben meist eine Größe von 10 cm × 8 cm. Der Eingangswiderstand von Oszilloskopen beträgt 1 MΩ.

[1] **DSO**, Abk. für: **D**igital **S**torage **O**scilloscope (engl.) = Digitales Speicher-Oszilloskop
[2] Focus (lat.) = Brennpunkt

Mit dem Oszilloskop kann man messen, darstellen bzw. bestimmen (Beispiele):

Spannungen, Ströme, Periodendauer, Frequenzen, Phasenverschiebungen, Kennlinien.

Schaltzeichen Oszilloskop: 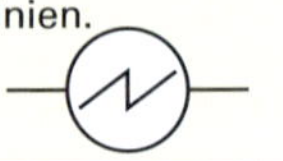

Analog-Oszilloskop

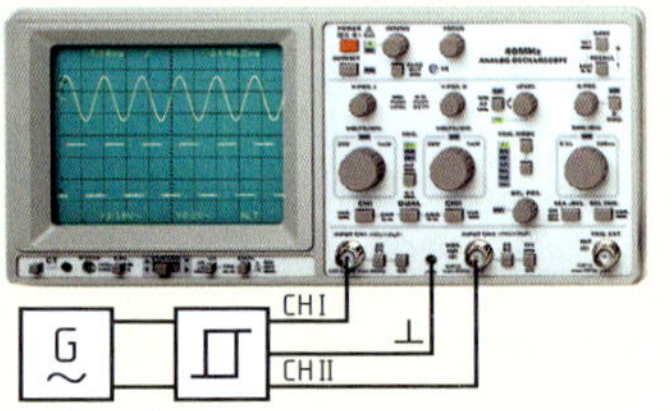

Bild 1: Messen an einem Schmitt-Trigger

Technische Daten (Auswahl)

- **Vertikal-Ablenkung**
  Betriebsarten: Kanal I (CH I) oder Kanal II (CH II) einzeln, Kanal I und Kanal II alternierend oder chop
  Summe oder Differenz von CH I und CH II
  XY-Betrieb: über CH I und CH II; CH II invertierbar
  Bandbreite: 2 × 0 ... 40 MHz (– 3dB)
  Anstiegszeit: 7 ns, Überschwingen: < 1 %
  Ablenkkoeffizienten: 14 kalibrierte Stellungen 1 mV/div ... 20 V/div* ± 3 %
  Eingangsimpedanz: 1 MΩ II 20 pF
  Eingangskopplung: DC – AC – GD (Ground)
  Eingangsspannung: max. 400 V
- **Horizontal-Ablenkung**
  Zeitkoeffizienten: 21 kalibrierte Stellungen von 0,5 s/cm bis 100 ns/cm ± 3 % (1-2-5 Teilung),
  Bandbreite X-Verstärker: 0 ... 2,5 MHz (– 3 dB)
- **Zusätzliche Angaben**
  Bildschirm: 10 × 8 cm, Innenraster,
  Beschleunigungsspannung: 2000 V
  Kalibrator: Rechteckgenerator 1 kHz/MHz;
  Ausgang: 0,2 V ± 1 %

* div, Abk. für: division (engl.) = Teilung

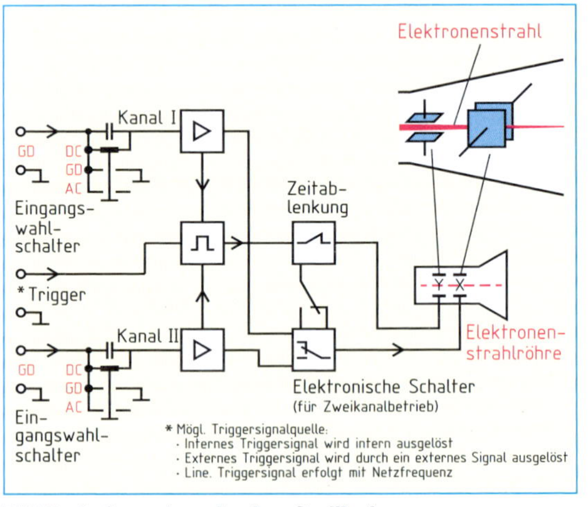

Bild 2: Aufbau eines Analog-Oszilloskops

8.3.2 Digital-Oszilloskop

Beim Digital-Oszilloskop **(Bild 1)** werden die analogen Eingangssignale digitalisiert, verarbeitet, gespeichert und analog auf einem LCD[1]-Bildschirm angezeigt.

Durch die Speicherung ergeben sich Vorteile **(Übersicht)**.

Aufbau eines Digital-Oszilloskops (Bild 2)

Beim Digitalspeicher-Oszilloskop ist der Signalweg vom Eingang bis zum Analog-Digital-Umsetzer (ADU) analog, vom Analog-Digital-Umsetzer bis zur Anzeigeeinheit digital. Das analoge Messsignal wird analog verstärkt und Störfrequenzen analog herausgefiltert. Im Analog-Digital-Umsetzer **(Seite 241)** wird das analoge Messsignal in festen Zeitintervallen abgetastet **(Bild 3)** und die Amplitudenwerte in einem Halbleiterspeicher, einem RAM **(Seite 537)** zwischengespeichert. Der Mikroprozessor (CPU) setzt die Amplitudenwerte für die Anzeige zusammen.

Die **Abtastrate** f_a, z.B. 2 GS/s[2], ist ein wichtiger Kennwert des DSO und gibt an, wie oft das Eingangssignal in einer Sekunde digitalisiert wird. In der Praxis soll die Abtastrate das 10-fache der Frequenz des Eingangssignals betragen.

Beispiel 1:

Ein Messsignal hat eine Frequenz $f = 100$ MHz.
Welche Größe sollte die Abtastrate f_a in der Praxis haben?

Lösung:

$f_a = n \cdot f = 10 \cdot 100\ \text{MHz} = 1\ \text{GHz}\ (1\ \text{GS/s})$

Bei der Digitalisierung werden die Amplitudenwerte durch einen ADU in digitale Werte mit einer Auflösung von z.B. 8, 10 oder 12 Bit umgesetzt.

Beispiel 2:

Ein 12-Bit-ADU hat eine Auflösung von 2^{12}.
Wie groß ist die kleinste darstellbare Messgröße bei einer Spannung von $U = 10$ V?

Lösung:

$2^{12} = 4096 \Rightarrow$ kleinste darstellbare Messgröße:

$$\frac{10\ \text{V}}{4096} = 0{,}0024\ \text{V} = \mathbf{2{,}4\ mV}$$

Die digitalen Signaldaten können z.B. auf einem USB-Stick dauerhaft gespeichert oder auch mittels USB-Schnittstelle auf einen PC übertragen und in mathematischen Algorithmen, z.B. einer Frequenzanalyse, weiterverarbeitet werden. In höherwertigen DSO sind diese Möglichkeiten oft schon vorhanden.

[1] **LCD**, Abk. für: **L**iquid **C**rystal **D**isplay (engl.) = Flüssigkristallanzeige
[2] **GS/s**, Abk. für: **G**igasamples pro **S**ekunde (sample, engl. = Abtastung)

Digital-Oszilloskop (DSO)

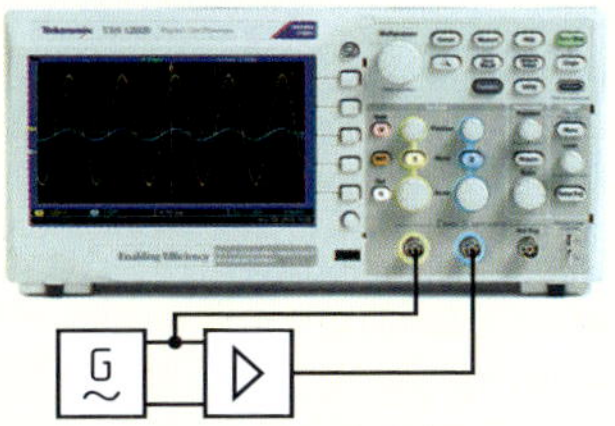

Bild 1: Messen an einem Verstärker

Technische Daten (Auswahl)

- LCD-Farbbildschirm: 7-Zoll (etwa 18 cm)
- Bandbreite: 200 MHz
- Abtastrate: 2 GS/s
- Aufzeichnungslänge: 2500 Punkte
- Eingangsspannung: max. 300 V
- Eingangsimpedanz: 1 MΩ parallel 20 pF
- Zeitbasisbereich: 5 ns/div bis 50 s/div

Übersicht: Vorteile digitaler Oszilloskope (Beispiele)

- Eingangssignale können gespeichert werden.
- Anzeige von Daten, z.B. von Spannungs- und Zeitwerten.
- Eingangssignale können beliebig gedehnt werden.
- Teile des Eingangssignals können groß dargestellt werden.
- Eingangssignale können über den Bildschirm geschoben werden (Bilddurchlauf).
- Eingangssignale sind bereits vor dem Triggerzeitpunkt sichtbar (Pre-Trigger-Betrieb).
- Datenausgabe an einen Drucker möglich.
- Einfache Erfassung einmaliger Ereignisse, z.B. Spikes (Spannungsspitzen).
- Automatische Bereichseinstellung (Auto-Setup).
- USB-Flash-Laufwerksanschluss für die Dateispeicherung.
- PC-Kommunikation über den USB-Geräteanschluss.
- Mathematische Funktionen, z.B. Operatoren +, – und mal.

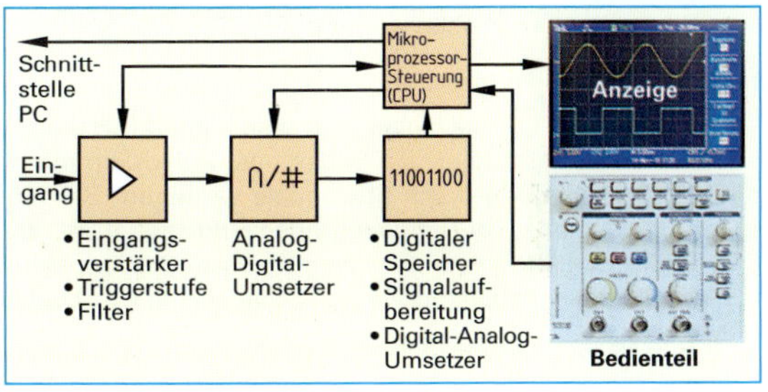

Bild 2: Blockschaltbild

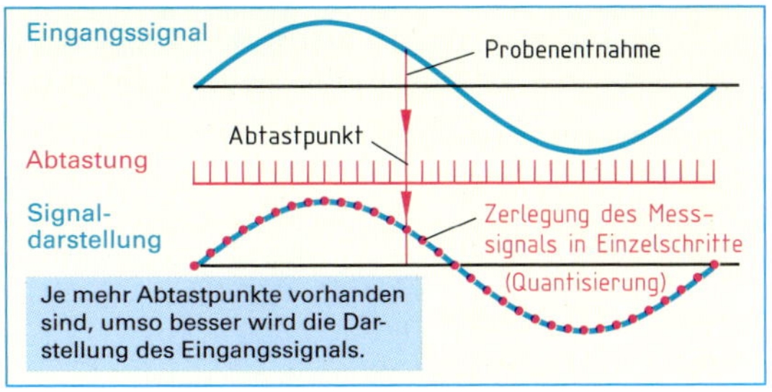

Bild 3: Abtastung einer Wechselspannung

Situationsbeschreibung:

Mit einem digitalen Oszilloskop soll an einer elektronischen Schaltung , z. B. an einem Schwellwertschalter **(Seite 214)**, gemessen werden. **a)** Beschreiben Sie die Vorgehensweise. **b)** Bestimmen Sie mithilfe des Oszilloskopbildes die Eingangsspannung *U* und **c)** die Frequenz *f* der Ausgangsspannung

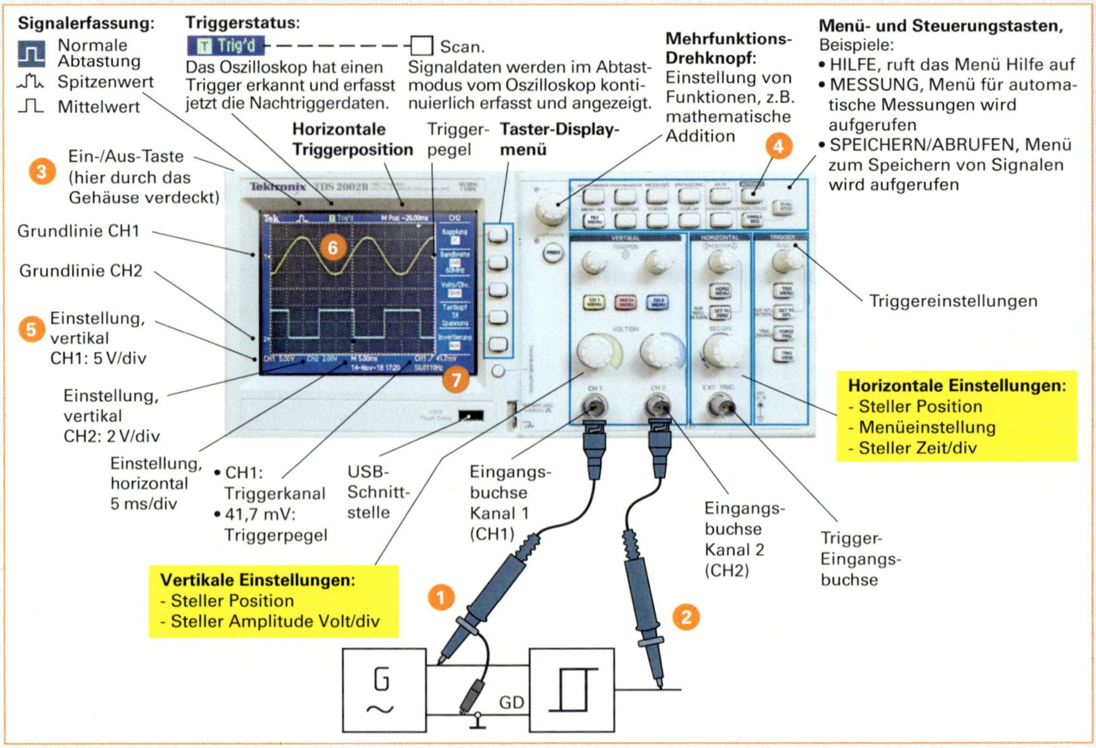

Triggerung: Zum Bestimmen des Startpunktes des Messsignals auf dem Bildschirm (Display). Auf dem Leuchtschirm erscheint nur dann eine ruhig stehende Kurve, z. B. eine Sinuslinie, wenn die Messspannung immer von der gleichen Stelle am Bildschirm des Oszilloskops beginnend dargestellt wird. Dies erzwingt man durch Triggerung. Mit dem Steller „Pegel" kann der Startpunkt des Messsignals verschoben werden.

a) Durchführung der Messung

1. Tastkopf 1 an die Eingangsbuchse Kanal 1 (CH1) und an das Eingangssignal gegen Ground (GD) anschließen.
   Hinweis: Tastköpfe verbinden das Oszilloskop mit der Prüfschaltung. Durch eine abgeschirmte Messleitung wird die Beeinflussung durch Störsignale verringert. Bei Tastköpfen mit einem integrierten Spannungsteiler (Tastteiler), z. B. 10 : 1, beträgt der Eingangswiderstand etwa 10 MΩ. Dadurch wird das Messobjekt wenig belastet und die Messspannung im Verhältnis von 10 : 1 herabgesetzt. Somit lassen sich höhere Spannungen messen, z. B. 600 V, je nach Hersteller. Tastteiler haben meist einen Schalter zum Umschalten des Teilerverhältnisses zwischen 1 : 1 und 10 : 1.
2. Tastkopf 2 an die Eingangsbuchse Kanal 2 (CH2) und an das Ausgangssignal anschließen.
3. Das Oszilloskop mit der „Ein-Aus-Taste" einschalten.
4. Taste „AUTOSET" betätigen, nachdem der Selbsttest des Oszillokops beendet ist.
   Hinweis: Wird die Taste „AUTOSET" einmalig betätigt, identifiziert das Oszilloskop die Signalart und stellt sich selbst so ein, dass eine brauchbare Anzeige des Eingangssignals auf dem Bildschirm erscheint.

b) Bestimmen der Spannung *U*

5. Einstellung Kanal 1 (CH1): 5 V/div
6. Ablesung: 2 V/div ⇒ $\underset{\smile}{\hat{u}} = 5$ V/div · 2 div = 10 V; $\hat{u} = \underset{\smile}{\hat{u}}/2 = 5$ V; $\boldsymbol{U} = 0{,}707 \cdot \hat{u} = 0{,}707 \cdot 5\ \text{V} = \mathbf{3{,}5\ V}$

c) Ermitteln der Frequenz *f*

7. Frequenz *f*: ***f* = 50,011 Hz** (durch Ablesung)

Messschaltungen Oszilloskop (Beispiele)

Schaltungsaufbau | Anzeige und Einstellungen | Hinweise und Auswertung

Messen einer Gleichspannung U

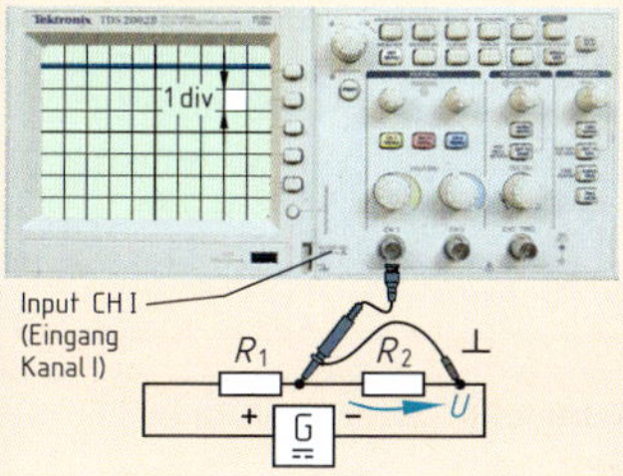

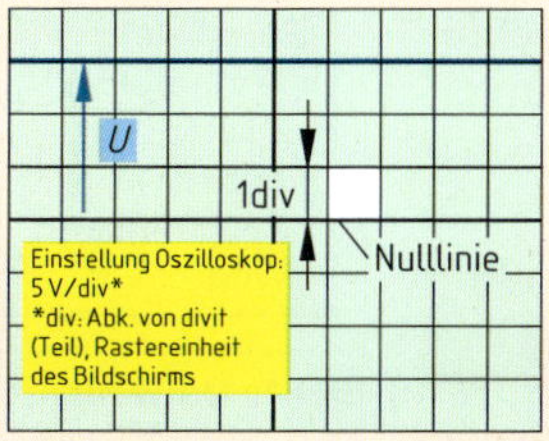

Gleichspannungen werden in der Einstellung **DC** gemessen.

Beispiel:
Gleichspannung U:

$$U = 5\ \frac{\text{V}}{\text{div}} \cdot 3\ \text{div} = 15\ \text{V}$$

Messen von Wechselspannung $\hat{u}$ und Periodendauer T, bestimmen der Spannung U und Frequenz f

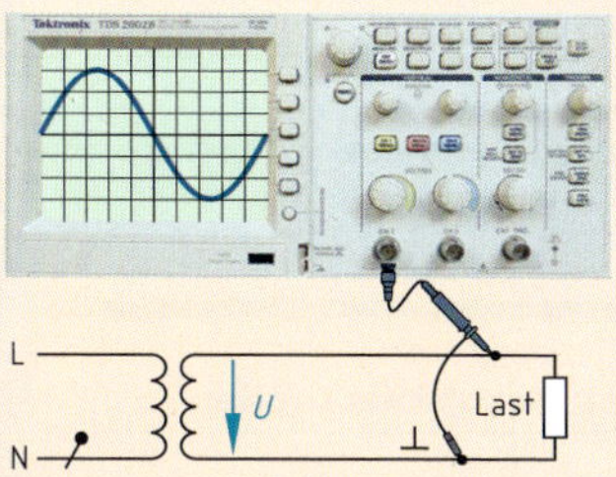

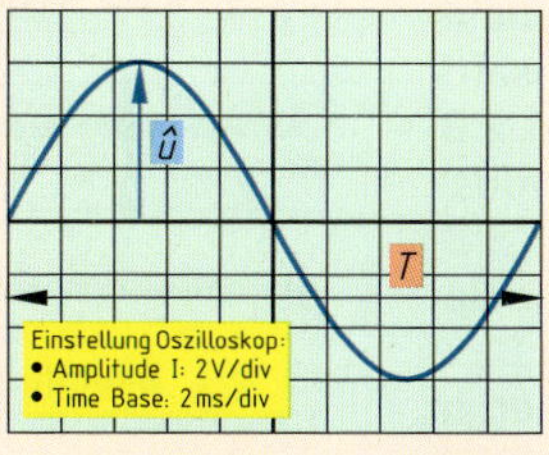

Wechselspannungen werden in der Einstellung **AC** gemessen.

Beispiel:

$$\hat{u} = 2\ \frac{\text{V}}{\text{div}} \cdot 3\ \text{div} = 6\ \text{V}; \qquad U = \frac{\hat{u}}{\sqrt{2}} = \frac{6\ \text{V}}{\sqrt{2}} = 4{,}2\ \text{V}$$

$$T = 2\ \frac{\text{ms}}{\text{div}} \cdot 10\ \text{div} = 20\ \text{ms}; \quad f = \frac{1}{T} = \frac{1}{20\ \text{ms}} = 50\ \text{Hz}$$

Bestimmen von Strömen

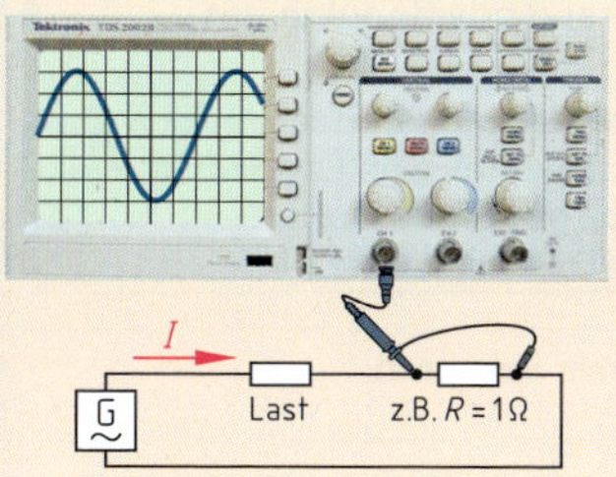

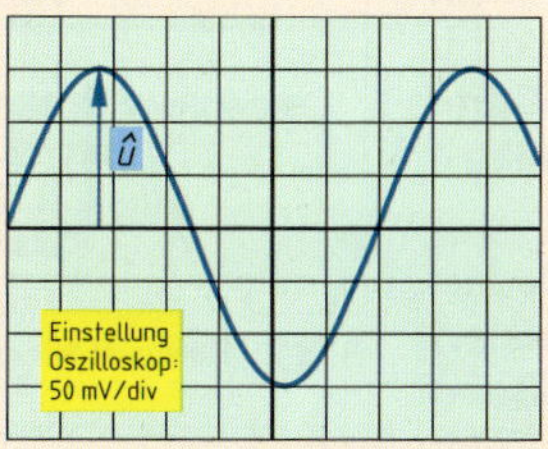

Man misst die Spannung $\hat{u}$ an einem bekannten Widerstand, z. B. 1 Ω, und berechnet den Strom I mithilfe des ohmschen Gesetzes.

Beispiel:

$$\hat{u} = 50\ \frac{\text{mV}}{\text{div}} \cdot 3\ \text{div} = 150\ \text{mV} = 0{,}15\ \text{V}$$

$$U = \frac{\hat{u}}{\sqrt{2}} = \frac{0{,}15\ \text{V}}{\sqrt{2}} = 0{,}1\ \text{V}; \quad I = \frac{U}{R} = \frac{0{,}1\ \text{V}}{1\ \Omega} = 0{,}1\ \text{A}$$

Bestimmen der Phasenverschiebung φ

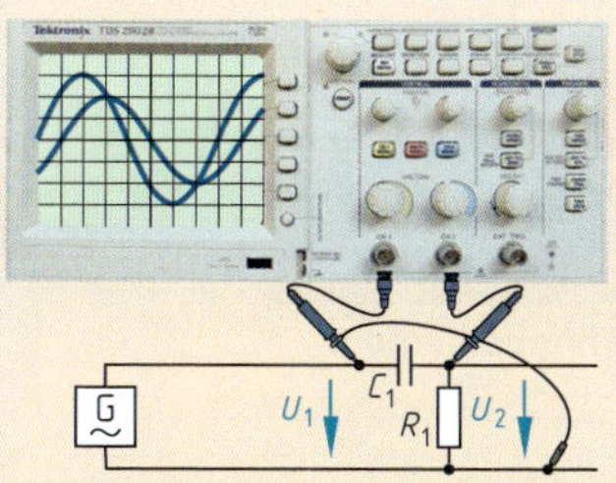

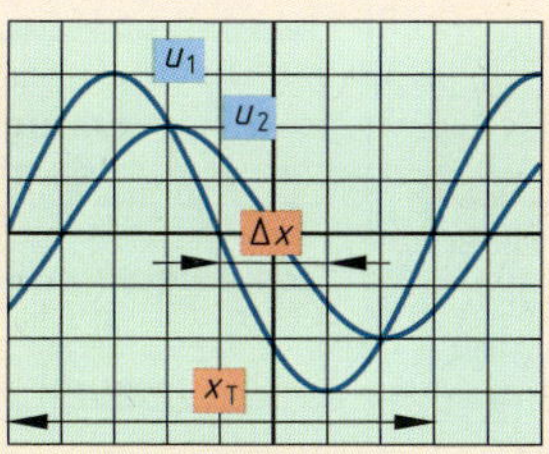

Auf dem Bildschirm misst man den Abstand $\Delta x \triangleq \varphi$ multipliziert mit 360° und teilt ihn durch die Länge x_T.

Beispiel:

$$\varphi = \frac{\Delta x \cdot 360°}{x_T} = \frac{1\ \text{div} \cdot 360°}{8\ \text{div}} = 45°$$

Bestimmen des Zündwinkels α an einer Phasenanschnittsteuerung

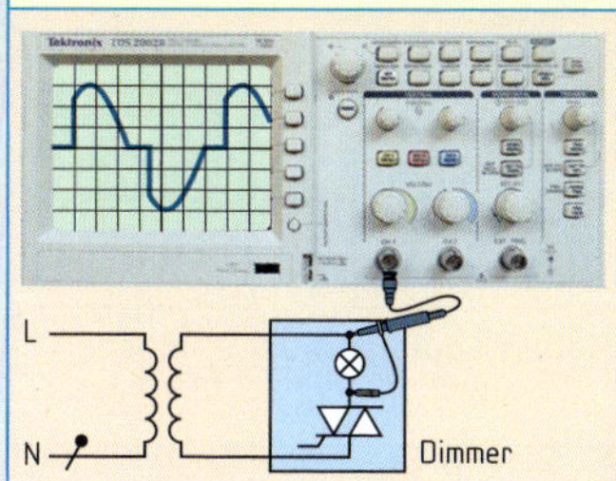

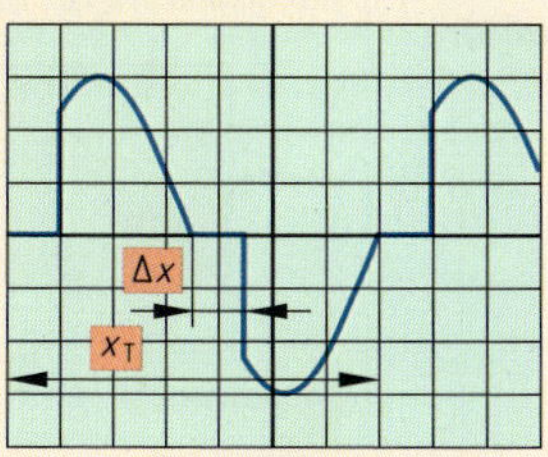

Bei Messungen im Energiebereich ist das Messobjekt, z. B. ein Dimmer, über einen Trenntransformator anzuschließen.
Die Bestimmung des Zündwinkels α erfolgt wie beim Messen der Phasenverschiebung.

Beispiel:

$$\alpha = \frac{\Delta x \cdot 360°}{x_T} = \frac{1\ \text{div} \cdot 360°}{7\ \text{div}} = 51°$$

Praxistipp: Messen mit dem Oszilloskop (Nächster Praxistipp: Seite 273)

8.4 Messen nichtelektrischer Größen mit Sensoren

8.4.1 Aktive und passive Sensoren

Zum Steuern und Regeln werden Eingabegrößen (Führungsgrößen) erfasst und auf elektrotechnischem Weg verarbeitet. Das bedeutet, dass zu messende nichtelektrische Größen in elektrische Größen umgewandelt werden müssen **(Bild 1)**.

Sensoren formen eine nichtelektrische Größe in eine elektrische Größe um.

Nach der Wirkungsweise bei der Umwandlung von nichtelektrischen in elektrische Größen unterscheidet man **aktive** und **passive** Sensoren.

Passive Sensoren (Bild 2) enthalten passive Bauelemente, z.B. Widerstände, Spulen oder Kondensatoren. Sie ändern ihre elektrischen Eigenschaften, z.B. Widerstand oder Induktivität, unter dem Einfluss nichtelektrischer (physikalischer) Größen, z.B. Druck, Temperatur oder Magnetfeld. Damit eine Beeinflussung der elektrischen Größe durch die Bauelemente möglich ist, benötigt man eine Hilfsenergie von einer externen Spannungsquelle.

Aktive Sensoren (Bild 3) wandeln mechanische, thermische, Licht- oder chemische Energie direkt in elektrische Energie um. Aktive Sensoren sind somit Spannungserzeuger, z.B. Thermoelemente **(Seite 190)**, Fotoelemente **(Seite 222)** oder piezoelektrische Elemente **(Seite 29)**.

Das Ausgangssignal eines Sensors wird bei Bedarf durch ein **Übertragungsglied** verstärkt, linearisiert und kalibriert. Dieses Signal kann anschließend z.B. über ein Anzeigeinstrument dargestellt oder für eine Regel- oder Steuereinrichtung weiter verwendet werden **(Bild 4)**.

Sensor (Messwertaufnehmer), Übertragungsglied (Messverstärker, Messumformer) und Ausgeber (Anzeige) bilden eine **Messkette.**

In großen Anlagen sind verschiedene Messgrößen zentral zu verarbeiten. Die Übertragungsglieder für die verschiedenen Sensoren müssen dann gleichartige Signale im gleichen Bereich abgeben, z.B. Gleichspannungen im Bereich ± 10 V für den Wegbereich von ± 500 mm oder für den Kraftbereich 0 N bis 800 N. Derartige Sensoren mit Übertragungsgliedern heißen **Einheitsmessumformer (Tabelle).**

Tabelle: Einheitsmessumformer

Eingang	**Ausgang** genormte Ausgangssignale (Beispiele)
0 bis 100% des Messbereichs, z.B. 0 bis 500 °C oder 1 bar bis 10 bar ...	• 0 ... 1 V • 0 ... 10 V • 0 ... 20 mA • 4 ... 20 mA

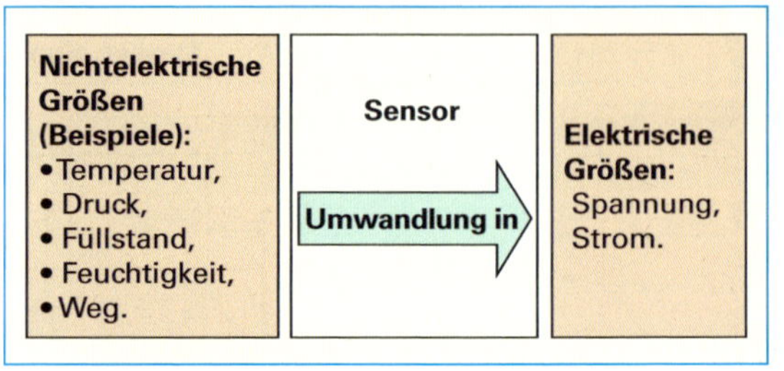

Bild 1: Umwandlung nichtelektrischer Größen in elektrische Größen

www.balluff.com
www.pepperl-fuchs.com

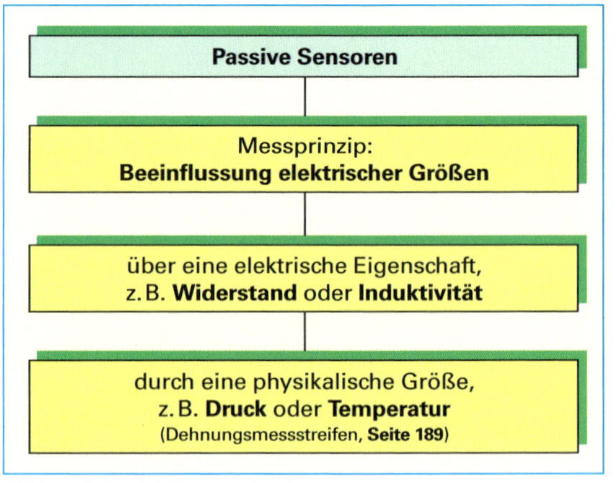

Bild 2: Beispiel für passive Sensoren

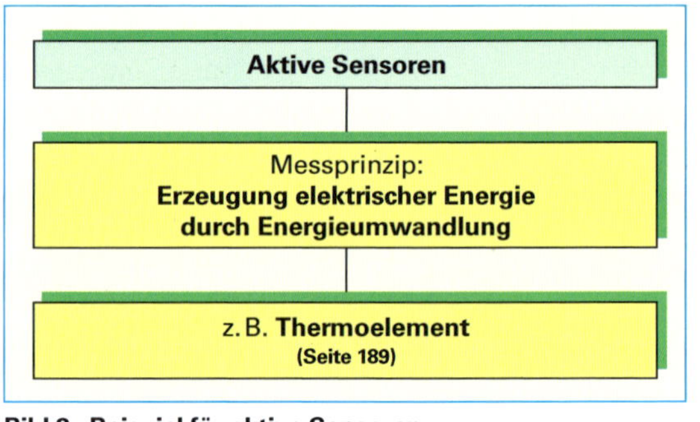

Bild 3: Beispiel für aktive Sensoren

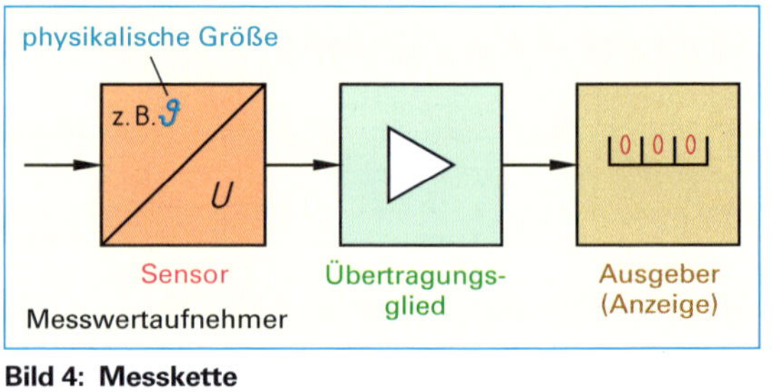

Bild 4: Messkette

8.4.2 Anwendungen von Sensoren

Sensoren unterscheidet man nach der Wirkungsweise bei der Umwandlung nichtelektrischer Größen in aktive und passive Sensoren oder nach der Art ihrer Ausgangssignale **(Übersicht)**.

Übersicht: Unterscheidung der Sensoren nach der Art des Ausgangssignals

- Analoge Sensoren
- Digitale Sensoren **(Seite 188)**
- Binäre Sensoren **(Seite 191)**

8.4.2.1 Sensoren zur Weg- und Winkelmessung

Mit analogen Sensoren lassen sich physikalische Größen, z. B. Weg, Temperatur, als analoge elektrische Größen, z. B. Spannung oder Strom, darstellen.

Analoge Sensoren mit Linearpotenziometern (Bild 1) und Drehpotenziometern (Bild 2) sind passive Sensoren. Sie eignen sich zur Weg- bzw. Winkelmessung.

Messschaltung. Der Sensor B1 **(Bild 3)** wird von der Gleichspannungsquelle G1 versorgt. Das Potenziometer wird als Spannungsteiler betrieben. Durch das Messobjekt wird der Schleifer des Potenziometers bewegt und verändert somit die abgegriffene Teilspannung U_1. Wird die Spannung U_1 an den Messverstärker T1 mit sehr hohem Eingangswiderstand angeschlossen, so bleibt das Potenziometer praktisch unbelastet. Die gemessene Spannung U_2 verhält sich dann proportional zur Schleiferstellung x und somit zum Weg s bzw. Drehwinkel α des Messobjektes.

Linearpotenziometer können Wege von 5 mm bis zu 4000 mm aufnehmen. Drehpotenziometer erfassen Winkel von 0° bis 355°.

Anwendung: Linearpotenziometer werden eingesetzt zur Wegmessung, z. B. bei Werkzeugmaschinentischen.

Drehpotenziometer dienen der Drehwinkelerfassung, z. B. der Gelenkwinkel bei Industrierobotern oder in der Messtechnik **(Bild 4)**.

Magnetfeldabhängige Sensoren

Magnetfeldabhängige Sensoren haben im Gegensatz zum Linearpotenziometer und Drehpotenziometer keinen Schleifer. Die Widerstandsänderung erfolgt berührungslos. Dies hat den Vorteil eines verschleißfreien Aufbaus. Bei Annäherung eines beweglichen Dauermagneten an den Sensor ändert sich dadurch deren Widerstand und somit das Sensorsignal. Durch den Aufbau der Sensoren ist die Wegänderung bzw. Drehwinkeländerung des Dauermagneten proportional zum Sensorsignal.

Anwendung: Magnetfeldabhängige Sensoren verwendet man zum berührungslosen Messen von kleinen Wegen und Winkeln, z. B. bei Fahrpedalen und Bremspedalen von Elektrofahrzeugen.

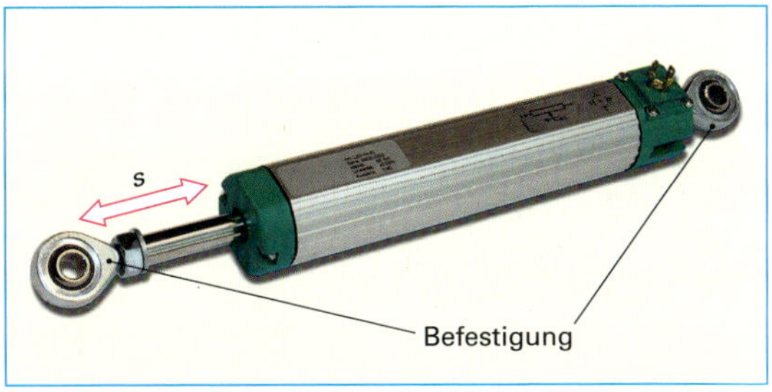

Bild 1: Linearpotenziometer

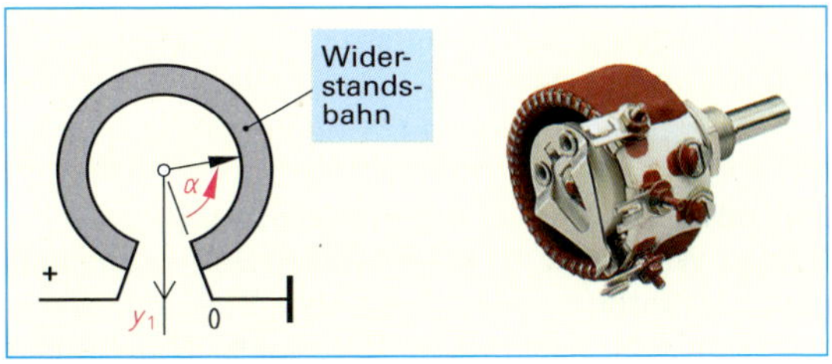

Bild 2: Drehpotenziometer

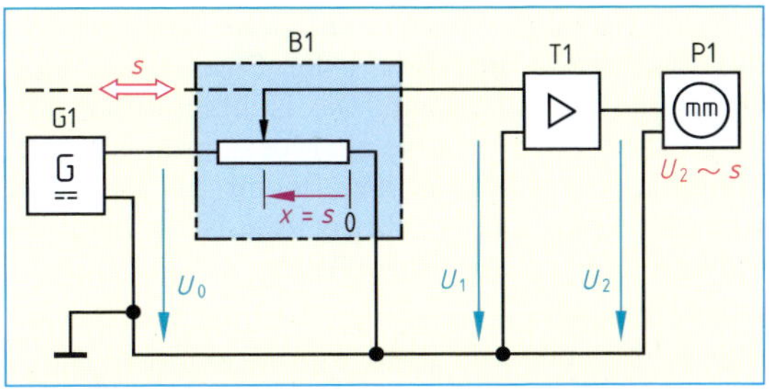

Bild 3: Messschaltung mit Linearpotenziometer

Sensoren: **Seite 201**

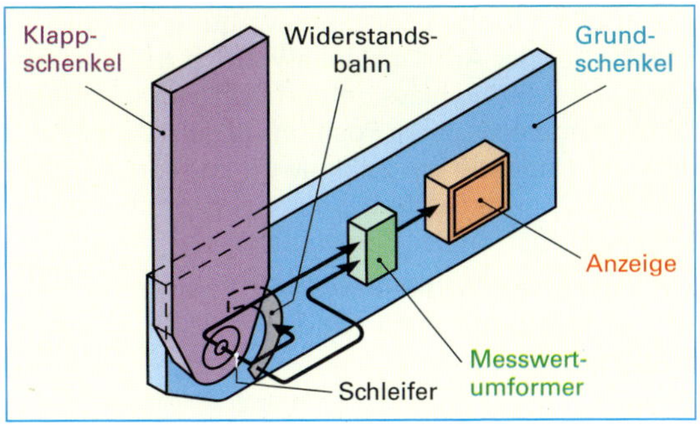

Bild 4: Elektromechanischer Winkelsensor

Lasersensoren (Bild 1) zur Messung von Weg, Abstand oder Distanz arbeiten im Nahbereich nach dem Triangulationsprinzip[1]. Der von der Laserdiode erzeugte Laserstrahl wird von der Oberfläche des Messobjekts reflektiert und auf dem Empfangselement abgebildet. Verändert das Messobjekt seine Position, so verschiebt sich der Lichtpunkt auf dem Empfangselement. Über einen Mikrocontroller wird der exakte Winkel und daraus die Distanz zum Messobjekt berechnet.

Anwendung: Lasersensoren wurden speziell für Anwendungen entwickelt, bei denen es auf sehr exaktes Positionieren ankommt. Sie liefern an ihrem Ausgang ein Analogsignal von 4...20 mA bzw. 0...10 V proportional zur Messdistanz.

Weg- und Winkelmessung mit digitalen Sensoren erfolgt durch:

- **inkrementale**[2] und
- **absolute Weg- und Winkelmessung.**

Digitale Sensoren verwendet man zur zahlenmäßigen Erfassung von Messgrößen, z.B. bei der Wegmessung über ein Codelineal.

Inkrementale Weg- und Winkelmessung

Bei der Wegmessung mit digitalen Sensoren kann ein Stellmotor das Messobjekt, z.B. einen Werkzeugschlitten, zusammen mit einem Strichmaßstab bewegen **(Bild 2).** Der Maßstab trägt ein regelmäßiges Strichraster mit lichtundurchlässigen und lichtdurchlässigen Bereichen. Beim Verschieben des Maßstabes unterbricht das Strichraster eine Lichtschranke periodisch. Die Lichtschranke gibt dabei elektrische Impulse als Messsignal an einen Zähler ab. Der Zähler wird zu Beginn der Messung auf Null gesetzt. Die Anzahl der Impulse ist dann ein Maß für den zurückgelegten Weg.

Für die **Winkelmessung** werden optisch inkrementale Winkelsensoren **(Bild 3a)** verwendet. Diese Sensoren sind auch für die Wegmessung geeignet, wenn man die Vorwärtsbewegung in eine Drehbewegung umsetzt.

Absolute Weg- und Winkelmessung

Bei der **absoluten Wegmessung** kann man ähnlich wie in **Bild 2** Wege über die Bewegung eines Glaslineals erfassen. Auf dem Lineal werden z.B. Dualzahlen durch lichtdurchlässige und lichtundurchlässige Felder dargestellt. Jeder Position auf dem Lineal kann dadurch eindeutig ein Zahlenwert zugeordnet werden **(Bild 4).** Jede Dualzahl entspricht somit einer bestimmten Position des Codelineals.

Zur **absoluten Winkelmessung** verwendet man Winkelscheiben, auch Codescheiben genannt **(Bild 3b).**

[1] Triangulation (lat.) = eine geometrische Methode der optischen Abstandsmessung durch Winkelmessung innerhalb von Dreiecken
[2] Inkrement (lat.) = Betrag, um den eine Größe zunimmt

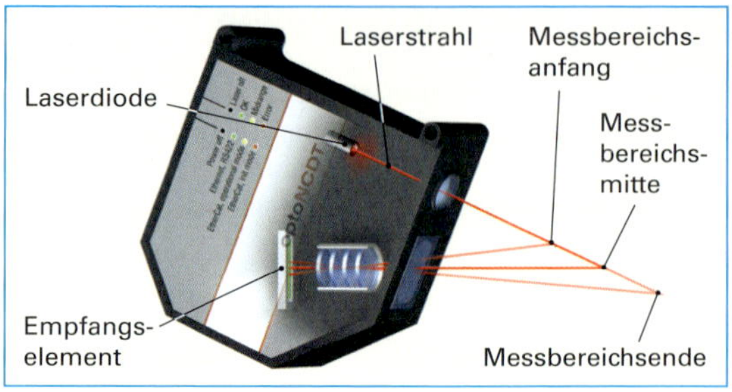

Bild 1: Lasersensor

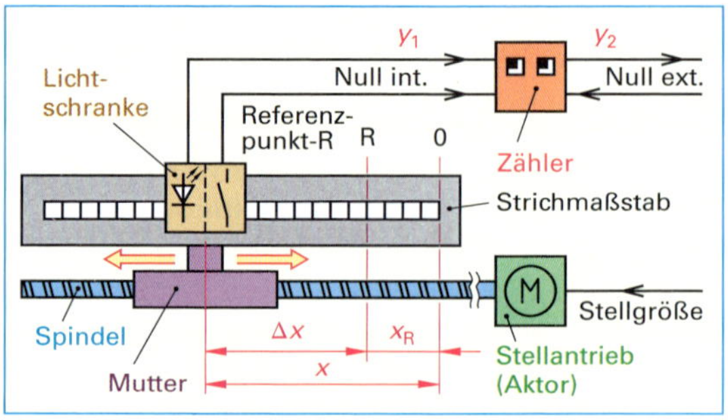

Bild 2: Inkrementale Wegmessung

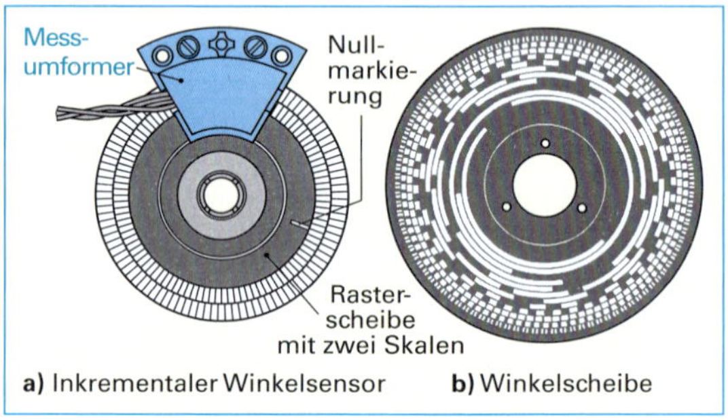

Bild 3: Winkelmessung

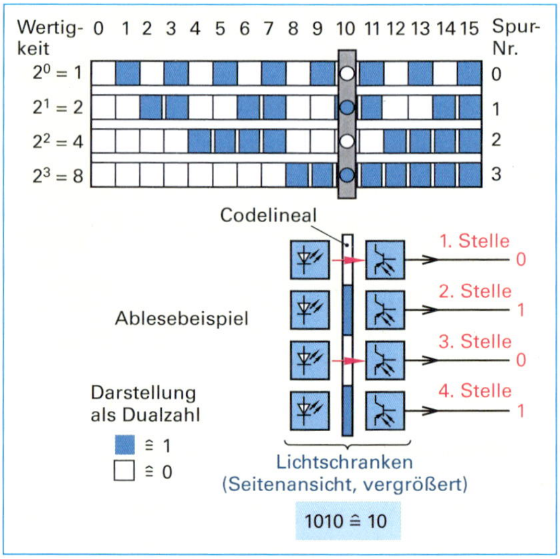

Bild 4: Absolut codierte Wegmessung im Dualcode

8.4.2.2 Sensoren zur Messung von Dehnung, Kraft, Druck und Drehmoment

Zur Messung von Kraft, Drehmoment, Druck, Dehnung oder Stauchung von Werkstücken werden **Dehnungsmessstreifen (DMS)** verwendet.

Sensoren mit Dehnungsmessstreifen sind passiv. Ihr Widerstand nimmt unter Dehnung zu, da die Leiterlänge l größer und der Querschnitt A kleiner wird ($R = \frac{\varrho \cdot l}{A}$). Bei Stauchung nimmt der Widerstand ab.

DMS werden sehr oft als **Folien-DMS** hergestellt. Beim Folien-DMS ist das Messgitter aus einer dünnen Metallfolie herausgeätzt und auf eine Trägerfolie aufgebracht. Eine größere wirksame Länge und eine höhere Empfindlichkeit erhält man durch ein mäanderförmiges Messgitter. Es gibt DMS mit zwei und vier Elementen, die zur gleichzeitigen Messung mehrerer Richtungen eingesetzt werden können **(Bild 1)**.

Halbleiter-DMS besitzen als Messelement einen Streifen aus Silicium. Sie sind viel kleiner als Metall-DMS und besitzen eine etwa 100-fache Empfindlichkeit gegenüber Metall-DMS.

Dehnungsmessstreifen werden mit Spezialklebern so auf das Messobjekt geklebt, dass die Messgitterlängsrichtung in Richtung der zu untersuchenden Dehnung bzw. Stauchung zeigt. **Bemessungswiderstände** für DMS betragen 120 Ω, 350 Ω, 700 Ω oder 1000 Ω.

Anwendung: Dehnungsmessstreifen verwendet man zu Dehnungsmessungen, z.B. an Maschinen, Fahrzeugteilen, Brücken, Stahlkonstruktionen, zur Kraftmessung, Drehmomentmessung oder Druckmessung.

Messschaltungen. Die Widerstandsänderung wird mithilfe der wheatstoneschen Brückenschaltung **(Bild 2)** indirekt über eine Spannungsänderung erfasst und einem Verstärker zugeführt. Man unterscheidet:

- Viertelbrückenschaltung mit einem DMS,
- Halbbrückenschaltung mit zwei DMS,
- Vollbrückenschaltung mit vier DMS.

Bei der **Viertelbrückenschaltung** befindet sich nur ein DMS an der Messstelle und wird mit drei weiteren Widerständen zur Messbrücke ergänzt.

Die **Halbbrückenschaltung (Bild 2)** enthält einen DMS, der gedehnt, und einen, der gestaucht wird. So ist z.B. auf den Messfederkörper eines Kraftsensors (Kraftmessdose) ein Doppel-DMS aufgeklebt. Eine Druckkraft auf den Messfederkörper bewirkt, dass B1 gestaucht und B2 gedehnt wird **(Beispiel Bild 2).**

Bei der **Vollbrückenschaltung (Bild 3)** sind die vier DMS so am Messobjekt befestigt, dass zwei DMS eine Dehnung und zwei eine Stauchung erfahren. Mit der Vollbrückenschaltung erfasst man z.B. das Drehmoment einer Welle **(Beispiel Bild 3).** Die Vollbrücke ist besonders empfindlich.

Bei **Druckmessungen** wird eine aus vier Elementen bestehende DMS-Rosette mit einer Messmembran verbunden **(Bild 4).** Bei Druck auf die Membran werden B1 und B3 gedehnt, B2 und B4 gestaucht (Vollbrücke).

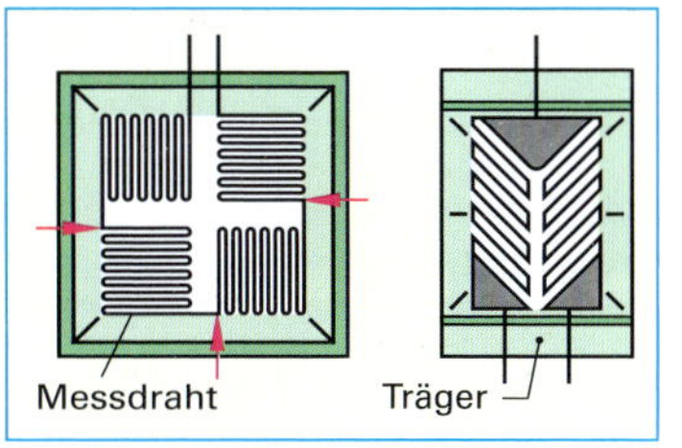

Bild 1: Ausführungsformen von Dehnungsmessstreifen

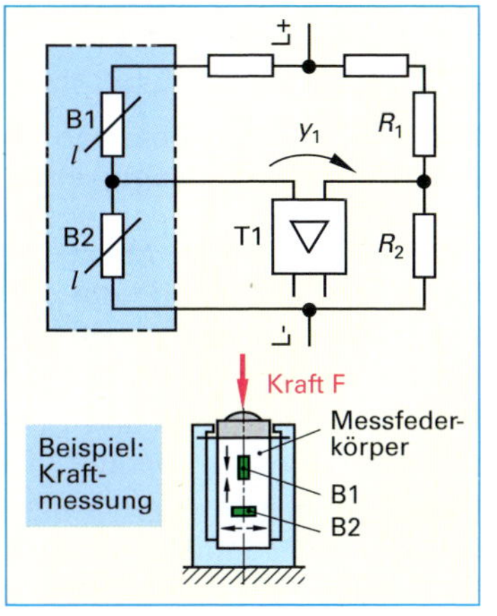

Bild 2: Halbbrückenschaltung

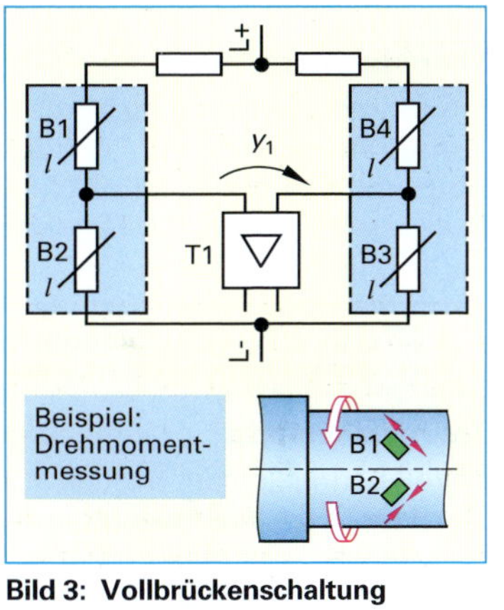

Bild 3: Vollbrückenschaltung

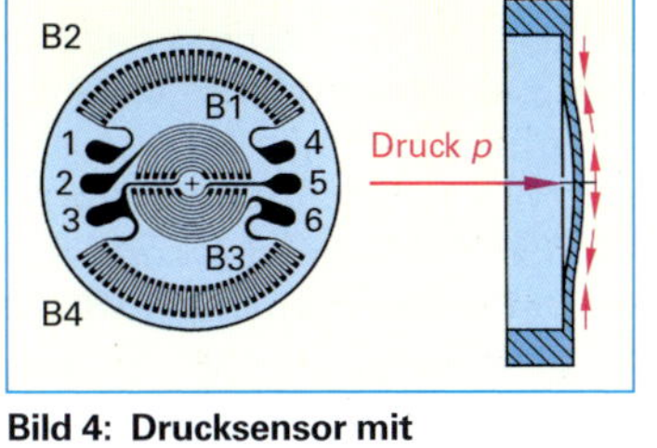

Bild 4: Drucksensor mit DMS-Rosette

8.4.2.3 Sensoren zur Messung von Temperaturen

Zur Messung von Temperaturen verwendet man Temperatursensoren.

Messaufgabe und Einsatzbereich **(Bild 1a)** bestimmen den Sensortyp. Temperatursensoren, die am häufigsten verwendet werden, sind:

- Widerstandsthermometer,
- Thermistoren,
- Thermoelemente.

Widerstandsthermometer

Die Funktion dieser passiven Sensoren beruht auf der **Temperaturabhängigkeit** von Widerständen. Widerstandsmessfühler enthalten Draht- oder Schichtwiderstände. Meist verwendet man als Widerstandsmaterial **Platin (Pt)** oder **Nickel (Ni)**. Bei Pt 100 oder Ni 100 beträgt der Bemessungswiderstand bei einer Temperatur von 0 °C 100 Ω.

Die Widerstandsänderung verhält sich ungefähr proportional zur Temperaturänderung **(Bild 2)**.

Nickelfühler haben etwa den doppelten Temperaturbeiwert wie **Platinfühler** und sind deshalb empfindlicher. Ihre Kennlinie verläuft jedoch nicht so linear.

Anwendung: Widerstandsthermometer verwendet man zur Temperaturmessung, z.B. bei elektrischen Öfen, Klimaanlagen und Gefrierschränken.

Thermistoren

Die Temperaturmessung beruht auch hier auf einer temperaturabhängigen Widerstandsänderung. Aufgrund des unterschiedlichen elektrischen Verhaltens wird zwischen NTC- und PTC-Thermistoren unterschieden.

NTC-, PTC-Widerstände: **Seite 198, 199**

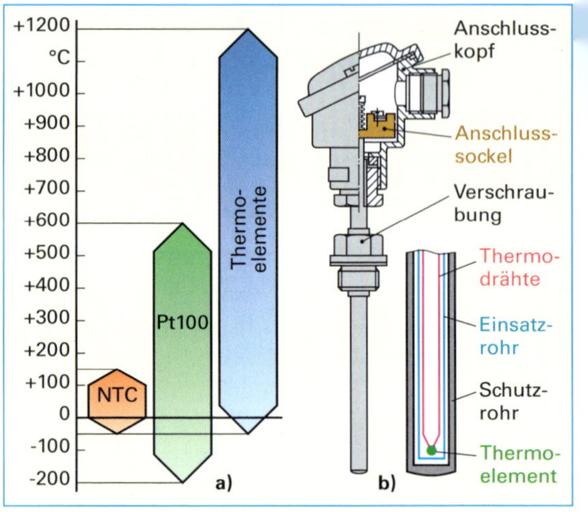

Bild 1: a) Einsatzbereiche von Temperatursensoren
b) Thermoelement mit Schutzrohr und Anschlusskopf

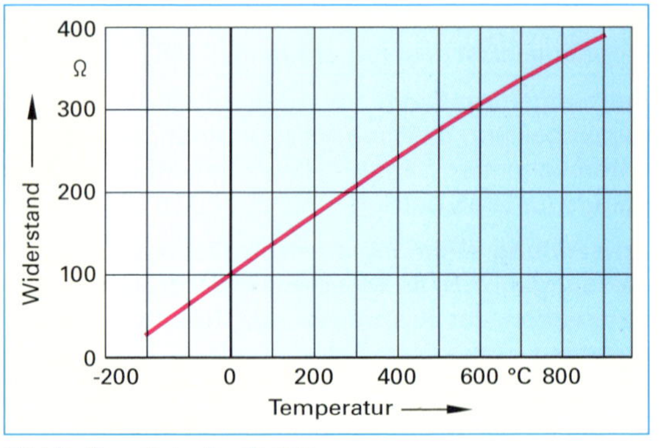

Bild 2: Kennlinie des Pt 100

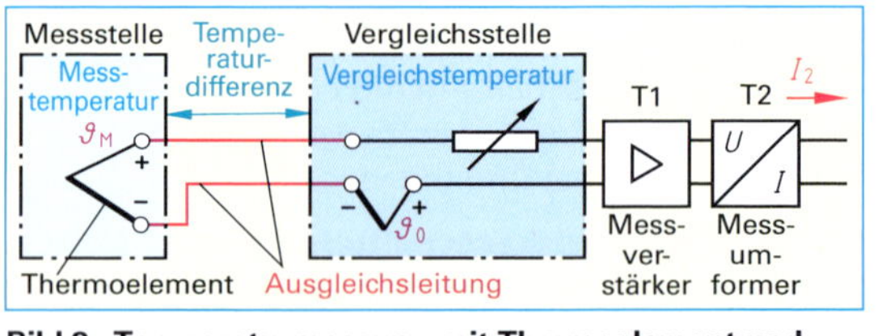

Bild 3: Temperaturmessung mit Thermoelement und Vergleichsstelle

Thermoelemente

Beim Thermoelement handelt es sich um einen aktiven Sensor, der Wärmeenergie in elektrische Energie umwandelt. Zwei miteinander verschweißte Drähte aus unterschiedlichen Metallen oder Metalllegierungen bilden das **Thermoelement (Bild 1b)**, z.B. Eisen und Konstantan. Bei Erwärmung der Verbindungsstelle tritt eine Thermospannung auf. Die Thermospannung steigt mit der Temperaturdifferenz zwischen der Verbindungsstelle und den freien Enden und hängt außerdem von der Zusammensetzung des Thermoelementes ab.

An das Thermoelement des Fühlers werden Leiter aus dem jeweils gleichen Material angeschlossen. Diese **Ausgleichsleitungen** verhindern zusätzliche Thermospannungen an den Fühleranschlüssen. Da die Thermospannung sehr klein ist, z.B. einige µV/K, wird sie über einen Messverstärker aufbereitet. Gemessen wird dann die Temperaturdifferenz zwischen Messort und Anzeigeinstrument.

Wird an die Enden der Ausgleichsleitung ein zweites gleichartiges Thermoelement geschaltet, so erhält man eine **Vergleichsstelle (Bild 3)**. Gemessen wird dann die Temperaturdifferenz zwischen Messort und Vergleichsstelle. Für genaue Messungen wird die Temperatur an der Vergleichsstelle konstant gehalten.

Anwendung: Thermoelemente finden meist dort Anwendung, wo es um die Messung sehr hoher Temperaturen geht, z.B. in Kesselanlagen oder in Härteöfen bei der Metallbearbeitung.

8.4.3 Näherungsschalter

Näherungsschalter erfassen berührungslos Objekte, z.B. Werkstücke. Sie sind binäre Sensoren und liefern ein binäres Ausgangssignal, z.B. Ein/Aus oder 1 bzw. 0.

Näherungsschalter arbeiten ohne mechanisch bewegte Teile und sind daher verschleißfrei.

Nach dem Messprinzip unterscheidet man:
- Optische Näherungsschalter,
- Induktive Näherungsschalter und
- Kapazitive Näherungsschalter.

8.4.3.1 Optische Näherungsschalter

Lichttaster bestehen aus einem Sender- und Empfängerelement, die beide in einem gemeinsamen Gehäuse untergebracht sind **(Bild 1)**. Die von einer Infrarot-Diode ausgesendete gepulste Infrarotstrahlung wird bei Annäherung eines Gegenstandes reflektiert und über einen Fototransistor empfangen. Die Reichweite (Erfassungsbereich) beträgt bis 2 m und ist abhängig von der Farbe, der Oberflächenstruktur und der Größe des zu erfassenden Gegenstandes.

Reflexions-Lichtschranke. Bei ihr wird das vom Sender ausgestrahlte Infrarotlicht durch einen Reflektor zum Empfänger zurückgeworfen **(Bild 1)**. Die Reichweite von Reflexions-Lichtschranken beträgt bis 5 m.

Einweglichtschranken (Bild 1) bestehen aus räumlich getrennten Sender- und Empfängerelementen. Erfasst wird die Unterbrechung des Lichtstrahls zwischen Sender und Empfänger. Einweglichtschranken haben große Reichweiten bis etwa 40 m.

Anwendung: Näherungsschalter werden z.B. zur Erfassung von Gegenständen verwendet.

8.4.3.2 Induktive Näherungsschalter

Im induktiven Näherungsschalter **(Bild 2)** verändert ein Metallteil vor der aktiven Fläche, d.h. der Fläche, von der ein hochfrequentes Sensorfeld ausgeht **(Bild 3)**, die Induktivität eines Schwingkreises. Der Signalauswerter stellt die Veränderung fest und bewirkt über den Schaltverstärker eine Signaländerung am Ausgang des Sensors.

Anwendung: Induktive Näherungsschalter **(Bild 2)** erfassen alle Metallarten. Sie werden als berührungslose Endschalter z.B. zum Erfassen, Zählen oder Sortieren von Werkstücken verwendet.

Schaltabstand

Der Schaltabstand **(Bild 2)** ist der Abstand zwischen einer Normmessplatte, z.B. Stahl, und der aktiven Fläche bei dem ein Signalwechsel erfolgt. Bei anderen Materialien wird der Schaltabstand durch Korrekturfaktoren **(Tabelle)** korrigiert. Der Schaltabstand liegt bei Standardnäherungsschaltern, z.B. zwischen ca. 1 mm und 60 mm.

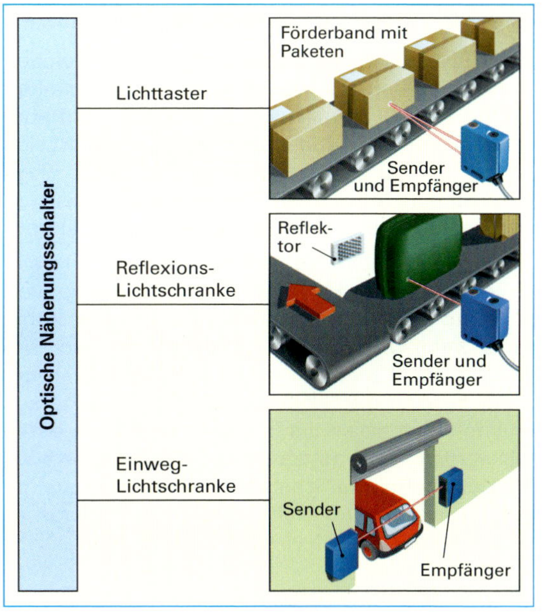

Bild 1: Optische Näherungsschalter

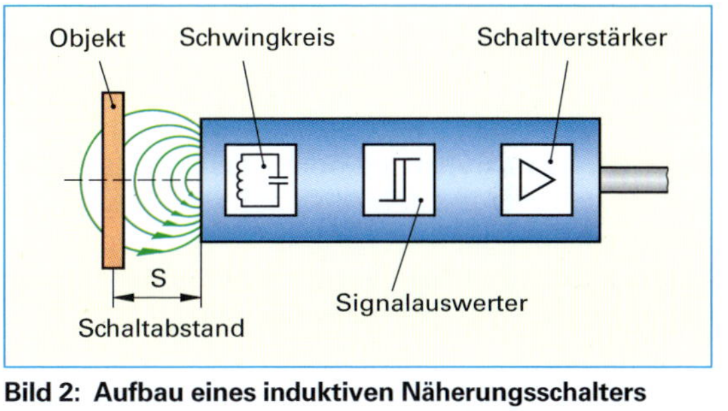

Bild 2: Aufbau eines induktiven Näherungsschalters

Bild 3: Bauformen induktiver Näherungsschalter

Tabelle: Korrekturfaktoren

Werkstoff	Korrekturfaktor
Stahl	1,0
Kupfer	0,25 … 0,45
Messing	0,35 … 0,5
Aluminium	0,3 … 0,45

8.4.3.3 Kapazitive Näherungsschalter

Kapazitive Näherungsschalter haben den gleichen Gehäuseaufbau wie induktive Näherungsschalter. Nähert sich ein metallischer oder auch nichtmetallischer Gegenstand der aktiven Fläche, ändert sich die Kapazität des Messfühlersystems. Durch diese Kapazitätsänderung wird der Ausgang zwischen den Schaltzuständen Ein und Aus umgeschaltet.

Anwendung: Kapazitive Näherungsschalter erfassen außer Metallen und Nichtmetallen auch flüssige, körnige und pulverisierte Werkstoffe, z.B. Kunststoffe, Holz, Stein, Öl, Wasser oder Zement. Da sich der Schaltabstand auf die Normmessplatte aus Stahl bezieht, müssen die Schaltabstände für Objekte aus anderen Materialien durch Korrekturfaktoren ermittelt werden. Zur Ermittlung des Soll-Schaltabstands wird der normierte Schaltabstand des Sensors mit dem Korrekturfaktor multipliziert. Der Korrekturfaktor beträgt z.B. für Polyvinylchlorid (PVC) 0,2 ... 0,4.

8.4.3.4 Ausführung von Näherungsschaltern

Ausgangsfunktion

Bei induktiven und kapazitiven Näherungsschaltern unterscheidet man zwischen **Schließer-** und **Öffner-Funktion**. Je nachdem, ob durch das Schaltereignis der Stromkreis über den Ausgang des Sensors geschlossen oder geöffnet wird, spricht man von einer Schließerfunktion **NO** (**N**ormally **O**pen) bzw. einer Öffnerfunktion **NC** (**N**ormally **C**losed).

Ausführung

Näherungsschalter werden für den Betrieb an Gleichspannung (DC 10 V bis 30 V) meist in Dreidrahtausführung, für den Betrieb an Wechselspannung bis AC 250 V in Zweidrahtausführung hergestellt.

Zweidrahtausführung

Bei der Zweidrahtausführung **(Bild 1)** wird die Last, z.B. ein Schütz, in Reihe zum Näherungsschalter geschaltet. Die Wirkung entspricht einem mechanischen Schalter (Öffner oder Schließer).

Dreidrahtausführung

Bei der Dreidrahtausführung **(Bild 2** und **Bild 3)** erhält der Näherungsschalter eine eigene Spannungsversorgung. Abhängig vom verwendeten Transistortyp in der Ausgangsschaltung unterscheidet man zwischen **PNP**- und **NPN**-Ausführung, mit der Ausgangsfunktion **Schließer** oder **Öffner**.

Vierdrahtausführung

Sensoren in Vierdrahtausführung **(Bild 4)** entsprechen Sensoren in Dreidrahttechnik, sie besitzen aber einen weiteren Ausgang (Schließer- und Öffner-Funktion).

Die Kapazität des Messfühlersystems wird bestimmt durch:

- die Größe
- die Dielektrizitätskonstante und
- den Abstand des zu erfassenden Objektes.

- **Aderfarben** nach DIN IEC 60757

BN	(brown)	braun
BK	(black)	schwarz
BU	(blue)	blau
WH	(white)	weiß

- **Anschlüsse:** Die Anschlüsse sind mit den Ziffern 1 bis 4 bezeichnet.

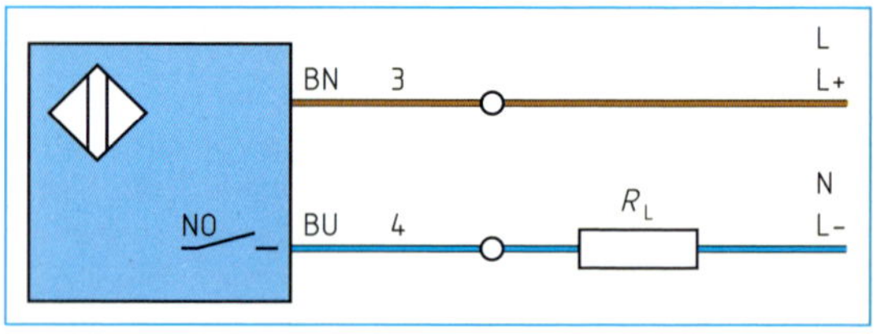

Bild 1: Zweidrahtausführung, AC/DC-Schließer

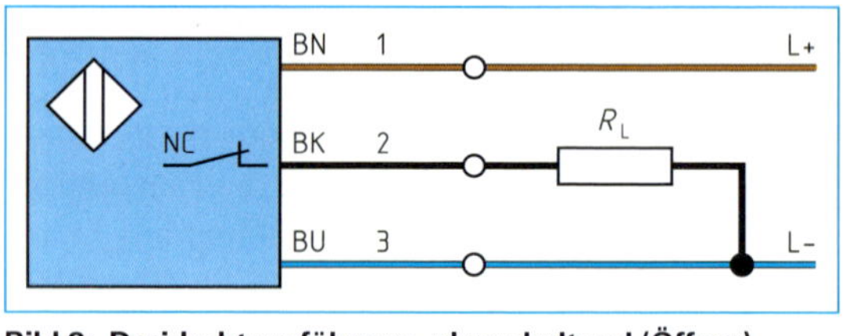

Bild 2: Dreidrahtausführung, plusschaltend (Öffner)

Bei einem Sensor in **PNP**-Ausführung **(Bild 2)** ist die Last zwischen dem Sensorausgang und dem Minuspol (L–) der Spannungsquelle angeschlossen und wird nach L+ durchgeschaltet (plusschaltend).

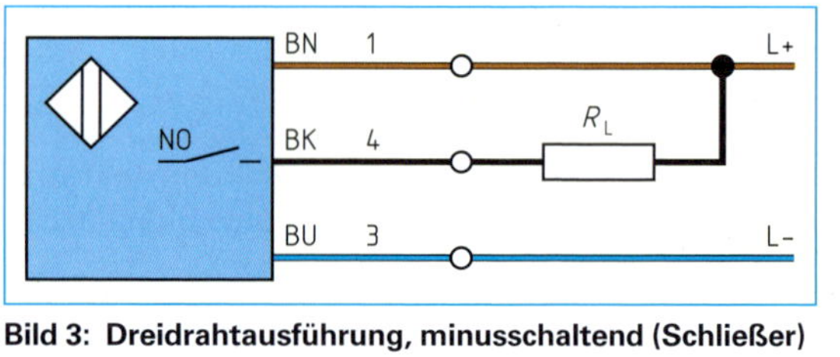

Bild 3: Dreidrahtausführung, minusschaltend (Schließer)

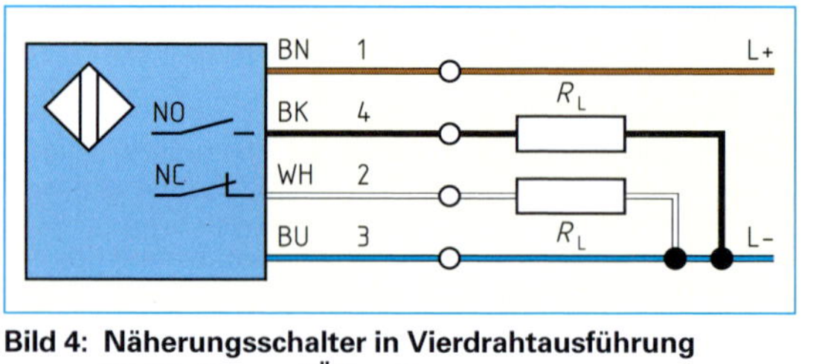

Bild 4: Näherungsschalter in Vierdrahtausführung (Schließer und Öffner)

8.4.4 RFID-Technologie

RFID[1] (**R**adio – **F**requency **Id**entifikation) ist eine Technologie zur automatischen Identifizierung von Objekten, z.B. in der Warenverwaltung durch magnetische oder elektromagnetische Felder.

Ein RFID-System **(Bild 1)** besteht immer aus einem **Transponder**[2] (RFID-**Tag**[3]) und einem **Schreib-Lesegerät**. Der Transponder besteht aus einem Mikrochip, der mit einer Antenne oder Spule verbunden ist. Die Antenne bzw. Spule dient der Energiegewinnung und Datenübertragung.

Vom Schreib-Lesegerät wird, abhängig von der RFID-Frequenz und dem Abstand, ein magnetisches Feld (LF, HF oder UHF, **Tabelle**) bzw. ein elektromagnetisches Feld erzeugt, welches von der Antenne oder Spule des Transponders empfangen wird. Dieses Feld induziert dort einen Induktionsstrom und aktiviert den Transponder. Der Transponder verändert nun das vom Lesegerät ausgesandte Feld und überträgt dadurch die im Mikrochip gespeicherten Daten zum Schreib-Lesegerät. Diese Daten werden automatisch an die Auswerteeinheit weitergeleitet und verarbeitet. Über die Auswerteeinheit wird eine Anbindung an Feldbusse, z.B. Profibus, Profinet **(Seite 589)**, ermöglicht.

Die RFID-Technologie ermöglicht das Beschreiben und nach Bedarf auch das Überschreiben von bereits im Transponder enthaltenen Informationen. So können bereits erfolgte oder noch zu erledigende Fertigungsschritte im Transponder hinterlegt werden. Ist der Transponder direkt am Objekt angebracht, z.B. Transportbehälter **(Bild 3)**, ist eine objektbezogene Produktionssteuerung möglich. So können Prozessabläufe transparenter, schneller und effizienter gestaltet werden. Damit ist die RFID-Technologie eine Voraussetzung für die Bereiche Automatisierung und Industrie 4.0 **(Seite 556)**. Die Frequenzen der RFID-Systeme bestimmen Reichweiten, Übertragungsraten und Einsatzbereiche **(Tabelle)**.

Transponder werden in verschiedenen Ausführungen **(Bild 2)** hergestellt. Man unterscheidet passive, aktive und semi-aktive Transponder.

Passive Transponder enthalten keine eigene Energieversorgung. Die notwendige Energie zur Datenübertragung erhalten sie von dem empfangenen elektromagnetischen Feld des Lesegeräts.

Aktive Transponder haben eine eigene Energieversorgung (Batterie) zur Erzeugung elektromagnetischer Wellen. Sie befinden sich in Ruhe, bis sie vom Lesegerät ein Signal empfangen. Damit werden die Daten über eine größere Entfernung übertragen.

Semi-aktive Transponder besitzen eine Batterie zur Spannungsversorgung des Mikrochips. Zum Senden der gespeicherten Daten nutzen sie die Energie des vom Lesegerätes ausgesendeten Feldes.

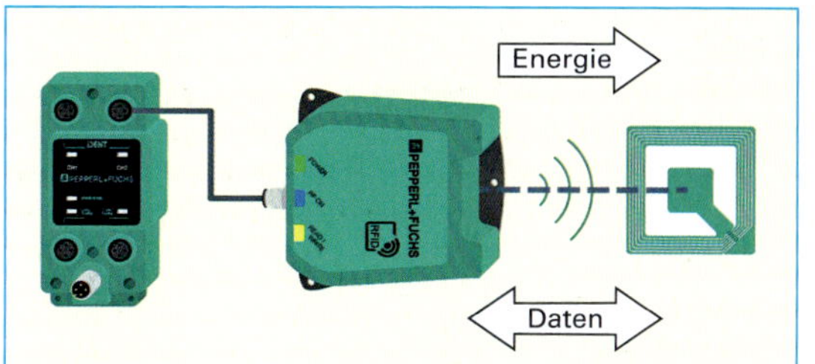

Bild 1: RFID-System

Bild 2: Schreib-Lesegeräte und Transponder

Tabelle: RFID-Systeme, Reichweiten, Übertragungsraten und Einsatzbereiche

RFID-Frequenzen	Niederfrequenz (LF) 125 kHz … 135 kHz	Hochfrequenz (HF) 13,56 MHz	Ultrahochfrequenz (UHF) 865 MHz … 928 MHz
Reichweiten	Wenige cm bis ca. 10 cm	Wenige cm bis ca. 15 cm	ca. 6 m (passiv), bis 20 m (aktiv)
Übertragungsraten	niedrig	groß	hoch
Einsatzbereiche (Beispiele)	Zugangskontrolle, Montage-, Lager- und Fördertechnik, Maschinen und Anlagenbau	Lebensmittel- und Getränkeindustrie, Palettenidentifikation Objektidentifikation in Transportbahnen	Logistik und Handel, Automobilindustrie, Lager- und Fördertechnik, Fahrzeugidentifikation

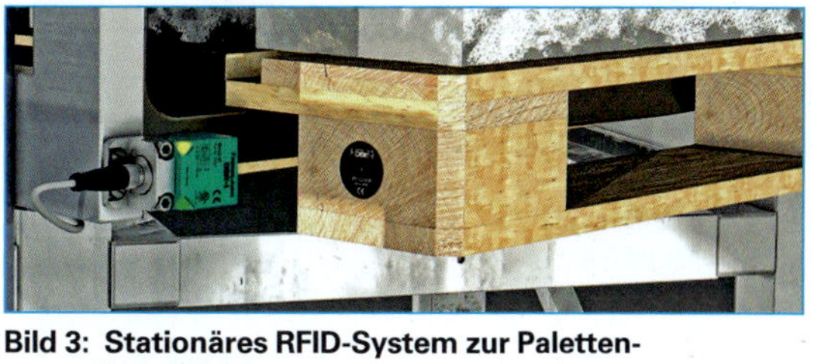

Bild 3: Stationäres RFID-System zur Palettenidentifikation

[1] **RFID**, Abk. für: **R**adio **F**requency **Id**entifikation (engl.) = Identifizierung mithilfe elektromagnetischer Wellen
[2] Transponder = Gerät das Funksignale aufnimmt und automatisch beantwortet
[3] Tag (engl.) = Etikett

1. Ein Spannungsmesser zeigt im Messbereich 100 V den in **Bild 1** dargestellten Messwert an. **a)** Erklären Sie die Sinnbilder auf dem Skalenfeld. Berechnen Sie **b)** den absoluten Fehler und **c)** den relativen Fehler.

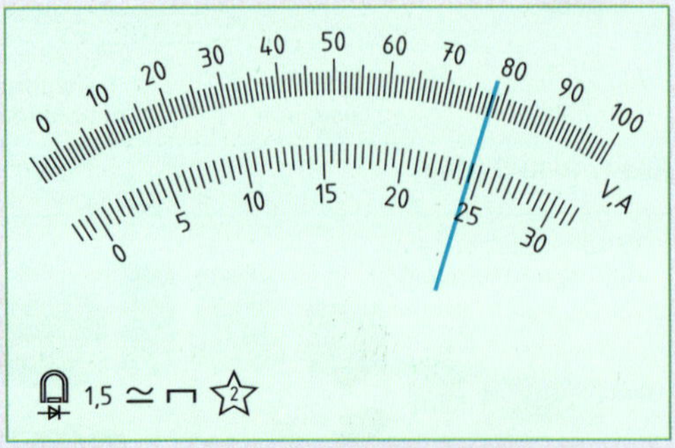

Bild 1: Skalenfeld eines Vielfachmessgerätes

2. **a)** Berechnen Sie den relativen Fehler des Spannungsmessers **(Bild 1)** im Messbereich 100 V bei einem angezeigten Wert von 20 V.
b) Warum soll bei einer Messung mit einem analogen Messgerät der Zeigerausschlag im letzten Drittel der Skala liegen?

3. Mit einem 4½-stelligen Digitalmultimeter wird eine Spannung von 127,45 V gemessen. Der Hersteller gibt die Fehlergrenze von ± (0,5% vom Messwert + 5 Digit) an. **a)** Geben Sie den zulässigen Messfehler des Digitalmultimeters an. **b)** In welchem Bereich liegt der wahre Wert?

4. **a)** Erklären Sie anhand von **Bild 2** die Wirkungsweise des Drehspulmesswerks. **b)** In welche Richtung schlägt der Zeiger aus? **c)** Warum ist das Messwerk nur für Gleichstrom geeignet?

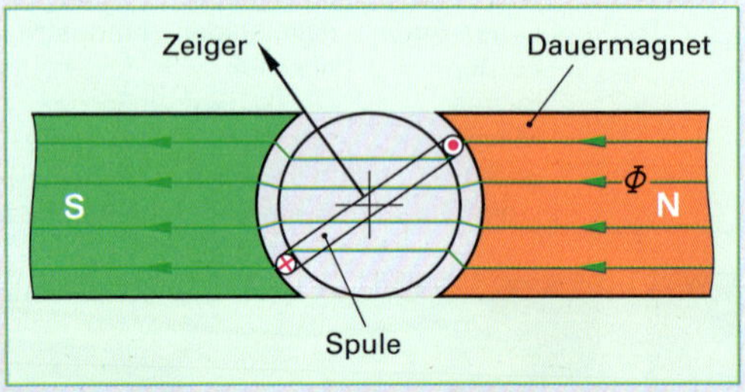

Bild 2: Prinzip des Drehspulmesswerks

5. Erklären Sie die Begriffe **a)** Crestfaktor und **b)** True RMS.

6. Warum sollen **a)** Strommesser einen möglichst kleinen Innenwiderstand und **b)** Spannungsmesser einen möglichst großen Innenwiderstand besitzen?

* Ergebnisse der Rechenaufgaben Seite 660

7. In einem Haushalt sind mehrere elektrische Geräte gleichzeitig in Betrieb. Die Zählerscheibe des dargestellten Elektrizitätszählers **(Bild 3)** macht in einer Minute 28 Umdrehungen. Bestimmen Sie die aufgenommene Leistung der angeschlossenen Geräte.

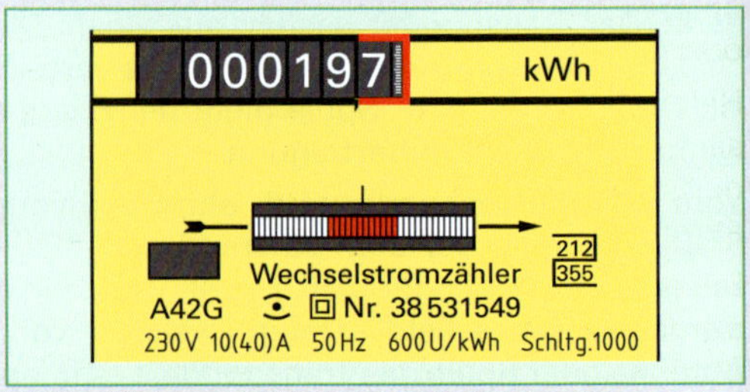

Bild 3: Bildausschnitt eines Elektrizitätszählers

8. An einer RC-Reihenschaltung **(Bild 4a)** werden mit einem Zwei-Kanal-Oszilloskop die Spannungen u und u_R aufgenommen **(Bild 4b)**. **a)** Welche Spannung wird über Kanal I, welche über Kanal II dargestellt. **b)** Über welche Spannung kann auf den Stromverlauf geschlossen werden? Begründen Sie Ihre Antwort.

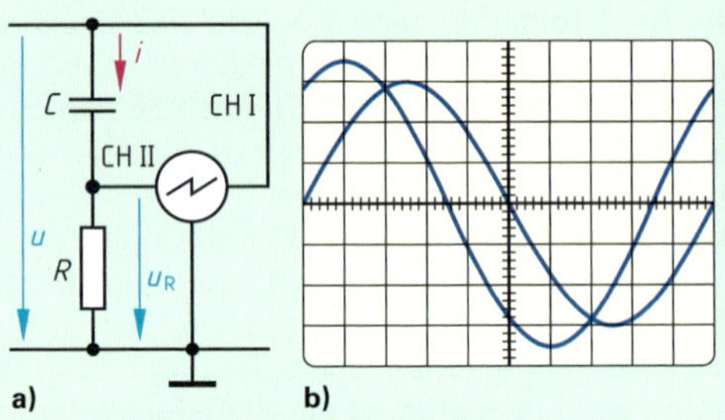

Einstellungen am Oszilloskop:
- Zeitablenkung: $A_x = 0{,}2$ ms/div;
- Kanal I: $A_{yI} = 2$ V/div;
- Kanal II: $A_{yII} = 1$ V/div.

Bild 4: Messung an einer RC-Reihenschaltung

9. Bestimmen Sie aus **Bild 4b a)** die Amplituden $\hat{u}$ und $\hat{u}_R$, **b)** die Frequenz f, **c)** den Phasenverschiebungswinkel φ zwischen Gesamtspannung u und Strom i in der Schaltung. **d)** Ermitteln Sie die Stromstärke I, wenn der Widerstand $R = 100\ \Omega$ beträgt. **e)** Berechnen Sie die Kapazität C des Kondensators.

10. Ein unbekannter Widerstand soll mit einer Gleichstrommessbrücke ermittelt werden. **a)** Zeichnen Sie die Prinzipschaltung einer Gleichstrommessbrücke. **b)** Beschreiben Sie die Vorgehensweise zur Ermittlung des unbekannten Widerstandes.

9 Elektronik

9.1 Halbleiterwerkstoffe

Als Halbleiterwerkstoffe verwendet man fast ausschließlich die Grundstoffe Silicium, Germanium oder chemische Verbindungen, z. B. Galliumarsenid oder Indiumantimonid **(Tabelle).**

Halbleiterwerkstoffe müssen außerordentlich rein sein. Man erreicht bei der Herstellung Reinheitsgrade, bei denen auf 10^{10} Atome nur ein einziges Fremdatom kommt.

Bei sehr tiefen Temperaturen sind die Halbleiterwerkstoffe Nichtleiter. Die Leitfähigkeit lässt sich durch Zusetzen von Fremdstoffen oder durch äußere Einflüsse, z. B. durch Lichteinstrahlung und durch elektrische oder magnetische Felder, stark verändern. Halbleiterwerkstoffe finden Anwendung bei der Herstellung von elektronischen Bauelementen **(Übersicht).**

Der spezifische Widerstand von **Halbleiterwerkstoffen** liegt zwischen dem elektrischer Leiter (Metalle) und dem von Nichtleitern.

Atomarer Aufbau. Halbleiteratome bilden ein Kristallgitter. Der Kern eines Silicium-Atoms enthält 14 Protonen und 14 Neutronen. Silicium hat auf der äußeren Schale vier **Valenzelektronen**[1]; d. h., es ist vierwertig. Jedes Elektron davon umkreist den eigenen und je einen benachbarten Atomkern.

Eigenleitung. Bei Raumtemperatur schwingen die Atome im Kristallgitter um ihre Ruhelage ungeordnet hin und her (Wärmebewegung). Dadurch brechen einige der Atombindungen auf. Einzelne Außenelektronen entfernen sich von ihren Atomen und sind innerhalb des Kristalls frei beweglich **(Leitungselektronen).** Eine am Halbleiterkristall angelegte Spannung bewirkt ein elektrisches Feld und treibt diese freien Elektronen vom Minus- zum Pluspol **(Bild 1).**

Sobald sich ein Valenzelektron aus seiner Atombindung entfernt, hinterlässt es dort eine Lücke, ein Loch, das man auch **Defektelektron** nennt. Die Löcher tragen ebenfalls zur Stromleitung bei. Ein Valenzelektron einer benachbarten Bindung kann nämlich ein solches Loch ausfüllen. An der Stelle, wo es vorher war, entsteht wieder ein Loch. Das Loch wandert durch den ganzen Kristall vom Pluspol zum Minuspol **(Bild 2).**

Störstellenleitung. Fügt man dem reinen Halbleiterwerkstoff einen ganz geringen Fremdstoffanteil zu **(dotieren)**, z. B. ein einziges Bor-Atom auf 10^5 Siliciumatome, steigt die Leitfähigkeit um das Tausendfache.

Tabelle: Halbleiterwerkstoffe (Beispiele)

Werkstoff	Anwendung
Silicium (Si)	Dioden, Transistoren, Integrierte Schaltungen, Thyristoren, Solarzellen
Germanium (Ge)	Hochfrequenz-Transistoren, Detektoren für Gamma-Strahlung
Galliumarsenid (GaAs)	Leuchtdioden, Laser, HF-Transistoren
Indiumantimonid (InSb) Indiumarsenid (InAs)	Hall-Generatoren
Cadmiumsulfid (CdS)	Fotowiderstände
Siliciumcarbid (SiC)	Heißleiter, Varistoren, Leuchtdioden, SiC-MOSFET
Gallium-Indium-Nitrid	Weiße LED

Übersicht:
Elektronische Bauelemente (Auswahl)

- Diode **(Seite 202)**
- Heißleiter **(Seite 198)**
- IGBT **(Seite 249)**
- Kaltleiter **(Seite 199)**
- Transistor **(Seite 206)**
- Triac **(Seite 247)**
- Varistor **(Seite 197)**
- Z-Diode **(Seite 203)**

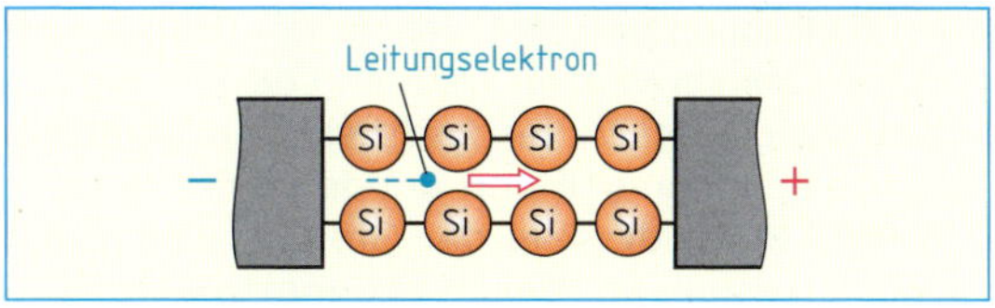

Bild 1: Elektronenleitung im Halbleiter

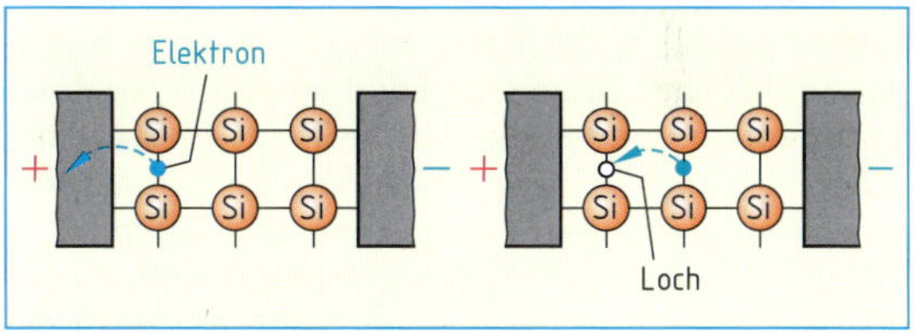

Bild 2: Löcherleitung im Halbleiter

Dotieren[2]

Bei Silicium werden Fremdatome mit niedriger, z. B. drei Valenzelektronen, oder höherer Wertigkeit, z. B. fünf Valenzelektronen, zugefügt. Damit kann die Leitfähigkeit von Halbleiterwerkstoffen beeinflusst werden.

[1] von valere (lat.) = wert sein; valenz (chemische Wertigkeit)
[2] von dotare (lat.) = ausstatten, mitgeben

N-Leiter. Silicium kann mit fünfwertigen Fremdatomen (z.B. Phosphor oder Arsen) dotiert werden. Für die Elektronenpaar-Bindung werden jedoch nur vier Valenzelektronen des Phosphoratoms benötigt **(Bild 1a)**. Das verbleibende 5. Valenzelektron wird somit bei geringer Wärmebewegung des Atoms zu einem frei beweglichen Leitungselektron. Einen mit fünfwertigen Fremdatomen dotierten Siliciumkristall nennt man **N-Leiter.**

P-Leiter. Silicium kann auch mit dreiwertigen Fremdatomen (z.B. Aluminium) dotiert werden. Für die vollständige Elektronenpaar-Bindung fehlt ein Elektron **(Bild 1b).** Dadurch hinterlässt dieses Elektron ein positives Loch (Defektelektron). Einen mit dreiwertigen Fremdatomen dotierten Siliciumkristall nennt man **P-Leiter.**

Die durch Dotieren entstandenen P-Leiter und N-Leiter bleiben weiterhin nach außen elektrisch neutral.

Die Leitfähigkeit im dotierten Halbleiter nimmt nur so lange zu, bis alle Fremdatome beim N-Leiter ihr überzähliges Elektron abgegeben haben bzw. im P-Leiter von ihrem Nachbaratom je ein Elektron aufgenommen haben.

Die elektrische Leitfähigkeit der Störstellenleitung ist nur wenig temperaturabhängig.

PN-Übergang. Bringt man einen P-Leiter und einen N-Leiter zusammen, entsteht an der Berührungsstelle ein PN-Übergang **(Bild 2).**

An der Grenze vom N- zum P-Leiter dringen ohne angelegte Spannung nur durch die Wärmebewegung Elektronen vom N-Leiter in den P-Leiter ein und rekombinieren[2] dort mit den Löchern. Umgekehrt diffundieren[1] Löcher des P-Leiters in den N-Leiter und verbinden sich dort mit den freien Elektronen **(Bild 2).** Beiderseits der Grenze verarmt der Halbleiterkristall an freien Ladungsträgern: Die Grenzschicht wirkt wie ein Isolator und bildet eine Sperrschicht.

Fehlen jedoch in der Grenzschicht Leitungselektronen und Löcher, üben die Ladungen der ortsgebundenen Ionen ihren Einfluss aus: Das N-Grenzgebiet ist positiv, das P-Grenzgebiet negativ aufgeladen. Diese Raumladungszonen beenden die weitere Diffusion: Die negative P-Grenzschicht zieht die diffundierten Löcher und die positive N-Grenzschicht die eingedrungenen Elektronen zurück. Die Ladungen in der etwa um 1 µm dicken Grenzschicht verursachen eine **Diffusionsspannung** U_{Diff} von z. B. 0,7 V bei Silicium am PN-Übergang. Durch Anlegen einer äußeren Spannung kann der PN-Übergang in Sperrrichtung oder in Durchlassrichtung betrieben werden **(Bild 3).**

Der PN-Übergang wirkt wie ein Kondensator. Die Sperrschicht besitzt eine Kapazität **(Sperrschicht-Kapazität).**

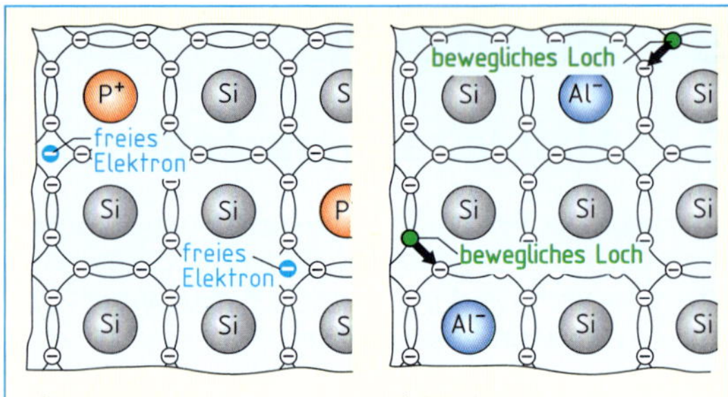

Bild 1: N-Leiter und P-Leiter

Fachbegriffe Halbleitertechnik

P-Leiter: 3-wertig dotiert, Löcher **(Defektelektronen)** sind Ladungsträger.

N-Leiter: 5-wertig dotiert, freie Elektronen **(Leitungselektronen)** sind Ladungsträger.

Diffundieren[1]: Elektronen des N-Leiters dringen in den P-Leiter ein, Löcher des P-Leiters dringen in den N-Leiter ein.

Rekombinieren[2]: Vereinigung von Ladungsträgern, z.B. Elektron vereinigt sich mit Loch.

Diffusionsspannung: Spannungsfall an der Raumladungszone eines PN-Übergangs, an dem keine äußere Spannung anliegt.
(bei Si: $U_{Diff} \approx 0{,}7$ V und bei Ge: $U_{Diff} \approx 0{,}3$ V).

Sperrschicht: Entsteht am PN-Übergang

Eigenleitung: Geringe elektrische Leitfähigkeit undotierter (reiner) Halbleiter.

Störstellenleitung: Durch Hinzufügen von Fremdatomen (dotieren) erhöht sich die elektrische Leitfähigkeit stark.

[1] von diffundere (lat.) = ausbreiten, zerstreuen
[2] von recombinare (lat.) = wiedervereinigen

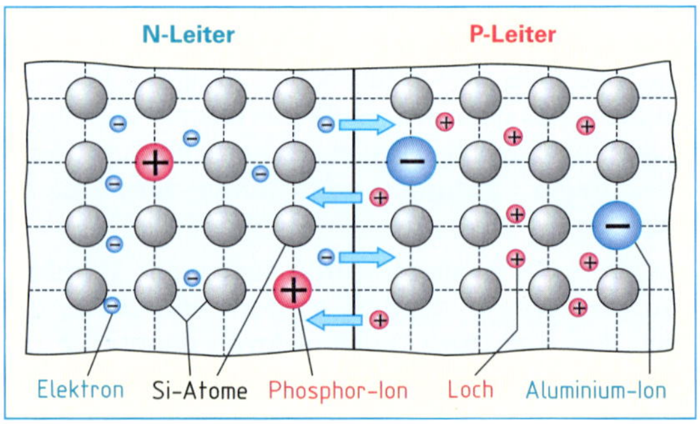

Bild 2: Wirkungsweise des PN-Übergangs

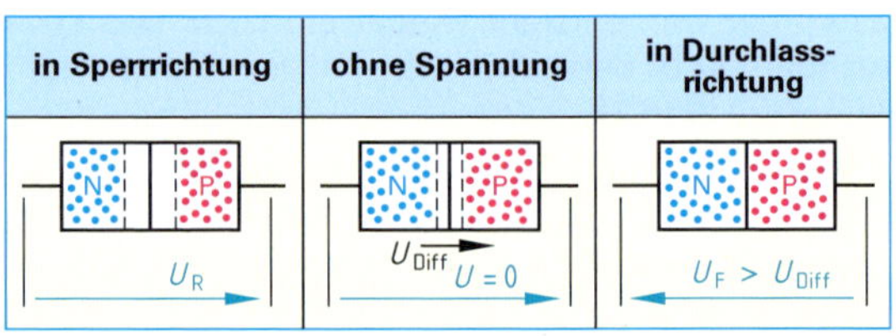

Bild 3: PN-Übergang mit angelegter Spannung

9.2 Halbleiterwiderstände

Halbleiterwiderstände ändern ihren Widerstandswert in Abhängigkeit von einer physikalischen Größe. Sie werden darum häufig als Messumformer in Überwachungsschaltungen oder Steuerungen eingesetzt.

9.2.1 Spannungsabhängige Widerstände (Varistoren)

Der Widerstandswert eines **Varistors**[1] **(VDR**[2]**)** ist von der angelegten Spannung abhängig **(Bild 1)**.

> Der Widerstand eines Varistors ist bei angelegter niedriger Spannung groß und bei hoher Spannung klein.

Mit zunehmender Spannung nimmt der Strom durch den VDR zunächst wenig und dann immer stärker zu **(Bild 2)**. Der Kontaktwiderstand der Metalloxidkörner (z. B. Zinkoxid, ZnO) oder Siliciumkarbidkörner (SiC), ist spannungsabhängig. Die Kennlinie $I = f(U)$ ist nichtlinear, aber symmetrisch zum Ursprung. Spannungsabhängige Widerstände werden in Scheibenform oder Blockform hergestellt.

Man verwendet vielfach ZnO-Varistoren **(Tabelle 1)**, deren Kennlinienknick **(Bild 2)** ihnen annähernd Schalteigenschaften verleiht. Diese Varistoren können Spannungen begrenzen **(Tabelle 2)**. Sie dienen hauptsächlich zum Unterdrücken von Überspannungsimpulsen, seltener zur Spannungsstabilisierung **(Tabelle 2)**. Durch einen Überspannungsimpuls verringert der Varistor seinen Widerstandswert schlagartig von einigen Megaohm auf wenige Ohm.

Anwendung: VDR-Widerstände schützen überspannungsempfindliche Bauteile wie Dioden, Transistoren, Thyristoren oder integrierte Schaltungen. Sie bewahren auch Kontakte und Schalter vor Abbrand. Die Varistoren fangen außerdem die kurzen, aber starken Spannungsstöße sicher ab, die beim Schalten großer Induktivitäten entstehen. Der Schutz wirkt auch gegen Überspannungsspitzen, die über die Verbindungs- oder Versorgungsleitungen kommen.

> Die am Ende der Bauteilbezeichnung stehende Zahl gibt die maximal zulässige Betriebsspannung des Varistors an.

Der VDR in **Bild 1** hat damit als maximal zulässige Betriebsspannung 50 V.

Beispiel:

Ermitteln Sie aus der Kennlinie **(Bild 1)** den Widerstandswert des VDR bei **a)** maximal zulässiger Betriebsspannung und **b)** wenn die Betriebsspannung sprunghaft auf 160 V ansteigt.

Lösung:

a) bei 50 V: $R = 10^7\ \Omega = 10\ \text{M}\Omega$

b) bei 160 V: $R = 10^0\ \Omega = 1\ \Omega$

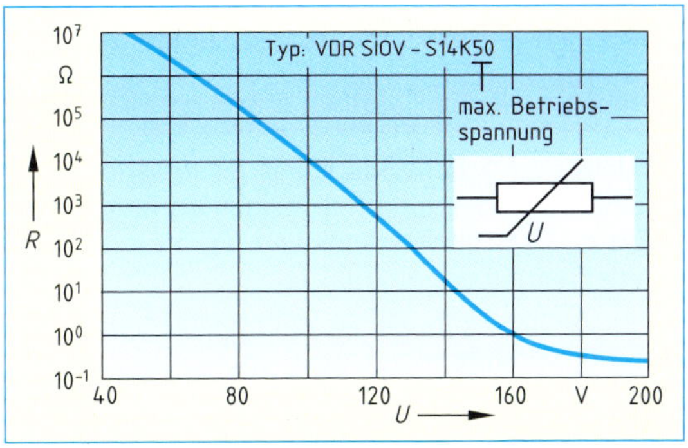

Bild 1: Widerstandskennlinie eines Varistors

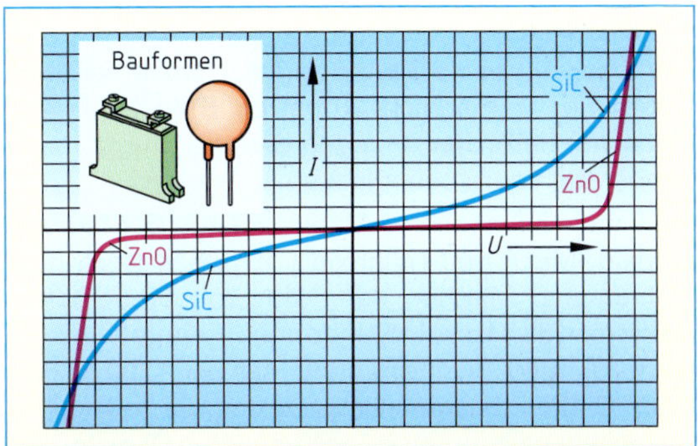

Bild 2: Kennlinien $I = f(U)$ verschiedener Varistoren

Tabelle 1: Zinkoxid (ZnO)-Varistor-Kenndaten

Kenngrößen	Werte
Max. zulässige Betriebsspannung	11 V ... 1,5 kV
Stromimpuls (Stoßstrom)	100 A ... 6,5 kA
Dauerbelastbarkeit	10 mW ... 1 W
Energieabsorption[3]	≤ 160 Ws
Betriebstemperatur	– 40 °C ... + 85 °C
Ansprechzeit	< 50 ns

Tabelle 2: Anwendung von Varistoren

Spannungsbegrenzung

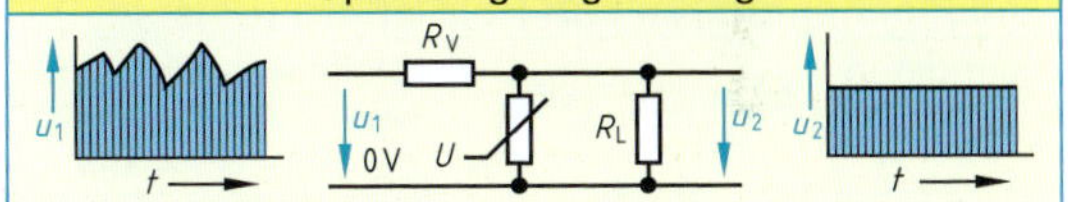

Transistorschutz

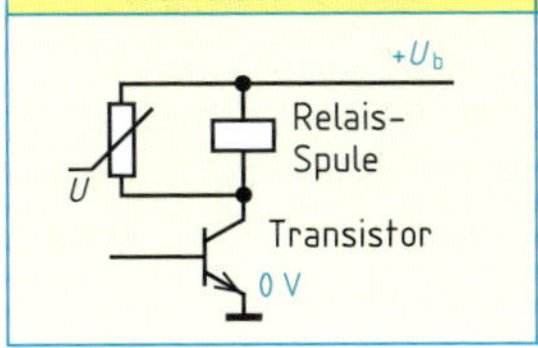

Überspannungsschutz

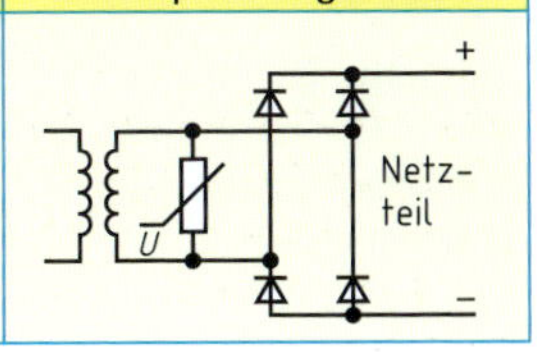

Blitzschutz: **Seite 463**

[1] von **Var**iable Res**istor** (engl.) = veränderlicher Widerstand
[2] von **V**oltage **D**ependent **R**esistor (engl.) = spannungsabhängiger Widerstand
[3] Absorption = Aufsaugen von absorbere (lat.) = verschlingen

9.2.2 Heißleiter (NTC-Widerstände)

Heißleiter leiten im warmen Zustand besser.

Ein Heißleiter (NTC[1]-Widerstand) ist ein temperaturabhängiger Widerstand mit negativem Temperaturbeiwert α. Sein Widerstandswert nimmt mit zunehmender Temperatur ab **(Bild 1)**.

Ein Heißleiter kann seinen Widerstand durch zwei Einflüsse verändern:

- von außen durch die Umgebungstemperatur (fremderwärmter Heißleiter) oder
- von innen durch die Wärme, die infolge des durchfließenden Stromes entsteht (eigenerwärmter Heißleiter).

Fremderwärmte Heißleiter darf der durchfließende Strom nur unmerklich aufheizen **(Bild 2)**. **Eigenerwärmte Heißleiter** dagegen darf die Umgebungstemperatur kaum beeinflussen.

Heißleiter stellt man aus Metalloxiden, z. B. Magnesiumoxid (MgO) und Titanoxid (TiO_2), her. Nach dem Mahlen und Mischen der Oxide mit Bindemitteln presst man die Masse in Stahlformen in die gewünschte Bauform **(Bild 3)** und sintert[2] sie bei 1200 °C bis 1600 °C. Die Zusammensetzung und die Form eines Heißleiters bestimmen seine Kenndaten **(Tabelle)**. Die Neigung der Widerstandskennlinie **(Bild 1)** wird durch die Thermistorkonstante B festgelegt.

Fremderwärmte Heißleiter betreibt man im Anstiegsbereich der Kennlinie **(Bild 2)**. Dort ist der Strom noch so gering, dass er den Heißleiter kaum erwärmt. Diese Heißleiter haben meist geringe Abmessungen. Dadurch sprechen sie rasch auf Temperaturschwankungen an. Wegen des großen Temperaturbeiwerts α kann man noch Temperaturdifferenzen bis ± 0,0001 K messen. Festwiderstände, z. B. R = 10 kΩ, in Reihe oder parallel zum Heißleiter geschaltet, linearisieren (begradigen) die Kennlinie $R = f(\vartheta)$ **(Bild 4)**.

Tabelle: Kenndaten von Heißleitern (Beispiele)

Kenndaten	Heißleiterperle NTCLE100E3	Scheibenform K 164
Bemessungswiderstand R_N	3,3 Ω bis 470 kΩ	15 Ω bis 450 kΩ
Bemessungsbelastbarkeit P	470 mW	450 mW
untere Grenztemperatur ϑ_u	– 40 °C	– 55 °C
obere Grenztemperatur ϑ_o	+ 150 °C	+ 125 °C
Wärmeleitwert G_{th}	7 mW/K	7,5 mW/K
Wärmekapazität c	10 mJ/K	150 mJ/K
Abkühlzeitkonstante τ_{th}	≈ 15 s	≈ 20 s
Reaktionszeit (in Öl) t	1,2 s	1,5 s
Thermistorkonstante B	2880 K bis 4570 K	2900 K bis 4300 K

[1] von **N**egative **T**emperature **C**oefficient (engl.) = negativer Temperaturkoeffizient

[2] Sintern = Metallpulvergemische werden in einer Form um bis zu 50 % ihres Volumens zusammengepresst und erwärmt.

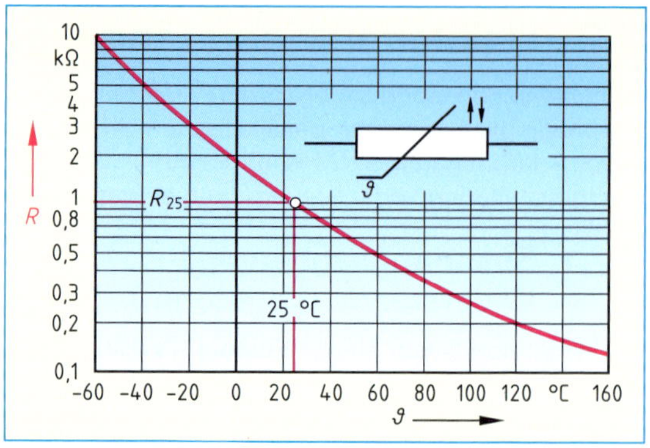

Bild 1: Widerstandskennlinie eines Heißleiters

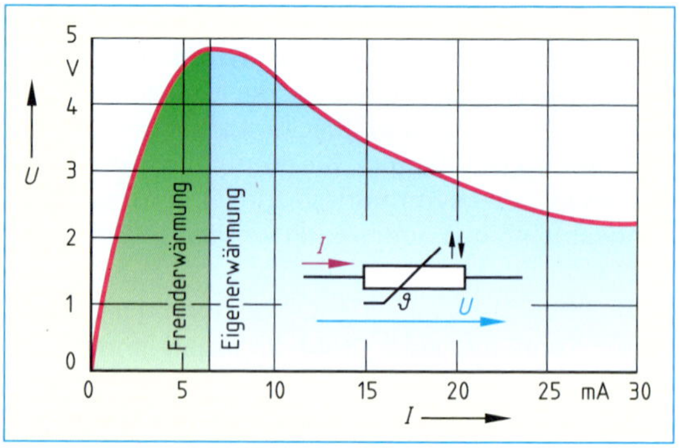

Bild 2: Kennlinie $U = f(I)$ eines Heißleiters

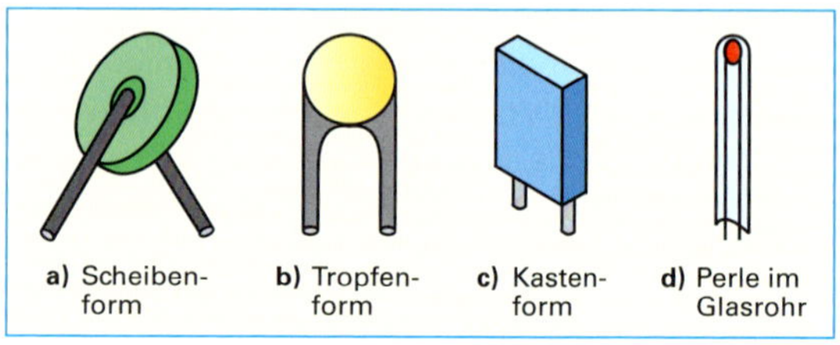

Bild 3: Bauformen von Heißleitern

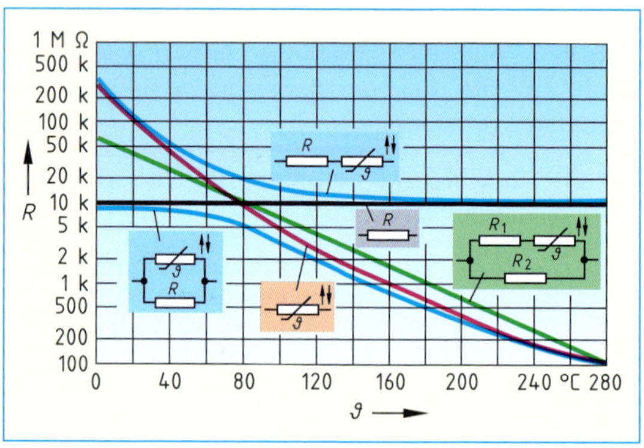

Bild 4: Reihen- und Parallelschaltung von Widerständen und Heißleiter

Anwendungsbeispiele für fremderwärmte Heißleiter

- Messen der Haut- und Körpertemperatur,
- Leistungsmessung von Mikrowellen,
- Temperaturerfassung in Geräten und Anlagen,
- Messen der Kühlwasser- und Öltemperatur sowie
- Temperaturkompensation von Bauelementen **(Tabelle).**

Eigenerwärmte Heißleiter werden durch den durchfließenden Strom aufgeheizt **(Bild 2, Seite 198).** Die Temperatur des Heißleiters steigt so lange an, bis sich ein Gleichgewicht zwischen der zugeführten elektrischen Energie (Stromwärme) und der durch Wärmestrahlung und Wärmeleitung wieder an die Umgebung abgegebenen Energie (stationärer Zustand) einstellt. Der Heißleiter verändert seinen Widerstand, wenn ihn ein Medium abkühlt.

Anwendungsbeispiele für eigenerwärmte Heißleiter

- Lichterketten **(Tabelle),**
- Relais-Anzugsverzögerung **(Tabelle)** und
- Einschaltstrombegrenzung.

Bei der Lichterketten-Beleuchtung **(Tabelle)** sind z. B. 16 Glühlampen mit je 14 V in Reihe an 230 V geschaltet. Fällt eine Glühlampe aus, fließt der gesamte Strom durch den parallel geschalteten Heißleiter. Der NTC-Widerstand erwärmt sich und nimmt einen Widerstand an, der dem Ersatzwiderstand der Parallelschaltung von Lampe und kaltem NTC entspricht. Dadurch leuchten die restlichen Glühlampen weiter.

9.2.3 Kaltleiter (PTC-Widerstände)

Kaltleiter (PTC[1]-Widerstände) **(Bild 1)** sind temperaturabhängige Widerstände mit einem positiven Temperaturbeiwert.

Kaltleiter leiten im kalten Zustand besser.

Zu ihnen zählen alle Metalle. Kaltleiter aus Halbleiterwerkstoffen, z. B. Bariumtitanat ($BaTiO_3$) zeigen jedoch ein untypisches Verhalten. Zunächst nimmt der Widerstand des Kaltleiters bei ansteigender Temperatur ab **(Bild 2)** wie bei jedem Halbleiter. Bei der Ausgangstemperatur ϑ_A ist der geringste Widerstand R_{min} erreicht. Weiter erwärmt nimmt der Widerstandswert sprungartig um das über Tausendfache bis zum Endwiderstand R_E zu. Bei der Bemessungstemperatur ϑ_N beginnt der Steilanstieg des Widerstandes.

In einem begrenzten Temperaturbereich steigt der Widerstand eines Kaltleiters steil an.

[1] von **P**ositive **T**emperature **C**oefficient (engl.) = positiver Temperaturbeiwert

Tabelle: Anwendungsbeispiele von Heißleitern

Fremderwärmt	**Eigenerwärmt**
Temperaturmessung	Lichterketten
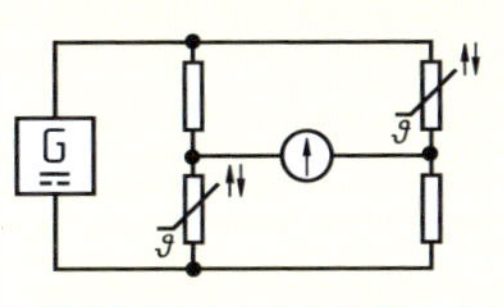	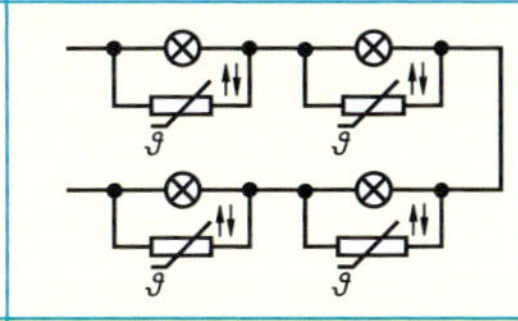
Temperaturkompensation	Relais-Anzugsverzögerung
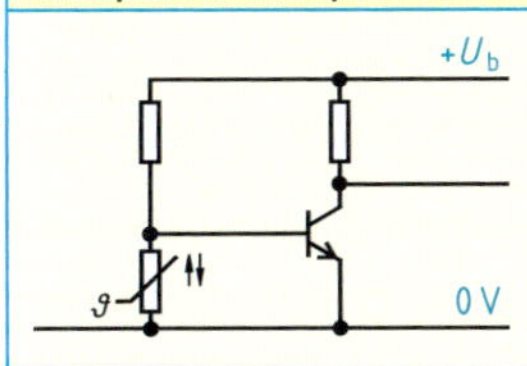	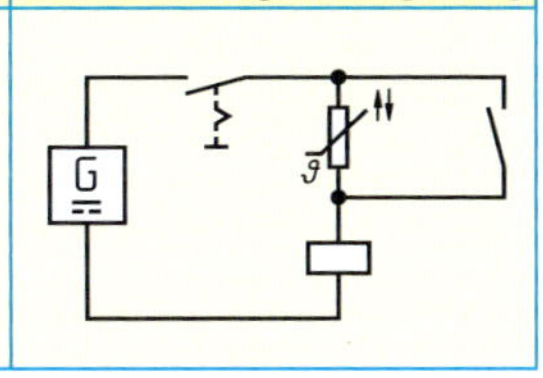

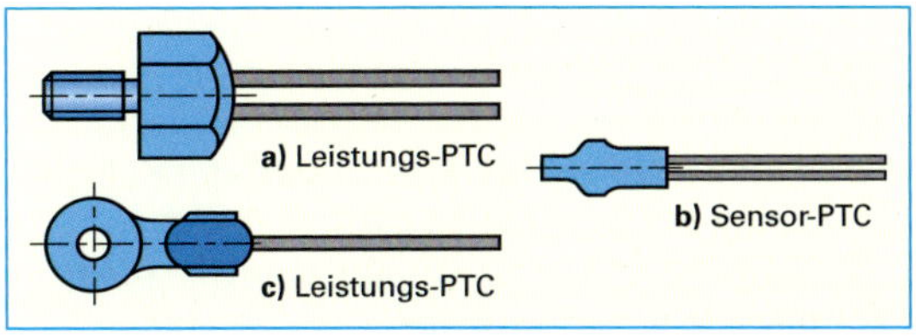

Bild 1: Bauformen von Kaltleitern

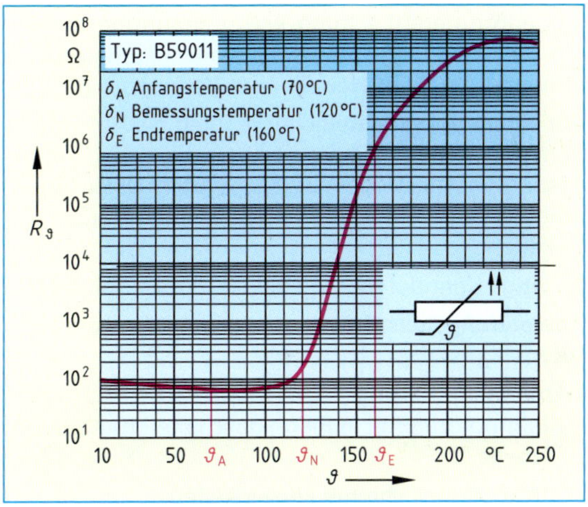

Bild 2: Widerstandskennlinie eines Kaltleiters

Beispiel:

a) Welchen geringsten Widerstandswert R_{min} erreicht der PTC-Widerstand B 59011 **(Bild 2)**? **b)** Bei welcher Bemessungstemperatur ϑ_N beginnt der Steilanstieg? **c)** Um welchen Faktor n ist der Endwiderstand R_E größer als R_N?

Lösung:

Aus Kennlinie:

a) $\boldsymbol{R_{min} = 60\ \Omega}$ **b)** $\boldsymbol{\vartheta_N = 120\ °C}$

c) $R_N = 150\ \Omega$; $R_E = 900\ k\Omega$; $\boldsymbol{n} = \frac{R_E}{R_N} = \frac{900\ k\Omega}{150\ \Omega} = \mathbf{6000}$

Fremderwärmte Kaltleiter dürfen vom durchfließenden Strom nur wenig erwärmt werden. Dann beeinflusst fast nur die Umgebungstemperatur den Kaltleiterwiderstand. Der Steilanstieg **(Bild 2, Seite 199)** zwischen R_N und R_E ist der Betriebsbereich für Temperaturmess- und Regelaufgaben **(Tabelle 1)**. Eine wichtige Anwendung ist dabei der Übertemperaturschutz elektrischer Maschinen zwischen 60 °C und 180 °C. Der Kaltleiter löst – in die Wicklung eingebaut – das Abschalten der Maschine über Transistorverstärker und Relais aus, wenn die zulässige Wicklungstemperatur überschritten wird.

Motorschutz mit Kaltleiter: **Seite 328**

Eigenerwärmte Kaltleiter erhitzt der durchfließende Strom auf eine Temperatur, bei der die abgeführte Wärme die zugeführte elektrische Energie ausgleicht. Sinkt die Temperatur, nimmt der Kaltleiter wegen des abfallenden Widerstands mehr Strom und damit eine höhere Leistung auf. Die Temperatur des Kaltleiters steigt wieder an. Umgekehrt setzt der Kaltleiter bei Temperaturanstieg seine Leistung herab.

Erhöht sich die Spannung, nimmt der Kaltleiter mehr Leistung auf. Er erwärmt sich dadurch stärker, vergrößert seinen Widerstand und verringert damit die Stromstärke. In einem weiten Bereich ist also die aufgenommene Leistung kaum spannungsabhängig. Ein Kaltleiter findet wegen dieser Eigenschaft als temperaturstabiles Heizelement Verwendung.

Der eigenerwärmte Kaltleiter reagiert bei Abkühlung durch ein anderes Medium, z. B. Öl, mit einem Stromanstieg, weil der Widerstand sinkt **(Bild)**. Diese Eigenschaft nutzt man z. B. bei Füllstandsfühlern für Flüssigkeiten.

Wichtige Kenndaten von Kaltleitern zeigt **Tabelle 2**.

Anwendungsbeispiele von eigenerwärmten Kaltleitern

- Überlastsicherung oder Kurzschlussschutz von Kleinmotoren mit in Reihe geschaltetem Kaltleiter **(Tabelle 1)**,
- Strömungswächter in Flüssigkeiten,
- Flüssigkeits-Niveaufühler **(Tabelle 1)** und
- Grenzwertgeber der Überfüllsicherung, z. B. bei Heizöltanks.

Tabelle 1: Anwendungsbeispiele von Kaltleitern

Fremderwärmt	**Eigenerwärmt**
Temperaturmessung	Niveaufühler
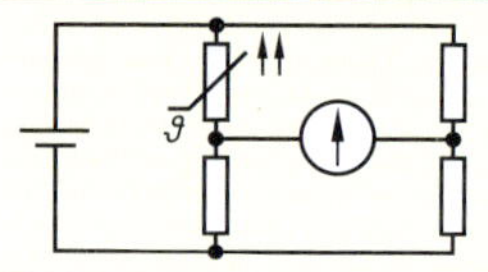	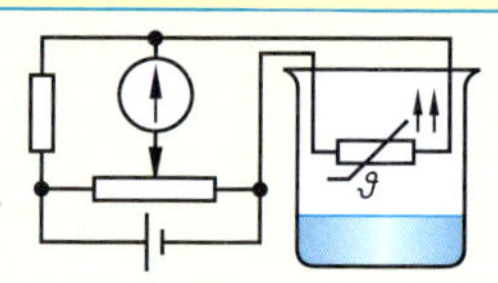
Temperaturregler	Überlastsicherung
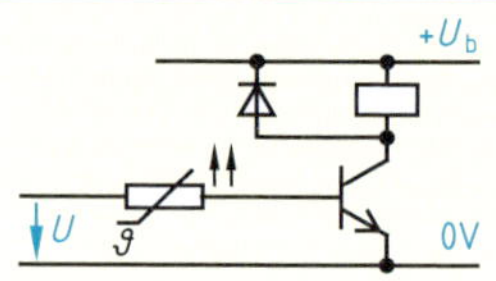	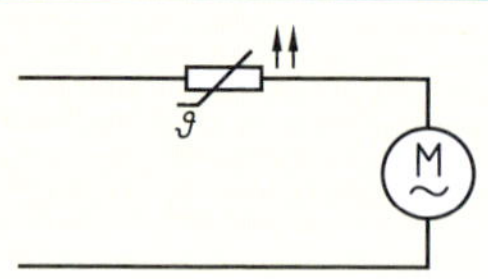

Tabelle 2: Kenndaten von Kaltleitern (Beispiele)

Kenndaten	Messkaltleiter	Überlastschutz
Bemessungstemperatur ϑ_N	40 °C	130 °C
Bemessungswiderstand R_N	110 Ω	13 Ω
Anfangstemperatur ϑ_A	0 °C	60 °C
Anfangswiderstand R_A	100 Ω	0,7 Ω
Endtemperatur ϑ_E	95 °C	250 °C
Endwiderstand R_E	≥ 50 kΩ	≥ 5 kΩ
Temperaturbeiwert α_R	0,16 1/K	0,15 1/K
Max. Spannung U_{max}	30 V	30 V
Abkühlzeitkonstante τ_{th}	18 s	10 s
Wärmeleitwert G_{th}	5,6 mW/K	5,5 mW/K

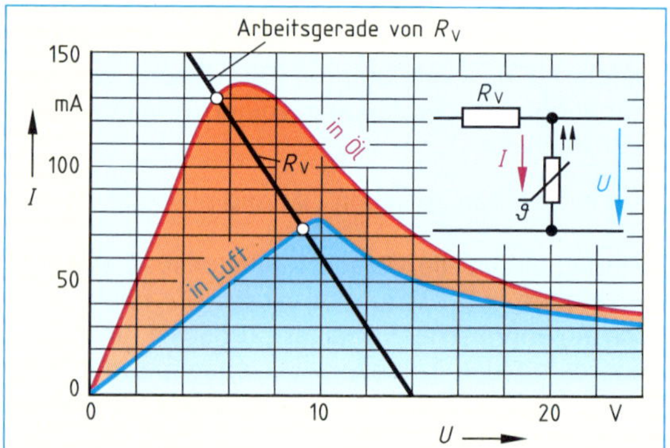

Bild: Kennlinien eines Kaltleiters in Luft und in Öl

Wiederholungsfragen

1 **Welchen Widerstandswert hat ein Varistor, wenn er an einer a) niedrigen und b) hohen Spannung liegt?**
2 **Erklären Sie die Wirkungsweise des Varistors.**
3 **Beschreiben Sie den Überspannungsschutz durch einen Varistor.**
4 **Welches Vorzeichen hat der Temperaturbeiwert a) eines Heißleiters und b) eines Kaltleiters?**
5 **Wie verhält sich ein Heißleiter bei Erwärmung?**
6 **Was versteht man unter a) fremderwärmten und b) eigenerwärmten Heißleitern?**
7 **Wozu verwendet man a) eigenerwärmte und b) fremderwärmte Heißleiter?**
8 **Welche Anwendungen haben a) fremderwärmte, b) eigenerwärmte Kaltleiter?**
9 **Erklären Sie die Funktion der Anwendungsbeispiele von Tabelle 1.**

9.3 Magnetfeldabhängige Sensorelemente

Sensoren auf der Basis der XMR-Technologien finden zunehmende Anwendung in der Antriebstechnik und ersetzen damit Feldplatten.

Vorteile der magnetfeldabhängigen Sensoren
- Berührungslos, verschleißfrei und energieeffizient,
- niedrige Wartungskosten,
- Störfestigkeit gegen Vibration, Staub und Wasser,
- Unempfindlichkeit gegen Störfelder,
- hohe Integrationsdichte und
- extrem präzise Messungen bei kleiner Feldstärke.

XMR-Technologie ist ein Oberbegriff für Sensor-Technologien, bei denen der Widerstandswert des Sensors durch den Einfluss eines äußeren Magnetfeldes verändert wird. Die Änderung des Widerstandes wird durch die Größe der magnetischen Flussdichte und dem Winkel zwischen Magnetfeld und Stromrichtung durch den Sensor bestimmt . Als Werkstoff werden dünne Schichten einer Eisen-Nickel-Legierung, z.B. Permalloy, verwendet. Je nach Schichtaufbau gibt es mehrere Varianten der XMR-Technologien, die sich in ihren Kennwerten, z.B. der Widerstandsänderung $\Delta R/R$, unterscheiden.

Anwendungen: Winkel- und Drehfeldsensoren, Schreib-Leseköpfe (TMR-Technologie) von Festplatten sowie Strommessungen. Mit dem ARM-Sensor **(Bild 1)** ist ein berührungsloses und breitbandiges Messen bis 500 kHz von Strömen von 10 A bis 1000 A mit einer Gesamtgenauigkeit von 2 % im Temperaturbereich von –40 °C bis 125 °C möglich.

Der Hallgenerator erzeugt aus einem Strom und einem Magnetfeld eine Hall-Spannung.

Hallgeneratoren werden aus dünnen Halbleiterplättchen in typischen Bauformen **(Bild 2)** hergestellt. Fließt infolge einer angelegten Spannung U_b ein Strom I durch das Halbleiterplättchen und wird dieses zusätzlich in ein Magnetfeld gebracht, so entsteht an den beiden Messanschlüssen aufgrund der Kraftwirkung auf Ladungsträger (Elektronen) eine Spannung U_H bis 18 V **(Bild 3)**. Diese Hall-Spannung U_H wächst mit der Stärke des Steuerstromes I und der magnetischen Flussdichte B.

Der **Hallgenerator**[1] wird auch **Hallsonde** oder Hallsensor genannt.

Anwendungsbeispiele von Hallgeneratoren
Magnetfeldmessung, potenzialfreie Strommessung und berührungs- und kontaktlose Signalgeber.
In der Automobilindustrie finden Hallgeneratoren vielfältige Anwendung, z.B. im Gurtschloss, im Türschließsystem, in Getriebeschaltern oder zur Steuerung der Zündzeitpunkte als Hall-Impulsgeber **(Bild 4)**.

XMR-Technologien
- XMR von any (x) magnetoresistance (engl.) = beliebiger Magnetwiderstand
- ARM von anisotropic magnetoresistance (engl.) = anisotroper Magnetwiderstand
- GMR von Giant magnetoresistance (engl.) = riesiger Magnetwiderstand
- TMR von Tunnel magnetoresitance (engl.) = Tunnel Magnetwiderstand

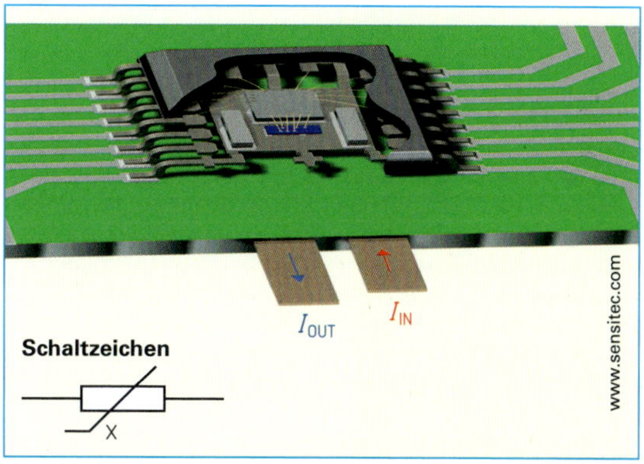

Bild 1: ARM-Sensor zur berührungslosen Strommessung

Bild 2: Bauformen von Hallgeneratoren

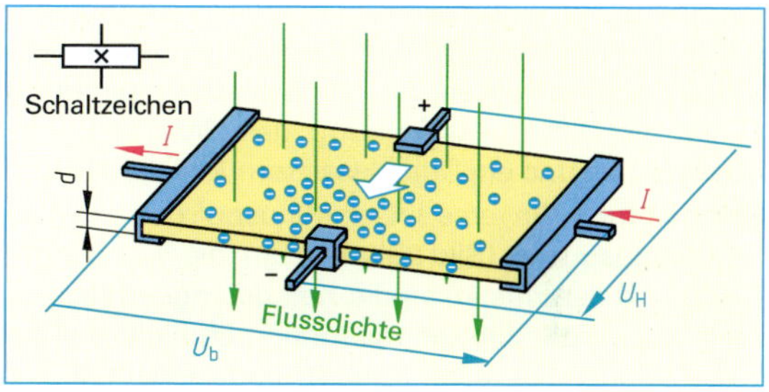

Bild 3: Hall-Effekt

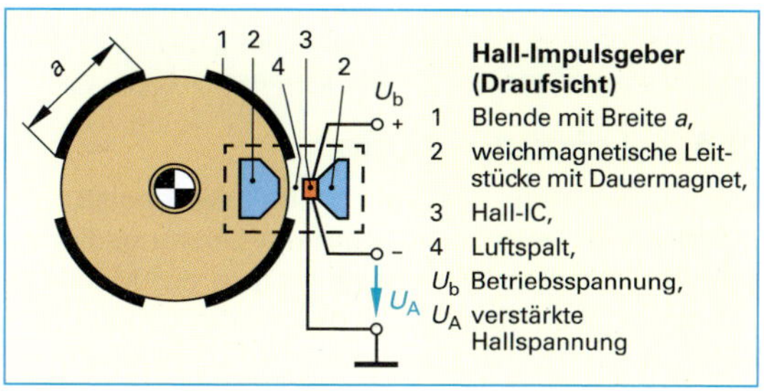

Bild 4: Hall-Impulsgeber

[1] Edwin Herbert Hall, amerikanischer Physiker, 1855 bis 1938

9.4 Halbleiterdioden

Halbleiterdioden sind elektronische Bauelemente mit zwei Anschlüssen und meist einem PN-Übergang.

9.4.1 Wirkungsweise

Die Halbleiterdiode besteht aus einer P-Schicht und einer N-Schicht **(Seite 196)**, die an den Enden mit metallischen Kontakten versehen sind. Der Anschluss an der P-Schicht heißt Anode, der Anschluss an der N-Schicht Katode.

Versuch: Nehmen Sie von einer Si-Diode, z. B. von der BAY 44, durch Strom- und Spannungsmessung die Kennlinie auf, und zwar in Durchlassrichtung mit der Stromfehlerschaltung **(Bild 2a)** und in Sperrrichtung mit der Spannungsfehlerschaltung **(Bild 2b)**. Schließen Sie die Schaltungen über einen Vorwiderstand R_V von 1 kΩ an ein einstellbares Netzteil an und erhöhen Sie langsam die Spannung in Durchlassrichtung bis etwa 1 V, in Sperrrichtung bis höchstens 50 V.

In Durchlassrichtung fließt nach Überwinden eines Schwellwerts von etwa 0,7 V ein hoher Strom (rund 100 mA bei 1 V), in Sperrrichtung dagegen ein geringer, kaum messbarer Strom (≈ 20 nA bei 50 V) **(Bild 3)**.

Eine Halbleiter-Diode leitet, wenn man sie in Durchlassrichtung **(Bild 2a)** polt, und sie sperrt den elektrischen Strom, wenn sie in Sperrrichtung **(Bild 2b)** gepolt ist.

Die Katode ist oft durch einen Ring gekennzeichnet **(Bild 3)**. Je nach Halbleiterwerkstoff unterscheiden sich die Kennwerte der Dioden **(Tabelle)**.

Durchlassrichtung (Forward[1]). Der Pluspol der äußeren Spannungsquelle **(Bild 2a)** wird an die Anode der Diode und der Minuspol der Spannungsquelle an die Katode angeschlossen. Ab der **Schleusenspannung** U_S ist die Diffusionsspannung des PN-Übergangs überwunden und ein Durchlassstrom I_F fließt **(Bild 3)**.

Sperrichtung (Reverse[2]). Der Minuspol der äußeren Spannungsquelle **(Bild 2b)** wird an die Anode der Diode und der Pluspol an die Katode angeschlossen. Auch mit steigender Sperrspannung U_R fließt nur ein verschwindend geringer Sperrstrom I_R. Oberhalb der Spitzensperrspannung U_{Rmax} steigt der Sperrstrom jedoch so stark an, dass er die Diode zerstören kann. Darum muss z. B. der Scheitelwert der gleichzurichtenden Wechselspannung immer kleiner als U_{Rmax} sein.

9.4.2 Leistungsdioden

Leistungsdioden können große Wechselströme gleichrichten und schalten. Silicium-Leistungsdioden sind zur besseren Wärmeableitung in ein Metallgehäuse eingebaut **(Bild 4)**, das man direkt auf ein Blech oder auf einen Kühlkörper schrauben kann. Si-Dioden halten Sperrschicht-Temperaturen bis 150 °C aus. Sie werden für Durchlassströme bis 3000 A hergestellt.

[1] forward (engl.) = vorwärts [2] reverse (engl.) = umgekehrt, entgegengesetzt

Dioden verwendet man z. B.
- zum Gleichrichten **(Seite 251)**
- als Freilaufdiode **(Seite 111 und 212)**

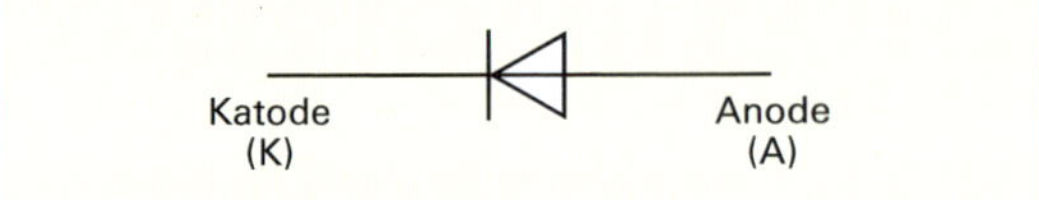

Bild 1: Schaltzeichen Diode

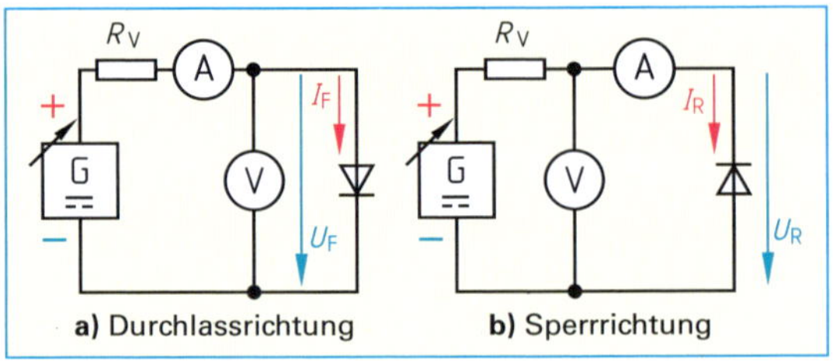

Bild 2: Messschaltungen zur Kennlinienaufnahme einer Diode

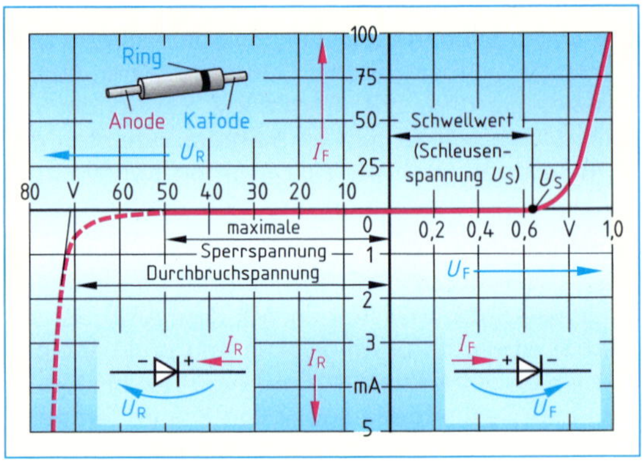

Bild 3: Kennlinie einer Si-Halbleiterdiode (BAY 44)

Tabelle: Vergleich von Germanium- und Siliciumdioden

Kenngröße	Germanium-dioden	Silicium-dioden
Schwellenwert der Durchlassspannung U_S	≈ 0,3 V	≈ 0,7 V
Stromdichte J	0,8 A/mm²	1,5 A/mm²
maximale Betriebstemperatur ϑ_{max}	≈ 75 °C	≈ 150 °C
Wirkungsgrad η	95 %	99 %
Spitzen-sperrspannung U_{Rmax}	30 V … 120 V	100 V … 6000 V

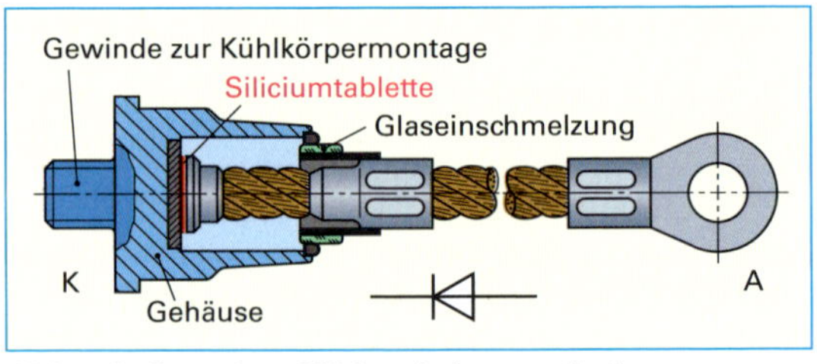

Bild 4: Aufbau einer Silicium-Leistungsdiode

9.4.3 Z-Dioden (Begrenzerdioden)

Z-Dioden sind Siliciumdioden und werden grundsätzlich in Sperrrichtung betrieben.

Die Z-Diode zeigt im Durchlassbereich ein ähnliches Verhalten wie eine Silicium-Diode. Im Sperrbereich steigt bei Erreichen der Durchbruchspannung U_Z der Strom steil an **(Bild 1)**. Deswegen müssen Z-Dioden immer mit Vorwiderstand betrieben werden.

Die Z-Dioden werden mit Z-Spannungen, z. B. nach E-Reihe (Seite 40), hergestellt. Sie werden immer in Sperrrichtung mit Vorwiderstand betrieben.

Z-Dioden mit einer Z-Spannung $U_Z > 6$ V zeichnen sich durch einen scharfen Knick **(Bild 1)** und einen kleinen differenziellen Widerstand r_z aus, d. h., eine große Stromänderung ΔI_Z bewirkt nur eine kleine Spannungsänderung ΔU_Z.

Anwendungsbeispiele

- Stabilisierung von Gleichspannungen **(Tabelle)**,
- Überspannungsschutz **(Tabelle)**,
- Nullpunktunterdrückung bei Zeigerinstrumenten,
- Schutz von Transistoren bei induktiver Last.

Versuch: Schalten Sie in Reihe zu einer Z-Diode, z. B. zur BZX/C5V6, einen Vorwiderstand $R_v = 560\ \Omega$ **(Bild 2)**. Legen Sie diese Schaltung an eine einstellbare Gleichstromquelle und erhöhen Sie langsam die Eingangsspannung U_1. Messen Sie die Ausgangsspannung U_2.
Die Ausgangsspannung U_2 wächst zunächst gleichmäßig bis etwa zur Nennspannung der Z-Diode von 5,6 V an, bleibt aber dann nahezu stabil, obwohl die Eingangsspannung U_1 weiter ansteigt.

Im Stabilisierungsbereich erzeugt der Strom einen konstanten Spannungsfall an der Z-Diode. Schwankt die Eingangsspannung ($U_1 \pm \Delta U_1$), ändert sich nur der Spannungsfall am Vorwiderstand R_v entsprechend. Durch den Vorwiderstand fließt zusätzlich ein Laststrom, wenn man der Z-Diode einen Lastwiderstand R_L parallel schaltet **(Bild 2)**.

Am parallel zur Z-Diode angeschlossenen Verbraucher liegt eine stabile Spannung, z. B. 5,6 V, abhängig vom Z-Diodentyp (Bild 2).

Der notwendige Vorwiderstand R_v liegt zwischen den Größen R_{vmin} und R_{vmax}. Überschreitet der Vorwiderstand den Wert von R_{vmax}, arbeitet die Z-Diode nicht mehr im steilen Teil ihrer Kennlinie. Unterschreitet R_v die Größe von R_{vmin}, wird die Z-Diode überlastet. Man wählt den Wert des Vorwiderstands deshalb in der Nähe von R_{vmax} und die Eingangsspannung U_1 etwa doppelt so groß wie U_2. Dann erhält man auch einen hohen Stabilisierungsfaktor S.

Vorwiderstand, Stabilisierungsfaktor und Kennzeichnung: **Seite 204**

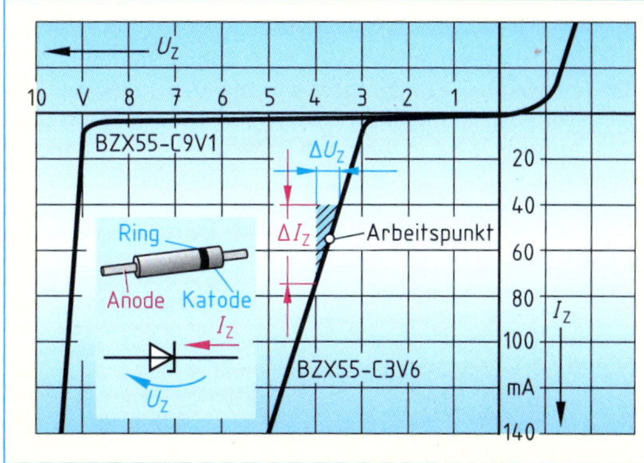

Bild 1: Kennlinien von Z-Dioden mit 3,6 V und 9,1 V

Differenzieller Widerstand

r_z	differenzieller Widerstand in Sperrrichtung	$r_Z = \frac{\Delta U_Z}{\Delta I_Z}$
ΔU_Z	Spannungsänderung um den Arbeitspunkt	
ΔI_Z	Stromänderung um den Arbeitspunkt	$[r_Z] = \frac{V}{A} = \Omega$

Z-Dioden nach der Normreihe E12 haben z. B. die Z-Spannungen von 2,7 V, 4,7 V, 5,6 V, 6,8 V, 8,2 V, 12 V bis 200 V.

Tabelle: Anwendungsbeispiele von Z-Dioden

Spannungsstabilisierung	Überspannungsschutz
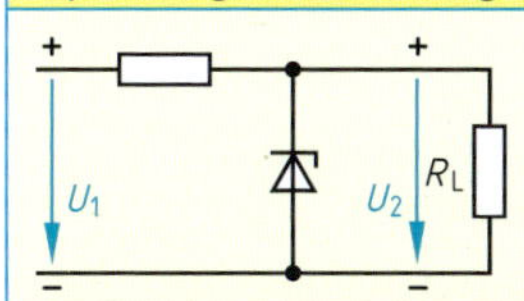	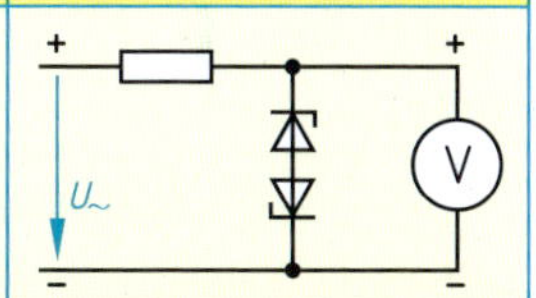
Spannungsstabilisator mit Z-Diode und Transistor	Stromstabilisator mit Z-Diode und Transistor
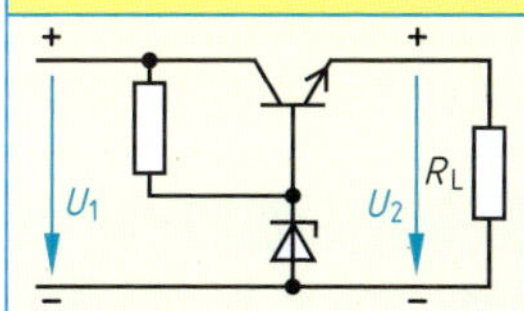	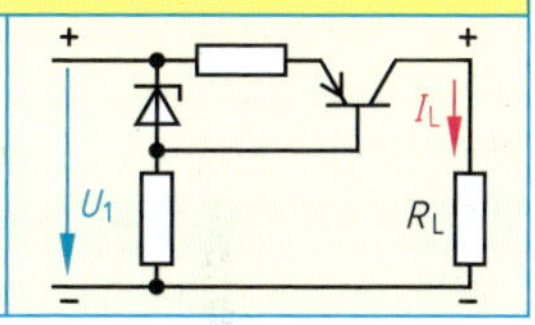

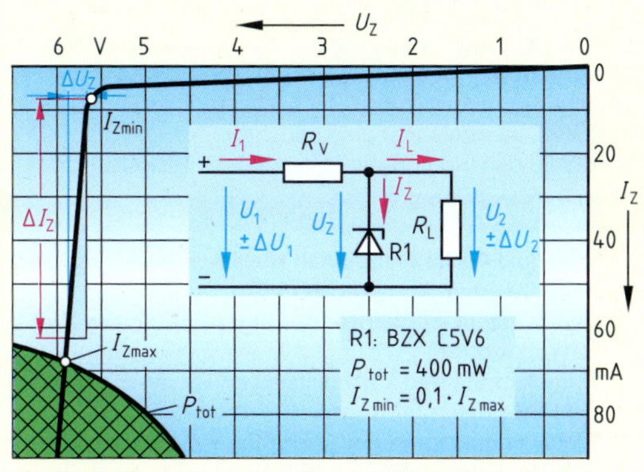

Bild 2: Spannungsstabilisierung mit Z-Diode

Beispiel:

Für eine Türsprechanlage wird eine stabile Spannung von 5,6 V benötigt. Die Eingangsspannung $U_1 = 12$ V einer Stabilisierungsschaltung **(Bild 2, Seite 203)** schwankt um 10%. Der Laststrom I_L kann zwischen 0 mA und 20 mA betragen. Berechnen Sie R_{vmin}, R_{vmax} und wählen Sie R_v aus der E12-Reihe **(Seite 670)** aus.

Lösung:

$$I_{Zmax} \approx \frac{P_{tot}}{U_Z} = \frac{400\ \text{mW}}{5{,}6\ \text{V}} \approx 71{,}4\ \text{mA}$$

$$I_{Zmin} = 0{,}1 \cdot I_{Zmax} = 0{,}1 \cdot 71{,}4\ \text{mA} = 7{,}14\ \text{mA}$$

$$\boldsymbol{R_{vmin}} = \frac{U_{1max} - U_Z}{I_{Zmax} + I_{Lmin}} = \frac{13{,}2\ \text{V} - 5{,}6\ \text{V}}{71{,}4\ \text{mA}} = \mathbf{106{,}4\ \Omega}$$

$$\boldsymbol{R_{vmax}} = \frac{U_{1min} - U_Z}{I_{Zmin} + I_{Lmax}} = \frac{10{,}8\ \text{V} - 5{,}6\ \text{V}}{7{,}14\ \text{mA} + 20\ \text{mA}} = \mathbf{191{,}6\ \Omega}$$

$$\boldsymbol{R_v} = \mathbf{150\ \Omega}$$

9.4.4 Halbleiterkennzeichnung

Halbleiter, die meist in der Unterhaltungselektronik eingesetzt sind, kennzeichnet man mit 2 Buchstaben und 3 Ziffern **(Tabelle)**. Halbleiter für andere Aufgaben, z. B. für kommerzielle Zwecke, bezeichnen 3 Buchstaben und 2 Ziffern, z. B. BCY 95.

Beispiel 1:

Um welches Bauelement handelt es sich bei dem Typ BC 140?

Lösung:

B C 140
- 140 – 3. Typennummer
- C – 2. Buchstabe: **NF-Transistor**
- B – 1. Buchstabe: **Silicium**

Z-Dioden erhalten nach der Typangabe, durch einen Schrägstrich abgetrennt, einen Kennbuchstaben für die Toleranz: A: ± 1%, B: ± 2%, C: ± 5%, D: ± 10%. Den Bemessungswert der Durchbruchspannung U_Z gibt eine Dezimalzahl an, bei der statt des Kommas der Buchstabe V steht.

Beispiel 2:

Welche Bauelemente werden mit **a)** BZY 92/C9V1, **b)** CQR45, **c)** BAY 89 bezeichnet?

Lösung:

a) BZY 92/C9V1 ist eine Silicium-Z-Diode (Industrietyp) mit einer Z-Spannung von 9,1 V und einer Toleranz von ± 5%,
b) CQR45 kennzeichnet eine Leuchtdiode,
c) BAY 89 den Industrietyp einer Silicium-Diode.

Vorwiderstand bei Z-Dioden (Bild 2, Seite 203)

- R_v Vorwiderstand
- U_1 Eingangsspannung
- U_Z Z-Spannung
- I_Z Z-Strom
- I_L Laststrom
- S Stabilisierungsfaktor
- U_2 Ausgangsspannung
- Δ Differenzzeichen

$$R_{vmin} = \frac{U_{1max} - U_Z}{I_{Zmax} + I_{Lmin}}$$

$$R_{vmax} = \frac{U_{1min} - U_Z}{I_{Zmin} + I_{Lmax}}$$

Die Indizes max und min bedeuten den Größt- bzw. den Kleinstwert.

$$S = \frac{\Delta U_1 \cdot U_2}{\Delta U_2 \cdot U_1}$$

Tabelle: Kennzeichnung von Halbleitern nach Pro-Elektron-Typenschlüssel (Auswahl)

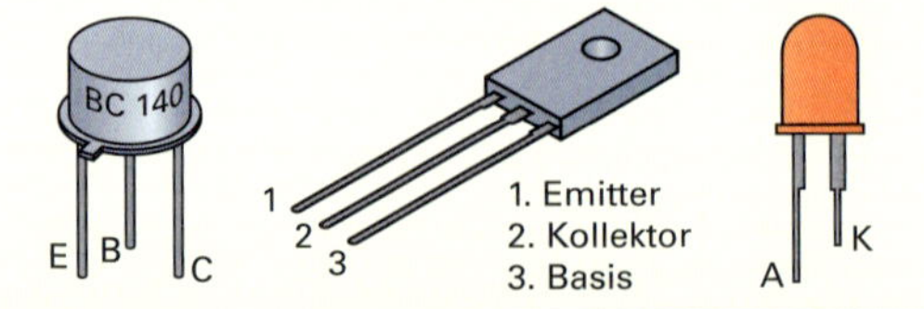

Erster Buchstabe (Halbleiterwerkstoff)

A	Germanium	D	Z. B. Indium-antimonid
B	Silicium	R	Polykristalline Stoffe, z. B. für Feldplatten, Fotobauelemente
C	III-V-Werkstoff, z. B. Gallium-arsenid		

Zweiter Buchstabe (Art des Bauelements)

A	Diode	Q	Strahlungssender
B	Kapazitätsdiode	R	Steuerbarer Gleichrichter
C	NF-Transistor	S	Schalttransistor
D	NF-Leistungs-transistor	T	Steuerbarer Leistungs-gleichrichter
F	HF-Transistor	X	Vervielfacher-Diode
H	Hallgenerator	Y	Leistungsdiode
L	HF-Leistungs-transistor	Z	Z-Diode (Begrenzerdiode)
P	Strahlungs-empfänger		

Dritter Buchstabe und Ziffern

Der 3. Buchstabe kennzeichnet (kommerzielle) Industrietypen. Zahlen, die den Buchstaben folgen, dienen der laufenden Nummerierung.

NF: Niederfrequenz, HF: Hochfrequenz

Wiederholungsfragen

1. **Wie viele Außenelektronen besitzen die Atome der halbleitenden Grundstoffe?**
2. **Was versteht man unter der Eigenleitung der Halbleiterwerkstoffe?**
3. **Erläutern Sie den Unterschied zwischen Eigenleitung und Störstellenleitung.**
4. **Welche Ladungsträger enthalten P-Leiter, welche N-Leiter und wodurch entstehen sie?**
5. **Erklären Sie die Wirkungsweise einer Halbleiterdiode.**
6. **Wie polt man eine Halbleiterdiode in Durchlassrichtung?**
7. **Was geschieht in einem PN-Übergang, wenn er in Sperrrichtung betrieben wird?**
8. **Welche Besonderheit haben Z-Dioden?**
9. **Warum muss man bei einer Z-Diode eine Strombegrenzung vorsehen?**
10. **Nennen Sie Anwendungen von Z-Dioden.**
11. **Erklären Sie die Bezeichnung BZX C8V2.**

9.4.5 Kühlung von Halbleiterbauelementen

Halbleiterbauelemente haben eine Temperaturgrenze, die nicht überschritten werden darf. Die Sperrschicht des Halbleiterkristalls darf höchstens die maximal zulässige Temperatur erreichen. Wird die maximale **Sperrschichttemperatur** überschritten, zerstört die Wärme die Sperrschicht und damit das gesamte Halbleiterbauelement.

Die zulässige Sperrschichttemperatur beträgt bei Silicium etwa 150 °C und bei Germanium etwa 75 °C.

Die maximale Sperrschichttemperatur lässt sich ohne zusätzliche Kühlung nur bei geringen Leistungen einhalten. Bei höheren Leistungsanforderungen müssen Halbleiterbauelemente, z. B. Thyristoren oder Leistungstransistoren, zusätzlich mit wärmeableitenden Kühlkörpern versehen werden **(Bild 1)**.

Beim Betrieb von Halbleiterbauelementen auf Kühlkörpern ist an jeder Übergangsstelle ein **thermischer Widerstand** vorhanden **(Bild 2)**, beginnend bei der Wärmeerzeugung in der Sperrschicht bis zur Wärmeabgabe an die Umgebung. Der innere thermische Widerstand tritt im Inneren beim Übergang der Wärmeenergie von der Sperrschicht zum Gehäuse, der thermische Übergangswiderstand zwischen Gehäuse und Kühlkörper und der thermische Kühlkörperwiderstand zwischen Kühlkörper und Kühlmittel (meist Luft) auf. Um den thermischen Übergangswiderstand möglichst klein zu halten, verwendet man **Wärmeleitpaste.** Bei notwendiger elektrischer Isolation zwischen Bauelement und Kühlkörper werden wärmeleitende Isolierscheiben benötigt **(Bild 3)**.

Der gesamte thermische Widerstand R_{th} ist gleich der Summe der einzelnen thermischen Widerstände $R_{th} = R_{thG} + R_{thÜ} + R_{thK}$. Da der innere thermische Widerstand durch das Halbleiterbauelement festgelegt ist, lassen sich nur der thermische Widerstand zwischen Gehäuse und Kühlkörper und der thermische Widerstand des Kühlkörpers beeinflussen. Er ist von der Verlustleistung des Halbleiters, von Form, Größe, Material, Oberflächenbeschaffenheit und Einbaulage abhängig. Zur Auswahl eines geeigneten Kühlkörpers ist neben der Gehäusebauform und dem zur Verfügung stehenden Platz sein thermischer Widerstand zu berücksichtigen. Für die Berechnung des notwendigen thermischen Widerstandes des Kühlkörpers sind Angaben des Halbleiterherstellers zu ϑ_j, R_{thG} und P_v notwendig.

Für jeden Anwendungsfall ist der thermische Widerstand des Kühlkörpers so auszulegen, dass die Sperrschichttemperatur des Halbleiterbauelementes nicht überschritten wird.

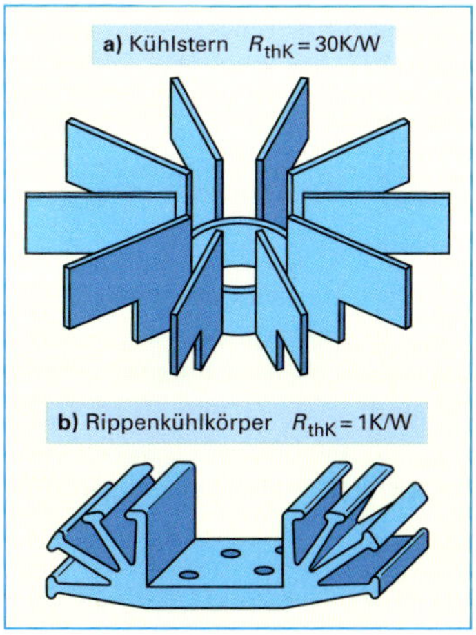

Bild 1: Kühlkörper

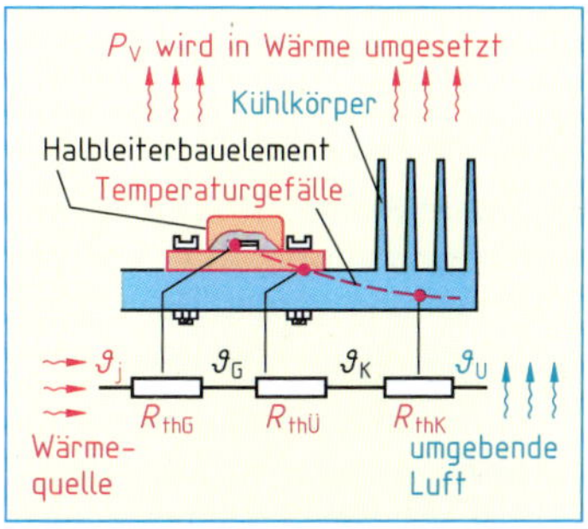

Bild 2: Thermische Widerstände

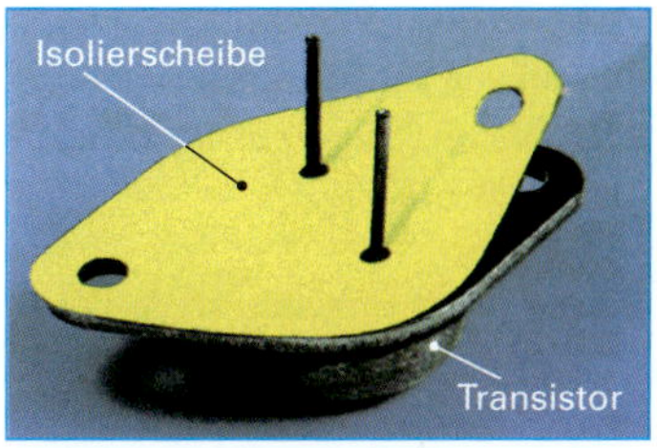

Bild 3: Isolierscheibe

Therm. Kühlkörper-Widerstand

$$R_{thK} \leq \frac{\vartheta_j - \vartheta_U}{P_V} - R_{thG} - R_{thÜ}$$

R_{thK} thermischer Widerstand des Kühlkörpers
R_{thG} innerer thermischer Widerstand des Halbleiters
$R_{thÜ}$ thermischer Widerstand zwischen Gehäuse und Kühlkörper
ϑ_j Sperrschichttemperatur
ϑ_U Umgebungstemperatur
P_V Verlustleistung

Beispiel:

Es ist der thermische Widerstand eines Kühlkörpers für den Betrieb mit einem Leistungstransistor zu berechnen. Die maximale Sperrschichttemperatur ϑ_j[1] beträgt 150 °C, der innere thermische Widerstand R_{thG} = 1,5 K/W, der thermische Widerstand $R_{thÜ}$ = 0,2 K/W und die Verlustleistung P_V = 30 W. Welchen thermischen Widerstand muss der Kühlkörper mindestens haben, wenn der Leistungstransistor bei einer Umgebungstemperatur ϑ_U von 45 °C betrieben wird?

Lösung:

$$\mathbf{R_{thK}} \leq \frac{\vartheta_j - \vartheta_U}{P_V} - R_{thG} - R_{thÜ} = \frac{150\ °C - 45\ °C}{30\ W} - 1{,}5\ K/W - 0{,}2\ K/W =$$

$$= 3{,}5\ K/W - 1{,}5\ K/W - 0{,}2\ K/W = \mathbf{1{,}8\ K/W}$$

[1] Index j von junction (engl.) = Verbindung, Sperrschicht

9.5 Transistoren

Transistoren[1] sind verstärkende (aktive) Halbleiterbauelemente. Man kann sie in bipolare[2] und unipolare[3] Transistoren **(Seite 217)** einteilen **(Tabelle 1)**.

Tabelle 1: Transistor-Arten mit Schaltzeichen

Bipolare Transistoren			Unipolare Transistoren						
			Unijunction-Transistor	Feldeffekt-Transistoren					
				Sperrschicht-FET		Isolierschicht-FET			
						P-Kanal		N-Kanal	
NPN	PNP	IGBT*	N-Typ	P-Kanal	N-Kanal	Anreicherung	Verarmung	Anreicherung	Verarmung
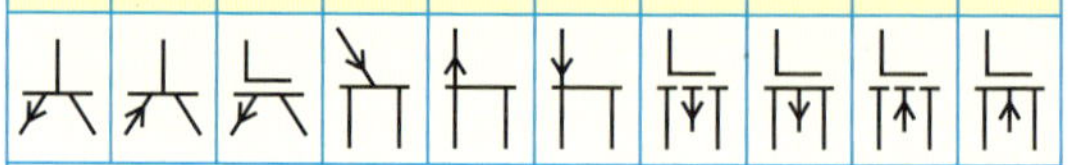									

* Der IGBT **(Seite 249)** ist eine Kombination aus einem bipolaren und einem unipolaren Transistor.

9.5.1 Bipolare Transistoren

Einteilung

Bipolare Transistoren stellt man meist aus Silicium her. Sie sind aus drei übereinander liegenden Halbleiterschichten aufgebaut, bei denen sich P- und N-Leiter abwechseln **(Bild 1)**. Je nach Zonenfolge entsteht ein PNP- oder ein NPN-Typ **(Tabelle 2)**. In der Praxis setzt man überwiegend NPN-Transistoren ein.

Aufbau

Die drei Halbleiterzonen sind kontaktiert, die Anschlüsse führen nach außen. Die mittlere Zone nennt man **Basis,** die beiden äußeren Emitter und Kollektor. Der **Emitter**[4] sendet Ladungsträger aus, die der **Kollektor**[5] wieder einsammelt. Am Übergang vom N- zum P-Leiter bilden sich Sperrschichten aus, beim bipolaren Transistor also zwei.

Die Basis-Emitter-Strecke ist im Transistorbetrieb in Durchlassrichtung, die Basis-Kollektor-Strecke in Sperrrichtung gepolt. Der Emitterpfeil im Transistor-Schaltzeichen gibt die technische Stromrichtung an.

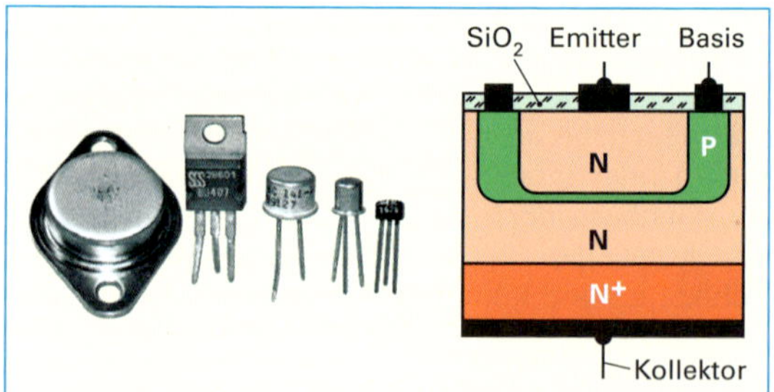

a) Bauformen **b)** NPN-Transistor in Planartechnik

Bild 1: Bauformen und Aufbau bipolarer Transistoren

Ströme und Spannungen

Versuch 1: Schließen Sie einen Leistungstransistor, z. B. den BD 135, und zwei Strommesser an die Netzgeräte G1 und G2 an (Messschaltung **Bild 2**). (Die beiden Spannungsmesser werden bei diesem Versuch noch nicht benötigt.) Verändern Sie mithilfe G1 den Basisstrom und beobachten Sie die Auswirkung auf den Kollektorstrom.

Eine geringe Basisstromänderung ΔI_B, z. B. 0,5 mA, hat eine große Veränderung des Kollektorstroms ΔI_C, z. B. 50 mA, zur Folge.

Ein kleiner Basisstrom I_B verursacht beim Transistor einen großen Kollektorstrom I_C. Den Quotienten aus Kollektorstrom I_C und Basisstrom I_B nennt man Gleichstromverstärkung oder Gleichstromverhältnis B.

Beispiel:

Ermitteln Sie das Gleichstromverhältnis für einen Basisstrom I_B = 2,5 mA und einen Kollektorstrom I_C = 300 mA.

Lösung:

$$B = \frac{I_C}{I_B} = \frac{300\ \text{mA}}{2{,}5\ \text{mA}} = \mathbf{120}$$

Die Emitterzone ist beim bipolaren Transistor stark dotiert, die Kollektorzone etwas weniger. Die außer-

Tabelle 2: Aufbau und Schaltzeichen bipolarer Transistoren

Typ	Zonenfolge	Diodenvergleich	Schaltzeichen
NPN	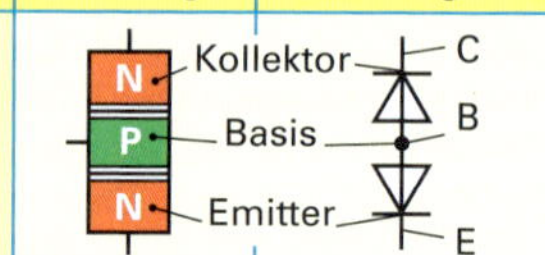		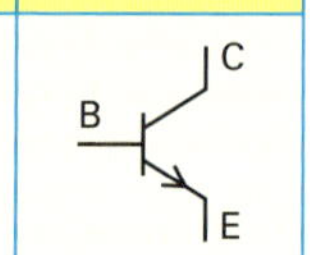
PNP	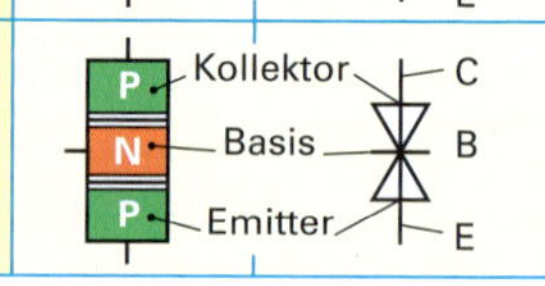		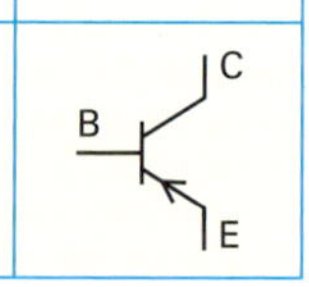

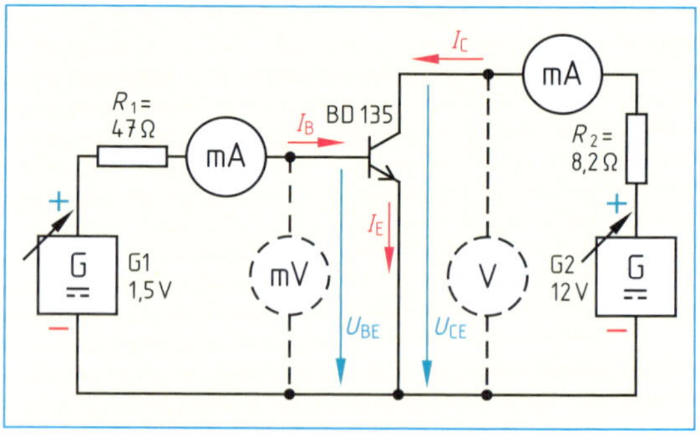

Bild 2: Messschaltung zur Kennlinienaufnahme eines NPN-Transistors in Emitter-Schaltung

[1] von trans (lat.) = hinüber und resistere (lat.) = Widerstand leisten
[2] von bis (lat.) = zwei(mal)
[3] von unus (lat.) = einer
[4] von emittere (lat.) = aussenden, ausströmen
[5] von colligere (lat.) = einsammeln

ordentlich dünne Basisschicht (wenige µm dick) enthält nur eine geringe Zahl Fremdatome. Fließt ein Basisstrom, überfluten vom Emitter her viele Ladungsträger (z. B. Elektronen beim NPN-Transistor) die dünne Basisschicht. Diese Schicht ist nur wenig dotiert. Deshalb kann auch nur ein geringer Teil der Elektronen dort mit Löchern rekombinieren.

Die meisten Ladungsträger treibt das elektrische Feld der Basis-Kollektor-Sperrschicht in den Kollektor hinein **(Bild 1)**. So entsteht der hohe Kollektorstrom, der um den Faktor 10 bis 500 größer sein kann als der Basisstrom.

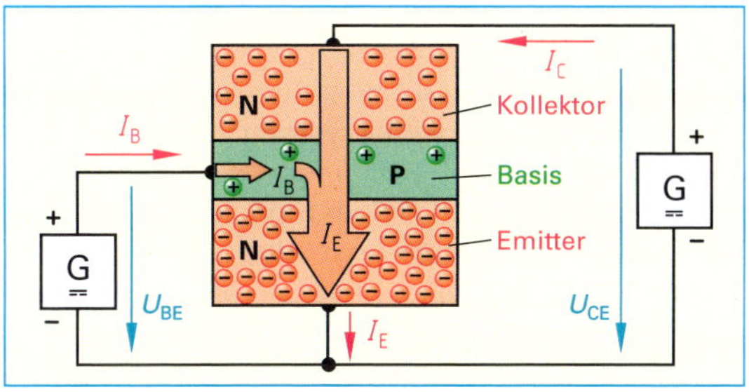

Bild 1: Ströme im NPN-Transistor (Emitter-Schaltung)

Im bipolaren Transistor steuert der Basisstrom I_B den Kollektorstrom I_C. Für die Steuerung ist nur eine geringe elektrische Leistung nötig.

Gleichstromverhältnis, Ströme beim Transistor

$$B = \frac{I_C}{I_B} \qquad I_E = I_B + I_C$$

B Gleichstromverhältnis
I_C Kollektorstrom
I_B Basisstrom
I_E Emitterstrom

Ist die Basis-Emitter-Spannung $U_{BE} = 0$ V oder kleiner als der Schwellenwert von etwa 0,4 V, sperrt der Transistor. Es fließt nur ein verschwindend kleiner Sperrstrom, der von thermisch erzeugten Ladungsträgerpaaren in der Basis-Kollektor-Sperrschicht stammt.

Kennlinien

Versuch 2: Nehmen Sie die Kennlinien eines Transistors auf, z. B. des BD 135 **(Bild 2, Seite 206)**, und zwar die Kennlinie $I_C = f(U_{CE})$ für verschiedene Basisströme und die Kennlinien $I_B = f(U_{BE})$ und $I_C = f(I_B)$ jeweils für eine fest eingestellte Spannung U_{CE}, z. B. für $U_{CE} = 12$ V.

*Die **Eingangskennlinie** $I_B = f(U_{BE})$ entspricht einer Diodenkennlinie. Den Zusammenhang zwischen dem Basisstrom und dem Kollektorstrom gibt die **Stromsteuerkennlinie** $I_C = f(I_B)$ an. Abhängig vom eingestellten Basisstrom ergibt sich bei Veränderung von U_{CE} ein entsprechender Kollektorstrom. Diese Kennlinienschar nennt man **Ausgangskennlinienfeld**.*

Da diese drei Kennlinien voneinander abhängig sind, kann man sie auch in einem Vierquadranten-Kennlinienfeld darstellen **(Bild 2)**. Bei einer Basis-Emitter-Spannung von $U_{BE} = 0{,}65$ V beträgt der Basisstrom $I_B = 1$ mA. Für den Fall von $U_{CE} = 12$ V fließt dann ein Kollektorstrom $I_C = 150$ mA.

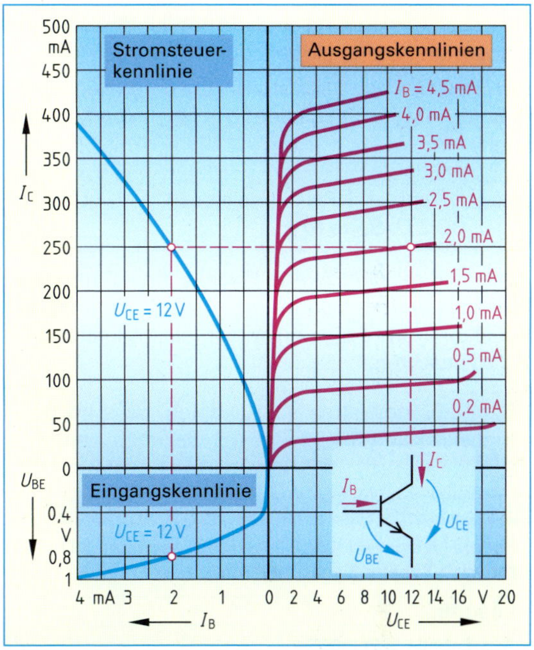

Bild 2: Vierquadranten-Kennlinienfeld des Transistors BD 135

Beispiel:

Ermitteln Sie aus dem Kennlinienfeld **(Bild 2)** bei U_{CE} = 12 V und I_B = 2 mA die fehlenden Werte für **a)** I_C und **b)** U_{BE}. **c)** Berechnen Sie das Gleichstromverhältnis B.

Lösung:

a) $\boldsymbol{I_C = 250}$ **mA** **b)** $\boldsymbol{U_{BE} = 0{,}8}$ **V**

c) $B = \frac{I_C}{I_B} = \frac{250 \text{ mA}}{2 \text{ mA}} = \mathbf{125}$

Gehäuse

Der Transistor ist mit seinen Anschlüssen in ein Gehäuse aus Kunststoff oder Metall eingebaut.
TO[1] 92 ist ein typisches Gehäuse für Kleinsignaltransistoren, TO 220 und TO 3 dagegen für Leistungstransistoren **(Tabelle** und **Seite 676)**.

Tabelle: Gehäuse für Transistoren (Beispiele)

Ansichten	Gehäuseform	Ansichten	Gehäuseform
E B C	TO 92 z. B. BC250	B E C	TO 220 z. B. BD649
E B C	TO 18 z. B. BC107		
E B C	TO 126 z. B. BD135	B E C	TO 3 z. B. 2N3055

B Basis C Kollektor E Emitter

[1] **TO**, Abkürzung von **T**ransistor **O**utlines

9.5.1.1 Transistoren in der Praxis

Transistoren werden in vielen Anwendungen eingesetzt. Je nach Einsatzgebiet werden Transistoren z. B. zum Anpassen von Spannungen, Schalten großer Lasten und Verstärken kleiner Signale (Spannungen und Ströme) **(Tabelle 2)** verwendet.

Für alle Anwendungen des Transistors ist folgendes zu beachten **(Bild)**:

- Der Transistor wird über die Basis-Emitter-Strecke gesteuert. Dazu muss die Basis-Emitter-Strecke in Durchlassrichtung betrieben werden.
- Für den Betrieb ist der Transistor immer an Gleichspannung anzuschließen.
- Die Transistorströme I_B und I_C sind zu begrenzen.
- Die Verlustleistung P_{tot} darf nicht überschritten werden.
- Je nach Anwendung sind die notwendigen Gleichspannungswerte (Arbeitspunkte) einzustellen.

Der Hersteller von Transistoren gibt deren Kennwerte (z. B. U_{BE}, U_{CE}, I_B und I_C) häufig in Form von Kennlinien an.

Datenblatt NPN-Transistor BC 107, BC 171, BC 237: **Seite 676**

Auch sind die Grenzwerte **(Tabelle 1)** wie maximale Kollektor-Emitter-Spannung U_{CEmax}, maximaler Kollektorstrom I_{Cmax} und maximale Verlustleistung P_{tot} zu beachten.

Der Transistor ist so auszuwählen, dass im Betriebsfall keine Grenzwerte überschritten werden.

Beispiel:

Für ein Netzgerät (30 V/2,5 A) ist ein geeigneter Transistor nach **Tabelle 1** auszuwählen.

Lösung:

Aus **Tabelle 1: 2N3055**

$U_{CEmax} > 30$ V; $I_{Cmax} > 2,5$ A

Übersicht:
Anwendungen von Transistoren (Beispiele)

- Bistabile Kippschaltung **(Seite 213)**
- Dämmerungsschalter **(Seite 222)**
- Gleichstrom-Umrichter **(Seite 262)**
- Netzgerät **(Seite 274)**
- NF-Verstärker **(Seite 216)**

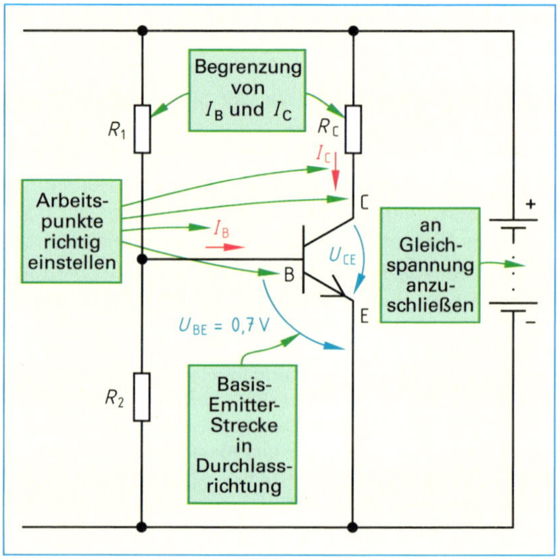

Bild: Anschlussregeln für Transistoren

Tabelle 1: Grenzdaten und Gehäuseformen von Transistoren (Beispiele)

Grenzwerte	2N3055	BC 107	BD 237
U_{CEmax}	60 V	50 V	80 V
I_{Cmax}	15 A	0,1 A	2 A
P_{tot}	115 W	0,3 W	25 W
Gehäuse*	TO 3	TO 18	TO 126

* siehe auch **Seite 207 (Tabelle)**

Tabelle 2: Einsatzgebiete von Transistoren (Beispiele)

Anpassung von Spannungen	Schalten	Verstärken
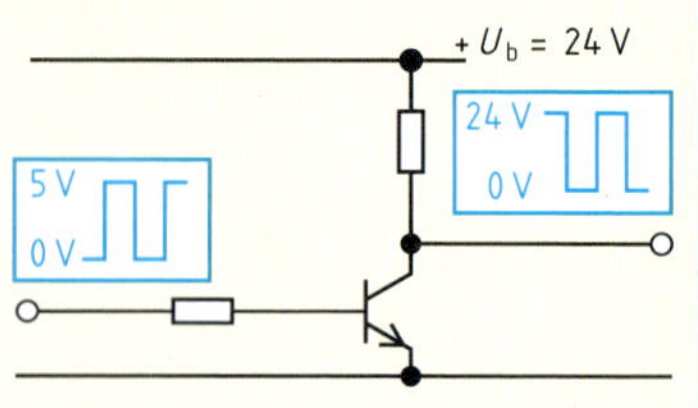	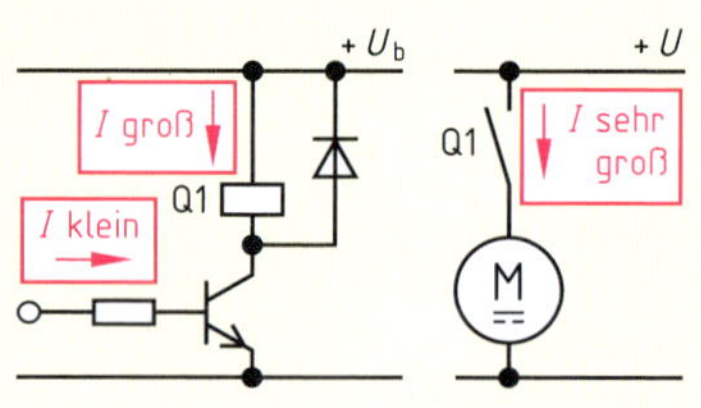	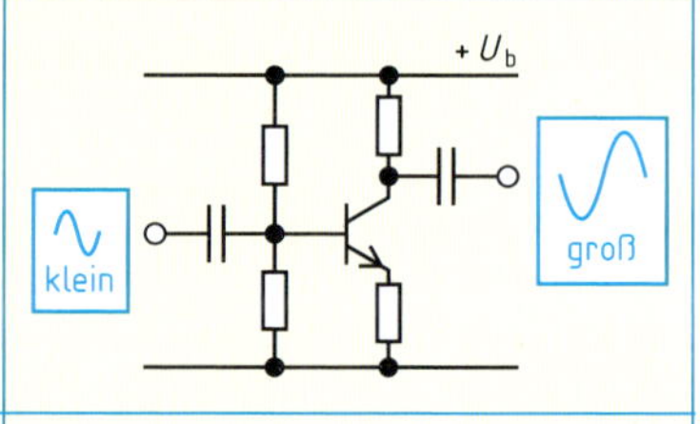
Niederer Spannungswert wird in höheren Spannungswert umgesetzt, z. B. 5 V von Sensor auf 24 V für SPS.	Große Lastströme werden über Steuerstrom für Relais geschaltet.	Kleine Signale verschiedener Frequenzen werden verstärkt.

9.5.1.2 Einstellung des Arbeitspunktes

Ein Transistor wird als Verstärker z.B. für Wechselspannungen oder als elektronischer Schalter verwendet. Die häufigste Schaltung dazu ist die **Emitter-Schaltung.** Bei ihr liegt der Emitter an Masse bzw. 0 V **(Bild 1 oben).** Der Emitter ist dabei der gemeinsame Anschluss von Eingangs- und Ausgangskreis. Das Eingangssignal, z.B. eine Wechselspannung, liegt zwischen Basis und Emitter, das Ausgangssignal steht an Kollektor und Emitter (bzw. Masse) zur Verfügung. Die Änderungen des Kollektorstromes, verursacht durch Schwankungen des Basisstromes, wandelt der Lastwiderstand R_C am Kollektor in Spannungsänderungen um.

In der Transistorschaltung stellen die Kollektor-Emitter-Spannung U_{CE} und die Basis-Emitter-Spannung U_{BE} den Arbeitspunkt (Gleichspannungswerte) ein. Dabei muss die Basis-Emitter-Strecke in Durchlassrichtung geschaltet sein ($U_{BE} = 0{,}7\,V$), und die Kollektor-Emitter-Spannung U_{CE} soll z.B. bei einem Wechselspannungsverstärker ungefähr $U_b/2$ betragen. Damit kann ein Wechselstromsignal möglichst unverzerrt verstärkt werden.

Wird der Transistor als Wechselspannungsverstärker betrieben, ist eine Einstellung des Arbeitspunktes notwendig.

Mithilfe der Betriebsspannung U_b werden über einen

- Basisvorwiderstand R_v **(Bild 2a)** oder
- Basisspannungsteiler R_1, R_2 **(Bild 2b)**

die notwendigen Arbeitspunkte eingestellt.

Beispiel:

Ein Transistor BC 107 in Emitter-Schaltung soll eine Basis-Emitter-Spannung U_{BE} = 0,62 V bei einem Basisstrom I_B = 0,2 mA **a)** durch einen Vorwiderstand R_v oder **b)** einen Basisspannungsteiler erhalten **(Bild 2).** Die Betriebsspannung beträgt U_b = 16 V. Berechnen Sie:

a) den Basisvorwiderstand R_v,

b) die Widerstände R_1 und R_2, wenn ein Querstrom von $I_q = 3 \cdot I_B$ fließen soll.

Lösung:

a) $R_v = \frac{U_b - U_{BE}}{I_B} = \frac{16\,V - 0{,}62\,V}{0{,}2\,mA} = \mathbf{76{,}9\,k\Omega}$

b) $q = \frac{I_q}{I_B} \Rightarrow I_q = q \cdot I_B = 3 \cdot 0{,}2\,mA = 0{,}6\,mA$

$R_2 = \frac{U_{BE}}{I_q} = \frac{0{,}62\,V}{0{,}6\,mA} = \mathbf{1{,}03\,k\Omega}$

$R_1 = \frac{U_b - U_{BE}}{I_q + I_B} = \frac{16\,V - 0{,}62\,V}{0{,}6\,mA + 0{,}2\,mA} = \mathbf{19{,}23\,k\Omega}$

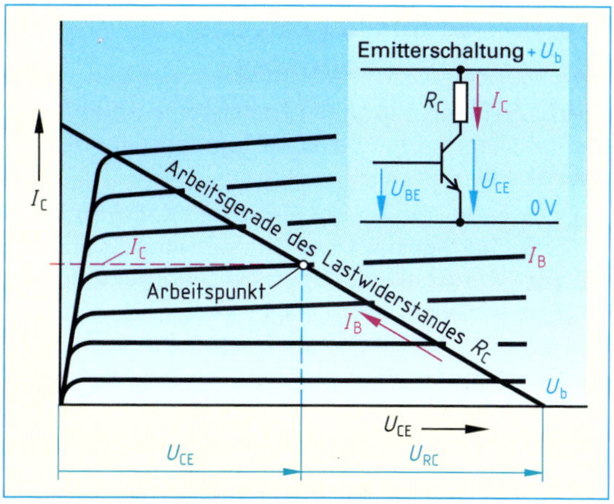

Bild 1: **Festlegen des Arbeitspunktes bei einem Wechselspannungsverstärker**

Arbeitspunkteinstellung erfolgt durch
- Basisvorwiderstand oder
- Basisspannungsteiler

Arbeitspunkteinstellung

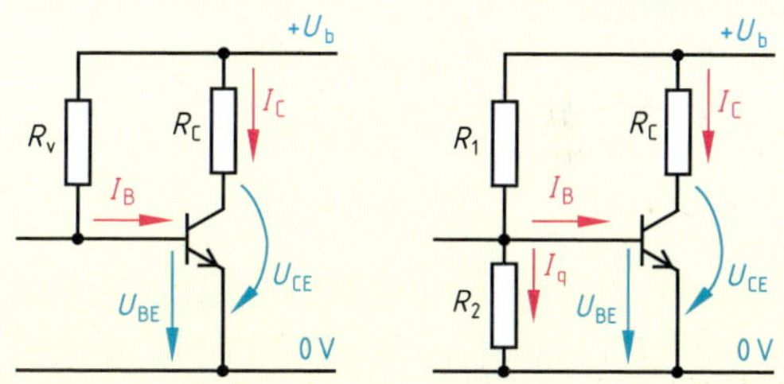

a) Basisvorwiderstand **b)** Basisspannungsteiler

Bild 2: **Einstellung des Arbeitspunktes**

Basisvorwiderstand	Basisspannungsteiler
$R_v = \frac{U_b - U_{BE}}{I_B}$	$R_1 = \frac{U_b - U_{BE}}{I_q + I_B}$
	$R_2 = \frac{U_{BE}}{I_q}$
	$q = \frac{I_q}{I_B}$

R_v	Basisvorwiderstand
R_1, R_2	Spannungsteilerwiderstände
q	Querstromverhältnis (2 ... 5)
I_B	Basisstrom
I_q	Querstrom
U_b	Betriebsspannung
U_{BE}	Basis-Emitter-Spannung

Querstrom I_q: **Seite 56**

9.5.1.3 Stabilisierung des Arbeitspunktes

Durch die Eigenleitung der Transistoren ändern sich die Transistorströme bei einer Temperaturänderung **(Bild 1)**.

Mit steigender Temperatur nimmt der Kollektorstrom I_C zu. So beträgt bei einer Basis-Emitter-Spannung $U_{BE} = 0{,}6\,V$ und bei einer Sperrschichttemperatur von 25 °C der Kollektorstrom $I_C = 1$ mA. Bei 100 °C ändert sich aber der Kollektorstrom I_C von 1 mA auf 12 mA. Dies bedeutet eine Verschiebung des Arbeitspunktes im Kennlinienfeld, dadurch sinkt die Spannung U_{CE}.

Möglichkeiten zur Stabilisierung des Arbeitspunktes:

- Stabilisierung durch Heißleiter **(Bild 2a)**,
- Stromgegenkopplung **(Bild 2b)** und
- Spannungsgegenkopplung.

Stabilisierung durch Heißleiter. Bei Erhöhung der Transistortemperatur nimmt der Widerstand R_ϑ des Heißleiters ab **(Bild 2a)**. Damit sinken die Basis-Emitter-Spannung U_{BE} und der Kollektorstrom I_C.

Stromgegenkopplung. Im Emitterkreis wird ein Widerstand R_E ($R_E \approx 0{,}1 \cdot R_C$) eingebaut **(Bild 2b)**. Ein wegen Temperaturanstiegs ansteigender Strom I_C verursacht eine größere Spannung U_{RE}. Da aufgrund des Basisspannungsteilers R_1 und R_2 die Spannung U_{R2} konstant bleibt, wird die Spannung U_{BE} kleiner. Dies hat zur Folge, dass der Transistor wieder mehr sperrt und damit I_C kleiner wird. Der Kollektorstrom wirkt damit gegensteuernd auf den Basisstrom.

> Der Emitterwiderstand R_E hält den Arbeitspunkt der Transistorschaltung trotz Temperaturänderung und Exemplarstreuung des Transistors stabil.

Spannungsgegenkopplung. Legt man den Widerstand R_1 des Basisspannungsteilers nicht an die Betriebsspannung U_b, sondern verbindet ihn mit dem Kollektor, bewirkt dies eine Spannungsgegenkopplung.

Beispiel:

In einem Wechselspannungsverstärker **(Bild 2b)** beträgt die Spannung $U_b = 12\,V$, $R_C = 1\,k\Omega$, $q = 5$, $R_E = 100\,\Omega$, $B = 80$ und $U_{BE} = 0{,}7\,V$. Die Spannung an R_C beträgt 6 V. Berechnen Sie R_2 und R_1.

Lösung:

$$I_C = \frac{U_{RC}}{R_C} = \frac{6\,V}{1\,k\Omega} = 6\,mA$$

$$I_B = \frac{I_C}{B} = \frac{6\,mA}{80} = 75\,\mu A$$

$$I_q = q \cdot I_B = 5 \cdot 75\,\mu A = 375\,\mu A$$

$$U_{RE} = I_E \cdot R_E = 6\,mA \cdot 100\,\Omega = 0{,}6\,V$$

$$\boldsymbol{R_2} = \frac{U_{BE} + U_{RE}}{I_q} = \frac{0{,}7\,V + 0{,}6\,V}{375\,\mu A} = \mathbf{3{,}5\,k\Omega}$$

$$\boldsymbol{R_1} = \frac{U_b - U_{BE} - U_{RE}}{I_q + I_B} = \frac{12\,V - 0{,}7\,V - 0{,}6\,V}{375\,\mu A + 75\,\mu A} = \mathbf{23{,}8\,k\Omega}$$

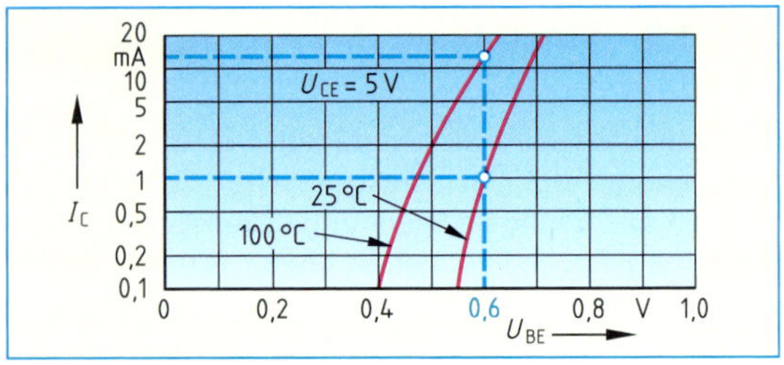

Bild 1: Spannungssteuerkennlinien

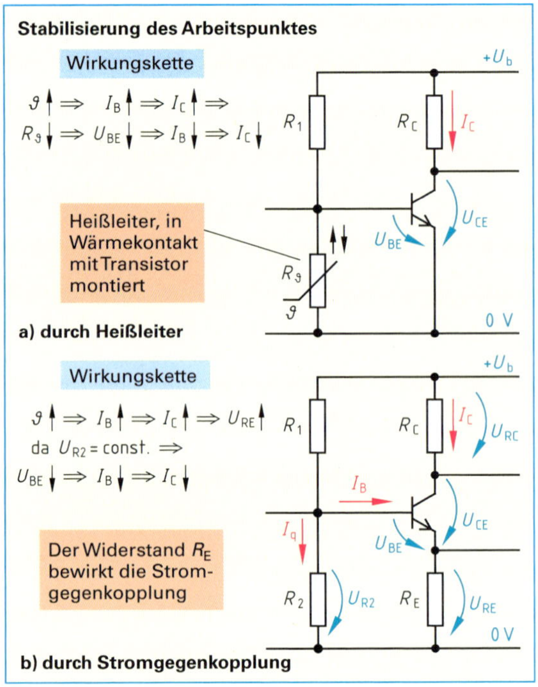

Bild 2: Arbeitspunkteinstellung

Stromgegenkopplung (Es gilt: $I_C = I_E$)

$$R_E = \frac{U_{RE}}{I_C} \qquad R_C = \frac{U_{RC}}{I_C}$$

$$U_{R2} = U_b - U_{R1} \qquad U_{BE} = U_{R2} - U_{RE}$$

$$R_2 = \frac{U_{BE} + U_{RE}}{I_q} \qquad R_1 = \frac{U_b - U_{BE} - U_{RE}}{I_q + I_B}$$

R_E	Emitterwiderstand
R_C	Kollektorwiderstand
R_1, R_2	Basisspannungsteiler
I_q	Querstrom
I_B	Basisstrom
I_C	Kollektorstrom
U_b	Betriebsspannung
U_{RC}	Spannung an R_C
U_{BE}	Basis-Emitter-Spannung
q	Querstromverhältnis (2 ... 5)
U_{R1}	Spannung an R_1
U_{R2}	Spannung an R_2
U_{RE}	Spannung an R_E

9.5.1.4 Transistor als Schalter

Den Transistor als Schalter (Bild 1) setzt man ein, um Verbraucher, z. B. Leuchten, (Bild 1) schnell, kontaktlos und elektronisch ein- oder auszuschalten.

Beim Schalten des Transistors, z. B. bei Kippstufen, sind nur die Schaltzustände „Sperren" (Schalter geöffnet) oder „Leiten" (Schalter geschlossen) wichtig. Als Schalter wirkt die Kollektor-Emitter-Strecke CE, die sehr hochohmig (gesperrt) bzw. niederohmig (leitend) sein kann. Die Steuerstrecke ist die Basis-Emitter-Strecke BE.

Versuch: Schalten Sie einen Transistor, z. B. BC 140, über eine Meldeleuchte P1 (12 V, 100 mA) an die Betriebsspannung U_b **(Bild 1).**

a) Legen Sie an den Eingang vor den Basisvorwiderstand R_v erst 0 V und dann $+U_b$ (Brücke von $+U_b$ an R_v). Messen Sie I_B, I_C und U_{CE}.

Bei gesperrtem Transistor liegt an P1 keine Spannung. Dann sind I_B = 0 mA, $U_{CE} = U_b$ und I_C beträgt einige µA. Bei leitendem Transistor liegt an P1 fast die gesamte Spannung von $U_b \approx 12$ V. I_B und I_C sind erheblich größer, und U_{CE} geht fast auf null zurück.

b) Legen Sie nun an den Eingang eine Rechteckspannung mit der Frequenz von etwa 10 Hz und oszilloskopieren Sie die Spannung U_{CE}.

Das Rechtecksignal wird verstärkt und invertiert auf den Ausgang übertragen. Ein- und Ausschalten des Transistors erfolgt im Takt der Rechteckspannung **(Tabelle und Bild 1).**

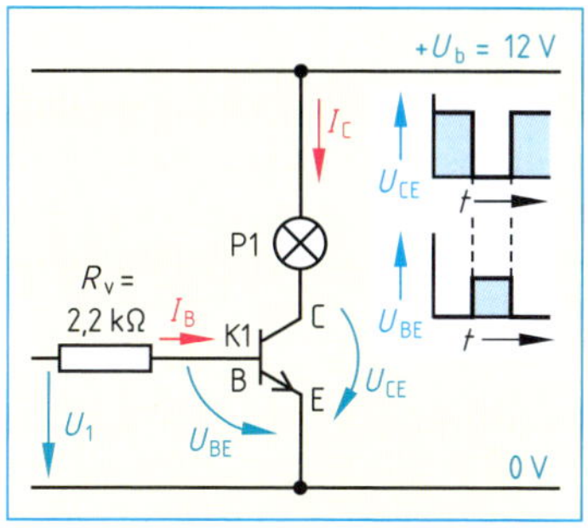

Bild 1: Transistor als Schalter

Schalten bei ohmscher Last

Im gesperrten Zustand ist der Widerstand R_{CE} der Kollektor-Emitter-Strecke des Transistors sehr groß (Arbeitspunkt A1, **Bild 2**). Steigt der Basisstrom I_B, sinkt die Kollektor-Emitter-Spannung U_{CE}. Beim Basisstrom I_{Bmin} beträgt U_{CB} fast null Volt (P). Der Transistor befindet sich am Sättigungsanfang, die sogenannte Übersteuerung beginnt. Die zugehörige Spannung wird **Kollektor-Emitter-Sättigungsspannung** U_{CEsat}[1] genannt, z. B. U_{CEsat} = 0,7 V. Erhöht man U_{BE} und I_B weiter, wandert der Arbeitspunkt des Transistors zum Arbeitspunkt A2. Der Widerstand R_{CE} des Transistors ist nun sehr klein. Im Arbeitspunkt A2 ist U_{CE} auf eine kleine Restspannung von etwa U_{CEsat} = 0,2 V abgesunken.

Transistoren als Schalter haben zwei Schaltzustände: Sie sind leitend (gesättigt) oder nichtleitend (gesperrt).

Die stabilen Schaltzustände Ein (A2) und Aus (A1) auf der Arbeitsgeraden von R_C im Ausgangskennlinienfeld **(Bild 2)** müssen stets unter der Leistungshyperbel P_{tot} des Transistors liegen. Die Arbeitsgerade darf während des Schaltens die Hyperbel schneiden. Wenn der Schaltvorgang in sehr kurzer Zeit abläuft, z. B. t kleiner als 1 µs, wird der Transistor während des Schaltens thermisch nicht überlastet.

Schaltzeiten sind vom Transistortyp und von der Schaltung abhängig. Um die Schaltzeiten klein zu halten und ein sicheres Schalten zu gewährleisten, werden Transistoren in Schaltverstärkern mit einem um den Übersteuerungsfaktor $ü$ größeren Basisstrom I_B angesteuert.

Um Schalttransistoren sicher durchzuschalten, steuert man die Transistoren mit $I_B = ü \cdot I_{Bmin}$ an. In der Praxis wählt man einen Übersteuerungsfaktor von $ü$ = 2 … 5.

Durch die Übersteuerung verringern sich die Einschaltzeit und auch die Verlustleistung $P_V = U_{CEsat} \cdot I_C$ des Transistors, weil bei ansteigendem I_C die Sättigungsspannung U_{CEsat} auf Werte von etwa 0,2 V absinkt. Die Ausschaltzeit des Transistors wird jedoch vergrößert, da die Basis von den

[1] sat ist die Abkürzung für Saturation (engl.) = Sättigung

Tabelle: Spannungsverlauf Transistor als Schalter

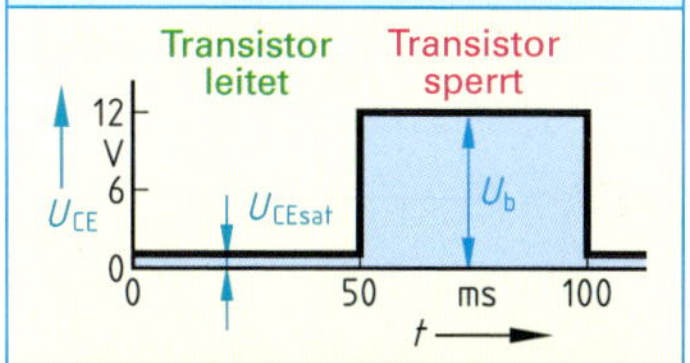

Transistor leitet	Transistor sperrt
$U_{CE} = U_{CEsat}$	$U_{CE} \approx U_b$
I_B groß	$I_B = 0$
I_C groß	$I_C \approx 0$
$R_{CE} \rightarrow$ sehr klein	$R_{CE} \rightarrow$ sehr groß

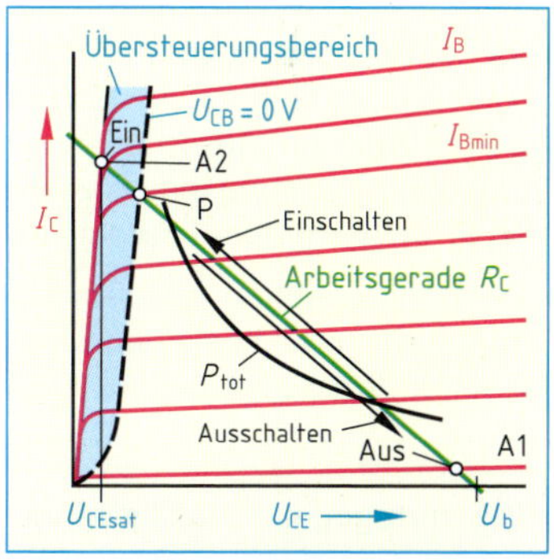

Bild 2: Schaltzustände des Transistors bei Widerstandslast

Transistor als Schalter

$$B = \frac{I_C}{I_B} \qquad I_B = \frac{ü \cdot I_C}{B_{min}} \qquad I_B = ü \cdot I_{Bmin}$$

$$R_v = \frac{(U_1 - U_{BE}) \cdot B_{min}}{ü \cdot I_C}$$

$ü$ Übersteuerungsfaktor
I_B Basisstrom mit Übersteuerung
I_{Bmin} min. erforderlicher Basisstrom
B_{min} min. Gleichstromverhältnis
I_C Kollektorstrom
R_v Basisvorwiderstand
U_1 Eingangsspannung
U_{BE} Basis-Emitter-Spannung

vielen Ladungsträgern erst ausgeräumt werden muss. Zur Verringerung der Schaltzeiten wird der Basisvorwiderstand parallel mit dem Beschleunigungskondensator C überbrückt **(Bild 1)**. Der Widerstand R_1 **(Bild 1)** gewährleistet, dass auch bei offenem Eingang der Transistor K1 über den Widerstand R_1 sicher gesperrt ist (0 V an der Basis).

Beispiel:

Die typische Ausgangsspannung eines NAND-Gatters **(Bild 2)** beträgt bei 1-Signal $U_1 = 3{,}4$ V. Bei der Durchlassspannung $U_F = 1{,}65$ V beträgt der Strom durch die LED CQX 35 $I_F = 20$ mA. Der Transistor BC 107 hat folgende Kennwerte: $U_{BE} = 0{,}65$ V, $B_{min} = 150$, $U_{CEsat} = 0{,}2$ V. Bestimmen Sie aus der Reihe E12 **(Seite 670)** **a)** den Kollektorwiderstand R_C und **b)** den Basisvorwiderstand R_v bei einem Übersteuerungsfaktor $ü = 3$.

Lösung:

a) $R_C = \frac{U_b - U_F - U_{CEsat}}{I_F} = \frac{5\text{ V} - 1{,}65\text{ V} - 0{,}2\text{ V}}{20\text{ mA}}$

$R_C = 158\ \Omega$; gewählt: $\boldsymbol{R_C = 150\ \Omega}$

b) $R_v = \frac{(U_1 - U_{BE}) \cdot B_{min}}{ü \cdot I_C} = \frac{(3{,}4\text{ V} - 0{,}65\text{ V}) \cdot 150}{3 \cdot 20\text{ mA}}$

$R_v = 6{,}9\text{ k}\Omega$; gewählt: $\boldsymbol{R_v = 6{,}8\text{ k}\Omega}$

Schalten bei induktiver Last

Beim Schalten einer induktiven Last **(Bild 3a)**, z.B. einer Relaisspule, wird beim Einschalten des Transistors der Stromanstieg durch die Selbstinduktion verzögert und verläuft auf der Einschaltkurve von A1 bis A2 **(Bild 3b)**. Beim Ausschalten wird in der Spule eine Induktionsspannung induziert, die ohne Diode R1 einen Strom nach der Ausschaltkurve zur Folge hat.

Beim Ausschalten einer induktiven Last kann eine hohe Induktionsspannung an der Kollektor-Emitter-Strecke entstehen, die den Transistor zerstört.

Als Schutz gegen schädliche Induktionsspannungen wird zur Induktivität meist eine **Freilaufdiode** (**Bild 3a und 3b,** Ausschaltkurve mit Diode R1) oder ein **RC-Glied** parallel geschaltet.

Schalten bei kapazitiver Last

Beim Einschalten einer kapazitiven Last, z.B. dem Ladekondensator eines Netzteils, ist der Kollektorstrom stark erhöht, da der Verlustwiderstand R durch den Kondensator C kurzgeschlossen wird **(Bild 4a)**. Der Einschaltstrom verläuft auf der Kurve Einschalten, ohne Widerstand R_1. Beim Ausschalten von A2 nach A1 sinkt der Strom schnell ab **(Bild 4b)**.

Beim Einschalten einer kapazitiven Last kann der Transistor durch den hohen Ladestrom des Kondensators zerstört werden.

Der in Reihe geschaltete Widerstand R_1 **(Bild 4a)** begrenzt den Einschaltstrom **(Bild 4b)**.

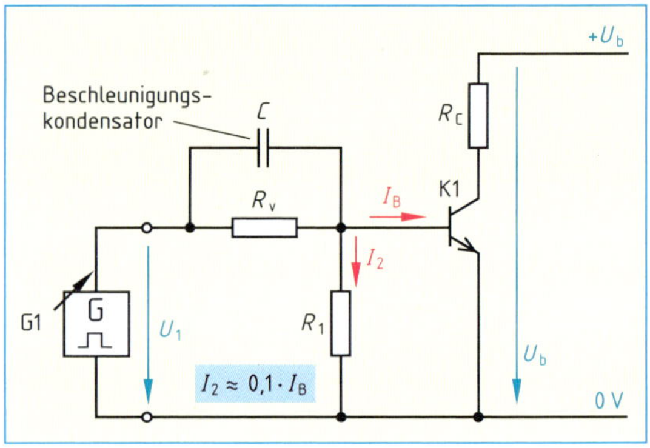

Bild 1: Schaltung zur Schaltzeitverkürzung

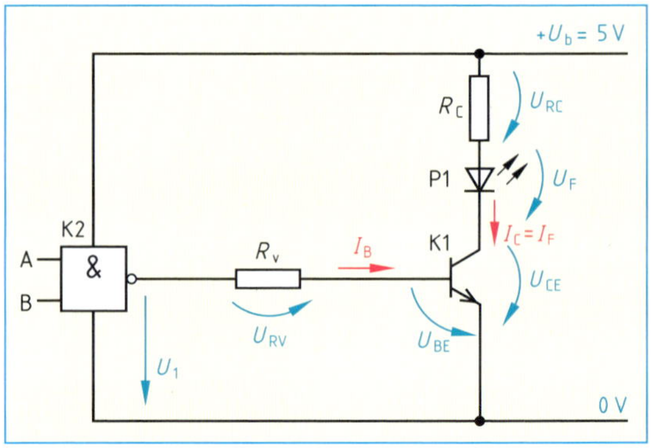

Bild 2: Transistor als Schalter mit NAND-Gatter

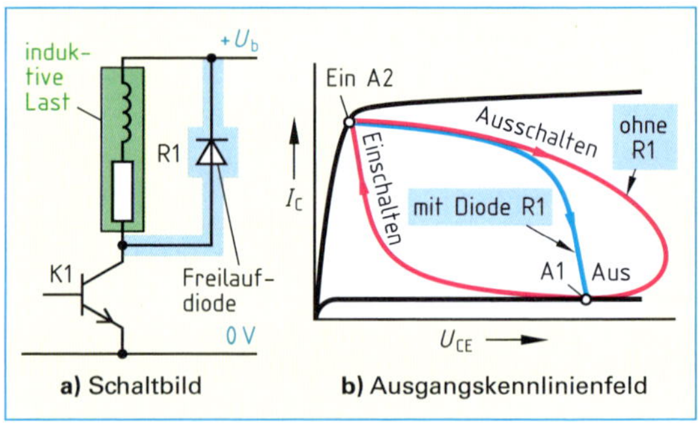

Bild 3: Schaltverhalten bei induktiver Last

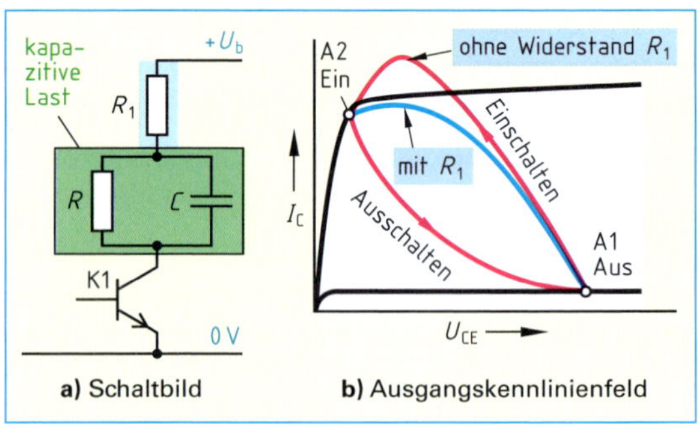

Bild 4: Schaltverhalten bei kapazitiver Last

9.5.1.5 Kippschaltungen

Kippschaltungen ändern ihren Zustand an den Ausgängen Q und $\overline{Q}$ sprunghaft, z. B. von 0 nach 1.

Die Ausgänge Q und $\overline{Q}$ von Kippschaltungen haben immer inverse Signale, z. B. Q = 0 und $\overline{Q}$ = 1.

Bistabile Kippschaltung

Eine bistabile Kippschaltung hat zwei stabile Zustände.

Die bistabile Kippschaltung **(Bild 1)** kippt in den entgegengesetzten (inversen) Zustand, wenn über Vorwiderstände an die Basis des nicht leitenden Transistors ein 1-Signal ($+U_b$) gelegt wird. Ihr Ausgangszustand bleibt auch dann erhalten, wenn der Eingangsimpuls nicht mehr vorhanden ist.

Versuch: Erstellen Sie eine bistabile[1] Kippschaltung **(Bild 1)**. Legen Sie an die Eingänge die Signale S[2] = 0 und R[3] = 1 ($+U_b$ = 12 V). Messen Sie die Signalzustände der Ausgänge Q und $\overline{Q}$. Wiederholen Sie den Versuch mit weiteren Signalkombinationen an S und R.

Die bistabile Kippschaltung nimmt nach einem Setzsignal (S = 1) den Zustand Q = 1 und $\overline{Q}$ = 0 an, nach einem Rücksetzsignal (R = 1) den Zustand Q = 0 und $\overline{Q}$ = 1. Mit den Eingangszuständen S = R = 1 hat die Kippschaltung den verbotenen Zustand Q = $\overline{Q}$ = 0. Danach nimmt die Schaltung einen nicht vorhersehbaren Zustand (nicht definierten Zustand) Q = 0 oder Q = 1 an **(Bild 2)**.

Bistabile Kippschaltungen werden aufgebaut aus:
- NAND-Verknüpfungen: **Seite 233**
- NOR-Verknüpfungen: **Seite 233**

Timer-IC NE 555

Der Timer-IC[4] NE 555 ermöglicht einen einfachen Aufbau von zeitabhängigen Schaltungen oder von Schwellwertschaltern.

Der Timer-IC NE 555 enthält zwei Komparatoren (Vergleicher) und einen Spannungsteiler mit drei gleich großen Widerständen R_1, R_2 und R_3 **(Bild 3)**. Dieser Spannungsteiler liegt an der Betriebsspannung U_b des Timer-ICs. An jedem der drei Widerstände fällt ein Drittel der Betriebsspannung U_b ab. Sinkt die am Triggereingang[5] ② angelegte Spannung unter den Wert der Referenzspannung[6] ($^1/_3\ U_b$) des invertierenden Komparators, liegt am Komparatorausgang K2 1-Signal, der RS-Speicher K3 wird gesetzt. Damit liegt am Ausgang Q ③ 1-Signal.

Liegt am Schwelleneingang ⑥ des nicht invertierenden Komparators K1 eine Spannung, die größer als $^2/_3\ U_b$ ist, so hat der Ausgang des Komparators K1 1-Signal, der RS-Speicher K3 wird wieder zurückgesetzt (Q = 0). Gleichzeitig wird der Transistor K4 leitend gesteuert.

Übersicht: Kippschaltungen
- Bistabile Kippschaltung **(Bild 1)**
- Monostabile Kippschaltung **(Seite 214, 229)**
- Astabile Kippschaltung **(Seite 214)**
- Schwellwertschalter **(Seite 214, 230)**

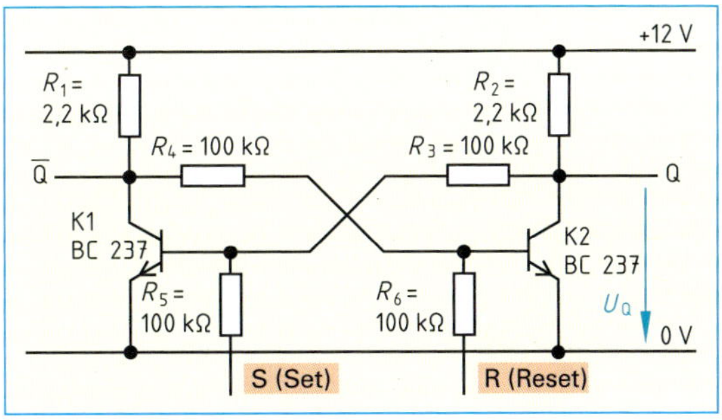

Bild 1: Bistabile Kippschaltung mit Transistoren

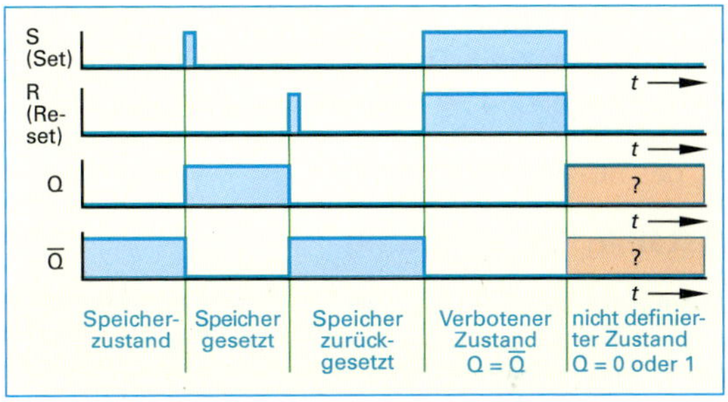

Bild 2: Signalverläufe der bistabilen Kippschaltung

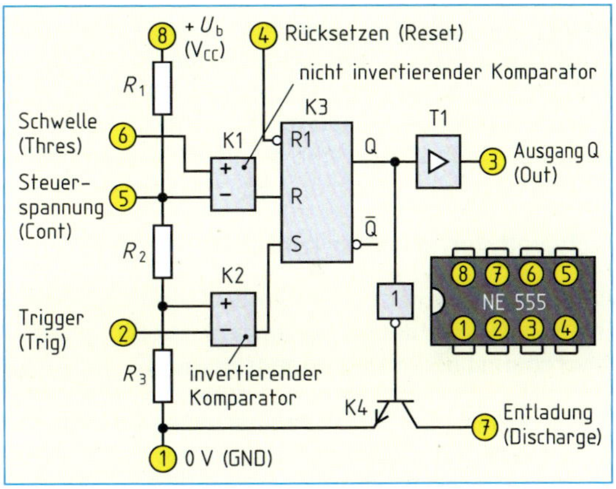

Bild 3: Blockschaltbild Timer-IC NE 555

Wichtige Kennwerte des Timer-IC NE 555
- Betriebsspannung: 4,5 V ... 18 V
- Ausgangsstrom: maximal 200 mA

NE 555-Datenblatt

[1] bi (lat.) = zwei [2] S von to set (engl.) = setzen
[3] R von to reset (engl.) = zurücksetzen
[4] Timer-IC (engl.) = Zeitgeber Integrierter Schaltkreis
[5] triggern (engl.) = auslösen
[6] Referenzspannung = Bezugsspannung

Kippschaltungen mit dem Timer-IC NE 555

Beschaltet man den Triggereingang ② und den Schwelleneingang ⑥ des Timer-ICs NE 555 mit einem RC-Glied, kann man den Timer-IC zum Aufbau einer monostabilen oder einer astabilen Kippschaltung verwenden.

Monostabile Kippschaltung

> Die monostabile Kippschaltung erzeugt Ausgangsimpulse mit bestimmter Zeitdauer.

Die Spannung U_C des zeitbestimmenden RC-Gliedes (R_1, C_1) liegt an den Eingängen ⑥ (Schwelle) und ⑦ (Entladung) in **Bild 1.** Durch einen Triggerimpuls U_1 am Eingang ② kleiner $^1/_3$ U_b setzt der Komparator K2 **(Bild 3, Seite 213)** den RS-Speicher und damit den Ausgang Q ③ auf den Wert 1. Übersteigt die Spannung U_C am Kondensator C_1 den Wert $^2/_3$ U_b am Eingang (⑥, Schwelle) des Komparators K1, liegt dessen Ausgang auf 1. Der RS-Speicher wird zurückgesetzt, Ausgang Q ③ = 0. Der Transistor K4 **(Bild 3, Seite 213)** wird leitend und entlädt den Kondensator C_1 des RC-Gliedes.

Astabile Kippschaltung

> Astabile Kippschaltungen erzeugen Rechteckimpulse mit einstellbarer Impuls- und Pausenzeit.

Beim Anlegen der Betriebsspannung ist der Kondensator C_1 **(Bild 2)** nicht geladen, die Spannung U_C ist kleiner als $^1/_3$ U_b, der RS-Speicher K3 **(Bild 3, Seite 213)** wird gesetzt (Q = 1). Überschreitet die Spannung U_C den Wert $^2/_3$ U_b, wird der RS-Speicher zurückgesetzt. Der nun leitende Transistor K4 entlädt den Kondensator C_1 über den Widerstand R_2. Unterschreitet U_C den Wert $^1/_3$ U_b wiederholt sich der Vorgang.

Schwellwertschalter (Schmitt-Trigger)

> Schwellwertschalter verwendet man zur Formung von Rechteckimpulsen, z. B. zur Signalaufbereitung bei der Datenübertragung.

Ein invertierender Schwellwertschalter **(Bild 3),** z. B. bei einem Dämmerungsschalter, hat beim Überschreiten eines bestimmten Spannungswertes u_{1a} am Eingang E, ein 0-Signal am Ausgang Q. Unterschreitet die Eingangsspannung den Spannungswert u_{1e}, hat der Ausgang Q wieder den Wert 1.

> Die Differenz zwischen Einschaltschwelle u_{1e} und Ausschaltschwelle u_{1a} bezeichnet man als Schalthysterese Δu_1 **(Bild 3b und 3c).**

Versuch: Bauen Sie mit dem Timer-IC NE 555 einen Schwellwertschalter **(Bild 3)** auf. Legen Sie an den Eingang zuerst eine sinusförmige, danach eine dreieckförmige Wechselspannung. Oszilloskopieren Sie die Ausgangsspannung U_2.

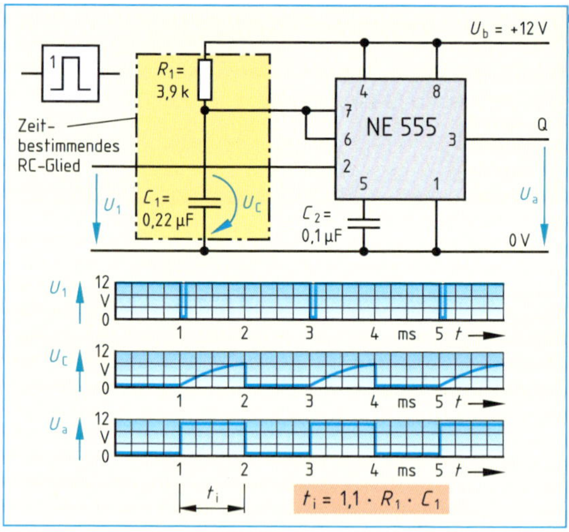

Bild 1: Monostabile Kippschaltung

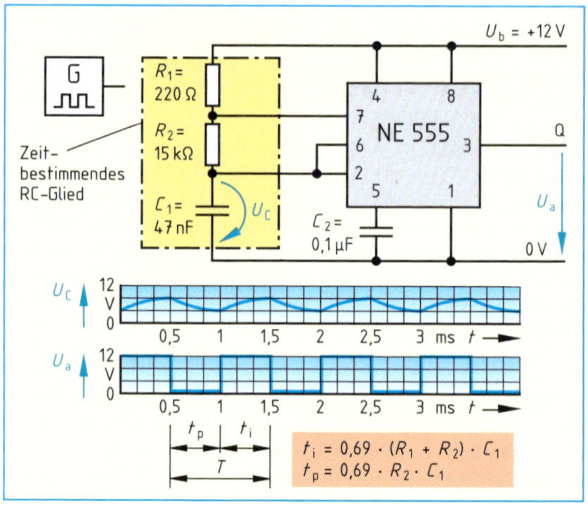

Bild 2: Astabile Kippschaltung

- t_i Impulsdauer **(Seite 132)**
- t_p Pausendauer **(Seite 132)**
- T Periodendauer **(Seite 132)**

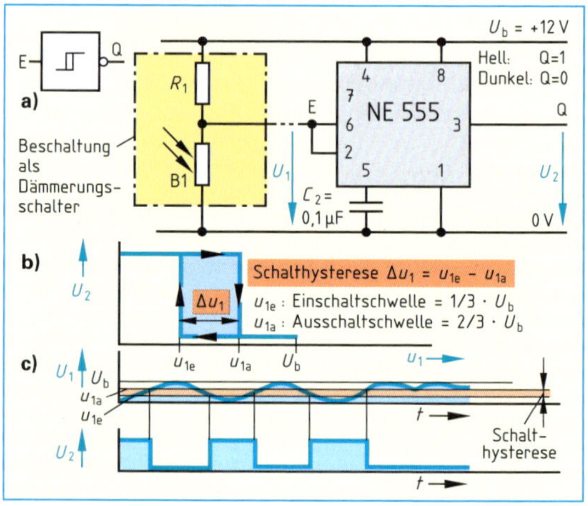

Bild 3: Invertierender Schwellwertschalter

9.5.1.6 Verstärkerschaltungen

Grundbegriffe der Verstärkertechnik

Verstärker haben die Aufgabe, Signale originalgetreu und unverzerrt zu verstärken.

Ein Lautsprecher mit hoher Anschlussleistung, z. B. 60 W, kann keine Signale mit kleiner Spannung oder mit geringer Leistung wiedergeben, z. B. von einem Mikrofon, das etwa 1 µW liefert. Solche Signale müssen zuerst möglichst originalgetreu mit Verstärkern vergrößert werden. Zum Verstärken benötigt man aktive Bauelemente, z. B. Transistoren.

Verstärkerstufen stellt man als Vierpol mit 2 Ein- und 2 Ausgängen dar **(Bild 1)**. Sie benötigen eine Versorgungsspannung, um die abgegebene Leistung liefern zu können. Das Verhältnis der Ausgangsgröße zur entsprechenden Eingangsgröße bezeichnet man als **Verstärkungsfaktor**. Man unterscheidet **Spannungsverstärkungsfaktor** V_u, **Stromverstärkungsfaktor** V_i und **Leistungsverstärkungsfaktor** V_p.

Beim Verstärkungsvorgang sind hauptsächlich die Wechselgrößen für Schaltungsberechnungen von Bedeutung. Ausgehend vom Arbeitspunkt A im Kennlinienfeld **(Bild 2)** können der Wechselstrom-Eingangswiderstand r_{BE} und der Wechselstrom-Ausgangswiderstand r_{CE} berechnet werden. Aus der Stromsteuerkennlinie kann man die Wechselstromverstärkung β bestimmen.

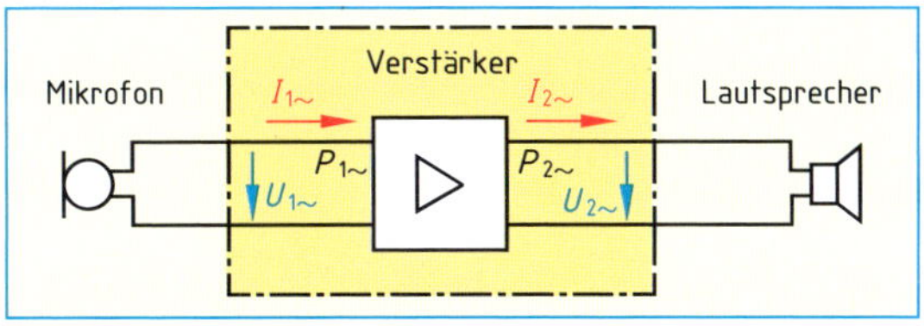

Bild 1: Verstärker als Vierpol

Verstärkungsfaktoren

$$V_u = \frac{U_{2\sim}}{U_{1\sim}} \qquad V_i = \frac{I_{2\sim}}{I_{1\sim}} \qquad V_p = \frac{P_{2\sim}}{P_{1\sim}} = V_u \cdot V_i$$

V_u, V_i, V_p Verstärkungsfaktoren
$U_{1\sim}$, $U_{2\sim}$ Eingangs- und Ausgangswechselspannung
$I_{1\sim}$, $I_{2\sim}$ Eingangs- und Ausgangswechselstrom
$P_{1\sim}$, $P_{2\sim}$ Eingangs- und Ausgangsleistung

Vierquadranten-Kennlinienfeld

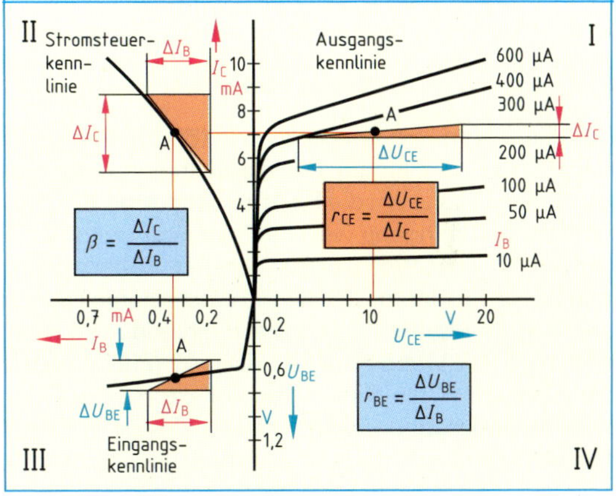

Bild 2: Kennlinien und Kenngrößen des bipolaren Transistors BC 107

Grundschaltungen des bipolaren Transistors

Entsprechend den drei Anschlüssen des Transistors unterscheidet man Emitter-, Kollektor- und Basisschaltung (Tabelle).

Unterscheidungsmerkmal ist der Transistoranschluss, der dem Ein- und Ausgangskreis gemeinsam angehört. Dieser Transistoranschluss liegt wechselspannungsmäßig an dem gemeinsamen Bezugspunkt.

Tabelle: Verstärkergrundschaltungen bipolarer Transistoren

Grundschaltungen	Emitterschaltung	Kollektorschaltung	Basisschaltung
Schaltungsbeispiel	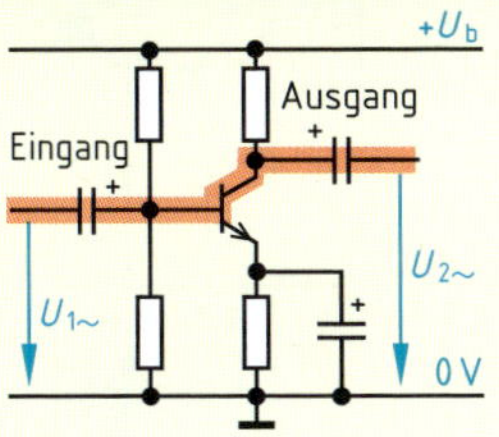	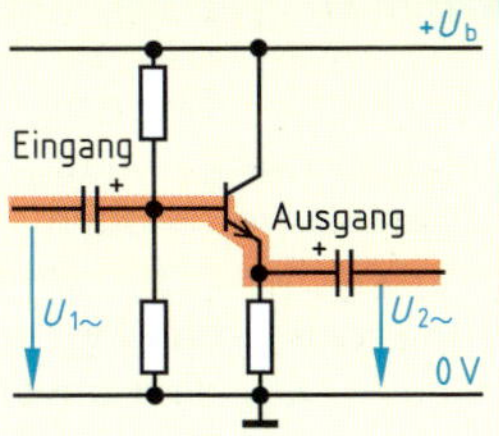	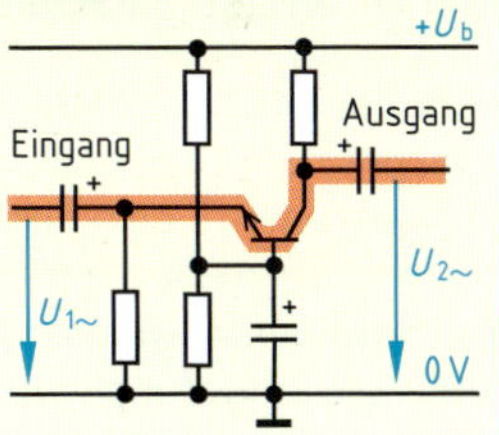
Spannungsverstärkungsfaktor V_u	groß, z. B. 200	klein (< 1)	groß, z. B. 200
Stromverstärkungsfaktor V_i	groß, z. B. 200	groß, z. B. 200	klein (< 1)
Leistungsverstärkungsfaktor V_p	sehr groß, z. B. 40 000	groß, z. B. 200	groß, z. B. 200
Eingangswiderstand	mittel, z. B. 5 kΩ	groß, z. B. 50 kΩ	klein, z. B. 50 Ω
Ausgangswiderstand	groß, z. B. 20 kΩ	klein, z. B. 100 Ω	groß, z. B. 50 kΩ
Phasenlage von $U_{1\sim}$ zu $U_{2\sim}$	gegenphasig, 180°	gleichphasig, 0°	gleichphasig, 0°
Anwendungsbeispiel	NF-Verstärker	Impedanzwandler	HF-Verstärker

Einstufiger bipolarer Transistorverstärker in Emitterschaltung

Der Schaltplan **(Bild 1)** zeigt eine Niederfrequenz-Verstärkerstufe.

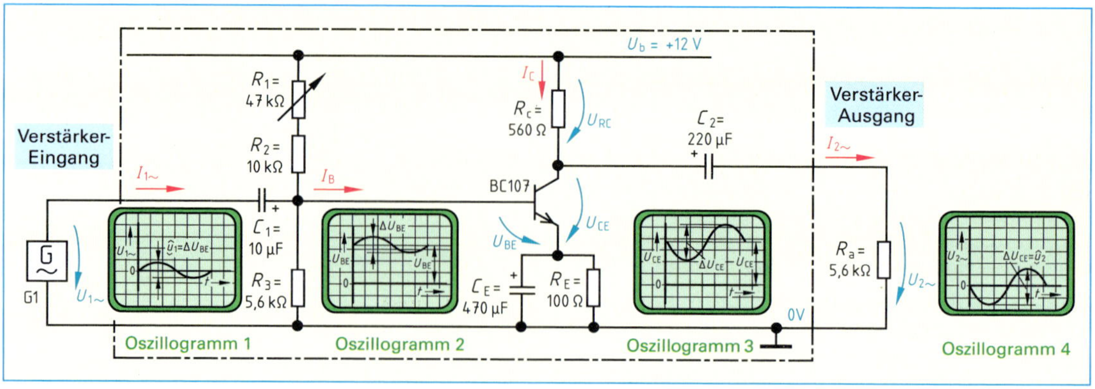

Bild 1: NF-Verstärkerstufe in Emitterschaltung mit Oszillogrammen der Spannungen

Versuch 1: Bauen Sie die Verstärkerstufe **(Bild 1)** auf und legen Sie die Schaltung an eine Betriebsspannung von 12 V. Stellen Sie mit R_1 den Ruhe-Arbeitspunkt A so ein, dass U_{RC} = 6 V beträgt. Die Eingangswechselspannung soll bei f = 1 kHz einen Spitze-Tal-Wert $\hat{\check{u}}_1$ = 50 mV haben **(Oszillogramm 1)**. **a)** Messen und oszilloskopieren Sie die Spannung $U_{2\sim}$ am Verstärkerausgang. **b)** Bestimmen Sie die Spannungsverstärkung.

*a) Am Verstärkerausgang entsteht eine Ausgangswechselspannung $U_{2\sim}$ = 1,8 V bzw. $\hat{\check{u}}_2$ = 5 V **(Oszillogramm 4)**.*

b) Die Spannungsverstärkung beträgt $V_u = \frac{\hat{\check{u}}_2}{\hat{\check{u}}_1} = \frac{5\,V}{0{,}05\,V} = 100.$

Das Vierquadranten-Kennlinienfeld **(Bild 2)** zeigt den Verstärkungsvorgang vom Ansteuern der Eingangswechselspannung $U_{1\sim}$ bis zum Auskoppeln der Ausgangswechselspannung $U_{2\sim}$. Der Spannungsteiler (R_1+R_2) sowie R_3 **(Bild 1)** erzeugt die **Basisvorspannung** U_{BE} (etwa 0,7 V) und stellt den Arbeitspunkt A des Transistors ein. Am Verstärkereingang wird der Transistor mit einer Sinusspannung, z. B. von $\hat{\check{u}}_1$ = 50 mV, angesteuert **(Oszillogramm 1)**. Diese Wechselspannung $U_{1\sim}$ überlagert die Basisvorspannung U_{BE}, d. h., es entsteht eine Mischspannung mit einem Gleich- und Wechselanteil **(Oszillogramm 2)**. Die Basis-Emitter-Spannung U_{BE} ändert sich um ΔU_{BE} im Rhythmus der zu verstärkenden Wechselspannung und schwankt z. B. um den Gleichspannungswert U_{BE} = 0,7 V von Punkt A1 nach A2 **(Bild 2)**. Bei ansteigender Spannung U_{BE} steigt im gleichen Verhältnis der Basisstrom I_B und somit der Kollektorstrom I_C. Der Lastwiderstand R_C (Arbeitswiderstand) setzt die Kollektorstromänderungen in Änderungen des Spannungsfalls um. Mit steigender Eingangsspannung ΔU_{BE} ändert sich die Aussteuerung auf der Arbeitsgeraden von A nach A1, die Kollektor-Emitter-Spannung U_{CE} wird kleiner. Danach verläuft die Aussteuerung von A1 über den Arbeitspunkt A nach A2. Die entstehende Spannung U_{CE} ist wie U_{BE} eine Mischspannung und ändert sich gegenphasig um den Gleichspannungswert U_{CE} mit ΔU_{CE} **(Oszillogramm 3)**.

> Bei der Emitterschaltung sind Eingangswechselspannung $U_{1\sim}$ und Ausgangswechselspannung $U_{2\sim}$ invertiert[1], also um 180° phasenverschoben.

Bei richtiger Dimensionierung der Schaltung erzeugt die Änderung von U_{BE} um ΔU_{BE} eine unverzerrte und wesentlich größere Änderung von U_{CE} um ΔU_{CE} **(Bild 2)**. Die Eingangswechselspannung $U_{1\sim}$ wird zu $U_{2\sim}$ verstärkt **(Oszillogramm 4)**.

Einstufige Transistorverstärker **(Bild 1)** haben eine geringe Ausgangsleistung, z. B. 100 mW. Große Ausgangsleistungen, z. B. 20 W, erreicht man mit Leistungsverstärkern.

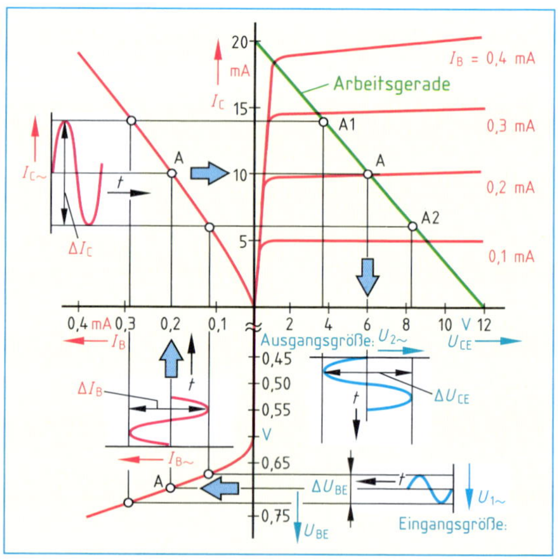

Bild 2: Verstärkungsvorgang einer Wechselspannung im Vierquadranten-Kennlinienfeld

[1] invertere (lat.) = umkehren, umwenden

9.5.2 Feldeffekttransistoren (FET)

Feldeffekttransistoren nennt man auch unipolare Transistoren, weil der Stromfluss im Transistor je nach Typ entweder nur durch Löcher oder nur durch Elektronen erfolgt. Dabei wird der Stromfluss leistungslos durch ein elektrisches Feld gesteuert.

> Feldeffekttransistoren haben einen sehr hohen Eingangswiderstand, deshalb werden sie leistungslos durch eine Steuerspannung und ohne Steuerstrom gesteuert.

Aufbau. Feldeffekttransistoren bestehen aus einem N- oder P-leitenden Kanal zwischen den Anschlüssen *Drain* und *Source* **(Bild 1).** Der Stromfluss im Drain-Source-Kanal wird durch das elektrische Feld zwischen Gateanschluss und Source beeinflusst.

Einteilung. Feldeffekttransistoren lassen sich, außer nach den Kanaltypen, in *Sperrschicht-Feldeffekttransistoren (J-FET*[1]*)* und *Isolierschicht-Feldeffekttransistoren (IG-FET*[2]*)* unterteilen **(Tabelle).** Da beim IG-FET der Gateanschluss vom Kanal isoliert ist, ist sein Eingangswiderstand z. B. um den Faktor 1000 größer als beim J-FET.

Ströme und Spannungen beim FET:

- I_D: Strom, der im Drain-Source-Kanal fließt.
- U_{DS}: Spannung zwischen Drain und Source. U_{DS} muss so gepolt sein, dass die im Kanal vorhandenen Ladungsträger zum Drainanschluss abfließen. Bei einem N-Kanal-FET muss damit der Drainanschluss positiver als der Sourceanschluss vorgespannt sein, damit die Elektronen zum Drainanschluss gelangen.
- U_{GS}: Spannung zwischen Gate und Source. Ihre Höhe und Polarität bestimmen den Stromfluss im Kanal. Eine negative Gate-Source-Vorspannung sorgt bei einem N-Kanal-FET dafür, dass der N-Kanal schmäler wird und damit der Strom I_D geringer.

Isolierschicht-Feldeffekttransistoren lassen sich in zwei Gruppen einteilen. Fließt bei $U_{GS} = 0\,V$ ein Drainstrom I_D, nennt man die FET selbstleitend. Am Schaltzeichen erkennt man dies an der geschlossenen Verbindung zwischen Drain und Source **(Tabelle).** Bei selbstsperrenden FET dagegen fließt bei $U_{GS} = 0\,V$ kein Drainstrom. Im Schaltzeichen wird dies mit einer unterbrochenen Linie zwischen Drain und Source gekennzeichnet.

> Selbstsperrende FET werden auch als Anreicherungstypen und selbstleitende FET auch als Verarmungstypen bezeichnet.

Kennlinien. Da FET leistungslos über die Gate-Source-Spannung gesteuert werden, besteht das Kennlinienfeld nur aus zwei Kennlinien **(Bild 2).**

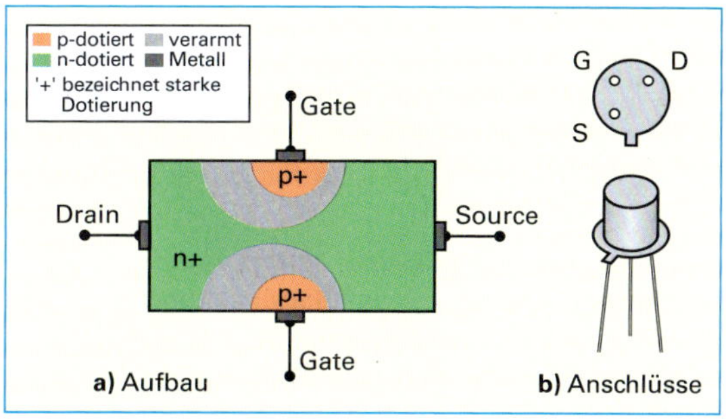

a) Aufbau b) Anschlüsse

Bild 1: J-FET mit N-Kanal

**Übersicht:
Anschlussbezeichnungen beim FET**

- Gate (engl.) = Tor, Sperre
- Source (engl.) = Quelle
- Drain (engl.) = Senke, Abfluss

Tabelle: Feldeffekttransistoren (Einteilung)

Halbleiterelement	Kanal-Typ	Leitungsart	Schaltzeichen
J-FET Sperrschicht-FET	N-Kanal	Verarmung	
	P-Kanal	Verarmung	
IG-FET MOS-FET	N-Kanal	Anreicherung	
		Verarmung	
	P-Kanal	Verarmung	
		Anreicherung	

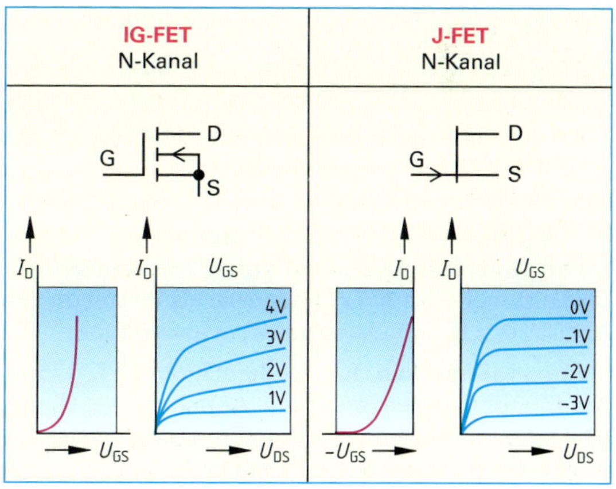

Bild 2: Kennlinien von FET

[1] junction (engl.) = Sperrschicht
[2] **IG** von **i**solated **g**ate (engl.) = isoliertes Tor

Kenn- und Grenzdaten von FET. Der Hersteller gibt unter anderem als Grenzwerte P_{tot}, U_{DS}, U_{GS} und I_D an. Typische Kennwerte sind die Steilheit sowie die Einschalt- und Ausschaltzeiten des FET-Transistors.

Feldeffekttransistoren gibt es für kleine und große Leistungen **(Tabelle 1)**.

Erzeugen der Gate-Source-Vorspannung (Steuerspannung). Bei den Feldeffekttransistoren gewinnt man die Gate-Source-Vorspannung für selbstsperrende IG-FET mit einem Spannungsteiler **(Tabelle 2)**. Ein Source-Widerstand R_S erzeugt für selbstleitende Feldeffekttransistoren automatisch die Gate-Source-Vorspannung. Der Widerstand R_S wird zur Stromgegenkopplung und damit zur Stabilisierung des Arbeitspunktes verwendet.

Der Gate-Widerstand R_G legt den Gateanschluss gleichspannungsmäßig an Masse, da über R_G kein Strom fließt. Somit entspricht die Spannung an R_S dem Betrag der Gate-Source-Vorspannung.

Beispiel:

In der Schaltung mit dem P-Kanal-J FET **(Tabelle 2)** ist $I_D = 4$ mA und $U_{GS} = 2$ V. Wie groß ist der Source-Widerstand R_S zu wählen?

Lösung:

$$R_S = \frac{U_{GS}}{I_D} = \frac{2\text{ V}}{4\text{ mA}} = \mathbf{500\ \Omega}$$

Feldeffekttransistoren haben gegenüber bipolaren Transistoren Vorteile: z. B. schnellere Ausschaltzeiten, höhere Grenzfrequenz und einen höheren Eingangswiderstand **(Tabelle 3)**. Sie werden sowohl in Verstärkerstufen als auch integriert in digitalen Schaltungen eingesetzt **(Übersicht)**.

In der Leistungselektronik verwendet man spezielle Technologien:

- SiC-MOSFET aus Siliziumcarbid (SiC)
- HEMT[1]-Transistoren aus Galliumnitrit (GaN)

SiC-MOSFET können z. B. Ströme $I_{DS} > 100$ A bei Spannungen U_{DS} bis 1,2 kV und bei einem Durchlasswiderstand $R_{DS(on)}$ von 0,1 Ω verarbeiten. Sie werden z. B. als Schaltregler in Elektrofahrzeugen eingesetzt.

GaN-HEMT-Transistoren können z. B. Schaltspannungen von bis zu 500 V bei Schaltströmen bis 10 A bei einem Durchlasswiderstand von 0,2 Ω verarbeiten. Für Leistungen bis 170 W finden sie als Verstärker bis 2690 MHz, z. B. in Radarsystemen, Verwendung.

Schutzmaßnahmen für Isolierschicht-FET. Überspannungen durch statische Aufladungen **(Seite 385)** können wegen des hohen Eingangswiderstandes Feldeffekttransistoren zerstören.

Häufig sind Begrenzerdioden integriert, die die hohen Spannungen zwischen Gate und Kanal begrenzen.

Tabelle 1: Grenzwerte von Feldeffekttransistoren (Auswahl)

Bezeichnung	BF 545 A	BUZ 10	IJW120R0 70T1	GTVA 261701FA
U_{DS}	30 V	50 V	1200 V	125 V
U_{GS}	– 8 V	± 20 V	–15 bis –19 V	–10 bis –2 V
I_D	0,0065 A	23 A	100 A	7,5 A
P_{tot}	0,3 W	75 W	238 W	170 W

Tabelle 2: Erzeugen der Gate-Source-Vorspannung

IG-FET (N-Kanal, selbstsperrend)	IG-FET (N-Kanal, selbstleitend)	J-FET (P-Kanal)
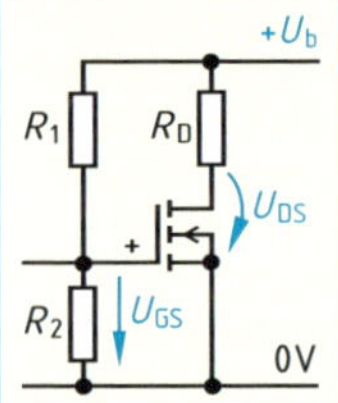	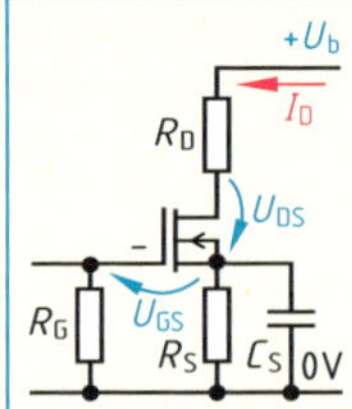	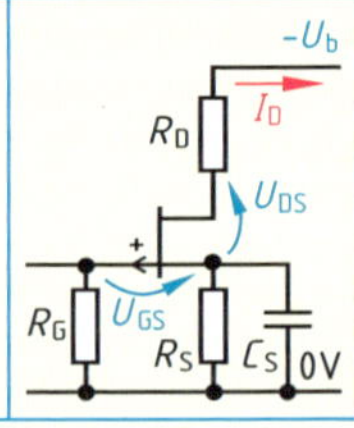
Vorspannung durch Spannungsteiler	C_S lässt Wechselstrom durch, $R_G \leq 5$ MΩ zum Ableiten von elektrischen Ladungen	

Tabelle 3: Vergleich bipolarer und unipolarer Transistoren

	bipolar	FET
Eingangswiderstand	klein	groß
Steuerung	Strom, Verlustleistung	Spannung, leistungslos
Einschaltzeit	50 … 500 ns	10 … 600 ns
Ausschaltzeit	500 … 2000 ns	10 … 600 ns
Grenzfrequenz	100 MHz	einige GHz
Bahn-Widerstand	0,3 Ω	0,003 Ω … 2 Ω
Überlastbarkeit	gering	gut
thermische Stabilisierung	erforderlich	nicht erforderlich
Parallelschaltung der Transistoren	besondere Maßnahmen erforderlich	unbegrenzt möglich

Übersicht: Anwendungsbeispiele FET und HEMT

- Schaltungen mit hoher Packungsdichte im Bereich der digitalen Schaltungen (Speicher, Mikroprozessoren)
- Analogschalter zum Schalten von Messgrößen
- Konstantstromquellen
- Schalter in PFC[2]-Schaltungen und Schaltnetzteilen
- Schaltregler in Elektrofahrzeugen
- GaN-HEMT als Ersatz von Magnetronröhren in Mikrowellengeräten

[1] **HEMT** von **H**igh **E**lectron **M**obility **T**ransistor (engl.) = Transistor mit großer Elektronenbeweglichkeit
[2] **PFC** von **P**ower **F**actor **C**orrection (engl.) = Leistungsfaktorkorrektur

Verstärkergrundschaltungen mit Feldeffekttransistoren

Feldeffekttransistoren (FET) lassen sich im Gegensatz zum bipolaren Transistor nahezu leistungslos ansteuern, d. h. fast ohne Steuerstrom (Gatestrom).

Der FET hat einen sehr hohen Eingangswiderstand und eignet sich z. B. besonders gut als NF-Verstärker **(Bild 1** und **Bild 2)**. Durch seine kleine Eingangskapazität ist er auch im HF-Bereich einsetzbar. Das Hauptanwendungsgebiet der FET-Technologie liegt jedoch bei der Herstellung integrierter Schaltungen.

Die **Arbeitspunkteinstellung** erfolgt meist ähnlich wie bei bipolaren Transistoren. Beim selbstsperrenden N-Kanal-IG-FET **(Bild 1)** stellt der Spannungsteiler R_1 und R_2 die **Gate-Vorspannung** $U_{GS} = U_{R2} - U_{RS}$ ein. Der N-Kanal-J-FET **(Bild 2)** erhält eine automatische Erzeugung der Gate-Vorspannung $U_{GS} = -U_{RS}$ über den Sourcewiderstand R_S, der auch gleichzeitig zur Stabilisierung des Arbeitspunktes dient. Der Widerstand R_G lässt die auf den Koppelkondensator gelangten Ladungen schneller wieder abfließen.

Die Sourceschaltung **(Bild 2)** ist die am häufigsten verwendete Grundschaltung **(Tabelle)**. Sie entspricht der Emitterschaltung beim bipolaren Transistor. **Bild 3** zeigt das Prinzip der Wechselspannungsverstärkung mit einem Sperrschicht-Feldeffekttransistor (J-FET) in **Sourceschaltung** und das Zusammenwirken der Übertragungskennlinie und der Ausgangskennlinie. Eine wichtige Kenngröße ist die **Steilheit** S der fast linearen Übertragungskennlinie. Je steiler die Kennlinie, desto größer ist der Spannungsverstärkungsfaktor V_u **(Tabelle)**. Die Steilheit und der Drainwiderstand ermöglichen die Berechnung der Wechselspannungsverstärkung. Da die Übertragungskennlinie einen fast linearen Verlauf hat, verstärkt der J-FET im Kleinsignalbereich unverzerrt. Über den Koppelkondensator C_1 wird dem Verstärker die Eingangswechselspannung aus der Signalquelle zugeführt **(Bild 2)**. Der Kondensator C_2 dient der Auskopplung des Signals bzw. der Ankopplung an die nachfolgende Verstärkerstufe. R_S stabilisiert den Arbeitspunkt. C_S überbrückt R_S für die Signalwechselspannung.

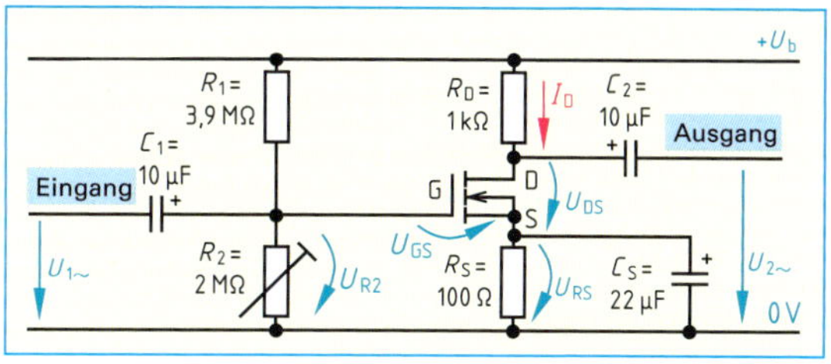

Bild 1: NF-Verstärker mit selbstsperrendem IG-FET

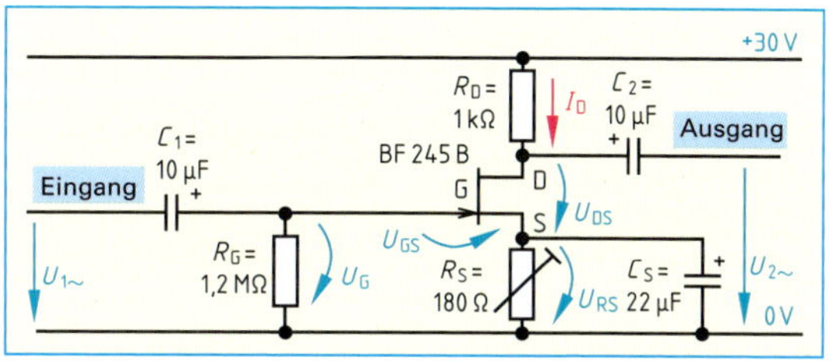

Bild 2: NF-Verstärker mit J-FET in Sourceschaltung

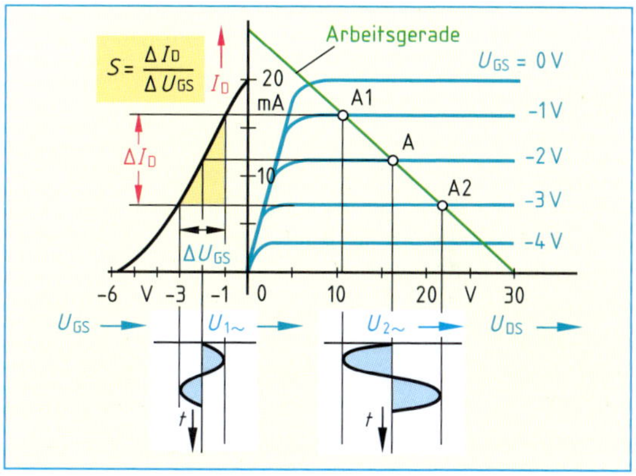

Bild 3: Wechselspannungsverstärkung mit J-FET

Steilheit und Spannungsverstärkung

S Steilheit
ΔI_D Drainstromänderung
ΔU_{GS} Gate-Source-Spannungsänderung
R_D Drainwiderstand
V_u Spannungsverstärkungsfaktor

$$S = \frac{\Delta I_D}{\Delta U_{GS}}$$

$$V_u = S \cdot R_D$$

Tabelle: Kennwerte von Verstärkergrundschaltungen mit Feldeffekttransistoren

Grundschaltungen	Sourceschaltung	Drainschaltung	Gateschaltung
Schaltungsbeispiel	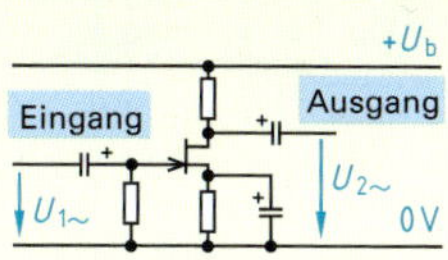	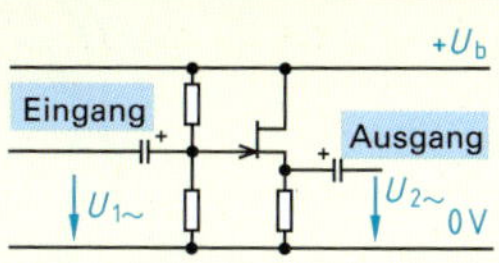	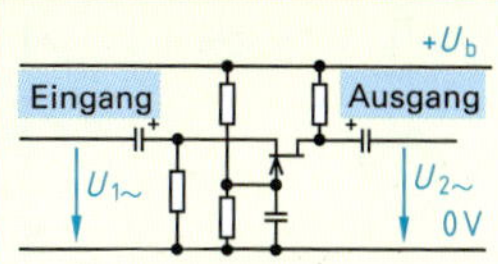
Spannungsverstärkungsfaktor V_u	mittel, z. B. 15	klein, ≈ 1	mittel, z. B. 15
Eingangswiderstand	groß, z. B. 1 MΩ	groß, z. B. 1 MΩ	klein, z. B. 500 Ω
Ausgangswiderstand	groß, z. B. 20 kΩ	klein, z. B. 500 Ω	groß, z. B. 20 kΩ
Phasenlage von $U_{1\sim}$ zu $U_{2\sim}$	gegenphasig, 180°	gleichphasig, 0°	gleichphasig, 0°

9.6 Optoelektronik

Die Optoelektronik befasst sich mit optoelektronischen Bauelementen **(Bild 1)**, die im infraroten, sichtbaren und ultravioletten Bereich **(Seite 128)** der elektromagnetischen Strahlung eingesetzt werden. Licht, das vom Auge optisch wahrgenommen werden kann, hat eine Wellenlänge von 380 nm bis 780 nm **(Seite 388)**.

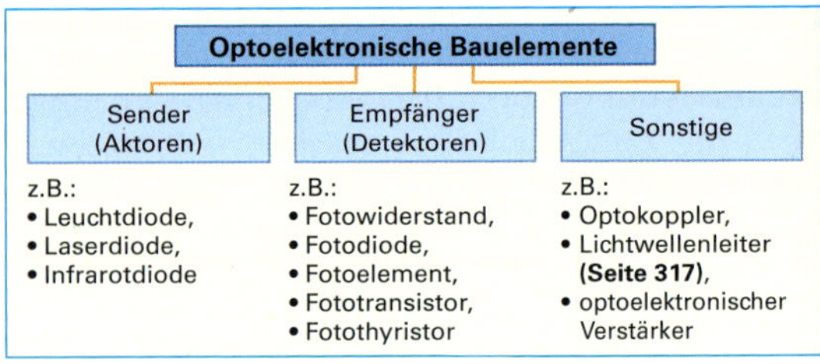

Bild 1: Einteilung optoelektronischer Bauelemente

9.6.1 Optoelektronische Sender

Leuchtdioden

Leuchtdioden (LED[1]) sind lichtemittierende (lichtaussendende) Dioden. Sie sind im Gegensatz zu Glühlampen keine Temperaturstrahler.

LED-Lampen: **Seite 398**

Aufbau und Wirkungsweise. Leuchtdioden wandeln den elektrischen Strom innerhalb des PN-Überganges in Licht um. Die Halbleitermaterialien für Leuchtdioden bestehen aus Mischkristallen, z. B. Galliumarsenid (GaAs).

Das Halbleitermaterial, z.B. GaAs, und die Dotierung bestimmen die abgestrahlte Lichtfarbe **(Tabelle)**. Eine Dotierung mit z.B. Stickstoff (N) oder Phosphor (P) ergibt je nach Dotierungsgrad verschiedene Lichtfarben.

Fließt durch die Leuchtdiode Strom in Durchlassrichtung **(Bild 2)**, so strahlt sie Licht ab. Deshalb gibt man in den Datenblättern **(Seite 675)** die Durchlasskennlinie an. Aus der Durchlasskennlinie kann man entnehmen, dass die Durchlassspannung z.B. einer rotleuchtenden Diode etwa U_F = 1,6 V beträgt.

Der maximale Strom I_{Fmax} darf je nach Diodentyp, z.B. CQX35 (I_{Fmax} = 50 mA), nicht überschritten werden. Deshalb ist zur Strombegrenzung immer ein Vorwiderstand R_v **(Bild 2)** oder ein Konstantstromerzeuger **(Seite 228)** notwendig. Leuchtdioden haben eine Lichtausbeute bis zu 250 lm/W (Lumen/Watt).

Tabelle: Halbleiterwerkstoffe für Leuchtdioden (Auswahl)

Werkstoff und Dotierung	Farbe, Bereich	Wellenlänge in nm	Spannung U_F
GaAsSi	infrarot	930	1,2 V
GaAsP	rot	655	1,6 V
GaAsPN	orange	625	1,6 V
GaAsPN	gelb	590	1,8 V
GaPN	grün	555	1,8 V
InGaN	blau	465	3 V
GaN/InGaN	weiß*	–	3,5 V

* entsteht durch additive Farbmischung von Rot, Grün und Blau oder durch Bedampfen eines blauen LED-Chip mit Phosphor

Datenblatt Leuchtdiode CQX35: **Seite 675**

Vorwiderstand und Aufbau von Leuchtdioden

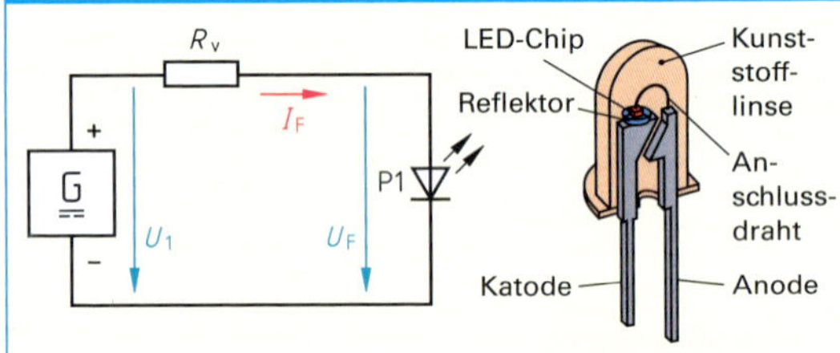

R_v Vorwiderstand
U_1 Anschlussspannung
U_F Durchlassspannung
I_F Durchlassstrom

$$R_v = \frac{U_1 - U_F}{I_F}$$

Rechenbeispiel, siehe Seite 51

Bild 2: LED mit Vorwiderstand

Low-Power-LED. Dies sind z.B. Standard-Leuchtdioden **(Bild 3)**, Duo- und Blink-Leuchtdioden mit Strömen bis zu etwa 50 mA. Duo-LEDs enthalten zwei Dioden in einem Gehäuse. Zur Ziffern- oder Zahlendarstellung werden mehrere balkenförmige LEDs in Form einer 8 angeordnet (Siebensegmentanzeige). Weitere Anzei-

1,8-mm-LED, z.B. CQY41	3-, 5- und 10-mm-LED, z.B. CQX35	SMD[2]-LED (2 mm x 1,25 mm)
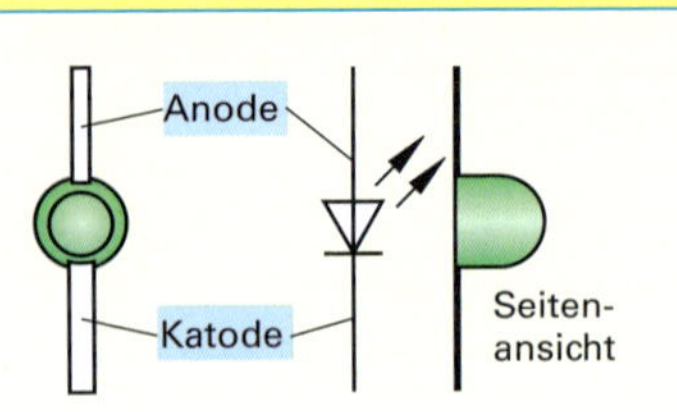	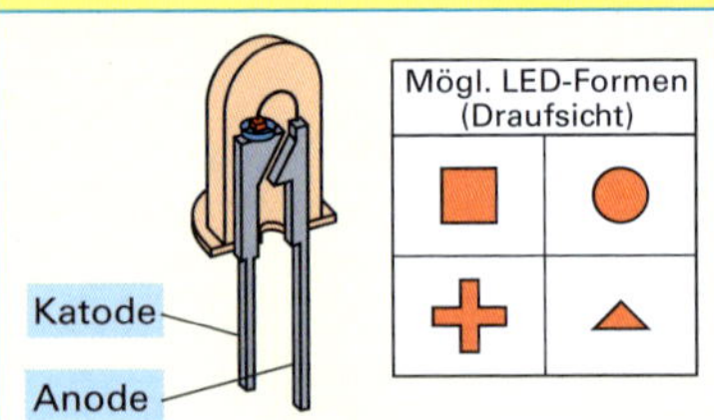	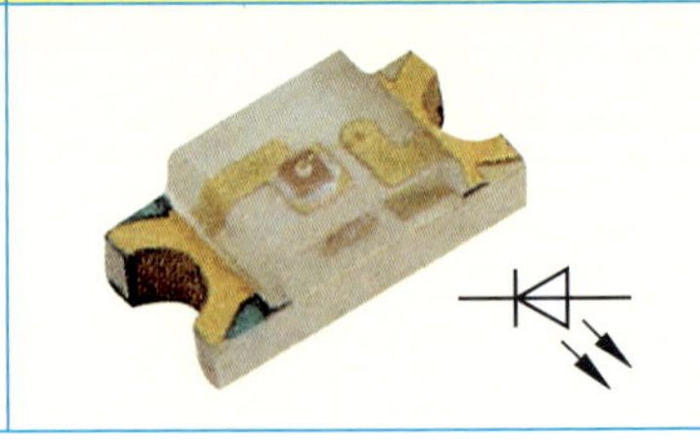

Bild 3: Bauarten von Standard-Leuchtdioden (Beispiele)

[1] **LED**, Abk. für: **L**ight **E**mitting **D**iode (engl.) = Licht emittierende Diode; emittieren (lat.) = aussenden
[2] **SMD**, Abk. für: **S**urface **M**ounted **D**evice (engl.) = oberflächenmontiertes Bauelement

geformate haben z. B. 14 und 16 Segmente. Weiterhin gibt es z. B. LEDs in SMD-Ausführung **(Bild 3, Seite 220)**.

High-Power-LEDs (Hochleistungs-LEDs). Sie haben Leistungen von 1 W bis etwa 20 W und Ströme bis zu 1 A. Die Lichtausbeute kann mehrere Hundert Lumen/Watt betragen. Zur Ansteuerung werden Stabilisierungsschaltungen verwendet. Zum Dimmen verwendet man die Pulsweitenmodulation **(Seite 263)**.

LEDs an Wechselspannung. Werden Leuchtdioden mit Wechselspannung betrieben, darf die maximale LED-Sperrspannung (meist 5 V) nicht überschritten werden. Damit die Sperrspannung während der negativen Halbwelle begrenzt wird, schaltet man antiparallel zur LED P1 eine Diode R3 **(Bild 2)**. Dadurch wird die Sperrspannung an der LED auf etwa 0,7 V begrenzt.

Anwendung: LEDs werden als Anzeigeelemente, z. B. in der Messtechnik, für Beleuchtungen, in der Werbung **(Bild 1)** sowie bei Verkehrsampeln verwendet. In Taschenlampen verwendet man Power-LED mit einem Lichtstrom bis 5000 lm. Weitere LED-Lampen haben GU5,3-, GU10-, E14- oder E27-Sockel **(Seite 398)** und sind für Betriebsspannungen von 12 V, 24 V und 230 V erhältlich. LEDs haben Vor- und Nachteile **(Übersicht)**.

Laserdioden 

Laserdioden (Bild 3), auch Halbleiterlaser genannt, wandeln elektrische Energie in energiereiche Lichtstrahlung um.

Eine Laserdiode besteht vor allem aus einem Halbleiterkristall, z. B. Galliumarsenid, mit PN-Übergang, der in Durchlassrichtung betrieben wird.

Je nach Wellenlänge des ausstrahlenden Laserstrahls hat er im sichtbaren Bereich eine bestimmte Farbe, z. B. bei 655 nm die Farbe Rot.

Laserdioden geringer Leistung benötigen eine Spannung von ein bis zwei Volt bei einem Strom von etwa 50 mA. Da Laserdioden gegen Überstrom und Überspannung empfindlich sind, wird im Betrieb zusätzlich zur Laserdiode eine Fotodiode **(Bild 3)** verwendet. Mithilfe der Fotodiode wird der Diodenstrom der Laserdiode kontrolliert. Bei der Laserdiode ist auf ausreichende Kühlung zu achten, da auf kleinstem Raum eine hohe Energiedichte durch die Laserstrahlung erreicht wird.

Laserdioden verwendet man z. B. in Laserdruckern, DVD-Laufwerken, Laserpointern und zur Längenmessung.

Durch die hohe Energiedichte können Laserstrahlen z. B. die Augen schädigen. Deshalb ist die Leistung der Laserstrahlung, z. B. bei Laserpointern, nach DGUV[1] B2 auf 1 mW begrenzt.

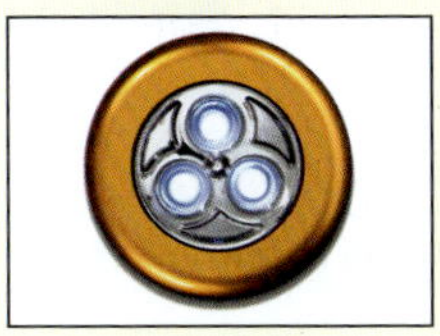

Batterieleuchte mit weißen LEDs bei einer Batterielebensdauer von etwa 100 h

LED-Kette zur Lichtwerbung, z.B. Leuchtreklamen bei Kaufhäusern

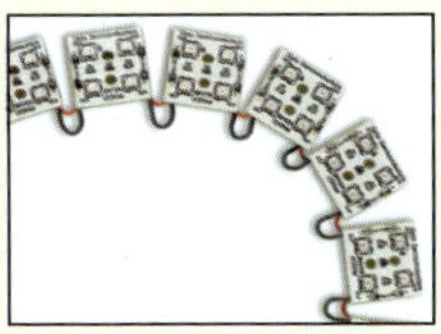

LED-Modul in der Lichtwerbung z.B. Länge von einigen Zentimetern bis zu 5 m

Bild 1: Anwendungen von LEDs

[1] **DGUV**, Abk. für: **D**eutsche **g**esetzliche **U**nfall**v**ersicherung

Übersicht: Vor- und Nachteile von Leuchtdioden (Auswahl)

Vorteile:
- trägheitslos
- lange Lebensdauer (≈ 25 000 h)
- geringer Leistungsverbrauch
- alle Lichtfarben möglich
- Dimmen möglich
- stoßfest
- Betrieb an Kleinspannung
- keine UV- oder IR-Strahlung

Nachteile:
- hohe Einschaltströme im µs-Bereich
- Vorschaltgerät zur Strombegrenzung notwendig

Organische Leuchtdioden (OLED) bestehen aus halbleitenden Kunststoffen und werden z. B. für Displays in mobilen Geräten verwendet.

www.led-info.de

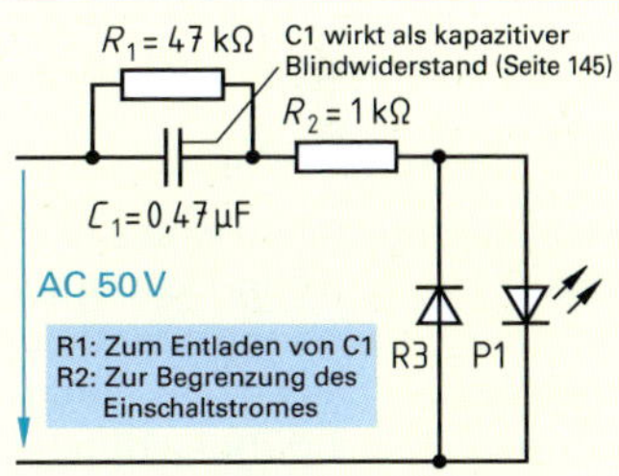

Bild 2: LED an Wechselspannung

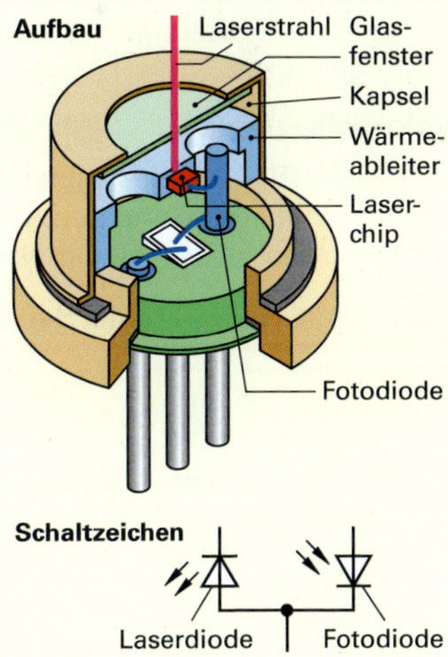

Bild 3: Laserdiode

9.6.2 Optoelektronische Empfänger (Detektoren)

Fotodioden

Fotodioden stellt man meist aus Silicium her. Im Betrieb wird die Fotodiode in Sperrrichtung geschaltet. Ohne Beleuchtung fließt nur ein sehr geringer **Dunkelstrom** (einige µA). Bei Beleuchtung fließt der **Hellstrom** (mehrere mA). Fotodioden verwendet man z.B. zur Lichtstärkemessung und für Lichtsensoren.

Fotowiderstände

Fotowiderstände **(Bild 1 und Bild 5)** ändern ihren Widerstand mit der Beleuchtungsstärke. Dazu wird der Halbleiterwerkstoff, z.B. Cadmiumsulfid (CdS), als dünne Schicht auf einen Träger, z.B. Glas, aufgedampft und in ein Gehäuse eingebaut. Fotowiderstände verwendet man z.B. als Lichtsensor in Dämmerungsschaltern **(Bild 1)**.

Beispiel:

Bestimmen Sie mithilfe des Kennlinienfeldes **(Bild 2)** die Spannung U_{B1} **(Bild 1)** im Leerlauf (ohne K1 und P1) bei $R_2 = 0\ \Omega$ und einer Beleuchtungsstärke von 1000 lx.

Lösung:

1. Arbeitsgerade für $R_1 = 6{,}8\ k\Omega$ bei $U_b = 24\ V$ einzeichnen
2. Schnittpunkt von Arbeitsgerade und 1000-lx-Gerade ergibt Arbeitspunkt **(Bild 2)** ⇒ $\boldsymbol{U_{B1} = 9\ V}$ (Leerlauf)

Fotoelemente

Fotoelemente geben eine elektrische Spannung von etwa 0,4 V ab, wenn Licht auf sie fällt. Ein Fotoelement aus Germanium oder Silicium mit Metall-Halbleiter-Kontakt besteht aus einem flachen P-Leiter, auf den eine hauchdünne, durchsichtige Goldschicht aufgedampft ist. Der PN-Übergang zur Spannungsentnahme bildet sich dann zwischen Halbleiter und der Deckelektrode. Man verwendet Fotoelemente z.B. zur Lichtmessung, bei Lichtsteuerungen und Lichtregelungen.

Solarzellen

Solarzellen **(Bild 3)** sind Halbleiterbauelemente, vergleichbar mit Fotoelementen, die Lichtstrahlung direkt in elektrische Energie umwandeln.

Kennlinie Solarzelle: **Seite 282**

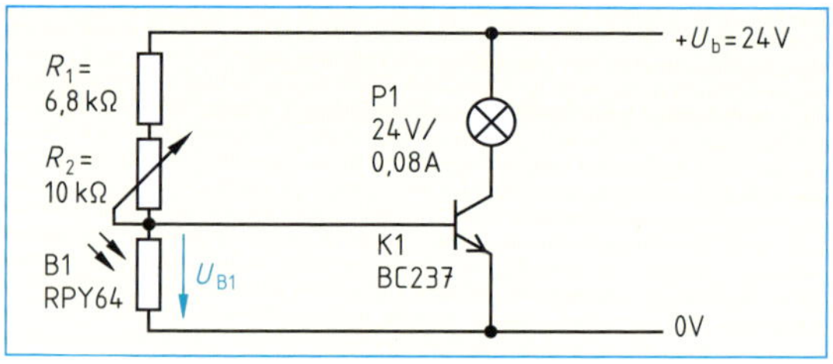

Bild 1: Einfacher Dämmerungsschalter

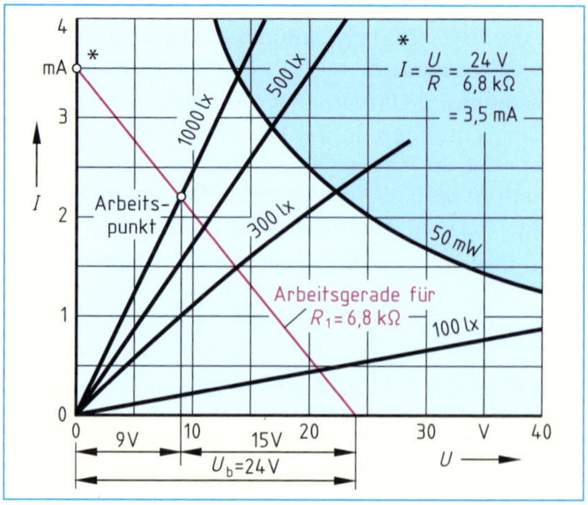

Bild 2: Kennlinienfeld des Fotowiderstandes RPY64

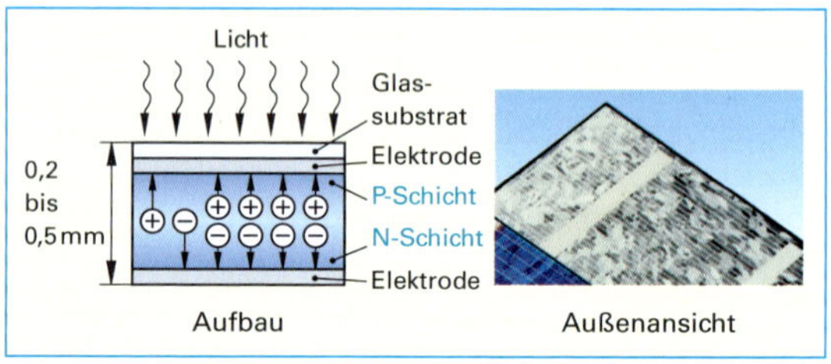

Bild 3: Solarzellen

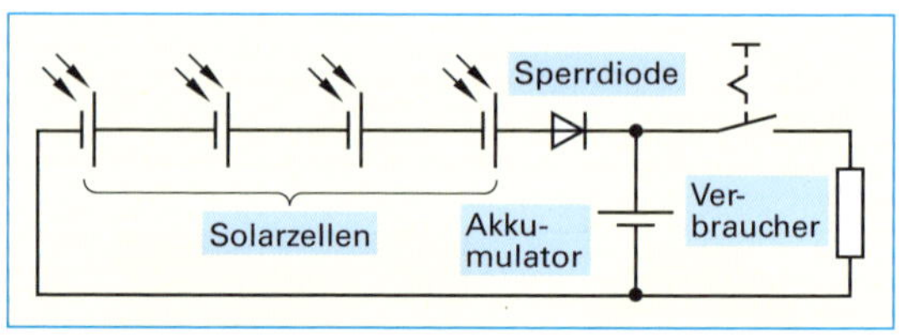

Bild 4: Solarzellen mit Akkumulator

Aufbau	Schaltzeichen und Anwendung	Elektrische Daten (Beispiel: RPY 64)
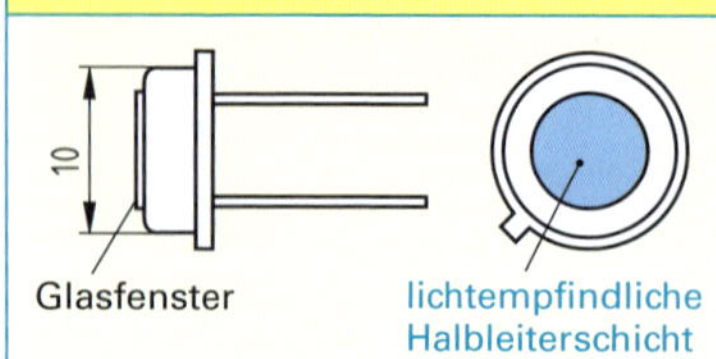	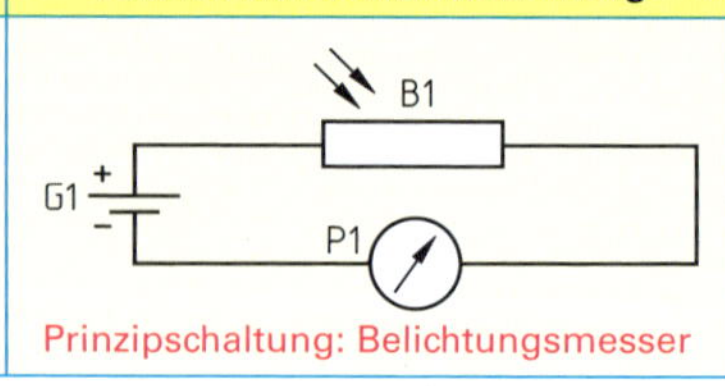	**Grenzwerte:** Verlustleistung $P_{tot} = 50\ mW$ Grenzspannung $U_G = 50\ V$ **Kennwerte:** Dunkelwiderstand $R_d \geq 100\ M\Omega$ Hellwiderstand $R_h < 3\ k\Omega$

Bild 5: Fotowiderstand

Solarzellen bestehen aus weniger als einen Millimeter dünnen Halbleiterplättchen aus Silicium. Die Oberfläche der Solarzelle wird durch ein Glas-Substrat vor Umwelteinflüssen geschützt. Zwischen der Ober- und der Unterseite der Solarzelle, den Elektroden, kann eine Gleichspannung entnommen werden. Allerdings können Solarzellen nur einen geringen Teil des einfallenden Lichtes (etwa 17 %) in elektrische Energie umwandeln.

Anwendung von Solarzellen. Spannungserzeugung mit Solarzellen **(Bild 4, Seite 222 und 282)** erfolgt für viele Anwendungen, vom Solar-Taschenrechner bis zur Energieversorgung im Kilowattbereich (Fotovoltaikanlagen). Die elektrische Leistung wird von den Abmessungen, dem Wirkungsgrad der Solarzelle und von der Sonneneinstrahlung bestimmt. Beträgt die Fläche der Solarzelle z. B. 100 cm², so kann bei voller Sonneneinstrahlung eine Leistung von 1,7 W, eine Spannung von etwa 0,5 V und ein Strom von 3 A entnommen werden. Höhere Spannungen erhält man durch Reihenschaltung, größere Ströme durch Parallelschaltung einzelner Solarzellen.

Fototransistoren 

Fototransistoren sind Siliciumtransistoren mit einer Lichteintrittsöffnung von einigen mm². Das Licht beeinflusst die Basis-Kollektor-Strecke **(Tabelle 1).** In der Wirkungsweise entspricht ein Fototransistor einer Fotodiode mit einem eingebauten Verstärker. Der Fototransistor weist eine 100- bis 500-mal größere Lichtempfindlichkeit auf als eine vergleichbare Fotodiode.

Ohne Lichteinfall verhält sich ein Fototransistor wie ein üblicher Transistor. Es fließt nur ein kleiner Kollektor-Emitter-Reststrom (einige nA). Fällt Licht durch die Lichteintrittsöffnung, so werden im PN-Übergang Ladungsträger freigesetzt, wodurch die Leitfähigkeit der Kollektor-Emitter-Strecke steigt, wodurch der Fototransistor besser leitet.

Eine hohe Empfindlichkeit erreicht man bei Betrieb mit offener Basis. Deshalb gibt es auch Fototransistoren ohne Basisanschluss.

Fotovoltaikanlagen: **Seite 282**

Tabelle 1: Fototransistor

Aufbau

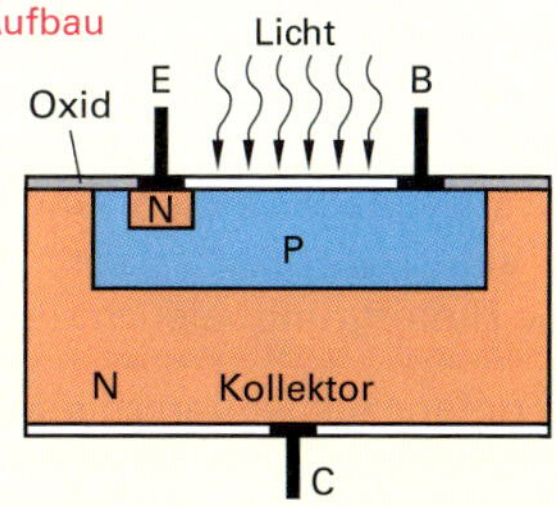

Schaltzeichen und Anschluss

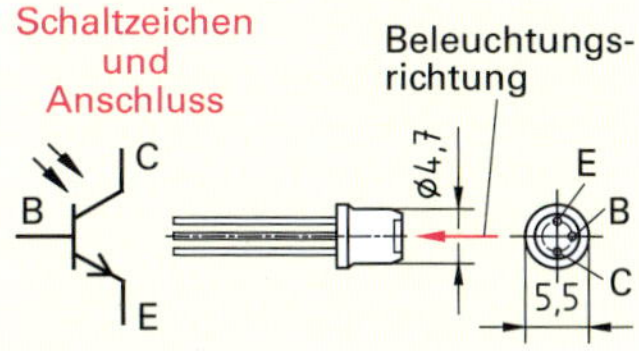

Elektrische Daten (BPX 62)

Grenzwerte:

Spannung	$U_{CE0} = 32\,V$
Verlustleistung	$P_{tot} = 0{,}25\,W$
Kollektorstrom	$I_{Cmax} = 25\,mA$

Kennwerte:

Fotostrom (bei 1000 lx)	$I_p = 1{,}2$ bis $10\,mA$
Dunkelstrom	$I_d = 5\,nA$

Optoelektronischer Empfänger mit Fototransistoren

Bei optoelektronischen Empfängern werden Änderungen von sichtbarem Licht oder unsichtbarer Strahlung, z. B. IR-Strahlung, in ein elektrisches Signal umgewandelt und dann verstärkt.

Optoelektronische Empfänger bestehen im Prinzip aus einem optoelektronischen Bauelement und einer Verstärkerschaltung, z. B. mit einem Transistor **(Tabelle 2).**

Tabelle 2: Optoelektronische Empfänger (Prinzipschaltungen)

Schaltung	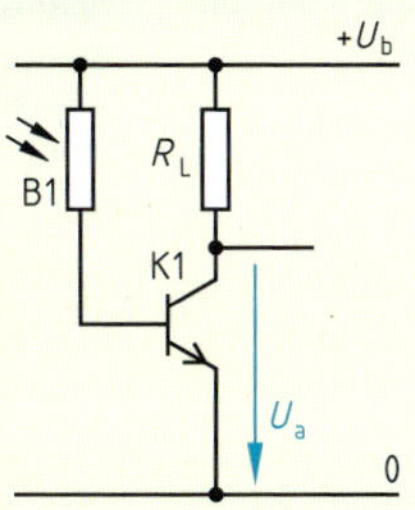	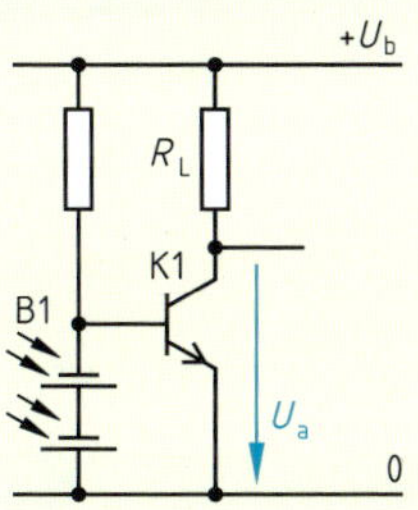	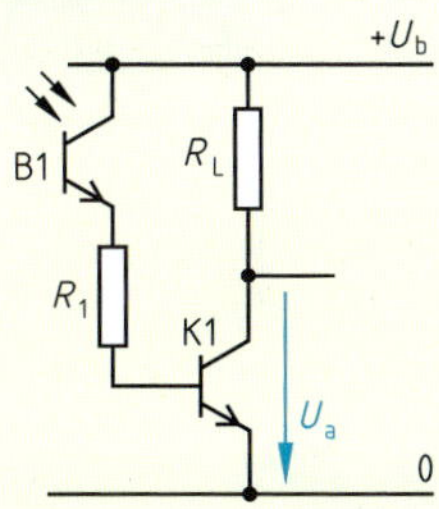	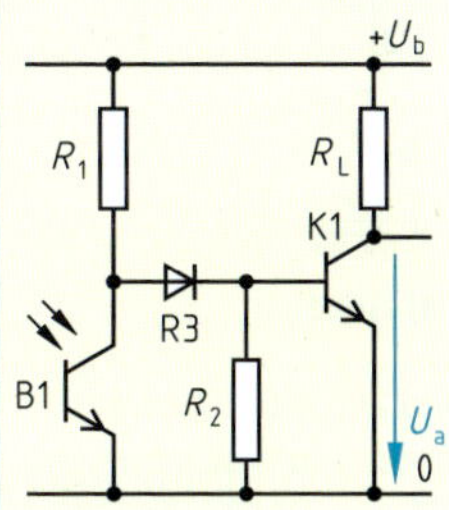
Funktion	Bei Lichteinfall leiten der Fotowiderstand B1 und der Transistor K1 mehr; U_a wird kleiner.	Bei Lichteinfall entsteht am Fotoelement B1 eine Spannung. Der Transistor K1 leitet weniger; U_a wird größer.	Bei Lichteinfall werden der Fototransistor B1 und der Transistor K1 leitend; U_a wird kleiner.	Bei Lichteinfall leitet der Fototransistor B1, der Transistor K1 dagegen nicht; U_a wird größer.

9.6.3 Flüssigkristallanzeigen (LCD[1])

Flüssigkristalle sind organisch-chemische Flüssigkeiten. Diese haben eine dielektrische und optische Richtungsabhängigkeit. Beim Anlegen eines elektrischen Feldes richten sich die Flüssigkristalle aus und zeigen in Abhängigkeit von der Elektrodenform das erwünschte Bild.

> Flüssigkristallanzeigen sind passive Anzeigen, die kein Licht ausstrahlen. Zur Anzeige ist z.B. eine Hintergrundbeleuchtung notwendig.

Man unterscheidet verschiedene Herstellungsarten, weit verbreitet ist die TN-Technologie[2].

Aufbau und Verwendung. Zwischen parallelen Glasplatten befindet sich eine etwa 10 µm dünne Flüssigkristallschicht **(Bild 1)**. Die eine Glasplatte hat die Elektrodenform des gewünschten Bildelementes, z.B. eine Ziffer, ein Buchstabe oder ein Symbol, während auf der anderen gegenüberliegenden Glasplatte sich die gemeinsame Elektrode befindet. Beide Glasplatten haben Elektroden, an die eine Spannung angelegt wird. Flüssigkristallanzeigen werden grundsätzlich mit Wechselspannung betrieben, Gleichspannungen zersetzen die Flüssigkristalle. Flüssigkristallanzeigen werden z.B. in Digital-Messgeräten **(Seite 174)** und Monitoren verwendet. Sie benötigen kaum elektrische Energie zur Anzeige, da zum Betreiben lediglich ein elektrisches Feld benötigt wird.

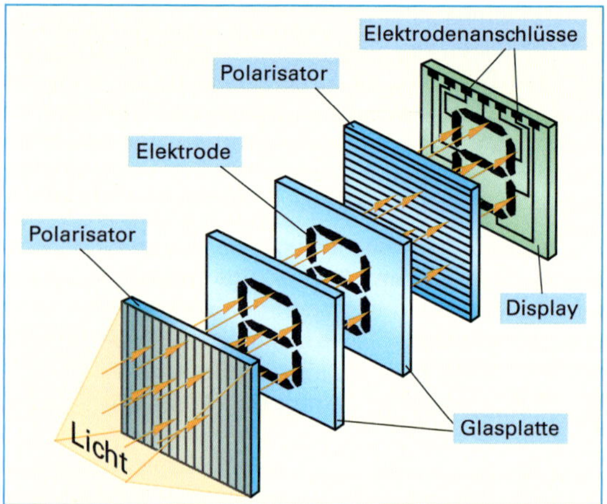

Ansprechspannung:	1 V	bis	40 V
Leistungsaufnahme:	1 µW	bis	1000 µW
Stromaufnahme je cm²:	1 µA	bis	10 µA
Steuerfrequenz:	30 Hz	bis	1,5 kHz
Schaltzeiten:	100 ms	bis	500 ms
Arbeitsbereich:	−15 °C	bis	65 °C

Bild 1: Flüssigkristallanzeige, Aufbau und Kennwerte

9.6.4 Optokoppler

Optokoppler **(Bild 2)** ermöglichen die Übertragung von Signalen zwischen zwei galvanisch getrennten Stromkreisen. Dadurch hat der Laststromkreis keine Rückwirkung auf den Steuerkreis und umgekehrt. Im Inneren des Optokopplers befinden sich eine Leuchtdiode als Sender und z.B. ein Fototransistor als Empfänger. Sender und Empfänger sind lichtdicht nach außen abgeschirmt **(Bild 2b)**. Der Optokoppler überträgt Informationen durch Lichtstrahlung von der Leuchtdiode zum Fototransistor **(Bild 2c)**.

Bei Optokopplern sind Grenz- und Kenndaten zu beachten **(Bild 2d)**. Die **Isolationsprüfspannung** ist die maximal zulässige Spannung, die zwischen dem Ein- und Ausgang des Optokopplers kurzzeitig anliegen darf. Das **Stromübertragungsverhältnis *B*** gibt das Verhältnis von Kollektorausgangsstrom I_C zu Diodeneingangsstrom I_F an. Optokoppler verwendet man z.B. in der Automatisierungstechnik, im **elektronischen Lastrelais (ELR)** und zur Potenzialtrennung bei SPS-Eingängen **(Seite 562)**.

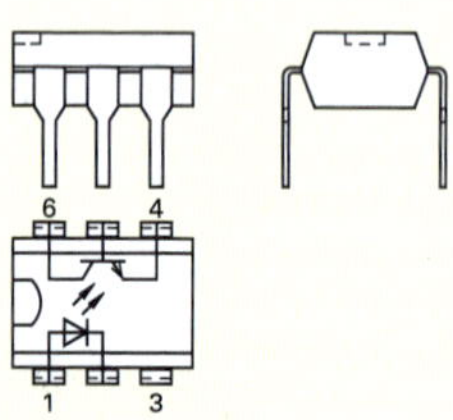

a) Gehäuse

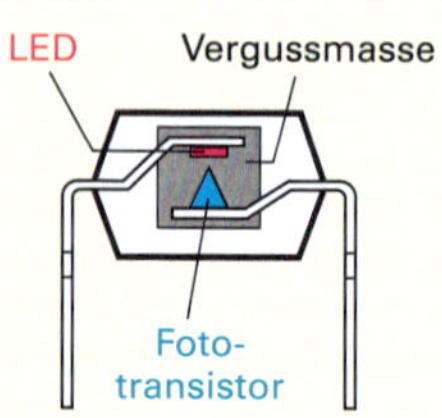

b) Aufbau

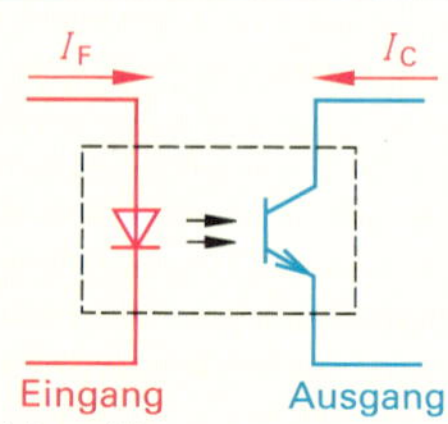

c) Anschluss

- Isolationsprüfspannung 2,5 kV
- Stromübertragungsverhältnis 25 bis 50
- Schaltzeit 3 µs
- Koppelkapazität 1 pF

d) Daten (Beispiele)

Bild 2: Optokoppler

Wiederholungsfragen

1. **Die LED CQX35 (Seite 675) soll an 24 V angeschlossen werden. Berechnen Sie den Vorwiderstand und dessen Leistung bei I_F = 30 mA.**
2. **Warum wird die Leistung eines Laserpointers begrenzt?**
3. **Entwerfen Sie mithilfe eines Fotowiderstandes eine Schaltung, die eine Leuchte über einen Transistor einschaltet, wenn eine bestimmte Lichtstärke unterschritten wird.**

[1] **LCD**, Abk. von **L**iquid **C**rystal **D**isplay (engl.) = Flüssigkristallanzeige
[2] **TN**, Abk. für: **T**wisted **N**ematisch, twist (engl.) = verdreht, nema (griech.) = Faden, frei übersetzt: fadenartig gedreht

9.7 Operationsverstärker

9.7.1 Grundlagen

Operationsverstärker (Kurzform: **OpAmp**[1] oder **OP)** sind Transistorverstärker mit zwei Eingängen und einem Ausgang. Sie werden in integrierter Technik als ICs hergestellt, haben meist kleine Abmessungen und werden vielfältig verwendet.

Einsatz- und **Anwendungsbereich.** In der Steuerungs- und Regelungstechnik dienen sie z. B. als Soll-Istwert-Vergleicher, als Regler und in der Messtechnik z. B. als Messverstärker mit großem Eingangswiderstand. Sie werden ferner in der Digitaltechnik für Kippschaltungen **(Seite 213 und Seite 229),** Digital-Analog-Umsetzer **(Seite 243)** und Schwellwertschalter **(Seite 230)** eingesetzt sowie als NF-Vor- und NF-Endverstärker, Konstantstrom- und Konstantspannungserzeuger.

Aufbau des Operationsverstärkers. Operationsverstärker bestehen aus mehreren Verstärkerstufen, die galvanisch gekoppelt sind **(Bild 1).** Die Eingangsstufe ist immer ein Differenzverstärker mit zwei Eingängen **(Bild 2),** die Treiberstufe ein Spannungsverstärker und die Endstufe meist ein Gegentaktverstärker.

Wirkungsweise der Eingangsverstärkerstufe. In der Differenzverstärkerstufe **(Bild 2)** werden meist eine positive und negative Betriebsspannung verwendet. Beide Transistoren erhalten die Emitterströme aus dem gemeinsamen Konstantstromerzeuger. Die Arbeitspunkte der Transistoren sind so gelegt, dass bei $U_{1D} = 0\,V$ die Emitterströme I_1 und I_2 und damit auch die Kollektorströme gleich groß sind: dann ist $U_A = 0\,V$. Liegt an E1 von K1 eine positive Steuerspannung U_{11}, leitet K1 mehr. Dadurch fließt durch K2 weniger Strom: I_1 wird größer und I_2 im gleichen Verhältnis kleiner. Hierbei ist die Summe $I_1 + I_2$ konstant. Der Kollektor von K2 wird mehr positiv. Die positive Eingangsspannung U_{11} führt zu einer negativen Ausgangsspannung U_A. Beim Ansteuern von K2 über E2 mit einem positiven Eingangssignal U_{12} nimmt das Potenzial am Kollektor von K2 einen negativen Wert an **(Bild 2).** Es entsteht eine positive Spannung U_A am Ausgang des Differenzverstärkers. Dem Differenzverstärker folgen eine Treiberstufe und meist eine Gegentaktendstufe.

Anschlüsse des Operationsverstärkers. Der Eingang **E1** heißt **invertierender**[2] **Eingang,** da er bei Ansteuerung eine Vorzeichenänderung der Ausgangsspannung U_2 bewirkt. Er wird im Schaltplan mit einem Minuszeichen und der **nichtinvertierende Eingang E2** mit einem Pluszeichen gekennzeichnet **(Bild 3).** Die Ausgangsspannung U_2 misst man zwischen Ausgang und dem gemeinsamen Anschluss (0 V) beider Betriebsspannungen, die je nach OP z. B. zwischen ± 2 V und ± 18 V liegen kann. Es ist üblich, bei den Schaltzeichen für Operationsverstärker nur die beiden Eingänge und den Ausgang darzustellen **(Bild 3).**

Kennwerte des Operationsverstärkers. Operationsverstärker haben nahezu ideale Verstärkereigenschaften **(Tabelle)** und verstärken sowohl Gleichspannung als auch Wechselspannung. Eine positive Differenzeingangsspannung U_{1D} ($U_{11} > U_{12}$) ergibt am Ausgang des Operationsverstärkers eine negative Ausgangsspannung U_2 und umgekehrt **(Bild 3).** Das Verstärkerverhalten eines Operationsverstärkers wird durch seine Steuerkennlinie **(Bild 4)** dargestellt. Der Operationsverstärker ist schon bei Differenzeingangsspannungen z. B. unter −0,15 mV und über +0,15 mV in der Sättigung. Zwischen diesen beiden Werten wird linear verstärkt. Unterhalb bzw. oberhalb des Aussteuerbereichs ist der Operationsverstärker übersteuert und liefert am Ausgang annähernd $+U_b$ oder $-U_b$.

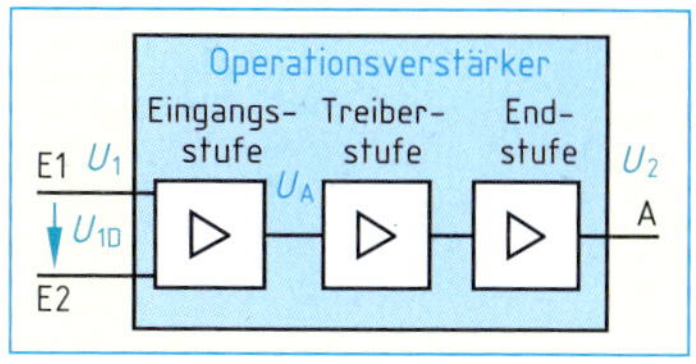

Bild 1: Blockschaltbild eines Operationsverstärkers

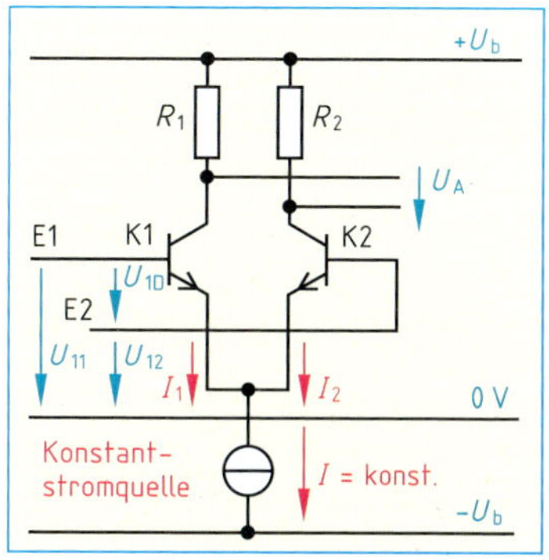

Bild 2: Prinzip einer Differenzverstärkerstufe (Eingangsstufe)

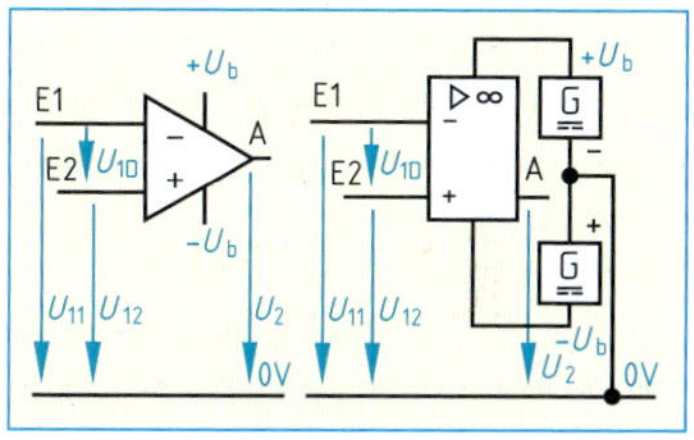

Bild 3: Schaltzeichen

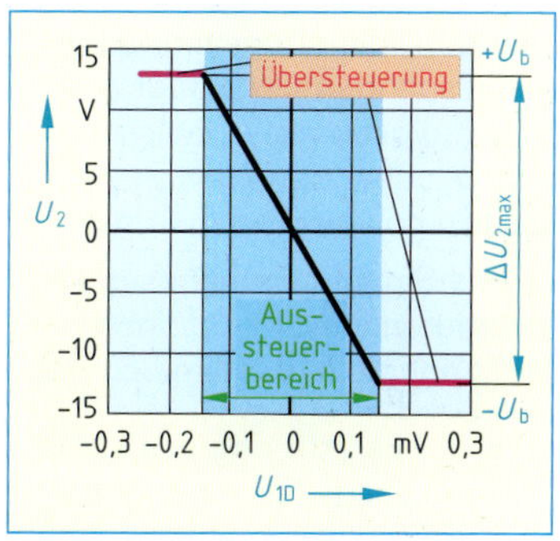

Bild 4: Steuerkennlinie eines OP

Tabelle: Kennwerte eines OP (abhängig vom Typ)

hoher Leerlauf-Spannungsverstärkungsfaktor	$V_0 \approx 10^3 \ldots 10^6$
große Eingangsimpedanz	$Z_E \approx 10^5 \ldots 10^{14}\,\Omega$
kleine Ausgangsimpedanz	$Z_A \approx 10 \ldots 200\,\Omega$
max. Ausgangsstrom	I_{Amax} bis mehrere A

[1] **op**eration **amp**lifier (engl.) = Operationssverstärker

[2] invertere (lat.) = umwenden, umkehren

Nullspannungsabgleich (Offset[1]-Kompensation). Bei OPs ohne Kompensationsmaßnahme ist die Ausgangsspannung U_2 meist nicht exakt null, auch wenn die Differenz-Eingangsspannung $U_{1D} = 0$ ist. Die Ausgangsspannung entsteht durch Unsymmetrien, z. B. durch ungleiche Stromverstärkungsfaktoren der Transistoren. Durch ein Trimmpotenziometer R_T kann über die Eingangs-Offset-Spannung der Ausgang des LM 741 auf $U_2 = 0$ V abgeglichen werden **(Bild 1)**. Beim modernen BI-MOS[2]-Operationsverstärker CA 3140 beträgt die Eingangsfehlspannung (Eingangs-Offset-Spannung) max. 5 mV und kann mit einem 100-kΩ-Trimmpotenziometer kompensiert werden. Der Typ CA 3140 **(Tabelle)** hat eine MOS-FET-Eingangsstufe und eine bipolare Ausgangsstufe. Er hat die gleiche Pin-Belegung **(Bild 2)** wie der ältere OP LM 741 **(Bild 1)** und kann ihn deshalb direkt ersetzen.

Frequenzkompensation. Mit zunehmender Frequenz nimmt die Leerlauf-Spannungsverstärkung V_0 ab. Zusätzlich erfährt die Ausgangsspannung eine Phasenverschiebung, d. h., der OP neigt zu hochfrequenten Schwingungen. Neuere OPs, z. B. der CA 3140, haben eine interne Frequenzkompensation, dagegen werden ältere OPs, z. B. der LM 709, extern frequenzkompensiert.

Operationsverstärker mit äußerer Beschaltung. Operationsverstärker lassen sich nur sinnvoll z. B. als Verstärker einsetzen, wenn der hohe Leerlauf-Spannungsverstärkungsfaktor auf benötigte Verstärkungswerte herabgesetzt wird. Durch äußere Beschaltung mit Bauteilen, meist Widerständen und Kondensatoren, kann man einen OP an nahezu jede gewünschte Funktion und Verstärkung anpassen.

Invertierender Verstärker (Umkehrverstärker). Beim invertierenden OP **(Bild 3)** wird ein Teil der Ausgangsspannung gegenphasig über den Rückkopplungswiderstand R_K auf den invertierenden Eingang zurückgeführt. Eine **Rückkopplung** entsteht, wenn ein Teil der Ausgangsspannung durch eine elektrische Verbindung, z. B. über R_K, auf den Eingang zurückgeführt wird **(Bild 3)**. Eine positive Eingangsspannung U_e lässt die Differenzeingangsspannung auf U_{1D} ansteigen. U_{1D} wird mit dem Leerlauf-Spannungsverstärkungfaktor V_0 verstärkt. Die negative Ausgangsspannung U_a steigt entsprechend der Slew Rate[3] (Anstiegsgeschwindigkeit von U_a zwischen 0,5 und 600 V/µs) schnell an und verkleinert U_{1D} über den Widerstand R_K. U_a nimmt so lange zu, bis U_{1D} praktisch zu null geworden und der OP ausgeregelt ist.

Ist das Signal **gegenphasig,** liegt eine **Gegenkopplung** vor (z. B. beim invertierenden OP). Erfolgt die Rückführung **gleichphasig**, besteht eine **Mitkopplung** (z. B. beim Schmitt-Trigger).

> Für die Berechnung von OP-Schaltungen mit Gegenkopplung sind zwei wichtige Festlegungen zu beachten:
> 1. Differenz-Eingangsspannung $U_{1D} \approx 0$ V und
> 2. Eingangsruhestrom ist vernachlässigbar klein, $I_1 \approx 0$ A

Da die Differenz-Eingangsspannung $U_{1D} \approx 0$ V ist, liegt der Eingang E1 mit seinem Stromsummenpunkt S (virtueller[4] Massepunkt) praktisch auf dem gleichen Massepotenzial wie der nichtinvertierende Eingang E2 **(Bild 3)**. Daher gilt $I_K + I_e = 0$ bzw. $I_K = -I_e$. Mit $I_K = U_a/R_K$ und $I_e = U_e/R_e$ ergibt sich der Spannungsverstärkungsfaktor V aus dem Widerstandsverhältnis R_K/R_e. Eine positive Eingangsspannung U_e führt zu einer negativen Ausgangsspannung U_a und umgekehrt. Das Minuszeichen drückt aus, dass es sich um einen invertierenden OP handelt.

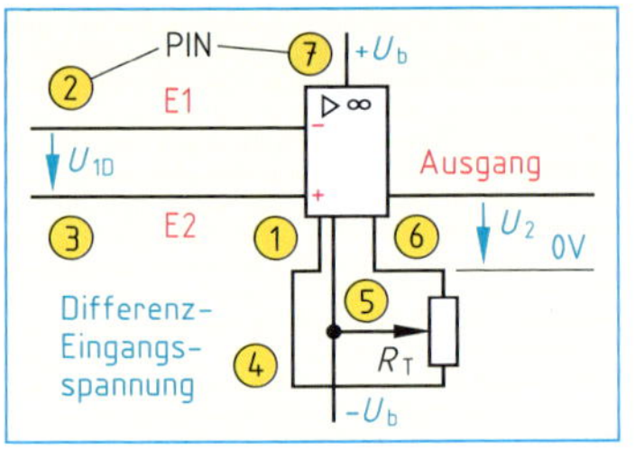

Bild 1: Operationsverstärker LM 741 mit Offset-Abgleich

Tabelle: Kennwerte des OP CA 3140 (CMOS[5])

Betriebsspannung	± 2 V ... ± 18 V
Gesamtverlustleistung	630 mW
Offsetspannung	5 mV
Umgebungstemperatur	– 55 ... + 125 °C
Leerlauf-Spannungs-verstärkungfaktor	100 000
Eingangsimpedanz	$1{,}5 \cdot 10^{12}$ Ω
Ausgangsimpedanz	60 Ω
Ausgangsstrom	20 mA
Anstiegsgeschwindigkeit Slew Rate	9 V/µs
Frequenzkompensation	intern
kurzschlussfest	ja

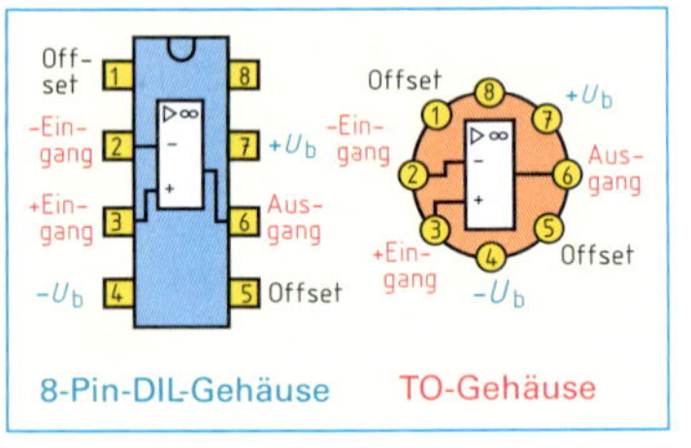

Bild 2: Pinbelegung des CA 3140

Invertierender OP

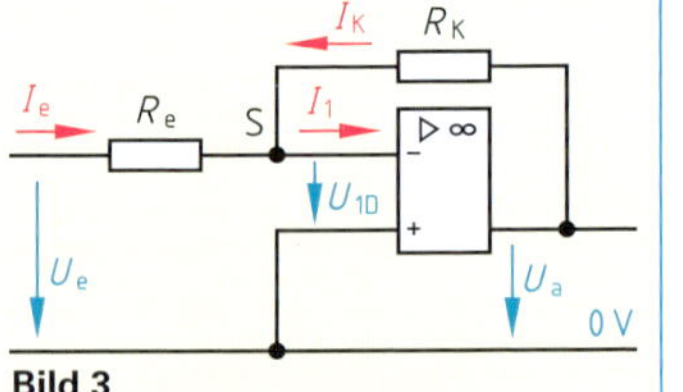

Bild 3

$$U_a = -\frac{R_K}{R_e} \cdot U_e$$

$$\frac{U_a}{U_e} = -\frac{R_K}{R_e}$$

(Minuszeichen bedeutet invertieren)

$$V = \frac{U_a}{U_e}$$

V Spannungsverstärkungsfaktor
U_a Ausgangsspannung
U_e Eingangsspannung
R_K Rückkopplungswiderstand
R_e Eingangswiderstand am invertierenden Eingang

[1] to offset (engl.) = abziehen, weggehen
[2] **BI-MOS** = **Bi**polar-**M**etal-**O**xid-**S**emiconductor
[3] slew rate (engl.) = Anstiegsgeschwindigkeit
[4] virtuell = scheinbar
[5] **CMOS** (engl.) = **C**omplementary **M**etal **O**xid **S**emiconductor

Nichtinvertierende Verstärker (Bild 1). Er hat einen sehr großen Eingangswiderstand, z. B. 10 MΩ, und einen wesentlich kleineren Ausgangswiderstand, z. B. 50 Ω. Die Eingangsspannung U_e und die Ausgangsspannung U_a haben gleiche Vorzeichen. Der nichtinvertierende Verstärker ist deshalb als Messverstärker gut geeignet. In der Schaltung **Bild 1** ist (mit der Näherung $U_{1D} \approx 0$ und $I_1 \approx 0$) der Spannungsteiler an der Gesamtspannung U_a und der Teilspannung U_e aus den Widerständen R_K und R_Q nahezu unbelastet.

Für nichtinvertierende Verstärker gilt:

mit $I_1 \approx 0$ ergibt sich $I_K = I_Q$

für $I_K = \dfrac{U_a}{R_Q + R_K}$ und $I_Q = \dfrac{U_e}{R_Q}$ durch Gleichsetzen

folgt $\dfrac{U_a}{R_Q + R_K} = \dfrac{U_e}{R_Q}$ $\Rightarrow$ $U_a = U_e \cdot \left(1 + \dfrac{R_K}{R_Q}\right)$

Nichtinvertierender Verstärker

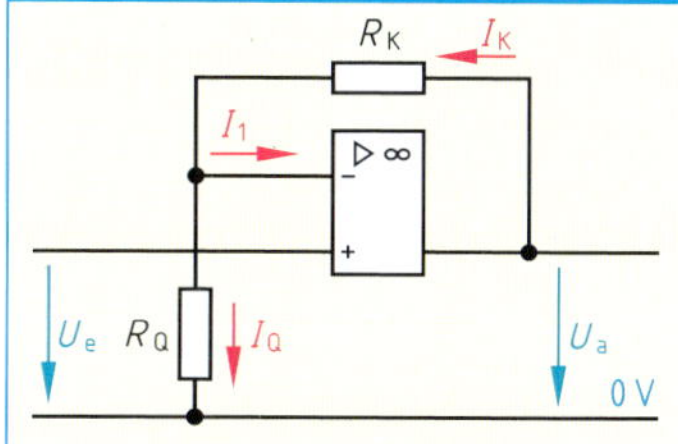

Bild 1

$$U_a = U_e \cdot \left(1 + \frac{R_K}{R_Q}\right)$$

R_Q Querwiderstand
R_K Rückkopplungswiderstand
U_e Eingangsspannung
U_a Ausgangsspannung

9.7.2 Analoge Schaltungen mit Operationsverstärkern

Summierverstärker (Addierverstärker) addieren und verstärken mehrere Eingangsspannungen. Zwischen gleichphasigen Eingangsspannungen und der Ausgangsspannung ist eine Phasenverschiebung von 180° vorhanden **(Bild 2)**. Summierverstärker werden z. B. bei Digital-Analog-Umsetzern verwendet **(Seite 243)**.

Für Summierverstärker gilt:

$I_{e1} + I_{e2} + I_K = 0;$ $\Rightarrow$ $I_{e1} + I_{e2} = -I_K$

mit $I_{e1} = \dfrac{U_{e1}}{R_{e1}}$ bzw. $I_{e2} = \dfrac{U_{e2}}{R_{e2}}$ und $I_K = \dfrac{U_a}{R_K}$ eingesetzt

ergibt sich $\dfrac{U_{e1}}{R_{e1}} + \dfrac{U_{e2}}{R_{e2}} = -\dfrac{U_a}{R_K}$ $\Rightarrow$ $U_a = -R_K \cdot \left(\dfrac{U_{e1}}{R_{e1}} + \dfrac{U_{e2}}{R_{e2}}\right)$

Summierverstärker

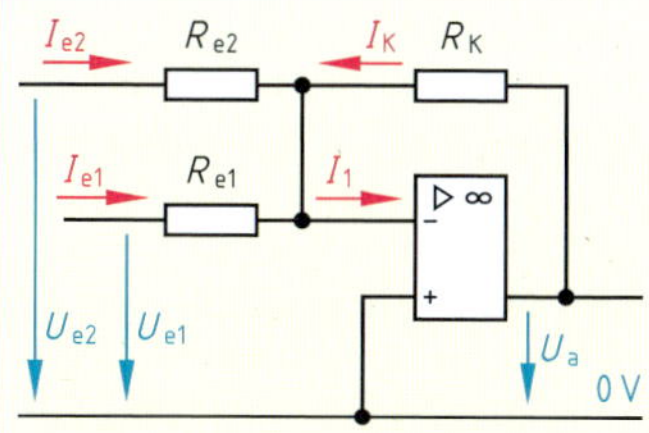

Bild 2

$$U_a = -R_K \cdot \left(\frac{U_{e1}}{R_{e1}} + \frac{U_{e2}}{R_{e2}}\right)$$

R_{e1}, R_{e2} Widerstände am invertierenden Eingang
R_K Rückkopplungswiderstand
U_a Ausgangsspannung
U_{e1}, U_{e2} Eingangsspannungen

Impedanzwandler (Spannungsfolger). Beim Impedanzwandler hat die Ausgangsspannung U_a dieselbe Größe wie die Eingangsspannung U_e **(Bild 3)**. Der Eingangswiderstand ist sehr hoch und der Ausgangswiderstand niedrig. Dieser „Widerstandswandler" wird dort eingesetzt, wo Signale aufzubereiten sind, ohne die hochohmige Signalquelle zu belasten. Der Impedanzwandler passt den hohen Innenwiderstand einer Signalquelle an einen kleinen Lastwiderstand an.

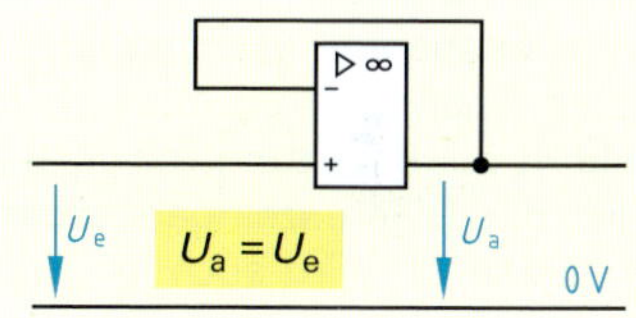

Bild 3: Impedanzwandler

Subtrahierverstärker (Differenzverstärker). Operationsverstärker, die als Differenzverstärker geschaltet sind **(Bild 4)**, haben in der Messtechnik große Bedeutung. Sie werden z. B. bei elektronischen Temperaturmessungen eingesetzt, um die Differenzspannung einer Brückenschaltung zu verstärken. Häufig wählt man beim Subtrahierverstärker $R_1 = R_e$ und $R_2 = R_K$.

Für Subtrahierverstärker gilt:

Mit der Näherung $I_1 \approx 0$ und $U_{1D} \approx 0$ ergibt sich:

1. Für $U_{e1} = 0$ $\Rightarrow$ $U_a = U_{R2} \cdot \dfrac{R_e + R_K}{R_e}$ und $U_{R2} = U_{e2} \cdot \dfrac{R_2}{R_1 + R_2}$

$U_a = U_{e2} \cdot \dfrac{R_2}{R_1 + R_2} \cdot \dfrac{R_e + R_K}{R_e}$

2. Für $U_{e2} = 0$ $\Rightarrow$ $U_a = -U_{e1} \cdot \dfrac{R_K}{R_e}$

Überlagerung: mit $R_1 = R_e$ und $R_2 = R_K$

$U_a = U_{e2} \cdot \dfrac{R_2}{R_1 + R_2} \cdot \dfrac{R_e + R_K}{R_e} - U_{e1} \cdot \dfrac{R_K}{R_e}$ $\Rightarrow$ $U_a = -(U_{e1} - U_{e2}) \cdot \dfrac{R_K}{R_e}$

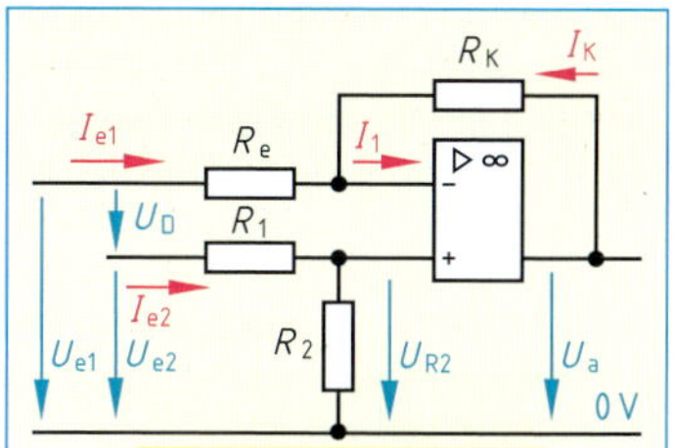

$$U_a = (U_{e2} - U_{e1}) \cdot \frac{R_K}{R_e}$$

Bild 4: Differenzverstärker

Integrierer. Beim Integrierer befindet sich im Gegenkopplungszweig der Kondensator C_K **(Bild 1b)**. Liegt am Eingang des Integrierers eine konstante Spannung **(Bild 1a)**, wird der Kondensator mit dem Konstantstrom I_e geladen, da I_1 und U_{1D} nahezu null sind. Durch den konstanten Strom von C_K steigt u_c linear an, und die Ausgangsspannung U_a fällt linear ab. Wenn U_e negativ wird, ändert der Strom I_e am Eingang die Richtung: C_K wird umgeladen und u_c steigt linear an **(Bild 1c)**. Bei einer Sinusspannung am Eingang erhält der Ladestrom von C_K auch Sinusform; dadurch wird u_a sinusförmig, jedoch um 90° phasenverschoben **(Bild 1c)**. Die Integrierschaltung verwendet man z. B. zur Erzeugung von Sägezahnspannungen und bei der Digital-Analog-Umwandlung.

Differenzierer. Die Differenzierschaltung **(Bild 2b)** hat im Eingang den Kondensator C_e. Über C_e kann nur ein Strom fließen, wenn sich die Eingangsspannung U_e ändert. Bei starker Änderung der Eingangsspannung entsteht auch ein großer Wert von U_a. Da der OP invertiert, haben positive Flanken des Rechteckimpulses **(Bild 2a)** am Eingang der Differenzierschaltung am Ausgang bei jedem Spannungswechsel steile negative Nadelimpulse zur Folge **(Bild 2c)**. Diese Nadelimpulse können z. B. zum Zünden von Thyristoren verwendet werden. Eine sinusförmige Eingangsspannung u_e **(Bild 2a)** bewirkt eine sinusförmige, um 90° phasenverschobene Ausgangsspannung u_a **(Bild 2c)**. Steigt U_e kontinuierlich an, ergibt sich am Ausgang eine konstante Spannung U_a.

Komparator. Ein OP als Komparator ist ein Spannungsvergleicher, der eine unbekannte Spannung U_x mit einer fest eingestellten Spannung U_{ref} (Referenzspannung) vergleicht **(Bild 3a)**. Ist U_x am invertierenden Eingang des OP größer als U_{ref}, entsteht am Ausgang annähernd die negative Betriebsspannung und umgekehrt **(Bild 3b)**.

Konstantspannungserzeuger. Er liefert eine konstante Spannung U_a. Sinkt z. B. in der Schaltung **(Bild 4)** bei Belastung mit R_L die Spannung U_a, so wird die Differenzeingangsspannung U_{1D} größer. Über den OP wird auch U_{1D} verstärkt und lässt U_a wieder ansteigen. Durch diesen Regelungsvorgang wird U_a konstant gehalten.

Konstantstromerzeuger. Er liefert einen konstanten Laststrom I_C, der mit dem Widerstand R_2 einstellbar ist **(Bild 5)**. Arbeitet der Transistor nicht in der Sättigung, ist der Kollektorstrom I_C weitgehend unabhängig vom Lastwiderstand R_L und damit konstant, solange R_2 nicht geändert wird.

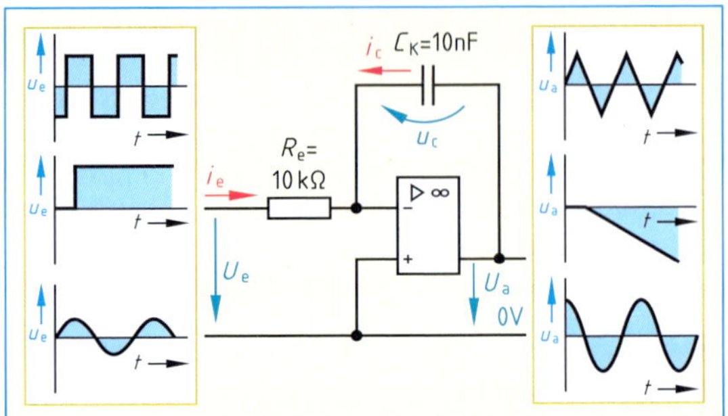

a) Eingangsspannung, **b)** Schaltung, **c)** Ausgangsspannung

Bild 1: Operationsverstärker als Integrierer

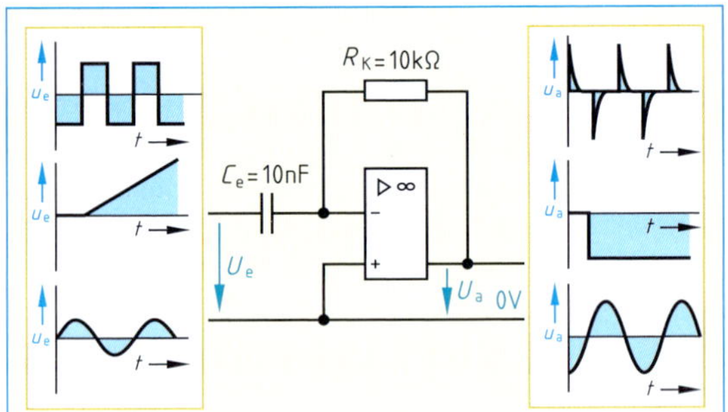

a) Eingangsspannung, **b)** Schaltung, **c)** Ausgangsspannung

Bild 2: Operationsverstärker als Differenzierer

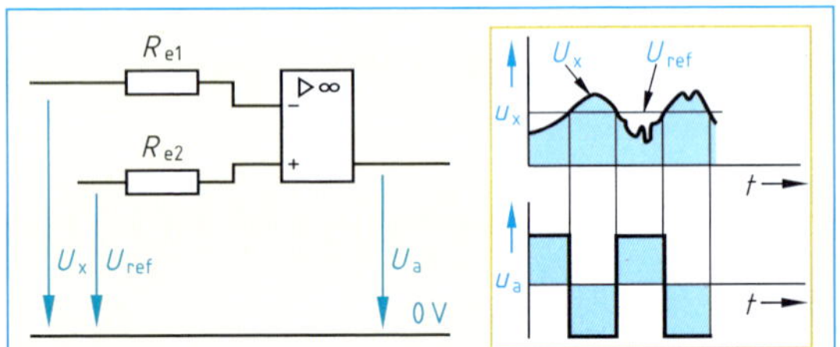

a) Schaltung **b)** Spannungsverlauf

Bild 3: Operationsverstärker als Komparator

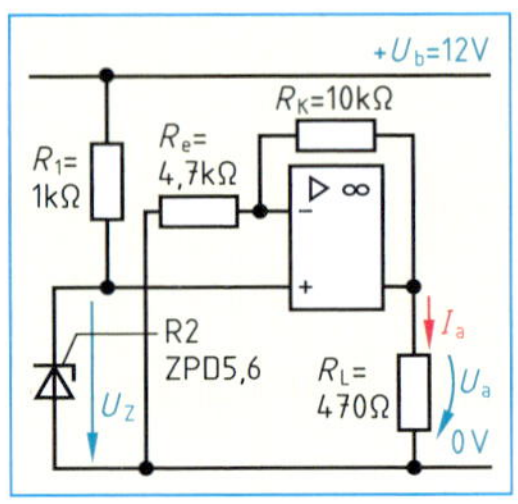

Bild 4: Konstantspannungserzeuger

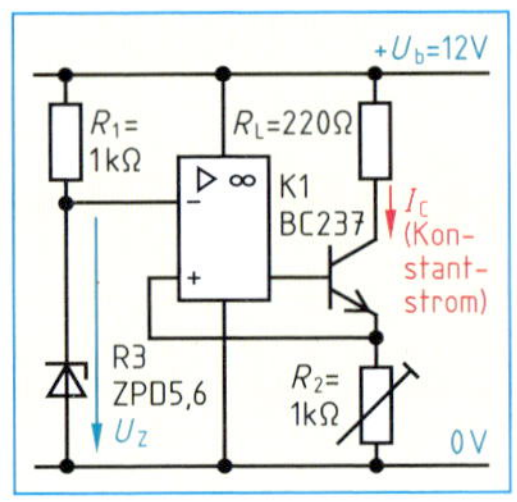

Bild 5: Konstantstromerzeuger

Wiederholungsfragen

1. **Informieren Sie sich in Herstellerunterlagen über die Kennwerte von OPs.**
2. **Welche Bedeutung haben die Zeichen ▷ und ∞ im Schaltzeichen für Operationsverstärker?**
3. **Was versteht man unter dem Nullspannungsabgleich eines Operationsverstärkers?**
4. **Welchen Einfluss hat eine Vergrößerung von R_K auf die Verstärkung bei einem OP als invertierender Verstärker?**

9.7.3 Digitale Schaltungen mit Operationsverstärkern

Die Verstärkung von Analogsignalen ist eine typische Anwendung von Analogschaltungen, zu denen die Operationsverstärker gehören. Die Anwendungen des Operationsverstärkers reichen aber auch in den Bereich der Digitaltechnik, z. B. beim Betrieb als astabile Kippschaltung, monostabile Kippschaltung oder Schmitt-Trigger. Die jeweilige Betriebsart wird durch die äußere Beschaltung bestimmt.

Astabile Kippschaltungen werden zum Erzeugen von Rechteckspannungen verwendet.

Astabile Kippschaltungen mit einem Operationsverstärker **(Bild 1)** bestehen aus wenigen Bauteilen, dem Operationsverstärker, drei Widerständen und einem Kondensator. Der Operationsverstärker bildet mit den Widerständen R_1 und R_2 einen Vergleicher **(Komparator**[1]**)**. Wird an den invertierenden Eingang des Komparators z. B. eine Dreieckspannung gelegt **(Bild 2)**, so fällt an R_2 die Spannung $U_{R2} = (U_2 \cdot R_2)/(R_1 + R_2)$ ab. Diese Spannung wirkt auf den nicht invertierenden Eingang. Wird U_1 ab t_1 größer als $+U_{R2max}$, so werden U_2 und damit U_{R2} kleiner, bis U_{R2} den Wert $-U_{R2max}$ annimmt. Wird jetzt U_1 ab t_2 negativ, so kippt U_2 erneut.

Bei der astabilen Kippschaltung schaltet der Komparator immer dann, wenn die Spannungsdifferenz am invertierenden und am nicht invertierenden Eingang den Wert Null hat. Angenommen, der Kondensator C_1 **(Bild 1)** ist entladen und die Spannung U_2 maximal, dann wird der Kondensator C_1 über den Widerstand R_3 geladen. Erreicht die Kondensatorspannung U_1 den Wert von U_{R2} **(Bild 3)**, so kippt die Schaltung. Der Vorgang wiederholt sich. Am Ausgang entsteht eine Rechteckspannung.

Monostabile Kippschaltungen mit einem Operationsverstärker **(Bild 4)** entsprechen der Grundschaltung der astabilen Kippschaltung. Die astabile Kippschaltung wird erweitert mit der Diode R6, welche die positive Spannung am Kondensator C_1 begrenzt. Die Kippschaltung wird über C_2, R_4 und R5 am nicht invertierenden Eingang angesteuert.

Bei positiver Ausgangsspannung U_2 ($U_2 > 0{,}7$ V) befindet sich die Schaltung in stabiler Lage. Die Spannung am nicht invertierenden Eingang wird durch R_2 mehr positiv als die Spannung am invertierenden Eingang, die durch die Diode R6 auf etwa 0,7 V begrenzt wird.

Mit einer negativen Spannungsflanke U_1 am Schaltungseingang, der den nicht invertierenden Eingang des Operationsverstärkers auf einen Wert unter 0,7 V bringt, kippt die Schaltung. Die Ausgangsspannung U_2 erreicht damit den größten negativen Wert.

Der Kondensator C_1 wird über R_3 entladen und auf negative Spannung U_{R2} geladen. Der Komparator schaltet nun auf positive Ausgangsspannung U_2, und der Kondensator C_1 wird auf etwa 0,7 V umgeladen (diese Umladezeit nennt man auch Erholzeit). Danach kann die monostabile Kippschaltung erneut mit einem negativen Impuls an U_1 gestartet werden. Monostabile Kippschaltungen gibt es auch ohne Operationsverstärker, z. B. als integrierte Schaltung **(Bild 5)**.

Monostabile Kippschaltungen werden als Impulsgeber und als Impulsformer verwendet.

[1] von to compare (engl.) = vergleichen

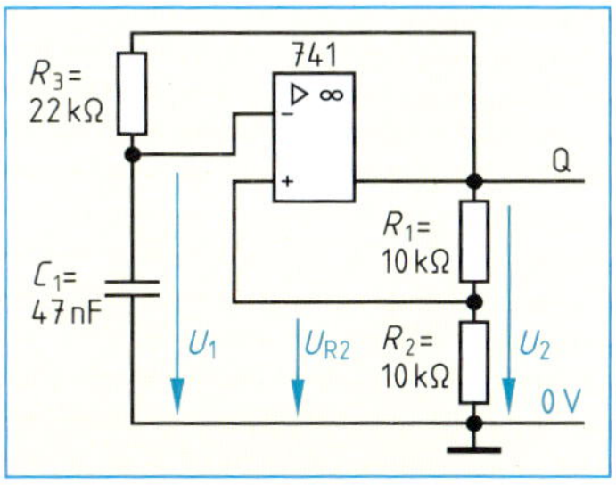

Bild 1: Astabile Kippschaltung

Kippschaltungen: **Seite 213, 214**

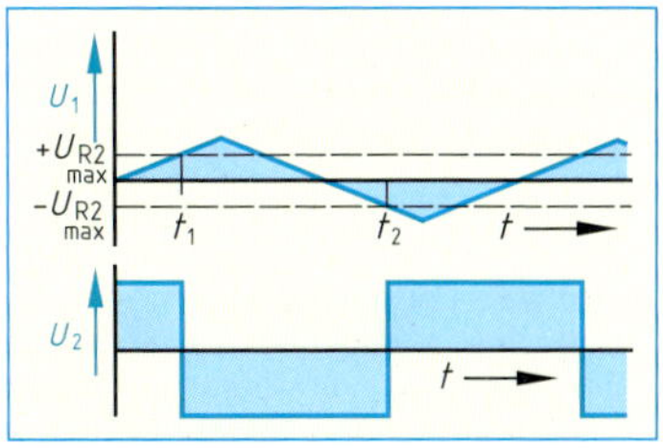

Bild 2: Spannungsverlauf beim Komparator

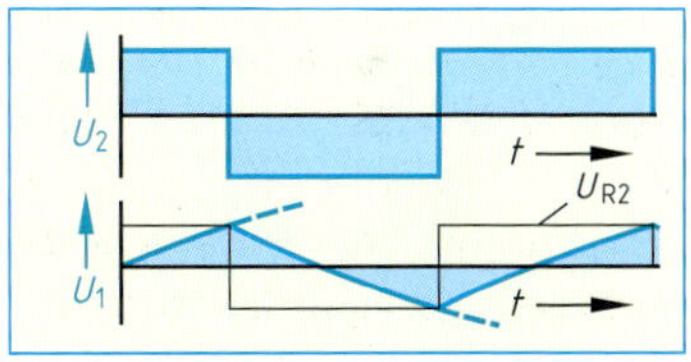

Bild 3: Spannungsverlauf bei der astabilen Kippschaltung

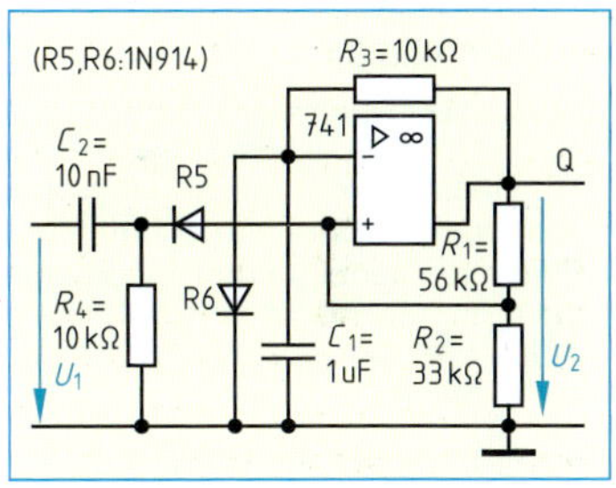

Bild 4: Monostabile Kippschaltung

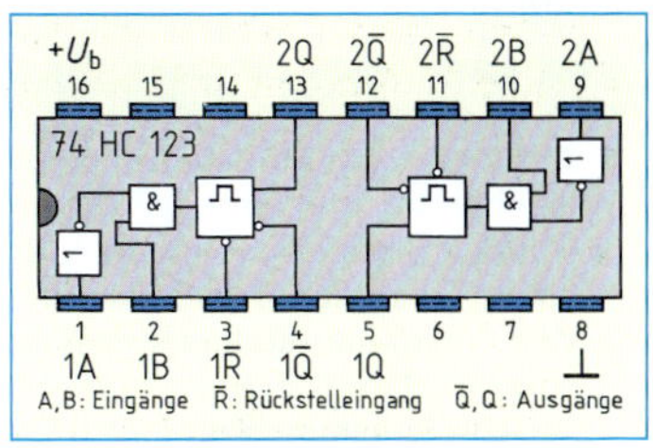

Bild 5: Zwei monostabile Kippschaltungen im integrierten Schaltkreis

Schmitt-Trigger (Seite 214) mit einem Operationsverstärker sind bei einem invertierenden Schmitt-Trigger **(Bild 1)** wie ein invertierender Komparator aufgebaut. Überschreitet die Eingangsspannung U_1 einen bestimmten Wert, so kippt die Ausgangsspannung U_2 sehr schnell, d. h. mit hoher Flankensteilheit, vom maximalen positiven Wert $+U_{2max}$ **(Bild 2)** zum maximalen negativen Wert $-U_{2max}$ **(Bild 2)**.

Der Schmitt-Trigger kippt in Abhängigkeit der Eingangsspannung in einen bestimmten Ausgangszustand, z. B. $+U_{2max}$ oder $-U_{2max}$ (**Bild 2** und **Bild 3**). Schmitt-Trigger werden z. B. in Dämmerungsschaltern verwendet.

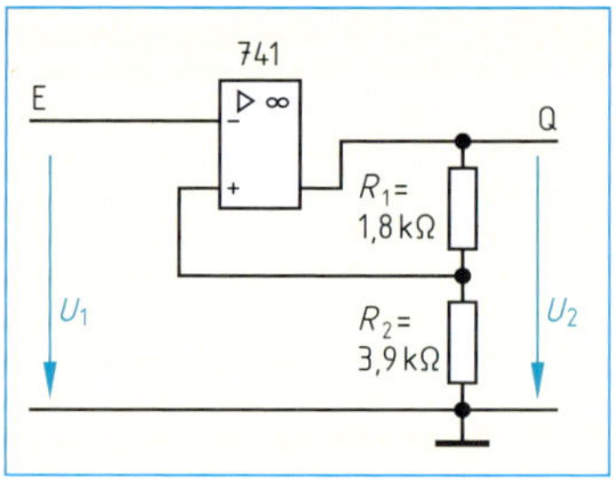

Bild 1: Invertierender Schmitt-Trigger

Nimmt man als Ausgangsspannung $+U_{2max}$ an, dann ist U_{R2} positiv. Wenn die Eingangsspannung U_1 kleiner als U_{R2} ist, hat dies keinen Einfluss auf den Ausgang. Werden jedoch U_1 und U_{R2} gleich groß, so kippt die Schaltung. Es kommt mit großer Flankensteilheit am Ausgang zum Polaritätswechsel **(Bild 3)**.

Die Schwellspannung (Schaltspannung) U_1 berechnet sich nach der Formel

$$U_1 = \frac{\pm U_{2max} \cdot R_2}{R_1 + R_2}$$

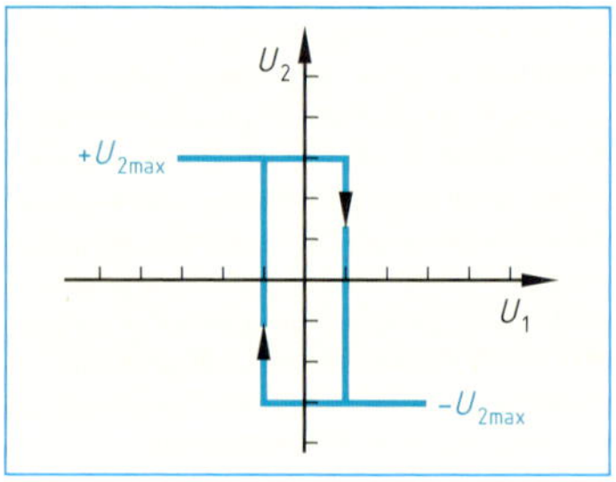

Bild 2: Spannungsverlauf der Ausgangsspannung U_2 in Abhängigkeit von der Eingangsspannung U_1

Beispiel 1:

Ein Operationsverstärker als invertierender Schmitt-Trigger **(Bild 1)** hat die maximale Ausgangsspannung U_{2max} = +15 V. Die Widerstandswerte sind mit R_1 = 4 kΩ und R_2 = 1 kΩ festgelegt. Bei welcher Eingangsspannung U_1 kippt der Schmitt-Trigger auf die Ausgangsspannung $-U_{2max}$?

Lösung:

$$\boldsymbol{U_1} = \frac{U_{2max} \cdot R_2}{R_1 + R_2} = \frac{+15\,\text{V} \cdot 1\,\text{k}\Omega}{4\,\text{k}\Omega + 1\,\text{k}\Omega} = \frac{+15}{5}\,\text{V} = \mathbf{+3\,V}$$

Bei U_1 = +3 V kippt die Ausgangsspannung des Schmitt-Triggers auf $-U_{2max}$.

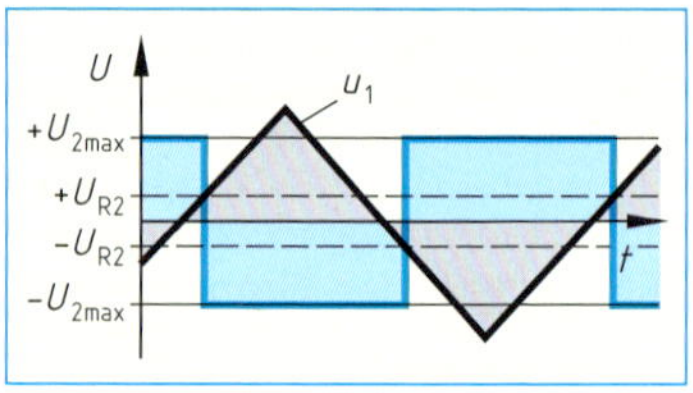

Bild 3: Spannungsdiagramm der Ausgangsspannung bei gegebener Eingangsspannung

Im Beispiel 1 kippt die Ausgangsspannung bei U_1 = –3 V wieder auf U_{2max} = +15 V zurück. Die Spannung U_1 ist von der Wahl der Widerstandswerte für R_1 und R_2 abhängig. So kann der Kippvorgang z. B. bei $^1/_3$ der Ausgangsspannung U_2 für die Eingangsspannung U_1 ausgelöst werden **(Bild 2)**.

Beispiel 2:

Für eine sinusförmige Eingangsspannung mit $\hat{u}$ = 8 V, 50 Hz, ist die Ausgangsspannung nach einem Schmitt-Trigger entsprechend **Bild 1** zu ermitteln. Es gelten die Bedingungen von Beispiel 1.

Lösung:

siehe **Bild 4**.

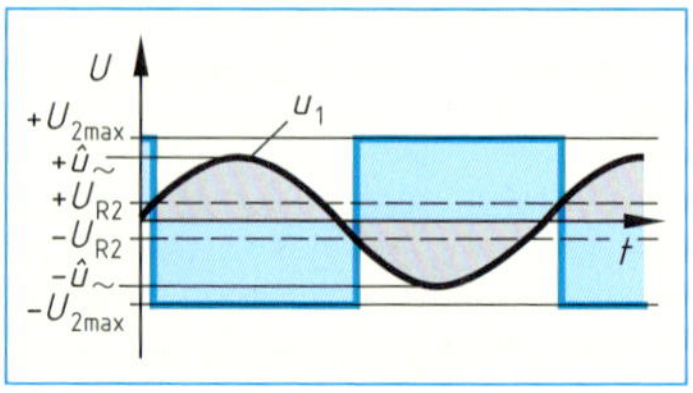

Bild 4: Lösung zu Beispiel 2

Soll die Ausgangsspannung U_2 bei Ansteuerung mit positiver Eingangsspannung U_1 gleichfalls positiv sein, so wird der Operationsverstärker am nicht invertierenden Eingang angesteuert **(Bild 5)**.

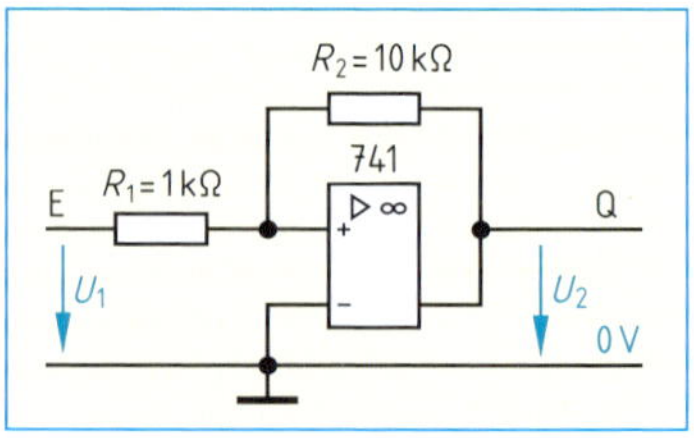

Bild 5: Nicht invertierender Schmitt-Trigger

Wiederholungsfragen

1 **Geben Sie typische Kennwerte von Operationsverstärkern an.**
2 **Nennen Sie drei Grundschaltungen mit Operationsverstärkern.**
3 **Nennen Sie die Bauelemente, aus denen eine astabile Kippschaltung mit einem Operationsverstärker besteht.**
4 **Wie muss eine astabile Kippschaltung mit Operationsverstärkern ergänzt werden, damit daraus eine monostabile Kippschaltung wird?**
5 **Welche Spannungsform ist am Ausgang eines Schmitt-Triggers stets vorhanden?**
6 **Nennen Sie eine Anwendung für a) die astabile Kippschaltung und b) für einen Schmitt-Trigger.**

9.8 Digitaltechnik

9.8.1 Duales Zahlensystem

Das duale Zahlensystem ist wie das Dezimalsystem ein Stellenwertsystem, jedoch mit Potenzen der Basis 2. Der kleinste Stellenwert für ganze Zahlen ist 2^0 **(Tabelle 1)**. Links vom Stellenwert $2^0 = 1$ stehen die aufsteigenden Werte $2^1 = 2$, $2^2 = 4$ usw. Die letzte Stelle (n-te Stelle) hat den Stellenwert 2^{n-1}, z. B. $n = 7 \rightarrow 2^{7-1} = 2^6 = 64$.

Bei der Umrechnung vom Dual- in das Dezimalsystem addiert man die Stellenwerte aller Stellen, die die Dualzahl 1 haben **(Beispiel)**.

> Im Dualsystem werden nur die Ziffern 0 und 1 verwendet.

Tabelle 1: Duales Zahlensystem

Stelle	n	7.	6.	5.	4.	3.	2.	1.
Stellenwert	2^{n-1}	2^6	2^5	2^4	2^3	2^2	2^1	2^0
Dezimalzahl		64	32	16	8	4	2	1

Beispiel: Dualzahl in eine Dezimalzahl umrechnen

Dualzahl:	1	0	0	1	0	1	1
Stellenwert:	2^6	2^5	2^4	2^3	2^2	2^1	2^0

Dezimalzahl: $64 + 0 + 0 + 8 + 0 + 2 + 1 = 75$

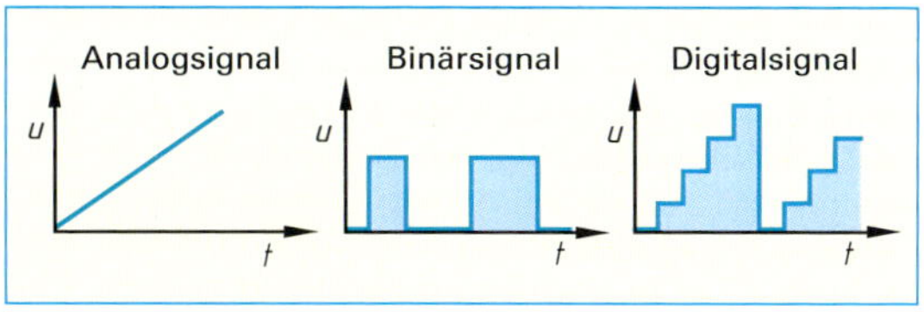

Bild 1: Signalarten

9.8.2 Signalarten der Digitaltechnik

In der Digitaltechnik unterscheidet man analoge[1], binäre[2] und digitale[3] Signale **(Bild 1)**. **Analoge Signale** ändern ihren Wert mit der verursachenden Größe, z. B. ändert sich die Ausgangsspannung eines als Spannungsteiler geschalteten Potenziometers analog mit der Stellung des Schleifers.

> Analoge Signale können in einem Wertebereich, z. B. 0 V ... 5 V, jeden Zwischenwert, z. B. 2,55 V, annehmen.

Binäre Signale haben nur zwei mögliche Zustände, 0 oder 1. Eine Leuchte kann z. B. an Spannung liegen oder spannungsfrei sein **(Bild 1)**.

> Binäre Signale haben nur zwei Signalzustände, 0 oder 1.

Digitale Signale ändern ihre Größe sprunghaft und mit gleichem Wertzuwachs. Das digitale Signal eines stufigen Spannungsteilers kann sich z. B. in vier gleichen Schritten vom Wert 0 V bis zum Wert der Betriebsspannung ändern **(Bild 1)**.

> Digitale Signale haben mehrere, abzählbare Zustände. Sie sind stufig veränderbar.

9.8.3 Grundverknüpfungen

Alle Steuerungsaufgaben lassen sich mit den drei Grundverknüpfungen UND, ODER und NICHT lösen **(Tabelle 2)**.

Tabelle 2: Grundverknüpfungen

UND	ODER	NICHT

Schaltzeichen nach EN 60617-12

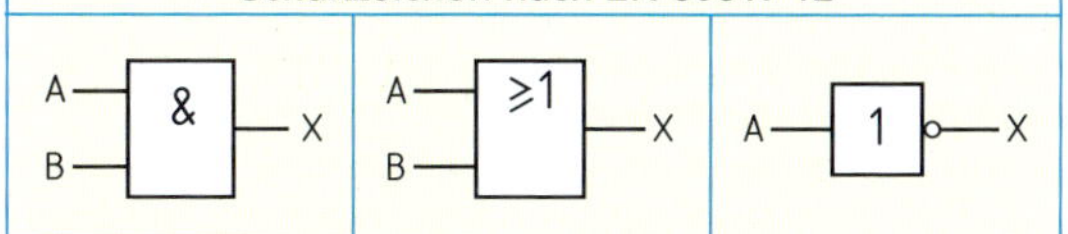

Schaltzeichen nach US-Norm

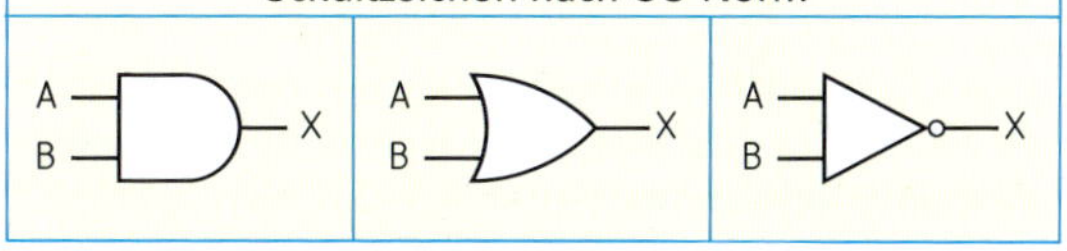

Wichtige ICs der Digitaltechnik
- 7400: 4 NAND mit 2 Eingängen
- 7402: 4 NOR mit 2 Eingängen
- 7408: 4 UND mit 2 Eingängen
- 7432: 4 ODER mit 2 Eingängen
- 7404: 6 Nicht-Verknüpfungen (Inverter)

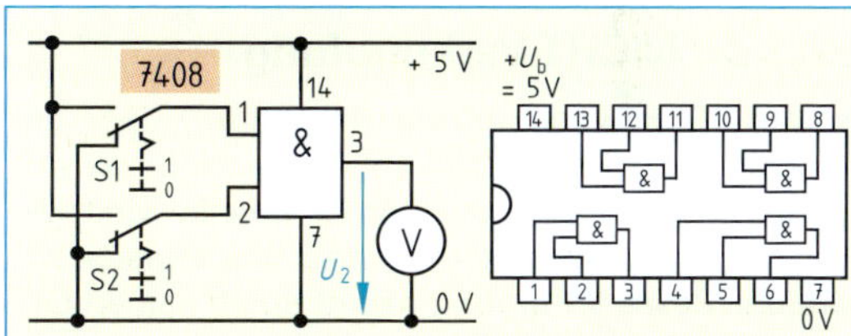

Versuch 1: Legen Sie an den Baustein 7408 (vier UND-Verknüpfungen) die Betriebsspannung U_b = DC 5 V. Der Ausgang (Pin 3) der UND-Verknüpfung hat den Zustand 1, wenn beide Eingänge (Pin 1 und PIN 2) gleichzeitig den Zustand 1 (etwa + 5 V) haben **(Tabelle, Seite 232)**.

Bild 2: Verhalten der UND-Verknüpfung und IC-Beschaltung

Datenblätter HCMOS-ICs:
www.datasheetcatalog.net

Zählweise bei ICs mit Dual-in-line-Gehäuse

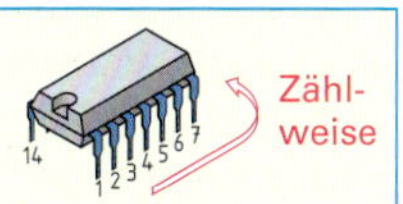

[1] analog (griech.) = entsprechend
[2] binär = aus zwei Werten bestehend
[3] digital = ziffernmäßig, von digitus (lat.) = Finger, mit dem gezählt wird

9.8.3.1 UND-Verknüpfung

Die UND-Verknüpfung (**Konjunktion**[1]) hat am Ausgang nur dann den Wert 1, wenn alle Eingangssignale gleichzeitig den Wert 1 haben **(Tabelle)**. Ein typischer Anwendungsfall für eine UND-Verknüpfung ist die Zweihandbedienung, z. B. bei Pressen.

Die Presse lässt sich mit dieser Schaltung (UND-Verknüpfung) nur in Betrieb setzen, wenn die beiden getrennt angeordneten Sicherheitstaster gleichzeitig betätigt werden. Diese Schaltung dient der Unfallverhütung.

> Die UND-Verknüpfung hat nur dann das Ausgangssignal 1, wenn alle Eingangssignale gleichzeitig den Wert 1 haben.
> $X = A \wedge B$ (lies: X = A und B)

9.8.3.2 ODER-Verknüpfung

Versuch 2: Setzen Sie in die Versuchsanordnung zu Versuch 1 **(Seite 231)** einen Baustein 7432 ein (vier ODER-Verknüpfungen). Der Baustein 7432 hat die gleiche Anschlussbelegung des IC 7408 aus Versuch 1. Wiederholen Sie sinngemäß Versuch 1.

Der Ausgang der ODER-Verknüpfung hat den Zustand 1, wenn an einem oder an beiden Eingängen der Zustand 1 anliegt **(Tabelle 1)**.

> Am Ausgang der ODER-Verknüpfung (Disjunktion[2]) liegt der Zustand 1, wenn mindestens ein Eingang den Zustand 1 hat.
> $X = A \vee B$ (lies: X = A oder B)

Legt man die Störmeldungen, z. B. Wassermangel, Übertemperatur und Brennerstörung einer Heizungsanlage auf die drei Eingänge einer ODER-Verknüpfung, erhält man am Ausgang der Verknüpfung eine Sammelstörmeldung der Heizung. Sie zeigt das Auftreten einer oder mehrerer Störungen an.

9.8.3.3 NICHT-Verknüpfung

Bei der NICHT-Verknüpfung (**Negation**[3]) liegt am Ausgang das umgekehrte (invertierte[4]) Eingangssignal. Die Relaisschaltung in der **Tabelle** wirkt wie eine Negation. Betätigt man den Steuertaster S1, zieht das Relais K1 an und trennt durch seinen Öffnerkontakt die Leuchte P1 vom Netz.

> Am Ausgang der NICHT-Verknüpfung liegt immer das invertierte Eingangssignal.
> $X = \overline{A}$ (lies: X = A nicht)

Für eine Negation braucht man immer ein aktives Bauelement, z. B. ein Relais oder einen Transistor. Die UND- bzw. die ODER-Verknüpfung lässt sich auch mit passiven Bauelementen, z. B. Widerstände und Dioden, realisieren.

Tabelle: Grundverknüpfungen

UND-Verknüpfung

Stromlaufplan

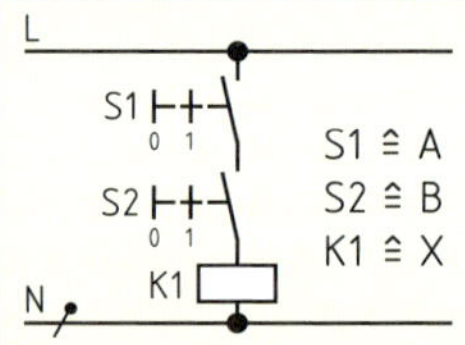

Schaltzeichen und Funktionsgleichung

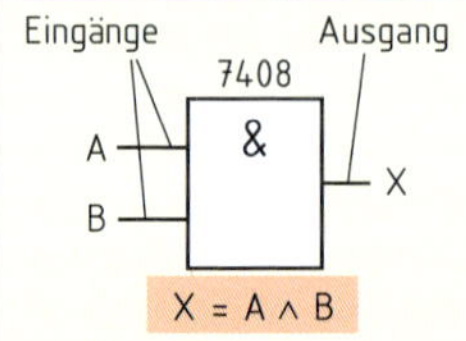

Wertetabelle

B	A	X
0	0	0
0	1	0
1	0	0
1	1	1

Zeitablaufdiagramm

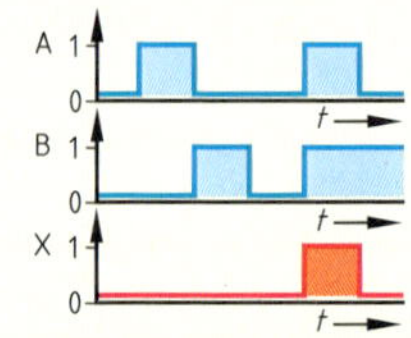

ODER-Verknüpfung

Stromlaufplan

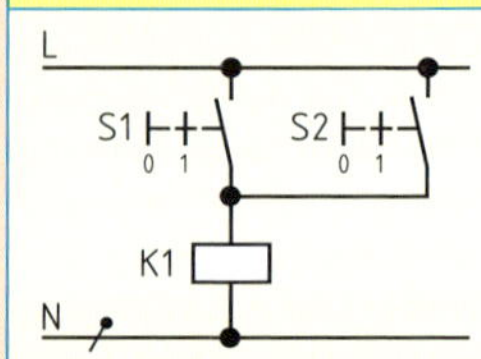

Schaltzeichen und Funktionsgleichung

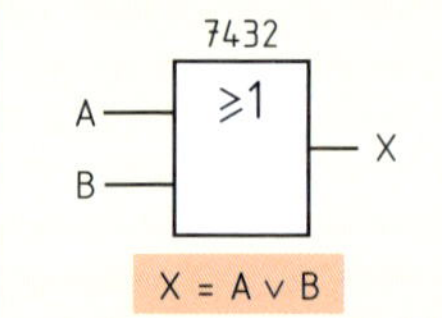

Wertetabelle

B	A	X
0	0	0
0	1	1
1	0	1
1	1	1

Zeitablaufdiagramm

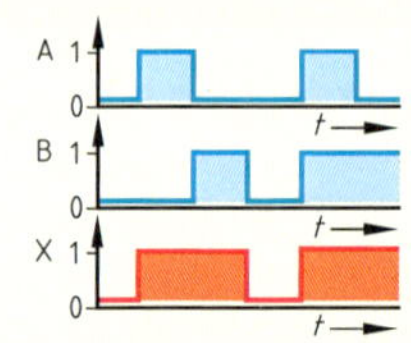

NICHT-Verknüpfung

Stromlaufplan

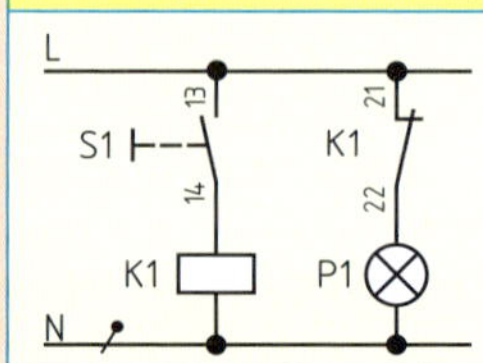

Schaltzeichen und Funktionsgleichung

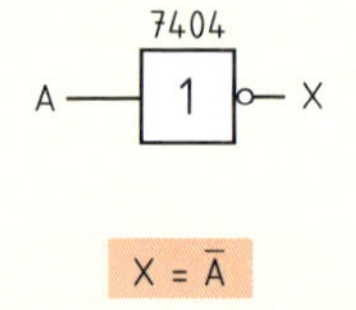

Wertetabelle

A	X
0	1
1	0

Zeitablaufdiagramm

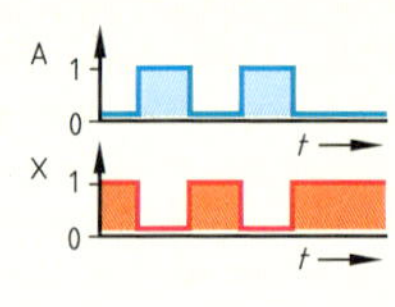

[1] Konjunktion, von conjunction (engl.) = Verbindung
[2] Disjunktion, von disjunctio (lat.) = Trennung
[3] Negation (lat.) = Verneinung
[4] von invertere (lat.) = umwenden, umkehren

9.8.4 Grundverknüpfungen mit Ausgangs- oder Eingangsnegation

Grundverknüpfungen kombiniert man in der Praxis häufig mit der NICHT-Verknüpfung. Dabei kann die Eingangsseite oder die Ausgangsseite negiert sein.

9.8.4.1 Verknüpfungen mit Ausgangsnegation

NAND-Verknüpfung. Negiert man den Ausgang der UND-Verknüpfung, erhält man die NAND-Verknüpfung **(Tabelle 1)**. Die Bezeichnung NAND bedeutet soviel wie **NOT-AND** (Nicht-UND).

> Der Ausgang der NAND-Verknüpfung hat nur dann den Zustand 0, wenn alle Eingänge gleichzeitig den Zustand 1 haben.
> $X = \overline{A \wedge B}$ (lies: X = A und B, nicht)

Am Schaltzeichen kennzeichnet man eine Ausgangsnegation durch einen Kreis am Ausgang der Verknüpfung, in der Funktionsgleichung durch einen durchgehenden Querstrich über den Eingangsvariablen **(Tabelle 1)**.

NOR-Verknüpfung. Eine NOR-Verknüpfung (**NOT-OR**) kann man herstellen, wenn auf die ODER-Verknüpfung eine NICHT-Verknüpfung folgt **(Tabelle 1)**.

> Der Ausgang der NOR-Verknüpfung hat den Zustand 0, wenn mindestens ein Eingang den Zustand 1 hat.
> $X = \overline{A \vee B}$ (lies: X = A oder B, nicht)

Tabelle 1: Grundverknüpfungen mit Ausgangsnegation

NAND-Verknüpfung

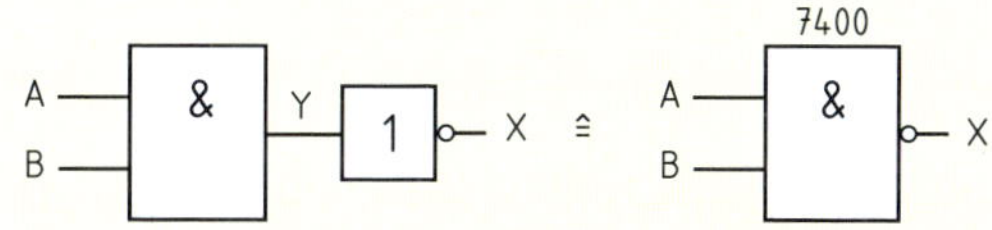

$Y = A \wedge B$
$X = \overline{Y}$

$X = \overline{A \wedge B}$

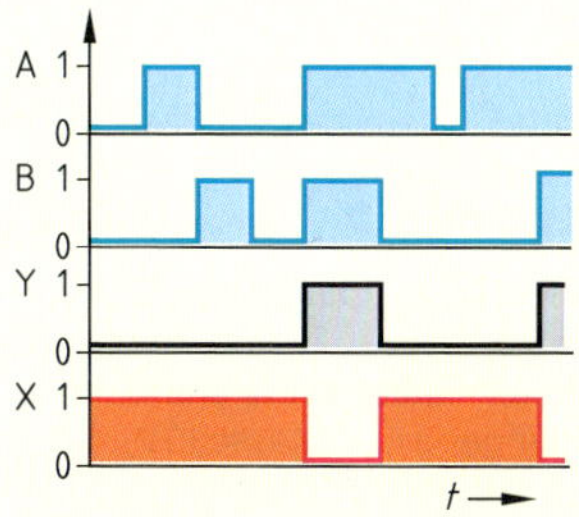

B	A	X
0	0	1
0	1	1
1	0	1
1	1	0

NOR-Verknüpfung

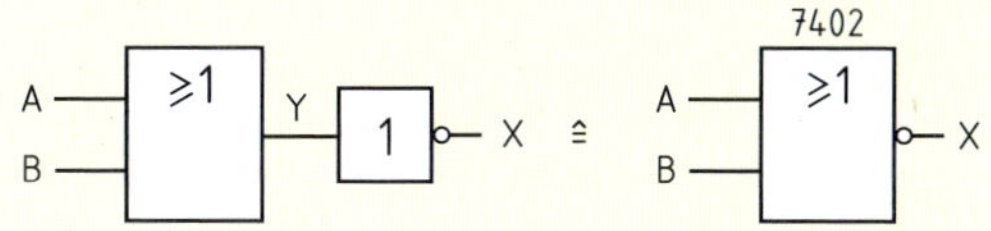

$Y = A \vee B$
$X = \overline{Y}$

$X = \overline{A \vee B}$

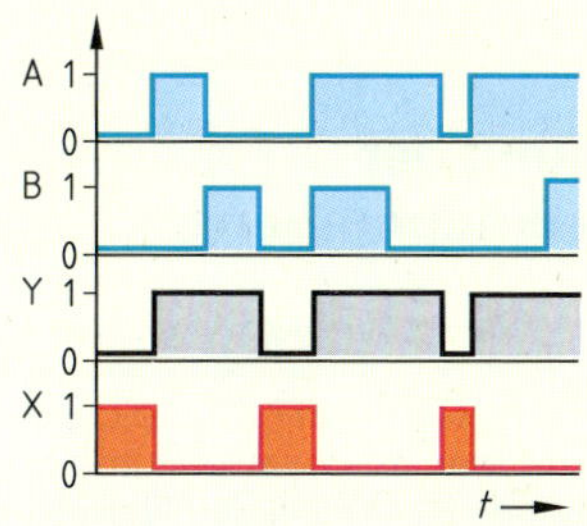

B	A	X
0	0	1
0	1	0
1	0	0
1	1	0

9.8.4.2 Verknüpfungen mit Eingangsnegation

UND-Verknüpfungen mit Eingangsnegation (Tabelle 2) bezeichnet man als **Inhibition**[1] oder Sperr-UND. Damit sperrt man z.B. gleichzeitige Startsignale für Rechtslauf und Linkslauf einer Wendeschaltung. Betätigt man die Taster für Rechtslauf und Linkslauf zusammen, wird kein Steuersignal wirksam (Verriegelung).

ODER-Verknüpfungen mit Eingangsnegation (Tabelle 2) sind **Implikationen**[2]. Die Implikation verwendet man hauptsächlich zum Rücksetzen von RS-Speichern in speicherprogrammierten Steuerungen. Wird z.B. ein Aus-Taster (Öffner) betätigt oder spricht ein Auslöser an, wird das anliegende Signal 0 invertiert und setzt damit den RS-Speicher zurück.

Tabelle 2: Grundverknüpfungen mit Eingangsnegation

Inhibition

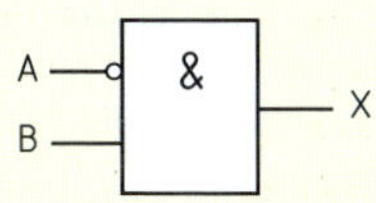

$X = \overline{A} \wedge B$

Implikation

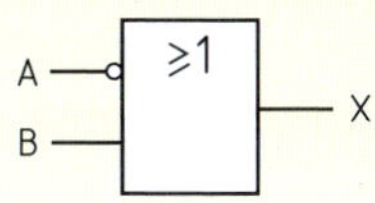

$X = \overline{A} \vee B$

Speicherprogrammierte Steuerungen: **Seite 562**

[1] Inhibition, von to inhibit (engl.) = verzögern, hemmen, hindern
[2] Implikation, von implicatio (lat.) = Verflechtung

9.8.4.3 Eingangsbeschaltung logischer Verknüpfungen

Im Versuch zur UND-Verknüpfung **(Bild 2, Seite 231)** haben die Schalter S1 und S2 Umschaltkontakte. Sie legen in jeder Schaltstellung ein definiertes 0-Signal oder 1-Signal an die Eingänge der UND-Verknüpfung. In der Praxis setzt man häufig Geber ein, die nur Schließer- oder nur Öffnerkontakte haben. Legt man z. B. den Schalter S1 in **Bild 1** an +5 V, liegt bei geschlossenem Schalter der Zustand 1 am Eingang der Verknüpfung. Bei geöffnetem Kontakt ist dann aber kein definiertes Eingangssignal vorhanden.

Versuch 1: Beschalten Sie die Eingänge einer UND-Verknüpfung mit Schließerkontakten **(Bild 1)**. Die rot gezeichneten Widerstände R_1 und R_2 entfallen zunächst. Stellen Sie die vier möglichen Eingangskombinationen an S1 und S2 ein. Messen Sie die Ausgangsspannung U_2.

Der Ausgang der UND-Verknüpfung hat bei allen Eingangskombinationen den Zustand 1.

Versuch 2: Schalten Sie nun die beiden Widerstände R_1 und R_2 **(Bild 1)** zwischen Steuereingang und Masse (0 V). Stellen Sie wieder alle vier Eingangskombinationen ein.

Der Ausgang der UND-Verknüpfung hat jetzt nur den Zustand 1, wenn alle Eingänge den Zustand 1 haben.

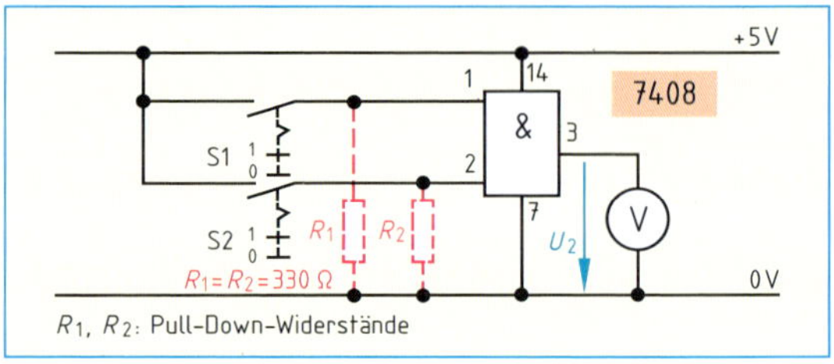

Bild 1: Beschaltung potenzialfreier Eingänge

Eingänge von TTL[1]- und HCMOS-Schaltkreisen, die nicht belegt oder durch geöffnete Steuerkontakte potenzialfrei sind, erkennen diesen Zustand als 1-Signal. Potenzialfreie Eingänge legt man deshalb über **Pull-Down[2]-Widerstände (Bild 1)** an Masse (0 V).

9.8.4.4 Anwendung der Grundverknüpfungen

Beispiel: Anwendung der Grundverknüpfungen

In einem Wasserwerk sind drei Pumpen A, B und C installiert. Im Normalbetrieb müssen immer zwei Pumpen in Betrieb sein. Die Leuchtdiode P1 (X) soll den Normalbetrieb anzeigen, die Leuchtdiode P2 (Y) den Störfall.

Lösung:

Erstellen der Funktionsgleichung in ODER-Normal-Form:

- Zunächst erstellt man eine Wertetabelle und trägt die acht möglichen Betriebszustände der Pumpen ein **(Bild 2a)**.
- Jede Zeile mit mindestens zwei eingeschalteten Pumpen erhält in der Spalte X eine 1, alle anderen Zeilen eine 0.
- Aus den drei Zeilen mit X = 1 lassen sich nun die drei Teilfunktionen ablesen **(Bild 2b)**.
- Die Teilfunktionen mit X = 1 fasst man in einer ODER-Verknüpfung **(Disjunktion)** zusammen **(Bild 2c)**.

a) Wertetabelle

C	B	A	X	Y
0	0	0	0	1
0	0	1	0	1
0	1	0	0	1
0	1	1	1	0
1	0	0	0	1
1	0	1	1	0
1	1	0	1	0
1	1	1	0	1

b) Teilfunktionen für X = 1 (Normalbetrieb)

$X1 = A \wedge B \wedge \overline{C}$

$X2 = A \wedge \overline{B} \wedge C$

$X3 = \overline{A} \wedge B \wedge C$

c) Funktionsgleichungen

Normalbetrieb: $X = X1 \vee X2 \vee X3$

Normalbetrieb: $X = (A \wedge B \wedge \overline{C}) \vee (A \wedge \overline{B} \wedge C) \vee (\overline{A} \wedge B \wedge C)$

Störung: $Y = \overline{X}$

d) Funktionsplan (disjunktive Normalform)

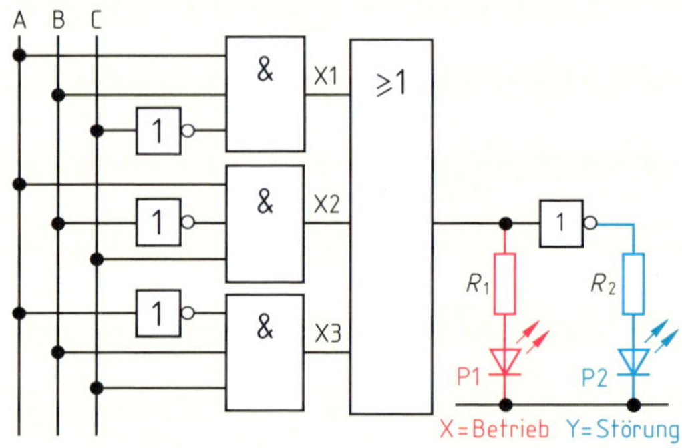

Bild 2: Pumpensteuerung (Beispiellösung)

Die so gefundene Funktionsgleichung bezeichnet man als **Funktionsgleichung in ODER-Normalform (disjunktive Normalform)**. Der Wertetabelle **(Bild 2a)** ist zu entnehmen, dass die Störungsanzeige P2 (Y) immer leuchten soll, wenn die Betriebsanzeige P1 (X) dunkel ist. Zur Störmeldung Y wird der Betriebszustand X invertiert **(Bild 2d)**.

Wiederholungsfragen

1. **Wodurch unterscheiden sich a) analoge, b) binäre und c) digitale Signale?**
2. **Geben Sie je zwei Anwendungsbeispiele für eine a) UND- und b) ODER-Verknüpfung an.**
3. **Welche Möglichkeiten bestehen, um die Funktion einer Verknüpfung zu beschreiben?**
4. **Aus welchen Grundverknüpfungen besteht eine a) NAND- und b) NOR-Verknüpfung?**

[1] **TTL** = Abk. für: **T**ransistor-**T**ransistor-**L**ogik; [2] pull-down (engl.) = herunterziehen

9.8.5 Schaltkreisfamilien

Schaltkreise der Digitaltechnik lassen sich nur zu einer Schaltung zusammenfügen, wenn die Kennwerte der Schaltkreise aufeinander abgestimmt sind. Wichtige Kennwerte für einen gemeinsamen Betrieb innerhalb einer Schaltung sind die Betriebsspannung, die garantierten Spannungsbereiche für **L-** und **H-Pegel**, die Signallaufzeit und die Belastbarkeit des Schaltkreisausganges **(Tabelle)**.

9.8.5.1 TTL-Schaltkreisfamilie

Bausteine der TTL[1]-Schaltkreisfamilie haben eine Betriebsspannung von 5 V. Sie haben meist ein **Dual-in-line-Gehäuse**[2] **(Seite 231)**, bei Anwendung der SMD-Technik ein SO-14-Gehäuse[3].

TTL-Standard. Die Grundschaltung ist eine NAND-Verknüpfung. Sie wird mit einem Multi-Emitter-Transistor (K1) und nachgeschalteter Inverterstufe (K2) ausgeführt **(Bild 1a)**. Die Inverterstufe bewirkt eine hohe Ausgangsbelastbarkeit **(Tabelle)**. Diese Belastbarkeit nennt man **„fan out"**. Ein Wert fan out = 10 bedeutet, dass ein Schaltkreisausgang 10 gleichartige nachfolgende Schaltkreiseingänge (fan in = 1) ansteuern kann. Die garantierten Spannungsbereiche für die Eingangs- und Ausgangspegel für TTL-Standardbausteine sind in **Bild 2** angegeben.

TTL-Schottky. Bei TTL-Schaltkreisen in Schottky-Technik sind parallel zur Basis-Kollektor-Strecke der Transistoren Dioden mit kleiner Schwellspannung (Schottky-Dioden, $U_S \approx 0{,}4$ V) geschaltet. Damit ergeben sich kleine Signallaufzeiten **(Tabelle)**.

TTL-Low-Power-Schaltkreise haben eine kleine Signallaufzeit und eine geringe Verlustleistung **(Tabelle)**.

9.8.5.2 CMOS-Schaltkreisfamilie

CMOS[4]-Bausteine haben als Grundschaltung eine komplementäre Schaltstufe aus Feldeffekttransistoren **(Bild 1b)**. Sie können mit einer Betriebsspannung zwischen 3 V und 15 V versorgt werden. Die Spannungsbereiche der L-Pegel und H-Pegel sind von der Höhe der Betriebsspannung abhängig.

HCMOS-Bausteine der Serie 74HC haben die gleiche PIN-Belegung, Betriebsspannung und Eingangspegel wie TTL-Bausteine **(Tabelle)**. Der Ausgangspegel $U_{2Hmin} = 3{,}5$ V weicht jedoch vom TTL-Ausgangspegel $U_{2Hmin} = 2{,}4$ V ab **(Bild 2)**.

Schutz gegen elektrostatische Aufladung bei CMOS-Bauelementen: **Seite 385**

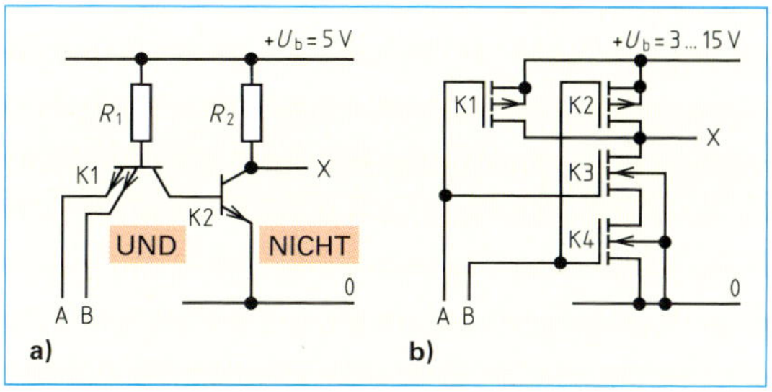

Bild 1: Grundschaltung einer NAND-Verknüpfung a) in TTL-Technik, b) in CMOS-Technik

Bezeichnung von integrierten Schaltkreisen (Beispiele):

- TTL-Bausteine: 74 ..., z.B. 7408,
- HCMOS-Bausteine: 74 ..., z.B. 7408
- CMOS-Bausteine: CD ..., z.B. CD 4007

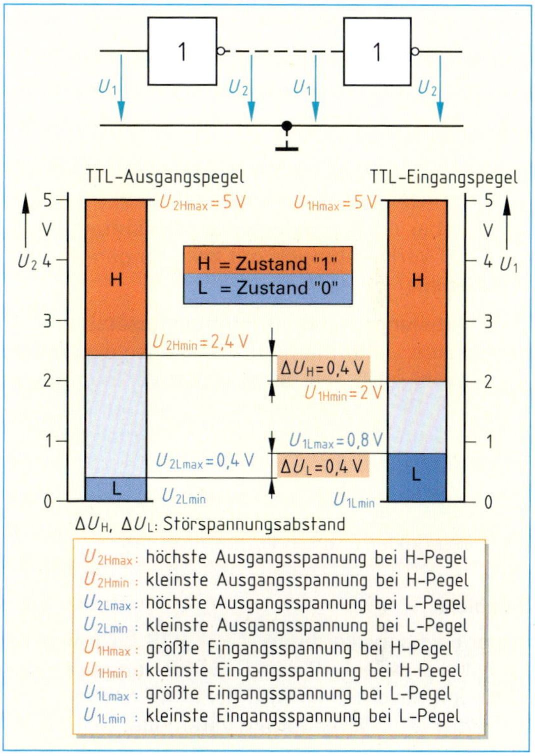

Bild 2: Pegelbereiche für TTL-Schaltkreise an $U_b = 5$ V

Tabelle: Kennwerte von Schaltkreisfamilien

Schaltkreisfamilie	Betriebsspannung U_b	Signallaufzeit je Verknüpfung	Verlustleistung je Verknüpfung	Ausgangsbelastbarkeit
TTL-Standard	5 V	10 ns	10 mW	50 mW
TTL-Schottky	5 V	3 ns	19 mW	12 mW
TTL-Low-Power	5 V	8 ns	2 mW	40 mW
CMOS	3 bis 15 V	50 ns	0,01 mW	5 mW
HCMOS*	5 V	12 ns	50 mW	125 mW

* ICs der HCMOS-Serie 74HCXX haben dieselbe Anschlussbelegung wie die ICs der TTL-Standardserie 74XX.

[1] **TTL** = Abk. für: **T**ransistor-**T**ransistor-**L**ogik
[2] Dual in line (engl.) = zweifach in Reihe
[3] SO, Abk. für: small outline (engl.) = kleiner Grundriss
[4] CMOS von **c**omplementary **m**etal **o**xide **s**emiconductor (engl.) = komplementärer Metalloxid-Halbleiter

9.8.6 Schaltalgebra

Die Schaltalgebra ermöglicht die mathematische Beschreibung binärer Verknüpfungen.

Rechenregeln. Zur Verknüpfung einer Variable, z. B. mit der Variable A **(Bild)**, in einer UND- bzw. in einer ODER-Verknüpfung mit der Konstanten 0 oder 1, mit der Variable A selbst oder mit der negierten Variable A, sind Rechenregeln festgelegt. Für die Vereinfachung von Funktionsgleichungen sind dabei die rot unterlegten Zeilen besonders wichtig **(Bild)**.

Das **Vertauschungsgesetz (Kommutativgesetz)** besagt, dass man die Variablen einer Funktionsgleichung, die nur UND- bzw. nur ODER-Verknüpfungen enthält, beliebig vertauschen kann. Das Ergebnis der Funktionsgleichung ändert sich dadurch nicht **(Tabelle)**.

Das **Verbindungsgesetz (Assoziativgesetz)** drückt aus, dass man in einer Funktionsgleichung mit nur einer Verknüpfungsart Klammern setzen, aber auch weglassen darf. Das Assoziativgesetz wendet man z. B. an, wenn die Variablen A, B und C in einer UND-Verknüpfung verarbeitet werden sollen, aber nur ein Baustein zur Verfügung steht, der UND-Verknüpfungen mit zwei Eingängen enthält **(Tabelle)**.

Das **Verteilungsgesetz (Distributivgesetz)** enthält Regeln zum Umformen von Funktionsgleichungen, die sowohl UND- als auch ODER-Verknüpfungen enthalten. Beim Umformen ist jedoch auf eine eindeutige Schreibweise zu achten, z. B. durch den Einsatz von Klammern.

Verknüpfungen in Klammern haben Vorrang vor nicht eingeklammerten Verknüpfungen.

Beispiele:

In der Funktionsgleichung $X = A \wedge (B \vee C)$ wird zunächst die Variable B mit C ODER-verknüpft. Das Verknüpfungsergebnis wird dann mit der Variablen A in einer UND-Verknüpfung verarbeitet.

Eine Schaltung mit der Funktionsgleichung $X = (A \wedge B) \vee (A \wedge C)$ hat am Ausgang X den Zustand 1, wenn die Variablen A und B oder die Variablen A und C den Zustand 1 haben **(Tabelle)**. Die gleiche Funktion wird durch eine nach dem Verteilungsgesetz in UND-Form **(konjunktives Verteilungsgesetz)** umgeformte Funktionsgleichung $X = A \wedge (B \vee C)$ erreicht **(Tabelle)**.

Entsprechend ändert man die Funktionsgleichung $X = (A \vee B) \wedge (A \vee C)$ nach dem **disjunktiven Verteilungsgesetz** in die funktionsgleiche Schaltung $X = A \vee (B \wedge C)$ **(Tabelle)**.

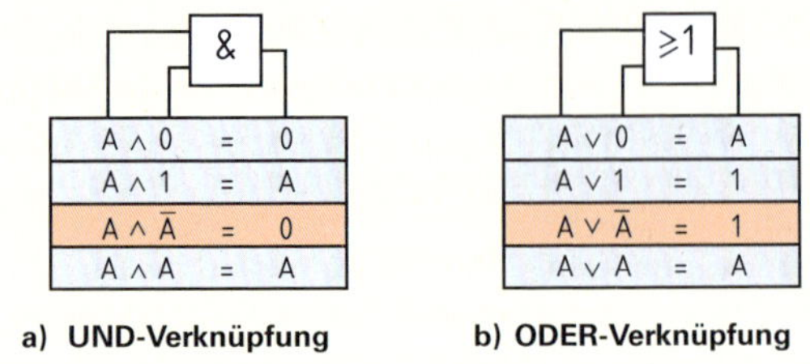

Bild: Rechenregeln der Schaltalgebra

KV-Diagramm zur Vereinfachung von digitalen Schaltnetzwerken

Tabelle: Rechengesetze der Schaltalgebra

Vertauschungsgesetz (Kommutativgesetz)

$A \wedge B \wedge C = B \wedge A \wedge C \Rightarrow A \wedge C \wedge B = C \wedge A \wedge B$

Verbindungsgesetz (Assoziativgesetz)

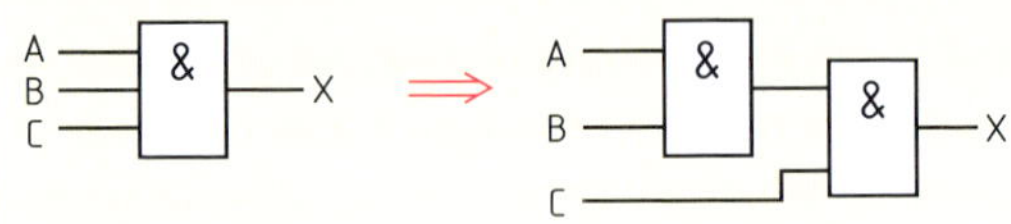

$A \wedge B \wedge C = A \wedge (B \wedge C) \Rightarrow (A \wedge B) \wedge C = (A \wedge C) \wedge B$

Verteilungsgesetze (Distributivgesetze)

Konjunktives Verteilungsgesetz

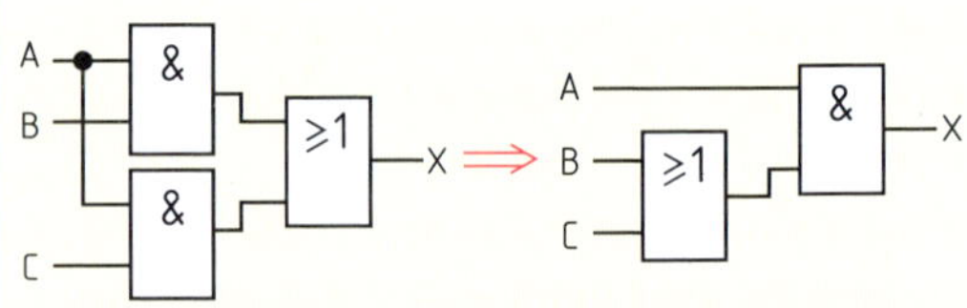

$(A \wedge B) \vee (A \wedge C) = A \wedge (B \vee C)$

Disjunktives Verteilungsgesetz

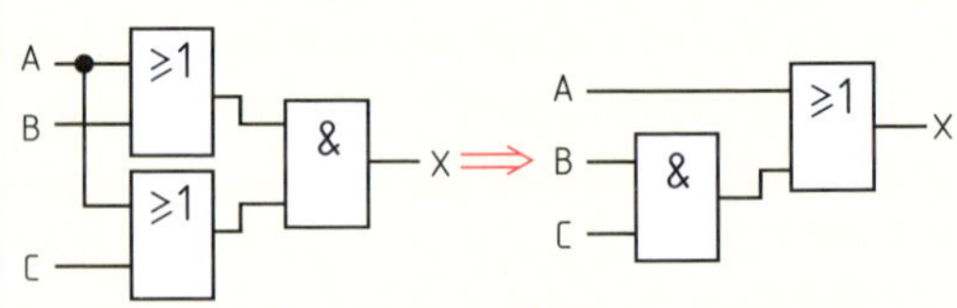

$(A \vee B) \wedge (A \vee C) = A \vee (B \wedge C)$

De morgansche Gesetze

Mithilfe der de morganschen Gesetze kann man NAND- in funktionsgleiche ODER-Verknüpfungen bzw. NOR- in UND-Verknüpfungen umformen **(Tabelle)**. Dabei wird jede Variable der Verknüpfungen negiert und das Funktionszeichen der Verknüpfung geändert.

Das **erste de morgansche Gesetz** wandelt eine NAND-Verknüpfung in eine funktionsgleiche ODER-Verknüpfung mit negierten Eingängen um **(Tabelle)**.

$$\overline{A \wedge B} = \overline{A} \vee \overline{B}$$

Das **zweite de morgansche Gesetz** setzt eine NOR-Verknüpfung in eine funktionsgleiche UND-Verknüpfung mit negierten Eingängen um.

$$\overline{A \vee B} = \overline{A} \wedge \overline{B}$$

Zwei hintereinander geschaltete Negationen heben sich auf ($\overline{\overline{A}} = A$).

Vereinfachen von Funktionsgleichungen

Beispiel:

Die Schaltung in **Bild 1** soll durch Anwenden der Rechengesetze der Schaltalgebra vereinfacht werden.

Lösung:

Für die gegebene Schaltung bestimmt man zunächst die Teilfunktionen (blaue Ergänzungen in **Bild 1**) und erstellt daraus die Funktionsgleichung der Schaltung **(Bild 1)**.

$X = (\overline{A} \wedge \overline{B} \wedge \overline{C}) \vee (A \wedge \overline{B} \wedge \overline{C}) \vee (A \wedge \overline{B} \wedge C) \vee (A \wedge B \wedge C)$

1. Anwenden des Distributivgesetzes (Ausklammern von $(\overline{B} \wedge \overline{C})$ bzw. $(A \wedge C)$:
   $X = [\overline{B} \wedge \overline{C} \wedge (A \vee \overline{A})] \vee [A \wedge C \wedge (B \vee \overline{B})]$
2. Anwenden der Regel $A \vee \overline{A} = 1$ bzw. $B \vee \overline{B} = 1$:
   $\mathbf{X} = (\overline{B} \wedge \overline{C} \wedge 1) \vee (A \wedge C \wedge 1) = \mathbf{(\overline{B} \wedge \overline{C}) \vee (A \wedge C)}$

Bild 2 zeigt die vereinfachte Schaltung.

9.8.7 Antivalenz-Verknüpfung und Äquivalenz-Verknüpfung

Antivalenz-Verknüpfung

Die Antivalenz-Verknüpfung vergleicht die Eingangssignale auf ungleichen Signalzustand.

Bei ungleichen Eingangssignalen, z.B. A = 0 und B = 1 oder A = 1 und B = 0 **(Bild 3)** hat die Antivalenz-Verknüpfung am Ausgang den Zustand 1.

Äquivalenz-Verknüpfung

Die Äquivalenz-Verknüpfung vergleicht die Eingangssignale auf gleichen Signalzustand.

Der Ausgang der Äquivalenz-Verknüpfung hat den Zustand 1, wenn die Eingangssignale den gleichen Wert haben: A = 0 und B = 0 bzw. A = 1 und B = 1.

Tabelle: Die de morganschen Gesetze

1. de morgansches Gesetz

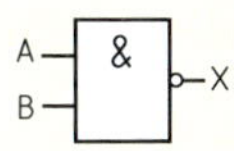

B	A	X
0	0	1
0	1	1
1	0	1
1	1	0

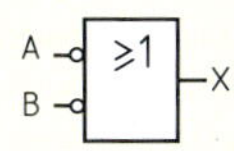

$\overline{A \wedge B} = \overline{A} \vee \overline{B}$

B	A	X
0	0	1
0	1	1
1	0	1
1	1	0

2. de morgansches Gesetz

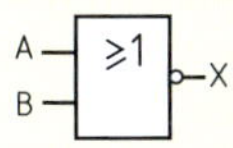

B	A	X
0	0	1
0	1	0
1	0	0
1	1	0

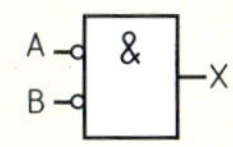

$\overline{A \vee B} = \overline{A} \wedge \overline{B}$

B	A	X
0	0	1
0	1	0
1	0	0
1	1	0

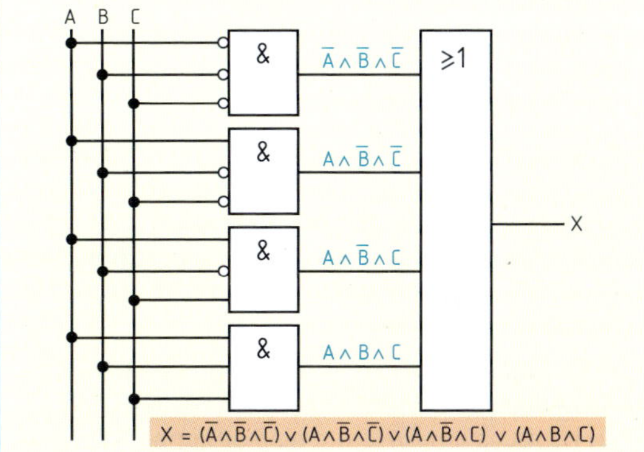

Bild 1: Schaltungsbeispiel

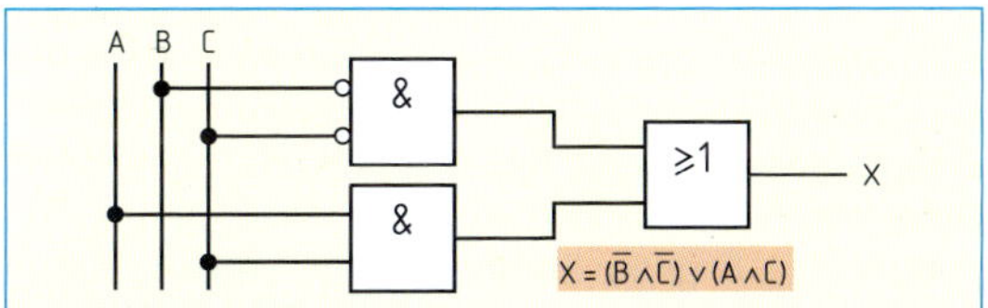

Bild 2: Vereinfachte Schaltung

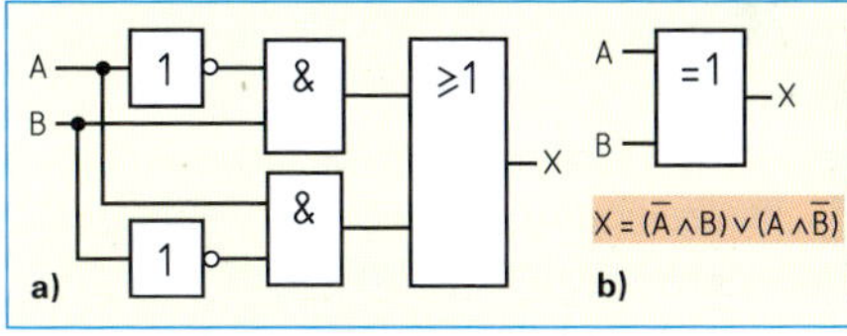

B	A	X
0	0	0
0	1	1
1	0	1
1	1	0

Bild 3: Antivalenz-Schaltung
a) Schaltung, b) Schaltzeichen

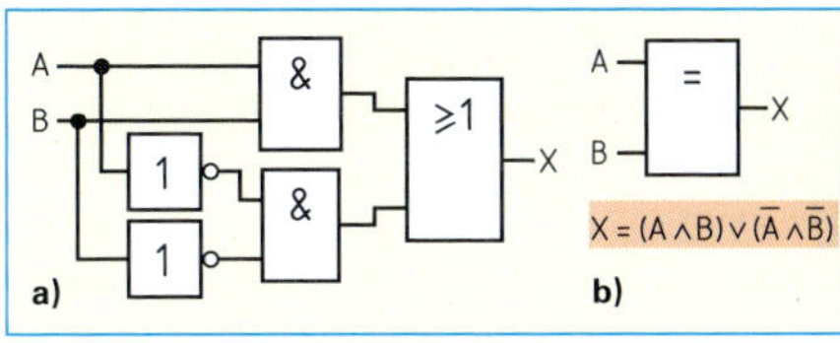

B	A	X
0	0	1
0	1	0
1	0	0
1	1	1

Bild 4: Äquivalenz-Schaltung
a) Schaltung, b) Schaltzeichen

9.8.8 Kippglieder

Kippglieder sind elektronische Schaltungen mit Speicherverhalten.

9.8.8.1 Zustandsgesteuerte und taktgesteuerte Kippglieder

Zustandsgesteuerte Kippglieder (asynchrone Kippglieder) bestehen aus NOR- oder aus NAND-Verknüpfungen **(Übersicht)**. Die Eingänge der Kippglieder bezeichnet man mit S (Setzen) und R (Rücksetzen). Die Speicherausgänge sind mit Q und $\overline{Q}$ bezeichnet und haben immer inverse Signale.

Ein Kippglied ist gesetzt, wenn die Speicherausgänge die Zustände Q = 1 und $\overline{Q}$ = 0 haben.

RS-Kippglieder (NOR-Kippglieder) werden mit Signal 1 gesetzt bzw. zurückgesetzt **(Bild 1)**. Bei R = 1 und S = 1 nehmen beide Speicherausgänge den verbotenen Zustand Q = 0 und $\overline{Q}$ = 0 an.

Taktgesteuerte Kippglieder (synchrone Kippglieder) geben Signale mithilfe eines Taktsignales an die Ausgänge ab. Die Eingangssignale sind mit dem Signal am **Takteingang C**[1] UND-verknüpft **(Bild 2)**. Damit werden Steuersignale an S oder R nur bei Takteingang C = 1 wirksam.

Sind C = 1, S = 1 und R = 0, so führt das UND-Glied K1 am Ausgang 1-Signal, K2 aber 0-Signal. Das NOR-Glied K3 muss am Ausgang also 0-Signal, NOR-Glied K4 1-Signal haben. Alle weiteren Möglichkeiten für C = 1 können entsprechend überprüft werden **(Tabelle)**. Bei C = 0 ebenso bei R = S = 0 ist eine Signaländerung am Speicherausgang unmöglich **(Tabelle)**.

D-Kippglieder haben einen Takteingang C und einen D-Eingang[2] (Dateneingang). Das Verknüpfungsergebnis D ∧ C liegt am Eingang S', das Verknüpfungsergebnis $\overline{D}$ ∧ C am Eingang R' des RS-Kippgliedes **(Bild 3)**. Damit können die Eingänge S' und R' niemals gleiche Werte annehmen. D-Kippglieder haben deshalb keinen verbotenen Zustand (Q = $\overline{Q}$).

JK-Kippglieder (Bild 1, Seite 239) besitzen je einen Setz- und Rücksetzeingang sowie den Takteingang C. Die Eingänge sind mit J und K bezeichnet.

Das Zeitablaufdiagramm **(Bild 2, Seite 239)** zeigt die Arbeitsweise des JK-Kippgliedes. Einer der beiden Ausgänge Q bzw. $\overline{Q}$ muss 1-Signal führen **(Bild 1, Seite 239)**. Ist Q = 1, dann ist die UND-Verknüpfung des K-Einganges vorbereitet. Bei K = 1 gelangt an den Eingang 1R das 1-Signal und $\overline{Q}$ wird beim nächsten Takt 1. Nun ist die UND-Verknüpfung des J-Einganges vorbereitet. Mit J = 1 wird das JK-Kippglied mit dem nächsten Takt gesetzt (Q = 1).

[1] von clock (engl.) = Takt
[2] von delay (engl.) = Verzögerung

Übersicht: Kippglieder

1. Zustandsgesteuerte Kippglieder
- NOR-Kippglied (RS-Kippglied)
- NAND-Kippglied (RS-Kippglied)

2. Taktgesteuerte Kippglieder
- Taktzustandsgesteuerte Kippglieder
- D-Kippglied
- JK-Kippglied

3. Flankengesteuerte Kippglieder
- Einflankengesteuertes JK-Kippglied
- Zweiflankengesteuertes JK-Kippglied (JK-Master-Slave-Kippglied)

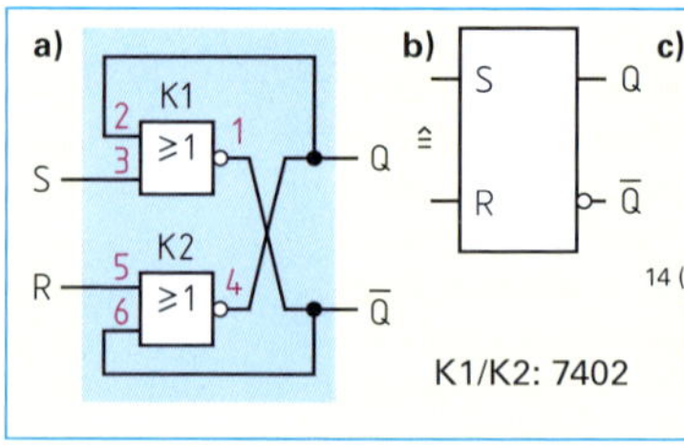

S	R	Q	$\overline{Q}$
0	0	Zustand bleibt erhalten	
1	0	1	0
0	1	0	1
1	1	verbotener Zustand	

Bild 1: RS-Kippglied (NOR-Kippglied), a) Schaltung, b) Schaltzeichen, c) Wertetabelle

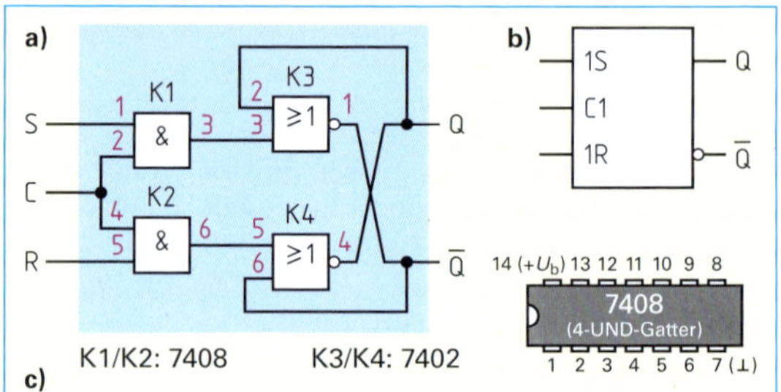

c)

Tabelle: Taktzustandsgesteuertes RS-Kippglied								
C	0	0	0	0	1	1	1	1
S	0	0	1	1	0	0	1	1
R	0	1	0	1	0	1	0	1
Q	Speicherzustand					0	1	verboten

Bild 2: Taktzustandsgesteuertes RS-Kippglied, a) Schaltung, b) Schaltzeichen, c) Wertetabelle

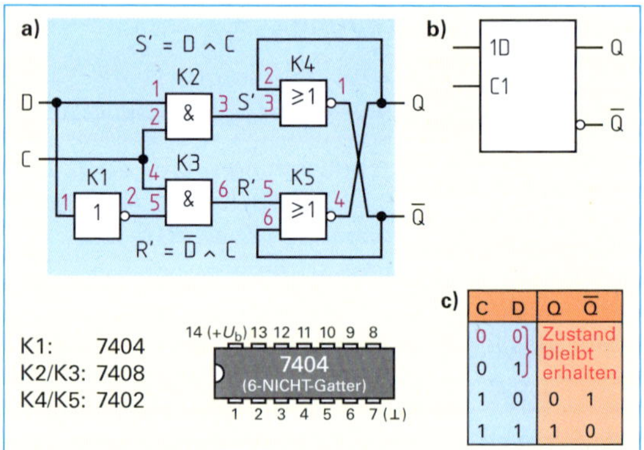

C	D	Q	$\overline{Q}$
0	0	Zustand bleibt erhalten	
0	1		
1	0	0	1
1	1	1	0

Bild 3: D-Kippglied, a) Schaltung, b) Schaltzeichen, c) Wertetabelle

Ein JK-Kippglied hat keine verbotenen Eingangskombinationen.

Beim einflankengesteuerten JK-Kippglied **(Bild 1)** kann die Informationsübernahme der an den J- und K-Eingängen anliegenden Signale mit der ansteigenden oder mit der abfallenden Flanke des Taktsignals gesteuert werden **(Bild 2)**. Die Steuerung mit der abfallenden Flanke kennzeichnet man durch einen Negationsring vor dem Takteingang **(Bild 2b)**.

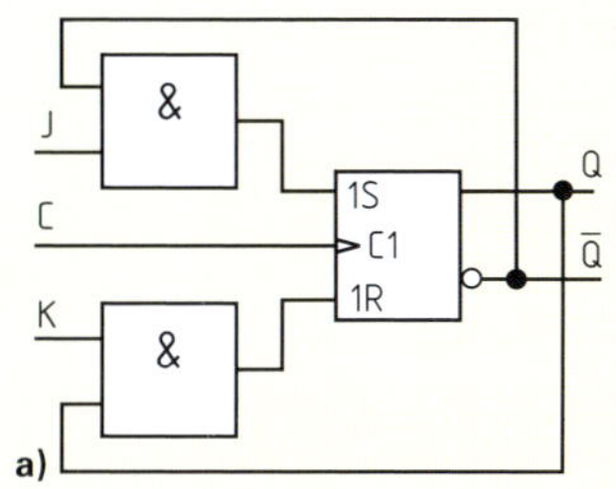

J	K	Q_{tn+1}
0	0	Q_{tn}
0	1	0
1	0	1
1	1	$\overline{Q}_{tn}$

b)

Bild 1: JK-Kippglied, einflankengesteuert

JK-Kippglied mit Reset Pin-Belegung 7473, SN7473

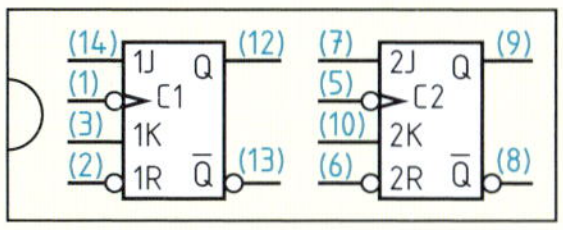

Ausgangszustände des einflankengesteuerten JK-Kippgliedes **(Bild 1b)**:
Q_{tn} = Zustand des Ausgangs Q vor dem Takt
Q_{tn+1} = Zustand des Ausgangs Q nach dem Takt
$\overline{Q}_{tn}$ = Der Zustand des Ausgangs Q wechselt mit jedem Takt.

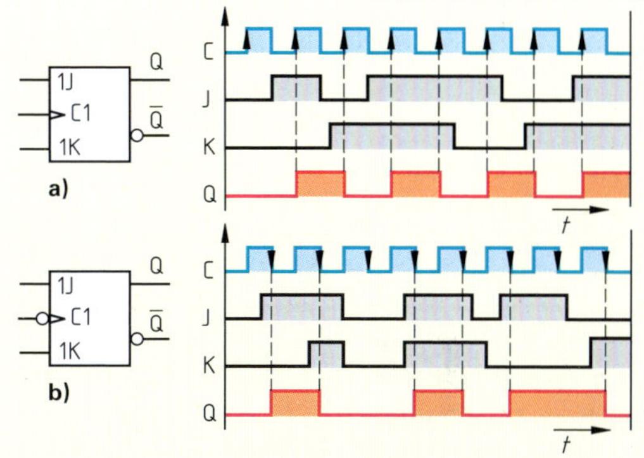

Bild 2: Zeitablaufdiagramm des JK-Kippglieds, gesteuert
a) mit ansteigender Taktflanke
b) mit abfallender Taktflanke

9.8.8.2 Zweiflankengesteuertes JK-Kippglied

Das zweiflankengesteuerte JK-Kippglied (JK-Master-Slave[1]-Kippglied) besteht aus zwei einflankengesteuerten JK-Kippgliedern **(Bild 3b)**. Das Taktsignal des Master-Kippgliedes wird invertiert und dem Takteingang des Slave-Kippgliedes zugeführt. Die Information an den Vorbereitungseingängen (J und K) wird deshalb mit der ansteigenden Flanke des Taktsignals übernommen, zwischengespeichert und mit der abfallenden Taktflanke vom Slave-Kippglied K2 übernommen und steht dann an den Speicherausgängen Q und $\overline{Q}$ an **(Bild 3c)**. Im Schaltzeichen wird die Zweiflankensteuerung durch zwei Winkel an den Ausgängen angegeben **(Bild 3a)**.

Zweiflankengesteuerte JK-Kippglieder sind störsicher, weil zwischen der Informationsübernahme an den J- und K-Eingängen und der Signalausgabe an Q bzw. $\overline{Q}$ eine zeitliche Trennung besteht.

JK-Master-Slave-Kippglieder verwendet man bevorzugt für Zählerschaltungen und für Schieberegister.

Zählerschaltungen: **Seite 240**
Schieberegister

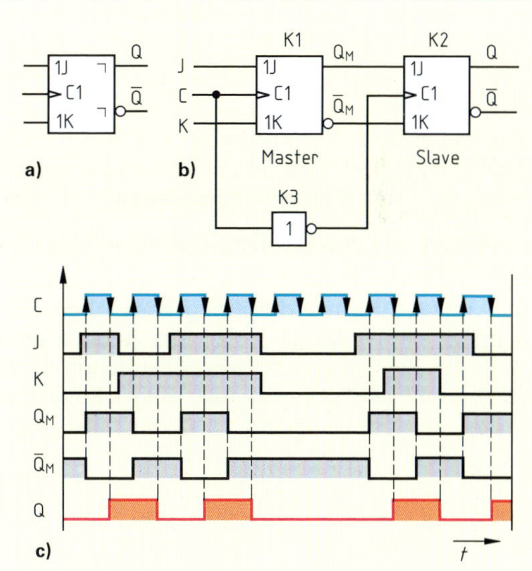

Bild 3: JK-Master-Slave-Kippglied
a) Schaltzeichen, b) Schaltung und
c) Zeitablaufdiagramm

Wiederholungsfragen

1 **Beschreiben Sie den Aufbau des RS-Kippgliedes.**

2 **Mit welchem Eingangssignal wird ein**
a) NOR-Kippglied und
b) ein NAND-Kippglied gesetzt bzw. zurückgesetzt?

3 **Begründen Sie, warum es keinen verbotenen Zustand gibt**
a) beim D-Kippglied und b) beim JK-Kippglied.

4 **Woran erkennt man am Schaltzeichen eines einflankengesteuerten JK-Kippgliedes die Ansteuerung mit a) ansteigender und b) mit abfallender Flanke?**

5 **Aus welchen Teilen besteht ein zweiflankengesteuertes JK-Kippglied?**

[1] von master (engl.) = Herr; slave (engl.) = Sklave

9.8.8.3 Schaltungen mit Kippgliedern

Frequenzteiler. JK-Kippglieder mit der Beschaltung J = K = 1 **(T^1-Kippglieder)** ändern ihren Ausgangszustand mit jeder wirksamen Taktflanke. Die Periodendauer des Ausgangssignals ist doppelt so groß wie die des Eingangssignals **(Bild 1)**.

T-Kippglieder arbeiten als Frequenzteiler.

Zählerschaltungen

Um die Anzahl von Signalwechseln erfassen zu können verwendet man Asynchron-Zähler und Synchron-Zähler.

In Zählerschaltungen verwendet man häufig **BCD[2]-Codes**, z. B. den 8-4-2-1-Code **(Tabelle)**. Dabei stellt man jede Dezimalziffer durch die entsprechende 4-stellige Dualzahl dar. (Weitere Codes siehe Tabellenbuch Elektrotechnik.)

Zählerschaltungen, Frequenzteiler oder Schieberegister bestehen häufig aus taktflankengesteuerten JK-Kippgliedern.

Asynchron-Dual-Zähler. Beim Asynchron-Zähler liegt das Zählsignal am Zähleingang des ersten JK-Kippgliedes. Der Ausgang steuert immer den Zähleingang des folgenden Kippgliedes **(Bild 2a)**. Die Kippglieder der Zähldekade bezeichnet man mit K0, K1 und K2 und ordnet ihren Ausgängen die Stellenwerte Q0 = 2^0, Q1 = 2^1 und Q2 = 2^2 usw. zu **(Bild 2b)**.

Synchron-Dual-Zähler. Bei Synchron-Zählern wird das Zählsignal (Takt) allen Kippgliedern gleichzeitig zugeführt **(Bild 3)**. Die Kippglieder des Zählers ändern deshalb bei einer Ansteuerung ihren Zustand gleichzeitig. Damit werden fehlerhafter Zählerstände wie beim Asynchron-Zähler ausgeschlossen.

Synchron-Zähler eignen sich auch für höhere Zählfrequenzen.

Da beim Synchron-Zähler das Zählsignal allen Kippgliedern zugeführt wird, ist eine Ansteuerung der jeweiligen J- und K-Eingänge notwendig.

Beschaltung der J- und K-Eingänge beim Synchron-Dual-Zähler

Die J- und K-Eingänge des Kippgliedes K0 erhalten dauerhaft ein 1-Signal, daher löst jede fallende Flanke am Zähleingang C1 einen Zählschritt an K0 aus. Das Ausgangssignal toggelt[1] **(Bild 3, Seite 239)**. Die weiteren Kippglieder K1 bis K3 mit den Ausgängen Q1 bis Q3 sind in Verbindung mit den UND-Verknüpfungen so verschaltet, dass K1 erst nach dem zweiten, K2 erst nach dem vierten und K3 erst nach dem achten Zählschritt ihre Ausgänge verändern. Dadurch entstehen an den Ausgängen Q0 bis Q3 die Zahlen nach dem 8-4-2-1-Code **(Tabelle)**.

[1] von to **toggle** (engl.) = hin- und herschalten
[2] **BCD** von **B**inary-**C**oded-**D**ecimal (engl.) = binär codiertes Dezimalsystem

Tabelle: 8-4-2-1-Code

Wert (Dezimalziffer)	2^3 (8)	2^2 (4)	2^1 (2)	2^0 (1)
0	0	0	0	0
1	0	0	0	1
2	0	0	1	0
3	0	0	1	1
4	0	1	0	0
5	0	1	0	1
6	0	1	1	0
7	0	1	1	1
8	1	0	0	0
9	1	0	0	1
10[1]	1	0	1	0

[1] Zählerrückstellung und Übertragsbildung zur nächsthöheren Zähldekade.

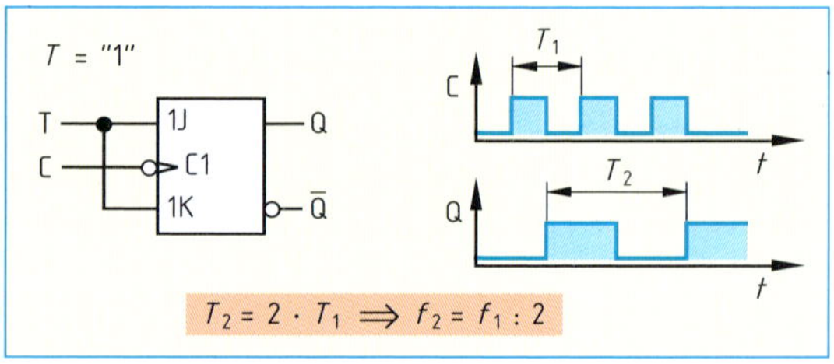

Bild 1: T-Kippglied als Frequenzteiler

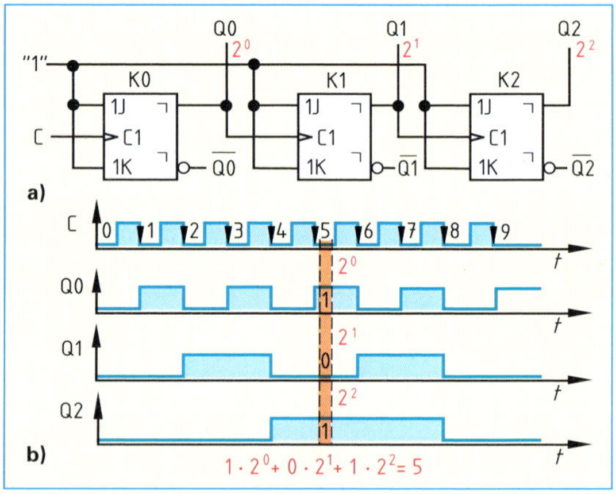

Bild 2: Asynchron-Dual-Zähler
a) Schaltung, b) Zeitablaufdiagramm

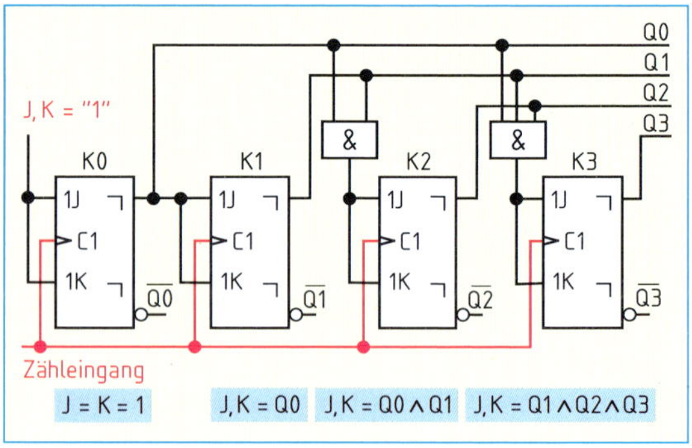

Bild 3: Synchron-Dual-Zähler

9.8.9 Analog-Digital-Umsetzer (AD-Umsetzer)

Analog-Digital-Umsetzer (Bild 1) wandeln analoge Eingangsgrößen in digitale Ausgangssignale um.

Beim Messen elektrischer Größen, z.B. der Spannung, oder nichtelektrischer Größen, z.B. der Temperatur, erhält man analoge elektrische Messwerte. Zur Verarbeitung in Datenverarbeitungsanlagen müssen die analogen elektrischen Messwerte in digitale Werte umgesetzt werden. Dazu ist ein **Analog-Digital-Umsetzer (ADU[1], Bild 1)** notwendig.

Wichtige Eigenschaften eines AD-Umsetzers sind Auflösung, Genauigkeit und Abtastrate. Sie sind vom eingesetzten AD-Umsetzungsverfahren **(Tabelle, Seite 242)** abhängig.

Fachbegriffe zu Analog-Digital-Umsetzer

- **Auflösung:** Gibt die Anzahl der binären Stellen (Bit) des digitalen Ausgangssignals an. Z.B. hat ein 8-Bit-Umsetzer 2^8-1 = 255 Quantisierungsstufen. Bei einer Eingangsspannung von z.B. 2,55 V können Spannungen, in Schritten von 2,55 V / 255 = 0,01 V digital ausgegeben werden.
- **Max. Abtastrate:** Sie bestimmt die max. Anzahl der Messungen pro Sekunde.
- **Quantisierungsfehler:** Entsteht beim Runden des analogen Signals auf den kleinsten digitalen Wert (eine Quantisierungsstufe). Abhängig von der Auflösung.

Direkte Umsetzer

Flash[2]-Umsetzer, vergleichen die analoge Eingangsspannung (Messspannung) mit bekannten Vergleichsspannungen **(Bild 2)**. Die Eingangsspannung wird in einem Schritt digitalisiert. Dadurch ist er sehr schnell. Flash-Umsetzer werden z.B. in Digital-Speicher-Oszilloskopen **(Seite 183)** eingesetzt. Der Flash-Umsetzer für 3 Bit setzt sich aus sieben parallelen Komparatoren (A bis G) zusammen. An den invertierenden Eingängen entstehen Referenzspannungen, die durch die Widerstände *R* bestimmt werden. Die Messspannung U_x wird dann mit der Vergleichsspannung U_v verglichen. Die Ausgänge der Komparatoren sind auf ein digitales Schaltnetz geführt, welches die Werte der Komparatoren in eine dreistellige Binärzahl, z.B. 101, umwandelt.

Umsetzer mit Zähler (Bild 3) steuern mit einem Zähler einen DA-Umsetzer **(Seite 243)** an. Dieser erzeugt eine in Stufen steigende Vergleichsspannung U_v, die mit der Messspannung U_x in einem Komparator verglichen wird. Entspricht $U_v = U_x$, wird der Zähler gestoppt. Der digitale Wert des Zählers entspricht der Messspannung. Das Zählverfahren ist sehr langsam. Man erreicht jedoch sehr hohe Auflösungen, z.B. 20 Bit.

[1] **ADU**, Abk. für **A**nalog-**D**igital-**U**msetzer; [2] von Flash (engl.) = Blitz

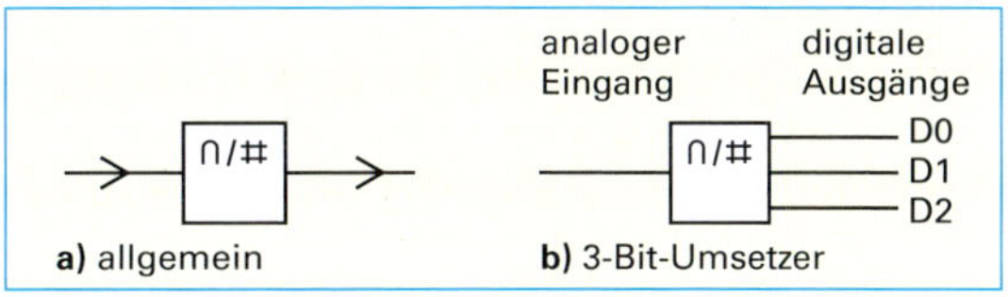

Bild 1: Schaltzeichen für AD-Umsetzer

Übersicht: AD-Umsetzerverfahren (Beispiele)

Direkte Umsetzer (Momentanwert-Umsetzer)

- Parallelverfahren, z.B. Flash-Umsetzer
- Zählverfahren, z.B. Umsetzer mit Zähler
- Wägeverfahren z.B. Sukzessive Approximations-Umsetzer

Indirekte Umsetzer (Integrierende Umsetzer)

- Single-Slope-Umsetzer
- Dual-Slope-Umsetzer
- Sigma-Delta-Umsetzer

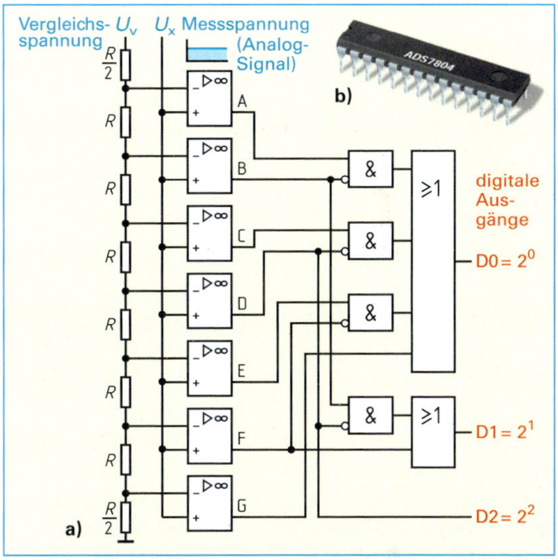

Bild 2: a) 3-Bit-Flash-Umsetzer, Prinzipschaltung und b) als integrierter Schaltkreis (IC)

Flash-Umsetzer benötigen für n-Bit: 2^n-1 Komparatoren

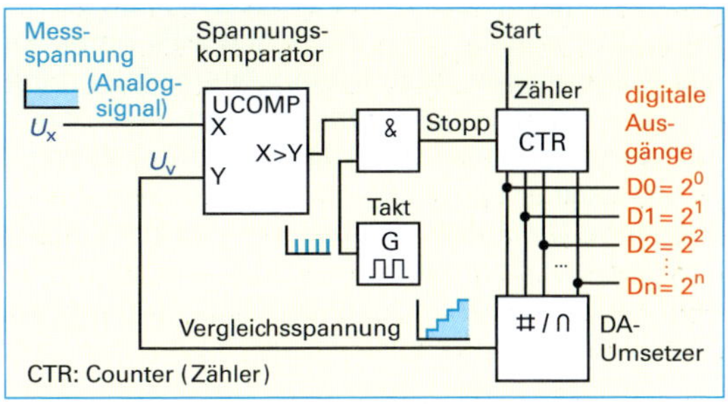

Bild 3: AD-Umsetzer nach dem Zählverfahren

Sukzessive-Approximations-Umsetzer (Bild 1) nutzen das Wägeverfahren. Der Digitalwert wird schrittweise an die Messspannung angenähert. Das Sukzessive-Approximations-Register (SAR) erzeugt in immer kleiner werdenden Schritten über den DA-Umsetzer **(Seite 243)** eine Vergleichsspannung U_v. Die Spannung U_v wird mit jedem Schritt halbiert und mit der analogen Messspannung U_x verglichen. Der Vorgang läuft wie folgt ab:

- Das SAR setzt zuerst das höchstwertigste Bit (auch MSB[1] genannt).
- Der DA-Umsetzer wandelt das Signal in eine Vergleichsspannung um.
- Ist die Spannung U_v größer als die Spannung U_x, wird das Bit zurückgesetzt. Ist sie kleiner, bleibt es gesetzt.
- Vom SAR wird das nächstniedrigere Bit gesetzt und wieder verglichen.
- Ist während der Umsetzung die Spannung U_v größer als die Spannung U_x, so wird dieses Bit rückgesetzt und das nächst kleinere Bit gesetzt.
- Dieser Vorgang wiederholt sich, bis alle Bits bis zum niedrigwertigsten Bit (LSB[2]) bearbeitet wurden. Die Messspannung darf sich während der Umsetzung nicht ändern. Deshalb wird dem Eingang ein Abtast-Halte-Glied vorgeschaltet.

Tabelle: Kennwerte der Umsetzungsverfahren

Verfahren	Auflösung	Maximale Abtastrate	Verwendung (Beispiele)
Parallelverfahren	4 bis 10 bit	20 MHz bis 600 MHz	Bildverarbeitung in Digital- und Videokameras, Radaranlagen
Zählverfahren	8 bis 24 bit	2 Hz bis 800 kHz	Digitale Messgeräte
Wägeverfahren	8 bis 16 bit	10 kHz bis 1 MHz	Prozesssteuerung, Fertigungsautomatisierung

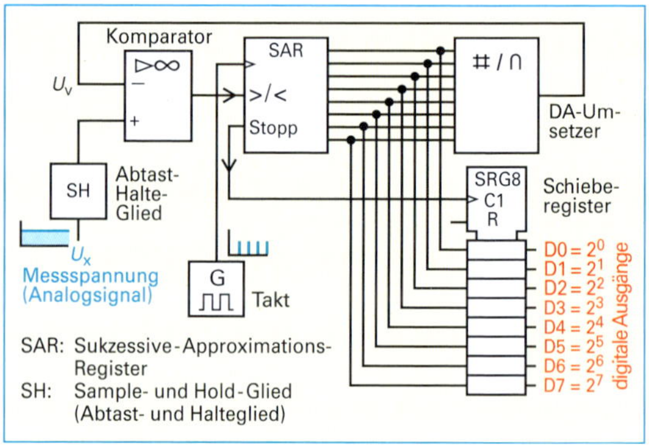

Bild 1: 8-Bit-Sukzessive-Approximations-Umsetzer (Prinzip)

Indirekte Umsetzer

Dual-Slope-Umsetzer[3] (Bild 2) liegen zählende Verfahren zugrunde. Sie setzen die Messspannung U_x in einen Impuls proportionaler Zeitdauer um. Die Zeitdauer wird anschließend mit einem Zähler digital gemessen. Die Messspannung U_x lädt den Kondensator im Integrierer in einer bestimmten Zeit auf. Anschließend wird der Kondensator über eine Vergleichsspannung U_v wieder entladen. Solange der Kondensator sich entlädt, werden die Zählimpulse vom Zähler gezählt. Weder die Stabilität des Frequenzgenerators noch die Integrationszeitkonstante des Integrierers beeinflussen das Messergebnis. Dual-Slope-Umsetzer sind genau, unabhängig von Toleranzen der Bauelemente und preiswert. Sie werden daher z. B. in digitalen Messgeräten verwendet.

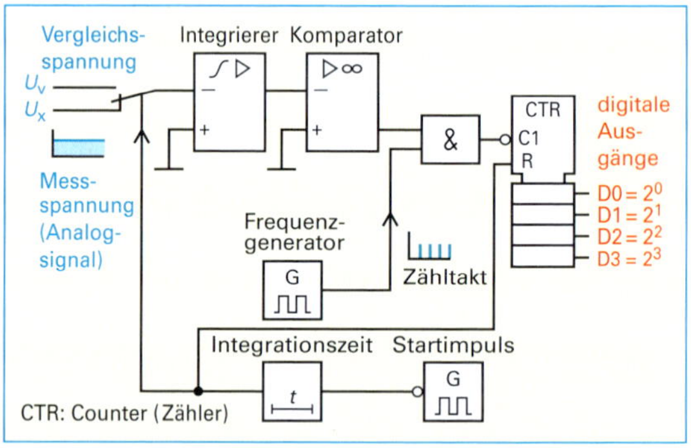

Bild 2: 4-Bit-Dual-Slope-Umsetzer (Prinzip)

Sigma-Delta-Umsetzer (Σ-Δ-Umsetzer[4], Bild 3). Die Messspannung U_x wird über einen Integrierer auf einen Summierer geführt. Ein weiterer Integrierer erzeugt einen Amplitudenmittelwert, der einen Komparator ansteuert. Der Mittelwert des Komparatorausgangssignals U_A entspricht der Messspannung U_x. U_A steuert über einen elektronischen Schalter den Summierer und wird gleichzeitig einem digitalen Tiefpassfilter zugeführt. Dieser filtert das Signal und erzeugt z. B. ein 16-Bit-Datenwort. Σ-Δ-Umsetzer haben hohe Auflösungen und werden z. B. in der Audio- und Messtechnik eingesetzt.

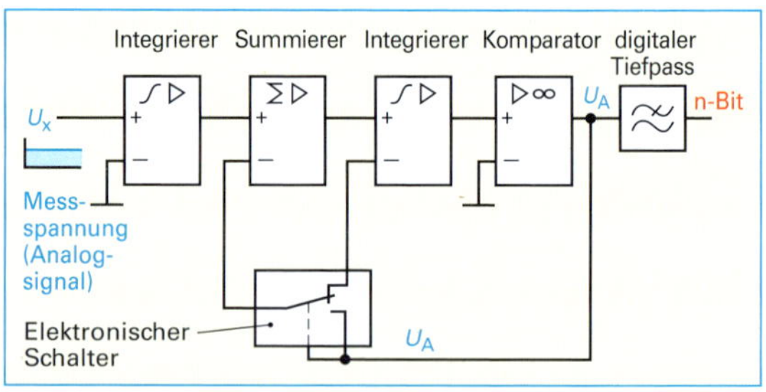

Bild 3: Sigma-Delta-Umsetzer (Prinzip)

[1] **MSB** von **M**ost **S**ignificant **B**it (engl.) = höchstwertige Bit
[2] **LSB** von **L**east **S**ignificant **B**it (engl.) = niedrigwertige Bit
[3] dual (engl.) = zwei, slope (engl.) = Rampe, Gefälle
[4] Σ griech. Großbuchstabe Sigma

9.8.10 Digital-Analog-Umsetzer (DA-Umsetzer)

Digital-Analog-Umsetzer (Bild 1) wandeln digitale Eingangssignale in analoge Ausgangsgrößen um.

Soll z. B. mit einer SPS eine Drehzahl geregelt werden, müssen die internen digitalen Werte in ein analoges Signal umgewandelt werden.

Die Umsetzung eines digitalen Wertes in eine analoge Größe erfolgt meist in zwei Stufen **(Bild 2a und b)**. Zuerst wird der digitale Wert **(Bild 2c)** im DA-Umsetzer in entsprechende Spannungswerte U_{A1} **(Bild 2d)** umgeformt. Die am Ausgang des DA-Umsetzers liegende Spannung hat einen treppenförmigen Verlauf **(Bild 2d)**. Um den treppenförmigen Verlauf zu glätten, befindet sich hinter dem DA-Umsetzer meist ein **Tiefpass-Filter (Bild 2b)**. Am Ausgang des RC-Gliedes liegt dann ein geglättetes analoges Signal **(Bild 2e)**.

Bei DA-Umsetzern unterscheidet man vor allem:

- **Direkte Umsetzer**
- **Umsetzer nach dem Wägeverfahren**
- **Umsetzer nach dem Zählverfahren**

Direkte Umsetzer erzeugen mithilfe eines Spannungsteilers mögliche Ausgangsspannungen. Ein 1-aus-n-Decoder (Multiplexer) wählt, abhängig vom Digitalwert, die entsprechende Spannung aus. Dieses Verfahren ist sehr schnell, jedoch aufwendig.

Das **Wägeverfahren** wird in der Praxis am meisten verwendet. Dazu wird ein Operationsverstärker als Summierer **(Bild 2, Seite 227)** von Teilspannungen verwendet. Die Teilspannungen, die der Wertigkeit des Digitalsignals entsprechen, werden dazu addiert. Bei einem 8-4-2-1-codierten Signal **(Bild 3)** sind die Teilspannungen im entsprechenden Verhältnis gestuft. Die Schalter S1 bis S4 im **Bild 3** können z. B. durch Schalttransistoren ersetzt werden.

Datenblatt eines 12-Bit-DA-Umsetzers AD565.pdf

Das **Zählverfahren** erfordert einen einzigen Schalter. Dieser wird periodisch geöffnet und geschlossen. Das sich ergebende Tastverhältnis wird mithilfe des digitalen Wertes so eingestellt, dass der arithmetische Mittelwert der analogen Ausgangsgröße U_a entspricht. Dieses sehr einfach zu realisierende Verfahren benötigt die größte Umsetzungszeit, lässt sich aber gut als integrierte Schaltung realisieren.

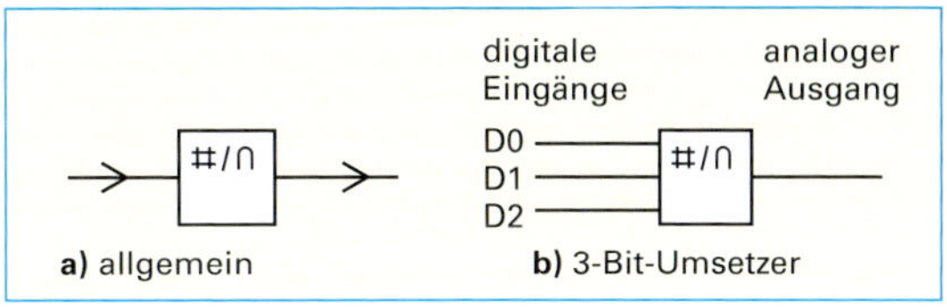

Bild 1: Schaltzeichen für DA-Umsetzer

Die Auflösung bestimmt den kleinstmöglichen Analogwert. Ein 8-Bit-Umsetzer hat z. B. 2^8-1 = 255 Quantisierungsstufen. Bei einer Referenzspannung von z. B. 2,55 V können Spannungen in Schritten von 2,55 V/255 = 0,01 V analog ausgegeben werden.

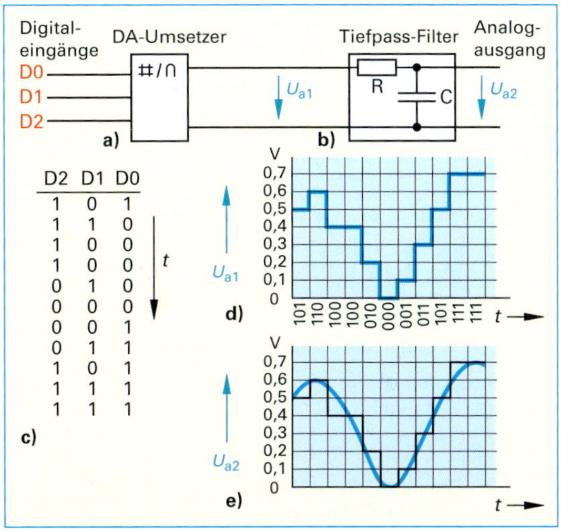

Bild 2: 3-Bit-DA-Umsetzer mit RC-Tiefpass

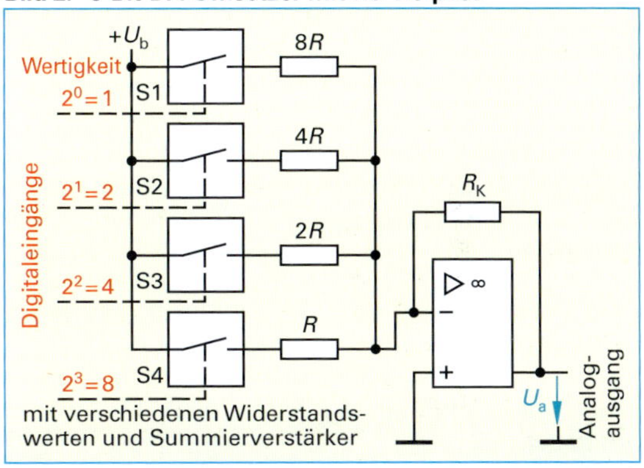

Bild 3: DA-Umsetzer: Teilspannungsverfahren (Prinzip)

Beispiel:

Ein DA-Umsetzer nach **Bild 3** hat Widerstände mit R = 10 kΩ. Am Digitaleingang ist die Dualzahl 0110, also die Dezimalzahl 6, vorhanden. Somit sind die Schalter S1 und S4 geöffnet, die Schalter S2 und S3 geschlossen. Die Betriebsspannung U_b beträgt 8 V, der Rückkopplungswiderstand R_K = 1 kΩ. Wie groß ist die Ausgangsspannung U_a?

Lösung:

OP als Summierverstärker: $\mathbf{U_a} = \frac{R_K}{4 \cdot R} \cdot U_b + \frac{R_K}{2 \cdot R} \cdot U_b = \frac{1\ \text{k}\Omega}{40\ \text{k}\Omega} \cdot 8\ \text{V} + \frac{1\ \text{k}\Omega}{20\ \text{k}\Omega} \cdot 8\ \text{V} = \mathbf{0{,}6\ V} \quad \Rightarrow \quad \mathbf{U_a = -0{,}6\ V}$

Bei der höchsten hier möglichen Dualzahl 1111 (Dezimal 15) ist die Ausgangsspannung genau –1,5 V.

9.9 Leistungselektronik

9.9.1 Bauelemente der Leistungselektronik

9.9.1.1 Thyristor

Aufbau. Der Thyristor[1] **(Bild 1)** enthält eine Siliciumscheibe mit vier Zonen, wobei sich P- und N-Zonen abwechseln **(Bild 2)**. Thyristoren werden für Bemessungsspannungen von 50 V bis etwa 10000 V und Bemessungsströme von 0,4 A bis 6000 A hergestellt. Entsprechend vielseitig sind die Bauformen, Gehäuse und Größen **(Bild 3)**. Die Anode ist mit dem Metallgehäuse leitend verbunden. Im Betrieb kann also Spannung am Thyristorgehäuse anliegen.

Einteilung. Thyristoren lassen sich in **P-Gate-Thyristoren** und **N-Gate-Thyristoren** einteilen **(Bild 1)**. Der in der Praxis am meisten verwendete Thyristor ist der P-Gate-Thyristor. Dabei ist die äußere P-Schicht die Anode, die äußere N-Schicht die Katode und die innere P-Schicht das Gate **(Bild 2a)**.

Versuch: Bauen Sie die Messschaltung **(Bild 3, Seite 245)** mit einem Thyristor, z. B. BSt 01 oder TIC 106 D, auf. Schalten Sie einen Strommesser im Milliampere-Messbereich in Reihe an das Gate. Erhöhen Sie den Steuerstrom und achten Sie auf die Anzeige des Strommessers.

Schon bei geringem Steuerstrom (je nach Typ des Thyristors 1 mA bis 100 mA) leuchtet die Glühlampe.

> Thyristoren sind elektrisch schaltbare Bauelemente mit vier aufeinanderfolgenden PNPN-Halbleiterzonen **(Bild 2a)**.

Der Gatestrom I_G überflutet den inneren P-Leiter so stark, dass die in der Mitte liegende Sperrschicht abgebaut wird. Die verbleibenden PN-Übergänge sind je nach Richtung der Anschlussspannung zwischen Anode und Katode entweder beide in Durchlassrichtung oder in Sperrrichtung geschaltet und wirken dann wie der PN-Übergang einer Halbleiterdiode **(Bild 2b)**.

> Der Thyristor wirkt wie eine Diode, sobald ein Gatestrom fließt. Die Durchlassspannung U_F beträgt ca. 0,6 V bis 3 V, die zum Zünden erforderliche Gate-Spannung U_{GK} ist ca. 0,6 V bis 2,5 V **(Bild 2c)**.

Beim Thyristor sind im Inneren drei Sperrschichten wirksam. Liegt zwischen Anode und Katode eine Spannung, so ist mindestens eine dieser Schichten in Sperrrichtung gepolt. Die Richtung der Spannung, bei der im Thyristor nur ein PN-Übergang in Sperrrichtung gepolt ist, nennt man **Vorwärtsrichtung**. Die Richtung, bei der zwei Sperrschichten in Sperrrichtung geschaltet sind, heißt **Rückwärtsrichtung**.

Zur Leistungselektronik

- Die Leistungselektronik befasst sich mit dem Schalten, Steuern, Umformen und Regeln von elektrischer Energie.
- Wichtige Halbleiterbauelemente sind: Diode, Thyristor, GTO-Thyristor, Triac, Diac und IGBT.
- Begriffe: **Seite 250**
- Schaltzeichen: **Seite 665**

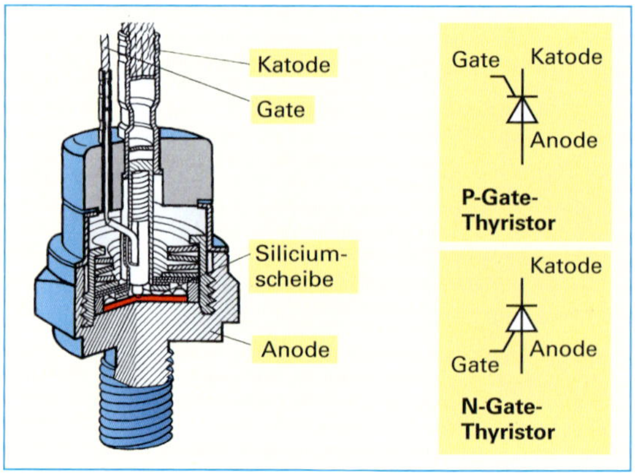

Bild 1: Thyristorarten mit Schaltzeichen

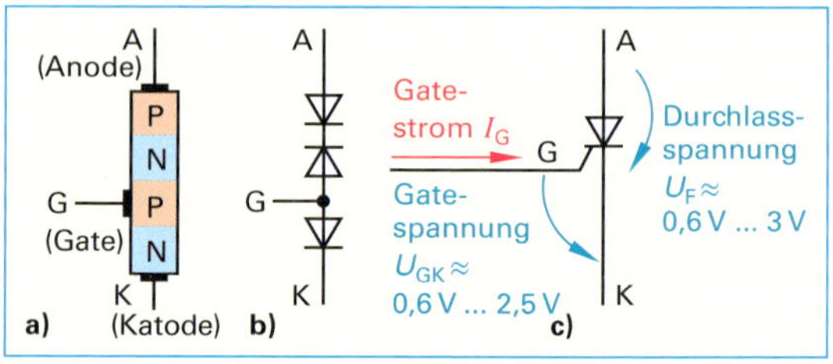

Bild 2: Thyristoraufbau und Thyristorkennwerte

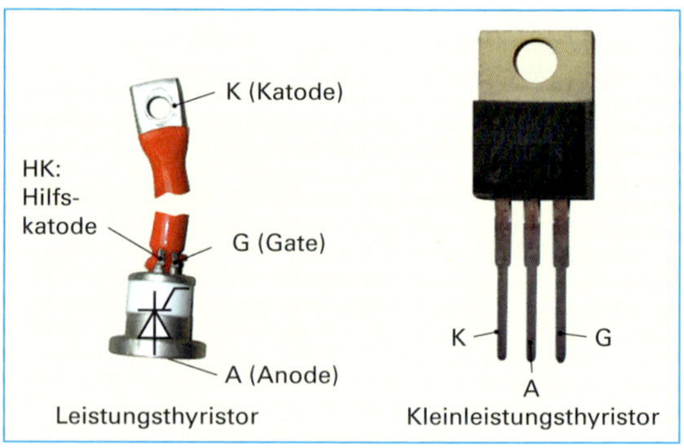

Bild 3: Thyristor-Bauformen (Beispiele)

[1] Kunstwort aus Thyratron (gasgefüllte Schaltröhre) und resistor (engl.) = Widerstand

Thyristoren kann man als Gleichrichter oder als kontaktlose Schalter verwenden. Ist durch den Steuerstrom die mittlere Sperrschicht abgebaut, so verhindern die Ladungsträger des Laststromes eine erneute Sperrung, auch wenn Gatestrom und Laststrom zurückgehen. Die Sperrschicht bildet sich erst wieder, wenn der Gatestrom ganz ausbleibt und der Laststrom kleiner wird als der **Haltestrom I_H (Bild 1 und Tabelle).** Haltestrom nennt man den kleinsten Vorwärtsstrom, bei dem der Thyristor bei I_G = 0 A noch im leitenden Zustand bleibt.

Bei Betrieb mit Wechselstrom wird bei ohmschen Verbrauchern am Ende jeder Halbperiode der Haltestrom I_H unterschritten. Dadurch sperrt der Thyristor.

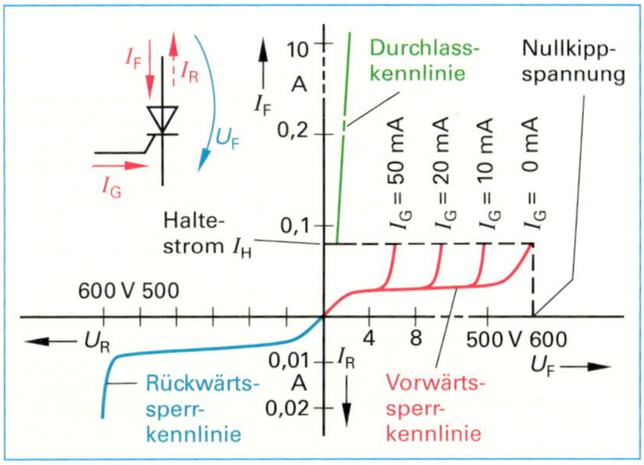

Bild 1: Kennlinie eines Thyristors

Tabelle: Kenn- und Grenzwerte des Thyristors TIC 106 D		
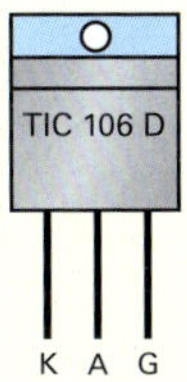	**Kennwerte:**	
	Zündspannung U_{GK}	0,8 V
	Zündstrom I_G	0,2 mA
	Haltestrom I_H	5 mA
	Grenzwerte:	
	Sperrspannung U_R	400 V
	Durchlassstrom I_F	5 A

Zünden von Thyristoren

Die übliche Zündart bei Thyristoren ist das Zünden durch einen Stromimpuls am Gate. Bei Richtungsumkehr des Laststromes, z. B. bei Wechselstrom, sperrt der Thyristor. Danach ist eine erneute Zündung innerhalb der positiven Halbwelle erforderlich.

Durch diesen erneuten Zündimpuls am Gate wird der Thyristor wieder leitend. Dabei kann der Zündstrom mit steigender Anodenspannung geringer werden.

Wird ein Thyristor mit einem Gatestrom angesteuert, der gerade dem Mindestwert entspricht, so wird zunächst nur die unmittelbare Umgebung des Gate-Kontaktes leitend. Der übrige Teil des Thyristors wird erst mit zunehmender Stromstärke in der Anoden-Katoden-Strecke leitend. Dieses allmähliche Zünden eines Thyristors ist schädlich, weil es den PN-Übergang zu stark erwärmt. Deshalb verwendet man zum Zünden Stromimpulse, deren Höchstwerte weit über dem zulässigen Wert eines Gate-Gleichstromes liegen.

Zum schnellen Zünden eines Thyristors wird das Gate mit hohen Stromimpulsen angesteuert.

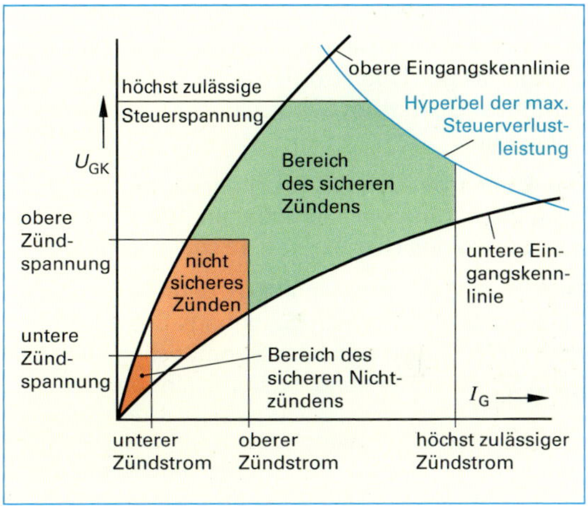

Bild 2: Zünddiagramme eines Thyristors

Wegen Exemplarsteuerungen kann man die erforderliche Stromstärke für den Steuerstrom nicht exakt angeben. Man unterscheidet jedoch die Bereiche des sicheren Zündens, des nicht sicheren Zündens und des sicheren Nichtzündens **(Bild 2)**. Um ein unerwünschtes, fehlerhaftes Zünden des Thyristors zu vermeiden, ist die **Freiwerdezeit** zu beachten. Die Freiwerdezeit (10 µs bis 100 µs) ist die Mindestzeit, die zwischen dem Nulldurchgang des Durchlassstromes bis zur Wiederkehr der positiven Spannung vergehen muss, damit der Thyristor mit Sicherheit nicht wieder in den Durchlasszustand kippt. Die Spannung U_{GK} und der Strom I_G, die zum Zünden eines Thyristors an Gleichspannung nötig sind, können mit einer Messschaltung ermittelt werden **(Bild 3)**.

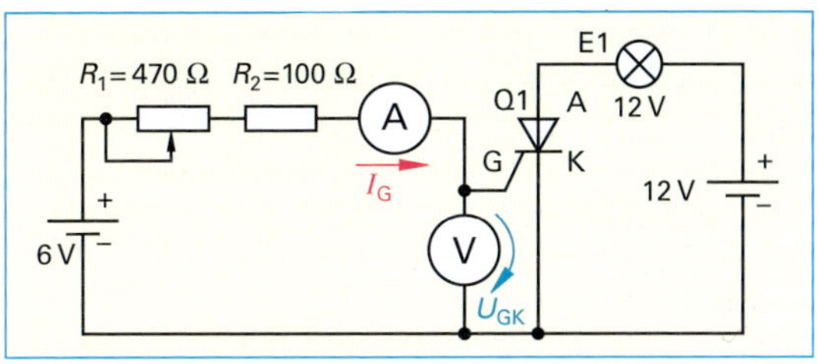

Bild 3: Thyristor-Messschaltung zur Ermittlung von Zündspannung und Zündstrom

Unerwünschtes Zünden von Thyristoren

- Beim Betrieb von Thyristoren **(Seite 256)** ist ein zu schnelles Ansteigen der Betriebsspannung bzw. der Spannung U_{AK} und des Betriebsstromes zu vermeiden. Steigt die Betriebsspannung zu schnell an, so kann dies zu einer Selbstzündung, der sogenannten Überkopfzündung, führen. Unter **Überkopfzündung** versteht man die Zündung eines Thyristors ohne Gatestrom **(Bild 1, Seite 245)**. Das Ansteigen der Betriebsspannung wird durch die Spannungssteilheit $\Delta u/\Delta t$ angegeben. Die üblichen Grenzwerte betragen etwa 200 V/µs bis 2000 V/µs. Kritische Stromsteilheiten $\Delta i/\Delta t$ sind je nach Typ zwischen 20 A/µs und 200 A/µs.
- Die Größe der Spannung in Schaltrichtung des Thyristors ist zu beachten. Diese Spannung darf die **Nullkippspannung (Bild 1, Seite 245)**, z. B. 600 V, nicht erreichen, da der Thyristor sonst ohne Steuerstrom I_G zündet.

Thyristoren sind zu schützen vor:
- Stromüberlastung,
- kritischen Spannungs- und Stromsteilheiten und
- Überspannungsspitzen.

Schutz von Thyristoren

Thyristoren oder Thyristor-Module (Thyristor-Baugruppen) **(Bild 1)** besitzen eine glatte Fläche zur Wärmeübertragung auf einen Kühlkörper und Schraubbefestigungen zur Montage.

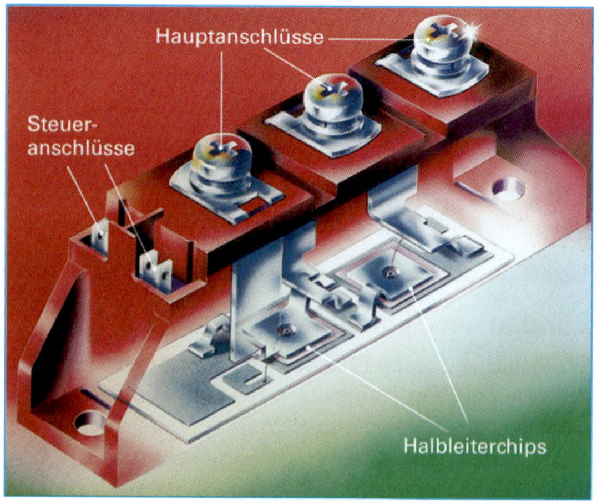

Bild 1: Thyristor-Modul aus zwei rückwärts leitenden Thyristoren (Ansicht geöffnet) zur Montage auf einem Kühlkörper

Aber auch bei ausreichender Kühlung sind Thyristoren gegen Stromüberlastung zu schützen. Da sie nur eine kleine Wärmekapazität haben, werden sie auch bei kurzzeitigen Überströmen zerstört. Deshalb müssen flinke Überstrom-Schutzeinrichtungen verwendet werden.

Zum Überstromschutz von Thyristoren verwendet man Schmelzsicherungen der Betriebsklasse aR oder superflinke Schutzschalter.

Die Überstrom-Schutzeinrichtungen legt man als Strangsicherung vor die Schaltung der Thyristoren oder als Zweigsicherung in die Schaltung **(Bild 2)**.

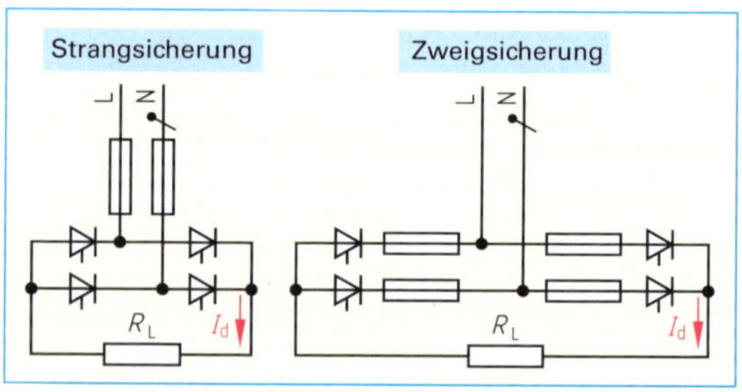

Bild 2: Überstromschutz von Thyristoren

Um den raschen Stromanstieg zu begrenzen, werden Thyristor-Schutzdrosseln (Sättigungs-Drosselspulen) verwendet. Ein zu schneller Stromanstieg kann z. B. beim Schalten von Kondensatoren eintreten.

Thyristoren sind gegen Überspannungsspitzen empfindlich. Überspannungsspitzen entstehen z. B. beim Abschalten von Induktivitäten.

Zum Schutz der Thyristoren gegen Überspannungsspitzen werden vor allem Reihenschaltungen aus Kondensatoren und Wirkwiderständen **(RC-Beschaltung)** verwendet **(Bild 3)**. Beschaltungen am Transformator (Transformatorbedämpfung) dämpfen Überspannungen aus dem Netz. Eine RC-Beschaltung an der Last (Lastbedämpfung) verhindert kurzzeitige Überspannungen, die durch Schaltvorgänge entstehen. Die erforderliche Größe der Kapazität und des Widerstandes ist von Bedämpfungsart, Spannung und Stromstärke abhängig.

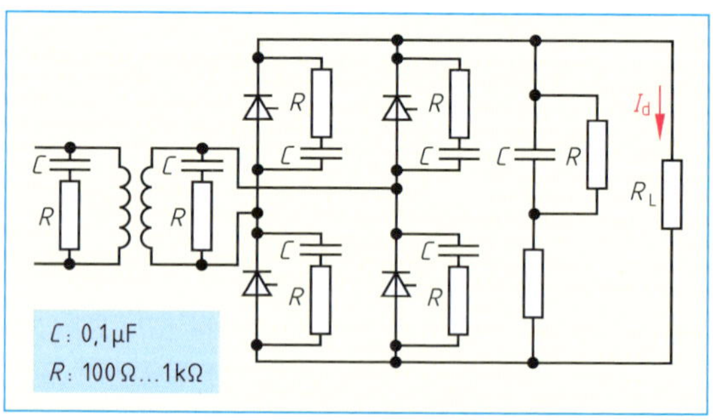

Bild 3: RC-Beschaltung zum Schutz der Thyristoren

9.9.1.2 GTO-Thyristor

Übliche Thyristoren können durch den Gatestrom nicht gelöscht werden. Das Löschen ist jedoch bei GTO[1]-Thyristoren (abschaltbare Thyristoren) über das Gate möglich.

Zum Zünden von GTO-Thyristoren verwendet man einen positiven Gatestromimpuls, zum Löschen einen negativen Gatestromimpuls.

Soll mit nur einer Spannungsquelle ein GTO-Thyristor leitend oder gesperrt werden, so verwendet man zusätzlich Kondensatoren **(Bild 1)**. Im abgeschalteten Ruhezustand lädt sich der Kondensator C_1 über den Widerstand R_1 und die Last R_L auf. Betätigt man den Taster S1, so kann sich der Kondensator C_1 über die Gate-Katoden-Strecke des Thyristors entladen, der dann zündet. Nun lädt sich der Kondensator C_2 über den leitenden GTO-Thyristor auf. Betätigt man den Taster S2, wird der Kondensator C_2 so an das Gate des Thyristors angeschlossen, dass der Gatestrom die umgekehrte Richtung wie beim Zünden hat. Der GTO-Thyristor löscht jetzt.

GTO-Thyristoren haben Bemessungsströme bis 3000 A und Bemessungsspannungen bis 5000 V. Man kann sie z.B. als Gleichstromsteller oder zum Ein- und Ausschalten von Motoren bei Elektrofahrzeugen verwenden.

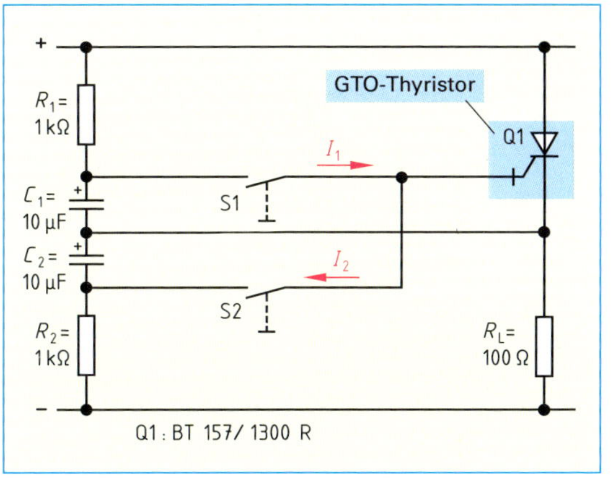

Bild 1: Steuerschaltung eines GTO-Thyristors an einer Spannungsquelle

9.9.1.3 Triac

Schaltet man einen P-Gate- und N-Gate-Thyristor antiparallel **(Bild 2a)** und kombiniert beide Thyristoren in einem Halbleiterkristall **(Bild 2b)**, so erhält man einen Triac[2] **(Bild 2c)**. Wird der Triac an Wechselspannung betrieben, so steuert er die positive Halbwelle über den P-Gate-Thyristor und die negative Halbwelle über den N-Gate-Thyristor leitend.

Ein beliebig gepolter Impuls zwischen Steuerelektrode G (Gate) und benachbarter Elektrode A1 (Anode 1) schaltet einen der beiden Thyristoren unabhängig von der Richtung der Spannung im Laststromkreis in den leitenden Zustand **(Bild 3)**.

Ein Triac lässt sich mit Wechselstrom oder mit Gleichstrom in beiden Richtungen zünden. Er ist ein Wechselstromschalter, der im Gegensatz zum Thyristor beide Stromrichtungen schaltet.

Die Zündung ist mit einer zwischen G und A1 grundsätzlich beliebig gepolten Zündspannung in jeder Halbperiode einer Wechselspannung möglich. Dabei sind folgende vier Fälle, entsprechend den vier Quadranten eines Achsenkreuzes, zu unterscheiden **(Tabelle 1, Seite 248)**.

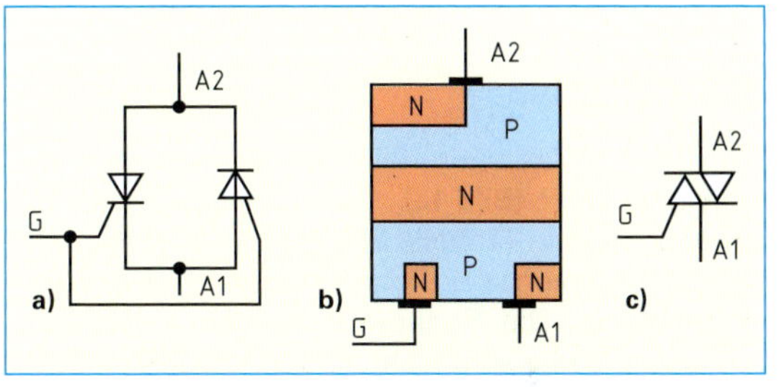

Bild 2: Triac-Aufbau, Ersatzschaltung und Schaltzeichen

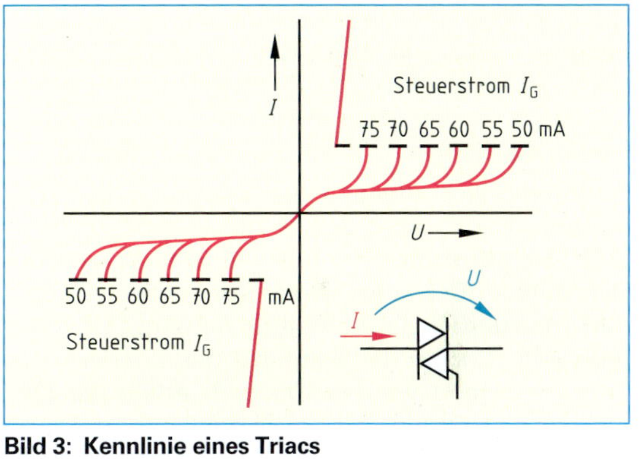

Bild 3: Kennlinie eines Triacs

Tabelle: Kenn- und Grenzwerte des Triac TIC 226 D

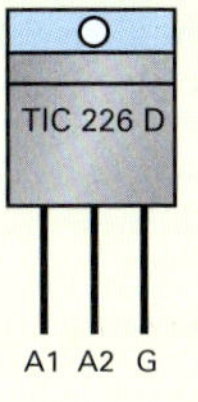

Kennwerte:	
Zündspannung U_{GK}	2,5 V
Zündstrom I_G	50 ... 75 mA
Haltestrom I_H	50 mA
Grenzwerte:	
Sperrspannung U_R	400 V
Durchlassstrom I_F	4 A

[1] von **g**ate-**t**urned-**o**ff (engl.) = über Gate abschaltbar
[2] Kunstwort aus **Tri**ode (Bauelement mit drei Anschlüssen) und alternating **c**urrent (engl.) = Wechselstrom

Tabelle 1: Zündverhalten Triac	
Quadrant	Verhalten
1	Spannung vom Anschluss A2 nach Anschluss A1 positiv, von G nach A1 positiv.
2	Spannung vom Anschluss A2 nach Anschluss A1 positiv, von G nach A1 negativ.
3	Spannung vom Anschluss A2 nach Anschluss A1 negativ, von G nach A1 negativ.
4	Spannung vom Anschluss A2 nach Anschluss A1 negativ, von G nach A1 positiv.

Triacs werden für Sperrspannungen bis 1200 V und Durchlassströme bis 120 A hergestellt. Er lässt sich als Stellglied für Wechselstromverbraucher, z.B. in Dimmern **(Seite 260)**, und als elektronisches Schütz verwenden.

Ein Triac für die Verwendung an einer Wechselspannung von 230 V zeigt die **Tabelle Seite 247**.

9.9.1.4 Diac

Der Diac[1] enthält ein Siliciumplättchen mit den Schichten PNP **(Bild 1a)**. Beim Überschreiten der Schaltspannung **(Tabelle 2)** wird der Diac **(Bild 1b)** unabhängig von der Polarität leitend und somit niederohmig. Die Spannung an den beiden Anschlüssen sinkt sehr schnell auf etwa 75 % der Schaltspannung **(Bild 1c)**. Beim Unterschreiten der Haltespannung (einige Volt) sperrt der Diac.

Diacs werden vor allem zur Erzeugung von Spannungsimpulsen und damit zum Zünden von Thyristoren und Triacs verwendet. Zu diesem Zweck schaltet man Diacs vor den Steueranschluss (Gate) des betreffenden Bauelementes, meist einem Triac **(Bild 2)**.

Funktion: Nach Anlegen der Spannung wird der Kondensator C_1 über den Widerstand R_1 aufgeladen. Nach Erreichen der Schaltspannung wird der Diac leitend. Der aufgeladene Kondensator zündet den Triac und die Last erhält Spannung. Durch Ändern von R_1 kann der Zeitpunkt des Zündens des Triacs verzögert werden. Dadurch erhält die Last nur einen geringen Teil der Netzspannung. Damit dient diese Schaltung der Leistungssteuerung z.B. von Glühlampen. Man spricht von einer Phasenanschnittsteuerung (Dimmer).

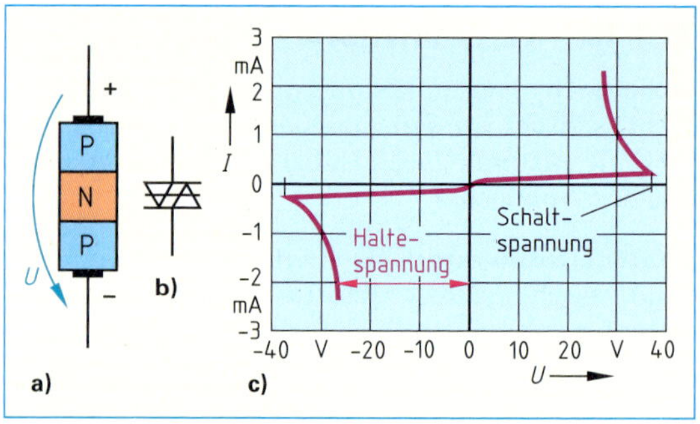

Bild 1: a) Aufbau, b) Schaltzeichen und c) Kennlinie einer Dreischichtdiode (Diac)

Arten von Diacs

Diacs sind Mehrschicht-Halbleiter und werden auch als Zweirichtungsdioden bezeichnet.

Man unterscheidet im Aufbau:

- Dreischichtdioden (PNP)
- Vierschichtdioden (PNPN)
- Fünfschichtdioden (PNPNP)

In der Praxis wird die Dreischichtdiode, z.B. zum Ansteuern von Thyristoren und Triacs, am meisten verwendet.

Tabelle 2: Übliche Kenndaten eines Diacs		
	Schaltspannung Durchbruchstrom max. Durchlassstrom	37 V 0,4 ... 1 mA 1 A

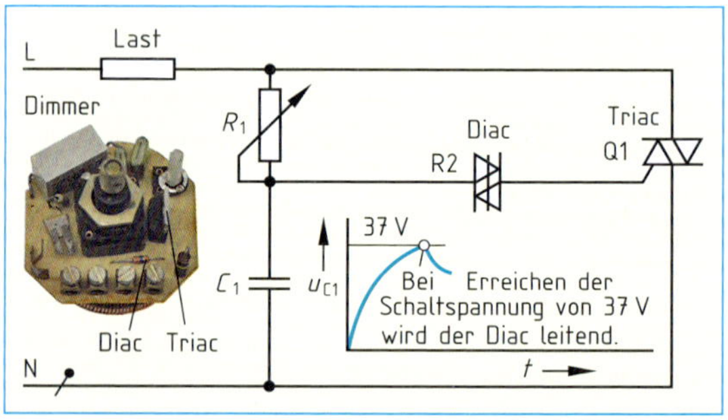

Bild 2: Ansteuern eines Triacs mit einem Diac (Prinzip)

Phasenanschnittsteuerung: **Seiten 256** und **260**

Wiederholungsfragen

1 **Beschreiben Sie den Schichtenaufbau eines Thyristors.**
2 **Erklären Sie den Begriff Vorwärtsrichtung am Thyristor.**
3 **Welche Aufgabe hat der Gatestrom beim Thyristor?**
4 **Warum kann man Thyristoren als Gleichrichter verwenden?**
5 **Was versteht man unter der Nullkippspannung eines Thyristors?**
6 **Wozu verwendet man einen GTO-Thyristor?**
7 **Wie hoch ist die Schaltspannung eines Diacs?**
8 **Welche Anschlüsse sind bei einem Triac vorhanden?**
9 **Für welche Aufgaben verwendet man den Triac?**
10 **Was versteht man unter dem Vier-Quadranten-Betrieb beim Triac?**
11 **Welche Polaritäten der Spannungen sind zum Zünden eines Triacs im 4. Quadranten notwendig?**

[1] Kunstwort aus **Di**ode und **a**lternating **c**urrent (engl.) = Diode für Wechselstrom

9.9.1.5 IGBT (Insulated Gate Bipolar Transistor)

IGBTs[1] sind elektronische Halbleiterbauelemente, die in der Leistungselektronik **(Übersicht)** als elektronischer Schalter verwendet werden.

Der IGBT vereinigt die wesentlichen Vorteile des Feldeffekttransistors (leistungslose Ansteuerung) und des bipolaren Transistors (gutes Durchlassverhalten).

Aufbau der Halbleiterstruktur. Der Aufbau des IGBT ist ähnlich dem eines Leistungs-Feldeffekttransistors, z.B. MOS-FET, **Seite 217**. Er unterscheidet sich durch ein unter dem N-Substrat liegendes P-Material, das den Kollektoranschluss C des IGBT bildet **(Bild 1)**. Beim IGBT steuert ein Feldeffekttransistor einen bipolaren Transistor an **(Bild 2a)**. Wie beim MOS-FET besteht ein IGBT aus vielen parallel geschalteten Elementen mit einem gemeinsamen Kollektor. Der IGBT hat drei Anschlüsse **(Bild 1)**. Die Steuerung des Bauelements erfolgt über die **G**ate-**E**mitter-Strecke **(GE)**. Der Laststrom I_C **(Bild 3)** fließt über die **K**ollektor-**E**mitter-Strecke **(CE)**.

Schaltverhalten des IGBT. Die Ansteuerung erfolgt durch Anlegen einer positiven Spannung von $U_{GE} \approx 15\,V$ an das Gate **(Bild 3a)**. Die Kollektor-Emitter-Strecke schaltet erst bei Überschreiten der Gate-Emitter-Schleusenspannung von typisch 2 V bis 5 V durch. Im leitenden Zustand der CE-Strecke befindet sich der IGBT im Bereich der Sättigung, d.h., die Kollektor-Emitter-Spannung sinkt auf die Sättigungsspannung U_{CEsat} von ca. 2 V bis 4 V. **Bild 3b** zeigt das Ausgangskennlinienfeld für $I_C = f(U_{CE})$.

Eigenschaften des IGBT:

- IGBTs haben, wie bipolare Transistoren, einen kleinen Durchlasswiderstand.
- Die Durchlassverluste gegenüber vergleichbaren Feldeffekttransistoren sind deshalb gering.
- Die Ansteuerung des IGBT erfolgt wie beim FET fast leistungslos.
- Der IGBT ist in Rückwärtsrichtung nur begrenzt sperrfähig, sodass bei Bedarf Freilaufdiodenbeschaltungen mit kurzen Abschaltzeiten (z.B. FRED[2]-Dioden) eingebaut sind **(Bild 3a)**.

Einsatz. IGBTs werden im Hochleistungsbereich für Sperrspannungen über 6 kV eingesetzt und können Durchlassströme bis zu 3600 A schalten. Sie werden mit Schaltfrequenzen bis zu 300 kHz, z.B. 600-V-IGBT in Schaltnetzteilen und in unterbrechungsfreien Stromversorgungen, betrieben. In der Antriebstechnik **(Bild 4)** hat sich der IGBT gegenüber MOS-FETs nahezu durchgesetzt.

IGBTs werden als diskrete Einzelbauelemente, als Module (Baugruppe, **Bild 4**) sowie als Arrays (Anordnungen) hergestellt.

[1] **IGBT**, Abk. für **I**nsulated **G**ate **B**ipolar **T**ransistor (engl.)
[2] **FRED**, Abk. für **F**ast **R**ecovery **E**pitaxial **D**iode (engl.) = Freilaufdiode

Übersicht: Einsatz und Anwendungen von IGBTs

- AC- und DC-Motorsteuerungen
- Frequenzumrichter in der Antriebstechnik
- Gleichstromsteller und Wechselrichter
- Unterbrechungsfreie Stromversorgungen (USV)
- Schaltnetzteile für größere Leistungen
- Getaktete Stromversorgungen für Schweißgeräte
- Haushaltgeräte, z.B. Klimaanlagen, Waschmaschinen, Gefrierschränke, Mikrowellengeräte
- Windkraft- und Solaranlagen

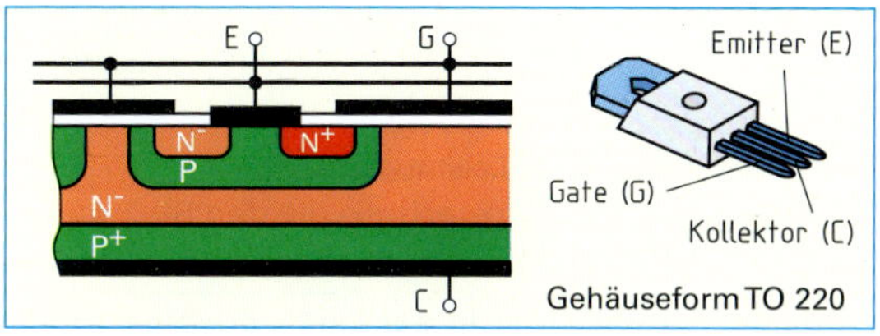

Bild 1: Halbleiterstruktur und Gehäuseform eines IGBT

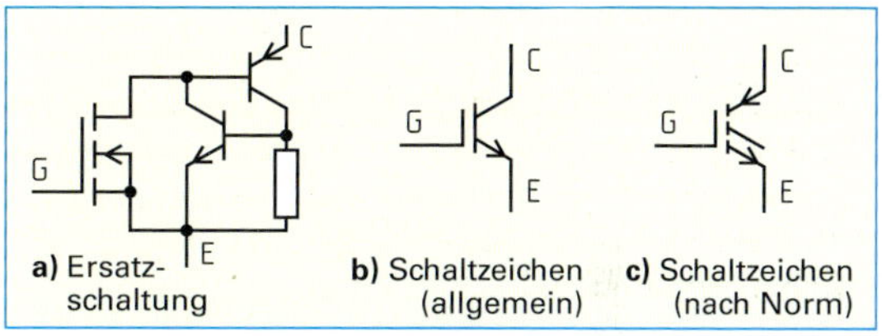

Bild 2: Schaltzeichen eines IGBT

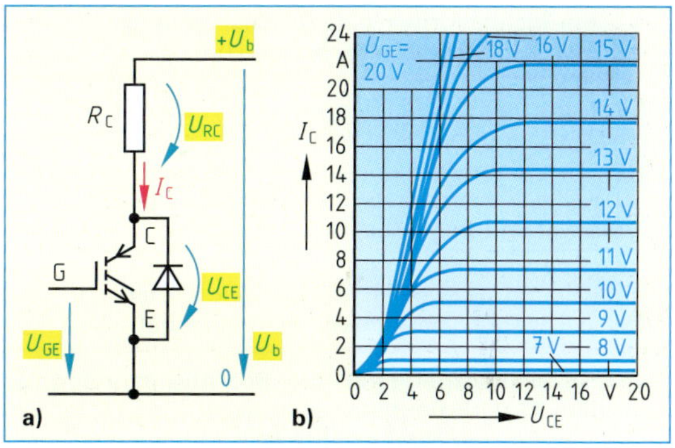

Bild 3: IGBT mit Ausgangskennlinienfeld

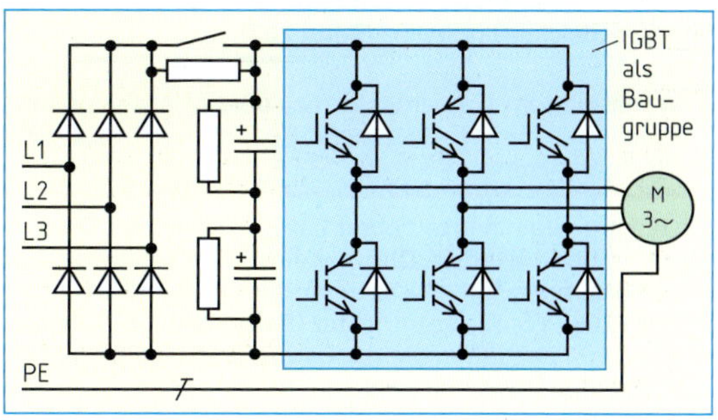

Bild 4: IGBT als Schalter im Frequenzumrichter (Prinzip)

9.9.2 Begriffe der Leistungselektronik

Elektrische Größen, z. B. Spannung und Frequenz, können mithilfe der Leistungselektronik umgeformt werden **(Bild und Tabelle)**.

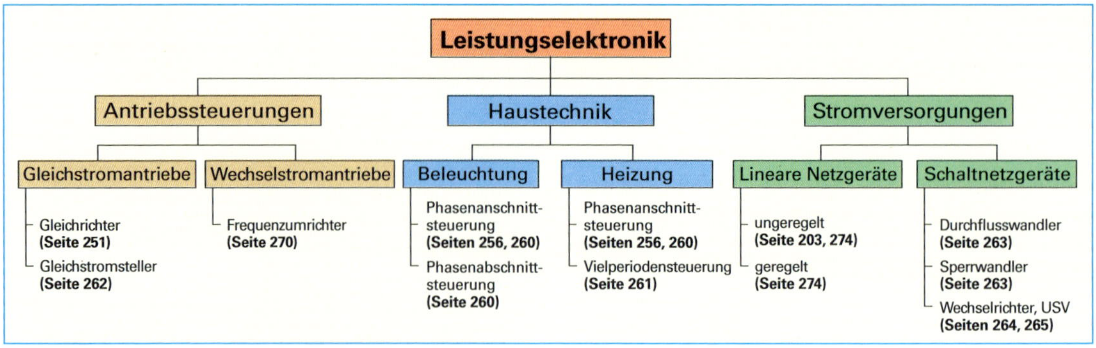

Bild: Einsatzgebiete der Leistungselektronik

Schaltungen der Energietechnik, die den Stromfluss zwischen Stromquelle und Last steuern oder von einer Stromart in eine andere umformen, werden auch als Stromrichter bezeichnet.

Tabelle: Stromrichter in der Leistungselektronik

Stromrichterarten	Schaltzeichen	Anwendungsbeispiel
Gleichrichter formen eine Einphasen- oder Dreiphasenwechselspannung in eine Gleichspannung um. Gleichspannungen für elektronische Geräte und Gleichstrommotoren werden meist aus dem Wechselstromnetz erzeugt. Je nach Anwendung werden verschiedene Gleichrichterschaltungen **(Seite 251)** eingesetzt. Bei Gleichrichtern fließt die elektrische Energie vom Wechselstromsystem zum Gleichstromsystem.	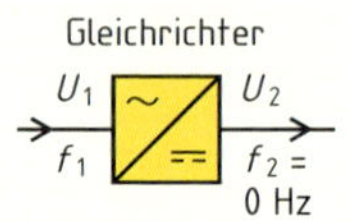	AC 230 V 50 Hz Netzgerät DC 200 V 0 Hz 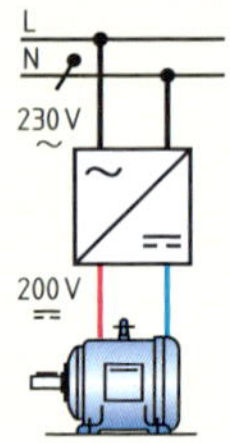
Wechselrichter formen eine Gleichspannung in eine Einphasen- oder Dreiphasenwechselspannung um. Wechselrichter werden benötigt, um z. B. einen PC für Wechselspannung 230 V an einer Batterie mit 12 V zu betreiben **(Seite 264)**. Bei Wechselrichtern fließt die elektrische Energie vom Gleichstromsystem zum Wechselstromsystem.	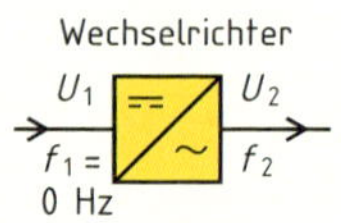	DC 12 V 0 Hz Einphasiger Wechselrichter AC 230 V 50 Hz 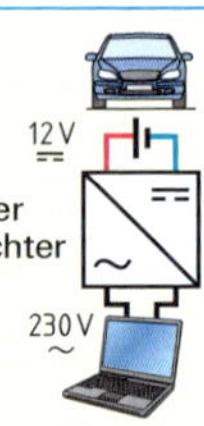
Gleichstrom-Umrichter formen eine Gleichspannung in eine Gleichspannung mit anderer Spannungshöhe oder Polarität um. Soll z. B. ein Funkgerät mit einer Betriebsspannung von DC 12 V aus dem 24-V-Akkumulator eines Lkws versorgt werden, ist ein Gleichstrom-Umrichter erforderlich. Wandelt ein Gleichstrom-Umrichter direkt von Gleichstrom nach Gleichstrom um, ohne ein Wechselstromsystem zu benutzen, spricht man auch von einem Gleichstromsteller **(Seite 262)**.	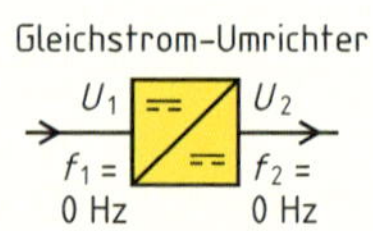	DC 24 V 0 Hz Gleichstromsteller DC 12 V 0 Hz 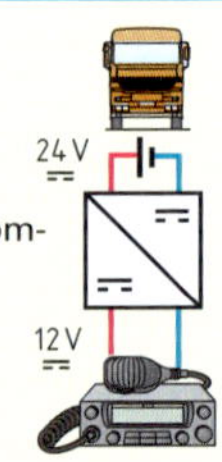
Wechselstrom-Umrichter formen eine Wechselspannung in eine Wechselspannung mit anderer Spannungshöhe, Frequenz oder Phasenzahl um. Z. B. kann die Helligkeit einer Lampe mit einem Dimmer stufenlos verändert werden. Dimmer sind Wechselstrom-Umrichter mit Phasenanschnittsteuerung oder Phasenabschnittsteuerung **(Seite 260)**. Frequenzumrichter **(Seite 270)** sind Wechselstrom-Umrichter, bei denen die Ausgangs-Wechselspannung häufig durch einen Zwischenkreis von der Eingangs-Wechselspannung getrennt ist.	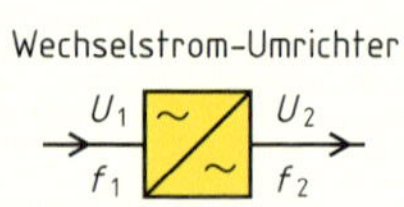	AC 230 V 50 Hz Dimmer AC 180 V 50 Hz 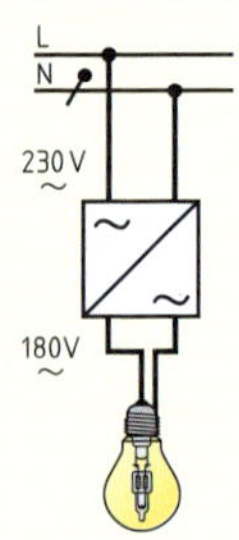

9.9.3 Gleichrichterschaltungen

Bei Gleichrichterschaltungen unterscheidet man ungesteuerte und gesteuerte Gleichrichter.

Die zur Gleichrichtung verwendeten Halbleiterbauelemente nennt man auch Ventile. Bei ungesteuerten Gleichrichtern sind dies Dioden. Die Ausgangsspannung ist fest und wird durch die Höhe der Eingangsspannung und durch die Art der Schaltung, z. B. B2U, **(Übersicht)** bestimmt.

Bei gesteuerten Gleichrichtern werden Bauelemente verwendet, bei denen man den Zeitpunkt des Übergangs vom Sperrzustand in den Durchlasszustand verändern kann, z. B. bei Thyristoren **(Seite 244)**. Dadurch ist die Höhe der Ausgangsspannung einstellbar.

Für Gleichrichterschaltungen gibt es genormte Kennzeichen, die festlegen, zu welcher Grundschaltung der betreffende Gleichrichter gehört **(Bild 1)**. Außerdem geben diese Kennzeichen Auskunft über Pulszahl, Steuerbarkeit und eine evtl. vorhandene Zusatzbeschaltung, z. B. eine Freilaufdiode.

9.9.3.1 Ungesteuerte Gleichrichterschaltungen

Gleichrichterschaltungen für Wechselstrom

Einpuls-Einwegschaltung E1U

Versuch: Schalten Sie eine Siliciumdiode, z. B. BAY44, in Reihe mit einer 12-V-Lampe und schließen Sie die Schaltung an einen Stelltrenntransformator **(Bild 2a)** an. Stellen Sie den Transformator so ein, dass die Anschlussspannung $U_1 = 25\,V$ beträgt. Oszilloskopieren Sie mit einem Zweikanal-Oszilloskop die Spannungen u_1 und u_d. Beachten Sie am Oszilloskop die Einstellungen AC oder DC.

Die Lampe leuchtet, die Spannung u_d an der Lampe verläuft impulsförmig und ändert sich mit der Eingangsspannung u_1.

Die Einpuls-Einwegschaltung nutzt nur die positive Netzhalbwelle aus. Bei der positiven Netzhalbwelle leitet die Diode, da das Potenzial an der Anode positiver ist als an der Katode. Liegt die negative Netzhalbwelle an, so sperrt die Diode. Die Last erhält nur die positiven Halbwellen der Wechselspannung und somit eine pulsierende Gleichspannung **(Bild 2b)**.

Die negativen Halbwellen werden gesperrt.

Eigenschaften der Einpuls-Einwegschaltung E1U
- Hohe Brummspannung
- 50-Hz-Brummfrequenz
- Niedriger arithmetischer Mittelwert
- Nur kleine Ströme entnehmbar
- Für z. B. Ladegeräte zu verwenden

Wird anstatt des Oszilloskops in **Bild 2a** an E1 ein Drehspul-Spannungsmesser angeschlossen, so wird der arithmetische Mittelwert der Spannung U_d angezeigt **(Seite 133)**.

Bei **netzgeführten Gleichrichtern** ist die Ansteuerung der Leistungsbauelemente, z. B. der Dioden oder Thyristoren, abhängig vom Verlauf der Spannung des Versorgungsnetzes.

Übersicht: Gleichrichterschaltungen

Für Wechselstrom:
- Einpuls-Einwegschaltung E1
- Zweipuls-Mittelpunktschaltung M2
- Zweipuls-Brückenschaltung B2

Für Drehstrom:
- Dreipuls-Mittelpunktschaltung (Sternschaltung) M3
- Sechspuls-Brückenschaltung B6

Anzahl Außenleiter	ungesteuert	gesteuert	Welligkeit der Ausgangsspannung
1	E1U M2U B2U	E1C B2C B2HK B2HZ	groß
3	M3U B6U	M3C B6C	gering

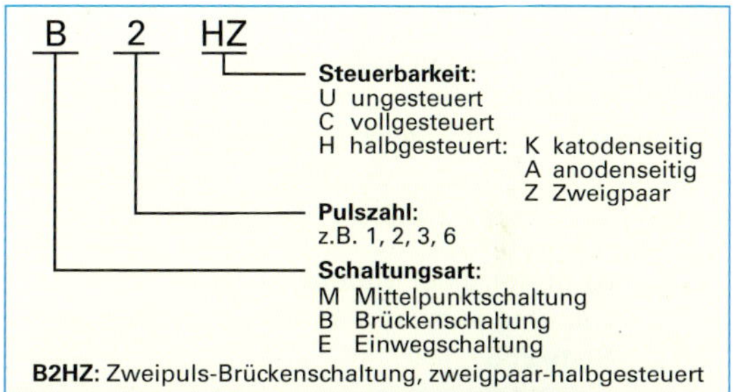

Bild 1: Kennzeichen für Gleichrichter (Beispiel)

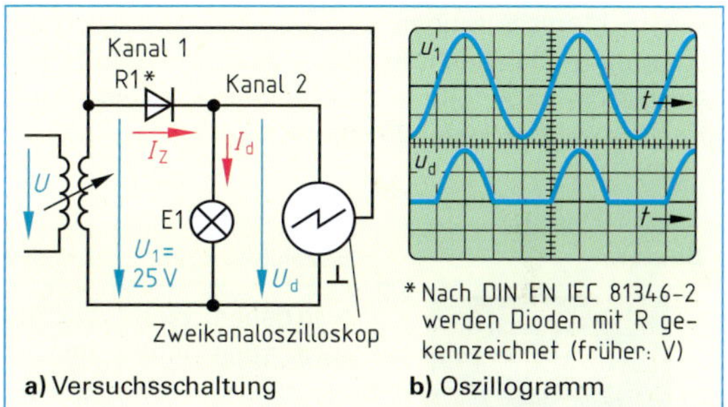

Bild 2: Einpuls-Einwegschaltung E1U

Einpuls-Einwegschaltung E1U
Spannung, Strom und Leistung

$$U_{di} = 0{,}45 \cdot U_1$$

$$I_Z = I_d$$

$$P_T = 3{,}1 \cdot P_d$$

U_{di} ideelle Leerlauf-Gleichspannung **(Seite 254)**
U_1 Anschlussspannung (Effektivwert)
I_Z Zweigstrom (Strom durch eine Diode)
I_d Gleichstrom
P_T Transformatorbauleistung
P_d Gleichstromleistung

Zweipuls-Brückenschaltung B2U

Die Zweipuls-Brückenschaltung B2U ist die meist verwendete Gleichrichterschaltung. Sie kann für Verbraucherleistungen bis in den kW-Bereich eingesetzt werden.

Die Brückenschaltung besteht aus vier zu einer Brücke geschalteten Dioden **(Bild 1a)**. Es werden beide Halbwellen der Anschlussspannung zur Gleichrichtung genutzt. Brückenschaltungen können unterschiedlich dargestellt werden **(Bild 1d)**.

Funktion: Ist die Spannung U_1 positiv **(Bild 1b)**, so fließt der Zweigstrom I_{Z1} über die Diode R1, den Lastwiderstand R_L und über die Diode R4. Bei negativer Spannung U_1 fließt der Zweigstrom I_{Z2} über die Diode R3, den Lastwiderstand R_L und zurück über die Diode R2. Die Last erhält eine pulsierende Gleichspannung U_d **(Bild 1c)**. Da bei der Zweipuls-Brückenschaltung beide Halbwellen der Wechselspannung genutzt werden, ist der arithmetische Mittelwert der ideellen Leerlauf-Gleichspannung U_{di} doppelt so groß wie bei der Einpuls-Einwegschaltung E1U. Er beträgt 90 % des Effektivwertes der Wechselspannung U_1. Der mit einem Drehspul-Spannungsmesser gemessene arithmetische Mittelwert der Gleichspannung U_d ist wegen der Spannungsfälle von etwa 0,7 V an den Dioden etwas geringer.

- Arithmetischer Mittelwert: **Seite 133**
- Glättung pulsierender Gleichspannungen: **Seite 255**

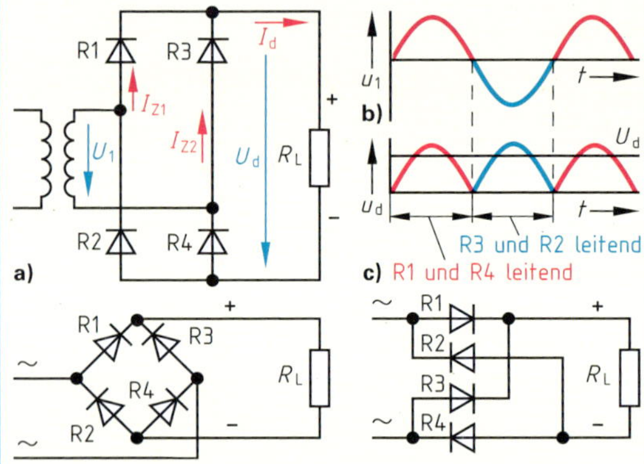

d) Weitere mögliche Darstellungen der Brückenschaltung

Bild 1: Zweipuls-Brückenschaltung B2U
a) Schaltung,
b) Eingangsspannung,
c) Ausgangsspannung,
d) weitere Darstellungen.

Zweipuls-Brückenschaltung B2U Spannung, Strom und Leistung

$U_{di} = 0{,}9 \cdot U_1$	U_{di}	ideelle Leerlauf-Gleichspannung
	U_1	Anschlussspannung (Effektivwert)
$I_Z = \frac{I_d}{2}$	I_Z	Zweigstrom (Strom durch eine Diode)
	I_d	Gleichstrom
$P_T = 1{,}23 \cdot P_d$	P_T	Transformatorbauleistung
	P_d	Gleichstromleistung

Eigenschaften der Zweipuls-Brückenschaltung B2U
- Kleine Brummspannung
- 100-Hz-Brummfrequenz
- Höherer arithmetischer Mittelwert als bei E1U
- Für größere Ströme geeignet
- Niedriger Glättungsaufwand

Gleichrichtersätze für Wechselstrom

Gleichrichterschaltungen werden als fertige Module, sogenannte **Gleichrichtersätze,** angeboten **(Bild 2)**. Für Gleichrichtersätze gibt es verschiedene Bezeichnungen, die wichtige Daten für deren Auswahl angeben.

Bauform	Bezeichnungen	Erklärungen, Hinweise
	B 40 C5000-3300 B 40 C5000-3000	**B** Brückenschaltung (Schaltungsart) **40** Max. Anschlussspannung in V (Effektivwert) **C** Kapazitive Last zulässig (z.B. bei Glättung) **5000** Bemessungsstrom in mA mit Kühlung und kapazitiver Last **3300** Bemessungsstrom in mA ohne Kühlung und kapazitiver Last
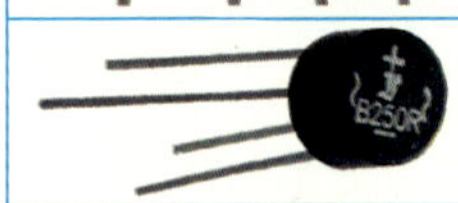	B 250 R	**B** Brückenschaltung (Schaltungsart) **250** Max. Anschlussspannung in V (Effektivwert) **R** Gehäuse rund für Leiterplattenmontage
	KBPC 2510	**KBPC** Gehäuseform **25** Bemessungsstrom in A **10** Periodische Spitzensperrspannung 1000 V Metallgehäuse, Bohrung zur Befestigung auf Kühlkörper

Bild 2: Gleichrichtersätze mit Brückenschaltung für Wechselstrom und deren Bezeichnungen (Beispiele)

Ungesteuerte Gleichrichterschaltungen für Drehstrom

Bei großen Strömen, z. B. bei einem elektrischen Schweißgerät, werden Gleichrichterschaltungen eingesetzt, die für den Anschluss an Drehstrom geeignet sind.

Dreipuls-Mittelpunktschaltung M3U

Bei der ungesteuerten Dreipuls-Mittelpunktschaltung M3U **(Bild 1)** wird in jeden der drei Außenleiter L1, L2 und L3 eine Diode geschaltet. Die Dioden sind jeweils mit einem Anschluss zu einem gemeinsamen Gleichrichteranschluss zusammengeschaltet.

Kennzeichnung von M3U-Schaltungen (Bild 1)
- **M3UK:** gemeinsamer katodenseitiger Anschluss
- **M3UA:** gemeinsamer anodenseitiger Anschluss

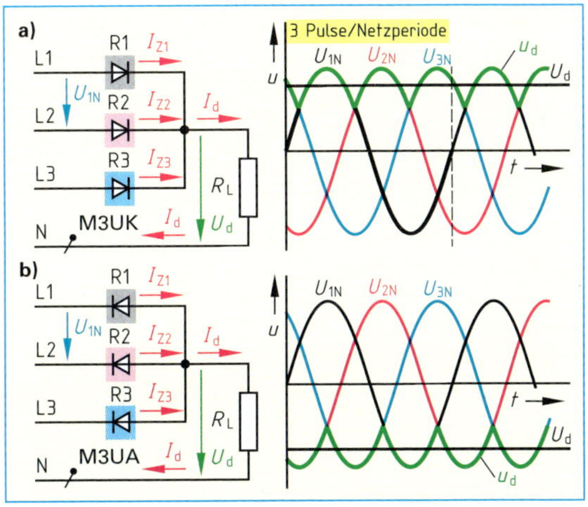

Bild 1: Dreipuls-Mittelpunktschaltung M3U

Die Diode, die den höchsten Augenblickswert der Strangspannung hat, führt Strom, z. B. R1 bei $\varphi = 90°$ **(Bild 2).** Der Stromfluss durch diese Diode wird unterbrochen, wenn die Augenblickswerte von zwei Strangspannungen gleich groß sind, z. B. u_1 und u_2 bei $\varphi = 150°$. Kurz danach wird zwischen u_1 und u_2 ein Potenzialunterschied von 0,7 V erreicht. Die Diode R2 wird deshalb leitend. Dies ist für R2 der frühestmögliche Zeitpunkt, leitend zu werden **(natürlicher Zündzeitpunkt).** Der Zeitpunkt der Stromübernahme **(Kommutierung[1])** von einer Diode auf die nächstfolgende ist vom Verlauf der Netzspannung abhängig **(netzgeführter Stromrichter).**

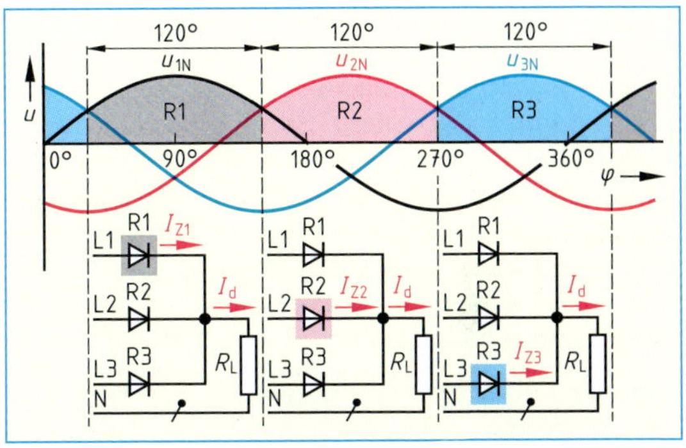

Bild 2: Kommutierung bei der M3U-Schaltung

Bei Drehstromgleichrichtern sinken Spannung und Strom nicht auf null ab. Die Welligkeit von Drehstromgleichrichtern ist außerdem geringer als die eines Wechselstromgleichrichters.

Sechspuls-Brückenschaltung B6U

Die ungesteuerte Sechspuls-Brückenschaltung B6U **(Bild 3)** besteht aus zwei in Reihe geschalteten Dreipuls-Mittelpunktschaltungen M3UK und M3UA **(Bild 1).** Um einen Stromfluss zu erzielen, müssen jeweils eine Diode aus der oberen und eine aus der unteren Bückenhälfte gleichzeitig leitend sein, z. B. R1 und R2. Diese beiden Dioden legen die Außenleiter L1 und L3 und damit die Außenleiterspannung u_{13} an die Last **(Bild 3).**

Vorteile der B6U-Schaltung im Vergleich zur M3U-Schaltung:

- Doppelte Ausgangsspannung,
- doppelte Leistung bei gleicher Motorlast,
- vierfache Leistung bei Widerstandslast R_L,
- geringere Welligkeit der Ausgangsspannung,
- gleiche Sperrspannungen der Dioden.

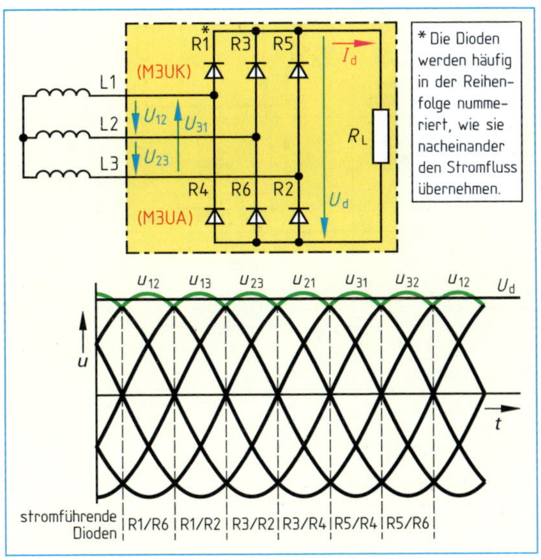

Bild 3: Sechspuls-Brückenschaltung B6U

[1] Kommutierung = Strom-Ablösung, von commutare (lat.) = vertauschen, verändern

Welligkeit bei Gleichrichterschaltungen

Gleichrichter liefern ohne besondere Beschaltung zur Glättung **(Seite 255)** im Gegensatz z. B. zu Akkumulatoren keine ideale Gleichspannung, sondern eine pulsierende Gleichspannung u_d. Diese Mischspannung besteht aus einem Gleichspannungsanteil U_d und einem überlagerten Wechselspannungsanteil $\hat{\check{u}}_p$ **(Bild)**. Der reine Wechselspannungsanteil wird in der Praxis **Brummspannung U_P**[1] genannt . Das Verhältnis zwischen Wechsel- und Gleichspannungsanteil wird durch die **Welligkeit w** angegeben. Je größer die Welligkeit ist, desto größer ist die effektive Brummspannung im Vergleich zur Gleichspannung an der Last.

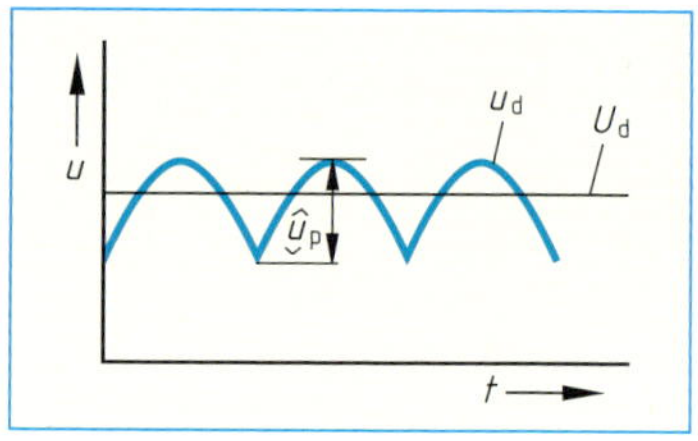

Bild: Gleichspannung mit Brummspannungsanteil

Übersicht: Ermittlung der Welligkeit in drei Schritten

1. Messen der effektiven Brummspannung U_p, z. B. mit einem Multimeter mit Echt-Effektivwert-Messung.
2. Messen der Gleichspannung U_d (arithmetischer Mittelwert), z. B. mit einem Multimeter oder Drehspulmessgerät.
3. Berechnung von w durch das Verhältnis von U_p zu U_d.

Brummspannung, Welligkeit

$$U_p = \sqrt{U_{deff}^2 - U_d^2}$$

$$w = \frac{U_p}{U_d}$$

U_p Brummspannung (Effektivwert)
U_d Gleichspannung an der Last
U_{deff} Gleichrichterausgangsspannung (Effektivwert)
w Welligkeit

Transformatorbauleistung bei Gleichrichterschaltungen

Gleichrichterschaltungen nutzen zur Energieübertragung nur Teile der gesamten Signalform einer Netzperiode. Sie stellen sekundärseitig eine Gleichstromleistung zur Verfügung. Der Transformator muss aber für die Wechselstromleistung ausgelegt sein, die während der Energieübertragungsdauer auftritt. Somit muss ein Transformator zur Versorgung einer Gleichstromlast eine höhere Ausgangsleistung besitzen als für den Betrieb einer Wechselstromlast gleicher Leistung. Das Verhältnis zwischen **Transformatorbauleistung P_T** und der **Gleichstromleistung P_d** wird als **Bauleistungsfaktor k (Tabelle)** angegeben. Je höher der Bauleistungsfaktor k ist, desto größer muss die Transformatorbauleistung P_T im Vergleich zur benötigten Gleichstromleistung P_d sein.

Bauleistungsfaktor

$$k = \frac{P_T}{P_d}$$

k Bauleistungsfaktor
P_T Transformatorbauleistung
P_d Gleichstromleistung

Tabelle: Kenndaten von ungesteuerten Gleichrichterschaltungen

Schaltungsart, Kurzbezeichnung		Einpuls-Einwegschaltung E1U	Zweipuls-Brückenschaltung B2U	Dreipuls-Mittelpunktschaltung M3U	Sechspuls-Brückenschaltung B6U
Schaltung * Aus Platzgründen ist hier kein Transformator dargestellt.		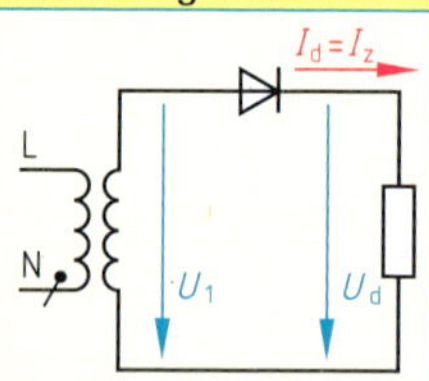	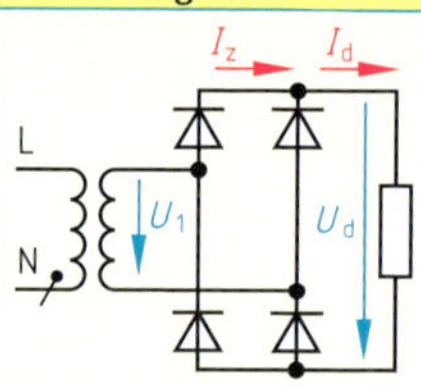	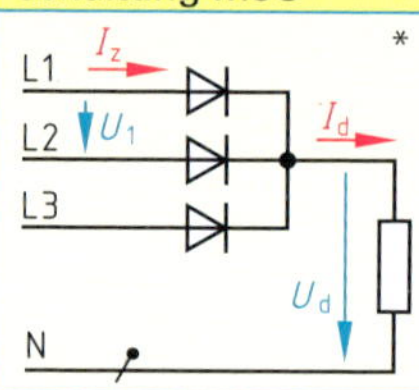 *	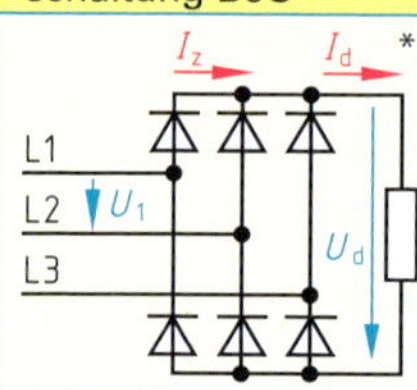 *
Spannungsverlauf		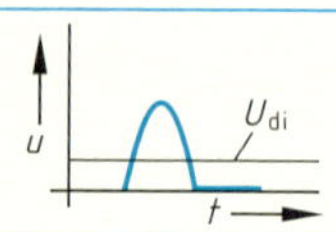	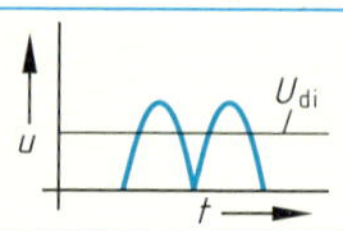	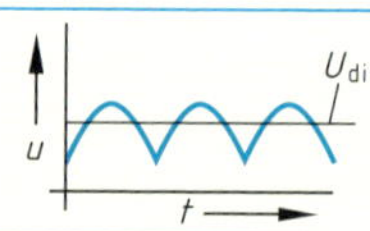	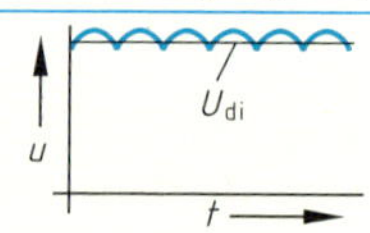
$\frac{U_{di}}{U_1}$		0,45	0,9	0,68	1,35
U_{di}	für $U_1 = 230$ V	103,5 V	207 V	–	–
	für $U_1 = 400$ V	–	–	272 V	540 V
Welligkeit w		1,21	0,48	0,18	0,04
Bauleistungsfaktor k		3,1	1,23	1,5	1,1
Zweigstrom I_Z		I_d	$\frac{I_d}{2}$	$\frac{I_d}{3}$	$\frac{I_d}{3}$

U_1 Anschlussspannung (Effektivwert, z. B. einphasig 230 V, dreiphasig 400 V) U_{di} ideelle Leerlauf-Gleichspannung (Rechenwert) U_d Gleichspannung an der Last I_d Gleichstrom I_Z Zweigstrom (Strom durch eine Diode)

[1] Index p von peak (engl.) = Spitze

Glätten pulsierender Gleichspannungen

Elektronische und elektrische Geräte, z. B. Türsprechanlagen, benötigen batterieähnliche Gleichspannungen. Eine pulsierende Gleichspannung ist aber mit einer Brummspannung u_P überlagert. Diese wirkt sich störend aus, z. B. durch einen Brummton aus dem Türlautsprecher.

Die pulsförmige Ausgangsspannung von Gleichrichtern kann mit einem Kondensator (Glättungskondensator C_G, **Bild 1**) geglättet werden.

> Ein am Ausgang des Zweipuls-Gleichrichters angeschlossener Kondensator glättet die Ausgangsspannung und erhöht sie fast auf den Scheitelwert der Anschlussspannung U_1. Die Gleichspannung U_d ergibt sich aus:
>
> $\boldsymbol{U_d = \sqrt{2} \cdot U_1 - 2 \cdot U_F}$ (U_F Spannungsfall an der Diode)

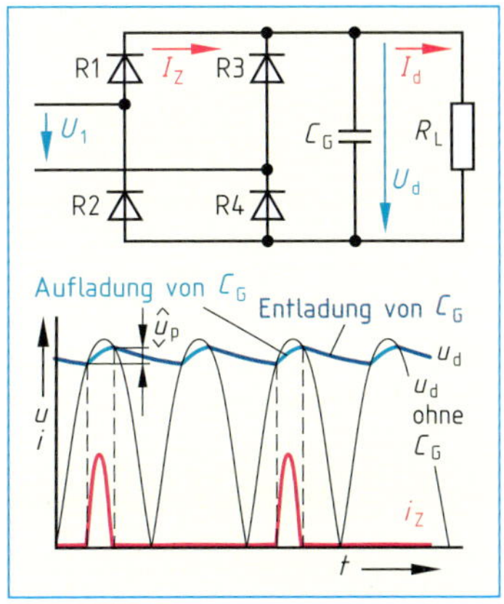

Bild 1: B2U-Schaltung mit Glättung

Bei der Schaltung B2U **(Bild 1)** wird der Kondensator C_G während der Durchlassphase der Dioden R1 bis R4 aufgeladen. Sinkt die Anschlussspannung und somit die Gleichrichterausgangsspannung unter den Wert der Kondensatorspannung, sperren die Gleichrichterdioden und der Kondensator entlädt sich über die Last. Die „Lücken" der Ausgangsspannung werden durch die Kondensatorladung teilweise aufgefüllt. Der Kondensator C_G wirkt dann wie eine Spannungsquelle.

Glättungskondensator

$$C_G = \frac{0{,}75 \cdot I_d}{f_p \cdot \hat{u}_p}$$

C_G	Glättungskondensator
I_d	Gleichstrom
f_p	Brummfrequenz
$\hat{u}_p$	Brummspannung (Spitze-Tal)

Beispiel:

Es soll ein Netzgerät mit den Ausgangsdaten $U_d = 12\,V$, $I_d = 1\,A$ mit einer Zweipuls-Brückenschaltung dimensioniert werden. Berechnen Sie

a) die Transformatorbauleistung P_T, **b)** die Anschlussspannung U_1 und **c)** die Kapazität des Kondensators C_G bei der Brummspannung $\hat{u}_p = 3{,}4\,V$ und $f_P = 100\,Hz$. Der Spannungsfall je Diode beträgt $U_F = 0{,}7\,V$.

Hinweis: Der Kondensator C_G lädt sich auf den Scheitelwert der Wechselspannung U_1 auf. Stellen Sie die Formel im roten Merksatz nach U_1 um.

Lösung:

a) $P_T = 1{,}23 \cdot P_d = 1{,}23 \cdot 12\,V \cdot 1\,A = \mathbf{14{,}8\,W}$

b) $U_d = \sqrt{2} \cdot U_1 - 2 \cdot U_F \Rightarrow$

$$U_1 = \frac{U_d + 2 \cdot U_F}{\sqrt{2}} = \frac{U_d}{\sqrt{2}} + \sqrt{2} \cdot U_F = \frac{12\,V}{\sqrt{2}} + \sqrt{2} \cdot 0{,}7\,V = \mathbf{9{,}48\,V}$$

c) $$C_G = \frac{0{,}75 \cdot I_d}{f_p \cdot \hat{u}_p} = \frac{0{,}75 \cdot 1\,A}{100\,Hz \cdot 3{,}4\,V} \approx \mathbf{2200\,\mu F}$$

Die Kapazität von Kondensatoren ist begrenzt, sodass auch nach der Glättung der Ausgangsspannung keine ideale Gleichspannung vorhanden ist. Es bleibt eine Restwelligkeit. Zur weiteren Verringerung des Brummanteils von u_{p2} kann zusätzlich ein Siebglied nachgeschaltet werden **(Bild 2)**. Siebglieder bestehen meist aus RC- oder LC-Gliedern mit Tiefpassverhalten **(Seite 154)**, die den Wechselanteil der Mischspannung verringern. Die Qualität einer Glättung oder Siebung wird durch den Glättungsfaktor G und den Siebfaktor s angegeben.

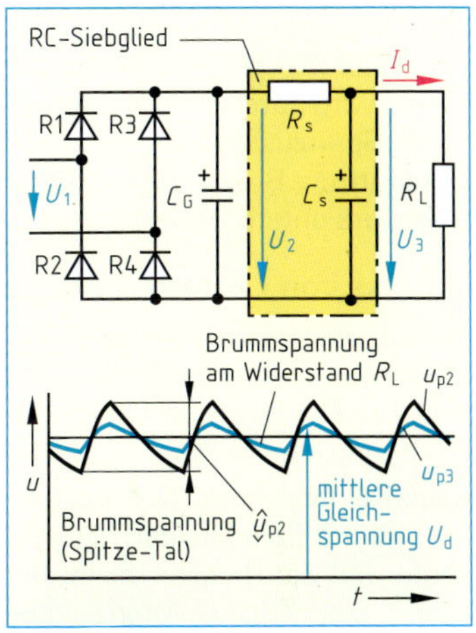

Bild 2: RC-Siebschaltung

Glättungs- und Siebfaktor

$$G = \frac{U_{p1}}{U_{p2}} \qquad s = \frac{U_{p2}}{U_{p3}}$$

G	Glättungsfaktor
s	Siebfaktor
U_{p1}	Ausgangsspannung ohne Glättung und Siebung
U_{p2}	Ausgangsspannung mit Glättung
U_{p3}	Ausgangsspannung mit Glättung und Siebung

Die Höhe der Brummspannung (Bild 2) ist abhängig von der

- Kapazität des Glättungskondensators C_G und Siebkondensators C_S,
- Frequenz f_p, mit der C_G und C_S aufgeladen werden,
- Höhe des Lastwiderstandes R_L.

Die Brummspannung ist umso kleiner, je größer

- die Kapazität von C_G und C_S,
- der Lastwiderstand R_L und
- die Frequenz f der Wechselspannung ist.

9.9.3.2 Gesteuerte Gleichrichterschaltungen

Mit gesteuerten Gleichrichtern kann die Höhe der Ausgangsgleichspannung verlustarm verändert werden.

Um z. B. die Drehzahl eines Gleichstrommotors zu verändern, muss die Ankerspannung des Motors verändert werden. Dies wird z. B. durch den Einsatz von steuerbaren Ventilen (Thyristoren) erreicht, indem die Durchlassphase jedes Stromweges durch elektronische Ansteuerung der Thyristoren zeitlich begrenzt wird.

Vollgesteuerte Einpuls-Einwegschaltung E1C

Bei der **vollgesteuerten Einpuls-Einwegschaltung E1C (Bild 1)** wird der zur Gleichrichtung verwendete Thyristor zu einem bestimmten Zeitpunkt während der positiven Netzhalbwelle durch einen Zündimpuls am Gate leitend gemacht (gezündet). Der **Zündwinkel** α gibt dabei an, um wie viel Grad der Zündimpuls, und damit der Beginn der Leitphase, gegenüber dem frühesten möglichen Zündzeitpunkt verschoben ist. Dies ist bei der Einpuls-Einwegschaltung der Nulldurchgang der Netzspannung.

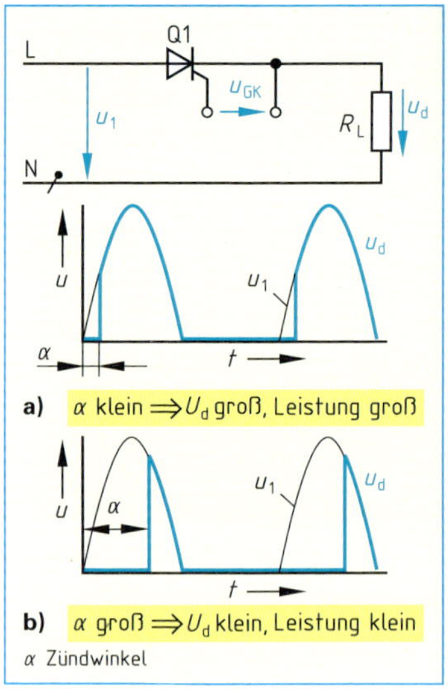

Bild 1: Einpuls-Einwegschaltung E1C mit Phasenanschnittsteuerung

Bei diesem Steuerverfahren mittels Thyristor wird die positive Spannungshalbwelle angeschnitten. Deshalb nennt man dieses Verfahren auch Phasenanschnittsteuerung.

📖 Dimmer mit Phasenanschnittsteuerung: **Seite 260**

Bei rein ohmscher Belastung fließt vom Zündzeitpunkt bis zum nächsten Nulldurchgang der Netzspannung ein Strom. Die Dauer des Stromflusses wird durch den **Stromflusswinkel** Θ[1] angegeben. Der Übergang in den Sperrzustand erfolgt automatisch, wenn der Laststrom über die Sinusform, z. B. bei 180°, 360° und fortlaufend, den Haltestrom des Thyristors unterschreitet.

Einfluss von Lastarten auf gesteuerte Gleichrichter

Ohmsche Belastung: Ausgangsspannung und Ausgangsstrom haben bei rein ohmscher Belastung die gleiche Form und sind phasengleich **(Bild 2a)**. Der Strom unterschreitet den Haltestrom kurz vor dem Nulldurchgang der Netzspannung und der Thyristor sperrt.

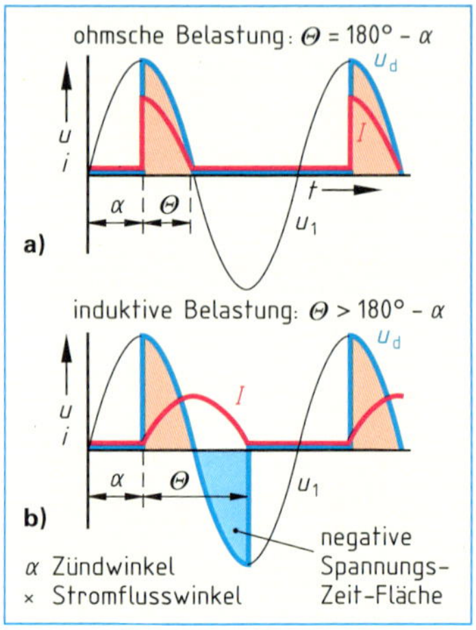

Bild 2: Einfluss verschiedener Lastarten

Induktive Belastung: Der Ausgangsstrom eilt der Ausgangsspannung nach **(Bild 2b)**. Im Nulldurchgang der Spannung fließt noch ein positiver Strom und der Thyristor bleibt bis in die negative Netzhalbwelle hinein leitend. Das negative Potenzial der Netzspannung wird durch den leitenden Thyristor auf die Gleichstromseite übertragen und es entsteht eine **negative Spannungs-Zeit-Fläche (Bild 2b)**. Die Induktivität arbeitet kurzzeitig als Generator (Spannung und Strom haben unterschiedliche Polarität). Während sich die in der Induktivität induzierte Spannung abbaut, wird der Strom immer kleiner, bis er den Haltestrom des Thyristors unterschreitet.

Ab dem Moment der Zündung steigt der Strom durch die Spule verzögert an. Dabei nimmt die Induktivität magnetische Energie vom Netz auf. Nach dem Nulldurchgang der Spannung wird das Magnetfeld wieder abgebaut. Wird das Ventil bei einem Zündwinkel von $\alpha = 90°$ gezündet, so nimmt die Spule über 90° Energie auf und gibt diese, da sie als verlustlos betrachtet wird, während der nächsten 90° wieder ab. Damit ergibt sich ein maximaler Stromflusswinkel von 180°, verursacht durch eine Zündung bei 90°.

Soll diese negative Spannungs-Zeit-Fläche unterdrückt werden, so schaltet man eine **Freilaufdiode** parallel zur Last **(Bild 3)**.

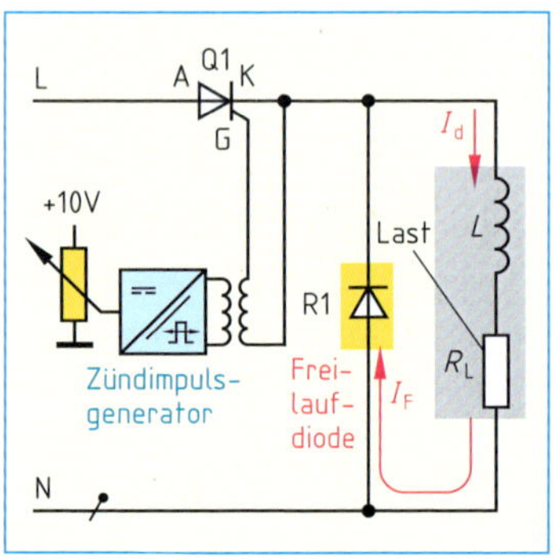

Bild 3: Schaltung E1C mit Freilaufdiode bei induktiver Last

[1] Θ griech. Großbuchstabe Theta

Vollgesteuerte Zweipuls-Brückenschaltung B2C

Bei der Zweipuls-Brückenschaltung B2C **(Bild 1)** müssen immer zwei Thyristoren gleichzeitig leitend werden, damit ein Strom I_d fließen kann. Jeweils ein Thyristor in der Zuleitung zur Last und ein Thyristor in der Rückleitung (Q1/Q4 und Q2/Q3) werden von einem gemeinsamen Zündübertrager gezündet.

Bei ohmscher Last ergeben sich nur positive Spannungszeitflächen **(Bild 1a)**. Bei ohmsch-induktiver oder induktiver Last entstehen negative Spannungszeitflächen **(Bild 1b)**, weil der Strom über den Spannungsnulldurchgang hinaus weiterfließt. In diesem Zeitraum wird Energie ins Netz zurückgespeist.

Steuerkennlinie

Die bei einem bestimmten Zündwinkel erreichte Ausgangsspannung an der Last wird mit $U_{d\alpha}$ bezeichnet. Die maximale Ausgangsspannung U_{d0} wird beim Zündwinkel $\alpha = 0°$ erreicht.

Beispiel:

Welche Ausgangsspannung $U_{d\alpha}$ hat ein gesteuerter Gleichrichter B2C **(Bild 1)** bei einem Zündwinkel von $\alpha = 60°$, wenn er bei Vollaussteuerung ($\alpha = 0°$) an ohmscher Last eine Ausgangsspannung von 100 V liefert?

Lösung:

Aus der Steuerkennlinie **(Bild 2)**:

Bei $\alpha = 0°$: $\frac{U_{d\alpha}}{U_{d0}} = 1 \Rightarrow U_{d0} = 100\ \text{V}$

Bei $\alpha = 60°$: $\frac{U_{d\alpha}}{U_{d0}} = 0{,}75 \Rightarrow \mathbf{U_{d\alpha} = 75\ V}$

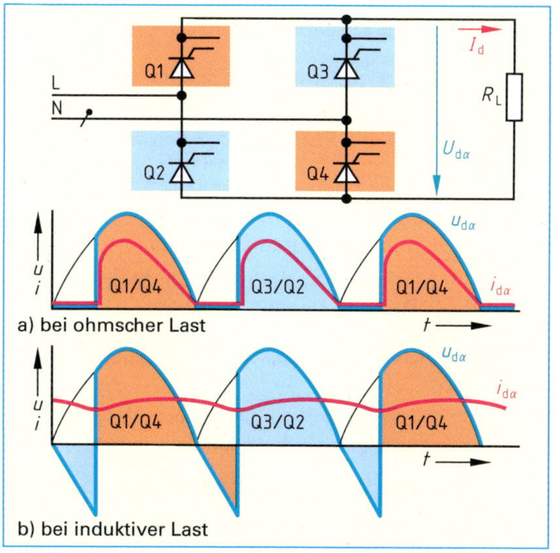

Bild 1: Zweipuls-Brückenschaltung B2C

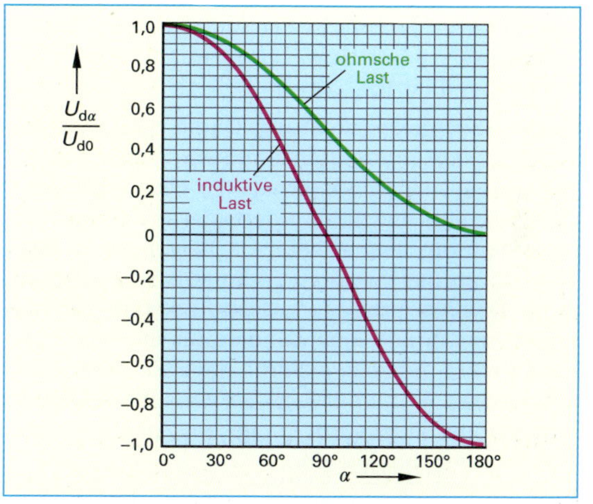

Bild 2: Steuerkennlinie der B2C-Schaltung

Mit der Steuerkennlinie **(Bild 2)** kann die Spannung $U_{d\alpha}$ **(Bild 1)** an der Last R_L oder an einer induktiven Last in Abhängigkeit vom **Zündwinkel *α*** bestimmt werden.

Halbgesteuerte Zweipuls-Brückenschaltung B2H

Bei der halbgesteuerten Zweipuls-Brückenschaltung B2H ist eine Brückenhälfte z. B. mit Thyristoren und die andere Brückenhälfte mit Dioden bestückt.

B2HZ: Bei der zweigpaar-halbgesteuerten Brückenschaltung befinden sich die Thyristoren in einem Brückenzweig **(Bild 3a)**. Der andere Brückenzweig besteht aus den Dioden. Diese Schaltung heißt auch unsymmetrisch halbgesteuerte Brückenschaltung.

B2HK: Bei der katodenseitig halbgesteuerten Brückenschaltung sind die Katoden der Thyristoren miteinander verbunden **(Bild 3b)**. In der anderen Brückenhälfte haben die Anoden der Dioden einen gemeinsamen Anschluss. Diese Schaltung heißt auch symmetrisch halbgesteuerte Brückenschaltung.

Unterschiede zur vollgesteuerten Zweipuls-Brückenschaltung B2C:

- Weniger Blindleistung,
- Bei Motorlast nur Einquadrantenbetrieb möglich. Kein Wechselrichterbetrieb.

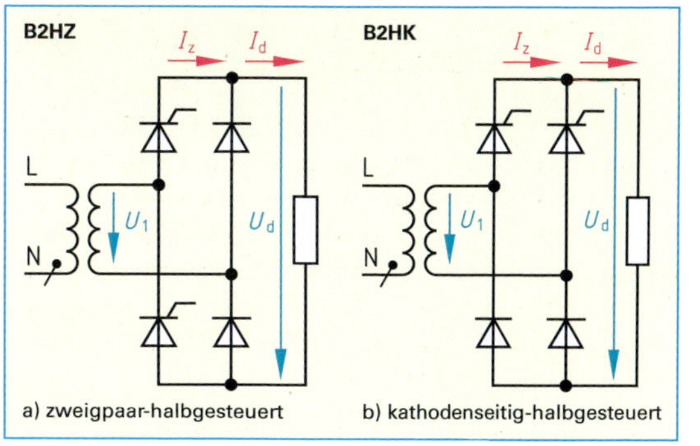

Bild 3: Halbgesteuerte Zweipuls-Brückenschaltung B2H

Vollgesteuerte Drehstromgleichrichter

Vollgesteuerte Drehstromgleichrichter werden bei Anwendungen höherer Leistung, z. B. für Gleichstromantriebe mit 30 kW bis 500 kW, eingesetzt.

Dabei werden je nach Anforderung an Amplitude und Welligkeit des Gleichstromes folgende vollgesteuerten Schaltungen unterschieden:

- Dreipuls-Mittelpunktschaltung **(Bild 1)** und die
- Sechspuls-Brückenschaltung **(Bild 2)**.

Kennzeichnung von gesteuerten Drehstromgleichrichtern

- **M3C**[1]: vollgesteuerte Dreipuls-Mittelpunktschaltung
- **B6C**: vollgesteuerte Sechspuls-Brückenschaltung

Dreipuls-Mittelpunktschaltung. Die Katoden der drei Thyristoren sind zu einem Mittelpunkt zusammengeschaltet **(Bild 1a)**. Zur Ansteuerung der Thyristoren benötigt man drei jeweils um 120° versetzte Zündimpulse. Bei ohmscher Last ergeben sich für Zündwinkel $\alpha > 30°$ Lücken im Spannungsverlauf U_d an der Last **(Bild 1b)**.

Sechspuls-Brückenschaltung. Damit bei der ersten Zündung der Thyristoren ein Strom fließen kann, muss jeweils ein Thyristor aus der oberen Brückenhälfte und ein Thyristor aus der unteren Brückenhälfte gemeinsam leitend sein. Deshalb müssen zwei Thyristoren gleichzeitig Zündimpulse bekommen. Jeder Thyristor erhält zusätzlich zu seinem um den Winkel α verschobenen Zündimpuls einen zweiten Zündimpuls, der zeitgleich mit dem Zündimpuls eines anderen Thyristors liegt. Bei einer Phasenverschiebung von 120° ergibt sich, dass nach 60° ein weiterer Thyristor gezündet wird. Zu diesem Zeitpunkt muss der zweite Zündimpuls (**60°-Folgepuls, Bild 3**) auf den Thyristor gegeben werden.

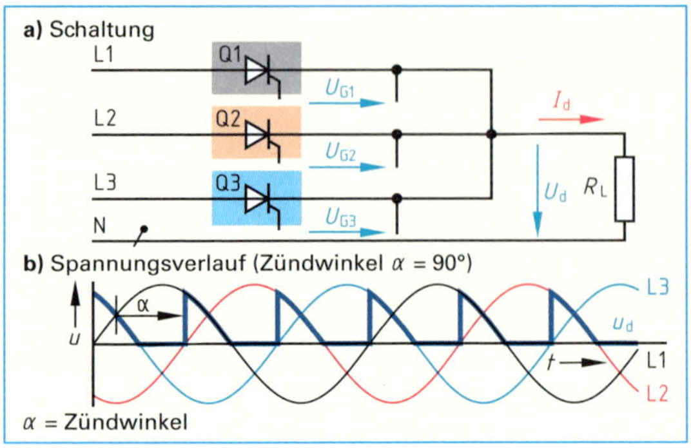

Bild 1: Vollgesteuerte Dreipuls-Mittelpunktschaltung M3C

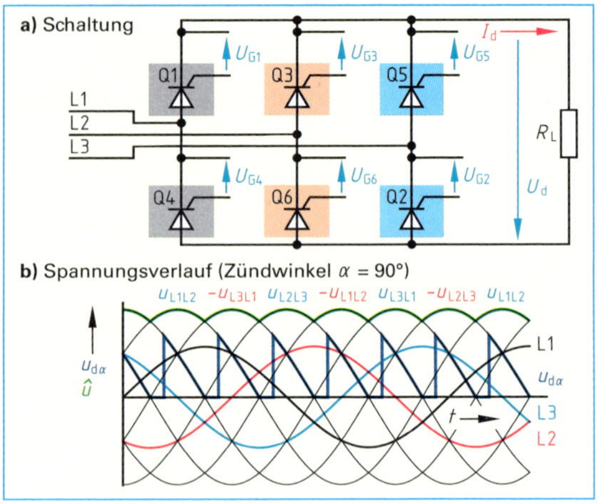

Bild 2: Vollgesteuerte Sechspuls-Brückenschaltung B6C

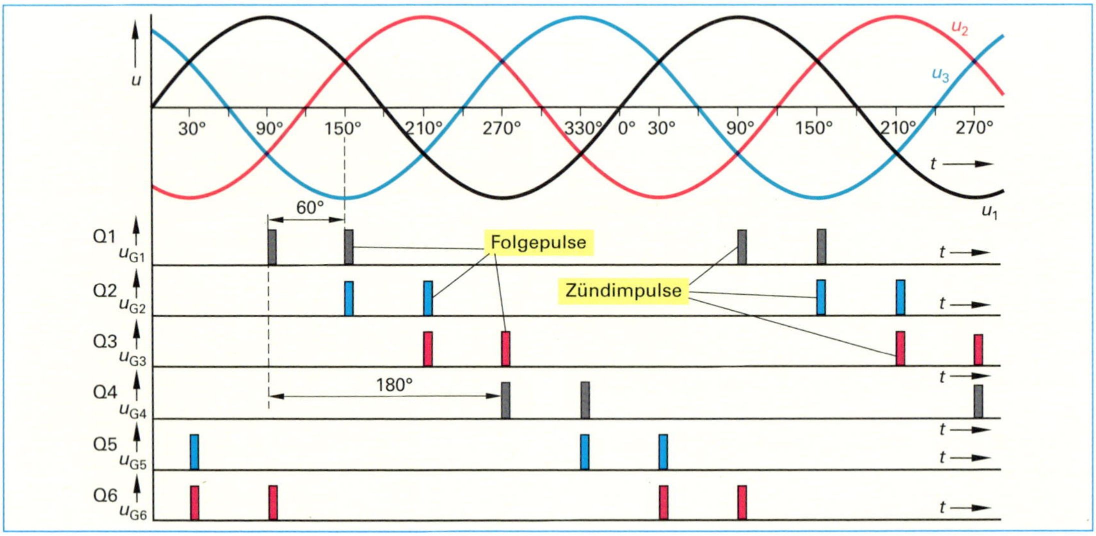

Bild 3: Zündimpulsdiagramm der B6C-Schaltung

[1] C von controlled (engl.) = gesteuert

9.9.4 Wechselrichterbetrieb von netzgeführten Stromrichtern

Ein netzgeführter Wechselrichter liefert Energie aus einer Gleichstromquelle in ein Wechselstromnetz.

Auch ein netzgeführter Stromrichter, der hauptsächlich als Gleichrichter arbeitet, kann bei Verwendung eines vollgesteuerten Stromrichters, z. B. einer Brückenschaltung B6C, aus Gleichstrom einen Wechselstrom erzeugen. Im Rückspeisebetrieb liefert der Stromrichter Energie von der Gleichstrom- zur Wechselstromseite. Dazu muss z. B. ein an den Stromrichter angeschlossener Gleichstrommotor im Generatorbetrieb arbeiten **(Bild 1)**. Diese Betriebsart tritt z. B. auf, wenn der Motor bzw. die Maschine durch die Last angetrieben wird (Nutzbremsung). Der Stromrichter arbeitet dann im Wechselrichterbetrieb. Dabei liegt an den Ausgangsklemmen des Stromrichters die von der Maschine erzeugte Induktionsspannung U_i.

Die Induktionsspannung U_i hat bei Rechtslauf der Maschine positive Polarität. Da die Maschine sich im Generatorbetrieb befindet, müsste der Strom in entgegengesetzter Richtung fließen. Durch den Stromrichter kann aber nur Strom in einer Richtung fließen. Zum Rückspeisen ins Netz muss der Ankerstromkreis umgepolt werden, damit ein Strom in Durchlassrichtung des Stromrichters fließen kann **(Bild 2)**.

Rückspeisebetrieb ist jedoch nur möglich, wenn der Momentanwert der am Gleichrichter anliegenden Netzspannung kleiner ist als die von der Maschine erzeugte Spannung. Da bei geringer werdender Maschinendrehzahl diese Klemmenspannung immer kleiner wird, ist Rückspeisen nur bei großen Zündwinkeln möglich **(Bild 3)**.

Wechselrichterbetrieb ist auch ohne Umpolung des Ankerstromkreises möglich, wenn die Maschine ihre Drehrichtung umkehrt und damit bei gleich bleibender Stromrichtung die Klemmenspannung umpolt.

Wiederholungsfragen

1. **Erklären Sie den Aufdruck B 250 C1000 auf einem Gleichrichter.**
2. **Wie kann die Ausgangsspannung eines Gleichrichters geglättet werden?**
3. **Wie muss bei einem gesteuerten Gleichrichter der Zündwinkel verändert werden, um die Motordrehzahl zu erhöhen?**
4. **Welche Aufgabe hat der Zündübertrager bei der Ansteuerung eines Thyristors?**
5. **Warum kann beim Betrieb an Last mit induktivem Anteil auf der Ausgangsseite eines netzgeführten Stromrichters sowohl eine positive als auch eine negative Spannung auftreten?**

Netzgeführte Stromrichter arbeiten am Versorgungsnetz im Gleichrichterbetrieb oder im Wechselrichterbetrieb. Das Versorgungsnetz stellt die Spannung zum Schalten der Leistungsbauelemente, z. B. der Thyristoren, zur Verfügung.

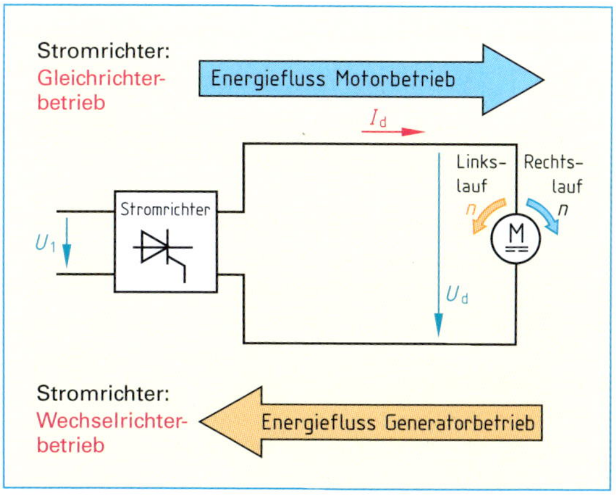

Bild 1: Energiefluss bei einer Gleichstrommaschine

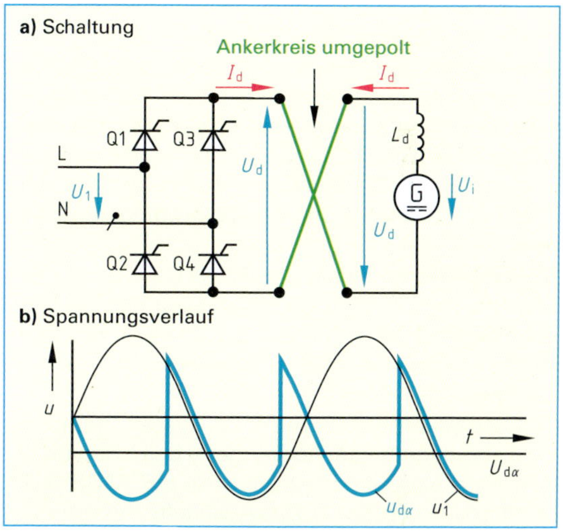

Bild 2: Wechselrichterbetrieb

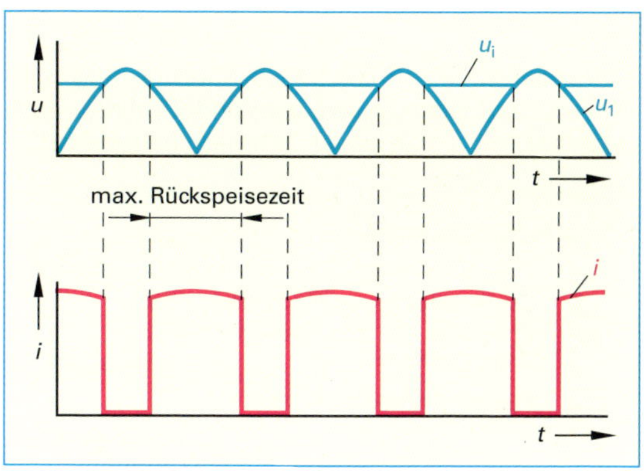

Bild 3: Rückspeisebetrieb beim Bremsen

9.9.5 Wechselstrom-Umrichter

Wechselstrom-Umrichter formen eine Wechselspannung in eine Wechselspannung mit anderer Spannungshöhe, Frequenz oder Phasenzahl um.

9.9.5.1 Wechselwegschaltung W1C

Bei der Wechselwegschaltung sind zwei Thyristoren **(Bild 1a)** antiparallel geschaltet, sodass die Stromflussrichtung in der Last wechseln kann. Man unterscheidet die **Phasenanschnitt-** und die **Phasenabschnittsteuerung.**

Phasenanschnittsteuerung. Bei **Dimmern**[1] **(Bild 2)** wird für die Phasenanschnittsteuerung häufig ein Triac **(Bild 1b)** verwendet. Die Ansteuerung des Triacs **(Seite 247)** kann mit einem Diac **(Seite 248)** erfolgen, z. B. in **Dimmern (Bild 2).**

Funktion: Der Kondensator C_1 wird über die Widerstände R_1, R_2 und die Lampe E1 solange aufgeladen, bis die Schaltspannung des Diac R_4 überschritten wird, dann zündet der Triac Q1. Der Stromfluss durch die Lampe bleibt bis zum Nulldurchgang der Netzspannung erhalten, dann löscht der Triac und bleibt gesperrt, bis der Kondensator sich erneut auf die Schaltspannung aufgeladen hat. Der Triac zündet erneut und der Vorgang wiederholt sich. Mit dem Stellwiderstand R_1 wird die Ladezeit des Kondensators C_1 und damit der Zündwinkel α verändert. Mit dem Trimmer R_2 kann die Grundhelligkeit eingestellt werden.

Der Entstörkondensator C_3 und die Schutzdrossel R_5 unterdrücken die Störung anderer Geräte oder Anlagen. Zusammen verhindern sie zu steile Stromanstiege und damit eine Zerstörung des Triacs im Zündaugenblick.

Phasenabschnittsteuerung. Bei dieser Steuerung wird im Spannungsnulldurchgang beim Beginn der Halbwelle ein Leistungstransistor, z. B. MOS-FET[2], durchgesteuert **(Bild 3).** Das Abschalten übernimmt ebenfalls der MOS-FET. Der Abschaltzeitpunkt ist einstellbar. Der Strom sinkt mit zeitlich begrenzter Flanke.

Anwendung: Die Phasenanschnittsteuerung und Phasenabschnittsteuerung verwendet man je nach Lasttyp, z. B. Glühlampe, in Dimmern **(Übersicht).**

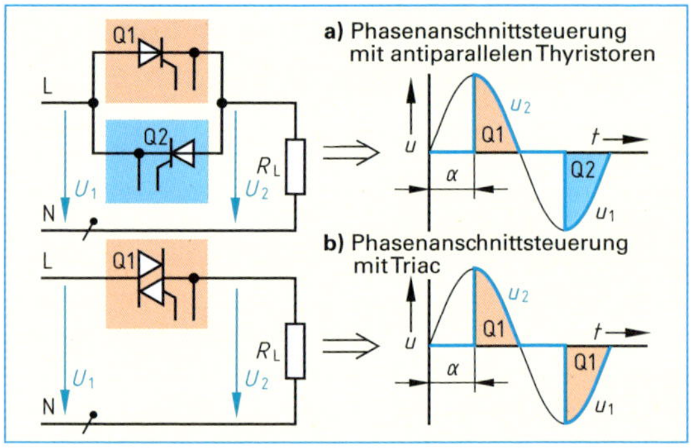

Bild 1: Phasenanschnittsteuerung (Wechselwegschaltung)

Wechselstrom-Umrichter unterteilt man in
- Umrichter mit
  - Spannungszwischenkreis **(Seite 270)**
  - Stromzwischenkreis
  - Wechselwegschaltung
- Direktumrichter

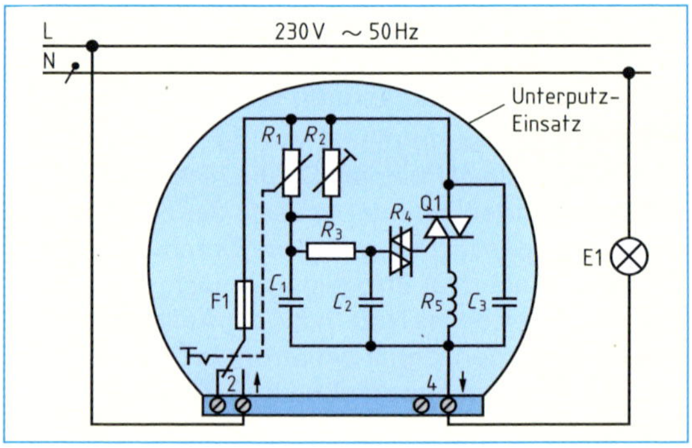

Bild 2: Phasenanschnittsteuerung (Dimmerschaltung)

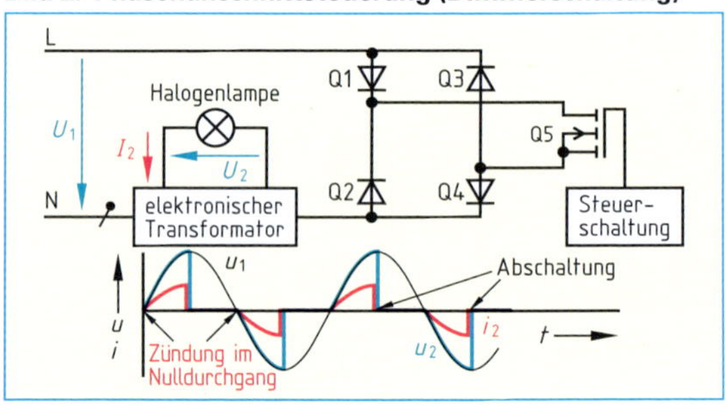

Bild 3: Phasenabschnittsteuerung (Prinzip)

[1] von to dim (engl.) = verdunkeln

[2] MOS-FET von Metal Oxide Semiconductor Field-Effect Transistor (engl.) = Metall-Oxid-Halbleiter-Feldeffekttransistor

Übersicht: Kennzeichnung von Dimmern und Lasttypen

Standard-Phasenanschnitts-Dimmer
(ohmsche Last, z. B. Glühlampe)

Niedervolt-Phasenanschnitts-Dimmer
(induktive Last, z. B. konventioneller Transformator)

Phasenabschnitts-Dimmer
(kapazitive Last, z. B. elektronischer Transformator)

Universal-Dimmer
(induktive und kapazitive Last, z. B. konventioneller und elektronischer Transformator)

Drehzahlsteller
(Motorlast, z. B. Universalmotor)

Leuchtstofflampen werden mit digitalen Steuergeräten gedimmt. Diese haben kein Symbol.
Alle Dimmer (außer Drehzahlsteller) sind für Glühlampen und 230-V-Halogenlampen geeignet.

Nachteile der Phasensteuerung. Bei einem **Wechselstrom-Umrichter** mit Phasensteuerung ist die Spannung auf der Netzseite sinusförmig, der Strom besitzt aber die Form eines angeschnittenen Sinusverlaufes. Diese nichtsinusförmige Belastung des Netzes ruft im Netz unerwünschte Rückwirkungen hervor. Ein von der Sinusform abweichendes, periodisches Signal setzt sich aus der Grundschwingung 50 Hz und aus weiteren, höherfrequenten Sinusschwingungen **(Oberschwingungen, Seite 309)** zusammen. Oberschwingungen lassen sich mit einem Spektrum-Analysator sichtbar machen, der die Spannungen in Abhängigkeit von der Frequenz darstellt **(Bild 1).**

Elektrische Verbrauchsgeräte dürfen keine störenden Einflüsse auf andere Anlagen oder das Verteilungsnetz ausüben (Gesetz über die elektromagnetische Verträglichkeit – EMVG).

Um störende Einflüsse auf Anlagen und auf das Niederspannungsnetz des Netzbetreibers auszuschließen, sind nach VDE-AR-N 4100[1] sowie den Technischen Anschlussbedingungen (TAB) Grenzwerte für Oberschwingungsströme einzuhalten, die beim Betrieb von Geräten mit Phasensteuerung oder Gleichrichtung entstehen. Die Anforderungen im Hinblick auf Netzrückwirkungen für Verbrauchsmittel mit einem Eingangsstrom von ≤ 75 A sind in der Norm EN IEC 61000-3-2 geregelt.

Für phasengesteuerte Dimmer sind keine Grenzwerte von Oberschwingungsströmen festgelegt, wenn folgende Bedingungen für die Bemessungsleistungen der Verbraucher eingehalten werden:

- Phasenabschnitts-Dimmer ≤ 200 W
- Phasenanschnitts-Dimmer ≤ 100 W

Der Grenzwert der Bemessungsleistung für Phasenabschnitts-Dimmer ist höher als der für Phasenanschnitts-Dimmer, weil die Aussendung von Oberschwingungen bei der Phasenanschnittsteuerung höher ist.

Da bei einer Phasenanschnittsteuerung die Grundschwingung des Stromes phasenverschoben zur Netzspannung verläuft **(Bild 2)**, entsteht selbst bei ohmscher Belastung neben Wirkleistung auch Blindleistung (Verschiebungsblindleistung). Zusätzlich erzeugen alle höherfrequenten Oberschwingungen Blindleistung (Verzerrungsblindleistung).

Bei der Phasenanschnittsteuerung ist die Blindleistung umso größer, je größer der Steuerwinkel ist.

9.9.5.2 Vielperiodensteuerung

Erfolgt die Leistungssteuerung einer Last mit der **Vielperiodensteuerung (Schwingungspaketsteuerung, Bild 3)**, so entstehen keine Oberschwingungen und damit keine Rückwirkungen auf das Netz.

Funktion: Zur Leistungsstellung wird ein Verbraucher, z. B. eine Kochstelle oder ein Backofen, über einen Nullspannungsschalter immer im Nulldurchgang der Netzspannung für eine bestimmte Anzahl von Perioden t_i eingeschaltet und für eine bestimmte Anzahl von Perioden t_p ausgeschaltet **(Bild 3)**. Der Strom bleibt dadurch sinusförmig. Die jeweils eingestellte Leistung wird vom Tastgrad und der Bemessungsleistung bestimmt.

Anwendung: Wärmegeräte, z. B. Kochfelder, Elektroheizungen.

Nachteile: Nicht für Beleuchtungsanlagen (Flicker[2]) und Motorsteuerungen (Drehmomentstöße) geeignet.

[1] VDE-AR-N 4100 Technische Regeln für den Anschluss von Kundenanlagen an das Niederspannungsnetz und deren Betrieb (TAR Niederspannung)

[2] Flicker (engl.) = Flimmern, Lichtstromänderung einer Lampe

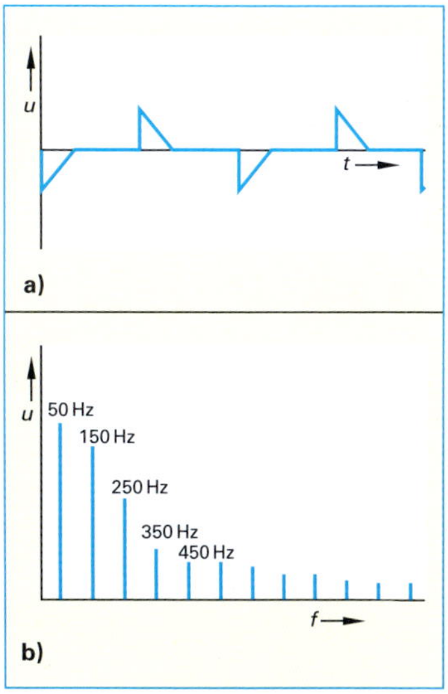

Bild 1: Phasenanschnittsteuerung
a) Spannungs-/Zeitverlauf
b) Frequenzspektrum

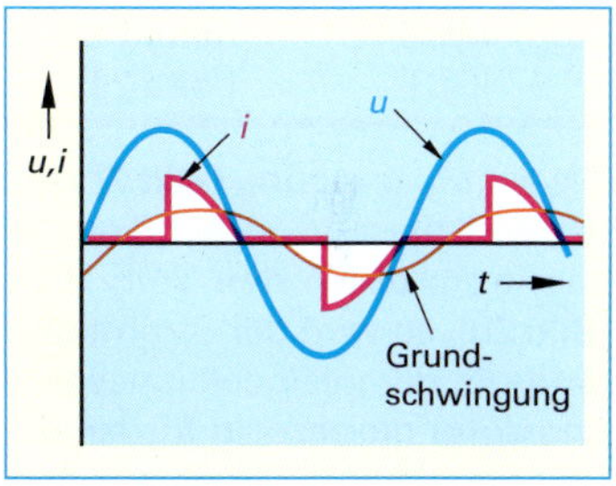

Bild 2: Grundschwingung des Stromes bei Phasenanschnittsteuerung

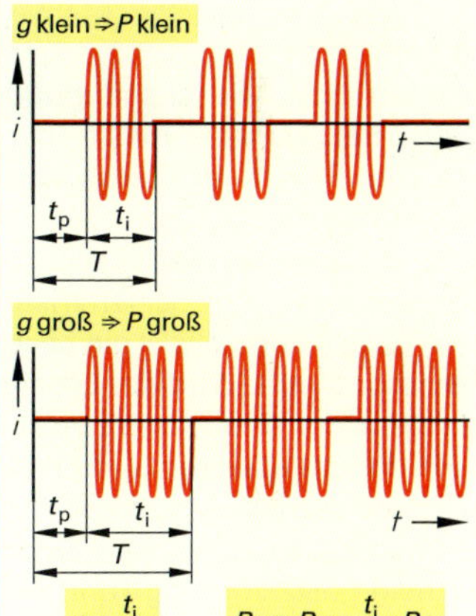

$$g = \frac{t_i}{T} \qquad P = g \cdot P_N = \frac{t_i}{T} \cdot P_N$$

g Tastgrad (Seite 132)
t_i Einschaltdauer
t_P Pausendauer
T Periodendauer
P Leistung gesteuert
P_N Bemessungsleistung der Last

Bild 3: Vielperiodensteuerung

9.9.6 Gleichstrom-Umrichter

Gleichstrom-Umrichter formen eine Gleichspannung in eine Gleichspannung mit anderer Spannungshöhe oder Polarität um.

Gleichstrom-Umrichter teilt man wie Wechselstrom-Umrichter in Umrichter mit und ohne Zwischenkreis ein **(Übersicht).**

Gleichstrom-Umrichter mit Zwischenkreis (Bild 1) wandeln zunächst eine Gleichspannung U_1 mit einem Wechselrichter in die Zwischenkreisspannung U_{ZK} um. Ein Gleichrichter wandelt diese Wechselspannung in die Ausgangsgleichspannung U_2 um. Um diese Ausgangsspannung einstellen zu können, verwendet man einen gesteuerten Gleichrichter. Ist eine galvanische Trennung erforderlich, so kann in den Zwischenkreis ein Trenntransformator eingefügt werden.

9.9.6.1 Gleichstromsteller

Gleichstrom-Umrichter ohne Zwischenkreis werden auch als **Gleichstromsteller oder Chopper**[1] bezeichnet. Alle Gleichstromsteller arbeiten mit schaltenden Bauteilen, z. B. bipolaren Transistoren, MOS-FETs, Thyristoren oder IGBTs, und sind somit besonders verlustarm.

MOS-FET: **Seite 217** Thyristor: **Seite 244**
IGBT: **Seite 249**

Die Prinzipschaltung **(Bild 2)** zeigt einen **Transistor-Gleichstromsteller** mit Mischlast. Wird der Transistor Q1 leitend **(Bild 2a),** so fließt ein Laststrom durch den Verbraucher. Wird der Transistor Q1 gesperrt **(Bild 2b),** so wird der Stromfluss durch Q1 unterbrochen. Die Freilaufdiode R1 dämpft Induktionsspannungen, die beim Schalten entstehen, und sorgt gleichzeitig für einen gleichförmigen Stromfluss durch die Last. Je höher die Frequenz der Stromimpulse ist, desto gleichförmiger ist der Stromfluss. In der Praxis werden aufgrund der hohen Schaltfrequenzen meist MOS-FETs verwendet.

Gleichstromsteller verändern durch gesteuertes Ein- und Ausschalten den arithmetischen Mittelwert der Ausgangsspannung.

Werden hohe Schaltspannungen oder hohe Ströme benötigt, so werden als Schalter meist Thyristoren eingesetzt **(Bild 3)**. Im Gegensatz zum Einsatz im Wechselstromkreis löscht der Thyristor hier nicht selbsttätig, da der Strom nicht automatisch unter den Haltestrom absinkt. Es muss ein zusätzlicher Lösch- bzw. Kommutierungskreis eingebaut werden. Wird der Thyristor Q1 durch einen Zündimpuls an seinem Gate leitend, fließt ein Laststrom I_L. Gleichzeitig lädt sich der Kondensator C_1 auf. Wird der Löschthyristor Q2 gezündet, entlädt sich der Kondensator C_1 über die zwei leitenden Thyristoren Q1 und Q2. Dabei wirkt der Entladestrom I_C dem Laststrom I_L entgegen, der Haltestrom I_H wird unterschritten und der Hauptthyristor Q1 löscht. Dabei wird der Stromkreis unterbrochen und Thyristor Q2 löscht ebenfalls. Der nächste Löschvorgang kann allerdings erst nach erneuter Aufladung des Kondensators erfolgen.

Gleichstromsteller mit Thyristoren sind für hohe Leistungen, z. B. Fahrzeugantriebe, geeignet.

[1] von to chop (engl.) = abhacken, abschneiden

Übersicht: Gleichstrom-Umrichter

Umrichter
- mit Wechselstrom-Zwischenkreis
- Gleichstromsteller
- Sperrwandler **(Seite 263)**
- Durchflusswandler **(Seite 263)**

Steuerarten
- Pulsfolge-Modulation **(Seite 263)**
- Pulsweiten-Modulation **(Seite 263)**

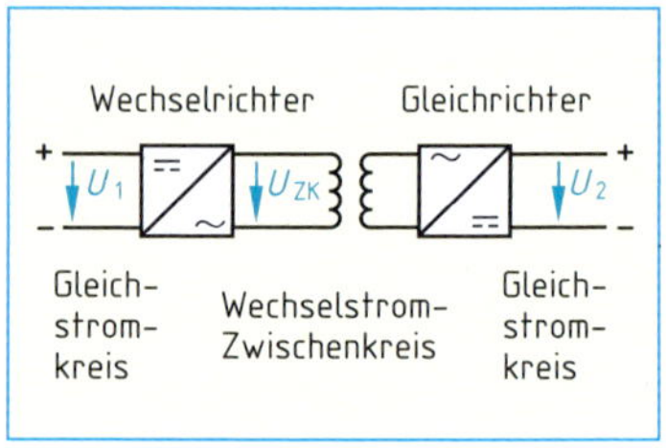

Bild 1: Gleichstrom-Umrichter mit Zwischenkreis (Prinzipschaltbild)

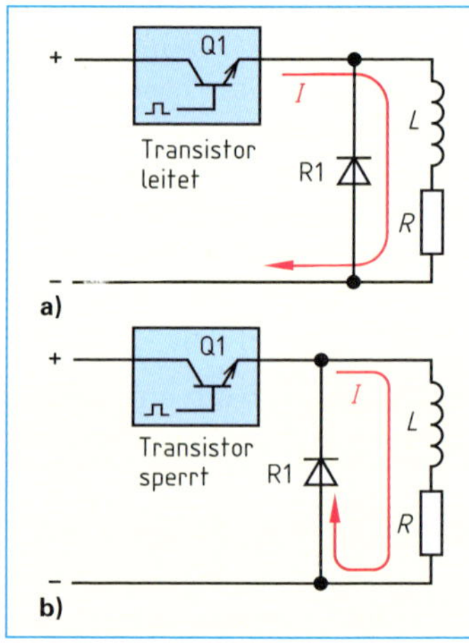

Bild 2: Transistor-Gleichstromsteller

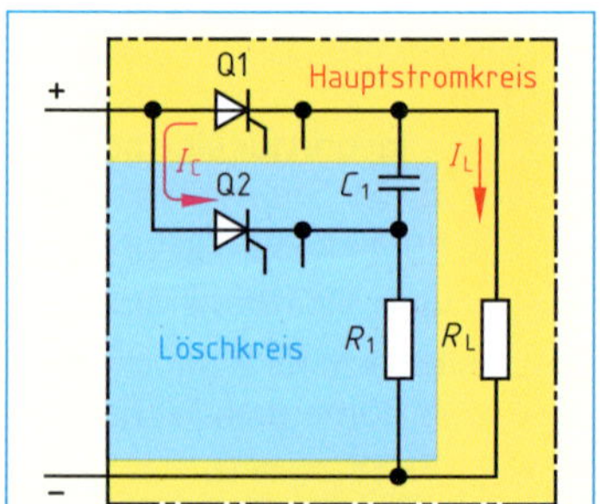

Bild 3: Thyristor-Gleichstromsteller

9.9.6.2 Durchflusswandler und Sperrwandler

Durchflusswandler: Wenn das Schaltelement, z. B. der Transistor Q1, leitend ist, so fließt durch die Last ein Strom I **(Bild 2a, Seite 262)**.

Sperrwandler: Während Q1 leitet, wird Energie in die Spule R1 geladen **(Bild 1a)**. Sperrt Q1, induziert die in R1 gespeicherte Energie eine Spannung, die den Strom I durch die Diode R2 und die Last R_3 treibt. An der Spule R1 entstehen beim Einschalten des Stromes Spannungsspitzen, die größer als die angelegte Versorgungsspannung sein können. Mit geeigneter Glättung am Ausgang kann ein Sperrwandler damit nicht nur Spannungen nach unten wandeln **(Abwärtswandler)**, sondern auch Ausgangsspannungen liefern, die größer als die Versorgungsspannung sind **(Aufwärtswandler, Bild 1a)**. Der Sperrwandler (**Bild 1b)** wandelt die Versorgungsspannung in eine negative Spannung um, daher spricht man von einem **Umkehrwandler**.

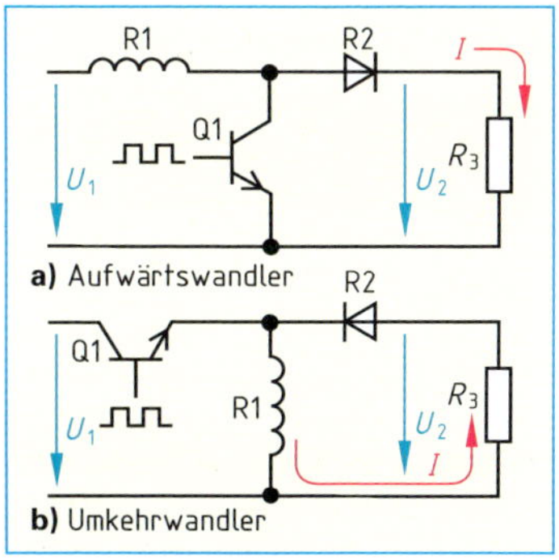

Bild 1: Sperrwandler

9.9.6.3 Ansteuerungsarten für Gleichstromsteller

Für die Ansteuerungen von Gleichstromstellern setzt man hauptsächlich die Pulsweiten-Modulation (PWM) und die Pulsfolge-Modulation (PFM) ein.

Pulsweiten-Modulation (Bild 2). Innerhalb einer bestimmten Schaltperiode T wird das Verhältnis zwischen Ein- und Ausschaltzeit und damit der Tastgrad verändert. Wird die Einschaltzeit t_i vergrößert, so ergibt sich ein größerer arithmetischer Mittelwert der Ausgangsspannung und damit ein größerer Ausgangsstrom.

Tastgrad g: **Seite 132**

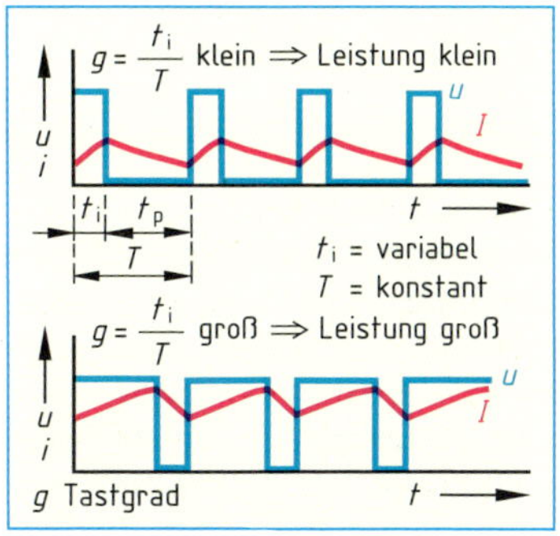

Bild 2: Pulsweiten-Modulation (PWM)

Ein pulsweitenmoduliertes Signal kann durch den Vergleich einer in der Frequenz konstanten Dreieckspannung und einer einstellbaren Steuergleichspannung erzeugt werden **(Bild 3).** Ist die Steuerspannung U_2 größer als die Dreieckspannung u_1, so führt die Spannung u_3 am Ausgang des Komparators High-Signal. Steigt die Dreieckspannung über den Wert der Steuerspannung, liefert der Komparator am Ausgang das Low-Signal. Damit ist innerhalb einer festen, von der Dreieckspannung bestimmten Frequenz die Einschaltdauer abhängig von der Steuergleichspannung.

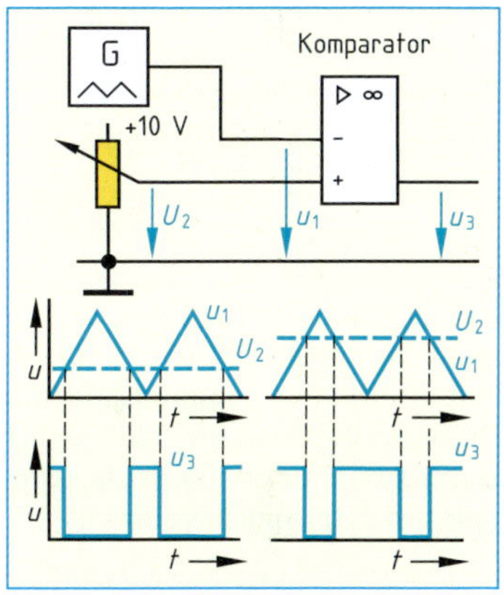

Bild 3: Ansteuerung für PWM

Pulsfolge-Modulation (Bild 4). Hier wird bei konstanter Einschaltzeit die Periodendauer und damit die Pulsfrequenz und der Tastgrad verändert.

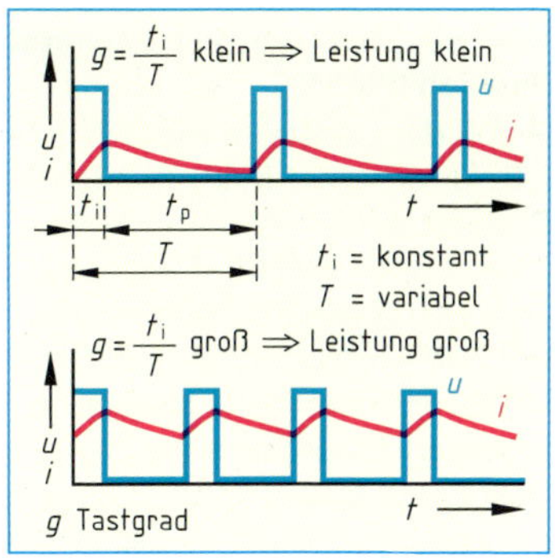

Bild 4: Pulsfolge-Modulation (PFM)

Gleichspannungswandler-ICs, auch **DC-DC-Wandler** genannt, erzeugen eine konstante Ausgangsspannung, indem der integrierte Leistungstransistor mit einer hohen Frequenz, z. B. 65 kHz, getaktet wird. Solche Schaltungen werden z. B. eingesetzt, wenn in einer Anlage mit Betriebsspannungen ± 15 V auch Schaltkreise mit + 5 V Versorgungsspannung betrieben werden sollen.

Wichtiges zu Gleichstromstellern

Aufbau als:
- Durchflusswandler: $U_2 < U_1$
- Sperrwandler: U_2 < oder > oder = U_1
- Abwärtswandler: $U_2 < U_1$
- Aufwärtswandler: $U_2 > U_1$
- Umkehrwandler: U_1 positiv, U_2 negativ

Ansteuerung mit:
- Pulsweiten-Modulation (PWM): T konstant, t_i variabel
- Pulsfolge-Modulation (PFM): T variabel, t_i konstant

9.9.7 Selbstgeführte Wechselrichter

> Wechselrichter **(Bild 1)** formen Gleichstrom in Wechselstrom um.

Bei **selbstgeführten Wechselrichtern** erfolgt die Umformung von Gleichstrom in Wechselstrom durch ein netzunabhängiges Ansteuern der Leistungsbauelemente, z. B. von IGBTs **(Seite 249)**.

Tabelle: Leistungen und Anwendungen selbstgeführter Wechselrichter (Beispiele)

Stromart	einphasig	dreiphasig
Leistung	Bis ca. 5 kW	Bis ca. 1000 kW
Anwendungen	Elektrische Verbraucher für meist AC 230 V, z. B. in • Wohnmobilen, • Schiffen.	• Frequenzumrichter, • Inselbetriebene Fotovoltaikanlagen, • Unterbrechungsfreie Stromversorgungen.

Einphasige selbstgeführte Wechselrichter

Wirkungsweise: Bei der Brückenschaltung **(Bild 2)** wird die vorhandene Last abwechselnd über jeweils zwei diagonal angeordnete IGBTs, z. B. Q1 und Q4, an die Gleichspannung U_1 geschaltet. Dadurch entsteht an der Last, z. B. Motor, eine rechteckförmige Wechselspannung U_2. Für den Betrieb mit ohmsch-induktiver Last werden Freilaufdioden R1 bis R4 antiparallel zu den Transistoren geschaltet, damit der Strom auch nach dem Umschalten für kurze Zeit in gleicher Richtung weiterfließen kann.

Dreiphasige selbstgeführte Wechselrichter

Wirkungsweise: Bei der Sechspuls-Brückenschaltung **(Bild 3a)** sind immer drei Transistoren, jeweils einer pro Zweig, gleichzeitig leitend, z. B. Q1, Q2 und Q3 zum Zeitpunkt t_1 **(Bild 3b)**. Es ergeben sich am Ausgang des Wechselrichters rechteckförmige Leiterspannungen (Ausgangsspannungen), die wie im Drehstromsystem um 120° zeitlich versetzt sind. Die Strangspannungen verlaufen stufig und sind ebenfalls um 120° zeitlich versetzt.

> Die Frequenz der Ausgangswechselspannung ist über die Taktung der Transistoren einstellbar.

Wechselrichter mit sinusbewerteter Pulsweiten-Modulation (PWM)

Damit der Laststrom möglichst sinusförmig verläuft, z. B. für ein gleichmäßig wirkendes Drehmoment bei Drehstrom-Asynchronmotoren, werden Wechselspannungen mit einer Pulsweiten-Modulation (PWM) erzeugt, die eine Sinusform nachbildet **(sinusbewertet)**. Die Ansteuerung erfolgt meist digital mit einem Mikrocontroller **(Seite 534)**. Dabei wird das Verhältnis zwischen Einschaltzeit und Ausschaltzeit geändert **(Bild 2 und Bild 4, Seite 263)**. Je höher die Frequenz der PWM ist, desto geringer ist die Welligkeit des Stromes. Die Taktfrequenz liegt z. B. bei etwa 20 kHz.

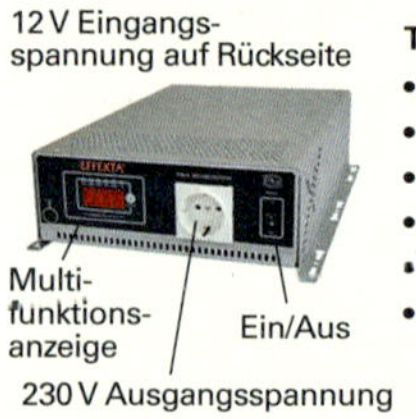

Technische Daten (Auswahl):
- Bemessungsleistung 1500 W
- Eingangsspannung 10 V bis 16,5 V DC
- Ausgangsspannung 230 V AC Sinusform
- Wirkungsgrad > 87 %
- Stromaufnahme Standby 1,6 A
- Schutzfunktionen, z. B. gegen Überlast, Überspannung, Unterspannung, Kurzschluss, Übertemperatur

Bild 1: Einphasiger Wechselrichter (Beispiel)

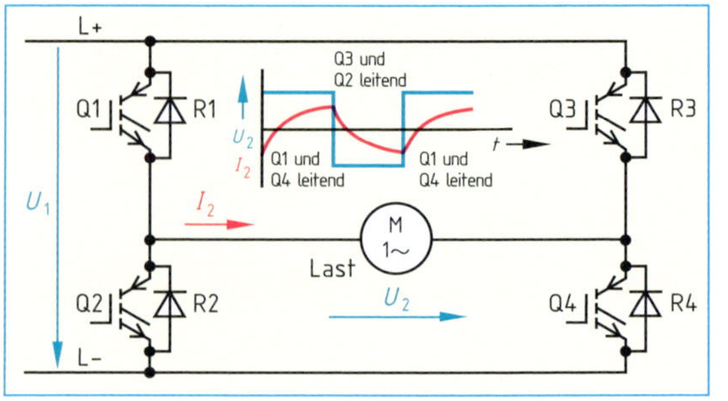

Bild 2: Einphasiger Wechselrichter in Brückenschaltung

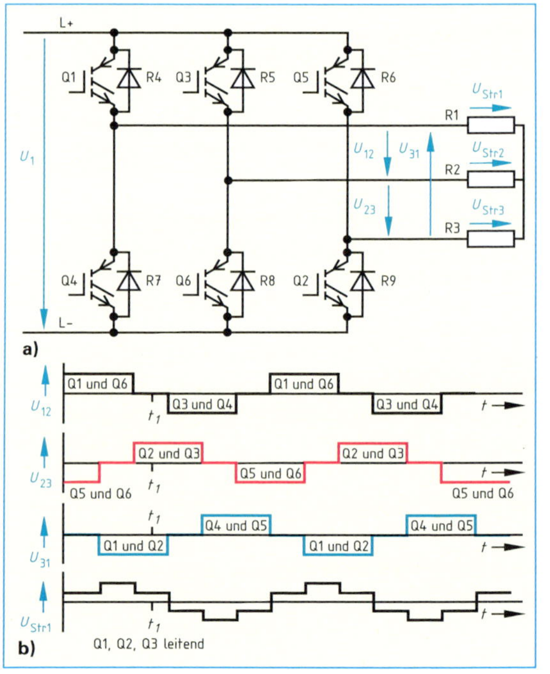

Bild 3: Dreiphasiger Wechselrichter
a) in Sechspuls-Brückenschaltung und
b) mit Spannungsverläufen an der Last

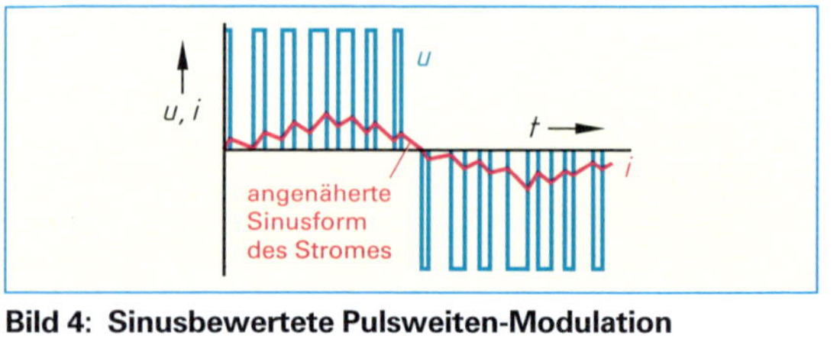

Bild 4: Sinusbewertete Pulsweiten-Modulation

9.9.8 Unterbrechungsfreie Stromversorgungssysteme (USV)

Unterbrechungsfreie Stromversorgungen **(Bild)** sorgen dafür, dass elektrische Verbraucher bei einer Störung im Versorgungsnetz **(Übersicht)**, z. B. Netzausfall von mehr als 10 ms, ohne Schäden, Datenverlust oder erst nach einer Datensicherung kontrolliert abgeschaltet werden.

> Eine USV besteht hauptsächlich aus Gleichrichter, Akkumulator als Energiespeicher, Wechselrichter und Schaltvorrichtungen.

USV-Klassifikation

Unterbrechungsfreie Stromversorgungen werden gemäß DIN EN 62040-3 nach ihrem Betriebsverhalten durch einen dreiteiligen Klassifikationscode, z. B. VI SS 111, unterschieden **(Tabelle 1 und 2).**

Beispiel:

Der Hersteller einer unterbrechungsfreien Stromversorgung gibt für die Klassifikation **VFI SS 111** an. Ermitteln Sie die Bedeutung dieses Klassifikationscodes.

Lösung:

Aus Tabelle 1 und 2:

VFI Netzstörungen **(Übersicht)** haben keine Auswirkung auf die Ausgangsspannung. Daher ist die Ausgangsspannung unabhängig von der Eingangsspannung.

SS Die Ausgangsspannung ist im **a)** Normalbetrieb und im **b)** Energiespeicherbetrieb sinusförmig.

111 Die Spannungsänderung bei **a)** Änderung der Betriebsart, bei **b)** linearen und bei **c)** nichtlinearen Lastsprüngen beträgt max. 30 %, nach 0,1 s max. 10 %.

Technische Daten (Auswahl):
- Klassifikation: VI SS 311
- Bemessungsleistung: 1000 VA
- Ausgangsspannung: 230 V, Sinusform
- Wirkfaktor: 0,9
- Wirkungsgrad: > 97 %
- Überbrückungszeit: 4,5 min bei Bemessungsleistung

Bild: Unterbrechungsfreie Stromversorgung (Beispiel)

Übersicht: USV-Auswahl nach Netzstörungen

	VFD[1]	VI[2]	VFI[3]
Netzausfall	x	x	x
Spannungsschwankung	x	x	x
Spannungsspitzen	x	x	x
Über- oder Unterspannung	–	x	x
Frequenzabweichung, Blitzeinwirkung, Spannungsverzerrung durch Oberschwingungen	–	–	x

Tabelle 1: USV-Klassifikation (DIN EN 62040-3)

Code	Betriebsverhalten	Beispiele
Teil 1	Einfluss der Eingangsspannung auf die Ausgangsspannung	VFD, VI, VFI
Teil 2	Form der Ausgangsspannung bei a) Normal- und b) Energiespeicherbetrieb	S sinusförmig, X sinusförmig bei linearer Last, Y nicht sinusförmig.
Teil 3	Spannungsänderung bei a) Änderung der Betriebsart, b) linearen und c) nichtlinearen Lastspüngen	Abweichung von Bemessungsspannung: 1 = max. 30 %, nach 0,1 s max. ± 10 % 2 = max. 100 % bis zu 1 ms, nach 0,1 s max. ± 10 %

Tabelle 2: USV-Klassifikation Teil 1 (nach DIN EN 62040-3)

Betriebsverhalten	Anwendungen	Schaltung (Prinzip)
Spannungs- und frequenzabhängig (VFD) Im Normalbetrieb ist der Verbraucher direkt mit dem Netz verbunden. Der Akkumulator wird geladen. Bei Netzausfall wird der Verbraucher durch den Akkumulator versorgt. Die Umschaltzeit beträgt bis zu 20 ms.	• PC-Arbeitsplatz, • Drucker, • Telefon-Anlagen.	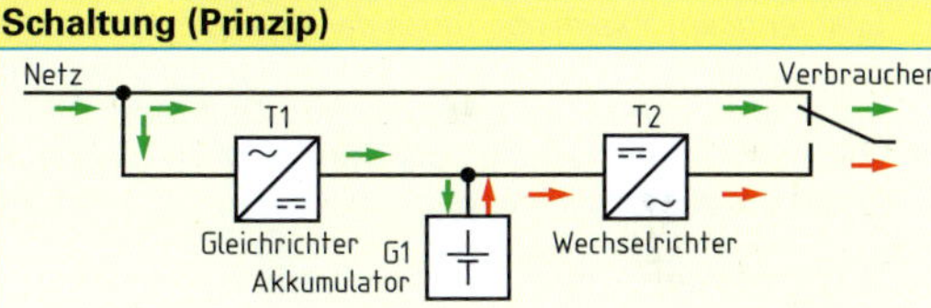
Spannungsunabhängig (VI) Im Normalbetrieb ist der Verbraucher über einen Spannungsregler mit dem Netz verbunden. Der Akkumulator wird geladen. Bei z. B. Netzausfall wird der Verbraucher durch den Akkumulator versorgt. Die Umschaltzeit beträgt 4 ms bis 10 ms	• Büro-Netzwerke, • Serveranlagen, • Kassensysteme.	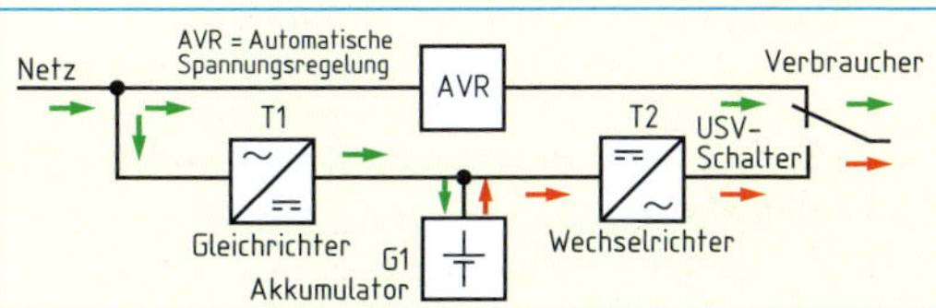
Spannungs- und frequenzunabhängig (VFI) Die Ausgangsspannung ist unabhängig von Netzstörungen. Der Energiefluss erfolgt über den Gleichrichter und den Wechselrichter. Dem Akkumulator wird z. B. bei Netzausfall, Energie ohne Umschaltzeit entnommen. Bei einem internen Fehler wird automatisch der Bypass hinzugeschaltet.	• Rechenzentrum, • Serveranlagen, • Netzwerke, • Prozessautomatisierung, • Sicherheitssysteme.	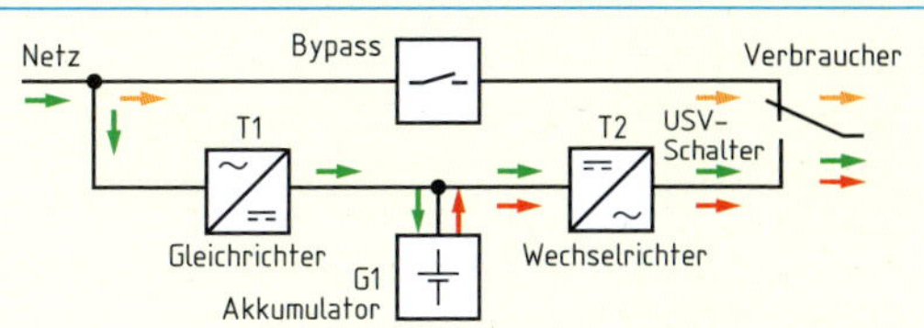
Energiefluss: → (grün) Normalbetrieb	→ (rot) Netzausfall	→ (orange) USV-Störung oder Wartung

[1] **VFD**, Abk. für: **V**oltage and **F**requency **D**ependent (engl.) = Spannungs- und frequenzabhängig; [2] **VI**, Abk. für: **V**oltage **I**ndependent (engl.) = Spannungsunabhängig; [3] **VFI**, Abk. für: **V**oltage and **F**requency **I**ndependent (engl.) = Spannungs- und frequenzunabhängig

9.9.9 Stromrichter-Antriebe

9.9.9.1 Betriebsarten elektrischer Antriebe

Eine elektrische Maschine kann als Motor oder als Generator betrieben werden.

Motorbetrieb: Es fließt ein Strom I vom Netz zum Motor, wodurch ein Drehmoment M erzeugt wird, welches die Arbeitsmaschine im Rechtslauf oder Linkslauf antreibt **(Bild 1)**.

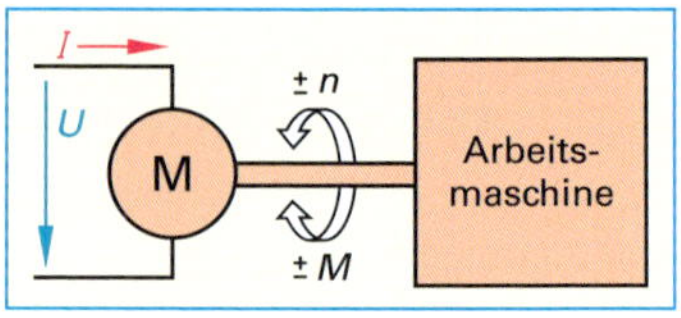

Bild 1: Elektrischer Antrieb

Generatorbetrieb: Die Arbeitsmaschine treibt als sogenannte aktive Last die elektrische Maschine an (Nutzbremsung). Dabei wird Energie von der Antriebsseite zum Netz geliefert. Diese Betriebsart ist allerdings nur möglich, wenn der verwendete Stromrichter auch für Rückspeisung geeignet ist.

Betriebsarten: Die Einteilung wird im **Vierquadranten-Diagramm (Bild 2)** dargestellt. Man betrachtet dabei Drehmomentrichtung (x-Achse) und Drehrichtung (y-Achse). Haben Drehmoment und Drehzahl gleiche Vorzeichen, so arbeitet der Antrieb als Motor und entnimmt Energie aus dem Netz. Haben Drehmoment und Drehzahl unterschiedliche Vorzeichen, liefert die elektrische Maschine als Generator Energie ins Netz.

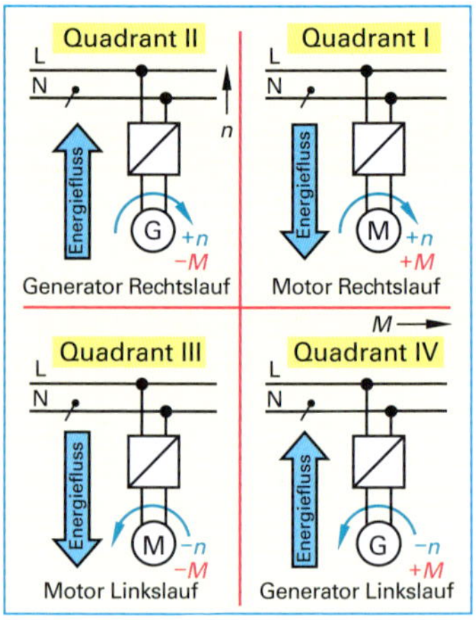

Bild 2: Vierquadranten-Diagramm

Beispiel:

Ein Kranantrieb **(Bild 3)** mit einer Gleichstrom-Maschine soll bei Rechtslauf ein Seil aufwickeln. Der Kranführer steuert den Kran so, dass er eine Last erst anhebt, dann auf einer bestimmten Höhe hält und sie dann wieder absenkt. Welche Quadranten durchläuft der Antrieb dabei?

Lösung:

- ***Heben*** *bedeutet positive Drehrichtung und positives Drehmoment. Es fließt dabei Strom vom Netz zum Motor. Der Antrieb wird also im 1. Quadranten betrieben.*
- *Um im* ***Stillstand*** *die Last zu halten, muss ein positives Drehmoment erzeugt werden. Der Arbeitspunkt des Antriebs liegt auf der x-Achse zwischen Rechtslauf und Linkslauf (M = positiv, n = 0 1/min, kein Quadrant).*
- *Beim* ***Senken*** *der Last soll das Seil zwar abgewickelt werden, jedoch ist kein Antreiben notwendig, da die Last den Antrieb selbsttätig gegendreht. Um die Last langsam zu senken, muss der Antrieb gebremst werden. Dazu ist ebenfalls positives Drehmoment notwendig. Die Drehrichtung kehrt sich jedoch um. Damit haben Drehrichtung und Drehmoment unterschiedliche Vorzeichen. Der Antrieb arbeitet als Generator im Linkslauf im 4. Quadranten. Er liefert dabei Energie ins Netz.*

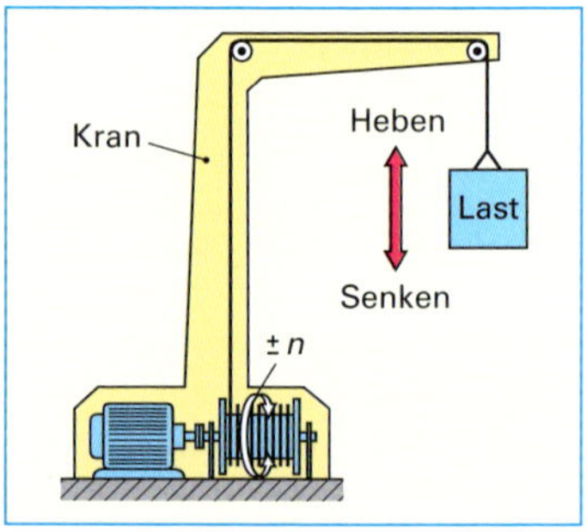

Bild 3: Kranantrieb

Ein Stromrichter-Antrieb setzt sich aus einem leistungselektronischen Stellglied und einem Reglerteil zusammen. Meist arbeiten dabei ein Drehzahlregler und ein Stromregler zusammen. Der Drehzahlregler sorgt dafür, dass die Drehzahl möglichst schnell und möglichst genau dem vorgegebenen Sollwert folgt. Der Stromregler hat die Aufgabe, den dazu erforderlichen Strom zur Verfügung zu stellen. Dabei sollen aber ein Maximalstrom und eine maximale Stromanstiegsgeschwindigkeit nicht überschritten werden. Unabhängig von der Art des eingesetzten Stromrichters ist diese Grundstruktur bei den meisten Antrieben gleich **(Bild 4)**.

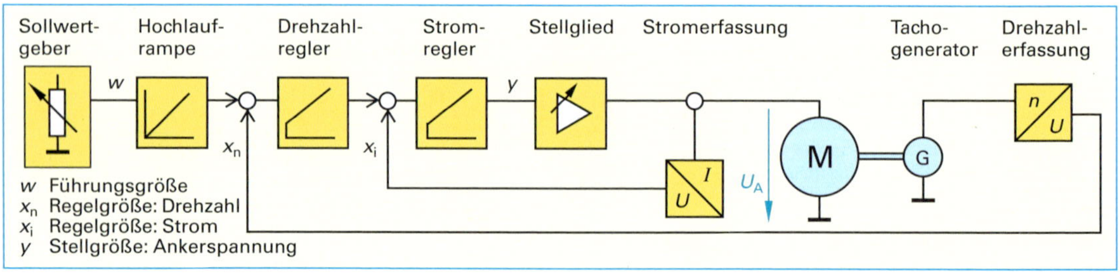

Bild 4: Struktur eines Stromrichter-Antriebs

9.9.9.2 Gleichstrommotor am Thyristor-Stromrichter

Wird ein Gleichstrommotor an einem netzgeführten Stromrichter betrieben, so lässt sich die Drehzahl des Motors mit der Höhe der gleichgerichteten Spannung verändern. Bei großem Zündwinkel α **(Seite 256)** ist die Drehzahl niedrig, bei kleinem Zündwinkel α ist die Drehzahl hoch. Durch die Drehbewegung wird im Anker des Motors eine Spannung U_i induziert, die der gleichgerichteten Spannung $U_{d\alpha}$ entgegenwirkt **(Bild 1)**. Gleichstrommotoren für kleine Leistungen haben eine geringe Ankerinduktivität L_A, sodass durch den Anker des Motors nur so lange Strom fließt, wie der Momentanwert der Netzspannung positiver ist als die Gegenspannung U_i **(Bild 2)**. Um die **Stromlücken** zu verringern, schaltet man häufig eine Glättungsdrossel in Reihe zum Anker.

In Momenten, in denen Stromlücken auftreten, entwickelt der Motor kein Drehmoment. Um ein gleichförmiges Drehmoment zu erhalten, verwendet man insbesondere bei größerem Leistungsbedarf im Ankerkreis des Motors eine Glättungsdrossel L_d **(Bild 3)**. Ist die Induktivität der Glättungsdrossel ausreichend groß, so kann man davon ausgehen, dass der Strom keine Lücken mehr hat.

Eine Glättungsdrossel im Ankerkreis bewirkt, dass der Gleichstrommotor ein gleichförmiges Drehmoment abgibt.

Die Drehzahl fremderregter Gleichstrommotoren lässt sich durch Verändern der Ankerspannung oder durch Schwächung des Erregerfeldes steuern **(Bild 3)**.

Drehzahlsteuerung von Gleichstrommotoren: **Seite 524**

Ankerstellbereich. Wird bei einem Antrieb **(Bild 3)** die Ankerspannung U_A erhöht, steigt auch die Drehzahl des Motors, wenn der Erregerfluss Φ_E konstant bleibt **(Bild 4)**, z. B. $\Phi = \Phi_{EN}$. Wird die Ankerspannung auf die Bemessungsspannung U_{AN} erhöht, so erreicht der Anker seine Bemessungsdrehzahl n_N. Mit zunehmender Ankerspannung steigt auch die Leistung an, wobei das Drehmoment gleich groß bleibt.

Feldstellbereich. Für Antriebe an Werkzeugmaschinen wird häufig eine Drehzahl gewünscht, die größer ist als die Bemessungsdrehzahl. Dies lässt sich durch Schwächung des Erregerfeldes erreichen. Mit zunehmender Feldschwächung muss allerdings der Motor entlastet werden **(Bild 4)**, da der Ankerstrom bei konstantem Drehmoment unzulässig ansteigen würde.

Übersicht: Gleichstromantriebe

- Thyristor-Stromrichter
- Sechspuls-Brückenschaltung B6C **(Seite 268)**
- Vierquadranten-Betrieb **(Seite 266** und **Seite 268)**
- Transistor-Gleichstromsteller, H-Brücke **(Seite 269)**

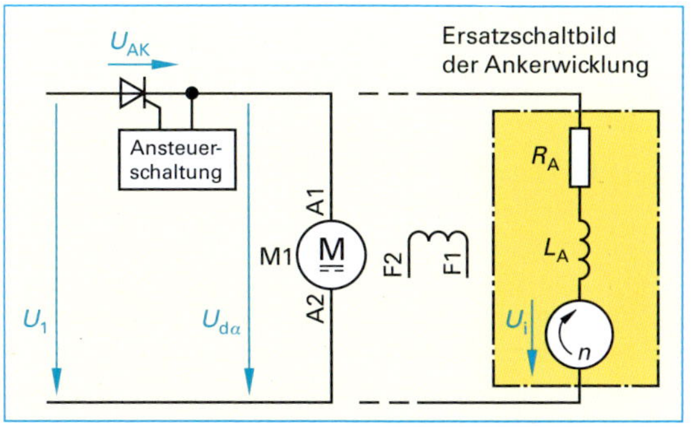

Bild 1: Gleichstrommotor an einer E1C-Schaltung

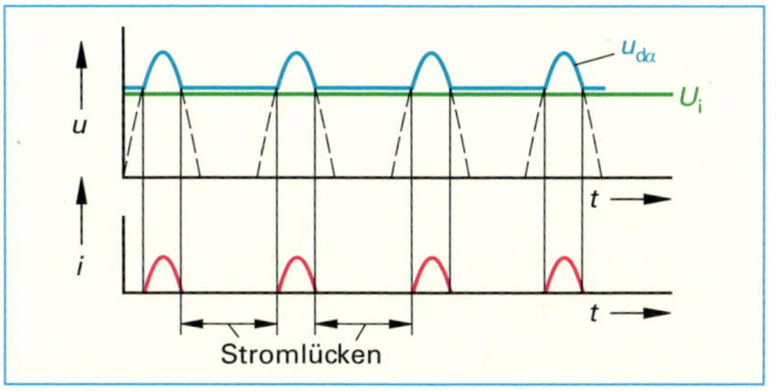

Bild 2: Spannungs- und Stromverlauf bei E1C-Schaltung

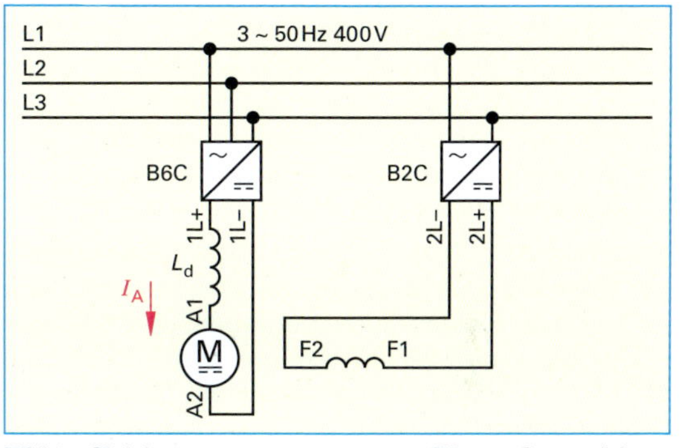

Bild 3: Gleichstrommotor am netzgeführten Stromrichter

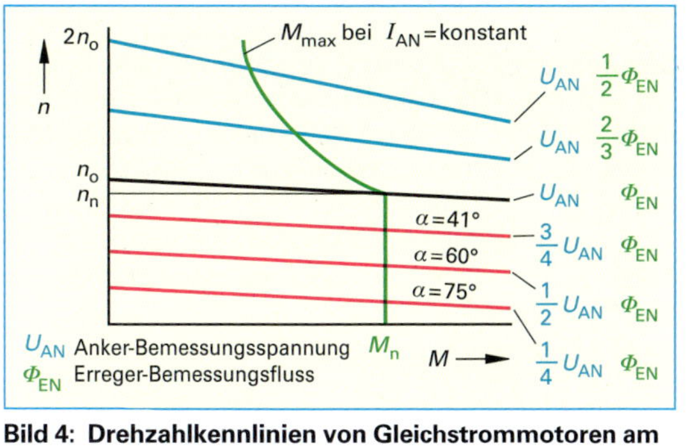

Bild 4: Drehzahlkennlinien von Gleichstrommotoren am netzgeführten Stromrichter

9.9.9.3 Gleichstrommotor an Sechspuls-Brückenschaltung B6C

Wird die Sechspuls-Brückenschaltung mit Thyristoren **(Bild 1a)** anstatt mit Dioden betrieben, so entsteht an den Ausgangsklemmen eine veränderbare Spannung. Dadurch lässt sich die Drehzahl eines Gleichstrommotors verändern. Der Zündwinkel α bestimmt die Höhe der Ausgangs-Gleichspannung $U_{d\alpha}$. Mit einem Zündwinkel α zwischen 0° und 90° kann die Gleichspannung zwischen dem Maximalwert und null verändert werden **(Bild 1b)**. Der Stromrichter arbeitet als Gleichrichter. Für Zündwinkel, die größer als 90° sind, ergeben sich negative Gleichspannungen $U_{d\alpha}$ **(Bild 1c)**. Der Stromrichter arbeitet dann als Wechselrichter und die Gleichstrommaschine im Bremsbetrieb als Generator.

9.9.9.4 Gleichstrommotor im Vierquadranten-Betrieb

Gleichstromantriebe an Werkzeugmaschinen sollen häufig in zwei Drehrichtungen antreiben und bremsen. Dazu benötigt man einen Umkehrstromrichter, bei dem zwei vollgesteuerte Stromrichter antiparallel geschaltet werden **(Bild 2)**.

Mit Umkehrstromrichtern ist ein Vierquadranten-Betrieb **(Seite 266)** möglich.

Die beiden antiparallel geschalteten Stromrichter dürfen nicht gleichzeitig leitend werden, da sonst zwischen den Stromrichtern ein Kurzschlussstrom (Kreisstrom) fließen würde. Deshalb werden die beiden Stromrichter mit einer Sperrlogik gegeneinander verriegelt **(Bild 3)**.

Stromrichter 1 übernimmt den Stromfluss in positiver Richtung. Die Gleichstrommaschine wird dann im 1. und im 4. Quadranten betrieben. Dreht die Maschine gegen die Last rechts herum, dann arbeitet sie als Motor und der Stromrichter als Gleichrichter. Dreht die Maschine bremsend links herum, so arbeitet sie als Generator und der Stromrichter als Wechselrichter.

Stromrichter 2 übernimmt den Stromfluss in negativer Richtung. Die Gleichstrommaschine wird dann im 2. und im 3. Quadranten betrieben. Dreht die Maschine gegen die Last links herum, dann arbeitet sie als Motor und der Stromrichter als Gleichrichter. Dreht die Maschine bremsend rechts herum, so arbeitet sie als Generator und der Stromrichter als Wechselrichter.

Kreisstromfreie Stromrichter haben zwischen den beiden antiparallelen Schaltungen eine Umschaltzeit von einigen Millisekunden.

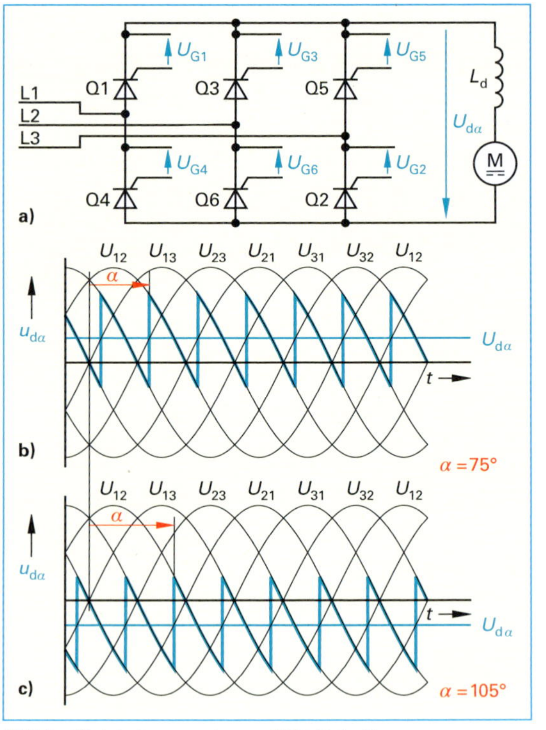

Bild 1: Gleichstrommotor an B6C-Schaltung

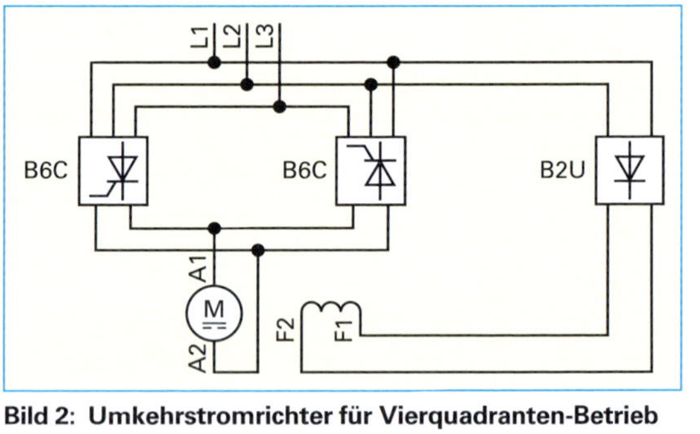

Bild 2: Umkehrstromrichter für Vierquadranten-Betrieb

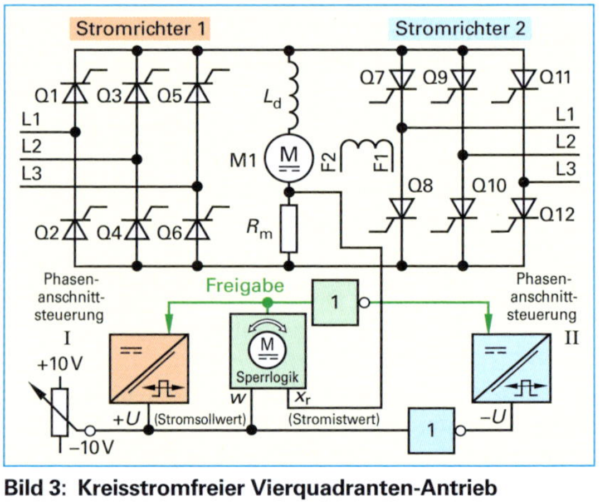

Bild 3: Kreisstromfreier Vierquadranten-Antrieb

9.9.9.5 Drehzahlsteuerung mit Transistor-Gleichstromsteller

Die Drehzahl von Gleichstrommotoren kleinerer Leistungen wird gesteuert, indem man den arithmetischen Mittelwert der Gleichspannung **(Seite 133)** verändert. Die Änderung erreicht man durch gesteuertes Ein- und Ausschalten (Pulsen) mit einem elektronischen Schalter.

Transistor-Gleichstromsteller: **Seite 262**

Zum Pulsen der Spannung werden meist Leistungstransistoren, z. B. IGBT oder Leistungs-Feldeffekttransistoren, eingesetzt **(Bild 1)**. Zur Glättung des Stromes wird häufig eine zusätzliche Glättungsdrossel L_d im Ankerkreis eingebaut. Parallel zum Motor und zur Glättungsdrossel befindet sich eine Freilaufdiode R1, die den Transistor beim Schalten vor hohen Induktionsspannungen schützt. Während der Sperrphase des Transistors kann der Motorstrom über die Freilaufdiode R1 weiter fließen. Somit entwickelt der Motor ein gleichmäßiges Drehmoment.

Bei Transistor-Gleichstromstellern wird zur Drehzahlsteuerung die Gleichspannung am Motor gepulst.

Wird ein Antrieb mit schnellem Drehrichtungswechsel gewünscht, um z. B. die Achse eines Bestückungsautomaten in zwei Richtungen zu verfahren, so wird meist eine **Brückenschaltung** (H-Brücke) verwendet **(Bild 2)**.

Die H-Brücke ermöglicht den Betrieb eines Motors in vier Quadranten.

Werden die Transistoren Q1 und Q4 angesteuert, so fließt der Strom I_1. Der Motor dreht rechts herum. Während Q1 für Rechtslauf dauerhaft eingeschaltet bleibt, wird meistens nur der untere Transistor Q4 getaktet. Ist Q4 abgeschaltet, so kann der Strom, getrieben von der Glättungsdrossel L_d, über den Motor M1, die Freilaufdiode R3 und den Transistor Q1 weiter fließen. Der Motor liefert somit ein gleichmäßiges Drehmoment.

Für Linkslauf des Motors werden die Transistoren Q2 und Q3 angesteuert. Wird Q2 abgeschaltet, so fließt der Strom weiter über M1, R1 und Q3.

Für kleinere Motorströme, z. B. $I = 4$ A, wird die vollständige H-Brücke als integrierter Schaltkreis angeboten **(Bild 3)**. Die äußere Beschaltung und die Pegel an den Eingängen IN 1, IN 2 und ENABLE bestimmen die Betriebsart des Motors.

Mit diesem Schaltkreis und einem zusätzlichen Stromregler-IC lässt sich ein drehzahlgeregelter DC-Antrieb aufbauen. Hersteller geben in ihren Datenblättern Schaltungsbeispiele **(Bild 4)** an.

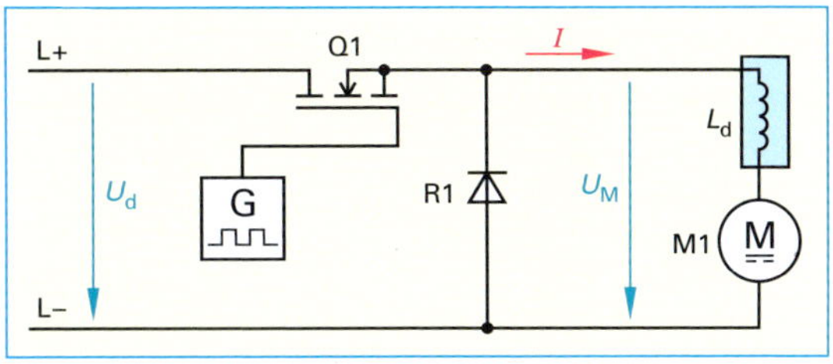

Bild 1: DC-Motor am Gleichstromsteller

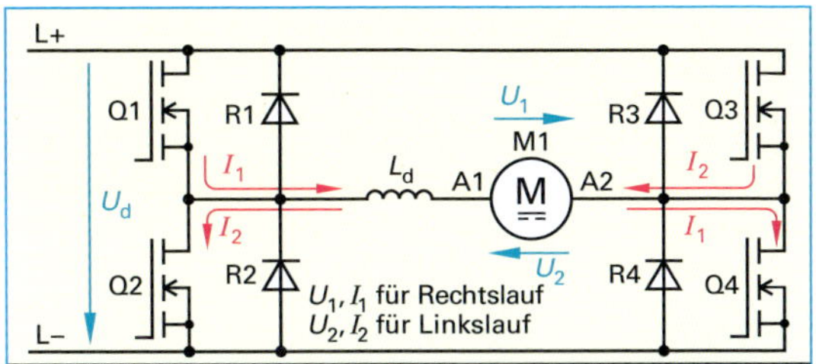

Q1 und Q4 leitend Q2 und Q3 gesperrt	⇒	Motor M1 Rechtslauf
Q1 und Q4 gesperrt Q2 und Q3 leitend	⇒	Motor M1 Linkslauf

Bild 2: H-Brücke mit DC-Motor

H-Brücke: Der Aufbau der Brückenschaltung hat die Form des Buchstabens H.

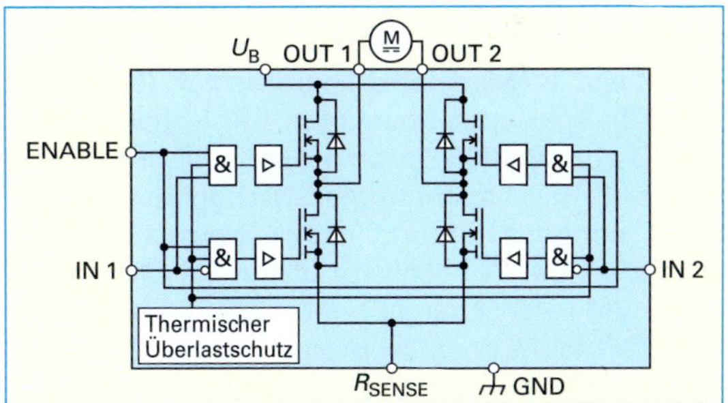

IN 1, IN 2	Pegel an den Eingängen bestimmen die Ansteuerung der Transistoren Q1 bis Q4 und damit die Betriebsart des Motors, z. B. Rechtslauf oder Linkslauf
R_{SENSE}	Messwiderstand-Anschluss zur Erfassung des Motorstroms
ENABLE	(engl.) = freigeben

Bild 3: IC mit H-Brücke (vereinfacht)

www.datasheetcatalog.com

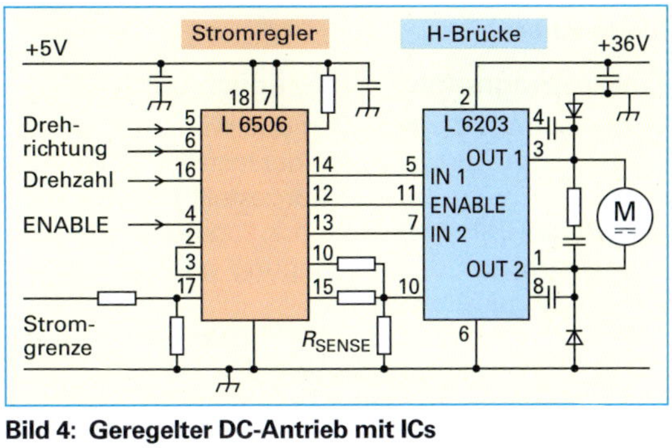

Bild 4: Geregelter DC-Antrieb mit ICs

9.9.9.6 Frequenzumrichter

Frequenzumrichter (FU) sind elektronische Geräte, mit denen man die Drehzahl von Wechselstrom- oder Drehstrommotoren stufenlos und präzise steuern und regeln kann **(Bild 1)**. Sie werden zwischen das Versorgungsnetz mit 1-phasiger oder 3-phasiger Wechselspannung und dem Motor geschaltet **(Bild 2)**.

> Frequenzumrichter erzeugen elektronisch aus einem vorhandenen Wechselstrom- oder Drehstromsystem mit fester Spannung und fester Frequenz ein Drehstromsystem mit variabler Spannung und variabler Frequenz.

Frequenzumrichter werden in einem Leistungsbereich von 0,25 kW bis 100 MW eingesetzt.

Aufbau

Je nach Aufbau unterscheidet man vor allem U-Umrichter und I-Umrichter.

U-Umrichter. Der U-Umrichter ist ein Gleichspannungs-Zwischenkreis-Umrichter, der aus vier Hauptbaugruppen besteht **(Bild 3)**:

- Gleichrichter
- Gleichspannungs-Zwischenkreis
- Wechselrichter
- Steuereinheit und Bedienteil

Der meist ungesteuerte Gleichrichter **(Seite 253)** formt die speisende Spannung, z.B. 1-phasig 230 V oder 3-phasig 400 V, in eine feste Gleichspannung um. Der Gleichspannungs-Zwischenkreis enthält einen Kondensator und einen Bremswiderstand **(Chopper)**. Der Kondensator glättet die Gleichspannung und liefert Energie bei Laststößen, z.B. beim Anlaufen des Motors. Der Bremswiderstand wandelt zurückgespeiste Energie, z.B. beim Bremsen, in Wärme um. Der Wechselrichter erzeugt dann aus der Gleichspannung ein Wechselstrom- oder Drehstromsystem mit z.B. Frequenzen von 0 ... 400 Hz und Spannungen von 0 ... 400 V.

I-Umrichter. Der I-Umrichter wird nur für Motoren sehr hoher Leistung, z.B. ab 15 kW, verwendet. Er hat im Gleichstrom-Zwischenkreis eine Glättungsdrossel, um den Motorwicklungen konstante Ströme zu liefern.

Elektromagnetische Verträglichkeit (EMV)

Frequenzumrichter erzeugen unerwünschte elektromagnetische Störungen. Bei der Installation von Frequenzumrichtern muss sichergestellt werden, dass die gültigen EMV-Vorschriften, z.B. durch Einbau von EMV-Filtern und durch Verlegung geschirmter Leitungen, eingehalten werden.

Funkentstörung: **Seite 418**
Abschirmung: **Seite 73**

Technische Daten (Auswahl):
- Bemessungsspannung: 3-phasig 400 V, 50 Hz
- Leistungsbereich: 0,55 kW bis 250 kW
- Kommunikation: z.B. Klemmleiste oder PROFINET
- Regelart: z.B. U/f - Kennlinienregelung
- Digitale Eingänge und digitale Ausgänge
- Anwendungen: Pumpen, Lüfter, Kompressoren, Fördertechnik (Förderbänder), Verfahrenstechnik (Rührwerke, Mühlen).

Bild 1: Frequenzumrichter (Beispiel SINAMICS G120)

Übersicht: Merkmale von Frequenzumrichtern

- stufenlose Drehzahlverstellung von Antrieben
- konstantes Drehmoment bis zur Bemessungsdrehzahl
- Regelung von Drehzahl und Drehmoment
- einfache Bedienung
- schnelle Inbetriebnahme
- Anschaltung an Automatisierungssysteme über Feldbusse, z.B. Profibus oder PROFINET

Homepages einiger FU-Hersteller
www.abb.com
www.danfoss.de
www.lenze.com
www.sew-eurodrive.de
www.siemens.de

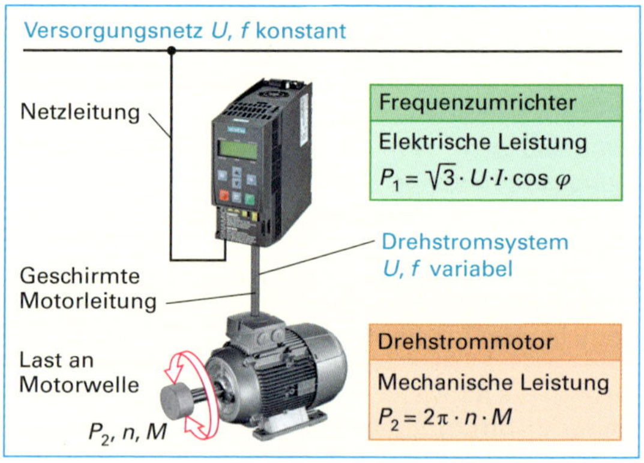

Bild 2: Frequenzumrichter mit Drehstrommotor

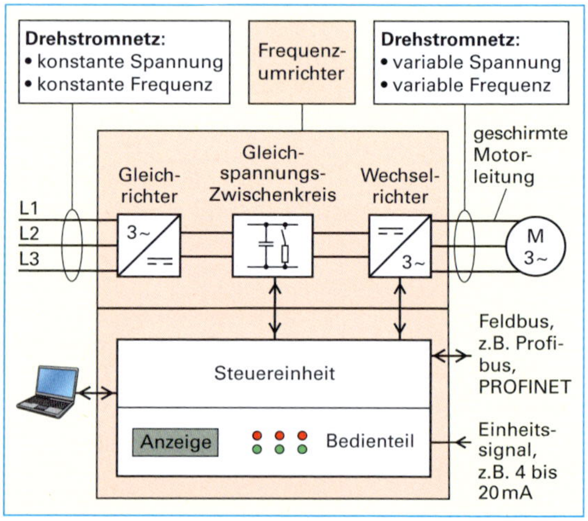

Bild 3: Aufbau eines U-Umrichters

9.9.9.7 Drehstrom-Asynchronmotor am Frequenzumrichter

Um einen guten Wirkungsgrad des Antriebssystems bei variabler Frequenz zu erhalten, soll der Motor möglichst mit Bemessungsmoment betrieben werden. Deshalb muss der Frequenzumrichter an das Verhalten des Motors angepasst werden.

Spannungs-Frequenz-Kennlinie

Weicht die Betriebsfrequenz f des Drehstrom-Asynchronmotors von der Bemessungsfrequenz f_N ab, so hat dies Auswirkungen auf das Betriebsverhalten des Motors **(Tabelle).** Damit der Drehstrom-Asynchronmotor bei niedrigen Betriebsfrequenzen keine unzulässig hohe Stromaufnahme hat, muss die Spannung durch die ***U/f*-Kennliniensteuerung** an die Frequenz angepasst werden **(Bild 1).**

> Wird ein Drehstrom-Asynchronmotor im Frequenzbereich $f < f_N$ bis $f = f_N$ (Spannungsstellbereich) mit Bemessungsstrom betrieben, entwickelt er sein Bemessungsdrehmoment M_N.

Damit der Drehstrom-Asynchronmotor beim Anlauf oder beim Betrieb im unteren Frequenzbereich, z. B. bei 5 Hz, ein ausreichend hohes Drehmoment entwickeln kann, wird die Spannung in diesem Bereich etwas angehoben (U_{min}-Anhebung). Diese Spannungsanhebung nennt man auch **Boost[1], $I \times R$-Kompensation** oder **Startkompensation.**

> Drehstrom-Asynchronmotoren, die bei niedrigen Frequenzen mit Bemessungsmoment belastet werden, müssen fremdbelüftet werden, um die entstehenden Stromwärmeverluste abzuführen.

Arbeitet der Drehstrom-Asynchronmotor im Frequenzbereich $f > f_N$, wird die Spannung am Motor konstant gehalten. Da mit zunehmender Frequenz der Blindwiderstand X_L und somit der Scheinwiderstand Z des Motors steigen, nimmt die Stromaufnahme ab. Das Drehfeld des Motors wird geschwächt (Feldschwächbereich) und das zur Verfügung gestellte Drehmoment sinkt **(Bild 2).**

> Bei Frequenzen $f > f_N$ muss die Last des Drehstrom-Asynchronmotors verringert werden.

Motorkennlinien

Arbeitet der Drehstrom-Asynchronmotor im Frequenzbereich von 0 Hz bis zu seiner Bemessungsfrequenz, so wird bei sich ändernder Frequenz des Frequenzumrichters die Drehzahl-Drehmoment-Kennlinie des Motors parallel verschoben **(Bild 3).**

Wird der Drehstrom-Asynchronmotor mit Frequenzen größer als Bemessungsfrequenz betrieben, sinkt das Kippmoment des Motors stark ab.

Tabelle: Betriebsverhalten des Drehstrom-Asynchronmotors ohne Spannungs-Frequenz-Kennliniensteuerung

Frequenz	$f < f_N$	$f = f_N$	$f > f_N$
magnet. Fluss	$\Phi > \Phi_N$	$\Phi = \Phi_N$	$\Phi < \Phi_N$
Scheinwiderstand	Z sinkt	Z_N	Z steigt
Strom	$I > I_N$	$I = I_N$	$I < I_N$
Folge	Wicklung thermisch überlastet	Optimaler Betrieb	Motordrehmoment sinkt
Maßnahme	Spannung verringern	Keine	Motor entlasten

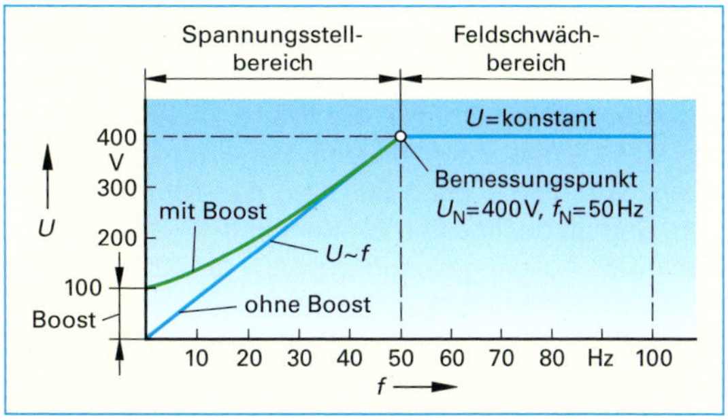

Bild 1: Spannungs-Frequenz-Kennlinie

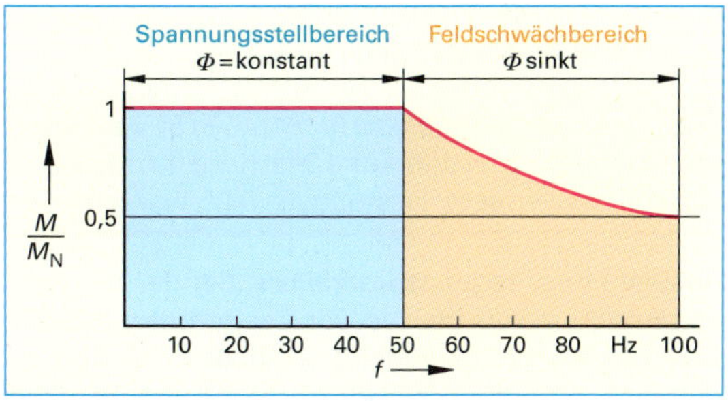

Bild 2: Drehmoment-Frequenz-Kennlinie

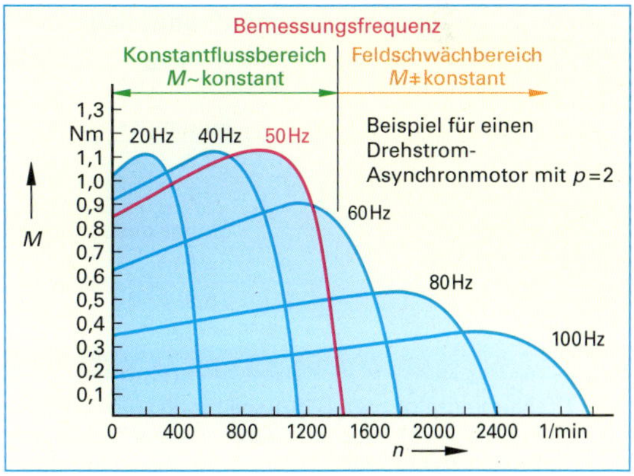

Bild 3: Drehmoment-Drehzahl-Kennlinien bei verschiedenen Betriebsfrequenzen

[1] von to boost (engl.) = anheben, verstärken

9.9.9.8 Auswahl eines Frequenzumrichters

Die Drehzahl eines Drehstrommotors soll mit einem Frequenzumrichter (FU) gesteuert werden. Für die Auswahl eines geeigneten FU müssen deshalb die Bemessungswerte des Motors, z. B. durch die Angaben auf dem Leistungsschild **(Bild 1)**, bekannt sein.

Schaltung der Motorwicklungen (Tabelle 1). Die Schaltung der Motorwicklungen wird bestimmt durch:

- die Eingangsspannung des Frequenzumrichters, z. B. 230 V 1-phasig oder 400 V 3-phasig, und
- den eingestellten Typenpunkt **(Bild 2)**.

Der Drehstrommotor **(Bild 1)** kann am 3-phasigen FU in Dreieckschaltung betrieben werden, wenn bei der Inbetriebnahme am FU die Werte $U_N = 230\,V$ und $f_N = 50$ Hz eingegeben werden. Bei einer Betriebsfrequenz von 50 Hz liegen 230 V an den Motorwicklungen. Gemäß der linearen *U/f*-Kennlinie **(Bild 2)** wird die maximale Ausgangsspannung $U_N = \sqrt{3} \cdot 230\,V = 400\,V$ bei $f = \sqrt{3} \cdot 50$ Hz = 87 Hz erreicht. Dieser am FU eingestellte Punkt heißt **Typenpunkt (Eckfrequenz)**. Wegen der höheren Frequenz fließt trotz der Strangspannung von 400 V der Bemessungsstrom. Der Motor ist nicht überlastet.

Soll der Motor in Sternschaltung betrieben werden, so ist der Typenpunkt auf 50 Hz einzustellen.

> Bei Dreieckschaltung und Typenpunkt 87 Hz muss ein Frequenzumrichter mit $\sqrt{3}$-facher Strombelastbarkeit und höherer Leistung gewählt werden.

Auswahl des Frequenzumrichters. Bei der Auswahl des Frequenzumrichters ist von der Bemessungsleistung des Motors auszugehen **(Tabelle 2)**. Daraus ergibt sich, ob ein Frequenzumrichter mit 1-phasiger oder 3-phasiger Eingangsspannung benötigt wird.

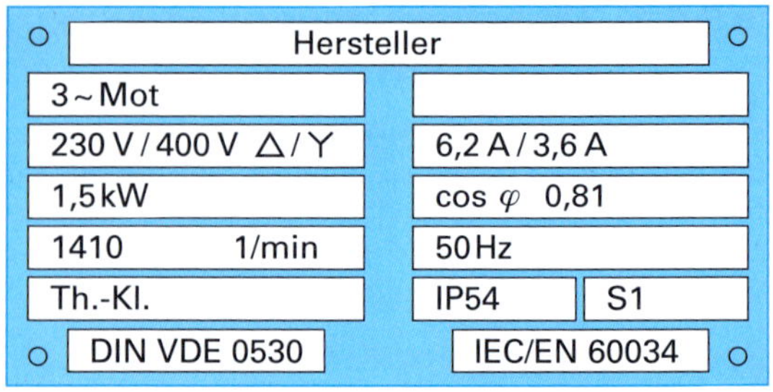

Bild 1: Leistungsschild eines Drehstrommotors

Auswahl eines Elektromotors: **Seite 503**

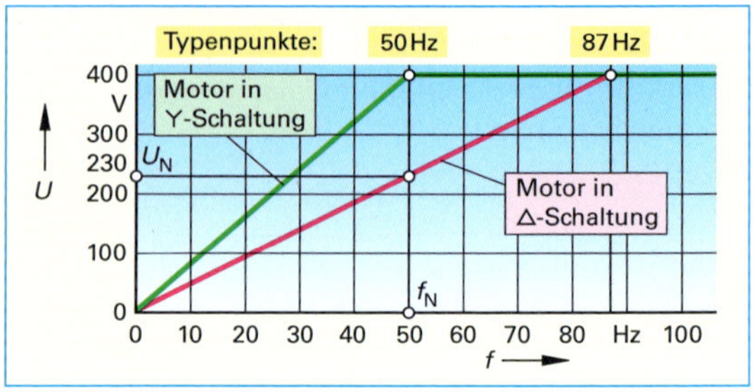

Bild 2: Spannungs-Frequenz-Kennlinien für die Typenpunkte 50 Hz und 87 Hz

> Bis zum Typenpunkt kann der Motor mit dem Bemessungsdrehmoment M_N belastet werden.

Tabelle 1: Motor mit dem Leistungsschild nach Bild 1 am Frequenzumrichter

FU-Anschluss	1-phasig	3-phasig	
Typenpunkt	**50 Hz**	**50 Hz**	**87 Hz**
Motorwicklung	Dreieckschaltung	Sternschaltung	Dreieckschaltung
Strangspg. (max)	230 V	230 V	400 V
Strangstrom	3,6 A	3,6 A	3,6 A
Leiterstrom	6,2 A	3,6 A	6,2 A

Tabelle 2: Datenblattauszug für Frequenzumrichter (Beispiele)

FU Nr.	Motor-Bemessungsleistung in kW	Bemessungsleistung in kVA	Ausgangsstrom in A	Eingangsstrom in A	Überstrom-Schutzeinrichtung in A
Eingangsspannung 1-phasig 200 V bis 240 V					
1	1,1	2,4	5,5	9,6	20
2	1,5	3,2	7,4	13	20
Eingangsspannung 3-phasig 380 V bis 480 V					
3	2,2	4,5	5,9	5,0	16
4	3,0	5,9	7,7	6,7	16

Beispiel:

Ein Drehstrommotor nach **Bild 1** soll bis 50 Hz mit dem Bemessungsdrehmoment betrieben werden. Bestimmen Sie die Schaltungsart des Motors und wählen Sie aus **Tabelle 2** den passenden Frequenzumrichter (FU) für den Betrieb an einem a) 1-phasigen Frequenzumrichter, b) 3-phasigen Frequenzumrichter (Typenpunkt 50 Hz). Begründen Sie Ihre Auswahl.

Lösung:

a) Die Motorwicklung wird in Dreieck geschaltet. Es fließt ein Leiterstrom von 6,2 A zum Motor. Der FU Nr. 2 ist geeignet.
b) Die Motorwicklung wird in Stern geschaltet. Es fließt ein Leiterstrom von 3,6 A. FU Nr. 3 ist geeignet.

Situationsbeschreibung:

Ein 3-phasiger Frequenzumrichter (FU) soll installiert und anschließend mit der Grundinbetriebnahme **(Tabelle)** parametriert (eingestellt) werden. Der Motor mit dem Leistungsschild von **Seite 272, Bild 1** wird in Sternschaltung am Frequenzumrichter betrieben.

Installation: Bei der Installation von Frequenzumrichter und Motor sind die Informationen der Hersteller zur elektrischen Installation unbedingt zu beachten, z. B.

- Verwendung abgeschirmter Steuerleitungen,
- getrennte Verlegung von Motor- und Steuerleitungen,
- EMV-gemäße Installation und
- vorschriftsmäßige Erdung.

Inbetriebnahme: Grundsätzlich muss vor der ersten Inbetriebnahme die mechanische und elektrische Installation von Frequenzumrichter und Motor erfolgt sein.

Frequenzumrichter werden mit voreingestellten Motordaten (Werkseinstellung) geliefert.

Vor der Inbetriebnahme eines Frequenzumrichters (FU) mit angeschlossenem Motor müssen die Bemessungsdaten des Motors in den FU eingegeben (parametriert) werden. Ansonsten kann der Motor zerstört werden.

Frequenzumrichter können durch aufsteckbare Bediengeräte **(Bild)** parametriert werden. Daten lassen sich aber auch mit einem PC über die Datenschnittstelle in den Frequenzumrichter einlesen und speichern.

Mit den Tasten auf dem Bediengerät können die gewünschten Motor- und Betriebsdaten, z. B.

- Bemessungsdaten des Motors,
- min. und max. Motordrehzahl,
- Hochlaufzeit und Rücklaufzeit und
- Typenpunkt

programmiert werden. Außerdem lassen sich verschiedene Betriebswerte und Meldungen, z. B.

- Ausgangsstrom,
- Ausgangsspannung,
- Ausgangsfrequenz,
- Spannung des Gleichstrom-Zwischenkreises und
- Alarm- und Fehlermeldungen

anzeigen.

Da sehr viele verschiedene Parameter zur Verfügung stehen, bieten Hersteller eine Grundinbetriebnahme an. Mit der Grundinbetriebnahme kann der Frequenzumrichter schnell an den ausgewählten Motor angepasst und wichtige Betriebsdaten eingegeben werden **(Tabelle)**.

Sicherheitshinweise zu Installation und Inbetriebnahme

- Frequenzumrichter und Motor führen gefährliche Spannungen, auch wenn der Frequenzumrichter nicht in Betrieb ist.
- Ausführen von Installationsarbeiten, Inbetriebnahme und Servicearbeiten nur von Elektrofachkräften.
- Beachten der Installations- und Betriebsanleitung des Herstellers, z. B. Reihenfolge: Frequenzumrichter einschalten, Motordaten eingeben, Motor starten.
- Vorsehen von Schutzmaßnahmen und Schutzeinrichtungen nach den gültigen Vorschriften, z. B. Überstrom-Schutzeinrichtung, Erdungsmaßnahmen.

Betriebsanleitung eines Frequenzumrichters, Projektierungshandbuch, Betriebsanleitungen von Bediengeräten.

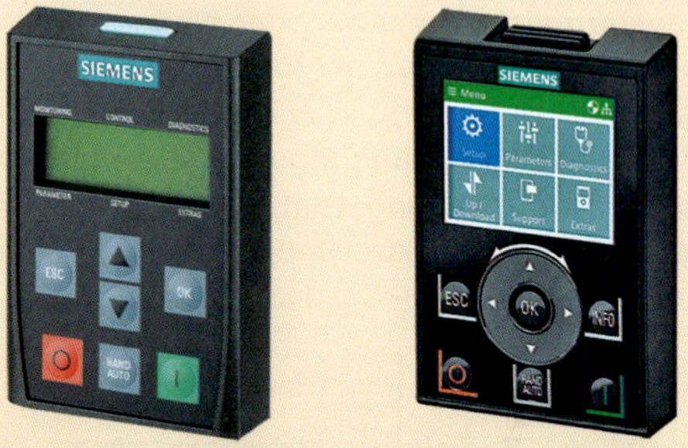

Taste	**Funktion** (Beispiele)
I	Motor EIN (in Betriebsart Hand)
0	Motor AUS (in Betriebsart Hand)
HAND AUTO	Umschalten der Befehlsquelle, z. B. BOP (HAND) oder Feldbus (AUTO)
▲, ▼	Parameterwert erhöhen oder vermindern

Bild: Bediengerät eines Frequenzumrichters

Tabelle: Parameter zur Grundinbetriebnahme eines Frequenzumrichters (Auszug)

SETUP	**Grundinbetriebnahme starten**	**OK**
Parameter[1]	**Funktion**	**Wert**
	Motordaten	
P304	Motorspannung in V	230
P305	Motorstrom in A	6,2
P307	Motorleistung in kW	1,5
P310	Motorfrequenz in Hz	50
P311	Drehzahl in 1/min	1410
	Betriebsdaten	
P1080	Minimaldrehzahl in Hz	0
P1082	Maximaldrehzahl in Hz	100
P1120	Hochlaufzeit in s	5
P1121	Rücklaufzeit in s	10
FINISH	Ende: Anzeige YES	OK

[1] herstellerspezifisch

(Nächster Praxistipp: Seite 287)

9.9.10 Netzgeräte

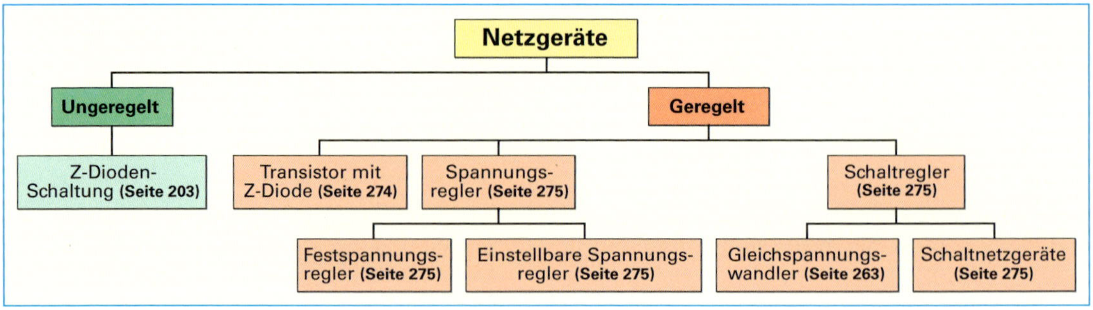

Bild 1: Übersicht Netzgeräte

Netzgeräte **(Bild 2)** haben die Aufgabe, elektronische Betriebsmittel mit einer Gleichspannung zu versorgen. Man unterscheidet verschiedene Schaltungsarten **(Bild 1)**.

Netzgeräte haben eine konstante Ausgangsspannung, z. B. 12 V, und bestehen aus:

- **Überstrom-Schutzeinrichtung:** Schutz des Netzteils vor Überlastung und Kurzschluss.
- **Transformator:** Umsetzen der Netzwechselspannung auf eine meist kleinere Wechselspannung und galvanisches Trennen der Versorgungsgeräte vom Netz.
- **Gleichrichter:** Umformen der Wechselspannung in eine Gleichspannung. Diese Gleichspannung setzt sich aus einem Gleichspannungs- und einem Wechselspannungsanteil zusammen **(Seite 254)**.
- **Glättung und Siebung:** Glätten und sieben der Gleichrichterausgangsspannung, wegen der hohen Welligkeit meist mit Elektrolytkondensatoren.
- **Stabilisierungs- und Regelschaltung:** Stabilisieren der Ausgangsspannung bei Belastung.

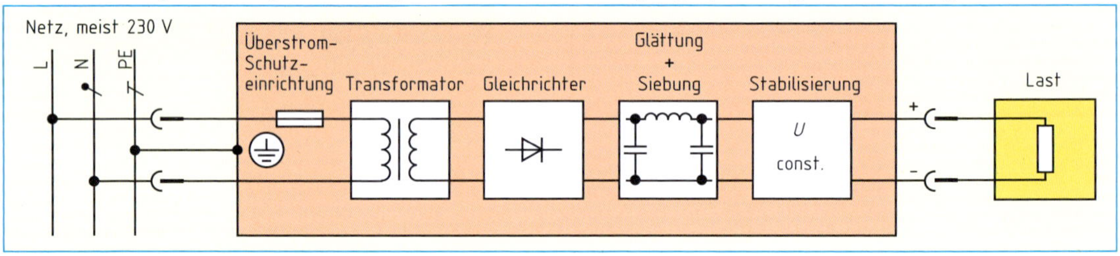

Bild 2: Übersichtsschaltplan eines Netzgerätes

9.9.10.1 Geregelte Netzgeräte

Geregelte Netzgeräte liefern, auch bei Schwankungen der Eingangsspannung oder Belastungsänderungen, eine nahezu konstante Ausgangsspannung.

Bei der **Reihenstabilisierung (Bild 3)** liegt ein Transistor als veränderlicher Widerstand in Reihe zum Lastwiderstand. Der Basisspannungsteiler des Transistors besteht aus einem Widerstand und einer Z-Diode. Der Strom in Punkt A teilt sich in den Strom I_Z und den Basisstrom I_B auf. Steigt die Eingangsspannung U_1 an, so wird durch den größeren Laststrom die Spannung U_2 kurzzeitig ebenfalls größer. Weil U_Z konstant bleibt, wird U_{BE} etwas kleiner. Der Transistor wird also weniger leitend, der Laststrom sinkt und die Ausgangsspannung U_2 bleibt in etwa konstant.

Für eine gut funktionierende Stabilisierung muss die Eingangsspannung größer als die Ausgangsspannung sein. Je höher die Eingangsspannung im Verhältnis zur Ausgangsspannung ist, desto stabiler ist die Ausgangsspannung, aber auch desto größer sind die Verluste.

Der Stabilisierungsfaktor S gibt an, wie gut ein Netzgerät die Ausgangsspannung U_2 bei Schwankungen der Eingangsspannung U_1 stabilisiert.

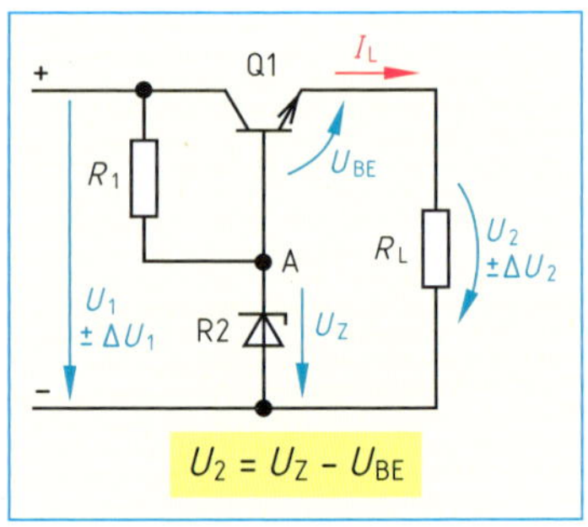

Bild 3: Reihenstabilisierung

Spannungsstabilisierung: **Seite 203**

Stabilisierungsfaktor S

$$S = \frac{\Delta U_1 \cdot U_2}{\Delta U_2 \cdot U_1}$$

ΔU_1 Eingangsspannungsänderung
ΔU_2 Ausgangsspannungsänderung

9.9.10.2 Spannungsregler

Festspannungsregler

Festspannungsregler werden in die Gleichstromzuleitung geschaltet **(Bild 1)**. Es gibt Spannungsregler von 5 V bis 24 V für positive und für negative Ausgangs-Gleichspannungen.

Festspannungsregler Typ 7815
- Ausgangsspannung + 15 V (78xx = positive Ausgangsspannung, xx15 = 15 V)
- Strombelastbarkeit 78xx 1 A, 78Lxx 0,1 A

Festspannungsregler Typ 7909
- Ausgangsspannung – 9 V (79xx = negative Ausgangsspannung, xx09 = 9 V)

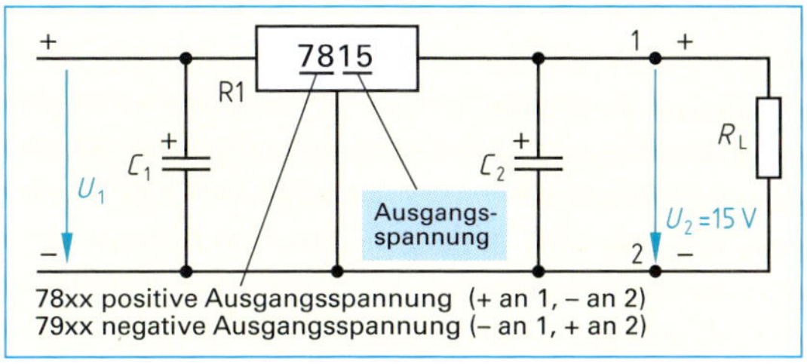

Bild 1: Spannungsregler mit konstanter Ausgangsspannung von 15 V

Einstellbare Spannungsregler

Einstellbare Spannungsregler **(Bild 2)** besitzen einen Steuereingang, an dem über die äußere Beschaltung die Ausgangsspannung eingestellt werden kann, z. B. mit dem Potenziometer R_2. Der Baustein LM317 ermöglicht bei geeigneter Eingangsspannung (bis 40 V) Ausgangsspannungen zwischen 1,2 V und 37 V.

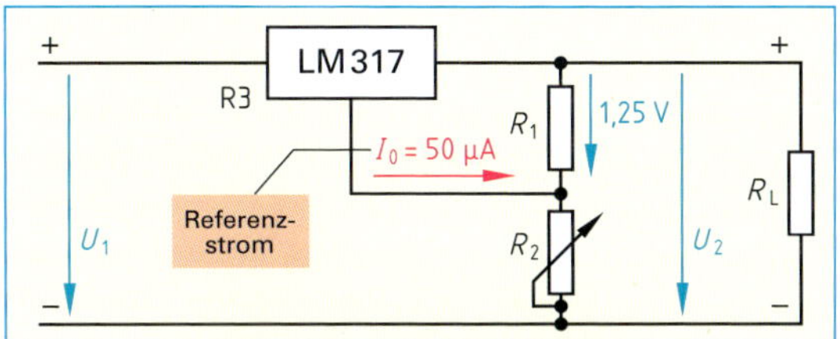

$$U_2 = 1{,}25\,\text{V} \cdot \left(1 + \frac{R_2}{R_1}\right) + I_0 \cdot R_2$$

Bild 2: Spannungsregler mit einstellbarer Ausgangsspannung

Beispiel:

Ein Spannungsregler LM 317 ist beschaltet mit: $R_1 = 240\ \Omega$ und dem Potenziometer $R_2 = 5\ \text{k}\Omega$. Berechnen Sie die Höhe der minimal und der maximal einstellbaren Ausgangsspannung U_2 mithilfe von **Bild 2**.

Lösung:

$R_2 = 0\ \Omega$: $\quad \boldsymbol{U_{2min}} = \mathbf{1{,}25\ V}$

$R_2 = 5\ \text{k}\Omega$: $\quad \boldsymbol{U_{2max}} = 1{,}25\ \text{V} \cdot (1 + R_2/R_1) + I_0 \cdot R_2$

$= 1{,}25\ \text{V} \cdot (1 + 5\ \text{k}\Omega/240\ \Omega) + 50\ \mu\text{A} \cdot 5\ \text{k}\Omega$

$= \mathbf{27{,}5\ V}$

U_2 ist mit R_2 einstellbar zwischen 1,25 V und 27,5 V.

9.9.10.3 Schaltnetzgeräte

Bei der Reihenstabilisierung **(Seite 274)** entsteht im Leistungstransistor eine große Verlustleistung ($P_V = U_{CE} \cdot I_C$), da ständig ein hoher Laststrom fließt. Beim Schaltnetzgerät dagegen wird die Ausgangsspannung durch hochfrequentes Schalten des Regelbausteins gesteuert. Dabei entsteht eine geringere Verlustleistung.

Schließt der elektronische Schalter **(Bild 3)**, so wird der Energiespeicher aufgeladen. Öffnet der elektronische Schalter, so erhält die Last R_L Energie aus dem Energiespeicher.

Der Wirkungsgrad von Schaltnetzgeräten liegt bei ca. 0,6 bis 0,9 und ist damit deutlich höher als der von linear geregelten Netzgeräten mit 0,2 bis 0,5.

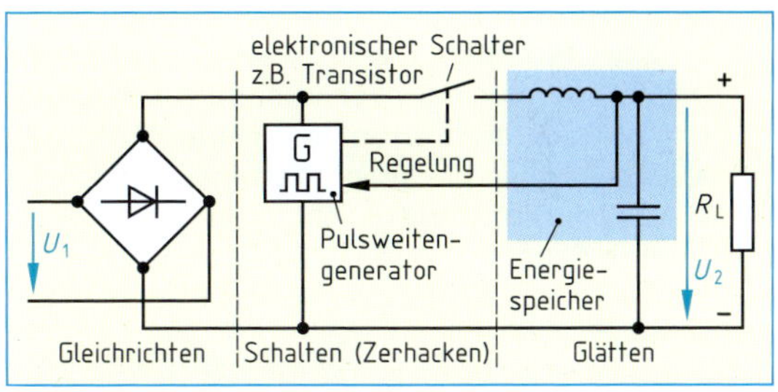

Bild 3: Prinzip eines Schaltnetzgerätes

Bei Schaltnetzgeräten **(Bild 3)** wird die Netzspannung erst gleichgerichtet und z. B. mittels Pulsweiten-Modulation **(PWM, Seite 263)** in ein Rechtecksignal (ca. 20 bis 65 kHz) zerhackt und anschließend geglättet. Je nach Tastgrad der PWM (Verhältnis von t_i zu T) ändert sich damit die Ausgangsspannung.

Schaltregler-ICs kleiner Leistung, z. B. MAX638 **(Bild 4)**, beinhalten in ihrem IC-Gehäuse sowohl den Steuerteil als auch die leistungselektronischen Bauteile, z. B. Leistungstransistoren. Bei Schaltreglern größerer Leistung befindet sich im IC nur der Steuerteil, die leistungselektronischen Bauteile müssen als externe Beschaltung hinzugefügt werden.

Schaltregler-Bausteine, die je nach Beschaltung als Aufwärtswandler oder als Abwärtswandler **(Seite 263)** verwendet werden können, bezeichnet man auch als **Universal-Schaltregler**.

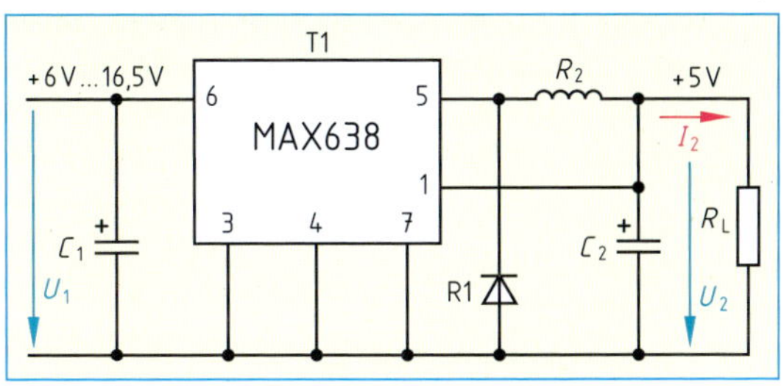

Bild 4: Schaltnetzgerät mit dem IC MAX638

1. Zur Ansteuerung einer Leuchtdiode CQX 35 wird ein Transistorschaltverstärker **(Bild 1)** mit einem Übersteuerungsfaktor $ü = 5$ verwendet. Die Lichtstärke I_v der Leuchtdiode soll 3 mcd betragen. Berechnen Sie den Basisvorwiderstand R_V und den Vorwiderstand R_C der LED. Zur Berechnung der Widerstände bestimmen Sie mithilfe der Kennlinien im Infoteil **(Seiten 675 und 676)** den Durchlassstrom I_F, die Durchlassspannung U_F, das Gleichstromverhältnis B und die Basis-Emitter-Spannung U_{BE}.

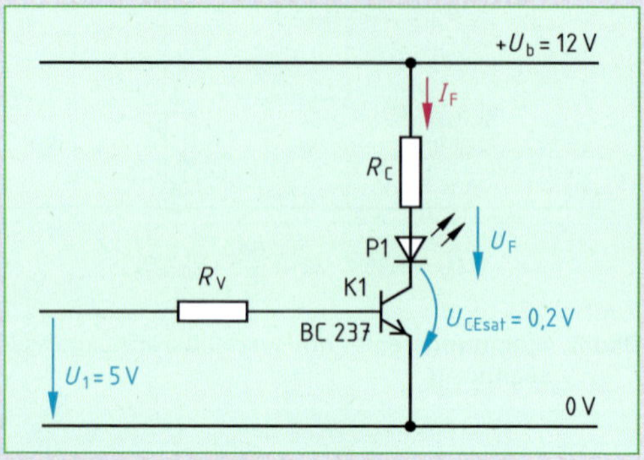

Bild 1: Transistorschaltverstärker

2. Beschreiben Sie den Aufbau und die Wirkungsweise eines Sperrschicht-Feldeffekttransistors (J-FET) mit N-Kanal.

3. In einem Kühlhaus sind an drei verschiedenen Stellen die Temperaturfühler B1, B2 und B3 installiert. Bei einer Temperatur $\vartheta > -18$ °C führen die Temperaturfühler den logischen Wert 1. Eine Warnleuchte P1 leuchtet auf (P1 = 1), wenn zwei der drei Temperaturfühler eine Überschreitung der Temperatur, z. B. $\vartheta = -16$ °C, melden. Ist die Temperatur bei allen drei Temperaturfühlern überschritten, ertönt eine Hupe P2 (P2 = 1). **a)** Erstellen Sie die Wahrheitstabelle. **b)** Ermitteln Sie die Funktionsgleichungen für die Warnleuchte P1 und die Hupe P2. **c)** Zeichnen Sie den Funktionsplan für die Warnlampe P1 und für die Hupe P2.

4. Stellen Sie mithilfe der de morganschen Gesetze **a)** die Antivalenzverknüpfung ausschließlich durch NOR-Verknüpfungen und **b)** die Äquivalenzverknüpfung ausschließlich durch NAND-Verknüpfungen dar.

5. Wandeln Sie **a)** die Dualzahl 1001 in eine Dezimalzahl und **b)** die Dezimalzahl 23 in eine Dualzahl um.

* Ergebnisse der Rechenaufgaben Seite 660

6. **a)** Zeichnen Sie das Schaltzeichen eines RS-Kippgliedes. **b)** Geben Sie die Wahrheitstabelle des RS-Kippgliedes an.

7. Zeichnen Sie die Schaltung eines asynchronen Dualzählers mit JK-Kippgliedern, der von 0 bis 12 zählt.

8. Erklären Sie das Bezeichnungsschema des Gleichrichtersatzes B 250 C 1500/1000.

9. **a)** Geben Sie die Kurzbezeichnung einer Zweipuls-Brückenschaltung an. **b)** Skizzieren Sie die Schaltung mit Transformator und Last. **c)** Durch welche Schaltungsmaßnahme kann die Ausgangsspannung geglättet werden?

10. In **Bild 2** ist die vereinfachte Schaltung einer Phasenanschnittsteuerung dargestellt. **a)** Benennen Sie die Bauelemente, die mit Q1 und R2 gekennzeichnet sind. **b)** Erklären Sie die Funktion der Schaltung. **c)** Zeichnen Sie den Spannungsverlauf an E1 bei einem Zündwinkel von 90°.

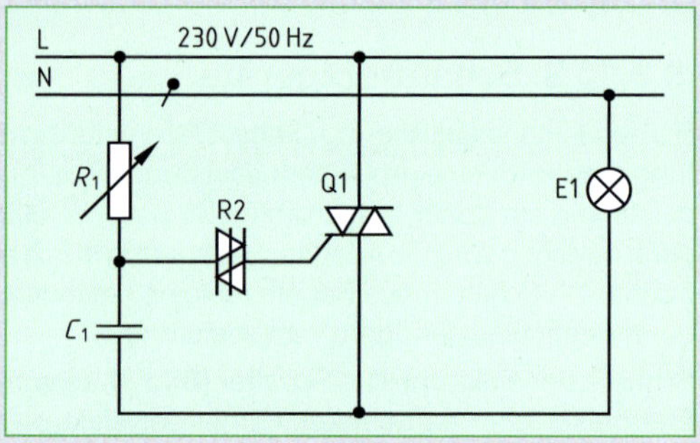

Bild 2: Phasenanschnittsteuerung

11. Skizzieren Sie den Spannungs- und Stromverlauf an der Lampe E1 **(Bild 2)** bei einer Ansteuerung mit **a)** Phasenanschnittsteuerung ($\alpha = 30°$) und **b)** Vielperiodensteuerung.

12. **a)** Welche Operationsverstärkerschaltung ist in **Bild 3** dargestellt? **b)** Berechnen Sie den Wert des Widerstandes R_K.

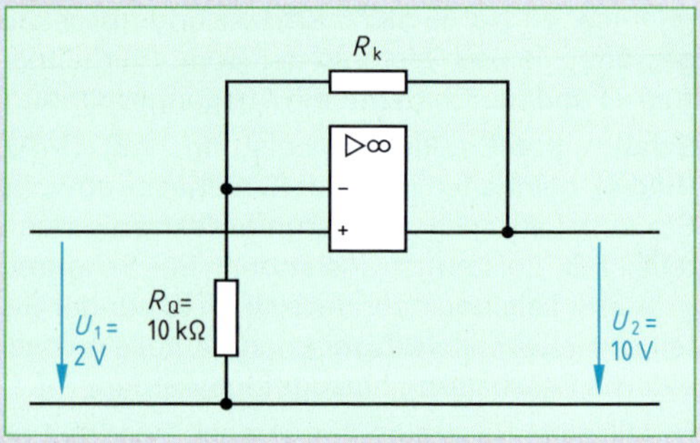

Bild 3: Operationsverstärkerschaltung

10 Elektrische Anlagen

10.1 Energieerzeugung und Energieübertragung

Elektrische Energie muss man im gleichen Augenblick im Kraftwerk erzeugen, in dem sie vom Verbraucher benötigt wird **(Übersicht).**

Die rechtzeitige und ausreichende Bereitstellung elektrischer Energie liegt in der Verantwortung der **Netzbetreiber**.

Das **Energiewirtschaftsgesetz (EnWG)** regelt eine sichere, preisgünstige und umweltverträgliche Versorgung der Allgemeinheit mit elektrischer Energie.

Über das Verbundnetz sind die Netzbetreiber Europas untereinander verbunden.

Übertragungs- und Verteilnetze: **Seite 292**

Die Netzbetreiber schätzen täglich den Leistungsbedarf zur Planung des Kraftwerkeinsatzes der nächsten Tage ab.

10.1.1 Kraftwerke

Wärmekraftwerke gewinnen aus fossilen Energieträgern, d.h. aus Steinkohle, Braunkohle, Erdöl und Erdgas sowie aus Uran, elektrische Energie.

Wasserkraftwerke nutzen die Energie des aufgestauten Wassers zum Antrieb der Turbinen.

Die Anteile der Energieträger bei der Stromerzeugung in Deutschland **(Bild 1)** verändern sich in Richtung steigender Anteile erneuerbarer Energien.

Das **Tagesbelastungsdiagramm** eines Netzbetreibers **(Bild 2)** zeigt, dass eine Grundlast während des ganzen Tages vorhanden sein muss.

Der Grundlastbereich wird abgedeckt durch:
- Kernkraftwerke (bis Ende 2022),
- Braunkohlekraftwerke,
- Laufwasserkraftwerke und
- Windenergie- und Fotovoltaikanlagen (eingeschränkt, **Infokasten**).

Im Mittellastbereich **(Bild 2)** setzt man Kraftwerke ein, die in wenigen Stunden angefahren werden können und in den Nachtstunden (Schwachlastbereich) wieder abgeschaltet werden.

Den Mittellastbereich versorgen:
- Steinkohlekraftwerke und nur selten
- Erdgas- oder Mineralölkraftwerke.

Im Spitzenlastbereich setzt man Kraftwerke ein, die innerhalb weniger Minuten elektrische Energie liefern können. Sie verursachen aber hohe Kosten.

Im Spitzenlastbereich werden eingesetzt:
- Speicherkraftwerke,
- Pumpspeicherkraftwerke und
- Gasturbinen-Kraftwerke.

Übersicht: Kraftwerksarten zur Stromerzeugung
- **Wärmekraftwerke (Seite 278):**
  - Kohlekraftwerke
  - Kernkraftwerke
  - Erdgas- und Mineralölkraftwerke
- **Blockheizkraftwerke (Seite 280):**
- **Wasserkraftwerke (Seite 281):**
  - Laufwasserkraftwerke
  - Speicherkraftwerke
  - Pumpspeicherkraftwerke
  - Gezeitenkraftwerke
- **Kraftwerke für erneuerbare Energien (Seite 282):**
  - Fotovoltaikanlagen
  - Windenergieanlagen
  - Biogasanlagen

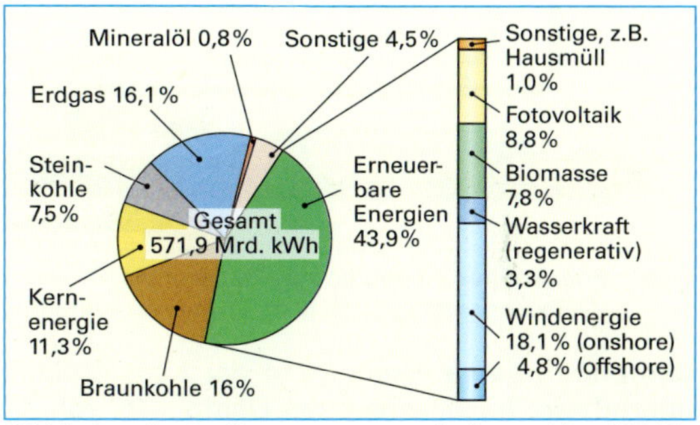

Bild 1: Anteile der Stromerzeugung in Deutschland 2020 (Quelle: AG Energiebilanzen)

Windenergieanlagen und Fotovoltaikanlagen sind nur durch Energiespeicher und Energiemanagement in einem „intelligenten Netz“ (Smart Grid, **Seite 289**) grundlastfähig.

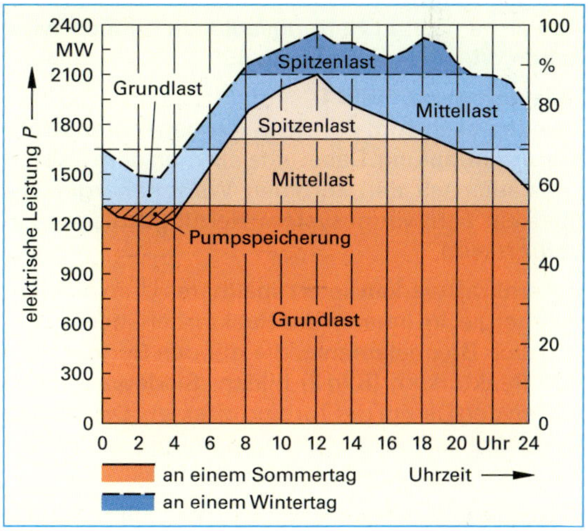

Bild 2: Tagesbelastungsdiagramm eines Netzbetreibers

10.1.1.1 Wärmekraftwerke

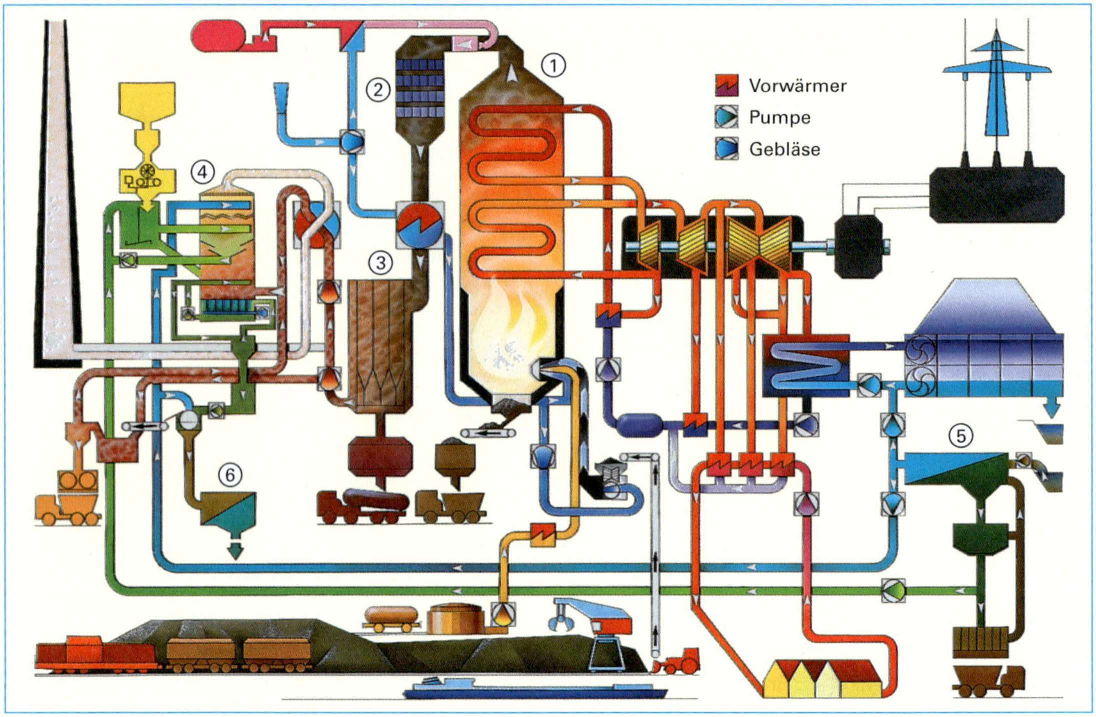

Bild 1: Prinzip eines modernen Heizkraftwerkes (Steinkohlekraftwerk); ① Kessel, ② Entstickung, ③ Entstaubung, ④ Rauchgasentschwefelung, ⑤ Wasseraufbereitung, ⑥ Abwasseraufbereitung

Dampfkraftwerke erzeugen in der Kesselanlage überhitzten, hochgespannten Dampf, der mit einem Druck von etwa 20 MPa (≈ 200 bar) und einer Temperatur von 530 °C der Turbine zugeführt wird. Ein Generator wandelt die in der Dampfturbine erzeugte Bewegungsenergie in elektrische Energie um. Der Energieumwandlung sind Grenzen gesetzt, da sich nur ein Teil der Wärme in Bewegungsenergie umformen lässt. Dampfkraftwerke, deren Abwärme nicht in Heizungsanlagen genutzt wird, haben Wirkungsgrade bis zu 45 %.

Heizkraftwerke (Bild 1) sind wirtschaftlicher. Sie arbeiten nach dem Prinzip der sogenannten **Kraft-Wärme-Kopplung.** Dabei entzieht man dem Dampfkreislauf nach den Turbinen Wärmeenergie, die über ein Fernwärmesystem Heizungsanlagen zugeführt wird.

Laut Bundesgesetz von 2011 werden in Deutschland alle Kernkraftwerke schrittweise bis Ende 2022 abgeschaltet.

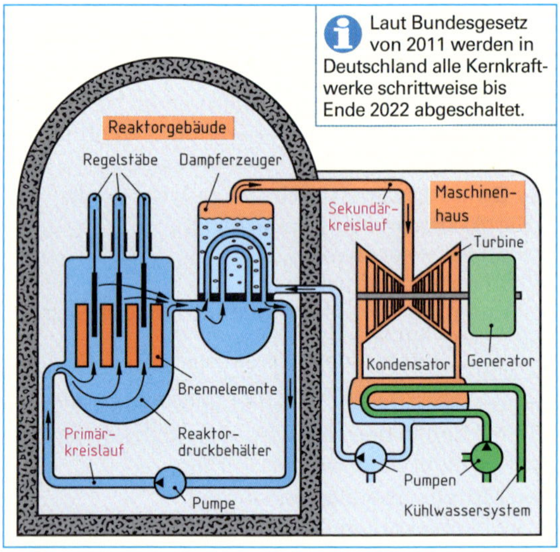

Bild 2: Prinzip des Druckwasserreaktors

In **Kernkraftwerken** liefert spaltbares Uran die Wärmeenergie. Im Inneren des Reaktorbehälters befinden sich Brennelemente, die mit den Regelstäben den Reaktorkern **(Bild 2)** bilden. **Siedewasserreaktoren** verdampfen das Wasser im Reaktorkern und führen den Dampf der Turbine direkt zu. **Druckwasserreaktoren (Bild 2)** nehmen durch das Kühlmittel des **Primärkreislaufes** die erzeugte Wärme auf und geben sie dann an den Dampferzeuger ab, der mit der Turbine den **Sekundärkreislauf** bildet.

Gasturbinenkraftwerke betreibt man mit Heizöl oder Erdgas. Sie können innerhalb von zwei bis drei Minuten ihre volle Leistung abgeben und decken damit nur den Spitzenlastbereich ab.

10.1.1.2 Umweltschutz in Wärmekraftwerken

Der Umweltschutz bei der Stromerzeugung umfasst in erster Linie den Schall- und den Gewässerschutz, bei Wärmekraftwerken zusätzlich Maßnahmen zum Reinhalten der Luft.

Primärmaßnahmen verringern Umweltbelastungen bei der Stromerzeugung. Turbinen, Generatoren und Kühltürme werden deshalb mit einem Schallschutz versehen. In Kohlekraftwerken kann die Bildung von Stickoxiden (NO und NO_2) gemindert werden, wenn man die Feuerungstemperatur auf einen Wert von etwa 1350 °C begrenzt und Stufen-Mischbrenner einsetzt. Die Emissionswerte[1] von Stickoxiden lassen sich auf diese Weise auf 650 mg/m³ Rauchgas senken.

Sekundärmaßnahmen entziehen den Rauchgasen von Wärmekraftwerken Schadstoffe, z.B. Stickoxide, Staub und Schwefeldioxid. Die **Entstickungsanlage (Bild)** zerlegt die in den Rauchgasen enthaltenen Stickoxide unter Zugabe von Ammoniak im Katalysator in Stickstoff und Wasser. Der Stickoxidanteil wird dabei auf einen Wert unter 200 mg/m³ Rauchgas verringert.

In der **Entstaubungsanlage** wird durch **Elektrofilter (Bild 1, Seite 48)** die Flugasche aus den Rauchgasen herausgefiltert. Dabei werden bis zu 99,5 % des Staubes zurückgehalten. Den abgeschiedenen Staub verwertet man in der Baustoffindustrie.

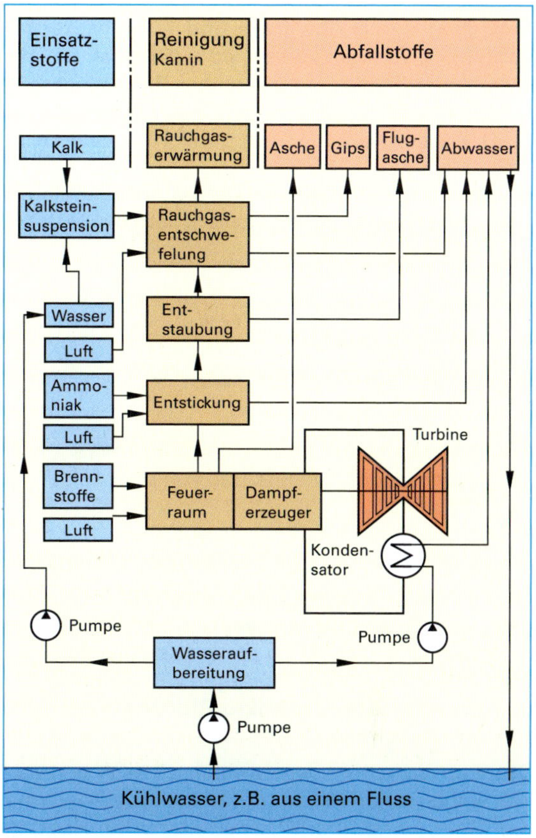

Bild: Prinzip der Rauchgasreinigung in einem Steinkohlekraftwerk

Rauchgasentschwefelungsanlagen entziehen den Rauchgasen Schwefeldioxid (SO_2). Sie arbeiten meist nach dem Nasswasch-Verfahren. Dabei werden die Rauchgase mit einer Kalkstein-Suspension[2] (Calciumcarbonat $CaCO_3$) besprüht. Das Schwefeloxid reagiert mit dem Kalk zu Calciumsulfit ($CaSO_3$), das durch Einblasen von Luft zu Gips ($CaSO_4 \cdot 2H_2O$) oxidiert wird. Die entstehende Gipssuspension wird in Trommelfiltern entwässert. Als Abfallprodukt fällt Gips an. Er wird in der Baustoffindustrie verarbeitet. Die Rauchgasentschwefelung entzieht den Rauchgasen bis zu 85 % Schwefel bzw. Schwefeldioxid.

Die Rauchgase treten aus der Kesselanlage mit einer Temperatur von etwa 150 °C aus und werden beim Durchlaufen der Entstickungsanlage, des Staubfilters und der Rauchgasentschwefelung auf etwa 50 °C abgekühlt. Ein Gasvorwärmer erhitzt die Rauchgase vor der Einleitung in den Kamin erneut, damit bei ihrem Austritt aus dem Kamin ein genügender Auftrieb vorhanden ist.

Das zum Betrieb von Kraftwerken erforderliche Rohwasser wird in einer **Wasseraufbereitungsanlage** gereinigt, speist den Kühlkreislauf und dient anschließend als Prozesswasser in der Rauchgasentschwefelungsanlage. Vor der Rückleitung in den Fluss werden die Abwässer von Feststoffen, meist Gipsteilchen, befreit und neutralisiert. Man kann den Wasserbedarf durch diese Mehrfachnutzung verringern.

Wiederholungsfragen

1. **Welche Kraftwerksarten decken bei der Stromerzeugung a) den Grundlastbereich, b) den Mittellastbereich, c) den Spitzenlastbereich?**
2. **Wodurch unterscheiden sich Dampfkraftwerke von Heizkraftwerken?**
3. **Warum arbeiten Heizkraftwerke wirtschaftlicher als Dampfkraftwerke?**
4. **Nennen Sie Maßnahmen zum Umweltschutz in Wärmekraftwerken. Welche Abfallstoffe fallen dabei an und wie können sie verwertet werden?**

[1] Emission = Abblasen von Gasen, Ruß oder Staubteilchen in die Luft
[2] Suspension = Aufschwemmung feinstverteilter fester Stoffe in einer Flüssigkeit

10.1.1.3 Blockheizkraftwerke (BHKW)

Bei getrennter Erzeugung von Strom und Wärme entstehen durch Abwärme und Energieübertragung hohe Verluste von ca. 40 % **(Bild 1a)**. Bei gemeinsamer Erzeugung mit einem **Blockheizkraftwerk (BHKW)** reduzieren sich die Verluste durch **Kraft-Wärme-Kopplung** auf unter 10 % **(Bild 1b)**.

Beispiel:

Berechnen Sie die Wirkungsgrade η_1 nach **Bild 1a** und η_2 nach **Bild 1b**.

Lösung:

$$\eta_1 = \frac{W_{ab}}{W_{zu}} = \frac{62\ \text{kWh}}{100\ \text{kWh}} = 0{,}62 \mathrel{\hat{=}} \mathbf{62\,\%}$$

$$\eta_2 = \frac{W_{ab}}{W_{zu}} = \frac{92\ \text{kWh}}{100\ \text{kWh}} = 0{,}92 \mathrel{\hat{=}} \mathbf{92\,\%}$$

Blockheizkraftwerke haben durch Kraft-Wärme-Kopplung einen Wirkungsgrad von über 90 %.

BHKW gewinnen ihre Energie aus Gas, Öl, Kohle, Biomasse, Müll oder Brennstoff-Zellen **(Seite 66)**.

Große **BHKW-Anlagen** liefern elektrische Leistungen von z. B. 50 MW und werden als kommunale Kraftwerksanlagen und in der Industrie eingesetzt. **Mini-BHKW** ab 1,5 kW versorgen z. B. Wohnhäuser und Gewerbebetriebe. **Mikro-BHKW** liefern noch kleinere Leistungen.

Der Gas-Verbrennungsmotor eines BHKW treibt einen Generator an (**Bild 2** und **Bild 3**). Die Abwärme des Motors wird über Wärmetauscher für Heizung und Warmwasser genutzt.

Es werden zwei Betriebsarten unterschieden:

- Wärmegeführter Betrieb und
- stromgeführter Betrieb.

Beim wärmegeführten Betrieb **(Tabelle)** deckt die thermische Leistung des Mini-BHKW durch Regelung der Motordrehzahl den Grundheizbedarf. Das Mini-BHKW stellt dann zusammen mit einem Spitzenlastheizgerät genau die im Gebäude benötigte Wärmeenergie bereit. Der stromgeführte Betrieb eignet sich besonders für Gewerbebetriebe mit hohem Energiebedarf und deckt hauptsächlich die elektrische Grundlast ab.

Ein Mini-BHKW lässt sich nur bei ständigem Wärmebedarf wirtschaftlich betreiben.

In beiden Betriebsarten wird elektrische Energie in das öffentliche Stromnetz eingespeist **(Bild 2)**, wenn die vom Mini-BHKW erzeugte elektrische Leistung den Eigenverbrauch übersteigt. Wird mehr elektrische Energie benötigt, als der Generator erzeugt, so wird sie aus dem öffentlichen Stromnetz bezogen.

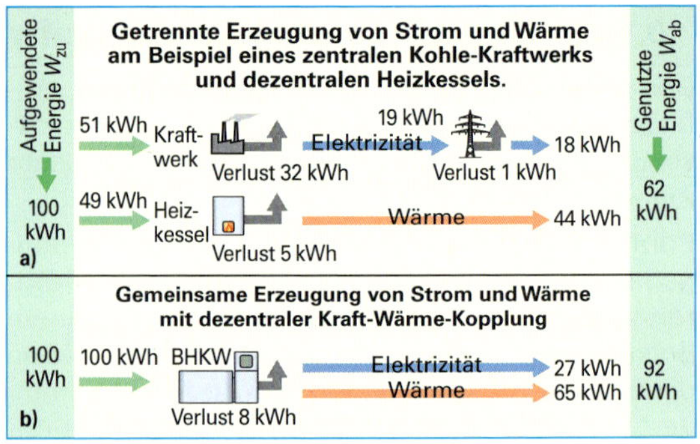

Bild 1: Strom- und Wärmeerzeugung a) getrennt und b) mit Kraft-Wärme-Kopplung (Vergleich)

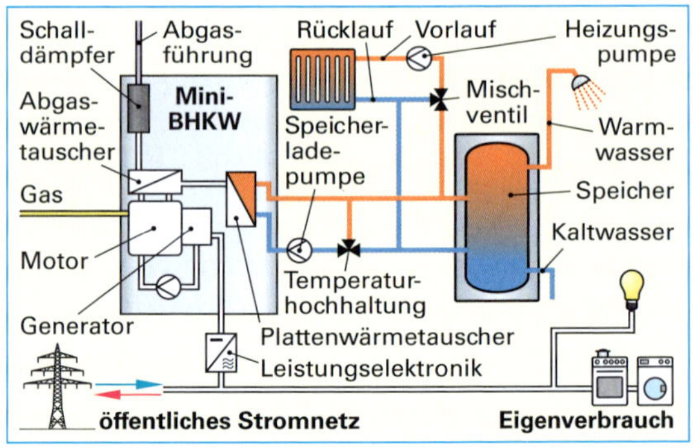

Bild 2: Prinzip und Anschlüsse eines Mini-BHKW

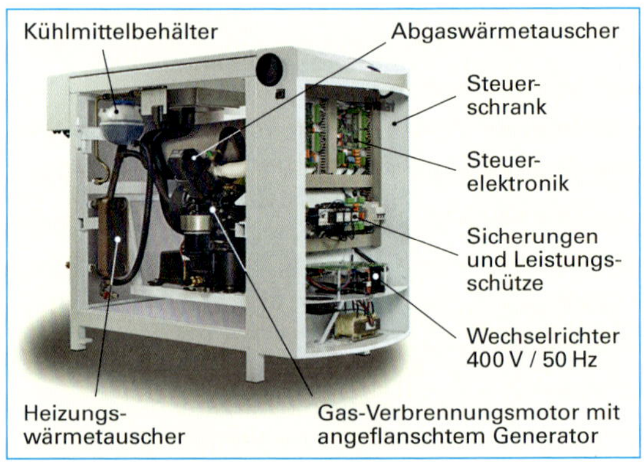

Bild 3: Komponenten eines Mini-BHKW

Tabelle: Beispiel für Kenngrößen eines wärmegeführten Mini-BHKW (Auswahl)

Thermische Leistung	4,7 bis 12,5 kW
Elektrische Leistung	1,5 bis 4,7 kW
Gesamtwirkungsgrad	ca. 90 %
Netzparallelbetrieb	Drehstromnetz 400/230 V 50 Hz
Brennstoff	Erdgas, Biogas, Flüssiggas
Abmessungen	H x B x T (in mm): 1085 x 762 x 1370
Masse	395 kg

10.1.1.4 Wasserkraftwerke

Wasserkraftwerke teilt man nach ihrer Bauart in
- Laufwasserkraftwerke,
- Speicherkraftwerke,
- Pumpspeicherkraftwerke und
- Gezeitenkraftwerke ein.

Nach der Fallhöhe des Wassers unterscheidet man Niederdruckanlagen (Fallhöhe bis 25 m), Mitteldruckanlagen (25 m bis 100 m) und Hochdruckanlagen (über 100 m). In Niederdruckanlagen verwendet man vorwiegend **Kaplanturbinen**[1] **(Bild 1)**, in Mittel- und in Hochdruckanlagen **Francisturbinen**[2]. Bei Fallhöhen über 400 m baut man Freistrahl- oder **Peltonturbinen**[3] ein.

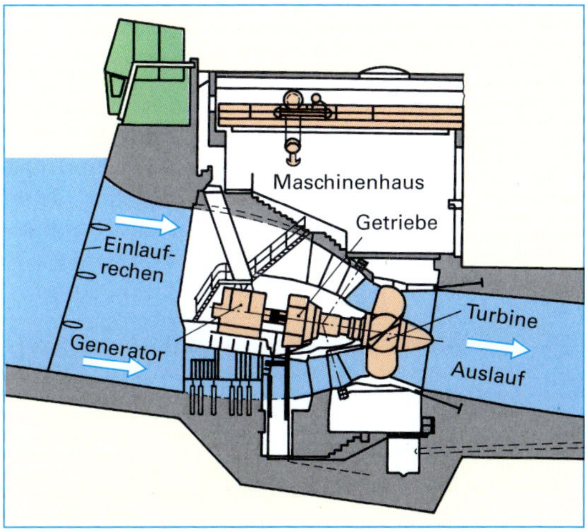

Bild 1: Kaplan-Rohrturbine

Wasserkraftwerke haben einen Wirkungsgrad bis 85 %.

Laufwasserkraftwerke werden an Flussläufen oder Kanälen errichtet. Das durch die Wehranlage aufgestaute Wasser wird dem Kraftwerk direkt zugeführt. Bei geringer Fallhöhe werden meist Kaplanturbinen verwendet. Kaplanturbinen können mit senkrechter Welle oder als Rohrturbine **(Bild 1)** ausgeführt sein. Rohrturbinen sind in Fließrichtung des Wassers angeordnete Turbinen. Der Generator befindet sich in einem von Wasser umströmten Stahlgehäuse, das auf einem Betonsockel steht und von der Maschinenhalle aus zugänglich ist.

Speicherkraftwerke sammeln Regen- oder Schmelzwasser in einer Talsperre oder in einem Speicherbecken. Nach ihrem Volumen unterscheidet man Tages-, Wochen-, Monats- und Jahresspeicher.

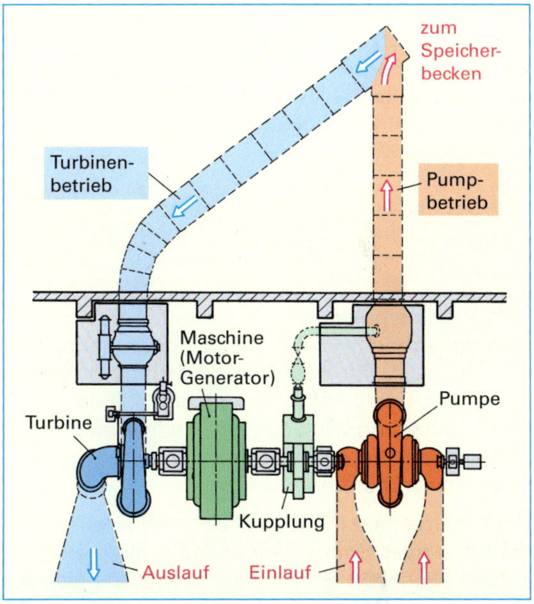

Bild 2: Maschinensatz eines Pumpspeicherkraftwerkes

In modernen Maschinensätzen bilden Turbine und Pumpe eine Baueinheit.

Pumpspeicherkraftwerke (Bild 2) erzeugen elektrische Energie, wenn aus dem hochgelegenen Speicherbecken Wasser über die Turbine in das Unterbecken fließt. In Schwachlastzeiten, z.B. in den Nachtstunden, wird das Wasser aus dem Unterbecken wieder in das Speicherbecken hochgepumpt. Jeder Maschinensatz besteht aus Turbine, Maschine (Motor-Generator) und Pumpe **(Bild 2)**. Die Maschine kann wahlweise als Generator oder als Motor arbeiten. Die Turbine ist mit der Maschine durch eine starre Kupplung verbunden. Zwischen Maschine und Pumpe ist zur Kraftübertragung im Motorbetrieb ein Drehmomentwandler eingebaut. Bei Turbinenbetrieb wird die Pumpe entleert und von der Maschine abgekuppelt, um unnötige Verluste zu vermeiden. Beim Übergang zum Pumpbetrieb wird zuerst das Turbinengehäuse durch Pressluft entleert und dann die Pumpe auf Bemessungsdrehzahl gebracht. Haben Pumpe und Maschine gleiche Drehzahl, wird im Drehmomentwandler die starre Kupplung eingerückt.

Pumpspeicherkraftwerke können innerhalb weniger Minuten zwischen Pumpbetrieb und Turbinenbetrieb wechseln. Pumpspeicherkraftwerke decken nur den Spitzenlastbereich ab.

Gezeitenkraftwerke nutzen das durch Ebbe und Flut zu- bzw. abfließende Wasser. In Gezeitenkraftwerken kann elektrische Energie nur wirtschaftlich gewonnen werden, wenn ausgeprägte Gezeiten vorhanden sind, z.B. an der französischen Atlantikküste.

[1] Viktor Kaplan, österreichischer Ingenieur, 1876 bis 1934
[2] James Francis, amerikanischer Ingenieur, 1815 bis 1892
[3] Lester Allan Pelton, amerikanischer Ingenieur, 1829 bis 1908

10.1.1.5 Erneuerbare Energien

Bei der Stromerzeugung aus erneuerbaren Energien werden Energieträger eingesetzt, die ihren Energieinhalt ständig erneuern **(Übersicht 1)**, d.h. praktisch unerschöpflich sind. Diese Energieträger nennt man regenerative[1] Energieträger. Sie beziehen ihren Energieinhalt im Wesentlichen aus der Sonnenenergie, aus der Rotationsenergie der Erde oder aus geothermischer Energie, d.h. aus der Erdwärme.

Das Erneuerbare-Energien-Gesetz (EEG) regelt die Förderung und die technischen Voraussetzungen der Stromerzeugung aus erneuerbaren Energien.

Übersicht 1: Stromerzeugung aus erneuerbaren Energien

- Fotovoltaikanlagen
- Biomasse
  - Biogasanlagen
  - Deponiegasanlagen (Seite 288)
- Wasserkraftwerke
  - Laufwasserkraftwerke (Seite 281)
  - Speicherkraftwerke (Seite 281)
  - Gezeitenkraftwerke (Seite 281)
  - Wellenkraftwerke
- Windenergieanlagen (Seite 288)
- Geothermische Wärmekraftwerke

www.unendlich-viel-energie.de

Fotovoltaikanlagen

Fotovoltaikanlagen (PV-Anlagen) wandeln Sonnenenergie direkt in elektrische Energie um. Sie werden als Freiflächen- oder als Dachinstallationen **(Bild 1)** ausgeführt. Hauptbestandteile dieser Anlagen sind Solarzellen, die zu Solarmodulen zusammengeschaltet werden. Die Stromerzeugung einer Fotovoltaikanlage schwankt, weil die Sonne je nach Jahreszeit und Bewölkung unterschiedlich stark scheint **(Bild 2)**.

Bei wolkenlosem Himmel und bei senkrechter Sonneneinstrahlung beträgt die Energieeinstrahlung in Deutschland etwa 1000 W/m².

Bild 1: Fotovoltaikanlage auf einem Flachdach

Wetter	klarer, blauer Himmel	Sonne bricht durch	Hochnebel diesig	trüber Wintertag

Sonneneinstrahlung	1000 W/m²	600 W/m²	300 W/m²	100 W/m²
abgegebene elektr. Leistung	180 W/m²	108 W/m²	54 W/m²	18 W/m²

Bild 2: Wetterverhältnisse und Sonneneinstrahlung

Solarmodule bestehen aus einzelnen Solarzellen. **Solarzellen** haben eine Bemessungsspannung von 0,5 V bis 0,6 V, ihr Bemessungsstrom beträgt bei einer Fläche von 0,01 m² ungefähr 3 A **(Bild 3)**. Bei Reihenschaltung von Solarzellen addieren sich die Spannungen, bei Parallelschaltung können größere Ströme entnommen werden.

Der **Arbeitspunkt (MPP[2])**, bei dem die Solarmodule bei konstanter Sonneneinstrahlung die maximale Leistung abgeben können, liegt im Knickbereich der Kennlinien **(Bild 3)**. Die Leistungsabgabe erreicht dort ihren höchsten Wert (MPP). Der Kurzschlussstrom I_K der Solarmodule ist nur geringfügig größer als der Bemessungsstrom I_{MPP} im Arbeitspunkt.

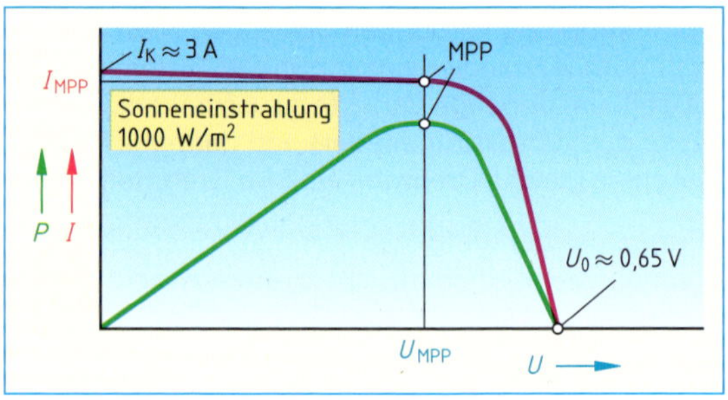

Bild 3: Kennlinien einer Solarzelle mit der Fläche $A = 0{,}01\ m^2 = 100\ cm^2$ bei einer Sonneneinstrahlung von 1000 W/m²

Betriebsarten von Fotovoltaikanlagen

Übersicht 2: Einteilung der Fotovoltaikanlagen

- **Anlagen für Gleichstromverbraucher**
  - zum Direktbetrieb der Verbraucher,
  - mit Zwischenspeicherung in Akkus.
- **Anlagen für Wechselstromverbraucher**
  - ohne Einspeisung in das öffentliche Netz (Inselbetrieb),
  - mit Einspeisung in das öffentliche Netz.

[1] von regenerieren = sich erneuern
[2] **MPP**, Abk. für: **M**aximum **P**ower **P**oint (engl.) = Punkt größter Leistungsabgabe

In Anlagen für **Direktbetrieb (Bild 1a)** muss die Bemessungsspannung des Fotovoltaikgenerators (PV-Generators) der Bemessungsspannung des Verbrauchers entsprechen. Diese Anlagen eignen sich nur bei großzügig ausgelegten Solarmodulen.

Anlagen mit Zwischenspeicherung in Akkumulatoren eignen sich z. B. zur Versorgung von Gebäuden ohne Netzanschluss. Sie erfordern einen Laderegler **(Bild 1b)**, der die Ladung des Akkus beendet und bei entladenem Akku den Verbraucher vom Netz trennt.

Fotovoltaikanlagen mit zentralem Wechselrichter (Bild 2) erzeugen Strom zum Eigenverbrauch und zur Netzeinspeisung. Sie bestehen aus:

- Fotovoltaikgenerator (PV-Generator),
- Generatoranschlusskasten,
- Gleichstromhauptleitung,
- Freischalteinrichtung,
- Netz- und Anlagenschutz (NA-Schutz) und
- Blitz- und Überspannungschutz **(Seite 285)**.

Generatoranschlusskasten und Gleichstromhauptleitung entfallen, wenn anstelle des zentralen Wechselrichters die Stränge einzeln mit Strangwechselrichtern versehen werden.

Fotovoltaikgeneratoren fassen Solarmodule zu Strängen zusammen, die im Generatoranschlusskasten **(Bild 3)** angeschlossen werden. Strangdioden verhindern unerwünschte Rückströme. **Bypass-Dioden** verhindern, z. B. bei Teilbeschattung, Leistungseinbußen und Schäden.

Jeder Strang muss einzeln an beiden Polen durch eine Schutzeinrichtung gegen Überstrom geschützt werden (Strangsicherungen, **Bild 2**).

Gleichstromhauptleitung. Ihr Leiterquerschnitt wird durch den Bemessungsstrom des Fotovoltaikgenerators und durch den zulässigen Spannungsfall von höchstens 1 % der Generatorspannung bestimmt. Der Kurzschlussstrom I_K des Fotovoltaikgenerators ist nur geringfügig größer als sein Bemessungsstrom **(Bild 3, Seite 282)**. Deshalb kann auf einen Schutz bei Überlast für die Gleichstromhauptleitung verzichtet werden, wenn die Dauerbelastbarkeit der Leitung für den 1,25-fachen Wert des Kurzschlussstromes ausgelegt ist.

Freischalteinrichtung. Ein DC-Lasttrennschalter **(Bilder 2 und 3)** trennt die Gleichstromseite, z. B. bei Instandsetzungsarbeiten, vom Wechselrichter.

Auf der DC-Seite muss an allen Zugangspunkten zu aktiven Teilen, z. B. am Generatoranschlusskasten, eine dauerhafte Kennzeichnung **(Bild 3)** angebracht sein, die anzeigt, dass diese nach einer Trennung unter Spannung stehen können.

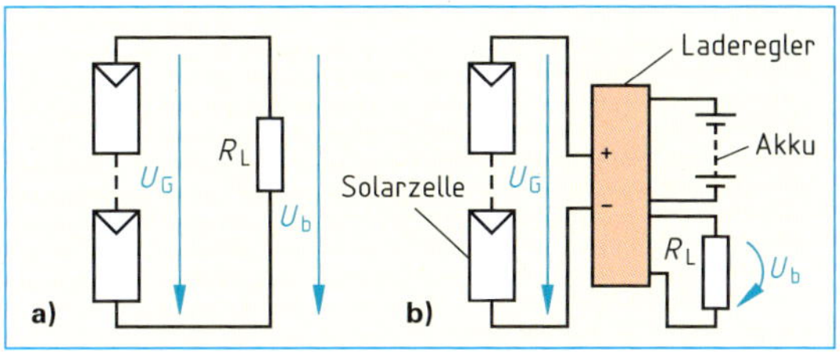

Bild 1: **Fotovoltaikanlagen für Inselbetrieb a) für Direktbetrieb, b) mit Zwischenspeicherung**

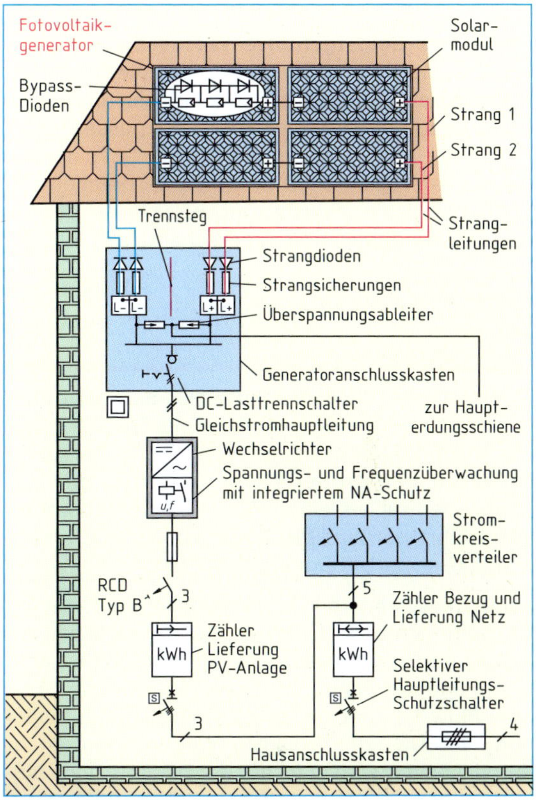

Bild 2: **Aufbau der Fotovoltaikanlage**

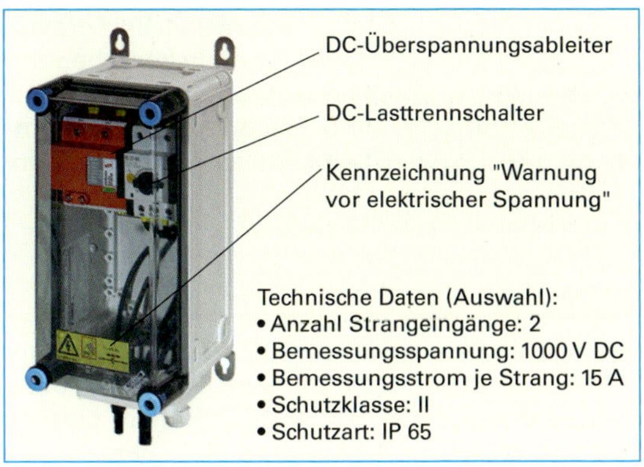

Bild 3: **Generatoranschlusskasten**

Solarmodulanschluss-, Strang- und Gleichstromhauptleitungen sind so auszuwählen, dass das Risiko eines Erd- oder Kurzschlusses minimiert wird, z.B. durch Verlegung in Kabelkanälen, Installationsrohren oder einadrige Leitungen mit nichtmetallischem Mantel, z.B. H1Z2Z2-K **(Seite 314)**. Leitungen dürfen nicht direkt auf der Dachoberfläche verlegt werden. Bei Verlegung auf der Unterseite von Solarmodulen ist eine Umgebungstemperatur von mindestens 70 °C anzunehmen.

Wechselrichter (Seite 259) wandeln den in der Fotovoltaikanlage erzeugten Gleichstrom in Wechselstrom um. **Selbstgeführte Wechselrichter** setzt man bei Inselbetrieb **(Seite 282)** ein. **Netzgeführte Wechselrichter (Bild 1)** sind bei Einspeisung in das AC-Versorgungsnetz erforderlich. Sie passen Höhe, Frequenz und Phasenlage der Ausgangsspannung an das Versorgungsnetz an und unterbrechen z.B. bei Netzausfall die Einspeisung in das Versorgungsnetz (Netzüberwachung, Blockschaltbild in **Bild 1**).

Fotovoltaikanlagen müssen für die Kopplung mit dem Niederspannungsnetz des Netzbetreibers störungssicher ausgelegt werden.

Der **Netz- und Anlagenschutz (NA-Schutz)** trennt bei unzulässigen Spannungs- und Frequenzwerten die Fotovoltaikanlage vom Netz. Bei einer Scheinleistung größer als 30 kVA muss der NA-Schutz zentral als eigenständiges Betriebsmittel ausgeführt werden **(Bild 2)**. Ein Kuppelschalter bewirkt die sichere Trennung vom Netz.

Schutzmaßnahmen in Fotovoltaikanlagen. Auf der DC-Seite sind zum Schutz gegen elektrischen Schlag nur Schutzklasse II für elektrische Betriebsmittel und der Schutz durch Kleinspannung (SELV oder PELV für eine maximale Strang-Leerlaufspannung von DC 120 V) zulässig. Wegen Brandgefahr durch Isolationsfehler ist auf der DC-Seite eine Isolationsüberwachungseinrichtung **(Seite 363)** vorzusehen, die auch im Wechselrichter integriert sein kann. Ein Schild **(Bild 3)** muss auf das Vorhandensein einer Fotovoltaikanlage hinweisen. Bei Fotovoltaikanlagen ohne einfache Trennung zwischen der Gleich- und der Wechselstromseite, muss auf der Wechselstromseite eine Fehlerstrom-Schutzeinrichtung (RCD) Typ B **(Seite 368)** eingesetzt werden.

Für Arbeiten am Wechselrichter sind Trenneinrichtungen auf Gleich- und Wechselspannungsseite votzusehen (DIN VDE 0100-712).

In Fotovoltaikanlagen mit Schutzpotenzialausgleich, z.B. bei Modulen mit Metallrahmen, sollen die Schutzpotenzialausgleichsleitungen parallel und mit geringem Abstand zu den Gleich- oder Wechselspannungsleitungen verlegt werden.

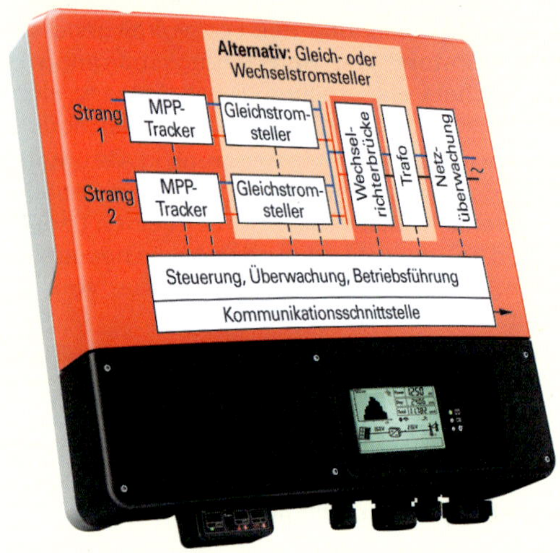

MPP-Tracker: Je nach Sonneneinstrahlung wird der optimale Arbeitspunkt (MPP) ermittelt und nachgeführt.

Gleich- oder Wechselstromsteller (Trafo): Der von den Modulen erzeugte Eingangsgleichstrom kann entweder direkt gleichstromseitig oder durch einen Transformator wechselstromseitig an die Netzspannung angepasst werden.

Wechselrichterbrücke: Wandelt den gelieferten Gleichstrom in einen netzsynchronen 1~ oder 3~ Wechselstrom um.

Netzüberwachung: Überwacht Frequenz, Spannung und Impedanz des Stromnetzes und trennt bei erkannten Fehlern den Wechselrichter allpolig vom Netz.

Bild 1: Wechselrichter mit Darstellung und Beschreibung der Funktionsblöcke (Beispiel, vereinfacht)

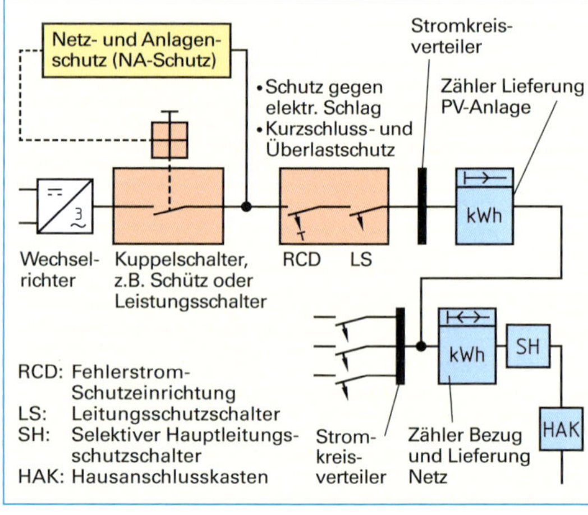

Bild 2: Zentraler NA-Schutz einer Fotovoltaikanlage mit 3~ AC-Netzanschluss (Volleinspeisung)

Anbringen des Schildes
- am Speisepunkt der elektrischen Anlage oder
- am Zählerplatz oder
- am Stromkreisverteiler, an den die Versorgung des Wechselrichters angeschlossen ist.

Bild 3: Hinweisschild für eine Fotovoltaikanlage

Blitz- und Überspannungsschutz sind in Fotovoltaikanlagen nach DIN VDE 0100-712 vorgeschrieben. Zum Schutz der Wechselrichter ist z.B. die Gleichstromhauptleitung mit DC-Überspannungsableitern von mindestens Typ 2 zu versehen **(Bild 1)**.

Das Montagegestell der Fotovoltaikanlage ist mit einem vorhandenen äußeren Blitzschutz zu verbinden, wenn der Trennungsabstand zu Fang- oder Ableitungen unterschritten wird **(Seite 466)**.

Fotovoltaikanlagen mit Energiespeicher

Die von Fotovoltaikanlagen erzeugte Energie kann vollständig in das Stromnetz eingespeist oder soweit wie möglich selbst genutzt werden.

Für die vorrangige Eigennutzung kann die von den Fotovoltaikgeneratoren überschüssig erzeugte Energie zunächst in **Energiespeicher (Seite 286)** eingespeist und bei Bedarf in die Kundenanlage zurückgeführt werden.

Es sind zwei Betriebsarten möglich:

- Im **Netzparallelbetrieb** sind die Erzeugungsanlage und der Energiespeicher mit dem öffentlichen Netz gekoppelt.
- Im **Inselbetrieb** wird die Anschlussnutzeranlage vom öffentlichen Netz getrennt.

Beispielsweise wird in einer Fotovoltaik-Erzeugungsanlage mit einphasigen Umrichtern **(Bild 2)** der vom Fotovoltaikgenerator erzeugte Gleichstrom zunächst in Einphasen-Wechselstrom umgewandelt. Für die Einspeisung in den Energiespeicher muss der Wechselstrom dann wieder umgekehrt in einen Gleichstrom umgewandelt werden. Soll im Inselbetrieb (Netzschalter K1 offen) die gespeicherte Energie in der Kundenanlage über die Außenleiter L1, L2 und L3 eigengenutzt werden, sind diese über einen Phasenkoppler zu verbinden. Bei Drehstrom-Wechselrichtern entfällt die Phasenkopplung.

In der Anwendungsregel VDE-AR-N 4100 ist für die Installation von Speichern in Kundenanlagen festgelegt, dass Speicher mit Bemessungsleistungen ab 3,6 kVA beim Netzbetreiber anzumelden sind. Weiterhin erfordert der Betrieb von Speichern mit einer Summenbemessungsleistung von mehr als 12 kVA je Kundenanlage die Zustimmung des Netzbetreibers. Erzeugungsanlagen mit Speichern benötigen nach DIN 18015-1 einen symmetrischen Anschluss. Bei Schieflasten von über 4,6 kVA ist an der Übergabestelle zum öffentlichen Netz eine Symmetrieeinrichtung vorzusehen.

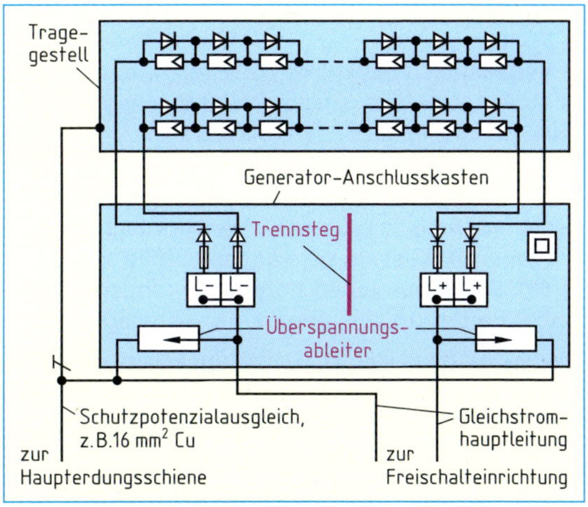

Bild 1: Schutzpotenzialausgleich und Überspannungsschutz in Fotovoltaikanlagen

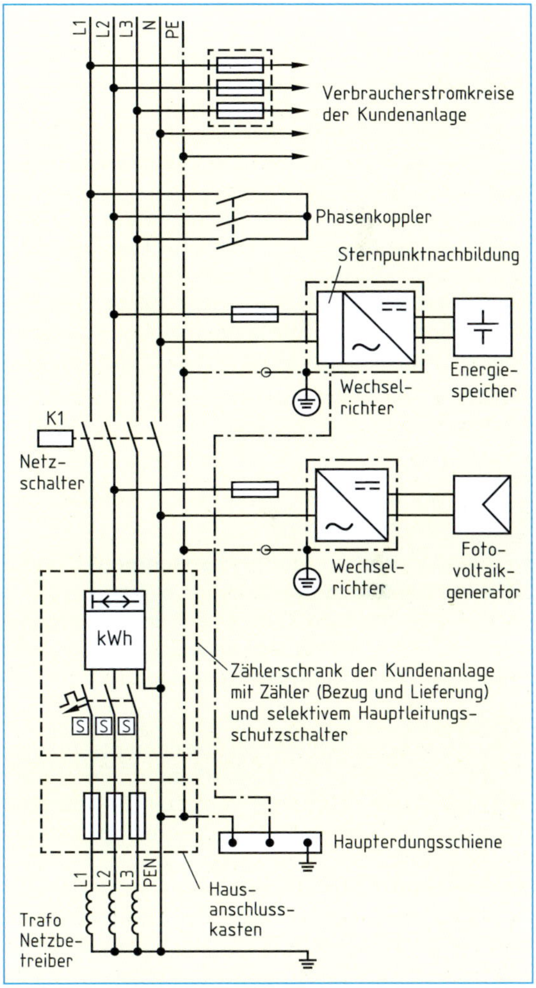

Bild 2: Fotovoltaik-Erzeugeranlage mit Energiespeicher (Beispiel, vereinfachte Darstellung)

Energiespeichersysteme

Energiespeichersysteme speichern die von z. B. Fotovoltaikanlagen erzeugte elektrische Energie und geben sie bei Bedarf wieder ab.

In kleinen bis mittleren energieerzeugenden Anlagen werden als Energiespeicher vorwiegend Lithium-Ionen-Akkusysteme eingesetzt **(Bild 1 und Seite 68)**. Sie haben einen hohen Wirkungsgrad und sind für bis zu 10000 Ladezyklen ausgelegt.

Akkusysteme lassen sich mit dem Strom der Fotovoltaikgeneratoren auf zwei Arten laden:

- Umwandlung von Gleich- in Wechselstrom und von Wechsel- in Gleichstrom mit 2 Standard-Wechselrichtern **(Bild 2, Seite 285)** oder
- direkte Einspeisung des Fotovoltaik-Gleichstroms mittels Hybrid-Wechselrichter **(Bild 2)**.

Bei einem Hybrid-Wechselrichter erfolgt neben der DC-AC-Wandlung für das Verbraucherstromnetz der Lade-Energiefluss **(Bild 2)** über zwei DC-DC-Wandler **(Seite 263)**. Neben dem Vorteil, dass hier nur ein Wechselrichter benötigt wird, ergibt sich gegenüber der ersten Variante auch ein besserer Wirkungsgrad. Die Gleichspannung der Fotovoltaikgeneratoren kann mehrere hundert Volt betragen. Für die hohe Ladespannung, die sich daraus ergibt, werden Hochvolt-Akkus benötigt. Für hohe Ladespannungen von z. B. über 400 V können mehrere Batteriemodule in Reihe geschaltet werden **(Bild 1)**. Für eine höhere Speicherkapazität können mehrere gleichartige Batteriepakete parallel geschaltet werden.

Höherwertige Energiespeichersysteme enthalten oft Zusatzfunktionen wie z. B.

- Notstromversorgung bei Netzausfall,
- Stromversorgung der drei Phasen über eine vollautomatische Netzumschalteinrichtung und
- Einbindung in ein Energiemanagement-System **(Seiten 290 und 291)**.

Technische Daten (Beispielwerte)
Aufbau:
Batteriemodule (Reihenschaltung)
Anzahl Batteriemodule: 2, erweiterbar
Nutzbare Speicherkapazität: 5,12 kWh
Spannungsbereich: 160 V bis 230 V DC
Maximaler Ausgangsstrom: 25 A DC
Wirkungsgrad: ≥ 96 %
Umgebungstemperatur:
-10 °C bis +50 °C
Abmessungen (Höhe/Breite/Tiefe):
762 x 585 x 298 mm
Gewicht: 91 kg

Bild 1: Lithium-Ionen-Akkusystem

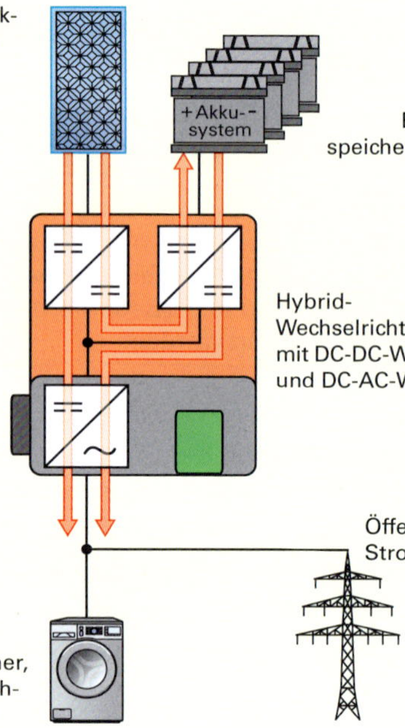

Bild 2: Energieflüsse im Hybrid-Speichersystem

Planungs- und Sicherheitsvorgaben

Um die Sicherheit von Fotovoltaikanlagen und stationären elektrischen Energiespeichersystemen zu gewährleisten, sind für deren Planung, Errichtung und Anschluss besondere Vorgaben zu beachten **(Übersicht)**. Z. B. ist für Lithium-Ionen-Akkusysteme ein Batteriemanagementsystem vorgeschrieben, das dafür sorgt, dass keine Gefahren durch Überhitzung entstehen. Bei fertiggestellten Fotovoltaikanlagen ist nach DIN VDE 100 Teil 600, nach DIN VDE 0100-712 sowie DIN VDE 0126-23 eine Erstprüfung der gesamten Anlage durchzuführen und in einem Anlagenprotokoll zu dokumentieren.

Übersicht:
Vorschriften (DIN VDE) und Anwendungsregeln (VDE-AR) für PV-Anlagen (Auswahl)

- DIN VDE 0100-712: Errichten von Niederspannungsanlagen, z.B. Fotovoltaik-Stromversorgungssysteme.
- DIN VDE V 0100-551-1: Errichten von Niederspannungsanlagen, z. B. Anschluss von Stromerzeugungseinrichtungen für den Parallelbetrieb mit anderen Stromquellen (einschließlich öffentliches Netz).
- VDE-AR-E 2510-2: Stationäre elektrische Energiespeichersysteme vorgesehen zum Anschluss an das Niederspannungsnetz.
- VDE-AR-N 4100: Technische Regeln für den Anschluss von Kundenanlagen an das Niederspannungsnetz und deren Betrieb.
- VDE-AR-N 4105: Erzeugungsanlagen am Niederspannungsnetz – Technische Mindestanforderungen für Anschluss und Parallelbetrieb.
- DIN 18015-1: Elektrische Anlagen in Wohngebäuden Teil 1: Planungsgrundlagen

Situationsbeschreibung:

Auf dem Dach eines Einfamilienhauses ist eine Fotovoltaikanlage **(Bild 1)** errichtet worden. Sie soll nach den wesentlichen Kriterien zur Auslegung und Dimensionierung einer Fotovoltaikanlage analysiert werden.

Eignung des Daches:

Der nutzbare Anteil der eingestrahlten Sonnenenergie wird als jährliche Einstrahlung in Prozent angegeben. Er ergibt sich aus Ausrichtung und Neigung des Daches bzw. der Solarmodule **(Bild 2)**. Mit den Daten des Daches aus **Bild 1** wird eine jährliche Einstrahlung von 95% ermittelt **(Bild 2, Beispiel 1)**.

> Bei Flachdächern und ungünstigen Dachneigungen kann der Energieertrag durch Montage der Solarmodule auf Trägersystemen mit einstellbarem Neigungswinkel optimiert werden **(Bild 1, Seite 282)**.

Schattenwürfe, z. B. von Gebäudeteilen oder Bäumen, reduzieren den Energieertrag, weil die abgeschattete Solarzelle wie ein Widerstand wirkt und der Stromfluss durch andere in Reihe geschaltete Solarzellen vermindert wird.

Auswahl der Solarmodule nach Solarzellentyp:

Solarmodule bestehen aus monokristallinen, polykristallinen oder amorphen Silicium-Solarzellen. Für die kleine Fotovoltaikanlage des Einfamilienhauses mit hoher jährlicher Einstrahlung werden polykristalline Solarzellen gewählt, weil sie mit einem Wirkungsgrad von 10–15% ein gutes Preis-Leistungsverhältnis bieten.

> **Wichtige Kriterien zur Bestimmung eines geeigneten Wechselrichters für eine Fotovoltaikanlage:**
>
> 1. Die minimale MPP[1]-Spannung U_{MPPmin} eines Strangs muss bei maximaler Zellentemperatur (70° C) im MPP-Spannungsbereich des Wechselrichters liegen.
> 2. Die maximale MPP-Spannung U_{MPPmax} eines Strangs muss bei minimaler Zellentemperatur (–10° C) im MPP-Spannungsbereich des Wechselrichters liegen.
> 3. Die maximale Leerlaufspannung U_{0max} eines Strangs darf bei minimaler Zellentemperatur (–10° C) nicht größer als die maximale Eingangsspannung des Wechselrichters sein.
> 4. Der Bemessungsstrom I_{MPP} eines Strangs darf nicht größer als der maximale Eingangsstrom des Wechselrichters sein.
> 5. Die Gesamtleistung P_{ges} aller am Wechselrichter angeschlossenen Stränge darf 10% über der maximalen DC-Leistung des Wechselrichters liegen, da die Leistung der Fotovoltaikanlage nur unter STC[2]-Bedingungen, jedoch nicht in der Praxis, erreicht wird.
> 6. Besitzt ein Wechselrichter mehrere unabhängige MPP-Eingänge, wird für einen optimalen Wirkungsgrad die Modulzahl pro Strang so hoch wie möglich gewählt.
> 7. Laut VDE-AR-N 4105 darf die Scheinleistungsabgabe eines einphasig ans Netz angeschlossenen Wechselrichters höchstens 4,6 kVA betragen.

Auswahl des geeigneten Wechselrichters:

Für die 4 Stränge mit jeweils 8 in Reihe geschalteten Solarmodulen **(Bild 1)** werden 2 Wechselrichter verwendet, an denen jeweils 2 Stränge angeschlossen sind **(Bild 1, Seite 284)**.

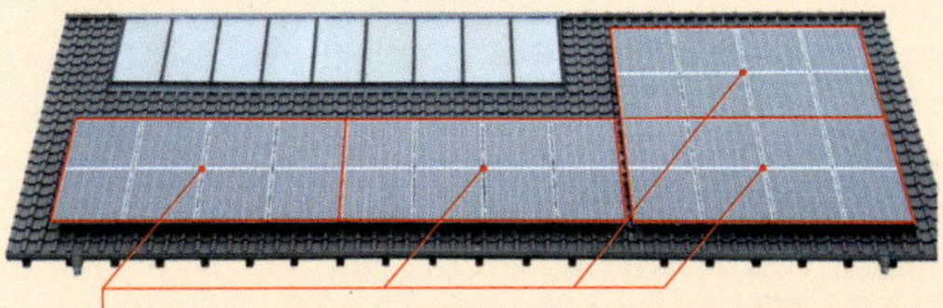

- 4 Stränge mit jeweils 8 in Reihe geschalteten Solarmodulen = 32 Solarmodule
- Neigungswinkel des Daches: 30°
- Ausrichtung des Daches: + 45° Südwest

Kenndaten eines Solarmoduls bei STC[2] (Auswahl)	
Max. Leerlaufspannung U_{0max}	36,3 V
Bemessungsstrom I_{MPP}	7,65 A
Bemessungsleistung P_{MPP}	220 W

Bild 1: Fotovoltaikanlage auf dem Dach eines Einfamilienhauses

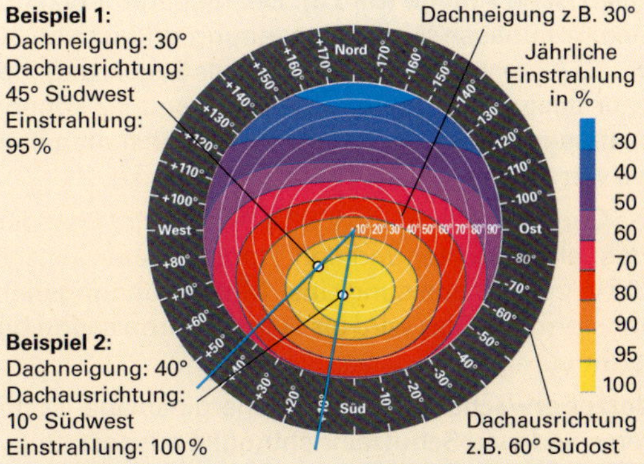

Bild 2: Einfluss von Neigung und Ausrichtung des Daches auf die eingestrahlte Energie

Kenndaten des Wechselrichters (Auswahl)	
Max. DC-Eingangsspannung	550 V
Max. Eingangsstrom pro Strang	17 A
Max. DC-Leistung	3200 W
Max. AC-Scheinleistung	3000 VA

Prüfen der Kriterien nach Infokasten (Auswahl)

Nr.	Prüfung	erfüllt
3	Max. Gesamt-Leerlaufspannung eines Strangs: $U_{0max} = 8 \cdot 36{,}3\,V = 290{,}4\,V < 550\,V$	ja
4	Max. Bemessungsstrom eines Strangs: $I_{MPP} = 7{,}65\,A < 17\,A$	ja
5	Gesamtleistung von 2 Strängen: $P_{ges} = 2 \cdot 8 \cdot 220\,W = 3520\,W = 1{,}1 \cdot 3200\,W$	ja
7	Max. AC-Scheinleistung = 3000 VA = 3,0 kVA < 4,6 kVA	ja

[1] **MPP**, Abk. für: **M**aximal **P**ower **P**oint (engl.) = Punkt größter Leistungsabgabe
[2] **STC**, Abk. für: **S**tandard **T**est **C**onditions (engl.) = Standardprüfbedingungen (bei Einstrahlung $E = 1000\,W/m^2$ und Temperatur $\vartheta = 25°\,C$)

Praxistipp: Auslegung und Dimensionierung einer Fotovoltaikanlage (Nächster Praxistipp: Seite 291)

Windenergieanlagen

Windenergieanlagen entziehen dem Wind Energie mit Rotoren, die selten mit vertikaler, meistens mit horizontaler Achse **(Bild 1)** gebaut werden. Die Drehbewegung des Rotors bewirkt an der Rotorwelle ein Drehmoment, das über ein Getriebe an den Generator übertragen wird **(Bild 2)**. Die elektrische Leistung des Generators ist windabhängig. Bei einer Windgeschwindigkeit von 12,5 m/s und einem Rotordurchmesser von 117 m beträgt die Bemessungsleistung der Windenergieanlage z. B. 2,4 MW.

Pitch-System. Das Pitch[1]-System optimiert durch Verstellen der Rotorblätter die Entnahme der Windenergie und begrenzt die Leistung ab Nennwindgeschwindigkeit. Die Signalübertragung und Spannungsversorgung geschieht über einen Schleifring, der in der Rotorwelle integriert ist.

Triebstrang. Der Triebstrang überträgt die Drehbewegung des Rotors über Rotorwelle, Getriebe und Kupplung auf den Generator. Das Getriebe erhöht die Rotordrehzahl auf die für den Generator erforderliche Drehzahl.

Elektrische Anlage (Bild 3). Der Generator erzeugt eine Dreiphasen-Wechselspannung und ist entweder als Asynchrongenerator oder als Synchrongenerator ausgeführt. Spannung und Frequenz können unabhängig von der Rotordrehzahl konstant gehalten werden.

Die Generatorspannung (660 V 3~ AC) wird über den Frequenzumrichter und den Transformator auf z. B. 20 kV zur Einspeisung ins Mittelspannungsnetz transformiert. Dies wird als Netzsynchronisation bezeichnet.

Netzüberwachung. Die Windenergieanlage ist mit verschiedenen Schutzeinrichtungen ausgestattet:

- Das Netzschutzrelais verfügt über eine Über- und Unterspannungsüberwachung und erkennt Frequenzsteigerung und -rückgang.
- Bei Über- und Unterschreitung der eingestellten Grenzwerte, z. B. bei zu großer Windgeschwindigkeit, wird die Windenergieanlage vom Netz getrennt und mit der Bremse gestoppt.
- Mehrere Windenergieanlagen bilden einen Windpark und werden durch ein Managementsystem überwacht und gesteuert **(Bild 2)**.

Deponie- und Biogasanlagen

In Deponie- oder Biogasanlagen nutzt man das bei der Verrottung von Müll oder beim Ausfaulen tierischer bzw. pflanzlicher Rückstände entstehende, für die Umwelt schädliche Gas Methan. Führt man das gesammelte Gas einem Verbrennungsmotor mit Generator zu **(Bild 4)**, lassen sich aus einer Tonne Hausmüll etwa 30 kWh elektrische Arbeit gewinnen.

[1] pitch (engl.) = Neigung

Unterscheidung nach Anlagenstandort
- im Meer: Offshore-Windenergieanlagen
- an Land: Onshore-Windenergieanlagen

Bild 1: Windenergieanlagen

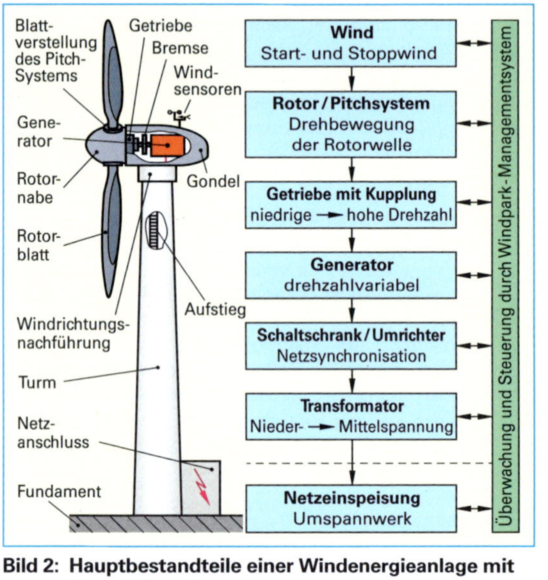

Bild 2: Hauptbestandteile einer Windenergieanlage mit Energieflussdiagramm

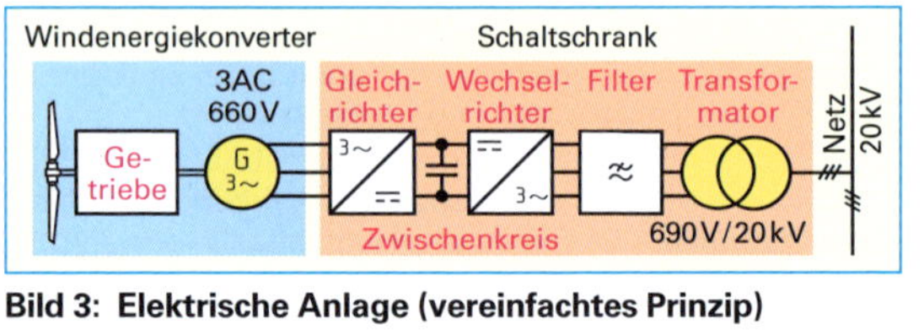

Bild 3: Elektrische Anlage (vereinfachtes Prinzip)

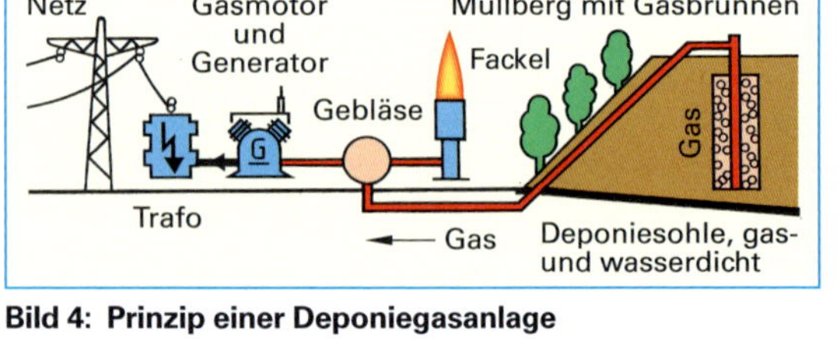

Bild 4: Prinzip einer Deponiegasanlage

10.1.2 Energiemanagement in intelligenten Netzen (Smart Grid)

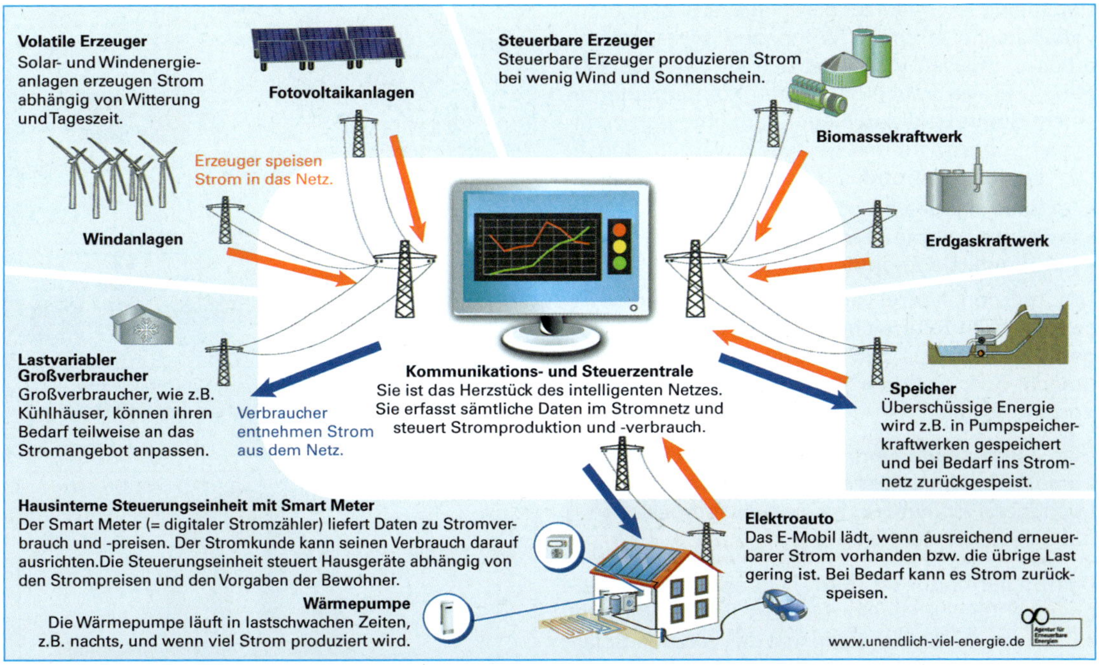

Bild 1: Energiemanagement durch eine Kommunikations- und Steuerzentrale (Beispiel)

Die Energiegewinnung durch Sonnen- und Windenergieanlagen nimmt zu, wobei deren Einsatzzeiten schwer planbar (volatil) sind. Die Netzbetreiber müssen durch Energiemanagement Stromerzeugung und -verbrauch im Gleichgewicht halten **(Bild 1)**. Dazu ist ein **intelligentes Netz** (englisch: **smart grid**) notwendig.

Das Erneuerbare-Energien-Gesetz (EEG) legt fest, dass Betreiber von Anlagen zur Erzeugung von Strom aus erneuerbaren Energien sowie Betreiber von Kraft-Wärme-Kopplungsanlagen ihre Erzeugeranlagen ab einer installierten Leistung von mehr als 100 kW mit technischen Einrichtungen ausstatten müssen, mit denen der Netzbetreiber jederzeit

- die Einspeisung bei Netzüberlastung ferngesteuert reduzieren und
- die jeweilige Ist-Einspeisung abrufen kann.

Bei Fotovoltaikanlagen müssen auch für installierte Leistungen von weniger als 100 kW Steuerfunktionen zur Netzstabilisierung vorhanden sein **(Bild 2)**. Dabei sind z. B. folgende Steuerfunktionen möglich:

- Ferngesteuerte Reduzierung durch den Netzbetreiber, z. B. mittels Rundsteuerempfänger.
- Fotovoltaikanlagen mit Leistungen $\leq$ 30 kW_p ab Inbetriebnahmedatum 01.01.2012 müssen entweder ferngesteuert reduziert oder pauschal auf 70% ihrer Bemessungsleistung gekappt werden.
- Leistung, die durch Reduzierung nicht ins Netz eingespeist wird, kann eigengenutzt werden.
- Der Wechselrichter überwacht Netzspannung und -frequenz. Bei Über- oder Unterschreitung erfolgt Leistungsreduzierung oder Abschaltung.

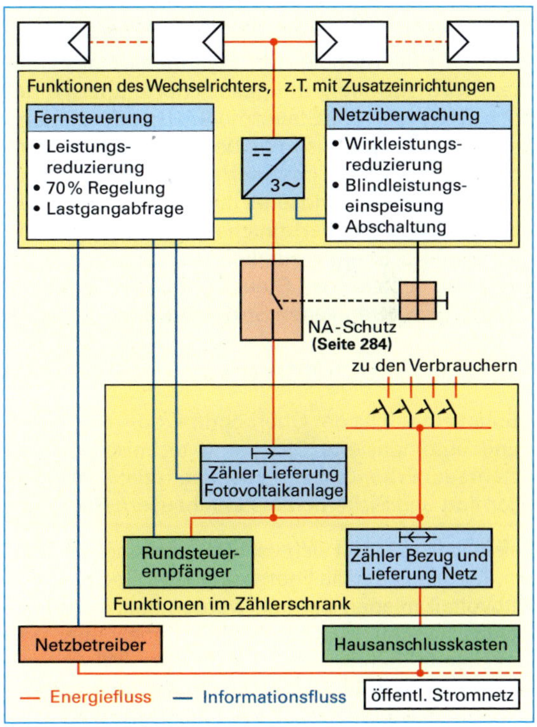

Bild 2: Steuerfunktionen bei Fotovoltaikanlagen

10.1.2.1 Smart Grid in Gebäuden

Damit eine Energieerzeugeranlage, z. B. eine Fotovoltaikanlage in einem Wohnhaus, wirtschaftlich arbeitet, müssen möglichst alle an Energieerzeugung und -verbrauch beteiligten Komponenten in einem Smart Grid durch ein Energiemanagement-System überwacht und gesteuert werden **(Bild 1)**. Die von den Solarmodulen erzeugte Energie wird

- im Haus **eigenverbraucht,**
- in Akkumulatoren **gespeichert** oder
- ins öffentliche Stromnetz **eingespeist.**

Um für den Nutzer eine höchstmögliche Wirtschaftlichkeit zu erreichen **(Infokasten)**, hat der Eigenverbrauch aus den Solarmodulen (Direktverbrauch) oder aus dem Speichersystem (Entladen) Vorrang **(Bild 2)**.

Ein **Lastmanagement** optimiert den Eigenverbrauch, indem zeitlich flexible Verbraucher bei genügend eigenerzeugter Energie ferngesteuert eingeschaltet werden.

Das Steuermodul (4) **(Bild 1)** überwacht die Verbraucher (5) und steuert den Energiefluss. Es leitet z. B. um ca. 16.00 Uhr einen Teil der von den Solarmodulen (1) über den Modul-Wechselrichter (2) kommenden Energie mittels Umschaltvorrichtung (c3) an die eingeschaltete Waschmaschine **(Bild 2)**. Überschüssige Energie wird vorrangig zum Laden des Speichersystems (6) verwendet und darüber hinaus ins öffentliche Stromnetz (8) eingespeist.

Falls die Solarmodule den Eigenbedarf nicht decken, wird vorrangig die gespeicherte Energie genutzt. Dazu prüft das Steuermodul den Ladezustand des Speichersystems, wandelt den Gleichstrom über einen eigenen, integrierten Wechselrichter in Wechselstrom um und leitet ihn über die Umschaltvorrichtung zu den Verbrauchern im Haus. Falls die gespeicherte Energie zur Leistungsdeckung nicht ausreicht, schaltet das Steuermodul auf Strombezug aus dem öffentlichen Stromnetz um.

10.1.2.2 Smart Home

Smart Home[1] ist der Oberbegriff für die Nutzung und automatisierte Steuerung technischer Systeme zur Erhöhung von Energieeffezienz, Wohnkomfort und Sicherheit in Wohnhäusern **(Bild 3)**.

Beispielsweise lässt sich vom Smartphone aus steuern, wo und wann die Energie aus dem Speicher von Fotovoltaikanlagen genutzt werden soll. Gebäudetechnische Anlagen und Geräte können über entsprechende Schnittstellen, z. B. über WLAN mit Funksteckdosen, in die Funktionen des Smart Home eingebunden werden **(Seite 291 und Seite 452)**.

[1] Smart Home (engl.) = intelligentes Wohnen

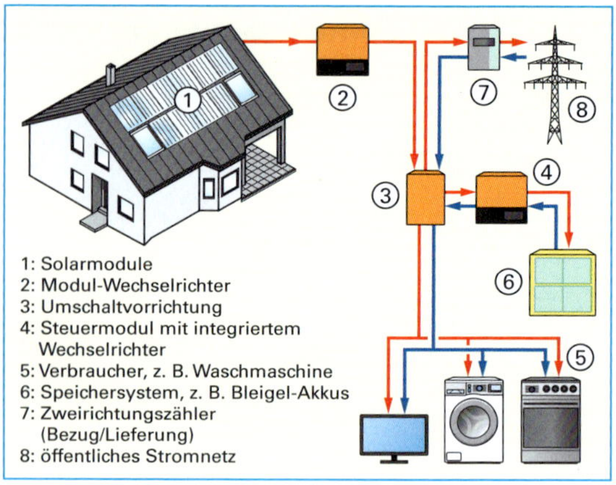

Bild 1: Fotovoltaikanlage in einem Wohnhaus mit Energiemanagement-System (vereinfacht)

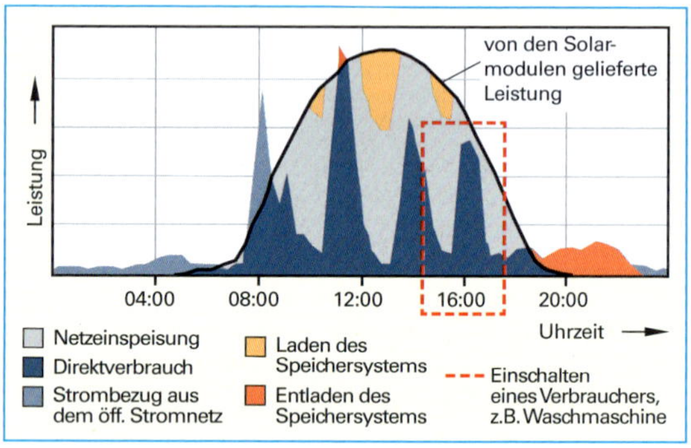

Bild 2: Tagesverlauf des Energiemanagements

Durch die schrittweise Reduzierung der Einspeisevergütung nach dem EEG (z. B. 6,53 ct/kWh für Dachanlagen bis 10 kWp ab 1. April 2022) wird bei steigenden Strombezugspreisen (z. B. 30 ct/kWh) der Eigenverbrauch zunehmend wirtschaftlicher.

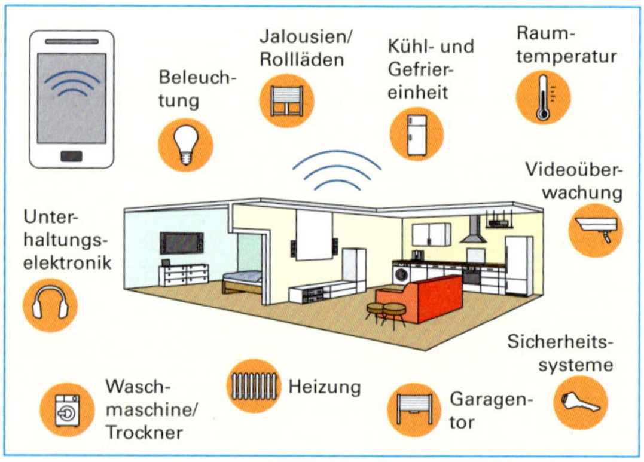

Bild 3: Technische Systeme im Smart Home (Beispiele)

Vernetzungsmöglichkeiten im Smart Home: **Seite 452**

 (Nächster Praxistipp: Seite 305)

Situationsbeschreibung:

In einem Wohnhaus mit Fotovoltaikanlage, Energiespeicher, Ladestation für Elektrofahrzeuge und Wärmepumpe sollen vernetzte Haushaltsverbraucher mit dem Ziel der Energieeffizienzoptimierung in ein **Energiemanagement-System (EMS)** eingebunden werden. Welche Möglichkeiten bietet hierbei ein zentrales Kontroll- und Steuermodul?

Die zentrale Komponente im EMS ist ein Kontroll- und Steuermodul **(Bild 1)**, das auf der Hutschiene im Verteilerfeld des Zählerschranks eingebaut wird. Ein Anschluss der Hauptleitung kann bis zu einem Maximalstrom von 63 A direkt nach dem Elektrizitätszähler des Netzbetreibers erfolgen und ermöglicht durch eine integrierte Messeinrichtung ein aktives Messen der elektrischen Energie (Energieflüsse).

Über eine Netzwerkbuchse wird das Modul an das Ethernet-Netzwerk des Wohnhauses angeschlossen. Dadurch sind die zum EMS gehörenden Komponenten neben dem Energienetz durch ein Kommunikationsnetz miteinander verbunden **(Bild 2)**. Das EMS kann auf diese Weise

- Energieflüsse, z. B. durch direkte und indirekte Verbrauchersteuerung, kontrollieren,
- energietechnische Daten auswerten und visualisieren,
- die Kommunikation der Komponenten koordinieren,
- den Nutzer über Schnittstellen aktiv einbinden und
- Internetportale (Cloud) und das Internet der Dinge (IoT) nutzen **(Infokasten)**.

Beispiel: Der Wärmebedarf des Wohnhauses soll weitestgehend eigenerzeugt gedeckt werden. Dazu wertet das EMS-Modul Internet-Wetterdaten aus und leitet z. B. bei angekündigtem trübem und kaltem Wetter die eigenerzeugte elektrische Energie der Fotovoltaikanlage vorrangig zur Wärmepumpe, die den Warmwasserspeicher auflädt.

In einem EMS werden meistens verschiedene Vernetzungsstandards, z. B. Ethernet, WLAN und herstellerspezifische Busleitungen genutzt **(Bild 2)**. Für eine system- und herstellerübergreifende Kommunikation kann ein davon unabhängiger, gemeinsamer und übergeordneter Kommunikationsstandard, z. B. EEbus, genutzt werden.

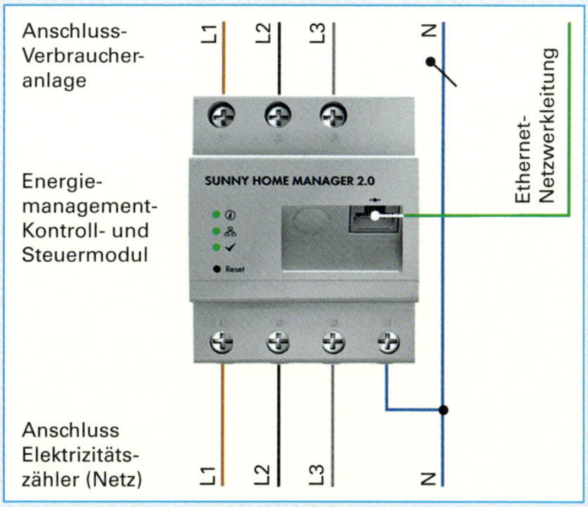

Bild 1: EMS-Modul mit direktem Anschluss

- **Cloud** (engl. „Wolke") = Gesamtheit einer informationstechnischen Infrastruktur mit z. B. Speicherplatz und Geräteapplikationen, die z. B. über das Internet genutzt werden kann.
- **IoT**, Abk. für: **I**nternet **o**f **T**hings (engl.) = Internet der Dinge. Damit wird die digitale Vernetzung bzw. Kommunikation von Geräten untereinander und nach außen über das Internet bezeichnet.

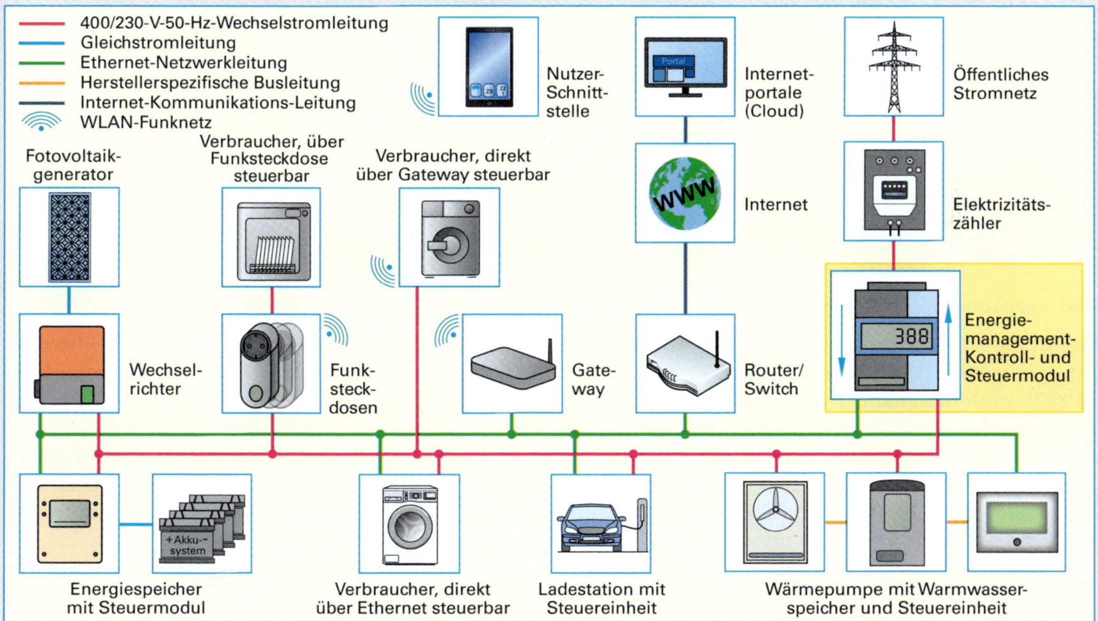

Bild 2: Energie- und Kommunikationsnetz eines Energiemanagement-Systems (Beispiel, vereinfacht)

10.1.3 Übertragungs- und Verteilnetze

10.1.3.1 Höchstspannungsnetze

Bild: Deutsches Höchstspannungsnetz

Die sichere Versorgung von Industrie, öffentlichen Gebäuden und privaten Haushalten mit elektrischer Energie erfordert verzweigte Übertragungs- und Verteilnetze auf festgelegten Spannungsebenen **(Seite 293)**. In Deutschland wird elektrische Energie im Höchstspannungsnetz **(Bild)** fast ausschließlich als Dreiphasenwechselstrom mittels Freileitungen übertragen. In besonderen Umgebungen, z. B. von den Offshore-Windenergieanlagen in der Nordsee zum Festland, wird die **Hochspannungs-Gleichstrom-Übertragung (HGÜ)** mittels Erd- und Seekabel benutzt. Der technische Aufwand für eine HGÜ ist z. B. wegen der Notwendigkeit von Stromrichteranlagen größer. Demgegenüber sind bei Höchstspannungen von z. B. 320 kV die Leitungsverluste im Vergleich zum Dreiphasenwechselstrom kleiner.

Das **deutsche Höchstspannungsnetz** ist in das **europäische Verbundnetz** eingebunden. Hierdurch wird eine hohe Versorgungssicherheit garantiert, weil Schwankungen im Stromnetz, z. B. durch den Ausfall von Windenergie- oder Fotovoltaikanlagen, flexibler ausgeglichen werden können.

10.1.3.2 Spannungsebenen

Elektrische Energie kann in größeren Mengen nur über elektrische Leitungen übertragen werden.

Kleine Leitungsverluste (Wärmeverluste) erreicht man, wenn die Spannung hoch und die Stromstärke klein gehalten wird.

Damit die erforderlichen Energiemengen wirtschaftlich übertragen und verteilt werden können, gibt es vier Spannungsebenen.

Wichtige Spannungsebenen:
- Niederspannung: bis 1 kV
- Mittelspannung: 10 kV bis 30 kV
- Hochspannung: 110 kV
- Höchstspannung: über 220 kV

Die Generatoren in den Kraftwerken erzeugen, durch ihre Ausführung und Bauart bedingt, eine Spannung zwischen 6 kV und 30 kV. Durch einen Maschinentransformator wird die Generatorspannung auf die gewünschte Spannungsebene hochtransformiert.

Spannungen von 220 kV bzw. 380 kV bezeichnet man als **Höchstspannung (Bild 1)**. Diese Spannungsebene (Höchstspannung) dient dem Transport elektrischer Energie über große Entfernungen in Übertragungsnetzen **(Bild, Seite 292)**. Kleinere Kraftwerke geben elektrische Energie an das **110-kV-Hochspannungsnetz** ab. Aus dieser Spannungsebene wird auch die Großindustrie versorgt. Am **Mittelspannungsnetz** (10 kV bis 30 kV) sind über Verteilnetze Tarifkunden mit abnehmereigenen Transformatorenstationen und die Ortsnetzstationen für den **Niederspannungsbereich** (bis 1 kV) angeschlossen. Die einzelnen Spannungsebenen sind über Transformatoren miteinander verbunden **(Bild 1)**.

10.1.3.3 Umspannanlagen

Umspannwerke und Umspannstationen für Hoch- und Höchstspannung werden meist als **Freiluftanlagen (Bild 2)** ausgeführt. In Freiluftanlagen sind Umspanner, Strom- und Spannungswandler auf Sockeln aufgestellt, Trenn- und Leistungsschalter sind meist an Schaltgerüsten montiert **(Bild 2)**. Die ankommenden Freileitungen werden an Abspanngerüste geführt. Die Verbindungsleitungen zwischen zwei Abspanngerüsten nennt man Überspannungen. Unterhalb der Überspannungen verlaufen in Querrichtung meist zwei Sammelschienensysteme. Durch Trennschalter werden die Verbindungen von der ankommenden Freileitung über die Sammelschienen zum Umspanner hergestellt. Trennschalter und Leistungsschalter werden meist von der Schaltwarte aus ferngesteuert.

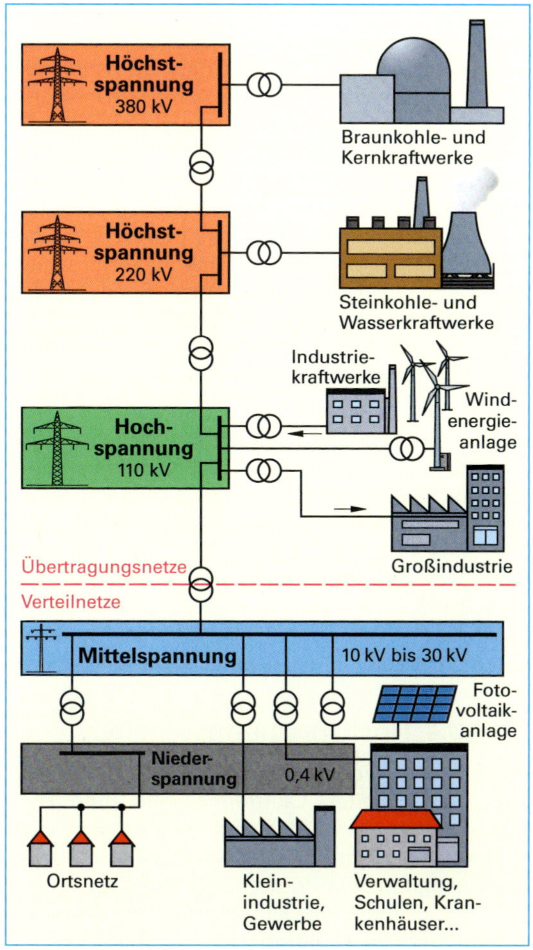

Bild 1: Spannungsebenen der Stromversorgung (Beispiele)

Bild 2: Freiluftanlage

Innenraumanlagen werden vorwiegend im Mittelspannungsbereich bis 30 kV eingesetzt. Man erstellt sie bei Freileitungsanschlüssen als Turmstationen, bei Kabelanschlüssen meist als Kompakt-Umspannstationen **(Bild 1)**. Innenraumanlagen sind in Schaltfelder, auch Zellen genannt, unterteilt. Dabei ist für jede ankommende oder abgehende Leitung, für Spannungswandler und Stromwandler sowie für den Trennschalter und den Lasttrennschalter des Transformators ein eigenes Schaltfeld erforderlich. Innenraumanlagen müssen ausreichend belüftet sein, um die Verlustwärme des Transformators abzuführen. Unterhalb von Öltransformatoren müssen sich öldichte Auffangwannen befinden.

Innenraumanlagen für Hochspannung führt man häufig als gekapselte, gasisolierte Schaltanlagen aus **(Bild 2)**. Das Isoliergas **Schwefelhexafluorid** (SF_6) hat bei einem Druck von 0,1 MPa (1 bar) ein dreimal so hohes Isoliervermögen wie Luft. Der Platzbedarf für gasisolierte Schaltanlagen beträgt daher nur etwa 20 % gegenüber herkömmlichen Anlagen. Durch die vollständige Kapselung ist eine Berührung spannungsführender Anlagenteile durch das Bedienungspersonal ausgeschlossen.

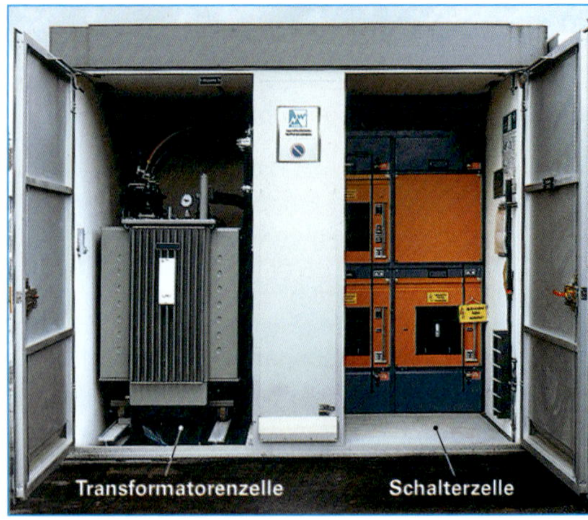

Bild 1: Kompakt-Umspannstation

Schwefelhexafluorid (SF_6) ist ein synthetisches, farbloses und nicht brennbares Isoliergas. Die Verwendung in Mittelspannungsschaltanlagen ist jedoch wegen klimaschädigenden Wirkungen ab 01.01.2022 verboten.

Bild 2: Innenraum-SF_6-Anlage

10.1.3.4 Hochspannungsschalter

Nach ihrem Verwendungszweck unterscheidet man Trennschalter, Lasttrennschalter und Leistungsschalter. Sie werden nach ihrer Bemessungsspannung und ihrem Schaltvermögen unter Berücksichtigung der erforderlichen Schutzart ausgewählt. Hochspannungsschalter können mit Handantrieb, mit elektromotorischem Antrieb oder mit Federspeicherantrieb ausgestattet sein.

Trennschalter (Bild 3) trennen Anlagenteile, z.B. Leistungsschalter, im stromlosen Zustand von der unter Spannung stehenden Anlage ab. Durch die **sichtbare Trennstelle** kann sich das Bedienungspersonal vom Schaltzustand des Schalters überzeugen. Trennschalter betätigt man meist mit einer Schaltstange (Handantrieb) oder durch einen Motorantrieb.

Trennschalter dürfen Stromkreise nur öffnen oder schließen, wenn sie einen vernachlässigbar kleinen Strom schalten oder wenn kein wesentlicher Spannungsunterschied zwischen den Schalteranschlüssen besteht.

Durch Trennschalter mit angebautem **Erdungsschalter** können abgeschaltete Netzteile geerdet und kurzgeschlossen werden. Der Antrieb des Erdungsschalters ist mit dem Antrieb des Trennschalters so verriegelt, dass eine Betätigung des Erdungsschalters nur bei ausgeschaltetem Trennschalter möglich ist.

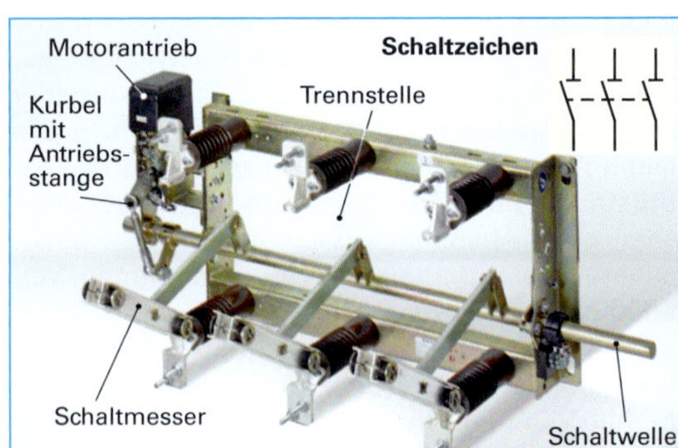

Bild 3: Trennschalter für Mittelspannung 24 kV

Lasttrennschalter (Bild 1) werden zum Schalten von Umspannern, Freileitungen und Kabeln sowie zum Öffnen und Schließen von Ringleitungen verwendet. Sie sind im Unterschied zu einem **Lastschalter** zusätzlich mit einem Federspeicher- oder Sprungantrieb und einer sichtbaren Trennstrecke ausgerüstet. Lasttrennschalter werden meist im Mittelspannungsbereich (10 kV bis 30 kV) eingesetzt. Sie werden für Bemessungsbetriebsströme bis 1000 A hergestellt und können Lastströme bis zu dieser Höhe schalten.

Sicherungslasttrennschalter sind Lasttrennschalter, die z. B. zum Ausschalten von Kurzschlussströmen zusätzlich mit Kontakten und Auslösevorrichtungen für **HH-Sicherungen (Bild 3)** ausgerüstet sind. Beim Ansprechen einer HH-Sicherung wird der Schalter durch die **Freiauslösung** des Federspeicherantriebs allpolig abgeschaltet.

Leistungsschalter (Bild 2) können Betriebsmittel und Anlageteile sowohl im ungestörten als auch im gestörten Zustand schalten, z. B. bei Kurzschluss. Sie werden für Bemessungsbetriebsströme bis 6300 A und mit einem Schaltvermögen bis 100 kA gebaut. Leistungsschalter lösen bei einem einstellbaren Überlaststrom selbsttätig aus. Nach der Art des Lichtbogenlöschmittels unterscheidet man hauptsächlich Strömungs-, Druckgas- und Vakuumschalter.

Beim **Strömungsschalter** zersetzt die hohe Temperatur des Lichtbogens einen Teil des Isolieröles in den Löschkammern zu einem Gas. Der Gasdruck bewirkt eine Ölströmung, die den Lichtbogen löscht. Strömungsschalter werden für Spannungen bis 220 kV und Bemessungsströme bis 4000 A gebaut.

Beim **Druckgasschalter** benutzt man als Löschmittel meist SF_6-Gas **(Schwefelhexafluorid).** Druckgasschalter werden bevorzugt in Anlagen mit hoher Schalthäufigkeit eingesetzt. Druckgasschalter mit SF_6-Gas setzt man wegen ihrer geringen Abmessungen in Innenraum-Umspannstationen **(Bild 2, Seite 294)**, aber auch in Freiluftschaltanlagen ein.

Schalterarten
- Trennschalter
- Lasttrennschalter
- Lastschalter
- Leistungsschalter

HH-Sicherungen (Hochspannungs-Hochleistungs-Sicherung, **Bild 3**) dienen dem Überlast- und dem Kurzschlussschutz in Mittelspannungsnetzen. Sie haben in einem röhrenförmigen Porzellangehäuse mehrere, parallel angeordnete **Schmelzleiter** aus Silber, die in Quarzsand eingebettet sind. Bei Überlastung schmelzen die Schmelzleiter und der Haltedraht ab. Der Quarzsand löscht den Lichtbogen. Der durch den abgeschmolzenen **Haltedraht** freigegebene Schlagbolzen löst den Sicherungslasttrennschalter oder eine Meldeeinrichtung aus.

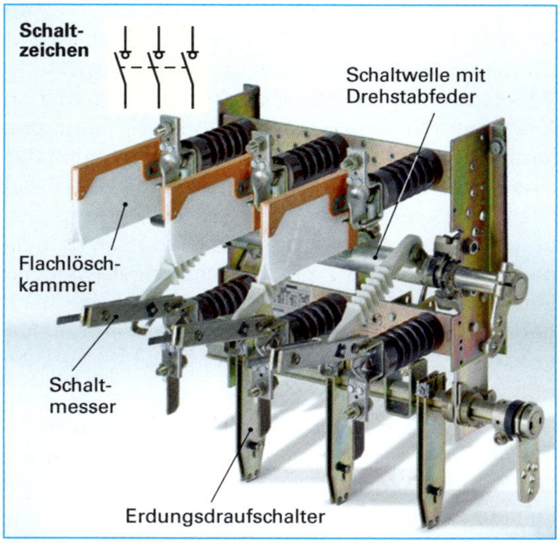

Bild 1: Lasttrennschalter

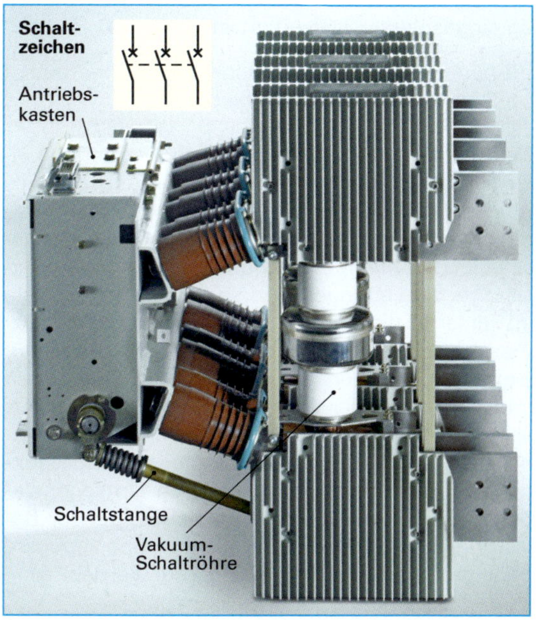

Bild 2: Vakuum-Leistungsschalter

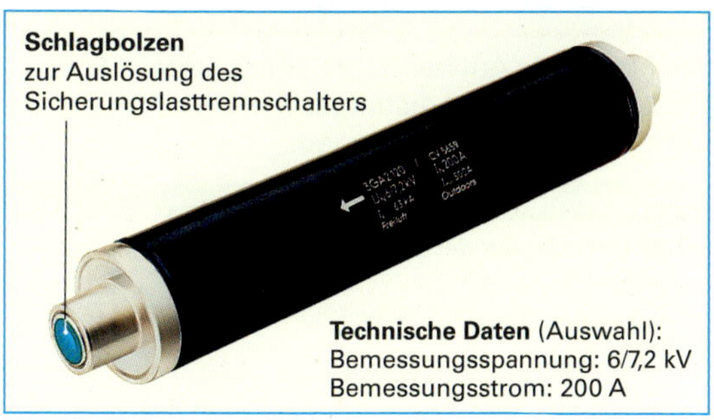

Bild 3: Hochspannungs-Hochleistungs-Sicherung

10.1.4 Netzformen

Strahlennetze werden einseitig eingespeist **(Bild 1)**. Vom Speisepunkt, z.B. von der Umspannstation oder einem Knotenpunkt aus, führen die Leitungen strahlenförmig zu den Verbrauchern. Strahlennetze sind einfach aufzubauen, gut zu überwachen und leicht zu berechnen. Nachteilig ist der zum Leitungsende hin ansteigende Spannungsfall und die dadurch begrenzte Belastbarkeit. Bei Ausfall der Einspeisestelle oder einer Leitung sind alle nach der Fehlerstelle angeschlossenen Verbraucher vom Netz abgetrennt.

Ringnetze versorgen Abnehmer immer von zwei Seiten **(Bild 2)**. In Störfällen können durch Auftrennen Teile der Ringleitung abgeschaltet werden. Der Rest des Netzes wird bis zur Beseitigung des Fehlers als Strahlennetz weiterbetrieben. Bei der Einspeisung von zwei Seiten aus verteilen sich die Ströme nach beiden Seiten. Die Spannungsfälle und die Verluste sind dadurch kleiner als in einseitig eingespeisten Netzen (Strahlennetze).

Ringnetze ergeben für den Verbraucher eine höhere Versorgungssicherheit.

Maschennetze entstehen durch die Verbindung aller Leitungen innerhalb eines Versorgungsbezirkes **(Bild 3)**. Die Leitungen werden an den Knotenpunkten über NH-Sicherungen oder über Leistungsschalter miteinander verbunden. Die Leiterquerschnitte der Leitungen sind so bemessen, dass sie im Fehlerfall die Belastungsströme für andere Netzmaschen mitführen können. Abnehmeranlagen werden in Maschennetzen immer von zwei Seiten und von zwei oder mehreren Speisepunkten aus versorgt. Bei Ausfall einer Umspannstation übernehmen Reservetransformatoren oder nicht ausgelastete Transformatoren in anderen Umspannstationen die Energieversorgung. Bei steigender Belastung des Netzes können weitere Speisepunkte ohne größere Änderungen eingefügt werden.

Maschennetze haben die größte Versorgungssicherheit. Im Fehlerfall treten im Netz jedoch große Kurzschlussströme auf.

Der finanzielle Aufwand für Schaltgeräte, z.B. Lasttrennschalter oder Leistungsschalter, ist größer als bei allen anderen Netzformen.

Wiederholungsfragen

1 **Nennen Sie die vier Spannungsebenen der Energieversorgung.**
2 **Warum dürfen Trennschalter nicht unter Last betätigt werden?**
3 **Wozu dienen HH-Sicherungen?**
4 **Welche Vorteile haben das Ring- und das Maschennetz gegenüber dem Strahlennetz?**

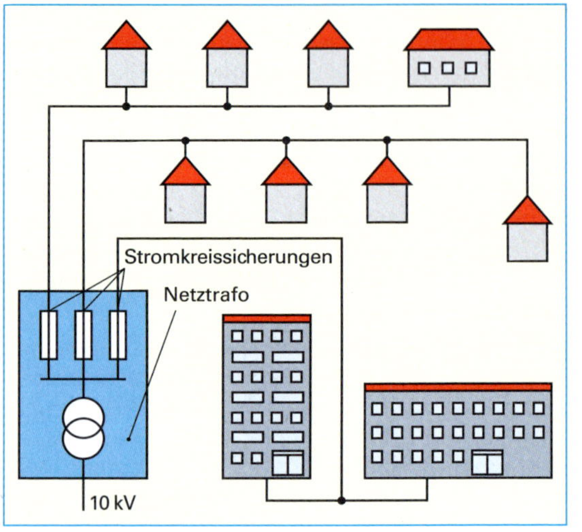

Bild 1: Strahlennetz

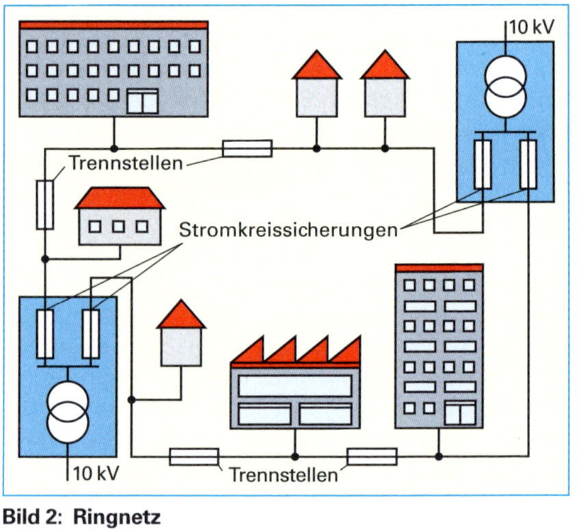

Bild 2: Ringnetz

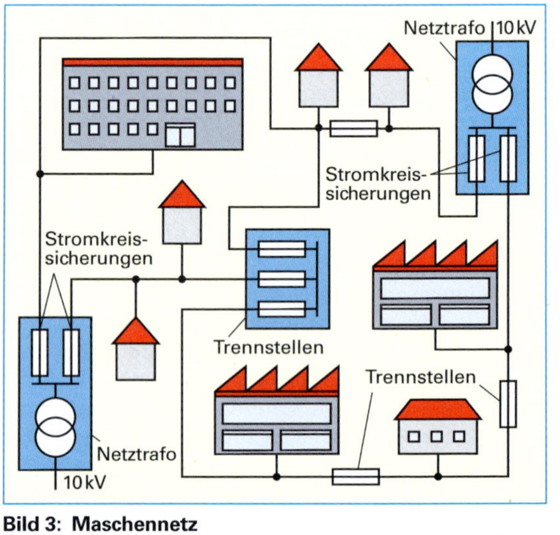

Bild 3: Maschennetz

10.1.5 Niederspannungsanlagen

10.1.5.1 Netzaufbau

Bei enger Bebauung, z. B. in Ortsnetzen, verwendet man meist Erdkabel. Bei aufgelockerter Bauweise, z. B. im ländlichen Raum, ist jedoch ein Freileitungsnetz wirtschaftlicher. Im Niederspannungsfreileitungsnetz verwendet man als **Stützpunkte** Dachständer, Holz-, Beton- oder Stahlmaste.

Dachständer (Bild 1) bestehen aus feuerverzinkten Stahlrohren mit einem Durchmesser von 75 mm bis 100 mm. Die Dachständer sind am Dachgebälk schutz- oder standortisoliert mit einem Fußwinkel und zwei Befestigungsschellen befestigt. An der Austrittsstelle ins Freie müssen die Dachständer gegen das Eindringen von Wasser einen **Dachschutz** (Dachverwahrung) erhalten. Als Träger für die Isolatoren dienen Isolatorenstützen auf Querträgern aus U-Profilstahl. Am oberen Ende wird der Dachständer durch einen Dachständereinführungskopf abgeschlossen.

Dachständer dürfen wegen Brandgefahr durch Erdschluss nicht geerdet und nicht in systemabhängige Schutzmaßnahmen einbezogen werden.

In **Freileitungsnetzen** werden Leiterseile aus Kupfer oder aus Aluminium verlegt **(Übersicht)**. Die blanken Leiterseile sind an den Isolatoren aus Glas oder Porzellan so befestigt, dass die Leitung beim Reißen einer Befestigung von der gebogenen Stütze bzw. vom Querträger aufgefangen wird.

Bei Niederspannungsfreileitungen sind Mindestabstände zwischen den Leitern, zu Gebäudeteilen, Antennen oder zum Erdboden einzuhalten **(Bild 2)**.

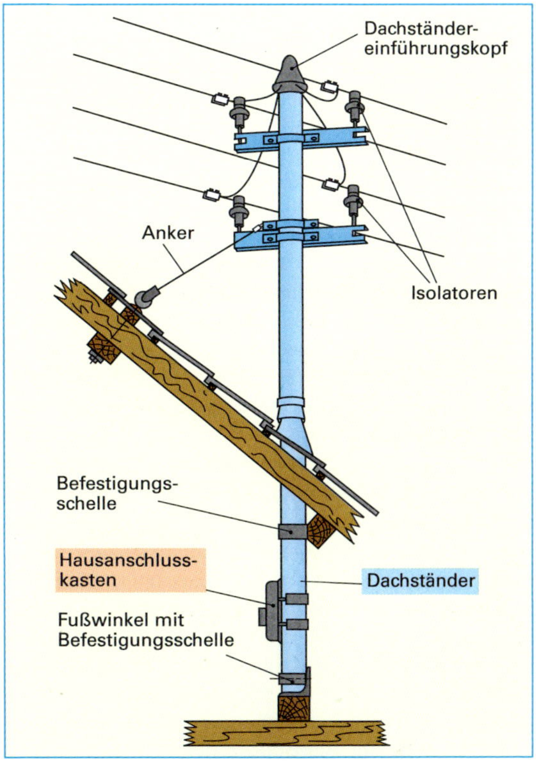

Bild 1: Dachständer mit Abspannanker

Übersicht: Mindestquerschnitte bei Niederspannungsfreileitungen

- Kupfer 10 mm²
- Aluminium 25 mm²
- Stahl 25 mm²
- Isolierte Aluminium-Freileitungen 25 mm²

Freileitungen: **Seite 316**

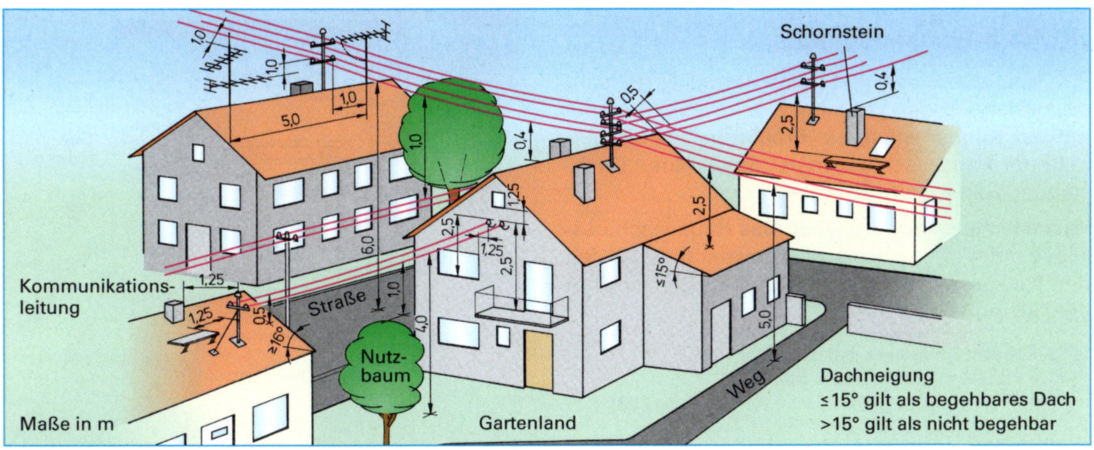

Bild 2: Mindestabstände von Niederspannungsfreileitungen

Schutz gegen Überspannungen durch Blitzschlag erreicht man in Freileitungsnetzen durch **Überspannungsableiter** an den Abzweigungen, am Speisepunkt, am Ende der Freileitung sowie an Übergangsstellen vom Freileitungsnetz auf Erdkabelnetze. In TN-Systemen sind Ableiter an den Außenleitern (L1, L2 und L3) erforderlich. Der PEN-Leiter wird mit den Ableitungen der Überspannungsableiter verbunden und direkt geerdet. Im TT-System und im IT-System ist ein zusätzlicher Ableiter für den Neutralleiter notwendig.

Überspannungsableiter: **Seite 466**

Bild 1: Verlegen von Erdkabel

Kabelnetze sind betriebssicherer als Freileitungsnetze und beeinträchtigen das Ortsbild nicht. Unmittelbar im Erdreich darf man nur Kabel verlegen, z. B. Kunststoffkabel vom Typ NYCWY **(Seite 316)**.

In Ortsnetzen verlegt man Kabel bevorzugt im Bereich von Gehwegen in einer Mindesttiefe von 0,6 m, unter Fahrbahnen sind mindestens 0,8 m einzuhalten. Die Sohle des Kabelgrabens soll eben und möglichst steinfrei sein. Sie wird vor dem Auslegen des Kabels mit einer etwa 10 cm hohen Sandschicht bedeckt. Beim Abziehen des Kabels von der Kabeltrommel **(Bild 1)** darf die zulässige Zugkraft nicht überschritten werden. Als Schutz gegen mechanische Beschädigungen deckt man Kabel z. B. mit Kabelhauben oder mit Kunststoffplatten ab.

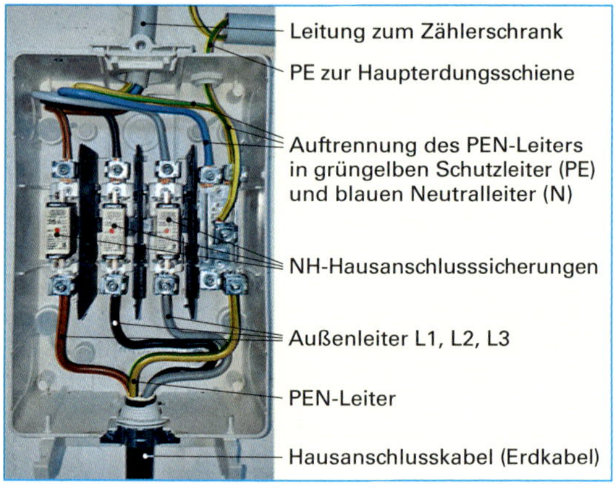

Bild 2: Hausanschlusskasten

Bei **Kreuzungen** oder **Näherungen** zwischen Starkstromkabeln und Fernmeldekabeln ist ein Abstand von mindestens 300 mm einzuhalten.

Wird der Mindestabstand unterschritten, ist bei Näherungen eine feuerhemmende Zwischenlage, bei Kreuzungen ein mechanischer Schutz zwischen den Kabeln erforderlich, z. B. in Form von Kabelschutzhauben, Formsteinen aus Beton oder Schutzrohren aus Kunststoff oder Metall.

10.1.5.2 Hausanschluss

Der Hausanschluss verbindet über die Hausanschlussleitung das Verteilnetz des Netzbetreibers mit der Kundenanlage. In **Freileitungsnetzen** erfolgt der Hausanschluss meist durch einen Dachständer **(Bild 1, Seite 297)**.

Hausanschluss mit Erdkabel. Das Hausanschlusskabel endet am **Hausanschlusskasten (Bild 2)**, den der Netzbetreiber, z. B. im **Hausanschlussraum (Bild 3)**, montiert.

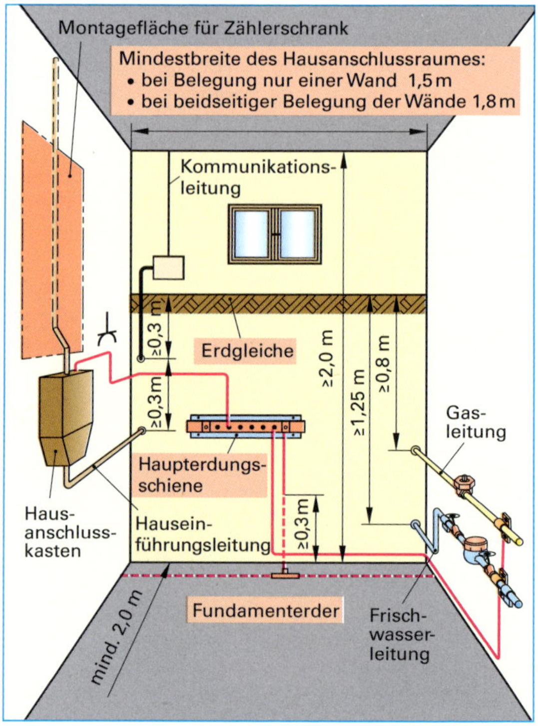

Bild 3: Hausanschlussraum

Kabelanschlüsse enden nach DIN 18015:
- im Hausanschlussraum **(Bild 3)**,
- in der Hausanschlussnische **(Bild 2, Seite 299)** oder
- an der Hausanschlusswand **(Seite 299)**.

Hausanschlussraum. In Wohngebäuden mit mehr als fünf Wohneinheiten ist nach DIN 18012 ein Hausanschlussraum **(Bild 3, Seite 298)** vorgeschrieben. Ein Hausanschlussraum muss über allgemein zugängliche Räume, z.B. Treppenraum, Kellergang oder direkt von außen, zugänglich sein. Der Hausanschlussraum muss an die Außenwand des Gebäudes angrenzen, durch welche die Anschlussleitungen in das Gebäude geführt werden.

Die Betriebseinrichtungen für die Strom- und Telekommunikationsversorgung sollen möglichst nicht an derselben Wand mit den Betriebseinrichtungen der Wasser-, Gas- oder Fernwärmeversorgung angeordnet werden.

Ist dies aus installationstechnischen Gründen nicht möglich, sind die Hausanschlussleitungen so einzuführen, dass im Verlauf der Installation eine kreuzungsfreie Verlegung sichergestellt ist. Der Mindestplatzbedarf für die Anschluss- und Betriebseinrichtungen ist dann mit den Versorgungsunternehmen abzustimmen. Zum Abdichten der Einführungsstelle des Hausanschlusskabels wird in die Außenmauer ein Kabelschutzrohr eingebaut **(Bild 1)**. Die Rohrart und Rohrgröße ist mit dem Netzbetreiber abzustimmen.

Hausanschlussräume dürfen nicht als Durchgangs- oder Lagerräume genutzt werden.

Hausanschlusswand. In Wohngebäuden mit bis vier Wohneinheiten ist nach DIN 18012 kein eigener Hausanschlussraum vorgeschrieben. Die Betriebseinrichtungen für Strom, Gas, Wasser und Fernwärme können dann an einer Hausanschlusswand untergebracht werden, die an eine Außenwand angrenzen muss. Hausanschlusswände müssen frei zugänglich sein und dürfen nicht durch Gegenstände versperrt werden.

Hausanschlussnische. Die Hausanschlussnische **(Bild 2)** ist eine platzsparende Möglichkeit für den Hausanschluss. Sie wird meist in nicht unterkellerten Wohngebäuden und in Fertighäusern angewendet. In einer durch eine Tür verschließbaren Nische lassen sich die Betriebseinrichtungen für Strom, Gas, Wasser und Telekommunikation unterbringen. Die Größe der Hausanschlussnische ist festgelegt **(Bild 2)**. Vor der Hausanschlussnische muss eine Bedienungsfläche mit einer Raumtiefe von mindestens 1,20 m vorhanden sein.

Mindestabmessungen für Hausanschlussräume
(nach DIN 18012)

- Länge mindestens 2,0 m
- Höhe mindestens 2,0 m
- Mindestbreite
  - bei Belegung nur einer Wand 1,5 m
  - bei beidseitiger Belegung der Wände 1,8 m

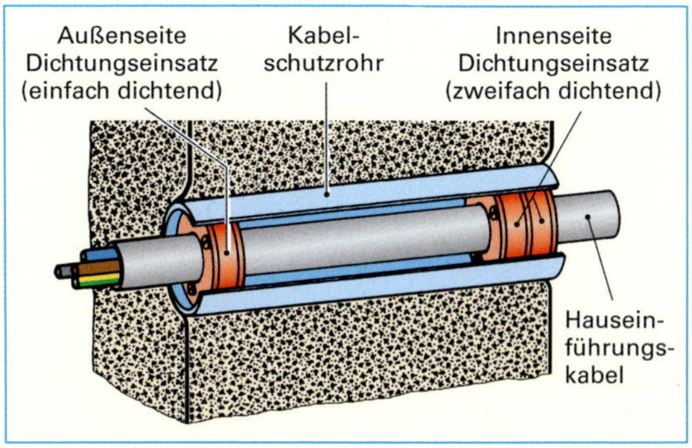

Bild 1: Hauseinführung mit wasserdichtem Abschluss

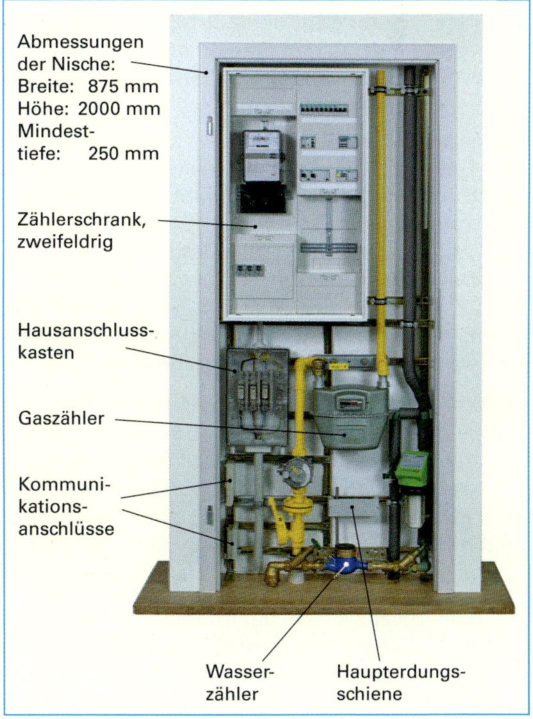

Bild 2: Hausanschlussnische

Hausanschlussnischen dürfen höchstens 3 m von einer Außenwand entfernt sein. Sie müssen be- und entlüftbar sein.

10.1.5.3 Erdungsanlagen

Erdungsanlagen verhindern gefährliche Berührungsspannungen zwischen der geerdeten Anlage und dem Erdreich.

Erdungsanlagen bestehen aus dem Erder und dem Erdungsleiter. **Erder** sind blanke Leiter, die in das Erdreich eingebettet sind und mit ihm in leitender Verbindung stehen. Der **Erdungsleiter** verbindet die Haupterdungsschiene mit dem Erder.

Der **Erdungswiderstand** setzt sich aus dem Widerstand des Erdungsleiters und dem Erdausbreitungswiderstand zusammen. Mindestquerschnitte für Erdungsleiter siehe **Tabelle 1** und **Tabelle 2**.

Mindestquerschnitte und Werkstoffe für Erder:
- Feuerverzinkter Bandstahl 90 mm², Mindestdicke 3 mm,
- Kupferband 50 mm², Mindestdicke 2 mm,
- Rundkupfer 25 mm².

Oberflächenerder werden in geringer Tiefe, z.B. 0,8 m, in die Erde eingegraben. Sie können als Strahlen-, Ring- oder Maschenerder ausgeführt sein.

Tiefenerder werden senkrecht in größere Tiefen eingerammt. Tiefenerderstäbe können aus feuerverzinktem Stahl oder aus Kupfer mit Durchmessern von 16 mm, 20 mm oder 30 mm bestehen. Die Erderstäbe sind meist 1,50 m lang und verbinden sich beim Eintreiben selbsttätig.

Fundamenterder werden in die Außenfundamente von Gebäuden als geschlossener Ring **(Bild 1)**, meist feuerverzinkter Bandstahl mit den Mindestabmessungen 30 mm × 3,5 mm oder Rundstahl mit mindestens 10 mm Durchmesser, eingelegt. Der Erder muss zum Schutz gegen Korrosion allseits von mindestens 5 cm Beton umgeben sein. Baustahlmatten und Bewehrungseisen des Kellerbodens dürfen mit dem Erder verbunden werden.

- Wenn das Fundament durch z.B. Bitumenabdichtungen einen erhöhten Erdübergangswiderstand hat, muss außerhalb des Fundaments ein **Ringerder** verlegt werden.
- Der Ringerder und alle aus Erdreich oder Beton herausgeführten Teile, z.B. Anschlussfahnen, müssen korrosionsbeständig sein.

Für den Anschluss an der Haupterdungsschiene wird bei Kabelanschlüssen im Hausanschlussraum, bei Freileitungsanschlüssen in der Nähe des Wasseranschlusses eine Anschlussfahne **(Bild 2)** im Mauerwerk hochgeführt.

Wird der Fundamenterder auch als Blitzschutzerder verwendet, ist für jede Ableitung eine Anschlussfahne nach außen zu führen **(Bild 1)**.

Berührungsspannung: **Seite 349 und 355**

Tabelle 1: Mindestquerschnitte für Erdungsleiter im Erdreich (nach DIN VDE 0100-540)

Erdungsleiter	Mindestquerschnitt in mm²			
	mechanisch geschützt		mechanisch ungeschützt	
	Kupfer	Stahl	Kupfer	Stahl
gegen Korrosion geschützt	2,5	10	16	16
gegen Korrosion nicht geschützt	25	50	25	50

Tabelle 2: Zuordnung von Schutzleiter und Erdungsleiter zum Außenleiter (nach DIN VDE 0100-540)

Außenleiterquerschnitt A in mm² Kupfer	Mindestquerschnitt der Schutz- und Erdungsleiter in mm² bei gleichem Leiterwerkstoff
$A \leq 16$	wie Außenleiterquerschnitt A
$16 < A \leq 35$	16
$A > 35$	0,5 · Außenleiterquerschnitt A

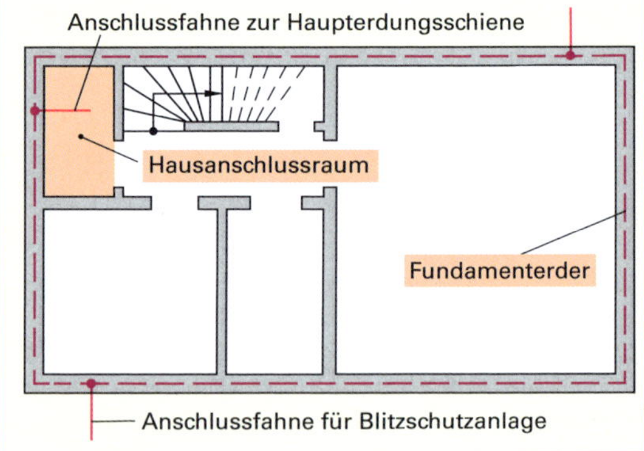

Bild 1: Fundamenterder

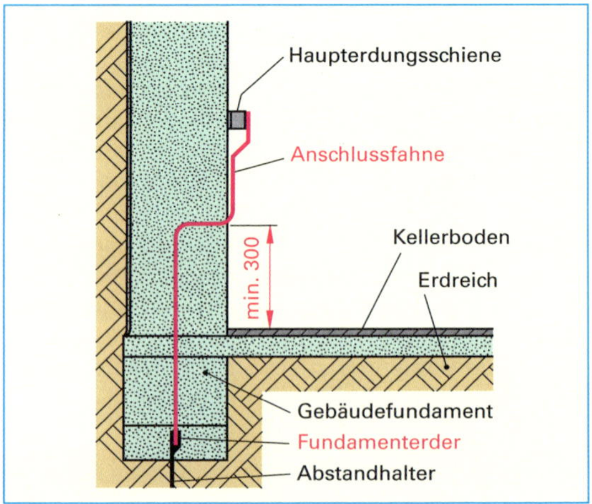

Bild 2: Fundamenterder mit Anschlussfahne

10.1.5.4 Schutzpotenzialausgleich über die Haupterdungsschiene

Der **Schutzpotenzialausgleich** soll Potenzialunterschiede, z.B. zwischen leitfähigen Anlagenteilen, verhindern. Bei Auftreten eines Isolationsfehlers **(Bild 1)** kann z.B. zwischen den leitfähigen Rohrsystemen 1 und 2 eine lebensgefährliche Berührungsspannung bestehen **(Bild 1a)**.

Sind die beiden Rohrsysteme durch eine Potenzialausgleichsleitung miteinander verbunden **(Bild 1b)**, wird das Auftreten einer gefährlichen Berührungsspannung verhindert.

Der Schutzpotenzialausgleich verhindert Potenzialunterschiede und somit Berührungsspannungen bei Isolationsfehlern zwischen leitfähigen Anlagenteilen.

Man unterscheidet den Schutzpotenzialausgleich über die Haupterdungsschiene **(Bild 2)** und den zusätzlichen Schutzpotenzialausgleich, z.B. in Räumen mit Badewanne oder Dusche **(Seite 335)**. Der Schutzpotenzialausgleich über die **Haupterdungsschiene (Bild 2)** muss in allen Gebäuden mit elektrischem Hausanschluss oder mit einer gleichwertigen Versorgungseinrichtung durchgeführt werden (DIN VDE 0100, Teil 540). Die Haupterdungsschiene **(Bild 2)** wird bei Kabelanschluss im Hausanschlussraum, bei Freileitungsanschluss in der Nähe der Hauptwasserleitung montiert und mit der Anschlussfahne des Fundamenterders verbunden.

Mit der Haupterdungsschiene sind zu verbinden:
In das Gebäude eingeführte Metallteile, z.B.

- Rohre von Gas-, Wasser- und Fernwärmesystemen,
- fremde leitfähige Teile der Gebäudestruktur,
- berührbare Bewehrungen von Betonkonstruktionen.

Außerdem

- Gasinnenleitung,
- Antennenanlage,
- PEN- oder PE-Leiter und
- Fundamenterder.

In TN-Systemen wird die Haupterdungsschiene mit dem PEN- oder PE-Leiter, in TT-Systemen und in IT-Systemen mit dem PE-Leiter verbunden.

Schutzpotenzialausgleichsleiter (PB) sind an Gas-, Wasser- und Fernwärmeleitungen immer hinter der Trennstelle, z.B. nach Absperrventilen, anzuschließen.

Mindestquerschnitt des Schutzpotenzialausgleichsleiters (PB) nach DIN VDE 0100-540 für die Verbindung mit der Haupterdungsschiene:

- 6 mm² Kupfer,
- 16 mm² Aluminium oder
- 50 mm² Stahl.

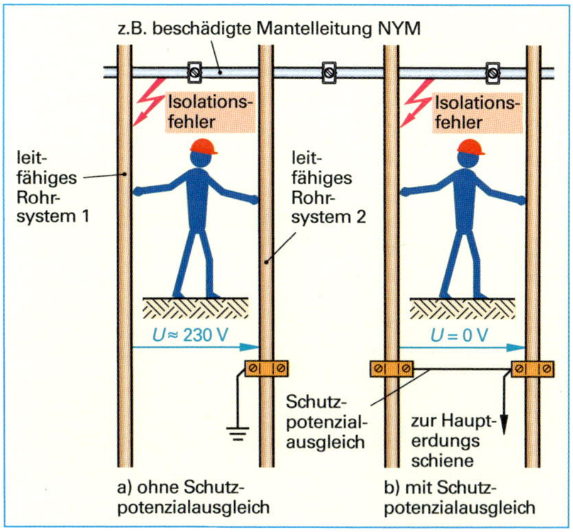

Bild 1: Berührungsspannung zwischen leitfähigen Rohrsystemen nach einem Isolationsfehler

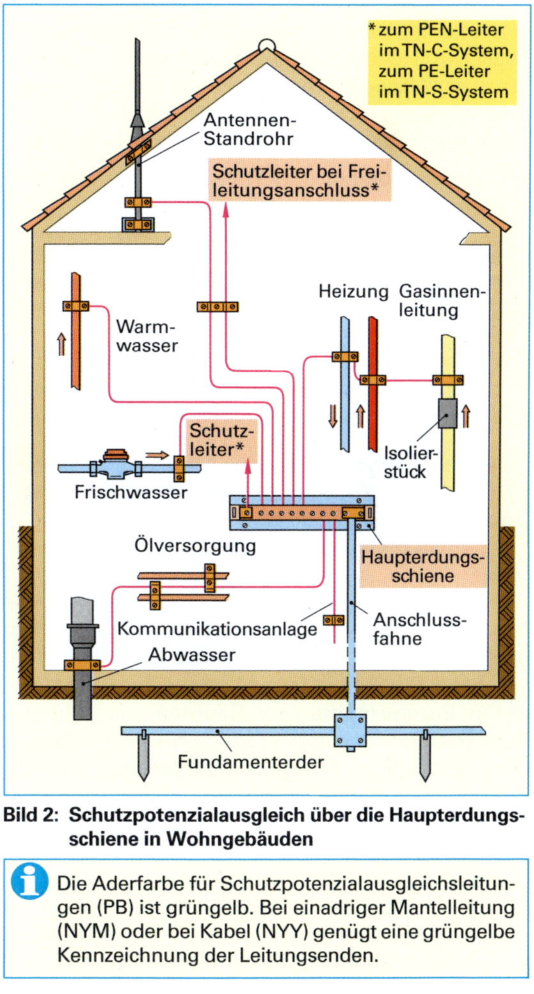

Bild 2: Schutzpotenzialausgleich über die Haupterdungsschiene in Wohngebäuden

Die Aderfarbe für Schutzpotenzialausgleichsleitungen (PB) ist grüngelb. Bei einadriger Mantelleitung (NYM) oder bei Kabel (NYY) genügt eine grüngelbe Kennzeichnung der Leitungsenden.

10.1.5.5 Hauptstromversorgungssysteme

Hauptstromversorgungssysteme bestehen aus den Hauptleitungen und allen Betriebsmitteln nach der Übergabestelle (Hausanschluss) des Netzbetreibers, die nicht gemessene elektrische Energie führen. Die Abdeckungen von Hausanschlusssicherung, Hauptleitungsabzweigkästen und netzseitigem Anschlussraum des Zählerplatzes sind deshalb vom Netzbetreiber durch **Plomben** verschlossen. Hauptstromversorgungssysteme sind nach DIN 18015-1 als Strahlennetze auszuführen.

Hauptleitungen sind Drehstromleitungen mit einer Mindeststrombelastbarkeit von 63 A. Der Leiterquerschnitt muss mindestens 10 mm² Kupfer betragen.

Hauptleitungen verlegt man in leicht zugänglichen Räumen, z. B. in Treppenräumen. Die Leitungen sind oberhalb der Kellerdecke in Rohren, Schächten, Kanälen oder unter Putz zu verlegen. Überstrom-Schutzeinrichtungen für Hauptleitungsabzweige ordnet man in unmittelbarer Nähe der Abzweigstelle in Gehäusen mit getrennten Abdeckungen an. Der Abstand der Abzweigstelle vom Fußboden soll mindestens 0,5 m und nicht mehr als 1,85 m betragen. Mindestbelastbarkeit von Hauptleitungen siehe **Bild 1.**

Messeinrichtungen und Tarifsteuergeräte sind in Zählerschränken **(Bild 2)** zu montieren.

Messeinrichtungen und Steuergeräte müssen frei zugänglich und ohne Hilfsmittel ablesbar sein.

Als Montageort wählt man z.B. den Hausanschlussraum oder Zählernischen (Mindestabmessungen der Zählernischen siehe **Tabelle).**

Der Abstand vom Fußboden bis zur Unterkante des Zählerschrankes muss nach DIN 18013 mindestens 0,4 m, von der Oberkante des Zählerschrankes bis zur Decke mindestens 0,2 m betragen.

Messeinrichtungen sind gegen mechanische Beschädigung, Verschmutzung und Feuchtigkeit zu schützen. Deshalb ist eine Montage in feuergefährdeten Betriebsstätten, in Räumen mit erhöhter Temperatur oder in feuchten Räumen verboten. Im Zählerschrank ist neben den Zählerfeldern in Abstimmung mit dem Netzbetreiber ein Montageplatz für die Tarifsteuerung vorzusehen, z.B. durch Rundsteuerempfänger oder Funksteuergeräte. Ein getrenntes Feld **(Bild 2)** für die Multimediaverkabelung **(Seite 305 und 438)** des Gebäudes ermöglicht den Ausbau und die Anpassung an zukünftige Kommunikationssysteme.

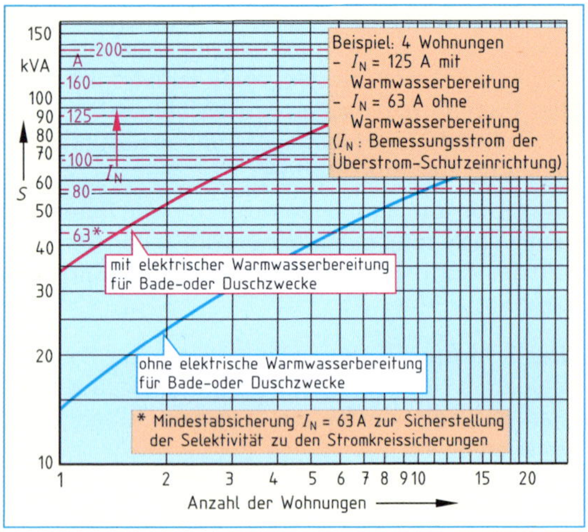

Bild 1: Mindeststrombelastbarkeit von Hauptleitungen in Wohngebäuden ohne Elektroheizung

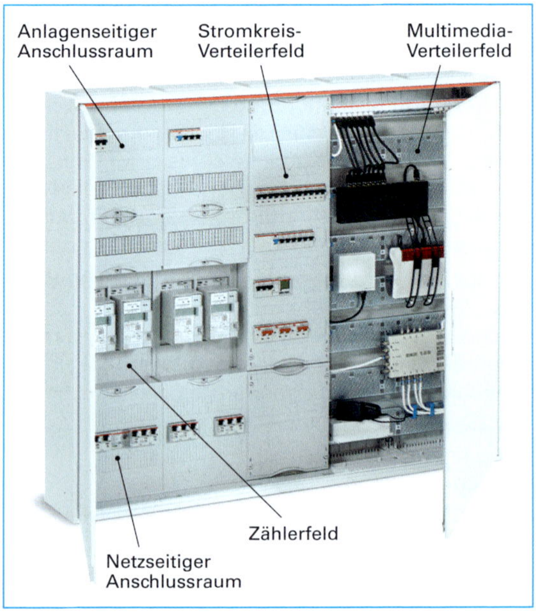

Bild 2: Aufbau eines Zählerschranks (Beispiel)

Tabelle: Nischenmaße für teilversenkte und vollversenkte Zählerschränke (nach DIN 18013)

Anzahl der Zählerfelder	Mindestmaße der Zählerschranknische in mm			
	Breite	Tiefe teilversenkt	Tiefe vollversenkt	Höhe*
1	325	140	225	1125 oder 1425
2	575	140	225	
3	825	140	225	
4	1075	140	225	
5	1325	140	225	

* Abhängig von der Bestückung des Zählerschrankes

Stromkreisverteiler (Bild) dienen dem Verteilen gemessener elektrischer Energie auf die Stromkreise.

Stromkreisverteiler sind in Wohnungen nach bestimmten Vorgaben **(Übersicht)** zur Unterbringung von Schutz- und Schaltgeräten sowie weiteren Betriebsmitteln vorzusehen. Durch die Installation in der Nähe des Belastungsschwerpunktes, z. B. im Flur, ergeben sich kurze Leitungswege zu Geräten mit hoher Anschlussleistung, z. B. zum Elektroherd oder Durchlauferhitzer.

Die Verbindungsleitung vom Zählerplatz zum Stromkreisverteiler ist als Drehstromleitung mit einer Mindestbelastbarkeit von 63 A auszuführen.

Zur Ansteuerung von Tarifschaltgeräten **(Seite 302)** ist in Absprache mit dem Netzbetreiber eine Steuerleitung, z. B. eine 7-adrige Mantelleitung NYM-O oder ein Leerrohr, vom Zählerplatz bis zum Stromkreisverteiler mitzuführen.

Zum Freischalten der Kundenanlage sind Trennvorrichtungen, z. B. **selektive Hauptleitungsschutzschalter (Bild)**, Fehlerstrom-Schutzeinrichtungen (RCD) oder Hauptsicherungen vorzusehen. Die Art und Anordnung der Trennvorrichtungen sind den TAB[1] des zuständigen Netzbetreibers zu entnehmen.

Stromkreise. Die erforderliche Anzahl von Stromkreisen in Wohngebäuden ist in **Tabelle 1, Seite 308,** angegeben. Geräte mit Anschlussleistungen über 2 kW erhalten zusätzlich eigene Stromkreise.

In Stromkreisverteilern sind als Überstrom-Schutzeinrichtungen LS-Schalter der Energiebegrenzungsklasse 3 mit einem Schaltvermögen von mindestens 6 kA vorgeschrieben.

Stromkreise für verschiedene Tarife, z. B. Hochtarif für Beleuchtung und Niedertarif für Elektrowärmegeräte, müssen in getrennten Verteilern installiert werden oder sind innerhalb eines Verteilers mindestens durch Stege voneinander zu trennen. Stromkreise verschiedener Kundenanlagen dürfen nicht im gleichen Stromkreisverteiler angeordnet sein.

Stromkreisleitungen müssen ausreichend gegen mechanische, thermische und chemische Einflüsse geschützt sein. Leitungen für feste, geschützte Verlegung müssen einen Mindestquerschnitt von 1,5 mm² Kupfer oder 16 mm² Aluminium haben (DIN VDE 0100-520).

[1] TAB, Abk. für: **T**echnische **A**nschluss**b**edingungen

Übersicht: Vorgaben für Stromkreisverteiler (nach DIN 18015)

- In Wohnungsanlagen sind in jeder Wohnung Stromkreisverteiler als Installationskleinverteiler vorzusehen.
- In Einfamilienhäusern kann der Stromkreisverteiler in gemeinsamer Umhüllung mit dem Zählerplatz **(Bild 2, Seite 302)** angeordnet sein.
- Stromkreisverteiler sind in Mehrraumwohnungen mindestens 4-reihig und in Einraumwohnungen mindestens 3-reihig auszuführen.
- In Wohnungen mit mehreren Etagen sind mindestens zwei Stromkreisverteiler vorzusehen. Dabei kann die Größe des zusätzlichen Stromkreisverteilers nutzungsgerecht, jedoch mindestens 2-reihig, angepasst werden, z. B. für die E-Mobilität in der Garage.

Stromkreise sind nach DIN VDE 0100-530 einzeln oder in Gruppen auf mehrere Fehlerstrom-Schutzeinrichtungen (RCD) zu verteilen und zu schützen.

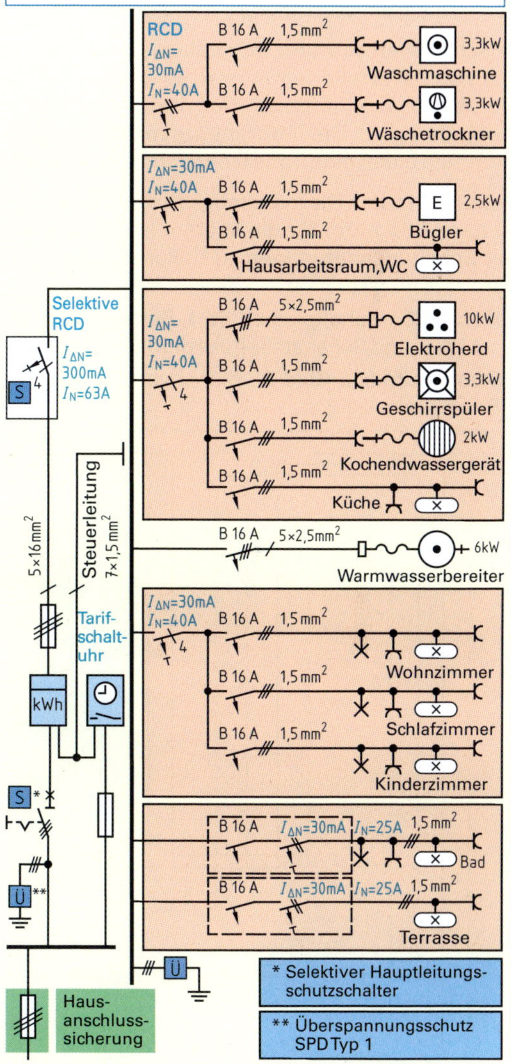

Bild: Hauptleitung, Zähler und Stromkreisverteiler

Selektivität. Damit im Fehlerfall oder beim manuellen Abschalten nur ein möglichst kleiner Teil der Anlage außer Betrieb gesetzt wird, müssen z.B. Leitungsschutzschalter (LS-Schalter) und Fehlerstrom-Schutzeinrichtungen (RCD) selektiv angeordnet werden. Für den Einsatz von RCDs schreibt die DIN 18015 vor, dass für eine möglichst hohe Verfügbarkeit der Anlage und Vermeidung einer Überlastung die Zuordnung von Endstromkreisen zu den RCDs begrenzt wird **(Bild 1)**.

Überspannungsschutz. Zum Schutz vor schädlichen Überspannungen muss in der elektrischen Anlage mindestens eine Überspannungs-Schutzeinrichtung SPD Typ 1 **(Seite 466)** in der Nähe des Anlagen-Speisepunkts installiert werden **(Bild, Seite 303)**. Bei Leitungslängen ab 10 m zu Unterverteilungen oder Betriebsmitteln sind weitere Überspannungs-Schutzeinrichtungen notwendig.

Anschlussverdrahtung. Alle Leiterverbindungen in Stromkreisverteilern müssen so angeschlossen werden, dass eine Berührung mit aktiven Teilen verhindert wird. Die Verdrahtung mit Installationsklemmen bietet eine hohe Übersichtlichkeit **(Bild 2)**.

Dokumentation. Die Installation in Wohngebäuden ist nach DIN 18015 für die spätere Nutzungsphase mit Schaltungsunterlagen zu dokumentieren, z. B. durch

- Installationsschaltpläne **(Bild 1, Seite 101)** mit Anschluss- und Schaltstellen auf dem Grundrissplan,
- Stromlaufpläne **(Bild 3)**, die Art und Aufbau der Stromkreise zeigen.

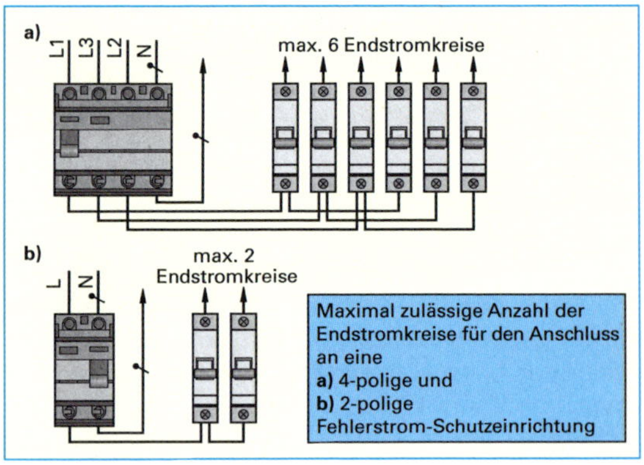

Bild 1: Zuordnung von Endstromkreisen zu Fehlerstrom-Schutzeinrichtungen

Selektivität von Sicherungen: **Seite 322**
Anwendung von RCDs: **Seite 367**

Bild 2: Verdrahtung mit Installationsklemmen

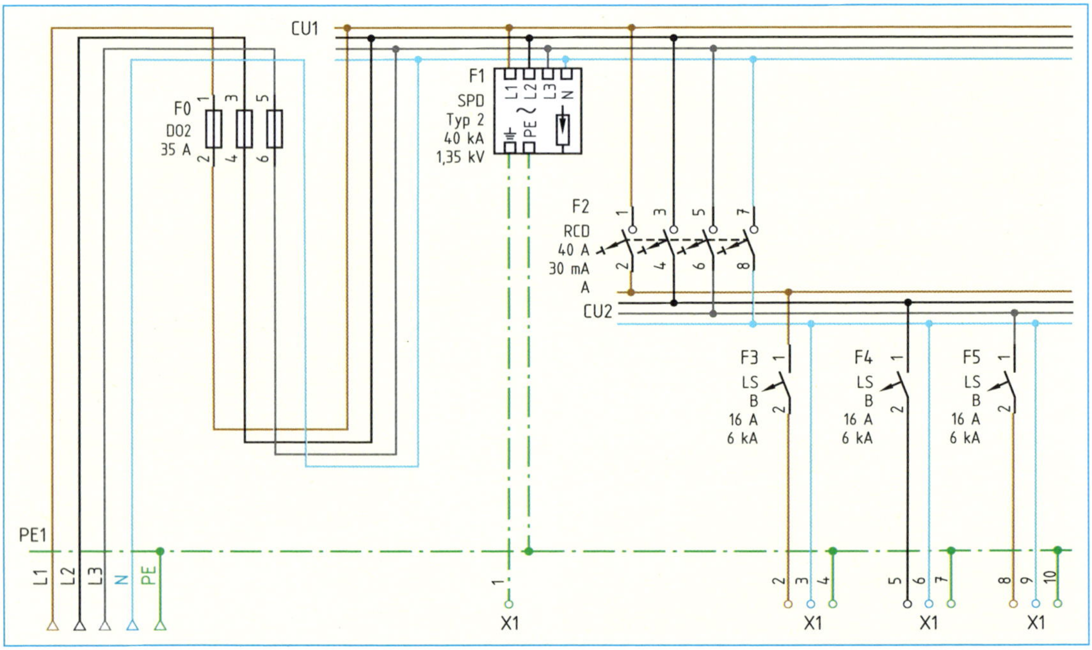

Bild 3: Dokumentation der Stromkreise einer Unterverteilung durch einen allpoligen Stromlaufplan (Beispiel)

Situationsbeschreibung:

Der Zählerschrank für ein Einfamilienhaus soll gemäß dem Stand der Technik mit zwei Zählerfeldern, einem Stromkreis- und einem Multimedia-Verteilerfeld aufgebaut werden. Dabei sollen die Stromkreise, die KNX-Installation und die Multimediakomponenten zentral versorgt werden. Wie ist die Installation auszuführen?

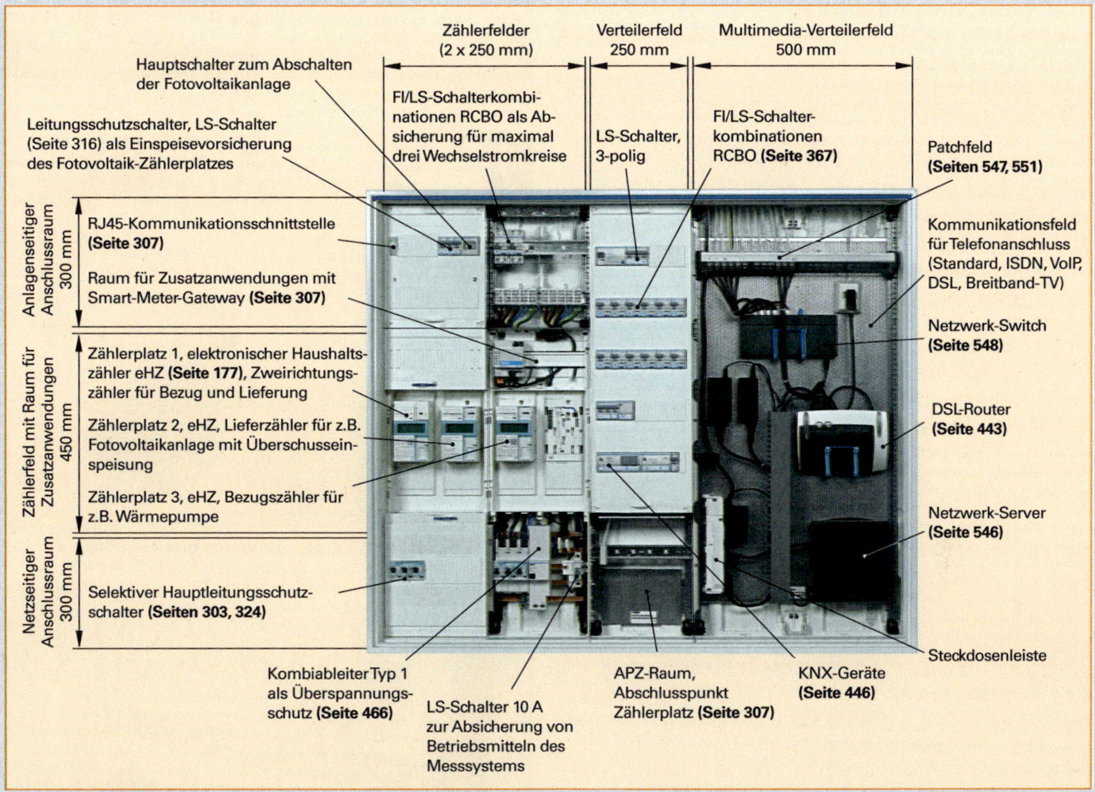

Bild 1: Zählerschrank mit Feldern für Stromeinspeisung, Zähler, Stromkreisverteiler, Gebäudesystemtechnik- und Multimediakomponenten

Anlagenseitiger Anschlussraum (AAR): berührungssichere 5-polige Hauptleitungsabzweigklemme nach DGUV Vorschrift 3, Querschnitt: 4 x 25 mm²

Zählertragplatte: Anschlusskassette BKE-I (Befestigungs- und Kontaktier-Einheit) für Außenleiter und N, PE wird von der PE-Schiene direkt in den OAR geführt. Verdrahtung: H07V-K, Querschnitt: 10 mm²

Netzseitiger Anschlussraum (NAR): 5-poliges Sammelschienensystem, Schienenquerschnitt: 60 mm², für aufrastbaren selektiven Hauptleitungsschutzschalter (SH-Schalter) mit Selbstkontaktierung der Außenleiter L1, L2 und L3.

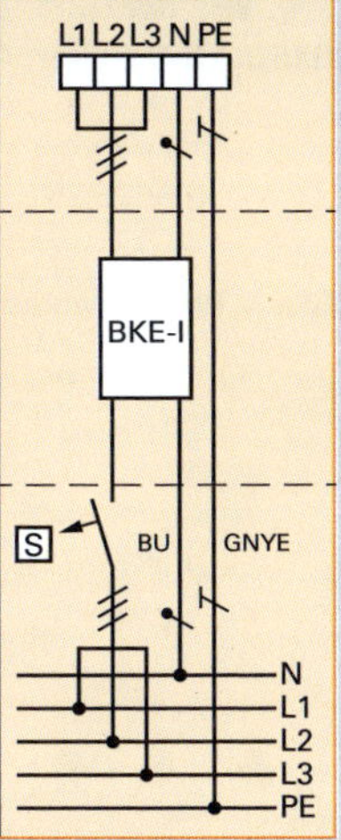

Bild 2: Zählerfeldanschlüsse im TN-S-System

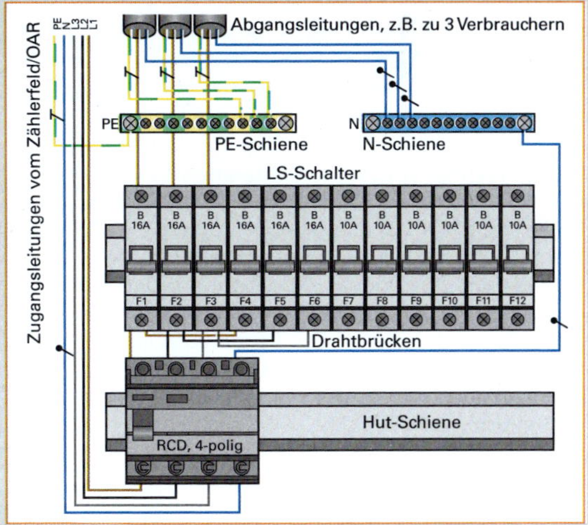

Bild 3: Verdrahtung im Verteilerfeld (Beispiel, vereinfacht)

Praxistipp: Zählerschrank mit Stromkreis- und Multimediaverteiler (2)

Die Stromeinspeisung erfolgt vom Hausanschlusskasten aus in den netzseitigen Anschlussraum des Zählerfeldes **(Bilder 1 und 2, Seite 305)**. Die drei Außenleiter werden über den selektiven Hauptleitungsschutzschalter zu der Zählertragplatte geführt und an der BKE-I angeschlossen.

Netzsysteme: **Seite 356**

Anschluss selektiver Hauptleitungsschutzschalter. Der selektive Hauptleitungsschutzschalter (SH-Schalter) wird auf den Sammelschienen aufgerastet **(Bild 1)**. Dabei werden die Sammelschienen automatisch kontaktiert. Für die Demontage wird ein von vorn zugänglicher Rastschieber betätigt. Die Abgangsleitung wird oben am SH-Schalter mit Federklemmen angeschlossen.

Anschluss elektronischer Haushaltszähler (eHZ). Der eHZ wird durch Rasten auf der BKE-I **(Bild 2, Seite 305)** befestigt. Vom eHZ aus wird die Hauptleitung in den anlagenseitigen Anschlussraum zu der Hauptleitungsabzweigklemme geführt. Von hier führen Leitungen über den anlagenseitigen Anschlussraum ins Verteilerfeld des Zählerschrankes oder zu Unterverteilungen.

Anschluss Leitungsschutzschalter. Leitungsschutzschalter (LS-Schalter) werden als Reiheneinbaugeräte auf den im Verteilerfeld eingebauten Hutschienen aufgerastet **(Bild 2 und Bild 3)**. Die Abgangsleitungen zu den Verbrauchern oder z.B. zu KNX-Aktoren werden an den Abgangsklemmen des LS-Schalters angeschlossen.

Die Breite von Reiheneinbaugeräten zum Aufrasten auf der Hutschiene wird in **Teilungseinheiten (TE)** angegeben (1 TE = 17,5 bis 18 mm).

Ein LS-Schalter hat den Platzbedarf von 1 TE. Damit lassen sich auf der Hutschiene einer Reihe bis zu 12 LS-Schalter anordnen. Die Zugangsleitungen kommen z.B. aus dem anlagenseitigen Anschlussraum oder von Fehlerstrom-Schutzeinrichtungen und werden an den Zugangsklemmen der LS-Schalter angeschlossen **(Bild 3)**. Um nicht jeden LS-Schalter einzeln an Zugangsleitungen anschließen zu müssen, werden z.B. nur die ersten drei LS-Schalter an die drei Außenleiter angeschlossen und durch Drahtbrücken **(Bild 3, Seite 305)** oder durch eine Phasenschiene **(Bilder 3 und 4)** mit weiteren LS-Schaltern in der Reihe verbunden. Hierdurch wird eine gleichmäßige Energieverteilung der einzelnen Stromkreise auf die drei Außenleiter erreicht.

Anschluss Fehlerstrom-Schutzeinrichtungen. Im Verteilerfeld **(Bild 3, Seite 305)** können auf den Hutschienen Fehlerstrom-Schutzeinrichtungen (RCD) in 2-poliger Ausführung (2 TE) oder in 4-poliger Ausführung (4 TE) montiert werden. Die Zugangs-/Abgangsleitungen werden an den unteren/oberen Klemmen oder umgekehrt angeschlossen. Statt separater RCD und LS-Schalter können auch RCBO (2 TE) eingebaut werden **(Bild 5)**.

KNX-Geräte. Reiheneinbaugeräte der Gebäudesystemtechnik, z.B. KNX-Aktoren, werden ebenfalls auf Hutschienen im Verteilerfeld eingebaut.

Multimedia-Verteilerfeld. Komponenten der Multimediatechnik können mit Halteklammern auf einem Lochrasterblech befestigt werden **(Bild 1, Seite 305)**.

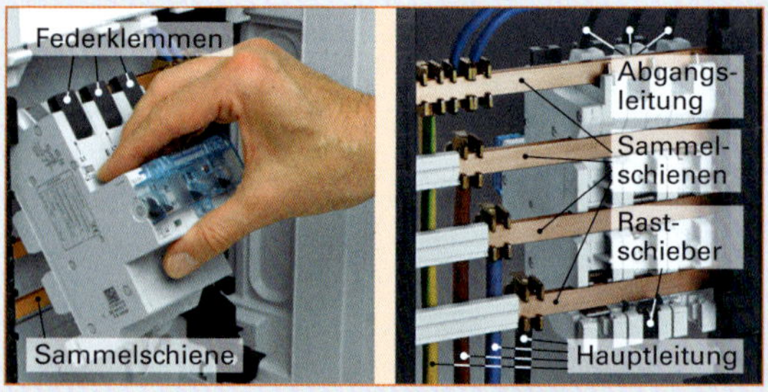

Bild 1: Einbau SH-Schalter, Vorder- und Rückansicht

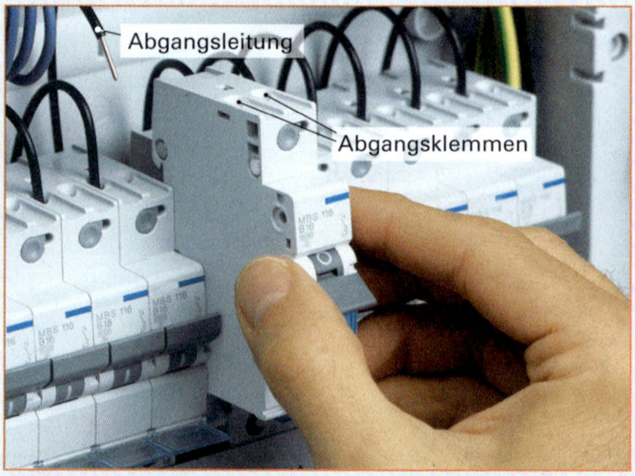

Bild 2: LS-Schalter, Einbau in einer Verteilerreihe

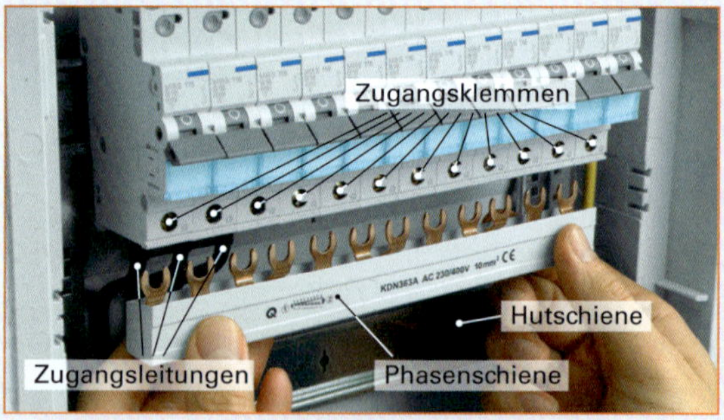

Bild 3: LS-Schalter, Anschluss Zugangsleitungen

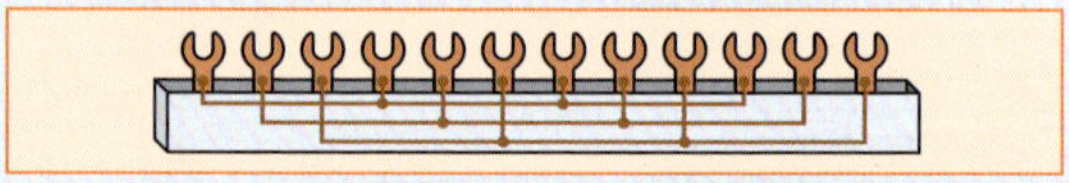
Bild 4: Phasenschiene, innere Verdrahtung

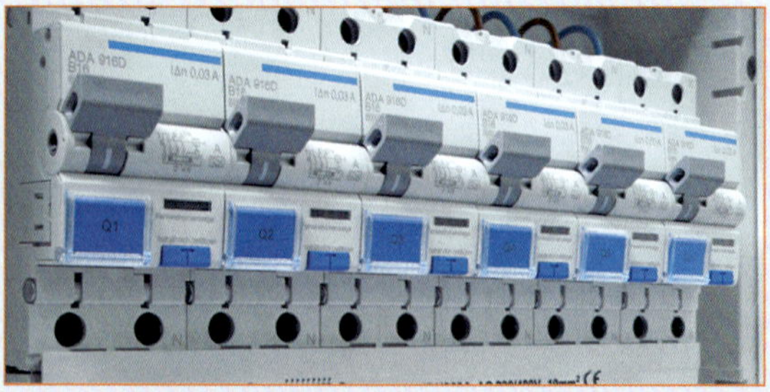
Bild 5: RCBO, Einbau in einer Verteilerreihe

Besondere Anforderungen an Zählerplätze durch Vorbereitung auf Energiemanagementsysteme.

Die Anwendungsregel VDE-AR-N 4100 schreibt verbindlich Art und Umfang der technischen Mindestanforderungen an Zählerplätze in elektrischen Anlagen vor. Dabei werden insbesondere Erzeugeranlagen, z.B. Fotovoltaikanlagen, und die Installation von Messsystemen gemäß Energiewirtschaftsgesetz berücksichtigt. Mit den Vorgaben der Anwendungsregel soll ein Kommunikationsnetz mit eingebundener Messeinrichtung zur Erfassung elektrischer Energie, z.B. durch Smart Metering und Smart Grid bereitgestellt werden.

Elektronischer Haushaltszähler (eHZ), **Seite 177,** und Energiemanagement (Smart Grid), **Seite 289**

Für die Nutzung des anlagenseitigen Anschlussraumes **(Bild 1, Seite 305)** und für den Einbau der Kommunikationseinrichtungen im Zählerschrank sind einige wesentliche Vorgaben zu beachten **(Bilder 1 und 2).**

Der anlagenseitige Anschlussraum eines Zählerfeldes darf nicht als Stromkreisverteiler genutzt werden. Erlaubt ist jedoch die Installation von

- Leitungsschutzschaltern und Fehlerstromschutzeinrichtungen, z.B. RCBO, für bis zu drei Wechselstromkreise,
- Geräten des Netzbetreibers, z.B. Koppelrelais
- RJ45-Buchsen für die Übertragung von Daten in die Kundenanlage
- Hauptleitungsabzweigklemmen oder Hauptschalter.

Der Raum für Zusatzanwendungen ist für Betriebsmittel des Netz- und Messstellenbetreibers vorgesehen, z.B. für

- Smart-Meter-Gateways als Schnittstelle zwischen Zähler und Datenzentrale des Netz- bzw. Messstellenbetreibers,
- Steuergeräte oder Steuereinheiten für Fernabschaltungen.

Auch die Leitung der optischen Datenschnittstelle des eHZ wird zwecks Anschluss an den Smart-Meter-Gateway hier eingeführt.

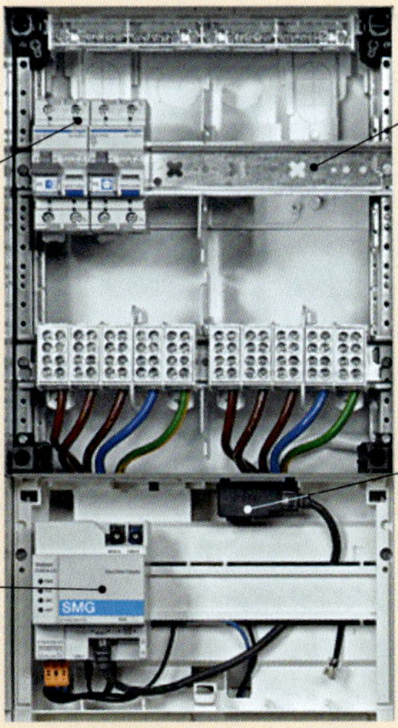

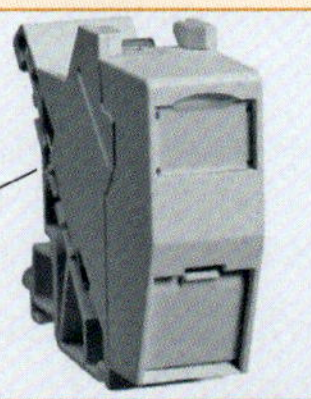

- Eine Kommunikationsschnittstelle zur Haussteuerung (Home Area Network) ist als RJ45-Anschluss im anlagenseitigen Anschlussraum zulässig.
- An die RJ45-Buchse muss eine Datenleitung mit mindestens Kategorie 5 (Cat. 5) angeschlossen werden.

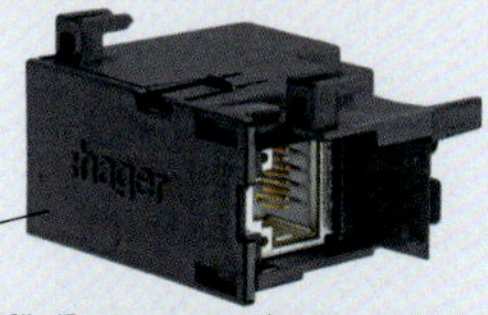

- Im Raum für Zusatzanwendungen muss unterhalb der Abdeckung eine RJ45-Buchse eingebaut werden.
- Die RJ45-Buchse muss berührungssicher installiert sein.
- An die RJ45-Buchse muss eine Datenleitung mit mindestens Kategorie 5 (Cat. 5.) angeschlossen werden, die durch den anlagenseitigen Anschlussraum bis zum Anschlusspunkt Zählerplatz (APZ) **(Bild 2)** zu führen ist.

Bild 1: Anlagenseitiger Anschlussraum (AAR) und Raum für Zusatzanwendungen eines Zählerfeldes

Die Anwendungsregel legt für den anlagenseitigen Anschlussraum die einheitliche Höhe von 300 mm fest. Dadurch dürfen bei Neuinstallationen nur noch Zählerschränke mit einer Bauhöhe von 1100 mm oder 1400 mm verwendet werden.

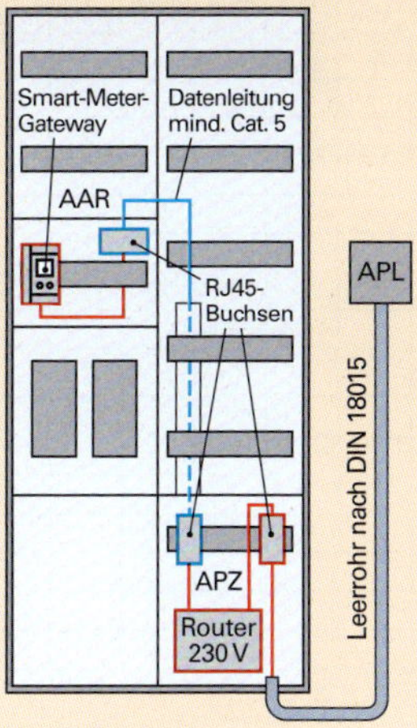

Im Zählerschrank muss ein Abschlusspunkt Zählerplatz (APZ) montiert werden. Er muss aus einem abgeschotteten und plombierbaren Raum bestehen und kann

- im Kommunikationsfeld oder
- im Verteilerfeld des Zählerschranks installiert werden.

Der APZ dient als Schnittstelle zwischen Zählerplatz und dem Abschlusspunkt Liniennetz (APL). Über den APL kann die Verbindung zum Telekommunikations-Zugangsnetz hergestellt werden. Für eine vorgesehene Verbindung zwischen APZ und APL ist hierzu ein Elektroinstallationsrohr nach DIN VDE 18015 zu verlegen.

Die Datenleitungen müssen mit RJ45-Buchsen abgeschlossen und bei Verlegung durch den AAR mit einem Isolationsschlauch geschützt werden.

Bild 2: Verbindung der Datenleitungen über den APZ

Weitere Vorgaben:

- Der PEN-Leiter muss bereits im Hausanschlusskasten in PE- und N-Leiter aufgetrennt und auf ein 5-poliges Sammelschienensystem geführt werden **(Bild 2, Seite 298** und **Praxistipp Seite 315).**
- Die Zählerplätze **(Bild 1, Seite 305)** dürfen einfach oder doppelt belegt und nutzungsabhängig mit einer festgelegten maximalen Stromstärke, z.B. 63 A für Bezugszähler, belastet werden.
- Für die Spannungsversorgung der Betriebsmittel des Messsystems, z.B. des Smart-Meter-Gateways, muss in jedem Zählerschrank mindestens ein Spannungsabgriff mit Schutzeinrichtung, maximaler Bemessungsstrom 10 A, vorgesehen werden. Er kann vor dem SLS-Schalter im ungezählten Bereich aus dem netzseitigen Anschlussraum, z.B. über einen LS-Schalter **(Bild 1, Seite 305),** oder hinter dem SLS-Schalter im gezählten oder ungezählten Bereich erfolgen. Von der Spannungsversorgung muss jeweils eine Leitung in den Raum für Zusatzanwendungen und in den APZ-Raum verlegt werden.

Praxistipp: Ausstattung elektr. Anlagen in Wohngebäuden

(Nächster Praxistipp: Seite 315)

Situationsbeschreibung:

Die elektrische Anlage für ein Wohngebäude soll errichtet werden. Welche Mindestausstattung an z.B. Stromkreisen, Steckdosen, Anschlüssen für Beleuchtung und Verbrauchsmittel sowie Kommunikationssteckdosen ist dafür notwendig?

Grundsatz: Die Elektroinstallation in einem Wohngebäude soll neben dem momentanen Bedarf auch zukünftige Änderungen ohne großen Aufwand ermöglichen (DIN 18015-2, **Tabellen 1 und 2**).

Tabelle 1: Mindestanzahl der Stromkreise für Steckdosen und Beleuchtung im Wohnbereich (nach DIN 18015-2)

Wohnfläche in m²	Anzahl der Stromkreise für Steckdosen und Beleuchtung
bis 50	3
über 50 bis 75	4
über 75 bis 100	5
über 100 bis 125	6
über 125	7

Art und Umfang der Elektroinstallation: Die Mindestausstattung elektrischer Anlagen in Wohngebäuden ist nach DIN 18015-2 auszuführen **(Tabellen 1 und 2)**.

Stromkreise: Die Mindestanzahl der Stromkreise für Steckdosen und Beleuchtung richtet sich nach der Wohnfläche und ist in **Tabelle 1** angegeben. Elektrische Verbrauchsmittel mit hoher Anschlussleistung, z. B. Elektroherd, benötigen eigene Stromkreise **(Tabelle 2)**.

Steckdosen und Anschlüsse für Beleuchtung, Verbrauchsmittel und Kommunikation (Tabelle 2):

- Die Mindestanzahl ist abhängig von Wohnräumen und Nutzungsbereichen.
- Weitere Räume erhalten mindestens einen Beleuchtungsanschluss, eine Schaltstelle und eine Steckdose.
- Die Beleuchtung kann nach Bedarf auch automatisch, z. B. durch Bewegungsmelder, geschaltet werden.
- In Keller- und Dachbodengängen ist je 6 m mindestens ein Beleuchtungsanschluss vorzusehen.
- Für spezielle Anwendungsbereiche sind Doppel- und Mehrfachsteckdosen nutzungsgerecht einzubauen, z. B. an Arbeitsflächen, im Bett- und im Badbereich und neben Kommunikationsanschlüssen.

Tabelle 2: Mindestanzahl der Steckdosen und Anschlüsse in Wohnräumen und Nutzungsbereichen

Mehrfachsteckdosen zählen planungsmäßig nur als eine Steckdose.

Wohnräume und Nutzungsbereiche (wichtige Beispiele)		Beleuchtungsanschlüsse	Steckdosen und Anschlüsse für Verbrauchsmittel						Anschlüsse für besondere Verbrauchsmittel mit eigenem Stromkreis							Kommunikation	
			Steckdosen allg.[a]	Steckdosen je 1,20 m Arbeitsflächenbreite	Steckdosen für IuK[1]/RuK[2]	Kühl-, Gefriergerät	Dunstabzug	Abluftgerät[c]	Elektroherd	Mikrowellengerät	Geschirrspülmaschine	Waschmaschine[d]	Wäschetrockner[d]	Warmwassergeräte[e]	Heizgeräte[e]	Telefon-/Datenanschluss (IuK[1])	Radio-/TV-/Datenanschluss (RuK[2])[g]
Küche, Küchenbereich		2	3	2	1	1	1		1	1	1	1	1	1		1	
Wohnzimmer, Wohnbereich	bis 20 m²	1	4		3											1	1
	über 20 m²	2	5		5[b]											2	2[a]
Esszimmer, Essbereich		1	3		3[b]											1[a]	1
Schlaf-, Kinder-, Gästezimmer	bis 16 m²	1	6		2											1	1
	über 16 m²	2	8														
Bad		2	2					1				1	1	1	1		
WC-Raum		1	1					1						1			
Arbeitszimmer/-bereich		1	4		4											2	
Freisitz, Balkon		1	1														
Flur-/Dielenbereich (Raumlänge)	bis 4 m	1	1														
	über 4 m	2	2														
Hauswirtschaftsraum		1	2	1		1						1	1				
Hobbyraum		1	3														
Keller-/Abstellraum		1	1									1	1				
Garage		1	1													1[f]	

[1] **IuK**, Abk. für: **I**nformations- **u**nd **K**ommunikationstechnik [2] **RuK**, Abk. für: **R**undfunk- **u**nd **K**ommunikationstechnik

[a] Wenn Nutzungsbereiche zusammengefasst werden, reduziert sich die Anzahl je Nutzungsbereich um 1.

[b] Falls beim Zusammenlegen von Nutzungsbereichen IuK- und RuK-Anschlüsse reduziert werden, entfallen auch die zugehörigen Steckdosen.

[c] Im Falle einer vorgesehenen Einzellüftung. In fensterlosen WC-Räumen und Bädern ist das Abluftgerät mit Nachlauf zu schalten.

[d] Das Verbrauchsmittel ist je Wohnung nur einmal erforderlich. [e] Falls die Heizung/Warmwasserversorgung nicht auf andere Weise erfolgt.

[f] Falls in der Garage eine Ladeeinrichtung für Elektrostraßenfahrzeuge installiert wird.

[g] RuK-Anschlüsse können technologieabhängig auch als weitere IuK-Anschlüsse ausgeführt werden.

10.1.6 Elektromagnetische Verträglichkeit und TN-System

Elektrische Geräte und Anlagen können gleichzeitig als **Störquelle** und **Störsenke (Übersicht)** für unerwünschte Signale oder elektromagnetische Wellen (Strahlung) wirken.

Elektromagnetische Verträglichkeit (EMV)

Fähigkeit eines Gerätes oder einer Anlage, in einer elektromagnetischen Umwelt zufriedenstellend zu funktionieren, ohne dabei andere Geräte oder Anlagen zu stören.

Übersicht: Störquellen und -senken (Beispiele)

Gerätebeispiele:
Elektronische Vorschaltgeräte für Leuchtstofflampen bzw. Energiesparlampen, Schaltnetzteile, Stromrichter, Induktionsherde, Mikrowellengeräte, unterbrechungsfreie Stromversorgungen, Phasenanschnittsteuerungen und Kommutatormotoren.

Anlagenbeispiele:
IT-Anlagen, Messtechnische Anlagen, Automatisierungsanlagen, Rundfunk- und Fernsehanlagen.

Eine elektrische Einrichtung darf keine Störsignale aussenden. Gleichzeitig muss sie eine ausreichende Störfestigkeit gegenüber elektromagnetischen Feldern von außen haben.

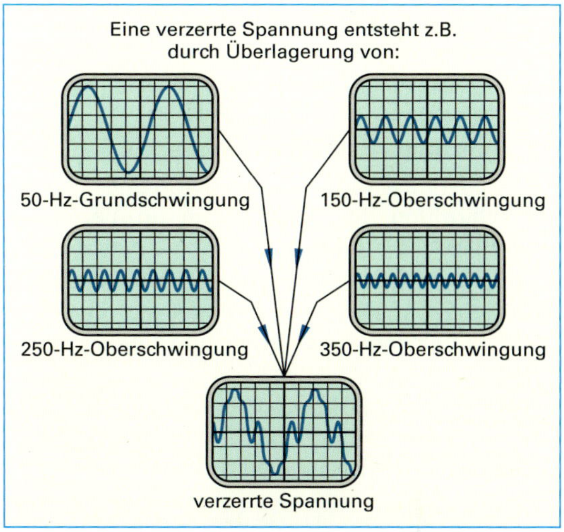

Bild 1: Entstehung einer verzerrten Spannung durch Überlagerung (Prinzip)

Zunehmend werden Betriebsmittel mit elektronischen Schaltungen betrieben. Die fließenden Ströme sind dann nicht mehr sinusförmig **(Seite 181, Bild 2)**. Sie wirken in das speisende Netz zurück und verzerren die Netzspannung. Nichtsinusförmige Schwingungen in der Energietechnik bestehen aus der **50-Hz-Sinus-Grundschwingung** und weiteren Sinusschwingungen **(Bild 1)**, deren Frequenzen einem ganzzahligen Vielfachen der Netzfrequenz entsprechen. Diese höherfrequenten Schwingungen nennt man **Oberschwingungen.** Sie sind leitungsgebunden und verursachen Störungen in der elektrischen Anlage und in den Geräten.

Überlastung des PEN- bzw. N-Leiters. Durch Betriebsmittel mit elektronischen Schaltungen treten besonders häufig 150-Hz-Oberschwingungen auf. Ein Computer bewirkt z.B. einen Strom von ca. 400 mA mit f = 150 Hz im Netz. Diese überlagerten 150-Hz-Ströme in den drei Außenleitern sind selbst phasengleich und können sich deshalb zu einem unerwünschten Strom im N-Leiter addieren **(Bild 2).**

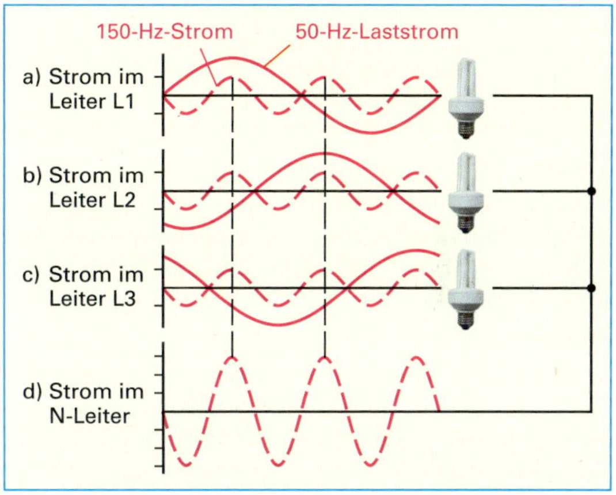

Bild 2: Entstehung des Stromes der 150-Hz-Oberschwingung im N-Leiter

Sie erhöhen zusätzlich den Ausgleichstrom im N- bzw. PEN-Leiter, der durch eine unsymmetrische Belastung entsteht. Als Folge davon kann der Strom im N-Leiter erheblich höher sein als der Strom in den Außenleitern. Es kann deshalb vorkommen, dass der Leiterquerschitt des N- bzw. PEN-Leiters im TN-C-S-System überlastet wird und sich Klemmstellen unzulässig erwärmen. Im Extremfall kann sich dadurch die Verbindung des N- oder PEN-Leiters lösen. Das Fehlen einer N-Leiterverbindung bewirkt dann eine **Sternpunktverschiebung (Seite 159),** die zu Überspannungen mit Schäden, besonders in den elektronischen Geräten, führen kann.

Vagabundierende Ströme im TN-C-System. In älteren, größeren Gebäuden ist noch oft das Hauptstromversorgungssystem als TN-C-System über die Steigleitung bis in die einzelnen Etagen geführt. Im Etagenverteiler (EV) wird dann durch Auftrennen des PEN-Leiters in N und PE das TN-S-System hergestellt. Der Rückstrom I_N im N-Leiter **(Bild 1)** teilt sich an der N-PE-Brücke auf und fließt über den PEN-Leiter und unerwünscht über den PE-Leiter und die Abschirmungen der Netzwerk-Datenleitungen **(Seite 317, Bild 2)**, die mit dem PE-Leiter verbunden sind. Es kann auch durch das Schutzpotenzialausgleichsystem (PB) ein unerwünschter vagabundierender Strom I_v **(Bild 1)** fließen.

Folgende Störungen können entstehen:

- Die Datenübertragung kann gestört und die Aderabschirmung der Datenleitung unzulässig erwärmt werden **(Bild 2)**.
- Wird die Netzwerkleitung unzweckmäßig verlegt **(Bild 1)**, können Störspannungen auf der Netzwerkleitung induziert werden und die Datenübertragung stören.
- Elektrochemische Korrosionen können die metallenen Rohre von z. B. Wasserleitungen **(Bild 1)**, Heizungs- und Gasanlagen zersetzen.

Nach den TAB und DIN VDE 0100-444 ist in neu zu errichtenden Gebäuden bei der Ausführung eines TN-Systems ab der Einspeisung (Hausanschlusskasten) ein TN-S-System aufzubauen. Für bestehende Gebäude wird empfohlen ein TN-C-System in ein TN-S-System zu ändern, wenn umfangreiche informationstechnische Betriebsmittel vorhanden oder zu erwarten sind.

EMV im TN-S-System. Der Aufbau eines TN-S-Systems verhindert vagabundierende Ströme in elektrischen Anlagen und Geräten. Es können deshalb keine vagabundierenden Ströme im PE-Leiter fließen **(Bild 3)**.

Nur an der Energieeinspeisestelle, z. B. im Hausanschlussraum, darf eine Verbindung zwischen dem N-, dem PE- und dem Schutzpotenzialausgleichsleiter erfolgen. Es darf keine weitere N-PE-Verbindung hergestellt werden, damit keine betriebsmäßigen Ströme im PE-Leiter fließen können.

Netzwerkleitungen für IT-Anlagen sind so zu verlegen, dass Induktionswirkungen durch die Ströme im TN-S-System gering sind.

Lichtwellenleiter (LWL) sind gegen diese Störungen unempfindlich. Sollten mehrere Gebäude mit eigenen Elektroeinspeisungen untereinander mit Netzwerkleitungen verbunden werden, sind LWL **(Seite 317)** zu empfehlen.

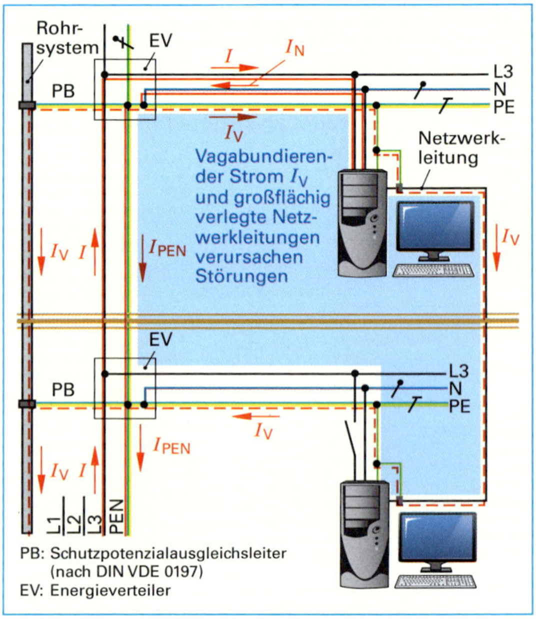

Bild 1: EMV-ungünstiges TN-C-S-System

Bild 2: Verschmorte Datenleitung

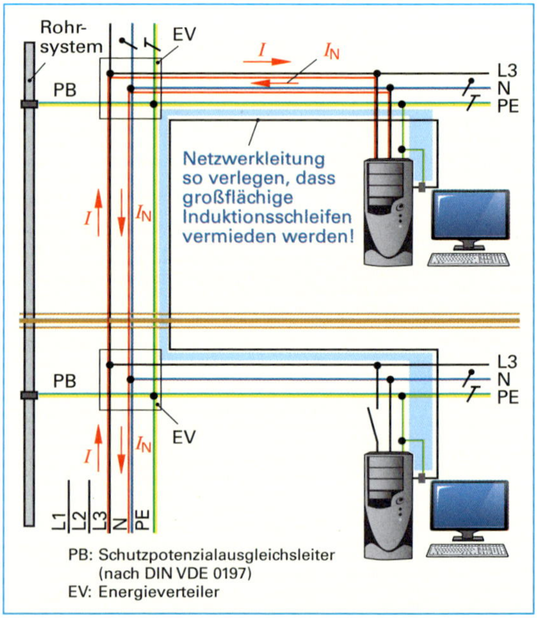

Bild 3: EMV-günstiges TN-S-System

Netzqualität. Oberschwingungen verschlechtern die Netzqualität hinsichtlich der Sinusform der Versorgungsspannung. Deshalb wird für die Übergabestelle (Netzbetreiber zum Kunden) auch der zulässige Oberschwingungsgehalt festgelegt.

Der Gesamtoberschwingungsgehalt THD (Total Harmonic Distortion) darf nach EN 50160 den Anteil von 8 % der Versorgungsnetzspannung nicht überschreiten.

Durch Oberschwingungen verursachte Netzstörungen sind z. B.:

- Ungewollte Beeinflussung und Schäden an elektronischen Anlagen,
- Überlastung der N-Leiter sowie von Kondensatoren und Wicklungen und
- unerwünschte Ströme in Schutzleitern.

Mit einem Netzanalysator **(Bild 1)** kann eine Elektrofachkraft die Oberschwingungen erfassen. Ist der Oberschwingungsgehalt der Netzspannung für den Betrieb empfindlicher Geräte und Anlagen zu groß, hat der Netzbenutzer für Abhilfemaßnahmen zu sorgen, z. B. durch Filtereinbau.

Oberschwingungsfilter (OSF). Sie entlasten das Netz von Oberschwingungsströmen. Man unterscheidet **passive Oberschwingungsfilter** und **aktive Oberschwingungsfilter.**

Passive OSF werden, z. B. auf die 150-Hz-Oberschwingung, genau abgestimmt. Die Wirkungsweise beruht auf dem Prinzip des Parallelschwingkreises **(Seite 152).** Der passive Filter hat bei der Resonanzfrequenz f_r, z. B. 150 Hz, seinen größten Widerstand Z. Schaltet man den Parallelschwingkreis z. B. in den N-Leiter **(Bild 2),** sperrt er die 150-Hz-Oberschwingungsströme und entlastet so den N-Leiter. Die 50-Hz-Verbraucherströme lässt er aber ungehindert fließen.

Passive Oberschwingungsfilter bestehen aus Spulen und Kondensatoren. Sie sind frequenzabhängige Widerstände, die nur den Oberschwingungsstrom einer bestimmten Frequenz sperren.

Aktive OSF kompensieren die schädlichen Oberschwingungen, indem sie ständig den Oberschwingungsstrom analysieren und einen entsprechenden Kompensationsstrom liefern. Der Kompensationsstrom und der Oberschwingungsstrom heben sich gegenseitig auf **(Bild 3).** Im Versorgungsnetz fließt dann nur noch 50-Hz-Strom. Aktive OSF bestehen aus je einem Filter pro Außenleiter und werden parallel zum oberschwingungserzeugenden Verbraucher angeschlossen **(Bild 3).** Damit können Oberschwingungen im Netz zu 95 % beseitigt werden.

Netzqualität

Die Norm EN 50160 **„Merkmale der Spannung in öffentlichen Elektrizitätsversorgungsnetzen"** beschreibt die Netzqualitätskriterien und legt sie hinsichtlich Frequenz, Höhe, Kurvenform und Symmetrie der 3 Leiterspannungen fest.

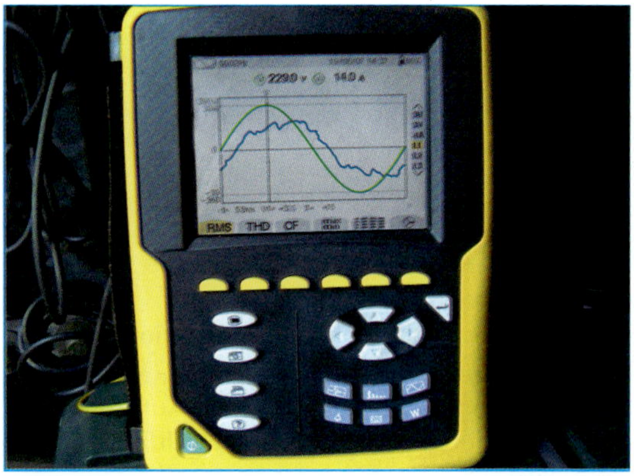

Bild 1: Netzanalysator

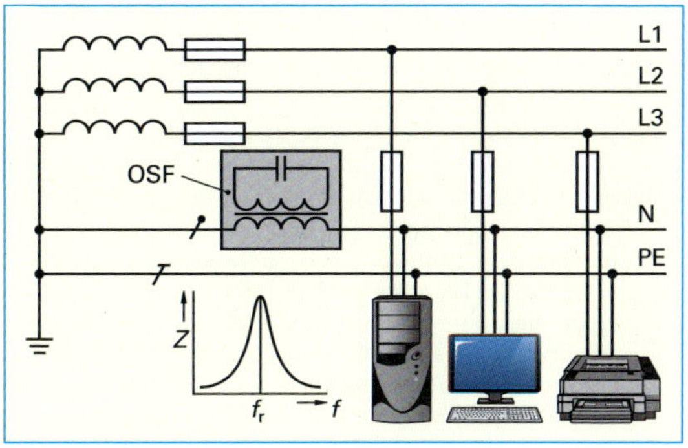

Bild 2: Passiver OSF (Prinzip) im N-Leiter

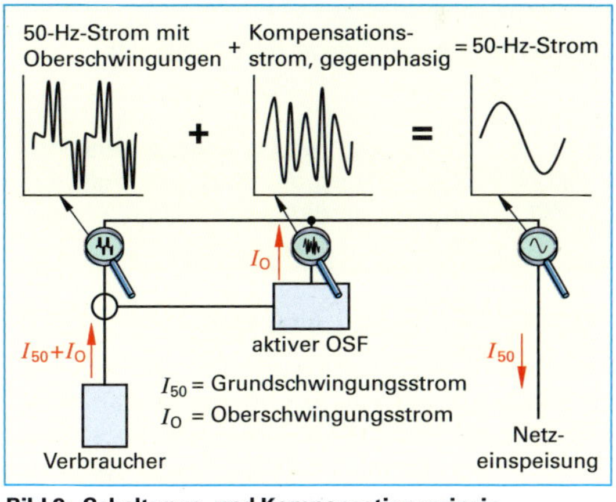

Bild 3: Schaltungs- und Kompensationsprinzip eines aktiven OSF

10.2 Isolierte Leitungen, Kabel und Freileitungen

Aufgabe. Leitungen und Kabel transportieren elektrische Energie vom Erzeuger zum Verbraucher. Sie dienen ebenfalls zur Übertragung von Signalen in Mess-, Steuer- und Regeleinrichtungen.

Aufbau. Isolierte Leitungen und Kabel bestehen aus einer oder aus mehreren gegeneinander isolierten Aderleitungen, die durch eine gemeinsame Umhüllung zusammengefasst sind.

Isolierte Leitungen und Kabel müssen den gültigen Normen entsprechen.

Normung. Leitungen und Kabel müssen durch den Hersteller normgerecht gekennzeichnet werden. Man unterscheidet:

- Bauarten nach nationalen Normen,
- Bauarten nach harmonisierten Normen.

Leitungskennzeichnung. In Deutschland hergestellte Leitungen werden mit einem Aufdruck oder einem Kennfaden gekennzeichnet **(Bild)**.

Ein zusätzlicher Kennfaden (Ursprungszeichen) oder ein Aufdruck auf der Isolierung gibt den Hersteller an.

Isolierwerkstoffe sind nur bis zur maximalen Dauerbetriebstemperatur zu verwenden, z. B.

- Polyvinylchlorid (PVC) < 70 °C,
- Naturkautschuk (NR) < 60 °C,
- Vernetztes Polyethylen (PE-X) < 90 °C.

Ab 01.07.2017 müssen nach der DIN EN 50575 für bestimmte Gebäudeinstallationen, z. B. in Hochhäusern, halogenfreie Leitungen verwendet werden, um die erforderliche Brandklasse einzuhalten.
Nach der europäischen Bauproduktenverordnung (BauPVo) und nach DIN EN 50575 (DIN VDE 0482-575) sind Leitungen und Kabel mit dem CE-Zeichen und der Euroklasse (Brandverhalten) zu kennzeichnen **(Bild)**.

Farbkennzeichnung. Bei Leitungen und Kabeln müssen die Aderisolierungen durch Farben oder Zahlenaufdruck gekennzeichnet werden **(Tabelle 1)**.

Die Farbkennzeichnung ist vorgeschrieben:

- Für den Schutzleiter (PE): grüngelb,
- für den Neutralleiter (N): blau,
- für den Schutzleiter mit Neutralleiterfunktion (PEN) und den Schutzpotenzialausgleichsleiter (PB): grüngelb, zusätzlich sind für den PEN die Leitungsenden blau zu kennzeichnen.

10.2.1 Isolierte Leitungen

Isolierte Leitungen werden mit und ohne Schutzleiter hergestellt **(Tabelle 1)**. Die Eigenschaften der Leitungen sind durch Kurzzeichen gekennzeichnet. Die Leitungen nach nationaler Norm **(Tabelle 2)** und harmonisierter Norm **(Tabelle 1, Seite 313)** werden unterschiedlich gekennzeichnet.

Tabelle 1: Aderfarben von Leitungen und Kabeln

Aderzahl	Kabel oder Leitungen	
	mit Schutzleiter	ohne Schutzleiter
2	– –	BU BN
3	GNYE BU BN	BU BN BK
3*	– – –	BN BK GY
4	GNYE BU BN BK	BU BN BK GY
4*	GNYE – BN BK GY	– – – –
5	GNYE BU BN BK GY	BU BN BK GY BK
>5	GNYE 1 2 3 4	1 2 3 4 5

* In Drehstromkreisen sollen für die drei Außenleiter L1, L2 und L3 die Aderfarben Braun, Schwarz und Grau verwendet werden.

Farbkurzzeichen nach DIN IEC 60757:
BK = schwarz (black), BN = braun (brown),
GY = grau (grey), BU = blau (blue),
GNYE = grüngelb (green-yellow)

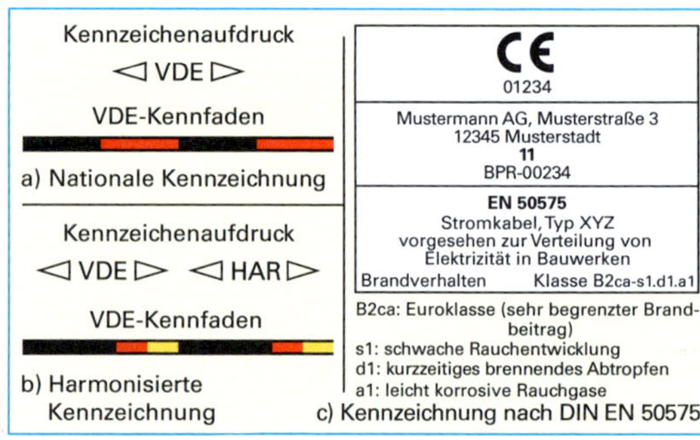

Bild: Leitungskennzeichnung nach VDE und DIN EN 50575

Tabelle 2: Buchstaben-Kurzzeichen für Leitungen nach nationaler Norm (Auswahl) (nach DIN VDE 0250)

Zeichen	Bedeutung	Beispiel
A	Ader	N4G**A**
B	Bleimantel	NY**B**UY
C	Abschirmung	NSH**C**ÖU
F	Flachleitung (Stegleitung)	NYI**F**
FF	feinstdrähtig	NSL**FF**ÖU
G	Gummiisolierung	N4**G**A
I	Stegleitung (Imputzleitung)	NY**I**F
J	Leitung mit Schutzleiter	NYM-**J**
L	Leuchtröhrenleitung	NY**L**RZY
M	Mantelleitung	NY**M**
N	genormte Leitung	**N**YM
O	Leitung ohne Schutzleiter	NYM-**O**
PL	Pendelleitung	N**PL**
St	statischer Schirm	(N)YM(**St**)
U	Umhüllung unbrennbar	NSSHÖ**U**
W	wärmebeständige Leitung	NYFA**W**
Y	Kunststoffisolierung	N**Y**M
Z	Zwillingsausführung	NYFA**Z**W

Tabelle 1: Typkurzzeichen für harmonisierte isolierte Leitungen (Auswahl) (nach DIN VDE 0292)

Beispiel: Gummischlauchleitung **H 05 R R -F 3 X 1,5**

Merkmal	Kurzzeichen
Kennzeichnung	
Harmonisierte Leitung	H
Anerkannter nationaler Typ	A**
Bemessungsspannung U_0/U*	
100/100 V	01
300/300 V	03
300/500 V	05
450/750 V	07
Isolierwerkstoff des Leiters	
Ethylen-Propylen-Kautschuk	B
Ethylen-Propylen-Gummi	R
Silikon-Gummi	S
PVC, weich	V
Thermoplast aus Polyolefinen	Z
Mantelwerkstoff	
Glasfasergeflecht	J
Polychloropren-Kautschuk	N
Polyurethan	Q
Ethylen-Propylen-Gummi	R
Silikon-Gummi	S
Textilgeflecht	T
PVC, weich	V

Kurzzeichen	Merkmal
	Leiterquerschnitt in mm²
	Schutzleiter
X	ohne Schutzleiter
G	mit Schutzleiter
	Aderzahl
	Leiterform
-D	feindrähtig (Schweißleitung)
-E	feinstdrähtig (Schweißleitung)
-F	feindrähtig (flexible Leitung)
-H	feinstdrähtig (flexible Leitung)
-K	feindrähtig (fest verlegte Leitung)
-R	mehrdrähtiger Rundleiter
-U	eindrähtiger Rundleiter
-Y	Lahnlitzenleiter (hochflexibel)
	Besonderheiten im Aufbau
H	flache, aufteilbare Leitung
H2	flache, nicht aufteilbare Leitung
H6	flache Leitung mit 3 oder mehr Adern
H7	Leitung mit extrudierter zweischichtiger Isolierhülle
H8	Wendelleitung

* U_0 größte zulässige Spannung Leiter gegen Erde; U größte zulässige Spannung Leiter gegen Leiter

** Andere Typenkurzzeichen sind ebenfalls möglich, sofern keine Verwechslung mit anderen Buchstaben auftritt.

Tabelle 2: Leitungsarten und ihre Verwendungsmöglichkeiten (Beispiele)

Isolierte Leitungen für feste Verlegung

Leitungsaufbau	Bezeichnung	Kurzzeichen	Bemessungsspg. U_0/U	Aderzahl	A in mm²	Verwendung
	Kunststoffaderleitung	H07V-U H07V-R H07V-K	450/750 V	1	1,5 bis 400	Zur Verlegung in Rohren in trockenen Räumen. Zur inneren Verdrahtung von z. B. Leuchten, Motoren, Verteilungen.
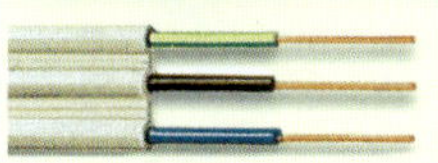	Stegleitung	NYIF	230/400 V	2 ... 5	1,5 bis 4	Nur in trockenen Räumen zur Verlegung im Putz oder unter Putz. Nicht auf Holz, auf Metall, in Hohlräumen, im Bad.
	Mantelleitung	NYM	300/500 V	1 ... 61	1,5 bis 35	Zur Verlegung unter Putz, im Putz und auf Putz in trockenen, feuchten, nassen, feuer- und explosionsgefährdeten Räumen. Einschränkung: Nicht im Erdreich.

Isolierte Leitungen zum Anschluss ortsveränderlicher Verbraucher

Leitungsaufbau	Bezeichnung	Kurzzeichen	Bemessungsspg. U_0/U	Aderzahl	A in mm²	Verwendung
	Leichte Kunststoffschlauchleitung	H03VV-F	300/300 V	2 ... 7	0,5 bis 0,75	Bei geringen mechanischen Beanspruchungen z. B. für Haushaltsgeräte und Büromaschinen. Nicht geeignet für Koch- und Raumheizgeräte.
	Mittlere Kunststoffschlauchleitung	H05VV-F	300/500 V	2 ... 5	0,75 bis 4	Bei mittleren mechanischen Beanspruchungen für Haushaltsgeräte, z. B. Waschmaschinen, Kühlschränke, Wärmegeräte und Büromaschinen.
	Gummischlauchleitung	H05RR-F	300/500 V	2 ... 5	0,75 bis 6	Bei geringer mechanischer Beanspruchung, für Haushaltsgeräte und Büromaschinen, z. B. Staubsauger, Lötkolben, Küchengeräte.
	Schwere Gummischlauchleitung	H07RN-F	450/750 V	1 ... 24	1,5 bis 300	Bei mittlerer mechanischer Beanspruchung, im Freien, auf Baustellen, in landwirtschaftlichen und gartenbaulichen Betriebsstätten.

Tabelle: Sonderleitungen (Auswahl)

Leitungsaufbau	Bezeichnung	Kurzzeichen	U_0/U* in V	Aderzahl	A** in mm²; d in mm	Verwendung
	PVC-Klingel-Draht	Y-Draht	60	1	$d = 0{,}8$	Für feste Verlegung in Rohren auf und unter Putz, in trockenen Räumen.
	PVC-Klingel-Mantelleitung	YR	100	2 bis 24	$d = 0{,}8$	Für feste Verlegung auf und unter Putz, in trockenen und feuchten Räumen sowie im Freien.
	PVC-Verdrahtungsleitung	H05V-U H05V-K	300/500	1	$A = 0{,}5$ bis 1	Bei geschützter Verlegung in Geräten, in und an Leuchten sowie in Signal- und Steueranlagen, auch in Rohren auf und unter Putz.
	PVC-Steuerleitung	NYSLYÖ	300/500	3 bis 60	$A = 0{,}5$ bis 2,5	Anschluss- und Verbindungsleitung für Steuergeräte an Werkzeugmaschinen, Fließ- und Montagebändern, in trockenen und nassen Räumen.
	Gummiaderleitung	H03RT-H	300/300	2 und 3	$A = 0{,}75$ bis 1,5	Zum Anschluss von Elektrowärmegeräten im Haushalt und Büro, z. B. Bügeleisen, Heizdecken. Nicht geeignet für gewerbliche Elektrowerkzeuge.
	Modulanschlussleitung	H1Z2Z2-K	1000 AC 1500 DC	1	$A = 2{,}5$ bis 240	Verkabelung von Solarmodulen im Außenbereich **(Seite 284)**
	MSR-Leitung	PYCYM	250/250	2 bis 100	$d = 0{,}6$ und 0,8	Geschirmte, paarig verseilte Leitung zur Messwert- und Prozessdatenübertragung, für feste Verlegung. Vor Sonneneinstrahlung schützen.
	Bus-Leitung	YCYM	250/250	2 und 4	$d = 0{,}8$	Für Europäischen Installationsbus (KNX), für feste Verlegung. Vor Sonneneinstrahlung schützen.
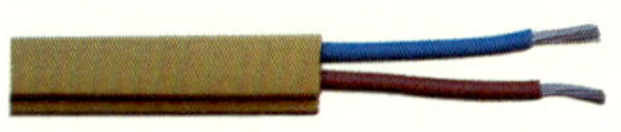	ASi-Steuerleitung	AS-i	300/500	2	$A = 1{,}5$	Gelbe ASi-Standardleitung zum Übertragen von Daten und Energie über den ASi-Bus. Schwarze Leitung: 24-V-DC-Versorgung. Rote Leitung: 230-V-AC-Versorgung.
	Kommunikationsleitung	J-Y(St)Y	250/250	2 bis 100	$d = 0{,}8$	Im Sprech- und Nebenstellenaufbau, für feste Verlegung. Vor Sonneneinstrahlung schützen.
	Brandmeldeleitung	JE-H(St)H	250/250	2 bis 104	$d = 0{,}8$	Rote Leitung mit Mantelaufdruck. Zur Signalübertragung in Brandmeldeanlagen **(Seite 457)**.

* U_0 größte zulässige Spannung Leiter gegen Erde; U größte zulässige Spannung Leiter gegen Leiter;
** A Leiterquerschnitt; d Leiterdurchmesser

Praxistipp: Farbkennzeichnung von Leitern

(Nächster Praxistipp: Seite 318)

Situationsbeschreibung:

Bei Elektroinstallationen muss die Verlegung von Leitungen und Kabeln nach DIN-VDE-Vorschriften erfolgen. Betriebsmittel, z.B. Steckdosen, sind fachgerecht anzuschließen. Dabei sind die in DIN VDE 0293 festgelegten Aderfarben **(Seite 312)** der Leitungen zu beachten.

Kabel und Leitungen sind vor Überlast und Kurzschluss zu schützen. Deshalb sind Überstrom-Schutzeinrichtungen **(Seite 320)** notwendig. Maßnahmen zum Personenschutz sind unbedingt einzuhalten!

Leiter	Farbcode*	Hinweise
Außenleiter L1	braun (BN)	Hierzu gibt es keine gültige genormte Zuordnung der Farbkennzeichnungen. Auf Empfehlung des ZVEH (Zentralverband der Elektro- und Informationstechnischen Handwerke) soll die hier links stehende Farbzuordnung gewählt werden. Für ein und dasselbe Objekt, z.B. innerhalb eines Einfamilienhauses, soll aber die gleiche Zuordnung der Aderfarben eingehalten werden.
Außenleiter L2	schwarz (BK)	
Außenleiter L3	grau (GY)	
Neutralleiter N	blau (BU)	Die blaue Ader darf z.B. auch als Schaltdraht verwendet werden. Voraussetzung: In dem betreffenden Stromkreis oder Leitungsabschnitt ist kein Neutralleiter notwendig **(Seite 23)**.
Schutzleiter PE	grüngelb (GNYE)	Die grüngelbe Ader darf nur als Schutzleiter (PE) oder als Neutralleiter mit Schutzfunktion (PEN) verwendet werden.

* in Klammern: engl. Kurzbezeichnung (BN brown, BK black, GY grey, BU blue, GNYE green-yellow)

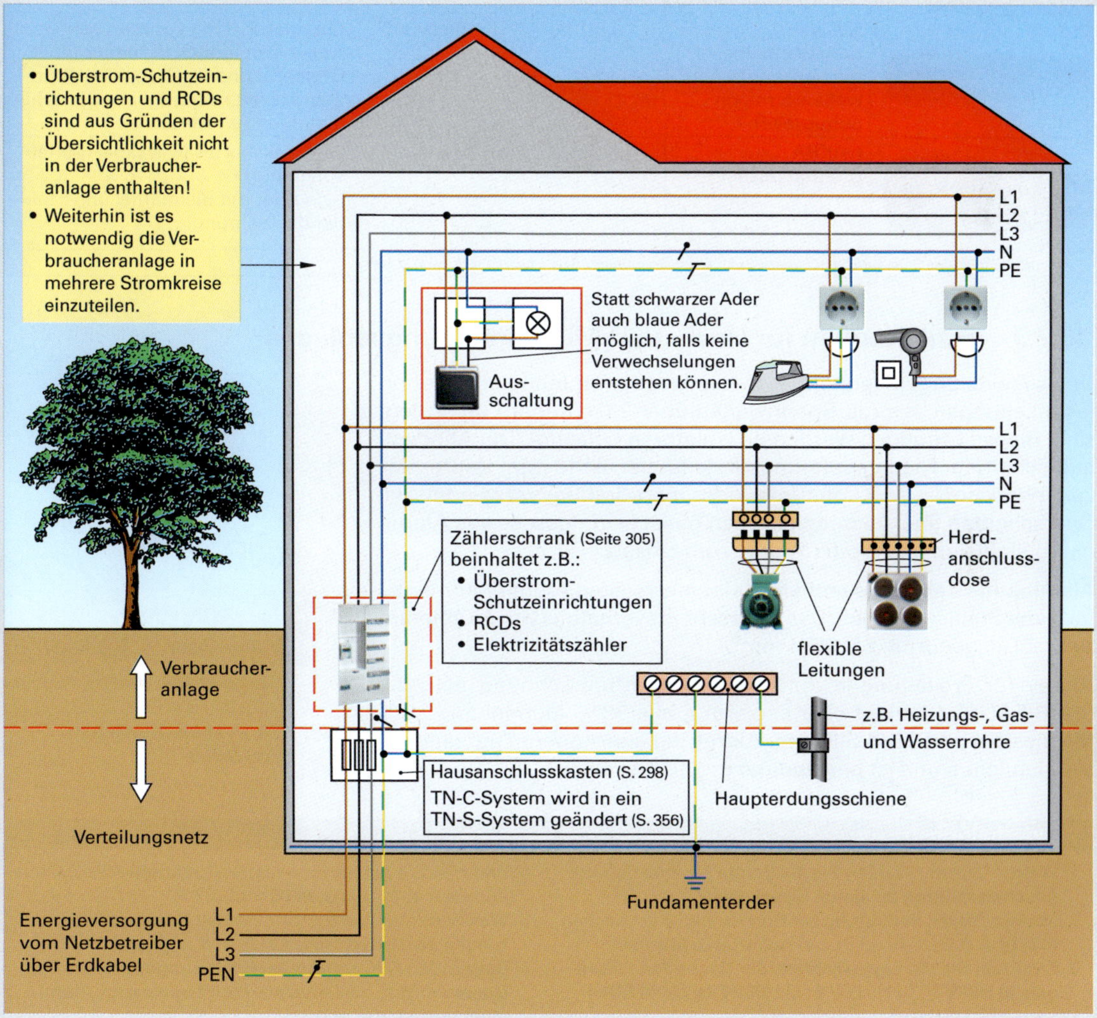

10.2.2 Kabel für Mittelspannungs- und Niederspannungsanlagen

Zum Übertragen und Verteilen elektrischer Energie werden häufig im Erdreich verlegte Kabel verwendet **(Tabelle).** Kabelnetze sind weniger störanfällig und wartungsbedürftig als Freileitungsnetze; sie sind aber bei der Erstellung teurer. Kabel sind mechanisch robuster aufgebaut als Leitungen, deshalb dürfen sie im Erdreich verlegt werden. Sie sind gegen mechanische Einflüsse und gegen das Eindringen von Feuchtigkeit geschützt.

Kabel

- können zusätzliche Mäntel und Bewehrungen haben,
- dürfen im Gegensatz zu Leitungen im Erdreich verlegt werden.

Nach der Verlegungsart unterscheidet man Innenraum-, Erd- und Unterwasserkabel, nach der Leiterzahl Einleiter- und Mehrleiterkabel und nach der Übertragungsspannung Niederspannungs-, Mittel-, Hoch- und Höchstspannungskabel. (Kabelarten und Kabelkennzeichnung siehe Tabellenbuch Elektrotechnik.)

Tabelle: Kabel (Beispiele)

Kabelaufbau	Typ	Bemessungsspannung* U_0/U	Leiterquerschnitt A in mm²	Verwendung
	NAYY Kunststoffkabel mit Aluminium-Leitern	0,6/1 kV	6 bis 300	Energiekabel für Ortsnetze und für Industrieanlagen.
	NYCWY Kunststoffkabel mit konzentrischem, wellenförmigen Schutzleiter	0,6/1 kV	10 bis 300	Energiekabel mit konzentrischem, wellenförmigen Schutzleiter für Ortsnetze und Straßenbeleuchtungen, wo mit nachträglichen Beschädigungen zu rechnen ist.
	NAKBA Dreimantelkabel	6/10 kV	35 bis 300	Energiekabel als Netzkabel (Mittelspannung); jede Ader mit Bleimantel und Stahlbandbewehrung.

* U_0 größte zulässige Spannung Leiter gegen Erde; U größte zulässige Spannung Leiter gegen Leiter

10.2.3 Freileitungen für Hoch- und Mittelspannungsanlagen

Unter Freileitungen versteht man blanke oder umhüllte und wetterfeste Leitungen, die mit Spannweiten über 20 m in der Luft verlegt sind. Blanke Leitungen werden an Isolatoren befestigt. Der Mindestquerschnitt für Niederspannungsfreileitungen ist 10 mm² Kupfer. Als Leiterwerkstoff wird Kupfer (ein- oder mehrdrähtig) verwendet. Bei Querschnitten über 25 mm² kommen meist Leitungsseile aus Aluminium, Stahlaluminium oder Aldrey zum Einsatz.

Aluminium-Stahl-Seile enthalten einen verseilten Aluminiummantel mit einer Stahlseele **(Bild).** Das Querschnittsverhältnis von Aluminium zu Stahl ist genormt, z. B. 25/4 mm².

Aldrey für Freileitungen, mit der Werkstoffbezeichnung EN AW-6101B[EAL-MgSi(B)] ist eine Legierung aus 99 % Aluminium, 0,5 % Magnesium und 0,5 % Silicium. Aldrey hat eine höhere Zugfestigkeit als Aluminium und ist beständiger gegen Korrosion.

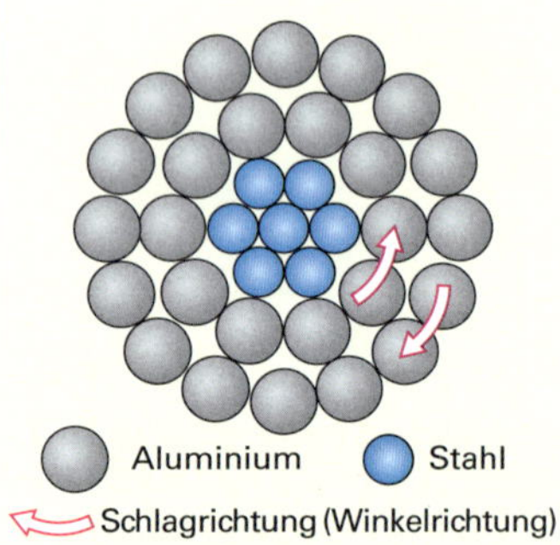

Bild: Aufbau eines Aluminium-Stahl-Seiles

Wiederholungsfragen

1. **Welche Leitung wählen Sie als Ersatz für eine defekte Anschlussleitung an einem Bügeleisen?**
2. **Nennen Sie die Bedeutung der Buchstaben-Kurzzeichen a) F, b) J, c) O, d) St, e) PL bei isolierten Leitungen.**
3. **Ermitteln Sie die Eigenschaften der folgenden Leitungen: a) H07V-K, b) H05VV-F, c) H03RT-H, d) H07RN-F und e) H03VVH2-F.**
4. **Erklären Sie bei harmonisierten Leitungen die Zahlenangaben a) 01, b) 03, c) 05 und d) 07.**
5. **Was bedeuten bei harmonisierten Kunststoffaderleitungen die Leiterformen a) F, b) K, c) R und d) U?**
6. **Begründen Sie, warum bei Freileitungen mit großen Querschnitten als Leiterwerkstoff bevorzugt Aluminium verwendet wird.**

10.2.4 Datenleitungen

Die digitale Datenübertragung, z. B. in lokalen Computernetzwerken (LAN), erfordert Leitungen, die eine kostengünstige, störungsfreie und schnelle Übertragung ermöglichen **(Bild 1)**.

Für Datennetze verwendet man meist **Twisted-Pair**[1]- und **Lichtwellenleiter (Übersicht)**.

Eine **Twisted-Pair-Leitung** besteht aus 8, 24 oder 48 isolierten Adern, die immer paarweise miteinander verdrillt (Twisted Pair) sind. Abhängig von der Abschirmung, der Bandbreite und dem Nebensprechen teilt man Twisted-Pair-Leitungen in Leitungskategorien ein **(Tabelle)**. Für die Vernetzung von Computern verwendet man meist Twisted-Pair-Leitungen der Kategorien Cat. 5 bis Cat. 8. Die dabei erreichbaren Datenübertragungsgeschwindigkeiten sind nicht nur von der Kategorie, sondern auch vom verwendeten Netzwerkstandard, z. B. Gbit-Ethernet, 10-Gbit-Ethernet oder 40-Gbit-Ethernet, abhängig.

Für den Anschluss von Twisted-Pair-Leitungen an Netzwerkverteiler bzw. an die Netzwerkkarte im PC werden RJ45[2]-Stecker **(Bild 2)** verwendet.

Lichtwellenleiter (LWL) übertragen Informationen mithilfe elektromagnetischer Wellen im sichtbaren und infraroten Bereich über Faserleitungen.

Ein LWL besteht aus einer hochreinen Quarzglasfaser oder Kunststofffaser. Durch Aufbringen einer Schutzschicht, dem Primär Coating, wird die Faser flexibel und biegsam. Das Signal wird in der Glasfaser durch Totalreflexion am Glasmantel **(Bild 3)** geführt. Jede Lichtwelle, die sich mit einem unterschiedlichen Eintrittswinkel ausbreitet, bezeichnet man als **Mode.**

Man unterscheidet zwei Fasertypen:

- Die **Singlemodefaser** (SM), Fasertyp E9/125 µm, kann nur eine Mode bis etwa 150 km weit übertragen und benötigt als Lichtquelle eine Laserdiode. SM haben geringere Pegeldämpfungen als MM.
- Die **Multimodefaser** (MM), Fasertyp G50/125 µm, überträgt mehrere Moden bis max. 2 km und benötigt als Lichtquelle eine Leuchtdiode. Zwischen den Moden entstehen Laufzeitunterschiede.

Weiterhin unterscheidet man auch bei den Fasern in OS[5]- und OM[6]-Kategorien. Je nach Typ gibt es unterschiedliche Übertragungsreichweiten, Abmessungen, Datenraten und Farben der Außenhülle, z. B. OS1 ist gelb, OM2 ist orange.

[1] Twisted Pair (engl.) = verdrilltes Aderpaar
[2] **RJ**, Abk. für: **R**egistered **J**ack (engl.) = patentierter Stecker
[3] **SC**, Abk. für: **S**ubscriber **C**onnector (engl.) = Teiln.-Stecker/Verbinder
[4] **LC**, Abk. für: **L**ucent **C**onnector (engl.) = Stecker/Verbinder benannt nach der Fa. Lucent Technologies, USA
[5] **OS**, Abk. für: **O**ptical **S**inglemode
[6] **OM**, Abk. für: **O**ptical **M**ultimode

Übersicht: Arten von Datenleitungen

- Koaxial-Kabel (nur noch in Altanlagen)
- Twisted-Pair-Leitung
- Lichtwellenleiter (SM und MM)

Tabelle: Leitungskategorien

Kategorie	max. Übertragungsfrequenz	Anwendungsbereich (Beispiel)
Cat 1	0,1 MHz	Alarmsysteme, Sprachübertragung
Cat 2	4 MHz	Sprachübertragung
Cat 3	16 MHz	10Base-T-Ethernet
Cat 4	20 MHz	Token-Ring LAN bis 16 Mbit/s
Cat 5	100 MHz	Ethernet LAN bis 1 Gbit/s
Cat 6	250 MHz	Ethernet LAN bis 10 Gbit/s
Cat 7*	700 MHz	Ethernet LAN bis 10 Gbit/s
Cat 8*	2000 MHz	Ethernet LAN bis 40 Gbit/s

* Unterkategorien, z. B. 7a, 8a, vorhanden.

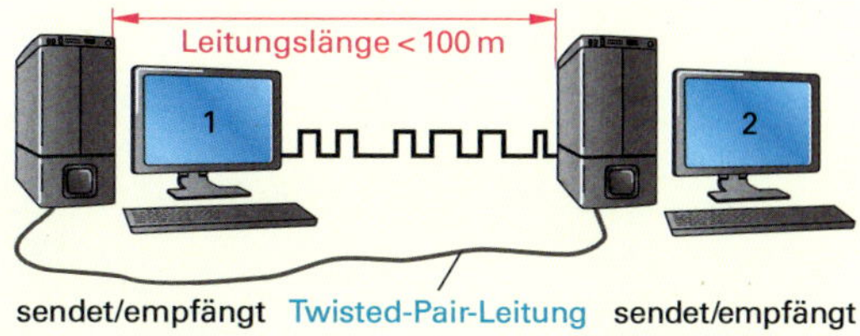

Bild 1: Prinzip der Datenübertragung bei Twisted-Pair-Leitung

Aderfarben und Belegung nach EIA/TIA 568 B (**Bild 2, Seite 547**)

Anschluss	Paar	Farben
1 – 2	3	Weiß-Orange, Orange
3 – 6	2	Weiß-Grün, Grün
4 – 5	1	Weiß-Blau, Blau
7 – 8	4	Weiß-Braun, Braun

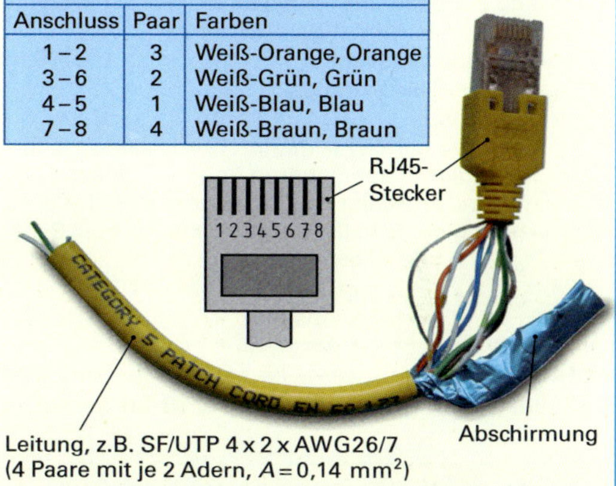

Bild 2: Twisted-Pair-Leitung mit RJ45-Stecker (Steckerbelegung und Aderfarben)

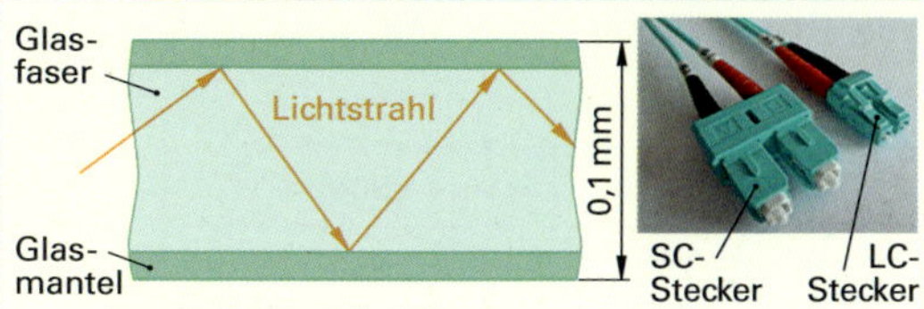

Bild 3: Lichtwellenleiter mit SC[3]- und LC[4]-Anschlussstecker

Verlegearten von Leitungen in Wohngebäuden (Beispiele)

(siehe auch Seite 313 und 672)

Verlegung	auf Putz (Symbol)	im Putz (Symbol)	unter Putz (Symbol)
bevorzugte Leitungsarten	• Mantelleitung • PVC-Klingel-Mantelleitung	• Mantelleitung • Stegleitung	• Mantelleitung • Stegleitung • PVC-Aderleitung • PVC-Klingel-Mantelleitung
Leitungsbefestigung und Verlegung (Beispiele)	• Befestigung durch Schraub-, Nagel- oder Abstandsschellen • Verlegung im Rohr* oder Kanal** Befestigungen, z. B. Stahlnägel, unterhalb der Leitung anordnen, Ausnahme z. B. bei Mauervorsprüngen. Auf Putz verlegte Leitungen bleiben sichtbar. Sie müssen deshalb gleichmäßig und formschön verlegt werden. 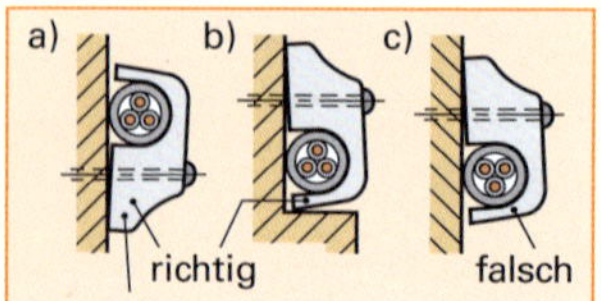 Schellengröße, z. B.: 6 mm … 24 mm	Befestigung der Stegleitung durch • Stahlnägel • Gipspflaster • Klebstoff 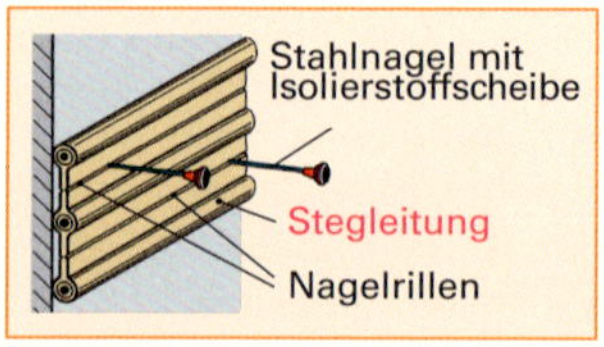 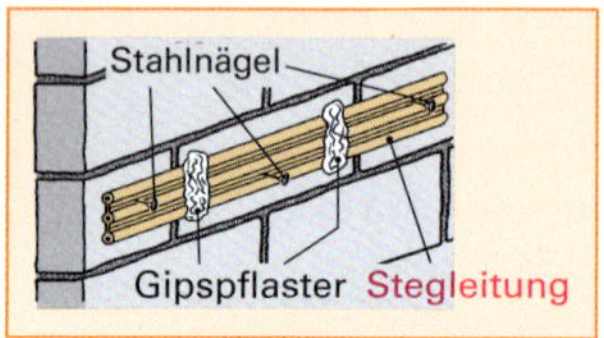	Verlegung der Leitungen oder Rohre in ausgefrästen Nuten im Mauerwerk. Schlitztiefe ist so zu wählen, dass die Leitung bündig mit dem Rohmauerwerk abschließt. Befestigungsmittel dürfen die Rohre bzw. Leitungen nicht in der Form verändern und beschädigen. 

* Rohr: Elektro-Installationsrohre, z. B. Ø 16 mm … Ø 63 mm
** Kanal: Elektro-Installationskanal, z. B.: 10 mm × 10 mm … 110 mm × 60 mm

Schelleneinteilung bei Verlegung auf Putz für Mantelleitung NYM mit $d \leq 9$ mm:

- Abstand Betriebsmittel - Schelle: $a = 80$ mm
- Abstand Bogenanfang - Schelle: $b = 50$ mm
- bevorzugter gleichmäßiger Abstand c zwischen den Schellen: $c \leq 250$ mm
- Biegeradius R bei Leitungsdurchmesser d: $R \geq 4 \cdot d$
- Bei mehreren parallel verlegten Leitungen wird der äußere Bogen R_2 dem inneren Bogen R_1 angepasst: (e = Abstand zwischen den Leitungen) $R_2 = R_1 + e$
- Berechnung der Schellenanzahl (siehe rechtes Bild)

$$n \geq \frac{x}{c}$$

n Schellenanzahl
x Leitungslänge
c Schellenabstand

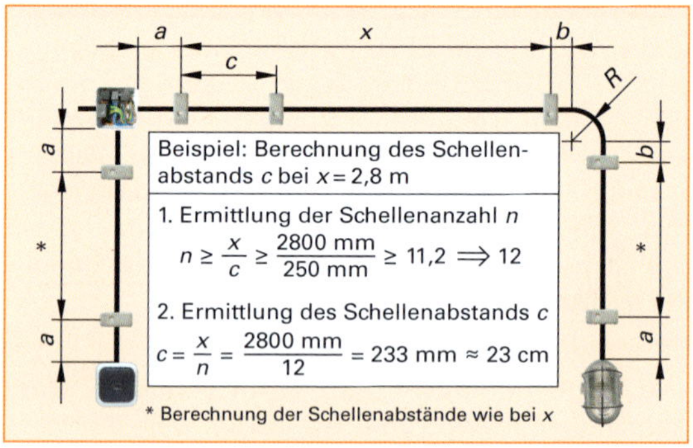

Tabelle: Befestigungsabstände und Biegeradien bei fester Verlegung von Leitungen
(nach DIN VDE 0298-565)

Maximale Befestigungsabstände in mm (Normwerte) Werte können in der Praxis abweichen			Kleinster Biegeradius R in mm bei einer Leitertemperatur von 20 °C ± 10 °C	
Außendurchmesser der Leitung in mm	waagerechte Verlegung	senkrechte Verlegung	Leitungsdurchmesser in mm	zulässiger Biegeradius R
$d \leq 9$	250	400	$d \leq 8$	$\geq 4 \cdot d$
$9 < d \leq 15$	300	400	$8 < d \leq 12$	$\geq 5 \cdot d$
$15 < d \leq 20$	350	450	$12 < d \leq 20$	$\geq 6 \cdot d$
$20 < d \leq 40$	400	550	$d > 20$	$\geq 6 \cdot d$

(Nächster Praxistipp: Seite 332)

Situationsbeschreibung:

Bei der Renovierung eines Einfamilienhauses müssen Leitungen im Wohnbereich unter Putz neu verlegt werden. Welche Bereiche sind bei der Verlegung zu beachten?
Elektrische Leitungen, Kabel und Installationsrohre sind vorzugsweise mittig in Installationszonen zu verlegen, um eine Beschädigung, z. B. durch Nägel oder Dübel beim Aufhängen von Bildern, zu vermeiden. Man unterscheidet nach DIN 18015-3 verschiedene Installationszonen, z. B.:

- Innerhalb von Gebäuden, z. B. für Wohnräume,
- außerhalb von Gebäuden, z. B. an einer Außenfassade,
- auf der Decke (Rohdecke), z. B. unter dem Estrich.

> Diagonale Leitungsverlegung ist nicht erlaubt!

Leitungsführung (Bild 1 und 2) im Wohnbereich (Beispiele):

- Leitungen immer senkrecht bzw. waagerecht verlegen,
- waagerecht: 15 cm bis 45 cm unter der Decke bzw. über dem Fußboden,
- senkrecht: 10 cm bis 30 cm neben Fenstern, Türen, Wandecken,
- für zweiflügelige Türen sind die senkrechten Installationszonen beidseitig, für einflügelige Türen nur an der Schlossseite festgelegt.
- Vorzugsmaße für Auslässe:
  - Schalter 105 cm über Fertigfußboden, an der Schlossseite der Türen,
  - Steckdosen 30 cm über Fertigfußboden,
  - in Arbeitsräumen oberhalb der Arbeitsflächen, z. B. Steckdosen im Küchenbereich: 115 cm über Fertigfußboden.

Leitungsführung (Bild 3) auf der Decke (Beispiele):

- Elektrische Leitungen oder Installationsrohre werden parallel zu den Wänden verlegt **(Bild 3)**.
- Der Abstand bei der Verlegung zur Wand muss mindestens 20 cm betragen.
- Zwischen Sanitärleitungen zu elektrischen Leitungen muss der Mindestabstand 20 cm betragen.
- Kabel und Leitungen sind nach DIN 18015-1 im Elektroinstallationsrohr oder -kanal zu verlegen.
- Für die Leitungsverlegung in der Betondecke gibt es keine Installationszonen.

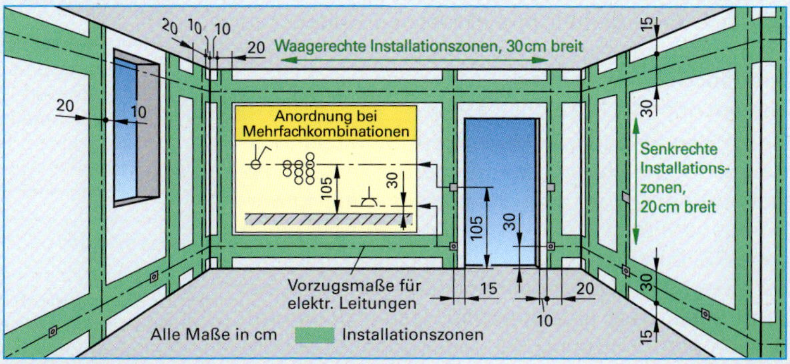

Bild 1: Installationszonen im Wohnbereich

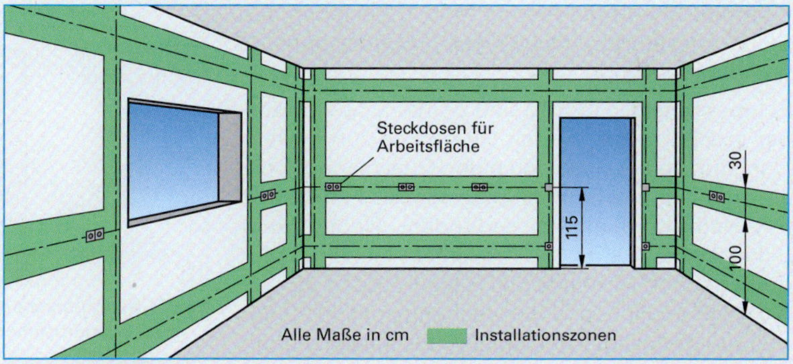

Bild 2: Installationszonen in Küchen und Arbeitsräumen

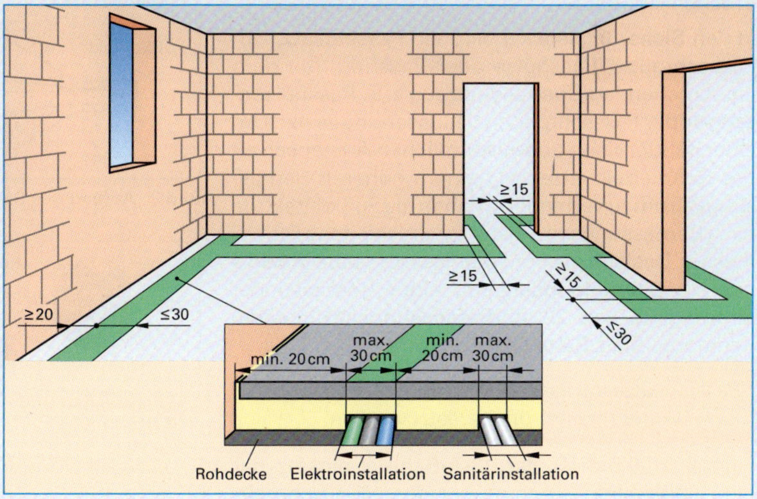

Bild 3: Installationszonen auf der Decke (Estrich)

10.3 Schutz elektrischer Leitungen und Verbraucher

Überstrom-Schutzeinrichtungen

Überstrom-Schutzeinrichtungen schützen Leitungen und Betriebsmittel vor Überlastung und Kurzschluss.

Wird ein Leiter von einem Strom durchflossen, so erwärmt er sich (Wärmewirkung, **Seite 33**). Durch unzulässig hohe Ströme können Brände entstehen. Um eine Brandgefahr in elektrischen Anlagen zu vermeiden, muss ein zu hoher Strom abgeschaltet werden. Ursache zu hoher Ströme kann eine Überlastung oder ein Kurzschluss sein.

Durch den Einbau von **Überstrom-Schutzeinrichtungen (Übersicht)** in Leitungen, z. B. von Schmelzsicherungen, wird eine unzulässig hohe Erwärmung verhindert. Die Sicherung enthält einen Leiter (Schmelzleiter) mit kleinem Querschnitt, der bei einer zu hohen Stromstärke durchschmilzt. Der Stromkreis wird unterbrochen. Dadurch werden Brand oder Zerstörung der Leitungen und der angeschlossenen Betriebsmittel verhindert.

Schraubsicherungssysteme (Bild 1) bestehen aus Sicherungssockel, Passeinsatz, Schmelzeinsatz und Schraubkappe.

Schmelzeinsätze (Bild 2) sind zylindrische Hohlkörper aus Porzellan, die mit Quarzsand zur Funkenlöschung gefüllt sind. Durch den Quarzsand führen ein oder mehrere Schmelzleiter, die den Fußkontakt mit dem Kopfkontakt verbinden. Neben dem Schmelzleiter wird vom Fußkontakt aus ein Haltedraht geführt. Am Ende des Haltedrahts ist der farbig gekennzeichnete Unterbrechungsmelder (Kennmelder) befestigt. Bei einem unzulässig hohen Strom werden Schmelzleiter und Haltedraht unterbrochen und der Kennmelder wird abgeworfen.

In den **Sicherungssockel** wird ein **Passeinsatz,** z. B. Passschraube, Passhülse oder Passring, mit dem entsprechenden Spezialwerkzeug z. B. Passhülsenzange oder Passschraubenschlüssel eingesetzt. Um einen fahrlässigen oder irrtürmlichen Austausch eines Schmelzeinsatzes mit einem höheren Bemessungsstrom zu verhindern, haben die Fußkontakte je nach Bemessungsstromstärke verschiedene Durchmesser. Deshalb passt zu der Passschraube in **Bild 3** nur ein Schmelzeinsatz mit einer Bemessungsstromstärke von 20 A (Bemessungsstromstärke Kennfarbe Blau, **Seite 321**) und nicht 35 A.

Passeinsätze dürfen nicht durch Einsätze für größere Bemessungsströme ersetzt werden.

Eine Ausnahme ist der 13-A-Schmelzeinsatz der dem Fußkontakt-Durchmesser des 10-A-Schmelzeinsatzes identisch ist.

Überlastung, Kurzschluss, Unverwechselbarkeit

- **Überlastung** entsteht, wenn in einem fehlerfreien Stromkreis zu viele Verbraucher oder Verbraucher mit einer zu hohen Stromaufnahme angeschlossen sind.
- **Kurzschluss** entsteht z. B. durch Schaltungsfehler oder durch eine leitende Verbindung (Isolationsfehler) zwischen Leitern, die gegeneinander Spannung führen, z. B. zwischen dem Außenleiter (L) und dem Neutralleiter (N).
- **Unverwechselbarkeit** für Sicherungen wird für Bemessungsströme ab 10 A nach DIN EN 60269 (VDE 0636) gefordert. Diese müssen so aufgebaut sein, dass der Schmelzeinsatz nicht irrtümlich durch einen Schmelzeinsatz mit einem höheren Bemessungsstrom ersetzt werden kann.

Übersicht: Überstrom-Schutzeinrichtungen

- Schraubsicherungen
- NH-Sicherungen **(Seite 321)**
- Geräteschutzsicherungen **(Seite 321)**
- Leitungsschutzschalter **(Seite 324)**
- HH-Sicherungen **(Seite 295)**

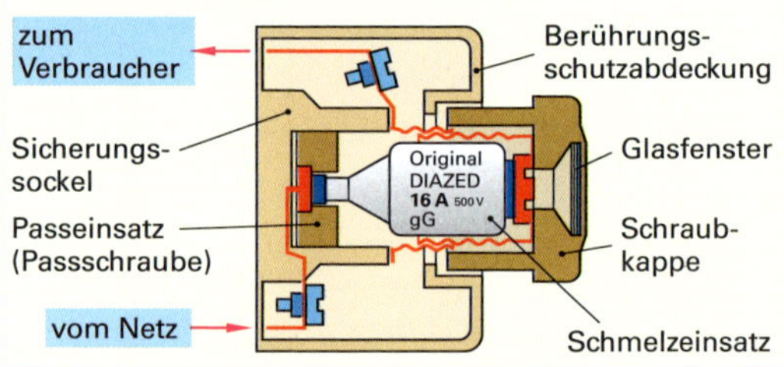

Bild 1: Schraubsicherungssystem (Schraubsicherung mit Schmelzeinsatz)

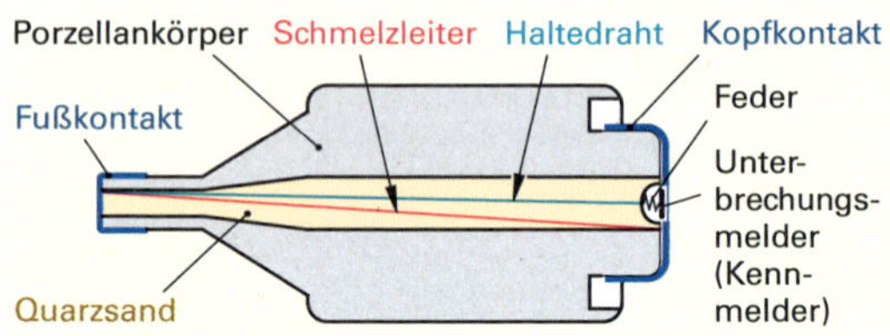

Bild 2: Aufbau des Schmelzeinsatzes

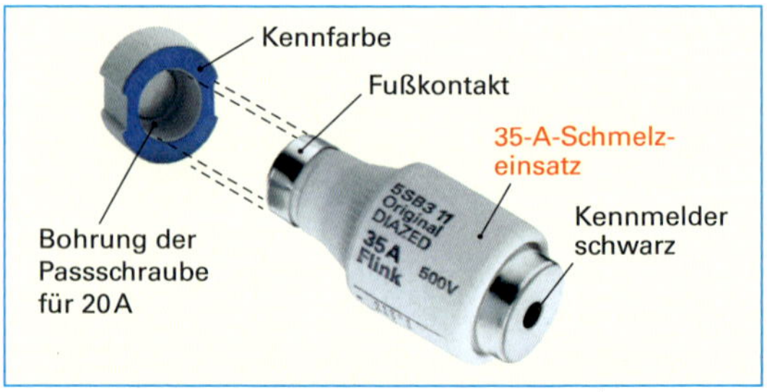

Bild 3: Unverwechselbarkeit der Schmelzeinsätze

Durchgeschmolzene Schmelzeinsätze müssen gegen neue ausgewechselt werden. Flicken oder Überbrücken von Schmelzeinsätzen ist verboten, weil dadurch der Schutz der Leitung aufgehoben wird (DIN VDE 0100). Ist ein geflickter oder überbrückter Schmelzeinsatz die Brandursache, so kann die Brandversicherung die Entschädigung verweigern.

Sicherungen dürfen nicht geflickt oder überbrückt werden.

Die **Bemessungsstromstärken** der Sicherungseinsätze (Schmelzeinsätze) sind genormt **(Tabelle)**. Die Passeinsätze haben die gleichen Kennfarben wie die Kennmelder der Schmelzeinsätze.

Bei Schraubsicherungssystemen unterscheidet man das ältere

- **D-System** (DIAZED[1]-System) und das neue
- **D0-System** (NEOZED[2]-System).

Beide Systeme sind im Prinzip gleich aufgebaut **(Bild 1)**. Es gibt sie in verschiedenen Baugrößen in den Bemessungsstromstärken von 2 A bis 100 A **(Tabelle)** sowie für verschiedene Bemessungsspannungen **(Übersicht)**.

Das DIAZED-System hat die Größen D II, D III und D IV H, das NEOZED-System D01, D02 und D03.

NH-Sicherungssystem

Das Niederspannungs-Hochleistungssicherungs-System besteht aus dem NH-Sicherungsunterteil und dem NH-Schmelzeinsatz **(Bild 2)**. NH-Sicherungen gibt es in verschiedenen Baugrößen (000; 00; 0; 1 bis 4 und 4a) für Bemessungsstromstärken von 2 A bis 1600 A.

NH-Schmelzeinsätze dürfen nur von Elektrofachkräften oder elektrotechnisch unterwiesenen Personen eingesetzt bzw. entfernt werden. Außerdem muss ein Helm mit Gesichtsschutz und ein NH-Sicherungsaufsteckgriff mit Unterarmstulpe verwendet werden (Bild 2, Seite 353).

Geräteschutzsicherungen

Geräte der Messtechnik und Elektronik, z. B. Netzteile, Rundfunk-, Fernseh- und Messgeräte, werden durch Geräteschutzsicherungen (G-Sicherungen) abgesichert. Der Schmelzeinsatz aus Glas oder Keramik **(Bild 3)** trägt an den Enden Kontaktkappen, die durch den Schmelzdraht miteinander verbunden sind. G-Sicherungen werden meist für die Bemessungsspannung 250 V bei Bemessungsströmen von 0,032 A bis 20 A hergestellt. Entsprechend den Einsatzbereichen unterscheidet man G-Sicherungen in der Abschaltcharakteristik superflink (FF), flink (F), mittelträge (M), träge (T) und superträge (TT).

[1] DIAZED = **DIA**metral gestuftes **Z**weiteiliges Sicherungssystem mit **ED**isongewinde
[2] von neos (griech.) = neu
[3] In einigen Ländern werden anstelle der Bemessungsstromstärke 35 A die Bemessungsstromstärken 32 A und 40 A verwendet.

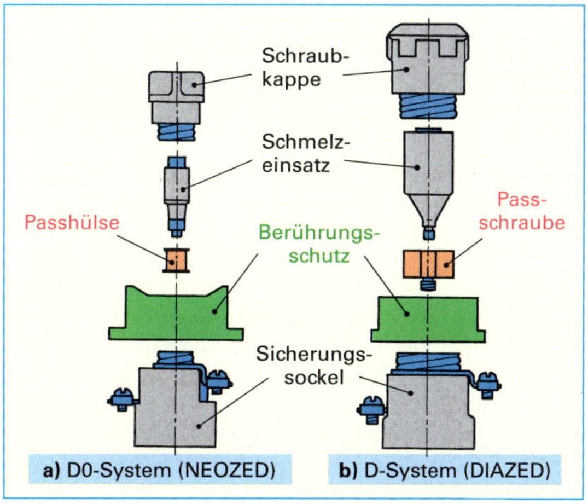

Bild 1: Aufbau a) des D0-Systems, b) des D-Systems

Tabelle: Schmelzeinsätze

Bemessungsstromstärke in A	Kennfarbe	Typ des Schmelzeinsatzes System D	Typ des Schmelzeinsatzes System D0	Gewinde der Schraubkappe
2	rosa	D II	D01	E 27 (D II) E 14 (D01)
4	braun			
6	grün			
10	rot			
13	schwarz			
16	grau			
20	blau		D02	E 18 (D02)
25	gelb			
35[3]	schwarz	D III		E 33 (D III)
50	weiß			
63	kupfer			
80	silber	D IV H	D03	R 1¼" (D IV H) M 30x2 (D03)
100	rot			

Übersicht: Bemessungsspannungen (Beispiele)

- DIAZED-System: AC und DC 500 V
- NEOZED-System: AC 400 V/DC 250 V
- NH-System: AC 500 V/DC 440 V oder AC 690 V/DC 440 V

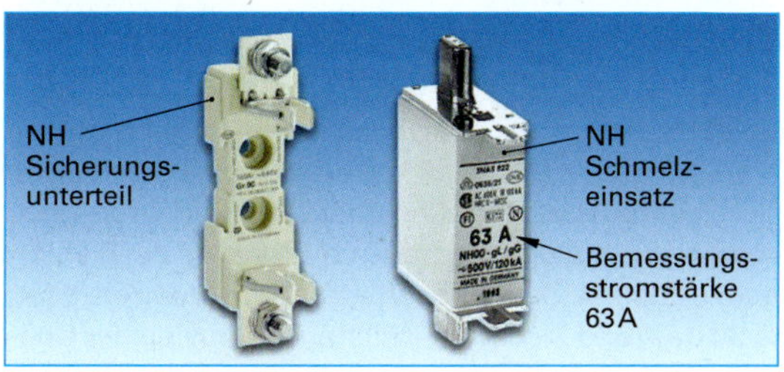

Bild 2: NH-Sicherungssystem

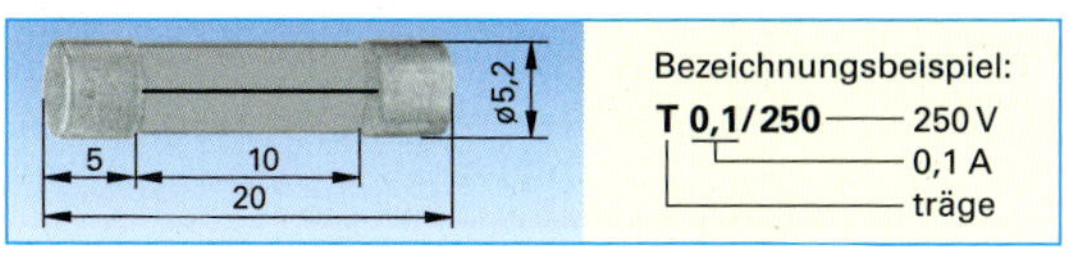

Bild 3: Geräteschutzsicherung

Niederspannungssicherungen teilt man in **Betriebsklassen** ein. Die Betriebsklassen sind durch **zwei Buchstaben** gekennzeichnet, z. B. gG **(Übersicht)**.

Der **erste Buchstabe** kennzeichnet den **Ausschaltbereich:**

- **g** = Ganzbereichs-Sicherungseinsatz
- **a** = Teilbereichs-Sicherungseinsatz.

Der **zweite Buchstabe** gibt die **Anwendung** an.

Ganzbereichs-Sicherungseinsätze können Ströme bis zu ihrem Bemessungsstrom dauernd führen und Ströme vom kleinsten Schmelzstrom bis zum Bemessungsausschaltstrom zuverlässig abschalten.

Ganzbereichs-Sicherungseinsätze schützen elektrische Anlagen und Verbraucher gegen Überlastung und Kurzschluss.

Sicherungen mit der Kennzeichnung **a** (Teilbereichs-Sicherungseinsätze) können ihren Bemessungsstrom dauernd führen, aber nur Ströme oberhalb eines Vielfachen ihres Bemessungsstromes bis zum Bemessungsausschaltstrom schalten.

Teilbereichs-Sicherungseinsätze werden in der Regel nur zum Kurzschlussschutz eingesetzt.

Teilbereichssicherungen werden immer in Verbindung mit Schutzeinrichtungen eingesetzt, die den Überlastschutz der Anlage übernehmen. Für den Überlast- und Kurzschlussschutz von Leitungen wählt man die Betriebsklasse gG. Die Zeit-Strom-Kennlinie für einen Schmelzeinsatz (13 A) der Betriebsklasse gG ist im **Bild 1** dargestellt.

Für den Kurzschlussschutz von Motorstromkreisen werden oft gG-Sicherungseinsätze als auch aM-Sicherungseinsätze verwendet. gG-Sicherungseinsätze sind besser verfügbar und kostengünstiger. Sie müssen aber um ein bis zwei Bemessungsstromstufen höher ausgelegt werden, um ein unerwünschtes Auslösen durch den Motoranlaufstrom zu vermeiden. aM-Sicherungseinsätze besitzen im Überlastbereich ein trägeres Auslöseverhalten und gewähren so einen optimalen Schutz.

Selektivität[2]. In Anlagen sind in der Regel mehrere Sicherungen, z. B. 16 A und 35 A, in Reihe geschaltet. Durch dieses gestufte Absichern wird sichergestellt, dass nur die Sicherung unmittelbar vor der Fehlerquelle auslöst. Davor geschaltete Sicherungen lösen nicht aus **(Bild 2)**. Schmelzsicherungen gleicher Charakteristik verhalten sich selektiv, wenn das Verhältnis ihrer Bemessungsströme 1 : 1,6 beträgt.

Übersicht: Bezeichnungen von Sicherungseinsätzen (Beispiele)

Ganzbereichs-Sicherungseinsätze für
- gG[1] allgemeine Anwendung, z. B. Leitungsschutz
- gM den Schutz von Motorstromkreisen
- gR den Schutz von Halbleiterbauelementen
- gTr den Transformatorenschutz
- gPV den Schutz von Fotovoltaikmodulen

Teilbereichs-Sicherungseinsätze für den
- aM Schaltgeräteschutz in Motorstromkreisen
- aR Schutz von Halbleiterbauelementen

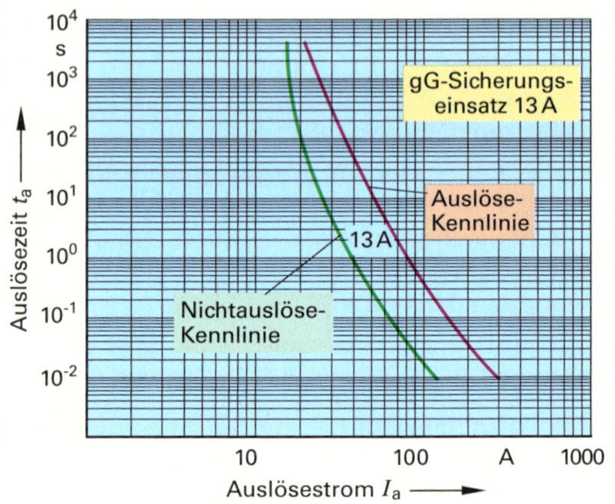

Bild 1: Zeit-Strom-Kennlinie für gG-Schmelzeinsatz 13 A nach DIN VDE 0636

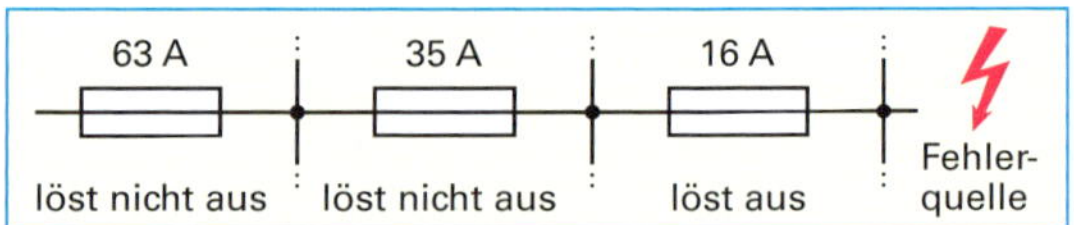

Bild 2: Selektivität von Sicherungen

- Leitungen dürfen nicht höher als zulässig abgesichert werden.
- Überstrom-Schutzeinrichtungen sind überall dort einzubauen, wo sich der Leiterquerschnitt verringert, z. B. beim Übergang von 4 mm² auf 1,5 mm², oder wo sich die Verlegeart oder die Art der Leitung ändert, z. B. von der Verlegeart C nach A2.
- Der Kurzschlussschutz muss am Anfang der zu schützenden Leitung angeordnet sein. Die Sicherung für den Überlastschutz kann im unverzweigten Stromkreis an beliebiger Stelle des Stromkreises angebracht werden.

Bei der Auswahl einer Überstrom-Schutzeinrichtung für einen Stromkreis sind von Bedeutung:
• Bemessungsspannung (Wechselspannung, Gleichspannung), • Bemessungsstrom, • Bemessungsausschaltvermögen, • Betriebsklasse (Strom-Zeit-Verhalten), • Bauform (Art und Größe).

[1] früher gL = Ganzbereichs-Kabel- und Leitungsschutz

[2] von to select (engl.) = aussuchen, auswählen

10.4 Schutzschalter

Schutzschalter trennen Verbraucher oder Anlagenteile selbsttätig vom Netz, wenn eine Überlastung, ein Kurzschluss oder eine gefährliche Berührungsspannung auftritt (DIN VDE 0660).

Freiauslösung. Schutzschalter haben ein **Schaltschloss** mit Freiauslösung, d.h., das Auslösen des Schalters wird auch dann nicht verhindert, wenn der Schaltknebel des Schutzschalters, z.B. von Hand in der „EIN-Stellung“ gehalten wird. Damit wird ein sicheres Abschalten im Fehlerfall gewährleistet.

Auslösesysteme von Schutzschaltern:
- Thermische Auslöser → Überlastschutz
- Elektromagnetische Auslöser → Kurzschlussschutz

10.4.1 Thermischer Auslöser

Thermische Auslöser **(Bild 1)** haben meist einen **Bimetallstreifen** aus zwei aufeinander gewalzten Metallbändern mit verschiedenen Wärmeausdehnungskoeffizienten. Der Strom des angeschlossenen Verbrauchers fließt über eine Heizwicklung und erwärmt den Bimetallstreifen, der sich dann krümmt. Ist der Krümmungsweg größer als am Auslöser eingestellt, werden Steuerkontakte betätigt **(Bild 1)** oder das Schaltschloss des Schutzschalters entklinkt.

Schutzschalter mit thermischen Auslösern unterbrechen verzögert. Sie schützen Anlagen und Betriebsmittel nur vor Überlastung, jedoch nicht vor Kurzschluss.

10.4.2 Elektromagnetischer Auslöser

Elektromagnetische Auslöser sind Schnellauslöser. Sie schützen Anlagen und Betriebsmittel gegen Kurzschlüsse.

Fließt durch die Spule des elektromagnetischen Auslösers **(Bild 2)** ein genügend großer Strom, z.B. bei Kurzschluss, so zieht der Schlaganker an und entklinkt das Schaltschloss des Schutzschalters unverzögert.

Eine zusätzliche Begrenzung des Kurzschlussstromes wird bei Schutzschaltern mit Bemessungsströmen bis etwa 100 A durch den Einbau eines Schlagankers erreicht **(Bild 2)**. Im Kurzschlussfall wird der Schlaganker sehr schnell in die Spule des Auslösers gezogen, entklinkt das Schaltschloss und schlägt gegen das bewegliche Schaltstück. Der Schaltkontakt öffnet und der Lichtbogen erlischt, bevor der Kurzschlussstrom seinen Höchstwert erreicht.

In Schutzschaltern mit Bemessungsströmen über 100 A liegen das feststehende und das bewegliche Teil des Schaltkontaktes oft parallel zueinander **(Bild 3)**. Durch entgegengesetzte Stromrichtung im feststehenden und im beweglichen Kontaktteil wird bei Kurzschluss durch die wirksamen Magnetfelder das bewegliche Schaltstück vom feststehenden Schaltstück abgestoßen. Die abstoßende Kraft ist umso größer, je höher der Kurzschlussstrom ist. Das vom Auslöser entklinkte Schaltschloss hält die Schaltstücke geöffnet.

Stromdurchflossene parallele Leiter: **Seite 92**

Übersicht: Schutzschalter
- Leitungsschutzschalter **(Seite 324)**
- Leistungsschalter **(Seite 326)**
- Motorschutzschalter **(Seite 326)**
- Überlastrelais **(Seite 327)**

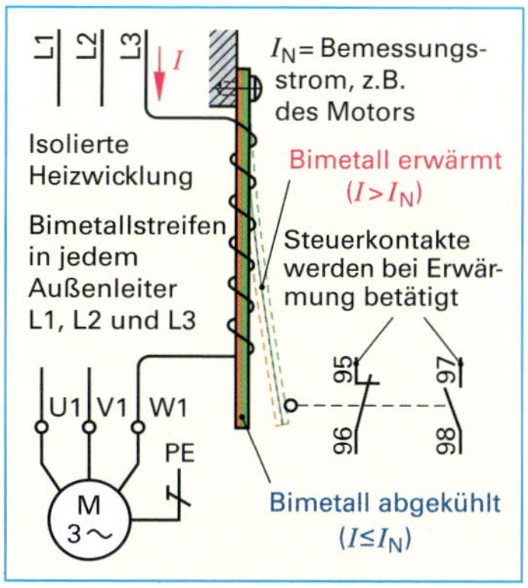

Bild 1: Thermischer Auslöser (Funktionsprinzip)

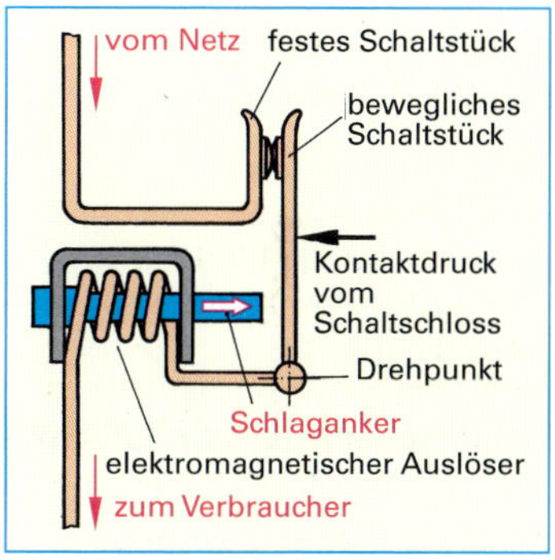

Bild 2: Kurzschlussstrombegrenzung durch Schlaganker

Kurzschlussstrombegrenzer unterbrechen Kurzschlussströme, bevor sie ihren Höchstwert erreichen.

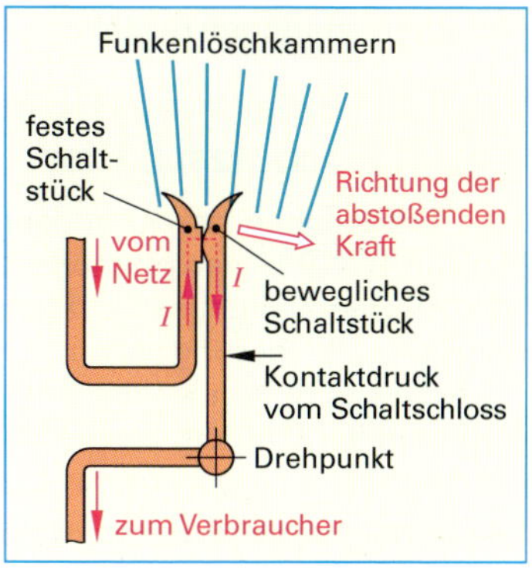

Bild 3: Kurzschlussstrombegrenzung durch parallel angeordnete Schaltstücke

SimElektro Fachstufe 1.0
Fachstufe S46

10.4.3 Leitungsschutzschalter

Leitungsschutzschalter schützen Leitungen und Anlagen gegen Überlastung und Kurzschluss.

Leitungsschutzschalter **(LS-Schalter, MCB[1], Bild 1)** sind Überstrom-Schutzeinrichtungen, die man nach dem Auslösen wieder einschalten kann. Sie besitzen einen thermischen und einen elektromagnetischen Auslöser. Beide Auslöser liegen in Reihe. Bei Überlastung erwärmt sich das Bimetall und löst den LS-Schalter aus. Bei Kurzschluss entklinkt der elektromagnetische Auslöser das Schaltschloss unverzögert. Der Schlaganker trennt das Schaltstück, ehe der Kurzschlussstrom seinen Höchstwert erreichen kann.

Tabelle: Bemessungsströme I_N von LS-Schaltern in A

Typ B*, C, D	0,5	1	2	3	4	6	10	13	16
	20	25	32	40	50	63	80	100	125

*Typ B, erst ab 6 A

LS-Schalter Typ B (Bild 2) für den Leitungsschutz.

LS-Schalter Typ C und **Typ D** setzt man zum Schutz von Betriebsmitteln mit hohen Einschaltströmen ein.

LS-Schalter lösen aus:
- Typ B beim 3- bis 5-fachen,
- Typ C beim 5- bis 10-fachen,
- Typ D beim 10- bis 20-fachen Bemessungsstrom **(Bild 2)**.

Back-up-Schutz von LS-Schaltern

Um eine Beschädigung von LS-Schaltern, z.B. mit Schaltvermögen 6 kA **(Bild 3)**, durch zu hohe Kurzschlussströme zu vermeiden, schaltet man Überstrom-Schutzeinrichtungen mit einem höheren Schaltvermögen vor, z.B. eine NH-Sicherung mit einem Ausschaltvermögen von 25 kA. Hersteller bieten Auswahltabellen mit geeigneten Kombinationen an. Weiterhin wählt man LS-Schalter so aus, dass Selektivität **(Seite 322)** zu vorgeschalteten Schutzeinrichtungen besteht.

10.4.4 Selektiver Hauptleitungsschutzschalter

Zum Freischalten der Kundenanlage schreibt die VDE-AR-N-4100 einen plombier- und sperrbaren selektiven Hauptleitungsschutzschalter (SH-Schalter) mit einem Bemessungsstrom von mindestens 63 A vor. SH-Schalter können nach dem Auslösen wieder eingeschaltet werden, lassen aber ein Einschalten auf einen noch bestehenden Kurzschluss nicht zu.

Energiebegrenzungsklasse und Schaltvermögen sind auf LS-Schaltern durch Bildzeichen angegeben **(Bild 3)**. Die Energiebegrenzungsklasse 3 (hohe Anforderung) hat die größte Kurzschlussstrombegrenzung.

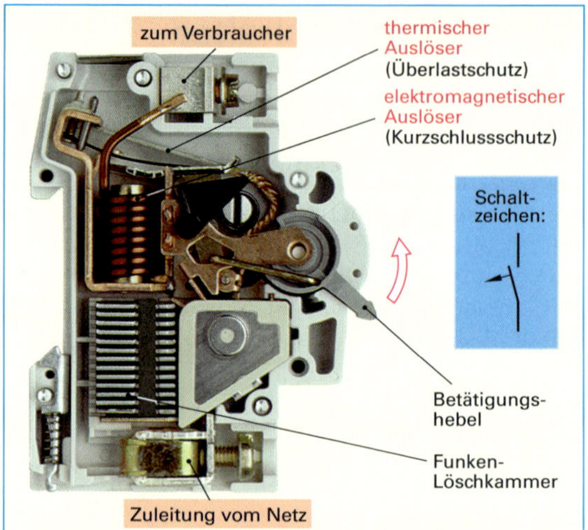

Bemessungsströme: 0,5 A bis 125 A
Einbaubreite 1-polig => 1 TE[2]
3-polig => 3 TE

[2]TE = Teilungseinheit; 1 TE ≙ 18 mm

Bild 1: Aufbau eines Leitungsschutzschalters

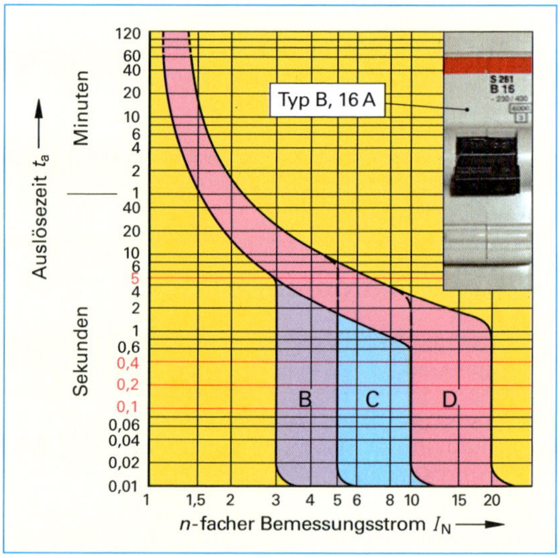

Bild 2: Auslösekennlinien (Typ B, C und D)

Beispiel:

Bei welchem Auslösestrom I_a löst ein 13-A-LS-Schalter Typ B **(Bild 2)** innerhalb der Zeit t_a = 0,4 s aus?

Lösung:

Aus **Bild 2:** Bei t_a = 0,4 s muss der 5-fache Bemessungsstrom fließen ⇒ $\boldsymbol{I_a} = 5 \cdot I_N = 5 \cdot 13\ \text{A} = \mathbf{65\ A}$

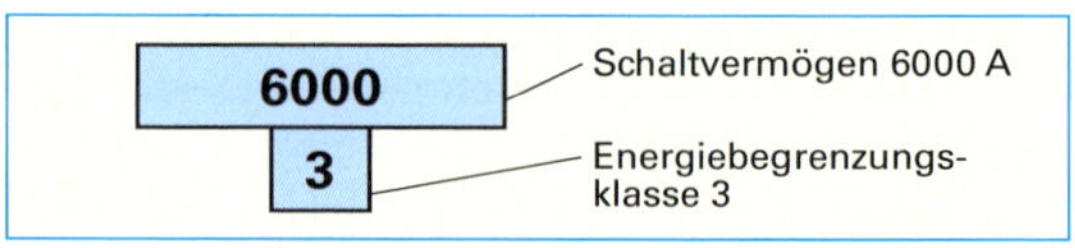

Bild 3: Bildzeichen für das Schaltvermögen und die Energiebegrenzungsklasse bei LS-Schaltern

[1] **MCB,** Abk. für: **M**iniature **C**ircuit **B**reaker (engl.) = Leitungsschutzschalter

10.4.5 Brandschutzschalter (AFDD[1])

Brandschutzschalter (Bild 1) erkennen serielle Lichtbögen (Bilder 2 und 3), die z.B. an losen Kontaktstellen auftreten , sowie parallele Lichtbögen, die z.B. durch Kurz- oder Körperschlüsse entstehen. Der Brandschutzschalter verhindert durch rechtzeitiges Abschalten, dass solche Lichtbögen Brände verursachen können.

Brandschutzschalter überwachen die charakteristischen Sinusschwingungen der Spannung und des Verbraucherstroms ab einem Schwellwert von 2,5 A. Mithilfe einer Elektronik werden über 120 verschiedene Parameter erfasst. Auffälligkeiten im Spannungs- und Stromverlauf **(Bild 2)** führen zum Abschalten des angeschlossenen Endstromkreises. Der Energie-Schwellwert für die Abschaltung beträgt 450 Joule. Diese Energie des Lichtbogens ist ausreichend, um z.B. eine PVC-Leitung zu entzünden.

Brandschutzschalter bieten Schutz bei seriellen und parallelen Lichtbögen **(Bild 3)**. Serielle Lichtbögen entstehen z.B. bei einer losen Klemmstelle **(Bild 4c)** in Reihe zum Verbraucher. Parallele Lichtbögen entstehen zwischen verschiedenen Potenzialen, z.B. L1 und N bzw. L1 und PE. Der Stromkreis wird bei parallelen Lichtbögen mit höherem Fehlerstrom auch von LS-Schaltern **(Seite 324)** und RCDs **(Seite 366)** sicher abgeschaltet.

Nach DIN VDE 0100-420 werden Brandschutzschalter ab Oktober 2019 in allen Endstromkreisen in bestimmten Bereichen **(Übersicht)** empfohlen. Wird auf den Einsatz eines Brandschutzschalters (AfDD) verzichtet, ist zur Erkennung von besonderen Risiken durch Fehlerlichtbogen, eine Risiko- und Sicherheitsbewertung durchzuführen und zu dokumentieren.

Übersicht: Einsatz von Brandschutzschaltern

In Endstromkreisen empfohlen für:

- **Räume mit Schlafgelegenheiten**, z.B. in Kindertagesstätten, Seniorenheimen, Hotels sowie in privaten Häusern und Wohnungen.
- **Räume oder Orte mit besonderem Brandrisiko**, z.B., wenn die Bauteile vor Ort aus Baustoffen mit einem geringeren Feuerwiderstand als feuerhemmend bestehen, z.B. bei Holzhäusern oder Fachwerkhäusern.
- **Feuergefährdete Betriebsstätten nach VdS 2033 (Seite 339)** wie z.B. Papier- und Textilfabriken, Schreinereien, Lagerräume für Heizöl oder Heu.
- **Räume oder Orte mit Gefährdung für unersetzbare Güter**, z.B. Museen, Bibliotheken und Gebäudedenkmäler.

[1] **AFDD**, Abk. für: **A**rc **F**ault **D**etection **D**evice = Fehlerlichtbogen-Schutzeinrichtung = umgangssprachlich Brandschutzschalter

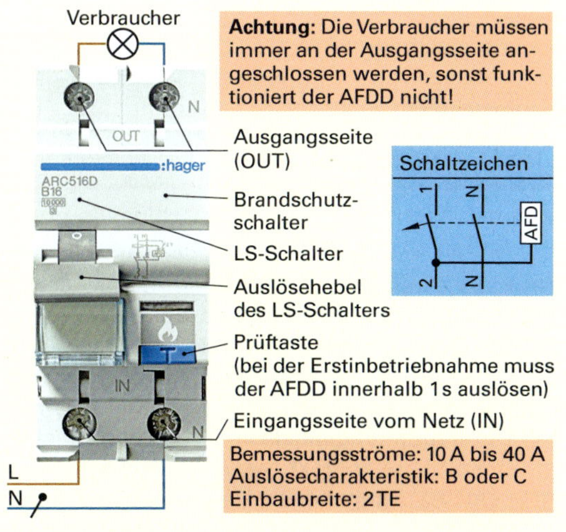

Bild 1: Brandschutzschalter (AFDD[1]) mit LS-Schalter

Der AFDD führt zyklische Selbsttests durch, daher kann die wiederkehrende manuelle Funktionsprüfung entfallen.

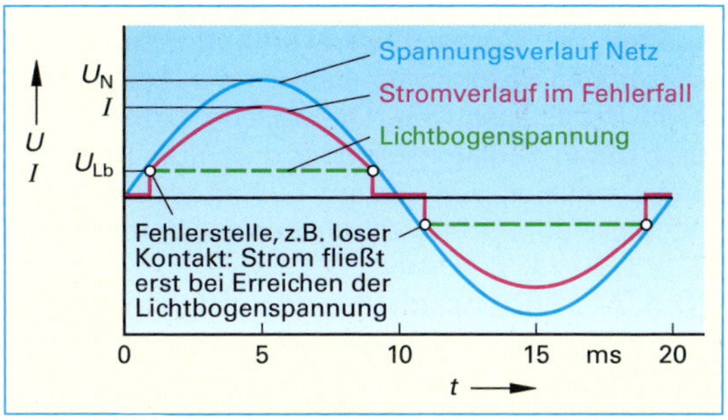

Bild 2: Auffälliger Stromverlauf bei einem seriellen Fehlerlichtbogen

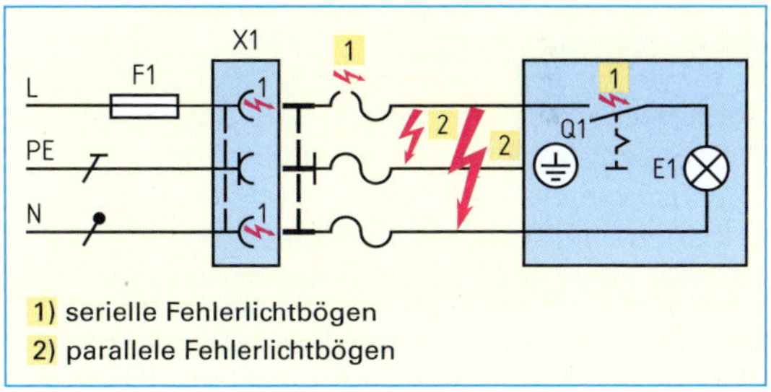

Bild 3: Arten von Fehlerlichtbögen

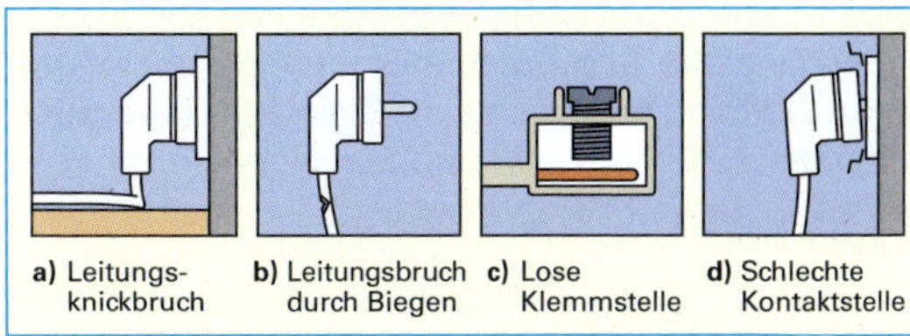

Bild 4: Brandauslösende Ursachen (Beispiele)

10.4.6 Leistungsschalter

Leistungsschalter **(Bild 1)** sind Schaltgeräte, die Betriebsströme, Überlastströme und Kurzschlussströme sicher schalten können. Sie haben getrennt einstellbare Überlast- und Kurzschlussschutzeinrichtungen.

Auch bei Überlastung oder Kurzschluss in nur einem Außenleiter schalten diese allpolig ab.

Durch die einstellbaren Überstrom-Schutzeinrichtungen erreicht man Selektivität **(Seite 322)** zu vor- und nachgeschalteten Schutzeinrichtungen. Durch den Anbau eines Unterspannungsauslösers ist auch eine Fernauslösung des Leistungsschalters möglich. **Unterspannungsauslöser** öffnen oder schließen einen Steuerkontakt, wenn die Netzspannung unter einen vorgegebenen Wert sinkt. Sie finden Anwendung als Unterspannungsschutz oder als Wiederanlaufsperre nach einem Spannungsausfall.

Nach der Art der **Lichtbogenlöschung** unterscheidet man Leistungsschalter mit Nullpunktlöschung und mit Kurzschlussstrombegrenzung. **Nullpunktlöscher** löschen den Wechselstrom-Schaltlichtbogen beim ersten Stromnulldurchgang. Leistungsschalter mit **Kurzschlussstrombegrenzung** begrenzen den Stoßkurzschlussstrom auf einen kleineren Durchlassstrom. Das rasche Öffnen wird durch einen Schlaganker oder durch die Kraftwirkung paralleler, vom Strom durchflossener Kontaktstücke unterstützt **(Bilder 2 und 3, Seite 323)**.

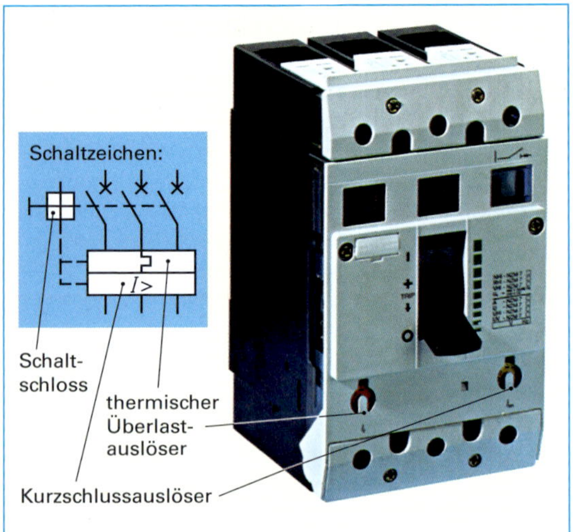

Bild 1: Leistungsschalter

10.4.7 Motorschutzeinrichtungen

Man unterscheidet:
- Motorschutzschalter: **Bild 2**
- Thermisches Überlastrelais: **Seite 327**
- Motorschutz mit Kaltleitern: **Seite 328**

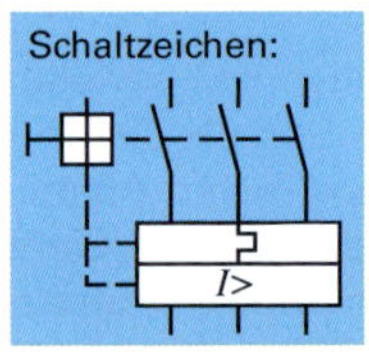

Einsteller für den Bemessungsstrom I_N des Motors

Hersteller	
3 ~ Motor	Nr.:
230 V / 400 V	3,1 A / 1,8 A
0,75 kW S1	cos φ 0,80
1450 / min	50 Hz
Th. Cl.155 (F)	IP 55
DIN VDE 0530	EN 60034

Bild 2: Motorschutzschalter und Leistungsschild eines Drehstrommotors

Motorschutzschalter

Motorschutzschalter **(Bild 2)** sind Schalter zum allpoligen Schalten von Motoren und deren Schutz gegen Zerstörung durch Nichtanlauf, Überlastung, Absinken der Netzspannung oder Ausfall eines Außenleiters in Drehstromnetzen.

Sie haben einen einstellbaren thermischen Auslöser **(Bild 3)** zum Schutz der Motorwicklung **(Überlastschutz)** und meist einen fest eingestellten elektromagnetischen Auslöser **(Kurzschlussschutz)**. Sie haben wie alle Schutzschalter eine Freiauslösung **(Seite 323)** und es lassen sich Zusatzeinrichtungen anbauen, z. B. Unterspannungsauslöser.

Der thermische Auslöser des Motorschutzschalters wird auf den Bemessungsstrom I_N **(Bild 2)** des unkompensierten Motors eingestellt.

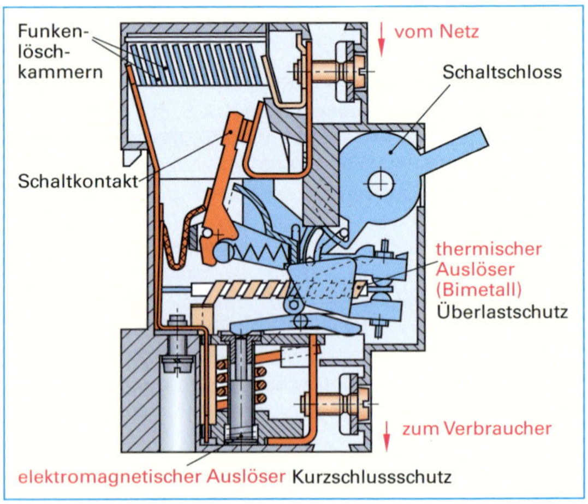

Bild 3: Aufbau eines Motorschutzschalters

Sicherungslose Motorabzweige

Motorschutzschalter mit elektromagnetischem Auslöser, die den an der Kurzschlussstelle auftretenden Kurzschlussstrom sicher ein- und ausschalten können, dürfen ohne Vorsicherung am Netz betrieben werden. In jedem Strompfad des Motorschutzschalters liegen ein Bimetallauslöser und ein elektromagnetischer Auslöser in Reihe. Bei kleinen Einstellströmen des Motorschutzschalters ist der Eigenwiderstand des Bimetallauslösers so groß, dass er selbst den Kurzschlussstrom auf Werte begrenzt, die kleiner sind als das Schaltvermögen des Motorschutzschalters. Solche Schalter bezeichnet man als **eigensichere Motorschutzschalter**.

Eigensichere Motorschutzschalter dürfen ohne Vorsicherung am Netz betrieben werden.

Übersteigt der auftretende Kurzschlussstrom das Schaltvermögen des Motorschutzschalters, muss eine vorgeschaltete Schutzeinrichtung den Kurzschlussschutz übernehmen.

In sicherungslosen Motorstromkreisen **(Bild 1)** werden dafür meist Leistungsschalter eingesetzt. Diese haben meist ein Schaltvermögen über 50 kA und schützen einen oder eine Gruppe von Motorstromkreisen gegen die Folgen von Kurzschlüssen.

Thermisches Überlastrelais

Thermische Überlastrelais[1] schützen z.B. Drehstrommotoren vor thermischer Überlastung durch zu hohe Stromaufnahme.

Ursache zu hoher Stromaufnahme kann eine mechanische Überlastung sein, der Ausfall eines Außenleiters (Zweiphasenlauf) oder die Folge von Isolationsfehlern, z.B. Windungs-, Wicklungs- oder Körperschluss.

Motoren, die durch thermische Überlastrelais geschützt sind, erfordern zusätzlich einen Kurzschlussschutz, z.B. durch vorgeschaltete Schmelzsicherungen oder LS-Schalter.

Thermische Überlastrelais enthalten meist drei Bimetallstreifen mit isolierten Heizwicklungen **(Bild 1, Seite 323)**, die vom Motorstrom durchflossen werden. Übersteigt der Motorstrom den am Einsteller **(Bild 2)** festgelegten Bemessungsstrom des Motors, werden die Bimetallstreifen erwärmt, gebogen und betätigen die Steuerkontakte des Überlastrelais. Der Öffnerkontakt unterbricht z.B. den Steuerstromkreis einer Schützsteuerung **(Bild 3)** oder trennt den Unterspannungsauslöser eines Leistungsschalters vom Netz. Der zu schützende Motor wird dadurch allpolig abgeschaltet.

Einstellen von Überlastrelais: **Seite 116**

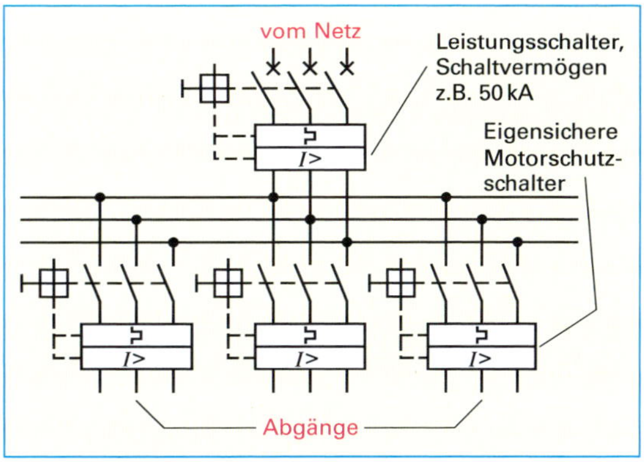

Bild 1: Sicherungslose Motorstromkreise, Kurzschlussschutz durch Leistungsschalter

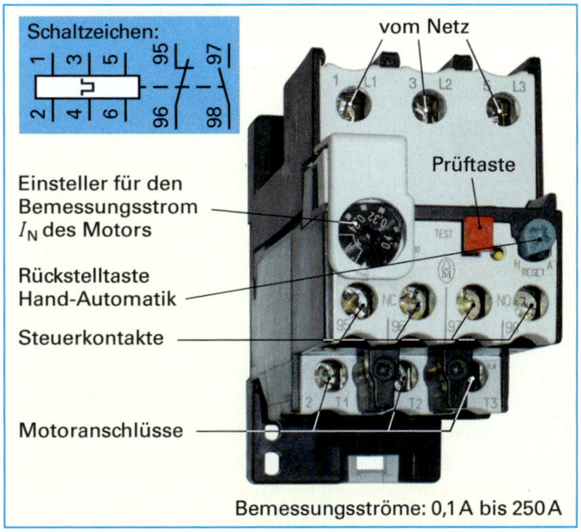

Bild 2: Thermisches Überlastrelais

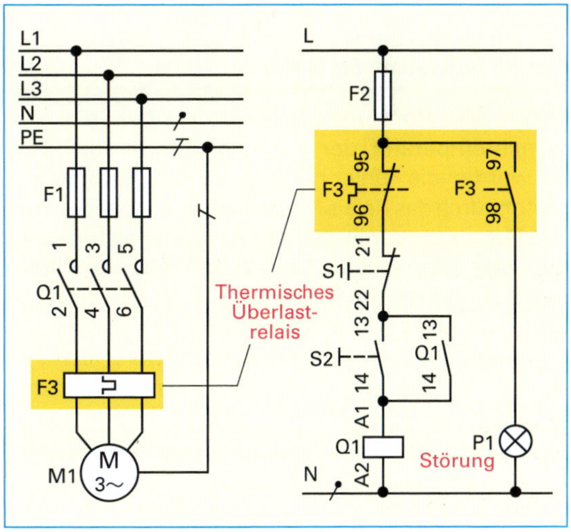

Bild 3: Motorschutz durch thermisches Überlastrelais

[1] frühere Bezeichnung: Überstromrelais, auch Motorschutzrelais

In Wechselstromnetzen mit Bemessungsströmen über 200 A können thermische Überlastrelais auch über Stromwandler betrieben werden **(Bild 1)**. Durch diesen **Sekundärauslöser** fließt dann nicht der Bemessungsstrom I_N des Motors, sondern der Sekundärstrom I_2 des Stromwandlers.

Beispiel:

Ein Drehstrommotor mit einem Bemessungsstrom $I_N = 480$ A soll durch ein Überlastrelais in Verbindung mit einem Stromwandler 500/5 A geschützt werden. Welcher Wert I_e ist am Überlastrelais einzustellen?

Lösung:

$$ü = \frac{I_1}{I_2} = \frac{500\text{ A}}{5\text{ A}} = 100 \qquad I_e = \frac{I_N}{ü} = \frac{480\text{ A}}{100} = 4{,}8\text{ A}$$

Das Überlastrelais ist auf 4,8 A einzustellen.

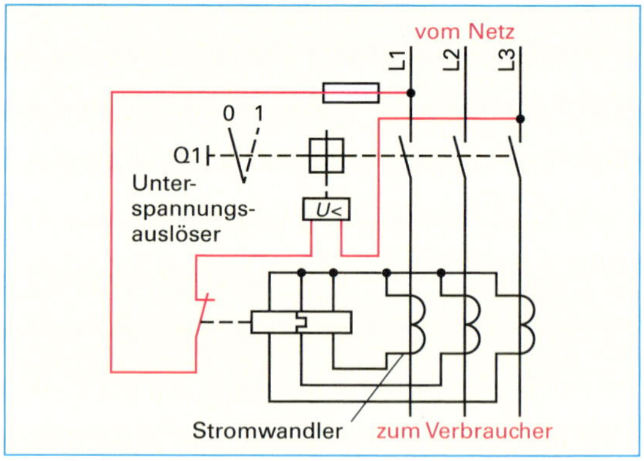

Bild 1: Thermisches Überlastrelais mit Stromwandler

Motorschutz mit Kaltleiter-Temperaturfühler (Thermistor)

Der Motorschutz mit Kaltleiter-Temperaturfühlern schützt elektrische Maschinen vor unzulässig hohen Betriebstemperaturen.

Mit Kaltleitern **(Seite 199)** erreicht man das Abschalten eines Motors, wenn die Wicklung des Motors eine unzulässig hohe Temperatur annimmt, z.B. bei Überlastung des Motors, bei Behinderung der Kühlung oder bei Lagerschäden.

Der Motorschutz besteht aus den Kaltleiter-Temperaturfühlern und einem Auslösegerät **(Bild 2)**. Bei Drehstrommotoren werden drei Temperaturfühler (Kaltleiter) auf der Abluftseite des Motors in den Wickelkopf eingebaut. Die **Ansprechtemperatur AT (Bild 3)** der Schutzeinrichtung ist durch die höchste zulässige Gebrauchstemperatur des Isoliermaterials festgelegt.

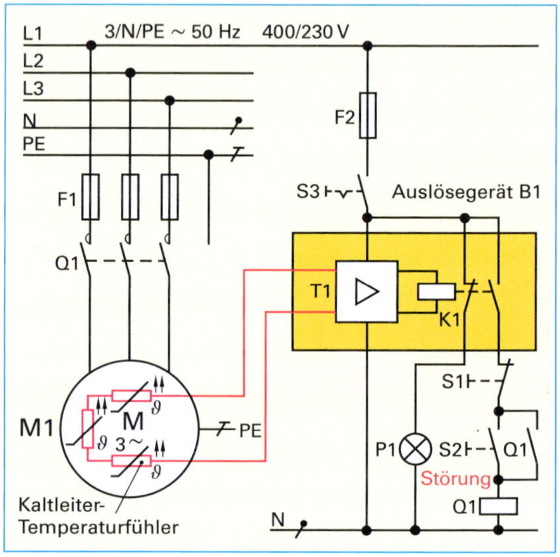

Bild 2: Motorschutz mit Kaltleiter-Temperaturfühler

Thermische Klassifikation von Isoliermaterialien: **Seite 492**

Steigt die Wicklungstemperatur über die Ansprechtemperatur der Kaltleiter-Temperaturfühler an, werden die Fühler hochohmig und schalten den Motor durch das Relais K1 **(Bild 2)** im Auslösegerät B1 ab. Motorschutz mit Kaltleitern eignet sich besonders zum Überwachen von polumschaltbaren Motoren, z.B. in Dahlanderschaltung, weil sich dort die Stromaufnahme mit der Motordrehzahl ändert. Bei Dahlandermotoren ohne Temperaturfühler ist für jede Drehzahl ein eigenes Überlastrelais erforderlich.

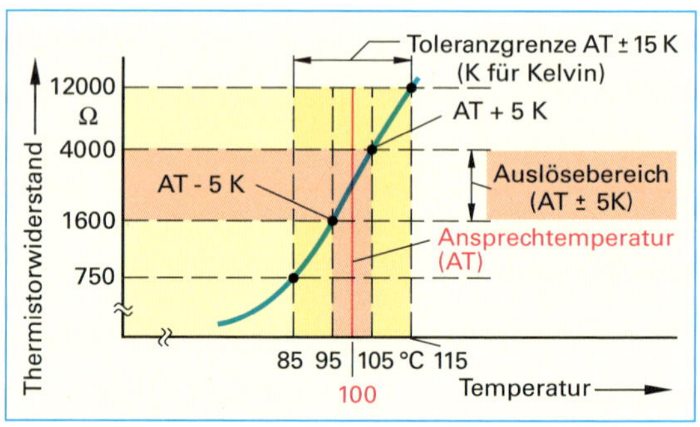

Bild 3: Ansprechtemperatur eines Kaltleiter-Temperaturfühlers (Beispiel)

Wiederholungsfragen

1 **Wie nennt man die beiden Auslöser des Schutzschalters und ihre zugehörigen Schutzfunktionen?**
2 **Was versteht man unter Freiauslösung?**
3 **Welchen Bemessungsstrom darf die Vorsicherung für LS-Schalter höchstens haben?**
4 **Erklären Sie den Begriff Selektivität.**
5 **Welche Einrichtungen können Elektromotoren vor Überlastung schützen?**
6 **Welchen Vorteil bietet der Motorschutz mit Kaltleiter-Temperaturfühlern gegenüber Motorschutzschalter?**

10.5 Bemessung von fest verlegten Kabeln und Leitungen

Die zulässige Strombelastbarkeit von Kabeln und Leitungen hängt hauptsächlich vom verlegten Leiterquerschnitt ab. Sie wird aber auch durch andere Einflussgrößen, z. B. die Umgebungstemperatur, beeinträchtigt **(Übersicht)**. Eine wesentliche Auswirkung auf die Strombelastbarkeit hat die Verlegeart der Kabel oder Leitungen. Eine in ruhender Luft, z. B. einem Installationskanal, oder in einer wärmegedämmten Wand verlegte Leitung kann die durch den Strom erzeugte Wärme schlecht an die Umgebung abgeben. Eine gute Wärmeableitung haben z. B. Kabel und Leitungen, die im Erdreich oder direkt auf oder in der Wand verlegt sind.

Kabel und isolierte Leitungen mit einer guten Wärmeableitung haben eine höhere Strombelastbarkeit.

Nach der Fähigkeit der Kabel und Leitungen, die durch den Strom erzeugte Wärme an die Umgebung abzugeben, sind in DIN VDE 0298, Teil 4 die neun Verlegearten A1, A2, B1, B2, C, D, E, F und G festgelegt.

Verlegearten von Kabeln und isolierten Leitungen: **Seite 672**

Bemessungswert I_r der Strombelastbarkeit. Der Bemessungswert I_r gibt die höchstzulässige Dauerstrombelastbarkeit von Kabeln oder isolierten Leitungen an. Er wird hauptsächlich durch den Nennquerschnitt, durch die zulässige Betriebstemperatur am Leiter und durch die Anzahl der belasteten Adern bestimmt. Man unterscheidet dabei Kabel oder Leitungen mit zwei oder mit drei belasteten Adern.

- Leitungen in Wechsel- oder Gleichstromkreisen zählen ohne Rücksicht auf ihre tatsächliche Aderzahl als Leitungen mit zwei belasteten Adern, z. B. die vieradrige Leitung zu einem Kreuzschalter.
- Drehstromleitungen haben dagegen immer drei belastete Adern.

Abweichende Betriebsbedingungen. Die Strombelastbarkeit I_r wird für einzeln verlegte Kabel oder Leitungen bei einer Umgebungstemperatur von meist 30 °C angegeben **(Bild 1)**. Weicht die Umgebungstemperatur vom Bezugswert 30 °C ab, tritt eine Häufung von Leitungen auf **(Bild 2)**, sind mehr als drei Adern belastet oder treten Oberschwingungsströme auf, muss die Strombelastbarkeit I_Z für diese abweichenden Betriebsbedingungen berechnet werden. Zur Berechnung sind die Umrechnungsfaktoren f_1, f_2, f_3 und f_4 zu berücksichtigen.

Umrechnungsfaktoren für:

- f_1 abweichende Umgebungstemperaturen: **Seite 673**
- f_2 Häufung von Kabeln oder Leitungen: **Seite 673**
- f_3 mehradrig belastete Kabel und Leitungen: **Seite 673**
- f_4 Auswirkung von Oberschwingungsströmen: **Seite 333**

Schutz von Leitungen und Kabeln gegen zu hohe Erwärmung. Überstrom-Schutzeinrichtungen **(Seite 320)** schützen Leitungen und Kabel gegen Überlastung und Kurzschluss und damit gegen zu hohe Erwärmung. **Überlastströme** treten in fehlerfreien Stromkreisen durch eine zu hohe Verbraucherleistung auf. **Kurzschlussströme** entstehen in Stromkreisen bei nahezu widerstandslosem Fehler (Kurzschluss) zwischen zwei leitenden Stellen, die betriebsmäßig gegeneinander unter Spannung stehen.

Übersicht: Wichtige Einflussgrößen zur Strombelastbarkeit von Kabeln und Leitungen

- Leiterquerschnitt
- Anzahl der belasteten Adern
- Leiterisolierung
- Leitungs- und Kabelaufbau
- Verlegeart
- Umgebungstemperatur
- Häufung von Kabeln/Leitungen
- Oberschwingungsströme
- Dämmung des Verlegeorts

Oberschwingungsströme

Oberschwingungsströme **(Seite 309)** entstehen durch elektronische Verbraucher, z. B. Schaltnetzteile. Diese belasten zusätzlich den Neutralleiter. Ein Oberschwingungsanteil von z. B. 35 % kann zu einer Querschnittserhöhung von z. B. 6 mm² auf 10 mm² führen.

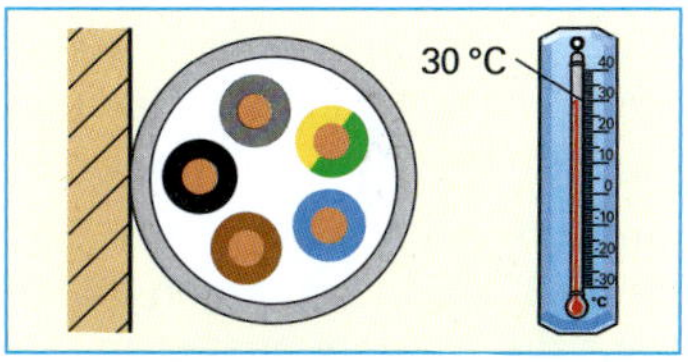

Bild 1: Umgebungstemperatur bei Leitungen oder Kabeln

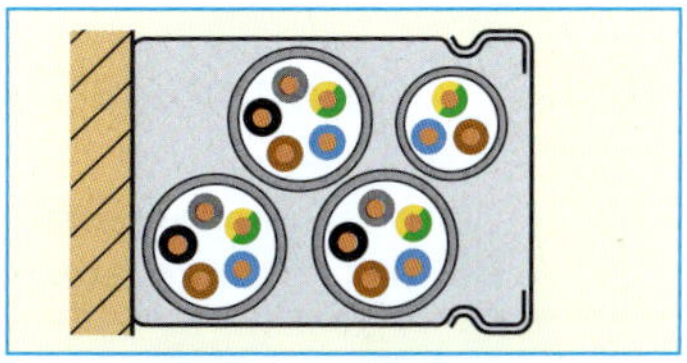

Bild 2: Häufung von Leitungen oder Kabeln in einem Leitungskanal

Strombelastbarkeit von Kabeln und Leitungen

$$I_Z = I_r \cdot f_1 \cdot f_2 \cdot f_3 \cdot f_4$$

I_Z Strombelastbarkeit bei abweichenden Betriebsbedingungen
I_r Bemessungswert der Strombelastbarkeit
f_1 Umrechnungsfaktor für abweichende Umgebungstemperatur
f_2 Umrechnungsfaktor für Häufung von Leitungen oder Kabeln
f_3 Umrechnungsfaktor für mehradrig belastete Kabel/Leitungen
f_4 Umrechnungsfaktor für Oberschwingungsströme

SimElektro Fachstufe 1.0

Fachstufe S45

Um Leitungen oder Kabel vor Überlastströmen und damit vor einer unzulässigen Erwärmung zu schützen, sind bei der Auswahl der Überstrom-Schutzeinrichtung Bedingungen einzuhalten:

- Um ein Auslösen der Überstrom-Schutzeinrichtung im fehlerfreien Betrieb zu vermeiden, muss der Bemessungsstrom I_N mindestens so groß wie der Betriebsstrom I_b des angeschlossenen Verbrauchers sein. Bei Betriebsmitteln wie z. B. Schuko-Steckdosen entspricht der Betriebsstrom I_b dem Bemessungsstrom des Betriebsmittels, z. B. 16 A. Zusätzlich ist sicherzustellen, dass der Bemessungsstrom der Überstrom-Schutzeinrichtung I_N maximal so groß ist wie die zulässige Strombelastbarkeit I_Z der Leitung **(Tabelle).**
- Der Wert des großen Prüfstromes I_2 der Überstrom-Schutzeinrichtung darf maximal so groß wie der 1,45-fache Wert der zulässigen Strombelastbarkeit I_Z der Leitung sein. Dies wird erfüllt, wenn genormte Überstrom-Schutzeinrichtungen eingesetzt werden, bei denen die Hersteller die Einhaltung der Abschaltgrenzwerte garantieren.

Treten Überlastströme auf, die kleiner als der große Prüfstrom I_2 der Überstrom-Schutzeinrichtung sind, ist der Schutz nicht gewährleistet. Deshalb dürfen solch kleine Überlastungen nicht regelmäßig auftreten bzw. nur von kurzer Dauer sein.

Liegen keine abweichenden Betriebsbedingungen **(Seite 329)** von Leitungen oder Kabeln vor und beträgt die Umgebungstemperatur 30 °C, wird der Bemessungsstrom I_N der Überstrom-Schutzeinrichtung aus **Tabelle 1, Seite 673** entnommen.

Tabelle: Zuordnung von Überstrom-Schutzeinrichtungen zum Leitungsschutz (DIN VDE 0100-430)

Bedingungen:	• $I_b \le I_N \le I_z$ • $I_2 \le 1{,}45 \cdot I_z$
LS-Schalter, Charakteristik B, C und D (DIN EN 60898-4): $I_2 = 1{,}45 \cdot I_N$ mit $t_a < 1$ h	LS-Schalter, Charakteristik Z und K (DIN EN 60898-4): $I_2 = 1{,}2 \cdot I_N$ mit $t_a < 1$ h*

I_b Betriebsstrom des Verbrauchers
I_z zulässige Strombelastbarkeit der Leitung
I_N Bemessungsstrom der Überstrom-Schutzeinrichtung
I_2 großer Prüfstrom der Überstrom-Schutzeinrichtung, bei dem der thermische Auslöser des LS-Schalters nach $t_a < 1$ h sicher abschaltet

* Aufgrund des kleineren Prüfstromes I_2 bewirken LS-Schalter der Charakteristik Z bzw. K eine höhere Betriebssicherheit gegenüber denen der Charakteristik B, C und D.

Berechnung des Spannungsfalls ΔU (Praxis)

Gleichstrom	$\Delta U = \frac{2 \cdot l \cdot I}{\gamma \cdot A}$
Einphasenwechselstrom	$\Delta U = \frac{2 \cdot l \cdot I \cdot \cos\varphi}{\gamma \cdot A}$
Drehstrom	$\Delta U = \frac{\sqrt{3} \cdot l \cdot I \cdot \cos\varphi}{\gamma \cdot A}$
Prozentualer Spannungsfall	$\Delta u = \frac{\Delta U \cdot 100\,\%}{U}$

ΔU	Spannungsfall in V	I*	Leiterstrom
Δu	Spannungsfall in %	A	Leiterquerschnitt
U	Netznennspannung	l	Leitungslänge
γ	elektr. Leitfähigkeit	$\cos\varphi$	Wirkfaktor

* Bemessungsstrom I_N der Überstrom-Schutzeinrichtung

10.5.1 Spannungsfall an Leitungen

- Beispiel Spannungsfall: **Seite 52**
- Beispiel Leitungsberechnung: **Seite 332**

Bei der Ermittlung des Leiterquerschnitts ist neben der Strombelastbarkeit I_Z der Leitung auch der zulässige Spannungsfall ΔU an der Leitung **(Seite 52)** zu berücksichtigen **(Bild).** Für den Leiterstrom zur Berechnung des Spannungsfalls gilt:

In allen Stromkreisen, z. B. verzweigte Stromkreise, unverzweigte Stromkreise, Stromkreise mit und und ohne Steckvorrichtungen sowie in Motorstromkreisen wird grundsätzlich der Bemessungsstrom I_N der Überstrom-Schutzeinrichtung eingesetzt.

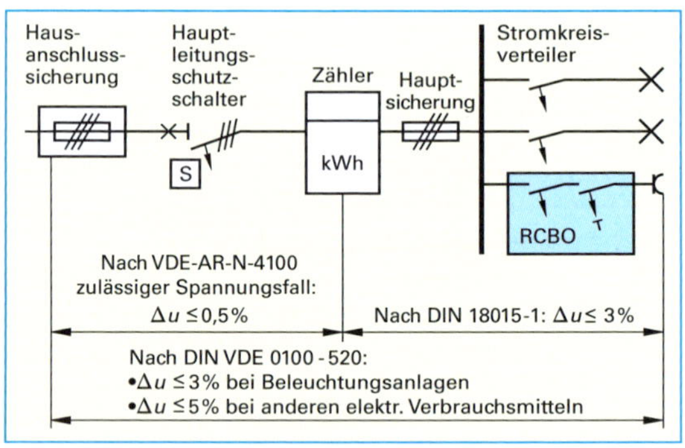

Bild: Zulässiger Spannungsfall

Berechnung des Spannungsfalls ΔU nach DIN VDE 0100-520 (Vernachlässigung bei üblichen Installationsleitungen):

Bei Wechselstrom: $\Delta U = b \cdot I \cdot \left(\frac{l \cdot \cos\varphi}{\gamma \cdot A} + \lambda \cdot l \cdot \sin\varphi\right)$, bei Drehstrom: $\Delta U = \sqrt{3} \cdot b \cdot I \cdot \left(\frac{l \cdot \cos\varphi}{\gamma \cdot A} + \lambda \cdot l \cdot \sin\varphi\right)$

b Koeffizient = 1, bei dreiphasigen Stromkreisen — $\cos\varphi$, wenn unbekannt ⇒ 0,8
Koeffizient = 2, bei einphasigen Stromkreisen — $\sin\varphi$, wenn unbekannt ⇒ 0,6
λ Blindwiderstand je Längeneinheit des Leiters, wenn unbekannt λ = 0,08 mΩ/m.

10.5.2 Anordnung von Überstrom-Schutzeinrichtungen

Anordnung der Schutzeinrichtungen. Schutzeinrichtungen gegen Überlastung müssen am Anfang des Stromkreises und an jeder Stelle vorhanden sein, an der sich die Strombelastbarkeit I_Z der Leitung verringert (DIN VDE 0100-430).

Schutzeinrichtungen müssen den Stromkreis bei Kurzschluss unterbrechen, bevor die Grenztemperatur des Leiters erreicht ist.

Überstrom-Schutzeinrichtungen dürfen jedoch innerhalb einer Leitung beliebig versetzt werden, wenn die Leitung oder das Kabel vor der Schutzeinrichtung gegen Kurzschluss geschützt ist und der Stromkreis keine Abzweige oder Steckvorrichtungen enthält. Ein Versetzen der Überlastsicherung bis zu 3 m ist erlaubt, wenn die Leitung kurzschluss- und erdschlusssicher sowie nicht in der Nähe von brennbaren Stoffen verlegt wird. Als kurzschluss- und erdschlusssicher gelten z.B. einadrige Leitungen, die in getrennten Kabelkanälen oder Kunststoffrohren geführt sind.

Kurzschlussschutz. Ein Kurzschluss kann zu Stromstärken führen, welche die Dauerbelastbarkeit von Leitungen und Kabeln um ein Vielfaches überschreiten. Im Gegensatz zur Überlastung entsteht in den Leitern bei einem Kurzschluss die Wärme so schnell, dass eine Wärmeableitung nach außen nicht rasch genug möglich ist. Die durch den Kurzschluss hervorgerufene Stromwärme wird dann im Leiter gespeichert. Steigt dabei die Leitertemperatur über die zulässige Grenztemperatur der Leiterisolation, wird die Isolation zerstört.

Die bei einem vollkommenen Kurzschluss auftretende Stromstärke muss entweder berechnet, an einem Netzmodell des Netzbetreibers untersucht oder in der Anlage gemessen werden.

Messen der Schleifenimpedanz: **Seite 377**

Die zulässige Ausschaltzeit für Kurzschlüsse mit einer Dauer bis 5 Sekunden kann man mit den in der **Tabelle** angegebenen Materialbeiwerten berechnen. Die Ausschaltzeiten von Ganzbereichssicherungen (gG) und für Leitungsschutzschalter entnimmt man den Strom-Zeit-Kennlinien **(Seite 671)**.

Wiederholungsfragen

1 **Welche Verlegeart liegt bei unter Putz verlegten Mantelleitungen vor?**

2 **In welchen Fällen muss die Strombelastbarkeit I_Z von isolierten Leitungen verringert werden?**

3 **Geben Sie den zulässigen Spannungsfall hinter der Messeinrichtung an.**

4 **In welchen Stromkreisen verzichtet man auf den Überlastschutz?**

Übersicht: Auf den Überlastschutz kann verzichtet werden in:

- Steuerstromkreisen,
- Erregerstromkreisen umlaufender Maschinen,
- Sicherheitsstromkreisen, z.B. von Feuerlöscheinrichtungen,
- Sekundärstromkreisen von Stromwandlern,
- Stromkreisen von Hubmagneten,
- Meldelinien von Gefahrenmeldeanlagen.

Tabelle: Materialbeiwerte k zur Berechnung der zulässigen Ausschaltzeit t_w bei Kurzschluss in $(\sqrt{s} \cdot A)/mm^2$
(nach DIN VDE 0100-540)

Leiterwerkstoff	Werkstoff der Leiterisolation			
	Gummi	PVC	PE-X*	IIK**
Cu	141	115	143	134
Al	93	76	94	89

* PE-X: Isolierung aus vernetztem Polyethylen
**IIK: Isolierung aus Butyl-Kautschuk

Überstrom-Schutzeinrichtungen: **Seite 320**

Berechnung der zulässigen Ausschaltzeit bei Kurzschluss (nach DIN VDE 0100-540)

$$t_w = \left(k \cdot \frac{A}{I_K}\right)^2 \qquad [t_w] = \left(\frac{\sqrt{s} \cdot A}{mm^2} \cdot \frac{mm^2}{A}\right)^2 = s$$

t_w maximal zulässige Ausschaltzeit bei Kurzschluss
k Materialbeiwert, z.B. bei PVC-isolierten Cu-Leitern: $k = 115\ (\sqrt{s} \cdot A)/mm^2$
A Leiterquerschnitt
I_K Kurzschlussstrom bei vollkommenem Kurzschluss

Beispiel:

Die Zuleitung einer Unterverteilung NYM 5 x 6 mm² Cu ist mit I_N = 35 A abgesichert. An den Sammelschienen der Verteilung wird aus der gemessenen Schleifenimpedanz und der Netznennspannung ein Kurzschlussstrom I_K = 450 A ermittelt. Wird die Leitung bei Kurzschluss vor Erreichen der Grenztemperatur abgeschaltet?

Lösung:

Materialbeiwert für PVC-isolierte Kupferleiter aus Tabelle: $k = 115\ (\sqrt{s} \cdot A)/mm^2$

$$t_w = \left(k \cdot \frac{A}{I_K}\right)^2 = \left(115 \frac{\sqrt{s} \cdot A}{mm^2} \cdot \frac{6\ mm^2}{450\ A}\right)^2 = \mathbf{2{,}35\ s}$$

Aus der Auslösekennlinie der Überstrom-Schutzeinrichtung **Seite 671:** Bei I_K = 450 A löst die Sicherung nach etwa 60 ms aus.

Die Leitung wird vor dem Erreichen der zulässigen Grenztemperatur abgeschaltet.

Praxistipp: Beispiel einer Leitungsberechnung

Situationsbeschreibung:

Ein Durchlauferhitzer ist über eine 35 m lange Mantelleitung anzuschließen. Ermitteln Sie mithilfe **Bild 1** und **Bild 2** den Bemessungsstrom I_N der Überstrom-Schutzeinrichtung, die Verlegeart und den Leiterquerschnitt A der Leitung.

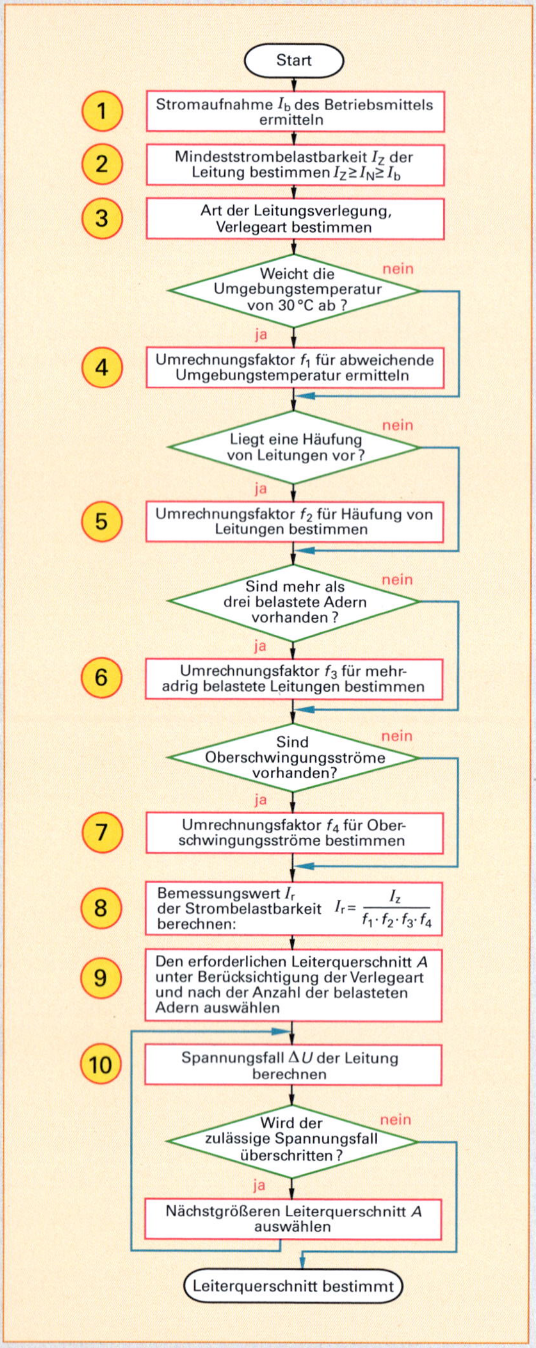

Bild 1: Ablaufplan einer Leitungsberechnung

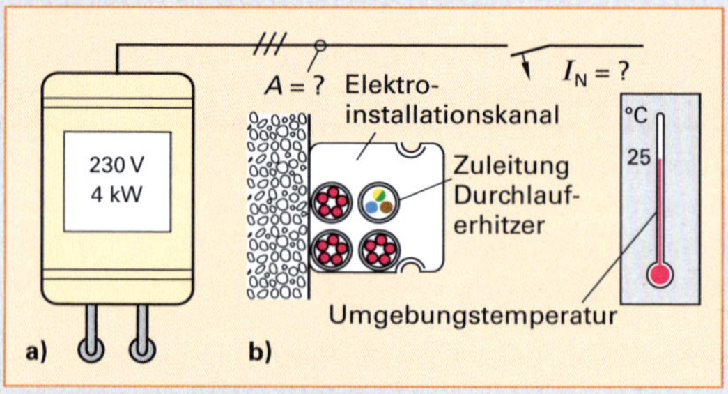

Bild 2: a) Durchlauferhitzer und b) Verlegebedingungen der Zuleitung

Lösung:

① Stromaufnahme I_b des Durchlauferhitzers

$$I_b = \frac{P}{U \cdot \cos\varphi} = \frac{4000\,\text{W}}{230\,\text{V} \cdot 1} = \mathbf{17{,}4\,A}$$

② Der Bemessungsstrom I_N der Überstrom-Schutzeinrichtung muss mindestens so groß sein wie I_b:
I_N = 20 A (Tabelle, Seite 324, I_N von LS-Schaltern)
Die zulässige Strombelastbarkeit I_Z der Leitung muss mindestens so groß sein wie I_N:
Zu wählen ist die Mindeststrombelastbarkeit: **I_Z = 20 A**, um unnötig große Querschnitte zu vermeiden.

③ Aus **Tabelle 1, Seite 672: Verlegeart B2**

④ Aus **Tabelle 2, Seite 673** für Umgebungstemperatur 25 °C und PVC-Isolierung: **f_1 = 1,06**

⑤ Aus **Tabelle 3, Seite 673** bei 4 belasteten Leitungen im Elektroinstallationskanal: **f_2 = 0,65**

⑥ Aus **Tabelle 4, Seite 673** bei 2 belasteten Adern (Wechselstromkreis): **f_3 = 1**

⑦ Keine Oberschwingungsströme: **f_4 = 1 (Tab. 2, Seite 333)**

⑧ Bemessungswert I_r der Strombelastbarkeit

$$I_r = \frac{I_Z}{f_1 \cdot f_2 \cdot f_3 \cdot f_4} = \frac{20\,\text{A}}{1{,}06 \cdot 0{,}65 \cdot 1 \cdot 1} = \mathbf{29\,A}$$

⑨ Aus **Tabelle 1, Seite 673** bei Verlegeart B2 und 2 belasteten Adern: Für I_r = 29 A (Tab.-Wert: 30 A) gewählt **A = 4 mm²**

⑩ $$\Delta U = \frac{2 \cdot l \cdot I_N \cdot \cos\varphi}{\gamma \cdot A} = \frac{2 \cdot 35\,\text{m} \cdot 20\,\text{A} \cdot 1}{\frac{56\,\text{m}}{\Omega \cdot \text{mm}^2} \cdot 4\,\text{mm}^2} = \mathbf{6{,}25\,V}$$

Zulässiger Spannungsfall nach DIN 18015, **Bild, Seite 330: Δu = 3 %** der Netznennspannung: **ΔU = 6,9 V**

6,25 V < 6,9 V, der gewählte Leiterquerschnitt **A = 4 mm² Cu** ist ausreichend.

I_b Stromaufnahme des Betriebsmittels
I_N Bemessungsstrom der Überstrom-Schutzeinrichtung
I_r Bemessungswert der Strombelastbarkeit der Leitung
I_Z Strombelastbarkeit der Leitung bei abweichenden Betriebsbedingungen
f_1 Umrechnungsfaktor für abweichende Umgebungstemperatur
f_2 Umrechnungsfaktor für Häufung von Leitungen
f_3 Umrechnungsfaktor für mehradrig belastete Leitungen
f_4 Umrechnungsfaktor für Oberschwingungsströme

Situationsbeschreibung:

Der Leiterquerschnitt A einer Zuleitung vom Zähler (Unterverteiler) zu einem Großraumbüro soll dimensioniert werden.

Die Installation umfasst:

- 120 Leuchtstofflampen mit EVG[1],
- 36 PC-Arbeitsplätze mit Flachmonitor,
- 3 Kopierer und
- 3 Faxgeräte,
- Zuleitung: Leitung NYM-J, Länge $l = 35$ m, Verlegeart B2, 3 belastete Adern, Umgebungstemperatur $\vartheta_u = 25$ °C, $U = 400$ V.

Hinweis: Nichtlineare Lasten, z. B. Energiesparlampen, PCs und Monitore, verursachen Oberschwingungsströme, die den Neutralleiter im Netz zusätzlich belasten **(Bild)**. Die Berechnung des Leiterquerschnitts nach DIN VDE 0298-4 **(Seite 329)** kann deshalb zu einem falschen Ergebnis führen.

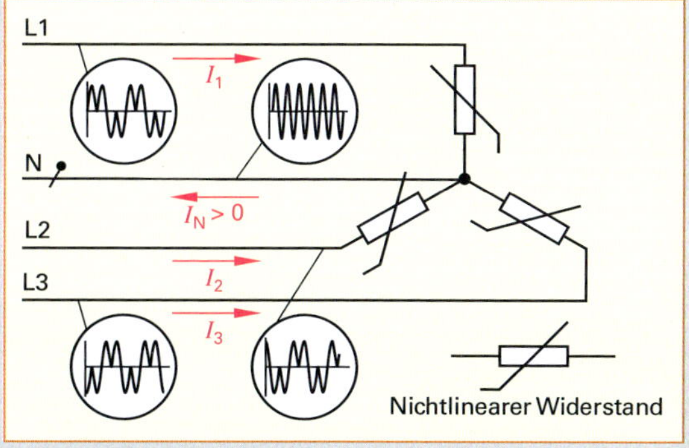

Bild: Symmetrische Belastung der Außenleiter mit nichtlinearen Lasten

Berechnung der Ströme bei symmetrischer Belastung:

1. Summe der Außenleiterströme I_{Lges} (nach Tabelle 1).

Allgemein gilt: $I_{Lges} = n \cdot I_L$

I_{Lges} Strom im Außenleiter
n Verbraucheranzahl pro Außenleiter
I_L Strom

Beispiel Beleuchtung: $I_{L1ges} = n \cdot I_L = 40 \cdot 0{,}25\ \text{A} = 10{,}00\ \text{A}$

Verbraucher	Anzahl pro Außenleiter	Strom I_L in A	I_{Lges} in A
Beleuchtung	40	0,25	10,00
PC	12	0,38	4,56
Flachmonitor	12	0,24	2,88
Kopierer	1	0,61	0,61
Faxgeräte	1	0,17	0,17
Summe I_{Lges}:			18,22 A

2. Bemessungsstrom des LS-Schalters bestimmen:

Außenleiterstrom $I_{Lges} = 18{,}22$ A, ⇒ Überstrom-Schutzeinrichtung $I_N = 20$ A **(Tabelle, Seite 324)**, $I_Z \geq 20$ A

3. Summe der Verzerrungsströme I_{Vges} (nach Tabelle 1).

Allgemein gilt: $I_{Vges} = n \cdot I_V$

I_{Vges} Verzerrungsstrom im Außenleiter
n Verbraucheranzahl pro Außenleiter
I_V Verzerrungsstrom

Beispiel Beleuchtung: $I_{V1ges} = n \cdot I_V = 40 \cdot 0{,}043\ \text{A} = 1{,}72\ \text{A}$

Verbraucher	Anzahl pro Außenleiter	Verzerrungsstrom I_V in A	I_{Vges} in A
Beleuchtung	40	0,043	1,720
PC	12	0,057	0,684
Flachmonitor	12	0,137	1,644
Kopierer	1	0,144	0,144
Faxgeräte	1	0,083	0,083
Summe I_{Vges}:			4,275 A

4. Oberschwingungsanteil O_{An} berechnen:

$$\text{Oberschwingungsanteil } O_{An} = \frac{\text{Verzerrungsstrom } I_{Vges}}{\text{Außenleiterstrom } I_{Lges}} \cdot 100\,\%$$

$$O_{An} = \frac{I_{Vges}}{I_{Lges}} \cdot 100\,\% = \frac{4{,}275\ \text{A}}{18{,}22\ \text{A}} \cdot 100\,\% = 23{,}46\,\%$$

Schritte zur Ermittlung des Leiterquerschnitts bei Oberschwingungsströmen:

Man berechnet bzw. bestimmt zuerst:

- Summe der Außenleiterströme
- Überstromschutzeinrichtung
- Summe der Verzerrungsströme im Außenleiter
- Oberschwingungsanteil im Außenleiter

Danach bestimmt man:

- Leiterquerschnitt
- Spannungsfall

Tabelle 1: Typische Verzerrungsströme elektronischer Verbraucher (nach DIN VDE 0100-520, Beiblatt 3)

Elektronisches Verbrauchsmittel	Leistung P in W	Strom I_L in A	Verzerrungsstrom I_V in A
Kompakt-Leuchtstofflampe	23	0,15	0,08
Leuchtstofflampe mit EVG[1]	55	0,25	0,043
Leuchtstofflampe mit Kompensation	62	0,30	0,067
PC	82	0,38	0,057
Flachmonitor	32	0,24	0,137
Kopierer	103	0,61	0,144
Faxgerät	22	0,17	0,083

Tabelle 2: Reduktionsfaktor f_4 für Verbraucher, die Oberschwingungen erzeugen (nach DIN VDE 0100-520, Beiblatt 3)

Prozentueller Leistungsanteil der Oberschwingungen erzeugenden Verbraucher, bezogen auf die Gesamtleistung	Reduktionsfaktor f_4
0 bis 15 %	1
> 15 bis 25 %	0,95
> 25 bis 35 %	0,9
> 35 bis 45 %	0,85
> 45 bis 55 %	0,8
> 55 bis 65 %	0,75
> 65 bis 75 %	0,7
> 75 %	0,65

[1] **EVG**, Abk. für: **E**lektronisches **V**orschalt**g**erät

 (Nächster Praxistipp: Seite 382)

5. Leiterquerschnitt *A* unter Berücksichtigung des Oberschwingungsanteils bestimmen:

Bei $I_Z = 20$ A, dem Oberschwingungsanteil O_{An} im Außenleiter von 23,46 % und Verlegeart B2 ⇒
Aus **Tabelle: Leiternennquerschnitt $A = 4\ mm^2$**

6. Leiterquerschnitt *A* ohne Berücksichtigung des Oberschwingungsanteils bestimmen:

Aus **Tabelle 2, Seite 673:**
$f_1 = 1{,}06 \Rightarrow I_r = \frac{I_Z}{f_1} = \frac{20\ A}{1{,}06} = 18{,}86\ A$
Aus **Tabelle 1: Seite 673: Leiternennquerschnitt $A = 2{,}5\ mm^2$**

Ergebnis: Die Rechnung zeigt, dass der Leiterquerschnitt *A* der Zuleitung wegen der Oberschwingungsströme größer dimensioniert werden muss.
Die Zuleitung ist mit $A = 4\ mm^2$ zu installieren.

7. Alternative Vorgehensweise:

Alle Verbraucher der Installation erzeugen Oberschwingungen. Der Leistungsanteil der Oberschwingungen erzeugenden Verbraucher, bezogen auf die Gesamtleistung, liegt über 75 %. ⇒
Aus **Tabelle 2, Seite 673:** $f_1 = 1{,}06$
Aus **Tabelle 2, Seite 333:** $f_4 = 0{,}65$
$I_r = \frac{I_Z}{f_1 \cdot f_4} = \frac{20\ A}{1{,}06 \cdot 0{,}65} = 29{,}03\ A \Rightarrow$
Aus **Tabelle 1, Seite 673: Leiternennquerschnitt $A = 6\ mm^2$**

Übersicht: Korrekturfaktoren nach DIN VDE 0298-4 und DIN VDE 0100-520, Beiblatt 3

- Für Außenleiterströme mit bis zu 15 % Anteil Oberschwingungen wird kein vergrößerter Neutralleiterquerschnitt empfohlen.
- Für Außenleiterströme > 15 % bis 33 % Anteil Oberschwingungen wird kein vergrößerter Neutralleiterquerschnitt empfohlen, jedoch muss der Außenleiterstrom auf den Faktor 0,86 vermindert bzw. die Mindestbelastbarkeit der Leitung auf den Faktor 1,16 vergrößert werden. Der Querschnitt der Leitung muss daher größer werden.
- Für Außenleiterströme > 33 % bis 45 % Anteil Oberschwingungen muss die Leitung nach dem Neutralleiterstrom ausgewählt und der Neutralleiterstrom auf den Faktor 0,86 vermindert werden. Der Querschnitt des Neutralleiters muss größer werden.
- Ab 45 % Anteil Oberschwingungen muss die Leitung nach dem Neutralleiterstrom (≥ 135 % des Außenleiterstroms) ausgewählt werden. Die Außenleiter sind damit überdimensioniert.

Die alternative Vorgehensweise nach Punkt 7 mithilfe der **Tabelle 2, Seite 333** soll nur angewendet werden, wenn eine genaue Berechnung der Oberschwingungsanteile der zu versorgenden Verbraucher nicht möglich ist.

8. Bestimmung des Spannungsfalls ΔU nach DIN VDE 0100-520 (Seite 330):

$$\Delta U = \sqrt{3} \cdot I \cdot \left(\frac{l \cdot \cos\varphi}{\gamma \cdot A} + \lambda \cdot l \cdot \sin\varphi\right) = \sqrt{3} \cdot 20\ A \cdot \left(\frac{35\ m \cdot 0{,}8}{\frac{56\ m}{(\Omega \cdot mm^2)} \cdot 4\ mm^2} + \frac{0{,}08\ m\Omega}{m} \cdot 35\ m \cdot 0{,}6\right)$$

$$= \sqrt{3} \cdot 20\ A \cdot 0{,}127\ \Omega = \mathbf{4{,}4\ V}; \quad \Delta u = \frac{\Delta U}{U} \cdot 100\,\% = \frac{4{,}4\ V}{400\ V} \cdot 100\,\% = \mathbf{1{,}1\,\%}$$

Ist der $\cos\varphi$ bzw. $\sin\varphi$ unbekannt, wird für $\cos\varphi = 0{,}8$, für den $\sin\varphi = 0{,}6$ angenommen.

Ergebnis: Δu in Beleuchtungsanlagen ab Zähleranschluss:

3 % – 0,5 % = 2,5 % **(Bild, Seite 330),** ⇒ **Spannungsfall nicht überschritten.**

Tabelle: Belastbarkeit von Kabeln und Leitungen für die Verlegearten A1, A2, B1, B2 und C mit Berücksichtigung des Oberschwingungsanteils. Betriebstemperatur: 70 °C, Umgebungstemperatur: 25 °C (nach DIN VDE 0100-520, Beiblatt 3 Auszug)

Verlegeart	A1			A2			B1			B2			C		
Anteil der Oberschwingungen des Außenleiterstroms	> 15 % bis 33 %	> 33 % bis 45 %	> 45 %	> 15 % bis 33 %	> 33 % bis 45 %	> 45 %	> 15 % bis 33 %	> 33 % bis 45 %	> 45 %	> 15 % bis 33 %	> 33 % bis 45 %	> 45 %	> 15 % bis 33 %	> 33 % bis 45 %	> 45 %
Leiternennquerschnitt in mm²	Strombelastbarkeit I_Z der Leitung in A														
4	21	15	13	21	15	13	25	18	16	25	18	16	29	22	19
6	27	20	17	27	20	17	31	23	20	31	23	20	37	27	24
10	39	29	25	35	26	23	46	34	29	42	31	27	52	38	33
16	51	38	33	47	35	31	62	46	40	57	42	37	70	52	45
25	66	49	43	62	46	40	81	60	52	73	54	47	88	65	57
35	81	60	52	76	56	49	101	75	65	90	67	58	108	80	70

10.6 Räume und Anlagen besonderer Art

10.6.1 Elektroinstallation in Räumen mit Badewanne oder Dusche

In Wohngebäuden gehören Räume mit Badewanne oder Dusche zu den trockenen Räumen, weil dort Feuchtigkeit nur zeitweise auftritt. In diesen Räumen besteht jedoch eine besondere Gefährdung, da ein durch Feuchtigkeit verringerter Körperwiderstand in Verbindung mit Erdpotenzial bereits bei kleiner Berührungsspannung **(Seite 349)** einen gefährlichen Körperstrom hervorrufen kann.

Die Elektroinstallation in Räumen mit Badewanne oder Dusche ist deshalb so auszuführen, dass Personen keinem gefährlichen Körperstrom ausgesetzt werden.

Bei der Installation von Räumen mit Badewanne oder Dusche unterscheidet man nach DIN VDE 0100-701 die Bereiche 0, 1 und 2.

Bereiche in Räumen mit Badewanne oder Dusche

- **Bereich 0** umfasst das Innere der Bade- oder Duschwanne.
- **Bereich 1** ist durch die senkrechten Flächen um die Bade- oder Duscheinrichtung begrenzt **(Bild 1 und 2)**. Zum Bereich 1 gehört auch der Raum unter Bade- oder Duschwannen **(Bild 1)**.
- **Bereich 2** schließt seitlich an den Bereich 1 mit einer Breite von 0,6 m an **(Bild 1 und 2)**.
- Die Höhe *h* der Bereiche 1 und 2 wird begrenzt:
  - 2,25 m über dem Fertigfußboden oder
  - durch den höchsten fest angebrachten Brausekopf oder die höchste fest angebrachte Wasserauslassstelle, je nachdem was höher ist.
- **Bei Duschen ohne Duschwannen (Bild 3)** begrenzt die senkrechte Mantelfläche mit einem Radius $R = 1{,}2$ m um die Wasseraustrittstelle (Brausekopf) den Bereich 1. Feste Raum- oder Trennwände begrenzen ebenso den Bereich 1.
- Bei Duschen ohne Duschwanne entfallen die Bereiche 0 und 2 **(Bild 3)**.

Die Grenzen der Bereiche 2 bei Duschen mit fester Trennwand **(Bild 2)**, bzw. des Bereiches 1 bei Duschen ohne Duschwanne **(Bild 3)**, lassen sich mit einem Fadenmaß, z. B. einer Schnur der Länge 0,6 m bzw. 1,2 m, festlegen. Das Fadenmaß bildet den Bereich nach, den ein Mensch aus dem Bereich 1 umoder übergreifen kann (**Bild 2 und Bild, Seite 336**).

Bei Duschen oder Badewannen mit fester Trennwand setzt man das Fadenmaß an der inneren Trennwandecke an **(Bild 2)**. Deshalb verringert sich der Radius und damit der Verlauf des Bereiches 2 um die Wandstärke der Trennwand. Bei Duschen ohne Duschwanne setzt man das Fadenmaß an der Wasserauslassstelle, z. B. am Brausekopf, an **(Bild 3)**.

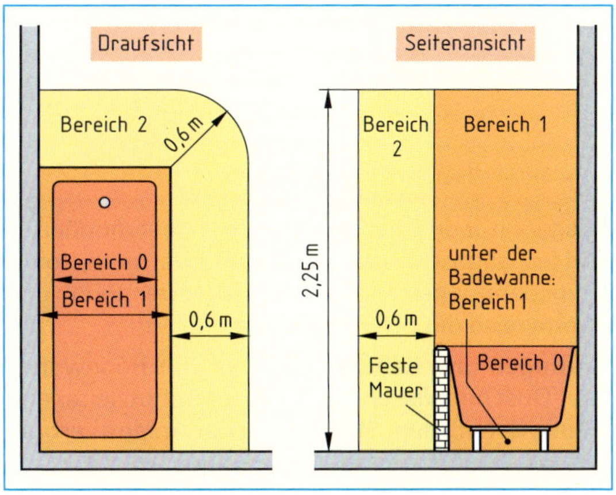

Bild 1: Bereichseinteilung in Räumen mit Badewanne oder Dusche

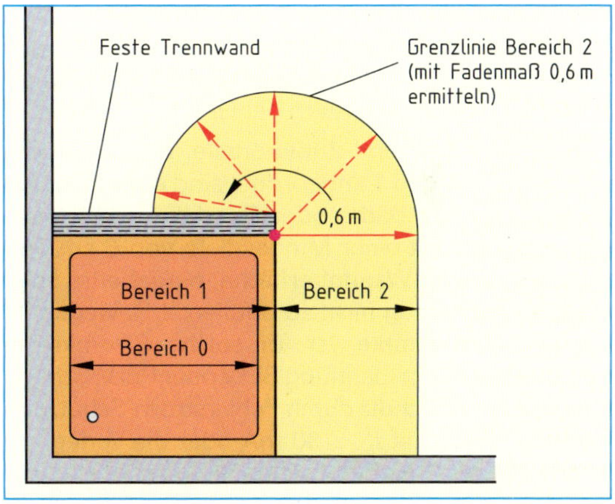

Bild 2: Bereichseinteilung bei Bade- oder Duschwannen mit fester Trennwand

Die Höhe *h* des Bereichs 1 wird begrenzt:

- 2,25 m über dem Fertigfußboden oder
- durch die Höhe der fest angebrachten Wasserauslassstellen z. B. Brausekopf.

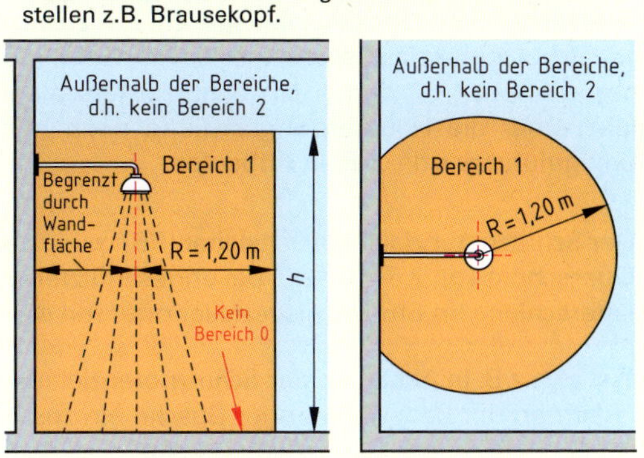

Bild 3: Grenze des Bereiches 1 bei Duschen ohne Duschwanne und festem Brausekopf (Beispiel)

Betriebs- und Verbrauchsmittel. In den Bereichen 0, 1 und 2 sind die in der **Übersicht** genannten Betriebs- und Verbrauchsmittel mit der angegebenen Schutzklasse zugelassen.

Schutz gegen elektrischen Schlag.

Stromkreise für Räume mit Badewanne oder Dusche müssen durch Fehlerstrom-Schutzeinrichtungen mit einem Bemessungs-Differenzstrom $I_{\Delta N} \leq 30$ mA geschützt werden.

Ausgenommen sind Stromkreise zu fest montierten und fest angeschlossenen Wassererwärmern, sowie Kleinspannungsstromkreise SELV oder PELV und Stromkreise mit Schutztrennung.

Leitungen und Kabel in Räumen mit Badewanne oder Dusche müssen immer einen Schutzleiter enthalten, der mit dem Schutzleiter der Anlage verbunden ist. Ausgenommen sind Leitungen für SELV- und PELV-Stromkreise und für Stromkreise mit der Schutzmaßnahme Schutztrennung.

Leitungen oder Kabel zur Versorgung von Verbrauchsmitteln im Bereich 1 sind senkrecht, oder waagerecht von hinten durch die angrenzende Wand, zum Anschlussraum der Geräte zu führen.

Leitungen, Kabel und Zubehörteile, die außerhalb der Bereiche 0 und 1 angeordnet sind oder nicht zur Versorgung von Bade- oder Duschräumen beitragen, müssen mit einer Mindesttiefe von 6 cm, gemessen von der Wandoberfläche, eingebettet sein. Ist diese Forderung nicht zu erfüllen, z.B. wegen zu geringer Wandstärke, ist für solche Stromkreise Schutz durch Kleinspannung SELV oder PELV, Schutztrennung oder Schutz durch Fehlerstrom-Schutzeinrichtung (RCD) mit $I_{\Delta N} \leq 30$ mA oder die Verlegung in metallenen geerdeten Installationsrohren oder Kanalsystemen anzuwenden.

Stegleitungen dürfen in Räumen mit Badewanne oder Dusche nur verlegt werden, wenn sie mindestens 6 cm tief eingebettet sind.

Zusätzlicher Schutzpotenzialausgleich. Ein zusätzlicher Schutzpotenzialausgleich ist nur in Gebäuden vorgeschrieben, in denen ein Schutzpotenzialausgleich über die Haupterdungsschiene noch nicht durchgeführt wurde, z. B. in Altbauten.

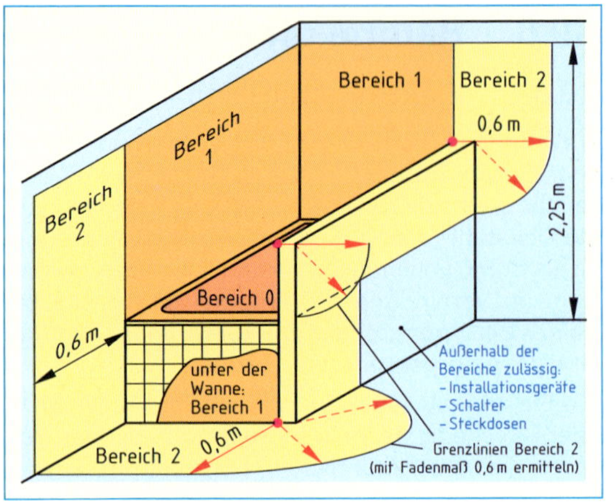

Bild: Bereichsgrenzen bei Trennwänden mit einer Höhe unter 2,25 m (Beispiel)

Übersicht: Schutzarten und zulässige Betriebs- und Verbrauchsmittel in den Bereichen 0, 1 und 2

- **Bereich 0: Mindestens Schutzart IPX7**
  - Ortsfest angebrachte, fest angeschlossene elektrische Verbrauchsmittel die mit Kleinspannung SELV* bis AC 12 V oder DC 30 V betrieben werden und nach Herstellerangaben für die Montage und Verwendung im Bereich 0 geeignet sind.
- **Bereich 1: Mindestens Schutzart IPX4**
  - Ortsfest angebrachte, fest angeschlossene elektrische Verbrauchsmittel die vom Hersteller für den Bereich 1 zugelassen sind, z.B. Whirlpooleinrichtungen, Duschpumpen, Handtuchtrockner, Wassererwärmer oder Lüfter.
  - Installationsgeräte und Verbrauchsmittel von Stromkreisen, die mit Kleinspannung SELV oder PELV* bis AC 25 V oder DC 60 V betrieben werden.
  - Nur Abzweig- und Anschlussdosen für Verbrauchsmittel die in den Bereichen 0 und 1 zugelassen sind.
- **Bereich 2: Mindestens Schutzart IPX4****
  - Installationsgeräte, ausgenommen Steckdosen,
  - Rasiersteckdoseneinheiten mit Schutztrennung,
  - Installationsgeräte einschließlich Steckdosen, sowie Betriebsmittel der Signal- und Kommunikationstechnik mit Kleinspannung SELV oder PELV* bis AC 50 V oder DC 120 V.

* Die Stromquelle muss außerhalb der Bereiche 0 und 1 angeordnet sein.

** Gilt nicht für Rasiersteckdoseneinheiten mit Schutztrennung.

Der Schutzpotenzialausgleichsleiter (PB) muss bei geschützter Verlegung, z.B. im Installationsrohr, einen Querschnitt von 2,5 mm² Cu, bei ungeschützter Verlegung von 4 mm² Cu haben. Er muss mit der Schutzleiterschiene im Stromkreisverteiler oder mit der Haupterdungsschiene verbunden sein.

Lässt sich z.B. in Altbauten der Schutzpotenzialausgleich über die Haupterdungsschiene nicht nachrüsten, ist in Räumen mit Badewanne oder Dusche ein zusätzlicher Schutzpotenzialausgleich auszuführen. Dabei sind metallene Heizungs-, Gas-, Frisch- und Abwasserleitungen, sowie fremde leitfähige Anlagenteile, z.B. leitfähige Lüftungskanäle, durch den Schutzpotenzialausgleichsleiter zu verbinden. Metallene Dusch- oder Badewannen müssen nach DIN VDE 0100-701 nicht in den zusätzlichen Schutzpotenzialausgleich einbezogen werden.

10.6.2 Sauna-Anlagen

Räume mit Sauna-Anlagen teilt man in die Bereiche 1, 2 und 3 ein **(Bild 1)**. Betriebsmittel in Räumen mit Sauna-Anlagen müssen mindestens spritzwassergeschützt sein (Schutzart IP 24). Bei Verwendung von Strahlwasser, z.B. zur Reinigung, sind strahlwassergeschützte Betriebsmittel zu verwenden (IP X5).

Im **Bereich 1** sind nur Betriebsmittel zulässig, die zu Sauna-Heizgeräten gehören. Betriebsmittel im **Bereich 3** müssen einer Umgebungstemperatur von 125 °C standhalten. Leitungen für den Bereich 3 sind für eine Umgebungstemperatur von mindestens 170 °C auszuwählen. Im **Bereich 2** bestehen keine Anforderungen an die Temperaturfestigkeit der Betriebsmittel.

- In Sauna-Räumen sind alle Stromkreise, mit Ausnahme der Sauna-Heizung, durch RCDs mit $I_{\Delta N} \leq 30$ mA zu schützen.
- In Sauna-Räumen dürfen keine Steckdosen vorhanden sein.

Leitungen und Kabel sollen vorzugsweise außerhalb der Bereiche 1 und 3 verlegt werden.

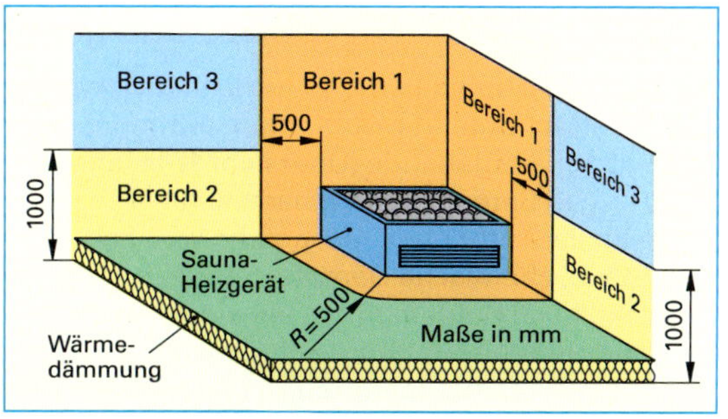

Bild 1: Bereichseinteilung in Sauna-Räumen

10.6.3 Baustellen

Auf Baustellen sind alle Verbrauchsmittel durch **Baustellenverteiler** zu versorgen. Sie enthalten die erforderlichen Überstrom-Schutzeinrichtungen, Fehlerstrom-Schutzeinrichtungen, Steckvorrichtungen und die Montagefläche für den Zähler.

Baustellen dürfen nicht über Steckvorrichtungen von Hausinstallationen versorgt werden.

Stromkreise mit Steckdosen müssen mit folgenden Fehlerstromschutz-Einrichtungen abgesichert sein:

- Bei Schutzkontaktsteckdosen $I_N \leq 16$ A mit RCD Typ A, $I_{\Delta N} \leq 30$ mA,
- Bei CEE-Steckvorrichtungen $I_N \leq 16/32$ A mit RCD Typ B, $I_{\Delta N} \leq 30$ mA,
- Bei CEE-Steckvorrichtungen $I_N \leq 63$ A mit RCD Typ B, $I_{\Delta N} \leq 500$ mA.

Zusätzlich können Steckdosen für Schutzkleinspannung SELV oder Schutztrennung, mit nur einem Verbrauchsmittel, vorhanden sein.

Baustellenverteiler müssen der Schutzart IP 44 entsprechen und durch einen abschließbaren Lasttrennschalter mit Sicherungen freischaltbar sein. RCDs sind täglich, der Verteiler monatlich zu prüfen. Die Prüfungen sind zu dokumentieren.

Bewegliche Leitungen auf Baustellen sollen gegen mechanische Beschädigung geschützt sein und müssen z.B. der Bauart H07RN-F entsprechen. Betriebsmittel auf Baustellen sind nach den in der **Tabelle** angegebenen Schutzarten auszuwählen.

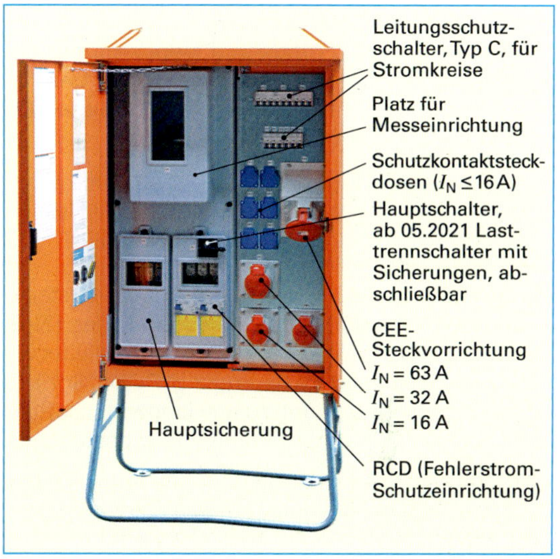

Bild 2: Baustellenverteiler

Übersicht: Stromversorgung auf Baustellen

Netzsysteme auf Baustellen:
- TN-System
- TT-System
- IT-System

Schutzmaßnahmen nach Baustellenverteilern:
- Kleinspannung SELV oder PELV
- Schutztrennung mit einem Verbrauchsmittel
- Schutz durch automatische Abschaltung der Stromversorgung

Schutzmaßnahmen: **Seite 348**

Tabelle: Schutzarten von Betriebsmitteln für den Einsatz auf Baustellen

Betriebsmittel	Schutzart bzw. Ausführung
• Schaltgeräte	IP X4
• Steckvorrichtungen – 2-polig	IP X4, Isolierstoffgehäuse für erschwerte Bedingungen
• Leuchten	IP 23
• Handleuchten	IP 55, Schutzklasse II oder III
• Bodenleuchte	IP 55
• Elektr. Handwerkzeuge	IP 2X, Schutzklasse II

10.6.4 Landwirtschaftliche und gartenbauliche Betriebsstätten

Bei landwirtschaftlichen und gartenbaulichen Betriebsstätten unterscheidet man Wohngebäude und Wirtschaftsgebäude **(Übersicht 1)**. In landwirtschaftlichen Betriebsstätten besteht für Menschen und Nutztiere erhöhte Unfallgefahr, weil Feuchtigkeit, Staub, chemische Dämpfe, Säuren oder Salze auf elektrische Betriebsmittel einwirken. In gartenbaulichen Betriebsstätten, z.B. in Gewächshäusern, ist mit großer Luftfeuchtigkeit zu rechnen. Deshalb ist dort neben dem mechanischen Schutz der elektrischen Betriebsmittel der Schutz gegen Eindringen von Feuchtigkeit besonders wichtig. Durch die Lagerung von z.B. Futter- und Düngemitteln besteht zusätzlich eine erhöhte Brandgefahr, der Einbau eines Brandschutzschalters (AfDD, **Seite 325**) wird nach DIN VDE 0100-420 empfohlen.

Für die Installation getrennter Wohngebäude gelten die allgemeinen Bestimmungen für die Hausinstallation nach DIN VDE 0100 und DIN 18015.

Übersicht 1: Landwirtschaftliche und gartenbauliche Betriebsstätten (Beispiele)

Landwirtschaftliche Betriebsstätten:
- Ställe, Brut- und Aufzuchträume
- Räume zur Futtervorbereitung
- Scheunen, Vorratsräume für Heu und Stroh
- Lagerräume, z.B. für Futter, Düngemittel oder Getreide

Gartenbauliche Betriebsstätten:
- Gewächshäuser
- Räume zur Weiterverarbeitung der Erzeugnisse

Übersicht 2: Schutzmaßnahmen in landwirtschaftlichen und gartenbaulichen Betriebsstätten

- Feste Installation als TN-, TT- oder IT-System
- Fehlerstrom-Schutzeinrichtung (RCD)
  - in Endstromkreisen mit Steckdosen $I_{\Delta N} \leq 30$ mA
  - in allen anderen Stromkreisen $I_{\Delta N} \leq 300$ mA
- Kleinspannung SELV oder PELV
- Zusätzlicher Schutzpotenzialausgleich und Potenzialsteuerung im Standbereich der Tiere

Für die feste Installation sind TN-, TT- und IT-Systeme zugelassen **(Übersicht 2)**. Bei Anwendung des TN-Systems ist die elektrische Anlage nach dem Speisepunkt als TN-S-System auszuführen, d.h., Neutralleiter und Schutzleiter sind getrennt zu verlegen. Diese Anforderung gilt auch für andere Räume, z.B. Büros, Sozialräume, Maschinenräume oder Verkaufsräume, bei denen eine leitfähige Verbindung zu den landwirtschaftlichen oder gartenbaulichen Betriebsstätten durch Schutzleiter oder durch fremde leitfähige Teile besteht, z.B. durch Metallkonstruktionen oder Heizungsrohre.

Endstromkreise mit Steckdosen sind durch Fehlerstrom-Schutzeinrichtungen mit $I_{\Delta N} \leq 30$ mA, alle anderen Stromkreise, ausgenommen die Zuleitungen zu Verteilern, mit $I_{\Delta N} \leq 300$ mA zu schützen.

Zusätzlicher Schutzpotenzialausgleich und Potenzialsteuerung. Im Stand-, Liege-und Melkbereich der Tiere müssen alle durch die Tiere berührbaren Körper elektrischer Betriebsmittel und alle fremden leitfähigen Teile, z.B. Wasserleitungen, Selbsttränken, Anbindevorrichtungen, Melkanlagen oder Teile der Stahlkonstruktion, durch einen **zusätzlichen Schutzpotenzialausgleich** untereinander und mit dem Schutzleiter (PE) der Anlage verbunden sein **(Bild)**.

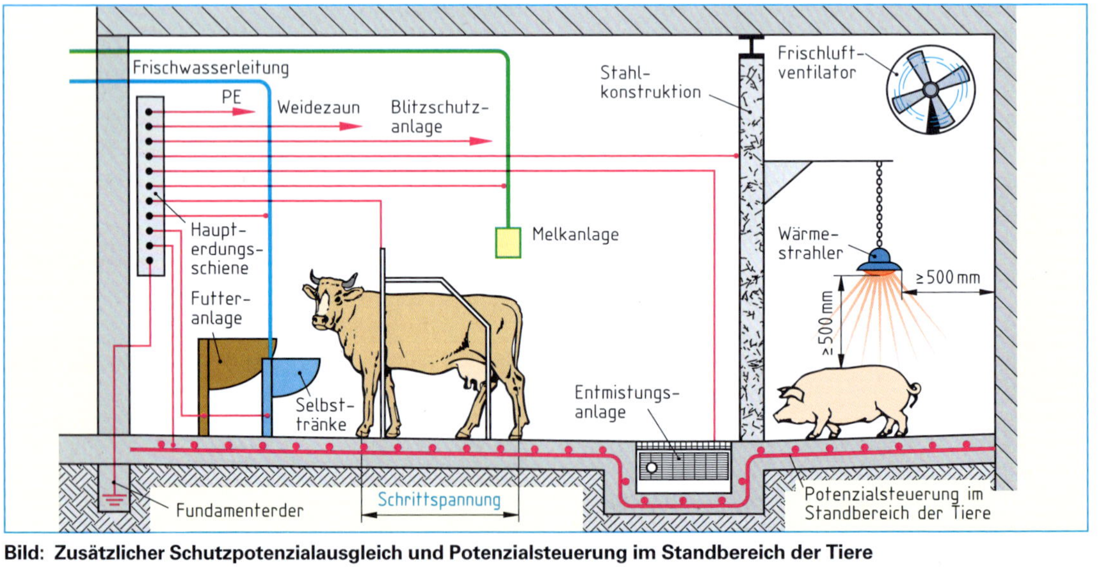

Bild: Zusätzlicher Schutzpotenzialausgleich und Potenzialsteuerung im Standbereich der Tiere

Die im Fußboden von Ställen eingelegten Baustahlmatten werden miteinander verschweißt und in den zusätzlichen Schutzpotenzialausgleich **(Bild, Seite 338)** einbezogen. Sie dienen dann der Potenzialsteuerung und sollen im Fehlerfall die Schrittspannung für die Nutztiere klein halten.

Mindestgrößen für den zusätzlichen Schutzpotenzialausgleichsleiter:
- Feuerverzinkter Bandstahl 30 mm × 3 mm
- Feuerverzinkter Rundstahl ∅ 8 mm
- Kupfer 4 mm²

Übersicht 1: Schutzarten für Betriebsmittel in landwirtschaftlichen und gartenbaulichen Betriebsstätten

- Betriebsmittel für Kleinspannung SELV oder PELV — IP 2X
  - an Orten mit Brandrisiko — IP XXD oder IP 4X
- Betriebsmittel für den normalen Gebrauch, z. B. Schalter, oder Steckvorrichtungen — IP 44
  - bei Auftreten von Staub — IP 54
- Leuchten — IP 54
- Verteiler, Steuergeräte — IP 4X
  - bei Staubanfall — IP 5X
- Elektromotoren — IP 4X

Stromversorgung. Die elektrische Anlage in landwirtschaftlichen oder gartenbaulichen Betriebsstätten muss durch einen gekennzeichneten Hauptschalter abschaltbar sein. Stromkreise, die nur gelegentlich, z. B. in der Erntezeit, verwendet werden, müssen eine Trenneinrichtung für alle aktiven Leiter einschließlich Neutralleiter enthalten (DIN VDE 0100-705).

Ist in Betrieben mit Intensiv-Tierhaltung bei einem Stromausfall die ausreichende Versorgung der Tiere mit z. B. Luft, Futter oder Wasser nicht sichergestellt, muss eine Sicherheitsstromversorgung vorgesehen werden. Für die Lüftungs- und Beleuchtungsanlage sind dann eigene Stromkreise zu errichten.

Stromkreise zur Versorgung lebenserhaltender Einrichtungen der Intensiv-Tierhaltung, z. B. Lüftungsanlagen, dürfen nur Betriebsmittel versorgen, die zum Betrieb dieser Einrichtungen notwendig sind.

Elektrische Betriebsmittel müssen mindestens der in der **Übersicht 1** angegebenen Schutzart entsprechen. Leuchten müssen zusätzlich gegen mechanische Beschädigung geschützt sein. Elektrische Heizstrahler müssen sicher befestigt und in einem Mindestabstand von 0,5 m zu den Nutztieren oder zu brennbarem Material angebracht sein **(Bild, Seite 338).**

Leitungen auf Putz müssen an besonders gefährdeten Stellen einen mechanischen Schutz erhalten, z. B. durch Verlegung in Kunststoffpanzerrohren. Sie sind innerhalb von Ställen möglichst außerhalb des Handbereiches zu installieren und so zu führen, dass sie von Nutztieren nicht erreicht oder beschädigt werden können. Leitungen oder Kabel in befahrbaren Bereichen sollen möglichst im Erdreich in einer Mindesttiefe von 0,6 m oder als selbsttragende Mantelleitung, z. B. NYMZ oder NYMT, in einer Höhe von mindestens 6 m verlegt werden.

10.6.5 Feuergefährdete Betriebsstätten

Feuergefährdete Betriebsstätten nach VdS 2033 sind Räume oder Orte im Freien, an denen sich leicht entzündliche Stoffe den elektrischen Betriebsmitteln so nähern können, dass durch hohe Temperaturen an den Betriebsmitteln oder durch Lichtbögen eine Brandgefahr entstehen kann. Feuergefährdete Betriebsstätten sind z. B. Textil-, Holz- oder Papierverarbeitungsbetriebe oder Lagerräume für Heizöl, Heu oder Stroh. Im Zweifelsfall sind bei der Einstufung behördliche Verordnungen zu berücksichtigen, z. B. die der Berufsgenossenschaft.

Drehstromsysteme. In feuergefährdeten Betriebsstätten sind TN-S-, TT-Systeme mit RCD und IT-Systeme mit Isolationsüberwachung zugelassen **(Übersicht 2).**

Der Bemessungs-Differenzstrom $I_{\Delta N}$ von RCDs in feuergefährdeten Betriebsstätten darf höchstens 300 mA betragen.

Übersicht 2: Drehstromsysteme in feuergefährdeten Betriebsstätten
(nach DIN VDE 0100-482)

- TN-S-System mit RCD (Bemessungs-Differenzstrom $I_{\Delta N} \leq 300$ mA)
- TT-System mit RCD $I_{\Delta N} \leq 300$ mA
- IT-System mit Isolationsüberwachung (Abschaltung bei Auftreten des zweiten Fehlers innerhalb von 5 s)

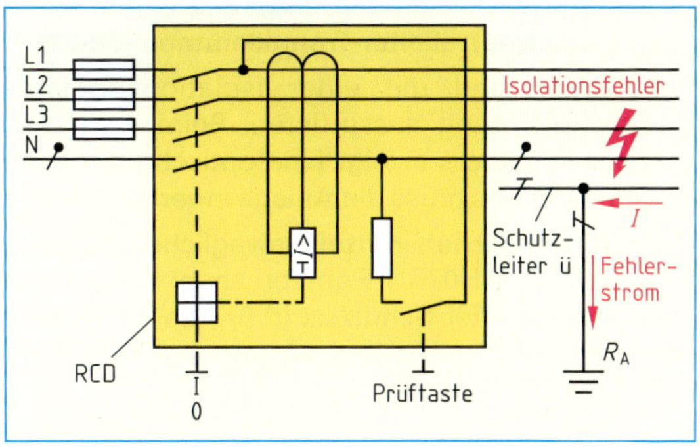

Bild: Isolationsüberwachung durch RCD und Schutzleiter

In Stromkreisen, in denen widerstandsbehaftete Isolationsfehler einen Brand entfachen können, z.B. bei Deckenheizungen mit Flächenelementen, sind RCDs mit $I_{\Delta N} \leq 30$ mA einzusetzen. Innerhalb der Umhüllungen von Leitungen oder Kabeln muss ein **Schutzleiter ü** (Überwachungsleiter) mitgeführt werden **(Bild, Seite 339)**.

Als Schutzleiter darf verwendet werden:
- Eine isolierte Ader in Mehraderleitungen,
- ein isolierter oder blanker Leiter in der gemeinsamen Umhüllung mit den Außenleitern und dem Neutralleiter,
- der konzentrische Leiter in Kabeln, z.B. in Kunststoffkabeln NYCWY.

Vorteil dieser Maßnahme ist, dass die Fehlerstrom-Schutzeinrichtung (RCD) nicht nur den Schutz bei indirektem Berühren übernimmt, sondern gleichzeitig gegen Erdschluss schützt. Im Falle eines widerstandsbehafteten Erdschlusses entsteht an der Fehlerstelle nur eine Wärmeleistung, die normalerweise nicht zur Zündung eines elektrischen Brandes ausreicht **(Beispiel)**. Ein Fehlerstrom von $I_{\Delta N}$ = 300 mA löst die Schutzeinrichtung sicher aus. Nach DIN VDE 0100-420 wir zusätzlich der Einbau eines Brandschutzschalters (AfDD, **Seite 325**) empfohlen.

TN-Systeme sind ab der letzten Verteilung außerhalb der feuergefährdeten Betriebsstätte als TN-S-System auszuführen **(Bild 1)**. Von dieser Regelung sind nur mineralisolierte oder kurzschluss- und erdschlusssicher verlegte Leitungen ausgenommen, die nur durch feuergefährdete Betriebsstätten hindurchgeführt werden **(Bild 1)**.

Leitungen und Kabel, die feuergefährdete Betriebsstätten versorgen oder durchqueren, müssen am Leitungsanfang gegen Überlastung und Kurzschluss geschützt sein.

Neutralleiterschienen in Verteilern müssen für Leiterquerschnitte bis 10 mm² Kupfer so gestaltet sein, dass der Isolationswiderstand der abgehenden Leitungen ohne Abklemmen des Neutralleiters gegen Erde gemessen werden kann, z.B. durch den Einbau von **Neutralleiter-Trennklemmen (Bild 2)**.

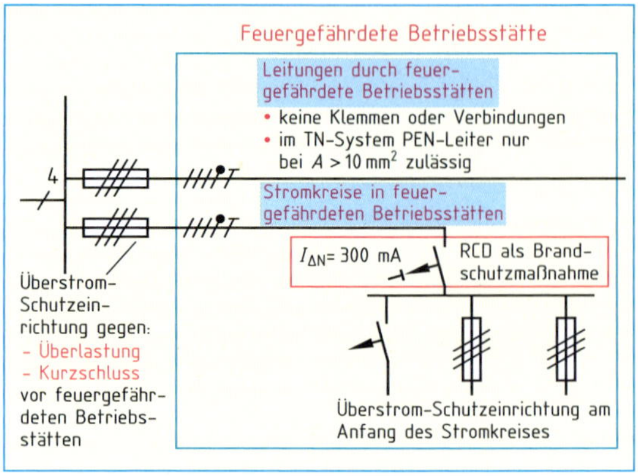

Bild 1: Überstrom-Schutzeinrichtungen in feuergefährdeten Betriebsstätten

Beispiel:

In einer feuergefährdeten Betriebsstätte sind als Brandschutzmaßnahme die Endstromkreise mit U_0 = 230 V durch eine RCD mit $I_{\Delta N}$ = 300 mA geschützt. Berechnen Sie die höchste auftretende Wärmeleistung bei einem Erdschluss.

Lösung:

$\boldsymbol{P} = U_0 \cdot I_{\Delta N}$ = 230 V · 0,3 A = **69 W**

Eine Wärmeleistung von 69 W kann unter normalen Umständen keinen elektrischen Brand zünden.

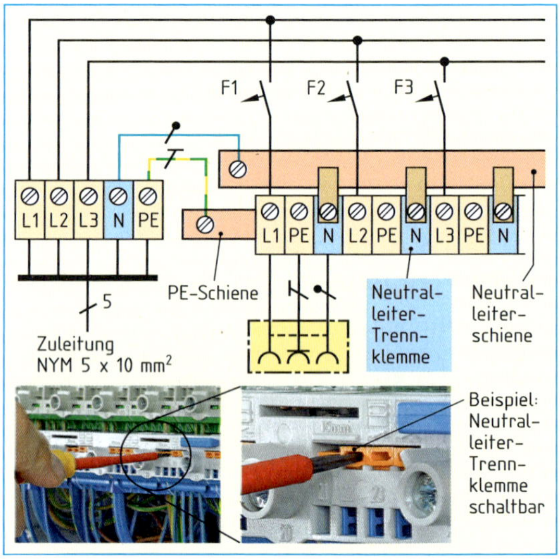

Bild 2: Beispiel einer Klemmenanordnung in Verteilern für feuergefährdete Betriebsstätten

IT-Systeme sind mit einer Isolationsüberwachungseinrichtung auszurüsten. Beim Auftreten des ersten Fehlers erfolgt eine optische und/oder akustische Meldung, beim Auftreten eines zweiten Isolationsfehlers muss die Anlage innerhalb von 5 s abgeschaltet werden.

Auswahl der Betriebsmittel. Bewegliche Leitungen in feuergefährdeten Betriebsstätten müssen mindestens der Bauart H07RN-F entsprechen. Betriebsmittel sind bei Ansammlung von Staub und/oder Fasern mindestens in der Schutzart IP 5X, bei Feuergefährdung durch leicht entzündliche feste Stoffe in der Schutzart IP 4X auszuführen. Leuchten müssen den Anforderungen der begrenzten Oberflächentemperatur entsprechen. **Motoren,** die automatisch gesteuert oder nicht dauernd beaufsichtigt werden, sind durch einen Motorschutzschalter **(Seite 326)** oder durch ein thermisches Überlastrelais **(Seite 327)** mit manueller Rückstellung zu schützen.

10.6.6 Explosionsgefährdete Bereiche

Explosionsgefährdete Bereiche sind Plätze im Freien oder Räume, in denen bei der Herstellung oder Verarbeitung brennbarer Stoffe, z. B. Benzin, Lack oder Stadtgas, Dämpfe oder Gase entstehen. Diese können in Verbindung mit dem Sauerstoff der Luft ein explosionsfähiges Gemisch bilden.

Eine explosionsfähige Atmosphäre kann auch durch eine Konzentration von Stäuben in der Luft auftreten. Durch Schaltlichtbögen oder durch zu hohe Oberflächentemperaturen an Betriebsmitteln kann sich diese explosionsfähige Atmosphäre entzünden.

Bei der Einteilung der explosionsgefährdeten Bereiche durch Gase, Dämpfe oder Nebel unterscheidet man die Zonen 0, 1 und 2, bei Gefährdung durch explosionsfähige Stäube die Zonen 20, 21 und 22.

Zonen mit Gefährdung durch Gase, Dämpfe oder Nebel

Zone 0: Bereich, in dem eine explosionsfähige Atmosphäre ständig oder über längere Zeit auftritt. In der Zone 0 sollen deshalb möglichst keine elektrischen Einrichtungen angebracht sein.

Zone 1: Bereich, in dem eine explosionsfähige Atmosphäre nur gelegentlich besteht. In der Zone 1 dürfen Betriebsmittel eingesetzt werden, die in einer Zündschutzart nach **Tabelle 1** ausgeführt sind.

Zone 2: Bereich, in dem eine explosionsfähige Atmosphäre nur selten und auch nur kurzzeitig auftritt.

Tabelle 1: Zündschutzart schlagwetter- und explosionsgeschützter Betriebsmittel (nach DIN VDE 0170-1)

Kurzzeichen	Zündschutzart	Anwendungsbeispiele
d	Druckfeste Kapselung	Verteilungen, Leuchten
e	Erhöhte Sicherheit	Motoren, Schalter
q	Sandkapselung	Kondensatoren
ia, ib	Eigensicherheit	Mess- und Grenzwertgeber
o	Ölkapselung	Transformatoren, Schütze
p	Überdruckkapselung	Verteilungen, Motoren
m	Vergusskapselung	Befehlsgeräte, Sensoren

Zündschutzmethode n: Kombination aus verschiedenen Zündschutzarten. Nur in der Zone 2 zugelassen.

In der Zone 2 sind Betriebsmittel für die Zonen 0 und 1 zugelassen, außerdem solche Betriebsmittel, deren Eignung für den Einsatz in der Zone 2 durch eine Baumuster-Prüfbescheinigung nachgewiesen ist.

Zonen mit Gefährdung durch brennbare Stäube

Zone 20: Bereich, in dem eine explosionsfähige Atmosphäre in Form einer Wolke brennbaren Staubes in der Luft ständig, langzeitig oder häufig auftritt.

Zone 21: Bereich, in dem damit gerechnet werden muss, dass eine staubexplosionsfähige Atmosphäre gelegentlich vorhanden ist.

Zone 22: Bereich, in dem eine staubexplosionsfähige Atmosphäre nicht oder nur kurzzeitig auftritt.

Tabelle 2: Temperaturklassen und höchstzulässige Oberflächentemperaturen (nach DIN VDE 0165)

Temperaturklasse	T1	T2	T3	T4	T5	T6
Höchstzulässige Oberflächentemperatur in °C	450	300	200	135	100	85
Zündtemperatur der brennbaren Stoffe in °C	> 450	> 300	> 200	> 135	> 100	> 85

Die Oberflächentemperatur der Betriebsmittel darf keine Werte erreichen, die zur Zündung des aufgewirbelten Staubes führen können. Steckvorrichtungen sind immer so anzuordnen, dass die Einführungsöffnung für den Stecker nach unten zeigt. Das Einstecken oder Ziehen des Steckers darf nur im spannungslosen Zustand möglich sein. Diese Forderung kann z. B. durch eine Kombination aus Schalter und Steckdose erreicht werden.

Kennzeichnung der Betriebsmittel. Schlagwettergeschützte Betriebsmittel werden durch das Kennzeichen **EExI**, explosionsgeschützte Betriebsmittel durch das Zeichen **EExII** gekennzeichnet. Ein Kurzzeichen **(Tabelle 1)** kennzeichnet die Zündschutzart. Zusätzlich wird das Kurzzeichen der Temperaturklassen **(Tabelle 2)**, der Explosionsgruppe und der Schutzart für den Fremdkörper- und den Wasserschutz angegeben.

10.6.7 Medizinisch genutzte Bereiche

In medizinisch genutzten Bereichen werden ärztliche Untersuchungen, Massagen, Behandlungen, Überwachung und Pflege an Patienten durchgeführt.

Medizinisch genutzte Bereiche teilt man nach DIN VDE 0100-710 und nach dem erforderlichen Schutzgrad gegen Gefahren im Fehlerfall, z.B. durch Isolationsfehler, in die Gruppen 0, 1 und 2 ein **(Übersicht).** Die Gruppeneinteilung ist mit dem medizinischen Personal und dem Verantwortlichen der Arbeitssicherheit abzustimmen.

Gruppe 0. Bereiche, in denen keine netzabhängigen elektromedizinischen Geräte verwendet werden oder nur Geräte, mit denen der Patient bei der Behandlung nicht in Berührung kommt.

Gruppe 1. In den Bereichen der Gruppe 1 führt man mit netzabhängigen medizinischen Geräten Untersuchungen durch, die bei Netzausfall ohne Gefahr für den Patienten wiederholt werden können, z.B. Messen der Herztätigkeit (EKG). In Bereichen der Gruppe 1 dürfen deshalb Stromkreise bei Auftreten des ersten Isolationsfehlers abschalten.

Gruppe 2. In diesen Bereichen führt man Untersuchungen und Behandlungen durch, die nicht abgebrochen werden können, ohne das Leben oder die Gesundheit des Patienten zu gefährden. Die Stromversorgung darf deshalb nach dem Auftreten des ersten Isolationsfehlers nicht ausfallen. Das Versorgungsnetz muss als IT-System ausgeführt sein und bei Netzausfall automatisch auf eine Sicherheitsstromversorgung umschalten.

Die anwendbaren Schutzmaßnahmen sind in der **Übersicht** angegeben.

Übersicht: Anwendungen und Schutzmaßnahmen in medizinisch genutzten Bereichen

Gruppe 0

- Doppelte oder verstärkte Isolierung
- Kleinspannung SELV oder PELV
- Schutztrennung
- TN-S- und IT-System
- RCD mit $I_{\Delta N} \leq 30$ mA

Beispiel:
– Massageräume

Gruppe 1

- Doppelte oder verstärkte Isolierung
- Kleinspannung SELV und PELV mit Spannungen bis AC 25 V und DC 60 V
- Schutztrennung mit nur einem Verbraucher
- TN-S- und IT-System mit $U_L \leq 25$ V
  – in Endstromkreisen RCD mit $I_{\Delta N} \leq 30$ mA
- Zusätzlicher Schutzpotenzialausgleich

Beispiele:
– Bettenräume
– Untersuchungs- und Behandlungsräume
– Physiotherapieräume

Gruppe 2

- Doppelte oder verstärkte Isolierung
- Kleinspannung SELV und PELV mit Spannungen bis AC 25 V und DC 60 V
- Schutztrennung mit nur einem Verbraucher
- TN-S- und IT-System mit $U_L \leq 25$ V
  – in Endstromkreisen RCD mit $I_{\Delta N} \leq 30$ mA
- IT-System für Steckdosenstromkreise und Stromkreise für medizinische Geräte mit U_b über AC 25 V oder DC 60 V
- Zusätzlicher Schutzpotenzialausgleich

Beispiele:
– Operations-Gipsräume
– Operations-Aufwachräume
– Operationsräume
– Anästhesieräume
– Intensivpflegeräume

Besondere Anforderungen an die Elektroinstallation in medizinisch genutzten Bereichen:

- In Bereichen der Gruppen 1 und 2 müssen nach Ausfall der Stromversorgung mindestens eine OP-Leuchte und alle Einrichtungen zur Aufrechterhaltung lebenswichtiger Körperfunktionen auf eine Sicherheitstromversorgung umgeschaltet werden.
- Stromkreise, die bei Auftreten eines ersten Isolationsfehlers nicht abschalten dürfen, sind durch IT-Systeme mit Isolationsüberwachung zu versorgen.
- Bereiche der Gruppe 2 sind durch IT-Systeme mit zwei getrennten Zuleitungen aus der allgemeinen Stromversorgung und zusätzlich aus der Sicherheitsstromversorgung zu speisen.
- Die Ausgangsspannung der Transformatoren für die IT-Systeme darf höchstens 250 V betragen, für medizinische IT-Systeme höchstens AC 25 V.
- Die elektrische Anlage ist in Bereichen der Gruppen 1 und 2 so auszuführen, dass keine Störungen durch elektromagnetische Störfelder auf medizinische Messgeräte übertragen werden, z.B. durch Verlegung abgeschirmter Leitungen oder durch den Einbau von Abschirmfolien in die abgrenzenden Wände, Decken und Fußböden.
- In den Bereichen der Gruppen 1 und 2 ist im Bereich von 1,25 m um die zu erwartende Position von Patienten ein zusätzlicher örtlicher Schutzpotenzialausgleich durchzuführen.
- Die elektrische Anlage muss in Abständen von 6 Monaten durch eine befähigte Elektrofachkraft überprüft werden. Die Ergebnisse der Überprüfungen sind in einem Prüfbuch festzuhalten.

10.6.8 Stromversorgungen für Elektro-Fahrzeuge

Die Mobilität von Elektro-Fahrzeugen **(Bild 1)** gewinnt in der Energie- und Verkehrstechnik immer mehr an Bedeutung. Zur Energieversorgung des Elektromotors benötigen die Fahrzeuge einen Akkumulator. Die Kapazität des Fahrzeug-Akkumulators beträgt z.B. beim Fiat 500E 24 kWh mit einer Reichweite[1] von 180 km, bei einem Ford Mach E 99 kWh mit einer Reichweite[1] von 610 km.

Kapazitätsangabe für Akkumulatoren
Für Akkumulatoren in Elektro-Fahrzeugen wird die gespeicherte Energie in kWh angegeben.

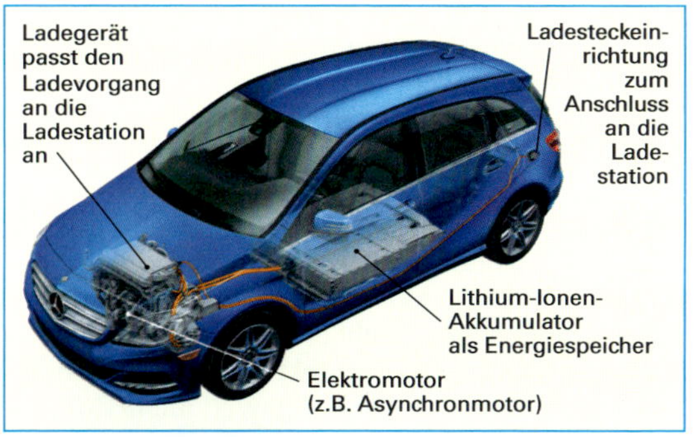

Bild 1: Elektro-Fahrzeug

10.6.8.1 Ladestationen

Zur Ladung der Fahrzeug-Akkumulatoren werden Ladestationen benötigt. Die Ladestationen können z.B. in Garagen, auf Parkplätzen oder am Straßenrand installiert werden.

Die Verteilung der Ladestationen innerhalb eines Landes nennt man **Ladeinfrastruktur.**

Im privaten Raum werden meist **Wandladestationen** bzw. **Wallboxen**[2] **(Bild 2)** mit einer maximalen Ladeleistung bis 22 kW verwendet. Die Aufladung der Akkumulatoren kann auch über separat abgesicherte Stromkreise mit einer Schutzkontakt- oder CEE-Steckdose erfolgen.

Die Ladestationen haben ein- oder dreiphasige AC-Anschlussstellen; meist **Lade-** oder **Anschlusspunkte** genannt. Abhängig vom Netzanschluss stellen die Anschlusspunkte verschiedene maximale Ladeleistungen **(Tabelle)** zur Aufladung der Fahrzeug-Akkumulatoren zur Verfügung. Je nach Ladeleisung unterscheidet man Normal- und Schnellladen.

Im öffentlichen Raum, z.B. am Straßenrand, sind meist freistehende **AC-Ladesäulen (Bild 3)** mit einer üblichen Ladeleistung von 22 kW installiert.

Die Ladezeit eines Fahrzeug-Akkumulators mit einer Kapazität von z.B. 28 kWh beträgt an einem AC-Anschlusspunkt mit einer Ladeleistung von 3,7 kW ca. 8 Stunden und mit einer Ladeleistung von 11 kW ca. 3 Stunden.

Die Installation von **DC-Ladesäulen** mit Ladeleistungen 150 bis 350 kW ermöglichen schnellere Ladezeiten von unter 30 bis 5 Minuten.

Je höher die entnehmbare Ladeleistung des Anschlusspunktes ist, umso kürzer kann die Ladezeit für den Fahrzeug-Akkumulator sein. Sie hängt auch von der Kapazität und dem Ladezustand des Akkumulators ab. Der gesamte Ladevorgang wird vom Ladegerät **(Bild 1)** gesteuert.

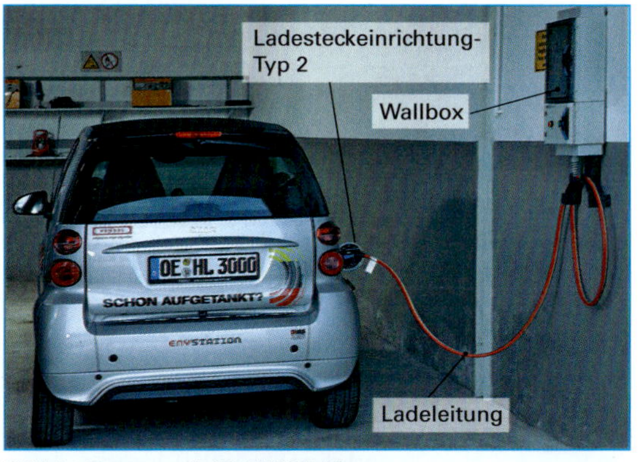

Bild 2: Garage mit 22-kW-Wallbox

Bild 3: AC-Ladesäule mit zwei 22-kW-Anschlussmöglichkeiten

Tabelle: Übliche Ladeleistungen an AC-400/230-V-Anschlusspunkten

Leistung	Anschlusspunkt	RCBO (FI/LS)
2,8 kW	AC, 1-phasig (Schuko, möglichst vermeiden)	1 x 10 A
3,7 kW	AC, 1-phasig (CEE-Steckdose)	1 x 16 A
11 kW	AC, 3-phasig (CEE-Steckdose, bevorzugt Wallbox)	3 x 16 A
22 kW	AC, 3-phasig (CEE-Steckdose, bevorzugt Wallbox)	3 x 32 A

Ladeeinrichtungen bis 11 kW sind meldepflichtig, über 11 kW genehmigungspflichtig

[1] Reichweite nach **WLTP** = **W**orldwide Harmonized **L**ight-Duty Vehicles **T**est **P**rocedure
[2] von wall (engl.) = Wand und von box (engl.) = Gehäuse

10.6.8.2 Ladebetriebsarten und Ladesteckeinrichtungen

Für das Laden der Akkumulatoren von Elektro-Fahrzeugen unterscheidet man nach DIN EN 61851-1 vier **Ladebetriebsarten.** Diese unterscheiden sich durch die verwendete Ladestromquelle (AC oder DC) und die energieseitigen Anschlüsse z. B. Schutzkontakt-Steckdose, CEE-Steckdose, Typ 2-Ladesteckeinrichtung oder DC-Ladesteckeinrichtung) sowie die maximale Ladeleistung und die Kommunikationsmöglichkeiten zwischen Elektro-Fahrzeug und Anschlusspunkt. Zurzeit werden die Ladebetriebsarten 2 und 3 angewendet. In Zukunft sollen auch mehr DC-Ladestationen für kürzere Ladezeiten nach Ladebetriebsart 4 installiert werden.

Die Akkumulatoren der Elektro-Fahrzeuge werden meist über eine Ladeleitung mit genormtem **Typ 2-Ladestecker (Bild 1)** nach DIN EN 62196 aufgeladen. Die Typ 2-Ladesteckeinrichtung **(Bild 2, Seite 343)** wird für das Laden an allen üblichen Ladestationen benötigt. Zum Schnellladen wird das CCS[1]-Steckersystem genutzt, welches zusätzlich zu den Typ 2-Kontakten noch zwei Gleichstromkontakte besitzt.

10.6.8.3 Installationsvorschriften

Zur Installation von Stromversorgungen **(Bild 2)** für Elektro-Fahrzeuge schreiben die DIN VDE 0100-722, die VDE-AR-N 4100 und die DIN 18015-1 vor:

- Bei einer Bemessungsleistung > 4,6 kVA ist ein Drehstromanschluss notwendig.
- Die Drehstromversorgung für die Ladestation muss eine Strombelastbarkeit von mindestens 32 A haben.
- Ein Elektroinstallationsrohr für eine Kommunikationsleitung, z. B. Netzwerkkabel, ist von der Verteilung bis zur Ladestation zu legen.
- Jeder Anschlusspunkt ist durch einen eigenen Stromkreis mit nur einer Steckdose oder einer Ladeleitung mit Typ 2-Stecker zu versorgen.
- Jeder Anschlusspunkt ist durch einen eigenen 30 mA-RCD (Typ B empfohlen) zu schützen.
- Der Anschlusspunkt soll möglichst mit einem Überspannungsableiter Typ 2 geschützt werden.
- Die Auswahl von Zuleitungsquerschnitt und Leitungsschutzelementen erfolgt bei maximalem Ladestrom und dem Gleichzeitigkeitsfaktor 1.
- Steckdosen sind zwischen 0,5 m und 1,5 m über dem Boden zu installieren.
- Verlängerungen der Ladeleitungen sind verboten.

[1] **CCS** von **C**ombined **C**harging **S**ystem (engl.) = kombiniertes Ladesystem

Spannung wird erst zugeschaltet, wenn der Stecker gesteckt ist und der PP[1]-Kontakt erkannt wird.

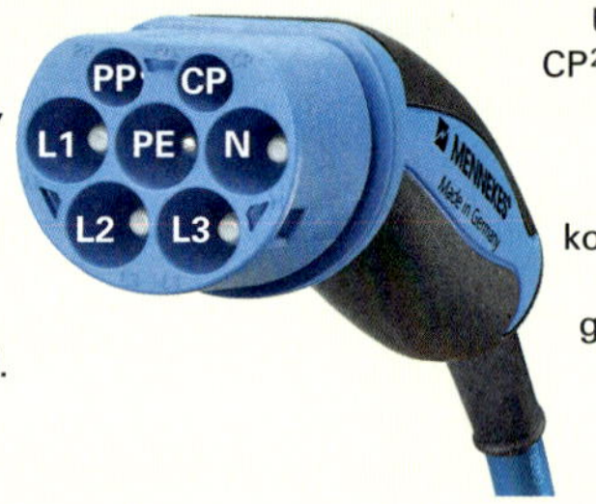

Über den CP[2]-Kontakt wird der Aufladevorgang kontrolliert und gesteuert.

[1] PP, Abk. für: **P**roximity **P**ilot (engl.) = Näherungskontakt
[2] CP, Abk. für: **C**ontrol **P**ilot (engl.) = Überprüfungskontakt

Bild 1: Kontaktbelegung des Typ 2-Ladesteckers

Ladebetriebsarten (Auswahl)

Ladebetriebsart 2
- AC-Ladung an einer Schutzkontakt- oder CEE-Steckdose mit max. 16 A am 1 ~ AC-Netz oder max. 32 A am 3 ~ AC-Netz,
- mit Kontroll-, Steuer- und Schutzfunktion in der Ladeleitung (ICCB)[3],
- Ladegerät ist im Fahrzeug eingebaut.

Ladebetriebsart 3
- AC-Ladung an einer typgeprüften Ladestation mit max. 63 A am 1 ~ AC- oder am 3 ~ AC-Netz,
- Kontroll-, Steuer- und Schutzgerät in der Ladestation
- Ladegerät mit Ladeführungsfunktion im Fahrzeug.

[3] ICCB, Abk. für: **I**n-**C**able **C**ontrol **B**ox. (engl.) Steuerkasten in der Leitung

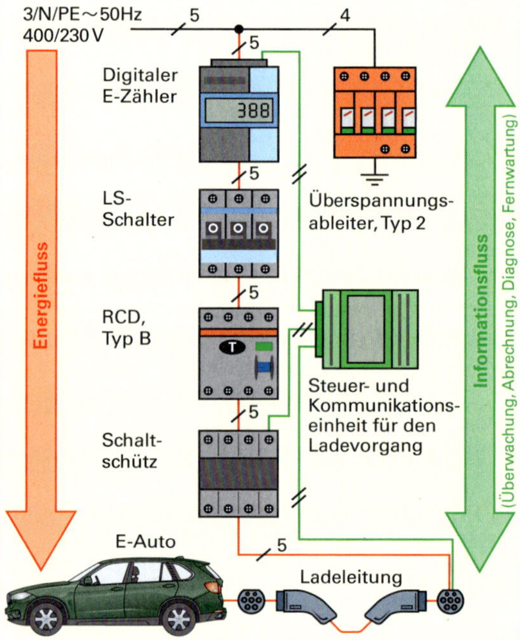

Bild 2: Prinzip einer AC-Ladesäule für Ladebetriebsart 3 am Dreiphasen-Wechselstromnetz

Fahrzeug-Akkumulatoren sollen nicht an bereits vorhandenen haushaltsüblichen Steckdosen-Stromkreisen geladen werden. Infolge der langen Ladezeit, mit z. B. 16 A, können hohe Temperaturen an den Klemmstellen und somit eine Brandgefahr entstehen.

10.6.9 Übersicht der Räume und Anlagen besonderer Art

Tabelle: Raumarten, Betriebsstätten und Hinweise

Raumart	DIN VDE (DIN EN)	Hinweise	Beispiele
Elektrische Betriebsstätten, abgeschlossene elektrische Betriebsstätten	0100-731	• Einrichtungen sollen nur von unterwiesenen Personen bedient werden. • Der Verschluss darf nur von beauftragten Personen geöffnet werden. Zutritt ist nur unterwiesenen Personen erlaubt.	Schalträume, Prüffelder, Maschinenräume in Kraftwerken, abgeschlossene Schalt- und Verteilungsanlagen, Transformatorenzellen.
Trockene Räume	0100-200	Räume und Orte, in denen kein Kondenswasser auftritt. Betriebsmittel müssen Berührungsschutz (IP 2X) haben.	Wohnräume, Hotelzimmer, Büroräume, beheiz- und belüftbare Kellerräume.
Feuchte und nasse Bereiche und Räume, Anlagen im Freien	0100-737	Elektrische Betriebsmittel müssen mindestens tropfwassergeschützt (IP X1) sein, in Räumen, die abgespritzt werden, strahlwassergeschützt (IP X5), bei ungeschützten Anlagen im Freien sprühwassergeschützt (IP X3).	Spülküchen, Waschküchen, Futterküchen, Backstuben, Bierkeller, Gewächshäuser, Nasswerkstätten, Garagen.
Räume mit Badewanne oder Dusche **(Seite 335)**	0100-701	In den Bereichen 0, 1 und 2 keine Schalter oder Steckdosen. Ausgenommen Rasiersteckdosen im Bereich 2 einzeln hinter einem Trenntransformator. Wechsel- und Drehstromkreise sind durch RCDs mit $I_{\Delta N} \leq 30$ mA zu schützen. Eine Ausnahme bilden Stromkreise für Warmwasserbereiter. In Gebäuden ohne Schutzpotenzialausgleich über die Haupterdungsschiene ist ein zusätzlicher Schutzpotenzialausgleich auszuführen.	Baderäume in Wohngebäuden, Hotels und Sporthallen, Räume, in denen fabrikfertige Duschkabinen montiert sind.
Elektrische Anlagen auf Baustellen **(Seite 337)**	0100-704	Stromversorgung nur über besondere Speisepunkte, z. B. Baustromverteiler. Hauptschalter ist erforderlich. RCDs mit $I_{\Delta N} \leq 30$ mA für Steckdosen bis 32 A.	Aufbau, Umbau oder Abbruch von Gebäuden oder Gebäudeteilen.
Landwirtschaftliche und gartenbauliche Betriebsstätten **(Seite 338)**	0100-705	Feste Installation als TN-S-, TT- oder IT-System, RCD mit $I_{\Delta N} \leq 300$ mA, in Stromkreisen mit Steckdosen $I_{\Delta N} \leq 30$ mA. Schutzpotenzialausgleich und Potenzialsteuerung durchführen.	Landwirtschaftliche Anwesen, Ställe, Scheunen, Gartenbaubetriebe.
Schutz gegen thermische Auswirkungen, feuergefährdete Betriebsstätten **(Seite 339)**	0100-420	TN- oder TT-System mit RCD $I_{\Delta N} \leq 300$ mA, TN-System als TN-S-System vom Speisepunkt vor feuergefährdeten Betriebsstätten ausführen oder als IT-System mit Isolationsüberwachung.	Arbeits-, Trocken- und Lagerräume von Textil- und Holzbearbeitungsbetrieben, Lager für Heu, Stroh, Papier.
Explosionsgefährdete Bereiche **(Seite 341)**	0165-101 (60079-10-1) 0165-102 (60079-10-2)	Bereiche mit Gefährdung durch explosionsfähige Gase, Dämpfe oder Nebel: Zonen 0, 1 und 2. Bei Gefährdung durch Stäube: Zonen 20, 21 und 22. Betriebsmittel für explosionsgefährdete Bereiche müssen einer Baumusterprüfung unterzogen und gekennzeichnet sein.	Tankbehälter für Kraftstoffe und Kraftstoffabfüllanlagen, Lackieranlagen, Silos für Kunststoffpulver, Zucker und Getreide.
Medizinisch genutzte Bereiche **(Seite 342)**	0100-710 Beiblatt 1	Raumeinteilung in Gruppen 0, 1 und 2. Zulässige Schutzmaßnahmen: Doppelte oder verstärkte Isolierung, Kleinspannung SELV oder PELV bis AC 25 V; DC 60 V, RCD mit $I_{\Delta N} \leq 30$ mA, IT-System mit Isolationsüberwachung. In Räumen der Gruppe 2 keine Leitungen für andere Räume hindurchführen und keine Stegleitungen verlegen. Zusätzlicher Schutzpotenzialausgleich erforderlich.	Gruppe 0: Massageräume. Gruppe 1: Ambulanzen, Untersuchungsräume. Gruppe 2: Operations- und OP-Vorbereitungsräume, Intensivstationen.
Stromversorgungen von Elektro-Fahrzeugen **(Seite 343)**	0100-722	Der Anschlusspunkt eines Elektro-Kfz muss durch eine eigene Überstromschutzeinrichtung mit RCD Typ A oder B geschützt sein. Die Anschlussdimensionierung richtet sich nach dem max. Ladestrom. Steckdosen müssen fest und nahe des Kfz-Stellplatzes installiert werden.	Ladesäulen z. B. an Parkplätzen, Wandladestationen (Wallbox) in Garagen.

10.7 Brandbekämpfung in elektrischen Anlagen

10.7.1 Verhalten beim Brand in elektrischen Anlagen

Bei einem Brand ist die Anlage sofort spannungsfrei zu schalten, z. B. durch Ausschalten des Stromkreisschalters oder Abschalten der Stromkreiszuleitungen im Verteiler, bei ortsveränderlichen Geräten durch Herausziehen des Netzsteckers. Es sind nur die vom Brand betroffenen Anlagenteile spannungsfrei zu schalten. Grundsatz: So wenig wie möglich abschalten. Nach dem Brand ist beim Betreten der Brandstelle besondere Vorsicht erforderlich. So ist z. B. der Brandraum gut zu lüften.

- Schalthandlungen in Niederspannungsanlagen sollen nur durch Elektrofachkräfte oder elektrotechnisch unterwiesene Personen vorgenommen werden (Ausnahme: Hausinstallationen),
- Schalthandlungen in Hochspannungsanlagen dürfen nur durch den Anlageverantwortlichen veranlasst werden.

10.7.2 Löschmittel

Für die Brandbekämpfung in elektrischen Anlagen sind geeignete **Löschmittel (Tabelle 1)** zu verwenden. Löschmittel sind deshalb verschiedenen **Brandklassen (Tabelle 2)** zugeordnet. Die Brandklassen, für die Feuerlöscher zugelassen sind, werden durch Bildsymbole **(Tabelle 2)** auf dem Feuerlöscher angegeben.

Kohlendioxid (CO_2) ist ein farb- und geruchloses Gas. Es ist etwa 1,5-mal schwerer als Luft und leitet den elektrischen Strom nicht. CO_2 wird häufig als Löschmittel in ortsfesten automatischen Löschanlagen eingesetzt, z. B. bei Druckmaschinen oder Lackierkabinen. Während des Löschvorgangs ist beim Betreten des Raumes Atemschutz zwingend erforderlich (Erstickungsgefahr). Nach den Löscharbeiten müssen die Räume gut durchlüftet werden. Weil sich CO_2 schnell verflüchtigt, hat es im Freien nur eine begrenzte Wirkung.

Löschpulver ist ein Gemisch aus ungiftigen organischen Stoffen und dient zur Bekämpfung von Bränden der **Brandklassen A, B** und **C**. Löschpulver sind bei Bränden in staubempfindlichen Anlagen zu vermeiden, z. B. in EDV-, Elektronik- und Fernmeldeanlagen und elektrischen Schaltanlagen.

Metalllöschbrandpulver (oder trockener Sand) wird bei Bränden der **Brandklasse D** (Metallbrände, **Tabelle 2**), insbesondere bei Bränden von Leichtmetallen, wie Aluminium, Magnesium, Lithium, Natrium, Kalium und ihren Legierungen, eingesetzt.

Schaum (Luftschaum) ist ein Löschmittel aus einem Gemisch aus Luft, Wasser und einem Schaummittel. Schaum dient zur Bekämpfung von Bränden der **Brandklassen A und B.**

Tabelle 1: Mindestabstände zwischen Löschmittelaustrittsöffnung und unter Spannung stehenden Anlagenteilen (nach DIN VDE 0132)

Löschmittel	geeignet für Brandklasse	Mindestabstände in Metern bei Anlagen bis AC				
		1 kV	30 kV	110 kV	220 kV	380 kV
Kohlendioxid	B, C	1	3	3	4	5
BC-Löschpulver	B, C	1	3	3	4	5
Schaum	A, B	3	Einsatz nur in spannungsfreien Anlagen zulässig			
ABC-Löschpulver	A, B, C	1				
Wasser: • Sprühstrahl • Vollstrahl	 A A	 1 5	 3 5	 3 6	 4 7	 5 8

Tabelle 2: Brandklassen

Brandklasse	Bildsymbol	Brände von
A		festen Stoffen, hauptsächlich organischer Natur, z. B. Holz, Papier, Stroh, Kohle
B		flüssigen oder flüssig werdenden Stoffen, z. B. Benzin, Teer, Öle, Fette, Lacke
C		Gasen, z. B. Wasserstoff, Acetylen, Propan, Erdgas
D		Metallen, insbesondere Leichtmetallen, z. B. Aluminium, Magnesium und ihre Legierungen
F		Speiseölen/-fetten in Frittier- und Fettbackgeräten und anderen Kücheneinrichtungen

- Löschpulver darf in elektrischen Anlagen oder deren Nähe nur mit Zustimmung des Anlagenbetreibers eingesetzt werden.
- Schaum darf grundsätzlich nur in spannungsfreien Anlagen eingesetzt werden (ausgenommen sind in Niederspannungsanlagen typgeprüfte und für die Verwendung zugelassene Löschgeräte).
- Wasser sollte im Bereich elektrischer Anlagen nur als Sprühstrahl verwendet werden.

1. Nennen Sie Kraftwerksarten, die hauptsächlich den **a)** Spitzenlast-, **b)** Mittellast- und **c)** Grundlastbereich abdecken.
2. Geben Sie Beispiele für erneuerbare Energien an.
3. Nennen Sie die Vorteile von Ring- und Maschennetzen gegenüber Strahlennetzen.
4. Welche Mindestabmessungen müssen Hausanschlussräume nach DIN 18015 haben?
5. Welche Mindeststrombelastbarkeit müssen Hauptleitungen haben **a)** in einem Vierfamilienhaus ohne elektrische Warmwasserbereitung und **b)** bei zwei Wohnungen mit elektrischer Warmwasserbereitung?
6. Die Hauptleitung aus **Aufgabe 5b)** ist in einem Installationsschacht auf Putz verlegt. Bestimmen Sie **a)** die Verlegeart und **b)** den Mindestquerschnitt der Mantelleitung für eine Umgebungstemperatur von 25 °C.
7. In TN- und TT-Systemen ist ein Schutzpotenzialausgleich vorgeschrieben. **a)** Welche Aufgabe hat der Schutzpotenzialausgleich, **b)** welche Anlagenteile sind in den Schutzpotenzialausgleich einzubeziehen und **c)** welcher Mindestquerschnitt ist für die Schutzpotenzialausgleichsleiter (PB) vorgeschrieben?
8. Um welche Art von Fehlerlichtbögen handelt es sich bei denen mit 1 bzw. 2 bezeichneten Fehlerlichtbögen. Nennen Sie Beispiele, wie solche Fehlerlichtbögen entstehen können.

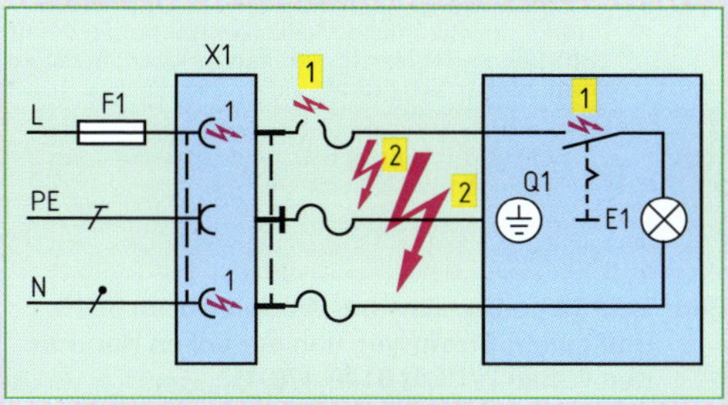

Bild 1: Arten von Fehlerlichtbögen

9. Die Steckdosenleitung in **Bild 1** soll in Mantelleitung NYM 3 x 1,5 mm² ausgeführt werden. Sie hat eine Länge von 32 m und ist mit einem RCD/LS-Schalter Typ B 13 A abgesichert. Ist der Querschnitt der Leitung ausreichend?

   Hinweis: Spannungsfall prüfen.
10. Geben Sie die zulässige Berührungsspannung U_B an **a)** auf Baustellen und **b)** im Tierbereich landwirtschaftlicher Betriebsstätten.

* Ergebnisse der Rechenaufgaben Seite 660

11. Die Zuleitung zu einem fest angeschlossenen Heizgerät **(Bild 1)** $P = 3$ kW, $U = 230$ V (Endstromkreis) ist unter Putz in Mantelleitung verlegt. Die Umgebungstemperatur beträgt 25 °C. **a)** Bestimmen Sie den erforderlichen Leitungsquerschnitt und **b)** berechnen Sie die höchstzulässige Leitungslänge aus dem Spannungsfall.
12. **a)** Beschreiben Sie die Grenzen der Bereiche 0, 1 und 2 in Räumen mit Badewanne oder Dusche **(Bild 2)**. **b)** Nennen Sie zulässige Betriebsmittel in den Bereichen 1 und 2.

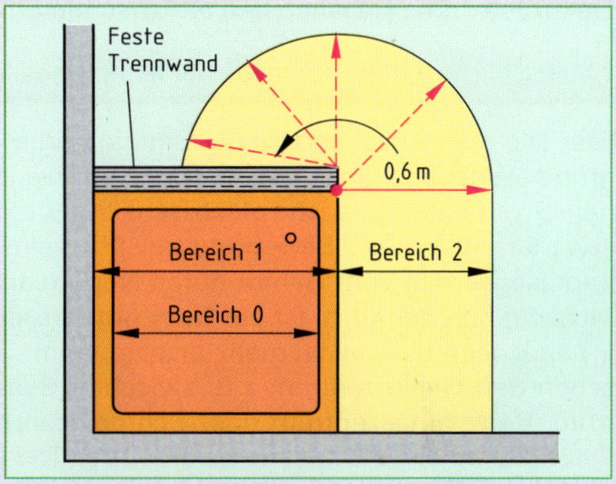

Bild 2: Bereichseinteilung in Baderäumen

13. **a)** Unter welcher Bedingung ist in Räumen mit Badewanne oder Dusche ein zusätzlicher Schutzpotenzialausgleich auszuführen? **b)** Welchen Mindestquerschnitt muss der Schutzpotenzialausgleichsleiter dann haben?
14. Welche Aufgabe haben im Tierbereich landwirtschaftlicher Betriebsstätten **a)** der Schutzpotenzialausgleich und **b)** die Potenzialsteuerung?
15. Die elektrische Anlage einer Schreinerei zeigt **Bild 3. a)** Welche Aufgabe haben die Schutzeinrichtungen ① bis ④? **b)** Welchen Bemessungs-Differenzstrom dürfen die RCDs ② und ④ höchstens haben? **c)** Welche Anforderungen müssen Leitungen ? durch feuergefährdete Betriebsstätten erfüllen?

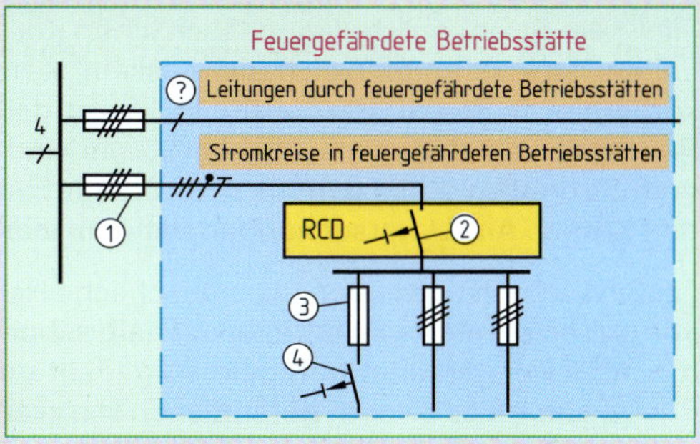

Bild 3: RCDs in feuergefährdeten Betriebsstätten

Fachstufe S48

11 Schutzmaßnahmen

11.1 Gefahren im Umgang mit dem elektrischen Strom

Die meisten Unfälle im Umgang mit dem elektrischen Strom geschehen durch Unachtsamkeit. Um eine Gefährdung zu vermeiden oder zu verringern, ist bei der Nutzung elektrischer Energie besondere Sorgfalt erforderlich.

11.1.1 Wirkungen des elektrischen Stroms im menschlichen Körper

Der elektrische Strom ist für den Menschen und für Tiere aus mehreren Gründen gefährlich. Alle Flüssigkeiten der menschlichen und tierischen Körper, z. B. Schweiß, Speichel, Blut und Zellflüssigkeit, sind Elektrolyte, d. h., sie leiten den elektrischen Strom.

Menschliche und tierische Körper leiten den elektrischen Strom.

Fast alle menschlichen Organe funktionieren aufgrund elektrischer Impulse, die vom Gehirn ausgehen. So steuern schwache elektrische Impulse von etwa 50 mV z. B. die Bewegung der Muskeln. Die Impulse werden vom Gehirn durch Nerven an die Muskeln herangeführt. Ist ein Nerv unterbrochen, arbeitet der Muskel nicht mehr, er ist gelähmt. Zwischen den Gehirnzentren, z. B. zwischen Sehzentrum, Bewegungszentrum oder Schmerzzentrum, fließen ebenfalls elektrische Ströme. Der Tod (Gehirntod) wird durch Messen dieser Gehirnströme festgestellt.

Viele Ströme (körpereigene Ströme) können über Elektroden erfasst und gemessen werden. So zeigt z. B. das **EKG** (Elektrokardiogramm) die elektrische Aktivität des Herzens, das **EEG** (Elektroenzephalogramm) die elektrische Aktivität des Gehirns.

Auch das Herz funktioniert durch elektrische Ströme, die es selbst erzeugt. Es ist also nicht vom Gehirn abhängig. Das Herz erzeugt je Minute etwa 80 Impulse, die der Herzmuskel mit je einer Kontraktion (Zusammenziehung) beantwortet. Wird die nötige Anzahl an Impulsen je Minute nicht mehr geliefert, schlägt es zu langsam.

Von außen kommende Ströme (Fremdströme) können die Funktion von Organen beeinflussen.

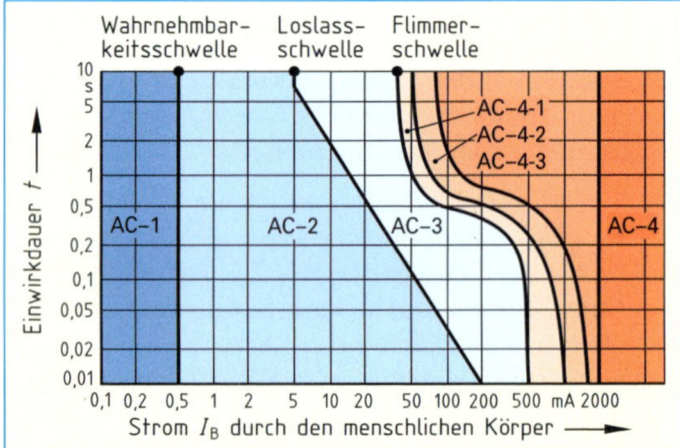

Bereich	Körperreaktionen
AC-1	Wahrnehmung möglich, meist keine Schreckreaktion
AC-2	Wahrnehmung und unwillkürliche Muskelkontraktionen wahrscheinlich, meist keine schädlichen Wirkungen
AC-3	Atemschwierigkeiten; Muskelverkrampfungen; starke unwillkürliche Muskelkontraktion; reversible Störungen der Herzfunktionen möglich; meist kein organischer Schaden
AC-4-1 bis AC-4-3	Wahrscheinlichkeit von Herzkammerflimmern ansteigend (bis etwa 5 % bei AC-4-1, bis etwa 50 % bei AC-4-2, über 50 % bei AC-4-3)
AC-4	Herzstillstand, Atemstillstand oder andere Zellschäden

Bild: Zeit-Strombereiche bei Wechselstrom 50 Hz und einem Stromweg von der linken Hand zu den Füßen (VDE V 0140-479-1)

Fließt ein Strom durch den menschlichen Körper, z. B. beim Berühren eines unter Spannung stehenden Leiters, so verkrampfen sich die Muskeln, wenn der von außen kommende Strom viel größer ist als der körpereigene Strom. Der Verunglückte ist dann unfähig, die Berührungsstelle wieder loszulassen. Die Reaktionen auf den menschlichen Körper sind abhängig von der Stromart (Gleich- oder Wechselstrom), vom Stromweg durch den Körper, von der Einwirkdauer und der Stärke des Berührungsstroms I_B durch den Körper. Aus Untersuchungen hat man vier Wirkungsbereiche festgelegt **(Bild)**.

Fließt Wechselstrom über das menschliche Herz, so versucht es den schnelleren und stärkeren Impulsen von außen zu folgen. Es arbeitet deshalb schneller. Dabei kommt es zu Rhythmusstörungen des Herzens, d. h., das Herz arbeitet unregelmäßig. Fällt der Stromfluss in die sogenannte vulnerable (verletzliche) Phase, kommt es zu dem gefährlichen **Herzkammerflimmern.** Als Folge davon fällt die Herztätigkeit aus mit anschließendem Kreislaufstillstand. Aufgrund des Sauerstoffmangels kommt es bereits nach kurzer Zeit zur Schädigung der Gehirnzellen und führt im weiteren Verlauf zum Tod.

Entscheidend für die Folgen eines elektrischen Unfalls ist die Höhe des Stromes, der beim Berühren unter Spannung stehender Teile durch den Körper fließt. Aus Erfahrung weiß man, dass schon eine Stromstärke von 50 mA den Tod herbeiführen kann, wenn der Strom über das Herz fließt.

Der durch den Körper fließende Berührungsstrom I_B hängt von der Spannung und vom Widerstand des Körpers ab. Dieser **Körperwiderstand** R_K setzt sich aus dem **Körperinnenwiderstand** R_{Ki} und den **Übergangswiderständen** $R_{ü1}$ und $R_{ü2}$ an der Stromeintritts- und Stromaustrittsstelle zusammen **(Bild)**.

Die Übergangswiderstände hängen auch von äußeren Verhältnissen ab. Trockene Haut und trockene Kleidung haben einen großen Widerstand. Bei Feuchtigkeit, z. B. Schweiß oder nassem Fußboden, ist der Übergangswiderstand dagegen gering. Der Übergangswiderstand wird außerdem umso kleiner, je größer die Berührungsfläche ist.

Bei einer Stromstärke von AC 50 mA durch den menschlichen Körper und einem Körperwiderstand R_K, der aus der Ersatzschaltung mit R_{Ki} und $R_ü$ zu 1000 Ω angenommen wird, beginnt die gefährliche Berührungsspannung U_B daher bei:

$$\mathbf{U_B} = R_K \cdot I_B = 1000\,\Omega \cdot 0{,}05\,\text{A} = \mathbf{50\,V}$$

Berührungsspannung U_B: **Seite 355**

- Wechselspannungen über 50 V sind lebensgefährlich.
- Gleichspannungen über 120 V sind lebensgefährlich.
- Wechselstrom mit einer Frequenz von 50 Hz ist gefährlicher als Gleichstrom, weil es bereits bei dieser Frequenz zum Herzkammerflimmern kommen kann.

Folgen und Auswirkungen eines Stromschlages

Die Wärmewirkung des elektrischen Stromes führt bei großer Stromstärke an der Ein- und Austrittsstelle zu **Verbrennungen.** Dort entstehen die sogenannten **Strommarken.** Dabei kann es durch Lichtbögen bis zum Verkohlen von Körperteilen kommen (Verbrennungen 4. Grades). Die Folgen starker Verbrennungen führen zur Überlastung der Nieren und damit zum Tode.

Der Strom kann das Blut elektrolytisch zersetzen, vor allem bei längerer Einwirkdauer. Dadurch kommt es zu schweren **Vergiftungserscheinungen.** Solche Folgeerkrankungen können auch erst nach einigen Tagen auftreten. Um sicherzugehen, sollte man daher bei elektrischen Unfällen auch dann einen Arzt aufsuchen, wenn zunächst keine Anzeichen einer Schädigung vorliegen **(Erste Hilfe, Seite 18)**.

Wegen der Unfallgefahr ist das Arbeiten an unter Spannung stehenden Teilen verboten!

Bei Betriebsspannungen über 50 V Wechselspannung oder 120 V Gleichspannung sind Arbeiten an unter Spannung stehenden Teilen nur dann gestattet, wenn diese Teile aus wichtigen Gründen nicht spannungsfrei geschaltet werden können. Solche Arbeiten dürfen jedoch nur durch Elektrofachkräfte mit Zusatzausbildung ausgeführt werden, nicht aber durch Auszubildende (DIN VDE 0105).

Achtung!

- Stromstärken ab 50 mA sind lebensgefährlich.
- Die Gefährdung nimmt mit höherer Stromstärke und längerer Einwirkdauer zu.

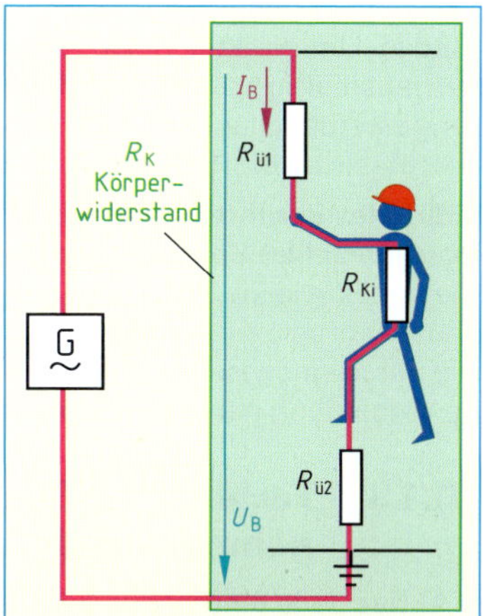

$R_{ü1}$ Leiter-Körper-Widerstand
R_{Ki} Körperinnenwiderstand
$R_{ü2}$ Körper-Leiter-Widerstand
U_B Berührungsspannung
I_B Berührungsstrom

$$R_K = R_{ü1} + R_{Ki} + R_{ü2}$$
$$U_B^* = R_K \cdot I_B$$

* statt U_B auch U_T

Bild: Körperwiderstand

Beispiel:

Bei der Reparatur einer Lampe berührt eine Person die Netzwechselspannung $U = 230$ V.

a) Berechnen Sie die Stromstärke I_B, die durch den Körper fließt.

b) Welche Körperreaktionen sind für den Verunglückten bei einer Einwirkdauer von $t = 0{,}1$ s (siehe **Bild, Seite 348**) möglich?

Lösung:

a) $\mathbf{I_B} = \frac{U}{R_K} = \frac{230\,\text{V}}{1\,\text{k}\Omega} = \mathbf{230\,mA}$

b) Atemschwierigkeiten, Muskelverkrampfungen, Muskelkontraktionen, reversible Herzstörungen möglich, meist kein organischer Schaden.

SimElektro Fachstufe 1.0
Fachstufe S39, S40

11.1.2 Direktes und indirektes Berühren

Nach DIN VDE 0100-200 unterscheidet man zwischen direktem und indirektem Berühren.

Bei **direktem Berühren** hat der menschliche Körper mit betriebsmäßig unter Spannung stehenden Teilen (aktive Teile) Kontakt, z.B. mit einem Leiter **(Bild a)**. Um direktes Berühren zu verhindern, sind betriebsmäßig spannungsführende Teile mit Isolierungen, Abdeckungen oder Umhüllungen zu versehen (Basisschutz, **Seite 359**).

Indirektes Berühren ist möglich, wenn durch einen Isolationsfehler Spannung an Teile gelangt, die betriebsmäßig keine Spannung führen, z.B. an das Gehäuse (Körper) einer elektrischen Maschine **(Bild b)**. Die durch einen Isolationsfehler entstandene leitende Verbindung nennt man **Körperschluss**.

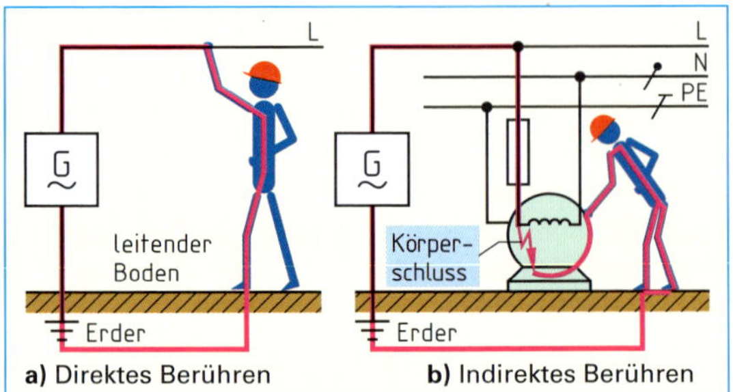

Bild: Direktes und indirektes Berühren

Beim Berühren unterscheidet man:

Direktes Berühren
ist das Berühren aktiver Teile, z.B. eines Leiters, durch Menschen oder Tiere.

Indirektes Berühren
ist das Berühren von Körpern elektrischer Betriebsmittel, die infolge eines Fehlers unter Spannung stehen, durch Menschen oder Tiere.

11.1.3 Fachbegriffe Schutzmaßnahmen (nach DIN VDE)

- **Aktive Teile** sind Leiter oder leitfähige Teile, die bei ungestörtem Betrieb unter Spannung stehen. Dazu zählt auch der **Neutralleiter (N-Leiter),** jedoch nicht der **PEN-Leiter.**
- **Basisisolierung (Seite 359),** Isolierung von gefährlichen aktiven Teilen, z.B. Leitungen, als Basisschutz.
- **Basisschutz (Schutz gegen direktes Berühren, Seite 359),** Schutz für Personen und Tiere vor Gefahren, die durch Berührung von aktiven Teilen entstehen können.
- **Elektrische Anlage,** Gesamtheit der zugeordneten Betriebsmittel.
- **Elektrisches Betriebsmittel,** Produkt zur Erzeugung, Umwandlung, Übertragung, Verteilung oder Anwendung von elektrischer Energie, z.B. Maschinen, Transformatoren, Schalt- und Steuergeräte, Messgeräte, Schutzeinrichtungen, Kabel und Leitungen sowie elektrische Verbrauchsmittel.
- **Elektrisches Verbrauchsmittel,** elektrisches Betriebsmittel, wandelt elektrische Energie in eine andere Energieform um, zum Beispiel in Licht, Wärme oder mechanische Energie.
- **Erder,** leitfähiges Teil, das in das Erdreich oder in ein anderes leitfähiges Material, z.B. Beton, das in elektrischem Kontakt mit der Erde steht, eingebettet ist.
- **Fehlerschutz (Schutz bei indirektem Berühren, Seite 360),** Schutz für Personen und Tiere vor den Gefahren, die beim Berühren von Körpern elektrischer Betriebsmittel im Falle eines Fehlers entstehen.
- **Körper,** leitfähiges Teil eines Betriebsmittels, das berührt werden kann und üblicherweise nicht unter Spannung steht, aber eventuell Spannung führt, wenn die Basisisolierung versagt.
- **Kurzschluss,** zufällig oder absichtlich entstandene leitfähige Verbindung zwischen zwei oder mehreren leitfähigen Teilen, durch welche die elektrischen Potenzialdifferenzen zwischen diesen leitfähigen Teilen auf einen Wert gleich null oder nahezu null fallen **(Bild 1, Seite 355)**.
- **Kurzschlussstrom,** Strom, der im Kurzschlussfall fließt.
- **Leiter,** leitfähiges Teil, das dazu vorgesehen ist, einen bestimmten elektrischen Strom zu führen.
- **Leitfähiges Teil,** Teil, das den elektrischen Strom führen kann.
- **Neutralleiter (N-Leiter),** Leiter, der mit einem Neutralpunkt elektrisch verbunden und in der Lage ist, zur Verteilung elektrischer Energie beizutragen.
- **PEN-Leiter,** Leiter, der zugleich die Funktionen eines Schutzleiters und eines Neutralleiters erfüllt.
- **Schutzleiter (PE-Leiter),** Leiter zum Zweck der Sicherheit, z.B. zum Schutz gegen elektrischen Schlag.
- **Schutzpotenzialausgleichsleiter,** Schutzleiter zur Herstellung des Schutzpotenzialausgleiches.
- **Zusatzschutz,** zusätzliche Schutzmaßnahme, wenn Basisschutz und Fehlerschutz versagen. Als Zusatzschutz dient z.B. der Einbau einer Fehlerstrom-Schutzeinrichtung (RCD, **Seite 366**).

Qualifikationen für Arbeiten in der Elektrotechnik: **Seite 354**

11.2 Sicherheitsbestimmungen für Niederspannungsanlagen

Sicherheitsbestimmungen für elektrische Betriebsmittel und für das Errichten elektrischer Anlagen dienen der Verhütung von Unfällen durch elektrischen Strom. Wer elektrische Betriebsmittel, Werkzeuge, Spielzeuge, Haushaltgeräte herstellt oder elektrische Anlagen errichtet, hat beim Errichten, Instandsetzen und Warten von Anlagen Gesetze, Vorschriften und Bestimmungen zu beachten (Gesetzliche Vorschriften, **Übersicht 1, Seite 372**).

> Es darf kein Schaden an Lebewesen oder Sachwerten durch elektrischen Schlag entstehen. Rechtsgrundlage dafür ist das VDE-Vorschriftenwerk.

Wichtige Gesetze und Vorschriften (Auswahl):

- VDE[1]-geprüfte Betriebsmittel und Geräte tragen das VDE-Prüfzeichen **(Tabelle 1)**.
- Das **Sicherheitszeichen** GS haben Geräte, die dem **Produktsicherheitsgesetz (ProdSG)**, den Arbeitsschutzbestimmungen und Unfallverhütungsvorschriften entsprechen. Leitungen mit der Angabe „harmonisiert" **(Tabelle 2)** sind in allen **CENELEC**[2]-Ländern zugelassen.

Neben den VDE-Bestimmungen gelten für die Errichtung von Installationen die

- **Technischen Anschlussbedingungen (TAB)** und die
- **Technischen Anschlussregeln (TAR Niederpannung, VDE-AR-N 4100).** Die Anschlussbedingungen regeln den Anschluss an das Niederspannungsnetz des Netzbetreibers. Diese enthalten insbesondere Regelungen über Anmeldeverfahren, Inbetriebsetzung, Hausanschluss und Messeinrichtungen. Die **t**echnischen **A**nschluss**r**egeln sind Richtlinien zum Anschluss und Betrieb von Kundenanlagen am Niederspannungsnetz. Sie sind sowohl für Neuanlagen, als auch bei Erweiterung oder Änderung von bestehenden Anlagen anzuwenden.

11.2.1 Schutzklassen

Elektrische Betriebsmittel müssen im Fehlerfall einen Schutz gegen elektrischen Schlag haben, damit z.B. in Wohnungen, Werkstätten, Büros oder Schulen gefahrlos gearbeitet werden kann.

Zum Schutz gegen elektrischen Schlag werden die Betriebsmittel nach ihrer Konstruktion in die **Schutzklassen** I, II und III eingeteilt **(Tabelle 3)**.

Tabelle 1: VDE-Prüfzeichen (nach DIN VDE 0024)

Bildzeichen	Bezeichnung und Beispiele
D V E	VDE-Zeichen für elektrotechnische Erzeugnisse, z.B. Installationsschalter und Elektrogeräte
VDE	VDE-Elektronik-Prüfzeichen für Bauelemente und Baugruppen der Elektronik, z.B. Netzteile und Stromrichter
schwarz rot	VDE-Kennfaden für isolierte Leitungen und Kabel zur Herstellung nach nationaler Norm
◁VDE▷	VDE-Kabelzeichen für Aderleitungen, isolierte Leitungen, Kabel und Installationsrohre
	VDE-Funkschutzzeichen für Elektrogeräte
GS geprüfte Sicherheit	VDE-GS-Zeichen nach dem Gerätesicherheitsgesetz für geprüfte Elektrogeräte, z.B. elektrische Werkzeuge

Tabelle 2: CEE-Prüfzeichen (nach DIN VDE 0024)

Bildzeichen	Bezeichnung und Anwendungen
◁VDE▷◁HAR▷	VDE-Harmonisierungskennzeichen für isolierte Leitungen und Kabel
schwarz rot gelb	VDE-Harmonisierungskennfaden für isolierte Leitungen und Kabel
	CEE[3]-Prüfzeichen für Geräte und Installationsmaterial nach CEE-Bestimmungen
CE	CE[4]-Kennzeichnung für Industrieerzeugnisse, die den einschlägigen Gemeinschaftsvorschriften in Europa entsprechen

Tabelle 3: Kennzeichnung der Schutzklassen (Bildzeichen nach IEC[5] 60417)

Schutzklasse	Kennzeichen	Verwendung bei Schutzmaßnahme:
I		Mit Schutzleiter (Betriebsmittel ist mit Schutzleitersystem der Anlage verbunden, z.B. Elektromotor)
II		Doppelte oder verstärkte Isolierung, früher: Schutzisolierung (Betriebsmittel mit Basisisolierung und zusätzlicher oder verstärkter Isolierung, z.B. Leuchten)
III		Kleinspannung (Anschluss nur an SELV- und PELV-Stromkreise, siehe **Seite 365,** z.B. für Fassleuchten)

[1] VDE, Abk. für: **V**erband **d**er **E**lektrotechnik Elektronik Informationstechnik e.V.
[2] CENELEC, Abk. für: Europäisches Komitee für Elektrotechn. Normung
[3] CEE, Abk. für: Internationale Kommission für Regeln zur Begutachtung elektrotechnischer Erzeugnisse
[4] CE, Abk.: im Sinn für Europäisches Verwaltungszeichen am Produkt
[5] IEC, Abk. für: Internationale Elektrotechnische Kommission

11.2.2 IP-Schutzarten

Haushaltgeräte, z. B. Haartrockner oder Heizlüfter, haben Öffnungen für Lufteintritt und Luftaustritt. Um Unfallgefahren zu vermeiden, darf es nicht zur Berührung spannungsführender Teile kommen.

Je nach Verwendungszweck und Aufstellungsort der Betriebsmittel ist ein Berührungs- und Fremdkörperschutz und ein Schutz gegen das Eindringen von Wasser erforderlich.

Bild 1: Motor mit Schutzart IP 66

Das Schutzzeichen besteht aus den Buchstaben IP[1] und zwei nachfolgenden Kennziffern, z.B. IP 54. Nach IP und den Ziffern können zusätzliche oder ergänzende Buchstaben stehen, z. B. IP 23 CS **(Tabelle).**

Gehäuse und Klemmenkasten, z.B. von Drehstrom-Normmotoren **(Bild 1),** entsprechen meist der Schutzart IP 54 **(Tabelle).** Der Motor ist gegen Staubablagerungen (staubgeschützt) und gegen Spritzwasser aus allen Richtungen geschützt. Schutz gegen Eindringen von Wasser **(Bild 2)** erreicht man durch entsprechende Bauausführung.

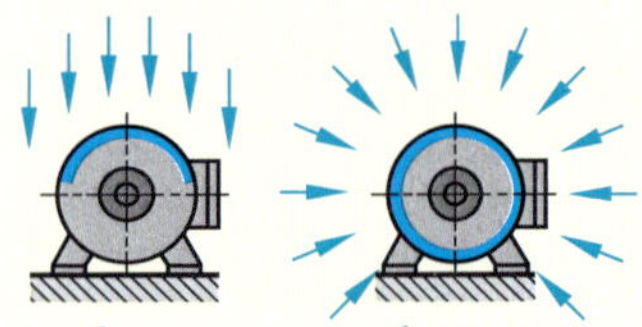

Bild 2: Schutzarten gegen das Eindringen von Wasser

Elektrische Betriebsmittel müssen in feuchten und nassen Räumen sowie in geschützten Anlagen im Freien mindestens tropfwassergeschützt sein (IP X1), ungeschützte Anlagen im Freien müssen mindestens der Schutzart IP X3 entsprechen. Bei der Schutzart IP 68 wird zusätzlich der zulässige Druck bei Tauchbetrieb angegeben, z.B. 3 bar. Neben der Kennzeichnung der Schutzarten durch Buchstaben und Kennziffern wird die Schutzart für Installationsgeräte und elektrische Verbrauchsgeräte durch **Bildzeichen (Symbole)** gekennzeichnet, z.B. bei Leuchten, Wärmegeräten und Elektrowerkzeugen **(Tabelle).**

Tabelle: Schutzarten elektrischer Betriebsmittel nach DIN EN 60529 (VDE 0470-1)

Erste Kennziffer	Schutzgrad: Berührungs- und Fremdkörperschutz	Bildzeichen	Zweite Kennziffer	Schutzgrad: Wasserschutz	Bildzeichen
0	Kein besonderer Schutz.	–	0	Kein besonderer Schutz.	–
1	Schutz gegen Eindringen fester Fremdkörper mit einem Durchmesser ≥ 50 mm.	–	1	Schutz gegen senkrecht tropfendes Wasser.	tropfwassergeschützt IP X1
2	Schutz gegen Eindringen fester Fremdkörper mit einem Durchmesser ≥ 12,5 mm.	–	2	Schutz gegen senkrecht tropfendes Wasser, Betriebsmittel bis 15° geneigt.	–
3	Schutz gegen Eindringen fester Fremdkörper mit einem Durchmesser ≥ 2,5 mm.	–	3	Schutz gegen Sprühwasser (Regen) bis zu einem Winkel von 60° zur Senkrechten.	sprühwassergeschützt (regengeschützt) IP X3
4	Schutz gegen Eindringen fester Fremdkörper mit einem Durchmesser ≥ 1 mm.	–	4	Schutz gegen Spritzwasser aus allen Richtungen.	spritzwassergeschützt IP X4
5	Schutz gegen Staubablagerung (staubgeschützt). Vollständiger Berührungsschutz.	staubgeschützt IP 5X	5	Schutz gegen Strahlwasser (Düse) aus allen Richtungen.	strahlwassergeschützt IP X5
6	Schutz gegen Eindringen von Staub (staubdicht). Vollständiger Berührungsschutz.	staubdicht IP 6X	6	Schutz gegen starken Wasserstrahl oder schwere See aus allen Richtungen.	–
Wird neben den Buchstaben IP nur eine Kennziffer für den Schutzgrad benötigt, so ist anstelle der fehlenden Kennziffer ein X zu setzen, z. B. IP X4 oder IP 3X.			7	Schutz gegen Wasser bei Eintauchen des Betriebsmittels unter Druck-, Zeitbedingungen.	wasserdicht IP X7
3. Stelle, z. B. IP 23C A Schutz gegen Zugang mit dem Handrücken B Schutz gegen Zugang mit dem Finger C Geschützt gegen Zugang mit Werkzeugen D Geschützt gegen Zugang mit Draht			8	Schutz gegen Wasser bei dauerndem Untertauchen des Betriebsmittels.	druckwasserdicht IP X8 ...bar
4. Stelle, z. B. IP 23CS H Betriebsmittel für Hochspannung M Geprüft auf Wassereintritt bei laufender Maschine S Geprüft auf Wassereintritt bei stehender Maschine W Geeignet bei festgelegten Witterungsbedingungen			9	Geschützt gegen Hochdruck und hohe Strahlwassertemperaturen	–

Je höher die Kennziffern sind, umso höher ist der Schutz gegen Berührungs-, Fremdkörper- und Wasserschutz

[1] **IP**, Abk. für: **I**nternational **P**rotection (engl.) = Internationaler Schutz

11.2.3 Maßnahmen bei Arbeiten an elektrischen Anlagen

Der VDE-Ausschuss Sicherheits- und Unfallforschung wertet die vom Statistischen Bundesamt bereitgestellten Zahlen von tödlichen Elektrounfällen in Deutschland aus **(Bild 1)**. Neben Industrie und Gewerbe untersuchte man auch Freizeit und Haushalt. Vor allem Leichtsinn, unsachgemäße und zweckentfremdete Bedienung sowie eine laienhafte Reparatur elektrischer Geräte und Anlagen verursachen viele Unfälle. Der überwiegende Teil der Unfälle ereignete sich im Niederspannungsbereich.

> Grundsätzlich sind Arbeiten an unter Spannung stehenden Anlagen verboten.

Ausnahmen sind in DIN VDE 0105 festgelegt. Sie gelten für Anlagen mit Spannungen ab AC 50 V oder DC 120 V, wenn beim Abschalten eine Gefahr für Personen oder ein unvertretbar hoher materieller Schaden entstehen würde, z.B. in Glashütten oder in Stahlwerken.

> Arbeiten unter Spannung ist nur Elektrofachkräften oder elektrotechnisch unterwiesenen Personen erlaubt. Dabei sind besondere Sicherheitsvorschriften zu beachten.

Zur Herstellung des spannungsfreien Zustandes bei Arbeiten an elektrischen Anlagen sind die **fünf Sicherheitsregeln** einzuhalten **(Tabelle)**. Vor Beginn der Arbeit ist ein Verbotsschild (Nicht schalten) anzubringen **(Bild 3)**. Eine Arbeitsstelle ist von der Aufsicht führenden Person erst dann freizugeben, wenn die Sicherheitsregeln in der Reihenfolge 1 bis 5 durchgeführt sind. Eine **Elektrofachkraft (EFK)** oder eine **elektrotechnisch unterwiesene Person (EuP)** muss den spannungsfreien Zustand der Anlage feststellen **(Bild 4)**. Nach Beendigung und Überprüfung der Arbeit sind alle beteiligten Personen zu informieren. Die Sicherheitsregeln sind sinngemäß in umgekehrter Reihenfolge aufzuheben. Erst dann meldet der Arbeitsverantwortliche dem Anlagenverantwortlichen die Beendigung der Arbeit und die Einschaltbereitschaft.

Tabelle: Die fünf Sicherheitsregeln für Arbeiten im spannungsfreien Zustand (nach DIN VDE 0105)

1. Freischalten	• Freischalten aller Teile der Anlage (allseitig und allpolig), an denen gearbeitet werden soll **(Bild 2)**, • LS-Schalter abschalten, Schmelzsicherungen entfernen.
2. Gegen Wiedereinschalten sichern	• Betätigungsmechanismus von Schaltgeräten, z.B. LS-Schalter, durch Schloss sichern, Sicherungseinsätze mitnehmen, Verbotsschilder anbringen **(Bild 3)**.
3. Spannungsfreiheit feststellen	• Spannungsfreiheit durch Fachkraft feststellen, • Anlage mit zweipoligem Spannungsprüfer prüfen **(Bild 4)**. • Wenn die Arbeit unterbrochen wurde, muss vor Wiederaufnahme die Spannungsfreiheit erneut festgestellt werden. (Gilt nicht, wenn bereits geerdet und kurzgeschlossen ist).
4. Erden und kurzschließen	• Zuerst immer erden, dann mit den kurzzuschließenden aktiven Teilen verbinden (die Erdungs- und Kurzschließvorrichtungen müssen nach Möglichkeit von der Arbeitsstelle aus sichtbar sein). Regel 4 entfällt bei Anlagen unter 1000 V, z.B. in Kabelanlagen, ausgenommen Freileitungen.
5. Benachbarte unter Spannung stehende Teile abdecken oder abschranken	• Bei Anlagen unter 1 kV genügen zum Abdecken, z.B. isolierende Tücher, Schläuche, Formstücke. Über 1 kV sind zusätzlich Absperrtafeln, Seile, Warntafeln erforderlich. • Körperschutz, z.B. Schutzhelm mit Gesichtsschutz, eng anliegende Kleidung und Handschuhe tragen.

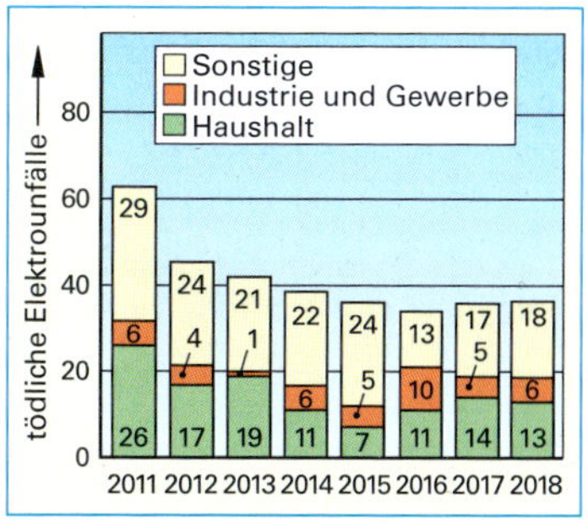

Bild 1: Tödliche Elektrounfälle

www.baua.de
www.dguv.de

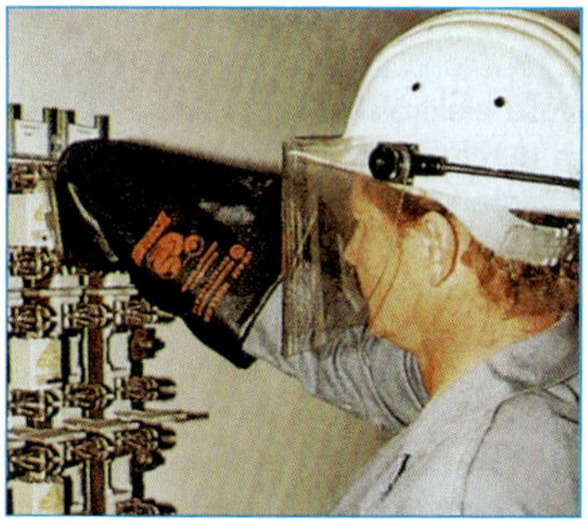

Bild 2: Herausnehmen eines NH-Sicherungseinsatzes

Bild 3: Verbotsschild für Arbeiten an freigeschalteten Anlagen

Bild 4: Feststellen der Spannungsfreiheit

11.2.4 Qualifikationen für Arbeiten in der Elektrotechnik

Das Errichten, Warten, Instandhalten oder Prüfen elektrischer Anlagen und Betriebsmittel ist nach **DGUV**[1] **Vorschrift 3** (früher BGV A3) durch qualifizierte Personen (Elektrofachkräfte) durchzuführen. Je nach Anforderung werden Personen mit unterschiedlichen Qualifikationen **(Bild)** und Fachkenntnissen benötigt.

Der Arbeitgeber hat dafür zu sorgen, dass bei Übertragung von Aufgaben, z. B. Prüfen einer elektrischen Anlage, die Beschäftigten befähigt und geeignet sind, Bestimmungen, Vorschriften und Maßnahmen einzuhalten **(Übersicht und Tabelle)**.

Übersicht: Bestimmungen, rechtliche Vorschriften

- Unfallverhütungsvorschrift „Elektrische Anlagen und Betriebsmittel" (DGUV Vorschrift 3)
- Arbeitsschutzgesetz (ArbSchG)
- Betriebssicherheitsverordnung (BetrSichV)
- Technische Regeln für Betriebssicherheit (TRBS)
- DIN VDE-Bestimmungen (DIN VDE 0105-100)

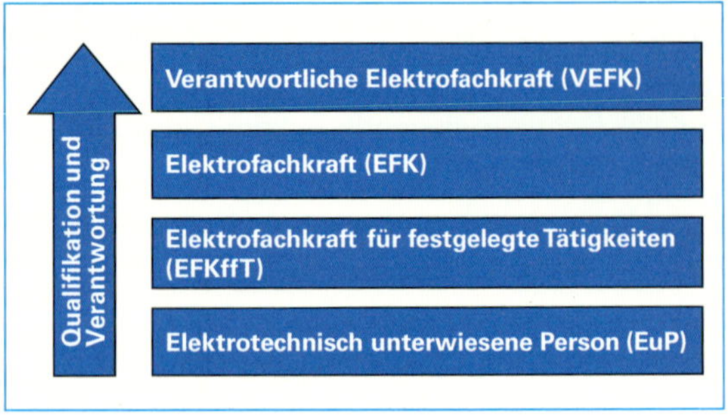

Bild: Qualifizierte Personen in der Elektrotechnik

[1] DGUV, Abk. für: **D**eutsche **G**esetzliche **U**nfall**v**ersicherung

Tabelle: Qualifizierte Personen in der Elektrotechnik

Personen	Beschreibung, Ausbildung und Qualifikation	Tätigkeiten, Arbeitsbeispiele
Befähigte Personen **(bP)**	**Befähigte Personen** müssen für alle elektrotechnischen Arbeiten durch ihre Berufsausbildung, z. B. Elektroniker für Energie- und Gebäudetechnik, geeignet sein. Eine mindestens einjährige Berufserfahrung und zeitnahe berufliche Tätigkeit mit aktualisierten Kenntnissen der Elektrotechnik, z. B. an Schulungen, ist vorausgesetzt.	• Reparatur-, Service- und Wartungsarbeiten, • Prüfung elektrischer Betriebsmittel, • Instandsetzung und Prüfung von elektrischen Geräten.
Verantwortliche Elektrofachkraft **(VEFK)**	Die **Verantwortliche Elektrofachkraft** ist vom Unternehmer bzw. Arbeitgeber beauftragt, Fach- und Aufsichtsverantwortung zu übernehmen. Die Verantwortung kann für einen ganzen Betrieb, Betriebsteile oder eine Anlage gelten. VEFKe sind oft fachliche Vorgesetzte anderer Elektrofachkräfte, z. B. Handwerks- oder Industriemeister, staatlich geprüfte Techniker oder Ingenieure.	Organisation, fachliche Leitung eines Elektrobereichs, z. B. • Koordinierung der Arbeiten, • Planung und Projektierung von elektrischen Anlagen, • Bereitstellen von Vorschriften/Regeln, • Aus- und Weiterbildung organisieren.
Elektrofachkraft **(EFK)**	**Elektrofachkraft** ist eine Person, die aufgrund ihrer fachlichen Ausbildung, Erfahrungen und Kenntnisse, die ihr übertragenen Arbeiten beurteilen und mögliche Gefahren erkennen kann. Die EFK ist keine Berufsbezeichnung, sondern eine Qualifikation, die nach der Ausbildung im Unternehmen durch Erfahrung erworben werden muss. Voraussetzung ist eine Berufsausbildung, z. B. Geselle, Facharbeiter, Meister, Techniker oder Ingenieur entsprechend den Ausbildungs-, Prüfungs- und Studienordnungen.	Arbeiten an elektrischen Anlagen bis AC 1000 V bzw. DC 1500 V, z. B. • Planen, Projektieren, Konstruieren, • Errichten, Prüfen, Betreiben, Ändern von elektrischen Anlagen, • Einsetzen von Arbeitskräften, • Wartung elektrischer Maschinen Bei Arbeiten in Anlagen > 1000 V ist eine Schaltberechtigung notwendig.
Elektrofachkraft für festgelegte Tätigkeiten **(EFKffT)**	**Elektrofachkraft für festgelegte Tätigkeiten** ist ein Mitarbeiter mit abgeschlossener, technischer Berufsausbildung, der eigenverantwortlich und selbstständig in einem genau festgelegten Bereich tätig ist. Festgelegte Tätigkeiten sind wiederholende elektrotechnische Arbeiten an Betriebsmitteln, die vom Unternehmer in einer Arbeitsanweisung festgelegt sind. Ortsfeste Gebäudeinstallationen, z. B. eine Herdanschlussdose, dürfen nicht verändert oder errichtet werden. Die Ausbildung mit 80 Stunden beinhaltet Theorie und Praxis mit Prüfung.	Es dürfen z. B. nur Betriebsmittel an einen vorhandenen Übergabepunkt angeschlossen, ausgetauscht und geprüft werden, z. B. • Elektroherd durch Küchenmonteure, • Rollladenmotor durch Rollladenmonteure, • Schaltgeräte und Sensoren an Biegemaschine austauschen und einstellen.
Elektrotechnisch unterwiesene Person **(EuP)**	**Elektrotechnisch unterwiesene Personen** führen einfache elektrotechnische Arbeiten unter Anleitung und Aufsicht einer Elektrofachkraft durch. Sie sind über mögliche Gefahren bei unsachgemäßem Verhalten unterwiesen worden, z. B. Gefahren beim Reinigen einer elektrischen Anlage. Die Ausbildung ist zeitlich begrenzt, z. B. 1 bis 2 Tage, mit Kenntnissen über Unfallverhütungsvorschriften, Normen, Stromgefahren und einfache Schutzmaßnahmen.	Einfache Prüfungen und elektrotechnische Arbeiten unter Anleitung und Aufsicht einer Elektrofachkraft durchführen, z. B. • Aufstellen einer Parabolantenne, • Ausheben eines Kabelgrabens, • Malerarbeiten in elektrischen Betriebsräumen.

Fachstufe S39

11.2.5 Fehlerarten in elektrischen Anlagen

In elektrischen Anlagen können trotz sorgfältiger Installation und Einsatz sicherer Betriebsmittel Isolationsschäden in Form von **Körperschluss, Kurzschluss, Leiterschluss** oder **Erdschluss** entstehen **(Bild 1)**.

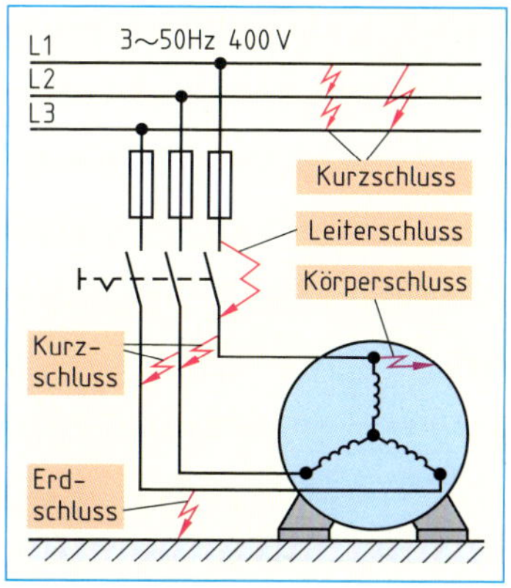

Bild 1: Fehlerarten

Körperschluss ist eine leitende Verbindung zwischen dem Körper und aktiven Teilen elektrischer Betriebsmittel.

Kurzschluss ist eine leitende Verbindung zwischen betriebsmäßig gegeneinander unter Spannung stehenden leitfähigen Teilen. Im Fehlerstromkreis befindet sich kein Nutzwiderstand.

Leiterschluss ist eine leitende Verbindung zwischen Leitern, wenn im Fehlerstromkreis ein Nutzwiderstand oder ein Teil des Nutzwiderstandes liegt.

Erdschluss entsteht bei der Verbindung eines aktiven Leiters oder eines betriebsmäßig isolierten Neutralleiters mit der Erde oder mit geerdeten Teilen.

Bei einem **vollkommenen Körper-, Kurz- oder Erdschluss** ist der Widerstand im Fehlerstromkreis ≈ 0 Ω. Bei unvollkommenen Schlüssen hat eine leitende Verbindung an der Fehlerstelle einen Widerstand, z.B. durch einen Lichtbogen. In Gebäudeinstallationen sind diese meist gefährlicher, weil sie oft nicht sofort erkannt werden und somit häufig zu Bränden führen. Damit sie zuverlässig erkannt werden, setzt man Brandschutzschalter ein **(Seite 325)**.

11.2.6 Spannungen im Fehlerfall

Durch eine schadhafte Isolierung kann der Körper eines Betriebsmittels Spannung gegen Erde annehmen, z.B. gegen geerdete Teile (Wasserleitung). Diese Spannung nennt man **Fehlerspannung** U_F **(Bild 2)**.

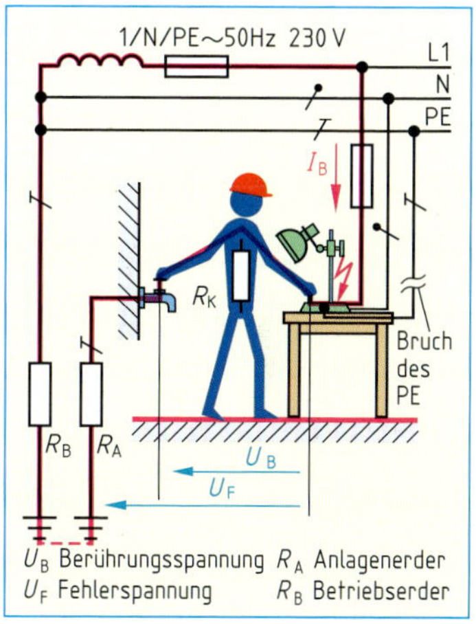

Bild 2: Fehler-, Berührungsspannung

Die **Berührungsspannung** U_B ist die Spannung, die ein Mensch durch Berührungen, z.B. von Hand zu Hand **(Bild 2)**, überbrückt. Dabei fließt der Berührungsstrom I_B.

Statt U_B für Berührungsspannung wird auch U_T (T von to touch (engl.) = berühren) verwendet.

Die Grenze für die dauernd **zulässige Berührungsspannung** U_L[1] ist international vereinbart **(Tabelle)**. Bis zu dieser Grenze ist sie für Menschen und Tiere meist nicht lebensbedrohlich.

Tabelle: Grenzwerte U_L für Berührungsspannungen

• für Menschen	AC 50 V, DC 120 V
• Kinderspielzeuge	AC 24 V
• Kesselleuchten	AC 25 V, DC 60 V
• Badewannen, Duschen	AC 12 V, DC 30 V
• medizinische Geräte, für den Körper des Menschen bestimmt	AC 6 V

Eine unterbrochene Freileitung kann einen Erdschluss verursachen **(Bild 3)**. Um die Fehlerstelle bilden sich kreisförmige Potenziallinien. Das Potenzial **(Seite 28)** nimmt mit zunehmender Entfernung ab. Die **Schrittspannung** U_S ist ein Teil der Erderspannung, die von einer Person mit der Schrittweite 1 m überbrückt werden kann **(Bild 3)**. Sie ist in der Nähe der Fehlerstelle am größten. Der Strom fließt dabei über den menschlichen Körper von Fuß zu Fuß.

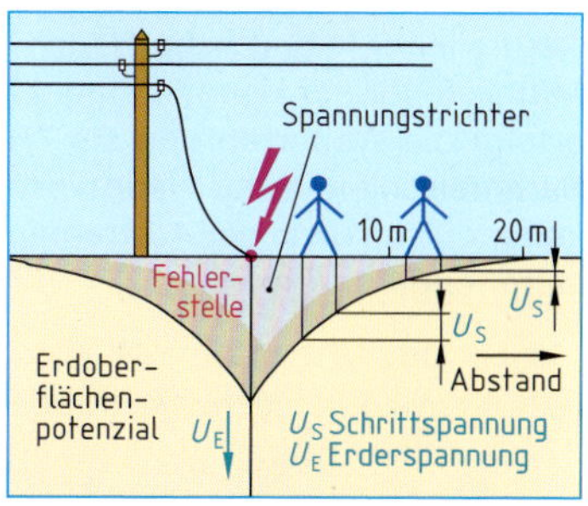

Bild 3: Potenzialverlauf nach Bruch einer Freileitung

Wiederholungsfragen

1 **Was bedeutet die Schutzart IP 54 für elektrische Betriebsmittel?**
2 **Nennen Sie die Sicherheitsregeln 1 bis 5 in der richtigen Reihenfolge.**
3 **Beschreiben Sie a) Kurzschluss, b) Körperschluss und c) Leiterschluss.**
4 **Erklären Sie die Begriffe Fehlerspannung und Berührungsspannung.**
5 **Welche Werte gelten nach DIN VDE als vereinbarter Grenzwert der dauernd zulässigen Berührungsspannung U_L?**

[1] U_L, der Index L von limit (engl.) = Grenze, Grenzwert

11.3 Netzsysteme

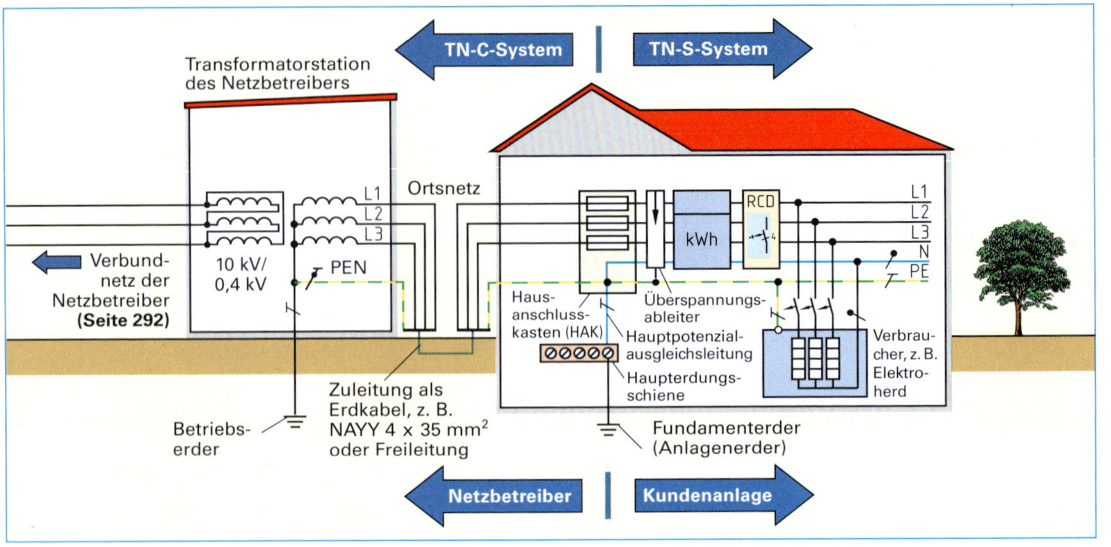

Bild: Verteilungssystem mit Netzbetreiber und Kundenanlage

Netzsysteme sind Energieverteilungssysteme mit Nennspannungen bis 1000 V und sind nach DIN VDE 0100-100 genormt.

Die Bezeichnung des Netzsystems erfolgt international durch Buchstabenkombinationen, z. B. TN-, TT- und IT-System **(Tabelle).**

Beschreibung Netzsystems (Bild): Die abgangsseitigen Anschlussklemmen des Hausanschlusskastens (HAK) sind die Übergabestelle zwischen Verteilnetz des Netzbetreibers und Kundenanlage. In Neubauten ist ein Fundamenterder nach DIN 18014 vorzusehen **(Bild** und **Seite 300)**. Im Hausanschlussraum ist der Hausanschlusskasten (HAK), der sich in der Nähe zur am Fundamenterder angeschlossenen Haupterdungsschiene (HES) befindet. Die Verbindung zwischen Verteilnetz des Netzbetreibers (TN-C-System mit L1, L2, L3 und PEN-Leiter) und Kundenanlage erfolgt meist über einen Kabelanschluss, z. B. mit einem 4-adrigen Kabel NAYY **(Seite 316)** am Hausanschlusskasten. Die Auftrennung des PEN-Leiters in Neutralleiter N und Schutzleiter PE erfolgt im HAK. Mittels 5-adriger Hauptleitung (L1, L2, L3, N und PE) erfolgt die Weiterführung als TN-S-System zu den Sammelschienen der Hauptverteilung. N- und PE-Leiter dürfen nach der Auftrennung nicht wieder zusammengeführt werden.

Nach DIN VDE 0100-444 ist aus Gründen der elektromagnetischen Verträglichkeit **(EMV, Seite 309)** in neu zu errichtenden Gebäuden ab dem Hausanschlusskasten (HAK) ein TN-S-System zu errichten.

Tabelle: Kennzeichnung von Netzsystemen

Beispiel: TN-C-System	
T	1. **Buchstabe:** Erdungsverhältnisse der Stromquelle, z. B. in der Transformatorenstation **T:** direkte Erdung eines Punktes, z. B. Sternpunkt, über den Betriebserder **I:** Isolierung aller aktiven Teile von Erde oder Verbindung des Punktes mit Erde über eine Impedanz
N	2. **Buchstabe:** Erdungsverhältnisse der Körper innerhalb der elektrischen Anlage **T:** direkte Erdung der Körper der Betriebsmittel **N:** Verbindung der Körper mit dem Betriebserder des Spannungserzeugers
C	3. **Buchstabe:** Anordnung des Neutralleiters N und des Schutzleiters PE im TN-System **S:** PE und N getrennt verlegt **C:** PE und N kombiniert in einem Leiter, dem PEN-Leiter

Abkürzungen:
- T von terre (franz.) = Erde
- I von isolé (franz.) = isoliert
- N von neutre (franz.) = neutral
- S von separé (franz.) = getrennt
- C von combiné (franz.) = kombiniert

Niederspannungsnetze werden nach der Art der Erdverbindung, der Anzahl der aktiven Leiter und auch nach der Stromart (AC und DC) unterschieden. Die DIN VDE 0100-100 beschreibt zusätzlich Gleichstromsysteme, die in Zukunft durch die regenerativen Energieerzeugungsanlagen immer wichtiger werden. Weiterhin werden Gleichstromsysteme in großen Industrieanlagen, z. B. bei der Kfz-Produktion, verwendet. Aktive Leiter bei Gleichstromsystemen haben die Bezeichnung L+ und L–.

Tabelle: Netzsysteme im Niederspannungs-Drehstromnetz		
Schaltung/System	**Beschreibung**	**Hinweise**
TN-C-System 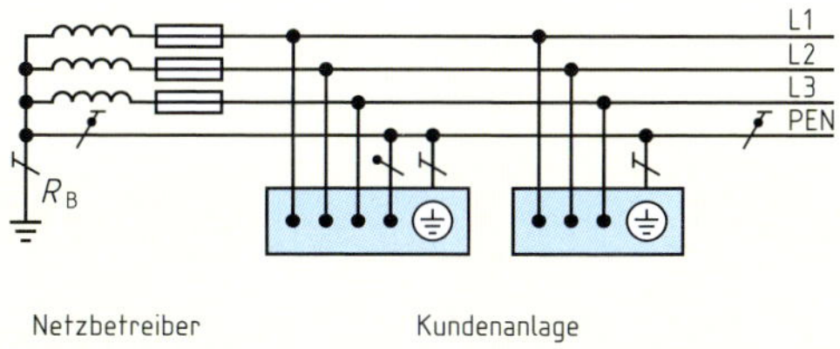	Neutralleiter und Schutzleiter sind im gesamten System in einem einzigen Leiter, dem PEN-Leiter zusammengefasst. Die Verbindung der Körper der Betriebsmittel erfolgt über den PEN-Leiter, z.B. in öffentlichen Verteilungsnetzen und in Industrieanlagen.	• Der PEN-Leiter muss aus mechanischen Gründen einen Leiterquerschnitt von mindestens 10 mm² Kupfer oder 16 mm² Aluminium aufweisen. • Einsparen des sonst benötigten N-Leiters. • Schlechte EMV-Eigenschaften. • Ungeeignet für informationstechnische Anlagen. • Bei PEN-Bruch besteht Lebensgefahr. • Abschaltung erfolgt mit Überstrom-Schutzeinrichtungen.
TN-S-System 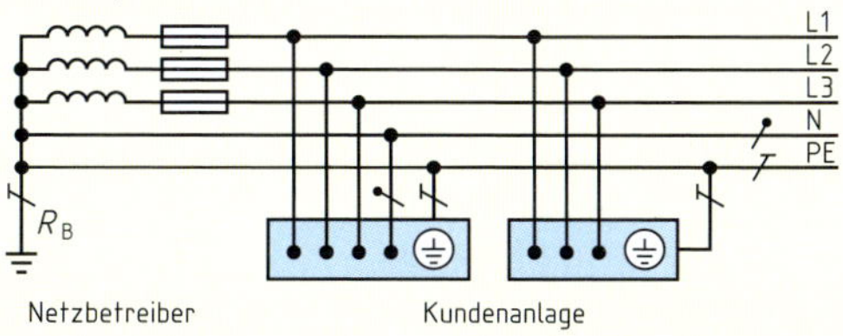	Schutzleiter und Neutralleiter sind am Transformator des Netzbetreibers gemeinsam mit dem Betriebserder verbunden, werden jedoch sowohl im Verteilnetz des Netzbetreibers als auch in der Kundenanlage getrennt geführt.	• Anlagen in neu zu errichtenden Gebäuden müssen von der Einspeisung (HAK) an als TN-S-System errichtet werden. • EMV-freundlich. • Abschaltung erfolgt mit Überstrom- oder Fehlerstrom-Schutzeinrichtungen (RCDs).
TN-C-S-System 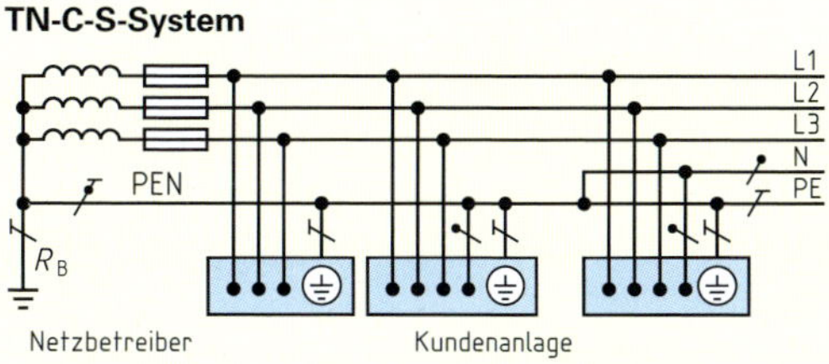	TN-C-System und TN-S-System sind kombiniert. Typisch ist, dass das TN-C-System des Versorgungsnetzes des Netzbetreibers ab HAK in ein TN-S-System der Kundenanlage übergeht **(Bild, Seite 356)**.	• In Gebäuden, bei denen die Aufteilung des PEN erst ab Querschnitten unter 10 mm² erfolgt, z. B. in Unterverteilungen. • Schlechte EMV-Eigenschaften. • Niederfrequente Magnetfelder möglich.
TT-System 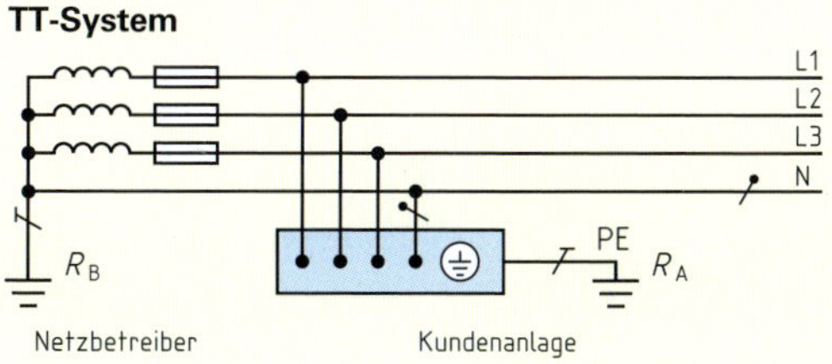	Der Sternpunkt des Transformators des Netzbetztreibers ist direkt am Betriebserder R_B geerdet. Der Schutzleiter ist mit einem eigenen Anlagenerder R_A verbunden und vom N-Leiter getrennt. Einsatz auf Baustellen und in landwirtschaftlich genutzten Räumen, z.B. Ställen, Getreidespeichern.	• Regelmäßige, teils arbeitstägliche Funktionsprüfung erforderlich. • Elektromagnetische Verträglichkeit (EMV) günstig. • Aufwendige Betriebserdung $R_B \leq 2\ \Omega$. • Potenzialausgleich für jedes Gebäude zwingend notwendig.
IT-System 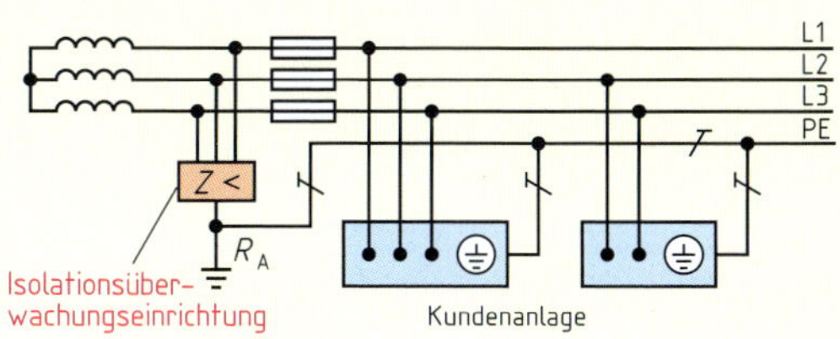	Es besteht keine Verbindung zwischen aktiven Leitern und geerdeten Teilen. Eine Überwachung des Isolationswiderstandes zwischen aktiven Leitern und geerdeten Teilen ist notwendig, um das Auftreten eines Körperschlusses anzuzeigen. Das IT-System ist aus Sicherheitsgründen vorgeschrieben, z.B. in Laboratorien und Operationssälen, da bei Körperschluss keine sofortige Abschaltung erfolgen darf.	• Gute EMV-Eigenschaften. • Abschaltung erfolgt mit Überstrom- oder Fehlerstrom-Schutzeinrichtungen (RCDs). • Höhere Verfügbarkeit: Beim 1. Fehler wird nur gemeldet, beim 2. Fehler wird abgeschaltet. • Geringe Beeinflussung benachbarter Anlagen. • Isolationsüberwachungseinrichtung (IMD) oder Differenzstrom-Überwachungseinrichtungen (RCM) erforderlich.
R_B Betriebserder R_A Anlagenerder Schutzleiter (PE) Neutralleiter (N) Neutralleiter mit Schutzfunktion (PEN)		

EMV-gemäßes TN-System: **Seite 310**

11.4 Schutz gegen elektrischen Schlag

Bei ordnungsgemäßem Betrieb einer elektrischen Anlage dürfen Personen und Nutztiere nicht geschädigt werden. Ebenso muss eine Gefährdung von Sachwerten unterbleiben. Deshalb sind zur Vermeidung und Verhütung von elektrischen Unfällen Schutzmaßnahmen **(Übersicht)** vorzusehen. Treten in Anlagen oder Geräten Fehler auf, muss das Bestehenbleiben einer zu hohen Berührungsspannung **(Seite 355)** verhindert werden, z. B. durch automatisches Abschalten der Anlage. **DIN VDE 0100-410 „Errichten von Niederspannungsanlagen"** legt die Grundregeln des Schutzes gegen elektrischen Schlag fest.

Eine Schutzmaßnahme gegen elektrischen Schlag muss immer bestehen aus:
- Einer Kombination aus zwei unabhängigen Schutzvorkehrungen, dem **Basisschutz** (Schutz gegen direktes Berühren) und dem **Fehlerschutz** (Schutz bei indirektem Berühren) oder
- einem **zusätzlichen Schutz**, der beim Versagen der Schutzvorkehrungen des Basisschutzes oder Fehlerschutzes bzw. beim sorglosen Benutzen elektrischer Anlagen schützt, z. B. durch Anwendung von verstärkter Isolierung oder Einsatz von Fehlerstrom-Schutzeinrichtungen mit $I_{\Delta N} = 30$ mA.

Bei der Installation einer elektrischen Anlage ist zu beachten, dass in jedem Teil der Anlage **eine** Schutzmaßnahme oder auch **mehrere** Schutzmaßnahmen angewendet werden können, die sich aber gegenseitig nicht nachteilig beeinflussen dürfen. Die jeweils anzuwendende Schutzmaßnahme ist abhängig von der Auswahl und dem Errichten der Betriebsmittel. Schutz durch automatische Abschaltung der Stromversorgung **(Seite 360)** im Fehlerfall ist die meist angewendete Schutzmaßnahme.

Übersicht: Schutzmaßnahmen nach DIN VDE 0100-410

Schutzmaßnahmen

Schutzmaßnahmen durch:
- Automatische Abschaltung der Stromversorgung →
- Doppelte oder verstärkte Isolierung **(Seite 364)**.
- Schutztrennung mit nur einem Verbrauchsmittel **(Seite 364)**.
- Schutz durch Kleinspannung mittels SELV oder PELV **(Seite 365)**.
- Zusätzlicher Schutz durch
  - Fehlerstromschutzeinrichtungen (RCD) **(Seite 366)** und
  - Zusätzlicher Schutzpotenzialausgleich **(Seite 360)**.

Anforderungen:
- **An den Basisschutz** (Schutz gegen direktes Berühren, **Seite 359**)
- **An den Fehlerschutz** (Schutz bei indirektem Berühren, **Seite 360**)
  - Schutzerdung und Schutzpotenzialausgleich.
  - Automatische Abschaltung im Fehlerfall.
  - Zusätzlicher Schutz für Endstromkreise für den Außenbereich und Steckdosen.
- **Im Netzsystem**
  - Schutzmaßnahmen im TN-System **(Seite 361)**.
  - Schutzmaßnahmen im TT-System **(Seite 362)**.
  - Schutzmaßnahmen im IT-System **(Seite 363)**.

Anhänge A, B und C in DIN VDE 0100-410	
A	Schutzvorkehrungen für den Basisschutz unter normalen Bedingungen **(Seite 359)**: • Basisisolierung aktiver Teile • Abdeckungen oder Umhüllungen
Schutzmaßnahmen, wenn nur Elektrofachkräfte oder elektrotechnisch unterwiesene Personen die Anlage betreiben und überwachen	
B	Schutzvorkehrungen für den Basisschutz unter besonderen Bedingungen **(Seite 359)**: • Hindernisse • Anordnung außerhalb des Handbereichs
C	Schutzvorkehrungen zur ausschließlichen Anwendung in Anlagen, die nur durch Elektrofachkräfte oder elektrotechnisch unterwiesene Personen betrieben und überwacht werden **(Seite 371)**: • Nicht leitende Umgebung • Schutz durch erdfreien örtlichen Schutzpotenzialausgleich • Schutztrennung mit mehr als einem Verbrauchsmittel

11.5 Automatische Abschaltung der Stromversorgung

11.5.1 Anforderungen an den Basisschutz

Basisschutz unter normalen Bedingungen (nach DIN VDE 0100-410, Anhang A)

Basisschutz ist ein Schutz gegen direktes Berühren. Die beim Basisschutz angewandten **Schutzvorkehrungen** sollen sicherstellen, dass von gefährlichen aktiven Teilen bei Gebrauch keine Gefahr ausgeht. Z.B. dürfen spannungsführende Teile bei einem Elektrogerät nicht zugänglich sein **(Bild 1).**

Der **Basisschutz unter normalen Bedingungen** (Schutz gegen direktes Berühren) bezieht sich auf den ungestörten Betrieb (Normalbetrieb).

Basisschutz (Schutz gegen direktes Berühren) ist erforderlich, wenn die Bemessungsspannung 25 V Wechselspannung oder 60 V Gleichspannung überschreitet.

Basisisolierung aktiver Teile. Aktive Teile sind vollständig mit einer elektrisch und mechanisch widerstandsfähigen Isolierung zu umhüllen **(Bild 2).** Die Isolierung muss so beschaffen sein, dass man sie nur durch Zerstören entfernen kann. Oxidschichten, Faserstoffumhüllungen, Lack- und Emailleüberzüge erfüllen diese Anforderungen nicht.

Abdeckungen oder Umhüllungen. Abdeckungen oder Umhüllungen, z.B. von Schaltern oder Steckdosen, schützen gegen direktes Berühren **(Bild 3).** Sie müssen mindestens der Schutzart IP 2X oder IP XXB entsprechen. Bei leicht zugänglichen Oberflächen von Abdeckungen ist eine Mindestschutzart von IP 4X oder IP XXD vorgeschrieben. Abdeckungen oder Umhüllungen müssen sicher befestigt und nur mit Werkzeug entfernbar sein.

Schutzarten elektrischer Betriebsmittel: **Seite 352**

Basisschutz unter besonderen Bedingungen (nach DIN VDE 0100-410, Anhang B)

Der Basisschutz unter besonderen Bedingungen kommt ausschließlich zur Anwendung in Anlagen mit oder ohne **Fehlerschutz** (Schutz gegen indirektes Berühren), die nur von Elektrofachkräften oder elektrotechnisch unterwiesenen Personen betrieben und überwacht werden, z.B. in abgeschlossenen elektrischen Betriebsstätten, z.B. Transformatorstationen.

Hindernisse. Schutz durch Hindernisse ist vorzusehen, um ein unabsichtliches Berühren aktiver Teile zu verhindern. Da Hindernisse wie z.B. Schutzleisten oder Schutzgitter **(Bild 4)** umgangen werden können, bieten sie keinen vollständigen Schutz gegen direktes Berühren. Hindernisse dürfen ohne Werkzeug entfernbar sein. Sie sind jedoch so zu befestigen, dass ein unbeabsichtigtes Entfernen nicht möglich ist.

Anordnung außerhalb des Handbereichs. Schutz durch Anordnung außerhalb des Handbereichs soll auch ein unbeabsichtigtes gleichzeitiges Berühren aktiver Teile verhindern. Elektrische Betriebsmittel, z.B. Motoren, müssen so angebracht sein, dass sich im Abstand von 2,5 m keine gleichzeitig berührbaren Teile mit unterschiedlichem Potenzial befinden **(Bild 5).** Auch Freileitungen und Fahrleitungen müssen einen so großen Abstand haben, dass sie von Menschen normalerweise nicht berührt werden können **(Bild 2, Seite 297).**

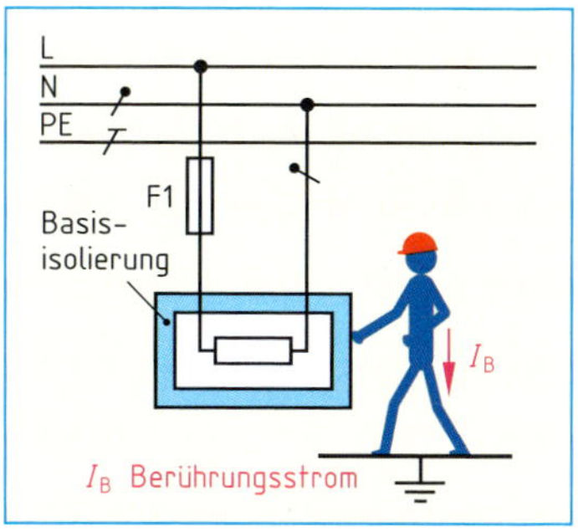

Bild 1: Schutz durch Basisisolierung

Bild 2: Schutz durch Basisisolierung aktiver Teile

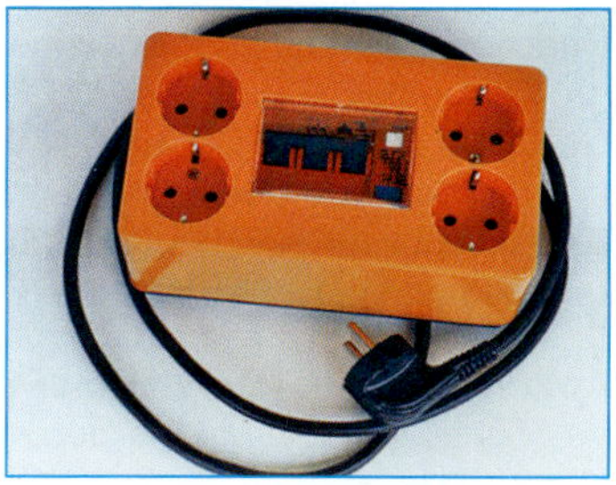

Bild 3: Schutz durch Abdeckungen oder Umhüllungen

Bild 4: Schutz durch Hindernisse

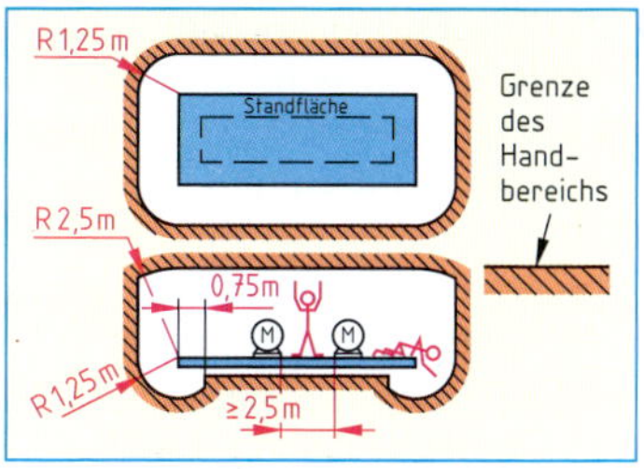

Bild 5: Handbereich (Abmessungen)

SimElektro Fachstufe 1.0

Fachstufe
S38, S39

11.5.2 Anforderungen an den Fehlerschutz

Fehlerschutz (Schutz gegen indirektes Berühren) ist ein Schutz gegen elektrischen Schlag unter Fehlerbedingungen und schützt Menschen und Nutztiere beim Versagen des **Basisschutzes.** Fällt an einem Gerät mit Betriebsspannung über AC 50 V der Basisschutz, z. B. infolge eines Isolationsfehlers aus, kann bei Berührung, z. B. aktiver Teile, die Gesundheit des Menschen gefährdet sein. Die fehlerhafte Anlage muss innerhalb kurzer Zeit, z. B. 0,4 s bei AC 230 V **(Tabelle 2, Seite 361),** automatisch abgeschaltet werden **(Bild 1).** In Anlagen, bei denen ein Gerät im 1. Fehlerfalle nicht abgeschaltet werden darf, z. B. Operationsräume, muss eine Schutzeinrichtung ein Signal auslösen **(IT-System, Seite 363).**

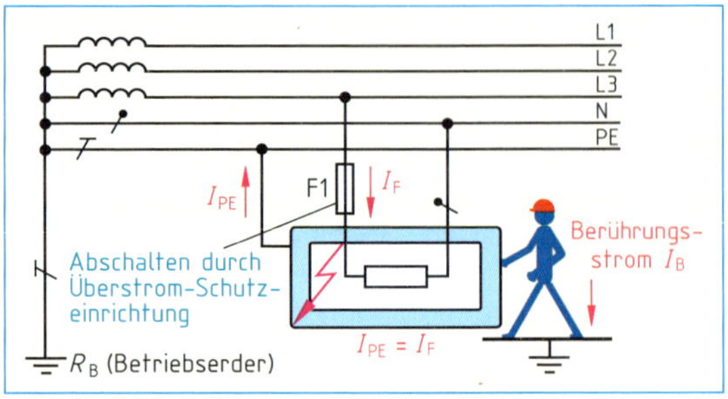

Bild 1: Schutz durch Abschalten bei Körperschluss

Jeder Stromkreis muss einen Schutzleiter haben, der über eine Schutzleiterklemme oder Schutzleiterschiene geerdet ist.

Schutzerdung (Erdung über den Schutzleiter). Zum Zwecke der elektrischen Sicherheit müssen ein oder mehrere Punkte eines Netzes, einer Anlage oder eines Betriebsmittels der Schutzklasse I geerdet werden **(Bild 2).**

Schutzpotenzialausgleich (Seite 301) über die Haupterdungsschiene. Erdungsleiter und leitfähige Teile eines Gebäudes, die Fremdpotenziale in Gebäude einschleppen und somit gefährliche Potenzialdifferenzen verursachen können, sind über die **Haupterdungsschiene (Bild 2)** zum **Schutzpotenzialausgleich** zu verbinden **(Übersicht).**

Übersicht: Schutzpotenzialausgleich über die Haupterdungsschiene (Beispiele):

- Verbindung mit dem PEN/PE-Leiter (TN-System)
- Erder, z. B. Fundamenterder
- Antenne, Blitzschutzanlage
- Metallene Gas-, Wasser- und Fernwärmesysteme
- Metallene Zentralheizungs- und Klimageräte mit leitfähiger Zuleitung von außen
- Fremde leitfähige Teile der Gebäudestruktur
- Berührbare Bewehrungen von Gebäudekonstruktionen

Automatische Abschaltung im Fehlerfall. Im Falle eines Fehlers, z. B. eines Körperschlusses im TN-System, muss eine Schutzeinrichtung in der geforderten Abschaltzeit **(siehe Tabelle 2, Seite 361)** den Stromkreis automatisch unterbrechen. Das Bestehen einer unzulässig hohen Berührungsspannung an den Körpern der Betriebsmittel wird dadurch verhindert.

Durch die Verbindung des PEN-Leiters über die Haupterdungsschiene mit dem **Fundamenterder** würde auch bei einer Unterbrechung des PEN-Leiters die vorgeschaltete Schutzeinrichtung abschalten **(Bild 2).** Wenn z. B. eine ältere Verbraucheranlage keinen eigenen Anlagenerder R_A (Fundamenterder) besitzt und der PEN-Leiter vor dem Hausanschluss unterbrochen wird **(Bild 2),** würde bei einphasigen Verbrauchern auch ohne Körperschluss eine gefährliche Spannung am Gehäuse des Betriebsmittels und am Schutzleiter anstehen. Damit im Fehlerfall das Potenzial des Schutzleiters bzw. PEN-Leiters eine möglichst geringe Abweichung gegenüber dem Erdpotenzial aufweist, muss ein Stromrückfluss zum geerdeten Sternpunkt des Transformators gewährleistet sein **(Fehlerstromkreis 2).** Dies wird durch zusätzliche Erdungen im Netz erreicht, z. B. an den Eintrittsstellen in das Gebäude, z. B. durch Verbinden mit dem Fundamenterder **(Bild 2).**

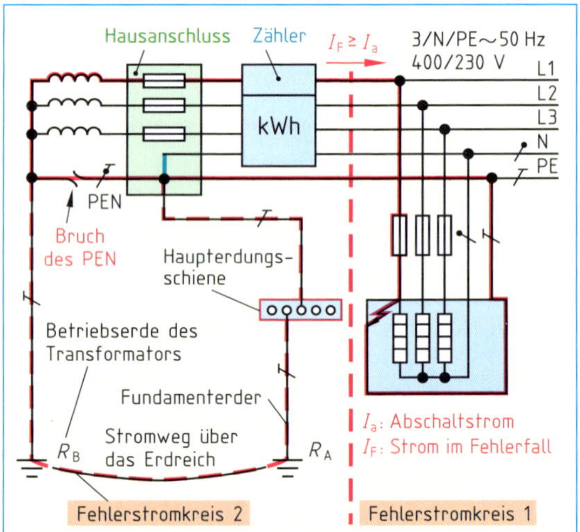

Fehlerstromkreis 2 mit PEN-Unterbrechung	Fehlerstromkreis 1 mit fehlerfreiem PEN-Leiter
Transformator → Hinleitung (L1) → Fehlerstelle → Gehäuse → Rückleitung PE → Haupterdungsschiene → Fundamenterder → Erdreich → Betriebserde → Sternpunkt	Transformator → Hinleitung (L1) → Fehlerstelle → Gehäuse → Rückleitung (PE und PEN) → Sternpunkt (Transformator)

Bild 2: Schutz durch Erdung im TN-C-S-System bei einem Körperschluss

Fachstufe S38

11.5.3 Schutz im TN-System

Im TN-System **(Seite 357)** müssen alle Körper der Betriebsmittel mit dem Erdungspunkt des Versorgungsnetzes durch Schutzleiter PE oder PEN-Leiter verbunden sein. Im Fehlerfall eines Körperschlusses wird der Fehlerstromkreis über den Schutzleiter geschlossen und die Schutzeinrichtung **(Tabelle 1)** ausgelöst **(Bild 1)**. Die Schutzeinrichtung muss zum Trennen von Außenleitern geeignet sein.

Der Widerstand des Fehlerstromkreises Z_S (Fehlerschleifenimpedanz) umfasst die Widerstände des Transformators, des vorgelagerten Stromnetzes, des Außenleiters bis zum Fehlerort, des Schutzleiters und PEN-Leiters **(Bild 2, Seite 360)**.

Die Abschaltbedingung ist erfüllt, wenn der durch den Widerstand der Fehlerschleife begrenzte Kurzschlussstrom I_K größer ist als der Abschaltstrom I_a der Schutzeinrichtung.

Die in **Tabelle 2** und **Tabelle 1, Seite 362** angegebenen Abschaltzeiten gelten für die **Endstromkreise**:

- Eine oder mehrere Steckdosen mit einem Bemessungsstrom bis einschließlich 63 A.
- Fest angeschlossene Verbraucher bis 32 A.

Bei Unterbrechung des PEN-Leiters kann in TN-C-Systemen eine große Gefährdung entstehen **(Bild 2, Seite 360)**. Das TN-C-System ist deshalb nur bei fest verlegten Leitungen von mindestens 10 mm² Kupfer oder 16 mm² Aluminium zulässig.

In Deutschland sind keine Aluminium-Leitungen mit $A < 25$ mm² zugelassen, → Leitung mit $A = 25$ mm².

Nach DIN VDE ist es für die Netzbetreiber verpflichtend, die Bedingung der **„Spannungswaage"** einzuhalten **(Formel und Bild 2)**. Wird diese Bedingung eingehalten, kann am PEN-Leiter, am Schutzleiter oder an Körpern keine unzulässig hohe Berührungsspannung U_B auftreten.

Spannungswaage

$$\frac{R_B}{R_E} \leq \frac{50\,\text{V}}{U_0 - 50\,\text{V}}$$

R_B Gesamterdungswiderstand aller Erder
R_E angenommener kleinster Erdübergangswiderstand fremder leitfähiger Teile, die nicht mit dem Schutzleiter verbunden sind und Ursache eines Erdschlusses sein können
50 V Grenze der zulässigen Berührungsspannung
U_0 Nennwechselspannung zwischen Außenleiter und Erde

Leiterquerschnitte und Schutzeinrichtungen sind so zu bemessen, dass beim Auftreten eines Fehlers zwischen Außenleiter und Schutzleiter oder mit dem PEN-Leiter verbundenen Körpern die automatische Abschaltung innerhalb der festgelegten Zeit erfolgt **(Tabelle 2)**.

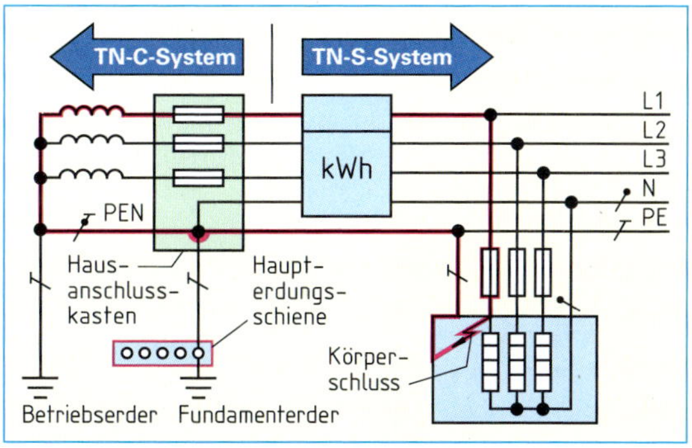

Bild 1: Fehlerstromkreis im TN-System

Tabelle 1: Zulässige Schutzeinrichtungen

im TN-C-System	im TN-S-System
• nur Überstrom-Schutzeinrichtungen, z. B. Schmelzsicherungen, Leitungsschutzschalter (keine RCDs)	• Überstrom-Schutzeinrichtungen und • Fehlerstrom-Schutzeinrichtungen (RCDs)

Tabelle 2: Maximale Abschaltzeiten im TN-System (nach DIN VDE 0100-410)

Nennwechselspannung U_0	Abschaltzeit t_a
50 V < U_0 ≤ 120 V	0,8 s
120 V < U_0 ≤ 230 V	0,4 s
230 V < U_0 ≤ 400 V	0,2 s
U_0 > 400 V	0,1 s
In Verteilungs- und sonstigen Stromkreisen gilt eine Abschaltzeit von max. 5 s.	

U_0 Nennwechselspannung zwischen Außenleiter und Erde

Abschaltbedingung im TN-System

Nach DIN VDE 0100-410

$$I_K = \frac{U_0}{Z_S} \qquad I_K \geq I_a \text{ mit } I_a = n \cdot I_N$$

Z_S Fehlerschleifenimpedanz
I_a Abschaltstrom der Überstrom-Schutzeinrichtung
U_0 Nennwechselspannung zwischen Außenleiter und Erde
I_K Kurzschlussstrom
n Abschaltstromfaktor, z. B. LS-Schalter Typ B, $n = 5$

Der Kurzschlussstrom I_K wird von der Fehlerschleifenimpedanz Z_S bestimmt.

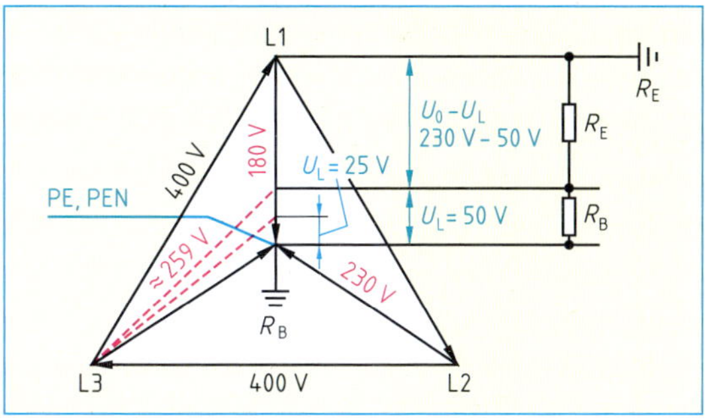

Bild 2: Spannungswaage im TN-System

11.5.4 Schutz im TT-System

Alle Körper der zu schützenden Betriebsmittel werden an einen gemeinsamen Erder R_A angeschlossen. Der Sternpunkt R_B des Transformators ist getrennt geerdet **(Bild 1)**.

Im TT-System wird aus einem Körperschluss ein Erdschluss. Der auftretende Fehlerstrom muss das fehlerhafte Betriebsmittel über Überstrom- oder Fehlerstrom-Schutzeinrichtungen innerhalb der vorgeschriebenen Abschaltzeit auslösen.

Dabei darf die durch den Fehlerstrom am Erdungswiderstand R_A hervorgerufene Berührungsspannung den Wert der zulässigen Spannung von U_L = 50 V nicht überschreiten.

Verwendung einer Überstrom-Schutzeinrichtung für den Fehlerschutz. Damit die Überstrom-Schutzeinrichtung in der geforderten Abschaltzeit **(Tabelle 1)** auslöst, muss der Wert des Fehlerstromes dem Wert des Abschaltstromes I_a der Überstrom-Schutzeinrichtung entsprechen. Die Fehlerschleifenimpedanz Z_S besteht neben den Widerständen der Stromquelle, der Außenleiter, Schutzleiter, Erdungsleiter, Anlagenerder R_A und Erder der Stromquelle R_B aber maßgeblich aus dem Erdwiderstand **(Bild 2)**.

Daher erreicht der Fehlerstrom oftmals nicht die erforderlichen Werte, um die Überstrom-Schutzeinrichtung in der vorgeschriebenen Abschaltzeit auszulösen.

Im TT-System werden vorzugsweise Fehlerstrom-Schutzeinrichtungen (RCDs, **Seite 366**) eingesetzt.

Verwendung einer Fehlerstrom-Schutzeinrichtung für den Fehlerschutz. Hierbei sind die Abschaltzeiten **(Tabelle 1)** und die Bedingung für den Erdungswiderstand $R_A \leq 50\ \text{V} / I_{\Delta N}$ zu erfüllen. Der Erdungswiderstand R_A ist die Summe der Widerstände des Anlagenerders und des Schutzleiters **(Bild 1 und Bild 2)** und $I_{\Delta N}$ der Bemessungs-Differenzstrom der RCD. Da die höchstzulässigen Werte für die Erdungswiderstände R_A **(Tabelle 2)** in der Praxis gut zu erreichen sind, ist die Einhaltung der Abschaltzeit nach **Tabelle 1** für die RCD sichergestellt.

RCDs bieten einen optimalen Schutz, da die Anlage innerhalb der vorgeschriebenen Zeit abschaltet.

Selektivität in TT-Systemen wird durch zeitverzögerte Fehlerstrom-Schutzeinrichtungen vom Typ S in Reihe zu nachgeschalteten RCDs erreicht **(siehe Seiten 367 bis 369)**.

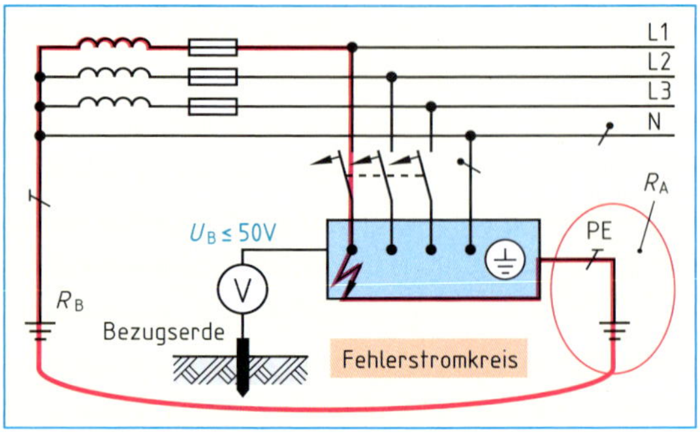

Bild 1: Schutz durch Abschalten im TT-System

Tabelle 1: Maximale Abschaltzeiten im TT-System (nach DIN VDE 0100-410)

Nennwechselspannung U_0	Abschaltzeit t_a
50 V < $U_0 \leq$ 120 V	0,3 s
120 V < $U_0 \leq$ 230 V	0,2 s
230 V < $U_0 \leq$ 400 V	0,07 s
U_0 > 400 V	0,04 s

Abschaltzeiten für **Endstromkreise** mit einer oder mehreren Steckdosen mit Bemessungsstrom bis 63 A und für fest angeschlossene Verbraucher bis 32 A. In Verteilungs- und sonstigen Stromkreisen gilt eine Abschaltzeit von max. 1 s.

Sind alle fremden leitfähigen Teile an den Schutzpotenzialausgleich über die Haupterdungsschiene angeschlossen, darf für die Überstrom-Schutzeinrichtung die Abschaltzeit des TN-Systems verwendet werden **(Tabelle 2, Seite 363)**.

Z_S Fehlerschleifenimpedanz
I_a Strom bewirkt das automatische Abschalten der Schutzeinrichtung
U_0 Nennwechselspannung Außenleiter gegen Erde

$$I_a \leq \frac{U_0}{Z_S}$$

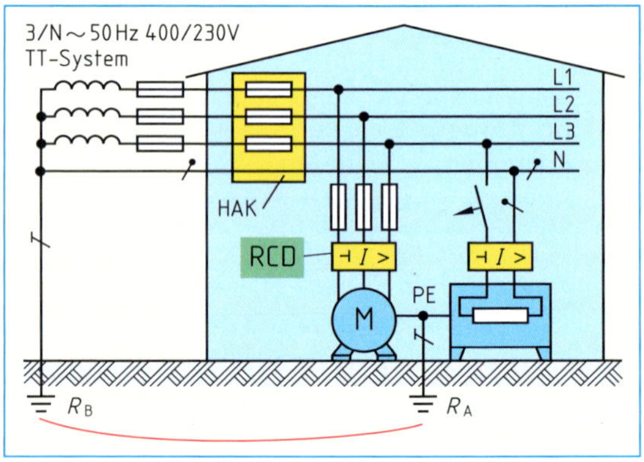

Bild 2: Verbraucheranlage im TT-System mit RCD

R_A höchstzulässiger Erdungswiderstand der Verbraucheranlage
$I_{\Delta N}$ Bemessungs-Differenzstrom

$$R_A \leq \frac{50\ \text{V}}{I_{\Delta N}}$$

Tabelle 2: Höchstwerte für Erdungswiderstände R_A

RCD mit $I_{\Delta N}$	R_A bei: U_L = 50 V	R_A bei: U_L = 25 V
0,01 A	5000 Ω	2500 Ω
0,03 A	1665 Ω	832 Ω
0,3 A	165 Ω	82 Ω
0,5 A	100 Ω	50 Ω

11.5.5 Schutz im IT-System

Alle Körper der zu schützenden Betriebsmittel sind an einem gemeinsamen Erder zu erden. Der Sternpunkt des Netztransformators ist isoliert oder über eine hohe Impedanz geerdet **(Bild 1)**.

Im IT-System erfolgt beim Auftreten eines ersten Fehlers (Körperschluss) keine Abschaltung, sondern eine Meldung, z.B. ein optisches und/oder akustisches Signal mittels Isolationsüberwachungseinrichtung **(Bild 2)**.

Vorgeschrieben ist das IT-System, z.B. in Intensivbehandlungsstationen, Operationsräumen sowie im Bergbau und in Hüttenwerken. Es wird auch in der chemischen Industrie, bei der Ersatzstromversorgung bei Einsätzen der Feuerwehr und auf Schiffen eingesetzt.

Im Gegensatz zum TN- und TT-System, bei denen im ersten Fehlerfall, z.B. Körperschluss, abgeschaltet wird, erfolgt im IT-System nur eine Meldung **(Übersicht)**. Beim Entstehen nur eines Fehlers tritt ein geringer Fehlerstrom, bedingt durch die kapazitiven Eigenschaften der Leitung, auf. Die zulässige Berührungsspannung U_L wird nicht überschritten, wenn die Bedingung $R_A \cdot I_d \leq 50$ V erfüllt ist. Der Schutzleiter nimmt das Potenzial des den Fehler auslösenden Leiters an. Eine Gefahr besteht nicht, da alle Körper das gleiche Potenzial über den Schutzleiter besitzen. Der Arbeitsprozess, z.B. eine Operation, kann abgeschlossen werden. Der Isolationswiderstand der Verbraucheranlage wird durch eine **Isolationsüberwachungseinrichtung** laufend kontrolliert **(Bild 2)**. Der erste gemeldete Fehler muss rasch behoben werden, da ein weiterer Fehler in einem anderen Außenleiter zu einem Kurzschluss führt und die Überstrom-Schutzeinrichtung des Betriebsmittels auslöst.

Da der Fehler- oder Abschaltstrom über die Stromkreise der fehlerhaften Betriebsmittel fließt, ist die Impedanz der Fehlerschleife größer als beim einfachen Fehler im TN-System **(Bild 2)**. Beim Abschalten nach dem zweiten Fehler muss die Fehlerschleifenimpedanz die Abschaltbedingung

$Z_S \leq \frac{U}{2 \cdot I_a}$ erfüllen **(Tabelle)**.

Wiederholungsfragen

1. **Wodurch unterscheiden sich TN-, TT- und IT-Systeme?**
2. **Welche Abschaltzeiten sind im TN-System zulässig?**
3. **Was versteht man unter Fehlerschleifenimpedanz und wie groß darf sie maximal sein?**
4. **Welche Bedeutung hat die Erdung des PEN-Leiters über den Fundamenterder?**
5. **Welche Bedingungen gelten für den Erdungswiderstand R_A im TT-System?**

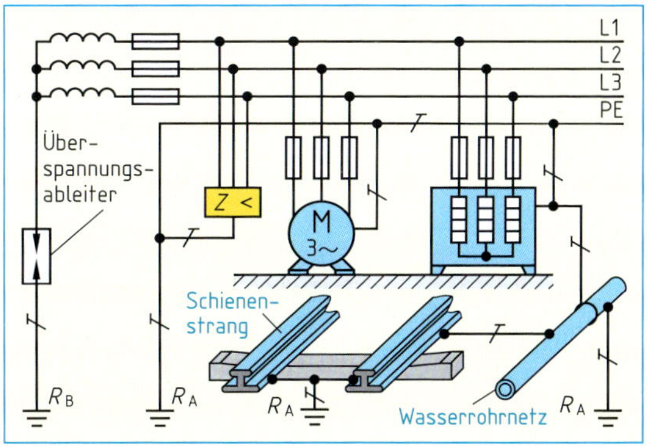

Bild 1: Schutz im IT-System

Erdungsbedingung im IT-System

$$R_A \cdot I_d \leq 50 \text{ V}$$

R_A	Summe der Widerstände des Erders und des Schutzleiters der Körper
I_d	Fehlerstrom nach dem Auftreten des ersten Fehlers zwischen Außenleiter und Körper

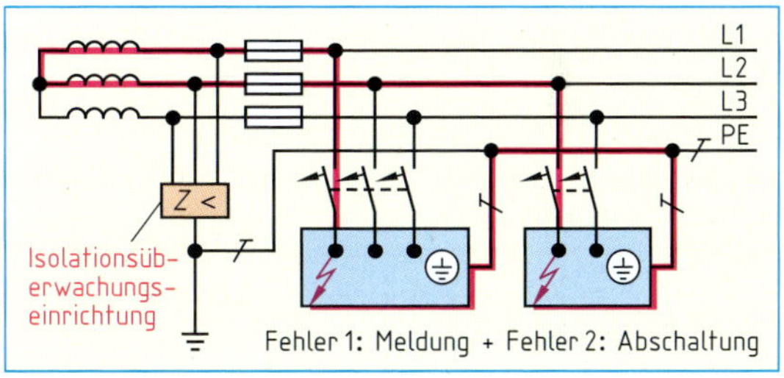

Bild 2: IT-System mit 2 Fehlern

Übersicht: Schutzeinrichtungen im IT-System

- Isolationsüberwachungseinrichtungen (IMDs)[1]
- Überstrom-Schutzeinrichtungen
- Differenzstrom-Überwachungseinrichtungen (RCMs, **Seite 370**)
- Fehlerstrom-Schutzeinrichtungen (RCDs, **Seite 366**)

Tabelle: Spannungen, Abschaltzeiten und Abschaltbedingungen im IT-System (nach DIN VDE 0100-410)

Nennwechselspannung U_0, U	Abschaltzeiten im IT-System ohne Neutralleiter	Abschaltzeiten im IT-System mit Neutralleiter
über 50 V bis 120 V	0,8 s	
über 120 V bis 230 V	0,4 s	
über 230 V bis 400 V	0,2 s	
über 400 V	0,1 s	
Abschaltbedingung	$Z_S \leq \frac{U}{2 \cdot I_a}$	$Z_S \leq \frac{U_0}{2 \cdot I_a}$

Z_S Fehlerschleifenimpedanz
U Nennwechselspannung zwischen Außenleitern
U_0 Nennwechselspannung zwischen Außenleiter und Neutralleiter
I_a Abschaltstrom der Überstrom-Schutzeinrichtung

[1] **IMD**, Abk. für: **I**nsulation **M**onitoring **D**evice (engl.) = Isolationsüberwachungseinrichtung

11.6 Doppelte oder verstärkte Isolierung

Die Schutzmaßnahme „Doppelte oder verstärkte Isolierung" verhindert nach einem Fehler in der Basisisolierung eine gefährliche Berührungsspannung an berührbaren Teilen des Betriebsmittels. Die Kennzeichnung für doppelte oder verstärkte Isolierung erfolgt mit dem Symbol **(Bild 1a)**, dem Doppelquadrat, dass Betriebsmittel der Schutzklasse II erhalten.

Bei doppelter oder verstärkter Isolierung sind alle der Berührung zugänglichen Teile, die im Fehlerfall Spannung führen können, mit einer Basisisolierung **(Basisschutz)** und mit einer zusätzlichen Isolierung **(Fehlerschutz)** oder einer verstärkten Isolierung dauerhaft abgedeckt **(Bild 2)**.

Schutz kann auch durch fest eingebaute Isolierstücke, z. B. Zahnräder aus Kunststoff, erreicht werden **(Bild 3)**. Ortsveränderliche, schutzisolierte Betriebsmittel für Wechselspannung haben 2-adrige Anschlussleitungen mit vergossenen Profilsteckern ohne Schutzkontakt und ohne Schutzleiter. Bei Instandsetzung der Anschlussleitung, z. B. mit H05VV-F3G1,5 wird die grüngelbe Ader im Stecker angeschlossen. Am Gerät ist der Schutzleiter kurz abzuschneiden und zu isolieren. Er darf innerhalb von Geräten mit verstärkter oder doppelter Isolierung (Schutzklasse II) nicht mit leitfähigen Teilen verbunden sein. Eine Kennzeichnung erfolgt an der Außen- und Innenseite durch das Symbol nach **Bild 1b**. Doppelte oder verstärkte Isolierung (Schutzklasse II) wird angewendet bei, z. B. Haushaltgeräten, Elektrowerkzeugen **(Bild 3)**, Zählerschränken oder CEE-Steckvorrichtungen **(Seite 424)**.

Bild 1: Symbole für „Doppelte oder verstärkte Isolierung"

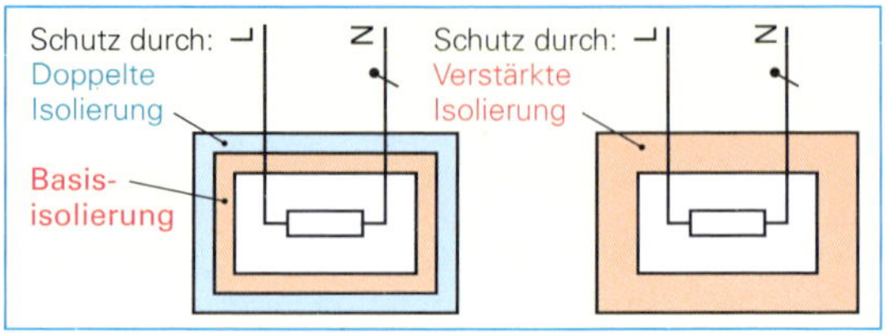

Bild 2: Arten der Isolierung

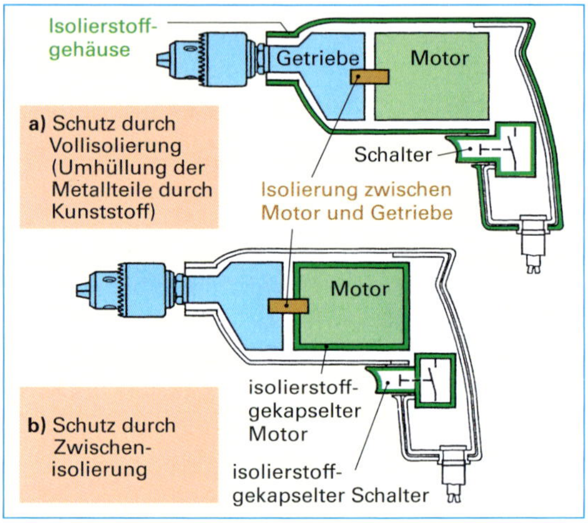

Bild 3: Bohrmaschine mit verstärkter Isolierung

11.7 Schutztrennung

Beim Schutz durch Schutztrennung darf nur ein elektrisches Verbrauchsmittel hinter dem ungeerdeten Trenntransformator angeschlossen werden **(Bild 4)**.

Bei der Schutztrennung wird zwischen Netz und Verbraucher zur Potenzialtrennung ein Trenntransformator nach DIN EN 61558-2 geschaltet.

Der Transformator verhindert, dass am Verbraucher Spannungen aus dem geerdeten, speisenden Netz auftreten. Auf der Ausgangsseite des Transformators besteht keine Spannung gegen Erde. Die Ausgangsspannung darf nicht größer als 500 V sein.

Steckvorrichtungen für den Ausgangsstromkreis dürfen keinen Schutzkontakt haben **(Bild 4)**. Die Verbrauchsmittel dürfen nicht mit dem Schutzleiter und auch nicht mit Erde verbunden werden.

Verwendung findet die Schutztrennung beim Betrieb elektrischer Betriebsmittel bei erhöhter elektrischer Gefährdung, z. B. in Kesselanlagen **(Bild 5)**.

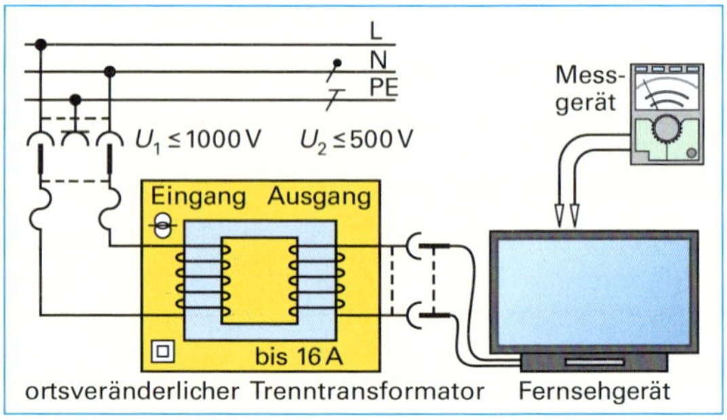

Bild 4: Schutztrennung

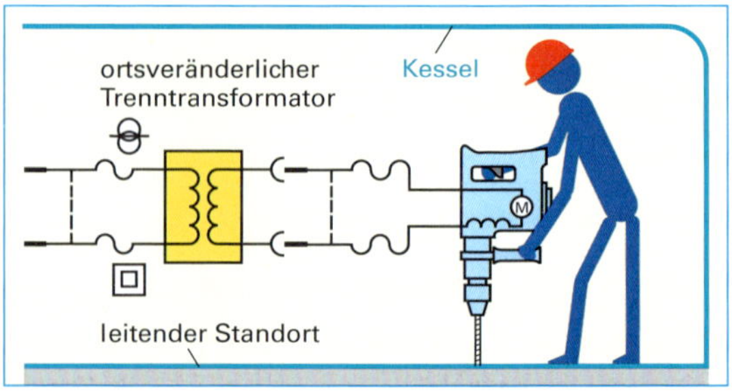

Bild 5: Schutztrennung bei besonderer Gefährdung

11.8 Schutz durch Kleinspannung mittels SELV oder PELV

Die Schutzmaßnahmen **SELV** und **PELV** erfüllen den Basisschutz (Schutz gegen direktes Berühren) und den Fehlerschutz (Schutz bei indirektem Berühren). Die Nennspannung darf AC 50 V oder DC 120 V nicht überschreiten. Um eine elektrische, sogenannte galvanische Trennung vom Netz zu erhalten, muss Kleinspannung sicher erzeugt werden **(Tabelle)**.

Kleinspannung darf nicht aus dem Netz durch Spartransformatoren, Spannungsteiler oder durch Vorwiderstände erzeugt werden.

SELV- und PELV-Stromkreise unterscheiden sich in ihrer Verbindung zur Erde. In SELV-Stromkreisen dürfen weder Körper von Betriebsmitteln noch Stromkreise sekundärseitig geerdet oder mit anderen Spannungssystemen verbunden sein **(Bild 1)**.

PELV-Stromkreise entstehen, wenn aus betrieblichen Gründen ein sekundärseitiger Anschluss des Stromkreises oder der Körper der Betriebsmittel geerdet ist **(Bild 2)**, z. B. in Mess- und Steuerstromkreisen sowie in Telekommunikationsanlagen.

Wird in SELV- oder PELV-Stromkreisen die Nennspannung AC 25 V bzw. DC 60 V (oberschwingungsfrei[1]) nicht überschritten, ist kein Basisschutz erforderlich. Bei erhöhter Gefährdung, z. B. bei Spielzeugen, medizinischen Geräten oder Fassleuchten ist bereits bis AC 25 V bzw. DC 60 V ein Basisschutz (Schutz gegen direktes Berühren) erforderlich. Bei elektromedizinischen Geräten, z. B. zur Untersuchung des Körperinneren, ist die Spannung auf 6 V begrenzt.

Steckvorrichtungen **(Bild 3)** in SELV- und PELV-Stromkreisen müssen folgende Anforderungen erfüllen:

- Stecker und Steckdosen von SELV-Stromkreisen dürfen keinen Schutzkontakt haben.
- Steckvorrichtungen für SELV-Stromkreise müssen gegenüber Steckvorrichtungen mit anderer Spannung unverwechselbar sein.
- SELV-Stecker dürfen nicht in PELV-Steckdosen eingeführt werden können und umgekehrt.
- Steckvorrichtungen für PELV-Stromkreise haben Schutzkontakte. Sie sind durch eine Hilfsnase gegenüber Steckvorrichtungen mit höherer Spannung oder SELV-Steckvorrichtungen unverwechselbar.

FELV-Stromkreise. Im FELV-Stromkreis ist die Spannung auf ≤ AC 50 V oder ≤ DC 120 V begrenzt. Die Körper der Betriebsmittel sind mit dem Schutzleiter des Primärstromkreises zu verbinden. Der Basisschutz mit der Isolierung muss trotz AC ≤ 50 V dem der Nennspannung im Primärstromkreis entsprechen. Die automatische Abschaltung erfolgt im Primärstromkreis.

- **SELV,** Abk. für: **S**afety **E**xtra **L**ow **V**oltage (engl.) = Sicherheitskleinspannung SELV
- **PELV,** Abk. für: **P**rotective **E**xtra **L**ow **V**oltage (engl.) = Schützende Kleinspannung PELV
- **FELV,** Abk. für: **F**unctional **E**xtra **L**ow **V**oltage (engl.) = Funktionskleinspannung FELV

Tabelle: Erzeugung von Kleinspannung

- Sicherheitstransformatoren nach DIN EN 61558-1
- Motorgeneratoren mit getrennten Wicklungen
- elektrochemische Spannungsquellen, z. B. Batterie

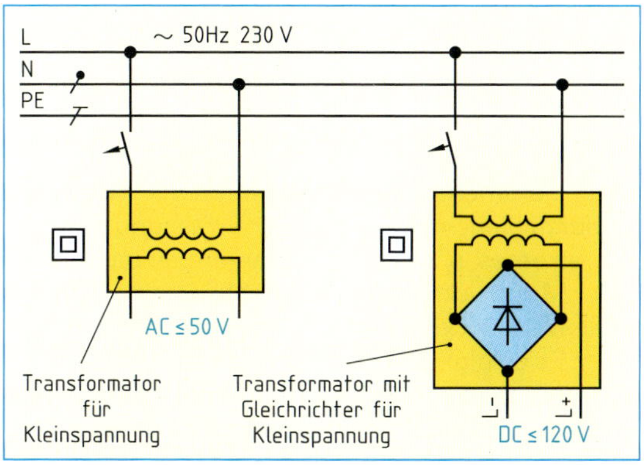

Bild 1: Transformatoren für SELV-Stromkreise

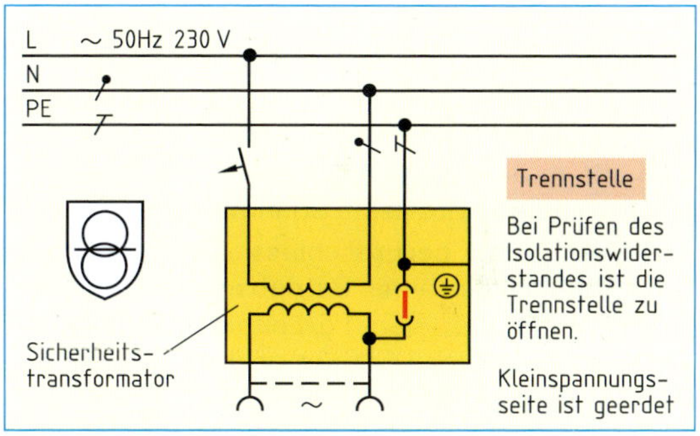

Bild 2: Spannungsquelle für PELV-Stromkreis

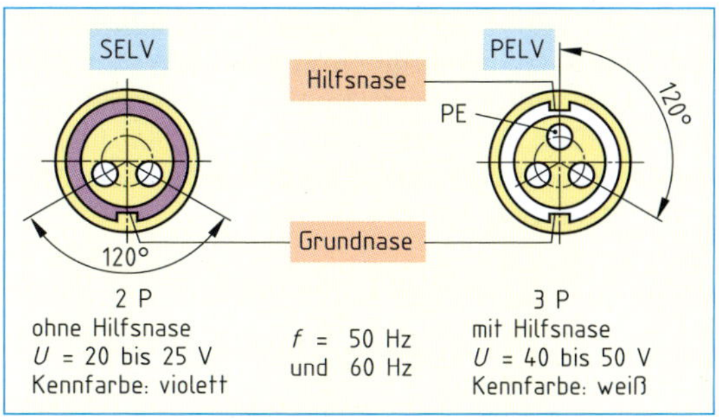

Bild 3: Steckdosen für Kleinspannungsgeräte

[1] oberschwingungsfrei = Welligkeit von nicht mehr als 10 % effektiv bei überlagerter sinusförmiger Wechselspannung

SimElektro Fachstufe 1.0
Fachstufe S47

11.9 Fehlerstrom-Schutzeinrichtungen

Fehlerstrom-Schutzeinrichtungen (RCDs[1]) schützen Personen, Nutztiere und Sachwerte bei Versagen des Basis- oder Fehlerschutzes **(Übersicht und Seite 367)**. RCDs unterstützen zusätzlich, z. B. im TN-System oder TT-System, die angewendeten Schutzmaßnahmen. Da auch Isolationsfehler überwacht und unzulässige Kriechströme abgeschaltet werden, dienen RCDs zusätzlich dem Brandschutz.

Fehlerstrom-Schutzeinrichtungen **(Bild 2)** schalten Betriebsmittel in kurzer Zeit allpolig ab, wenn bedingt durch Isolationsfehler eine gefährliche Berührungsspannung U_B über dem maximal zulässigen Wert von 50 V auftritt.

Übersicht: Hauptaufgaben der RCDs

- Zusätzlicher Schutz beim Versagen von Vorkehrungen für den Basisschutz (Schutz gegen direktes Berühren).
- Zusätzlicher Schutz beim Versagen von Vorkehrungen für den Fehlerschutz (Schutz bei indirektem Berühren).
- Zur Verhütung von Bränden (Brandschutz).

Schutz durch RCDs darf nur als zusätzliche aber nicht als alleinige Maßnahme durchgeführt werden. RCDs sind kein Ersatz für Schutzmaßnahmen.

11.9.1 Aufbau und Funktion

Eine Fehlerstrom-Schutzeinrichtung **(Bild 1)** besteht im Wesentlichen aus drei Funktionsgruppen:

- Der Summenstromwandler mit den Differenzialspulen dient im Fehlerfall zur Erfassung des Fehlerstromes I_Δ und zur Spannungserzeugung in der Messwicklung für den Fehlerstromauslöser.
- Die Messwicklung erregt den Fehlerstromauslöser. Es erfolgt eine mechanische Entklinkung.
- Die mechanische Entklinkung des Schaltschlosses bewirkt ein Trennen des Stromkreises.

Alle aktiven Leiter (z. B. L1, L2, L3, N), vom Netz zum zu schützenden Betriebsmittel, werden durch einen **Summenstromwandler (Bild 1)** geführt. Im fehlerfreien Zustand ist die Summe der zu- und abfließenden Ströme null. Die magnetischen Wechselfelder der Leiter im Summenstromwandler heben sich auf. In der Ausgangswicklung des Summenstromwandlers wird keine Spannung induziert.

Im Fehlerfall, z. B. bei Erdschluss eines Leiters oder bei Körperschluss eines Betriebsmittels, fließt ein Fehlerstrom über den PE-Leiter oder Erde zur Stromquelle zurück. Die Summe der zu- und abfließenden Ströme ist nicht mehr null. In der Ausgangswicklung des Summenstromwandlers wird nun eine Spannung induziert, die einen elektromagnetischen Fehlerstromauslöser auslöst **(Bild 1)** und alle geschützten Betriebsmittel allpolig vom Netz trennt. Mit der Prüftaste kann ein Fehler simuliert werden **(Bild 2)**. Damit lässt sich aber nur die Auslösefunktion der RCD prüfen, jedoch nicht die Wirksamkeit der Schutzmaßnahme.

Die Auslösung der RCD mit der Prüftaste ist nach DGUV, Vorschrift 3 vom Betreiber der Anlage bei nicht stationären Anlagen, z. B. auf Baustellen, an jedem Arbeitstag, bei stationären Anlagen, z. B. in Fertigungsräumen, alle 6 Monate zu prüfen.

[1] RCD, Abk. für: **R**esidual **C**urrent Protective **D**evice (engl.) = Fehlerstrom-Schutzeinrichtung

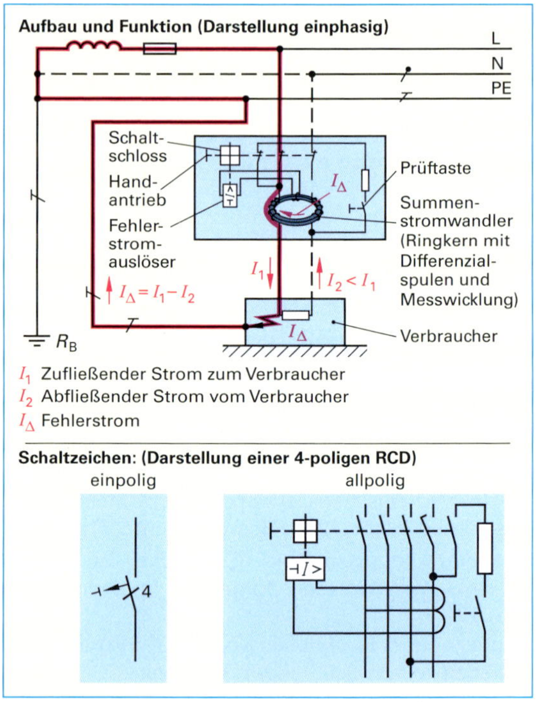

Bild 1: Aufbau, Funktion und Schaltzeichen einer RCD

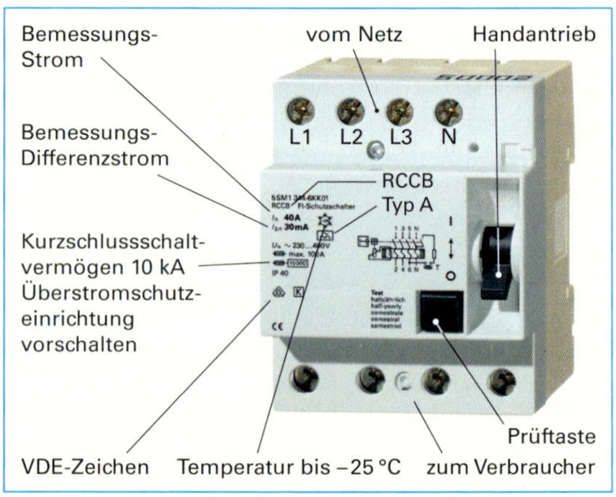

Bild 2: Fehlerstrom-Schutzeinrichtung RCCB, 4-polig

SimElektro Fachstufe 1.0

Fachstufe S38

11.9.2 Anwendungen von RCDs

Nach DIN VDE 0100-410 wird für die Errichtung elektrischer Anlagen in besonders unfallgefährdeten Bereichen der Einsatz von Fehlerstrom-Schutzeinrichtungen (RCD) vorgeschrieben **(Bild 1)**, z.B. in:

- Baderäumen, Steckdosenstromkreisen, Baustellenverteilern
- Landwirtschaftlichen und gartenbaulichen Betriebsstätten
- Medizinisch genutzten Räumen
- Laborräumen, Schulen und Ausbildungsstätten

Fehlerstrom-Schutzeinrichtungen (RCDs) mit einem Bemessungs-Differenzstrom $I_{\Delta N} \leq 30$ mA sind nach DIN VDE 0100-410 vorgeschrieben in:

- Steckdosenstromkreisen mit einem Bemessungsstrom bis 32 A, die für Laien und zur allgemeinen Verwendung bestimmt sind.
- Endstromkreisen für im Außenbereich verwendete fest angeschlossene ortsveränderliche Betriebsmittel mit einem Bemessungsstrom bis 32 A.
- Endstromkreisen mit Leuchten in Wohnungen.

Fehlerstrom-Schutzeinrichtungen müssen nach DIN VDE 0100-530 so ausgewählt und zugeordnet sein, dass die Summe der Ableitströme auf der Lastseite bei mehreren Verbrauchern nicht mehr als das 0,3-fache des Bemessungs-Differenzstromes $I_{\Delta N}$ beträgt. Eine Aufteilung der Stromkreise auf mehrere Fehlerstrom-Schutzeinrichtungen **(Bild 2)** ist somit erforderlich, damit unerwünschtes Abschalten der Gesamtanlage wie z.B in **Bild 1** verhindert wird. Im Fehlerfall soll nur der fehlerbehaftete Teil der Anlage abgeschaltet werden.

Um **Brandschutz** in den Verteilerstromkreisen zu gewährleisten, wird den RCDs mit $I_{\Delta N} = 30$ mA der Endstromkreise ein selektiver zeitverzögerter RCD **(Bild 2)** der **Bauart S (S für selektiv)** mit $I_{\Delta N} \leq 300$ mA vorgeschaltet. Selektive RCDs werden in Reihe mit RCDs der normalen Bauart verwendet und vorrangig in Verteilungsstromkreisen eingesetzt. Sie haben eine Abschaltzeit $t_a \leq 1$ s **(Bild 2).** Diese übergeordnete selektive Fehlerstrom-Schutzeinrichtung reagiert zeitverzögert, d.h. benachbarte Stromkreise bleiben deshalb in Betrieb.

Fehlerstrom-Schutzeinrichtung mit LS-Schalter (RCBO[1]). In Neuanlagen und zur Verbesserung des Schutzumfanges in Altanlagen setzt man z.B. bei nachträglichem Einbau in Stromkreisen für Bade- und Duschräume Kombinationen von RCD und LS-Schalter ein **(Bild 3).**

Bei diesen Geräten entfällt der Verdrahtungsaufwand zwischen RCD und LS-Schalter.

[1] **RCBO**, Abk. für: **R**esidual **C**urrent operated Circuit **B**reaker with integrated **O**vercurrent Protection (engl.) = Fehlerstrom-Schutzeinrichtung mit zusätzlichem Überstromschutzauslöser (LS-Schalter)

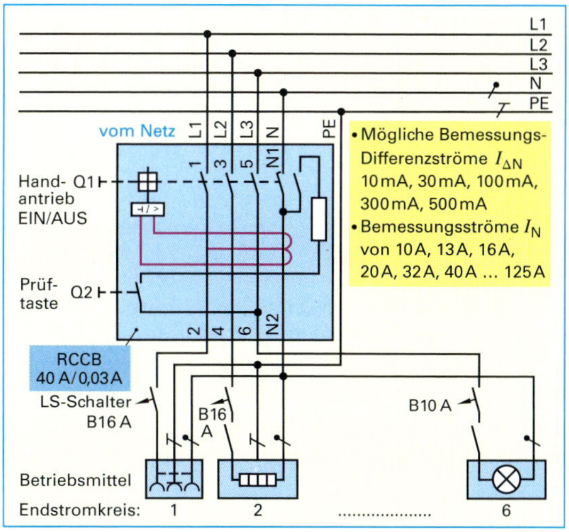

Bild 1: Beispiel einer RCD im TN-System (Teilanlage)

Der Bemessungs-Differenzstrom $I_{\Delta N}$, z.B. 30 mA, ist eine Angabe auf der Fehlerstrom-Schutzeinrichtung, bei dem die RCD **(Bild 1)** im Fehler auslösen muss. In der Praxis liegt der Auslösebereich bei 50 bis 100 % des Bemessungs-Differenzstromes, bei $I_{\Delta N} \leq 30$ mA zwischen 15 mA und 30 mA.

Max. zulässige Anzahl der Endstromkreise nach RCDs (DIN 18015-1):

- 4-polige RCD: 6 Endstromkreise
- 2-polige RCD: 2 Endstromkreise

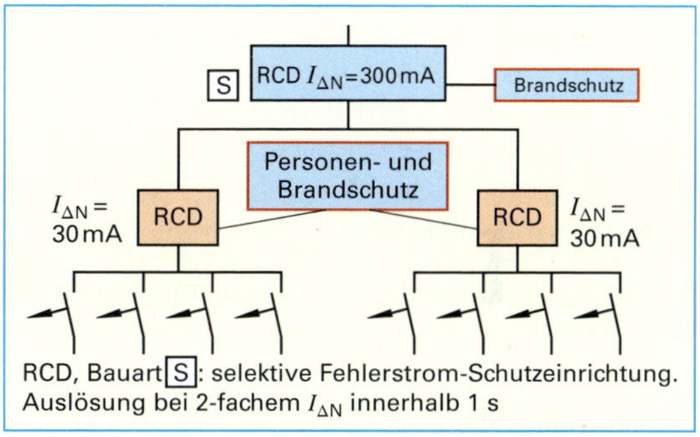

Bild 2: Selektiv gestaffelte RCD-Schutzeinrichtung

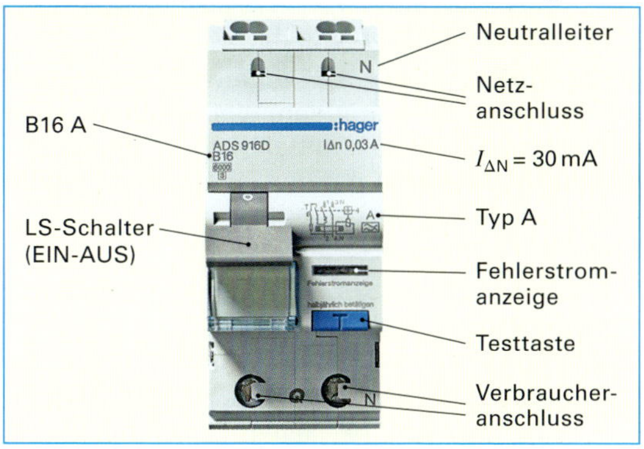

Bild 3: RCD-LS-Kombination 16 A, 30 mA (RCBO)

11.9.3 Kennwerte von RCDs

Fehlerstrom-Schutzeinrichtungen gibt es 2- und 4-polig mit Bemessungs-Differenzströmen $I_{\Delta N}$ von 10 mA bis 500 mA. Die Bemessungsströme betragen 10 A bis 125 A. RCDs mit $I_{\Delta N} \leq 30$ mA dienen dem Personen-, Leitungsschutz und dem Brandschutz, höhere Bemessungs-Differenzströme ≥ 100 mA nur dem Brandschutz.

Hersteller von RCDs müssen ihre Geräte durch Aufschriften und Sinnbilder kennzeichnen **(Bild)**. Abschaltzeiten von RCDs sind abhängig von Art und Größe des Fehlerstromes **(Tabelle 1)**. Die Norm DIN EN 61008-1 (VDE 0664-10) gilt für Gerätehersteller und legt Abschaltzeiten der RCDs fest.

Tabelle 1: RCDs-Abschaltzeiten

Fehlerstromart	Normwerte der Abschaltzeiten		
Wechselfehlerstrom	$1 \cdot I_{\Delta N}$	$2 \cdot I_{\Delta N}$	$5 \cdot I_{\Delta N}$
Gleichfehlerströme, pulsierend	$1{,}4 \cdot I_{\Delta N}$	$2 \cdot 1{,}4 \cdot I_{\Delta N}$	$5 \cdot 1{,}4 \cdot I_{\Delta N}$
Gleichfehlerströme, glatt	$2 \cdot I_{\Delta N}$	$2 \cdot 2 \cdot I_{\Delta N}$	$5 \cdot 2 \cdot I_{\Delta N}$
RCD, allgemein	max. 0,3 s	max. 0,1 s	max. 0,04 s
RCD, selektiv (S)	0,13 ... 0,5 s	0,06 ... 0,2 s	0,05 ... 0,15 s

11.9.4 Auswahl und Einsatz von RCDs

Der Errichter elektrischer Anlagen muss bereits bei Planung einer Elektroinstallation den Einsatz der elektrischen Betriebsmittel und die Auswahl geeigneter Fehlerstrom-Schutzeinrichtungen einbeziehen **(Tabelle 2 und 3, sowie Seite 369)**.

Die Auswahl der RCDs wird durch die Art der Fehlerströme, die elektrische Betriebsmittel im Fehlerfalle bewirken können, bestimmt.

RCCB[1], Typ A: Einsatz z. B. in Hausinstallationen als Personenschutz. Bei fast rein ohmschen, induktiven und kapazitiven Betriebsmitteln, z. B. Heizgeräten oder Waschmaschinen, können Wechselfehlerströme mit der Netzfrequenz der Wechselspannung, aber auch pulsierende Gleichfehlerströme, auftreten **(Tabelle 3a, b und d)**.

RCCB, Typ B: Einsatz z. B. in Unterrichtsräumen mit Experimentiereinrichtungen, Laborräumen. Bei elektronischen Betriebsmitteln, z. B. Frequenzumrichter, können bedingt durch Oberschwingungen Fehlerströme als Misch- oder als glatter Gleichstrom auftreten **(Tabelle 3c, e und f)**.

RCCB, Typ B+: Einsatz z. B. auch für gehobenen vorbeugenden Brandschutz bei elektronischen Betriebsmitteln mit Wechselfehlerströmen bis 20 kHz.

RCCB, Typ F: Einsatz z. B. bei einphasig betriebenen Frequenzumrichtern, bei denen Fehlerströme aus einem Frequenzgemisch bis 1 kHz auftreten können.

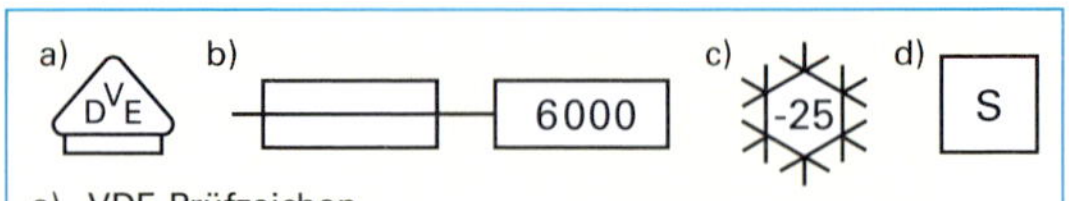

a) VDE-Prüfzeichen
b) Überstrom-Schutzeinrichtung vorschalten, kurzschlussfest bis z. B. 6 kA
c) für Betrieb bei tiefen Temperaturen, z. B. –25 °C
d) RCD Bauart S, selektiver FI-Schutzschalter, Auslösung ≤ 1 s erst bei 2-fachem $I_{\Delta N}$

Bild: Sinnbilder für die Kennzeichnung von RCDs

Tabelle 2: Fehlerströme und RCD-Verwendung

Art der Fehlerströme	Typ	Symbol
Reine Wechselfehlerströme mit geringen Oberschwingungen und pulsierende Gleichfehlerströme	A	
Fehlerströme vom Typ A, glatte Gleich- und Wechselfehlerströme mit Frequenzen bis 2 kHz	B	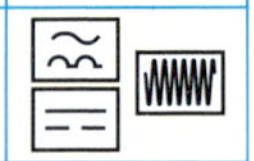
Fehlerströme wie vom Typ B, glatte Gleich- und Wechselfehlerströme mit Frequenzen bis 20 kHz (gemäß: DIN VDE 0664-401 und VdS-Richtlinie 3501)	B+	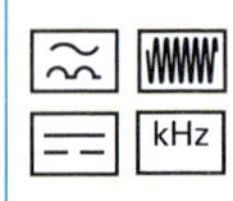
Erfassung von nur sinusförmigen Wechselfehlerströmen. **Wichtig:** In Deutschland nicht zugelassen.	AC	
Fehlerströme vom Typ A, Wechselfehlerströme mit Mischfrequenzen	F	

Die DIN VDE 0100-531 empfiehlt bei LED-Beleuchtung RCDs mit zeitverzögerter Auslösung.

Tabelle 3: RCD-Typen A, B, B+, F, Fehlerströme

Schaltung mit Fehlerquelle	Belastungsstrom	Fehlerstrom	RCD A/F	RCD B/B+
a) Phasenanschnittsteuerung 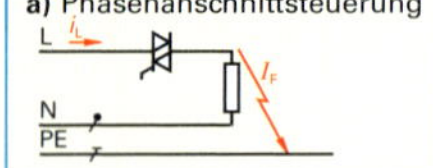	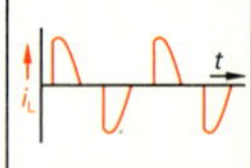	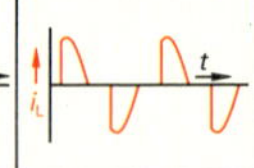	•	•
b) Einpuls-Einwegschaltung 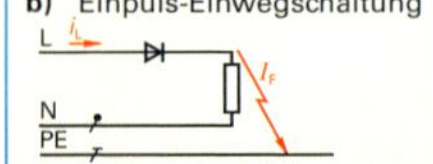	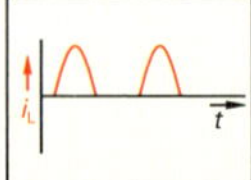	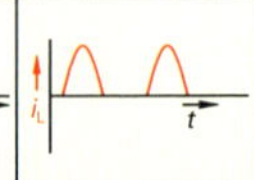	•	•
c) Einpuls-Einwegschaltung mit Glättung 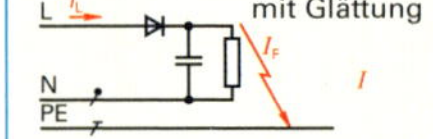	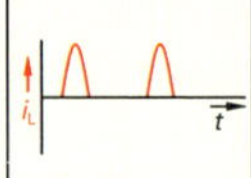	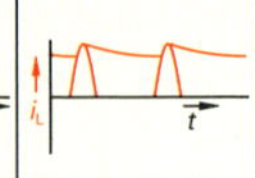		•
d) Zweipuls-Brückenschaltung 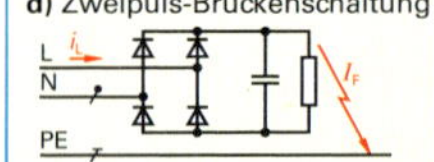	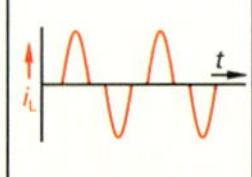	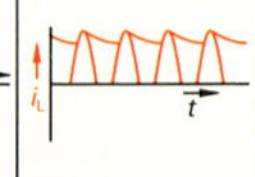	•	•
e) Dreipuls-Mittelpunktschaltung 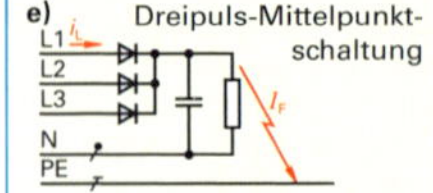	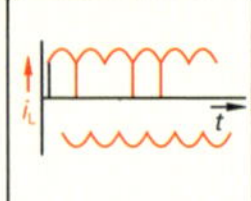	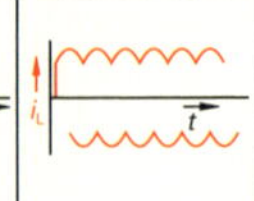		•
f) Sechspuls-Brückenschaltung 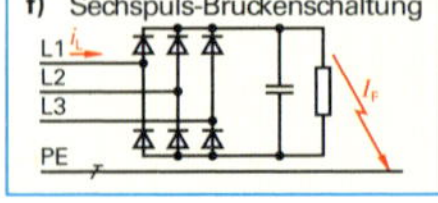	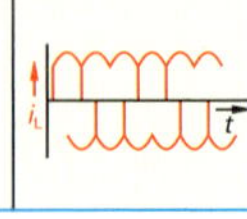	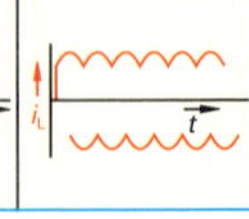		•

[1] RCCB, Abk. für: **R**esidual **C**urrent Operated **C**ircuit **B**reaker (engl.) = Fehlerstrom-Schutzschalter

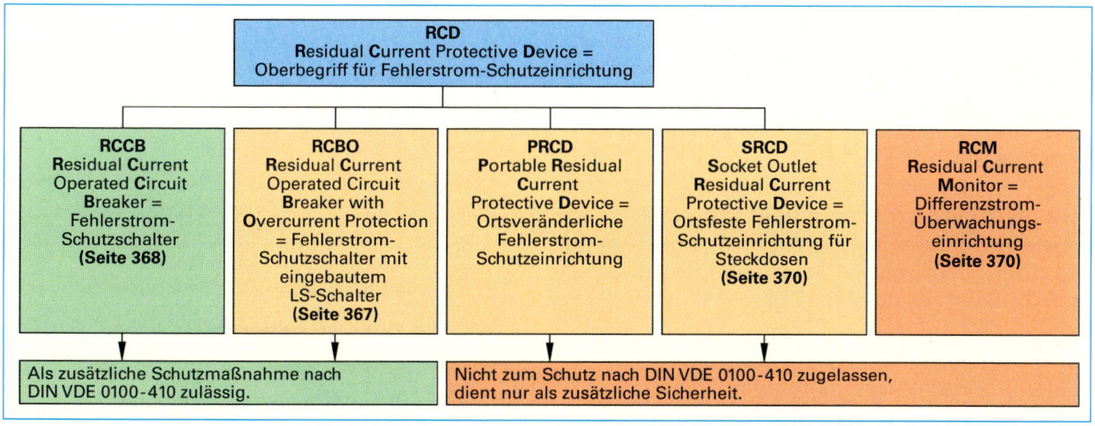

Bild 1: Internationale Fachausdrücke für Fehlerstrom- und Differenzstrom-Schutzeinrichtungen

RCCB, Typ A sind herkömmliche, pulsstromsensitive Fehlerstrom-Schutzeinrichtungen. Sie arbeiten netzspannungsunabhängig und reagieren nur auf sinusförmige Wechselfehlerströme und pulsierende Gleichfehlerströme **(Bild 1, Tabelle 2, Seite 368)**.

RCCB, Typ B und B+ sind allstromsensitive Fehlerstrom-Schutzeinrichtungen und schützen auch bei glatten Gleichfehlerströmen und Fehlerströmen geringerer und höherer Frequenz als der Netzfrequenz **(Tabelle 2 und 3, Seite 368)**. Diese RCCBs benötigen jedoch bei glatten Gleichfehlerströmen eine Versorgungsspannung (Hilfsenergie).

RCCB vom Typ A dürfen nicht in Anlagen mit elektronischen Betriebsmitteln, z. B. USV **(Seite 265)** oder Fotovoltaikanlagen **(Seite 282)**, verwendet werden. RCCB vom Typ B und B+ werden in Anlagen mit elektronischen Betriebsmitteln (EB), eingesetzt **(Tabelle)**.

Hersteller elektronischer Betriebsmittel müssen ihre Betriebsmittel prüfen, ob beim Betrieb der Betriebsmittel in der Anlage Fehler- bzw. Ableitströme der RCDs Typ A oder Typ B fließen. In Herstellerunterlagen elektronischer Betriebsmittel muss ein Projektierungshinweis enthalten sein, dass z. B. ein allstromsensitiver RCCB vom Typ B netzseitig vor einem vorhandenen RCCB Typ A anzuschließen ist **(Bild 2)**.

RCCB, Typ A dürfen nach DIN EN 50178 (VDE 0160) nicht vor Stromkreisen mit elektronischen Betriebsmitteln vorgeschaltet sein. Da RCCBs, Typ B auch glatte Gleichfehlerströme schalten, kann der RCCB, Typ A durch Vormagnetisierung des Wandlerkerns in der RCCB die Funktion beeinträchtigen.

RCD, Typ PRCD, sind ortsveränderliche Schutzeinrichtungen für alle Bau- und Montagestellen nach den Anforderungen der Berufsgenossenschaften, des Bundesministeriums für Arbeit und Soziales sowie der Unfallverhütungsvorschrift der Feuerwehren. Da in älteren elektrischen Anlagen keine

Tabelle: Einsatz von RCCBs der Typen A und B

Bereich (Beispiele)	Typ
Hausinstallationen, Beleuchtungsanlagen	A
Schwimmbäder, auch Springbrunnen	A
Aufzugsteuerungen	B
Fotovoltaik- oder USV-Anlagen	B
Frequenzumrichter mit Drehstrom-Anschluss	B
Versuchsanlagen in Labors	B
Drehzahlgeregelte Werkzeugmaschinen	B
Unterrichtsräume mit Experimentiereinrichtung	B

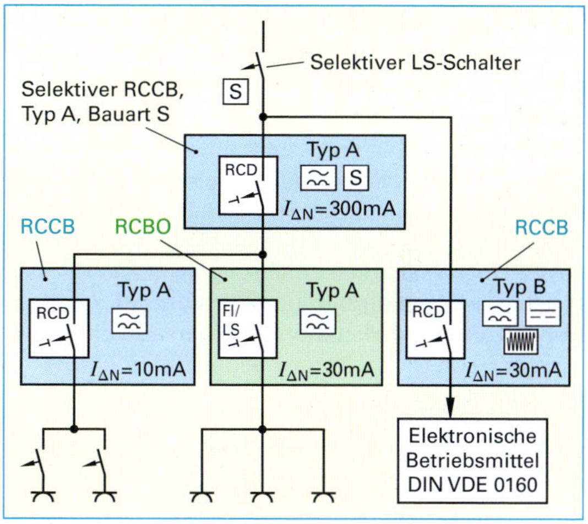

Bild 2: Reihenfolge von RCCBs (Typ A und Typ B)

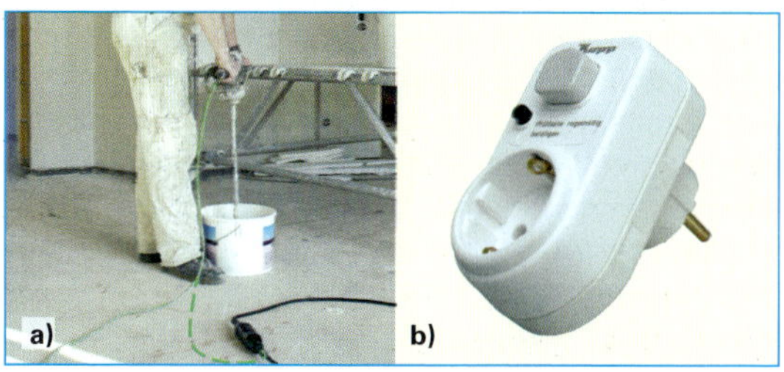

Bild 3: PRCD a) Personenschutzzwischenschalter
b) Fehlerstromschutzzwischenstecker

RCDs vorgeschrieben sind, kann die Elektroinstallation auf der Baustelle eine Unfallgefahr darstellen. Hier können Handwerker und Feuerwehrleute mit einer mobilen Fehlerstrom-Schutzeinrichtung (PRCD) sicher Strom entnehmen **(Bild 3, Seite 369)**.

RCD, Typ SRCD, sind Fehlerstrom-Schutzeinrichtungen in Steckdosenausführung, die nach DIN VDE 0662 hergestellt sind **(Bild 1)**. Der SRCD ist leicht nachzurüsten, sodass ein normgerechter und geprüfter Schutz gewährleistet ist. Diese Einrichtung dient der zusätzlichen Sicherheit.

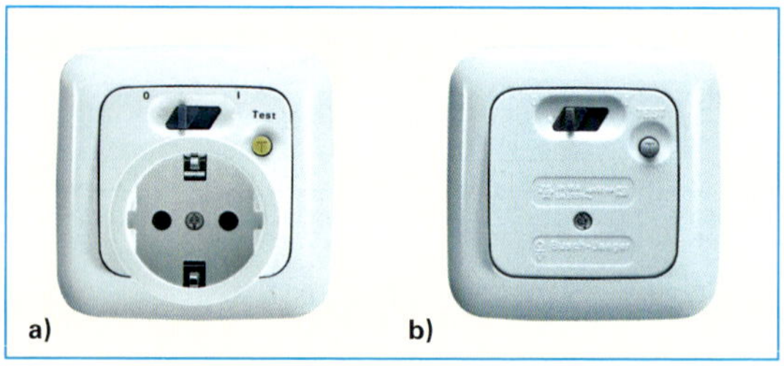

Bild 1: SRCD a) zum nachträglichen Einbau
b) UP-Einsatz mit Verbindungsleiter

11.9.5 RCD als Brandschutz

Tabelle: Leistung an Fehlerstellen bei AC 230 V	
Schutzeinrichtung	Wärmeleistung
RCD, $I_{\Delta N}$ = 30 mA RCD, $I_{\Delta N}$ = 0,3 A RCD, $I_{\Delta N}$ = 0,5 A	6,9 W 69 W 115 W
Schmelzsicherung oder LS-Schalter 10 A	2300 W
Schmelzsicherung oder LS-Schalter 16 A	3680 W

Fehlerstrom-Schutzeinrichtungen bieten auch Schutz gegen Brände, die durch Erdfehlerströme gezündet werden können **(Tabelle)**. In der Tabelle sind die maximalen Leistungen angegeben, die bei einer Betriebsspannung von 230 V an Fehlerstellen entstehen können, ohne die RCD oder die Überstrom-Schutzeinrichtung auszulösen. Der Brandschutz, den die RCD bietet, wird von keiner anderen Schutzeinrichtung erreicht. In der Richtlinie zur Schadenverhütung VdS[1] 3501 „Isolationsfehlerschutz in elektrischen Anlagen mit elektronischen Betriebsmitteln", z. B. Frequenzumrichter, ist zum Sachschutz in feuergefährdeten Betriebsstätten eine RCD, Typ B vorzusehen. Diese muss Fehlerströme in einem Frequenzbereich von 0 Hz bis mindestens 20 kHz erfassen und im gesamten Frequenzbereich eine maximale Auslösegrenze von 300 mA aufweisen.

11.10 Differenzstrom-Überwachungseinrichtung

Betriebsmittel können trotz normgerechter Planung Störungen verursachen, die in elektrischen Anlagen zu ungewollten Betriebsunterbrechungen, zu Sachschäden und zu hohen Kosten führen.

In z. B. Computeranlagen setzt man immer weniger RCDs ein, da eine Stromkreisunterbrechung meist Auswirkungen, z. B. Datenverlust, hat. Als Ergänzung zu normalen Schutzeinrichtungen können **Differenzstrom-Überwachungseinrichtungen (RCMs[2])** in elektrischen Anlagen auftretende Differenzströme überwachen, den aktuellen Wert anzeigen und das Überschreiten von Grenzwerten melden **(Bild 2 und 3)**.

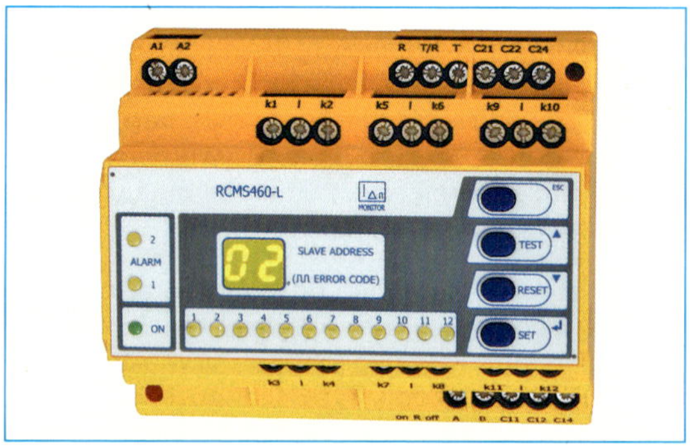

Bild 2: Differenzstrom-Überwachungseinrichtung (RCM)

> Im Gegensatz zu RCDs, die im Fehlerfalle abschalten, können allstromsensitive RCMs zum Melden und/oder zum Abschalten verwendet werden.

Die Funktion einer RCM ist ähnlich der einer RCD. Fließt ein Fehlerstrom, entsteht im Summenstromwandler ein Ansprechdifferenzstrom. Dieser Strom wird in eine Messspannung umgewandelt, mit einem einstellbaren Grenzwert verglichen und löst eine Meldung aus oder aktiviert ein Melderelais.

Einsatz. Anwendungsgebiete sind z. B. Schutz von frequenzgesteuerten Betriebsmitteln, USV-Anlagen, medizinischen Einrichtungen oder EDV-Anlagen, die nicht abgeschaltet werden dürfen.

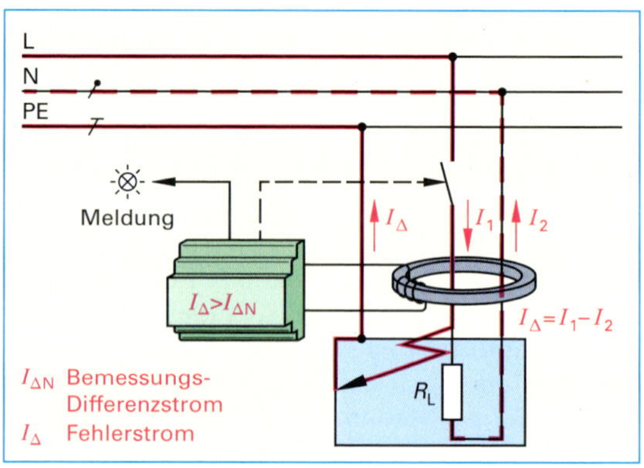

Bild 3: RCM bei Körperschluss im TN-System

[1] VdS, Abk. für: **V**ertrauen **d**urch **S**icherheit.

[2] RCM, Abk. für: **R**esidual **C**urrent **M**onitor (engl.) = Differenzstrom-Überwachungseinrichtung

11.11 Schutzvorkehrungen für Anlagen, die nur durch Elektrofachkräfte betrieben und überwacht werden

In Anlagen, z.B. Trafostationen zur Netzversorgung, die unter Überwachung durch Elektrofachkräfte oder elektrotechnisch unterwiesene Personen stehen, dürfen nach DIN VDE 0100-410 (Anhang) drei besondere Schutzvorkehrungen angewendet werden. Hierbei geht man davon aus, dass in der überwachten Anlage keine unbefugten Änderungen, z.B. von Laien, vorgenommen werden.

Nicht leitende Umgebung. Schutz durch nicht leitende Umgebung liegt vor, wenn z.B. durch isolierenden Fußbodenbelag, isolierende Wände und Abdeckungen oder Gummiunterlagen eine Verbindung des Menschen gegen Erde verhindert wird. Alle von der Standfläche einer Person mit der Hand erreichbaren Gegenstände gelten als innerhalb des Handbereiches liegend. Als Mindestabstand für den Handbereich gilt nach oben 2,5 m, seitlich und nach unten jeweils 1,25 m **(Bild 1** und **Bild 5, Seite 359)**.

Der Mindestwert des Isolationswiderstandes für Wände und Fußböden beträgt
- 50 kΩ bei Nennspannungen bis 500 V,
- 100 kΩ bei höheren Nennspannungen.

Diese Schutzmaßnahme ist bei ortsfesten Betriebsmitteln und Arbeitsplätzen zulässig, z.B. bei Mess- und Prüfplätzen.

In einer nicht leitenden Umgebung darf kein Schutzleiter vorhanden sein. Betriebsmittel, die an Steckdosen ohne PE angeschlossen werden, müssen der Schutzklasse II entsprechen.

Schutz durch erdfreien örtlichen Schutzpotenzialausgleich. Alle Körper elektrischer Betriebsmittel, die innerhalb des Handbereiches berührt werden können, müssen mit einem erdfreien örtlichen Schutzpotenzialausgleichsleiter verbunden werden **(Bild 2).** Bei einem Fehler nehmen alle Körper der Betriebsmittel gleiches Potenzial an.

Schutztrennung mit mehreren Verbrauchsmitteln

Werden von einem Trenntransformator mehrere Verbraucher gespeist, so müssen die Körper der Verbrauchsmittel untereinander durch einen **isolierten nicht geerdeten Schutzpotenzialausgleichsleiter** verbunden sein.

Der isolierte erdfreie **Schutzpotenzialausgleichsleiter (Bild 3)** darf nicht mit Körpern oder Schutzleitern anderer Stromkreise verbunden sein. Die Steckdosen der Verbrauchsmittel müssen Schutzkontakte haben, die mit dem isolierten nicht geerdeten Schutzpotenzialausgleichsleiter verbunden sind.

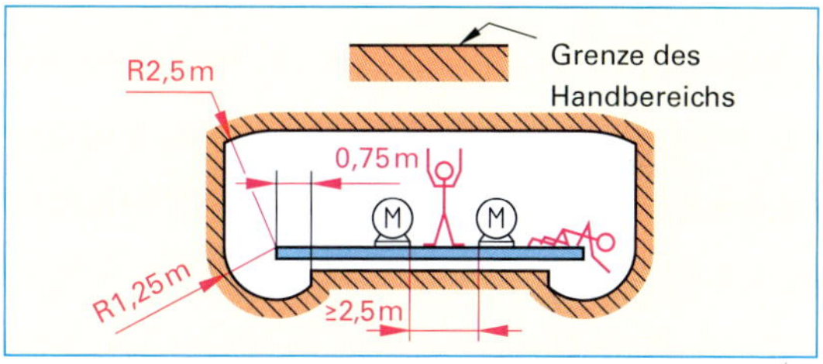

Bild 1: Schutz durch nicht leitende Umgebung

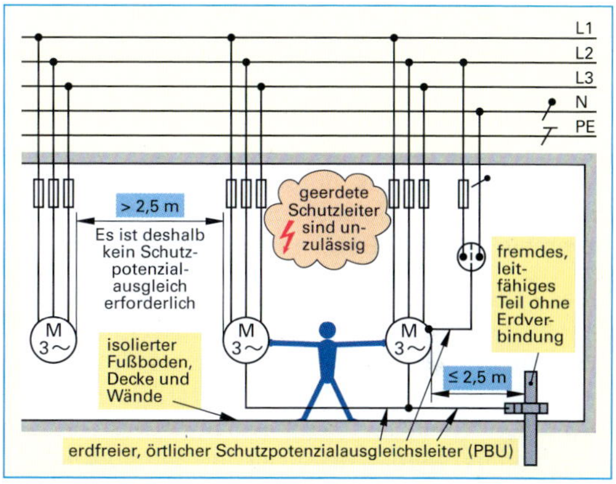

Bild 2: Schutz durch erdfreien Schutzpotenzialausgleich

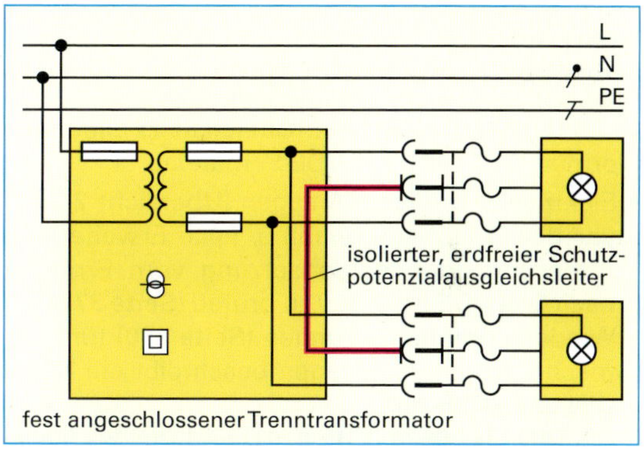

Bild 3: Schutztrennung mit mehreren Betriebsmitteln

In der DIN VDE 0100-511 wird die bisherige Schutzmaßnahme „Schutztrennung mit mehreren Verbrauchern" durch Einsatz von RCDs verbessert. Im Sekundärkreis wird pro Stromkreis eine Fehlerstrom-Schutzeinrichtung (RCD Typ A) eingesetzt. Im Allgemeinen kann ein erster Isolationsfehler von einer RCD nicht erfasst werden. Bei einem zweiten Isolationsfehler in einem weiteren Stromkreis wird eine der vorgeschalteten RCDs den fehlerhaften Stromkreis abschalten. Wird durch alle möglichen angeschlossenen Verbrauchsmittel mit Gleichfehlerströmen von über 6 mA gerechnet, muss eine RCD vom Typ B eingesetzt werden.

11.12 Prüfen der Schutzmaßnahmen

Für die Sicherheit und Prüfung ortsveränderlicher und ortsfester elektrischer Anlagen und Betriebsmittel gibt es gesetzliche Vorschriften **(Übersicht 1)**. Der Arbeitgeber oder Anlagenbetreiber hat dafür zu sorgen, dass sich die elektrischen Anlagen und Betriebsmittel in einem ordnungsgemäßen Zustand befinden und in regelmäßigen Abständen **(Seite 381)** einer **fachgerechten Prüfung** unterzogen werden. Somit werden Personen, Geräte, Nutztiere und die Anlage bestmöglichst geschützt und z. B. Brandschäden verhindert.

Elektrische Anlagen und Betriebsmittel dürfen nur in ordnungsgemäßem Zustand in Betrieb genommen werden und müssen in diesem Zustand erhalten bleiben. Diese Forderung wird auch durch das **Energiewirtschaftsgesetz**, durch die **Betriebssicherheitsverordnung**, durch die Unfallverhütungsvorschriften der Berufsgenossenschaften sowie durch die DIN VDE-Bestimmungen beschrieben.

Das VDE-Vorschriftenwerk und die Unfallverhütungsvorschrift „Elektrische Anlagen und Betriebsmittel" (DGUV, Vorschrift 3) sowie die Technischen Regeln für Betriebssicherheit (TRBS[1]) unterscheiden Prüfungsarten **(Übersicht 2)**. Durch diese Vorschriften werden Hersteller und Betreiber elektrischer Anlagen verpflichtet, vor der Inbetriebnahme sowie nach Änderung, Erweiterung und Instandsetzung Prüfungen durch eine Elektrofachkraft (nach TRBS) durchzuführen.

Die technischen Vorlagen **(Übersicht 2)** bilden die Normen **(Seite 661)** des VDE-Verbandes.

- Elektrische ortsfeste Anlagen **(Übersicht 2)** sind vor der Erstinbetriebnahme, nach Erweiterung, Änderung oder Instandsetzung vom Errichter **nach DIN VDE 0100-600** zu prüfen **(Seite 374)**.
- Wiederkehrende Prüfungen **(Seite 380)** für elektrische stationäre Anlagen beschreibt die **Norm DIN VDE 0105-100**.
- Die **DIN EN 50678 (VDE 0701) und DIN EN 50699 (VDE 0702)**[2] bilden die Grundlage für Instandsetzungs- und Wiederholungsprüfungen ortsveränderlicher elektrischer Betriebsmittel **(Seite 420)**.
- Die Sicherheit von Maschinen **(Seite 122)** erläutert die **DIN EN 60204-1 (VDE 0113-1)** sowie für elektrische Medizingeräte und Pflegebetten die **DIN EN 62353 (VDE 0751-1)**.

Nach der Betriebssicherheitsverordnung und dem Arbeitsschutzgesetz muss der Arbeitgeber für die elektrische Anlage und die elektrischen Betriebsmittel eine **Gefährdungsbeurteilung (Tabelle und Seite 19)** anfertigen und die notwendigen Maßnahmen für eine sichere Bereitstellung und Benutzung der Arbeitsmittel durchführen.

Übersicht 1: Gesetzliche Vorschriften und Regelwerke (Auswahl)

- Energiewirtschaftsgesetz (EnWG)
- Betriebssicherheitsverordnung (BetrSichV)
- Arbeitsschutzgesetz (ArbSchG)
- Arbeitsstättenverordnung (ArbStättV)
- Produktionssicherheitsgesetz (ProdSG)
- Unfallverhütungsvorschriften der deutschen gesetzlichen Unfallversicherung (UVVen)
- Technische Regeln für Betriebssicherheit (TRBS)
- Gemeindeunfallversicherung (GUV)
- Vertrauen durch Sicherheit (VdS)
- Bauproduktegesetz (BauProdG)
- Medizinproduktegesetz (MPG)

Übersicht 2: Prüfungen in elektrischen Anlagen nach Betriebsmitteln

Ortsfeste elektrische Betriebsmittel und Anlagen sind technische Einrichtungen, die mit ihrer Umgebung fest verbunden sind, z. B. Installationen in Gebäuden oder fest angebrachte Geräte am gleichen Standort, z. B. Elektroherd und Kühlschrank.
Nicht stationäre Anlagen sind Einrichtungen auf Baustellen, z. B. Baustellenverteiler, fliegende Bauten, die nach dem Einsatz abgebaut werden. Es gilt:

- **DIN VDE 0100-600**
  Einrichtung von Niederspannungsanlagen, Erstprüfungen, nach Änderung, Erweiterung, Instandsetzung
- **DIN VDE 0105-100**
  Betrieb von elektrischen Anlagen, Wiederkehrende Prüfungen

Ortsfeste und ortsveränderliche elektrische Betriebsmittel

- **DIN EN 50678 (VDE 0701) und DIN EN 50699 (VDE 0702)**[2]
  Nach Instandsetzung, Änderung, Wiederholungsprüfung

Ortsveränderliche elektrische Betriebsmittel können während des Betriebs leicht bewegt werden, z. B. Bohrmaschine, Staubsauger, Kabeltrommel.

Elektrische Maschinen

- **DIN EN 60204-1 (VDE 0113-1)**
  Sicherheit von Maschinen
  Elektrische Ausrüstung von Maschinen

Elektrische medizinische Geräte

- **DIN EN 62353 (VDE 0751-1)**
  Wiederholungsprüfungen und Prüfung nach Instandsetzung von medizinischen elektrischen Geräten

Tabelle: Gefährdungsbeurteilung (Ausschnitt)

Rechtsverweise: ArbSchG, BetrSichV, TRBS 1111, TRBS 2111, TRBS 2111-1, TRBS 2121, ProdSG (s. Übersicht 1)

1	Allgemeine Daten
1.1	Hersteller/In-Verkehr-Bringer
1.2	Bezeichnung des Geräts/Maschine/Anlage

[1] TRBS, Abk. für: **T**echnische **R**egeln für **B**etriebs**s**icherheit
[2] DIN VDE 0701-0702, Übergangsfrist bis 9/2023

Das Konzept der Betriebssicherheitsverordnung (BetrSichV, **Seite 19**) sieht vor, dass der Arbeitgeber im Rahmen der Gefährdungsbeurteilung Umfang und Fristen notwendiger Prüfungen zu ermitteln und festzulegen hat. Im Rahmen der Gefährdungsbeurteilung ist bei wiederkehrenden Prüfungen zu prüfen, ob aufgrund besonderer betrieblicher Gegebenheiten kürzere oder auch längere Prüffristen festzulegen sind **(Übersicht)**, z. B. nach DGUV, Vorschrift 3 **(Seite 381)**. Der Arbeitgeber muss festlegen, ob wiederkehrende Prüfungen elektrischer Betriebsmittel und Anlagen durch eine Elektrofachkraft, elektrotechnisch unterwiesene Person oder befähigte Person durchgeführt werden sollen. Erstprüfungen sind von einer Elektrofachkraft durchzuführen.

Bei der Prüfung elektrischer Anlagen und ortsfester Betriebsmittel unterscheidet man:

- **Erstprüfungen und**
- **Wiederkehrende Prüfungen**

11.12.1 Erstprüfungen von ortsfesten elektrischen Anlagen und Betriebsmitteln nach DIN VDE 0100-600

Elektrische Anlagen sind vor der ersten Inbetriebnahme, nach Erweiterung, Änderung oder Instandsetzung vom Errichter durch **Besichtigen, Erproben** und **Messen** zu prüfen **(Übersicht 2, Seite 372).**

Besichtigen (Übersicht, Seite 374). Besichtigen umfasst die Feststellung der normgerechten Errichtung bei abgeschalteter Anlage. Beim Errichten der Anlage kann man bereits prüfen, ob z. B. verlegte Leitungen oder Kabel richtig ausgewählt und Leiterquerschnitte für die zugeordneten Überstrom-Schutzeinrichtungen korrekt bemessen sind.

Erproben und Messen (Übersicht, Seite 374). Prüfen durch Erproben und Messen ist durchzuführen, wenn man eine Größe oder Funktion, z. B. den Isolationswiderstand oder die Schleifenimpedanz, durch Besichtigen nicht mit Sicherheit feststellen kann. Durch Erproben und Messen ist nachzuweisen, dass die Anlage die Forderungen nach DIN VDE 0100 erfüllt. Für die Prüfung dürfen nur geprüfte Messgeräte verwendet werden, die der DIN EN 61557 (VDE 0413) und den Messkategorien CAT III und CAT IV entsprechen **(Seite 179)**.

Ein **Prüfbericht (Übersicht b)** mit den einzelnen Prüfprotokollen **(Übersicht c)** müssen nach Abschluss der Prüfung erstellt werden. In den Prüfprotokollen sind die ermittelten Messwerte zu dokumentieren. Der Prüfbericht mit den Prüfprotokollen dient gleichzeitig als Nachweis bei Reklamationen oder Haftungsproblemen.

Übersicht: Gefährdungsermittlung — Prüfung

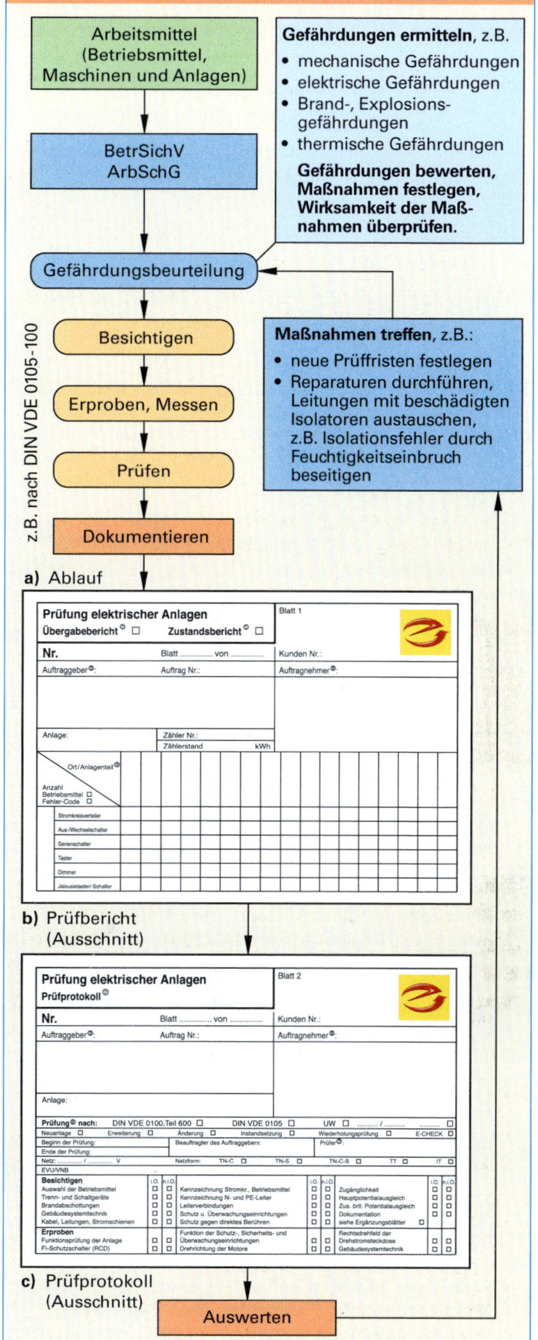

Ortsfeste elektrische Anlagen und Betriebsmittel gelten als ständig überwacht, wenn sie kontinuierlich von Elektrofachkräften instand gehalten und durch messtechnische Maßnahmen im Rahmen des Betreibens, z. B. Überwachen des Isolationswiderstandes, geprüft werden.

Erstprüfungen

Siehe auch Praxistipp: **Seite 382**

Bei der Erstprüfung elektrischer Anlagen **(Übersicht)** sind die allgemeinen Sicherheitsbestimmungen einzuhalten. So ist bei der Prüfung eine Gefährdung von Personen, eine Beschädigung von Sachen sowie der installierten Betriebsmittel zu vermeiden. Es dürfen keine Unfall-, Brand- und Explosionsgefahren entstehen. Die eingesetzten Mess- und Prüfgeräte müssen nach DIN EN 61557 (VDE 0413) zugelassen sein. Die Bestimmungen über das Arbeiten unter Spannung sind einzuhalten.

Übersicht: Prüfungen in elektrischen Anlagen Nach DIN VDE 0100-600

Die Prüfabläufe erfolgen in der Reihenfolge:

1. Besichtigen → **2. Erproben und Messen** → **3. Prüfbericht erstellen** → **4. Hinweise auf Prüffristen**

☑ 1. Besichtigen (Beispiele)

- Durchführen der Besichtigung während der Errichtung und vor der Inbetriebnahme der Anlage.
- Prüfen fest angeschlossener elektrischer Betriebsmittel auf:
  - Sicherheitsanforderungen, z. B. VDE-, CEE-Prüfzeichen **(Seite 351)**,
  - korrekte Auswahl und Errichtung,
  - die Sicherheit beeinträchtigende Beschädigungen.
- Vorhandensein von Abdeckungen, Umhüllungen, Hindernissen **(Seite 359)**.
- Vorhandensein von Brandabschottungen, Vorkehrungen gegen Ausbreitung von Feuer, Maßnahmen zum Schutz gegen thermische Einflüsse sowie EMV-Maßnahmen.
- Auswahl der Leitungen und Kabel nach Verlegeart, Strombelastbarkeit **(Seite 673)** und zulässigem Spannungsfall **(Seite 330)**.
- Auswahl der Schutz- und Überwachungseinrichtungen und Einstellung des Auslösestromes **(Seiten 320 und 323)** und Selektivität **(Seiten 322 und 369)**.
- Auswahl der Betriebsmittel bezogen auf äußere Einflüsse, z. B. IP-Schutzarten **(Seite 352)**.
- Durchgehende farbliche Kennzeichnung und Anschluss von Neutralleiter, Schutzleiter und PEN **(Seite 315)**, ordnungsgemäße Leiterverbindungen.
- Vorhandensein von Schaltungsunterlagen **(Seite 100)** und Warnhinweisen.
- Kennzeichnung der Stromkreise und Betriebsmittel in der Anlage und in Schaltplänen **(Seite 103)**.
- Leichte Zugänglichkeit zur Bedienung, Inspektion und Wartung.
- Auswahl und Errichtung der Erdungslanlage, Schutzleiter, einschließlich Schutzpotenzialausgleichsleiter und ihre Anschlüsse an die Haupterdungsschiene.

☑ 2. Erproben und Messen

- Schutzleiter, Körper und zusätzlicher Schutzpotenzialausgleich: Prüfen auf durchgehende Verbindung **(Seite 375, 382)**.
- Isolationswiderstand der elektrischen Anlage: Messen zwischen aktiven Leitern sowie aktiven Leitern und dem mit der Erdungsanlage verbundenen Schutzleiter **(Seite 375)**.
- Schutztrennung, SELV- und PELV-Stromkreise: Prüfen der sicheren Trennung **(Seite 376)**.
- Nicht leitende Umgebung: Widerstandsmessung **(Seite 376)**.
- Schleifenimpedanz: Messen, Berechnen und Bewerten des Kurzschlussstromes, Prüfen des Kurzschlussstromes und des Auslösestromes der Schutzeinrichtungen in Stromkreisen mit Schutz durch automatische Abschaltung der Stromversorgung (TN-, TT- und IT-System) **(Seite 377)**.
- Besichtigen und Erproben der Fehlerstrom-Schutzeinrichtungen (RCDs) **(Seite 379)**.
- Spannungsfall: Ermitteln des Spannungsfalls **(Seite 330)**.
- Erdungswiderstand: Messen oder berechnen **(Seite 378)**.
- Spannungspolarität: Einpolige Schalter dürfen nur im Außenleiter eingebaut sein, Prüfen, ob Fußkontakt der Lampenfassung am Außenleiter angeschlossen ist.
- Drehfeldrichtung: Prüfen des Rechtsdrehfeldes bei Drehstromsteckvorrichtungen **(Seite 379)**.
- Betätigen von Schutzeinrichtungen, Prüfen der Freiauslösung, Verriegelungsschaltungen bei Antrieben: Funktionsprüfungen, fehlerfreies Arbeiten von Steuerungen.
- Anlagen der Gebäudetechnik, z. B. KNX-Anlagen prüfen **(Seite 445)**.

3. Prüfbericht erstellen

- Dokumentieren des Prüfergebnisses der Erstprüfung, nach Instandsetzung oder Änderung sowie nach Wiederholungsprüfungen **(Seiten 381 und 422)**.
- Festhalten aller ermittelten Ergebnisse, z. B. Anlage, Prüfling, Prüfdatum, Ergebnisse der Sichtprüfung und der Messungen in den Prüfprotokollen **(Seite 373)**.
- Dokumentation in Form von Installationsplänen, Stromlaufplänen, Aufbauzeichnungen oder Fotos sowie eventueller Erweiterungs- und Änderungsvermerke und Empfehlungen für notwendige Wartungs- und Prüfintervalle.

4. Prüffristen

- Elektrische Anlagen und Betriebsmittel unterliegen einer Alterung und betriebsbedingtem Verschleiß, sodass Prüfungen wiederholt werden müssen.
- Zur Sicherheit elektrischer Anlagen in Gewerbebetrieben sind nach DGUV Vorschrift 3 Prüffristen festgeschrieben **(Seite 381)**.
- Für das Prüfen privater Anlagen ist der E-Check nützlich **(Seite 381)**.

SimElektro Fachstufe 1.0

Fachstufe **S41, S42**

11.12.2 Prüfen der Schutzleiter und Schutzpotenzialausgleichsleiter

Vor Inbetriebnahme elektrischer Verbraucheranlagen ist die Durchgängigkeit der Schutz- und Schutzpotenzialausgleichsleiter und ihren Verbindungen zu Körpern zu prüfen. Durch Besichtigen ist die ordnungsgemäße Beschaffenheit aller Klemmenverbindungen sowie die Kennzeichnung und Wahl der Leiterquerschnitte festzustellen.

Durch Messen **(Bild 1)** ist die Durchgängigkeit der Schutzleiter, der Verbindungen des Schutzpotenzialausgleichs und des zusätzlichen Schutzpotenzialausgleichs nachzuweisen.

Die Widerstandsmessung darf nur in spannungslosem Zustand der Anlage durchgeführt werden. Bei der Messung der Durchgängigkeit der Schutzleiter (Niederohmmessung) setzt man Universalprüfgeräte **(Bild 2, Seite 379)** ein. Bei der Voreinstellung wählt man einen Prüfgleichstrom von mindestens 200 mA **(Übersicht)**. Um weit voneinander entfernt liegende Schutzleiteranschlüsse zu prüfen, ist eine lange Messleitung vorteilhaft, z. B. 20 m. Der Widerstandswert der Messleitung ist vor Beginn der Messungen am Messgerät zu kompensieren (d.h. der Wert wird eingespeichert und automatisch vom Messergebnis abgezogen). Zur Bewertung der Messergebnisse orientiert man sich an den verlegten Längen und Querschnitten der Schutzleiter ($R_{PE} = l / \gamma \cdot A$). Ein zusätzlicher Schutzpotenzialausgleich muss so niederohmig sein, dass beim größtmöglichen Fehlerstrom die höchstzulässige Berührungsspannung U_L nicht überschritten wird: $R_L \leq U_L / I_a$.

Übersicht: Durchgangsprüfung von Schutz- und Schutzpotenzialausgleichsleiter (Messvorgaben)

- Messspannung — 4 V bis 24 V
- Messstrom — ≥ 200 mA
- Gleichstrommessung — Polarität wechseln
- Schutzleitersystem — < 1 Ω*
- Schutzpotenzialausgleichsleiter — < 0,1 Ω*
- Schutzpotenzialausgleich — < 3 Ω*

* Erfahrungswerte

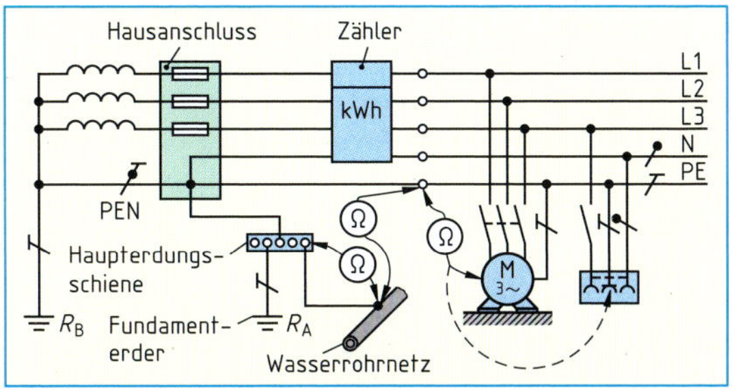

Bild 1: Messen von Schutzleiterverbindungen

Tabelle: Mindest-Isolationswiderstände

Anlage/Bemessungsspannung	Messspannung	Isolationswiderstand
Stromkreise und Betriebsmittel für SELV und PELV.	DC 250 V	≥ 0,5 MΩ
Allgemeine Stromkreise ≤ 500 V (außer Kleinspannung sowie FELV)	DC 500 V	≥ 1,0 MΩ
Nennspannung > 500 V	DC 1000 V	≥ 1,0 MΩ

Die DIN VDE 0100-718 fordert für öffentliche Einrichtungen bei Leiterquerschnitten ≤ 10 mm² eine Messung ohne Abklemmen des Neutralleiters, z.B. durch Einbau einer Neutralleiter-Trennklemme **(Seite 340)**.

11.12.3 Messen der Isolationswiderstände in elektrischen Anlagen

Die Messung dient der Feststellung des Isolationszustands der Anlage und damit als einzige dem Brandschutz. Die Messung erfolgt im spannungslosen Zustand der Anlage. Vor Beginn der Messung ist der Neutralleiter von Erde zu trennen, jedoch nicht der PEN-Leiter. Im TN-System gilt der PEN-Leiter als Erde. Auch sind alle Verbraucher zu entfernen und alle Schalter einzuschalten. Außerdem ist vorher zu prüfen, ob elektronische Betriebsmittel wie z. B. Dimmer, elektronische Zeitrelais oder AFDDs den Isolationswiderstand beeinflussen oder durch die Messung beschädigt werden können. Dann sollte man vor Anschluss der elektrischen Betriebsmittel messen oder diese vor einer erneuten Messung abklemmen bzw. überbrücken **(Bild 2)**. Gemessen wird mit Gleichspannung **(Tabelle)** am Speisepunkt der Anlage.

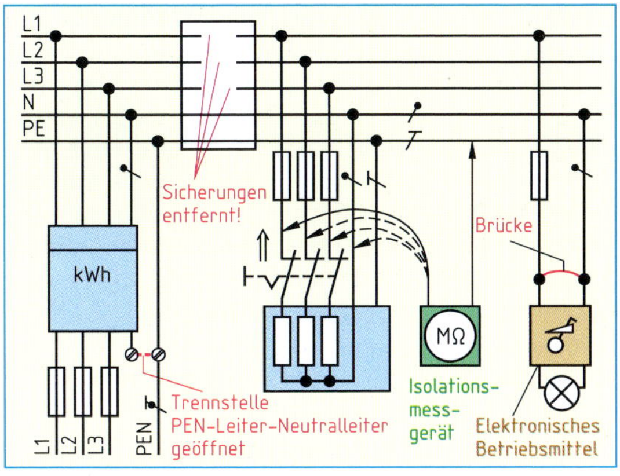

Bild 2: Messen des Isolationswiderstandes

Der Isolationswiderstand ist zwischen a) aktiven Leitern, b) aktiven Leitern und dem mit der Erdungsanlage verbundenen Schutzleiter zu messen.

11.12.4 Prüfen der Schutzmaßnahmen SELV, PELV und Schutztrennung

Bei den Schutzmaßnahmen „Schutz durch Kleinspannung mittels SELV oder PELV“ und der Schutzmaßnahme „Schutztrennung“ muss die sichere Trennung der Stromkreise durch Messen geprüft werden.

Kleinspannungs-Stromkreise (SELV-Stromkreise) dürfen keine Erdverbindung (keine geerdeten Körper) und keine leitende Verbindung mit Stromkreisen höherer Spannung haben. Durch Spannungsmessung ist nachzuweisen, dass die höchstzulässigen Werte nicht überschritten werden **(Tabelle)**. Die Isolationswiderstandsprüfung erfolgt durch Messen aller aktiven Leiter gegen Erde **(Tabelle, Seite 375)**. Die Isolierung von Betriebsmitteln mit einer Betriebsspannung von mehr als AC 25 V oder DC 60 V muss einer Prüfspannung von AC 500 V eine Minute lang standhalten. **PELV-Stromkreise** prüft man wie SELV-Stromkreise. Zur Isolationsmessung ist die Erdung der Stromkreise aufzuheben.

Schutztrennung. Bei der Schutzmaßnahme ist die sichere Trennung von anderen Stromkreisen und von Erde durch Messen des Isolationswiderstandes mit DC 500 V zu prüfen **(Tabelle, Seite 375)**.

Schutztrennung mit mehr als einem Verbrauchsmittel. Sind an einem Trenntransformator mehrere Betriebsmittel angeschlossen, muss gewährleistet sein, dass diese Anlagen nur durch Elektrofachkräfte betrieben und überwacht werden. Weiterhin muss untersucht werden, ob die Ausgangssteckdosen Schutzkontakte haben. Die Schutzkontakte müssen dann durch einen isolierten nicht geerdeten Schutzpotenzialausgleichsleiter verbunden sein **(Bild 3, Seite 371)**. Eine Abschaltung im Doppelfehlerfall muss nachgewiesen werden.

Tabelle: Prüfungen bei Kleinspannung und Schutztrennung (nach DIN VDE 0100-600)

Schutzmaßnahmen	Anforderungen an die Prüfung
Kleinspannung • SELV-Stromkreise • PELV-Stromkreise	• Messen der Nennspannung: AC: $U_N \leq$ 50 V bzw. 25 V DC: $U_N \leq$ 120 V bzw. 60 V • Messen des Isolationswiderstandes aktiver Leiter gegen Erde
Schutztrennung • ein Betriebsmittel • mehrere Betriebsmittel	• Messen des Isolationswiderstandes aktiver Leiter gegen Erde • Messen der Schleifenimpedanz • Abschaltung bei Doppelfehler: Fehlerstrom $I_F \geq$ Abschaltstrom I_a

11.12.5 Isolationswiderstandsmessung von isolierenden Fußböden und Wänden

Beim „Schutz durch nicht leitende Umgebung“ gilt die Isolierfähigkeit des Fußbodens und der Wände als ausreichend, wenn bei mindestens drei Messungen der **Isolationswiderstand (Isolationsimpedanz) von 50 kΩ** an keiner Stelle unterschritten wird. Dieser Wert gilt für Anlagen mit Nennspannungen U_N bis AC 500 V bzw. > DC 750 V. Bei Anlagen mit U_N > AC 500 V bzw. > DC 750 V muss der Isolationswiderstand mindestens 100 kΩ betragen.

Messung für Gleichstromsysteme: Die Isolationswiderstandsmessung wird unter Verwendung einer Prüfelektrode, z.B. eines metallischen Dreifußes oder einer quadratischen Metallplatte, mit Anschlussklemme und einem Isolationswiderstandsmessgerät mit einer Gleichspannung von mindestens der Höhe des Versorgungsnetzes durchgeführt. Die zu prüfende Oberfläche wird vorher angefeuchtet oder mit einem feuchten Tuch bedeckt. Die Prüfelektrode wird während der Messung mit 750 N bei Fußböden und mit 250 N bei Wänden angedrückt.

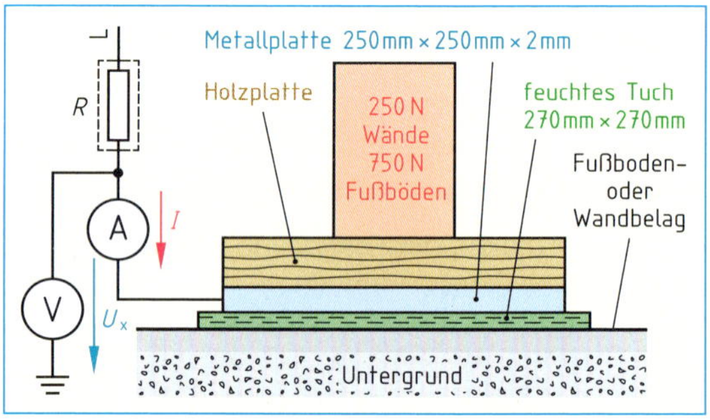

Bild: Messung des Isolationswiderstandes von Fußböden und Wänden

Isolationsimpedanz/Isolationswiderstand

$$Z_x = \frac{U_x}{I}$$

Z_x Isolationsimpedanz (Fußboden, Wand)
I gemessener Strom über Prüfelektrode
U_x gemessene Spannung gegen den Schutzleiter

Messung für Wechselstromsysteme: Die Isolationsimpedanzmessung kann mit einem Isolationswiderstandsmessgerät wie für Gleichstrom kombiniert mit einer Wechselspannung von mindestens 25 V bis < 50 V oder mit der Nennspannung des Versorgungsnetzes durchgeführt werden **(Bild)**. Eine Metallplatte oder ein Dreifuß mit Anschlussklemme dienen als Prüfelektrode. Die Impedanzmessung erfolgt mit der Strom-/Spannungsmethode. Der Außenleiter L wird über einen Strommesser auf die Prüfelektrode geführt und die Spannung U_x gegen den Schutzleiter gemessen.

11.12.6 Prüfen der Schutzmaßnahme: Automatische Abschaltung der Stromversorgung im TN-, TT- und IT-System

11.12.6.1 Prüfen im TN-System

Die Überprüfung der geforderten Abschaltzeiten **(Tabelle)** im TN-System beim Schutz durch automatische Abschaltung der Stromversorgung erfolgt entweder durch die Messung der Schleifenimpedanz (Stromkreise mit Überstromschutzeinrichtung) oder durch Prüfen der Fehlerstrom-Schutzeinrichtung **(Seite 379)**.

Messen der Schleifenimpedanz

Zur Messung werden Universalprüfgeräte **(Bild 1, Seite 378)** eingesetzt.

Messprinzip (Bild). Da die Schleifenimpedanz nicht direkt gemessen werden kann, wird zuerst im unbelasteten Zustand die Spannung U_0 zwischen Außenleiter und Schutzleiter gemessen. Im belasteten Zustand (Schalter Q1 geschlossen), werden die Spannung U und der Belastungsstrom I ermittelt. Aus der Spannungsdifferenz der unbelasteten Spannung U_0 und der Spannung U bei Belastung sowie dem Belastungsstrom I lässt sich die Schleifenimpedanz berechnen **(Beispiel)**. Die Prüfgeräte zeigen nach Ende der Messung wahlweise die Schleifenimpedanz oder den zugehörigen Kurzschlussstrom an.

Vorgehensweise: Zuerst wird die Schleifenimpedanz Z_S als Referenzwert berechnet. Er wird gebildet aus den Teilwerten der Anlage, z.B. aus dem Wert des längsten Stromkreises (verlegte Leitungslängen und Querschnitte) und des Netzes (Transformator bis zum Hausanschlusskasten, Maximalwert ist beim Netzbetreiber zu erfragen). Dann wird der gemessene Wert der Schleifenimpedanz mit dem Referenzwert verglichen. Er sollte kleiner bzw. maximal gleich dem Referenzwert sein. Beide Werte sind in der Praxis meist deutlich kleiner als der maximal zulässige Schleifenwiderstand nach DIN VDE 0100-600. Ist dies nicht der Fall, so ist von einem Fehler in der Anlage auszugehen, der beseitigt werden muss. Anschließend ist zu prüfen, ob der gemessene Wert der Schleifenimpedanz die Abschaltbedingung **(Formelkasten)** hinsichtlich der gewählten Überstromschutzeinrichtung erfüllt.

Die Messung der Fehlerschleifenimpedanz muss mit Bemessungsfrequenz, z.B. 50 Hz, einmal pro Stromkreis an der messtechnisch ungünstigsten Stelle des Stromkreises, z.B. Messstelle mit der größten Entfernung zum Verteiler, durchgeführt werden.

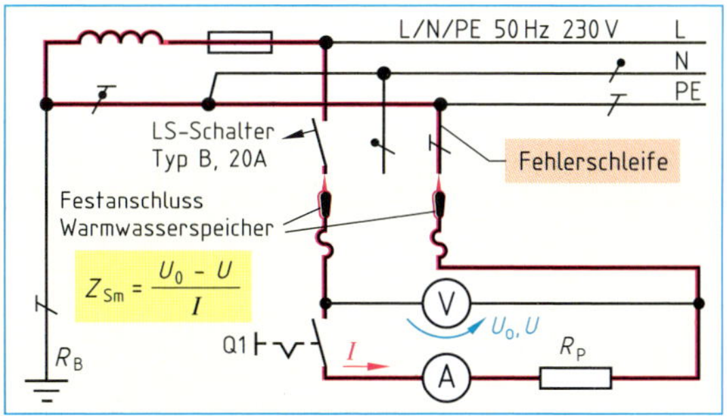

Bild: Prinzip der Schleifenimpedanzmessung

Beispiel:

In einem Stromkreis **(Bild)** beträgt im unbelasteten Zustand die Spannung an einem Warmwasserspeicher 233 V. Nach Schließen des Schalters Q1 sinkt die Spannung auf 230 V und es fließt ein Belastungsstrom von 4 A. Überprüfen Sie, ob ein Leitungsschutzschalter vom Typ B 20 A eingesetzt werden kann.

Lösung:

Berechneter Referenzwert: $Z_{Sref} = 0{,}9\ \Omega$

Gemessener Wert:

$$Z_{Sm} = \frac{U_0 - U}{I} = \frac{233\ \text{V} - 230\ \text{V}}{4\ \text{A}} = \mathbf{0{,}75\ \Omega}$$

Aus Auslösekennlinie, **Seite 671**

$I_a = 5 \cdot I_N = 5 \cdot 20\ \text{A} = 100\ \text{A}$

Maximal zulässiger Wert:
Durch den Faktor 2/3 werden Leitertemperaturerhöhung und Messgerätefehler berücksichtigt.

$$Z_S \le \frac{2}{3} \cdot \frac{U_0}{I_a} = \frac{2}{3} \cdot \frac{233\ \text{V}}{100\ \text{A}} = \mathbf{1{,}55\ \Omega}$$

$Z_{Sm} = 0{,}75\ \Omega < Z_{Sref} = 0{,}9\ \Omega < Z_S = 1{,}55\ \Omega$

⇒ **Bedingung ist nach DIN VDE 0100-600 erfüllt**

Tabelle: Maximale Abschaltzeiten im TN-System (nach DIN VDE 0100-410)

Nennwechselspannung U_0	Abschaltzeit
$50\ \text{V} < U_0 \le 120\ \text{V}$	0,8 s
$120\ \text{V} < U_0 \le 230\ \text{V}$	0,4 s
$230\ \text{V} < U_0 \le 400\ \text{V}$	0,2 s
$U_0 > 400\ \text{V}$	0,1 s

In Verteilungs- und sonstigen Stromkreisen gilt eine Abschaltzeit von max. 5 s.

Schleifenimpedanz und Abschaltbedingung

Nach DIN VDE 0100-600, Anhang D.6.4.3.7.2

$$Z_S \le \frac{2}{3} \cdot \frac{U_0}{I_a} \qquad I_K = \frac{U_0}{Z_S} \qquad I_K \ge \frac{3}{2} \cdot I_a \qquad I_a = n \cdot I_N$$

Z_S Schleifenimpedanz (Schleifenwiderstand)
U_0 Spannung zwischen Leiter und Erde (unbelastet)
n Abschaltstromfaktor, z.B. LS-Schalter Typ B, n = 5
I_a Abschaltstrom der Schutzeinrichtung
I_K Kurzschlussstrom

Beim Messverfahren der Fehlerschleifenimpendanz **(Seite 377)** ist der Belastungsstrom I wesentlich kleiner als der im Fehlerfall auftretende Kurzschlussstrom I_K. Durch den hohen Kurzschlussstrom I_K könnte die Temperatur im Leiter ansteigen und die Fehlerschleifenimpedanz erhöhen. Nach DIN VDE 0100-600, Anhang D.6.4.3.7.2 soll deshalb die durch Messen ermittelte Fehlerschleifenimpedanz Z_S mit der maximal zulässigen Fehlerschleifenimpedanz überprüft werden **(siehe Beispiel, Seite 377)**.

Die Fehlerschleifenimpedanz ist die Summe aller Widerstände des Verteilungsnetzes und Leitungen im Endstromkreis, in der Praxis ca. 1 Ω.

Sind Widerstandswerte von z. B. 5 Ω bei gleicher Leitungslänge vorhanden, so wäre ein Fehler, z. B. eine schlechte Klemmstelle, in der Anlage möglich.

In der Praxis wird die Fehlerschleifenimpedanz meist mit Multifunktionsmessgeräten bestimmt, die den Kurzschlussstrom und die Fehlerschleifenimpedanz direkt anzeigen **(Bild 1)**. Bei dieser Messung wird mit Belastungströmen von z. B. 0,8 A bis 4 A gearbeitet. Deshalb ist das Messergebnis ebenfalls mit der zulässigen Schleifenimpedanz zu vergleichen **(siehe Beispiel, Seite 377)**.

Da bei der normalen Fehlerschleifenwiderstandsmessung eine vorhandene Fehlerstrom-Schutzeinrichtung auslöst, bieten neuere Messgeräte auch die Möglichkeit, die Fehlerschleifenimpedanz in Anlagen mit RCD zu messen, ohne dass die RCD auslöst.

11.12.6.2 Prüfen im TT-System

Im TT-System ist festzustellen, ob gleichzeitig berührbare Körper oder Körper, die an einer gemeinsamen Schutzeinrichtung angeschlossen sind, auch einen gemeinsamen Erder haben. Damit Überstrom-Schutzeinrichtungen im Fehlerfalle auslösen, muss der Wert der Fehlerschleifenimpedanz $Z_S \leq U_0/I_a$ sein **(Seite 362)**. Werden Fehlerstrom-Schutzeinrichtungen (RCDs) eingesetzt, sind die Abschaltzeiten **(Tabelle 1, Seite 362)** und die Bedingung für den Erdungswiderstand $R_A \leq 50\text{ V} / I_{\Delta N}$ **(Tabelle 2, Seite 362)** zu erfüllen.

11.12.6.3 Messen des Erdungswiderstandes

Wird als Schutz im TT-System eine RCD gewählt, muss der erforderliche Bemessungs-Differenzstrom $I_{\Delta N}$ fließen. Als Nachweis muss der Erdungswiderstand R_A durch Messung, z. B. aus dem Messwert einer Strom-Spannungsmessung **(Bild 2)** oder mit Messgeräten **(Bild 2, Seite 379)** ermittelt werden. Jahreszeitliche Einflüsse, z. B. Umgebungstemperatur oder Bodenfeuchte, sind bei der Beurteilung der Messergebnisse zu berücksichtigen.

Bild 1: Messen der Fehlerschleifenimpedanz mit einem Multifunktionsmessgerät nach DIN VDE

Fehlerschleifenimpedanzermittlung: Messergebnis immer mit zulässiger Fehlerschleifenimpedanz vergleichen und bewerten

Tabelle: Prüfungen im TN-, TT- und IT-System

System	Prüfung und Anforderungen
TN	• Messen des Isolationswiderstandes, **Seite 375** • Messen der Fehlerschleifenimpedanz, **Seiten 377** • Messen des Kurzschlussstromes I_K, **Seite 361** • Prüfen der Abschaltbedingung unter Berücksichtigung der Abschaltzeiten, **Seiten 361, 377**
TT	• Messen des Isolationswiderstandes, **Seite 375** • Messen der Fehlerschleifenimpedanz, **Seiten 362** • Messen des Erdungswiderstandes, • Prüfen der Abschaltbedingung unter Berücksichtigung der Abschaltzeiten, **Seiten 362**
IT	• Prüfen der Isolationsüberwachung, **Seite 379** • Messen des Erdungswiderstandes R_A • Künstlichen Fehler (Erdschluss) herstellen • Messen des Fehlerstromes I_d • Berechnung der Berührungsspannung aus dem Produkt $R_A \cdot I_d \leq 50$ V

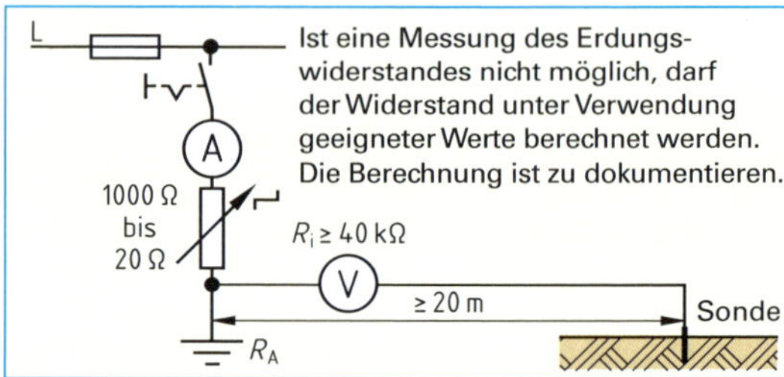

Ist eine Messung des Erdungswiderstandes nicht möglich, darf der Widerstand unter Verwendung geeigneter Werte berechnet werden. Die Berechnung ist zu dokumentieren.

Bild 2: Messen des Erdungswiderstandes

Erdungswiderstand

$$R_A = \frac{U_E}{I_E} \qquad R_A \leq \frac{U_L}{I_a} \qquad R_A \leq \frac{50\text{ V}}{I_{\Delta N}}$$

R_A Erdungswiderstand
U_E Erderspannung bei der Prüfung
I_E Erderstrom bei der Prüfung
$I_{\Delta N}$ Bemessungs-Differenzstrom der RCD
U_L zulässige Berührungsspannung 50 V
I_a Auslösestrom der Überstrom-Schutzeinrichtung

SimElektro Fachstufe 1.0
Fachstufe S44

11.12.6.4 Prüfen der Fehlerstrom-Schutzeinrichtung (RCD)

RCDs an Spannung von 230 V müssen innerhalb ihres Auslösebereiches von 0,5 · $I_{\Delta N}$ bis zum Erreichen des Bemessungs-Differenzstromes $I_{\Delta N}$ die Stromversorgung im TN-System innerhalb 0,4 s und im TT-System in 0,2 s abschalten.

Die mechanische Funktion der RCD wird durch Betätigen der Prüftaste nachgewiesen. Zur weiteren Prüfung der Schutzmaßnahmen wird hinter der RCD ein künstlicher Fehler erzeugt **(Bild 1)**. Über den Stellwiderstand R wird ein Körperschluss simuliert **(Bild 1)**. Da in der Praxis eine Sonde meist nicht einsetzbar ist, werden Universalgeräte verwendet, die eine Sonde nachbilden.

Universalprüfgeräte **(Bild 2)** der Messkategorien CAT III oder CAT IV **(Messtechnik, Seite 179)** erlauben die Prüfung von Anlagen mit Fehlerstrom-Schutzeinrichtungen. Diese Prüfgeräte zeigen die beim Bemessungs-Differenzstrom auftretende Berührungsspannung an, ohne die RCD auszulösen. Dazu wird die Berührungsspannung bei $^1/_3$ des Bemessungs-Differenzstromes gemessen und auf den Spannungswert hochgerechnet, der beim Bemessungs-Differenzstrom auftreten würde. Mit diesen Prüfgeräten kann man auch die Auslösezeit der RCD beim Bemessungs-Differenzstrom prüfen.

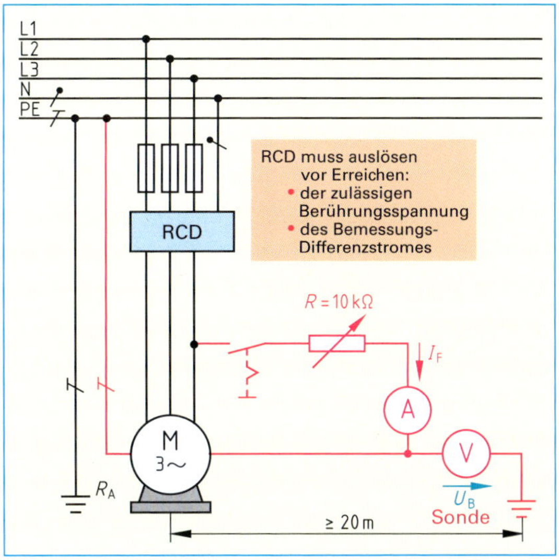

Bild 1: Prüfen der Fehlerstrom-Schutzeinrichtung (Prinzip)

Das Abschalten von RCDs muss durch Erzeugen eines Differenzstromes, der innerhalb des Auslösebereiches von 0,5 · $I_{\Delta N}$ bis $I_{\Delta N}$ liegt, nachgewiesen werden.

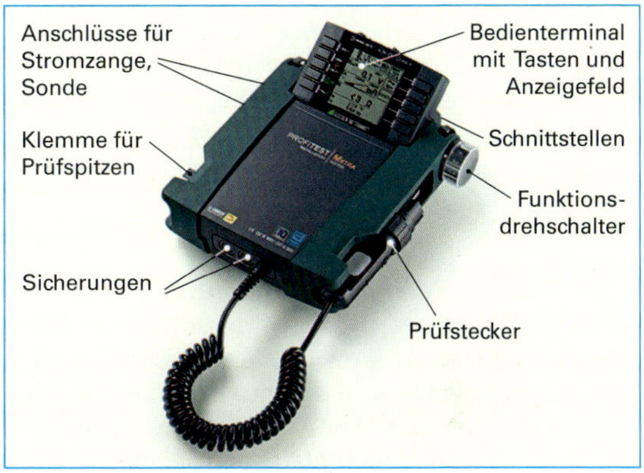

Bild 2: Universalprüfgerät für Prüfungen nach IEC 60364-6 (DIN VDE 0100-600) sowie EN 50110-1 (DIN VDE 0105-100)

11.12.6.5 Prüfen im IT-System

Im IT-System ist sicherzustellen, dass kein aktiver Leiter geerdet ist und alle Körper einzeln oder gruppenweise mit einem Schutzleiter verbunden sind. Es ist der Erdungswiderstand R_A und nach Erdung eines Außenleiters der Spannungsquelle auch der Fehlerstrom I_d zu messen.

Das Produkt aus R_A und I_d darf die zulässige Berührungsspannung von AC 50 V nicht überschreiten ($R_A \leq 50\ V / I_d$, **Seite 363**).

Durch einen künstlichen Körper- oder Erdschluss kann man die Isolationsüberwachungseinrichtung prüfen. Bei Auftreten eines zweiten Fehlers, z. B. Körper- oder Erdschluss, muss eine Überstrom-Schutzeinrichtung die Anlage innerhalb der geforderten Abschaltzeit abschalten **(Tabelle, Seite 363)**.

11.12.6.6 Prüfen der Drehfeldrichtung

Beim Anschluss von Drehstromsteckdosen ist darauf zu achten, dass sich für Drehstrommotoren durch Anschluss der Außenleiter L1, L2 und L3 im Uhrzeigersinn ein Rechtsdrehfeld ergibt. Die Prüfung des Drehfeldes erfolgt mit Universalprüfgeräten **(Bild 2)** oder Drehfeldrichtungsanzeigern **(Bild 3)**.

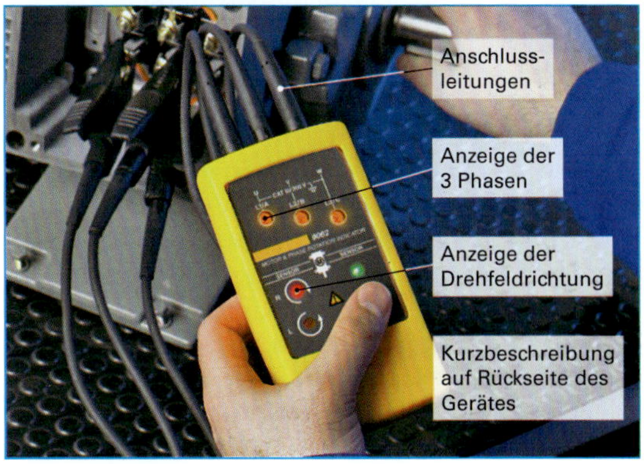

Bild 3: Drehfeldrichtungsanzeiger

11.12.7 Wiederkehrende Prüfungen von elektrischen Anlagen und ortsfesten Betriebsmitteln nach DIN VDE 0105

Elektrische Anlagen und Betriebsmittel müssen während des Betriebes immer in einem ordnungsgemäßen Zustand sein. Durch Alterung und betriebsbedingten Verschleiß können Mängel nach der Inbetriebnahme auftreten. Zum Nachweis, dass der Basisschutz und der Fehlerschutz weiterhin wirksam sind, müssen wiederkehrende Prüfungen durchgeführt werden **(Übersicht 1)**. Bei erkennbaren Mängeln an elektrischen Anlagen und Betriebsmitteln dürfen diese nicht mehr benutzt und müssen repariert werden.

Die wiederkehrende Prüfung **(Übersicht 1 und Tabelle, Seite 381)** ist eine ausführliche Überprüfung der Anlage. Durch Messen soll festgestellt werden, ob die in DIN VDE 0100-600 enthaltenen Grenzwerte und die in DIN VDE 0100-410 geforderten Abschaltzeiten von Fehlerstrom-Schutzeinrichtungen (RCD) eingehalten werden. Lediglich bei der Messung des Isolationswiderstandes gelten andere Mindestwerte **(Tabelle)**.

In Anlagen bis AC 1000 V und DC 1500 V sind deshalb Werte zu ermitteln, die eine Beurteilung des Schutzes unter Fehlerbedingungen ermöglichen, z. B.

- Schleifenimpedanz **(Seite 377)**,
- Schutzleiterwiderstand **(Seite 375)**,
- Auslöse-Fehlerstrom von RCDs **(Seite 379)**,
- Ansprechwert von Differenzstrom-Überwachungseinrichtungen **(Seite 370)**.

Nach Abschluss der wiederkehrenden Prüfung ist von der verantwortlichen Prüfperson ein Prüfbericht zu erstellen **(Übersicht 2 und Seite 373)**. Der Prüfbericht muss über die Art der durchgeführten Messung Aufschluss geben und Messwerte enthalten. Verbesserungsvorschläge zum Anpassen der Anlage an den Stand der Technik sind möglich.

Messen des Isolationswiderstandes. Nach DIN VDE 0105-100 wird der Isolationswiderstand R_{iso} im spannungslosen Zustand zwischen den aktiven Leitern (L1, L2, L3 und N) gegen den Schutzleiter PE oder Erde gemessen **(Tabelle)**.

Im Unterschied zu DIN VDE 0100-600 **(Seite 374)** wird in wiederkehrenden Prüfungen der Isolationswiderstand bei angeschlossenen und eingeschalteten Verbrauchsmitteln gemessen **(Bild)**.

Um den Messaufwand zu reduzieren und um die Zerstörung elektronischer Baugruppen durch die Prüfspannung zu vermeiden, dürfen aktive Leiter vor der Messung miteinander verbunden werden **(Bild)**. In feuergefährdeten Betriebsstätten und explosionsgefährdeten Bereichen ist die gemeinsame Isolationsmessung der aktiven Leiter nicht zulässig.

Übersicht 1: Wiederkehrende Prüfung elektrischer Anlagen und ortsfester Betriebsmittel nach DIN VDE 0105-100

- Prüfen durch Besichtigen
- Prüfen durch Erproben und Messen
- Erstellen des Prüfberichtes

Übersicht 2: Mindestinhalte des Prüfberichts

- Name/Anschrift Auftraggeber
- Name/Anschrift Auftragnehmer
- Prüfprotokolle mit den Messwerten
- Objektbezeichnung, Gebäude, Verteiler, Stromkreise
- Verwendete Mess- und Prüfgeräte
- Bewertung der Prüfung durch die ermittelten Informationen (Besichtigen, Erproben und Messen)
- Beurteilung festgestellter Mängel und Aussagen zum weiteren Betrieb
- Prüfstelle, Prüfer, Prüfdatum, Unterschrift

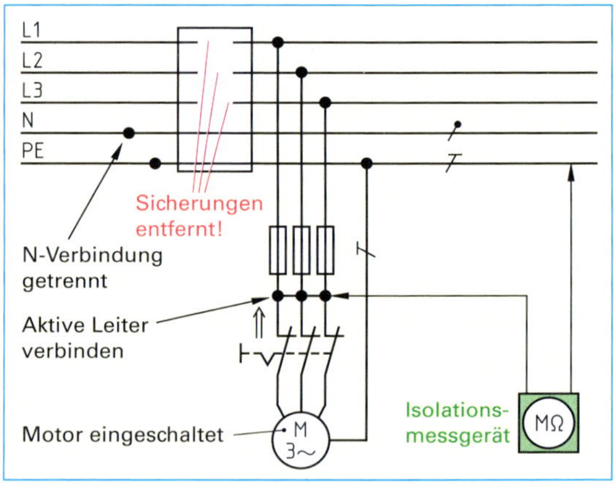

Bild: Messen des Isolationswiderstandes

Tabelle: Mindestwerte für den Isolationswiderstand R_{iso} bei wiederkehrenden Prüfungen nach DIN VDE 0105-100

Stationäre Anlagen und ortsfeste Betriebsmittel	Mindestwerte für den Isolationswiderstand
Normaler Raum, Verbrauchsmittel angeschlossen und eingeschaltet	R_{iso} 300 Ω je Volt der Nennspannung U_N, z. B. $U_N = 230\ V \Rightarrow R_{iso} \geq 69\ k\Omega$
Bei eingeschalteter Anlage ohne Verbrauchsmittel	Mindestwert für $R_{iso} >$ 1000 Ω je Volt der Nennspannung U_N, $U_N = 230\ V \Rightarrow R_{iso} \geq 230\ k\Omega$
Bei Anlagen im Freien mit angeschlossenen Verbrauchsmitteln	$R_{iso} > 150\ \Omega$ je Volt der Nennspannung U_N, $U_N = 230\ V \Rightarrow R_{iso} \geq 34{,}5\ k\Omega$
Bei Anlagen im Freien ohne angeschlossene Verbrauchsmittel	$R_{iso} > 500\ \Omega$ je Volt der Nennspannung U_N, $U_N = 230\ V \Rightarrow R_{iso} \geq 115\ k\Omega$
In IT-Systemen	$R_{iso} > 50\ \Omega$ je Volt der Nennspannung U_N.

Prüffristen. Nach der „Berufsgenossenschaftlichen Vorschrift für Sicherheit und Gesundheit bei der Arbeit" sind Prüffristen so zu bemessen, dass Mängel an Anlagen und Betriebsmitteln rechtzeitig erkannt werden. Die DGUV Vorschrift 3 und die Betriebssicherheitsverordnung (BetrSichV) geben Richtwerte für die Wiederholungsprüfung vor **(Tabelle)**.

Tabelle: Prüfungen und Prüffristen für elektrische Anlagen und Betriebsmittel (nach DGUV Vorschrift 3)

Anlagen/Betriebsmittel	Prüffrist	Art der Prüfung
Elektrische Anlagen und Betriebsmittel allgemein.	Vor der ersten Inbetriebnahme sowie nach jeder Erweiterung, Änderung und Instandsetzung.	Auf ordnungsgemäßen Zustand prüfen, wenn keine Bescheinigung des Errichters vorliegt.
Elektrische Anlagen und ortsfeste elektrische Betriebsmittel.	Mindestens alle 4 Jahre (durch Elektrofachkraft).	Auf ordnungsgemäßen Zustand prüfen.
Ortsveränderliche elektrische Betriebsmittel, Anschluss- und Verlängerungsleitungen mit Steckvorrichtungen.	Alle 6 Monate (soweit benutzt). Richtwert auf Baustellen 3 Monate (durch Elektrofachkraft).	Auf ordnungsgemäßen Zustand prüfen.
Fehlerstrom-Schutzeinrichtungen bei nicht stationären Anlagen.	Mindestens einmal im Monat (durch Elektrofachkraft).	Auf Wirksamkeit überprüfen.
Fehlerstrom-Schutzeinrichtungen • bei stationären Anlagen, • bei nichtstationären Anlagen.	arbeitstäglich. Mindestens alle 6 Monate (durch Benutzer).	Betätigen der Prüfeinrichtungen.
Spannungsprüfer, isolierte Werkzeuge, isolierende Schutzeinrichtungen.	Vor jeder Benutzung (durch Benutzer).	Auf augenfällige Mängel und einwandfreie Funktion prüfen.

11.12.8 E-Check als Gütesiegel für die Elektroanlage

Die Überprüfung elektrischer Anlagen und Geräte war bisher nur in Gewerbebetrieben Pflicht. Seit 1997 wird in DIN VDE 0105-100 gefordert, dass auch Wohnungen und Wohngebäude in bestimmten Zeitabständen geprüft werden sollen. Diese neue Regelung ist für Privatpersonen keine Rechtspflicht, jedoch wird man sich bei Schadensfällen auf diese VDE-Norm beziehen.

Private Eigentümer, Betreiber oder Inhaber von Betrieben sind für den Zustand der eigenen Elektroanlagen verantwortlich und somit für auftretende Schäden, z.B. Hausbrände, haftbar.

Durch den **E-Check** werden elektrische Anlagen und Geräte durch eine Elektrofachkraft geprüft, um eventuell vorhandene gefährliche Mängel zu erkennen und zu beseitigen. Der Zustand der elektrischen Anlage wird damit protokolliert.

Der E-Check ist eine Vorsorge mit Beratungsleistung, damit veraltete Elektroinstallationen oder nach Um- und Ausbauten bzw. Reparaturarbeiten elektrische Anlagen den Sicherheitsvorschriften genügen. Der E-Check erhöht den Schutz gegen Stromschlag, Überlastung und Überspannung. Der innere Blitzschutz für elektronische Bauteile, z.B. bei Computern, ist mit eingeschlossen. Alle geprüften Teile, z.B. Stereoanlagen, Elektrowerkzeuge, Kabeltrommeln und Werkzeugmaschinen erhalten vom prüfenden Elektrohandwerksbetrieb eine **Prüfplakette (Bild 1)**, die mit dem **Protokoll für elektrische Geräte und Betriebsmittel** den korrekten Zustand der Geräte und Anlage nachweist **(Bild 2)**.

Den E-Check sollte man alle 4 Jahre von einem Elektrofachbetrieb durchführen lassen.

Bild 1: E-Check-Prüfplakette

Bild 2: Prüfprotokoll (E-Check)

SimElektro Fachstufe 1.0

Fachstufe S41, S42

Praxistipp: Prüfung elektrischer Anlagen (1)

Situationsbeschreibung:

Im **TN-S-System 3/N/PE ~ 50 Hz 400 V/230 V** sind die Installationsarbeiten zur Errichtung einer elektrischen Neuanlage beendet. Nach **DIN VDE 0100-600** gilt: Die Anlage muss nun durch eine befähigte Elektrofachkraft auf ihren ordnungsgemäßen elektrischen Zustand geprüft werden **(Übersicht)**. Eine Reihenfolge der notwendigen und vorgeschriebenen Prüfungen ist durchzuführen und zu bewerten.

Übersicht: Prüfarbeiten nach DIN VDE 0100-600

1. **Besichtigen:** Die fachgerechte Ausführung der Anlage wird besichtigt.
2. **Erproben und Messen:** Die Eigenschaften der Anlage und der gewählten Schutzmaßnahme wird mit einem Messgerät nach DIN VDE 0413 geprüft.
3. **Prüfbericht erstellen:** Schriftliches Aufzeichnen der Ergebnisse aus Besichtigen, Erproben und Messen.

Die Anlage muss spannungsfrei sein!

☑ 1. Besichtigen

Während und nach Beendigung der Montage wird die Besichtigung durchgeführt. Besonders ist zu beachten (Beispiele):

- Auswahl der Kabel, Leitungen und Stromschienen nach der Strombelastbarkeit und Spannungsfall nach DIN VDE 0100-430.
- Schäden an den Betriebsmitteln,
- Auswahl, Einstellung, Selektivität der aufeinander abgestimmten Schutz- und Überwachungseinrichtungen.
- Fester Sitz der Betriebsmittel, feste Klemmverbindungen,
- Sicherstellung des Basisschutzes,
- Durchgängige Trennung von N- und PE-Leiter,
- Anschluss und Kennzeichnung von Schutz-, Erdungs- und Potenzialausgleichsleitern,
- Brandabschottung und andere Vorkehrungen gegen die Ausbreitung von Feuer, sowie EMV-Maßnahmen.
- Kennzeichnung der Stromkreise und Betriebsmittel in der Anlage sowie in den Schaltplänen,
- Vorhandensein von Schaltplänen und Warnhinweisen.

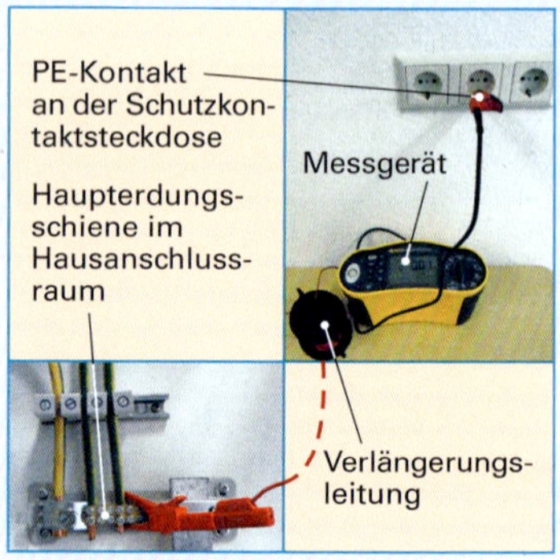

Bild 1: R_{Low}-Messung zwischen PE-Kontakt und Haupterdungsschiene

☑ 2. Erproben und Messen

2.1 Messen der Durchgängigkeit (R_{Low}) der Schutzleiter (PE), der Schutzpotenzialausgleichsleiter (PB) und zu den Körpern der Betriebsmittel

ℹ Vor der Messung die Messleitungen am Messgerät kurzschließen und die Messleitungswiderstände auf 0 Ω abgleichen.

Die niederohmige Durchgängigkeit der PE- und PB-Leiter zur Haupterdungsschiene ist nachzuweisen **(Bild 1)**.

Erfahrungswert: $R_{Low} << 1\ \Omega$

Der Messwert kann durch Übergangswiderstände, z. B. zwischen Prüfspitze und Wasserrohr, vergrößert sein.

Grenzwert: Er darf nicht höher sein, als aus den Leiterdaten und den Übergangswiderständen (z. B. Klemme 0,1 mΩ/Kontakt) errechnet.

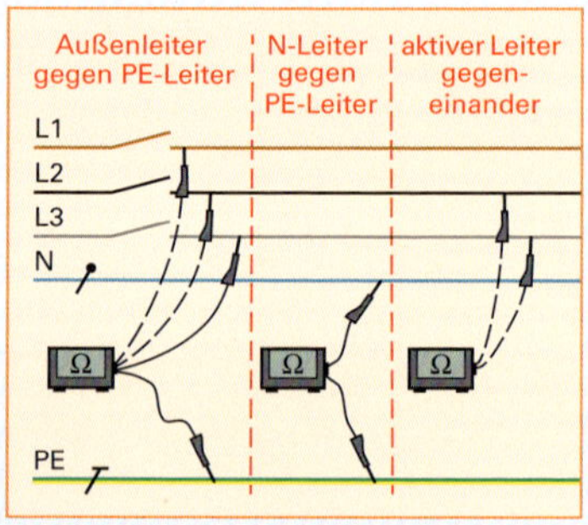

Bild 2: Prinzip der Isolationsmessungen (R_{iso})

2.2 Messen der Isolationswiderstände (R_{iso}) der elektrischen Anlage

ℹ N- und PE-Leiter müssen durchgängig und der N-Leiter soll von der Haupterdungsschiene getrennt sein. Alle Abdeckungen, z. B. an Abzweigdosen und Schalter montieren. Alle Schalter schließen. (Für R_{iso}-Messungen L-L und L-N gilt: Betriebsmittel, die das Messergebnis beeinflussen, z. B. Überspannungs-Schutzeinrichtungen, sind abzuklemmen.) Bei vorhandenen Überspannungs-Schutzeinrichtungen kann mit DC 250 V gemessen werden.

Bei einer Prüfspannung von DC 500 V die aktiven Leiter (L1, L2, L3 und N) gegen PE-Leiter **(Bild 2)** und die aktiven Leiter gegeneinander prüfen. Vom Einspeisepunkt aus beginnen und alle Stromkreise einzeln messen.

Erfahrungswert: $R_{iso} > 400\ M\Omega$ (für Neuanlagen) **Mindestwert:** $R_{iso} \geq 1\ M\Omega$

ℹ Wird in Neuanlagen ein R_{iso} von z. B. 50 MΩ gemessen, der größer als der Mindestwert, aber kleiner als der Erfahrungswert ist, kann der Messwert falsch sein, z. B. durch Feuchtigkeit in der Leitung. Die Messung muss später wiederholt werden. Weiterhin können auch Überspannungs-Schutzeinrichtungen, Entstörglieder oder Induktivitäten den Isolationswiderstand beeinflussen. Diese müssen abgeklemmt werden.

SimElektro Fachstufe 1.0
Fachstufe S43, S44

Die Netzspannung der Anlage muss zugeschaltet sein!

2.3 Prüfung des Schutzes durch automatische Abschaltung der Stromversorgung

entweder oder

2.3.1 Fehlerschleifenimpedanz Z_S zwischen L und PE messen

Fehlerschleifenimpedanz Z_{Sref} für den längsten Stromkreis errechnen **(Seite 377)**, Z_S einmal pro Stromkreis an der entferntesten Stelle messen.

Erfahrungswert: $Z_{S\,gemessen} < Z_{Sref} \approx 1\,\Omega$

Grenzwert: Ergibt sich rechnerisch aus $Z_{S\,zulässig} = \frac{2}{3} \cdot \frac{U_0}{I_a}$

LS-Typ B: $I_a = 5 \cdot I_N$; LS-Typ C: $I_a = 10 \cdot I_N$ **(Seite 671)**

Bewertung: Ist die Abschaltbedingung $Z_{S\,gemessen} \leq Z_{Sref} \leq Z_{S\,zulässig}$ **erfüllt?**

Der Faktor $\frac{2}{3}$ berücksichtigt die Erwärmung der Leitung im Fehlerfall und die Messunsicherheit.

2.3.2 Kurzschlussstrom I_K messen

Bewertung: Ist die Abschaltbedingung $I_K \geq 1{,}5 \cdot I_a$ **erfüllt?**

Der Faktor 1,5 berücksichtigt die Erwärmung der Leitung im Fehlerfall bzw. die Messunsicherheit. Der gemessene Kurzschlussstrom I_K sollte größer als der Referenzwert U_0/Z_{Sref}, also deutlich größer als 230 A, (z. B. für U_0 = 230 V und $Z_{Sref} < 1\,\Omega$) sein. Folglich wäre ein Messwert von z. B. I_K = 190 A nicht akzeptabel.

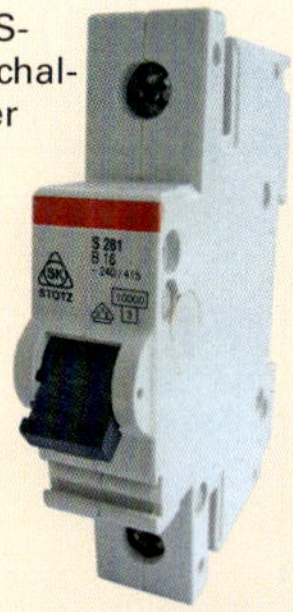

LS-Schalter

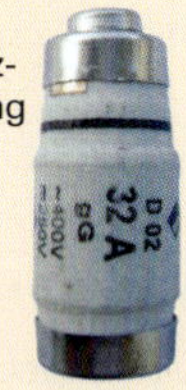

Schmelzsicherung

Ist die Bewertung nicht erfüllt, kann ein Montagefehler, z. B. lockere Klemmstelle oder Aderbruch, vorliegen. Danach Stromkreis spannungsfrei schalten, Fehler beseitigen und Messung wiederholen.

2.4 Prüfung des Schutzes durch automatische Abschaltung der Stromversorgung durch Fehlerstrom-Schutzeinrichtung (RCD)

2.4.1 Erproben der Gerätefunktion der RCD

Durch Betätigen der Prüftaste wird die Auslösefunktion der RCD erprobt. Die DIN VDE 0660 verlangt aus Sicherheitsgründen eine Freiauslösung. Prüfen der Freiauslösung, d.h. die RCD muss auslösen, auch wenn der Schalterantrieb in der Einschaltstellung festgehalten wird.

2.4.2 Differenzstrom (künstlicher Fehlerstrom) I_Δ bei Auslösung messen

Erfahrungswert: **I_Δ meist 70 % von $I_{\Delta N}$** (gemessen mit ansteigendem Prüfstrom)
Grenzwert: **I_Δ muss zwischen 50 % und 100 % von $I_{\Delta N}$ liegen ($I_\Delta \leq I_{\Delta N}$).**

2.4.3 Abschaltzeit t_a messen

Erfahrungswert: **$t_a \approx$ 20 ms bis 60 ms**
Grenzwert: **t_a = 0,4 s** (bei Endstromkreisen mit einem Bemessungsstrom bis 63 A bei Steckdosen und bis 32 A für fest angeschlossene Verbrauchsmittel)

Im TN-System wird die Messung der Abschaltzeit empfohlen. Gefordert wird die Messung jedoch in Betriebsstätten, Räumen und Anlagen besonderer Art und wenn die Fehlerstrom-Schutzeinrichtung (RCD) bereits verwendet wurde.

Fehlerstrom-Schutzeinrichtung (RCD) Typ A

2.5 Prüfung der Drehfeldrichtung

Sind Drehstromsteckdosen installiert, ist das Vorhandensein des Rechtsdrehfeldes nachzuweisen **(Seite 379)**.

2.6 Prüfung der Anlagenfunktion

Erst nach erfolgreicher Prüfung der Wirksamkeit der Schutzmaßnahmen muss die Funktionsprüfung der gesamten elektrischen Anlage erfolgen.

☑ 3. Prüfbericht erstellen

Anfertigen des Prüfberichtes und des Übergabeberichtes über die Erstprüfung **(Seite 373)**.

Praxistipp: Prüfung elektrischer Anlagen (2)

Situationsbeschreibung

In einem Einfamilienhaus mit zwei Fehlerstrom-Schutzeinrichtungen (Typ A) sind die Stromkreise über LS-Schalter mit den Betriebsmitteln **(Bild 1)** angeschlossen. Eine Fehlerstrom-Schutzeinrichtung löst ständig aus. Der Fehler soll durch eine fachgerechte und optimale Vorgehensweise gefunden werden **(Bild 2)**.

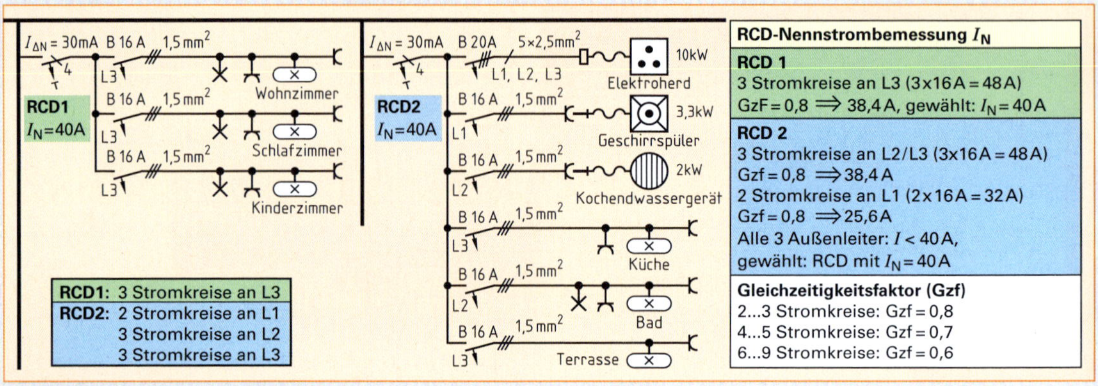

Bild 1: Übersichtsschaltplan (Auszug) einer Hausinstallation

Der **Gleichzeitigkeitsfaktor** berücksichtigt, dass nicht alle Verbraucher in einer Anlage gleichzeitig betrieben werden. Gleichzeitigkeitsfaktoren beruhen auf Erfahrungswerten und sind abhängig von der Betriebsweise einer Anlage. So beträgt er z. B. bei Schreinereien 0,2 bis 0,6, in Supermärkten 0,7 bis 0,9 oder bei der Beleuchtung von Straßentunneln 1,0. Er hängt aber auch von der Anzahl der Stromkreise einer Anlage ab **(Bild 1)**.

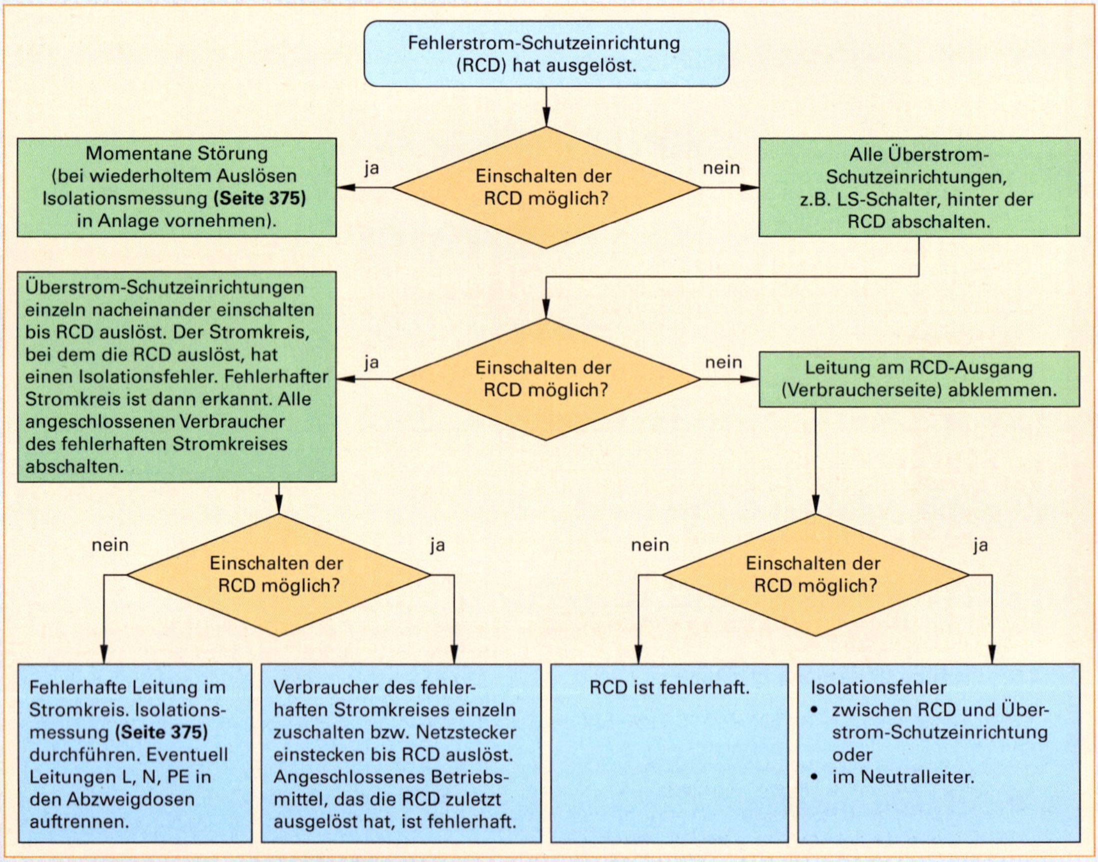

Bild 2: Programmablaufplan einer RCD-Fehlersuche

11.13 Schutz gegen elektrostatische Aufladung

Mit dem Einzug der Computertechnik in fast alle Arbeits- und Lebensbereiche kommt dem Schutz gegen elektrostatische Aufladung große Bedeutung zu. Kommunikationssysteme enthalten Bauteile, z.B. MOS-Bausteine, die gegen elektrostatische Entladungen **(ESD)**[1] äußerst empfindlich sind.

Hersteller und Anwender von Geräten, die z.B. Leiterplatten mit „elektrostatisch gefährdeten Bauelementen oder Baugruppen" **(EGB)** enthalten, müssen dafür sorgen, dass diese Bauelemente gegen elektrostatische Aufladung geschützt sind.

Selbst eine elektrostatische Aufladung von mehreren tausend Volt wird von unserem Nervensystem kaum wahrgenommen, weil die Entladungsenergie meist sehr gering ist. Beim Gehen über einen Teppichboden **(Bild 1)** kann sich unser Körper unter ungünstigen Bedingungen z.B. bis auf 35 kV aufladen. Das Abheben einer PVC-Schutzhülle vom Boden kann bereits eine Aufladung bis zu 7 kV zur Folge haben. Berührt man im aufgeladenen Zustand elektrostatisch gefährdete Baugruppen, so kann dies zu deren Beschädigung oder Zerstörung führen.

Zur Vermeidung elektrostatischer Aufladungen in EDV-Anlagen und an Arbeitsplätzen für elektronische Bauelemente und elektronische Baugruppen müssen elektrisch leitfähige Tisch- und Bodenmatten eingesetzt werden **(Bild 3)**. Alle ESD-Teile werden z.B. über den Erdungsbaustein an eine potenzialfreie Erde angeschlossen **(Übersicht)**.

Vor dem Berühren elektrostatisch gefährdeter Baugruppen **(Bild 2)**, z.B. bei Wartungsarbeiten oder in der Produktion, soll man sich durch Berühren geerdeter Teile entladen.

Baugruppen, z.B. Leiterplatten, dürfen nur in der Originalverpackung transportiert werden.

Zur Kennzeichnung elektrostatisch gefährdeter Bauelemente dient ein Symbol **(Bild 2)** mit der Beschriftung „Achtung! Handhabungsvorschriften beachten. Elektrostatisch gefährdete Bauelemente".

Wiederholungsfragen

1. **Weshalb sind elektrostatische Entladungen für Halbleiterbauteile gefährlich?**
2. **Wodurch können elektrostatische Entladungen auftreten?**
3. **Was versteht man bei Bauteilen unter der Bezeichnung EGB?**
4. **Welche Möglichkeiten bestehen, einen Arbeitsplatz gegen elektrostatische Aufladung zu schützen?**
5. **Weshalb soll man vor dem Berühren elektrostatisch gefährdeter Bauteile ein geerdetes Teil berühren?**
6. **Wie müssen elektrostatisch gefährdete Bauelemente transportiert werden?**

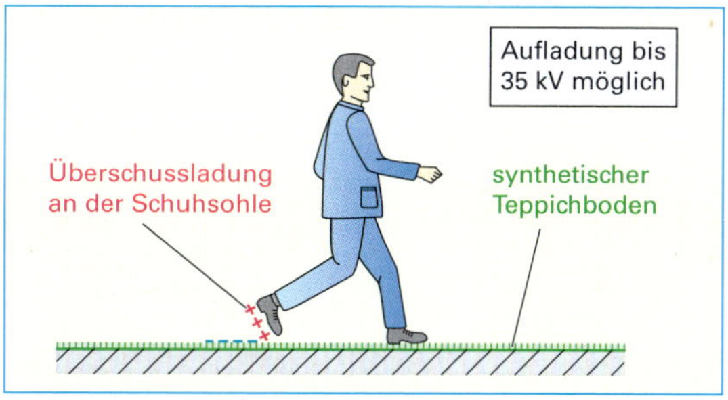

Bild 1: Elektrostatische Aufladung

Bild 2: Elektrostatisch geschützte Verpackung für ESD-empfindliche Bauteile

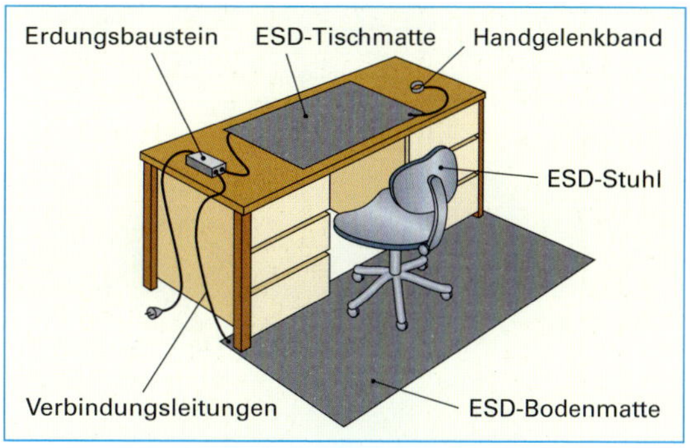

Bild 3: ESD-Arbeitsplatz mit Erdungsbaustein

Übersicht: Mögliche Erdung eines ESD-Arbeitstisches

- Verbinden des Arbeitstisches mit dem Fußboden über leitfähige Fußteller (Nachteil: Übergangswiderstand zwischen Fußteller und Fußboden).
- Arbeitstisch mit dem Schutzleiter am Stahlgestell über einen zentralen Erdungspunkt verbinden (wichtig: alle ESD-relevanten Teile, wie Tischplatte, Ablagen, Schubkästen leitend verbinden).
- Arbeitstisch an eine separate ESD-Erde **(Bild 3)** anschließen (hoher Aufwand, da sichere Trennung von ESD-Erde und Schutzerde notwendig).

[1] ESD, Abk. für: **E**lectro**s**tatic **D**ischarge (engl.) = elektrostatische Entladung

1. In einer Autowaschanlage wird ein Drehstrommotor aufgestellt. Welche IP-Schutzart muss der Elektromotor nach DIN EN 60529 (VDE 0470-1) mindestens haben?
2. Erklären Sie die Sicherheitszeichen **(Bild 1)**, die auf Betriebsmitteln und Geräten zu finden sind.

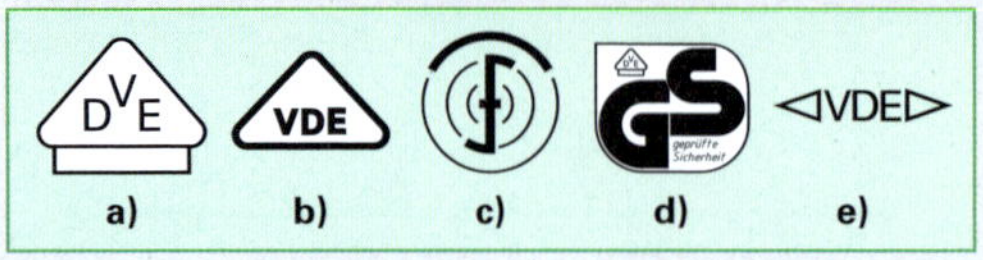

Bild 1: Sicherheitszeichen

3. Eine Ständerbohrmaschine soll von einer Elektrofachkraft repariert werden. Beschreiben Sie die Vorgehensweise nach DIN VDE 0105 (Sicherheitsregeln), damit an der Bohrmaschine gefahrlos gearbeitet werden kann.
4. Was versteht man unter **a)** Berührungsspannung und **b)** Fehlerspannung? **c)** Welche zulässigen Grenzwerte U_L sind im Fehlerfall für die Berührungsspannungen festgelegt?
5. An einem Bügeleisen wurde nach dem Auswechseln der Zuleitung durch einen Laien der Schutzleiter nicht ordnungsgemäß angeschlossen. Eine Person erlitt an 230 V wegen eines Isolationsfehlers einen elektrischen Schlag **(Bild 2)**.

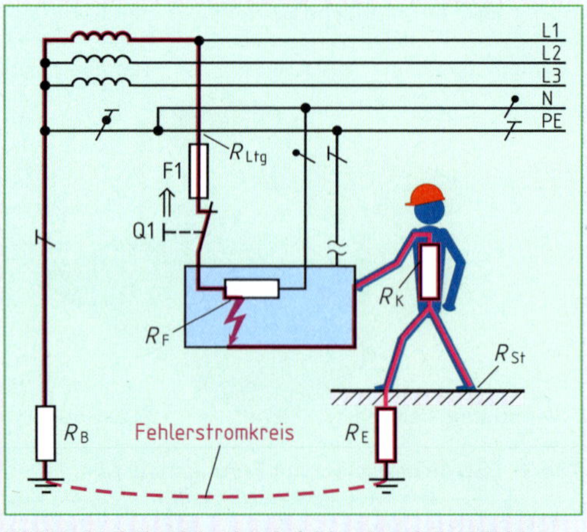

Bild 2: Unfallgefahr durch fehlenden Schutzleiter

Folgende Werte wurden ermittelt: Leitungswiderstand $R_{Ltg} = 0{,}4\ \Omega$, Widerstand an der Fehlerquelle $R_F = 50\ \Omega$, Standortwiderstand $R_{St} = 2{,}2\ k\Omega$ und Erdübergangswiderstand $R_E = 50\ \Omega$. Berechnen Sie beim Körperwiderstand $R_K = 1{,}2\ k\Omega$ **a)** den Berührungsstrom I_B, **b)** die auftretende Fehlerspannung U_F und **c)** die Berührungsspannung U_B. **d)** Vergleichen Sie die ermittelte Berührungsspannung U_B mit der maximal zulässigen Berührungsspannung U_L.

Hinweis: Seite 355 beachten.

6. Was versteht man unter der Schutzmaßnahme Kleinspannung SELV oder PELV?
7. **a)** Wie kann man Kleinspannung sicher erzeugen? **b)** Welche Bedingungen müssen Stecker und Steckdosen für Kleinspannung erfüllen?
8. Beschreiben Sie das Drehstromsystem **Bild 3**.

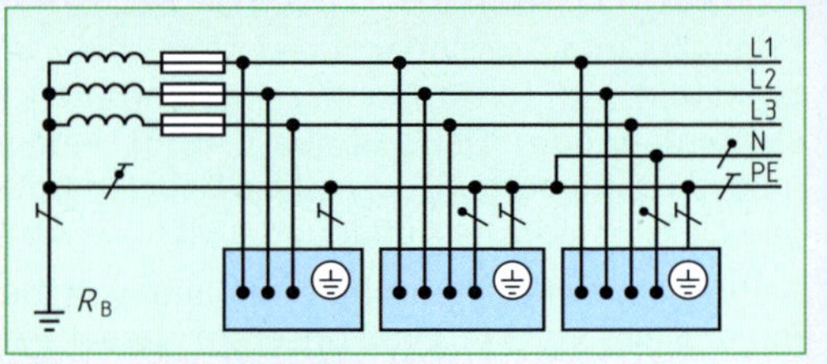

Bild 3: Drehstromsystem

9. Welche Bedeutung haben die Bezeichnungen B 16 A und C 16 A bei Leitungsschutzschaltern?
10. In einem TN-S-System sind in einer Unterverteilung ein Heizwiderstands- und ein Motorstromkreis abgesichert **(Bild 4)**.

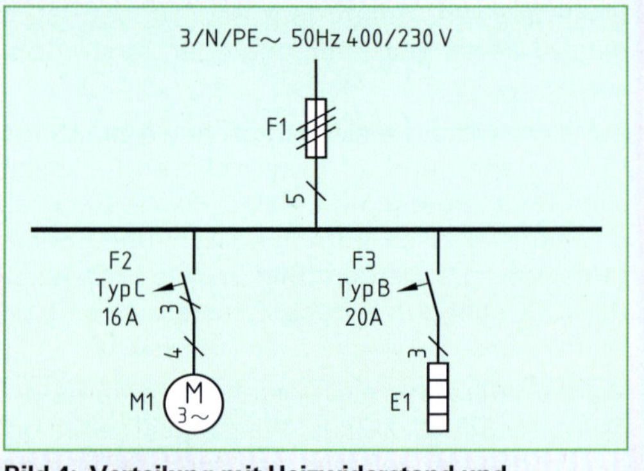

Bild 4: Verteilung mit Heizwiderstand und Motorstromkreis

Durch Messung wurden Schleifenimpedanzen am Heizwiderstand mit $Z_{Sm} = 0{,}8\ \Omega$ und am Motor mit $Z_{Sm} = 1{,}0\ \Omega$ ermittelt. **a)** Erklären Sie den Begriff Schleifenimpedanz. **b)** Ermitteln Sie die höchstzulässigen Schleifenimpedanzen für die beiden Stromkreise. (Hinweis: Auslösekennlinien von LS-Schaltern, **Seite 671**). **c)** Sind die Abschaltbedingungen nach DIN VDE 0100-410 und DIN VDE 01100-600 erfüllt?

11. Vor der Inbetriebnahme einer elektrischen Anlage muss nach DIN VDE 0100-600 eine Erstprüfung durchgeführt werden. Erklären Sie die Prüfverfahren **a)** Besichtigen und **b)** Erproben und Messen. **c)** Welche Vorteile haben der Prüfbericht und die Prüfprotokolle für den Errichter der Anlage?

* Ergebnisse der Rechenaufgaben Seite 660

12 Gebäudetechnische Anlagen

Gebäude erfordern z. B. die Installation von Beleuchtungsanlagen, den Anschluss an Informationssysteme und bei Bedarf einen Schutz gegen Einbruch und Blitzeinschlag **(Übersicht 1)**.

Übersicht 1: Gebäudetechnische Anlagen

Schaltungstechnik Installationstechnik **(Seite 100)**	Licht- und Beleuchtungstechnik **(Seite 387)**	Elektrogeräte **(Seite 404)**	Antennen- und Verteilanlagen **(Seite 425)**
Telekommunikation **(Seite 439)**	Gebäudeautomation **(Seite 444)** KNX	Gefahrenmeldeanlagen **(Seite 455)**	Blitzschutz **(Seite 463)**

12.1 Beleuchtungsanlagen

Bei der Planung einer Beleuchtungsanlage spielen viele Einflussfaktoren eine Rolle **(Übersicht 2)**.

Übersicht 2: Einflussfaktoren bei der Planung von Beleuchtungsanlagen

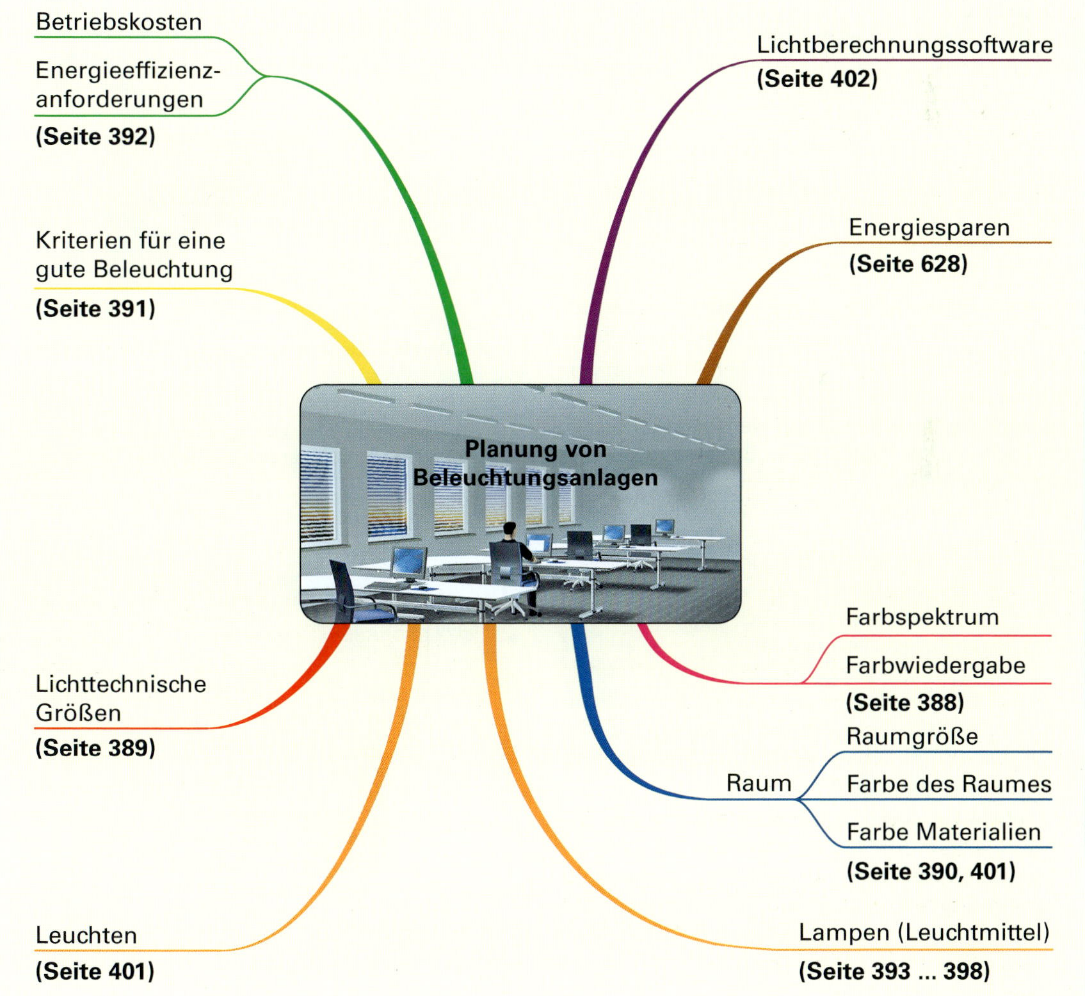

12.1.1 Farbspektrum und Farbwiedergabe

Licht, z. B. das Sonnenlicht, ist Energie in Form elektromagnetischer Wellen.

Elektromagnetische Wellen breiten sich im leeren Raum mit Lichtgeschwindigkeit (c_0 = 300 000 km/s) aus. Ihre Wellenlänge λ[1] wird durch die Frequenz der Lichtstrahlen bestimmt.

Licht ist ein Teilbereich der elektromagnetischen Wellen **(Bild 1)**. Das menschliche Auge nimmt Licht der Wellenlängen im Bereich zwischen 380 nm und 780 nm wahr. Jede Wellenlänge dieses Bereichs empfindet das Auge als eine bestimmte Farbe, z. B. eine Strahlung mit der Wellenlänge 700 nm als rotes Licht.

Die Wellenlänge des Lichts bestimmt seine Farbe.

Farbspektrum. Die im Licht enthaltenen Farben **(Bild 1)** bilden das sichtbare Spektrum. Weißes Licht enthält alle diese Farben. Ein Prisma zerlegt Licht in seine einzelnen Spektralfarben **(Bild 2)**. Die einzelnen Farben werden wegen ihrer unterschiedlichen Wellenlängen verschieden stark gebrochen.

Werden mehrere Lichtfarben zusammengefügt, so erhält man andere Farben. Weißes Licht und alle Farben können durch Mischen der Lichtfarben Rot, Grün und Blau erzeugt werden.

Farbwiedergabe. Gegenstände erscheinen in der Farbe, deren Licht sie reflektieren (zurückwerfen).

Ein roter Körper, z. B. ein Verkehrsschild, strahlt vorwiegend die Rotanteile des auf ihn fallenden Lichtes zurück. Andere Lichtfarben werden absorbiert[2]. Lichtquellen ohne Rotanteil, z. B. Natriumdampflampen, können daher die rote Farbe eines Körpers nicht sichtbar machen.

Maßstab für die Farbwiedergabeeigenschaften einer Lichtquelle ist der allgemeine Farbwiedergabeindex R_a. Teilweise wird auch noch die Farbwiedergabestufe F_w verwendet.

Der R_a-Wert wird auch CRI[3]-Wert genannt. Eine Lichtquelle mit R_a = 100 gibt alle Farben naturgetreu wieder. Mit abnehmendem R_a-Wert verschlechtert sich die Farbwiedergabe **(Bild 3)**.

Die **Lichtfarbe** einer Lichtquelle wird durch die **Farbtemperatur *T*** in Kelvin (K) beschrieben. Typische Lichtfarben von Lampen sind warmweiß (ww), neutralweiß (nw) und tageslichtweiß (tw) **(Bild 3)**.

[1] griech. Kleinbuchstabe lambda
[2] von absorbere (lat.) = aufsaugen
[3] CRI, Abk. für: coloured rendering index (engl.) = Farbwiedergabeindex

www.licht.de

Wellenlänge

$$\lambda = \frac{c}{f} \qquad [\lambda] = \frac{\frac{m}{s}}{\frac{1}{s}} = m$$

λ Wellenlänge
c Ausbreitungsgeschwindigkeit (c_0 = 300 000 km/s)
f Frequenz

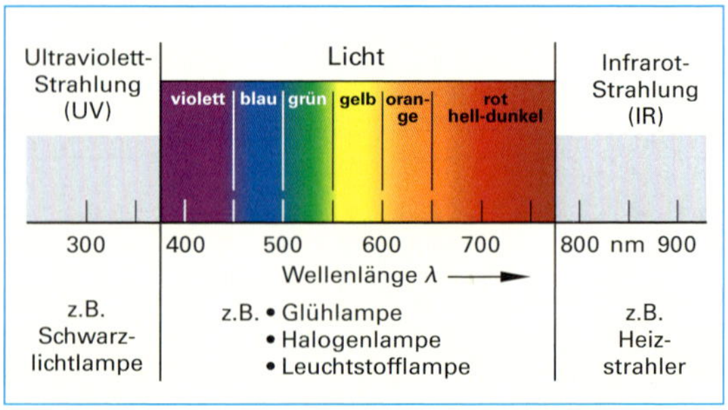

Bild 1: Licht und Wellenlänge

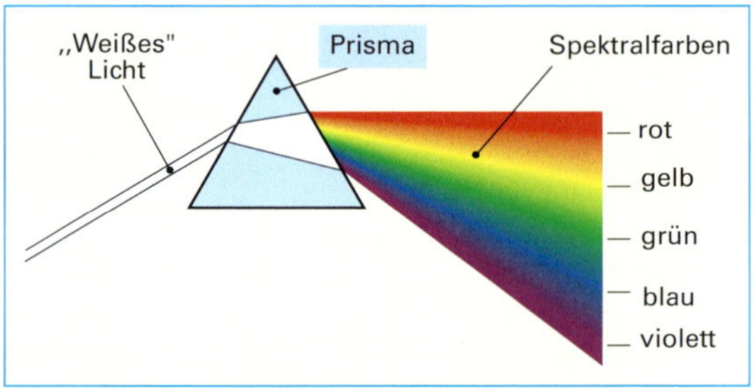

Bild 2: „Weißes" Licht, zerlegt in seine Spektralfarben

Farbtemperatur

Die Lichtfarbe einer Lichtquelle wird durch die Angabe der Farbtemperatur beschrieben.

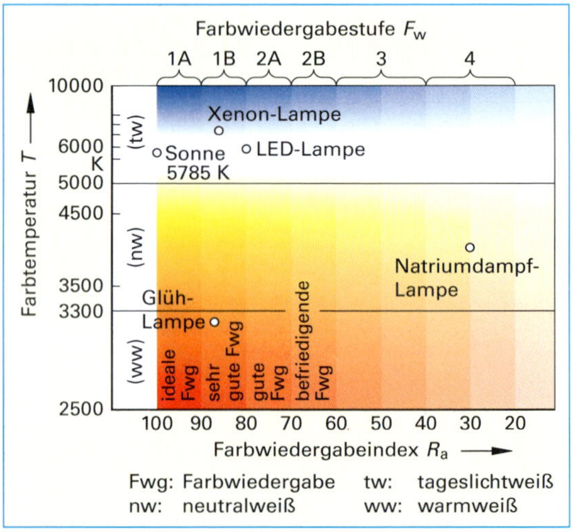

Bild 3: Farbwiedergabe und Farbtemperatur

12.1.2 Lichttechnische Größen

Lichttechnische Größen **(Tabelle 1)** ermöglichen die Berechnung von Beleuchtungsanlagen.

Lichtstrom. Lampen nehmen elektrische Energie auf und geben sie zum Teil als Lichtenergie ab. Die abgegebene Lichtleistung wird als Lichtstrom Φ_v bezeichnet und in Lumen[1] (lm) gemessen.

Der Lichtstrom Φ_v ist die gesamte von einer Lichtquelle nach allen Richtungen abgestrahlte Lichtleistung.

Beispiel: Eine Energiesparlampe (Kompaktleuchtstofflampe) mit der Leistungsaufnahme $P = 6$ W hat z. B. einen Lichtstrom Φ_v von 235 lm, während eine Halogenlampe 20 W durch die hohen Wärmeverluste den etwa gleichen Lichtstrom abgibt.

Die **Lichtausbeute η (Formel ①)** dieser Energiesparlampe beträgt 39,2 lm/W, die der Halogenlampe nur 11,8 lm/W. Die Energiesparlampe hat eine viel höhere Lichtausbeute, sie ist also wirtschaftlicher.

Die Lichtausbeute η gibt den erzeugten Lichtstrom im Verhältnis zur aufgewendeten elektrischen Leistung an.

Die **Beleuchtungsstärke E_v** ist ein Maß für das auf eine Fläche auftreffende Licht **(Bild).** Ihre Einheit ist das Lux[2] (lx). Sie nimmt mit der Entfernung zur Lichtquelle ab. Bei z. B. doppelter Entfernung verteilt sich der Lichtstrom bereits auf die vierfache Fläche **(Formel ②).**

Je besser man sehen will, desto höher ist die erforderliche Beleuchtungsstärke. Die Messung erfolgt mit einem Beleuchtungsstärkemesser (Luxmeter). Der Messfühler befindet sich hierbei auf der Arbeitsebene, z. B. auf einem Schreibtisch in 0,75 m Höhe über dem Fußboden.

Wartungswerte der erforderlichen Beleuchtungsstärken E_m für die Beleuchtung von Arbeitsstätten nennt ASR A3.4 **(Tabelle 2).** Die mittlere Beleuchtungsstärke der zu beleuchtenden Fläche darf den Wartungswert zu keinem Zeitpunkt unterschreiten, da dann eine Wartung erfolgen muss. Ein Wartungszyklus beträgt z. B. 3 Jahre.

Wartungsfaktor. Im Laufe der Betriebszeit verringert sich die Beleuchtungsstärke. Sie muss daher im Neuzustand höher als ihr Wartungswert sein. Der Neuwert der Beleuchtungsstärke E_{neu} wird durch den Wartungswert und den Wartungsfaktor WF bestimmt **(Formel ④).**

Der Wartungsfaktor hängt ab von der Alterung der Lampen, der Verschmutzung und vom Wartungszyklus. Ist eine gesicherte Bestimmung nicht möglich, werden Referenzwerte empfohlen.

Wartungsfaktoren WF (Referenzwerte, 3-jähriger Wartungszyklus):
- sehr saubere Räume, z. B. Elektronikfertigung, geringe Nutzungszeit: $WF = 0{,}8$
- saubere Räume, z. B. Büro-, Schul- und Verkaufsräume: $WF = 0{,}67$
- normale Verschmutzung, z. B. Industrie und Handwerk: $WF = 0{,}57$
- starke Verschmutzung: $WF = 0{,}5$

Beleuchtungswirkungsgrad. Ein Teil des von einer Lampe abgestrahlten Lichtstromes trägt nicht zur Beleuchtung des Raumes oder des Arbeitsplatzes bei, sondern wird z. B. bereits beim Lichtdurchgang von der Leuchte absorbiert (verschluckt). Ebenso absorbieren die Raumwände das Licht. Diese Verluste berücksichtigt der Beleuchtungswirkungsgrad η_B **(Formel ③, ⑤),** der sich aus dem Produkt von Leuchtenbetriebswirkungsgrad η_{LB} mal Raumwirkungsgrad η_R **(Seite 401)** ergibt.

[1] von lumen (lat.) = Licht

[2] von lux (lat.) = Helligkeit

Tabelle 1: Lichttechnische Größen

Größe	Formelzeichen	Einheit
Lichtstrom	Φ_v	Lumen (lm)
Lichtstärke	I_v	Candela (cd)
Leuchtdichte	L_v	cd/m²
Beleuchtungsstärke	E_v	Lux (lx) = lm/m²
Lichtausbeute	η	lm/W

v von visuell (franz.) = das Sehen betreffend

$$\eta = \frac{\Phi_v}{P} \quad ①$$

$$\eta_B = \eta_{LB} \cdot \eta_R \quad ③$$

$$E_v = \frac{\Phi_v}{A} \quad ②$$

$$E_{neu} = \frac{E_m}{WF} \quad ④$$

$$E_m = \frac{\Phi_v \cdot WF \cdot \eta_B}{A} \quad ⑤$$

η Lichtausbeute
Φ_v Lichtstrom der Lichtquelle
P Leistungsaufnahme
E_v Beleuchtungsstärke
A beleuchtete Fläche
η_B Beleuchtungswirkungsgrad
η_{LB} Leuchtenbetriebswirkungsgrad
η_R Raumwirkungsgrad
E_{neu} Neuwert der Beleuchtungsstärke
E_m Wartungswert der Beleuchtungsstärke
WF Wartungsfaktor

Tabelle 2: Wartungswerte von Beleuchtungsstärken

Sehaufgaben (Räume/Tätigkeiten)	E_m in lx
Lagerräume	100
Büroräume	500
Unterrichtsräume	500
Zeichenbüros	750
Drehen/Fräsen	300
Wickeln von Spulen	500
Farbprüfen	1000

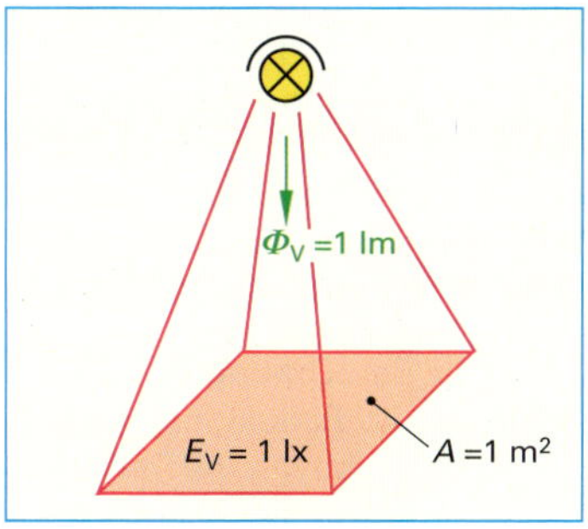

Bild: Beleuchtungsstärke

Lichtstärke. Eine Lichtquelle strahlt mit unterschiedlicher Stärke in die einzelnen Richtungen. Den in einer bestimmten Richtung abgestrahlten Lichtstrom (Lichtstrom je Raumwinkeleinheit) nennt man Lichtstärke I_v. Sie hat die Einheit Candela[1] (cd).

Bei Reflektorlampen wird neben dem Nennnutzlichtstrom bei 90° auch die Lichtstärke angegeben.

Lichtstärkeverteilung. Die Lichtstärken einer Lichtquelle in den verschiedenen Abstrahlwinkeln können aus ihrer **Lichtstärkeverteilungskurve (LVK)** entnommen werden **(Tabelle und Beispiel).** Die Lichtstärkeverteilungskurve zeigt meist die Lichtstärkewerte bei einem Lichtstrom von 1000 lm. Bei Symmetrie wird nur ihre rechte Hälfte dargestellt.

Lichtstärkeverteilungskurven zeigen die Abstrahlungseigenschaften von Lampen und Leuchten.

Beispiel:

Ermitteln Sie für $\Phi_v = 1000$ lm bei direkter Lichtverteilung **(Tabelle)** die Lichtstärke im Ausstrahlungswinkel $\alpha = 60°$.

Lösung:

Aus LVK bei $\alpha = 60°$: $\boldsymbol{I_{v\,1000}}$ **= 125 cd**

Bei einer Lichtquelle mit z. B. $\Phi_v = 500$ lm halbiert sich die Lichtstärke auf $I_{v\,500} = 62{,}5$ cd.

Leuchtdichte. Die Leuchtdichte L_v ist ein Maß für den Helligkeitseindruck, den das Auge von einer leuchtenden oder beleuchteten Fläche hat. Sie ist das Verhältnis der Lichtstärke zur Größe der sichtbaren leuchtenden Fläche ($L_v = I_v/A$) und wird in cd/m² angegeben.

Eine zu hohe Leuchtdichte verursacht Blendung.

Leuchtstofflampen haben eine kleinere Leuchtdichte als Glühlampen, da ihre abstrahlende Oberfläche größer ist. Die Blendung ist geringer **(Bild 1).**

Trifft Licht auf ein Material, treten je nach Beschaffenheit des Materials vier Effekte auf:

- Reflexion,
- Streuung,
- Transmission,
- Absorption **(Bild 2).**

Reflexion bedeutet Rückstrahlvermögen. Bei rauer Oberfläche und dunkler Farbe ist die Reflexion gering. Von **Streuung** spricht man, wenn das Licht von der rauen Oberfläche in verschiedene Richtungen reflektiert wird **(Bild 3). Transmission** bedeutet die Durchlässigkeit eines Körpers für Licht. Der vom Material **absorbierte**[2] Lichtanteil erwärmt das Material.

Bei der Berechnung von Beleuchtungsanlagen werden die Reflexionsgrade ϱ von Werkstoffen und Farben sowie die Transmissionsgrade τ von lichtdurchlässigen Stoffen berücksichtigt.

Tabelle: Lichtstärkeverteilungskurven

Grundform der Leuchte und Lichtverteilung	Lichtabstrahlung in % nach unten	oben	Lichtstärkeverteilungskurve für $\Phi_v = 1000$ lm
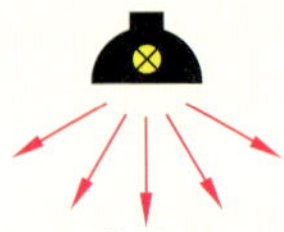 direkte Lichtverteilung	100 bis 90	0 bis 10	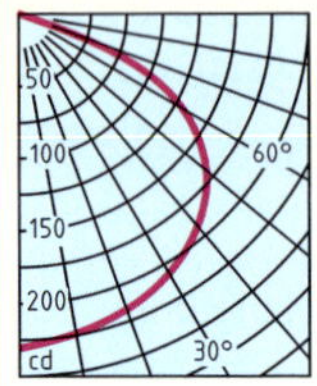
 gleichförmige Lichtverteilung	60 bis 40	40 bis 60	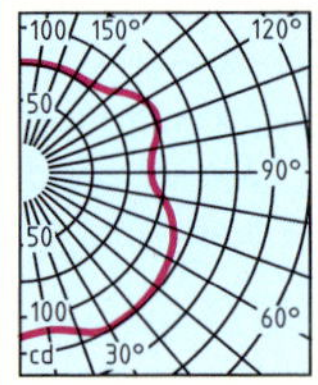

Lichtstärkeverteilung von Leuchten: **Seite 402**

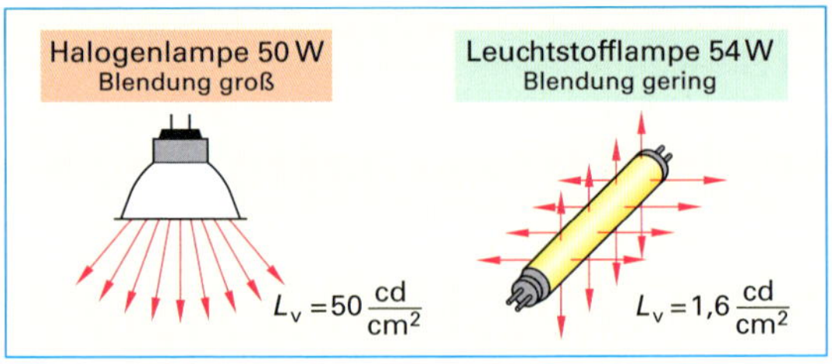

Bild 1: Blendung und Abstrahlungsfläche

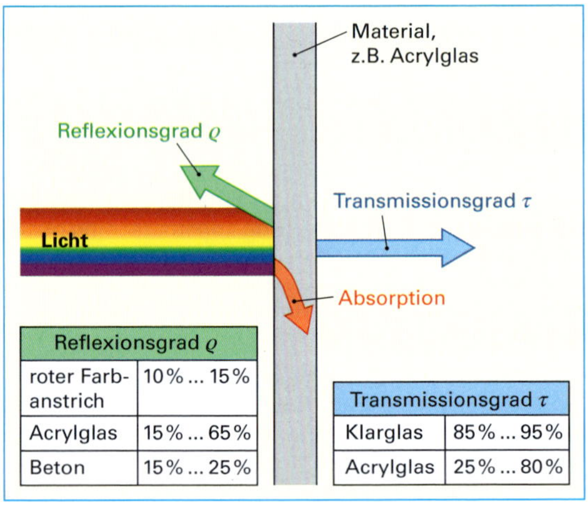

Bild 2: Lichteffekte bei unterschiedlichen Materialien

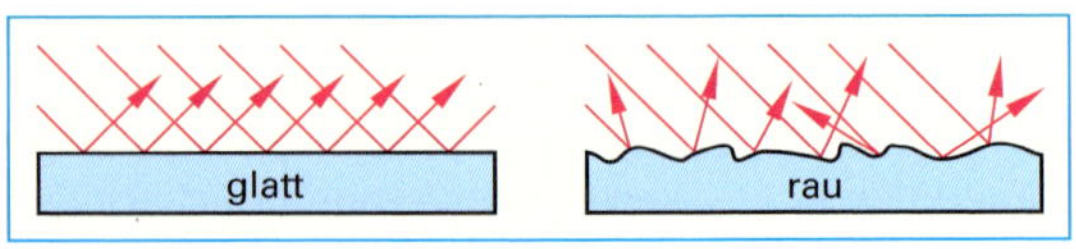

Bild 3: Reflexion und Oberfläche

[1] von candela (lat.) = Kerze
[2] von absorbere (lat.) = aufsaugen

12.1.3 Kriterien für eine gute Beleuchtung

Eine gute Beleuchtung fördert das Wohlbefinden des Menschen. Sie steigert die Leistungsbereitschaft und verringert das Unfallrisiko.

Bei Berücksichtigung der Kriterien für gute Beleuchtung **(Bild 1)** wird die optimale Sehleistung erreicht.

Neben dem Wartungswert der **Beleuchtungsstärke** beeinflussen die **Reflexionseigenschaften** von Decke, Fußboden und Wänden sowie von den Einrichtungsgegenständen die Sehaufgabe.

Das Auge empfindet den **Leuchtdichteunterschied** zwischen dem zu erkennenden Objekt und seiner unmittelbaren Umgebung als **Kontrast.**

Blendung erfolgt, wenn sich z.B. Leuchten mit hoher Leuchtdichte im Blickfeld befinden **(Bild 2).** Sie wird oft durch falsche Auswahl und Anordnung der Leuchten verursacht, z.B. durch freistrahlende Leuchten mit stabförmigen Leuchtstofflampen, die quer zur Blickrichtung angebracht sind. Direktblendung vermindert die Sehleistung und ermüdet. Sie ist besonders groß im Blickwinkel von 45° zur horizontalen Sichtlinie *s* **(Bild 2).**

Lichtrichtung und Schattenbildung. Die Lichtrichtung ergibt sich aus der Art der Leuchten und ihrer Anordnung im Raum. Sie beeinflusst die Schattenbildung und die Blendung. Eine Beleuchtung wird dann als natürlich empfunden, wenn das Licht seitlich von oben kommt. Eine Schattenbildung ist zum Erkennen des Objekts notwendig.

Anforderungen an **Bildschirmarbeitsplätze**:
- Blendung und Lichtreflexe auf dem Bildschirm sind zu vermeiden, z.B. durch Verwendung direkt, tief strahlender Leuchten und durch seitlichen Lichteinfall.
- Die Beleuchtung muss sowohl das Arbeiten mit Bildschirm und Tastatur als auch das Lesen und Schreiben auf Papier ermöglichen.

Die **Farbwiedergabeeigenschaften** müssen immer die an einem Arbeitsplatz erforderliche Farberkennung ermöglichen. Ständig besetzte Arbeitsplätze sollten mindestens einen Farbwiedergabeindex von $R_a = 80$ (Farbwiedergabestufe 1B) aufweisen.

Sehaufgabe ist die an einem bestimmten Ort ausgeführte visuelle Tätigkeit, z.B. Lesen.

Bei der Planung von Beleuchtungsanlagen ist auch auf eine gute **Gleichmäßigkeit** im Bereich der Sehaufgabe und im Umgebungsbereich zu achten **(Bild 3).** Eine Gleichmäßigkeit g_1 von 0,7 gibt z.B. vor, dass kein Wert der Beleuchtungsstärke im Bereich der Sehaufgabe unter 70 % vom Wartungswert der jeweiligen Beleuchtungsaufgabe liegen darf.

- Für die Beleuchtung von Innenräumen und Bildschirmarbeitsplätzen gilt: ASR[1] A3.4
- **UGR:** Abk. für: **U**nified **G**lare **R**ating (engl.) = vereinheitlichte Blendrate. Maßzahl, die eine Direktblendung einer Leuchte im Verhältnis zum Hintergrund (Wand, Decke) bewertet. Bei Bildschirmarbeitsplätzen ist UGR = 19 gefordert.

www.licht.de/de/service/publikationen-und-downloads

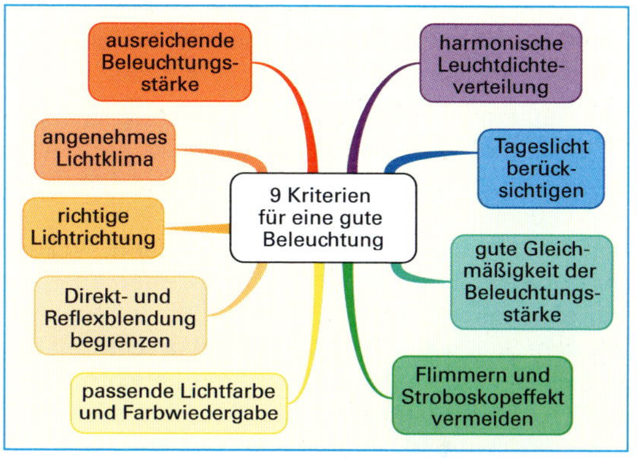

Bild 1: Kriterien für gute Beleuchtung

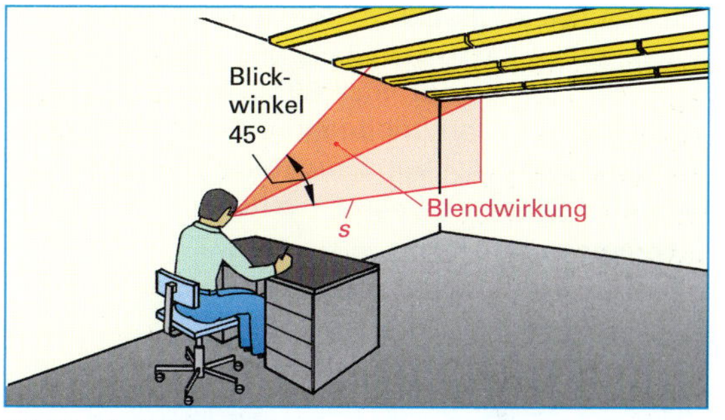

Bild 2: Direktblendung

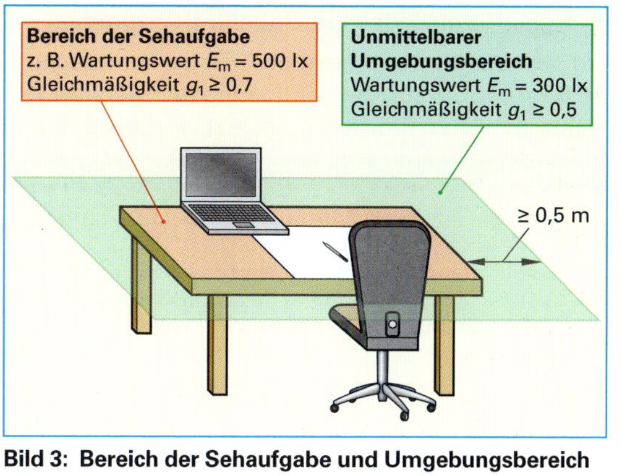

Bild 3: Bereich der Sehaufgabe und Umgebungsbereich

Farbwiedergabeindex, Farbwiedergabestufen: **Seite 388**

[1] ASR, Abk. für: Arbeitsstättenregel

12.1.4 Energieeffizienzanforderungen

Die Beleuchtungsenergie hat weltweit noch etwa einen Anteil von knapp 20 % an der gesamten Energiebilanz. Die europäische Ökodesign-Verordnung von 2009 hat die Aufgabe, bis 2030 alle EU-Verordnungen zu ändern, um die Energiebilanz zu minimieren.

So wurden und werden noch in den nächsten Jahren verschiedene Leuchtmittel ausgephast. Das bedeutet, dass diese Lampen nicht mehr erstmalig auf den EU-Markt gebracht werden dürfen. Allerdings können sie noch einige Zeit von Zwischenhändlern angeboten werden.

Seit September 2021 wird das aktuelle EU-Energieeffizienzlabel **(Bild 1)** mit einer neuen Skala von A bis G verwendet. Dabei erhalten aktuelle Lichtquellen und Leuchten mit der vorherigen Zuordnung zu A^{++} dann maximal die Effizienzklasse D oder E. So können neue Produkte mit einer verbesserten Energieeffizenz höhere Energieeffizienzlabel zugewiesen werden. Schon seit 2016 bestehen Vorschriften bezüglich der Herstellerangaben von Leuchtmitteln. Bei Leuchtstofflampen muss der Hersteller mindestens die in **Bild 2** enthaltenen technischen Informationen angeben. Die **Nutzungslebensdauer** beschreibt den Zeitpunkt, zu dem eine Beleuchtungsanlage durch Lampenausfälle und Lichtstromrückgang der Lampen nur noch 80 % des Lichtstromes gegenüber der Inbetriebnahme liefert. Weiterhin muss der Hersteller von **Leuchten** mit Leuchtstofflampen folgende Angaben machen:

- Angabe der einzusetzenden Lampen,
- Wirkungsgrad des Vorschaltgerätes,
- Leuchtenbetriebswirkungsgrad,
- Wartungsanweisungen,
- Entsorgungshinweise.

Bei **Vorschaltgeräten** von Leuchtstofflampen ist der Energieeffizienzindex EEI **(Tabelle 1)** anzugeben.

Für bestehende Leuchten gibt es für die entsprechende Sockelform LED-Retrofitlösungen[1], die statt der bisherigen Leuchtmittel eingesetzt werden können.

Beispiel:

Eine 60-W-Glühlampe wird durch eine LED-Lampe mit 700 lm ersetzt.

a) Vergleichen Sie den Energieverbrauch nach **Tabelle 2**.

b) Welche Lichtausbeute hat diese LED-Lampe im Vergleich zur Energiesparlampe mit 11 W?

Lösung:

a) Die LED-Lampe hat einen 88 % geringeren Energieverbrauch als die Glühlampe.

b) Die Lichtausbeute einer 11-W-Energiesparlampe ($\eta_{ESL} = \frac{\Phi_v}{P} = \frac{700\ \text{lm}}{11\ \text{W}} = 64\ \frac{\text{lm}}{\text{W}}$) ist niedriger als die einer LED-Lampe ($\eta_{LED} = \frac{\Phi_v}{P} = \frac{700\ \text{lm}}{7\ \text{W}} = 100\ \frac{\text{lm}}{\text{W}}$).

[1] retrofit (engl.) = Nachrüstung

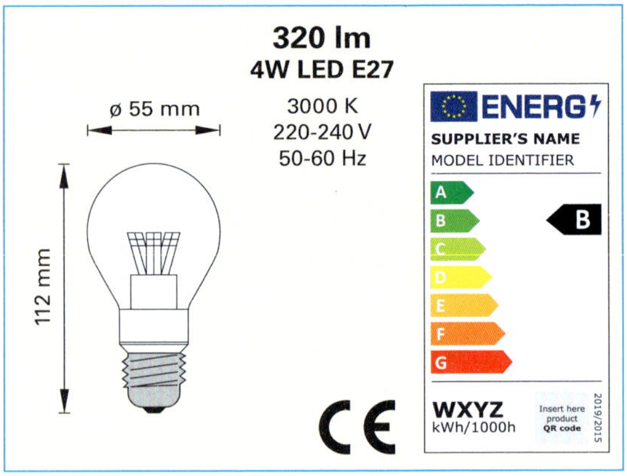

Bild 1: Energie-Etikett (EU-Energieeffizienzlabel)

Lumilux T5 Stabform, Sockel G5
Energieeffizienzklasse A
Nennlebensdauer 16000 h

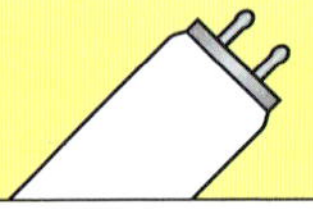

- Lampenleistung .... 14 W
- Lampenlichtstrom .... 1200 lm
- Lichtausbeute .... 86 lm/W
- Bemessungs-LLMF[2] .... 0,9[1]
- Quecksilbergehalt .... 1,9 mg
- Farbtemperatur der Lampe 830
- Lampenlichtstromwartungsfaktor .... 0,89[1]
- Farbwiedergabeindex .... > 80
- Optimale Umgebungstemperatur zum Betrieb der Lampe .... 35 °C

[1] Angabe bei 16 000 h
[2] LLMF, Abk. für: **L**amp **L**umen **M**aintenance **F**actor (engl.) = Lampenlichtstrom-Wartungsfaktor

Bild 2: Herstellerangaben von Leuchtstofflampen

Tabelle 1: Energieeffizienzindex (EEI) bei Vorschaltgeräten

A1	Dimmbare elektronische Vorschaltgeräte mit reduzierten Verlusten
A2	Elektronisches Vorschaltgerät mit reduzierten Verlusten (EVG)
A3	Elektronisches Vorschaltgerät (EVG)
B1	Magnetisches Vorschaltgerät mit sehr geringen Verlusten (VVG)
B2	Magnetisches Vorschaltgerät mit geringen Verlusten (VVG)

Tabelle 2: Lichtstrom und Leistung bei Lampen (Sockelform E27)

Lichtstrom Φ_v in Lumen	Leistungsaufnahme P in Watt		
	Glühlampe	Energiesparlampe	LED-Lampe
220 … 250	25	5	2,5
400 … 500	40	8	4
700 … 800	60	11	7
950 … 1050	75	18	8

12.1.5 Lampenübersicht

Zur Erzeugung von künstlichem Licht werden verschiedene Lampenarten **(Tabelle)** verwendet. Sie werden abhängig von den Anforderungen an die Beleuchtung, z.B. Lichtfarbe, Wirtschaftlichkeit und Lebensdauer, ausgewählt. Der Betrieb der gewählten Lampen (Leuchtmittel) erfordert geeignete Leuchten.

Tabelle: Lampenarten

Prinzip	Bezeichnung		Lebensdauer in h, Lichtausbeute in lm/W	Merkmale	Entwicklung, Besonderheit	Anwendungsbereich (Beispiele)
Glühfaden **(Seite 394)**	Glühlampe	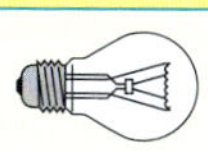	1000, 13	einfache Herstellung	nur noch für Sonderanwendungen zulässig	Backofen, Kühlschrank
	Halogenlampe	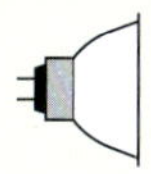	2000, 24	auch für Kleinspannungsbeleuchtung, Betrieb mit Transformator	seit 1.9.2021 nur noch R7S, G9, G4 GY 6.35 mit Φ_v < 2700 lm	Strahler, Akzentbeleuchtung
Gasentladung **(Seite 396 bis 398)**	Kompaktleuchtstofflampe SL[1]		15000, 80	mit E-Gewinde, enthält Quecksilber	seit 1.9.2021 ausgephast	Wohnbereich
	Kompaktleuchtstofflampe PL[1]	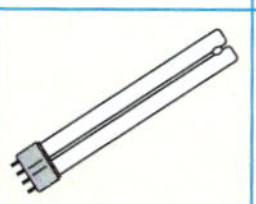	15000, 50	einseitig gesockelt, Betrieb mit Vorschaltgerät, enthält Quecksilber	Tendenz zu kleineren Abmessungen	Wohnbereich, Außenbereich, Sicherheitsbeleuchtung
	Leuchtstofflampe TL[1]	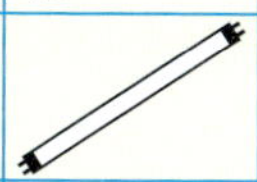	15000, 100	häufigst genutzte Lampe, enthält Quecksilber	Tendenz zu Rohrdurchmesser T5 **(Seite 396)**	Schulen, Büro, Verkauf, Industrie
	Quecksilberdampf-Hochdrucklampe HQL[1]	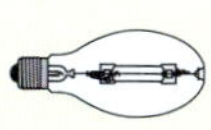	10000, 60	bläulich-weißes Licht, bis 1000 W	Bei Straßenbeleuchtungen meist durch LED-Leuchten ersetzt.	Außenbeleuchtung
	Halogen-Metalldampflampe HCI[1]	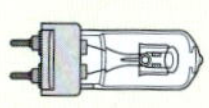	6000, 110	gute Farbwiedergabe, bis 3000 W	Weiterentwicklung mit Keramiktechnologie	Sportstätten, Industrie-Strahler
	Natriumdampf-Hochdrucklampe NAV[1], VIALOX[1]	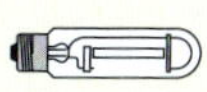	1000, 130	gelb-weißes Licht, bis 1000 W, beste Lichtausbeute	Verbot 2019 aufgehoben, Ersatz durch HCI-TT[1]	Straßenbeleuchtung, Strahler
	Natriumdampf-Niederdrucklampe SOX[1]	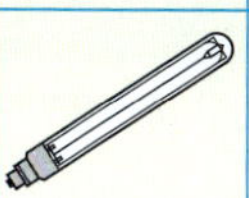	8000, 180	„gelbes Licht", kontrastreich bei Nebel und Dunst	Zur Straßenbeleuchtung Verkauf seit 9/2018 ausgephast.	Straße, Objektschutz, Hafen
	Induktionslampe QL	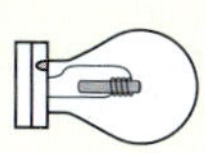	60000, 70	flackerfreier Start, Sicherheitsabschaltung	enthält Quecksilber (Amalgam)	Innenbeleuchtung in Flughäfen, Bahnhöfen, Parkhäusern, Petrochemie
LED **(Seite 398)**	LED-Allgemeinbeleuchtung	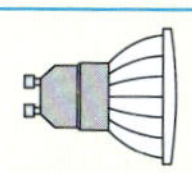	25000[2], bis 100	geringe Hitzeentwicklung, Einsatz bei niedrigen Temperaturen möglich, höchste Lebensdauer	Leuchtmittel der Zukunft	Wohnbereich
	LED-Leisten	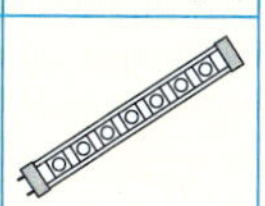			Verlegung über Ecken und Rundungen möglich	Weg- und Konturenbeleuchtung
	LED-Röhren	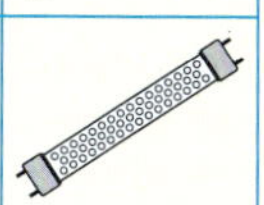			nur direkter Austausch bei Betrieb mit VVG[3] möglich	Ersatz für Leuchtstofflampen

[1] Herstellerbezeichnungen von Lampen [2] Je nach Hersteller auch 100000 h [3] **VVG**, Abk. für: **V**erlustarmes **V**orschalt**g**erät

12.1.6 Halogenlampen

Alle Standardglühlampen wurden durch die EU-Glühlampenverordnung 244/2009 ab 1. September 2012 verboten.

Halogenlampen sind Temperaturstrahler. Elektrischer Strom erhitzt einen Glühfaden so stark, dass er glüht und Licht ausstrahlt.

Halogenlampen werden für den Betrieb an Netzspannung oder an Kleinspannung gebaut.

Halogen-Kreisprozess. Dem Füllgas von Halogenlampen sind geringe Mengen eines Halogens, z.B. Jod oder Brom, zugesetzt. Diese Halogene verbinden sich mit dem vom Glühfaden verdampften Wolfram zu gasförmigem Wolframjodid. Gelangt dieses Jodid in die Nähe des Glühfadens, so wird es durch die hohe Temperatur (über 1450 °C) wieder in Wolfram und Jod zerlegt.

Halogenlampen haben einen konstanten Lichtstrom über ihre gesamte Lebensdauer.

Hochvolt-Halogenlampen werden an Netzspannung angeschlossen. Ihr Betrieb erfordert keine Vorschaltgeräte. Sie werden z.B. mit Elektrogewinde E 14 **(Bild 1, unten)** oder E 27 (bis 46 W), mit Stiftsockel GU 9 oder 10 oder bei höheren Leistungen zweiseitig gesockelt (R7S, bis 140 W; **Bild 1, oben**) hergestellt. Halogenlampen mit Elektrogewinde können in vielen Leuchten an Stelle von Glühlampen eingesetzt werden.

Niedervolt-Halogenlampen (Bild 2) haben häufig Bemessungsspannungen von 12 V. Lichtausbeuten bis 26 lm/W werden durch die IRC[1]-Technologie erreicht. Niedervolt-Halogenlampen mit den Stiftsockeln GU 4 und GY 6.35 werden erst 9/2023 ausgephast. Bei kleinen Abmessungen ermöglichen Reflektorlampen punktgenaue Anstrahlungen. Niedervolt-Halogenlampen (ELV[2]-Beleuchtungsanlagen) werden über Transformatoren mit Sicherheitskleinspannung (SELV, **Seite 365**) betrieben.

Eigenschaften. Halogenlampen haben durch die sehr hohe Betriebstemperatur ihres Glühfadens ein „weißes", brillantes Licht und dadurch eine sehr gute Farbwiedergabe. Sie haben eine mittlere Lebensdauer von 2000 h und eine gute Lichtausbeute **(Übersicht)**.

Das Austreten der vom Glühfaden abgestrahlten schädlichen UV-Strahlung wird z.B. bei Reflektorlampen durch integrierte UV-Stopp-Glasscheiben verhindert. Kaltlicht-Reflektorlampen dienen zum Schutz wärmeempfindlicher Materialien. Sie haben eine um zwei Drittel verringerte Wärmeabstrahlung.

[1] **IRC**, Abk. für: **I**nfra**r**ed-**C**oating (engl.) = Infrarotbeschichtung;
[2] **ELV**, Abk. für: **E**xtra **L**ow **V**oltage (engl.) = Kleinspannung

Halogenlampen gibt es
- für Netzspannung 230 V
- für Kleinspannung 6 V, 12 V, 24 V in IRC[1]-Technologie

Seit 09/2021 dürfen nur noch Hochvolt-Halogenlampen mit mindestens Energieklasse B bzw. klare Hochvolt-Halogenlampen mit R7S- und G9-Fassung und mindestens Energieklasse B verkauft werden.

Niedervolt-Halogenlampen müssen eine Lebensdauer von mindestens 4000 h haben.

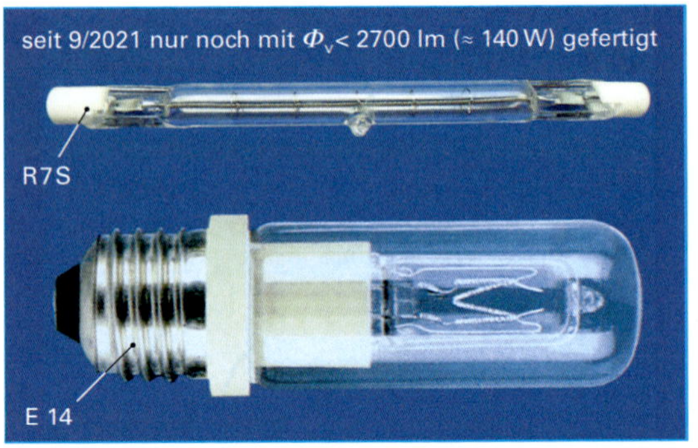

Bild 1: Hochvolt-Halogenlampen mit Sockelbezeichnungen

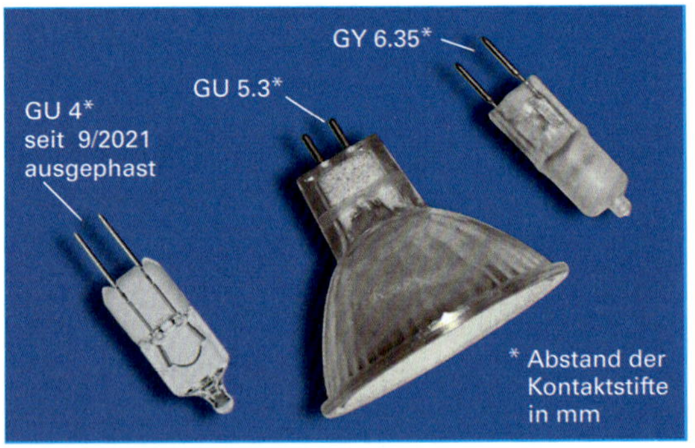

Bild 2: Niedervolt-Halogenlampen

Übersicht: Kennwerte Halogenlampen
- Lichtausbeute 10 bis 20 lm/W (Niedervoltlampen bis 26 lm/W)
- mittlere Lebensdauer 2000 h (Niedervoltlampen mindestens 4000 h)
- Lichtfarbe warmweiß (ww)
- sehr gute Farbwiedergabe (1 A bzw. R_a = 100)
- dimmbar

Bei Halogenlampen ist zu beachten:
- 5 % Überspannung verkürzen die Lebensdauer um 50 %.
- 5 % Unterspannung verringern den Lichtstrom um 15 %.
- Bei unsachgemäßer Installation besteht durch die hohe Oberflächentemperatur (am Glaskolben bis 450 °C) Brand- und Verbrennungsgefahr.

Transformatoren für Niedervolt-Halogenlampen

Niedervolt-Halogenlampen werden meist mit 12 V Bemessungsspannung betrieben. Deshalb benötigt man Transformatoren.

Es dürfen nach DIN EN 61558-2-6 (VDE 0570-2-6) nur Sicherheitstransformatoren verwendet werden, die Schutz durch Kleinspannung (SELV) gewährleisten.

Konventionelle Transformatoren arbeiten mit Netzfrequenz 50 Hz. Sie sind stets mit Bemessungslast zu betreiben. Teillastbetrieb hat ein Ansteigen der Transformatorausgangsspannung und dadurch eine verringerte Lampenlebensdauer zur Folge.

Elektronische Transformatoren (Konverter) liefern die Lampenspannung mit einer Frequenz von etwa 35 kHz **(Bild 1).** Die Transformatorverluste sind dadurch etwa 50% geringer als bei konventionellen Transformatoren. Dies ergibt eine kleinere Baugröße. Die konstante Spannungsabgabe ermöglicht auch Teillastbetrieb. Durch abgestrahlte elektromagnetische Wellen können Funkstörungen auftreten. Die Leitungslänge ist daher nach DIN EN 55015 (VDE 0875-15-1) auf 2 m begrenzt.

Die Ausgangsleitungen an Konvertern für NV-Halogenlampen dürfen nicht länger als 2 m sein **(Bild 1).**

Anschluss von Niedervolt-Halogenlampen. Bei gleicher Lampenleistung benötigt eine Niedervoltlampe 12 V den etwa 19-fach höheren Strom als eine Hochvolt-Halogenlampe. Um eine zu hohe Strombelastung und eine Lichtstromminderung von mehr als 10 % durch zu hohen Spannungsfall zu vermeiden, sind ausreichende Leiterquerschnitte zu verlegen **(Übersicht).** Ein strahlenförmiger Anschluss der Lampen an den Transformatorausgang ermöglicht kurze, möglichst gleiche Leiterlängen und dadurch geringe Lichtstromverluste **(Bild 2).**

Dimmen von Halogenlampen. Alle Halogenlampen sind dimmbar. Der verwendete Dimmer muss allerdings für die jeweilige Last geeignet sein. Halogenlampen für Netzspannungen stellen eine ohmsche Last dar. Bei Niedervolt-Halogenlampen ist der Dimmer immer im 230-V-Netz dem Transformator vorgeschaltet **(Bild 1).** Konventionelle 50-Hz-Transformatoren bewirken eine induktive Belastung. Elektronische Transformatoren (Konverter) haben meist kapazitiven Charakter.

Auch bei Dimmern mit Mehrfacheignung für R-, L- und C-Last ist der gleichzeitige Betrieb von L- und C-Last unzulässig.

Elektronische Sicherheitstransformatoren

- kleine Abmessung
- lautloser Betrieb
- min. 20 cm von Wärmequelle entfernt installieren
- Teillastbetrieb möglich
- Installation in oder an Möbeln möglich

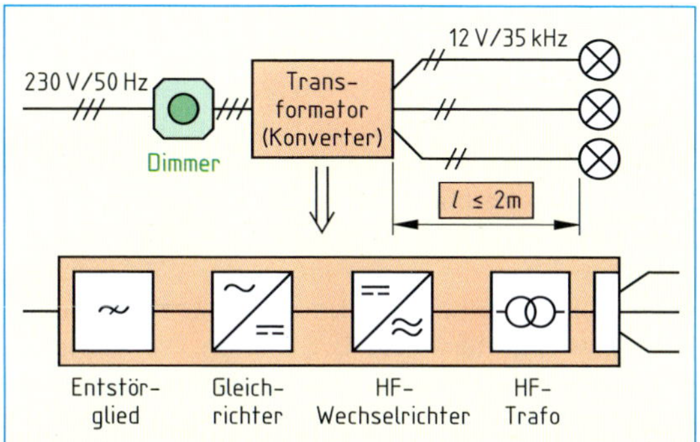

Bild 1: Elektronischer Transformator (Prinzip)

Übersicht: Leitungsmaterial für Halogen-Beleuchtungsanlagen

- Isolierte Leiter in Installationsrohr oder -kanal.
- Kabel- und Mantelleitungen, z. B. NYM.
- Flexible Leitungen.
- Kleinspannungssysteme nach DIN EN 60598-2-23.
- Stromschienensysteme nach DIN EN 60570.
- Blanke Leitungen (Seilsysteme) dürfen nur bis zu maximalen Nennspannungen AC 25 V oder DC 60 V in trockenen Räumen verlegt werden, wenn die Gefahr eines Kurzschlusses minimal ist.
- Mindestquerschnitt 4 mm² nach DIN VDE 0100-715 bei Leuchten, die von Leitern abgehängt werden.
- Max. 5% Spannungsfall zwischen Transformator und der in der größten Entfernung installierten Leuchte.

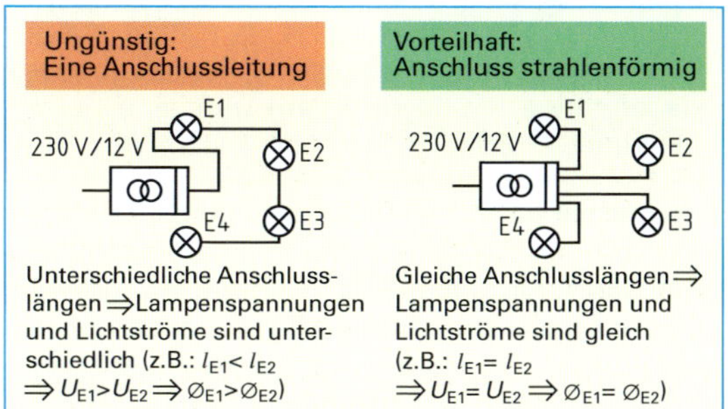

Bild 2: Anschluss von Niedervolt-Halogenlampen

Dimmer: **Seite 260**

12.1.7 Leuchtstofflampen

Lichtentstehung. In einem Glasrohr mit eingeschlämmten Leuchtschichten befindet sich außer Quecksilberdampf eine geringe Menge Edelgas, z.B. Argon oder Krypton. Als Elektroden dienen Wolframwendel an den Rohrenden. Eine Beschichtung mit Metalloxiden, z.B. Bariumoxid, erleichtert den Elektronenaustritt. Prallt ein freies Elektron auf ein Gasatom, wird ab einer bestimmten Aufprallenergie kurzzeitig ein Elektron des Gasatoms aus seiner Umlaufbahn geworfen **(Bild 1)**. Beim Zurückfallen des Elektrons wird die beim Stoß aufgenommene Energie als Strahlungsenergie wieder abgegeben. Außer sichtbarem Licht entsteht vor allem UV-Strahlung. Leuchtstoffe auf der Kolbeninnenwand erhöhen die Wellenlänge der UV-Strahlung **(Bild 1)**. Es entsteht sichtbares Licht. Drei Leuchtschichten (Banden) aus z.B. Silikaten, Wolframaten, Phosphaten bestimmen die Lichtfarbe der Lampe.

Herstellerangaben **Seite 392**

Aufbau. Am häufigsten werden stabförmige Leuchtstofflampen für verschiedene Leistungen bei einheitlichen geometrischen Daten, wie z.B. Durchmesser und Länge, hergestellt **(Tabelle)**. Die Angabe des Durchmessers erfolgt dabei näherungsweise in Vielfachen von 1/8 Zoll. Eine T5-Lampe hat somit einen Durchmesser von etwa 5 x 1/8 Zoll (5 x 3,175 mm = 15,875 mm). Die meisten T5-Lampen und alle T2-Lampen werden nur mit elektronischem Vorschaltgerät **(Seite 397)** betrieben.

Lichtfarbe. Übliche Lichtfarben sind warmweiß (ww), tageslichtweiß (tw) oder neutralweiß (nw), die der Hersteller als Kennzahlen angibt **(Bild 2)**.

Farbwiedergabe. Durch eine weitere Kennzahl auf dem Glaskörper wird die Qualität der Farbwiedergabe **(Seite 387)** angegeben.

Eigenschaften. Bei Raumtemperatur ist die Lichtausbeute das 3- bis 6-fache von Halogenlampen.

Leuchtstofflampen haben eine lange Lebensdauer (etwa 15000 Stunden) und eine hohe Lichtausbeute von 30 lm/W bis 100 lm/W.

Energiesparlampen (Bild 3) sind Leuchtstofflampen mit geringer Baugröße (Kompaktleuchtstofflampen). Das Vorschaltgerät kann extern, also getrennt von der Lampe angeordnet oder in der Lampe eingebaut sein. Durch den geringeren Energieverbrauch von etwa 25 % gegenüber gleich hellen Halogenlampen sind sie besonders wirtschaftlich. Energiesparlampen haben gegenüber Halogenlampen die etwa 5-fache Lebensdauer und eine Wärmestrahlung von nur 12 %. Sie sind besonders geeignet für Lampen mit langer Einschaltdauer.

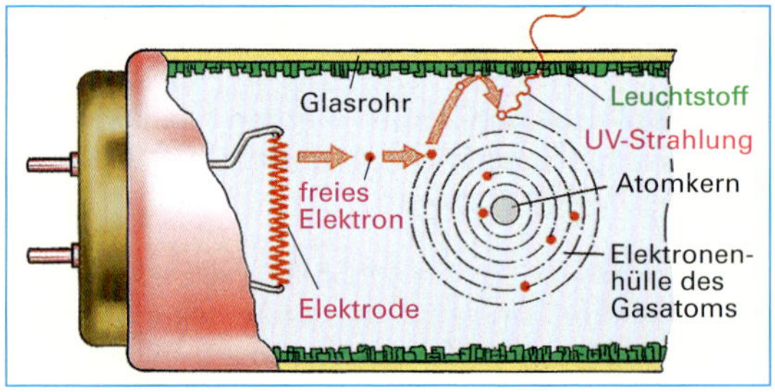

Bild 1: Strahlungserzeugung bei der Gasentladung in einer Leuchtstofflampe

Tabelle: Stabförmige Leuchtstofflampen

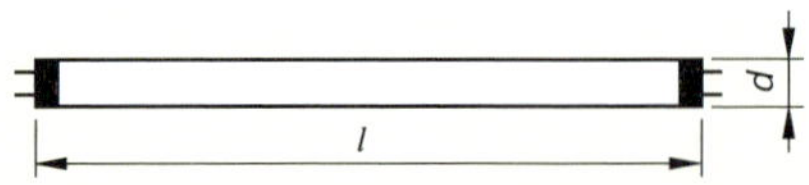

Form	Durchmesser d in mm	Länge l in mm	Leistung P in W	Lichtstrom Φ_V in lm	Sockel
T8[1]	26	470 …1500	10…58	650… 5200	G13
T5 (HE[2])	16	549 …1449	14…35	1200 …3320[3]	G5
T5 (HO[4])	16	549 …1449	24…80	1750 …6150[3]	G5
T2[5]	7	218 …523	6…13	523 …860	W4,3x 8,5d

1 ausgephast ab 1.9.2023 2 HE = High Efficiency 3 maximaler Lichtstrom bei 25 °C 4 HO = High Output 5 ausgephast seit 1.9.2021

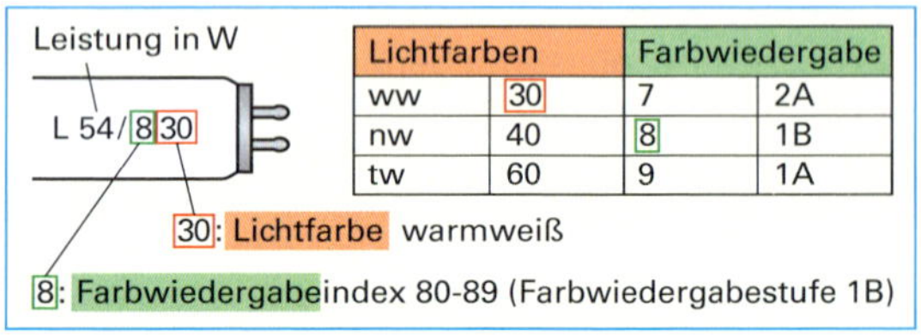

Bild 2: Kennzeichnung von Leuchtstofflampen

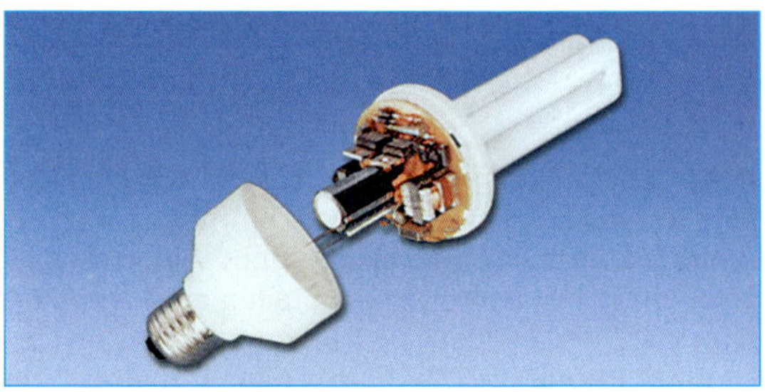

Bild 3: Energiesparlampe mit integriertem Vorschaltgerät

Kompaktleuchtstoff-Lichtquellen

Ab 09/2021 werden alle Energiesparlampen mit einer Lichtausbeute kleiner als 70,2 lm/W ausgephast. Energiesparlampen, die diese Bedingung noch erfüllen, werden dann als Kompaktleuchtstoff-Lichtquellen bezeichnet.

12.1.8 Vorschaltgeräte für Leuchtstofflampen

Entladungslampen, z. B. Leuchtstofflampen, benötigen zur Zündspannungserzeugung und zur Strombegrenzung im Betrieb ein Vorschaltgerät.

Verlustarme Vorschaltgeräte (VVG) enthalten eine Drosselspule. Zum Zünden der Leuchtstofflampe wird deshalb ein Starter, meist mit Bimetallelektroden, benötigt **(Bild 1)**.

Verlustarme Vorschaltgeräte haben Wärmeverluste und erzeugen induktive Blindleistung.

Kompensation der Blindleistung bei VVG

Die Errichtungsvorschriften der Energieversorgungsunternehmen fordern eine Kompensation **(Seite 164)** der Blindleistung beim Betrieb von Entladungslampen, sofern mehr als 250 W Systemleistung je Außenleiter angeschlossen wird. Bevorzugt wird die **Parallelkompensation (Bild 1)** angewendet. Dabei sind die Leuchtstofflampen gleichmäßig auf die Außenleiter L1, L2 und L3 des Netzes aufzuteilen.

Bei bestehenden Beleuchtungsanlagen mit Leistungen über 5 kVA wird häufig die **Duoschaltung (Bild 2)** verwendet um Tonfrequenz-Rundsteueranlagen im Netz nicht zu beeinflussen.

Sie besteht aus der Parallelschaltung zweier Leuchtstofflampen, wobei eine Lampe direkt über die Drossel (induktiver Zweig) und die andere Lampe über eine Reihenschaltung von Drossel und Kompensationskondensator (kapazitiver Zweig) angeschlossen ist. Der kapazitive Blindwiderstand des Kondensators ist doppelt so groß wie der induktive Blindwiderstand der Drossel. Dadurch wird ein gemeinsamer Leistungsfaktor beider Lampen von etwa $\cos\varphi = 1$ erreicht **(Seite 143)**.

Wegen der erhöhten Leistungsaufnahme und der verkürzten Lampenlebensdauer im kapazitiven Zweig findet die Duoschaltung in Neuanlagen keine Anwendung mehr.

Elektronische Vorschaltgeräte (EVG)

Im EVG **(Bild 3)** wird die Netzspannung zunächst gleichgerichtet und dann durch einen Hochfrequenzwechselrichter in eine Rechteckspannung mit etwa 45 kHz umgeformt. Ein Kaltleiter im Heizkreis sorgt nach dem Einschalten dafür, dass die Lampenelektroden vorgeheizt werden. Nach dem Zünden wird der Lampenstrom auf seinen Bemessungswert begrenzt. Das Entstörglied hält unzulässige Störspannungen und Funkstörungen vom Netz fern.

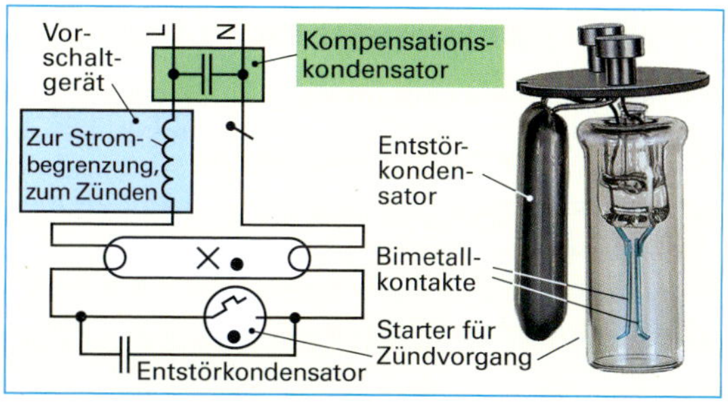

Bild 1: Schaltung einer Leuchtstofflampe mit Drosselspule und Starter

Stroboskopischer Effekt

Einzeln betriebene Entladungslampen leuchten im Rhythmus der Netzfrequenz. Dadurch scheinen bewegte Teile, z. B. ein Rad, stillzustehen bzw. sich langsam entgegengesetzt zu bewegen.

Dies wird verhindert durch:

- Dreiphasenschaltung,
- Duoschaltung,
- Verwendung elektronischer Vorschaltgeräte.

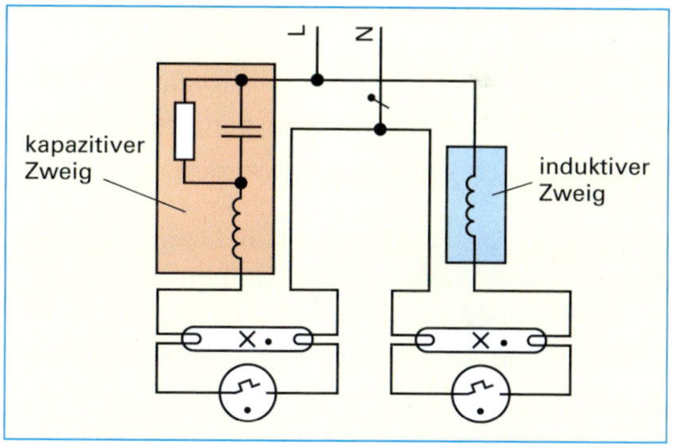

Bild 2: Leuchtstofflampen in Duoschaltung

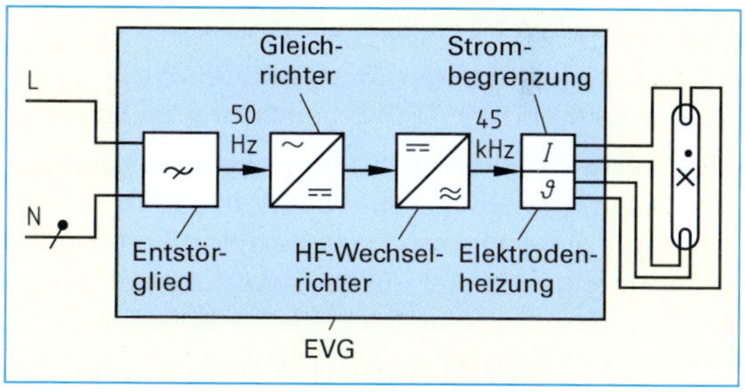

Bild 3: Leuchtstofflampe mit elektronischem Vorschaltgerät (EVG)

Vorteile elektronischer Vorschaltgeräte:

- Zuverlässiges, lampenschonendes Zünden
- Geringere Verlustleistung als VVG
- Höhere Lichtausbeute durch HF-Betrieb
- Flackerfreies Licht, kein Stroboskopeffekt
- Keine Kompensation erforderlich ($\lambda = 1$)
- Erhöhte Lichtausbeute bei Lampen
- Stufenloses Dimmen (je nach EVG)

12.1.9 Induktionslampen

Induktionslampen sind Gasentladungslampen ohne verschleißbehaftete Heizelektrode. Ein HF-Generator erzeugt ein hochfrequentes Magnetfeld, das das amalgamhaltige Gas im Glaskolben ionisiert und dieses zum Leuchten bringt **(Bild 1)**.

Aufgrund der sehr langen Lebensdauer von über 60000 Betriebsstunden und dem geringen Energieverbrauch werden sie zunehmend im gewerblichen Bereich, z.B. zur Innenbeleuchtung von Flughäfen, Bahnhöfen und Parkhäusern, eingesetzt. Besonders in explosionsgeschützten Leuchten, z.B. in der Petrochemie, gewinnen sie an Bedeutung.

Besondere Eigenschaften sind:

- konstanter Lichtstrom, unabhängig von Netzschwankungen,
- automatische Abschaltung bei Lampenausfall,
- natürliches Farbspektrum,
- flackerfreier Start.

12.1.10 LED-Lampen

LED-Lampen **(Übersicht)** haben einen niedrigen Energieverbrauch und können in allen Lichtfarben (ww bis tw) und in vielen Farben hergestellt werden.

Das weiße Licht kann erzeugt werden

- durch Farbmischung des Lichtes von drei LEDs mit rotem, grünem und blauem Licht (RGB-LED)
- durch Überlagerung der Gelbemission einer Leuchtschicht mit der Emission einer blauen LED.

LED-Lampen sind sofort betriebsbereit und für schnelle Farbwechsel geeignet, z.B. bei Anzeigen.

LED-Lampen mit Sockeln für standardisierte Fassungen (z.B. E 27), sogenannte LED-Retrofit-Lampen **(Bild 2)**, werden als Glühlampenersatz eingesetzt.

Neuanlagen, z.B. in der Straßenbeleuchtung, werden zunehmend mit LED-Beleuchtung realisiert.

LED-Leisten dienen als Weg- oder Konturenbeleuchtung. Dabei wird eine bestimmte Anzahl von LEDs auf einer starren oder flexiblen Leiterplatte zusammengeschaltet. Diese werden mit Kleinspannungen zwischen 5 V und 24 V betrieben.

LED-Röhren (Bild 3) werden in bestehenden Beleuchtungsanlagen teilweise als Ersatz für Leuchtstofflampen verwendet. So können bis zu 65% der Energiekosten eingespart werden.

Bei Ersatz in Schaltungen mit KVG bzw. VVG muss der Starter gegen eine zusätzliche Starterüberbrückung ausgetauscht werden **(Bild 4)**. Bei Schaltungen mit EVG muss neu verdrahtet werden. Da jedoch die LED-Röhren einen deutlich höheren Maximalblendfaktor UGR **(Seite 391)** besitzen, ist der Austausch nicht für alle Anwendungen, z.B. in Büros, geeignet.

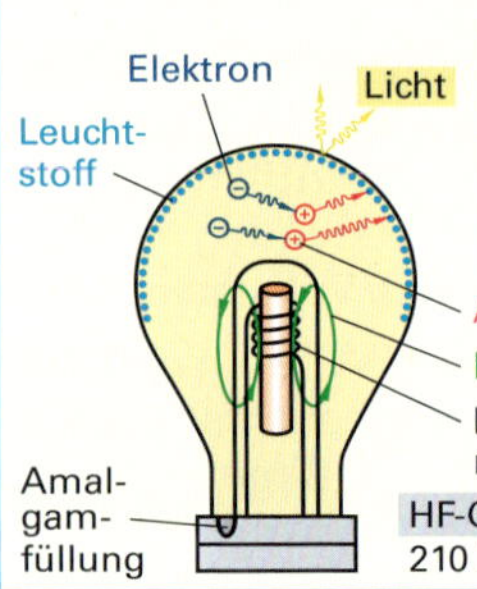

Kenndaten:
- Lampenleistung: 55 ... 165 W
- Lebensdauer: ca. 60 000 h
- bei Ausfallrate von 10 %
- Lichtausbeute: ca. 120 $\frac{lm}{W}$

Bild 1: Induktionslampensystem

Übersicht: Vorteile LED-Lampen

- Lichtausbeute bis 250 lm/W
- bis zu 100000 Betriebsstunden
- hohe Stoßfestigkeit
- sehr hohe Schaltfestigkeit
- trägheitslos
- geringe Abmessungen
- IR- und UV-freies Licht
- geräuschloser Betrieb
- geringe Wärmeentwicklung
- dimmbar
- niedriger Energieverbrauch
- Einsatz auch bei niedrigen Temperaturen

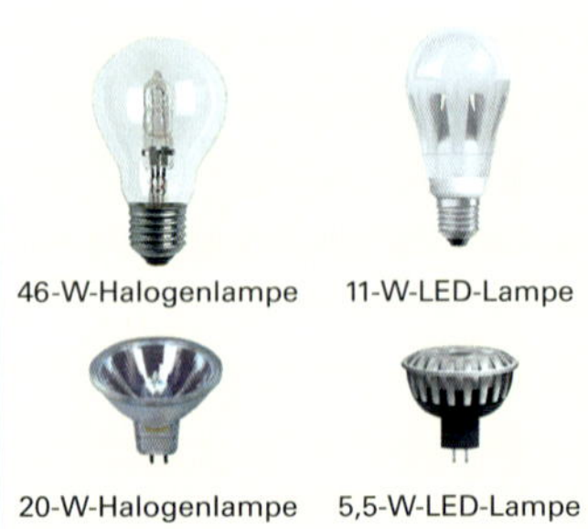

Kenndaten der LED-Lampen
Spannung: 230 V
Lampenleistung: 11 W
Lichtstrom: 810 lm
Lichtfarbe: ww
Lebensdauer: 25000 h
Sockel: E 27
Spannung: 12 V
Lampenleistung: 5,5 W
Lichtstärke: 500 cd
Lichtfarbe: ww
Lebensdauer: 25000 h
Sockel: GU 5,3

Bild 2: Halogen- und LED-Lampen

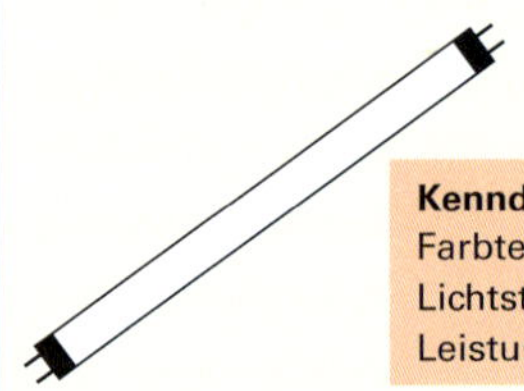

Kenndaten:

Farbtemperatur:	3000 ... 6500 K
Lichtstrom:	720 ... 3700 lm
Leistung:	7,6 ... 22,4 W

Bild 3: LED-Röhren

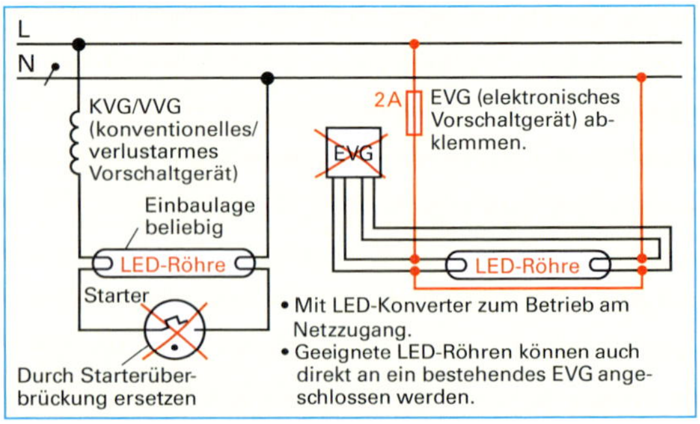

Bild 4: Anschlussbeispiele LED-Röhren

(Nächster Praxistipp: Seite 400)

Situationsbeschreibung:

Viele Leuchten werden noch mit Glüh-, Halogen- oder Gasentladungslampen betrieben. In der Regel können diese Lampen auch durch geeignete Retrofit[1]-LED-Lampen ersetzt werden.
Welche Kriterien sind beim Austausch durch LED-Lampen zu beachten?

Passt die ausgewählte Lampe (Leuchtmittel) in die Leuchte?

• Lampenfassung

Bedeutung der Lampenfassungskennzeichnung
G: Glas U: mit Quernut
Y: dickerer Stift R: bei Halogenstäbe
Ziffern: Stiftabstand (bei G in mm, bei R in Zoll)

• Leuchtmittelform und Baugröße

Teilweise sind bei LED-Lampen die Abmessungen etwas größer.

Bemessungsspannung prüfen
Lampen mit GU10-Sockel gibt es für 24 V und 230 V

Wird der zu beleuchtende Raum vergleichbar beleuchtet?

• Lichtstrom und Lichtstärke
Lampen nach vergleichbarem Lichtstrom Φ_v bzw. bei gerichteten Strahlern nach der Lichtstärke I_v auswählen.
Beispiel: Glühlampe mit P = 100 W und Φ_v = 1050 lm kann ersetzt werden durch LED-Lampe mit P = 11 – 13 W

• Strahlungswinkel
Auf vergleichbare Abstrahlwinkel, z. B. 36° bis 110°, bei Strahlern oder Reflektoren achten.
LED-Lampen haben einen geringeren Abstrahlwinkel (ca. 150° bis 270°) als klassische Leuchtstofflampen (360°). Das beeinflusst die Beleuchtungsstärkeverteilung im Raum.

Ist die gleiche Lichtatmosphäre vorhanden?

• Lichtfarbe/Farbtemperatur
Die Angabe der Farbtemperatur bei LED-Lampen in Kelvin, z. B. 2500 K bis 3300 K, entspricht der Angabe der Lichtfarbe bei Leuchtstofflampen **(Bild 3, Seite 388)**.

• Farbwiedergabeindex
LED-Lampen haben immer einen sehr guten Farbwiedergabeindex (CRI = R_a > 90, **Seite 388**).

Welche weiteren Betriebsmittel sind ebenfalls zu prüfen?

• Dimmer
– LED-Lampen müssen für Dimmbetrieb geeignet sein.
– Geeignete Dimmerauswahl prüfen, z. B. 12 V-LED-Leuchten mit elektronischem Trafo benötigen einen Phasenabschnittsdimmer.

• Elektronische Trafos bei NV-Halogenbeleuchtung
Betrieb mit altem Trafo prüfen, **Seite 400**

Starter/EVG bei Leuchtstofflampen
Starter gegen Startüberbrückung austauschen, neue Verdrahtung bei EVG, **Seite 398**

Welche Vorteile und welche Nachteile bringt die Retrofitlösung?

Vorteile
- Geringeres Verbrauchsentgelt für die Beleuchtung.
- Geringerer Arbeitsaufwand gegenüber Austausch.
- Erhöhte Lebensdauer.
- Erhöhte Energieeffizienz.
- Weniger Elektroschrott, da keine Entsorgung der Leuchte nötig.
- Energieersparnis.

Nachteile
- Schlechte Wärmeableitung in Leuchte reduziert Lampenlebensdauer erheblich.
- Ausleuchtung ist anders als ursprünglich geplant.
- Unsachgemäße Prüfung der passenden Betriebsmittel führt zu Schäden z. B. bei Lampen, Trafos und Dimmern.
- Weniger komfortablere Lichtsteuerungen als bei Neuanlagen.
- Farbdrift bei langer Nutzungsdauer.

[1] retrofit (engl.) = Nachrüstung

Tabelle: Beispiele für Kundenlösungen mit geeigneten Retrofit-LED-Lampen

Altes Leuchtmittel	Kenndaten	LED-Retrofitlösung	Hinweise/Bewertung
T8-Leuchtstofflampe in Werkstatt 	P = 58 W, Φ_v = 4500 lm, Lichtfarbe 865, l = 1500 mm, Sockel G13	P = 20,6 W, Φ_v = 3100 lm, R_a = 83, Farbtemperatur 6500 K, l = 1500 mm, Sockel G13 	Der geringere Lichtstrom sorgt durch den reduzierten Abstrahlwinkel im Sehbereich für eine vergleichbare Beleuchtungsstärke, ebenfalls tageslichtweiß mit guter Farbwiedergabe. Starterüberbrükkung beachten **(Bild 4, Seite 398)**.
Niedervolt-Beleuchtung im Wohnraum 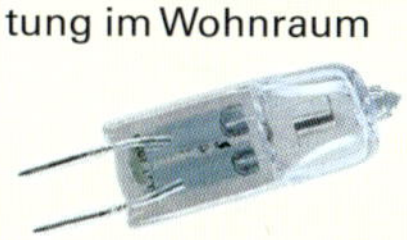	P = 25 W, Φ_v = 500 lm, Lichtfarbe 2800 K, l = 44 mm, Sockel GY 6.35	P = 2,6 W/3,3 W; Φ_v = 300/400 lm, Farbtemperatur 2700 K, l = 40/50 mm, Sockel GY 6.35 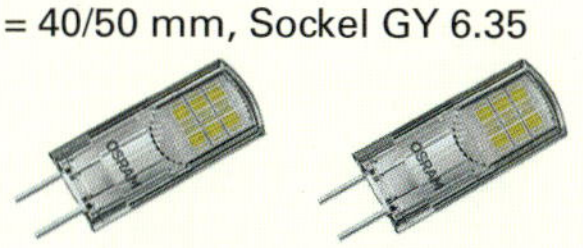	Farbtemperatur ist vergleichbar, der geringere Lichtstrom bei der LED-Lampe wird durch den Abstrahlwinkel von nur 320° etwas verkleinert. Die Abmessung muss in der Leuchte geprüft werden.

Praxistipp: Ersatz einer Halogen-Beleuchtung durch LED-Beleuchtung

(Nächster Praxistipp: Seite 401)

Situationsbeschreibung:

In einem Einfamilienhaus wird die NV-Halogen-Deckenbeleuchtung im Wohn- und Essbereich durch eine LED-Beleuchtung ersetzt. Die Halogenlampen **(Bild 1)** sind in die Holzdecke eingelassen und werden mit elektronischen Trafos betrieben.

Die Beleuchtung ist in 5 Stromkreise aufgeteilt:

- Im Essbereich werden 2 Reihen mit je 3 Strahlern gemeinsam gedimmt und geschaltet.
- Im Wohnbereich werden 4 Reihen mit je 4 Strahlern getrennt geschaltet.

1. Geben Sie Anzahl, Bezeichnung und Leistung der zu wählenden LEDs **(Tabelle)** an.
   Essbereich: **6 x LED-Spot (4,9 W)**
   Wohnbereich: **4 x 4 x Pero-LED (5 W)**
2. Wählen Sie die Transformatoren **(Bild 2)** und deren Anschlussleistung P_T aus.
   Essbereich: **1 x Trafo AC, 65 W**
   da $P_T > 1{,}4 \cdot P_{LED} = 1{,}4 \cdot 6 \cdot 4{,}9\ W = 41{,}2\ W$
   Wohnbereich: **4 x Trafo DC, 30 W**
   da $P_T > 1{,}4 \cdot P_{LED} = 1{,}4 \cdot 4 \cdot 5\ W = 28\ W$
3. Welches Verbrauchsentgelt *VE* lässt sich mit der neuen Anlage jährlich in € einsparen (Betrieb von 4 Stunden an 360 Tagen im Jahr, Arbeitspreis *VP* ist 0,34 €/kWh)?
   $P_{alt} = (2 \cdot 3 + 4 \cdot 4) \cdot 35\ W = 770\ W$
   $P_{neu} = 6 \cdot 4{,}9\ W + 16 \cdot 5\ W = 109{,}4\ W$
   $\boldsymbol{VE} = (P_{alt} - P_{neu}) \cdot t \cdot VP$
   $= (770 - 109{,}4)\ W \cdot 4\ h/d \cdot 360\ d \cdot 0{,}34\ €/kWh$
   $\mathbf{= 323{,}43\ €}$
4. Welche Materialkosten *K* entstehen für den Austausch der Beleuchtungsanlage?

1 x Trafo AC 65 W	29,85 €
4 x Trafo DC 30 W	75,96 €
6 x LED-Spot (4,9 W)	41,70 €
16 x Pero-LED (5 W)	55,84 €
Materialkosten *K*	**203,35 €**

Tabelle: Daten 12-V-LED-Lampen Sockel GU 5.3 (Auswahl)

Bezeichnung	LED-Spot	Pero-LED	MLED-SpotTC
Leistung P_{LED} in W	4,9	5	7
Lichtstrom in lm	350	350	322
Lichtstärke in cd	560	870	810
Farbtemperatur in K	2900	2700	3000
Kolbenform Ø x Einbautiefe	MR16 51 x 46	MR16 51 x 46	MR16 50 x 53,7
AC/DC-Betrieb	12 V AC	12 V DC	12 V AC
Abstrahlwinkel in °	35°	38°	36°
dimmbar	ja	nein	ja
Preis in €	6,95	3,49	25,67

Austausch Halogen- in LED-Beleuchtung

- **Lampen**
  Die LED-Lampen müssen in Sockel und Baugröße übereinstimmen und sollten einen vergleichbaren Abstrahlwinkel und Lichtstrom aufweisen. Die **Tabelle** enthält wichtige Daten von LED-Lampen.
- **Transformator**
  Ob die elektronischen Trafos weiter verwendbar sind, muss zuerst getestet werden. Wenn die LED-Strahler blinken, brummen oder überhaupt nicht leuchten, liegt das meist an der nicht mehr vorhandenen Mindestlast, die elektronische Trafos für den Betrieb benötigen. Außerdem können die Spannungsspitzen in elektronischen Trafos die Elektronik der LED-Lampen zerstören oder deren Lebensdauer reduzieren. Der sichere Weg ist immer der Einbau von LED geeigneten Transformatoren.
  AC- oder DC-Ausgang: Sind die LED-Lampen für Gleichspannung (DC) geeignet, sollte auf jeden Fall ein Transformator mit DC-Ausgang **(Bild 2a)** gewählt werden. Bei Verwendung eines 12-V-Trafos mit AC-Ausgang **(Bild 2b)** kann die Spannung an der LED durch den Gleichrichter bei ca. 14 V liegen und damit die Lebensdauer des LED-Leuchtmittels reduzieren. Sollen Leuchtmittel dimmbar sein, muss in jedem Fall ein Trafo mit AC-Ausgang verwendet werden.
- **Ausgangsleistung:** Der LED-Transformator sollte in seiner Bemessungsleistung P_T immer 30 bis 40 % über der Anschlussleistung P_{LED} der LED-Lampen liegen ($P_T = 1{,}4 \cdot P_{LED}$). Gründe dafür sind der höhere Einschaltstrom und die zu berücksichtigende Blindleistung. Außerdem können dann beim Nachrüsten auch LEDs mit höherer Leistung eingebaut werden.
- **Leitungen**
  Durch die geringere Anschlussleistung der LED-Lampen ist der bestehende Aderquerschnitt (meist 1,5 mm² Cu) auf jeden Fall ausreichend.

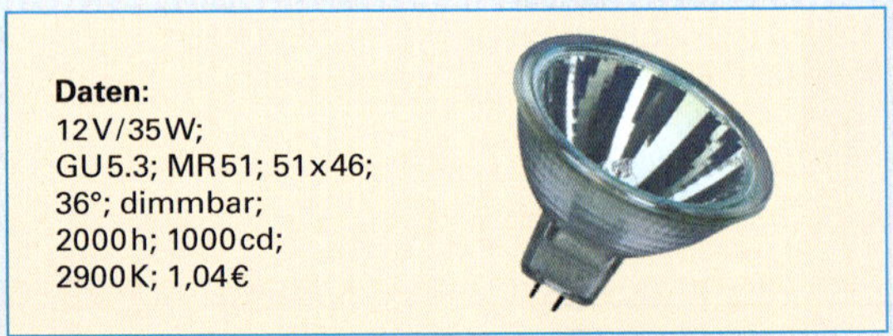

Bild 1: Halogenlampe

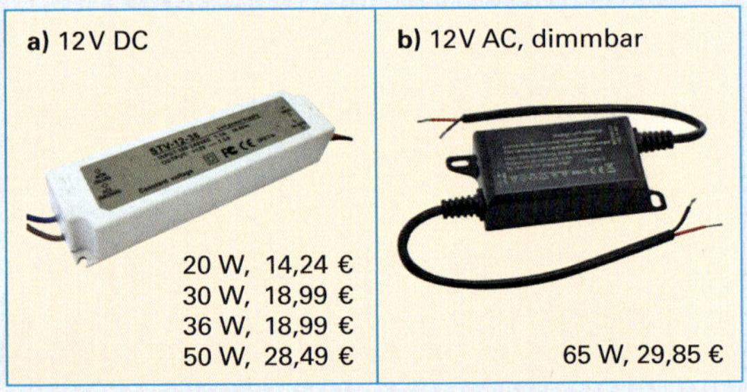

Bild 2: Transformatoren für LED-Beleuchtung

Situationsbeschreibung:

Eine Innenraumbeleuchtung soll eine der Tätigkeit entsprechende mittlere Beleuchtungsstärke in der Arbeitsebene gewährleisten. Die erforderliche Lampenzahl kann man nach dem **Wirkungsgradverfahren** berechnen. Dazu sind die Arbeitsschritte ① bis ④ sinnvoll.

Arbeitsschritte	Beispiel
① **Bestimmung der Raumeigenschaften** • Raummaße • Lichtreflexion (farbliche Gestaltung)	**Ermittelt durch Besichtigung:** **Raummaße:** h_{Raum} = 2,80 m, b = 4,50 m, l = 6,00 m, s = 0,75 m **Farben:** Wände und Decke weiß, Bodenbelag mittelgrau
② **Raumnutzung, Kundenberatung** • Beleuchtungsstärke • Leuchtenart • Leuchtenmontage	**Nutzung als Büroraum:** **Erforderliche Beleuchtungsstärke:** E_m = 500 lx **(Tabelle 2, Seite 389)** **Leuchten:** 2-lampige Spiegel-Rasterleuchten (direkte Beleuchtung) mit Leuchtstofflampen 36 W, Montage an der Decke.
③ **Auswertung der Vorgaben** Bestimmung von: • Raumindex k • Wartungsfaktor WF • Reflexionsgrade ϱ • Raumwirkungsgrad η_R • Leuchtenbetriebswirkungsgrad η_{LB} • Lichtstrom je Lampe Φ_{La}	**Raumindex (Bild):** $h = h_{Raum} - s =$ 2,80 m – 0,75 m = 2,05 m $k = \frac{6\text{ m} \cdot 4{,}5\text{ m}}{2{,}05\text{ m}\,(6\text{ m} + 4{,}5\text{ m})} = \mathbf{1{,}3}$ **Wartungsfaktor (Seite 389):** Büroraum WF = 0,67 **Reflexionsgrade (Tabelle 1):** Decke, Wände: $\varrho_1 = \varrho_2$ = 0,70…0,80 Boden: ϱ_3 = 0,20…0,25 **Raumwirkungsgrad (Tabelle 2):** bei ϱ_1 = 0,8, ϱ_2 = 0,5, ϱ_3 = 0,3 und k = 1,5: η_R = 89 % **Leuchtenbetriebswirkungsgrad (Tabelle 3):** η_{LB} = 60 % **Lichtstrom** Leuchtstofflampe, z. B. Herstellerangabe: Φ_{La} = 3350 lm
④ **Berechnung der Lampenzahl** $\eta_B = \eta_{LB} \cdot \eta_R$ $\quad n = \frac{\bar{E}_v \cdot A}{\Phi_{La} \cdot \eta_B \cdot WF}$ n Anzahl der erforderlichen Lampen A auszuleuchtende Fläche $\bar{E}_v$ mittlere Beleuchtungsstärke WF Wartungsfaktor Φ_{La} Lichtstrom je Lampe η_B Beleuchtungswirkungsgrad η_R Raumwirkungsgrad η_{LB} Leuchtenbetriebswirkungsgrad	**Beleuchtungswirkungsgrad:** $\eta_B = 0{,}60 \cdot 0{,}89 = \mathbf{0{,}53}$ **Lampenzahl:** $n = \frac{500\text{ lx} \cdot 6\text{ m} \cdot 4{,}5\text{ m}}{3350\text{ lm} \cdot 0{,}53 \cdot 0{,}67}$ n = 11,35; gewählt: $\mathbf{n = 12}$ **Leuchtenzahl:** Es sind sechs 2-lampige Spiegelrasterleuchten erforderlich.

Raumindex

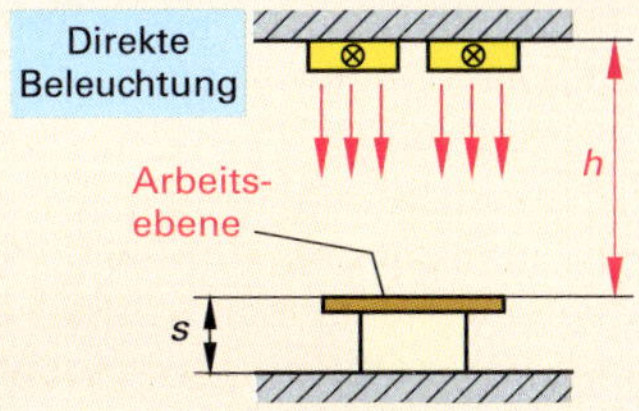

$$k = \frac{l \cdot b}{h\,(l + b)}$$

- k Raumindex für direkte Beleuchtung
- l Länge des Raumes
- b Breite des Raumes
- h Höhe der Leuchte über der Arbeitsebene
- s Höhe der Arbeitsebene

Tabelle 1: Reflexionsgrade

Farbe, Anstrich	Reflexionsgrad ϱ in %
weiß	70 … 80
gelb	65 … 75
rosa, hellblau	45 … 55
hellgrün	45 … 50
hellbraun	25 … 35
mittelgrau	20 … 25

Tabelle 2: Raumwirkungsgrade

Reflexionsgrade ϱ				
Decke ϱ_1	0,8			
Wände ϱ_2	0,5		0,3	
Boden ϱ_3	0,3	0,1	0,3	0,1
Raumindex k	Raumwirkungsgrad η_R in %			
0,6	52	49	43	42
1,0	73	67	64	60
1,5	89	81	81	75
2,0	97	86	89	81
3,0	107	94	101	90

Tabelle 3: Leuchtenbetriebswirkungsgrade η_{LB}

Leuchtenart (Beispiele) direkt, tief strahlend		η_{LB} in %
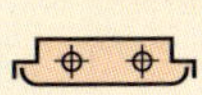	Wanne prismatisch	60
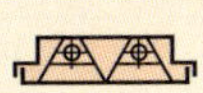	Spiegelraster breit strahlend	60
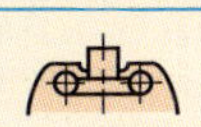	Spiegelreflektor mehrlampig	75

Praxistipp: Beispiel zur Ermittlung der Lampenzahl (Nächster Praxistipp: Seite 424)

12.1.11 Lichtberechnungssoftware

Leuchtenhersteller bieten Software zur Planung von Beleuchtungsanlagen an, z.B. die Lichtberechnungssoftware Dialux oder Relux.

Die Beleuchtungsplanung am PC hat den Vorteil der Visualisierung, d.h. der bildhaften Darstellung des zu beleuchtenden Raumes **(Bild 1)**. Zur Berechnung der notwendigen Leuchtenanzahl benötigt man die jeweiligen lichttechnischen Daten des vorgesehenen Leuchtentyps **(Bild 2)**.

Die berechnete Beleuchtung lässt sich am Bildschirm überprüfen, z.B. auf ausreichende Beleuchtungsstärkeverteilung.

Lichtberechnungssoftware ermöglicht:

- das Erstellen einer Projektbeschreibung,
- das Erfassen von Raumdaten und Einrichtungsobjekten,
- die Beleuchtungsplanung durch Berücksichtigen von Leuchtenart, Anordnung und Montagehöhe im Raum,
- das Aufrufen lichttechnischer Kataloge, Normen und Richtlinien,
- die Berechnung der Leuchtenzahl und
- die Ausgabe und Dokumentation des Berechnungsergebnisses.

12.1.12 Lichtstärkeverteilung von Leuchten

Aufgrund der Lichtstärkeverteilung **(Tabelle)** werden Leuchten in 5 Gruppen unterschieden. Hängeleuchten mit Parabolspiegelraster **(Bild 3)** verwendet man z.B. bei Bildschirmarbeitsplätzen.

Die Hängeleuchte aus **Bild 3** ist vorwiegend direkt strahlend (B 53).

Tabelle: Lichtstärkeverteilung nach DIN EN 13032-4

Kennbuchstabe mit 2 Ziffern	Bedeutung der Kennbuchstaben	Bezeichnung Lichtstromanteil in %	
		im unteren Halbraum[1]	im oberen Halbraum[1]
A xx	direkt strahlend	100 ... 90	0 ... 10
B xx	vorwiegend direkt strahlend	90 ... 60	10 ... 40
C xx	gleichförmig strahlend	60 ... 40	40 ... 60
D xx	vorwiegend indirekt strahlend	40 ... 10	60 ... 90
E xx	indirekt strahlend	10 ... 0	90 ... 100

xx = %-Anteile des Lichtstroms auf die Nutzfläche und die Decke.
xx = 53 bedeutet z.B. 60 bis 70 % Lichtstrom am Arbeitsplatz und unter 30 % Lichtstrom auf die Decke.

[1] Bezieht sich auf die Lichtstärkeverteilungskurve **(Bild 3)**

Bild 1: Beleuchtungsplanung am PC

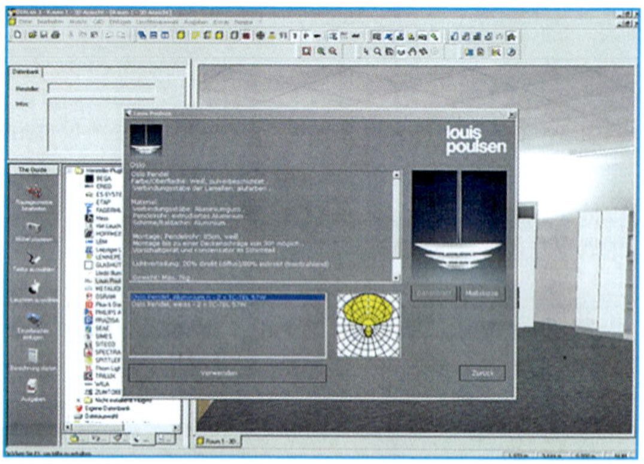

Bild 2: Leuchtendaten

Lichtberechnungssoftware:
www.dial.de
www.relux.com
www.trilux.com

Herstellerangaben von Leuchten: **Seite 392**

Leuchten
dienen zur Verteilung, Filterung und Umformung des Lichtes von Lampen. Sie enthalten Bestandteile zur Befestigung, zum Schutz oder zum Betrieb der Lampen.

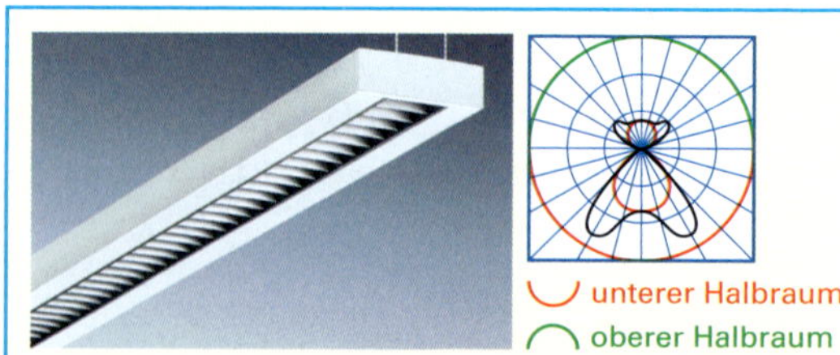

Kenndaten:	DIN 5040:	B 53	Sockel:	G5
	η:	0,75	Schutzart:	IP 20
	Leistung:	1 x T5 54 W	Schutzklasse:	I

Bild 3: Hängeleuchte mit Parabolspiegelraster

12.1.13 Lichtmanagementsysteme

Die Energiekosten für die künstliche Raumbeleuchtung von Räumen können durch Lichtmanagementsysteme (Lichtsteuerung) reduziert werden.

Folgende Faktoren werden bei der Lichtsteuerung erfasst

- Tageszeit,
- Tageslicht und
- Anwesenheit.

Zeitabhängige Lichtsteuerung. Die Beleuchtung eines Raumes kann zu einer bestimmten Uhrzeit ein- oder ausgeschaltet werden.

Tageslichtabhängige Lichtregelung. Lichtsensoren erfassen das vorhandene Tageslicht. Konstantlichtregler dimmen dann je nach Tageslicht die einzelnen Leuchten so, dass am Arbeitsplatz die gewünschte Beleuchtungsstärke konstant gehalten wird. Damit wird z.B. die Leuchte E1 in **Bild 1** auf einen höheren Lichtstrom eingestellt als die fensternahe Leuchte E3.

Dimmer: **Seite 260**

Anwesenheitsabhängige Lichtsteuerung. Präsenzmelder **(Bild 2)** erfassen, ob jemand im Raum ist und schalten die Beleuchtung ab, wenn der Raum nicht benutzt wird. Dies bringt eine weitere Energiekostenreduzierung in Räumen, die nur teilweise genutzt werden, z.B. im Hotelzimmer.

Lichtmanagementsystem DALI[1]

DALI ist ein herstellerübergreifender Schnittstellenstandard zur Steuerung von maximal 64 digitalen, lichttechnischen Betriebsgeräten, z.B. elektronische Vorschaltgeräte und elektronische Dimmer. Als Steuerleitung können auch freie Adern der Installationsleitung benutzt werden.

Das Lichtmanagementsystem DALI **(Bild 3)** arbeitet mit folgenden Komponenten:

- **Betriebsgeräte,** meist EVG oder elektronische Dimmer, nach dem DALI-Standard,
- **Sensoren,** die Licht und/oder Bewegung erfassen können,
- **Steuergerät,** das als Master zur Ansteuerung von bis zu 64 Betriebsgeräten (Slaves) fungiert und
- **Bedienstelle,** mit der einzelne Lichtszenen abgerufen werden bzw. bestimmte Szenen eingestellt werden können. Maximal sind 16 verschiedene Lichtszenen möglich.

So lassen sich z.B. in Konferenz- oder Seminarräumen unterschiedliche Beleuchtungssituationen auf Tastendruck abrufen.

Installationsbus-Systeme, z.B. KNX **(Seite 445)**, bieten ebenfalls Möglichkeiten der Lichtsteuerung.

[1] DALI, Abk. für: **d**igital **a**dressable **l**ighting **i**nterface (engl.) = digital adressierbare Lichtschnittstelle

Lichtsteuerung reduziert die Energiekosten
- durch Zentral-AUS um 18 %,
- durch Konstantlichtregelung um 17 %,
- durch Präsenzsteuerung um 9 %

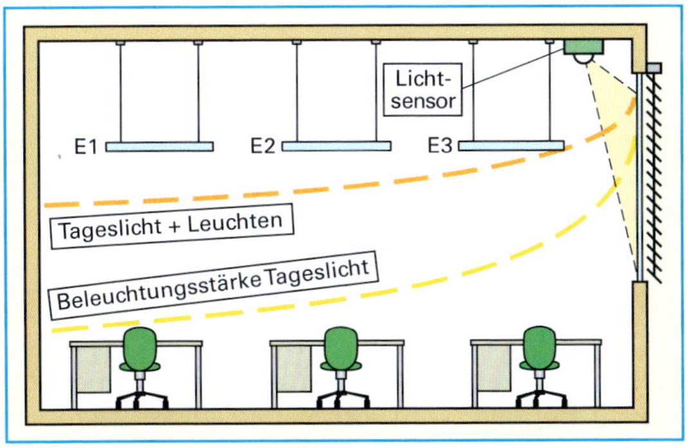

Bild 1: Raum mit Lichtsteuerung

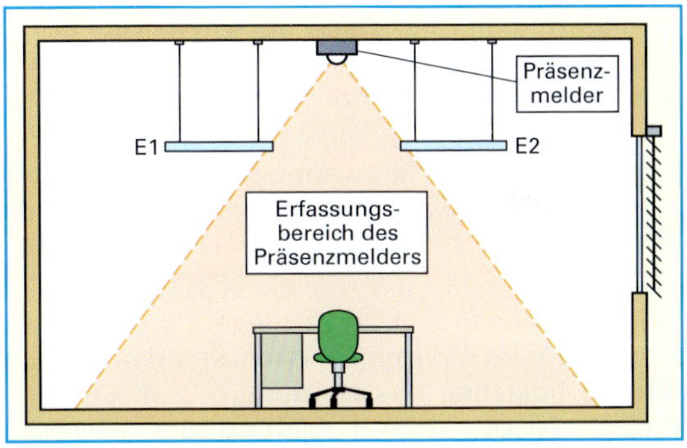

Bild 2: Raum mit Präsenzmelder

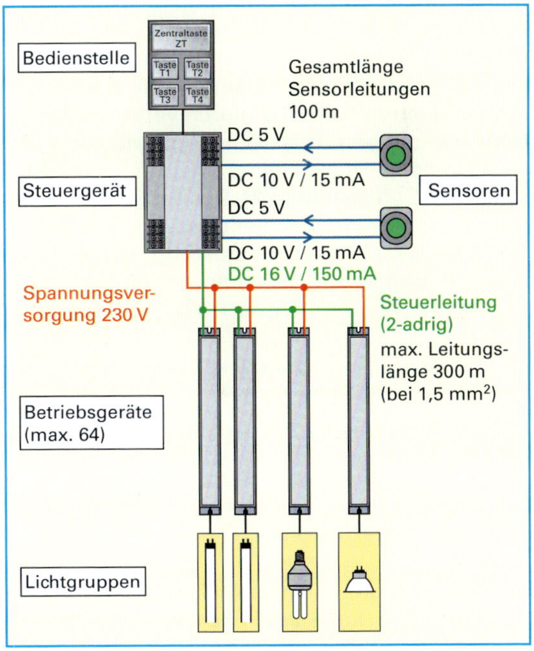

Bild 3: Lichtmanagementsystem DALI

12.2 Elektrogeräte

12.2.1 Allgemeines über Elektrogeräte

Elektrogeräte, z.B. in einem Haushalt, werden je nach Anwendung in verschiedene Arten unterteilt **(Tabelle 1)**.

Tabelle 1: Elektrogeräte (Auswahl), unterteilt nach Anwendung

Warmwasserbereitung	Raumheizung und Luftaufbereitung	Nahrungsvorrat und -zubereitung	Geschirrreinigung und Wäschepflege
• Durchlauferhitzer • Warmwasserspeicher • Boiler • Kochendwassergeräte • Wärmepumpen	• Direktheizgeräte • Speicherheizgeräte • Fußbodenheizung • Wärmepumpen • Raumklimageräte	• Kühl- und Gefriergeräte • Elektroherde • Mikrowellen- und Kochgeräte	• Geschirrspüler • Waschmaschinen • Wäschetrockner • Waschtrockner • Bügelgeräte

Elektrowärmegeräte bestimmen hauptsächlich den Energieverbrauch. Bei ihnen wird vom Hersteller die Leistungsaufnahme auf dem Typenschild angegeben. Hat ein Gerät mehrere Schaltstufen oder mehrere Heizstellen, so wird die höchste Leistung angegeben, die eingeschaltet werden kann. Diese höchste Leistungsaufnahme bezeichnet man als **Anschlusswert (Tabelle 2).** Nach dem Anschlusswert ist die Anschlussleitung des einzelnen Gerätes zu bemessen.

Tabelle 2: Anschlusswerte von Elektrogeräten

Elektrogerät	Anschlusswert in kW
Warmwasserspeicher	2 ... 36
Durchlauferhitzer	bis 27
Elektroherd	4,4 ... 14
Mikrowellengerät	0,5 ... 1,5
Geschirrspüler	bis 3,2
Wäschetrockner	2 ... 3,3
Waschmaschine	bis 3,3
Kühl-Gefrier-Gerät	0,1 ... 0,3

Stromkreise für Elektrowärmegeräte, z.B. Elektroherde oder Durchlauferhitzer mit einer Bemessungsleistung $P_N > 4{,}6$ kW müssen als Drehstromkreise errichtet werden.

Bei den meisten Elektrowärmegeräten in Haushalt, Gewerbe und Industrie wird Wärme in Widerständen erzeugt. Die Heizkörper **(Bild 1)** bestehen aus Heizleitern, z.B. CuNi44 (Konstantan), NiCr60–15 (Nickel-Chrom-Legierung), die meist in mineralische Isolierstoffe eingebettet sind. Der Heizleiter kommt somit nicht mit dem Sauerstoff der Luft in Berührung. Deshalb sind Heizleiter thermisch hoch belastbar. Beim **Rohrheizkörper** befindet sich der Heizleiter und die Isoliermasse in einem Rohr aus Stahl oder Kupfer. Da Isolierstoffe gleichzeitig Wärmedämmstoffe sind, versucht man die Isolierschicht dünn zu halten. Dadurch verschlechtert sich aber der **Isolationswiderstand** des Gerätes. Deshalb fließt bei Geräten mit Heizwiderständen oft ein kleiner unerwünschter Strom über die Isolierung zum Gehäuse **(Bild 2)**. Diesen Strom nennt man **Ableitstrom**. Der Ableitstrom ist bei Elektrowärmegeräten meist größer als bei anderen Geräten gleicher Leistung. Bei einem Elektrowärmegerät mit einer Bemessungsleistung größer 3,5 kW darf der Ableitstrom z.B. höchstens 1 mA/kW nach VDE 0701 betragen.

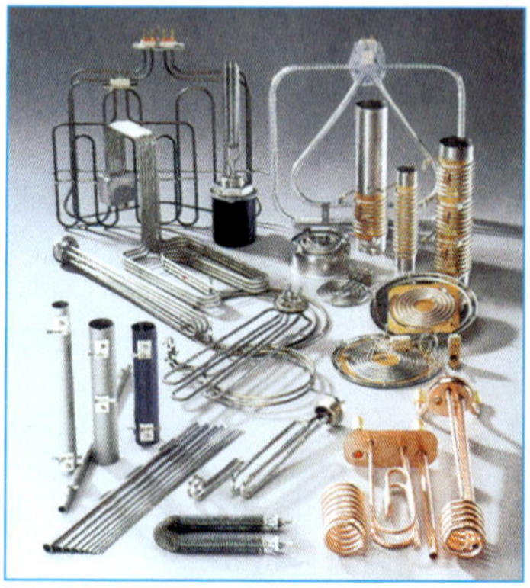

Bild 1: Heizkörperformen (Beispiele)

Prüfen elektrischer Geräte: **Seite 420**

Schutzmaßnahmen, z.B. Anschließen des Schutzleiters an ein Metallgehäuse, sind auch wegen des Ableitstromes notwendig.

Der Ableitstrom ist kein Fehlerstrom, wenn er den zulässigen Grenzwert nicht überschreitet.

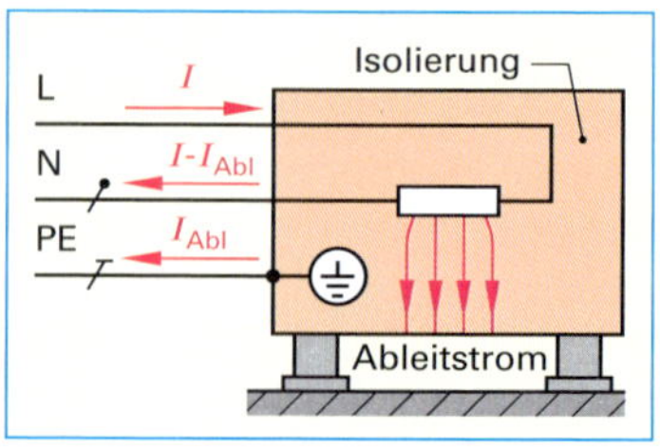

Bild 2: Abfließen des Ableitstromes

Den Ableitstrom in einem fehlerfreien Stromkreis nennt man bei Geräten der **Schutzklasse I Schutzleiterstrom** und bei Geräten der **Schutzklasse II Berührungsstrom.**

12.2.2 Elektrische Warmwasserbereiter

Für die Warmwasserbereitung können Geräte für eine oder mehrere Entnahmestellen, einzelne Wohnungen oder ein ganzes Gebäude eingebaut werden **(Tabelle und Übersicht)**.

Eine Person benötigt pro Tag etwa 30 Liter Warmwasser.

Tabelle: Einsatz der Warmwasserbereiter

Einzelversorgung	Gruppenversorgung	Zentralversorgung
ein Gerät für jede einzelne Entnahmestelle	ein Gerät für mehrere Entnahmestellen	ein Gerät für alle Entnahmestellen

Übersicht: Elektrische Warmwasserbereiter

Offene, drucklose Geräte
- Speicher
- Dusch- und Badeboiler
- Kochendwassergeräte

Geschlossene, druckfeste Geräte
- Speicher
- Durchlauferhitzer

Anlagen für Einzel- bzw. Gruppenversorgung **(Bild 1)** haben einen hohen Wirkungsgrad, da die Wärmeverluste wegen der kürzeren Rohrleitungen gering sind. Man kann zwei **Gerätebauarten** unterscheiden.

Offenene Geräte (Bild 2) stehen nicht unter Wasserdruck. Deshalb können sie nur eine Zapfstelle versorgen. Für diese Geräte müssen drucklose Armaturen verwendet werden. Bei Aufheizung läuft aus Sicherheitsgründen das sich ausdehnende Wasser durch das Überlaufrohr ab.

Geschlossene Geräte (Bild 2) sind dem üblichen Wasserleitungsdruck ausgesetzt. Sie können mehrere Zapfstellen versorgen. Für diese Geräte sind Sicherheitsarmaturen nach DIN EN 806 erforderlich. Bei einem Wasserleitungsdruck ab 5 bar muss ein Druckminderer den Wasserdruck herabsetzen.

Für Einzelversorgung werden offene oder geschlossene Geräte, für Gruppen- und Zentralversorgung nur geschlossene Geräte verwendet.

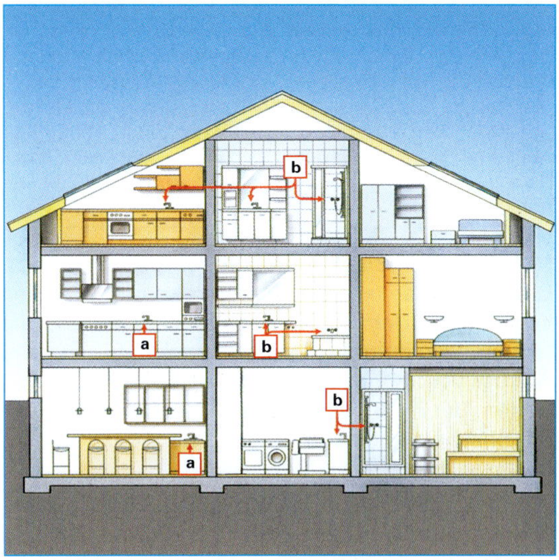

Bild 1: Warmwasserversorgungsanlagen
a) Einzelversorgung b) Gruppenversorgung

Installationshinweise

- Warmwasserbereiter mit einer Anschlussleistung bis 2 kW werden meist an Schutzkontaktsteckdosen angeschlossen.
- Warmwasserbereiter über 12 kW (nach TAB[1]) müssen vor der Installation beim Netzbetreiber angemeldet und dürfen nur nach der Genehmigung installiert werden.

Geräteschutz

Warmwassergeräte dürfen erst an Spannung gelegt und eingeschaltet werden, wenn sie durch Öffnen des Warmwasserventils vollständig mit Wasser gefüllt sind.

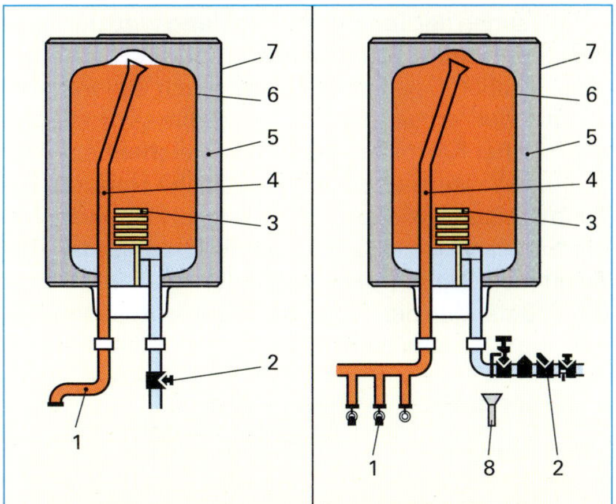

offenes Gerät	**geschlossenes Gerät**
1 offener Warmwasserauslauf mit Überlaufrohr 2 Ventil für Warmwasserentnahme (im Kaltwasserzulauf)	1 Warmwasser-Entnahmestellen (im Warmwasserauslauf) 2 Sicherheitsarmaturen (nach DIN EN 806)

3 Heizkörper 4 Überlaufrohr 5 Wärmedämmung
6 Innenbehälter 7 Außengehäuse 8 Auffangtrichter

Bild 2: Bauarten von Warmwasserbereitern

[1] TAB, Abk. für: **T**echnische **A**nschluss-**B**edingungen

Durchlauferhitzer (Bild 1) sind geschlossene Geräte. Sie erwärmen während der Wasserentnahme das zulaufende kalte Wasser. Um die gewünschte Wärmemenge zu erhalten, werden Geräte mit Anschlussleistungen von 3,5 kW bis 30,5 kW gebaut. Der Wirkungsgrad liegt nahe bei 100 %.

Funktionsweise der Durchlauferhitzer	
hydraulisch gesteuert	elektronisch geregelt
Ein Differenzdruckschalter schaltet bei kleiner Durchflussmenge auf eine kleine elektrische Leistung, bei großer Durchflussmenge auf eine hohe elektrische Leistung.	Ein Mikrocontroller regelt mithilfe einer Vielperiodensteuerung (Schwingungspaketsteuerung) die elektrische Leistung in Abhängigkeit von eingestellter Temperatur und Durchflussmenge.

Meist wird ein **Blankdraht-Heizsystem** eingesetzt. Die Heizwendeln liegen dann direkt im fließenden Wasser. Der Heizblock ist aus Isolierstoff und die längeren isolierenden Wasserstrecken für Zu- und Abfluss verhindern das Entstehen einer unzulässig hohen Berührungsspannung. Jedoch muss der spezifische elektrische Widerstand ϱ des Wassers bei 15 °C größer als 900 Ω cm sein.

Warmwasserspeicher (Bild 2) haben um den Innenbehälter eine Wärmedämmung. Sie können heißes Wasser längere Zeit speichern. Wichtige Bauteile sind die Rohrheizkörper, der Temperaturfühler und der Temperaturregler.

Bei Versagen der Temperaturregelung wird der Speicher über einen Sicherheits-Temperaturbegrenzer abgeschaltet. Eine **Schutzanode** (auch Opferanode) schützt den emaillierten Stahlbehälter vor elektrochemischer Korrosion. **Zweikreisspeicher** haben für großen Wasserbedarf eine zusätzliche Heizung. Die **Grundheizung** (Niedertarif-Heizstufe) kann während der Schwachlastzeit, z. B. in der Nacht, erfolgen. Die **Zusatzheizung** (Schnell-Heizstufe) kann bei Bedarf durch Betätigen des Tastknopfes zur einmaligen Aufheizung zugeschaltet werden.

Übersicht: Warmwasserspeicher	
Wandspeicher	**Standspeicher**
• offene und geschlossene Bauart • 5 l bis 150 l Inhalt	• geschlossene Bauart, auch mit Wärmepumpe kombinierbar • 200 l bis 1000 l Inhalt
• Bemessungsleistungen: 1 kW bis 36 kW	

Boiler werden als offene Geräte gebaut und werden meist mit Wärmeisolierung hergestellt. Diese Geräte heizen den Wasserinhalt nach dem Einschalten einmalig auf die eingestellte Temperatur auf und schalten dann ab. Boiler erwärmen Wasser zum sofortigen Verbrauch, z. B. für Dusch- und Badezwecke.

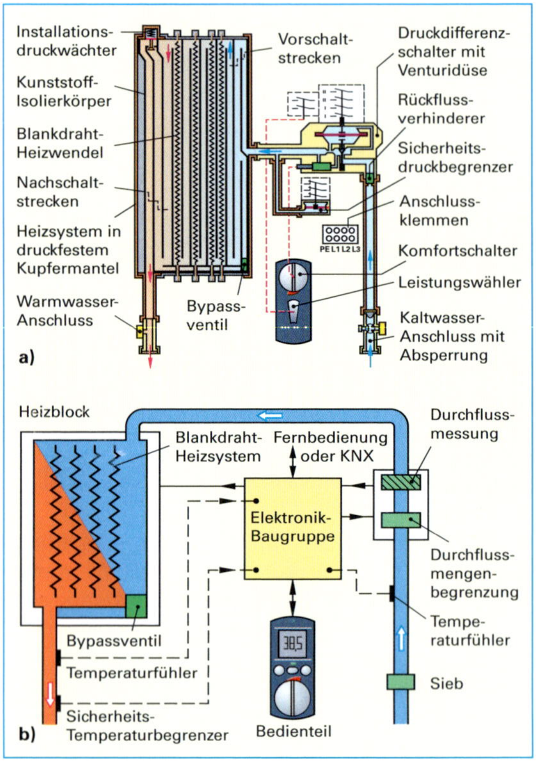

Bild 1: Funktionsprinzip eines a) hydraulisch gesteuerten und b) elektronisch geregelten Durchlauferhitzers

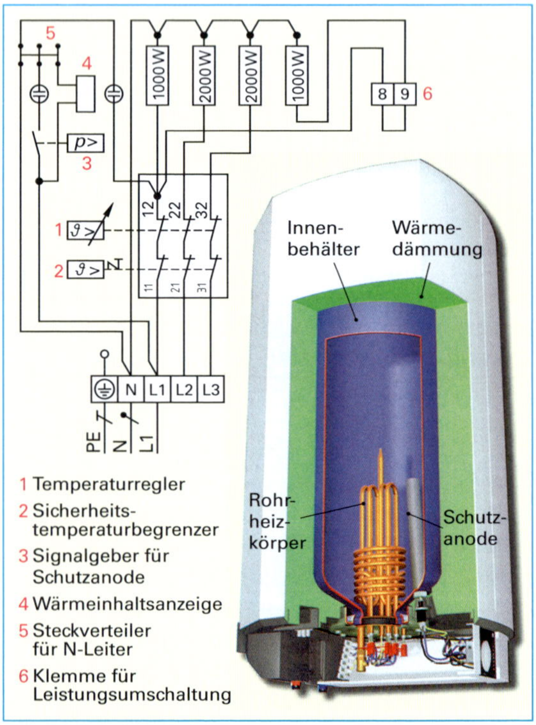

Bild 2: Aufbau und Schaltplan eines Warmwasserspeichers

Kochendwassergeräte (Bild 1) sind offene Geräte ohne Wärmedämmung für maximal 5 Liter Wasser (Haushaltsgeräte). Sie müssen vor jedem Erhitzen mit Wasser gefüllt werden. Die Heizleistung beträgt meist 2 kW. Sie sind elektrisch sehr einfach ausgestattet **(Bild 2).**

Mithilfe des Temperaturwählbegrenzers lässt sich die Wassertemperatur stufenlos von etwa 35 °C bis zum Siedepunkt einstellen. Ist die gewählte Temperatur erreicht, wird die Heizleistung automatisch ausgeschaltet und kann dann nur manuell wieder eingeschaltet werden. Der Schutztemperaturregler schaltet bei der Einstellung Kochen das Gerät nach kurzer Kochzeit ab.

Geräte mit einer Fortkochstufe führen dem Wasser in Intervallen immer nur so viel Energie zu, wie zum Wiedererreichen des Siedepunktes benötigt wird.

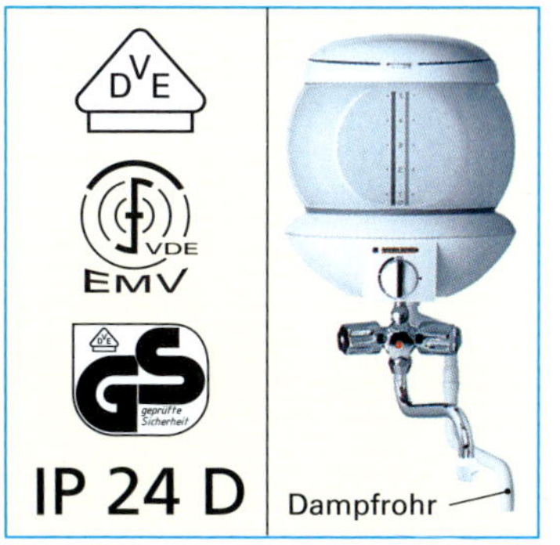

Bild 1: Kochendwassergerät mit Sicherheitszeichen (Beispiel)

12.2.3 Elektrische Raumheizung

Raumheizgeräte erzeugen die Wärme dort, wo sie gebraucht wird. Die Wärmeerzeugung erfolgt im Gerät durch Heizleiter und wird dann aus dem Gerät heraus in den Raum übertragen **(Tabelle 1).**

Tabelle 1: Wärmeübertragung vom Heizgerät zur Umgebung

• durch Konvektion[1]	• durch Strahlung
Bei der Wärmeübertragung durch **Konvektion** dient die Raumluft als Übertragungsmittel. Es findet eine Luftströmung statt.	Bei der Wärmeübertragung durch **Strahlung** wird nur die zu erwärmende Fläche von elektromagnetischen Wellen aufgeheizt.
Anwendung: Konvektoren (Geräte mit und ohne Gebläse), Elektro-Wärmespeicher.	**Anwendung:** Infrarotstrahler.
Anschlusswert: Wird nach dem Raumvolumen des zu beheizenden Raumes bemessen **(Tabelle 2).**	**Anschlusswert:** Man rechnet mit einer erforderlichen Leistung von 100 W bis 150 W je m² zu bestrahlende Bodenfläche.

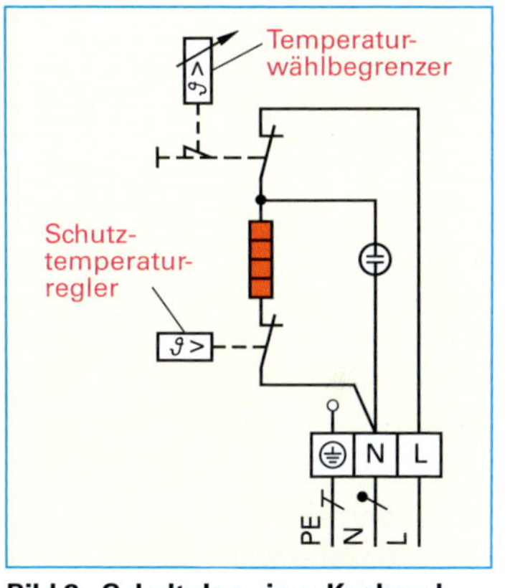

Bild 2: Schaltplan eines Kochendwassergerätes (Beispiel)

Elektro-Direktheizungen (Bild 3) wandeln die Elektroenergie ohne Speichermöglichkeit direkt in Wärme um. Sie werden als Schnellheizer in kurzzeitig genutzten Räumen, z.B. in Bädern, WC's oder kleinen Werkräumen und als Zusatzheizung eingesetzt. Der Anschlusswert liegt bei etwa 2 kW.

Tabelle 2: Elektrische Raumheizung (Erfahrungswerte)

Raumvolumen in m³	Anschlusswert in W/m³
10 bis 50	80
51 bis 100	60 bis 80
101 bis 150	40 bis 60
über 150	40

Elektro-Wärmespeicher, auch Nachtspeicherheizung oder Nachtspeicherofen genannt (Anschlussleistung bis etwa 9 kW), können wirtschaftlich mit günstigen Strom-Zeit-Tarifen der Netzbetreiber aufgeheizt werden. Dies sind Stromtarife mit Unterbrechnung der Versorgung bis zu 8 Stunden innerhalb von 24 Stunden. Die Unterbrechungszeiten, z.B. in Spitzenzeiten der Netzauslastung, überbrücken die Elektroheizkörper ohne fühlbare Temperaturschwankungen. Das Aufladen der Elektro-Wärmespeicher wird vom Stromlieferanten mithilfe eines Tarifmanagements gesteuert. Die abgegebene Wärme der Rohrheizkörper wird in einer mineralischen oder keramischen Masse gespeichert. Dieser Speicherkern wird auf Temperaturen von 600 °C bis 700 °C aufgeheizt. Bei Wärmebedarf fördert ein Gebläse die Wärme aus den Speichersteinen **(Seite 408)** in den zu beheizenden Raum.

Die große Zahl installierter Elektro-Wärmespeicher kann auch als Energiespeicher für schwankende Energiemengen aus Windenergie- oder Fotovoltaikanlagen genutzt werden.

Der Anschluss von Elektro-Wärmespeichern bedarf der Anmeldung beim Netzbetreiber, und es sind dessen Technischen Anschlussbedingungen (TAB) zu beachten.

Bild 3: Elektro-Direktheizung (Beispiel)

[1] Konvektion = Mitführung von Energie durch kleinste Teilchen einer Strömung, von convectio (lat.) = das Zusammenbringen

Elektro-Wärmespeicher (Bild 1 und 2) werden meist über eine vom Netzbetreiber vorgeschriebene automatische **Aufladesteuerung** betrieben **(Tabelle)**.

Wärmespeicher sollen immer an der Stelle des Raumes montiert werden, wo der größte Wärmeverlust auftritt.

Aufladesteuerung

Die Aufladesteuerung bewirkt, dass in Abhängigkeit von der Außentemperatur und der Restwärme im Speicher nur so viel elektrische Energie zur Speicherung bezogen wird, wie für eine gleichmäßige Raumtemperatur tagsüber benötigt wird.

Tabelle: Betriebsarten für Aufladesteuerungen

Vorwärtssteuerung	Spreizsteuerung	Rückwärtssteuerung
Mit Beginn der Niedertarifzeit (NT) beginnt die Aufladung und endet je nach Außentemperatur und Restwärme des Speichers vor NT-Ende.	Die Aufladung findet etwa in der Mitte der Niedertarifzeit statt.	Je nach Außentemperatur und Restwärme im Speicher beginnt die Aufladung im Laufe der NT und endet mit dem Ende der NT.
Beispiel: ab 22 Uhr	Beispiel: 24 Uhr bis 3 Uhr	Beispiel: bis 6 Uhr

Ein **Witterungsfühler** (NTC-Widerstand) erfasst die Außentemperatur und gibt diese als Führungsgröße an die Aufladesteuerung **(Bild 3)**. Mit diesem Wert und weiteren Einstellwerten an der Aufladesteuerung, dem eingebauten Zeitglied und dem Freigabesignal des Netzbetreibers (Tonfrequenz-Rundsteueranlage, **Seite 166**) wird das Steuersignal für den Aufladeregler gebildet.

Die **Aufladeregelung** kann thermomechanisch oder elektronisch **(Bild 3)** arbeiten. Zusammen mit dem Steuersignal der Aufladesteuerung und dem Temperaturwert des Kernfühlers errechnet ein Mikrocontroller im elektronischen Aufladeregler den Einschaltzeitpunkt und die Zeitdauer der Aufladung. Über ein im Wärmespeicher eingebautes Thermorelais schaltet der elektronische Aufladeregler die Heizkörper im Gerät ein und aus.

Die automatische Wärmeabgabe geschieht durch eine **Raumtemperaturregelung**. Dabei wird die Raumtemperatur erfasst und bei Wärmebedarf das Gebläse eingeschaltet. Bei Erreichen der eingestellten Raumtemperatur wird das Gebläse wieder abgeschaltet.

Den Ausbau und die Entsorgung von Elektro-Wärmespeicher dürfen nur Fachfirmen, die für den Umgang mit Gefahrstoffen, z. B. Asbest, zugelassen sind, vornehmen.

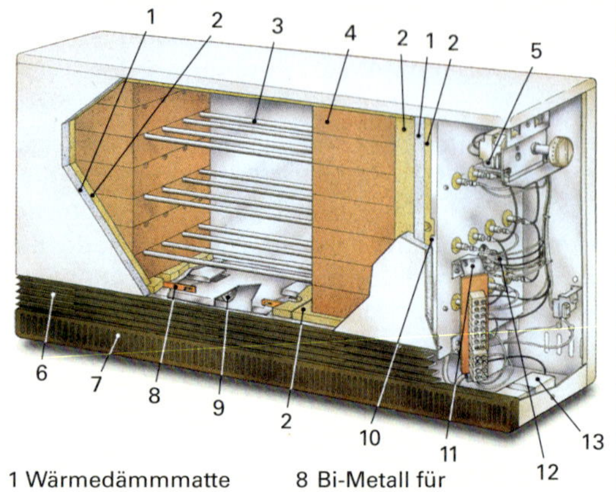

1 Wärmedämmmatte
2 Wärmedämmplatte
3 Rohrheizkörper
4 Speichersteine
5 Aufladeregler
6 Warmluft-Austritt-Gitter
7 Kaltluft-Eintritts-Gitter
8 Bi-Metall für Luftbeimischklappe
9 Gebläse
10 Restwärmefühler
11 Klemmleiste
12 Schutztemperaturbegrenzer
13 Steuerwiderstand

Bild 1: Aufbau eines Elektro-Wärmespeichers (Beispiel)

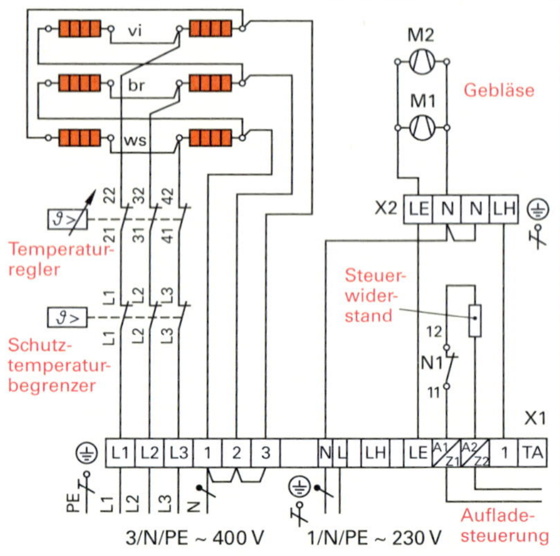

Bild 2: Schaltplan eines Elektro-Wärmespeichers (Beispiel)

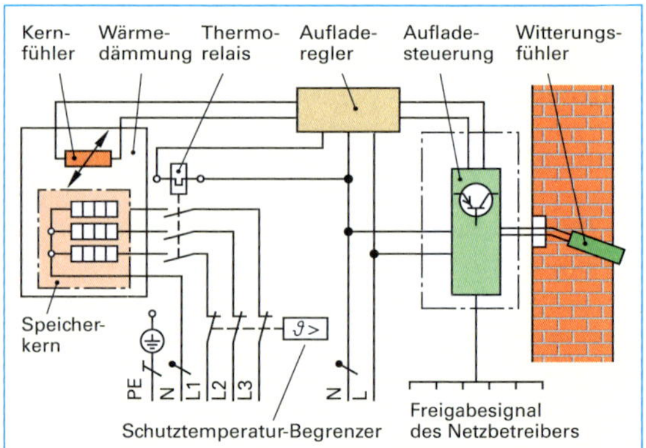

Bild 3: Prinzip einer elektronischen Aufladeregelung

Fußbodenheizungen geben die Wärmemenge über die Fußbodenoberfläche an den zu beheizenden Raum ab. Die dazu notwendigen Heizleitungen werden im Fußboden eingebettet.

Die **Heizleitungen (Bild 1)** sind genormte elektrische Betriebsmittel nach DIN VDE 0253 oder nach DIN VDE 0284. Sie können sowohl einzeln als auch als fertige Heizmatten verlegt werden.

Eine **Fußboden-Direktheizung (Bild 2)** gibt, wegen der geringen Dicke des Estrichs, die Wärme ohne zeitliche Verzögerung über die Fußbodenoberfläche in den Raum ab. Meist wird die Fußboden-Direktheizung als Zusatzheizung eingesetzt, z. B. für Bäder oder Hobby-Räume. Die Heizleistung beträgt etwa 80 W/m² bis 180 W/m².

Voraussetzung für einen wirtschaftlichen Betrieb der Fußboden-Direktheizung ist ein geringer Wärmebedarf, z. B. im Niedrigenergiehaus und eine raumweise Regelung der Raumtemperatur. Die Temperaturregelung kann mithilfe von funk- oder mit kabelgeführten Systemen erfolgen.

Für die Fußboden-Direktheizung wird die Stromzufuhr durch den Netzbetreiber zu keiner Zeit unterbrochen. Es gilt der allgemeine Stromtarif.

Als Schutzmaßnahme gegen den elektrischen Schlag muss eine Fehlerstrom-Schutzeinrichtung (RCD) mit $I_{\Delta N} = 30$ mA **(Bild 3)** vorhanden sein.

Als Bodenbeläge können keramische Beläge, PVC- und geeignete Textilbeläge, Kork oder Parkett verwendet werden. Bei der Verlegung der Beläge auf einem beheizbaren Fußboden sind die Hinweise der Hersteller der Fußbodenbeläge zu beachten.

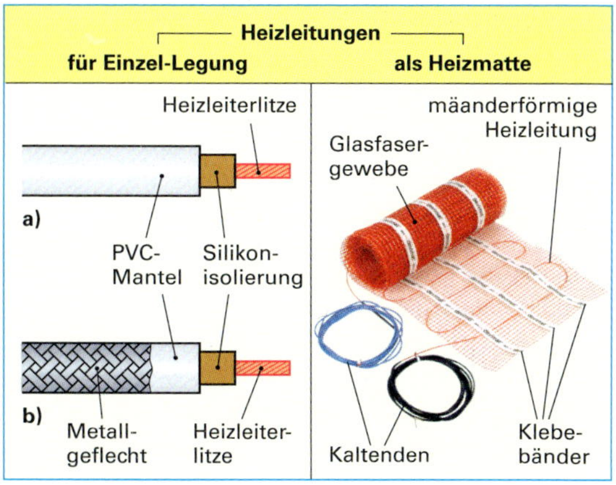

Bild 1: Heizleitungen

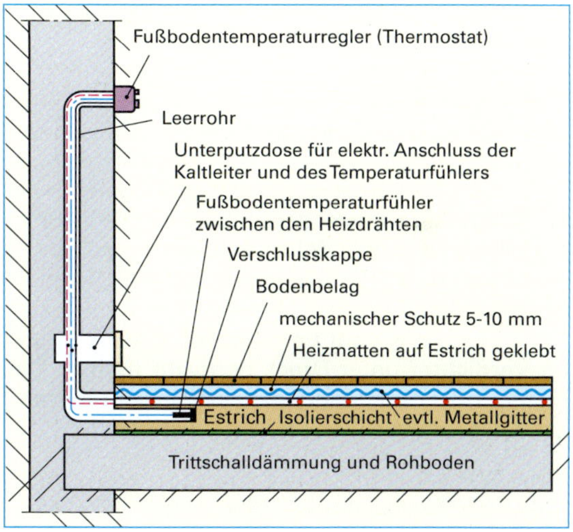

Bild 2: Aufbau einer Fußboden-Direktheizung

WWW www.devi.danfoss.com

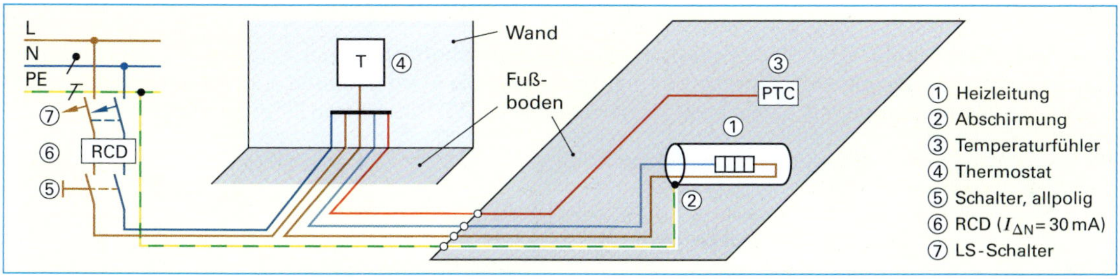

Bild 3: Schaltplan einer Fußboden-Direktheizung (Beispiel)

Wiederholungsfragen

1 **Erklären Sie den Begriff Anschlusswert am Beispiel eines Elektroherdes.**

2 **Was versteht man unter dem Ableitstrom bei einem Wärmegerät?**

3 **Erklären Sie die Bedeutung der Sicherheitszeichen im Bild 1 auf Seite 407.**

4 **Welche Voraussetzung muss erfüllt sein, um eine Fußboden-Direktheizung zu installieren?**

Wärmepumpen (WP) entziehen der Umgebung, z.B. der Luft, dem Wasser oder dem Erdreich, Wärme. Sie führen die Wärme dann mit höherer Temperatur einer zu beheizenden Anlage, z.B. einer Fußbodenheizung oder der Warmwasserbereitung zu. Die Wärme wird meist in einem Wärmepuffer zwischengespeichert **(Bild 2)**. WP können auch zum Kühlen eingesetzt werden. Sie werden in neu gebauten oder energetisch sanierten Ein- und Mehrfamilienhäusern eingesetzt.

Zum Betrieb der WP ist elektrische Energie für den Verdichter **(Bild 1)** erforderlich, um der Umgebung Energie zu entziehen. Neuere Wärmepumpen sind Smart-Grid[1]-tauglich und können somit die veränderlichen Strompreise nutzen.

Mit regenerativer Elektroenergie betriebene Wärmepumpen helfen Primärenergieträger, z.B. Öl oder Gas, zu sparen und mindern so den CO_2-Ausstoß und verringern die Betriebskosten.

Die Wärmepumpe arbeitet wie der Kühlschrank nach dem Prinzip des Verdichter-Verfahrens **(Seite 411)**. Eine Wärmequelle, z.B. Umgebungsluft, wird an einem **Wärmetauscher** abgekühlt. Die Wärmeaufnahme und den Wärmetransport übernimmt ein **Kältemittel,** z.B. Ammoniak, das sich in einem geschlossenen Kreislauf bewegt. Der Kältemitteldampf wird aus dem **Verdampfer** abgesaugt und im **Verdichter** unter Druck gebracht **(Bild 1)**. Das Kältemittel erhöht dadurch seine Temperatur und kann dann im Verflüssiger Wärme abgeben.

Die Wärmepumpe bringt Wärmeenergie von niedriger Temperatur auf eine höhere Temperatur.

Je nach Energiebedarf pro m² des Gebäudes kann die Wärmepumpe das Haus allein (**monovalenter**[2] Betrieb) oder in Verbindung mit einem zweiten Heizsystem (**bivalenter**[3] Betrieb), z.B. einer Ölheizung, beheizen.

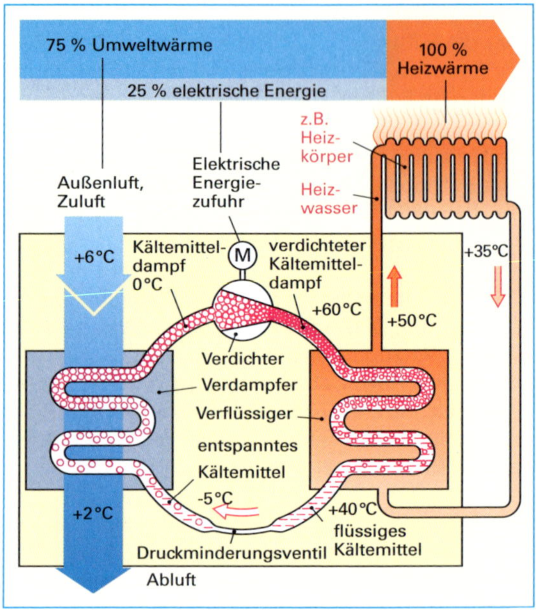

Bild 1: Prinzip der Luft-Wärmepumpe

www.buderus.de/de/waermepumpe

Jahresarbeitszahl β

$$\beta = \frac{Q_{Jahr}}{W_{Jahr}}$$

Q_{Jahr} pro Jahr abgegebene Heizwärme
W_{Jahr} pro Jahr zugeführte elektrische Energie

Beispiel:

Eine bivalente Wärmepumpe lieferte innerhalb eines Jahres für ein Niedrigenergiehaus eine Wärme von 2500 kWh. Dafür wurde eine elektrische Energie von 600 kWh benötigt. Wie groß ist die Jahresarbeitszahl?

Lösung:

$$\beta = \frac{Q_{Jahr}}{W_{Jahr}} = \frac{2500\ \text{kWh}}{600\ \text{kWh}} = \mathbf{4{,}17}$$

Die **Jahresarbeitszahl** β[4] einer Wärmepumpe drückt die Wirtschaftlichkeit der Anlage aus. Wirtschaftliche Wärmepumpen erreichen eine Jahresarbeitzzahl β von 3,5 bis 5. So bedeutet z.B. die Jahresarbeitszahl 4, dass die Wärmepumpe mit 1 kWh elektrischer Energie 4 kWh Heizwärme liefern kann.

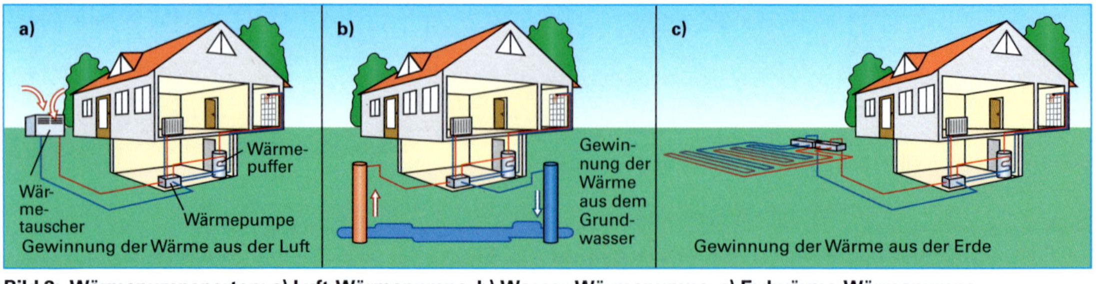

Bild 2: Wärmepumpenarten: a) Luft-Wärmepumpe b) Wasser-Wärmepumpe c) Erdwärme-Wärmepumpe

[1] Smart-Grid (engl.) = intelligentes Stromnetz [2] monovalent = einwertig, von mono (lat.) = ein und valere (lat.) = wert sein, [3] bivalent = zweiwertig, [4] β griech. Kleinbuchstabe beta

12.2.4 Elektrische Geräte zur Nahrungsvorratshaltung und -zubereitung

Elektrische Kühlgeräte halten Lebensmittel im Temperaturbereich von etwa +2 °C bis etwa +10 °C haltbar. **Gefriergeräte** kühlen das Gefriergut auf Temperaturen von –18 °C und tiefer. Lebensmittel in tiefgefrorenem Zustand bleiben meist viele Monate lang genießbar.

Beim Kühlen wird Wärme entzogen. Dies wird durch Verdampfen einer Flüssigkeit erreicht.

Gibt man einige Tropfen einer leicht flüchtigen Flüssigkeit, z.B. Alkohol oder Benzin, auf die Haut, so tritt eine kühlende Wirkung auf. Die Flüssigkeit benötigt für den Übergang in den dampfförmigen Zustand Wärme (Verdampfungswärme), die sie der Haut entzieht. Auch im Kühlschrank wird eine Flüssigkeit mit niedrigem Siedepunkt zum Verdampfen gebracht. Dabei wird, wie bei der Wärmepumpe, Verdampfungswärme aus der Umgebung (Kühlraum) entzogen und dann im **Verflüssiger** (Kondensator) an die Raumluft abgegeben.

Verringert man den Druck über einer Flüssigkeit, so sinkt ihre Siedetemperatur. So siedet z.B. Wasser in größeren Höhen schon bei Temperaturen unter 100 °C, weil dort der Luftdruck niedriger ist. In Kühlanlagen verwendet man ein **Kältemittel**, z.B. R 600a (Isobutan), das schon bei Raumtemperatur bei etwa 3 bar verdampft. Setzt man den Kühlmitteldampf unter Druck, so wird er wieder flüssig und gibt die beim Verdampfen aufgenommene Wärme ab **(Bild 1)**. Diese Wärme muss nach außen abgeführt werden. Der Verflüssiger befindet sich deshalb außerhalb des Kühlraumes.

Beim **Verdichter-Kühlgerät** treibt ein Elektromotor einen Verdichter (früher Kompressor genannt) an **(Bild 2)**. Im **Verdampfer** kann sich das Kältemittel ausdehnen. Der Druck sinkt, es verdampft und entzieht dabei der Umgebung (Kühlraum) Wärme. Der **Verdichter** saugt den Kältemitteldampf an, verdichtet ihn und presst ihn in den **Verflüssiger**. Dort gibt das Kältemittel Wärme an die Umgebung ab und wird daher wieder flüssig. Das Kältemittel wird durch das **Druckminderungsventil** (Kapillarrohr[1]) wieder in den Verdampfer gepresst und der Kreislauf beginnt von neuem.

Den Stromlaufplan eines Verdichter-Kühlgerätes zeigt **Bild 3**. Wenn der Temperaturregler B1 eingeschaltet ist, werden B1.1 und B1.2 geschlossen. B1 schaltet zwischen einem unteren und oberen Grenztemperaturwert den Motor über B1.3 ein oder aus. Nach dem Hochlauf des Motors werden die Hilfswicklung und der Anlaufkondensator C1 durch K1 abgeschaltet.

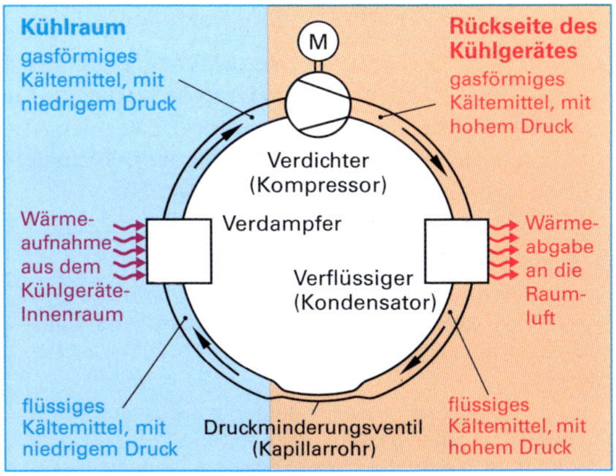

Bild 1: Kältemittel-Kreislauf beim Verdichter-Verfahren

Übersicht: Wichtige Merkmale von Kühlschränken, z.B. der Energieeffizienzklasse E (Seite 629)

- Energieverbrauch pro Jahr in kWh, z.B. 93 kWh
- Volumen des Kühlbereichs in Liter, z.B. 155 l
- Max. Geräuschpegel in Dezibel db(A), z.B. 34 dB(A)

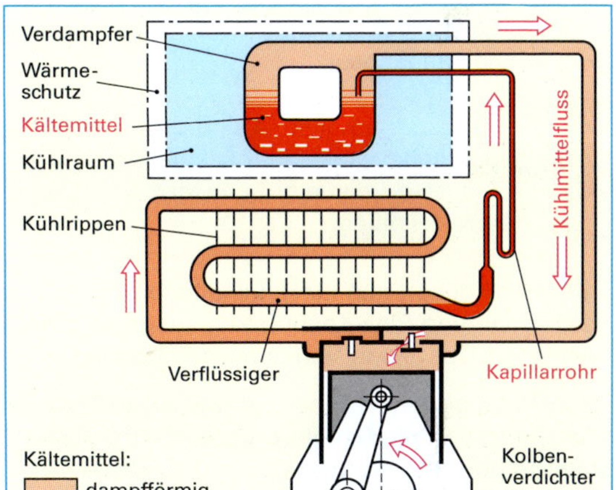

Bild 2: Prinzip eines Verdichter-Kühlgerätes

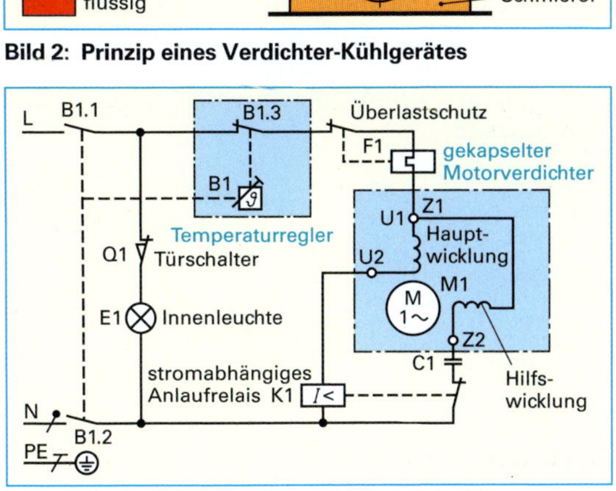

Bild 3: Stromlaufplan eines Verdichter-Kühlgerätes

[1] Kapillarrohr = haardünnes Rohr, von capillus (lat.) = das Haar

Elektroherde bestehen aus einer Kochmulde bzw. einem Kochfeld mit meist 2, 4, oder 5 Kochstellen bzw. -platten **(Bild 1)** und einem Backofen.

Der Gesamt-Anschlusswert des Elektroherdes kann bis etwa 13 kW betragen. Die Heizkörperspannung beträgt meistens 230 V. Der Elektroherd kann in Anlagen ohne Drehstrom auch an Einphasen-Wechselspannung angeschlossen werden **(Bild 2a)**.

Installationshinweis

Nach DIN 18015-1 ist für den Anschluss eines Elektroherdes ein Drehstromanschluss **(Bild 2b)** für eine zulässige Strombelastbarkeit von mindestens 20 A vorzusehen.

Elektroherde sind ortsveränderliche Verbraucher. Sie müssen mit einer beweglichen Leitung, z.B. H05VV-F 5 × 2,5 mm² an der Herdanschlussdose angeschlossen werden.

Die **7-Takt-Kochplatten** enthalten drei Heizleiter, die über einen Nockenschalter so geschaltet werden, dass man eine Ausschaltstufe und sechs verschiedene Arbeitsstufen hat **(Bild 3)**. Mithilfe des Nockenschalters werden die Heizleiter einzeln, in Reihen- oder Parallelschaltung in Betrieb genommen. Die Leistungsaufnahme wird so dem Bedarf beim Kochen angepasst.

In der niedrigsten Schaltstufe sind die Heizleiter in Reihe geschaltet. In dieser Schaltstellung kann sich die 7-Takt-Kochplatte nicht erwärmen, wenn ein Leiterbruch vorliegt.

Die 7-Takt-Kochplatten für Haushaltsherde werden als Normal- und Blitz-Kochplatten ausgeführt. Die Platten aus Gusseisen sind genormt **(Tabelle)**.

Strahlungsheizkörper können mithilfe von Siebentaktschaltern, Energiereglern oder elektronischen Steuerungen betrieben werden. Je nach Steuerung können folgende Funktionen erfolgen: Stufenlose oder feinstufige Einstellung der Energiezufuhr, Ankochautomatik, Topferkennung, Betriebsdauererkennung, Zuschalten weiterer Heizzonen, Tastaturverriegelung und Anzeigen verschiedener Betriebszustände.

Kochmulden	Glaskeramik-Kochfelder
• Normal-Kochplatte • Schnellkochplatte • Automatikkochplatte	• Energiegeregelte Strahlungsheizkörper mit – Heizleiter und/oder – Halogenstrahler • Induktionskochfeld
	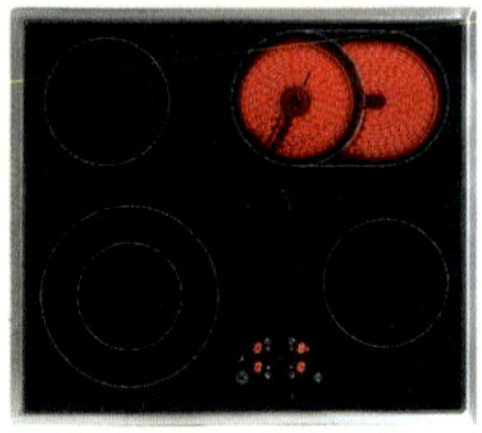

Bild 1: Heizkörperarten für Elektroherde

www.egoproducts.com

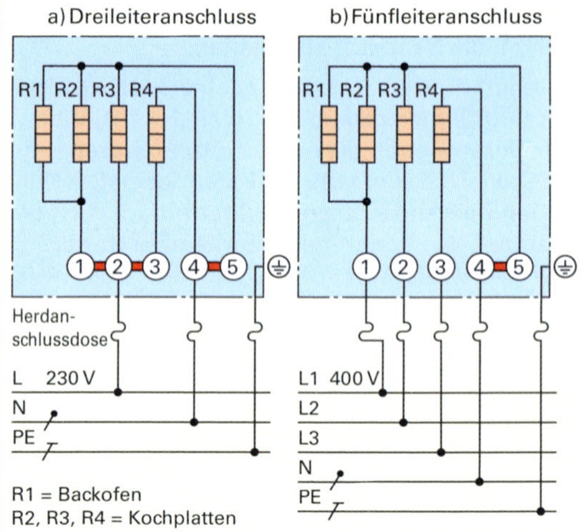

Bild 2: Anschlüsse eines Elektroherdes

Tabelle: Kochplatten

Durchmesser in mm	Normal-Kochplatte in W	Blitz-Kochplatte in W
145	1000	1500
180	1500	2000
220	2000	2600

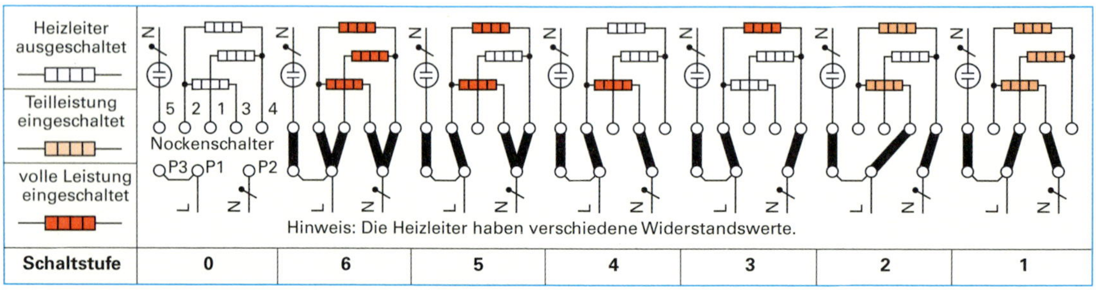

Bild 3: Schaltbild für Stufenschaltung (7-Takt-Schaltung)

Blitzkochplatten (Bild 1) haben etwa 500 W mehr Leistung als gleich große Normalkochplatten und erreichen deshalb kürzere Aufheiz- und Ankochzeiten. Ein **Protektor** (Überhitzungsschutz) schützt die Kochplatte und schaltet eine Schaltstufe der Kochplatte ab, wenn eine bestimmte Temperatur überschritten wird. Blitzkochplatten werden mit einem roten Punkt in der Plattenmitte gekennzeichnet.

Automatikkochplatten (Bild 2) ermöglichen die Leistungszufuhr stufenlos temperaturabhängig zu regeln. Dazu ist in der Kochplattenmitte ein Temperaturfühler eingebaut. Dieser ist z. B. über ein Kapillarrohr mit einer Ausdehnungsmembrane im Temperaturregler verbunden, der die Temperatur entsprechend der Knebelstellung so regelt, dass automatisch von der vollen Leistungsaufnahme (Ankochen) auf verminderte Leistungsaufnahme (Weiterkochen) umgeschaltet wird. Der Temperaturregler übernimmt gleichzeitig die Aufgabe des Überhitzungsschutzes. Automatik-Kochplatten werden heute meist mit einem **Energieregler** aufgebaut.

Funktionsweise eines Energiereglers

Energieregler steuern die Heizleistung mit einem Bimetall-Regler. Die Schalthäufigkeit des Bimetalls wird mit einem stufenlos einstellbaren Schaltknebel bestimmt.

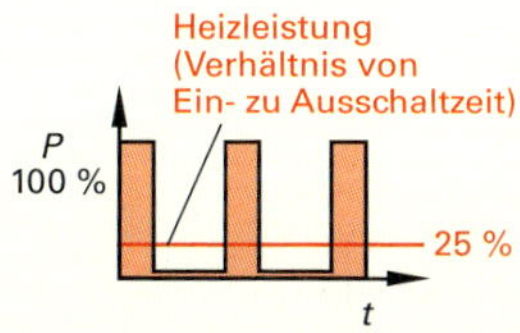

Glaskeramik-Kochfelder sind unempfindlich gegen Hitze- und Kälteschock sowie relativ stoß- und kratzfest. Die jeweils eingeschaltete Kochzone wird durch **Strahlungsheizkörper** erhitzt (Vielperiodensteuerung, **Seite 261**). Nach etwa 3 s wird nur die durch den Heizleiter erhitzte Kochzone sichtbar, die Umgebung bleibt relativ kalt. Das verhindert eine Kombination von Heizleiter und einem **Halogenstrahler**. Dieser besteht aus einem ringförmigen Glasrohr (Halogenstrahlerring), in dem sich ein dünner Wolframdraht befindet und der mit einem Edelgasgemisch gefüllt ist. Die Heizleitertemperatur kann 2180 °C betragen. Dadurch, dass die Wärmestrahler eine kleinere Wellenlänge haben, durchdringen mehr Wärmestrahlen die Glaskeramik und verkürzen die Anheizzeit, da Heizkörper sofort ihre volle Leistung als Wärme abgeben können. Die Lebensdauer der Halogenstrahler beträgt etwa 5000 Betriebsstunden.

Induktionskochfelder (Bild 4) werden in Glaskeramikkochfeldern verwendet und haben eine Leistung von etwa 2 kW bis 4 kW. Sie ermöglichen in Verbindung mit dem richtigen Kochgeschirr eine sehr kurze Ankochzeit bei einem guten Wirkungsgrad.

Auswahl des Kochgeschirrs für Induktionskochstellen

- Gut geeignet sind gusseisernes oder stahlemailliertes Geschirr.
- Mit Einschränkungen sind Edelstahlgeschirre geeignet.
- Ungeeignet sind Geschirre aus magnetisch schlecht leitenden Werkstoffen (Glas, Glaskeramik, Porzellan, Steingut, Kupfer oder Aluminium).

Das Induktionskochfeld besteht im Prinzip aus einem Kondensator und einer Induktionsspule, die zusammen einen Schwingkreis bilden. Ein Umrichter steuert den Schwingkreis mit etwa 25 kHz an. Wird ein Topf auf die Kochstelle gestellt, durchdringt das Wechselmagnetfeld den ferromagnetischen Topfboden und induziert darin Wirbelströme. Diese erhitzen den Topfboden und damit auch das Kochgut. Da das Magnetfeld nur im Topfboden wirkt, findet eine Energieübertragung nur bei aufgesetzten Kochgeschirr statt. Beim Entfernen des Kochgeschirrs wird die Induktionskochstelle abgeschaltet.

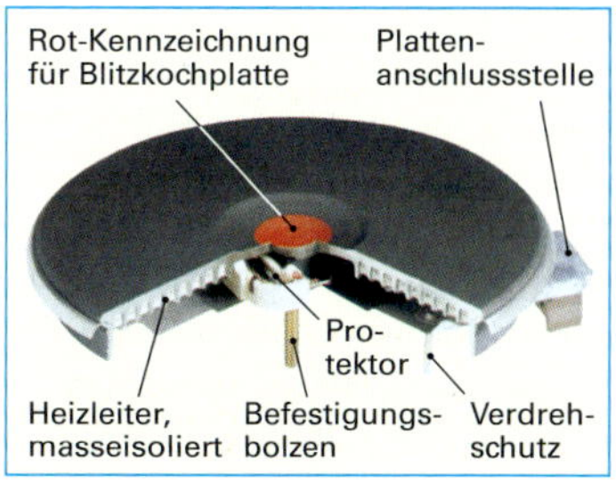

Bild 1: Blitzkochplatte

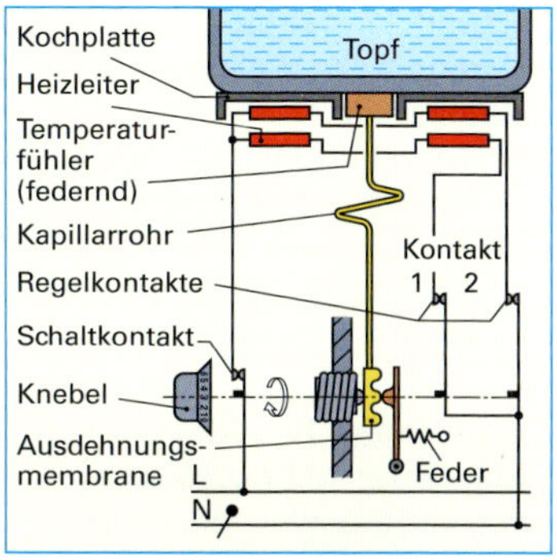

Bild 2: Automatikkochplatte

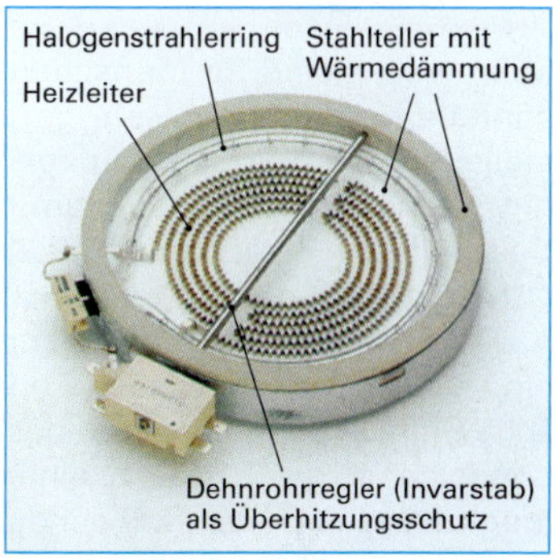

Bild 3: Kombinierter Strahlungsheizkörper

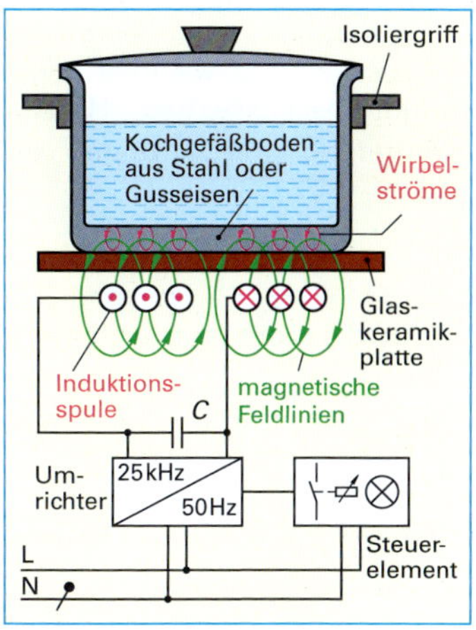

Bild 4: Induktionskochfeld

Mikrowellengerät

Beim Mikrowellengerät wird die Wärmeenergie nicht mehr über das Kochgefäß auf das Gargut übertragen, sondern die Wärme entsteht direkt im Innern des Gargutes. Mikrowellen sind hochfrequente elektromagnetische Wellen **(Bild 1)**, die im Gerät durch ein **Magnetron** (Senderöhre für HF-Schwingungen) erzeugt werden. Die Mikrowellen werden mit einer Frequenz von etwa 2450 MHz über einen **Hohlleiter** in den Garraum eingestrahlt **(Bild 2)**. Sie werden dort von den Wänden reflektiert und durchdringen das Gargut. Ein Reflektorflügel verteilt die Wellen so, dass sie gleichmäßig im Garraum wirken können. Die Moleküle des Gargutes (Dipolbildung der Wassermoleküle) werden durch das elektrische Wechselfeld ständig umpolarisiert. Die dadurch entstehenden dielektrischen Verluste **(Seite 147)** bewirken die Erwärmung des Gargutes.

Kunststoffe, Porzellan, Keramik und vor allem Glas lassen Mikrowellen durch. Mikrowellen werden von Metallen reflektiert. Daher darf im Mikrowellengerät kein Metallgeschirr verwendet werden, da Reflexionen das Gerät zerstören können.

Mikrowellen sind für Menschen, Tiere und insbesondere für die Augen sehr gefährlich. Gerätehersteller müssen für den Bau von Mikrowellengeräten strenge Sicherheitsbestimmungen einhalten. So schalten z. B. mehrere Türkontakte **(Bild 4)** beim Öffnen der Tür das Magnetron ab. Weitere Schutzmaßnahmen sind z. B. ein Temperaturschutz und ein Kurzschlussschutz sowie optische und akustische Signale beim Versagen des Türschalters. Das Lochblech in der Tür lässt keine gefährliche Strahlung nach außen, da der Lochdurchmesser erheblich kleiner als die Wellenlänge der Mikrowellenstrahlung ist. Eine Überprüfung erfolgt mithilfe eines Mikrowellen-Leck-Testers **(Bild 3)**.

Reparaturen an Mikrowellengeräten dürfen nur Elektrofachkräfte nach Herstelleranweisungen ausführen.

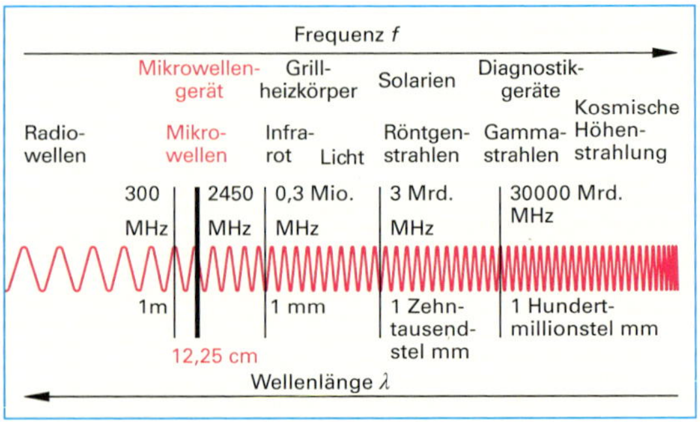

Bild 1: Elektromagnetische Wellen

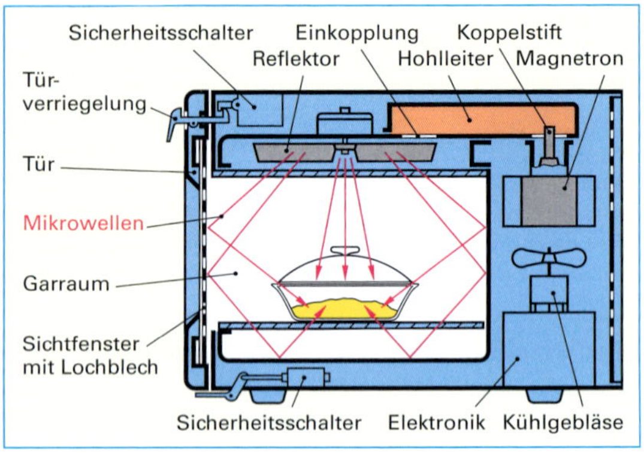

Bild 2: Aufbau eines Mikrowellengerätes

Wichtige Merkmale von Mikrowellengeräten

- Max. Mikrowellenleistung, z. B. 900 W
- Nutzbares Garraumvolumen, z. B. 26 l
- Anschlusswert, z. B. 2300 W

Bild 3: Mikrowellen-Leck-Tester

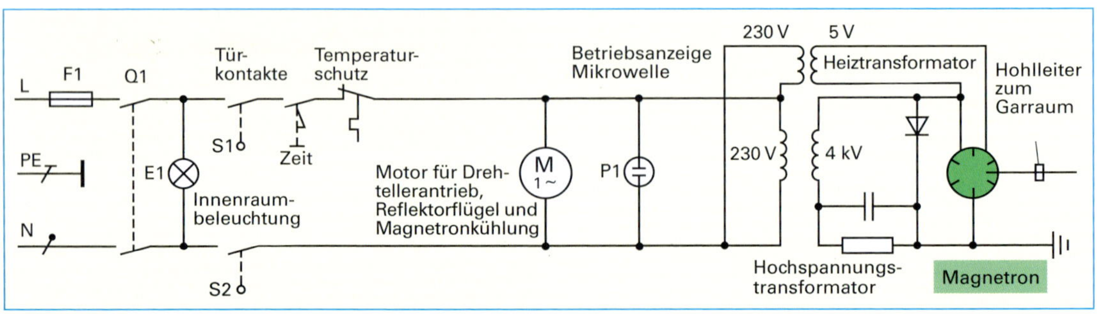

Bild 4: Schaltplan eines Mikrowellengerätes (vereinfachtes Beispiel)

12.2.5 Elektrische Geräte zur Wäschepflege und Geschirrreinigung

12.2.5.1 Waschmaschine

Waschmaschinen werden unterschieden in

- Waschvollautomaten zum Waschen, Spülen und Schleudern sowie
- Waschtrockner, eine Kombination aus Waschvollautomat und Trockner.

Je nach Wäscheart werden verschiedene Waschprogramme, z. B. für Koch-, Bunt- und Pflegeleicht-Wäsche, bereitgestellt.

> Waschprogramme bestimmen die Wäschebewegung, Waschzeit, Waschmittel- und Wassermenge sowie die Wassertemperatur.

Der prinzipielle Waschprogrammablauf **(Bild 1)** wird von einem elektromechanischen Programmschaltwerk **(Bild 2)** oder einem Mikrocontroller gesteuert.

Wichtige Merkmale von Waschmaschinen, z. B. der Energieeffizienzklasse A (Seite 629)

- **Energieverbrauch für 100 Waschzyklen (Eco-Programm),** z. B. 47 kWh
- **Wasserverbrauch pro Waschzyklus (Eco-Programm),** z. B. 47 l
- **Bauform,** z. B. Frontlader oder Toplader
- **Geräuschemission beim Schleudervorgang,** z. B. 70 dB(A)
- **Maximale Füllmenge für das Eco-Programm,** z. B. 8 kg
- **Schleuderdrehzahl,** z. B. 1600 U/min

WWW
www.waschmaschinendoktor.de
www.hauswirtschaft.info/waesche/waschfaktoren.php

Vorwäsche Entfernen von grobem Schmutz, z. B. Sand und Öl. Kann bei gering verschmutzter Wäsche ausgeschaltet werden.	Magnetventil **(Bild 2)** Vorwäsche: Auf → Zulauf spült Vorwaschmittel in den Laugenbehälter → Wasserzulauf bis niedriger Wasserstand erreicht ist (Meldung Niveauschalter) → Magnetventil Vorwäsche: Zu → Waschtrommel von Waschmotor abwechselnd nach links und rechts drehen (reversieren) bis Ende Vorwaschzeit → Wasser mit Laugenpumpe abpumpen
↓	
Hauptwäsche Entfernen von sämtlichem Schmutz. Bei Eco[1]-Programm mit mehr Zeit und geringerer Temperatur.	Magnetventil Hauptwäsche: Auf → Zulauf spült Hauptwaschmittel in den Laugenbehälter → Wasserzulauf bis niedriger Wasserstand erreicht ist (Meldung Niveauschalter) → Magnetventil Hauptwäsche: Zu → Heizung Ein und Wassertemperatur mit Temperaturregler konstant halten → reversieren bis Ende Hauptwaschzeit → Wasser mit Laugenpumpe abpumpen
↓	
Spülen Waschmittelreste und gelösten Schmutz ausspülen (3–5 Spülgänge). Im letzten Spülgang kann ein Weichspülmittel eingespült werden.	Magnetventil Hauptwäsche: Auf → Wasserzulauf bis hoher Wasserstand erreicht ist (Meldung Niveauschalter) → Magnetventil Hauptwäsche: Zu → reversieren bis Ende Spülzeit → Wasser abpumpen Im letzten Spülgang erfolgt der Wasserzulauf über Magnetventil Weichspülen.
↓	
Schleudern Entfernen von Wasser aus der durchnässten Wäsche. Ergebnis der Restfeuchte in der Wäsche ist abhängig von Schleuderdrehzahl, z. B. 1600 U/min.	Motordrehzahl erhöhen und Wasser abpumpen → Bei Unwuchterkennung Geschwindigkeit reduzieren → Wäsche durch Reversieren neu verteilen → Geschwindigkeit wieder erhöhen, wenn keine Unwucht mehr vorhanden, bis Enddrehzahl beschleunigen → schleudern bis Ende Schleuderzeit

[1] Eco, Abk. für: Economic (engl.) = wirtschaftlich

Bild 1: Waschprogrammablauf (Beispiel)

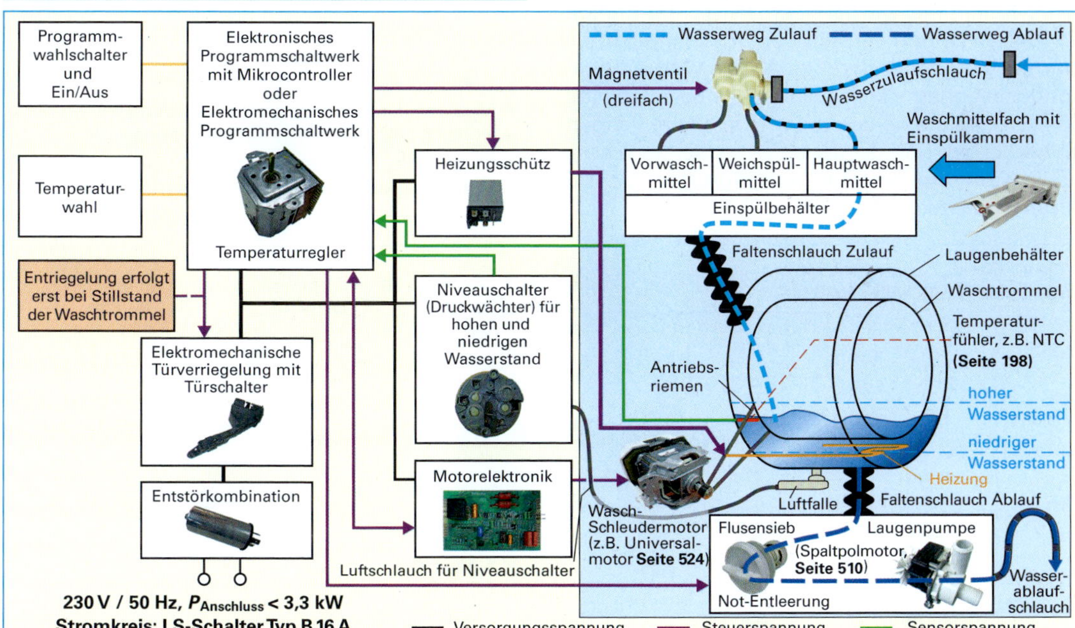

Bild 2: Prinzipieller Aufbau einer Waschmaschine

12.2.5.2 Wäschetrockner

Wäschetrockner werden unterschieden in
- Abluftwäschetrockner,
- Kondensationswäschetrockner und
- Wärmepumpenwäschetrockner.

Wäschetrockner leiten erwärmte Luft durch die Wäsche in einer Wäschetrommel. Die warme Luft nimmt die Feuchtigkeit aus der Wäsche auf.

Die Wäschetrommel wird ständig mit wechselnder Richtung gedreht (Reversierbetrieb). Die beim Trocknen entstehende feuchtwarme Luft wird je nach Geräteart auf unterschiedliche Weise weitergeleitet.

Abluftwäschetrockner leiten die feuchtwarme Luft über einen Abluftschlauch (∅ ca. 100 mm, max. Länge beachten) ins Freie. Die Luft zum Trocknen wird der Raumluft entnommen und die erzeugte feuchtwarme Luft nach außen geführt.

Kondensationswäschetrockner (Bild 1 und Bild 2) leiten die feuchtwarme Luft durch einen Kondensator, der die Wärme an die Raumluft abgibt. Dabei wird die Trocknungsluft abgekühlt. Das kondensierende Wasser wird in einem Kondensatbehälter gesammelt oder mit der Kondensatpumpe in den Abwasseranschluss gepumpt. Die abgekühlte Luft wird in dem geschlossenen Kreislauf wieder erwärmt und in die Wäschetrommel geblasen.

Wärmepumpenwäschetrockner leiten die feuchtwarme Luft durch einen Verdampfer. Darin verdunstet ein Kältemittel wie bei einem Verdichter-Kühlgerät **(Seite 411)** und entzieht der Trocknungsluft die Wärme. Das kondensierende Wasser wird wie beim Kondensationstrockner gesammelt oder abgeleitet. Das verdunstete Kältemittel wird in einem Verdichter verflüssigt und die dabei freiwerdende Wärme zur Erwärmung der Trocknungsluft genutzt. Dadurch wird Energie gespart.

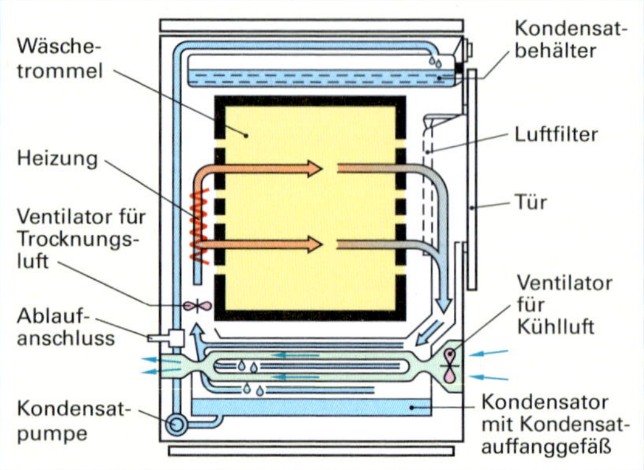

Bild 1: Aufbau eines Kondensationswäschetrockners

Wichtige Merkmale von Wäschetrocknern, z.B. der Energieeffizienzklasse A+++ (Seite 629)

- **Trocknertyp,** z.B. Wärmepumpenwäschetrockner
- **Kondensationseffizienzklasse,** z.B. A
- **Energieverbrauch (160 Trocknungszyklen[1]),** z.B. 176 kWh
- **Steuerungsart,** z.B. Zeit- und Restfeuchtesteuerung
- **Trockenprogramme,** z.B. bügelfeucht, schranktrocken
- **Programmdauer[1],** z.B. 148 min
- **Maximale Füllmenge (Baumwolle),** z.B. 8 kg
- **Maximale Geräuschentwicklung,** z.B. 63 dB(A)
- **Zusätze,** z.B. Knitterschutz (Trommelbewegung nach dem Trockenvorgang), Restzeitanzeige

[1] Angabe bezieht sich auf Baumwolle, schranktrocken, vorgeschleudert bei 1000 U/min und vollständige Beladung.

Dauer des Trockenvorgangs

Wird durch Zeit- oder Restfeuchtesteuerung bestimmt.
Möglichkeiten zur Messung der Restfeuchte sind:
- Messung des elektrischen Leitwertes der Wäsche: Hoher Trockengrad → Kleiner Leitwert
- Messung der elektrostatischen Aufladung der Wäsche: Hoher Trockengrad → Große Aufladung
- Messung der Temperaturdifferenz (Zu- und Abluft): Hoher Trockengrad → Kleine Temperaturdifferenz

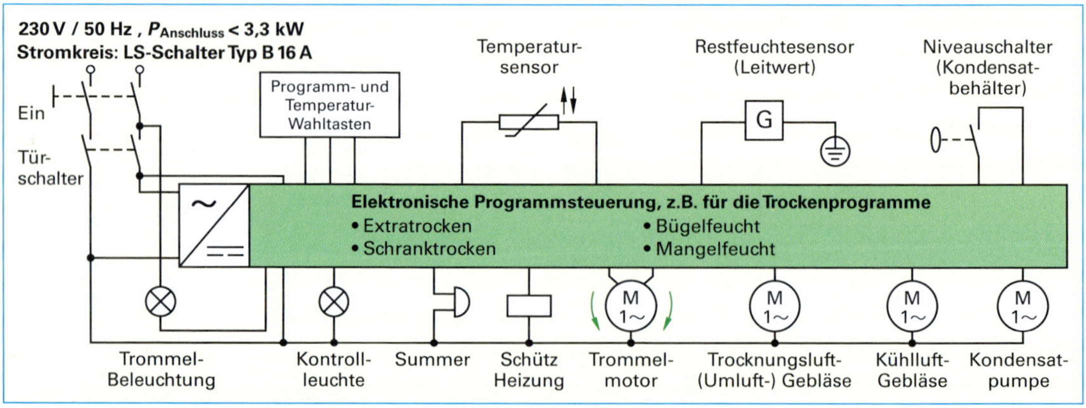

Bild 2: Blockschaltbild Kondensationswäschetrockner mit Restfeuchtesteuerung

12.2.5.3 Geschirrspülmaschine

Moderne Geschirrspülmaschinen **(Bild 1)** reinigen größere Geschirrmengen wirtschaftlicher als es mit Handwäsche möglich ist. Dazu wird ein dem Verschmutzungsgrad entsprechendes Reinigungsprogramm benötigt.

Reinigungsprogramme bestimmen die Reinigungs- und Spülzeit, Dosierung von Reinigungs- und Spülmittel sowie Wassermenge und Wassertemperatur.

Den prinzipiellen Ablauf eines Reinigungsprogramms bestimmt die elektronische Programmsteuerung **(Bild 2)**:

- **Vorspülen:** Wasserzulauf → Besprühen des Geschirrs mit kaltem Wasser zum Aufweichen der Schmutzreste → Wasser abpumpen
- **Reinigen:** Wasserzulauf → Besprühen des Geschirrs mit warmem Wasser → Zugabe des Reinigungsmittels → Wasser abpumpen → Zwischenspülen mit kaltem Wasser zur Entfernung von Spülmittel und Schmutzresten → Wasser abpumpen
- **Klarspülen:** Wasserzulauf → Besprühen des Geschirrs mit warmem Wasser unter Zugabe von Klarspülmittel, damit Wasser besser abläuft und um Wasserflecken zu verhindern → Wasser abpumpen
- **Trocknen:** Nutzung der Restwärme des Geschirrs oder zusätzliche Heizung mit Abfuhr oder Kondensation der feuchtwarmen Luft.

Das zulaufende Wasser wird stets über einen Enthärter geleitet, der dem Wasser Kalk entzieht.

Zur Verhinderung von Kalkablagerungen in der Geschirrspülmaschine und auf dem Geschirr muss das Wasser enthärtet werden.

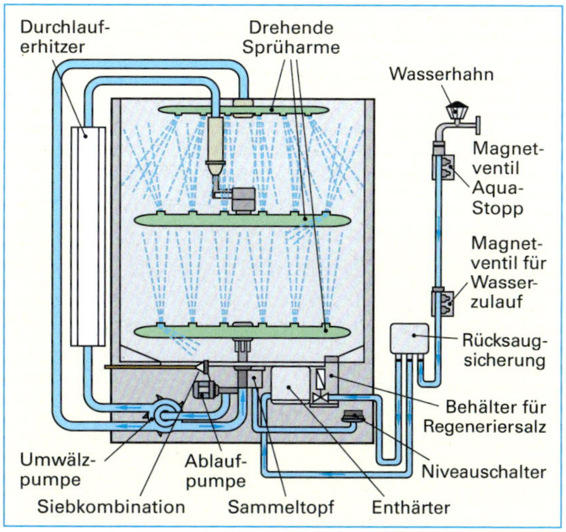

Bild 1: Aufbau einer Geschirrspülmaschine

Wichtige Merkmale von Geschirrspülern, z. B. der Energieeffizienzklasse C (Seite 629)

- **Energieverbrauch für 100 Waschzyklen (Eco-Programm),** z. B. 74 kWh
- **Wasserverbrauch pro Waschzyklus (Eco-Programm),** z. B. 9,5 l
- **Programmdauer (Eco-Programm),** z. B. 4 h 35 min
- **Geräuschemission,** z. B. 44 dB(A[1])
- **Anzahl der Maßgedecke,** z. B. 13 **(DIN EN 50242)**
- **Anzahl und Art der Spülprogramme (Bild 2),** z. B. Intensivprogramm 65 °C oder Kurzprogramm 55 °C
- **Geräteart,** z. B. freistehend
- **Breite,** z. B. 60 cm

[1] A von A-Frequenzbewertungskurve zur Anpassung an das menschliche Gehör

Zur Auffrischung des Enthärters ist ein Regeneriervorgang notwendig, bei dem Geschirrspüler-Regeneriersalz durch den Enthärter gespült wird.

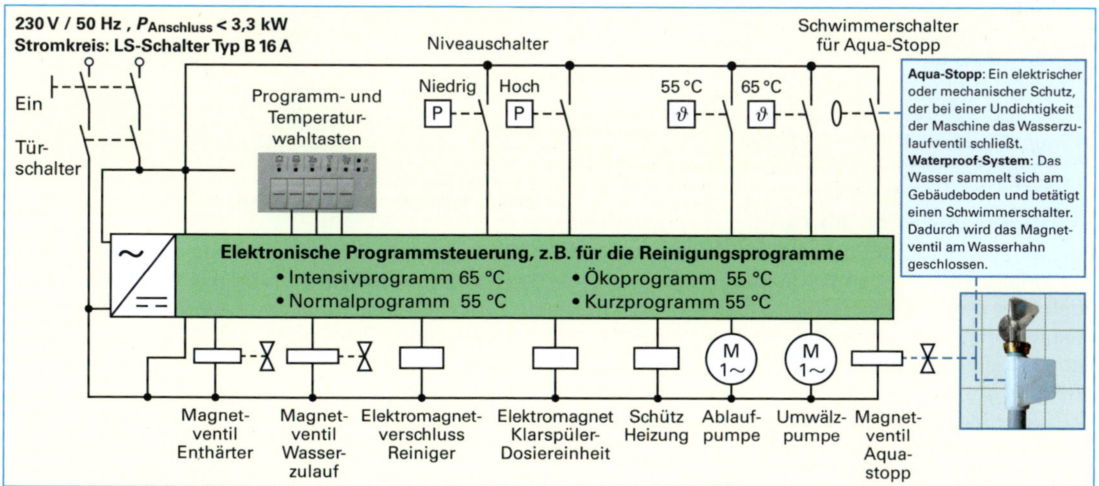

Bild 2: Blockschaltbild Geschirrspüler

12.2.6 Elektromagnetische Verträglichkeit (EMV) elektrischer Geräte

Entstehung elektromagnetischer Störungen

Versuch: Nehmen Sie z. B. im Unterrichtsraum einen älteren Rundfunkempfänger in Betrieb und schalten Sie dann die Beleuchtung des Raumes ein und wieder aus.

Es ist im Radio beim Ein- bzw. Ausschalten ein Störgeräusch als „Schaltknacken" zu hören.

Die Betätigung des Schalters erzeugt eine kurze elektromagnetische Störung. Im 50-Hz-Netz verursachen Geräte mit elektronischen Schaltern, z. B. ein Triac **(Seite 247)** in einem Dimmer, ein kontinuierliches Störgeräusch.

Das „Gesetz über die elektromagnetische Verträglichkeit von Geräten" („EMV-Gesetz") muss vom Hersteller und/oder Importeur eingehalten werden.

Hörbeispiele von Funkstörungen

Bundesnetzagentur (BNetzA)

Die Bundesnetzagentur ist die für das EMV-Gesetz zuständige Ausführungsbehörde. Zu ihren Aufgaben gehört es, darauf zu achten, dass die in Verkehr zu bringenden und gebrachten Geräte die Schutzanforderungen einhalten und die Kennzeichnungsvorschriften beachtet werden.

www.demvt.de

Rechtliche Vorschriften

Das **EMV-Gesetz** (Neufassung vom 14.12.2016) über die elektromagnetische Verträglichkeit von Betriebsmitteln schreibt vor, dass die Funktion von Geräten, z. B. Rundfunk- und Fernsehgeräten, nicht durch elektromagnetische Störungen beeinträchtigt werden darf. Sie müssen eine ausreichende **Störfestigkeit** haben. Die Geräte müssen selbst so konstruiert sein, dass von ihnen keine anderen Geräte oder Funk- und Telekommunikationsanlagen in ihrer Funktion gestört werden. Der Hersteller eines Gerätes ist verpflichtet mithilfe von Dokumentationen nachzuweisen, dass das Gerät auch die Schutzanforderungen für die EMV einhält. Nur dann darf er selbst das **CE-Kennzeichen (Seite 16)** am Gerät anbringen und es in den Handel bringen.

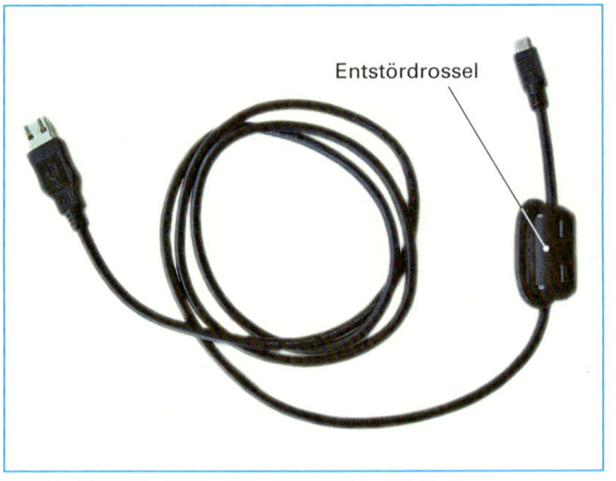

Bild 1: Entstördrossel einer Anschlussleitung

Die Vergabe des **VDE-EMV-Zeichens** erfolgt nach einer erfolgreichen Prüfung in einem unabhängigen VDE-Labor. Damit wird dem Kunden die zuverlässige Funktion des Gerätes im elektromagnetischen Umfeld garantiert.

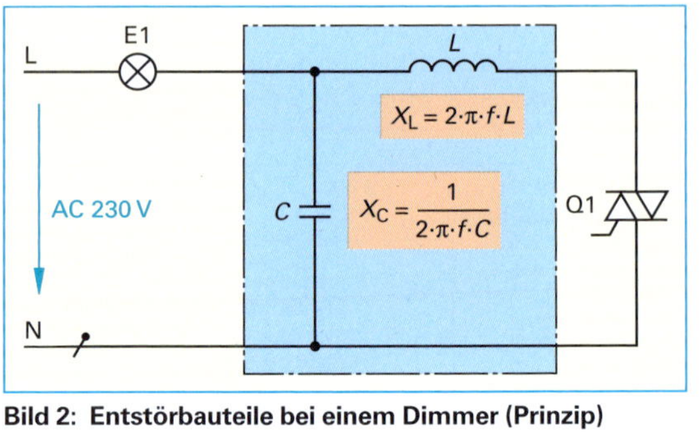

Bild 2: Entstörbauteile bei einem Dimmer (Prinzip)

Maßnahmen zur Entstörung

Eine einfache Maßnahme zur Unterdrückung von Störströmen ist die Reihenschaltung einer **Drossel** mit der Induktivität L in den Stromkreis. Hochfrequente Störspannungen (ca. 30 MHz bis 100 MHz) können auch über die Antennenwirkung längerer Anschlussleitungen ins Gerät gelangen bzw. von diesem Gerät ausgesendet werden. In die Anschlussleitungen für störempfindliche Geräte, z. B. IT-Geräte, werden Drosseln eingebaut oder die Anschlussleitung **(Bild 1)** wird selbst als Windung um einen Ferritkern gewickelt und stellt so einen hohen induktiven Widerstand X_L für hochfrequente Störströme dar. Eine Induktivität vermindert infolge der Selbstinduktion das steile Ansteigen bzw. Abfallen des Stromes. Damit wird die Ursache der Erzeugung hochfrequenter Störströme unterdrückt. Diese Aufgabe erfüllt z. B. im Dimmer **(Bild 2)** die Drossel. Zusätzlich stellt der **Entstörkondensator** für höhere Frequenzen einen kleinen kapazitiven Widerstand X_C dar und leitet so hochfrequente Störströme über den geerdeten N-Leiter ab.

Elektromagnetische Störungen breiten sich bis etwa 30 MHz vorwiegend leitungsgebunden aus. Sie werden durch **EMV-Filter** (Netz-Filter) unterdrückt. Störungen über 30 MHz werden meist strahlungsgebunden übertragen und hauptsächlich durch **Abschirmungen** unterdrückt. Die Abschirmungen **(Seite 73)** umgeben meist Geräte, die Störungen aussenden, aber auch Geräte und Leitungen, z.B. Datenleitungen **(Seite 317, Bild 2)**, die vor Störungen geschützt werden sollen.

> Entstörmaßnahmen halten Störungen vom Gerät fern und verhindern ihre Aussendung.

EMV-Filter bestehen vorwiegend aus Kondensatoren und Drosseln. Durch Zusammenschaltung dieser Bauteile **(Bild 1)** entstehen Tiefpässe **(Seite 154)**, die die Störströme stark dämpfen. Durch Reihenschaltung verschiedener Tiefpässe kann die Dämpfung der Störströme weiter erhöht werden.

> EMV-Filter sind Tiefpässe, die 50-Hz-Wechselströme unbehindert hindurch lassen, jedoch hochfrequente Wechselströme sperren.

Y-Kondensatoren werden oft in Entstörfiltern für Geräte mit Schutzkontakt-Steckern eingesetzt. Da durch den Stecker nicht festgelegt ist, welcher Anschlussdraht zum störstromführenden Außenleiter führt, hat man jeweils zwischen L und PE und auch zwischen N und PE einen Y-Kondensator eingebaut, um die hochfrequenten Störströme kurzzuschließen. Die sehr hohe Spannungsfestigkeit der Y-Kondensatoren **(Tabelle)** garantiert, dass keine gefährliche Berührungsspannung am Gehäuse des Gerätes entstehen kann.

X-Kondensatoren setzt man in Filter für Drehstromgeräte ein, da durch die Art der Steckverbindung festgelegt ist, welche Anschlussdrähte des Filters zu den 3 Außenleitern führen.

XY-Kondensatoren werden auch in einem Gehäuse zusammengefasst. Zweipolkondensatoren **(Bild 2a)** verwendet man für Störspannungen bis 10 MHz.

Vierpolkondensatoren **(Bild 2b)** sind induktivitätsarm und können deshalb zur Entstörung von Frequenzen über 10 MHz bis 100 MHz eingesetzt werden.

Durchführungskondensatoren (Bild 3) werden verwendet, wenn ungeschirmte Verbindungsleitungen in abgeschirmte elektrische Geräte eingeführt werden sollen. Um den Leiter (Durchführungsdraht) ist ein Kondensator koaxial angeordnet. Ein Kondensatorbelag ist mit der Geräteschirmwand leitend verbunden, der andere mit dem Durchführungsdraht für den Leitungsstrom.

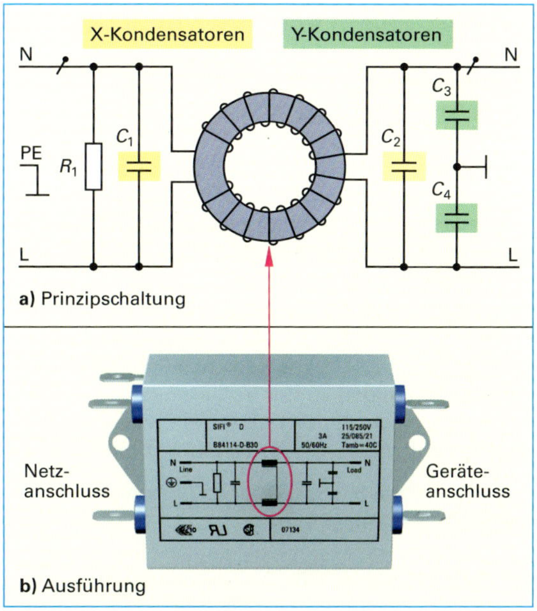

a) Prinzipschaltung

b) Ausführung

Bild 1: EMV-Filter (Beispiel)

Entstörkondensatoren

Sie sind besonders spannungsfest **(Tabelle)** und stoßstromfest gebaut. Sie sind selbstheilend **(Seite 80)**, dadurch kann bei einem inneren Durchschlag kein Kurzschluss entstehen.

Tabelle: Entstörkondensatoren

Kondensatorenklasse	Spannungsfestigkeit	Einsatz in
X1	4000 V	Drehstromgeräten
X2	2500 V	
Y1	8000 V	Wechselstromgeräten
Y2	5000 V	

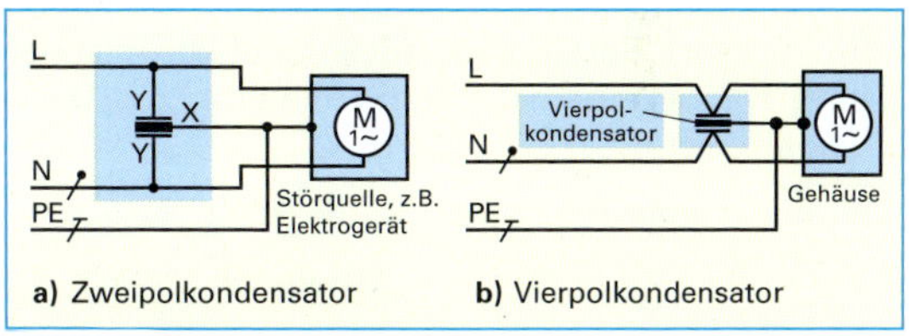

a) Zweipolkondensator **b)** Vierpolkondensator

Bild 2: XY-Kondensatoren

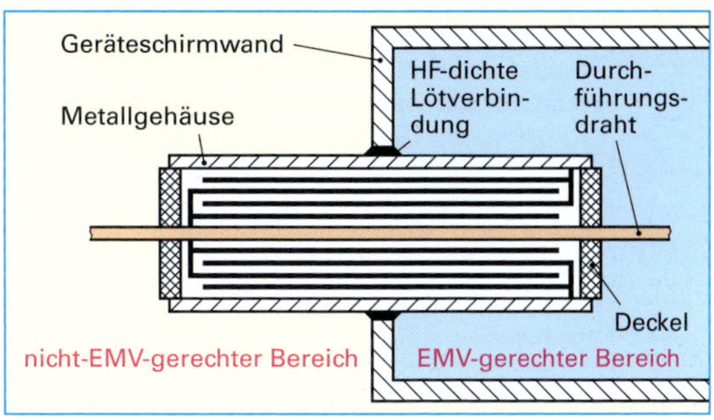

Bild 3: Durchführungskondensator

12.2.7 Prüfen von Elektrogeräten nach der Reparatur

Elektrogeräte sind nach einer Reparatur nach DIN EN 50678 (VDE 0701) zu prüfen, um deren elektrische Sicherheit nachzuweisen. Die Prüfung besteht aus mehreren Teilprüfungen und Messungen **(Seite 423)**.

Sichtprüfung. Alle sichtbaren Teile, die zur Sicherheit beitragen, z. B. Gehäuse, Schutzabdeckungen, Anschlussleitungen, Isolierungen, Zugentlastungen, Knickschutz, Kühlluftöffnungen, Luftfilter, Überdruckventile und Kennzeichnungen, sind auf ordnungsgemäße Beschaffenheit zu kontrollieren.

Schutzleiterprüfung. Der Schutzleiterverlauf in der Anschlussleitung ist durch Besichtigen sowie mittels Handprobe (Hin- und Herbiegen der Anschlussleitung) bei gleichzeitiger Messung des Schutzleiterwiderstandes **(Bild 1)** zu kontrollieren. Dieser darf sich beim Bewegen der Leitung nicht ändern. Die Grenzwerte des Schutzleiterwiderstandes sind vom Querschnitt des Schutzleiters abhängig **(Tabelle 1)**.

Tabelle 1: Schutzleiterwiderstandswerte R_{PE}

Querschnitt A	Grenzwert
$A \leq 1{,}5\ mm^2$	• Anschlussleitungen mit einer Länge bis zu 5 m: 0,3 Ω • Je weitere 7,5 m: zuzüglich 0,1 Ω • Maximaler Wert: 1 Ω
$A > 1{,}5\ mm^2$	Der Grenzwert des Schutzleiterwiderstandes ist nach der Formel (rechts) mit einem zusätzlichen Übergangswiderstand von 0,1 Ω zu berechnen. $R = \frac{\varrho \cdot l}{A} + 0{,}1\ \Omega$ Hinweis: Leitungsberechnung **(Seite 38)**

Messen des Isolationswiderstandes (Bild 2). Die Messung erfolgt mithilfe eines Prüfgerätes. Dabei ist zu beachten:

- Während der Messung müssen z. B. Schalter oder Temperaturregler geschlossen und das Gerät vom Netz getrennt sein. Die Mindestwerte **(Tabelle 2)** dürfen nicht unterschritten werden.
- Die hohe Messspannung von 500 V DC darf das zu prüfende Gerät nicht gefährden. Eine Gefährdung ist z. B. bei Geräten mit elektronischen Bauelementen möglich.
- Das zu prüfende Gerät benötigt eine Einschaltvorrichtung, z. B. einen mechanischen Ein-/Ausschalter, die auch ohne Netzspannung funktioniert. Bei Geräten mit einer elektronischen Einschaltvorrichtung, z. B. bei einem Gerät mit Schaltnetzteil **(Seite 275)**, ist das nicht gewährleistet.

Tabelle 2: Isolationswiderstandswerte R_{iso}

Schutzklasse	Geräte	Mindestwert
⏚	Geräte mit Heizelementen, z. B. Elektroherd. Bei Geräten mit einer Anschlussleistung über 3,5 kW kann auch bei Unterschreiten des geforderten Widerstandswertes die Sicherheit nachgewiesen werden, wenn der gemessene Schutzleiterstrom den geforderten Grenzwert **(Seite 421)** nicht überschreitet.	0,3 MΩ
	Geräte ohne Heizelemente, z. B. mit Elektromotor.	1,0 MΩ
	Berührbare Geräteteile, die nicht an den Schutzleiter angeschlossen sind, z. B. Zierleisten.	2,0 MΩ
⧈	Alle Geräte der Schutzklasse II, z. B. Küchengeräte, Elektrowerkzeuge.	2,0 MΩ
◇III	Alle Geräte der Schutzklasse III, z. B. Kinderspielzeug, Niedervolt-Halogenlampen.	0,25 MΩ

VDE 0701 Anwendungsbereich

- Betriebsmittel oder Geräte, die an Endstromkreise steckbar oder fest angeschlossen sind, mit
- Bemessungsspannung von 25 V AC bis 1000 V AC oder 60 V DC bis 1500 V DC und
- Strömen bis 63 A.

Davon ausgeschlossen sind z. B. Audio-/Video-, Informations- und Kommunikations-Technikausrüstung, Netzteile, Unterbrechungsfreie Stromversorgungen (USV) und Antriebe.

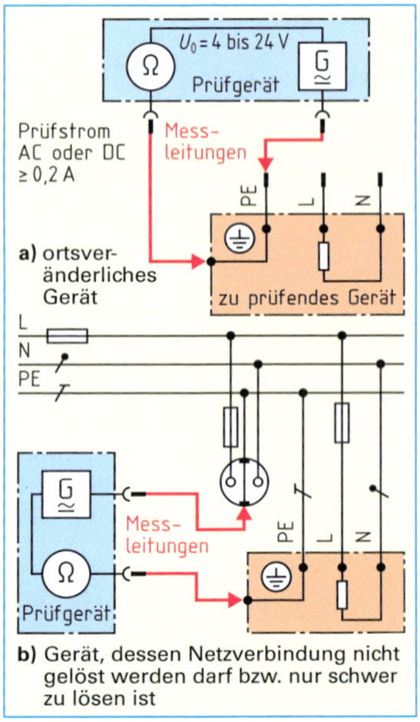

Bild 1: Messen des Schutzleiterwiderstandes (Beispiel)

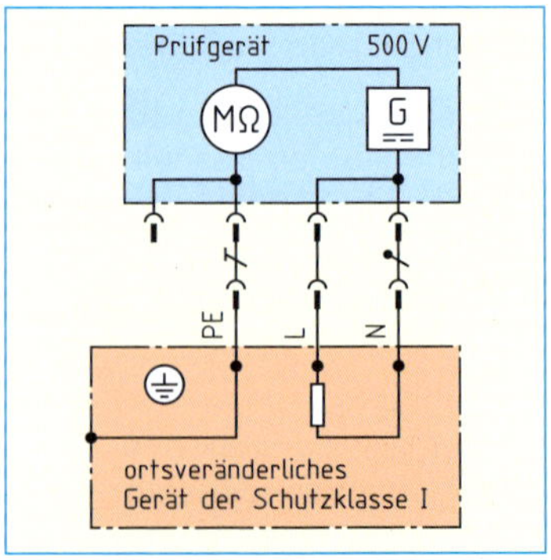

Bild 2: Messen des Isolationswiderstandes (Beispiel)

Messen des Schutzleiterstromes. Für die Messung des Schutzleiterstromes ist es erforderlich, dass vorher die Schutzeiterwiderstandsmessung **(Seite 420)** erfolgreich bestanden wurde. Zur Messung des Schutzleiterstromes können folgende Methoden angewendet werden:

- **Direkte Methode (Bild 1).**
- **Differenzstrommethode (Bilder 2 und 3).**
- **Alternative Methode (Bild 4)** unter Einhaltung bestimmter Voraussetzungen.

Bei der Messung wird das zu prüfende Gerät mit Netzspannung betrieben, mit Ausnahme der alternativen Methode.

Direkte Methode. Es muss gewährleistet sein, dass das zu prüfende Gerät von Erde isoliert ist, da sonst ein Teil des Stromes z.B. über Gehäuseteile direkt gegen Erde fließen kann. Dieser Strom würde bei der Messung des Schutzleiterstromes nicht berücksichtigt werden.

Differenzstrommethode. Es wird die Differenz des Stromes von Außenleiter und Neutralleiter bestimmt. Damit werden auch die Ströme erfasst, die nicht über den Schutzleiter fließen. Die Differenzstrommessung kann auch mit einer Strommesszange **(Bild 3)** durchgeführt werden.

Alternative Methode (früher als Ersatz-Ableitstrommessung bezeichnet). Bei dieser Methode wird keine Netzspannung benötigt. Es wird eine im Prüfgerät erzeugte Wechselspannung, die galvanisch vom Netz getrennt ist, zwischen L/N und PE angelegt. Dadurch braucht das zu prüfende Gerät z.B. nicht isoliert aufgestellt sein. Die alternative Methode darf unter folgenden Voraussetzungen angewendet werden:

- Es muss zuvor eine erfolgreich bestandene Isolationswiderstandsmessung durchgeführt worden sein.
- Das zu prüfende Gerät darf keine netzspannungsabhängige Schalteinrichtung, z.B. ein Schaltnetzteil, enthalten.

Bei allen Messungen muss der Netzstecker umgepolt und die Messung in allen möglichen Schalterstellungen durchgeführt werden. Es ist der größte Messwert zu bewerten.

Bei Geräten mit Schutzleiter (Schutzklasse I) darf der Schutzleiterstrom die Grenzwerte **(Tabelle)** nicht überschreiten. Beim Überschreiten der Grenzwerte und einer Schutzleiterunterbrechung kann die Benutzung des Gerätes lebensgefährlich sein.

Tabelle: Grenzwerte des Schutzleiterstromes I_{PE}

Gerät (Prüfling) der Schutzklasse I	Grenzwert
Allgemein, z.B. Bügeleisen, Geräte mit Motoren.	3,5 mA
Geräte mit Heizelementen und einer Anschlussleistung größer als 3,5 kW, z.B. Durchlauferhitzer.	1 mA/kW Heizleistung max. 10 mA

Hinweis:

- Bei fest angeschlossenen Geräten oder bei Geräten mit Anschlüssen nach DIN EN 60309, z.B. mit CEE-Steckvorrichtung, können nach der Gerätenorm DIN EN 60309 auch abweichende Werte zulässig sein.
- Bei Geräten mit zulässigen Schutzleiterströmen > 3,5 mA, entsprechend der Gerätenorm, ist auf die besondere Schutzleiterverbindung und auf den eventuell vorgeschriebenen Warnhinweis **„Hoher Ableitstrom! – Vor Netzanschluss Schutzleiterverbindung herstellen"** zu achten.

Prüfgeräte zur Durchführung der Prüfung nach VDE 0701

Alle Prüfgeräte müssen DIN VDE 0413-16/IEC 61557-16 entsprechen und sind nach Herstellerangaben regelmäßig zu prüfen und zu kalibrieren.

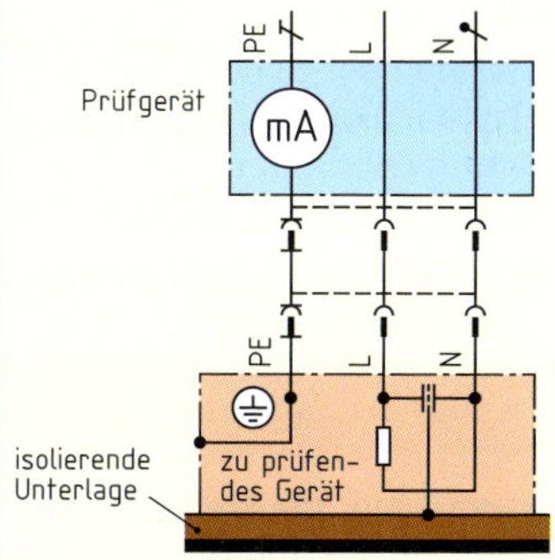

- Zu prüfendes Gerät isoliert aufstellen!
- Weitere evtl. vorhandene Erdverbindungen sind aufzutrennen

Bild 1: Direkte Methode zur Messung des Schutzleiterstroms

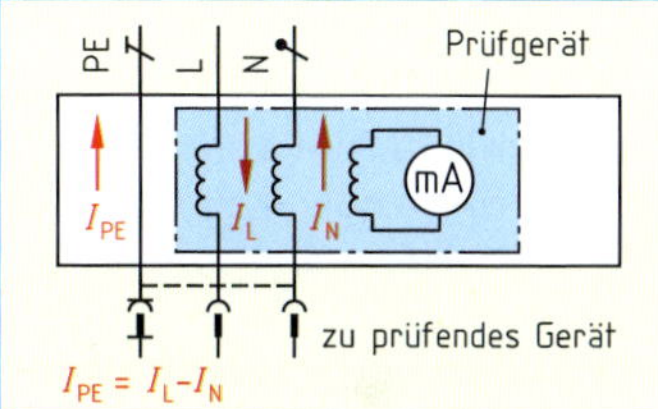

Bild 2: Differenzstrommethode

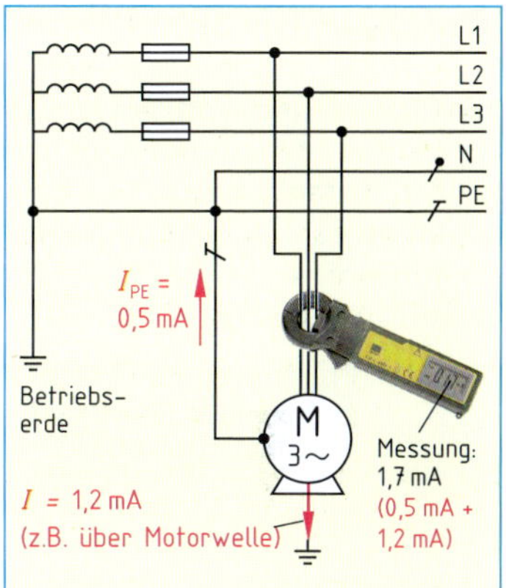

Prüfling steht nicht isoliert

Bild 3: Differenzsstrommethode mit Strommesszange (Beispiel)

Zu prüfendes Gerät wird nicht mit Netzspannung betrieben, sondern mit einer Spannungsquelle im Prüfgerät

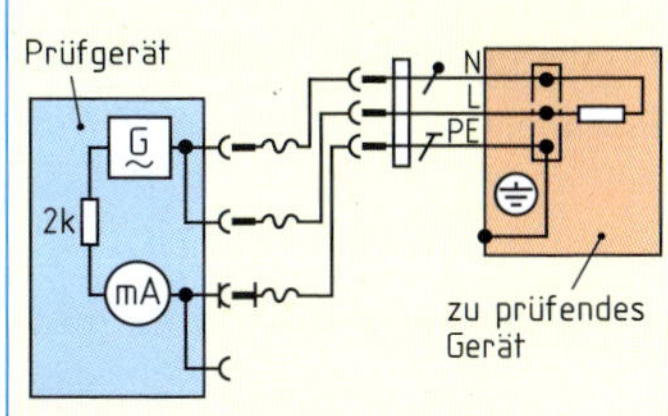

Bild 4: Alternative Methode

Messen des Berührungsstromes. Vorgeschrieben bei

- **Geräten der Schutzklasse I**, die berührbare leitfähige Teile enthalten, die nicht mit dem Schutzleiter verbunden sind, z.B. Gehäuseschrauben oder metallische Verzierungen des Gehäuses.
- **Geräten der Schutzklasse II** mit berührbaren leitfähige Teilen. Die Messverfahren sind wie beim Schutzleiterstrom **(Seite 421)**. Vorrangig ist die direkte Methode **(Bild 1)** durchzuführen.

Der Berührungsstrom darf nicht größer als 0,5 mA sein.

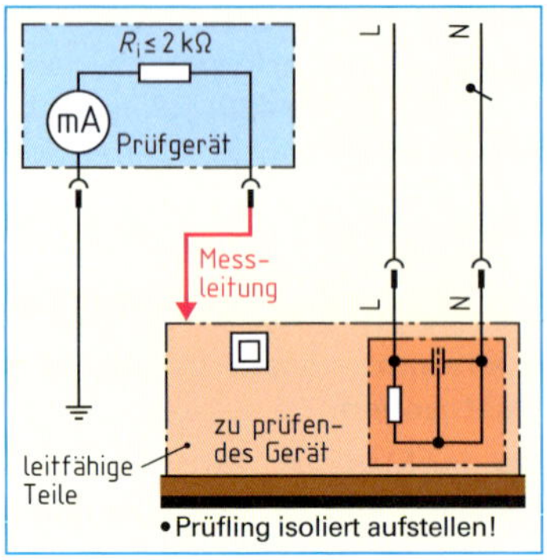

Bild 1: Berührungsstrommessung mit direkter Methode

Auswertung, Beurteilung und Dokumentation. Nach den einzelnen Teilprüfungen und Messungen muss das Ergebnis ausgewertet und beurteilt werden. Sind alle Teilprüfungen und Messungen bestanden, darf das Gerät betrieben werden und erhält eine Prüfplakette **(Bild 2)**. Damit wird die erfolgreich bestandene Prüfung und der nächste Prüftermin angezeigt. Bei nicht bestandener Prüfung muss das Gerät entweder instand gesetzt oder außer Betrieb genommen werden. Der Betreiber des Gerätes ist zu informieren und das Gerät ist als nicht funktionsfähig zu kennzeichnen.

Für einen evtl. notwendigen späteren Nachweis ist die Prüfung mit einem Prüfprotokoll zu dokumentieren. Dazu sind fertige Formulare erhältlich. Hersteller von VDE-Prüfgeräten **(Seite 423)** liefern auch Software, mit der die Prüfungsergebnisse automatisch eingetragen, gespeichert und ausgedruckt werden können.

Bild 2: Prüfplakette

12.2.8 Wiederholungsprüfungen an elektrischen Geräten

In der Unfallverhütungsvorschrift der deutschen gesetzlichen Unfallversicherung DGUV, Vorschrift 3 wird den Eigentümern von gewerblich genutzten elektrischen Geräten **(Übersicht)** vorgeschrieben, dass diese Geräte auf ihren ordnungsgemäßen Zustand geprüft werden müssen. Diese Prüfungen sind in bestimmten Zeitabständen zu wiederholen **(Tabelle)**. Die Fristen sind so bemessen, dass entstehende Mängel, mit denen gerechnet werden muss, rechtzeitig erkannt werden. Für die Wiederholungsprüfung von elektrischen Geräten gibt die DIN EN 50699 (VDE 0702) die Verfahren und Grenzwerte zur Überprüfung der elektrischen Sicherheit an.

Tabelle: Prüffristen nach DGUV, Vorschrift 3 ortsveränderlicher elektrischer Geräte (Richtwerte)

Geräte	Ortsveränderliche elektrische Geräte **(Übersicht)**, z.B. Verlängerungs- und Geräteanschlussleitungen mit Steckvorrichtungen, Anschlussleitungen mit Steckern, bewegliche Leitungen mit Steckern und Festanschluss.
Prüffristen	**Richtwert: 6 Monate, auf Baustellen 3 Monate.** Wird bei den Prüfungen eine Fehlerhäufigkeit < 2 % festgestellt, kann die Frist entsprechend verlängert werden. Auf Baustellen, in Werkstätten oder ähnlichen Betriebsstätten aber mindestens jährlich und in Büros oder vergleichbaren Räumen mindestens alle 2 Jahre.
Art der Prüfung	Auf ordnungsgemäßen Zustand.
Prüfer	Elektrofachkraft, bei Verwendung geeigneter Prüfgeräte (z.B. mit „Gut-Schlecht-Anzeige“) auch elektrotechnisch unterwiesene Person **(Seite 351)**.

Alle durchgeführten Prüfungen sind zu dokumentieren, z.B. in einem Prüfbuch oder einer elektronischen Datenbank. Die Kennzeichnung auf dem Gerät erfolgt mit einer Prüfplakette **(Bild 2)**.

Wiederholungsprüfungen

erfolgen in festgelegten Zeitabständen (z.B. 6 Monate), um nachzuweisen, dass der Basisschutz und der Fehlerschutz wirksam sind.

Übersicht: Wichtige wiederholend zu prüfende Geräte

- Elektrische Laborgeräte,
- Mess-, Steuer- und Regelgeräte,
- Kleintransformatoren,
- Geräte mit Motoren,
- Elektro-Wärmegeräte,
- Elektro-Werkzeuge,
- Leuchten,
- Geräte der Unterhaltungselektronik,
- Geräte der Informationstechnik,
- Verlängerungsleitungen,
- Geräteanschlussleitungen.

(Nächster Praxistipp: Seite 424)

Situationsbeschreibung:

Elektrische Betriebsmittel oder Geräte, z. B. Verlängerungsleitungen oder Haushaltsgeräte, müssen im Anschluss an eine Reparatur nach DIN EN 50678 (VDE 0701) geprüft werden **(Seite 420)**. Die Prüfung besteht aus mehreren Schritten, die in einer genau festgelegten Reihenfolge durchgeführt wird.

Der Ablauf der Prüfung wird auch bestimmt von der Schutzklasse des zu prüfenden Gerätes.

Forderungen nach DGUV Vorschrift 3

- Prüfung durch befähigte Personen **(Seite 354)** nach TRBS 1203 (**T**echnische **R**egeln für **B**etriebs**s**icherheit).
- Verwendung eines geeigneten Mess- und Prüfgerätes.

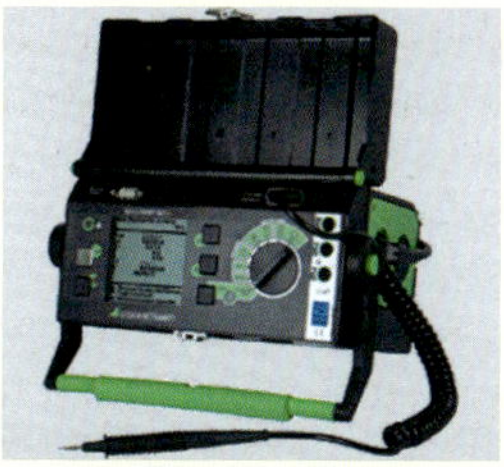

Messgerät zur Prüfung nach VDE 0701 und VDE 0702

1. Sichtprüfung (Seite 420). Nur bei bestandener Sichtprüfung erfolgt der nächste Schritt mit der Messung.

2. Messungen (Schutzklasse des Prüflings beachten)

2.1 Messung des Schutzleiterwiderstandes der Anschlussleitung
- Grenzwerte abhängig vom Leiterquerschnitt **(Seite 420)**.
- Bewegung der Leitung während der Messung erforderlich.

2.2 Messung des Isolationswiderstandes R_{iso} (Seite 420) ohne Netzspannung im eingeschaltetem Zustand.

Zwei Bedingungen müssen erfüllt sein:
- Die Prüfung gefährdet nicht das zu prüfende Gerät und/oder
- das Gerät enthält eine netzspannungsunabhängige Einschaltvorrichtung.

2.3 Messung des Schutzleiter- und Berührungsstroms (Seiten 421 und 422)

Messung mit Netzspannung, ausgenommen alternative Methode, durch eine der folgenden Möglichkeiten:
- Direkte Methode, Prüfling isoliert zur Erde aufstellen,
- Differenzstrommethode,
- Alternative Methode (wenn vorher R_{iso} gemessen).

Schutzklasse I
Betriebsmittel mit angeschlossenem Schutzleiter.

↓ **Schutzleiterwiderstand bei Leiterquerschnitt ≤ 1,5 mm²**
- Kleiner 5 m: ≤ 0,3 Ω
- Größer 5 m: pro weitere 7,5 m zusätzlich 0,1 Ω
- Maximalwert: 1 Ω

↓ Messung R_{iso} möglich? — nein → weiter zu Schutzleiterstrom; ja ↓

Isolationswiderstand
- Ohne Heizelemente: ≥ 1 MΩ
- Mit Heizelementen: ≥ 0,3 MΩ Ausnahme für Geräte > 3,5 kW **(Tabelle 2, Seite 420)**
- Berührbare leitfähige Teile, die nicht mit PE verbunden sind: ≥ 2 MΩ

↓ **Schutzleiterstrom**
- Allgemein: ≤ 3,5 mA
- Mit Heizelementen > 3,5 kW: ≤ 1 mA/kW, maximal 10 mA!

↓ **Berührungsstrom**
Maximalwert: 0,5 mA
Messung an berührbaren und leitfähigen Teilen, die nicht mit dem Schutzleiter verbunden sind.

Schutzklasse II
Betriebsmittel ohne Schutzleiter.

↓ Messung R_{iso} möglich? — nein → weiter zu Berührungsstrom; ja ↓

Isolationswiderstand
R_{iso} ≥ 2 MΩ
Messung gefährlicher aktiver Teile der Netzversorgung gegen berührbare und leitfähige Teile.

↓ **Berührungsstrom**
Maximalwert: 0,5 mA
Messung an berührbaren und leitfähigen Teilen.

Schutzklasse III
Betriebsmittel mit Schutzkleinspannung.

↓ Messung R_{iso} möglich? — nein → weiter zu Berührungsstrom; ja ↓

Isolationswiderstand
R_{iso} ≥ 0,25 MΩ
Messung gefährlicher aktiver Teile mit Schutzmaßnahme SELV/PELV **(Seite 365)** gegen berührbare und leitfähige Teile.

↓ **Berührungsstrom**
Messung ist nicht notwendig, wegen der geringen Betriebsspannung von ≤ 50 V AC oder ≤ 120 V DC.

3. Prüfen der Wirksamkeit weiterer Schutzeinrichtungen, z. B. eingebaute RCD.

4. Funktionsprüfung, wenn es zum Nachweis der Sicherheit erforderlich ist.

5. Auswertung, Beurteilung, Dokumentation (Seite 422). Das Gerät hat die Prüfung erfolgreich bestanden, wenn alle notwendigen Teilprüfungen bestanden wurden. Anschließend ist ein Prüfprotokoll mit den Messergebnissen zu erstellen und das Gerät erhält eine Prüfplakette **(Seite 422, Bild 2)**. Hat das Gerät die Prüfung nicht bestanden, ist es als nicht sicher zu kennzeichnen. Der Betreiber ist zu informieren.

Situationsbeschreibung:

Nach Reparaturen und bei Wiederholungsprüfungen müssen ortsveränderliche elektrische Geräte und deren Netzanschlussleitungen, z.B. nach DIN EN 50678 (VDE 0701), **Seite 420**, geprüft werden. Bei dieser Prüfung sind auch die Anschlussleitungen einschließlich Netzstecker zu prüfen. Welche wesentlichen Steckerarten werden bei elektrischen Geräten verwendet?

Häufig verwendete Steckvorrichtungen im 400/230 V 50 Hz-Versorgungsnetz:

Geräte-Steckvorrichtungen (Auswahl) (nach DIN EN 60320-1)

Bauform, Schutzklasse	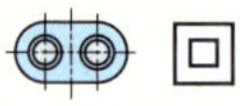	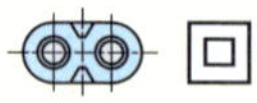	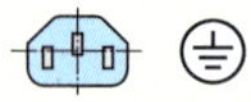	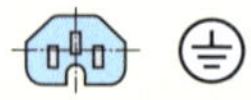	
Bezeichnung: Buchse/Stecker	C1/C2	C7/C8	C13/C14 (Kaltgeräte)	C15/C16 (Heißgeräte)	C5/C6
Bemessungsdaten	0,2 A/250 V 70 °C	2,5 A/250 V 70 °C	10 A/250 V 70 °C	10 A/250 V 120 °C	2,5 A/250 V 70 °C
Anwendung, (Beispiel)	Rasierapparat	Radio-/TV-Gerät	Computer	Waffeleisen	Laptopnetzteil

Schutzkontakt-Steckvorrichtung (SCHUKO*)

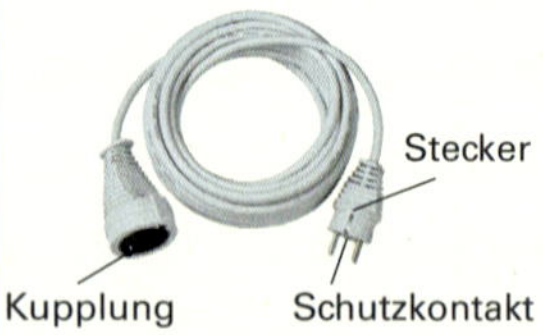

Die Schutzkontakt-Steckvorrichtung ist eine Standard-Steckvorrichtung für einphasige Geräte der Schutzklasse I, z.B. Bügeleisen. Die Bemessungsdaten sind 230 V/16 A. Der Abstand der Kontaktstifte für Außenleiter (L) und Neutralleiter (N) beträgt 19 mm. Der Schutzleiterkontakt ist voreilend, wodurch bei einer Verbindung zuerst die Schutzfunktion gewährleistet ist. Das System ist nicht verpolungssicher. Neutralleiter und Außenleiter kann man an beiden Kontaktstiften beliebig anschließen.

* Eingetragenes Warenzeichen des SCHUKO-Warenzeichenverbandes e.V.

Perilex** - Steckvorrichtung (nach DIN EN 49445 - 49448)

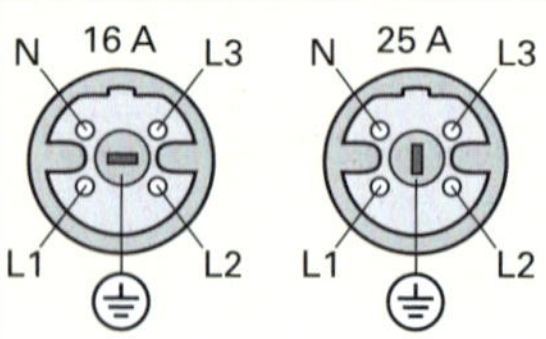

Die Perilex-Steckvorrichtung ist ein genormtes Drehstromstecksystem. Dieses gibt es in zwei Ausführungen: 16 A und 25 A, erkennbar an der Lage des Schutzkontaktes. Der Steckerstift für den Schutzleiter ist voreilend. Die Bemessungsspannung beträgt 400 V. Die Anschlüsse sind: L1, L2, L3, N und PE. Verwendung: In Laboratorien, im Kleingewerbe, im Haushalt, z.B. beim Elektroherdanschluss. In Neuanlagen nicht mehr zugelassen.

** Eingetragenes Warenzeichen der PERILEX Gemeinschaft e.V.

CEE***-Steckvorrichtung (Industriesteckvorrichtungen) (nach DIN EN 60309)

CEE-Kupplung und Stecker, 230 V, 16 A, einphasig, 3-polig

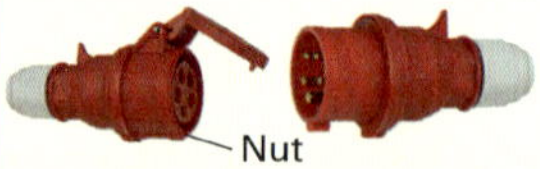

CEE-Kupplung und Stecker, 400 V, 16 A, dreiphasig, 5-polig

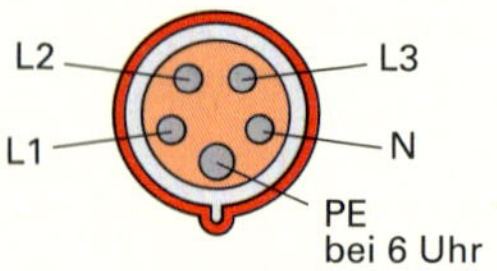

Anschlüsse der CEE-Kupplung 400 V, 16 A, dreiphasig, 5-polig

CEE-Steckvorrichtungen sind international genormt und werden vor allem für industrielle Anwendungen, z.B. zum Anschluss von Maschinen, verwendet. Bemessungsspannungen sind 50 V bis 690 V, Bemessungsströme sind 16 A, 32 A, 63 A und 125 A. Die Bemessungsspannung von CEE-Steckvorrichtungen ist zusätzlich zur Aufschrift durch die Farbe erkennbar. Damit ein Stecker nicht in eine Steckdose anderer Spannung oder Frequenz eingeführt werden kann, ist die Stellung des Schutzkontaktes zur Nut des Dosenkragens bestimmten Spannungen und Frequenzen zugeordnet. Eine gefahrbringende Verwechslung ist damit nicht möglich, weil der Schutzleiterstift dicker im Vergleich zu den restlichen Anschlussstiften ist.
Beispiel: Bei einer 5-poligen Steckvorrichtung für 400 V befindet sich der Schutzkontakt bei **6 h** (Zifferblatt einer Uhr), bei einer 3-poligen für 400 V bei **9 h.**

110 V 50 und 60 Hz		230 V 50 und 60 Hz		400 V 50 und 60 Hz		500 V 50 und 60 Hz		> 50-500 V über 300 - 500 Hz		690 V 50 und 60 Hz	
3-polig 4 h	5-polig 4 h	3-polig 6 h	5-polig 9 h	3-polig 9 h	5-polig 6 h	3-polig 7 h	5-polig 7 h	3-polig 2 h	5-polig 2 h	3-polig 5 h	5-polig 5 h

Spannungen, Farben und Lage des Schutzkontaktes der Steckvorrichtung

CEE-Steckvorrichtungen für 63 A und 125 A haben einen Pilotkontakt, der zu erhöhten Sicherheit eine elektrische Verriegelung, z.B. zur Vermeidung eines Lichtbogens beim Auftrennen der Steckvorrichtung, hat. Diese Verriegelung schließt beim Stekken nacheilend und öffnet beim Ziehen voreilend.

*** CEE, Abk. für: International Commission for Conformity Certification of Electrical Equipment (engl.) = Internationale Kommission für Regeln zur Begutachtung elektrotechnischer Erzeugnisse

12.3 Antennen- und Verteilanlagen

Um Fernseh- und Radioprogramme (Hörfunk) zu empfangen, sind Antennen- und BK-Anlagen notwendig. Dabei unterscheidet man:
- Fernsehempfangsanlagen und
- Hörfunkempfangsanlagen.

Die Übertragung der Fernseh- und Hörfunkprogramme erfolgt meist über Antennen oder BK-Anlagen. Dafür gibt es mehrere Möglichkeiten:
- **Satellitenübertragung**, z. B. nach dem Standard DVB-S2[1], Empfang von Programmen über eine Parabolantenne **(Seite 427)**.
- **Terrestrische Übertragung**, z. B. nach dem Standard DVB-T2 HD[2], Programme werden über Dipolantennen **(Seite 427)** empfangen.
- **Kabelnetz,** z. B. nach dem Standard DVB-C2[3], Programme werden zentral an einer Kopfstation in ein Kabelnetz (BK, **Seite 434**) eingespeist und verteilt.
- **Lokales Netzwerk,** z. B. nach dem Standard Sat>IP[4], über einen IP-Server werden die Satellitensignale aus dem LNB einer Parabolantenne in IP-Daten umgewandelt und in einem lokalen Netzwerk (LAN oder WLAN) verteilt, z. B. an einen Sat>IP-Receiver.

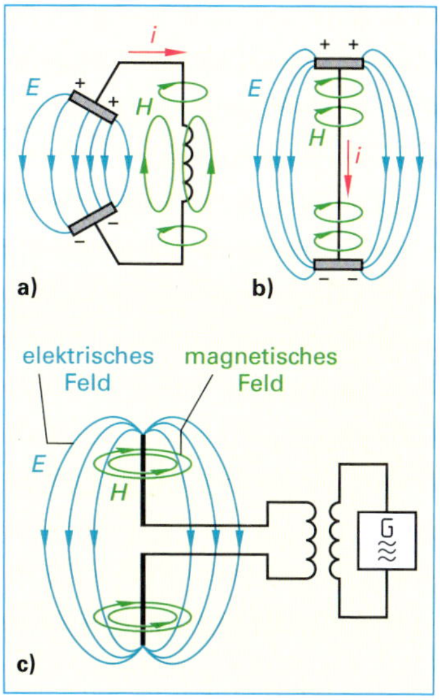

Bild 1: Offener Schwingkreis

Schwingkreis: **Seite 150**

12.3.1 Wirkungsweise der Antennen

Antennen ermöglichen die drahtlose Übertragung von Ton- und Bilddaten mithilfe elektromagnetischer Wellen.

Entstehung elektromagnetischer Wellen. Im Parallelschwingkreis pendelt die Energie fast verlustlos zwischen Kondensator und Spule hin und her. Abgesehen von den Randzonen befindet sich das elektrische Feld nur zwischen den Kondensatorplatten, das magnetische Feld beim geschlossenen Schwingkreis nur in der Spule und in deren nächster Nähe. Denkt man sich die Kondensatorplatten mehr und mehr auseinandergezogen, so verlaufen die elektrischen Feldlinien zunehmend im freien Raum **(Bild 1a)**. Aus dem geschlossenen Schwingkreis wird ein offener Schwingkreis **(Bild 1b),** ein elektrischer Dipol (Dipolantenne).

Der elektrische Dipol ist ein offener Schwingkreis.

Erregt man einen gestreckten Dipol mit einer hochfrequenten Wechselspannung **(Bild 1c),** so bewegen sich die freien Elektronen des Dipolstabes im Rhythmus der Erregerfrequenz hin und her. In der Dipolmitte ist die Elektronenbewegung am größten und die Spannung am geringsten **(Bild 2, Seite 427)**.

Wellenlänge

$$\lambda = \frac{c}{f} \qquad [\lambda] = \frac{\frac{m}{s}}{\frac{1}{s}} = m$$

λ Wellenlänge
c Ausbreitungsgeschwindigkeit 300 000 km/s
f Frequenz

Beispiel:

Ein UKW-Sender sendet mit einer Frequenz f = 88 MHz. Wie groß ist die Wellenlänge λ?

Lösung:

$$\lambda = \frac{c}{f} = \frac{300\,000\ \text{km/s}}{88\ \text{MHz}} = \mathbf{3{,}41\ m}$$

Elektromagnetische Wellen sind wandernde magnetische und elektrische Felder, die senkrecht zueinander verlaufen, aber den gleichen Raum mit Lichtgeschwindigkeit durchdringen. Elektromagnetische Wellen breiten sich nahezu mit Lichtgeschwindigkeit $c \approx 300\,000$ km/s im freien Raum aus.

Die Reichweite elektromagnetischer Wellen wächst in Bodennähe **(Bild 2)** mit der Wellenlänge. Raumwellen kurzer Wellenlänge, z. B. Kurzwellen (KW), werden an ionisierten Luftschichten (Ionosphäre) reflektiert. Satelliten strahlen elektromagnetische Wellen im GHz-Bereich aus. Diese sehr kurzwelligen Strahlen erfordern eine direkte Verbindung zwischen dem Satelliten (Sender) und dem Empfänger **(Bild 2)**.

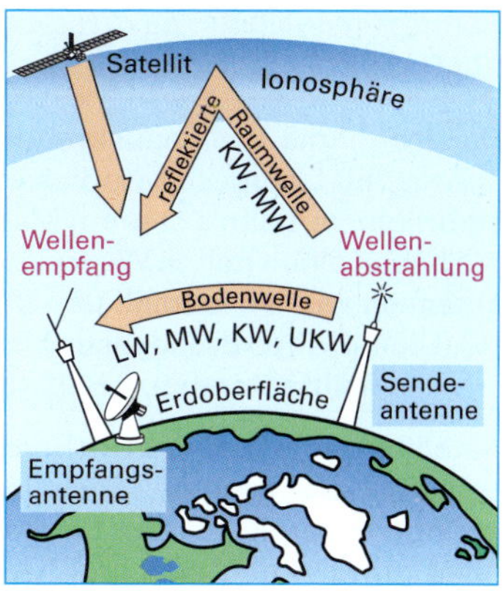

Bild 2: Wellenarten

[1] **DVB**, Abk. für: **D**igital **V**ideo **B**roadcasting (engl.) = Digitales Fernsehen, **S**, Abk. für: **S**atellit, 2 für: 2. Generation
[2] **T**, Abk. für: terrestrisch (lat.) = die Erde betreffend, erdgebunden, **HD**, Abk. für: **H**igh **D**efinition (engl.) = hochauflösend
[3] **C**, Abk. für: **C**able (engl.) = Kabel
[4] **Sat>IP**, Abk. für: **Sat**ellit **> I**nternet **P**rotocol (Sat over IP); Protokoll zur Übertragung von Satellitensignalen über IP-Netze, z. B. ein lokales Netzwerk (LAN)

Den Abstand zwischen zwei Punkten gleicher magnetischer bzw. elektrischer Feldstärke in Ausbreitungsrichtung bezeichnet man als Wellenlänge Lambda (Formelzeichen λ). Nach der Wellenlänge λ unterscheidet man Frequenzbereiche. Die Frequenzbereiche werden durch die Bundesnetzagentur verwaltet und in einem Frequenzplan festgelegt. Dabei unterscheidet man Frequenzteilpläne, z. B. den Frequenzteilplan 203 mit einer Frequenz von 87,5 bis 108 MHz (Ton-Rundfunk). In der Praxis verwendet man aber weiterhin die Kurzzeichen der einzelnen Bereiche, z. B. UKW **(Tabelle)**.

Tabelle: Frequenzen der Rundfunk- und Fernsehbereiche

Bereich	Langwelle*	Mittelwelle*	Kurzwelle*	I	II	Untere Sonderkanäle	III	Obere Sonderkanäle	Erweiterte Sonderkanäle	IV	V	Sat.-Bereich
Kurzzeichen	LW	MW	KW	VHF	UKW**	USB	VHF	OSB	ESB	UHF	UHF	SHF
Kanäle	–	–	–	2 … 4	2 … 70	S2 … S10	5 … 12	S11 … S20	S21 … S38	21 … 37	38 … 69	1 … 120
Frequenz	150 … 285 kHz	520 … 1605 kHz	3,95 … 26,1 MHz	47 … 68 MHz	87,5 … 108 MHz	109 … 174 MHz	174 … 230 MHz	230 … 300 MHz	302 … 446 MHz	470 … 606 MHz	606 … 862 MHz	10,7 … 12,75 GHz

* Die Frequenzbereiche Lang-, Mittel- und Kurzwelle werden in Deutschland für den Rundfunk nicht mehr verwendet. Programme von LW-, MW- und KW-Sendern aus dem Ausland können empfangen werden.

** Langfristig wird der UKW-Empfang durch DAB+ (Digital Audio Broadcasting (engl.) = digitaler Tonrundfunk) ersetzt. Seit dem 21.12.2020 müssen neue Radiogeräte einen DAB+ Empfänger haben. Die Übertragung erfolgt digital und nicht wie bei UKW analog.

12.3.2 Empfangsantennen

Empfangsantennen sollen dem Empfangsgerät Signalenergie zuführen. Dabei unterscheidet man die folgenden Empfangsanlagen:

- Terrestrische (erdgebundene) Empfangsanlagen,
- Satelliten-Empfangsanlagen und
- Breitband-Kommunikationsanlagen (BK-Anlagen).

Antennenbauarten. Je nach Frequenzbereich haben sich bestimmte Antennenbauarten **(Übersicht)** und Antennenformen bewährt **(Bild)**. Die Antennen können z. B. einen Kanal, eine Kanalgruppe oder einen ganzen Frequenzbereich **(Tabelle)** empfangen.

Stab- und Langdrahtantennen verwendet man für Tonrundfunk im LW-, MW- und KW-Bereich[1]. Auf das elektrische Feld einer elektromagnetischen Welle kann, z. B. eine Stabantenne, auf das magnetische Feld, z. B. eine Ferritantenne, ansprechen. Stabantennen mit zwei gleichwertigen, vertauschbaren Anschlüssen sind Dipolantennen. Man bezeichnet diese auch nur als Dipol **(Bild 1, Seite 427)**.

Eine Dipolantenne ist besonders für den UKW-Empfang geeignet, da diese eine Richtwirkung hat.

Übersicht: Antennenbauarten (Beispiele)

- Langdrahtantennen
- Ferritantennen
- Parabolantennen
- Stabantennen
- Flachantennen
- Mehrelementantennen

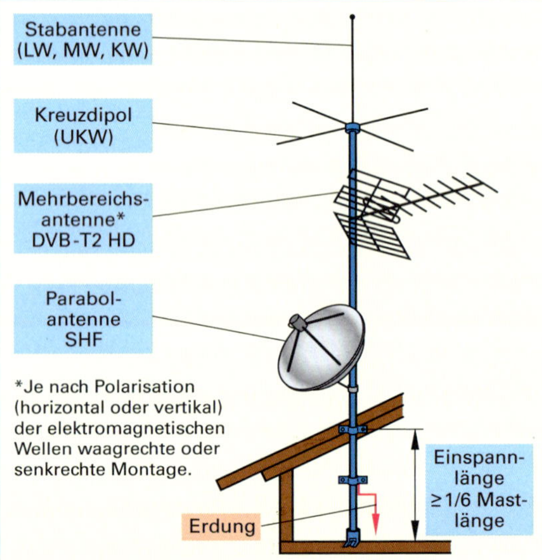

Bild: Antennenbauformen und Montageanordnung

Da sowohl die Wellenausbreitung als auch die Strom- und Spannungsänderung entlang eines Dipols nahezu mit Lichtgeschwindigkeit erfolgt, müssen Dipollänge und Wellenlänge zueinander in einem bestimmten Verhältnis stehen. Man nennt solche Antennen **abgestimmte Antennen,** z. B. auf $\lambda/2$ und $\lambda/4$. Sie haben einen hohen Wirkungsgrad. Ein **Kreuzdipol (Bild)** ist für den Rundumempfang geeignet. **Ferritantennen** werden in tragbaren Radioempfängern eingesetzt. Für den Fernsehempfang im Bereich DVB-T2 HD (Digital Video Broadcasting Terrestrial 2. Generation High Definition) und SHF (Super High Frequency) werden **Richtantennen,** z. B. Parabolantennen oder Mehrbereichsantennen, verwendet.

Satellitensignale werden im Bereich von 10,7 GHz bis 12,75 GHz übertragen. Wegen der großen Entfernung von etwa 36 000 km zwischen Satellit und Empfänger ist das Empfangssignal sehr schwach. Um trotz der geringen Energie, die den Empfangsort erreicht, die Empfänger mit einer ausreichenden Eingangsspannung zu versorgen, sind großflächige Reflektorantennen, z. B. **Parabolantennen (Bild),** erforderlich.

[1] Seit 2016 gibt es in Deutschland, im Gegensatz zu anderen Ländern, im Tonrundfunk keine Mittel-, Kurz- und Langwellensender mehr.

Wichtige Kenngrößen von Empfangsantennen

Strahlungswiderstand. Dipolantennen **(Bild 1)** werden durch elektromagnetische Wellen zum Schwingen angeregt. Bei $\lambda/2$-Dipolen entsteht eine Spannungsverteilung und Stromverteilung längs des Dipols, die symmetrisch zur Antennenmitte verläuft **(Bild 2).** Ein abgestimmter Halbwellendipol verhält sich wie ein Reihenschwingkreis in Resonanz. Es bleibt nur ein Wirkwiderstand (Innenwiderstand) übrig, der beim gestreckten Dipol 75 Ω und beim Faltdipol **(Bild 1)** 300 Ω beträgt. Diesen Widerstand nennt man Strahlungswiderstand.

Empfangsspannung. Die Empfangsspannung ist an der Antenne umso größer, je größer die elektrische Feldstärke und die wirksame Antennenlänge, z. B. $\lambda/2$ bei einer Dipolantenne **(Bild 1)**, sind.

Antennengewinn. Er gibt das Verhältnis der Empfangsleistung einer Antenne **(Beispiel Bild 5)** in ihrer Hauptempfangsrichtung zur Empfangsleistung eines $\lambda/2$-Dipols (Bezugsdipol) am selben Montageort an. Der Antennengewinn wird in dB[1] **(Seite 428)** angegeben.

Windlast. Auf das Antennenstandrohr wirken Kräfte, die durch den Windwiderstand der montierten Antennen verursacht werden. Die Windlasten der angebrachten Antennen erzeugen ein Biegemoment im Antennenstandrohr.

Richtantennen

Störungen beim Empfang entstehen meist durch Reflexionen der elektromagnetischen Wellen an Gebäuden, Bergen und anderen Hindernissen. Richtantennen können diese Störungen weitgehend ausblenden. Eine Richtwirkung kann sowohl in waagerechter als auch in senkrechter Richtung bestehen.

> Richtantennen werden zum Empfang von Satelliten- und DVB-T2 HD-Signalen benötigt.

Kombiniert man einen Dipol mit Elementen, so lässt sich die Richtwirkung und damit die Empfangsqualität verbessern. Die dem Sender abgewandten Elemente nennt man **Reflektoren,** die dem Sender zugewandten Elemente nennt man **Direktoren (Bild 5).** Solche Antennen nennt man Längsstrahler und heißen nach ihrem Erfinder **Yagi[2]-Antennen (Bild 3).** Ordnet man mehrere Dipole übereinander an, erhält man eine Dipolwand. Dadurch erhöht sich in Hauptempfangsrichtung die Empfangsspannung.

Parabolantennen **(Bild 4)** sind Richtantennen mit sehr hoher Richtwirkung und hohem Antennengewinn.

Zur Darstellung der Richtwirkung gibt man die Empfangsspannung in Abhängigkeit vom Drehwinkel der Antenne an. Durch Verbinden der Einzelpunkte erhält man das **Strahlungsdiagramm (Bild 3)** einer Richtantenne.

Öffnungswinkel (Halbwertsbreite). Die Richtwirkung einer Richtantenne wird durch ihren Öffnungswinkel angegeben **(Bild 5).** Die Angabe des Öffnungswinkels dient dem Vergleich der Richtwirkung verschiedener Antennen. Die Halbwertsbreite ist der Winkelbereich, in dem die Empfangsleistung einer Antenne um nicht mehr als 3 dB abnimmt. Damit hat die Antenne an den Grenzen des Öffnungswinkels nur noch die Hälfte ihrer Empfangsleistung.

Vor-Rück-Verhältnis (Rückdämpfung). Zur Vermeidung von Empfangsstörungen soll eine Antenne möglichst nur aus einer Richtung Empfangsenergie aufnehmen. Ein Maß für diese Eigenschaft ist das Vor-Rück-Verhältnis. Je höher der Wert, desto besser ist die Richtwirkung.

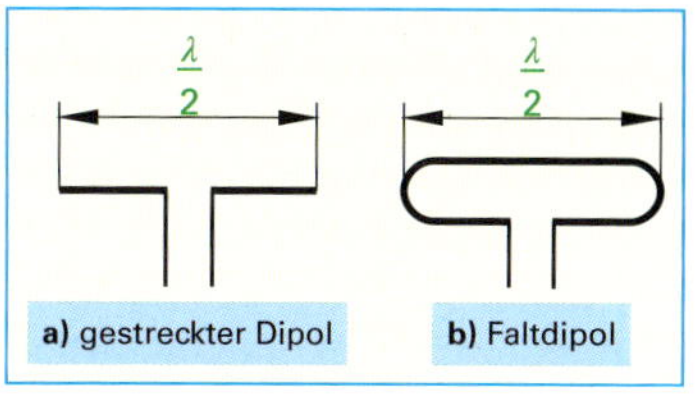

Bild 1: Dipolantennen

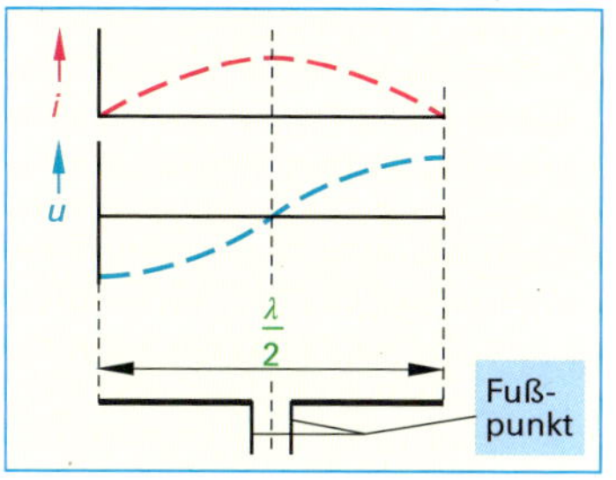

Bild 2: λ/2-Dipol, Strom- und Spannungsverteilung

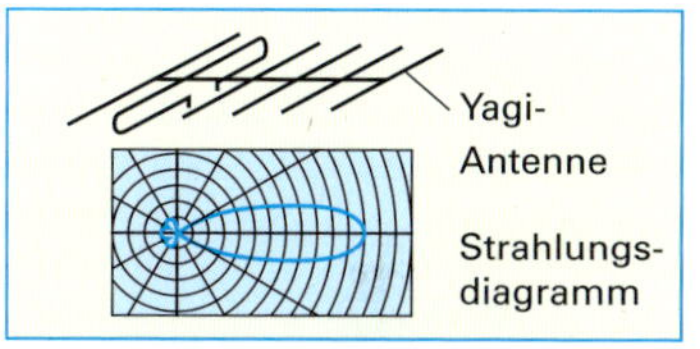

Bild 3: Mehrelementantenne

Technische Daten (Auswahl)
Empfangsbereich: 10,70 bis 12,75 GHz
Antennengewinn: etwa 37 dBi*
Durchmesser: 75 cm
Windlast: 450 N

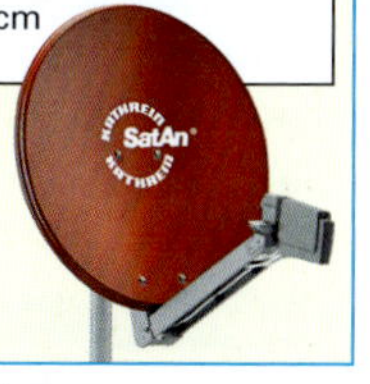

*i für isotrop (gleichmässig)

Bild 4: Parabolantenne

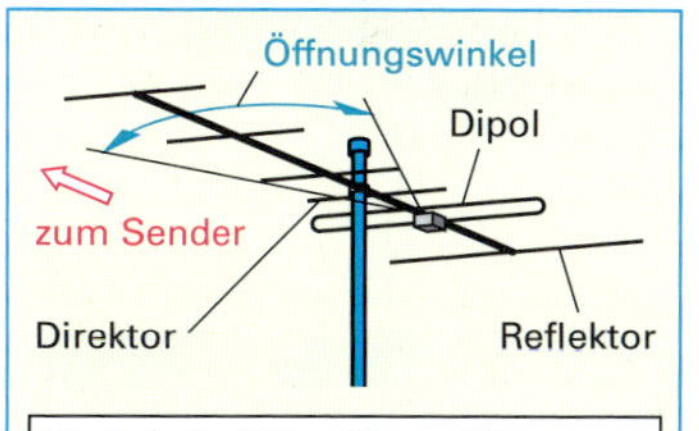

Technische Daten (Auswahl)	
Kanäle:	5 bis 12
Antennengewinn:	7 bis 8 dB
Vor- Rück- Verhältnis:	16 dB
Öffnungswinkel (horizontal):	55°
Windlast (horizontal):	44 N

Bild 5: Richtantenne

[1] dB (sprich: dezi-bel oder de-be); benannt nach Alexander Graham Bell, amerikanischer Wissenschaftler, 1847 bis 1922

[2] Yagi, japanischer Physiker, 1886 bis 1976. Yagi entwickelte die nach ihm benannte Antenne.

12.3.3 Verstärkungsmaß, Dämpfungsmaß und Pegel

Rechnen mit Dezibel (dB). Das dB ist die Einheit für das Spannungsverstärkungs- oder das Spannungsdämpfungsmaß. Beide Größen geben das logarithmische Verhältnis zweier Spannungen U_1 und U_2 bei gleichen Widerstandswerten ($R_i = Z = R_L$) **(Bild)** an. Das Spannungsdämpfungsmaß A_U erhält man aus dem logarithmischen Verhältnis von U_1 zu U_2, das Spannungsverstärkungsmaß G_U ergibt sich aus dem logarithmischen Verhältnis von U_2 zu U_1.

Dämpfungen entstehen bei passiven Bauelementen, z.B. Weichen, Verteilern, Abzweigern, Leitungen und Anschlussdosen.

Verstärkungen kleiner Signale erfolgen durch Verstärker.

Verstärkungs- und Dämpfungsmaße der eingesetzten Bauteile, z.B. Verstärker, addiert man unter Beachtung des Vorzeichens.

Beispiel 1:

Die Eingangsspannung an einer Antennenniederführung beträgt 0,8 mV. Am Ende dieser Leitung wird eine Spannung von 0,3 mV gemessen. Das Ausgangssignal wird dann in einem Antennenverstärker um 24 dB erhöht. Berechnen Sie **a)** das Spannungsdämpfungsmaß A_U des Antennenniederführungskabels, **b)** die Signalspannung U_2 am Verstärkerausgang und **c)** das Gesamtverstärkungsmaß G_{ges}.

Lösung:

a) $\mathbf{A_U} = 20 \cdot \lg \frac{U_1}{U_2} = 20 \cdot \lg \frac{0{,}8\text{ mV}}{0{,}3\text{ mV}} = \mathbf{8{,}52\text{ dB}}$

b) $G_U = 20 \cdot \lg \frac{U_2}{U_1} \quad \Rightarrow \quad \mathbf{U_2} = U_1 \cdot 10^{\frac{G_U}{20\text{ dB}}} = 0{,}3\text{ mV} \cdot 10^{\frac{24\text{ dB}}{20\text{ dB}}} = \mathbf{4{,}75\text{ mV}}$

c) $\mathbf{G_{ges}} = G_1 + G_2 = -A_U + G_2 = -8{,}52\text{ dB} + 24\text{ dB} = \mathbf{15{,}48\text{ dB}}$

Der **Antennenpegel** ist ein Maß für die Größe der Empfangsspannung. Er wird mit einem **Pegelmessgerät (Bild 2, Seite 435)** in dBμV gemessen. Als Bezugsspannung ist 1 μV am Bezugswiderstand von 75 Ω festgelegt: Dies entspricht 0 dBμV. Der Spannungspegel L_U gibt an, um wie viel dB die gemessene Antennenspannung über der Bezugsspannung von 1 dBμV liegt.

Beispiel 2:

An einer Antennensteckdose wird mit einem Messgerät eine Spannung von 14,8 mV gemessen. Berechnen Sie den Spannungspegel L_U.

Lösung:

$\mathbf{L_U} = 20 \cdot \lg \frac{U}{U_0} = 20 \cdot \lg \frac{14{,}8\text{ mV}}{1\text{ μV}} = 20 \cdot \lg \frac{14\,800\text{ μV}}{1\text{ μV}}$

$= 20 \cdot \lg 14\,800 = 20 \cdot 4{,}17 = \mathbf{83{,}4\text{ dBμV}}$

Taste: lg oder log

Beispiel 3:

Am Empfängereingang einer BK-Anlage wird ein Pegel von $L_{Umin} = 66$ dBμV festgestellt. Die gemessene Antennenspannung beträgt $U = 2$ mV. Die BK-Anlage hat ein Gesamtdämpfungsmaß von $A_{Anl} = 24$ dB. Berechnen Sie **a)** das Spannungsverstärkungsmaß G_U des erforderlichen BK-Hausanschlussverstärkers, wenn eine Leistungsreserve von $G_{Res} = 6$ dB eingeplant wird, und **b)** die Spannung U_2 am Verstärkerausgang.

Lösung:

a) $L_U = 20 \cdot \lg \frac{U}{U_0} = 20 \cdot \lg \frac{2\text{ mV}}{1\text{ μV}} = 20 \cdot \lg \frac{2000\text{ μV}}{1\text{ μV}} = 20 \cdot \lg 2000 = 66\text{ dBμV}$

$\mathbf{G_U} = L_{Umin} + A_{Anl} - L_U + G_{Res} = 66\text{ dBμV} + 24\text{ dB} - 66\text{ dBμV} + 6\text{ dB} = \mathbf{30\text{ dB}}$

b) $\mathbf{U_2} = U_1 \cdot 10^{\frac{G_U}{20\text{ dB}}} = 2\text{ mV} \cdot 10^{\frac{30\text{ dB}}{20\text{ dB}}} = \mathbf{63{,}2\text{ mV}}$

dB*

ist eine logarithmische Verhältnisgröße unter Verwendung des Zehnerlogarithmus (Abk.: lg) mit der Einheit dB, z.B. das Spannungsverstärkungsmaß von 20 dB bei einem Verstärker. Der Vorteil logarithmischer Angaben ist, dass Verstärkungen und Dämpfungen einfach addiert oder subtrahiert werden können.

* sprich: dezibel oder de-be

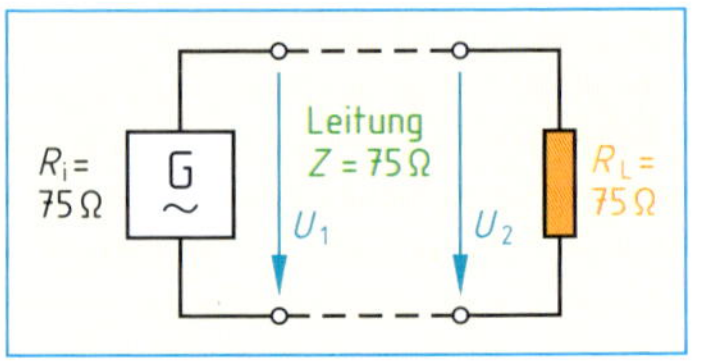

Bild: Angepasste Leitung

Dämpfung und Verstärkung

$$A_U = 20 \cdot \lg \frac{U_1}{U_2} \qquad [A_U] = \text{dB}$$

$$G_U = 20 \cdot \lg \frac{U_2}{U_1} \qquad [G_U] = \text{dB}$$

$$G_{ges} = G_1 + G_2 + G_3 + \ldots$$

$$A_{ges} = A_1 + A_2 + A_3 + \ldots$$

A_U	Spannungsdämpfungsmaß
U_1	Eingangsspannung
U_2	Ausgangsspannung
G_U	Spannungsverstärkungsmaß
G_{ges}	Gesamtverstärkungsmaß
$G_1, G_2, \ldots$	Einzelverstärkungen
A_{ges}	Gesamtdämpfungsmaß
$A_1, A_2, \ldots$	Einzeldämpfungen

Spannungs- und Leistungspegel

$$L_U = 20 \cdot \lg \frac{U}{U_0} \qquad [L_U] = \text{dBμV}$$

$$L_P = 10 \cdot \lg \frac{P}{P_0} \qquad [L_P] = \text{dBmW}$$

L_U	Spannungspegel in dBμV
U	Spannung in μV
U_0	Bezugsspannung 1 μV an 75 Ω
L_P	Leistungspegel in dBmW
P	Leistung in mW
P_0	Bezugsleistung 1 mW

12.3.4 Aufbau von Antennenanlagen

Antennenanlagen (Bild 1, Seite 435) bestehen aus Antennen, Leitungsnetz, Antennenverstärker, Verteiler, Abzweiger und Antennensteckdosen.

Antennenleitungen übertragen die Rundfunk- und Fernsehsignale. Die meistverwendete Antennenleitung **(Bild 1a und Bild 1b)** ist die Koaxialleitung[1] bzw. das Koaxialkabel **(Übersicht)** mit einem Wellenwiderstand von 75 Ω. Die Dämpfung A_K von Koaxialleitungen wird vom Hersteller in dB/100 m angegeben. Sie ist frequenzabhängig **(Bild 1d)**. Doppelt geschirmtes Koaxialkabel **(Bild 1c)** verwendet man z. B. für SAT-Anlagen **(Seite 430)**.

dB (Dezibel): **Seite 428**

Der **Abschlusswiderstand** einer Antennenleitung ist der Widerstand, mit dem eine Leitung abgeschlossen werden muss, damit keine Energie reflektiert wird. Dieser Abschlusswiderstand muss dem Wellenwiderstand der Antennenleitung, meist 75 Ω, entsprechen.

Antennenleitungen sind auf kürzestem Wege von der Antenne bis zur Anschlussdose zu verlegen. Dabei unterscheidet man verschiedene Netzstrukturen **(Bild 2)**. Antennenleitungen werden in Gebäuden in Leerrohre eingezogen. Nach DIN EN 60728-11 (VDE 0855-1) ist in elektrischen Anlagen mit Spannungen von 50 V bis 1000 V ein Mindestabstand von 10 mm, im Freien ein Abstand von 20 mm zwischen leitfähigen Teilen einer Antennenanlage, z. B. Antennenleitung, Erdungsleitung oder Antennenverstärker, einzuhalten.

Antennenverstärker erhöhen die Empfangspegel und gleichen die Dämpfung des Verteilernetzes aus. Je nach Signalstärke und Antennenarten setzt man Mehrbereichs- oder Kanalverstärker ein.

Antennenweichen werden z. B. zum Zusammenschalten oder Auftrennen von Satelliten-Signalen (950–2150 MHz) und terrestischen Signalen (47–862 MHz) verwendet.

Antennenverteiler (Bild 3) verteilen die Energie einer Haupt-Stammleitung in zwei oder mehrere Stammleitungen.

Antennenabzweiger benötigt man zum Anschließen einer oder mehrerer Stichleitungen an eine Stammleitung **(Bild 3)**.

Antennensteckdosen führen die Energie der Empfangssignale dem Empfänger über eine flexible koaxiale Anschlussleitung zu. Bei Antennensteckdosen unterscheidet man vor allem 2-fach-Steckdosen, z. B. für Sat- und terrestrische Anlagen, und 3-fach-Steckdosen, z. B. für Sat-Einzel- und Gemeinschaftsanlagen.

[1] koaxial = mit gleicher Achse, mit gleichem Abstand

Übersicht: Informationen zu Koaxialkabeln

- Der Wellenwiderstand beträgt 75 Ω und ist vom Aufbau des Koaxialkabels abhängig.
- Der Wellenwiderstand lässt sich nicht mit dem Widerstandsmesser bestimmen.
- Beim Verlegen sind der Mindestbiegeradius und die zulässige Zugkraft zu beachten.
- Der Abschlusswiderstand an der letzten Antennensteckdose an einer Stammleitung beträgt 75 Ω.

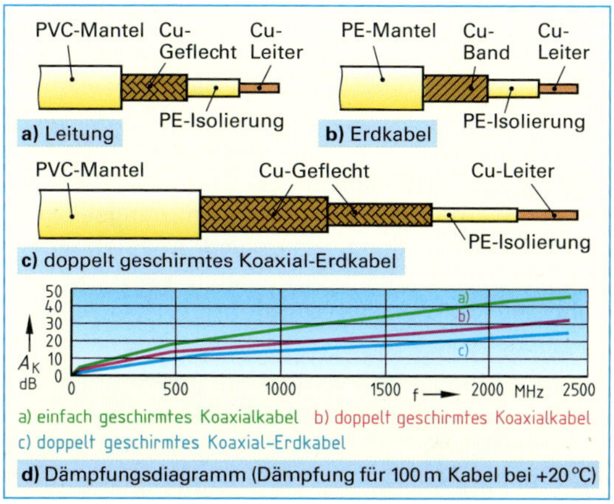

Bild 1: Koaxialkabel mit Dämpfungsdiagramm

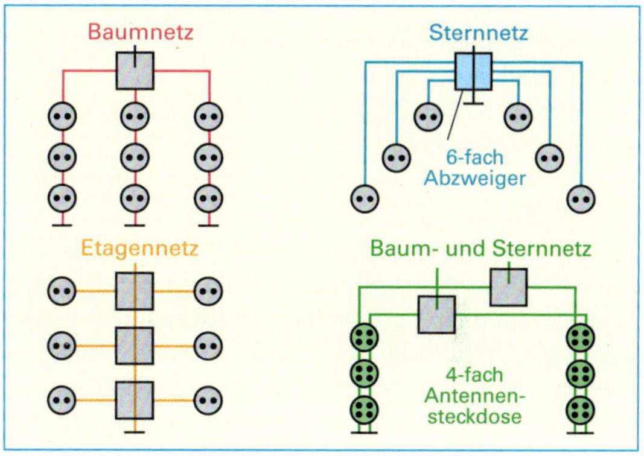

Bild 2: Netzstrukturen

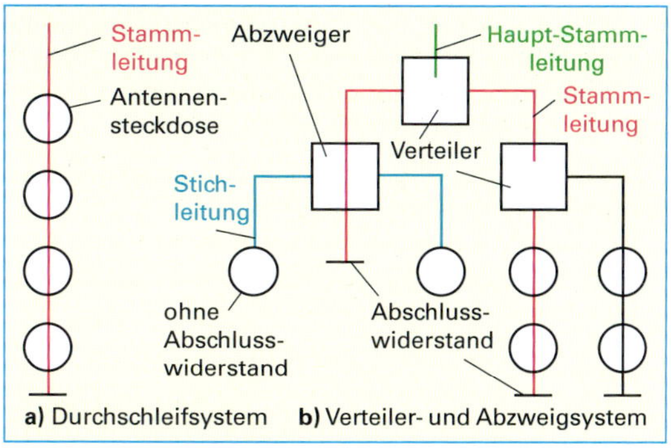

Bild 3: Verteilungsnetze

12.3.5 Satelliten-Fernsehempfangsanlagen

Satelliten strahlen Fernseh- und Radioprogramme ab. Dazu werden Satelliten in eine Erdumlaufbahn **(Bild 1)**, die sogenannte Orbitposition, befördert. In einer Höhe von etwa 36 000 km bewegen sie sich mit der Erddrehung und scheinen deshalb stillzustehen. Sie sind geostationär positioniert. Funkwellen, die ein Satellit zur Erde sendet, werden mit einer **Parabolantenne (Bild 3)** empfangen. Diese muss exakt auf den jeweiligen Satelliten **(Bild 2)** ausgerichtet sein und freie Sicht zum Satelliten haben.

Die Funkwellen, die z. B. ASTRA-Satelliten abstrahlen, haben eine Frequenz von etwa 12 GHz. Diese hohe Frequenz kann nicht direkt über die Antennenleitung zum **Sat-Receiver** (Sat-Empfänger) weitergeleitet werden. Sie wird in der Empfangselektronik der Antenne durch einen **LNB**[1] in einen niedrigen Frequenzbereich umgesetzt, verstärkt und dann dem Sat-Receiver zugeführt.

Zum Aufbau einer einfachen Satellitenempfangsanlage (Sat-Anlage) **(Bild 3)** benötigt man grundsätzlich:

- eine Parabolantenne (Satellitenempfangsantenne),
- einen Empfangskopf (LNB),
- das Leitungsnetz (doppelt geschirmtes Koaxialkabel),
- Sat-Antennensteckdosen und
- ein Sat-Empfangsgerät, z. B. einen Sat-Receiver oder ein TV-Gerät mit integriertem Sat-Tuner.

Bei den **Parabolantennen** unterscheidet man offset und zentral gespeiste Antennen **(Bild 4)**. Bei offset gespeisten Antennen ist der Flächenwirkungsgrad größer, da durch den Empfangskopf (LNB) keine Abschattung erfolgt. Sie werden deshalb in der Praxis bevorzugt.

Je nach zu empfangenden Satelliten und Empfangsort werden Parabolantennen mit einem Durchmesser von 60 cm, 75 cm oder 90 cm verwendet. Für z. B. ASTRA-Empfangsanlagen in Europa ist ein Durchmesser von 60 cm oder 75 cm ausreichend.

Damit ein Empfang von Satellitenprogrammen möglich ist, muss die Elektronik des Empfangskopfes (LNB) mit einer Gleichspannung von z. B. 14 V versorgt werden. Die Versorgung erfolgt über die Koaxialleitung vom Sat-Receiver aus.

[1] **LNB**, Abk. für: **L**ow **N**oise **B**lock converter (engl.) = geschlossener Konverter mit niedrigem Rauschen, wird auch als Empfangskopf (Speisesystem) bezeichnet

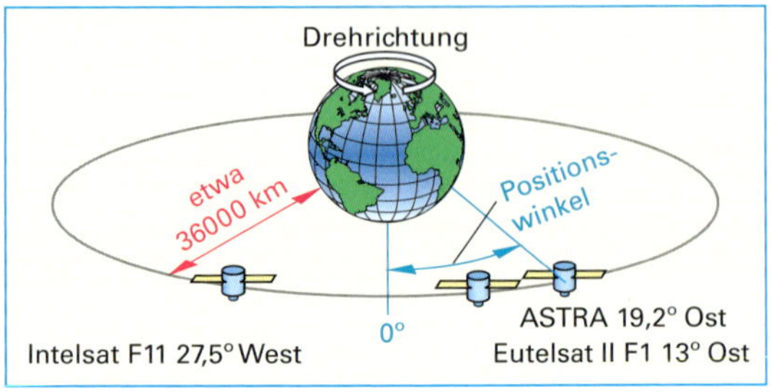

Bild 1: Satellitenumlaufbahnen

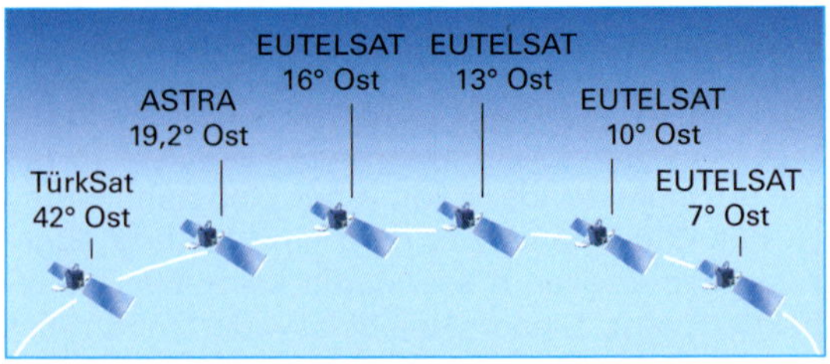

Bild 2: Satelliten mit Positionsangabe (Orbitposition)

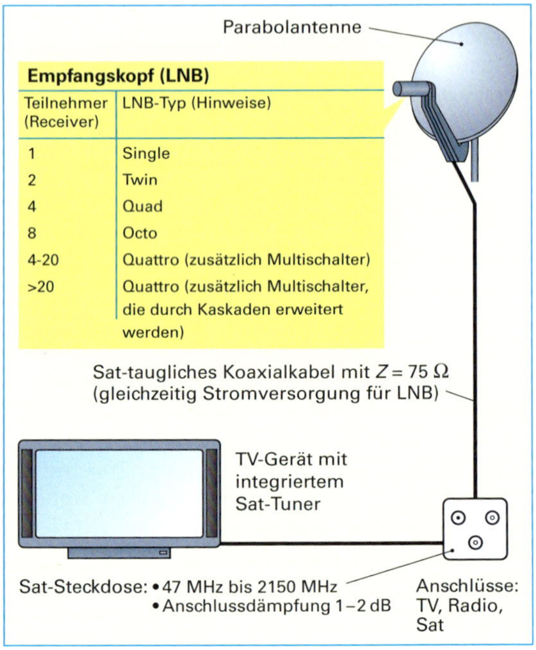

Empfangskopf (LNB)

Teilnehmer (Receiver)	LNB-Typ (Hinweise)
1	Single
2	Twin
4	Quad
8	Octo
4-20	Quattro (zusätzlich Multischalter)
>20	Quattro (zusätzlich Multischalter, die durch Kaskaden erweitert werden)

Bild 3: Satellitenempfangsanlage (Grundausstattung)

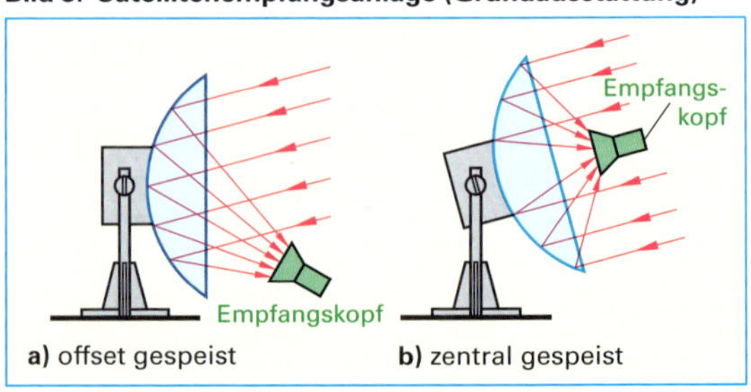

a) offset gespeist **b)** zentral gespeist

Bild 4: Parabolantennen

Satellitenprogramme werden in Europa grundsätzlich aus südlicher Richtung empfangen. Bei der Antennenmontage **(Bild 1)** sind der Elevations- und der Azimutwinkel zu beachten. Als **Elevationswinkel** wird der Erhebungswinkel (**Bild 1 und Bild 2**) der Parabolantenne über dem Horizont angegeben. Der **Azimutwinkel (Bild 2)** gibt die Satellitenposition in Richtung Süden vom Empfangsort aus gesehen an.

Beispiel:

Am Empfangsort Berlin beträgt für den Satelliten ASTRA der Elevationswinkel 29,9° und der Azimutwinkel 172,7°.

Der **Empfangskopf (LNB)** hat die Aufgabe, die vom Satelliten ankommenden Signale (Frequenz: 10,7 GHz bis 12,75 GHz) in den niedrigen Frequenzbereich von 950 MHz bis 2150 MHz umzusetzen und zu verstärken. Den Frequenzbereich 950 MHz bis 2150 MHz am Ausgang des LNB bezeichnet man als Sat-ZF (Sat-Zwischenfrequenz).

Man unterscheidet nach der Anzahl der Teilnehmer Single-LNB, Twin-LNB, Quad-LNB, Octo-LNB und Quattro-LNB **(Bild 3, Seite 430)**.

Satellitenreceiver (Bild 3) wandeln die Signale vom LNB **(Übersicht)** im Frequenzbereich 950 MHz bis 2150 MHz in ein für ein Fernseh- oder Aufzeichnungsgerät auswertbares Signal um.

Man unterscheidet vor allem

- digitale Sat-Receiver mit Single-Tuner und
- digitale Sat-Receiver mit Twin-Tuner.

Receiver können auch eine interne Festplatte haben. Damit können Sendungen gespeichert und z. B. über eine USB-Schnittstelle auf einen PC übertragen werden. Bei Twin-Receivern können zeitgleich zwei Sendungen aufgenommen oder angesehen werden. Zur Übertragung digitaler Fernsehsignale vom Satellitenreceiver zum Fernsehgerät wird eine HDMI[1]-Buchse **(Bild 3 und Seite 433)** benötigt.

Satelliten, z. B. ASTRA, senden zwei Frequenzbereiche aus. Man unterscheidet das Low-Band, 10,7 GHz bis 11,7 GHz, und das High-Band, 11,7 GHz bis 12,75 GHz. Je nachdem welches Band empfangen werden soll, schaltet ein 22-kHz-Signal des Satellitenreceivers den gewünschten Empfangsbereich ein. Um möglichst viele Sender innerhalb der Sendefrequenz unterzubringen, werden die Sendesignale in eine vertikale und eine horizontale Polarisationsebene aufgeteilt. Die Umschaltung der beiden Ebenen erfolgt über die 14/18-V-LNB-Versorgungsspannung aus dem Satellitenreceiver.

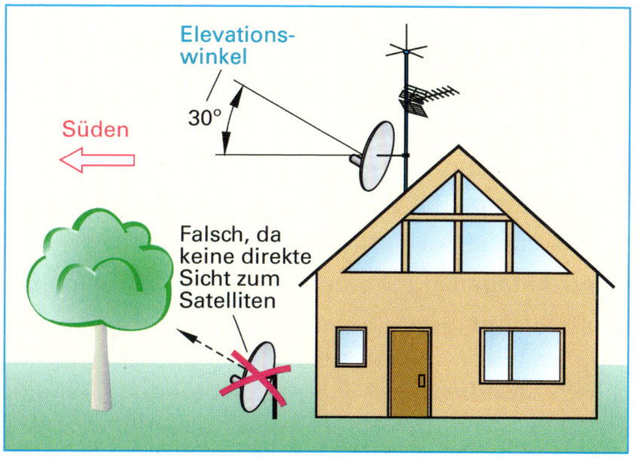

Bild 1: Montage der Parabolantenne

www.kathrein-ds.com/produkte/sat-empfang

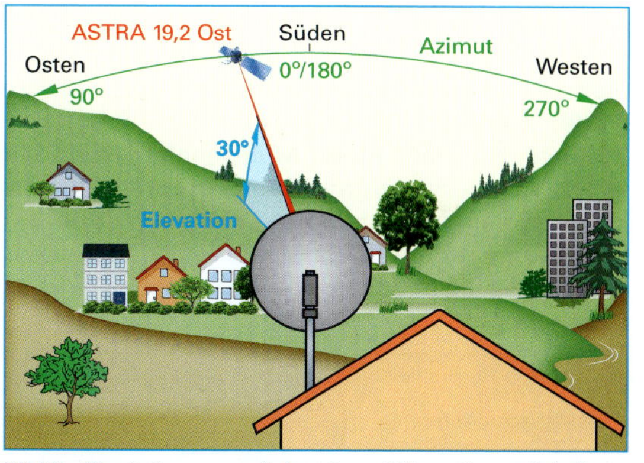

Bild 2: Einstellung von Azimut- und Elevationswinkel

Übersicht: Universal-LNB mit einem Ausgang für Einzelanlagen

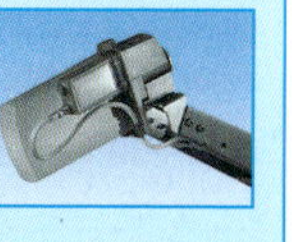

- Eingangsfrequenz 10,70 GHz bis 12,75 GHz
- Für digitale Satellitensignale
- Polarisationsebenen umschaltbar: vertikal (14-V-Signal) und horizontal (18-V-Signal)
- Low- und High-Frequenzband, umschaltbar mit 0-kHz-Signal/22-kHz-Signal
- Verstärkung: > 50 dB
- Versorgungsspannung (11,5 V bis 19 V) vom Satellitenreceiver über das Koaxialkabel
- Stromaufnahme: < 150 mA

Bild 3: Satellitenreceiver: Vorder- und Rückansicht

[1] **HDMI**, Abk. für: **H**igh **D**efinition **M**ultimedia **I**nterface (engl.) = hochauflösende Multimedia-Schnittstelle

Satelliten-Empfangsanlagen unterteilt man vor allem in:

- Einzelempfangsanlagen **(Bild 3, Seite 430),**
- Twin-Sat-Anlagen (Doppelempfangsanlagen) **(Bild 1),**
- Quad-Sat-Anlagen und
- Mehrteilnehmeranlagen **(Bilder 2 und 3).**

Mit **Twin-Anlagen** können zwei Teilnehmer unabhängig voneinander verschiedene Sat-Programme empfangen.

Quad-Anlagen eignen sich für maximal 4 Teilnehmer.

Quattro[1]-Anlagen eignen sich für vier Teilnehmer und können mit Multischaltern (elektronische Umschalter) erweitert werden. Multischalter **(Bilder 2 und 3)** ermöglichen den Gemeinschaftsbetrieb von bis zu 32 Sat-Receivern an einer Sat-Antenne und werden besonders in Mehrteilnehmer-Anlagen verwendet.

Beispiel:

Wie viele Ein- und Ausgänge hat der Multischalter 5/8 **(Bild 2)**?

Lösung:

5 Eingänge, bestehend aus 4 LNB-Eingängen und einem terrestrischen Eingang (F-Buchse), und 8 Ausgänge (für 8 Teilnehmer).

Mehrteilnehmer-Anlagen versorgen z. B. Mehrfamilienwohnhäuser **(Bilder 2 und 3).** Jeder Haushalt besitzt einen oder mehrere Sat-Receiver, die über einen Multischalter, auch Umschaltmatrix genannt, mit den gewünschten Programmen versorgt werden. Die Programmauswahl in Einkabelanlagen **(Bild 3)** werden von Sat-Receivern mit dem DiSEqC™-Befehlssatz gesteuert. Damit werden vom Sat-Receiver Schaltsignale zur Steuerung und Umschaltung von LNBs erzeugt.

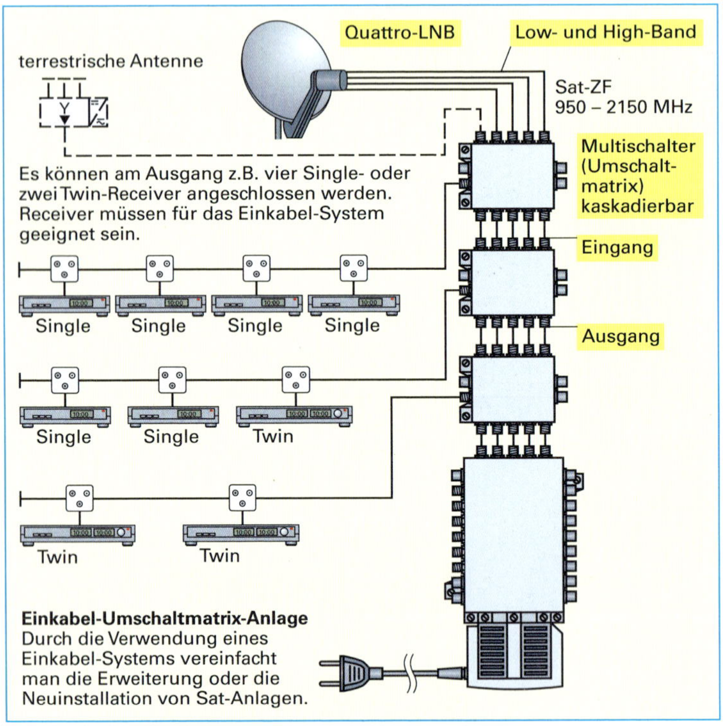

Bild 3: Mehrteilnehmer-Anlage mit Einkabel-Umschaltmatrix

[1] Je nach Hersteller Schreibweise auch Quatro.

www.schwaiger.de
https://de.astra.ses
www.triax-gmbh.de

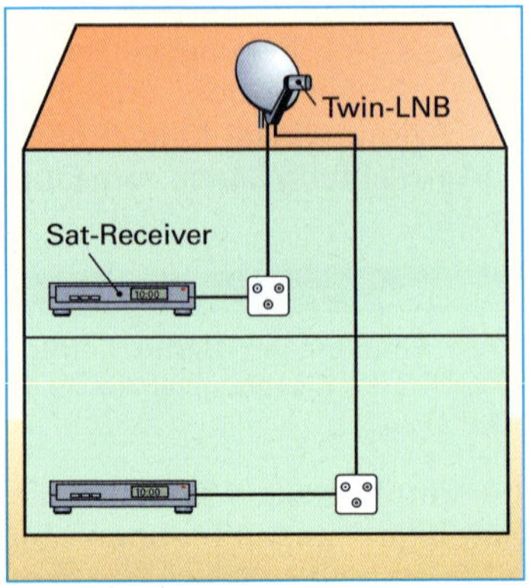

Bild 1: Twin-Anlage

DiSEqC ist die Abkürzung für Digital Satellite Equipment Control und ist ein Warenzeichen der European Telecommunications Satellite Organisation (Eutelsat).

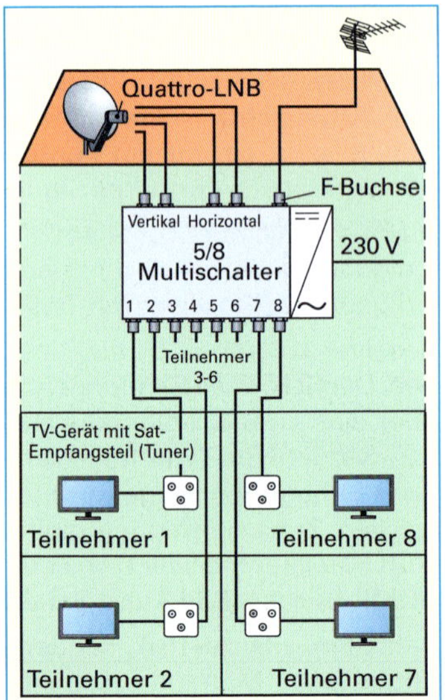

Daten zum Multischalter

Merkmal	SAT	terrestrisch
Frequenzbereich	950 – 2150 MHz	47 – 862 MHz
Anschlussdämpfung	2 dB	9 dB
Entkopplung zwischen Aus- und Eingang	25 dB	25 dB
Ausgangspegel (max.)	105 dBμV	85 dBμV
Umschaltung • vertikal/horizontal • Low-Band/ High-Band	14 V/18 V 0 kHz/ 22 kHz	–

Bild 2: Mehrteilnehmer-Anlage mit Multischalter

Situationsbeschreibung:

Eine Satelliten-Empfangsanlage soll bei Renovierung erneuert werden. Welche Baugruppen sind notwendig bzw. zu beachten? Welche technischen Anforderungen werden an die Baugruppen gestellt?

Allgemein ist zu beachten: Alle Bauteile, z. B. Koaxialkabel, Antennenverteiler, Antennenweichen und Antennensteckdosen, müssen für den Frequenzbereich 950 MHz bis 2150 MHz geeignet sein.

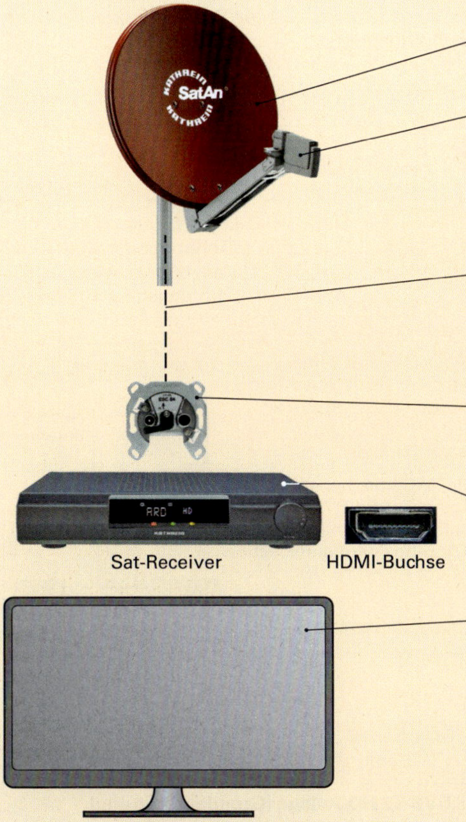

Parabolantenne: Der Reflektordurchmesser sollte größer als 60 cm sein. Dadurch wird der Träger/Rauschabstand (Verhältnis Nutzsignal zu Rauschsignal) verbessert.

LNB: Muss für den Frequenzbereich von 10,7 GHz bis 12,75 GHz geeignet sein. Damit das Signal nicht im Rauschen des eingebauten Verstärkers untergeht, soll das Rauschmaß (engl.: noise figure) unter 0,6 dB liegen. Typische Werte für das Rauschmaß eines LNBs liegen derzeit im Bereich 0,3 ... 0,8 dB.

Koaxialkabel: Sollten mindestens doppelt abgeschirmt sein, um die Vorgaben für die maximal zulässige Störstrahlung und Einstrahlungsfestigkeit zu erfüllen. Das Schirmungsmaß soll mindestens 75 dB betragen. Zu bevorzugen sind aber Koaxialkabel, bei denen das Schirmungsmaß mindestens 85 dB beträgt.

Antennensteckdosen: Müssen für die jeweils zu übertragenden digitalen Frequenzbänder (Sat-Bereich: 950 MHz bis 2150 MHz) geeignet sein.

Sat-Receiver: Kann zusätzliche Funktionen, z. B. Speichern von Fernsehsendungen, haben. Für hochauflösende TV-Sendungen (HDTV[1]) muss ein HDMI[2]-Anschluss vorhanden sein.

TV-Gerät: Gibt es in verschiedenen Ausführungen und haben deshalb besondere Kennzeichnungen (**Tabelle**) für die Wiedergabe von hochauflösenden TV-Sendungen. Als Voraussetzung zum Empfang digitaler Sat-Signale ist ein Empfangsteil (Tuner) für DVB-S/S2 oder ein externer Sat-Receiver notwendig. Moderne TV-Geräte besitzen einen Triple-Tuner, mit dem DVB-S/S2-, DVB-C- und DVB-T2 HD-Signale empfangen werden können. Fernsehgeräte mit Bildröhren sind für hochauflösende TV-Sendungen nicht geeignet.

Bild: Satellitenempfangsanlage

Tabelle: Kennzeichnungen für Flachbildfernseher (Logos und Erklärungen)

HD ready	HD TV	HD ready	HD ready 1080p	ULTRA HD
Herstellerübergreifende Kennzeichnung für Flachbildfernseher mit HDMI-Anschluss, die 720p[3]- und 1080i-Signale[4] verarbeiten können.	Flachbildfernseher mit integriertem HDTV[1]-Tuner, die 720p- und 1080i-Signale empfangen und verarbeiten können.	Flachbildfernseher, die 720p-, 1080i- und 1080p-Signale verarbeiten können. Die Auflösung beträgt meist 1280 x 720 Pixeln bei 60 Vollbildern pro Sekunde.	Flachbildfernseher für 720p-, 1080i- und 1080p-Signale Maximale Bildschirmauflösung: 1920 x 1080 Pixeln. Wird auch als Full-HD oder True HD bezeichnet.	Ultra HD (UHD) hat eine Bildschirmauflösung von 3840 x 2160 Pixeln. UHD-Fernseher als 4K-Geräte haben eine Auflösung 4096 x 2160 Pixeln im 16:9-Format.

[1] **HDTV**, Abk. für: **H**igh **D**efinition **T**ele**v**ision (engl.) = hochauflösendes Fernsehen
[2] **HDMI**, Abk. für: **H**igh **D**efinition **M**ultimedia **I**nterface (engl.) = hochauflösender Multimedia Schnittstelle
[3] **p**, Abk. für: **p**rogressive (engl.) = fortschreitend, hier 720 Zeilen-Vollbildformat
[4] **i**, Abk. für **i**nterlaced (engl.) = verschachtelt, hier 1080-Zeilen-Halbbildformat

12.3.6 DVB-T2 HD-Fernsehempfangsanlagen

Beim terrestrischen digitalen Fernsehen (DVB-T2[1]) erfolgt eine Übertragung der Signale in digitaler Form. Die Bild- und Toninformationen werden digitalisiert, komprimiert und dann gesendet.

DVB-T2 HD ermöglicht die Übertragung hochauflösender Fernsehprogramme (HDTV).

> Terrestrisches digitales Fernsehen kann über die UHF-Kanäle 21 bis 48 gesendet werden. Pro Fernsehkanal können bis zu acht Programme übertragen werden.

Die Bild- und Tonqualität beim terrestrischen digitalen Fernsehen ist deutlich besser als beim früheren üblichen analogen Satelliten-Fernsehen. Auch ist mobiler Empfang möglich, z.B. im Auto. Deshalb bezeichnet man DVB-T2 HD auch als „Das Überall-Fernsehen".

Der DVB-T2 HD-Receiver setzt die im Antennensignal enthaltene digitale Information in Video- und Audio-Signale um. Bei gleichzeitiger Nutzung mehrerer Programme, z.B. durch Fernseher und Videorekorder, benötigt jedes Gerät einen eigenen DVB-T2 HD-Receiver.

Für die Empfangsantenne genügt, im Gegensatz zum Satelliten-Fernsehen, in Sendernähe eine Zimmerantenne, die auch als Stabantenne ausgeführt sein kann. Bei größerer Senderentfernung wird eine Außen- oder Dachantenne benötigt. Mehrteilnehmer-Anlagen werden mit Netzstrukturen gemäß **Bild 2, Seite 429** aufgebaut.

12.3.7 Breitband-Kommunikations-anlagen

Breitband-Kommunikationsanlagen (BK-Anlagen) übertragen z.B. Radio- und Fernsehprogramme im Frequenzbereich von 47 MHz bis 862 MHz über örtliche Koaxialkabel durch Kabelnetzbetreiber bis zu einem Hausübergabepunkt **(Bild 2)**. Breitband-Kabelnetze werden auch zur bidirektionalen[2] Datenübertragung, z.B. für Telefon- und Internetdienste, eingesetzt. Ab dem Hausübergabepunkt ist für das Errichten der Hausverteileranlage der Antragsteller bzw. die Elektrofachkraft verantwortlich. Nach dem Hausübergabepunkt wird ein Hausanschlussverstärker eingesetzt, um die Verluste des Hausleitungsnetzes auszugleichen. Der Eingangspegel am Hausübergabepunkt soll bei Fernsehsignalen 66 bis 83 dBµV und bei UKW-Ton-Rundfunksignalen 62 bis 76 dBµV (dBµV, **Seite 435**) betragen. Wird von einer terrestrischen Antennenanlage auf eine BK-Anlage umgestellt, so erfolgt eine Leitungsverlegung von oben nach unten **(Bild 2a)**. Zukunftsorientierte Verkabelungen sollten nach dem Sternnetz erfolgen **(Bild 2b)**.

DVB-T2 HD-Fernsehen

- Wird auch als „Das Überall Fernsehen" bezeichnet.
- Übertragung im Frequenzbereich 470 bis 690 MHz.
- Ein Mischempfang, z.B. DVB-T2 HD und DVB-C, ist möglich.
- Zum Empfang des terrestrischen digitalen Fernsehens benötigt man eine Antenne, einen DVB-T2 HD-Receiver (Set-Top-Box) und ein Fernsehgerät.
- Der Eingangspegel an der Set-Top-Box sollte etwa 35 dBµV betragen.
- DVB-T wurde durch DVB-T2 HD (HDTV-Übertragung, **Seite 433**) Mitte 2019 abgelöst.

WWW
www.digitalfernsehen.de
www.dvb-t2hd.de

DVB-T2 HD

DVB-T2 HD-Logo: Geräte, die mit diesem Logo gekennzeichnet sind, müssen die Mindestanforderungen für DVB-T2 HD-Empfangsgeräte haben.

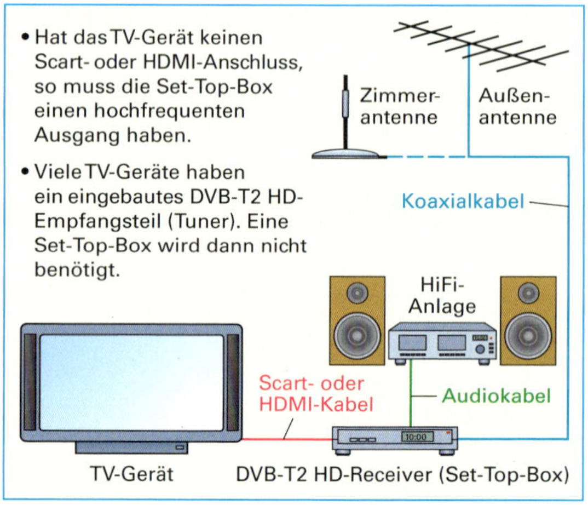

Bild 1: DVB-T2 HD-Anlage (Grundausstattung)

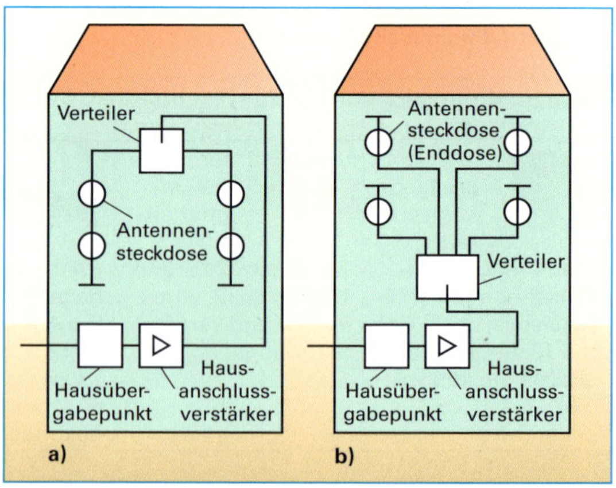

Bild 2: Leitungsnetze in einer BK-Anlage (Beispiele)

[1] **DVB-T2**, Abk. für: **D**igital **V**ideo **B**roadcasting **T**errestrial, 2. Generation (engl.) = Digitales Fernsehen über terrestrische Antenne, erdgebunden

[2] bidirektional = in beiden Richtungen

12.3.8 Berechnung einer Empfangsantennenanlage

Bei der Berechnung ist zu beachten:

- Es sind Mindest- und Höchstpegel an Antennensteckdosen vorgeschrieben **(Tabelle).**
- Die Dämpfungen A_K von Koaxialkabeln sind frequenzabhängig **(Bild 1d, Seite 429).**
- Es ist eine Windlastberechnung (Biegemomente) durchzuführen **(Seite 436).**
- Die Ermittlung der Antennenpegel erfolgt mithilfe eines Messempfängers **(Bild 2).**

Tabelle: Mindest- und Höchstpegel in dBμV an Antennensteckdosen (Auswahl)

Bereich, System	Frequenzbereich	Mindestpegel L_{min}	Höchstpegel L_{max}
UKW (Stereo)	87,5 ... 108 MHz	50 dBμV	70 dBμV
FI, FIII, FIV/V	47 ... 862 MHz	60 dBμV	80* dBμV
DVB-S2, SAT-ZF	950 ... 2150 MHz	47 dBμV	77 dBμV
DVB-C	47 ... 862 MHz	47** dBμV	74** dBμV
DVB-T	174 ... 230 MHz 470 ... 862 MHz	35** dBμV	74 dBμV
DVB-T2 HD	470 ... 690 MHz	35** dBμV	74 dBμV

* 77 dBμV bei mehr als 20 Kanälen
** Je nach Modulation und/oder Code-Rate evtl. andere Werte

Beispiel:

Eine Antennenanlage **(Bild 1)** mit Multischalter **(Bild 3, Seite 432)** ist zu berechnen. Als Leitung wird doppelt geschirmtes Koaxialkabel verwendet **(Bild 1, Seite 429).**

a) Berechnen Sie den Pegel L_A an der Steckdose A für den Sat-Bereich bei einer Frequenz von 1000 MHz.

b) Wie hoch muss der Eingangspegel L_{e2} am Multischalter bei einer Frequenz von 500 MHz (DVB-T2) sein, damit ein Mindestpegel L_{min} an der Steckdose B erreicht wird?

c) Wird der Höchstpegel im SAT-ZF-Bereich an der Steckdose A überschritten?

Lösung:

a) Aus **Bild 1d, Seite 429**: $A_K = 17$ dB/100 m

$A_{KA} = (l_1 + l_2) \cdot A_K = 14\text{ m} \cdot 17\text{ dB/100 m} = 2{,}4\text{ dB}$

$A_{ges} = A_{KA} + A_M + A_A = 2{,}4\text{ dB} + 2\text{ dB} + 2\text{ dB} = 6{,}4\text{ dB}$

$\boldsymbol{L_A} = L_{e1} - A_{ges} = 75\text{ dBμV} - 6{,}4\text{ dB} = \mathbf{68{,}6\text{ dBμV}}$

b) Aus **Bild 1d, Seite 429**: $A_K = 14$ dB/100 m

$A_{KB} = l_3 \cdot A_K = 36\text{ m} \cdot 14\text{ dB/100 m} = 5\text{ dB}$

$A_{ges} = A_{KA} + A_M + A_A = 5\text{ dB} + 9\text{ dB} + 2\text{ dB} = 16\text{ dB}$

$\boldsymbol{L_{e2}} = L_{min} + A_{ges} = 26\text{ dBμV} + 16\text{ dB} = \mathbf{42\text{ dBμV}}$

c) 68,6 dBμV < 77 dBμV
Der Höchstpegel wird nicht überschritten.

[1] terrestrisch = die Erde betreffend

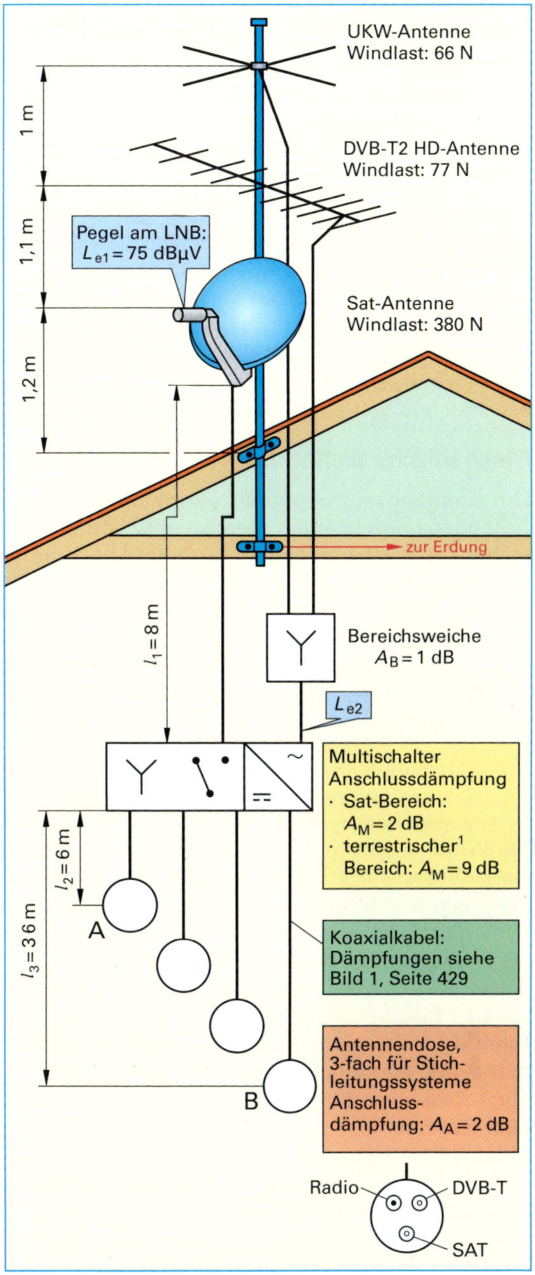

Bild 1: Antennenanlage

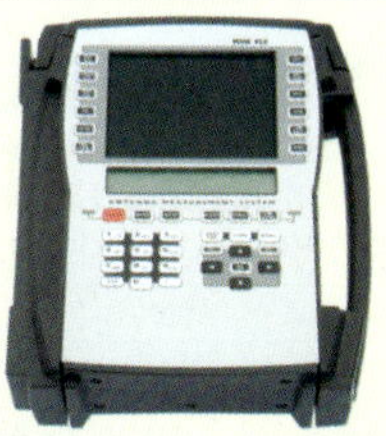

Bild 2: Messempfänger (Pegelmessgerät)

12.3.9 Errichten von Empfangsantennenanlagen

Beim Bau von Antennenanlagen unterscheidet man Einzel-, Gemeinschafts- und Großgemeinschaftsanlagen. **Einzelanlagen (EA)** versorgen eine Wohneinheit, **Gemeinschaftsanlagen (GA)** versorgen mindestens zwei Wohneinheiten.

Großgemeinschaftsanlagen (GGA) werden z. B. zur Versorgung von Wohngebieten errichtet. Bei Gemeinschaftsantennenanlagen **(Bild 1a)** wird das Signal von oben nach unten verteilt, bei Breitband-Kommunikationsanlagen (BK-Anlagen) meist vom Hausübergabepunkt nach oben **(Bild 1b)**. Antennenanlagen müssen nach den Normen DIN EN 60728-11 errichtet und betrieben werden.

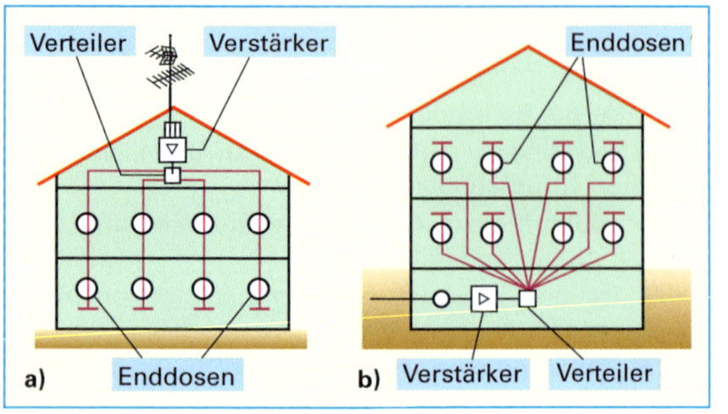

Bild 1: Aufbau von Verteilanlagen

Mechanische Sicherheit

Um Empfangsstörungen zu vermeiden, müssen Antennen untereinander einen ausreichenden Abstand, z. B. etwa 1 m, haben. Auch sind bestimmte Mindestabstände zu Starkstromfreileitungen einzuhalten **(Bild 2)**. Beim Abknicken von Antennen muss die Berührung mit Freileitungen ausgeschlossen sein. Antennenstandrohre sind an tragenden Bauteilen mit Schellen zu befestigen und gegen Verdrehen zu sichern.

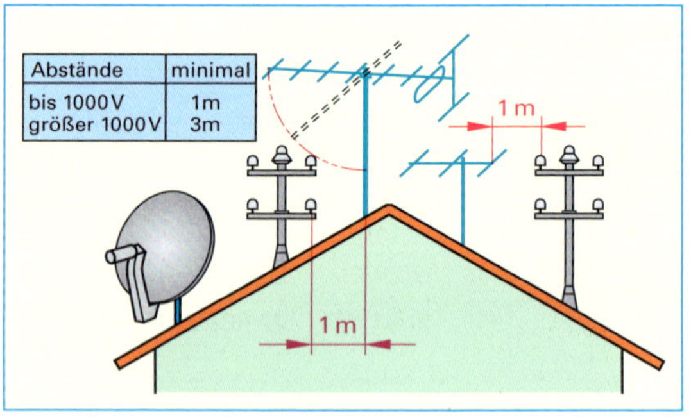

Bild 2: Abstände von Antennen und Freileitungen

> Die Einspannlänge l_E muss mindestens $^1/_6$ der gesamten Standrohrlänge l betragen **(Bild 3)**.

Bei Wind wirken Kräfte auf die Antennen (Windlast). Diese sind von der Bauform der Antennen abhängig und führen zu Biegemomenten am Antennenstandrohr. Das Standrohr muss deshalb ein nachzuweisendes Biegemoment aushalten. Es ist die Summe der Biegemomente zu bilden. Dazu zählen das Biegemoment, das vom Antennenstandrohr (M_R) selbst verursacht wird, und die Biegemomente (M_1, M_2 ...) der montierten Antennen **(Bild 3)**. Für Antennenstandrohre mit einer freien Länge von über 6 m oder einem Gesamtbiegemoment an der oberen Einspannstelle über 1650 Nm ist die ausreichende Festigkeit der zur Befestigung genutzten Gebäudeteile nachzuweisen.

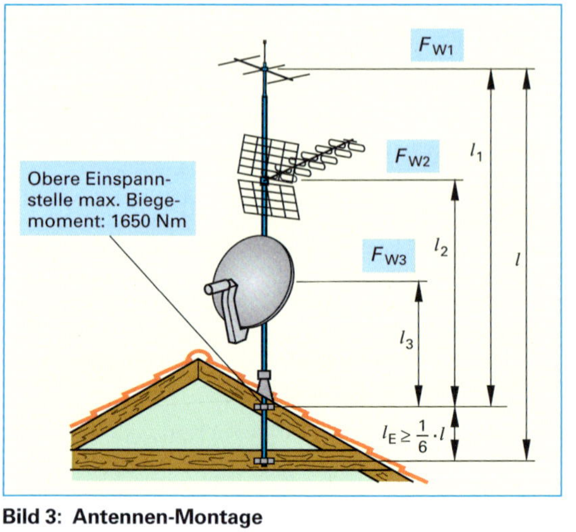

Bild 3: Antennen-Montage

> Das vom Hersteller angegebene maximale Biegemoment des Antennenstandrohres darf nicht überschritten werden.

Beispiel:

Berechnen Sie das Biegemoment an der oberen Einspannstelle der Antennenanlage **Bild 1, Seite 435**. Das Eigenbiegemoment des Antennenstandrohres beträgt 144 Nm.

Lösung:

$M_G = M_R + M_1 + M_2 + M_3$

$= 144\ \text{Nm} + (66\ \text{N} \cdot 3{,}3\ \text{m}) + (77\ \text{N} \cdot 2{,}3\ \text{m})$

$+ (380\ \text{N} \cdot 1{,}2\ \text{m}) = \mathbf{995\ Nm}$

Biegemomente von Antennen

$$M_1 = F_{W1} \cdot l_1 \qquad M_G = M_R + M_1 + M_2 + \ldots$$

$[M] = \text{N} \cdot \text{m} = \text{Nm}$

M_1, M_2, ...	Biegemomente der Antennen
M_R	Eigenbiegemoment des Antennenstandrohres
F_{W1}, F_{W2}, ...	Windlasten
l_1, l_2, ...	Abstände von der oberen Einspannstelle
M_G	Gesamtbiegemoment

Elektrische Sicherheit

Die elektrische Sicherheit von Antennen ist abhängig von der Erdung, dem Schutzpotenzialausgleich, der vorschriftsmäßigen Verlegung und Montage von Antennenkabeln und Betriebsmitteln.

In Lagerräumen für leichtentzündliche Stoffe, z. B. Heu oder Stroh, und in Räumen, in denen sich explosive Gase bilden, dürfen Antennenkabel nicht verlegt werden.

> Alle Antennen, ausgenommen Zimmerantennen, eingebauten Antennen, Fensterantennen und Antennen unter dem Dach, müssen geerdet werden **(Bild 1)**.

Fensterantennen müssen dann geerdet werden, wenn die Maße nach **Bild 1** überschritten werden.

Das Antennenstandrohr ist mit der Erdungsanlage zu verbinden.

Als Erder **(Bild 1)** können z. B. Fundament-, Band-, Stab- oder Blitzschutzerder verwendet werden, sofern die örtlichen Vorschriften dies zulassen. Verfügt das Gebäude über ein Blitzschutzsystem **(Seite 463)**, so sollte die Antennenanlage durch eine von ihr getrennte Fangstange **(Bild 2)** geschützt werden (Trennungsabstand, **siehe Seite 466,** beachten). Als Erdungsleitung lassen sich bei Eignung z. B. auch Stahlskelette, Armierungen oder Eisentreppen benutzen. Das Antennenstandrohr und die Abschirmung der Koaxialleitungen vor und hinter Verstärkern und Umsetzern sind mit einem Schutzpotenzialausgleich zu versehen **(Bild 1)**. Schutzpotenzialausgleichsleitungen sind Kupferleitungen, z. B. H07V-U, mit einem Querschnitt ≥ 4 mm^2.

Prüfen von Antennenanlagen. Neu errichtete oder instand gesetzte Antennenanlagen sind vor der Inbetriebnahme zu überprüfen **(Übersicht)**. Bei der Prüfung auf Kurzschluss und Unterbrechung werden die Antennenleitungen mit einem Widerstandsmesser kontrolliert. Durch den in der Enddose einer Stammleitung eingebauten Abschlusswiderstand muss zwischen Abschirmung und Innenleiter ein Widerstandswert von etwa 75 Ω zu messen sein.

Sicherheitsvorkehrungen. Nach den Unfallverhütungsvorschriften der Berufsgenossenschaften hat sich der Errichter vor Montage- bzw. Reparaturbeginn davon zu überzeugen, dass zwischen Antenne und Erde keine gefährliche Berührungsspannung besteht. Werden Arbeiten in der Nähe von Starkstromfreileitungen durchgeführt, sind Sicherheitsmaßnahmen, z. B. Abschalten der Starkstromfreileitung, zu treffen. Vor Betreten eines Gebäudedaches hat sich der Antennenerrichter vorschriftsmäßig anzuseilen. Bei Arbeiten an Antennenanlagen auf dem straßenseitigen Teil des Daches ist der Gehweg durch Schranken und Warnschilder abzusichern.

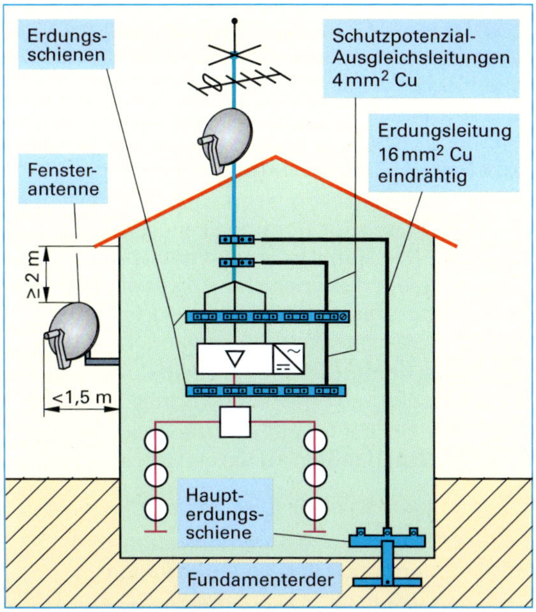

Bild 1: Erdung und Schutzpotenzialausgleich einer Antennenanlage

> Als Erdungsleitungen (Einzelmassivdrähte) sind nach DIN EN 60728-11 erlaubt, z. B.:
> - Kupferleitung ≥ 16 mm^2, z. B. H07V-U,
> - Aluminiumleitung ≥ 25 mm^2, z. B. NAYY,
> - Stahl (verzinkt) ≥ 50 mm^2.

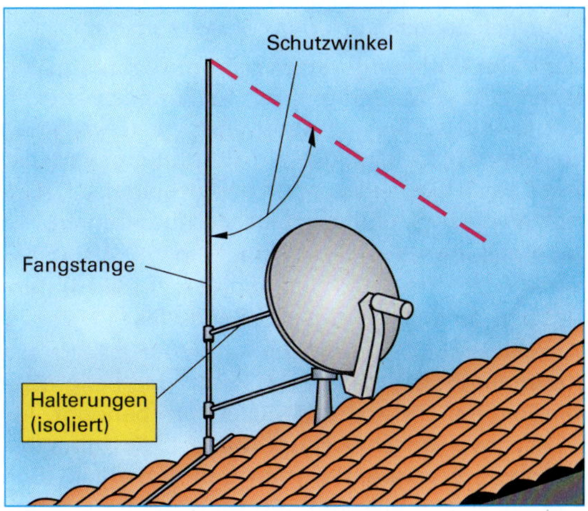

Bild 2: Parabolantenne mit Fangstange

Übersicht: Prüfen von Antennenanlagen

- Sichtprüfung auf fachgerechte Montage.
- Prüfen auf Kurzschluss und Unterbrechung der Antennenleitungen.
- Pegelmessung mit Antennenmessgerät.
- Prüfen der Bild- und Tonqualität.

Situationsbeschreibung:

In der Praxis werden immer häufiger Wohn-, Freizeit- und ähnliche Bereiche mit einer anwendungsneutralen Kommunikationsverkabelung (siehe auch **Seite 452**) ausgestattet.

Bei der Kommunikationsverkabelung **(Bild 1)** werden Anschlüsse für Kommunikationsdienste, z.B. Telefonie, Rundfunk, Internet, Fernsehen, Computer und gebäudetechnische Anwendungen, z.B. Temperaturerfassung, flexibel und individuell in den Räumen eines Wohnhauses angeboten.

Durch die Kommunikationsverkabelung ergeben sich für Bauherren und Planer Vorteile.

- Hohe Flexibilität für individuelle Anschlüsse.
- Bei Änderungen keine neue Leitungsinstallation.

Eine Multimediainstallation umfasst die Gebiete:

- RuK (Radio/TV und Kommunikation) und
- IuK (Information und Kommunikation).

Die notwendigen Ausstattungen der elektrischen Anlagen mit den Anschlüssen für Kommunikationszwecke RuK sowie IuK sind in DIN 18015-2 und RAL-RG 678 festgelegt.

Aufbau der anwendungsneutralen Kommunikationsverkabelung

Zum Aufbau sind notwendig:

- Ein zentraler Wohnungsverteiler **(Bilder 1 und 2)**,
- eine Verkabelung zu den Anschlussdosen und
- Anschlussdosen in jedem Wohnraum.

Zentraler Wohnungsverteiler: Vom Wohnungsverteiler, z.B. Zählerschrank mit Multimediaverteilerfeld **(Bild 2)**, verläuft eine sternförmige Verkabelung zu jeder Anschlussdose. Am Wohnungsverteiler lassen sich alle Änderungen und Arbeiten, z.B. Einrichten eines Telefonanschlusses, durchführen.

Verkabelung: Zur elektrischen Datenübertragung verwendet man z.B. Multimediakabel **(Bild 3)** mindestens der Kategorie Cat 5e **(Seite 317)**.

Anschlussdose: Es wird eine Anschlussdose für alle Kommunikationsdienste pro Raum und bei größeren Räumen im Abstand von 3,75 m benötigt. Als PC-Netzwerkanschlussbuchse und für Kommunikationsgeräte verwendet man den Typ RJ45 **(Seite 443)**, analoge Kommunikationsgeräte werden über Cat 5e-Datendosen oder TAE-Anschlussbuchsen **(Seite 440)** angeschlossen.

Hinweise zur Verlegung der Datenkabel

- Verlegung in Leerrohre, z.B. mindestens M25, in Unterflursystemen oder in Kabelkanälen.
- Maximale Biegeradien des Herstellers beachten.
- Die Länge des Multimediakabels beträgt maximal 90 m vom Verteiler bis zur Anschlussdose.

Multimediaverkabelung

- Ist genormt nach DIN EN 50173.
- Nennt man auch strukturierte Heimverkabelung. (Nach Norm auch mit „Anwendungsneutraler Kommunikationskabelanlage" bezeichnet.)

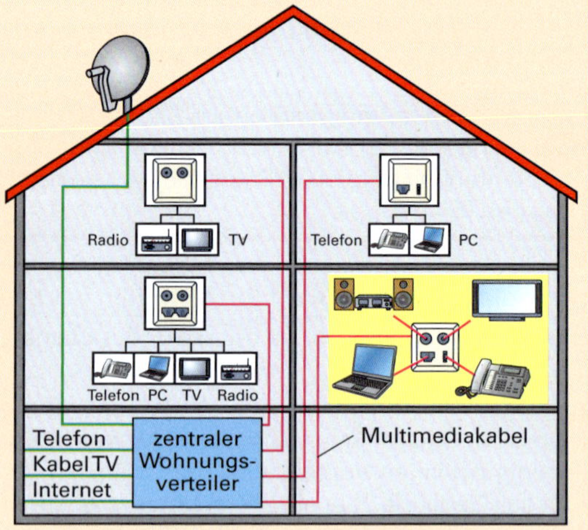

Bild 1: Anwendungsneutrale Kommunikationsverkabelung eines Einfamilienhauses

www.homeway.de
www.hager.de

Bild 2: Zählerschrank mit Multimediaverteilerfeld

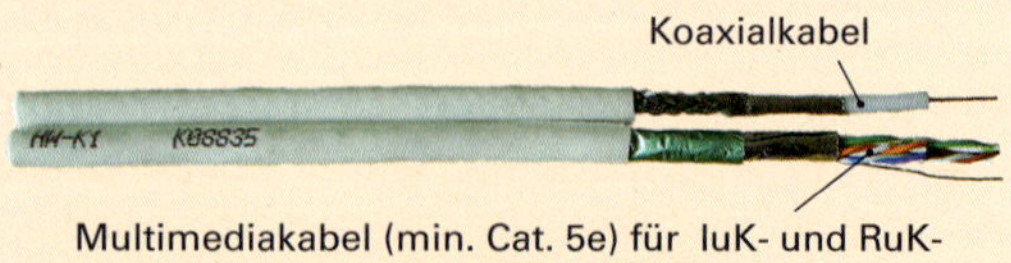

Bild 3: Multimediakabel (Hybridkabel)

12.4 All-IP-Technik

12.4.1 Grundsätzliches zu All-IP

All-IP ermöglicht die Übertragung von Computerdaten, Audio- und Videoinformationen über das Internet mithilfe des Internetprotokolls (IP).

Damit kann für alle Kommunikationsdienste **(Bild 1)** die gleiche Übertragungstechnik verwendet werden. Das Angebot der Kommunikationsdienste Telefonie, Internet, Fernsehen aus einer Hand wird auch als Triple Play bezeichnet.

Alle Informationen der Kommunikationsdienste werden für die Übertragung über das Internet in Datenpakete zerlegt. Durch Störungen auf dem Übertragungsweg, z. B. Laufzeitschwankungen (Jitter) oder Datenpaketverluste, wird die Datenqualität beim Empfänger beeinflusst. Auch eine Veränderung der Datenpaketreihenfolge ist durch unterschiedliche Übertragungswege im Internet möglich **(Bild 2)**. Um eine bessere Quality of Service (QoS) zu erreichen, werden höhere Datenübertragungsraten zur Verfügung gestellt oder bevorzugt Datenpakete für VoIP oder Videostreaming übertragen. Die Protokolle UDP und IP sorgen dabei für den geordneten Datentransport.

Je nach vorhandener Leitungslänge und zusätzlicher Schaltungstechnik auf dem letzten Weg zum Nutzer (last mile) lassen sich unterschiedliche Datenübertragungsraten erreichen **(Bild 2)**. So ist z. B. für die Nutzung von IPTV mindestens eine Übertragungsrate von 16 Mbit/s erforderlich. VDSL-Vectoring mit 100 Mbit/s und Glasfaser mit bis zu 1 Gbit/s wird in Deutschland noch nicht flächendeckend angeboten.

Wichtige All-IP-Begriffe

- **ADSL,** Abk. für: **A**symmectric **D**igital **S**ubscriber **L**ine (engl.) = asymmetrische digitale Teilnehmeranschlussleitung = DSL mit unterschiedlichen Upload- und Download-Geschwindigkeiten
- **All-IP,** Abk. für: **All I**nternet **P**rotocol (engl.) = alles über Internet Protokoll
- **FTTC,** Abk, für: **F**iber **t**o **t**he **c**abinet (engl.) = Glasfaser bis zum Schrank (Kabelverzweiger)
- **FTTH,** Abk, für: **F**iber **t**o **t**he **h**ome (engl.) = Glasfaser bis zur Wohnung
- **FTTB,** Abk, für: **F**iber **t**o **t**he **b**uilding (engl.) = Glasfaser bis zur Grenze des Gebäudes
- **IPTV,** Abk. für: **I**nternet **P**rotocol **T**ele**v**ision (engl.) = Internet Protokoll Fernsehen
- **SIP,** Abk. für: **S**ession **I**nitiation **P**rotocol (engl.) = Protokoll zum Aufbau einer Kommunikationssitzung
- **TAL,** Abk. für: Teilnehmeranschlussleitung
- **Triple Play** (engl.) = Dreifaches Spiel, Anbieten von Fernsehen, VoD, IP-Telefonie und Internet
- **VDSL,** Abk. für: **V**ery High Speed **D**igital **S**ubscriber **L**ine (engl.) = digitale Hochgeschwindigkeits-Teilnehmeranschlussleitung
- **VDSLAM,** Abk. für: **VDSL**-**A**ccess **M**ultiplexer (engl.) = Zugangsmultiplexer
- **VDSL-Vectoring,** VDSL mit höherer Übertragungsrate, bei der durch Signalprozessoren Störungen durch Übersprechen reduziert werden.
- **VoD,** Abk. für: **V**ideo **o**n **D**emand (engl.) = Video auf Wunsch herunterladen
- **VoIP,** Abk. für: **V**oice **o**ver **I**nternet **P**rotocol (engl.) = Sprachübertragung über das Internet
- **UDP,** Abk. für: **U**ser **D**atagram **P**rotocol (engl.) = verbindungsloses Netzwerkprotokoll

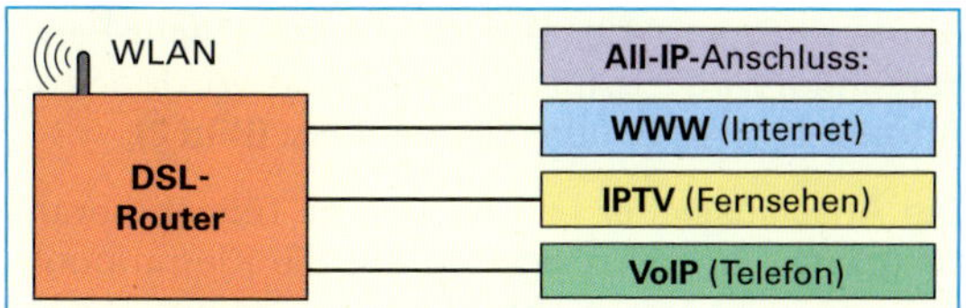

Bild 1: Aufteilung der All-IP-Dienste

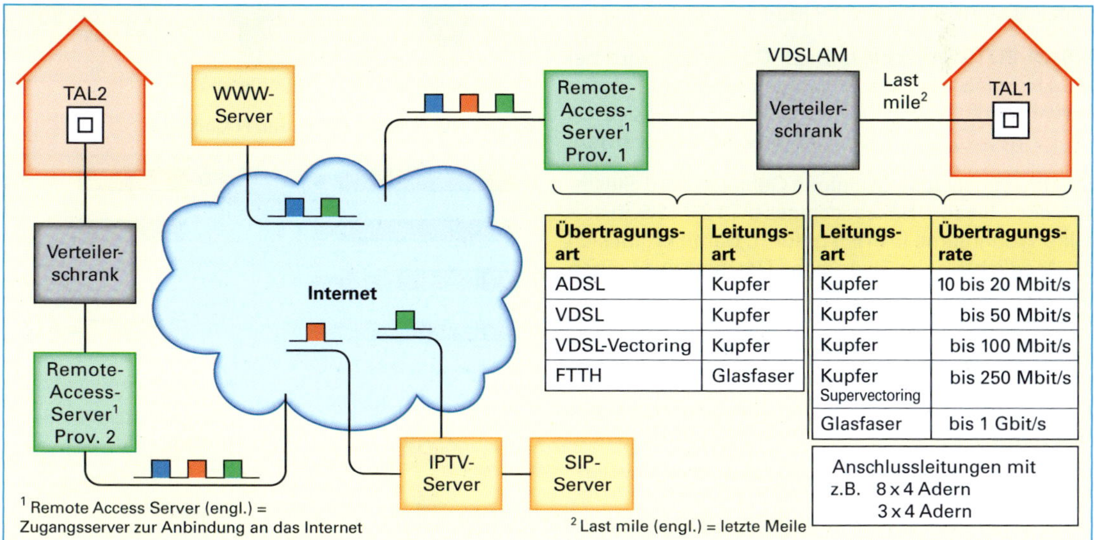

Übertragungsart	Leitungsart	Leitungsart	Übertragungsrate
ADSL	Kupfer	Kupfer	10 bis 20 Mbit/s
VDSL	Kupfer	Kupfer	bis 50 Mbit/s
VDSL-Vectoring	Kupfer	Kupfer	bis 100 Mbit/s
FTTH	Glasfaser	Kupfer Supervectoring	bis 250 Mbit/s
		Glasfaser	bis 1 Gbit/s

[1] Remote Access Server (engl.) = Zugangsserver zur Anbindung an das Internet

[2] Last mile (engl.) = letzte Meile

Bild 2: Datenübertragung bei All-IP

12.4.2 Anschlusstechnik

Parallel zur fortschreitenden Digitalisierung der Telekommunikationstechnik (TK-Technik) ist weiterhin in vielen Gebäuden und Anlagen analoge Anschlusstechnik vorhanden. Z.B. sorgt die Telekom Deutschland als Festnetzbetreiber für den sachgerechten Betrieb des Datennetzes bis zum Hausanschluss, der auch als APL (Abschlusspunkt Linientechnik) bezeichnet wird. Vom APL aus wird eine Leitung zur 1. TAE-Steckdose **(Bild 1)** geführt.

Netzabschluss. Der Netzabschluss wird beim analogen Telekommunikationssystem **NTA** genannt.

Das vernetzte Haus: **Seite 452**

All-IP-Anschluss. Die 1. TAE-Steckdose ist der Netzabschluss NTA des Telekommunikationssystems. An den NTA **(Bild 1)** wird bei einem All-IP-Anschluss ein DSL-Router mit integriertem DSL-Modem und Netzwerk-Switch angeschlossen ①. Die weitere Verkabelung des Heimnetzwerkes zu Switchen und Patchfeldern erfolgt mit Ethernet-Leitungen **(Seite 317)** entsprechender Kategorie.

Als Netzabschluss wird häufig eine **TAE-Steckdose** in **NFN-Codierung** verwendet **(Bild 1).** Der **F-Stecker (Fernsprechen)** ist für den Anschluss des DSL-Routers **(Seite 442)**. Der **N-Stecker (Nicht-Fernsprechen)** wird z.B. für den Anschluss von Modem, Anrufbeantworter oder Fax benötigt **(Bild 2).**

Die Anschlussleiter La und Lb der Teilnehmeranschlussleitung (TAL) werden auf die Klemmpunkte 1 und 2 der ersten TAE-Steckdose gelegt. Die Installation erfolgt mit Telekommunikationsleitungen, z.B. J-Y(St)Y 2 x 2 x 0,6 **(Bild 3).**

MSAN-POTS[1]-Anschluss. Die F-Codierung wird bei MSAN-POTS für den Anschluss analoger Geräte verwendet ②. An die Klemmpunkte a2 (6) und b2 (5) kann eine zweite TAE-Dose angeschlossen werden.

Glasfaseranschluss. In einigen Gebieten wird Glasfaser schon bis zum Hausanschluss (FTTB[2]) bzw. in einzelne Wohnräume (FTTH[3]) geführt. Damit ergibt sich die Möglichkeit, im Haus vom Netzbetreiber einen Glasfaseranschlusspunkt bzw. in der Wohnung eine Glasfaseranschlussdose mit integriertem Glasfaser-Modem zu installieren. Über Router und Switche lassen sich dann alle Räume mit Netzwerkleitungen (mind. CAT6) ausstatten. Neben einer Datensteckdose ist jeweils auch eine 230 V Steckdose vorzusehen.

[1] **MSAN**, Abk. für: **M**ulti **S**ervice **A**ccess **N**ode (engl.) = Mehrfachdienst-Zugangsknoten, **POTS**, Abk. für: **P**lain **O**ld **T**elephone **S**ystem (engl.) = herkömmlicher analoger Telefondienst
[2] **FTTB**, Abk. für: **F**iber **t**o **t**he **b**uilding (engl.) = Glasfaser bis zum Haus
[3] **FTTH**, Abk. für: **F**iber **t**o **t**he **H**ome (engl.) = Glasfaser bis in den Wohnraum

Begriffe der TK-Technik

- **Bundesnetzagentur** (BNetzA) sorgt für Einhaltung des Telekommunikationsgesetzes (TKG)
- **APL,** Abk. für: **A**nschluss**p**unkt **L**inientechnik
- **NTA,** Abk. für: **N**etwork **T**ermination **A**nalog (engl.) = Netzabschluss analog
- **TAE,** Abk. für: **T**elekommunikations-**A**nschluss-**E**inheit
- **Gf-TA,** Abk. für: **G**las**f**aser-**T**eilnehmer**a**nschlussdose

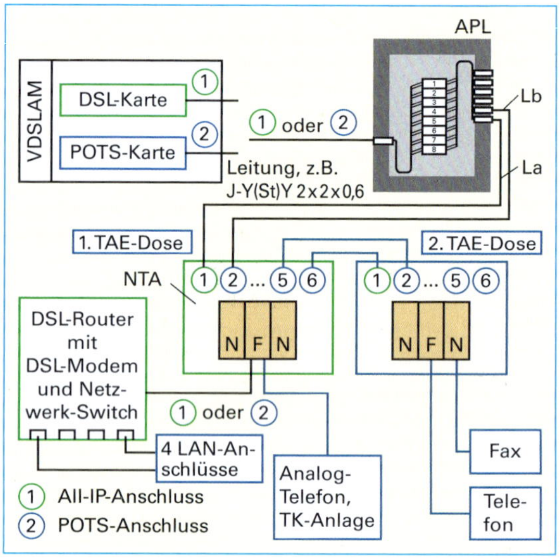

Bild 1: Hausanschlüsse

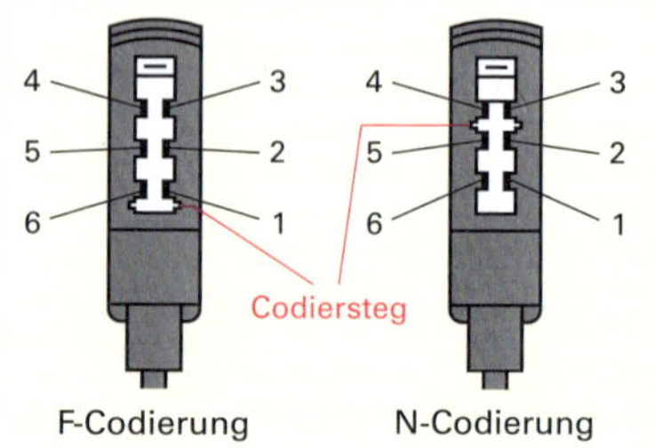

Adernbelegung und Adernfarbe

1	La	WH
2	Lb	BR
3	W	GN
4	E	YE
5	b2	GY
6	a2	PK

Bild 2: TAE-Stecker mit F- und N-Codierung

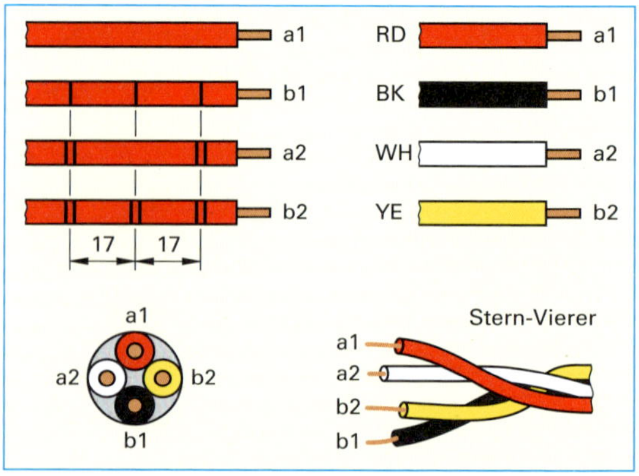

Bild 3: Telekommunikationsleitungen

12.4.3 VoIP-Technik

VoIP bietet Echtzeitübertragung von Sprache über Netzwerke, die das Internet-Protokoll (IP) **(Seite 549)** benutzen.

> Für VoIP benötigt man einen Zugang zum Internet über einen Provider, z.B. T-Online, einen DSL-Router, ein VoIP-Endgerät und eine VoIP-Rufnummer.

VoIP mit DSL-Router. Voraussetzung für VoIP sind VoIP-Endgeräte, z.B. ein VoIP-Telefon oder ein PC mit VoIP-Software, Soundkarte, Lautsprecher, Mikrofon oder Headset und eine Verbindung zum Internet **(Bild 1)**.

PC mit Headset und VoIP-Software. Dazu wird auf dem PC ein Wählprogramm (Dialer) **(Bild 2)** und eine Gateway-Software installiert, die eine Verbindung zum SIP-Server des SIP-Providers herstellt. Dieser SIP-Provider, z.B. die Telekom, ist ein Vermittler, der ein Verzeichnis von VoIP-Adressen führt, um einen Teilnehmer im Internet zu finden. Eine SIP-Rufnummer gleicht einer Mischung aus Internetadresse und Telefonnummer, z.B. sip:078197060589@telt-online.de. Der SIP-Server stellt nun die Verbindung zur gewünschten SIP-Rufnummer her. Anschließend werden die Gesprächsdatenpakete zwischen den Teilnehmern ausgetauscht, d.h. zwischen den Gesprächspartnern kann wie gewohnt telefoniert werden.

> Der SIP-Provider lässt sich den Service des Verbindungsaufbaus bezahlen, das Telefongespräch ist kostenlos.

Sprachanschluss im IP-Netz. Für alle Nutzer, die ausschließlich ihren analogen Sprachanschluss (POTS) weiter benützen wollen, werden in der Vermittlungsstelle die Signale in analoge Signale umgewandelt. In der Vermittlungsstelle werden die IP-Anschlüsse im MSAN mittels POTS-Karten in analoge Anschlüsse umgewandelt **(Bild 3)**. Über solche Anschlüsse können auch bei Stromausfall Notrufanlagen, z.B. Aufzugs- oder Hausnotruf, weiterbetrieben werden. Damit kann auf USV-Anlagen **(Seite 265)**, wie bei neuen IP-Telefonanlagen, verzichtet werden.

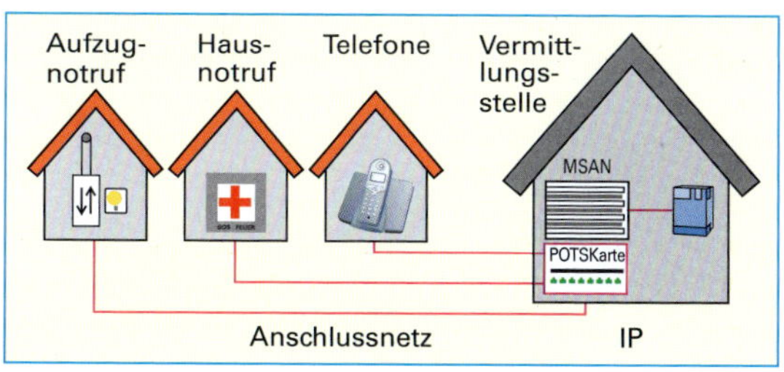

Bild 3: MSAN-POTS-Anschlüsse (Beispiele)

Wichtige VoIP-Begriffe

- **gateway** (engl.) = Verbindungsglied zwischen Netzwerken
- **headset** (engl.) = Kopfhörersatz
- **MSAN,** Abk. für: **M**ulti **S**ervice **A**ccess **N**ode (engl.) = Mehrfachdienst-Zugangsknoten
- **POTS,** Abk. für: **P**lain **O**ld **T**elephone **S**ystem (engl.) = herkömmlicher analoger Telefondienst
- **Provider** (engl.) = Versorger, Anbieter, bietet Kommunikationsdienste an, z.B. mobilcom debitel
- **SIP**, Abk. für: **S**ession **I**nitiation **P**rotocol (engl.) = Protokoll zum Aufbau einer Kommunikationssitzung
- **Telekommunikationsnetzbetreiber** bietet Kommunikationsdienste an und verfügt meist zusätzlich über ein eigenes Telekommunikationsnetz, z.B. Telekom

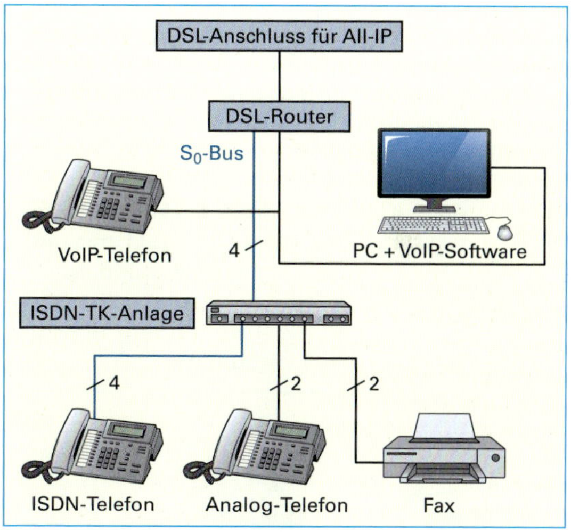

Bild 1: Aufbau eines VoIP-Netzwerkes mit Endgeräten

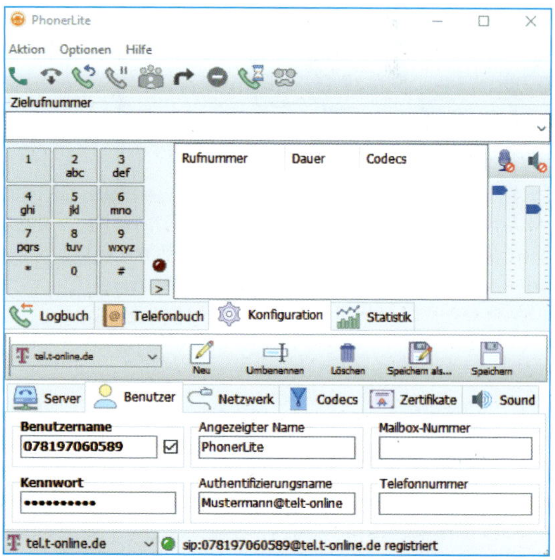

Bild 2: Wählprogramm am Beispiel des VoIP-Programmes PhonerLite

(Nächster Praxistipp: Seite 449)

Praxistipp: Auswahl und Anschluss eines DSL-Routers

Situationsbeschreibung:

Ein Haushalt plant des Gesamtpaket eines Providers für Internetfernsehen, Highspeedsurfen (50 Mbit/s) und IP-Telefonie zu bestellen.

Folgende Endgeräte sollen angeschlossen werden:
- ein analoges Telefon mit Anrufbeantworter,
- ein analoges Faxgerät,
- ein Fernsehgerät und
- zwei Personalcomputer.

a) Welche Mindestanforderungen sind an die Anschlüsse des DSL-Routers zu stellen?

b) Für welche Übertragungstechnik muss der DSL-Router geeignet sein?

c) Beschreiben Sie die Funktion der Anschlüsse 1 und 2 **(Bild)**?

Lösung:

a) Mindestens 3 LAN-Anschlüsse (3.1) ... (3.3) (PC, Fernsehgerät) und zwei analoge Anschlüsse (4.1) und (4.2) (Telefon, Fax) müssen vorhanden sein **(Bild und Übersicht).**

b) Z.B. VDSL2.

c) Sind noch Kupferleitungen bis zum Haus verlegt, wird der Anschluss (1) (DSL) mit der 1. TAE-Dose am Hausanschluss verbunden. Ist im Haus schon ein Glasfaseranschluss vorhanden, wird das Glasfasermodem über den Anschluss (2) (Link) verbunden.

Übersicht: Weitere Merkmale von DSL-Routern (Beispiele)

- **WLAN-Accesspoint:** Zum Betrieb eines kabellosen Heimnetzwerkes (WLAN) mit den Frequenzen 2,4 GHz und 5 GHz, Dual-WLAN, **Bild 1, Seite 443** WLAN-Daten Bitrate: 450 ... 2100 Mbit/s Verschlüsselung: WPA[1], WPA2, WPA3, WEP[2]
- **Netzwerkswitch:** Integrierter Netzwerkswitch bis 2,5 GBit/s.
- **LAN-Standard:** Gigabit-Ethernet (10/100/1000 Mbit/s)
- **Internet-Sicherheit:** Kindersicherung, Firewall
- **S_0-Bus-Anschluss:** Damit kann noch eine ISDN-TK-Anlage **(Bild 1, Seite 443)** unterstützt werden.
- **USB-Anschluss:** Z. B. für NAS[3] oder Drucker
- **Anschlusstechnik:** ADSL2+, VDSL2, VDSL-Vectoring, Glasfaser, LTE[4].
- **DECT-Telefone:** Bis zu 6 DECT[5]-Telefone können zusätzlich angeschlossen werden.

[1] **WPA**, Abk. für: **W**i-Fi **P**rotected **A**ccess (engl.) = Sicherheitsstandard für Funknetze
[2] **WEP**, Abk. für: **W**ired **E**quivalent **P**rivacy (engl.) = Verschlüsselungsalgorithmus für Funknetze
[3] **NAS**, Abk. für: **N**etwork **A**ttached **S**torage (engl.) = netzgebundener Speicher
[4] **LTE**, Abk. für: **L**ong **T**erm **E**volution (engl.) = Surfen über Mobilfunk bis über 300 Mbit/s
[5] **DECT**, Abk. für: **D**igital **E**nhanced **C**ordless **T**elecommunications (engl.) = Digitale verbesserte schnurlose Telekommunikation

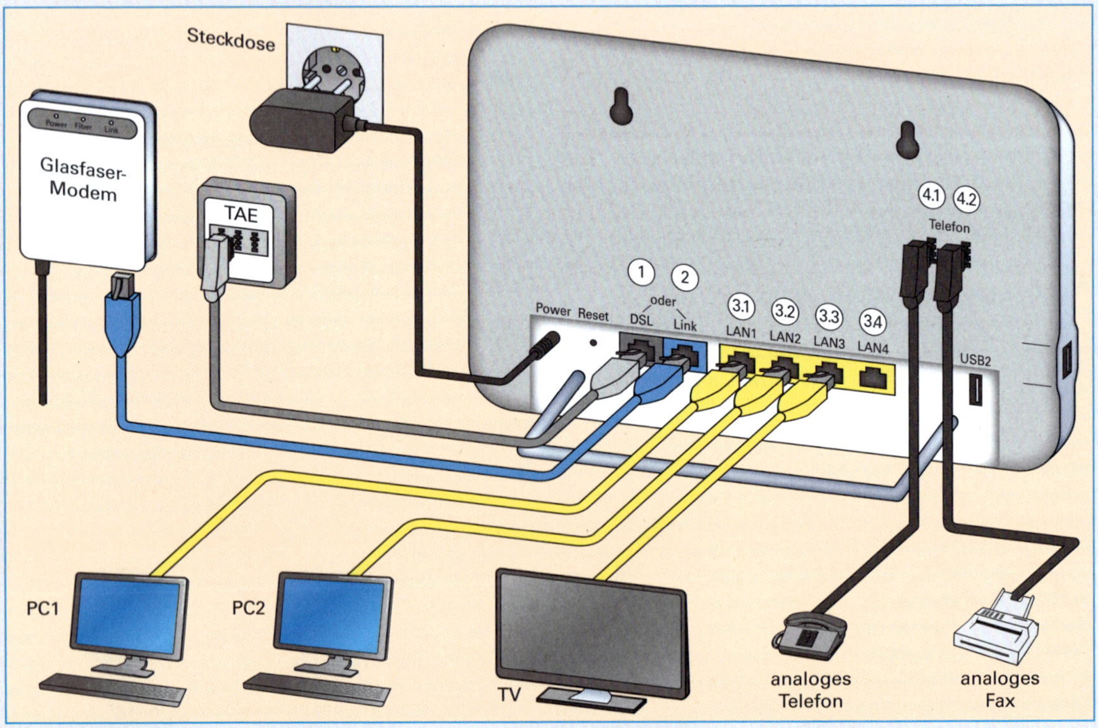

Bild: Anschluss eines DSL-Routers

12.4.4 ISDN am All-IP-Anschluss

> Das analoge Telefonnetz und das ISDN-Netz wird je nach Provider zwischen 2018 und 2022 eingestellt und durch IP-Telefonie ersetzt.

Bestehende ISDN-Endgeräte und ISDN-TK-Anlagen können weiter über einen DSL-Router betrieben werden. Dazu muss der Router einen S_0-Anschluss haben **(Bild 1).** Das Telefonmanagement erfolgt weitgehend über die ISDN-TK-Anlage.

ISDN-Übertragungstechnik

ISDN war das erste digitale Netz, das Sprache und Daten übertragen konnte. Beim ISDN-Basisanschluss kann ein Teilnehmer mit zwei Nutzkanälen, den B-Kanälen, zwei unabhängige externe Verbindungen nutzen. Der Basisanschluss ist noch in Privathaushalten oder kleineren Betrieben in Verwendung. Für den Anschluss sind drei Mehrfachrufnummern MSN vorgesehen, die man beliebigen Endgeräten zuordnen kann. Die Endgeräte sind entsprechend einzustellen. Dadurch wird bei einem Anruf dieser Rufnummer z. B. nur das entsprechend eingestellte Endgerät aktiviert. Falls eine MSN sowohl für einen PC als auch ein Telefon vergeben wurde, wählt der Steuerbus, der D-Kanal, das richtige Endgerät aus. Der S_0-Bus wird auch Gerätebus oder interner Bus genannt.

Anschluss der ISDN-Endgeräte

Digitale Endgeräte, z. B. ISDN-Telefon und PC mit ISDN-Karte, sind über IAE- oder UAE-Steckverbindungen mit dem S_0-Bus zu verbinden **(Bild 1).** Die zugehörigen Stecker werden Western-Stecker (RJ-45) genannt **(Bild 2).**

> Mit S_0-Schnittstelle bezeichnet man die Schnittstelle zwischen ISDN-TK-Anlage und deren angeschlossenen Geräten.

Analoge Endgeräte, z. B. Telefone und G3-Fax werden an vorhandene a/b-Anschlüsse an der TK-Anlage angeschlossen **(Bild 1).**

ISDN-Geräte können nach und nach durch VoIP-Geräte oder entsprechende Programmierung der Gerätefunktionen ersetzt werden. Dies wird als Migration (Umstellung) bezeichnet.

Für den Betrieb vieler VoIP-Geräte über einen Internet-Anschluss kann der SIP-TK-Anlagenanschluss (SIP Trunk[1]) verwendet werden, wenn der Router diese Betriebsart unterstützt.

> Bei ISDN muss die letzte Dose am S_0-Bus mit zwei 100-Ω-Widerständen abgeschlossen werden, da sonst störende Reflexionen auftreten können.

[1] Trunk (engl.) = Kanal oder virtuelle Telefonleitung

Übersicht: Wichtige ISDN-Begriffe

- **ISDN,** Abk. für: **I**ntegrated **S**ervices **D**igital **N**etwork (engl.) = Dienste integrierendes digitales Netz
- **MSN,** Abk. für: **M**ultiple **S**ubscriber **N**umber (engl.) = Mehrfachrufnummer
- **IAE,** Abk. für: **I**SDN-**A**nschluss-**E**inheit
- **UAE,** Abk. für: **U**niversal-**A**nschluss-**E**inheit

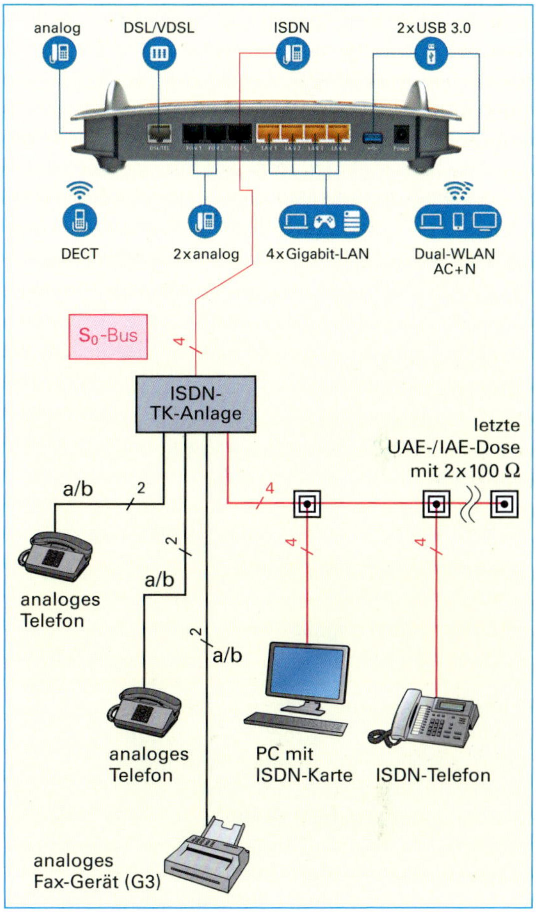

Bild 1: DSL-Router mit S_0-Bus-Anschluss zum Betrieb einer ISDN-TK-Anlage

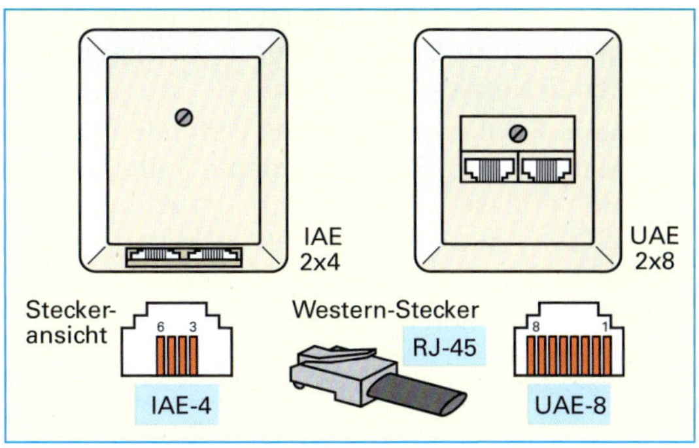

Bild 2: Steckverbindungen IAE und UAE

12.5 Gebäudeautomation

12.5.1 Gebäudeleittechnik

Die Gebäudeleittechnik steuert und überwacht mit einem Leitrechner zentral die technischen Einrichtungen von Gebäuden.

Funktion einer Gebäudeleittechnik. Mit der Gebäudeleittechnik (GLT) werden technische Gebäudeeinrichtungen, z.B. Heizung, Beleuchtung, Klimaanlage, Überwachungs- und Meldeeinrichtungen, durch Sensoren, Aktoren und Bedienelemente über ein Netzwerk miteinander vernetzt. In der Leitstelle werden Anlagedaten zusammengeführt und ausgewertet, sodass von hier aus bei Bedarf in die Anlagenprozesse eingegriffen werden kann.

In Anlagen mit Gebäudeleittechnik steuert der Leitrechner bzw. eine Kompaktsteuerung z.B. die Beleuchtung je nach Außenhelligkeit und misst den Energieverbrauch. Zur Energieeinsparung werden automatisch in der wirtschaftlichsten Reihenfolge Stromverbraucher zu- oder abgeschaltet. Die Gebäudeautomatisierung mit zentraler Systemüberwachung bietet somit eine Vielzahl von Vorteilen **(Übersicht)**.

Aufbau einer Gebäudeleittechnik (Bild)

Man unterscheidet drei Funktionsebenen:
- Managementebene,
- Automatisierungsebene und
- Feldebene.

Managementebene. In der Leitstelle des Gebäudes werden mit einem Leitrechner gebäudespezifische Daten, z.B. Temperatur eines Raumes, zusammengeführt, ausgewertet und visualisiert. Dadurch wird eine wirtschaftliche Steuerung und Überwachung der Anlagen ermöglicht. Daten werden dokumentiert und gespeichert.

Automatisierungsebene. Digitale Kompaktsteuerungen (DDC-GA[1]), PCs und SPS steuern und regeln komplexe Anlagen, z.B. Heizung, Lüftung und Klimaanlage. Schnittstellenbausteine (Gateways[2]) ermöglichen den Datenaustausch zwischen verschiedenen Netzwerken.

Feldebene. Feldbusse **(Seite 588)** verbinden Sensoren, Aktoren und Bedienelemente miteinander. Sensoren erfassen aktuelle Betriebszustände, z.B. Temperatur. Aktoren stellen gewünschte Betriebszustände ein, z.B. Jalousie hochfahren.

Die Kommunikation zwischen Feldebene und Managementebene erfolgt meist über herstellerunabhängige (offene) Netzwerkstandards **(Infobox)**, z.B. BACnet, KNX **(Seite 445)**, LON oder über das Ethernet **(Seite 453)**.

Übersicht: Vorteile einer Gebäudeleittechnik, z.B.
- Hoher Bedienungskomfort.
- Zentrale Erfassung, Auswertung und Anzeige aller Steuervorgänge im Gebäude, z.B. Licht Flur EIN.
- Bedarfsgerechte Steuerung z.B. von Beleuchtung, Heizung, Klimaanlage oder Sonnenschutz.
- Verringerung des Energieverbrauchs.
- Anzeige von Systemfehlern, z.B. Ausfall der Heizung.

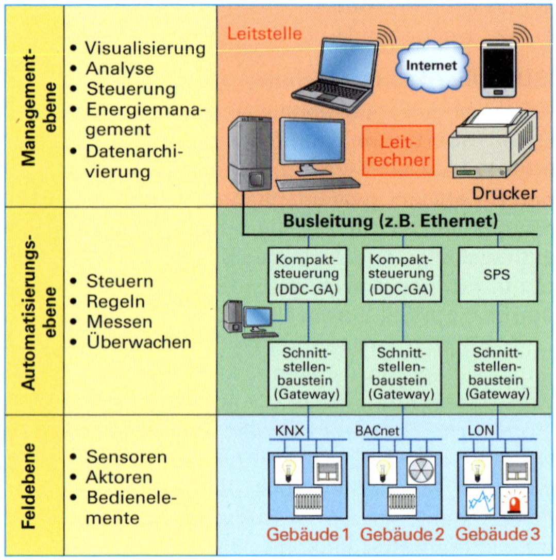

Bild: Aufbau einer Gebäudeleittechnik (Beispiel)

Netzwerkstandards für die Gebäudeautomation (Beispiele):
- **KNX** (von **Kon**ne**x** Association)
  KNX ist ein genormtes, herstellerunabhängiges Bussystem zur Vernetzung von elektrischen Anlagen und Geräten, insbesondere in der Gebäudesystemtechnik.
- **LON** (**L**ocal **O**perating **N**etwork)
  LON ermöglicht eine Vernetzung unterschiedlicher Gewerke, insbesondere für Heizung, Lüftung , Klima sowie Beleuchtung und Beschattung.
- **BACnet** (**B**uilding **A**utomation and **C**ontrol **net**work)
  Herstellerunabhängiges Kommunikationsprotokoll für Gebäude mit hohem Automatisierungsgrad.

Beispiel:

Soll z.B. die Temperatur eines Raumes in Gebäude 1 **(Bild)** zentral geregelt werden, so sendet der Leitrechner ein entsprechendes Telegramm an die Kompaktsteuerung. Diese fordert den Temperatur-Istwert vom KNX-Sensor an. Die Kompaktsteuerung regelt die Temperatur, indem sie ein Telegramm an den Heizungsaktor sendet. Gleichzeitig wird der Temperatur-Istwert an den Leitrechner gesendet.

[1] **DDC-GA**, Abk. für: **D**irect-**D**igital-**C**ontrol-**G**ebäude**a**utomation (engl.) = Kompaktsteuerung für die Gebäudeautomatisation

[2] Gateway, Gerät zur Verbindung von Datenübertragungsstrecken oder Netzwerken, die mit verschiedenen Datenübertragungs-Protokollen arbeiten.

12.5.2 Gebäudesystemtechnik

Ein Installationsbus-System, z.B. KNX, ermöglicht eine Gebäudesystemtechnik zum Messen, Steuern, Regeln, Schalten, Melden und Überwachen.

Die Gebäudesystemtechnik mit ihren Bussystemen, z.B. KNX, LCN, LON, ist Voraussetzung für den Betrieb einer modernen Elektroinstallation in einem vernetzten, automatisierten Gebäude (**Bild 1** sowie Smart Home **Seite 452**).

Vorteile eines Installationsbus-Systems sind z.B.:

- Hoher Bedienungskomfort,
- Flexibilität bei Nutzungsänderungen,
- Einsparung von Energiekosten und
- Sicherheit durch Überwachung.

Installationsbus-Systeme sind dezentral aufgebaut, d.h., für die Vernetzung elektrotechnischer Geräte wird keine zentrale Leitstelle benötigt. Alle am Installationsbus angeschlossenen Geräte enthalten einen eigenen Mikrocontroller.

Bei der konventionellen Installation wird das 230-V-Netz gleichzeitig zur Energieübertragung und für die Steuerung, z.B. Ein- und Ausschalten eines Verbrauchers, verwendet. Diese Art der Installation, z.B. von Heizungs-, Klima- oder Beleuchtungsanlagen, erfordert im Gegensatz zum Installationsbus-System viele Steuerleitungen mit einem hohen Installationsaufwand.

KNX-System. Beim KNX-Installationsbus-System **(Bild 2)** erfolgen die Informationsübertragung und die Energieversorgung der KNX-Elektronik über ein Adernpaar (L+, L–) einer zusätzlich zum Energienetz verlegten Busleitung, z.B. J-Y(St)Y 2 × 2 × 0,8 **(Bild 3)** oder YCYM 2 × 2 × 0,8.

KNX ist ein international standardisiertes Installationsbus-System für die Haus- und Gebäudesystemtechnik.

KNX-Kommunikationsmedien

Der KNX-Installationsbus ermöglicht den Einsatz von vier verschiedenen Übertragungsmedien:

- *KNX-TP (Twisted Pair).* Informationsübertragung über eine Busleitung **(Bild 3)** mit 9600 bit/s.
- *KNX-PL (Powerline).* Informationsübertragung über das Energieversorgungsnetz mit 1200 bit/s.
- *KNX-RF (Radio Frequency).* Informationsübertragung über Funk mit 16384 kbit/s und Strahlungsleistung bis zu 25 mW.
- *KNX-IP (IP/Ethernet),* Informationsübertragung mit IP-Telegrammen über lokale Netzwerke (LAN) oder Internet.

Installationsbus-Systeme, z.B.:

- **KNX*,** Abk. für: **K**on**n**e**x** Association
- **LON,** Abk. für: **L**ocal **O**perating **N**etwork
- **LCN,** Abk. für: **L**ocal **C**ontrol **N**etwork

*EIB, Abk. für: **E**uropäischer **I**nstallations **B**us, alte Bezeichnung für das KNX-Bussystem

Internetadressen zu den Installationsbus-Systemen, z.B.
www.knx.de
www.lonmark.org/de
www.lcn.eu

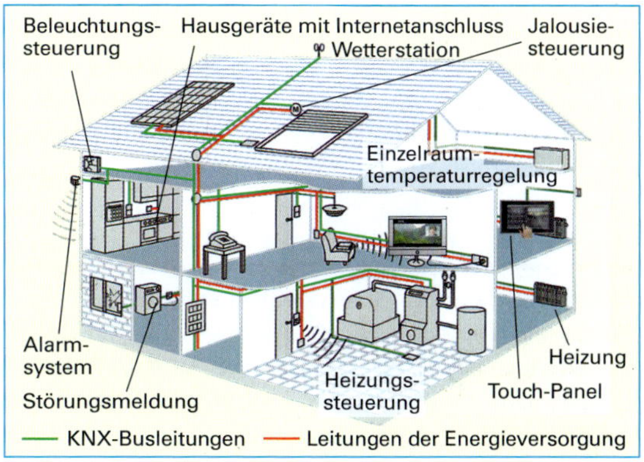

Bild 1: Einsatzmöglichkeiten der Gebäudesystemtechnik

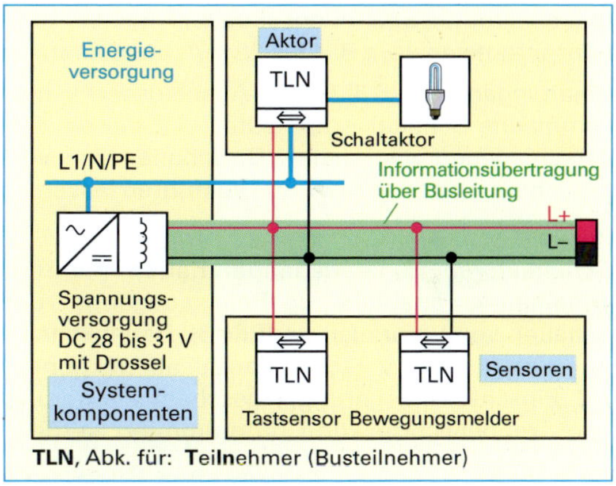

Bild 2: Installation mit KNX

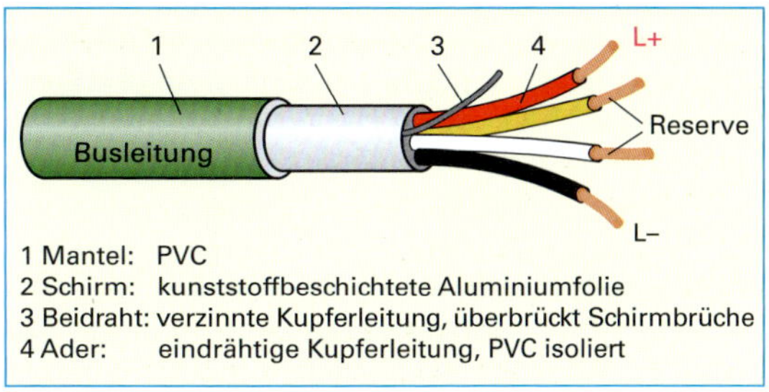

Bild 3: Busleitung J-Y(St)Y 2 x 2 x 0,8

KNX-Geräte

KNX-Geräte **(Bild 1)** werden von verschiedenen Herstellern angeboten. Sie können am KNX-Bus miteinander verbunden werden, weil sie einen gemeinsamen Standard haben.

Systemkomponenten

Das Installationsbus-System benötigt Systemkomponenten, z. B. Spannungsversorgungen **(Bild 2, Seite 445)**, um eine Kommunikation der an das Bussystem angeschlossenen Geräte zu ermöglichen.

Sensoren und Eingänge

Tastsensoren werden mit unterschiedlicher Anzahl von Wippen versehen, mit denen z. B. Leuchten über die Busleitung geschaltet, getastet, gedimmt oder z. B. Jalousien gesteuert werden können.

Tastsensoren werden zum Anschluss an die Busleitung auf Busankoppler gesteckt.

Busankoppler: **Bild 1, Seite 448**

Physikalische Sensoren, z. B. Stetigregler zur Raumtemperaturregelung **(Bild 2)**, haben die Aufgabe, physikalische Größen zu erfassen und Schaltvorgänge oder Regelvorgänge über die Busleitung auszulösen.

Analogeingänge haben Anschlüsse für Messwertaufnehmer, z. B. für Temperatur, Wind oder Regen, und sind für die Spannungssignale, z. B. 0 bis 10 V, oder Stromsignale, z. B. 4 bis 20 mA, ausgelegt.

Binäreingänge **(Bild 3)** haben Anschlüsse für herkömmliche Schalter oder Taster, mit denen sich verschiedene Funktionen, z. B. Schalten von Verbrauchern, über den KNX-Bus ausführen lassen.

Aktoren

Schaltaktoren (Binärausgänge) haben mehrere voneinander unabhängige Relaisausgänge zum Schalten von Verbrauchern **(Bild 3)**. Dabei können für jeden Ausgang verschiedene Zusatzfunktionen, z. B. Einschaltverzögerung, Ausschaltverzögerung oder Treppenlichtfunktion, programmiert werden.

Schaltaktoren werden meist als Reiheneinbaugeräte (REG) ausgeführt und z. B. in Stromkreisverteilern auf einer Hutschiene montiert.

Dimmaktoren ermöglichen das Schalten und Dimmen von Leuchten, z. B. LEDs und LED-Modulen mit Pulsweiten-Modulation (PWM, **Seite 264**).

Jalousieaktoren können mehrere Ausgänge haben, die unabhängig voneinander geschaltet werden. Die Ausgänge werden so programmiert, dass die Jalousieantriebe auf- oder abgefahren werden. Die Lamellen können dabei auch schrittweise verstellt werden.

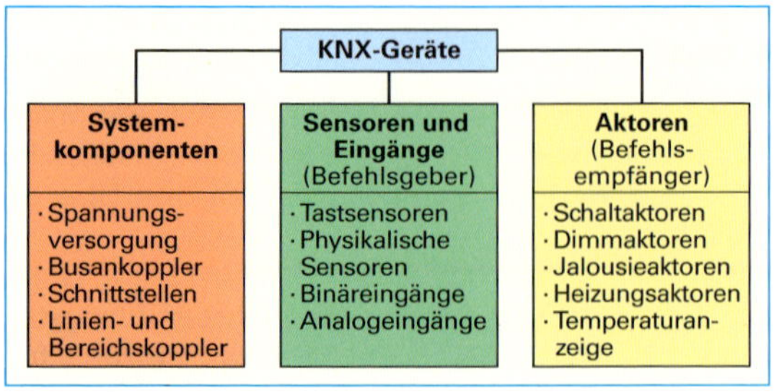

Bild 1: Übersicht KNX-Geräte mit Beispielen

KNX-Geräte

- Werden ausschließlich mit der herstellerunabhängigen Programmiersoftware ETS (Engineering-Tool-Software) programmiert. Dazu müssen die Produktdaten der KNX-Geräte der zertifizierten Hersteller von einer Datenbank in die ETS importiert werden.
- Haben die Standards:
  ISO/IEC 14543-3 (Internationaler Standard),
  EN 50090 (Europäischer Standard),
  CEN 13321-1 (Europäischer Standard).

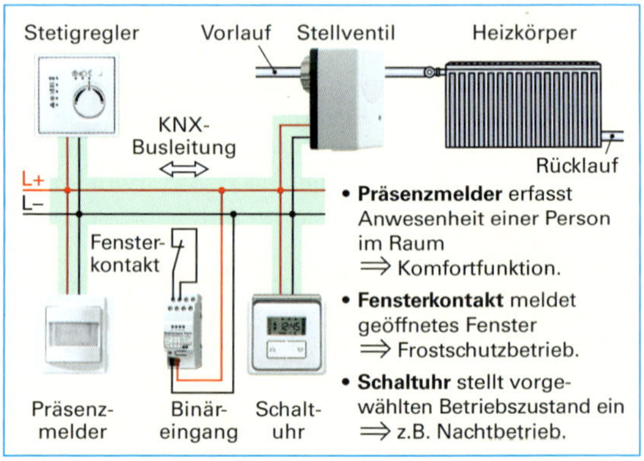

Bild 2: Raumtemperaturregelung mit KNX-Geräten

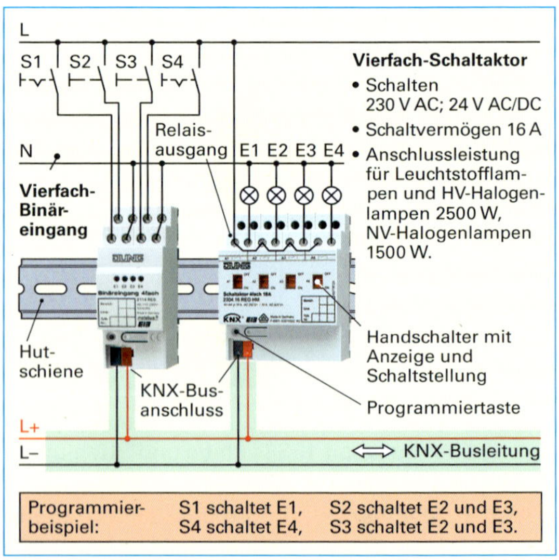

Bild 3: Schalten von Lampen mit KNX-Geräten

Die Busteilnehmer sind beim KNX-Bus durch eine Struktur von Linien und Bereichen **(Bild 1)** geordnet. Eine **Linie** stellt die kleinste Einheit mit höchstens 64 Teilnehmern dar. Jede Linie benötigt eine eigene Spannungsversorgung (SV). Einzelne Linien, bis zu maximal 15 Linien, können über eine **Hauptlinie** mit Spannungsversorgung und durch **Linienkoppler (LK)** miteinander zu einem **Bereich** verbunden werden. Mit **Bereichskopplern (BK)** lassen sich bis zu 15 Bereiche über die **Backbone**[1] **(Bereichslinie)** verbinden.

Zur Verständigung der Busteilnehmer untereinander werden die Informationen in binär codierter Form als **Datentelegramme** übertragen. Ein Busteilnehmer, z.B. ein betätigter Tastsensor, kann ein Datentelegramm senden, nachdem der Bus für die Zeit t_1 frei war **(Bild 2)**. Er erhält bei einer erfolgreichen Übertragung von allen angesprochenen Aktoren nach der Zeit t_2 eine Quittung.

Ein **Datentelegramm** besteht aus einer Folge von binären Zeichen zur Übertragung von Informationen zwischen den Busteilnehmern.

Damit die Busteilnehmer z.B. beim Übertragen des Anwendungsprogramms gezielt angesprochen werden können, erhält jeder Teilnehmer eine **physikalische Adresse (Bild 3a)**. Die Adresse wird automatisch durch die Planungssoftware vergeben.

Durch die **Gruppenadresse (Bild 3b)** wird festgelegt, welcher Sensor einen Aktor oder mehrere Aktoren innerhalb einer Gruppe, z.B. Beleuchtung, anspricht. Die Gruppenadresse wird unterteilt in **Hauptgruppe** und **Untergruppe**. Je nach Funktion können für einen strukturierten Aufbau in der Hauptgruppe Unterscheidungen vorgenommen werden, z.B. Hauptgruppe 1 für Beleuchtung oder Hauptgruppe 2 für Heizung. In den Untergruppen wird dann genau unterschieden, welche Teilnehmer am Bus zusammenarbeiten. Die Gruppenadresse wird in der Schreibweise **Hauptgruppe/Untergruppe** angegeben, z.B. 1/2.

Gruppenadressen sind auch dreistufig mit zusätzlicher **Mittelgruppe**, z.B. 1/**3**/1, darstellbar.

Beispiel einer Beleuchtungssteuerung: Es sollen folgende Funktionen gezeigt werden **(Bild 4)**:

- Tastsensor S1 steuert die Leuchten E1 und E2,
- Tastsensor S2 steuert die Leuchte E2.

Die Gruppenadressen beginnen alle mit 1/..., da es sich um eine Beleuchtungsfunktion handelt. Bei Betätigung von S1 wird das Datentelegramm mit der Gruppenadresse 1/1 gesendet. Die Schaltaktoren, bei denen die Gruppenadresse 1/1 eingetragen ist, reagieren mit einem Schaltbefehl, d.h., die Leuchten E1 und E2 werden angesteuert. Tastsensor S2, mit der Gruppenadresse 1/2, steuert nur die Leuchte E2.

[1] backbone (engl.) = Rückgrat

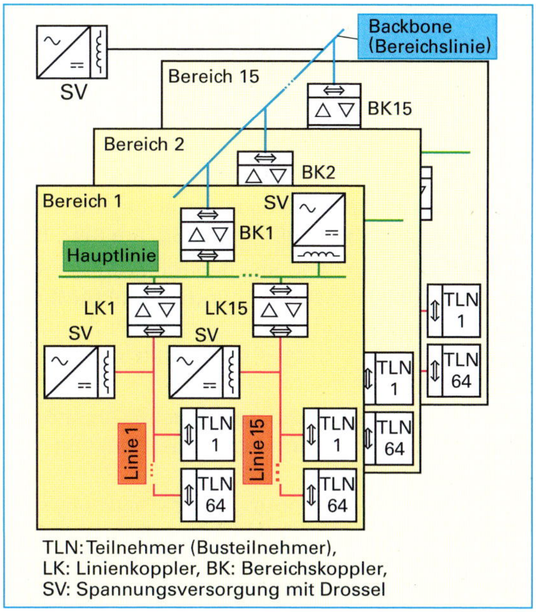

Bild 1: Linien und Bereiche des KNX-Bussystems

Weitere KNX-Schaltzeichen: **Seite 667**

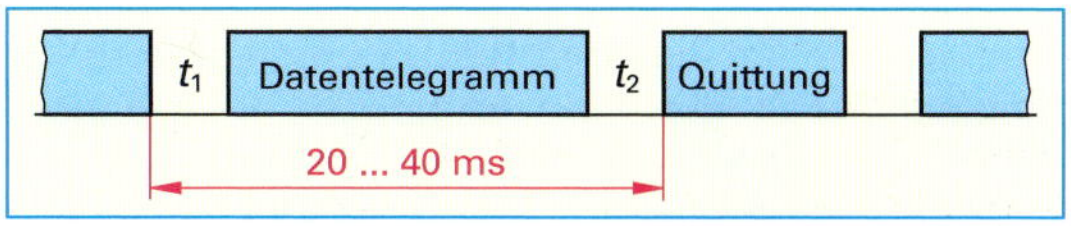

Bild 2: Kommunikation über Datentelegramm

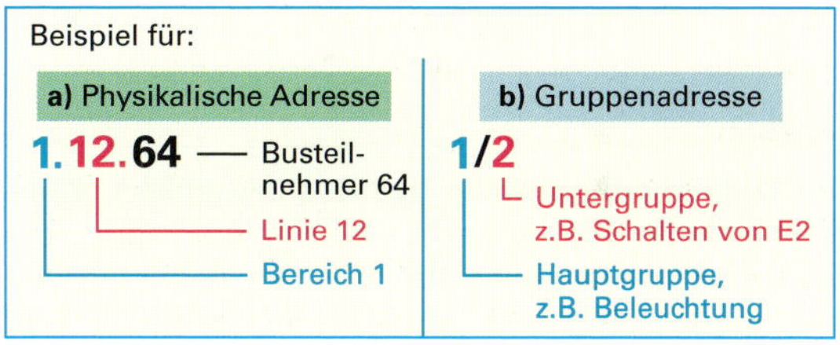

Bild 3: Aufbau einer physikalischen Adresse und einer Gruppenadresse

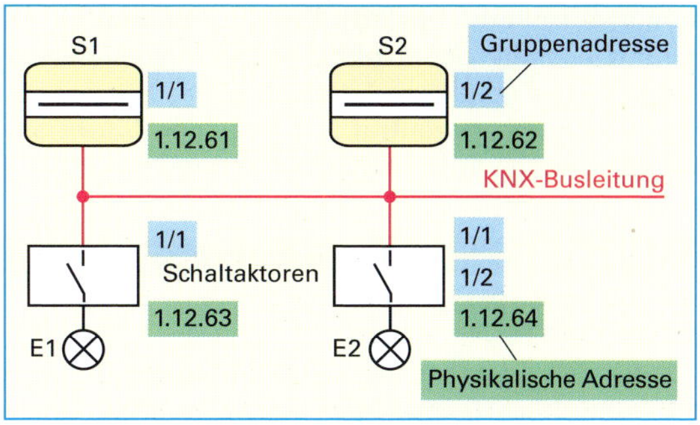

Bild 4: Gruppenadressen (Beispiele)

Die Programmierung der Aktoren und Sensoren mit physikalischer Adresse, Gruppenadresse wie auch der jeweiligen Anwendungsfunktion erfolgt mithilfe der **E**ngineering-**T**ool-**S**oftware **(ETS)**. Die Software dient zur Planung, Projektierung, Inbetriebnahme sowie für Service und Diagnose. Programmiert wird mit einem üblichen Personalcomputer oder Laptop. Der Anschluss erfolgt über eine serielle Datenschnittstelle, z.B. USB, am KNX-Bus.

Die Busteilnehmer sind aus den Baugruppen **Busankoppler (BA)** und **Anwendungsmodul (AM)** aufgebaut. Beide sind über eine Steckverbindung, die **Anwendungsschnittstelle (AST)**, miteinander verbunden **(Bild 1)**.

Das **Anwendungsmodul** und das dazugehörige **Anwendungsprogramm** legen die Funktion des Busteilnehmers fest:

- Ein **Sensor** als Anwendungsmodul setzt physikalische Vorgänge bzw. Abläufe, z.B. Betätigung eines Tastsensors oder Helligkeitserfassung, in elektrische Signale um.
- Ein **Busankoppler** erhält die Signale vom Anwendungsmodul über die **Anwendungsschnittstelle.** Er sendet die elektrischen Signale in Form eines Datentelegramms **(Bild 2, Seite 447)** auf den Datenbus.
- Ein **Aktor** erkennt über einen eigenen Busankoppler ein für ihn bestimmtes Datentelegramm. Er entschlüsselt die darin enthaltene Information, z.B. Verbraucher ein- oder ausschalten, und gibt sie über die Anwendungsschnittstelle an das Anwendungsmodul weiter, z.B. an den Schaltaktor.

Der Busankoppler ist in die zwei Komponenten Übertragungsmodul und Busankopplungscontroller **(Bild 2)** unterteilt.

Im **Übertragungsmodul** des Busankopplers befinden sich die Sende- und Empfangslogik sowie die Spannungsversorgung (DC 5 V) für die Elektronik. Wichtige Daten, z.B. die eigene physikalische Adresse, das Anwendungsprogramm mit Parametern sowie eine oder mehrere Gruppenadressen werden im Speicher (EEPROM) des **Busankopplungscontrollers** abgelegt. Die Koordination übernimmt ein **Mikrocontroller**. Jeder Busteilnehmer besitzt so seine eigene Intelligenz. Das System arbeitet dadurch **dezentral**, d.h., für den Informationsaustausch wird kein Zentralrechner benötigt.

Bei größeren Projekten kann für eine übersichtliche Strukturierung die Gruppenadresse in einer Dreifachunterteilung benutzt werden: Hauptgruppe/Mittelgruppe/Untergruppe.

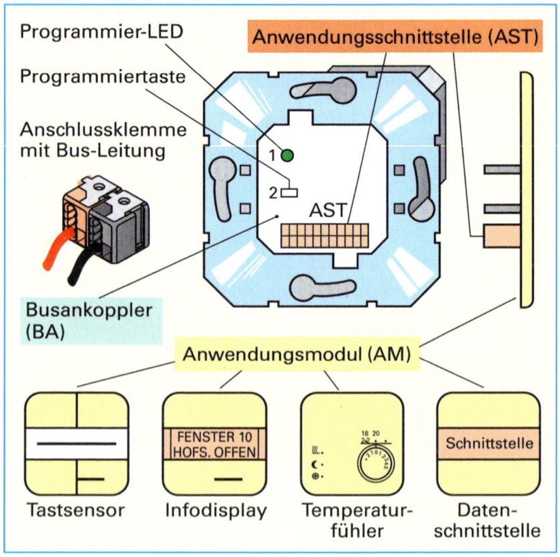

Bild 1: Busankoppler und Anwendungsmodule

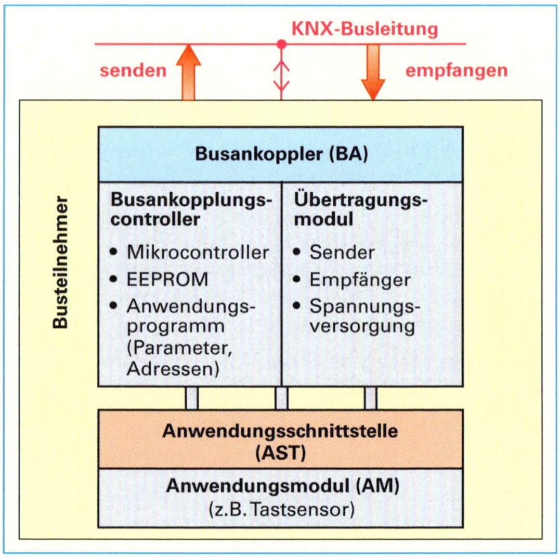

Bild 2: Baugruppen eines Busteilnehmers

Wiederholungsfragen

1. **Nennen Sie die Aufgaben der zentralen Leitstelle bei der Gebäudeleittechnik.**
2. **Wie viele Adern benötigt die KNX-Busleitung?**
3. **Aus welchen Komponenten besteht ein KNX-Bussystem?**
4. **Welche Aufgaben erfüllen a) Sensoren und b) Aktoren?**
5. **Wie setzt sich die physikalische Adresse eines Busteilnehmers zusammen?**
6. **Beschreiben Sie den Aufbau eines Busteilnehmers.**

Situationsbeschreibung:

Im Esszimmer eines Einfamilienhauses soll eine Wechselschaltung **(Bild 1a)** mit dem KNX-System installiert werden. Für das Schalten einer Leuchte stehen zwei Tastsensoren (1-fach) und ein Schaltaktor mit einem Binärausgang zur Verfügung **(Bild 1b)**. Zur Projektierung und Inbetriebnahme wird die **E**ngineering-**T**ool-**S**oftware **ETS5** verwendet.

Beim Programmieren neuer Projekte wird die Einhaltung von **6 Projektierungsschritten (Übersicht)** empfohlen.

⇒ Projektierungsschritt 1: Programmstart und Projekt anlegen

Nach dem Start der Programmiersoftware ETS5 erscheint auf dem Monitor das ETS-Menü **(Bild 2)** mit der Schaltfläche **Übersicht**. Über das Icon + wird ein **Neues Projekt** erstellt. In dem sich öffnenden Fenster **Neues Projekt erstellen** werden grundlegende Projektdaten, z. B. der Name des Projektes, eingegeben. Es steht nun das Arbeitsfeld **Gebäude** zur Verfügung **(Bild 3)**.

⇒ Projektierungsschritt 2: Gebäudestruktur erstellen

Für eine übersichtliche Darstellung kann eine Gebäudestruktur des Hauses mit den Gebäudeteilen, z. B. Hauptwohnung, den Etagen und den zur Etage gehörenden Fluren und Räumen erstellt werden **(Bild 3)**.

⇒ Projektierungsschritt 3: Betriebsmittel festlegen

Für das Projekt werden die benötigten Betriebsmittel festgelegt. Nach Kennzeichnung des Raumes, z. B. Esszimmer, werden durch Betätigung der Schaltfläche **+Geräte hinzufügen** aus dem sich öffnenden Auswahlfenster „Katalog" die gewünschten Produkte eines Herstellers ausgewählt. Das Auswahlfenster zeigt die Betriebsmittel an, die sich in der Datenbank befinden.

Für das Projekt werden ausgewählt (Bild 3):

- Spannungsversorgung,
- Tastsensoren 1-fach,
- Schaltaktor 1-fach,
- USB-Schnittstelle.

Das jeweils ausgewählte Produkt, z. B. Tastsensor, wird mit der dem Gerät zugewiesenen **Applikation**[1] (zugeordnete Anwendung) in den ausgewählten Raum Esszimmer eingefügt. Bei Tastsensoren lassen sich verschiedene Anwendungen, z. B. Schalten, Dimmen oder Jalousie, wählen. Weitere Einstellungen lassen sich mit dem **Parameterreiter** aufrufen und ändern, z. B. beim Tastsensor 1-fach Standard die Funktion Betriebs-LED von EIN auf AUS.

⇒ Projektierungsschritt 4: Physikalische Adressen vergeben

Die ausgewählten Betriebsmittel erhalten von der Software in der Reihenfolge der Eingabe eine fortlaufende physikalische Adresse. Diese vorgegebenen Adressen können mit dem Untermenü **Bearbeiten, Eigenschaften** geändert werden.

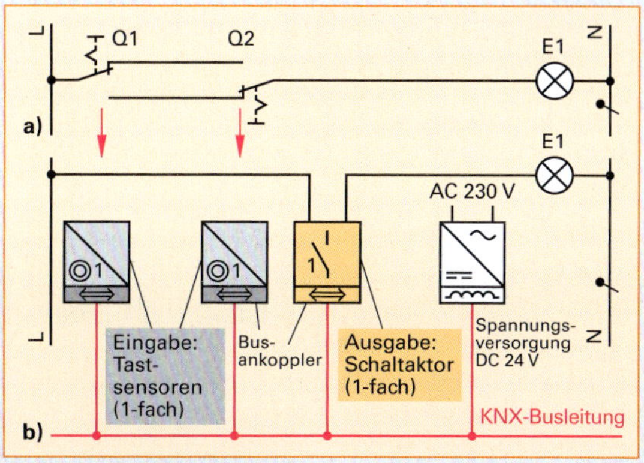

Bild 1: Wechselschaltung
a) konventionell,
b) mit KNX-Sensoren und KNX-Aktoren

Übersicht: Projektierungsschritte

1. Programmstart und Projekt anlegen
2. Gebäudestruktur erstellen
3. Betriebsmittel festlegen
4. Physikalische Adressen vergeben
5. Gruppenadressen hinzufügen und zuweisen
6. Inbetriebnahme

Bild 2: ETS5-Menü

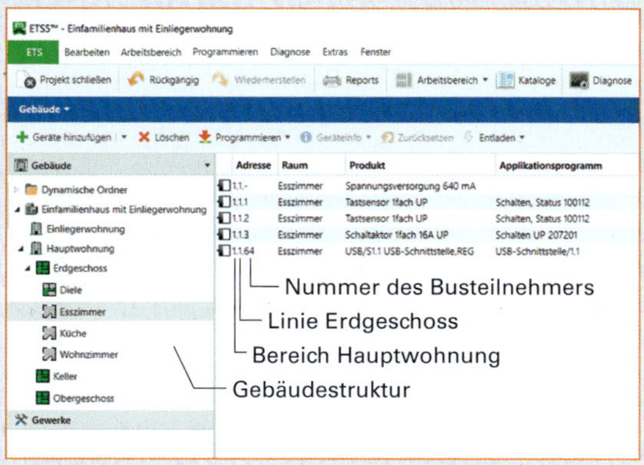

Bild 3: Gebäudestruktur und Betriebsmittel

[1] von application (engl.) = Anwendung

(Nächster Praxistipp: Seite 451)

⇒ Projektierungsschritt 4 (Fortsetzung): Physikalische Adressen vergeben

Im Projekt werden den Betriebsmitteln im **Bereich 1** (Hauptwohnung), **Linie 1** (Erdgeschoss) die physikalischen Adressen 1 bis 3 und 64 zugewiesen **(Bild 3, Seite 449)**.

Bei der Vergabe der physikalischen Adresse ist zu beachten:

- Die Spannungsversorgung erhält keine physikalische Adresse.
- Jede physikalische Adresse existiert in einem Projekt nur einmal.

⇒ Projektierungsschritt 5: Gruppenadressen hinzufügen und zuweisen

Damit der Schaltaktor über die Tastsensoren angesprochen werden kann, sind zunächst Gruppenadressen zu vergeben **(Bild 1)**. Diese werden den **Objekten** (Kommunikationsobjekte) der Busteilnehmer, z. B. Ausgang 1 Schalten beim Schaltaktor, zugewiesen **(Bild 2)**. Ein Busteilnehmer besitzt in der Regel mehrere Objekte, die Gruppenadressen senden oder empfangen können.

Hinzufügen der Gruppenadressen:
In der Ansicht „Gruppenadressen" **(Bild 1)** werden die Hauptgruppen, Mittelgruppen und die Untergruppen hinzugefügt.

Zuweisen der Gruppenadressen. Zum Zuweisen der Gruppenadressen werden die Objekte der Busteilnehmer, z. B. in der Ansicht „Gebäude", sichtbar gemacht. Die Vergabe der Gruppenadresse erfolgt meist mit der Maus per Drag & Drop. Hierzu müssen z. B. die Ansicht „Gebäude" und die Ansicht „Gruppenadressen" geöffnet sein **(Bild 2)**.

Dem Objekt 0 (Ausgang 1) des Schaltaktors wird die Gruppenadresse 1/3/1 zugewiesen, Hauptgruppe 1 für Beleuchtung, Mittelgruppe 3 für das Esszimmer und Untergruppe 1 für die Leuchte Esstisch. Damit der Schaltaktor von den Tastsensoren angesprochen werden kann, erhalten diese ebenfalls die Gruppenadressen 1/3/1.

⇒ Projektierungsschritt 6: Inbetriebnahme

Zur Inbetriebnahme des Projektes wird z. B. ein Laptop mit der Datenschnittstelle verbunden. Alle Betriebsmittel, die programmiert werden sollen, werden z. B. im Arbeitsfenster „Geräte" markiert. Im Menü **Programmieren (Bild 3)** wird **Physikalische Adresse & Applikationsprogramm** ausgewählt und damit der Buszugriff hergestellt. In dem sich öffnenden Fenster „Laufende Operationen" **(Bild 4)** wird der Programmierfortschritt der einzelnen Geräte angezeigt. Zur Übertragung der physikalischen Adresse und des Applikationsprogramms muss sich der entsprechende Busteilnehmer im Programmiermodus befinden. Dazu wird die Programmiertaste des Busankopplers **(Bild 1, Seite 448)** betätigt und die Programmier-LED des Busankopplers leuchtet. Die Programmdaten werden nun automatisch in den Speicher des Busankopplers geladen. Wird zu einem späteren Zeitpunkt z. B. das Applikationsprogramm des Busteilnehmers geändert, so muss die Programmiertaste nicht mehr betätigt werden.

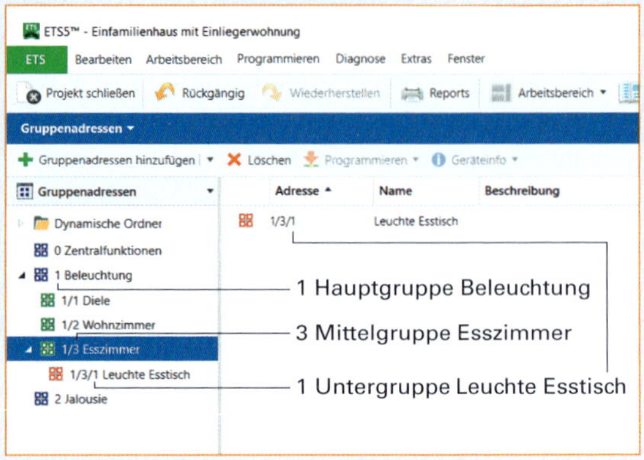

Bild 1: Hinzufügen von Gruppenadressen

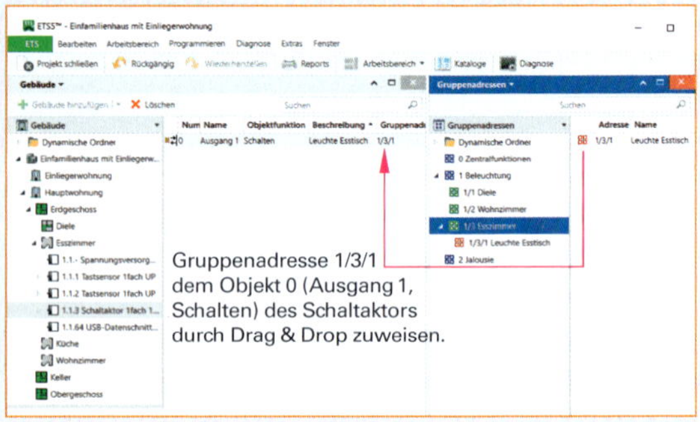

Bild 2: Zuweisung von Gruppenadressen

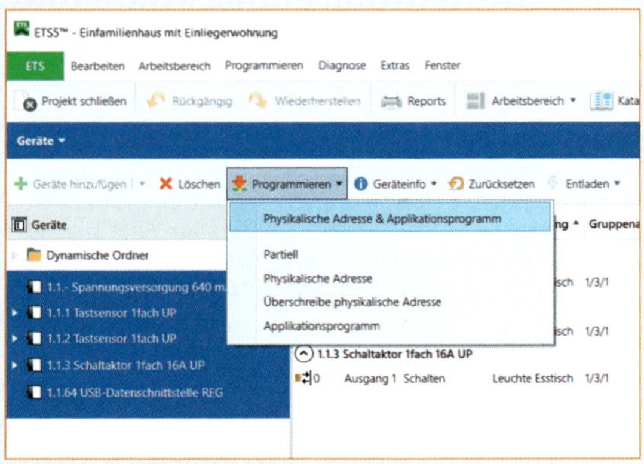

Bild 3: Programmieren der Busteilnehmer

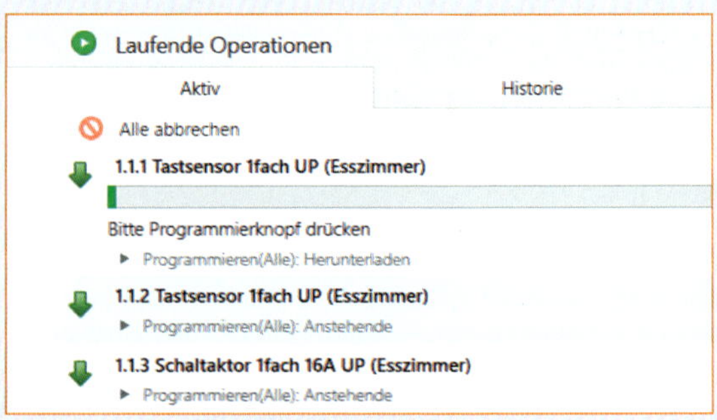

Bild 4: Fortschritt des Programmierablaufes

(Nächster Praxistipp: Seite 452)

Situationsbeschreibung:

In einem Bürogebäude soll die vorhandene konventionelle Jalousiesteuerung durch eine KNX-Steuerung ersetzt werden. Dazu ist für vier Büroräume **(Bild 1)** die KNX-Installation zu planen und eine KNX-Programmierhilfe zu erstellen. Vorgaben: Die KNX-Geräte befinden sich im Bereich 1 auf Linie 1. Je Raum sollen beide Jalousien gemeinsam gefahren und die Lamellen verstellt werden können. Alle Jalousien sollen durch den Steuerbefehl eines Helligkeitssensors in eine Beschattungsposition und durch den Steuerbefehl eines Windgeschwindigkeitssensors in die obere Endposition fahren.

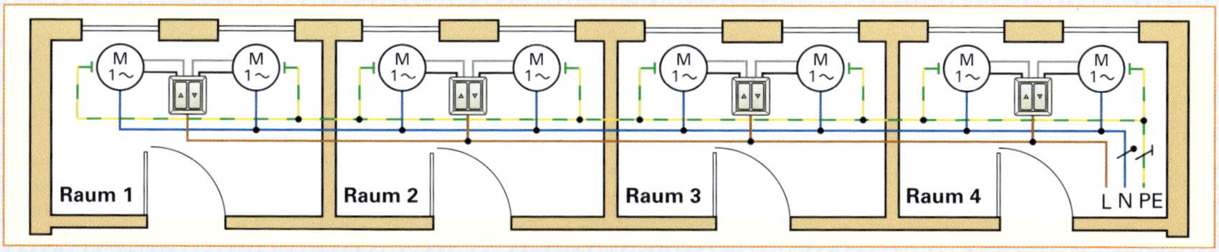

Bild 1: Konventionelle Jalousiesteuerung für vier Büroräume

Die konventionellen Jalousietaster werden durch KNX-1-fach-Tastsensoren ersetzt, die nur an die Busleitung angeschlossen werden **(Bild 2)**. KNX-Windgeschwindigkeits- und KNX-Helligkeitssensor werden ebenfalls an die Busleitung angeschlossen.

Zwei KNX-4-fach-Jalousieaktoren werden in einem Elektroverteiler installiert. An jeden Ausgang (Kanal) wird ein Jalousiemotor angeschlossen **(Bild 2)**. Der Neutralleiteranschluss der Motoren bleibt unverändert.

Jedem KNX-Gerät wird eine physikalische Adresse (PA) zugeteilt **(Bild 2 und Tabelle)**. Die Gruppenadressen (GA) verknüpfen die Sensoren und Aktoren mit ihrer Funktion **(Tabelle)**. In der GA steht die Ziffer 2 der Hauptgruppe für Jalousiefunktion, die Ziffern 1 bis 4 der Mittelgruppe geben die Raumnummern an. Die Tastsensoren unterscheiden durch die Dauer des Tastendrucks, ob der Befehl „Jalousien fahren" oder „Lamellen verstellen" gesendet wird.

Tabelle: KNX-Programmierhilfe

PA	Gerätetyp	Kanal	GA (Senden)	GA (Empfangen)	Funktionsbeschreibung, Bemerkung
1.1.1	Tastsensor 1-fach	1	2/1/1	---	Jalousien Raum 1 fahren
		1	2/1/2	---	Lamellen verstellen
1.1.2	Tastsensor 1-fach	1	2/2/1	---	Jalousien Raum 2 fahren
		1	2/2/2	---	Lamellen verstellen
1.1.3	Tastsensor 1-fach	1	2/3/1	---	Jalousien Raum 3 fahren
		1	2/3/2	---	Lamellen verstellen
1.1.4	Tastsensor 1-fach	1	2/4/1	---	Jalousien Raum 4 fahren
		1	2/4/2	---	Lamellen verstellen
1.1.5	Windgeschw.-sensor	1	2/5/1	---	Alle Jalousien auffahren
1.1.6	Helligkeitssensor	1	2/6/1	---	Alle Jalousien Beschattung
1.1.7	Jalousieaktor 4-fach	1	---	2/1/1, 2/1/2, 2/5/1, 2/6/1	Raum 1, Jalousiemotor 1
		2	---	2/1/1, 2/1/2, 2/5/1, 2/6/1	Raum 1, Jalousiemotor 2
		3	---	2/2/1, 2/2/2, 2/5/1, 2/6/1	Raum 2, Jalousiemotor 1
		4	---	2/2/1, 2/2/2, 2/5/1, 2/6/1	Raum 2, Jalousiemotor 2
1.1.8	Jalousieaktor 4-fach	1	---	2/3/1, 2/3/2, 2/5/1, 2/6/1	Raum 3, Jalousiemotor 1
		2	---	2/3/1, 2/3/2, 2/5/1, 2/6/1	Raum 3, Jalousiemotor 2
		3	---	2/4/1, 2/4/2, 2/5/1, 2/6/1	Raum 4, Jalousiemotor 1
		4	---	2/4/1, 2/4/2, 2/5/1, 2/6/1	Raum 4, Jalousiemotor 2

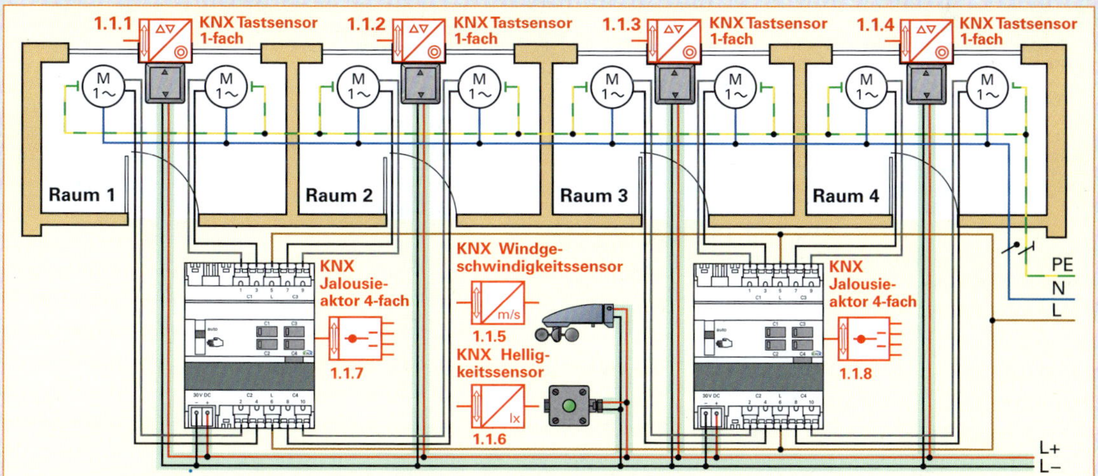

Bild 2: KNX-Jalousiesteuerung der vier Büroräume mit KNX-Betriebsmitteln und deren KNX-Schaltzeichen (rot)

Situationsbeschreibung:

In einem automatisierten Wohnhaus (Smart Home, **Seite 290**) soll die vorhandene KNX-Elektro-Installation durch eine Visualisierung (optische Darstellung) der Gebäudetechnik und eine Videoüberwachung erweitert werden. Die Visualisierung soll im Haus mit allen PCs, dem Fernsehgerät und außer Haus über das Internet, z. B. mit einem Smartphone, möglich sein. Sämtliche multimedialen Daten, z. B. Präsentationen, müssen auf einem zentralen Server gespeichert werden und sollen abrufbar sein. Durch eine zentrale Steuerung sollen der Energieverbrauch aufgezeichnet, visualisiert und die Energiekosten minimiert werden.

Gebäudeautomatisierung (Smart Home)

Die Gebäudeautomatisierung (**Seite 444**), z.B. zur Beleuchtungs-, Heizungs- und Jalousiesteuerung, wird durch Vernetzung von Aktoren und Sensoren über das KNX-Installationsbus-System ermöglicht. Auf dem KNX-Bus sind Datenübertragungsraten bis 9600 bit/s möglich. Die zentrale Steuerung erfolgt über den Gebäudetechnik-Homeserver.

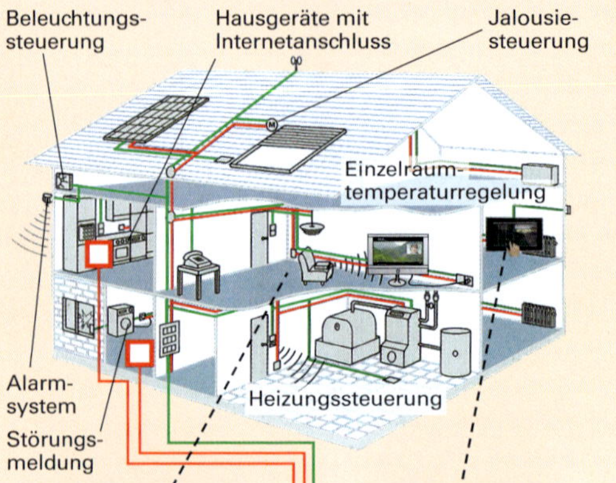

Anwendungsneutrale Kommunikationskabelanlage

Die sternförmige Verkabelung erfolgt mit Koaxialkabel und Datenleitung. Sie wird auch als Multimediaverkabelung (**Seite 438**) bezeichnet. Die Übertragung von Multimediadaten über ein lokales Netzwerk (LAN) erfordert Datenübertragungsraten bis 1 Gbit/s. Netzwerkkomponenten müssen mindestens Cat 5e entsprechen (**Seiten 317 und 547**). Als Standard für das LAN wird z.B. Ethernet 1000Base-T (**Seite 550**) verwendet.

Computer und Consumer-Electronic

PCs und Unterhaltungselektronik sind vernetzt und können auf einen Multimedia-Homeserver zugreifen, auf dem z.B. Videofilme oder Musikstücke gespeichert sind.

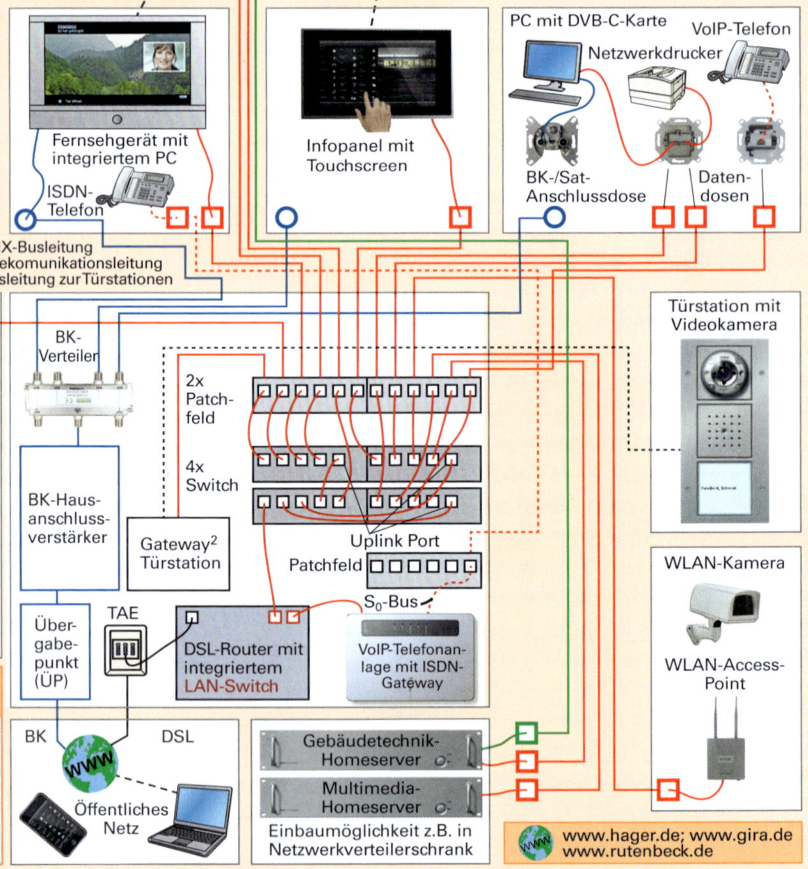

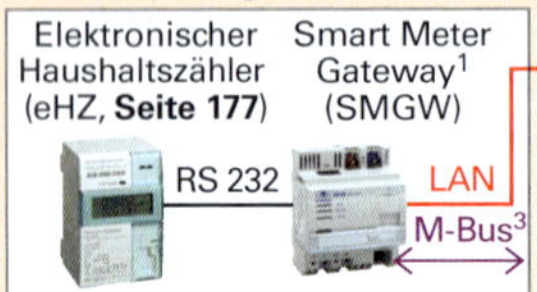

HAN (House Area Network) Datenaustausch z.B. von Waschmaschine mit Smart Grid über LAN und Internet
WAN (Wide Area Network) Übertragung der Verbrauchsdaten an das Versorgungsunternehmen über LAN und Internet
LMN (Lokales metrologisches Netzwerk) Verbindung mit Verbrauchszähler, z.B. für Gas und Wasser mittels M-Bus

Energiemanagement (Smart Metering)

Verbrauchszähler, z.B. für Strom, Heizung und Gas, sind über ein Smart Meter Gateway in das Gebäudenetzwerk integriert. Es werden sämtliche Verbrauchsdaten aufgezeichnet und visualisiert.

www.hager.de; www.gira.de
www.rutenbeck.de

[1] Smart Meter Gateway, Gerät zur Erfassung und Weiterleitung von Verbrauchsdaten, z.B. Strom-, Gas- und Wasserverbrauch
[2] Gateway, Gerät zur Verbindung von Datenübertragungsstrecken oder Netzwerken, die mit verschiedenen Datenübertragungs-Protokollen arbeiten
[3] M-Bus ist ein genormter Bus zur Übertragung von Messwerten aus Verbrauchszählern, z.B. für Strom, Gas oder Wasser

Benötigte Baugruppen und Anschlüsse für die Vernetzung im Smart Home

Vernetzung von Informationstechnik, Telekommunikation, Consumer-Electronic und Gebäudetechnik

Netzwerkkomponenten und Netzwerkstruktur

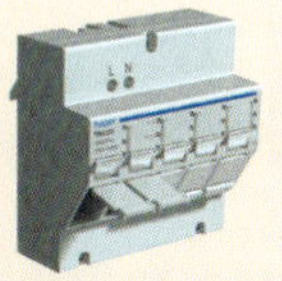	**Switch** (REG[1]) mit fünf RJ45-Anschlüssen und einer Bandbreite von min. 10/100/1000 Mbit/s. Mehrere Switches können mit Patchleitungen über Uplink-Ports verbunden werden.		**Datendose** mindestens in der Ausführung Cat 5e. Die Datendose kann zum Anschluss von IT- oder Telekommunikationsgeräten genutzt werden.
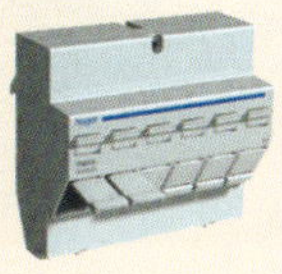	**Patchfeld** (REG) mit sechs RJ45-Anschlüssen. Mindestens in der Ausführung Cat 5e. Patchfeldanschlüsse können für LAN- und Telefon-Verbindungen genutzt werden.		**WLAN-Access-Point** zur Anbindung von WLAN-Geräten, z. B. WLAN-Kameras oder PCs mit WLAN-Adapter, an das LAN nach dem Netzwerkstandard Ethernet 1000Base-T **(Seite 550)**.
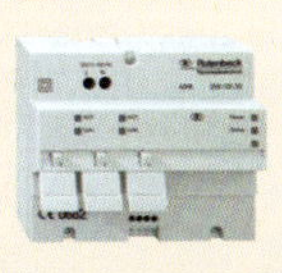	**DSL-Router** (REG) mit integriertem DSL-Modem. Der Router wird zur Anbindung des LAN an das Internet benötigt. Die Verbindung zum Internet wird über DSL hergestellt.		**Datenleitung** mindestens Cat 5e (empfohlen Cat 7) und einer max. Länge von 90 m. Zusätzlich können maximal 10 m Patchleitung für Endgeräte- und Switch-Anschluss verwendet werden.

BK und Sat: Der Anschluss, z. B. von BK-Fernseh-Empfangsgeräten oder Satelliten-Receivern, erfolgt über Koaxialleitungen und BK-/Sat-Anschlussdosen.	**Telekommunikation:** Die Verbindung von VoIP- oder ISDN-Telefonen wird über die gleichen Leitungen und Anschlussdosen wie beim LAN hergestellt.
KNX (Seite 445): Das Netzwerk für die Gebäudeautomatisierung (KNX-TP) wird getrennt geführt und kann über IP-Router mit dem LAN verbunden werden (KNX-IP).	**Türstation:** Die Anpassung des herstellerabhängigen Übertragungsstandards an den Standard des LAN, z. B. Ethernet 1000Base-T, erfolgt mit einem Gateway.

Planung von anwendungsneutralen Kommunikationskabelanlagen:
Wichtige Normen zur Planung in Wohngebäuden: DIN EN 50173-1, DIN EN 50173-4, DIN EN 50310

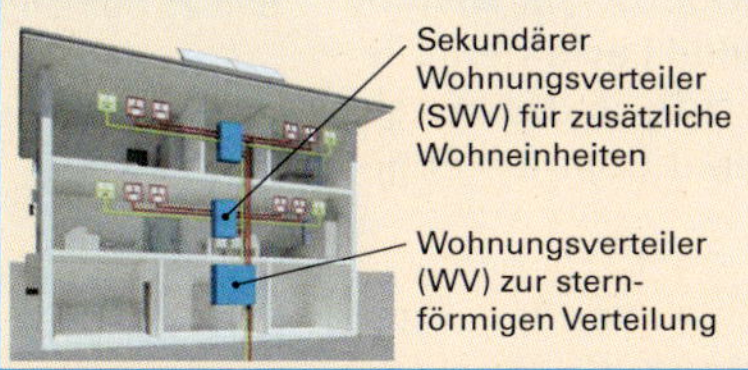

Anbindung an öffentliches Netz:
Durch die parallele Anwendung von DSL **(Seite 439)** und BK **(Seite 434)** sind hohe Datenübertragungsraten zum öffentlichen Netz möglich.

Endgeräte für Gebäudeautomatisierung und Energiemanagement

	**Fernsehgerät mit integriertem PC (Smart-TV)** und DVB-C[2]-Empfangsteil ist mit der BK-Anlage **(Seite 434)** und dem LAN verbunden. Dadurch wird z. B. der Internet-Zugang, die Wiedergabe von Videofilmen vom Home-Server, Filme und Seiten aus dem Web, Fernsehen über DVB-C, die Visualisierung der Gebäudetechnik sowie die Einblendung der Videokamera von der Türstation ermöglicht.
	**Infopanel mit Touch-Screen** wird zur Visualisierung der Gebäudetechnik, der Einblendung der Videokamera von der Türstation und für Eingaben zur Steuerung der Gebäudetechnik benötigt.
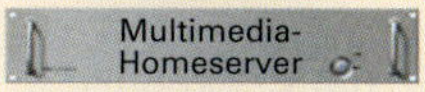 Multimedia-Homeserver	**Multimedia-Homeserver** dient zur zentralen Speicherung und Wiedergabe von Multimedia-Daten, z. B. Videofilm-, Audio- oder Foto-Dateien.
 Gebäudetechnik-Homeserver	Der **Gebäudetechnik-Homeserver** dient zur zentralen Gebäudesteuerung und verbindet den KNX-Bus mit dem Ethernet-Netzwerk. Er liefert die Daten zur Visualisierung über das Infopanel, das Fernsehgerät oder den PC. Außerdem ermöglicht er den Zugriff auf die Gebäudetechnik über das Internet, z. B mit einem Smartphone oder einem Laptop. Weiterhin kann der Gebäudetechnik-Homeserver Meldungen, z. B. bei Störungen, über das Internet, z. B. per E-Mail, versenden.

[1] **REG**, Abk. für: **R**eihen**e**inbau**g**erät
[2] **DVB-C**, Abk. für: **D**igital **V**ideo **B**roadcasting-**C**able (engl.) = Digitales Fernsehen über Kabel

12.5.3 Gebäudeautomation mit Visualisierung

Die Betriebszustände und Betriebswerte von gebäudetechnischen Einrichtungen, z. B. Helligkeit, Temperatur, Luftfeuchte, können durch eine Visualisierung[1] **(Bild 1)** auf dem Bildschirm, z. B. mit Smart Control, übersichtlich dargestellt, überwacht und gesteuert werden.

Bild 1: **Visualisierung von Betriebszuständen und Betriebswerten eines Gebäudes (Smart Control)**

Darstellung von Betriebszuständen und Betriebswerten

Anzeigen auf dem Bildschirm sind z. B.:

- Beleuchtungen ein- oder ausgeschaltet,
- Fenster und Türen offen oder geschlossen,
- Jalousien auf- oder heruntergefahren und
- Innen- und Außentemperaturen.

Zentrale Steuerung, z. B.:

- Ein- und Ausschalten von Beleuchtungen,
- Ein- und Ausschalten von Heizungen,
- Auf- und Herunterfahren von Jalousien und
- Aufruf von Lichtstimmungen (Lichtszenen).

Stör- und Alarmmeldungen können angezeigt und akustisch signalisiert werden, z. B. bei Defekt einer Heizung oder Rauchentwicklung in einem Zimmer des Wohnhauses.

Die Steuerung und Visualisierung von Busfunktionen kann z. B. mit einem Bediengerät mit Display oder mit einem Touch-Panel[2] **(Bild 2)** erfolgen. Die Einbindung eines Touch-Panels, z. B. in das Installationsbus-System KNX, geschieht über die Engineering-Tool-Software (ETS).

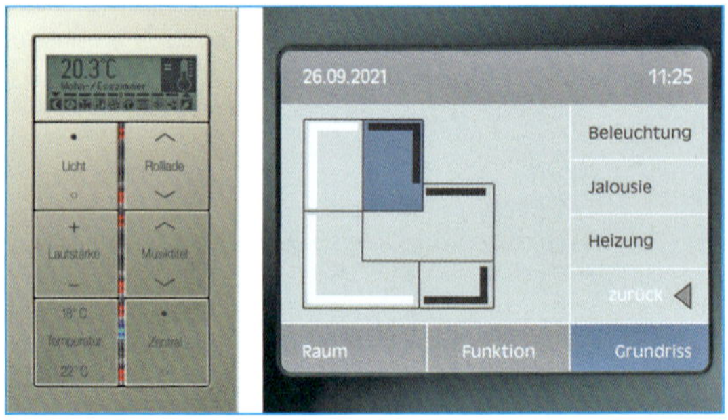

Bild 2: **Bediengerät mit Display und Touch-Panel**

Vernetzung im Smart Home: **Seite 452**

Für die Darstellung von Betriebszuständen und zur zentralen Steuerung mit einem PC ist eine spezielle Visualisierungssoftware erforderlich.

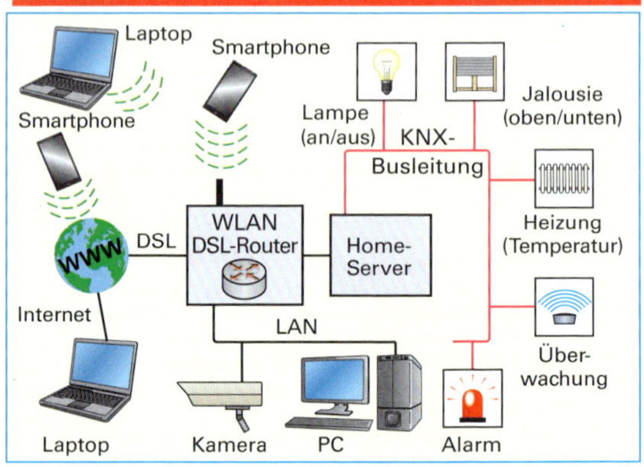

Bild 3: **Steuern und Überwachen über das Internet**

Bei der Visualisierungssoftware sind die Bedien- und Meldesymbole vorgegeben und müssen nicht gesondert programmiert werden. Betriebszustandsmeldungen, z. B. „Jalousie oben", werden wahlweise mit Symbolen oder Text angezeigt. Mit einfach angeordneten Bedienelementen lassen sich z. B. Sollwerte verändern und Zeitprofile eingeben.

Fernsteuerung und Fernüberwachung

Gebäudetechnische Einrichtungen lassen sich über das Internet oder über ein LAN/WLAN, z. B. mit einem Smartphone oder Laptop, fernsteuern und fernüberwachen **(Bild 3)**. Ein DSL-Router mit WLAN und ein Homeserver **(Seiten 452, 453)** verbinden das Internet und das LAN mit dem KNX-Bus.

Wiederholungsfragen

1. **Welche Software wird zur Projektierung und Inbetriebnahme eines KNX-Projektes verwendet?**
2. **Welche 6 Projektierungsschritte sind bei einem neuen KNX-Projekt notwendig?**
3. **Worauf ist bei der Vergabe von physikalischen Adressen innerhalb eines Projektes zu achten?**
4. **Welche Vorteile bietet eine Visualisierung in der Gebäudeautomation?**

[1] von visualisieren (lat.-engl.) = auf optische Weise darstellen

[2] von to touch (engl.) = berühren

12.6 Gefahrenmeldeanlagen

12.6.1 Allgemeine Festlegungen

Gefahrenmeldeanlagen (GMA) melden Gefahren für Personen, Sachen oder Umwelt. Sie werden nach DIN VDE 0833 in **Brandmelde-, Einbruchmelde-** und **Überfallmeldeanlagen** eingeteilt.

Das **Planen, Errichten, Erweitern und Ändern von GMA** darf nur durch **Elektrofachkräfte GMA** erfolgen. Dabei sind neben aktuellen DIN VDE Normen und Vorschriften auch die Richtlinien der VdS[1] Schadenverhütung GmbH zu beachten. Errichter von GMA nach VdS müssen VdS-zertifiziert sein.

Planungsgrundlagen

Die **Energieversorgung** erfolgt über zwei voneinander unabhängige Energiequellen. Dabei muss eine Energiequelle aus dem öffentlichen Versorgungsnetz und die andere Energiequelle ein Energiespeicher, z.B. ein Akku oder eine Lithium-Batterie, sein. Die Energiespeicher sind entsprechend der Mindestbetriebsdauer, z.B. 30 oder 60 Std., zu bemessen **(Seiten 456, 458).** Diese ist von der Art des Energiespeichers, z.B. Akku oder Lithiumbatterie, und der Art der Anlage, z.B. Brandmelde- oder Einbruchmeldeanlage, abhängig. Die Umschaltung auf die andere Energiequelle hat störungsfrei zu erfolgen und der Ausfall muss gemeldet werden.

Meldungen und Störungen sind an einer Stelle, z.B. einem Kontrollraum oder einem Pförtnerhaus, mit der Angabe ihrer Herkunft und Gefahrenart, z.B. Brandmeldergruppe/Meldernummer, anzuzeigen.

Wichtige **Übertragungswege und Leitungen** einer GMA sind auf Störungen zu überwachen. Diese Leitungen werden auch als **Primärleitungen** bezeichnet. Leitungen und Verteiler müssen so installiert werden, dass ein unbefugtes oder unbeabsichtigtes Außerbetrieb setzen erschwert wird. Bei gemeinsamer Leitungsführung mit anderen Leitungen sind die Leitungen einer GMA zu kennzeichnen **(Seite 457).**

Betrieb

Vor der Inbetriebnahme einer GMA ist durch eine Elektrofachkraft GMA eine **Abnahmeprüfung** durchzuführen. Sie umfasst

- Sicht- und Funktionsprüfung,
- Prüfung der vollständigen Dokumentation und
- Abnahmeprotokoll mit Unterschrift.

Für den **Betrieb einer GMA** muss eine eingewiesene Person beauftragt werden. In festgelegten Intervallen sind **Begehungen, Inspektionen und Wartungen** erforderlich **(Seite 460).** Alle Arbeiten sind in einem **Betriebsbuch** zu protokollieren. Fehler sind unverzüglich zu beseitigen und wenn möglich, Verbesserungen durchzuführen.

[1] **VdS,** Abk. für: **V**ertrauen **d**urch **S**icherheit

Übersicht: Normen, Vorschriften und Richtlinien für GMA (Auswahl)

- **Allgemeine Festlegungen**
  - DIN VDE 0833-1 Allgemeine Festlegungen
  - DIN VDE 0100-200 Elektrische Anlagen von Gebäuden
  - DIN VDE 0800 Fernmeldetechnik (alle Teile)
  - VdS 2135 Grafische Symbole für GMA **(Tabelle)**
- **Brandmeldeanlagen (Seite 456)**
- **Einbruch- und Überfallmeldeanlagen (Seiten 458, 460)**

Wichtige beteiligte Personen bei einer GMA nach DIN VDE 0833-1

- **Betreiber**
  Der Betreiber ist für den Betrieb der GMA verantwortlich. Er muss mindestens eine eingewiesene Person benennen und dafür sorgen, dass deren Ausbildung auf dem aktuellen Stand ist.
- **Elektrofachkraft GMA**
  Die Elektrofachkraft GMA ist eine Elektrofachkraft mit einschlägigen Erfahrungen mit der betreffenden GMA und den zugehörigen Normen und Richtlinien sowie mit Kenntnissen im baulichen, organisatorischen und anlagentechnischen Brandschutz.
- **Sachkundige Person GMA**
  Ist eine durch eine Elektrofachkraft GMA unterrichtete Person, die über Kenntnisse zur Beurteilung der Einhaltung der Schutzziele, bezogen auf die Funktion der GMA, verfügen muss. Sie muss in der Lage sein, Einflüsse der Raumnutzung auf die GMA sowie der Einhaltung der bauordnungsrechtlichen Anforderungen beurteilen zu können.
- **Eingewiesene Person GMA**
  Die eingewiesene Person GMA ist durch eine Elektrofachkraft GMA zur selbstständigen Bedienung der GMA eingewiesen worden.

Tabelle: Symbole für Gefahrenmeldeanlagen aus VdS 2135 (Auswahl)

Symbol	Bezeichnung	Symbol	Bezeichnung
	M (Magnetkontakt)	V	V (Verteiler)
	GMp (Glasbruchmelder, passiv)		RMO (Rauchmelder, optisch)
 85	SA85 (Signalgeber, akustisch, Mindestlautstärke 85 $dB_{(A)}$)		SO (Signalgeber, optisch, Rundumkennleuchte, Signalleuchte)
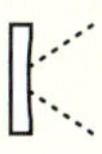	UM (Ultraschall-Bewegungsmelder)	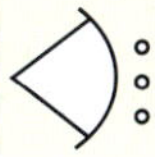	IM (Infrarot-Bewegungsmelder)
EMZ	EMZ (Einbruchmelderzentrale)		Roa (Rauchwarnmelder, optisch und akustisch)
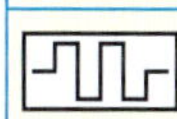	ADG (Alarmglas)		SE (Schalteinrichtung)

12.6.2 Brandmeldeanlagen

Brandmeldeanlagen (BMA) werden für gewerblich und öffentlich genutzte Gebäude benötigt.

Brandmeldeanlagen (BMA) alarmieren grundsätzlich bereits beim Entstehen eines Brandes. Sie schützen Menschen, Gebäude und Sachwerte vor Brand- und Rauchschäden.

Die Pflicht zur Installation einer BMA, z.B. in einem Krankenhaus, bestimmt die zuständige Stelle der Baugenehmigungsbehörde aufgrund bestehender Normen und Bestimmungen, weiterhin der Sachversicherer auf Grundlage der Richtlinien der VdS Schadenverhütung GmbH.

Brandmeldeanlagen **(Bild)** bestehen aus:

- Brandmelder, max. 10 nichtautomatische Melder (Handfeuermelder) und max. 32 automatische Brandmelder pro Meldergruppe.
- Brandmelderzentrale (BMZ).
- Energieversorgung für BMZ (min. zwei erforderlich).
- Alarmierungseinrichtungen für Intern- und Externalarm, z.B. mit Signalleuchte und Alarmton, sowie Fernalarm an eine ständig besetzte Stelle, z.B. die Einsatzzentrale der Feuerwehr.
- Schnittstellen zur Ansteuerung von weiteren Brandschutzeinrichtungen, z.B. eine Sprinkleranlage.
- Feuerwehrbedienfeld und Feuerwehranzeigetableau zur Kontrolle der Melder.
- Freischaltelement für manuelle Alarmauslösung.
- Feuerwehrschlüsseldepot, in dem die Schlüssel für den Zugang zum Gebäude verwahrt sind.

Der Zugang für die Feuerwehr ist in den **T**echnischen **A**nschlussbedingungen für **B**MA (TAB) festgelegt. Die TAB wird in Landkreisen mithilfe der örtlichen Feuerwehr festgelegt und veröffentlicht.

Die **Brandmelderzentrale** (BMZ) nimmt die Meldungen der Brandmelder auf und löst im Alarmfall voreinstellbare Aktionen aus **(siehe Info)**. Die **Energieversorgung** der BMZ erfolgt mindestens aus zwei voneinander unabhängigen Energiequellen **(Seite 455)**. Für die Energiezuführung muss ein eigener Stromkreis mit einer speziell gekennzeichneten Sicherung, z.B. rote Farbe, vorgesehen werden.

Die Mindestbetriebsdauer für die netzunabhängige Energiequelle ist nach DIN EN 54-4 festgelegt:

- 4 h, wenn eine Netzersatzanlage zur Verfügung steht, Ersatzteile vorhanden sind, die Störung durch eine ständig besetzte Stelle erkannt wird und der Instandhalter ständig verfügbar ist.
- 30 h, wenn die Störung durch eine ständig besetzte Stelle erkannt wird und der Instandhalter innerhalb von 24 h verfügbar ist.
- 72 h, bei Nichterfüllung der ersten beiden Fälle.

Alarmierungseinrichtungen, z.B. akustisch oder optisch, müssen den Normen **(Bild)** entsprechen.

Übersicht: Normen, Vorschriften und Richtlinien für Brandmeldeanlagen (Auswahl)

- **Allgemeine Festlegungen (Seite 455)**
- **Brandmeldeanlagen**
  - DIN VDE 0833-2 Festlegungen für Brandmeldeanlagen
  - DIN VDE 0833-4 Festlegungen für Anlagen zur Sprachalarmierung im Brandfall
  - DIN 14675 Brandmeldeanlagen - Aufbau und Betrieb
  - DIN EN 54 Brandmeldeanlagen
  - DIN VDE 0605-1 Elektroinstallationsrohrsysteme für elektrische Installationen – Allgemeine Anforderungen
  - DIN VDE 0100-718 Anforderungen für Betriebsstätten, Räume und Anlagen besonderer Art
  - DIN VDE 0185 (Teile 1, 3 und 4) Blitzschutz
  - DIN VDE 0815 Installationskabel und -leitungen für Fernmelde- und Informationsverarbeitungsanlagen
  - DIN VDE 0845 Schutz von Fernmeldeanlagen gegen Blitzeinwirkung, statische Aufladungen und Überspannungen aus Starkstromanlagen

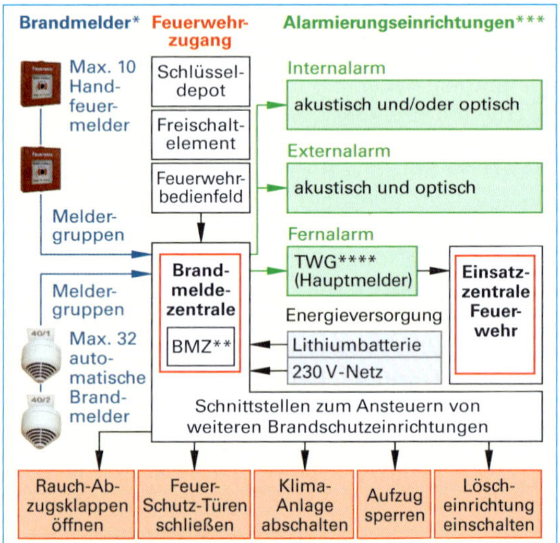

* Handfeuermelder nach DIN EN 54-11, Automatische Brandmelder nach DIN EN 54, Teil 5, 7, 10, 12, 20, 27
** Brandmeldezentrale nach DIN EN 54-2
*** Akustische Signalgeber nach DIN EN 54-3, optische Signalgeber nach DIN EN 54-23, Übertragungseinrichtungen für Brand- und Störungsmeldungen nach DIN EN 54-21
**** Telefonwählgerät

Bild: Blockschaltbild einer Brandmeldeanlage

Aktionen der BMZ im Brandfall (Beispiel)

- Auslösen des Internalarms (optisch und akustisch).
- Alarmierung hilfeleistender Stellen, z.B. Feuerwehr.
- Einschalten von ggf. vorhandenen Löschanlagen.
- Aktivieren einer vorprogrammierten Durchsage.
- Anzeige des alarmauslösenden Brandmelders.
- Einschalten der Fluchtwegebeleuchtung.
- Abschalten oder Sperren von Einrichtungen, z.B. Klimaanlagen oder Aufzüge.
- Schließen der Brandschutztüren.
- Öffnen von Rauchabzugsklappen.
- Dokumentieren der Alarmauslösung.

Den **Überwachungsbereich** einer BMA teilt man in Meldebereiche **(Übersicht)** ein.

Meldebereiche. Ein Meldebereich darf sich nur über eine Etage erstrecken. Ausgenommen sind z.B. Treppenräume oder Aufzugsschächte, die zu eigenen Meldebereichen zusammengefasst werden. Brandmelder innerhalb eines Meldebereiches werden in Meldergruppen zusammengefasst.

Meldergruppen. Eine Meldergruppe enthält mehrere Melder, die über eine gemeinsame Meldelinie (Primärleitung, **Seite 455**) oder eine Ringbusleitung mit der BMZ verbunden sind.

Für Handfeuermelder und automatische Brandmelder sind getrennte Meldegruppen zu errichten.

Die **Melderbezeichnung (Bild 1)** muss die Meldergruppe/Meldernummer enthalten, z.B. 40/1. Die Beschriftung hat gut leserlich und ausreichend groß (DIN 1450) zu erfolgen, z.B. eine Schriftgröße von 12,5 mm bei einer Entfernung bis 4 m mit z.B. schwarzer Schrift auf weißem Hintergrund.

Handfeuermelder (Bild 1) sind Druckknopfmelder. Sie werden in einer Höhe von 1,40 m ± 20 cm über dem Fertigfußboden montiert. Zur Alarmierung muss zuerst eine Sicherheitsscheibe eingeschlagen und anschließend der Druckknopf tief gedrückt werden.

Automatische Brandmelder reagieren selbstständig z.B. auf den UV-Anteil von Flammen, auf Rauch oder die Temperaturanstiegsgeschwindigkeit und senden im Brandfall ein Signal an die BMZ.

Flammenmelder erfassen UV-Anteile der Flammenstrahlung. Eine Beleuchtung z.B. durch Lampen oder Sonneneinstrahlung löst keine Meldung aus.

Wärmedifferentialmelder reagieren auf den Temperaturanstieg innerhalb einer bestimmten Zeitspanne. Sie werden auf eine für den Brandfall typische Temperaturanstiegsgeschwindigkeit (°C/min) eingestellt. Langsame Temperaturanstiege, z.B. durch Heizen, lösen keine Meldung aus.

Rauchmelder sind z.B. punktförmige Rauchmelder **(Bild 1)** oder Ansaugrauchmelder. Bei einem punktförmigen Rauchmelder sind eine Infrarot (IR)-Sende- und IR-Empfangsdiode **(Bild 2)** in einer Messkammer so angeordnet, dass der vom Sender ausgehende Lichtstrahl den Empfänger nur dann trifft, wenn Rauch in die Messkammer eindringt. Durch Reflexion gelangt ein Teil des abgestrahlten Lichtes auf den Empfänger und löst damit Alarm aus.

Wärmemaximalmelder ermöglichen die Festlegung einer Temperatur, ab der eine Meldung erfolgt.

Mehrfachsensormelder werten eine Kombination aus mehreren Brandkenngrößen, z.B. Rauch, Wärme und Kohlenmonoxid, aus. Durch die gleichzeitige Berücksichtigung mehrerer Kenngrößen ist die Gefahr eines Täuschungsalarms gering.

Übersicht: Meldebereiche in Brandmeldeanlagen

- Maximal 1600 m² innerhalb eines Brandabschnittes.
- Maximal fünf benachbarte Räume mit einer Gesamtfläche bis 400 m².
- Benachbarte Räume mit einer Gesamtfläche bis 1000 m² mit gut überschaubaren Zugängen und gut erkennbarer optischer Alarmanzeige.
- Benachbarte Räume mit einer Gesamtfläche bis 1000 m², wenn der Alarmzustand der einzelnen Melder in der BMZ angezeigt wird.

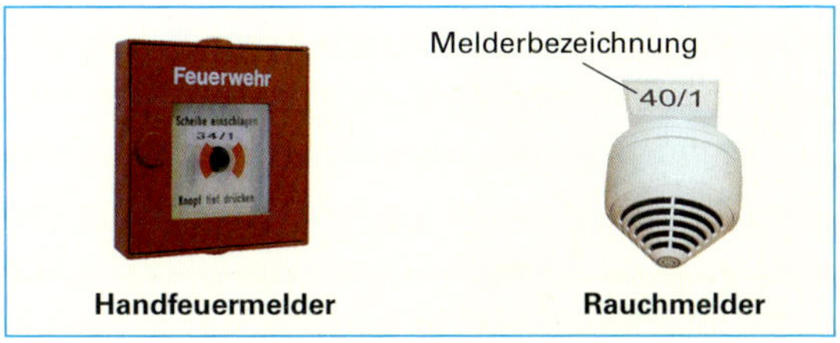

Bild 1: Handfeuermelder und Rauchmelder

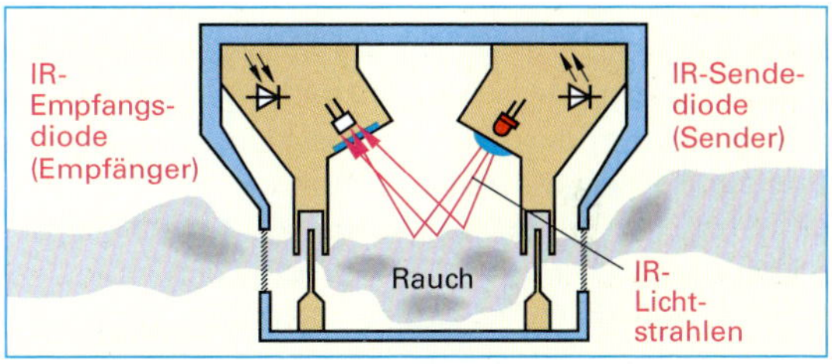

Bild 2: Prinzipieller Aufbau eines Rauchmelders

Anforderungen an das Leitungsnetz einer BMA

- Eigenes Leitungsnetz notwendig.
- Schutz gegen mechanische Beschädigung, z.B. durch Verlegung unter Putz oder im Schutzrohr.
- Funktionserhalt im Brandfall nach MLAR[1] für mindestens 30 min. gemäß DIN 4102.
- Es sind Leitungen mit rotem Mantel und dem Aufdruck Brandmeldekabel **(Seite 314)** zu verwenden.
- Aderdurchmesser muss mindestens 0,6 mm betragen, empfohlen werden 0,8 mm, z.B. der Leitungstyp J-Y(St)Y 2 x 2 × 0,8.
- Verbindungsstellen in Verteilern, die auch von anderen Anlagen genutzt werden, müssen eindeutig, z.B. rot, gekennzeichnet werden.
- Abzweigdosen und Verteiler für Brandmeldeleitungen sind z.B. durch rote Abdeckungen oder Aufkleber mit dem Buchstaben F zu kennzeichnen.

Wartung einer BMA

- Die Wartung muss nach DIN 14675 von zertifizierten Fachkräften durchgeführt werden.
- Die jährliche Wartung beinhaltet z.B. Sichtprüfung sowie Prüfung der Melder und Alarmierungseinrichtungen.
- Die vierteljährliche Inspektion beinhaltet z.B. Beseitigung von Verschmutzungen und Beschädigungen an den Meldern.
- Es ist die von den Herstellern angegebene maximale Lebensdauer der Melder zu beachten.

[1] **MLAR**, Abk. für: **M**uster-**L**eitungs**a**nlagen-**R**ichtlinie

12.6.3 Einbruchmeldeanlagen

Einbruchmeldeanlagen (EMA) sollen bereits bei unbefugter Annäherung, beim gewaltsamen Eindringen und spätestens beim Aufenthalt in einem geschützten Bereich Alarm auslösen.

Eine EMA besteht aus mehreren Baugruppen **(Bild)**:
- Einbruchmelderzentrale (EMZ) mit Energieversorgung aus zwei unabhängigen Quellen.
- Alarmierungseinrichtungen, z. B. Externalarm.
- Scharfschalteinrichtung zum Aktivieren der EMA.
- Melder zur Vorfeld-, Außenhaut- und Raumüberwachung **(Seite 459)**.

Die Einbruchmelderzentrale einer EMA ist innerhalb des Sicherungsbereiches in einem allgemein nicht zugänglichen Bereich anzuordnen.

Die Verbindung der Baugruppen erfolgt durch
- Gleichstromtechnik **(Bild)** oder
- Bustechnik, z. B. KNX (nach VdS nur Ansteuerung von Signalgebern und nicht für Melder erlaubt) oder
- Funktechnik, z. B. nach VdS im Bereich 433/868 MHz.

Energieversorgung. Die minimale Überbrückungszeit bei Betrieb mit Akku ist abhängig vom EMA-Grad bzw der VdS-Klasse **(Seite 460, Übersicht)**:
- EMA Grade 1, 2 und VdS-Klasse A: 12 h
- EMA Grade 3, 4 und VdS-Klassen B, C: 60 h

Alarmierungseinrichtungen sind eine Alarmübertragungsanlage (AÜA), deren Ausführung vom EMA Grad abhängig ist **(Seite 460, Tabelle 1)**.

Übersicht: Normen und Richtlinien für Einbruchmeldeanlagen (Auswahl)
- **Allgemeine Festlegungen (Seite 455)**
- **Normen**
  - DIN VDE 0833-3 Festlegungen für Einbruch- und Überfallmeldeanlagen
  - DIN EN 50131 Alarmanlagen, Einbruch- und Überfallmeldeanlagen
  - DIN EN 50136 Alarmanlagen, Alarmübertragungsanlagen und -einrichtungen
  - VdS 2311 Einbruchmeldeanlagen, Planung und Einbau
  - VdS 3172 Merkblatt

Scharfschalteinrichtungen zum Scharf-/Unscharfschalten müssen so ausgelegt sein, dass sie nur von berechtigten Personen betätigt werden können.

Die Berechtigung zur Scharfschaltung kann z. B. durch
- ein biologisches Identifikationsmerkmal, z. B. durch Abtasten eines Fingerabdrucks,
- ein geistiges Identifikationsmerkmal, z. B. durch die Eingabe einer Codenummer,
- ein materielles Identifikationsmerkmal, z. B. die Verwendung eines Schlüssels, erfolgen.

Das Scharfschalten darf nicht zum Fehlalarm führen.

Einbruchmeldeanlagen dürfen sich nur im Normalzustand scharf schalten lassen, d. h., wenn z. B. alle Türen und Fenster der zu schützenden Anlage ordnungsgemäß verschlossen sind.

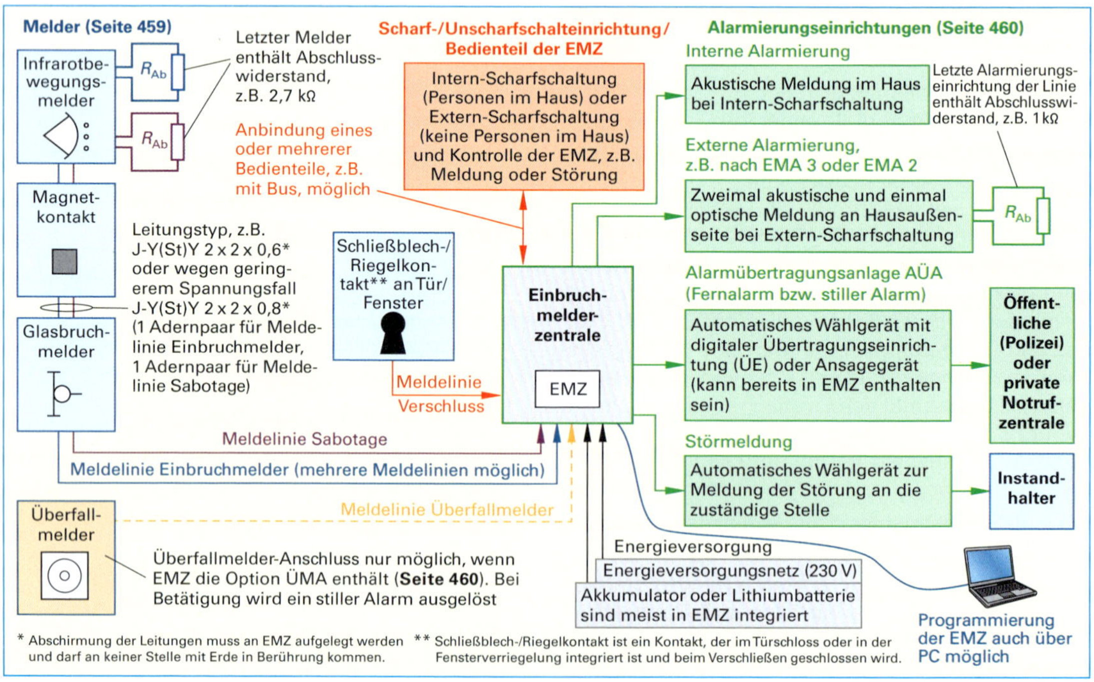

Bild: Blockschaltbild einer Einbruch-/Überfallmeldeanlage (EMA/ÜMA)

Melder dienen zur Überwachung von festgelegten Bereichen **(Übersicht)**. Man unterscheidet die Vorfeld-, Außenhaut- und Raumüberwachung.

In Abhängigkeit vom EMA-Grad **(Seite 461, Tabelle)** muss festgelegt werden, welche Überwachungsart, z. B. auf Verschluss oder Durchstieg **(siehe Info)**, verwendet werden soll und ob eine fallen- oder schwerpunktmäßige Überwachung stattfindet.

Vorfeldüberwachungen sollen bereits alarmieren, wenn ein Unbefugter versucht, z. B. das gesicherte Grundstück zu betreten. Man wendet sie hauptsächlich im Sicherheitsbereich industrieller Anlagen an.

Außenhautüberwachungen (Bild) melden z. B. geöffnete Fenster und Türen oder den gewaltsamen Durchstieg einer Person.

Raumüberwachungen (Bild) lösen z. B. durch Bewegungsmelder Alarm aus, wenn sich innerhalb des überwachten Bereiches Personen bewegen. Bei der fallenartigen Raumüberwachung wird hauptsächlich der Eingangsbereich überwacht, z. B. Bereiche an Türen und im Flur. Die schwerpunktmäßige Raumüberwachung ist eine zusätzliche Maßnahme für besonders zu schützende Räume, z. B. Lagerräume für Wertgegenstände.

Bei der **Installation der EMA** ist zu beachten, dass sich die einzelnen Komponenten, z. B. interne Signalgeber und Leitungen, innerhalb des Sicherungsbereichs befinden. Wenn Leitungen nicht innerhalb des Sicherungsbereichs verlegt werden können, sind sie nicht sichtbar oder mechanisch ausreichend geschützt zu verlegen. Für das Leitungsnetz sind geschirmte Leitungen mit mindestens 0,6 mm Ader-Durchmesser, z. B. die Leitungsart J-Y(St)Y 2 × 2 × 0,6, zu verwenden.

Übersicht: Melder in verschiedenen Überwachungsbereichen einer EMA (Beispiele)

- **Vorfeldüberwachung**
  Infrarotlichtschranken, Infrarot-Bewegungsmelder, Mikrowellen-Richtstrecken, Infrarot-Kameras
- **Außenhautüberwachung**
  Glasbruchmelder, Magnetkontakte, Infrarotlichtschranken, Infrarot-Bewegungsmelder, Mikrowellen-Richtstrecken, Infrarot-Kameras
- **Raumüberwachung**
  Infrarot-Bewegungsmelder, Mikrowellen-Richtstrecken, Infrarot-Kameras

Überwachungsarten bei einer Einbruchmeldeanlage

- Verschlussüberwachung prüft, ob eine Tür oder ein Fenster geschlossen ist, z. B. mit Schließblechkontakten für Türen und Riegelkontakten für Fenster.
- Öffnungsüberwachung prüft, ob eine Tür oder ein Fenster geöffnet ist, z. B. mit einem Magnetkontakt.
- Durchstiegsüberwachung prüft auf Durchstieg einer Person, z. B. mit Alarmglas oder Glasbruchmelder.
- Durchgriffüberwachung prüft auf Durchgriff einer Person, z. B. mit Alarmglas oder Glasbruchmelder.
- Fallenmäßige Raumüberwachung dient der Überwachung von Sicherungsbereichen, die der Eindringling mit hoher Wahrscheinlichkeit betreten wird, z. B. mit Infrarot-Bewegungsmelder.
- Schwerpunktmäßige Raumüberwachung dient der Überwachung eines Sicherungsbereichs, der die gefährdeten Gegenstände, z. B. einen Tresor oder eine Vitrine mit Wertgegenständen, enthält.

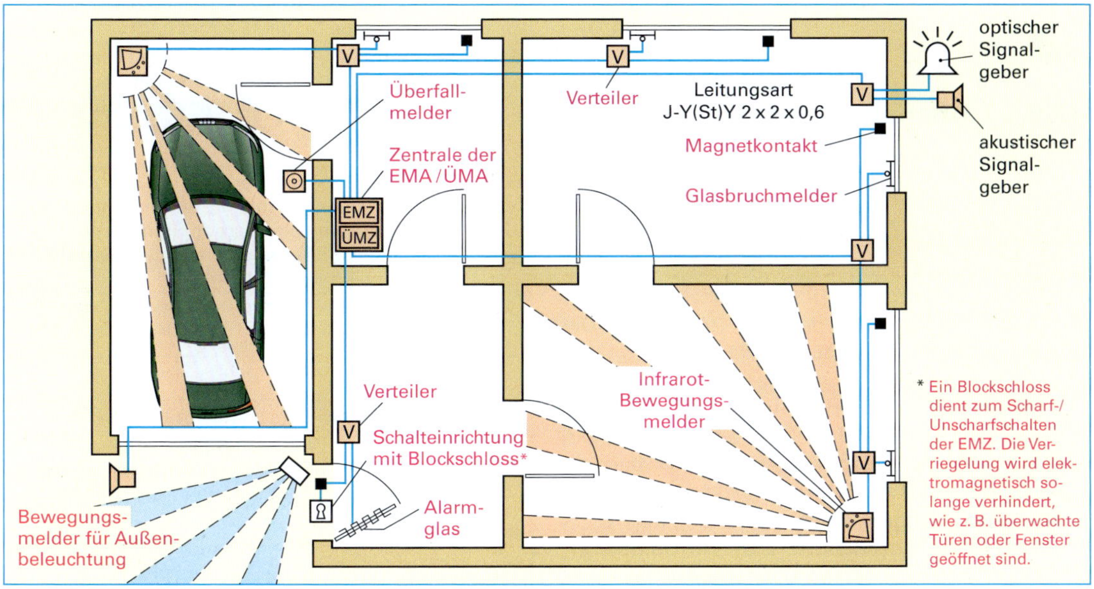

Bild: Einbruch- und Überfallmeldeanlage (EMA/ÜMA) mit Außenhaut- und Raumüberwachung

Bei der **Planung einer EMA** ist ein Sicherheitskonzept oder eine Risikoerfassung zu erstellen, z. B. in Verbindung mit einer Polizeilichen Beratungsstelle und/oder in Absprache mit dem Sachversicherer. Mit dem ermittelten Risiko kann der EMA-Grad nach DIN VDE 0833-3 oder die VdS-Klasse nach VdS 2311 **(Übersicht)** und damit die folgenden Anlagenteile und Maßnahmen bestimmt werden:

- Ort und Art der Melder **(Seite 459)**,
- Einbruchmelderzentrale **(Seite 458)**,
- Art der Alarmierung **(Tabelle 1)**,
- Variante der Scharfschalteinrichtung **(Seite 458)**,
- Inspektion und Wartung **(Tabelle 2)**.

Zur Bestimmung der Anlagenteile, z. B. Art und Ort der Melder, die Energieversorgung oder die Art der Alarmierung, werden die notwendigen Maßnahmen der DIN VDE 0833-3 in Abhängigkeit vom EMA-Grad 1 bis 4 entnommen **(Tabelle, Seite 461)**.

Es muss auch berücksichtigt werden, dass die elektrischen Überwachungsmaßnahmen erst im Zusammenwirken mit den baulichen Sicherungsmaßnahmen, z. B. Wanddicke, Dicke eines Türrahmens, Schließbleche an den Türen, wirksam werden. Dadurch wird die Widerstandszeit **(DIN EN 1627)**, die Zeit, die der Eindringling für die Überwindung benötigt, größer.

Nach dem Errichten der EMA durch eine zertifizierte Firma muss eine **Abnahmeprüfung** erfolgen. Dabei sind auch die in VDE 0833-1 angegebenen allgemeinen Festlegungen für den Betrieb einer GMA **(Seite 448)** zu erfüllen. Das Abnahmeprotokoll ist dem Betreiber auszuhändigen. Für den **Betrieb der EMA** ist regelmäßig eine Begehung, Inspektion und Wartung (DIN VDE 0833) erforderlich **(Tabelle 2)**.

WWW https://vds.de/kompetenzen/security

Übersicht: Einteilung des Gefährdungsrisikos (EMA-Grade und VdS-Klassen)

Die EMA Grade nach DIN VDE 0833-3 und die VdS-Klassen der Sachversicherer dienen zur Klassifizierung der zu ergreifenden Maßnahmen für ein zu schützendes Gebäude in Abhängigkeit vom Gefährdungsrisiko.

- **EMA-Grade und VdS-Richtlinien**
  Sachversicherer beziehen sich auf die VdS-Richtlinien. Diese orientieren sich an den EMA-Graden der VDE 0833, haben aber zusätzliche Anforderungen.
- **VdS-Klassen nach VdS-Richtlinie 2311**
  Eine Einteilung erfolgt in die Klassen A, B, C und Sicherungsklassen SH1–SH3 (Privat) und SG1–SG6 (Gewerbe) nach Risiko und Höhe des Versicherungswertes. Dabei wird die Art des Betriebes (VdS 2559), z. B. Bäckerei (SG1) oder Juwelier (SG6), berücksichtigt.
  - **Private Risiken:**
    VdS-Klasse A: Orientierung am EMA-Grad 2 mit den Sicherungsklassen SH1, SH2 und SH3 und
    VdS-Klasse B: Orientierung am EMA-Grad 3 mit den Sicherungsklassen SH1, SH2 und SH3 bei höherem Wertsachenanteil.
  - **Gewerbliche Risiken:**
    VdS-Klasse B: Orientierung am EMA-Grad 3 mit den Sicherungsklassen SG1 und SG2.
    VdS-Klasse C: Orientierung am EMA-Grad 4 mit den Sicherungsklassen SG3, SG4, SG5 und SG6.
- **VdS Home (Seite 461, Tabelle)**

Tabelle 1: Alarmierung in Einbruchmeldeanlagen (Auswahl nach DIN VDE 0833-3)

EMA	Art der Alarmierung (Beispiele)
Grad 1	Externalarm mit akustischen Signalgebern[1] innerhalb des Sicherungsbereichs. Alternativ Fernalarm mit AÜA[2] (Verbindung mit Funktionsüberwachung im Intervall von max. 25 h) und externer akustischer Signalgeber. Zusätzliche optische Signalgeber möglich.
Grad 2	Fernalarm mit AÜA (Verbindung mit Funktionsüberwachung) und Externalarm mit akustischen Signalgebern[1] innerhalb oder außerhalb des Sicherungsbereichs. Zusätzliche optische Signalgeber möglich.
Grad 3 und 4	Fernalarm mit AÜA (Verbindung über zwei getrennte Wege mit Funktionsüberwachung) und Externalarm mit akustischen Signalgebern[1] innerhalb des Sicherungsbereichs. Zusätzliche optische Signalgeber möglich.

[1] Ein akustischer Signalgeber mit eigener Energieversorgung oder zwei akustische Signalgeber mit Fremdspeisung.
[2] **AÜA**, Abk. für: **A**larm**ü**bertragungs**a**nlage

12.6.4 Überfallmeldeanlagen

Überfallmeldeanlagen (ÜMA) dienen zur Auslösung eines Überfallalarms, z. B. in einer Bank oder einem Wohnhaus, während oder nach einem Überfall.

Die Risikoeinschätzung bei einer Überfallmeldeanlage (ÜMA) erfolgt wie bei der EMA **(Übersicht)**. Die Funktion Überfallmeldeanlage (ÜMA) wird von den meisten Einbruchmelderzentralen als Option unterstützt **(Seite 458, Bild)**, sodass beide Anlagen kombiniert werden können (EMA/ÜMA **Seite 459, Bild)**. Die Überfallmelder, z. B. Handauslöser und Trittleisten, müssen dabei auf eine eigene Meldergruppe geschaltet sein, die grundsätzlich ständig, also auch bei nicht scharf geschalteter EMA, in Betrieb ist. Nach dem Auslösen eines Überfallalarms muss erkennbar sein, welche Melder betätigt wurden.

Tabelle 2: Überprüfungszeiträume EMA/ÜMA

EMA-Grad	Inspektionen pro Jahr	Wartungen pro Jahr	Spätester Instandsetzungsbeginn nach einer Störmeldung
1	1 x	1 x	keine Anforderung
2	1 x	1 x	innerhalb 48 h
3	2 x	1 x	innerhalb 24 h
4	4 x	1 x	innerhalb 12 h

Situationsbeschreibung:

Das Erdgeschoss eines gehobenen Einfamilienhauses soll mit einer EMA versehen werden. Welche Maßnahmen sind zu ergreifen und wo werden die Komponenten der EMA zweckmäßig eingebaut?

Der Überwachungsumfang ist vom Risikograd der Einbruchmeldeanlage **(Tabelle)** abhängig.

Tabelle: Risikograde von Einbruchmeldeanlagen (EMA) (nach DIN VDE 0833 angepasst an DIN EN 50131)

EMA-Grad (VDE, EN)	Klasse (VdS[1], KPK[2])	Risiko	Beispiel	Überwachungsumfang		
				Türen	Fenster	Räume
1	ohne	gering	einzelne Räume bzw. Gegenstände	auf Öffnen (empfohlen)	ohne Schutz	fallenmäßig, z. B. mit Bewegungsmeldern
2	A Home[3]	gering bis mittelmäßig	einfaches Eigenheim	auf Öffnen und Verschluss (alternativ fallenmäßige Überwachung)	ohne Schutz	fallenmäßig und schwerpunktmäßig (empfohlen)
3	B	mittelmäßig bis hoch	gehobenes Eigenheim, Kleingewerbebetrieb	auf Öffnen und Verschluss	auf Öffnen, Verschluss und Durchstieg	fallenmäßig und schwerpunktmäßig (empfohlen)
4	C	hoch	Gewerbe- und Industriebetrieb	auf Öffnen, Verschluss, Durchstieg und Durchgriff (empfohlen)	auf Öffnen, Verschluss, Durchstieg und Durchgriff (empfohlen)	fallenmäßig und schwerpunktmäßig (empfohlen)

[1] **VdS**, Abk. für: **V**ertrauen **d**urch **S**icherheit; [2] **KPK**, Abk. für: **K**ommission **P**olizeiliche **K**riminalprävention
[3] Home (engl.) = Zuhause. Anlagen der VdS-Klasse Home werden als Gefahrenwarnanlagen (GWA) bezeichnet. Sie können auch von Elektrofachbetrieben errichtet werden, die nicht nach VdS zertifiziert sind. GWA enthalten neben den Funktionen einer EMA weitere Möglichkeiten, z. B. zur Warnung vor ausströmendem Gas oder Wasser oder dienen auch zum Hilferuf für Personen in Notlagen. VdS-Home ist eine kostengünstige GWA zur Warnung vor Gefahren, die nur für private Häuser oder Wohnungen geeignet ist, bei denen wegen geringer Gefährdung kein spezieller Schutz von der Versicherung gefordert wird.

Der Grundrissplan **(Bild)** zeigt die Maßnahmen für die vom Sachversicherer geforderte Ausstattung nach EMA-Grad 3. Dem Sachversicherer werden die durchgeführten Maßnahmen mitgeteilt.

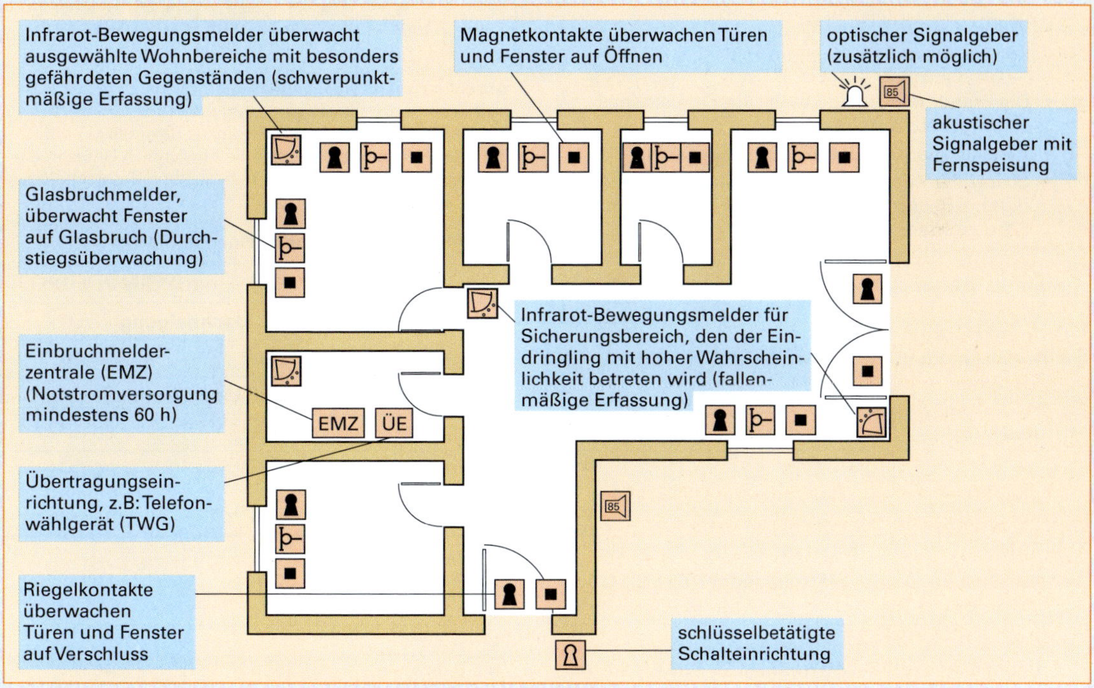

Bild: Beispiel für den Einbau einer EMA im Einfamilienhaus (EMA-Grad 3)

Praxistipp: Beispiel einer Einbruchmeldeanlage (Nächster Praxistipp: Seite 462)

Praxistipp: Installation von Rauchmeldern
(Nächster Praxistipp: Seite 501)

Situationsbeschreibung:

Eine Werkhalle **(Bild 1)** soll mit Rauchmeldern, die an einer Brandmelderzentrale BMZ **(Bild 2)** angeschlossen sind, überwacht werden. Bestimmen Sie mithilfe der **Tabelle** und der Hinweise im Kapitel Brandmeldeanlagen

a) die Anzahl der Rauchmelder und die Anzahl der Meldelinien,
b) ihren Abstand untereinander,
c) die Leitungsart für ihren Anschluss an die Brandmelderzentrale und
d) die zu beachtenden Installationsregeln.

a) Die Anzahl *n* der Rauchmelder wird bestimmt nach DIN VDE 0833 durch:

- Raumhöhe 5,50 m mit 0° Dachneigung,
- Raumabmessungen 40 m × 30 m **(Bild 1)**,
- Grundfläche des zu überwachenden Raumes über 80 m².

→ Laut **Tabelle**: Überwachungsbereich pro Melder 60 m²

→ Melderanzahl: $\boldsymbol{n} = 1200\ \text{m}^2 : 60\ \text{m}^2 = \mathbf{20}$

→ 4 Meldelinien, da 4 Reihen, mit je 5 Meldern

b) Berechnung der Abstände *a* und *b* nach **Bild 1**:

- Innerhalb der Meldelinie:
  $\boldsymbol{a} = 40\ \text{m} : 5 = \mathbf{8\ m}$
- Zwischen den Meldelinien:
  $\boldsymbol{b} = 30\ \text{m} : 4 = \mathbf{7{,}5\ m}$

c) Auswahl der benötigten Leitung:

- Vorzugsweise Installationskabel, z. B. J-Y(St)Y 2 × 2 × 0,8.
- Außenmantel rot gefärbt.
- Kabelaufdruck Brandmeldekabel.

d)
- Die Brandmeldeanlage muss über ein eigenes Leitungsnetz verfügen.
- Verteiler müssen rot gekennzeichnet sein.
- Schutz der Kabel gegen mechanische Beschädigung, z. B. durch Verlegung unter Putz oder in Schutzrohren.

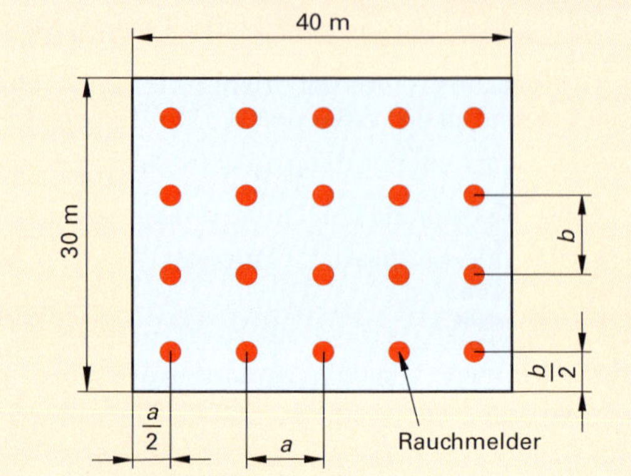

Ausführung: Flachdach, Raumhöhe 5,50 m

Bild 1: Grundriss Werkhalle

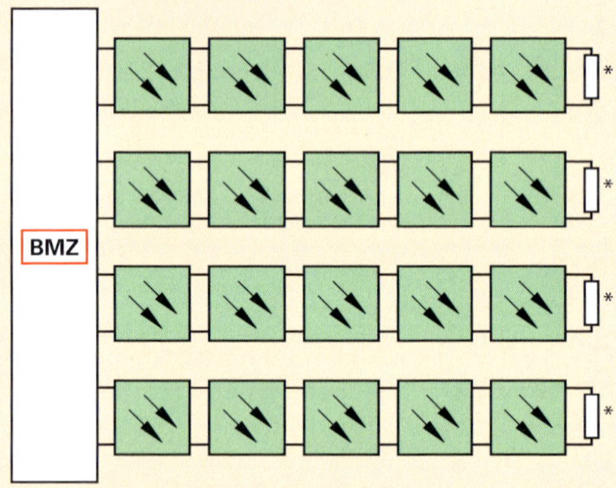

*Abschlusswiderstand einer Meldergruppe. Er ermöglicht auch im Ruhezustand einen festgelegten Strom durch die Meldelinie. Aus der Größe dieses Stromes kann die BMZ den Zustand der Meldelinie hinsichtlich Unterbrechung, Kurzschluss, Alarm und Ruhezustand unterscheiden.

Bild 2: Anschluss der Rauchmelder an die BMZ

Tabelle: Überwachungsbereich je Melder (nach DIN VDE 0833)

Grundfläche des zu überwachenden Raumes	Art der Brandmelder	Raumhöhe	Dachneigung bis 20°	Dachneigung über 20°
			Maximaler Überwachungsbereich	
bis 80 m²	Rauchmelder DIN EN 54-7	bis 12 m	80 m²	80 m²
über 80 m²	Rauchmelder DIN EN 54-7	bis 6 m über 6 bis 12 m über 12 bis 16 m	60 m² 80 m² 120 m²	90 m² 110 m² 150 m²
bis 30 m²	Wärmemelder DIN EN 54-5	bis 7,5 m bis 6,0 m bis 4,5 m	30 m²	30 m²
über 30 m²	Wärmemelder DIN EN 54-5	bis 7,5 m bis 6,0 m bis 4,5 m	20 m²	40 m²

12.7 Blitzschutz

12.7.1 Entstehung der Gewitterzelle

Blitze sind elektrische Entladungen in der Erdatmosphäre. Blitze entstehen durch eine Konzentration elektrischer Ladungen innerhalb einer Gewitterwolke. Gewitterwolken entstehen durch feuchtwarme Luft, die mit großer Geschwindigkeit aufsteigt und sich mit zunehmender Höhe abkühlt.

Durch Kondensation des Wasserdampfes bilden sich dann große Gewitterwolken. Beim Unterschreiten der Null-Grad-Grenze entsteht aus den Wassertröpfchen Eis in Form von Schnee, Hagel oder Graupelkörnern. Die Eisteilchen fallen gegen den Aufwind und geben dabei Ladungsteilchen ab. Ein Wolkengebilde mit zwei oder drei übereinander angeordneten Ladungsgebieten entgegengesetzter Polarität bezeichnet man als **Gewitterzelle (Bild 1)**.

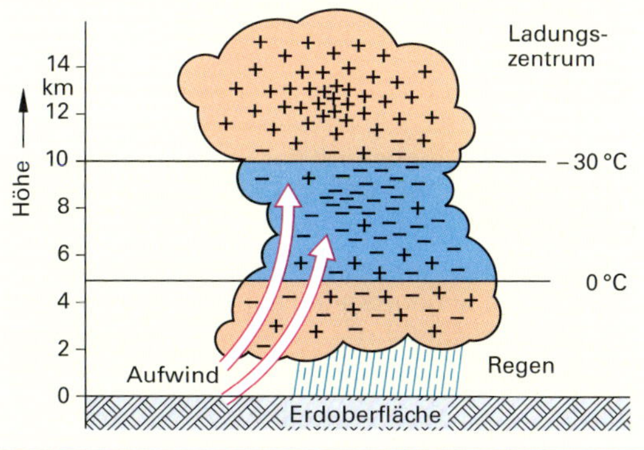

Bild 1: Ladungsverteilung in einer Gewitterzelle

Zur Blitzentladung kommt es, wenn die elektrische Feldstärke an einer Stelle die elektrische Durchschlagfestigkeit der Luft von etwa 100 kV/m bis 200 kV/m überschreitet.

12.7.2 Wirkungen des Blitzstromes

Der **Blitzstrom** hat thermische, dynamische, elektromagnetische und akustische Wirkungen.

Thermische Wirkungen zeigen sich z. B. an Blechverkleidungen, aus denen bei einem Einschlag Löcher herausschmelzen. Bei Blitzeinschlägen in Gebäude besteht zusätzlich Brandgefahr.

Dynamische Wirkungen, die z. B. durch die Kraftwirkung paralleler Stromwege auftreten, können Verformungen, z. B. an Antennen, hervorrufen.

Elektromagnetische Wirkungen erzeugen starke elektromagnetische Felder, die hohe Überspannungen erzeugen und z. B. Fernsehgeräte zerstören.

Überspannungen, die durch Blitze entstehen, können z. B. über Strom- und Telefonleitungen ins Haus eindringen und elektrische Geräte zerstören.

12.7.3 Blitzschutzsysteme

Blitzschutzsysteme (LPS) haben die Aufgabe, bauliche Anlagen vor den Folgen von Blitzeinschlägen zu schützen und damit Gefahren und Schäden zu vermeiden. Sie bestehen aus dem äußeren **(Seite 464)** und dem inneren Blitzschutz **(Seite 465)**.

Blitzschutzsysteme sind in den Landesbauordnungen für bauliche Anlagen vorgeschrieben und werden in Schutzklassen eingeteilt **(Tabelle)**. Schutzklasse I bietet den höchsten, Schutzklasse IV den niedrigsten Schutzgrad.

Wichtiges zum Blitzschutz

- Scheitelwert des Blitzstromstoßes 10 kA ... 100 kA
- Blitzspannung > 10 MV
- Elektrische Durchbruch-Feldstärke ≈ 200 kV/m
- Blitzleistung ≈ 1,2 GW*

* GW, Abk. für: Gigawatt

Blitzschutzsysteme (Einteilung)

- **Äußerer Blitzschutz**
  - Auffangvorrichtungen
  - Ableitungen
  - Erdungsanlage
- **Innerer Blitzschutz**
  - Blitzschutz-Potenzialausgleich
  - Überspannungs-Schutzgeräte
  - Einhalten von Trennungsabständen

Fachbegriffe zum Blitzschutz (Auswahl)

LPS Abk. für: lightning protection system = Blitzschutzsystem

LEMP Abk. für: lightning electromagnetic pulse = Blitz-Elektro-Magnetischer Puls

SPD Abk. für: surge protective device = Überspannungs-Schutzgerät

LPL Abk. für: lightning protection level = Schutzklasse eines Blitzschutzsystems

EB Abk. für: equipotential bonding = Blitzschutz-Potenzialausgleich

LPZ Abk. für: lightning protection zone = Blitzschutzzone

Tabelle: Schutzklassen für Blitzschutzsysteme (nach DIN VDE 0185-305-3 Beiblatt 2)

Schutzklasse	Anwendungsbeispiele
I	Explosivstoffgefährdete Bereiche
II	Krankenhäuser, explosionsgefährdete Bereiche
III	Wohngebäude, Bürogebäude, Schulen
IV	Lagerstätten

12.7.3.1 Äußerer Blitzschutz

Der äußere Blitzschutz umfasst alle Einrichtungen zum Auffangen und Ableiten des Blitzstromes vom Einschlagspunkt in die Erdungsanlage.

Der äußere Blitzschutz besteht hauptsächlich aus den Fangeinrichtungen, den Ableitungen und der Erdungsanlage **(Bild 1).** Trennstellen in den Ableitungen dienen zum Messen des Erdungswiderstandes und zur Durchgangsprüfung des Blitzschutzsystems **(Seite 467).**

Fangeinrichtungen werden als **Fangstangen, Fangleitungen,** maschenförmig angeordnete Fangleitungen oder als **isolierte Fangeinrichtungen** ausgeführt.

Für die Planung von Fangeinrichtungen eignen sich:

- das Schutzwinkelverfahren,
- das Blitzkugelverfahren oder
- das Maschenverfahren.

Schutzwinkelverfahren wendet man für einfache, einzeln stehende bauliche Anlagen oder für kleinere zu schützende Einrichtungen an, z.B. Schornsteine. Fangleitungen oder Fangstangen müssen so angeordnet sein, dass sich alle Teile der zu schützenden baulichen Anlage im Schutzbereich der Fangeinrichtung befinden. Der Schutzbereich einer Fangeinrichtung wird durch einen vorgegebenen **Schutzwinkel** α bestimmt **(Bild 2).**

Der Schutzwinkel α (Bild 3) wird durch die Schutzklasse des Blitzschutzsystems und durch die Höhe der Fangeinrichtung über der Bezugsebene bestimmt.

Blitzkugelverfahren wendet man an Gebäuden, die höher als der Radius der Blitzkugel sind **(Bild 4)**, oder an Gebäuden mit komplexer Gebäudeform an. Die Blitzkugel wird dabei in einem Simulationsprogramm über die bauliche Anlage gerollt. Der geschützte Bereich ergibt sich zwischen den Berührungsstellen der Blitzkugel mit der zu schützenden baulichen Anlage und der Bezugsebene **(Bild 4).** Bereiche über den Berührungsstellen müssen durch Fangeinrichtungen gegen mögliche Einschlagstellen für Blitze geschützt werden.

Der Radius der Blitzkugel muss der gewählten Schutzklasse entsprechen (Tabelle).

Maschenverfahren wendet man z.B. auf Flachdächern oder Satteldächern an **(Bild 5).** Die Fangeinrichtungen sind unabhängig von der Form des Gebäudes einsetzbar. Die höchstzulässige Maschenweite hängt von der gewählten Schutzklasse des Blitzschutzsystems ab **(Tabelle).**

Errichten der Blitzschutzanlage

Fangeinrichtungen werden am First oder möglichst dicht entlang bestehender Kanten angeordnet (Bild 1).

Besteht das Dach aus nicht entflammbarem Werkstoff, können die Fangeinrichtungen direkt auf der Dachfläche verlegt werden. Bei weicher, leicht entflammbarer Bedachung, z.B. bei Reet-Dächern, werden die Fangleitungen auf isolierenden Stützen verlegt.

Ableitungen sollen senkrecht auf dem kürzesten Weg zur Erdungsanlage geführt werden. Bauliche Anlagen müssen über mindestens zwei Ableitungen verfügen.

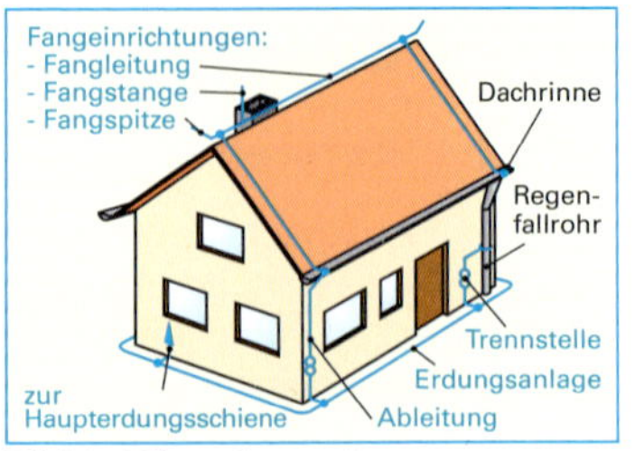

Bild 1: Blitzschutzanlage, äußerer Blitzschutz

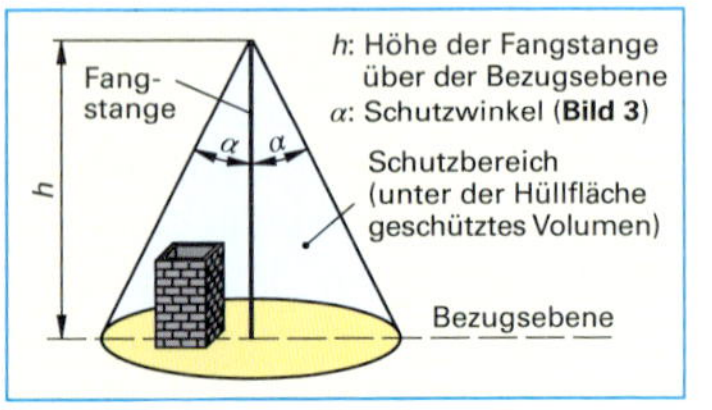

Bild 2: Schutzbereich unter Fangstangen

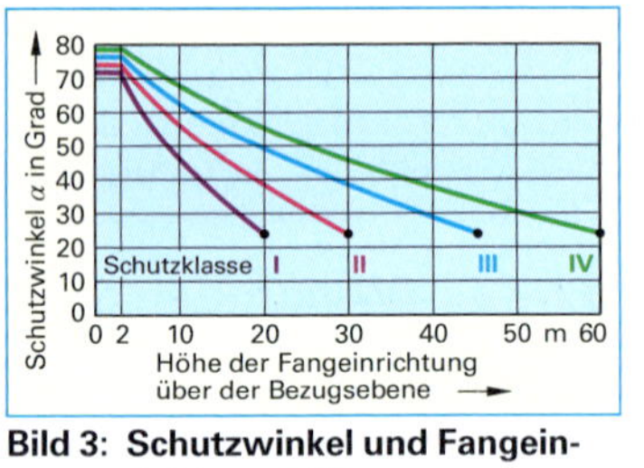

Bild 3: Schutzwinkel und Fangeinrichtungshöhe

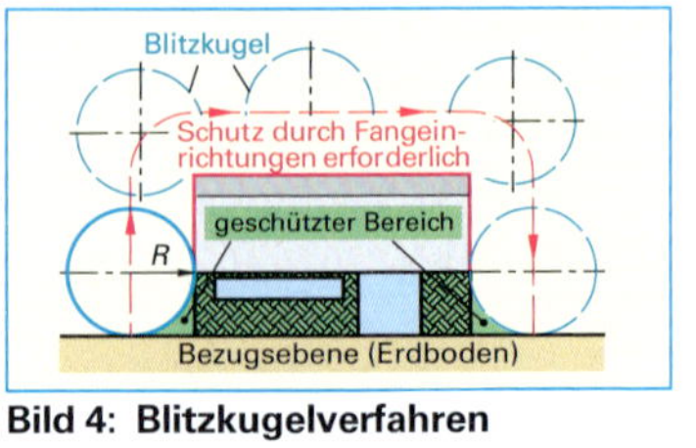

Bild 4: Blitzkugelverfahren

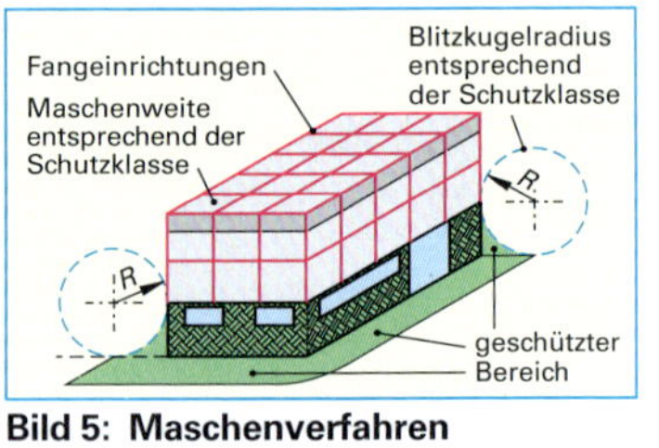

Bild 5: Maschenverfahren

Tabelle: Blitzkugelradius und Maschenweite nach DIN EN 62305-3 (DIN VDE 0185-305-3)

Schutzklasse	Blitzkugelradius	Maschenweite (max.)
I	20 m	5 m × 5 m
II	30 m	10 m × 10 m
III	45 m	15 m × 15 m
IV	60 m	20 m × 20 m

12.7.3.2 Innerer Blitzschutz

Der innere Blitzschutz soll elektrische Anlagen, leitfähige Installationen und Anlagenteile im Inneren von baulichen Anlagen vor den Auswirkungen des Blitzstromes schützen.

Der innere Blitzschutz erfordert:

- Ausführung des Blitzschutz-Potenzialausgleichs,
- Einbau der Überspannungs-Schutzgeräte (SPD[1]).

Zusätzlich ist zu beachten:

- Einhalten der Trennungsabstände **(Seite 466)**.

Blitzschutz-Potenzialausgleich. Der Blitzschutz-Potenzialausgleich **(Bild 1)** ist eine Erweiterung des Schutzpotenzialausgleichs **(Bild 2, Seite 301)**.

Alle in eine bauliche Anlage eingeführten Leitungen, z. B. Gas- oder Wasserrohre und auch elektrische Energie- und Kommunikationsleitungen, werden über Schutzpotenzialausgleichsleitungen (PB) mit der Haupterdungsschiene (früher Hauptpotenzialausgleichsschiene) verbunden **(Bild 1).**

Elektrische Energie- oder Kommunikationsleitungen **(Bild 1)** werden indirekt, d. h. über Überspannungs-Schutzgeräte (SPD), mit der Haupterdungsschiene verbunden.

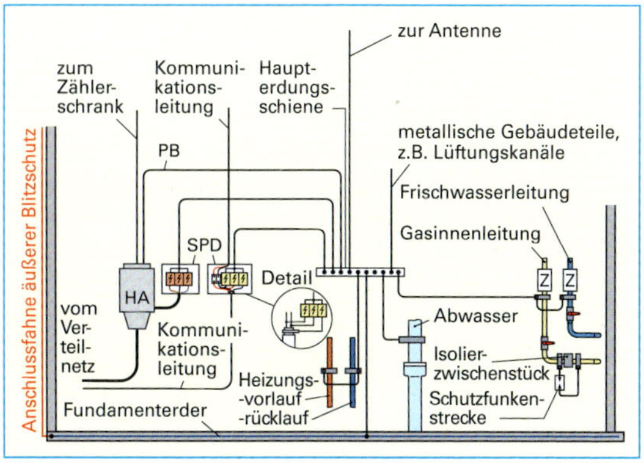

Bild 1: Blitzschutz-Potenzialausgleich

Blitzschutzzonen

In baulichen Anlagen mit umfangreichen elektrischen und elektronischen Einrichtungen, z. B. Rechenzentren, Krankenhäuser oder bei angewandter Gebäudeleittechnik, unterteilt man die zu schützende Anlage in **Blitzschutzzonen** (LPZ, **Bild 2**).

Sie stellen den Schutz elektrischer und elektronischer Systeme gegen Überspannungen, die durch elektromagnetischen Blitzimpuls verursacht werden, durch einen abgestuften Einbau von Blitzstrom- und Überspannungsableitern **(Bild 2)** sicher.

Den Bereich außerhalb der geschützten Anlage ordnet man der Blitzschutzzone 0 (LPZ 0_A und LPZ 0_B) zu.

Auf die Zonen LPZ 0_A und LPZ 0_B, in denen bei Blitzeinschlägen hohe elektromagnetische Felder wirken, folgen innerhalb der baulichen Anlage Zonen mit abnehmender Gefährdung.

Die verbundene Baustahlarmierung der Außenwände kann einen Schirmkäfig für die LPZ 1 bilden **(Bild 2).** Bewehrungsstähle oder die Raumschirmung innenliegender Räume, z. B. in medizinisch genutzten Bereichen der Gruppen 1 und 2 **(Seite 342),** können den Schirmkäfig der LPZ 2 bilden.

Blitzschutzzonen

Äußere Zonen

LPZ[2] 0_A	Gefährdung durch direkte Blitzeinschläge, durch vollen Blitzstrom und das volle elektromagnetische Feld des Blitzes.
LPZ 0_B	Geschützt gegen Blitzschlag. Gefährdung durch anteiligen Blitzstrom und durch das volle elektromagnetische Feld des Blitzes.

Innere Zonen (Geschützt gegen Blitzeinschläge)

LPZ 1	Blitzströme begrenzt durch Stromaufteilung und durch Überspannungs-Schutzgeräte (SPD[2]) an den Zonengrenzen **(Bild 2).** Das Feld des Blitzes kann durch räumliche Schirmung gedämpft sein.
LPZ 2	Blitzströme weiter begrenzt durch Stromaufteilung und SPDs an den Zonengrenzen. Das Feld des Blitzes ist meist durch räumliche Schirmung, z. B. in medizinisch genutzten Räumen der Gruppe 2, weiter gedämpft.

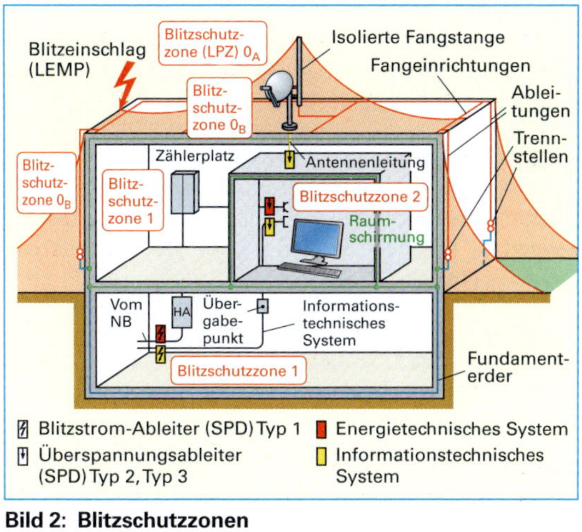

Bild 2: Blitzschutzzonen

[1] **SPD**, Abk. für: **S**urge **P**rotective **D**evice (engl.) = Überspannungs-Schutzgerät
[2] **LPZ**, Abk. für: **l**ightning **p**rotection **z**one (engl.) = Blitzschutzzone

Alle energietechnischen und datentechnischen Leitungen werden an den Übergängen der Blitzschutzzonen mit **Überspannungs-Schutzgeräten** (SPD) ausgestattet. Am Übergang von LPZ 0_B nach LPZ 1 setzt man **Blitzstromableiter** (SPD Typ 1) ein. Sie können hohe Blitzströme, z. B. bis 100 kA, ableiten, haben aber einen geringen Schutzpegel **(Bild)**. Im weiteren Verlauf der Leitungen, z. B. an den Schnittstellen von LPZ 1 und LPZ 2 oder an der Stromkreisverteilung, folgen **Überspannungsableiter** (SPD Typ 2). Sie können nur geringere Ströme führen, haben aber einen höheren Schutzpegel als SPDs Typ 1 **(Bild)**. Den Schutz elektronischer Geräte, z. B. von Computern, übernehmen Überspannungs-Schutzgeräte vom Typ 3 **(Bild)**. Sie bieten den höchsten Schutzpegel und können im Stromkreisverteiler untergebracht oder direkt in der Steckvorrichtung integriert sein.

Überspannungs-Schutzgeräte im TN-System. Im TN-C-System sind Überspannungs-Schutzgeräte (SPD) in den Außenleitern L1, L2 und L3 notwendig **(Bild)**. In TN-S-Systemen sind SPDs in den drei Außenleitern und zusätzlich im Neutralleiter N vorzusehen **(Bild)**.

Um ein Auslösen der Fehlerstrom-Schutzeinrichtungen beim Ansprechen der Überspannungsableiter zu vermeiden, sollen die Überspannungsableiter möglichst vor den Fehlerstrom-Schutzeinrichtungen angeordnet werden.

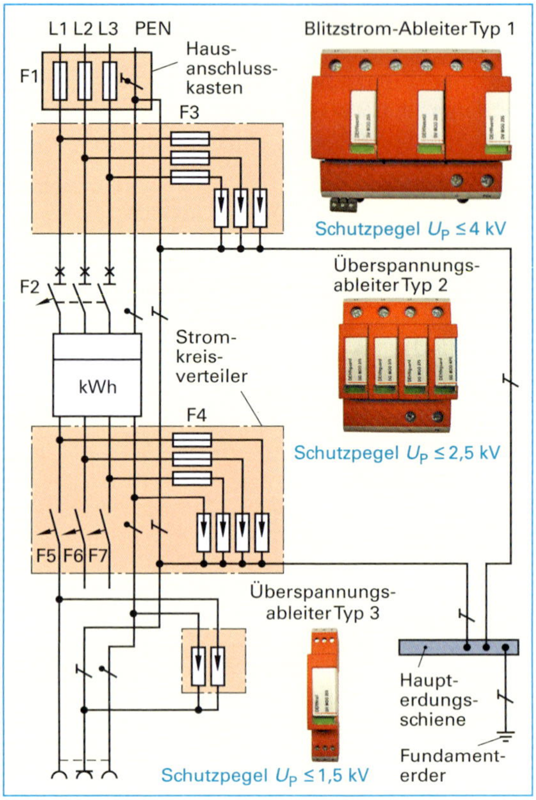

Bild: Abgestufte Anordnung von Überspannungs-Schutzgeräten im TN-System

- Überspannungsschutz am Speisepunkt der elektrischen Anlage ist für Neubauten und Sanierungen nach DIN VDE 0100-443/-534 Pflicht.
- Bei einem vorhandenem äußeren Blitzschutzsystem ist ein SPD Typ 1 vorgeschrieben, für alle anderen Fälle genügt ein SPD Typ 2.

12.7.3.3 Trennungsabstand

Bei Blitzeinschlägen in das Blitzschutzsystem der baulichen Anlage muss das Auftreten gefährlicher Funkenbildung im Inneren der geschützten Anlage verhindert werden. Funkenbildung kann zwischen dem äußeren Blitzschutz, z. B. einer Ableitung, und elektrischen Leitungen oder metallenen Einrichtungen im Inneren der zu schützenden Anlage entstehen, wenn die Potenzialdifferenz größer ist als die Durchschlagfestigkeit der Strecke.

Elektrische Leitungen und leitfähige Rohrsysteme im Inneren von baulichen Anlagen, z. B. Gas- oder Wasserleitungen, sollen so angeordnet werden, dass der erforderliche Trennungsabstand *s* **(Tabelle)** zu Fang- oder Ableitungen nach DIN EN 62305-3 (DIN VDE 0185-305-3) nicht unterschritten wird.

Den erforderlichen Trennungsabstand zwischen dem äußeren Blitzschutz (Blitzschutzsysteme mit Fangstangen oder Fangleitungen) und leitfähigen Anlagenteilen berechnet man nach der in der **Tabelle** angegebenen Formel.

Tabelle: Trennungsabstand

s Trennungsabstand in m
k_i Koeffizient der Schutzklasse
k_c Koeffizient für Anordnung und Anzahl der Ableitungen
k_m Koeffizient für die Isolierung des äußeren Blitzschutzes
l Länge in m[1]

$$s = k_i \cdot \frac{k_c}{k_m} \cdot l$$

[1] Gemessen entlang der Fangeinrichtung vom Punkt, an dem der Trennungsabstand ermittelt werden soll, bis zum nächstliegenden Punkt des Potenzialausgleichs oder Erders.

Schutzklasse	k_i	Anzahl der Ableitungen n	k_c	Isoliermaterial	k_m
I	0,08	1	1	Luft	1
II	0,06	2	1 ... 0,5	Beton, Ziegel	0,5
III und IV	0,04	4 und mehr	0,5 ... 1/n	festes Material	0,5

Beispiel:

In einem Wohngebäude **(Bild 1)** wird der tatsächliche Abstand *d* zwischen der Ableitung eines Blitzschutzsystems und der Zuleitung zum Stromkreisverteiler mit $d = 0{,}75$ m ermittelt.

a) Bestimmen Sie die Anzahl der erforderlichen Ableitungen für das Blitzschutzsystem (Schutzklasse II).

b) Überprüfen Sie, ob der vorgeschriebene Trennungsabstand *s* eingehalten wird **(Bild 1)**.

Lösung:

a) **Gebäudeumfang** = 2 · 9 m + 2 · 10 m = **38 m.**
Nach DIN EN 62305-3 beträgt der Abstand der Ableitungen bei Schutzklasse II **(Tabelle Seite 464)**: 10 m.
Ableitungen = Gebäudeumfang / 10 m = 38 m / 10 m = **3,8 ⇒ es sind vier Ableitungen erforderlich.**

b) Aus der **Tabelle Seite 466**:
k_i bei Schutzklasse II: 0,06;
k_m bei festem Material, z. B. Ziegelsteine: 0,5;
Aus DIN VDE 0185-305-3 bei vier Ableitungen: $k_c = 0{,}41$.

$$s = k_i \cdot \frac{k_c}{k_m} \cdot l = 0{,}06 \cdot \frac{0{,}41}{0{,}5} \cdot 8\ \text{m} = \mathbf{0{,}39\ m}$$

d* > *s: 0,75 m > 0,39 m → **Der Trennungsabstand ist eingehalten.**

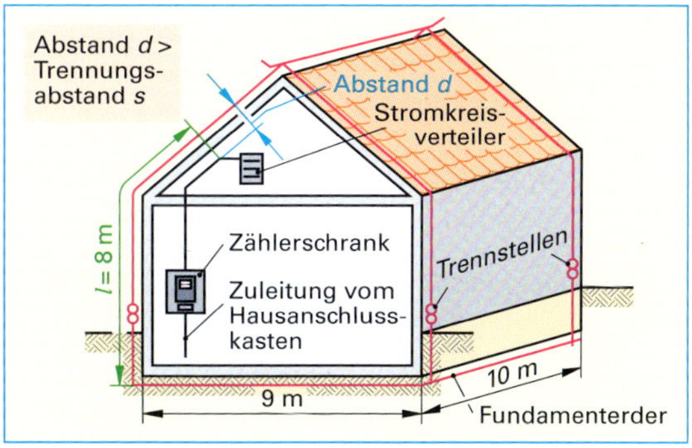

Bild 1: Trennungsabstand *s* eines Blitzschutzsystems der Schutzklasse II (Beispiel)

Überragen leitfähige Anlagenteile, z. B. der Dachlüfter einer Lüftungsanlage **(Bild 2)**, Antennen oder Fotovoltaikanlagen, den Schutzbereich des Blitzschutzsystems, so sind diese Teile zusätzlich vor Blitzeinschlägen zu schützen. Um eine Einleitung von Blitzteilströmen in das Gebäude zu verhindern, dürfen solche Anlagenteile nicht direkt mit dem Blitzschutzsystem verbunden werden. Ein zusätzlicher Schutz kann z. B. durch Fangstangen **(Bild 2)** oder durch isolierte Fangeinrichtungen erreicht werden. Dabei ist der erforderliche Trennungsabstand *s* einzuhalten.

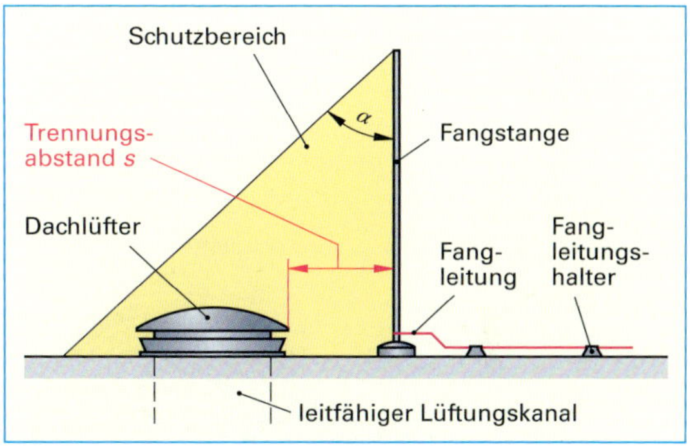

Bild 2: Schutz eines Dachlüfters durch Fangstange

Prüfen der Blitzschutzsysteme

Blitzschutzsysteme sind durch eine Blitzschutz-Fachkraft in regelmäßigen Abständen **(Tabelle)** zu prüfen.

Tabelle: Prüffristen für Blitzschutzsysteme nach DIN EN 62305-3 (DIN VDE 0185-305-3)

Schutzklasse	**Prüfabstände in Jahren**	
	Sichtprüfung	**Umfassende Prüfung**[1]
I und II	1	2
III und IV	2	4

[1] Blitzschutzsysteme für explosionsgefährdete Bereiche sollen alle sechs Monate einer Sichtprüfung unterzogen werden. Die umfassende Prüfung soll jährlich erfolgen.

Man unterscheidet die Sichtprüfung und eine umfassende Prüfung.

Sichtprüfung. Durch die Sichtprüfung soll festgestellt werden, ob der Zustand des Blitzschutzsystems (LPS) der gültigen Norm entspricht. Es wird sichergestellt, dass keine losen Verbindungen oder Unterbrechungen in den Fang-, Ab- und Erdungsleitungen vorliegen. Alle Leitungen des LPS sind dabei besonders in Bodennähe auf Korrosion zu prüfen. Gleichzeitig wird untersucht, ob an der baulichen Anlage keine Änderungen vorgenommen wurden, die einen zusätzlichen Blitzschutz erfordern.

Umfassende Prüfung. Bei der umfassenden Prüfung des Blitzschutzsystems wird zusätzlich nach dem Öffnen der Trennstellen die durchgehende Verbindung zwischen allen Fang- und Ableitungen durch eine Widerstandsmessung geprüft. Der Durchgangswiderstand soll dabei den Wert 1 Ω nicht überschreiten.

Wiederholungsfragen

1 **Nennen Sie Anlagenteile für den äußeren Blitzschutz.**
2 **Geben Sie drei Fangeinrichtungen des LPS an.**
3 **In welche Schutzklassen unterteilt man Blitzschutzsysteme?**
4 **Welche Faktoren beeinflussen den Schutzbereich unter Fangeinrichtungen?**
5 **Beschreiben Sie die Anwendung des Blitzkugelverfahrens.**
6 **Erklären Sie die Anordnung und den Schutzpegel von Überspannungs-Schutzgeräten Typ 1, 2 und 3.**
7 **Bestimmen Sie für ein Blitzschutzsystem der Schutzklasse III eines Wohngebäudes mit einem Umfang von 36 m die Anzahl der erforderlichen Ableitungen.**

1. Ein Raum mit einer Fläche von 20 m² wird mit Leuchtstofflampen 58 W mit einem Lichtstrom je Lampe von 5200 lm ausgeleuchtet. Die geforderte mittlere Beleuchtungsstärke soll 300 lx betragen. Der Leuchtenbetriebswirkungsgrad beträgt 60 %, der Raumwirkungsgrad 81 %. Berücksichtigen Sie den Wartungsfaktor für saubere Räume **(Seite 389)**. Berechnen Sie die notwendige Lampenanzahl.

2. Die 7-Takt-Schaltung eines Strahlungsheizkörpers zeigt **Bild 1**. Berechnen Sie die Leistungsaufnahme bei den Schaltstufen 6 bis 1, wenn der Heizkörper an AC 230 V angeschlossen wird. Die Widerstandswerte der Heizleiter betragen $R_1 = 117\ \Omega$, $R_2 = 124\ \Omega$ und $R_3 = 69\ \Omega$.

   Hinweis: Zeichnen Sie den aufgelösten Stromlaufplan mit den Kontakten des Stufenschalters und den Widerständen R1 bis R3.

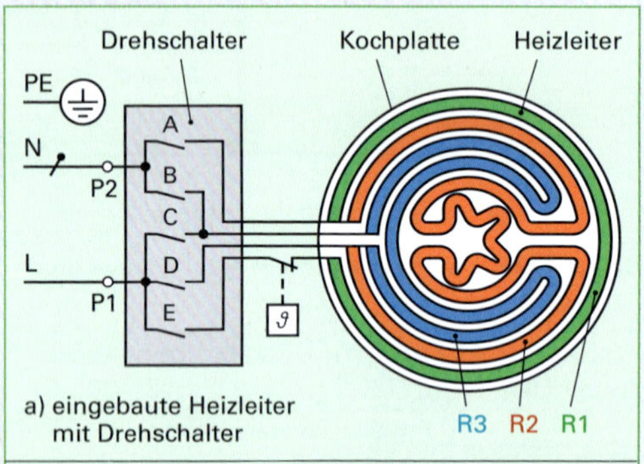

a) eingebaute Heizleiter mit Drehschalter

Schaltkontakt geöffnet (weiß)

Schaltkontakt geschlossen (rosa, hier: ×)

Schaltstufen	Schaltkontakte A	B	C	D	E
0					
6	×	×		×	×
5	×	×		×	
4		×		×	
3	×			×	
2	×		×		
1		×			×

b) Schaltdiagramm des Stufenschalters

Bild 1: 7-Takt-Schaltung einer Kochplatte

3. Strahlungen von Mikrowellengeräten sind für Lebewesen gefährlich. Damit bei Mikrowellengeräten **(Seite 414)** die Sicherheit gegen Strahlung gewährleistet ist, müssen Lochdurchmesser im Strahlungsraum des Mikrowellengerätes kleiner als $0{,}05 \cdot \lambda$ sein (λ = Wellenlänge). **a)** Berechnen Sie den maximal zulässigen Lochdurchmesser. **b)** Beurteilen Sie die Sicherheit gegen Strahlung der Mikrowellengeräte.

4. Berechnen Sie die Anschlussleistung des Warmwasserspeichers auf **Seite 406, Bild 2,** wenn an den Klemmen 8 und 9 die Verbindung für die Leistungsumschaltung **a)** eingebaut und **b)** gelöst wird.

5. Eine Fehlerstrom-Schutzeinrichtung (RCD) mit $I_{\Delta N} = 30$ mA im Stromkreisverteiler für eine Küche (10,5-kW-Elektroherd, 1,5-kW-Mikrowellen-Kochgerät, 3,5-kW-Geschirrspülmaschine, 3-kW-Waschmaschine, 2-kW-Grillgerät, 2-kW-Kochendwassergerät) löst gelegentlich aus. Ein Fehler im Stromkreis konnte nicht gefunden werden. **a)** Erklären Sie die wahrscheinliche Ursache für die Auslösung des RCD. **b)** Welche Änderung in der Anlage zur Lösung des Problems ist eventuell notwendig?

6. **a)** Berechnen Sie den Pegel L_A an der Antennensteckdose A **(Bild 2)**. **b)** Ist der Pegel **(Seite 435)** für einen guten Empfang ausreichend? Falls nein, geben Sie Lösungsvorschläge an.

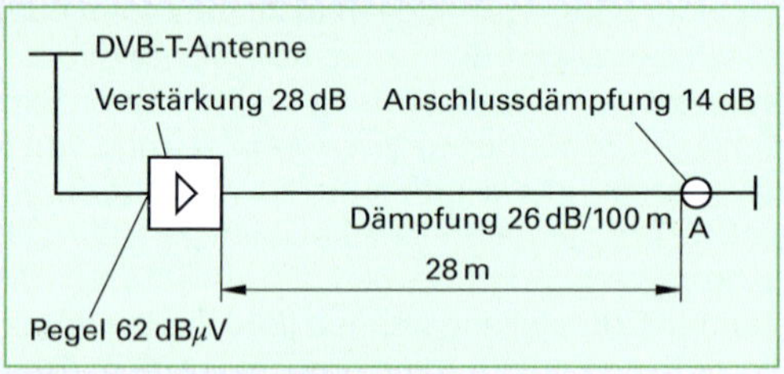

Bild 2: DVB-T-Empfangsanlage

7. Wie erfolgt die Einstellung einer Parabolantenne für Satellitenempfang?

8. Ein KNX-Teilnehmer besitzt die physikalische Adresse 4.9.28. Erklären Sie die Bedeutung der Zahlen für diese Adresse.

9. Eine Familie plant, ihr analoges Telekommunikationssystem auf VoIP **(Seite 439)** umzustellen. Folgende Geräte sind vorhanden: ein analoges Funktelefon, ein Faxgerät Gruppe 3, ein Computer und ein Telefonanschluss für ein erwachsenes Kind und ein Computer für die Eltern. Die Familie wünscht 4 Rufnummern. **a)** Welche Vorteile bringt der VoIP-Anschluss der Familie? **b)** Wie viele Rufnummern sind maximal möglich? **c)** Welche Anschaffungen muss die Familie machen? **d)** Können weitere PCs in das Telekommunikationssystem integriert werden?

* Ergebnisse der Rechenaufgaben Seite 660

13 Elektrische Maschinen

Elektrische Maschinen **(Übersicht)** dienen zur Umwandlung

- mechanischer Energie in elektrische Energie (Generatoren),
- elektrischer Energie in mechanische Energie (Motoren) oder
- elektrischer Energie in elektrische Energie (Transformatoren).

Übersicht: Einteilung elektrischer Maschinen

- **Elektrische Maschinen**
  - **Transformatoren**
    - Einphasentransformator **(Seite 470)**
    - Sondertransformatoren **(Seite 479)**
      - Spartransformator **(Seite 479)**
      - Streufeldtransformator **(Seite 480)**
    - Messwandler **(Seite 480)**
      - Spannungswandler **(Seite 480)**
      - Stromwandler **(Seite 481)**
    - Drehstromtransformator **(Seite 482)**
  - **Motoren**
    - Drehfeldmotoren
      - **Asynchronmotoren**
        - Kurzschlussläufermotor **(Seite 494)**
        - Schleifringläufer **(Seite 499)**
        - polumschaltbare Motoren **(Seite 500)**
        - Drehstrommotor in Steinmetzschaltung **(Seite 506)**
        - Drehstromlinearmotor **(Seite 508)**
      - Synchronmotor **(Seite 509)**
    - Stromwendermotoren
      - **Gleichstrommotoren**
        - fremderregter Motor **(Seite 520)**
        - Nebenschlussmotor **(Seite 521)**
        - Reihenschlussmotor **(Seite 521)**
        - Doppelschlussmotor
      - Universalmotor **(Seite 524)**
    - Sondermotoren
      - Kondensatormotor **(Seite 507)**
      - Spaltpolmotor **(Seite 510)**
      - Elektronikmotor, Schrittmotor **(Seite 511)**
      - Reluktanzmotor **(Seite 511)**
      - Servomotor **(Seite 525)**
  - **Generatoren**
    - Synchrongeneratoren **(Seite 514)**
    - Gleichstromgeneratoren

13.1 Transformatoren

Transformatoren[1] wandeln elektrische Energie einer bestimmten Wechselspannung in elektrische Energie einer anderen Wechselspannung bei gleicher Frequenz um. Nach der Leistung unterscheidet man Klein- und Großtransformatoren **(Tabelle)**.

13.1.1 Einphasentransformatoren

13.1.1.1 Aufbau und Wirkungsweise

Ein Einphasentransformator (Wechselstromtransformator) besteht im Prinzip aus zwei Spulen auf einem gemeinsamen Kern aus magnetisierbarem Material, meist Elektroblech **(Bild 1)**. Die Eingangswicklung nimmt Wechselstrom und somit elektrische Energie auf. Diese Energie wird über den magnetischen Wechselfluss an den Eisenkern weitergegeben. Der magnetische Fluss ändert seine Größe und Richtung mit der Frequenz der Eingangsspannung. In der Ausgangswicklung wird deshalb eine Spannung induziert.

> Die in der Ausgangswicklung induzierte Spannung hat die gleiche Frequenz wie die Eingangsspannung.

13.1.1.2 Leerlaufspannung

Leerlaufspannung ist die Spannung auf der Ausgangsseite, wenn kein Verbraucher angeschlossen ist. Bei Transformatoren mit Bemessungsleistungen über 16 kVA gibt man sie als **Bemessungsspannung** an **(Bild 2)**. Die induzierte Spannung berechnet sich nach dem **Induktionsgesetz** ($u_0 = -N \cdot \Delta\Phi/\Delta t$). Bei sinusförmigem Verlauf des magnetischen Flusses erhält man den Scheitelwert der Spannung.

$$\hat{u}_0 = \hat{\Phi} \cdot \omega \cdot N = \hat{B} \cdot A_{Fe} \cdot \omega \cdot N = 2 \cdot \pi \cdot \hat{B} \cdot A_{Fe} \cdot f \cdot N$$

$$\Rightarrow U_0 = \frac{2 \cdot \pi}{\sqrt{2}} \cdot \hat{B} \cdot A_{Fe} \cdot f \cdot N \qquad \frac{2 \cdot \pi}{\sqrt{2}} = 4{,}44$$

Der Scheitelwert $\hat{u}_0$ der Leerlaufspannung hängt vom Scheitelwert $\hat{B}$ der magnetischen Flussdichte, vom Eisenquerschnitt A_{Fe} des Kerns, von der Kreisfrequenz ω und von der Windungszahl N ab.

Aus der **Transformatorenhauptgleichung** ist ersichtlich, dass die Leerlaufspannung linear mit der Windungszahl ansteigt.

Wegen der Isolierung der Bleche ist der wirksame Eisenquerschnitt kleiner als der gemessene Kernquerschnitt. Dies wird durch den Eisenfüllfaktor f_{Fe} berücksichtigt. Je nach Art der Isolierung der Bleche beträgt der Füllfaktor f_{Fe} etwa 0,8 bis 0,95.

[1] von transformare (lat.) = umwandeln, umformen

Tabelle: Transformatoren und ihre Leistungsbereiche

	Merkmale	Beispiele
Kleintransformatoren	S_N bis 16 kVA U bis 1000 V f bis 500 Hz	Netzanschluss-, Sicherheits-, Steuertransformatoren
Großtransformatoren	S_N über 16 kVA bis 1500 MVA U über 1000 V	Versorgungs-, Industrietransformatoren

S_N Ausgangsbemessungsleistung (Scheinleistung)

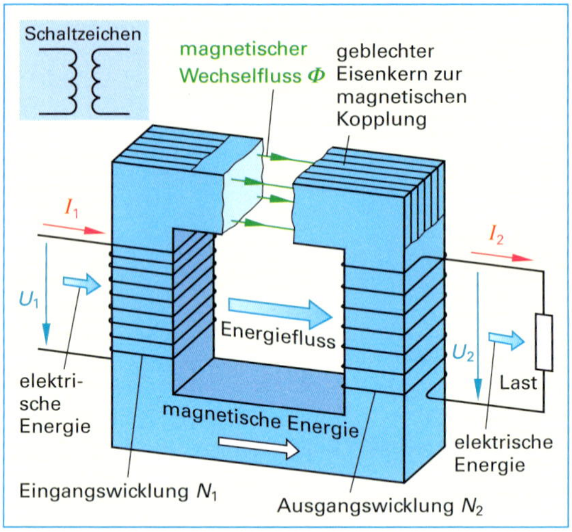

Bild 1: Aufbau des Transformators

> Eingangswicklung = Primärwicklung
> Ausgangswicklung = Sekundärwicklung

Transformatorenhauptgleichung

Bei Sinusform gilt: $U_0 = 4{,}44 \cdot \hat{B} \cdot A_{Fe} \cdot f \cdot N$

U_0 Leerlaufspannung
$\hat{B}$ magnetische Flussdichte (Scheitelwert)
A_{Fe} Eisenquerschnitt
f Frequenz
N Windungszahl

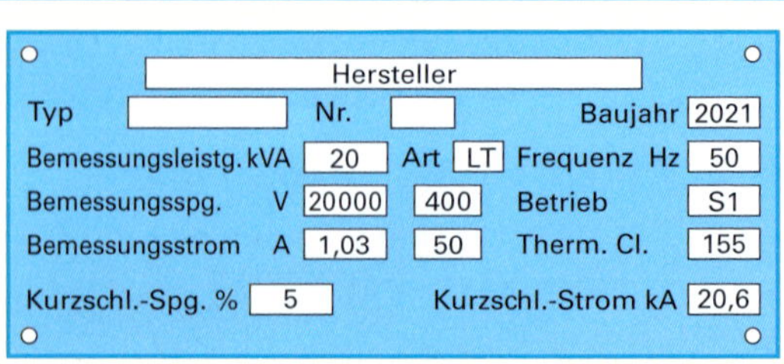

Bild 2: Leistungsschild eines Einphasentransformators

13.1.1.3 Übersetzungen

Spannungsübersetzung

Versuch: Bringen Sie zwei Spulen, von denen eine die doppelte Windungszahl wie die andere hat, z.B. 1200 und 600, auf einen geblechten U-Kern mit Joch. Schließen Sie die Spule mit der höheren Windungszahl als Eingangswicklung an einen Wechselspannungserzeuger mit kleiner Spannung, z.B. bei 1200 Windungen 40 V, an. Messen Sie an der Ausgangswicklung die Ausgangsspannung.

Die Ausgangsspannung ist nur etwa halb so groß wie die Eingangsspannung.

Durchsetzt derselbe magnetische Fluss sowohl die Eingangswicklung als auch die Ausgangswicklung, dann sind beide Wicklungen miteinander magnetisch fest gekoppelt **(Bild 1).** In der Energietechnik werden überwiegend magnetisch fest gekoppelte Transformatoren verwendet **(Bild 2).**

Beim **idealen Transformator** (mit 100%iger Kopplung, d.h. ohne Verluste) gilt:

$U_1 = 4{,}44 \cdot \hat{B} \cdot A_{Fe} \cdot f \cdot N_1$ und $U_2 = 4{,}44 \cdot \hat{B} \cdot A_{Fe} \cdot f \cdot N_2$

$\frac{U_1}{N_1} = 4{,}44 \cdot \hat{B} \cdot A_{Fe} \cdot f$ und $\frac{U_2}{N_2} = 4{,}44 \cdot \hat{B} \cdot A_{Fe} \cdot f \Rightarrow \frac{U_1}{U_2} = \frac{N_1}{N_2}$

Beim idealen Transformator verhalten sich die Spannungen proportional zu den Windungszahlen.
Das Verhältnis der Eingangsspannung zur Ausgangsspannung nennt man Übersetzungsverhältnis *ü*.

Die **Bemessungsübersetzung** eines Transformators ist das Verhältnis seiner höheren Bemessungsspannung zur niedrigeren Bemessungsspannung DIN EN 60076 (VDE 0532).

Stromübersetzung

Beim **idealen** Transformator ist die Eingangsleistung S_1 so groß wie die Ausgangsleistung S_2.

$$S_1 = S_2 \quad \Rightarrow \quad U_1 \cdot I_1 = U_2 \cdot I_2 \quad \Rightarrow \quad \frac{I_1}{I_2} = \frac{U_2}{U_1} \quad \Rightarrow \quad \frac{I_1}{I_2} = \frac{N_2}{N_1}$$

Beim idealen Transformator verhalten sich die Ströme umgekehrt proportional zu den Windungszahlen.

Beim **realen** Transformator treten Verluste auf, deshalb verhalten sich die Ströme nur angenähert umgekehrt proportional zuw den Windungszahlen.

Widerstandsübersetzung

In der Informationstechnik benutzt man den Transformator oft zur Anpassung von Widerständen. Die größte Leistung wird übertragen, wenn der Innenwiderstand der Spannungsquelle gleich groß ist wie der Widerstand des Verbrauchers. Sind die Widerstände von Spannungsquelle und Verbraucher verschieden, so schaltet man einen Transformator als Übertrager zwischen die beiden, um die Widerstände von Spannungsquelle und Verbraucher einander anzupassen.

$$Z_1 = \frac{U_1}{I_1} \qquad Z_2 = \frac{U_2}{I_2} \qquad \frac{Z_1}{Z_2} = \frac{U_1}{U_2} \cdot \frac{I_2}{I_1} \qquad \frac{Z_1}{Z_2} = ü^2$$

Ein Transformator (Übertrager) überträgt die Widerstände im Quadrat des Übersetzungsverhältnisses.

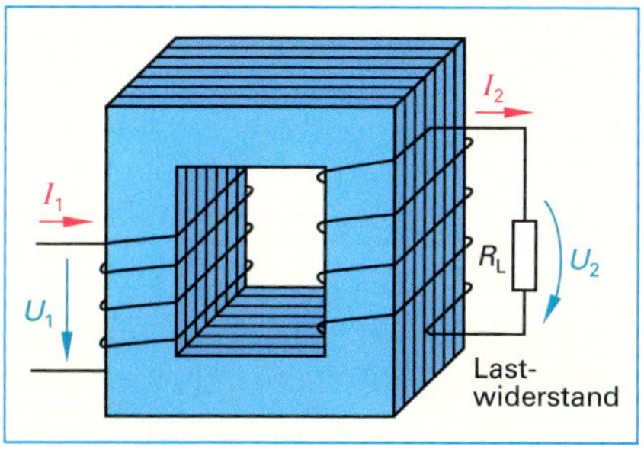

Bild 1: Spannungen und Ströme beim Transformator

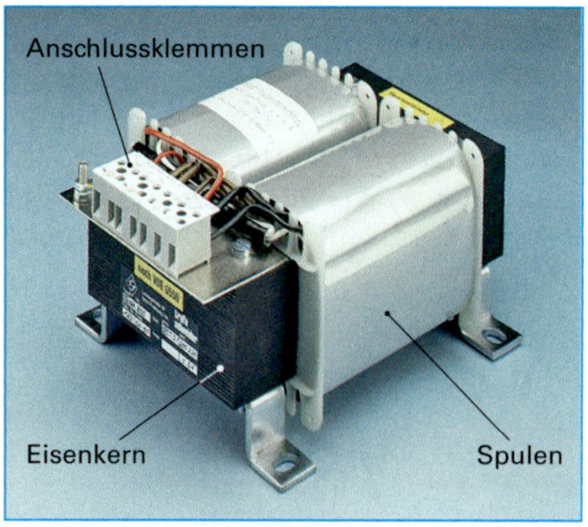

Bild 2: Einphasentransformator

Übersetzungen (idealer Transformator)

Spannungen: $\frac{U_1}{U_2} = \frac{N_1}{N_2}$ $\quad ü = \frac{U_1}{U_2}$

Ströme: $\frac{I_1}{I_2} = \frac{N_2}{N_1}$ $\quad ü = \frac{I_2}{I_1}$

Widerstände:

$$\frac{Z_1}{Z_2} = \frac{N_1^2}{N_2^2} \Rightarrow \frac{N_1}{N_2} = \sqrt{\frac{Z_1}{Z_2}} \qquad ü = \sqrt{\frac{Z_1}{Z_2}}$$

U_1 Eingangsspannung
U_2 Ausgangsspannung
N_1 Windungszahl der Eingangswicklung
N_2 Windungszahl der Ausgangswicklung
$ü$ Übersetzungsverhältnis
I_1 Stromstärke in der Eingangswicklung
I_2 Stromstärke in der Ausgangswicklung
Z_1 Eingangsscheinwiderstand
Z_2 Ausgangsscheinwiderstand

Beispiel:

Ermitteln Sie das Übersetzungsverhältnis und den ausgangsseitigen Strom eines idealen Transformators mit den Spannungen U_1 = 230 V und U_2 = 50 V und der Stromaufnahme I_1 = 0,5 A.

Lösung:

$ü = \frac{U_1}{U_2} = \frac{230\ \text{V}}{50\ \text{V}} = \mathbf{4{,}6}$

$I_2 = I_1 \cdot ü = 0{,}5\ \text{A} \cdot 4{,}6 = \mathbf{2{,}3\ A}$

13.1.1.4 Betriebsverhalten im Leerlauf

Ein Transformator ist im Leerlauf, wenn eingangsseitig die Bemessungsspannung U_1 anliegt und ausgangsseitig keine Last angeschlossen ist. Die Ausgangswicklung ist stromlos.

Ein unbelasteter Transformator verhält sich wie eine Spule mit großer Induktivität. An den Klemmen der Ausgangswicklung ist die Leerlaufspannung U_{20} gleich der induzierten Spannung U_{i2}.

Da die induzierte Spannung U_{i1} in der Eingangswicklung nahezu so groß ist wie U_1, fließt eingangsseitig nur der sehr kleine **Leerlaufstrom I_0**. Er besteht aus zwei Teilströmen **(Bild 1)**:

- **Magnetisierungsstrom I_m**, erzeugt den magnetischen Fluss Φ und eilt der angelegten Spannung U_1 um 90° nach (induktiver Blindstrom). Er steigt stark an, wenn an die Eingangswicklung eine größere Spannung als die Bemessungsspannung angelegt wird. Ebenso steigt er, wenn die Feldlinien durch Luft (Streufluss, **Bild 2**) verlaufen, weil dann eine größere Durchflutung erforderlich ist.
- **Verluststrom I_V**, deckt die Verluste, die durch die Ummagnetisierung des Eisens und durch die Wirbelströme entstehen. Er erzeugt Wärme, ist also ein Wirkstrom.

Ein Transformator hat im Leerlauf einen Wirkfaktor $\cos\varphi \approx 0{,}2$.

Einen kleinen Leerlaufstrom erhält man, indem der Streufluss minimiert wird. Dazu werden die Bleche des Eisenkerns an ihren Stoßstellen überlappend geschichtet **(Bild 3 und Bild 3, Seite 482)**.

13.1.1.5 Betriebsverhalten bei Belastung

Belastung liegt beim Transformator vor, wenn an der Ausgangswicklung ein Lastwiderstand angeschlossen ist.

Gibt der Trafo ausgangsseitig eine Leistung ab, muss diese Leistung eingangsseitig zugeführt werden. Da U_1 konstant ist, muss folglich I_1 steigen.

Die Ausgangswicklung lässt sich als Spannungsquelle mit der konstanten Quellenspannung U_{i2} und dem Innenwiderstand Z_i, gebildet durch den kleineren inneren Wirkwiderstand R und dem größeren inneren Streublindwiderstand X_L, darstellen **(Bild 4)**.

Innenwiderstand und angeschlossener Lastwiderstand Z bilden eine Reihenschaltung. Dabei bestimmt die Last einerseits die auftretende Phasenverschiebung und andererseits die Höhe des vom Laststrom I_2 hervorgerufenen inneren Spannungsfalls U_i. Daraus resultierend wird bei Belastung durch einen induktiven Blindwiderstand die Ausgangsspannung U_2 kleiner sein als durch einen gleich großen Wirkwiderstand. Wird jedoch ein Kondensator angeschlossen, bildet sich ein Reihenschwingkreis und die Ausgangangsspannung U_2 steigt sogar an. Der kapazitive Betrieb, z.B. durch Überkompensation in elektrischen Anlagen, ist deshalb zu vermeiden.

Die Ausgangsspannung eines Transformators hängt vom Belastungsstrom und von der Art der Belastung ab **(Bild 5)**.

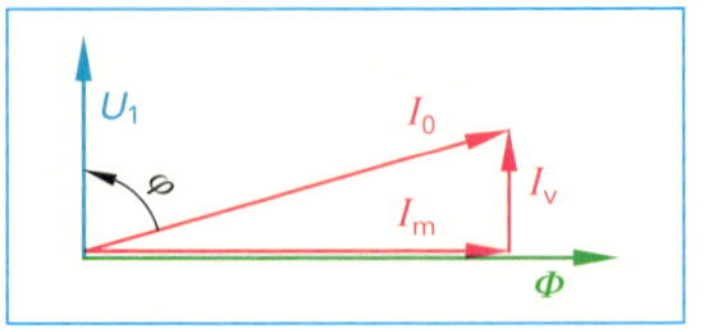

Bild 1: Spannung und Ströme beim unbelasteten Transformator

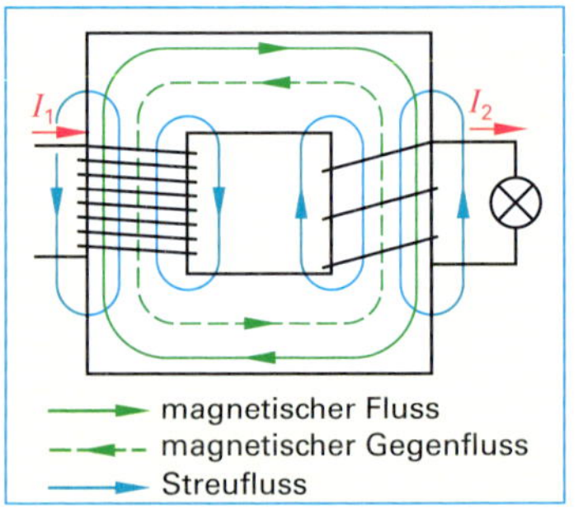

Bild 2: Magnetische Feldlinien beim belasteten Transformator

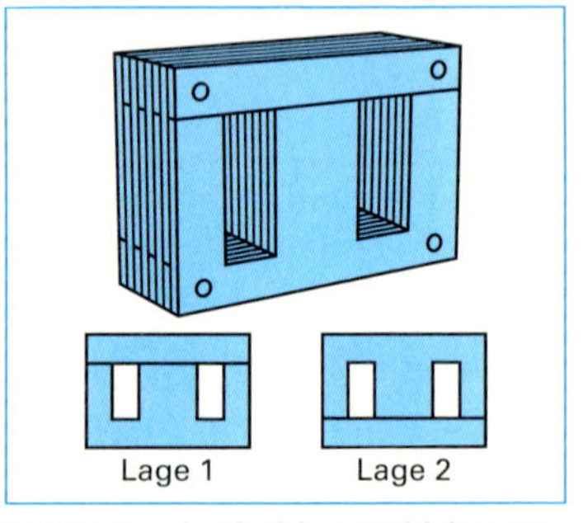

Bild 3: Wechselseitig geschichteter Eisenkern (Beispiel)

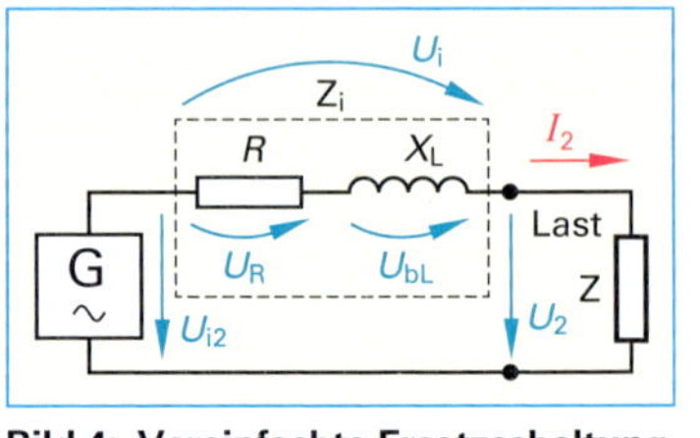

Bild 4: Vereinfachte Ersatzschaltung des Transformators

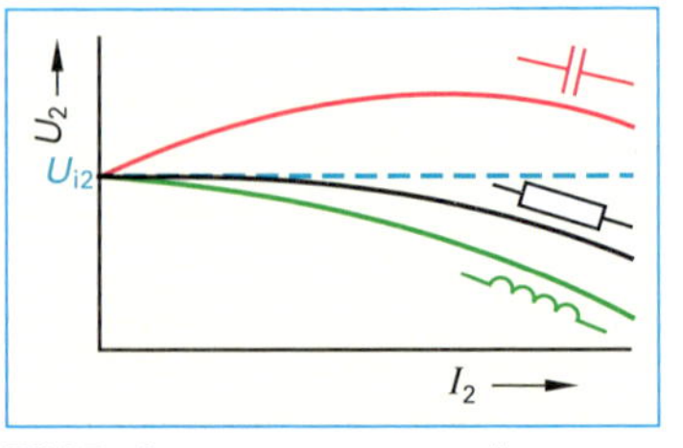

Bild 5: Ausgangsspannung in Abhängigkeit vom Laststrom

13.1.1.6 Betriebsverhalten bei Kurzschluss

Ein Trafo befindet sich im Kurzschluss, wenn bei angelegter Eingangswechselspannung die Ausgangswicklung widerstandslos überbrückt (kurzgeschlossen) wird.

Man unterscheidet zwei Fälle:

- Kurzschluss unter Laborbedingungen (Kurzschlussversuch),
- Kurzschluss im Betrieb

Die Kurzschlussspannung U_k wird im Kurzschlussversuch **(Bild 1)** bestimmt: Bei kurzgeschlossener Ausgangswicklung wird z. B. durch einen Stelltransformator bei Bemessungsfrequenz die Eingangsspannung des Transformators so lange von null ausgehend erhöht, bis der Bemessungsstrom I_{1N} in der Eingangswicklung fließt. Die dabei gemessene Spannung ist die Kurzschlussspannung U_k.

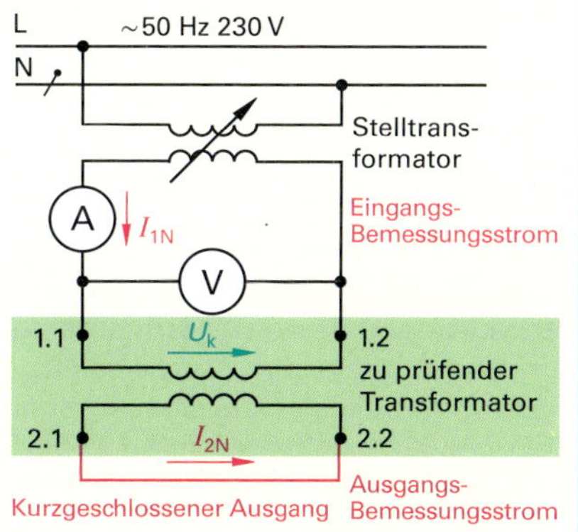

Bild 1: Messen der Kurzschlussspannung

Die Kurzschlussspannung U_k ist die Eingangsspannung, bei der ein Transformator seinen Bemessungsstrom I_{1N} bei kurzgeschlossener Ausgangswicklung aufnimmt.

Dividiert man die Kurzschlussspannung U_k durch die Bemessungsspannung U_{1N} des Trafos, erhält man die relative Kurzschlussspannung u_k. Sie wird in % angegeben **(Tabelle)**.

relative Kurzschlussspannung

$$u_k = \frac{U_k}{U_{1N}} \cdot 100\ \%$$

u_k relative Kurzschlussspannung in %
U_k gemessene Kurzschlussspannung in V
U_{1N} Transformator-Bemessungsspannung in V

Beispiel:

Bei einem Transformator 230 V/24 V, 1 A/9 A wird im Kurzschlussversuch **(Bild 1)** mit kurzgeschlossener Ausgangswicklung 24 V eingangsseitig der Bemessungsstrom 1 A eingestellt und dabei die Spannung von 9,2 V gemessen. Wie groß ist die relative Kurzschlussspannung u_k?

Lösung:

$$u_k = \frac{U_k}{U_{1N}} \cdot 100\ \% = \frac{9{,}2\ \text{V}}{230\ \text{V}} \cdot 100\ \% = \mathbf{4\ \%}$$

Tabelle: relative Kurzschlussspannungen

Einphasentransformatoren	
Sicherheitstransformatoren	15 %
Klingeltransformatoren	40 %
Experimentiertransformatoren (zusammensteckbar)	70 %
Schweiß- und Zündtransformatoren	100 %
Drehstromtransformatoren	
bis 200 kVA	4 %
250 kVA bis 3150 kVA	6 %
4 MVA bis 5 MVA	8 %
über 6,3 MVA	10 %
Spannungswandler	unter 1 %

Eine kleine relative Kurzschlussspannung u_K bedeutet, dass der Trafo einen kleinen Innenwiderstand besitzt. Seine Ausgangsspannung sinkt bei Belastung nur wenig ab. Dieses Verhalten nennt man spannungssteif oder spannungshart.

Die relative Kurzschlussspannung ist ein Maß für den Innenwiderstand des Transformators und Kenngröße für das Verhalten der Ausgangsspannung bei Belastung.

Die relative Kurzschlussspannung eines Transformators kann durch seine Konstruktion beeinflusst werden, z. B. durch die Anordnung der Wicklungen oder Einfügen eines Streujoches **(Bild 2)**. Mit steigendem Streufluss wird die Kurzschlussspannung größer und der Transformator verhält sich zunehmend spannungsweicher. D. h., bei gleicher Belastung sinkt die Ausgangsspannung immer stärker.

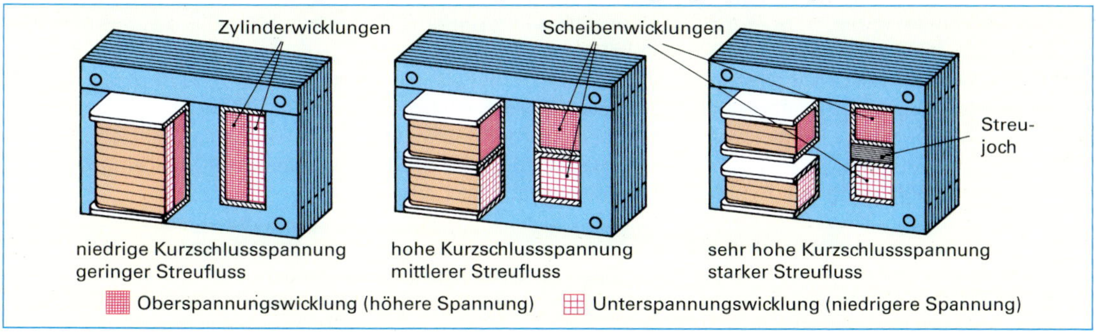

Bild 2: Beeinflussung der Kurzschlussspannung durch entsprechende Wicklungsanordnung

13.1.1.7 Kurzschlussstrom und Einschaltstrom

Kurzschlussstrom. Im Kurzschlussversuch wird der Transformator nicht zerstört. Anders verhält es sich, wenn der Transformator am Eingang mit Bemessungsspannung betrieben wird und plötzlich die Ausgangsklemmen nahezu widerstandslos überbrückt werden.

Dauerkurzschlussstrom I_{kd} ist der einige Perioden nach Entstehung des Kurzschlusses fließende Kurzschlussstrom. Er wird nur durch den Innenwiderstand des Transformators begrenzt und ist daher bei Transformatoren mit großer Kurzschlussspannung klein und bei Transformatoren mit kleiner Kurzschlussspannung groß. Der eingangsseitig fließende Kurzschlussstrom kann bei Transformatoren größerer Leistung Schäden am Transformator selbst und im speisenden Netz verursachen, z. B. an Schaltern, Sammelschienen und Messeinrichtungen.

Kurzschlüsse sind bei Transformatoren mit kleiner Kurzschlussspannung besonders gefährlich.

Beispiel 1:

Auf der Ausgangsseite eines Einphasentransformators zur Erzeugung von Schutzkleinspannung 230 V/24 V, 1 A/9 A, $u_k = 5\%$ entsteht ein Kurzschluss. Wie groß ist der eingangsseitige Dauerkurzschlussstrom I_{kd}?

Lösung:

$$\boldsymbol{I_{kd}} = \frac{I_{1N}}{u_k} \cdot 100\ \% = \frac{1\ \text{A}}{5\ \%} \cdot 100\ \% = \mathbf{20\ A}$$

Stoßkurzschlussstrom i_s ist der erste Spitzenwert des Kurzschlussstromes sofort nach der Entstehung des Kurzschlusses **(Bild)**. Er kann mehr als doppelt so groß sein wie der Dauerkurzschlussstrom I_{kd}.

Beispiel 2:

Wie groß ist der Stoßkurzschlussstrom von **Beispiel 1** im ungünstigsten Fall?

Lösung:

$\boldsymbol{i_s} = 2{,}55 \cdot I_{kd} = 2{,}55 \cdot 20\ \text{A} = \mathbf{51\ A}$

Dauerkurzschlussstrom

$$I_{kd} = \frac{I_N}{u_k} \cdot 100\ \%$$

I_{kd} Dauerkurzschlussstrom
I_N Bemessungsstrom
u_k relative Kurzschlussspannung

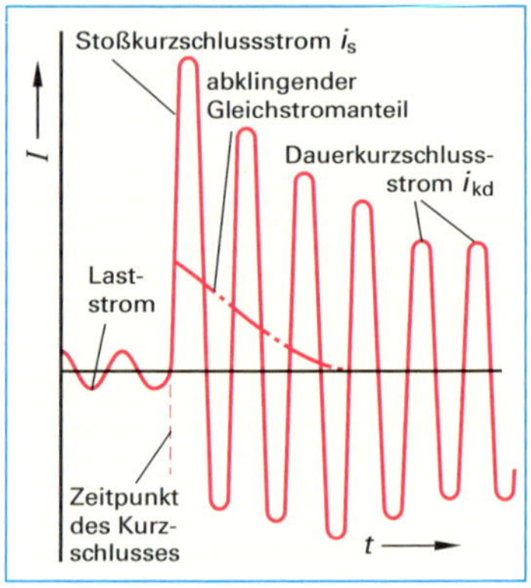

Bild: Stromverlauf bei einem Kurzschluss am Transformator

Stoßkurzschlussstrom

$$i_s \leq 1{,}8 \cdot \sqrt{2} \cdot I_{kd}$$
$$i_s \leq 2{,}55 \cdot I_{kd}$$

i_s Stoßkurzschlussstrom
I_{kd} Dauerkurzschlussstrom

Der Wert des Stoßkurzschlussstromes hängt ab vom Innenwiderstand des Transformators und vom Augenblickswert der Spannung im Zeitpunkt des Kurzschlusses. Ungünstig ist es, wenn der Kurzschluss dann entsteht, wenn die Ausgangsspannung null ist. Dann haben Magnetisierungsstrom und magnetische Flussdichte ihre Höchstwerte. Nach der lenzschen Regel sucht die kurzgeschlossene Ausgangswicklung den Magnetismus beizubehalten, der beim Eintritt des Kurzschlusses vorhanden war. Nach mehreren Perioden ist der Kurzschlussstrom auf den Wert des Dauerkurzschlussstromes abgeklungen **(Bild)**.

Einschaltstrom. Beim Einschalten von Transformatoren können sehr große Eingangsströme fließen, auch wenn die Transformatoren nicht belastet sind. Der Einschaltstromstoß kann mehr als das 10-fache des Bemessungsstromes I_{1N} betragen. Besonders ungünstig ist es, wenn die Netzspannung im Augenblick des Einschaltens null ist und der von der folgenden Netzhalbwelle erzeugte Magnetfluss in gleicher Richtung zum im Kern bestehenden Remanenzfluss **(Seite 90)** wirkt. Dabei sinkt der induktive Blindwiderstand der Eingangsseite des Transformators gegen null. Da der ohmsche Wicklungswiderstand sehr klein ist, wird der Strom nur durch die Leitungswiderstände begrenzt. Um den Einschaltstromstoß zu vermeiden, werden Transformatoren mittels Transformatorschaltrelais (TSR) eingeschaltet. Durch das TSR wird der Transformator für ca. 0,2 s durch Impulse gleicher Polarität bis nahe der Sättigung des Kernes vormagnetisiert und nun belastungsunabhängig zu Beginn einer entgegengesetzt gerichteten Spannungshalbwelle voll eingeschaltet. Somit kann eingangsseitig mit dem Bemessungsstrom abgesichert werden.

Wiederholungsfragen

1 **Begründen Sie, welche Auswirkung die Überkompensation von Blindleistung für die Ausgangsspannung eines Transformators und folglich für die angeschlossenen Verbraucher hat.**

2 **Am Ausgang eines Steuertransformators 400 V/230 V misst man eine Spannung von 270 V. Begründen Sie, welcher Fehler im Transformator vorliegt und welche Auswirkung er hat.**

13.1.1.8 Wirkungsgrad von Transformatoren

Transformatoren haben Eisen- und Wicklungsverluste.

Die aufgenommene Wirkleistung ist um die Eisenverluste (Eisenverlustleistung) und die Wicklungsverluste (Wicklungsverlustleistung) größer als die abgegebene Wirkleistung.

Leerlaufversuch (Bild 1a). Bei unveränderter Eingangsspannung ist der magnetische Fluss im Eisenkern konstant und unabhängig von der Belastung. Daher sind die Ummagnetisierungsverluste und die Wirbelstromverluste immer gleich. Beim unbelasteten Transformator entstehen in der Ausgangswicklung keine Wicklungsverluste. Da er nur wenig Strom aufnimmt, entstehen in der Eingangswicklung nur sehr kleine Wicklungsverluste, die man unberücksichtigt lassen kann. Die hierbei vom Transformator aufgenommene Wirkleistung ist also die Verlustleistung des Eisenkerns, die sogenannte **Eisenverlustleistung**. Die Eisenverluste werden auch als Leerlaufverluste bezeichnet.

Eisenverluste werden im Leerlaufversuch gemessen.

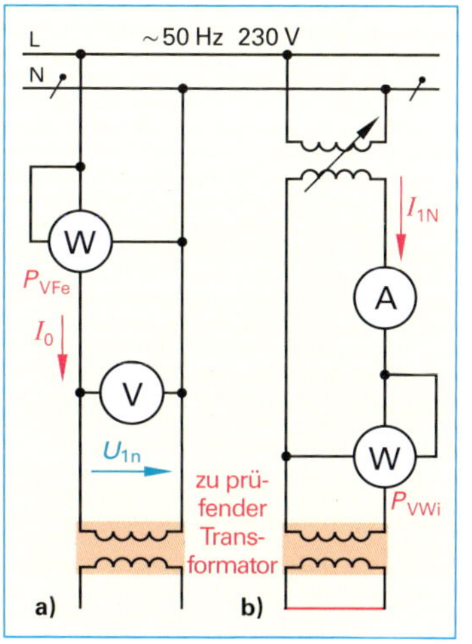

Bild 1: Ermittlung der Verlustleistungen a) Leerlaufversuch, b) Kurzschlussversuch

Transformatorwirkungsgrad. In den Wicklungen des Transformators fließen je nach Belastung verschiedene Ströme und verursachen im Drahtwiderstand der Wicklungen Wärmeverluste. Diese werden als Wicklungsverluste bezeichnet. Sie nehmen quadratisch mit der Belastung zu. Zudem beeinflussen die Art der angeschlossenen Verbraucher (ohmsch, induktiv) und die Höhe der Belastung **(Bild 2)** den Wirkungsgrad des Transformators.

Je größer der Wirkfaktor der angeschlossenen Verbraucher ist, desto besser ist der Transformatorwirkungsgrad.

Transformatorwirkungsgrad

$$\eta = \frac{P_2}{P_2 + P_{VFe} + P_{VWi}}$$

$$P_2 = S_2 \cdot \cos\varphi_2$$

η	Wirkungsgrad
S_2	abgegebene Scheinleistung
P_2	Leistungsabgabe
P_{VFe}	Eisenverlustleistung
P_{VWi}	Wicklungsverlustleistung
$\cos\varphi_2$	Wirkfaktor der Ausgangsseite

Kurzschlussversuch (Bild 1b). Beim Messen der Kurzschlussspannung **(Seite 473)** fließen in den Wicklungen die Bemessungsströme und rufen die Wicklungsverlustleistung hervor. Im Eisenkern ist beim Messen der Kurzschlussspannung der magnetische Fluss gering, da der Transformator an einer kleinen Spannung liegt und kurzgeschlossen ist. Im Eisenkern entsteht hierbei fast keine Eisenverlustleistung. Die vom Transformator im Kurzschlussversuch aufgenommene Wirkleistung ist nahezu die **Wicklungsverlustleistung** (Kupferverluste) bei Bemessungsleistung.

Wicklungsverluste werden im Kurzschlussversuch gemessen.

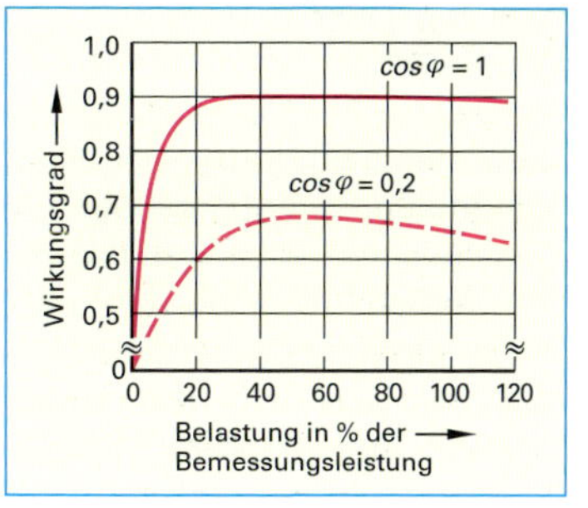

Bild 2: Wirkungsgrad eines Transformators bei Belastung

Beispiel:

Ein Transformator 250 VA ist bei einem Wirkfaktor $\cos\varphi_2 = 0{,}7$ voll belastet. Seine Eisenverluste betragen 10 W, seine Wicklungsverluste 15 W. Wie groß ist der Wirkungsgrad?

Lösung:

$P_2 = S_2 \cdot \cos\varphi_2 = 250\ \text{VA} \cdot 0{,}7 = 175\ \text{W}$

$$\eta = \frac{P_2}{P_2 + P_{VFe} + P_{VWi}} = \frac{175\ \text{W}}{175\ \text{W} + 10\ \text{W} + 15\ \text{W}} = \frac{175\ \text{W}}{200\ \text{W}} = \mathbf{0{,}875 \mathrel{\hat{=}} 87{,}5\ \%}$$

Jahreswirkungsgrad (Jahresarbeitsgrad). Er kennzeichnet das Verhältnis der in einem Jahr abgegebenen Arbeit zur aufgenommenen Arbeit eines Transformators. Die aufgenommene Arbeit ist um die Verlustarbeit größer, die im Kern und in den Wicklungen verbraucht wird. Der Jahreswirkungsgrad sinkt, wenn ein Transformator dauernd eingeschaltet, aber nur zeitweise belastet ist, da die Eisenverluste unabhängig von der Belastung sind.

13.1.2 Kleintransformatoren

Kleintransformatoren haben Bemessungsleistungen S_N bis 16 kVA, Eingangsspannungen U_{1N} bis 1000 V und Frequenzen f bis 500 Hz.

Die Spannungsangaben auf dem Leistungsschild **(Bild 1)** gelten bei Belastung mit Bemessungsleistung und einem Wirkfaktor $\cos\varphi = 1$. Kleintransformatoren, die von Laien eingesetzt werden, z.B. Spielzeugtransformatoren, müssen besonders sicher gebaut sein.

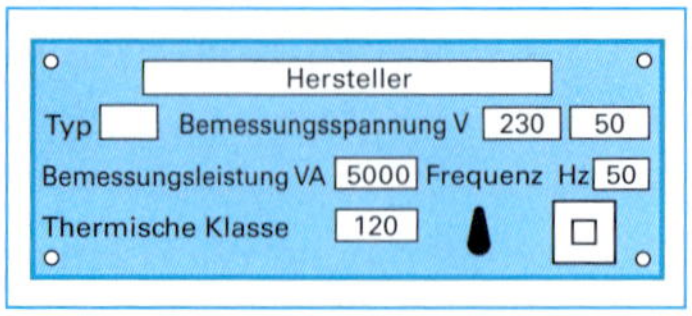

Bild 1: Leistungsschild eines Kleintransformators

13.1.2.1 Aufbau

Der **Eisenkern** von Kleintransformatoren **(Bild 2)** ist aus Blechen mit genormter Größe nach DIN 41300 hergestellt. Je nach Blechform unterscheidet man EI-, M- und UI-Schnitte **(Bild 3)**. Aber auch anders geformte Schnitte sowie aus Blechbändern gewickelte Schnittbandkerne **(Bild 4)** finden Verwendung. Werden Kerne aus kornorientierten Blechen geschichtet, so sind die Ummagnetisierungsverluste in Walzrichtung (magnetische Vorzugsrichtung) besonders gering. Die höheren Verluste quer zur magnetischen Vorzugsrichtung können durch einen größeren Eisenquerschnitt ausgeglichen werden. Die Verbindung der Bleche erfolgt z.B. durch Schrauben oder Nieten. Schnittbandkerne werden verklebt.

Bild 2: Kleintransformator 230 V/12 V ... 24 V, 2,2 A (Steuertransformator)

Schnittbandkerne (Bild 4) sind aus kornorientierten Eisen-Nickel-Blechbändern gewickelt, bei denen die magnetische Vorzugsrichtung der Bandrichtung und damit dem Feldlinienverlauf entspricht. Dadurch sind die Ummagnetisierungsverluste besonders gering.

Transformatoren mit Schnittbandkernen haben eine kleine Streuung und eine besonders geringe Verlustleistung.

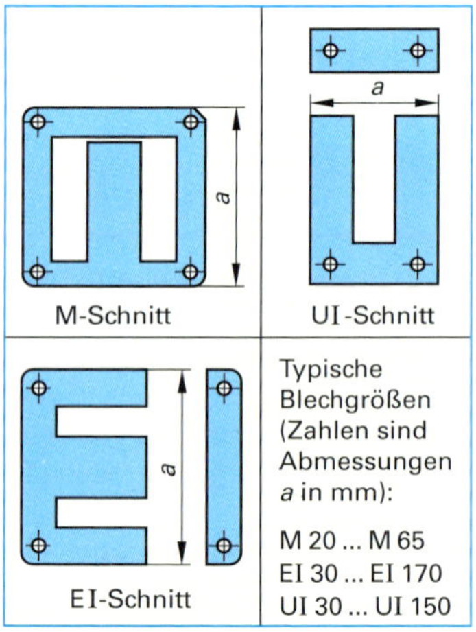

Bild 3: Kernbleche von Schichtkernen

Die **Wicklung** wird meist aus Kupferlackdraht hergestellt. Sie sitzt auf einem Spulenkörper, der oft aus Kunststoff hergestellt ist. Nach jeder Lage der Zylinderwicklung folgt eine Lagenisolierung aus Lackpapier oder Kunststoff-Folie. Die Isolierung kann entfallen, wenn die Spannung zwischen Anfang und Ende einer Lage einen kleineren Scheitelwert als 25 V hat. Für Lackseidedraht und Lackglasseidedraht ist die Isolierung zwischen zwei Lagen erst bei Lagenspannungen über 200 V Scheitelwert erforderlich.

Zwischen Ober- und Unterspannungswicklung befindet sich die Wicklungsisolation. Je nach Prüfspannung verwendet man mehrere Isolationslagen. Bei Netzanschlusstransformatoren liegt zwischen Ober- und Unterspannungswicklung oft zusätzlich eine einlagige Schutzwicklung mit nur einem herausgeführten Anschluss. Wird diese Wicklung mit dem Schutzleiter verbunden, so kann auch bei schadhafter Isolation die Oberspannung nicht zur Unterspannungsseite gelangen. Außerdem schirmt diese Wicklung elektrische Felder ab.

Man stellt auch Transformatoren her, deren Wicklung aus einer Kupfer- oder Aluminiumfolie besteht, ähnlich wie der Wickel eines Kondensators. Da bei diesen Transformatoren jede Lage nur aus einer Windung besteht, ist die Spannung zwischen den Lagen gering. Derartige Transformatoren sind sehr spannungssteif und neigen nur wenig zu Durchschlägen. Bei größeren Leistungen verwendet man dünne Bleche aus Aluminium oder aus Kupfer.

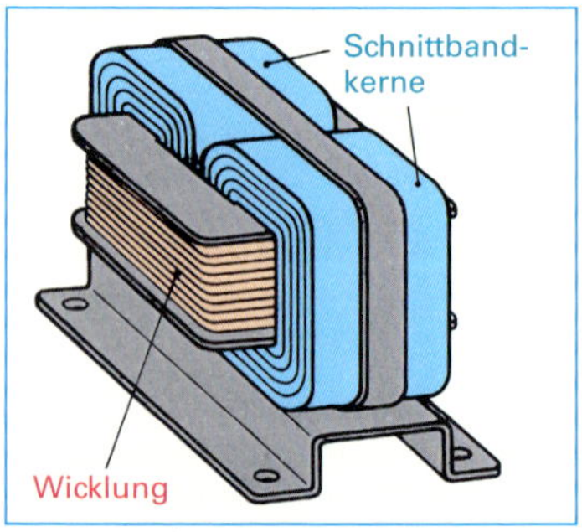

Bild 4: Transformator mit Schnittbandkern

Die zulässige Stromdichte bei Kleintransformatoren liegt je nach Größe und Kühlung zwischen 1 A/mm² und 6 A/mm².

13.1.2.2 Arten von Kleintransformatoren

Kleintransformatoren, die nach DIN EN IEC 61558 gefertigt werden, sind durch Symbole gekennzeichnet **(Bild 1).** Die Ausgangsspannung (Spannung bei Bemessungslast) kann erheblich niedriger als die Leerlaufspannung sein.

Für die Ausgangsspannung gelten Toleranzen:

+ 10 % für unbedingt kurzschlussfeste Transformatoren und

± 5 % für alle übrigen Kleintransformatoren.

Nicht kurzschlussfeste Transformatoren sind durch vorgeschaltete Schutzvorrichtungen zu sichern. Diese schützen gegen die Folgen eines Kurzschlusses.

Unbedingt kurzschlussfeste Transformatoren haben eine große Kurzschlussspannung. Daher ist der Kurzschlussstrom so klein, dass auch bei einem länger andauernden Kurzschluss kein Schaden am Transformator entsteht.

Bedingt kurzschlussfeste Transformatoren haben eine Schmelzsicherung, einen Überstrom-Schutzschalter oder einen Temperaturbegrenzer eingebaut, der bei Kurzschluss abschaltet.

Trenntransformatoren (Bild 2) sind Transformatoren mit elektrisch getrennten Wicklungen und dienen zur **Schutztrennung (Seite 364).** Die Eingangswicklung von Trenntransformatoren muss besonders sicher gegen unbeabsichtigte Verbindung mit der Ausgangswicklung sein, z. B. durch getrennte Spulenkörper oder Spulenkörper mit Trennwand. Ortsveränderliche Trenntransformatoren müssen schutzisoliert sein.

Spartransformatoren (Seite 479) dienen als Kleintransformatoren z. B. zur Anpassung an die Geräte-Bemessungsspannung, wenn die Netzspannung zu niedrig oder zu hoch ist. Die höchstzulässige Bemessungsspannung für **Haushalt-Spartransformatoren** beträgt 250 V.

Spartransformatoren sind so gebaut, dass der Schutzleiter des Versorgungsnetzes auch ausgangsseitig wirksam bleibt.

Steuertransformatoren (Bild 2, Seite 476) haben elektrisch getrennte Wicklungen und dienen zum Speisen der Steuerstromkreise elektrischer Maschinen **(Seite 124)** und Ausrüstungen.

Netzanschlusstransformatoren haben eine oder mehrere Ausgangswicklungen, die von der Eingangswicklung elektrisch getrennt sind. Sie dienen z. B. zum Anschluss von Radio- und Fernsehgeräten.

Zündtransformatoren haben elektrisch getrennte Wicklungen und dienen, z. B. in Heizungsanlagen, zum Zünden von Gas- oder Öl-Luftgemischen. Zündtransformatoren müssen unbedingt kurzschlussfest sein.

Sicherheitstransformatoren (Schutztransformatoren) liefern ausgangsseitig Kleinspannung für SELV- und PELV-Stromkreise **(Seite 365).** Die Bemessungsspannung der Ausgangsseite beträgt bis zu 50 V. Sie müssen kurzschlussfest oder bedingt kurzschlussfest gebaut sein. Die Oberspannungswicklung ist durch eine Isolierstoff-Zwischenwand sorgfältig von der Unterspannung getrennt, sodass keine Verbindung zwischen der Eingangsseite und der Ausgangsseite auftreten kann.

Ringkerntransformatoren haben nur sehr geringe Eisenverluste. Aufgrund ihres geringen Gewichtes und des großen Wirkungsgrades werden sie z. B. in der Medizintechnik, Verkehrstechnik, Beleuchtungstechnik und Messtechnik angewendet **(Bild 3).**

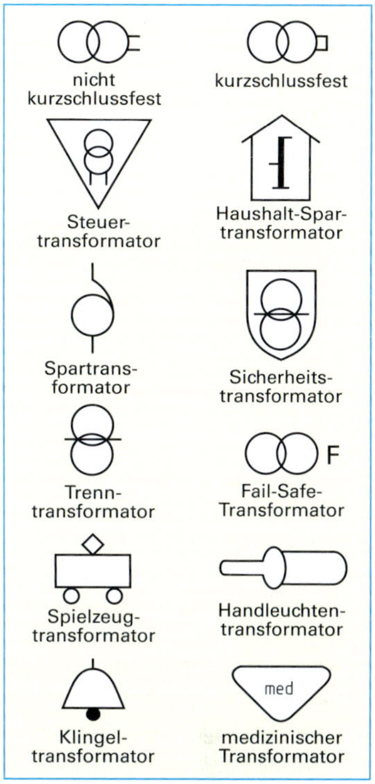

Bild 1: Symbole zur Kennzeichnung von Kleintransformatoren

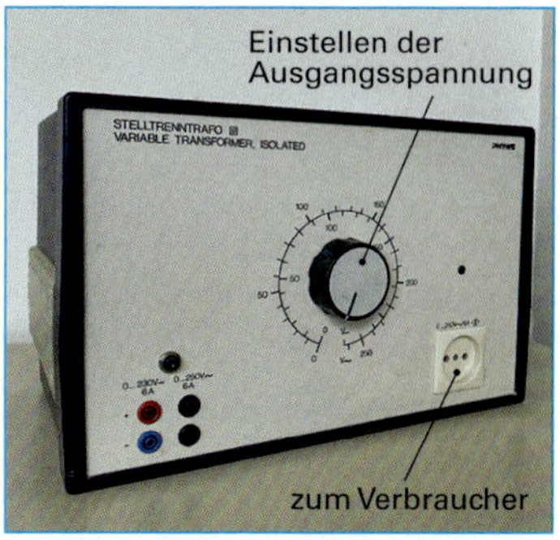

Bild 2: Stellbarer Trenntransformator für Schutztrennung

Bild 3: Ringkerntransformator

Wichtige Sicherheitstransformatoren

- **Spielzeugtransformatoren (Bild)** sind für elektrisch betriebenes Spielzeug vorgeschrieben. Die Bemessungs-Ausgangsspannung beträgt höchstens 24 V bei einer Leistung von maximal 200 VA. Spielzeugtransformatoren müssen der Schutzklasse II entsprechen und entweder kurzschlussfest oder Fail-safe-Transformatoren sein.

Nur nach DIN EN 61558 zugelassene Sicherheitstransformatoren dürfen für Spielzeuge verwendet werden.

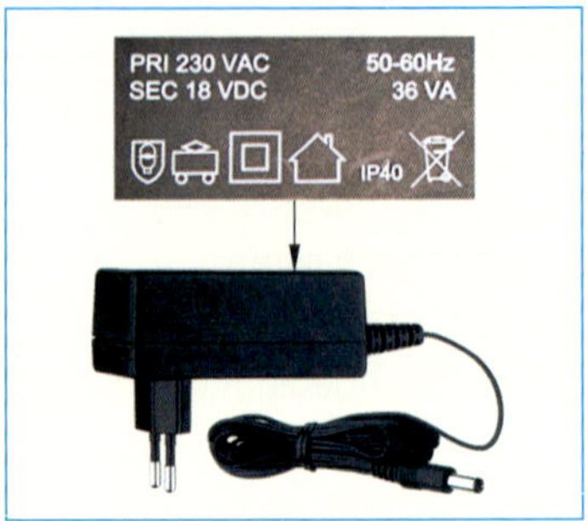

Bild: Spielzeugtransformator

- **Klingeltransformatoren** haben eine maximale Bemessungsleistung von 100 VA. Sie dürfen keine Bemessungs-Ausgangsspannung über AC 24 V und keine Leerlaufausgangsspannung über AC 33 V haben und müssen kurzschlussfest sein. Die Ausgangsklemmen müssen zugänglich sein, ohne dass man die Eingangsklemmen freilegen muss.
- **Handleuchtentransformatoren** müssen schutzisoliert, spritzwassergeschützt bzw. wasserdicht sein.
- **Auftautransformatoren** dienen zum Auftauen eingefrorener metallischer Wasserleitungen. Die Bemessungsspannungen dürfen höchstens 250 V/24 V betragen. Auftautransformatoren sind bedingt kurzschlussfest zu bauen. Sie müssen schutzisoliert sein.
- **Transformatoren für medizinische Geräte** dürfen eine Bemessungs-Ausgangsspannung von höchstens 24 V haben, wenn das anzuschließende Gerät mit dem menschlichen Körper in Berührung kommt. Wird das dazugehörende medizinische Gerät in den Körper des Patienten eingeführt, z. B. ein Endoskop bei der Magenspiegelung, darf die Bemessungs-Ausgangsspannung höchstens 6 V betragen. Transformatoren für medizinische Geräte müssen schutzisoliert sein.
- **Fail-safe-Transformatoren**[1] haben eingangsseitig eine Einrichtung, die im Kurzschluss- oder Überlastfall dauerhaft eine Unterbrechung herstellt. Ein plötzlich auftretender Fehler führt daher nicht zu einer Gefährdung.

13.1.2.3 Prüfspannungen bei Kleintransformatoren

Nach der Reparatur oder Herstellung von Kleintransformatoren wird die Isolierung zwischen den Ein- und Ausgangswicklungen sowie die Isolation zwischen Wicklungen und berührbaren Metallteilen (Körper) geprüft **(Tabelle)**. Diese **Wicklungsprüfung** wird mit Hochspannungsprüfgeräten durchgeführt.

Der **Isolationswiderstand** ist mit Gleichspannung von 500 V zu messen, und zwar 1 Minute nach Anlegen der Spannung. Zwischen Ein- und Ausgangskreis muss der Isolationswiderstand mindestens 5 MΩ betragen, für Isolierung zu berührbaren Metallteilen oder bei Schutzisolierung mindestens 2 MΩ. Mit der **Windungsprüfung** wird die Isolation zwischen benachbarten Wicklungen bei erhöhter Prüffrequenz gemessen.

Tabelle: Prüfspannung* für Kleintransformatoren bis 16 kVA, 1000 V, 500 Hz (nach DIN VDE 0550, Teil 1)

Größte Bemessungsspannung des Transformators	50 V	250 V	500 V	1000 V
Prüfspannung bei Transformatoren der Schutzklasse I (Schutzleiter) und III (Kleinspannung)				
Eingangskreis gegen Körper Ausgangskreis gegen Körper Eingangskreis gegen Ausgangskreis	1000 V	1500 V	2500 V	3000 V
Prüfspannung bei Transformatoren der Schutzklasse II (Schutzisolierung)				
Eingangskreis gegen Metallteile	–	1500 V	2000 V	2500 V
Metallteile gegen Körper	–	2500 V	2500 V	2500 V
Eingangskreis gegen Ausgangskreis	–	3000 V	3500 V	4500 V
Eingangs- und Ausgangskreis jeweils gegen Körper	1000 V	1500 V	2500 V	3000 V

* Dauer der Prüfspannung 1 min. Bei Wiederholungsprüfungen genügen 80 % der Spannungswerte.

Wiederholungsfragen

1 Nach einer Reparatur soll der Transformator (Bild 2, Seite 470) hinsichtlich seines Innenwiderstandes und der Wicklungsverluste überprüft werden. Zeichnen Sie dazu eine geeignete Messschaltung.

2 In einer Hausrufanlage (Bild 4, Seite 108) hat der Türöffner M1 einen internen Kurzschluss. Erläutern Sie, welche Auswirkungen sich für den Transformator T1 und die Hausrufanlage ergeben.

[1] von fail-safe (engl.) = fehlersicher, gefahrlos bei Ausfall

13.1.3 Sondertransformatoren

13.1.3.1 Spartransformatoren

Beim Spartransformator sind zwei Wicklungsteile, die Parallelwicklung und die Reihenwicklung, in Reihe geschaltet. Beim Herabtransformieren ist die Parallelwicklung Ausgangswicklung **(Bild1a)**, beim Herauftransformieren Eingangswicklung **(Bild 1b)**. Kleine Spartransformatoren sind als Stelltransformatoren mit Ringkern **(Bild 2)** ähnlich wie Drehpotenziometer ausgeführt.

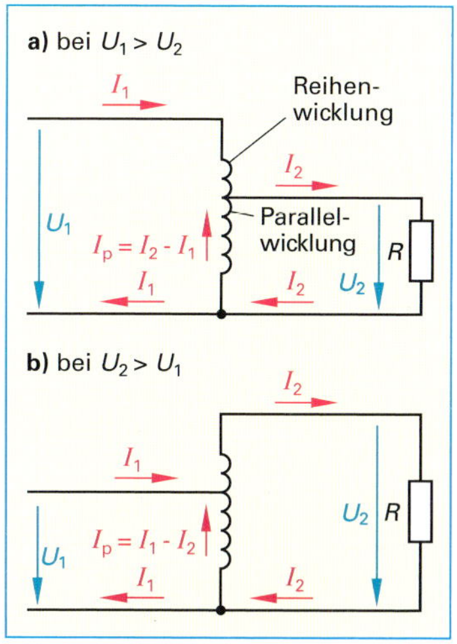

Bild 1: Schaltung eines Spartransformators

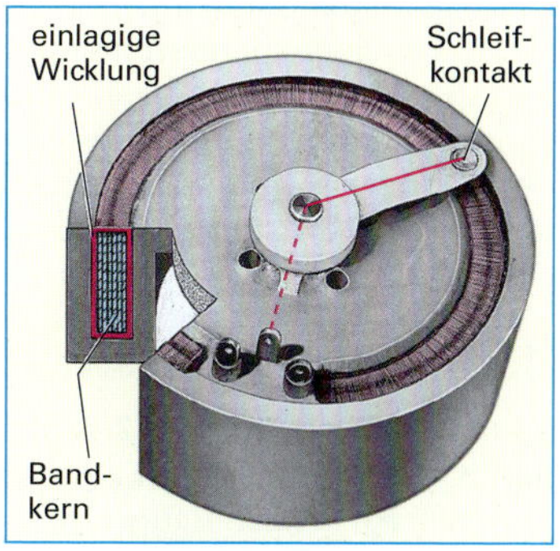

Bild 2: Stelltransformator mit Ringkern

> Ein Spartransformator ermöglicht mit einer einzelnen Spule und Anzapfung Spannungen herunter- und heraufzutransformieren.

Auch bei Spartransformatoren (verlustlos) gilt: $\frac{U_1}{U_2} = \frac{N_1}{N_2} = \frac{I_2}{I_1}$

Beispiel 1:

Ein Spartransformator hat insgesamt 300 Windungen mit einem Abgriff bei 270 Windungen. Dort werden 207 V gemessen. An welche Spannung ist der Transformator angeschlossen?

Lösung:

$$\boldsymbol{U_1} = \frac{U_2 \cdot N_1}{N_2} = \frac{207\,\text{V} \cdot 300}{270} = \mathbf{230\,V}$$

Beim Spartransformator ist die Eingangswicklung leitend mit der Ausgangswicklung verbunden, also vom speisenden Netz nicht galvanisch getrennt.

> Spartransformatoren dürfen nicht zur Erzeugung von Kleinspannung verwendet werden.

Die gesamte mögliche Leistungsabgabe eines Spartransformators nennt man **Durchgangsleistung** S_D. Sie wird von der Eingangswicklung zu einem Teil durch Stromleitung übertragen und zum anderen Teil über den magnetischen Fluss des Eisenkerns. Je mehr sich das Übersetzungsverhältnis $ü$ dem Wert 1 nähert, umso kleiner ist bei konstanter Durchgangsleistung $S_D = U_2 \cdot I_2$ die durch Induktion übertragene Leistung, die **Bauleistung** S_B. Nach ihr richtet sich die **Baugröße** des Spartransformators.

> Beim Spartransformator werden gegenüber einem Volltransformator gleicher Leistung Leiterwerkstoff und Kerneisen gespart.

Der Wirkungsgrad und die Einsparung besonders an Kerneisen werden umso größer, je geringer der Unterschied zwischen Eingangsspannung und Ausgangsspannung ist.

Beispiel 2:

Ein Spartransformator mit der Bemessungsleistung 1 kVA hat die Spannungen $U_1 = 250\,\text{V}$, $U_2 = 230\,\text{V}$. Ermitteln Sie die Bauleistung.

Lösung:

$$\boldsymbol{S_B} = \frac{U_1 - U_2}{U_1} \cdot S_D = \frac{250\,\text{V} - 230\,\text{V}}{250\,\text{V}} \cdot 1000\,\text{VA} = \mathbf{80\,VA}$$

Verwendung. Einphasenspartransformatoren verwendet man z. B. als Vorschaltgerät für Natriumdampflampen, Drehstromspartransformatoren zum Anlassen von Drehstrommotoren sowie zur Höchstspannungstransformation, z. B. von 220 kV auf 380 kV.

Übersicht: Spartransformator

- Kurzschlussspannung niedrig
- Kurzschlussströme hoch
- spannungssteif
- hoher Wirkungsgrad
- keine galvanische Trennung der Ausgangsseite vom Netz

Bauleistung

$\boldsymbol{U_1 > U_2}$:

$$S_B = \frac{U_1 - U_2}{U_1} \cdot S_D$$

$\boldsymbol{U_2 > U_1}$:

$$S_B = \frac{U_2 - U_1}{U_2} \cdot S_D$$

S_B Bauleistung
U_1 Eingangsspannung
U_2 Ausgangsspannung
S_D Durchgangsleistung

13.1.3.2 Streufeldtransformatoren

Streufeldtransformatoren haben durch eine hohe magnetische Streuung einen großen Innenwiderstand. Dadurch sind sie spannungsweich und kurzschlussfest, die Kurzschlussspannung ist hoch.

Streufeldtransformatoren haben oft ein verstellbares Streujoch zur Einstellung des Streuflusses **(Bild 1)**. Je größer der Streufluss (senkrechte Position des manuell drehbaren Jochteils), desto kleiner ist der Nutzfluss und somit auch die in der Ausgangswicklung induzierte Spannung. Beim Streufeldtransformator für Leuchtröhrenanlagen lässt sich somit der Ausgangsstrom durch Verstellen des Streujochs auf den Röhrenbemessungsstrom einstellen, der zwischen 25 mA und 500 mA liegt.

Streufeldtransformatoren finden Anwendung als Schweißtransformatoren, Zündtransformatoren und Klingeltransformatoren.

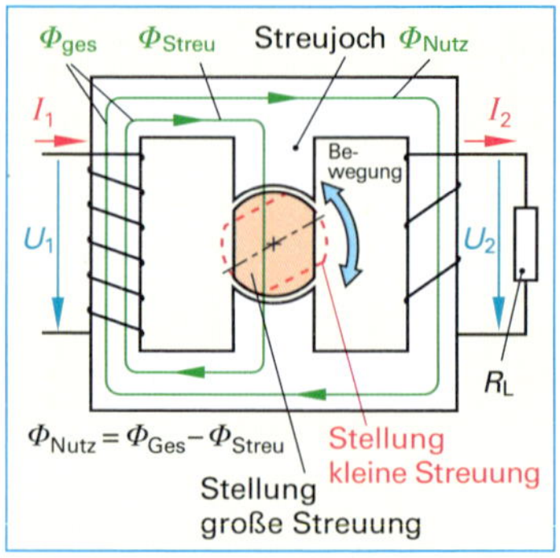

Bild 1: Streufeldtransformator mit Laststromeinstellung

13.1.4 Messwandler

Messwandler

Man unterscheidet
- Spannungswandler
- Stromwandler

Messwandler sind Transformatoren kleiner Leistung zum Anschluss einer Messlast (Bürde), z. B. von Messgeräten, Zählern oder Relais.

Sie transformieren hohe Spannungen oder Ströme in messbare Werte. In Hochspannungsanlagen trennen sie die Messeinrichtung galvanisch vom Hochspannungsnetz und ermöglichen gefahrlose Messungen. Zum Schutz der Messstromkreise sind Messwandler bei Bemessungsspannungen ab 3,6 kV ausgangsseitig zu erden **(Bild 2)**. Bei einem Durchschlag der Hochspannung infolge eines Isolationsfehlers tritt dann ein Erdschluss auf, die vorgeschaltete Sicherung F1 schaltet die Anlage ab.

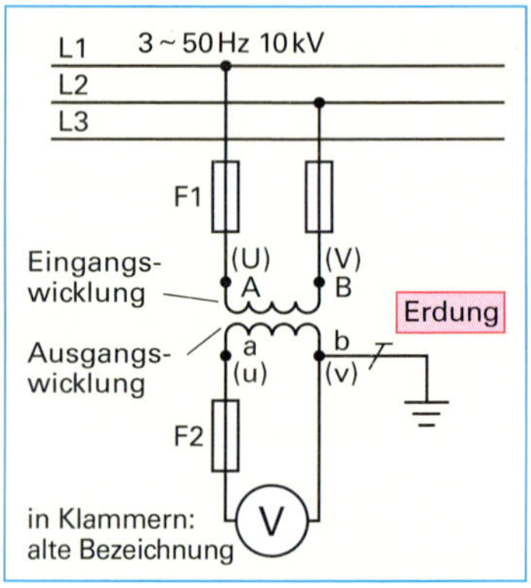

Bild 2: Schaltung eines zweipolig isolierten Spannungswandlers

13.1.4.1 Spannungswandler

Spannungswandler **(Bild 2)** sind Transformatoren, an die man Spannungsmesser und Spannungspfade anschließt. Ihre Bemessungsleistung beträgt je nach Baugröße und Spannung 1 VA bis ca. 400 VA. Sie haben durch eine kleine Streuung ein besonderes genaues Übersetzungsverhältnis *ü*. Nach ihrer Genauigkeit werden Wandler ähnlich wie Messgeräte in Klassen eingeteilt (bei Spannungswandlern 0,1 bis 3).

Spannungswandler transformieren hohe Spannungen, z. B. 10 kV, auf eine Ausgangsspannung für die Messeinrichtung von z. B. 100 V.

Ausgangsseitig erfolgt eine einpolige Absicherung als Überlastungsschutz **(Bild 2)**.

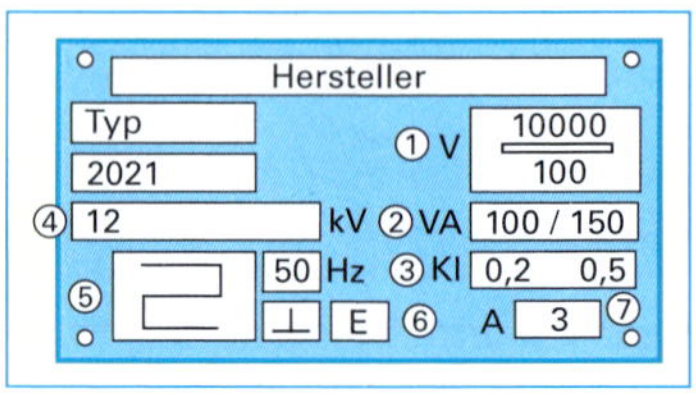

Bild 3: Leistungsschild eines Spannungswandlers

Kennwerte des Leistungsschilds (Bild 3):

Bemessungsübersetzung ① ist das ungekürzte Verhältnis der Eingangs- zur Ausgangs-Bemessungsspannung, z. B. 10000 V/100 V. **Bemessungsleistung** ② ist der Wert der Scheinleistung, bei dem bei ausgangsseitiger Bemessungsspannung und Bemessungsbürde die **Genauigkeitsklasse** ③ eingehalten wird.

Höchste dauernd zulässige eingangsseitige Betriebsspannung ④, **Zulassungszeichen** ⑤ der PTB[1], **Isolierstoffklasse** ⑥ sowie der **höchst zulässige ausgangsseitige Grenzstrom** ⑦.

Spannungswandler dürfen nur mit kleiner Belastung oder im Leerlauf betrieben werden. Überlastung zerstört den Spannungswandler.

Bei Spannungswandlern für Verrechnungszwecke, z. B. zum Anschluss von Elektrizitätszählern, darf auf der Ausgangsseite keine Sicherung eingebaut werden.

[1] PTB – Abk. für Physikalisch-Technische Bundesanstalt (PTB)

13.1.4.2 Stromwandler

Übersteigt der zu messende Strom den Messbereich eines Mess- oder Schutzgerätes, verwendet man Stromwandler.

Die Eingangswicklung mit den Anschlüssen P1 [K] und P2 [L] des Stromwandlers wird so in den Leiter geschaltet, dass sie vom Messstrom durchflossen wird. Als Bürde werden Messgeräte (Strommesser oder Strompfade von Leistungsmessern) oder Schutzeinrichtungen für den Netz- und Anlagenschutz an die Klemmen S1 [k] und S2 [l] der Ausgangswicklung angeschlossen **(Bild 1)**.

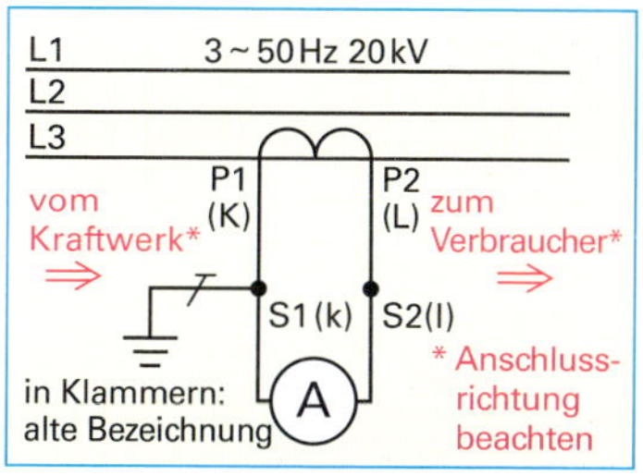

Bild 1: Schaltung eines Stromwandlers

Kennwerte von Strommesswandlern (Bild 2)

Bemessungsübersetzung ① ist das ungekürzte Verhältnis des Eingangs- zum Ausgangs-Bemessungsstrom, z. B. 300 A/5 A. Normwerte sind 1 A und vorzugsweise 5 A, da viele Messgeräte bei 5 A die höhere Genauigkeitsklasse haben.

Genauigkeitsklasse ② gibt an, wie groß der maximal zulässige Stromfehler bei einem Messstrom von 100 % bis 120 % (20 % bis 120 % mit der Zusatzbezeichnung „S") des Bemessungsausgangsstromes I_N sein darf. Sie wird in Prozent bezogen auf den Bemessungsausgangsstrom I_N angegeben. Normgenauigkeitsklassen sind 0,1 bis 5 sowie 0,1 S; 0,2 S; 0,5 S. Wird der Wandler mit Kl 0,5 z. B. mit 100 % bis 120 % der Bemessungsbürde belastet, so liegt der Wert des Messstroms I_m innerhalb der Grenzen: $I_m = I_N \pm 0{,}005 \cdot I_N$.

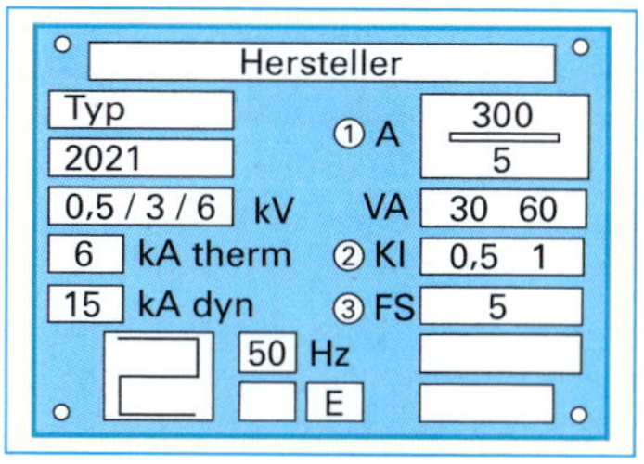

Bild 2: Leistungsschild eines Stromwandlers

Überstrombegrenzungsfaktor ③ mit der Bezeichnung FS gibt das Vielfache des Eingangsbemessungsstroms an, z. B. das 5-fache, bei dem der Stromfehler des Messwandlers mindestens 10 % beträgt.

Die Angabe FS5 **(Bild 2)** bedeutet, dass bei $5 \cdot I_N$ die Messabweichung mindestens 10 % beträgt, bei FS10 beträgt die Mindestabweichung 10 % bei $10 \cdot I_N$.

Stromwandler für Schutzeinrichtungen sind mit dem Buchstaben „P"[1] gekennzeichnet. Aufgrund der hierfür bedingt speziellen Anforderungen hat z. B. der Wandler mit Schutzkern 5P10 (Genauigkeitsklasse 5P, Überstrombegrenzungsfaktor 10) beim Bemessungsstrom einen Stromfehler von maximal 1 % und beim 10-fachen Bemessungsstrom von maximal 5 %.

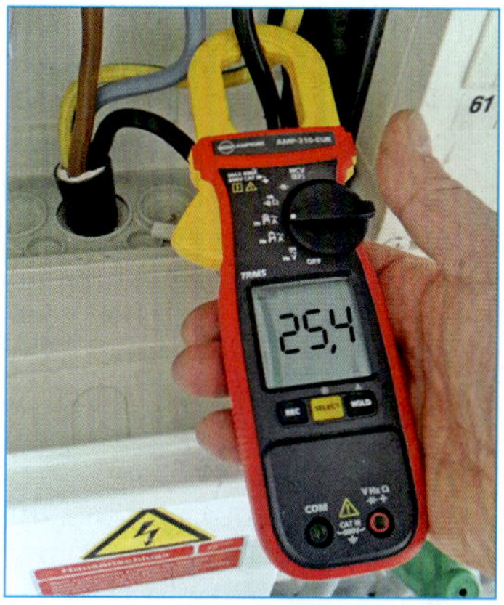

Bild 3: Strommesszange

Auswahl und Betrieb von Stromwandlern

Um eine hohe Messgenauigkeit zu erreichen, ist der Wandler möglichst mit seiner Bemessungsleistung (Bürde) zu belasten, z. B. 30 VA **(Bild 2)**. Zur Ermittlung der Bürde sind der Leistungsbedarf des Messgerätes und der Leistungsverlust der Messleitungen (Querschnitt und Länge) zu summieren.

Da Strommesser und Strompfade sehr kleine Widerstände haben, sind Stromwandler im Betrieb praktisch kurzgeschlossen. Ein Betrieb im Leerlauf ist unzulässig. Da bei Leerlauf die stromlose Ausgangswicklung keinen Gegenfluss im Wandlerkern erzeugt, ruft der eingangsseitig fließende Netzstrom einen großen magnetischen Fluss hervor, der in der Ausgangswicklung eine gefährlich hohe Spannung induziert. Die Folge wäre ein Durchschlag der Isolierung.

Ein Betrieb im Leerlauf ist unzulässig (Durchschlaggefahr). Deshalb darf der Messkreis nicht abgesichert werden. Vor dem Auswechseln des Messgerätes sind die Klemmen kurzzuschließen.

Bei **Strommesszangen (Bild 3)** ist der Eisenkern des Wandlers wie bei einer Zange aufklappbar (Zangenstromwandler). Umfasst man damit einen Strom führenden Leiter, so wirkt der Leiter als Eingangswicklung des Stromwandlers. Mit Stromzangen kann man Wechselströme messen, ohne den Stromkreis zu unterbrechen **(Seite 179)**.

Beim Durchsteckstromwandler bildet der Strom führende Leiter ebenfalls die Eingangswicklung. Der Messbereich kann durch mehrmaliges Durchstecken des Leiters angepasst werden.

[1] protection (engl.) = Schutz

13.1.5 Drehstromtransformatoren

13.1.5.1 Aufbau und Prinzip

Das Transformieren von Dreiphasenwechselspannung erfolgt mit Drehstromtransformatoren, deren drei Stränge der Ein- und Ausgangswicklungen (Wicklungsbezeichnungen, **Bild 1**) auf einem Dreischenkelkern **(Bild 3c)** untergebracht sind. In speziellen Fällen werden auch drei miteinander verkettete Einphasentransformatoren (Transformatorbank) verwendet.

> Drehstromtransformatoren setzt man als Kleintransformatoren, Stell- und Leistungstransformatoren mit Bemessungsleistungen von etwa 10 kVA bis 1000 MVA ein.

Eisenkern. Die drei Eisenkerne einer Transformatorengruppe für Drehstrom kann man sich sternförmig aufgebaut vorstellen **(Bild 2a)**. Für den mittleren Schenkel ist die Summe der drei, jeweils um 120° phasenverschobenen Magnetflüsse null, genau wie der Strom im N-Leiter eines symmetrisch belasteten Drehstromsystems. Dieser kann daher weggelassen werden **(Bild 2b)**. Ein Dreischenkelkern entsteht, wenn die drei übrigen Schenkel in eine Ebene gebracht werden **(Bild 2c)**.

Zur Reduzierung der Eisenverluste werden spezielle, mit Kunstharzlacken beschichtete Elektrobleche eingesetzt. Diese werden zu einem Kern geschichtet, wobei sich die Schnittstellen überlappen (Step-Lap-Schichtung, **Bild 3**). Durch das Überlappen der Bleche werden an den Stoßstellen Streufelder minimiert.

Wicklungen. Die Kurzschlussspannung von Drehstromtransformatoren soll möglichst klein sein. Deshalb sind Ober- und Unterspannungswicklungen übereinander auf den Schenkeln aufgebracht. Bei Hochspannungstransformatoren befindet sich die Unterspannungswicklung am Kern, darüber die Oberspannungswicklung. Dadurch ist die Gefahr eines Durchschlags zum geerdeten Eisenkern verringert.

> Oberspannungswicklung ist die Wicklung für die höhere Bemessungsspannung, Unterspannungswicklung ist die Wicklung für die niedere Bemessungsspannung.

Bei der **Lagenwicklung** wird wie bei einer Garnrolle zuerst die unterste Drahtlage aufgebracht, dann die nächste usw. Der Anfang einer Lage und das Ende der nächsten Lage liegen übereinander, sodass zwischen diesen Stellen hohe Spannungen auftreten. Weil der Isolierstoff der Lagenisolierung stark beansprucht wird, wendet man die Lagenwicklung nur für Transformatoren kleiner Spannung an.

Bei der **Spulenwicklung** wird die Windungszahl der Wicklung auf einzelne Teilspulen verteilt, die in Reihe geschaltet sind. Dadurch liegt an jeder Spule nur ein Teil der Gesamtspannung an. Die Spannungen zwischen den Lagen sind geringer. Transformatoren mittlerer Leistung haben auf der Oberspannungsseite Spulenwicklungen.

Bei der **Folienwicklung** wird die Wicklung aus einer isolierten Aluminium- oder Kupferfolie hergestellt, ähnlich wie bei einem Kondensator. Weil jede Lage nur aus einer Windung besteht, wird die Isolation nur mit der Spannung einer Windung beansprucht. Gießharztransformatoren z. B. haben Folienwicklungen.

Isolierung und Kühlung. Hierzu werden Mineral- bzw. Silikonöle oder natürliche Ester eingesetzt. Ester sind gut umweltverträglich, da man sie aus nachwachsenden Rohstoffen gewinnt und diese gut abbaubar sind.

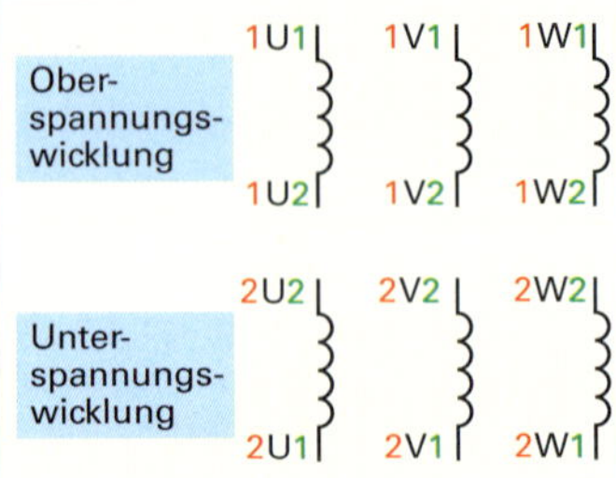

Bedeutung der 1. Ziffer:
1: Wicklung der Oberspannungsseite (OS)
2: Wicklung der Unterspannungsseite (US)

Bedeutung der 2. Ziffer:
1: Wicklungsanfang
2: Wicklungsende

Bild 1: Wicklungsbezeichnungen beim Drehstromtransformator

www.sgb-smit.com/de/produkte/
https://www.youtube.com/watch?v=i4eyG99jC1c

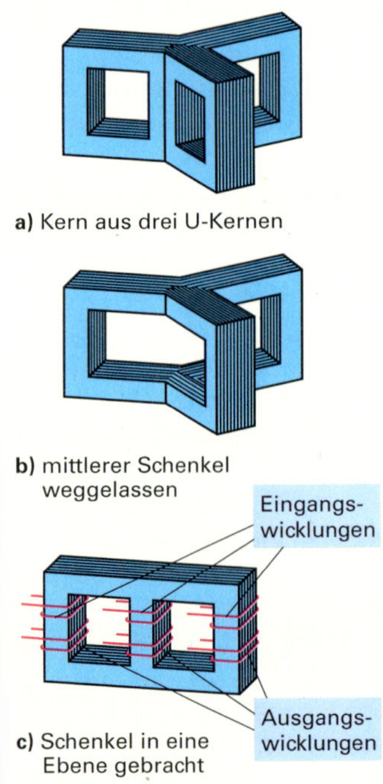

a) Kern aus drei U-Kernen
b) mittlerer Schenkel weggelassen
c) Schenkel in eine Ebene gebracht

Bild 2: Entstehung des Dreischenkelkerns

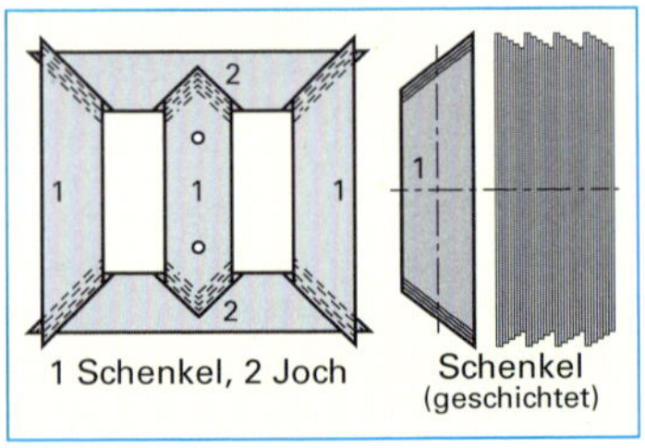

Bild 3: Step-Lap-Schichtung

Kessel. Bei Transformatoren großer Leistung sitzen Kern und Wicklung **(Bild 1)** meist in einem Kessel, der zudem das Isoliermittel enthält. Man unterscheidet z.B. Faltwellen- und Radiatorenkessel, die durch ihre Kühlrippen den Wärmetausch mit der Luft herstellen.

Verteil- und Leistungstransformatoren bis ca. 40 MVA werden als **Hermetiktransformatoren**[1] **(Bild 2a)** ausgeführt. Sie haben einen luftdicht verschlossenen, vakuumfesten Faltwellenkessel, der die Ausdehnung des Isoliermittels bei Erwärmung aufnimmt und gleichzeitig für Kühlung sorgt. Durch den luftdichten Abschluss wird die Alterung des Isoliermittels durch Luft- oder Feuchtigkeitseinflüsse ausgeschlossen.

Für höhere Leistungen werden **Dehnertransformatoren**[2] **(Bild 2b)** hergestellt. Sie haben ein Ausdehnungsgefäß oberhalb des Kessels, das über Luftentfeuchter mit der Außenluft in Verbindung steht. Es dient zur Aufnahme des sich bei Erwärmung ausdehnenden Isoliermittels.

Transformatorschutz. Bei Dehnertransformatoren wird oft der Buchholz-Schutz[3] eingebaut **(Bild 3)**. Bei einem Fehler, z.B. Windungsschluss, entstehen Gasblasen, die den Magnetschaltschwimmer nach unten drücken. Die Reedkontakte in der Magnetschaltröhre schalten z.B. eine Warnhupe ein. Das Auslaufen von Isolieröl wird ebenfalls angezeigt. Bei Kurzschluss im Transformator entsteht durch eine starke Gasströmung ein Überdruck im Öl. Durch die Druckwelle drückt die Stauklappe den unteren Schaltschwimmer nach unten. Nun schaltet der Reedkontakt mittels Leistungsschalter den Transformator ab.

Bei Hermetiktransformatoren werden auch Temperatur, Druck und Isolierstoffverlust erfasst.

Gießharztransformatoren sind Trockentransformatoren **(Bild 4)**. Ihre Wicklungen, meist Folienwicklungen, sind fest in Gießharz (Epoxidharz) eingebettet. Sie können auch dort verwendet werden, wo aus Sicherheitsgründen Öltransformatoren nicht zulässig sind, z.B. in Werkhallen oder in Versammlungsstätten.

Gießharze sind schwer brennbar und selbstlöschend.

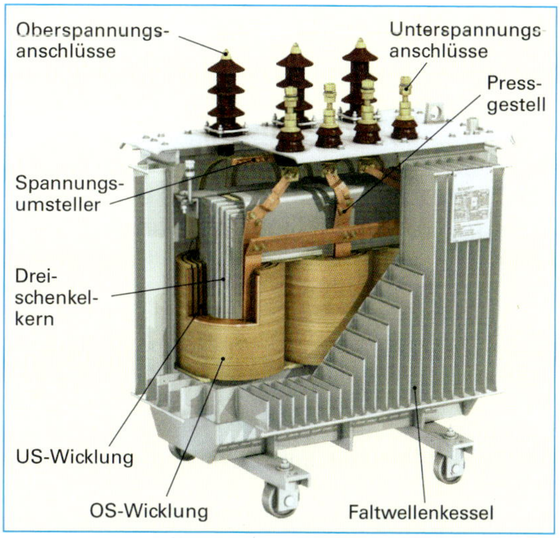

Bild 1: Aufbau eines 400-kVA-Verteiltransformators

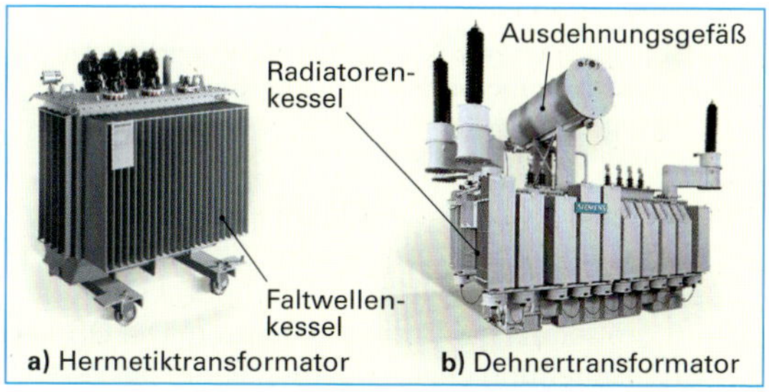

Bild 2: Kesselausführungen von Transformatoren

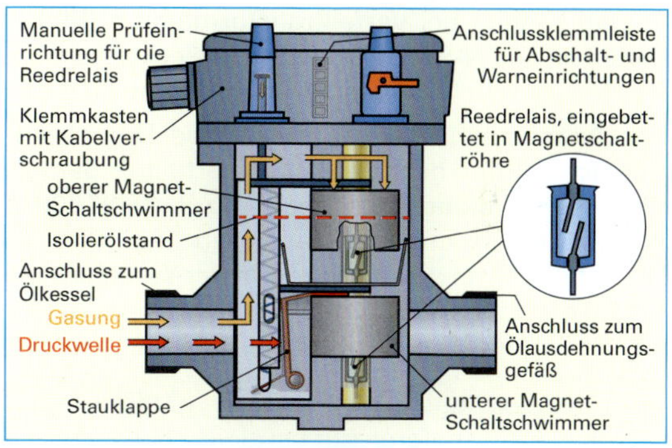

Bild 3: Prinzip des Buchholzschutzes

13.1.5.2 Schaltungen

Die drei Stränge der Oberspannungs- und der Unterspannungswicklung können in Stern oder Dreieck geschaltet werden. Die Unterspannungswicklung kann auch als Zickzackschaltung **(Seite 485)** ausgeführt sein, die eine Sonderform der Sternschaltung ist.

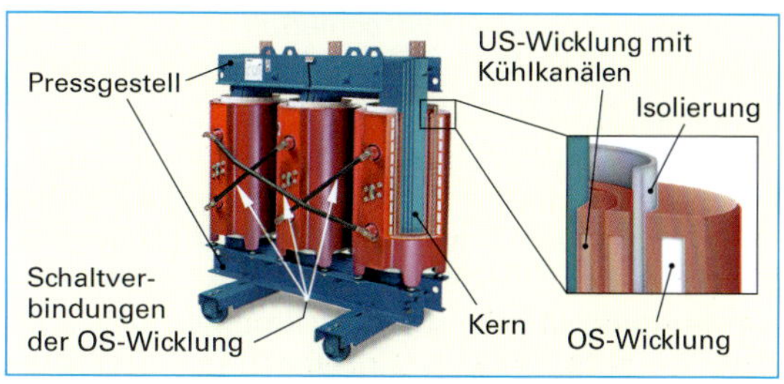

Bild 4: Aufbau eines Gießharztransformators

[1] von hermitice (lat.) = undurchdringlich, dicht verschlossen
[2] von ausdehnen, mit Ausdehnungsgefäß
[3] entwickelt von Max Buchholz, deutscher Elektrotechniker, 1885 bis 1956

Schaltgruppen. Die Schaltgruppe, die auf dem Leistungsschild des Drehstromtransformators **(Bild 1, Seite 486)** angegeben wird, besteht mindestens aus zwei Buchstaben und einer Zahl, z. B. Yd 5 **(Tabelle)**.

- Der erste Buchstabe kennzeichnet die Verkettung der Oberspannungswicklungen.
- Der zweite Buchstabe kennzeichnet die Verkettung der Unterspannungswicklungen.
- Die Zahl nennt man Kennzahl des Drehstromtransformators. Multipliziert man die Kennzahl mit 30°, so erhält man die Phasenverschiebung **(Bild 1)**, mit der die gleiche Außenleiterspannung der Unterspannungsseite gegenüber der Oberspannungsseite nacheilt.
- Wird der Sternpunkt der Unterspannungsseite herausgeführt, wird dem Kleinbuchstaben y ein n angefügt.

Beispiel:

Erklären Sie die Schaltgruppenangabe Dyn 5 **(Bild 2)**.

Lösung:

D = Oberspannungswicklung in Dreieck geschaltet
y = Unterspannungswicklung in Stern geschaltet
n = Sternpunkt (Neutralleiteranschluss) herausgeführt
5 (Kennzahl): Phasenverschiebung 5 x 30° = 150°

Schaltungsmerkmale. Bei Oberspannungswicklungen wird durch Sternschaltung die erforderliche Windungszahl zwar kleiner, aber der Leiterquerschnitt größer als bei Dreieckschaltung. Die OS-seitige Sternschaltung bevorzugt man daher bei Versorgungstrafos kleinerer Leistung (etwa 500 kVA) und bei sehr hohen Spannungen. Unterspannungswicklungen können bei Verteiltransformatoren **(Bild 1, Seite 485)** für TN-Systeme nicht in Dreieck geschaltet werden, da kein Neutralleiteranschluss möglich ist.

Als **Übersetzungsverhältnis *ü*** wird bei Drehstromtransformatoren das ungekürzte Verhältnis der Außenleiterspannungen angegeben, z. B. *ü* = 20 000 V/400 V. Die Außenleiterspannungen liegen nur in Dd-Schaltung an den Strängen. In der Yy-Schaltung sind die Strangspannungen um den Faktor $1/\sqrt{3}$ = 0,577 geringer als die Außenleiterspannungen.

Die Übersetzungsformel $ü = N_1/N_2$ gilt für Drehstromtransformatoren nur bei gleicher Schaltung von Ober- und Unterspannungsseite.

Sind OS- und US-Seite verschieden geschaltet, z. B. in Dy, gilt $ü = N_1/N_2$ nur für die Strangspannungen.

Dreiphasenwechselspannung lässt sich auch mit zwei Einphasentransformatoren in V-Schaltung transformieren **(Bild 3)**. Die Ausgangsseite liefert Dreiphasenwechselspannung in ein Dreileiternetz. Bei Höchstspannungen über 380 kV werden Transformatorengruppen aus drei Einphasentransformatoren aufgebaut, da einzelne Transformatoren leichter zu transportieren sind.

Tabelle: Buchstaben zur Schaltgruppenkennzeichnung

Schaltung	Oberspannungsseite	Unterspannungsseite
Stern	Y	y
Dreieck	D	d
Zickzack	–	z

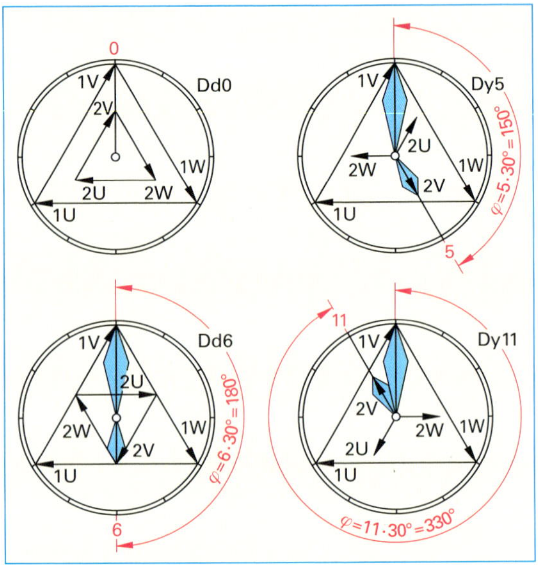

Bild 1: Phasenverschiebungen zwischen Ober- und Unterspannung

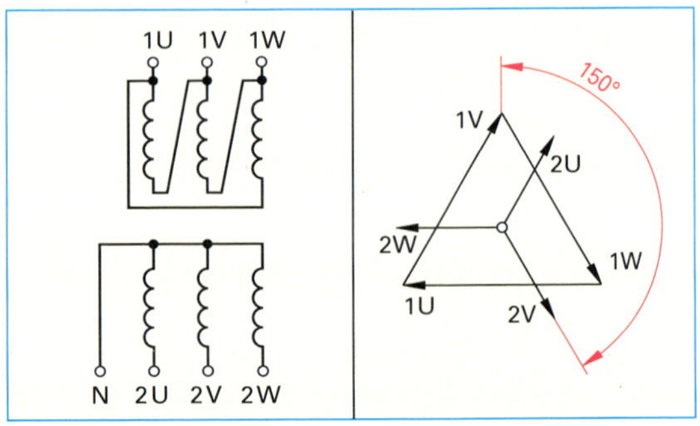

Bild 2: Schaltung und Kennzahlermittlung Dyn 5

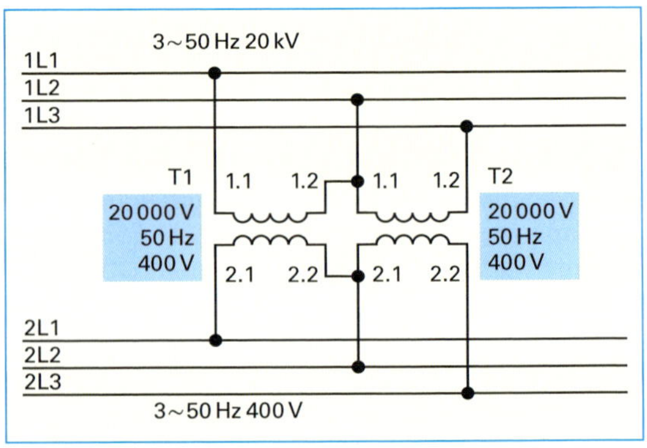

Bild 3: V-Schaltung

13.1.5.3 Unsymmetrische Belastung

In elektrischen Netzen tritt häufig eine unsymmetrische Belastung der Leiter und somit der Stränge des Transformators auf, bedingt z.B. durch den Anschluss der Haushalte eines Ortes **(Bild 1)**.

Wird ein Drehstromtransformator der Schaltgruppe Yy, z.B. Yyn 6, einphasig belastet **(Bild 3)**, so fließt Strom in allen Strängen der Oberspannungswicklung. In den Schenkeln des Eisenkerns, deren Wicklungsstränge ausgangsseitig nicht belastet sind, steigt die Flussdichte stark an, die Streuung nimmt zu. Dadurch nimmt die Ausgangsspannung in den unbelasteten Strängen zu und fällt im belasteten Strang ab.

Transformatoren in Yy-Schaltung sind für einphasige Belastung ungeeignet.

Bei einem Drehstromtransformator der Schaltgruppe Dyn 5 ist einphasige Belastung möglich **(Bild 3)**, da der Strom oberspannungsseitig nur im Strang des ausgangsseitig belasteten Schenkels fließt.

Einphasige Belastung ist bei einem oberspannungsseitig in Stern Y geschalteten Transformator möglich, wenn jeder Strang der Unterspannungswicklung gleichmäßig auf zwei Schenkel verteilt ist **(Bild 4)**. Das Zeigerbild der Unterspannung ist zickzackförmig. Daher heißt die Schaltung **Zickzackschaltung** (z). Die stromdurchflossenen Wicklungshälften befinden sich auf zwei Eisenschenkeln, deren Oberspannungswicklungen ebenfalls stromdurchflossen sind.

Die Schaltung Yzn eignet sich für stark unsymmetrische Last (Schieflast). Sie wird bei Verteiltransformatoren kleiner und mittlerer Leistung eingesetzt, z.B. als Masttransformator **(Bild 1)** mit Leistungen bis 400 kVA zur Versorgung von Aussiedlerhöfen. Der Neutralleiter ist voll belastbar. Die Windungszahl der Ausgangswicklung liegt etwa 15% höher als bei Ausführung in Sternschaltung. Die Herstellung der Zickzackschaltung ist sehr aufwendig und demzufolge teuer.

Für Sonderaufgaben setzt man Transformatoren auch im Einphasennetz ein, z. B. als Weichenheiztransformator **(Bild 2)**.

Spartransformatoren für Drehstrom werden meist in Sternschaltung ausgeführt **(Bild 5)**. In Höchstspannungsnetzen verbinden sie z. B. die Spannungsebenen 380 kV und 220 kV. Die Durchgangsleistungen können bis 1000 MVA betragen.

Bild 1: Verteiltransformator als Masttransformator

Bild 2: Weichenheiztransformator für Bahnanlagen

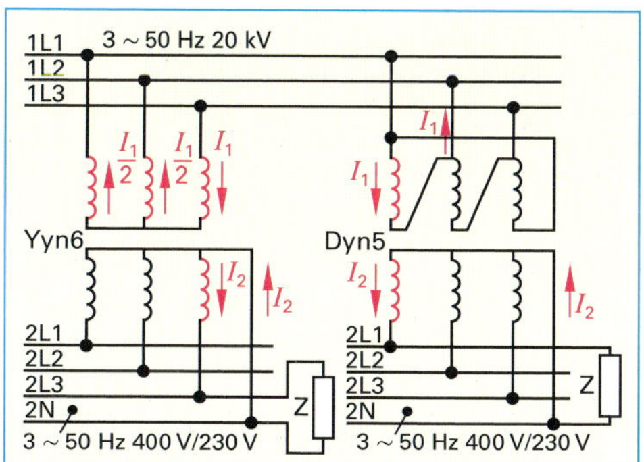

Bild 3: Einphasige Belastung bei Drehstromtransformatoren in Yy- und Dy-Schaltung

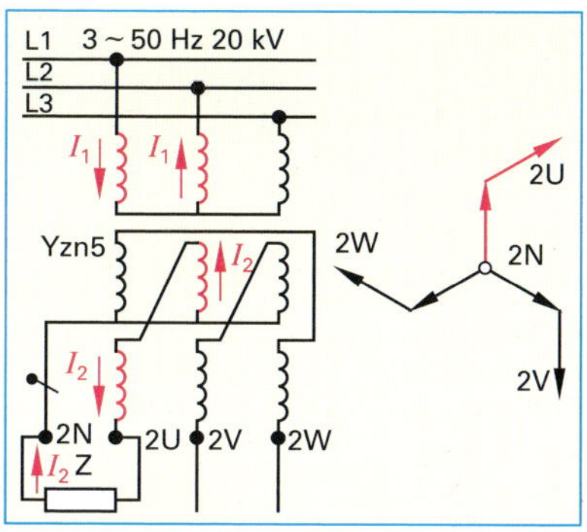

Bild 4: Einphasige Last bei der Zickzackschaltung

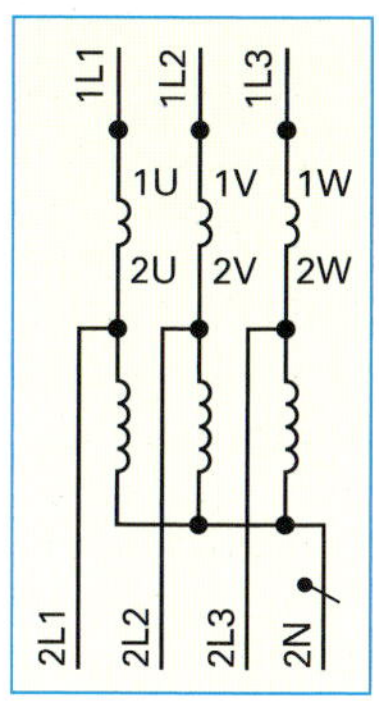

Bild 5: Spartransformator für Drehstrom

13.1.5.4 Gebräuchliche Schaltgruppen

Drehstromtransformatoren lassen sich theoretisch für alle Kombinationen von Schaltgruppen herstellen.

Praktisch werden nur vier verschiedene Schaltgruppen angewendet **(Tabelle)**:

Yy0	Dy5	Yd5	Yz5

Die Schaltgruppe des Transformators, z.B. Yzn5, ist auf dem Leistungsschild angegeben **(Bild 1)**.

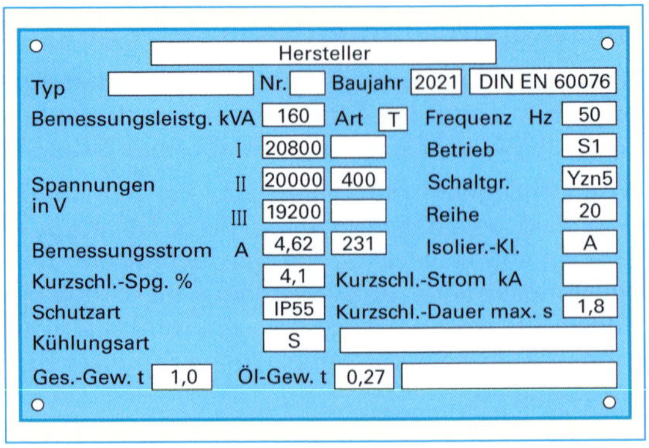

Bild 1: Leistungsschild eines Drehstromtransformators

Mit einem Stufenschalter **(Bild 2)** können die Ausgangsspannungen durch Ändern der Windungszahlen der Oberspannungswicklung angepasst werden. Die Umschaltung darf je nach Schalterausführung nur im abgeschalteten Zustand oder unter Last erfolgen. Die Spannungsunterschiede, z.B. 20800 V – 20000 V = 800 V, entsprechen der Kurzschlussspannung des Drehstromtransformators.

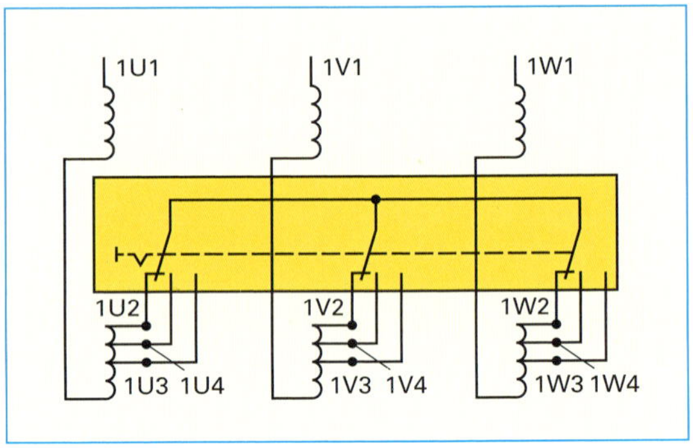

Bild 2: Oberspannungswicklungen mit Stufenschalter (Spannungsumsteller)

Anwendungen:

Yy0: Kleiner Verteiltransformator im Hochspannungsnetz.

Yd5: Haupttransformator in großen Kraft- und Umspannwerken.

Dyn5, Yzn5: Verteiltransformator in unsymmetrisch belasteten Ortsnetzen mit genormten Bemessungsleistungen von 50 kVA bis 2500 kVA, z.B. 630 kVA.

Tabelle: Gebräuchliche Schaltgruppen für Drehstrom-Leistungstransformatoren (nach DIN EN 60076)

Bezeichnung Kennzahl	Bezeichnung Schaltgruppe	Zeigerbild Oberspannung	Schaltungsbild (bei gleichem Wickelsinn der Spulen) Oberspannung Unterspannung	Zeigerbild Unterspannung	Übersetzung $U_1 : U_2$	Schaltzeichen mehrpolig	Schaltzeichen einpolig
0	Yy0	 1V 1U 1W	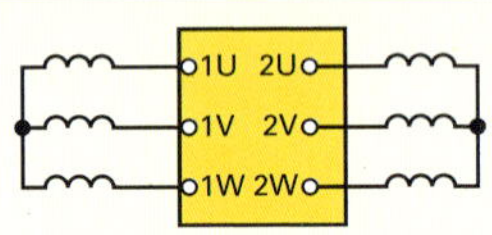 1U 2U 1V 2V 1W 2W	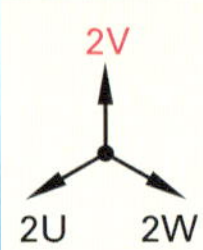 2V 2U 2W	$\frac{N_1}{N_2}$	Yy 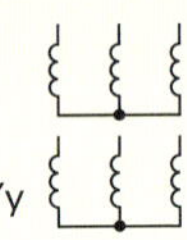	 Yy0
5	Dy5	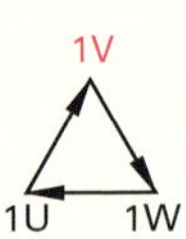 1V 1U 1W	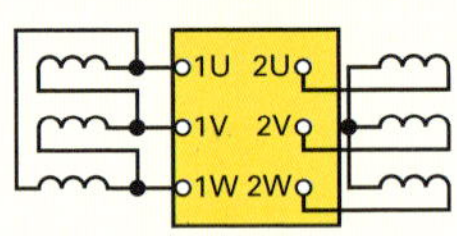 1U 2U 1V 2V 1W 2W	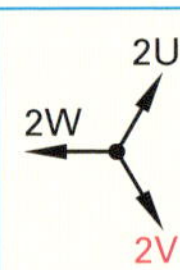 2U 2W 2V	$\frac{N_1}{\sqrt{3} \cdot N_2}$	Dy 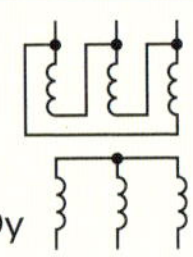	 Dy5
	Yd5	 1V 1U 1W	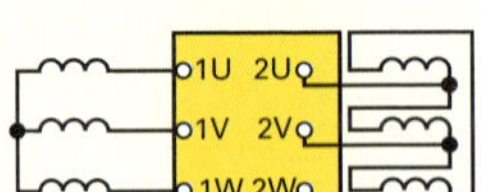 1U 2U 1V 2V 1W 2W	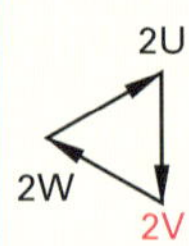 2U 2W 2V	$\frac{\sqrt{3} \cdot N_1}{N_2}$	Yd 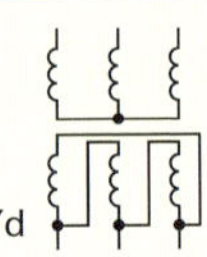	 Yd5
	Yz5	 1V 1U 1W	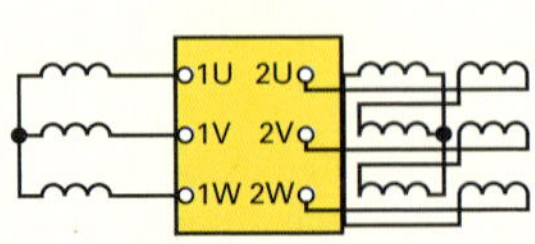 1U 2U 1V 2V 1W 2W	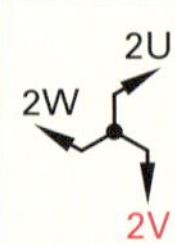 2U 2W 2V	$\frac{2 N_1}{\sqrt{3} \cdot N_2}$	Yz 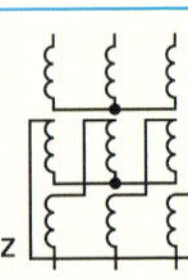	 Yz5

13.1.6 Parallelschalten von Transformatoren

Werden Transformatoren zur Leistungserhöhung parallel geschaltet, müssen die Momentanwerte und Phasenlagen der Ausgangsspannungen, die Bemessungsleistungen sowie die Innenwiderstände (Kurzschlussspannungen) möglichst gleich sein, um hohe Ausgleichsströme zu vermeiden.

Parallelschalten von Einphasentransformatoren

Haben Einphasentransformatoren gleiche Bemessungsspannungen und gleiche Kurzschlussspannungen, so kann man sie parallel schalten. Ist die Phasenlage der Unterspannungen nicht gleich, wird sie durch Vertauschen der Unterspannungsanschlüsse angepasst. Eine Kontrolle ist durch eine Spannungsmessung möglich **(Bild 1)**. Zeigt der Spannungsmesser keine Spannung an, darf der rechte Transformator entsprechend den roten Strichlinien an das Unterspannungsnetz angeschlossen werden.

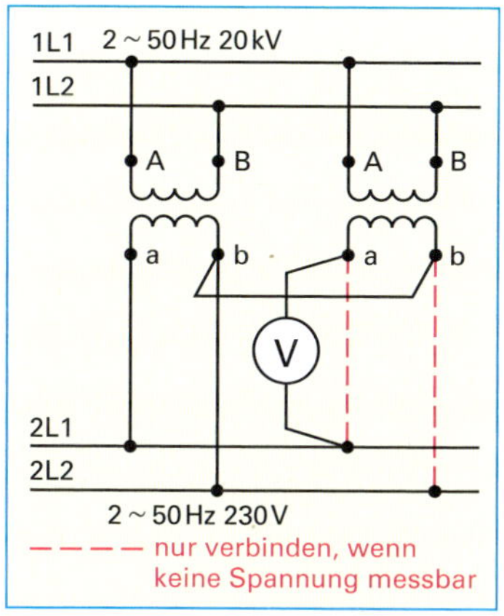

Bild 1: Kontrolle der Phasenlage beim Parallelschalten von Einphasentransformatoren

Parallelschalten von Drehstromtransformatoren

In Verteilungsnetzen werden Drehstromtransformatoren parallel betrieben, um z. B. das Niederspannungsnetz 400 V aus einem Hochspannungsnetz 20 kV zu versorgen. Mit einem Spannungsmesser wird niederspannungsseitig geprüft, ob die Parallelschaltung richtig vorgenommen wurde **(Bild 2)**.

Parallelschaltbedingungen bei Drehstromtransformatoren (nach DIN EN 60076).

- **Gleiche Übersetzungen.** Die Bemessungsspannungen müssen gleich sein, damit die Leerlaufspannungen möglichst gleich sind und Ausgleichsströme vermieden werden.
- **Möglichst gleiche Kurzschlussspannungen.** Die Kurzschlussspannungen der Transformatoren sollen höchstens um 10% voneinander abweichen. Da der Transformator mit der kleineren Kurzschlussspannung den größeren Lastanteil übernimmt, ist darauf zu achten, dass bei unterschiedlichen Leistungen der Transformator mit kleiner Bemessungsleistung die größere Kurzschlussspannung hat.
- **Möglichst gleiche Bemessungsleistungen.** Das Verhältnis der Bemessungsleistungen soll nicht größer als 3 : 1 sein. Größere Leistungsunterschiede können eine unterschiedliche Phasenlage der Ausgangsspannungen und damit Ausgleichsströme bewirken.
- **Gleiche Kennzahlen der Schaltgruppen.** Bei unterschiedlichen Kennzahlen ist die Phasenlage der Ausgangsspannungen unterschiedlich. Differenzspannungen verursachen Ausgleichsströme.

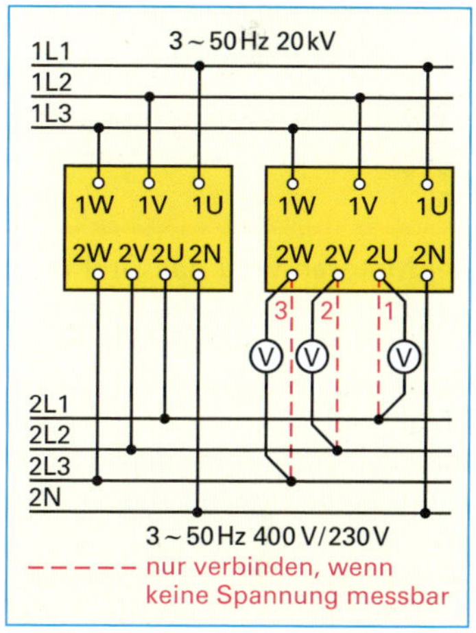

Bild 2: Kontrolle der Phasenlage beim Parallelschalten von Drehstromtransformatoren

Ausnahmsweise dürfen auch Drehstromtransformatoren parallel geschaltet werden, deren Kennzahlen sich um 6 unterscheiden, z. B. Dy 5 und Dy 11. Dazu müssen aber die Anschlüsse in geeigneter Weise vertauscht werden. Eine Kontrolle der Phasenlage nach **Bild 2** ist dann unerlässlich.

Lastverteilung im Parallelbetrieb. Haben die parallel geschalteten Transformatoren die gleiche Kurzschlussspannung, so verteilt sich die Gesamtlast auf die Transformatoren im Verhältnis der Bemessungsleistungen. Sind die Kurzschlussspannungen verschieden, so wird der Transformator mit der kleineren Kurzschlussspannung stärker belastet. Die Belastung ist dann stärker, als es dem Verhältnis der Bemessungsleistungen entspricht.

Wiederholungsfragen

Eine Trafostation soll an den um 80 % gestiegenen Leistungsbedarf angepasst werden.

1 **Stellen Sie Möglichkeiten dar, wie dieser Bedarf gesichert werden kann.**

2 **Zum vorhandenen Transformator soll ein zweiter hinzukommen. Welche Kriterien sind bei der Auswahl des Transformators zu berücksichtigen?**

13.2 Rotierende elektrische Maschinen

13.2.1 Grundlagen

13.2.1.1 Leistung und Drehmoment

Motoren wandeln die aus dem Versorgungsnetz aufgenommene elektrische Energie in mechanische Arbeit um, Generatoren die mechanische Antriebsarbeit in elektrische Energie.

Die Leistungsabgabe P_2 eines Motors wird durch die Messung von Drehmoment und Drehzahl ermittelt. Die aufgenommene Leistung P_1 ist die dem Netz entnommene Wirkleistung.

In der Maschine entstehen dabei Verluste in Form von Wärme. Die durch Wirbelströme und Ummagnetisierung im magnetischen Material verursachten Verluste nennt man **Eisenverluste.** Verluste, die der fließende Strom in den Wicklungswirkwiderständen verursacht, werden als **Wicklungsverluste** bezeichnet. Ferner treten Lüfterverluste sowie Reibungsverluste in den Lagern und an Bürsten auf. Ein Maß für die Gesamtverluste **(Bild 1)** ist der **Wirkungsgrad.**

Der Wirkungsgrad η gibt das Verhältnis der abgegebenen zur aufgenommenen Wirkleistung an.

Bei Motoren wird das Drehmoment M durch das Zusammenwirken von Ständermagnetfeld Φ_E und Läuferstrom I_2 gebildet **(Seite 90).** Der durch den Läuferstab fließende Strom erzeugt um sich ein Magnetfeld. Es entsteht am Läuferstab eine Kraft F **(Bild 2a).** Die Summe dieser Kräfte auf die einzelnen Läuferstäbe bewirkt das Drehmoment M (Motorprinzip).

Durch Messen der Kraft F am Umfang der Antriebsscheibe des Motors und der Drehzahl wird die abgegebene Leistung bestimmt **(Bild 2b).**

Moderne Verfahren der Drehmomentmessung benutzen frequenzumrichtergesteuerte Servomaschinen **(Seite 525)** als Last. Sie sind über Schnittstellen mit dem PC verbunden **(Bild 3).** Diese Technik ermöglicht die Aufnahme der Motorkenngrößen wie Drehmoment, Drehzahl und Strom sowie die Untersuchung des Einschalt- und Lastverhaltens des Motors bei verschiedenartiger Last, z. B. Pumpen- oder Hubantrieb.

Bei Betrieb mit Bemessungsleistung und Bemessungsdrehzahl gibt ein Motor sein Bemessungsmoment ab.

* Nach DIN EN 60027-4 auch: P_{in} für P_1 und P_{out} für P_2

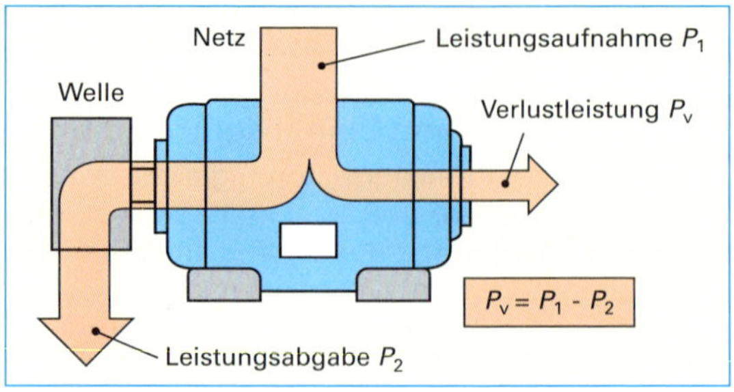

Bild 1: Einteilung der Betriebsarten

Wirkungsgrad

$$\eta = \frac{P_2}{P_1}$$

η Wirkungsgrad
P_1* Leistungsaufnahme
P_2* Leistungsabgabe

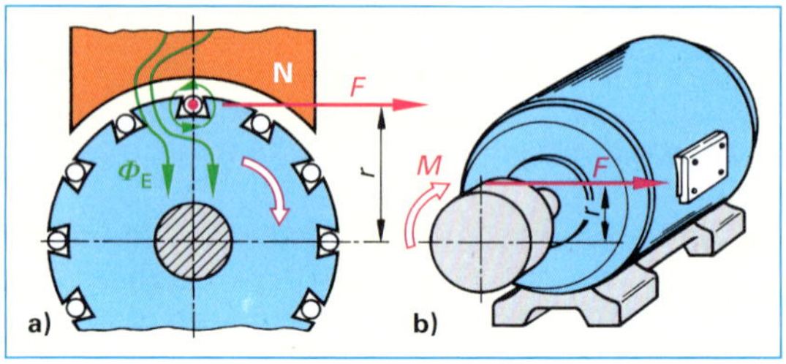

Bild 2: Entstehung der Drehmomente am Läuferstab und an der Antriebsscheibe des Motors

Drehmoment und Leistung

$M = F \cdot r$	$P_2 = \omega \cdot M$	$\omega = 2 \cdot \pi \cdot n$
$[M] = \text{Nm}$	$[P] = \text{W}$	$[\omega] = \text{s}^{-1}$

M Drehmoment
F Kraft
r Radius
P_2 Leistungsabgabe
ω Winkelgeschwindigkeit
n Drehzahl in s^{-1}

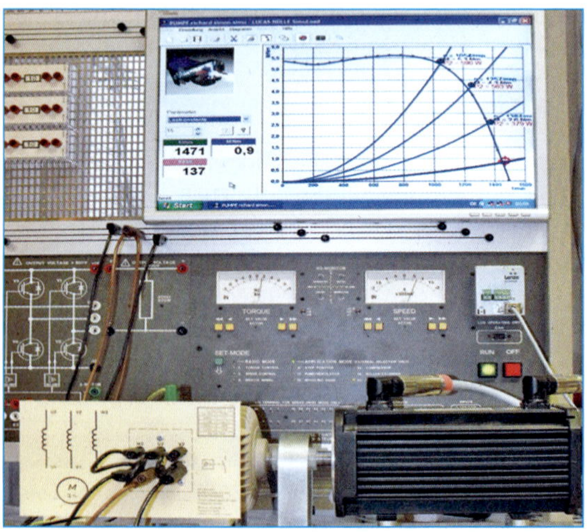

Bild 3: Computergestützter Motormessplatz mit Servomaschine 300 W als Last

13.2.1.2 Aufbau umlaufender Maschinen

Die elektrisch aktiven Teile **(Bild 1)** umlaufender elektrischer Maschinen sind der Ständer (Stator) und der Läufer (Rotor).

Der Ständer besteht aus dem Blechpaket, der Ständerwicklung, die entweder in Nuten am Ständerumfang eingelegt ist oder auf ausgeprägten Polen sitzt, und dem Gehäuse mit Klemmenkasten. An den Wicklungsanschlüssen am Klemmbrett erfolgt der Anschluss der Netzzuleitung **(Bild 1)**.

Der Läufer besteht aus der Welle, den Lagern, dem Läuferblechpaket mit eingebrachten Wicklungen und dem Lüfter.

Bild 1: Aufbau eines Drehstrommotors

13.2.1.3 Leistungsschild

Die wichtigsten Kennwerte einer Maschine sind auf ihrem Leistungsschild angegeben **(Bild 2)**. Dazu gehören die Angabe des Herstellers, die Maschinenart sowie die Bemessungswerte, z. B. von Spannung U_N und Strom I_N sowie der abgegebenen Leistung P_{2N} für die angegebene Betriebsart. Ist keine Betriebsart angegeben, ist die Maschine für Dauerbetrieb (S1, **Seite 490**) bemessen.

> Die Bemessungsleistung P_{2N} eines Motors ist die an der Welle verfügbare mechanische Leistung bei Bemessungsdrehzahl n_N.

Weitere Angaben sind z. B. die Thermische Klasse Th. Cl.[1] (Wärmeklasse) und die Schutzart **(Seite 352)**. Bei Drehstromasynchronmotoren ist die Wirkungsgradklasse IE[2] **(Seite 496)** anzugeben.

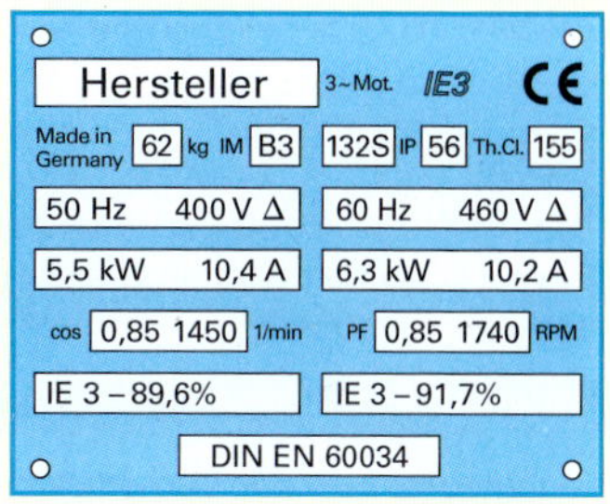

Bild 2: Leistungsschild eines Drehstrommotors für 50 Hz und 60 Hz

Beispiel:

Ermitteln Sie für den Motor mit dem Leistungsschild **(Bild 2) a)** Leistungsaufnahme P_1 und **b)** Bemessungsmoment M_N bei der Bemessungsleistung P_{2N} (50 Hz).

Lösung:

P_{2N} = 5,5 kW (Leistungsschildangabe)

a) $\mathbf{P_{1N}} = \sqrt{3} \cdot U_{1N} \cdot I_{1N} \cdot \cos\varphi = \sqrt{3} \cdot 400\ \text{V} \cdot 10{,}4\ \text{A} \cdot 0{,}85 = \mathbf{6{,}12\ kW}$

b) $\mathbf{M_N} = \frac{P_{2N}}{\omega} = \frac{P_{2N}}{2 \cdot \pi \cdot n_N} = \frac{5500\ \text{W}}{2 \cdot \pi \cdot 1450 \cdot 1/60\ \text{s}} = \mathbf{36{,}2\ Nm}$

Leistungen bei Drehstrommotoren

$$P_1 = \sqrt{3} \cdot U \cdot I \cdot \cos\varphi$$
$$P_2 = \sqrt{3} \cdot U \cdot I \cdot \cos\varphi \cdot \eta$$

- P_1 Leistungsaufnahme
- P_2 Leistungsabgabe
- U Leiterspannung
- I Leiterstrom
- $\cos\varphi$ Wirkfaktor
- η Wirkungsgrad

13.2.1.4 Drehsinn

Der Drehsinn ist die Drehrichtung einer Maschine mit Blick auf das Wellenende der Antriebsseite **(Bild 3)**.

> Drehrichtung im Uhrzeigersinn gilt als Rechtslauf, Drehrichtung gegen den Uhrzeigersinn als Linkslauf.

Bei zwei ausgeführten Wellenenden ermittelt man die Drehrichtung durch Betrachtung der Hauptwelle (D-Seite[3]). Hauptwelle ist die Welle mit dem dickeren Wellenende. Bei Wellen gleicher Dicke gilt als Hauptwelle die Welle, die sich gegenüber Lüfter, Kollektor oder Schleifringen (N-Seite[4]) befindet.

Die Drehrichtung eines Motors wird durch Schaltung seiner Wicklungen und dem Netzanschluss am Klemmbrett festgelegt.

> Drehstrommotoren haben Rechtslauf, wenn die Außenleiter L1, L2 und L3 auf die Klemmen U1, V1 und W1 des Klemmbrettes geführt werden (Drehrichtungsumkehr von Drehstrommotoren: **Seite 501**).

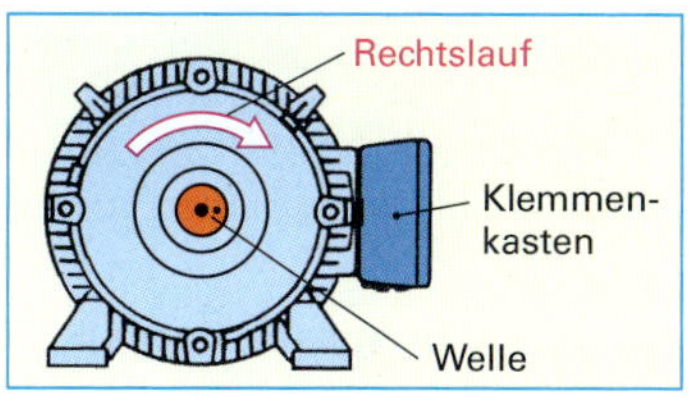

Bild 3: Bestimmung der Drehrichtung mit Blick auf die Antriebsseite

- Prüfen der Drehfeldrichtung: **Seite 378**
- Drehrichtung von Gleichstrommotoren: **Seite 519**

[1] **Th. Cl.**, Abk. für: **Th**ermal **Cl**ass (engl.) = Thermische Klasse
[2] **IE**, Abk. für: **I**nternational **E**fficiency (engl.) = Internationale Wirkungsgradklasse
[3] drive end (engl.) = Antriebsseite
[4] non-drive end (engl.) = Nichtantriebsseite

13.2.1.5 Betriebsarten elektrischer Maschinen

Elektromotoren dürfen im Betrieb thermisch nicht überlastet werden, d.h. nicht zu heiß werden. Bei der Auswahl von Elektromotoren spielt daher die Betriebsart eine wichtige Rolle. DIN EN 60034-1 (VDE 0530-1) unterscheidet die Betriebsarten S1 bis S10 **(Bild 1 und Tabelle).**

Die Betriebsart eines Motors ist auf seinem Leistungsschild angegeben, wobei die Angabe der Betriebsart S1 entfallen kann.

Betriebsart S1. Dauerbetrieb ist ein zeitlich nicht begrenzter Betrieb mit konstanter Belastung. Bei Erreichen des thermischen Beharrungszustandes besteht ein Gleichgewicht zwischen entstehender Verlustwärme und Wärmeabfuhr.

Bei kurzzeitigem Betrieb erwärmt sich ein Motor weniger als bei Dauerbetrieb. Das heißt, Motoren für Kurzzeitbetrieb werden überlastet, wenn sie im Dauerbetrieb eingesetzt werden.

Beispiel:

Mit welcher Leistung darf ein Motor der Betriebsart S3 40 % mit einer Bemessungsleistung von 5,5 kW belastet werden, wenn er im Dauerbetrieb eingesetzt wird?

Lösung:

$$P_2 = P_1 \cdot \sqrt{\frac{ED_1}{ED_2}} = 5{,}5\ \text{kW} \cdot \sqrt{\frac{40\ \%}{100\ \%}}$$

$P_2 = 3{,}48$ **kW**

Der Motor darf im Dauerbetrieb nur noch mit 3,48 kW belastet werden.

Kurzzeitbetrieb S2. Die **Betriebsdauer mit konstanter Belastung** ist so kurz, dass die Beharrungstemperatur nicht erreicht wird. In der anschließenden Pause kühlt die Maschine wieder auf die Kühlmitteltemperatur (z.B. Umgebungslufttemperatur) ab. DIN EN 60034-1 unterscheidet bei Kurzzeitbetrieb 10 min, 30 min, 60 min oder 90 min **Betriebszeit** Δt_P. Sie wird auf dem Leistungsschild angegeben, z.B. S2 10 min.

Periodischen Aussetzbetrieb S3, S4, S5. Betriebsdauer und Pausen sind kurz. In den Pausen mit stromloser Wicklung erfolgt keine Abkühlung der Maschine auf die Kühlmitteltemperatur. Die **Spieldauer** T_c beträgt normalerweise 10 min.

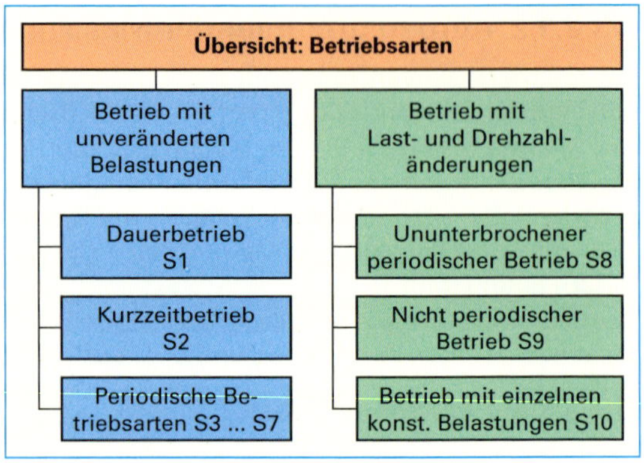

Bild 1: Einteilung der Betriebsarten

Tabelle: Betriebsarten von Motoren nach DIN EN 60034-1 (Beispiele)

Betriebsart	Anwendungen
Dauerbetrieb S1 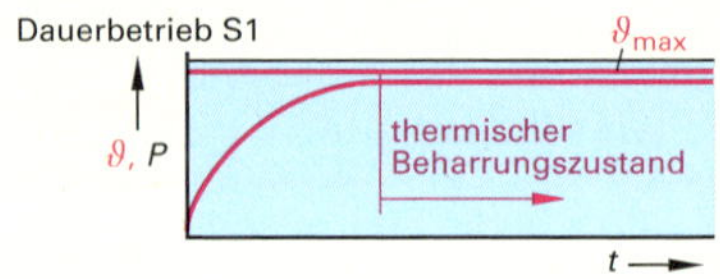	Umwälzpumpen, Rolltreppenantriebe, Ventilatoren
Kurzzeitbetrieb S2 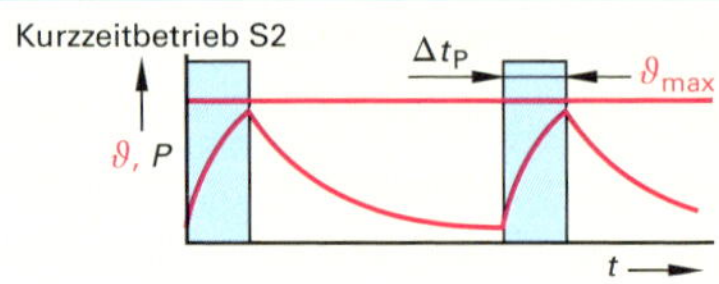	Kühlschrankmotoren, Garagentorantriebe, Kaffeemühlen
Aussetzbetrieb S3 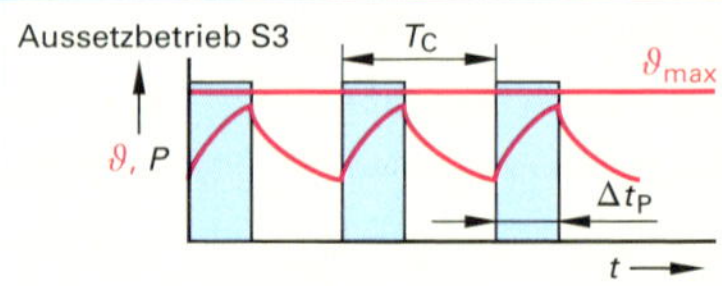	Kompressorantriebe, Hebezeugmotoren, Werkzeugmaschinen
Ununterbrochener periodischer Betrieb S6 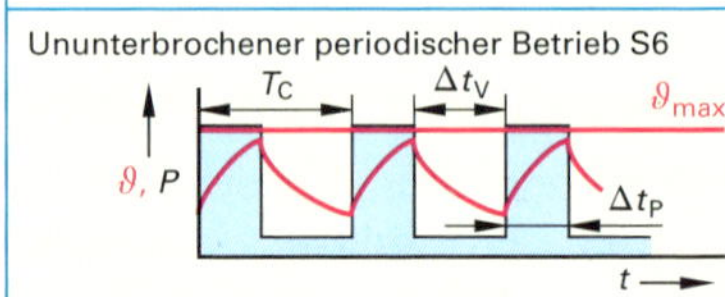	Antrieb von Werkzeugmaschinen

P Belastung
ϑ Betriebstemperatur
ϑ_{max} maximale Betriebstemperatur
T_c Spieldauer
Δt_P Betriebszeit mit konstanter Belastung
Δt_V Leerlaufzeit

Umrechnung zwischen Betriebsarten unterschiedlicher Einschaltdauer im Aussetzbetrieb

$$ED = \frac{\Delta t_P}{T_c} \cdot 100\ \%$$

$$P_2 = P_1 \cdot \sqrt{\frac{ED_1}{ED_2}}$$

ED_1 alte Einschaltdauer
ED_2 neue Einschaltdauer
P_1 Leistung alt
P_2 Leistung neu

Die **Einschaltdauer ED** ist die **Betriebszeit** Δt_P während der Spieldauer T_c. Sie kann 15 %, 25 %, 40 % oder 60 % betragen und ist auf dem Leistungsschild angegeben, z.B. S3 25 %.

Weitere Betriebsarten sind S6 bis S10, bei denen der Dauerbetrieb mit Last- und Drehzahländerungen verbunden ist.

13.2.1.6 Kühlung elektrischer Maschinen

In den Wicklungen elektrischer Maschinen entstehen Wärmeverluste. Durch gute Kühlung ist es möglich, Maschinen bei gleicher Leistung kleiner zu bauen oder ihre Leistung bei gleicher Baugröße zu erhöhen.

Die Bemessungsleistungen von Elektromotoren sind meist für eine Kühlmitteltemperatur bzw. eine Umgebungstemperatur von 40 °C ausgelegt.

Erhöht sich die Temperatur des Kühlmittels z. B. von 40 °C auf 60 °C, muss die Leistungsabgabe auf etwa 80 % reduziert werden, um ein Überschreiten der zulässigen Grenzübertemperatur **(Seite 492)** zu vermeiden.

Die Kühlungsarten **(Bild 1)** werden nach der Kühlmittelbewegung und ihrer Wirkungsweise (Kühlmittelführung) unterschieden (DIN EN 60034).

Selbstkühlung haben Maschinen ohne Lüfter. Die Verlustwärme wird durch Abstrahlung und Luftbewegung abgeführt. Kleinmotoren haben meist Selbstkühlung, z. B. Universalmotoren oder Spaltpolmotoren für Haushaltsgeräte. Durch den offenen Einbau des Motors im Gerät verursacht die Läuferdrehung eine ausreichende Luftbewegung.

Eigenkühlung haben Motoren, deren Lüfter am Läufer angebracht sind oder durch diesen angetrieben werden. Anwendung findet sie bei Motoren für Dauerbetrieb. Die Kühlmittelführung kann als Innenkühlung oder als Oberflächenkühlung erfolgen **(Bild 2)**. Bei **Innenkühlung** wird die Wärme im Motor an die durchströmende Luft abgegeben. Bei der **Oberflächenkühlung** befindet sich das Lüfterrad außerhalb des Motorraumes und bläst die Kühlluft über die mit Kühlrippen versehene Gehäuseoberfläche. Die meisten Drehstromasynchronmotoren sind geschlossene Maschinen mit Oberflächenkühlung, z. B. in Schutzart IP 54.

Fremdkühlung haben Motoren mit einem von der Läuferdrehzahl unabhängigen Antrieb für die Kühlmittelbewegung, z. B. einen Lüftermotor bei Luft- oder Gaskühlung, z. B. Wasserstoff.

Drehzahlgesteuerte Motoren, die bei Volllast mit kleinen Drehzahlen betrieben werden, eine hohe Schalthäufigkeit haben (Betriebsart S3 und höher) oder z. B. die Kühlluft nicht der Umgebung entnehmen können, benötigen Fremdkühlung. Bei **Kreislaufkühlung** kann die Wärme über ein Zwischenkühlmittel abgeführt werden, z. B. über einen Wasserkühlkreis.

Zur vorbeugenden Instandhaltung kann die Erwärmung von Motoren mittels Thermografieverfahren analysiert werden **(Bild 3)**.

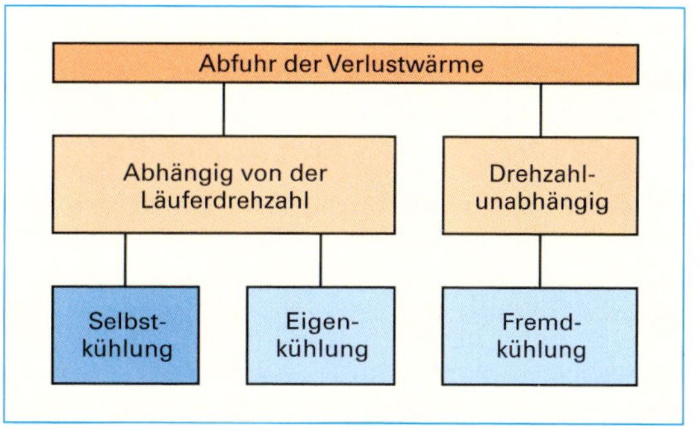

Bild 1: Arten der Kühlung bei Motoren

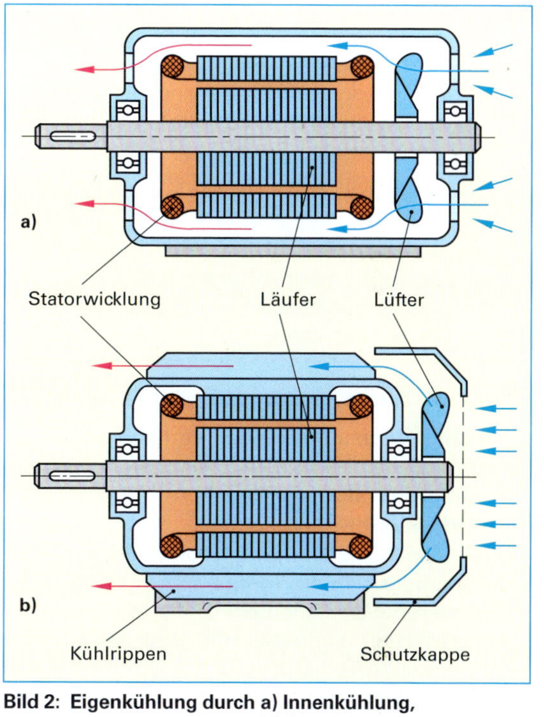

Bild 2: Eigenkühlung durch a) Innenkühlung, b) Oberflächenkühlung

Bild 3: Infrarot-Thermografie zeigt auffälligen Elektromotor (Bildmitte)

13.2.1.7 Bauformen und Baugrößen von drehenden elektrischen Maschinen

Für die verschiedenen Anwendungen von Motoren sind unterschiedliche **Bauformen** und **Baugrößen** erforderlich. Die Bauformen und Baugrößen von Motoren sind genormt nach DIN EN 60034-7. Man bezeichnet solche Motoren als **Normmotoren**.

Bei den Bauformen **(Tabelle 1)** unterscheidet man Motoren mit Fuß- oder/und Flanschbefestigung. Sie haben als Kurzzeichen nach IM[1] einen Buchstaben mit anschließender Ziffer, z. B. IM B3 (Code I) oder vier Ziffern, z. B. IM 1001 (Code II) für einen Motor mit Fußbefestigung.

Die Bauform bestimmt die Befestigung, die Lageranordnung und die Wellenausführung drehender elektrischer Maschinen.

Maßgeblich für die Abmessungen der Motoren ist die Baugröße. Die Baugröße kennzeichnet die **Baulänge** und die **Achshöhe**. Die Bezeichnungen S (short), M (middle) oder L (large) beziehen sich auf die Länge der Motoren. Die in der Baugröße angegebenen Ziffern geben die Achshöhe an **(Bild)**. Dies ist das Maß von der Aufspannebene (bei Fußmotoren) bis zur Wellenmitte in mm. Die Normreihe umfasst die Baugrößen 56 bis 450.

Motoren gleicher Bauform haben gleiche Abmessungen und gleiche Bemessungswerte. Durch die Verwendung von Normmotoren ist für einen bestimmten Anwendungsfall sichergestellt, dass man Motoren verschiedener Hersteller verwenden kann.

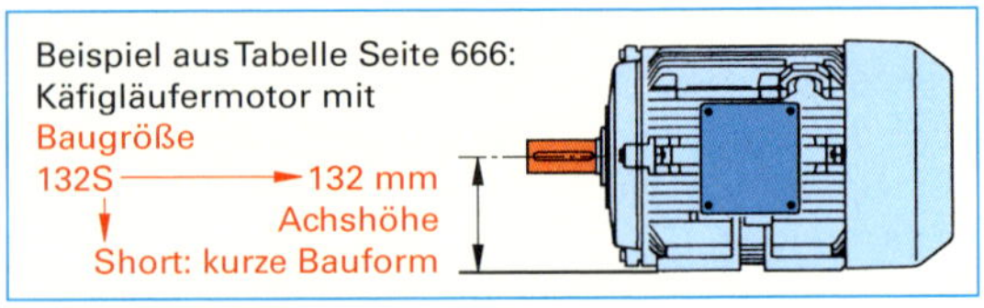

Bild 1: Achshöhe eines Motors mit Fußbefestigung

Tabelle 1: Bauformen elektrischer Maschinen (Auswahl nach DIN EN 60034-7)

IEC Code I Code II	Bauform	Merkmale
IM B3 IM 1001	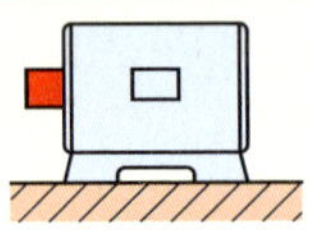	Zwei Schildlager, ein freies Wellenende, Befestigungsfüße für stehende Befestigung.
IM V1 IM 3011	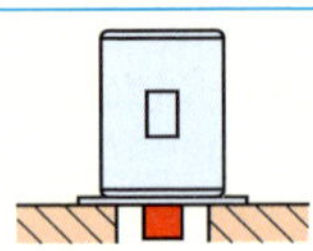	Zwei Schildlager, Befestigungsflansch, Flansch und freie Welle unten.

13.2.1.8 Elektrische Isolierung

Die beim Betrieb auftretenden Verluste führen zur Erwärmung der elektrischen Maschine. Zu hohe Erwärmung zerstört die Isolation und macht die Maschine unbrauchbar.

Thermische Klassifikation (Isolierstoffklassen). Im Betrieb erhöht sich die Temperatur in Wicklungen und anderen Maschinenteilen, bis ein Gleichgewicht zwischen Verlustwärme und abgeführter Wärme entsteht. Dabei darf die höchstens zulässige Gebrauchstemperatur, für die das Isoliermaterial geeignet ist, nicht überschritten werden **(Tabelle 2)**.

Die zulässige Temperaturzunahme wird als **Grenzübertemperatur** bezeichnet. Sie wird als Übertemperatur über der Temperatur des Kühlmittels, bei Luftkühlung einer Raumtemperatur von 40 °C abzüglich eines Sicherheitsabstandes von 10 K angegeben. Bei elektrischen Maschinen sind für eine maximale Umgebungstemperatur von 40 °C bei den meisten Wicklungen Grenzübertemperaturen von 75 K bis 100 K zulässig. Glimmer, Silikat-Fiber und Glaserzeugnisse, ebenso Silikone, lassen z. T. eine Grenzübertemperatur von 125 K zu.

Auswahl eines Elektromotors:
Seiten 503 und 504

Tabelle 2: Thermische Klassifikation von Isoliermaterialien (Auswahl nach DIN EN 60085)

Thermische Klasse °C	Buchstabenbezeichnung*	Isolierstoffe Beispiele
120	E	Hartpapier, Hartgewebe, ausgehärtete Pressmassen
130	B	Glasfaserprodukte, Silikat-Fiber, Glimmer mit Bindemitteln
155	F	Glasfaser, Glimmer mit Kunstharz getränkt
180	H	Silikone, Glimmer, Glas

* Falls gewünscht, kann die Buchstabenbezeichnung in Klammern hinzugefügt werden, z. B. 180 (H).

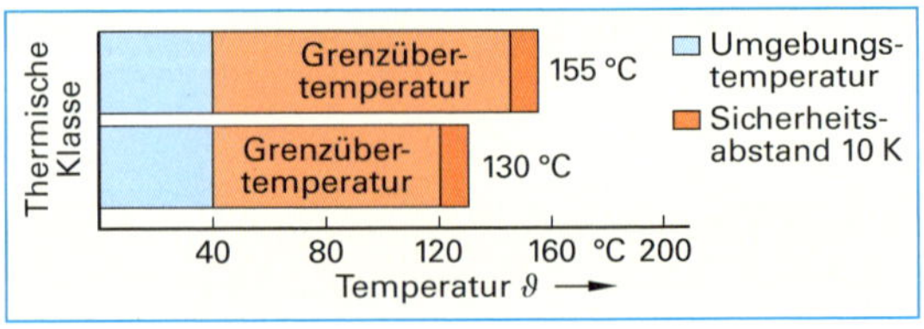

Bild 2: Grenzübertemperatur (Auswahl)

[1] **IM**, Abk. für: **I**nternational **M**ounting (engl.) = internationale Montage

13.2.2 Drehstromasynchronmotoren

Asynchronmotoren sind die meist verwendeten Drehstrommotoren. Die Asynchronmotoren unterscheiden sich im Läuferaufbau. Asynchronmotoren werden mit Kurzschlussläufer **(Seite 594)** und mit Schleifringläufer **(Seite 499)** hergestellt. Das Drehfeld bildet die Basis für die Arbeitsweise dieser Motoren.

13.2.2.1 Entstehung des Drehfeldes

Ein Drehfeld ist ein drehendes magnetisches Feld, das durch einen konstanten Betrag und konstante Drehzahl gekennzeichnet ist. Es wird erzeugt, indem ein Dauermagnet oder ein von Gleichstrom erregter Elektromagnet um seinen Mittelpunkt rotiert. Ein Drehfeld entsteht auch, wenn ein Dreiphasen-Wechselstrom drei um 120° räumlich versetzt angeordnete Spulen **(Bild 1a)** durchfließt. Daher rührt auch die Bezeichnung **Drehstrom.** Praktisch üblich ist die Unterbringung der Spulen in den Nuten des Ständerblechpaketes als verteilte Drehstromwicklung **(Bild 1b).**

Jede der Spulen erzeugt ein magnetisches Wechselfeld. Diese Magnetfelder überlagern sich **zu einem resultierenden Feld,** dessen Lage von den Momentanwerten der um 120° phasenverschobenen Ströme abhängt **(Bild 2).** Bei drei Spulen entsteht ein zweipoliges Drehfeld **(Bild 2a),** bei sechs um jeweils 60° versetzten Spulen ein vierpoliges Drehfeld **(Bild 2b).**

Bei einer zweipoligen Wicklung macht das Drehfeld während einer Periode eine Umdrehung, bei einer vierpoligen Wicklung nur eine halbe Umdrehung.

Die Drehfelddrehzahl n_s wird bestimmt durch die Netzfrequenz f und die Polpaarzahl p.

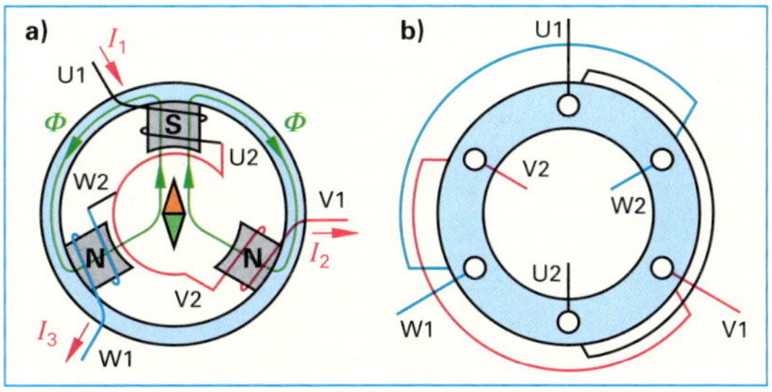

Bild 1: Ständeraufbau für ein zweipoliges Drehfeld
a) mit drei um 120° versetzten Spulen
b) mit im Ständerblechpaket untergebrachter, verteilter Drehstromwicklung

Drehfelddrehzahl

$$n_s = \frac{f}{p} \qquad [n_s] = \frac{1}{s}$$

n_s Drehfelddrehzahl (Umdrehungsfrequenz)
f Netzfrequenz
p Polpaarzahl

Drehzahlen des Drehfeldes bei f = 50 Hz

p	n_s in ^{1}/min	p	n_s in ^{1}/min
1	3000	3	1000
2	1500	4	750

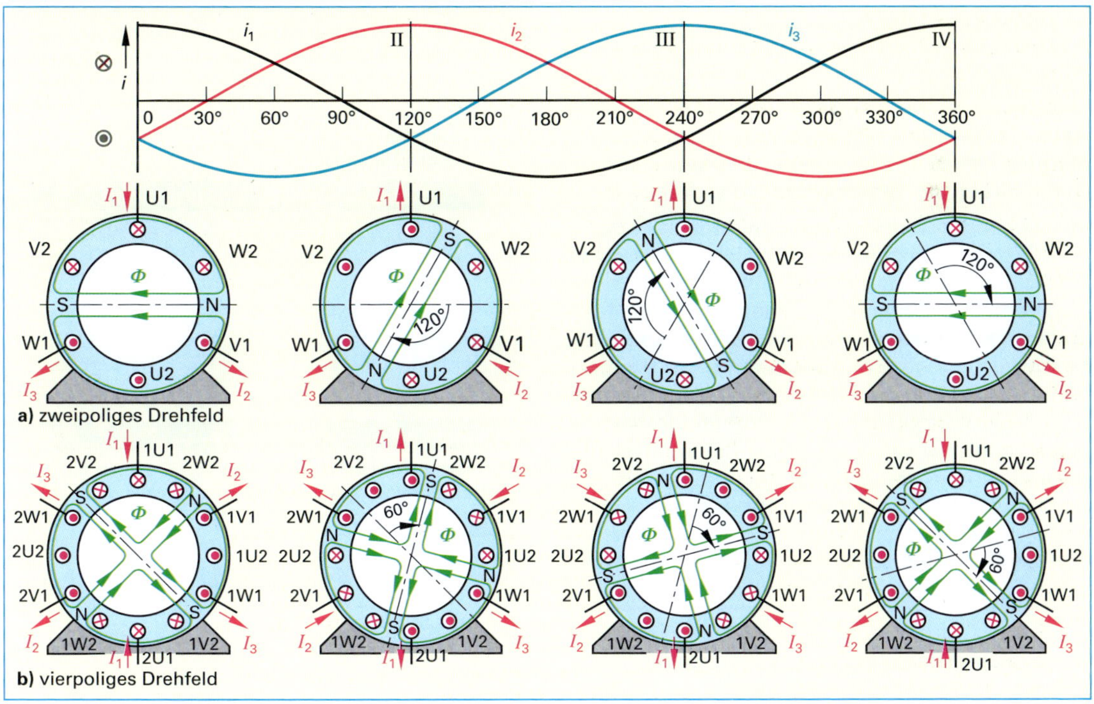

Bild 2: Entstehung des Drehfeldes

13.2.2.2 Kurzschlussläufermotor

Aufbau. Der Ständer besteht aus dem Gehäuse, dem Ständerblechpaket und der Ständerwicklung, die in den Nuten des Ständerblechpaketes eingelegt ist. Die Ständerwicklung ist eine Drehstromwicklung, deren Wicklungsanfänge und -enden an das Klemmbrett geführt sind.

Nuten am Umfang des Läuferblechpaketes nehmen die aus Läuferstäben bestehende Läuferwicklung auf. Die Läuferstäbe sind an den Stirnseiten des Blechpaketes durch Kurzschlussringe verbunden. Daher die Bezeichnung Kurzschlussläufer. Da die Wicklung die Form eines Käfigs hat, bezeichnet man diese auch als **Käfigwicklung (Bild 1, Seite 496)**.

Zur Verminderung der Wirbelstromverluste sind Ständer und Läufer aus isolierten Elektroblechen, die zu Paketen geschichtet sind, aufgebaut.

Kurzschlussläufermotoren werden für Leistungen von 0,06 kW bis 630 kW hergestellt.

Wirkungsweise. Der Kurzschlussläufermotor entspricht im Einschaltmoment einem kurzgeschlossenen Transformator. Die Käfigwicklung kann als Wicklung einfachster Form angesehen werden. Das Drehfeld der Ständerwicklung bewirkt eine Flussänderung in den Leiterschleifen des zunächst stillstehenden Läufers und induziert eine Spannung. Die induzierte Spannung lässt Strom in der Käfigwicklung fließen **(Bild 2)**.

Asynchronmotoren sind Induktionsmotoren. Der Läuferstrom kommt durch Induktion zu Stande.

Nach der lenzschen Regel bewirkt das erzeugte Magnetfeld ein Drehmoment, das den Läufer in Drehrichtung des Ständerdrehfeldes dreht.

Mit steigender Läuferdrehzahl n nimmt die Flussänderungsgeschwindigkeit ab. Folglich sinkt auch die Induktionsspannung im Läufer. Würde der Läufer die Drehfelddrehzahl n_s erreichen, wäre die Flussänderungsgeschwindigkeit null. Der Strom in der Käfigwicklung wäre null und damit das Drehmoment, das die Drehung bewirkt. Die Läuferdrehzahl n ist daher stets kleiner als die Drehfelddrehzahl n_s (asynchron). Die Differenz ist die **Schlupfdrehzahl** Δn. Im Leerlauf erzeugt der Motor ein Drehmoment zur Deckung der Lager- und Luftreibung.

Asynchronmotoren benötigen einen Schlupf s zum Induzieren des Läuferstromes.

Der Schlupf s wird meist in Prozent, bezogen auf die Drehzahl des Drehfeldes, angegeben. Er beträgt bei Motoren bis 5,5 kW etwa 3,5 % bis 6 %, bei Motoren größerer Leistung verringert er sich bis etwa 2,5 %.

WWW
- https://new.siemens.com/de/de/produkte/antriebstechnik/elektromotoren/niederspannungsmotoren.html niederspannungsmotoren/simotics-gp.html
- https://www.kueenle.de/kte-aluminiummotoren.html
- https://www.lenze.com/de-de/produkte/motoren/

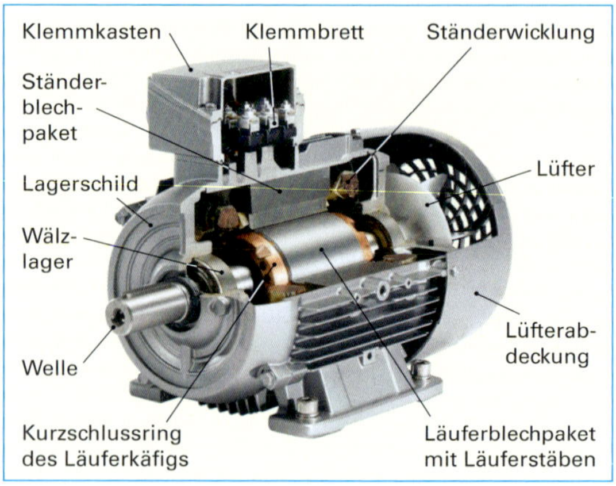

Bild 1: Drehstrom-Kurzschlussläufermotor (IE3-Motor)

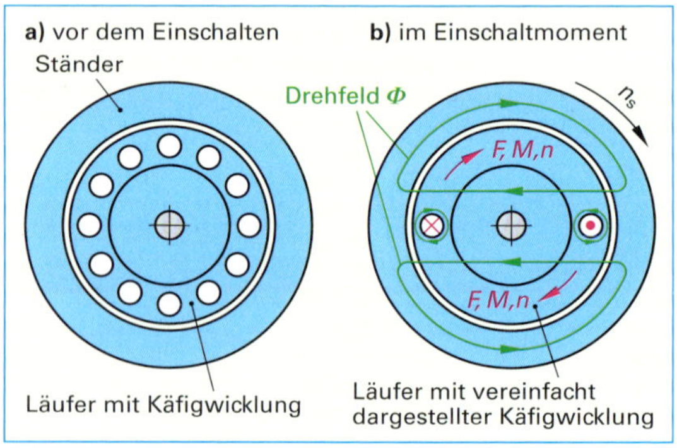

Bild 2: Induktionswirkung und Drehmomentbildung beim Käfigläufer

Schlupf bei Asynchronmotoren

$$s = \frac{n_s - n}{n_s} \cdot 100\ \%$$

$$\Delta n = n_s - n$$

Δn Schlupfdrehzahl
n Läuferdrehzahl
n_s Drehfelddrehzahl
s Schlupf in %

Beispiel:

Ein vierpoliger Drehstrommotor für 50 Hz hat eine Läuferdrehzahl von 1440 1/min. Berechnen Sie den Schlupf.

Lösung:

$$n_s = \frac{f}{p} = \frac{50\ \text{Hz}}{2} = 25\ ^1\!/\text{s} = 1500\ ^1\!/\text{min}$$

$$\boldsymbol{s} = \frac{n_s - n}{n_s} \cdot 100\ \%$$

$$= \frac{(1500 - 1440)\ ^1\!/\text{min}}{1500\ ^1\!/\text{min}} \cdot 100\ \% = \mathbf{4\ \%}$$

Betriebsverhalten. Kurzschlussläufer werden als **Rundstabläufer** oder als **Stromverdrängungsläufer (Bild 2, Seite 496)** hergestellt.

Das prinzipielle Betriebsverhalten soll am Rundstabläufer erklärt werden. Sein Käfig besteht aus nahezu runden Stabquerschnitten. Ihr ohmscher Widerstand R_L ist sehr klein. Im Verhältnis dazu ist der induktive Blindwiderstand X_L der Läuferwicklung im Einschaltmoment viel größer **(Bild 1a)**. Ursache ist die Frequenz der Läuferspannung, die wie die Läuferspannung im Einschaltmoment maximal ist. Der hohe Anlaufstrom ist überwiegend Blindstrom, der nicht zur Drehmomentbildung beiträgt.

Rundstabläufer besitzen trotz hoher Anlaufströme nur ein geringes Anlaufmoment, da der Wirkfaktor $\cos\varphi_L$ des Stromes sehr klein ist.

Die **Hochlaufkennlinie (Bild 2)** zeigt die Drehmomentbildung des Motors beim Hochlauf. Das **Sattelmoment M_s** ist das kleinste Motormoment nach dem Anlauf. Durch unterschiedliche Nutzahlen in Ständer und Läufer, spezielle Wicklungsausführung und durch schräg oder gestaffelt angeordnete Läuferstäbe **(Bild 1, Seite 496)** kann eine Sattelmomentbildung vermieden werden.

Mit steigender Drehzahl verringern sich Betrag und Frequenz der induzierten Läuferspannung. Damit sinkt auch der induktive Blindwiderstand des Läufers X_L, der Wirkwiderstand R_L bleibt jedoch gleich. Folglich steigt der Wirkfaktor $\cos\varphi_L$ im Läuferstromkreis **(Bild 1b)**. Daher kann das Drehmoment trotz kleiner werdenden Läuferstromes seinen größten Wert, das **Kippmoment M_K**, erreichen. Anschließend wirkt sich der Rückgang des Läuferstromes verstärkt aus und verringert das Motormoment. Beim **Bemessungsmoment M_N** (Bemessungslast) hat der Motor die **Bemessungsdrehzahl n_N (Bild 2)**. Im Leerlauf erreicht er die Leerlaufdrehzahl n_0.

Die **Belastungskennlinie (Bild 3)** zeigt die Abhängigkeit der Motordrehzahl vom Motordrehmoment. Eine große Laständerung ΔM im Arbeitsbereich bewirkt nur eine geringfügige Änderung der Läuferdrehzahl Δn (hartes Betriebsverhalten).

Beispiel:

Bestimmen Sie mithilfe der Motorbetriebsdaten auf **Seite 674** alle Drehzahl- und Drehmomentwerte für den zweipoligen Motor mit der Baugröße 132S.

Lösung:

Drehfelddrehzahl:

Zweipolig → Polpaarzahl $p = 1$: $n_s = 3000\ ^1/\text{min}$

Bemessungsdrehzahl: $n_N = 2950\ ^1/\text{min}$

Bemessungsmoment: $M_N = 17{,}8\ \text{Nm}$

Alaufmoment: $M_A/M_N = 2{,}4 \rightarrow M_A = 2{,}4 \cdot M_N = 2{,}4 \cdot 17{,}8\ \text{Nm}$

$M_A = 42{,}7\ \text{Nm}$

[1] Formelzeichen nach DIN EN 60027: T (Abk. für: torque [engl.] = Drehmoment) anstelle M

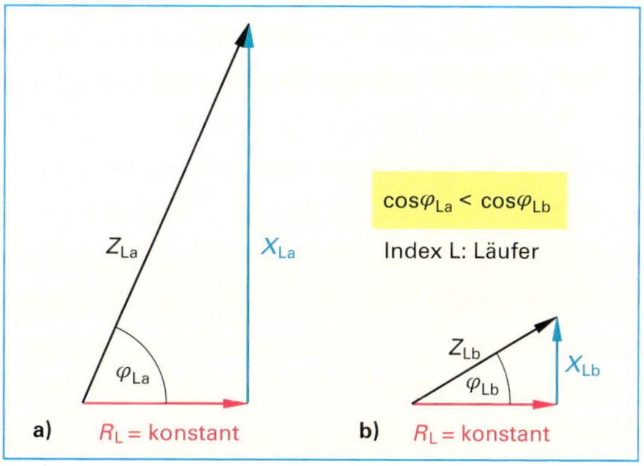

Bild 1: Zeigerbilder der Läuferwiderstände (Prinzip) für a) Anlauf und b) Bemessungslast

Benennungen der Drehmomente[1]**:**

M_A	Anlaufmoment	M_N	Bemessungsmoment
M_S	Sattelmoment	M_0	Leerlaufmoment
M_K	Kippmoment		

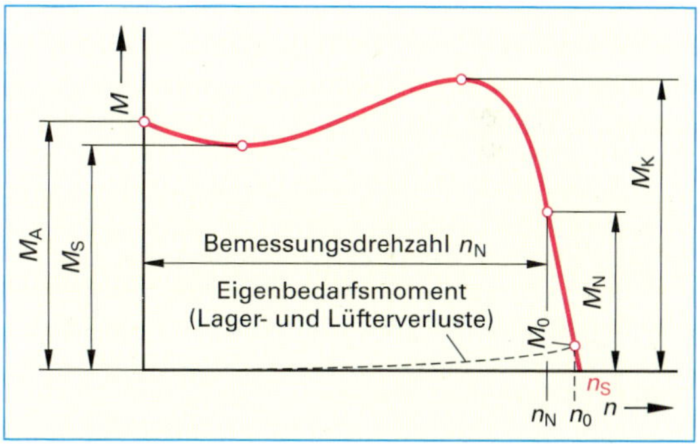

Bild 2: Hochlaufkennlinie eines Kurzschlussläufermotors $M = f(n)$

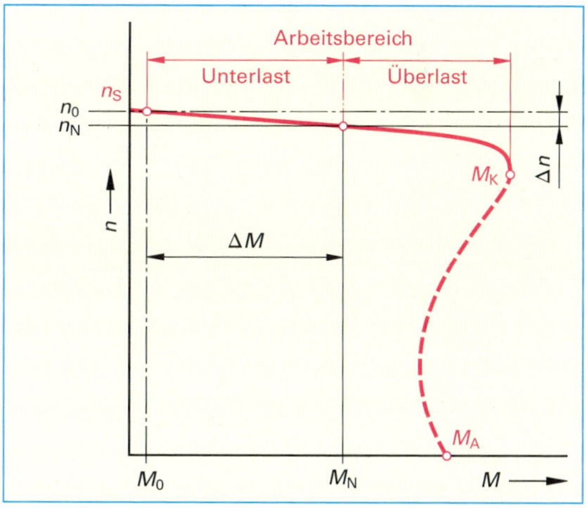

Bild 3: Belastungskennlinie eines Kurzschlussläufermotors $n = f(M)$

Anschließen eines Drehstromasynchronmotors: **Praxistipp Seite 501.**

Stromverdrängungsläufer

Um ein höheres Anlaufmoment bei zugleich kleinerem Anlaufstrom zu erreichen, verwendet man gegenüber dem einfachen Käfigläufer geschränkte oder gestaffelte Stromverdrängungsläufer **(Bild 1)** mit unterschiedlichen **Nutformen (Bild 2a)**.

Der Stromverdrängungseffekt soll am Doppelkäfigläufer erklärt werden. Er beruht darauf, dass der Läuferstrom um jeden Läuferstab ein magnetisches Streufeld erzeugt **(Bild 2b)**. Beide Streufelder induzieren in den Läuferstäben Spannungen. Diese Spannungen versuchen, die sie verursachenden Wechselströme zu verringern (lenzsche Regel). Der magnetische Streufluss um den unteren Läuferstab ist stärker, da er von beiden Läuferstäben erzeugt wird und sich die Feldlinien dort im Eisenpaket schließen können. Hier ist die stromverringernde Wirkung deshalb größer als im oberen Stab. Der Strom wird dadurch in Richtung Luftspalt, also zum Läuferaußenrand „verdrängt". Der nun höhere Läuferwirkwiderstand verringert gleichzeitig die Phasenverschiebung, sodass trotz des kleineren Anlaufstromes der Wirkleistungsanteil steigt. Ergebnis ist ein höheres Anlaufmoment bei gleichzeitig geringerem Anlaufstrom **(Bild 3)**.

> Stromverdrängungsläufer haben ein großes Anlaufmoment bei kleinem Anlaufstrom.

Mit steigender Drehzahl verringert sich dieser Effekt, weil die Frequenz der Läuferspannung und damit die Streuung abnehmen. Bei Bemessungsdrehzahl steht dem Strom der ganze Nutquerschnitt zur Verfügung. Wegen des besseren Anlaufverhaltens haben Kurzschlussläufermotoren meist Stromverdrängungsläufer.

Anwendung. Kurzschlussläufermotoren dienen als Antriebsmaschine von z.B. Sägen, Hebezeugen, Gebläsen und Werkzeugmaschinen.

> Kurzschlussläufermotoren sind preisgünstig in der Herstellung, wartungsarm und funkstörfrei.

Der Betrieb mit Bemessungslast ist am wirtschaftlichsten. Der Motor arbeitet dann mit hohem Wirkungsgrad und großem Wirkfaktor **(Bild 4)**.

Energiesparmotoren (Tabelle) benötigen bei gleicher Leistung weniger Energie als herkömmliche Motoren. Durch Kupferstäbe im Läufer anstelle von Aluminium erreichen sie einen höheren Wirkungsgrad. Trotz höherer Anschaffungskosten sind Energiesparmotoren oft die wirtschaftlichere Antriebslösung, denn über 90 % der Lebenszykluskosten eines Motors sind Energiekosten.

[1] ab 01/2015 mindestens IE3 für Motoren von 0,75 kW bis 375 kW oder IE2 mit Frequenzumrichter

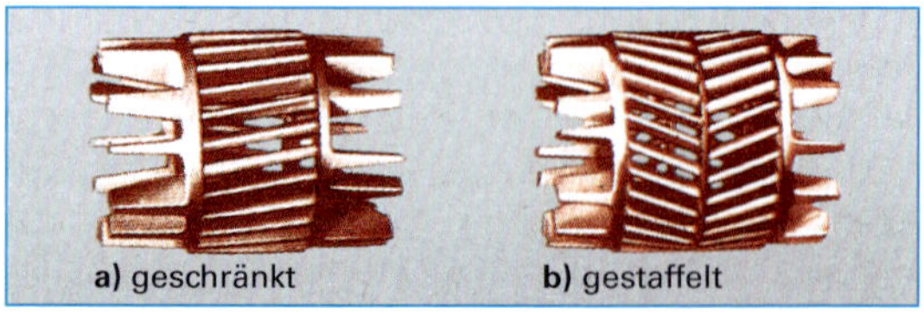

Bild 1: Ausführungen von Käfigläufern (ohne Blechpaket)

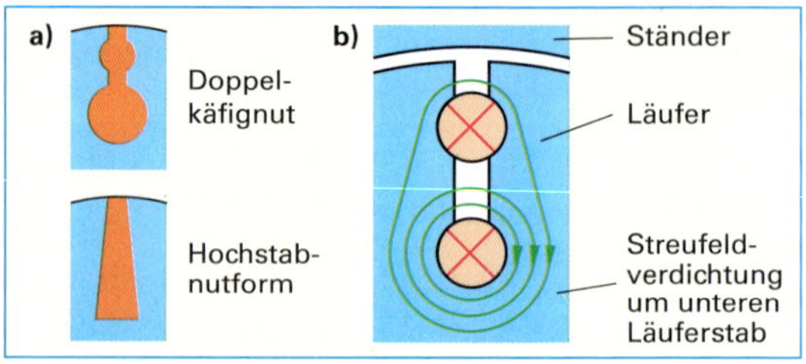

Bild 2: Nutformen von Käfigläufermotoren und Stromverdrängung (Doppelkäfigläufer)

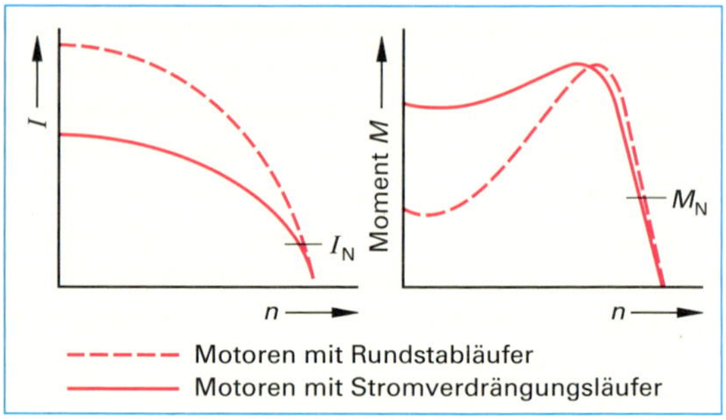

Bild 3: Stromaufnahme und Drehmoment

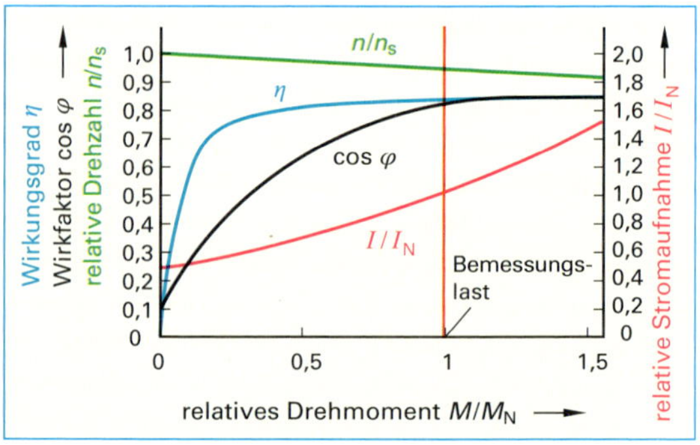

Bild 4: Typische Kennlinien für Kurzschlussläufermotoren mit Leistungen von 2 kW bis 5 kW

Tabelle: Energiesparmotoren[1], Klassifizierung nach DIN EN 60034-30:2014 für Leistungsbereich von 0,12 kW bis 1000 kW, 50 Hz

Wirkungsgrad Motoren	IEC-Bezeichnung	Beispiel: Motor 5,5 kW, 2-polig
Super-Premium	IE4*	90,9 %
Premium	IE3	89,2 %
Hoch	IE2	87,0 %
Standard	IE1	84,7 %

* **IE**, Abk. für: **I**nternational **E**fficiency (engl.) = Internationale Wirkungsgradklasse

13.2.2.3 Anlassen von Kurzschlussläufermotoren

Je nach Anlasshäufigkeit sind bei Motoren mit Anlaufströmen[1] über 30 A bzw. 60 A Anlassverfahren erforderlich.

Ständeranlassverfahren. Kurzschlussläufermotoren verursachen Anlassprobleme **(Tabelle 1)**. Um Beeinträchtigungen im Netz zu vermeiden, ist die Anwendungsregel VDE-AR-N 4100 **(Tabelle 2)** zu beachten.

Beispiel:

Beurteilen Sie mithilfe der **Tabelle, Seite 674,** ob für den Drehstrom-Käfigläufermotor 5,5 kW mit der Baugröße 132S und der Drehfelddrehzahl $n_s = 3000$ 1/min ein Anlassverfahren bei einmaligem Start/Tag erforderlich ist.

Lösung:

Aus **Tabelle, Seite 674**: $I_A/I_N = \mathbf{7{,}3}$; $I_N = 9{,}9$ A;

$I_A = \mathbf{7{,}3} \cdot I_N = \mathbf{7{,}3} \cdot 9{,}9$ A

$I_A = 72{,}3$ A $> \mathbf{60\ A} \rightarrow$ Anlassverfahren ist erforderlich

Häufige Ständeranlassverfahren sind:
- Stern-Dreieck-Anlassverfahren **(Bild 1a),**
- elektronische Sanftanlaufgeräte (Softstarter) **(Bild 1b),**
- Frequenzumrichter **(Bild 1c und Seite 270).**

Bei Antriebsaufgaben ist ein sicherer Anlauf nur möglich, wenn das Motordrehmoment größer ist als das Widerstandsmoment M_W der Arbeitsmaschine **(Bild 4, Seite 503).**

Beim Anlassen mittels Frequenzumrichter wird dies durch gleichzeitiges Stellen von Spannung und Frequenz realisiert **(Bild 1, Seite 271).** Bei den anderen Ständeranlassverfahren wird durch Verringern der Strangspannung der Strom reduziert, folglich auch der Anlaufstrom I_A. Da dabei das Drehmoment quadratisch abnimmt, ist unter Umständen kein Anlauf mehr möglich **(Bild 2).**

Ständeranlassverfahren können das Anlassmoment sehr stark verringern.

Stern-Dreieck-Anlassverfahren

Motoren, deren zulässige Strangspannung der Leiterspannung des Netzes entspricht, werden in Dreieckschaltung betrieben. Erfolgt der Anlauf in Sternschaltung, so verringert sich die Strangspannung um den Faktor $1/\sqrt{3} = 0{,}58$. Nach den Gesetzmäßigkeiten der Drehstromverkettung sinkt damit sowohl der Strom in der Zuleitung als auch die Leistung und das Drehmoment auf ein Drittel.

Das Verfahren eignet sich daher für Antriebe mit geringem Anlaufmoment wie z. B. für Pumpen oder Sägen. Je nach Anlasshäufigkeit am öffentlichen Netz ist es anwendbar für Motoren mit Leistungen bis 5,5 bzw. 11 kW.

[1] auch Anzugsstrom oder Anlassstrom

Tabelle 1: Anlassprobleme bei Drehstrommotoren

Elektrische	Mechanische
Netzrückwirkung: Hoher Anlaufstrom bewirkt Spannungsabsenkung im Netz	**Stoßbelastungen:** durch hohes Anlaufmoment von z. B. Getrieben

Tabelle 2: Direktes Einschalten nach VDE-AR-N 4100 für Motoren im öffentlichen Niederspannungsnetz (400 V)

Gelegentlich anlaufende Motoren (maximal 2 Anläufe pro Tag)	Anlaufstrom ≤ 60 A
Häufiger anlaufende Motoren (mehr als 2 Anläufe pro Tag)	Anlaufstrom ≤ 30 A
Gegebenenfalls sind Häufigkeit und Mindestpausenzeiten der Anlassvorgänge in Abhängigkeit von der dabei zulässigen Spannungsänderung zu berechnen oder mit dem Netzbetreiber abzustimmen.	

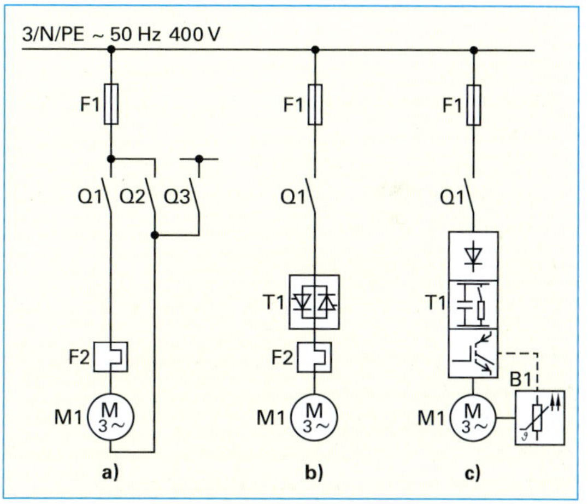

Bild 1: Ständeranlassverfahren

- s. **Seite 495** unten rechts
- Auswahl eines Elektromotors: **Praxistipp Seiten 503 und 504**
- Stern-Dreieck-Anlassverfahren mit Schützen: **Seite 116** bis **125**

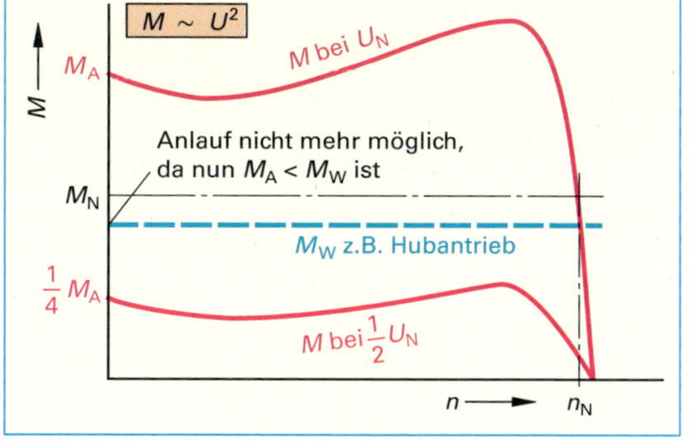

Bild 2: Drehmomentverläufe eines Kurzschlussläufermotors bei voller und halber Bemessungsspannung

Sanftanlaufgeräte (Softstarter)

Sanftanlaufgeräte ermöglichen die stufenlose Änderung der Ständerspannung durch den Einsatz von Drehstromstellern, die nach dem Phasenanschnittsverfahren **(Seite 260)** arbeiten.

Die Spannung der Außenleiter wird über je zwei antiparallel geschaltete Thyristoren verändert. Sie steigt in einer frei wählbaren Rampenzeit, z. B. 10 s, stufenlos bis zur Netzspannung an **(Bild 4)**.

Am Ende der Hochlaufzeit des Motors werden die Thyristoren durch parallel liegende Kontakte **(Bypasskontakte)** automatisch überbrückt. Je nach Leistung des Sanftanlaufgerätes werden interne Bypasskontakte oder externe Bypassschütze eingesetzt. Diese Maßnahme vermindert Verluste, die durch die Erwärmung der Thyristoren entstehen würden. Kompaktgeräte für kleine Motorleistungen sind meist zweiphasig gesteuerte Softstarter. Sie haben kleine Abmessungen **(Bild 1)** und können platzsparend in Schaltschränke eingebaut werden.

Vorteile gegenüber anderen Anlassverfahren:
- Kontinuierlicher und stoßfreier Drehmomentanstieg (vermindert die Stoßbelastung, z. B. bei Getrieben und Pumpensystemen),
- Anlaufdrehmoment ist anpassbar an die Antriebslast **(Beispiel, Seite 499)**,
- kombinierbar mit elektronischen Bremsgeräten,
- preisgünstig.

Durch den Einsatz von Sanftanlaufgeräten lassen sich sowohl elektrische als auch mechanische Anlassprobleme verringern.

Ausführungsvarianten von Sanftanlaufgeräten:
- Kompakte Softstarter für einfache Aufgaben (bis etwa 15 kW) erlauben eine unbegrenzte Anzahl von Motorstarts.
- Geräte für mittlere und hohe Leistungen (110 kW bis ca. 630 kW) mit erweiterten START-, STOPP- und Motorschutzfunktionen sowie Drehrichtungsüberwachung.

Anschluss von Sanftanlaufgeräten:
- Direktanschluss **(Bild 2)** in die Motorzuleitungen (geringerer Verdrahtungsaufwand, nur 4-adrige Zuleitung mit PE erforderlich gegenüber 7 Adern bei der Y-Δ-Schützschaltung).
- Anschluss in $\sqrt{3}$-Schaltung **(Bild 3)**, wenn der Softstarter in unmittelbarer Nähe zum Motor installiert wird (höherer Verdrahtungsaufwand, aber Kostenvorteil durch Einsatz preisgünstigerer Softstarter kleinerer Leistung, da die Thyristoren vom kleineren Strangstrom $I_{Str} = I/\sqrt{3}$ durchflossen werden).

Zur Anpassung des Anlaufs und/oder Auslaufs des Motors **(Bild 4)** bieten Softstarter verschiedene Einstellmöglichkeiten **(Beispiel, Seite 499)**.

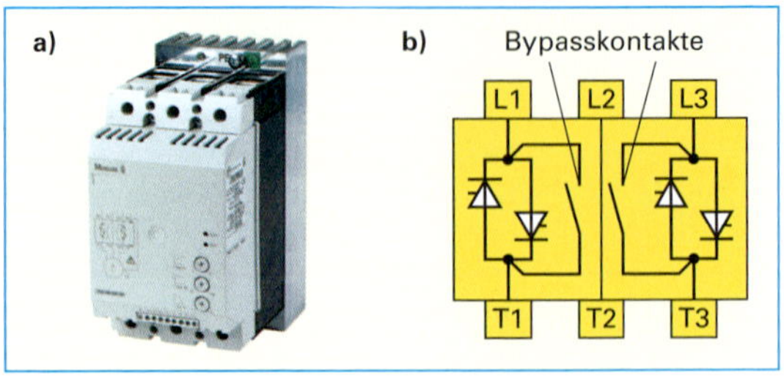

Bild 1: a) Softstarter für kleine Leistungen und b) Anschlussbild

- www.eaton.de/EatonDE/ProdukteundLoesungen/Electrical/ProdukteDienstleistungen/AutomatisierenSteuern/MotorenschaltenSchuetzenAntreiben/SoftStarter/index.htm
- www.rs-steiner.com/softstarter.html
- https://www.danfoss.com/de-de/products/soft-starters/?sort=default_sort

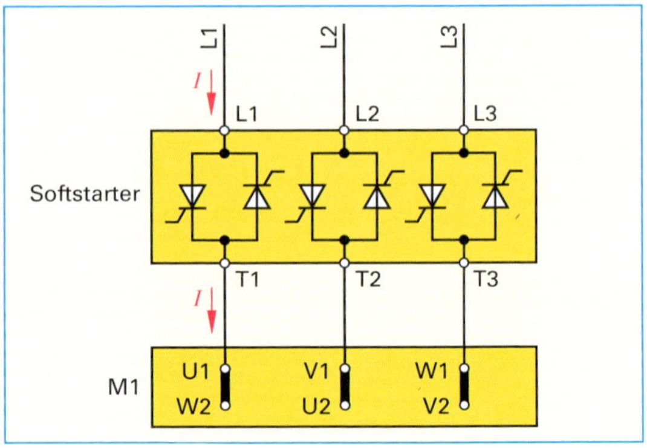

Bild 2: Direktanschluss von Softstarter und Motor

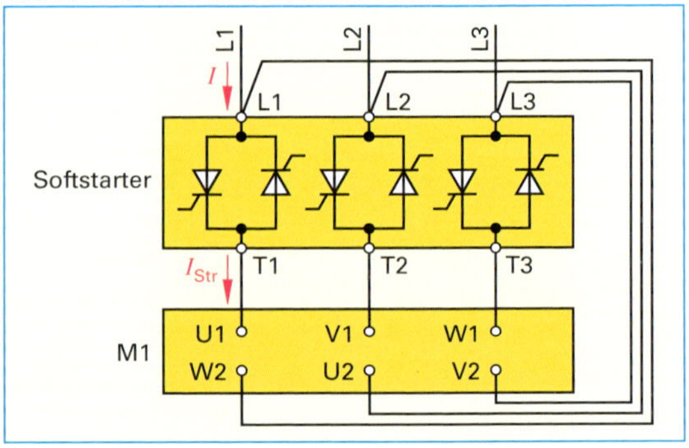

Bild 3: Anschluss in $\sqrt{3}$-Schaltung von Softstarter und Motor

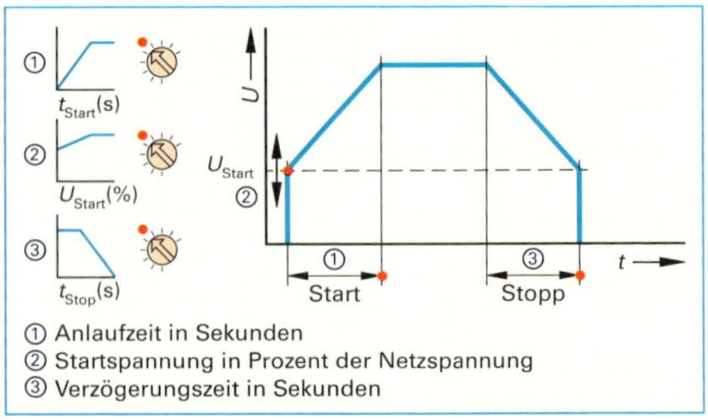

Bild 4: Einstellmöglichkeiten am Softstarter

Beispiel:

Der Antriebsmotor eines Förderbandes soll einmal arbeitstäglich mittels Softstarter angelassen werden. Bei Anlauf beträgt das Widerstandsmoment des Förderbandes $M_{AW} = 34{,}5$ Nm.
Der Käfigläufermotor ist in Dreieckschaltung an 400 V angeschlossen: $P_N = 5{,}5$ kW. $M_A = 99{,}7$ Nm, $I_A = 86{,}1$ A.
a) Auf welchen Wert ist die Startspannung des Softstarters mindestens einzustellen?
b) Prüfen Sie, ob der Anlaufstrom des Motors die Anlaufbedingung nach VDE-AR-N 4100 einhält.

Lösung:

a) Berechnung Startspannung mit $M_{A\,Start} = M_{AW}$

$$U_{Start} = U_N \cdot \sqrt{\frac{M_{A\,Start}}{M_A}} = 400\,\text{V} \cdot \sqrt{\frac{34{,}5\,\text{Nm}}{99{,}7\,\text{Nm}}} = \mathbf{235\,V}$$

b) Berechnung des Anlaufstromes bei Startspannung

$$\boldsymbol{I}_{\mathbf{A\,Start}} = I_A \cdot \frac{U_{Start}}{U_N} = 86{,}1\,\text{A} \cdot \frac{235\,\text{V}}{400\,\text{V}} = \mathbf{50{,}6\,A}$$

$\boldsymbol{I}_{\mathbf{A\,Start}} < \mathbf{60\,A}$ → **Anlaufbedingung nach VDE-AR-N 4100 erfüllt**

13.2.2.4 Schleifringläufermotor

Aufbau. Der Ständer des Schleifringläufermotors ist genau wie der des Kurzschlussläufermotors aufgebaut. Die Welle trägt das Läuferblechpaket mit der in Nuten untergebrachten Drehstromwicklung und die **Schleifringe (Bild 1)**.

Die in Stern geschaltete, dreisträngige Läuferwicklung ist an drei Schleifringe angeschlossen. Über Kohlebürsten ist sie mit den **Klemmen K, L und M** des Klemmenbrettes verbunden. An diese Klemmen können Wirkwiderstände zum Anlassen in den Läuferkreis geschaltet werden. Eine Anlassschaltung mit Schützen zeigt **Bild 2.**

Betriebsverhalten. Durch Zuschalten der Widerstände in den Läuferkreis wird der Läuferstrom verringert, gleichzeitig jedoch sein Wirkanteil überproportional erhöht. Folge ist ein stark erhöhtes Drehmoment trotz Anlaufstrombegrenzung. Durch gezielte Auswahl der Anlasswiderstände kann der Motor mit seinem Kippmoment anlaufen **(Bild 3).** Nach dem Hochlaufen werden die Anlasswiderstände abgeschaltet, indem die Schleifringe durch Stifte kurzgeschlossen werden. Mit kurzgeschlossener Läuferwicklung wirken Schleifringmotoren wie Kurzschlussläufermotoren. Bei Motoren über 20 kW werden die Bürsten gleichzeitig abgehoben, um den Verschleiß zu verringern.

Das beim Schleifringläufermotor verwendete **Läuferanlassverfahren** gestattet den Schweranlauf mit dem Kippmoment des Motors.

Anwendung. Schleifringläufermotoren haben Bemessungsleistungen von etwa 5 kW bis 10 MW (Beispiel **Bild 4**). Sie werden als Antrieb bei Volllast- und Schweranlauf verwendet, z. B. Wasserwerkspumpen und Hebezeuge.

Wegen Brandgefahr dürfen Schleifringläufermotoren z. B. in landwirtschaftlichen Betriebsstätten nicht verwendet werden.

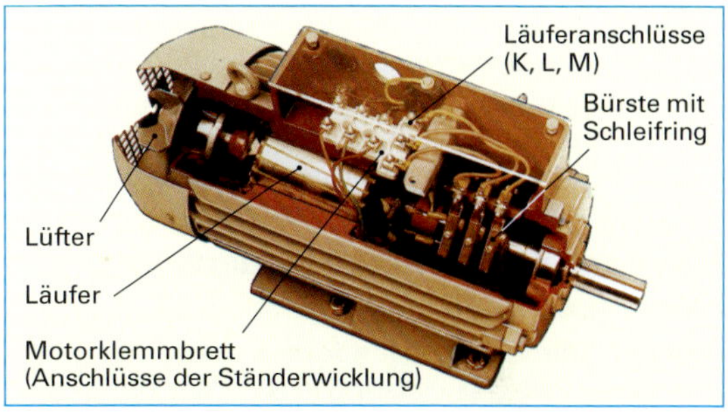

Bild 1: Schleifringläufermotor

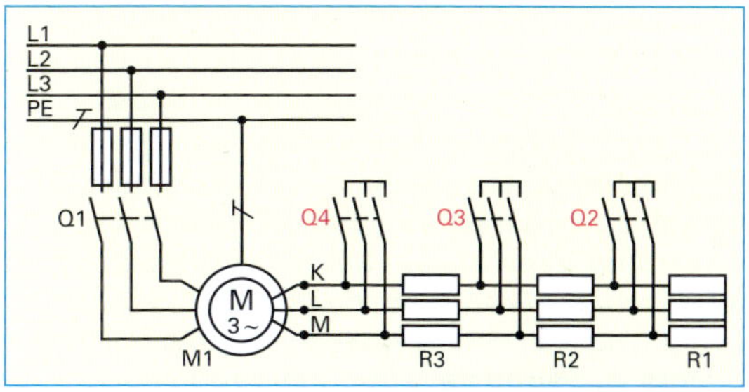

Bild 2: Schleifringläufermotor mit 3-stufigem Anlasser

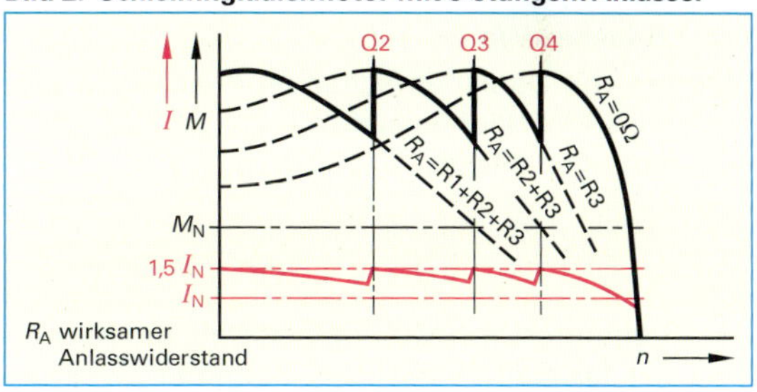

Bild 3: Drehmoment und Anlaufstrom zu Bild 2

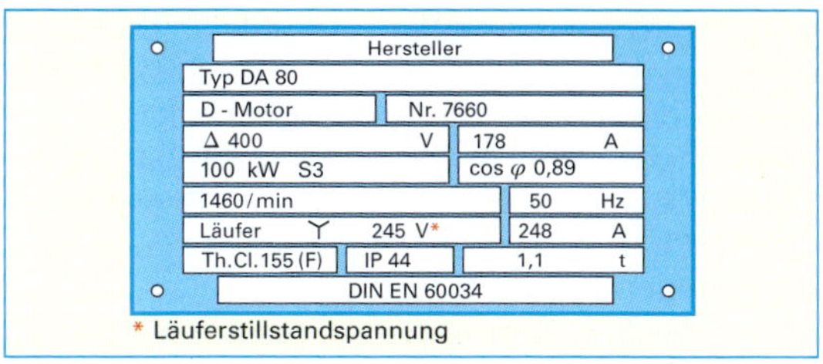

Bild 4: Leistungsschild, Schleifringläufermotor

13.2.2.5 Polumschaltbare Motoren

Wird bei Kurzschlussläufermotoren die Polzahl der Ständerwicklung geändert, so ändert sich die Drehfelddrehzahl und mit ihr die Läuferdrehzahl.

Motor mit getrennten Ständerwicklungen

Zwei getrennte Ständerwicklungen mit verschiedenen Polzahlen **(Bild 1)** ermöglichen zwei Drehzahlen, die in einem beliebigen ganzzahligen Verhältnis zueinander stehen können, z. B. 3 : 4.

Das Drehmoment ist bei beiden Drehzahlen etwa gleich, die Leistungen des Motors verhalten sich etwa wie die Drehzahlen.

Motoren mit getrennten Wicklungen erfordern einen erhöhten Aufwand an Wicklungen und Elektroblech. Sie werden daher nur dort angewandt, wo das Drehzahlverhältnis 1 : 2 nicht genutzt werden kann. An das Klemmbrett werden in der Regel nur die Anfänge der Wicklungen geführt **(Bild 1)**.

Motor mit unterteilten Ständerwicklungen (Dahlanderschaltung)

Aufbau. Bei der Dahlanderschaltung ist jeder Strang der Ständerwicklung in zwei Wicklungsteile unterteilt. Durch Umschaltung dieser Spulengruppen aus der Reihenschaltung in die Parallelschaltung wird die entstehende Polzahl halbiert, dadurch verdoppelt sich die Drehfelddrehzahl **(Bild 2)**.

Die gebräuchlichste Dahlanderschaltung ist die **Dreieck-Doppelstern-Schaltung (Bild 3)**. Eine Reihenschaltung der Wicklungsteile bedeutet Dreieckverkettung der Stränge, bei Parallelschaltung erfolgt Sternverkettung, um durch Spannungsherabsetzung eine zu hohe Induktion im Nutbereich des Stators zu vermeiden. Dadurch erhöht sich trotz doppelter Drehzahl die Motorleistung nur um etwa den 1,5-fachen Wert.

Motoren mit Dahlanderschaltung werden in verschiedenen Wicklungsausführungen für spezielle Anwendungen hergestellt **(Tabelle)**.

Die Dahlanderschaltung erlaubt durch Halbieren der Polzahl eine Drehzahlverdoppelung.

Das Klemmbrett von Motoren mit Dahlanderschaltung hat für jede Polzahl drei Klemmen, weil die Wicklungsteile meist bereits in der Ständerwicklung zusammengeschaltet sind **(Bild 3)**. Die Netzspannung ist für beide Drehzahlen gleich. Die Klemmen für die niedere Drehzahl sind mit 1U, 1V, 1W bezeichnet, die für die hohe Drehzahl mit 2U, 2V, 2W. Um bei beiden Drehzahlen den Drehsinn zu erhalten, hat der Hersteller bereits die Klemmenbezeichnungen 1U und 1W getauscht.

Motoren mit zwei getrennt ausgeführten Dahlanderwicklungen haben vier Drehzahlen.

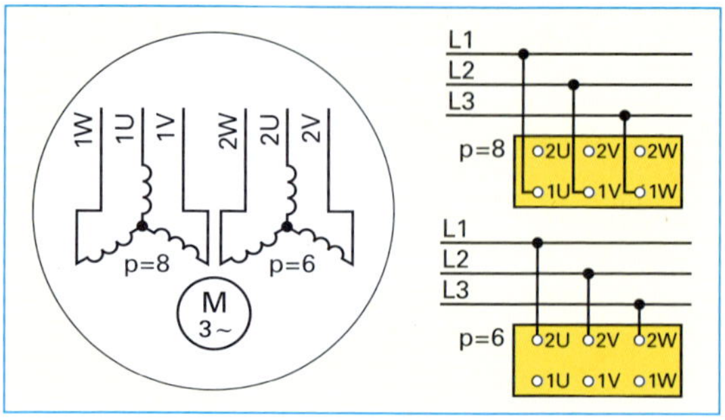

Bild 1: Polumschaltbarer Motor mit zwei getrennten Ständerwicklungen (6- und 8-polig)

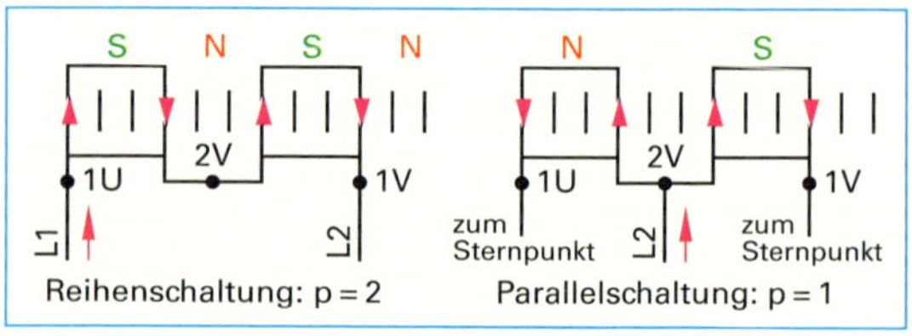

Bild 2: Prinzip der Dahlanderschaltung (nur ein Strang gezeichnet)

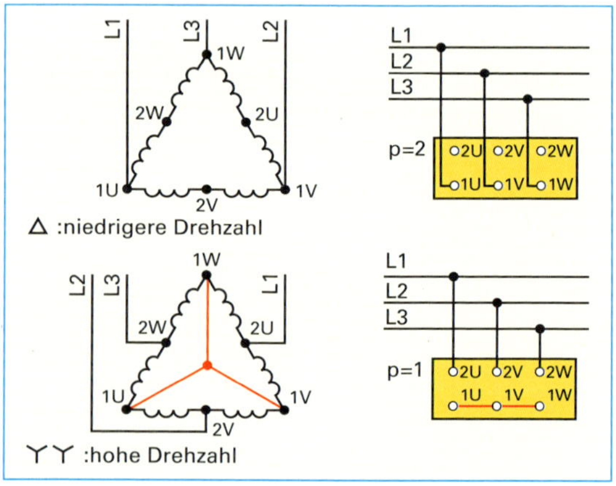

Bild 3: Polumschaltbarer Motor mit Dahlanderwicklung (Dreieck-Doppelstern-Schaltung)

Dahlandersteuerung mit Schützen: **Seite 119**

Tabelle: Schaltungsvarianten von Dahlandermotoren und ihre Anwendungen

Ausführung der Wicklung	Leistungsverhältnis	Anwendung
Δ/YY	$P_{\Delta}/P_{YY} = 1/1{,}5$	konstantes Drehmoment, z. B. für Werkzeugmaschinen
YY/Δ	$P_{YY}/P_{\Delta} = 1/1$	konstante Leistung, z. B. für Hebezeuge
Y/YY	$P_{Y}/P_{YY} = 1/4$	quadratisches Drehmomentverhalten, z. B. für Pumpen- und Lüfterantriebe

Situationsbeschreibung:

Der Drehstrommotor **(Bild 1)** mit dem Leistungsschild in **Bild 2** soll an einem 400/230-V-50-Hz-Drehstromnetz betrieben werden. Welche Vorgaben sind zu beachten und wie ist der Drehstrommotor bei Rechtslauf anzuschließen?

Der Anschluss des Motors ergibt sich aus:
- Leiterspannung des Drehstromnetzes und
- zulässiger Strangspannung der Ständerwicklung des Motors.

Die Ständerwicklung kann geschaltet werden in:
- Sternschaltung (Symbol: Y) oder
- Dreieckschaltung (Symbol: Δ).

Die Spannungsangaben auf dem Leistungsschild, mit oder ohne Y/Δ-Symbolen, legen die zulässige Strangspannung und die Schaltung der Ständerwicklung fest **(Tabelle)**. Dabei gilt:

- Beim Betrieb in Stern- oder Dreieckschaltung muss die **zulässige Strangspannung** der Ständerwicklung eingehalten werden.
- Bei zwei Spannungsangaben, z.B. 230/400 V, ist die kleinere Spannungsangabe, hier also 230 V, die zulässige Strangspannung der Ständerwicklung.

Die Spannungs- und Schaltungsangaben auf dem Leistungsschild in **Bild 2** und **Tabelle**, grün markiert, bedeuten: Die zulässige Strangspannung beträgt 400 V. Der Motor ist in Dreieckschaltung an 400-V-Leiterspannung oder in Sternschaltung an 690-V-Leiterspannung anzuschließen.

⇒ Der Anschluss an das 400/230 V Drehstromnetz erfolgt somit in Dreieckschaltung **(Bild 4)**.

📖 Dreiphasenwechselstrom: **Seite 156**

Die Strangwicklungen eines Motors werden, unabhängig von der Schaltung der Ständerwicklung, vom Hersteller bereits fest an den sechs Klemmbolzen des Klemmbrettes angeschlossen **(Bild 3 und Bild 4)**. Der Motor wird im Klemmenkasten folgendermaßen an das Drehstromnetz angeschlossen:
- Verbinden der Außenleiter L1, L2 und L3 mit den Klemmen U1, V1 und W1. Dieser Anschluss bedeutet Rechtslauf des Motors.

> **i** Linkslauf des Motors wird durch Vertauschen zweier Außenleiter am Klemmbrett erreicht.

- Befestigen der Brücken:
  - Für die Sternschaltung zwischen W2, U2 und V2 **(Bild 3)** oder
  - für die Dreieckschaltung zwischen U1 und W2, V1 und U2, W1 und V2 **(Bild 4)**.
- Verbinden des Schutzleiters mit der PE-Klemme.

Bild 1: Drehstrommotor

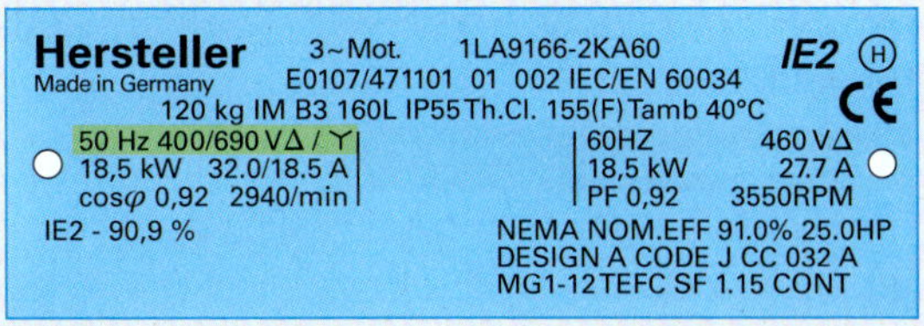

Bild 2: Leistungsschild

Tabelle: Spannungsangabe/Wicklungsschaltung

Angabe auf dem Leistungsschild des Motors (Beispiele)	Zulässige Strangspannung der Ständerwicklung	Schaltung bei 400-V-Leiterspannung
Y400 V	230 V	Y
230/400 V	230 V	Y
400/690 V Δ/Y	400 V	Δ
230 V Δ/400 V Y	230 V	Y

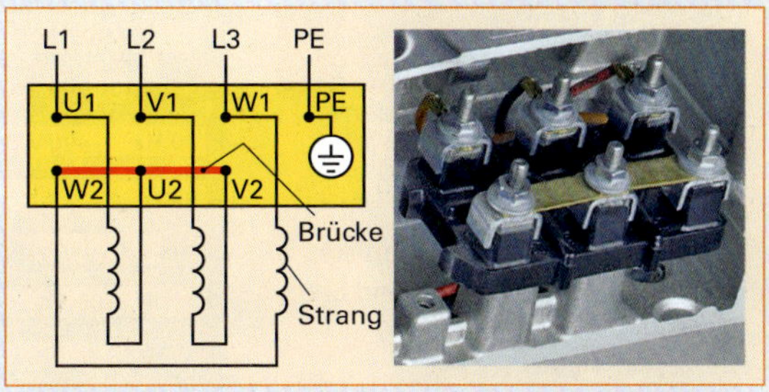

Bild 3: Sternschaltung (Y), Anschluss und Klemmbrett

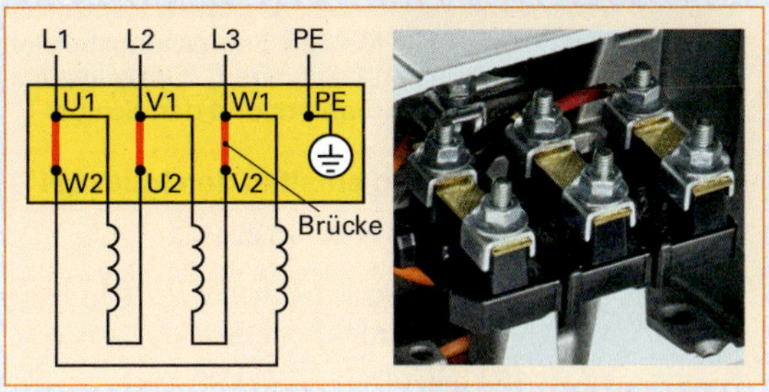

Bild 4: Dreieckschaltung (Δ), Anschluss und Klemmbrett

> **i** Für Motoren ist der Anlaufstrom I_A zu begrenzen.
> - Maximal 2 Anläufe pro Tag: $I_A \leq 60$ A
> - Mehr 2 Anläufe pro Tag: $I_A \leq 30$ A **(Seite 497)**.

Formelübersicht zum Drehstrom-Asynchronmotor

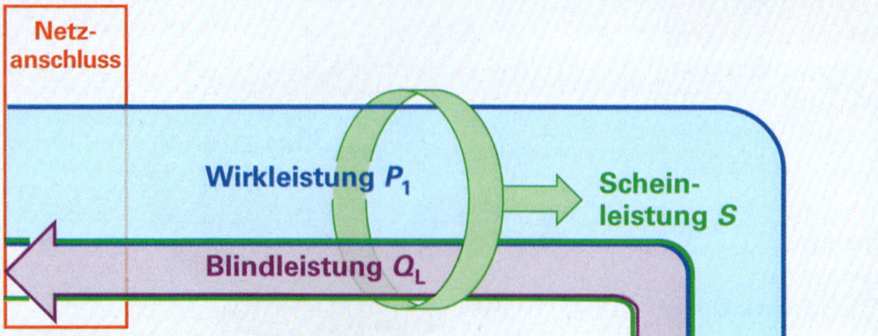

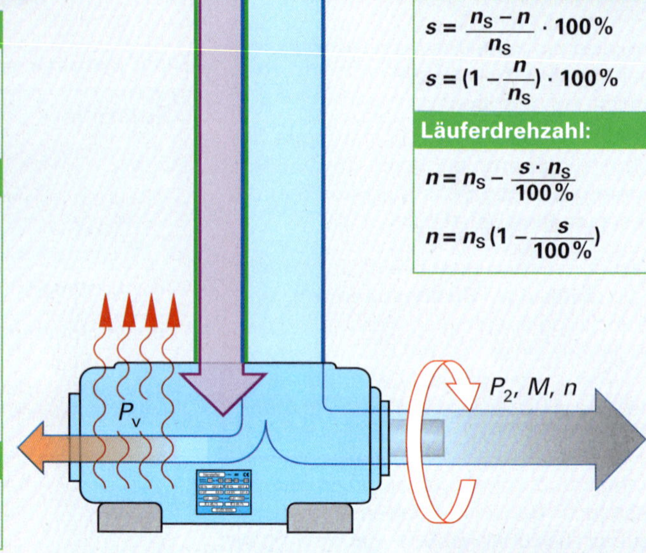

Elektrische Leistungen:

$P_1 = \sqrt{3} \cdot U \cdot I \cdot \cos\varphi$

$Q_L = \sqrt{3} \cdot U \cdot I \cdot \sin\varphi$

$S = \sqrt{3} \cdot U \cdot I$

Leistungsdreieck:

$S = \sqrt{P_1^2 + Q_L^2}$

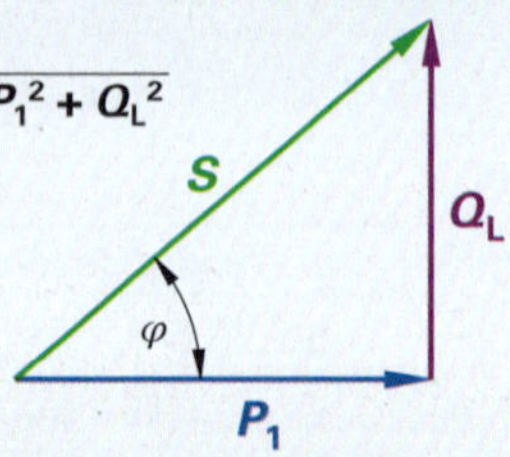

Wirkfaktor:

$\cos\varphi = \frac{P_1}{S}$

Wirkungsgrad η:

$\eta = \frac{P_2}{P_1}$; $\eta = \frac{P_2}{P_2 + P_V}$

Drehfelddrehzahl n_S:

$n_s = \frac{f}{p}$

Schlupf s:

$s = \frac{n_S - n}{n_S} \cdot 100\,\%$

$s = (1 - \frac{n}{n_S}) \cdot 100\,\%$

Läuferdrehzahl:

$n = n_S - \frac{s \cdot n_S}{100\,\%}$

$n = n_S (1 - \frac{s}{100\,\%})$

Nicht nutzbare Verlustleistung P_V:

- Stromwärmeverluste in den Wicklungen
- Ummagnetisierungs- und Wirbelstromverluste im Ständer- und Läuferblechpaket
- Reibung in den Lagern und am Ventilator

$P_V = P_1 - P_2$

Hersteller	3~Mot. IE2 CE
Made in Germany 30 kg IM B3	112M IP 56 Th.Cl. 155
50 Hz 400 V Δ	60 Hz 460 V Δ
4 kW 8,5 A	4,6 kW 8,51 A
cos φ 0,8 1445 1/min	cos φ 0,81 1735 1/min
IE 2–85,1%	IE 2–86,1%
DIN EN 60034	

Abgegebene mechanische Leistung P_2:

$P_2 = \omega \cdot M = 2 \cdot \pi \cdot n \cdot M$

P_2 Leistung in W
mit $[n] = {}^1/\text{s}$ und $[M]$ = Nm

$P_2 = \frac{M \cdot n}{9549}$

P_2 Leistung in kW
mit $[n] = {}^1/\text{min}$ und $[M]$ = Nm

Beispiele: Für eine Werkzeugmaschine wurde ein Ersatzmotor mit obigem Leistungsschild ausgewählt.

Beispiel 1: Berechnen Sie für den **Bemessungsbetrieb** des Motors die elektrischen Leistungen, die Verlustleistung, das Bemessungsdrehmoment und den Schlupf.

Alle Bemessungsgrößen erhalten den Index „N"

$S_N = \sqrt{3} \cdot U_N \cdot I_N = \sqrt{3} \cdot 400\,\text{V} \cdot 8{,}5\,\text{A} = \mathbf{5{,}89\,kVA}$

$P_{1N} = \sqrt{3} \cdot U_N \cdot I_N \cdot \cos\varphi_N = \sqrt{3} \cdot 400\,\text{V} \cdot 8{,}5\,\text{A} \cdot 0{,}8 = \mathbf{4{,}71\,kW}$

$Q_{LN} = \sqrt{S_N^2 - P_{1N}^2} = \sqrt{(5{,}89\,\text{kVA})^2 - (4{,}71\,\text{kW})^2} = \mathbf{3{,}53\,kvar}$

$P_{VN} = P_{1N} - P_{2N} = 4{,}71\,\text{kW} - 4\,\text{kW} = \mathbf{0{,}71\,kW}$

$M_N = \frac{P_{2N}}{2 \cdot \pi \cdot n} = \frac{4\,\text{kW}}{2 \cdot \pi \cdot 1445 \cdot {}^1/60\,\text{s}} = \mathbf{26{,}4\,Nm}$

$s_N = \frac{n_S - n_N}{n_S} \cdot 100\,\% = \frac{(1500 - 1445) \cdot {}^1/\text{min}}{1500 \cdot {}^1/\text{min}} \cdot 100\,\%$
$= \mathbf{3{,}67\,\%}$

Beispiel 2: Nach Motoreinbau ergaben sich folgende Messwerte: $P_1 = 4{,}06$ kW bei 1447 ${}^1/\text{min}$, $I = 7{,}42$ A, $U = 400$ V und $M_2 = 23$ Nm. Berechnen Sie folgende, weitere Betriebswerte: Abgegebene Leistung, Wirkungsgrad, Verlustleistung, Schein- und Blindleistung sowie den Wirkfaktor.

$P_2 = 2 \cdot \pi \cdot n \cdot M = 2 \cdot \pi \cdot 1447 \cdot {}^1/60\,\text{s} \cdot 23\,\text{Nm} = \mathbf{3{,}49\,kW}$

$\eta = \frac{P_2}{P_1} = \frac{3{,}49\,\text{kW}}{4{,}06\,\text{kW}} = \mathbf{0{,}86 \mathrel{\hat=} 86\,\%}$

$P_V = P_1 - P_2 = 4{,}06\,\text{kW} - 3{,}49\,\text{kW} = \mathbf{0{,}57\,kW}$

$S = \sqrt{3} \cdot U \cdot I = \sqrt{3} \cdot 400\,\text{V} \cdot 7{,}42\,\text{A} = \mathbf{5{,}14\,kVA}$

$Q_L = \sqrt{S^2 - P_1^2} = \sqrt{(5{,}14\,\text{kVA})^2 - (4{,}06\,\text{kW})^2} = \mathbf{3{,}15\,kvar}$

$\cos\varphi = \frac{P_1}{S} = \frac{4{,}06\,\text{kW}}{5{,}14\,\text{kVA}} = \mathbf{0{,}79}$

Situationsbeschreibung:

Die Auswahl eines geeigneten Motors wird durch die Anforderungen der angetriebenen Arbeitsmaschine bestimmt, z.B. von Leistungsbedarf, Drehmoment, Drehzahl und der Betriebsart **(Bild 1)**.

Der Motor muss zum Anschluss an das vorhandene Netz, z.B. das 400-V-Drehstromnetz, geeignet sein **(Seite 501)**. Unzulässige Belastungen, etwa ein zu hoher Anlaufstrom, sind durch geeignete Anlassverfahren **(Seite 497)** zu vermeiden.

Widerstandsmoment. Treibt ein Motor eine Arbeitsmaschine an, so wird er durch diese belastet.

Dem Drehmoment des Motors wirkt das Last- bzw. Widerstandsmoment M_W der Arbeitsmaschine entgegen. Um einen sicheren Anlauf und Betrieb zu gewährleisten, ist das Widerstandsmoment der Arbeitsmaschine in Abhängigkeit von der Drehzahl zu berücksichtigen. Typische Drehmomentkennlinien von Arbeitsmaschinen zeigt **Bild 2**. Das erforderliche höhere **Anlaufmoment** der Last beim Start wird durch die Haftreibung der Lager im Stillstand verursacht.

Anlauf. Ein Motor läuft nur an, wenn das Motormoment größer als das Widerstandsmoment ist. Diese Drehmomentdifferenz wird Beschleunigungsmoment M_B genannt. Die Beschleunigung dauert solange, bis das Motormoment gleich dem Widerstandsmoment der Last ist. Ist diese Bedingung durchgängig während des Hochlaufs erfüllt, wird der Arbeitspunkt erreicht **(Bild 3)**. Anderenfalls läuft der Motor nicht an (M_{W1} in **Bild 4**) oder erreicht nur die Schleichdrehzahl (M_{W2} in **Bild 4**).

> Zum sicheren Motoranlauf ist ein Beschleunigungsmoment M_B erforderlich ($M_B = M_M - M_W$).

Ein zu geringes Beschleunigungsmoment verlängert die Anlaufzeit und der Motor kann thermisch überlastet werden.

> Wichtig bei der Motorauswahl: Gegenüber Direktanlauf verringern Anlassverfahren die Anlaufmomente **(Bild 2, Seite 497)**.

Betrieb. Im Schnittpunkt der Kennlinien von Motormoment und Widerstandsmoment ergibt sich der Arbeitspunkt des Antriebs (stationärer Betrieb). Der Arbeitspunkt ist möglichst so zu wählen, dass der Motor sein Bemessungsmoment M_N abgibt **(Bild 3)**. Verringert sich das Widerstandsmoment, so steigt die Drehzahl. Eine Erhöhung des Widerstandsmomentes bewirkt ein Abbremsen des Motors.

> Beim Bemessungsmoment M_N arbeitet der Motor mit Bemessungsleistung P_N und mit Bemessungsdrehzahl n_N.

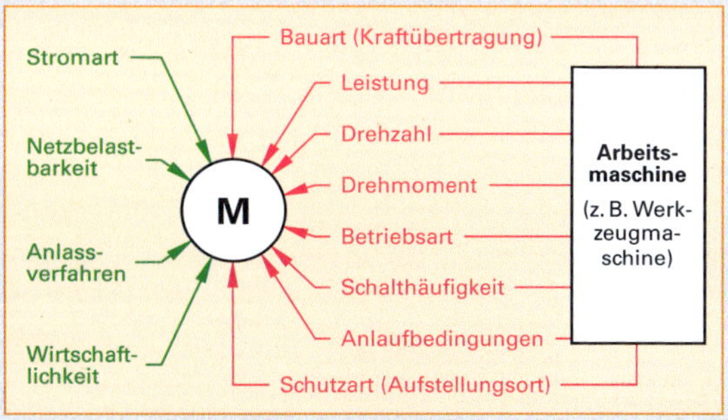

Bild 1: Auswahlkriterien (Beispiele)

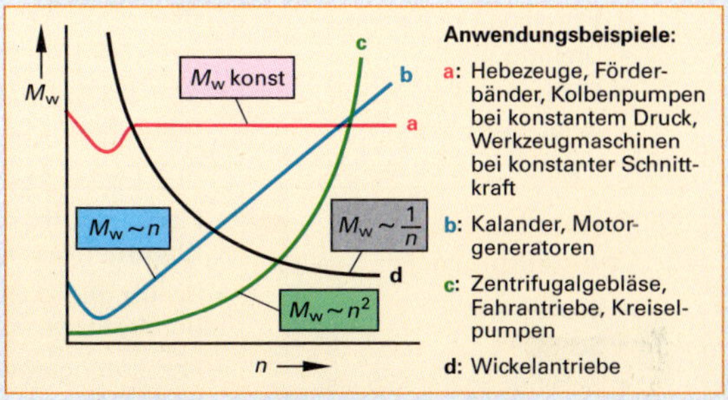

Bild 2: Widerstandsmomente M_w, abhängig von der Drehzahl n

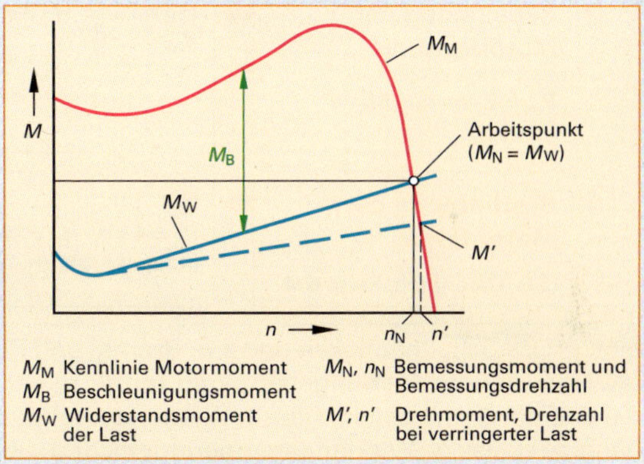

Bild 3: Beschleunigungsmoment bei Asynchronmotoren

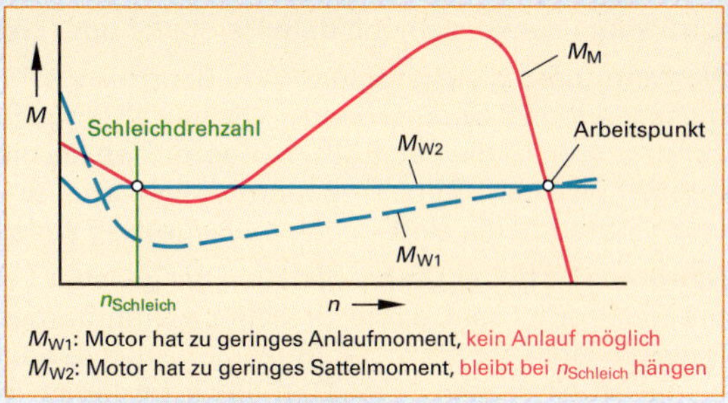

Bild 4: Motormoment kleiner als Widerstandsmoment der Last (Beispiele)

(Nächster Praxistipp: Seite 540)

Motorauswahl. Motoren werden nach der erforderlichen Leistung, Drehzahl und der Eignung für einen sicheren Anlauf ausgewählt. Bauform, Baugröße und Schutzart des Motors werden von Montageart und -ort bestimmt. Ein Motor mit zu kleiner Leistung wird überlastet. Motoren mit unnötig großer Leistung sind teuer in der Anschaffung und arbeiten mit schlechtem Wirkungsgrad. Zudem kann ein unzulässig großes Beschleunigungsmoment auftreten, welches Arbeitsmaschine und Kraftübertragungseinrichtung, z. B. ein Zahnradgetriebe beschädigen.

Auswahl eines Drehstrom-Kurzschlussläufermotors

Arbeitsschritte	Beispiel
① **Erfordernisse der Arbeitsmaschine** • Betriebsart • Drehmoment • Drehzahl • Anlaufverhalten	**Antrieb einer Bewässerungspumpe** • Dauerbetrieb S1 • $M_N = 24{,}8$ Nm • $n_N \approx 1423$ 1/min • $M_A \approx 0{,}1\ M_N$, $M_W \sim n^2$ (Kennlinie c, **Bild 2, Seite 503**)
② **Aufstellungsort und Aufstellungsart** • Bauform • Schutzart • Verbindung mit Arbeitsmaschine	• Flanschmotor mit Füßen **(Bild 1)**, Klemmenkasten links **(Bild 2)** • Schutz gegen Staubablagerung und Spritzwasser: **IP 54** • Verbindung **direkt** mit Kupplung ohne Getriebe
③ **Berechnung der Motorleistung** $P_{2N} = 2 \cdot \pi \cdot n_N \cdot M_N$	$P_{2N} = 2 \cdot \pi \cdot 1423 \cdot 1/60\ \text{s} \cdot 24{,}8$ Nm $P_{2N} = 3{,}69$ kW
④ **Bestimmung der Motordaten** (z. B. Datenblatt, **Seite 674**)	Normmotor 3 ~ 400 V/50 Hz $P_N = 4$ **kW**, $n_N = 1460$ **1/min**, IP 54, IM B5L (Baugröße 112M)

Eine große Schalthäufigkeit und z. B. Brems- und Reversiervorgänge[1] bewirken höhere Wicklungstemperaturen als reiner Dauerbetrieb. Um die von der thermischen Klasse (Wärmeklasse) des Isolierstoffes abhängige zulässige Wicklungstemperatur nicht zu überschreiten, muss bei der Motorauswahl die gegebene Betriebsart berücksichtigt werden. Daher soll bei den Betriebsarten ab S2 die Auswahl des geeigneten Motors gemeinsam mit dem Hersteller oder Lieferanten erfolgen.

Motorauswahl

- Betriebsarten: **Seite 500**
- Bauformen: **Seite 502**
- Schutzarten: **Seite 352**
- Thermische Klassifikation: **Seite 492**
- Baugrößen: Tabellenbuch Elektrotechnik
- Betriebsdaten: **Seite 674**

Nach DIN EN 60034:

Die Verantwortung dafür, dass der Betrieb des Motors so genau wie möglich angegeben wird, trägt der Käufer.

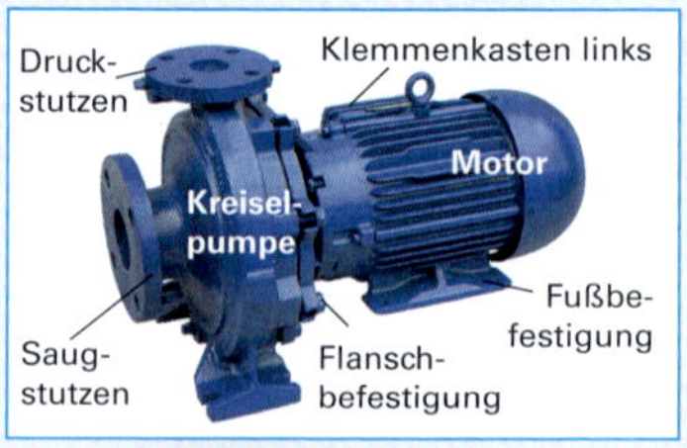

Bild 1: Bewässerungspumpe

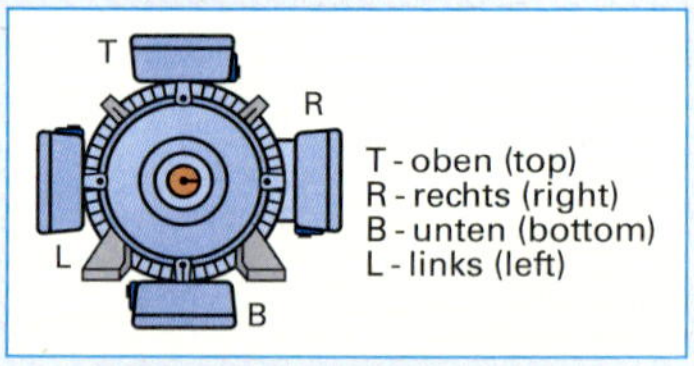

Bild 2: Anordnungsmöglichkeiten des Klemmkastens als zusätzliche Angabe zur Bauform

Übersicht

Massen *m* von Drehstrom-Normmotoren 4,0 kW bei unterschiedlichen Drehzahlen
Motor 4,0 kW, $n_N = 2955$ 1/min: $h = 112$ mm, Baugröße 112M $m = 34$ kg
Motor 4,0 kW, $n_N = 1465$ 1/min: $h = 112$ mm, Baugröße 112M $m = 38$ kg

Normmotoren gleicher Bauart und Baugröße können unabhängig vom Fabrikat gegeneinander ausgetauscht werden. Dadurch sind im Fehlerfall lange Stillstandszeiten vermeidbar. Bei Ersatz durch Energiesparmotoren ist die Baugröße zu überprüfen, da diese in Abmessung und Gewicht von den Standardmotoren abweichen. Bemessungsdrehzahlen und -drehmomente weisen nahezu gleiche Werte auf. Anlauf- und Kippmomente sind jedoch meist größer, sodass sich Anlassvorgänge günstiger gestalten.

Motoren mit hoher Drehzahl haben bei gleicher Leistung kleinere Abmessungen und Massen als solche mit kleiner Drehzahl, da sie für kleinere Drehmomente ausgelegt sind **(Bild)**. Der Einsatz schnell laufender Motoren ist daher oft kostengünstiger, auch dann, wenn zur Anpassung von Drehzahl und Drehmoment an die Arbeitsmaschine ein Getriebe erforderlich ist.

[1] Reversieren von revertere (lat.) = umkehren, umwandeln

13.2.2.6 Bremsbetrieb von Drehstromasynchronmotoren

Antriebe mit Drehstromasynchronmotoren müssen oft gebremst werden, z. B. bei Hebezeugen zum Absenken der Last oder bei Werkzeugmaschinen zum raschen Stillsetzen. Beim Bremsvorgang muss die Bewegungsenergie von Läufer und z. B. angetriebener Arbeitsmaschine in eine andere Energieform umgewandelt werden. Man verwendet hierzu spezielle **Bremsverfahren (Tabelle).**

Mechanische Bremsverfahren arbeiten z. B. mit Backen- oder Lamellenbremsen. Die Verlustwärme entsteht an den Bremsbelägen und belastet die Wicklungen nicht. Meist erfolgt die Bremsung durch Federkraft und das Lösen der Bremse durch einen Elektromagneten (Lüftmagnet). Bei Ausfall der Netzspannung fällt der **Lüftmagnet** ab und der Motor wird abgebremst **(Bild 1).** Spezielle **Bremsmotoren** haben einen Läufer, der gleichzeitig als Lüftmagnet wirkt (Stopp-Motor). Der Einsatz erfolgt z. B. bei Werkzeugmaschinen und Hebezeugen.

Elektrische Bremsverfahren nutzen die Bremswirkung auf bewegte, stromdurchflossene Leiter in einem Magnetfeld (lenzsche Regel, **Seite 94**). Da die Höhe des im Läufer induzierten Leiterstromes von der Drehzahl abhängt, sinkt die Bremswirkung mit abnehmender Drehzahl.

Elektrische Bremsverfahren arbeiten berührungsfrei und daher verschleißfrei.

Gegenstrombremsung. Die Bremskraft wird vom Motor hervorgerufen, weil dessen Drehfeld durch **Vertauschen zweier Außenleiter** einen anderen Drehsinn erhält **(Bild 2).** Nach Stillsetzen des Antriebes muss abgeschaltet werden, da sonst der Motor in umgekehrter Drehrichtung anläuft. Anwendung erfolgt z. B. bei Bandsägen.

Bei der **Gleichstrombremsung** werden **elektronische Bremssteuergeräte (Bild 3)** eingesetzt. Betätigt man Austaster S1, wird das Bremssteuergerät gemeinsam mit dem Bremsschütz Q2 aktiviert. Der Motor wird abhängig vom eingestellten Bremsstrom, z. B. innerhalb von 0,3 bis 1,5 s, abgebremst. Mit Stillstand des Motors wird die Steuerung abgeschaltet **(Stillstandserkennung).**

Die **generatorische Bremsung** wird bei Antrieben mit häufigen Bremsphasen, wie z. B. Aufzügen und Bahnen, eingesetzt. Die Maschine arbeitet im übersynchronen Bereich als Asynchrongenerator mit selbsttätig einsetzender Bremswirkung und speist über den rückspeisefähigen Frequenzumrichter Energie zurück ins Netz **(Seite 266).** So wird eine hohe Energieeffizienz erzielt.

Tabelle: Bremsverfahren bei Drehstromasynchronmotoren

Verlustbremsung	Nutzbremsung
Umformung der Bewegungsenergie in **Wärmeenergie**	Umformung der Bewegungsenergie in **elektrische Energie**
• **Mechanische Bremsverfahren** – Bremslüfter – Bremsmotor • **Elektrische Bremsverfahren** – Gleichstrombremsung – Gegenstrombremsung	**Generatorische Bremsung** ⇓ Bei der Rückspeisung in das Versorgungsnetz sind **rückspeisefähige Stromrichter** erforderlich.

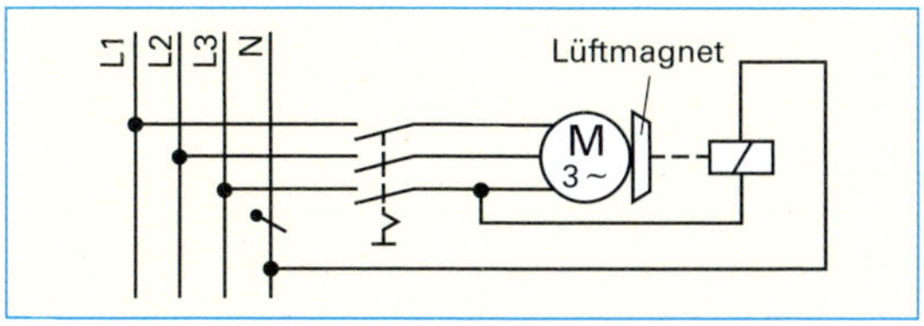

Bild 1: Prinzip des Brems-Lüftmagnet

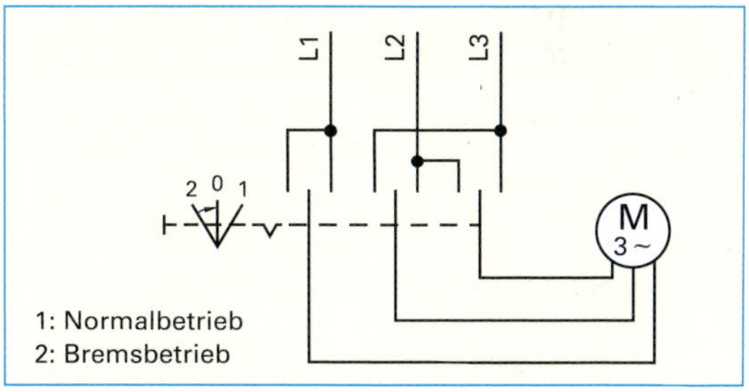

Bild 2: Prinzip der Gegenstrombremsung

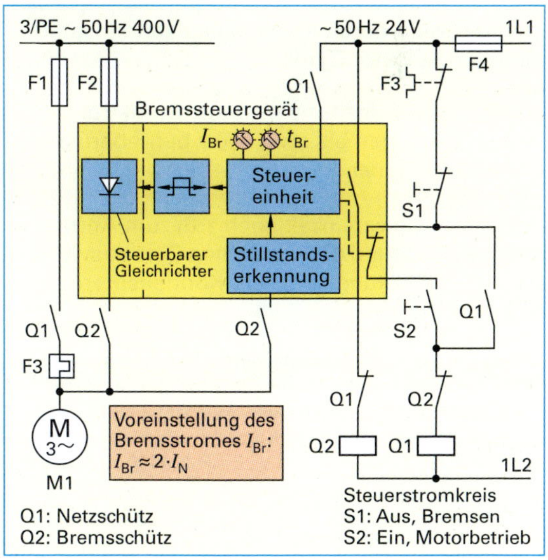

Bild 3: Bremsschaltung mit Bremssteuergerät (Übersichtsschaltplan)

13.2.2.7 Drehstrommotor an Wechselspannung (Steinmetzschaltung)

Versuch 1: Schließen Sie einen kleinen Drehstrommotor mit U_N = 230 V mit den Klemmen U1 und V1 an L1 und N (Wechselspannung 230 V) an und verbinden Sie W1 über einen Kondensator 8 µF mit U1 **(Bild 1)**. Schalten Sie ein.

Der Motor läuft selbst an und bleibt in Betrieb.

Beim Anschluss von Drehstrommotoren an das Drehstromsystem erzeugt die Ständerwicklung ein kreisförmiges Drehfeld **(S. 493 und Bild 2)**.

Bei Wechselspannungsbetrieb hat der über den Kondensator zugeführte Strom gegenüber dem Strom aus dem Netz eine Phasenverschiebung. Es entsteht daher ein magnetisches Drehfeld. Bedingt durch den Kondensator sind die Ströme in den einzelnen Strängen jetzt jedoch verschieden groß. Dadurch ändert sich die Stärke des Drehfeldes periodisch während einer Umdrehung **(Bild 3)**.

Mithilfe von Kondensatoren erzeugte Drehfelder haben eine elliptische Form.

Versuch 2: Ändern Sie den Motoranschluss aus Versuch 1 so, dass die Klemme W1 über den Kondensator nicht mehr an U1, sondern an V1 angeschlossen ist **(Bild 1)**. Schalten Sie ein.

Der Motor läuft mit entgegengesetzter Drehrichtung.

Bei Wechselstrombetrieb wird durch den Tausch des netzseitigen Kondensatoranschlusses die Motordrehrichtung geändert **(Bild 1)**.

Drehstrommotoren können an Wechselspannung betrieben werden, wenn durch Dreieckschaltung oder Sternschaltung die Strangspannung des Motors der Netzspannung angepasst werden kann.

Durch das elliptische Drehfeld kann der Motor nur mit etwa 70 % seiner Bemessungsleistung betrieben werden. Das Anlaufmoment verringert sich auf 25 bis 35 %.

Die erforderliche Kondensatorkapazität ist von der Netzspannung abhängig. Bei 230 V sind 70 µF je kW Motorleistung erforderlich, bei 400 V 22 µF je kW Motorleistung (Netzfrequenz 50 Hz). Das Anlaufmoment kann durch einen Anlaufkondensator C_A (parallel zum Betriebskondensator C_B mit $C_A \approx 2 \cdot C_B$) verbessert werden.

In Steinmetzschaltung werden Drehstrommotoren mit Bemessungsleistungen bis etwa 2 kW betrieben, wenn kein Drehstromanschluss vorhanden ist.

Man findet sie vereinzelt noch z. B. zum Antrieb von Betonmischmaschinen. Aufgrund der schlechten Betriebswerte hat diese Schaltung stark an Bedeutung verloren. Kondensatormotoren **(S. 507)** werden daher bevorzugt.

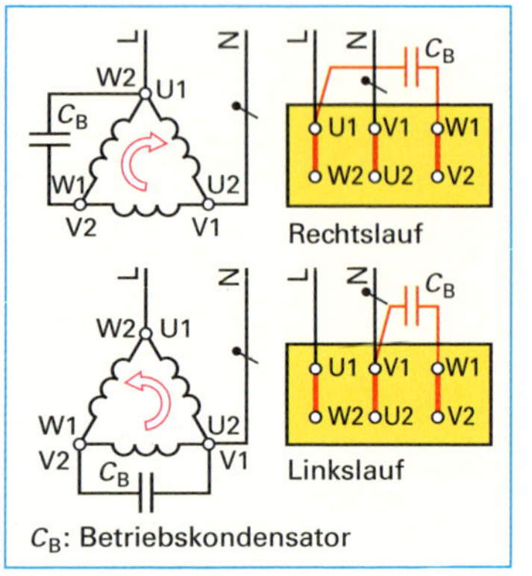

Bild 1: Drehstrommotor an Wechselspannung (Steinmetzschaltung)

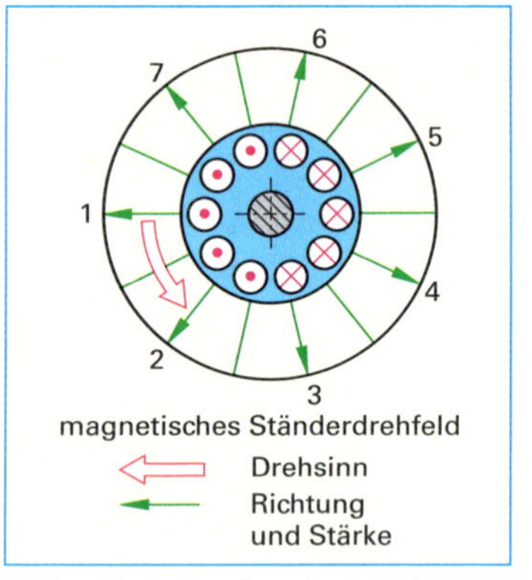

Bild 2: Kreisförmiges Drehfeld (Drehstrombetrieb)

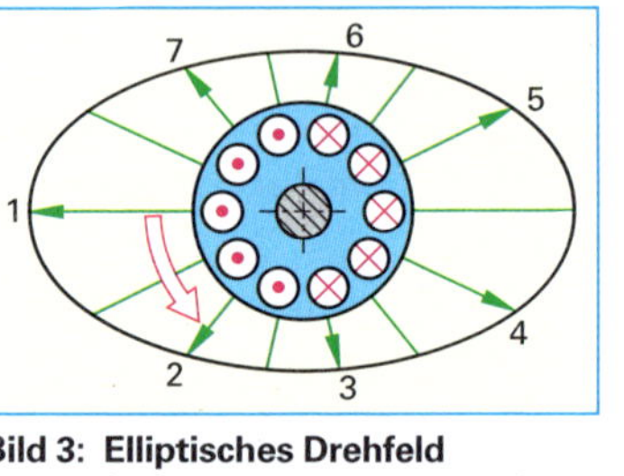

Bild 3: Elliptisches Drehfeld (Steinmetzschaltung und Kondensatormotor)

Wiederholungsfragen

1. **In einer Metallbearbeitungswerkstatt ist eine neue Presse mit einem 5,5 kW-Kurzschlussläufermotor anzuschließen. Worauf ist laut VDE-AR-N 4100 zu achten?**
2. **Als Pumpenantrieb einer Bewässerungsanlage in einer Baumschule soll ein Kurzschlussläufermotor mit 11 kW dienen. Stellen Sie dazu Vor- und Nachteile der möglichen Anlassverfahren gegenüber.**
3. **Eine Lüftungsanlage soll je nach Luftgüte zwei unterschiedliche Leistungs- und Drehzahlstufen haben. Schlagen Sie einen geeigneten Motor vor. Geben Sie an, worauf beim Anschluss des Motors bezüglich des Motorschutzes zu achten ist.**
4. **Begründen Sie, warum bei vielen Antriebsaufgaben (z. B. Aufzug) ein elektrisches Bremsverfahren mit einem mechanischen kombiniert wird.**

13.2.2.8 Wechselstrom-Asynchronmotor

Drehfeldmotoren mit Kurzschlussläufer sind robust, kostengünstig und funkstörfrei. Einphasen-Asynchronmotoren besitzen eine Haupt- und eine Hilfswicklung, die im Ständer um 90° räumlich versetzt angeordnet sind. Um ein Drehfeld zu erzeugen, müssen die Ströme in beiden Wicklungen phasenverschoben sein **(Bild 1)**.

Der Kondensatormotor

Der Kondensatormotor ist der am häufigsten verwendete Wechselstrom-Asynchronmotor. Zur Drehfeldbildung wird ein Kondensator eingesetzt, der in Reihe zur Hilfswicklung geschaltet wird **(Bild 2)**. Er ist meist am oder im Klemmenkasten untergebracht **(Bild 3)**.

Drehrichtungsumkehr. Hierzu wird die Stromrichtung in der Hilfswicklung umgepolt.

> Die Drehrichtungsänderung erreicht man durch Tausch des Kondensatoranschlusses am Klemmbrett **(Bild 3)**.

Bei Einsatz eines Anlaufkondensators C_A zusätzlich zum Betriebskondensator C_B **(Bild 2)** erzeugt der Motor ein hohes Anlaufmoment. Das Anlaufmoment kann durch den Einsatz beider Kondensatoren auf den Wert des 2- bis 3-fachen Bemessungsmomentes gesteigert werden **(Bild 4)**. Der Motor kann dadurch unter Last anlaufen.

> Anlaufkondensatoren werden nach dem Hochlaufen abgeschaltet.

Die Abschaltung erfolgt durch thermische oder stromabhängige Relais oder durch Fliehkraftschalter **(Bild 2)**. Es ist nur noch der Betriebskondensator wirksam. Das Abschalten ist erforderlich, da der hohe Strom zu einer Überhitzung der Hilfswicklung führen würde. Ursache dafür ist, dass die Gesamtkapazität von C_A und C_B mit der Hilfswicklung einen Reihenschwingkreis **(Seite 151)** bildet. Außerdem können an den Kondensatoren hohe Spannungen auftreten ($U_C > U_{Netz}$).

> Die Kondensatoren müssen für die größte auftretende Spannung bemessen sein.

Der **Betriebskondensator** soll eine Blindleistung von **1,3 kvar je kW** Motorleistung aufweisen. Der Anlaufkondensator hat meist die zwei- bis dreifache Kapazität.

> Für den Anlaufkondensator gilt: $C_A = 2 \ldots 3 \cdot C_B$

Anwendung. Kondensatormotoren haben Bemessungsleistungen bis etwa 3 kW. Sie werden verwendet, z. B. als Antriebsmotor für Tischkreissägen oder als Betonmischerantrieb.

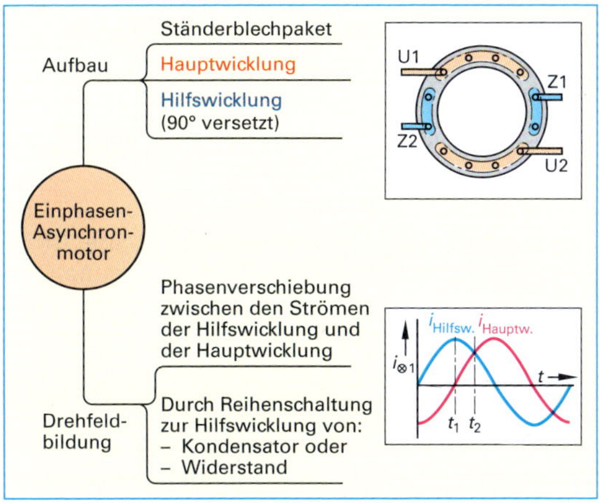

Bild 1: Übersicht Wechselstrom-Asynchronmotor

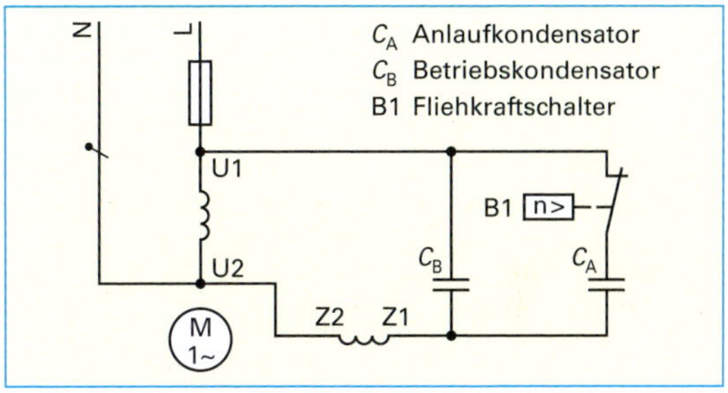

Bild 2: Kondensatormotor mit Betriebs- und Anlaufkondensator

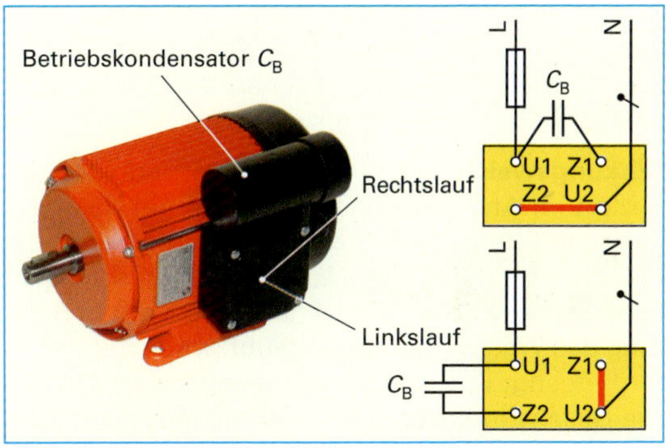

Bild 3: Kondensatormotor mit Betriebskondensator C_B und Beschaltung des Klemmbretts

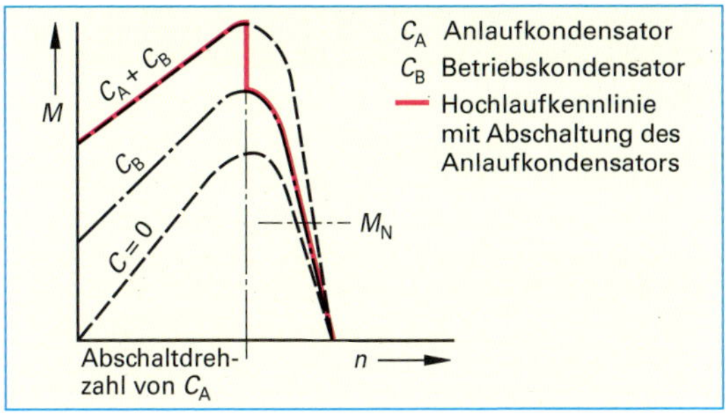

Bild 4: Hochlaufkennlinien $M = f(n)$ beim Kondensatormotor

13.2.3 Drehstromlinearmotoren

Linearmotoren sind Antriebsmaschinen, die eine gerade (lineare) Bewegung hervorrufen **(Bild 1)**.

Zum Verständnis des Linearmotors denkt man sich den Ständer eines Drehstrommotors am Umfang aufgeschnitten und gestreckt. Wird die in eine Ebene gestreckte Drehstromwicklung mit Drehstrom gespeist, so bewegen sich die Magnetpole in eine Richtung, z. B. von rechts nach links. Statt eines Drehfeldes entsteht also ein **Wanderfeld**.

> Beim Linearmotor wirkt ein magnetisches Wanderfeld.

Vorrangig fertigt man **Linear-Induktionsmotoren**, die nach dem Asynchronmotorprinzip arbeiten. **Linear-Synchronmotoren** sind bauartbedingt teuer und werden meist in Spezialanwendungen wie z. B. dem Transrapid eingesetzt **(Bild 1)**.

Bild 1: Magnetschwebebahn mit Linearantrieb

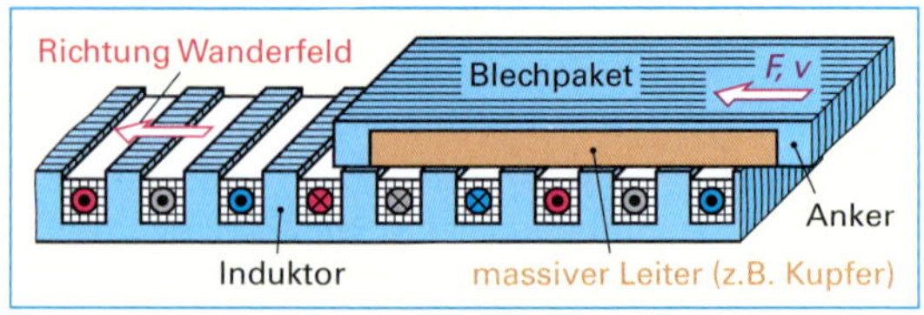

Bild 2: Aufbau Linearmotor mit einem Induktor

Aufbau Linear-Induktionsmotor. Der dem Ständer eines Drehstrommotors entsprechende Teil heißt beim Linearmotor **Induktor.** Er besteht aus einem kammförmigen Induktor-Blechpaket und einer in die Nuten eingelegten Drehstromwicklung. Es werden ein einzelner **(Bild 2)** oder zwei einander gegenüberliegende Induktoren verwendet.

Der dem Kurzschlussläufer entsprechende Teil des Linearmotors heißt **Anker.** Er besteht aus einem massiven Leiter, z. B. aus Kupfer, und aus einem ihm umgebenden Blechpaket **(Bild 2)**. Durch dieses werden die magnetischen Feldlinien zum nächsten Pol des Induktors geleitet.

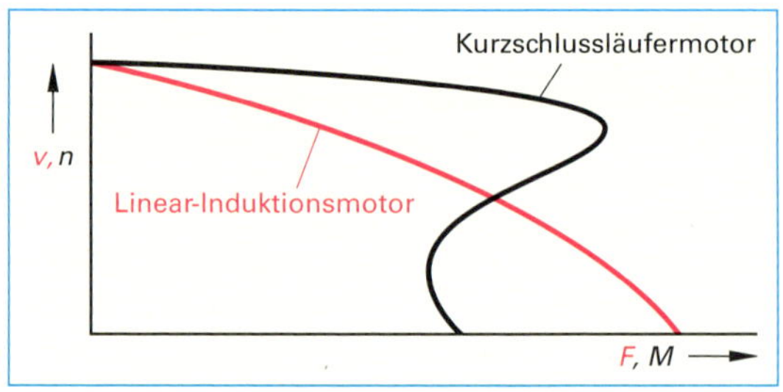

Bild 3: Kennlinien von Linearmotor und Kurzschlussläufermotor

Wirkungsweise. Das Wanderfeld des Induktors induziert im Anker kräftige Wirbelströme. Nach der lenzschen Regel sind diese so gerichtet, dass die Induktionswirkung des Wanderfeldes geschwächt wird. Daher wird auf den Anker eine Kraft in Richtung des Wanderfeldes ausgeübt, wenn der Induktor befestigt und der Anker beweglich ist **(Bild 2)**. Die Geschwindigkeit des Wanderfeldes hängt von der Frequenz und von der Poleinteilung des Induktors ab.

Tabelle: Vergleich technischer Daten von ICE 3-Fahrmotor (Drehstromasynchronmotor) mit Transrapid 08 (Linear-Synchronmotor)

	Leistung Motor/ Gesamt in MW	Maximale Geschwindigkeit	mittlere Beschleunigung in m/s²		Weg und Dauer für Δv von 0 km/h bis 300 km/h
			0 bis 250 km/h	300 bis 350 km/h	
ICE 3	8	350 km/h	0,59 bis 0,18	0,03	18 km in 5,4 min
Transrapid 08	15	450 km/h	0,74	0,57	4,3 km in 1,6 min

> Beim Linearmotor kann der Induktor oder der Anker bewegt werden.

Betriebsverhalten. Beim Anfahren entwickeln Linear-Induktionsmotoren sehr hohe Kräfte und erzielen große Beschleunigungswerte (bis 100 m/s²). Da sie große Luftspalte und Ankerwiderstände haben, nimmt die Geschwindigkeit bei Belastung relativ stark ab **(Bild 3)**. Im Betrieb ist der Schlupf häufig größer als 50 % und daher die Bewegungsgeschwindigkeit kleiner als die Wanderfeldgeschwindigkeit.

> Linearmotoren entwickeln beim Anlauf die höchste Kraft, die direkt und berührungslos übertragen wird. Sie arbeiten verschleißfrei und ohne Reibungsverluste. Hinsichtlich ihrer Leistung sind sie rotierenden Antrieben überlegen **(Tabelle)**.

Anwendung. Linearmotoren werden z. B. als Antrieb für den Werkstofftransport, für Förderbänder, als Torantrieb, als Antrieb für Achterbahnen und bei Magnetschwebebahnen verwendet.

13.2.4 Synchronmotor

Aufbau. Der Ständer des Synchronmotors ist wie der des Asynchronmotors aufgebaut. In den Nuten des Ständerblechpakets befindet sich die Drehstromwicklung zur Erzeugung des magnetischen Drehfeldes. Der Läufer stellt das Erregerfeld bereit, welches durch Dauermagnete (permanenterregt) oder durch eine gleichstromgespeiste Erregerwicklung gebildet wird **(Tabelle)**. Die Läuferpolzahl ist so groß wie die Polzahl der Ständerwicklung.

Wirkungsweise. Grundlage der Drehmomentbildung **(Bild 1)** ist die magnetische Kopplung zwischen den Polen des Drehfeldes und den Magnetpolen des Läufers (Polrad).

Da das Ständerdrehfeld beim Einschalten sofort die Drehfelddrehzahl $n_s = f/p$ hat, kann wegen der Massenträgheit des Polrades keine magnetische Kopplung stattfinden.

> Synchronmotoren benötigen Anlaufhilfen wie Frequenzumrichter, asynchrone Anlaufverfahren oder Hilfsmotoren.

Betriebsverhalten. Nach dem Anlaufen dreht sich der Synchronmotor mit der Drehzahl des Drehfeldes **(Bild 1)**. Wird er belastet, so bleibt die Drehzahl konstant, aber der Abstand der Pole des Polrades von den Polen des Drehfeldes nimmt zu. Das Polrad bleibt um den **Lastwinkel** (Polradwinkel) ϑ hinter dem Drehfeld zurück **(Bild 2)**.

> Synchronmotoren haben auch bei Belastung Drehfelddrehzahl.

Das Drehmoment steigt mit größer werdendem Lastwinkel. In der Mitte zwischen zwei Polen des Ständers erhält das Polrad die größte Kraft, da der in Drehrichtung voreilende Pol das Polrad zieht, der nacheilende Pol aber schiebt.

> Das Kippmoment tritt bei einem Lastwinkel von 90° auf **(Bild 3)**.

Das Kippmoment ist meist doppelt so groß wie das Bemessungsmoment. Wird das Kippmoment überschritten, löst sich die magnetische Verbindung zwischen Ständer und Polrad. Der Läufer fällt „außer Tritt" und bleibt stehen.

Synchronmotoren neigen zu Polradwinkelschwingungen, d.h, der Polradwinkel schwankt periodisch. Diese können jedoch mit am Umfang des Rotors verteilten Dämpferstäben (Dämpferkäfig) , in die durch die Schwingung eine Spannung induziert wird, die nach der lenzschen Regel ihrer Ursache entgegenwirkt, gedämpft werden. Sie dienen auch als asynchrone Anlaufhilfe.

Tabelle: Synchronmotor nach Erregerart

permanenterregter Synchronmotor	elektromagnetisch erregter Synchronmotor
• Keine Läuferverluste • Wirkungsgrad 90 bis 95 % • Verschleißarm • Sehr teure Magnetwerkstoffe • Einsatz z. B. als Servomotor **(Seite 525)** • Leistungen ca. 0,5 kW bis 120 kW	• Über Schleifringe gleichstromgespeiste Läuferwicklung • Einsatz z. B. als Dauerantrieb von Verdichter oder Steinbrechmühlen • Leistungen 100 kW bis 100 MW

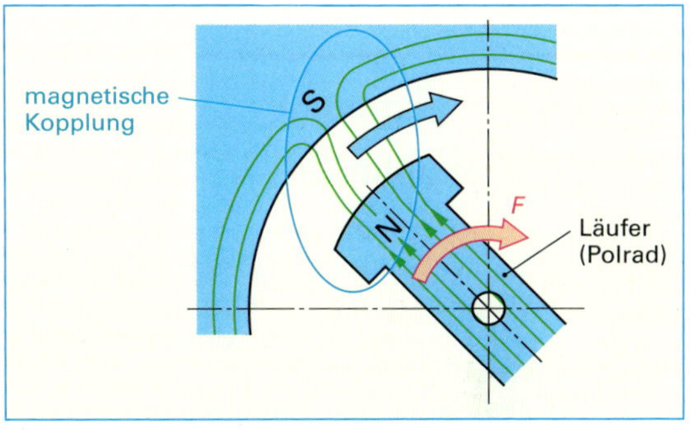

Bild 1: Kraftwirkung auf den sich drehenden Läufer

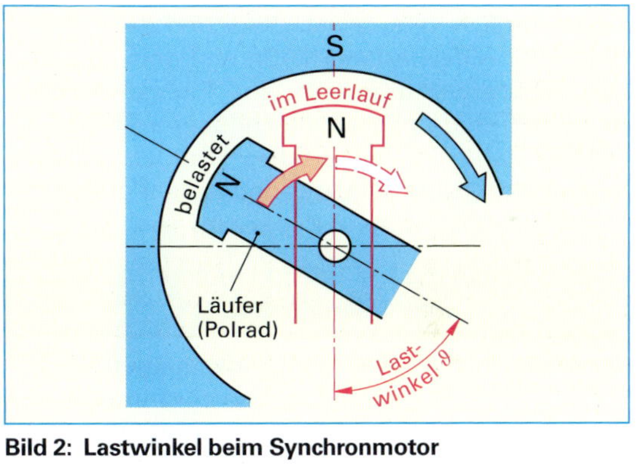

Bild 2: Lastwinkel beim Synchronmotor

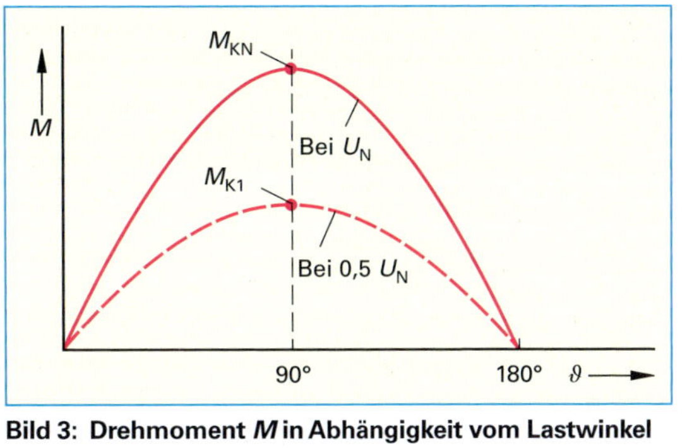

Bild 3: Drehmoment *M* in Abhängigkeit vom Lastwinkel

Phasenschieberbetrieb

Betreibt man einen Synchronmotor im Leerlauf mit dem Leerlauf-Bemessungswert des Erregerstromes I_{E0}, nimmt er nur Wirkleistung auf. Verringert man den Erregerstrom unter den Wert von I_{E0} (untererregter Betrieb), so wird zudem induktive Blindleistung aufgenommen. Der Motor verhält sich wie eine Spule. Wird der Erregerstrom vergrößert (übererregter Betrieb), so wird induktive Blindleistung abgegeben. Er verhält sich wie ein Kondensator und kann induktive Blindleistung kompensieren **(Bild 1)**.

Übererregte Synchronmotoren, die zur Kompensation von induktiver Blindleistung **(Seite 164)** genutzt werden, nennt man Phasenschieber.

13.2.5 Sondermotoren

13.2.5.1 Spaltpolmotor

Der Ständer des Spaltpolmotors trägt die Ständerwicklung (Hauptwicklung) **(Bild 2)**, die ausgeprägte Pole hat. Von diesen ist ein kleinerer Teil, der Spaltpol, durch eine Nut abgespalten. Um ihn liegt eine Kurzschlusswicklung **(Bild 3)**. Durch diese verläuft nur ein Teil des von der Ständerwicklung erzeugten Magnetfeldes und induziert in ihr einen Kurzschlussstrom. Beide Kurzschlusswicklungen bilden zusammen die Hilfswicklung, die zur Hauptwicklung räumlich versetzt ist. Zwischen dem Strom, der in der Hilfswicklung fließt, und dem Strom in der Ständerwicklung tritt eine Phasenverschiebung auf. Beide phasenverschobenen Ströme erzeugen daher ein elliptisches Drehfeld, dessen Drehrichtung durch die Anordnung der Pole festgelegt ist, nämlich vom Hauptpol zum Spaltpol.

Die Drehrichtung von Spaltpolmotoren geht immer vom Hauptpol zum Spaltpol.

Der Läufer ist als Kurzschlussläufer ausgeführt. Daher arbeitet der Motor als Asynchronmotor. Die Drehrichtung ist durch die Polanordnung bedingt und kann elektrisch nicht geändert werden.

Anwendung. Spaltpolmotoren sind robust und kostengünstig herzustellen. Wegen des geringen Wirkungsgrades von nur ca. 30 % werden sie für kleine Leistungen von 5 W bis etwa 300 W gefertigt. Sie dienen z. B. als Antrieb bei Heizlüftern oder von Laugenpumpen bei Waschmaschinen **(Seite 45)**.

Synchronkleinmotoren

Stellt man den Läufer des Spaltpolmotors aus hartmagnetischem Werkstoff her (Hystereseläufer), so arbeiten sie nach dem Anlauf als Synchronmotoren. Sie werden als Kleinantriebe für elektrische Uhren, Programmschaltwerke und Zeitrelais verwendet **(Bild 4)**.

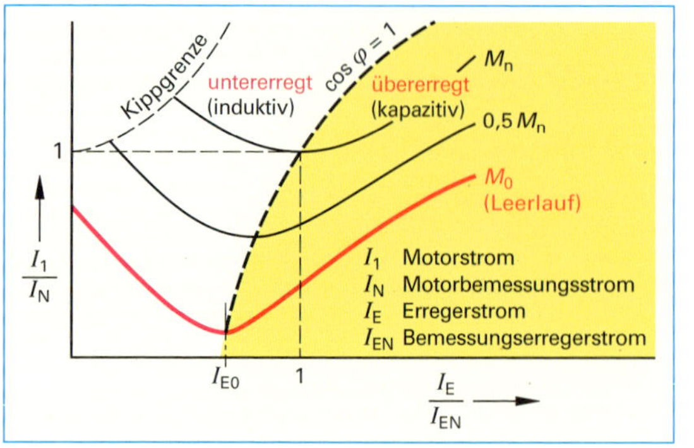

Bild 1: Synchronmotor als Phasenschiebermaschine

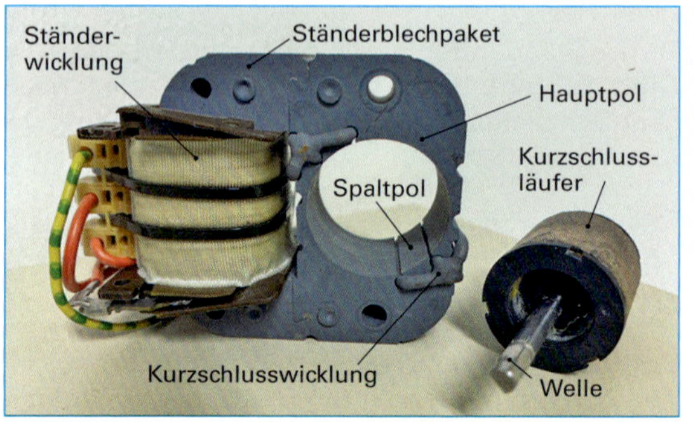

Bild 2: Spaltpolmotor

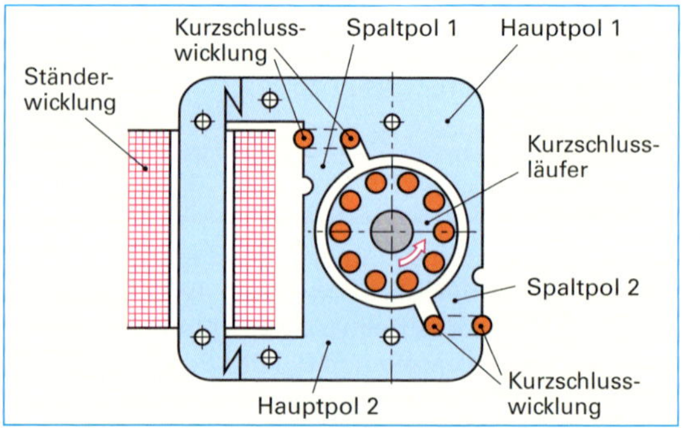

Bild 3: Spaltpolmotor, prinzipieller Aufbau

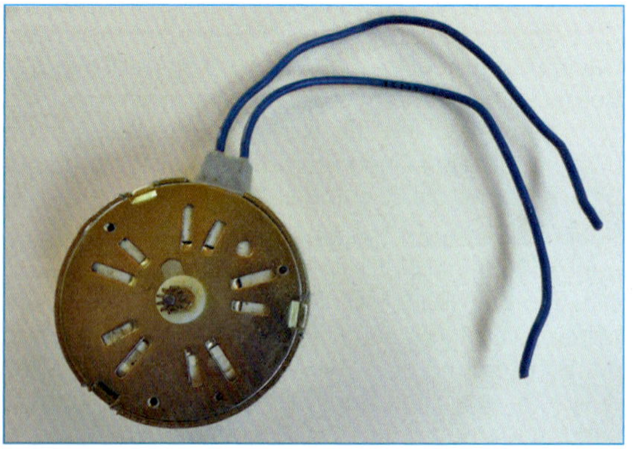

Bild 4: Synchronkleinmotor

13.2.5.2 Reluktanzmotor

Reluktanzmotoren[1] vereinen die Prinzipien von Asynchron- und Synchronmotor.

Aufbau. Wie beim Drehstromasynchronmotor befindet sich im Ständer eine Drehstromwicklung und eine Käfigwicklung im Läuferblechpaket **(Seite 494)**. Dieses weist die Besonderheit auf, dass es am Umfang so viele Aussparungen (Lücken) hat, wie der Motor Pole **(Bild 1)**. Zudem sind die Lücken durch Bereiche mit hohem magnetischem Widerstand (Flusssperren) abgeschirmt.

Wirkungsweise. Der Reluktanzmotor läuft als Kurzschlussläufermotor **(Seite 494)** an. Bei Annäherung an die synchrone Drehzahl wird der Läufer zunehmend vom Ständerdrehfeld magnetisiert. Es bilden sich um die magnetisch gut leitenden Polbereiche Magnetpole aus **(Bild 1)**. Da diese die entgegengesetzte Polarität wie das Ständerdrehfeld haben, wird der Läufer durch die magnetische Kopplung in den synchronen Lauf gezogen (Einrasten) **(Bild 2)**. Da die Käfigwicklung im Betrieb stromlos ist, wird nach dem Hochlauf nur das Blechpaket zur Drehmomentbildung benötigt. Im Arbeitsbereich ist der Motor bis zum synchronen Kippmoment M_{KS} belastbar. Bei Überlast fällt der Läufer in den asynchronen Lauf zurück (Kippen). Sinkt die Belastung wieder, rastet er selbsttätig in den synchronen Lauf ein.

Reluktanzmotoren laufen asynchron an und haben im Arbeitsbereich synchrone Drehzahl. Der Wirkungsgrad beträgt nur ca. 60 %.

Synchron-Reluktanzmotor

Im Unterschied zum Reluktanzmotor besitzt er keine Käfigwicklung. Daher ist ein Anlauf nur mittels Stellen von Spannung und Frequenz über eine Frequenzumrichter möglich. Neben der Einsparung von Kupfermaterial ist vorteilhaft, dass keine Läuferverluste auftreten. Daher wird die Wirkungsgradklasse IE4 **(Seite 496)** erreicht. Da der hohe Wirkungsgrad auch im Teillastbereich erhalten bleibt, werden sie gezielt für Anwendungen mit veränderlicher Last, z. B. Pumpen- und Ventilatorantriebe mit Leistungen von 0,55 kW bis 315 kW eingesetzt.

13.2.5.3 Schrittmotor

Wirkprinzip. Werden die einzelnen Gleichstromwicklungen im Ständer eines Motors **(Bild 4)** so angesteuert, dass sie nacheinander mit Gleichstrom wechselnder Polarität erregt werden, entsteht ein Drehfeld. In Abhängigkeit von der Impulsgeschwindigkeit der Ansteuerung wird eine beliebige Drehzahl oder ein Schrittbetrieb erreicht.

[1] von reluctari (lat.) = sich sträuben

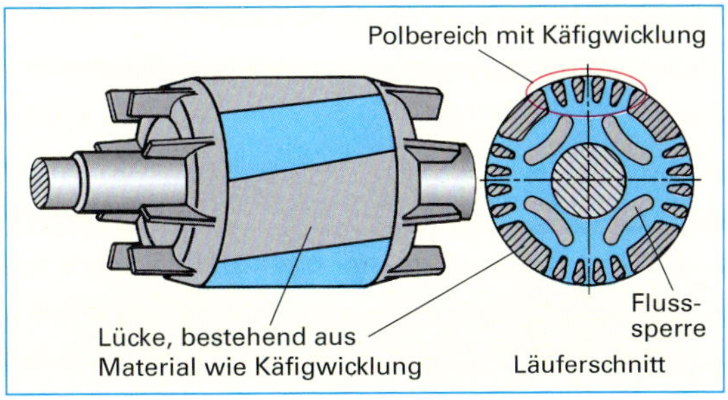

Bild 1: Reluktanzmotorläufer, 4-polig

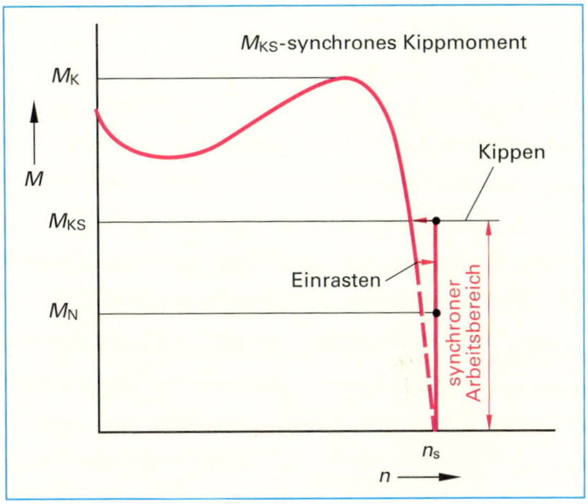

Bild 2: *M*-*n*-Kennlinie des Reluktanzmotors

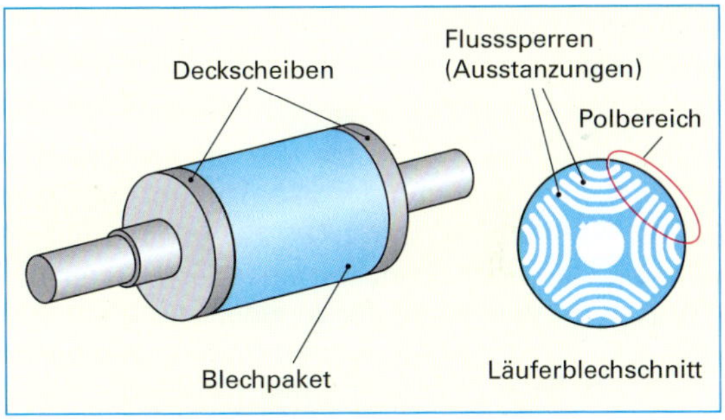

Bild 3: Läufer des Synchron-Reluktanzmotors, 4-polig

Bild 4: Schrittmotor

Permanentmagnetschrittmotor

Ein Permanentmagnetläufer stellt sich jeweils auf die Polarität des Ständerfeldes ein.

Der Läufer eines Schrittmotors kann zu schrittweiser oder zu gleichförmiger Drehbewegung angesteuert werden.

Schrittmotoren werden ein- oder mehrphasig hergestellt. Die Polarität der Ständerpole wird auf zwei Arten geändert.

Von **Unipolarbetrieb** spricht man, wenn jede Erregerwicklung (Phase) aus zwei Spulen besteht **(Bild 1)**. Jede Spule erzeugt einen Magnetfluss in einer Richtung. Durch Umschaltung der Spulen mit den zugehörenden Schaltern wird die Polarität geändert.

Besteht jede Erregerwicklung aus einer Spule, deren Stromrichtung zur Umpolung des Magnetfeldes fortlaufend geändert wird, spricht man von **Bipolarbetrieb (Bild 2)**.

Am Beispiel eines Zweiphasen-Schrittmotors in Bipolarbetrieb soll die Wirkungsweise dargestellt werden. Bei der in **Bild 2** gegebenen Schalterstellung stellt sich der Magnetläufer entsprechend der gemeinsamen Süd- und Nordpolbildung der Erregerwicklungen E1 und E2 ein. Wird der Schalter S2 betätigt **(Bild 3)**, wechselt die Polarität der Erregerwicklung E2. Der neuen Polbildung der Erregerwicklungen folgend dreht sich der Läufer um 90° im Uhrzeigersinn.

Schließt sich eine Umschaltung von S1 an, wird die Erregerwicklung E1 umgepolt und der Läufer rastet nach einem weiteren Drehschritt von 90° in seine neue Lage ein. Bei weiteren Umschaltungen mit S2 und S1 vollführt der Läufer entsprechende Drehschritte. Die jeweilige Drehbewegung wird als **Schrittwinkel** bezeichnet. Dieser ist umso kleiner, je mehr Phasen und Pole der Motor hat.

Beispiel:

Berechnen Sie den Schrittwinkel des in **Bild 2** dargestellten Schrittmotors. Polpaarzahl $p = 1$; Phasenzahl $m = 2$.

Lösung:

$$\alpha = \frac{360°}{2 \cdot p \cdot m} = \frac{360°}{2 \cdot 1 \cdot 2} = \mathbf{90°}$$

Der Drehsinn (Richtung der Schrittfolge) lässt sich durch Änderung der Reihenfolge der Stromimpulse umkehren.

Wird die Ständerwicklung mit einer bestimmten Anzahl von Impulsen erregt, führt dies im Läufer zu einer bestimmten Schrittfolge. Diese lässt sich durch Abfahren einer bestimmten Strecke zu einem Endpunkt, z. B. Endschalter, ermitteln. Ein Zähler registriert je nach Drehrichtung die aktuelle Position des Schrittmotors durch Mitzählen.

Schrittmotoren werden von digitalen Impulsverteilern mit Richtungssignal und dem Pulssteller gesteuert. Der Pulssteller versorgt die Wicklungen mit Energie. Der Motor arbeitet nun in der vorgegebenen Betriebsart (Voll-, Halb- oder Mikroschritt) und Drehrichtung **(Bild 4)**.

Schrittmotorantriebe erlauben eine Positionierung ohne zusätzliche Sensoren.

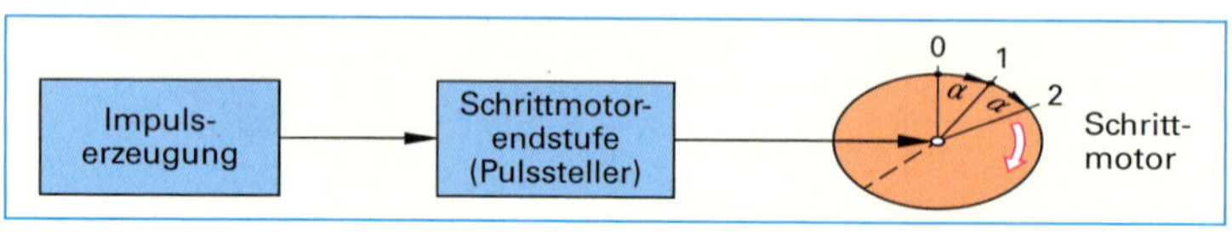

Bild 4: Schrittmotorantrieb

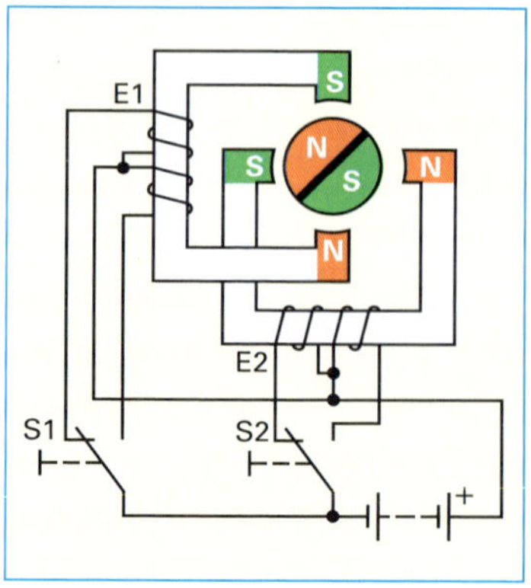

Bild 1: Zweiphasen-Schrittmotor, unipolarer Aufbau

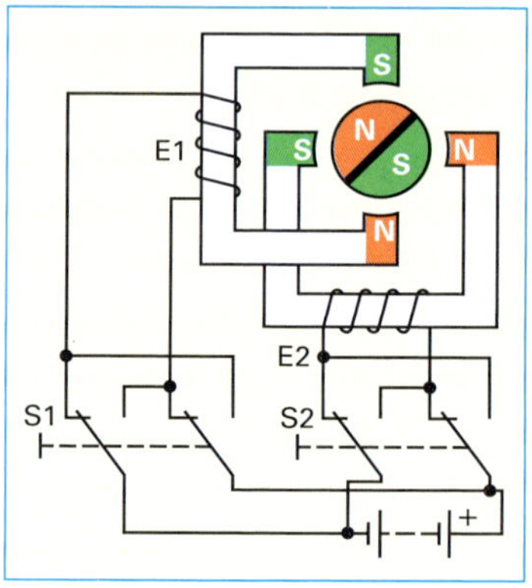

Bild 2: Zweiphasen-Schrittmotor, bipolarer Aufbau

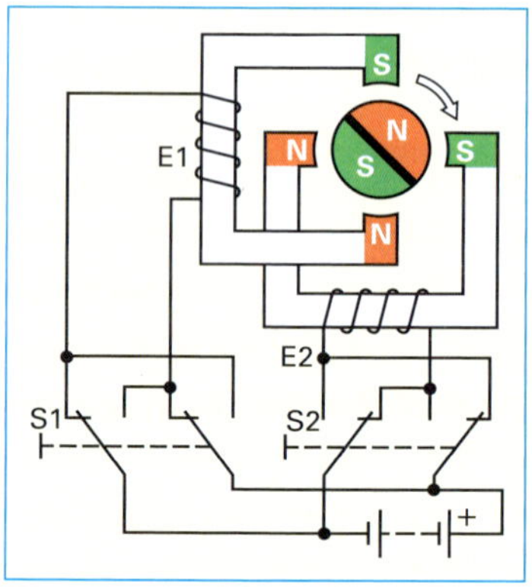

Bild 3: Schrittmotor (Bild 2) nach Betätigung von S2

Schrittwinkel

$$\alpha = \frac{360°}{2 \cdot p \cdot m}$$

α Schrittwinkel
m Strangzahl (Phasenzahl)
p Polpaarzahl

Hybridschrittmotor

Bei Permanentmagnetschrittmotoren ist die Polzahl konstruktiv beschränkt. Für kleine Schrittwinkel unter 7,5° verwendet man Hybridschrittmotoren. Auf der Läuferwelle befindet sich ein Permanentmagnet mit axial ausgebildeten Polen, an dessen Stirnseiten gezahnte Polräder aus weichmagnetischem Material angebracht sind. Die Zähne jedes Polrades **(Bild 1)** besitzen gleiche Polarität **(Gleichpolprinzip)**. Durch Versetzen der Polräder um eine halbe Zahnteilung wird ein Wechsel der Polarität der Pole am Läuferumfang erreicht **(Bild 2)**.

Im geblechten Ständer sind zwei Erregerwicklungen (Phasen) untergebracht. Jede Phase besteht aus zwei in Reihe geschalteten Spulen, welche die sich gegenüberliegenden Ständerpole bilden **(Bild 3)**. Die Zahnteilung des Ständers ist gleich der Zahnteilung eines Polrades. Dadurch rastet das Polrad jeweils in der Stellung ein, bei welcher der magnetische Widerstand für den Feldverlauf entsprechend der herrschenden Ständerpolarität am geringsten ist (Reluktanzprinzip).

Zur Veranschaulichung der Wirkungsweise wird ein Motor mit nur neun Läuferzähnen je Polrad und zwei Zähnen je Ständerpol betrachtet **(Bild 3a)**: Zwischen den Nordpolen des vorderen Polrades sind die Südpole des rückwärtigen Polrades zu erkennen. Der Läufer nimmt eine Raststellung ein, bei der den Ständerpolzähnen magnetisch entgegengesetzte Polzähne des Läufers gegenüberstehen. Der magnetische Widerstand ist in diesem Fall am kleinsten.

Beim Umpolen des Stromes in der Wicklung E1 ändert sich die Polarität der entsprechenden Ständerzähne. Der Läufer reagiert darauf mit einer Drehung um den **Schrittwinkel** 10° **(Bild 3b)**. Jede weitere Umpolung in der Reihenfolge E2, E1, E2 usw. bewirkt wieder eine Drehung um 10° im Uhrzeigersinn **(Bild 3)**.

Hybridschrittmotoren nach dem Gleichpolprinzip besitzen einen vielpoligen Läufer und ermöglichen Drehbewegungen mit kleinen Schrittwinkeln.

Mit zunehmender Schrittfrequenz erhöht sich der Ständerblindwiderstand. Die Stromaufnahme und das Motordrehmoment nehmen also ab, wenn der Schrittmotor mit konstanter Spannung betrieben wird. Soll das Drehmoment bei Frequenzänderung konstant bleiben, betreibt man Schrittmotoren mittels Konstantstrom-Steuerung.

Bei geringem Widerstandsmoment dreht sich der Läufer des Schrittmotors um genau den Schrittwinkel, der dem Ansteuerimpuls entspricht. Durch Überlastung kann jedoch ein **Lastwinkel** (Zurückbleiben des Läufers) bis zur annähernden Größe eines Schrittwinkels entstehen. Da sich dieser Fehler nicht mit der Anzahl der Schritte addiert, kann er am Ende eines Steuervorganges nie größer als ein Schrittwinkel sein.

Der Schrittmotor ermöglicht eine hohe Stellgenauigkeit ohne Einsatz von Sensoren.

Beim Abschalten des Ständerstromes tritt wegen der Wirkung des Läufermagneten ebenfalls ein Rastmoment (feste Läuferstellung) ein.

Wegen ihres einfachen Aufbaus und der großen Zuverlässigkeit werden Schrittmotoren, z.B. für Stellantriebe, Fernsteuerungen, Tintenstrahldruckerantriebe, Positioniereinrichtungen verwendet.

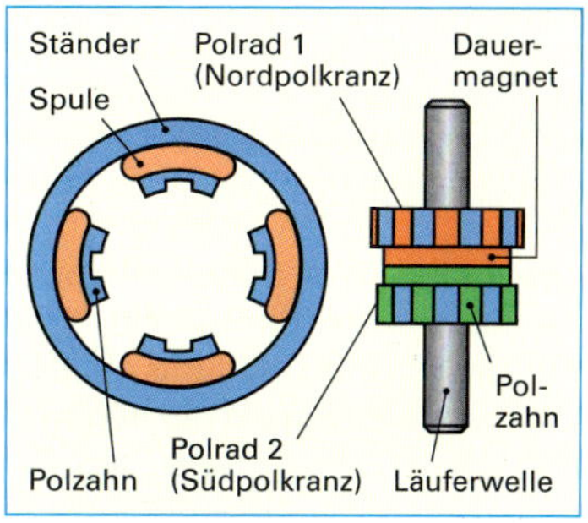

Bild 1: Schrittmotor nach dem Gleichpolprinzip

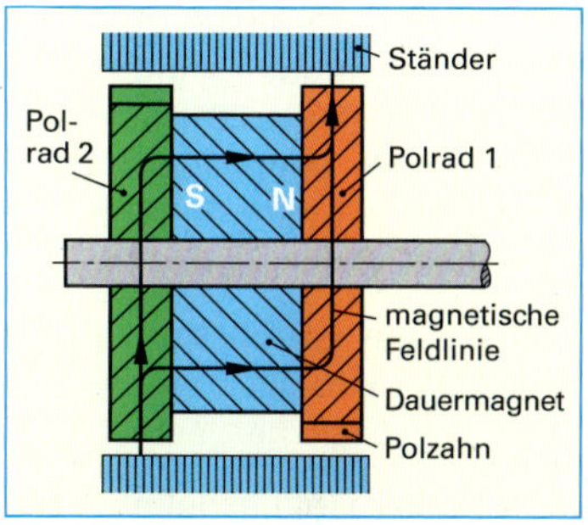

Bild 2: Feldverlauf im Läufer (Gleichpolprinzip)

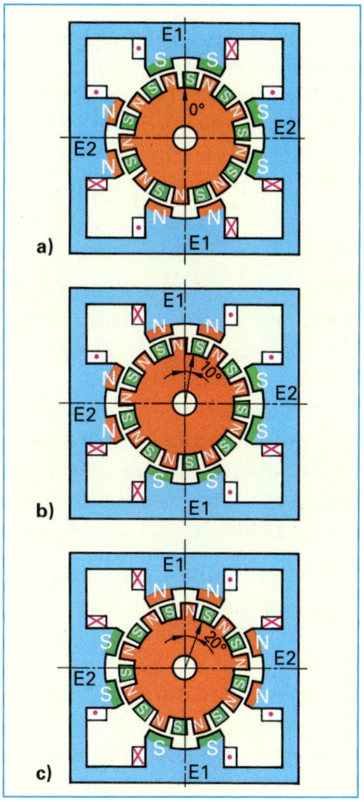

Bild 3: Wirkungsweise (Gleichpolprinzip)

13.2.6 Synchrongenerator

Elektrische Energie wird in Kraftwerken meist mit Drehstrom-Synchrongeneratoren erzeugt.

Die eingesetzten Synchrongeneratoren sind **Innenpolmaschinen (Bild 1)**, bei denen die Läuferwicklung als Erregerwicklung dient. Da die Erregerenergie viel kleiner ist als die in den Ständerwicklungen erzeugte Energie, lässt sich diese leichter über Schleifringe der Erregerwicklung zuführen **(Bild 2)**.

Aufbau. Der Läufer (Polrad, **Seite 509**) der Innenpolmaschine wird für kleinere Drehzahlen als **Schenkelpolläufer** mit ausgeprägten Polen **(Bild 2a)** ausgeführt. Verwendung finden sie z.B. in Laufwasserkraftwerken **(Seite 281)**. Für hohe Drehzahlen werden schlanke **Vollpolläufer (Bild 2b)** mit meist nur einem Polpaar gefertigt. Ihr Einsatzgebiet sind z.B. Dampfkraftwerke **(Seite 278)**.

Weil die mit Gleichstrom gespeiste Erregerwicklung keine Wirbelströme erzeugt, ist der Läufer aus massivem Stahl hergestellt.

Der Ständer ist aus Elektroblechen geschichtet. In den Ständernuten ist eine Drehstromwicklung untergebracht. Ständer und Läufer haben gleiche Polzahl.

Bei modernen Generatoren stellt eine **statische Erregereinrichtung** (räumlich feststehend) den Erreger-Gleichstrom bereit **(Bild 3)**. Sie besteht aus einem Transformator mit nachgeschaltetem Leistungs-Gleichrichter. Mithilfe eines Reglers lässt sich der Erregerstrom I_E und damit die erzeugte Spannung U schnell den Anforderungen im Netz anpassen **(Bild 4b)**.

Wirkungsweise. Der Läufer wird durch eine Kraftmaschine, z.B. Turbine oder Windrad, angetrieben. Der Gleichstrom in der Erregerwicklung erzeugt ein magnetisches Gleichfeld im Läufer. Durch die Drehung des Läufers entsteht ein Drehfeld, das in den drei Strängen der Ständerwicklung drei um 120° gegeneinander phasenverschobene Spannungen induziert. Dem Ständer kann Drehstrom entnommen werden.

Betriebsverhalten. Die Höhe der induzierten Generatorspannung hängt vom Erregerstrom und von der Drehzahl ab. Da die Frequenz meist vorgegeben ist, bestimmt sie die Polraddrehzahl **(Bild 4a)**. Die Spannung wird durch den Erregerstrom eingestellt **(Bild 4b)**. Bei Sättigung des Polkerns flacht die Leerlaufkennlinie ab. Auch ohne Erregerstrom entstehen durch die Polradremanenz bereits Spannungen, die bei Hochspannungsgeneratoren mehrere hundert Volt betragen können (Unfallgefahr).

Bild 1: Synchrongenerator (Schenkelpolytyp, sechspolig)

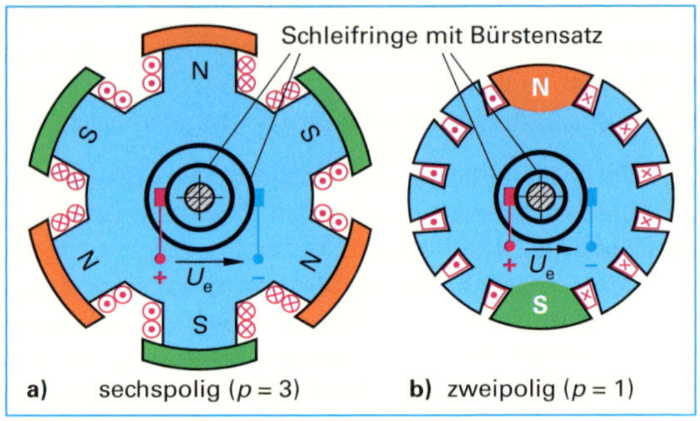

Bild 2: Läuferarten von Synchrongeneratoren,
a) Schenkelpolläufer
b) Vollpolläufer (Turboläufer)

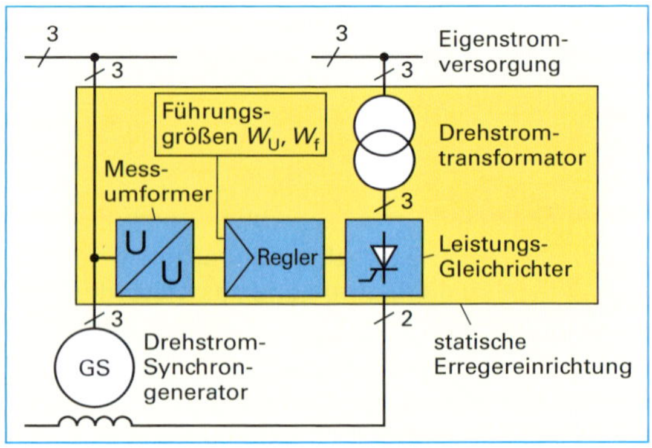

Bild 3: Statische Erregereinrichtung mit Drehstrom-Synchrongenerator

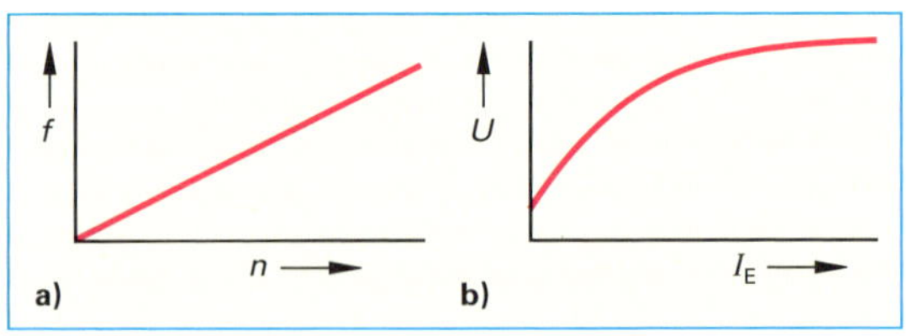

Bild 4: Kennlinien des Synchrongenerators

Die mit Synchrongeneratoren erzeugte Spannung steigt mit der Läuferdrehzahl und mit dem Erregerstrom. Ihre Frequenz ergibt sich aus der Läuferdrehzahl und der Polpaarzahl.

Wird der Synchrongenerator belastet, fließt in seiner Ständerwicklung Strom. Dieser erzeugt in ihr einen induktiven Spannungsfall. Da man den sehr kleinen Wirkwiderstand der Wicklung vernachlässigt, verhält sich ein belasteter Synchrongenerator wie ein belastungsunabhängiger Generator mit der Quellenspannung U_0, zu dem eine Induktivität in Reihe geschaltet ist **(Bild 1)**.

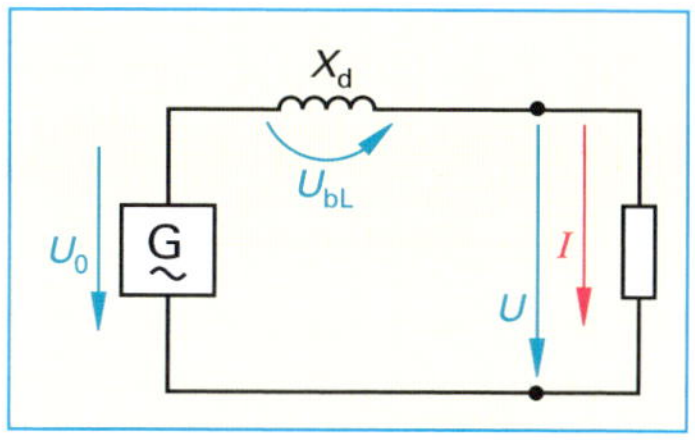

Bild 1: Synchrongenerator, vereinfachtes Ersatzschaltbild

Parallelbetrieb von Synchrongeneratoren

Ein Synchrongenerator kann zu anderen Synchrongeneratoren oder zu einem Netz parallel geschaltet werden.

> Beim Parallelschalten von Generatoren müssen Phasenfolge, Phasenlage, Frequenz und Effektivwert der Spannungen übereinstimmen.

Die gleiche Phasenfolge bestimmt man meist nur einmal bei der ersten Inbetriebnahme mit einem Drehfeldanzeiger. Spannungsgleichheit und Frequenzgleichheit werden z. B. durch Spannungsmesser und Frequenzmesser angezeigt. In Kraftwerken werden Synchrongeneratoren mit automatischen **Synchronisiereinrichtungen** parallel geschaltet.

Am Netz gibt der Generator umso mehr Leistung ab, je stärker er angetrieben wird. An einem starren Netz, d. h. an einem Netz mit konstanter Frequenz, behält das Polrad bei größerer Belastung seine Drehzahl, eilt aber dem Drehfeld um einen größeren Lastwinkel ϑ vor **(Bild 2)**.

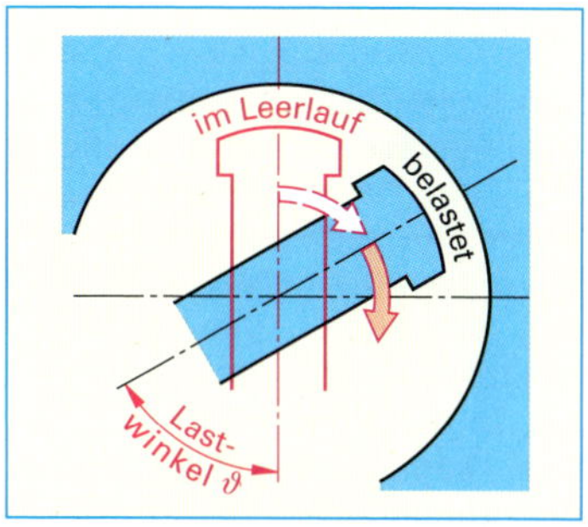

Bild 2: Lastwinkel beim Synchrongenerator

> Die Wirkleistungsabgabe eines Generators steigt bei Erhöhung der mechanischen Antriebsleistung.

Erhöht man beim Synchrongenerator den Erregerstrom über den für den Leerlauf erforderlichen Wert, so nimmt die Spannung U_0 zu. Die Spannung U_{bL} ändert sich dann ebenfalls, da die Differenz von U_0 und U_{bL} weiter gleich der unveränderten Netzspannung U sein muss. Da der Strom I eine Phasenverschiebung von 90° zu U_{bL} aufweist, ändert auch er seine Lage. Es wird jetzt ein Strom geliefert, welcher der Spannung U nacheilt **(Bild 3)**. Der Generator erzeugt induktive Blindleistung, er wirkt im Netz wie ein Kondensator.

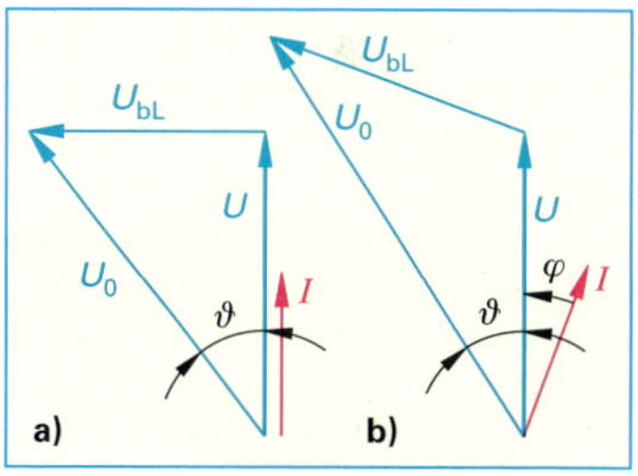

Bild 3: Zeigerbild bei
a) normaler Erregung und
b) Übererregung

Zu geringe Erregung des Synchrongenerators führt zu einer Abnahme der Spannung U_0. Mit U_{bL} ändert wieder der Strom I seine Lage, er eilt jetzt der Spannung U voraus. Somit liefert der Generator kapazitive Blindleistung in das Netz **(Bild 4)**. Der je nach Erregung auftretende Phasenverschiebungswinkel zwischen U_0 und der Netzspannung U entspricht dem Lastwinkel ϑ des Polrades.

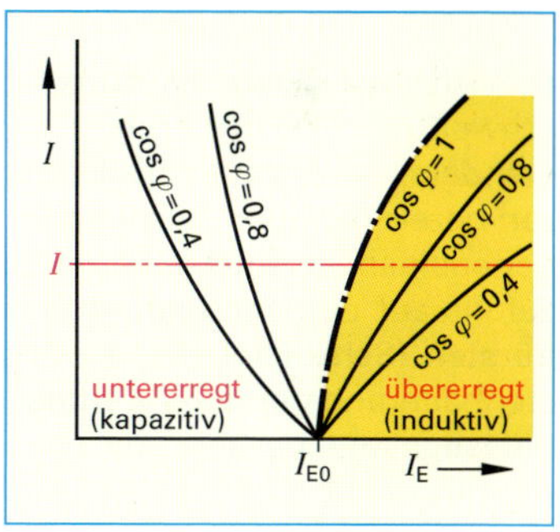

Bild 4: Regelkennlinien des Synchrongenerators

> Der Synchrongenerator deckt bei übererregtem Betrieb den Blindleistungsbedarf induktiver Verbraucher im Netz.

Energieversorgungsunternehmen sind damit in der Lage, durch Regelung der Erregung den Generatorbetrieb den Erfordernissen des Netzes anzupassen. Synchrongeneratoren können auch als reine Blindleistungsgeneratoren (Phasenschieber, **Seite 510**) eingesetzt werden, um z. B. die Netzkapazitäten zu kompensieren.

Wiederholungsfragen

1 **Der Auszubildende im 1. Ausbildungsjahr hört bei einem Fachgespräch die Begriffe Synchron- und Asynchronmotor. Erklären Sie ihm die unterschiedlichen Funktionsweisen und das Drehzahl-Drehmomentverhalten beider Motortypen.**

2 **Eine Betonmischmaschine läuft nur noch an, wenn sie per Hand angeworfen wird. Als Antrieb dient ein mit Wechselstrom betriebener Motor, an dem zwei Kondensatoren angebracht sind. Welcher Motor dient hier als Antrieb? Welche Fehler vermuten Sie? Begründen Sie Ihre Antwort.**

13.2.7 Stromwendermotoren

13.2.7.1 Aufbau von Gleichstrommotoren

Der **Ständer** eines Gleichstrommotors besteht aus einem Jochring aus Stahl, ausgeprägten Hauptpolen mit Polkernen und Polschuhen aus Elektroblech und der auf den Polkernen sitzenden **Erregerwicklung** (Feldwicklung) **(Bild 1)**.

Bis zu Bemessungsleistungen von 20 kW werden auch permanent erregte Gleichstrommotoren gebaut. Bei diesen sind die Erregerwicklungen und ihre Polkerne durch Dauermagnete ersetzt.

Bei Motoren ab etwa 1 kW Leistung sind zwischen den Hauptpolen die **Wendepole** aus Stahl oder Elektroblech mit der Wendepolwicklung angeordnet. In den Polschuhen der Hauptpole dieses Motors können zusätzlich noch **Kompensationswicklungen** untergebracht sein.

Es werden auch Gleichstrommotoren ohne ausgeprägte Pole gebaut. Bei ihnen besteht der Ständer aus einem Blechpaket mit gleichmäßig verteilten Nuten wie bei einem Drehstrommotor. In den Nuten befinden sich die Erregerwicklung und die Wendepolwicklung. Ständer in geblechter Ausführung sind erforderlich bei Gleichstrommotoren, die über Stromrichtergeräte **(Seiten 267 bis 269)** versorgt werden.

Der **Läufer (Bild 2)** wird bei Gleichstrommotoren auch **Anker** genannt. Er trägt die **Ankerwicklung**, die in die Nuten des Ankerblechpakets eingelegt ist. Die Blechung ist notwendig, da der Ankerstrom ständig umgepolt wird **(Seite 517)** und es somit zu Wirbelströmen im Ankereisen kommt.

Die Ankerwicklung ist durch Löten oder Punktschweißen mit den einzelnen Lamellen des **Stromwenders**, der auch als **Kollektor**[1] oder **Kommutator**[2] bezeichnet wird, verbunden. Die Lamellen sind gegeneinander durch Glimmer isoliert. Die Stromzufuhr auf den Stromwender erfolgt über **Kohlebürsten (Seite 614)**, die durch eine spezielle Bürstenhalterung getragen werden. Sie ist am Ständer befestigt und besteht aus der Bürstenbrücke mit dem Bürstenbolzen, die den **Bürstenhalter** tragen. Über eine Feder erhalten die Bürsten den erforderlichen Anpressdruck zum Stromwender **(Bild 3)**.

Ein Beispiel für ein Leistungsschild eines Gleichstrommotors zeigt **Bild 4**.

Die Kohlebürsten verschleißen beim Betrieb und müssen regelmäßig kontrolliert und gegebenenfalls ausgetauscht werden.

[1] von colligere (lat.) = zusammenfassen
[2] von commutare (lat.) = verändern, umwandeln

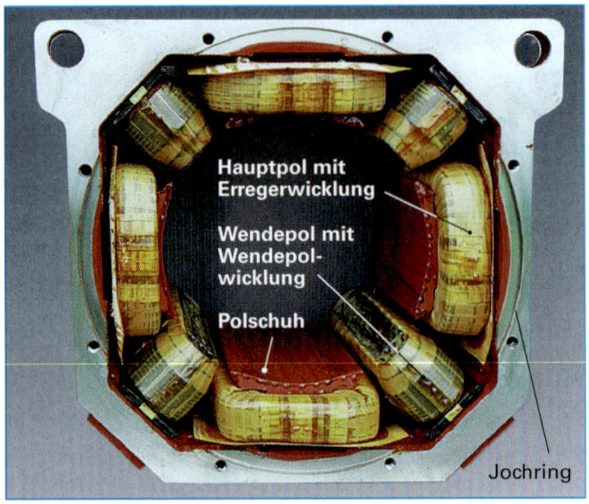

Bild 1: Ständer eines Gleichstrommotors

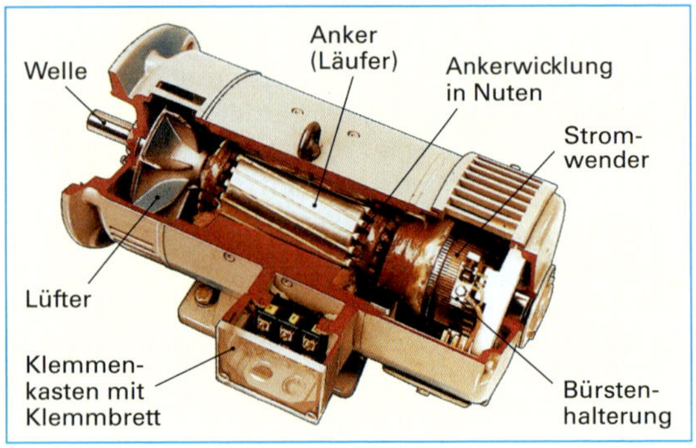

Bild 2: Gleichstrommotor

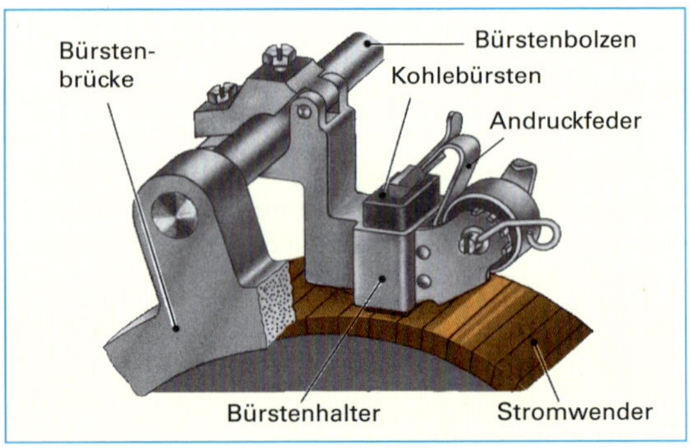

Bild 3: Bürste mit Halter und Bürstenbrücke

Hersteller GmbH		
Typ XYZ		
GS-Motor	Nr. 80	
220 V	30 A	
5,5 kW	S1	
2980 min^{-1}		
Erreger	220 V	
Th.Cl.155	IP 54	0,3 t
DIN EN 60034		

Bild 4: Leistungsschild eines Gleichstrommotors

13.2.7.2 Wirkungsweise

Befindet sich der stromdurchflossene Anker (vereinfacht als Leiterschleife) im Magnetfeld des Ständers, entsteht ein Drehmoment **(Seite 91)**. Die Stromzufuhr auf die Leiterschleife erfolgt über Kohlebürsten **(Seite 516)** die zwei voneinander isolierte Schleifringhälften (Lamellen des Stromwenders) kontaktieren. Die Richtung des entstehenden Drehmoments **(Motorregel, Seite 91)**, hängt von der Richtung des Ständermagnetfelds und der Stromrichtung in der Leiterschleife ab **(Bild 1a)**.

Die Leiterschleife dreht sich in die waagerechte Lage. In diesem Bereich ist die Kraftwirkung auf die Leiterschleife null. Aufgrund des Schwungs (träge Masse) dreht sie sich jedoch weiter und die Lamellen des Stromwenders kontaktieren die jeweils andere Kohlebürste. Die Stromrichtung in der Leiterschleife kehrt sich um, sodass das Drehmoment weiter in Drehrichtung wirken kann **(Bild 2)**.

Das Drehmoment der Leiterschleife schwankt zwischen null und einem Maximum. Um ein gleichmäßig hohes Drehmoment zu erzielen, werden viele Leiterschleifen auf den Läuferumfang verteilt und zur **Ankerwicklung** zusammengeschaltet **(Bild 1b)**.

Ankergegenspannung. Während sich die Leiterschleife im Magnetfeld des Ständers dreht, wird in ihr eine Spannung induziert, die abhängig von der Drehzahl ist **(Induktion der Bewegung, Seite 93)**. Sie wird als **Ankergegenspannung U_i** bezeichnet, da sie der angelegten Netzspannung U entgegenwirkt **(lenzsche Regel, Seite 94)**.

Ankerstrom. Die Ankergegenspannung wirkt der angelegten Netzspannung entgegen, sodass am Anker die Spannung $U - U_i$ anliegt. Zusammen mit dem sehr kleinen Ankerwiderstand R_A bestimmt sie den Betrag des Ankerstromes **(Bild 3)**.

Für die verschiedenen Belastungssituationen des Motors bestimmt die Ankergegenspannung maßgeblich die Stromaufnahme der Ankerwicklung und damit die Drehmomentbildung.

Im Leerlauf ist der Motor nicht belastet und seine Drehzahl ist am größten. Daher erreicht die Ankergegenspannung U_i ihr Maximum, welches nahezu der Netzspannung U entspricht. Der Motor nimmt nur einen sehr kleinen Strom auf. Mit zunehmender Belastung sinkt die Drehzahl und somit die Ankergegenspannung, die Stromaufnahme steigt **(Bild 4)** und der Motor erzeugt nun ein größeres Drehmoment. Beim Einschalten des Motors steht der Anker still. Daher ist die Ankergegenspannung noch null und der Ankerstrom maximal. Dieser Anlassspitzenstrom muss begrenzt werden **(Seite 522)**.

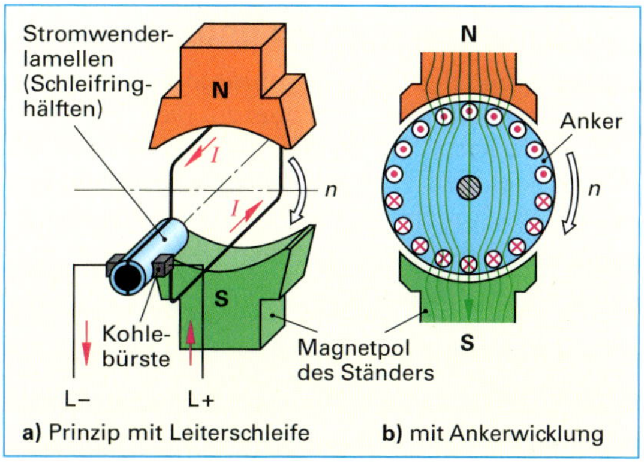

Bild 1: Ständermagnetfeld und Anker am Beispiel eines Gleichstrommotors

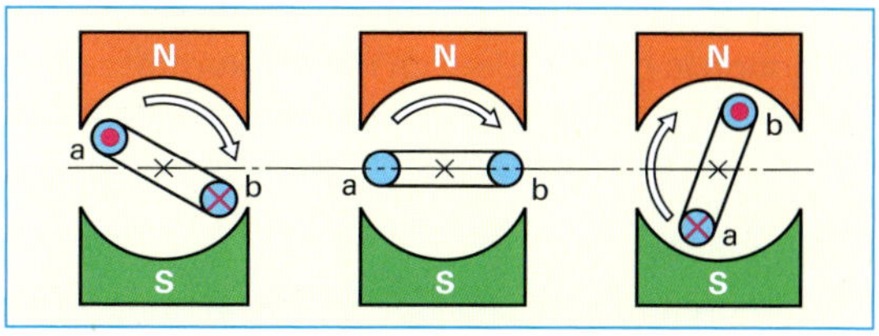

Bild 2: Stromwendung in der Leiterschleife

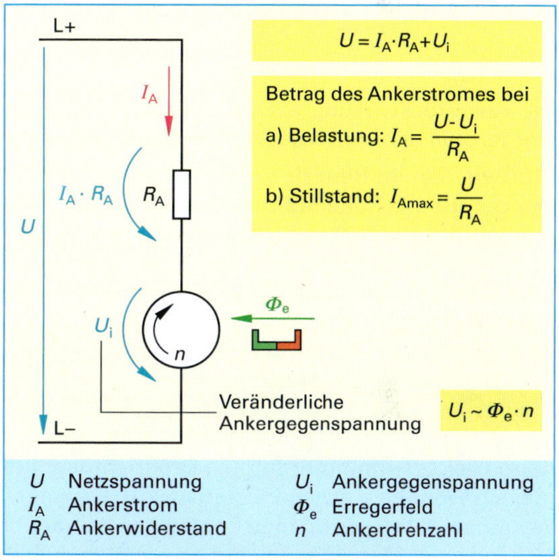

Bild 3: Ersatzschaltbild der Ankerwicklung

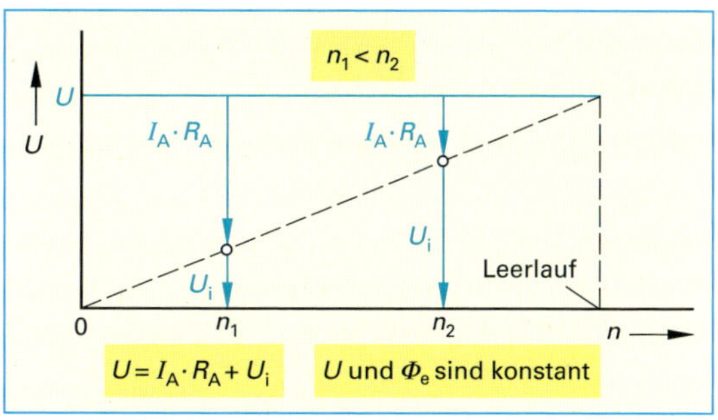

Bild 4: Spannungen der Ankerwicklung

13.2.7.3 Ankerquerfeld und Ankerrückwirkung

Bei Belastung des Gleichstrommotors fließt ein Ankerstrom. Er baut das **Ankerquerfeld** auf, das quer zur Richtung des Erreger-Feldes liegt **(Bild 1 und Bild 2)**. Die Überlagerung der Felder bewirkt die Verschiebung der elektrisch neutralen Zone **(Bild 3)** und führt insgesamt zu einer Feldschwächung **(Bild 1, Seite 519)** im Motor. Beide Auswirkungen sind belastungsabhängig und werden als **Ankerrückwirkung** bezeichnet.

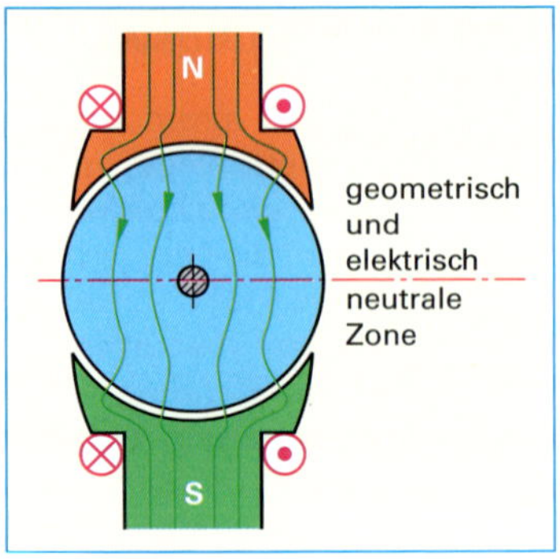

Bild 1: Erregerfeld des Gleichstrommotors

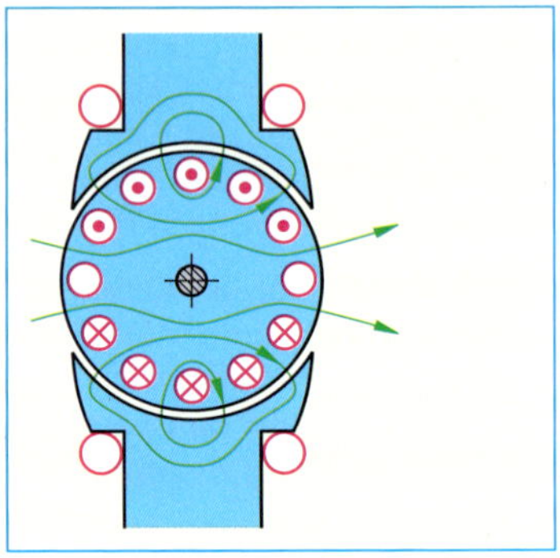

Bild 2: Ankerquerfeld des Gleichstrommotors

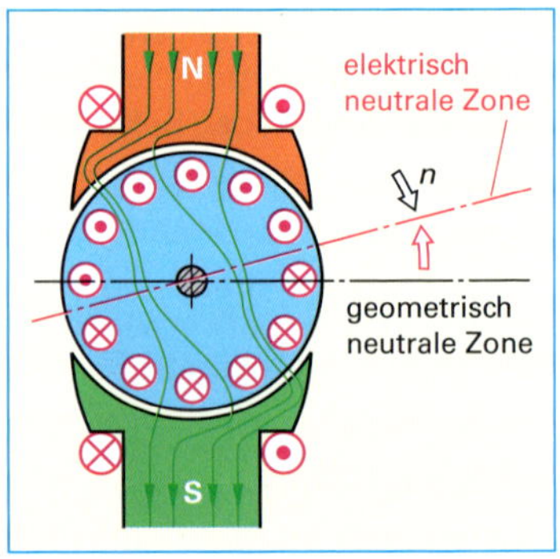

Bild 3: Resultierendes Feld des Gleichstrommotors

Bei Belastung verschiebt sich die elektrisch neutrale Zone des Motors entgegen Drehrichtung.

Die Kohlebürsten sind in der geometrisch neutralen Zone angeordnet. Da sie breiter als eine Kollektorlamelle sind, schließen sie benachbarte Ankerwicklungsschleifen kurz. Solange sich die elektrisch neutrale Zone in der geometrisch neutralen Zone befindet, ist die Ankergegenspannung in diesem Bereich null. Es kommt zu keinem Bürstenfeuer. Verschiebt sich jedoch die elektrisch neutrale Zone aus der geometrisch neutralen Zone, werden Ankerschleifen kurzgeschlossen, die unterschiedliche Ankergegenspannungen haben und es entsteht Bürstenfeuer.

Bei Motoren mit gleichbleibender Belastung kann das Bürstenfeuer vermieden werden, indem man die Bürsten in die durch die Belastung bedingte Lage der elektrisch neutralen Zone nachstellt.

Wendepole

Die Ankerrückwirkung kann auch durch Magnetfelder aufgehoben werden, die dem Ankerquerfeld entgegenwirken.

Dazu werden im Bereich zwischen den Hauptpolen Wendepole verwendet **(Bild 1, Seite 519)**. Da die Stärke des Ankerquerfeldes vom Ankerstrom abhängt, schaltet man die Wendepolwicklungen in Reihe zum Anker. Dadurch erreicht man, dass auch bei wechselnder Belastung das Wendepolfeld und das Ankerquerfeld gleiche Stärke haben.

Wendepole verhindern die Verschiebung der elektrisch neutralen Zone aus der geometrisch neutralen Zone und dadurch Bürstenfeuer.

Beim Gleichstrommotor folgt in Drehrichtung auf den Hauptpol immer ein Wendepol gleicher Polarität, z. B. auf einen Hauptpol Nord ein Wendepol Nord. Die richtige Polung der Haupt- und Wendepole lässt sich mit einer Magnetnadel und einem Stahlstab prüfen **(Bild 4)**.

Gleichstrommotoren ab etwa 1 kW Leistung haben Wendepole.

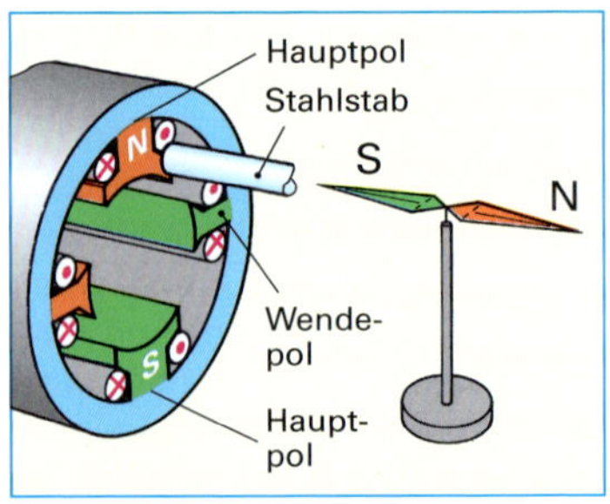

Bild 4: Prüfung der Polung

Kompensationswicklung

Wendepole wirken bei Belastung dem Ankerquerfeld im Bereich zwischen den Hauptpolen entgegen. Das Erregerfeld wird im Bereich der Hauptpole jedoch weiterhin nach einer Hauptpolkante hin abgedrängt **(Bild 1, Seite 519)**. Es entstehen Bereiche mit Feldschwächung und Feldverdichtung. Im Bereich der Feldverdichtung tritt Sättigung ein. Da das Erregerfeld so eingestellt ist, dass die Hauptpole magnetisch gesättigt sind, kommt es insgesamt zu einer Feldschwächung. Folglich wird die Ankergegenspannung kleiner, der Ankerstrom steigt und der Motor reagiert mit einer Drehzahlerhöhung **(Seite 523)**.

Kompensationswicklungen heben die Feldverzerrungen im Bereich der Hauptpole, hervorgerufen durch das Ankerquerfeld, auf (Bild 2).

Die Kompensationswicklungen sind in den Polschuhen der Hauptpole untergebracht **(Bild 2)**.

Die Kompensationswicklung ist wie die Wendepolwicklung mit dem Anker in Reihe geschaltet. Dadurch passt sich die magnetische Wirkung der Kompensationswicklung der Feldverschiebung durch das Ankerquerfeld selbsttätig an.

Die Reihenschaltung von Ankerwicklung, Wendepolwicklung und Kompensationswicklung nennt man Ankerkreis. Da man zur Drehrichtungsumkehr von Gleichstrommotoren neben der Ankerwicklung auch die Wendepolwicklung und die Kompensationswicklung umpolen muss, polt man den gesamten Ankerkreis um.

Große und schnell laufende Gleichstrommotoren ab 100 kW haben neben der Wendepolwicklung auch Kompensationswicklungen.

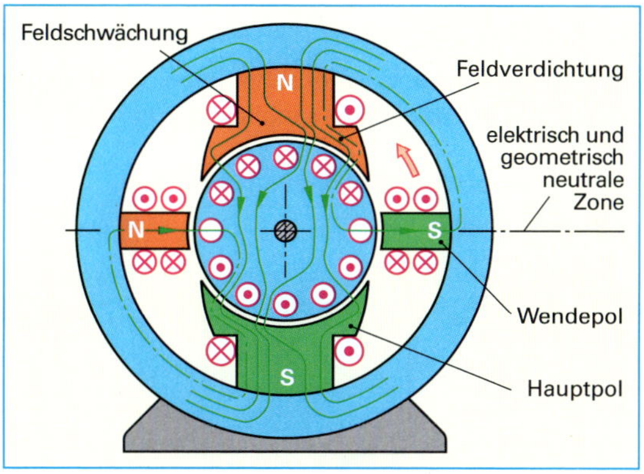

Bild 1: Gleichstrommotor mit Wendepolen (Linkslauf)

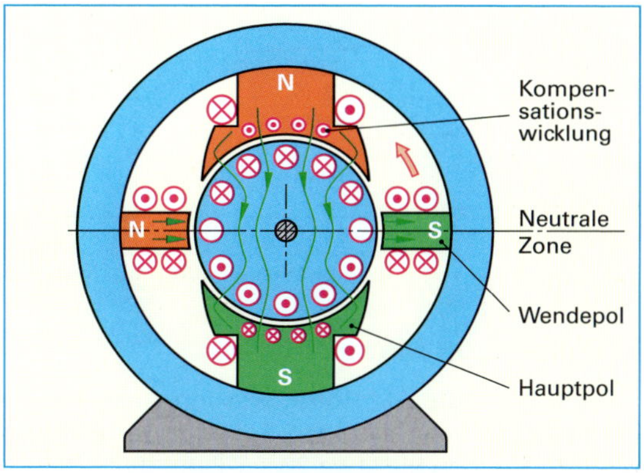

Bild 2: Gleichstrommotor mit Hauptpol-, Wendepol- und Kompensationswicklung (Linkslauf)

13.2.7.4 Anschlussbezeichnungen

Die Anschlussbezeichnungen für Gleichstrommotoren sind in der **Tabelle** angegeben. Ziffern nach den Kennbuchstaben bezeichnen Wicklungsanfang, z.B. B1, und Wicklungsende, z.B. B2 **(Bild 3)**. Ist die Ankerwicklung (A) intern mit zusätzlichen Elementen, z.B. einer Wendepolwicklung (B), geschaltet, so wird der Ankerkreis am Klemmbrett nach der hauptsächlichen Funktion mit A1 und A2 gekennzeichnet (DIN EN 60034).

Drehsinn. Rechtslauf ergibt sich, wenn der Strom in jeder Wicklung vom Anfang zum Ende fließt, also im Anker von A 1 nach A2 und in der Erregerwicklung von E1 nach E2 **(Bild 4)**.

Aus den Schaltungen von Gleichstrommotoren lässt sich der Drehsinn des Motors wie folgt ermitteln. Der Strompfeil des Ankerstromes wird auf kürzestem Wege in die Lage des Erregerstrompfeils gedreht, im **Bild 4** erfolgt die Drehung um 90° nach rechts.

Die Motordrehrichtung wird umgekehrt, wenn die Richtung des Erregerstromes oder die des Ankerstromes umgepolt wird. Vorzugsweise wird der Ankerstrom umgepolt. Besonders bei Betrieb mit Drehrichtungsumkehr werden dadurch Erregerfeldunterbrechungen vermieden.

Zur Drehrichtungsumkehr von Gleichstrommotoren wird vorzugsweise der Ankerstrom umgepolt.

Tabelle: Gleichstrommotoren Anschlussbezeichnungen

A	Ankerwicklung
B	Wendepolwicklung
C	Kompensationswicklung
D	Reihenschlusswicklung
E	Nebenschlusswicklung
F	Fremderregte Wicklung

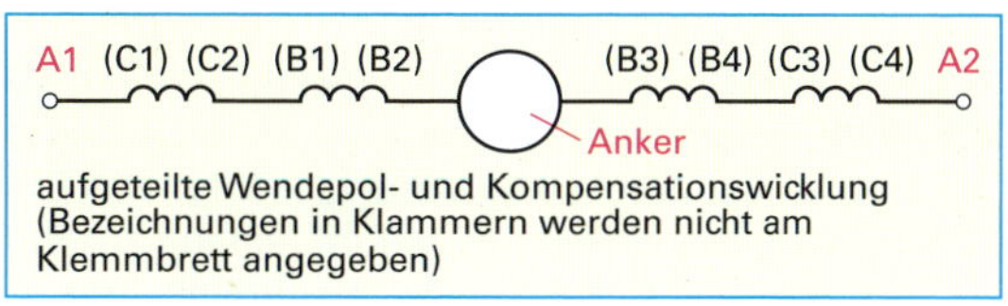

Bild 3: Ankerkreis mit Wendepol und Kompensationswicklungen

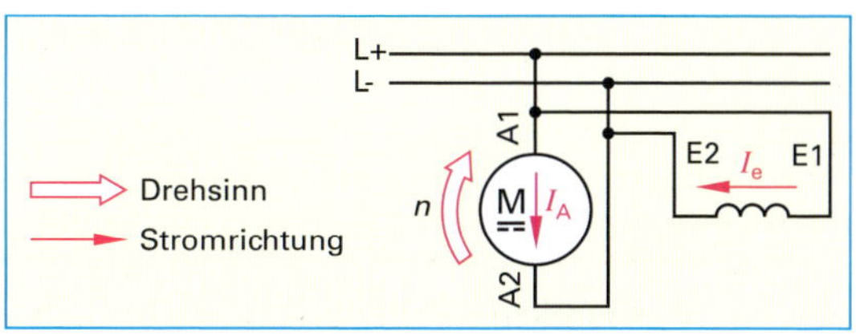

Bild 4: Nebenschlussmotor in Rechtslauf

13.2.7.5 Arten von Gleichstrommotoren

Gleichstrommotoren unterscheiden sich durch die Schaltung der Erregerwicklung zum Anker **(Tabelle)**. Hergestellt werden hauptsächlich fremderregte Motoren und Reihenschlussmotoren.

Tabelle: Arten von Gleichstrommotoren

Fremderregter Motor

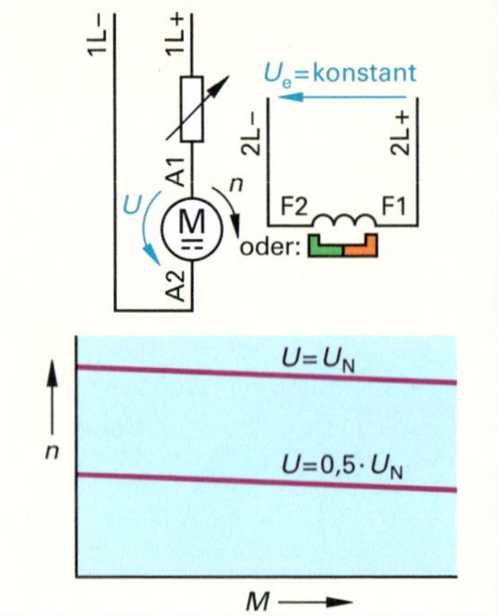

Nebenschlussmotor

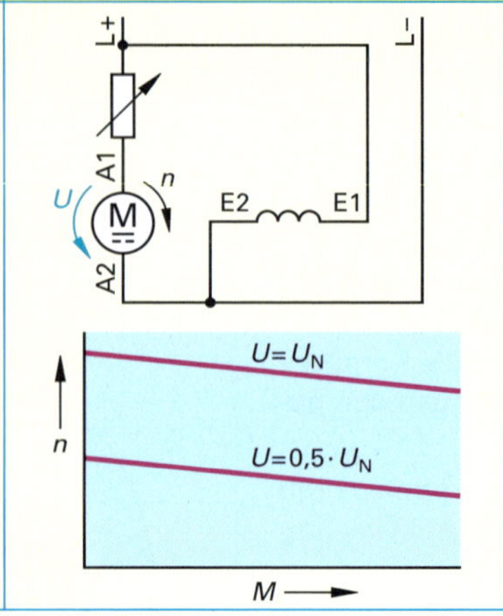

Reihenschlussmotor

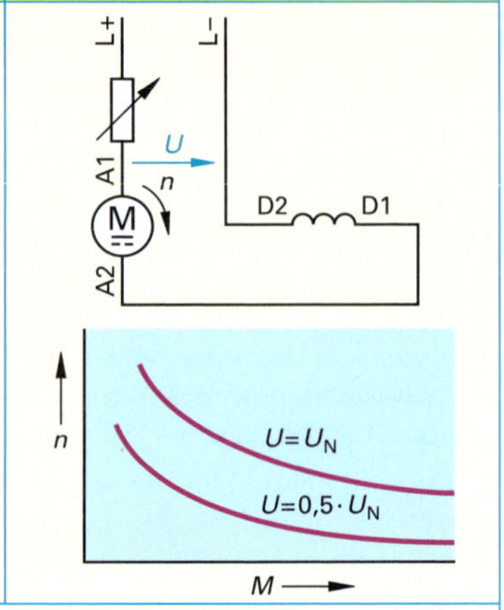

U Klemmenspannung, U_N Bemessungsspannung, U_e Erregerspannung

Fremderregter Motor

Bei fremderregten Motoren werden Ankerstromkreis und Erregerwicklung aus unabhängigen Spannungsquellen versorgt **(Bild 1)**. Bei Motorleistungen bis etwa 20 kW kann die Erregung auch durch Dauermagnete **(Permanenterregung)** erfolgen.

Betriebsverhalten. Die Stärke des Erregerfeldes Φ_e ist bei Fremderregung konstant. Für das Drehmoment gilt folgender Zusammenhang:

$\boldsymbol{M \sim \Phi_e \cdot I_A}$; da $\boldsymbol{\Phi_e}$ **= konstant** gilt: $\boldsymbol{M \sim I_A}$

Bei konstantem Erregerfeld verhält sich das Drehmoment proportional zum Ankerstrom. Im Leerlauf (Betrieb ohne Belastung) nimmt der Motor nur einen sehr kleinen Strom auf. Mit zunehmender Belastung steigt der Ankerstrom linear an **(Bild 3, Seite 521)**.

Bei Belastungszunahme verringert sich die Drehzahl **(Bild 2)** nur geringfügig (hartes Betriebsverhalten). Im gleichen Maße verkleinert sich die Ankergegenspannung **(Seite 516)**. Der Ankerstrom steigt solange, bis das Motormoment und das Widerstandsmoment gleich groß sind.

Der Betrieb an Wechselspannung erfolgt mit Stromrichtern **(Bild 1 sowie Bild 3 und 4, Seite 267)**. Ein gesteuerter Stromrichter, z. B. zur Versorgung des Ankerkreises, ermöglicht das Anlassen und eine Drehzahlsteuerung unterhalb der Bemessungsdrehzahl **(Ankersteuerung)**. Durch Feldschwächung mittels gesteuerter Stromrichter werden Drehzahlen erreicht, die größer als die Bemessungsdrehzahl sind **(Feldsteuerung)**.

Bei fremderregten Motoren sinkt die Drehzahl bei Belastung nur geringfügig.

Anwendungsbereiche. Antriebe mit großem Drehzahlsteuerbereich, z. B. Werkzeugmaschinen oder Fräsmaschinen.

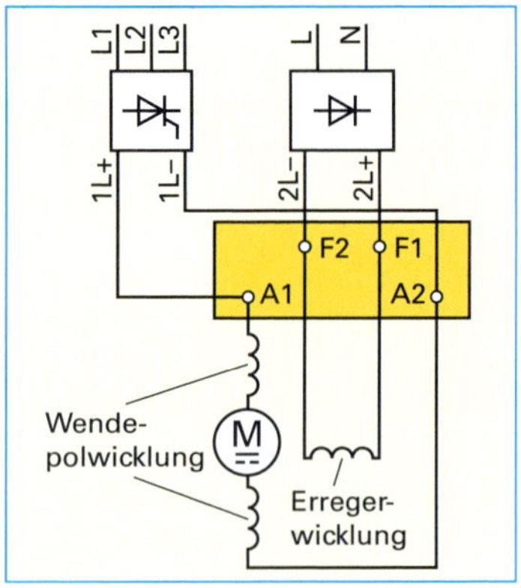

Bild 1: Fremderregter Motor

Wird der Motor mit Bemessungsmoment unterhalb der Bemessungsdrehzahl betrieben, ist eine Fremdkühlung erforderlich.

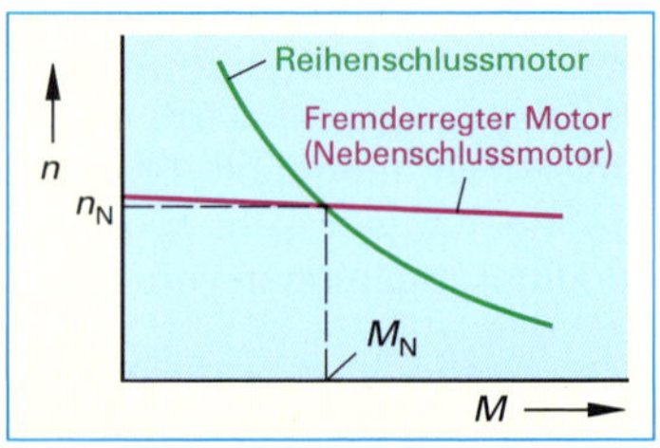

Bild 2: Drehzahlverhalten von Gleichstrommotoren

Nebenschlussmotor

Ankerkreis und Erregerwicklung sind parallel geschaltet **(Bild 1)**. Aufbau und Betriebsverhalten entsprechen dem fremderregten Gleichstrommotor. Bei Belastung sinkt jedoch die Drehzahl etwas stärker ab als bei Fremderregung. Da mit steigendem Ankerstrom die Klemmenspannung etwas sinkt, verringert sich auch der Erregerstrom und damit das Drehmoment.

Bei Nebenschluss- oder fremderregten Motoren darf die Erregung nicht separat abschaltbar sein, da sonst der Anker im schwachen Restmagnetfeld der Erregerpole unzulässig hohe Drehzahlen erreichen kann (Zerstörungsgefahr).

Reihenschlussmotor

Bei Reihenschlussmotoren sind Anker- und Erregerwicklung in Reihe geschaltet **(Bild 2)**. Der Ankerstrom ist zugleich Erregerstrom.

Betriebsverhalten. Bei Hochlauf und Belastung bewirkt die hohe Stromaufnahme ein starkes Ankerfeld und ein starkes Erregerfeld.

Es ergibt sich folgender Zusammenhang zwischen Drehmoment M und Ankerstrom I_A:

$M \sim \Phi_e \cdot I_A$; $\Phi_e \sim I_e$ und mit $I_e = I_A$ gilt: $M \sim I_A^2$

Das bedeutet, das Drehmoment ändert sich quadratisch mit dem Ankerstrom.

Ein Reihenschlussmotor entwickelt gegenüber anderen Gleichstrommotoren schon bei relativ kleinen Strömen sehr große Drehmomente **(Bild 3)**.

Daher eignen sich Reihenschlussmotoren besonders für Antriebsaufgaben, die hohe Anlaufmomente erfordern.

Sie werden vor allem für Elektrofahrzeuge verwendet, z. B. für Straßenbahnen, Elektrokarren und Gabelstapler.

Mit zunehmender Belastung erhöht sich die Stromaufnahme und damit auch die Stärke des Erregerfeldes. Bei ansteigendem Widerstandsmoment fällt die Drehzahl stark ab **(Bild 2, Seite 520)**. Bei abnehmender Last verringert sich die Stromaufnahme, die Drehzahl steigt. Das bei Leerlauf immer schwächer werdende Erregerfeld lässt die Drehzahl bis zur Motorzerstörung zunehmen.

Reihenschlussmotoren haben eine stark lastabhängige Drehzahl, sie gehen im Leerlauf durch und dürfen deshalb nicht über Riementriebe mit der Last verbunden werden.

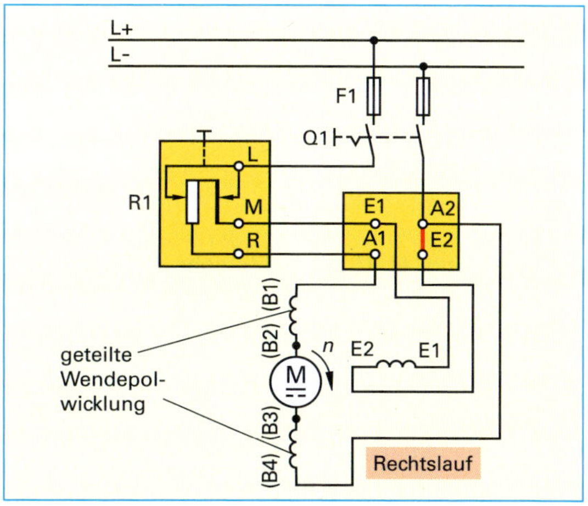

Bild 1: Nebenschlussmotor mit Anlasswiderstand

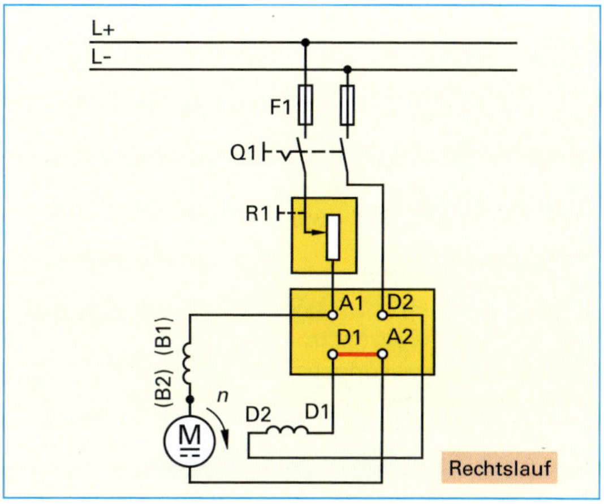

Bild 2: Reihenschlussmotor mit Anlasswiderstand

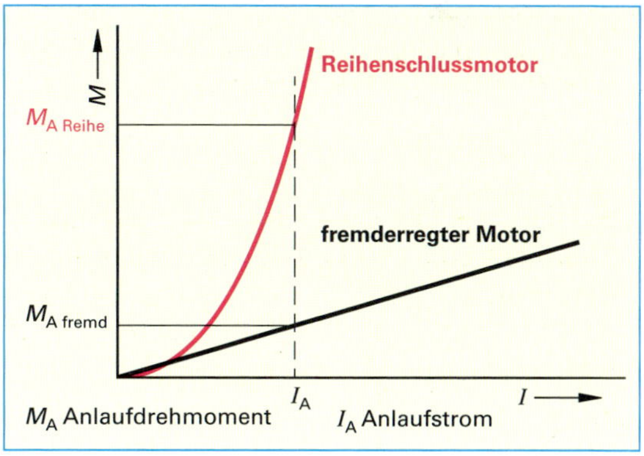

Bild 3: Kennlinien I_A= f(M)

- www.menzel-motors.com/de/gleichstrommotor
- www.faurndau.de/de/produkte/motoren/gleichstrom-motoren-efg-ef

13.2.7.6 Anlassen von Gleichstrommotoren

Direktanlassen von Gleichstrommotoren ist bis ca. 1 kW Motorleistung möglich. Bei größeren Leistungen sind **Anlassverfahren** anzuwenden, da wegen des geringen Widerstands R_A der Ankerwicklung und der beim Anlassen fehlenden Ankergegenspannung U_i **(Seite 517)** sehr hohe Anlaufströme auftreten. Diese können sowohl die Ankerwicklung zerstören **(Beispiel 1a)** als auch Leitungen und Spannungsquelle unzulässig belasten. Daher erfolgt das Anlassen vorzugsweise verlustarm über Stromrichter **(Bild 1, Seite 523)** oder verlustbehaftet über **Anlasswiderstände**.

Beim Anlassen mittels Stromrichter stellt man die Spannung am Anker kontinuierlich, sodass der Motor das für den Hochlauf erforderliche Drehmoment entwickelt. Z.B. für Hochlauf mit Bemessungsmoment M_N fließt als Anlaufstrom I_2 der Ankerbemessungsstrom I_{AN} **(Bild 1)**. Werden bei Nebenschlussmotoren Feldstell-Anlasser eingesetzt **(Bild 2)**, ist der Feldsteller so geschaltet, dass das Erregerfeld während des Anlaufs konstant bleibt. Durch stufenweise Stellen des Anlasswiderstands wird der Ankerstrom begrenzt **(Bild 3)**.

Um Bürsten und Stromwender bei Gleichstrommotoren mit $P_N \geq 1{,}5$ kW nicht zu beschädigen, ist der Anlaufspitzenstrom I_2 auf das 1,5-fache des Ankerbemessungstromes zu begrenzen.

Beispiel 1:

Ein fremderregter Gleichstrommotor **(Bild 4)** soll über einen Anlasswiderstand R_v angelassen werden. Der Widerstand des Ankerkreises ist $R_a = 0{,}5\ \Omega$. Der Ankerbemessungsstrom beträgt $I_{AN} = 10$ A bei einer Netzspannung $U = 220$ V.

a) Wie hoch wäre der maximale Anlaufspitzenstrom I_{2max} beim Direkteinschalten?

b) Wie groß muss der Anlasswiderstand R_v sein, damit der Anlaufspitzenstrom $I_2 = 1{,}5 \cdot I_{AN}$ ist?

c) Wie hoch ist die Ankergegenspannung U_i bei Bemessungsbetrieb des Motors?

Lösung:

a) $I_{2max} = \frac{U}{R_a} = \frac{220\ \text{V}}{0{,}5\ \Omega} = \mathbf{440\ A}$

b) Gesamtwiderstand des Ankerkreises: $R = \frac{U}{1{,}5 \cdot I_{AN}} = \frac{220\ \text{V}}{1{,}5 \cdot 10\ \text{A}} = 14{,}7\ \Omega$

Anlasswiderstand: $R_v = R - R_a = 14{,}7\ \Omega - 0{,}5\ \Omega = \mathbf{14{,}2\ \Omega}$

c) $U_i = U - R_a \cdot I_{AN} = 220\ \text{V} - 0{,}5\ \Omega \cdot 10\ \text{A} = \mathbf{215\ V}$

Die Ankergegenspannung U_i erreicht bei Bemessungsdrehzahl beinahe den Wert der anliegenden Netzspannung (oft über 95 %) und begrenzt trotz kleinen Ankerwiderstands den Ankerstrom **(Seite 517)**.

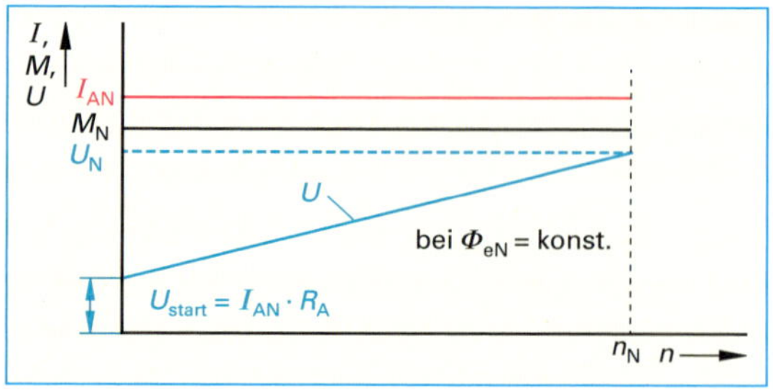

Bild 1: Hochlaufkennlinien eines fremderregten Motors bei Stromrichterbetrieb

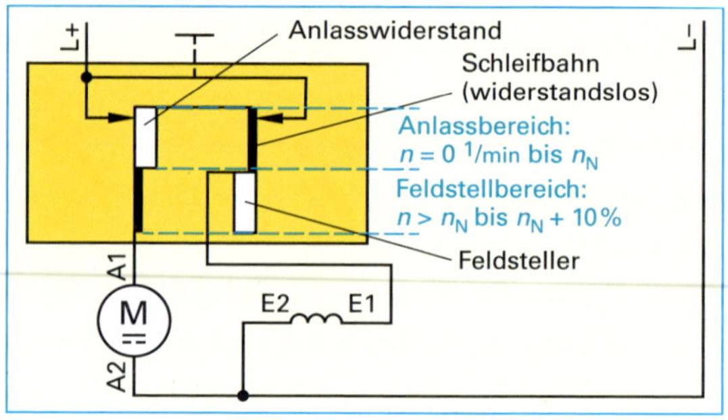

Bild 2: Nebenschlussmotor mit Anlasswiderstand und Feldsteller (Feldstell-Anlasser)

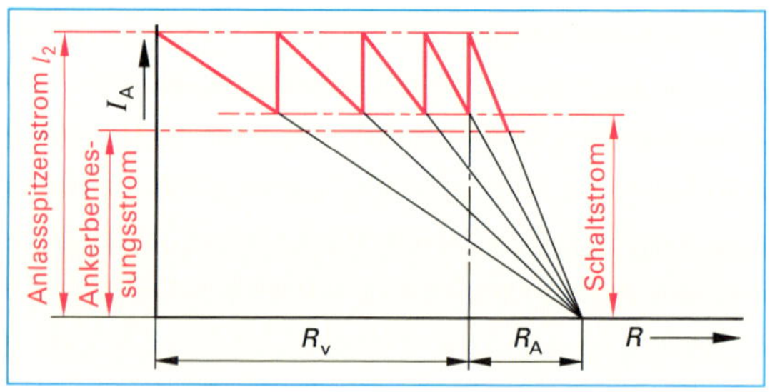

Bild 3: Anlaufstrombegrenzung durch einen 5-stufigen Anlasswiderstand

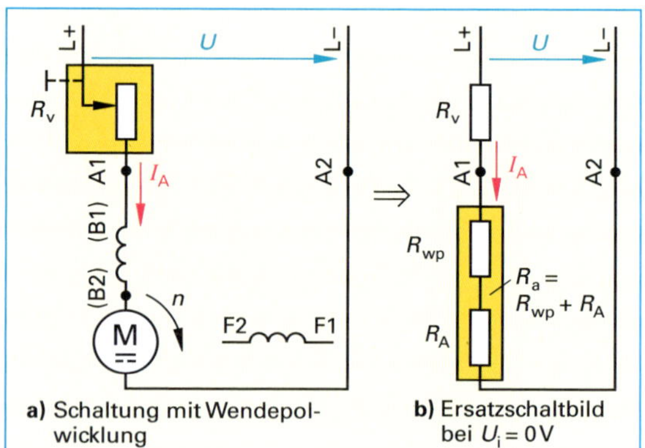

a) Schaltung mit Wendepolwicklung

b) Ersatzschaltbild bei $U_i = 0$ V

U	Netzspannung	R_{wp}	Widerstand der Wendepolwicklung
I_A	Ankerstrom		
R_v	Anlasswiderstand	R_a	Widerstand des Ankerkreises
R_A	Ankerwiderstand		

Bild 4: Fremderregter Gleichstrommotor mit Anlasswiderstand

13.2.7.7 Drehzahlsteuerung von Gleichstrommotoren

Versuch 1: Schließen Sie einen fremderregten Gleichstrommotor so an, dass Ankerspannung und Erregerstrom unabhängig voneinander eingestellt und gemessen werden können **(Bild 1)**. Stellen Sie zuerst den Bemessungserregerstrom ein und erhöhen Sie nun langsam die Ankerspannung.

Mit zunehmender Ankerspannung steigt die Ankerdrehzahl ***(Bild 1, Seite 522)****.*

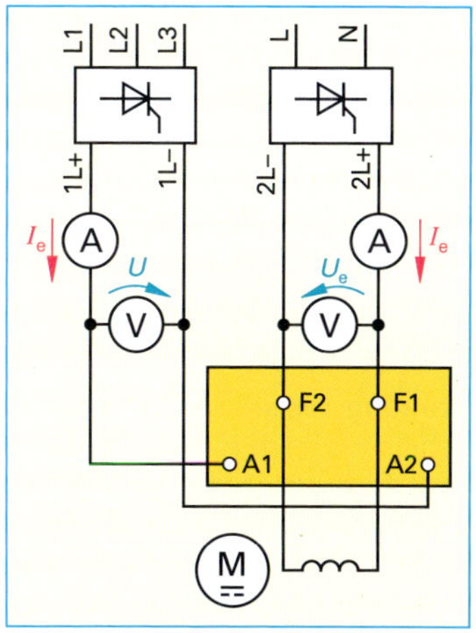

Bild 1: Stromrichtergesteuerter fremderregter Gleichstrommotor

Wird die Ankerspannung U vergrößert, so fließt zunächst ein größerer Ankerstrom. Es entsteht ein höheres Drehmoment, das den Anker beschleunigt. Mit höherer Ankerdrehzahl steigt auch die Ankergegenspannung. Aus der Formel $I_A = (U - U_i)/R_A$ folgt, dass der Ankerstrom I_A durch die Ankergegenspannung beeinflusst wird. Erfolgt die Erhöhung der Ankerspannung U bei konstantem Motordrehmoment, so ist der Ankerstrom vor und nach der Drehzahländerung gleich groß. Wird bei Bemessungslast die Ankerspannung auf Bemessungsspannung erhöht, erreicht der Anker bei Bemessungserregung seine Bemessungsdrehzahl **(Bild 2)**.

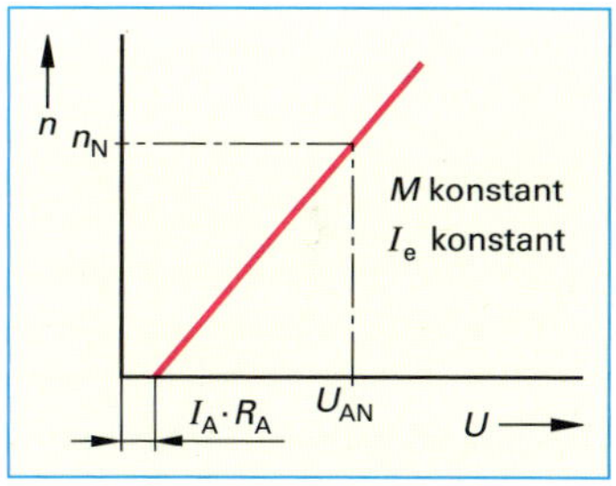

Bild 2: Drehzahl und Ankerspannung

Durch Erhöhen der Ankerspannung wird die Motordrehzahl bis maximal zur Bemessungsdrehzahl erhöht.

Versuch 2: Wiederholen Sie **Versuch 1**. Ändern Sie das Lastmoment z. B. auf $0{,}5 \cdot M_N$. Verringern Sie anschließend mit dem Feldsteller den Erregerstrom bei unveränderter Ankerspannung.

Die Ankerdrehzahl erhöht sich, wenn der Erregerstrom verringert wird.

Die Ankergegenspannung U_i ist vom Erregerfluss und der Drehzahl abhängig. Wird der Erregerfluss geschwächt, sinkt die Ankergegenspannung U_i. Damit steigt der Ankerstrom, das Drehmoment nimmt zu. Der Motor beschleunigt so lange, bis das erzeugte Motormoment gleich dem Widerstandsmoment der angetriebenen Maschine ist. Wird bei Bemessungsbetrieb ein Erregerstrom eingestellt, der kleiner als der Bemessungserregerstrom I_{eN} ist, steigt die Drehzahl n_1 über die Bemessungsdrehzahl n_N **(Bild 3)**.

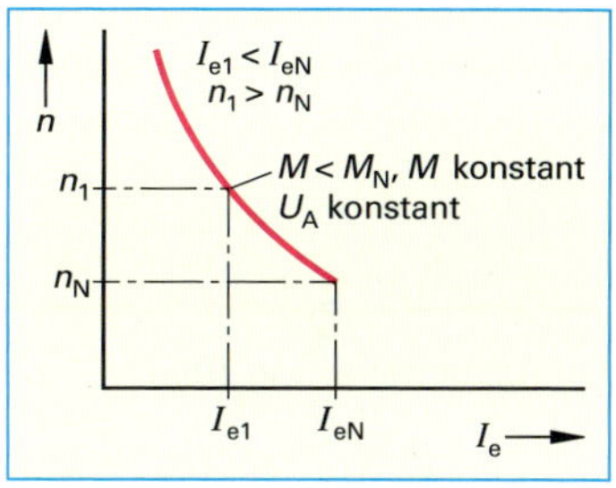

Bild 3: Drehzahl und Erregerstrom

Durch Schwächung des Erregerfeldes kann die Motordrehzahl über die Bemessungsdrehzahl hinaus erhöht werden.

Die Drehzahl darf durch Feldschwächung nicht beliebig ansteigen, da die auftretenden Fliehkräfte Stromwender und Anker beschädigen können. Der Motor darf nur bis zum Ankerbemessungstrom belastet werden. Gegebenenfalls ist das Lastmoment entsprechend zu verkleinern.

Grundsätzlich ist sicherzustellen, dass das Erregerfeld erst nach der Ankerspannug abgeschaltet wird. Sonst besteht Zerstörungsgefahr, da bei Wegfall der Ankergegenspannung und kleinen Lastmomenten der Motor sehr stark beschleunigt. Man sagt „der Motor geht durch“.

Gleichstrom-Antriebe mit Stromrichter: **Seite 267 bis 269**

Vorteile stromrichtergesteuerter Gleichstromantriebe

Gleichstrommotoren besitzen einen großen Drehzahlsteuerbereich **(Bild 4, Seite 267)**, der durch steuerbare Stromrichter nahezu verlustfrei genutzt werden kann. Zudem besitzen sie bei sehr niedrigen Drehzahlen sehr gute Rundlaufeigenschaften.

Fremderregte Gleichstrommotoren haben ein einfaches, lineares Regelverhalten, da sich das Drehmoment M bei konstantem Erregerfeld proportional zum Ankerstrom I_A verhält **(Bild 4)**.

Es gilt: $M \sim \Phi_e \cdot I_A$, bei Φ_e = konstant folgt $M \sim I_A$.

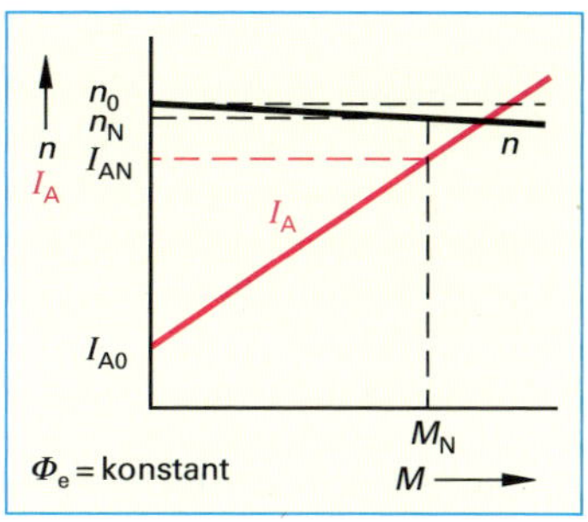

Bild 4: Ankerstrom und Drehzahl in Abhängigkeit von der Belastung (Drehmoment)

13.2.7.8 Universalmotor

Der Aufbau entspricht dem des Reihenschlussmotors. Die Erregerwicklung ist symmetrisch zum Anker aufgeteilt **(Bild 1 und Bild 3)**. Für Wechselstrombetrieb sind Läufer und Ständer geblecht, um Wirbelstromverluste gering zu halten **(Bild 2)**.

Der Universalmotor kann an Gleichspannung oder an Wechselspannung betrieben werden.

Wirkungsweise. Tauscht man die Polarität des Anschlusses beim Reihenschlussmotor, so ändern Erregerfeld und Ankerstrom gleichzeitig ihre Richtung. Folglich wirkt das Drehmoment in gleicher Richtung weiter. Der Motor kann also auch an Wechselspannung betrieben werden. Der bei Wechselspannung wirksam werdende Blindwiderstand der Wicklung begrenzt jedoch den Strom stärker, wodurch das Drehmoment reduziert wird. Soll das Drehmoment für beide Spannungsarten gleich sein, wird die Windungszahl der Erregerwicklung für Wechselspannung entsprechend verkleinert **(Bild 3)**.

Universalmotoren **(Bild 1)** werden überwiegend für den Betrieb an Wechselspannung hergestellt. Ständer und Läufer sind geblecht. Wegen der Kohlebürsten ist er nicht wartungsfrei.

Betriebsverhalten. Der Universalmotor verhält sich wie ein Gleichstrom-Reihenschlussmotor. Die Motordrehzahl ist spannungsabhängig. Durch eine feste Verbindung mit einem Getriebe oder Lüfterrad besteht keine Durchgehgefahr.

Universalmotoren haben bei kleiner Baugröße eine große Leistung. Ihre Drehzahl ist stark lastabhängig, das Anlaufdrehmoment hoch.

Drehzahlsteuerung (Bild 4). Wie bei Gleichstrom-Reihenschlussmotoren ist die Drehzahl bei Universalmotoren von der Motorspannung abhängig. Zur Drehzahlsteuerung wird die Phasenanschnittsteuerung **(Seite 260)** angewendet.

Anwendung. Universalmotoren haben Leistungen von ca. 50 W bis etwa 2 kW. Sie werden z. B. für Elektrowerkzeuge, Haushalts- und Gartengeräte verwendet (Bohrmaschinen, Staubsauger und Waschmaschinen).

Entstörmaßnahmen. An den Bürsten entstehen durch das Bürstenfeuer hochfrequente Störimpulse. Die Erregerwicklung ist geteilt **(Bild 3)**. Sie wirkt so als Drosselspule und begrenzt die Funkstörung. Zusätzlich sind Entstörkondensatoren **(Seite 418)** erforderlich.

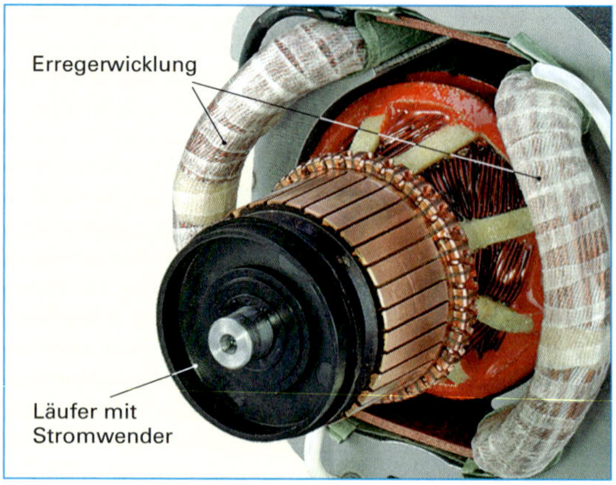

Bild 1: Universalmotor

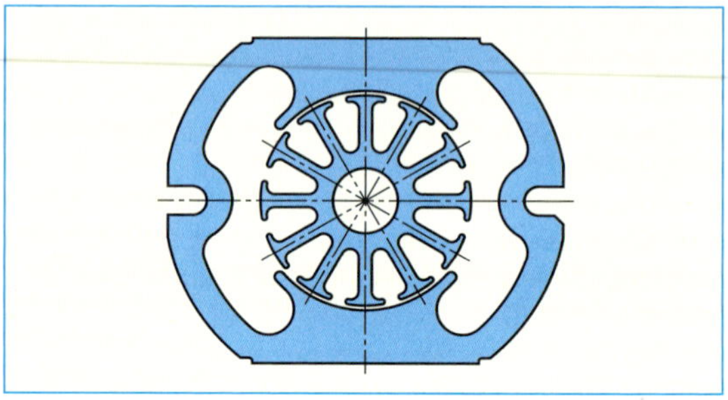

Bild 2: Ständer- und Läuferblechschnitt

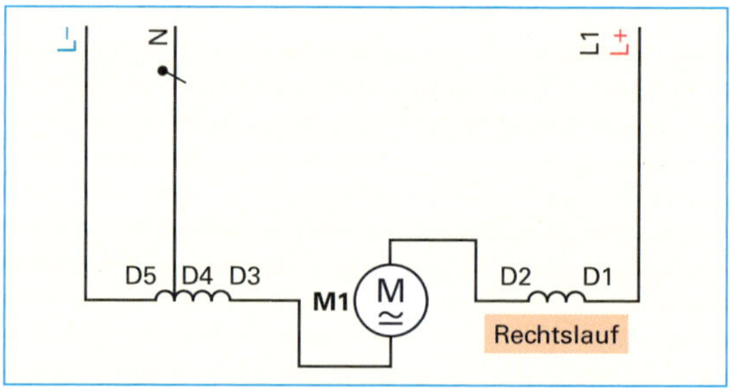

Bild 3: Schaltung der Wicklungen des Universalmotors

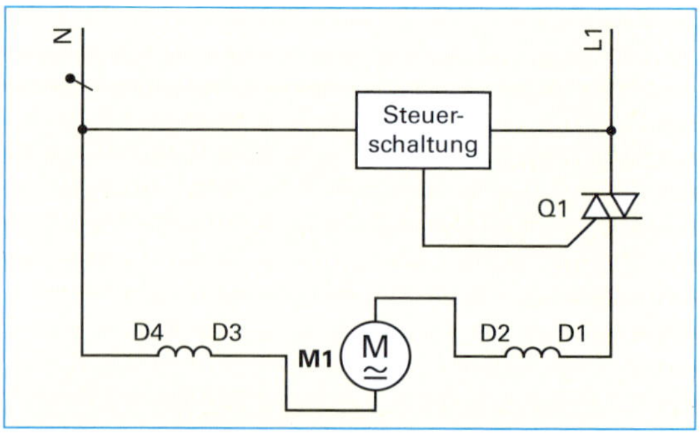

Bild 4: Drehzahlsteuerung eines Universalmotors

13.2.8 Servomotoren

Servomotoren[1] **(Bild 1)** sind spezielle Elektromotoren mit einem eingebauten Sensor zur Positionsbestimmung der Motorwelle. Die Daten dieses Sensors erlauben die Regelung von Lage, Drehzahl, Beschleunigung und Drehmoment in einem elektronischen Regelsystem, dem Servoregler. Servomotoren werden z. B. zum winkelgenauen Positionieren und lagerichtigen Festhalten von Werkstücken in Werkzeugmaschinen oder bei Industrierobotern verwendet.

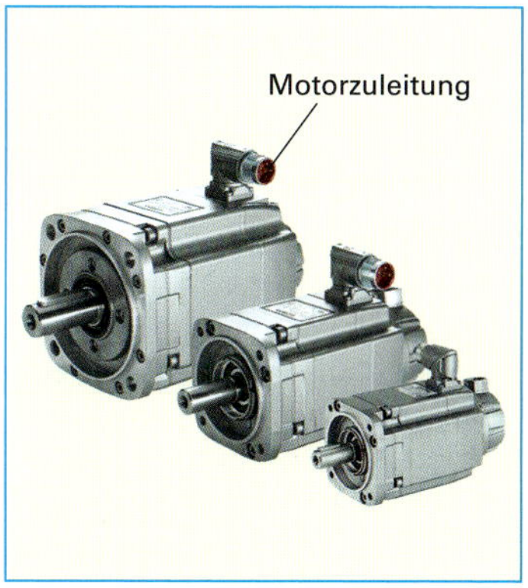

Bild 1: Servomotoren

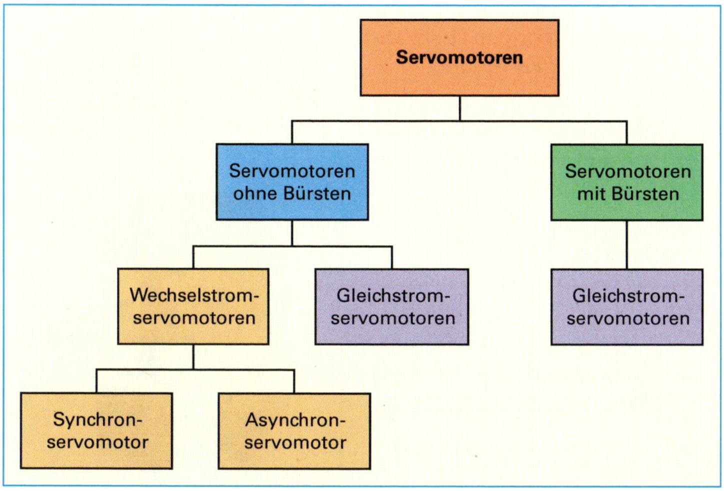

Bild 2: Einteilung von Servomotoren

Übersicht: Anforderungen an Servomotoren

- Hohe Positionierungsgenauigkeit
- großer Drehzahlstellbereich (0,01 bis 10 000 1/min)
- hohe Drehzahlgenauigkeit
- guter Rundlauf auch bei kleinen Drehzahlen
- großes Drehmoment
- hohe Dynamik
- Stillstandsmoment
- hohe Überlastbarkeit

Servomotoren haben Bemessungsleistungen bis etwa 50 kW. Sie benötigen eine spezielle Stromversorgung und elektronische Regelsysteme. Servomotoren arbeiten meist im 4-Quadrantenbetrieb **(Seite 266)** und werden als Wechselstrom- oder Gleichstrom-Motoren **(Bild 2)** ausgeführt.

Wichtige Auswahlkriterien sind das zur Verfügung stehende Drehmoment und die Dynamik (hohe Beschleunigungsmomente für sehr schnelle Drehzahl- und Drehrichtungsänderungen).

Servoantriebe **(Bild 3)** bestehen aus dem Servomotor, einem Servoumrichter und aus einer Steuerung, z. B. einer SPS **(Seite 562)**. Der Servoumrichter beinhaltet die Leistungselektronik und Regelung für Position, Drehzahl und Drehmoment. Weiterhin werden Überlastungen, z. B. Kurzschluss, Überlast und Grenztemperaturen durch den Servoumrichter überwacht. Die Regelung ermöglicht ein gezieltes Fahren (Drehen), Halten und Stoppen des Servomotors. Signale für die Regelung erhält der Servoumrichter von Sensoren (Gebersysteme, **Seite 528**). Eine eingebaute Motorbremse ermöglicht die Position des Servomotors im Stillstand festzuhalten.

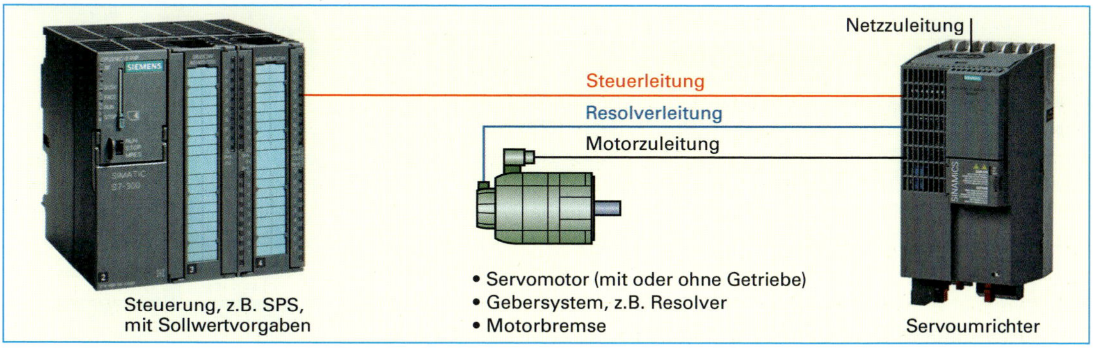

Bild 3: Komponenten eines Servoantriebs

1 servo, von Servus (lat.) = Diener, dienbar

13.2.8.1 Gleichstromservomotor

DC-Servomotoren sind fremderregte Gleichstrommotoren.

DC-Servomotoren werden über Stromrichter **(Seite 267)** betrieben. Die Erregung erfolgt durch im Stator untergebrachte Dauermagnete. Das Drehmoment ist proportional zum Motorstrom, der über Kohlebürsten dem Anker (Läufer) zugeführt wird. Die Drehzahl ist proportional zur Ankerspannung. Das nutzbare Drehmoment ist von der Betriebsart abhängig. Im Kurzzeitbetrieb steht bei niedrigen Drehzahlen das bis zu 4-fache Bemessungsdrehmoment zur Verfügung.

Läufer mit kleinem Trägheitsmoment ermöglichen eine hohe Dynamik. Läufer mit kleinem Durchmesser (Schlankläufer) und geringer Masse wie eisenlose Läufer, z.B. Scheibenläufer **(Bild 1)**, haben ein kleines Trägheitsmoment.

Nachteilig bei DC-Servomotoren sind z.B. der höhere Wartungsaufwand durch Bürstenverschleiß und die ungünstige Abfuhr der in den Ankerwicklungen entstehenden Verlustwärme. Sie werden daher meist nur für kleine Bemessungsmomente bis etwa 1 Nm eingesetzt.

Scheibenläufermotoren (Bild 2) haben Läuferscheiben ohne Eisenkern. Durch die kleine Läufermasse ist ihr Trägheitsmoment sehr gering. Sie können schnell anlaufen oder abstoppen.

Scheibenläufermotoren haben eine hohe Dynamik.

Die auf der Läuferscheibe beidseitig aufgebrachte Ankerwicklung besteht aus Leiterbahnen aus Kupferfolie **(Bild 3)**. Die Stromzuführung erfolgt über Kohlebürsten meist direkt auf die Leiterbahnen, die damit gleichzeitig Stromwender sind.

Das Erregermagnetfeld wird durch Dauermagnete erzeugt, die auf Jochringen aus Weicheisen angebracht sind **(Bild 1, Seite 527)**.

Scheibenläufermotoren werden mit Leistungen von etwa 20 W bis 10 kW gebaut. Sie können innerhalb von wenigen Millisekunden eine hohe Drehzahl erreichen, abgebremst und in der Drehrichtung umgesteuert werden. Die offenliegenden Leiterbahnen ermöglichen durch die gute Wärmeabfuhr kurzfristig starke Überlastungen. Das homogene Erregermagnetfeld ergibt auch bei kleinen Drehzahlen einen gleichmäßigen Lauf bei konstantem Drehmoment und eine hohe Positionierungsgenauigkeit.

13.2.8.2 Drehstromservomotor

Drehstromservomotoren (Bild 4) sind meist permanenterregte Synchronmotoren. Im Statorblechpaket **(Bild 2, Seite 527)** befindet sich eine dreiphasige Drehstromwicklung. Der Läufer besteht aus dem Läuferblechpaket mit aufgebrachten Permanentmagneten, meist Seltenerdmetall-Magnete. SE-Magnete haben hohe Magnetkräfte und ermöglichen kleine Rotorabmessungen. Verbunden mit Aussparungen im Blechpaket wird ein geringes Läuferträgheitsmoment erreicht.

Um die Läuferposition zu erfassen, befindet sich auf der Läuferwelle ein Gebersystem, meist ein Resolver **(Bild 1, Seite 528)**. Abhängig vom Rotorwinkel erfolgt die Stromzufuhr zu den Statorwicklungen.

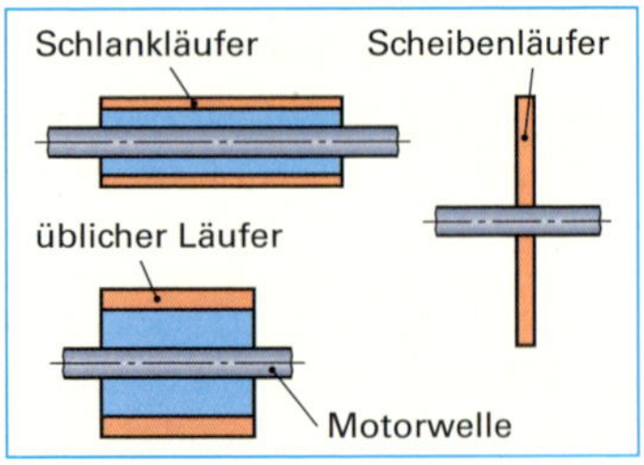

Bild 1: Läuferausführungen

www.sew-eurodrive.de
www.mattke.de

Bild 2: Scheibenläufermotor

Bild 3: Läuferscheibe mit aufgeklebten Leiterbahnen

Leistungsschild (Beispiel)

Firma	
3~ Motor Typ	No.
M_0 6,0 Nm	I_0 4,5 A
M_N 4,7 Nm	I_N 3,7 A
n_N 6000 1/min	n_{max} 6600 1/min
Th. Cl. 155 (F)	IP 65
CE DIN EN 60034	

M_0, I_0: Stillstandswerte

Bild 4: Drehstromservomotor

Bei der Stromversorgung für Drehstromservomotoren wird der Strom für die Ständerwicklungen elektronisch kommutiert.

Wegen ihrer guten Drehmoment- und Drehzahlkonstanz auch bei kleinen Drehzahlen werden sinuskommutierte Motoren bevorzugt. Über einen Ausgangswechselrichter werden hierbei alle drei Phasen durch eine getaktete Gleichspannung (PWM, **Seite 264**) versorgt. Dadurch fließen in den Statorwicklungen sinusförmige Ströme.

Drehstromservomotoren haben gegenüber z.B. bürstenbehafteten DC-Servomotoren Vorteile:

- geringeres Massenträgheitsmoment, da keine Läuferwicklung,
- keine Kohlenbürsten, dadurch wartungsfrei,
- bessere Wärmeabfuhr, da Wicklungen außenliegend im Stator.

Ein Drehstromservosystem besteht aus dem Motor mit Gebersystem und dem Servoumrichter. An den Umrichter ist die Steuerung zur Sollwertvorgabe angeschlossen.

Positionierungsvorgang. Im Servoumrichter befinden sich die Regelkreise von Lageregler, Drehzahlregler und Stromregler **(Bild 4)**. Die Lageregelung vergleicht die vom Geber übertragene Position (Istwert) mit dem vom Anwenderprogramm der Steuerung vorgegebenen Sollwert. Um eine Abweichung auszugleichen, ist eine bestimmte Drehzahl und ein entsprechendes Drehmoment notwendig.

Der Positionierungsvorgang läuft in folgenden Schritten ab:

- Der Lageregler erkennt eine Positionierungsdifferenz,
- der Drehzahlregler ermittelt die erforderliche Drehzahl,
- der Stromregler bewirkt das erforderliche Drehmoment.

Drehmomentkennlinien (Bild 3) geben Aufschluss über die Arbeitsbereiche des Servomotors. Zugrunde gelegt ist hierbei die Kombination von Motor und geeignetem Umrichter. Um eine **thermische Überlastung** des Motors zu verhindern, muss der mittlere Betriebspunkt (M_m, n_m) aller in einem Arbeitszyklus geforderten Drehmomente (M, n) im Bereich des Dauerbetriebs liegen. Das maximale Drehmoment M_{max} darf nicht überschritten werden, um eine Entmagnetisierung der Läufermagnete durch zu hohe Stromaufnahme zu vermeiden.

Das Drehmoment, besonders im oberen Drehzahlbereich, wird auch durch die an den Motorklemmen anliegende Spannung (Spannungsgrenzkurve) begrenzt, welche z.B. von der Netzspannung, der Zwischenkreisspannung des Umrichters und vom Spannungsfall an den Zuleitungen abhängt. Mit steigender Drehzahl erhöht sich die in den Motorwicklungen induzierte Gegenspannung, wodurch die Stromaufnahme sinkt und dadurch auch das Drehmoment.

Bei Überschreitung der zulässigen Grenzdrehzahl wird der Motor mechanisch zerstört.

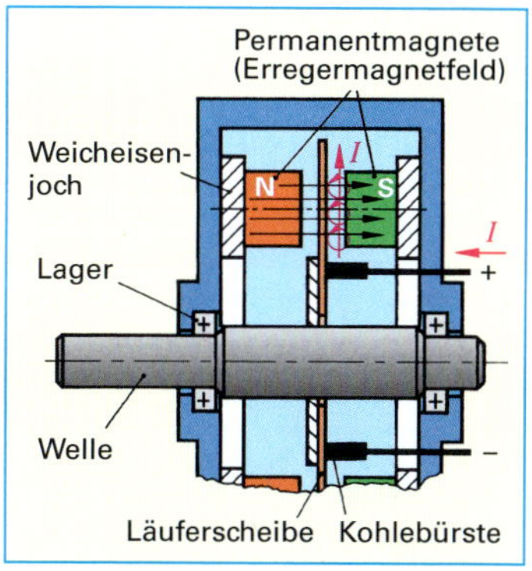

Bild 1: Aufbau eines Scheibenläufermotors

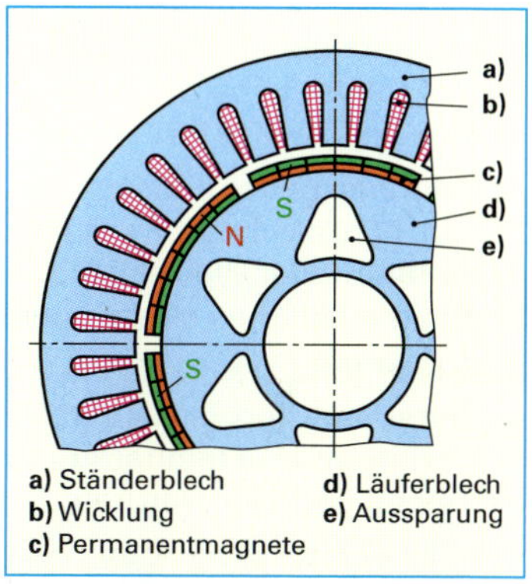

Bild 2: Drehstromsynchronservomotor, Ständer und Läufer

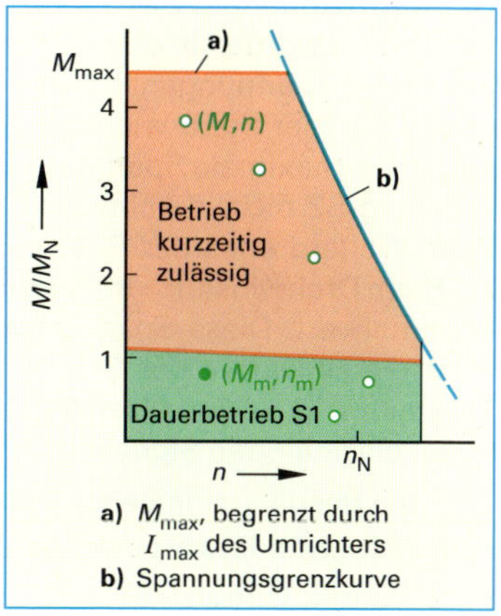

Bild 3: Arbeitsbereich beim Drehstromsynchronservomotor

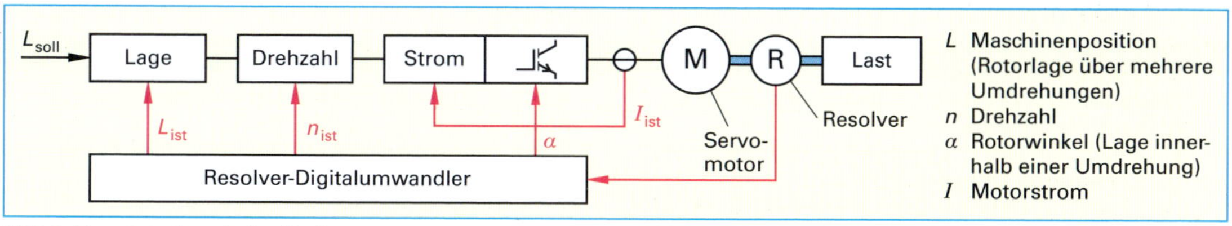

Bild 4: Regelstruktur beim Drehstromservomotor

Gebersysteme

Gebersysteme sind Messeinrichtungen zum Erfassen von Drehzahl, Drehsinn und Winkelpositionen bei Servoantrieben. Sie dienen der Rückmeldung der Läuferposition an den Servoregler im Servoumrichter. Man unterscheidet verschiedene Gebertypen **(Bild 3).**

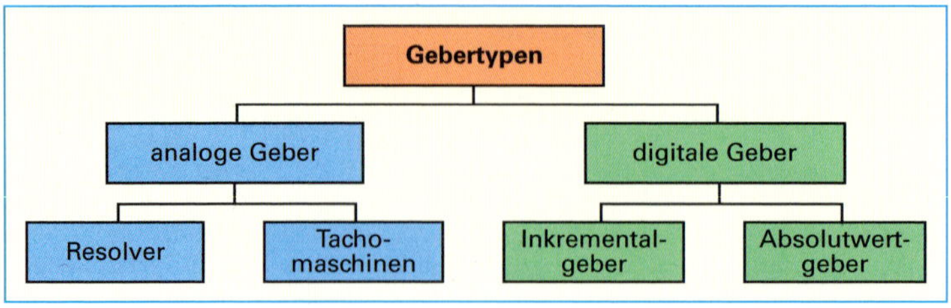

Bild 3: Einteilung wichtiger Gebertypen

Inkrementalgeber[1] (Seite 188) wandeln z. B. die Drehzahl mithilfe einer Inkrementalscheibe, die radiale, lichtdurchlässige Schlitze aufweist, in elektrische Impulse um. Die Abtastung erfolgt opto-elektronisch.

Absolutwertgeber erfassen die Drehzahl, Drehsinn und Winkelposition in Winkelschritten mithilfe einer Winkelscheibe (Codescheibe, **Seite 188**). Jeder Winkelschritt hat ein Referenzmuster im Graycode. Dadurch erhält man eine eindeutige Position der Motorwelle.

Resolver[2] (Bild 1) sind die am meisten eingesetzten Winkellagegeber bei Servomotoren. Ein direkter Einbau in den Servomotor ist möglich. Weiterhin sind sie temperatur- und vibrationsunempfindlich und haben einen geringen Verdrahtungsaufwand. Sie entsprechen im Aufbau einem Wechselstromgenerator mit einer Rotorwicklung und zwei um 90° zueinander versetzten Statorwicklungen **(Bild 2).**

Die Rotorwicklung wird mit einer sinusförmigen Wechselspannung U_R erregt. Abhängig von der Lage des mit der Motordrehzahl drehenden Rotors werden in den versetzten Statorwicklungen unterschiedlich große Spannungen induziert. Befindet sich der Rotor z. B. genau gegenüber der Statorwicklung S1 (Drehwinkel $\alpha = 0°$, **Bild 2**), wird in dieser die maximale Spannung U_1 induziert. Zugleich wird die Statorwicklung S2 nicht durchflutet, die Spannung U_2 beträgt daher 0 V. Beim Weiterdrehen des Rotors nimmt U_1 ab, die Spannung U_2 steigt an. Beim Drehwinkel $\alpha = 90°$ verringert sich U_1 auf 0 V, U_2 erreicht ihren Maximalwert. Diese Spannungen geben die Rotorlage wieder, und zwar die Hüllkurve der Spannung U_1 als Kosinusfunktion, die der Spannung U_2 als Sinusfunktion **(Bild 2).** Ein Resolver-Digital-Wandler formt die analogen Signale in digitale Zählwerte um.

Aus den Resolversignalen erkennt der Servoregler:

- den Drehzahl-Istwert des Läufers,
- die Winkelposition und
- den Drehsinn des Läufers.

Bei besonders hohen Anforderungen an die Positionierungsgenauigkeit werden z. B. hoch auflösende Inkrementalgeber verwendet.

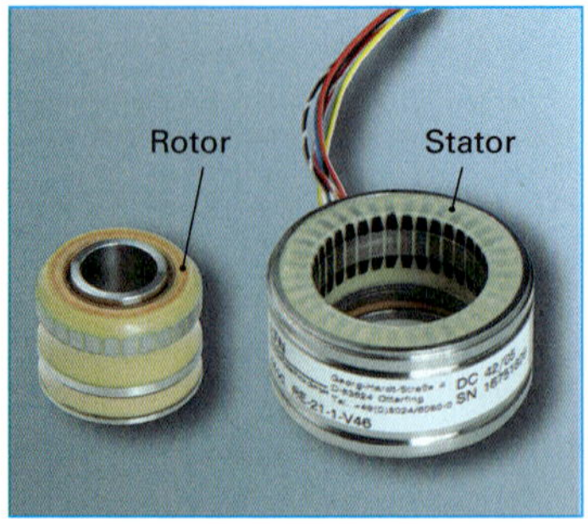

Bild 1: Resolver

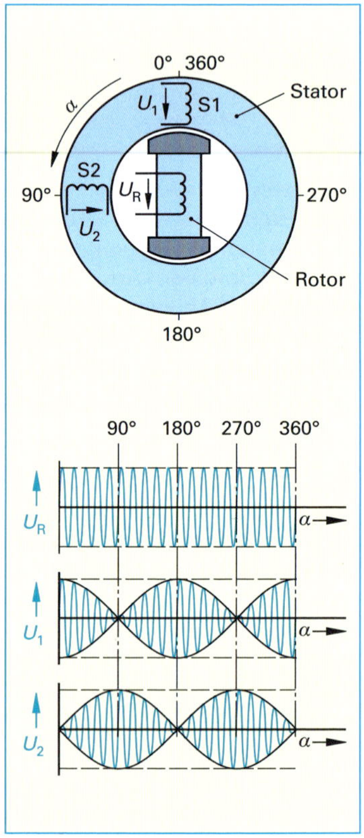

Bild 2: Resolverprinzip

Inkrementalgeber: Sensoren, **Seite 188**

Wiederholungsfragen

1 **Warum sind z. B. Drehstrom-Normmotoren nicht als Servoantriebe einsetzbar?**

2 **Wie unterscheiden sich Gleichstrom- und Drehstromservomotoren im Aufbau?**

3 **Warum sind bei Servoantrieben Drehgeber erforderlich?**

4 **Warum werden bei Servomotoren Schlank- oder Scheibenläufer verwendet?**

5 **Welche Angaben sind den Drehmomentkennlinien von Drehstromservomotoren entnehmbar?**

[1] Inkrement (lat.) = Betrag, um den eine Größe zunimmt

[2] von to resolve (engl.) = auflösen

13.2.9 Wartung und Prüfung elektrischer Maschinen

Um Betriebsstörungen zu vermeiden, sind elektrische Maschinen regelmäßig zu warten **(Beispiele Tabelle 1)**.

Elektrische Prüfung von Wicklungen

Geforderte Prüfungen nach DIN EN 60034-1 sind die Hochspannungsprüfung mit Wechselspannung, die Isolationswiderstandsprüfung und Messung der Wicklungswiderstände. Gemessen wird an der fertig montierten Maschine mit Universalprüfgeräten **(Bild 1)**.

Nach Neuwicklung oder Instandsetzung ist die Isolation von Wicklungen elektrischer Maschinen ist zu prüfen.

Da die Wicklungen jeweils gegeneinander und auf Körperschluss geprüft werden, wird sowohl die Sicherstellung des Basisschutzes **(Seite 350)** als auch die einwandfreie elektrische Funktion der Maschine gewährleistet.

Hochspannungsprüfung mit Wechselspannung. Die dabei zu verwendenden Prüfgeräte müssen eine einstellbare sinusförmige Wechselspannung von 500 V bis 5000 V, 50 Hz liefern. Die Prüfspannung hängt von der Bemessungsspannung der Maschine ab **(Tabelle 2)**. Die Prüfdauer beträgt insgesamt eine Minute. Begonnen wird bei halber Prüfspannung, die innerhalb von 10 s auf den vollen Wert gestellt wird.

Nur vollständig erneuerte Wicklungen werden mit voller Prüfspannung geprüft, teilweise erneuerte Wicklungen nur mit 75 % der vollen Prüfspannung.

Isolationswiderstandsmessung. Gemessen wird mit Messgeräten, deren Prüfspannung mindestens 500 V und bis 1000 V Gleichspannung beträgt. Der Isolationswiderstand kann je nach Maschinenart und -größe verschieden sein. Er sollte jedoch mindestens 1 kΩ je 1 Volt Prüfspannung betragen, z.B. bei einer Prüfspannung von 1000 V mindestens 1 MΩ.

Bei instand gesetzten Motoren für Elektrogeräte muss der Isolationswiderstand nach DIN VDE 0701-0702 **(Seite 420)** mindestens 1 MΩ betragen.

Messung der Wicklungswiderstände. Aufgrund der starken Temperaturabhängigkeit von Kupfer **(Seite 39)** ist die aktuelle Raumtemperatur zu berücksichtigen, z.B. durch eine am Universalprüfgerät angeschlossene Temperatursonde.

Um Einflüsse der Messleitungen bei der Messung der oft sehr niederohmigen Wicklungswiderstände zu vermeiden, wird das Verfahren der Vierleitermessung angewendet. Voraussetzung ist ein Messgerät mit einer Konstantstromquelle und einem hochohmigen Spannungsmesser **(Bild 2)**.

Tabelle 1: Wartungsplan für Elektromotoren (Auszug)

Wartungsarbeit	Motorart			Lager	
	K	SL	St	W	G
Kontrolle von Kohlebürsten, Bürstenhalterung, evtl. Bürstenabhebevorrichtung und Schleifringen bzw. Stromwender	×	monatlich	monatlich	×	×
Kontrolle der Anschlussklemmen	vierteljährlich	vierteljährlich	vierteljährlich	×	×
Überprüfung des Bürstendrucks	×	vierteljährlich	vierteljährlich	×	×
Messung des Isolationswiderstandes der Wicklungen	mindestens jährlich	mindestens jährlich	mindestens jährlich	×	×
Verschmutzte Wicklungen reinigen und feuchte Wicklungen trocknen	mindestens jährlich	mindestens jährlich	mindestens jährlich	×	×
Messung der Wicklungstemperatur	×	mindestens jährlich	mindestens jährlich	×	×
genaue Kontrolle von Kohlebürsten, Bürstenhalterung und Schleifring- bzw. Stromwenderzustand	×	mindestens jährlich	mindestens jährlich	×	×
genaue Kontrolle der Lager und Messung der Lagertemperatur	×	×	×	mindestens jährlich	mindestens jährlich

K Käfigläufer, **SL** Schleifringläufer, **St** Stromwendermotor, **W** Wälzlager, **G** Gleitlager

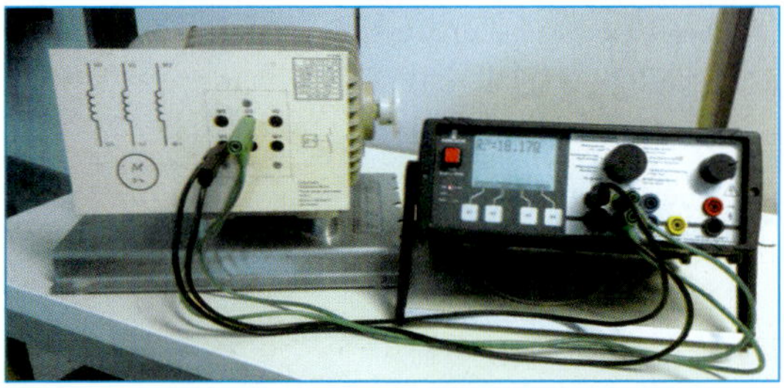

Bild 1: Universalprüfgerät im Einsatz

Tabelle 2: Wicklungsprüfung nach EN 60034-1

Art der Wicklung	Maschine oder Maschinenteil	Prüfspannung U_p
Alle Wicklungen, außer den nachstehenden	bis 1 kW (kVA), $U_N < 100$ V	$2 \cdot U_N + 500$ V
	Unter 10000 kW (kVA)	$2 \cdot U_N + 1000$ V mind. 1500 V
	Über 10000 kW (kVA) U_N bis 24 kV	$2 \cdot U_N + 1000$ V
Schleifringläuferwicklungen	ohne Drehfeldumkehr mit Drehfeldumkehr	$2 \cdot U_{L0} + 1000$ V $4 \cdot U_{L0} + 1000$ V
Erregerwicklungen	Gleichstrommaschinen fremderregt	$2 \cdot U_{Ne} + 1000$ V mind. 1500 V

U_N Bemessungsspannung, U_{L0} Läuferstillstandsspannung, U_{Ne} Bemessungs-Erregerspannung

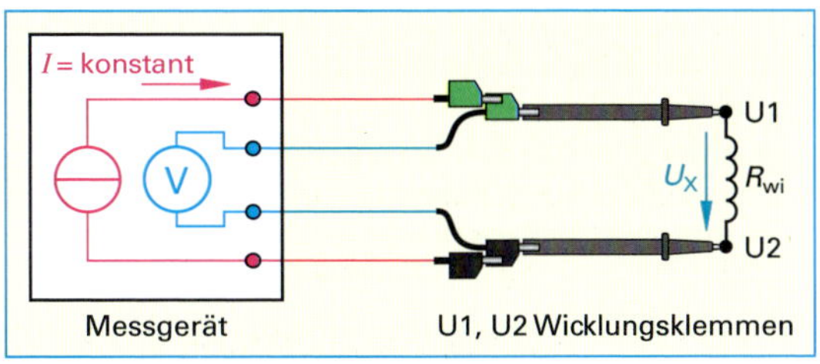

Bild 2: Prinzip Vierleitermesstechnik

1. Ein idealer Transformator hat am Netz 230 V 50 Hz eine Stromaufnahme von 0,5 A. Seine Ausgangsspannung beträgt 50 V. Ermitteln Sie die ausgangsseitige Stromstärke und das Übersetzungsverhältnis.

2. Wie ändern sich Stromaufnahme und Leistungsaufnahme eines Transformators, wenn der Luftspalt in seinem Eisenkern vergrößert wird?

3. **a)** Zeichnen Sie die Messschaltung zur Ermittlung der Kurzschlussspannung eines Einphasentransformators. **b)** Berechnen Sie die relative Kurzschlussspannung eines Transformators 400 V/230 V, wenn bei U = 24 V durch die Eingangswicklung der Bemessungsstrom fließt. **c)** Welche Aussage ist anhand der ermittelten Kurzschlussspannung über das Spannungsverhalten bei Belastung möglich?

4. Beim Versuch **Bild 1** hat ein Trenntransformator bei anliegender Bemessungsspannung eine Leistungsaufnahme von 200 W. **a)** Welche Verluste werden gemessen und wie entstehen sie? **b)** Berechnen Sie den Wirkungsgrad des Transformators bei Betrieb mit Bemessungsleistung 3000 VA, cos φ = 1 und einer im Kurzschlussversuch ermittelten Leistungsaufnahme von 250 W.

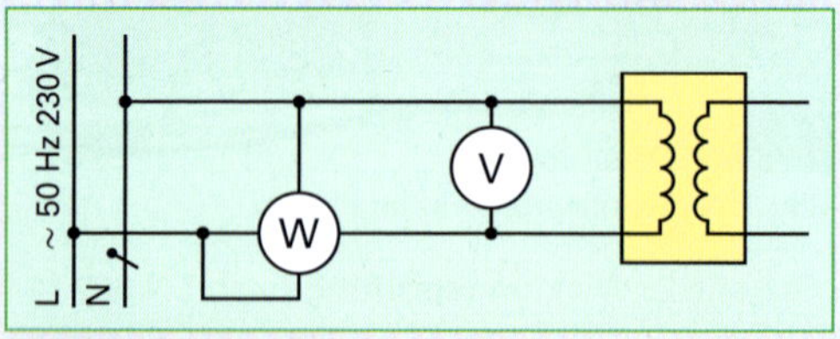

Bild 1: Messschaltung

5. **a)** Wozu werden Messwandler verwendet?
b) Worauf ist zu achten, wenn bei Spannungs- und Stromwandlern die Bürde entfernt wird?

6. Ein Drehstromtransformator 10 kV/0,4 kV, u_k = 5%, Schaltgruppe Dyn 5, soll zur Versorgung des Niederspannungsnetzes verwendet werden. **a)** Erklären Sie die Schaltgruppenbezeichnung. **b)** Beurteilen Sie die Eignung des Transformators.

7. Ein Drehstrom-Kurzschlussläufermotor wird am Drehstromnetz 400 V, 50 Hz betrieben. Seine zulässige Strangspannung beträgt 230 V. **a)** Wie müssen die Wicklungen am Klemmbrett geschaltet werden? **b)** Zeichnen Sie das Motorklemmbrett mit Klemmenbezeichnungen, Brücken und Netzanschluss für Rechtslauf.

* Ergebnisse der Rechenaufgaben Seite 660

8. Ein Drehstrom-Kurzschlussläufermotor (Leistungsschild, **Bild 2)** wird mit Bemessungsleistung betrieben und treibt eine Arbeitsmaschine über eine Riemenscheibe mit 120 mm Durchmesser an. **a)** Bestimmen Sie die Polzahl und den Schlupf. **b)** Berechnen Sie die auf dem Leistungsschild fehlende Stromangabe für Sternbetrieb. **c)** Berechnen Sie den Motorwirkungsgrad. **d)** Bestimmen Sie das Drehmoment. **e)** Welche Kraft F wirkt am Umfang der Riemenscheibe?

Hersteller	
3~ Motor	Nr.:
Δ/Y 400 V/690 V	10,7 A / ...... A
5,5 kW S1	cos φ 0,88
1450 /min	50 Hz
Th.Cl.155 (F) IP 54	DIN EN 60034

Bild 2: Leistungsschild

9. Nennen Sie für den Motor mit dem Leistungsschild **Bild 2** die Betriebsart und den Schutzumfang gegen Berühren, Fremdkörper sowie gegen Eindringen von Wasser.

10. Wie unterscheiden sich Gleichstrommotoren mit Fremderregung von Gleichstromreihenschlussmotoren **a)** im Drehzahlverhalten bei Laständerung und Leerlauf, **b)** im Aufbau der Erregerwicklungen, **c)** bei Unterbrechung der Erregerwicklung?

11. Ein Gleichstrommotor wird mit Fremderregung betrieben **(Bild 3)**. **a)** Wozu werden die Widerstände R_E und R_A verwendet? **b)** Nennen Sie die Klemmenbezeichnungen. **c)** Welche Aufgabe haben die Wendepolwicklungen?

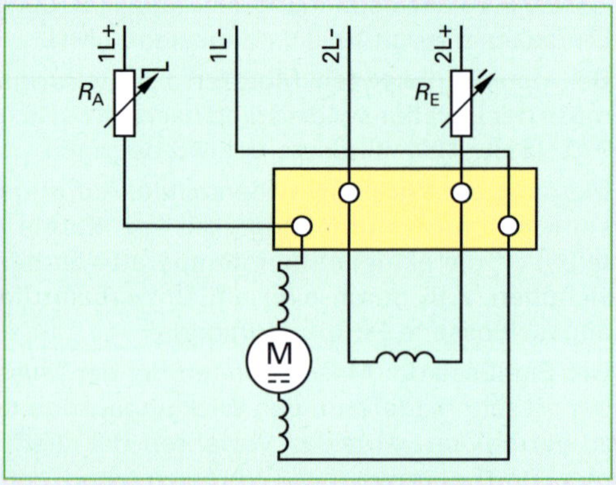

Bild 3: Fremderregter Gleichstrommotor

14 Informationstechnik

14.1 Bereiche der Informationstechnik

Im Mittelpunkt der **Informationstechnik (IT)** stehen **IT-Systeme**, d.h. Kombinationen von informationstechnischen Komponenten, z.B. Computer, Eingabegeräte, Ausgabegeräte und Programme. Sie bilden im Verbund ein **Computersystem**, z.B für die Verwaltung in einem Büro oder für die Steuerung einer Fertigungsanlage.

Alle technischen Mittel, die der Verarbeitung, Speicherung oder Übertragung von Informationen dienen, werden unter dem Begriff Informationstechnik (IT) zusammengefasst.

Informationsverarbeitung in einem Computersystem erfolgt durch die Erfassung, Verarbeitung und Ausgabe von Informationen. Mit Eingabegeräten werden z.B. Texte, Bilder oder Messwerte erfasst und anschließend mit Computerprogrammen verarbeitet. Die Ergebnisse werden mit Ausgabegeräten **(Seite 540)** dargestellt oder an andere Computersysteme weitergeleitet.

Informationsspeicherung ermöglicht das Ablegen von Informationen, z.B. in Datenbanken. Informationen können über Suchprogramme gefunden, dem Anwender präsentiert oder weiterverarbeitet werden. Durch Auswertung von gespeicherten Informationen können z.B. Statistiken erstellt werden.

Informationsübertragung wird benötigt, um die verschiedenen Computersysteme miteinander zu verbinden. Computer werden dazu über lokale Netzwerke, z.B. in einem Gebäude, oder über weltweite Netze, z.B. das Internet, miteinander verbunden.

Die Planung, Bereitstellung und Wartung von informationstechnischen Systemen setzen bestimmte Kenntnisse aus verschiedenen Bereichen der Informationstechnik **(Bild)** voraus.

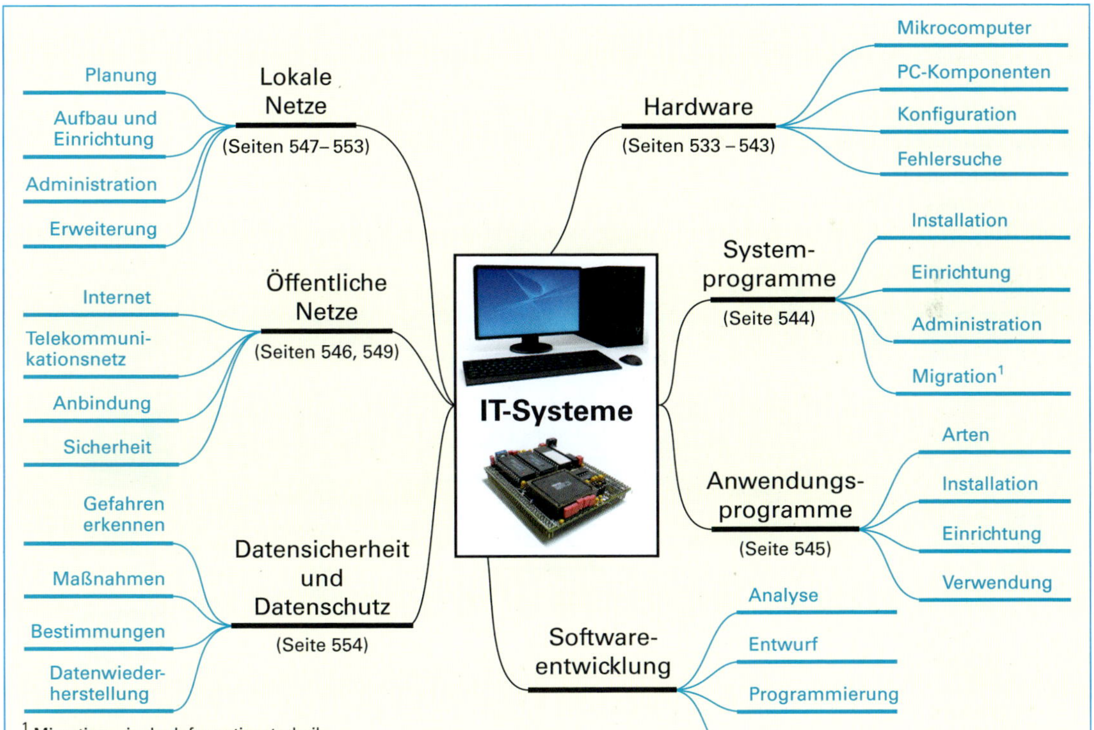

[1] Migration = in der Informationstechnik ein Umstellungsprozess auf eine andere Hard- oder Software

Bild: Bereiche der Informationstechnik (Beispiele)

14.2 Computer, Programme und Peripherie

14.2.1 Bestandteile und Funktionsweise eines Computers

Die Informationsverarbeitung in einem Computer **(Bild 1)** erfolgt ähnlich wie beim Menschen. Mit den Sinnen werden Informationen aufgenommen, mit dem Gehirn verarbeitet und Ergebnisse, z.B. mithilfe der Sprache, ausgegeben.

Den grundlegenden Ablauf von der **E**ingabe über die **V**erarbeitung zur **A**usgabe bezeichnet man als **EVA-Prinzip**.

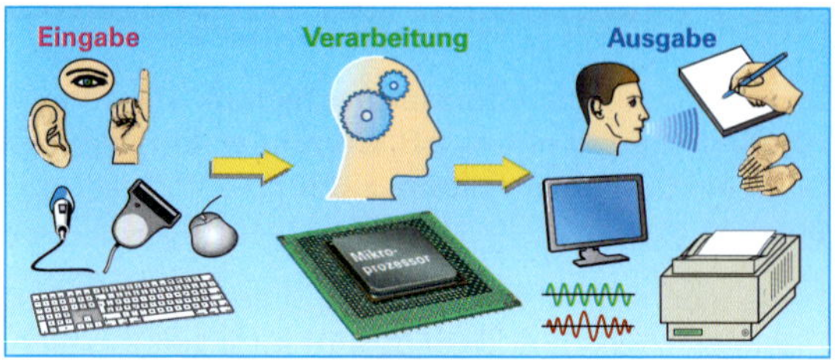

Bild 1: EVA-Prinzip

Ein Computer kann Informationen nur in **binärer** Form verarbeiten. Darum benötigt der Computer Eingabegeräte, z.B. eine Tastatur, für die Informationsaufnahme und Ausgabegeräte, z.B. einen Bildschirm, für die Informationsausgabe. Diese Bestandteile gehören zur Umgebung eines Computers und werden allgemein als Peripherie bezeichnet.

Fachbegriffe Computertechnik (Auswahl)

- **CPU**, Abk. für: Central Processing Unit (engl.) = Zentrale Prozessoreinheit
- **RAM**, Abk. für: Random Access Memory (engl.) = Speicher zum Schreiben und Lesen
- **ROM**, Abk. für: Read Only Memory (engl.) = Speicher, der nur zum Lesen genutzt wird
- **Peripherie** (griech.) = am Rande befindlich, Umgebung eines Computers
- **binär** (lat.), Bedeutung in der Informationstechnik: zwei Zustände darstellen, z.B. 0 und 1

Die Peripheriegeräte arbeiten meistens mit anderen Datenformaten, Geschwindigkeiten und Betriebsspannungen als der Computer **(Bild 2)**.

Darum wird für die Verbindung von Computer und Peripherie eine **Ein-/Ausgabe-Einheit (E/A)** zur Anpassung benötigt. Die Ein-/Ausgabe-Einheit wird auch als **Schnittstelle** oder **Interface** bezeichnet.

Die Verarbeitung der Daten im Computer wird durch ein Programm gesteuert. Das Programm besteht aus einer Folge von Befehlen für den **Mikroprozessor**. Dieser ist der zentrale Bestandteil des Computers und wird darum auch als **zentrale Prozessoreinheit (CPU)** bezeichnet. Die CPU holt die Befehle aus dem Speicher und führt sie aus. Hierzu müssen Programme im Speicher abgelegt sein. Ein Computer **(Bild 2)** besitzt einen **Arbeitsspeicher (RAM)**, z.B. zum Schreiben und Lesen von Daten, und einen stromausfallsicheren **Festwertspeicher (ROM)**, aus dem nur gelesen wird.

Für den Datenaustausch mit den Einheiten, z.B. RAM, ROM oder Ein-/Ausgabe, muss die CPU diese mithilfe von Adressen und Steuersignalen gezielt ansprechen können. Dazu sind Verbindungsleitungen für Daten, Adressen und Steuersignale notwendig, die man zusammengefasst als **Systembus** bezeichnet.

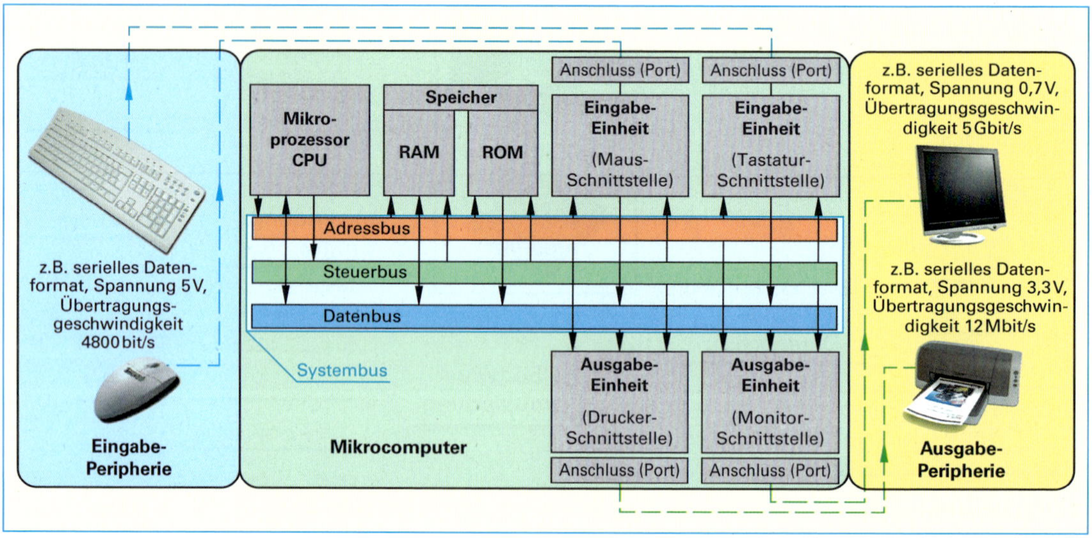

Bild 2: Computer und Peripherie

14.2.2 Hardware, Software und Firmware

Alle materiellen Bestandteile eines Computersystems, z.B. die CPU oder periphere Geräte, bezeichnet man als **Hardware**.

Programme sind Befehlsfolgen, die in einem Speichermedium abgelegt sind.

Programme werden als **Software** bezeichnet.

Computer benötigen nach dem Einschalten ein Programm für den Start **(Seite 544)**. Es befindet sich in einem stromausfallsicheren Festwertspeicher (ROM). Diese Software wird als **Firmware (Bild 1)** bezeichnet. Ein Beispiel dafür ist das BIOS[1]-ROM **(Bild 2)** in einem PC.

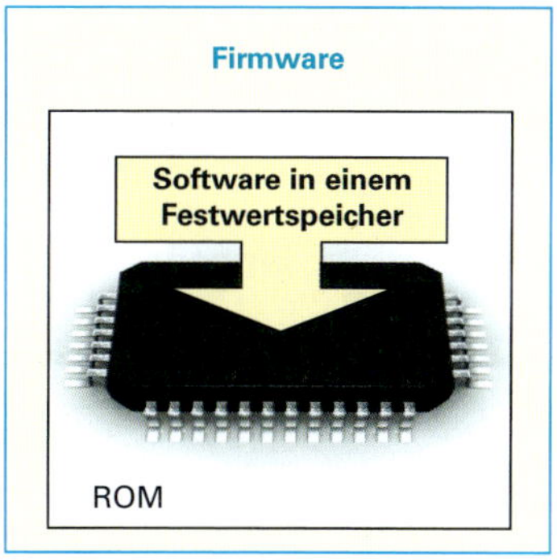

Bild 1: Firmware in einem ROM

14.2.3 Computersystem

Die Kombination von Computer, Peripherie und Software bezeichnet man als **Computersystem**.

Je nach Anwendungsbereich, z.B. Büroverwaltung oder Mediendesign, wird ein Computersystem **(Bild 3)** unterschiedlich aufgebaut und konfiguriert[2]. Dazu werden die benötigten Peripheriegeräte, z.B. Drucker oder Monitor, über Steckverbindungen mit den Anschlüssen der Schnittstellen verbunden. Ist ein Anschluss, z.B. ein zusätzlicher Netzwerkanschluss, am PC nicht vorhanden, kann der PC durch eine Schnittstellenkarte **(Seite 538)**, z.B. eine PCI/Ethernet-Netzwerkkarte, erweitert werden.

Bild 2: BIOS-ROM im PC

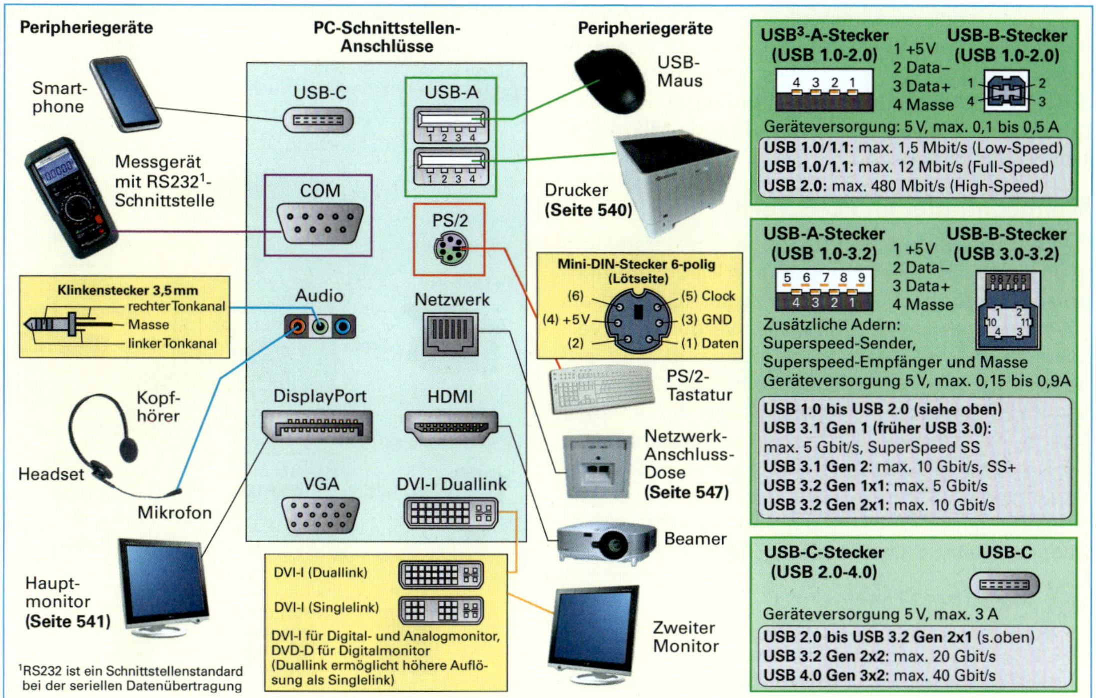

Bild 3: Computersystem

[1] **BIOS**, Abk. für: **B**asic **I**nput **O**utput **S**ystem (engl.) = Grundlegendes Ein- und Ausgabesystem
[2] konfigurieren (lat.) = gestalten
[3] **USB**, Abk. für: **U**niversal **S**erial **B**us (engl.) = Universeller Serieller Bus

14.3 Mikrocomputer

Alle Computer, die zur Befehlsbearbeitung einen Mikroprozessor **(Seite 536)** verwenden, werden allgemein als Mikrocomputer bezeichnet. Mikrocomputer werden in verschiedenen Bereichen **(Bild 1)** eingesetzt.

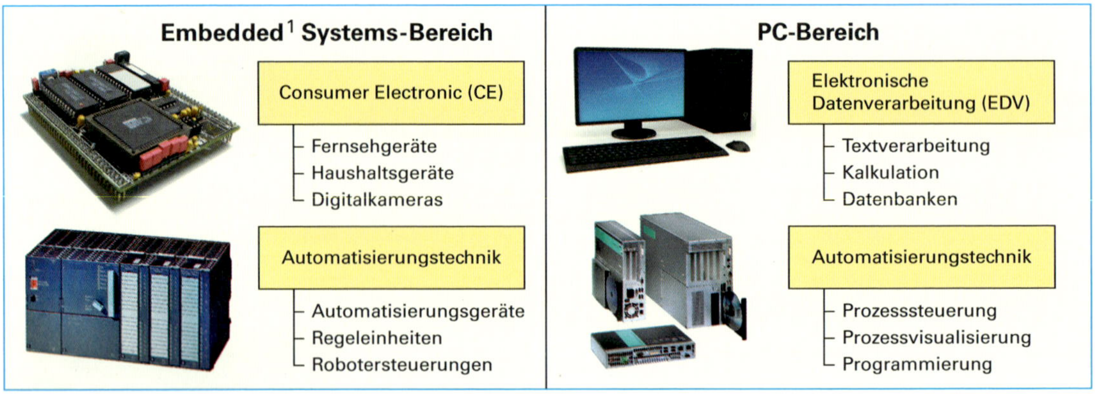

Bild 1: Einsatzbereiche von Mikrocomputern (Beispiele)

Mikrocomputer im Embedded-Bereich

Im **Bereich Embedded Systems (Bild 1)** werden Mikrocomputer in z. B. Maschinensteuerungen oder Elektrohaushaltsgeräten integriert. Mikrocomputersysteme, die ein fester Bestandteil von z. B. Geräten, Maschinen oder Anlagen sind, werden auch als Embedded Systems bezeichnet.

In Bereichen der **Consumer Electronic (CE)** oder der **Automatisierungstechnik** sind die Bestandteile eines Mikrocomputers **(Bild 2, Seite 532)** meist in einem integrierten Schaltkreis enthalten. Dieser Single Chip Mikrocomputer ist klein und hat einen geringen Energieverbrauch. Er wird als **Mikrocontroller (Bild 2)** bezeichnet.

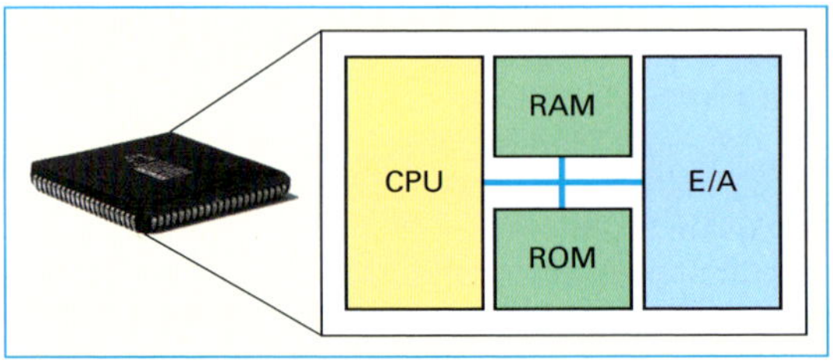

Bild 2: Grundlegende Bestandteile eines Mikrocontrollers

de.wikipedia.org/wiki/Eingebettetes_System

Mikrocomputer im PC-Bereich

Seit der Einführung des PC sind bei der Herstellung viele kleine ICs[2] zu immer größeren ICs zusammengefasst worden. Der Verbund dieser ICs wird als **Chipsatz** bezeichnet. Chipsätze werden von verschiedenen Herstellern angeboten und sind auf bestimmte Mikroprozessoren abgestimmt. Zwei wichtige ICs aus dem Chipsatz **(Bild 3)** für eine CPU von INTEL® sind die North- und die Southbridge. Sie ermöglichen den Datenaustausch der CPU mit den anderen Komponenten des Computers. Die Anbindung der CPU an die Northbridge erfolgt über den **Front-Side-Bus** (FSB, **Bild 3**).

Begriffe zum Chipsatz eines PC

- **Northbridge** (engl.), IC zur Anpassung des FSB an z. B. Speicher und Grafikkarte. Wird im Blockschaltplan für den Chipsatz **(Bild 3)** oben („im Norden") dargestellt.
- **Southbridge** (engl.), IC, der verschiedene Schnittstellen, z. B. für Maus, Tastatur oder Festplatte, enthält.

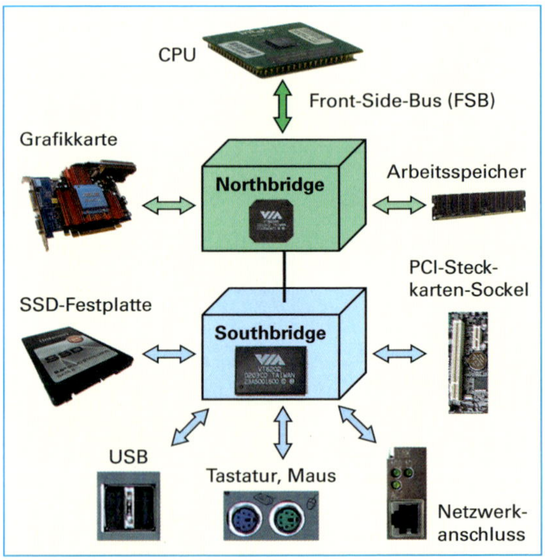

Bild 3: Chipsatz eines PC (Beispiel)

[1] von embedded (engl.) = eingebettet
[2] **IC**, Abk. für: **I**ntegrated **C**ircuit (engl.) = Integrierte Schaltung

14.4 Personal Computer (PC)

Der Personal Computer wurde 1981 von IBM in den Markt eingeführt. Dabei entstand auch der Markenname **Personal Computer** oder abgekürzt **PC**.

Hersteller von Komponenten für PC halten sich an die aktuellen Standards von Schnittstellen für die Verbindung von Hardware und Software **(Bild 1)**. Dadurch ist gewährleistet, dass Hardware, z. B. das Mainboard, und Betriebssystem **(Seite 544)** sowie Anwendungsprogramme von unterschiedlichen Herstellern zusammenarbeiten, also kompatibel[1] sind.

Ein Personal Computer ist ein Mikrocomputer mit standardisierten Schnittstellen für Hard- und Software.

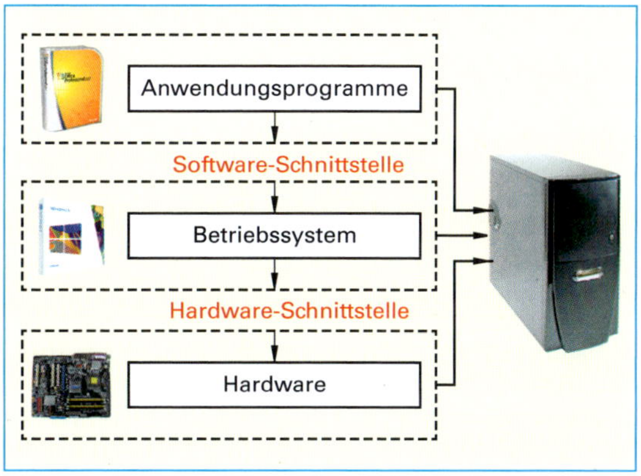

Bild 1: PC-Schnittstellen

14.4.1 Komponenten eines PC

Ein PC besteht aus mehreren Komponenten **(Bild 2)**. Die zentrale Komponente ist das **Mainboard**[2] (Motherboard, **Seite 539**). Auf ihm befinden sich alle Bestandteile eines Mikrocomputers **(Bild 2, Seite 532)**. Das Mainboard wird auch als **Zentraleinheit** des PC bezeichnet. Die Zentraleinheit darf nicht mit der zentralen Prozessoreinheit (CPU = Central Processing Unit), welche die Zentrale des Mainboards ist, verwechselt werden. Alle Bestandteile um das Mainboard bilden die Peripherie. Beim PC wird zwischen Peripherie innerhalb des PC-Gehäuses (interne Peripherie), z. B. interne Festplatte, und Peripherie außerhalb des Gehäuses (externe Peripherie), z. B. externe USB-Festplatte oder Drucker, unterschieden.

Bei der Montage eines PC **(Bild 2)** muss das Mainboard mit dem **Mikroprozessor** (CPU) und dem **Arbeitsspeicher** (RAM) bestückt werden. Wenn **Grafik-**, **Sound-** oder **Netzwerkschnittstelle** nicht mit auf dem Mainboard enthalten sind, werden dafür entsprechende Einsteckkarten verwendet. Für die Stromversorgung wird ein **Netzteil** benötigt, das für alle verwendeten Komponenten eine ausreichende Leistung, z. B. 500 W, zur Verfügung stellen muss.

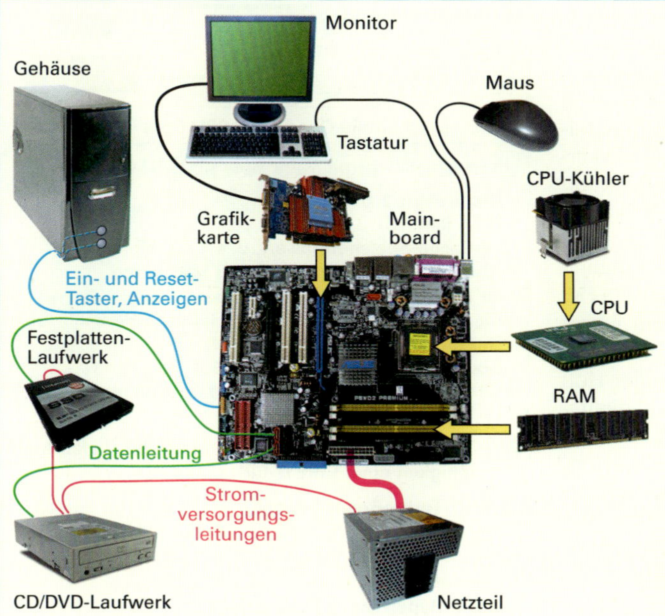

Montageschritte beim PC-Selbstbau

1. Blende für Mainboard-Buchsen (liegt Mainboard bei) an Gehäuse-Rückseite befestigen.
2. Gewindebuchsen für Mainboard-Befestigung in Gehäuse einschrauben.
3. Mainboard vorbereiten:
   - CPU einsetzen (Lage beachten)
   - CPU-Kühler montieren, dabei Wärmeleitpaste auftragen (Lüftermotor an Mainboard anstecken)
   - Arbeitsspeicher einstecken (dabei nicht verkanten)
4. Mainboard montieren. Auf richtige Lage der Buchsen (Rückseite) achten.
5. Verbindungen für Ein- und Reset-Taster sowie z.B. LED-Anzeigen des Gehäuses zum Mainboard herstellen.
6. Festplatte und CD/DVD-Laufwerk montieren.
7. Datenleitungen anschließen.
8. Netzteil in Gehäuse montieren.
9. Stromversorgungsleitungen anschließen.
10. Steckkarten, z.B. Grafikkarte, einstecken.

ESD[3]-Schutzmaßnahmen beachten (Seite 385)!

Bild 2: Komponenten eines PC

[1] Kompatibilität (lat.) = Vereinbarkeit [2] Mainboard (engl.) = Hauptplatine [3] **ESD**, Abk für: **E**lectro**s**tatic **D**ischarge (engl.) = Elektrostatische Entladung

14.4.2 Mikroprozessor (CPU)

Der Mikroprozessor **(Bild)** ist für die Bearbeitung der Befehle eines Programms zuständig. Ein Befehl wird dem Programmspeicher entnommen, entschlüsselt (decodiert) und anschließend ausgeführt. Mit den nachfolgenden Befehlen im Programmspeicher wird in gleicher Weise verfahren.

Der Mikroprozessor (CPU) ist für das Holen, Decodieren und Ausführen der Programmbefehle zuständig.

Je schneller der Ablauf zur Befehlsbearbeitung durchgeführt wird, desto schneller wird ein Programm abgearbeitet. Die Geschwindigkeit wird dabei vom **CPU-Takt** vorgegeben. Der CPU-Takt kann aber nicht beliebig erhöht werden, da sich ein Mikroprozessor mit zunehmender **Taktfrequenz** z.B. stärker erwärmt. Der Zugriff auf einen langsamen Arbeitsspeicher **(RAM, Seite 537)** verringert die Arbeitsgeschwindigkeit der CPU. Darum haben Mikroprozessoren für PCs interne schnelle Zwischenspeicher (Cache[1]-Speicher), die z.B. bei einer Core i7 CPU als **L2-** bzw. **L3-Cache-Speicher (Bild)** bezeichnet werden. Diese speichern eine Kopie des momentan zu bearbeitenden RAM-Speicherbereichs. Auf den Cache-Speicher kann die CPU viel schneller zugreifen als auf den RAM.

Eine weitere Erhöhung der Leistungsfähigkeit eines Mikroprozessors wird durch das parallele Arbeiten mehrerer CPU-Kerne, z.B. vier Kerne (Core 1 bis 4) bei einem Quad-Core-Mikroprozessor **(Bild),** erreicht.

WWW de.wikipedia.org/wiki/Multicore-Prozessor

Einige Bauarten von Mikroprozessoren, z.B. Intel Core i7 **(Bild),** erreichen eine weitere Leistungssteigerung durch die direkte Anbindung von Grafikkarte und RAM. Die CPU übernimmt dabei die Funktion der Northbridge **(Seite 534).** Die Anbindung der CPU an z.B. Festplatten, Netzwerk (LAN) oder USB erfolgt jedoch weiterhin indirekt über Schnittstellen auf dem Platform Controller Hub (PCH). Der PCH ist ein Schaltkreis auf dem Mainboard und übernimmt die Aufgabe der Southbridge **(Seite 534).** Der Datenaustausch zwischen dem Platform Controller Hub und der CPU erfolgt über Hochgeschwindigkeits-Schnittstellen, z.B. DMI[2] und FDI[3]. Die Grafikprozessor-Einheit GPU[4] in der CPU **(Bild)** kann in Verbindung mit dem Platform Controller Hub die Funktion einer Grafikkarte übernehmen. Hohe Leistungen bei der Grafik, z.B. im CAD-Bereich, sind jedoch nur mit einer zusätzlichen Grafikkarte zu erreichen.

[1] Cache, (engl.) = Zwischenspeicher
[2] **DMI**, Abk. für: **D**irect **M**edia **I**nterface (engl.) = Direkte Medien-Schnittstelle
[3] **FDI**, Abk. für: **F**lexible **D**isplay **I**nterface (engl.) = Flexible Anzeige-Schnittstelle
[4] **GPU**, Abk. für: **G**raphics **P**rocessing **U**nit (engl.) = Grafikprozessor-Einheit

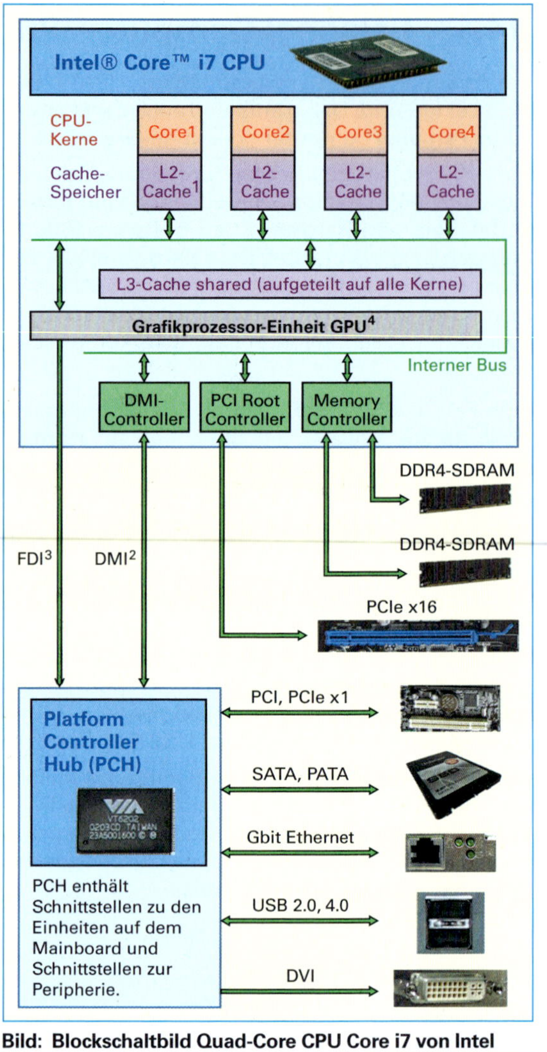

Bild: Blockschaltbild Quad-Core CPU Core i7 von Intel

Übersicht: Wichtige Merkmale für CPU Core i7-7700

- **Architektur,** z.B. Quad Core
- **CPU-Takt,** z.B. 3,8 GHz
- **L2-Cache-Speichergröße,** z.B. 4 x 256 kB
- **L3-Cache-Speichergröße,** z.B. 8 MB shared
- **GPU[4],** z.B. Intel HD Graphics 630
- **Memory Controller,** z.B. DDR3-1600, DDR4-2400 Dual-Channel Betrieb **(Seite 537)**
- **Sockelbezeichnung,** z.B. LGA 1151, muss mit CPU-Sockel auf dem Mainboard übereinstimmen.

Technologien zur Verbesserung der Leistungsfähigkeit einer Core i7-CPU (Beispiele)

- **Intel® Turbo-Boost-Technik**
  Bei Bedarf wird die Taktfrequenz der CPU erhöht, z.B. von 3,8 GHz auf 4,2 GHz. Im Normalbetrieb wird Energie gespart.
- **Intel® Hyper-Threading-Technik**
  Pro Kern können zwei Threads (Teile eines Programms) parallel verarbeitet werden.

14.4.3 Halbleiterspeicher

Halbleiterspeicher **(Bild 1)** werden in flüchtige und nichtflüchtige Speicher eingeteilt **(Tabelle)**.

Flüchtige Speicher verlieren ihren Inhalt nach dem Abschalten der Betriebsspannung. Sie können von der CPU sowohl gelesen als auch beschrieben werden. Darum bezeichnet man sie als **Random Access Memory (RAM)**.

Nichtflüchtige Speicher behalten ihren Inhalt, auch wenn keine Betriebsspannung anliegt. Sie können von der CPU nur gelesen werden. Darum bezeichnet man sie als **Read Only Memory (ROM)**.

ROM: Speicher nur zum Lesen.
RAM: Speicher zum Schreiben und Lesen.

Bei der Angabe der Speichergröße eines Halbleiterspeichers verwendet man Binärvorsätze, z. B. 2^{20} = 1 048 576 für 1 M (Mega). Damit keine Verwechslung mit den Dezimalvorsätzen, z. B. 10^6 = 1000000 für 1 M, stattfindet, wurde von der IEC[1] eine Norm zur Bezeichnung von Binärvorsätzen erstellt. Dabei wird z. B für den Binärvorsatz 2^{20} die Bezeichnung 1 Mi verwendet. Allerdings findet diese Art der Bezeichnung in der Praxis wenig Anwendung.

Mikroprozessoren mit hohen Arbeitsgeschwindigkeiten benötigen schnelle Halbleiterspeicher. Aufwendige Programme haben einen hohen Speicherbedarf. Um diesen Anforderungen zu genügen, werden die Technologien von Halbleiterspeichern **(Tabelle)** ständig verbessert.

In PCs werden Arbeitsspeicher in Form von **Speichermodulen (Seite 543)** verwendet. Viele Mainboards bieten die Möglichkeit, auf zwei Speichermodule parallel zugreifen zu können **(Dual-Channel-Betrieb)** und können damit die Datenübertragungsrate nahezu verdoppeln.

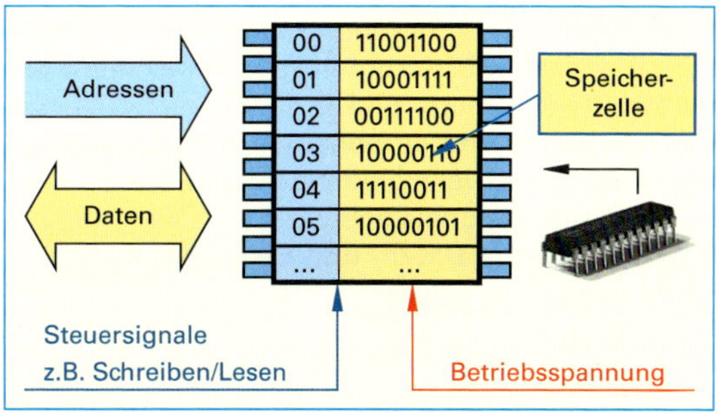

Bild 1: Prinzipieller Aufbau eines Halbleiterspeichers

Wichtige Merkmale von PC-RAM-Speichern

- **Maximale Datenübertragungsrate (Bandbreite)**, z. B. 2700 MB/s (Megabyte pro Sekunde)
- **Speicherkapazität (Fassungsvermögen)**, z. B. 2 GB
- **Speichertechnologie**, z. B. DDR3-SDRAM, DDR4-SDRAM
- **Speichergrößenangaben mit dezimalen Vorsätzen** Dezimale Vorsätze z. B. M oder G, sollen durch binäre Vorsätze, z. B. MiB oder GiB, ersetzt werden.

1 bit[2]	= kleinste Speichereinheit	
1 B (Byte)	= 8 bit	
1 Kbit	= 2^{10} bit	= 1024 bit
1 KB (Kilobyte)	= 2^{10} Byte	= 1024 Byte
1 MB (Megabyte)	= 2^{20} Byte	= 1024 KB
1 GB (Gigabyte)	= 2^{30} Byte	= 1024 MB
1 TB (Terabyte)	= 2^{40} Byte	= 1024 GB

- **Speichergrößen mit binären Vorsätzen (Präfixe) nach IEC 60027-2**

1 KiB (KiByte)	= 2^{10} Byte	= 1024 Byte
1 MiB (MiByte)	= 2^{20} Byte	= 1024 KiB
1 GiB (GiByte)	= 2^{30} Byte	= 1024 MiB
1 TiB (TiByte)	= 2^{40} Byte	= 1024 GiB

Tabelle: Halbleiterspeichertechnologien

Flüchtige Speicher	Nichtflüchtige Speicher
SRAM = Static **RAM** Speicherzellen sind bistabile Kippschaltungen **(Seite 213)**. Ermöglichen große Zugriffsgeschwindigkeit und werden z. B. als Cache-Speicher verwendet.	**ROM = R**ead **O**nly **M**emory Speicherzellen werden bereits bei der Herstellung mit dem Binärcode 0 oder 1 versehen.
DRAM = Dynamic **RAM** Speicherzellen sind wie Kondensatoren aufgebaut. Ermöglicht hohe Speicherdichten und wird darum z. B. als Arbeitsspeicher im PC verwendet. Beim PC-Arbeitsspeicher werden mehrere DRAM-Schaltkreise zu Speichermodulen zusammengefasst. Beispiele für **Technologien von PC-Arbeitsspeichern**: **SDR-SDRAM = S**ingle **D**ata **R**ate **S**ynchronous **DRAM** **DDR-SDRAM = D**ouble **D**ata **R**ate **S**ynchronous **DRAM**	**PROM = P**rogrammable **ROM** Speicherzellen werden durch Zerstören von kleinen Sicherungsbrücken mithilfe eines Programmiergerätes beschrieben. **EPROM = E**rasable **P**rogrammable **ROM** Speicherzellen werden durch Aufbringen von Ladungen auf ein Halbleitermaterial mithilfe eines Programmiergerätes beschrieben und mit UV-Licht gelöscht.
WWW www.hardwaregrundlagen.de/oben08.htm	**EEPROM = E**lectrically **E**rasable **P**rogrammable **ROM** Das Beschreiben der Speicherzellen erfolgt wie beim EPROM. Die Löschung erfolgt jedoch elektrisch. Anwendung z. B. als Flash-Speicher für Speicherkarten **(Seite 542)**.

[1] **IEC**, Abk. für: **I**nternational **E**lectrotechnical **C**ommision (engl.) = Internationale Elektrotechnische Kommission
[2] **bit**, Abk. für: **bi**nary digi**t** (engl.) = binäre Ziffer, kann den Wert 0 oder 1 annehmen

14.4.4 Buskommunikation

Ein Bus im Bereich der Informationstechnik ist ein Leitungssystem zur Kommunikation zwischen mehr als zwei Teilnehmern **(Bild 1)**. Teilnehmer (TN) können z. B. Hardware-Komponenten in einem Computer sein, die über verschiedene Busse Daten, Adressen und Steuersignale austauschen. Die Kombination aus **Adress-, Daten- und Steuerbus** ergibt ein **Bussystem (Bild 1)**. In der Praxis wird ein Bussystem meistens einfach nur als Bus bezeichnet. Ein Bus, bei dem mehrere Bit gleichzeitig parallel übertragen werden, bezeichnet man als **parallelen Bus (Bild 2)**. Bei einem **seriellen Bus**, z. B. USB, werden Adressen, Steuersignale und Daten bitweise nacheinander mit geringem Leitungsaufwand übertragen. Bussysteme werden auch standardisiert, z. B. das PCIe-Bussystem. Dazu legt man bestimmte Kennwerte, z. B. Datenübertragungsrate oder die maximale Anzahl der Teilnehmer, fest. In einem Computersystem können verschiedene **interne Bussysteme** enthalten sein. Ein PC enthält z. B. den **Front-Side-Bus (FSB)** für die CPU und den **PCIe-Bus** für die Steckkarten **(Bild 3)**. Außerhalb des PC können **externe Bussysteme**, z. B. USB, zum Anschluss von peripheren Geräten eingesetzt werden.

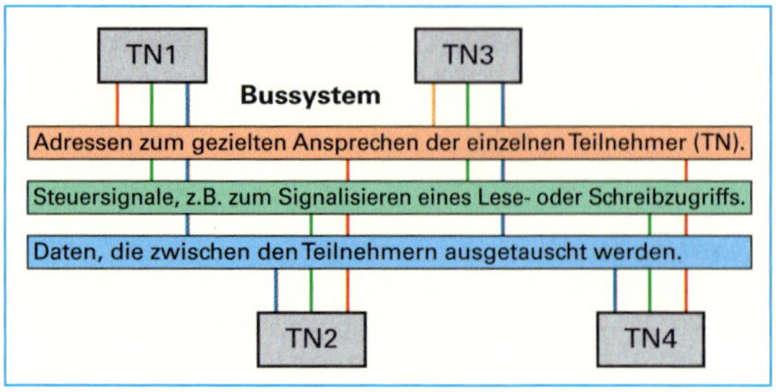

Bild 1: Bestandteile eines Bussystems

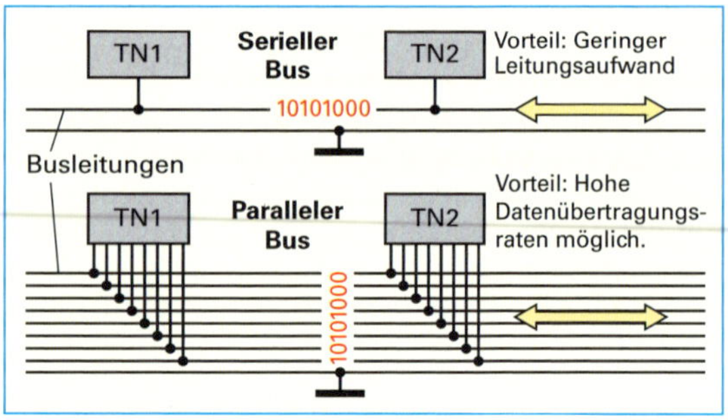

Bild 2: Serieller und paralleler Bus

14.4.5 Eingabe- und Ausgabe-Einheit

Ein Computer **(Bild 2, Seite 532)** arbeitet intern mit anderen Datenformaten, Übertragungsgeschwindigkeiten und Spannungswerten als die Peripheriegeräte.

> Die **Ein-/Ausgabe(E/A)-Einheit** dient zur Anpassung von Peripheriegeräten an den Computer. Sie wird auch als **Interface** oder **Schnittstelle** bezeichnet.

Zum Beispiel ist die Grafikkarte **(Bild 3)** die Schnittstelle vom PC zum Monitor. Peripheriegeräte besitzen Standards für den Anschluss an Schnittstellen, z. B. der DVI-Standard für einen Monitor. Der PC enthält Stecksockel, auch Slots genannt, für die Aufnahme von Schnittstellenkarten. Diese besitzen Slot-Standards **(Tabelle)**, z. B. PCIe.

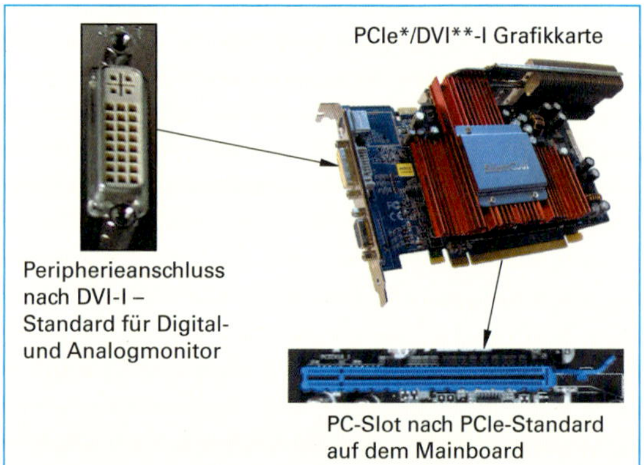

*PCIe, Abk. für: Peripheral Component Interconnect Express (engl.) = Schnelle (hohe Datenrate) Verbindung für Peripherie-Komponenten.
**DVI, Abk. für: Digital Visual Interface (engl.) = Digitale Schnittstelle zur bildlichen Darstellung.

Bild 3: Grafik-Schnittstelle zum Monitor

Tabelle: Slot- und Anschluss-Standards für PC-Schnittstellen (Beispiele)

Peripherie	Slot-Standard für PC	Anschluss-Standard für Peripherie	Bezeichnung der Schnittstelle im PC
Ethernet-Netzwerk	PCI[1] 	Ethernet[2]/ RJ45[3] 	PCI/Ethernet Netzwerkkarte
Monitor	PCIe 	DVI-I 	PCIe/DVI-I Grafikkarte

[1] **PCI**, Abk. für: **P**eripheral **C**omponent **I**nterconnect (engl.) = Verbindung für umgebende Bestandteile (Peripherie-Komponenten)
[2] Ethernet = Standard für ein drahtgebundenes lokales Netzwerk
[3] **RJ45**, Abk. für: **R**egistered **J**ack (engl.) = Patentierter Stecker Nr. 45 (wird für den Anschluss von flexiblen Netzwerkleitungen verwendet)

(Nächster Praxistipp: Seite 543)

Situationsbeschreibung

Für einen Kunden soll ein PC aus Einzelkomponenten hergestellt werden. Dabei muss bei der Auswahl der PC-Komponenten auch ein geeignetes Mainboard gefunden werden. Bei einem Mainboard sind viele Merkmale, z.B. Anschlussmöglichkeiten oder technische Daten, zu beachten. Welche Kriterien sind bei der Auswahl eines geeigneten Mainboards wichtig?

Wichtige Auswahlkriterien für ein Mainboard

1. In welches PC-Gehäuse wird das Mainboard eingebaut? → **Formfaktor** Ⓒ beachten.
2. Für welche Anwendungen **(Seite 545)** wird der PC benötigt? → CAD-Anwendungen, benötigen im Unterschied zu Office-Anwendungen einen **Chipsatz** und **CPU-Sockel** Ⓑ für eine leistungsfähige CPU und **Arbeitsspeicher-Steckplätze** Ⓔ für einen großen Speicherbereich, z.B. 32 GB, und große Bandbreite, z.B. 34 GB/s.
3. Nachrüstbarkeit von Steckkarten erwünscht? → Anzahl und Art der **Erweiterungsslots** Ⓐ festlegen.
4. Welche Anschlüsse für die Peripherie werden benötigt? → **Anschlüsse** Ⓖ des Mainboards beachten.
5. Wie viele und welche Art von Festplatten werden benötigt? → **Festplattenanschlüsse** Ⓓ, **RAID-Controller** Ⓕ

Ⓐ **Erweiterungsslots** werden zur Nachrüstung mit Steckkarten , z.B. einer Grafikkarte, benötigt. Moderne Slots sind PCIe x1, x4, x8 und x16. Frühere Standards, z.B. PCI, werden zum Einbau von älteren Steckkarten benötigt.

Ⓑ **CPU-Sockel** ist vom verwendeten **Chipsatz (Seite 534)**, z.B. Intel Z68 express, abhängig und legt mit seinem Standard, z.B. LG1155, die Art der verwendbaren CPU, z.B. Intel CORE i7, fest.

Max. Übertragungsgeschwindigkeiten:
PCIe 3.0 und PCI

PCIe x16 →	~ 16 GB/s
PCIe x8 →	~ 8 GB/s
PCIe x4 →	~ 4 GB/s
PCIe x1 →	~ 1 GB/s
PCI →	0,5 GB/s

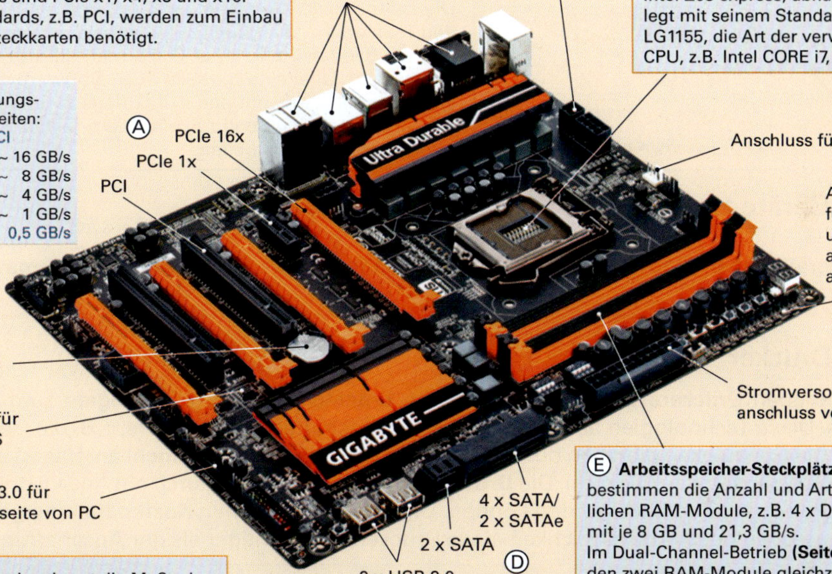

Ⓔ **Arbeitsspeicher-Steckplätze** bestimmen die Anzahl und Art der möglichen RAM-Module, z.B. 4 x DDR4-2666 mit je 8 GB und 21,3 GB/s.
Im Dual-Channel-Betrieb **(Seite 537)** werden zwei RAM-Module gleichzeitig gelesen oder beschrieben.
Dadurch wird die Bandbreite verdoppelt, z.B. 2 x 17 GB/s entspricht 34 GB/s.
Der Vorteil kann nur genutzt werden, wenn RAM-Module paarweise, z.B. 2 oder 4 Stück, eingesetzt sind.

Ⓒ **Formfaktor** bestimmt die Maße des Mainboards, z.B.:

ATX →	305 x 244 mm
MiniATX →	284 x 208 mm
MicroATX →	244 x 244 mm

M.2 Stecksockel für SSD-Festplatten mit M.2-Anschluss ermöglicht eine höhere Datenübertragungsgeschwindigkeit als SATA.

Ⓓ **Festplattenanschlüsse** sind SATA- oder SATAe-Anschlüsse **(Seite 543)** für interne Festplatten und eSATA-Anschlüsse für externe Festplatten. PATA (IDE)-Anschlüsse sind nicht mehr auf allen Mainboards vorhanden.

SATA eSATA

Ⓕ **RAID-Controller** sind auf hochwertigen Mainboards enthalten, z.B. RAID 1 für eine Festplattenspiegelung **(Seite 554)**.

Ⓖ **Anschlüsse für Peripherie (Seite 533)**

① 4 x USB 2.0
② VGA
③ DVI-D
④ Digital-Audio Out
⑤ HDMI
⑥ Displayport
⑦ PS/2
⑧ LAN 1 Gbit/s
⑨ 4 x USB 3.0
⑩ Audio

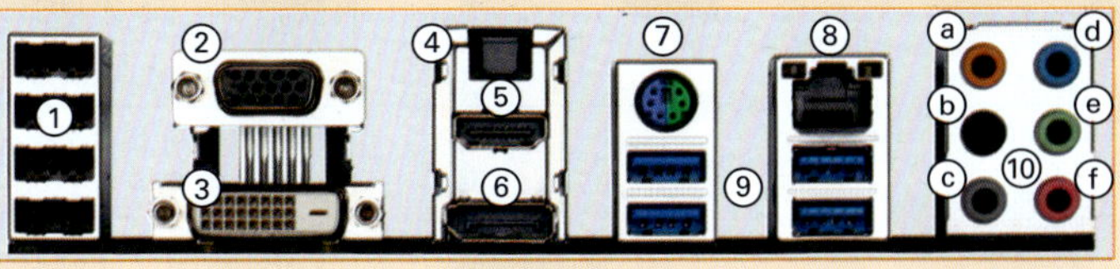

www.gigabyte.de
www.msi.com
www.asus.com/de
www.asrock.de

Audio-Anschlüsse:
ⓐ Center-Speaker ⓑ Rear-Speaker ⓒ Side-Speaker
ⓓ Line-In ⓔ Line-Out ⓕ Mikrofon

14.5 Geräte für Eingabe, Ausgabe und Speicherung

14.5.1 Geräte zur Eingabe

Eingabegeräte **(Tabelle 1)** haben die Aufgabe, Eingabeinformationen in eine maschinenlesbare Form umzuwandeln, damit sie der Computer über die Eingabeschnittstelle lesen kann.

Tabelle 1: Eingabegeräte (Beispiele)

Eingabegerät	Funktion
Optische Maus 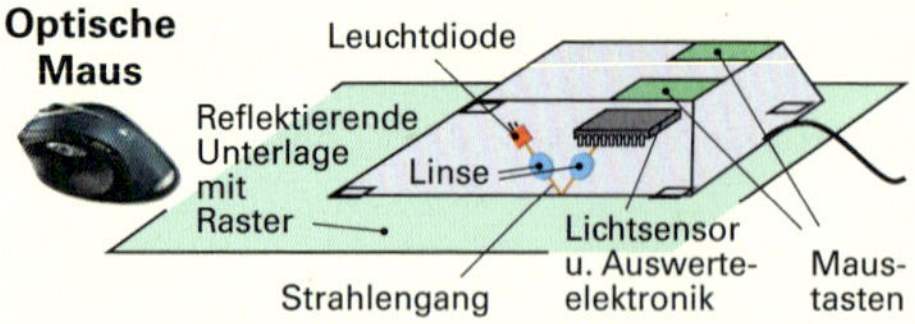	Mit einem optischen Wandlersystem wird die Bewegung der Maus in elektrische Impulse umgewandelt. Die Impulse gelangen über einen Treiber **(Seite 544)** zum Betriebssystem. Mithilfe des Betriebssystems wird die Position des Mauszeigers auf dem Bildschirm bestimmt.
Scanner 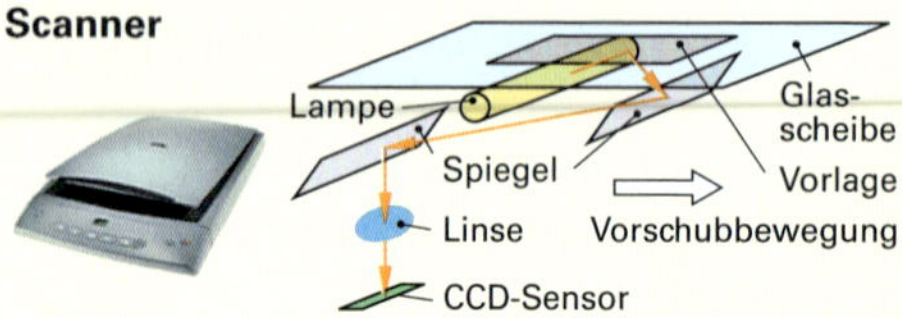	Über eine optische Abtastung, z. B. mit einem CCD[1]-Sensor, werden Text- oder Bildvorlagen zeilenweise abgetastet, digitalisiert und als Bilddatei, z. B. im JPG[2]-Format, auf der PC-Festplatte gespeichert. Über eine spezielle OCR[3]-Software kann auch Text in der Bilddatei erkannt und in Textdateien umgewandelt werden, um sie anschließend z. B. mit einem Textverarbeitungsprogramm weiterzuverarbeiten.

14.5.2 Geräte zur Ausgabe

Ausgabegeräte haben die Aufgabe, Ausgabeinformationen des Computers als Information für den Anwender darzustellen.

14.5.2.1 Drucker

Die verschiedenen Druckerarten **(Tabelle 2)** nutzen unterschiedliche Technologien zum Erstellen des Druckbildes. Diese Technologien beeinflussen die Eigenschaften des Druckers, z. B. die Genauigkeit des Ausdrucks. Die Genauigkeit gibt man durch die **Auflösung in dpi (dots per inch)** an. Das ist die Anzahl der Bildpunkte pro Zoll (1 Zoll = 25,4 mm). Die **Druckgeschwindigkeit** wird durch die Anzahl der Seiten angegeben, die pro Minute gedruckt werden können. Die durchschnittlichen Kosten für eine gedruckte Seite sind zur Beurteilung der Wirtschaftlichkeit eines Druckers oft wichtiger als der Anschaffungspreis.

Tabelle 2: Druckerarten (Beispiele)

Druckerart	Funktion
Laserdrucker 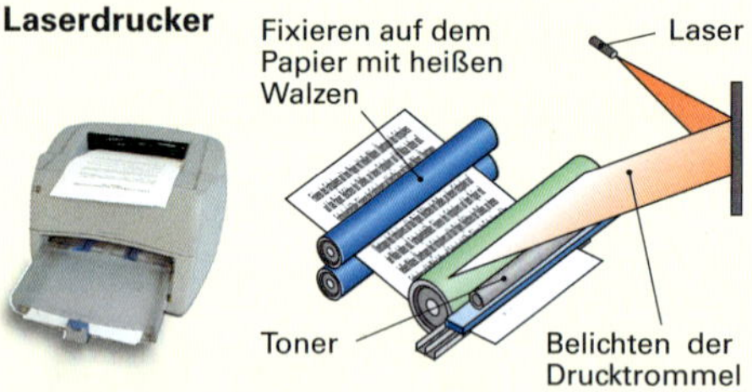	Die elektrostatisch aufgeladene Drucktrommel wird von einem Laserstrahl an den hellen Stellen des Druckbildes mehr entladen als an den dunklen. Anschließend durchläuft die Drucktrommel den Toner (pulverförmige Druckfarbe). Der Toner bleibt auf dem Papier nur an den aufgeladenen Stellen haften. Die folgende Erhitzung festigt (fixiert) den Toner auf dem Papier. Auflösung z. B.: 1200 × 600 dpi (Breite x Höhe), das entspricht 720 000 Bildpunkten pro Quadratzoll Geschwindigkeit z. B.: 30 Seiten/Minute
Tintenstrahldrucker 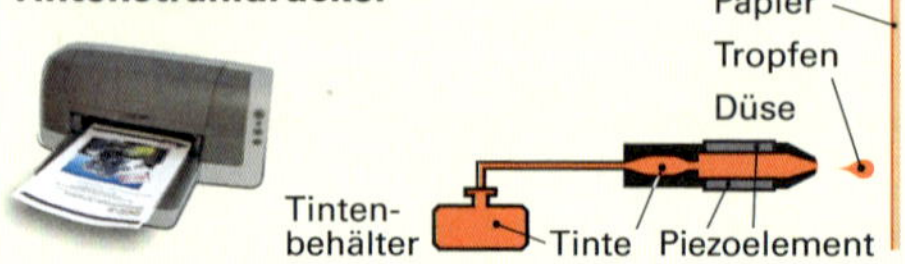	Feinste Tintentröpfchen werden von einem speziellen Druckkopf auf das Papier gespritzt. Für gute Druckergebnisse wird geeignetes Papier bzw. Folie benötigt. Tintenstrahldrucker arbeiten meist langsamer als Laserdrucker. Auflösung z. B. 1200 × 1200 dpi (Breite x Höhe) Geschwindigkeit z. B.: 20 Seiten/Minute

[1] **CCD**, Abk. für: **C**harge **C**oupled **D**evice (engl.) = Einheit zur Bildaufnahme, bei der Lichteinwirkung in elektrische Ladung umgewandelt wird
[2] **JPG**, Abk. für: **J**oint **P**hotographic Experts **G**roup (engl.) = Vereinigte Fotoexpertengruppe
[3] **OCR**, Abk. für: **O**ptical **C**haracter **R**ecognition (engl.) = Optische Zeichenerkennung

14.5.2.2 Farbmonitore

Bei Farbmonitoren verwendet man verschiedene Bildschirmtechnologien **(Tabelle 1)**. Jede dieser Technologien erzeugt **Bildpunkte (Pixel)** durch **additive Lichtmischung**[1] aus den drei Leuchtpunkten der Farben Rot, Grün und Blau.

Tabelle 1: Bildschirmtechnologien für Farbmonitore

Technologie	Funktion, Vor- und Nachteile
OLED-Display (**O**rganic **L**ight **E**mitting **D**iode = Organische Leuchtdiode) 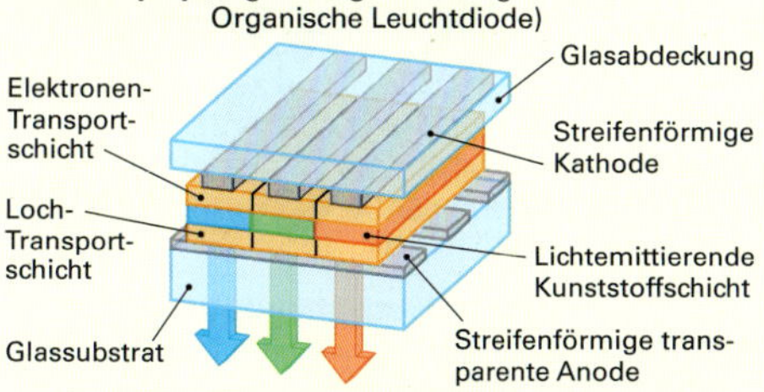	Jeder Bildpunkt besteht aus einer organischen Leuchtdiode (OLED), die aus mehreren sehr dünnen halbleitenden Kunststoffschichten zusammengesetzt ist. Durch Anlegen einer Gleichspannung zwischen einem Kathoden- und Anodenstreifen wird in deren Kreuzungspunkt gezielt eine OLED angesteuert. **Vorteile (Beispiele):** Sehr dünne Displays bis hin zu Folien möglich, sehr guter Schwarzwert, sehr hohes Kontrastverhältnis, gleichmäßige Ausleuchtung und großer Betrachtungswinkel. **Nachteile (Beispiele):** Alterung des organischen Materials, Display verliert mit der Zeit Leuchtkraft, Einbrenngefahr.
LCD (**L**iquid **C**rystal **D**isplay = Flüssigkristallanzeige) 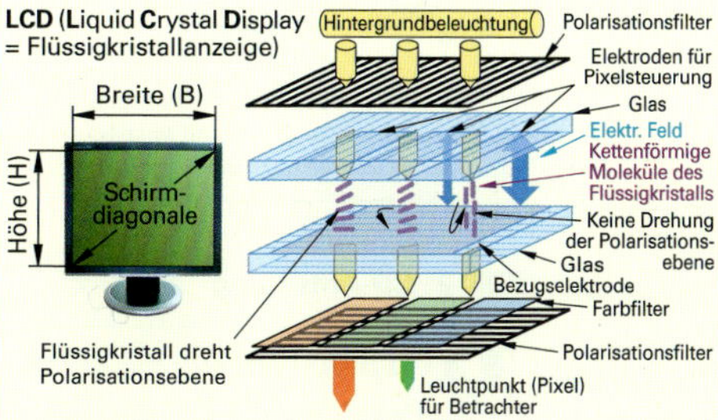	Spezielle Leuchtstofflampen oder LED erzeugen Licht hinter einer Schicht von Flüssigkristallen. Diese können z.B. über Thin-Film-Transistoren (TFT) in ihrer Lichtdurchlässigkeit beeinflusst werden. Gezielt können somit rote, grüne und blaue Lichtpunkte durch Steuerung der entsprechenden Flüssigkristalle lichtdurchlässig und damit hell geschaltet werden. **Vorteile (Beispiele):** Flache Form, kein Bildflimmern, niedriger Energieverbrauch, geringe Strahlenbelastung und keine Beeinflussung durch magnetische Felder. **Nachteile (Beispiele):** Kleines Kontrastverhältnis, geringe Leuchtstärke und eingeschränkter Betrachtungswinkel.

Merkmale zur Bilddarstellung, z.B. die Auflösung (Anzahl der Bildpunkte), die maximale Anzahl von Farben und das Format (Verhältnis von Breite zu Höhe), werden in **Grafik-Standards (Tabelle 2)** festgelegt.

Tabelle 2: Grafik-Standards (Beispiele)

Standard	Auflösung (B × H)	Format (B : H)	Max. Farben	Einsatzgebiet (Beispiele)
VGA	640 × 480	4 : 3	256	Standard-Auflösung bei fehlendem Grafiktreiber.
SVGA	800 × 600	4 : 3	16,7 Mio.	Vollbilddarstellung bei Videofilm-Wiedergabe.
XGA	1024 × 768	4 : 3	16,7 Mio.	Weit verbreitete Auflösung bei Standardmonitoren.
WXGA	1280 × 768 1280 × 800	15 : 9 16 : 10	16,7 Mio.	Weit verbreitete Auflösungen bei Monitoren mit Breitformat.
HD[2] 720	1280 × 720	16 : 9	16,7 Mio.	HDTV-Standard mit 720 Zeilen (HD-ready).
HD 1080	1920 × 1080	16 : 9	16,7 Mio.	HDTV-Standard mit 1080 Zeilen (Full-HD).
WUXGA	1920 × 1200	16 : 10	16,7 Mio.	Weit verbreiteter Standard bei großen Monitoren.

Ein Maß für die **Bildschirmgröße** ist die Schirm-Diagonale. Sie wird als sichtbarer Teil der Schirmoberfläche gemessen. Bei LCD- und OLED-Monitoren werden oft weitere Merkmale **(Tabelle 3)** angegeben.

Tabelle 3: Wichtige Merkmale für LCD- und OLED-Monitore

Merkmal	Bedeutung
Leuchtdichte	Bildhelligkeit (Lichtstärke pro Fläche) in cd/m^2 (Candela pro Quadratmeter), z.B. 300 cd/m^2.
Reaktionszeit	Zeit, z.B. 4 ms, die der Bildschirm benötigt, um auf Änderungen zu reagieren. Ein kleiner Wert ist bei schnellen Bewegungen, z.B. bei Computerspielen, wichtig.
Kontrastverhältnis	Verhältnis aus der größten zur kleinsten darstellbaren Bildhelligkeit, z.B. 900 : 1. Je größer das Verhältnis, desto besser werden Helligkeitsunterschiede dargestellt. Das ist besonders bei der Wiedergabe von Videofilmen oder zur Fotodarstellung wichtig.
Betrachtungswinkel	Bereich, z.B. horizontal 160° und vertikal 140°, innerhalb dessen das Monitorbild vom Betrachter erkennbar ist.
Anschlussstandard	Anschluss des Monitors, z.B. VGA, DVI, HDMI oder DP (DisplayPort), an die Grafikkarte.

[1] Additive Lichtmischung = Zusammenführen von Licht mit den Grundfarben Rot, Grün und Blau
[2] **HD**, Abk. für: **H**igh **D**efinition (engl.) = hohe Auflösung

14.5.3 Periphere Geräte zur Datenspeicherung

Ein Computer benötigt für große Datenmengen Speicher, die auch im ausgeschalteten Zustand ihren Inhalt behalten. Dazu werden periphere Geräte, sogenannte **Massenspeicher**, verwendet.

Magnetische Speicher sind z. B. **Festplatten-** und **Band-Laufwerke.** Festplatten-Laufwerke **(Bild 1)** enthalten Magnetscheiben, Band-Laufwerke, z. B. DAT[1]-Streamer, verwenden Magnetbänder als Datenträger. Die zu schreibende Information wird durch gezielte Magnetisierung mit einem Schreibkopf auf dem ferromagnetischen[2] Datenträger gespeichert. Massenspeichergeräte mit magnetischen Datenträgern können große Datenmengen speichern, sind aber langsam und stoßempfindlich.

SSD ersetzen zunehmend Festplattenlaufwerke (HDD). Mit einer Zugriffszeit von ca. 0,1 ms sind sie etwa 100-mal schneller.

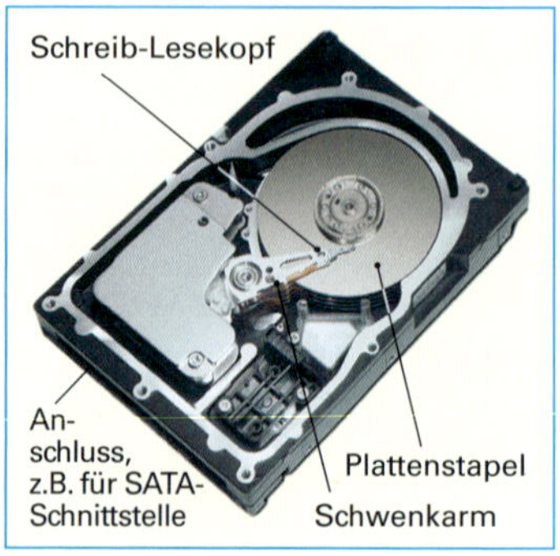

Bild 1: Festplatten-Laufwerk

Wichtige Merkmale bei Festplatten-Laufwerken (Hard Disc Drive – HDD)

- **Speicherkapazität** in Terabyte (TB), z. B. 2 TB
- **Mittlere Zugriffszeit** in Millisekunden (ms), z. B. 8 ms
- **Schnittstelle** zum PC, z. B. PATA[3], SATA[4] oder USB
- **Zwischenspeicher** (Cache) Größe in MB, z. B. 8 MB
- **Drehzahl** in Umdrehungen pro Minute (U/min), z. B. 7200 U/min

Optische Speicher sind z. B. **CD- oder DVD[5]-ROM**. Bei einer CD oder DVD werden die Informationen durch Vertiefungen in einer reflektierenden Oberfläche gespeichert. Zur Abtastung **(Bild 2)** wird ein Laserstrahl verwendet. CDs besitzen eine Kapazität von etwa 700 MB. **DVDs** verwenden geringere Abstände zwischen den Spuren und zwischen den Vertiefungen. Die DVD erreicht damit eine höhere Speicherkapazität von etwa 4,7 GB. Zudem können bei einer DVD pro Seite maximal zwei Informationsschichten (Layer) aufgebracht werden. Eine **Double-Layer-DVD (DL-DVD)** erreicht dadurch eine Kapazität von etwa 8,5 GB. Eine CD/DVD wird durch Pressung hergestellt. Bei beschreibbaren Medien, z. B. **CD-R** oder **DVD-R**, werden die Informationen durch einen Laserstrahl geschrieben. Beim „Brennvorgang" wird ein Farbstoff durch Erwärmung mit dem Laser in seinem Reflexionsverhalten verschlechtert. Bei beschreibbaren **CD-RW** oder **DVD-RW** kann der beim „Brennen" veränderte Farbstoff durch Erhitzen mit dem Laser auf eine bestimmte Temperatur wieder in seine ursprüngliche Struktur zurückgewandelt werden. Dadurch werden die Daten auf dem Datenträger gelöscht.

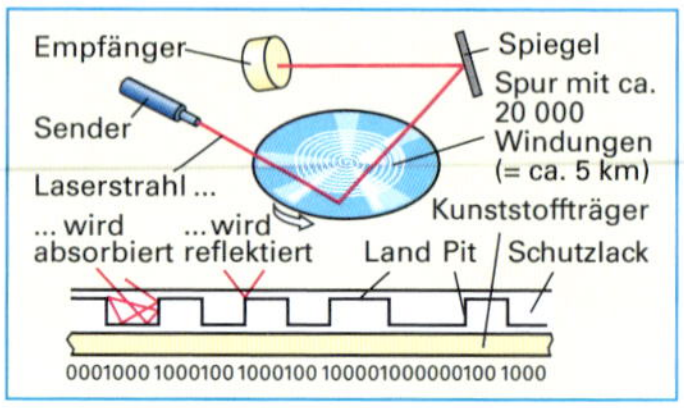

Bild 2: CD-Abtastung

CD-/DVD-Formate/-Kapazitäten

CD-ROM	≈ 700 MB
CD-R, CD-RW	≈ 700 MB
DVD-ROM	≈ 4,7 GB
DVD-/+[1]R, DVD -/+[1]RW	≈ 4,7 GB
DVD-/+[1]RAM V 2.0	≈ 4,7 GB
DVD-/+[1]R DL	≈ 8,5 GB
BD-R DL	≈ 50 GB

Wiederbeschreibbare CDs/DVDs können ca. 1000-mal, eine DVD-RAM sogar ca. 100 000-mal neu beschrieben werden.

Geschwindigkeitsangaben bei Laufwerken (Beispiele)

48x[2] bei CD-ROM-Laufwerk

16x[3] bei DVD-ROM-Laufwerk

[1] Die Bezeichnungen – bzw. + resultieren aus unterschiedlichen Herstellerstandards. Minus: DVD-Forum, z. B. Pioneer, Toshiba Plus: DVD+RW Alliance, z. B. Dell, Philips

[2] Bedeutet 48-mal schneller als ein CD-ROM-Laufwerk (ca. 150 kB/s) = 7,2 MB/s

[3] Bedeutet 16-mal schneller als ein DVD-ROM-Laufwerk (ca. 1,39 MB/s) = 22,24 MB/s

Weiterentwicklungen der DVD, z. B. die **Blu-ray Disc (BD)**, verwenden noch kleinere Strukturen als herkömmliche DVDs und benötigen darum kurzwelliges blaues Laserlicht zur Abtastung.

Halbleiterspeicher (Bild 3) werden z. B. in Speicherkarten und Solid State Drives (SSD) eingesetzt. Dazu werden spezielle **EEPROMs (Seite 537)** mit hoher Zugriffsgeschwindigkeit verwendet, die auch als **Flash-Speicher** bezeichnet werden. Vorteile sind z. B. die Unempfindlichkeit gegenüber Erschütterungen und magnetischen Einflüssen.

Speicherkarten werden z. B. in Digitalkameras verwendet. Wichtige Merkmale sind der Speicherkartentyp, z. B. SD, die Speicherkapazität, z. B. 64 GB und die Datentransferrate, z. B. 100 MB/s.

Bild 3: Halbleiterspeicher

[1] **DAT**, Abk. für: **D**igital **A**udio **T**ape (engl.) = Magnetband als Datenträger für Datensicherung

[2] ferromagnetisch (von lat. ferrum) = magnetisch, wie Eisen

[3] **PATA**, Abk. für: **P**arallel-**A**dvanced **T**echnology **A**ttachment (engl.) = Paralleler Anschluss mit erweiterter Technik

[4] **SATA**, Abk. für: **S**erial-**A**dvanced **T**echnology **A**ttachment (engl.) = Serieller Anschluss mit erweiterter Technik

[5] **DVD**, Abk. für: **D**igital **V**ersatile **D**isc (engl.) = digitale vielseitige Scheibe

Erweiterung des Arbeitsspeichers

1. Computer herunterfahren, ausschalten und vom Stromnetz sowie der Computer-Netzwerkverbindung trennen.
2. Computergehäuse öffnen.
3. Feststellclips für **Speichermodul** nach außen klappen.
4. Speicherbank in Sockel einlegen und fest eindrücken.
5. Feststellclips wieder zurückklappen.
6. Computer starten und kontrollieren, ob Speichermodul erkannt wird.

ACHTUNG:
- Speichertyp, z.B. DDR4-RAM, beachten.
- Computerbauelemente sind empfindlich gegenüber elektrostatischer Entladung **(Seite 385)**.
  Tragen Sie ein Antistatik-Gelenkband mit Verbindung zu einem geerdeten Gegenstand oder entladen Sie Ihren Körper durch vorheriges Berühren des Computergehäuses.

Einbau einer PCIe x16 Grafikkarte

1. Computer herunterfahren, ausschalten und vom Stromnetz trennen. Schutz gegen elektrostatische Aufladung beachten **(Seite 385)**.
2. Computergehäuse öffnen.
3. Stecksockel PCIe x16 für Grafikkarte auswählen und zugehörige metallene Blindabdeckung auf PC-Gehäuserückseite entfernen.
4. Grafikkarte in Slot eindrücken, dabei nicht verkannten.
5. Prüfen, dass keine Leitungen den Kühlkörper der Grafikkarte berühren.
6. Computer starten und im Gerätemanager kontrollieren, ob neue Grafikkarte erkannt wurde.
7. Grafikkartentreiber, z.B. von beigelegter CD, installieren.

6. Im „Gerätemanager" (Win10) wird nur ein Standard-Treiber angezeigt.

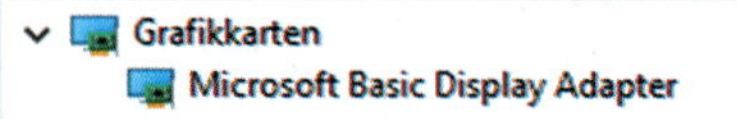

7. Erst nach der Installation des Treibers von der beigelegten CD werden alle Möglichkeiten der Grafikkarte genutzt.

Einbau einer Festplatte mit Anschluss für SATA-Schnittstelle

1. Computer herunterfahren, vom Stromnetz sowie der Computer-Netzwerkverbindung trennen.
2. Computergehäuse öffnen. Festplatte in Laufwerkschacht einschieben und befestigen.
3. Festplatte mit SATA-Mainboard-Anschluss über eine SATA-Anschlussleitung verbinden. →
4. Festplatte an 4-poligen Stromversorgungsstecker oder SATA-Stromversorgungsstecker (SATA Power) anschließen. →
5. Computer starten → Datenträgerverwaltung → Festplatte partitionieren[1] → Festplattenpartitionen formatieren[2]

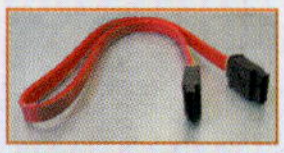

Befestigen

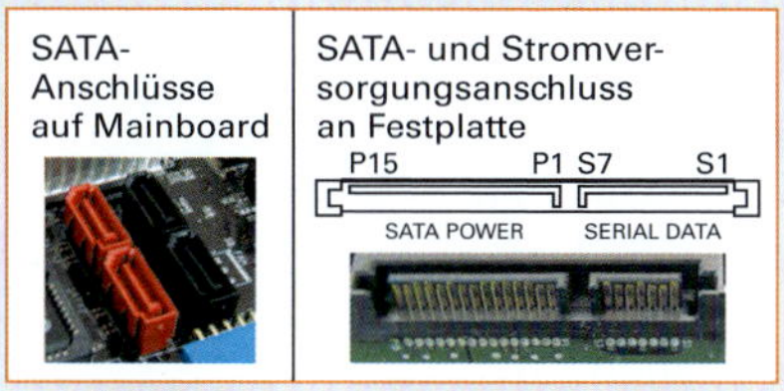

Anschließen

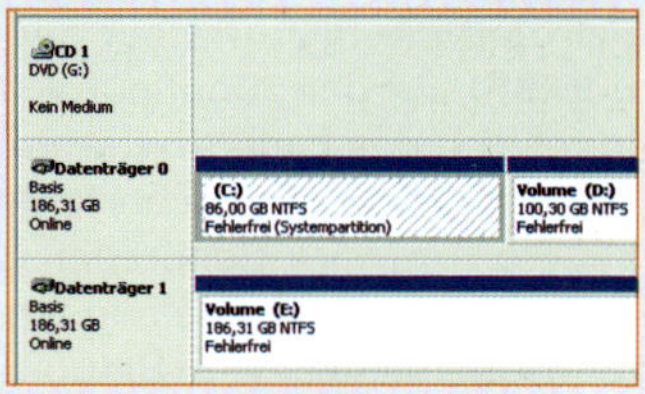

Partitionieren und Formatieren

[1] Partitionieren = Einteilung der Festplatte in verschiedene Bereiche
[2] Formatieren = Grundlegendes Format auf der Festplatte für den Dateizugriff anlegen.

(Nächster Praxistipp: Seite 550)

14.6 Software

Software unterteilt man in **System- und Anwendungsprogramme (Bild 1)**.

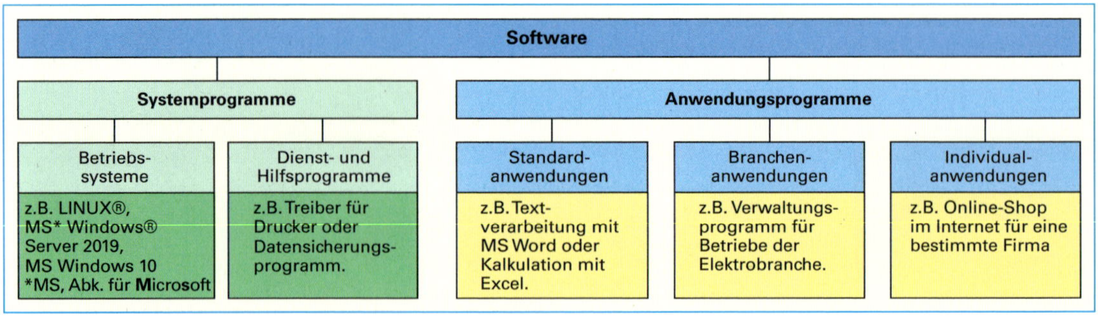

Bild 1: Einteilung der Software

14.6.1 Systemprogramme

Systemprogramme sind für die Verwaltung, Steuerung und Funktion des Computersystems zuständig.

Systemprogramme bestehen allgemein aus dem **Betriebssystem** sowie den **Dienst- und Hilfsprogrammen**, z. B. **Treiberprogrammen**, auch Treiber genannt. Das Betriebssystem benötigt die Treiber für den Zugriff auf die Hardware **(Bild 2)**.

Betriebssystem und Anwendungsprogramme arbeiten eng zusammen. Ein Anwendungsprogramm greift in der Regel über das Betriebssystem auf die Hardware zu. Es muss dazu die vom Betriebssystem bereitgestellte **Schnittstelle (API[1], Bild 2)** verwenden. Diese unterscheidet sich bei den verschiedenen Betriebssystemen. Darum funktioniert ein Textverarbeitungsprogramm z. B. für Microsoft® Windows® nicht auf einem Rechner mit dem Linux®- Betriebssystem.

Bei einem PC bestehen die Systemprogramme aus dem **Betriebssystem**, z. B. Microsoft Windows 10, den **Treibern** für die verwendeten Hardware-Komponenten und den Treibern der **Firmware, z. B. BIOS-Firmware (Bild 1, Seite 533)**. Das BIOS enthält neben den Treibern auch ein Selbsttestprogramm für das Mainboard und ist für den Start des Computers **(Bild 3)** zuständig. Dazu wird zuerst das Selbsttestprogramm (POST) gestartet, bestimmte Hardware-Einstellungen auf einen Anfangswert gesetzt und zuletzt über die BIOS-Treiber der **Master-Boot-Record (MBR)** auf dem Bootlaufwerk[2] gelesen. Darin befindet sich das **Ladeprogramm (Urlader)** für das auf der Festplatte gespeicherte Betriebssystem. Eine neuere Firmware-Generation ist die **UEFI[3]-Firmware**. Sie ermöglicht z. B. einen schnelleren Start des PC und übersichtlichere Setup-Einstellungen mit hochauflösender Grafik.

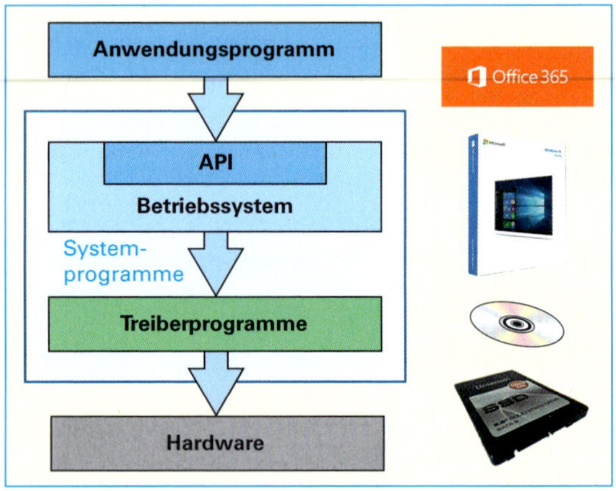

Bild 2: Schichtenarchitektur der PC-Software

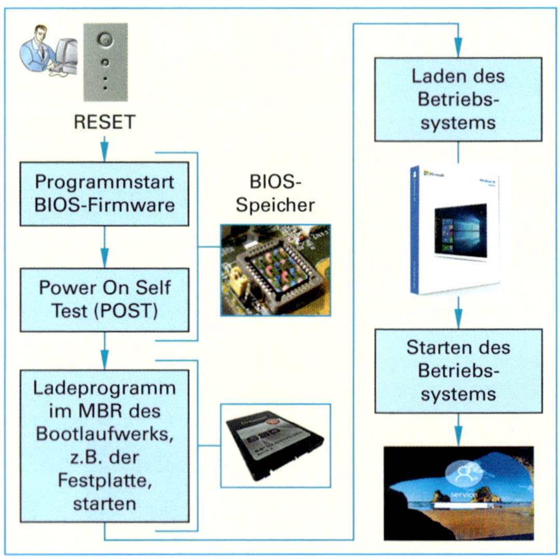

Bild 3: Startvorgang PC mit BIOS-Firmware

[1] **API**, Abk. für: **A**pplication **P**rogramming **I**nterface (engl.) = Programmierschnittstelle für Anwendungsprogramme
[2] Bootlaufwerk = Festplatten-Laufwerk, das für den Start des Betriebssystems zuständig ist.
[3] **UEFI**, Abk. für: **U**nified **E**xtensible **F**irmware **I**nterface (engl.) = Einheitliche erweiterbare Firmware-Schnittstelle

14.6.2 Anwendungsprogramme

Anwendungsprogramme benötigt der Anwender des Computersystems für seine Arbeit, z. B. zum Erstellen einer Präsentation oder zum Schreiben eines Briefes.

Standardanwendungen sind Programme, die von vielen Benutzern benötigt und auf vielen Computern angewendet werden. Typische Standardanwendungen sind Programme zur Textverarbeitung, Tabellenkalkulation, Datenbankverwaltung sowie Zeichen- bzw. Grafikprogramme.

Textverarbeitungsprogramme (Bild 1) erstellen Texte, können verschiedene Schriftarten darstellen, Grafiken und Tabellen in den Text einbinden und den Text in bestimmte Formate, z. B. mehrere Spalten, bringen. Oft wird bereits während der Eingabe die Rechtschreibung überprüft und Flüchtigkeitsfehler, z. B. das Vertauschen von Buchstaben oder fehlende Großschreibung am Satzanfang, automatisch korrigiert.

Tabellenkalkulationsprogramme (Bild 2) ermöglichen das Rechnen (Kalkulieren). In einem elektronischen Arbeitsblatt werden Texte und Zahlen in Felder eingegeben. Durch die Festlegung einer Rechenvorschrift gibt der Benutzer an, wie die Zahlenwerte in den einzelnen Feldern miteinander verknüpft werden. Wird ein Wert in einem Feld geändert, so ändern sich alle Folgeergebnisse automatisch.

Datenbankprogramme können Informationen in Form von Dateien speichern und miteinander verknüpfen. Der Anwender kann meist frei festlegen, aus welchen Dateien Informationen bezogen werden. Die Daten werden in einer Maske, vergleichbar einer Karteikarte, dargestellt.

Zeichenprogramme oder **Grafikprogramme** dienen zum Erstellen und Bearbeiten von Zeichnungen und Bildern. Auch das Bearbeiten von Fotos ist möglich.

CAD[1]-Programme (Bild 3) ermöglichen das Konstruieren mit dem Computer. Darin ist neben dem Erstellen von Plänen auch die Dokumentation und **Simulation (Bild 4)** enthalten.

Branchenanwendungen sind auf eine bestimmte Branche, z. B. das Elektrohandwerk, zugeschnitten. Dabei werden mehrere verschiedene Programme, z. B. Buchhaltung, Lagerverwaltung und Fakturierung[2], zu einem großen Softwaresystem kombiniert.

Individualanwendungen sind notwendig, wenn Programme ganz speziell auf einen Betrieb zugeschnitten werden müssen, z. B. die Steuerung eines bestimmten Herstellungsprozesses oder eine Firmen-Website mit Online-Shop.

[1] **CAD**, Abk. für: **C**omputer **A**ided **D**esign = rechnergestütztes Konstruieren
[2] Fakturierung (von lat. factura) = Vorgang im Rechnungswesen, z. B. Rechnung schreiben

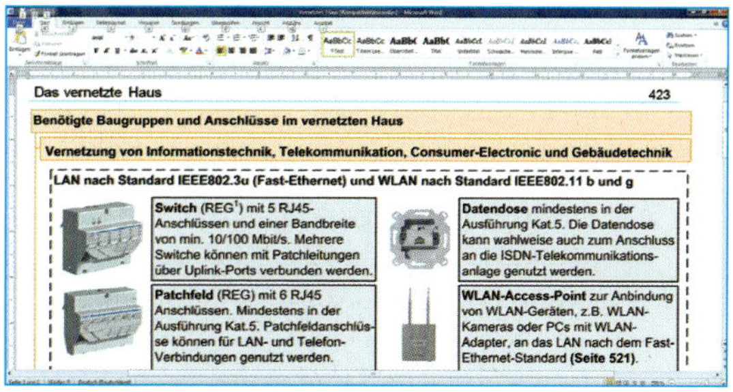

Bild 1: Beispiel zur Textverarbeitung

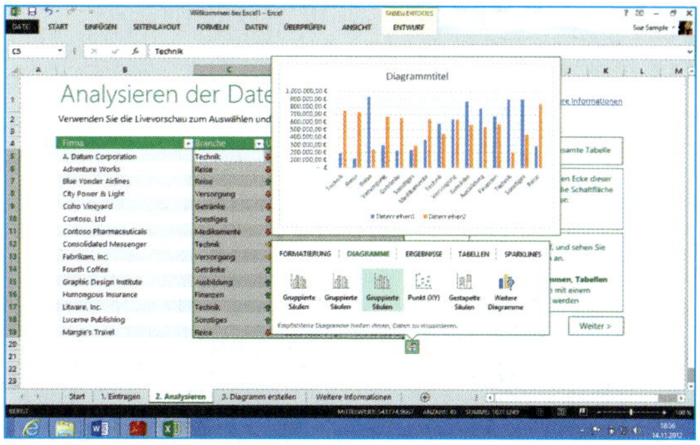

Bild 2: Beispiel zur Tabellenkalkulation

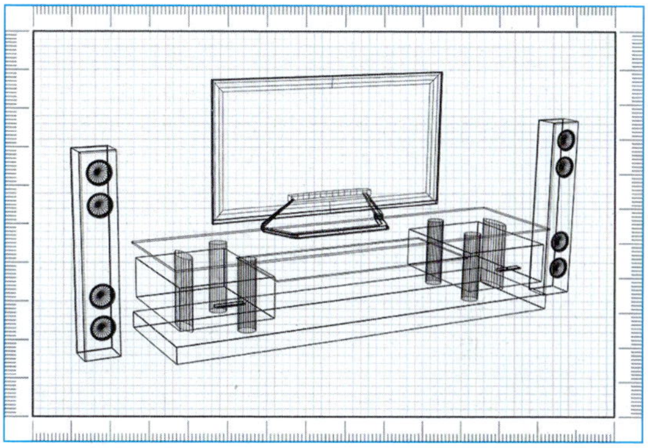

Bild 3: Beispiel zu CAD

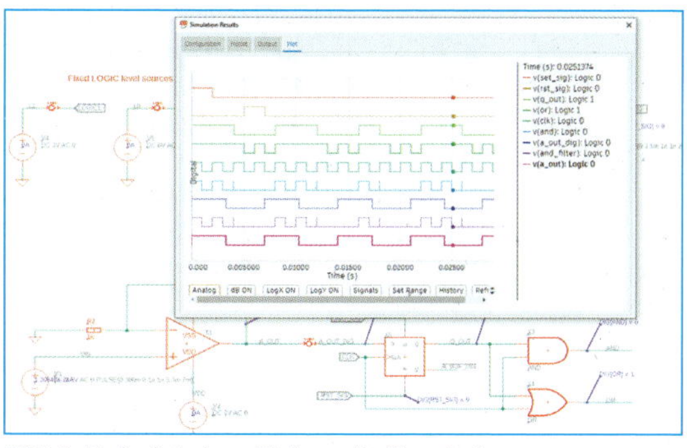

Bild 4: Beispiel einer Elektronik-Simulation

14.7 Vernetzung von Computern

Computer können innerhalb eines Gebäudes oder Grundstückes zu einem Lokalen Netzwerk **(LAN)** oder über das Internet zu einem weltumspannenden, globalen Netzwerk **(GAN)** verbunden sein **(Bild)**.

14.7.1 Netzwerktopologien

Im LAN werden verschiedene Netzwerktopologien[1] **(Bild)**, z.B. **Stern-, Bus- oder Ring-Topologie**, verwendet. In einem LAN wird meistens die Stern-Topologie angewendet, bei der an einer zentralen Stelle ein **Hub (Sternverteiler)** vorhanden ist. Hubs gibt es mit unterschiedlichen Technologien. Meistens werden Hubs mit Switch-Technologie **(Seite 548)** eingesetzt.

14.7.2 Netzwerkdienste

Netzwerke ermöglichen neben **Informationsaustausch** zwischen Computern auch die **Nutzung von Diensten, z.B. DNS oder FTP (Seite 549)**, die im Netzwerk angeboten werden. Computer, die einen oder mehrere Dienste für ein Netzwerk bereitstellen, sind **Server**. Der Dienstnutzer, z.B. ein PC-Arbeitsplatz, wird als **Client** bezeichnet. Die Dienste von Servern im Netzwerk ermöglichen zusätzliche Funktionen für jeden vernetzten PC-Arbeitsplatz.

WWW https://kompendium.infotip.de/netzwerkkomponenten-netzwerkverteiler.html

Übersicht: Computernetzwerke

- **LAN:** Abk. für: Local Area Network (engl.)
  = Lokales Netzwerk **(Seite 547)**, z.B. innerhalb eines Gebäudes
- **WLAN:** Abk. für: Wireless Local Area Network (engl.)
  = Drahtloses Lokales Netzwerk **(Seite 549)**, z.B. innerhalb eines Gebäudes
- **WAN:** Abk. für: Wide Area Network (engl.)
  = Großes Netzwerk, z.B. innerhalb eines Landes
- **GAN:** Abk. für: Global Area Network (engl.)
  = Weltweites Netzwerk **(Seite 549)**, z.B. das Internet

Wichtige Begriffe bei Netzwerken

- **Topologie** beschreibt die räumliche Art der Anordnung der Netzwerkknoten, z.B. PC oder Verteiler, zueinander.
- **Hub** (engl.) = Nabe, Drehpunkt, Mittelpunkt einer sternförmigen Netzwerkverteilung

Server-Dienste im LAN (Beispiele)

- **File-Server**
  Speichern und Bereitstellen von Dateien
- **Datenbank-Server**
  Verwalten von Informationen in Datenbanken
- **Print-Server**
  Speichern und Ausführen von Druckaufträgen
- **Intranet-Server**
  Bereitstellen von Webseiten

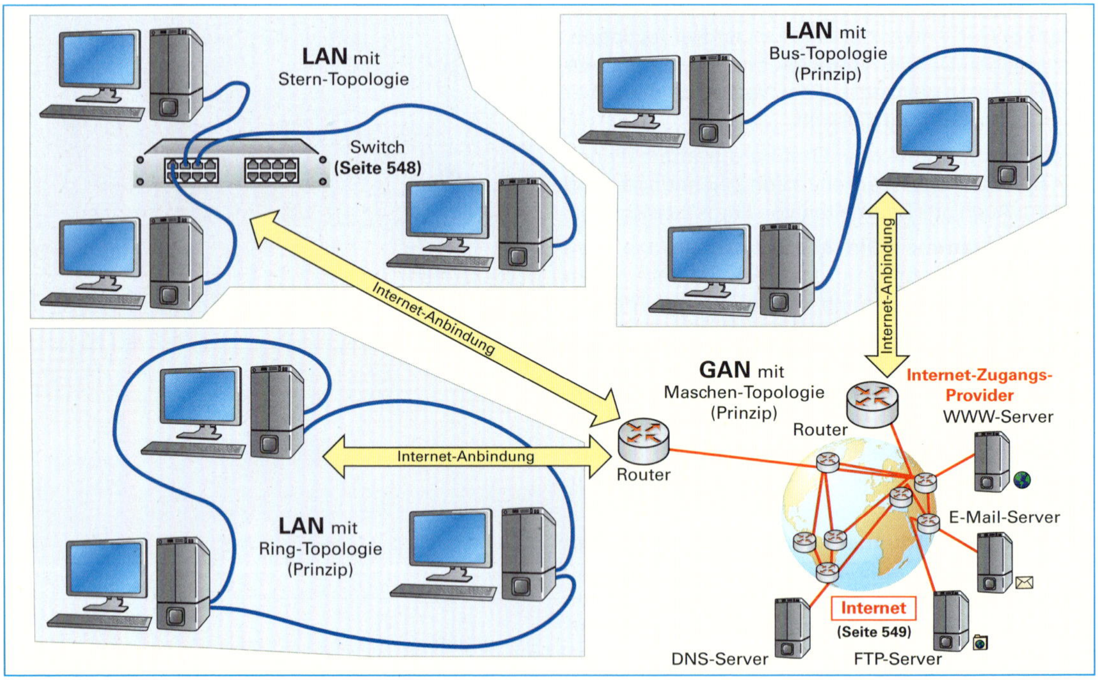

Bild: Topologien im lokalen und globalen Netzwerk

[1] Topologie = bei einem Computernetzwerk die Struktur der Verbindungen im Netzwerk

14.7.3 Bestandteile eines lokalen Netzwerkes (LAN) in Sterntopologie

Bei der Sterntopologie werden Endgeräte, z.B. PCs, sternförmig über einen Sternverteiler, z.B. einen Switch **(Bild 1)**, miteinander verbunden.

In kleineren Büronetzwerken („**S**mall **O**ffice, **H**ome **O**ffice" bzw. SOHO-Bereich) wird der Switch **(Seite 548)** wegen geringer Entfernungen manchmal direkt über flexible Anschlussleitungen mit dem PC verbunden. In größeren Netzwerken werden Datenleitungen **(Tabelle, Seite 548)** verwendet. Damit lassen sich wegen der besseren Übertragungseigenschaften auch größere Strecken überbrücken. Am Ende der Leitung ist eine Anschlussmöglichkeit, z.B. für einen PC, vorhanden. Für den PC-Anschluss ist eine **Datendose (Bild 1)** nötig, die auch als Übergang von der unflexiblen Datenleitung auf die flexible Anschlussleitung **(Patchleitung)** dient. Der Übergang der Datenleitung auf den Switch muss flexibel erfolgen, damit die Belegung der Switch-Ports änderbar ist. Das wird über ein **Patchfeld**[1] **(Bild 1)** erreicht. Es besteht aus mehreren Anschlussbuchsen, die auf der Rückseite mit jeweils einer Datenleitung verbunden sind. Über Patchleitungen wird ein flexibler Übergang vom Patchfeld zum Switch hergestellt. Durch die Steckmöglichkeit am Patchfeld kann bestimmt werden, mit welchem Port des Switches eine Datendose und somit ein PC verbunden wird, oder ob sie evtl. nicht angeschlossen, also außer Betrieb gesetzt wird.

Die Komponenten von Netzwerk-Übertragungsstrecken **(Bild 1)** müssen aufeinander abgestimmt sein. Außerdem soll ein Netzwerk unabhängig von der Anwendung, z.B. Ton-, Bild- oder Daten-Übertragung, sein. Dazu gibt es Normen, die Anforderungen an Netzwerke und deren Bestandteile festlegen.

Wichtige Normen für IT-Gebäudeverkabelungen

- **EIA/TIA 568** Nordamerikanische Industriespezifikation
- **ISO/IEC 11801** Weltweite Norm, die auch Inhalte aus der EIA/TIA 568 enthält
- **EN 50173** Europaweite Norm durch Anpassung der ISO IEC 11801 an Europa.

Die EIA/TIA 568 legt die **Farbkennzeichnungen (Bild 2)** der Leitungsadern für das Auflegen der Datenleitungen, z.B. auf Datendosen oder Patchfelder, fest. Dabei muss die Anschlussbelegung innerhalb eines LAN gleich sein und nach Belegungsplan EIA/TIA 568A oder EIA/TIA 568B einheitlich durchgeführt werden. Zum Auflegen der Datenleitungen wird ein spezielles Auflegewerkzeug für LSA[2]-Verbindungen verwendet.

[1] Patchfeld = Bezeichnung für Steckfeld bzw. Verbindungsfeld
[2] **LSA**, Abk. für: **L**öt-, **S**chraub- und **A**bisolierfrei

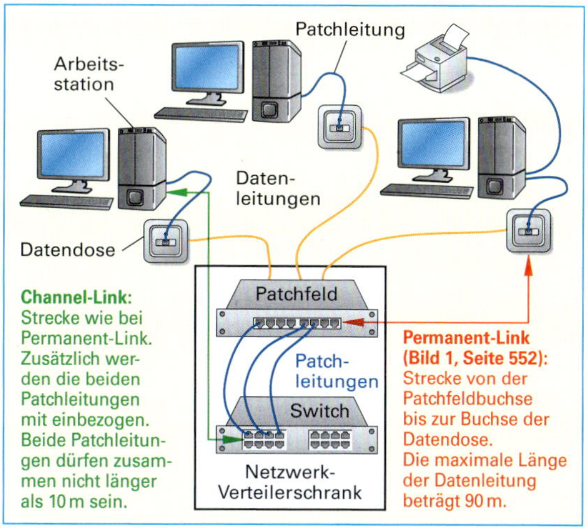

Bild 1: PC-Anschluss an ein Netzwerk

WWW www.pc-adviser.de/netzwerkverkabelung.htm

Übersicht: Wichtige Festlegungen für IT-Gebäudeverkabelungen

- **Strukturierte Verkabelung:** Vorgabe einer Struktur für die Verkabelung.
- **Übertragungseigenschaften:** Festlegung von Grenzwerten, z.B. Frequenz, Dämpfung und Übersprechen. Diese Werte werden in Form von Link-Klassen und Kategorien angegeben.

Übertragungseigenschaften nach EN 50173-1 und ISO/IEC 11801

- **Link-Klassen:** Eigenschaften von Übertragungsstrecken, z.B. Channel- oder Permanent-Link **(Bild 1)**, werden als Klassen angegeben. Eine Strecke der Klasse E ist z.B. geeignet für Frequenzen bis 250 MHz.
- **Kategorien:** Eigenschaften von Komponenten einer Übertragungsstrecke, z.B. Datendosen oder Leitungen, werden als Kategorien angegeben. Eine Datenleitung der Kategorie 6 ist z.B. für Frequenzen bis 250 MHz geeignet.

Beispiel: Eine Verbindung aus Datenleitung, Patchleitung, Datendose und Patchfeld, die jeweils der Kategorie 6 entsprechen, ermöglicht eine Übertragungsstrecke der Klasse E.

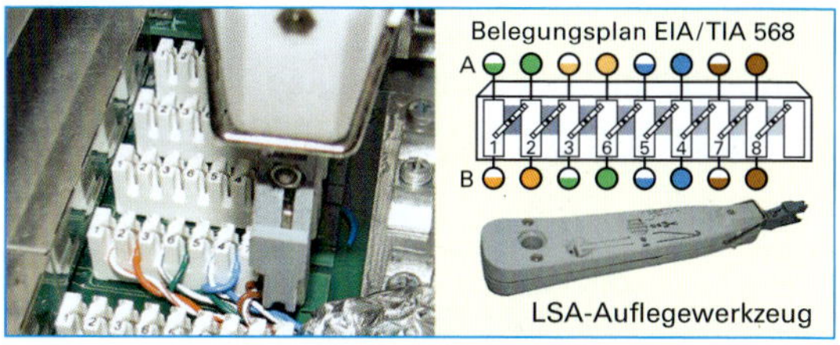

Bild 2: LSA-Verbindungen für Datenleitungen

In einem Computer-Netzwerk werden je nach Einsatzgebiet verschiedene Leitungsarten **(Tabelle)** benötigt.

Tabelle: Leitungsarten für Computer-Netzwerke (Beispiele)

Leitungsart	Eigenschaften	Einsatzgebiet
S/STP[1]-Datenleitung 	Gute Übertragungseigenschaften, wenig flexibel, großer Außendurchmesser, die Innenleiter (Kupfer) sind eindrähtig.	Bei langen Strecken von etwa 10 m bis 90 m und fester Verlegungsart, z. B. in Installationskanälen oder Installationsrohren.
S/FTP[2]-Patchleitung 	Mittlere Übertragungseigenschaften, flexibel, geringer Außendurchmesser, die Innenleiter (Kupfer) sind feindrähtig.	Anschluss von z. B. ortsveränderlichen Geräten bei kurzen Strecken. Für steckbare Verbindungen.
Lichtwellenleitung (LWL) 	Sehr gute Übertragungseigenschaften. Keine Beeinflussung durch elektrische und magnetische Felder.	Bei sehr langen Strecken. Im LAN bis etwa 3 km. Im WAN und GAN bis etwa 100 km ohne Zwischenverstärker (Repeater).

Im **Sternpunkt eines LAN (Seite 546)** befindet sich in der Regel ein **Switch[3] (Bild 1)**. Bei der Switch-Technologie wird zwischen zwei kommunizierenden Endgeräten, z. B. zwischen zwei PCs, eine Brücke (Bridge) geschaltet, sodass mehrere Endgeräte parallel Informationen austauschen können. Man unterscheidet Switches z. B. mit 8, 16, 24 oder 48 Ports und maximalen Datenübertragungsraten von 100, 1000 oder 10 000 Mbit/s. Zur Fernspeisung von angeschlossenen Endgeräten, z. B. IP-Telefonen oder WLAN Access-Points werden PoE-fähige Switches verwendet. Bei PoE (Power over Ethernet) erfolgt die Stromversorgung des Endgerätes über die Datenleitung.

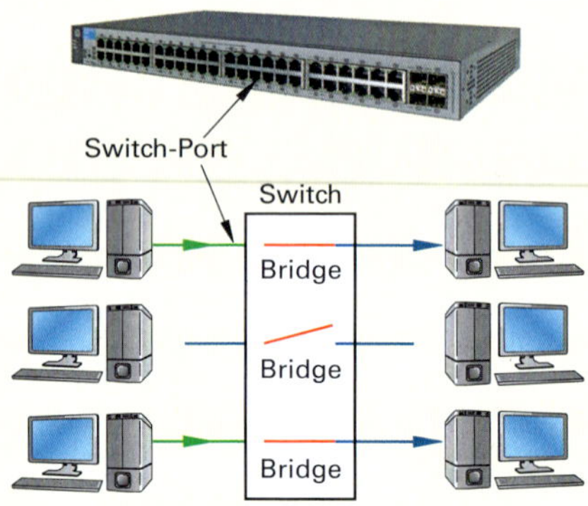

Bild 1: Switch für ein lokales Netzwerk (LAN)

14.7.4 Netzwerkprotokoll

Zur Kommunikation über ein Netzwerk müssen verschiedene Bedingungen erfüllt werden, z. B. die Adressierung des entfernten Rechners, die Sicherheit der Übertragung oder die Möglichkeit zur Verwendung unterschiedlicher Übertragungsmedien, z. B. Kupfer oder Funkwellen. Es muss z. B. berücksichtigt werden, dass sich Protokolle, z. B. beim Übergang von Kupferleitung auf eine drahtlose Verbindung wie WLAN **(Seite 549)**, verändern können. Aus diesem Grund wurde ein modulares System entwickelt, das aus verschiedenen Schichten **(Bild 2)** besteht. Jede Schicht hat eine bestimmte Aufgabe. Ändert sich die Anforderung, wird die zuständige Schicht gewechselt. Dieses universelle System ist für alle Hersteller offen und wird als OSI[5]- Schichtenmodell bezeichnet.

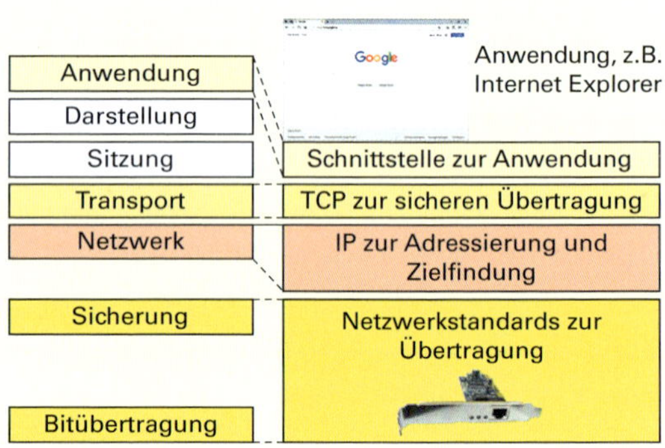

Bild 2: OSI-Schichtenmodell

Ein Protokoll ist ein festgelegtes Format zur Datenübertragung. Informationen können nur ausgetauscht werden, wenn Sender und Empfänger das gleiche Protokoll verwenden.

[1] **S/STP**, Abk. für: **S**creened **S**hielded **T**wisted-**P**air (engl.) = Verdrillte Kupferleitung mit Schirm pro Adernpaar und Gesamtschirm
[2] **S/FTP**, Abk. für: **S**hielded **F**oiled **T**wisted **P**air (engl.) = Verdrillte Kupferleitung mit Gesamtschirm als Folie und Metallgeflecht
[3] Switch (engl.) = Schalter, in der Computertechnik ein Sternverteiler, der aus mehreren Schaltern besteht, die jeweils eine Verbindung (Brücke) zwischen zwei Computer schalten können
[4] **TCP/IP**, Abk. für: **T**ransmission **C**ontrol **P**rotocol/**I**nternet **P**rotocol (engl.) = Übertragungskontrollprotokoll/Internetprotokoll
[5] **OSI**, Abk. für: **O**pen **S**ystems **I**nterconnection (engl.) = Offenes System zur Verbindung

TCP/IP-Protokoll

In Netzwerken wird fast ausschließlich das **TCP/IP-Protokoll** eingesetzt. Bei diesem Protokoll besitzt jeder Teilnehmer eine **IP-Adresse**. Diese darf in einem Netzwerk nur einmal vorkommen. Sie besteht aus 32 Bit **(Bild 1)** und wird durch vier Dezimalzahlen dargestellt. Jede IP-Adresse teilt sich auf in Netzwerk- und Rechneradresse. Zum besseren Verständnis kann der Vergleich mit dem Versenden einer Postkarte verwendet werden. Die Postleitzahl entspricht bei IP der Netzwerkadresse und die Hausnummer im Ort ist mit der Rechneradresse vergleichbar. Damit die Postkarte zum Zielort gelangt, wird sie den Postleitzahlen entsprechend verteilt. Bei einem Netzwerk übernimmt diese Aufgabe ein **Router** (Wegefinder).

Drahtlose Netzwerke

Ein drahtloses Netzwerk ermöglicht die Verbindung z. B. über Funkwellen. Ein weit verbreiteter Standard ist **WLAN**[1] **(Bild 2)**.

http://de.wikipedia.org/wiki/WLAN

Praxistipp: Installation eines LAN (Seite 550)
WLAN einrichten (Seite 553)

IP-Adresse in binärer Darstellung

IP-Adresse	11000000	10101000	00000000	00000001
Subnetzmaske	11111111	11111111	11111111	00000000

IP-Adresse in dezimaler Darstellung

IP-Adresse	192	168	0	1
		Netzwerk-Adresse		Rechner-Adresse
Subnetzmaske	255	255	255	0

Eingabemaske für IP-Einstellung

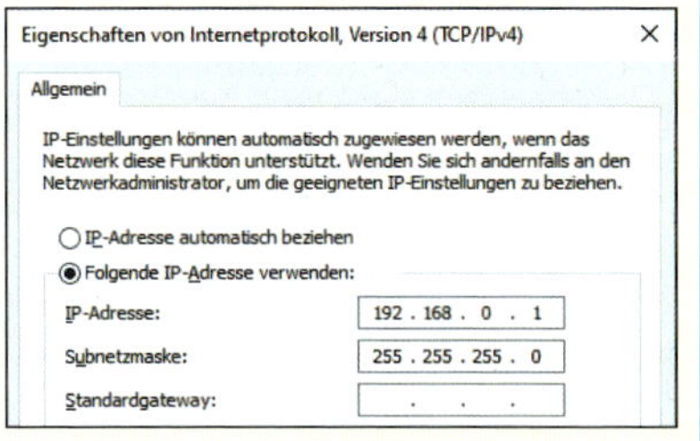

Bild 1: Protokolleinstellungen bei TCP/IP

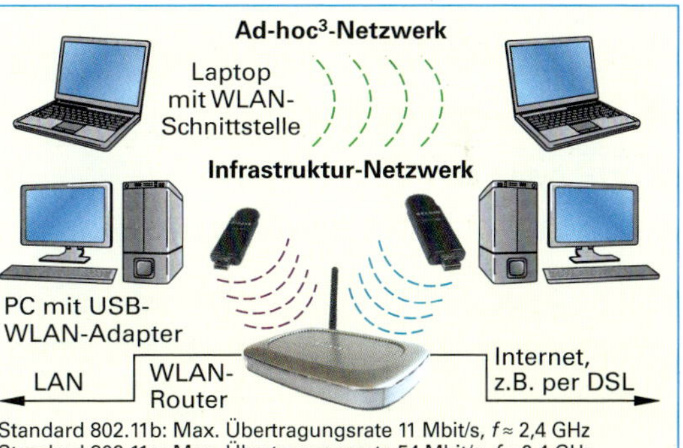

Standard 802.11b: Max. Übertragungsrate 11 Mbit/s, $f \approx$ 2,4 GHz
Standard 802.11g: Max. Übertragungsrate 54 Mbit/s, $f \approx$ 2,4 GHz
Standard 802.11n: Max. Übertr.-rate bis 600 Mbit/s, $f \approx$ 2,4 GHz/5 GHz
Standard 802.11ac: Max. Übertr.-rate bis ca. 6,9 Gbit/s, $f \approx$ 5 GHz
Standard 802.11ax: Max. Übertr.-rate bis ca. 9,6 Gbit/s, $f \approx$ 2,4 GHz/5 GHz

Bild 2: WLAN-Netzwerke und Standards

14.7.5 Globales Netzwerk Internet

Das Internet **(Bild 3)** ist ein globales Netzwerk (GAN). Neben der Möglichkeit zur weltweiten Kommunikation stellt es verschiedene Dienste, z. B. WWW, E-Mail, FTP oder DNS, bereit. Bei der Angabe einer Internet-Adresse (URL[2]) in Form eines Domainnamens, z. B. www.europa-lehrmittel.de, wird zunächst ein DNS-Server nach der zugehörigen IP-Adresse abgefragt. Darum muss bei den Protokolleinstellungen im Feld DNS **(Bild 1)** die IP-Adresse des DNS-Servers angegeben werden. Wenn die IP-Adresse des entfernten Rechners nicht im Adress-Bereich des eigenen LAN liegt, wird das Paket einem Router übergeben. Dieser wird mit seiner IP-Adresse in der Eingabemaske **(Bild 1)** als Gateway eingetragen. Er leitet die Informationen an den nächsten Router beim Internet-Zugangs-Provider weiter. Weitere Router leiten die Datenpakete auf der günstigsten Strecke zum Ziel.

Wichtige Dienste im Internet

WWW, Abk. für: **W**orld **W**ide **W**eb
Bereitstellen von Webseiten

FTP, Abk. für: **F**ile **T**ransfer **P**rotocol
Upload und Download von Dateien

DNS, Abk. für: **D**omain **N**ame **S**ystem
Umsetzung URL[2], z. B. www.xy.de in IP-Adresse

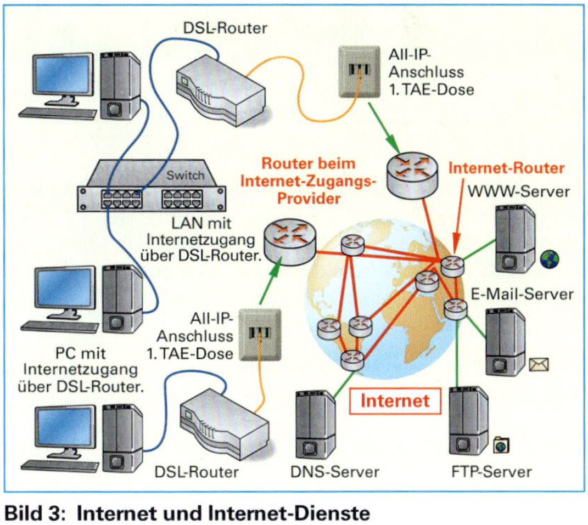

Bild 3: Internet und Internet-Dienste

[1] **WLAN**, Abk. für: **W**ireless **LAN** (engl.) = Drahtloses lokales Netzwerk
[2] **URL**, Abk. für: **U**niform **R**esource **L**ocater = Adresse im Internet
[3] Ad-hoc (lat.) = nicht auf Dauer, nur für den Augenblick

Situationsbeschreibung:

Eine Rechtsanwaltkanzlei soll mit einem lokalen Computernetzwerk (LAN) ausgestattet werden. Die Steckdosen für die Stromversorgung der IT-Endgeräte sind bereits vorhanden und in Geräteeinbaukanälen montiert. Diese sollen auch zur Aufnahme der Datenleitungen und Datendosen genutzt werden. Das LAN soll für eine maximale Datenübertragungsrate von 10 Gbit/s ausgelegt werden. Der Betreiber hat die benötigten Anschlüsse für die IT-Endgeräte in der folgenden Liste festgelegt. Die Elektrotechnikfirma soll das LAN planen, montieren, prüfen und dokumentieren.

Benötigte Datendosen für IT-Endgeräte (IP-Telefone, IP-TV und WLAN-AP sind für zukünftige Erweiterung geplant)

Raum	**Datendose 1-fach**	**Datendose 2-fach**	**IT-Endgeräte**
Büro 1 bis 3	1	2	2 PCs, 2 IP-Telefone und ein Drucker
Warteraum	2	–	IP-TV, WLAN-Access-Point (AP)
DV-Raum	–	1	Drucker, IP-Telefon

1. Planung der Installation

Im **Installationsplan** sind die Montageorte für die benötigten Datendosen und den EDV-Schrank **(Seite 551)** im Grundrissplan des Gebäudes zu notieren. Mithilfe einer Legende werden die verwendeten Symbole beschrieben.
Der Plan zur **Netzwerkstruktur** zeigt die sternförmige Struktur des LAN mit dem EDV-Schrank im Mittelpunkt und den abgehenden Datenleitungen. Datendosen 1-fach müssen mit einer Datenleitung zum EDV-Schrank geführt werden, Datendosen 2-fach benötigen jeweils zwei Datenleitungen. Die benötigten 19 Datenleitungen werden in Geräteeinbaukanälen **(Seite 551, Bild 2)** verlegt.

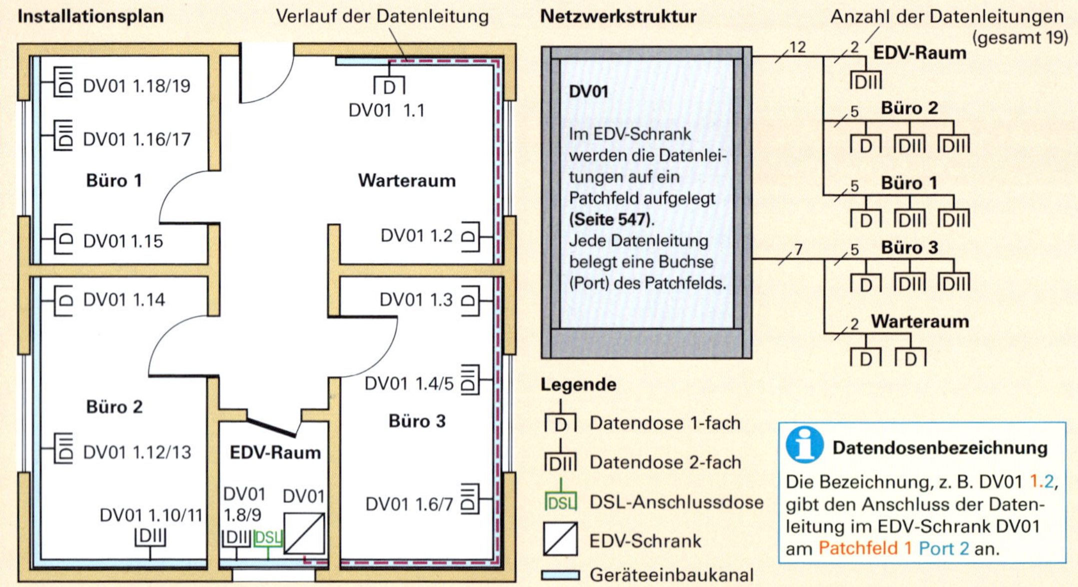

2. Bestimmen der benötigten Kategorie (ISO/IEC 11801) von Patchfeld, Datendose und Datenleitung

Die geforderte Datenübertragungsrate erfordert bestimmte Übertragungseigenschaften **(Übersicht, Seite 547)** für die Verbindung von einer Datendose zum Patchfeld (Permanent Link, **Bild 1, Seite 547**). Diese Eigenschaften werden als Link-Klasse oder kurz Klasse angegeben. Für eine Datenübertragungsrate von 10 Gbit/s ist mindestens eine Verbindung mit der Klasse E_A notwendig. Dazu müssen Patchfeld, Datendose und Datenleitung minimal der Kategorie Cat 6_A entsprechen.

Klasse	**Frequenz**	**Datenübertragungsrate**	**Netzwerkstandard**	**notwendige Kategorie (Cat[1], Seite 547)**	
D	bis 100 MHz	bis 1 Gbit/s	Ethernet 1000Base-T	5e, 6, 7, 7_A, 8	
E	bis 250 MHz	bis 1 Gbit/s	Ethernet 1000Base-T	6, 7, 7_A, 8	Ausgewählt: Patchfeld **(Seite 547)** Cat 6_A Datendosen **(Seite 547)** Cat 6_A Datenleitung **(Seite 317)** Cat 7 (Datenleitung Cat 6_A nicht gebräuchlich)
E_A	bis 500 MHz	bis 10 Gbit/s	Ethernet 10GBase-T	6_A, 7, 7_A, 8	
F	bis 600 MHz	bis 10 Gbit/s	Ethernet 10GBase-T	7, 7_A, 8	

[1] Akürzung für Category (engl.) = Kategorie, wird auch mit der Abk. Kat. angegeben.

3. Verlegung der Datenleitungen

Bei der Verlegung der Datenleitungen **(Seite 317)** ist darauf zu achten, dass der Biegeradius (Herstellerangabe) nicht unterschritten wird und kein Strecken oder Quetschen der Leitung erfolgt. Die Leitungsenden sollten beschriftet werden **(Bild 1)**. Im Geräteeinbaukanal muss zu Stromversorgungsleitungen ein Mindestabstand **(Bild 2)** nach DIN EN 50174-2 eingehalten werden.

4. Auswahl und Bestückung des EDV-Schranks

Der EDV-Schrank (Wandschrank oder Standschrank) ist für den Einbau von Komponenten mit einer Breite von 19 Zoll (48,26 cm) ausgelegt. Er beinhaltet die Bestandteile der Netzwerkverteilung, z. B. Patchfeld, Router und Switch. Auch der Einbau von z. B. Servern oder unterbrechungsfreier Stromversorgung (USV) sind möglich. Die Höhe des benötigten EDV-Schranks ergibt sich aus der Anzahl und Höhe der benötigten Komponenten im Anordnungsplan **(Bild 3)**. Die Höhe wird in Höheneinheiten (HE) angegeben. Standardhöhen für DV-Schränke sind z. B. 12, 22 und 42 HE.

5. Patchfeld und Datendosen anschließen

Vor dem Herstellen der Leitungsverbindungen muss bestimmt werden, ob die einzelnen Leitungsadern nach der Spezifikation EIA/TIA 568 A oder B **(Seite 547)** auf Datendose und Patchfeld aufgelegt werden. Beim Anschließen der Adernpaare gilt es, die Verdrillungen und Schirmungen der Adernpaare so gering wie möglich zu entfernen. Bei Nichtbeachtung, besteht die Gefahr, dass bei der abschließenden Prüfung die geforderten Übertragungseigenschaften der jeweiligen Link-Klasse **(Seite 547)**, z. B. Klasse E_A, nicht erreicht werden.

Werkzeuge zum Anschluss von Netzwerkleitungen

Abmantelwerkzeug

LSA-Auflegewerkzeug **(Seite 547)**

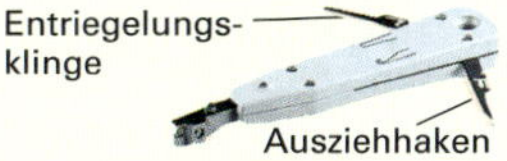

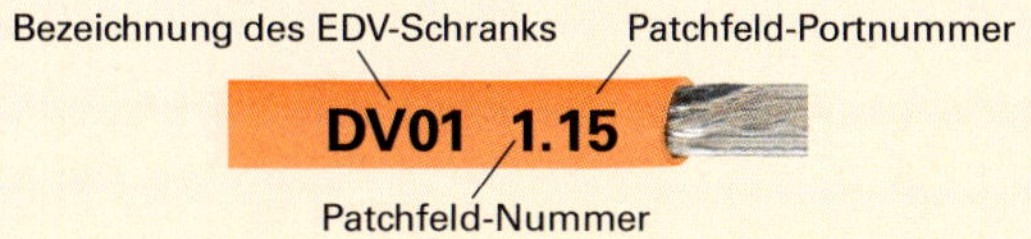

Das Beschriften der Leitungsenden stellt sicher, dass beim Auflegen der Leitungen, die geplante Zuordnung von Patchfeld-Port zu Datendose richtig umgesetzt wird.

Bild 1: Datenleitung mit Beschriftung

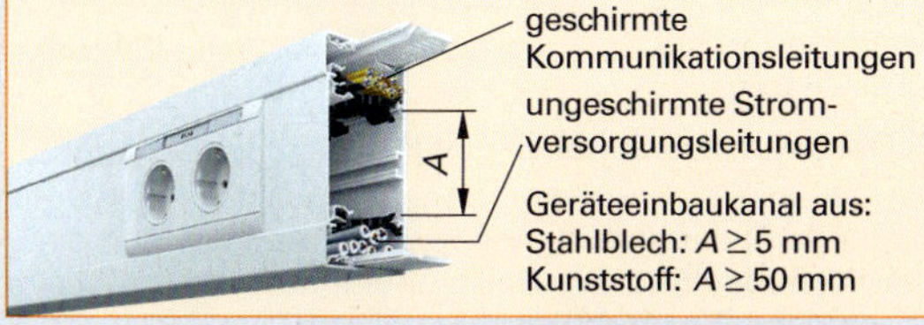

Bild 2: Mindestabstand von Datenleitungen zu Stromversorgungsleitungen im Geräteeinbaukanal

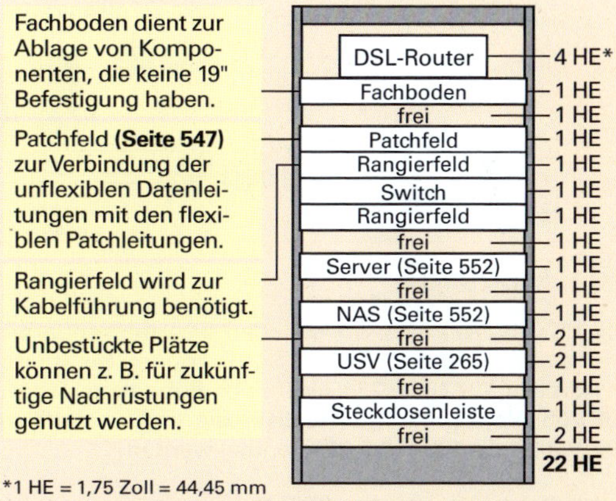

Bild 3: Anordnungsplan EDV-Schrank

5.1 Mantel mit Abmantel-Werkzeug entfernenn
- Im Bereich der LSA-Anschlüsse den Paarschirm entfernen.
- Gesamtschirm über Mantel zurückziehen.

Datenleitung Cat 7

5.2 Schirmung mit Schelle an Patchfeld anschließen

Geflecht und Beilaufdraht müssen sicheren Kontakt zur Schelle haben.

Schirmung anschließen

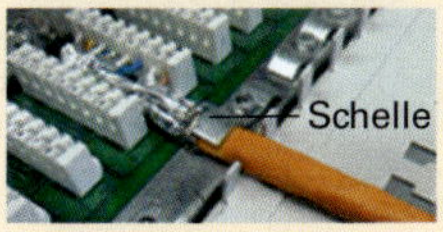

5.3 Adern mit LSA-Auflegewerkzeug in die Schneidklemmverbindung eindrücken
- Aderfarben beachten.
- Sichtprüfung, ob Ader richtig eingedrückt wurde.
- Drahtreste entfernen.

LSA-Verbindung herstellen

5.4 Zugentlastung herstellen
- Leitung mit Kabelbinder am Patchfeld befestigen.
- Überstehenden Kabelbinder bündig abschneiden.

Zugentlastung am Patchfeld

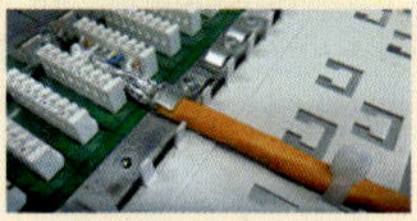

https://www.youtube.com/watch?v=da3xDG_KZAo

5.5 Auflegen auf Datendose

Das Auflegen der Leitung an der Datendose erfolgt wie beim Patchfeld. Neben den Hinweisen der jeweiligen Hersteller ist darauf zu achten, dass beim Auflegen der einzelnen Adern, die beim Patchfeld angewendete Belegung nach EIA/TIA 568, entweder A oder B, verwendet wird.

https://www.youtube.com/watch?v=6gKv_hQJTLM

Datendose (Rückseite), fertig aufgelegt

(Nächster Praxistipp: Seite 553)

6. Prüfen der Leitungsverbindungen (Bild 1)

Jede Leitungsverbindung zwischen Datendose und Patchfeld **(Permanent-Link, Bild 1, Seite 547)** muss abschließend mit einem Kabeltester (Cableanalyzer) geprüft werden, ob sie die Anforderung an die geforderte Link-Klasse erfüllt. Das vom Kabeltester erstellte Messprotokoll wird dem Auftraggeber übergeben.

7. Dokumentation der Verbindungen

Die Beschriftung der Datendosen **(Bild 2)** ermöglicht die Zuordnung zum Anschluss im EDV-Schrank. Eine Liste im EDV-Schrank dokumentiert die Verbindung von jedem Patchfeldport mit der zugehörigen Datendose und Angabe des Raumes.

8. Netzwerkplan erstellen und IP-Adressen festlegen

Die Verbindung der IT-Komponenten wird im Netzwerkplan **(Bild 3)** dargestellt. Alle Komponenten sind in einer sternförmigen Struktur (Sterntopologie, **Seite 546**) an einem Switch **(Seite 548)** angeschlossen.

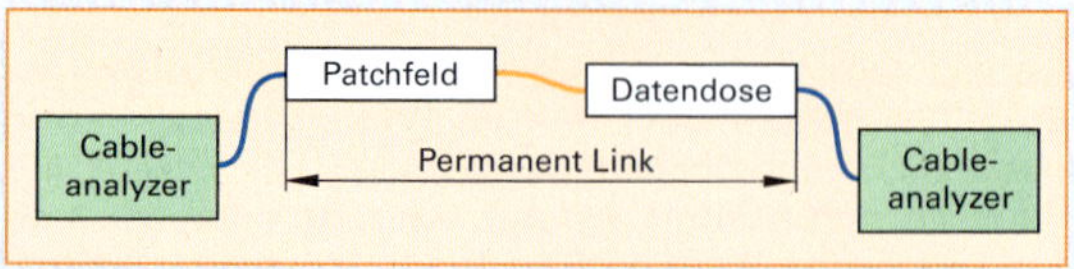

Bild 1: Prüfung des Permanent-Link mit Kabeltester

WWW https://de.flukenetworks.com/expertise/learn-about/cable-testing

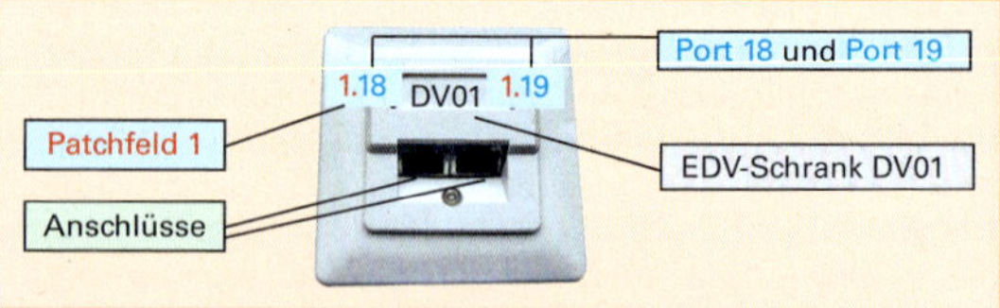

Bild 2: Beschriftung auf 2-fach-Datendose (Beispiel)

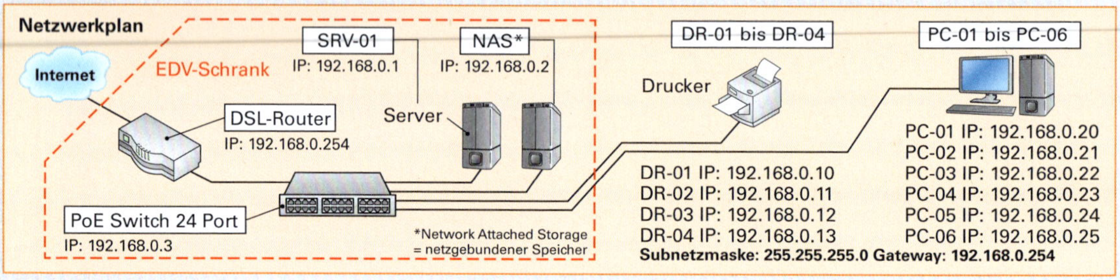

Bild 3: Netzwerkplan

Die PCs müssen sich im gleichen IP-Adressenbereich wie bei DSL-Router befinden. Somit können bei Router-IP-Adresse 192.168.0.254 und einer Subnetzmaske mit 255.255.255.0 **(Bild 1, Seite 549)** die IP-Adressen von 192.168.0.**1** bis 192.168.0.**253** genutzt werden.

Vergabe von IP-Adressen

Es ist darauf zu achten, dass keine Doppelvergabe der IP-Adressen erfolgt. Die IP-Adressen sollten zur besseren Übersicht in festgelegten Bereichen für bestimmte Gerätekategorien, z. B. PC-Arbeitsstationen im Bereich von 192.168.0.20 bis 192.168.0.30, vergeben werden.

9. DV-Schrank bestücken (Bild 4)

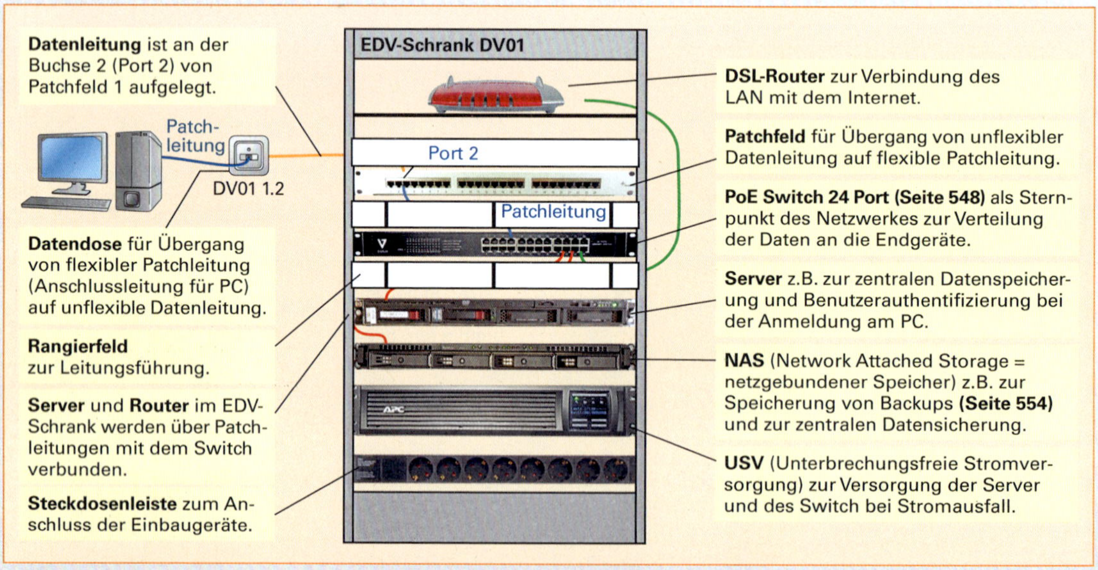

Bild 4: Bestandteile des DV-Schrankes

(Nächster Praxistipp: (Seite 610)

Situationsbeschreibung:

Ein PC soll über WLAN mit einem vorhandenen Netzwerk (Ethernet-Standard) verbunden werden. Das vorhandene Netzwerk besitzt die Netzwerkadresse 192.168.32.0 mit der Subnetzmaske 255.255.255.0. Die drahtlose Verbindung zum Netzwerk erfolgt über einen WLAN-Access-Point (AP). Da ein gemeinsamer Internetzugang ermöglicht werden soll, wird ein AP mit integriertem DSL-Router (sog. WLAN-Router) verwendet.

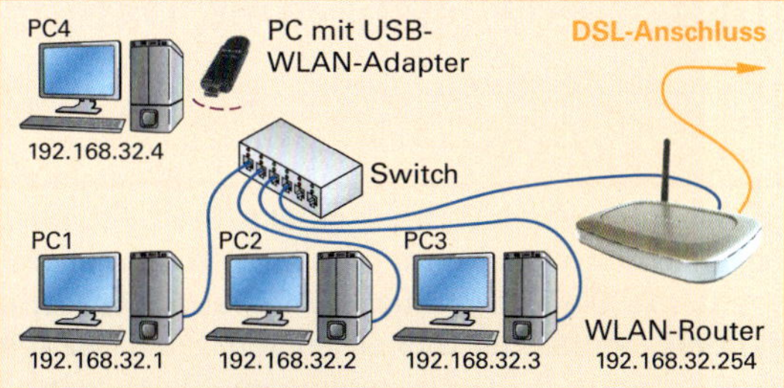

1. Verbindung zum Access-Point (AP) herstellen

a) AP in Grundeinstellung versetzen, evtl. mit Reset-Taste
b) AP an Switch anschließen
c) Einen PC im Netzwerk, z. B. PC1, mit einer IP-Adresse aus dem Netzwerkbereich des Routers konfigurieren, z. B. 192.168.0.2 **(Seite 549: Protokolleinstellungen)**
d) Web-Browser, z. B. Firefox oder Google Chrome, starten
e) Folgende Adresse eingeben: http://192.168.0.1
f) Autorisierung mit Benutzernamen und Passwort durchführen. → AP-Menü erscheint

Grundeinstellung (Herstellerangaben entnehmen):
IP-Adresse: z. B. 192.168.0.1
Benutzername: z. B. admin
Kennwort: z. B. $geheim$

Beispiel: Besitzt der AP in der Grundeinstellung die Adresse 192.168.0.1, muss eine Rechneradresse aus dem Bereich von 192.168.0.2 bis 192.168.0.254 verwendet werden, z. B. 192.168.0.2.

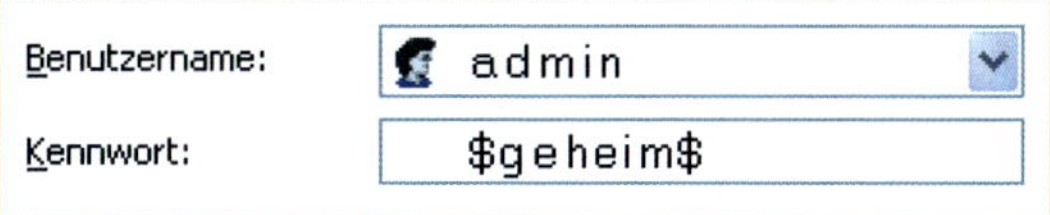

2. IP-Adresse von AP anpassen

a) AP-Menü → LAN IP-Konfiguration wählen
b) IP-Adresse des AP auf 192.168.32.254 und Subnetzmaske 255.255.255.0 einstellen
c) PC1 von IP-Adresse 192.168.0.2 wieder auf die vorhergehende IP-Adresse 192.168.32.1 ändern
d) Web-Browser starten
e) Folgende Adresse eingeben: http://192.168.32.254
f) Autorisierung mit Benutzernamen und Passwort durchführen → AP-Menü erscheint

3. Wireless-Grundeinstellungen für AP

a) AP-Menü → Wireless-Einstellungen wählen
b) SSID-Feld: Eigenen Namen für WLAN eingeben, z. B. mein_wlan und notieren
c) Region, Europa wählen
d) Kanal, z. B. 13 oder besser „automatisch", wählen
e) Modus, z. B. b, g und n, wählen

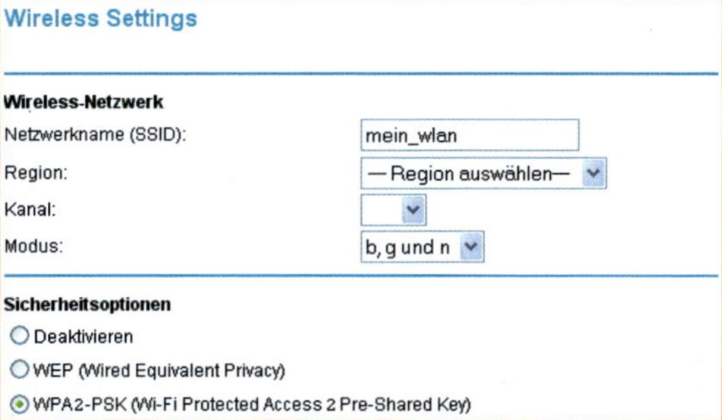

4. Wireless-Sicherheitseinstellungen (Beispiel WPA2-PSK)

a) Sicherheitseinstellungen: WPA2-PSK aktivieren
b) Sicherheitsschlüssel (Passphrase) eingeben und notieren.

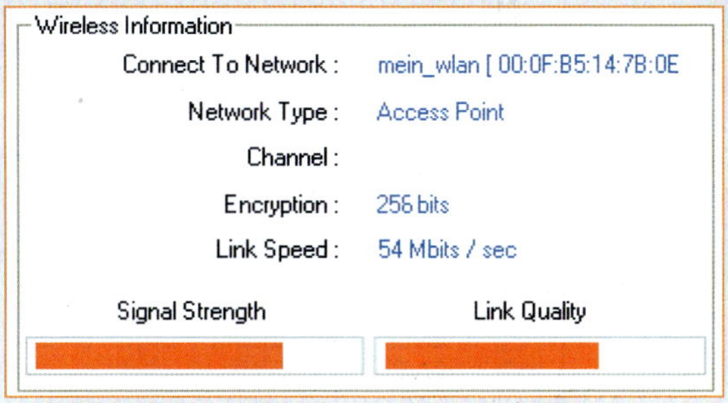

5. WLAN-Adapter installieren und einrichten

a) Software für USB-WLAN-Adapter auf PC 4 installieren
b) USB-WLAN-Adapter an USB-Buchse anschließen
c) Konfigurationstool starten, evtl. mit Doppelklick auf WLAN-Symbol in Taskleiste
d) SSID wie bei AP (siehe 3.b) auswählen
e) Sicherheitsschlüssel wie bei AP eingeben (siehe 4.b) eingeben
f) Protokolleinstellung für WLAN-Netzwerkverbindung am PC durchführen **(Seite 549)**. IP-Adresse 192.168.32.4 mit Subnetzmaske 255.255.255.0 eingeben. IP-Adresse des Access-Points als Standardgateway und DNS-Server mit 192.168.32.254 eintragen.

Test der WLAN-Verbindung

a) Überprüfen der Feldstärke, z. B. mit der Software für den WLAN-Adapter. Evtl. Standort von AP verändern, wenn die Empfangs-Feldstärke zu gering ist.
b) Zugang zum Internet durch Aufruf verschiedener Webseiten testen. Evtl. DSL-Speedtest durchführen.

www.breitbandmessung.de

14.8 Datensicherheit, Datenschutz und Urheberrechte

Datensicherung umfasst Maßnahmen gegen Verlust oder gegen unbeabsichtigte Verfälschung von Daten.

Datenverlust kann z.B. durch defekte Festplattenlaufwerke, plötzlichen Stromausfall oder eine Manipulation von Daten durch Computerviren entstehen. Weitere Einflüsse, z.B. Feuer, Wasser oder Diebstahl, gefährden ebenfalls die Sicherheit von Daten. Maßnahmen zur Datensicherheit sind z.B. die Herstellung von Datensicherungen **(Backup)** auf einem wechselbaren Datenträger, z.B. einer RDX-Wechselfestplatte **(Bild)**. Zur Vorbeugung von Datenverlusten, z.B. beim Ausfall des Festplattenlaufwerkes, werden häufig RAID[1]-Systeme eingesetzt. Bei einem RAID-System werden die Daten zusätzlich auf einer oder mehreren Festplatten gespeichert **(Bild)**. Beim Defekt eines Festplattenlaufwerks können die Daten aus den anderen Laufwerken wiederhergestellt werden. Gegen Stromausfall wird eine unterbrechungsfreie Stromversorgung USV **(Seite 265)** verwendet.

Datenschutz dient dem Schutz der Bürger vor Missbrauch von personenbezogenen Daten.

Der Datenschutz ist im Bundesdatenschutzgesetz (BDSG) und auf europäischer Ebene in der **Datenschutzgrundverordnung (DSGVO)** geregelt.

Urheberrechte bzw. Copyright sind Rechte des Urhebers an seinem Werk, z.B. des Programmierers einer Software oder des Designers eines Bildes für eine Webseite.

IT-Sicherheitsgesetz

Mit dem IT-Sicherheitsgesetz werden Unternehmen verpflichtet, sich gegen Angriffe auf ihre IT-Systeme, z.B. aus dem Internet, zu schützen. Zudem müssen Angriffe an das Bundesamt für Sicherheit in der Informationstechnik (BSI) gemeldet werden. Telekommunikationsanbieter müssen ihre Kunden warnen, wenn sie den Missbrauch ihrer Telekommunikationsanschlüsse feststellen.

RDX-Wechselfestplatte

Fileserver **(Seite 546)** mit RAID-System

Bild: Speichermedien

Wer speichert persönliche Daten (Beispiele)?

- Einwohnermeldeamt
- Finanzamt
- Gesundheitsamt
- Polizei
- Bank/Versicherung
- Schule

Übersicht: Regelung mit DSVGO (Auswahl)

Recht des Bürgers auf die über ihn gespeicherten Daten

- Löschung
- Auskunft
- Berichtigung
- Einschränkung

Pflicht der Bearbeiter von personenbezogenen Daten

- Geheimhaltung
- Zuverlässigkeit bei Datenverwendung und Übermittlung

WWW
www.bsi.bund.de
www.www-kurs.de/urheber.htm
ec.europa.eu/DSGVO

14.9 Schädliche Programme (Malware)

Neben den schädlichen Programmen **(Tabelle)** gibt es im Internet weitere Gefahren, z.B. Spyware, die Informationen des Computers, z.B. besuchte Webseitenadressen, weitergeben. Zur Abwehr wird z.B. Antiviren-, Firewall-, Antispy- oder anstatt mehrerer Schutzprogramme eine Komplettschutz-Software benötigt. Diese Software muss wegen der Gefahr durch neue Angreifer ständig aktualisiert werden.

Tabelle: Arten von schädlichen Programmen (Auswahl)

Art	Mögliche Verbreitung	Mögliche Gefahren
Virus	Reproduziert sich beim Ausführen eines infizierten Programms unbemerkt durch Einfügen in ausführbare Dateien, z.B. EXE-Dateien.	Löschen oder Manipulation von Anwender- oder Betriebssystemdateien.
Trojaner	Gelangt wie der Virus durch infizierte Software auf den Rechner und sorgt dafür, dass er z.B. bei jedem PC-Start aktiv wird.	Spioniert Informationen des infizierten Rechners aus und gibt diese unbemerkt, z.B. über das Internet, an andere Personen weiter.
Wurm	Verbreitet sich in einem lokalen Netzwerk oder dem Internet, indem er sich selbst, z.B. über E-Mails, versendet.	An Personen in der Adressliste eines E-Mail-Clients werden vom Wurm E-Mails mit dessen Absenderadresse versendet, an die der Wurm angehängt ist. Blockieren von Netzwerken durch eine Vielzahl von Datenübertragungen.

[1] **RAID**, Abk. für: **R**edundant **A**rray of **I**ndependent **D**isks (engl.) = Mehrere Festplatten zur redundanten bzw. mehrfachen Aufzeichnung.

1. Nennen Sie die grundlegenden Bestandteile eines IT-Systems.

2. Erklären Sie das EVA-Prinzip am Beispiel eines Computersystems zur Büroverwaltung.

3. Ordnen Sie die Peripheriegeräte in **Bild 1** den PC-Anschlüssen zu.

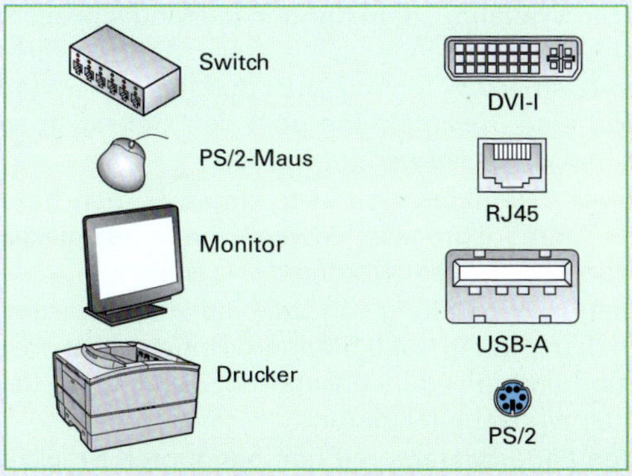

Bild 1: PC-Anschlüsse für Peripheriegeräte

4. Nennen Sie die grundlegenden Bestandteile eines Computers, die sich auf einem PC-Mainboard befinden.

5. Warum benötigt ein Computer Firmware?

6. Wodurch unterscheidet sich ein Mikrocontroller von einem Mikroprozessor?

7. Die Datenmenge von 466 944 KB auf einer CD-ROM soll auf die Festplatte übertragen werden. Anschließend sollen die übertragenen Daten von der Festplatte auf einer CD-R gespeichert werden. Der CD-Brenner erlaubt Lesen mit max. 48 × 150 kB/s und Schreiben mit max. 24 ×150 kB/s.

   a) Wie lange dauert es mindestens, bis die Daten von der CD auf die Festplatte übertragen sind?

   b) Welche Zeit benötigt eine anschließende Datenübertragung von der Festplatte auf eine CD-R mindestens?

8. Was versteht man bei einem Computer unter dem Begriff Software?

9. Welche Merkmale sind für die Auswahl eines leistungsfähigen Mikroprozessor (CPU) für einen Personal Computer wichtig?

10. Ein Personalcomputer ist mit einem Arbeitsspeicher von 4 GB ausgerüstet. Welcher Speichergröße entspricht dies in bit?

11. Beschreiben Sie die Aufgabe einer Schnittstelle für ein Peripheriegerät in einem Computer.

12. Geben Sie Vor- und Nachteile von einem Laserdrucker im Vergleich zu einem Tintenstrahldrucker an.

13. Warum sollte ein Monitor mit einer größeren Bildschirmdiagonale auch eine höhere Auflösung besitzen?

14. Begründen Sie, warum z.B. eine DVD-R nicht dem Sonnenlicht ausgesetzt werden soll.

15. Warum muss bei der Wahl einer Anwendungssoftware auch das Betriebssystem beachtet werden?

16. Beschreiben Sie die Aufgabe von Treiber-Programmen für die Hardwarekomponenten eines PC.

17. Erklären Sie die Aufgabe von drei verschiedenen Diensten, die in einem Netzwerk bereitgestellt werden können, und nennen Sie die dazugehörenden Bezeichnungen für die Server.

18. Benennen Sie die Netzwerktopologien in **Bild 2**.

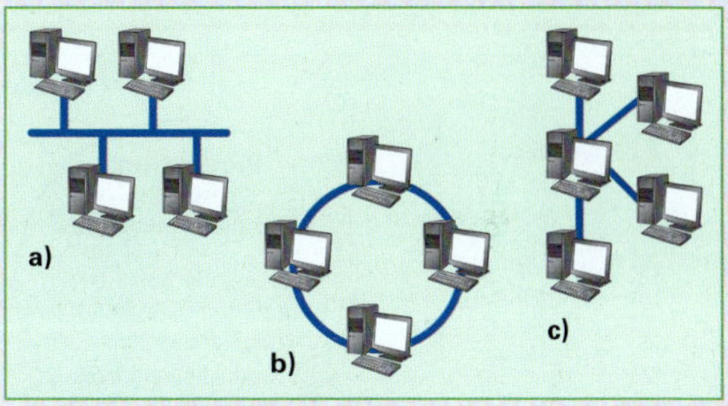

Bild 2: Netzwerktopologien

19. Welche maximale Länge darf eine Datenleitung beim Ethernet-Standard zwischen PC und einem Switch haben?

20. Ordnen Sie die Begriffe „Backup", „Virenscanner", „USV" und „Passwort" den Bereichen Datensicherheit und Datenschutz zu.

21. Welche Folgen kann ein „Trojaner" auf einem PC für den betroffenen Anwender haben?

* Ergebnisse der Rechenaufgaben Seite 660

15 Automatisierungstechnik

15.1 Industrie 4.0

Mit Industrie 4.0 bezeichnet man die zukünftige industrielle Produktion von Wirtschaftsgütern mithilfe vernetzter Prozesse **(Bild)**, die den gesamten Lebenszyklus eines Produktes einschließt.

Sowohl für die Konsumenten als auch für die Unternehmen ergeben sich hieraus vielfältige Vorteile:

Kunde steht im Mittelpunkt: Der Hersteller bietet, z. B. per Webshop, dem Kunden die Möglichkeit, seine Produkte, z. B. Sportschuhe, vor der Bestellung im hohen Maße zu individualisieren, z. B. freie Farbwahl bei der Schuhsohle bzw. des Leders. Durch den Einsatz smarter[1] Technik, z. B. durch einen Sensor im Sportschuh, erhalten Hersteller und Kunde fortlaufend eine Rückmeldung über den Gebrauch seines Produktes. Diese Daten können zur Verbesserung des Produktes verwendet werden.

Anpassungsfähige Produktion: An der Herstellung eines Produktes sind viele Unternehmen beteiligt. Durch eine umfassende digitale Vernetzung über Unternehmensgrenzen hinweg können beispielsweise bessere Maschinenauslastungen und kürzere Stillstandzeiten erreicht werden.

Modulare, flexible Fabrikeinheiten: Um eine kostengünstige Herstellung von stark individualisierten Produkten gewährleisten zu können, haben Fabriken nach dem Industrie 4.0 Standard keine starren Produktionsstraßen, sondern die Produktion erfolgt mittels modularer Produktionsstätten. Durch diese flexible Anordnung kann die Produktion schnell auf neue Kundenwünsche reagieren.

Smart Factory[2]: Maschinen vergleichen fortlaufend den Lagerbestand mit den benötigten Stückzahlen und bestellen bei Bedarf selbstständig Rohstoffe bzw. Komponenten nach, z. B. Farben. Sowohl der Warenfluss als auch die Lieferwege werden durch Einsatz von vernetzten Systemen ständig angepasst. Das Ziel ist eine Produktion, die eigenständig entscheidet, sich selbst regelt und gegebenenfalls optimiert.

Komplexe Datennutzung: Werden alle Produktions- und Nutzerdaten optimal analysiert, können hieraus neue Serviceleistungen entstehen. So ist z. B. eine vorausschauende Wartung am verkauften Produkt denkbar, die es dem Hersteller ermöglicht, eine Warnmeldung an den Kunden zu senden, um diesen auf einen möglichen bevorstehenden Ausfall hinzuweisen. Die so erzeugte Kundenbindung kann auch die Kundenzufriedenheit erhöhen.

Die Erhebung und Verarbeitung der großen Datenmengen **(Big Data[3])** bei der Produktion nach Industrie 4.0 erfordert es, den Datenschutz und die Datensicherheit besonders zu beachten.

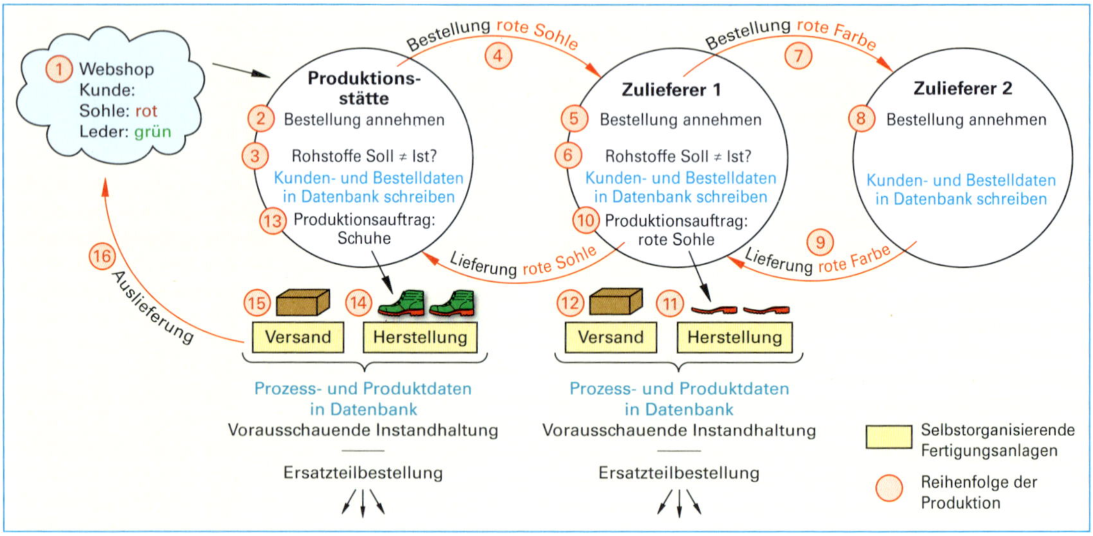

Bild: Beispiel eines Produktionsablaufs nach Industrie 4.0 Standard

[1] smart (engl.) = intelligent, klug
[2] smart factory (engl.) bedeutet wörtlich übersetzt: „intelligente Fabrik"
[3] Mit dem Begriff Big Data werden große Datenmengen bezeichnet, die aus verschiedensten Quellen stammen und speziell gespeichert und weiterverarbeitet werden.

15.2 Steuerungstechnik

15.2.1 Steuern

In der Technik können z.B. Spannungen, Ströme, Drehzahlen oder Temperaturen gesteuert oder geregelt werden. Am Beispiel einer Raumheizung mit einem Heizkörper **(Bild 1)** wird der Unterschied zwischen Steuern und Regeln erläutert.

Steuern des Heizkörpers **(Bild 1)** bedeutet, dass durch den Wert der Außentemperatur ϑ_A (Führungsgröße *w*), erfasst durch einen Außentemperaturfühler, die Ventilstellung (Stellgröße *y*) beeinflusst wird. Nachteil der Steuerung ist hier, dass z.B. ein Absinken der Raumtemperatur nicht erkannt wird und deshalb keinen Einfluss auf den Heizkörper hat.

Eine Steuerung liegt vor, wenn Eingangsgrößen nach einer vorgegebenen Gesetzmäßigkeit Ausgangsgrößen beeinflussen. Die Ausgangsgröße wirkt nicht auf die Eingangsgröße zurück (offener Wirkungsablauf), d.h., die Auswirkung einer Störgröße wird dadurch nicht ausgeglichen.

Für die Steuerung in **Bild 1** bedeutet dies, dass der vorhandene Heizkörper eine Störung, z.B. das Absinken der Raumtemperatur durch Öffnen eines Fensters, nicht ausgleicht.

Regeln dagegen bedeutet, dass die Raumtemperatur ϑ_R (Regelgröße *x*) gemessen und mit einem vorgegebenen Sollwert (Führungsgröße *w*), z.B. 20 °C, verglichen wird. Je nach Abweichung wird dadurch eine Stellgröße *y* gebildet, die über das Ventil **(Bild 1)** Einfluss auf die zu regelnde Wärmezufuhr nimmt. Im Unterschied zum Steuern wird ein Absinken der Raumtemperatur erkannt und durch eine Erhöhung der Wärmezufuhr ausgeglichen. Für eine verbesserte Regelung kann zusätzlich zur Raumtemperatur die Außentemperatur mit einbezogen werden.

15.2.1.1 Fachbegriffe der Steuerungstechnik

Mit einem **Wirkungsplan (Bild 2)** lässt sich das Zusammenwirken der einzelnen an der Steuerung beteiligten Elemente verdeutlichen. Die Pfeile geben die Wirkungsrichtung des Steuersignals bzw. des Energie- oder Masseflusses an.

Führungsgröße *w*: Die Eingangsgröße, z.B. Außentemperatur, wird auch als Führungsgröße *w* bezeichnet. Sie wird von der Steuereinrichtung über Signalgeber, z.B. Außentemperaturfühler, erfasst.

Steuern und Regeln

Steuern ist die Beeinflussung von Ausgangsgrößen durch eine oder mehrere Eingangsgrößen nach vorgegebenen Gesetzmäßigkeiten. Kennzeichen für das Steuern ist der offene Wirkungsablauf **(Bild 2)**.

Regeln ist ein Vorgang, bei dem die Regelgröße fortlaufend erfasst und mit einer Führungsgröße verglichen wird. Es erfolgt dabei eine ständige Anpassung an die Führungsgröße. Im Unterschied zur Steuerung liegt bei der Regelung ein geschlossener Wirkungsablauf vor, bei dem sich die Regelgröße fortlaufend selbst beeinflusst.

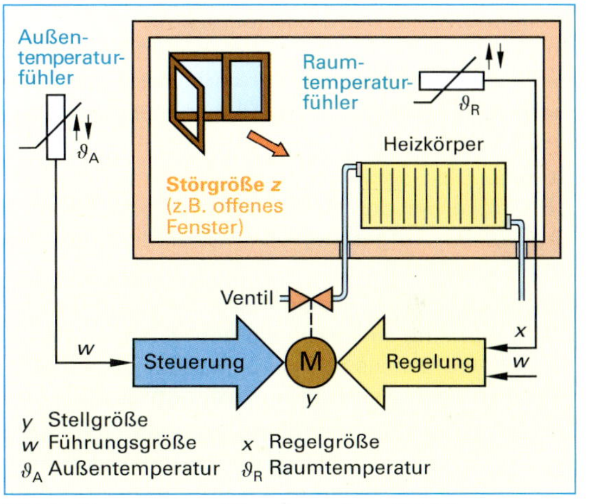

Bild 1: Steuerung und Regelung eines Heizkörpers

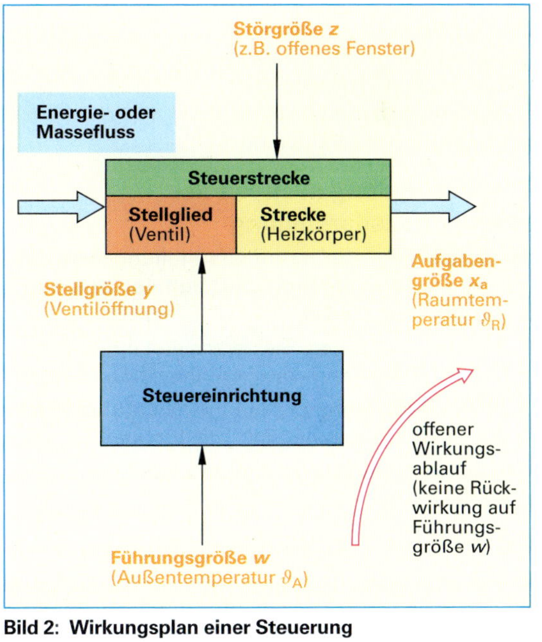

Bild 2: Wirkungsplan einer Steuerung

Steuerkette: Die an der Steuerung beteiligten Elemente bilden die Steuerkette. Sie besteht aus der **Steuereinrichtung** und der **Steuerstrecke** (Stellglied und Strecke).

Steuereinrichtung: Unter der Steuereinrichtung wird der Teil einer Steuerung verstanden, der aufgabengemäß über das Stellglied auf die Strecke, z. B. Heizkörper, wirkt. Die Steuereinrichtung erzeugt die **Stellgröße *y*.**

Stellgröße *y*: Durch eine Signalverarbeitung (Verknüpfungs-, Zeit- oder Speicherfunktion) der Führungsgröße bzw. Führungsgrößen wird die Stellgröße y gebildet und dann an das Stellglied angelegt.

Stellglied: Durch das Stellglied, z. B. Ventil, das sich am Eingang der Steuerstrecke befindet, wird die Verbindung zwischen Steuereinrichtung und Steuerstrecke hergestellt. Das Stellglied beeinflusst den Energie- oder Massefluss.

Strecke: Die Strecke ist der Teil der Steuerstrecke, z. B. Heizkörper, der die zu steuernde physikalische Größe, die **Aufgabengröße x_a**, bildet, z. B. die Raumtemperatur.

Störgröße *z*: Störende Einflüsse, die von außen auf die Steuerkette einwirken können, z. B. ein offenes Fenster, werden als Störgrößen z bezeichnet. Störgrößen beeinflussen die Aufgabengröße x_a.

Innerhalb der Steuereinrichtung ergibt sich durch eine weitere Unterteilung die Grundstruktur mit den Funktionen: **Eingabe, Verarbeitung** und **Ausgabe (EVA**-Prinzip, **Bild 1).**

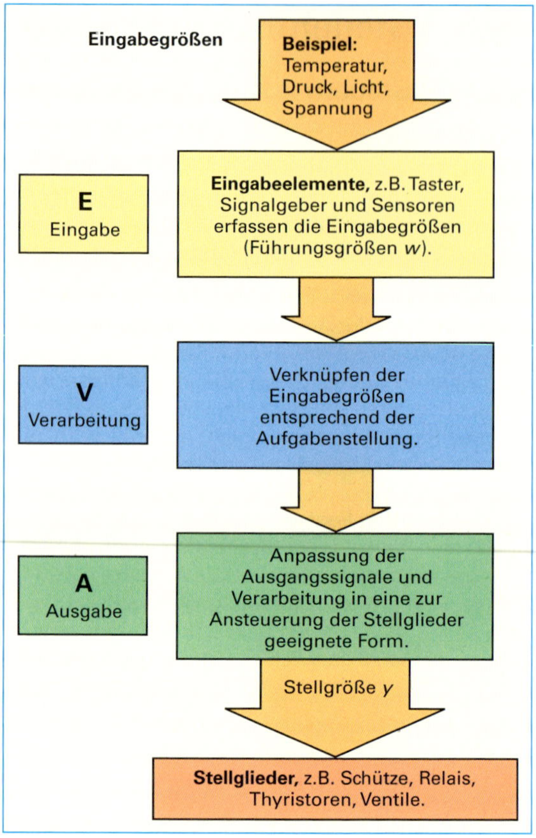

Bild 1: Signalverarbeitung in der Steuereinrichtung

15.2.1.2 Steuerungsarten

Steuerungen lassen sich im Wesentlichen nach folgenden Merkmalen unterscheiden:

- Informationsdarstellung,
- Signalverarbeitung,
- Programmverwirklichung.

Unterscheidung nach Art der Informationsdarstellung

Bezüglich der Informationsdarstellung wird zwischen analoger, binärer und digitaler Steuerung unterschieden **(Bild 2).**

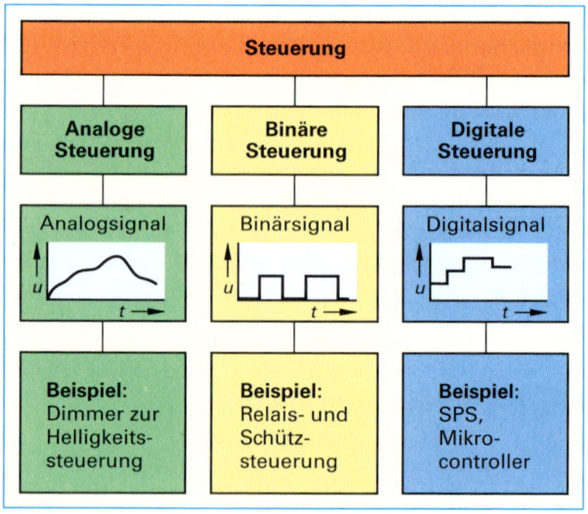

Bild 2: Steuerung nach Art der Signalverarbeitung

- **Analoge Steuerung.** Sie verarbeitet innerhalb der Signalverarbeitung vorwiegend analoge Signale.
- **Binäre Steuerung** ist eine innerhalb der Signalverarbeitung vorwiegend mit binären Signalen arbeitende Steuerung. Binäre Signale sind zweiwertig, d. h., sie nehmen nur zwei Signalzustände, z. B. 0 oder 1 bzw. AUS oder EIN, an.
- **Digitale Steuerungen** verarbeiten innerhalb der Signalverarbeitung digitale Signale, die Verarbeitung von Zahleninformationen ist möglich.

Analoge, binäre und digitale Signale: **Seite 231**

Unterscheidung nach Art der Signalverarbeitung

Steuerungen teilt man nach der Art der Signalverarbeitung ein in:

- Verknüpfungssteuerung und
- Ablaufsteuerung **(Bild 1)**.

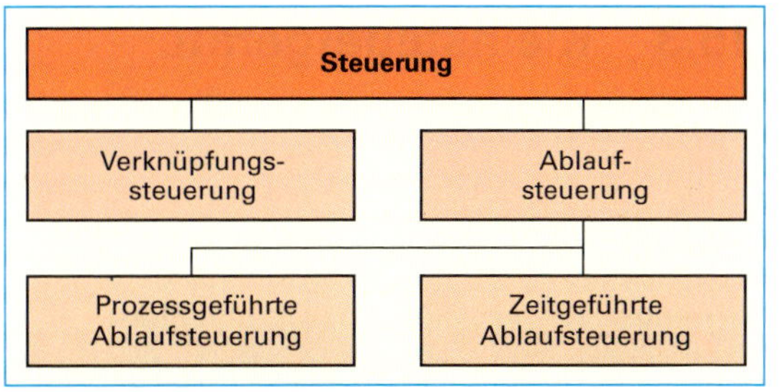

Bild 1: Einteilung von Steuerungen nach Art der Signalverarbeitung

Verknüpfungssteuerung

Sind bei einer Steuerung Eingangssignale von mehreren Signalgebern vorhanden, so müssen diese Signale zusammengeführt und unter Berücksichtigung logischer Verknüpfungen zu einem Ausgangssignal verarbeitet werden. Solche Steuerungen werden auch als **kombinatorische** Steuerungen bezeichnet. Sie beinhalten weder Zeit- noch Speicherverhalten. Reine Verknüpfungssteuerungen sind selten. Häufig ist eine Verknüpfungssteuerung **(Bild 2)** Bestandteil einer anderen Steuerung, z. B. einer Ablaufsteuerung. Verknüpfungssteuerungen werden angewendet z. B. bei Schutz- und Sicherheitseinrichtungen von Maschinen oder beim Auswerten von Betriebszuständen.

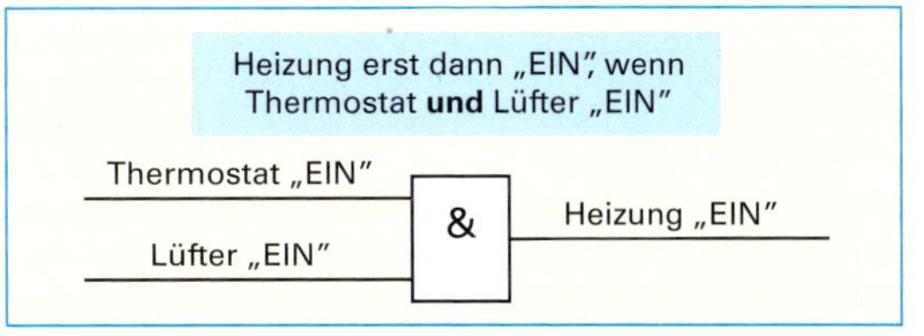

Bild 2: Beispiel einer Verknüpfungssteuerung

Ablaufsteuerung

Eine Ablaufsteuerung **(Seite 579)** arbeitet in einzelnen Schritten, die in einer vorgegebenen Folge ablaufen. Sie schaltet nur dann einen Schritt weiter, wenn die Weiterschaltbedingungen (Transitionen) für diesen Schritt erfüllt sind. Sind die Weiterschaltbedingungen von der Zeit abhängig, z. B. 5 Sek. nach Start in Sternschaltung wird in Dreieckschaltung umgeschaltet, so spricht man von einer **zeitgeführten Ablaufsteuerung**.

Bei der **prozessgeführten Ablaufsteuerung** liefert der gesteuerte Prozess die Weiterschaltbedingungen, z. B. wenn in einem Mischbehälter ein Rührwerk eingeschaltet wird, nachdem eine bestimmte Füllhöhe erreicht ist. Dies führt dazu, dass ein geschlossener Wirkungsablauf entsteht. Dabei handelt es sich definitionsgemäß trotzdem um eine Steuerung, da rückgeführte Größen nicht im Sinne einer Anpassung an die Führungsgröße, wie bei der Regelung, verwendet werden.

Unterscheidung nach Art der Programmverwirklichung

Als Programm einer Steuerung bezeichnet man sämtliche Anweisungen und Vereinbarungen, die eine zu steuernde Anlage je nach Aufgabe beeinflussen. Dieses Programm lässt sich durch unterschiedliche Funktionsglieder, z. B. Relais, Schütze und deren Verbindungen oder als eine Abfolge von Steueranweisungen, die in Speichern hinterlegt sind, realisieren. Steuerungen kann man hinsichtlich der Programmverwirklichung in verbindungsprogrammierte und in speicherprogrammierte Steuerungen unterteilen **(Tabelle)**.

Tabelle: Programmverwirklichung

Art		Beispiel
Verbindungs-programmiert **(VPS)**	fest programmiert	Programm wird durch die Wahl der Bauelemente und deren Verbindung festgelegt, z. B. Schütz- oder Relaissteuerungen.
	programmierbar	Programmsteuerung, z. B. über Steckverbinder, Diodenmatrix.
Speicher-programmiert **(SPS)** **(Seite 562)**	austauschprogrammierbar	Programmspeicher ist ein Nur-Lese-Speicher (ROM). Programmänderung nur durch Auswechseln des ROM.
	frei programmierbar	Programmspeicher ist ein Schreib-Lese-Speicher (RAM). Programmeingabe erfolgt über ein Programmiergerät oder PC.

Wiederholungsfragen

1 **Was versteht man unter Steuern?**

2 **Worin besteht der wesentliche Unterschied zwischen einer Steuerung und einer Regelung?**

3 **Skizzieren Sie den Wirkungsplan einer Steuerung.**

4 **Erläutern Sie die Begriffe a) Führungsgröße, b) Stellgröße, c) Störgröße und d) Stellglied.**

5 **Nach welchen Merkmalen lassen sich Steuerungen unterscheiden?**

15.3 Kleinsteuergeräte

Kleinsteuergeräte eignen sich für einfache Steuerungsaufgaben. Sie haben einen vielfältigen Einsatzbereich **(Übersicht 1)**, sind leicht zu bedienen und zu programmieren. Im Elektrohandwerk werden derzeit mehrere Typen von Kleinsteuergeräten verwendet: z. B. **easy E4**[1], **LOGO!**[2] und **Pharao-II**[3].

Änderungen in der Steuerung lassen sich bei Kleinsteuergeräten ohne aufwendiges Ändern der Verdrahtung einfach durch eine Programmänderung lösen.

Kleinsteuergeräte gehören zur Gruppe der speicherprogrammierbaren Steuerungen (SPS) und eignen sich für einfache Steuerungsaufgaben.

Aufbau. Kleinsteuergeräte haben geringe Abmessungen und werden im Normgehäuse für den Reiheneinbau oder für die Schnellbefestigung auf Profilschienen geliefert.

Je nach Anwendungsbereich stellen die Hersteller verschiedene Bautypen zur Verfügung, z. B. für die Betriebsspannungen 12/24 V DC oder 230 V AC bei unterschiedlichen Schaltleistungen **(Tabelle)**. Neben Kleinsteuerungen mit digitalen und analogen Eingängen gibt es auch solche mit Feldbusanschluss (AS-i)[4].

Aktor-Sensor-Interface (AS-i): **Seite 589**

Das **Tastenbedienfeld** eines Kleinsteuergerätes, z. B. LOGO! **(Bild)**, dient zur Eingabe und Änderung des Schaltprogramms. Eine **LCD-Anzeige** zeigt z. B. das Programm an. Dieses Schaltprogramm wird in einem **EEPROM-Modul** im Kleinsteuergerät gespeichert. Das EEPROM-Modul **(Seite 537)** ist jederzeit gegen ein anderes austauschbar.

Programmierung. Da die Programmierung am Tastenbedienfeld umständlich ist, verwendet man meist einen PC mit der entsprechenden Programmiersoftware. Es gibt auch Kleinsteuergeräte ohne Tastenbedienfeld.

Kleinsteuergeräte können über Tastenbedienfelder oder mit dem PC programmiert werden.

Funktionsumfang. Neben den logischen Grundfunktionen verfügen Kleinsteuergeräte über eine Vielzahl von Sonderfunktionen **(Übersicht 2)**. Analoge Eingänge erlauben die Erfassung und Auswertung von analogen Signalen, z. B. Spannungen.

[1] geschütztes Warenzeichen der Firma EATON
[2] geschütztes Warenzeichen der Firma Siemens
[3] geschütztes Warenzeichen der Firma Theben
[4] **AS-i**, Abk. für: **A**ktor-**S**ensor-**I**nterface

Übersicht 1: Anwendungen von Kleinsteuergeräten

- **Haus-Installationsbereich,** z. B.
  Steuerungen von Beleuchtungen, Rollläden, Werkstoren, Klimasteuerung für Wintergärten und Gewächshäuser.
- **Maschinen- und Apparatebau,** z. B.
  Steuerung von Maschinen, Lüftungsanlagen, Brauchwasserpumpen.

WWW
- new.siemens.com/global/de/produkte/automatisierung/systeme/industrie/sps/logo.html
- www.theben.de/de/pharao-ii-10-ac--5750210
- www.eaton.com/ch/de-de/catalog/industrial-control--drives--automation---sensors/easyE4-programmable-relays.html

Tabelle: Kenngrößen von Kleinsteuergeräten

Kenngrößen	Anzahl, Erklärung
Schalteingänge	8 bis 24
Spannungen	12 V DC, 24 V DC oder 230 V AC
Analoge Eingänge	2 bis 12, mit AD-Umsetzer
AS-Interface	4 AS-Interface-Verbindungen
Schaltausgänge	4 bis 12 mit Schalttransistoren oder Relais
Schaltleistungen	1 A, 8 V bis 24 V DC, 8 A bis 20 A, 230 V AC
Verlustleistung	2 W bis 7 W
Ethernet-Anschluss	Verbindung aller Geräte und SPS S7 mit Webserver

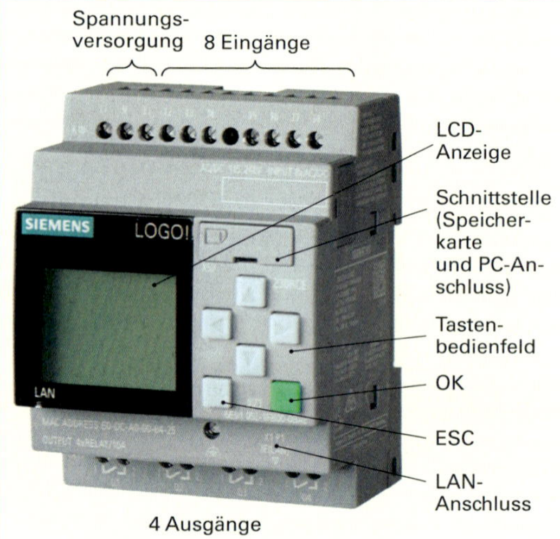

Bild: LOGO!-Kleinsteuergerät

Übersicht 2: Funktionen in Kleinsteuergeräten

- **Logische Grundfunktionen:**
  UND, ODER, NOT, NAND, NOR, XOR
- **Sonderfunktionen:**
  Einschalt- und Ausschaltverzögerung, Vor- und Rückwärtszähler, Stromstoßrelais, Selbsthalterelais, Impulsgeber, Wischrelais, Zeitschaltuhr
- **Analogsignal-Verarbeitung:**
  Komparatoren, Schwellwertschalter

Aufgabenstellung. In einem Flur soll eine Lampe von drei Schaltstellen über ein Kleinsteuergerät ein- und ausgeschaltet werden.

Lösung: Für diese Aufgabenstellung sind am Kleinsteuergerät drei Eingänge und ein Ausgang erforderlich. Die drei Eingänge sind mit den Tastern S1 bis S3 zu beschalten, der Ausgang mit der Leuchte E1. Das Kleinsteuergerät muss über die logische Grundfunktion ODER und über die Funktion eines Stromstoßrelais verfügen **(Bild 1a)**. Für das ausgewählte Kleinsteuergerät, hier z.B. LOGO! 230 RCE **(Bild 1b)**, wird der Anschlussplan für die Stromstoßschaltung erstellt.

Erstellung des Schaltprogramms. Dazu wird im PC die Programmiersoftware aufgerufen.

Die Programmiersoftware LOGO!Soft verwendet die Darstellung des **Funktionsplanes** oder **Kontaktplanes**. Im Funktionsplan wird die Parallelschaltung der Taster durch das ODER-Element B001 **(Bild 2a)** realisiert, im Kontaktplan durch die Parallelschaltung der drei Kontakte I1 bis I3 **(Bild 2b)**. Funktionsbausteine haben in beiden Darstellungen das gleiche Symbol, z.B. Stromstoßrelais **(Bild 2c)**. Das Stromstoßrelais B002 verfügt über einen Trg-Eingang (Steuereingang), einen S-Eingang (Setzeingang) und einen R-Eingang (Rücksetzeingang), z.B. für Zentral-AUS, sowie einen programmierbaren Remanenzeingang[1] (Par), der für diese Anwendung ausgeschaltet wird. Stromstoßrelais und ODER-Element werden durch „drag and drop" an der gewünschten Stelle der Schaltfläche **(Bild 3)** platziert und mit den drei Eingängen I1 bis I3 und dem Ausgang Q1 verbunden **(Bild 3)**.

Bei der Erstellung der Stromstoßschaltung im Kontaktplan werden die drei Kontakte I1 bis I3 parallelgeschaltet und mit dem Stromstoßrelais SF002 verbunden **(Bild 4)**. In einem zweiten Schritt wird dann das Stromstoßrelais als Schließer SF002 mit den Ausgang Q1 verbunden.

Zur Erstellung des Schaltprogramms werden zuerst die gewünschten Funktionen aufgerufen und danach miteinander verbunden.

Simulation der Schaltung. Nachdem allen Eingängen I1 bis I3 die Tasterfunktionen und dem Ausgang Q1 die Leuchtenfunktion zugewiesen sind, kann die Funktion des entwickelten Schaltprogramms geprüft werden. Im Beispiel **(Bild 3)** wird die Leuchte über den Taster I2 eingeschaltet. Die geschalteten Strompfade und die Funktion der Leuchte sind farblich als rote Linie hervorgehoben.

Nach dem Testlauf wird das Schaltprogramm über eine USB- oder Ethernet-Schnittstelle vom PC in das Kleinsteuergerät übertragen. Damit ist das Kleinsteuergerät programmiert und die Stromstoßschaltung betriebsbereit.

[1] Remanenz, hier: Zustand des Stromstoßrelais, bleibt bei Netzausfall erhalten.

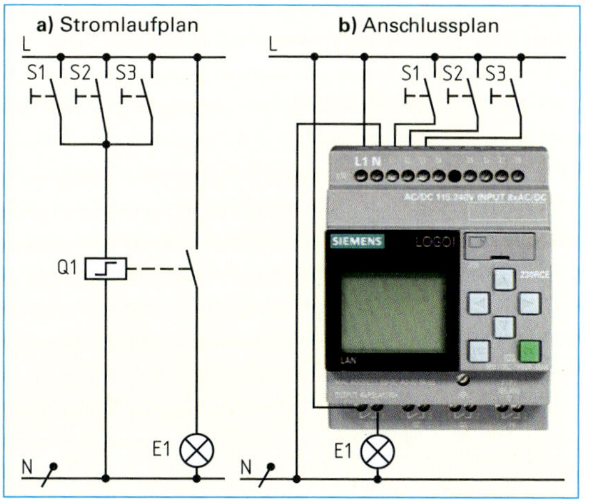

Bild 1: Stromstoßschaltung

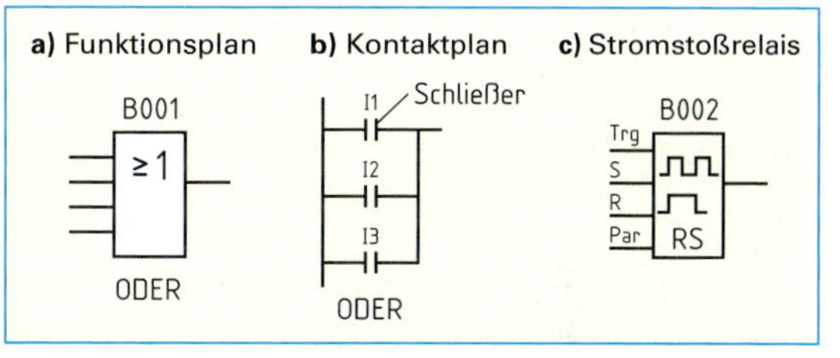

Bild 2: Darstellung von Funktionen in Kleinsteuergeräten

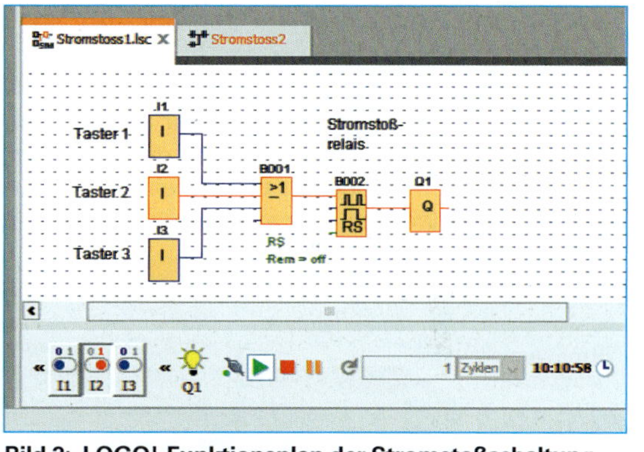

Bild 3: LOGO!-Funktionsplan der Stromstoßschaltung

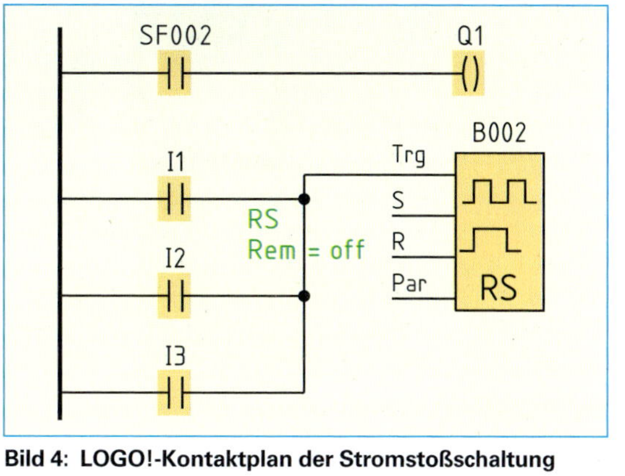

Bild 4: LOGO!-Kontaktplan der Stromstoßschaltung

15.4 Speicherprogrammierbare Steuerung (SPS)

Speicherprogrammierbare Steuerungen (SPS) sind Mikrocomputersysteme. Man verwendet sie in unterschiedlichen Anwendungen **(Übersicht)**. Das Steuerungsprogramm ergibt sich aus dem Steuerungsprozess oder kurz Prozess.

Übersicht: SPS-Anwendungen (Beispiele)

Steuerungen für:
- Autowaschanlagen
- Verpackungsanlagen
- Pressen
- Förderanlagen
- Abfüllanlagen
- Produktionsanlagen

15.4.1 Aufbau

Die SPS nimmt über Eingabebaugruppen Signale aus dem Prozess auf, z.B. Endschalter B3 hat 0-Signal **(Bild 1)**. Diese Signale werden entsprechend dem Steuerungsprogramm verarbeitet. Über Ausgabebaugruppen beeinflusst die SPS den Prozess, z.B. Heizung einschalten. Eine SPS kann also einen Prozess steuern, aber auch regeln.

Mit einem **Programmiergerät (PG)**, z.B. einem Laptop **(Bild 1)**, und einer Programmiersoftware, z.B. STEP 7 (TIA-Portal), wird das Steuerungsprogramm erstellt und in den Programmspeicher der SPS übertragen.

Die SPS bezeichnet man auch als **Automatisierungssystem (AS) (Bild 2)**. Es besteht aus:
- Der Stromversorgungsbaugruppe,
- der Zentraleinheit (CPU[1]) und
- den Ein- und Ausgabebaugruppen.

Bei der SPS ist das Steuerungsprogramm als Software im Programmspeicher abgelegt.

Eine Programmänderung ist bei einer SPS einfach durchzuführen, da im Gegensatz zur verbindungsprogrammierten Steuerung (VPS) keine Verdrahtung geändert werden muss. Man passt nur das Steuerungsprogramm an.

Ausbildungsunterlagen für S 7 findet man unter: www.sps-lehrgang.de/sps-grundlagen/

Step 7 ist ein Programmierwerkzeug zur Programmierung von S7 Automatisierungssystemen.
Die Beispiele in diesem Kapitel sind mit Step 7 Professional ab V13 (TIA-Portal) programmiert.

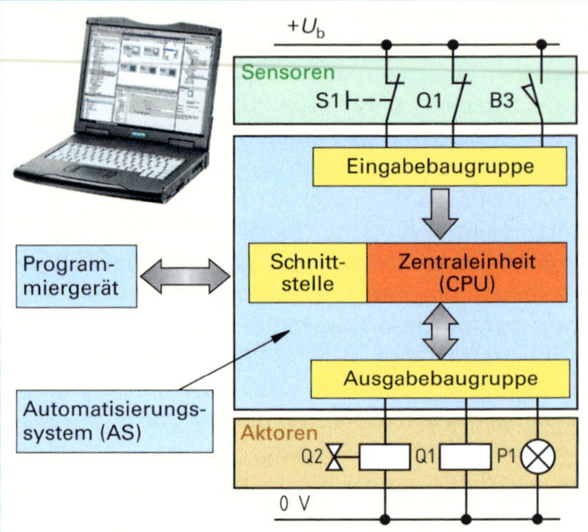

Bild 1: Aufbau einer SPS

Bild 2: Automatisierungssystem

[1] CPU, Abk. für: **C**entral **P**rocessing **U**nit (engl.) = zentrale Verarbeitungseinheit

15.4.2 Programmiersprachen

Speicherprogrammierbare Steuerungen kann man in verschiedenen Sprachen **(Übersicht)** programmieren. Häufig verwendete Programmiersprachen sind:

- **Funktionsbausteinsprache (FBS)**
- **Anweisungsliste (AWL)**
- **Kontaktplan (KOP)**

Der **Funktionsplan** stellt das Programm grafisch mit Symbolen der Digitaltechnik **(Bild 1a)** dar. Funktionale Zusammenhänge sind so leicht zu erkennen.

In der **Anweisungsliste** werden die einzelnen Programmzeilen untereinander geschrieben **(Bild 1b)**. In AWL kann man den gesamten Befehlsvorrat der SPS ausschöpfen.

Der **Kontaktplan** ähnelt dem Stromlaufplan in aufgelöster Darstellung **(Bild 1c)**.

Die Norm DIN EN 61131-3 kennt zwei weitere Programmiersprachen, die Ablaufsprache (AS) und den strukturierten Text (ST). Die **Ablaufsprache** orientiert sich an der Darstellung der Struktur von Ablaufsteuerungen **(Seite 579)**. Der **strukturierte Text** beinhaltet Elemente der Programmiersprache Pascal, wie z.B. die „if then else"- oder die „while do"-Anweisung. Mit dieser Sprache kann man aufwendige Steuerungsprogramme kurz und übersichtlich gestalten.

15.4.3 Arbeitsweise einer SPS

Die SPS bearbeitet das Steuerungsprogramm zyklisch[1] **(Bild 2)**.

- Zuerst werden die aktuellen Signalzustände der Eingänge gelesen und im **Prozessabbild der Eingänge (PAE)** gespeichert. Das PAE ist ein Speicher mit einem Speicherplatz für jeden Eingang.
- Das Steuerungsprogramm, z.B. nach **Bild 1b**, wird Steuerungsanweisung für Steuerungsanweisung bearbeitet. Die SPS greift bei der Programmbearbeitung jedoch nicht auf die Eingänge selbst, sondern auf das PAE zu. Soll durch die Programmbearbeitung ein Ausgangssignal verändert werden, geschieht dies zunächst im **Prozessabbild der Ausgänge (PAA)** und nicht am Ausgang selbst. Das PAA ist, analog zum PAE, ein Speicher mit einem Speicherplatz für jeden Ausgang.
- Nach der letzten Anweisung werden die im PAA gespeicherten Zuweisungen an die Ausgabebaugruppe weitergegeben.

Dann wird wieder das PAE gebildet und die Programmbearbeitung beginnt von neuem.

Diesen sich immer wiederholenden Ablauf nennt man **zyklische Programmbearbeitung**.

[1] Zyklus (griech.) = Kreislauf
[2] **SCL**, Abk. für: **S**tructured **C**ontrol **L**anguage (engl.) = Strukturierter Text

Übersicht: Programmiersprachen

- **textförmig**
  - Anweisungsliste (AWL)
  - Strukturierter Text (ST, in STEP 7: SCL[2])
- **grafisch**
  - Kontaktplan (KOP)
  - Funktionsbausteinsprache (FBS, in STEP 7: FUP)
  - Ablaufsprache (AS, in STEP 7: Graph)

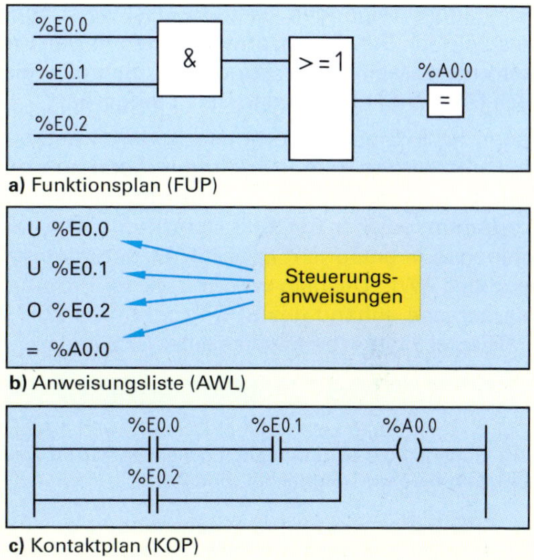

Bild 1: Programmdarstellung in FUP, AWL und KOP

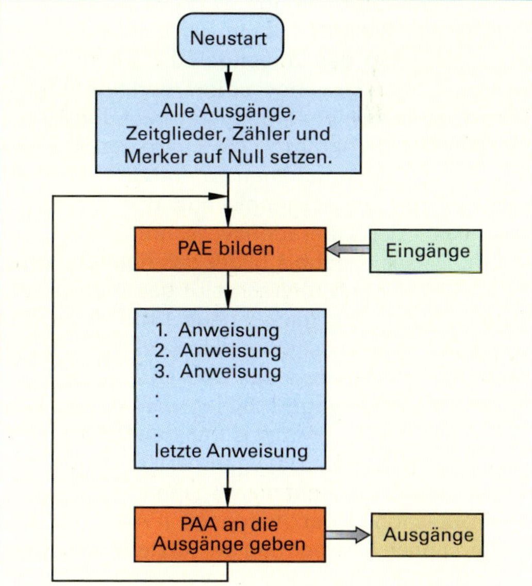

Bild 2: Ablaufplan für die zyklische Bearbeitung eines SPS-Programms

Ändert sich der Signalzustand eines Eingangs während des Programmzyklus, so wird diese Änderung erst beim nächsten Programmzyklus wirksam. Dadurch entstehen bei der SPS Reaktionszeiten, die im ungünstigsten Fall zweimal so lang wie die **Zykluszeit** sein können. Die Zykluszeit ist abhängig von der Länge des Anwenderprogramms, z. B. 80 µs pro 1000 Steuerungsanweisungen.

Die SPS bearbeitet das Programm zyklisch. Während der Programmbearbeitung wird auf das PAE zugegriffen und die Ausgangssignale werden ins PAA geschrieben. Nach der letzten Anweisung wird das PAA an die Ausgabebaugruppe übertragen. Durch die zyklische Programmbearbeitung haben SPS-gesteuerte Anlagen Reaktionszeiten.

Programmbearbeitung

Das Anwenderprogramm besteht aus einzelnen, aufeinander folgenden Steuerungsanweisungen. Beispiele für Steuerungsanweisungen in der Programmiersprache STEP 7 und in der Schreibweise nach DIN EN 61131-3 sind in **Bild 1** aufgeführt.

Bevor die SPS ein Steuerungsprogramm bearbeiten kann, wird es vom Programmiergerät automatisch in den Maschinencode[1] übersetzt und in den Programmspeicher der SPS übertragen. Der Maschinencode entspricht in seiner Struktur weitgehend der AWL. Deshalb wird mit dieser Programmiersprache anhand des SPS-Programms **(Bild 2)** zu **Beispiel 1** die Arbeitsweise einer SPS erklärt.

Beispiel 1:

Der Ausgang A0.0 soll 1-Signal führen, wenn 1-Signal am Eingang E0.0 **UND** Eingang E0.1 anliegt **ODER** wenn Eingang E0.2 ein 1-Signal hat **(Bild 2)**.

Die SPS bildet zuerst das Prozessabbild der Eingänge (PAE), z. B. E0.0 = 1, E0.1 = 0, E0.2 = 1. Dann bearbeitet sie das Programm Anweisung für Anweisung **(Bild 3)**. Jede Programmzeile führt zu einem **Verknüpfungsergebnis (VKE)**. Bei der Bearbeitung von Beispiel 1 ist in der ersten Zeile der Signalzustand **1** des Eingangs E0.0 aus dem Prozessabbild der Eingänge sofort Verknüpfungsergebnis, da es sich um eine Erstabfrage handelt. In der folgenden Programmzeile 2 wird der Signalzustand des angesprochenen Operanden (E0.1) mit dem Verknüpfungsergebnis aus der vorherigen Zeile nach der Operationsvorschrift (UND) verknüpft. Dieses Ergebnis bildet das neue Verknüpfungsergebnis und überschreibt das bestehende. Anschließend wird dieses neue VKE in der Programmzeile 3 nach der Operationsvorschrift (ODER) mit dem Signalzustand des Operanden (E0.2) verknüpft. Dieses Ergebnis bildet wieder das neue VKE. Weist das Programm durch den Befehl „=“ in Programmzeile 4 dem Ausgang A0.0 das Verknüpfungsergebnis zu, steht dieses Signal zunächst nur im Prozessabbild der Ausgänge (PAA). Das PAA wird erst nach Bearbeitung der letzten Programmzeile an den Ausgang A0.0 übertragen.

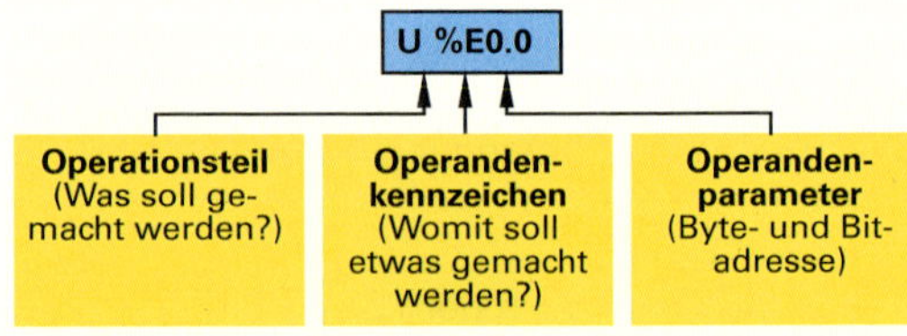

Steuerungsanweisung

Operationsteil			Operandenteil		
Operationen			Kennzeichen		
STEP 7	DIN EN 61131-3	Bedeutung	STEP 7	DIN EN 61131-3	Bedeutung
U	AND	UND	E	I	Eingang
O	OR	ODER	A	Q	Ausgang
N	N	NICHT	M	M	Merker
=	ST	Zuweisung	T	TR	Zeitglied
S	S	Setzen	Z	CT	Zähler
R	R	Rücksetzen			
ZV	U	Vorwärtszählen			
ZR	D	Rückwärtszählen			

Bild 1: Aufbau und Arten von Steuerungsanweisungen für eine SPS (Auswahl)

In SPS-Programmen wird den Operandenkennzeichen, z. B. E oder A, ein %-Zeichen vorangestellt.

Funktionsplan

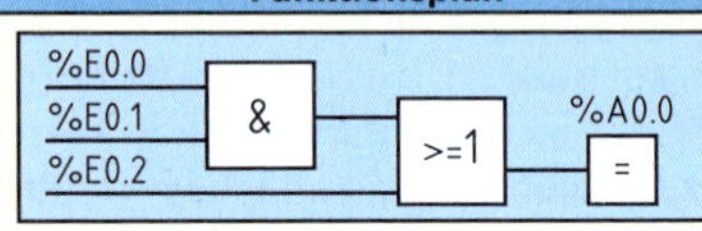

AWL

U %E0.0
U %E0.1
O %E0.2
= %A0.0

Bild 2: Funktionsplan (FUP) und Anweisungsliste (AWL) zu Beispiel 1

Programmzeile	AWL	Signalzustand im PAE	Verknüpfungsvorschrift	VKE	PAA (A 0.0)
1	U %E0.0	1		1	
2	U %E0.1	0	U	0	
3	O %E0.2	1	O	1	
4	= %A0.0		=		1

Bild 3: Arbeitsweise einer SPS

[1] Code = verschlüsselte Darstellung

15.4.4 Bausteinstruktur in STEP 7

Ein SPS-Programm ist in verschiedene Bausteine gegliedert.

Die Programmierung von Steuerungsaufgaben erfolgt in STEP 7 in Code-Bausteinen **(Übersicht 1)**.

Organisationsbausteine (OB) haben unterschiedliche Prioritäten und werden ausschließlich vom Betriebssystem des Automatisierungssystems in der Reihenfolge ihrer jeweiligen Priorität[1] aufgerufen und bearbeitet. Der zyklisch ablaufende OB1 **(Bild 1)** z. B. hat die niedrigste Priorität und kann von jedem anderen OB unterbrochen werden.

Der OB1 ist immer erforderlich. Im OB1 wird durch Aufruf der Code-Bausteine (FBs und FCs) das Anwenderprogramm organisiert (Bild 2).

In **Funktionen (FC)** und **Funktionsbausteinen (FB)** werden bei STEP 7 aufgabenspezifische Unterprogramme des Steuerungsprogramms programmiert **(Übersicht 2)**.

Im Gegensatz zu FCs haben FBs ein „Gedächtnis". Sie können statische Variablen, z. B. Sollwerte, die nur bausteininterne Gültigkeit haben, über den aktuellen Bausteinaufruf hinaus speichern. Zur Speicherung der Variablen ist jedem FB ein **Instanz-Datenbaustein** (Instanz-DB) zugeordnet.

Wird in einem FB ein anderer FB aufgerufen, kann man dem aufrufenden FB einen Multiinstanz-DB zuweisen **(Bild 2)**, anstatt dem aufgerufenen FB einen neuen Instanz-DB zuzuweisen.

Globaldatenbausteine (DB) dienen zur Speicherung von Daten, z. B. Zählerständen, und können von jeder Stelle des Anwenderprogramms angesprochen werden.

Übersicht 1: Code-Bausteine in STEP 7

Man unterscheidet:

- Organisationsbaustein (OB)
- Funktion (FC)
- Funktionsbaustein (FB)

Übersicht 2: Funktionsbausteine (FB*) und Funktionen (FC)**

- sind in allen STEP 7-Programmiersprachen (KOP, FUP, AWL, SCL, Graph) programmierbar,
- Variablenadressen können absolut, symbolisch **(Seite 572)** oder parametrierbar **(Seite 571)** programmiert werden,
- können während einer Bausteinbearbeitung anfallende Zwischenergebnisse speichern (temporäre Variablen).

* FB speichert im Instanz DB
** FC speichert im temporären Speicherbereich

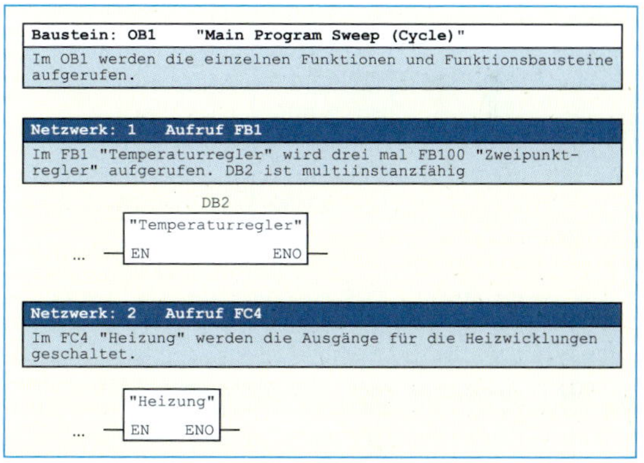

Bild 1: Organisationsbaustein OB1

Bevor Bausteine in einem SPS-Programm aufgerufen und programmiert werden, muss im TIA[2]-Portal ein Projekt angelegt werden. Darin wird auch die vorhandene Hardware des Automatisierungssystems konfiguriert.
(QR-Code: SPS-Tutorial „Hardwarekonfiguration")

vel.plus/FE01

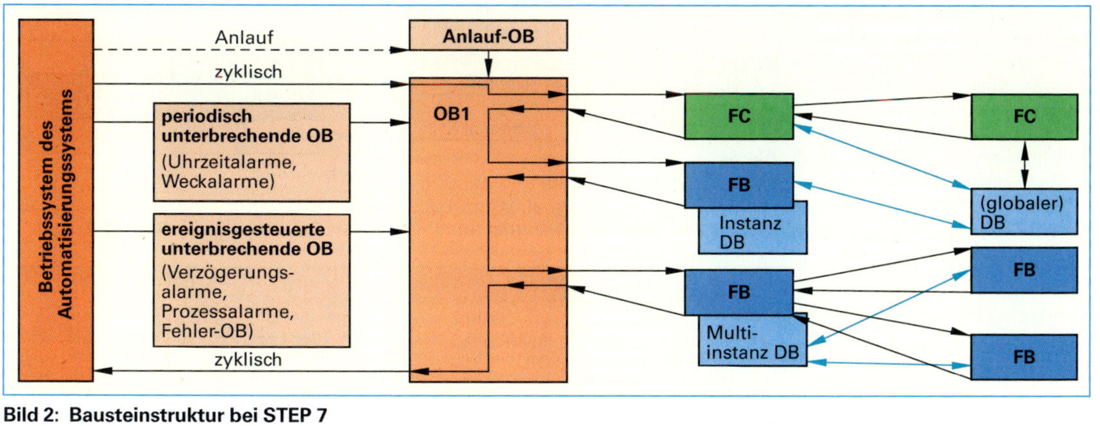

Bild 2: Bausteinstruktur bei STEP 7

[1] Priorität (lat.) = Vorrang, Vorzug
[2] **TIA**, Abk. für: **T**otally **I**ntegrated **A**utomation Portal (engl.) = vollständig integriertes Automatisierungsportal.

15.4.5 Programmierung (Bitverknüpfungen)

15.4.5.1 Grundverknüpfungen

Bei der Umsetzung einer Steuerungsaufgabe in ein SPS-Programm werden zuerst die Taster und Sensoren den Eingängen der SPS zugeordnet. Die Funktion der Eingänge ist in VDE 0113-1 (DIN EN 60204-1) festgelegt: Einschalten mit 1-Signal, also durch einen Schließer, Ausschalten mit 0-Signal, also durch einen Öffner. Dann werden die **Aktoren**, z.B. Schütze, den Ausgängen der SPS zugeordnet **(Bild 1)**.

Tabelle 1 zeigt die Grundverknüpfungen und die Zuweisung in den Programmiersprachen KOP, FUP und AWL. Eine Zuweisung bezieht sich immer auf einen Ausgang A oder einen Merker M.

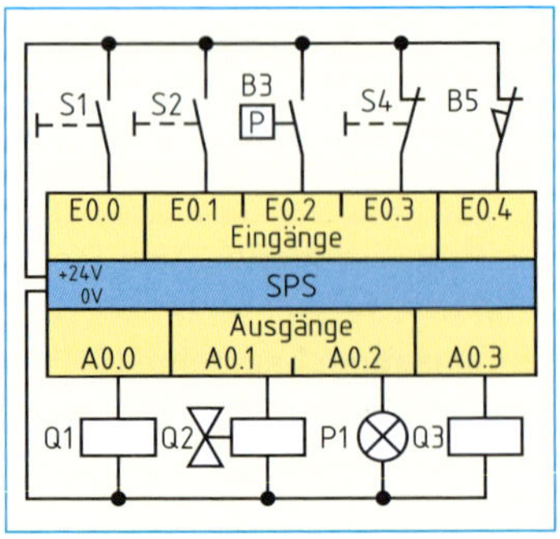

Bild 1: Beschaltung einer SPS

Tabelle 1: Benennung, Zeichen und Symbole zur Programmierung

Operation	Zeichen	AWL (STEP 7)	AWL (DIN EN 61131-3)	FUP	KOP
UND	U	U %E0.0 U %E0.1 = %A0.0	LD %I0.0 AND %I0.1 ST %Q0.0	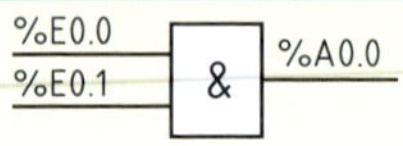	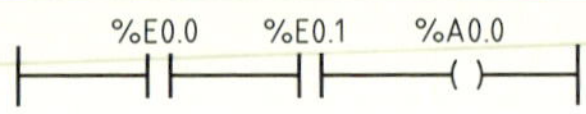
ODER	O	O %E0.0 O %E0.1 = %A0.1	LD %I0.0 OR %I0.1 ST %Q0.1	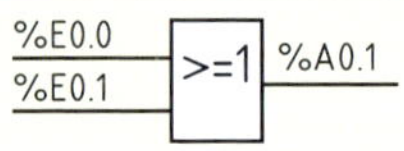	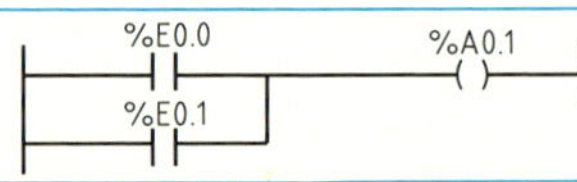
NICHT	N	UN %E0.0 U %E0.1 = %A0.2	LDN %I0.0 AND %I0.1 ST %Q0.2	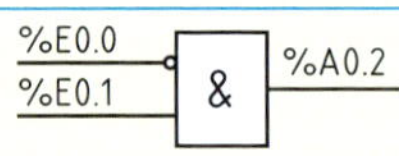	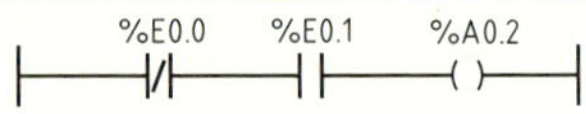
Zuweisung	=	= %A0.3 = %M3.6	ST %Q0.3 ST %M3.6	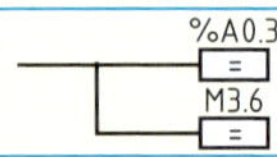	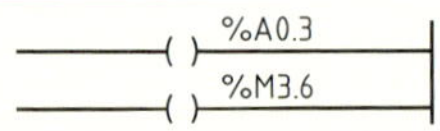

Ein Merker speichert Zwischenergebnisse. Er hat die gleiche Funktionalität wie ein Ausgang, kann aber nur innerhalb der SPS benutzt werden. Im Gegensatz zu Ausgängen können Merker remanent sein, d.h. sie behalten bei Stromausfall oder STOPP des Automatisierungsgerätes ihren Signalzustand.

vel.plus/FE02

Beispiel 2:

In einer Fabrik darf der Meister alleine über Schlüsselschalter S1, die beiden Schichtführer nur gemeinsam über die Schlüsselschalter S2 und S3 eine Anlage bedienen. Die Anlage ist betriebsbereit, wenn Q1 anzieht. Erstellen Sie aus der Beschaltung **Bild 2** die Zuordnungsliste und ein SPS-Programm.

Lösung: **(QR-Codes: SPS-Tutorial „Bitverknüpfungen", STEP 7 - Programmausdruck)**

Zuerst erstellt man die Zuordnungen **(Tabelle 2)**.

Zur Programmerstellung wird nicht gefragt, ob ein Schalter betätigt oder nicht betätigt ist, sondern bei welchen Eingangssignalen der Ausgang 1-Signal führt.

Für **Beispiel 2** ergibt sich aus der Formulierung des Steuerungsproblems der Funktionsplan **(Bild 3a)**, die Anweisungsliste **(Bild 3b)** und der Kontaktplan **(Bild 3c)**: Der Ausgang A0.0 führt dann 1-Signal, wenn E0.2 **UND** E0.3 ein 1-Signal führen **ODER** wenn E0.1 alleine 1-Signal führt.

Tabelle 2: Zuordnungen

Operand	Symbol	Kommentar
E0.1	S1	Meister
E0.2	S2	Schichtführer 1
E0.3	S3	Schichtführer 2
A0.0	Q1	Anlage betriebsbereit

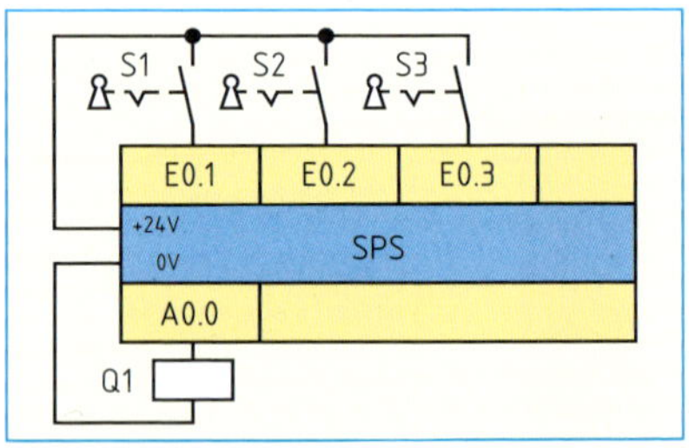

Bild 2: Beschaltung der SPS zu Beispiel 2

vel.plus/FE03

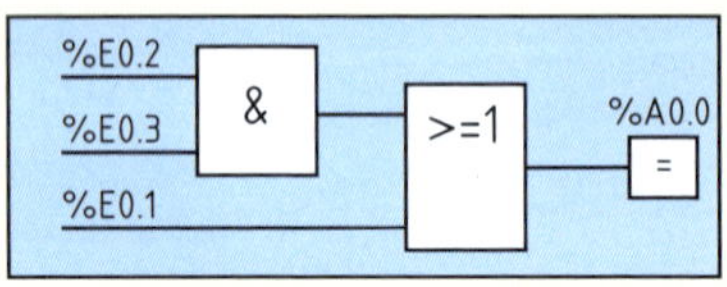

a) Funktionsplan

STEP 7	DIN EN 61131-3
U %E0.2	LD %I0.2
U %E0.3	AND %I0.3
O %E0.1	OR %I0.1
= %A0.0	ST %Q0.0

b) Anweisungsliste

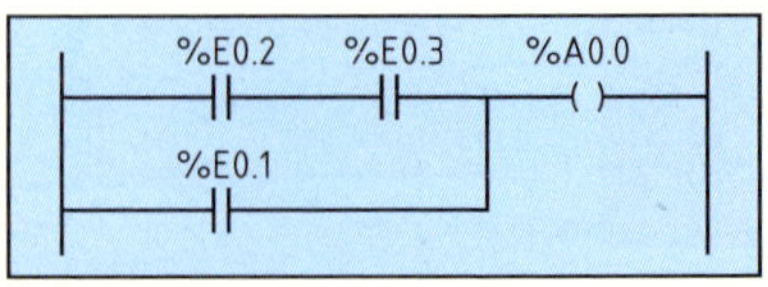

c) Kontaktplan

Bild 3: SPS-Programm zu Beispiel 2

15.4.5.2 Öffner und Schließer

Beispiel 3:

Das Tor einer Elektro-Werkstatt wird durch den Taster S1 (AUF) und den Taster S2 (AB) im Tippbetrieb geöffnet und geschlossen. Die obere Endstellung meldet Endtaster B3, die untere Endstellung meldet Endtaster B4 **(Bild 1a)**. Entwerfen Sie das SPS-Programm.

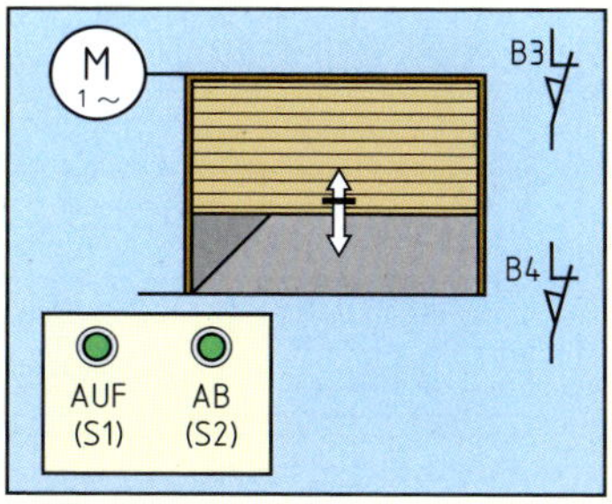

a) Technologieschema

Operand	Symbol	Kommentar
E0.1	S1	Taster AUF
E0.2	S2	Taster AB
E0.3	B3	Endtaster oben
E0.4	B4	Endtaster unten
A0.1	Q1	Schütz AUF
A0.2	Q2	Schütz AB

b) Zuordnungen

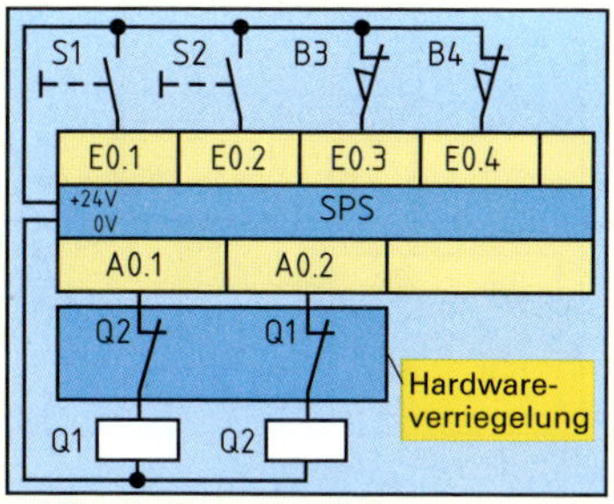

c) Beschaltung der SPS

Bild 1: Torantrieb mit Wendeschaltung (Beispiel 3)

Lösung: **(QR-Code: STEP 7 - Programmausdruck)**

Die beiden Ausgänge dürfen wegen Kurzschlussgefahr nicht gleichzeitig eingeschaltet sein. Sie müssen deshalb gegeneinander verriegelt werden. Die **Verriegelung** erfolgt softwaremäßig im SPS-Programm **(Bild 2)** und hardwaremäßig **(Bild 1c)**. Eine Verriegelung nur im Programm ist nach VDE 0113-1 (DIN EN 60204-1) unzulässig.

Zur Programmerstellung ist festzustellen, bei welchen Eingangssignalen an der SPS der zugehörige Ausgang 1-Signal haben soll. Es ergibt sich folgende Beschreibung:

- **Öffnen:** Das Tor öffnet, wenn A0.1 ein 1-Signal führt. Der Ausgang A0.1 hat dann 1-Signal, wenn an E0.1 **UND** an E0.3 je ein 1-Signal anliegt **UND** E0.2 **UND** A0.2 je ein 0-Signal haben (Verriegelung).
- **Schließen:** Das Tor schließt, wenn A0.2 ein 1-Signal hat. Der Ausgang A0.2 führt dann 1-Signal, wenn an E0.2 **UND** E0.4 je ein 1-Signal anliegt **UND** E0.1 **UND** A0.1 je ein 0-Signal haben (Verriegelung).

Diese Beschreibung führt zu einem Funktionsplan nach **Bild 2a**. Aus dem Funktionsplan lässt sich die zugehörige Anweisungsliste ermitteln **(Bild 2b)**. Den Kontaktplan zeigt **Bild 2c**. SPS-Programme werden in Netzwerke gegliedert.

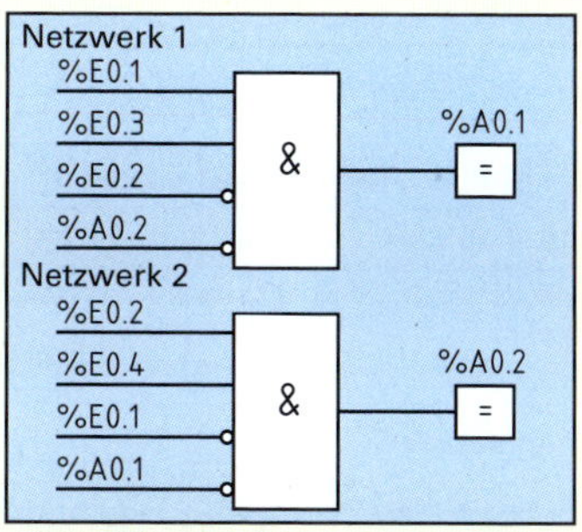

a) Funktionsplan

STEP 7		DIN EN 61131-3	
U	%E0.1	LD	%I0.1
U	%E0.3	AND	%I0.3
UN	%E0.2	ANDN	%I0.2
UN	%A0.2	ANDN	%Q0.2
=	%A0.1	ST	%Q0.3
***		***	
U	%E0.2	LD	%I0.2
U	%E0.4	AND	%I0.4
UN	%E0.1	ANDN	%I0.1
UN	%A0.1	ANDN	%Q0.1
=	%A0.2	ST	%Q0.2

b) Anweisungsliste

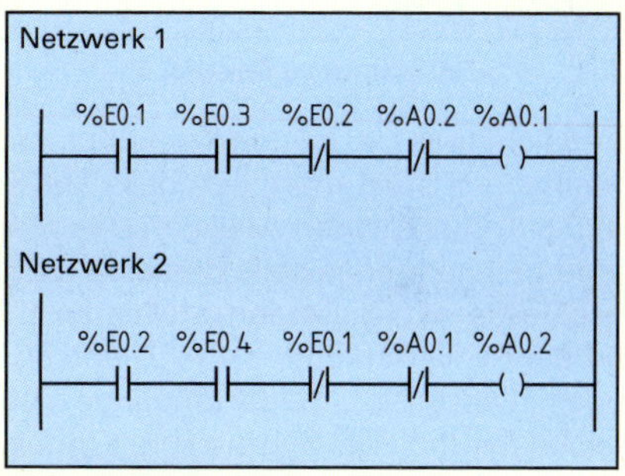

c) Kontaktplan

vel.plus/FE04

Bild 2: SPS-Programm zu Beispiel 3

Beim Testen von **Beispiel 3** ist zu beachten, dass die Schaltelemente an den Eingängen einer Schulungs-SPS meist Schließer sind. Zum Simulieren der beiden Endtaster (Öffner) B3 und B4 an E0.3 bzw. an E0.4 müssen die entsprechenden Schalter geschlossen werden, damit sie 1-Signal liefern. So entsprechen sie den **unbetätigten** Endtastern. Ein 1-Signal am Eingang erkennt man am Leuchten der jeweiligen Eingangs-LED der Eingangsbaugruppe. Erreicht das Tor einen Endtaster, wird der entsprechende Kontakt **geöffnet**, sodass er 0-Signal hat.

Aus dem Programm **(Bild 2)** kann man nicht erkennen, ob E0.3 bzw. E0.1 mit einem Öffner oder einem Schließer beschaltet sind. Eine SPS kann nur die logischen Signale 1 oder 0 registrieren, nicht aber, ob ein Öffner oder ein Schließer angeschlossen ist. In **Beispiel 3** müssen die Eingänge E0.1 und E0.3 jeweils ein 1-Signal liefern, damit das Tor öffnet. Man sagt, es erfolgt eine **Abfrage auf 1**. Ob an den jeweiligen Eingang ein Öffner oder ein Schließer angeschlossen wird, legt der Programmierer der Steuerung aufgrund der Sicherheitsvorschriften nach VDE 0113-1 (DIN EN 60204-1) fest.

Beispiel 4:

Beispiel 3 soll so erweitert werden, dass im Büro des Meisters durch die beiden Kontrollleuchten P1 und P2 die Endstellung des Tores angezeigt wird. P1 leuchtet, wenn das Tor ganz geöffnet ist, P2 leuchtet, wenn das Tor geschlossen ist **(Bild 1)**. Erstellen Sie das SPS-Programm.

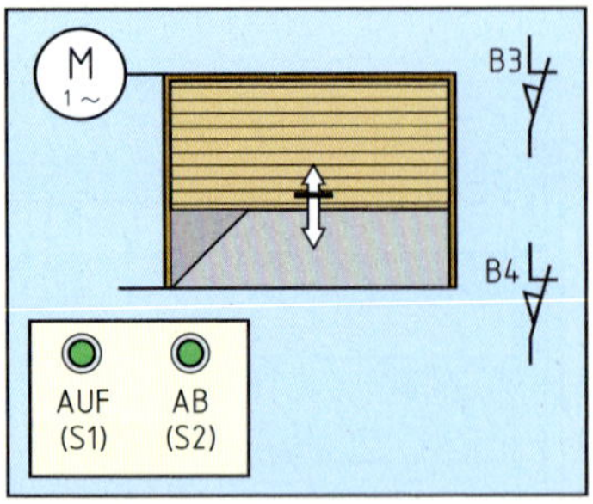

a) Technologieschema

Operand	Symbol	Kommentar
E0.1	S1	Taster AUF
E0.2	S2	Taster AB
E0.3	B3	Endtaster oben
E0.4	B4	Endtaster unten
A0.1	Q1	Schütz AUF
A0.2	Q2	Schütz AB
A0.3	P1	Tor geöffnet
A0.4	P2	Tor geschlossen

b) Zuordnungen

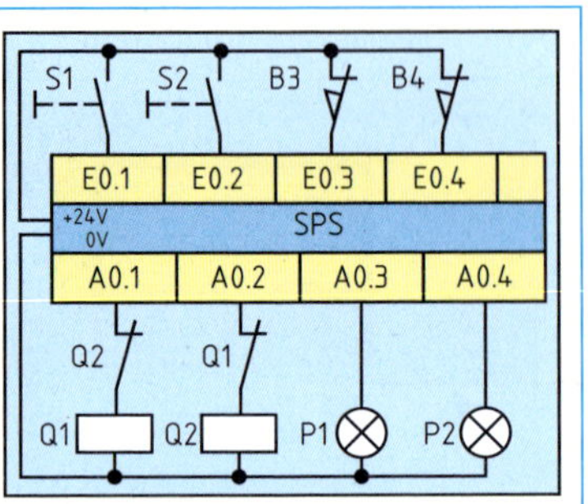

c) Beschaltung der SPS

Bild 1: Meldeleuchten für Torantrieb (Beispiel 4)

Lösung: (QR-Code: STEP 7 - Programmausdruck)

Der obere Endtaster B3 liefert ein 0-Signal, wenn das Tor ganz geöffnet ist. Bei geschlossenem Tor hat der untere Endtaster B4 ein 0-Signal.

Die Beschreibung der Steuerungsaufgabe lautet: Ausgang A0.3 hat dann 1-Signal, wenn E0.3 ein 0-Signal hat. Ausgang A0.4 führt 1-Signal, wenn E0.4 ein 0-Signal liefert. Man sagt, es erfolgt eine **Abfrage auf 0.** Aus der Beschreibung ergibt sich der Funktionsplan nach **Bild 2a**. Die Anweisungsliste **(Bild 2b)** folgt aus dem Funktionsplan. Den Kontaktplan zeigt **Bild 2c**.

vel.plus/FE05

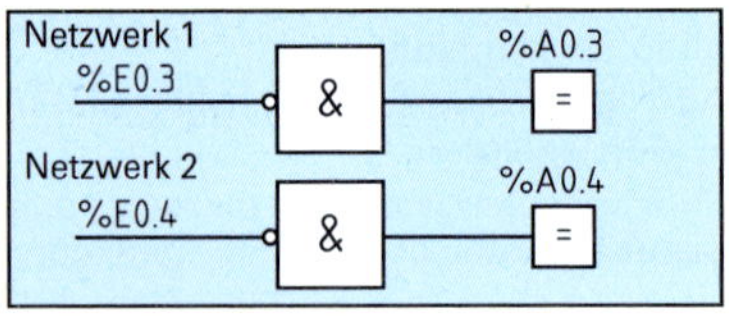

a) Funktionsplan

STEP 7	DIN EN 61131-3
UN %E0.3	LDN %I0.3
= %A0.3	ST %Q0.3
***	***
UN %E0.4	LDN %I0.4
= %A0.4	ST %Q0.4

b) Anweisungsliste

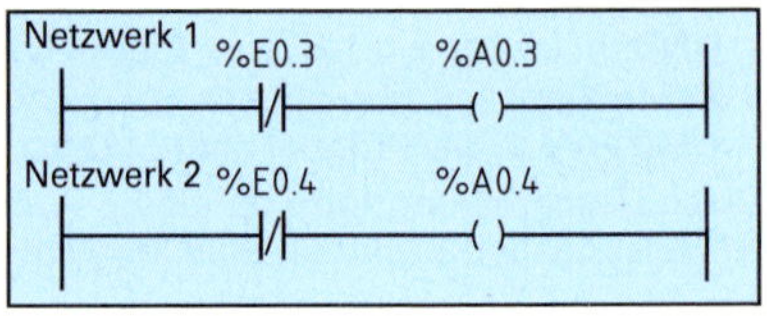

c) Kontaktplan

Bild 2: SPS-Programm zu Beispiel 4

Vergleicht man die beiden Kontaktpläne **Bild 2c** und **Bild 2c, Seite 567,** miteinander, stellt man fest, dass die Eingänge E0.3 und E0.4 in den beiden Kontaktplänen zwei verschiedene Symbole haben, obwohl an beiden Eingängen jeweils derselbe Öffnerkontakt von B3 bzw. B4 angeschlossen ist. Außerdem stellt man in **Bild 1c, Seite 567,** fest, dass an E0.1 der Schließerkontakt von S1 und an E0.3 der Öffnerkontakt von B3 angeschlossen ist. Beide Eingänge haben aber im Kontaktplan das gleiche Symbol. Die Symbole im Kontaktplan stellen also nicht Schaltzeichen wie im Stromlaufplan dar, sondern bedeuten **Negation** oder **keine Negation**, bzw. **Abfrage auf 0** oder **Abfrage auf 1 (Tabelle)**.

Tabelle: Abfrage auf 0 und 1

Abfrage auf:	0	1
Funktionsplan	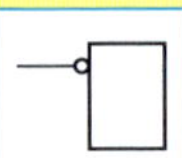	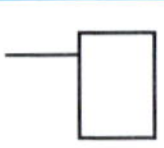
Kontaktplan	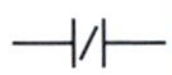	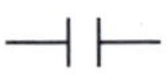
Anweisungsliste	UN... ON...	U... O...

Die Symbole im Kontaktplan entsprechen **nicht** den Schaltzeichen im Stromlaufplan.

Wiederholungsfragen

1 **Welchen Vorteil hat eine SPS-gesteuerte Anlage bei einer Programmänderung gegenüber einer verbindungsprogrammierten Steuerung?**

2 **Was ist zu beachten, wenn eine Wendesteuerung mit einer SPS aufgebaut wird?**

3 **Die Zykluszeit einer SPS beträgt 5 ms. Wie lange ist die maximale Reaktionszeit der SPS, wenn sich ein Eingangssignal ändert?**

4 **In einem Wasserwerk sind drei Pumpen A, B, und C installiert. Es müssen immer zwei Pumpen eingeschaltet sein. Die Funktion der Pumpen wird von je einem Strömungswächter B0 (E0.0) für Pumpe A, B1 (E0.1) für Pumpe B und B2 (E0.2) für Pumpe C erfasst. Die Meldeleuchte P1 zeigt den Normalbetrieb an, die Meldeleuchte P2 den Störfall. Zeichnen Sie die Beschaltung der SPS und erstellen Sie ein SPS-Programm.**

15.4.5.3 Speicherfunktionen

Im Gegensatz zur Digitaltechnik, die eine Vielzahl von Speicherbauelementen kennt, unterscheidet man bei der SPS nur zwei Speicherfunktionen **(Bild 1)**:

- vorrangig rücksetzend (rücksetzdominant[1]) und
- vorrangig setzend (setzdominant).

> Wenn gleichzeitig die Setz- und Rücksetzbedingung an den Eingängen einer Speicherfunktion anliegen, hat die vorrangig rücksetzende Speicherfunktion ein 0-Signal am Ausgang, die vorrangig setzende Speicherfunktion ein 1-Signal.

Die vorrangig rücksetzende Speicherfunktion benutzt man z.B. zur Steuerung von Maschinen und Anlagen, die vorrangig setzende z.B. bei Gefahrenmelde-Einrichtungen und Störmeldungen.

Maschinen und Anlagen müssen abschalten, wenn der AUS-Taster betätigt ist, auch wenn gleichzeitig eingeschaltet wird. Gefahrenmelde-Einrichtungen, z.B. Störmeldungen, müssen eingeschaltet bleiben, solange die Störung ansteht, auch dann, wenn die Störmeldung quittiert (ausgeschaltet) wird.

> Rücksetzdominante Speicherfunktionen werden z.B. für Maschinen und Anlagen, setzdominante Speicherfunktionen werden z.B. für Gefahrenmelde-Einrichtungen verwendet.

Die Vorrangigkeit wird bei der SPS durch die Reihenfolge der Programmierung bestimmt.

> Bei gleichzeitiger Erfüllung der Setz- und Rücksetzbedingungen dominiert die im Programm zuletzt bearbeitete Anweisung.

Speicherfunktionen

vorrangig rücksetzend (SR)	vorrangig setzend (RS)

Funktionsplan

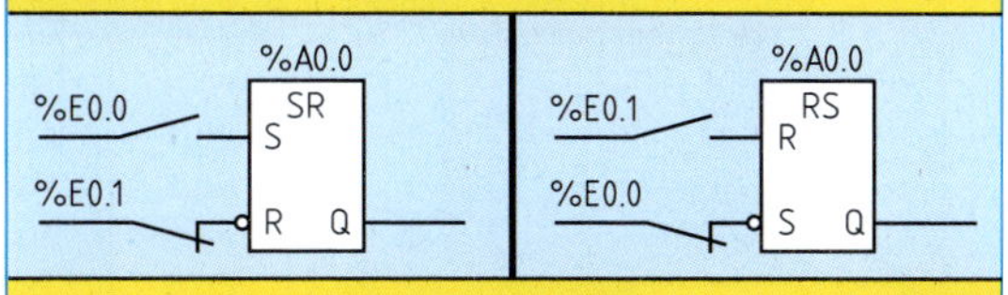

Anweisungsliste

STEP 7		DIN EN 61131-3		STEP 7		DIN EN 61131-3	
U	%E0.0	LD	%I0.0	U	%E0.1	LD	%I0.1
S	%A0.0	S	%Q0.0	R	%A0.0	R	%Q0.0
UN	%E0.1	LDN	%I0.1	UN	%E0.0	LDN	%I0.0
R	%A0.0	R	%Q0.0	S	%A0.0	S	%Q0.0

Einsatzbereich z.B. bei:

• Antrieben • Förderanlagen • Pressen	• Spannvorrichtungen • Gefahrenmelde-Einrichtungen

Bild 1: Vorrangig setzende und vorrangig rücksetzende Speicherfunktionen

Am Beispiel einer vorrangig rücksetzenden Speicherfunktion wird die Funktionsweise erklärt **(Bild 2)**. Wegen der seriellen Programmbearbeitung der SPS wird zuerst die Setzanweisung bearbeitet. Die Setzbedingung ist erfüllt. Deshalb wird im **Prozessabbild der Ausgänge (PAA)** der Ausgang A0.0 auf **1** gesetzt. Danach wird die Rücksetzanweisung bearbeitet. Weil auch die Rücksetzbedingung erfüllt ist, wird der Signalzustand **1** im **Prozessabbild der Ausgänge** mit einer **0** überschrieben. Nach der letzten Anweisung übergibt das PAA seine Signale an die Ausgänge. Dann hat der Ausgang den letzten Signalzustand, der ins PAA geschrieben wurde, hier eine **0**. Die Speicherfunktion ist also vorrangig rücksetzend.

Programmzeile	AWL	Signalzustand im PAE	Verknüpfungsvorschrift	VKE	PAA (A6.0)
1	U %E0.0	1	→	1	
2	S %A0.0		S →		1
3	U %E0.2	1	→	1	
4	R %A0.0		R →		0

Bild 2: Arbeitsweise einer SPS

> Aus Gründen der **Drahtbruchsicherheit** und der **Erdschlusssicherheit** müssen elektrische Anlagen und Maschinen mit 1-Signal, also durch einen Schließer, eingeschaltet und mit 0-Signal, also durch einen Öffner, abgeschaltet werden.

Dadurch wird erreicht, dass sich die Anlage bei Drahtbruch oder Erdschluss selbsttätig abschaltet und nicht wieder eingeschaltet werden kann, solange der Fehler besteht. Dies ist bei Gefahrenmelde-Einrichtungen, z.B. Störmeldungen, genau umgekehrt. Sie werden mit 0-Signal eingeschaltet und mit 1-Signal ausgeschaltet.

[1] von dominare (lat.) = herrschen

Beispiel 5:

Das Tor einer Elektro-Werkstatt wird durch Betätigen des Tasters S1 (AUF) geöffnet und durch S2 (AB) geschlossen **(Bild 1a)**. Die obere Endstellung meldet der Endtaster B3, die untere Endstellung der Endtaster B4. Das Tor öffnet in Selbsthaltung, schließt aber nur im Tippbetrieb. Das Öffnen kann durch den STOPP-Taster S0 unterbrochen werden. Ein Sicherheitskontakt B5 ist unten am Tor angebracht. Er bewirkt ein sofortiges Abschalten des Tores, wenn das Tor beim Schließen auf ein Hindernis fährt. Erstellen Sie ein SPS-Programm.

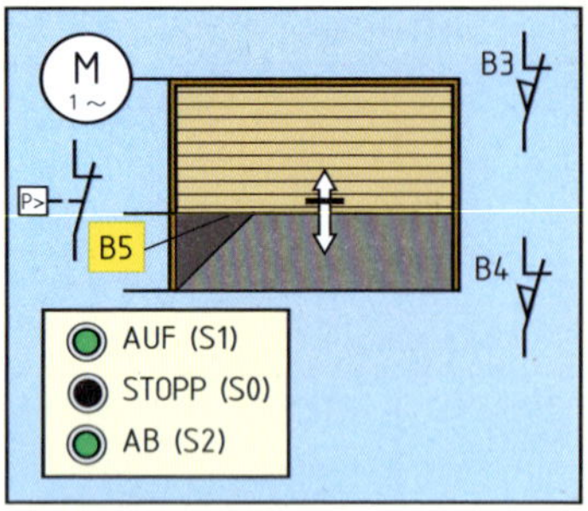

a) Technologieschema

Operand	Symbol	Kommentar
E0.0	S0	Taster STOPP
E0.1	S1	Taster AUF
E0.2	S2	Taster AB
E0.3	B3	Endtaster oben
E0.4	B4	Endtaster unten
E0.5	B5	Sicherheitskontakt
A0.1	Q1	Schütz AUF
A0.2	Q2	Schütz AB

b) Zuordnungen

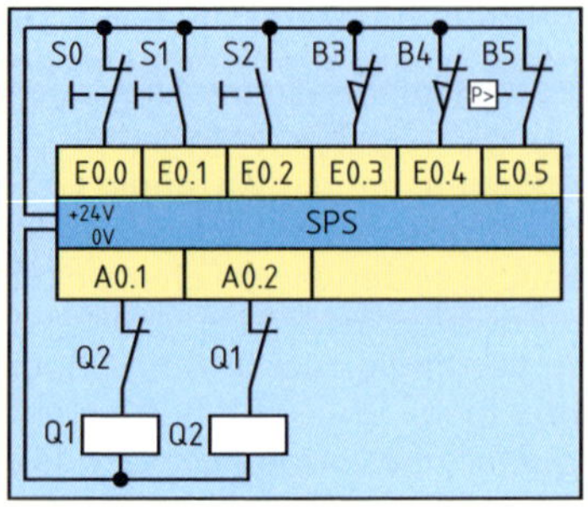

c) Beschaltung der SPS

Bild 1: Torantrieb mit Sicherheitskontakt (Beispiel 5)

Lösung:

(QR-Code: STEP 7 - Programmausdruck)

Die verbale[1], logische Beschreibung des Steuerungsproblems lautet:

- **Öffnen:** Wenn Taster S1 ein 1-Signal liefert, wird der Ausgang A0.1 **gesetzt**. A0.1 wird **rückgesetzt**, wenn S0 **ODER** B3 ein 0-Signal liefern **ODER** A0.2 ein 1-Signal hat (Verriegelung).
- **Schließen:** Ausgang A0.2 hat ein 1-Signal, wenn S2 **UND** B4 **UND** B5 **UND** S0 ein 1-Signal liefern **UND** A0.1 ein 0-Signal hat (Verriegelung).

Diese Beschreibung führt zum Funktionsplan **(Bild 2a)** und zur Anweisungsliste **(Bild 2b)**.

vel.plus/FE06

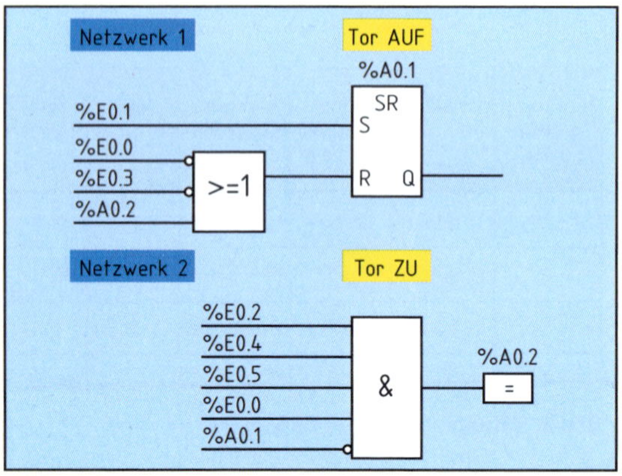

a) Funktionsplan

STEP 7		DIN EN 61131-3	
Netzwerk 1			
U	%E0.1	LD	%I0.1
S	%A0.1	S	%Q0.1
ON	%E0.0	LN	%I0.0
ON	%E0.3	ORN	%I0.3
O	%A0.2	OR	%Q0.2
R	%A0.1	R	%Q0.1
Netzwerk 2		***	
U	%E0.2	LD	%I0.2
U	%E0.4	AND	%I0.4
U	%E0.5	AND	%I0.5
U	%E0.0	AND	%I0.0
UN	%A0.1	ANDN	%Q0.1
=	%A0.2	ST	%Q0.2

b) Anweisungsliste in STEP 7 und nach DIN EN 61131-3

Bild 2: SPS-Programm zu Beispiel 5

Wiederholungsfragen

1 **Das Werkstatttor aus Beispiel 5 darf jetzt auch in Selbsthaltung schließen. Aus Sicherheitsgründen ist direktes Umschalten nur von „Tor schließen" nach „Tor öffnen" möglich. Erstellen Sie ein Programm in FUP und AWL.**

2 **Ein Drehstrommotor kann von zwei Stellen aus mit Tastern ein- und ausgeschaltet werden. Legen Sie die Beschaltung der SPS fest. Formulieren Sie die Ein- und Ausschaltbedingungen für den Motor. Erstellen Sie ein SPS-Programm in FUP und AWL.**

[1] verbal (lat.) = sprachlich

15.4.6 Bibliotheksfähige Bausteine

Bibliotheksfähige Bausteine sind Programmbausteine (FCs oder FBs), die so programmiert sind, dass sie in unterschiedlichen SPS-Programmen wieder verwendet werden können.

Durch Zusammenführung geeigneter bibliotheksfähiger Programmbausteine kann man schnell auch aufwendige Automatisierungsaufgaben lösen, z. B. Steuerungen von Fertigungsanlagen.

Zur Programmierung bibliotheksfähiger Programmbausteine werden formale Bausteinparameter (Formalparameter) verwendet.

Formalparameter sind lokale Variablen (Platzhalter), die nur für den Baustein gültig sind, in dem sie deklariert[1] wurden. Daher können in unterschiedlichen Bausteinen gleiche Variablennamen für unterschiedliche lokale Variablen verwendet werden.

Variablen werden im Deklarationsteil des Programmbausteins **(Bild 1, Seite 572)** deklariert. Man unterscheidet Variablentypen **(Tabelle 1)** nach ihrer Funktion im Programmbaustein.

Während der Variablendeklaration erfolgt die Zuweisung des zugehörigen Datentyps **(Tabelle 2)**. Den Variablen können auch statische Anfangswerte zugeordnet werden **(Bild 2, Seite 574)**.

Die Variablentypen Input und InOut stellen die Eingangsschnittstelle eines bibliotheksfähigen Bausteins **von** anderen Programmteilen dar, der Variablentyp Output die Ausgangsschnittstelle **zu** anderen Programmteilen **(Bild)**.

Interne temporäre Lokalvariablen Temp speichern Werte nur während eines SPS-Zyklusses. Sie werden bei Zyklusende wieder gelöscht. Daher können sie innerhalb eines Zyklusses nur dann abgefragt werden, wenn sie im Programmablauf zuvor beschrieben wurden.

Interne statische Lokalvariablen Static behalten ihre Information über Zyklen und Programmaufrufe hinaus. Sie können nur in Funktionsbausteinen (FB) programmiert werden und werden in Instanzdatenbausteinen, die den jeweiligen FBs zugeordnet sind, gespeichert **(Bild 1, Seite 577)**. Diese Daten stehen jedoch nur in dem FB zur Verfügung, in dem sie deklariert wurden.

Constant beinhaltet konstante Werte, die vom Baustein übernommen werden, aber nicht veränderbar sind.

Beim Zusammenfügen bibliotheksfähiger Bausteine zu einem Programm **(Bild 2, Seite 572)** werden Formalparameter parametriert, d. h. ihnen werden Aktualparameter (Eingänge, Ausgänge, Merker, Timer, Zähler) zugewiesen.

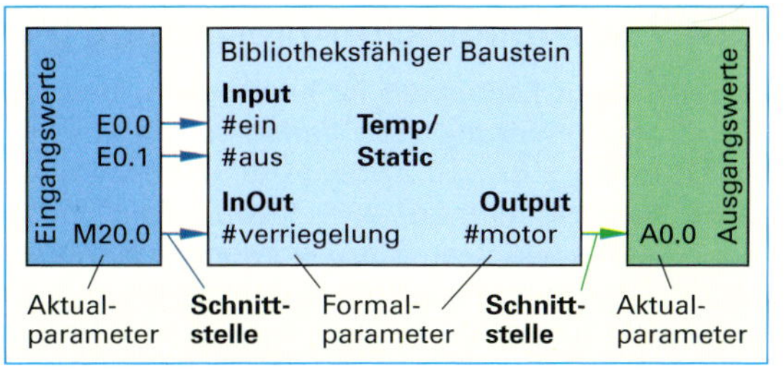

Bild: Kommunikationsstruktur eines bibliotheksfähigen Programmbausteins

Tabelle 1: Variablentypen

Typ	Art	Funktion	Beispiel
Input	Eingangsparameter	wird an Baustein übergeben	E, M
Output	Ausgangsparameter	wird vom Baustein zurückgegeben	A, M
InOut	Durchgangsparameter	wird an Baustein übergeben und dort verändert	A, M
Temp	Interne temporäre Lokalvariable	wird im Baustein verändert und nur für den aktuellen Zyklus gespeichert	Zählerstände, Bitvariablen
Static (nur in FBs)	Interne statische Lokalvariable	wird im Baustein verändert und über den aktuellen Zyklus hinaus gespeichert	Zählerstände, Bitvariablen
Constant	Konstante	wird an Baustein übergeben	Zahlenwerte

Tabelle 2: Wichtige Datentypen (Beispiele)

Datentyp	Größe	Syntax	Wertebereich
BOOL	1 Bit	–	False (0), True (1)
BYTE	8 Bit	B#16#	00 – FF
WORD (Wort)	16 Bit	W#16#	0000 – FFFF
DWORD	32 Bit	DW#16#	0000 0000 – FFFF FFFF
INT (ganze Zahl)	16 Bit	–	–32768…+32767
DINT (ganze Zahl)	32 Bit	L#	–2147483648 – +2147483647
REAL (reelle Zahl)	32 Bit	z. B. 234.4	
S5TIME (Zeitdauer)	16 Bit	S5T#…	10 ms – 9990 s
TIMER (Zeitglied)		Tx	alle Zeitglieder, der CPU
COUNTER (Zähler)		Zx	alle Zähler, der CPU

Aktualparameter sind **globale Variablen**, die in allen Programmbausteinen eines SPS-Programms gelten.

[1] von declarare (lat.) = erklären

15.4.7 Symbolische Adressierung (PLC[1]-Variablen)

Zur leichteren Lesbarkeit ist es möglich, bei der SPS-Programmierung statt Variablen mit absoluten Adressen, z. B. %E0.2 oder %A0.3 auch symbolische Variablennamen, z. B. "Stopp_Tor1" oder "Tor2_auf" zu benutzen. Dazu werden die symbolischen Variablennamen (PLC[1]-Variablen) in der PLC-Variablentabelle **(Tabelle 2)** den absoluten Adressen der Variablen zugewiesen. Dabei kann gleichzeitig ihr Remanenzverhalten festgelegt werden.

PLC-Variablen sind globale Variablen, die in allen Programmbausteinen eines SPS-Programms gelten. Sie dürfen daher im gesamten Projekt nur einmal verwendet werden. Sie stehen im Programm in Hochkomma.

vel.plus/FE07

vel.plus/FE08

Beispiel 6:

In einer Versandabteilung sind zwei Werkstore auf und ab zu steuern. Für jedes Tor gibt es eine Dreifachtasterkombination „AUF-STOPP-AB" und jeweils einen oberen und unteren Endtaster. Ein NOT-HALT-Schalter stoppt beide Tore. Erstellen Sie ein SPS-Programm mithilfe eines bibliotheksfähigen Bausteins.

Tabelle 1: Variablenzuordnung

	Ausgänge		Tasterkombination			Endtaster	
	Tor auf	Tor zu	AUF	STOPP	AB	oben	unten
Tor 1	A0.0	A0.1	E0.0	E0.1	E0.2	E0.6	E0.7
Tor 2	A0.2	A0.3	E0.3	E0.4	E0.5	E1.0	E1.1

Lösung:

(QR-Codes: SPS-Tutorials „Bibliotheksfähige Bausteine", „symbolische Adressierung", Step 7 Programmausdruck)

Das Programm wird z. B. im Funktionsbaustein FB1 erstellt **(Bild 1)** und im OB1 **(Bild 2)**, zweimal aufgerufen und jeweils mit Aktualparametern versehen **(Bild 2)**.

vel.plus/FE09

Tabelle 2: Variablentabelle (PLC) zu Beispiel 6

Name	Datentyp	Adresse
Auf_Tor1	Bool	%E0.0
Stopp_Tor1	Bool	%E0.1
Ab_Tor1	Bool	%E0.2
End_o_Tor1	Bool	%E0.6
End_u_Tor1	Bool	%E0.7
Not_Halt	Bool	%E1.2
Tor1_auf	Bool	%A0.0
Tor1_zu	Bool	%A0.1
Auf_Tor2	Bool	%E0.3
Stopp_Tor2	Bool	%E0.4
Ab_Tor2	Bool	%E0.5
End_o_Tor2	Bool	%E1.0
End_u_Tor2	Bool	%E1.1
Tor2_auf	Bool	%A0.2
Tor2_zu	Bool	%A0.3

FB100 Wendesteuerung — Deklarationsteil

Name	Datentyp	Kommentar
Input		
auf	BOOL	Taster AUF
stopp	BOOL	Taster STOPP
ab	BOOL	Taster AB
not_halt	BOOL	Not-Halt-Schalter
end_o	BOOL	Endtaster oben
end_u	BOOL	Endtaster unten
Output		
tor_auf	BOOL	Schütz AUF
tor_zu	BOOL	Schütz AB
Static		
m_tor_auf	BOOL	Zustand Tor auf
m_tor_zu	BOOL	Zustand Tor zu

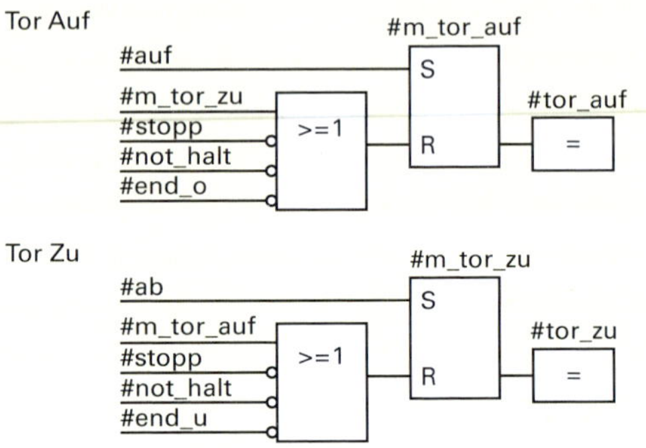

Bild 1: Funktionsbaustein FB1 zu Beispiel 6

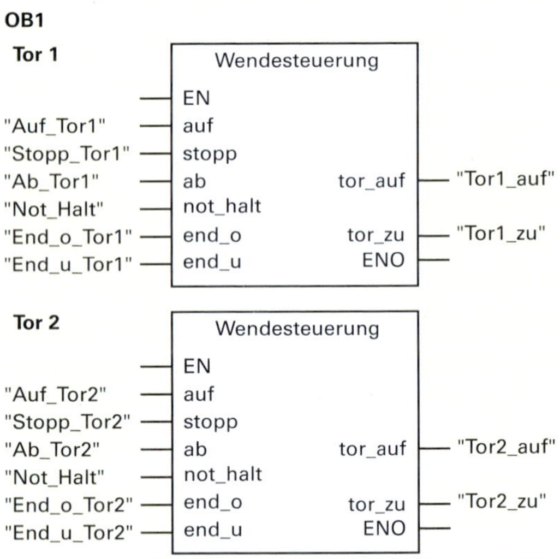

Bild 2: OB1 mit Zuweisung symbolisch adressierter Aktualparameter zu Beispiel 6

Ein Baustein wird nur bearbeitet, wenn der Eingang **„EN"** (enable) 1-Signal erhält oder unbeschaltet ist. Der Ausgang **„ENO"** (enable out) hat 1-Signal, wenn der Baustein fehlerfrei bearbeitet wurde.

[1] **PLC**, Abk. für **P**rogrammable **L**ogic **C**ontroller (engl.) = speicherprogrammierbare Steuerung

15.4.8 Zeit- und Zählfunktionen

Step 7 unterscheidet Simatic- und IEC-Zeitfunktionen sowie Simatic- und IEC-Zählfunktionen.

15.4.8.1 Simatic-Zeitfunktionen

Zeitfunktionen einer SPS können Signale zeitlich begrenzen oder verzögern **(Tabelle)**.

Simatic-Zeitfunktionen haben unterschiedliche Funktionalitäten, z.B. Impuls, Ausschaltverzögerung (Rückfallverzögerung) oder Einschaltverzögerung (Ansprechverzögerung). Sie werden zur Unterscheidung nummeriert, z.B. T0 oder T34. Impuls und Einschaltverzögerung werden von der positiven Flanke des Starteingangs gestartet, die Ausschaltverzögerung durch die negative Flanke.

Tabelle: Simatic-Zeitfunktionen (Auswahl aus STEP 7)

Funktionsplan	Anweisungsliste	Impuls-Zeit-Diagramm
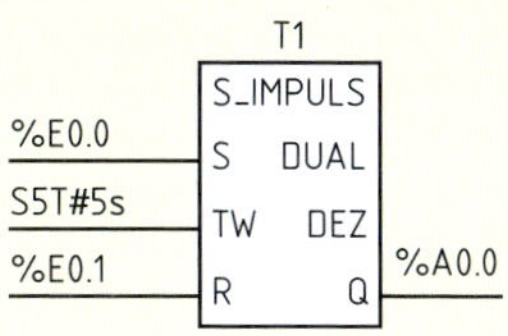 **Impuls (SI)**	U %E 0.0 L S5T#5s SI %T 1 U %E 0.1 R %T 1 U %T 1 = %A0.0	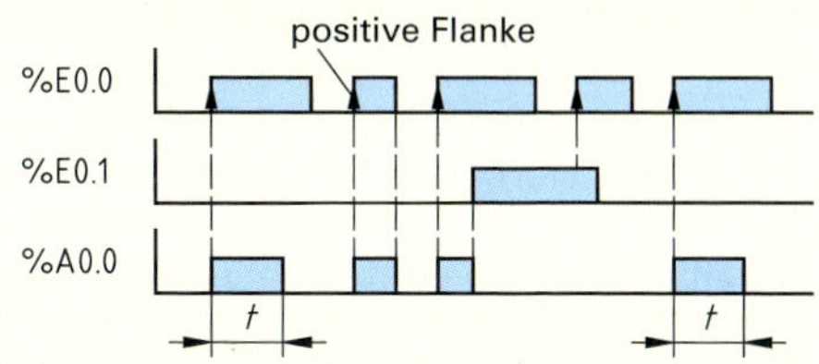
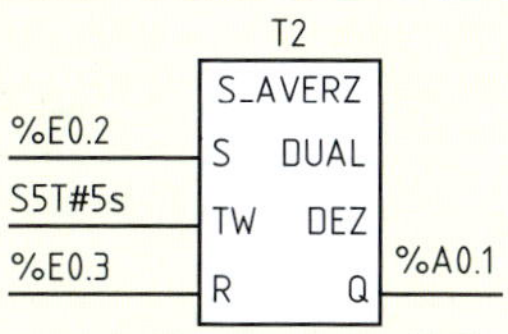 **Ausschaltverzögerung (SA) (Rückfallverzögerung)**	U %E 0.2 L S5T#5s SA %T 2 U %E 0.3 R %T 2 U %T 2 = %A0.1	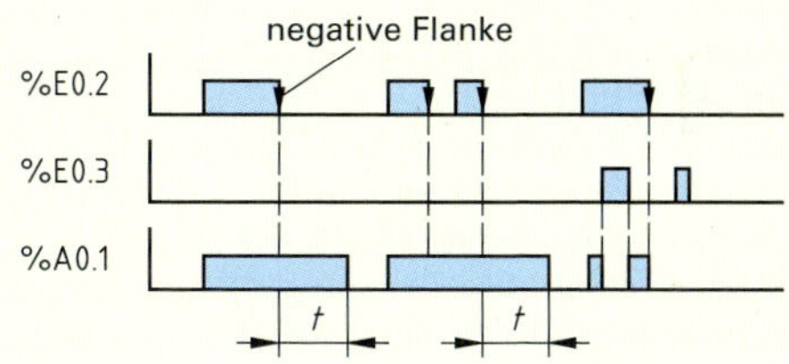
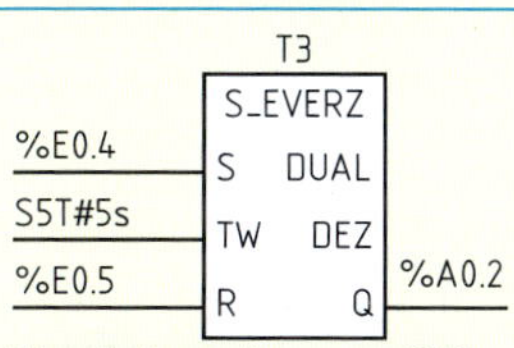 **Einschaltverzögerung (SE) (Ansprechverzögerung)**	U %E 0.4 L S5T#5s SE %T 3 U %E 0.5 R %T 3 U %T 3 = %A0.2	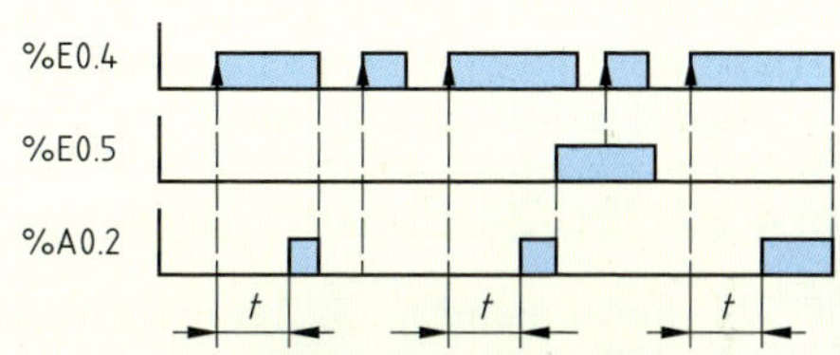

Simatic-Zeitfunktionen können mit einer Zeitdauer von 10 ms bis 9990 s programmiert werden. Dazu wird am Eingang TW des Zeitgliedes eine Konstante im S7-Zeitformat S5T# oder im BCD-Format vorgegeben. Das Zeitformat S5T# kann in Stunden (h), Minuten (m), Sekunden (s) und Millisekunden (ms) angegeben werden. Die Programmiersoftware STEP 7 wandelt dieses Format in einen BCD-Code um, der aus dem Zeitfaktor und der Zeitbasis besteht **(Bild 1)**. Die eingestellte Zeitdauer ergibt sich aus der Multiplikation von Zeitfaktor mal Zeitbasis. Dabei wird immer die kleinstmögliche Zeitbasis gewählt.

Wird die Zeitdauer mit einem BCD-Zahlensteller über ein Eingangswort vorgegeben, gibt die Tausenderstelle die Zeitbasis 0…3 an, die Einer-, Zehner- und Hunderterstelle den Zeitfaktor **(Bild 2)**.

Zeitbasis
0: 0,01 s
1: 0,1 s
2: 1 s
3: 10 s

Beispiel: S5T#5s

Zeitbasis		Zeitfaktor	
0	.	500	
0,01 s	•	500 =	5 s

Bild 1: Zeitformat für S7-Automatisierungsgeräte

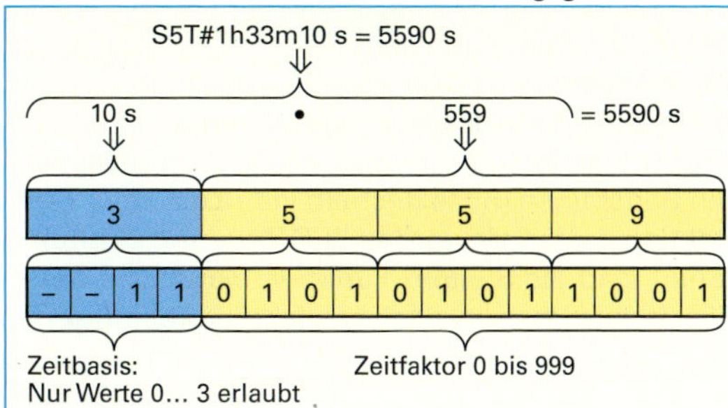

Bild 2: Zeit im BCD-Format

15.4.8.2 Simatic-Zählfunktionen

Eine SPS enthält mehrere Simatic-Zählfunktionen, die zur Unterscheidung nummeriert werden, z. B. Z1 (Bild 1).

Mit einer positiven Signalflanke am Vorwärts-Zähleingang (ZV) oder Rückwärts-Zähleingang (ZR) erhöht bzw. verringert sich der aktuelle Zählerstand um jeweils 1. Bei einer positiven Signalflanke am Setzeingang (S) übernimmt der Zähler den Zahlenwert 0 bis 999 im BCD-Format, der am Zahleneingang (ZW) anliegt. Bei einer positiven Flanke am Rücksetzeingang R nimmt der Zähler den Zählwert 0 an. Ausgang Q hat 1-Signal, wenn der Zählerstand größer 0 ist und 0-Signal, wenn der Zählerstand 0 ist. Zählt ein Zähler von einem bestimmten Zahlenwert aus rückwärts, wechselt Q von 1-Signal auf 0-Signal, wenn der Zählerstand 0 erreicht ist. Diesen Signalwechsel kann man im Steuerungsprogramm zum Schalten benutzen. Am Zählerausgang DEZ steht der aktuelle Zählerstand BCD-codiert, am Zählerausgang DUAL dualcodiert **(Bild 1)** zur Ausgabe oder Weiterverarbeitung an. Wird der Zählerausgang DEZ an ein Ausgangswort, z. B. AW4, transferiert, kann an die Ausgänge A4.0 bis A5.7 eine BCD-Anzeige angeschlossen werden und der Zählerstand abgelesen werden **(Bild 2)**. Dabei zeigt die Tausenderstelle immer 0 an, da der Zähler nur den Zählbereich 0 ... 999 hat. Zur Weiterverarbeitung werden die Zählerstände, z. B. in Merkerworten oder Datenworten, gespeichert. Sie bestehen aus 16 Bit und werden analog einem Ausgangswort **(Bild 2)** in 2 Bytes aufgeteilt.

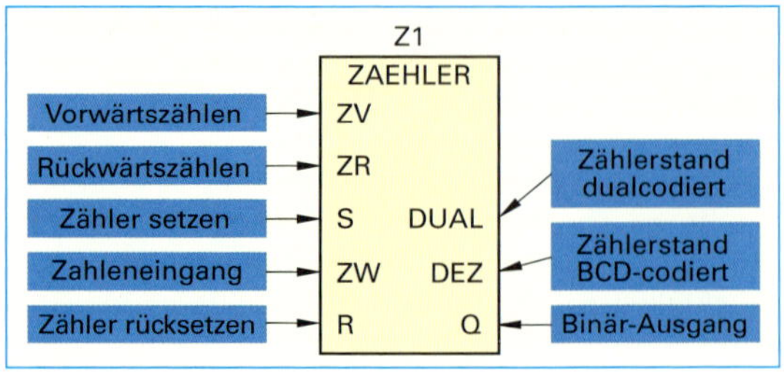

Bild 1: Symbol des Zählers bei STEP 7

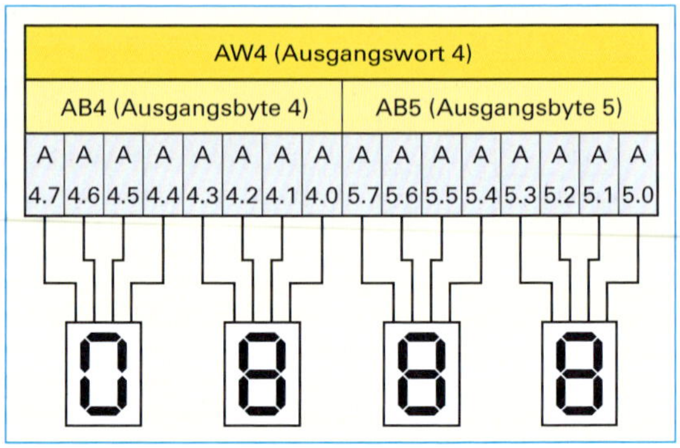

Bild 2: Anschluss einer 4-stelligen BCD-Anzeige an AW4

Tabelle: Gegenüberstellung von Zeitfunktionen

Simatic-Zeitfunktion	IEC-Zeitfunktion
Anzahl der Zeitfunktionen CPU-abhängig begrenzt, z. B. T0 bis T127.	Anzahl der Zeitfunktionen praktisch unbegrenzt.
Zeittoleranz abhängig von der Zeitbasis 10 ms bis 10 s.	Konstante Toleranz.
Zeitbereich:10 ms bis 9990 s ≙ 2h 46 min 30 s.	Zeitbereich: 1 ms bis 24 d 20 h 31 min 23 s 647 ms.
In bibliotheksfähigen Bausteinen müssen Zeitfunktionen jeweils separat deklariert werden.	In bibliotheksfähigen Bausteinen müssen Zeitfunktionen lediglich aufgerufen werden.
Zeitfunktionen sind während der Laufzeit rücksetzbar.	Zeitfunktionen (außer TONR) sind während der Laufzeit nicht rücksetzbar.

15.4.8.3 IEC-Zeitfunktionen

IEC-Zeitfunktionen sind System-Funktionsbausteine (SFB), die ihre Daten im zugehörigen Instanzdatenbaustein (Seite 576) speichern.

IEC-Zeitfunktionen **(Tabelle 1, Seite 575)** haben die Anschlussbezeichnungen nach **Bild 3** und folgende Funktionalitäten:

- **TP:** Impuls (**T**imer **P**uls)
- **TON:** Einschaltverzögerung (**T**imer **On**)
- **TOF:** Ausschaltverzögerung (**T**imer **Off**)

Simatic-Zeit- und Zählfunktionen haben feste Adressen, z. B. T0 oder Z55, und sind daher in einem Projekt nur einmal verwendbar. In bibliotheksfähigen Bausteinen muss deshalb jede Zeit- bzw. Zählfunktion deklariert werden. IEC-Zeit- und Zählfunktionen sind als System-Funktionsbausteine beliebig oft aufrufbar und daher leicht in bibliotheksfähige Bausteine integrierbar.

IEC-Zeitfunktionen haben gegenüber Simatic-Zeitfunktionen Vorteile **(Tabelle)**.

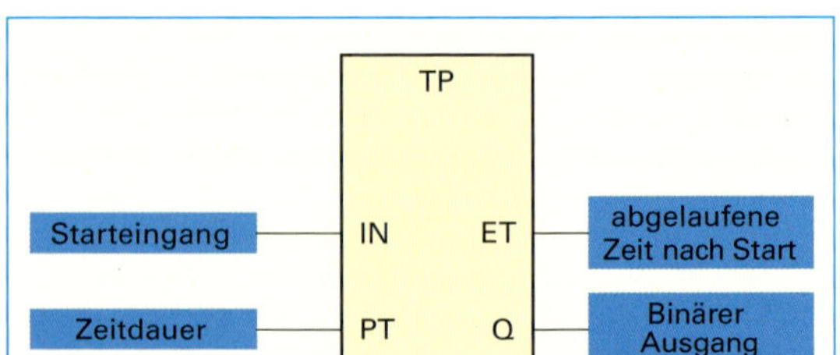

Bild 3: Ein- und Ausgänge von IEC-Zeitfunktionen

Tabelle 1: IEC-Zeitfunktionen*

Funktionsplan	Anweisungsliste	Datentyp	Impuls-Zeitdiagramm
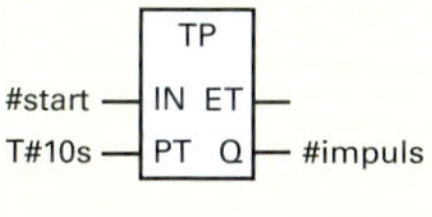 **Impuls**	IN : = #start PT : = T#10s Q : = #impuls ET : =	IN : BOOL PT : TIME Q : BOOL ET : TIME	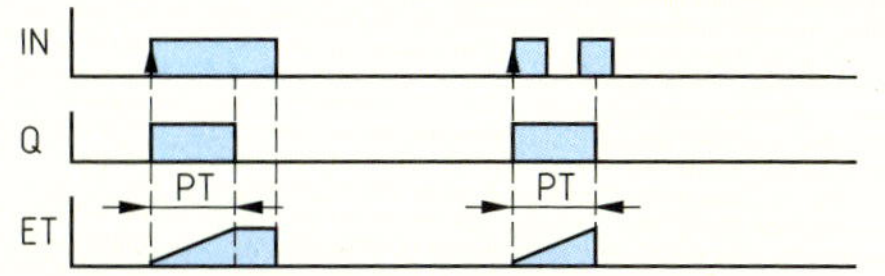
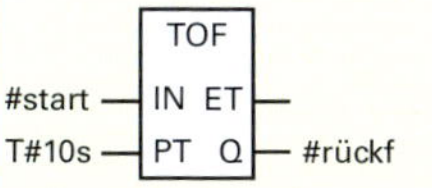 **Ausschaltverzögerung (Rückfallverzögerung)**	IN : = #start PT : = T#10s Q : = #rückf ET : =	IN : BOOL PT : TIME Q : BOOL ET : TIME	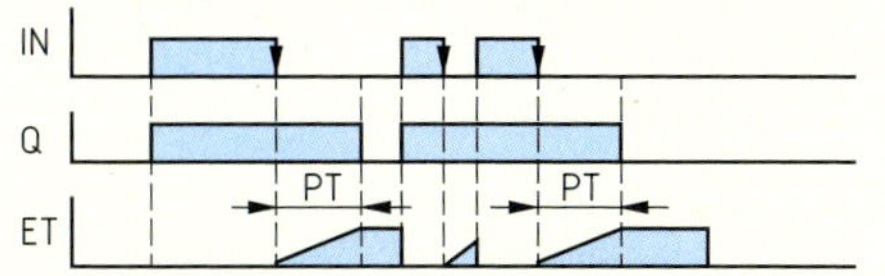
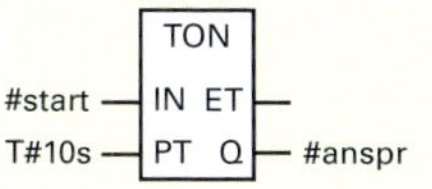 **Einschaltverzögerung (Ansprechverzögerung)**	IN : = #start PT : = T#10s Q : = #anspr ET : =	IN : BOOL PT : TIME Q : BOOL ET : TIME	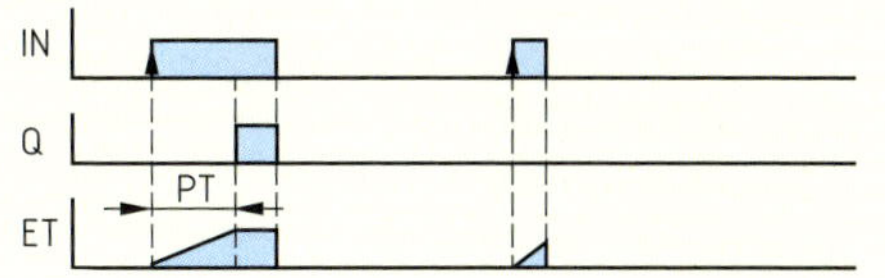

* Programmbeispiel zu IEC-Zeitfunktionen siehe **Seite 576** Beispiel 7 Aufgabe b)

15.4.8.4 IEC-Zählfunktionen

IEC-Zählfunktionen sind System-Funktionsbausteine, die ihre Daten im zugehörigen Instanzdatenbaustein **(Seite 576)** speichern.

IEC-Zählfunktionen **(Tabelle 3)** haben folgende Funktionalitäten:

- **CTU**: Vorwärtszähler (**Count**er **u**p)
- **CTD**: Rückwärtszähler (**C**oun**t**er **d**own)
- **CTUD**: Vorwärts-Rückwärtszähler (**C**oun**t**er **u**p **d**own)

IEC-Zählfunktionen bieten gegenüber Simatic-Zählfunktionen Vorteile **(Tabelle 2)**.

Tabelle 2: Gegenüberstellung Zählfunktionen

Zählfunktion	Simatic	IEC
Anzahl	begrenzt, CPU-abhängig z. B. Z 0 bis Z 255	praktisch unbegrenzt
Zählbereich	0 bis 999	–32768 bis +32767
In bibliotheksfähigen Bausteinen	separat deklarieren	aufrufen

Tabelle 3: IEC-Zählfunktionen

Vorwärtszähler	Rückwärtszähler	Vorwärts-Rückwärtszähler
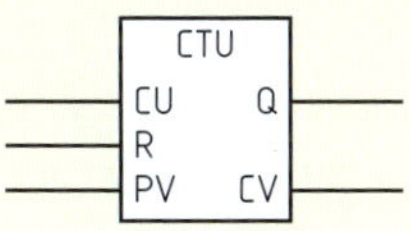	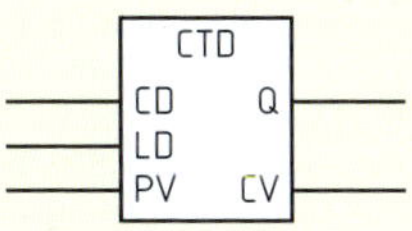	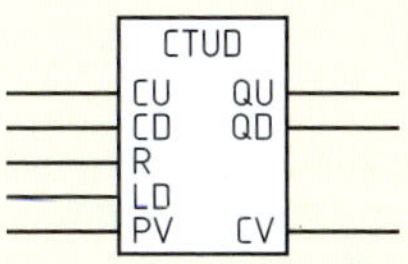

Anschluss	Bedeutung	Funktion	Datentyp
CU	Vorwärtszähleingang	bei pos. Flanke wird der Zählerstand um 1 erhöht	Bool
CD	Rückwärtszähleingang	bei pos. Flanke wird der Zählerstand um 1 erniedrigt	Bool
R	Rücksetzeingang	bei pos. Flanke wird der Zählerstand auf 0 gesetzt	Bool
LD	Setzeingang	bei pos. Flanke wird der Zähler auf den Wert an PV gesetzt	Bool
PV	Ladewert	Wert, auf den der Zähler gesetzt wird	Integer
Q	Status Zählerstand	CTU: liefert 1-Signal, wenn der Zählerstand ≥ Ladewert an PV	Bool
	Status Zählerstand	CTD: liefert 1-Signal, wenn der Zählerstand ≤ 0	Bool
QU	Status Zählerstand	liefert 1-Signal, wenn der Zählerstand ≥ Ladewert an PV	Bool
QD	Status Zählerstand	liefert 1-Signal, wenn der Zählerstand ≤ 0	Bool
CV	Zählerstand	aktueller Zählerstand	Integer

15.4.8.5 Instanzdatenbaustein für IEC-Zeit- und Zählfunktionen

Eine IEC-Zeit- bzw. Zählfunktion ist jeweils ein Funktionsbaustein (FB). Daher muss, wie bei jedem Funktionsbaustein, ein Instanzdatenbaustein zugewiesen werden. Dies geschieht während des Programmierens beim Einfügen einer IEC-Zeit- bzw. -Zählfunktion. Wird die Zeit- bzw. Zählfunktion in einem Funktionsbaustein aufgerufen, kann man wählen, ob man der Zeitfunktion eine **Einzelinstanz** oder eine **Multiinstanz** zuweisen will.

Bei der Programmierung einer Zeit- und einer Zählfunktion in einem FB mit Einzelinstanzen **(Bild 1)** werden drei Instanzdatenbausteine benötigt. Der Funktionsbaustein FB10 kann nicht bibliotheksfähig sein, weil die Zeitfunktionen innerhalb des Bausteins auf eigene feste Instanz-DB´s zugreifen, die bei einem mehrfachen Aufruf von FB10 immer dieselben Daten hätten und nicht anpassbar wären.

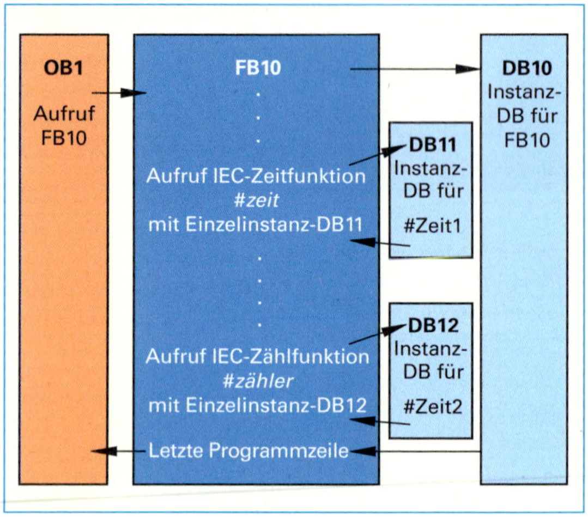

Bild 1: IEC-Zeit- und Zählfunktionen mit Einzelinstanzen

Bei der Programmierung einer Zeit- und einer Zählfunktion in einem FB mit einer Multiinstanz **(Bild 2)**. wird nur ein Instanzdatenbaustein für den Funktionsbaustein selbst und die Zeit- bzw. Zählfunktion innerhalb des FB´s benötigt. Der Funktionsbaustein FB10 kann bibliotheksfähig programmiert werden, weil die Zeit- bzw. Zählfunktionen auf denselben Instanzdatenbaustein zugreifen wie der aufrufende Funktionsbaustein FB10.

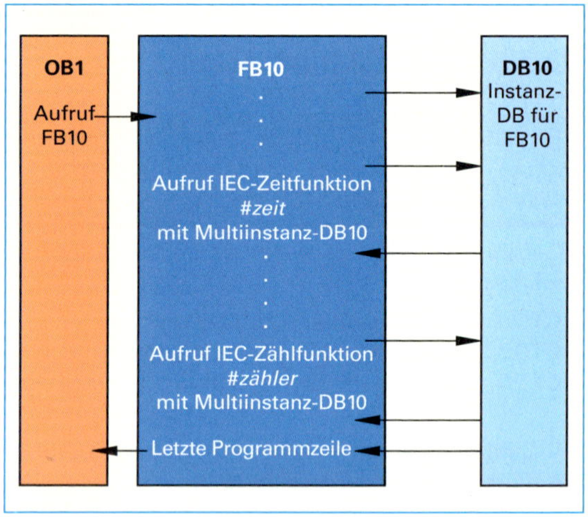

Bild 2: IEC-Zeit- und Zählfunktionen mit Multiinstanz

Vorteile einer Multiinstanz:
- Man spart Datenbausteine,
- der Funktionsbaustein wird übersichtlicher,
- der Funktionsbaustein kann als bibliotheksfähiger Baustein programmiert werden, wenn innerhalb des Bausteins weitere FB´s oder SFB´s aufgerufen werden.

Beispiel 7:

Im Qualitätssicherungs-Labor einer Möbelfabrik wird eine Schublade von einem Exzenterantrieb 500-mal ein- und ausgeschoben. Bei Betätigung von EIN (S1) ertönt 5 s lang eine Hupe (P2), dann startet der Testzyklus. Die Kontrollleuchte P1 zeigt an, dass der Testzyklus läuft. Der Endtaster B2 schließt, wenn die Schublade eingeschoben ist. AUS (S0) unterbricht den Testlauf. Bei Neustart werden wieder 500 Testzyklen gefahren **(Bild 3)**. Erstellen Sie je einen bibliotheksfähigen Programmbaustein **a)** FB1 mit Simatic-Zeit- und Zählfunktionen und **b)** FB2 mit IEC- Zeit- und Zählfunktionen.

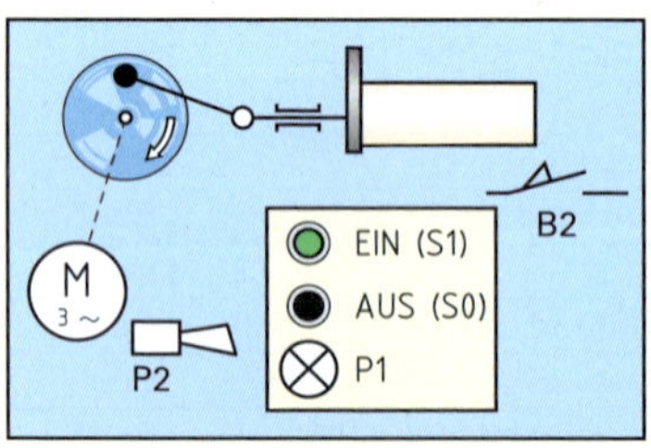

a) Technologieschema

Operand	Symbol	Kommentar
E0.0	S0	Taster AUS
E0.1	S1	Taster EIN
E0.2	B2	Endtaster
A0.0	Q1	Motorschütz
A0.1	P1	Kontrollleuchte
A0.2	P2	Hupe

b) Zuordnungen

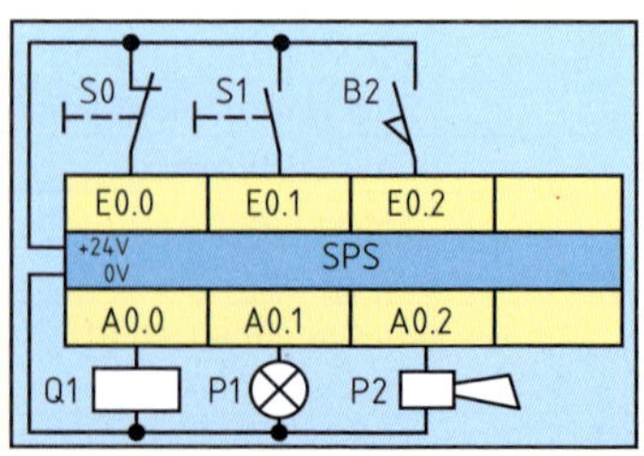

c) Beschaltung der SPS

Bild 3: Exzenterantrieb (Beispiel 7)

Lösung:

(QR-Code: STEP 7 - Programmausdruck)

In FB1 werden die Simatic-Zeitfunktion S_EVERZ und die Simatic-Zählfunktion Z_RUECK verwendet. In Netzwerk 1 muss die Zählfunktion zuerst programmiert werden, damit in Netzwerk 2 die Einschaltverzögerung für den Motor aktiviert werden kann. Damit FB1 bibliotheksfähig ist, müssen die Zeit- und Zählfunktion als lokale Variable deklariert werden, ebenso die Verzögerungszeit und der Zählwert **(Bild 1)**. In FB2 werden die IEC-Zeitfunktion TON und die IEC-Zählfunktion CTU verwendet. Damit FB2 bibliotheksfähig ist, werden die IEC-Zeit- und Zählfunktion als Multiinstanz programmiert **(Bild 2)**.

Auf InOut-Variablen wird möglichst verzichtet. Stattdessen werden statische Lokalvariablen (Static) deklariert. Das entlastet den Merker-Speicherbereich und vereinfacht die Parametrierung der Funktionsbausteine. Daher ist diese Version vorzuziehen.

vel.plus/FE10

FB1: Simatic-Zeit und Zählfunktionen

Deklarationsteil		
Name	**Datentyp**	**Kommentar**
Input		
ein	Bool	Ein-Taster
aus	Bool	Aus-Taster
endtaster	Bool	Endtaster
zeit	Timer	Einschaltverz.
zeitdauer	S5Time	Verz.-Zeitdauer
zähler	Counter	Rückwärtszähler
wiederholungen	Word	Anzahl Zyklen
Output		
hupe	Bool	Hupe
motor	Bool	Exzenterantrieb
kontroll	Bool	Kontrollleuchte
Static		
m_zähler	Bool	Zustand Zählfunktion
m_hupe	Bool	Zustand Hupe
m_motor	Bool	Zustand Exzenterantrieb
m_kontroll	Bool	Zustand Kontrollleuchte
m_ein	Bool	Start Zeit

Netzwerk 1: Zähler

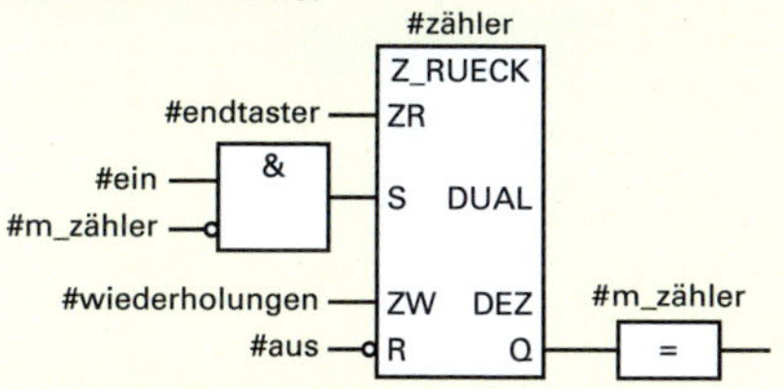

Netzwerk 2: Zeit

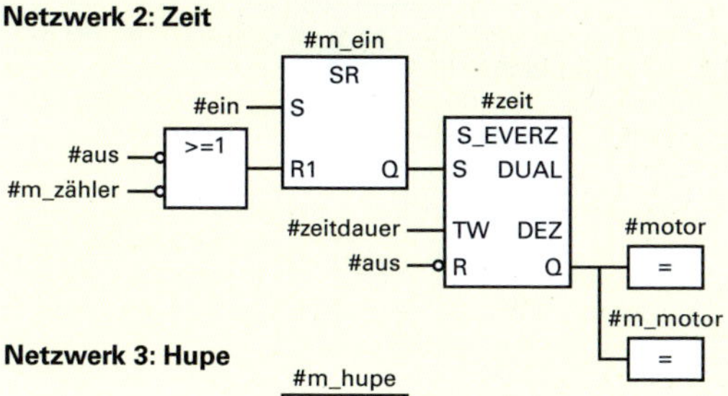

Netzwerk 3: Hupe

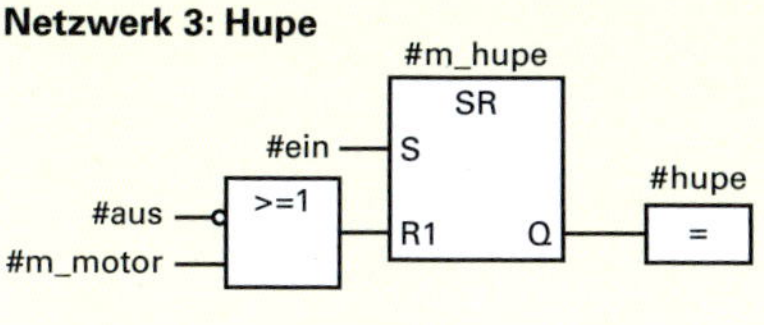

Netzwerk 4: Kontrollleuchte

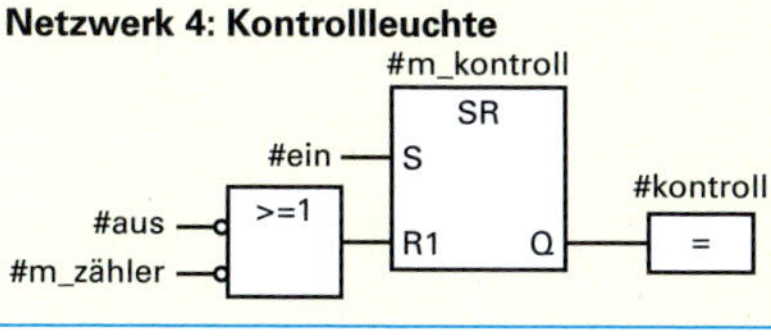

Bild 1: Funktionsbaustein FB1 mit Simatic-Zeit- und Zählfunktionenen

FB2: IEC-Funktionen

Deklarationsteil		
Name	**Datentyp**	**Kommentar**
Input		
ein	Bool	Ein-Taster
aus	Bool	Aus-Taster
endtaster	Bool	Endtaster
zeitdauer	Time	Verz.-Zeitdauer
wiederholungen	Int	Anzahl Zyklen
Output		
hupe	Bool	Hupe
motor	Bool	Exzenterantrieb
kontroll	Bool	Kontrollleuchte
Static		
m_zähler	Bool	Zustand Zählfunktion
m_hupe	Bool	Zustand Hupe
m_motor	Bool	Zustand Exzenterantrieb
m_kontroll	Bool	Zustand Kontrollleuchte
m_ein	Bool	Start Zeit
IEC_counter_0_instance	IEC_COUNTER	Zähler
IEC_timer_0_instance	IEC_TIMER	Einschaltverzögerung

Netzwerk 1: Zähler

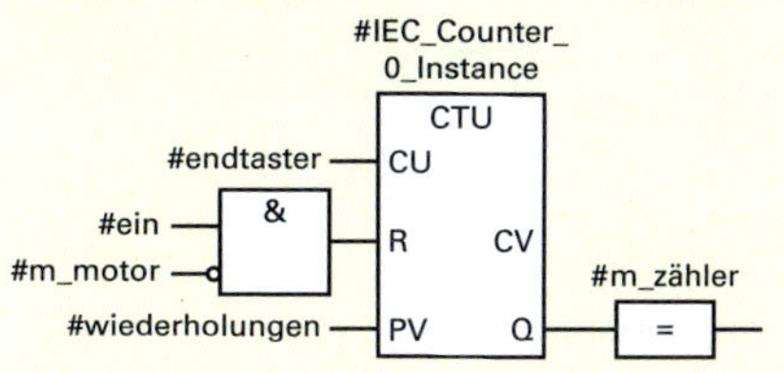

Netzwerk 2: Zeit

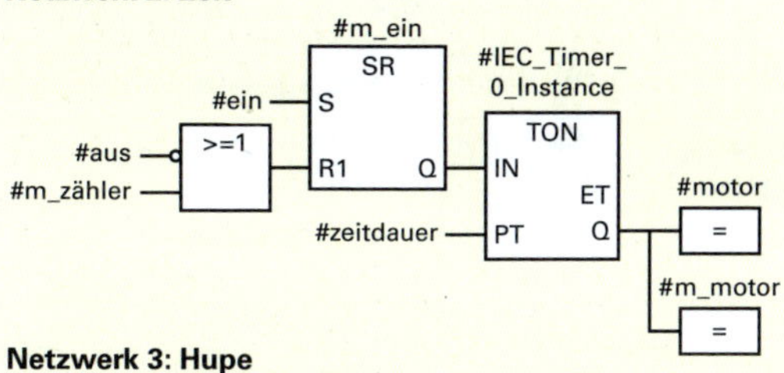

Netzwerk 3: Hupe

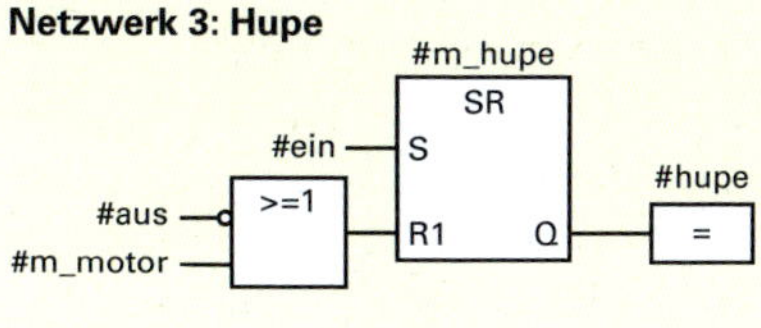

Netzwerk 4: Kontrollleuchte

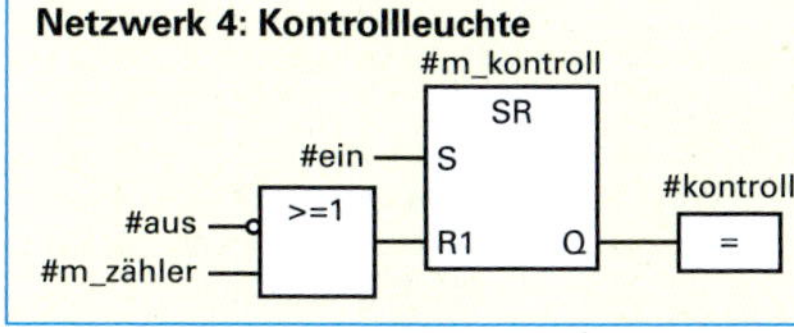

Bild 2: Funktionsbaustein FB2 mit IEC- Zeit- und Zählfunktionenen

15.4.9 Vergleicher

Ein Vergleicher vergleicht Zahl 1 mit Zahl 2. Er hat 1-Signal, wenn die Relation[1] erfüllt ist (Bild 1).

Vergleicher benötigt man z. B. um bei bestimmten Zählerständen Steuerungsfunktionen auszulösen. Dazu speichert man den Zählerstand einer Zählfunktion, z. B. in einer Static-Variablen, und vergleicht diese mit einem Vergleichswert. Das zu vergleichende Zahlenformat, z. B. Integer oder Real, wird im Vergleicher festgelegt. Es dürfen nur Werte mit gleichem Zahlenformat, z. B. Integer, verglichen werden. Bei der Simatic-Zählfunktion ist der Wert am Ausgang DUAL ein Integerwert, bei der IEC-Zählfunktion der Wert an CV.

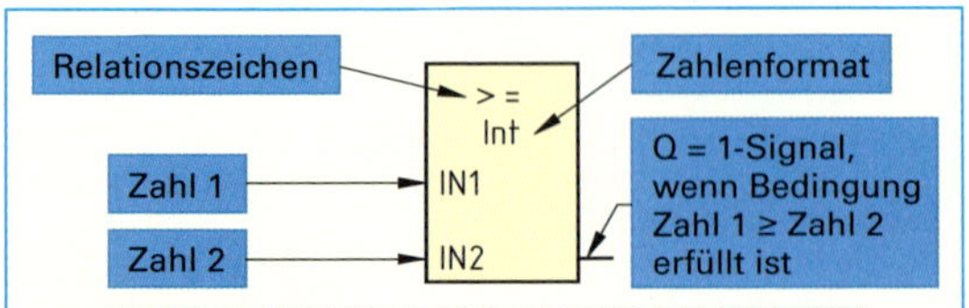

Relationszeichen	Q = 1 wenn:
<	IN1 kleiner IN2
<=	IN1 kleiner oder gleich IN2
==	IN1 gleich IN2
>=	IN1 größer oder gleich IN2
>	IN1 größer IN2
< >	IN1 ungleich IN2

Bild 1: Vergleicher am Beispiel IN1 ≥ IN2

Beispiel 8:

Die Anzahl der Tennisbälle in einem Silo wird von zwei Lichtschranken erfasst **(Bild 2a)**. Fällt der Bestand im Silo unter 100 Bälle, leuchtet die Kontrollleuchte P1 auf. P1 kann mit dem Quittiertaster S0 nur abgeschaltet werden, wenn wieder mindestens 100 Bälle im Silo sind. Erstellen Sie einen bibliotheksfähigen Programmbaustein FB1.

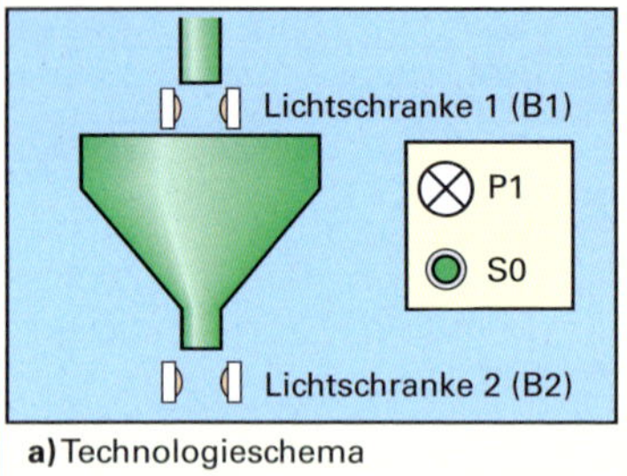

a) Technologieschema

Operand	Symbol	Kommentar
E0.0	S0	Quittiertaster
E0.1	B1	Lichtschranke 1
E0.2	B2	Lichtschranke 2
A0.1	P1	Kontrollleuchte

b) Zuordnungen

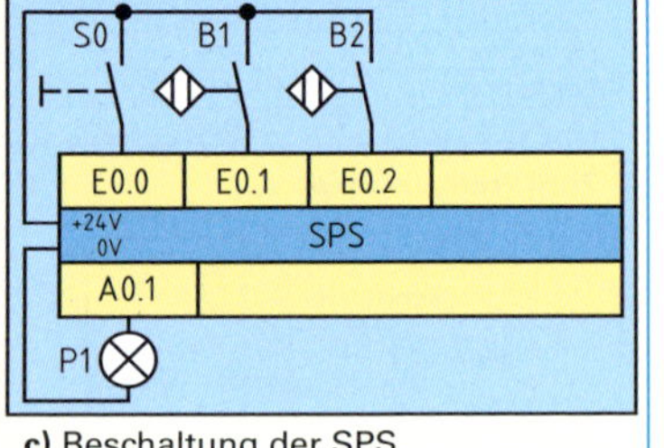

c) Beschaltung der SPS

Bild 2: Verpackungsanlage (Beispiel 8)

Lösung: **(QR-Code: STEP 7 - Programmausdruck)**

Das SPS-Programm zeigen **Bild 3 und Bild 4**. Der Zählerstand wird in der Variablen #z_wert gespeichert und mit der Zahl 100 verglichen. Ist der Zählerstand kleiner als 100, wird die Variable #p1 (Kontrollleuchte P1) gesetzt. P1 kann durch den Quittiertaster S0 zurückgesetzt werden, wenn wieder mindestens 100 Bälle im Magazin sind **(Bild 2)**.

vel.plus/FE11

Name	Datentyp	Kommentar
Input		
s0_quit	Bool	Quittiertaster
b1	Bool	Lichtschranke 1 oben
b2	Bool	Lichtschranke 2 unten
limit	Integer	Mindestvorrat
Output		
p1	Bool	Meldeleuchte
Static		
z_wert	Int	Zählerstand
m_p1	Bool	Zustand_P1

Bild 3: Deklarationsteil von FB1 zu Beispiel 8

Die Kontrollleuchte P1 dient zur Störungsmeldung. Sie wird als vorrangig setzendes Speicherglied programmiert. Um Drahtbruchsicherheit zu gewährleisten, setzt man dieses Speicherglied mit 1-Signal zurück.

FB 1: Vergleicher Vorratssilo

Netzwerk 1: Vorwärts-Rückwärtszähler

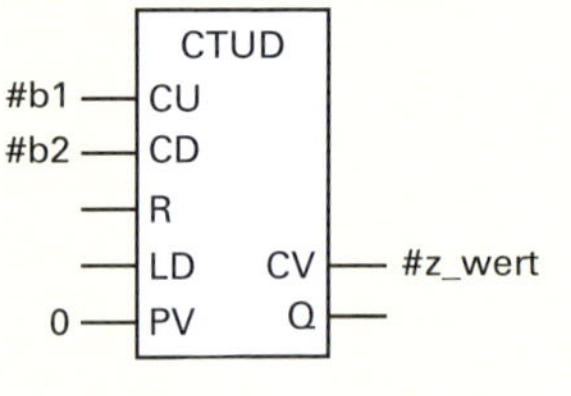

Netzwerk 2: Vergleicher und Meldeleuchte

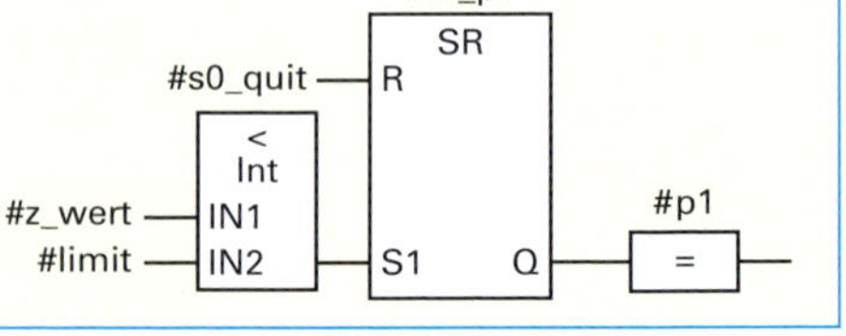

Bild 4: Funktionsbaustein FB1 zu Beispiel 8

[1] von relatio (lat.) = Beziehung

15.4.10 Ablaufsteuerungen

15.4.10.1 Arten von Ablaufsteuerungen

Ablaufsteuerungen haben eine sehr übersichtliche Programmstruktur. Sie eignen sich für Steuerungsprozesse, die aus zwangsläufig aufeinander folgenden Schritten bestehen **(Übersicht 1)**.

Die Steuerung eines Aufzugs ist ein typisches Beispiel für eine Ablaufsteuerung. Die Kabine hält vor der Stockwerktür, dann öffnet die Tür. Nach einer bestimmten Zeit schließt die Tür. Ist sie geschlossen, darf der Fahrstuhl weiterfahren. Dieser Ablauf muss zwangsweise eingehalten werden.

Man unterscheidet **(Übersicht 2)**:

- zeitgeführte Ablaufsteuerungen,
- prozessgeführte Ablaufsteuerungen und
- Mischformen.

Bei zeitgeführten Ablaufsteuerungen ist das Weiterschalten in die einzelnen Schritte abhängig von einer bestimmten Zeitdauer. Bei prozessgeführten Ablaufsteuerungen erfolgt das Weiterschalten in Abhängigkeit von bestimmten Zuständen im Steuerungsprozess, z.B. dem Erreichen einer Temperatur oder einer bestimmten Position. Die meisten Ablaufsteuerungen sind Mischformen, wie die Aufzugsteuerung. Das Öffnen der Tür und das Weiterfahren der Kabine sind prozessabhängig. Wie lange die Tür geöffnet ist, ist zeitabhängig.

Ablaufsteuerungen **(Bild 1)** werden untergliedert in:

- Betriebsartenteil,
- Ablaufkette (nach DIN EN 60848: **Struktur**) und
- Befehlsausgabe.

Übersicht 1: Beispiele für Ablaufsteuerungen

- Verpackungsanlagen
- Sortieranlagen
- Förderanlagen
- Waschmaschinen

Übersicht 2: Arten von Ablaufsteuerungen

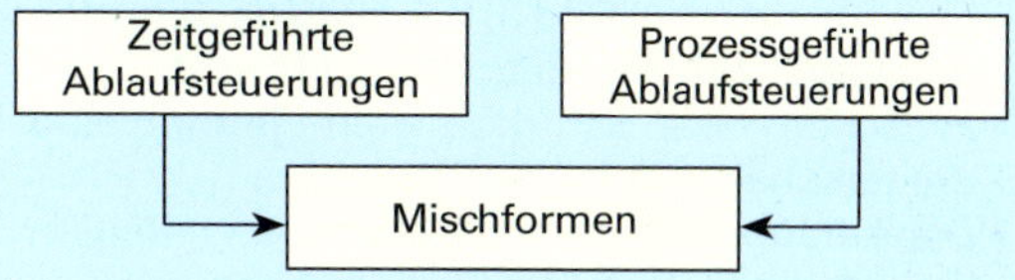

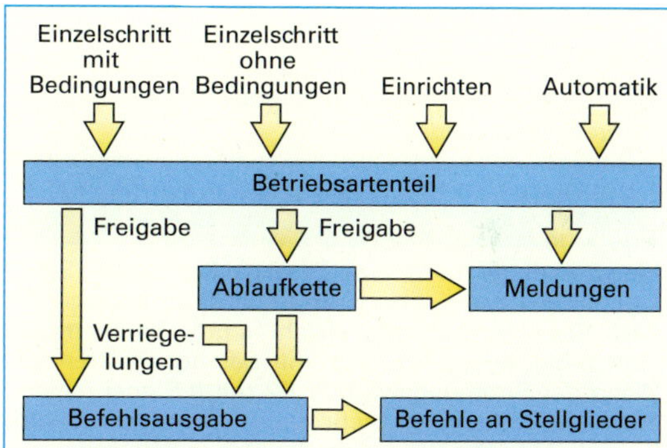

Bild 1: Programmelemente einer Ablaufsteuerung

Ablaufsteuerungen erzwingen eine strukturierte Programmierung und ermöglichen eine einfache Fehlersuche und Inbetriebnahme.

15.4.10.2 Betriebsarten

Als Betriebsarten **(Bild 2)** unterscheidet man:

- Einrichtbetrieb,
- Einzelschrittbetrieb mit und ohne Bedingungen,
- Automatikbetrieb.

Im Einrichtbetrieb können die einzelnen Aktoren ausgewählt und unabhängig vom Steuerungsprogramm aktiviert werden. Im Automatikbetrieb durchläuft die Steuerung selbstständig die einzelnen Programmschritte. Bei Einzelschrittbetrieb wird die Anlage von Hand schrittweise weitergeschaltet. Beim Einzelschrittbetrieb mit Bedingungen müssen die Weiterschaltbedingungen im Prozess erfüllt sein. Eine Befehlsfreigabe ist nicht erforderlich. Im Einzelschrittbetrieb ohne Bedingungen müssen keine Weiterschaltbedingungen erfüllt sein, aber eine Befehlsfreigabe ist erforderlich. Die beiden Einzelschritt-Betriebsarten vereinfachen Inbetriebnahme und Fehlersuche.

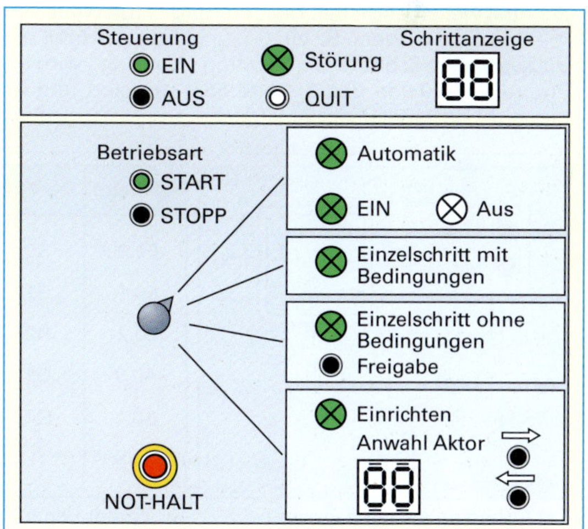

Bild 2: Bedientableau bei Anlagen mit Ablaufsteuerungen (Beispiel)

15.4.10.3 Ablaufkette (Struktur)

Wichtigster Teil der Ablaufsteuerung ist die Ablaufkette **(Bild 2)**. In ihr wird das Programm in die einzelnen, zwangsläufig aufeinander folgenden Schritte aufgeteilt. Den Schritten sind Aktionen zugeordnet, die der jeweilige Schritt auslöst. Die einzelnen Schritte werden durch die erfüllten Weiterschaltbedingungen (Transitionsbedingungen) aktiviert.

Regeln für Ablaufketten nach DIN EN 60848
- Eine Ablaufkette **(Bild 2)** besteht aus Schritten und Weiterschaltbedingungen (Transitionen).
- Zwischen zwei Schritten steht immer eine Weiterschaltbedingung (Transition[1]).
- Der Anfangsschritt (Quellschritt) ist zu Beginn einer Ablaufkette ohne Bedingungen aktiv.
- Man gelangt von einem Schritt in den nächsten, wenn der vorherige Schritt aktiv ist **UND** die Weiterschaltbedingung erfüllt ist.
- Der nachfolgende Schritt setzt den vorherigen Schritt zurück.

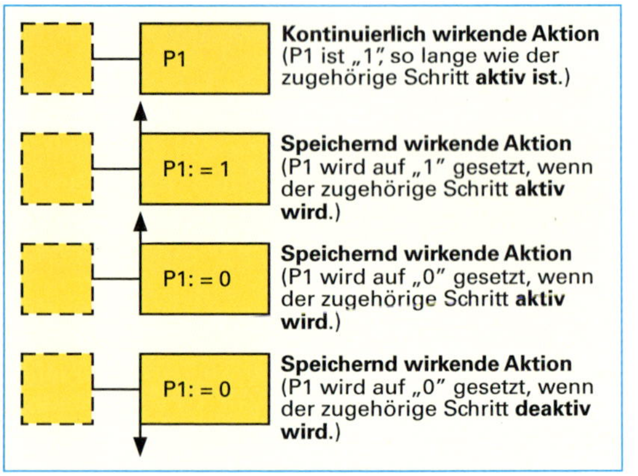

Bild 1: Kontinuierlich und speichernd wirkende Aktionen

Beispiel 9:

Eine Zentrifuge trennt zwei Flüssigkeiten. Nach „Start" läuft sie mit der niedrigen Drehzahl n_1 an und schaltet nach 10 s in die höhere Drehzahl n_2 um. Die Zentrifuge läuft mindestens 15 s lang mit der hohen Drehzahl. Wenn der Strömungswächter B2 mit 0-Signal meldet, dass keine Flüssigkeit mehr fließt, schaltet die Zentrifuge ab. Mit „Not-Halt" kann die Anlage jederzeit abgeschaltet werden. Erstellen Sie die Ablaufkette.

Lösung:

Die Lösung der Aufgabe zeigt **Bild 2**. Der Anfangsschritt ist gesetzt. 1-Signal an „Start" aktiviert Schritt 2. Der schaltet die Drehzahl n_1 ein. Nach 10 s wird in Schritt 3 weitergeschaltet. In Schritt 3 läuft die Zentrifuge mit Drehzahl n_2. 15 s nachdem Schritt 3 aktiv wurde, wird in Schritt 4 weitergeschaltet. Die Zentrifuge läuft weiterhin mit Drehzahl n_2. Wenn B2 ein 0-Signal liefert, erfolgt ein Rücksprung in Schritt 1. Die Funktion „Not-Halt" wird im Programm **(E0.0 in Bild 2, Seite 581)** realisiert und ist hier nicht Bestandteil der Ablaufkette.

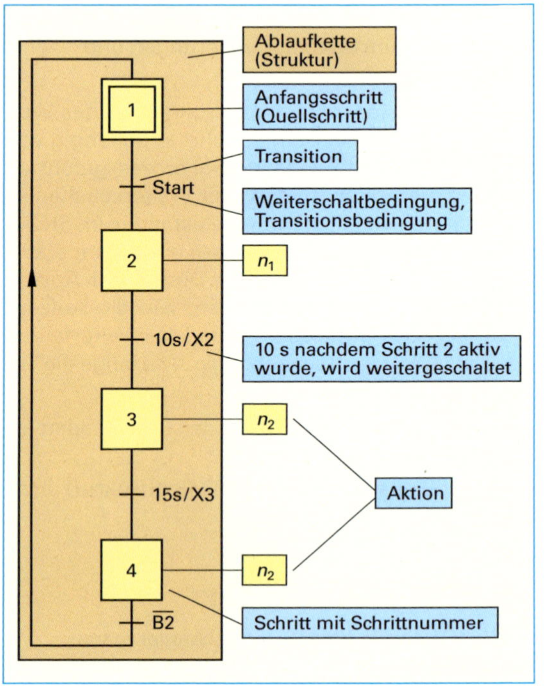

Bild 2: Funktionsplan nach DIN EN 60848 zu Beispiel 9

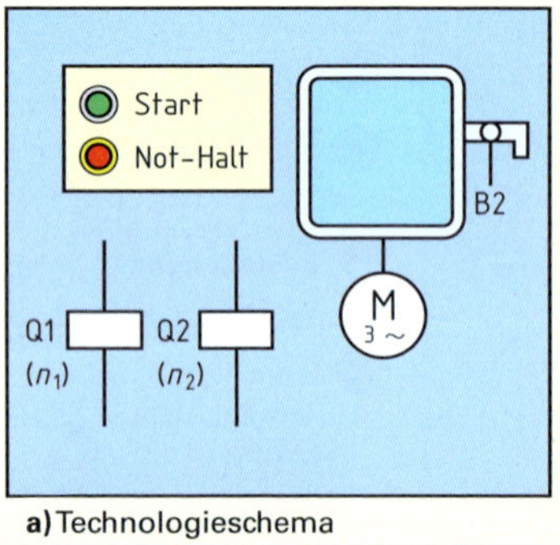

a) Technologieschema

Operand	Symbol	Kommentar
E0.0	S0	Not-Halt
E0.1	S1	Start
E0.2	B2	Strömungswächter
A0.0	Q1	Schütz für n_1
A0.1	Q2	Schütz für n_2

b) Zuordnungen

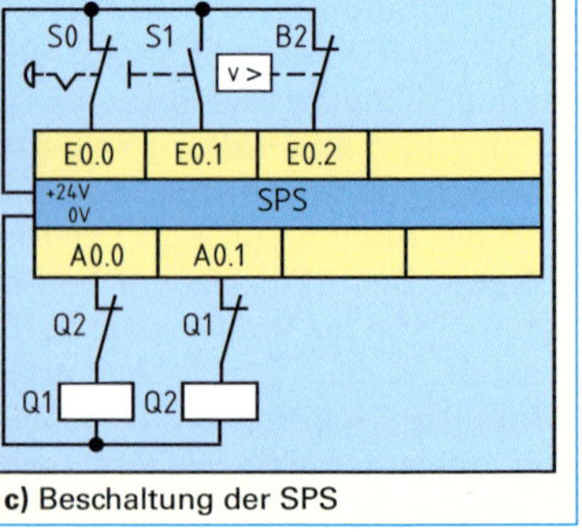

c) Beschaltung der SPS

Bild 3: Zentrifugensteuerung (Beispiel 9)

[1] Transition (lat.) = Übergang

15.4.10.4 Programmierung einer Ablaufkette mit Schrittmerkern

Jedem Schritt einer Ablaufkette wird ein Merker zugeordnet.

Merker, die den einzelnen Schritten zugeordnet sind, nennt man Schrittmerker.

Aktionen werden durch logische Verknüpfungen der Schrittmerker ausgelöst.

Beim Einschalten der SPS wird der Anfangsschritt ohne Bedingung gesetzt. Dazu benutzt man z. B. den **Richtimpuls**, der nur im ersten SPS-Zyklus ein 1-Signal führt. Der Richtimpuls wird im SPS-Programm **(Bild 1)** erzeugt.

Anhand der AWL in **Bild 1a** wird der Richtimpuls erklärt: Im ersten SPS-Zyklus führt der Merker M128.0 ein 0-Signal. Also hat in der zweiten Programmzeile M128.1 logisch 1 und in der dritten Programmzeile **(Bild 1a)** wird Merker M128.0 auf 1 gesetzt. Da M128.0 im gesamten SPS-Programm nicht zurückgesetzt wird, hat er ab dem zweiten SPS-Zyklus immer ein 1-Signal. Damit hat M128.1 dann immer ein 0-Signal. M128.1 hat also nur im ersten SPS-Zyklus ein 1-Signal. Den Merker M128.1 nennt man Richtimpuls. Er setzt den Anfangsschritt. M128.0 ist ein Hilfsmerker.

Hilfsmerker M128.0 und Richtimpuls M128.1 müssen nichtremanente Merker sein.

```
UN  %M128.0
=   %M128.1
S   %M128.0
```

a) AWL

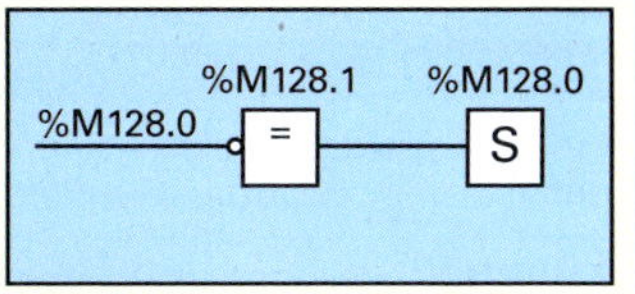

b) FUP

Bild 1: SPS-Programm für den Richtimpuls in AWL und FUP

Das SPS-Programm zur Ablaufkette für Beispiel 9 **(Bild 2, Seite 580)** zeigt **Bild 2**.

Die einzelnen Schrittmerker (M0.1, M0.2, M0.3, M0.4) werden gesetzt, wenn jeweils der vorherige Schrittmerker aktiv ist **UND** die Transitionsbedingung erfüllt ist. Der nachfolgende Schrittmerker setzt den vorherigen zurück. Damit der Motor zu jedem Zeitpunkt abzuschalten ist, setzt NOT-HALT (E0.0) alle Schritte zurück, nur der Anfangsschritt, Schritt 1, muss gesetzt werden, damit man die Ablaufkette wieder neu starten kann. Die niedrige Drehzahl ist in Schritt 2 eingeschaltet, die hohe Drehzahl in Schritt 3 **ODER** Schritt 4. Die Befehle für die hohe und die niedrige Drehzahl werden durch eine UND-Verknüpfung gegeneinander verriegelt.

Wenn man die Ablaufkette in einem Funktionsbaustein (FB) programmiert, kann man statt der Merker (Schrittmerker und Merker für die Zeitfunktionen) auch statische Lokalvariablen (Static) deklarieren und diese Variablen im Programm benutzen **(Seite 582, Bild 2 und Bild 3)**. Das entlastet den Merker-Speicherbereich und vereinfacht die Parametrierung dieses FB's. Daher ist diese Programmiervariante vorzuziehen.

(QR-Code: STEP 7 - Programmausdruck)

vel.plus/FE12

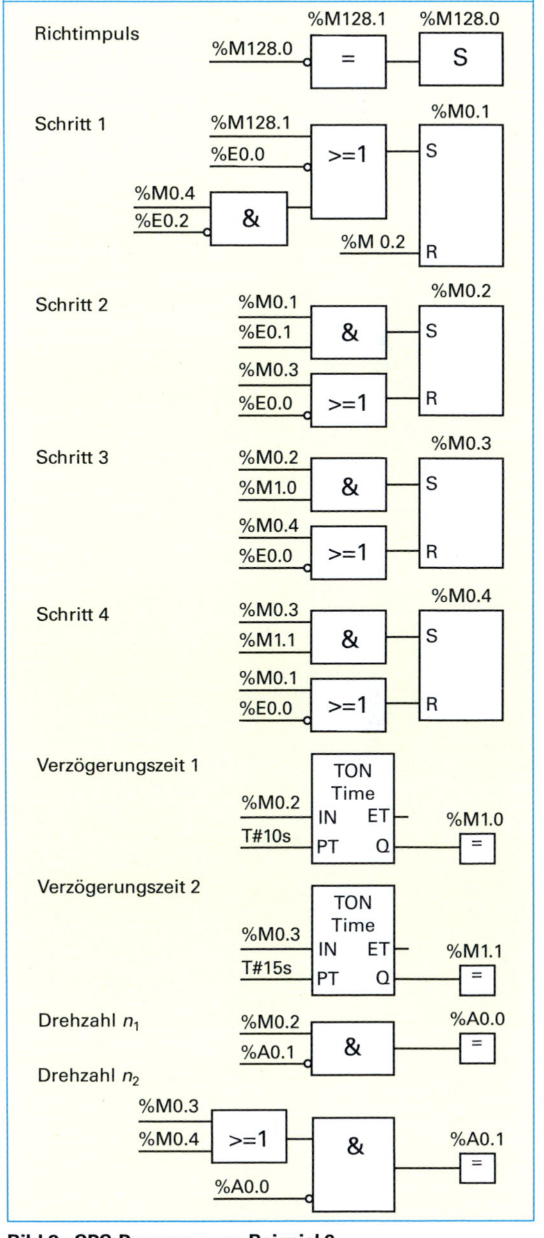

Bild 2: SPS-Programm zu Beispiel 9

15.4.10.5 Programmierung einer Ablaufkette als bibliotheksfähigen Baustein

In Beispiel 10 wird die Programmierung einer bibliotheksfähigen Ablaufkette gezeigt.

Beispiel 10:

Programmieren Sie eine Ablaufkette ohne Berücksichtigung des Betriebsartenteils für 5 Schritte als bibliotheksfähigen Baustein. Benutzen Sie diesen Baustein, um ein SPS-Programm für Beispiel 9 zu entwickeln.

Lösung: **(QR-Code: STEP 7 - Programmausdruck)**

Das SPS-Programm zeigen **Bild 1, Bild 2** und **Bild 3**. Die Ablaufkette wird als Funktionsbaustein (FB1) programmiert **(Bild 3)**. Daher können bei der Programmierung der Ablaufkette statt der Schrittmerker statische Lokalvariablen Static **(Bild 2)** verwendet werden. In einem weiteren Funktionsbaustein (FB2) werden die Aktionen parametrierbar programmiert **(Bild 2, Seite 583)**. Im OB1 erhalten FB1 und FB2 Aktualparameter und es erfolgt die Befehlsausgabe an die Ausgänge **(Bild 1, Seite 583)**.

vel.plus/FE13

Name	Datentyp	Adresse	Remanenz
NOT-HALT	Bool	%E0.0	false
Start	Bool	%E0.1	false
B2	Bool	%E0.2	false
Timer_1	Bool	%M0.1	false
Timer_2	Bool	%M0.2	false
Schritt_Nr	Integer	%MW2	false
Q_n1	Bool	%A0.0	false
Q_n2	Bool	%A0.1	false

Bild 1: PLC-Variablentabelle zu Projekt Drehzahlumschaltung Beispiel 10

Name	Datentyp	Defaultwert	Kommentar
Input			
not_halt	Bool	false	Not-Halt-Taster
tr1_2	Bool	false	Transition 1_2
tr2_3	Bool	true	Transition 2_3
tr3_4	Bool	true	Transition 3_4
tr4_5	Bool	true	Transition 4_5
tr5_1	Bool	true	Transition 5_1
Output			
schritt_nr	Int		Schrittnummer
Static			
schritt1	Bool	true	Schritt 1
schritt2	Bool	false	Schritt 2
schritt3	Bool	false	Schritt 3
schritt4	Bool	false	Schritt 4
schritt5	Bool	false	Schritt 5

Bild 2: Deklarationsteil FB1 zu Beispiel 10

Bei der Programmierung mit Static-Variablen, kann dem Anfangsschritt (#schritt 1) der Anfangswert **true** zugewiesen werden **(Bild 2)**. Dieser hat dann bei Programmstart den Wert 1. Der Richtimpuls muss nicht programmiert werden.

Die Ablaufkette **(Bild 1)** kann durch Hinzufügen weiterer Schritte mit der Struktur der Schritte 2 bis 5 erweitert werden.

Werden Schritte nicht benötigt, weil die Schrittkette z.B. nur 4 Schritte hat, werden alle Transitionen außer TR1_2 in der Variablendeklaration auf den Anfangswert **TRUE** gesetzt **(Bild 2)**.

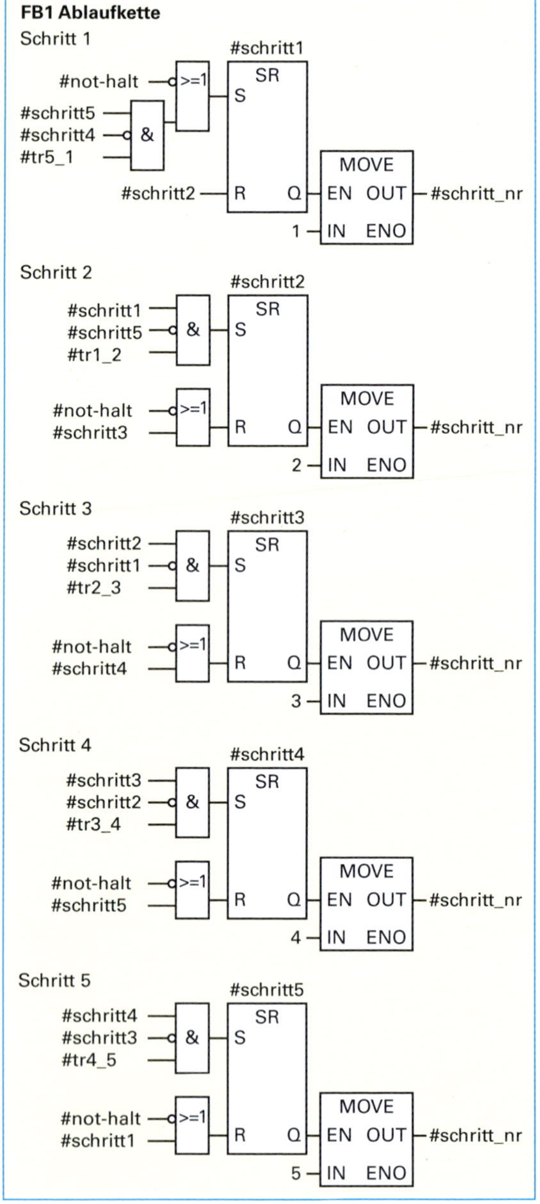

Bild 3: Funktionsbaustein FB1 zu Beispiel 10

Name	Datentyp	Defaultwert	Kommentar
Input			
v_zeit1	Time	T#0ms	Verzugszeit 1
v_zeit2	Time	T#0ms	Verzugszeit 2
schritt_nr	Int	0	Schrittnummer
Output			
qn1	Bool	false	Drehzahl n_1
qn2	Bool	false	Drehzahl n_2
timer1	Bool	false	Timer 1
timer2	Bool	false	Timer 2
Static			
mqn1	Bool	false	Zustand n_1
mqn2	Bool	false	Zustand n_2

Bild 1: Deklarationsteil FB2 Beispiel 10

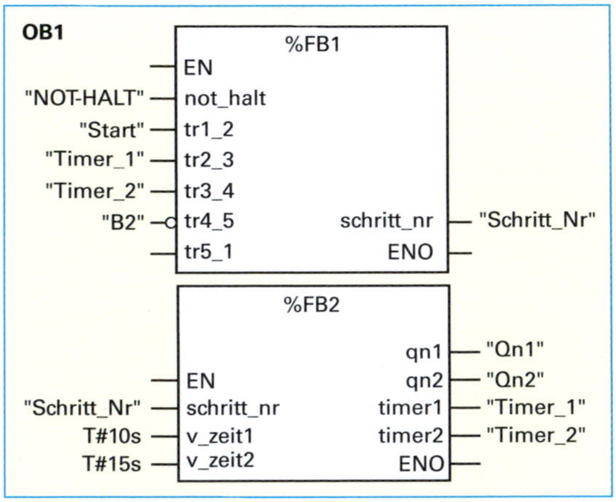

Bild 2: Organisationsbaustein OB1 zu Beispiel 10

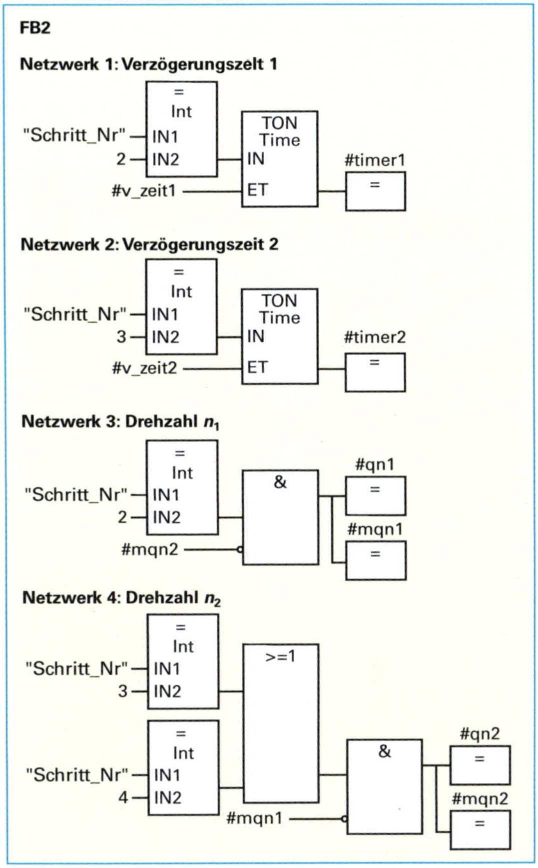

Bild 3: Funktionsbaustein FB2 zu Beispiel 10

15.4.10.6 Ablaufkette mit Alternativverzweigung (ODER-Verzweigung)

Erfordert der Steuerungsprozess unterschiedliches Steuerungsverhalten, wird die Ablaufkette in mehrere alternative Zweige aufgeteilt **(Bild 4)**.

Meist schließen sich die Bedingungen für die alternativen Zweige gegenseitig aus **(Bild 2, Seite 584)**. Sonst müssen die Zweige gegeneinander verriegelt werden **(Bild 4)**. Das SPS-Programm für die Schritte 3, 1.1 und 2.1 zeigt **Bild 5**.

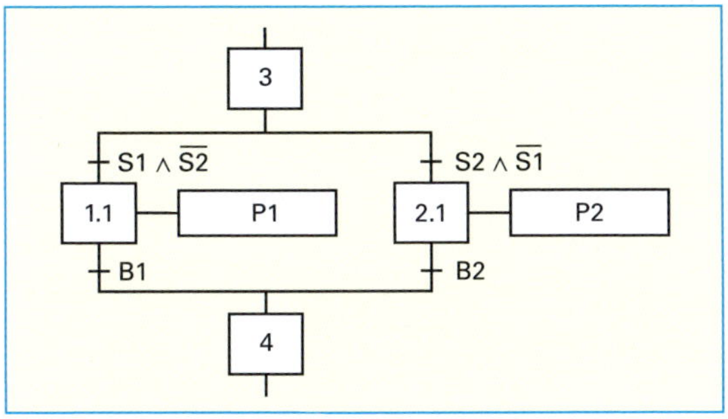

Bild 4: Ablaufkette mit Alternativverzeigung

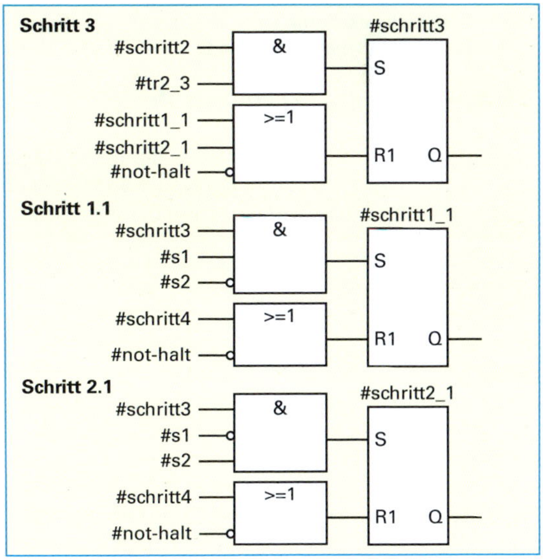

Bild 5: Programmauszug für eine Alternativverzweigung nach Bild 4

Beispiel 11:

Eine Tennisballverpackungsanlage **(Bild 1)** befüllt automatisch unterschiedlich große Dosen mit drei oder vier Bällen. Sie wird mit EIN eingeschaltet. Dann startet das Förderband (M2). Wenn Initiator B1 eine Dose erkennt, stoppt das Band. Lichttaster B3 registriert, ob es sich um eine große oder kleine Dose handelt und der Vereinzeler (M1) wird eingeschaltet. Er füllt Bälle aus dem Silo in die Dosen. Die Bälle werden von Lichtschranke B2 erfasst. Sind drei bzw. vier Bälle verpackt, wird die nächste Dose unter die Abfüllstation transportiert. Dieser Vorgang wiederholt sich ständig. Die Anlage wird mit AUS stillgesetzt. Die letzte Dose wird noch fertig befüllt und aus der Abfüllposition herausgefahren (B1 = 0). Dann stoppt die Anlage. Bei NOT-HALT stoppt die Anlage sofort. Erstellen Sie eine Ablaufkette.

Lösung: **(QR-Code: STEP 7 - Programmausdruck)**

vel.plus/FE14

Damit sich der Ablauf ständig wiederholt, wird als Weiterschaltbedingung zu Schritt 2 ein Merker (EIN-Merker) benutzt, der vom EIN-Taster gesetzt und von AUS **ODER** NOT-HALT zurückgesetzt wird. So ist auch gewährleistet, dass bei AUS die letzte Dose noch fertig befüllt wird, ehe die Anlage stoppt. Die Transitionsbedingung $\overline{B1}$ nach den Schritten 1.2 und 2.2 stellt sicher, dass die befüllte Dose vom Initiator B1 herunter gefahren wurde und die nächste Dose in die Abfüllposition gefahren wird. Die NOT-HALT-Funktion ist nicht Bestandteil der Schrittkette. Sie wird im Programm umgesetzt. NOT-HALT setzt den EIN-Merker und alle Schritte zurück, lediglich der Anfangsschritt (Quellschritt) wird gesetzt.

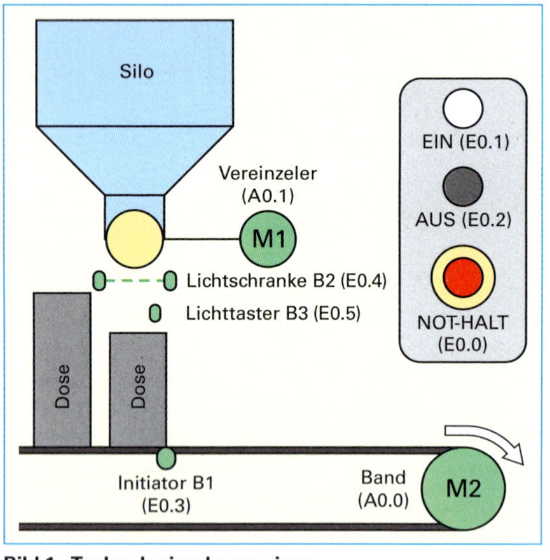

Bild 1: Technologieschema einer Tennisballverpackungsanlage

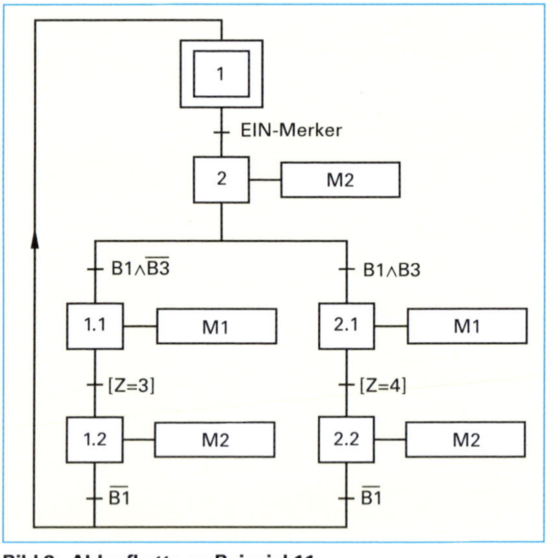

Bild 2: Ablaufkette zu Beispiel 11

15.4.10.7 Ablaufkette mit Parallelverzweigung (UND-Verzweigung)

Erfordert der Steuerungsprozess die gleichzeitige Bearbeitung mehrerer Teilprozesse, wird die Ablaufkette in mehrere parallele Zweige aufgeteilt **(Bild 3)**, z. B. wenn zwei verschiedene Produktionsstoffe gleichzeitig dosiert werden und in einen Mischbehälter eingefüllt werden.

Der Sprung in die parallelen Zweige und aus den parallelen Zweigen erfolgt jeweils durch eine gemeinsame Transitionsbedingung, in **Bild 3** durch B3, bzw S7. Die ersten Schritte der parallelen Zweige (Schritt 1.1 und Schritt 2.1) setzen gemeinsam (UND-verknüpft) den vorhergehenden Schritt (Schritt 4) zurück. Der erste Schritt nach der Zusammenführung (Schritt 5) kann nur gesetzt werden, wenn die letzten Schritte (Schritt 1.2 **UND** Schritt 2.2) der parallelen Zweige aktiv sind **UND** die Transitionsbedingung (S7) erfüllt ist. Er deaktiviert die letzten Schritte der parallelen Zweige (Schritt 1.2 und Schritt 2.2).

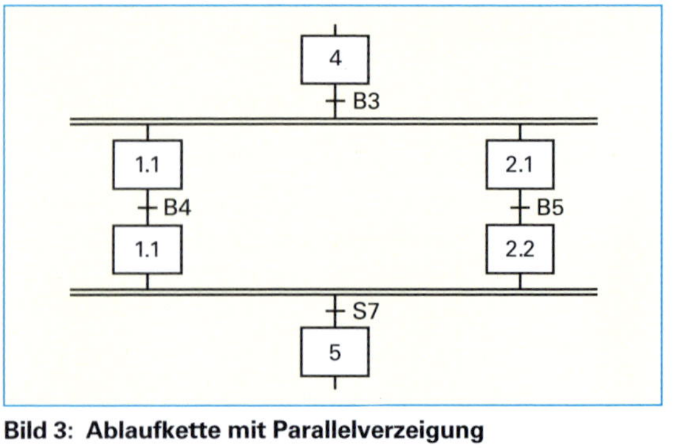

Bild 3: Ablaufkette mit Parallelverzeigung

15.4.11 Analogwertverarbeitung

Binäre Signale können nur die Werte „0“ und „1“ annehmen, analoge Signale innerhalb eines bestimmten Bereiches beliebig viele Werte **(Bild 1)**.

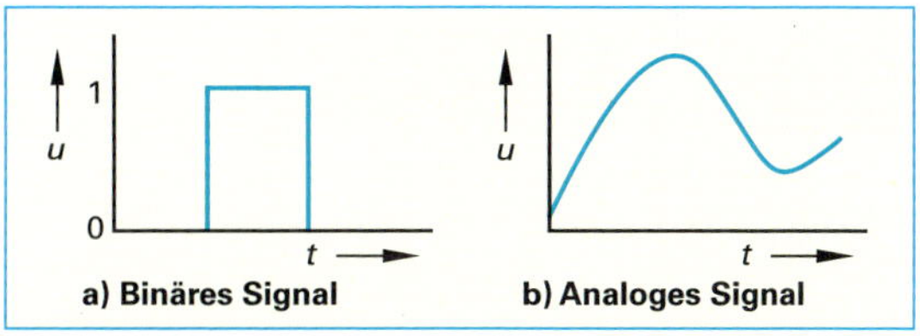

Bild 1: Signalarten

15.4.11.1 Analoge Signalverarbeitung

Analoge Sensoren, z.B. Temperatursensoren **(Seite 190)**, wandeln physikalische Größen um in genormte Einheitssignale, z.B. ±10 V. Sie werden an die Eingänge (Kanäle) einer Analogeingabebaugruppe **(Bild 2)** angeschlossen. Dort werden die Analogwerte digitalisiert **(Bild 3)**.

> Analogeingabebaugruppen wandeln die elektrischen Einheitssignale der Sensoren in eine 16 Bit-Integerzahl[1] um. Integerzahlen sind ganze Zahlen mit Vorzeichen, z.B. –27648.

Die von der Analogeingabebaugruppe gelieferte Integerzahl wird als **Eingangswort (EW)** von der SPS gelesen und weiterverarbeitet. In der SPS-Konfiguration **Bild 2** wird der digitalisierte Analogwert an Kanal 1 als Eingangswort EW4 abgefragt. Da ein Wort aus 2 Byte besteht, folgt auf EW4 Eingangswort EW6 für Kanal 2 u.s.w..

Die Ausgabe analoger Größen erfolgt über eine **Analogausgabebaugruppe (Bild 2 und Bild 3)**.

> Analogausgabebaugruppen wandeln die von der SPS-CPU gelieferten Integerzahlen in ein analoges Einheitssignal, z.B. 0 V bis 10 V um.

Die Einheitssignale werden **analogen Stellgliedern**, die physikalische Größen beeinflussen, z. B. Stellventile den Druck, über die **Kanäle** der Analogausgabebaugruppe zugeführt **(Bild 3)**. In der SPS-Konfiguration wie in **Bild 2** bildet Kanal 0 den Analogwert von Ausgangswort AW4, Kanal 1 den Wert von Ausgangswort AW6 u.s.w..

> Die Art des Einheitssignals, z.B. 0 V bis 10 V oder 4 mA bis 20 mA, wird bei der Parametrierung der Analogbaugruppen für jeden Kanal festgelegt.

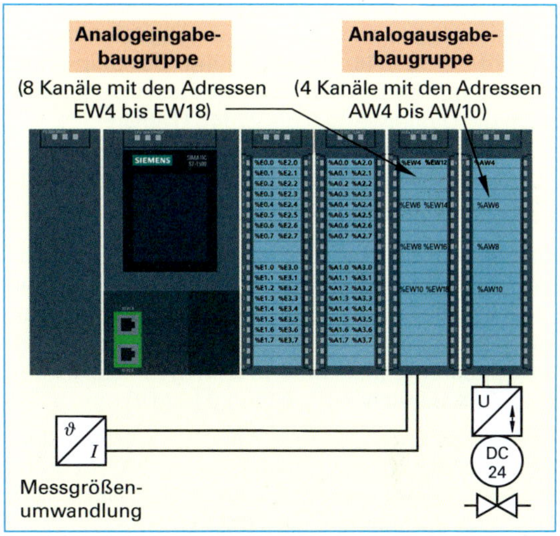

Bild 2: SPS-Konfiguration mit Analogbaugruppen

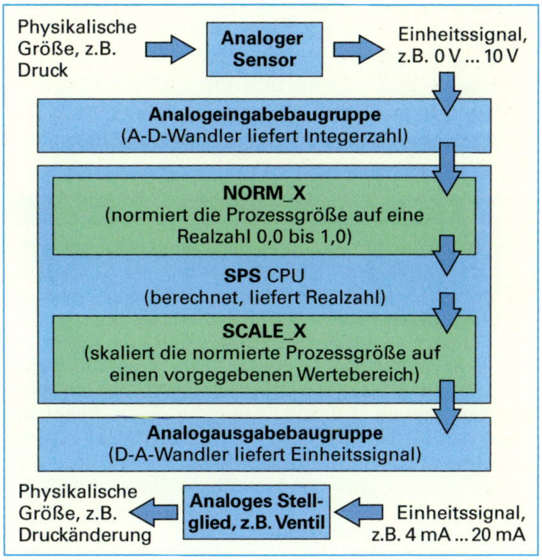

Bild 3: Analoge Signalverarbeitung bei einer SPS

15.4.11.2 Darstellung analoger Werte in der SPS

Analogeingabebaugruppen liefern eine 16-Bit-Integerzahl mit einem Wertebereich von –32768 bis +32767 **(Tabelle)**. Negative Zahlen werden als 2er-Komplement dargestellt. Das höchstwertige Bit (Bitnummer 15) dient als Vorzeichenstelle. Dabei bedeutet „0“ positive Zahl und „1“ negative Zahl.

Tabelle: Darstellung einer 16-Bit-Integerzahl

Bitnummer	15	14	13	12	11	10	9	8	7	6	5	4	3	2	1	0
Wertigkeit	VZ	2^{14}	2^{13}	2^{12}	2^{11}	2^{10}	2^9	2^8	2^7	2^6	2^5	2^4	2^3	2^2	2^1	2^0
+32767	0	1	1	1	1	1	1	1	1	1	1	1	1	1	1	1
0	0	0	0	0	0	0	0	0	0	0	0	0	0	0	0	0
–32768	1	0	0	0	0	0	0	0	0	0	0	0	0	0	0	0

[1] Integer (engl.) = Ganzzahl

15.4.11.3 Messbereiche von Analogbaugruppen

Simatic S7 Analogbaugruppen unterteilen den Messbereich in den Nennbereich, den Über- bzw. Untersteuerungsbereich und den Über- bzw. Unterlauf. Die Bereiche Überlauf und Unterlauf dienen der Fehlererkennung. Bei einer Auflösung der Analogsignale von 16 Bit stehen im Nennbereich bei bipolaren Signalen, z.B. ±10 V, die Digitalwerte von –27648 bis +27648 zur Verfügung. Bei unipolaren Signalen, z.B. 4 mA ... 20 mA, umfasst der Nennbereich die Digitalwerte 0 bis 27648 **(Tabelle)**.

15.4.11.4 Normierung und Skalierung von Analogwerten

Zur Umrechnung von digitalisierten Analogwerten eignen sich die Umwandler „NORM_X" und „SCALE_X". NORM_X wandelt den Eingangswert (Integer oder Real) an VALUE innerhalb des Wertebereiches zwischen MIN und MAX linear in den Realwertebereich von 0,0 bis 1,0 **(Bild 1)** um.

SCALE-X wandelt einen normierten Wert mit dem Wertebereich 0,0 bis 1,0 am Eingang VALUE linear in einen Wertebereich, der durch die Werte MIN und MAX vorgegeben wird **(Bild 2)**, um.

Mit NORM_X und SCALE_X lassen sich digitalisierte Analogwerte, z.B. aus einer Analogeingabebaugruppe, in physikalische Größen, z.B. Drehzahl, umrechnen und umgekehrt. Gleichzeitig können dabei Zahlenformate z.B. Real in Integer oder umgekehrt gewandelt werden.

Tabelle: Wertebereich von bi- und unipolaren S7-Analogein- und -ausgangssignalen, z.B. für die Einheitssignale ±10 V und 4 mA ... 20 mA

bipolar			unipolar	
Bereich	±10 V	Wert	4 mA ... 20 mA	Bereich
Überlauf	11,852 V :	32767 :	22,815 mA	Überlauf
Über-steuerung	11,759 V :	32511 :	22,810 mA :	Über-steuerung
Nenn-bereich	10,0 V 0,36 mV 0 V	27648 1 0	20,0 mA 4,00058 mA 4,0 mA	Nenn-bereich
	–0,36 mV –1,759 mV	–1 –4864	3,9995 mA 1,1852 mA	Unter-steuerung
	–10 V	–27648		Unterlauf
Unter-steuerung	: –11,759 V	: –32511		
Unterlauf	: –11,852 V	: –32768	≤ 1,1845 mA	

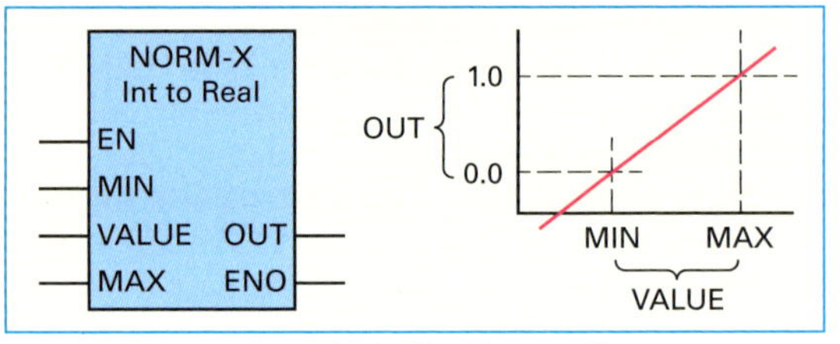

Bild 1: Funktion des NORM_X – Umwandlers

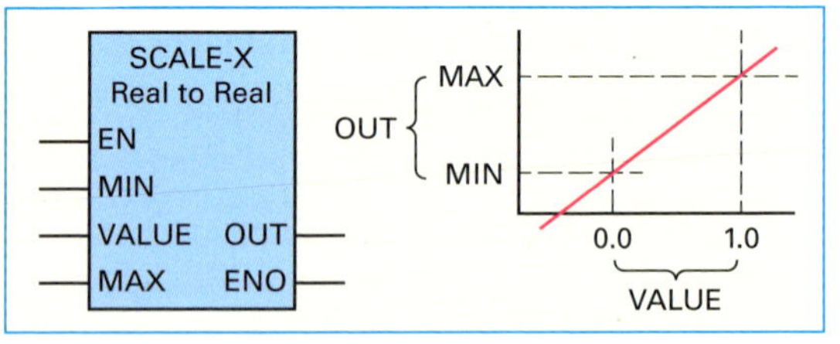

Bild 2: Funktion des SCALE_X – Umwandlers

Beispiel 12:

Die Drehzahl eines Drehstromasynchronmotors ist mittels Frequenzumrichter an Kanal 0 der Analogausgabebaugruppe im Bereich von ±1500 min^{-1} einstellbar **(Bild 3)**. Die Sollwertvorgabe erfolgt über ein Potenziometer an Kanal 0 der Analogeingabebaugruppe. Ein Drehzahlmesser an Kanal 1 der Analogeingabebaugruppe erfasst die Motordrehzahl, die zur Weiterverarbeitung, z.B. zur Anzeige in einem Panel, als Realwert in der Variablen „IST_DREHZAHL" gespeichert wird. Erstellen Sie ein SPS-Programm. Programmieren Sie dazu je einen bibliotheksfähigen FB für die Umwandlung eines Einheitssignals und die Erfassung einer physikalischen Größe.

vel.plus/FE15

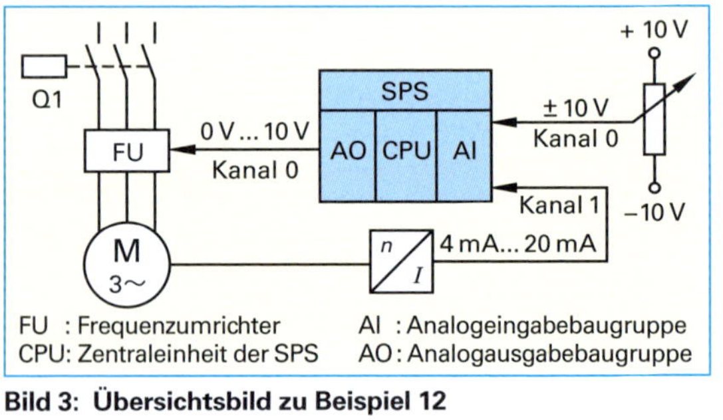

Bild 3: Übersichtsbild zu Beispiel 12

Lösung: **(QR-Code: STEP 7 - Programmausdruck)**

vel.plus/FE19

Umwandlung Einheitssignal (Bild 4): Die Analogeingabebaugruppe liefert Integer ±27648 **(Tabelle)**. Dieser Wertebereich wird auf Real 0,0 ... 1,0 normiert und dann auf den Wertebereich Integer 0 ... 27648 **(Tabelle)** skaliert.

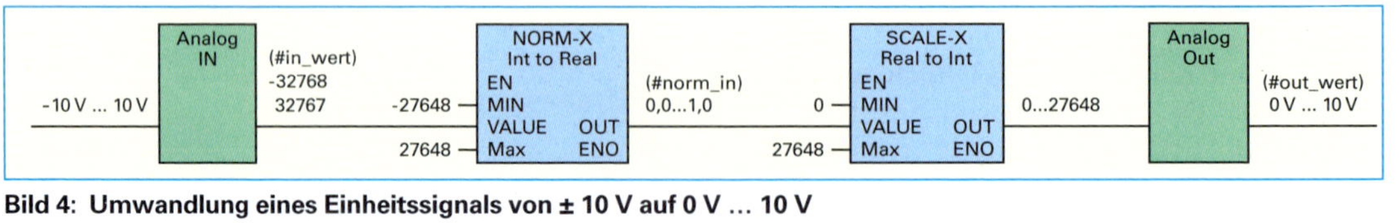

Bild 4: Umwandlung eines Einheitssignals von ± 10 V auf 0 V ... 10 V

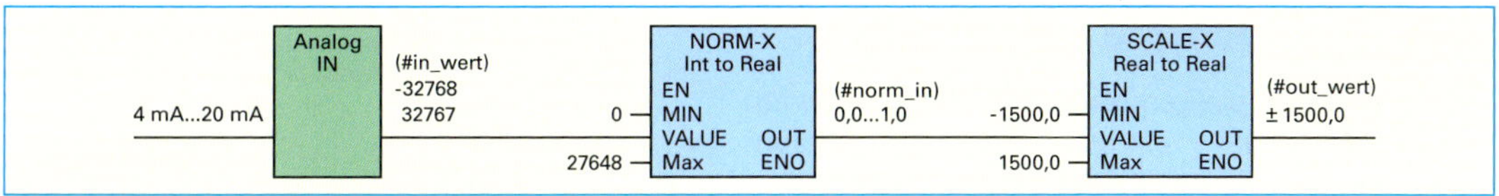

Bild 1: Erfassung physikalischer Größen

Erfassung physikalischer Größen **(Bild 1)**: Die Analogeingabebaugruppe liefert Integerwerte 0…27648 **(Tabelle, Seite 586)**. Dieser Wertebereich wird auf den Wertebereich Real 0,0…1,0 normiert und dann auf Real ±1500,0 **(Tabelle, Seite 586)** skaliert.

Die physikalische Größe wird in einem Datenbaustein **(Bild 3)** gespeichert. Zur besseren Übersicht erfolgt die Adressierung im OB1 **(Bild 6)** symbolisch mit den Variablennamen aus der PLC-Variablentabelle **(Bild 2)**. Die Funktionsbausteine FB100 **(Bild 4)** und FB101 **(Bild 5)** werden bibliotheksfähig programmiert.

PLC-Variablentabelle

Name	Datentyp	Adresse	Remanenz
N_SOLL_POTI_	Integer	%EW4	False
N_SOLL_FU	Integer	%AW4	False
N_IST	Integer	%EW6	False

Bild 2: PLC-Variablentabelle

Datenbaustein DB3

Name	Datentyp	Startwert	Remanenz
IST_DREHZAHL	Real	0.0	False

Bild 3: Datenbaustein DB3

Deklarationsteil FB100

Name	Datentyp	Defaultwert	Kommentar
Input			
in_wert	Integer	0	AI; Kanal 0; ±10 V
min_norm_x	Integer	0	- 27648
max_norm_x	Integer	0	+ 27648
min_scale_x	Integer	0	0
max_scale_x	Integer	0	+ 27648
Output			
out_wert	Integer	0	AO; Kanal 0; 0...10 V
Static			
norm_in	Real	0.0	

FB100

Netzwerk 1: Analoges Eingangssignal normieren

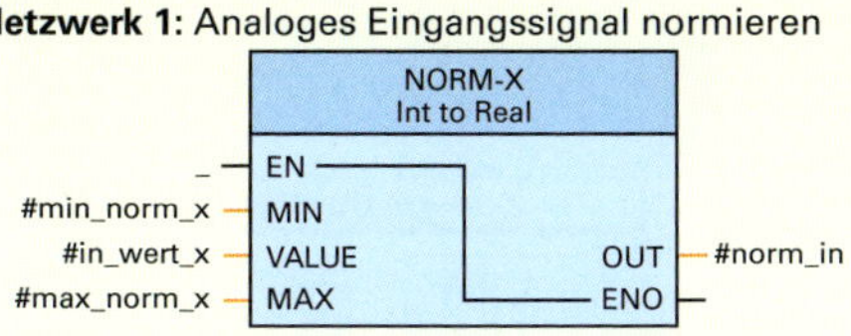

Netzwerk 2: Normiertes Eingangssignal skalieren

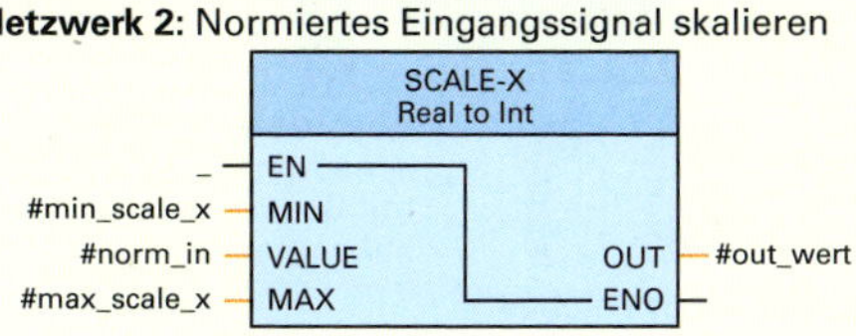

Bild 4: Funktionsbaustein FB100

Deklarationsteil FB101

Name	Datentyp	Defaultwert	Kommentar
Input			
in_wert	Integer	0	AI; Kanal 1; 4…20 mA
min_norm_x	Integer	0	0
max_norm_x	Integer	0	+ 27648
min_scale_x	Real	0.0	- 1500,0 min^{-1}
max_scale_x	Real	0.0	+ 1500,0 min^{-1}
Output			
out_wert	Real	0.0	DB2
Static			
norm_in	Real	0.0	

FB101

Netzwerk 1: Analoges Eingangssignal normieren

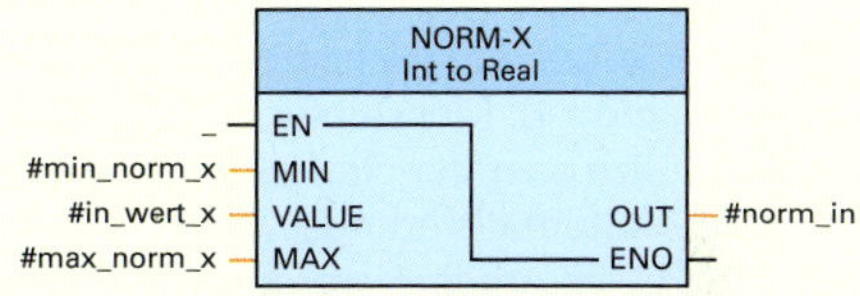

Netzwerk 2: Normiertes Eingangssignal auf physikalische Größe skalieren

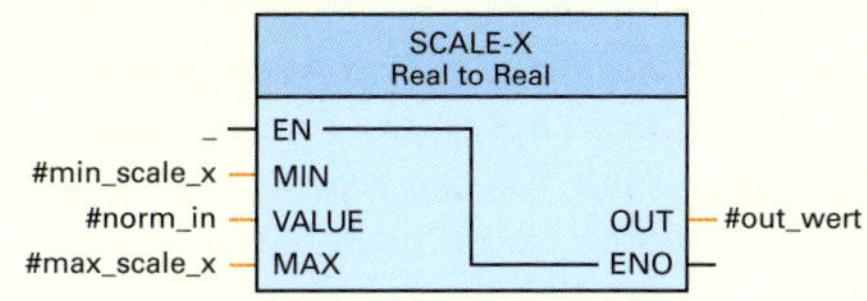

Bild 5: Funktionsbaustein FB101

OB1

Netzwerk 1: FB100

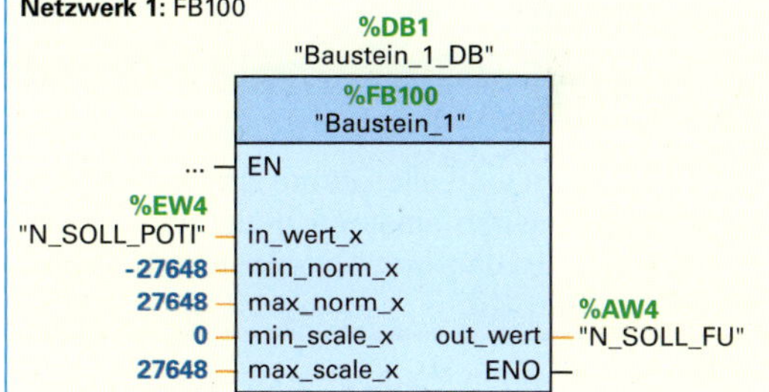

Netzwerk 2: FB101

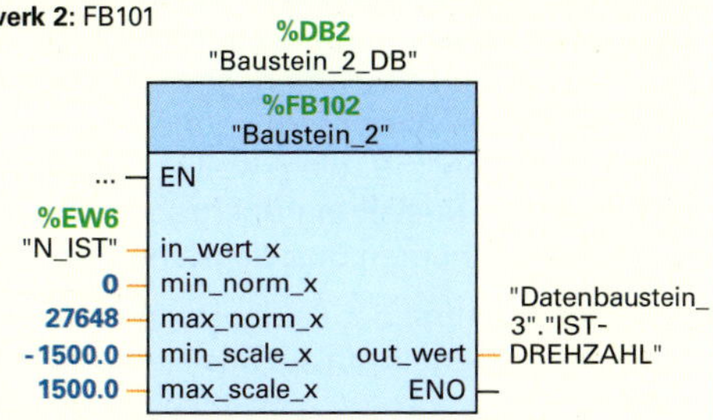

Bild 6: Organisationsbaustein OB1

vel.plus/FE16

15.4.12 Feldbusse

Bei einem stetig steigenden Automatisierungsgrad werden sehr viele Prozess- und Fertigungsdaten zwischen den unterschiedlichen Kommunikationsebenen in einem Unternehmen ausgetauscht. **(Bild 1)**. Um diese Daten zu übertragen, wird in der Automatisierungstechnik eine Vernetzung benötigt. Dazu werden in Abhängigkeit von den Anforderungen an Datenvolumen und Datenübertragungsrate unterschiedliche Bussysteme benutzt.

Man unterscheidet zwischen verschiedenen Kommunikationsebenen **(Bild 1)**. Auf den einzelnen Kommunikationsebenen kommen unterschiedliche Bussysteme zum Einsatz.

Bussysteme, die auf der Feldebene eingesetzt werden, nennt man Feldbusse.

Auf der Feldebene **(Bild 1)** findet die Feldkommunikation mit den Feldgeräten (Sensoren und Aktoren) statt. Sensoren sind z.B. Messfühler oder Endtaster, Aktoren z.B. Schütze oder Ventile. Sensoren erfassen Signale, die im Automatisierungssystem, z.B. SPS oder Industrie-PC, verarbeitet werden und Aktoren ansteuern.

Sind die Aktoren und Sensoren einzelverdrahtet (parallelverdrahtet) auf die Ein- und Ausgänge der SPS geführt **(Bild 2a)**, wird auf einem Adernpaar lediglich das Steuersignal nur für das jeweils angeschlossene Gerät übertragen. Damit nicht alle Sensoren und Aktoren mit einzeln geführten Leitungen an die Ein- und Ausgangsbaugruppen der SPS angeschlossen werden müssen, benutzt man einen Bus. Da er Signale auf der Feldebene überträgt, nennt man ihn Feldbus **(Bild 2b)**.

Der Einsatz von Feldbussen verringert den Verdrahtungsaufwand erheblich.

Bei Feldbussen sind alle Geräte zur Datenübertragung an eine gemeinsame, meist zweiadrige Leitung, die Busleitung (Datenleitung), angeschlossen **(Bild 2b)**.

Geräte, die an einen Feldbus angeschlossen sind, nennt man Teilnehmer. Jeder Teilnehmer hat eine eindeutige Adresse, die eine Zuordnung der Signale zu den jeweiligen Teilnehmern gewährleistet. Neben den eigentlichen Nutzinformationen werden noch zusätzliche Daten, z.B. die jeweilige Teilnehmeradresse, über die Busleitung übertragen. Ein solches Datenpaket nennt man Bustelegramm.

Die Bustelegramme der Feldbusteilnehmer werden nacheinander (seriell) auf der Busleitung übertragen.

Feldbusse sind serielle Busse.

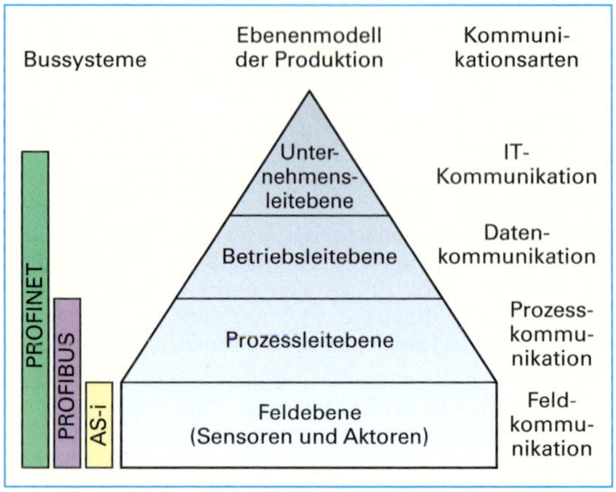

Bild 1: Ebenenmodell der Produktion mit Kommunikationsarten und zugehörigen Bussystemen

• Buskommunikation: **Seite 538**
• Sensoren: **Seite 190**
• Datenleitungen: **Seite 317**

Bei Bussystemen werden über eine gemeinsame Leitung (Busleitung) Signalzustände von Sensoren, z.B. Endtaster, und Steuersignale an Aktoren, z.B. Motorstarter, übertragen.

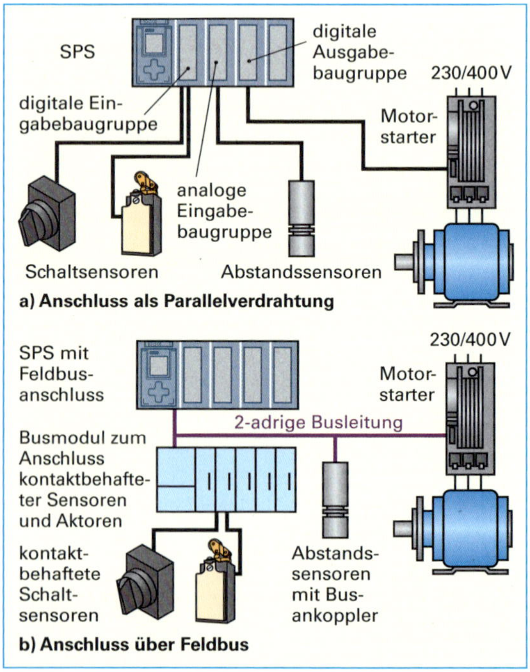

Bild 2: Anschluss von Aktoren und Sensoren an eine SPS

Buszugriffsverfahren stellen den kollisionsfreien Datenverkehr aller Teilnehmer sicher. Man unterscheidet zwei Arten des Buszugriffs **(Tabelle 1)**:

- Buszugriff nach Aufforderung und
- Buszugriff nach Bedarf.

Feldbusse müssen echtzeitfähig sein **(Infokasten)**.

PROFIBUS und Aktor-Sensor-Interface (AS-i) sind weit verbreitete Feldbusse. Sie kommunizieren nach dem Master-Slave-Verfahren. Der Master[1] ist meist eine SPS-Baugruppe (Kommunikationsmodul). An einen Slave[2] werden Aktoren und Sensoren angeschlossen.

Der Master stellt die Kommunikation her und regelt den Datenverkehr auf der Busleitung.

Beim Master-Slave-Buszugriffsverfahren antworten die Slaves nur nach einem Aufforderungstelegramm des Masters.

Tabelle 1: Beispiele für Buszugriffsverfahren

Buszugriff	Buszugriffs-verfahren	Feldbus (Beispiel)
nach Aufforderung	Master-Slave	AS-i, PROFIBUS, Modbus, Interbus
	Producer-Customer	PROFINET
nach Bedarf	CSMA/CA	CAN

Echtzeitfähig (realtimefähig) bedeutet, dass ein System auf ein Ereignis innerhalb einer vorgegebenen Zeitspanne reagieren muss. Die Länge dieser Zeitspanne ist abhängig von der jeweiligen Anwendung. Für eine Temperaturregelung kann sie größer sein als z. B. für eine CNC-Steuerung. Die Reaktionszeit eines SPS-Systems liegt im Bereich von wenigen Millisekunden bis ca. 100 ms.

15.4.12.1 Aktor-Sensor-Interface (AS-i)

Das Aktor-Sensor-Interface verbindet vorwiegend binäre Aktoren und Sensoren (Slaves) über eine ungeschirmte verpolungssichere Zweidrahtleitung (AS-i-Steuerleitung, **Seite 314**) mit dem Master.

In einem AS-i-Netzwerk können ein Master und bis zu 62 Slaves integriert werden **(Tabelle 2)**. Bei einem Ausbau mit 31 Slaves beträgt die maximale Zeitdauer für den Datenaustausch weniger als 5 ms. Ab AS-i-Version 2.1 sind 62 Teilnehmer mit einer maximalen Zykluszeit von 10 ms möglich (echtzeitfähig).

Man unterscheidet Slaves mit integriertem Businterface (**Bild**, AS-i-Slave 2) und Slaves zum Anschluss von bis zu vier kontaktbehafteten Sensoren und/oder vier kontaktbehafteten Aktoren (**Bild**, AS-i-Slave 1). Die Sensoren und Aktoren beziehen ihre Hilfsenergie vom AS-i-Netzteil über die Busleitung. Slaves mit hohem Energiebedarf werden von einem zusätzlichen 24 V-Netzteil gespeist **(Bild)**.

Bei der Hardwarekonfiguration eines AS-i-Bussystems erhält jeder Teilnehmer eine eindeutige Adresse. Diese wird mittels einer Programmiersoftware oder einem speziellen AS-i-Adressiergerät festgelegt. Bei Projekten mit S7-Automatisierungsgeräten und einem AS-i-Subnetz **(Bild)** werden während der Projektierung der Hardwarekonfiguration die Adressen der Ein- und Ausgänge der AS-i-Slaves, z. B. A 12.0 oder E 14.4, vergeben, die im S7-Anwenderprogramm angesprochen werden.

Übersicht: Wichtige Feldbusse

- AS-i (**A**ktor-**S**ensor-**I**nterface)
- CAN (**C**ontroller **A**rea **N**etwork)
- Interbus
- LON (**L**ocal **O**perating **N**etwork)
- Modbus
- PROFIBUS (**Pro**zess **Fi**eld **Bus**)
- PROFINET (Industrial Ethernet)

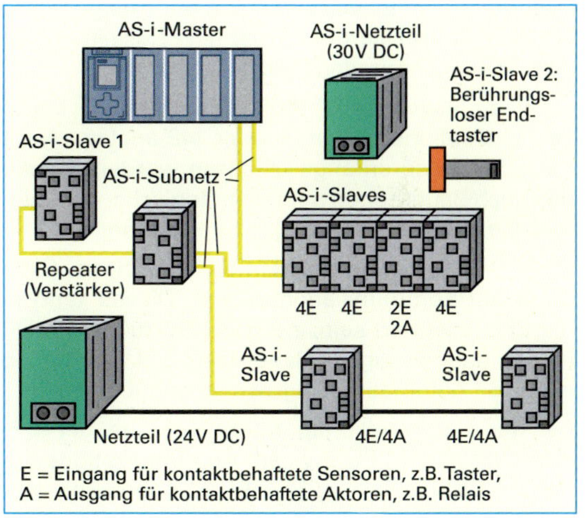

Bild: Mögliche Konfiguration eines AS-i-Netzwerkes

Tabelle 2: Eigenschaften von Aktor-Sensor-Interface (AS-i) und PROFIBUS DP

	Aktor-Sensor-Interface	PROFIBUS DP
Topologie	Offene Baumstruktur	Linie, Baum, Stern
Leitung	Zweidraht, nicht verdrillt, ungeschirmt	Zweidraht, verdrillt, geschirmt
max. Teilnehmer	62 (96 ab AS-i-Version 5)	32, mit Repeatern 126
max. Leitungslänge	100 m, mit Repeater 500 m	100 m ab 3 MBit/s bis 1200 m (bis 93,75 kBit/s)

[1] von Master (engl.) = Herr [2] von Slave (engl.) = Diener

15.4.12.2 PROFIBUS DP[1]

Der PROFIBUS DP ermöglicht einen schnellen Datenaustausch zwischen dem Master in der SPS und den dezentralen Slaves.

Der Datenaustausch erfolgt über eine verdrillte und geschirmte Zweidrahtkupferleitung (twisted pair).

Der PROFIBUS gliedert sich in Segmente mit jeweils maximal 32 Teilnehmern (Tabelle 2, Seite 589).

Mehrere Segmente mit maximal 126 Teilnehmern können über Repeater verbunden werden **(Bild 2)**.

Um Reflexionen auf der Busleitung zu vermeiden, müssen die beiden Enden eines Segmentes mit einem Busabschlusswiderstand von 220 Ω abgeschlossen (terminiert) werden.

Dazu wird bei den äußeren Busteilnehmern der in den PROFIBUS-Stecker integrierte Widerstand zugeschaltet **(Bild 1)**. Die Übertragungsrate ist von der Leitungslänge des Bussystems abhängig **(Tabelle)**.

Man unterscheidet Slaves:

- die den Anschluss konventioneller binärer und analoger Aktoren oder Sensoren ermöglichen, z. B. ET 200M oder ET 200S (**Bild 1**) oder
- die ein Businterface haben, z. B. Abstandssensoren, Frequenzumrichter oder Bedienpanels **(Bild 1)**.

Die dezentralen Slaves werden in der Anlage räumlich verteilt installiert und über eine Busleitung mit dem Master verbunden **(Bild 1)**.

An einen Slave ET 200M **(Bild 1)** können z. B. bis zu 960 konventionelle digitale oder 148 analoge Aktoren oder Sensoren angeschlossen werden. Es stehen auch Baugruppen mit technologischen Funktionen wie z. B. Positionierung zur Verfügung.

Zur PROFIBUS-Kommunikation benötigen SPS-CPUs ein Kommunikationsmodul. Dieses kann in die CPU integriert sein, z. B. CPU S7-1516-3 PN/DP **(Bild 1)** oder als eigene Baugruppe, z. B. CM 1542-5 in das S7 Automatisierungssystem eingefügt sein.

Bei der Hardwarekonfiguration wird an der DP-Schnittstelle der CPU bzw. am Kommunikationsmodul (z. B. CM 1542-5) ein PROFIBUS-Subnetz angelegt und darin Slaves (z. B. ET 200S) aus der Bausteinbibliothek eingefügt und mit dem Master verbunden. Dabei werden automatisch eindeutige PROFIBUS-Adressen (1 bis 126) für die Slaves und Adressen für die Ein- und Ausgänge, die vom S7-Anwenderprogramm angesprochen werden, vorgeschlagen.

Der Datenaustausch bei AS-i und PROFIBUS DP erfolgt nach dem Master-Slave-Verfahren.

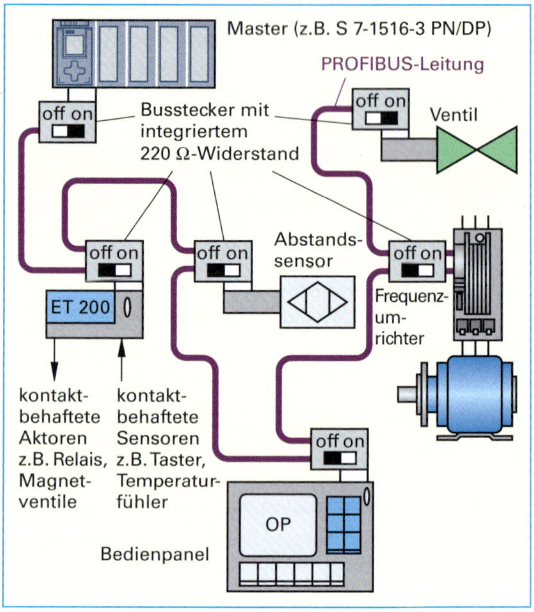

Bild 1: Mögliche PROFIBUS-DP-Konfiguration

www de.profibus.com

Über eine Gateway, z. B. die Baugruppe DP-AS-i-Link kann ein AS-i-Bussystem in ein PROFIBUS-DP-Bussystem eingefügt werden.

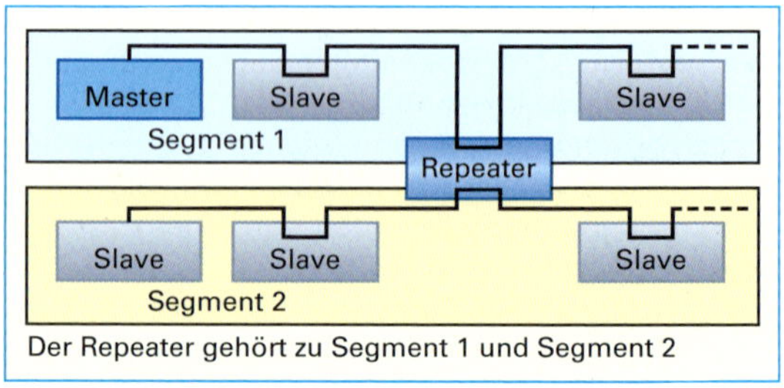

Bild 2: Verbindung von zwei PROFIBUS-Segmenten

Tabelle: Maximale Leitungslängen in Abhängigkeit von der Übertragungsrate beim PROFIBUS (Auswahl)

Übertragungsrate	max. Segmentlänge	max. Gesamtlänge	max. Anzahl der Segmente
9,6 … 93,75 kBit/s	1 200 m	10 000 m	10
500 kBit/s	400 m	4 000 m	10
1,5 MBit/s	200 m	2 000 m	10
3 … 12 MBit/s	100 m	400 m	4

[1] **DP**, Abk. für: **d**ezentrale **P**eripherie

15.4.12.3 PROFINET IO

PROFINET IO[1] ist ein Feldbussystem auf Basis des aus dem Bürobereich bekannten Ethernets.

Die Buskomponenten im PROFINET IO sind:
- IO-Controller, z. B. SPS-CPU S7-1516-3PN/DP,
- IO-Devices[2], dezentrale IO-Geräte, z. B. ET 200M **(Bild 1)**
- Switches (verteilen Daten an die PROFINET-Teilnehmer; **Seite 550**)
- Router (nur notwendig, bei Kommunikation zwischen verschiedenen PROFINET-Subnetzen).

Die IO-Devices sind über eine Twisted-Pair-Leitung oder Lichtwellenleiter über einen oder mehreren Switches mit dem IO-Controller verbunden. Die Leitungslänge zwischen einem Endgerät und einem Switch darf maximal 100 m betragen. Werden Endgeräte über einen Switch miteinander verbunden, entsteht eine Sterntopologie **(Bild 2)**. Sind Switches in die Endgeräte integriert, entsteht eine Linientopologie **(Bild 3)**.

Bei der Ethernet-Kommunikation haben alle Netzteilnehmer dieselbe Buszugriffsberechtigung. Die Buskommunikation erfolgt über Switches im echtzeitfähigen Producer-Consumer-Verfahren.

Die eindeutige Adressierung der Teilnehmer in einem PROFINET IO erfolgt nach Ethernetstandard:
- **MAC**[3]-Adresse: **weltweit eindeutige** physikalische Adresse, z. B. 08.00.06.6B.F6.54.
  (08.00.06 = Herstellerkennung, 6B.F6.54 = Gerätenummer)
- **Subnetzmaske:** alle Netzteilnehmer in einem Subnetz haben dieselbe Subnetzadresse, z. B. 255.255.255.0.
- **IP**-Adresse: vom Programmierer festgelegte, **netzweit eindeutige logische** Adresse eines Ethernetgerätes, z. B. 198.198.0.1.
- **Gerätename: netzweit eindeutiger** Name einer IO-Device, z. B.: IM 151-3-1, über die sie vom IO-Controller angesprochen wird.

Hat die S7-Station eine CPU mit PROFINET-Anschluss, z. B. S7-1516-3 PN/DP **(Bild 2)**, wird bei der Step 7-Projektierung der Hardwarekonfiguration an der PN-IO-Schnittstelle der CPU ein Ethernet-Subnetz angelegt. Das System schlägt die Adressen für Subnetzmaske und IO-Controller vor. In das Subnetz werden aus der Bausteinbibliothek IO-Devices eingefügt. Dabei werden die Gerätenamen, Gerätenummern und IP-Adressen automatisch vergeben. Nachdem die in der Projektierung der Hardwarekonfiguration festgelegten Gerätenamen den jeweiligen IO-Devices online zugewiesen wurden, kann die Hardwarekonfiguration in die SPS übertragen werden und ein Step 7-Anwenderprogramm erstellt werden. Das System gibt die Ein- und Ausgangsadressen der konfigurierten Baugruppen und IO-Devices vor. Diese können jedoch abgeändert werden.

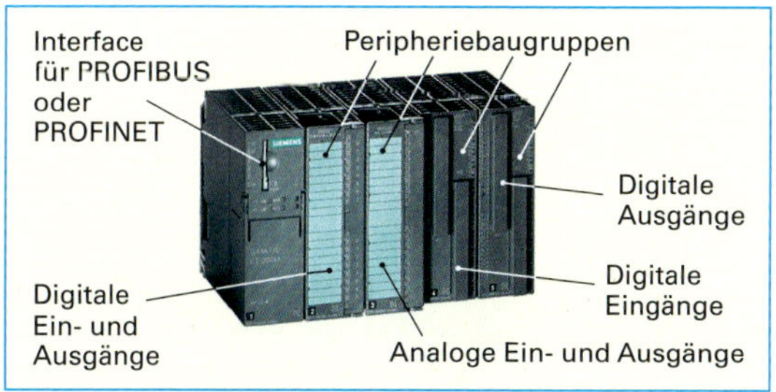

Bild 1: Dezentrale Peripherie ET 200M

Das Gateway IE/DP-Link kann ein PROFIBUS DP-Bussystem in ein PROFINET IO-Bussystem integrieren.

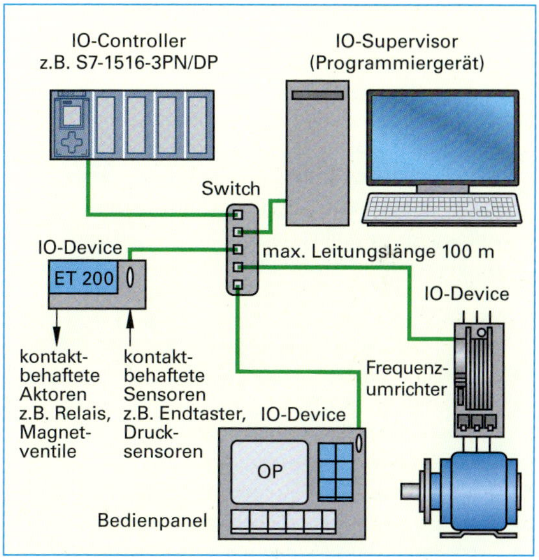

Bild 2: PROFINET IO-Konfiguration mit Switch in Sterntopologie

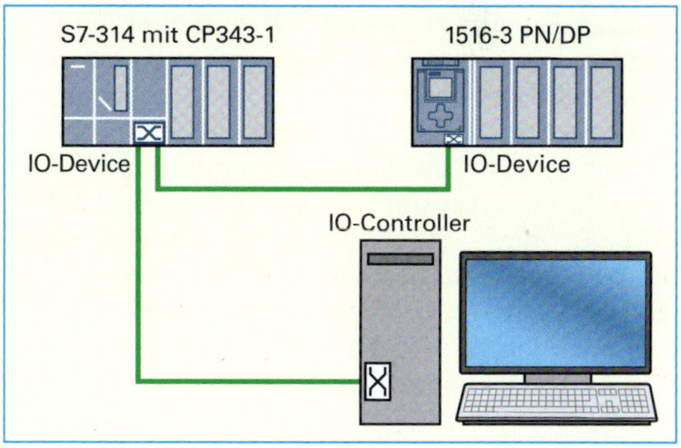

Bild 3: PROFINET IO-Konfiguration mit integrierten Switches in Linientopologie

[1] Abk. für: **I**nput (engl.) = Eingang, **O**utput (engl.) = Ausgang
[2] Device (engl.) = Vorrichtung [3] **M**edium **A**ccess **C**ontrol (engl.) = Medienzugriffssteuerung

15.4.13 Prozessvisualisierung

Prozessvisualisierung[1] ist eine grafische Abbildung eines Produktionsprozesses, z.B. einer Misch- und Abfüllanlage (Bild 1).

Die Prozessvisualisierung dient der Darstellung des Betriebszustands einer Anlage und ermöglicht die Bedienung dieser Anlage. Moderne Systeme zur Prozessvisualisierung sind meist PCs oder Operatorpanels[2] **(Bild 2)**. Operatorpanels werden heute zunehmend als Touchpanels[3] ausgeführt. PCs setzt man zum Beobachten und Bedienen größerer Prozesse meist in Leitwarten, z.B. auch als Mehrplatzsysteme ein. Die Bedienung erfolgt mit der Maus und der Tastatur. Operatorpanels werden meist direkt vor Ort an der einzelnen Maschine im Schaltschrank eingebaut und ersetzen das Bedientableau mit seinen Schaltelementen und Meldeleuchten.

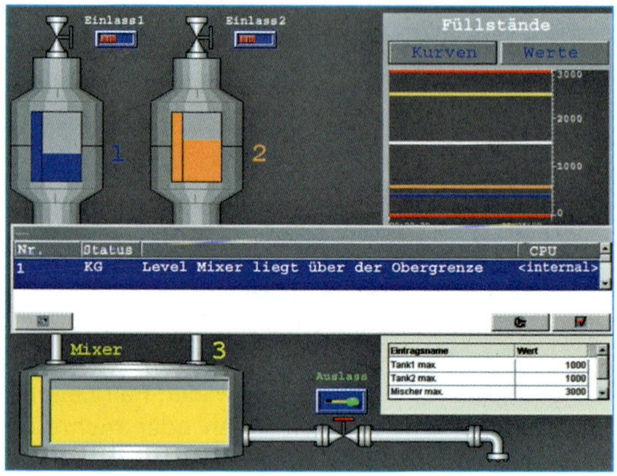

Bild 1: Übersichtsbild einer Misch- und Abfüllanlage

Übersicht: Vorteile der Prozessvisualisierung

- Bedienmöglichkeit, Eingriffe in den Prozess
- Änderung von Sollwerten
- Detaillierter Überblick über die Betriebszustände in der Anlage, z.B. EIN, AUS, Ventilstellungen
- Anzeige von aktuellen Prozessdaten z.B. Stückzahlen, Temperatur, Durchfluss, Füllstand
- Darstellung von Prozessdaten als Zeitdiagramm, z.B. Trendbild
- Prozessdatenerfassung und -archivierung
- Schnelle Fehlerortbestimmung
- Textmeldungen bei Betriebsstörungen
- Hinweise zur Störungsbehebung
- Archivierung von Meldungen
- Passwortgeschützte Bedienhierarchie

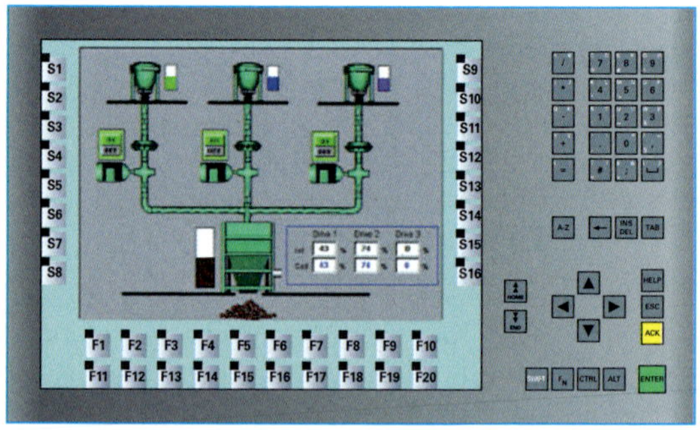

Bild 2: Operatorpanel in einer Misch- und Abfüllanlage

Prozessvisualisierungssysteme sind über ein Bussystem mit einem Automatisierungssystem verbunden **(Bild 3)**. Damit stehen Prozessvariablen, z.B. Eingangssignale oder Ist-Werte, die im Automatisierungssystem bearbeitet werden, auch im Prozessvisualisierungssystem zur Verfügung. Sie können dort z.B. angezeigt werden, einen Alarm auslösen oder einen Farbumschlag bewirken. Umgekehrt können Variablen in der Prozessvisualisierung erzeugt werden und die Steuerung beeinflussen, z.B. eine Anlage ein- oder ausschalten.

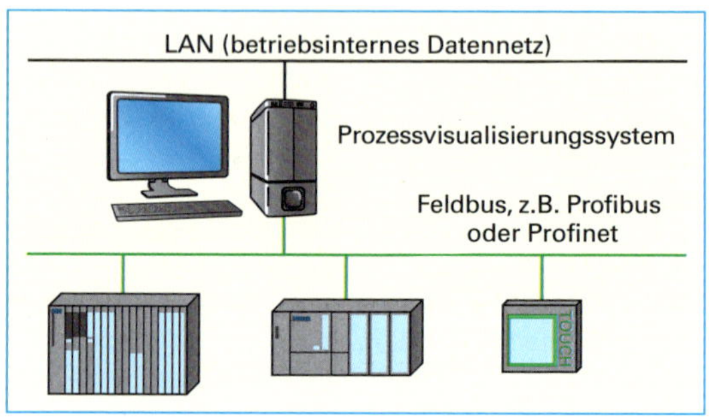

Bild 3: Datenkommunikation zwischen Prozessvisualisierungssystem und Automatisierungssystemen

Die Prozessvisualisierung ist Bestandteil des TIA-Portals und kann als HMI[4] direkt in ein S7-Projekt eingefügt werden. Dadurch kann auf Prozessvariablen unmittelbar lesend und schreibend zugegriffen werden.

Im Prozessvisualisierungssystem sind mehrere Bilder, wie z.B. **Bild 1**, hinterlegt, auf die man je nach Informationsbedarf umschalten kann. Diese Bilder sind hierarchisch (aufsteigend) geordnet **(Bild, Seite 593)** und erlauben das Bedienen und Beobachten des Prozesses.

[1] Prozessvisualisierung = bildliche Darstellung eines Produktionsprozesses, visuell (franz.) = das Sehen betreffend
[2] Operator (engl.) = Bediener, Panel (altfranz.) = Tafel → Operatorpanel = Bedientableau
[3] von to touch (engl.) = berühren → Touchpanel = berührungsempfindlicher Bildschirm
[4] **HMI**, Abk. für: **H**uman-**M**achine-**I**nterface (engl.) = Mensch-Maschine-Schnittstelle

Bilder bestehen aus
- statischen (nicht veränderlichen) Anteilen und
- dynamischen (veränderlichen) Anteilen.

Statische Anteile in **Bild 1, Seite 592,** sind:
- die Rohrleitungen und
- die Gehäuse der Kessel und des Mixers.

Dynamische Anteile in **Bild 1, Seite 592,** sind:
- die Ventile,
- die Meldefenster und
- die Füllstandsanzeigen in Kesseln und Mixer.

Meldefenster werden bei bestimmten Steuerungszuständen, z. B. Störungen, eingeblendet. Die Balken in der Füllstandsanzeige ändern sich mit den Werten, welche die Füllstandssensoren an die Steuerung liefern. Die dynamischen Bildanteile sind mit Variablen aus der Steuerung, z. B. Füllstandsmeldungen, gekoppelt und beziehen von dort ihre Information. Zu den dynamischen Bildteilen gehören auch die Bedienelemente, über die der Bediener den Prozess beeinflussen kann. Bedienelemente können **Zustandsflächen** oder **Eingabefelder** sein. Über Eingabefelder können Zahlenwerte, z. B. Temperatur oder Stückzahlen, vorgegeben werden, die z. B. Datenworte in der Steuerung verändern.

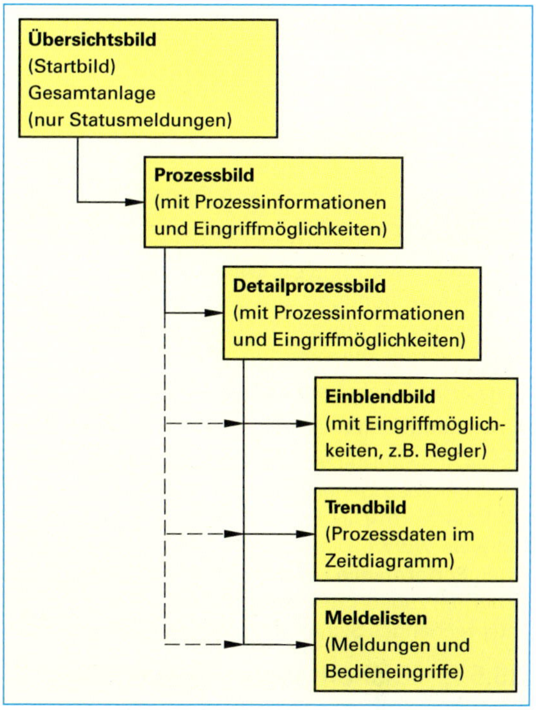

Bild: Bildhierarchie

Zustandsflächen haben Funktionen und Attribute.

- **Funktion:** Durch Betätigen einer Zustandsfläche mit der Maus wird z. B. ein Bit gesetzt oder rückgesetzt, um z. B. die Anlage ein- oder auszuschalten oder ein anderes Bild aufzurufen.
- **Attribut:** Die Eigenschaft einer Zustandsfläche ändert sich. Sie erfährt z. B. einen Farbumschlag oder wird ein- bzw. ausgeblendet.

Tabelle 1: Arten von Meldungen

Störmeldungen	**Bedeutung**	**Farbe**
Alarm	Bedienereingriff unbedingt erforderlich	rot
Störung	erhöhte Aufmerksamkeit	orange
Hinweise	Abweichungen	gelb
Betriebsmeldungen	z. B. Schaltmeldungen	gelb

In automatisierten Anlagen muss der Anlagenführer nur bei **Störungen** in den Produktionsprozess eingreifen. Der Störungsort ist bei Prozessvisualisierungssystemen in den Bildern eindeutig zuzuordnen. Störungen werden als Klartextmeldung ausgegeben und mit den Bedieneingriffen protokolliert.

Meldungen werden in Störmeldungen und Betriebsmeldungen **(Tabelle 1)** unterschieden.

Störmeldungen müssen quittiert werden. Dazu wird eine Schaltfläche betätigt. So wird sichergestellt, dass der Bediener die Meldung auch registriert hat. Eine Störmeldung wird erst unsichtbar, wenn sie quittiert ist **und** die Störungsursache nicht mehr ansteht **(Tabelle 2)**.

Tabelle 2: Quittierstufen

Quittierstufe	**Meldung**				
	kommt (Neuwertmeldung)	**steht noch an** (Altwertmeldung)	**steht nicht mehr an** (geht)		
Störmeldungen	–	quittieren	noch nicht quittiert	quittieren	quittieren
Alarm	rot blinkend Hupe	rot	schwarz/weiß blinkend	schwarz/weiß	nicht sichtbar
Störung	orange blinkend	orange	schwarz/weiß blinkend	nicht sichtbar	–
Hinweise	gelb	gelb	nicht sichtbar	–	–
Betriebsmeldungen	gelb	gelb	nicht sichtbar	–	–

15.5 Maschinensicherheit

15.5.1 Sicherheitskategorien (Performance Level[1])

Bei der Konstruktion einer Maschine ist darauf zu achten, dass das Risiko, welches für Menschen und Anlagenteile von ihr ausgeht, minimiert wird.

Wenn die konstruktiven Maßnahmen an der Maschine nicht genügen, um das Risiko ausreichend zu minimieren, müssen technische Schutzeinrichtungen vorgesehen werden, wie z. B.:

- NOT-HALT-Schalter und
- Zweihandbedienung.

Für die Auswahl der technischen Ausstattung solcher sicherheitsbezogener Teile der Maschinensteuerung wird die Norm DIN EN ISO 13849-1 herangezogen **(Hinweis www)**. Diese Norm liefert einen notwendigen **Performance Level (PL)**. Den unterschiedlichen Performance Leveln sind Forderungen an die Ausfallsicherheit zugeordnet. Anhand der gefundenen Performance Level wird eine geeignete Schaltung oder ein entsprechendes Sicherheitsschaltgerät **(Foto im Bild)** für die Steuerung gewählt.

Übersicht: Sicherheit an Maschinen

- **Sicherheitsbezogene Teile**
  - NOT-HALT-Einrichtung
  - Positionsüberwachung von Sicherheitstüren
  - Zweihandverriegelungen
- **Bewährte Sicherheitsprinzipien**
  - Funktionserdung der Steuerstromkreise
  - Stillsetzen durch Entregung
  - Zwangsläufig öffnende Schaltgeräte
  - Es werden alle aktiven Leiter geschaltet.

WWW Eine weitergehende Darstellung der Sicherheitstechnik für Maschinen findet man unter der Internetadresse http://www.eaton.de/EatonDE/ProdukteundLoesungen/Electrical/SafetyManagement/Maschinenbau/index.htm

15.5.2 Sicherheitsbezogene Teile

Sicherheitsbezogene Teile einer Steuerung werden nach bewährten Prinzipien der elektromechanischen Sicherheitstechnik **(Übersicht)** erstellt. Bei SPS-gesteuerten Maschinen darf das Abschalten sicherheitsrelevanter Teile, z. B. Antriebe, nicht alleine dem SPS-Programm überlassen werden. Daher wird eine Kombination von SPS und Sicherheitseinrichtungen erstellt **(Bild)**. Das Auslösen der Sicherheitseinrichtung wird der SPS über einen Eingang (E0.3 im **Bild**) gemeldet und vom Steuerungsprogramm ausgewertet. Das eigentliche Abschalten der sicherheitsrelevanten Stellglieder erfolgt immer über Freigabekontakte im Hauptstromkreis **(Bild)**.

Ein rein softwaremäßiges Abschalten sicherheitsrelevanter Teile, z. B. Antriebe, ist unzulässig.

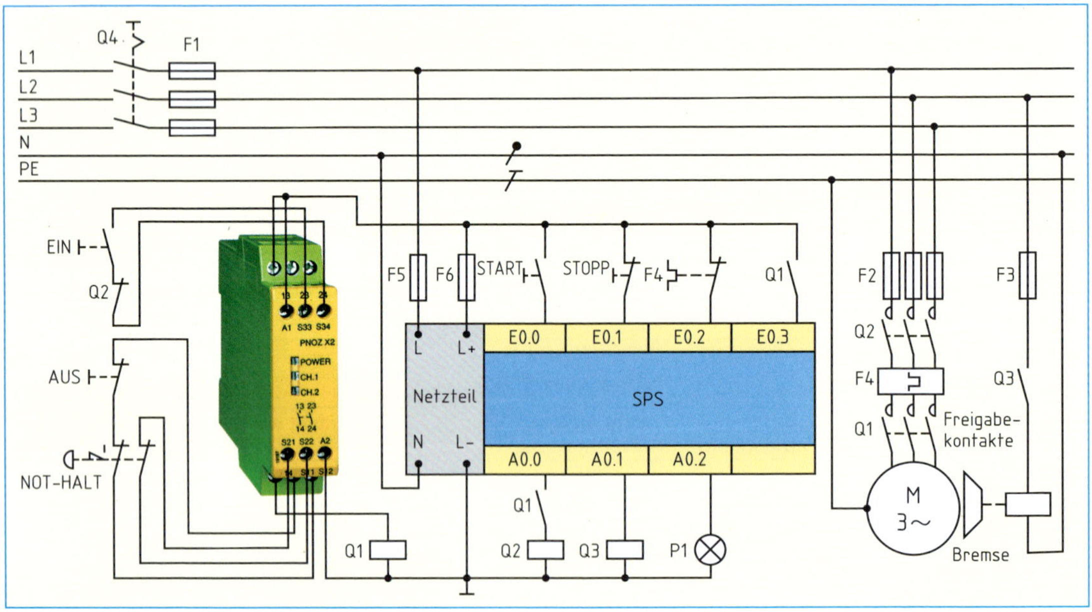

Bild: SPS mit NOT-HALT-Sicherheitsschaltgerät

[1] Performance level (engl.) = Niveau der Betriebssicherheit

15.5.3 Handlungen im Notfall (NOT-HALT, NOT-AUS)

Zum Schutz von Menschen und Material müssen Maschinen im Notfall schnell und sicher stillgesetzt werden. Deshalb fordert VDE 0113-1 (DIN EN 60204-1) Schaltgeräte, wie **NOT-HALT-** oder **NOT-AUS-Schalter**, um **„Handlungen im Notfall"** ausführen zu können. NOT-HALT führt zum **Stillsetzen im Notfall** und NOT-AUS zum **Ausschalten im Notfall**. Die NOT-HALT- und NOT-AUS-Funktion werden durch eine einzelne menschliche Handlung ausgelöst.

> Die Maschinenrichtlinie schreibt für alle Maschinen NOT-HALT- bzw. NOT-AUS-Einrichtungen vor (Ausnahme: handgetragene oder handgeführte Maschinen).

Übersicht: STOPP-Funktionen

Kategorie 0: Stillsetzen einer Maschine durch sofortiges Abschalten der Energie zum Antriebselement (ungesteuertes Stillsetzen).

Kategorie 1: Gesteuertes Stillsetzen, bei dem die Energie zum Antriebselement bis zum Stillstand aufrechterhalten wird, z. B. Gegenstrombremsen.

Kategorie 2: Gesteuertes Stillsetzen, bei dem die Energie zum Antriebselement auch nach dem Stillstand bestehen bleibt, z. B. Servomotoren.

Bedienelemente für NOT-HALT und NOT-AUS müssen leicht erreichbar und an jedem Ort vorhanden sein, wo die Einleitung einer NOT-HALT- oder NOT-AUS-Funktion erforderlich sein kann. Ein NOT-HALT-Schalter muss darüber hinaus an jedem Bedienstand vorhanden sein. Die Bedienelemente müssen selbsttätig verrasten und zwangsöffnende Kontakte haben. Zulässig sind drucktastenbetätigte Schalter oder Reißleinenschalter. Für NOT-HALT sind auch Trittleisten oder Fußschalter ohne mechanischen Schutz zugelassen. Die Bedienteile müssen rot und der Hintergrund gelb sein. Sie müssen eine Pilz- oder Palmenform haben **(Bild 1)**.

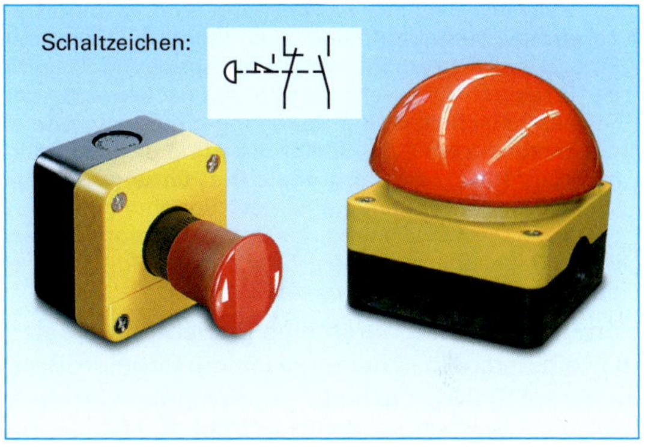

Bild 1: Bedienteile von NOT-HALT- oder NOT-AUS-Schalter

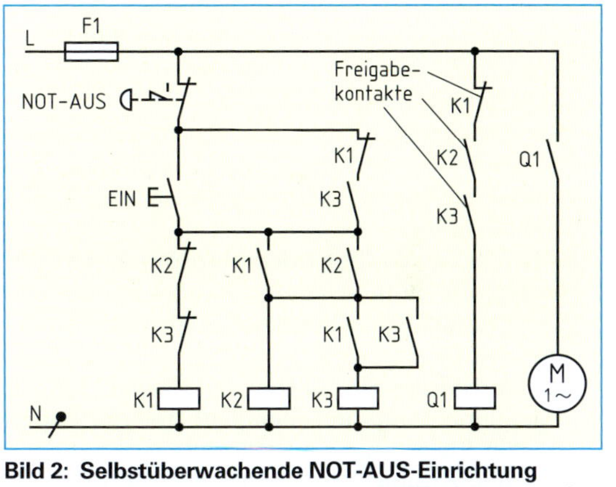

Bild 2: Selbstüberwachende NOT-AUS-Einrichtung (Performance Level C nach DIN EN ISO 13849-1)

NOT-HALT (Stillsetzen im Notfall):

- Stoppt einen gefahrbringenden Prozessablauf, z.B. unzulässige Erwärmung oder eine gefährliche Bewegung.
- Hat gegenüber allen anderen Funktionen und Betätigungen Vorrang.
- Unterbricht schnellstmöglich die Energiezufuhr zu dem gefahrbringenden Anlagenteil (STOPP der Kategorie 0, siehe **Übersicht**), ohne andere Gefahren zu erzeugen, oder steuert die Energiezuführung so, dass die gefährliche Bewegung so schnell wie möglich angehalten wird (STOPP der Kategorie 1, siehe **Übersicht**).

NOT-AUS (Ausschalten im Notfall):

- Trennt z.B. bei der Gefahr eines elektrischen Schlages Anlagen oder Anlagenteile von der elektrischen Energie.
- Ist vorzusehen, wenn Schutz gegen direktes Berühren nur durch Abstand oder Hindernisse erreicht wird oder es andere Gefährdungs- oder Beschädigungsrisiken durch elektrische Energie gibt.
- Hat immer einen STOPP der Kategorie 0 zur Folge.

Wiedereinschalten nach Notfallauslösung

Durch Entriegeln der Schaltelemente für Notfallhandlungen darf kein Wiederanlauf einer Maschine erfolgen, sondern nur das Wieder-in-Gang-Setzen **ermöglicht** werden **(Bild 2)**. Das Wiedereinschalten einer Maschine nach einer Notfallhandlung erfolgt durch eine Start-Funktion und darf nur möglich sein, wenn alle NOT-HALT- oder NOT-AUS-Schalter zuvor von Hand zurückgestellt wurden.

15.6 Regelungstechnik

15.6.1 Aufgaben und Begriffe

Aufgabe einer Regelung ist es, eine physikalische Größe, z.B. Temperatur, Druck, Füllstand oder Spannung **(Tabelle 1)**, auf einen vorgegebenen Wert zu bringen und sie auch bei Störeinflüssen, z.B. Druckänderungen, auf diesem Wert zu halten **(Bild 1)**.

Beispiel: Handregelung:

Um die Spannung U des Generators **(Bild 1)** konstant zu halten, beobachtet der Bediener den Spannungsmesser und vergleicht den Messwert mit dem markierten Sollwert. Bei einer Abweichung wird er den Erregerstrom I_e verändern. Sinkt die Spannung U, wird der Erregerstrom I_e erhöht, steigt die Spannung U, wird der Erregerstrom I_e verringert. In der Fachsprache der Regelungstechnik ist die Spannung die **Regelgröße *x***, der Erregerstrom I_e die **Stellgröße *y*** und der veränderliche Laststrom I die **Störgröße *z***. Die **Führungsgröße *w*** (Sollwert) der Spannung ist am Spannungsmesser markiert. Die Abweichung des Sollwertes vom Istwert ist die **Regeldifferenz *e***. Je größer die Regeldifferenz *e*, desto größer die Änderung der Stellgröße *y*.

Wird der Bediener durch eine Einrichtung ersetzt, die selbstständig in der Lage ist, die Regelgröße U auf ihrem Sollwert zu halten, spricht man von einer **selbsttätigen Regeleinrichtung (Bild 2)**. Dabei wird der Bediener in **Bild 1** durch einen Regler ersetzt und die Stellgröße I_e wird statt durch einen Stellwiderstand durch Thyristoren verändert.

Wichtige Fachbegriffe (Tabellen 1, 2 und Bild 3):

- **Regelstrecke:** Der Teil eines Regelkreises, in dem die Regelgröße *x* gebildet wird.
- **Messeinrichtung:** Sie erfasst die Regelgröße ***x***, z.B. eine Drehzahl oder eine Temperatur und wandelt sie in die Rückführgröße ***r***, z.B. in eine Spannung um.
- **Regler:** In ihm werden Rückführgröße ***r*** und Führungsgröße ***w*** miteinander verglichen und aus dem Ergebnis des Vergleiches die Reglerausgangsgröße ***m*** gebildet.
- **Stelleinrichtung:** Gesamtheit aus Steller (Teil der Regeleinrichtung) und Stellglied (Teil der Regelstrecke). Sie erzeugt die Stellgröße ***y***.
- **Regeleinrichtung:** Die Gesamtheit von Regler, Steller und Messeinrichtung **(Bild 2)**.

Den Signalflussplan eines Regelkreises zeigt **Bild 3**.

Bei einer Regelung wird die Regelgröße ***x*** in einem geschlossenen Wirkungskreis, dem Regelkreis, fortlaufend gemessen und als Rückführgröße ***r*** mit der Führungsgröße ***w*** verglichen. Das Ergebnis dieses Vergleichs ist die Regeldifferenz ***e***. Aus der Regeldifferenz ***e*** wird im Regler die Reglerausgangsgröße ***m*** gebildet, die vom Stellglied zur Stellgröße ***y*** umgeformt wird und an den Eingang der Regelstrecke zurückgeführt wird.

Tabelle 1: Regelstrecken, Regelgrößen und Stellglieder (Beispiele)

Regelstrecken	Regelgrößen	Stellglieder
Motoren	Drehzahl	Frequenzumrichter
Netzgeräte	Spannung	Transistoren
Öfen	Temperatur	Thyristoren
Druckbehälter	Druck	Stellventile

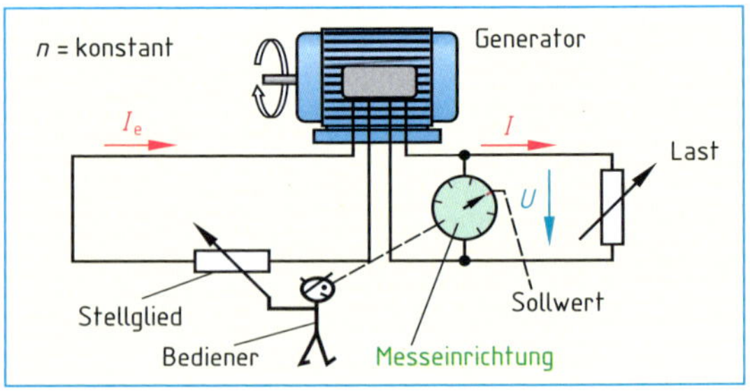

Bild 1: Handregelung der Generatorspannung

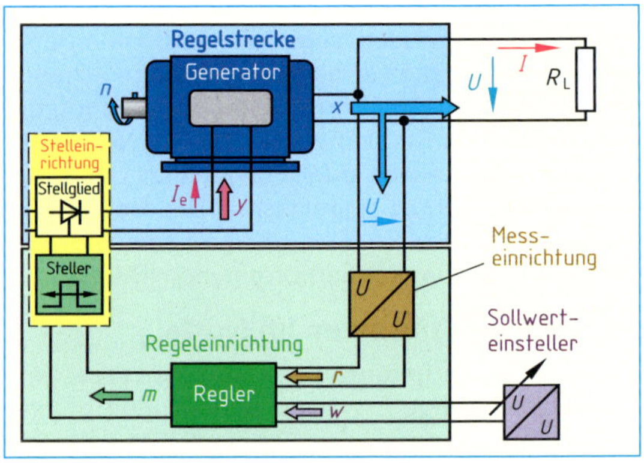

Bild 2: Selbsttätige Regeleinrichtung an einer Regelstrecke

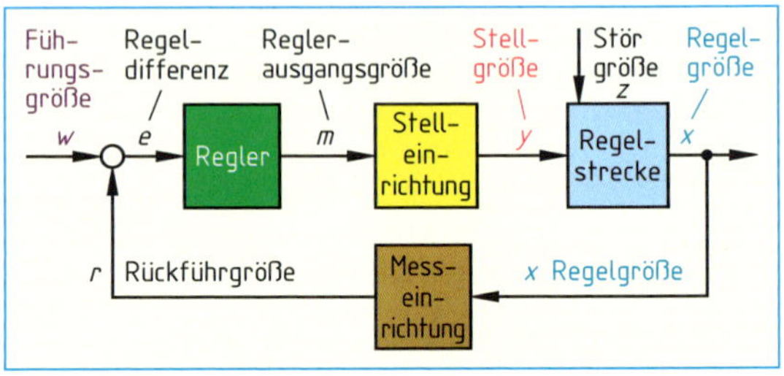

Bild 3: Signalflussplan des Regelkreises

Tabelle 2: Wichtige regelungstechnische Größen

Begriff	Formelzeichen	Beispiel
Regelgröße	*x*	Generatorspannung
Führungsgröße	*w*	Sollspannung
Rückführgröße	*r*	Messspannung
Reglerausgangsgröße	*m*	Steuerspannung
Stellgröße	*y*	Erregerstrom
Regeldifferenz	*e*	Spannungsdifferenz
Störgröße	*z*	Laststrom

15.6.2 Regelstrecken

Beim Regeln ist es wichtig, das Verhalten der Regelstrecke, z.B. eines Gleichstromgenerators, möglichst genau zu kennen.

Statisches Verhalten: Auf welchen neuen Wert stellt sich die Regelgröße x nach Änderung der Stellgröße y ein?

Dynamisches Verhalten: Wie ist der zeitliche Verlauf der Regelgröße x nach Änderung der Stellgröße y?

15.6.2.1 Statisches Verhalten von Regelstrecken

Regelstrecke mit Ausgleich

Hält man z.B. bei einem Gleichstromgenerator den Strom I (Störgröße z) konstant und ändert den Erregerstrom I_e (Stellgröße y) **(Bild 1a)**, stellt sich nach einer gewissen Zeit ein neuer konstanter Wert der Spannung U (Regelgröße x) ein. Trägt man diese konstanten Werte (x) in eine Kennlinie $U = f(I_e)$ [allgemein: $x = f(y)$] ein, ergibt sich die **statische Kennlinie** der Regelstrecke **(Bild 1b)**.

> Regelstrecken, bei denen die Regelgröße x, z.B. die Generatorspannung oder die Temperatur, nach einer Änderung der Stellgröße y, z.B. des Stromes, wieder einen konstanten Wert annimmt, nennt man **Regelstrecken mit Ausgleich**.

Stellt man nun die Störgröße z auf einen anderen konstanten Wert ein, z.B. beim Gleichstromgenerator auf $I = 0$ A oder $I = 10$ A, und ändert dann wieder die Stellgröße y (I_e), ergibt sich wie in **Bild 2** ein Kennlinienfeld.

Das statische Verhalten der Regelstrecke wird durch den **Proportionalbeiwert K_{PS}** beschrieben. Der Proportionalbeiwert K_{PS} der Regelstrecke ist die Steigung der Kennlinie **(Bild 3)**.

Man benötigt K_{PS}, um die Stabilität eines Regelkreises zu beurteilen.

> Regelstrecken mit Ausgleich nennt man auch Proportionalstrecken oder **P-Regelstrecken**, weil sich die Änderung der Regelgröße proportional zur Änderung der Stellgröße verhält.

Beispiel: Proportionalwert K_{PS} berechnen

Bei einem elektrisch beheizten Ofen wird der zugeführte Strom (Stellgröße y) von 5 A auf 7 A erhöht. Dadurch steigt die Temperatur (Regelgröße x) von 80 °C auf 100 °C. Berechnen Sie den Proportionalbeiwert K_{PS} der Regelstrecke.

Lösung:

$$K_{PS} = \frac{\Delta x}{\Delta y} = \frac{100\,°C - 80\,°C}{7\,A - 5\,A} = \mathbf{10\,\frac{K}{A}} \quad \text{(K: Kelvin)}$$

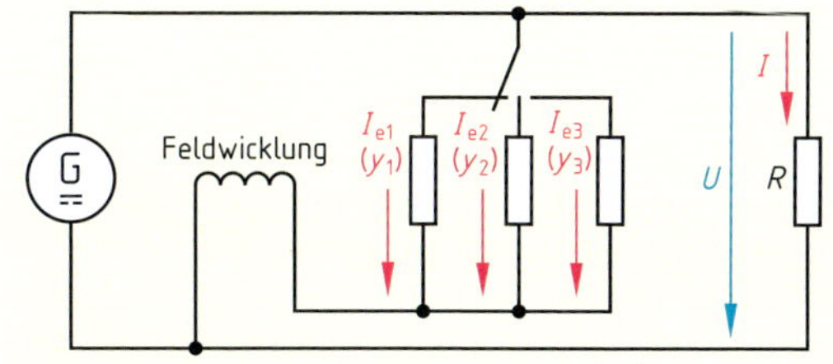

a) Schaltbild eines Gleichstromgenerators

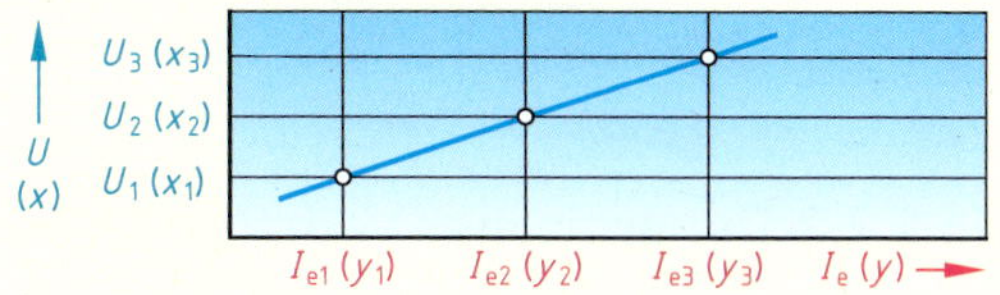

b) statische Kennlinie einer Regelstrecke

Bild 1: Aufnahme der statischen Kennlinie einer Regelstrecke

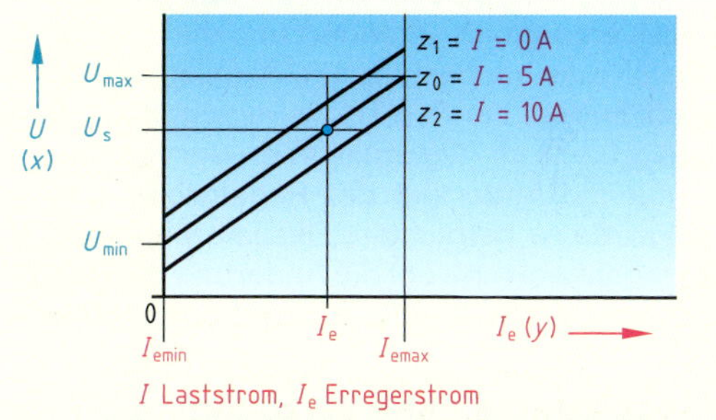

Bild 2: Statisches Kennlinienfeld eines Gleichstromgenerators bei unterschiedlicher Belastung

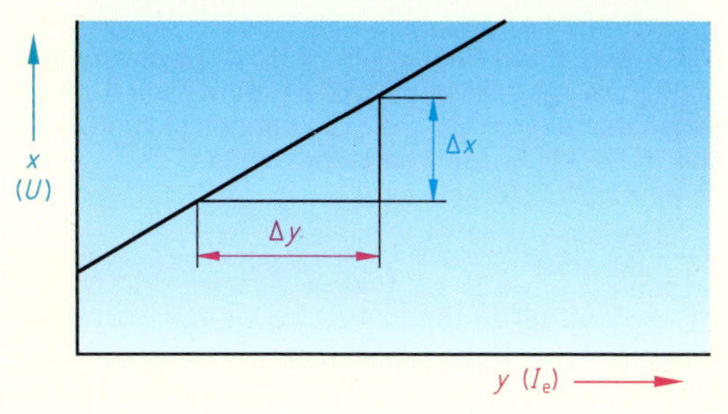

Bild 3: Ermittlung des Proportionalbeiwerts einer Regelstrecke

Proportionalbeiwert einer Regelstrecke

$$K_{PS} = \frac{\Delta x}{\Delta y}$$

K_{PS} Proportionalbeiwert der Regelstrecke
Δx Änderung der Regelgröße
Δy Änderung der Stellgröße

Regelstrecken ohne Ausgleich

Manche Regelstrecken, z. B. Flüssigkeitsbehälter **(Bild 1)**, finden nach einer Stellgrößenänderung keinen neuen Beharrungszustand. Diese Regelstrecken nennt man Regelstrecken ohne Ausgleich. Wird z. B. in **Bild 1** der Abfluss (Störgröße z) konstant gehalten und die Ventilöffnung (Stellgröße y) des Zulaufs vergrößert, wird sich kein neuer Beharrungszustand einstellen, sondern der Flüssigkeitsstand erhöht sich ständig bis zum Überlauf. Je größer die Ventilöffnung des Zulaufs, desto schneller wird der Füllstand steigen. Es existiert also kein Zusammenhang zwischen Füllstand und Ventilöffnung, sondern ein Zusammenhang zwischen Ventilöffnung und Anstiegsgeschwindigkeit des Füllstandes **(Bild 2)**. Die Regelstrecke ohne Ausgleich wird durch den Integrierbeiwert K_{IS} beschrieben **(Bild 2)**.

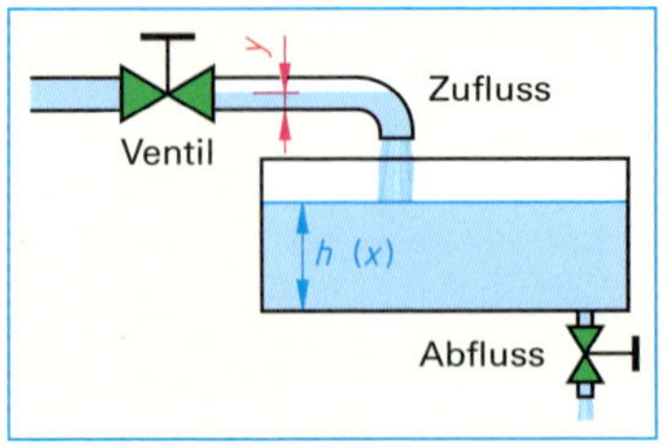

Bild 1: Regelstrecke ohne Ausgleich

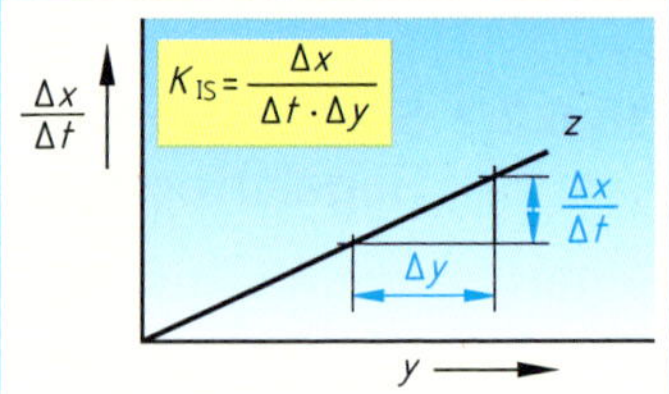

K_{IS} Integrierbeiwert
Δx Änderung der Regelgröße
Δy Änderung der Stellgröße
Δt Zeitdauer der Regelgrößenänderung
z Störgröße

Bild 2: Kennlinienfeld und Integrierbeiwert einer Regelstrecke ohne Ausgleich

15.6.2.2 Dynamisches Verhalten von Regelstrecken

Unter dem dynamischen Verhalten einer Regelstrecke versteht man den zeitlichen Verlauf der Regelgröße x bei Änderung der Stellgröße y **(Tabelle 1, Seite 601)**. Dazu untersucht man die **Sprungantwort (Bild 3)** der Regelstrecke. Dabei wird die Stellgröße y am Eingang der Regelstrecke sprunghaft verändert und die Regelgröße x am Ausgang der Regelstrecke beobachtet. Die Regelstrecke ist dabei vom Regler getrennt, sodass der Regler die Regelgröße x nicht beeinflusst. Da die Regelgröße x im Allgemeinen proportional zur Stellgröße ist, genügt es, nur die **Änderung der Regelgröße** nach einer **Änderung der Stellgröße** zu betrachten. Deshalb beginnen in den Kennlinien der Sprungantwort sowohl die Änderung der Regelgröße Δx als auch die Änderung der Stellgröße Δy im Ursprung **(Bild 4a)**.

P-Regelstrecke ohne Verzögerung (PT_0-Strecke)

Beispiel für eine PT_0-Strecke: Transistor

Betrachtet man einen Transistor als Regelstrecke, den Kollektorstrom I_C als Regelgröße x und den Basisstrom I_B als Stellgröße y, ergibt sich bei einer sprunghaften Änderung der Stellgröße y (I_B) ein Verlauf der Regelgröße x (I_C) wie in **Bild 3**. Die Regelgröße x (I_C) folgt unverzögert und proportional der Stellgröße y (I_B). Die Regelgröße nimmt nach Änderung der Stellgröße einen neuen stationären Wert ein. Es handelt sich um eine Regelstrecke mit Ausgleich. Regelstrecken mit einem Verlauf der Sprungantwort wie in **Bild 4a** nennt man PT_0-Strecken.

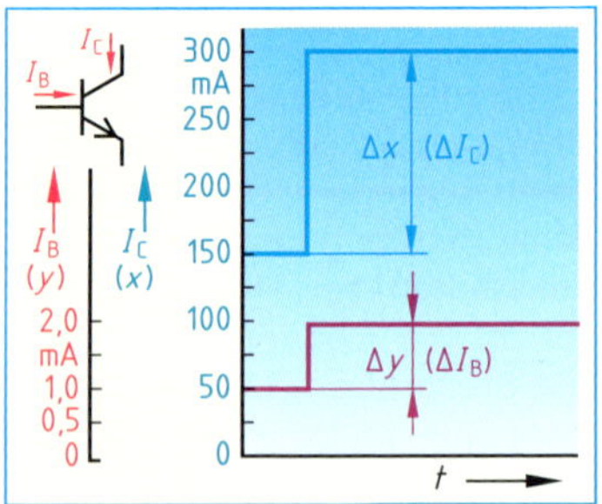

Bild 3: Verlauf der Regelgröße bei einer unverzögerten Regelstrecke

PT_0-Strecke
- Zeitverhalten: 0 ≙ ohne Verzögerung
- Proportionale Strecke

Aus der Kennlinie **(Bild 4a)** kann man den **Proportionalbeiwert K_{PS}** der Regelstrecke berechnen. **Bild 4b** zeigt das Symbol einer PT_0-Regelstrecke.

Aus der Sprungantwort kann man das **Zeitverhalten und** den **Proportionalbeiwert K_{PS}** der Regelstrecke ermitteln.

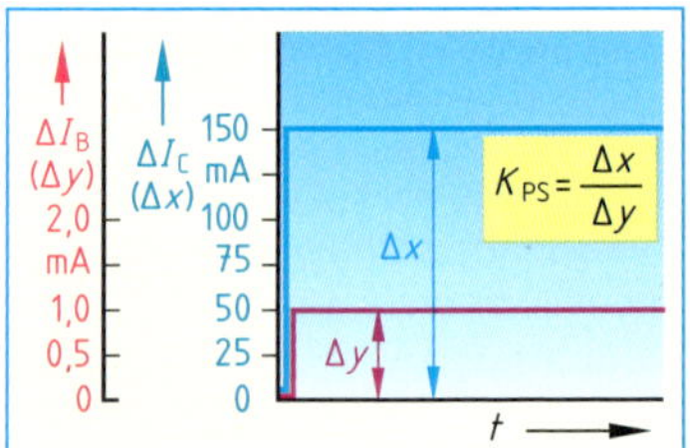

a) Sprungantwort und Proportionalbeiwert

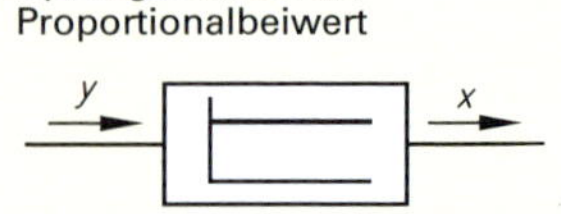

b) Symbol

Bild 4: Sprungantwort, Proportionalbeiwert und Symbol einer Regelstrecke ohne Verzögerung

Weiteres Beispiel für Regelstrecke mit PT_0-Verhalten

Eine Rohrleitung mit dem Durchfluss als Regelgröße und der Ventilstellung als Stellgröße ist ein weiteres Beispiel für eine unverzögerte Regelstrecke. Auch bei dieser Regelstrecke folgt der Durchfluss unverzögert der Ventilstellung.

P-Regelstrecke mit einer Verzögerung (PT$_1$-Regelstrecke)

Beispiel für eine PT$_1$-Strecke: Kessel

Die Flüssigkeit in einem Kessel soll auf einer bestimmten Temperatur gehaltenwerden **(Bild 1)**. Dazu strömt Dampf durch ein Ventil in die Flüssigkeit. Wenn die Wärmeabgabe der Flüssigkeit genauso groß ist wie die zugeführte Wärmemenge des Dampfes, ändert sich die Temperatur nicht mehr. Öffnet man am Zufluss des Kessels sprunghaft das Ventil, sodass mehr heißer Dampf in die Flüssigkeit strömen kann, erwärmt sich die Flüssigkeit im Kessel nicht schlagartig, sondern nach einer e-Funktion **(Seite 76)** mit der **Zeitkonstanten T_S (Bild 2a)**. Das Symbol einer PT$_1$-Regelstrecke zeigt **Bild 2b**.

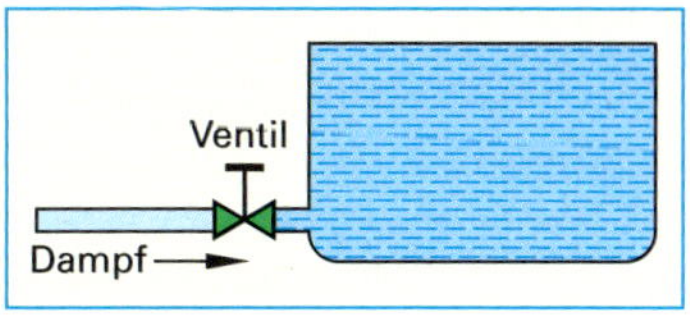

Bild 1: Kessel mit dampfbeheizter Flüssigkeit

Die Zeitkonstante einer Regelstrecke nennt man Verzögerung.

Wenn die zugeführte Wärmemenge wieder gleich der von der Flüssigkeit abgegebenen Wärmemenge ist, ist die Endtemperatur erreicht. Die Zeitkonstante T_S kann man durch Anlegen einer Tangente an den Anfangswert der Kennlinie der Regelgröße ablesen **(Bild 2a)**.

Bei allen P-Regelstrecken kann man aus dem Endzustand der Regelgrößenänderung Δx und der zugehörigen Stellgrößenänderung Δy den **Proportionalbeiwert K_{PS}** der Regelstrecke bestimmen.

Der Proportionalbeiwert K_{PS} gibt an, um welchen Wert sich die Regelgröße x bei einer bestimmten Änderung der Stellgröße y ändert.

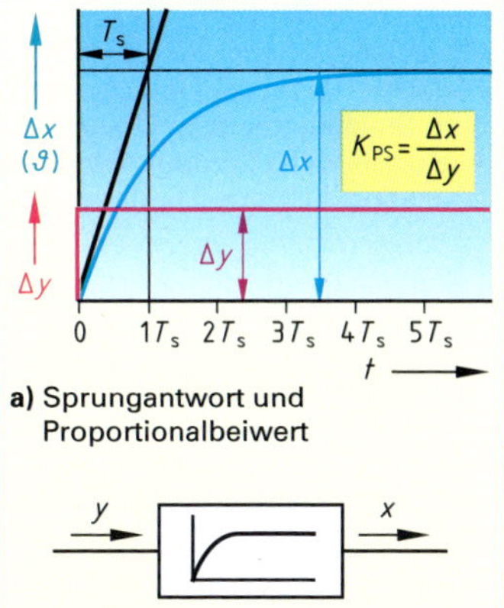

a) Sprungantwort und Proportionalbeiwert

b) Symbol

Bild 2: Sprungantwort, Proportionalbeiwert und Symbol einer PT$_1$-Regelstrecke

Weiteres Beispiel für Regelstrecke mit PT$_1$-Verhalten

Eine Spule ist eine PT$_1$-Regelstrecke. Ändert sich die Spannung an der Spule schlagartig, ändert sich der Strom nach einer e-Funktion.

PT$_1$-Regelstrecken sind durch den Proportionalbeiwert K_{PS} und die Zeitkonstante T_S gekennzeichnet.

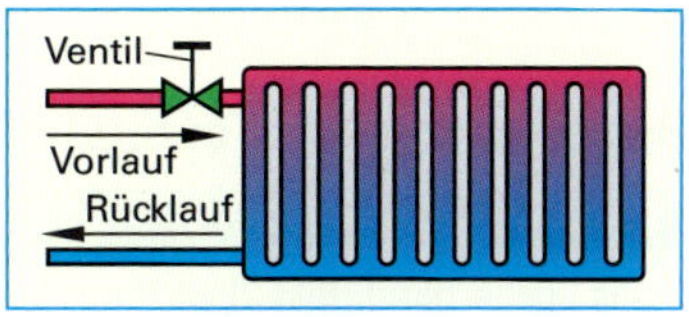

Bild 3: Heizkörper mit Vor- und Rücklauf

P-Regelstrecke mit zwei Verzögerungen (PT$_2$-Regelstrecke)

Beispiel für eine PT$_2$-Strecke: Heizkörper

Die Temperatur an einem Heizkörper **(Bild 3)** soll konstant gehalten werden. Dazu ist ein Ventil in der Zuleitung zum Heizkörper eingebaut. Die Endtemperatur des Heizkörpers wird erreicht, wenn die zugeführte Wärmemenge gleich der abgegebenen Wärmemenge ist. Ändert man schlagartig die Ventilöffnung, wird sich ein Temperaturverlauf wie in **Bild 4a** einstellen. Die Temperatur steigt langsam an und erreicht nach Durchlaufen eines Wendepunktes[1] einen Endwert. Legt man eine Tangente an den Wendepunkt, kann man die Verzugszeit T_e und die Ausgleichszeit T_b ablesen **(Bild 4a)**. Bei einer PT$_2$-Regelstrecke überlagern sich zwei Zeitkonstanten. Im Heizkörper sind das die Zeitkonstante für die Erwärmung des Wassers im Heizkörper und die Zeitkonstante für die Erwärmung des Heizkörpers durch das Wasser.

PT$_2$-Regelstrecken sind durch den Proportionalbeiwert K_{PS} und zwei Zeitkonstanten (Verzögerungen) gekennzeichnet.

Weiteres Beispiel für Regelstrecke mit PT$_2$-Verhalten

Ein fremderregter Gleichstrommotor mit Permanentmagnet und Drehzahlregelung durch Verändern der Ankerspannung. Es gibt zwei Zeitkonstanten, eine für die Ankerwicklung und eine für die Beschleunigung des Ankers.

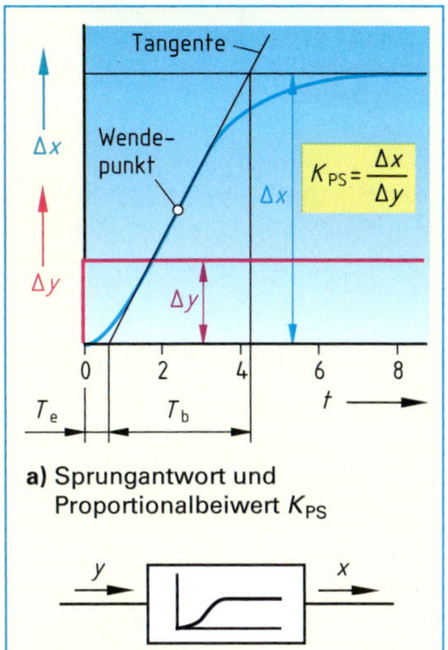

a) Sprungantwort und Proportionalbeiwert K_{PS}

b) Symbol

Bild 4: PT$_2$-Regelstrecke

[1] Der Wendepunkt ist der Punkt einer Kurve, in dem ihre Steigung von zunehmend in abnehmend wechselt.

P-Regelstrecke mit mehreren Verzögerungen (PT_n-Regelstrecke)

Regelstrecken mit mehreren Verzögerungen nennt man Regelstrecken höherer Ordnung oder PT_n-Strecken, wobei n die Anzahl der Verzögerungen ist. Regelstrecken höherer Ordnung haben einen ähnlichen Verlauf wie eine PT_2-Regelstrecke. Dabei ist jedoch der anfängliche waagerechte Verlauf der Regelgröße, die Verzugszeit T_e, länger **(Bild 1)**.

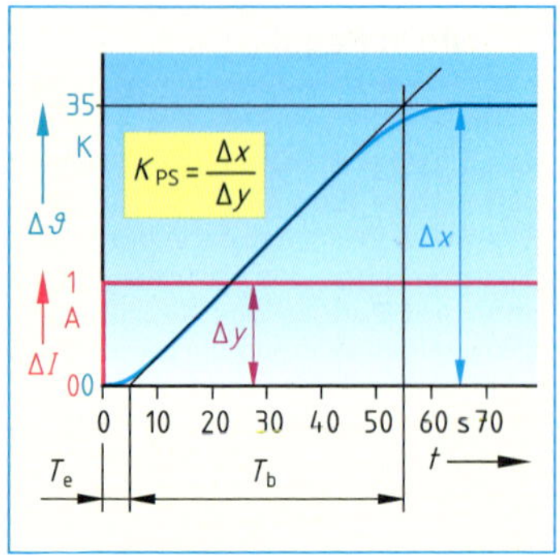

Bild 1: Sprungantwort einer PT_n-Regelstrecke

Beispiel für eine PT_6-Strecke: Ölradiator

Ein elektrisch beheizter Ölradiator ist eine Regelstrecke höherer Ordnung. Die Regelstrecke besteht aus der Heizwicklung, ihrer keramischen Isolation und dem Stahlmantel, dem Öl, dem Heizkörper selbst und dem Thermoschalter. Alle diese sechs Komponenten haben jeweils eine Verzögerung (Zeitkonstante), sodass sich eine PT_6-Regelstrecke bildet.

Regelbarkeit einer Regelstrecke ab PT_2: $\frac{\text{Ausgleichszeit}}{\text{Verzugszeit}} = \frac{T_b}{T_e}$

$\frac{T_b}{T_e} \geq 10 \Rightarrow$ gut regelbar; $\frac{T_b}{T_e} \leq 3 \Rightarrow$ schlecht regelbar

Beispiel: Regeln einer Heizspirale

Bei einer elektrischen Heizspirale wird der Strom von $I = 2$ A auf $I = 3$ A erhöht. Dabei steigt die Temperatur von 100 °C auf 135 °C und es ergibt sich eine Sprungantwort wie in **Bild 1**. Bestimmen Sie **a)** die Regelbarkeit und **b)** den Proportionalbeiwert K_{PS} der Regelstrecke.

Lösung:

a) $\frac{T_b}{T_e} = \frac{50\,\text{s}}{5\,\text{s}} = \mathbf{10} \Rightarrow$ **gut regelbar;** **b)** $K_{PS} = \frac{\Delta x}{\Delta y} = \frac{135\,°\text{C} - 100\,°\text{C}}{3\,\text{A} - 2\,\text{A}} = \mathbf{35\,\frac{K}{A}}$

Regelstrecke mit Totzeit (PT_T-Strecke)

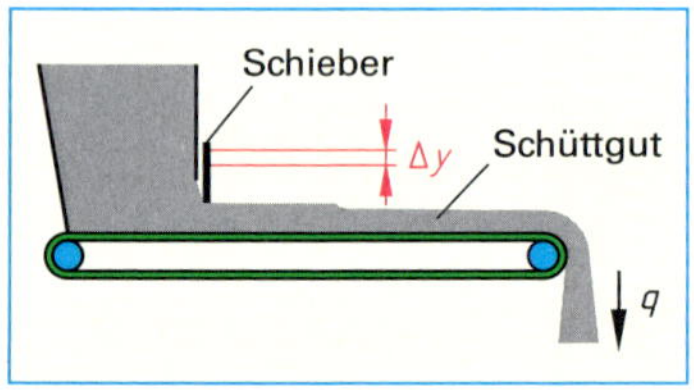

Bild 2: Förderband

Beispiel für eine PT_T-Strecke: Förderband

Das Förderband **(Bild 2)** wird mit einer konstanten Drehzahl angetrieben und fördert ein Schüttgut. Wird der Schieber um Δy verändert, läuft mehr Material auf das Förderband. Die Fördermenge am Bandende ändert sich jedoch erst nach der Transportzeit, der Totzeit T_t **(Bild 3a)**. Totzeiten treten immer dort auf, wo Stoffe über längere Strecken transportiert werden oder wo ein zeitlicher Unterschied zwischen Änderung der Stellgröße und Erfassung der Regelgrößenänderung am Messpunkt ist. Das Symbol einer Regelstrecke mit Totzeit zeigt **Bild 3b**.

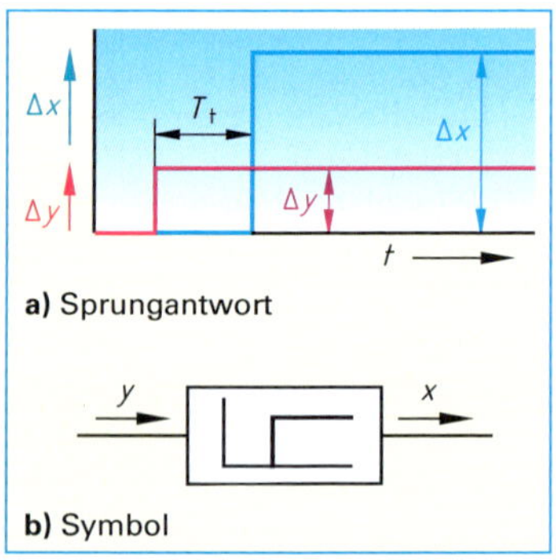

a) Sprungantwort

b) Symbol

Bild 3: Regelstrecke mit Totzeit

Die Sprungantwort von Regelstrecken sehr hoher Ordnung gleicht der Sprungantwort von Regelstrecken mit Totzeit. Regelstrecken mit Totzeit lassen sich schwierig regeln.

I-Regelstrecke mit und ohne Verzögerung

Soll z. B. der Füllstand eines Behälters geregelt werden, liegt eine **Regelstrecke ohne Ausgleich** vor. Solche Regelstrecken nennt man auch **I-Regelstrecke** oder **integrale Regelstrecke**. Verändert man bei gleich bleibender Abflussmenge schlagartig die Zuflussmenge, erhält man eine Sprungantwort wie in **Bild 4a**. Das Symbol einer I-Regelstrecke ohne Verzögerung zeigt **Bild 4b**.

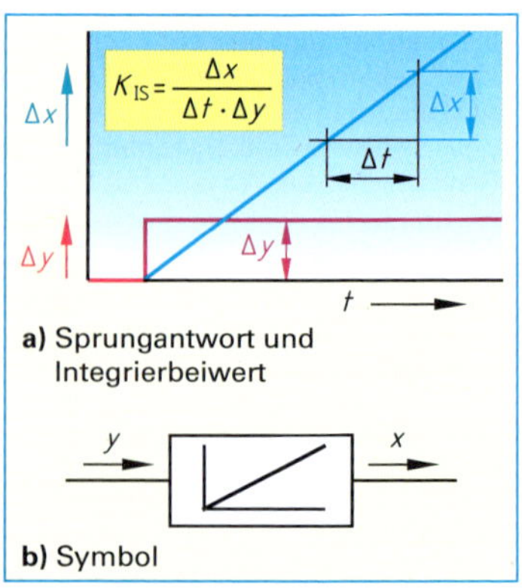

a) Sprungantwort und Integrierbeiwert

b) Symbol

Bild 4: I-Regelstrecke ohne Verzögerung

Aus der Sprungantwort **(Bild 4a)** kann man den Integrierbeiwert K_{IS} der Regelstrecke ermitteln

Tabelle 1: Regelstrecken

Bezeichnung der Regelstrecke		Beispiel: Regelstrecke	Beispiel: Regelgröße	Sprungantwort	Symbol	Proportionalbeiwert K_{PS} bzw. Integrierbeiwert K_{IS}
Regelstrecken mit Ausgleich	PT_0	Elektrischer Widerstand	Spannung U			$K_{PS} = \frac{\Delta x}{\Delta y}$
	PT_1	Druckluftkessel	Druck P			$K_{PS} = \frac{\Delta x}{\Delta y}$
	PT_n	Heizung	Temperatur ϑ			$K_{PS} = \frac{\Delta x}{\Delta y}$
Regelstrecken ohne Ausgleich	IT_0	Behälter	Füllstand h			$K_{IS} = \frac{\Delta x}{\Delta t \cdot \Delta y}$
	IT_n	Werkzeugspindel	Lage x			$K_{IS} = \frac{\Delta x}{\Delta t \cdot \Delta y}$

15.6.3 Regler

Der Regler vergleicht die **Rückführgröße *r*** mit der **Führungsgröße *w***. Beim Auftreten einer **Regeldifferenz *e*** verändert er über die Stelleinrichtung die **Stellgröße *y***.

Man unterscheidet stetige Regler und unstetige Regler **(Tabelle 2)**. Bei unstetigen Reglern erfolgt die Änderung der Stellgröße sprunghaft (unstetig), bei stetigen Reglern kontinuierlich (fortdauernd).

Tabelle 2: Reglerarten

Stetige Regler	Unstetige Regler
– P-Regler **(Seite 603)** – I-Regler **(Seite 604)** – PI-Regler **(Seite 604)** – PD-Regler **(Seite 605)** – PID-Regler **(Seite 606)**	– Zweipunktregler **(Seite 601)** – Dreipunktregler **(Seite 602)**

In den folgenden Ausführungen zu Reglern wird, wie in der Praxis üblich, die Stellgröße y als Ausgangsgröße des Reglers betrachtet.

15.6.3.1 Unstetige Regler

Zweipunktregler

Die Stellgröße y eines Zweipunktreglers (Symbol: **Bild 1, Seite 602**) hat nur zwei Werte: $y = 0$ (AUS) und $y = y_h$ (EIN) **(Bild)**.

Beispiel: Zweipunktregler als Temperaturregler

Bei einem elektrisch beheizten Backofen wird der Heizstrom als Stellgröße y aus- und eingeschaltet. Die Temperatur (x) verharrt nicht genau auf dem Sollwert, sondern schwankt um einen Mittelwert $\bar{x}$. Die Differenz zwischen dem höchsten und dem niedrigsten Wert der Regelgröße x ist die **Schwankungsbreite Δx (Bild)**. Der Regler schaltet den Heizstrom nicht genau bei Erreichen der Solltemperatur ab, bzw. ein, sondern erst bei einer etwas höheren Temperatur (x_o) ab und bei einer etwas niedrigeren Temperatur (x_u) wieder ein **(Bild)**. Die Differenz zwischen oberem Ansprechwert x_o und unterem Ansprechwert x_u heißt **Schaltdifferenz x_{sd}** oder **Hysterese (Bild)**.

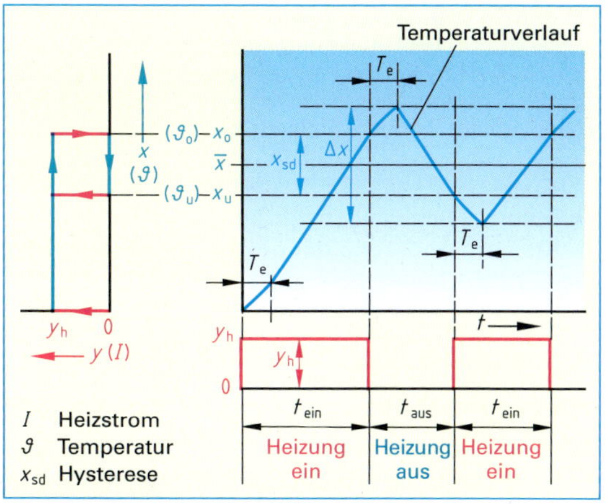

Bild: Regelgröße und Stellgröße bei einer Zweipunkt-Regeleinrichtung

Kleine Schaltdifferenz x_{sd} ⇒ kleine Schwankungsbreite Δx ⇒ große Schalthäufigkeit

Bei mechanischen Schaltern, z.B. Schützen, führt eine große Schalthäufigkeit zu hohem Verschleiß.

Breitet sich z.B. in einer Temperatur-Regelstrecke die Wärme nur langsam aus, so steigt die Temperatur nach dem Abschalten der Stellgröße noch einige Zeit und geht nach dem Wiedereinschalten noch weiter zurück **(Bild, Seite 601)**. In der Regelstrecke tritt eine **Verzugszeit T_e** auf.

Die Verzugszeit T_e vergrößert die Schwankungsbreite Δx der Regelgröße x und verkleinert die Schalthäufigkeit.

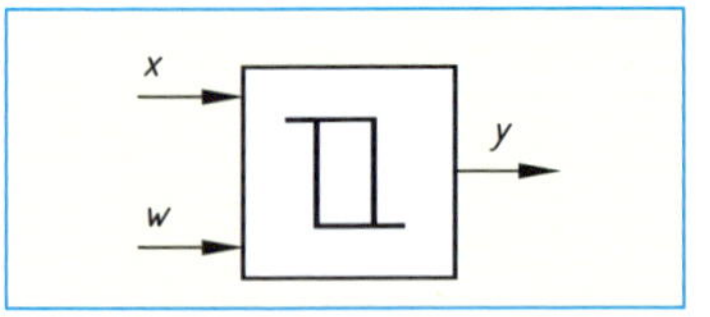

Bild 1: Symbol eines Zweipunktreglers

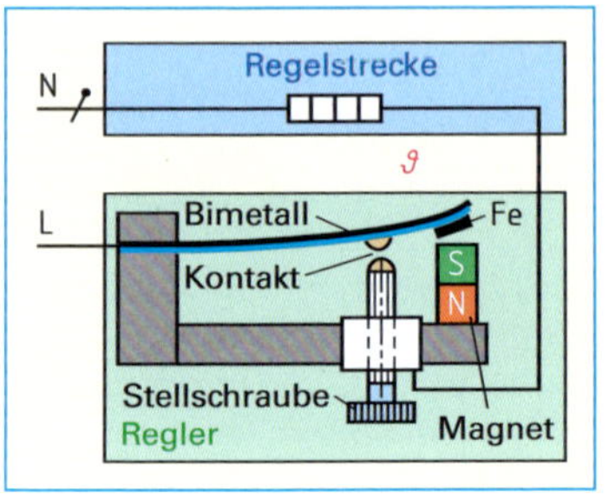

Bild 2: Bimetall-Temperaturregler

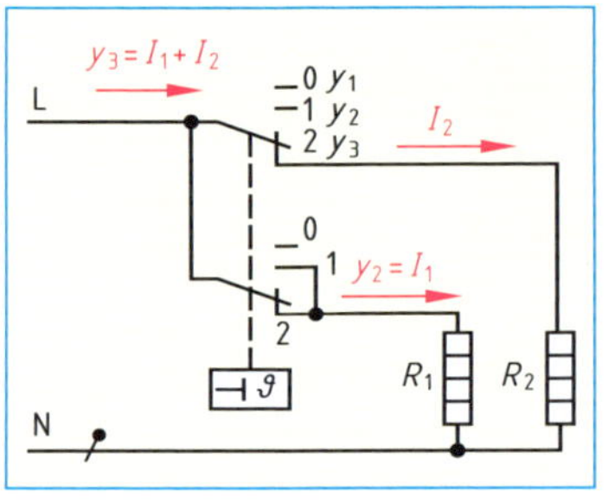

Bild 3: Dreipunkt-Regeleinrichtung

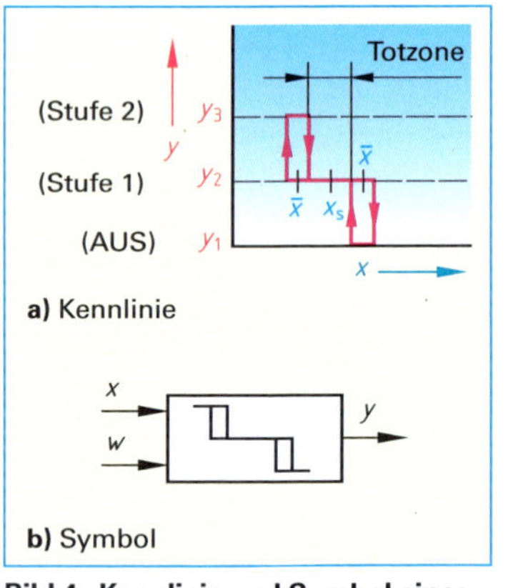

Bild 4: Kennlinie und Symbol eines Dreipunktreglers

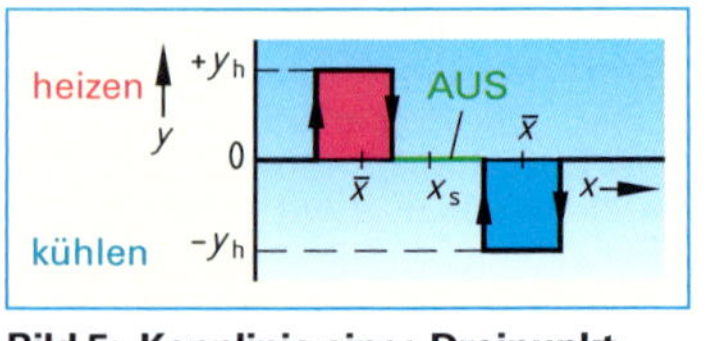

Bild 5: Kennlinie eines Dreipunktreglers mit Mittelstellung 0

Zweipunktregler als Bimetall-Temperaturregler

Diese Regler haben zur Temperaturermittlung einen Bimetallstreifen, der sich bei einer Temperaturänderung verbiegt und einen Kontakt öffnet oder schließt **(Bild 2)**. Um hohen Kontaktabbrand zu vermeiden, müssen die Kontakte schlagartig öffnen bzw. schließen. Dazu dient eine vorgespannte Kontaktfeder und ein Eisenplättchen (Fe). Das Eisenplättchen wird bei Temperaturrückgang von einem Dauermagneten bei einem bestimmten Abstand schlagartig angezogen. Bei Temperaturerhöhung öffnet der Kontakt schlagartig, wenn die Vorspannung des Bimetalls größer als die Haltekraft des Magneten ist. Der Sollwert wird durch Verändern des Kontaktabstands zum Bimetall mittels Stellschraube eingestellt.

Dreipunktregler

Ein Dreipunktregler ermöglicht drei verschiedene Werte der Stellgröße y **(Bild 3)**. Sein Symbol zeigt **Bild 4b**.

Beispiele für die drei Stellgrößen des Dreipunktreglers:

- **1.** AUS (y_1), **2.** Stufe 1 (y_2), **3.** Stufe 2 (y_3) **(Bild 4a)**
- **1.** Auf ($+y_h$), **2.** Stopp ($y = 0$), **3.** Ab ($-y_h$) **(Bild 5)**

Beispiel: Dreipunktregler als Temperaturregler

Die Heizung eines Glühofens besteht aus einem Heizkörper R_1 großer Leistung und einen Heizkörper R_2 kleiner Leistung **(Bild 3)**. Beim Durchlauf des Glühguts ist R_1 dauernd in Betrieb. Stellgröße ist y_2. Steigt der Wärmebedarf, wird R_2 zugeschaltet. Die Stellgröße ist jetzt y_3. Sie schwankt bei verändertem Wärmebedarf zwischen y_2 und y_3 **(Bild 4a)**. Der Mittelwert $\bar{x}$ der Regelgröße bleibt etwas unter dem Sollwert x_s. Steigt die Temperatur allein durch R_1 weiter an, schaltet der Regler auch diesen Heizkörper ab. Die Stellgröße schwankt dann zwischen y_2 und y_1. Der Mittelwert $\bar{x}$ der Regelgröße bleibt etwas über dem Sollwert x_s.

Vorteile eines Dreipunktreglers gegenüber einem Zweipunktregler:

- Kleinere Schwankungsbreite Δx.
- Kleinere Änderung der gesteuerten Leistung Δy.

Weiteres Beispiel für einen Dreipunktregler: Klimaanlage

Die Stellgrößen sind $+y_h$ (Heizen), $y = 0$ (AUS) und $-y_h$ (Kühlen) **(Bild 5)**.

Dreipunktschrittregler

Wirkt ein Dreipunktregler mit den Stellgrößen $+y_h$, $y = 0$ und $-y_h$ auf einen Motor, so ist **Linkslauf, Aus** und **Rechtslauf** möglich. Treibt dieser Motor z.B. ein Stellventil an, ändert sich die Stellgröße nicht mehr stufig, sondern stetig. Solche Regler nennt man **Dreipunktschrittregler**.

15.6.3.2 Stetige Regler

P-Regler (Proportionaler Regler)

Funktionsweise: An einer Füllstandsregelung **(Bild 1)** wird das Verhalten des P-Reglers gezeigt. Steigt der Füllstand, wird der Schwimmer angehoben und schließt über den Hebel das Ventil. Steigt der Füllstand auf den Wert x_e, ist das Ventil ganz geschlossen, fällt er auf x_a, ist das Ventil ganz geöffnet. Im Bereich zwischen x_a und x_e ist die Änderung der Ventilstellung Δy proportional zur Änderung des Füllstandes Δx.

Beim P-Regler verhält sich die **Änderung** der **Stellgröße Δy** proportional zur **Änderung** der **Regeldifferenz *e*.**

Verschiebt man den Drehpunkt M des Hebels nach links, muss der Füllstand höher steigen, damit das Ventil völlig schließt, und tiefer sinken, damit es ganz öffnet. Der Bereich zwischen x_a und x_e wird breiter. Verschiebt man den Drehpunkt M nach rechts, verringert sich der Bereich zwischen x_a und x_e. Die Differenz zwischen x_e und x_a nennt man **Proportionalbereich X_P.**

Je kleiner der Proportionalbereich ist, desto größer ist die Änderung der Stellgröße bei Auftreten einer Regeldifferenz.

Die Reglerkennlinie **(Bild 2a)** beschreibt das Verhalten eines P-Reglers. Beim unteren Wert x_a des P-Bereiches ist die Stellgröße maximal (y_h), beim oberen Wert x_e ist die Stellgröße 0. Setzt man bei einem P-Regler Ausgangsgrößenänderung Δy und Eingangsgrößenänderung Δx ins Verhältnis **(Bild 2a)**, erhält man den **Proportionalbeiwert K_{PR}** des Reglers. Das Symbol eines P-Reglers zeigt **Bild 2b**.

Je größer der Proportionalbeiwert K_{PR} ist, desto kleiner ist der Proportionalbereich X_P.

Dynamisches Verhalten: Wie bei den Regelstrecken nimmt man zur Untersuchung des dynamischen Verhaltens eines Reglers seine Sprungantwort auf. Dazu ändert man die Eingangsgröße *e* des Reglers schlagartig und beobachtet den zeitlichen Verlauf der Ausgangsgröße *y*. Im Beispiel Füllstandsregelung verändert sich die Stellgröße *y* unverzögert und proportional mit der Regeldifferenz *e* **(Bild 4)**. Aus dem Proportionalbeiwert K_{PR} und der Regeldifferenz *e* berechnet man die Stellgrößenänderung Δy **(Bild 4).**

Vor- und Nachteile: Ein wesentlicher Vorteil des P-Reglers ist seine Schnelligkeit. Er kann jedoch eine Störung nicht so weit ausregeln, dass die Regelgröße den Sollwert wieder ganz erreicht. Man sagt, der P-Regler hat eine **bleibende Regeldifferenz e_p**. In **Bild 3** ist zur Kennlinie eines P-Reglers die Kennlinie einer P-Regelstrecke, z.B. eines Gleichstromgenerators, dargestellt. Die Kennlinie z_0 der Regelstrecke ist die Kennlinie bei Normalbetrieb. Es stellt sich der Arbeitspunkt P_0 mit dem Sollwert x_s der Regelgröße ein. Wird ein größerer Strom I entnommen (z_1), verschiebt sich die Kennlinie und es stellt sich ein neuer Arbeitspunkt P_1 mit den Koordinaten x_1 und y_1 ein. Die Differenz zwischen x_s und x_1 nennt man bleibende Regeldifferenz e_p.

Der P-Regler ist schnell, hat aber eine bleibende Regeldifferenz. Je größer K_{PR}, desto geringer die bleibende Regeldifferenz e_p.

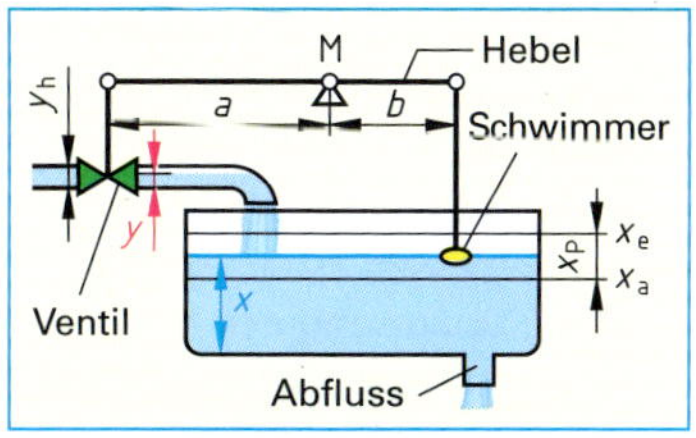

Bild 1: Füllstandsregelung mit P-Regler

P-Regler

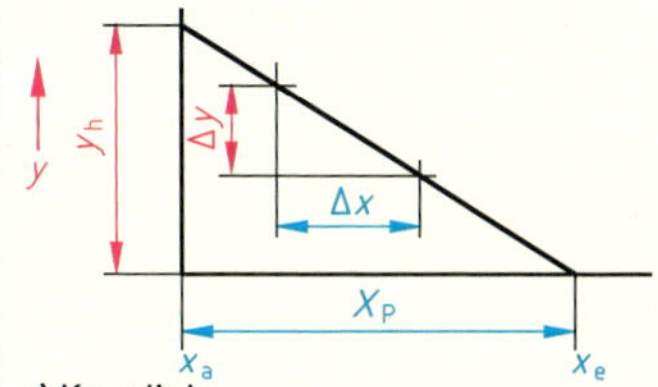

a) Kennlinie

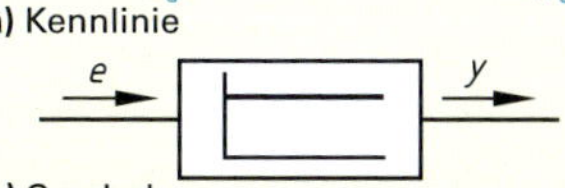

b) Symbol

Bild 2

Proportionalbeiwert eines P-Reglers

$$K_{PR} = \frac{\Delta y}{\Delta x} = \frac{Y_h}{X_P}$$

K_{PR} Proportionalbeiwert
Δy Änderung der Stellgröße
Δx Änderung der Regelgröße
Y_h Stellbereich
X_P Proportionalbereich

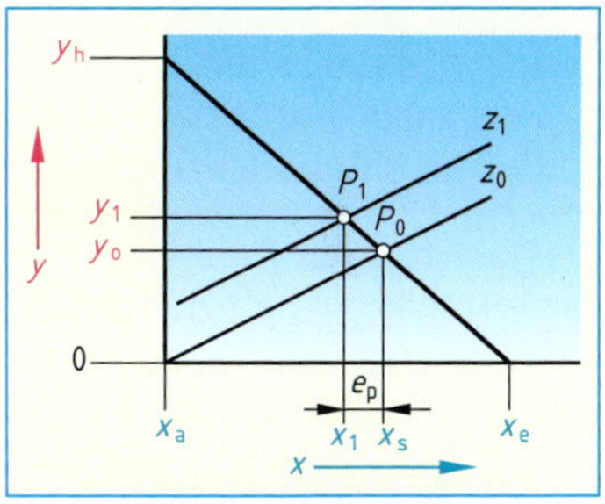

Bild 3: Kennlinie eines P-Reglers an einer P-Strecke

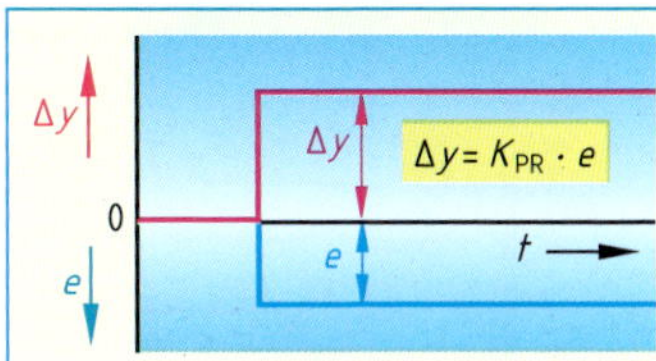

Δy Änderung der Stellgröße
K_{PR} Proportionalbeiwert
e Regeldifferenz

Bild 4: Sprungantwort eines P-Reglers

I-Regler (Integraler Regler)

Funktionsweise: Ändert sich in **Bild 1** der Füllstand $h(x)$, verschiebt der Schwimmer den Schleifer am Potenziometer und der Stellmotor dreht sich. Dadurch ändert sich die Ventilstellung (y) und es fließt mehr bzw. weniger Wasser in den Behälter. Wenn die Regeldifferenz e groß ist, ist auch die Spannung am Motor hoch, und der Motor dreht sich schnell. Je dichter die Regelgröße an ihren Sollwert kommt, desto langsamer ändert sich die Stellgröße.

Beim I-Regler ist die **Änderungsgeschwindigkeit $v_y = \Delta y / \Delta t$** der Stellgröße proportional zur Regeldifferenz e.

Dynamisches Verhalten: Bei einer konstanten Regeldifferenz e ist die Änderungsgeschwindigkeit der Stellgröße konstant **(Bild 2a)**.

Die Zeit, die der Regler benötigt, um den ganzen Stellbereich Y_h zu durchlaufen, nennt man **Integrierzeit T_I**. Der **Integrierbeiwert K_{IR}** ist ein Maß für die Änderungsgeschwindigkeit der Stellgröße y.

Vor- und Nachteile: Es liegt so lange eine Spannung am Gleichstrommotor an, bis der Sollwert erreicht ist. Der I-Regler (Symbol: **Bild 2b**) regelt also eine Störung vollständig aus.

Der I-Regler hat keine bleibende Regeldifferenz e_p, ist aber langsam.

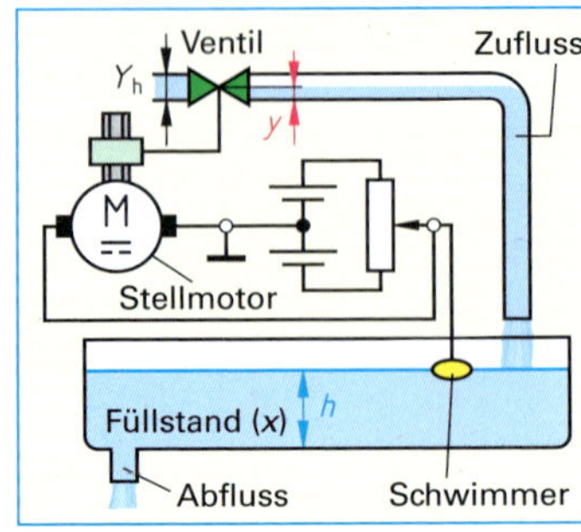

Bild 1: Füllstandsregelung mit I-Regler

I-Regler

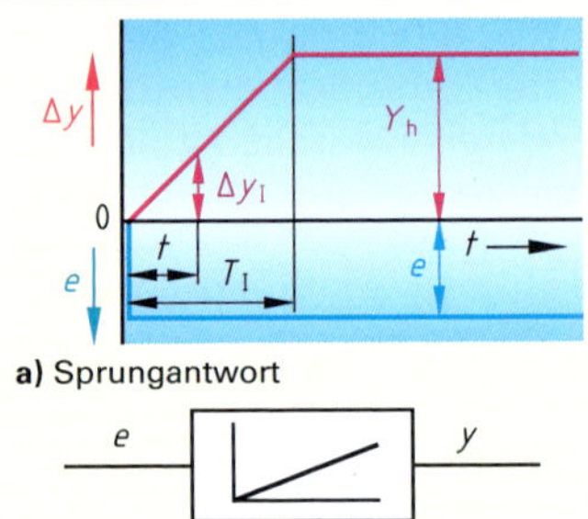

Bild 2

Integrierbeiwert und Stellgröße

$$K_{IR} = \frac{\Delta y}{t} = \frac{Y_h}{T_I}$$

$$\Delta y_I = K_{IR} \cdot e \cdot t$$

K_{IR}	Integrierbeiwert
Δy	Änderung der Stellgröße
t	Zeitdauer ab Änderung der Regeldifferenz
Y_h	Stellbereich
Δy_I	Stellgrößenänderung des I-Reglers
T_I	Integrierzeit
e	Regeldifferenz

PI-Regler

Funktionsweise: Ändert sich in **Bild 4** der Füllstand $h(x)$, passt der Schwimmer die Ventilstellung (y) über den Hebel sofort an. Der Motor regelt so lange nach, bis der Sollwert wieder erreicht ist.

Dynamisches Verhalten: Die Sprungantwort **(Bild 3a)** kennzeichnet das dynamische Verhalten eines PI-Reglers (Symbol: **Bild 3b**). Die Stellgrößenänderung Δy_{PI} besteht aus dem P-Anteil Δy_P und dem I-Anteil Δy_I. Nach dem Sprung der Regeldifferenz ändert sich sofort der P-Anteil Δy_P der Stellgröße, der I-Anteil Δy_I der Stellgröße steigt linear an und addiert sich zu Δy_P.

Die Zeit, die nach einer sprunghaften Änderung von e vergeht, bis Δy_I genauso groß ist wie Δy_P, nennt man Nachstellzeit T_i **(Bild 3a)**. Je kürzer die Nachstellzeit, desto stärker der Einfluss des I-Anteils.

Die **Nachstellzeit T_i** lässt sich auch ermitteln, indem man die Steigung des I-Anteils bis zur t-Achse verlängert **(Bild 3a)**.

Vor- und Nachteile: Beim PI-Regler heben sich die jeweiligen Nachteile des P- und des I-Reglers auf.

Der PI-Regler ist schnell und hat keine bleibende Regeldifferenz e_p.

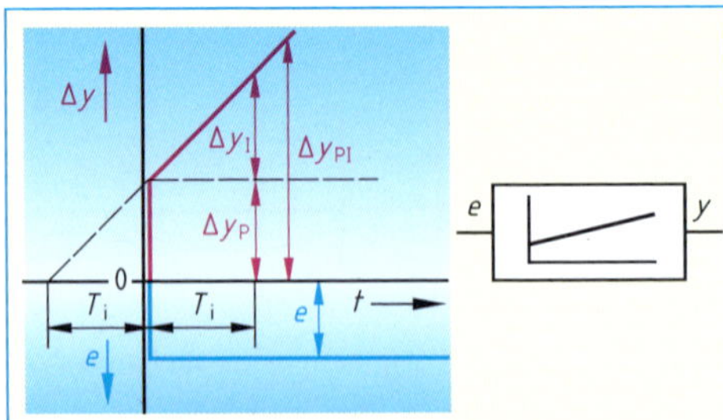

a) Sprungantwort b) Symbol

$$\Delta y_{PI} = K_{PR} \cdot e \cdot \left(1 + \frac{t}{T_i}\right)$$

Δy_{PI}	Stellgrößenänderung des PI-Reglers
T_i	Nachstellzeit
t	Zeitdauer ab Änderung der Regeldifferenz
K_{PR}	Proportionalbeiwert
e	Regeldifferenz

Bild 3: Sprungantwort, Symbol und Formel für die Stellgrößenänderung eines PI-Reglers

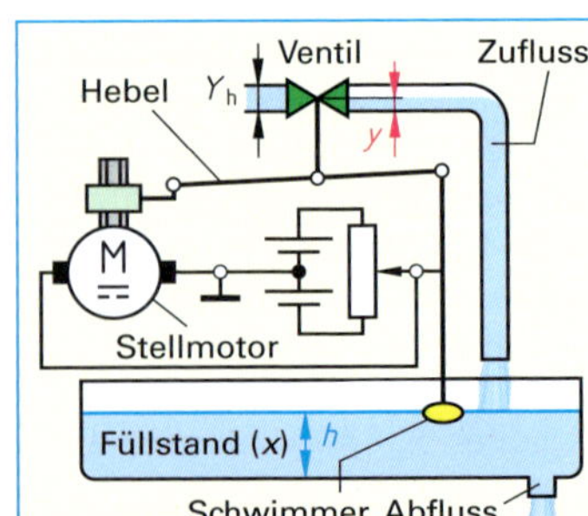

Bild 4: Füllstandsregelung mit PI-Regler

D-Regler (Differenzieller Regler)

Funktionsweise: Ändert sich bei der Füllstandsregelung **(Bild 1)** sprunghaft die Schwimmerstellung (Regeldifferenz *e*), wird der Öldruckstoßdämpfer ausgelenkt. Die Feder zieht ihn, und damit auch das Ventil, jedoch wieder in seine Ausgangslage zurück, auch wenn die Regeldifferenz noch ansteht.

Dynamisches Verhalten: Bei der Sprungantwort **(Bild 2)** springt die Stellgröße sofort auf den Maximalwert und geht sofort wieder auf Null zurück, wenn sich die Regeldifferenz *e* nicht mehr ändert.

Bei der **Anstiegsantwort (Bild 3)** steigt die Regeldifferenz *e* gleichmäßig an. Dabei springt die Stellgrößenänderung Δy auf einen konstanten Wert. Die Änderung der Stellgröße Δy ist umso größer, je schneller sich die Regeldifferenz *e* ändert. **Bild 4** zeigt die Ventilstellung (*y*) einer Heizungsregelung in Abhängigkeit der Regeldifferenz *e*. In Bereich ⓐ fällt die Temperatur und das Ventil (*y*) öffnet. In Bereich ⓑ ist die Abweichung konstant, das Ventil geht in seine anfängliche Stellung zurück. In Bereich ⓒ steigt die Temperatur und das Ventil schließt schon, obwohl die Solltemperatur noch nicht erreicht ist.

Vor- und Nachteile: Ein D-Regler alleine kann keine Störung ausregeln. Er reagiert nur während der **Änderung** der Regeldifferenz *e*.

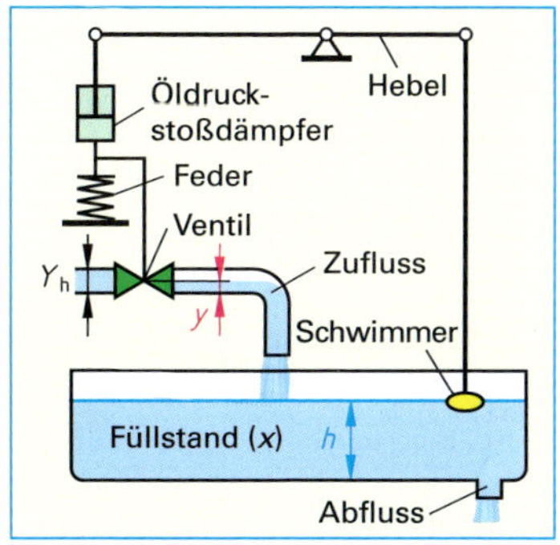

Bild 1: **Füllstandsregelung mit D-Regler**

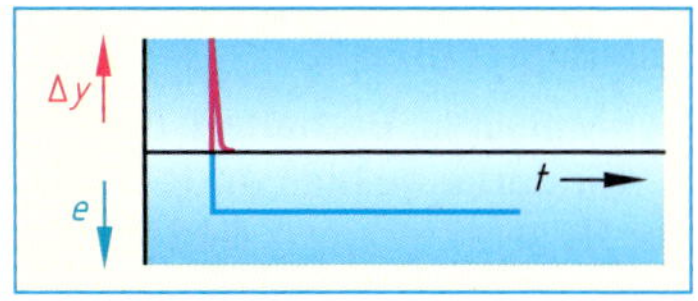

Bild 2: **Sprungantwort eines D-Reglers**

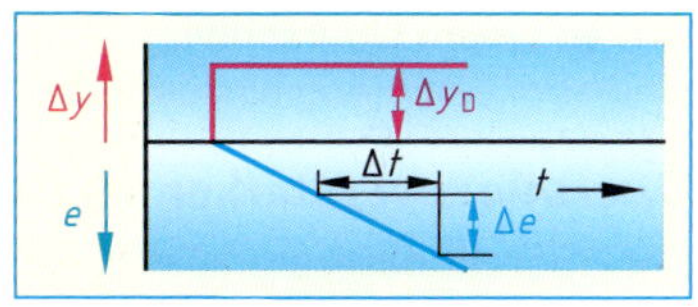

Bild 3: **Anstiegsantwort eines D-Reglers**

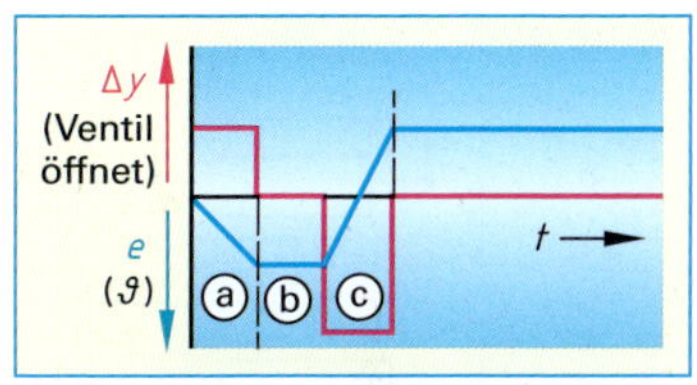

Bild 4: **Verlauf der Stellgrößenänderung bei einem D-Regler**

PD-Regler

Funktionsweise: Ändert sich bei der Füllstandsregelung **(Bild 6)** sprunghaft die Schwimmerstellung (Regeldifferenz *e*), wird der Öldruckstoßdämpfer ausgelenkt. Die Feder zieht ihn jedoch wieder in seine Ausgangslage zurück, auch wenn die Regeldifferenz *e* noch ansteht. Gleichzeitig folgt aber der untere Hebel, an dem die Feder befestigt ist, proportional der Regeldifferenz *e*. Er bildet den P-Anteil des Reglers.

Dynamisches Verhalten: Bei konstantem Anstieg der Regeldifferenz *e* **(Bild 5a)** springt der D-Anteil Δy_D der Stellgrößenänderung auf einen konstanten Wert. Der P-Anteil Δy_P der Stellgrößenänderung folgt der Regeldifferenz *e* proportional und addiert sich zu Δy_D.

Die Zeit, die bei einer gleichmäßigen Änderung von *e* vergeht, bis Δy_P genauso groß ist wie Δy_D, nennt man Vorhaltezeit T_d **(Bild 5a)**.

Die **Vorhaltezeit T_d** lässt sich auch ermitteln, indem man die Steigung des P-Anteils so lange verlängert, bis die *t*-Achse geschnitten wird **(Bild 5a)**.

Je länger die Vorhaltezeit T_d, desto stärker der Einfluss des D-Anteils.

Vor- und Nachteile: Der D-Anteil des PD-Reglers (Symbol: **Bild 5b**) verhindert ein Überschwingen der Regelgröße über den Sollwert hinaus. Der P-Anteil reagiert schnell, bewirkt aber eine bleibende Regeldifferenz.

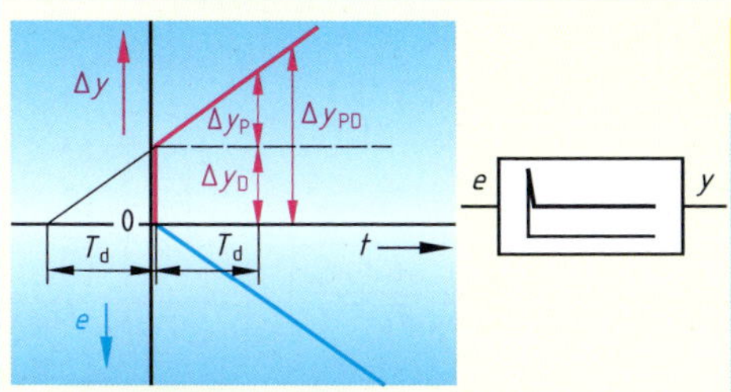

a) Anstiegsantwort **b)** Symbol

$$\Delta y_{PD} = K_{PR} \cdot e \cdot \left(1 + \frac{T_d}{t}\right)$$

Δy_{PD} Stellgrößenänderung des PD-Reglers
T_d Vorhaltezeit
e Regeldifferenz
t Zeitdauer ab der Änderung von *e*
K_{PR} Proportionalbeiwert

Bild 5: **Anstiegsantwort, Symbol und Formel für die Stellgrößenänderung Δy_{PD} eines PD-Reglers**

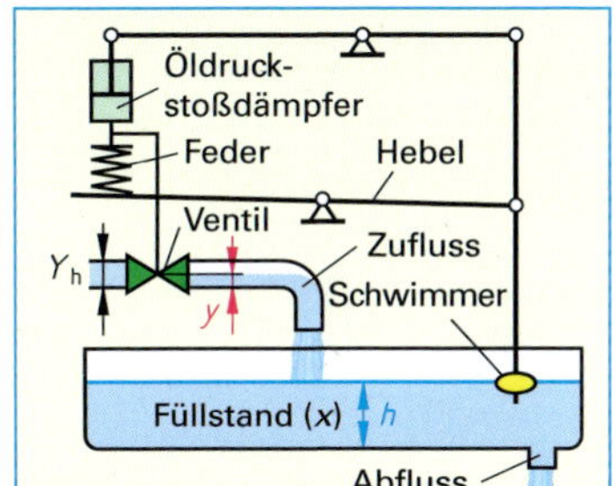

Bild 6: **Füllstandsregelung mit PD-Regler**

PID-Regler

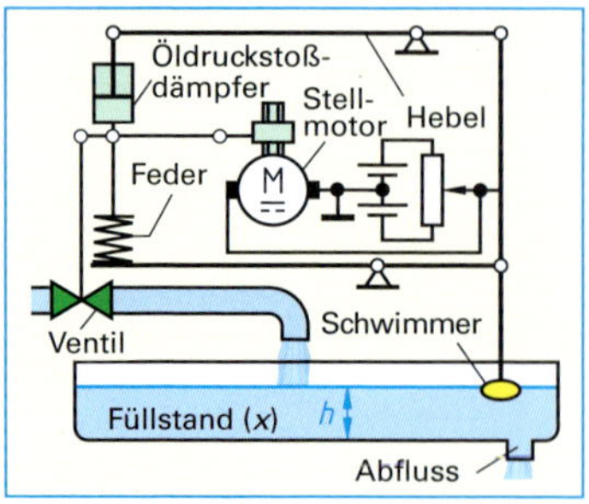

Bild 1: **Füllstandsregelung mit PID-Regler**

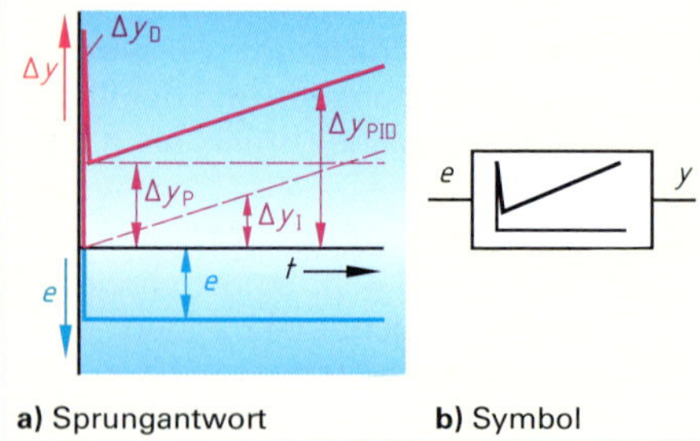

$$\Delta y_{PID} = K_{PR} \cdot e \cdot \left(1 + \frac{t}{T_i} + \frac{T_d}{t}\right)$$

Δy_{PID} Stellgrößenänderung des PID-Reglers
K_{PR} Proportionalbeiwert
T_d Vorhaltezeit
T_i Nachstellzeit
e Regeldifferenz
t Zeitdauer ab Änderung von e

Bild 2: **Sprungantwort, Symbol und Formel für die Stellgröße eines PID-Reglers**

Funktionsweise: Ergänzt man den PD-Regler **(Bild 6, Seite 605)** um einen Stellantrieb, erhält man einen PID-Regler **(Bild 1)**.

Dynamisches Verhalten: Der P-Anteil **(Bild 2a)** reagiert unverzögert auf eine Regeldifferenz *e*. Der I-Anteil verhindert eine bleibende Regeldifferenz e_p und der D-Anteil reagiert auf die Änderungsgeschwindigkeit der Regeldifferenz *e*. **Bild 2a** zeigt die Sprungantwort eines PID-Reglers.

Durch Erhöhen von K_{PR} und T_d und durch Verkleinern von T_i erhöht man die Stellgrößenänderung Δy_{PID}.

Vor- und Nachteile: PID-Regler (Symbol: **Bild 2b**) werden bei PT_n-Strecken eingesetzt. Sie sind schnell, wirken einem Überschwingen der Regelgröße entgegen und haben keine bleibende Regeldifferenz e_p. Sie sind aber schwierig einzustellen.

Operationsverstärker als Regler

Mit Operationsverstärkern kann man Regler nachbilden **(Tabelle)**.

Tabelle: Operationsverstärker als Regler

Regler-verhalten	Symbol	Schaltbild	Formeln für die Stellgröße	Formeln
P	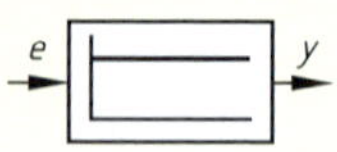	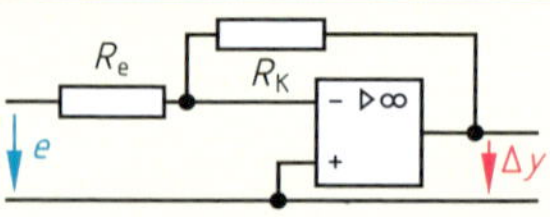	$\Delta y_P = K_{PR} \cdot e$	$K_{PR} = \frac{R_K}{R_e}$
I	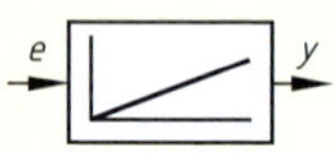	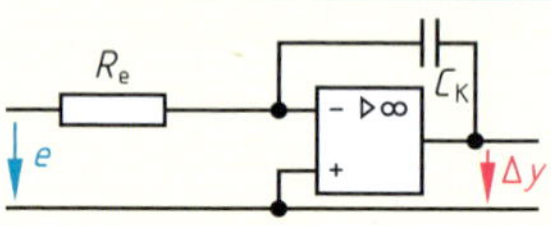	$\Delta y_I = K_{IR} \cdot e \cdot t$	$K_{IR} = \frac{1}{R_e \cdot C_K}$
PI	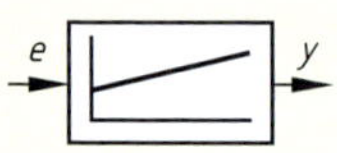	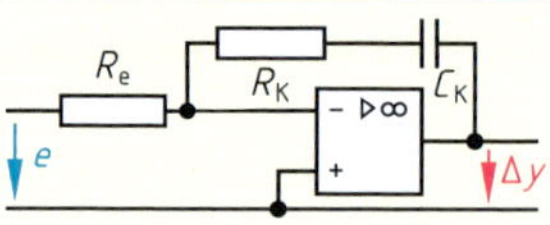	$\Delta y_{PI} = K_{PR} \cdot e \cdot \left(1 + \frac{t}{T_i}\right)$	$K_{PR} = \frac{R_K}{R_e}$ $T_i = R_K \cdot C_K$
PD	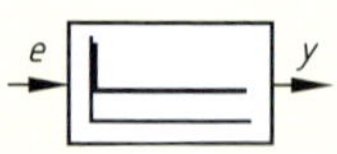	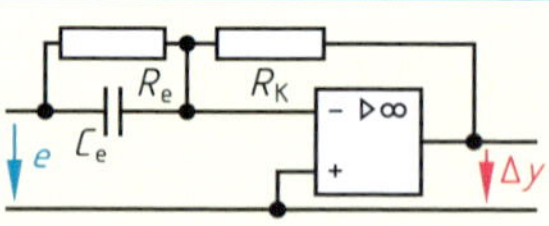	$\Delta y_{PD} = K_{PR} \cdot e \cdot \left(1 + \frac{T_d}{t}\right)$	$K_{PR} = \frac{R_K}{R_e}$ $T_d = R_e \cdot C_e$
PID	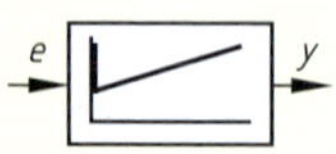	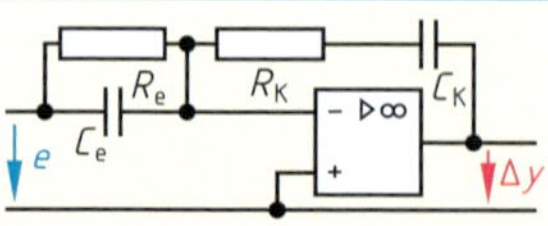	$\Delta y_{PID} = K_{PR} \cdot e \cdot \left(1 + \frac{t}{T_i} + \frac{T_d}{t}\right)$	$K_{PR} = \frac{R_K}{R_e}$ $T_i = R_K \cdot C_K$ $T_d = R_e \cdot C_e$

Δy_P P-Stellgrößenänderung, Δy_I I-Stellgrößenänderung, Δy_{PI} PI-Stellgrößenänderung, Δy_{PD} PD-Stellgrößenänderung, Δy_{PID} PID-Stellgrößenänderung, K_{PR} Proportionalbeiwert, K_{IR} Integrierbeiwert, T_i Nachstellzeit, T_d Vorhaltezeit, *e* Regeldifferenz, *t* Zeitdauer ab Änderung von *e*, R_K Rückkopplungswiderstand, C_K Rückkopplungskondensator, R_e Eingangswiderstand, C_e Eingangskondensator

15.6.4 Regelkreis

15.6.4.1 Schwingungsverhalten

Regelstrecke und Regeleinrichtung bilden zusammen den Regelkreis **(Bild 1)**. Der Regler greift bei einer Änderung der **Störgröße *z*** oder der **Führungsgröße *w*** in den Regelkreis ein. Dabei reagiert der Regler unterschiedlich, je nachdem ob eine Störung oder eine Führungsgrößenänderung stattfindet. Es kann z. B. sein, dass der Regler bei Auftreten einer Störung ein schlechtes und bei einer Führungsgrößenänderung ein gutes Regelverhalten aufweist. Ist der Regler gut an die Regelstrecke angepasst, kommt es zu rasch abklingenden Schwingungen der **Regelgröße *x* (Bild 2a)**.

Allgemein verbindliche Qualitätsmerkmale einer Regelung gibt es nicht. Diese sind von der speziellen Regelaufgabe abhängig. Bei der Lageregelung des Drehmeisels einer CNC-Drehmaschine darf es z. B. keine Überschwingung geben, weil sonst zu viel Material abgedreht würde. Dadurch wird aber zwangsläufig die An- und Ausregelzeit größer.

Kennzeichen einer guten Regelung:
- **Überschwingweite v_m** ist klein **(Bild 2a)**
- **Anregelzeit T_{cr}** ist kurz
- **Ausregelzeit T_{cs}** ist kurz

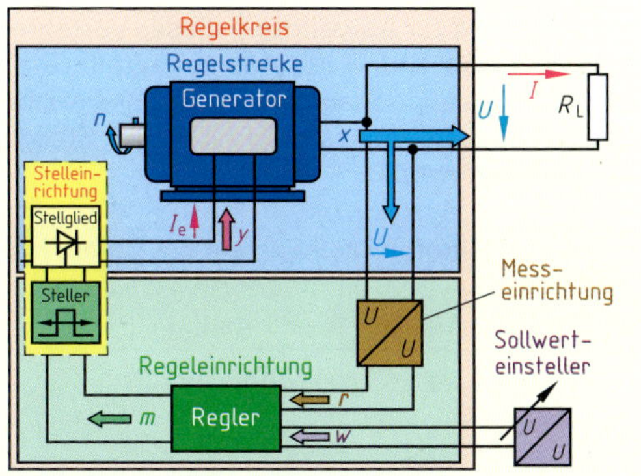

Bild 1: Regelkreis

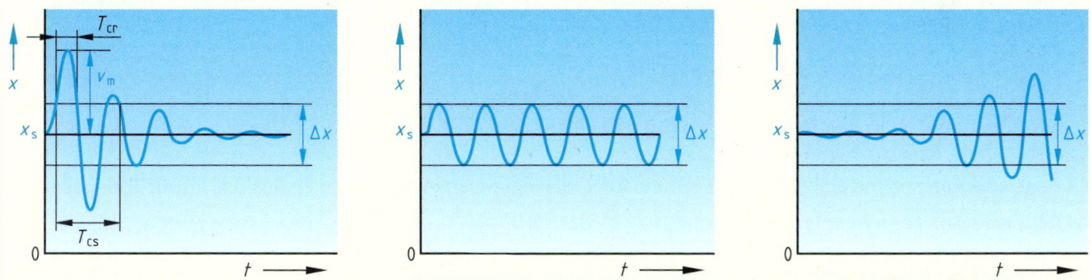

a) stabiler Regelkreis **b)** Regelkreis an der Stabilitätsgrenze **c)** instabiler Regelkreis

x_s Sollwert, v_m Überschwingweite, T_{cr} Anregelzeit, T_{cs} Ausregelzeit, Δx Toleranzbereich
- **Überschwingweite v_m**: Erste Amplitude nach Eintritt der Störung
- **Anregelzeit T_{cr}**: Zeitdauer zwischen dem Eintritt der Störung und dem ersten Erreichen des Toleranzbereiches Δx
- **Ausregelzeit T_{cs}**: Zeitdauer zwischen Eintritt der Störung und dem dauerhaften Verbleiben der Regelgröße im Toleranzbereich Δx

Bild 2: Regelkreisverhalten

15.6.4.2 Reglerauswahl

Beim Aufbau eines Regelkreises ist die Regelstrecke vorgegeben. Um eine stabile und schnelle Regelung zu erreichen, muss ein geeigneter Regler ausgewählt werden **(Tabelle)**.

Tabelle: Auswahl von Reglern bei bekannter Regelstrecke

Regelstrecke			Regler					
Typ	Beispiel	Regelgröße	P	I	PI	PD	PID	Zweipunkt
P_0	Rohr	Durchfluss	–	++	++	–	–	–
PT_1	Kessel	Druck	+ (S), ++ (F)	+	+ (F), ++ (S)	+	–	+
PT_n	Heizkörper	Temperatur	–	–	+	+	++	+
PT_t	Förderband	Fördermasse	–	+	++	–	–	–
I_0	Behälter	Füllstand	+	– –	+	–	–	+
IT_1	Linearantrieb	Position	+	– –	+ (S), ++ (F)	+	+ (F), ++ (S)	+

– – instabil, – nicht geeignet, + geeignet, ++ gut geeignet, (F) bei Führung, (S) bei Störung

15.6.4.3 Reglereinstellung

Ein Regelkreis arbeitet stabil, wenn alle Glieder (Regelstrecke, Messeinrichtung, Stellglied und Regler) aufeinander abgestimmt sind. Die Eigenschaften der Regelstrecke, der Messeinrichtung und des Stellgliedes liegen fest und sind meist bekannt. Nur am Regler können Einstellungen erfolgen. Eine brauchbare Reglereinstellung kann sich aber als schwierig und langwierig erweisen. Für den Praktiker gibt es durch Versuche ermittelte Einstellkriterien, die zu brauchbaren Regelergebnissen führen **(Tabelle 1)**.

Verfahren nach Chien/Hrones/Reswick

Voraussetzung zur Anwendung dieses Verfahrens **(Tabelle 2)** ist, dass die Verzugszeit T_e und die Ausgleichszeit T_b einer Regelstrecke bekannt sind. Da auch Stellglied und Messeinrichtung das Regelverhalten beeinflussen, müssen T_e und T_b mit Stellglied und Messeinrichtung ermittelt werden.

Tabelle 1: Verfahren zur Reglereinstellung

Verzugszeit T_e und Ausgleichszeit T_b	
bekannt, dann:	unbekannt, dann:
Chien/Hrones/ Reswick	Ziegler/Nichols

Tabelle 2: Reglereinstellwerte nach Chien/Hrones/Reswick für PT_n-Regelstrecken

Regler		20% Überschwingen der Regelgröße		Aperiodischer Verlauf der Regelgröße	
Typ	Parameter	Störung	Führung	Störung	Führung
P	K_{PR}	$0{,}7 \cdot \frac{1}{K_{PS}} \cdot \frac{T_b}{T_e}$	$0{,}7 \cdot \frac{1}{K_{PS}} \cdot \frac{T_b}{T_e}$	$0{,}3 \cdot \frac{1}{K_{PS}} \cdot \frac{T_b}{T_e}$	$0{,}3 \cdot \frac{1}{K_{PS}} \cdot \frac{T_b}{T_e}$
PI	K_{PR}	$0{,}7 \cdot \frac{1}{K_{PS}} \cdot \frac{T_b}{T_e}$	$0{,}6 \cdot \frac{1}{K_{PS}} \cdot \frac{T_b}{T_e}$	$0{,}6 \cdot \frac{1}{K_{PS}} \cdot \frac{T_b}{T_e}$	$0{,}35 \cdot \frac{1}{K_{PS}} \cdot \frac{T_b}{T_e}$
	T_i	$2{,}3 \cdot T_e$	T_b	$4 \cdot T_e$	$1{,}2 \cdot T_b$
PID	K_{PR}	$1{,}2 \cdot \frac{1}{K_{PS}} \cdot \frac{T_b}{T_e}$	$0{,}95 \cdot \frac{1}{K_{PS}} \cdot \frac{T_b}{T_e}$	$0{,}95 \cdot \frac{1}{K_{PS}} \cdot \frac{T_b}{T_e}$	$0{,}6 \cdot \frac{1}{K_{PS}} \cdot \frac{T_b}{T_e}$
	T_i	$2 \cdot T_e$	$1{,}35 \cdot T_b$	$2{,}4 \cdot T_e$	T_b
	T_d	$0{,}42 \cdot T_e$	$0{,}47 \cdot T_e$	$0{,}42 \cdot T_e$	$0{,}5 \cdot T_e$

K_{PR} Proportionalbeiwert des Reglers; K_{PS} Proportionalbeiwert der Regelstrecke; T_i Nachstellzeit; T_d Vorhaltezeit; T_e Verzugszeit; T_b Ausgleichszeit

Bei Regelstrecken mit Totzeit wird in die Formeln für T_e die eigentliche Verzugszeit T_e plus die Totzeit T_t eingesetzt.

Bei Regelstrecken ohne Ausgleich wird statt $\frac{1}{K_{PS}} \cdot \frac{T_b}{T_e}$ der Term $\frac{1}{K_{PS} \cdot T_e}$ in die entsprechende Formel eingesetzt.

Beispiel: Einstellen eines PID-Reglers

In einem Glühofen soll die Temperatur geregelt werden **(Bild)**. Von der Regelstrecke sind die Verzugszeit T_e = 60 s, die Ausgleichszeit T_b = 600 s und der Proportionalbeiwert K_{PS} = 10 K/A (Kelvin/Ampere) bekannt. Die Regelgröße darf um 20% überschwingen. Berechnen Sie mithilfe **Tabelle 2** die Einstellwerte K_{PR}, T_i und T_d für einen PID-Regler, der Störungen gut ausregeln soll.

Lösung:

$$\mathbf{K_{PR}} = 1{,}2 \cdot \frac{1}{K_{PS}} \cdot \frac{T_b}{T_e} = 1{,}2 \cdot \frac{1}{10\,\frac{K}{A}} \cdot \frac{600\,s}{60\,s} = \mathbf{1{,}2\,\frac{A}{K}};$$

$$\mathbf{T_i} = 2 \cdot T_e = 2 \cdot 60\,s = \mathbf{120\,s}; \quad \mathbf{T_d} = 0{,}42 \cdot T_e = 0{,}42 \cdot 60\,s = \mathbf{25{,}2\,s}$$

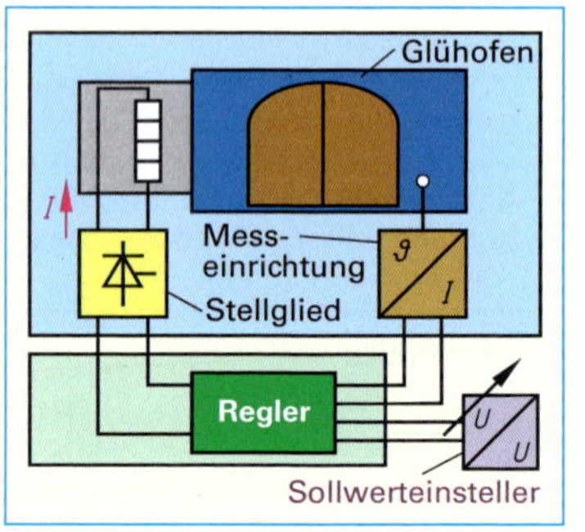

Bild: Temperaturregelung bei einem Glühofen

Verfahren nach Ziegler/Nichols

Sind die Verzugszeit T_e und die Ausgleichszeit T_b einer Regelstrecke nicht bekannt, kann man das Verfahren von **Ziegler/Nichols** benutzen **(Tabelle 3)**. Man betreibt zunächst den Regler als reinen P-Regler (bei einem Universalregler T_i auf ∞ und T_d auf 0 stellen). Dann erhöht man den Proportionalbeiwert K_{PR} des Reglers so lange, bis die Regelgröße ungedämpft schwingt. Diese Einstellung von K_{PR} nennt man **kritischen Proportionalbeiwert K_{P0R}**. Dann misst man die Periodendauer der ungedämpften Schwingung der Regelgröße. Dieser Wert ist die **kritische Schwingungsdauer T_0**. Je nach gewähltem Regler multipliziert man die gefundenen Größen mit den Werten aus der **Tabelle 3**, um die Einstellwerte K_{PR}, T_i, T_d zu erhalten.

Tabelle 3: Reglereinstellwerte nach Ziegler/Nichols

Regler	$K_{PR} \leq$	$T_i \geq$	$T_d \leq$
P	$0{,}5 \cdot K_{P0R}$	–	–
PI	$0{,}45 \cdot K_{P0R}$	$0{,}85 \cdot T_0$	–
PD	$0{,}8 \cdot K_{P0R}$	–	$0{,}12 \cdot T_0$
PID	$0{,}6 \cdot K_{P0R}$	$0{,}5 \cdot T_0$	$0{,}12 \cdot T_0$

15.6.5 Universalregler

Regler begegnen uns in vielen Lebensbereichen. Oft sind sie in Geräten eingebaut, z.B. der Zweipunktregler im elektrischen Bügeleisen, oder in einer Schaltung zur Spannungsstabilisierung in einem Netzteil. Diese Regler sind meist speziell für das entsprechende Gerät entwickelt und gestatten keine Parameterveränderungen. In der Prozesstechnik, z.B. Chemieindustrie, Kraftwerken oder Nahrungsmittelindustrie, findet man viele Regelungen. Hier werden häufig **Universalregler (Bild 1)** eingesetzt. Universalregler kann man durch Einstellen der Reglerparameter K_{PR}, T_i und T_d **(Tabelle 1)** als P-, PI-, PD- oder PID-Regler betreiben. Ein Universalregler hat genormte Ein- und Ausgangssignale, sogenannte **Einheitssignale (Tabelle 2).** Haben Messumformer für die Rückführgröße r und Stelleinrichtung ebenfalls genormte Einheitssignale, ist es möglich, Geräte verschiedener Hersteller in einem Regelkreis miteinander zu betreiben.

Bild 1: Universalregler

Tabelle 1: Reglerparameter bei Universalreglern

Regler	K_{PR}	T_i	T_d
P	> 0	∞	0
I	0	> 0	0
PI	> 0	> 0	0
PD	> 0	∞	> 0
PID	> 0	> 0	> 0

Bei den Einheitssignalen bedeutet **life zero**[1], dass das Einheitssignal einen Wert ungleich 0 hat, z. B. 4 mA, wenn der Messwert 0 ist. Beträgt das Einheitssignal bei life zero 0 mA, muss also ein Drahtbruch oder ein Kurzschluss vorliegen.

Bei elektrischen Einheitssignalen werden Stromsignale bevorzugt. Sie sind bei langen Signalleitungen weniger anfällig gegen äußere Störfelder und es tritt kein Spannungsfall auf.

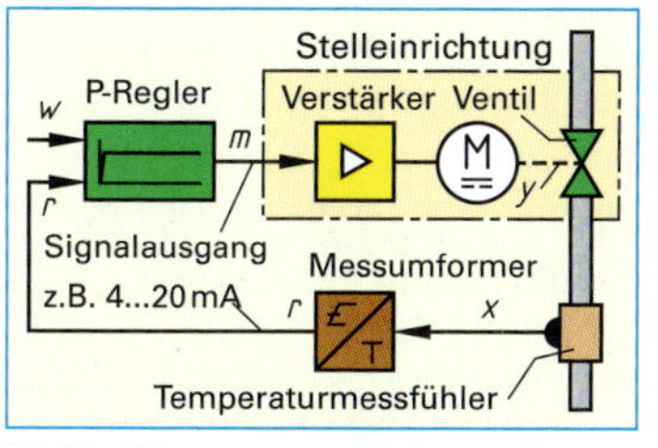

Bild 2: Temperaturregelung mit Einheitssignalen

Elektronischer Universalregler

Elektronische Universalregler **(Bild 1)** sind digitale Kompaktregler, bei denen das analoge Eingangssignal von einem Analog-Digital-Umsetzer in digitale Signale umgeformt wird. Diese digitalen Signale werden in einem Mikrocontroller verarbeitet und über einen Digital-Analog-Umsetzer an den Reglerausgang geführt. Der Mikrocontroller hat eine serielle Schnittstelle und kann außer der eigentlichen Regelung noch andere Aufgaben erledigen, z.B. den Istwert als Zahlenwert an einem Display anzeigen oder Grenzwertüberschreitungen melden.

Tabelle 2: Einheitssignale

Signale	Min.	Max.	Bemerkung
pneumatisch	0 bar	1 bar	–
	0,2 bar	1 bar	life zero[1]
elektrisch	0 V	10 V	–
	– 10 V	+ 10 V	–
	0 mA	20 mA	–
	4 mA	20 mA	life zero[1]

15.6.7 Prozessleitsystem

In modernen Produktionsanlagen, z.B. in der Chemie, übernimmt ein **Prozessleitsystem (Bild 3)** die Steuerung und Regelung. Ein Prozessleitsystem besteht aus einer oder mehreren **Leitstationen** und **Prozessstationen.** Alle Stationen sind über einen Bus miteinander verbunden. Eine Leitstation ist ein PC, eine Prozessstation ein Automatisierungssystem ähnlich einer SPS mit einer Zentraleinheit und mehreren digitalen und analogen Ein- und Ausgabebaugruppen. Der Prozess wird von der Prozessstation gesteuert und geregelt. Regler sind hier nur softwaremäßig vorhanden. Der Reglereingang ist ein Analogeingang, der Reglerausgang ist ein Analogausgang. An den Leitstationen wird der Prozess bedient und beobachtet. Leitstationen ersetzen das Anlagenbild und die Bedienpulte in der Warte. Das Anlagenbild mit Bedienelementen, z.B. Schalter oder Schieber, wird auf dem Bildschirm gezeigt **(Bild 1, Seite 592).** Bedienelemente können per Maus-Klick aktiviert werden. Im Anlagenbild können bestimmte Werte, z.B. Istwerte, Sollwerte, Grenzwerte, als Zahlenwert ausgegeben, bzw. verändert werden.

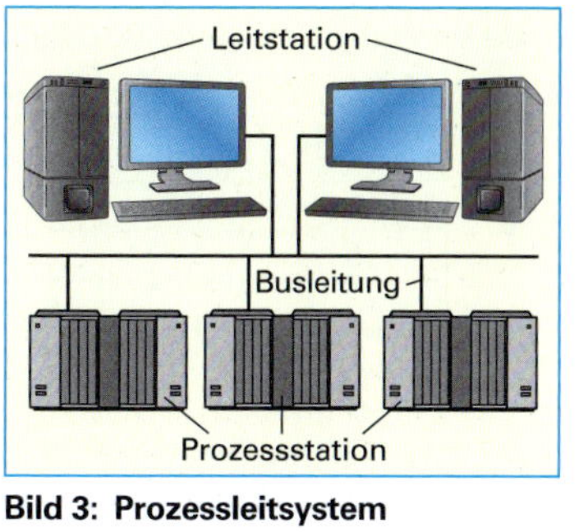

Bild 3: Prozessleitsystem

[1] life zero (engl.) = lebender Nullpunkt

(Nächster Praxistipp: Seite 634)

Praxistipp: Entwurf einer Regelung

Situationsbeschreibung:

Die Ausgangsspannung eines Gleichstromgenerators soll in einem Regelkreis **(Bild 1)** konstant gehalten werden. Der Regler ist ein elektronischer Universalregler.

Der Ablaufplan **(Bild 2)** zeigt eine geeignete Vorgehensreihenfolge zum Aufbau einer Regelung.

1. Analyse der Regelstrecke: Um das dynamische Verhalten der Regelstrecke mit Stell- und Messeinrichtung zu beurteilen, wird bei Schalterstellung „Hand" sprunghaft die Steuerspannung für den Stromrichter U_{st} von 3 V auf 5 V erhöht und die Ausgangsspannung U_m der Messeinrichtung aufgenommen **(Bild 3)**.

Aus der Kennlinie **(Bild 3)** ist zu erkennen, dass es sich um eine PT_n-Strecke handelt und man kann die Werte für Δx, T_e und T_b ermitteln:

$\mathbf{\Delta x = 3\,V,\ T_e = 100\,ms,\ T_b = 500\,ms.}$

Dann berechnet man:

$$\frac{T_b}{T_e} = \frac{500\text{ ms}}{100\text{ ms}} = \mathbf{5} \Rightarrow \text{nicht gut regelbar} \Rightarrow \textbf{Regler mit D-Anteil verwenden}$$

$$K_{PS} = \frac{\Delta x}{\Delta y} = \frac{\Delta x}{U_{st2} - U_{st1}} = \frac{3\text{ V}}{5\text{ V} - 3\text{ V}} = \mathbf{1{,}5}$$

2. Auswahl eines Reglers: Nach **Tabelle, Seite 607,** sind PI-, PD- oder PID-Regler möglich. Der Regler sollte zur Vermeidung einer bleibenden Regeldifferenz I-Verhalten aufweisen. Wegen des ungünstigen Verhältnisses T_b/T_e wird ein PID-Regler gewählt, obwohl er schwerer einzustellen ist als ein PI-Regler.

3. Einstellung des Reglers: Da T_e und T_b bekannt sind, wird zur Ermittlung der Reglereinstellwerte, K_{PR}, T_i und T_d das Verfahren nach Chien/Hrones/Reswick angewandt **(Tabelle 2, Seite 608)**. Bei einem Generator treten hauptsächlich Störungen durch Belastungsänderungen auf, die schnell ausgeregelt werden sollen. Die Bemessungsspannung des Generators ist festgelegt, deshalb wird die Führungsgröße nicht geändert. Der Regler wird also für Störungsverhalten mit 20% Überschwingen der Regelgröße ausgelegt.

$$K_{PR} = 1{,}2 \cdot \frac{1}{K_{PS}} \cdot \frac{T_b}{T_e} = 1{,}2 \cdot \frac{1}{1{,}5} \cdot \frac{500\text{ ms}}{100\text{ ms}} = \mathbf{4}$$

$$T_i = 2 \cdot T_e = 2 \cdot 100\text{ ms} = \mathbf{200\,ms}$$

$$T_d = 0{,}42 \cdot T_e = 0{,}42 \cdot 100\text{ ms} = \mathbf{42\,ms}$$

4. Inbetriebnahme der Regelung: Der Generator wird angetrieben und im Leerlauf von Hand die Sollspannung durch Verändern des Erregerstroms eingestellt. Dann wird die Last zugeschaltet und der Verlauf der Ausgangsspannung U gemessen **(Bild 4)**.

5. Bewertung: Das Verhalten der Regelung ist zufriedenstellend **(Bild 4)**.

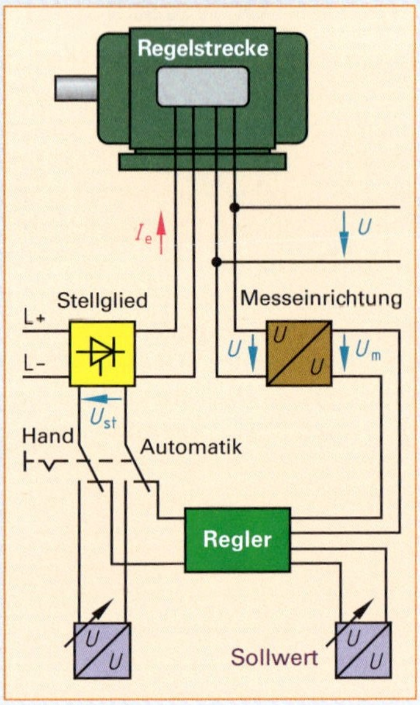

Bild 1: Regelkreis Gleichstromgenerator

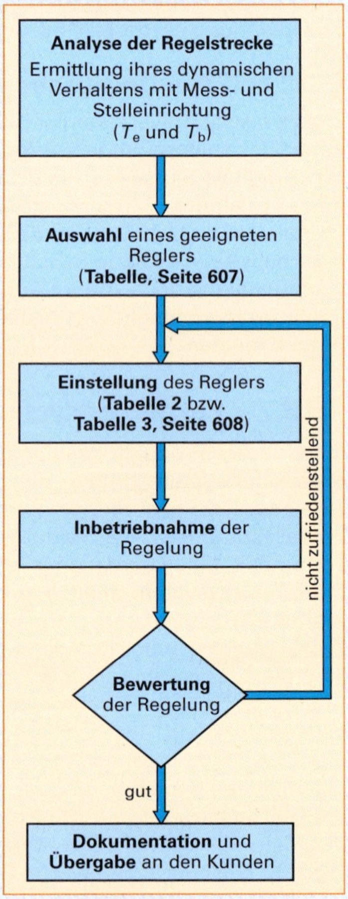

Bild 2: Ablaufplan

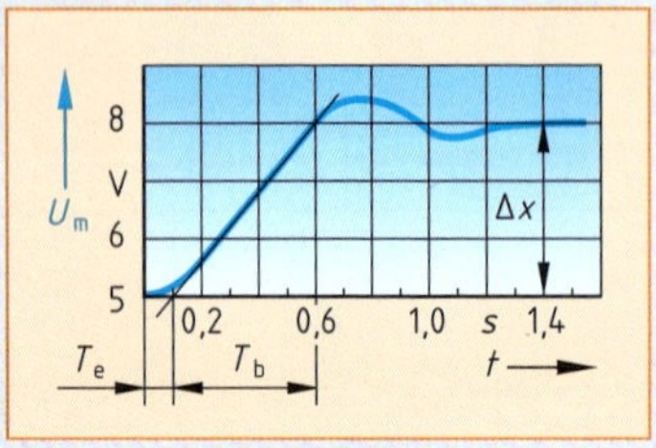

Bild 3: Spannungsverlauf

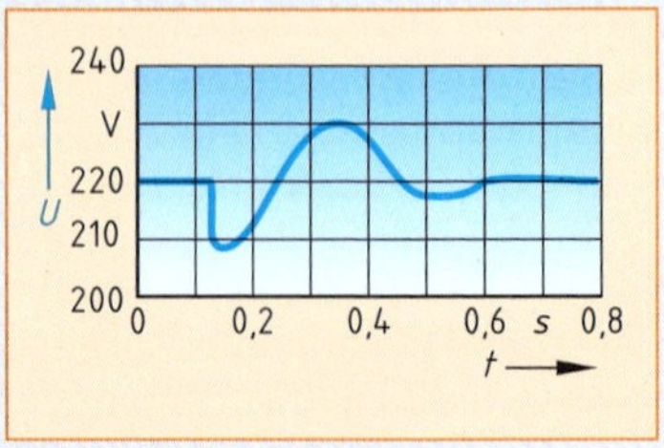

Bild 4: Regelverhalten

1. Worin liegt der wesentliche Unterschied zwischen Steuern und Regeln?

2. Erläutern Sie die Begriffe **a)** Führungsgröße, **b)** Stellgröße und **c)** Störgröße. **d)** Nennen Sie die Formelzeichen dieser Größen.

3. Was versteht man unter **a)** der Regelstrecke, **b)** der Regeleinrichtung, **c)** der Messeinrichtung und **d)** dem Stellglied?

4. Beim Dieselmotor eines Notstromaggregates ist ein NTC-Widerstand auf den Kühlwasserschlauch geklebt. Er schaltet über einen Schmitt-Trigger den Kühlerventilator ein, wenn das Kühlerwasser zu heiß wird, und wieder aus, wenn es kühler wird. **a)** Handelt es sich um eine Steuerung oder um eine Regelung? **b)** Zeichnen Sie das Blockschaltbild und ordnen Sie den Elementen des Blockschaltbilds die Begriffe aus der Aufgabe zu.

5. Ein PI-Regler ist mit einem Operationsverstärker (OP) aufgebaut und soll auf K_{PR} = 0,84 und T_i = 0,67 s eingestellt werden. Der Rückkopplungswiderstand beträgt R_K = 47 kΩ. **a)** Zeichnen Sie das Schaltbild des PI-Reglers mit einem OP. **b)** Berechnen Sie die Werte für R_e und C_K.

6. Am PI-Regler aus **Aufgabe 5** liegt die Regeldifferenz e = 3 V an. Berechnen Sie die Stellgrößenänderung Δy_{PI} für t = 3 s nach Auftreten der Regeldifferenz e.

7. Programmieren Sie eine vorrangig rücksetzende Speicherfunktion und beschreiben Sie, wie eine SPS dieses Programm bearbeitet.

8. Die Schützschaltung in **Bild 1** soll durch ein Kleinsteuergerät ersetzt werden. Erstellen Sie eine Zuordnungsliste für die Ein- und Ausgänge und das Programm.

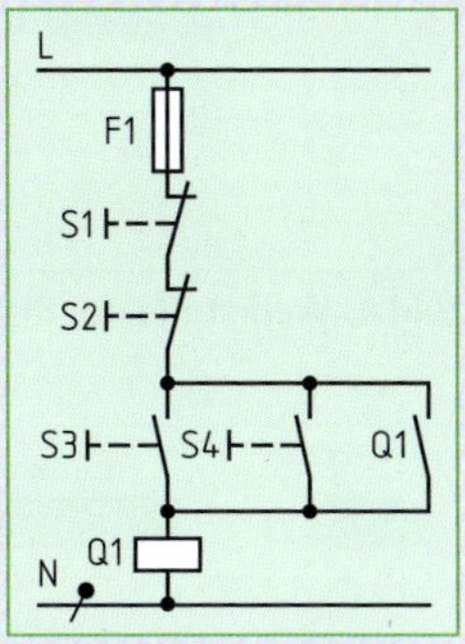

Bild 1: Schützschaltung

9. Die Steuerung einer Zentrifuge soll mit einem Kleinsteuergerät erfolgen. Sie wird mit Taster S1 in der niedrigen Drehzahl eingeschaltet und kann frühestens nach 10 s mit Taster S2 in die hohe Drehzahl umgeschaltet werden. Die Umschaltbereitschaft wird durch die Meldeleuchte P1 angezeigt **(Bild 2)**. Ist die Umschaltung jedoch 30 s nach der Umschaltbereitschaft nicht erfolgt, wird automatisch in die hohe Drehzahl geschaltet. Die Anlage kann mit Taster S0 jederzeit abgeschaltet werden. Erstellen Sie eine Zuordnungsliste für die Ein- und Ausgänge und das Programm.

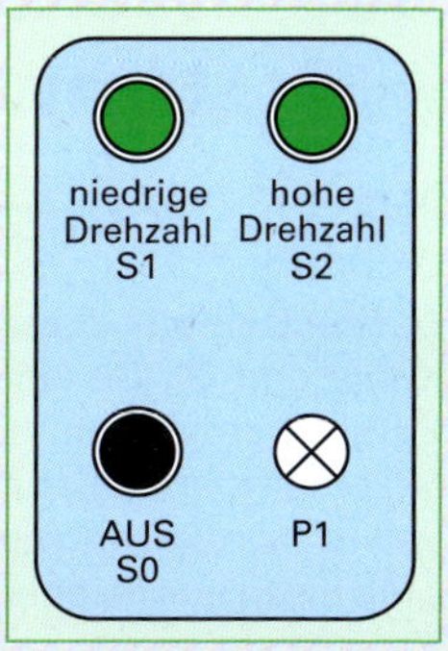

Bild 2: Bedienfeld einer Zentrifuge

10. In einer Schraubenfertigung werden Schrauben in Schachteln zu je 50 Stück verpackt. Die Anlage **(Bild 3)** wird mit EIN eingeschaltet. Dann transportiert ein Band leere Schachteln unter die Abfüllstation. Wenn eine Schachtel am Näherungsschalter B2 angekommen ist, stoppt das Band. Dann öffnet das Ventil Q1 (Q1 = 1) und es fallen 50 Schrauben durch eine Lichtschranke B1. Nachdem 50 Schrauben gezählt sind, schließt das Ventil Q1 (Q1 = 0) und das Band transportiert die nächste Schachtel unter die Abfüllstation. Der Vorgang der Schraubenabfüllung wiederholt sich ständig. Nach Betätigen von AUS wird die letzte Schachtel noch zu Ende gefüllt, bevor die Anlage abschaltet. Nachdem AUS betätigt wurde, leuchtet P2, bis die Anlage abschaltet. Bei NOT-HALT stoppt die Anlage sofort. P1 leuchtet, solange die Anlage in Betrieb ist. Erstellen Sie **a)** eine Zuordnungsliste für die Ein- und Ausgänge der SPS, **b)** die Ablaufkette und **c)** das SPS-Programm.

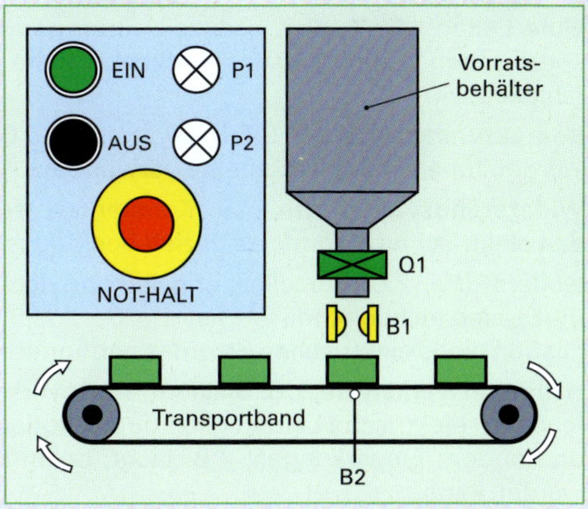

Bild 3: Technologieschema einer Verpackungsanlage für Schrauben

* Ergebnisse der Rechenaufgaben Seite 660

16 Werkstoffe, Fertigungsverfahren, Umweltschutz und Energieeinsparung

16.1 Werkstoffe der Elektrotechnik

Auf der Erde gibt es zahlreiche **Naturstoffe,** z. B. Erze, Kohle und Öl. Sie entstanden ohne menschliches Zutun. Werden Naturstoffe gewonnen und aufbereitet, erhält man **Rohstoffe.** Durch Weiterverarbeitung von Rohstoffen entstehen Werkstoffe, z. B. im Hochofen Eisen aus Eisenerz.

> Aus Werkstoffen werden durch Be- und Verarbeitung Fertig- oder Halbfertigerzeugnisse hergestellt.

Die Werkstoffkunde basiert auf Grundlagen der Festkörperphysik, der Chemie und der Elektrochemie. Sie hat bestimmte Themen, Inhalte und Aufgaben **(Übersicht).**

Die Werkstoffe der Elektrotechnik kann man nach ihrer Verwendung einteilen **(Bild 1).**

Konstruktionswerkstoffe, z. B. Eisen und Stahl, sind Werkstoffe für Bauelemente und Bauteile, z. B. Baugruppenträger, Antennenmasten und Gehäuse. Sie übertragen vor allem mechanische Kräfte, erfüllen eine Schutzfunktion vor den Gefahren des elektrischen Stromes und halten Umwelteinflüsse fern.

Hilfsstoffe, z. B. Lote und Flussmittel, Öle, Brenngase und Klebstoffe, werden zur Herstellung von Fertigprodukten benötigt.

Leiterwerkstoffe, z. B. Kupfer und Aluminium, sollen für den Transport des elektrischen Stromes sorgen. Die elektrische Leitfähigkeit ist die wichtigste Eigenschaft dieser Metalle. Das Vermögen, den elektrischen Strom zu leiten, wird durch den spezifischen elektrischen Widerstand angegeben **(Bild 2).** Gute Leiter, z. B. Kupfer, besitzen einen geringen spezifischen Widerstand und somit eine hohe Leitfähigkeit.

Kontaktwerkstoffe, z. B. Silber, Wolfram und Gold, werden für elektrische Kontakte verwendet.

Widerstandswerkstoffe, z. B. Konstantan, sollen den elektrischen Stromfluss gezielt beeinflussen.

Isolierstoffe, z. B. Porzellan und Polyvinylchlorid (PVC), sind nichtleitende Werkstoffe. Sie sollen das Fließen eines elektrischen Stromes verhindern.

Halbleiterwerkstoffe, z. B. Silicium, sind Werkstoffe, deren elektrische Leitfähigkeit durch Dotierung und andere Einwirkungen, z. B. Licht, beeinflusst werden kann.

Magnetwerkstoffe, z. B. Legierungen aus Eisen, Kobalt und Nickel, sind Werkstoffe, die magnetisiert werden können.

Übersicht: Die Werkstoffkunde befasst sich mit:

- Werkstoffaufbau
- Werkstoffeigenschaften
- Werkstofftechnologie
- Werkstoffauswahl
- Werkstoffnormung
- Werkstoffprüfung

ℹ Kennbuchstaben, Kurzzeichen, Benennung von Werkstoffen sind nach DIN EN, DIN EN ISO und DIN genormt.

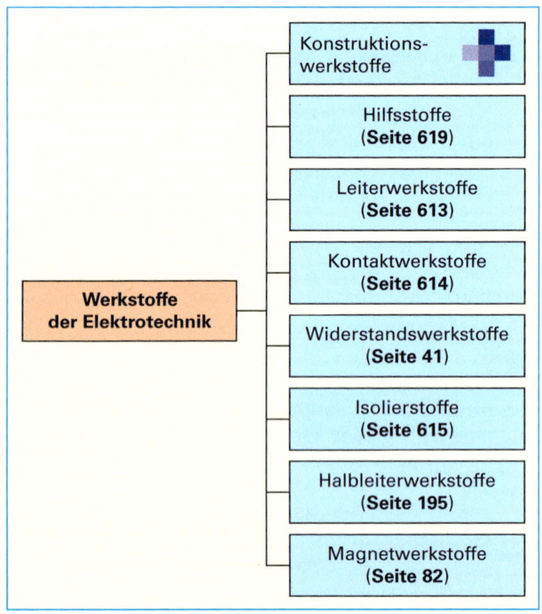

Bild 1: Werkstoffe der Elektrotechnik

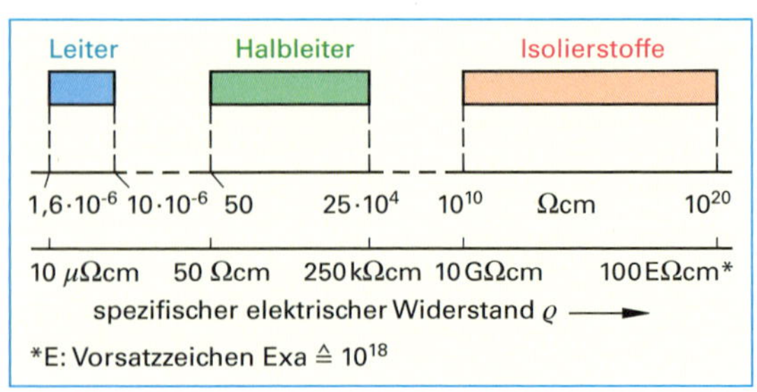

Bild 2: Spezifischer elektrischer Widerstand von Werkstoffen

16.1.1 Leiter- und Kontaktwerkstoffe

16.1.1.1 Leiterwerkstoffe

Leiterwerkstoffe **(Bild)** dienen dem verlustarmen Transport von elektrischer Energie zwischen Energieerzeugern und -verbrauchern, zur Stromleitung zwischen Bauelementen einer elektronischen Schaltung **(Bild)** und zur Informationsübertragung.

Leiterwerkstoffe müssen als wichtige Eigenschaft eine große **elektrische Leitfähigkeit** γ[1] **(Tabelle)** haben. Die elektrische Leitfähigkeit hängt von der Anzahl der freien Elektronen (Leitungselektronen) und ihrer Beweglichkeit ab. Diese werden von der Werkstoffreinheit, vom Herstellungsverfahren und von der Leitertemperatur beeinflusst. Weitere Anforderungen an die Leiterwerkstoffe sind in der **Übersicht** angegeben.

Kupfer (Cu). Für die große elektrische Leitfähigkeit von Kupfer ist ein Reinheitsgrad von etwa 99,98% notwendig. Mithilfe elektrolytischer Verfahren wird **Katodenkupfer** hergestellt. Durch nachfolgendes Umschmelzen entsteht dann das in der Elektrotechnik vorrangig eingesetzte **Elektrolytkupfer**.

Elektrolytkupfer wird für Leitungen, Kabel **(Bild a)**, Stromschienen, Wickeldrähte und für Leiterbahnen in gedruckten Schaltungen **(Bild b)** verwendet. Im Elektromaschinenbau wird Kupfer für Wicklungen und Stromwender **(Seite 516)** eingesetzt.

www.kupferinstitut.de

Aluminium (Al). Bei einem Reinheitsgrad zwischen 99,5 % und 99,99 % beträgt die elektrische Leitfähigkeit nur etwa 60 % der Leitfähigkeit von Kupfer **(Tabelle)**.

Wegen des geringen spezifischen Gewichts **(Tabelle)** gegenüber von Kupfer wird Aluminium vorrangig für Freileitungsseile und Kabel verwendet, nicht aber für Installationsleitungen, z.B. Mantelleitungen (NYM).

Auch Stromschienen werden aus Aluminium hergestellt. Da Aluminium unter Druck „fließt", das bedeutet, es weicht dem Druck aus, können sich Klemmverbindungen lockern, so dass Schweiß- oder spezielle Pressverbindungen notwendig sind. Wegen der elektrochemischen Korrosion ist eine direkte Verbindung von Aluminium und Kupfer zu vermeiden **(Seite 64, Bild 4)**.

[1] γ griech. Kleinbuchstabe gamma. Nach DIN 1304 sind anstatt γ auch die Formelzeichen K (kappa) oder σ (rho) möglich.

Tabelle: Daten wichtiger Leiterwerkstoffe (Auswahl)

Werkstoff	Leitfähigkeit γ	Dichte ρ
Kupfer	$56 \frac{m}{\Omega \cdot mm^2}$	$8{,}9 \frac{kg}{dm^3}$
Aluminium	$36 \frac{m}{\Omega \cdot mm^2}$	$2{,}7 \frac{kg}{dm^3}$

- weitere Leiterwerkstoffe: Tabellenbuch Elektrotechnik
- Leitungen, Kabel, Freileitungen: **Seite 309**

Übersicht: Wichtige Anforderungen an Leiterwerkstoffe

elektrisch	• hohe elektrische Leitfähigkeit γ • kleiner Temperaturkoeffizient α
mechanisch	• hohe Zugfestigkeit • gute Biegbarkeit und Dehnbarkeit • Formbeständigkeit unter Druck
thermisch	• hohe Temperaturbeständigkeit • gute Löt- und Schweißbarkeit
chemisch	• Korrosionsfestigkeit • geringe chemische Reaktionsfähigkeit mit Umgebungsstoffen

a)

b)
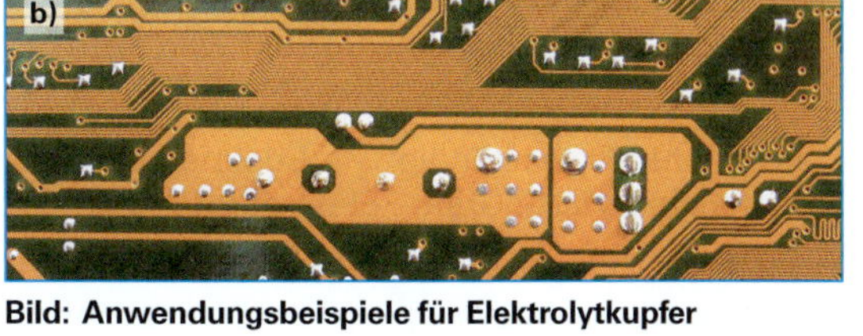

Bild: Anwendungsbeispiele für Elektrolytkupfer

Kupfer- und Aluminiumpreise schwanken stark und sind in der Kalkulation zu berücksichtigen.

Preisbeispiele in € je 100 kg		
Datum:	21.06.2013	18.03.2022
Kupfer-DEL*-Preis:	523,06	943,91
Aluminiumpreis:	185,40	377,53

* **DEL**, Abk. für: **D**eutsche **El**ektrolyt **K**upfer

www.helukabel.de

16.1.1.2 Kontaktwerkstoffe

Werkstoffe für Schalt-, Steck-, Gleit- und Schleifkontakte sind unterschiedlichen Beanspruchungen ausgesetzt. Kontakte müssen Ströme von wenigen mA bis etwa 60 kA in sehr kurzer Zeit, z. B. in 10 ms, unterbrechen können. An den geschlossenen Kontakten soll der Kontaktwiderstand gering sein, so dass spezielle Leiterwerkstoffe als Kontaktwerkstoffe zur Anwendung kommen. Die wichtigsten Anforderungen an Kontaktwerkstoffe sind in der **Übersicht** angegeben.

Die speziellen Kontaktwerkstoffe (Legierungen oder Verbundwerkstoffe), z.B. als Kontaktnieten, sind auf den Trägerwerkstoff, z.B. Kupfer, aufgebracht oder mit den Trägerwerkstoffen verschweißt **(Bild 1a)**, oft auch aufplattiert. Die Anforderungen an Kontaktwerkstoffe werden nicht nur durch den Einsatz unterschiedlicher Werkstoffe gelöst, sondern auch durch besondere Kontaktformen und -anordnungen **(Bild 1b)**. Kontaktabbrand **(Bild 1a)** bildet sich durch einen **Schaltfunken** oder **Schaltlichtbogen** mit Temperaturen bis 6000 °C.

Werden Strom führende Schaltkontakte geöffnet, kann ein Teil des Kontaktwerkstoffes durch den Lichtbogen schmelzen und verdampfen.

Kupfer (Cu) wird selten als reiner Kontaktwerkstoff eingesetzt, weil es leicht oxidiert. Es ist jedoch der häufigste Legierungswerkstoff für Kontaktwerkstoffe.

Silber (Ag) und **Gold (Au)** werden überwiegend für Legierungen und für Verbundwerkstoffe verwendet. In der HF-Technik werden Kontakte versilbert oder vergoldet. Kontaktierungen bei Halbleiter-Chip-Anschlüssen und Überzüge auf Relaiskontakten werden oft aus reinem Gold gefertigt.

Elektrokohle ist beständig wie Edelmetalle. Man unterscheidet Hart-, Grafit-, Elektrografit- und metallhaltige Kohle.

Für Schleifkontakte **(Bild 2)** wird die **Selbstschmierung** der Kohle, z.B. bei Motoren mit Stromwendern, ausgenutzt. Kohle schmilzt nicht bei höheren Temperaturen, sondern verdampft ab 3847 °C.

Verbundwerkstoffe für Kontakte vereinigen die positiven Eigenschaften mehrerer Einzelstoffe in einem neuen Werkstoff. Insbesondere werden Werkstoffe mit hoher Leitfähigkeit, hoher Härte, geringer Verschweißbarkeit und hoher Abbrandfestigkeit miteinander verbunden. Bevorzugter Grundwerkstoff ist wegen seiner hohen Abbrandfestigkeit Wolfram.

Übersicht: Wichtige Anforderungen an Kontaktwerkstoffe

elektrisch	• hohe elektrische Leitfähigkeit γ • geringe Materialwanderung
mechanisch	• genügende Festigkeit und Härte
thermisch	• hohe Wärmeleitfähigkeit • hoher Schmelzpunkt • hoher Siedepunkt • geringer Materialverlust durch Lichtbogenabbrand • geringe Neigung zum Verschweißen
chemisch	• beständig gegen chemische Einflüsse • geringe Oxidationsneigung

- **Legierungen** werden hergestellt, indem man mehrere Metalle oder Metalle und Nichtmetalle in einer Schmelze vereinigt.
  Beispiele: **Kupfer + Zink = Messing**
  Kupfer + Zinn = Bronze
- **Verbundwerkstoffe** erhält man durch Zusammenpressen unter hohem Druck und Wärme oder mittels Tränkverfahren, indem man die Poren hochschmelzender poröser Metalle mit niedrigschmelzenden Metallen ausfüllt.

Kennwerte von Kontaktwerkstoffen: Tabellenbuch Elektrotechnik

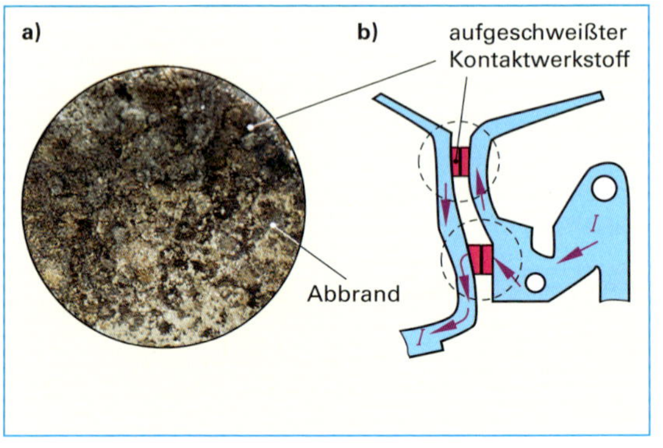

Bild 1: a) Kontaktoberfläche mit Abbrandspuren
b) Prinzip einer Kontaktanordnung

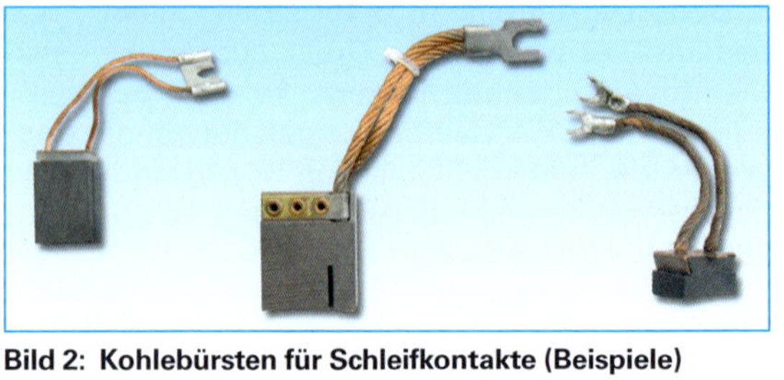

Bild 2: Kohlebürsten für Schleifkontakte (Beispiele)

16.1.2 Isolierstoffe

Isolierstoffe **(Bild)** sind elektrisch nichtleitende Stoffe. Sie verhindern das unkontrollierte Fließen eines elektrischen Stromes, z.B. durch die Isolierung einer elektrischen Leitung. Isolierstoffe verhindern, dass sich Leiter metallisch berühren oder dass z.B. bei Berührung eines Kabelmantels ein Strom fließen kann.

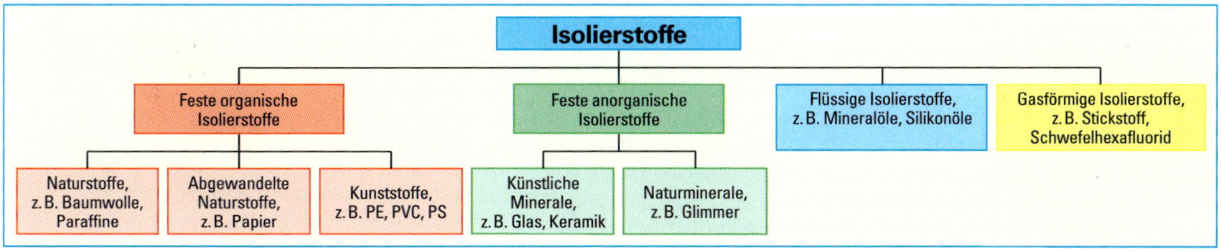

Bild: Einteilung der Isolierstoffe

Die Verwendbarkeit von Isolierstoffen hängt von ihren elektrischen, thermischen und mechanischen Eigenschaften ab. Die Auswahl der Isolierstoffe hängt ferner von der Beständigkeit gegen Umwelteinflüsse, den Möglichkeiten der Formgebung und der Verarbeitung ab.

Isolierstoffe für elektrische Maschinen werden in thermische Klassen eingeteilt **(Seite 492)**.

16.1.2.1 Elektrische Eigenschaften von Isolierstoffen

Isolierstoffe müssen in der Elektrotechnik bestimmte Eigenschaften haben **(Übersicht)**.

Der **spezifische Durchgangswiderstand** ϱ_D **(Tabelle 1)** ist der Widerstand eines Würfels des betreffenden Isolierstoffes mit der Seitenlänge 1 cm.

Der **Oberflächenwiderstand** R_0 gibt Aufschluss über den elektrischen Widerstand an der Oberfläche eines Isolierstoffes. Er wird in Ω angegeben.

Auf **Lichtbogenfestigkeit** prüft man, in welchem Maße der Isolierstoff lichtbogenfest ist oder ob er sich unter dem Einfluss des Lichtbogens verändert.

Unter **Durchschlagfestigkeit** E_D versteht man die elektrische Feldstärke, bei der ein elektrischer Durchschlag erfolgt. Die Durchschlagfestigkeit hängt vom Werkstoff und von der Dicke ab. Meist gelten die Werte für eine Dicke von 1 mm **(Tabelle 2)**.

Unter **Kriechstromfestigkeit** versteht man die Widerstandsfähigkeit des Isolierstoffes gegen das Entstehen von leitenden Kriechspuren durch elektrische Ströme auf der Werkstückoberfläche.

Die **Permittivitätszahl** (früher Dielektrizitätszahl) ε_r[1], gibt an, um wie viel mal größer die Kapazität eines Kondensators wird, wenn anstelle von Luft ein anderer Isolierstoff als Dielektrikum verwendet wird.

Bei Isolierstoffen ist eine möglichst kleine, bei Kondensatoren eine möglichst große Permittivitätszahl **(Seite 75)** erwünscht.

Der **Verlustfaktor** $\tan \delta$[2] **(Seite 147)** ist ein Maß für die dielektrischen Verluste. Je größer der Wert von $\tan \delta$ ist, umso größer ist auch der unerwünschte Energieverlust, wobei die Energie dem elektrischen Wechselfeld entzogen und in Wärme umgewandelt wird.

Übersicht: Eigenschaften von Isolierstoffen

Zu den elektrischen Eigenschaften zählen:
- der spezifische Durchgangswiderstand ϱ_D,
- der Oberflächenwiderstand R_0,
- die Lichtbogenfestigkeit,
- die Durchschlagfestigkeit E_D und
- die Kriechstromfestigkeit.

Dielektrische Eigenschaften werden angegeben durch:
- die Permittivitätszahl ε_r und
- den dielektrischen Verlustfaktor $\tan \delta$.

Tabelle 1: Spezifischer Durchgangswiderstand ϱ_D in Ωcm

Holz	10^9	Polyethylen	10^{15}
Porzellan	10^{11}	Epoxidharz	10^{16}
Polyesterharz	10^{11}	PVC	10^{16}
Polyamid	10^{12}	Polystyrol	10^{16}
Phenolharz	10^{12}	Glimmer	10^{17}
Glas	10^{14}	Polytetrafluorethylen	10^{18}
Siliconharz	10^{15}		

Tabelle 2: Durchschlagfestigkeit E_D in kV/mm

Luft	2,1	Glas	10 ... 40
Phenolharz	20	Schwefelhexafluorid	10 ... 50
Porzellan	35	Polyvinylchlorid	20 ... 50
Polyamid	50 ... 60	Polyethylen	70 ... 100
Epoxidharz	35	Polytetrafluorethylen	20 ... 40
Polyesterharz	10 ... 15		
Siliconharz	20 ... 70		

[1] ε griech. Kleinbuchstabe epsilon
[2] δ griech. Kleinbuchstabe delta

16.1.2.2 Anorganische und organische Isolierstoffe

Anorganische Isolierstoffe

Bei den anorganischen[1] Isolierstoffen **(Tabelle 1)** unterscheidet man künstlich hergestellte Isolierstoffe, z. B. Oxidkeramik, und Naturstoffe, z. B. Glimmer oder Asbest. Keramiken behalten durch Brennen ihre Form.

> Für Asbest besteht seit 2005 ein europaweites Verwendungs- und Herstellungsverbot.

Übersicht: Einteilung Kunststoffe	Normung	Beispiel
• **Thermoplaste (Tabelle 2),** z. B. Polyvinylchlorid (PVC), Polyethylen (PE) • **Duroplaste (Seite 617),** z. B. Epoxidharz (EP), Polyurethanharz (PUR) • **Elastomere (Seite 617),** z. B. Naturkautschuk (NR), Silikonkautschuk (Q)	Kurzzeichen von Kunststoffen, z. B. PE, PVC oder PA, sind nach DIN EN ISO 1043 genormt.	 Stecker aus PVC

Tabelle 1: Wichtige anorganische Isolierstoffe		
Isolierstoff	Eigenschaften	Verwendung
Keramik (Unterscheidung z. B. in Oxid-, Silikat- und Glaskeramik)	Oxidkeramik ist etwa doppelt so hart wie Hartmetall, hat einen hohen Schmelzpunkt (etwa 2000 °C bis 3000 °C), ist chemisch beständig, temperatur- und thermoschockbeständig und ein sehr guter elektrischer Isolator.	Isolatoren, Träger integrierter Schaltungen, Kondensatoren, Glaskeramik für Kochfelder
Glas (Unterscheidung z. B. in Borsilicatglas, Quarzglas)	Durchsichtig, farblos, klar, hart und spröde, die Isolierfähigkeit ist temperaturunabhängig, Quarzglas ist temperaturbeständig bis 1000 °C.	Glüh-, Halogen- und Entladungslampen, optische Gläser, Ceran-Kochfelder, Bildröhren, Lichtwellenleiter
Glimmer	Durchsichtig, dünn (einige µm), spaltbar, elastisch-biegsam, hitzebeständig bis 800 °C, sehr hoher spezifischer Widerstand (10^{17} Ωcm)	In Kondensatoren als Dielektrikum, zur Isolation, z. B. in Stromwendern von Motoren, Transistormontage auf Kühlkörper, Trägermaterial für Heizwendel

Organische Isolierstoffe

Bei den organischen[2] Isolierstoffen unterscheidet man Naturstoffe, z. B. Papier, und synthetische Stoffe, z. B. Polyethylen. Synthetische (künstlich hergestellte) Stoffe bezeichnet man allgemein als Kunststoffe **(Übersicht)**.

Thermoplaste (Tabelle 2) sind nach Erwärmung wiederholt plastisch verformbar.

Tabelle 2: Wichtige Thermoplaste		
Werkstoff	Eigenschaften	Verwendung
Polyvinylchlorid (PVC)	Dichte: 1,35 kg/dm³, höchste Gebrauchstemperatur 90 °C, farblos, durchsichtig, klebbar, schweißbar.	Leitungs- und Kabelisolation, Isolierbänder, Installationsrohre, Folien, Steckvorrichtungen **(Übersicht)**.
Polyethylen (PE)	Dichte: 0,92 kg/dm³, höchste Gebrauchstemperatur 110 °C, farblos bis milchig, wachsartig, schweißbar, nicht klebbar.	Isolation für Kabel und Leitungen (vor allem in der HF-Technik), Folien, Formteile, Schrumpfschläuche.
Polyamid (PA)	Dichte: 1,14 kg/dm³, höchste Gebrauchstemperatur 150 °C, hornartig, milchig weiß, gleitfähig, schweißbar, abriebfest.	Dübel, Schutzhelme, Steuernocken, Steckvorrichtungen, Gehäuse für Elektrogeräte, Isolierstoffträgerteile.
Polytetrafluorethylen (PTFE)	Dichte: 2,2 kg/dm³, höchste Gebrauchstemperatur 250 °C, wachsartig, nicht klebbar, sehr gleitfähig, beständig gegen fast alle Chemikalien.	Beschichtung von Haushaltsgeräten, Dichtungen, Isolierschläuche, Leitungsisolation, Spulenkörper, gedruckte Schaltungen.
Polystyrol (PS)	Dichte: 1,1 kg/dm³, höchste Gebrauchstemperatur 90 °C, glasklar, polierfähig, klebbar, hart, spröde, beständig gegen verdünnte Säuren und Laugen.	Drucktasten, Zeichenschablonen, Gehäuse für Elektrogeräte, Schaugläser, geschäumtes Polystyrol, z. B. für Dämmstoffe und Verpackungsmittel.
Weitere Thermoplaste siehe Tabellenbuch Elektrotechnik.		

[1] anorganisch = Stoffe, die keinen Kohlenstoff enthalten [2] organisch = Stoffe, die Kohlenstoff enthalten

Dauerbetriebstemperaturen wichtiger Isolierstoffe der Elektrotechnik

- Polyvinylchlorid (PVC) 90 °C
- Naturkautschuk (NR) 60 °C
- Silikonkautschuk (SiR) 180 °C
- Polyethylen (vernetzt) (PE-X) 90 °C

Duroplaste (Tabelle) werden warm verarbeitet und erhärten anschließend. Das Endprodukt ist dann hart und spröde. Bei zu starker Erwärmung zersetzen sie sich und verlieren dadurch ihre Isolierfähigkeit. Thermoplaste sind formbeständiger als Duroplaste.

Tabelle: Wichtige Duroplaste (Auswahl)

Werkstoff	Eigenschaften	Verwendung
Phenol-Formaldehyd-harz (PF)	Dichte: 1,25 kg/dm³, höchste Gebrauchstemperatur 130 °C, hart, spröde, gut kriechstromfest, dunkle Farbtöne.	Als Basismaterial für gedruckte Schaltungen **(Seite 621)**, Spulenkörper, Klemmbretter, Schalterteile.
Epoxidharz (EP)	Dichte: 1,2 kg/dm³, höchste Gebrauchstemperatur 150 °C, hart, zäh, vergießbar, gut klebfähig, chemisch beständig.	Als Gießharz bei Elektromotoren, Kabelmuffen, Multilayern **(Seite 622)** und gedruckten Schaltungen.
Ungesättigte Polyesterharze (UP)	Dichte: 1,2 kg/dm³, höchste Gebrauchstemperatur 150 °C, hart bis weich, zäh, klar, klebbar, gut vergießbar.	Verteiler- und Schaltschränke, als Magnetdatenträger bei Ton- und Videobändern, Disketten, Gießharz.
Polyurethanharz (PUR)	Dichte: 1,25 kg/dm³, höchste Gebrauchstemperatur 100 °C, hart bis weich, elastisch, schäumbar, gute Haftfähigkeit.	Rundfunk- und Fernsehgehäuse, zur Klebstoffherstellung, für Lacke, zum Ausschäumen, z. B. von Kühlschränken, Gießharz.
Melamin-Formaldehyd-Harz (MF)	Dichte: 1,5 kg/dm³, höchste Gebrauchstemperatur 120 °C, hart, schlagzäh, kriechstromfest, lichtbeständig, zerbrechlich.	Schalter, Steck- und Abzweigdosen, Bügeleisengriffe, für Leime, Lacke und Bindemittel, Teile der Autoelektrik.
Silikonharz (SI)	Dichte: 1,9 kg/dm³, höchste Gebrauchstemperatur 300 °C, hart bis weich bzw. elastisch, sehr geringe Wasseraufnahme, ölbeständig.	Imprägnieren von Wicklungen, in Motoren und Transformatoren, Einbetten von Elektronikteilen.

Elastomere (umgangssprachlich Gummi genannt) haben elastische Eigenschaften. Styrol-Butadien-, Chloropren-, Silikon- und Butadien-Kautschuk sind synthetisch (künstlich) hergestellte Elastomere zur Isolierung von z. B. Leitungen **(Bild)** und Steckvorrichtungen.

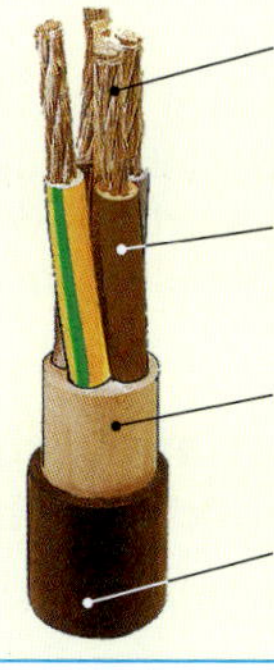

Bild: Gummischlauchleitung H07RN-F

16.1.2.3 Flüssige und gasförmige Isolierstoffe

Flüssige und wachsartige Stoffe, z. B. Vaseline, Paraffine und Bitumen, werden zur Isolierung und zum Tränken z. B. von Papier und Geweben sowie als Vergussmassen benutzt.

Isolieröle, z. B. Silikonöl, haben die Aufgabe, die Isolation zu verbessern, schädliche Hohlräume auszufüllen und die Verlustwärme, z. B. bei Transformatoren, abzuführen.

Silikonöle sind klare, geruchs- und farblose Flüssigkeiten. Silikonöl bleibt bis etwa – 50 °C flüssig und neigt nicht zum Verharzen. Silikonöl verwendet man als Isolieröl in Transformatoren und Schaltgeräten.

Isoliergase (Übersicht) werden vor allem in der Hochspannungstechnik, z. B. für gasisolierte Schaltanlagen **(Seite 294)**, verwendet. Stickstoff wird als Druckgas in Hochspannungskabeln, Kondensatoren und Transformatoren eingesetzt.

Übersicht: Gasförmige Isolierstoffe

- **Natürliche Gase,** z. B. Luft, Stickstoff, Wasserstoff
- **Synthetische Gase,** z. B.
  - Schwefelhexafluorid SF_6,
  - Tetrafluormethan,
  - Trichlorfluormethan

16.2 Fertigungsverfahren

16.2.1 Verbindungen (Fügen)

Durch Fügen werden lösbare oder unlösbare Verbindungen hergestellt **(Übersicht)**. Unlösbare Verbindungen können nur durch Zerstörung des Verbindungsmittels, z. B. des Lotes, getrennt werden.

Übersicht: Einteilung von Verbindungen

- **Lösbare Verbindungen**
  z. B. Schrauben, Stecken, Klemmen
- **Unlösbare Verbindungen**
  z. B. Löten, Kleben, Nieten

16.2.1.1 Lösbare Verbindungen in der Elektrotechnik

Schrauben verwendet man in der Elektrotechnik z. B. zum Verbinden von Sammelschienen oder von Gehäuse und Deckel, zum Befestigen von Drehknöpfen und Schaltern sowie zum Klemmen von Leitern.

Klemmen (Bild 1) teilt man in Schraubklemmen und schraublose Klemmen ein. Den notwendigen Kontaktdruck erreicht man durch die Schraube oder durch Federkraft.

Federklemmverbindungen sind universelle Verbindungssysteme für ein-, mehr- und feindrähtige Kupferleiter von 0,08 mm^2 bis 35 mm^2. Dabei verwendet man z. B. das Käfigzugfeder-Anschlusssystem **(Bild 2)**. Zum Anschließen des Leiters wird die Käfigzugfeder heruntergedrückt und der abisolierte Leiter in die Klemmstelle eingeführt. Der Leiter wird im Bereich der Kontaktzone mit querschnittsgerechter Klemmkraft von der Käfigzugfeder gegen die Stromschiene gedrückt. Käfigzugfeder-Verbindungen sind lösbar, rüttelsicher und wartungsfrei.

Man verwendet sie z. B. für Leiterverbindungen in Abzweigdosen.

Steckverbinder (Bild 3) für gedruckte Schaltungen auf Leiterplatten bestehen aus einer Messer- und Federleiste. Die Messerleiste wird auf der Leiterplatte montiert, die Federleiste am Aufbaurahmen.

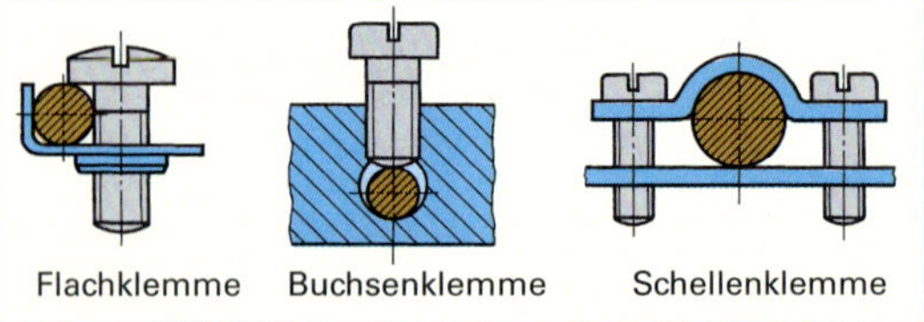

Bild 1: Klemmenarten

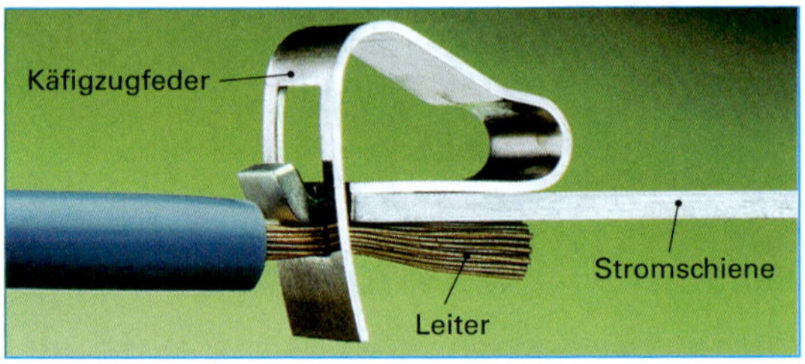

Bild 2: Käfigzugfeder-Anschlusssystem

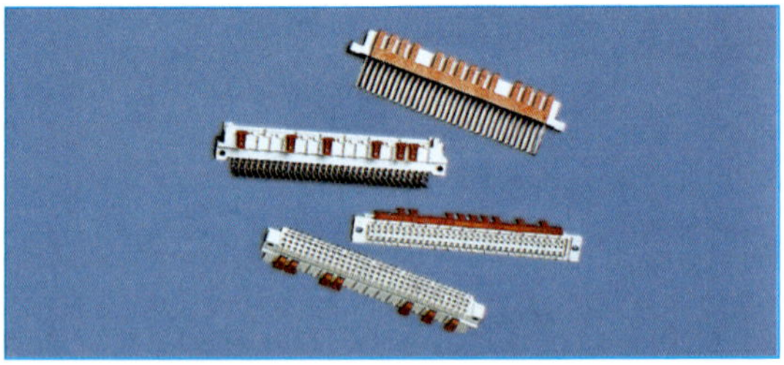

Bild 3: Steckverbinder für Leiterplatten

16.2.1.2 Unlösbare Verbindungen in der Elektrotechnik

Unlösbare Verbindungen entstehen z. B. durch

- **Crimpen**[1],
- **Löten,**
- **Kleben.**

Bei der **Crimpverbindung (Bild 4a)** werden die abisolierten mehr- oder feindrähtigen Leiter z. B. in eine Aderendhülse oder in einen Kabelschuh eingeführt **(Bild 4b)**. Die leitende Verbindung wird mithilfe einer Zange **(Bild 5)** hergestellt. In der Praxis werden für den Fachbegriff Crimpen auch Pressen oder Quetschen verwendet.

[1] von to crimp (engl.) = pressen

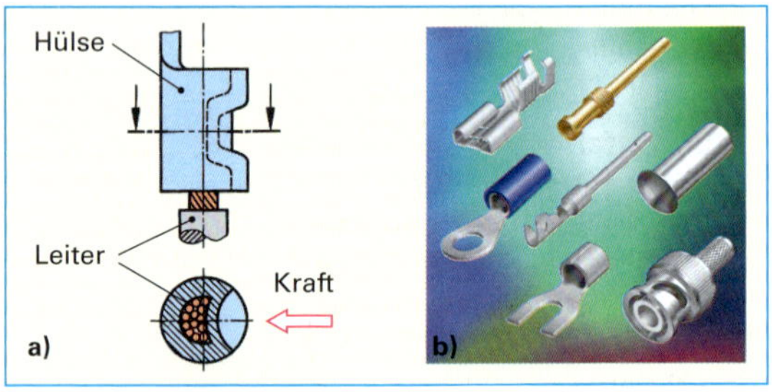

Bild 4: Crimpverbindung

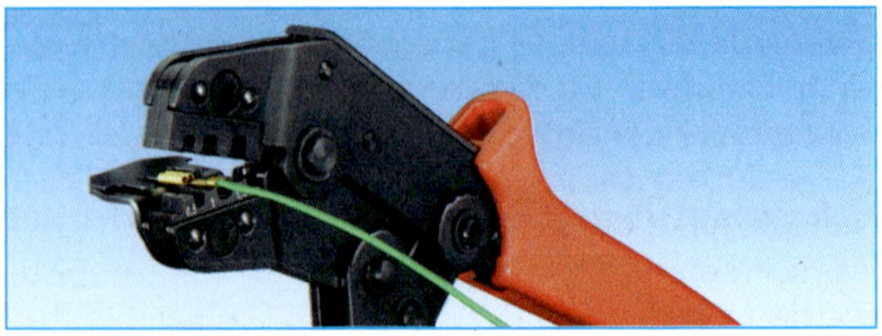

Bild 5: Crimpzange

Löten

Löten (Übersicht) ist das Verbinden metallischer Werkstoffe mithilfe eines Lotes. Werkstoff und Lot bilden eine Legierung. Durch Löten entsteht eine unlösbare Verbindung.

Übersicht: Fachbegriffe Löten

- Weichlöten < 450 °C
- Hartlöten > 450 °C
- Hochtemperaturlöten > 900 °C
- Arbeitstemperatur: Temperatur, bei der das Lot benetzt, fließt und bindet

Beim Löten benetzt das flüssige Lot die Lötstelle. Dies wird erreicht, wenn die Lötstelle metallisch rein ist und der Werkstoff und das Lot ausreichend erwärmt werden. Bei zu niedriger Arbeitstemperatur entsteht ein hoher elektrischer Widerstand (Kaltlötstelle), bei zu hoher Arbeitstemperatur verdampfen Bestandteile des Lotes. Die Lötstelle wird spröde. Eine einwandfreie Lötstelle hat eine glatte und metallisch glänzende Oberfläche. Auch ist der Abstand (Lötspalt) zwischen den zu lötenden Teilen zu beachten. Damit das flüssige Lot durch Kapillarwirkung in den Lötspalt hineingezogen wird, sollte der Lötspalt maximal 0,2 mm betragen.

Lote sind **Hilfsstoffe** der Elektrotechnik und werden in Weich- und Hartlote unterteilt. Als Weichlote werden Legierungen aus Zinn (Sn), Silber (Ag) und/oder Gold (Au) verwendet. Die Zusammensetzung bestimmt die Arbeitstemperatur, z. B. 227 °C bei dem Lot S-Sn99Cu1. In der Elektrotechnik verwendet man Weichlote in Drahtform mit eingelagertem Flussmittel. Das Kurzzeichen für Weichlote beginnt nach internationaler Norm mit dem Buchstaben S **(Bild 1).** Das Weichlöten wird in der Elektrotechnik häufig verwendet, weil Lötverbindungen elektrisch gut leiten. Allerdings ist die Festigkeit der verwendeten Zinn-Lote sehr gering. Hartlote, z. B. das Silberhartlot B-Ag 72Cu-780 (Arbeitstemperatur 780 °C), verwendet man, wenn Verbindungen höher mechanisch belastet werden müssen.

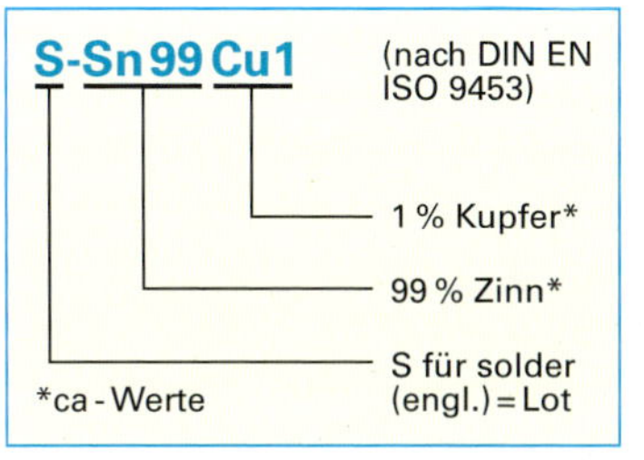

Bild 1: Weichlot der Elektrotechnik (Beispiel)

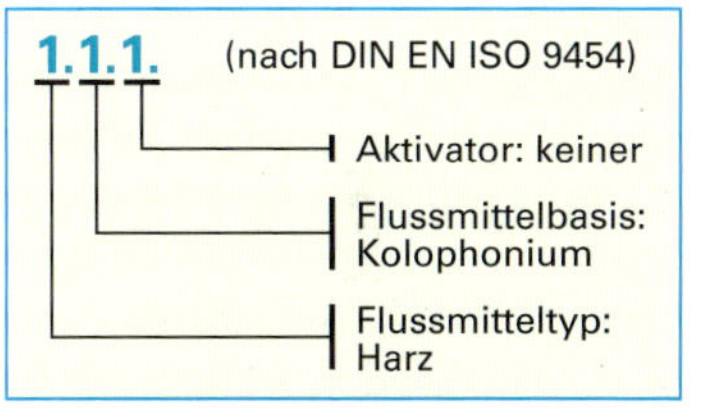

Bild 2: Flussmittel der Elektrotechnik (Beispiel)

> ℹ Seit 1.7.2006 ist durch EU-Richtlinien Blei in der Elektronikfertigung verboten.

Flussmittel sollen Oxide bzw. Verunreinigungen lösen oder chemisch binden, den Fluss des Lotes begünstigen und eine weitere Oxidation verhindern. Die Wahl des Flussmittels richtet sich nach dem Lötverfahren und dem Werkstoff des Werkstücks. Zum Weichlöten wird in der Elektrotechnik als Flussmittel häufig Kolophonium verwendet. Im Elektrolot ist das Flussmittel Kolophonium in Pulverform eingearbeitet. Deshalb muss bei Verwendung eines Elektrolotes kein Flussmittel der Lötstelle zugeführt werden. Die Flussmittelkennzeichnung erfolgt nach DIN EN ISO 9454 mithilfe von drei Ziffern **(Bild 2).**

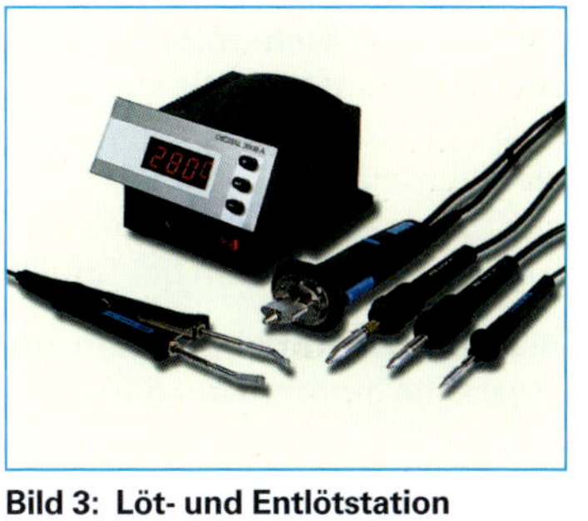

Bild 3: Löt- und Entlötstation

Die **Lötverfahren** werden nach der Arbeitstemperatur und nach der Art der Erwärmung eingeteilt. Nach der Art der Erwärmung unterscheidet man beim Weichlöten hauptsächlich das Kolben-, Tauch-, Schwall- und Induktionslöten. Bei der **Kolbenlötung** erwärmt der Lötkolben eine Lötspitze. Für Lötarbeiten an empfindlichen Bauteilen, wie z. B. Feldeffekt-Transistoren **(Seite 217),** werden temperaturgeregelte Lötstationen **(Bild 3)** verwendet. Industrielle Lötverfahren sind das **Schlepplöten,** das **Wellenlöten (Bild 4)** und das Induktionslöten. SMD-Bauelemente werden im Reflow-Verfahren **(Seite 623)** gelötet.

Zum **Entlöten** von elektronischen Bauelementen mit dem Lötkolben wird eine Entlötpumpe oder ein Metallgeflecht (Lötsauglitze) verwendet, welches das Lötzinn aufsaugt. Die Lötsauglitze wird mit der Lötkolbenspitze auf die Lötstelle gedrückt. Nach Erwärmung der Litze wird das schmelzende Lot durch Kapillarwirkung aufgesaugt. Entlötarbeiten werden auch mit Entlötgeräten ausgeführt, bei denen das flüssige Lot mit Vakuum von der Lötstelle abgesaugt werden kann **(Bild 3).**

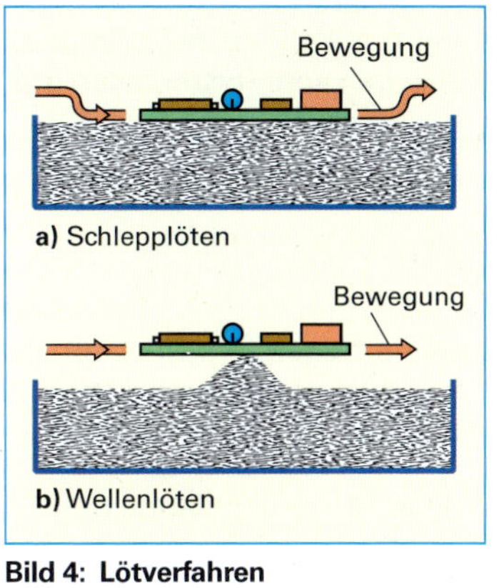

Bild 4: Lötverfahren

Kleben

Kleben ist das Verbinden von Fügeteilen mit einem Klebstoff zu einer unlösbaren Verbindung. Durch Kleben kann man auch unterschiedliche Werkstoffe verbinden, z. B. Metall und Glas. Klebeverbindungen dichten Fügeteile ab, schützen vor Korrosion und sind elektrisch isolierend. Die Funktion einer Klebeverbindung hängt von der Oberflächenhaftung des Klebstoffes am Fügeteil (Adhäsion) und von der Festigkeit innerhalb des Klebstoffes (Kohäsion) ab.

Die zu verklebenden Oberflächen müssen vor dem Kleben gereinigt werden. Fremd- und Oberflächenschichten sind z. B. durch Entfetten oder, falls notwendig, mechanisch zu beseitigen.

Die häufigste Ursache für eine nicht haltbare Klebeverbindung ist nicht der Klebstoff, sondern eine ungenügend vorbereitete Oberfläche.

Klebstoffe kann man nach Arten einteilen **(Übersicht)**. Weiterhin unterscheidet man Ein- und Zweikomponenten-Klebstoffe. **Einkomponenten-Klebstoffe,** z. B. Cyanacrylat-Klebstoffe, enthalten alle zum Kleben notwendigen Klebstoffbestandteile. **Zweikomponenten-Klebstoffe,** z. B. Epoxidharz-Klebstoffe, bestehen aus zwei Teilen, dem Binder und dem Härter. Vor dem Auftragen sind beide Komponenten zu mischen. Nach dem Mischen ist der Zweikomponenten-Klebstoff nur für eine bestimmte Zeit, die sogenannte Topfzeit, z. B. innerhalb von 7 Minuten, verwendbar.

Anaerobe Klebstoffe härten unter Luftabschluss bei gleichzeitigem Metallkontakt schnell aus. Verwendung: Metall-Metall-Verbindung, z. B. zur Schraubensicherung.

Cyanacrylat-Klebstoffe härten durch Luftfeuchtigkeit aus. Als Luftfeuchtigkeit genügt die auf der Fügeteiloberfläche vorhandene Feuchtigkeit. Da die Aushärtung innerhalb von Sekunden abläuft, werden sie auch als Sekunden-Klebstoffe bezeichnet. Verwendung: Kunststoff-Kunststoff- und Metall-Kunststoff-Verbindungen, z. B. zur Fixierung von Drahtenden bei Spulen **(Bild)**.

Acrylat-Klebstoffe bestehen aus einem Harz und Aktivator (Beschleuniger), die getrennt auf die zu verklebenden Oberflächen aufgetragen werden. Eine Aushärtung beginnt dann, wenn beide Oberflächen in Berührung kommen.

Klebstoff-Fachbegriffe

- **Adhäsion**[1]: physikalische Haftkräfte an Kontaktflächen zweier Stoffe.
- **Kohäsion**[2]: Kräfte, die zwischen den Molekülen eines Körpers herrschen und diese zusammenhalten.

[1] adhäsiv (lat.) = anhaftend
[2] kohäsiv (lat.) = zusammenhaltend

Übersicht: Klebstoffarten (Auswahl)

- Anaerobe Klebstoffe
- Cyanacrylat-Klebstoffe
- Acrylat-Klebstoffe
- Epoxidharz-Klebstoffe
- Fotoinitiierte Klebstoffe

www.klebstoffe.com

Bild: Cyanacrylat-Klebstoff zur Spulendrahtfixierung

Epoxidharz-Klebstoffe ermöglichen hohe Festigkeiten und Temperaturen bis etwa 200 °C. Die Aushärtung des Klebstoffes erfolgt z. B. in einem Wärmeofen. Verwendung: Metall-Metall-Verbindung, z. B. Einkleben von Hartmetallen in Sägeblättern, aber auch Keramik-Verbindungen.

Fotoinitiierte Klebstoffe härten durch die Bestrahlung mit UV- oder sichtbarem Licht sehr schnell, z. B. in 1 s, aus. Verwendung: Zum Abdichten, zur SMD-Bauteilebefestigung **(Seite 623)**.

Polyurethan-Klebstoffe erreichen hohe Festigkeiten und werden zum Kleben und Vergießen von Bauteilen in der Elektrotechnik sowie im Maschinenbau eingesetzt.

Das Auftragen von Klebstoffen in der Industrie erfolgt z. B. mit Dosierpistolen, die von Hand oder mit Druckluft betrieben werden. Je nach Oberfläche der Fügeteile erfolgt der Klebstoffauftrag punkt-, raupen- oder tropfenförmig.

Beim Umgang mit Industrie-Klebstoffen sind Schutzbrille und Handschuhe zu tragen. Hautkontakt ist zu vermeiden. Der Arbeitsplatz ist ausreichend zu belüften.

16.2.2 Gedruckte Schaltungen

Als Träger von Bauelementen und Verbindungsleitern sind gedruckte Schaltungen **(Bild 1)** Bestandteil vieler elektrotechnischer und elektronischer Geräte. Sie ermöglichen eine automatisierte Serienfertigung.

Gedruckte Schaltungen halten und verbinden elektrische und elektronische Bauelemente, z. B. Widerstände und Transistoren.

Für gedruckte Schaltungen gibt es verschiedene Herstellverfahren.

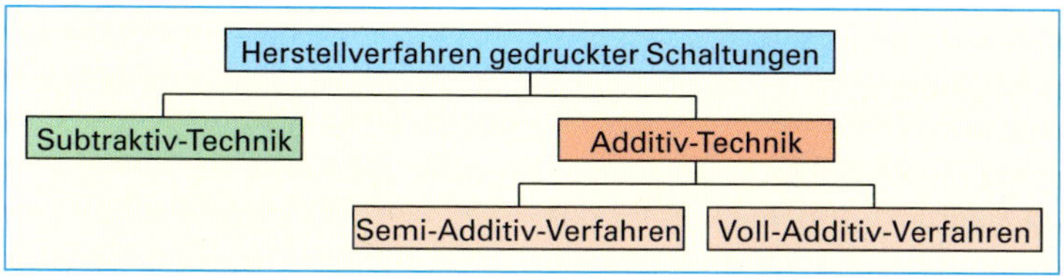

Als Ausgangs- oder **Basismaterial** werden zur Herstellung gedruckter Schaltungen Verbundwerkstoffe aus Epoxidharz und Glasfasergewebe, meist FR4-Materialien[1], verwendet **(Bild 1)**. Das Basismaterial wird als Platte oder Folie ein- oder beidseitig mit einer Kupferfolie bedeckt (kaschiert). Je nach Anordnung der Leiterbahnen unterscheidet man verschiedene Leiterplattenarten **(Bild 2)**.

www.leiterplattenakademie.de
www.leiton.de
www.sprut.de/electronic/platinen

Subtraktiv-Technik

Bei der Subtraktiv-Technik[2] entsteht das Leiterbild durch Entfernen überschüssiger Kupferfolie mithilfe einer Ätzlösung.

Mithilfe eines Druckprozesses, z. B. Foto- oder Siebdruck, wird ein Ätzschutz als Positivdruck auf das kupferkaschierte Basismaterial aufgebracht **(Bild 3)**. Das Druckbild enthält die späteren Leiterzüge der gedruckten Schaltung und darf von den verwendeten Ätzmitteln nicht angegriffen werden. Das Ätzen erfolgt in Ätzmaschinen, die Lösungsmittel auf die Platinen sprühen, z. B. Ammoniumpersulfat. Durch den Ätzvorgang wird das freiliegende, nicht abgedeckte Kupfer abgeätzt. Nach dem Ätzen werden die Leiterplatten gereinigt, der Decklack bzw. die Druckfarbe entfernt und mit einem Schutzüberzug und einem Kennzeichnungsdruck versehen.

Additiv-Technik

Bei der Additiv-Technik[3] wird das Leiterbild durch Kupferabscheidung auf unkaschiertes Basismaterial aufgebracht.

Durch die Additiv-Technik können sehr schmale Leiterbahnen von etwa 0,1 mm Breite bei gleichzeitig engen Leiterbahnabständen hergestellt werden, da keine Unterätzung (Einbuchtung der Leiterbahnen) entstehen kann. Weiterhin ermöglicht die Additiv-Technik auch eine Durchkontaktierung, d. h. elektrische Verbindungen von der einen Leiterplattenseite zur anderen **(Bild 2c)**.

[1] **FR**, Abk. für: **F**lame **R**etardant (engl.) = flammhemmend
[2] subtraktiv (lat.) = vermindern
[3] additiv (lat.) = hinzufügen

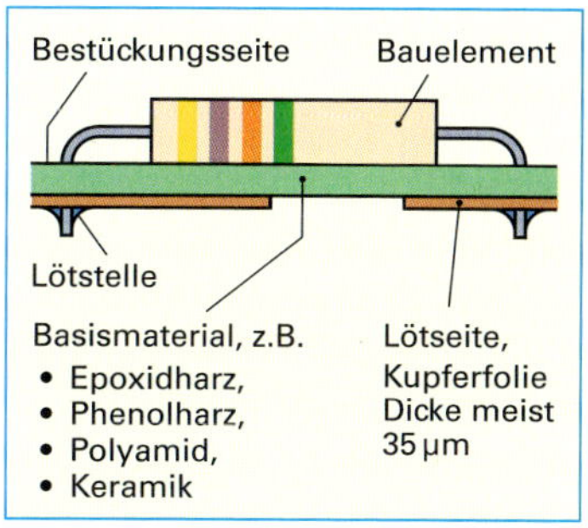

Bild 1: Schnitt einer gedruckten Schaltung

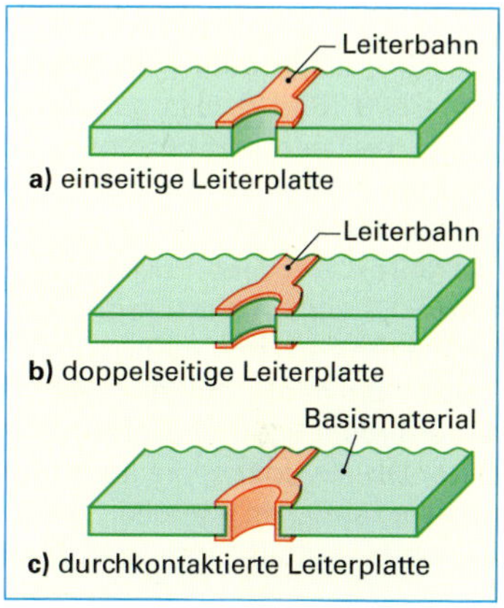

Bild 2: Arten von Leiterplatten

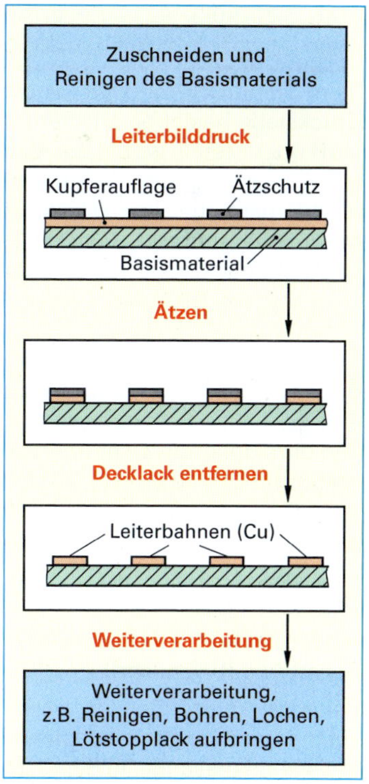

Bild 3: Subtraktiv-Technik

Mehrlagen-Leiterplatten (Multilayer)

Bei aufwendigen elektronischen Schaltungen reichen die beiden Leiterebenen doppelseitiger Schaltungen nicht mehr aus. Weitere Ebenen sind zur Aufnahme von Leiterbahnen notwendig.

Mehrlagen-Leiterplatten (Multilayer) bestehen aus mehr als zwei Leiterebenen.

Die Leiterebenen, z. B. 4 bis 24, befinden sich vor allem im Inneren des Isolierwerkstoffes **(Bild 1)** und ermöglichen so eine sehr hohe Packungsdichte, also viele Bauelemente auf engem Raum. Mehrlagen-Leiterplatten werden für aufwendige elektronische Schaltungen, z. B. in der Mess- und Computertechnik, verwendet.

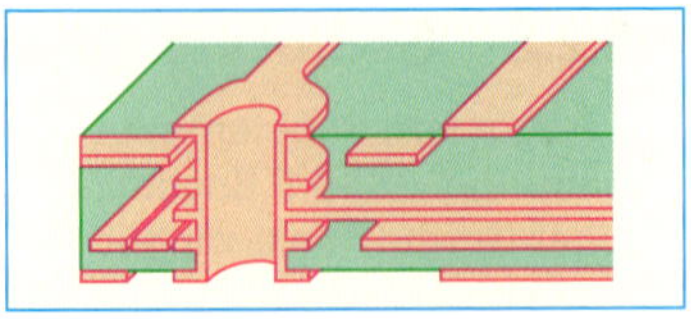

Bild 1: Mehrlagen-Leiterplatte

Drucktechniken von gedruckten Schaltungen

Die Grundlage beim Herstellen einer gedruckten Schaltung ist das Leiterbild **(Bild 2)**, das auf das Basismaterial übertragen wird. Dazu muss das Leiterbild kantenscharf, maßgenau und chemisch beständig gegenüber den verwendeten Ätzlösungen sein. Zum Übertragen des Leiterbildes verwendet man vor allem das Siebdruck- oder das Fotoverfahren. Der Siebdruck ermöglicht Leiterbreiten und Leiterabstände über 0,3 mm. Leiterbreiten unter 0,3 mm mit einer Toleranz von ± 0,05 mm erreicht man mit dem Fotoverfahren. Das Leiterbild kann positiv bei der Subtraktiv-Technik oder negativ bei der Additiv-Technik aufgebracht werden. Notwendig dazu ist die Ablichtung des Layouts[1], einer Druckvorlage, die aufgrund des Schaltbildes erstellt wurde. Das Layout kann man manuell, z. B. durch Klebetechnik für Einzelanfertigungen, oder mithilfe von Computern und Layoutprogrammen erstellen.

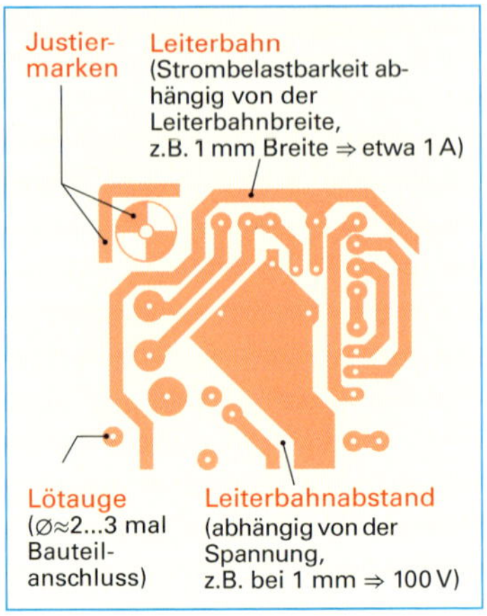

Bild 2: Teil eines Leiterbildes

Siebdruck-Verfahren

Das Siebdruck-Verfahren ermöglicht eine wirtschaftliche Produktion gedruckter Schaltungen in großen Stückzahlen.

Beim Siebdruck wirkt ein Drucksieb im Maßstab 1 : 1 als Schablone. Drucksiebe bestehen aus feinmaschigem Gewebe aus Textil, Kunststoff oder Metall, wobei die Maschen des Siebes mit Lack oder Folie teilweise geschlossen sind. An den offenen Stellen, dem Leiterbild, wird Druckfarbe vom Drucksieb auf die kupferkaschierte Platinenoberfläche gepresst. Die Druckfarbe schützt das darunter liegende gedruckte Leiterbild beim Ätzen. Nach dem Ätzen wird die Platine gereinigt, mit Schutzlack versehen und bestückt.

Fotoverfahren

Beim Fotoverfahren **(Bild 3)** ist die Platinenoberfläche mit einer lichtempfindlichen Schicht versehen. Darauf wird das Leiterbild mithilfe von ultraviolettem Licht übertragen.

Das Fotoverfahren ermöglicht höhere Genauigkeiten als die Siebdrucktechnik.

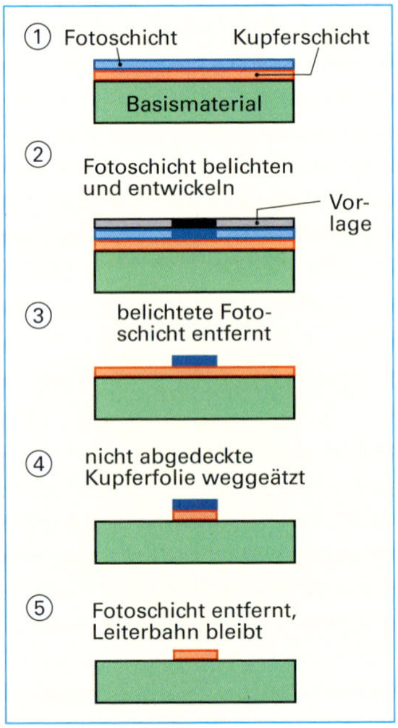

Bild 3: Fotoverfahren

Prüfen von gedruckten Schaltungen

Nach dem Ätzen der Platinen sind optische und elektrische Prüfungen notwendig **(Übersicht)**.

Bei höheren Stückzahlen werden zur Überprüfung Testsysteme mit Testadaptern benutzt. Werden die Platinen als fehlerfrei erkannt, folgt meist eine maschinelle Bestückung.

Übersicht: Prüfverfahren gedruckter Schaltungen

- **Optische Prüfungen**
  z. B. Leiterbahnbreite, Leiterbahnabstände, Form, Aussehen der Leiterbahnen und Lötaugen
- **Elektrische Prüfungen**
  z. B. Leiterbahnwiderstand, Kurzschlussfreiheit zwischen den Leiterbahnen, Funktion der Schaltung

[1] Layout (engl.) = Grundriss, Lageplan für die Anordnung der Bauelemente einer Schaltung

16.2.3 SMD-Technik

Bei der SMD-Technik setzt man unbedrahtete elektrische Bauelemente, z.B. Widerstände, Kondensatoren, Dioden, Transistoren und integrierte Schaltungen, auf die Oberfläche von Leiterplatten auf **(Bild 1)**.

Hierbei werden die Bauelemente eben auf der Oberfläche der Leiterplatte durch Lötpaste oder nichtleitenden Kleber fixiert und dann an den Anschlussflächen angelötet. Dazu sind Miniaturbauelemente mit Anschlussflächen **(Bild 1)** oder kurzen Anschlussbeinen notwendig. Durch die kleineren Bauelemente ergeben sich höhere Packungsdichten und dadurch kleinere Leiterplatten. Bei der Mischbestückung **(Bild 3)** werden Bauelemente mit herkömmlichen Anschlussdrähten und SMD-Bauteile kombiniert. Eine Mischbestückung ist dann notwendig, wenn die Schaltung Bauelemente enthält, die es als SMD-Bauelement noch nicht gibt, z.B. Hochlastwiderstände. Als Basismaterial für Leiterplatten verwendet man bei der SMD-Technik z.B. Epoxidharz, Polyamid oder Keramik.

Bestückungsverfahren. Oberflächenmontierbare Bauelemente werden auf der Leiterplatte nur aufgesetzt. Dabei unterscheidet man die manuelle Bestückung (Handbestückung) und die automatische Bestückung.

Bei der Handbestückung, z.B. für Labormuster, werden die Bauteile mit Bestückungshilfen, z.B. mit einer Vakuumpipette, aus den Vorratsmagazinen entnommen und der Leiterplatte von Hand zugeführt. Automatische Bestückungsmaschinen **(Bild 2)** ermöglichen eine flexible Produktgestaltung und beschleunigen die Fertigung.

Kleben von SMD-Bauteilen. SMD-Bauteile müssen, z.B. bei der Mischbestückung, durch einen speziellen Klebstoff auf der Leiterplatte befestigt werden, da die Leiterplatte im Lötbad um 180° gewendet wird. Den Kleber kann man z.B. mit einem Dosiergerät oder mit dem Siebdruck-Verfahren **(Seite 622)** aufbringen.

Lötverfahren der SMD-Technik. An die SMD-Bauelemente werden beim Löten hohe thermische Anforderungen gestellt. Man verwendet bei Reparaturen die Kolbenlötung **(Seite 619)**, bei maschinellen Verfahren z.B. Wellenlöten **(Seite 619)** oder **Reflowlöten**[1]. Beim Reflowlöten werden die Bauelemente in die zuvor auf die Platine aufgebrachte Lotpaste gesetzt. Die Wärme zum Schmelzen der Lotpaste wird z.B. durch Infrarot-Strahlung oder Heißluft erzeugt. Zwischen dem SMD-Bauelement und dem Anschluss wird durch die Lotpaste eine elektrische Verbindung hergestellt. Nach dem Abschluss aller Fertigungsschritte wird die Leiterplatte geprüft.

[1] von to reflow (engl.) = überfluten

SMD

Abkürzung von **S**urface **M**ounted **D**evices (engl.) = oberflächenmontierte Bauteile

Übersicht: Ziele der SMD-Technik

- Miniaturisierung
- Kostenverringerung
- hohe Qualität
- hohe Zuverlässigkeit

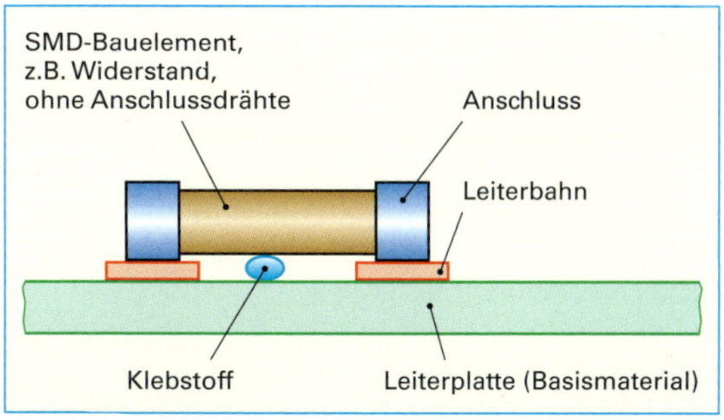

Bild 1: SMD-Platine

Bild 2: Maschinelle SMD-Bestückung

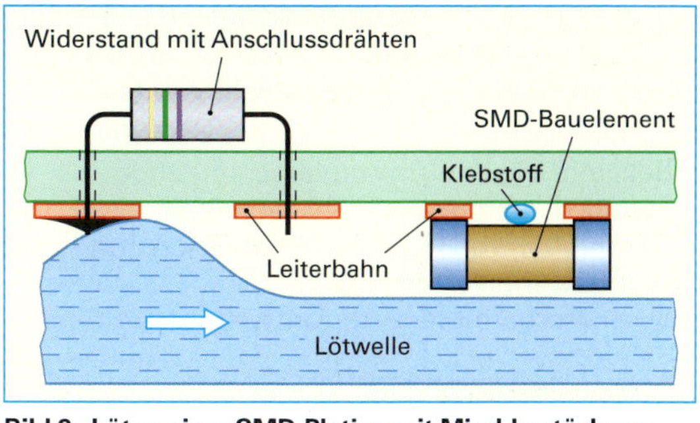

Bild 3: Löten einer SMD-Platine mit Mischbestückung

16.3 Umweltschutz

Umweltschutz umfasst alle Maßnahmen zum Schutz der natürlichen Lebensgrundlagen von Menschen und Tieren **(Übersicht 1).** Rechtsgrundlage sind das Bundes-Immissionsschutzgesetz (BImSchG: Gesetz zum Schutz des Menschen und seiner Umwelt vor schädlichen Einwirkungen durch Luftverunreinigung, Geräusche oder Erschütterungen) und weitere Gesetze, die z. B. den Wasserhaushalt, die Abwasser- und die Abfallbeseitigung regeln.

Umweltschutz ist unverzichtbar. Wirtschaftliches Handeln muss den Umweltschutz berücksichtigen.

Eine große Umweltbelastung entsteht bei der Energieumwandlung durch die Emission[1] von Gasen, Ruß oder Staubteilchen in die Luft, aber auch durch Schall und Abwärme.

Die jährliche Schadstoffemission in der Bundesrepublik Deutschland konzentriert sich auf vier Verursacherbereiche **(Bild 1).** Der Ausstoß von Kohlendioxid (CO_2) ist mengenmäßig am größten, konnte jedoch in den letzten Jahren stetig verringert werden **(Bild 2).** Zum Umweltschutz gehört auch, dass Anlagen und Geräte bezüglich ihrer Störaussendung und Störfestigkeit den EMV[2]-Bestimmungen und EN-Normen entsprechen, da sich elektromagnetische Felder, z. B. als Elektrosmog, negativ auf die Gesundheit von Menschen auswirken können.

Elektrische Felder: **Seite 71**
Elektromagnetische Felder: **Seite 84**
EMV: **Seite 309**

16.3.1 Umweltschutzverordnungen im Bereich der Elektrotechnik

Die Europäische Union hat Richtlinien **(Übersicht 2)** erlassen, um die Verwendung von bestimmten gefährlichen Stoffen in Elektro- und Elektronikgeräten einzuschränken. Diese Richtlinien sind durch Rechtsvorschriften jedes einzelnen Mitgliedsstaates umzusetzen. In Deutschland ist auf der Grundlage der EU-Richtlinien das Elektro- und Elektronikgerätegesetz **(Übersicht 2)** erlassen worden. Dadurch sollen folgende Ziele erreicht werden:

- Verhinderung gefährlicher Stoffe im Abfall,
- Bekämpfung der Umweltverschmutzung,
- Schutz der menschlichen Gesundheit,
- Beseitigung von Handelshemmnissen und Wettbewerbsverzerrungen,
- Erreichen harmonisierter Umweltziele in der EU.

[1] Emission (in der Technik): Abblasen von Gasen, Ruß oder Staubteilchen in die Luft
[2] **EMV**, Abk. für: **E**lektro**m**agnetische **V**erträglichkeit

Übersicht 1: Umweltschutz

Umweltschutz umfasst Maßnahmen

- zur Reinhaltung der Luft,
- zum Gewässer-, Boden- und Landschaftsschutz,
- zur Lärmminderung,
- zur Abfallverwertung und -beseitigung sowie
- zur Elektromagnetischen Verträglichkeit (EMV).

Jährl. Schadstoffemission 2019 in Tsd. Tonnen
(Quelle: Umweltbundesamt, Stand: Jan. 2021)

Schadstoffe	Haushalte und Kleinverbraucher	Energiewirtschaft	Verarbeitendes Gewerbe	Industrieprozesse	Verkehr
Stickoxide (NO_x)	119,5	237,6	88,7	84,8	484,3
Ammoniak (NH_3)	2	1,3	0,5	11,5	10
Schwefeldioxid (SO_2)	12,7	141,1	33,2	67,9	2,2
Staub	24,8	5,8	3,5	212,8	51,2
Kohlenmonoxid (CO)	653,8	107,4	319,4	803,3	961,3

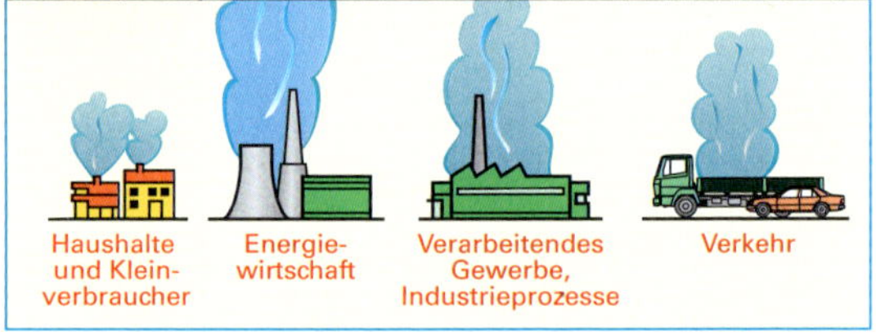

Bild 1: Anteile an der Schadstoffemission (Auszug)

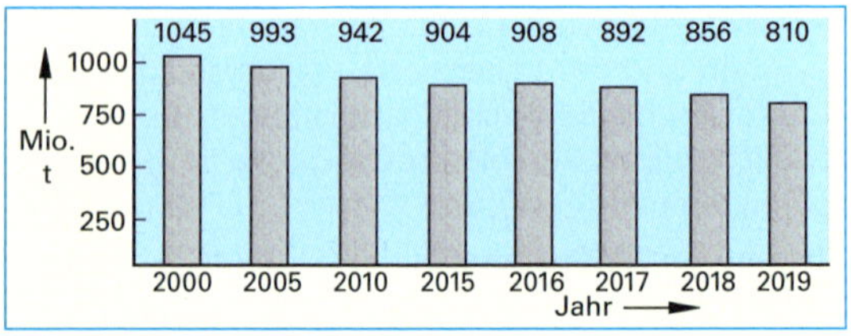

Bild 2: Entwicklung der CO_2-Emission

Übersicht 2: Gesetzliche Grundlagen des Umweltschutzes für Elektro- und Elektronikgeräte

- **EU-Richtlinie 2011/65/EU (RoHS) vom 8.6.2011**
  RoHS: Restriction of the use of certain Hazardous Substances
  (dt.: Eingeschränkte Anwendung von gefährlichen Stoffen)
- **EU-Richtlinie 2012/19/EU (WEEE) vom 13.08.2012**
  WEEE: Waste Electrical and Electronic Equipment
  (dt.: Entsorgung von Elektro- und Elektronik-Altgeräten)
- **Elektro- und Elektronikgerätegesetz – ElektroG vom 11.05.2021 (Änderung)**
  Bundesgesetz über das Inverkehrbringen, die Rücknahme und die umweltverträgliche Entsorgung von Elektro- und Elektronikgeräten

Das Elektro- und Elektronikgerätegesetz **(Übersicht 2, Seite 624)** verpflichtet die Hersteller von Elektro- und Elektronikgeräten, ihre Produkte so herzustellen, dass die in den Geräten eingebauten Bauteile und Werkstoffe nach ihrer Nutzung möglichst wieder verwendet werden können. Nach dem Gebrauch entstehende Abfallmaterialien müssen aufbereitet und somit stofflich wieder verwertet werden können. Im Einzelnen ergeben sich folgende Festlegungen:

- Bei allen Geräten, die nach dem 1. Juli 2006 in Verkehr gebracht werden, darf der Anteil giftiger Substanzen **(Tabelle)** einen bestimmten Prozentsatz, bezogen auf das Gewicht des Bauteils, nicht überschreiten.
- Dieser höchstzulässige Anteil beträgt z.B. 0,1 Gewichtsprozent für Blei, Quecksilber, sechswertiges Chrom, polybromierte Biphenyle, polybromierte Diphenylether bzw. 0,01 Gewichtsprozent für Cadmium.
- Die oben angeführten maximalen Gewichtsprozente gelten nicht für Werkstoffe und Baugruppen, bei denen man aus technologischen Gründen auf giftige Substanzen nicht verzichten kann, wie z.B. Leuchtstofflampen, Leuchtröhren, Kathodenstrahlröhren und Legierungselemente bei der Stahlherstellung.
- Nicht mehr benutzte Elektrogeräte sind durch die öffentlich-rechtlichen Entsorgungsträger zu sammeln. Jeder Hersteller ist verpflichtet, die entstehenden Kosten für Sammlung, Sortierung und Entsorgung seiner Geräte zu übernehmen sowie Käufer über die kostenlose Abgabemöglichkeit zu informieren.
- Jedes Elektrogerät, das nach dem 13. August 2005 in der EU in Verkehr gebracht wurde, muss dauerhaft gekennzeichnet sein hinsichtlich der Einhaltung eingeschränkter Anwendung gefährlicher Stoffe (RoHS-Vorschriften) **(Bild a)** und des Verbots der Entsorgung über den Hausmüll **(Bild b)**. Ebenso müssen Angaben über den Hersteller und weitere Besonderheiten, z.B. Gerät enthält kein Blei **(Bild c)**, vorhanden sein.

Tabelle: Beispiele für giftige Substanzen

Kurzform	vollständige Bezeichnung
Pb	Blei
Hg	Quecksilber
Cr/VI	sechswertiges Chrom
PCB	Polychlorierte Biphenyle
PCT	Polychlorierte Terphenyle
PBB	Polybromierte Biphenyle
PBDE	Polybromierte Diphenylether
FCKW	Fluorchlorkohlenwasserstoffe
KW	Kohlenwasserstoffe

Rücknahmepflicht

Elektrohändler mit einer Verkaufsfläche > 400 m² müssen große Elektrogeräte, z.B. Elektroherde, beim Kauf eines neuen gleichwertigen Elektrogerätes zum Entsorgen zurücknehmen. Kleine Elektrogeräte (Kantenlänge < 25 cm) ohne Neukauf jederzeit.

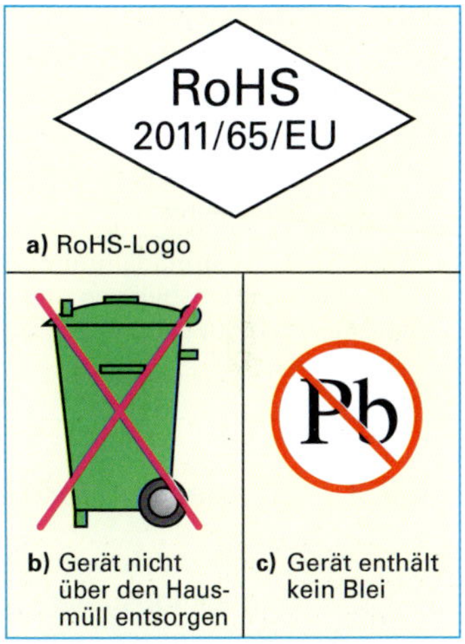

a) RoHS-Logo

b) Gerät nicht über den Hausmüll entsorgen

c) Gerät enthält kein Blei

Bild: Symbole auf Elektrogeräten

16.3.2 Umweltschutz im Betrieb

Umgebungseinflüsse durch schädigende Stoffe in Form von Staub, Dämpfen oder Gasen, aber auch Lärm, Vibration oder Strahlung beeinträchtigen die Gesundheit und das Wohlbefinden der Menschen.

Gesundheitsschädigende Stoffe können Erkrankungen fördern und zu Arbeitsunfällen führen. Gesundheitsschäden lassen sich vermeiden, wenn Herstellungsverfahren und erforderliche Hilfs- und Betriebsstoffe nicht ausschließlich nach wirtschaftlichen Gesichtspunkten, sondern auch nach ihrer Umweltverträglichkeit ausgewählt werden. Viele schädliche Stoffe können durch schadstofffreie oder durch weniger schädliche Stoffe ersetzt werden. Durch Absauganlagen oder durch Filter lassen sich Schadstoffe zurückhalten.

Technische Regeln für Gefahrstoffe (TRGS). Um eine Gefährdung der Menschen durch gefährliche Stoffe, z.B. Quecksilber, gering zu halten, wurden im Bundesarbeitsblatt 01/2006 die Technischen Regeln für Gefahrstoffe TRGS 900 veröffentlicht. In Auswertung technischer, arbeitsmedizinischer und arbeitshygienischer Kenntnisse gibt die TRGS 900 für etwa 260 verschiedene Stoffe Grenzwerte an. Diese **Arbeitsplatzgrenzwerte (AGW)** geben die maximal zulässige Konzentration gefährlicher Stoffe an, die in der Luft am Arbeitsplatz nicht überschritten werden darf **(Tabelle 1, Seite 626)**.

Übersicht: Fachbegriffe

- TRGS: Technische Regeln für Gefahrstoffe
- AGW: Arbeitsplatzgrenzwert

Nicht mehr gültige Begriffe:

- MAK: Maximale Arbeitsplatzkonzentration
- TRK: Technische Richtkonzentration

Die Angabe der Arbeitsplatzgrenzwerte (AGW) erfolgt in mg/m^3 bzw. in ml/m^3. Bei Einhaltung der AGW **(Tabelle 1)** sind akute bzw. chronische Gesundheitsschädigungen nicht zu erwarten.

Die **AGW** ersetzen die bisher aufgeführten Maximalen Arbeitsplatzkonzentrationen (MAK-Werte) und die Technischen Richtkonzentrationen (TRK-Werte).

Tabelle 1: Arbeitsplatzgrenzwerte nach TRGS 900 (Beispiele)

Schadstoffe	Methanol	Kohlenstoff-monoxid	Queck-silber	Dichlor-methan	Tetrachlor-ethylen	Toluol	Aceton
TRGS-Werte in mg/m^3	130	35	0,02	180	69	190	1200

Durch verantwortungsvollen Umgang mit gesundheitsschädigenden Stoffen kann jeder am Fertigungsprozess Beteiligte beitragen, schädigende Auswirkungen auf die Gesundheit zu vermeiden **(Tabelle 2)**.

Tabelle 2: Gesundheitsschädigende Stoffe, Umgang und Auswirkungen

Gesundheitsschädigende Stoffe	Umgang mit Schadstoffen	Gesundheitsschädigende Wirkung
• Reinigungs-, Lösungs- und Entfettungsmittel, z. B. Dichlormethan (DCM), Tetrachlorethylen (Per)	• Hautkontakt vermeiden, Dämpfe nicht einatmen! • Abluft- und Belüftungseinrichtungen vorsehen!	• Häufiger Hautkontakt und Einatmen der Dämpfe kann zu schweren Lungen-, Nieren- und Leberschäden führen.
• Kühl- und Schmierstoffe • Mineralöle mit chemischen Zusätzen	• Hautkontakte verhindern, Schutzhandschuhe tragen! • Ölnebel absaugen, Maschinen kapseln!	• Erkrankungen der Haut (Öl-Akne, Öl-Ekzem), Reizung oder Infektion der Atemwege.
• Schwermetallhaltige Feinstäube und Dämpfe beim Löten: Blei, Cadmium; beim Schweißen: Zink, Chrom, Mangan	• Feinstäube und Dämpfe nicht einatmen! • Absaugvorrichtung benutzen, bei Umluftanlagen Filter einsetzen!	• Schwere Vergiftung und Schädigung des Blutes.
• Feinstäube und Rußpartikel, Schleifstäube • Abgase z. B. in Härtereien und bei der Stahlherstellung	• Durch Belüftung für staubfreie Atemluft sorgen, Absaugvorrichtung benutzen! • Staubschutzmaske tragen!	• Bei lang andauerndem Einatmen staubhaltiger Luft werden Atmungsorgane geschädigt (Staublunge, Krebsgefahr).
• Asbest z. B. in Wärmedämmungen, Dichtungen, Bremsbelägen und als Asbestzement	• Asbest fachgerecht entsorgen! • Staubschutzmaske tragen! • Asbeststaub nicht einatmen! • Asbestverbundstoffe nicht trennschleifen!	• Einatmen von Asbeststaub verursacht Asbestose und Lungenkrebs.

16.3.3 Wiederverwertung und Entsorgung von Abfallstoffen

Hilfs- und Betriebsstoffe verursachen bei der Herstellung von Produktionsgütern Kosten. Durch sparsamen Werkstoffeinsatz kann man diese Kosten senken und gleichzeitig aktiven Umweltschutz betreiben. Viele Werkstoffabfälle, z. B. aus Aluminium, Kupfer, Stahl oder aus Kunststoff, sind ohne großen Aufwand zur Wiederverwertung (Recycling) geeignet **(Tabelle, Seite 627)**.

Das **Kreislaufwirtschaftsgesetz** (KrWG) regelt den ordnungsgemäßen Umgang mit Abfällen. Danach gilt grundsätzlich folgende Rangfolge unter den Abfallbewirtschaftungsmaßnahmen **(Übersicht)**. Hersteller und Händler sind zur kostenlosen Rücknahme von Abfällen, z. B. von Verpackungen oder

Übersicht: Abfallhierarchie

- Abfall grundsätzlich vermeiden, z. B. keine unnötigen Verpackungen.
- Vorbereitung zur Wiederverwendung, wenn Vermeidung nicht möglich. Abfälle z. B. verschiedene Metalle oder Kunststoffe sortieren oder Geräte reparieren.
- Recycling, wenn Vorbereitung zur Wiederverwendung nicht möglich, z. B. neue Kunststoffflaschen aus Kunststoffgranulat alter Flaschen herstellen.
- Sonstige Verwertung, insbesondere energetische Verwertung und Verfüllung, wenn Recycling nicht möglich, z. B. Energiegewinnung durch Hochtemperaturverbrennung nicht recycelbarer Kunststoffe.
- Beseitigung, wenn sonstige Verwertung nicht möglich, z. B. Endlagerung auf Mülldeponie.

von verbrauchten Batterien verpflichtet. Verbrauchte Batterien werden in ihrem Auftrag von der Stiftung „Gemeinsames Rücknahmesystem (GRS)“, Verpackungen durch das „Duale System“ zurückgenommen **(Symbole, Bild 1)**.

Ältere Kondensatoren, z.B. Anlauf- oder Kompensationskondensatoren, oder Öltransformatoren können polychlorierte Biphenyle (PCB) enthalten. Diese unter der Handelsbezeichnung z.B. Clophen oder Askarel vertriebenen Isolieröle sind heute nicht mehr zulässig. Sie zersetzen sich im Temperaturbereich zwischen 400 °C und 800 °C und setzen dann hochgiftige Dämpfe, z.B. Dioxin, frei. Isolieröle prüft man auf PCB-Belastung durch Zusetzen von Kontrollflüssigkeiten **(Bild 2)**. Nimmt die Ölprobe dabei eine andere Farbe als die Kontrollflüssigkeit an, liegt eine PCB-Belastung vor.

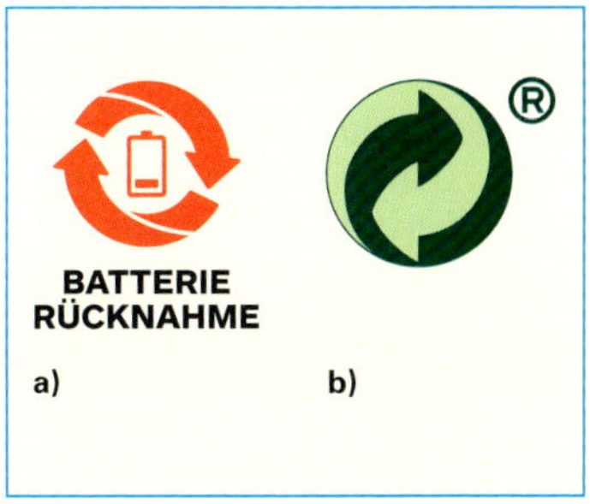

Bild 1: a) Gemeinsames Rücknahmesystem Batterien (GRS)
b) Grüner Punkt Duales System

PCB-haltige Betriebsmittel oder Isolieröle sind speziellen Entsorgungsunternehmen als Sondermüll zu übergeben.

Wiederverwertung und Entsorgung von Elektro- und Elektronikgeräten

Das Elektro- und Elektronikgerätegesetz **(Übersicht 2, Seite 624)** verpflichtet die Hersteller, Elektro- oder Elektronikgeräte zur Wiederverwendung oder Entsorgung zurückzunehmen.

Kühlgeräte können z.B. im Kältekreislauf Fluorchlorkohlenwasserstoffe (FCKW) enthalten. Entweichen FCKW in die Luft, wird die Ozonschicht geschädigt. Deshalb muss das Kältemittel vor der Verschrottung aus dem Kältekreislauf abgesaugt und möglichst einer Wiederverwertung zugeführt werden.

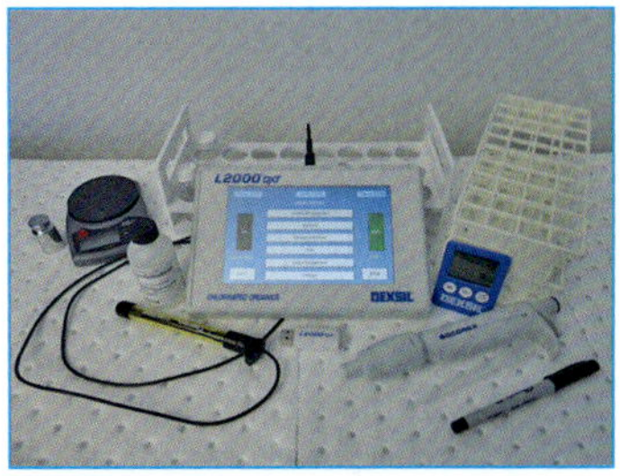

Bild 2: Mobile Messeinrichtung zum Prüfen von Isolierölen auf ihren Chlorgehalt

Elektro- und Elektronikgeräte sind so herzustellen, dass eine Wiederverwertung berücksichtigt und die Restentsorgung erleichtert wird **(Tabelle)**.

Tabelle: Wiederverwertung und Entsorgung von Abfallstoffen

Abfallstoffe	Wieder verwertbare Stoffe	Zu entsorgende Reststoffe
• Leitungen und Kabel; nach Leitermaterial getrennt sammeln!	Aluminium, Kupfer, Blei, Stahlblech	Kunststoff- und Gummiisolierung (Sondermüll)
• Leuchtstofflampen und Quecksilberdampflampen	Glas, Quecksilber	Leuchtstoffe und Lampenfassungen (Sondermüll)
• Blei-Akkumulatoren	Blei, Batteriesäure	Bleischlämme und Batteriegehäuse (Sondermüll)
• Nickel-Cadmium-Akkumulatoren • Quecksilber-Batterien	Nickel, Cadmium, Quecksilber	Entsorgung durch den Hersteller, nicht zum Hausmüll geben!
• Lösungsmittel, z.B. Dichlormethan (DCM) oder Tetrachlorethylen (Per), und die gelösten Stoffe	Lösungsmittel; Aufbereitung in Spezialbetrieben	Klärschlamm zur Hochtemperaturverbrennung (Sondermüll)
• Isolieröle, Schmieröle, Fette	Öle und Fette; getrennt sammeln, nicht mischen!	Aufbereitung bzw. Entsorgung durch Spezialbetriebe
• Papier, Pappe, Kartonagen	Papier, Pappe, unbeschichtete Kartonagen	Beschichtete Kartonagen zur Müllverbrennung

Wiederholungsfragen

1 **Geben Sie die vier Verursacherbereiche von Schadstoffen und ihren Anteil an der Schadstoffemission an.**

2 **Geben Sie die Arbeitsplatzgrenzwerte für a) Quecksilber, b) Dichlormethan an.**

3 **Auf welche Schadstoffe muss man bei der Entsorgung von Kühlschränken besonders achten?**

4 **Nennen Sie wieder verwertbare Abfallstoffe, die in Ihrem Betrieb anfallen.**

16.4 Energieeinsparung

Für alle technischen Vorgänge wird Energie benötigt. Damit ist Energie eine tägliche, notwendige Grundlage unseres Lebens.

Eine sichere Energieversorgung ist für den technischen und sozialen Fortschritt notwendig.

Energie kann weder erzeugt noch verbraucht werden. Energie kann man nur in andere Energieformen umwandeln. Trotzdem wird umgangssprachlich der Begriff Energieverbrauch verwendet. So wird z.B. in der Glühlampe elektrische Energie in Licht umgewandelt. Dieses Licht wird aber nicht wieder nutzbringend in eine andere Energieform umgewandelt. Man sagt: Elektrische Energie wurde verbraucht.

Vorhersagen zum weltweiten Energieverbrauch gehen von einem starken Anstieg aus **(Bild 1)**. So wird z.B. heute etwa zweieinhalbmal mehr Energie verbraucht als im Jahr 1960. Da aber die primären Energievorräte Erdöl, Erdgas, Uran und Kohle unserer Erde zu Ende gehen, ist eine Energieeinsparung notwendig. Man schätzt, dass bei unverändertem Verbrauch von Erdöl, Erdgas (fossile[1] Energieträger) und Uran die Energievorräte etwa in der Mitte dieses Jahrhunderts erschöpft sein werden **(Bild 2)**. Kohle kann dagegen etwas länger zur Energieversorgung beitragen.

Energieeinsparung und ein rationeller Energieeinsatz sind notwendig, um fossile Energieträger zu schonen und Umweltbelastungen zu verringern.

16.4.1 Rationeller Umgang mit Energie

Jedem Einzelnen ist es möglich, durch sein Verhalten Energie zu sparen. Höhere Energieeinsparungen sind dort möglich, wo hoher Energieverbrauch vorliegt. So werden z.B. im Privathaushalt **(Bild 3)** etwa ein Drittel für Information, z.B. TV, und Kommunikation, z.B. Internet, verbraucht. Zur Senkung des Energieverbrauchs hat der Gesetzgeber Verordnungen und Gesetze für den Verbraucher, aber auch für den Erzeuger erlassen.

Gebäudeenergiegesetz (GEG)

Das Gebäudeenergiegesetz ab 1. November 2020 löst das bisherige Energieeinsparungsgesetz (EnEG) und die Energieeinsparverordnung (EnEV) ab. Es sieht unter anderem vor, dass für Neubauten und für Bestandsgebäude erneuerbare Energien eingesetzt werden. Dazu zählen z.B. Solarthermie, Wärmepumpen, Kraft-Wärme-Kopplungsanlagen (Brennstoffzellenheizung) sowie Fern- und Abwärmeanlagen. Bei Verstößen gegen das GEG können Bußgelder verhängt werden, da dies eine Ordnungswidrigkeit ist.

[1] fossil (lat.) = ausgegraben, urzeitlich
[2] **BGR**, Abk. für: **B**undesanstalt für **G**eowissenschaften und **R**ohstoffe

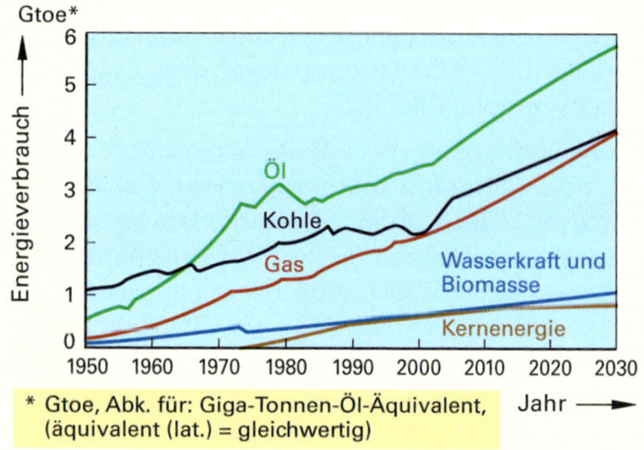

Bild 1: Entwicklung des Weltenergieverbrauchs

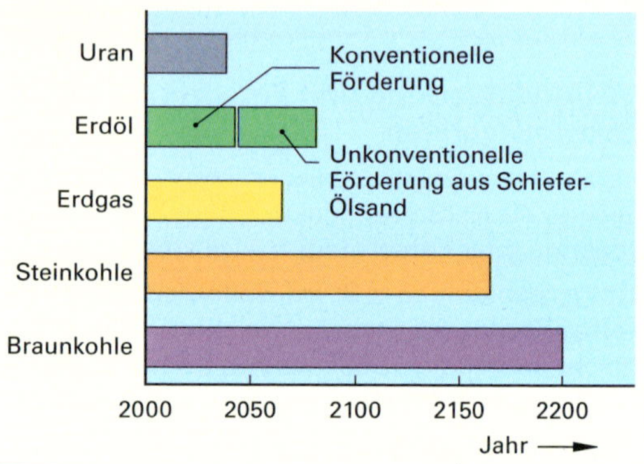

Bild 2: Geschätzte restliche Nutzungsdauer wichtiger Energieträger (Quelle: BGR[2])

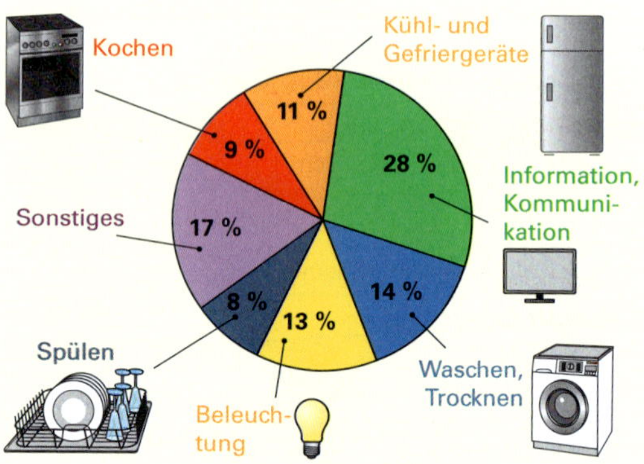

Bild 3: Durchschnittlicher Stromverbrauch im Privathaushalt, Stand 3/2021 (Quelle: Bundesverband der Energie- und Wasserwirtschaft)

Gesetze und Verordnungen zum Energieeinsatz (Auswahl)

- Gebäudeenergiegesetz (GEG)
- Kraft-Wärme-Kopplungsgesetz (KWKG)
- Erneuerbare-Energien-Gesetz (EEG)
- Energiewirtschaftsgesetz (EnWG)
- Energieverbrauchskennzeichnungsgesetz (EnVKG)
- Stromgrundversorgungsverordnung (StromGVV)

Bei Vermietung oder Verkauf einer Wohnung oder eines Hauses muss der Eigentümer einen Energieausweis nach GEG vorlegen. Weiterhin muss eine verpflichtende Fachberatung erfolgen. Durch den Energieausweis wird der Energiezustand eines Hauses bewertet. Grundlage zur Energieeinsparung ist der gesamte Energiebedarf eines Neubaus für Heizung, Lüftung und Warmwasserbereitung. Von den Bauherren verlangt die Verordnung nur wirtschaftlich vertretbare Maßnahmen. Den Bauherren und Planern steht es frei, wie sie den Energiestandard erreichen, entweder durch bauliche, anlagentechnische Maßnahmen und/oder durch den verstärkten Einsatz erneuerbarer Energien.

Kraft-Wärme-Kopplungsgesetz (KWKG)

Am 1. April 2002 ist das Gesetz für die Erhaltung, die Modernisierung und den Ausbau der Kraft-Wärme-Kopplung (KWK) in Kraft getreten. Bei der Kraft-Wärme-Kopplung erzeugt das Kraftwerk gleichzeitig Strom und Wärme, wodurch der Gesamtwirkungsgrad bis zu 90 % betragen kann. Man nutzt also zusätzlich die Abwärme, die sonst über Kühltürme verloren geht, zum Heizen oder zur Warmwasserbereitung. Besonders begünstigt werden die Betreiber von neu errichteten kleinen KWK-Anlagen bis 50 kW und künftig auch Brennstoffzellen-Anlagen **(Seite 66)**.

Erneuerbare-Energien-Gesetz (EEG)

Das Erneuerbare-Energien-Gesetz regelt die Abnahme und die Vergütung von elektrischer Energie, die ausschließlich aus Wasserkraft, Windkraft, Solaranlagen, Geothermie, Deponiegas, Klärgas, Grubengas oder aus Biomasse gewonnen wird.

Das Gesetz soll den Ausbau erneuerbarer Energien fördern und ist somit ein wichtiges Instrument zum Klimaschutz.

Netzbetreiber, die Netze für die allgemeine Versorgung betreiben, sind gesetzlich verpflichtet, diese so erzeugte Energie abzunehmen und zu festgelegten Preisen zu vergüten.

Energieeinsparung durch sparsame Haushaltsgeräte

Neue Haushaltsgeräte haben meist einen wesentlich höheren Wirkungsgrad (Energieeffizienz) als ältere Geräte, wobei besondere Einflussfaktoren beachtet werden müssen. Je weniger Energie ein Gerät zum Betreiben benötigt, desto besser ist seine Energieeffizienz. Um dem Verbraucher bei Neugeräten, z.B. Kühl- und Gefrierschränken und Wäschetrocknern, Entscheidungshilfen zu geben, hat man das EU-Energielabel **(Bild)** verpflichtend für Hersteller eingeführt. Der Kennbuchstabe „A" steht z.B. für einen niedrigen, „G" für einen hohen Verbrauch. Die Kennzeichnungspflicht beruht auf dem Energieverbrauchskennzeichnungsgesetz (EnVKG) der Europäischen Union.

Erneuerbare Energien*

Energiequellen, die sich ständig erneuern und die praktisch unerschöpflich sind, z. B. Sonnenenergie, Erdwärme, Wind und Gravitation (Anwendung: Gezeitenkraftwerke).

* auch als regenerative Energien bezeichnet
regenerativ (lat.) = erneuerbar

Einflussfaktoren auf den Energieverbrauch von Haushaltsgeräten

- **Gerätealter**
- **Benutzungshäufigkeit**
- **Wartung**
- **Aufstellungsort**
- **Betriebsweise,** z. B. Dauerbetrieb, Stand-by-Betrieb
- **Programmwahl,** z. B. bei Geschirrspülern
- **Beladung,** z. B. bei Waschmaschinen

Energieeffizienzklasse für Haushaltsgeräte

- Ab 1. März 2021 sind die Kennbuchstaben A+++ bis D der Energielabel nicht mehr gültig.
- Neu sind die Kennbuchstaben A bis G.
- Der Energieverbrauch steigt von A nach G.

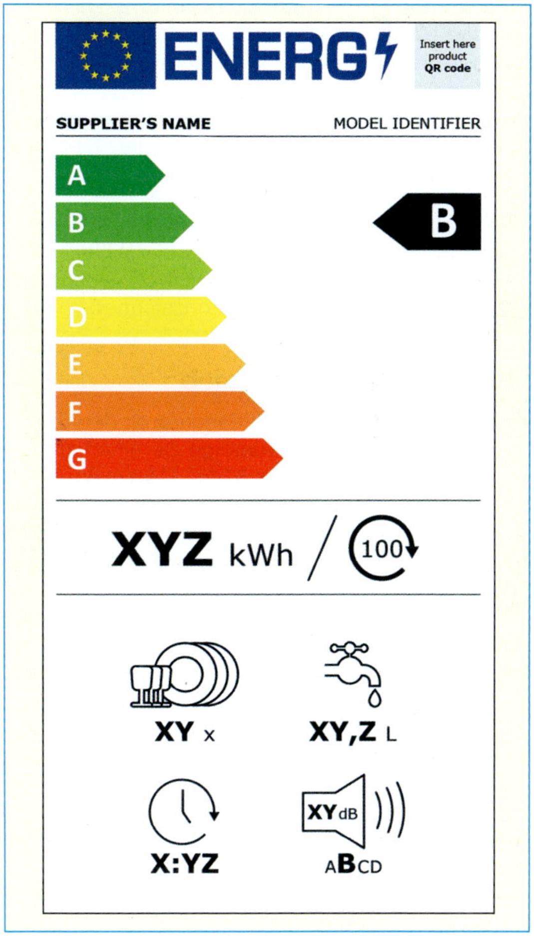

Bild: EU-Energielabel, z. B. eines Geschirrspülers

Ein neuer Bestandteil des Energielabels ist ein QR-Code. Damit können weitere Produktinformationen in der EU-Datenbank „EPREL[1]" abgerufen werden.

Die Energieeffizienzklasse, z. B. A, ist eine Bewertung, die Auskunft über den Energiebedarf des Gerätes angibt. Der Energieverbrauch wird z. B. bei Waschmaschinen in kWh/100 Programmdurchläufe, bei TV-Geräten in kWh/1000 Betriebsstunden und bei Kühlschränken in kWh/Jahr angegeben. Ein Energieeffizienzindex (EEI) bestimmt die Einteilung in eine Energieeffizienzklasse. Je kleiner der Energieeffizienzindex ist, umso effektiver ist das Gerät. Das neue Energielabel ist z. B. für Waschmaschinen, Geschirrspüler, Wäschetrockner, Lampen, Kühlschränke und Fernseher vorgeschrieben. Weitere Hilfen beim Kauf elektrischer oder elektronischer Geräte sind der „Blaue Engel" **(Bild a)** sowie das neue Zeichen „Energy" der Gemeinschaft Energielabel Deutschland **(Bild b)**.

Das Label „Energy Star" **(Bild c)** kennzeichnet energiesparende Bürogeräte, z. B. Monitore. Das europäische Umweltzeichen **(Bild d)** zeichnet umweltfreundliche Waren, z. B. Elektrogeräte oder Farben, und Dienstleistungen aus.

Das Umweltzeichen „Blauer Engel" kennzeichnet verbraucherbezogene, umweltfreundliche Produkte und Dienstleistungen.

Mit dem Umweltzeichen „Blauer Engel" werden auf freiwilliger Basis die positiven Umwelteigenschaften von Produkten und Dienstleistungen durch Hersteller gekennzeichnet.

16.4.2 Stand-by-Betrieb

Pro Jahr werden in Deutschland durch den Stand-by-Betrieb, also durch ständige Bereitschaft von elektrischen Geräten, 2 bis 3 Mrd. kWh elektrischer Energie teilweise unnötig verbraucht. Dies entspricht dem Energieverbrauch von etwa einer Million Haushalte. Elektrische ältere Kleingeräte, z.B. Radiowecker, DVD-Player, haben Stand-by-Leistungen zwischen 1 W und 10 W. Bedingt durch ständige Bereitschaft ergibt sich aber ein erheblicher Energieverbrauch **(Tabelle)**.

Eine Energieeinsparung ist meist nur durch Trennen des Gerätes vom Netz, z. B. durch eine schaltbare Steckdose, möglich. Beim Kauf von Geräten, die oft im Stand-by-Modus betrieben werden, z. B. Receiver, Fernsehgeräte, schnurlose Telefone, sollte auf einen niedrigen Verbrauchswert im Stand-by-Betrieb geachtet werden.

[1] **EPREL**, Abk. für: **E**uropean **P**roduct **R**egistry for **E**nergy **L**abelling (engl.) = Europäische Produktregiestrierung zur Energiekennzeichnung

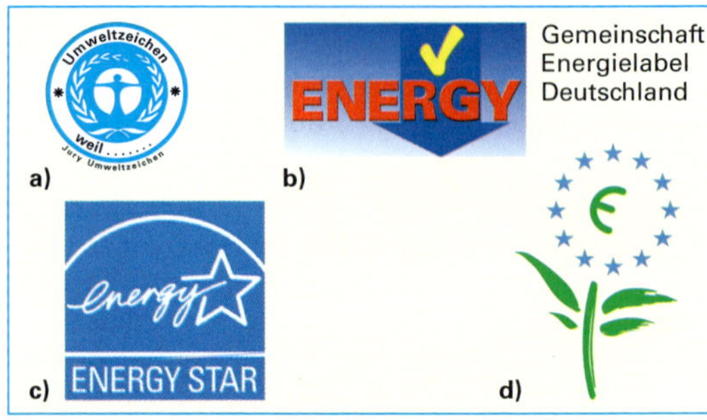

Bild: Umweltzeichen und Energielabel

www.stromeffizienz.de
www.label-online.de
www.umweltbundesamt.de
www.deutschland-machts-effizient.de

Tabelle: Jährlicher Energieverbrauch elektrischer Kleingeräte im Stand-by-Betrieb in einem Haushalt (Beispiele)

Gerät	Leistung (Stand-by)	Energie-verbrauch/Jahr
Antennen-verstärker	4 W	35 kWh
Anruf-beantworter	6 W	53 kWh
Fernsehgerät	2 W	14 kWh
Klingeltrafo	0,8 W	7 kWh
Schaltuhr	1,5 W	13 kWh
DVD-Player	2 W	14 kWh

Elektrische Arbeit: **Seite 43**

Betriebskosten im Stand-by-Betrieb

- Eine Anschlussleistung von einem Watt verursacht im Jahr einen Energieverbrauch von 8,76 kWh. Als Energiekosten (Stromentgelt) entstehen dadurch bei einem Arbeitspreis von 0,34 €/kWh etwa 2,98 € pro Jahr.
- Ab 1.1.2019 darf die Leistungsaufnahme nach EU-Vorgaben von vernetzten Geräten 2 W nicht überschreiten. Nicht vernetzte Geräte, z. B. Fernsehgeräte, 0,5 W.

Beispiel:

Ein Satellitenreceiver mit einer Leistung von 8 W wird ganzjährig am Wechselspannungsnetz betrieben. Berechnen Sie **a)** den jährlichen Energieverbrauch (elektrische Arbeit) W und **b)** den Arbeitspreis K_A bei einem tariflichen Preis T = 0,36 €/kWh. **c)** Wie viele Stunden kann ein Computer mit einer Leistung von 270 W bei dem gleichen Energieverbrauch wie bei Teilaufgabe a) betrieben werden?

Lösung:

a) $W = P \cdot t = 8\,\text{W} \cdot 365 \cdot 24\,\text{h} = 70080\,\text{Wh} = \mathbf{70\,kWh}$

b) $K_A = W \cdot T = 70\,\text{kWh} \cdot 0{,}36\,€/\text{kWh} = \mathbf{25{,}20\,€}$

c) $t = \frac{W}{P} = \frac{70\,\text{kWh}}{0{,}27\,\text{kW}} = \mathbf{259\,h}$

16.4.3 Tipps zum Energiesparen

Etwa ein Drittel des gesamten Energiebedarfs wird in privaten Haushalten verbraucht **(Bild)**.

Regeln zum Energiesparen:
1. Unnötigen Energieverbrauch vermeiden.
2. Verluste minimieren.
3. Technische Verbesserungen nutzen.
4. Energierückgewinnung künftig einplanen.
5. Einsatz erneuerbarer Energien ausschöpfen.

Folgende Beispiele können als Anregung zur Energieeinsparung dienen:

- Energiesparlampen oder LED-Lampen verwenden. Energiesparlampen benötigen nur etwa ⅕ der Energie herkömmlicher Glühlampen. Da die Lebensdauer von Energiesparlampen das 6- bis 8-fache der Glühlampen beträgt, ergibt sich trotz des höheren Anschaffungspreises eine Energie- und Kosteneinsparung **(Tabelle)**.

Hinweis: Da in der Praxis weiterhin Glüh- und Energiesparlampen vorhanden sind, soll der Vergleich bewusst aufgezeigt werden.

- Höhere Einsparpotenziale können mit LED-Lampen **(Seite 399)** erreicht werden **(Tabelle)**.
- Energiesparen durch Verzicht auf Stand-by-Betrieb.
- Ältere Geräte verbrauchen im Stand-by-Betrieb pro Jahr z. B. etwa 150 kWh, Neugeräte nur etwa 10 kWh pro Jahr.
- Bei Neukauf von Geräten, z. B. Kühlschrank, auf niedrigen Energieverbrauch durch Kontrolle mithilfe der Energieeffizienzklasse achten (sparsame Geräte haben die Kennzeichnung A und B).
- Geräte mit ständigem Stand-by-Betrieb zu bestimmten Zeiten, z. B. nachts, durch schaltbare Steckdosen vom Netz trennen.
- Computer und Monitor mithilfe des Power-Managements z. B. nach einer Stunde abschalten.
- Hohe Energieverbraucher, z. B. beheizte Aquarien, vermeiden. Sie benötigen etwa 1000 kWh pro Jahr.
- Kühl- und Gefriergeräte sparen etwa 5 % Energie, wenn sie in einem kühlen Raum aufgestellt werden. Direkte Sonneneinstrahlung vermeiden.
- Nicht befüllte Räume in Kühl- und Gefriergeräten benötigen auch Energie. Deshalb bei Neukauf die Gerätegröße dem persönlichen Bedarf anpassen.
- Die Lagertemperatur soll bei Kühlschränken etwa 8 °C und bei Gefriergeräten etwa –18 °C betragen.
- Bei Senkung der Raumtemperatur um 1 °C wird etwa 6 % weniger Heizenergie benötigt.

Strompreis Haushalte* 2022 36,19 ct/kWh
- Erzeugung, Vertrieb 13,65 ct (37,7 %)
- Netzentgelte, Messung, Abrechnung 8,09 ct (22,3 %)
- Steuern, z. B. Stromsteuer, Umsatzsteuer, Konzessionsabgabe, Umlagen 10,73 ct (29,6 %)
- EEG-Umlage 3,72 ct (10,3 %)

*Datenquelle: BDEW, Jahresverbrauch 3500 kWh

Bild: Beispiele zum Energieverbrauch

Tabelle: Stromkosten von Glühlampe und Energiesparlampe im Vergleich zur LED[1]

	Glühlampe[2]	Energiesparlampe	LED
Leistung (elektr.)	60 W	11 W	8 W
Anschaffungspreis	0,80 €	2,45 €	1,49 €
Lebensdauer	1000 h	6000 h	24000 h
Energiekosten für 24000 h Betrieb bei 0,34 €/kWh	489,60 €	89,76 €	65,28 €
Anschaffungskosten + Energiekosten	24 x 0,80 € + 489,60 €	4 x 2,45 € + 89,76 €	1 x 1,49 € + 65,28 €
Gesamtkosten für 24000 h Betrieb	= 508,80 €	= 99,56 €	= 66,77 €
Ersparnis im Vergleich zur Glühlampe		**408,44 €**	**442,03 €**

[1] bezogen auf eine LED-Einschaltdauer von 24000 Stunden
[2] ab September 2012 Auslauf aller Glühlampen

In Deutschland gilt das „Gesetz über das Inverkehrbringen, die Rücknahme und die umweltverträgliche Entsorgung von Elektro- und Elektronikgeräten (Elektro- und Elektronikgerätegesetz, Elektro G)“ **(Seite 625)**. Es verbietet den Einsatz bestimmter Schadstoffe, z. B. von mehr als 0,1 Gewichtsprozent Blei und Quecksilber, in fast allen neuen Elektro- und Elektronikgeräten. Energiesparlampen sind Sondermüll und müssen z. B. über örtliche Wertstoffhöfe entsorgt werden.

1. Nennen Sie je drei Beispiele für **a)** Konstruktionswerkstoffe und **b)** Hilfswerkstoffe der Elektrotechnik.
2. Wodurch wird die elektrische Leitfähigkeit bei Halbleiterwerkstoffen, z. B. Silicium, beeinflusst?
3. Nennen Sie je zwei **a)** Leiterwerkstoffe, **b)** Widerstandswerkstoffe und **c)** Kontaktwerkstoffe. Geben Sie je zwei Anwendungsbeispiele an.
4. Um welche Werkstoffe handelt es sich bei **a)** PVC, **b)** PS, **c)** PE, **d)** PA und **e)** EP?
5. Warum verwendet man in geschlossenen Leuchten Isolierschläuche aus Silikon?
6. Warum darf man Asbest zur Wärmeisolierung in einem Elektrogerät, z. B. in einem Warmwasserspeicher, nicht mehr verwenden?
7. Aus welchem Werkstoff besteht die Aderisolation der Leitung H07V-U?
8. Um wievielmal höher ist die Durchschlagfestigkeit von Epoxidharz im Vergleich zur Luft?
9. Warum verwendet man z. B. bei Freileitungen und Niederspannungskabeln Aluminium statt Kupfer?
10. Nennen Sie zwei Anwendungsbeispiele für Elektrokohle.
11. Für welche Verbindungsart werden Aderendhülsen aufgebracht?
12. Wodurch unterscheiden sich Weich- und Hartlöten?
13. Nennen Sie industrielle Lötverfahren.
14. Welches Weichlot wird in der Elektrotechnik bevorzugt verwendet?
15. Nennen Sie Vorteile von Klebeverbindungen.
16. Welche Bedeutung haben die Zeichen nach **Bild 1**?

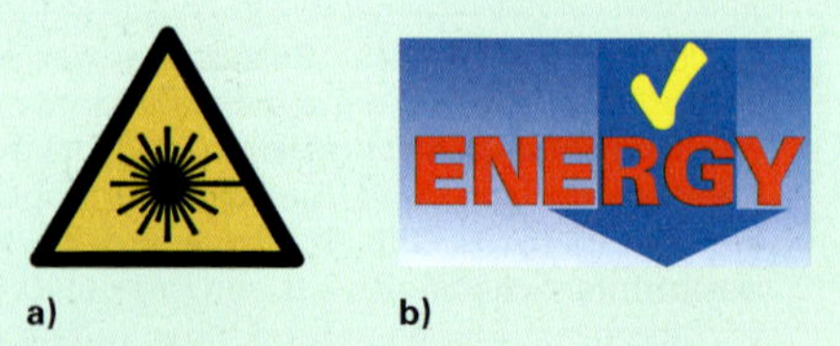

Bild 1: Zeichen

17. Nennen Sie drei Basismaterialien für gedruckte Schaltungen.
18. Beschreiben Sie den Aufbau einer Mehrlagen-Leiterplatte.
19. Nennen Sie Vorteile der SMD-Technik.
20. Was versteht man unter Reflowlöten?
21. Zeichnen Sie mithilfe der Stückliste und des Bestückungsplanes **(Bild 2)** den aufgelösten Stromlaufplan eines Durchgangsprüfers.

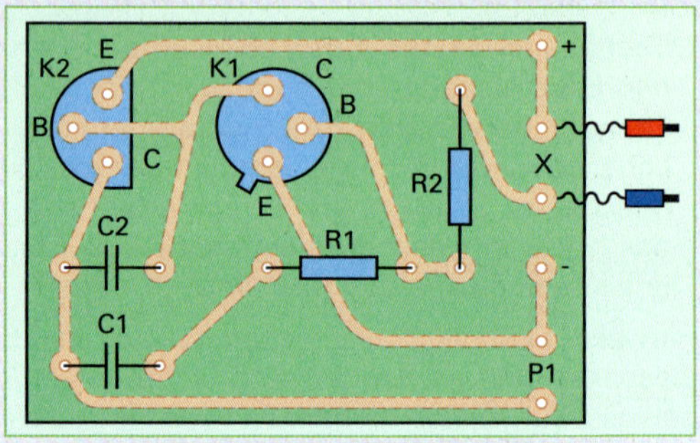

Bild 2: Bestückungsplan (Leiterbahnseite)

Stückliste:

K1:	NPN-Transistor, z. B. BC 107
K2:	PNP-Transistor, z. B. BC 250
R1:	Widerstand 1 kΩ
R2:	Widerstand 100 kΩ
C1:	Kondensator 47 nF
C2:	Kondensator 10 nF
P1:	Lautsprecher 8 Ω/50 mW
X:	Prüfanschlüsse

22. Erklären Sie den Begriff Recycling.
23. Wie werden **a)** Batterien und **b)** Leuchtstofflampen vorschriftsmäßig entsorgt?
24. Nennen Sie Beispiele für erneuerbare Energien.
25. Übersetzen Sie folgende Fachbegriffe in die englische Sprache: Energiesparen, Energiesparlampe, Energieverbrauch und Umweltschutz.
26. Eine Uhr (230 V/3 W) wird ganzjährig bei einem tariflichen Preis von 0,34 €/kWh betrieben. Berechnen Sie **a)** die elektrische Arbeit, **b)** die Kosten und **c)** die möglichen Betriebsstunden einer 8-W-Energiesparlampe bei gleichem Energieverbrauch.

* Ergebnisse der Rechenaufgaben Seite 660

17 Beruf und Betrieb

17.1 Berufliche Handlungskompetenz

Berufliche Tätigkeiten sind heute einem raschen Wandel unterworfen. Die Gültigkeit des beruflichen Wissens wird ständig kürzer. Der erlernte Beruf ist häufig kein Lebensberuf mehr. Lebenslanges Lernen ist notwendig.

Darum fordern die Betriebe von ihren Mitarbeitern neben dem fachlichen Wissen auch immer mehr überfachliche Kompetenzen. In Stellenanzeigen **(Bild 1)** sind z. B. Teamfähigkeit, Kreativität, Organisationstalent, Kundenorientierung und Verantwortungsbewusstsein gefragt.

Umfragen in Ausbildungsbetrieben zeigen ebenfalls, welche Eigenschaften und Fähigkeiten der Lehrstellenbewerber von großer Bedeutung sind:

- Zuverlässigkeit,
- Verantwortungsbewusstsein,
- Teamfähigkeit,
- Initiative (Entschlusskraft),
- Selbstständiges Lernen,
- Kommunikatives (mitteilungsbereites) und kooperatives (zusammenarbeitendes) Verhalten,
- Planvolles Arbeiten sowie
- Kreativität (Gestaltungsfähigkeit) und Flexibilität.

Damit Mitarbeiter über diese Kompetenzen verfügen, müssen sie in ihrer Ausbildung dafür qualifiziert werden.

Ein Mitarbeiter ist dann kompetent, wenn er über die für seine berufliche Tätigkeit geforderte Qualifikation verfügt.

In der Ausbildung wird darum neben der fachlichen Qualifizierung auch das Arbeiten im Team **(Seite 636)** geübt, die dazu notwendige Kommunikationsfähigkeit geschult. Mitarbeiter müssen durch Ausbildung dafür qualifiziert werden.

Für das selbstständige Erarbeiten von Wissen ist die Art und Weise der Informationsbeschaffung von Bedeutung. Die Kenntnis über Kreativitätstechniken **(Seite 639)** zur Ideenfindung sowie zum Lösen von Problemen gewinnen damit auch an Bedeutung.

Die berufliche Handlungskompetenz **(Bild 2)** eines Mitarbeiters setzt sich zusammen aus Fach-, Methoden-, Persönlichkeits- und Sozialkompetenz.

[1] kompetent (lat) = zuständig, geeignet
[2] qualifiziert (lat.) = besonders geeignet

Kompetenz

Eine Person ist dann kompetent[1], wenn sie
- sachverständig,
- zuständig,
- maßgebend und befugt ist.

Eine Elektrofachkraft **(Seite 354)** darf z. B. Elektrogeräte nach DIN VDE EN 50678 (VDE 0701) prüfen. Sie ist damit kompetent.

Qualifikation

Eine Person ist auf einem Gebiet qualifiziert[2], wenn sie die Fähigkeit besitzt, auf diesem Gebiet fachgerecht und erfolgreich zu arbeiten.

Chancen nutzen!

Wir wollen unser Unternehmen weiter verstärken und suchen für unsere Teams zum frühestmöglichen Zeitpunkt qualifizierte und engagierte

Elektroniker

Aufgabengebiet	Ihr Profil
Unterstützung bei der Entwicklung von kundenspezifischen Steuerungen, Produktpräsentationen und Kundenschulungen.	Sie haben eine fundierte Ausbildung in der Automatisierungstechnik und haben bereits theoretische Erfahrung. Sie sind teamfähig und kreativ, arbeiten kundenorientiert und methodisch, besitzen Organisationstalent und übernehmen Verantwortung.

Bild 1: Auszug aus einer Stellenanzeige

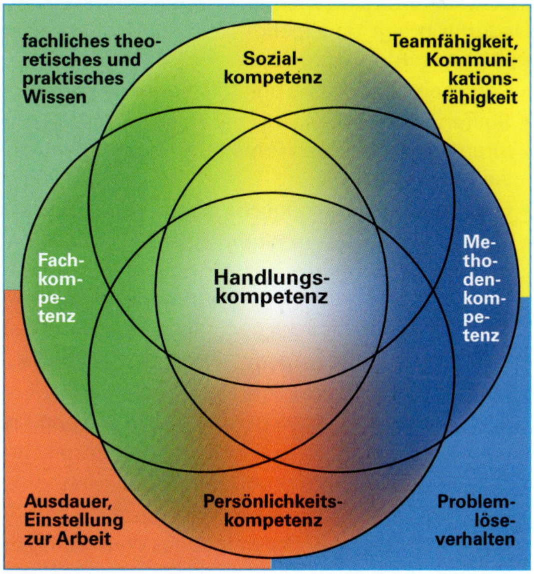

Bild 2: Berufliche Handlungskompetenz

Praxistipp: Benehmen und Stil im Beruf – Business-Etikette (1)

Situationsbeschreibung:

Von Ihrem Vorgesetzten, z. B. Ihrem Chef, erhalten Sie per E-Mail eine Einladung zu einem geschäftlichen Essen. Welche Regeln sollten Sie beachten, um der Einladung zu folgen?

Wie antworte ich auf die E-Mail?

Die richtige Kommunikation, z. B. mittels E-Mail, ist mit entscheidend für Ihre berufliche Entwicklung. In geschäftlichen E-Mails verwendet man die klassischen Briefregeln. Es gilt:

- Geben Sie immer einen Betreff in der entsprechenden Zeile an.
- Anrede, z. B. „Sehr geehrte...", und evtl. Titel, z. B. Dr. sind notwendig.
- Beachten Sie die Rechtschreibregeln, setzen Sie Absätze.
- Keine Smileys, keine durchgängige Kleinschreibung und keine Abkürzungen, z. B. mfg für Mit freundlichen Grüßen, verwenden.
- Bedanken Sie sich für die Einladung und teilen Sie mit, ob Sie der Einladung folgen. Einfach wegzubleiben ist ein schlechter Stil.
- Ein höflicher Gruß am Ende der Nachricht ist Pflicht.

Welche Regeln sollte ich beim Begrüßen und Vorstellen einhalten?

Wer grüßt zuerst? Grundsätzlich gilt im Geschäftsbereich: Der Rangniedere grüßt den Ranghöheren, also z. B. Sie als Angestellter oder Auszubildender grüßen zuerst Ihren Meister, Ihren Abteilungsleiter, Ihren Chef oder den Kunden. Der Ranghöhere – nicht umgekehrt – wird Ihnen dann seine Hand zum Gruß reichen. Verwenden Sie bei einer Grußerwiderung die gleiche Grußformel wie der Ranghöhere. Es wäre unhöflich auf z. B. „Guten Morgen" einen „Guten Tag" zu wünschen. Titel in einer Anrede, z. B. Dr. oder Prof., sollten erwähnt werden.

Bei einer eigenen Vorstellung nennen Sie Ihren Vor- und Nachnamen, aber keinen Titel, also z. B. „Guten Tag, ich heiße Peter Müller". Und bitte, Hände aus der Hosentasche sowie Handy ausschalten.

Welche Regeln sollte ich bei einem Geschäftsessen beachten? Gute Tischmanieren sind wichtig, um einen guten Eindruck zu hinterlassen. Dadurch pflegt und festigt man seine geschäftliche Beziehung. Es gelten bestimmte Regeln:

- Kommen Sie als Gast pünktlich oder besser vor dem Gastgeber.
- Sollten Sie und Ihr Gastgeber zu gleicher Zeit kommen, so halten Sie Ihrem Gastgeber – im Privatleben könnte es Ihre Frau oder Freundin sein – die Türe auf.
- Beachten Sie eine mögliche Sitzordnung **(Bild 1)** und Tischkarten.
- Mit dem Bestellen in einem Restaurant beginnt immer zuerst der Gastgeber. Durch die Bestellung des Gastgebers wird signalisiert, welche Preise für die Gäste angemessen sind.
- Der Gastgeber, dies gilt auch bei einem Büfett, eröffnet das Essen.
- Übrigens: „Guten Appetit" wünscht man heute nicht mehr.
- Man sitzt aufrecht und die Hände sind bis zu den Handgelenken auf dem Tisch. Ellenbogen gehören nicht auf den Tisch.
- Die Gabel führt man zum Mund, nicht umgekehrt.
- Das Besteck **(Bild 2)** wird von außen nach innen benutzt und hat während des Essens Signalwirkung **(Bild 3)** für den Kellner.
- Gläser mit Stiel, z. B. Rotwein- oder Weißweingläser, werden immer am Stiel anfasst.

Der erste Eindruck zählt

Punkten Sie z. B. durch passende Kleidung und richtiges Benehmen.

Grundsätzlich gilt:

Der Ranghöhere, das kann auch ein Kunde sein, hat immer Vorrang. Der Ranghöhere

- entscheidet, ob er die Hand zum Gruß reicht,
- geht voran, z. B. in das Besprechungszimmer,
- erhält den rechten Platz beim Sitzen,
- setzt sich zuerst,
- geht beim Nebeneinandergehen rechts.

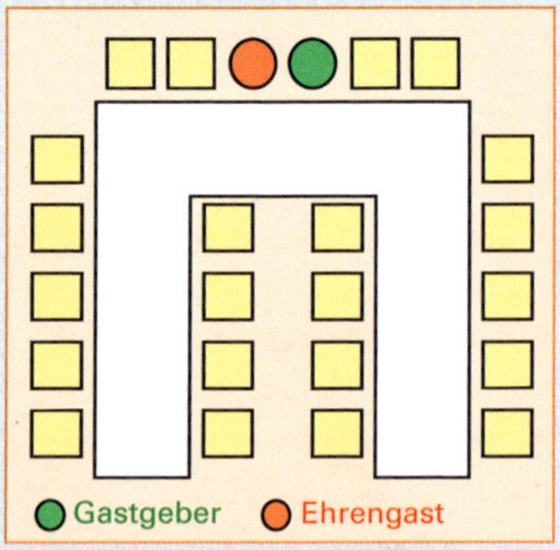

Bild 1: Mögliche Sitzordnung

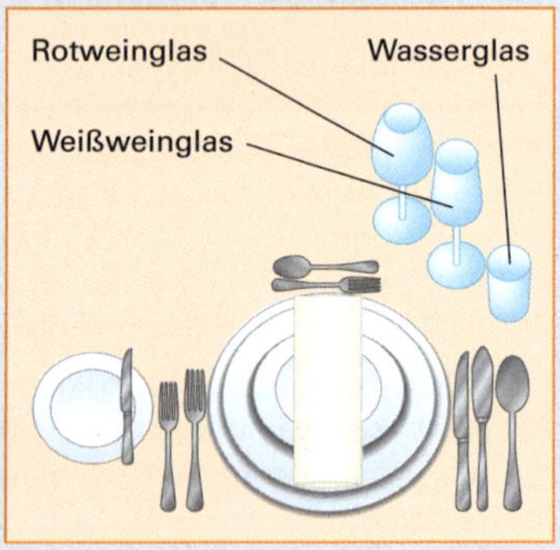

Bild 2: Gedeck

Bild 3: Bestecksignale

- „Zum Wohl" heißt es beim Zuprosten, „Prost" ist verpönt.
- Das Anstoßen mit den Gläsern ist bei Geschäftsessen, im Gegensatz zu privaten Feiern, nicht üblich.
- Servietten werden nicht auf dem Teller abgelegt.
- Wird während des Essens getrunken, so tupfen Sie mit der Serviette vorher den Mund ab.
- Zahnstocher oder auch Lippenstift werden nie bei Tisch benutzt.
- Nach dem Essen kann man gerne einen Espresso oder Kaffee trinken.
- Bei einem Arbeitsessen darf man über Berufliches sprechen.
- Bei einer privaten Einladung, z.B. zur Kontaktpflege, hebt man sich Berufliches bis zum Schluss auf, z.B. nach dem Dessert.
- Man geht nicht zu früh, frühestens eine halbe Stunde nach dem Dessert.
- Wer bezahlt? Grundsätzlich der Gastgeber, also z.B. Ihr Chef.

Einen Dank für den Abend oder für das Geschäftsessen ist gleich oder zu einem späteren Zeitpunkt Pflicht.

Bild: Businesskleidung

Casual*-Look

Im strengen Business-Look gilt Krawattenpflicht. Soll es Casual sein, so genügt auch z.B. eine edle Jeans mit Hemd, Poloshirt oder Bluse. Eine Krawatte ist dann nicht notwendig. Recherchieren Sie, welche Kleidung angebracht ist.

* casual (engl.) = zufällig, gelegentlich

Und was ist sonst noch zu beachten?

- Niesen und Husten übergeht man. Man sagt nicht mehr: „Gesundheit". Man niest in ein Taschentuch oder in den Ellenbogen.
- Denken Sie daran, es gibt: „Bitte", „Danke" und „Entschuldigung". Entschuldigen sollten Sie sich, z.B. wenn Sie zu spät kommen, dass Handy vergessen auszuschalten oder wenn Sie jemanden anrempeln.
- Entschuldigungsschreiben bei größeren Verfehlungen sind angebracht.

Welche Regeln sollte ich bei der Business-Kleidung beachten?

In der Geschäftswelt versteht man unter Business-Kleidung **(Bild und Tabelle)** bei der Frau ein Kostüm mit etwas längerem Rock oder einen Hosenanzug und beim Mann den Anzug mit Hemd und Krawatte. Es gilt: Schlampige Kleidung wirkt beleidigend. Und denken Sie daran: „Kleider machen Leute".

Tabelle: Tragen von Business-Kleidung (Beispiele)

Frauen	Männer
Die Grundfarben vom Hosenanzug oder Kostüm sind camel, creme, beige, braun, blau, grau oder schwarz. Die Rocklänge hat etwa Kniehöhe. Enge, kurze Röcke sollten vermieden werden.	Übliche Anzugfarbe ist grau, anthrazit, blau oder braun. Schwarz wird bei besonderen Anlässen, z.B. Hochzeiten, oder besonderen geschäftlichen Anlässen getragen.
Die Farbwahl ist vielfältiger als bei den Männern. So kann z.B. im Sommer ein pastellfarbiges Kostüm getragen werden.	Nur maximal zwei unterschiedlich gemusterte Teile verwenden, z.B. Anzug und Hemd oder Anzug und Krawatte.
Blusen und T-Shirts unter einem Sakko sind grundsätzlich erlaubt. Ein zu tiefer Ausschnitt, eine zu enge oder durchsichtige Bluse sind unangebracht. Zu empfehlen ist eine weiße klassische Bluse.	Das Sakko bleibt im Stehen immer geschlossen. Der unterste Knopf bleibt aber immer offen. Bei einem 3-Knopf-Sakko genügt es, wenn nur der mittlere Knopf geschlossen ist.
Taschen sollten farblich auf den Gürtel und die Schuhe abgestimmt sein.	Die Krawatte wird so gebunden, dass die Spitze in der Mitte der Gürtelschnalle liegt.
Nur geschlossene und nicht zu hohe Schuhe tragen. Farblich sollten diese zum Outfit passen.	Schuhe passt man dem Anzug an, also dunkel und möglichst mit Schnürsenkel.
Haben Hosen oder Röcke Schlaufen, so ist ein farbig abgestimmter Gürtel zu tragen.	Die Hemdenfarbe sollte hell, z.B. weiß oder pastell, sein. Zarte Streifen, z.B. blau, können sein.
Unter dem Rock trägt man Strümpfe, die blickdicht sein sollten.	Die Socken werden an die Hosenfarbe angepasst. Weiße Socken sind unbedingt zu vermeiden.
Make-up wäre möglich. Etwas Schmuck oder ein Tuch schaden nicht.	Die Länge der Hose fällt vorne auf den Schuh. Immer einen Hosengürtel verwenden.

(Nächster Praxistipp: Seite 658)

17.1.1 Teamarbeit

Teamarbeit[1] ist die zeitlich begrenzte Zusammenarbeit mehrerer Personen zum Lösen einer gemeinsamen Aufgabe, z. B. Elektroinstallation eines Gebäudes.

Teams entstehen nicht sofort, sondern finden sich in Teamentwicklungsphasen **(Bild 1)**. Dabei verlaufen diese Phasen nicht immer geordnet nacheinander ab und es kann auch Rückschläge geben.

Für die Zusammensetzung von Teams sollte auch der Arbeitsstil, z.B. Geschwindigkeit, Genauigkeit, Pünktlichkeit und Zuverlässigkeit, der einzelnen Mitglieder bekannt sein **(Bild 2)**. Das Team kann dann optimal arbeiten, wenn sich jedes Teammitglied entsprechend seinen Stärken einbringen kann.

Beispiele:

Wer achtet darauf, dass Regeln eingehalten werden?
Wer hat das größte Durchhaltevermögen?
Wer ist besonders kreativ im Team?

Teams können nur dann funktionieren, wenn sie sich auf Regeln zur Verständigung und zum Miteinander einigen **(Bild 3)**. Sie können nur dann zu einem besseren Ergebnis als Einzelpersonen kommen, wenn

- Übereinstimmung über die Ziele besteht,
- Einigkeit über die Vorgehensweise herrscht,
- gemeinsame Regeln befolgt werden und
- Rollen und Rollenverteilung im Team geklärt sind.

Wichtige Voraussetzung für den Teamerfolg ist die Entwicklung des Teamgeistes. Das Gefühl „Jeder gewinnt" muss vorhanden sein.

Erfolgreiche Teamarbeit hat mehrere Faktoren **(Übersicht)**. Die Erfahrungen der Teamarbeit sollten zum Abschluss des Projekts ausgewertet werden.

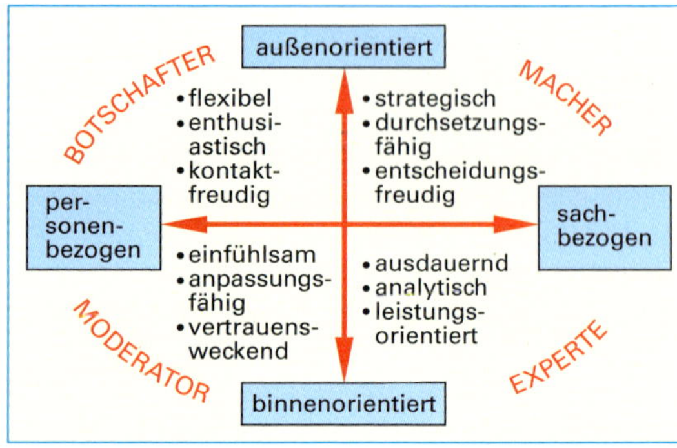

Bild 2: Teamtypen

Teamregeln

- Wir begegnen uns mit Respekt.
- Alle Meinungen sind zugelassen.
- Kritik wird offen und konstruktiv geäußert.
- Wir lassen uns gegenseitig ausreden.
- Ziele und Vorgehensweise werden gemeinsam festgelegt.
- Persönliche Angriffe sind verboten.
- Unstimmigkeiten, Unmutsäußerungen werden sofort diskutiert.
- Wir helfen uns gegenseitig.

Bild 3: Regeln innerhalb eines Teams

Übersicht: Faktoren erfolgreicher Teamarbeit

- Alle ziehen an einem Strang.
- Jeder kann sich auf den anderen verlassen.
- Jeder hat das Gefühl, in der Gruppe etwas zu bewegen.
- Alle gehen offen miteinander um.
- Es herrscht das Gefühl, dass jeder im Projekt gewinnt.
- Es ist gegenseitiger Respekt vorhanden.
- Es wird die Stärke im Gemeinsamen erkannt.
- Jeder bringt seine Stärken ein.
- Es wird effektiv gearbeitet.

[1] Team (engl.) = Mannschaft, Gruppe

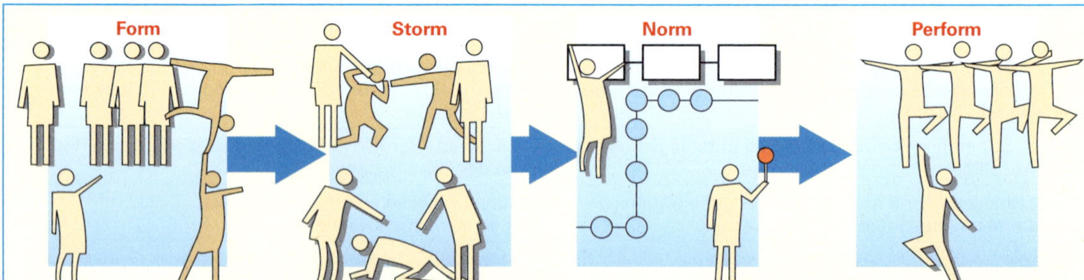

Gruppe wird in Zielsetzung, Größe und Teilnehmerkreis festgelegt.
to form (engl.) = formen

Konfliktphase: Verschiedene Ansichten, Interessen, Rollen tauchen auf und werden ausgetauscht.
to storm (engl.) = stürmen

Verhaltens- und Vorgehensmuster werden festgelegt.
norm (engl.) = Norm

Gruppe wird gemäß der festgelegten Verhaltensmuster aktiv und erzeugt Ergebnisse.
to perform (engl.) = durchführen

Bild 1: Teamentwicklungsphasen

17.1.2 Arbeitsmethoden und Zeitplanung

Anstehende Arbeitsaufträge müssen von jedem Mitarbeiter zeitgerecht, wirtschaftlich und folgerichtig durchgeführt werden. Um die Wichtigkeit einzelner Aufgaben zu erkennen, unterscheidet man z.B. nach folgenden Prinzipien und Methoden:

- Eisenhower-Prinzip[1]
- Pareto-Prinzip[3]
- ALPEN-Methode[2]
- ABC-Analyse

- **Eisenhower-Prinzip.** Die zu erledigenden Aufgaben müssen nach ihrer Dringlichkeit und Wichtigkeit untersucht werden **(Bild 1)**. Damit kann schnell entschieden werden, welchen Aufgaben bei der Bearbeitung der Vorzug zu geben ist.
- **ALPEN-Methode.** Sie ermöglicht es, auch bei einer Vielzahl von Aufgaben, den Aufgabenberg nicht als Hindernis zu sehen, sondern besser zu bewältigen **(Übersicht)**.
- **Pareto-Prinzip (80:20-Regel).** Untersuchungen in der Praxis ergaben, dass in 20 % der Zeit 80 % der Arbeitsergebnisse erzielt werden **(Bild 2)**.
- **ABC-Analyse.** Mit dieser Methode lassen sich Schwerpunkte bilden. Hierbei wird der Zusammenhang zwischen Erfolgswirksamkeit und Aufwand aufgezeigt **(Bild 3)**:

  A-Aufgaben sind die wichtigsten Aufgaben. Sie machen etwa 15 % der Menge der Aufgaben aus. Ihr eigentlicher Wert liegt jedoch bei etwa 65 %, z.B. vom Umsatz oder Gewinn.

  B-Aufgaben stellen 20 % der Aufgaben dar, aber auch nur 20 % des Wertes.

  C-Aufgaben sind meist unwichtige Aufgaben und haben einen geringen Anteil am Erfolg.

Bei selbstorganisierter Arbeit setzt man Schwerpunkte, die planmäßig in die Tat umzusetzen sind.

Verallgemeinert lassen sich folgende Tipps für eine persönliche erfolgreiche Zeitplanung geben **(Bild 4)**.

[1] nach Dwight Eisenhower, amerikanischer Präsident, 1890–1969
[2] ALPEN-Methode nach J. Seiwert, deutscher Zeitmanagementexperte
[3] nach Vilfredo Pareto, 1848–1923, ital. Wirtschaftswissenschaftler

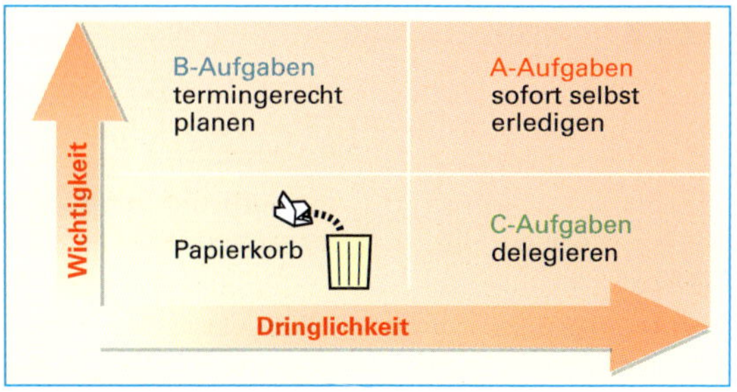

Bild 1: Eisenhower-Prinzip

Übersicht: ALPEN-Methode

- **A**ufgaben zusammenstellen,
- **L**änge der Tätigkeiten schätzen,
- **P**ufferzeit für Unvorhergesehenes reservieren,
- **E**ntscheidungen über Prioritäten, Kürzungen und Delegationen treffen,
- **N**achkontrolle.

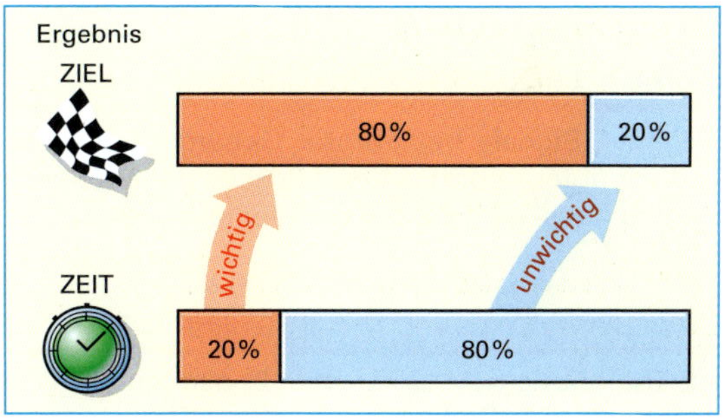

Bild 2: Pareto-Prinzip

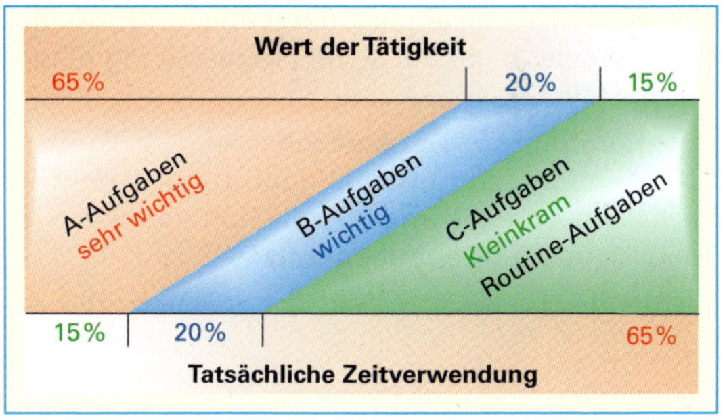

Bild 3: ABC-Analyse

- Gewöhne dich an feste Arbeitszeiten
- Unterscheide wichtige von dringlichen Tätigkeiten
- Plane deine Aufgaben
- Halte deine Pläne ein
- Plane auch Pausen

- Plane Lernetappen
- Lerne deine Leistungsfähigkeit kennen
- Verbessere deine Konzentrationsfähigkeit
- Kombiniere Tätigkeiten
- Plane Wiederholungsphasen ein

Bild 4: Allgemeine Tipps zum Zeitmanagement

17.1.3 Kommunikation

Kommunikation bedeutet im technischen Sinne, eine Verbindung zwischen Sender und Empfänger herzustellen. Bezieht man die Kommunikation auf die Menschen, so geht es hier um die Verständigung untereinander, z.B. zwischen Kunde und Handwerker.

Kommunikationsstörungen treten zwischen Menschen dann auf, wenn Sender und Empfänger die Signale unterschiedlich auffassen und bewerten. Entscheidend dafür ist, dass neben der reinen Sachebene zwischen Sender und Empfänger die Beziehungsebene von Bedeutung ist. Hat ein Monteur z.B. gerade bei einem „nervigen" Kunden gearbeitet, so wird es ihm schwerfallen, die ersten Fragen des neuen Kunden freundlich zu beantworten. Die vielfältigen Einflüsse der Kommunikation auf die Beziehungsebene beschreibt das Eisbergmodell **(Bild 1)**, wobei man nur die Spitze der Einflüsse sieht.

Neben der Sprache sind auch Mimik und Gestik für die Kommunikation von Bedeutung.

Negative Signale bestimmter Gebärden, wie z.B. Naserümpfen, spöttisches Lächeln oder gelangweiltes Aussehen, sollten vermieden werden.

Für eine erfolgreiche Kommunikation ist entscheidend, WAS und WIE es gesagt wird.

Als Beziehungsverstärker **(Bild 2)** dienen alle Versuche, die das Gegenüber in seiner Person ernst und wichtig nehmen. Ein Kunde ist z.B. eher dann unzufrieden, wenn er nicht namentlich verabschiedet wird oder nicht auf seine Fragestellung eingegangen wird.

Gute Kommunikation ist entscheidend für Kundenzufriedenheit und Kundenbindung. Außerdem ist auch beim Arbeiten im Team die Kommunikationsfähigkeit von großer Bedeutung.

Kommunikationshilfen **(Bild 3)** erleichtern die Arbeit.

Eine positive Beziehung zum Gesprächspartner verbessert die Kommunikation.

Beispiel:

Die Kundin Frau Berg ruft mehrfach an, weil sie den Receiver ihrer Satellitenanlage nicht einstellen kann. Der Elektromeister begrüßt sie mit: „Kommen Sie schon wieder nicht mit dem Gerät klar?" Wie kann bei der Begrüßung eine positive Beziehung hergestellt werden?

Lösung:

„Frau Berg, ich weiß, es ist schwierig, ein neues Gerät zu bedienen."

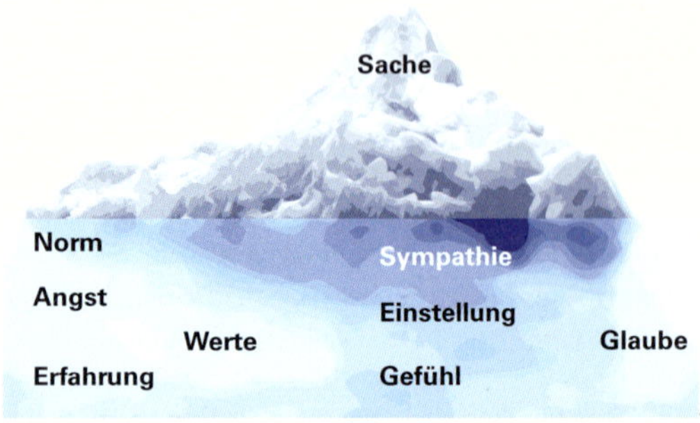

Bild 1: Eisbergmodell

Beziehungsverstärker

- einfache Sätze bilden
- Bedürfnisse des Kunden aussprechen
- Fragen stellen
- Worte des Kunden verwenden
- den Kunden namentlich ansprechen
- Gemeinsamkeiten betonen

Gesprächshemmnisse

- verhören
- Vorwürfe machen
- moralisieren
- drohen oder befehlen
- Geringschätzung zeigen

Bild 2: Beziehungsverstärker und Gesprächshemmer

Kommunikationshilfen

- positive Beziehung aufbauen
- Konflikte aussprechen und aufklären
- Missverständnisse benennen
- offen miteinander sprechen
- Wahrnehmungen äußern
- aktiv zuhören durch nachfragen

Bild 3: Kommunikationshilfen

17.1.4 Kreativitätstechniken

Kreativität[1] ist bei der Projektdurchführung ein wesentlicher Erfolgsfaktor.

Brainstorming[2] **(Bild 1)**. Zu einer bestimmten Fragestellung – z. B.: Welche Ansprüche sind an eine gute Beleuchtung zu stellen? – sammelt die Gruppe oder das Team spontane Äußerungen, z. B. keine Blendung, gutes Aussehen. Ein bis zwei Personen schreiben die Ideen mit. Auch scheinbar unsinnige Äußerungen können die anderen Gruppenmitglieder auf neue Ideen bringen. Deshalb dürfen die Einfälle zunächst nicht kritisiert und kommentiert werden. Erst nach der Ideenfindungsphase werden die Ideen bewertet.

Metaplan[3]. Die Metaplan-Technik ist einsetzbar für Ideensammlung mit folgender Strukturierung und Visualisierung. Ein Moderator entwickelt mit den Teilnehmern durch Kartenabfrage den Besprechungsablauf. Die Karten **(Bild 2)** werden auf einer Stellwand mit den Teilnehmern gruppiert (geclustert[4]). Der Ablauf wird visuell dargeboten. Auch weniger redegewandte Teilnehmer werden integriert.

Mind-Map-Methode[5]. Damit lassen sich strukturiert Ideen sammeln und bildlich darstellen. Ausgehend vom Zentrum, dem Thema, werden Hauptäste gebildet, die sich wieder in weitere Zweige aufspalten können. **Bild 3** zeigt mit einem Mind-Map die Vorteile, Hilfsmittel und Anwendungen der Mind-Map-Methode.

> Der Einsatz von Kreativitätstechniken verhindert Blockaden bei Problemlösungen.

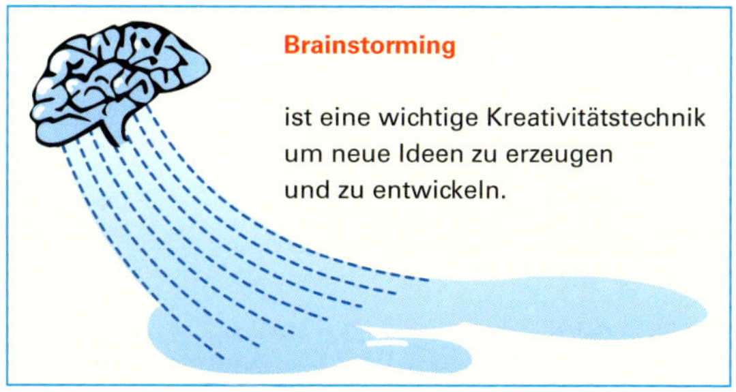

Bild 1: Brainstorming

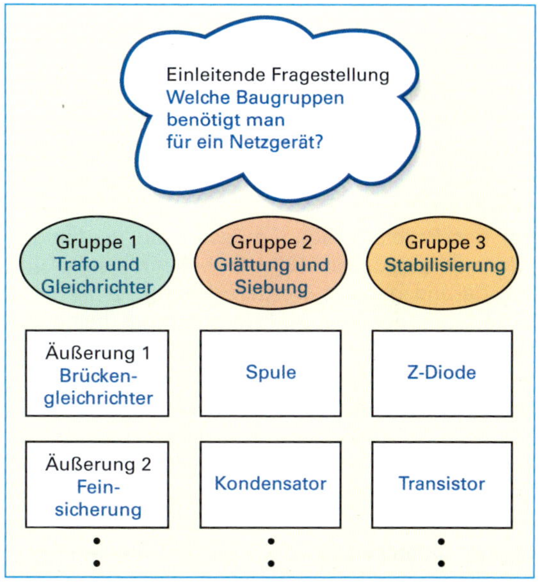

Bild 2: Kartenanordnung mit Metaplan

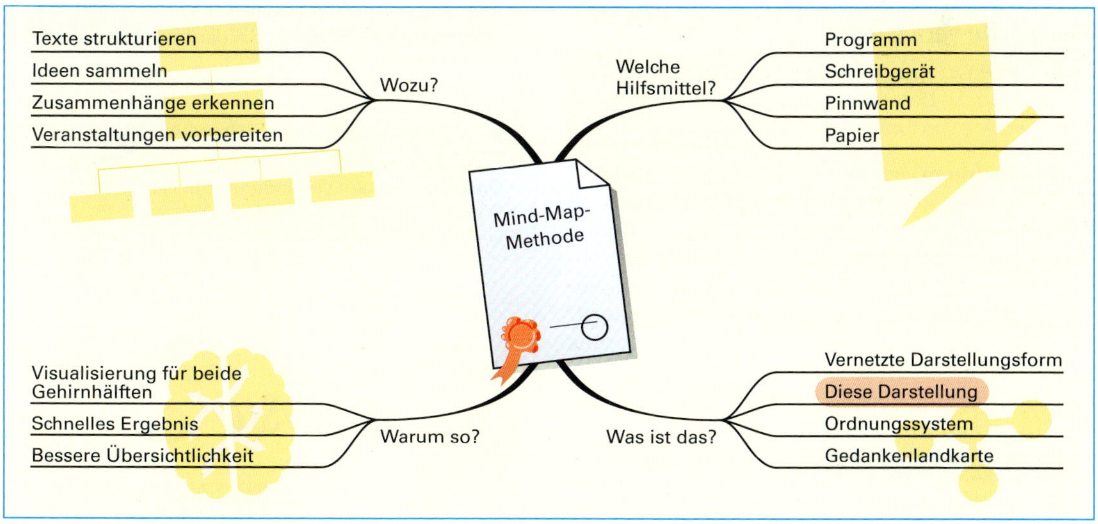

Bild 3: Mind-Map-Methode

[1] von creare (lat.) = erschaffen, hervorbringen
[2] wurde 1953 vom Amerikaner Alex F. Osborne entwickelt
[3] entwickelt von der Metaplan®-GmbH
[4] von to cluster (engl.) = sich sammeln, in Gruppen stehen
[5] Mind-Map (engl.) = Gedankenkarte, wurde vom Engländer Tony Buzan entwickelt

17.1.5 Informationsbeschaffung

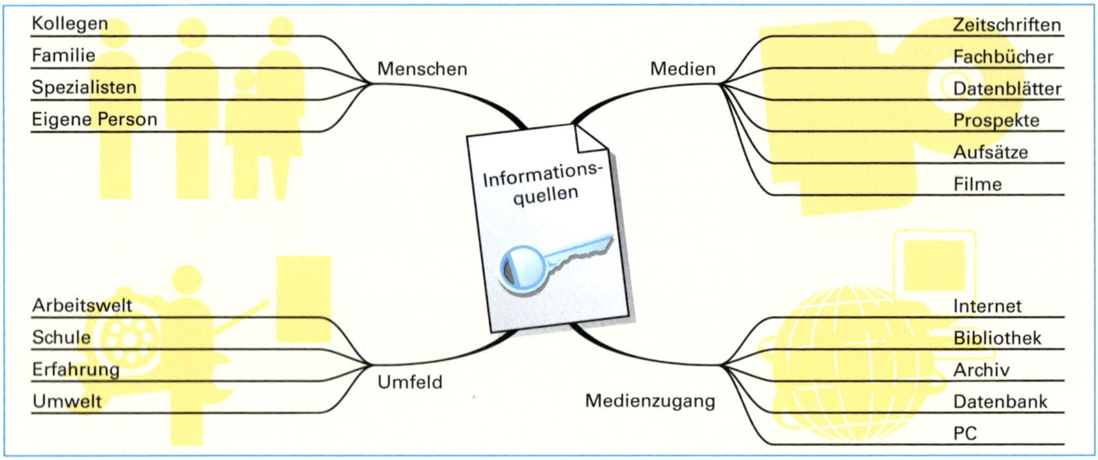

Bild 1: Informationsquellen als Mind-Map-Bild

Bei der Problemlösung müssen die vielfältigen Informationsquellen **(Bild 1)** bekannt sein und zeitsparend genützt werden. Häufig ist es nicht einfach, aus der Fülle der Informationen diejenigen auszuwählen, die den größten Nutzen und Erfolg für die Problemlösung bringen **(Übersicht)**.

Usenet. Innerhalb des Internets ist Usenet ein eigenständiges Netzwerk, das sich in viele thematisch sortierte Untergruppen (Newsgroups) zum Diskutieren und Informationsaustausch unterteilt. Z.B. enthält die Newsgroup sci*[1] alles über Wissenschaft.

Digitale Datenbanken stehen z.B. als Unternehmensdatenbanken in Betrieben einem eingeschränkten Teilnehmerkreis oder über das Internet, z.B. Datenbank DIN, zum Teil gegen Bezahlung für die Allgemeinheit zur Verfügung.

Um Kosten zu sparen, sollte der Benutzer vor der Einwahl in die Datenbank Suchbegriffe formulieren. Die Auswertung sollte offline erfolgen.

Suchmaschinen im World Wide Web (Bild 2). Diese Suchmaschinen sind riesige Datenbanken, die jeweils einen Ausschnitt der angebotenen Daten aus dem Internet speichern. Bei den Volltext-Suchmaschinen wird der Datenbankbestand nach dem eingegebenen Suchbegriff durchsucht. Der Nutzer erhält als Suchergebnis Links zu den entsprechenden Web-Seiten.

Für eine gezielte Recherche sind Eingrenzungen der Suchabfrage hilfreich **(Beispiel)**.

Beispiel:

Über eine Suchmaschine wird ein gebrauchter VW Golf in Stuttgart gesucht. Wie lautet die Sucheingabe?

Lösung:

VW Golf Stuttgart Gebrauchtwagen

Zitieren von fremden Texten

- Bei Verwendung von fremden Textstellen ist unbedingt eine Quellenangabe zu machen.
- Zitierregeln sind nachzulesen z.B. unter: http://uni-hausarbeiten.de/zitieren/zitierregeln-fuer-hausarbeiten.

Übersicht: Fragen zur Informationsbeschaffung

- Welche Informationen werden überhaupt benötigt?
- Welche Informationsquellen stehen zur Verfügung?
- Wer beschafft die Informationen?
- Wie schnell sind die Informationen verfügbar?
- Wie sind diese Informationen zu verarbeiten?
- Welche Kosten entstehen bei der Beschaffung?

Begriffe der Informationsbeschaffung

- **Offline:** Es besteht keine Verbindung zum Netz.
- **Online:** Es besteht Verbindung zum Netz.
- **Web:** Kurzform für: World Wide Web.
- **Link:** Verweis von einer Datei auf eine andere Datei.

Bild 2: Auswahl von Suchmaschinen

[1] sci* (sci von science [engl.] = Wissen)

17.2 Präsentation

17.2.1 Aufgaben einer Präsentation und Vorbereitung

Präsentationen[1] unterstützen die Darstellung von Arbeitsergebnissen und Verkaufsverhandlungen.

Zum Gelingen einer Präsentation **(Bild 1)** tragen bei:

- wohlüberlegter Aufbau,
- gelungene Visualisierung und
- persönliche Überzeugungskraft des Vortragenden.

Typische Fragestellungen zur Vorbereitung sind:

- Welche Sitzordnung lässt der Vortragsraum zu?
- Besteht das Publikum aus einer einheitlichen Gruppe?
- Mit wie vielen Teilnehmern ist zu rechnen?
- Welches Ziel hat die Präsentation?
- Welche Präsentationsmedien **(Bild 2)** sind vorhanden bzw. sollen eingesetzt werden?

> Präsentationen sollen Teilnehmer adressatengerecht und überzeugend informieren.

Medieneinsatz. Der Einsatz und die Wirkung der verschiedenen Präsentationsmedien **(Bild 2)** ist zu prüfen. Flipcharts eignen sich vor allem für ein Textbild mit dem Ablauf der Präsentation. Eine Wandzeitung oder Pinnwand eignet sich, um vorhergehende Gruppenergebnisse übersichtlich zu dokumentieren. Die Präsentation mittels Datenprojektor spielt heute eine immer größere Rolle. Zahlreiche Software-Programme ermöglichen eine multimediale Darstellung mit Bildern, Tönen und Texten. Neben den Visualisierungsregeln **(Seite 642)** ist auch zu beachten, dass die Bildfolge nicht zu rasch erfolgt. Im Schnitt ist pro zwei Minuten Vortrag ein Bildwechsel einzuplanen.

WWW https://www.studybees.de/magazin/10-merkmale-einer-richtig-guten-praesentation/

Inhaltliche Vorbereitung. Zuerst sammelt man alle Materialien, die zum Thema und zur Zielgruppe passen. Danach sind die Materialien zu sichten und auf das Wesentliche zu kürzen. Die Kernaussagen sind dann in geeignete Textbilder zu gliedern, die noch mit Diagrammen und Bildern ergänzt werden.

Die Gliederung einer Präsentation besteht aus Einleitung, Hauptteil mit Kernaussagen, Zusammenfassung der Inhalte und dem Schluss, der in einer Abschlussdiskussion bzw. Befragung des Vortragenden enden kann **(Bild 3)**.

Checkliste zur Präsentationsplanung ✔

Thema
Warum präsentiere ich?
Welches Ziel habe ich?

Zielgruppe
Wer sind meine Zuhörer?
Welchen Nutzen hat mein Vortrag für sie?

Raum
Welche Eigenschaften muss der Raum haben?
Größe ________ 80 m² ☐
Bestuhlung ________ 40 Stühle ☐
Verdunkelung ________ ✓

Termin
Überschneidung mit anderen Terminen überprüft? ☐

Materialien
Flipchart ________ ☐
Datenprojektor (Beamer) ________ ☐
Handout[2] auf Papier 20 Stk ✓
Handout über QR-Code[3] ✓

Bild 1: Planung einer Präsentation

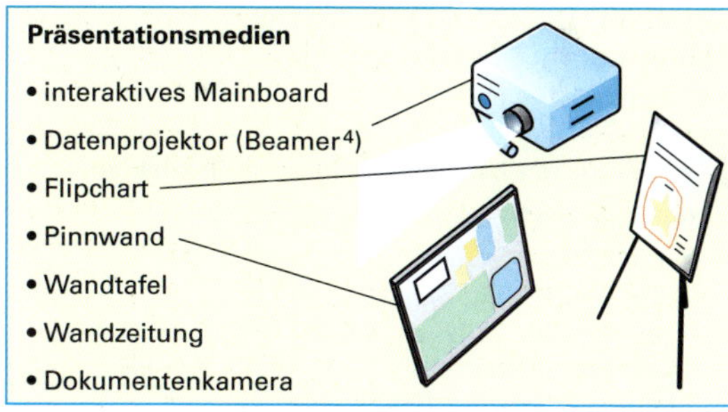

Bild 2: Präsentationsmedien

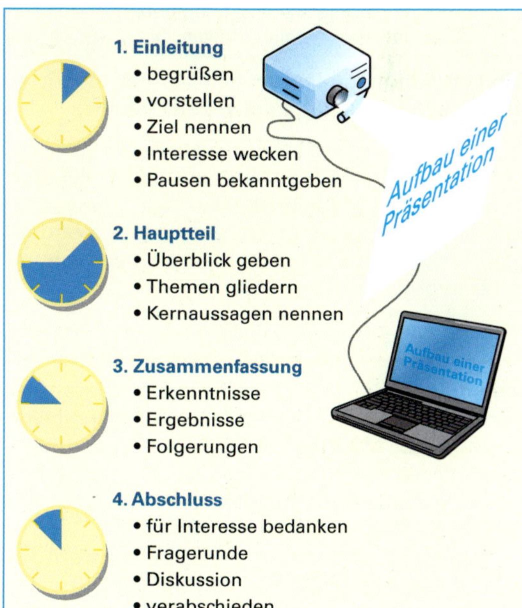

Bild 3: Gliederung einer Präsentation

[1] Präsentation (lat.) = das Vorstellen
[2] handout (engl.) = Informationsmaterial
[3] **QR**, Abk. für: **Q**uick-**R**esponse (engl.) = schnelle Antwort
[4] von to beam (engl.) = strahlen

17.2.2 Visualisierung

Zu einer gelungenen Präsentation tragen verschiedene Visualisierungselemente[1] bei **(Übersicht)**.

Die Behaltensquote des Zuhörers steigt auf 50 %, wenn neben Worten und Erklärungen zusätzliche Bilder verwendet werden **(Bild 1)**. Deshalb ist es wichtig, dass neben dem gesprochenen Wort in Präsentationen bzw. den geschriebenen Texten in Dokumentationen die Sachverhalte visualisiert werden.

Bildhafte Darstellungen erleichtern dem Leser das Verständnis und erklären schnell, leichter und besser die Zusammenhänge.

Visualisierungselemente sollen:

- zum Inhalt passen,
- dosiert und wirkungsvoll eingesetzt werden,
- gut sichtbar und übersichtlich sein und
- wichtige Aussagen hervorheben (z. B. Farbe oder Größe der Worte).

Textbilder. Bilder, die mit Text unterlegt sind, erleichtern dem Zuhörer das Mitverfolgen der Präsentation.

Grundsätze bei der Erstellung von Textbildern

- Keine ganzen, höchstens kurze Sätze.
- Nur ein Gedankengang pro Textbild.
- Übersichtlich, groß und leserlich,
  - Schriftgröße > 16 dpi[2],
  - maximal 25 Worte,
  - harmonische Anordnung.
- Wenige Stilelemente, z. B. Farbe, Schriftart, verwenden
  - maximal zwei verschiedene Schriftarten,
  - auf Dekorationselemente, z. B. kleine Bilder, verzichten.

Tabellen. Mit ihnen lassen sich Vergleiche durchführen sowie Strukturen aufzeigen **(Tabelle)**.

Diagramme. Große Datenmengen lassen sich durch verschiedene Diagrammarten **(Tabelle)** darstellen. Je nach gewünschter Aussage können verschiedene Diagrammarten verwendet werden. Balkendiagramme finden oft bei der Überwachung von Zeitvorgängen Anwendung.

Projektmanagement: **Seite 644**

Schaubilder. Sie finden z. B. als Organigramme **(Bild 2)** Anwendung. Damit lässt sich schnell eine Aussage z. B. über die Organisationsstruktur eines Unternehmens darstellen. Außerdem lassen sich mit Schaubildern Sachverhalte wirkungsvoll zeigen. Der Blick des Betrachters kann z. B. über die Farbgebung oder Anordnung im Zentrum auf wichtige Aussagen gelenkt werden **(Bild 3)**.

Übersicht: Visualisierungselemente

- Texte
- Symbole
- Tabellen
- Schaubilder
- Bilder
- Filme

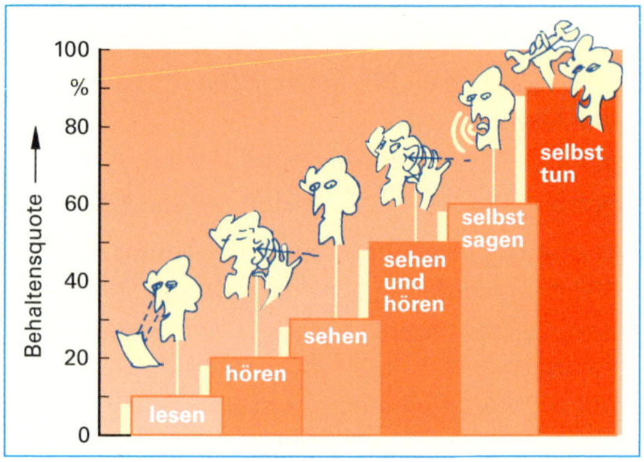

Bild 1: Behaltensquote mit Textbildern

Tabelle: Diagrammarten

Linien	Balken	Block	Säule	Kreis
K, T	K	K, T, A	K, T	A, K

K = Kontrast, T = Trend, A = Anteil

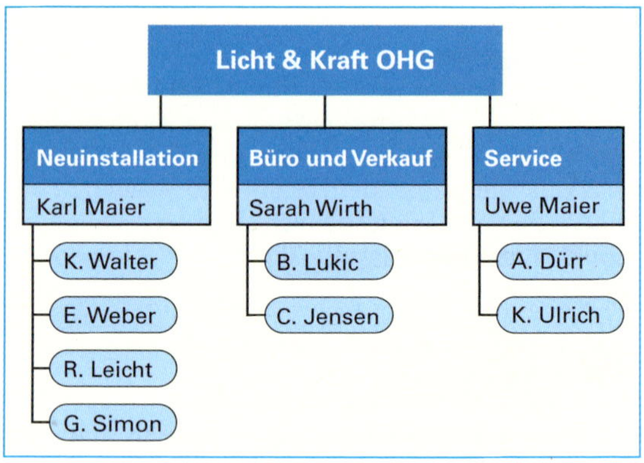

Bild 2: Organigramm eines Handwerksbetriebs

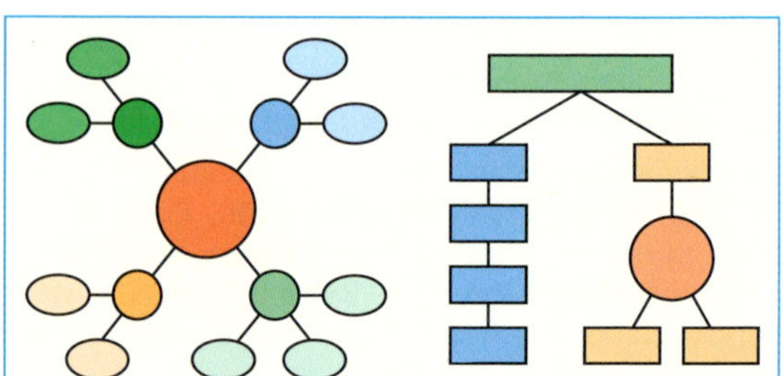

Bild 3: Beispiel von Farbeinsatz und Betonung bei Schaubildern

[1] visualisieren (lat.) = optisch darstellen
[2] dpi von dots per inch (engl.) = Punkte je Zoll

Schon die Einleitung soll die Aufmerksamkeit und Neugier der Zuhörenden wecken. Die Unterlagen sollen rechtzeitig vor der Präsentation fertiggestellt sein, damit der Vortragende nicht unter Zeitdruck kommt. Auch eine vorherige Übung der Präsentation (mit oder ohne Zuhörer) ist sinnvoll.

17.2.3 Vortragen einer Präsentation

Eine gut vorbereitete Präsentation findet ihre Vollendung, wenn der Vortragende auch über ein herausragendes persönliches Präsentationsverhalten verfügt.

Eine freundliche Grundstimmung ist wichtig für den Einstieg.

Die Stimme sollte nicht monoton wirken. Pausen und Betonungen erhöhen die Aufmerksamkeit. Die Texte sollen nicht abgelesen, sondern mit eigenen Worten umschrieben werden.

Der Augenkontakt zum Publikum sollte immer vorhanden sein. Wenn nötig, ist das projizierte Bild zu erklären. Dabei sollte der Blickkontakt nicht nur auf eine Person bezogen sein. Zu viele und zu hastige Bewegungen während der Präsentation sind zu vermeiden. Auch eine zu ausgeprägte Körpersprache ist unpassend.

Laserpointer oder Zeigestock sollten bei Vorträgen oder Präsentationen bereitgehalten werden.

Die Zuhörer können auch durch überraschende Fragen oder Widersprüche herausgefordert werden.

Beispiel:

Bei einer Präsentation werden Bilder angesprochen. Welche Methode bringt die Bilder am wirkungsvollsten zur Geltung?

Lösung:

Touch[1]-Turn[2]-Talk[3]-Methode **(Bild 1)**.

Wenn ein Referent nach den in **Bild 2** genannten Regeln handelt, wird die Präsentation sicher gelingen.

Vor der anschließenden Frage- und Diskussionsrunde können Verständnisfragen zugelassen werden. Dabei kann auf die erstellten Materialien der Visualisierung zurückgegriffen werden, wenn entsprechende Erklärungen notwendig sind. Falls eine Diskussion nur schwer in Gang kommt, ist es günstig, wenn der Vortragende schon einige offene Fragen zur Anregung der Diskussion bereithält.

Jede Präsentation sollte nachbereitet werden. Erkenntnisse kann eine anonyme Beurteilung (Evaluation[4]) durch die Teilnehmer liefern.

Wie reduziere ich die Nervosität zu Beginn der Präsentation?

1. Ich **stehe** mit beiden Beinen fest auf dem Boden.
2. Ich **schaue** in die Runde, um Ruhe und Gelassenheit zu signalisieren.
3. Ich **atme** tief durch, bevor es losgeht.
4. Erst jetzt beginne ich zu **sprechen**.
5. Ich **spreche** nur beim Ausatmen.

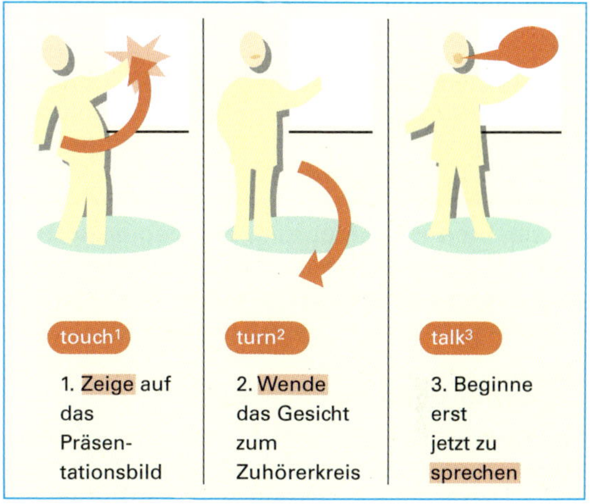

Bild 1: Touch-Turn-Talk-Methode

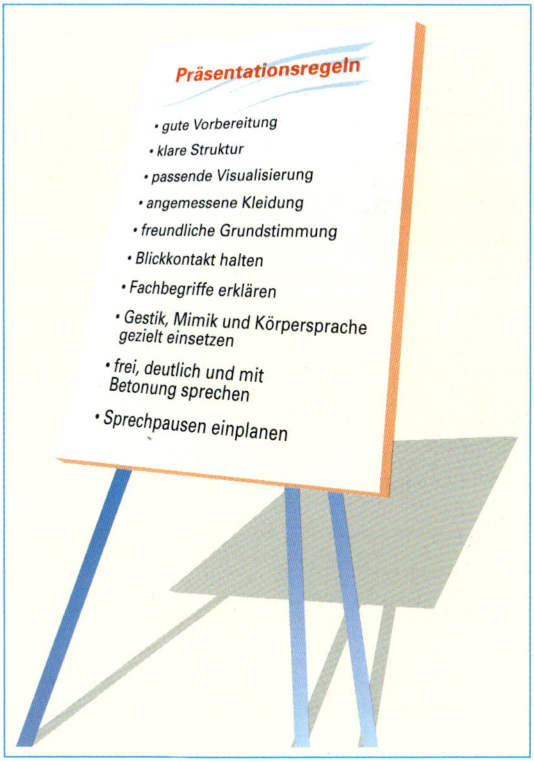

Bild 2: Präsentationsregeln

[1] to touch (engl.) = berühren
[2] to turn (engl.) = drehen, wenden
[3] to talk (engl.) = sprechen
[4] Evaluation (lat.) = Bewertung, Beurteilung

17.3 Projektmanagement

17.3.1 Aufgaben von Projekten

Projekte können mit einem Kundenauftrag verbunden sein oder eine firmeninterne Entwicklung zum Ziel haben, z. B. den Ausbau einer Steuerung.

Da Projekte zeitlich begrenzt sind, den Kostenrahmen nicht sprengen dürfen und auch ein qualitativ gutes Ergebnis liefern sollen, wird ein umfassendes Projektmanagement benötigt **(Bild)**.

Projektmanagement ist ein umfassendes Führungskonzept, um umfangreiche Vorhaben termingerecht, kostengünstig und mit hoher Qualität durchzuführen.

Da zur Projektdurchführung nur begrenzte Ressourcen[1] (Geld, Personen und Zeit) zur Verfügung stehen, werden dem Projektmanagement verschiedene Aufgaben zugewiesen **(Übersicht)**.

Projekte (nach DIN 69901-1:2009-01)

sind Vorhaben, die „im Wesentlichen durch die Einmaligkeit der Bedingungen in ihrer Gesamtheit gekennzeichnet sind", z. B. Installation eines Bades.

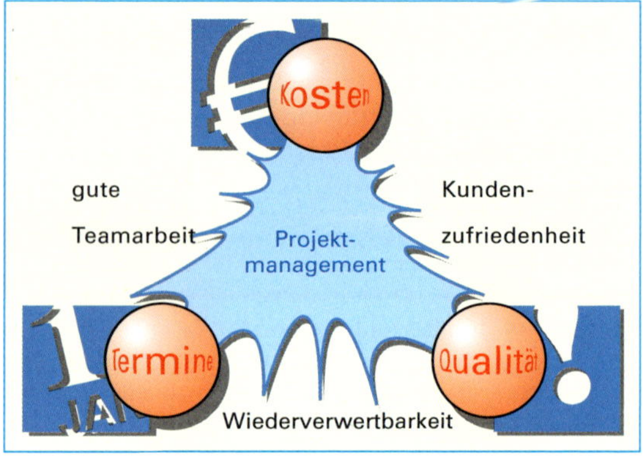

Bild: Ziele des Projektmanagements

Übersicht: Aufgaben des Projektmanagements

- Entwurf des Projektablaufs
- Organisation der Arbeit
- Personalauswahl
- Überwachung und Leitung der Arbeiten
- Überprüfung der Ergebnisse
- Teamentwicklung **(Seite 636)**

Lastenheft und Pflichtenheft

Die Aufgabenstellung eines Projekts muss eindeutig durch eine Leistungsbeschreibung festgelegt sein. Die exakte Formulierung durch den Auftraggeber (Kunde) geschieht in Form eines Lastenheftes, z. B. im Rahmen einer Ausschreibung. Durch die Ausschreibung werden mögliche Anbieter aufgefordert, ihre Angebote abzugeben. Die Ausschreibung kann öffentlich, begrenzt oder eingeschränkt sein. Ausschreibungen werden z. B. in Tageszeitungen veröffentlicht. Außer der Leistungsbeschreibung legt der Auftraggeber die Angebotsfrist fest.

Das Lastenheft enthält alle wichtigen technischen, wirtschaftlichen und rechtlichen Einzelheiten des Projekts.

Hat ein Unternehmen Interesse, das Projekt durchzuführen, gibt es ein Angebot ab. Zum Angebot gehört neben dem Angebotspreis die Erstellung eines Pflichtenheftes. In ihm werden die Anforderungen des Lastenheftes als auszuführende Leistungen formuliert, d. h. die Angaben des Auftraggebers in Leistungen umgesetzt.

Das Pflichtenheft beschreibt, wie und womit die Anforderungen des Lastenheftes verwirklicht werden können.

Das Pflichtenheft bedarf der Genehmigung durch den Auftraggeber. Damit ist das Pflichtenheft die verbindliche Vereinbarung zwischen Auftraggeber und Auftragnehmer für die Durchführung des Projektes.

Lastenheft (DIN 69901-5:2009-01)

Das Lastenheft enthält die Gesamtheit aller Forderungen des Auftraggebers an die Lieferungen und Leistungen eines Auftragnehmers.

Das Lastenheft beschreibt die Forderungen aus Anwendersicht einschließlich aller Randbedingungen. Diese sollen qualifizierbar und prüfbar sein.

Meist enthält das Lastenheft Anforderungen an die Leistung, einzuhaltende Rahmenbedingungen (z. B. Norm), vertragliche Konditionen (z. B. Gewährleistung) sowie Anforderungen an Auftragnehmer (z. B. Zertifizierung, Dokumentation, Controlling).

Pflichtenheft (DIN 69901-5:2009-01)

Das Pflichtenheft enthält die vom Auftragnehmer erarbeitete Umsetzung des Lastenheftes in auszuführende Leistungen.

Das Pflichtenheft enthält das Lastenheft. Im Pflichtenheft werden die Anwendervorgaben detailliert und in einer Erweiterung beschrieben.

Meist wird das Pflichtenheft in einen rechtlich-organisatorischen und einen technisch-fachlichen Teil gegliedert.

[1] Ressource (frz.) = Rohstoff

17.3.2 Projektphasen

Ist im Unternehmen die Entscheidung für die Projektannahme gefallen, kann das Team mit der Projektdurchführung beginnen. Für das Projekt ist ein Projektleiter zu benennen, der das Projektmanagement in den verschiedenen Projektphasen übernimmt **(Bild 1)**.

Projektplanung

Das Projektteam trifft sich im Kick-off-Meeting[1], um die Rollen und Aufgaben im Projekt zu klären.

Projektstrukturplan und Projektablaufplan veranschaulichen die Projektplanung.

In einem **Projektstrukturplan (Bild 2)** wird das Projekt in Teilaufgaben, Aufgaben sowie Arbeitspakete zerlegt. Festgelegt wird auch die Zuständigkeit der Teammitglieder für einzelne Arbeitspakete und die zu liefernden Ergebnisse.

Im **Projektablaufplan** wird die zeitliche Reihenfolge der Arbeitspakete festgelegt. Wichtige Zwischenergebnisse nennt man **Meilensteine**, z. B. Abschluss der Installationsarbeiten, des Projekts. Der Projektablauf lässt sich z. B. grafisch darstellen **(Bild 3)**. Darin werden die **Arbeitspakete**, z. B. Programmierung von Lichtszenen, in der zeitlichen Reihenfolge eingetragen. Für die Projektplanung stehen auch verschiedene Software-Tools[2] zur Verfügung, z. B. MS-Project.

Projektdurchführung

Eine genaue Festlegung der Ziele und Zuständigkeiten des Projekts erleichtert die Durchführung.

Die Hauptaufgabe des Projektleiters in der Durchführungsphase ist es, geeignete Kontroll- und Steuermaßnahmen zur Erreichung des Projektziels sicherzustellen, z. B. durch:

- Teambesprechungen,
- Soll-Ist-Vergleiche für den Arbeitsfortschritt,
- Überprüfung der Projektkosten und
- Projektzwischenberichte für den Auftraggeber.

Projektabschluss

Zum Projektabschluss erwartet der Auftraggeber eine termingerechte Übergabe der gewünschten Leistungen einschließlich Übernahmeprotokoll und Dokumentation. Das Team muss nach dem Projektende den Projektablauf analysieren:

- Gab es Schwachpunkte in der Projektentwicklung?
- War die Planung ausreichend?
- Wurde der Kostenrahmen eingehalten?
- Waren alle Mitarbeiter teamfähig und der Projektleiter handlungsfähig?

[1] kick-off (engl.) = Anstoß, meeting (engl.) = Begegnung, Treffen
[2] tool (engl.) = Werkzeug

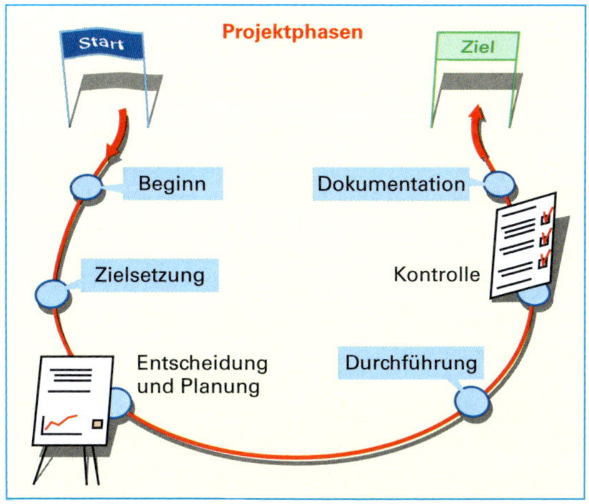

Bild 1: Projektphasen

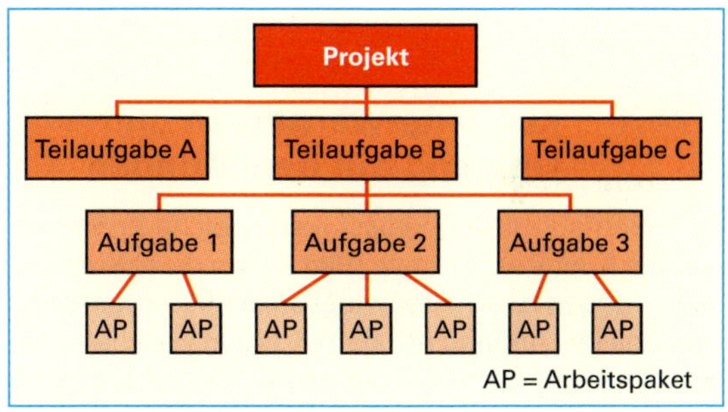

Bild 2: Projektstrukturplan

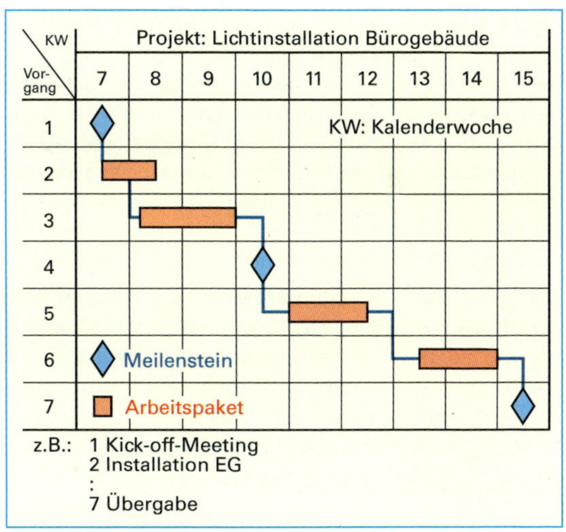

Bild 3: Projektablaufplan

So gelingen Projekte

- Gute Zeitplanung **(Seite 637)**.
- Gute Teamarbeit **(Seite 636)**.
- Gute Planung.
- Offene Information.
- Klare Kommunikation **(Seite 638)**.
- Einhalten von Absprachen.

17.4 Kundenauftrag und Kundenservice

Handwerksbetriebe können sich nur dann am Markt behaupten, wenn sie zum einen die Aufträge zur Zufriedenheit der Kunden erledigen und zum anderen auch wirtschaftlich erfolgreich arbeiten. Das bedeutet für die Betriebe nicht nur, dass die technische Ausführung des Auftrags von Bedeutung ist, sondern auch, dass sich der Betrieb am Kunden orientiert. Für Produktionsbetriebe in der Industrie reicht ebenfalls eine reine Produktorientierung nicht mehr aus, auch hier stehen die Wünsche der Kunden im Mittelpunkt des Interesses.

Zielbewusste Kundenorientierung ist besonders wichtig bei der Gewinnung von Kundenaufträgen.

17.4.1 Kundenerwartungen und Umgang mit dem Kunden

Dem Betrieb muss bewusst sein, welche Erwartungen der Kunde an ihn stellt **(Bild 1)**. Um diese Kundenerwartungen zu erfüllen, müssen die Mitarbeiter des Betriebs im Umgang mit dem Kunden geschult werden. Dazu gehört zuerst die namentliche Ansprache des Kunden, umso die persönliche Beziehung zu betonen. Eine gute Beratung des Kunden setzt auch die Kenntnis von Grundregeln in der Gesprächsführung voraus. Der Kunde will freundlich empfangen werden, es ist für ihn Verständnis zu zeigen. Kunden werden durch eine übertriebene Gestik, Mimik oder durch den Redeschwall des Mitarbeiters abgeschreckt. Ebenso hinderlich ist zu geringer körperlicher Abstand zwischen Kunden und Mitarbeiter. Unnötige Fremdwörter sollten im Gespräch vermieden werden, denn sie verunsichern nur den Kunden.

Die telefonische Erreichbarkeit in den üblichen Geschäftszeiten sowie eine zeitnahe Beantwortung von E-Mail- bzw. Faxanfragen tragen zur Kundenzufriedenheit bei. Kundenanfragen, die nicht sofort beantwortet werden können, sollten immer auf einem speziellen Notizzettel **(Bild 2)** notiert werden.

Der Kunde will sich beim Gespräch auch positiv angesprochen fühlen **(Tabelle)**. Negative Formulierungen sind zu vermeiden.

Beispiel:

Der Kunde Herr Weber ruft verärgert an, weil er keine internen Gespräche mit seiner neuen Telefon-Anlage führen kann. Der Chef ist im Augenblick auch nicht im Büro. Wie beginnen Sie ein „positives" Gespräch?

Lösung:

Auswahl entsprechend **Tabelle**.

- Ich bin der wichtigste Kunde.
- Für meine Fragen hat der Betrieb immer Zeit.

- Meine Fragen werden verständlich beantwortet.
- Ich bekomme eine Lösung aus einer Hand.
- Die Leistungen sind termingerecht, sauber und korrekt ausgeführt.
- Das Preis-Leistungsverhältnis stimmt.

Bild 1: Kundenerwartungen

Grundregeln der Gesprächsführung

- Positive Einstellung zum Kunden.
- Freundliches Gesprächsklima.
- Angemessene Gesprächstechnik.
- Ergebnisorientierung.

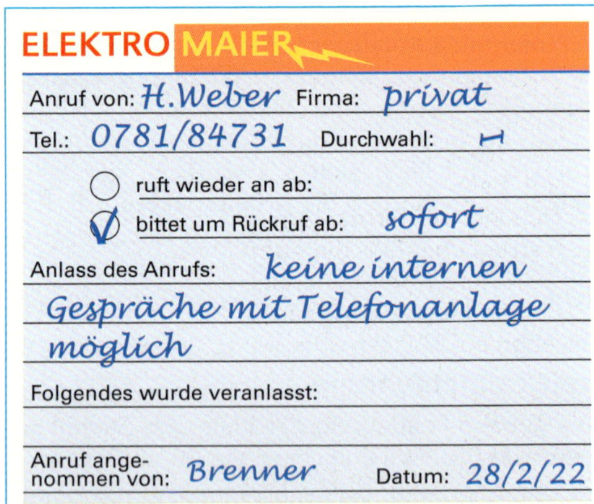
ELEKTRO MAIER
Anruf von: H.Weber Firma: privat
Tel.: 0781/84731 Durchwahl: –
○ ruft wieder an ab:
☑ bittet um Rückruf ab: sofort
Anlass des Anrufs: keine internen Gespräche mit Telefonanlage möglich
Folgendes wurde veranlasst:
Anruf angenommen von: Brenner Datum: 28/2/22

Bild 2: Telefon-Notizzettel

Tabelle: Formulierungen

negativ	positiv
Da bin ich nicht informiert.	Ich informiere mich und rufe zurück.
Dafür bin ich nicht zuständig.	Zuständig dafür ist …
Das weiß ich leider nicht.	Ich kümmere mich darum.
Ich kann Ihnen nichts versprechen.	Ich verspreche, dass ich mein Möglichstes tun werde.
Sie müssen mir schon Ihren Namen sagen.	Bitte nennen Sie mir noch Ihren Namen.
Der Chef ist außer Haus.	Was darf ich notieren?
Zurzeit ist niemand im Büro.	Morgen ab 7:00 Uhr sind wir wieder für Sie da.
Ich habe die Unterlagen nicht.	Ich hole mir die Unterlagen.
Diese Woche geht nichts mehr.	Voraussichtlich nächste Woche.
Da kann ich Ihnen nicht helfen.	Herr …, ich würde Ihnen gerne helfen, aber Herr … ist außer Haus.

17.4.2 Phasen eines Kundenauftrags

Typische Kundenaufträge im Elektrohandwerk sind Neuinstallation oder Modernisierung, z.B. der Elektroinstallation, Reparaturen und Austausch von bestehenden Installationen, Geräten, z.B. der Waschmaschine, und Anlagen sowie die Wartung und der Service bestehender Anlagen.

Die Bearbeitung eines Kundenauftrags lässt sich in mehrere typische Phasen unterteilen:

- Auftragsanalyse,
- Auftragsplanung,
- Auftragsdurchführung,
- Auftragsauswertung **(Bild 1)**.

Bei manchen Aufträgen werden nicht alle Phasen durchlaufen. Soll z.B. in einem Wohnhaus nur der defekte Treppenhausautomat ausgewechselt werden, so entfallen die Phasen Auftragsanalyse und die Auftragsauswertung.

Da auch die Gewinnung neuer Kunden von Bedeutung ist, können die genannten Phasen um die Neukundengewinnung (Akquisition[1]) erweitert werden. Neue Kunden können durch Werbung, z.B. in den Zeitungen, angesprochen werden. Eine Darstellung mit Firmenlogo im Branchentelefonbuch erregt ebenfalls die Aufmerksamkeit der Kunden. Größere Personenkreise erreicht man auch über einen „Tag der offenen Tür" sowie durch Präsentation auf Messen oder Werbedrucksachen.

Moderne Handwerksbetriebe präsentieren sich mit einer Homepage **(Bild 2)** im Internet und weisen so auf ihre besondere Leistungsfähigkeit hin.

Auftragsanalyse. Nachdem der erste Kontakt zum Kunden hergestellt ist, sind folgende Fragen zu klären:

- Welche räumlichen und technischen Gegebenheiten, z.B. Baupläne, Schaltpläne, liegen beim Kunden vor?
- Benötigt der Kunde noch weitere Beratung oder will er sich über Alternativlösungen[2] informieren?
- Zu welchem Preis ist die gewünschte Leistung zu erbringen?
- In welchem zeitlichen Rahmen bzw. zu welchem Zeitpunkt ist der Auftrag auszuführen?

Dann kann ein Angebot unterbreitet werden.

Kalkulation: **Seite 650**
Angebot: **Seite 650, 653**

[1] Akquisition (frz.) = Anschaffung
[2] alternativ (lat.) = zwischen zwei Möglichkeiten die Wahl lassend

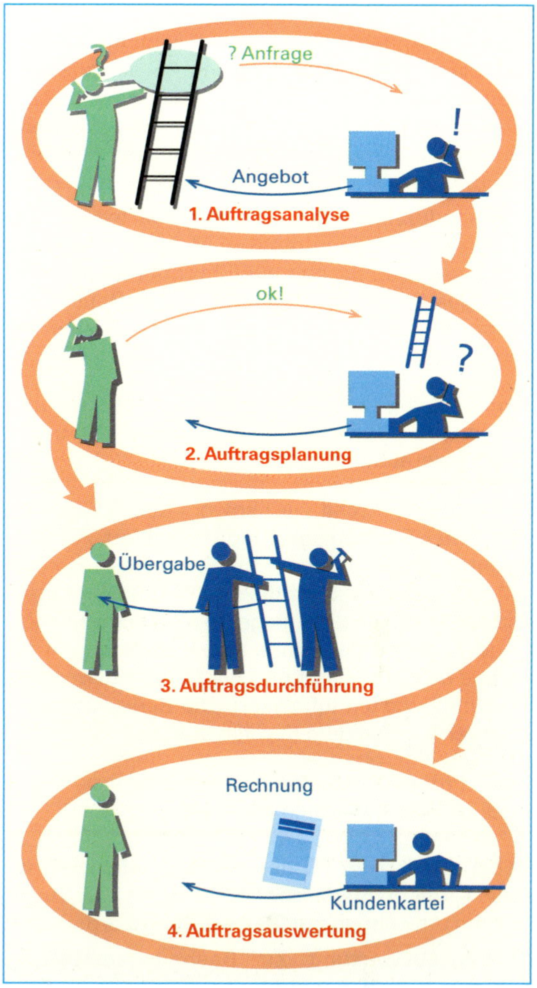

Bild 1: Phasen eines Kundenauftrags

Hinweise in der Auftragsbestätigung

- Dank für Auftrag vom ...
- Verweis auf Angebot vom ...
- Auflistung der Einzelleistungen
- Erreichbarkeit des Auftragnehmers

Bild 2: Homepage eines Elektrogroßhändlers

Auftragsplanung. Erteilt der Kunde dem Betrieb aufgrund des Angebots den Auftrag, kann mit der Auftragsplanung begonnen werden. In dieser Phase werden z.B. die Pläne für die Installationen erstellt, notwendige Berechnungen durchgeführt, das Material bestellt, Werkzeug-, Maschinen- und Personaleinsatz und, falls nötig, Fremdleistungen geplant.

Auftragsdurchführung. Zum vereinbarten Arbeitsbeginn beim Kunden müssen Material, Werkzeug und Maschinen für den ausführenden Mitarbeiter bereitgestellt werden. Vor Ort erfolgen Baustellenbesprechungen mit anderen Gewerken[1] oder mit dem Kunden.

Der Auftrag soll gemäß dem aufgestellten Arbeitsplan verlaufen und ist fach-, sach- und termingerecht auszuführen.

Die geleistete Arbeit wird sowohl durch Sicht- als auch durch Funktionsprüfung kontrolliert. Für elektrische Anlagen und Betriebsmittel sind Prüfprotokolle zu erstellen. Sind die Prüfprotokolle erstellt und befindet sich die Anlage im einwandfreien Zustand, so erhält der Kunde eine Einweisung in die Anlage bzw. das Gerät und wird über notwendige Wartungsarbeiten informiert. Die Bedienungsvorschriften werden dem Kunden ausgehändigt.

Prüfbericht: **Seite 373, 381**
Nutzereinweisung: **Seite 649**

Ist die Arbeit beim Kunden beendet, wird die Baustelle sauber hinterlassen, Abfallstoffe bzw. Reste werden umweltgerecht **(Seite 626)** entsorgt.

Auftragsauswertung. Zur Rechnungserstellung wird das Aufmaß benötigt.

Dazu gehören das verwendete Material und die geleistete Arbeitszeit. Deshalb notiert der Mitarbeiter vor Ort alle installierten Komponenten, Material, ausgeführte Arbeiten und die Arbeitszeiten in einem Montagenachweis (Rapport[2]) **(Bild 1)**.

Beispiel:

Welche Angaben aus dem Montagenachweis **(Bild 1)** werden für das Aufmaß benötigt?

Lösung:

Arbeitszeit: 1,5 Stunden; Fahrzeit: 30 Minuten, Entfernung zum Kunden: 15 km; zwei Hohlwanddosen

Bei umfangreicheren Aufträgen mit allen Auftragsphasen ist eine Nachkalkulation sinnvoll, mit der das abgegebene Angebot überprüft wird. Dabei kalkuliert der Handwerker das gemachte Angebot mit den tatsächlich verwendeten Materialien sowie der Arbeitszeit durch. So gewinnt er für künftige Angebote wichtige Erkenntnisse. Die Kundenkartei **(Bild 2)** wird aktualisiert.

Checkliste zur Auftragsplanung

- Planerstellung: z.B. Installationspläne
- Berechnungen: z.B. Leitungsbedarf
- Materialbeschaffung: z.B. Lager oder Großhändler
- Terminplanung: z.B. welche Kalenderwoche?
- Fremdleistungsvergabe: z.B. Sanitärarbeiten
- Personaleinsatz und Personalauswahl: z.B. Anzahl der Monteure

Fragen zur Auftragsdurchführung

- Sind Material und Personal zur richtigen Zeit vor Ort?
- Wird die Terminplanung eingehalten?
- Wird die Arbeit technisch korrekt ausgeführt?
- Erfolgt die fristgerechte Übergabe an den Kunden?
- Ist der Kunde über die Benutzung der neuen Anlage informiert?
- Wird der Arbeitsplatz sauber verlassen?

ELEKTRO MAIER — Datum: 20.06.22

Montagenachweis: **Auftrags-Nr.:** 201/22	**Kunde:** Günter Hahn Marco-Polo-Weg 13 77770 Durbach
Auftrag:	Elektroinstallation für Dachfenster
Monteur:	Bilic
Material:	2 Hohlwanddosen, Material bauseits vorhanden
Arbeitszeit:	1,5 Stunden
Fahrzeit bzw. km:	30 Minuten/15km
Erledigt am: 28.06.22 Bilic	**Unterschrift:** Hahn

Bild 1: Montagenachweis

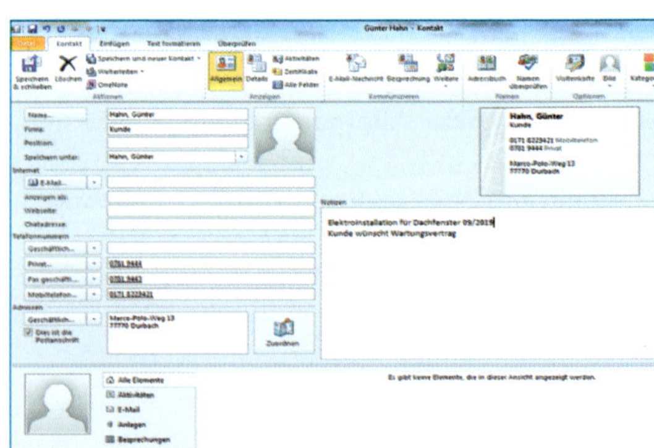

Bild 2: Auszug aus Kundenkartei

[1] Gewerk = Zweig des Bauhandwerks
[2] Rapport (franz.) = Bericht, Meldung

17.4.3 Kundenservice

Unternehmen beenden ihre Geschäftsbeziehungen mit dem Kunden nicht mit der Übergabe des Produkts bzw. mit der Inbetriebnahme der Anlage, sondern bieten danach auch einen umfassenden Service an **(Bild 1)**. Die Betreuung der Kunden nach dem Kauf wird als **After-Sales-Service**[1] bezeichnet.

Während der gesamten Lebensdauer des Produkts soll es sicher und zuverlässig zu gebrauchen sein. Störungen sollen gleich behoben werden. Sinnvoll ist auch, beim Service Geräte auf den neuesten Stand zu bringen, z. B. Installieren neuer Software. Je nach Unternehmen werden unterschiedliche Lösungsansätze **(Übersicht)** angeboten.

> Zuverlässige Serviceleistungen bestimmen auch die Wettbewerbsfähigkeit eines Unternehmens.

Nutzereinweisung

Technische Geräte und Anlagen weisen oft vielfältige Benutzungsmöglichkeiten auf. Dabei erscheint die Bedienung eines Gerätes immer komplizierter. Deshalb muss dem Kunden bzw. dem Anwender die optimale Nutzung erklärt werden. Der Verweis auf technische Unterlagen reicht nicht aus, wichtig ist auch die persönliche Einweisung durch einen Kundendienst-Mitarbeiter bzw. den Servicetechniker vor Ort. Hierbei müssen ebenfalls die Grundregeln der Gesprächsführung **(Seite 638)** beachtet werden.

Die Bedienung einer Maschine bzw. die Handhabung eines Gerätes wird durch eine persönliche Unterweisung am wirkungsvollsten erklärt.

> Gut eingewiesene Mitarbeiter erhöhen die Anlagenverfügbarkeit und helfen Kosten sparen.

Auf Wartungsintervalle (z. B. bei einem Kopiergerät) sollte hingewiesen werden.

Bei der Vor-Ort-Unterweisung kann auch auf mögliche Fehlbedienungen eingegangen werden, Kundenfragen können beantwortet werden, Befürchtungen des Kunden können zerstreut werden.

Damit der Servicemitarbeiter solche Kundenschulungen erfolgreich durchführt, muss er die Erwartungen des Kunden kennen **(Bild 2)** und den Umgang mit verschiedenen Kundentypen beherrschen.

Präsentation: **Seite 641**
Kommunikation: **Seite 638**

Bei allen Maßnahmen des Kundenservice muss die Kundenzufriedenheit **(Bild 3)** im Vordergrund stehen.

[1] After-Sales-Service (engl.) = Dienst nach dem Kauf

> ...Mit der raschen Inbetriebnahme einer Maschine ist bei der Firma HELLER der Dienst am Kunden nicht abgeschlossen. Serviceleistungen von der Inbetriebnahme bis zur Ersatzteilversorgung sichern die höchste Verfügbarkeit der Maschinen. Denn die heute geforderten Maschinenlaufzeiten erlauben keinen Stillstand...

Bild 1: Auszug aus der Internetdarstellung eines Unternehmens

After-Sales-Service[1]

Damit bezeichnet man alle Maßnahmen eines Unternehmens zur Kundenbetreuung sowie alle Serviceleistungen **nach** dem Kauf eines Produkts **(Übersicht)**.

Übersicht: Serviceangebote

- Hotline
- Kundeneinweisung
- Kundenbriefe
- Wartungsservice (z. B. E-Check, **Seite 381**)
- Kundenschulung
- Reparaturservice
- Ersatzteilservice

Bild 2: Kundenansprüche an den Servicemitarbeiter

7 Gründe für Kundenzufriedenheit:

- Kundenanfragen werden schnell beantwortet.
- Ersatzteile sind vorrätig.
- Hotline ist für ihn schnell erreichbar.
- Die Reparaturen bringen sofort den gewünschten Erfolg.
- Der kompetente Gesprächspartner ist gleich am Telefon.
- Terminvorgaben werden eingehalten.
- Korrekte Antworten werden gegeben.

Bild 3: Gründe für Kundenzufriedenheit im Servicebereich

17.5 Kalkulation und Angebot

Der Preis, zu dem ein Unternehmer (Produzent) seine Ware oder Dienstleistung dem Kunden anbietet, ist von verschiedenen Faktoren abhängig:

Eigene Kosten. Alle Ausgaben für die Herstellung eines Produkts wie Löhne, Materialeinsatz, eingesetzte Maschinen, Zinsen für aufgenommene Kredite und zu zahlende Steuern müssen berücksichtigt werden. Die Kosten stellen damit die Selbstkosten des Unternehmers dar.

Konkurrenzpreise. Wird das Produkt zu einem höheren Preis als dem der Konkurrenten angeboten, so sind am Markt nur wenige Produkte absetzbar.

Gewinn. Jedes wirtschaftlich arbeitende Unternehmen will für seine Risikobereitschaft auch einen Gewinn erzielen.

Angebotspreis (Nettoverkaufspreis). Der Unternehmer kalkuliert diesen unter Berücksichtigung der Selbstkosten und seines Gewinnes. Für den Kunden muss darauf noch die Mehrwertsteuer **(Beispiel 1)** hinzugerechnet werden.

Will der Unternehmer seinen geplanten Gewinn sicher erreichen, so muss er Verkaufsabschläge wie Rabatt, Skonto und Provision in seiner Kalkulation hinzurechnen **(Bild)**. Ansonsten mindert sich z.B. im Fall der Rabattgewährung sein Gewinn **(Beispiel 2)**.

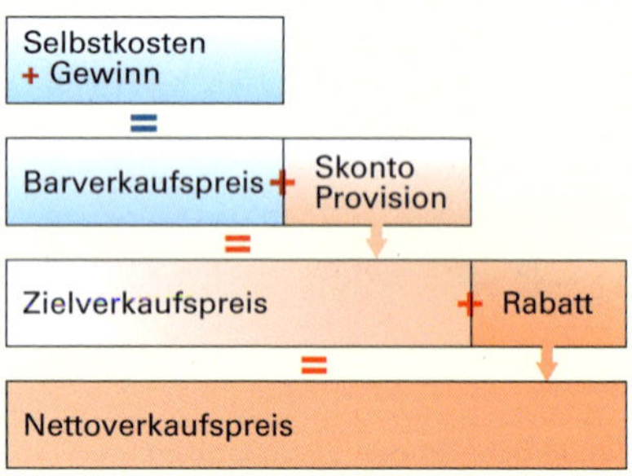

Anmerkung: Falls keine Rabatt-, Skonto- und Provisionsgewährung erfolgt, gilt Barverkaufspreis = Nettoverkaufspreis

Bild: Kalkulation mit Skonto und Rabatt

Vom Nettoverkaufspreis wird zuerst der Rabatt abgezogen. Von dem berechneten Zieleinkaufspreis werden Skonto und Provisionen abgezogen.

Der Kunde vergleicht seinerseits die Preise auf dem Markt und verlangt bei Dienstleistungen häufig einen Kostenvoranschlag.

Angebotspreise sind im Umfang und in der Höhe für den Unternehmer bindend. Bei Kostenvoranschlägen ist eine Überschreitung möglich (ca. 20 %), sofern der Unternehmer dem Kunden die Überschreitung rechtzeitig mitteilt.

Wirtschaftliche Begriffe zur Kalkulation

- **Kalkulieren:** Berechnen, veranschlagen.
- **Selbstkosten:** Sind die eigenen Herstellungskosten des Unternehmens ohne Gewinn und Steuern.
- **Nettoverkaufspreis:** Enthält neben den Selbstkosten den Gewinn, wird auch Listenverkaufspreis genannt.
- **Bruttoverkaufspreis:** (Endverkaufspreis): Preis, den ein Kunde bezahlen muss. Umfasst alle Steuern und Gewinnanteile von Hersteller und Handel.
- **Rabatt:** Preisnachlass, wird auf den Nettoverkaufspreis gewährt.
- **Skonto:** Preisnachlass bei vorzeitiger Zahlung.
- **Gewinnzuschlagssatz:** Gewinn in Prozent der Selbstkosten.

Von **„... satz"** spricht man immer dann, wenn es sich um eine *Prozentangabe* handelt, z.B. Gewinnsatz 16 %.

Bruttoverkaufspreis, Gewinn

Nettoverkaufspreis = Selbstkosten + Gewinn
Bruttoverkaufspreis = Nettoverkaufspreis + Mehrwertsteuer
Gewinn = Gewinnzuschlagssatz/100 % · Selbstkosten

Beispiel 1:

Die Selbstkosten einer Waschmaschine betragen 499 €. Als Gewinnzuschlagssatz rechnet der Unternehmer mit 15 Prozent.

Wie hoch ist der Bruttoverkaufspreis?

Lösung:

Gewinn = Gewinnzuschlagssatz/100 % · Selbstkosten
= 15 %/100 % · 499 € = 74,85 €

Nettoverkaufspreis = Selbstkosten + Gewinn
= 499 € + 74,85 € = 573,85 €

Mehrwertsteuer
= Nettoverkaufspreis · Mehrwertsteuersatz/100 %
= 573,85 € · 19 %/100 % = 109,03 €

Bruttoverkaufspreis
= Nettoverkaufspreis + Mehrwertsteuer
= 573,85 € + 109,03 € = **682,88 €**

Beispiel 2:

Der Unternehmer **(Beispiel 1)** gewährt auf den Nettoverkaufspreis der Waschmaschine einen Rabatt von 5% sowie 2% Skonto. Wie hoch ist sein Gewinnzuschlagssatz?

Lösung:

Rabatt = Nettoverkaufspreis · Rabattsatz/100 %
= 573,85 € · 5 %/100% = 28,69 €

Zielverkaufspreis = Nettoverkaufspreis – Rabatt
= 573,85 € – 28,69 € = 545,16 €

Skonto = Zielverkaufspreis · Skontosatz/100 %
= 545,16 € · 2 %/100 % = 10,90 €

Barverkaufspreis = Zielverkaufspreis – Skonto
= 545,16 € – 10,90 € = 534,26 €

Gewinn = Barverkaufspreis – Selbstkosten
= 534,26 € – 499 € = 35,26 €

***Gewinnzuschlagssatz** = Gewinn/Selbstkosten · 100 %*
= 35,26 €/499 € · 100 % = **7,1 %**

17.5.1 Kalkulation im Industriebetrieb

Werden in einem Unternehmen verschiedene Produkte hergestellt, so lassen sich nicht alle Kosten direkt dem Produkt zuordnen.

Die Kostenträgerrechnung unterscheidet deswegen Einzelkosten und Gemeinkosten.

Einzelkosten können dem Produkt (Kostenträger) direkt zugewiesen werden, z. B. über einen Materialentnahmeschein **(Bild 1)** oder Lohnkosten über einen Montagenachweis **(Seite 648)**.

Gemeinkosten sind die darüber hinaus entstehenden Kosten, wie Wertminderungen für Maschinen, Büroausstattung, Kommunikationskosten, Gehälter für Vertrieb und Verwaltung. Sie können oft nicht eindeutig einem Kostenträger zugeordnet werden. Diese Kosten werden deshalb an ihren Kostenstellen erfasst **(Übersicht)** und mit einem **Betriebsabrechnungsbogen (BAB)** errechnet. Daraus ergeben sich dann die entsprechenden Gemeinkostenzuschlagssätze für die Kostenstellen Material, Fertigung, Verwaltung und Vertrieb.

Zuschlagskalkulation

Mit der Zuschlagskalkulation werden die Selbstkosten eines Produkts ermittelt.

Zunächst werden zu den nachweisbaren Einzelkosten für Material und Fertigungslöhne die Gemeinkosten für Lohn und Material hinzugezählt **(Bild 2)**. Diese gesamten Kosten werden auch Herstellkosten genannt. Zu den Herstellkosten werden die Gemeinkosten für Vertrieb und Verwaltung addiert und man erhält so die Selbstkosten.

Beispiel:

Ein Unternehmen hat folgende Gemeinkostenzuschlagssätze mit dem Betriebsabrechnungsbogen ermittelt **(Tabelle)**. Für die Herstellung des Elektromotors MX 277 fallen 10 € Materialeinzelkosten und 8 € Lohneinzelkosten an. Berechnen Sie die Selbstkosten des Motors.

Lösung:

Materialeinzelkosten	10,00 €
Materialgemeinkosten = Materialkosten · MZ/100 %	+ 5,50 €
Lohneinzelkosten	+ 8,00 €
Lohngemeinkosten = Lohneinzelkosten · LZ/100 %	+ 12,00 €
Herstellkosten	= 35,50 €
Verwaltungsgemeinkosten = Herstellkosten · VwZ/100 %	+ 8,88 €
Vertriebsgemeinkosten = Herstellkosten · VtZ/100 %	+ 7,10 €
Selbstkosten	**= 51,48 €**

Wirtschaftliche Begriffe der Zuschlagskalkulation

- **Einzelkosten** können einem Produkt direkt zugeordnet werden, z. B. über Materialentnahmeschein, Montagenachweis, Maschinenstundensatz-Karte.
- **Gemeinkosten** werden dem Produkt mit Gemeinkostenzuschlägen zugerechnet.
- **Kostenstellen** sind die Orte, an denen die Kosten entstehen.
- **Betriebsabrechnungsbogen (BAB)** verteilt die Gemeinkosten auf die Kostenstellen und ermittelt die Gemeinkostenzuschlagssätze.
- **Kostenträger** ist das Produkt, für dessen Herstellung Kosten entstehen.

Handelskalkulation

Übersicht: Kostenstellen nach Funktion

- Materialbereich
- Fertigungsbereich
- Vertriebsbereich
- Verwaltungsbereich

Materialentnahmeschein		Auftrags- Nr.: 12/22 MX 277	
Bezeichnung	Anzahl	Artikel-Nr.:	erhalten
Motorengehäuse	180	M 222345 1	Bm
Wicklungen	180	M 345345 1	Bm
		Kostenstelle	FA 3
Ausgegeben:	st	Datum:	7.6.2022

Bild 1: Materialentnahmeschein

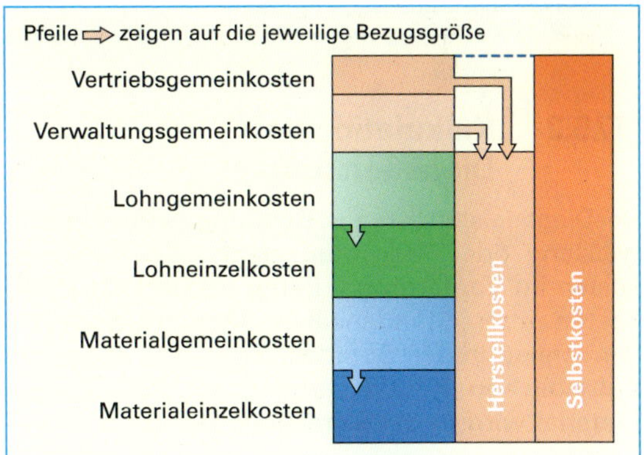

Bild 2: Kosten bei der Zuschlagskalkulation

Tabelle: Gemeinkostenzuschlagssätze für Elektromotor MX 277

Art	Höhe
Materialgemeinkostenzuschlagssatz *(MZ)*	55 %
Lohngemeinkostenzuschlagssatz *(LZ)*	150 %
Verwaltungsgemeinkostenzuschlagssatz *(VwZ)*	25 %
Vertriebsgemeinkostenzuschlagssatz *(VtZ)*	20 %

Maschinenstundensatz. Bei der industriellen Fertigung werden heute sehr teure Maschinen oder Geräte eingesetzt. Deswegen werden die an einer Maschine entstandenen Kosten nicht über die Fertigungsgemeinkosten auf alle Produkte zugeschlagen, sondern direkt dem produzierten Produkt zugeschlagen. Dazu werden die für die Maschine anfallenden Kosten auf eine Betriebsstunde umgerechnet.

Der Maschinenstundensatz gibt die anfallenden Kosten pro Betriebsstunde an.

Beispiel 1:

Für den Motorenprüfplatz nach **Tabelle 1** sind
a) der Maschinenstundensatz,
b) die Prüfkosten pro Motor zu berechnen, wenn die Prüfzeit 5 Minuten beträgt.

Lösung:

a) *Jahresnutzungsstunden = 12 Monate · 180 h/Monat*	2160 h
Nutzungsdauer = 10 Jahre · 2160 h/Jahr	21600 h
WK/h= WK/Nutzungsdauer	8,33 €
IK/h = IK/Jahresnutzungsstunden	4,17 €
ZK/h = ZK/Jahresnutzungsstunden	2,50 €
RK/h= RK/Monatsnutzungsdauer	2,50 €
Arbeitskosten/h	3,20 €
Maschinenstundensatz	**20,70 €**

b) Prüfkosten pro Motor =
Maschinenstundensatz · Prüfzeit
= 20,70 €/60 min · 5 min = **1,73 €**

17.5.2 Kalkulation von Dienstleistungen

Bei Dienstleistungen, z. B. Beratung, Software-Entwicklung oder Reparatur, stehen die Personalkosten im Vordergrund. Dabei werden die Lohnkosten über Stundensätze oder Arbeitswerte verrechnet. In den Stundensätzen sind dabei alle betrieblichen Kosten enthalten. Notwendiges Material wird in der Berechnung gesondert aufgeführt.

Beispiel 2:

Kalkulieren Sie den Nettopreis der Reparatur entsprechend dem Montagenachweis im **Bild**.

Der Nettoverkaufspreis eines Schützes beträgt 20 €, die Monteurstunde ist mit 54 € anzusetzen, als Fahrkostenpauschale werden 15 € angesetzt.

Lösung:

Tabelle 2

Tabelle 1: Auszug aus einer Maschinenstundensatz-Karte

Bezeichnung	Prüfplatz Motoren
Standort	Halle 07
Anschaffungsjahr	2017
Nutzungsdauer	10 Jahre
Monatliche Stundenleistung	180 h
Anschaffungskosten	150 000 €
Wiederbeschaffungskosten *(WK)*, 120 % der Anschaffungskosten	180 000 €
Instandhaltungskosten *(IK)*/Jahr, 5 % der Wiederbeschaffungskosten	9000 €/Jahr
Zinsen *(ZK)* auf Wiederbeschaffungskosten/Jahr, 6 % von der Hälfte der Wiederbeschaffungskosten	5400 €/Jahr
Raumkosten *(RK)* 30 m² à 15 €/m² · Monat	450 €/Monat
Arbeitskosten *(AK)* 0,32 €/kWh Anschlussleistung 10 kW	3,20 €/h
Maschinenstundensatz	Siehe **Beispiel 1**

Einheitenzeichen für Stunde: 1 h = 60 min

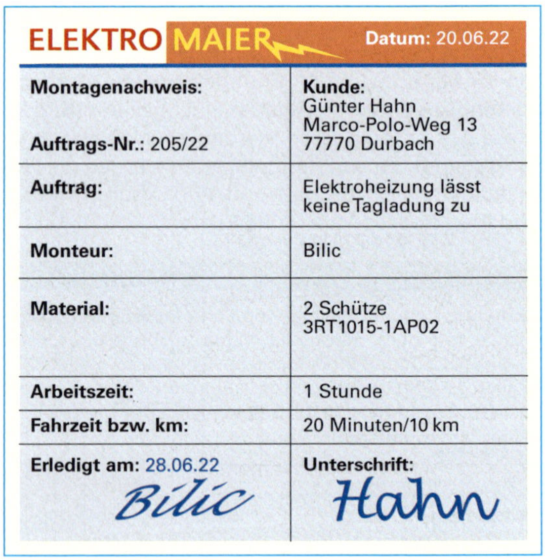

ELEKTRO MAIER	Datum: 20.06.22
Montagenachweis: **Auftrags-Nr.:** 205/22	**Kunde:** Günter Hahn Marco-Polo-Weg 13 77770 Durbach
Auftrag:	Elektroheizung lässt keine Tagladung zu
Monteur:	Bilic
Material:	2 Schütze 3RT1015-1AP02
Arbeitszeit:	1 Stunde
Fahrzeit bzw. km:	20 Minuten/10 km
Erledigt am: 28.06.22 Bilic	**Unterschrift:** Hahn

Bild: Montagenachweis

Tabelle 2: Nettopreis der Reparatur

Arbeitszeit und Fahrzeit	72,00 €
Fahrkostenpauschale	15,00 €
Material	40,00 €
Nettopreis	**127,00 €**

17.5.3 Kalkulation im Handwerksbetrieb

Bei aufwendigen Aufträgen, z.B. der Erneuerung einer Hausinstallation, fordert der Kunde (Auftraggeber) vom Handwerksbetrieb meist einen Kostenvoranschlag. Ebenfalls ist die Erstellung von Angeboten bei öffentlichen Ausschreibungen, z.B. Durchführung der Elektroinstallation bei einem Schulhausneubau, üblich.

Als Grundlagen für die Erstellung der Angebote dienen Kalkulationshilfen, z.B. vom ZVEH[1]. Den Kalkulationshilfen **(Tabelle 1)** sind für jeden Vorgang die zu kalkulierende Arbeitszeit in Minuten und die Materialkosten zu entnehmen. Der Listenpreis (Nettopreis) für das Material kann den Katalogen der Hersteller entnommen werden. In den Kalkulationshilfen sind Werte für bestimmte Stundenverrechnungssätze und Gemeinkostenzuschläge (GKZ) auf das Material vorgeschlagen.

Bei Ausschreibungen ist es üblich, dass für jede Position des zu erstellenden Leistungsverzeichnisses **(Tabelle 2)** ein **Einzelpreis (EP)** für Lohn und ein Einzelpreis für Material sowie der **Gesamtpreis (GP)** angegeben werden.

Beispiel:

Die Buchhandlung Brenner will die Beleuchtung des Lesebereiches neu gestalten. Die Baustellennotiz **(Bild 1)** enthält die wichtigsten Planungsdaten. Verwenden Sie dazu Kalkulationshilfen **(Tabelle 1)** mit dem Stundenverrechnungssatz von 42 € sowie 20 % Gemeinkostenzuschlag beim Material.

a) Erstellen Sie das Leistungsverzeichnis.
b) Formulieren Sie das schriftliche Angebot.

Lösung:

a) Tabelle 2
b) Bild 2

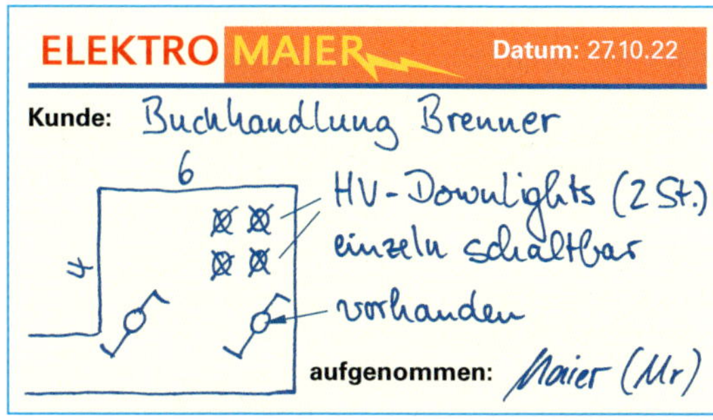

Bild 1: Baustellennotiz

ELEKTRO MAIER — Webergasse 6, 77770 Durbach

Herrn
Helmut Brenner
Marco-Polo-Weg 13
77770 Durbach

Angebot vom 29.10.2022 für Beleuchtung

Entsprechend unseres Gespräches vom 25.10.2022 bieten wir Ihnen an:

Lieferung und Montage von 2 LED-Downlights G4 230 V/2x12 W dimmbar in den Verkaufsräumen im Marco-Polo-Weg 13 zum verbindlichen Preis incl. MwSt. von 176,74 €.

Wir freuen uns auf Ihren Auftrag, den wir gerne kurzfristig erledigen werden.

Mit freundlichen Grüßen

J. Maier

BB Bank BIC:GENODE61BBB 2441 877 Geschäftsführer: Walter Maier – Amtsgericht Offenburg-Handelsregister HRB 3936- St-Nr.: 77007/99412
IBAN: DE17666090800001234567 UST ID: DE 201506817

Bild 2: Angebot

Tabelle 1: Auszug aus den Kalkulationshilfen

Bezeichnung	Arbeitskosten in €			Materialkosten in €		
Hinweis: Angaben immer pro Stück (Stk.) oder pro Meter	Arbeitszeit in Minuten	Basis 42 € verr. Lohn	Basis 48 € verr. Lohn	Netto in €	Mit 20 % GKZ	Mit 35 % GKZ
LED-Phasenanschnittdimmer montieren	10,0	7,00	8,00	30,00	36,00	40,50
NYM 3x1,5 mm² in Kanal oder Leerrohr verlegen	1,5	1,05	1,20	0,20	0,24	0,27
LED-Downlight G4, 230 V/2 x 12 W, liefern und montieren	12,0	8,40	9,60	20,00	24,00	27,00
UP-Doppelwechsel-Schalter montieren	6,5	4,55	5,20	7,80	9,36	10,53

Tabelle 2: Leistungsverzeichnis

Pos.	Menge	Einheit	Bezeichnung	Material in €/Stk. oder €/m	Lohn in €/Stk. oder €/m	EP in €	GP in €
1	1	Stück	LED-Phasenanschnittdimmer montieren	36,00	7,00	43,00	43,00
2	10	m	NYM 3x1,5 mm² in Kanal oder Leerrohr verlegen	0,24	1,05	1,29	12,90
3	2	Stück	LED-Downlight G4, 230 V/2 x 12 W, liefern und montieren	24,00	8,40	32,40	64,80
4	2	Stück	UP-Doppelwechsel-Schalter liefern und montieren	9,36	4,55	13,91	27,82
						Summe ohne MwSt.	**148,52**

[1] **ZVEH,** Abk. für: **Z**entral**v**erband der Deutschen **E**lektro- und Informationstechnischen **H**andwerke

Stundenverrechnungssatz. Zwischen dem bezahlten Lohn, den ein Geselle für seine Arbeit erhält und dem auf der Rechnung beim Kunden ausgewiesenen Stundenverrechnungssatz besteht ein erheblicher Unterschied.

Gründe: Im Stundenverrechnungssatz müssen neben dem Stundenlohn und den Lohnzusatzkosten auch alle Löhne für die Bürokräfte, den Putzdienst und die weiteren Betriebskosten eingerechnet werden **(Bild 1)**.

Weitere Betriebskosten sind z. B.:

- Miete,
- Fahrzeuge,
- Werbung,
- Berufskleidung,
- Werkzeuge,
- Zinsen,
- Abschreibungen,
- Kommunikation,
- Büromaterial.

Außerdem ist zu beachten, dass der Monteur an Feiertagen, Urlaubstagen und Krankheitstagen weiterhin seinen Stundenlohn erhält **(Tabelle)**. Als Verrechnungsstunden beim Kunden steht er seinem Arbeitgeber infolge von Urlaub, Krankheit, Fortbildung und Feiertagen nur etwa 1560 Stunden im Jahr zur Verfügung.

Beispiel 1:

Welchen Stundenverrechnungssatz **(Tabelle)** muss der Handwerksmeister dem Kunden in Rechnung stellen, wenn er einen Gewinn von 5 % anstrebt?

Lösung:

Stundenverrechnungssatz = 1,05 · 55,03 € = **57,78** €

17.5.4 Rechnungsstellung

Die Rechnung enthält u. a. folgende Angaben **(Bild 2)**:

- Datum der Rechnungsstellung,
- Auftragsnummer,
- die einzelnen Posten des Auftrags,
- Gesamtbetrag,
- Zahlungsbedingungen.

Bei der Rechnungsstellung ist auch die Mehrwertsteuer (MwSt.) zu erheben.

Das verwendete Formular enthält neben dem üblichen Briefkopf auch gesellschaftsrechtliche Angaben z. B. Firmensitz, Handelsregistereintrag, Bankverbindungen und Steuernummer.

Beispiel 2:

Herr Hahn zahlt die Rechnung **(Bild 2)** am 4. Juli 2021. Welchen Betrag muss er überweisen?

Lösung:

Skonto = Gesamtbetrag · Skontosatz/100 %
= 152,71 € · 2 %/100 % = 3,05 €
Überweisungsbetrag = Gesamtbetrag – Skonto
= 152,71 € – 3,05 € = 149,66 €

Seit 2009 können 20 % der Handwerkerleistungen bis maximal 1 200 € jährlich von der Einkommenssteuer abgezogen werden.

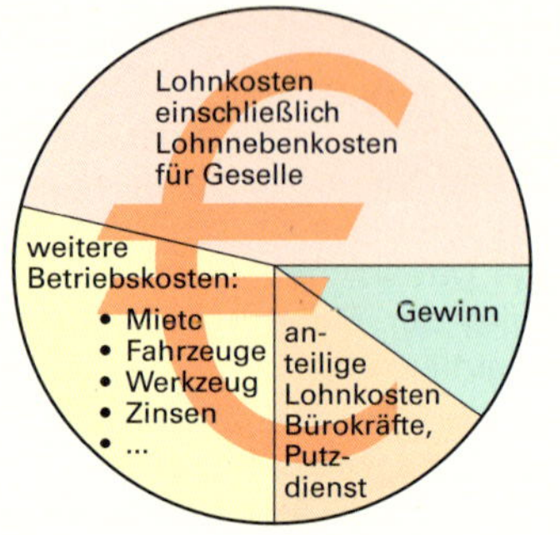

Bild 1: Zusammensetzung Stundenverrechnungssatz

Tabelle: Beispiel zur Ermittlung des Stundenverrechnungssatzes: Stundenlohn 21,76 €*
* Tariflohn Gruppe 6 (selbstständiger Monteur, 2022)

Kostenart	Kosten in €
Bruttojahreslohn 52 W × 39 h/W = 2028 h Stundenlohn eines Monteurs: 21,76 €	44 129,28
Arbeitgeberbeitrag zur Sozialversicherung (ca. 20 %)	8 112,00
Gratifikationen (z. B. Urlaubsgeld)	912,00
Anteilige Lohnkosten der übrigen Mitarbeiter	11 941,25
Anteilige Betriebskosten	20 750,00
Gesamtkosten/Jahr	**85 844,53**
Pro Anwesenheitsstunde des Monteurs bei 1560 h/Jahr	55,03

ELEKTRO MAIER
Webergasse 6
77770 Durbach

Herrn
Günter Hahn
Marco-Polo-Weg 13
77770 Durbach

Rechnungsdatum: 01.07.2022
Kunden-Nr.: 1129/777
Auftragsnummer: 205/22

Rechnung

Lt. Auftrag: Tagladung Elektroheizung defekt. Nach Durchführung dieser Arbeiten ergeben sich folgende Kosten:

Position	Menge	Bezeichnung	EP (€)	GP (€)
001	2	Schütze	20,00	40,00
002	80 min	Geselle	55,00	73,33
003	1	Fahrkosten	15,00	15,00

Gesamtbetrag		128,33 €
Gesamtbetrag incl. MwSt. 19 %	24,38	152,71 €

Zahlungsbedingungen:
Rechnung zahlbar innerhalb 10 Tagen mit 2 % Skonto oder ohne Abzug bis 31.07.2022

Wir bedanken uns für den von Ihnen erteilten Auftrag.

Mit freundlichen Grüßen
J. Maier

BB Bank BIC:GENODE61BBB 2441 877 Geschäftsführer: Walter Maier-
Amtsgericht Offenburg-Handelsregister HRB 3936- St-Nr.: 77007/99412
IBAN: DE17666090800001234567 UST ID: DE 201506817

Bild 2: Rechnung

17.6 Qualitätsmanagement

17.6.1 Ziele des Qualitätsmanagements

Mit dem zunehmenden Absatz japanischer Produkte auf dem europäischen Markt wurden auch von den westlichen Industrienationen die in der japanischen Industrie umgesetzten Qualitätsbegriffe aufgegriffen.

Nur über den Gewinn oder das Konstanthalten von Marktanteilen bei gleichzeitiger Kundenzufriedenheit können die Arbeitsplätze gesichert werden **(Bild 1)**. Das bedeutet für die Unternehmen über kostengünstigere Produktionsweisen nachzudenken.

Neben der Qualität des Produktes spielt auch die Qualität des Fertigungsprozesses, z. B. Beschaffung, Lagerhaltung, Instandsetzung, Mitarbeiterausbildung sowie die Unternehmensstruktur, z. B. räumliche Gegebenheiten, eine Rolle **(Bild 2)**.

Jede Aktivität im Betrieb kann als ein Prozess aufgefasst und damit auch verbessert werden.

17.6.2 Normenreihe DIN EN ISO 9000 ff.

Damit ähnliche Produkte oder Leistungen unterschiedlicher Anbieter auf dem Markt vergleichbar sind, wurde z. B. die Normenreihe DIN EN ISO 9000 bis 9004 eingeführt. Sie enthält betriebsunabhängige, allgemeine Beschreibungen der Elemente des **Qualitätsmanagements (QM)**.

Typische Elemente des Qualitätsmanagements sind:

- Verantwortung der Leitung,
- Qualitätsmanagement-System,
- Vertragsprüfung,
- Beschaffung,
- Überprüfung des Qualitätsmanagement-Systems,
- Qualitätsaufzeichnungen und
- Prüfprozesse.

DIN EN ISO 9000:2015 enthält Grundlagen und definiert die Begriffe eines Qualitätsmanagement-Systems.

DIN EN ISO 9001:2015 enthält die Anforderungen an ein Qualitätsmanagement-System. Von einem nach dieser Norm zertifizierten[1] Unternehmen **(Bild 3)** kann der Kunde von einer Konformität der erstellten Produkte oder Dienstleistungen ausgehen.

DIN EN ISO 9004:2018 ist der Leitfaden für das nach DIN EN ISO 9001:2015 zertifizierte Unternehmen zur kontinuierlichen Verbesserung seiner Qualitätsmanagementsprozesse.

Eine weitere Norm **DIN EN ISO 19011:2018** erläutert die Prinzipien des Auditierens.[2]

[1] zertifizieren = bescheinigen [2] von audire (lat.) = zuhören, anhören

Qualität (DIN 55350-11:2008-05), **Qualitätsmanagement** (DIN EN ISO 9000)

- **Qualität** ist die Beschaffenheit einer Einheit bezüglich ihrer Eignung, die Qualitätsanforderungen zu erfüllen.
- **Qualitätsmanagement** umfasst alle aufeinander abgestimmten Tätigkeiten zur Leitung und Lenkung einer Organisation bezüglich der Qualität.

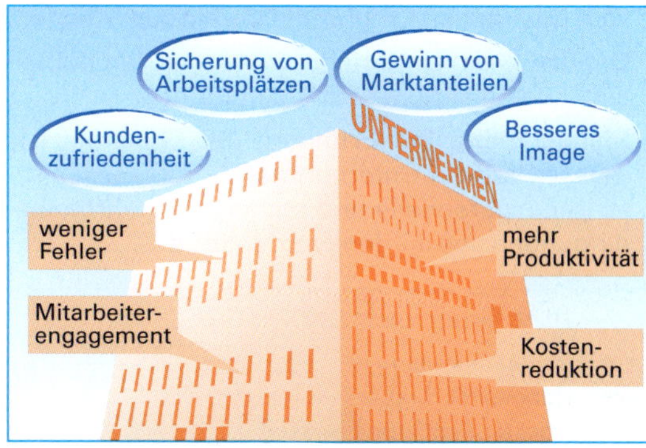

Bild 1: Ziele des Qualitätsmanagements

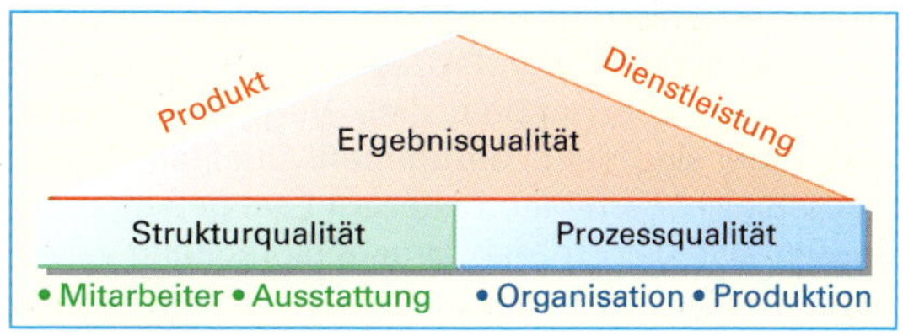

Bild 2: Qualitäten

ZERTIFIKAT

Hiermit wird bescheinigt, dass

Musterfirma
Musterstraße 12
12345 Teststadt

ein **Qualitätsmanagementsystem** eingeführt hat und anwendet.

Geltungsbereich:
Herstellung von Musterware

Durch ein Audit, dokumentiert in einem Bericht, wurde der Nachweis erbracht, dass das Managementsystem die Forderungen des folgenden Regelwerks erfüllt:

ISO 9001 : 2015

Zertifikat-Registrier-Nr.	123456 QM15
Gültig ab	2022-11-03
Gültig bis	2025-11-02
Zertifizierungsdatum	2022-11-03

DAkkS Deutsche Akkreditierungsstelle D-ZM-16074-01-00

DQS GmbH

G. Blechschmidt
Götz Blechschmidt
Geschäftsführer

Akkreditierte Stelle: DQS GmbH, August-Schanz-Straße 21, 60433 Frankfurt am Main

Bild 3: QM-Zertifikat

17.6.3 TQM-Methode

Die TQM-Führungsmethode ist kein fertiges Konzept des Qualitätsmanagements, sondern ein Leitbild, das die Ausrichtung des Unternehmens vorgibt.

Für ein Unternehmen kann TQM als umfassende Qualitätsstrategie begriffen werden:

- **Total.** Alle Beteiligten werden im Prozess erfasst, vom Mitarbeiter, Lieferanten bis hin zum Kunden.
- **Quality.** Alle Unternehmensaktivitäten haben eine qualitätsorientierte Ausrichtung.
- **Management.** Zur Erfüllung des Qualitätsziels müssen von der Unternehmensleitung organisatorische, personelle und technische Rahmenbedingungen geschaffen werden **(Bild 1)**.

Übersicht: Grundideen von TQM

- Prozessorientierung,
- Kundenorientierung,
- Mitarbeiterorientierung und
- Kontinuierliche Verbesserung.

Prozessorientierung. Es werden die zur Leistungserbringung notwendigen Prozesse, z.B. Qualitätsverbesserung, beschrieben. Ziel, Verantwortlichkeit und Mittel sind dabei anzugeben. Qualitätsmängel werden nicht dem Mitarbeiter zur Last gelegt. Stattdessen wird der Prozess dann entsprechend verändert. Arbeitsabläufe werden somit nach dem Prozess und nicht nach einer speziellen Funktion verteilt.

Kundenorientierung. Die Unternehmensprozesse haben sich an den Erwartungen und den Wünschen der Kunden zu orientieren.

Mitarbeiterorientierung. Jeder einzelne Mitarbeiter hat ein bedeutendes Problemlöse- und Kreativitätspotenzial und bewirkt damit positive Arbeitsergebnisse. Mitarbeiter müssen sich weiterentwickeln können, ihre Leistungen sollen anerkannt werden.

In **Qualitätszirkeln** besprechen Mitarbeiter in ihrem Arbeitsbereich auftretende Probleme freiwillig und selbstständig während der Arbeitszeit.

Die Umsetzung der Lösungen erfolgt nach Genehmigung des Entscheidungsträgers eigenverantwortlich durch die Gruppe.

Kontinuierliche Verbesserung. Alle Prozesse im Unternehmen werden ständig auf Verbesserungsmöglichkeiten hin untersucht. Die Japaner nennen diesen Prozess Kaizen[1].

Der Deming[2]-Zyklus beschreibt die vier Phasen **(Bild 2)** eines **Kontinuierlichen Verbesserungsprozesses (KVP).**

[1] Kai (jap.) = Veränderung, Zen (jap.) = zur Verbesserung
[2] Deming, amerikanischer Wirtschaftswissenschaftler

TQM = Total Quality Management

TQM ist die Führungsmethode einer Organisation, z.B. eines Unternehmens, bei der Qualität in den Mittelpunkt gestellt wird, die auf der Mitwirkung aller ihrer Mitglieder beruht und die auf langfristigen Erfolg durch Zufriedenstellung der Abnehmer (Kunden) und auf den Nutzen für die Mitglieder der Organisation und für die Gesellschaft zielt.

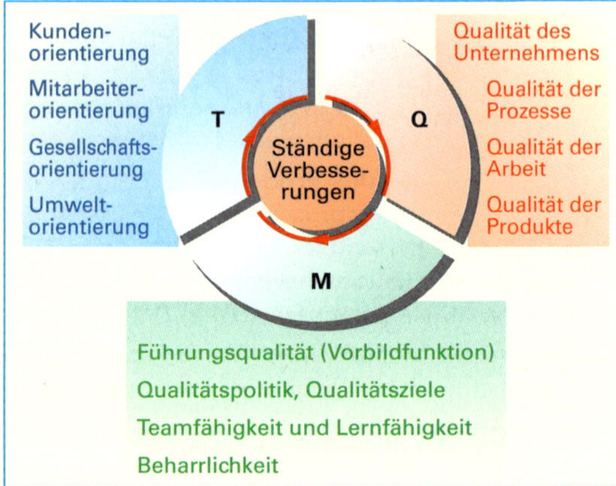

Bild 1: Total Quality Management

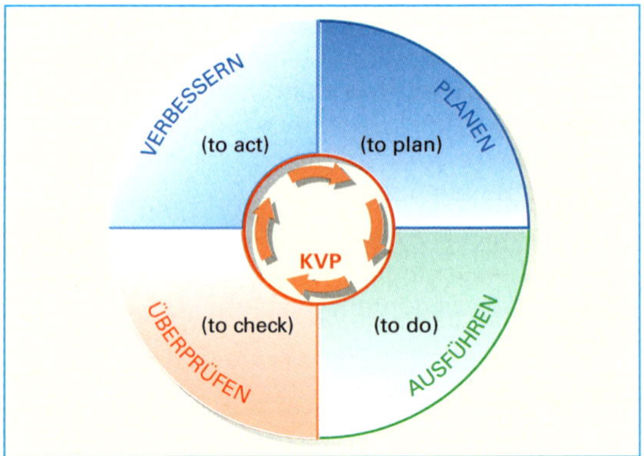

Bild 2: Phasen des kontinuierlichen Verbesserungsprozesses

- **Planen (to plan).** Ein Verbesserungsplan wird entwickelt, Änderungen werden definiert und Überprüfungskriterien festgelegt.
- **Ausführen (to do).** Der Verbesserungsplan wird ausgeführt.
- **Überprüfen (to check).** Der Nutzen des Verbesserungsplanes wird überprüft. Falls er bessere Ergebnisse bringt, wird er zum neuen Standard erhoben, bei auftretenden Fehlern werden die Ursachen gesucht.
- **Verbessern (to act).** Die gewonnenen Erfahrungen fließen in den Gesamtprozess zur Qualitätssteigerung mit ein.

17.6.4 Qualitätswerkzeuge

Der Japaner Ishikawa erstellte für die Qualitätszirkel elementare Werkzeuge der Qualitätssicherung.

Qualitätswerkzeuge sind grafische Darstellungen, mit denen Probleme im Arbeitsprozess erkannt, verstanden und gelöst werden können.

Diese Qualitätswerkzeuge **(Tabelle)** haben verschiedene Aufgaben **(Übersicht)**.

1 Fehlersammelliste

Mit einer Strichliste kann die Anzahl der gleichartig auftretenden Fehler gezählt werden.

Beispiel: An einem Arbeitstag löste fünfmal die Sicherung aus.

2 Histogramm

In einem Säulendiagramm wird die Fehlerhäufigkeit bestimmter zusammengefasster Gruppen erfasst.

Beispiel: Anzahl der fehlerbehafteten hergestellten Geräte an einzelnen Wochentagen.

3 Qualitätsregelkarte

Ein Prozess wird über einen bestimmten Zeitraum hinweg ständig überwacht. Abweichungen von einem Mittelwert oder Sollwert können sofort erfasst werden und es kann in den Prozess eingriffen werden.

Beispiel: Die Staubfreiheit in einem Raum zur Chipherstellung wird überwacht, ist der Sollwert überschritten, muss die Produktion eingestellt werden.

4 Korrelationsdiagramm[1] (Streudiagramm)

Damit kann eine Ursache-Wirkungs-Beziehung zwischen zwei Merkmalen gemessen werden.

Beispiel: Bauelemente werden auf ihre elektrischen Grenzwerte überprüft.

5 Pareto-Diagramm

In diesem Säulendiagramm werden die Ursachen nach ihrer Bedeutsamkeit für das Produktionsergebnis zusammengefasst.

Beispiel: Ein Steuerungsausfall beeinflusst zu 60 % das Produktionsergebnis, ein Defekt in der Schnittstelle nur zu 2 %.

6 Brainstorming

Ideen, die die vorherrschenden Denkrichtungen verlassen, sollen neue Lösungsvorschläge bringen.

Beispiel: Qualitätszirkel überlegt sich Verbesserungsvorschläge.

7 Ursache-Wirkungs-Diagramm

Hierbei werden Ursachen, die zu Problemen führen, grafisch dargestellt.

Beispiel: Wenn die Temperatur im Fertigungsraum über 30 °C ansteigt, fällt die Steuerung aus.

Qualitätswerkzeuge, engl. Tools of Quality

Sie dienen zur Fehlererfassung und Fehleranalyse. Sie werden auch kurz **Q7** genannt.

Übersicht: Aufgaben der Qualitätswerkzeuge

- Probleme feststellen und eingrenzen,
- Faktoren der Fehlerursache bewerten,
- Häufigkeit von Fehlern erfassen,
- Auswirkung von Verbesserungsvorschlägen ermitteln und
- Ausreißer feststellen.

• Pareto-Prinzip: **Seite 637**
• Brainstorming: **Seite 639**

Tabelle: Qualitätswerkzeuge

Nr.	Bezeichnung	Bildbeispiel
1	Fehlersammelliste	
2	Histogramm	
3	Qualitätsregelkarte	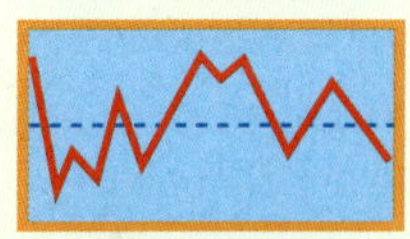
4	Korrelations-diagramm	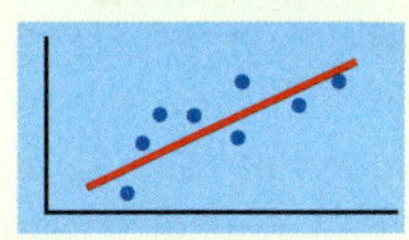
5	Pareto-Diagramm	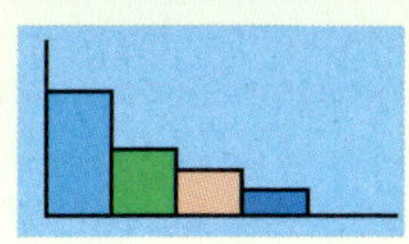
6	Brainstorming	
7	Ursache-Wirkungs-Diagramm (Ishikawa- oder Fishbone-Diagramm)	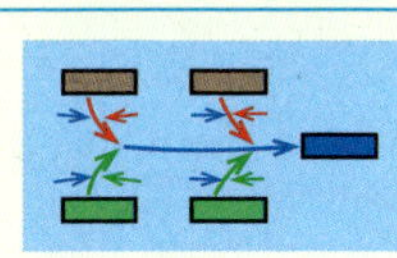

[1] Korrelation (lat.) = Wechselbeziehung

Situationsbeschreibung:

Nach einigen Jahren der Berufserfahrung als Facharbeiter, Geselle oder Meister stellt sich für Sie vielleicht die Frage einer Betriebsübernahme oder einer Betriebsgründung.

Die folgenden Hinweise zeigen Ihnen wichtige Schritte auf dem Weg zu Ihrem eigenen Unternehmen.

www.existenzgruender.de
www.unternehmer.de/gruendung-selbststaendigkeit
www.startupbw.de
www.steuertipps.de/selbststaendig-freiberufler
www.foerderdatenbank.de

1. Erfülle ich die persönlichen Voraussetzungen für einen Unternehmer?

Eine Unternehmensgründung will überlegt sein. Die Anforderungen an die Unternehmerpersönlichkeit **(Übersicht 1)** sind vielfältig. Nutzen Sie zu dieser Fragestellung einen der zahlreichen Gründertests.

2. Wie sieht meine Geschäftsidee aus?

Ihre Geschäftsidee sollte geplant sein. Im Businessplan **(Bild 1)** beschreiben Sie alle wichtigen Überlegungen zur Umsetzung Ihrer Geschäftsidee.

- Wagen Sie den Schritt in die Selbstständigkeit erst nach reiflicher Überlegung.
- Planen Sie die Umsetzung Ihrer Geschäftsidee realistisch. Prüfen Sie dazu, ob für Ihr Produkt oder Ihre Dienstleistung ein Markt vorhanden ist. Haben Sie den Markt nach Konkurrenten untersucht?
- Denken Sie auch an Ihre persönliche Absicherung und die Ihrer Familie.

3. Wie lässt sich meine Geschäftsidee finanzieren?

- Selbst die beste Geschäftsidee kann nicht auf einen soliden Finanzierungsplan verzichten.
- Eine Vielzahl von Punkten **(Übersicht 2)** müssen vor der Unternehmensgründung geklärt sein.
- Beginnen Sie nur dann mit dem Unternehmen, wenn auch die Finanzierung gesichert ist.

4. Welche rechtlichen Voraussetzungen sind bei meinem Unternehmensstart notwendig?

Bei der Unternehmensgründung sind Behördengänge durchzuführen **(Bild 2)** und Meldefristen einzuhalten. Außerdem muss die Rechtsform, z. B. Einzelunternehmen oder GmbH, des Unternehmens festgelegt werden. Daraus ergeben sich dann auch Konsequenzen für die Besteuerung Ihres Unternehmens. Die Handwerksordnung schreibt für die Führung mancher Unternehmen eine entsprechende berufliche Qualifikation, z. B. Meisterprüfung, vor.

Der Start des Unternehmens erfordert Ihre volle Aufmerksamkeit. Nehmen Sie die Beratung bei den Kammern oder einem Unternehmensberater und Ihrer Hausbank in Anspruch.

Übersicht 1: Checkliste meiner persönlichen Voraussetzungen

- Bin ich risikobereit und entscheidungsfreudig?
- Habe ich Verantwortungsbewusstsein?
- Kann ich gut verhandeln?
- Wie reagiere ich in Konfliktsituationen?
- Kann ich mich rasch auf neue Situationen einstellen und bin ich belastbar?
- Erfülle ich die rechtlichen Voraussetzungen, z. B. habe ich einen Meisterbrief?
- Besitze ich eine schnelle Auffassungsgabe?
- Habe ich Organisationstalent?
- Besitze ich die notwendigen fachlichen Kompetenzen?
- Habe ich betriebswirtschaftliches Verständnis?

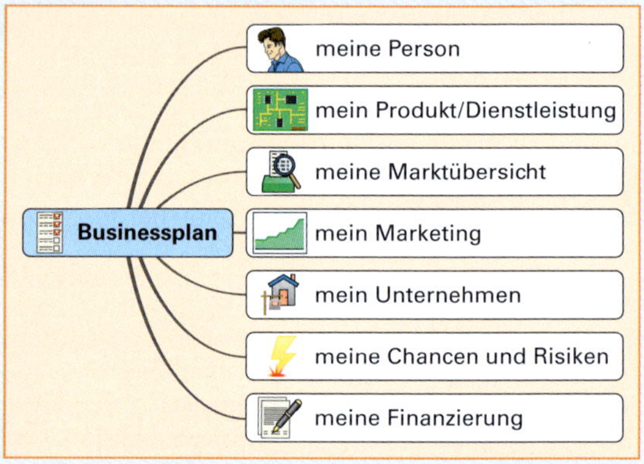

Bild 1: Businessplan

Übersicht 2: Unternehmungsgründung

- Bestimmen Sie das notwendige Startkapital.
- Ermitteln Sie Ihr vorhandenes Eigenkapital.
- Prüfen Sie auch eine Teilhabe der Familie bzw. eines Geschäftspartners.
- Planen Sie Ihren monatlichen Verdienst und die monatlichen Kosten in Ihrem Unternehmen, z. B. für Kommunikation, Energie und Miete ein.
- Schätzen Sie auch die finanziellen Folgen eines Scheiterns des Unternehmens ab.
- Informieren Sie sich in der Förderdatenbank über aktuelle Förderprogramme, z. B. KfW-Unternehmerkredit, ERP-Mittel oder High-Tech-Gründerfonds. Für die Kreditabwicklung der Fördermittel ist Ihre Hausbank zuständig.

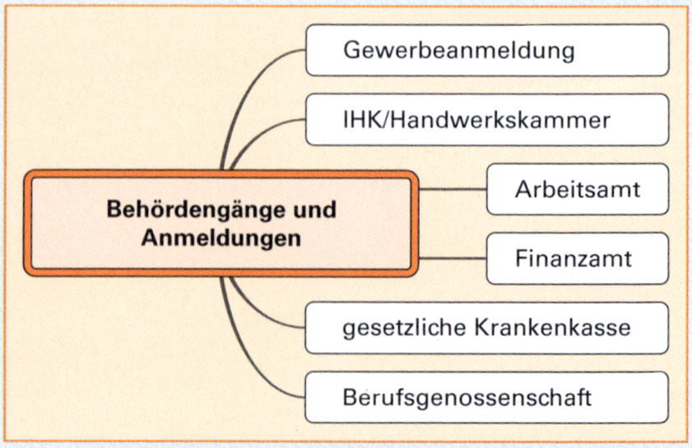

Bild 2: Behördengänge und Anmeldungen

1. Erstellen Sie ein Mind-Map zum Thema: Anleitung für eine gute Präsentation.

2. Machen Sie in Ihrem Betrieb/in Ihrer Stadt, in der Schule eine Umfrage mit folgenden Fragen:
   a) Was bedeutet der Begriff Kaizen?
   b) Was halten Sie von der Botschaft dieses Spruches: Kein Tag soll im Betrieb vergehen ohne irgendeine Verbesserung?
   c) Für welchen Verbesserungsvorschlag haben Sie von Ihrem Betrieb schon eine Prämie erhalten?

   Arbeitsaufgaben
   d) Werten Sie die Umfrageergebnisse aus und visualisieren Sie sie mit geeigneten Visualisierungselementen.
   e) Präsentieren Sie die Umfrageergebnisse vor der Klasse.

3. Der Lehrer will in einer Suchmaschine gezielt ermitteln, ob das Referat direkt aus dem Internet bezogen wurde. Wie geht er vor?

4. Erstellen Sie die Rechnung zu dem Montagenachweis **(Tabelle 1)**.

   Der Nettoverkaufspreis für den Bewegungsmelder RC-Plus 270 Grad beträgt 121,23 € und für den Ecksockel 9,53 €. Für eine Monteurstunde werden 55 € und pro gefahrenen Kilometer 0,75 € verrechnet.

Tabelle 1: Montagenachweis

ELEKTRO RUF	Datum: 08.08.2021
Montagenachweis: **Auftrags-Nr.** 113/19	Kunde: Uwe Fischer Marco-Polo-Weg 16 77770 Durbach
Auftrag:	Bewegungsmelder im Hauseingang einbauen
Monteur:	Rapp
Material:	RC-Plus 270 Grad, weiß Ecksockel weiß
Arbeitszeit:	1,5 Stunden
Fahrzeit bzw. Strecke:	30 Minuten/20 km
Erledigt am: 28.08.21 *Rapp*	Unterschrift: *Fischer*

5. Welche Regeln müssen bei einer gelungenen Präsentation eingehalten werden?

6. Der Schulträger beschreibt im Lastenheft für die Beleuchtung der PC-Räume im Berufsschulneubau folgende Vorgaben **(Bild)**. Welche Angaben müssen dazu dann im Pflichtenheft enthalten sein?

> … Beleuchtung für 10 PC-Räume (siehe Raumpläne) ist zu planen und zu installieren …
>
> … gefordert werden dimmbare Leuchten …

Bild: Auszug aus dem Lastenheft

7. Erstellen Sie zum Thema Baugruppen eines Netzgerätes ein Mind-Map.

8. Die Selbstkosten eines Frequenzumrichters sind zu kalkulieren. Dazu gibt die **Tabelle 2** die Gemeinkostenzuschlagssätze an.

   Die Materialeinzelkosten betragen 9,55 € sowie die Lohneinzelkosten 18,40 €.

Tabelle 2: Gemeinkostenzuschlagssätze

Materialgemeinkosten-zuschlagssatz (MZ)	35 %
Lohngemeinkosten-zuschlagssatz (LZ)	250 %
Verwaltungsgemeinkosten-zuschlagssatz (VwZ)	30 %
Vertriebsgemeinkosten-zuschlagssatz (VtZ)	25 %

9. Familie Ewald Rieger wünscht ein Angebot für den Einbau eines Bewegungsmelders im Hauseingang.

   Ermitteln Sie mithilfe der Kalkulationshilfen **(Tabelle 3)** den Bruttoangebotspreis. Nehmen Sie dabei einen Stundenverrechnungssatz von 55 € sowie einen Materialzuschlagssatz von 20 % an. Die Fahrtkostenpauschale ist mit 18 € anzusetzen.

Tabelle 3: Auszug aus Kalkulationshilfe

Bewegungsmelder-systeme	Montage-zeit in min	Nettover-kaufspreis in €
Bewegungsmelder Schutzart IP54 Erfassungsbereich: 280° Zeiteinstellung: 15 sek – 16 min Lichtwert: 2–2500 lx IR-Fernbedienung	67,4	114,30

10. Nennen Sie wichtige Voraussetzungen für den Teamerfolg.

* Ergebnisse der Rechenaufgaben Seite 660

Seite	Aufgabennummer, Ergebnisse
48	**2. b)** $Q = +1{,}602 \cdot 10^{-19}$ C; **8. a)** $R = 220\ \Omega \pm 5\%$; **b)** gelb, violett, orange, gold **9. a)** $\varphi_2 = +7{,}5$ V; $\varphi_3 = +3$ V; $\varphi_4 = 0$ V; **b)** $U_{34} = +3$ V; **11.** 1/3 · I; **12.** $R = 0{,}71\ \Omega$; **15.** $P = 200$ W; **16.** $I = 0{,}4$ A
70	**1. a)** R_2; **b)** R_1; **2. a)** $U = 24$ V; $I = 0{,}83$ A; $P = 20$ W; **b)** $I \approx 10$ A; **e)** $I = 0{,}76$ A; **3. a)** R_2; **b)** R_3 und R_4; **c)** R1; **5. b)** $R_v = 35\ \Omega$; **c)** $P_{Rv} = 2{,}2$ W; **d)** 2 parallel, 3 in Reihe; **6.** $R_1 = 24\ \Omega$; $R_2 = 36\ \Omega$; **7.** $U_2 = +5$ V … −5 V
81	**3.** $C = 220$ nF = 220 000 pF; **4.** $U = 300$ V; **7. d)** $U = 30 \cdot 10^6$ V = 30 MV; **8.** $C = 9600$ F; **9. a)** $C = 2{,}67$ µF; **b)** $C = 0{,}39$ µF; **10. a)** $Q = 14$ µC; **b)** $A = 753$ cm²; **11. b)** $C = 243$ pF; **c)** $C = 19$ nF; **12. a)** $t = 1{,}9$ s; **b)** $U_C = 20$ V; **13.** $i_C = 0{,}36$ mA; **14. a)** $C = 0{,}37$ pF
99	**8.** $N_2 = 40$; **16.** $u_i = 1200$ V
126	**3.** $I = 21{,}8$ mA; **5. b)** L1 am linken Wechselschalter ⇒ A: 5; B: 6; **10. a)** 400 V∆; **d)** [1] $I = 15{,}2$ A; [2] $I = 8{,}76$ A
168	**2. a)** $\hat{u} = 40$ V; **b)** $\hat{u} = 20$ V; $U = 14$ V; **d)** $T = 10$ ms; $f = 100$ Hz; **4. a)** $u = 230$ V; **b)** $u = 233$ V; **c)** $t_1 = 2{,}5$ ms; $t_2 = 2{,}55$ ms; **5. e)** $\hat{u} = 30{,}5$ V; f) $U = 21{,}6$ V; **7. a)** $X_L = 1{,}48$ kΩ; **b)** $Z = 1{,}78$ kΩ; **c)** $I = 6{,}7$ mA; **d)** $\cos\varphi = 0{,}56$; **9. a)** $S = 154$ VA; $Q_L = 138$ VA; **b)** $\varphi_1 = 63{,}4°$; **c)** $Q_C = 275{,}4$ var; **d)** $C = 5{,}2$ µF; **11. a)** $U_{Str} = 230$ V; **b)** $I_{Str1} = 11{,}5$ A; $I_{Str2} = 7{,}7$ A; $I_{Str3} = 5{,}75$ A; **c)** $I_N = 5$ A
194	**1. b)** $F = 1{,}5$ V; **c)** $f = 1{,}92\%$; **2. a)** $f = 7{,}5\%$; **3. a)** $F = 0{,}687$ V; **b)** 126,76 V … 128,14 V; **7.** $P = 2{,}8$ kW; **9. a)** $\hat{u} = 6$ V; $\hat{u}_R = 3{,}5$ V; **b)** $f = 500$ Hz; **c)** $\varphi = 54°$ **d)** $I = 0{,}0247$ A; **e)** $C = 2{,}29$ µF
276	**1.** $I_F = 15$ mA; $U_F = 1{,}65$ V; $B = 330$; $U_{BE} = 0{,}62$ V; $R_C = 680\ \Omega$; $R_V = 20$ kΩ; **3. b)** P1 = (B1 ∧ B2 ∧ B3) ∨ (B1 ∧ B2 ∧ B3) ∨ (B1 ∧ B2 ∧ B3); P2 = B1 ∧ B2 ∧ B3; **5. a)** 9; **b)** 10111; **12.** $R_K = 40$ kΩ
347	**5. a)** $I_N = 63$ A; **b)** $I_N = 80$ A; **6. a)** Verlegeart C; **b)** $A = 16$ mm²; **9.** Nein, da $\Delta U = 9{,}9$ V ≙ 4,3 %; **11. a)** $A = 1{,}5$ mm²; **b)** $l = 22{,}3$ m
386	**5. a)** $I_B = 66$ mA; **b)** $U_F = 224$ V; **c)** $U_B = 79{,}2$ V; **d)** $U_B = 79{,}2$ V ⇒ nicht zulässig; **10. b)** E1: $I_a = 100$ A; $Z_s = 2{,}3\ \Omega$; M1: $I_a = 160$ A; $Z_s = 1{,}44\ \Omega$; **c)** E1: $Z_s = 0{,}8\ \Omega < 2{,}3\ \Omega$ ⇒ Abschaltbedingung erfüllt; M1: $Z_s = 1{,}0\ \Omega < 1{,}44\ \Omega$ ⇒ Abschaltbedingung erfüllt
468	**1.** 4 Lampen; **2.** 6: 1645 W; 5: 1193 W; 4: 767 W; 3: 427 W; 2: 274 W; 1: 171 W; **3.** ∅ < 6 mm; **4. a)** $P = 2000$ W; **b)** $P = 1000$ W; **6. a)** $L_A = 68{,}7$ dB; **b)** Nein •
530	**1.** $I_2 = 2{,}3$ A; $ü = 4{,}6$; **3. b)** $u_k = 6\%$; **4. b)** $\eta = 0{,}87$; **8. a)** Polzahl 4; $s = 3{,}3\%$; **b)** $I_Y = 6{,}2$ A; **c)** $\eta = 0{,}84$; **d)** $M = 36$ Nm; **e)** $F = 600$ N
555	**7. a)** 66,41 s; **b)** 132,82 s; **10.** 4 GB = 4096 MB = 4 194 304 KB = 4 294 967 296 B = 33 554 432 KBit = 32 768 MBit = 32 GBit
611	**5. b)** $R_e = 56$ kΩ; $C_K = 14{,}3$ µF; **6.** $\Delta Y_{PI} = 13{,}8$ V
632	**26. a)** $W = 26\,280$ Wh = 26,28 kWh; **b)** $K_A = 6{,}04$ €; **c)** $t = 3\,285$ h
659	**4.** Rechnungspreis incl. MwSt. 304,35 €; **8.** Selbstkostenpreis 119,80 €; **9.** Bruttoangebotspreis 258,16 € (Zwischen-Ergebnisse: Arbeitskosten 61,78 €; Materialkosten 137,16 €; Nettoangebotspreis 261,94 €)

Arten von DIN-Normen in der Elektrotechnik (Auswahl)

DIN, Deutsches Institut für Normung, z. B. DIN 18015 Elektrische Anlagen in Wohngebäuden **(Seite 308).**

DIN EN, Europäische Norm (harmonisierte Norm), die als deutsche Fassung in die DIN übernommen wurde, z. B. DIN EN 60034, Drehende elektrische Maschinen **(Seite 490).**

DIN EN ISO, europäische Norm, die auf einer ISO-Norm beruht und in die DIN übernommen wurde, z. B. DIN EN ISO 9000 Qualitätsmanagement **(Seite 655).**

DIN VDE, VDE-Vorschrift, die in die DIN übernommen wurde. Das VDE-Vorschriftenwerk enthält **10 Hauptgruppen (Gruppen 0 bis 8 und 1000)** mit Normenreihen zu verschiedenen Themenbereichen.

Gruppe 0: Allgemeine Grundsätze enthält z. B. die Satzung des VDE-Vorschriftenwerkes VDE 0022 und allgemeine Regeln und Richtlinien zur Darstellung von Informationen in Dokumenten der Elektrotechnik nach DIN EN 61082-1 (VDE 0040-1).

Gruppe 1: Energieanlagen enthält die meisten wichtigen Vorschriften für Elektroniker, z. B. die **Normenreihe** DIN VDE 0100. Diese enthält mehrere Gruppen, z. B. die Gruppe 400 Schutzmaßnahmen. Darin sind zugehörige Normen, z. B. die DIN VDE 0100-410, enthalten.

Normenreihen (Auswahl)

DIN VDE 0100 Errichtung von Starkstromanlagen mit Nennspannungen bis 1000 V **(Seite 348).**

DIN VDE 0105 Betrieb von elektrischen Anlagen **(Seite 353, 380).**

DIN EN 60204 (VDE 0113) Elektrische Ausrüstung von Maschinen **(Seite 121).** Die als deutsche Fassung in die DIN übernommene europäische Norm DIN EN 60204-1 entspricht der VDE 0113.

DIN EN 60079 (VDE 0170) Explosionsgefährdete Bereiche **(Seite 341)**

DIN EN 62305 (VDE 0185) Blitzschutz **(Seite 463)**

Gruppe 2: Energieleiter enthält z. B. Vorschriften für elektrische Leitungen und Kabel DIN VDE 0298 **(Seite 35, 329, 332, 672)** sowie Typkurzzeichen für isolierte Leitungen DIN VDE 0292 **(Seite 313).**

Gruppe 3: Isolierstoffe enthält z. B. Vorschriften für Hersteller von Isolierschläuchen DIN EN 60684 (VDE 0341).

Gruppe 4: Messen, Steuern, Prüfen enthält z. B. Vorschriften für Messgeräte zum Prüfen, Messen und Überwachen von Schutzmaßnahmen DIN EN 61557 (VDE 0413, **Seite 373**) und Schutzarten durch Gehäuse (IP-Code) DIN EN 60529 (VDE 0470, **Seite 352**).

Gruppe 5: Maschinen, Umformer enthält z. B. Vorschriften für Hersteller von Transformatoren DIN EN 50216 (VDE 0532) und drehende elektrische Maschinen DIN EN 60034 (VDE 530).

Gruppe 6: Installationsmaterial, Schaltgeräte enthält z. B. Elektrisches Installationsmaterial DIN EN 60898 (VDE 0641), Niederspannungs-Schaltgeräte DIN EN 60947 (VDE 0660) Fehler-/Differenzstrom-Schutzschalter DIN EN 61008 (VDE 0664, **Seite 368**).

Gruppe 7: Gebrauchsgeräte, Arbeitsgeräte enthält z. B. Allgemeines Verfahren zur Überprüfung von Elektrogeräten nach der Reparatur DIN EN 50678 (VDE 0701) und Wiederholungsprüfung für Elektrogeräte DIN EN 50699 (VDE 0702, **Seite 420).**

Gruppe 8: Informationstechnik enthält z. B. Vorschriften für die Errichtung und den Betrieb von fernmeldetechn. Anlagen DIN EN 50137 (VDE 0800), Gefahrenmeldeanlagen DIN VDE 0833 **(Seite 455)** und Kabelnetze DIN EN 60728 (VDE 0855, **Seite 429, 436, 437**).

Gruppe 1000: Elektrofachkraft enthält z. B. die Anforderungen an die im Bereich der Elektrotechnik tätigen Personen DIN VDE 1000-10.

DEUTSCHE NORM Oktober 2018

DIN VDE 0100-410
(VDE 0100-410)

DIN

Diese Norm ist zugleich eine **VDE-Bestimmung** im Sinne von VDE 0022. Sie ist nach Durchführung des vom VDE-Präsidium beschlossenen Genehmigungsverfahrens unter der oben angeführten Nummer in das VDE-Vorschriftenwerk aufgenommen und in der „etz Elektrotechnik + Automation" bekannt gegeben worden.

VDE

Vervielfältigung – auch für innerbetriebliche Zwecke – nicht gestattet.

ICS 13.260; 91.140.50

Ersatz für
DIN VDE 0100-410
(VDE 0100-410): 2007-06 und
DIN VDE 0100-739
(VDE 0100-739): 1989-06
Siehe Anwendungsbeginn

Errichten von Niederspannungsanlagen –
Teil 4-41: Schutzmaßnahmen –
Schutz gegen elektrischen Schlag
(IEC 60364-4-41:2005, modifiziert + A1:2017, modifiziert);
Deutsche Übernahme HD 60364-4-41:2017 + A11:2017

Bild: Deckblatt einer DIN VDE-Norm (Ausschnitt)

Normen

Die Normen der Normenreihe DIN VDE 0100 sind in Gruppen organisiert, z. B.:

Gruppe 100 Allgemeine Grundsätze

DIN VDE 0100-100

Gruppe 200 Begriffe

DIN VDE 0100-200 (Seite 24, 350)

Gruppe 400 Schutzmaßnahmen

DIN VDE 0100-410 (Bild) Schutz gegen elektrischen Schlag **(Seite 358)**

DIN VDE 0100-420 Schutz gegen thermische Einflüsse

...

Gruppe 500 Auswahl und Errichtung elektrischer Betriebsmittel

DIN VDE 0100-510 Allgemeine Bestimmungen

DIN VDE 0100-520 Kabel und Leitungsanlagen **(Seite 330)**

...

Gruppe 600 Prüfungen

DIN VDE 0100-600 (Seite 372)

Gruppe 700 Betriebsstätten, Räume und Anlagen besonderer Art

DIN VDE 0100-701 Räume mit Badewanne oder Dusche **(Seite 335)**

DIN VDE 0100-704 Elektrische Anlagen auf Baustellen **(Seite 337)**

...

Vornormen (V)

Normen, die von DIN noch nicht als Normen ausgegeben werden, aber bereits eingesehen werden können, z. B.: **VDE V 0826-1** Überwachungsanlagen.

Normenentwürfe

Normen, die evtl. noch geändert werden, aber bereits von DIN ausgegeben werden, z. B. **E DIN VDE 0100-711**, Betriebsstätten besonderer Art.

Anwendungsregeln (AR)

Empfehlungen, Hinweise zu den Normen, z. B. **VDE-AR-N 4105**, Anwendungsregel Technische Anschlussregeln für die Niederspannung.

Schaltzeichen (1)

nach DIN EN 60617 und VdS 2135

Schaltzeichen für Übersichtsschaltpläne

Schaltzeichen	Benennung*	Schaltzeichen	Benennung*	Schaltzeichen	Benennung*
	Steckdose, allgemein (Socket outlet [power], general symbol)		Dose, allgemein (Box, general symbol)		Leuchtenauslass (Lighting outlet)
	Schutzkontaktsteckdose (Socket outlet [power] with protective contact)		Abzweigdose (Subscriber's tap-off)		Leuchte, allgemein (Lamp, general symbol)
3	Schutzkontaktsteckdose (dreifach); (Triple socket outlet with protective contact)		Anschlussdose (Connection box)		Leuchte mit Schalter (Lamp with switch)
3/N/PE	Drehstromsteckdose, fünfpolig (3+N+PE) (Three-phase AC plug socket)		Verteiler (Distribution centre)		Leuchtstofflampe (Fluorescent lamp)
	Steckdose, abschaltbar (Socket outlet [power] with single-pole switch)		Fernmeldesteckdose (Socket outlet [telecommunications])		Leuchtstofflampen, 2-flammig (Fluorescent lamp with 2 tubes)
	Steckdose mit Trenntrafo, z. B. für Rasierapparat (Socket outlet with isolating transformer, e. g.[1] for shaver)		Antennensteckdose (Antenna socket)		Scheinwerfer (Projector)
Schaltzeichen für Leitungen und Leitungsverlegung					
	Verbindung (Connection)	a) b) 3	Verbindung mit Aderzahlangabe, Bsp.: 3 Leiter (Three connections)		Bsp.: 3 Leiter, N und PE (3-phase wiring with neutral- and protective conductor)
	Verbindung, bewegbar (Flexible connection)		Neutralleiter (N) (Neutral conductor)	a) b)	a) Leitung nach oben führend (Wiring going upwards) b) Leitung nach unten führend (Wiring going downwards)
	Leiter, geschirmt (Screened conductor)		Schutzleiter (PE) (Protective conductor)		Leitung nach oben und unten (Wiring passing through vertically)
	Leiter, koaxial (Coaxial pair)		PEN-Leiter (Combined protective and neutral conductor)	F	Fernsprechleitung (Telephone line)
	Leitung, auf Putz verlegt (Surface-mounted line)		Leitung, im Putz verlegt (Line installed in plaster)		Leitung, unter Putz verlegt (Flush-mounted line)
Schaltzeichen für Elektrogeräte					
	Elektroherd, allgemein (Electric cooker)		Durchlauferhitzer (Instantaneous water heater)	* * *	Tiefkühlgerät (Fridge)
	Mikrowellenherd (Microwave)		Waschmaschine (Washing machine)		Elektrowärmespeicher (Electric storage heater)
	Backofen (Backing oven)		Wäschetrockner (Tumble-dryer)		Klimagerät, allgemein (Air conditioner)
	Infrarot-Strahler (Infrared-heater)		Geschirrspülmaschine (Dishwasher)		Ventilator (Ventilator, fan)
Symbole für Gefahrenmeldeanlagen	nach VdS 2135 **(Tabelle, Seite 455)**				
	Glasbruchmelder (Glas brackage detector)		Infrarot-Bewegungsmelder (Infrared motion detector)		Rauchmelder (Smoke detector)

* englischer Fachbegriff in Klammern

[1] e. g., Abk. für: exempli gratia (lat.) = for example (engl.) = z. B., zum Beispiel

Schaltzeichen (2)

nach DIN EN 60617

Schaltzeichen für Installationsschaltungen

Übersichtsschaltplan	Stromlaufplan	Benennung*	Übersichtsschaltplan	Stromlaufplan	Benennung*
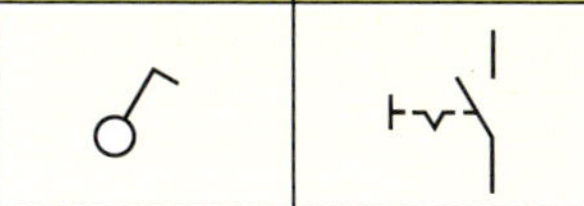		Ausschalter, einpolig (Single pole switch)	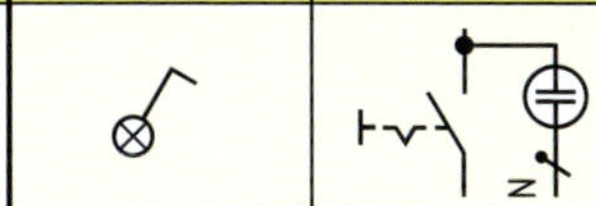		Schalter mit Leuchte (Single pole switch with pilot lamp)
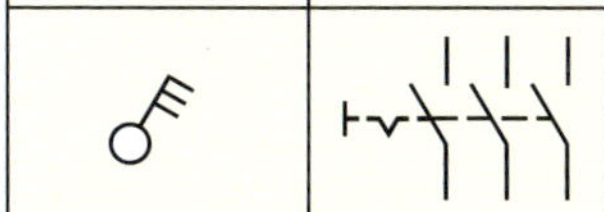		Ausschalter, dreipolig (Three-pole switch)	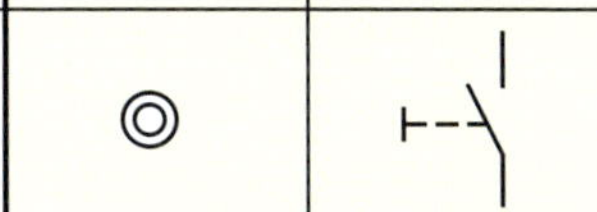		Taster (Push-button)
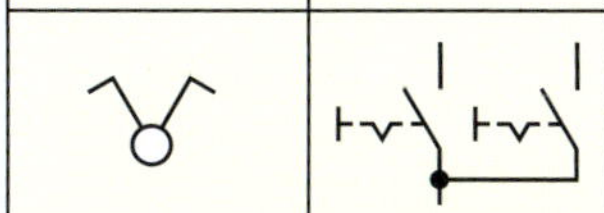		Serienschalter (Multiposition single pole switch, for example for different degrees of lighting)	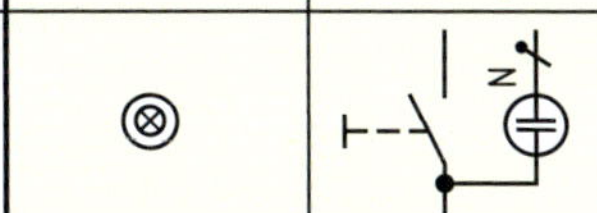		Taster mit Leuchte (Push-button with indicator lamp)
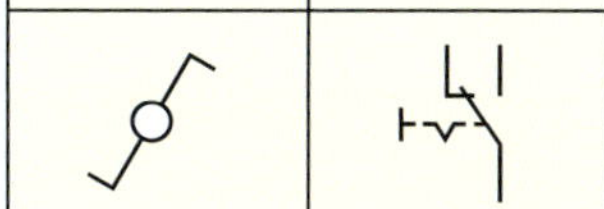		Wechselschalter (Two-way single pole switch)	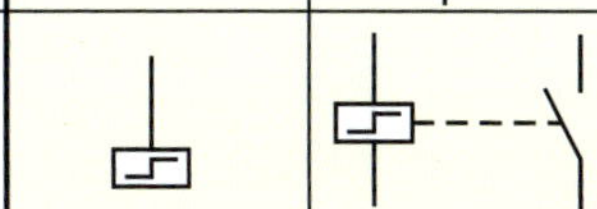		Stromstoßschalter (Latching relais)
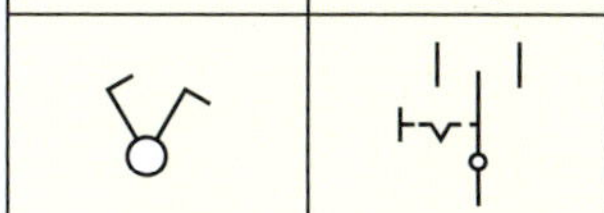		Jalousien-, Gruppenschalter (Blind switch)	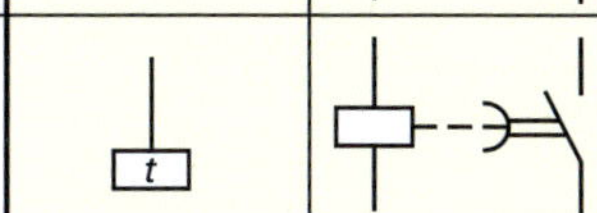		Zeitrelais, z. B. Treppenhaus-Zeitschalter (Time relais, e. g. stairway timer switch)
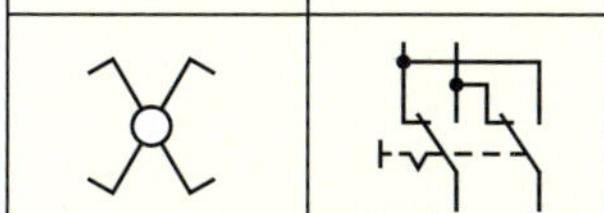		Kreuzschalter (Intermediate switch)	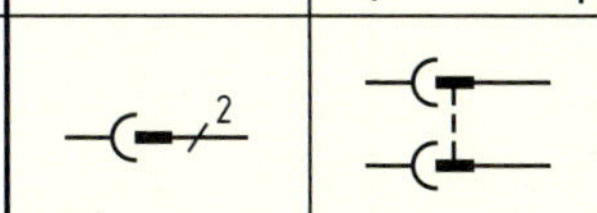		Buchse und Stecker, 2-polig (Plug and socket, 2-pole)
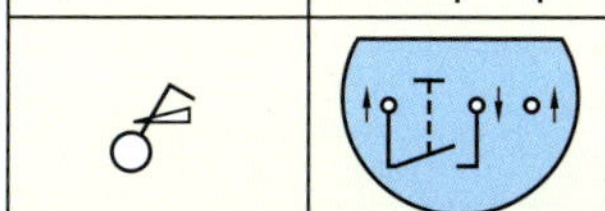		Dimmer mit Ausschalter, einpolig (Dimmer with single pole switch)	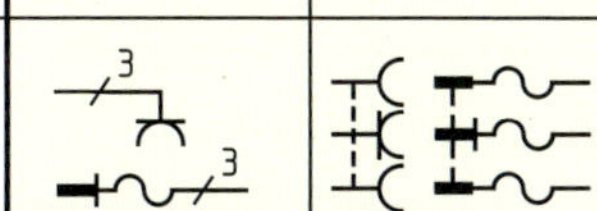		Schutzkontaktsteckdose und Schutzkontaktstecker (Protective contact socket and protective contact plug)
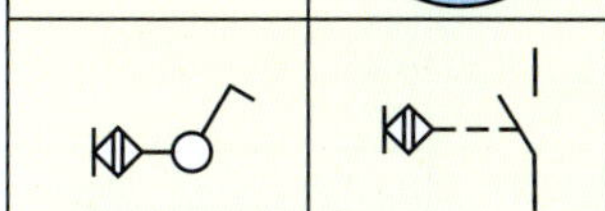		Sensorschalter (Sensor switch)	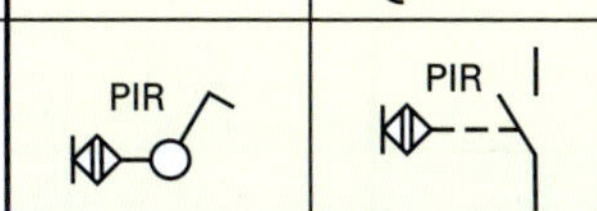		Bewegungsmelder, passiv infrarot (Motion sensor, passive infrared)

Schaltzeichen für Trenn-, Last- und Leistungsschalter

einpolig	allpolig	Benennung*	einpolig	allpolig	Benennung*
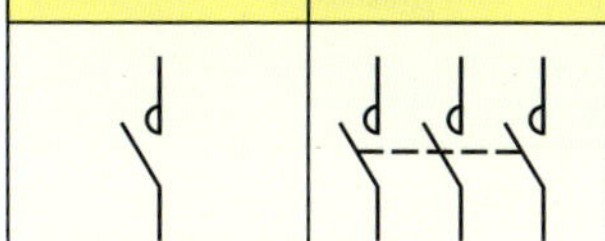		Schütz (Contactor)	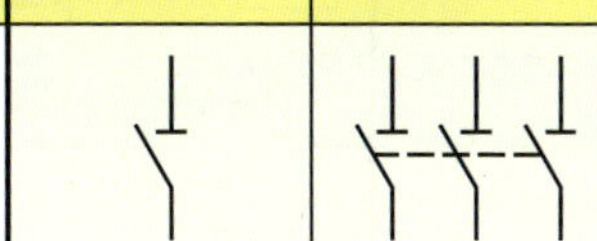		Trennschalter (Disconnector)
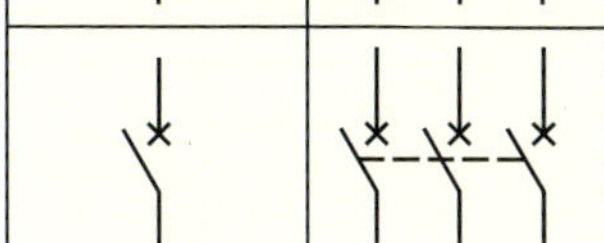		Leistungsschalter (Power circuit breaker)	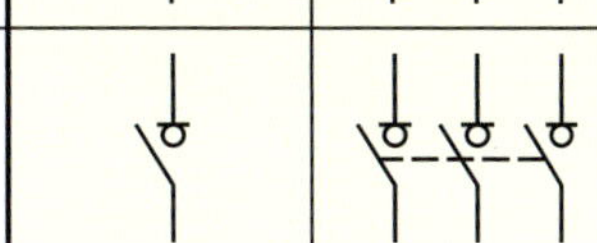		Lasttrennschalter (Load break switch)
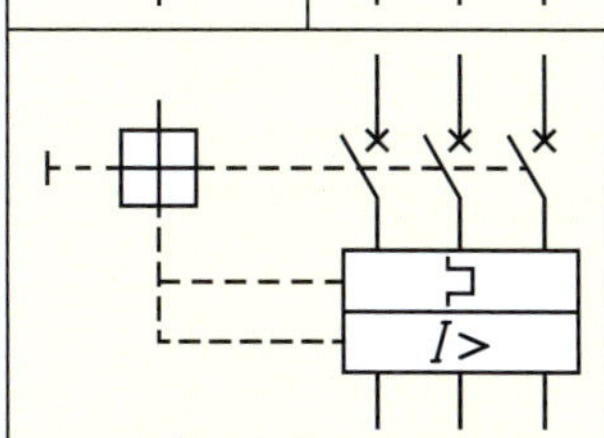		Leistungsschalter mit • thermischem Überlastauslöser und • magnetischem Kurzschluss-auslöser Power circuit breaker with • thermal overload trip and • electromagnetic trip)	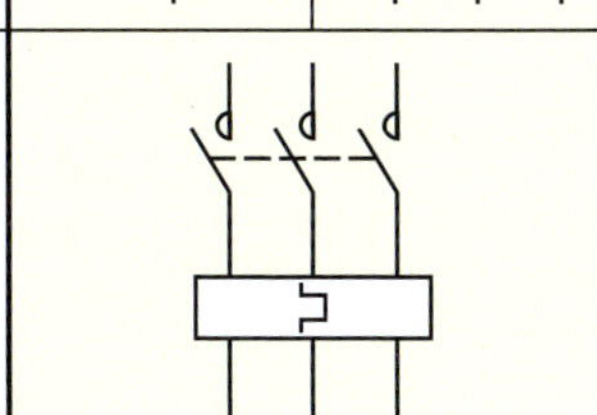		Schaltschütz mit angebautem thermischem Überlastrelais (Contactor with thermal overload relay)

* englischer Fachbegriff in Klammern

Schaltzeichen (3)

nach DIN EN 60617

Stromwandler, Fehlerstrom-Schutzeinrichtung (RCD)

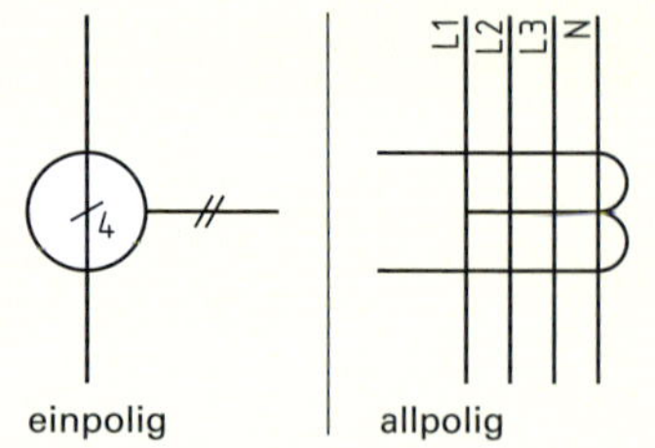	Summenstromwandler mit vier durchgefädelten Primärwicklungen (Summation current transformer with four threaded primary windings)	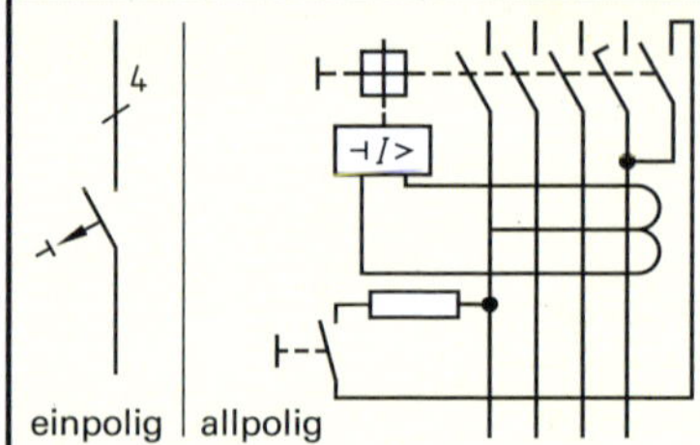	Fehlerstrom-Schutzeinrichtung (RCD) (Residual current protoctive device)

Kontaktarten

	Schließer (NO, normally open contact)		Öffner (NC, normally closed contact)		Wechsler (Umschaltkontakt) (Change-over break before make contact)

Schalterantriebe

Schaltzeichen	Benennung*	Schaltzeichen	Benennung*	Schaltzeichen	Benennung*
	Handbetätigung, allgemein (Manual actuation, general))	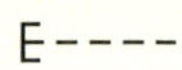	Betätigung durch Drücken (Operated by pushing)		Betätigung durch Ziehen (Operated by pulling)
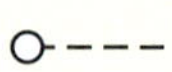	Betätigung durch Rollen (Operated by roller)	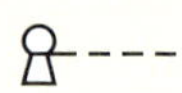	Betätigung durch Schlüssel (Operated by key)	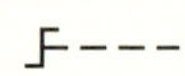	Betätigung durch Drehen (Rotary actuator)
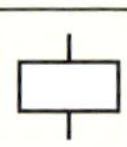	Schütz- oder Relaisspule, Antrieb elektromechanisch (Contactor or relais coil)	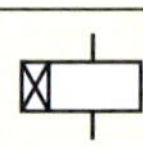	Antrieb, ansprechverzögert (Delayed pull-on relay)	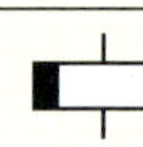	Antrieb, rückfallverzögert (Delayed pull-off relay)
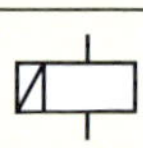	Remanenzrelais (Remanent relay)	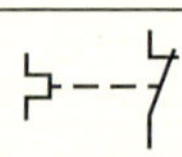	Kontakt eines Überlastrelais (Contact of a thermal relay)	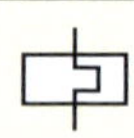	Thermisches Relais (Operating device of thermal relay)
	Thermokontakt (Self-operating thermal switch)	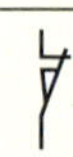	Endschalter, Öffner (Position switch, break contact)		Endschalter, Schließer (Position switch, make contact)
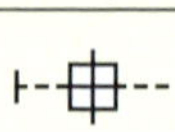	Schaltschloss (Tip-free mechanism)	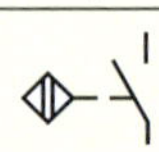	Näherungsschalter allgemein (Proximity switch, make contact)	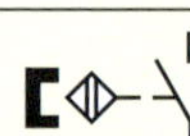	Durch Annähern von Magneten (Proximity switch, operated on the approach of magnet)
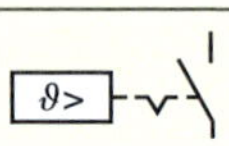	Schutztemperaturbegrenzer (Protective temperature limiter)	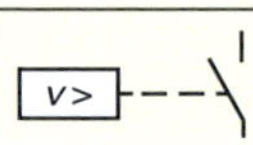	Strömungswächter (Flow monitor)	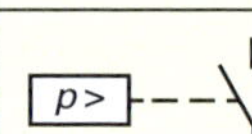	Druckwächter (Manostat)

Passive Bauelemente

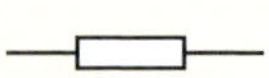	Widerstand, allgemein (Resistor)	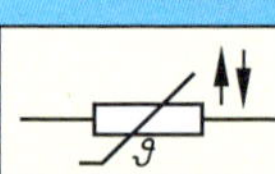	NTC-Widerstand (NTC-resistor)	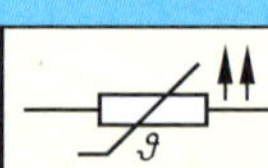	PTC-Widerstand (PTC-resistor)
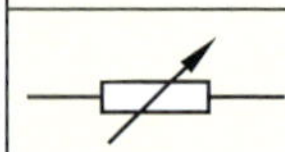	Widerstand, veränderbar (Adjustable resistor)	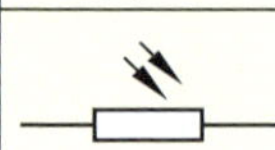	LDR-Widerstand (Light dependent resistor)	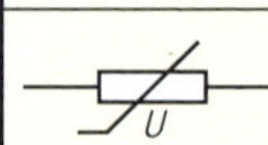	VDR-Widerstand (Voltage dependent resistor)
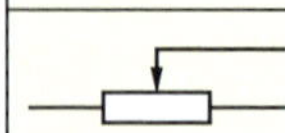	Potenziometer (Potentiometer)	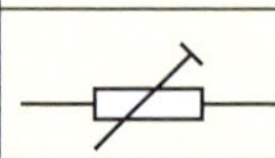	Einstellbarer Widerstand (Adjustable resistor)	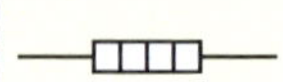	Heizwiderstand (Heating element)
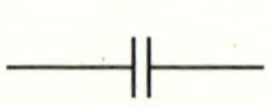	Kondensator, ungepolt (Capacitor, non-polarized)	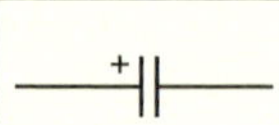	Elektrolyt-Kondensator (Electrolytic capacitor)	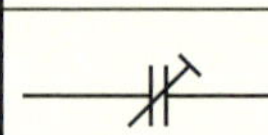	Einstellbarer Kondensator (Adjustable capacitor)
	Induktivität, Spule (Inductance, coil)		Induktivität mit Magnetkern (Inductance with magnetic core)	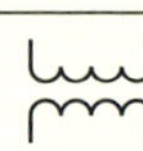	Transformator (Transformer)

* englischer Fachbegriff in Klammern

Schaltzeichen (4)

nach DIN EN 60617

Überstrom-Schutzeinrichtungen, Spannungsquellen

Schaltzeichen	Benennung*	Schaltzeichen	Benennung*	Schaltzeichen	Benennung*
	Sicherung, allgemein (Fuse, general symbol)		Sicherg. mit gekennz. Netzseite (Fuse with live end marked)		Leitungsschutzschalter (Line circuit breaker)
	Gleichstromquelle (Battery, DC source)		Gleichstromquelle, einstellbar (Adjustable DC power supply)		Wechselstromnetzgerät (AC power supply)
	Gleichstromnetzgerät (DC power supply)		Gleichstromnetzgerät einstellbar (Adjustable DC power supply)		Wechselstromnetzgerät einstellbar (Adjustable AC power supply)

Halbleiterbauelemente

Schaltzeichen	Benennung*	Schaltzeichen	Benennung*	Schaltzeichen	Benennung*
	Diode, allgemein (Diode, general)		Leuchtdiode (Light emitting diode)		Fotodiode (Photodiode)
	Vierschichtdiode (Reverse blocking diode)		Z-Diode (Zener-Diode)		Kapazitätsdiode (Variable capacitance diode)
	NPN-Transistor (NPN transistor)		PNP-Transistor (PNP transistor)		NPN-Transistor mit Metallgehäuse (NPN transistor with collector connected to case)
	Diac, bidirektionale Diode (Diac, bidirectional diode)		P-Gate Thyristor (P-gate Thyristor)		N-Gate Thyristor (N-gate Thyristor)
	Triac (Triac)		J-FET, N-Kanal (Junction field effect transistor, N-type channel)		J-FET, P-Kanal (Junktion field effect transistor, P-type channel)
	IG-FET Anreicherungstyp, P-Kanal (IG-FET enhancement type, P-type channel)		IG-FET Anreichungstyp, N-Kanal (IG-FET enhancement type, N-type channel)		IG-FET Verarmungstyp, P-Kanal (IG-FET depletion type, P-type channel)
	IG-FET Verarmungstyp, N-Kanal (IG-FET depletion type, N-type channel)		IGBT, Bipolarer Isolierschicht-Transistor, Verarmungstyp P-Kanal (IGBT, depletion type, P-type channel)		IGBT, Bipolarer Isolierschicht-Transistor, Anreicherungstyp N-Kanal (IGBT, enhancement type N-type channel)

Binäre Elemente

Schaltzeichen	Benennung*	Schaltzeichen	Benennung*	Schaltzeichen	Benennung*
	UND-Element (AND element)		ODER-Element (OR element)		Negation (Nicht-Element) (Inverter)
	NAND-Element (NAND element)		NOR-Element (NOR element)		Antivalenz-Element (Exclusive-OR-element)
	Inhibition (Inhibition)		Implikation (Implication)		Äquivalenz-Element (Logic identity element)
	RS-Kippglied (RS-flip-flop)		T-Kippglied (T-flip-flop)		D-Kippglied (D-flip-flop)
	Einflankengesteuertes JK-Kippglied, gesteuert mit steigender Taktflanke (Edge-triggered JK-flip-flop 0 → 1)		Einflankengesteuertes JK-Kippglied, gesteuert mit fallender Taktflanke (Edge-triggered JK-flip-flop 1 → 0)		Zweiflankengesteuertes JK-Kippglied (Dual-edge-triggered JK flip-flop)

* englischer Fachbegriff in Klammern

Infoteil

Schaltzeichen (5)

nach DIN EN 60617

Elektrische Antriebe

Schaltzeichen	Benennung*	Schaltzeichen	Benennung*	Schaltzeichen	Benennung*
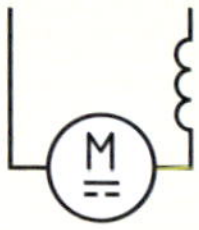	Gleichstrom-Reihenschluss-motor (DC series motor)	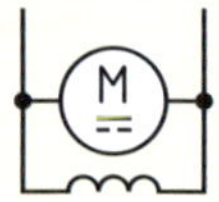	Gleichstrom-Nebenschlussmotor (DC shunt motor)	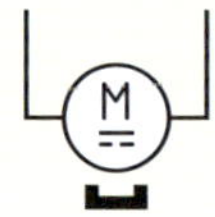	Fremderregter Gleichstrom-motor mit Dauermagnet-erregung (DC motor with permanent magnet excitation)
	Einphasen-Reihenschluss-motor (Single-phase series motor)		Drehstrom-Asynchronmotor mit Schleifringläufer (Three-phase asynchronous induction motor with slip-ring rotor)		Drehstrom-Asynchronmotor (Induction motor, threephase)
Umrichter					
	Gleichstrom-Umrichter DC-DC (DC/DC converter)	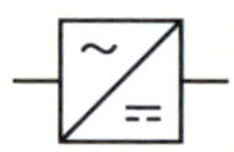	Gleichrichter (Rectifier)		Wechselrichter (Inverter)
Messgeräte					
	Strommesser (Ammeter)	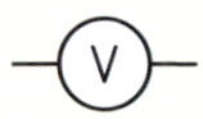	Spannungsmesser (Voltmeter)	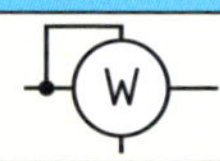	Leistungsmesser (Wattmeter)
	kWh-Zähler (kWh-hour meter)		Widerstandsmesser (Ohmmeter)		Oszilloskop (Oscilloscope)
Sinnbilder für Skalen von Messgeräten					
	Drehspulmesswerk (Moving-coil measuring element)		Dreheisenmesswerk (Moving-iron measuring element)		Elektrodynamisches Messwerk (Electrodynamic measuring element)
	Gebrauchslage waagerecht (Horizonal use position)		Gebrauchslage senkrecht (Perpendicular use position)	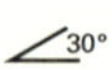	Gebrauchslage mit Neigungs-winkel (Use position with angle)
	Gleichstrom (Direct current)		Wechselstrom (Alternating current)		Gleich- und Wechselstrom (Direct and alternating current)
	Drehstrom (Three-phase current)		Prüfspannung 500 V (Test voltage 500 V)		Prüfspannung 2 kV (Test voltage 2 kV)
Meldeeinrichtungen					
	Wecker, Klingel (Bell)		Gong, Einschlagwecker (Single-stroke bell)	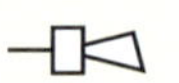	Hupe (Horn)
	Meldeleuchte (Indicator lamp)		Sirene (Siren)		Schnarre, Summer (Buzzer)
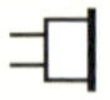	Hörkapsel (Earphone)		Mikrofon (Microphone)		Lautsprecher (Loudspeaker)
Überspannungs-Schutzeinrichtungen					
	Funkenstrecke (Spark gap)		Überspannungsableiter (Surge arrester, lightning arrester)		Überspannungsableiter in Gasentladungsröhre (Gas discharge tube arrester, GDT)

* englischer Fachbegriff in Klammern

Schaltzeichen (6)

KNX-Systemgeräte

Schaltzeichen	Benennung*	Schaltzeichen	Benennung*	Schaltzeichen	Benennung*
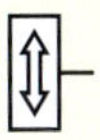	Busankoppler (Bus coupler)	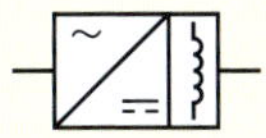	Spannungsversorgung mit Drossel (Voltage supply with choke)	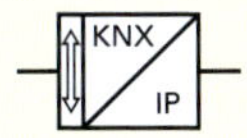	KNX-IP-Schnittstelle (Gateway, KNX to IP)
	Spannungsversorgung (Voltage supply)	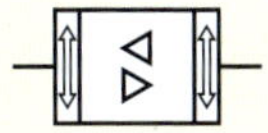	Linienkoppler, Bereichskoppler, Linienverstärker (Coupler, line amplifier)	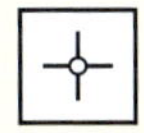	Verbinder (Connector)
	Drossel (Choke)		Datenschnittstelle, z. B. USB (Interface, e. g. USB)	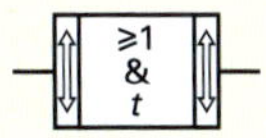	Logikmodul (Logic module)

KNX-Sensoren

Schaltzeichen	Benennung*	Schaltzeichen	Benennung*	Schaltzeichen	Benennung*
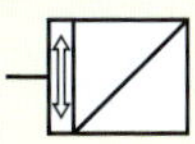	Sensor, allgemein (Sensor, in general)	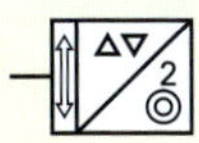	Jalousiensensor, z. B. 2 Kanäle (Blinds sensor, e. g. 2 channels)	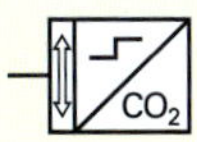	CO_2 Sensor (CO_2 sensor)
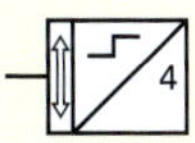	Binärsensor, z. B. 4 Eingänge (Binary sensor, e. g. 4 channels)	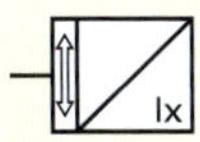	Helligkeitssensor (Brightness sensor)	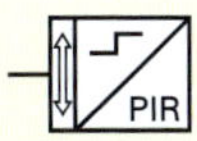	Bewegungsmelder (Motion detector, passive infrared)
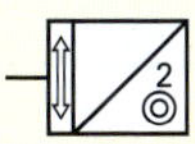	Tastsensor, z. B. 2 Eingänge (Sensor push-button, e. g. 2 channels)	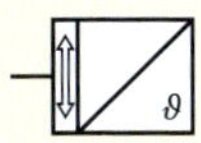	Temperatursensor (Temperature sensor)	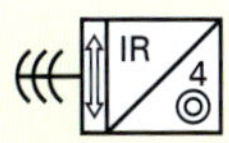	IR-Sender, z. B. 4 Kanäle (IR transmitter, e. g. 4 channels)
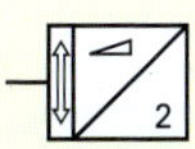	Analogsensor, z. B. 2 Eingänge (Analog sensor, e. g. 2 channels)	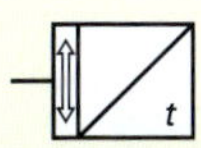	Zeitsensor, Uhr (Time sensor)	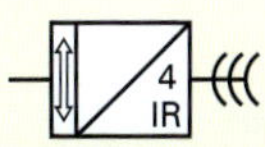	IR-Empfänger-Dekoder, z. B. 4 Kanäle (IR receiver-decoder, e. g. 4 channels)
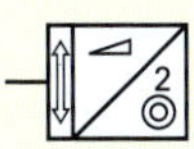	Dimmsensor, z. B. 2 Kanäle (Dimming sensor, e. g. 2 channels)	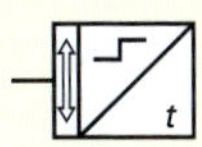	Zeitwertschalter, Zeitschaltuhr (Time value switch, timer)	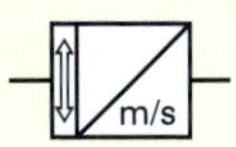	Windgeschwindigkeitssensor (Wind speed sensor)

KNX-Aktoren

Schaltzeichen	Benennung*	Schaltzeichen	Benennung*	Schaltzeichen	Benennung*
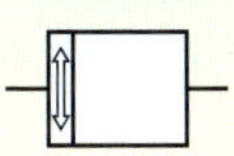	Aktor, allgemein (Actuator, in general)	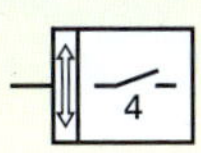	Schaltaktor, z. B. 4 Binärausgänge (Actuator, e. g. 4 binary channels)	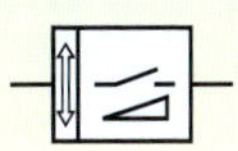	Dimmaktor (Dimming actuator)
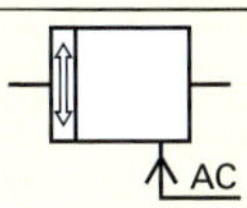	Aktor mit Hilfsspannung, z. B. AC (Actuator with auxiliary voltage)	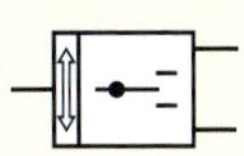	Jalousieaktor (Blind actuator)	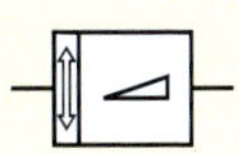	Analogaktor (Analog actuator)
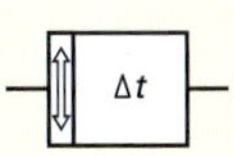	Aktor mit Zeitverzögerung (Actuator with time delay)		Ventilstellantrieb (Valve drive, motor operated)	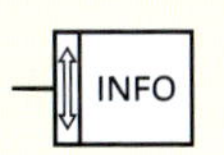	Anzeigetableau (Indication unit, information display)

* englischer Fachbegriff in Klammern

Wichtige elektrotechnische Symbole

DIN EN 60598 (VDE 0711)
DIN EN 61140 (VDE 0140)
DIN EN 60204 (VDE 0113)
DIN EN 60529 (VDE 0470)

Elektrotechnische Symbole für Strom- und Spannungsarten

Gleichstrom, Gleichspannung, DC	Wechselstrom, Wechselspannung, AC	Gleichstrom und Wechselstrom	Drehstrom	Mischstrom, UC

Symbole an Leuchten für Montage...

Kein Symbol / gültig bis April 2012: F – auf schwer- oder normal entflammbaren Baustoffen	D – in feuergefährdeten Betriebsstätten	Aufbauleuchte / Einbauleuchte – nur auf nichtbrennbaren Baustoffen	M / M M – an oder in Möbeln. Höchsttemperatur der Leuchte im Fehlerfall 180 °C / 115 °C	nicht in Wärmedämmung

Symbole für Schutzklassen und Explosionsschutz

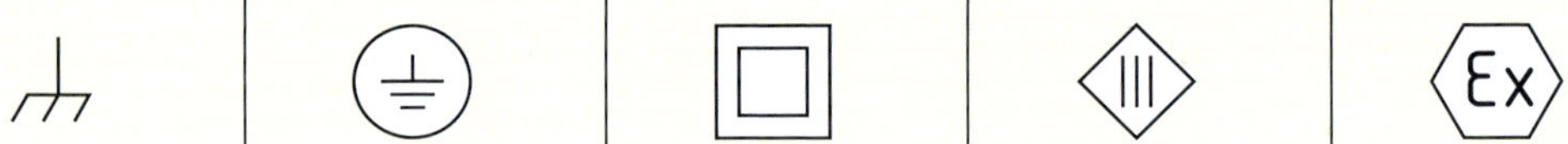

Masse	Schutzleiter (Schutzklasse I)	Schutzisolierung (Schutzklasse II)	Schutzkleinspannung (Schutzklasse III)	Explosionsschutz

Symbole für die Betätigung von Bedienteilen

EIN-AUS	AUS	Start (eines Vorgangs)	Stopp (eines Vorgangs)	Not-Aus, Not-Halt

Farbkennzeichnung von Leuchtmeldern (gilt auch für Taster)

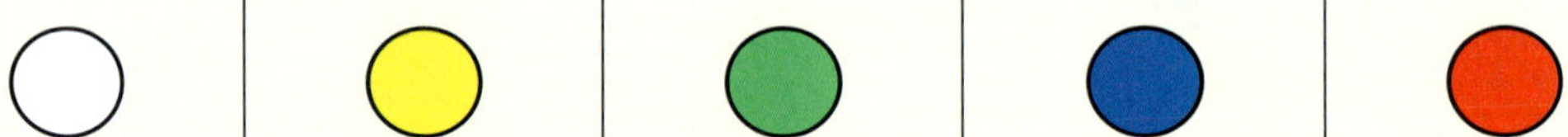

Neutral, andere Zustände	Anormal, bevorstehender kritischer Zustand	Normal	Zwingend, Handlung durch den Bediener erforderlich	Notfall, gefahrbringender Zustand

Symbole für IP-Schutzarten

IP 21		IP 33		IP 54		IP 55		IP 65	
Schutz gegen		Schutz gegen		Schutz gegen		Schutz gegen		Schutz gegen	
Berühren mit den Fingern (Ø ≥ 12,5 mm)	Senkrechtes Tropfwasser	Berühren mit Werkzeugen (Ø ≥ 2,5 mm)	Sprühwasser bis zu 60° schräg, regengeschützt	Vollständiger Berührungsschutz, staubgeschützt	Spritzwasser aus allen Richtungen	Vollständiger Berührungsschutz, staubgeschützt	Strahlwasser aus allen Richtungen	Vollständiger Berührungsschutz, staubdicht	Strahlwasser aus allen Richtungen

Wichtige Prüfzeichen, Symbole und Logos

Prüfzeichen

VDE-Zeichen für elektrotechnische Erzeugnisse	VDE-Zeichen für Bauelemente und Baugruppen der Elektronik	VDE-Kabelzeichen für Leitungen, Kabel und Installationsrohr	VDE-EMV-Zeichen für Elektrogeräte	EMV-Konformitätsnachweis durch TÜV
Prüfzeichen für Erzeugnisse nach harmonisierten Zertifizierungsverfahren	VDE-Harmonisierungskennzeichnung	CECC-Zeichen für Elektronikbauteile	VDE-GS-Zeichen nach dem Geräte- und Produktsicherheitsgesetz	EU-Konformitätserklärung der Beachtung aller relevanten Vorschriften durch den Hersteller
TÜV-GS-Zeichen nach dem Geräte- und Produktsicherheitsgesetz	ENEC+ Peformance-Kennzeichnung für LED-Leuchten	Zertifizierungszeichen Übereinstimmung mit europ. Normen und Sicherheitsstandards	Umweltsiegel für recyclinggerechte Konstruktion und umweltschonende Produktion	Globale CSA Prüfzeichen **CSA**, Abk. für: **C**anadian **S**tandards **A**ssociation
USA-UL-Prüfzeichen **UL**, Abkürzung für **U**nderwriters **L**aboratories	Österreichisches Prüfzeichen	Schweizerisches Prüfzeichen	Italienisches Prüfzeichen	Dänisches Prüfzeichen

Allgemeine Symbole und Logos

Zentralverband Elektrotechnik und Elektroindustrie	Zentralverband der elektrotechnischen und informationstechnischen Handwerke	Elektroinnung	Handwerksbetrieb	Handwerkskammer
Industrie- und Handelskammer	Berufsgenossenschaft Energie Textil Elektro Medienerzeugnisse	E-Check Prüfplakette	E-Check Prüfplakette Maschinen u. Antriebe	E-Check Prüfplakette Elektromobilität
Duales System (umweltgerechte Entsorgung)	Betrieb mit Qualitätsmanagement vom TÜV zertifiziert	Zur sicheren Handhabung sind Fachkenntnisse erforderlich	Deutsches Institut für Normung	Technischer Überwachungsverein

Kennzeichnung von Widerständen und Kondensatoren

DIN EN 60062

Farbschlüssel für Kohleschichtwiderstände

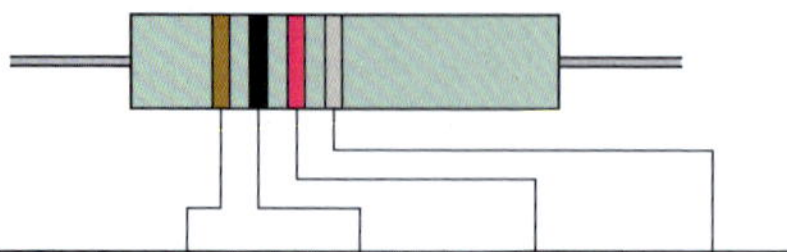

Kennfarbe	Kurzzeichen	1. Ziffer	2. Ziffer	Multiplikator	Toleranz in %
		Widerstandswert in Ω			
	BK (sw)	–	0	1	–
	BN (br)	1	1	10^1	±1
	RD (rt)	2	2	10^2	±2
	OG (or)	3	3	10^3	–
	YE (ge)	4	4	10^4	–
	GN (gn)	5	5	10^5	±0,5
	BU (bl)	6	6	10^6	±0,25
	VT (vi)	7	7	10^7	±0,1
	GY (gr)	8	8	10^8	–
	WH (ws)	9	9	10^9	–
keine	–	–	–	–	±20
Silber	SR –	–	–	10^{-2}	±10
Gold	GD –	–	–	10^{-1}	±5

Farbschlüssel für Metallschichtwiderstände

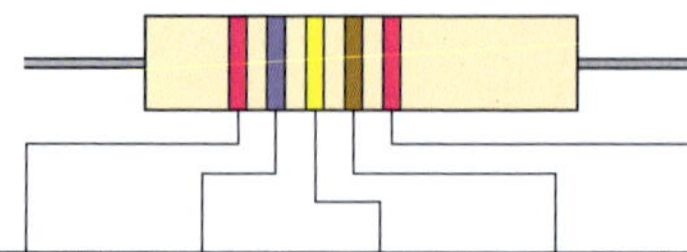

Kennfarbe	1. Ziffer	2. Ziffer	3. Ziffer	Multiplikator	Toleranz in %
	Widerstandswert in Ω				
	–	0	0	1	–
	1	1	1	10^1	±1
	2	2	2	10^2	±2
	3	3	3	10^3	–
	4	4	4	10^4	–
	5	5	5	10^5	±0,5
	6	6	6	10^6	±0,25
	7	7	7	10^7	±0,1
	8	8	8	10^8	–
	9	9	9	10^9	–
keine	–	–	–	–	–
Silber	–	–	–	10^{-2}	±10
Gold	–	–	–	10^{-1}	±5

E-Reihen für Widerstände und Kondensatoren

E6	1,0				1,5				2,2				3,3				4,7				6,8			
E12	1,0		1,2		1,5		1,8		2,2		2,7		3,3		3,9		4,7		5,6		6,8		8,2	
E24	1,0	1,1	1,2	1,3	1,5	1,6	1,8	2,0	2,2	2,4	2,7	3,0	3,3	3,6	3,9	4,3	4,7	5,1	5,6	6,2	6,8	7,5	8,2	9,1
E48	1,00		1,21		1,47		1,78		2,15		2,61		3,16		3,83		4,64		5,62		6,81		8,25	
	1,05		1,27		1,54		1,87		2,26		2,74		3,32		4,02		4,87		5,90		7,15		8,66	
	1,10		1,33		1,62		1,96		2,37		2,87		3,48		4,22		5,11		6,19		7,50		9,09	
	1,15		1,40		1,69		2,05		2,49		3,01		3,65		4,42		5,36		6,49		7,87		9,53	

Beispiel Reihe E12: 1,0 Ω; 1,2 Ω ... 8,2 Ω; 1,0 kΩ; 1,2 kΩ ... 8,2 kΩ; 10 kΩ; 12 kΩ ... 82 kΩ; 100 kΩ; 120 kΩ ... 820 kΩ

Alphanumerische Kennzeichnung von Widerständen und Kondensatoren

Widerstände	R33	3R3	33R	K33	3K3	33K	M33	3M3	33M
	0,33 Ω	3,3 Ω	33 Ω	0,33 kΩ	3,3 kΩ	33 kΩ	0,33 MΩ	3,3 MΩ	33 MΩ
Kondensatoren	4p7	47p	n47	4n7	47n	µ47	4µ7	47µ	m47
	4,7 pF	47 pF	0,47 nF	4,7nF	47 nF	0,47 µF	4,7 µF	47 µF	0,47 mF

Auslösekennlinien von Überstrom-Schutzeinrichtungen

DIN VDE 0636
DIN VDE 0641
DIN VDE 0660

Strom-Zeit-Kennlinien von Niederspannungssicherungen, Ganzbereichssicherungen gG (früher gL)

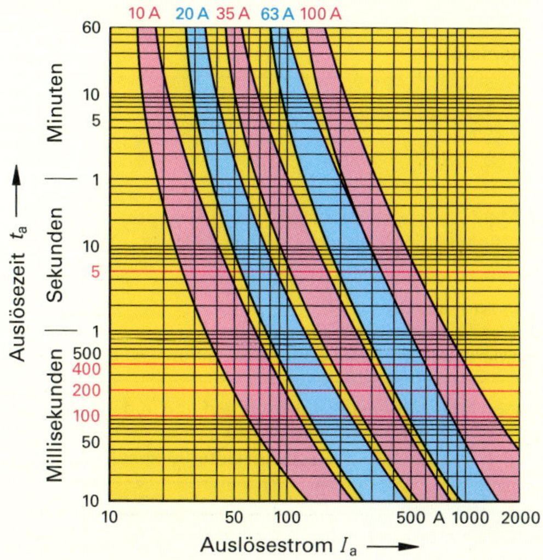

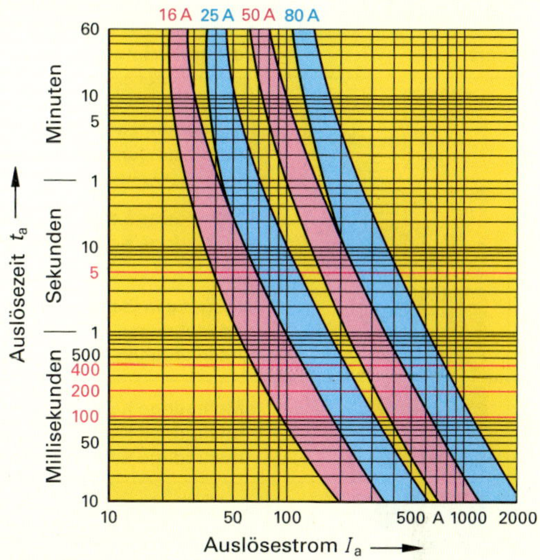

Kennlinie der Schmelzsicherung gG 13 A (nach DIN VDE 0636-3): Seite 322
Bemessungssströme von Schmelzsicherungen gG: 2 A, 4 A, 6 A, 10 A, 13 A, 16 A, 20 A, 25 A, 35 A, 50 A, 63 A, 80 A und 100 A

Auslösekennlinien von Leitungsschutzschaltern (LS-Schalter Typ B, C, D, K und Z)

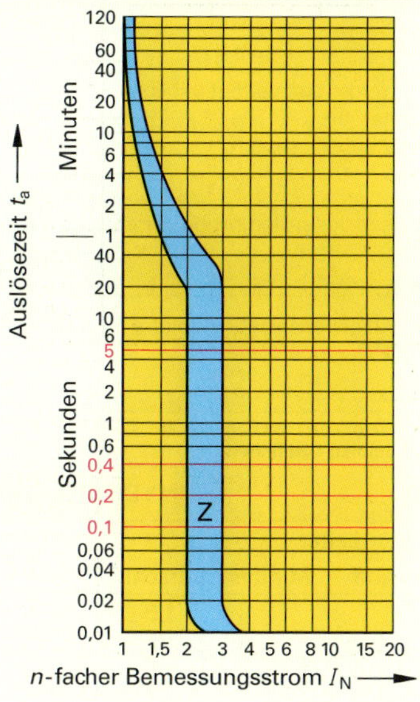

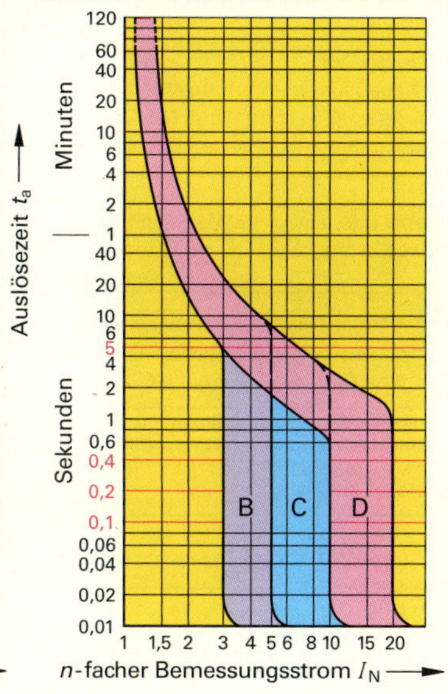

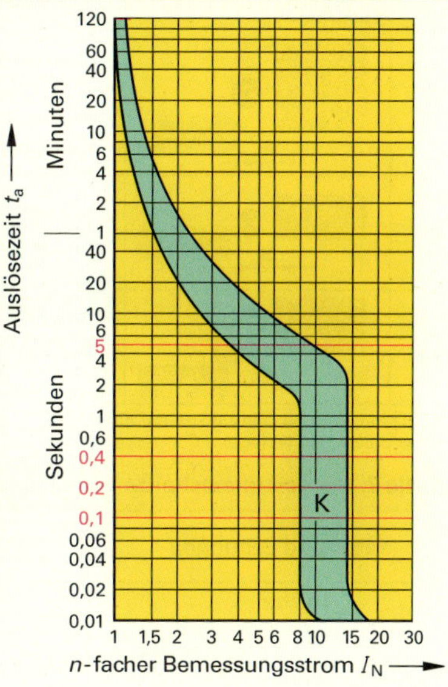

Bemessungströme von LS-Schaltern (Typ B):
6 A, 10 A, 13 A, 16 A, 20 A, 25 A, 32 A, 40 A, 50 A, 63 A, 80 A, 100 A und 125 A.

Charakteristiken und χ-Faktoren[1] von LS-Schaltern zur Berechnung des Abschaltstromes I_a (Auswahl)

Charakteristik	Z	B	C	D	K
χ-Faktor	1,20	1,45	1,45	1,45	1,20
Abschaltstrom I_a	$3 \cdot I_N$	$5 \cdot I_N$	$10 \cdot I_N$	$20 \cdot I_N$	$14 \cdot I_N$

Beispiel: LS-Schalter B16, $I_a = 5 \cdot I_N = 5 \cdot 16\ A = 80\ A$

LS-Schalter Typ Z und K (χ = 1,2) lösen im Überlastbereich früher aus als LS-Schalter des Typs B, C und D (χ = 1,45)

[1] Griechischer Kleinbuchstabe chi

Anwendungsbeispiele (Charakteristik):

- Z: Halbleiterschutz, Spannungswandler
- B: Hausinstallation, Steckdosenstromkreise
- C: Kleintransformatoren, Motoren, Beleuchtungsstromkreise
- D, K: Motorstromkreise oder Transformatoren mit hohem Einschaltstrom

Verlegearten von Kabeln und isolierten Leitungen, Mindestquerschnitte elektrischer Leiter

DIN VDE 0298-4
DIN VDE 0100-520

Tabelle 1: Verlegearten von Kabeln und isolierten Leitungen — DIN VDE 0298-4

Verlegeart		Verlegebedingungen (wichtige Beispiele)
A1	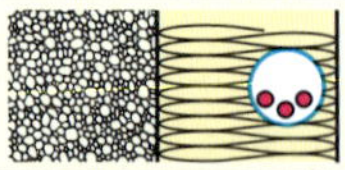	**Verlegung in wärmegedämmten Wänden** • Aderleitungen im Elektroinstallationsrohr, • Aderleitungen in Formleisten oder in Formteilen.
A2	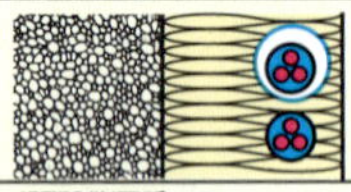	• Mehradrige Kabel oder mehradrige Mantelleitungen im Elektroinstallationsrohr, • mehradrige Kabel oder mehradrige Mantelleitungen in einer wärmegedämmten Wand.
B1	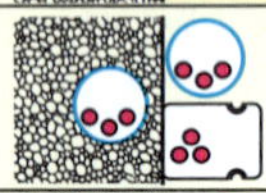	**Verlegung in Elektroinstallationsrohren und -kanälen** • Aderleitungen im Elektroinstallationsrohr auf oder in der Wand, • Aderleitungen, einadrige Kabel oder Mantelleitungen im Elektroinstallationskanal.
B2		• Mehradrige Kabel oder Mantelleitungen im Elektroinstallationsrohr auf und in der Wand, • mehradrige Kabel oder Mantelleitungen im Elektroinstallationskanal, • mehradrige Kabel oder Mantelleitungen im Sockelleisten- oder im Unterflurkanal.
C*	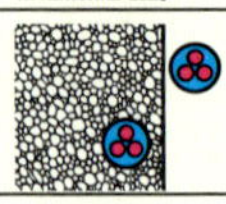	**Verlegung direkt auf oder in den Untergrund (Wand)** • Ein- oder mehradrige Kabel oder Mantelleitungen auf oder in der Wand oder unter der Decke, • Stegleitungen im oder unter Putz.
D		**Verlegung im Erdboden** • Mehradriges Kabel oder mehradrige ummantelte Installationsleitung im Elektroinstallationsrohr oder im Kabelschacht in der Erde.
E	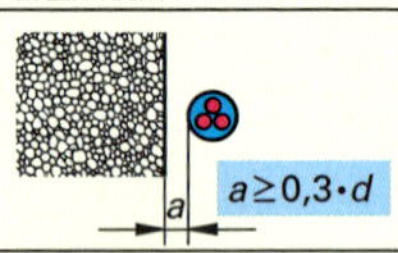	**Verlegung frei in der Luft** • Mehradrige Kabel oder mehradrige Mantelleitungen frei in der Luft verlegt mit einem Mindestabstand $a \geq 0{,}3 \cdot d$ zur Wand (d = Leitungsdurchmesser), • Kabel oder Leitungen auf gelochten Kabelrinnen oder auf Kabelkonsolen.
F	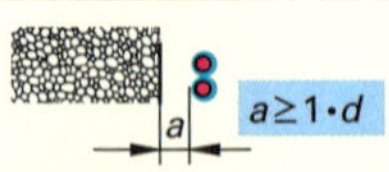	• Einadrige Kabel oder einadrige Mantelleitungen mit gegenseitiger Berührung verlegt und mit einem Mindestabstand $a \geq 1 \cdot d$ zur Wand.
G	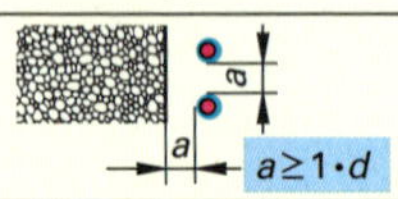	• Einadrige Kabel oder einadrige Mantelleitungen mit einem gegenseitigen Abstand $a \geq 1 \cdot d$ verlegt und einem Mindestabstand $a \geq 1 \cdot d$ zur Wand, • blanke Leiter oder Aderleitungen auf Isolatoren.

* Wird eine einzelne Leitung z. B. auf einer Länge von < 50 mm vollständig gedämmt, ist ein Reduktionsfaktor von 0,89 bezogen auf die Strombelastbarkeit der Verlegeart C anzuwenden. Weitere Reduktionsfaktoren sind in der DIN VDE 0100-520 Beiblatt 1 zu finden.

Tabelle 2: Mindestquerschnitte von elektrischen Leitern — DIN VDE 0100-520

Kabel und Leitungen		Stromkreisart	Leiter	
			Werkstoff	Mindestquerschnitt in mm²
Bei fester Verlegung	Kabel, Mantelleitungen und Aderleitungen	Leistungs- und Beleuchtungsstromkreise	Cu Al	1,5 16[1]
		Melde- und Steuerstromkreise	Cu	0,5
	blanke Leiter	Leistungsstromkreise	Cu Al	10 16[1]
		Melde- und Steuerstromkreise	Cu	4
Bewegliche Leitungen			Cu	0,75
Schutzpotenzialausgleichsleitungen, Erdungsleitungen				
Schutzpotenzialausgleich über die Haupterdungsschiene zusätzlicher Schutzpotenzialausgleich in Baderäumen: – geschützt verlegt – ungeschützt verlegt			Cu Cu Cu	6 2,5 4
PEN-Leiter			Cu	10

[1] in Deutschland werden Kabel mit Aluminiumleiter ab einem Leiterquerschnitt von $A = 25\ mm^2$ hergestellt

Strombelastbarkeit, Umrechnungsfaktoren von Kabeln und isolierten Leitungen

DIN VDE 0298-4 (Auszug)

Tabelle 1:
- **Bemessungswert I_r der Strombelastbarkeit von Kabeln und Leitungen (PVC-isoliert) für feste Verlegung in den Verlegearten A1, A2, B1, B2, C und E.**
- **Bemessungsstrom I_N der Überstrom-Schutzeinrichtung in A (Leitungsschutzsicherungen gG und LS-Schaltern Typ B, C und D mit einem Abschaltstrom $I_a \leq 1{,}45 \cdot I_N$).**
- **Betriebstemperatur am Leiter bis: 70 °C, Umgebungstemperatur: 30 °C.**

Verlegeart		A1		A2		B1		B2		C		E	
belastete Adern		2	3	2	3	2	3	2	3	2	3	2	3
Leiternennquerschnitt in mm² Cu		Bemessungswert I_r der Strombelastbarkeit von Kabeln und Leitungen in A											
		Bemessungsstrom I_N der zugehörigen Überstrom-Schutzeinrichtungen in A											
1,5	I_r	15,5	13,5	15,5	13	17,5	15,5	16,5	15	19,5	17,5	22	18,5
	I_N	13	13	13	13	16	13	16	13	16	16	20	16
2,5	I_r	19,5	18	18,5	17,5	24	21	23	20	27	24	30	25
	I_N	16	16	16	16	20	20	20	20	25	20	25	25
4	I_r	26	24	25	23	32	28	30	27	36	32	40	34
	I_N	25	20	25	20	32	25	25	25	35	32	40	32
6	I_r	34	31	32	29	41	36	38	34	46	41	51	43
	I_N	32	25	32	25	40	35	35	32	40	40	50	40
10	I_r	46	42	43	39	57	50	52	46	63	57	70	60
	I_N	40	40	40	35	50	50	50	40	63	50	63	50
16	I_r	61	56	57	52	76	68	69	62	85	76	94	80
	I_N	50	50	50	50	63	63	63	50	80	63	80	80
25	I_r	80	73	75	68	101	89	90	80	112	96	119	101
	I_N	80	63	63	63	100	80	80	80	100	80	100	100

Bemessungswerte I_r für die Verlegearten F und G siehe DIN VDE 0298-4 oder Tabellenbuch Elektrotechnik.

Tabelle 2: Umrechnungsfaktoren f_1 für abweichende Umgebungstemperaturen

Umgebungstemperatur in °C	10	15	20	25	30	35	40	45	50	55	60	65	70
PVC-Isolierung	1,22	1,17	1,12	1,06	1,0	0,94	0,87	0,79	0,71	0,61	0,5	0,35	–
Gummi-Isolierung	1,29	1,22	1,15	1,08	1,0	0,91	0,82	0,71	0,58	0,41	–	–	–

Tabelle 3: Umrechnungsfaktoren f_2 bei Häufung von Kabeln oder Leitungen auf der Wand, im Rohr oder im Kanal verlegt

Anordnung der Leitungen		Anzahl der mehradrigen Leitungen oder Anzahl der Wechsel- oder Drehstromkreise aus einadrigen Leitungen									
		1	2	3	4	5	6	7	8	9	10
Gebündelt direkt auf der Wand, auf dem Fußboden, im Elektroinstallationskanal oder -rohr, auf oder in der Wand	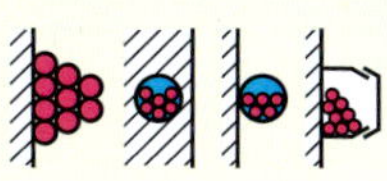	1,0	0,8	0,7	0,65	0,6	0,57	0,54	0,52	0,5	0,48
Einlagig ohne Zwischenraum auf der Wand oder auf dem Fußboden ohne Zwischenraum	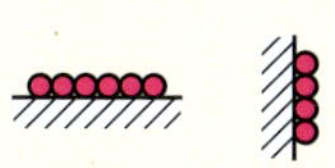	1,0	0,85	0,79	0,75	0,73	0,72	0,72	0,71	0,7	0,7

Umrechnungsfaktoren für weitere Leitungsanordnungen: Tabellenbuch Elektrotechnik oder DIN VDE 0298-4

Tabelle 4: Umrechnungsfaktoren f_3 für mehradrig belastete Kabel und Leitungen[1]

Anzahl der belasteten Adern	2	3	5	7	10	14	19	24	40	61
Umrechnungsfaktor f_3	1	1	0,75	0,65	0,55	0,5	0,45	0,4	0,35	0,3

Bei 2 und 3 belasteten Adern sind die Bemessungswerte I_r der Tabelle 1 zu entnehmen, [1] Verlegung in Luft

Betriebsdaten von Drehstrom-Asynchronmotoren mit Kurzschlussläufer*

Niederspannungsmotoren 400 V, 50 Hz, S1, IP 55, Oberflächenkühlung

Baugröße	P_N in kW	M_N in Nm	I_N in A	n_N in ^{1}/min	η_N in %	cos φ	$\frac{I_A}{I_N}$	$\frac{M_A}{M_N}$	$\frac{M_K}{M_N}$	m in kg
Drehfelddrehzahl n_s = 3000 ^{1}/min (Energiesparmotoren IE3 nach DIN EN 60034-30)										
80M	0,75	2,50	1,58	2860	80,6	0,85	6,1	2,5	3,0	10
80M	1,1	3,64	2,26	2885	82,6	0,85	7,1	3,0	3,7	11
90S	1,5	4,91	3,0	2920	83,9	0,86	8,1	2,7	3,8	13
90L	2,2	7,19	4,2	2920	85,9	0,88	8,2	2,7	3,9	16
100L	3,0	9,81	5,6	2920	87,9	0,88	8,1	3,2	4,3	26
112M	4,0	12,90	7,4	2955	87,7	0,89	8,0	2,9	3,7	34
132S	5,5	17,80	9,9	2950	89,1	0,90	7,3	2,4	3,7	43
132S	7,5	24,30	13,1	2950	89,8	0,92	8,3	2,7	3,9	57
160M	11,0	35,50	20	2955	91,2	0,87	7,6	2,5	3,8	75
Drehfelddrehzahl n_s = 1500 ^{1}/min (Energiesparmotoren IE3 nach DIN EN 60034-30)										
80M	0,75	4,92	1,73	1455	82,3	0,76	6,8	2,6	3,5	11
90S	1,1	7,27	2,4	1445	83,7	0,79	7,2	2,7	3,8	13
90L	1,5	9,91	3,18	1445	85,1	0,80	7,7	2,8	3,1	16
100L	2,2	14,3	4,4	1465	87,0	0,83	8,4	3,2	3,9	23,2
100L	3,0	19,6	5,9	1460	88,4	0,83	8,3	2,5	3,7	30
112M	4,0	26,2	7,9	1460	89,1	0,82	7,1	2,4	3,7	34
132S	5,5	35,6	10,5	1475	90,0	0,84	8,2	2,8	3,8	64
132M	7,5	48,9	14,3	1465	90,1	0,84	8,2	2,6	3,9	64
160M	11,0	71,2	20,5	1475	92,2	0,84	7,6	2,6	3,3	83
Drehfelddrehzahlen n_s = 1500/3000 ^{1}/min, Polumschaltbare Motoren in Dahlanderschaltung Δ/YY										
71	0,37 0,55	2,6 1,9	1,2 1,7	1370 2760	61,8 63,1	0,72 0,74	3,2 3,3	1,6 1,7	2,0 2,0	5
80	0,55 0,75	3,8 2,5	1,6 2,0	1400 2850	66,1 70,3	0,75 0,77	4,3 4,5	1,7 1,8	1,9 2,0	8
90S	1,0 1,2	6,7 4,0	2,7 3,0	1430 2890	69,4 74,0	0,77 0,78	5,3 5,4	1,8 1,9	2,0 2,0	13
100L	2,0 2,6	13,0 8,6	5,0 5,8	1450 2900	72,2 76,1	0,80 0,85	5,9 6,6	2,1 2,2	2,1 2,1	21
132S	4,7 5,7	31,0 17,0	11 12	1450 2920	77,1 78,8	0,80 0,87	6,5 7,0	2,3 2,4	2,7 2,8	65

P_N Bemessungsleistung, M_N Bemessungsmoment, M_A Anlaufmoment, n_N Bemessungsdrehzahl, cos φ Wirkfaktor bei P_N, I_N Bemessungsstrom, I_A Anlaufstrom, m Masse, η_N Bemessungswirkungsgrad

* Die Bemessungsleistungen P_N und Baugrößen von Motoren sind nach DIN genormt; Motordaten verschiedener Hersteller können sich unterscheiden.

Dioden

BAY 44
CQX 35
BZX 55 ...

Silicium-Universaldiode BAY 44 (Auszug aus dem Datenblatt)

Grenzwerte	
Sperrspannung	U_{Rmax} = 50 V
Durchlassstrom	I_{Fmax} = 250 mA
Sperrschicht-temperatur	$\vartheta_{j\,max}$ = 150 °C
Verlustleistung	P_{tot} = 250 mW

Abmessungen

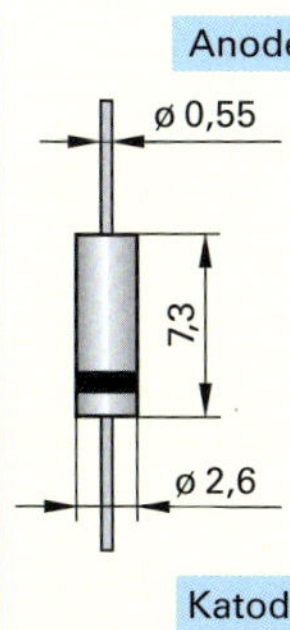

Schaltzeichen

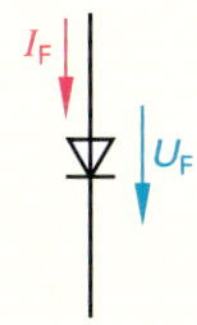

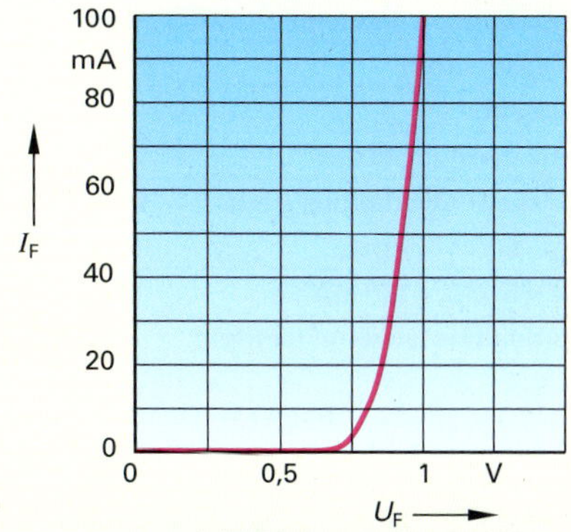

Leuchtdiode CQX 35 rotleuchtend (Auszug aus dem Datenblatt)

Grenzwerte	
Sperrspannung	U_{Rmax} = 5 V
Durchlassstrom	I_{Fmax} = 50 mA
Verlustleistung	P_{tot} = 100 mW

Abmessungen

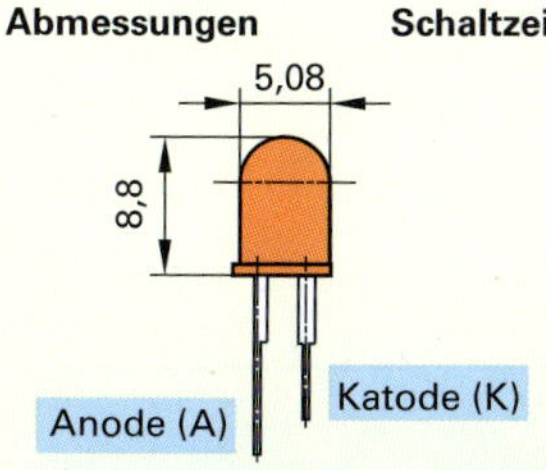

Schaltzeichen

Durchlassstrom I_F in Abhängigkeit von der Durchlassspannung U_F

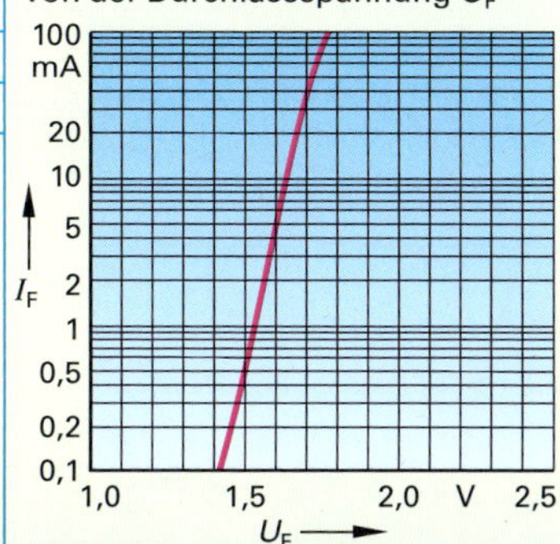

Lichtstärke I_v in Abhängigkeit vom Durchlassstrom I_F

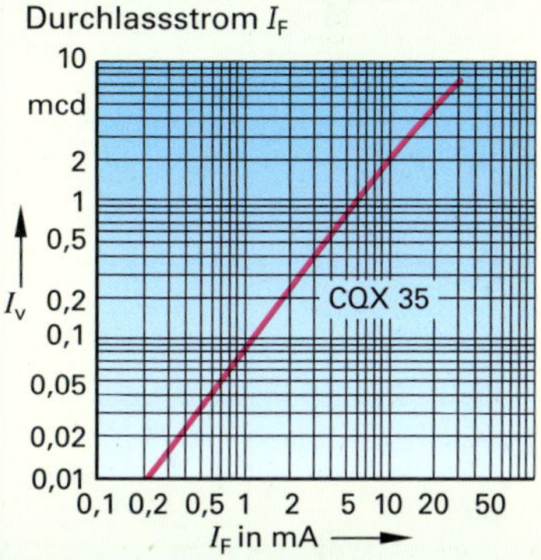

Z-Dioden BZX 55/C4V7... BZX 55/C 18 (Auszug aus dem Datenblatt)

Grenzwerte	
Verlustleistung	P_{tot} = 500 mW
Z-Strom	$I_Z = P_{tot}/U_Z$
Sperrschicht-temperatur	$\vartheta_{j\,max}$ = 175 °C
Wärmewiderstand	R_{thU} = 300 K/W

Z-Spannung bei I_Z = 5 mA

Diode	U_Z in V
BZX55/C4V7	4,4 ... 5,0
BZX55/C6V2	5,8 ... 6,6
BZX55/C7V5	7,0 ... 7,9
BZX55/C9V1	8,5 ... 9,6
BZX55/C10	9,4 ... 10,6
BZX55/C11	10,4 ... 11,6
BZX55/C12	11,4 ... 12,7
BZX55/C13	12,4 ... 14,1
BZX55/C16	15,3 ... 17,1
BZX55/C18	16,8 ... 19,1

Abmessungen

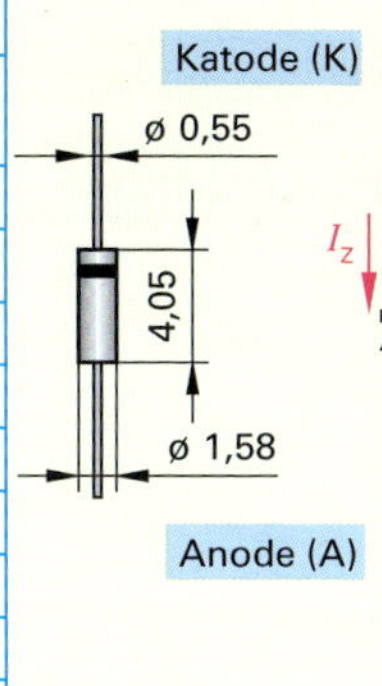

Schaltzeichen

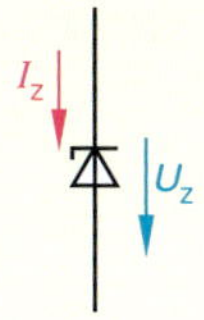

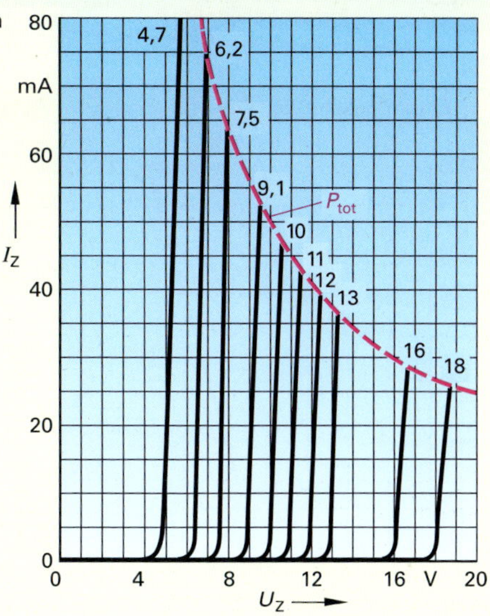

NPN-Transistor

BC 107
BC 171
BC 237

Grenzwerte			
Kollektor-Emitterspannung	U_{CEmax} = 50 V		
Basis-Emitterspannung	U_{BEmax} = –5 V		
Kollektorstrom	I_{Cmax} = 100 mA		
Basisstrom	I_{Bmax} = 50 mA		
Verlustleistung bei 25 °C	P_{tot} = 300 mW		
Gleichstromverhältnis *B* bei:	min.	typ.	max.
U_{CE} = 5 V, I_C = 2 mA	180	290	460
U_{CE} = 5 V, I_C = 100 mA	150	200	300

Schaltzeichen

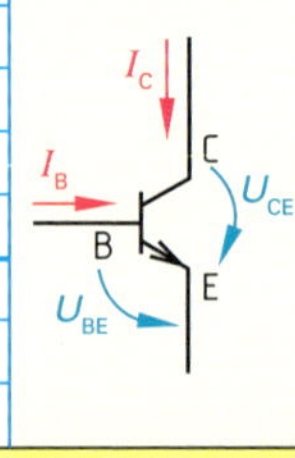

Anschlüsse und Gehäuseformen

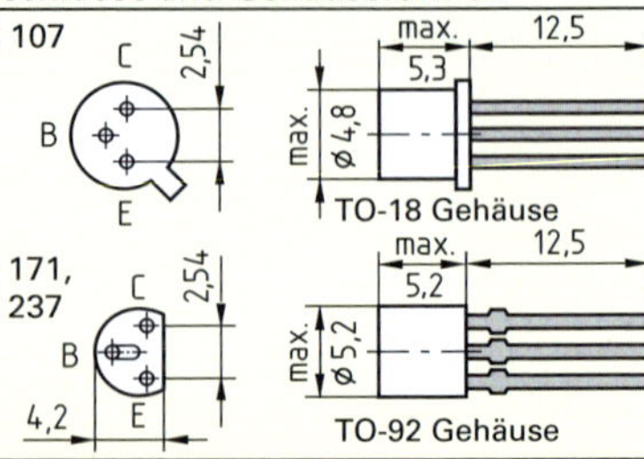

Vierquadrantenkennlinienfeld

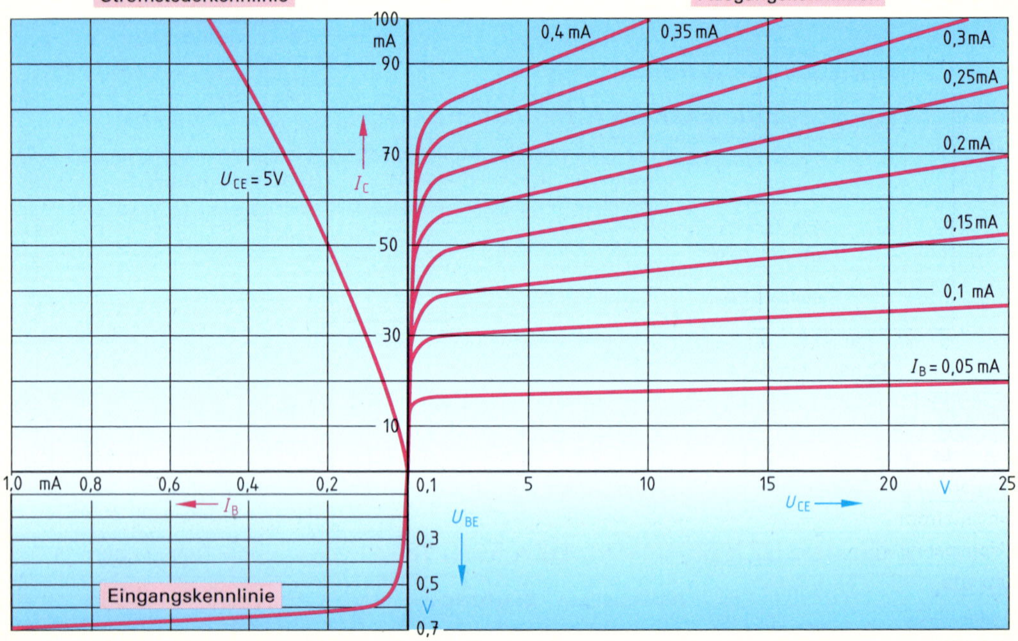

Eingangskennlinie $I_B = f(U_{BE})$

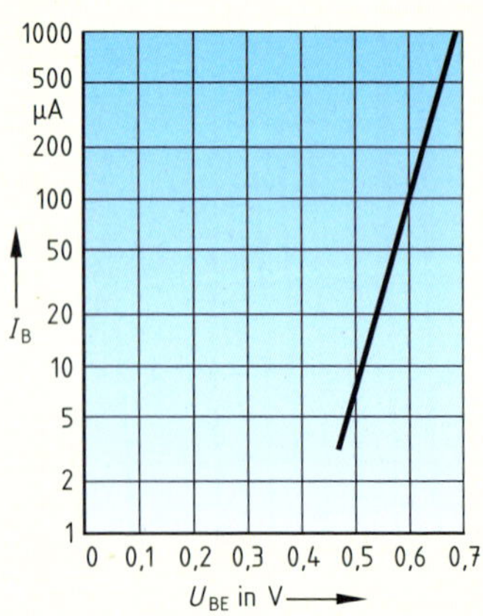

Ausgangskennlinie $I_C = f(U_{CE})$

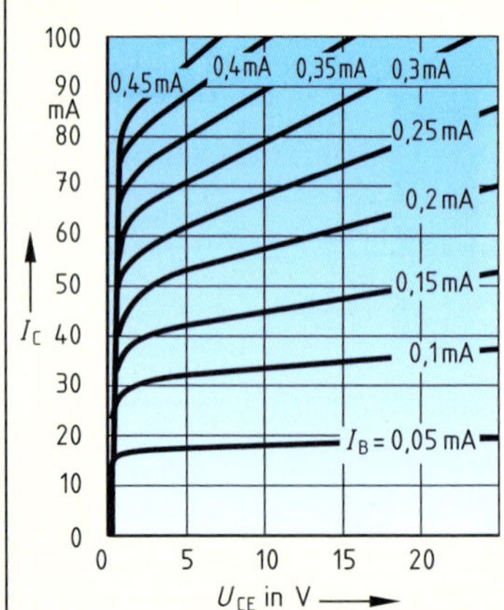

Gleichstromverhältnis $B = f(I_C)$

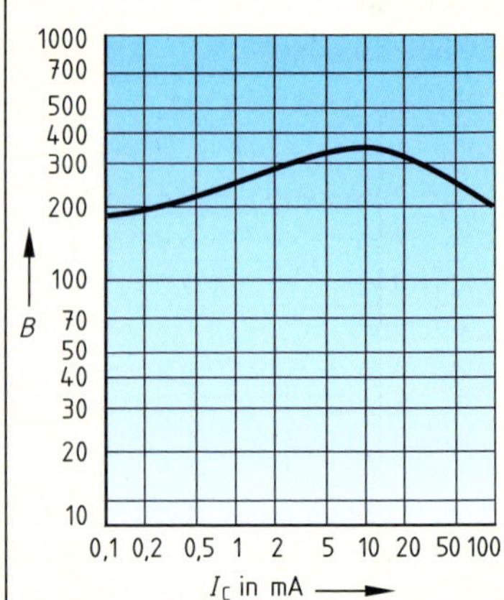

Thyristor, Triac

TIC 106 D
TIC 226 D

Thyristor TIC 106 D

Grenzwerte		
Sperrspannung	U_{Rmax}	= 400 V
Durchlassstrom	I_{Fmax}	= 5 A
Nullkippspannung	U_{OK}	> 400 V
Kennwerte		
Zündspannung	U_{GK}	= 0,6 V
Zündstrom, typisch	I_G	= 0,2 mA
Haltestrom	I_H	= 5 mA
kritische Spannungssteilheit	du/dt	= 10 V/µs

Schaltzeichen

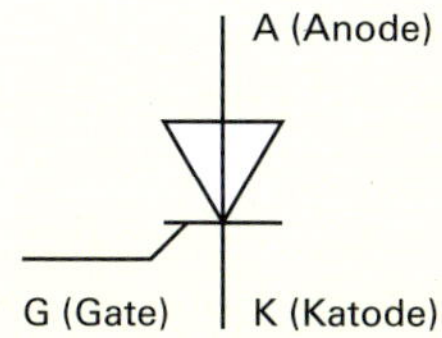

Anschluss

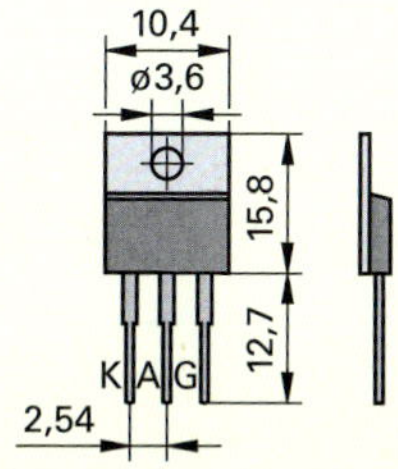

Wichtige Kennlinien

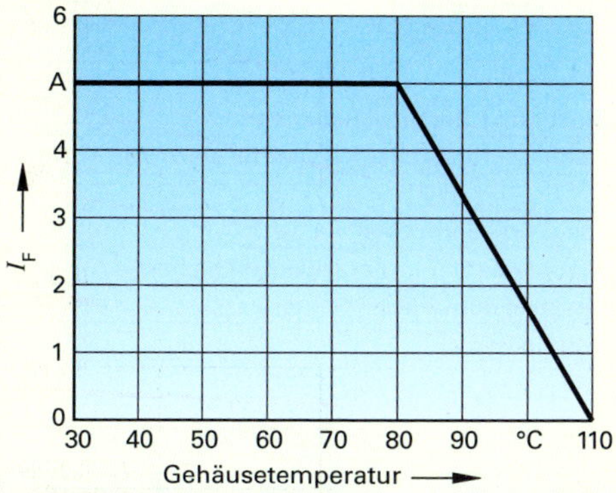

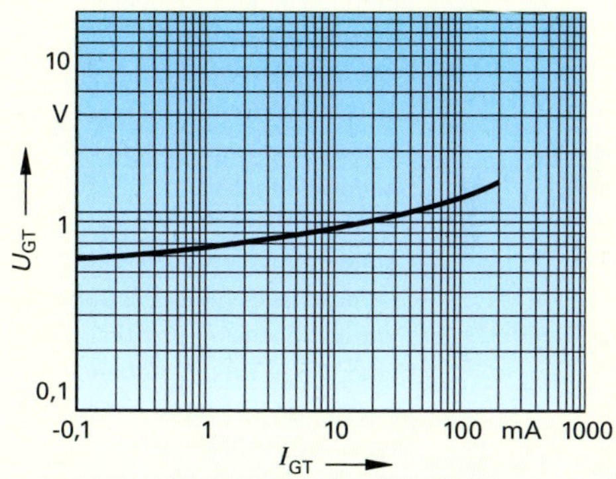

Triac TIC 226 D

Grenzwerte		
Sperrspannung	U_{Rmax}	= 400 V
Durchlassstrom	I_{Fmax}	= 8 A
Nullkippspannung	U_{OK}	> 400 V
Kennwerte		
Zündspannung	U_{GK}	= 0,7 V
Zündstrom, typisch	I_G	= 2…50 mA
Haltestrom	I_H	= 5 mA
kritische Spannungssteilheit	du/dt	= 100 V/µs

Schaltzeichen

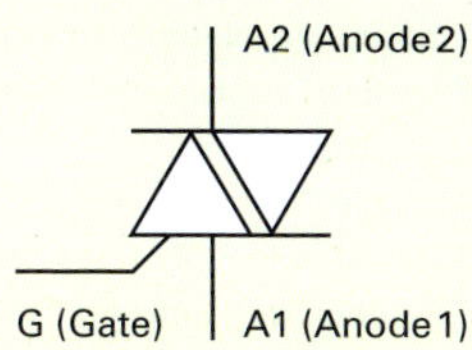

Anschluss

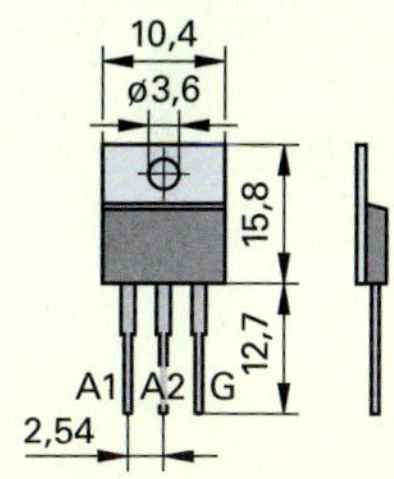

Wichtige Kennlinien

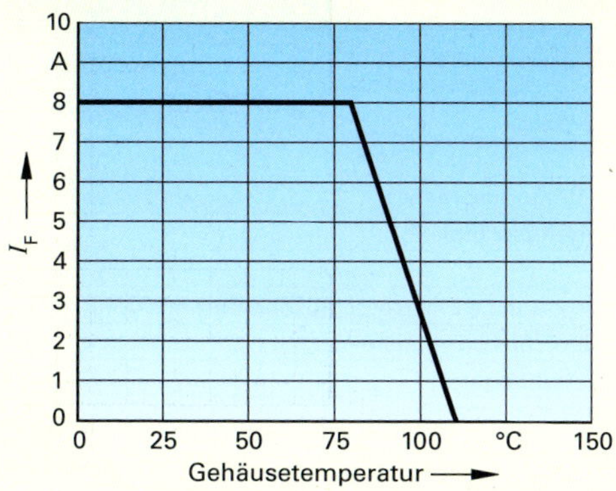

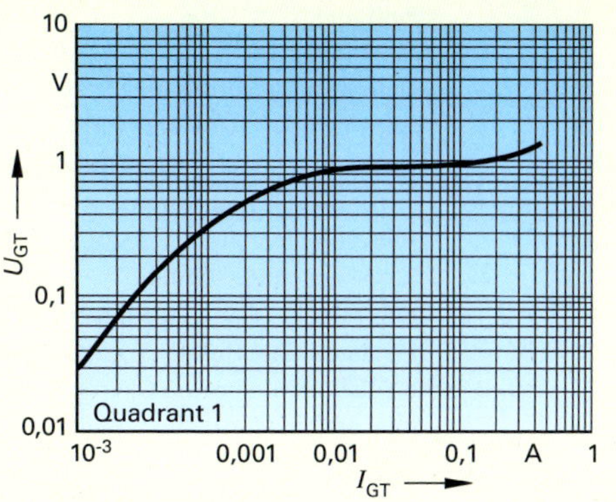

Wichtige Abkürzungen von AC bis ISDN

Abkürzung	Erklärung, Hinweise
AC	Alternating Current (Wechselstrom)
ALU	Arithmetic Logic Unit (arithmetische logische Einheit)
ASCII	American Standard Code for Information Interchange (Amerikanischer Standard-Code)
ASI	Aktor-Sensor-Interface
AST	Anwendungsschnittstelle (beim KNX)
AWL	Anweisungsliste
BCD	Binary Coded Decimal (binär codiertes Dezimalsystem)
BGV	Berufsgenossenschaftliche Vorschriften
BIOS	Basic Input-Output-System (Grundlegendes Ein-Ausgabe-System)
BMA	Brandmeldeanlage
BNC	Bayonet Nut Connection (Bajonett-Steckverbindungssystem)
CAD	Computer Aided Design (Rechnerunterstütztes Konstruieren)
CAE	Computer Aided Engineering (Rechnerunterstützte Entwicklung)
CD-ROM	Compact Disc ROM
CE	Communauté Européenne (Europäische Gemeinschaft)
CEE	International Commission for Conformity Certification of Electrical Equipment
CENELEC	Comité Européenne de Normalisation Electrotechnique (Europäisches Komitee für elektrotechn. Normung)
ChemG	Chemikaliengesetz
CIM	Computer Integrated Manufactoring (Rechnerintegrierte Fertigung)
CMOS	Complementary Metal Oxide Semiconductor (Komplementärer Metalloxid-Halbleiter)
CNC	Computerized Numerical Control (Rechnerunterstützte numerische Steuerung)
CPU	Central Processing Unit (Zentrale Verarbeitungseinheit)
CRT	Cathode Ray Tube (Katodenstrahl-Röhre)
CU	Control Unit (Steuereinheit)
DC	Direct Current (Gleichstrom)
DFÜ	Datenfernübertragung
DIN	Deutsches Institut für Normung (früher: Deutsche Industrienorm)
DKE	Deutsche Kommission Elektrotechnik Elektronik Informationstechnik im DIN und VDE
DMS	Dehnungsmessstreifen
DRAM	Dynamisches RAM
DSL	Digital Subscriber Line (Neue Form des Breitband-ISDN)
EEPROM	Electrically Erasable Programmable ROM (Elektrisch löschbarer Nur-Lese-Speicher)
EMA	Einbruchmeldeanlage
EMV	Elektromagnetische Verträglichkeit
EPROM	Erasable Programmable ROM (Löschbarer programmierbarer Nur-Lese-Speicher)
ESD	Electrostatic Discharge (Elektrostatische Entladung)
ETS	Engineering Tool Software
EVG	Elektronisches Vorschaltgerät
FELV	Functional Extra Low Voltage (Funktionskleinspannung)
FET	Feldeffekttransistor
FUP	Funktionsplan
GefStoffV	Gefahrstoffverordnung
GTO	Gate-Turn-Off (Über das Gate abschaltbarer Thyristor)
HGÜ	Hochspannungs-Gleichstrom-Übertragung
HTML	Hypertext Markup Language (Hypertext-Auszeichnungssprache)
HTTP	Hypertext Transfer Protocol (Hypertext-Übertragungsprotokoll)
IAE	ISDN-Anschluss-Einheit
IEC	International Electrotechnical Commission (Internationale Elektrotechnische Kommission)
IGBT	Insulated Gate Bipolar Transistor (Bipolarer Isolierschicht-Transistor)
IMD	Insulation Monitoring Device (Isolationsüberwachungsgerät)
IP	International Protection (Schutzart nach DIN EN 60529, VDE 0470-1)
IP	Internet Protocol
ISDN	Integrated Services Digital Network (Integrierte Dienste im digitalen Netz)

Wichtige Abkürzungen von KNX bis ZVEI

Abkürzung	Erklärung, Hinweise
KNX	Konnex, europäischer Standard für Haus- und Gebäudesystemtechnik
KOP	Kontaktplan
KVG	Konventionelles Vorschaltgerät
LAN	Local Area Network (lokales Netzwerk)
LCD	Liquid Crystal Display (Flüssigkristall-Anzeige)
LDR	Light Dependent Resistor (Lichtabhängiger Widerstand)
LED	Light Emitting Diode (Lichtaussendende Diode)
LEMP	Licht-Elektro-Magnetischer Puls
LNB	Low Noise Block Converter (Konverter mit niedrigem Rauschen)
LVK	Lichtstärkeverteilungskurve
MAK	Maximale Arbeitsplatz-Konzentration
MDR	Magnetic Field Depending Resistor (Magnetfeldabhängiger Widerstand)
MFV	Mehrfrequenzwahlverfahren
MSN	Multiple Subscriber Number (Mehrfachrufnummer)
NAV	Niederspannungs-Anschluss-Verordnung
NFN	TAE-Anschlussbezeichnung: Nicht-Fernsprechen /Fernsprechen /Nicht-Fernsprechen
NTA	Network Termination Analog (Analoger Netzwerk-Basisanschluss)
NTBA	Network Termination Basic Access (Netzanschlussgerät)
NTC	Negative Temperature coefficient (Negativer Temperaturbeiwert)
PB	Schutzpotenzialausgleichsleiter (Protective Bonding Conductor)
PC	Personal Computer (Persönlicher Computer)
PCB	Polychlorierte Biphenyle
PE	Protection Earth (Schutzleiter)
PELV	Protective Extra Low Voltage (Kleinspannung)
PEN	Protection Earth Neutral (Neutralleiter mit Schutzfunktion)
ProdSG	Produktsicherheitsgesetz
PROM	Programmierbarer ROM
PTC	Positive Temperature Coefficient (Positiver Temperaturbeiwert)
RAM	Random Access Memory (Speicher mit wahlfreiem Zugriff)
RCD	Residual Current Protective Device (Fehlerstrom-Schutzeinrichtung)
RCM	Residual Current Monitor (Differenzstrom-Überwachungsgerät)
ROM	Read Only Memory (Nur-Lese-Speicher)
SELV	Safety Extra Low Voltage (Sicherheits-Kleinspannung)
SMD	Surface Mounted Device (Oberflächenmontiertes Bauteil)
SPS	Speicherprogrammierbare Steuerungen
TAB	Technische Anschlussbedingungen
TAE	Telekommunikations-Anschluss-Einheit
TCP	Transmission Control Protocol
TLN	Teilnehmer (Busteilnehmer)
TO	Transistor Outlines (Gehäuseformen)
TTL	Transistor-Transistor-Logik
UAE	Universal-Anschluss-Einheit
UC	Universal Current (Allstrom, Mischstrom)
UHF	Ultra High Frequency (Ultrahohe Frequenz)
UKW	Ultrakurzwelle
USV	Unterbrechungsfreie Stromversorgung
UVV	Unfallverhütungsvorschriften
VDE	Verband der Elektrotechnik Elektronik Informationstechnik e.V.
VDR	Voltage Dependent Resistor (Spannungsabhängiger Widerstand)
VGA	Video Graphics Array (Farb-Grafik-Adapter)
VHF	Very High Frequency (Sehr hohe Frequenz)
VdS	Vertrauen durch Sicherheit
WAN	Wide Area Network (Netzwerk für große Entfernungen)
WWW	World Wide Web (Weltweites Netz)
ZVEH	Zentralverband der Elektro- und Informationstechnischen Handwerke
ZVEI	Zentralverband Elektrotechnik- und Elektronik-Industrie

Fachbegriffe Englisch – Deutsch accident prevention ... energy transmission

• Fachbegriffe Deutsch – Englisch siehe Sachwortverzeichnis: **Seite 684**
• Weitere Fachbegriffe Englisch – Deutsch bei der Schaltzeichenübersicht: **Seite 662**

accident prevention symbol, Unfallverhütung, Zeichen
active power, Wirkleistung
active resistance, Wirkwiderstand
air conditioning, Klimaanlage
alarm systems, Alarmanlagen
alternating current, Wechselstrom
amplifier, Verstärker
amplitude factor, Scheitelfaktor
antenna socket, Antennensteckdose
anti-interference sign, Funkschutzzeichen
apparent power, Scheinleistung
appliance, Gerät
apprentice, Auszubildende/r
areas near bathtub, Bereiche bei Badewanne
arm's reach, Handbereich
asynchronous motor, Asynchronmotor
atomic structure, Atombau
attenuation by air chamber, Luftkammerdämpfung
automatic control device, Regeleinrichtung
automatic control engineering, Regelungstechnik
autotransformer, Spartransformator
auxilliary contactor, Hilfsschütz
backing-off voltage, Gegenspannung
base insulation, Basisisolation
base voltage divider, Basisspannungsteiler
battery, Batterie
battery charger, Ladegerät
belt drive, Riementrieb
bolt, Schraube, Bolzen
brake, Bremse
braking by reverse current, Gegenstrombremsung
branch box, Abzweigdose
breakdown torque, Kippmoment
breaker, Öffner
bridge circuit two pulse, Zweipuls-Brückenschaltung
busline, Busleitung
cable, Kabel
cable race, Kabelkanal
call button, Ruftaste
capacitance, Kapazität
capacitor, Kondensator
Centronics-interface, Centronics-Schnittstelle
channel, Kanal
charging current, Ladestrom
chart, Diagramm, Tabelle
circuit, Stromkreis
circuit diagram, Schaltbild
circuit feedback, Netzrückwirkungen
circuit symbol, Schaltzeichen
coaxial transmission, Koaxialleitung
coil, Spule
color codes, Kennfarben
color identification, Farbkennzeichnung
comparator, Vergleicher
compensation, Kompensation
component, Bauelement
conductance, Leitwert
conductor, Leiter
conductor cross section, Leiterquerschnitt
connection, Verbindung
construction, Bau, Konstruktion
consumption, Verbrauch
contact (touch), direct, Berühren, direktes
contact protection, Berührungsschutz
contact voltage, Berührungsspannung
contactor, Schütz
contactor circuits, Schützschaltungen
continuity tester, Durchgangsprüfer
continuous flow heater, Durchlauferhitzer
continuous operation, Dauerbetrieb
control characteristic, Steuerkennlinie
control circuit, Steuerschaltung
control engineering for buildings, Gebäudeleittechnik
control loop, Regelkreis
control panel, Steuerfeld
control transformer, Steuertransformator
control unit, Steuergerät
control, electronic, Steuerung, elektronische
control, hydraulic, Steuerung, hydraulische
controlled system, Regelstrecke
controlled variable, Regelgröße
converter, Stromrichter
cooling device, Kühlkörper
copper, Kupfer
counter, Zähler (digitaler)
cross section, Querschnitt
current carrying capacity, Belastbarkeit von Leitungen
current density, Stromdichte
current error circuit, Stromfehlerschaltung
current impulse switch, Stromstoßschalter
current intensity, Stromstärke
cut-off, Ausschaltung
danger, Gefahr
danger report system, Gefahrenmeldeanlage
data sheet, Datenblatt
defect, Fehler, Schaden
development, Entwicklung
diameter, Durchmesser
digital technology, Digitaltechnik
direct current, Gleichstrom
direct-current braking, Gleichstrombremsung
direct-current controller, Gleichstromsteller
direct-current motor, Gleichstrommotor
disc, Diskette
display, Anzeige
doorbell system, Hausklingelanlage
double-point controller, Zweipunktregler
drawing, Zeichnung
drive technology, Antriebstechnik
duration of impulse, Impulsdauer
ear protection, Gehörschutz
earthed plug, Schutzkontaktstecker
earth electrode, Erder
efficiency factor, Wirkungsgrad
electrical charge, elektrische Ladung
electric cooker, Elektroherd
electric motors, Elektromotoren
electric work, elektrische Arbeit
electrical engineering, Elektrotechnik
electrical installation, Elektroinstallation
electrician, Elektriker, Elektrotechniker
electricity board, Energieversorgungsnetz
electricity meter, Elektrizitätszähler
electromagnetic compatibility, Elektromagnetische Verträglichkeit
electromagnetic waves, Elektromagnetische Wellen
elevator, Aufzug
emergency, Notfall
emergency stop installation, NOT-AUS-Einrichtung
emergency symbol, Rettungszeichen
energy saving lamp, Energiesparlampe
energy transmission, Energieübertragung

Fachbegriffe Englisch – Deutsch
engineer ... protection by disabling

engineer, Ingenieur, Techniker
equipment, Ausrüstung, Geräte
equipotential bonding strip, Schutzpotenzialausgleich
error types, Fehlerarten
expansion of measuring ranges, Messbereichserweiterung
fault to exposed conductive part, Körperschluss
fault finding, Fehlersuche
female plug, Buchse
fibre-optic cable, Lichtwellenleiter
filter circuit, Filterschaltung
final control element, Stellglied
fire extinguisher, Feuerlöscher
first aid, Erste Hilfe
flag, Merker
flip-flop, bistabile Kippschaltung
fluorescent lamp, Leuchtstofflampe
force, Kraft
foreign matter protection, Fremdkörperschutz
forward, vorwärts
forward direction, Durchlassrichtung
free-wheeling diode, Freilaufdiode
frequency, Frequenz
frequency converter, Umrichter
function chart, Funktionsplan
function extra-low voltage, Funktionskleinspannung
functional key, Funktionstaste
fuse, Sicherung
fuse link, Schmelzeinsatz
gas discharge lamps, Gasentladungslampen
gate intercom, Torsprechanlage
general-view circuit diagram/block diagram, Übersichtsschaltplan
generator, Generator
glow lamp, Glimmlampe
halogen lamp, Halogenlampe
hard disc, Festplatte
harmonized heavy current line, harmonisierte Starkstromleitung
hearing protection, Gehörschutz
heating element, Heizelement
high voltage, Hochspannung
holding current, Haltestrom
house connecting box, Hausanschlusskasten
icon, Symbol
impedance, Scheinwiderstand
inductance, Induktivität
initial start up, Erstinbetriebnahme
initial torque, Anzugsmoment
input, Eingabe
input voltage, Eingangsspannung
installation, Installation, Einbau
installation earth electrode, Anlagenerder
installation pipe, Installationsrohr
installation types, Verlegearten
instant value, Augenblickswert
instructions, Anweisungen
insulating materials, Isolierstoffe
insulation measuring, Isolationsmessung
insulator, Nichtleiter
intercom, Haussprechanlage
intercom systems, Sprechanlagen
interference, Störung
inverse current, Sperrstrom
inverse voltage, Sperrspannung
lamp, Glühlampe
leakage current, Ableitstrom
level, Pegel
life span, Lebensdauer
light emitting diode (LED), Leuchtdiode
lighting, Beleuchtung
light/lamp, Leuchte
lightning protector, Blitzschutzanlage
load current, Laststrom
load resistance, Lastwiderstand
loop impedance, Schleifenimpedanz
low-voltage system, Niederspannungsnetz
machine, Maschine, Gerät
magnetic field, Magnetfeld
magnetic field dependent resistor (MDR), magnetfeldabhängiger Widerstand
magnetic materials, Magnetwerkstoffe
magnetization characteristic, Magnetisierungskennlinie
main line, Hauptleitung
mains supply, Netzversorgung
mains switch, Hauptschalter
male plug, Stecker
mandatory signs, Gebotszeichen
manual, Handbuch
master antenna system, Gemeinschaftsantennenanlage
materials, Werkstoffe
maximum-minimum value, Spitze-Tal-Wert
measurement, Messung
measurement instrument, Messinstrument
memory, Speicher
mica, Glimmer
microcomputer, Mikrocomputer
microphone, Mikrofon
motor protective relay, Motorschutzrelais
mouse, Maus
multicycle control, Schwingungspaketsteuerung
multimeter, Vielfachmessinstrument
net backeffects, Netzrückwirkungen
neutral conductor, Neutralleiter
nominal power, Nennleistung
normally-open contact, Schließerkontakt
number systems, Zahlensysteme
open-wire lines, Freileitungen
operating mode, Betriebsart
operating system, Betriebssystem
operational amplifier, Operationsverstärker
operational test, Funktionsprüfung
opto-coupler, Optokoppler
oscilloscope, Oszilloskop
output, Ausgabe
output voltage, Ausgangsspannung
overcurrent relay, Überlastrelais
overload protection, Überstrom-Schutzeinrichtung
panel, Schalttafel, Platte
parallel connection, Parallelschaltung
password, Kennwort
peak value, Scheitelwert
period duration, Periodendauer
permanent magnet, Dauermagnet
phase control with rising edge, Anschnittsteuerung
phase shifting, Phasenverschiebung
phase track, Phasenschiene
photo element, Fotoelement
photovoltaic, Fotovoltaik
plug connector, Steckverbinder
pole changing, Polumschaltung
positive temperature coefficient (PTC), positiver Temperaturbeiwert
potentiometer, Potenziometer
power, Leistung
power factor, Leistungsfaktor
power loss, Leistungsverlust
power output, Leistungsabgabe
power station, Kraftwerk
power supply, Stromversorgung
power triangle, Leistungsdreieck
power-measuring device, Leistungsmessgerät
preparation, Vorbereitung
presentation, Vorführung, Präsentation
printer, Drucker
producer, Produzent, Hersteller
production hall, Produktionshalle
programmable logic control, speicherprogrammierbare Steuerung
programming, Programmierung
prohibition signs, Verbotszeichen
protection, Schutz
protection by disabling, Schutz durch Abschaltung

Fachbegriffe Englisch – Deutsch
protection classes ... wire cutter

protection classes, Schutzklassen
protection insulation, Schutzisolierung
protective conductor, Schutzleiter
protective equipments, overload, Schutzeinrichtungen, Überstrom-
protective extra low voltage (PELV), Kleinspannung
protective measures, Schutzmaßnahmen
protective separation, Schutztrennung
proximity switch, Näherungsschalter
pulse amplitude modulation, Pulsamplitudenmodulation
pulse width modulation, Pulsweitenmodulation
push-button, Taster
qualification, Qualifikation, Ausbildung
quality factor, Gütefaktor
radio interference, Funkstörung
random access memory (RAM), Schreib-Lese-Speicher
range selection, Messbereich
rate, Geschwindigkeit
rated power, Bemessungsleistung
reactive power, Blindleistung
receiver, Empfänger
rectifier, Gleichrichter
rectifier diode, Gleichrichterdiode
regulation, Verordnung, Vorschrift
relay, Relais
releasing characteristic, Auslösekennlinie
repair, Reparatur
repeated testing, Prüfung, Wiederholungsprüfung
report, Bericht
residual current protective device (RCD), Fehlerstrom-Schutzeinrichtung
resistor, Widerstand
resonance frequency, Resonanzfrequenz
resonant circuit, Schwingkreis
responsibility, Verantwortung
reverse, umgekehrt, entgegengesetzt, rückwärts
reversing control, Wendeschaltung
root-mean-square, Effektivwert
rotation frequency, Umdrehungsfrequenz
rotor current, Läuferstrom
rule, Vorschrift, Regel
safety, Sicherheit
safety boots, Sicherheitsschuhe
safety glasses, Schutzbrille
safety isolating transformer, Sicherheitstransformator
safety regulations, Sicherheitsbestimmungen
satellite reception, Satellitenempfang
saw tooth, Sägezahn
scale division, Skaleneinteilung
screen, Bildschirm
screwdriver, Schraubendreher
semiconductor, Halbleiter
semiconductor materials, Halbleiterwerkstoffe
sensors, Sensoren
sequence, Reihenfolge
sequential control, Ablaufsteuerung
series connection, Reihenschaltung
servo motor, Servomotor
setting up, Inbetriebnahme
seven-pulse switch, Siebentaktschalter
shaded-pole motor, Spaltpolmotor
sheath, Ummantelung
short circuit/short, Kurzschluss
short circuit stream, Kurzschlussstrom
shut-down current, Abschaltstrom
shut-down delay, Abschaltverzögerung
sign, Zeichen
signaling system, Signalanlagen
silicon, Silicium
sine alternating current, Sinuswechselstrom
single way connection, Einwegschaltung
single-phase motor, Einphasenmotor
sliding rotor motor, Schleifringläufermotor
slip, Schlupf
smoothing, Glättung
smoothing circuit, Glättungsschaltung
sockets, Steckdosen
solar cells, Solarzellen
soldering iron, Lötkolben
speaker, Lautsprecher
square, Quadrat
squirrel-cage motor, Käfigläufermotor
star connection, Sternschaltung
star-delta connection, Sterndreieck-Schaltung
starter, Anlasser
starting current, Anzugsstrom
step, Schritt
stepping motor, Schrittmotor
storage/memory, Speicher
sun-blind circuit, Jalousieschaltung
supplier, Lieferant, Anbieter
surface mounted device (SMD), oberflächenmontiertes Bauelement
surname, Nachname
switch, Schalter
switch clock, Schaltuhr
synchronous motor, Synchronmotor
technical college, Berufsschule
test, prüfen, testen
test key, Prüftaste
test lead, Messleitung
test run, Testlauf
test voltage, Prüfspannung
testing, Prüfung
testing of protection measures, Prüfen der Schutzmaßnahmen
thermo couple, Thermopaar
three-phase power supply, Drehstromnetz
thyristor, Thyristor
time relay, Zeitrelais
timetable, Stundenplan, Fahrplan
tool, Werkzeug
torque, Drehmoment
to trigger, auslösen
toy transformer, Spielzeugtransformator
trade, Handwerk, Beruf
transformer, Transformator
transistor, Transistor
transmission, Übertragung
transmission ratio, Übersetzungsverhältnis
transmitter, Sender
transversal current, Querstrom
triangle connection, Dreieckschaltung
trigger, bimetal, Auslöser, Bimetall
trigger, electromagnetic, Auslöser, elktromagnetischer
tripping characteristic, Auslösecharakteristik
tube wirings, Schlauchleitungen
turn-on delay, Einschaltverzögerung
types of protection, Schutzarten
universal motor, Universalmotor
upper wave, Oberwellen
user, Anwender
value added tax, Mehrwertsteuer
velocity of light, Lichtgeschwindigkeit
virgin test, Erstprüfung
voltage, Spannung
voltage dependent resistor (VDR), spannungsabhängiger Widerstand
voltage divider, Spannungsteiler
voltage drop, Spannungsfall
voltmeter, Spannungsmesser
warning signs, Warnzeichen
wave length, Wellenlänge
welding equipment, Schweißgerät
winding, Wicklung
wire-break security, Drahtbruchsicherheit
wire cutter, Seitenschneider

Firmen- und Bildquellenverzeichnis

Die Autoren bedanken sich bei den nachfolgenden Firmen und Institutionen für ihre Unterstützung.

• **ABB STRIEBEL & John GmbH,** 77880 Sasbach 302-2 • **ABB STOTZ-Kontakt GmbH,** 69123 Heidelberg 324-2, 383-1 • **Adobe Systems Software, Ireland Ltd., Adobe Stock, Dublin, Irland,** 25-1 © Comauthor, 30-2, -3 © Comauthor, 32-4 © Comauthor, 65-T2 © Comauthor • **AEW Energie AG,** 5001 Aarau, Schweiz 282-1 • **Agentur für Erneuerbare Energien e. V.,** 10117 Berlin 289-1 • **Amphenol Tuchel Electronics GmbH,** 74080 Heilbronn 618-3 • **ard-digital,** 14057 Berlin 434-1 • **ArGe Medien im ZVEH,** 80336 München 381-1 • **ASEA Brown Boverie AG,** 66130 Saarbrücken 246-1 • **Audi AG,** Ingolstadt 68-2 • **Autoren, eigene Fotos,** 42-2, 43-1, 67-2, 68-1, 85-3, 99-3, 115-1, 157-1, 165-3, 170-1, 175-3, 176-1, 179-4, 180, 181-1, 181-3, 187-2, 205-3, 206-1, 222-3, 241-2, 244-3, 248-2, 252-2, 287-1, 313, 314, 316, 317-2, 317-3, 318-4, 353-4, 396-3, 397-1, 400-2, 415-2, 417-2, 433-T, 452, 453, 456-1, 457-1, 476-2, 477-2, 479-2, 481-3, 485-1, 485-2, 488-3, 489-1, 496-1, 510-2, 510-4, 511-4, 529-1, 532-1, 532-2, 533-2, 533-3, 534-2, 535-1, 535-2, 536-1, 538-3, 538-T , 540, 542-3, 544-2, 544-3, 545-1, 545-2, 545-4, 547-2, 548-1, 551, 552, 554-1, 648-2 • **AVM GmbH,** 10559 Berlin 443-1 • **BASF AG,** 67063 Ludwigshafen 616-1 • **BEHA-AMPROBE GmbH,** 79286 Glottertal 169-2, 378-1, 421-3 • **W. Bender GmbH & Co. KG,** 35305 Grünberg 370-2 • **Berufsgenossenschaft Energie Textil Elektro Medienerzeugnisse,** 50968 Köln 353-2…4 • **beta Sensorik GmbH,** 96328 Küps 191-3 • **Busch-Jaeger Elektro GmbH,** 58513 Lüdenscheid 370-1 • **Beuth-Verlag GmbH,** 10787 Berlin, betrifft alle Verbots-, Warn-, Rettungs-, Brandschutzzeichen und Normen • **Hugo Brennenstuhl GmbH & Co KG,** Tübingen 424-1, -3, -4 • **ConCab GmbH,** 74535 Mossbach 314-11 • **Conrad Elektronic SE,** 92240 Hirschau 69-3 • **DAIMLER AG,** 70546 Stuttgart 343-1 • **DELO Industrieklebstoffe GmbH & Co KG,** 86949 Windach 620-1 • **Dehn & Söhne,** 92318 Neumarkt 466-1 • **Deutsches Kupferinstitut e. V.,** 40474 Düsseldorf 494-1 • **Deutsches Museum (Bildstelle),** 80306 München 73-3 • **DEVI Deutschland GmbH,** 24941 Flensburg 409-1 • **DIAL GmbH,** 58507 Lüdenscheid 402-1, 402-2 • **dpa Picture Alliance GmbH,** 60327 Frankfurt 288-1 • **Draloric Electronic GmbH,** 95085 Selb 41-1 • **DQS GmbH,** 60433 Frankfurt 655-3 • **Duales System Deutschland GmbH; DSD Duales System Holding GmbH & Co. KG,** 51149 Köln 627-1, 669-31 © Der Grüne Punkt • **Gemeinsame Informationsplattform der Batterierücknahmesysteme,** https://batterieruecknahmesysteme.de/kommunikationsinhalte-und-kommunikationsmittel 627-1 • **Eaton Electric GmbH,** 53115 Bonn 114-1, 326-1, 326-2, 327-2, 498-1 • **EFFEKTA Regeltechnik GmbH,** 78628 Rottweil 264-1, 265-1 • **EFT-Systems GmbH,** 63801 Kleinostheim 286-1 • **E.g.O. Elektro-Gerätebau GmbH,** 75038 Oberderdingen 404-1, 413-1, 413-3 • **Elektromotorenwerk Grünhain GmbH,** 08344 Grünhain-Beierfeld 507-3 • **Eltako GmbH,** 70736 Fellbach 105-1 • **ENERMET GmbH,** 47269 Duisburg 177-1 • **EPCOS AG,** 81669 München 419-1 • **ERSA GmbH,** 97877 Wertheim 619-3 • **ETI Umwelttechnik AG,** CH-7007 Chur 627-2 • **EVU-Messtechnik,** 49186 Bad Iburg 311-1 • **FLIR Systems GmbH,** 60437 Frankfurt 491-3 • **Fluke Deutschland GmbH,** 34123 Kassel 179-1, 179-2, 179-3, 379-3, 382-1 • **Fritzing UG,** www.fritzing.org 175-1 • **F. Streb Franz Bruder GmbH,** 77652 Offenburg 647-2 • **Gira,** 42461 Radevormwald 446-3 • **GMC-I Gossen-Metrawatt GmbH,** 90471 Nürnberg 30-1, 32-3, 61-2, 122-1, 169-1, 169-2, 170-2, 174-1, 178-2, 180, 379-2, 423-1 • **Hager Vertriebsgesellschaft mbH & Co. KG,** 66440 Blieskastel 102-3, 177-2, 177-3, 305-1, 306-1 ..5, 307-1, 325-1, 367-3, 383-2, 438-2, 551-2 • **Haller & Co, Relaisfabrik,** 78564 Wehingen 111-1 • **G.B.T. Technology Trading GmbH,** 22047 Hamburg 539-1 • **Geyer AG,** 90441 Nürnberg 299-2 • **Gustav Hensel GmbH & Co. KG,** 57368 Lennestadt 283-3, 310-2, 340-2, 343-2 • **Hör GmbH,** 12051 Berlin 414-3 • **HomeWay GmbH,** 96465 Neustadt 438-3 • **IBM-Deutschland GmbH,** 71139 Enningen 385-2 • **Albrecht Jung GmbH & Co. KG,** 58579 Schalksmühle 446-2, -3, 454-1, 454-2 • **KATHREIN-Werke KG,** 83004 Rosenheim 427-4, 431-3, 433-1, 435-2 • **Franz Kessler KG,** 88422 Bad Buchau 516-1 • **Knipex-Werk C. Gustav Putsch,** 42334 Wuppertal 618-4, -5 • **KNX Association,** Brüssel 449-2, -3, 450-1…4 • **Heinrich Kopp GmbH,** 63796 Kahl 324-1, 369-3 • **Kroschke sign-international GmbH,** 38112 Braunschweig 422-2 • **KSB SE & Co. KGaA,** 67227 Frankenthal 504-1 • **Kunzmann Maschinenbau GmbH,** 75196 Remchingen-Nöttingen 122-1 • **LEDVANCE GmbH,** 85748 Garching 398-2, 399, 400-1 • **licht.de,** 60528 Frankfurt 387-1 • **LSW Netz GmbH & Co. KG,** 38432 Wolfsburg 298-2 • **LTN Servotechnik GmbH,** 83624 Otterfing 528-1 • **Mattke AG,** 79108 Freiburg 526-2, - 3 • **Maxtor EMEA,** 91300 Massy Cedex, Frankreich 542-1 • **MENNEKES Elektrotechnik GmbH & Co. KG,** 57399 Kirchhundem 344-1 • **Gebr. Märklin & Cie GmbH,** 73009 Göppingen 487-1 • **Metabowerke GmbH,** 72602 Nürtingen 524-1 • **MICRO-EPSILON Messtechnik GmbH & Co. KG,** 94496 Ortenburg 188-1 • **NWS Neckarwerke Stuttgart AG,** 73728 Esslingen 278-1, 293-2, 294-1, 294-2 • **OSRAM GmbH,** 80807 München 220-3, 221-1, 394-1, -2 • **Pepperl + Fuchs AG,** 68307 Mannheim 193-1…3 • **Pilz GmbH & Co. KG,** 73760 Ostfildern 594-1, 595-1 • **Phywe Systeme GmbH & Co. KG,** 37079 Göttingen 71-2, 477-2 • **RAL gemeinnützige GmbH,** 53229 Bonn 669-14 • **RENNER GmbH,** 74363 Güglingen 125-2, -3 • **Rhode & Schwarz GmbH & Co. KG,** 81617 München 182-1 • **RWE AG,** 45141 Essen 343-3 • **Sensitec GmbH,** 35578 Wetzlar 201-1 • **SEW-EURODRIVE GmbH & Co. KG,** 76646 Bruchsal 526-4 • **SICK AG,** 79183 Waldkirch 191-1 • **S. Siedle & Söhne,** 78120 Furtwangen 108-2 • **SIEMENS AG,** 80333 München 147-1, 270-1, 270-2, 273-1, 294-3, 295-1…3, 320-3, 321-2, 352-1, 366-2, 445-1, 477-3, 483-1, -2, -4, 499-1, 501-1, -3, -4, 514-1, 516-2, 525-1, -3, 560-1, 561-1, 562-1, -2, 585-2, 591-1, 592-1, -2, 609-1, 617-1, 623-2 • **SMA Solar Technology AG,** 34266 Niestetal 284-1, 291-1 • **Stiebel ELTRON GmbH & Co. KG,** 37603 Holzminden 405-1, -2, 406-1, -2, 407-1, -3, 408-1, -3 • **Shutterstock, Inc., New York, USA:** 412-1 Abb. links © taist2, Abb. rechts © moleskin, 531-1 © Adstock, 533-3 © zieusin, 545-3 © stefanphotozemun • **Tektronix GmbH,** 50739 Köln 183-1, 183-2, 184-1, 185-1…5 • **TenneT TSO GmbH,** 95448 Bayreuth 298-1 • **Thyssen Transrapid System GmbH,** 34112 Kassel 508-1 • **Trafo-Schneider,** 79232 March-Buchheim 471-2 • **Trilux GmbH & Co.KG,** 59759 Arnsberg 402-3 • **TÜV Rheinland Service GmbH,** 51105 Köln 669-5, -11 • **TÜV Süd AG,** 80686 München 669-35 • **United Nations Economic Commission für Europe,** CH-Genf, betrifft alle verwendeten GHS-Kennzeichen • **Vaillant Deutschland GmbH & Co. KG,** 42859 Remscheid 280-3 • **VARTA Batterie AG,** 30419 Hannover 65-1, 66-T, 67-1 • **Verlag Europa-Lehrmittel,** 42781 Haan-Gruiten, Arbeitsblätter Kraftfahrzeugtechnik LF 5 – 8 179-5 • **VDE VERLAG GmbH,** 10625 Berlin Normen • **WAGO-Kontakttechnik GmbH & Co. KG,** 32423 Minden 304-2, 618-2 • **Ferdinand Walther GmbH,** 67304 Eisenberg 125-1, -4, 337-2 • **WayCon GmbH,** 82024 Taufkirchen 187-1 • **Wilhelm Westermann,** 68177 Mannheim 79-3 • **WFE – Wirtschaftsförderungsgesellschaft der Elektrohandwerke m.b.H.,** 60487 Frankfurt 373-1, 381-2 • **Zentralverband der Deutschen Elektro- und Informationstechnischen Handwerke (ZVEH),** 60487 Frankfurt 373-1, 381-2, 669

Sachworte Deutsch – Englisch

B

Sachworte

C

D

E

F

G

H

I

L

M

Sachworte

P

Q

R

Sachworte

S

T

W

Notizen